W0259025

PHYSIOLOGISCHE CHEMIE

EIN LEHR- UND HANDBUCH FÜR ÄRZTE
BIOLOGEN UND CHEMIKER

HERVORGEGANGEN AUS DEM
LEHRBUCH DER PHYSIOLOGISCHEN CHEMIE
VON OLOF HAMMARSTEN

ZWEITER BAND

ZWEITER TEIL

BANDTEIL b

HERAUSGEGEBEN VON

B. FLASCHENTRÄGER
ALEXANDRIA

UND

E. LEHNARTZ
MÜNSTER/WESTF.

Springer-Verlag Berlin Heidelberg GmbH
1957

DER STOFFWECHSEL

ZWEITER TEIL

BANDTEIL b

BEARBEITET VON

H.-J. BIELIG · B. FLASCHENTRÄGER · K. JUNKMANN
F. W. KRZYWANEK† · W. LINTZEL · J. REINERT
H. RUDY · F. SCHAAF · K. SCHREIER
E. WERLE · O. WESTPHAL · H. WOLF

MIT 81 TEXTABBILDUNGEN

Springer-Verlag Berlin Heidelberg GmbH
1957

ISBN 978-3-662-30611-6 ISBN 978-3-662-30610-9 (eBook)
DOI 10.1007/978-3-662-30610-9

Ursprünglich erschienen bei Springer-Verlag oHG. Berlin · Göttingen · Heidelberg 1957
Softcover reprint of the hardcover 1st edition 1957

Inhaltsverzeichnis.

Der Stoffwechsel. Zweiter Teil.

V. Die Ausscheidungen und ihre Organe.

1. Niere und Harn[1-65].

Von E. Werle

unter Mitarbeit von H. Schievelbein

Inhaltsverzeichnis.

Zusammenfassende Darstellungen über Niere und Harn: 1—65. [1] Ambard, L.: Physiologie normale et pathologique des reins. 2. Aufl. Paris 1931. — [2] Albarran, J.: Exploration des fonctions rénales. Paris 1905. — [3] Addis, T.: Glomerular Nephritis, Diagnosis and Treatment. New York 1948. — [4] Adolph, E. F.: Physiological Regulations. New York 1943. — [5] Bang, I.: Lehrbuch der Harnanalyse. Wiesbaden 1918. — [6] Berglund, H., and G. Medes: The Kidney in Health and Disease. Philadelphia 1935. — [7] Becher, E.: Nierenkrankheiten. 2 Bde. Jena 1944 u. 1947. — [8] Bell, E. T.: Renal Diseases. 2. Aufl. London, Philadelphia 1950. — [9] Benard, H., et A. Gajdos: Activité métabolique du rein et son rôle dans l'excretion urinaire. Paris 1954. — [10] Bing, J.: Studies on Proteinuria (Albuminuria). Kopenhagen 1936. — [11] Cushny, A. R.: The Secretion of the Urine. London 1917. — [12] Delaunay, F., et M. Polonovski: Le métabolisme de l'ammoniac. Paris 1934. — [13] Ellinger, P.: Handb. Physiol. Bd. 4, S. 308. — [14] Evans, C. A. L.: The Secretion of Urine. In: Recent Advances in Physiology. 5. Aufl. London 1936. — [15] Ekehorn, G.: Über die integrative Natur der normalen Harnbildung. Helsingfors 1938. — [16] Frey, E.: Nierentätigkeit und Wasserhaushalt. Berlin, Göttingen, Heidelberg 1951. — [17] Frey, E., u. J. Frey: Die Funktionen der gesunden und kranken Niere. Berlin, Göttingen, Heidelberg 1950. — [18] Fishberg, A. M.: Hypertension and Nephritis. 4. Aufl. London, Philadelphia 1939. — [19] Fisher, C., W. R. Ingram and S. W. Ranson: Diabetes Insipidus and the Neurohormonal Control of Water Balance: A Contribution to the Structure and Function of the Hypothalamico-Hypophyseal System. Ann. Arbor, Mich. 1938. — [20] Fuchs, F.: The Flow of Water through the Kidney. New York 1944. — [21] Goldring, W., and H. Chasis: Hypertension and Hypertensive Disease. London, New York 1944. — [22] Grosse-Brockhoff, F.: Einführung in die pathologische Physiologie. Kapitel H., Niere. S. 246—284. Berlin, Göttingen, Heidelberg 1950. — [23] Gamble, J. L.: Chemical Anatomy, Physiology and Pathology of Extracellular Fluid. 5. Aufl. Cambridge, Mass. 1947. — [24] Goldblatt, H.: Hypertension: Experimental, by Constriction of Main Renal Arteries; Method. In Glasser, O.: Medical Physics. Chicago 1944. — [25] Haebler, C.: Physiko-chemische Medizin nach Heinrich Schade. Dresden, Leipzig 1939. — [26] Heubner, W.: Der Mineralbestand des Körpers. Berlin 1931. — [27] Höber, R.: Resorption, Lymphbildung, Sekretion. In: Physikalische Chemie der Zellen und Gewebe. S. 787. Basel 1946. — [28] Hamburger, J., et A. Ryckewaert: Nouveaux précédés d'exploration fonctionelle du rein. Paris 1940. — [29] Klinke, K.: Der Mineralstoffwechsel. Physiologie und Pathologie. 2. Aufl. Leipzig, Wien 1931. — [30] Kowarski, A.: Klinische Mikroskopie. Berlin, München 1947. — [31] Keller, R.: Der elektrische Faktor der

Nierenarbeit. Mährisch-Ostrau 1933. — [32] KLEINSCHMIDT, O.: Die Harnsteine. Berlin 1911. — [33] LICHTWITZ, L.: Die Bildung der Harn- und Gallensteine. Berlin 1914. — [34] LICHTWITZ, L.: Die Praxis der Nierenkrankheiten. 3. Aufl. Berlin 1934. — [35] LAMBERT, P. P.: Le rein polykystique. Étude morphologique, physio-pathologique et clinique. Paris 1943. — [36] LOEBISCH, F.: Anleitung zur Harnanalyse. 3. Aufl. Wien, Leipzig 1893. — [37] MARX, H.: Der Wasserhaushalt des gesunden und kranken Menschen. Berlin 1935. — [38] MUNK, F.: Pathologie und Klinik der Nierenerkrankungen. 2. Aufl. Berlin, Wien 1925. — [39] Handb. mikroskop. Anat. (v. MÖLLENDORFF). — [40] MCMANUS, J. F. A.: Medical Diseases of the Kidney. London, Philadelphia 1950. — [41] NEUBAUER-VOGEL: Analyse des Harns. 10. Aufl. Bearb. von HUPPERT, H., Wiesbaden 1898. — [42] NEUBAUER-HUPPERT: Analyse des Harns. 2 Bde. 11. Aufl. Bearb. v. ELLINGER, A., u. a. Wiesbaden 1910/13. — [43] NEUBERG, C.: Der Harn. 2 Bde. Berlin 1911. — [44] PETERS, J. P.: Body Water, the Exchange of Fluids in Man. Springfield, London 1935. — [45] PÜTTER, A.: Die Dreidrüsentheorie der Harnbereitung. Berlin 1926. — [46] PETER, K.: Untersuchungen über Bau und Entwicklung der Niere. Jena 1909 u. 1927. — [47] POLICARD, A.: Le tube urinaire des mammifères. Paris 1908. — [48] RICHARDS, A. N.: Methods and Results of Direct Investigations of the Function of the Kidney. Baltimore 1929. — [49] SMITH, H. W.: Lectures on the Kidney. Kansas 1943. — [50] SMITH, H. W.: The Kidney, its Structure and Function in Health and Disease. New York 1951. — [51] SLYKE, D. D. VAN: Factors Affecting the Distribution of Electrolytes, Water and Gases in the Animal Body. Philadelphia, London 1927. — [52] SUZUKI, S.: Zur Morphologie der Nierensekretion unter physiologischen und pathologischen Bedingungen. Jena 1912. — [53] SCHLAYER, K. R.: Die Nierenkrankheiten in der Praxis. 2. Aufl. Hrsg. LINTZER, S. München 1939. — [54] SCHADE, H.: Die physikalische Chemie der Zellen und Gewebe. Dresden, Leipzig 1924. — [55] SPAETH, E.: Die chemische und mikroskopische Untersuchung des Harns. 4. Aufl. Leipzig 1912. — [56] SPÜHLER, O.: Zur Physio-Pathologie der Niere. Bern 1946. — [57] SPAETH, E.: Chemische und Mikroskopische Untersuchung des Harns. 6. Aufl. v. KAISER, H. Leipzig 1936. — [58] STARLING, E. (H.): The Fluids of the Body. London 1909. — [59] TRUETA RASPALL, J., A. E. BARCLAY, P. M. DANIEL, K. J. FRANKLIN and M. M. L. PRICHARD: Studies on the Renal Circulation. Oxford 1947, Springfield, Ill. 1948. — [60] VOLHARD, F.: Die doppelseitigen hämatogenen Nierenerkrankungen. Berlin 1918. — [61] VOLHARD, F.: Nierenkrankheiten und Hochdruck. Leipzig 1942. — [62] VOLHARD, F., u. E. BECHER: Die klinischen Methoden der Nierenfunktionsprüfung. Berlin, Wien 1929. — [63] VOLHARD, F., u. T. FAHR: Die Brightsche Nierenkrankheit. Berlin 1914. — [64] WEISS, M.: Diagnose und Prognose aus dem Harn. Leipzig 1936. — [65] WOLF, A. V.: The Urinary Function of the Kidney. New York 1950.

a) Aufgabe der Niere im Organismus.

Hauptaufgabe der Niere ist es, den Harn zu bereiten, d. h. nicht mehr verwertbare oder schädliche Produkte des Stoffwechsels aus dem Blut zu eliminieren und gleichzeitig die wertvollen zurückzuhalten. (Über spezielle Entgiftungsprozesse in der Niere s. das Kapitel „Entgiftung".) Daß sie dazu imstande ist, gehört angesichts der ungeheuren Zahl der verschiedensten im Blut kreisenden Stoffe zu den erstaunlichsten Tatsachen. Daneben ist die Niere verantwortlich für die Aufrechterhaltung des Säure-Basengleichgewichts und der physiologischen Ionenkonzentration im Blut und in den Geweben sowie für die Regulierung des Wasserhaushalts. Außerdem greift sie in mannigfacher Weise in den Gesamtstoffwechsel des Organismus ein (über Beziehungen zwischen Leber und Niere s. [1]). So kommt der Niere eine bedeutungsvolle Stellung im Kohlenhydratstoffwechsel zu, da sie Glucose aus Intermediärprodukten des Kohlenhydratstoffwechsels aufbauen kann und darüber hinaus zur Gluconeogenie befähigt ist. Sie kann so 25—30% des Ruhebedarfs der Peripherie an Glucose aufbringen [2].

Die Funktionen der Niere können von keinem anderen Organ übernommen werden. Das krankhafte Versagen beider Nieren oder ihre Entfernung führt durch Selbstvergiftung zum Tod; beim Menschen innerhalb von 7—10 Tagen.

Die Frage, wie die Niere diese ihre Aufgaben bewältigt, ist in den Grundzügen gelöst, doch sind viele Teilprobleme erst in jüngster Zeit der Untersuchung zugänglich geworden und daher noch Gegenstand der Forschung.

---

[1] Oettel, H.: Ärztl. Wschr. **1955**, 35. — [2] Kleinschmidt, A.: Die Stellung der Niere im Kohlenhydratstoffwechsel. Klin. Wschr. **1953**, 873.

Die Entwicklung unserer Kenntnis vom Mechanismus der Harnbereitung ist eng verknüpft mit der Aufklärung des Feinbaus der Niere, zu der die ersten wichtigen Beiträge MARCELLO MALPIGHI[1] geliefert hat, der mit Hilfe intravasaler Injektion von Farbstoffen und mikroskopischer Untersuchung der erhaltenen Nierenpräparate die wichtigsten Teile der Niere, nämlich Blutgefäße, Harnkanälchen und Glomeruli erkannte. Doch erst der englische Chirurg und Physiologe BOWMAN[2] brachte die mikroskopische Struktur der Niere in Beziehung zu ihrer Tätigkeit.

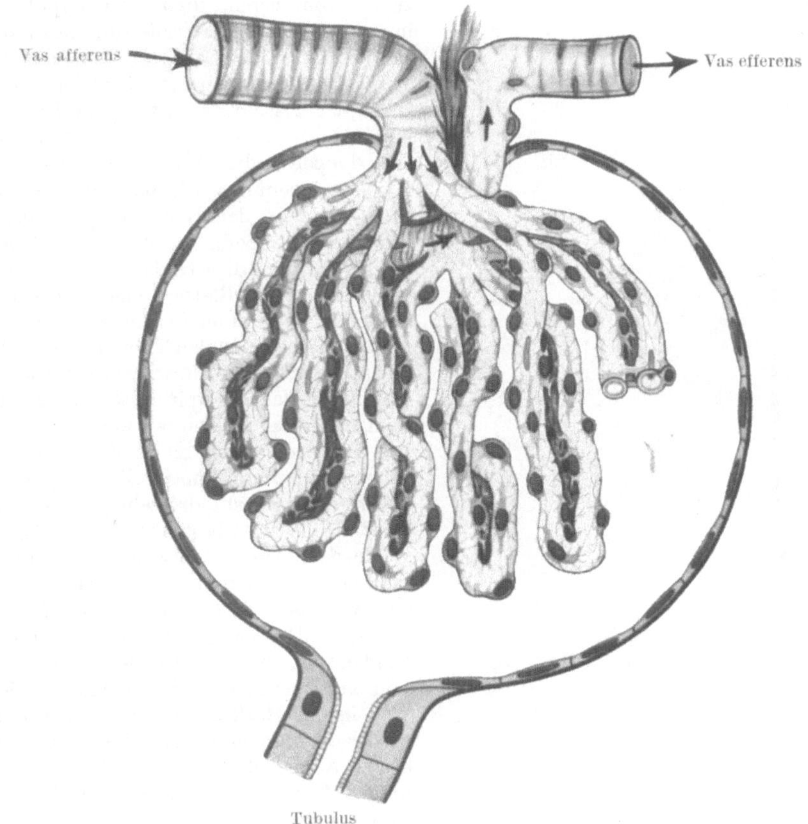

Abb. 1. Schema des Glomerulusapparates[3].

Im folgenden seien der Bau der Niere, ihre Gefäß- und Nervenversorgung, soweit dies für das Verständnis der chemischen und physikalisch-chemischen Seite der Nierenfunktion notwendig erscheint, kurz skizziert.

b) Anatomischer Überblick.

α) Feinbau der Niere.

Die Niere kann als eine, aus einer großen Zahl gleicher Strukturelemente, den sog. *Nephronen*, zusammengesetzte, tubuläre Drüse aufgefaßt werden. Ein Nephron besteht aus einem Harnkanälchen und einem sog. MALPIGHIschen Körperchen, das seinerseits aus einem Capillarknäuel, dem *Glomerulus*, und einer Umhüllung, der sog. BOWMAN*schen Kapsel*,

[1] MALPIGHI, M.: Opera Omnia seu Thesaurus locupletissimus botanico-medico-anatomicus. Lugduni Batavorum 1687. — [2] BOWMAN, W.: Philos. Trans. R. Soc. London, S. 80 (1842). — [3] Nach MÖLLENDORFF, W. v.: Handbuch der mikroskopischen Anatomie, Bd. VII. Berlin 1930.

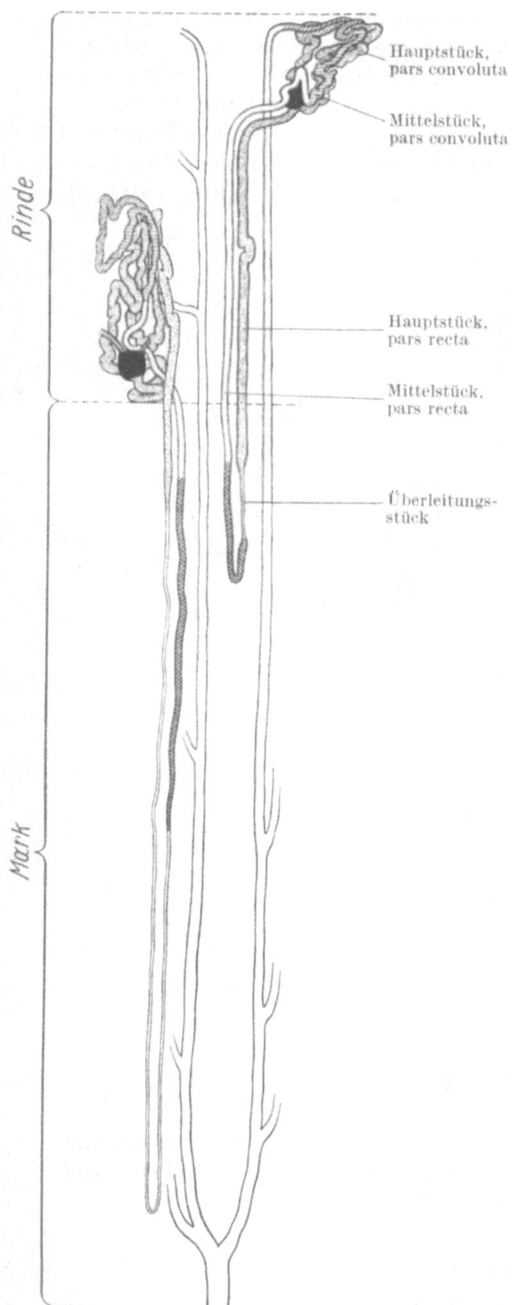

Abb. 2. Schema der Anordnung der Nephrone in der menschlichen Niere. Das Kaliber des Kanälchens ist 3mal so stark vergrößert wie die Höhe der einzelnen Zonen[1].

besteht. Ein Harnkanälchen beginnt mit der BOWMANschen Kapsel und mündet in ein Sammelrohr. Der Glomerulus geht aus einer kurzen weiten Arteriole hervor, die sich in zahlreiche Capillarschlingen (bis zu 50) aufteilt. Jede Schlinge besitzt eine Länge von ungefähr dem 2—3fachen Durchmesser des ganzen Knäuels. Ohne vorher zu anastomosieren, fließen die Capillaren in einer efferenten Arteriole zusammen, die sich in ein zweites Capillarsystem, das die Tubuli umgibt, aufzweigt. Der Glomerulus ist in das geschlossene Ende des Tubulus hineingestülpt, so, daß das Knäuel in eine doppelwandige Kapsel (BOWMANsche Kapsel) eingehüllt wird, deren innere, viscerale Schicht dem Knäuel eng anliegt, während die äußere, parietale Schicht sich in eine dünnwandige Hülle ausdehnt. Zwischen den beiden Blättern bleibt ein Hohlraum, der in direkter Verbindung mit dem Lumen des betreffenden Tubulus steht. Die innere Lamelle der BOWMANschen Kapsel besteht aus flachem Epithel, das mehr oder weniger große Lücken aufweisen soll[2–4]. Die Glomeruluscapillaren sind also in eine dehnbare Membran eingehüllt; so daß die Gefahr einer Selbstabdrosselung bei stärkerer Blutfülle nicht besteht[5].

In der Niere des erwachsenen Säugetiers zeigt der Tubulus unmittelbar nach dem Verlassen des Glomerulus eine ausgedehnte Schlängelung und steigt nun aus der Rindenzone, in der alle Glomeruli gelegen sind, auf einem mehr oder weniger geraden Weg in das Mark ab und kehrt von dort wieder zu seinem Glomerulus zurück, in dessen Nähe sich ein zweites Convolut befindet. Der auf- und absteigende Teil des Tubulus, die HENLE*sche Schleife*, hat nicht überall denselben Durchmesser, man kann einen *dünnen* und einen *dicken* Teil unterscheiden. Die *Nierenrinde* besteht also aus den *Glomeruli*, aus den gewundenen Teilen der proximalen und distalen *Tubuli* und aus den proximalen und distalen Enden der HENLE*schen Schleife*. Das *Mark* wird gebildet durch die aufsteigenden und absteigenden Schenkel der HENLEschen Schleifen sowie den dünnen Zwischenstücken, die je nach Länge der Schleifen einen Teil der auf- und absteigenden Schenkel oder nur einen Teil der aufsteigenden Schenkel umfaßt, und den *Sammelröhren*.

[1] Nach MÖLLENDORFF, W. v.: Lehrbuch der Histologie 25. Aufl. S. 376. Jena 1943. — [2] BRAUS, H.: Anatomie des Menschen. 2. Aufl. Bd. II, S. 360. Berlin 1934. — [3] ZIMMERMANN, K. W.: Arch. mikroskop. Anat. **78**, 199 (1911). — [4] MCGREGOR, L.: Amer. J. Path. **5**, 545 (1929). — [5] FREY, W.: Handb. inn. Med. (BERGMANN-FREY-SCHWIEGK) 4. Aufl. Bd. 8, S. 53.

Im tubulären Teil des Nephrons werden folgende Abschnitte unterschieden:

1. Proximaler Tubulus (Hauptstück, pars convoluta, pars recta).
2. Dünnes Segment der HENLEschen Schleife (Überleitungsstück).
3. Distaler Tubulus (Mittelstück, pars recta, pars convoluta).

Eine weitere Einteilung der proximalen und distalen Segmente ist auf Grund der Zellstruktur möglich, über funktionelle Unterschiede ist aber nichts bekannt[1–3]. Der dünne Teil der HENLEschen Schleife, der nur bei Säugetieren und einigen Vogelarten vorhanden ist, hat einen bedeutend kleineren Durchmesser als die proximalen und distalen Segmente und besteht aus sehr flachem Epithel. Der aufsteigende Schenkel der HENLEschen Schleife hat besonders in dem rindennahen Teil ein höheres Epithel. In der Nähe des Glomerulus beschreibt der Tubulus eine zweite Reihe von Windungen, aus welchen heraus er das baumartige System der Sammelrohre trifft. Wenn der Tubulus in die Nachbarschaft des Glomerulus zurückkehrt, kommt er in einem ausgedehnten Bereich mit der afferenten Arteriole in Kontakt[4]. Hier sind die Kerne sehr dicht aneinander gelagert, weil der Tubulus fibrös an den Glomerulus angeheftet ist[5]. Die „macula densa" hat also nur eine mechanische Funktion[6]. In der menschlichen Niere erfährt die afferente Arteriole, wenn sie sich dem Glomerulus nähert, einen numerischen Zuwachs an Zellen in der Media und in der Adventitia. Diese Zellen verstärken die arterielle Wand und bilden einen asymmetrischen extravasculären Zellhaufen, Polkissen oder „juxtaglomerulärer" Apparat genannt, dem von GOORMAGHTIGH eine wichtige endokrine Funktion, von anderen Autoren eine Kontrolle der renalen Blutdurchströmung zugeschrieben wird[7–18].

Die Nierentubuli und die Ausführungsgänge sind außen von einer gut entwickelten Basalmembran eingehüllt. Ob diese bei der Harnbereitung eine aktive Rolle spielt, ist ungewiß, jedenfalls müssen Wasser und gelöste Stoffe, die vom Blut in die Tubuluszellen oder umgekehrt wandern, die Membran durchqueren, da sie zwischen den Capillaren und dem Tubulusepithel liegt. Die Gegenwart der Basalmembran ist besonders bedeutungsvoll im Glomerulus, wo sie zwischen der capillaren und der visceralen Schicht der BOWMANschen Kapsel eingelagert ist. Das Glomerulusfiltrat muß daher diese hier sehr dünne Membran und das Capillarendothel durchdringen, um zum Kapselraum zu gelangen. Nach elektronenmikroskopischen Untersuchungen von HALL[19] an Rattennieren stehen die Strukturelemente der Glomerulusmembran in enger Beziehung zu dem Prozeß der Filtration, der nach HALL über 3 Stufen verläuft. Zuerst werden freie Plasmakörper durch eine dünne, sehr feine, kontinuierliche, verhältnismäßig großporige Membran vom Plasma abgetrennt. Es finden sich 10^{10} Poren (Durchmesser 500—1000 Å.-E.) je cm^2. Diese Membran liegt etwas entfernt von der kompakten und verhältnismäßig dicken (500 Å.-E.) Basalmembran. So bekommen die vom Plasma abgetrennten Körper freien Zugang zur Basalmembran, durch die Proteine abgefiltert werden. Stellenweise zeigt die Basalmembran zahlreiche Poren (10^{12} je cm^2), deren Durchmesser (50 bis 150 Å.-E.) und Anzahl gut mit theoretischen Erwägungen über die Filtrationswerte übereinstimmen. Schließlich führt von der Außenseite der Basalmembran ein sehr verwickeltes und ausgedehntes System von ultramikroskopischen Kanälchen und pseudointracellulären Gängen in den Kapselraum. Diese Gänge werden von kleinsten Strukturelementen (500 bis 1500 Å.-E.) der proximalen Oberfläche der Epithelzellen und von makroskopischen Strukturelementen, die die Glomeruluscapillaren bedecken, gebildet. Diese Kanälchen verringern in geschlossenem Zustand passiv den Druck, der für die Filtration notwendig ist. Form und Anordnung der die Kanälchen bildenden Elemente lassen es möglich erscheinen, daß protoplasmatische Pulsationen in ihnen den Filtrationsprozeß aktiv erleichtern.

[1] Smith, Kidney S. 7. — [2] FOOTE, J. J., and A. L. GRAFFLIN: Anat. Rec. **72**, 169 (1938). — [3] FOOTE, J. J., and A. L. GRAFFLIN: Amer. J. Anat. **70**, 1 (1942). — [4] GRAFFLIN, A. L.: Arch. Path., Chicago **27**, 691 (1939). — [5] ZIMMERMANN, K. W.: Z. mikroskop.-anat. Forsch. **32**, 176 (1933). — [6] OLIVER, J.: New directions in renal morphology: a method, its results and its future. Harvey Lect. (1944/45) **40**, 102 (1946). — [7] GOORMAGHTIGH, N.: Amer. J. Path. **23**, 513 (1947). — [8] EDWARDS, J. G.: Fed. Proc. **4**, 19 (1945). — [9] FEYRTER, F.: Virchows Arch. **306**, 135 (1940). — [10] GOORMAGHTIGH, N.: Amer. J. Path. **16**, 409 (1940). — [11] GOORMAGHTIGH, N.: J. Path. Bacteriology **57**, 392 (1945). — [12] GOORMAGHTIGH, N.: Proc. Soc. exp. Biol. Med. **59**, 303 (1945). — [13] GRAEF, I.: Amer. J. Path. **19**, 121 (1943). — [14] GRAEF, I., and G. G. PROSKAUER: Amer. J. Path. **21**, 779 (1945). — [15] KAUFMANN, W.: Amer. J. Path. **18**, 783 (1942). — [16] OBERLING, C.: Amer. J. Path. **20**, 155 (1944). — [17] SMITH, H. W.: The physiology of the renal circulation. Harvey Lect. (1938/39) **35**, 9ff., 166 (1940). — [18] SCHLOSS, G.: Acta anat., Basel **1**, 365 (1946). — [19] HALL, B. V.: Fed. Proc. **12**, 467 (1953).

Über Berechnung der Porengröße und über die Durchlässigkeit der Glomerulusmembran für Wasser, Inulin, Myoglobin, Eieralbumin, Hämoglobin und Serumalbumin s.[1].

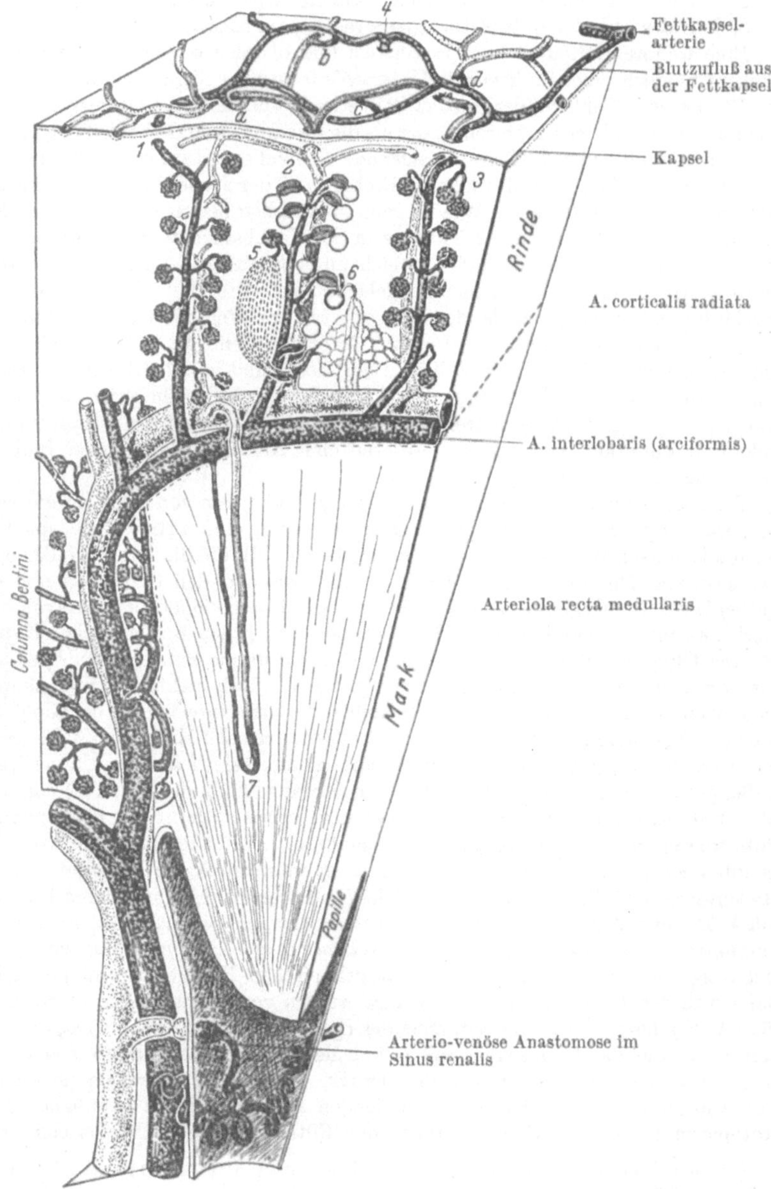

Abb. 3. Gefäßverlauf in der Niere. Arterien schwarz, Venen punktiert. *a, b, c, d* arterio-venöse Anastomosen der Kapselgefäße. *1, 3, 4* zur Kapsel durchbrechende Arterien. *2* Wurzel der V. stellata. *5* und *6* Arteriola afferens geht in das Capillarnetz der Rinde über. Im Rindengefäßbaum *2* sind die Polkissen der Arteriolae afferentes eingezeichnet[2].

β) Blutversorgung der Niere.

Blutgefäße der Niere. Die Niere liegt, offenbar aus Zweckmäßigkeitsgründen, im Nebenschluß. Die arteria renalis teilt sich beim Eintritt in den Nierenhilus in verschiedene Teiläste, die arteriae interlobares. Diese sind Endarterien ohne Anastomosenbildung. Weiter

[1] Pappenheimer, J. R.: Kli. Wo. **1955**, 362. — [2] Nach Spanner, R.: Kli. Wo. **1937 II**, 1421.

stromabwärts teilen sich diese wiederum in die arteriae interlobulares, die im allgemeinen senkrecht zur Nierenoberfläche aufsteigen. Die Verzweigungsstellen der arteriae interlobares in die arteriae interlobulares liegen an der Grenze zwischen Rinde und Mark. Im allgemeinen strömt das Blut von den Interlobulärarterien dem Capillarsystem der Glomeruli zu *und ohne jede Anastomosenbildung* wieder aus dem Glomerulus heraus. *Es muß also alles Blut, das der Niere zugeführt wird, die Glomeruli passieren.* Das Vorhandensein von Anastomosen zwischen afferenten und efferenten Gefäßen ist in der Literatur lebhaft diskutiert worden.

SMITH[1] kommt zu dem Schluß, daß, wenn wirklich Anastomosen vorhanden sind, sie nicht von überragender Bedeutung sein können. Immerhin fehlt eine Erklärung dafür, daß bei anhaltender, tödlicher reflektorischer Anurie nicht immer eine Ernährungsstörung der Niere nachweisbar ist[1]. In jüngster Zeit glaubten TRUETA RASPALL u. Mitarb.[2] einen Nebenweg des renalen Blutflusses, der als „Trueta shunt" in die Literatur eingegangen ist, entdeckt zu haben. In sehr sorgfältigen Nachuntersuchungen konnten aber ROTHLIN u. CERLETTI[3] sowie andere[4–17] die Existenz dieses „bypass" nicht bestätigen.

γ) Nervenversorgung der Niere.

Die Niere ist reichlich mit sympathischen, vasoconstrictorischen Nerven versorgt. Sie treten vom Hilus aus mit den Gefäßen in die Niere ein und enden an den afferenten und efferenten Arteriolen. Andere Nervenfasern durchdringen die Basalmembran und enden an den Zellen der Tubuli, besonders im proximalen Segment, in der parietalen Schicht der BOWMANschen Kapsel und in den perivasculären Räumen des Glomerulusknäuels. Welche Fasern afferent und welche efferent sind, ist unbekannt[18].

c) Die Harnbereitung.

α) Theorien der Harnbereitung.

Jede Theorie der Harnbereitung muß unter Berücksichtigung der anatomischen und physiologischen Gegebenheiten der Niere versuchen, den Mechanismus und den Chemismus der Abtrennung des Wassers und der in ihm gelösten „festen" Bestandteile aus dem Blut zu beschreiben; insbesondere hat sie zu erklären, wie es möglich ist, daß die Konzentrationen der ausgeschiedenen Stoffe sehr wechseln, wesentlich höher oder niedriger liegen können als im Blut, dem sie entstammen.

Die erste wissenschaftlich begründete Theorie der Harnbereitung stammt von BOWMAN (1842), der aus rein morphologischen Gründen folgerte, daß der Glomerulus eine wäßrige Flüssigkeit bildet, die nur Salz enthält. Den Tubuli mit ihrem drüsenähnlichen Epithel schrieb er eine sekretorische Funktion zu. Sie sollten Harnstoff, Harnsäure und Farbstoffe sezernieren, die von der im Glomerulus gebildeten Flüssigkeit weggespült werden.

Nach LUDWIG[19] (1844) beginnt die Bildung des Harns mit einer durch den hydrostatischen Druck bestimmten *Filtration* des Plasmas *in den Glomerulusgefäßen*, die zu einer Flüssigkeit führt, die alle Harnbestandteile mit Ausnahme von Eiweiß enthält. In den *Tubuli* erfolgt

[1] Smith, Kidney S. 16. — [2] TRUETA RASPALL, J., A. E. BARCLAY, P. M. DANIEL, K. J. FRANKLIN and M. M. L. PRICHARD: Studies on the Renal Circulation. Oxford 1947, Springfield, Ill. 1948. — [3] ROTHLIN, E., and A. CERLETTI: J. Mt. Sinai Hosp. **19**, 138 (1952). — [4] PAMLÖV, A.: Scand. J. clin. Lab. Invest. **1**, 308 (1949). — [5] STUDY, R. S., and R. E. SHIPLEY: Amer. J. Physiol. **159**, 592 (1949). — [6] GOODWIN, W. E., R. D. SLOAN and W. W. SCOTT: J. Urol., Baltimore **61**, 1010 (1949). — [7] BLOCK, M. A., K. G. WAKIM and F. C. MANN: Amer. J. Physiol. **169**, 659 (1952). — [8] SCHLEGEL, J. U., and J. B. MOSES: Proc. Soc. exp. Biol. Med. **74**, 832 (1950). — [9] KAHN, J. R., L. T. SKEGGS jr. and N. P. SHUMWAY: Circulation, N.Y. **1**, 445 (1950). — [10] MOYER, J. H., H. L. CONN jr., K. MARKLEY and C. SCHMIDT: Amer. J. Physiol. **161**, 250 (1950). — [11] OLEESKY, S.: J. Physiol., London **111**, 61 P (1950). — [12] INSULL, W. jr., I. G. TILLOTSON and J. M. HAYMAN jr.: Amer. J. Physiol. **163**, 676 (1950). — [13] HOUCK, C. R.: Fed. Proc. **9**, 63 (1950). Amer. J. Physiol. **167**, 523 (1951). — [14] BLOCK, M. A., K. G. WAKIM and F. C. MANN: Fed. Proc. **10**, 16 (1951). — [15] SCHER, A. M.: Amer. J. Physiol. **167**, 539, 824 (1951). — [16] REUBI, F.: Helv. med. Acta (A) **17**, Suppl. **26** (1950). — [17] MOYER, J. H., and C. A. HARDLEY: Amer. J. Physiol. **165**, 548 (1951). — [18] Smith, Kidney S. 18. — [19] LUDWIG, C.: Nieren und Harnbereitung. Handwörterb. Physiol. (WAGNER) Bd. 2, S. 628—640. 1844.

eine rein *physikalische Rückdiffusion* in erster Linie von Wasser, aber auch eines Teils der gelösten Stoffe in das durch die Glomerulusfiltration eingedickte Blut der Capillaren, welche die Tubuli umspinnen. Eine exkretorische Tätigkeit der Tubuli wird abgelehnt.

Diese rein „mechanische" Theorie konnte zwar die Änderung der Harnproduktion mit der Änderung des renalen Blutdruckes oder des Ureterendruckes erklären, nicht aber die Tatsache, daß der osmotische Druck des Harns viel höher sein kann, als der des Nierenvenenblutes. Auch blieb bei der rein physikalischen Harnbereitung unverständlich, daß eine teilweise Stauung der Nierenvenen den Harnfluß vermindert.

In scharfem Gegensatz zur „mechanischen" Theorie von LUDWIG steht die von HEIDENHAIN (1883)[1], die sich zunächst auf die Überlegungen von BOWMAN, dann auf die Ergebnisse von Versuchen über die Sekretion von Farbstoffen stützt. Danach werden alle Harnbestandteile auf Grund *vitaler Zelltätigkeit* und nicht rein physikalischer Kräfte in den Harn übergeführt. Wasser und Salze sollen durch die Glomeruli, Harnstoff, Harnsäure und andere harnpflichtige Stoffe durch die Tubuli ausgeschieden werden. Eine Rückresorption wird abgelehnt. Einer der Haupteinwände HEIDENHAINS gegen die „mechanische" Theorie war die nach der damaligen unzureichenden Kenntnis der Durchblutungsgröße der Niere unvernünftig große Filtratmenge, die zur Ausscheidung von täglich etwa 35 g Harnstoff in 1,5 *l* Harn notwendig wäre. Die Abhängigkeit der Harnmenge vom Blutdruck erklärte er mit Schwankungen der Durchblutungsgröße der Niere, die bei Blutdruckänderungen auftreten und die sich, ähnlich wie bei den Speicheldrüsen, auf die Sekretionsleistung des Organs auswirken sollten. So führte er auch die Abnahme der Harnmenge bei Nierenvenenstauung auf eine Abnahme der Durchblutungsgröße zurück.

Beide Theorien bestanden eine Zeitlang nebeneinander. Während die LUDWIGsche Theorie mit dem hohen Sauerstoffverbrauch der Niere schlecht in Einklang zu bringen war, auch die Bildung stark hyper- und hypotonischer Urine nicht genügend zu erklären vermochte, konnte die HEIDENHAINsche Theorie über den Mechanismus der vitalen Harnbereitung nichts aussagen.

Einen Kompromiß zwischen der LUDWIGschen und der HEIDENHAINschen Theorie stellt die „moderne" Theorie der Harnbereitung von CUSHNY[2] (1917) dar, die ohne Erweiterung der experimentellen Unterlagen lediglich die damals neuesten physiologischen Erkenntnisse berücksichtigte. CUSHNY nahm an, daß im Glomerulus mit Hilfe des hydrostatischen Druckes des Blutes ein *Ultrafiltrat* gebildet wird, welches mit Ausnahme der Eiweiß-Riesenmoleküle alle Plasmabestandteile enthält. Dabei konnte er sich auf die Tatsache stützen, daß unterhalb eines gewissen Blutdruckes (30—40 mm Hg bei Säugetieren) kein Harn mehr ausgeschieden wird. Bewußt vereinfachend schrieb er den Tubuli lediglich die Aufgabe zu, unabhängig von den Bedürfnissen des Organismus, aus diesem Ultrafiltrat eine Flüssigkeit konstanter Zusammensetzung zurückzuresorbieren, die als ideale LOCKEsche Lösung, als eiweißfreies Plasma, zur Aufrechterhaltung der Plasmazusammensetzung erforderlich sei. Es bleibt dabei offen, so bemerkt AUERSWALD[3], ob die Annahme eines so exakt gesteuerten Mechanismus, welcher stets die optimale Verteilung so vieler Bestandteile in der resorbierten Flüssigkeit aufrechtzuerhalten hat, tatsächlich eine Vereinfachung gegenüber der Hypothese einer *unabhängigen* Rückresorption der verschiedenen Bestandteile darstellt. Zur Frage einer tubulären Sekretion stellte sich CUSHNY solange abwartend, als ein nach seiner Ansicht beweiskräftiges experimentelles Material fehlte[2].

MAYRS[4, 5], dem wir die ersten quantitativen Messungen der Ausscheidungsfunktion der Niere verdanken, zeigte (1922) am Beispiel des Harnstoffs, daß die rückresorbierte Flüssigkeit anders wie es die CUSHNYsche Theorie vorsieht, starken Konzentrationsschwankungen unterliegt.

PÜTTER[6] (1926) unterscheidet in der Niere eine Wasser-, eine Stickstoff- und eine Salzdrüse. Die „Wasserdrüse", das System der BOWMANschen Kapseln, sollte eine gegenüber dem Blut stark hypotonische Lösung, die 0,08% NaCl, ferner Glucose und Harnstoff in etwa gleicher Konzentration wie das Blutplasma enthält, sezernieren. Die je Tag beim Menschen

---

[1] HEIDENHAIN, R.: Die Harnabsonderung. Handb. Physiol. (HERMANN) Bd. V/1, S. 279. 1883. — [2] CUSHNY, A. R.: The Secretion of the Urine. London 1917. — [3] AUERSWALD, W.: Wien. klin. Wschr. **1950**, 433. — [4] MAYRS, E. B.: J. Physiol., London **56**, 58 (1922). — [5] MAYRS, E. B., and J. M. WATT: J. Physiol., London **56**, 120 (1922). — [6] PÜTTER, A.: Die Dreidrüsentheorie der Harnbereitung. Berlin 1926.

gebildete Menge Glomerulusharn wird mit 600 cm³ veranschlagt. Die „Stickstoffdrüse", das System der Tubuli contorti, soll Harnstoff, Harnsäure, gepaarte Glucuronsäuren, Hippursäure und einen Teil der Phosphate und Sulfate sezernieren. Der Kochsalzgehalt soll etwa dem des Sekretes der Wasserdrüse entsprechen, der Harnstoffgehalt beim Menschen 6,6% betragen. Je Tag soll die Stickstoffdrüse beim Menschen 700 cm³ Sekret absondern. Der aufsteigende Ast der HENLEschen Schleifen soll eine „Salzdrüse" darstellen, die je Tag 465 cm³ eines Sekretes bildet, welches Chloride, Carbonate und Sulfate enthält, mit dem hohen osmotischen Druck einer 0,54 molaren Salzlösung. Die PÜTTERsche „Drüsentheorie" der Harnbereitung nimmt also nur *Sekretionsvorgänge* an. Weitere Theorien der Harnbereitung stammen von LAMY u. MAYER, von WOODLAND, von BUJENEWITSCH u. a.[1]. Von KUHN u. RYFFEL[2] ist gezeigt worden, daß durch eine bestimmte Anordnung semipermeabler Membranen sich konzentrierte Lösungen aus verdünnten, ausschließlich auf Grund der freiwilligen Stoffwanderung, bilden können. Die Autoren nehmen an, daß solche Vorgänge bei der Harnbereitung durch die Nieren eine wichtige Rolle spielen (s. a. S. 18 u. Bd. 1, S. 135).

Zusammengefaßt besagen die wichtigsten Theorien der Harnbildung folgendes: Nach LUDWIG erfolgt die Harnbildung nur auf Grund physikalischer Kräfte, zuerst Filtration in den Glomeruli der BOWMANschen Kapsel und dann Rückresorption von Wasser und gelösten Stoffen in den Tubuli durch Diffusion. Nach BOWMAN-HEIDENHAIN beruht die Harnbereitung ausschließlich auf aktiver Zelltätigkeit. Im System der BOWMANschen Kapsel werden Wasser und Salze, in den Harnkanälchen die übrigen für den Harn kennzeichnenden Bestandteile abgeschieden. Rückresorption findet nicht statt. Die Theorie von CUSHNY nimmt eine Mittelstellung zwischen der LUDWIGschen und der BOWMAN-HEIDENHAINschen ein: In den Glomeruli Filtration, in den Harnkanälchen aktive Rückresorption. Die übrigen bis dahin vorgetragenen Theorien stellten wohl kaum einen Beitrag zur Klärung der Frage nach der Harnbildung dar, so daß bei diesem Stand der Erkenntnis die Bemerkung von ADDIS aus dem Jahre 1923 zu Recht bestand: „Alles, was wir über die Funktion der Niere mit Sicherheit wissen, ist, daß sie den Harn bereitet[3]."

β) Experimentelle Beiträge zur Frage des Mechanismus der Harnbereitung.

Es ist das Verdienst von RICHARDS und seiner Schule, die Frage des Mechanismus der Harnbereitung aus dem Bereich mehr oder weniger geistvoller Vermutungen auf den Boden experimentell gesicherter Tatsachen gestellt zu haben[4-6]. RICHARDS u. WEARN gewannen durch Punktion des verhältnismäßig weiten Kapselraumes der Froschniere Glomerulusurin und unterzogen ihn einer eingehenden chemischen Analyse. Der Harn war eiweißfrei, hatte den gleichen p_H, die gleiche gesamte molare Konzentration, den gleichen Gehalt an Phosphat, Glucose, Harnsäure, Kreatinin und Harnstoff wie ein Ultrafiltrat aus Froschplasma. Lediglich der Chloridgehalt war im Kapselurin gegenüber dem Plasmaultrafiltrat etwas erhöht, was auf einen DONNAN-Effekt zurückgeführt wurde. *Damit war grundsätzlich der Beweis für die Ultrafilterfunktion des Glomerulus und*

[1] LAMY, H., et A. MAYER: J. Physiol. Path. gén. **6**, 1067 (1904); **7**, 679 (1905); 8, 258, 660 (1906). C. R. Soc. Biol. **55**, 1514 (1903); **61**, 102 (1906). — WOODLAND, W. N. F.: J. Proc. asiatic Soc. Bengal **18**, 85 (1922). Ind. J. Med. Res. **10**, 595 (1922/23). Amer. J. Physiol. **63**, 368 (1922/23). Zit. nach CUSHNY, A. R.: The Secretion of the Urine. London 1917. — BUJENEWITSCH, K.: Presse méd. **1928I**, 573. Zbl. inn. Med. **49**, 410 (1928). Schweiz. med. Wschr. **59**, 837 (1929). Wien. klin. Wschr. **1928**, 812. — [2] KUHN, W., u. K. RYFFEL: Herstellung konzentrierter Lösungen aus verdünnten durch bloße Membranwirkung; ein Modellversuch zur Funktion der Niere. H. **276**, 145 (1942). — [3] Zit. nach: AUERSWALD, W.: Wien. klin. Wschr. **1950**, 433. — [4] RICHARDS, A. N.: Urine formation in the amphibian kidney. Harvey Lect. (1934/35) **30**, 93, (**1936**). — [5] RICHAR S, A. N.: Proc. R. Soc. London (B) **126**, 398 (1938). — [6] WEARN, J. T., and A. N. RICHARDS: Amer. J. Physiol. **71**. 209 (1924/25).

der Beweis dafür erbracht, daß der auf die Membran wirkende Druck, zur Überwindung des kolloidosmotischen oder onkotischen Druckes und zur Bildung der eiweißfreien Kapselflüssigkeit ausreicht, was dann auch die Druckmessungen aller Nachuntersucher bestätigten. Da der endgültige Harn frei von Glucose ist, war damit *gleichzeitig* die *tubuläre Rückresorption als Tatsache sichergestellt.*

HÖBER und seine Schule[1] sowie TAMURA u. Mitarb.[2] erweiterten die Vorstellung von der Ultrafiltration insofern, als sie an der Froschniere bewiesen, daß die Harnbildung durch Cyankali, Narkotica und Stickstoff ohne Störung der Blutzirkulation reversibel gehemmt werden kann. Da abgesehen von der Wirkung der Narkotica ähnliche Beeinflussungen der Permeabilität von Filtermembranen nicht bekannt sind, wurde geschlossen, daß im Glomerulus nicht nur eine einfache Filtration erfolgt, sondern daß die Glomeruluszellen an der Bildung der Kapselflüssigkeit aktiv beteiligt sind. TAMURA u. Mitarb. fanden beim Frosch, daß die Harnausscheidung in die Kapsel auch dann nicht aufhörte, wenn die Druckdifferenz zwischen Capillaren und Kapselraum so klein wurde, daß man sie vernachlässigen konnte und außerdem der Eiweißgehalt des Plasmas verhältnismäßig hoch war. Auch hieraus wurde gefolgert, daß es sich bei der Bereitung der Kapselflüssigkeit nicht um einen einfachen physikalischen Vorgang handeln könne und noch andere unbekannte Kräfte im Spiel sein müßten.

Die Methode der Mikropunktion des Glomerulus war bei der Warmblüterniere nicht anwendbar, da es bei der Enge des Kapselraumes durch den Einstich zu Blutungen kommt. Für die Glomerulusmembran der Säugetiere konnten daher die Permeabilitätsverhältnisse nur auf indirektem Wege klargestellt werden.

BAYLISS u. Mitarb.[3] untersuchten an nichtnarkotisierten Katzen und Kaninchen sowie an der isolierten Niere die Harnausscheidung von verschiedenen Proteinen mit Molekulargewichten zwischen 35000 und 5000000. Die Grenze der Permeabilität wurde mit einem Molekulargewicht von etwa 68000, entsprechend einer ungefähren Porengröße des Filters von 20 Å (s.[4]), gefunden, so daß Hämoglobin bei hoher Plasmakonzentration filtriert wird. Das relativ geringe Molekulargewicht der Plasmaalbumine erklärt, daß diese Eiweißkörper bei zeitweiliger Permeabilitätssteigerung des Nierenfilters durch Sauerstoffmangel, aber auch bei pathologischen Veränderungen zuerst im Harn erscheinen. Einen weiteren Beweis für die Ultrafiltratnatur des Primärharnes beim Säugetier erbrachten STARLING u. VERNEY[5] sowie BICKFORD u. WINTON[6] in Versuchen an der isolierten Niere, deren Tubulusapparat durch Cyanid oder Unterkühlung funktionell ausgeschaltet war. Nach VOGEL[7] sind allerdings bei der „Tubulusnarkose" — zumindest beim Frosch und bei Verwendung von Urethan — die Glomeruli mitbetroffen. VOGEL findet die Glucosekonzentration im Glomerulusfiltrat geringer als im Plasma, woraus er schließt, daß zumindest beim Frosch durch die Glomerulusmembran etwas Glucose zurückgehalten wird. Eine Äquimolekularität der Glucose in der Kapselflüssigkeit und der Durchströmungsflüssigkeit ließ sich nur unter Anwendung extrem hohen Durchströmungsdruckes, nämlich 70 cm Wasser (gegenüber 36 cm normal), erreichen.

Die Untersuchungen von RICHARDS[8] an der Froschniere haben auch zur Klärung der Funktionen des Tubulusapparates Wesentliches beigetragen. Es wurde einer-

[1] HÖBER, R., u. E. MACKUTH: Pflügers Arch. **216**, 420 (1927). — [2] TAMURA, K., K. MIYAMURA, T. NISHINA, H. NAGASAWA and M. HOSOYA: Japan. J. med. Sci. (IV) **1**, 229 (1927) [Ber. Physiol. **44**, 265]. — [3] BAYLISS, L. E., P. M. T. KERRIDGE and D. S. RUSSELL: J. Physiol., London **77**, 386 (1933). — [4] BOTT, P. A., and A. N. RICHARDS: J. biol. Ch. **141**, 291 (1941). — [5] STARLING, E. H., and E. B. VERNEY: Proc. R. Soc. London (B) **97**, 321 (1925). — [6] BICKFORD, R. G., and F. R. WINTON: J. Physiol., London **89**, 198 (1937). — [7] VOGEL, G.: Pflügers Arch. **251**, 313 (1949). — [8] RICHARDS, A. N., and A. M. WALKER: Amer. J. med. Sci. **190**, 727 (1935).

seits die Zusammensetzung des Tubulusinhaltes in verschiedenen Abschnitten analysiert, andererseits fortschreitend Volumen und chemische Beschaffenheit künstlicher Durchströmungslösungen auf dem Weg durch isolierte Tubuli verfolgt. Die zu prüfenden Tubulusabschnitte wurden durch injizierte Quecksilbertropfen blockiert, was die Flüssigkeitsentnahme aus einem begrenzten Teil ermöglichte. Es konnte so bei Amphibien nachgewiesen werden, daß im proximalen Tubulusabschnitt Wasser rückresorbiert wird und daß nach Blockade des Kapselraumes keinerlei Flüssigkeit ausgeschieden wird, was einen eindeutigen Gegenbeweis gegen eine Wassersekretion bedeutet. Ferner ergab sich, daß die Chlorid- und totale molare Konzentration des Harnes erst im distalen Tubulusabschnitt geändert wird, so daß im proximalen Tubulusabschnitt die rückresorbierte Flüssigkeit im wesentlichen dem Blut isotonisch sein muß. Beim Frosch erfolgt ferner die Rückresorption von Glucose im proximalen Abschnitt des Tubulus, was am jähen Abfall der Glucosekonzentration der Durchströmungsflüssigkeit beim Fortschreiten durch den Tubulus zu erkennen war, während nach Phlorrhizinvergiftung des Epithels der Zuckerspiegel in der Tubulusflüssigkeit blasenwärts konstant blieb. In vergleichenden Untersuchungen konnten RICHARDS u. WALKER[1] schließlich beweisen, daß beim Frosch in den gewundenen distalen Tubulusabschnitten Harnstoff sezerniert wird, da die im Primärharn festgestellte Harnstoffmenge nur einen Teil der Totalausscheidung ausmacht, während andere Amphibien keinen Sekretionsmechanismus für Harnstoff besitzen. Da Nierenextrakte keine nennenswerten Ammoniakmengen enthielten, Ammoniak aber im Tubulusharn zu finden war, schloß WALKER[2] auf eine Bildung von Ammoniak in den Tubuluszellen (möglicherweise aus Aminosäure und Harnstoff (s. S. 142). Die Tatsache der funktionellen Ähnlichkeit strukturell gleichartiger Organe in der Wirbeltierreihe bot die Möglichkeit, an aglomerulären Fischen, deren Tubulusapparat dem proximalen Tubulussegment der Säuger ähnlich ist, die Tubulusfunktion weiter zu analysieren. Nach MARSHALL[3] ist die aglomeruläre Niere ein reines Sekretionsorgan, das Wasser, Harnstoff, Harnsäure, Kreatin und Kreatinin, sowie Salze, aber niemals Glucose ausscheidet. Auch durch Vergiftung mit Phlorrhizin ließ sich keine Glucosurie auslösen. Da die Harnbildung bei den aglomerulären Fischen nur durch Sekretion erfolgt, konnte man annehmen, daß die Fähigkeit der Tubuli zur Sekretion, wenn auch nur bis zu einem gewissen Grade, auch bei den Säugetieren erhalten geblieben ist. Trotzdem bemerkte RICHARDS[4] noch 1930 skeptisch zu dieser Schlußfolgerung: „MARSHALL hat zumindest in den aglomerulären Fischen eine Tiergattung entdeckt, die in seine Theorie paßt."

WALKER u. Mitarb.[5,6] haben die Mikropunktion der Tubuli auch auf die Warmblüterniere (Ratten, Meerschweinchen) angewandt und im proximalen Tubulussegment eine eiweißfreie, im übrigen dem Plasma ähnliche Flüssigkeit erhalten. Weiter stellten sie fest, daß mindestens $^2/_3$ der Flüssigkeit im proximalen Anteil rückresorbiert werden und die reduzierenden Substanzen aus dem Tubulusharn völlig verschwinden.

Den gegenwärtigen Stand der Kenntnis vom Mechanismus der Harnbereitung faßt SMITH[7] *folgendermaßen zusammen:*

1. Der Glomerulusharn wird durch Ultrafiltration durch eine semipermeable Membran, die aus dem Endothel der Glomeruluscapillarschlingen und der Basal-

[1] RICHARDS, A. N., and A. M. WALKER: Amer. J. med. Sci. **190**, 727 (1935). — [2] WALKER, A. M.: Amer. J. Physiol. **131**, 187 (1940). — [3] MARSHALL, E. K. jr.: Physiol. Rev. **14**, 133 (1934). — [4] RICHARDS, A. N.: Diskussionsbemerkung. [SMITH, H. W.: Lectures on the Kidney. Lawrence, Kansas 1943.] — [5] WALKER, A. M., P. A. BOTT, J. OLIVER and M. C. MACDOWELL: Amer. J. Physiol. **134**, 580 (1941). — [6] WALKER, A. M., and J. OLIVER: Amer. J. Physiol. **134**, 562 (1941). — [7] Smith, Kidney S. 32.

membran besteht, gebildet. Sie gestattet allen Plasmabestandteilen den Durchtritt, außer denen mit großem Molekulargewicht, wie also den Plasmaproteinen, ferner den Fetttropfen und geformten Elementen. Die Nichtelektrolyte erscheinen in der Kapselflüssigkeit in der gleichen Konzentration wie im Plasma, die Elektrolyte in der durch das DONNAN-Gleichgewicht bestimmten.

2. Glucose und Phosphat werden durch die proximalen Tubuli,

3. ein Teil des Wassers (bei Amphibien 40%, bei Säugetieren wahrscheinlich 80%) im proximalen Tubulus rückresorbiert.

4. Gleichzeitig mit der Rückresorption von Wasser wird durch den proximalen Teil der Tubuli Chlorid (und begleitendes Natrium) in einem solchen Umfang resorbiert, daß

5. der proximale Tubulusharn isotonisch mit dem Plasma wird. Dabei ist die Rückresorption von Natrium der primäre, aktive Vorgang; die Resorption von Wasser erfolgt sekundär und kann unter Umständen einer passiven osmotischen Diffusion zugeschrieben werden.

6. Beträchtliche Mengen von Wasser können aber auch vom distalen Tubulus resorbiert werden, was zum endgültigen, konzentrierten Blasenharn führt.

7. Im proximalen Teil der Tubuli bleibt die Wasserstoffionenkonzentration unverändert, der Harn wird erst in einem scharf begrenzten Teil der distalen Tubuli gesäuert.

8. Ammoniak wird gebildet und ausgeschieden durch die distalen Tubuli.

9. Bei Säugetieren gelangt Harnstoff nur durch glomeruläre Filtration in den Harn. Nur beim Frosch wird er glomerulär filtriert *und* durch die proximalen Tubuli ausgeschieden.

Auf den Chemismus der Ausscheidungsvorgänge wird noch zurückzukommen sein (s. S. 27ff.).

1. Größe der filtrierenden und sezernierenden Fläche der Niere.

Nach VOGEL[1] enthält die 0,1 g schwere Froschniere rund 800 Glomeruli mit einem Gesamtvolumen von 1,115 mm³, d. i. 1% des Nierenvolumens. Aus der Anzahl der Capillarschlingen je Glomerulus (rund 8), ihrer Gesamtlänge (8 mm) und ihrem Durchmesser (15 μ) errechnete er die filtrierende Fläche zu rund 300 mm² für 0,1 g oder 30 cm² für 1 g Niere. Das auf den einzelnen Glomerulus entfallende Kanälchensystem besitzt eine resorbierende Oberfläche von 4,3 mm². Wurden noch die Sammelrohre als nicht resorbierender Anteil des Kanälchensystems berücksichtigt, so errechnete sich die tatsächliche innere Oberfläche der Kanälchen einer 0,1 g schweren Niere zu 30 cm². Da diese Oberfläche in 1 Std 0,17 cm³ Ringerlösung rückresorbiert, ergibt sich je min und cm² Tubulusoberfläche eine rückresorbierte Flüssigkeitsmenge von rund 0,1 mm³. Beim Hund ist die resorptive Leistung von 0,1 g Niere 10mal so hoch wie beim Frosch. Bei der Hundeniere hat der Glomerulus eine Filterfläche von 0,613 m² (s. [2]).

Beim Menschen beträgt die Gesamtzahl der Nephrone in beiden Nieren etwa 2 Millionen[3]. Da ein Kanälchen 52—58 mm lang ist, ergibt sich eine Gesamtlänge der Kanälchen von rund 100 km.

Nach STRAUB[4] beträgt die Fläche der Glomeruli $^3/_4$—$1^1/_2$ m², die Fläche der Kanälchen 7,26 m² und die Länge der Glomeruluscapillaren beider Nieren 50 km.

---

[1] VOGEL, G.: Pflügers Arch. **252**, 40 (1949/50). — [2] GREMELS, H.: In BECHER, E.: Nierenkrankheiten. Bd. 1, S. 81. Jena 1944. — [3] BRAUS, H.: Anatomie des Menschen. 2. Aufl. Bd. II, S. 356. Berlin 1934. — [4] STRAUB, H.: Lehrb. inn. Med. 3. Aufl. Bd. II, S. 6. Berlin 1939.

v. MÖLLENDORFF[1] gibt als Durchmesser des Glomerulus 192:159 μ an, als Länge des Kanälchens 34 mm, als Länge des Hauptstücks 14 mm und als seinen Durchmesser 57 μ. REHBERG[2] schätzt die Filterfläche der Glomeruli auf 0,88 m² bei 2 Millionen Glomeruli.

Unter Zugrundelegung von 1,7 Millionen Nephronen errechnete PÜTTER[3] für die menschliche Niere folgende Werte:

Tabelle 1. Oberfläche der Strukturelemente der Niere.

	Gesamtfläche m²	% der Gesamtfläche
Glomeruli.	0,50	6,4
Tubulus I = Hauptstück	4,25	55,0
Dünner Teil der Schleife	0,48	6,2
Dicker Teil der Schleife.	1,55	20,0
Tubulus II = Schaltstück	0,98	12,4
	7,76	100,0

2. Größe der Blutversorgung der Niere.

Die Aufgabe, das Blut von „Stoffwechselschlacken" zu befreien, läßt für die Niere eine besonders hohe Blutversorgung erwarten. Nach Angaben von SPÜHLER[4] errechnet sich der Durchfluß zu 4,7 cm³/g Niere je min; maximal werden 7 cm³/g Niere je min beobachtet.

HEIDENHAIN[5] berechnete, daß bei einer Gesamtblutmenge von 6 *l* und einer 3maligen Zirkulation dieser Blutmenge je min durch den Körper innerhalb 24 Std eine Menge von $3 \times 60 \times 24 \times 6 = 25\,920$ *l* getrieben werden, bei einem Nierengewicht von $^1/_{300}$ des Körpergewichts. *Bei der Annahme gleichmäßiger Verteilung des Blutstromes* würden somit durch die Niere innerhalb 24 Std $25\,920/200 = 130$ *l* Blut fließen.

Die tatsächliche Durchblutung der Niere, gemessen mit der Thermostromuhr beträgt aber nach JANSSEN u. REIN[6] 1,6—3,7 cm³ je min und g Organ, auf ein Gesamtnierengewicht von 300 g berechnet 480—1110 cm³, in 24 Std also 691 bis 1598 *l*. Über weitere Bestimmungsmöglichkeiten der Größe der Nierendurchblutung s. S. 25. JANSSEN u. REIN[6] fanden beim Hund als durchschnittliche Durchblutung 250 cm³/100 g Niere je min, VERZÁR[7] für die Katze 100 cm³/100 g Niere je min. Die Nierendurchblutung ist eine im Vergleich zu anderen Organen enorm hohe; so durchströmen bei der Katze den Skeletmuskel 12 cm³, den Kopf 20 cm³, die Nebennieren 600—700 cm³ Blut je 100 g Organ je min. Die Blutdurchflußzeit durch die isolierte Niere beträgt im Bereich physiologischer Drucke im Mittel 7 sec[8,9]. Über Meßmethoden der Durchblutungsgröße der Niere beim gesunden und nierenkranken Menschen s. unter „Clearance" S. 25.

Nach SWANN u. Mitarb.[10] hat die außergewöhnlich große Durchblutung der Niere 2 Funktionen: Sie ist notwendig für die Filtration des Blutes und für die Ernährung des Organs, zum zweiten liefert sie einen Vorrat an Energie,

---

[1] MÖLLENDORFF, W. v.: Anatomie der Nierensysteme. Handb. Physiol. Bd. 4, S. 183. — [2] REHBERG, P. B.: Biochem. J. **20**, 447, 461 (1926). — [3] PÜTTER, A.: Z. allg. Physiol. **12**, 148 (1911). — [4] SPÜHLER, O.: Zur Physio-Pathologie der Niere. Bern 1946. — [5] HEIDENHAIN, R.: Die Harnabsonderung. Handb. Physiol. (HERMANN) Bd. V/1, S. 279. 1883. — [6] JANSSEN, (S.), u. (H.) REIN: Ber. Physiol. **42**, 567 (1928). A. e. P. P. **128**, 107 (1928). — [7] VERZÁR, F.: Die Funktion der Nebennierenrinde. S. 17. Basel 1939. — [8] OCHWADT, B., u. J. SCHMIER: Pflügers Arch. **258**, 261 (1953/54). — [9] LOCHNER, W., u. B. OCHWADT: Pflügers Arch. **258**, 275 (1953/54). — [10] SWANN, H. G., J. C. LOCKE and H. L. KOESTER: 19. Int. Congr. Physiol. Montreal. S. 811. 1953.

um einen peritubulären, capillären See zu bilden, in welchen die Tubuli sozusagen als Dialysebeutel mit besonderer Permeabilität und mit zusätzlichen Stoffwechseleigenschaften eingehängt sind. Der peritubuläre „Blutsee“ ist ein großer Sinus mit elastischen Wänden, mit einem Damm am Ausfluß. Der Druck in ihm ist etwa 25 mm Hg; sein Volumen ist ungefähr $^1/_{10}$ des Nierenvolumens. Um ihn mit Blut gefüllt zu halten, wird ein großer Teil der totalen Energie, die in dem reichlichen Blutdurchfluß der Niere enthalten ist, als potentielle Energie benutzt. Um den Blutstrom zurückzuhalten und den „See“ zu bilden, werden 2 Einrichtungen zur Stauung verwendet, die erste befindet sich gerade an den venösen Zusammenflüssen der V. arcuatae zu den V. lobares und besteht aus Kissen von Bindegewebe mit Blutsinus erfüllt, welche schwellen und dann in das Venenvolumen hineinragen; die 2. Stauungseinrichtung liegt etwas oberhalb des genannten Zusammenflusses und stellt ein Ventil dar, das dem Irisdiaphragma vergleichbar ist und beim Menschen viele glatte Muskelfasern enthält. Diese Strukturen werden auch im Venensystem der Placenta und des Intestinaltraktes gefunden, und ihre Funktionen sind dort dieselben wie in der Niere.

3. Blutverteilung und Harnbereitung.

Die Durchblutung der Niere ist in ihren einzelnen Gefäßbereichen niemals konstant, sondern wechselt nach funktionellen Erfordernissen in ganz charakteristischer Weise[1, 2]. Die Blutverteilung wird vornehmlich als eine Druckverteilung zu bestimmten Nephronabschnitten angesehen, die für die Harnbereitungsarbeiten maßgeblich sind. Zu der Hämostatik und vor allem -dynamik mit ihrer pressodynamischen Bedeutung kommen auf der anderen Seite ebenfalls statische und dynamische Kräfte des Tubulusharnes zur Wirkung, wodurch die Möglichkeit der Modifikation von *Richtung und Größe des Druckgefälles zwischen peritubulärem Blutdruck und intratubulärem Harndruck* gegeben ist, die in den verschiedenen Abschnitten eines Nephrons nach FREY[2] ganz verschieden sein können.

Bei Polyurie sind die Glomeruli, sowie das Capillarnetz der Rinde, bei Oligurie die Mark-Rindengrenze und die juxtamedullären Glomeruli stark durchblutet[3, 4].

Die Autonomie der Nierendurchblutung* wird erst dann durchbrochen, wenn alle anderen Möglichkeiten der kompensatorischen Mehrdurchblutung der lebenswichtigen Organe erschöpft sind. Veränderungen im arteriellen Blutdruck haben keinen Einfluß auf die renale Blutdurchströmung. Bei intakter Nervenversorgung der Niere sinkt bei einer Verminderung des arteriellen Druckes die Durchströmung nicht linear mit dem Druck ab, sondern langsamer. Bei niedrigen Drucken sinkt dann die Durchströmung steiler ab, bis bei einem Wert von 14 mm Hg die Strömung aufhört. Dieser Wert wird als „kritischer Schließungsdruck“ bezeichnet. Nach Abzug des venösen Druckes beträgt er etwa 10 mm Hg. Dieser Wert stellt also den Mindestdruck dar, der herrschen muß, um die Blutströmung durch die Niere in Gang zu halten. In der Neigung zur Aufrechterhaltung des Nierenkreislaufs auch bei stark vermindertem arteriellem Druck dokumentiert sich die Autonomie des Nierenkreislaufs. Sie ist sicher intrarenalen Ursprungs, denn sie bleibt auch der denervierten Niere erhalten[6]. Nach Untersuchungen von RITTER[7] beruht sie allein auf Reaktionen der afferenten Arteriolen. Ob die Niere zu einer

* Über den Nachweis von Baro- und Chemorezeptoren und über autonome Ganglien in der Niere s. [5].

[1] EBBECKE, U.: Pflügers Arch. **226**, 761 (1931). — [2] FREY, E., u. J. FREY: Die Funktionen der gesunden und kranken Niere. S. 13, 14, 99. Berlin, Göttingen, Heidelberg 1950. — [3] KUHLGATZ, G.: Pflügers Arch. **256**, 1 (1952/53). — [4] HÖPKER, W.: A. e. P. P. **210**, 257 (1950). — [5] PAGE, I. H., and J. W. McCUBBIN: Amer. J. Physiol. **173**, 411 (1953). — [6] SELKURT, E. E.: Kli. Wo. **1955**, 359. — [7] RITTER, E. R.: Amer. J. Physiol. **168**, 480 (1952).

reaktiven Hyperämie fähig ist, ist ungewiß[1]. Die Durchblutung der Niere nimmt unabhängig von dem Blutdruck durch Verengerung der Strombahn bei Hypoxämie ab.

4. Steuerung der Nierenfunktion.

Die Niere ist wie jedes Organ durch den Blutkreislauf und das Nervensystem mit der Tätigkeit der anderen Organe verknüpft, und zwar als Ausscheidungsorgan in einer noch engeren Weise als die anderen. Denn im allgemeinen stellt sie nicht Stoffe her, deren Vorstufen sie dem Blut entnimmt, sondern sie reagiert auf die Plasmakonzentrationen einzelner Bestandteile mit der Ausscheidung derselben. Sie wird also nicht nur von den einzelnen Hormonen in ihrer Tätigkeit beeinflußt (s. S. 57ff.), wie die Nebennierenrinde durch die corticotropen Hormone des Hypophysenvorderlappens oder die Schilddrüse durch das thyreotrope Hormon oder durch das Jod, sondern die Zusammensetzung des Plasmas an jedem einzelnen Stoff bedingt eine besondere Tätigkeit des Organs[2]. Die Niere empfängt also die Reize zu ihrer Tätigkeit im allgemeinen nicht durch das Nervensystem, sondern durch die Blutzusammensetzung, falls nicht ein Überangebot an harnpflichtigen Stoffen besteht. Der beste Beweis für die weitgehende Autonomie der Niere ist die völlige Leistungsfähigkeit des Organs nach Transplantation[2].

Die Nierennerven sind vasomotorische Fasern, ihre Reizung führt zur Gefäßkontraktion, ihre Durchtrennung, wie überall im Körper, zu einer Gefäßerweiterung und zu einer Glomerulusdiurese, die so verläuft wie Harnfluten nach Salzen, Coffein, Harnstoff, Zucker, Digitalis oder Quecksilber: Vermehrung der Harnmenge, wobei der Harn blutähnlicher wird. Daher unterliegt die Niere wie alle anderen Organe reflektorischen Einflüssen, die sie über das sympathische System erreichen, wenn auch ihr Gefäßsystem verhältnismäßig selbständig ist. Die Grundlage normaler Nierentätigkeit ist, wie in anderen Körperorganen auch, an eine bestimmte Tonuslage der Nierengefäße gebunden[3]. Nach Untersuchungen von KUHLGATZ[4] sowie von BLOCK und Mitarb.[5] bewirkt die faradische Reizung der Nierenstielnerven, der N. ischiadici, des Plexus solaris sowie des Rückenmarks in Höhe von D 9 bis L 1 bei narkotisierten und nichtnarkotisierten Kaninchen nur eine mäßige Beeinträchtigung der Nierenfunktion, niemals jedoch eine länger anhaltende Anurie. Eine reflektorische Anurie trat jedoch immer als Folge eines traumatischen Schocks auf (Zertrümmerung einer Extremität). Entnervung der betreffenden Extremität, Rückenmarksdurchtrennung sowie Narkotisierung der Tiere bewirkte ein Ausbleiben der Anurie. Auch beim anaphylaktischen Schock kam es stets zum Auftreten einer Anurie. Bei narkotisierten und decerebrierten Tieren blieben die Harnausscheidungsstörungen aus. Es läßt sich also bei der experimentell erzeugten reflektorischen Anurie stets eine Beteiligung des Nervensystems nachweisen. Bei Hunden, die sich im Zustand der osmotischen Diurese befanden, fanden KAPLAN und Mitarb.[6] nach unilateraler Splanchnicusdurchtrennung die Ausscheidung von Na und Cl auf dieser Seite erhöht.

5. Blutdruck und Harnbildung.

An der isolierten Niere des Kaninchens konnten RICHARDS u. PLANT[7] den Blutstrom und den Blutdruck unabhängig voneinander ändern und beobachten,

[1] KREIENBERG, W., L. PROKOP u. T. SCHIFFER: Pflügers Arch. **251**, 675 (1949). — [2] FREY, E., u. J. FREY: Die Funktionen der gesunden und kranken Niere. S. 64. Berlin, Göttingen, Heidelberg 1950. — [3] FREY, E.: Nierentätigkeit und Wasserhaushalt. S. 30—35. Berlin, Göttingen, Heidelberg 1951. — [4] KUHLGATZ, G.: A. e. P. P. **217**, 162 (1953). — [5] BLOCK, M. A., K. G. WAKIM and F. C. MANN: Amer. J. Physiol. **169**, 670 (1952). — [6] KAPLAN, S. A., C. D. WEST and S. J. FOMON: Amer. J. Physiol. **175**, 363 (1953). — [7] RICHARDS, A. N., and O. H. PLANT: Amer. J. Physiol. **59**, 144 (1922).

daß bei gleichbleibender Durchströmung die Harnmenge eine lineare Funktion des Blutdruckes ist. Beim Menschen kann man den Druck der Hauptarterie zu 90 mm Hg annehmen, während der durchschnittliche kolloidosmotische Druck der Plasmaproteine rund 24 mm Hg beträgt. Bei Frosch und Necturus werden für die beiden Werte 29 mm und 7,7 mm angegeben. Nach Untersuchungen von WIRZ[1] an der Niere des Goldhamsters ist die extracelluläre Flüssigkeit an der Nierenpapille stark hypertonisch, wenn die Niere einen hypertonischen Harn produziert. Diese Ergebnisse sprechen für die Ansicht von WIRZ und von WIRZ, HARGITAY u. KUHN[2], daß ein haarfeines Gegenstromsystem, das durch die HENLEschen Schleifen geliefert wird, bei dem Prozeß der Konzentrierung des Harns beteiligt ist, bei dem die Konzentrierung des Harns nur auf Grund der Diffusion von Substanzen durch semipermeable Membranen, nämlich der Tubuluswände, erreicht werden soll (s. a. KUHN u. RYFFEL, S. 11)[3].

Unter Zugrundelegung reiner Ultrafiltration an der Glomerulusmembran kann der effektive Filtrationsdruck (P_{eff}) nach der Formel

$$P_{\mathrm{eff}} = P_{\mathrm{hydr}} - (P_{\mathrm{onk}} + P_{\mathrm{K}} + R)$$

berechnet werden.

Darin ist: P_{hydr} = hydrostatischer Druck in den Glomerulusgefäßen, P_{onk} = onkotischer Druck = kolloidosmotischer Druck + Quellungsdruck der Plasmaeiweißkörper — DONNAN-Druck*, P_{K} = Druck der Flüssigkeit im Kapselraum, R = Reibungswiderstand im Nierenfilter.

Da der onkotische Druck des Plasmas normalerweise zwischen 23 und 30 mm Hg beträgt[4], der Kapseldruck, der auf den durch den intrarenalen Druck bedingten Rückstau zurückzuführen ist, aber kaum 10 mm Hg übersteigt (gemessen an der isolierten Hundeniere — für die menschliche liegen keine zuverlässigen Messungen vor —) sprechen die Ergebnisse von WINTON[5] am Herz-Nieren-Lungenpräparat, welche einen Glomeruluscapillardruck von 65—75% des Aortendruckes ergaben, dafür, daß normalerweise der Druck in den Glomeruluscapillaren die zur Filtration nötige Mindesthöhe bei weitem übersteigt.

Infolge ihrer anatomischen Besonderheiten sind die vasa afferentia und nach WINTON[6] sowie SMITH[7] auch die vasa efferentia zu lokalen Reaktionen befähigt, welche den effektiven Filtrationsdruck offenbar auch bei Abnahme der Blutströmung bis zu einem gewissen Grade konstant erhalten können. Sinkt aber der Blutdruck bis zum onkotischen Druck des Plasmas ab oder darunter, so ist er nicht mehr befähigt, gegen den onkotischen Druck Wasser abzupressen[8].

Nach Untersuchungen von MILES u. DE WARDENER[9] haben Veränderungen des Blutdruckes zwischen 100 und 200 mm Hg wenig Einfluß auf die renale Blutdurchströmung. Auch in der isolierten Niere ist diese „Autoregulation" vorhanden. Durch Cyanid ließ sie sich ausschalten, die Untersucher nehmen daher an, daß ein aktiver Mechanismus diese Selbststeuerung bewirkt.

---

* Durch die Entstehung von DONNAN-Gleichgewichten in eiweißundurchlässigen Membranen entsteht ein zusätzlicher Gegendruck von ungefähr 6 cm H_2O, der praktisch vernachlässigt werden kann.

[1] WIRZ, H.: 19. Int. Congr. Physiol. Montreal. S. 896. 1953. — [2] WIRZ, H., B. HARGITAY and W. KUHN: Helv. physiol. Acta **9**, 196 (1951). — WIRZ, H.: Helv. physiol. Acta **11**, 20 (1953). — [3] WIRZ, H.: In The Kidney. Ciba Found. Symp. S. 38. London 1954. — [4] WIES, C. H., and J. P. PETERS: J. clin. Invest. **16**, 93 (1937). — [5] WINTON, F. R.: J. Physiol., London **72**, 361 (1931). — [6] WINTON, F. R.: J. Physiol., London **73**, 151 (1931). — [7] SMITH, H. W.: Physiology of the renal circulation. Harvey Lect. (1939/40) **35**, 166 (1941). — [8] STARLING, E. H.: J. Physiol., London **19**, 312 (1896); **24**, 317 (1899). — [9] MILES, B. E., and H. E. DE WARDENER: J. Physiol., London **123**, 131 (1954). — MILES, B. E., M. G. VENTOM and H. E. DE WARDENER: J. Physiol., London **123**, 143 (1954).

6. Stoffwechsel, Sauerstoffverbrauch und Arbeitsleistung der Niere.

Die Nieren besitzen einen außerordentlich intensiven Stoffwechsel. Größenordnungsmäßig macht der Energieumsatz der beiden Nieren $^1/_{10}$—$^1/_{20}$ des gesamten Ruhe-Umsatzes des Körpers aus (60—180 Cal in 24 Std, Sauerstoffverbrauch 10—30 l O_2), obwohl ihr Gewicht nur etwa $^1/_{300}$ des Körpergewichts ausmacht. Der Energieverbrauch je Gewichtseinheit ist größer als bei allen anderen Organen. Nach REIN[1] beträgt der O_2-Verbrauch beim Tier je g Niere und min 0,03—0,1 cm³. Er wird häufig auf die Harnmenge bezogen[2-4], z.B. fanden BARCROFT u. STRAUB[5], daß beim Hund zur Bildung von 1,0 cm³ Harn 0,05 cm³/O_2/g Niere/min verbraucht werden. Bei einigen Formen der Diurese wurde ein bedeutender Anstieg des O_2-Verbrauches festgestellt, z. B. von 0,06 auf 0,28 cm³ je g Niere und min[6]. Der Sauerstoffverbrauch ist im Rindenanteil der Niere höher als in der Markaußenzone[7]. Bei frischer Meerschweinchenniere wurden gefunden: Q_{O_2} für die Rinde 20,4 (maximal möglicher Q_{O_2} 720[8]), für das Mark 10,3, für die Papille 3,1. Die Befunde stehen in Übereinstimmung mit Untersuchungen von J. FREY u. PIRWITZ, nach denen die Tubuluszellen die größte Atmung besitzen[9]. In der Gesamtniere fanden SARRE u. EGER[10] einen Sauerstoffverbrauch je mg Trockengewicht und Std (Q_{O_2}) von 5,9—6,1, während andere Autoren bei Schnitten Werte zwischen 9,7 und 20,6 ermittelten. Nierenbrei hat gewöhnlich einen niedrigeren O_2-Verbrauch als Nierenschnitte.

Bei der experimentellen Nephritis nach MASUGI ist der Q_{O_2}-Wert erhöht[10], und zwar um so stärker, je schwerer die Nephritis verläuft. Die Q_{O_2}-Werte der Nieren von Ratten mit experimentell erzeugtem Hochdruck sanken von 19,5 auf 15,8 im Mittel. Diese Veränderungen waren nicht die Folge eines Ersatzes aktiven Gewebes durch sklerosiertes Gewebe. Zwischen der Blutdrucksteigerung und der Atmungsverminderung ließ sich keine feste Korrelation feststellen[11].

Bei der menschlichen Niere wurde eine arterio-venöse O_2-Differenz im Mittel von 1,85 Vol-% (1,03—2,59) festgestellt; der O_2-Verbrauch der Niere war im Durchschnitt 17,3 cm³/min (7,7—27,0), das sind je g Niere etwa 0,07 cm³/min. Nieren mit höherer Durchblutung hatten auch einen höheren O_2-Verbrauch[12]. Die starke Durchblutung ist bei der Niere nicht durch den Sauerstoffbedarf bedingt, da andere Organe des Körpers ihre Sauerstoffentnahme aus dem Capillarblut mit einer höheren Utilisation vornehmen. Das Blut verläßt die Niere in noch sehr wenig venosiertem Zustand; man sieht geradezu an der Farbe der Nierenvene die geringe arterio-venöse Sauerstoffdifferenz[13]. CARGILL u. HICKAM[14] haben beim Menschen die rechte Nierenvene katheterisiert und einen Sauerstoffverbrauch von 16 cm³/min gefunden, also etwa 0,107 cm³/g Niere/min. Die arterio-venöse Sauerstoffdifferenz betrug für Nierenblut beim normalen Menschen im Durchschnitt 1,42 Vol-%. Bei der isolierten Niere war der Sauerstoffverbrauch (etwa 0,04—0,199 cm³/g Niere/min) parallel der ausgeschiedenen Stickstoffmenge.

---

[1] REIN, H.: Physiologie des Menschen. 8. Aufl. S. 249. Berlin 1947. — [2] PÜTTER, A.: Die Dreidrüsentheorie der Harnbereitung. Berlin 1926. — [3] BARCROFT, J., and T. G. BRODIE: J. Physiol., London **32**, 18 (1904); **33**, 52 (1905). — [4] HAYMAN, J. H. jr., and C. F. SCHMIDT: Amer. J. Physiol. **83**, 502 (1927/28). — [5] BARCROFT, J., and H. STRAUB: J. Physiol., London **41**, 145 (1910). — [6] BAINBRIDGE, F. A., and C. L. EVANS: J. Physiol., London **48**, 278 (1914). — [7] KISCH, B.: B. Z. **277**, 210 (1935). — [8] LANG, K.: 4. Mosbacher Coll. S. 6. 1953. — [9] FREY, J., u. J. PIRWITZ: [FREY, E., u. J. FREY: Die Funktionen der gesunden und kranken Niere. Berlin, Göttingen, Heidelberg 1950]. — [10] SARRE, H., u. W. EGER: Z. klin. Med. **136**, 96 (1939). — [11] ENSELME, J., R. CREYSSEL et G. MARET: J. Physiol., Paris **41**, 165 A (1949). — [12] SPÜHLER, O., C. MAIER, M. VOLKMANN, A. BÜHLMANN, S. BORNHAUSER u. J. L. DE CHASTONAY: Helv. med. Acta (A) **17**, 615 (1950). — [13] FREY, E.: Nierentätigkeit und Wasserhaushalt. Berlin, Göttingen, Heidelberg 1951. — [14] CARGILL, W. H. and J. B. HICKAM: J. clin. Invest. **28**, 526 (1949).

Die menschliche Niere in situ scheint ihren Sauerstoffverbrauch mit der exkretorischen Leistung nur wenig zu verändern[1], während das Herz je nach Beanspruchung seinen Sauerstoffverbrauch um das 4—5fache, der Skeletmuskel um das 30—50fache zu steigern vermag. Darin ähnelt die Niere dem Gehirn, dessen Atmung unter physiologischen Bedingungen auch im Schlaf bemerkenswert konstant bleibt[2,3] (s. Bd. 2/2a, S. 778). Bei verschiedenen Warmblüterarten ist die in vitro gemessene Atmung der Niere (und der Gehirnrinde) verhältnismäßig wenig abhängig vom Körpergewicht. Während der Gesamtumsatz je kg Körpergewicht von der Maus bis zum Pferd im Verhältnis 1:9 absinkt, fand KREBS für die Leber ein Verhältnis von 4:1, für die Milz von 4:1, für die Lunge von 3:1 und für die Niere sowie die Großhirnrinde ein Verhältnis von nur 2,2:1 (s.[4]).

Der Harn ist beim Abfluß aus der Niere wärmer als das Nierenarterienblut[5]. Nach JANSSEN u. REIN[6] betrug die Wärmeabgabe durch das Nierenvenenblut 0,035—0,70 cal/g Niere/min. Infolge der enormen Organdurchblutung ist die arteriovenöse Differenz mit 2,8% sehr klein, gegenüber der der Hohlvene von 6%[7]. Die hohe Nierendurchblutung könnte auch einem Kühlsystem dienen, worauf zuerst REIN[8] aufmerksam gemacht hat. Er fand bei der Abscheidung von isotonem Harn 0,30—0,40 cal/min/g Niere, eine Wärmemenge, die unter dem Einfluß von Größe und Art der Harnausscheidung wechselt. Höchste Werte der Wärmebildung wurden bei hypotonem Harn (Gefrierpunktsdepression Δ 0,18°, niedrigere bei hypertonem Harn (Δ 2,2°) beobachtet.

Bei Belastung der menschlichen Niere mit p-Aminohippursäure, Wasser oder Mannit ergaben sich hinsichtlich der Nierenplasmadurchströmung keinerlei von der Norm abweichende Verhältnisse:

Die Filtrationsgröße nahm bei Vergleich mit unbelasteten Nieren nur während der Wasserdiurese deutlich zu, während sie bei osmotischer Diurese (Mannitbelastung und p-Aminohippursäure-Tubulussättigung) unbeeinflußt blieb. Die arterio-venösen O_2-Differenzen waren bei Nierenbelastungen mit p-Aminohippursäure, Wasser bzw. Mannit jeweils von gleicher Größenordnung und betrugen im Mittel 1,43 Vol.-%. Der O_2-Verbrauch der Niere war also bei Belastung mit Wasser, Mannit bzw. p-Aminohippursäure gegenüber der Norm nicht erhöht[9].

Die Niere leistet osmotische Arbeit. Sie beträgt bei einem täglichen Blutdurchfluß von 1500 *l*, einer Harnmenge von 1,5 *l* am Tage und der normalen täglichen Schlackenmenge in 24 Std 45 *l*-Atmosphären, das sind 473 mkg oder etwas mehr als 1 cal (s.[10]). Der hohe Energieverbrauch läßt sich also nach E. FREY durch die osmotische Arbeit in keiner Weise erklären. Er ist offenbar durch die besondere Natur der in der Niere sich abspielenden energieverbrauchenden Absorptions- und Sekretionsvorgänge bedingt. Wahrscheinlich muß die hohe Selektivität des Stofftransportes durch die Epithelien der Tubuli durch einen schlechten energetischen Wirkungsgrad erkauft werden[10,11].

Die Hauptmenge der in der Niere verbrauchten Energie wird jedoch nach CLARK u. BARKER[1] dazu verwendet, jene Strukturen aufrecht zu erhalten, welche die

[1] CLARK, J. K., and H. G. BARKER: Fed. Proc. **8**, 26 (1949). — [2] SCHMIDT, C. F.: Pflügers Arch. **251**, 571 (1949). — [3] MANGOLD, R., L. SOKOLOFF, P. O. THERMAN, E. H. CONNER J. I. KLEINERMAN and S. S. KETY: Fed. Proc. **10**, 89 (1951). — [4] KREBS, H. A.: Biochim. biophysica Acta, N. Y. **4**, 249 (1950). — [5] GRIJNS, G.: Arch. int. Anat. Physiol. **42**, 567 (1928). — [6] JANSSEN, (S.), u. (H.) REIN: Ber. Physiol. **42**, 567 (1928). — [7] SARRE, H., u. E. ANSORGE: Pflügers Arch. **242**, 79 (1939). — [8] REIN, (H.): A. e. P. P. **128**, 106 (1928). — [9] CLARK, J. K., and H. G. BARKER: J. clin. Invest. **30**, 745 (1951). — [10] SCHULZ, G. V.: Über den makromolekularen Stoffwechsel der Organismen. Naturwiss. **37**, 196 (1950). — [11] FREY, E.: Nierentätigkeit und Wasserhaushalt. S. 60. Berlin, Göttingen, Heidelberg 1951.

Niere zur Bewältigung ihrer Aufgaben benötigt. Prozesse, wie die der Harnbildung und der Ausscheidung bestimmter Substanzen, werden mit geringem Energieaufwand durchgeführt.

7. Nierenfunktion während der Keimesentwicklung[1].

Es wird angenommen, daß die Urniere bei Tieren, bei denen das Organ gut entwickelt ist, so z. B. beim Schwein, auch tätig wird. Beim Menschen dürfte die Urniere jedoch kaum in Funktion treten, obwohl sie verhältnismäßig gut entwickelt ist, da sich der Sinus urogenitalis beim Menschen erst spät nach außen öffnet. Dagegen wird es für möglich gehalten, daß die Urniere als eine Drüse mit innerer Sekretion Stoffe an die Blutbahn abgibt, die für die Entwicklung anderer Organe wichtig sind. Doch ist für die Entwicklung des Fetus bis zur Reife die Nierentätigkeit entbehrlich, was die ungestörte Entwicklung von Keimlingen mit angeborenem Nierenmangel beweist. Da die Rückbildung der Urniere beim Menschen schon zu einer Zeit erfolgt, zu der die MALPIGHIschen Körperchen der Nachniere noch nicht voll entwickelt sind, obliegt auch in diesen Entwicklungsstadien die Eliminierung der im Fetus anfallenden harnpflichtigen Substanzen der Placenta[2]. Erst in der 2. Hälfte des Embryonallebens tritt die Niere in geringem Ausmaß in Funktion, weshalb zur Zeit der Geburt die Harnblase gefüllt ist. Beim Fetus ist die Nierentätigkeit dadurch erschwert, daß der venöse Blutdruck größer ist als der arterielle und der arterielle kaum halb so groß wie nach der Geburt. Beim Neugeborenen und in den ersten Tagen nach der Geburt finden sich in den Sammelröhren Harnsäureinfarkte, welche allmählich ausgeschwemmt werden. Bei pathologischem Versagen der mütterlichen Nieren oder bei experimenteller Entfernung der Nieren bei Muttertieren kann eine vikariierende Ausscheidung von seiten der embryonalen Niere stattfinden, was zu einem Hydramnion führen kann. Es wird angenommen, daß während des intrauterinen Lebens Harn vom Keimling nur ab und zu, aber nicht regelmäßig entleert wird[2,3]. Der fetale Urin beim Schaf hat nur die Hälfte der osmotischen Konzentration der Amnion- und der Allantoisflüssigkeit und nur $^1/_3$ derjenigen des Blutes. Es wird daher der fetale Urin als ein Faktor angesehen, der für die Gefrierpunktsdepression der beiden Flüssigkeiten verantwortlich ist. Vergleichende Analysen der Zusammensetzung von fetalem Blasenurin und von Urin ausgewachsener Schafe (s. [4]).

8. Nierenfunktion und Wachstum[5].

RUBIN[6] untersuchte mit Hilfe von Clearance-Methoden die Reifung der renalen Funktion im Kindesalter und fand, daß sie erst gegen das 2. Lebensjahr abgeschlossen ist.

Nach KURNICK[7] ist das Anwachsen der Nierenmasse während des Wachstums auf die Vermehrung der Zellzahl zurückzuführen. KURNICK bestimmte bei Ratten den Gehalt des Nierengewebes an Desoxyribonucleinsäure (DNS) und zählte außerdem die Zellkerne aus. Das Verhältnis in mg von DNS je 100 g Nierengewebe schwankte nur zwischen 38 und 42, während die Zellzahl von 37- bis auf 58×10^7 anstieg, bei einem Gewicht der Tiere von 80—219 g und einem Gewicht des Nierengewebes von 0,78—1,37 g. Nach unilateraler Nephrektomie zeigte die belassene

[1] CLARA, M.: Entwicklungsgeschichte des Menschen. S. 380ff. Leipzig 1943. — [2] MIKULICZ-RADECKI, F. v.: in STOECKEL, W.: Lehrbuch der Geburtshilfe. 11. Aufl, S. 58. Jena 1951. — [3] SEITZ, L.: in STOECKEL, W.: Lehrbuch der Geburtshilfe. 11. Aufl. S. 95. Jena 1951. — [4] NEEDHAM, J.: Chemical Embryology. S. 1550. London 1931. — [5] HUNGERLAND, H.: Harnorgane. In: Biol. Daten (BROCK), 2. Aufl. Bd. 2. S. 336—378. — [6] RUBIN, M. I., E. BRUCK and M. RAPOPORT: J. clin. Invest. **28**, 1144 (1949). — [7] KURNICK, N. B.: J. exp. Med. **94**, 373 (1951).

Niere eine echte Hypertrophie ohne bedeutende Hyperplasie[1]. Diese kompensatorische Hypertrophie der Niere wird auch beim hypophysektomierten Tier beobachtet[2].

Nach MINKOWSKI[3] ist bei der Neugeborenenniere die Glomerulusfiltratmenge (30 cm³/min/m²), die maximale tubuläre Kapazität und die Fähigkeit zur Harnkonzentrierung geringer als bei der Erwachsenenniere. Beim *frühgeborenen* Kind kommt es außerdem zu großen Na- und Cl-Verlusten s. a.[4].

d) Der Begriff der Clearance[5, 6].

Der Begriff „Clearance" wurde zuerst in Verbindung mit der Ausscheidung von Harnstoff[7] gebraucht und bezeichnete die Menge Blut, die als Folge der Harnausscheidung in der Minute durch gesunde oder kranke Nieren von Harnstoff befreit wird. Die Harnstoffausscheidung erwies sich als verhältnismäßig konstant, sobald die Geschwindigkeit der Harnausscheidung über einer bestimmten Grenze lag. Die Harnstoff-Clearance war also weitgehend unabhängig von der Geschwindigkeit der Harnbildung. 1931 wurde der Begriff der Clearance[8] auf die Ausscheidung von Kreatinin ausgedehnt, und er wird jetzt allgemein zur Definierung der Ausscheidungsgröße von Substanzen benützt.

Die fiktive Plasmamenge, welche in der Minute von einer bestimmten Substanz befreit wird, oder diejenige Plasmamenge, welche die je min im Harn ausgeschiedene Menge dieser Substanz enthält, wird als Clearance bezeichnet[9].

Das Wort Clearance könnte etwa durch „Klärfähigkeit" oder „Entharnungsvermögen" verdeutscht werden.

Bei der Bestimmung der Clearance wird nicht wie bei den meisten angewandten Funktionsprüfungen die Ausscheidung eines Stoffes durch die Niere verfolgt und in ihrer Größe gemessen, sondern die Ausscheidungsgröße wird in Beziehung gesetzt zu der Blutkonzentration des ausgeschiedenen Stoffes. So lautet die Clearance-Formel in ihrer einfachsten Form[10]: $Cl = A/C$, d. h. die Clearance der Nieren ist direkt proportional der ausgeschiedenen Substanzmenge A und umgekehrt proportional der mittleren Plasmakonzentration C*.

Wenn man chemische Veränderungen, wie Desaminierung, Decarboxylierung, Oxydation usw. ausschließt, kann die Ausscheidung einer Substanz entweder durch Filtration allein, durch Filtration und tubuläre Sekretion oder durch Filtration und tubuläre Rückresorption erfolgen. Die Clearance einer Substanz muß Null sein, wenn sie vollständig filtriert und vollständig rückresorbiert wird, wie z. B. bei Glucose. Wenn nun die tubulär rückresorbierte Substanzmenge immer kleiner wird, erscheint die Substanz im Harn in immer größeren Mengen,

* Zur Methodik der Clearance-Bestimmungen s. FREY, W.: Handb. inn. Med. (BERGMANN-FREY-SCHWIEGK) 4. Aufl. Bd. VIII, S. 105. — Über indirekte Clearance-Messung s. MEYER, F.: Kli. Wo. **1952**, 987. — DOST, F. H.: Kli. Wo. **1949**, 257. — WITTKOPF, H.: Kli. Wo. **1951**, 191. — KLAUER, H.: Kli. Wo. **1952**, 783. Z. ges. exp. Med. **119**, 490 (1952). — SELKURT, E. E.: Ann. Rev. Physiol. **13**, 233 (1951). — DESBORDES, J., et C. GUYOTJEANNIN: in Techniques de Laboratoire. Bd. Chimie clinique. S. 193ff. Paris 1954. — KLEINSCHMIDT, A.: 3. Freiburger Symp. S. 57. Berlin, Göttingen, Heidelberg 1955. — BETTGE, S., u. G. SIMON: Z. ges. exp. Med. **125**, 116 (1955). — CLAUSEN, H. H., and H. KLAUER: Z. ges. exp. Med. **119**, 490 (1952).

[1] KURNICK, N. B.: 2. Int. Congr. Biochem. Paris. S. **363**. 1952. — [2] EGER, W., u. H. D. GOTHE: Z. ges. exp. Med. **124**, 310 (1954). — [3] MINKOWSKI, A.: Paris méd., Suppl. **4**, 3 (1951). — [4] FRIEDERISZICK, F. K.: Nieren-Clearance-Untersuchungen im Kindesalter. Basel, New York 1954. — [5] Smith, Kidney S. 39. — [6] AUERSWALD, W.: Wien. klin. Wschr. **1950**, 433. — [7] MÖLLER, E., J. F. MCINTOSH and D. D. VAN SLYKE: J. clin. Invest. **6**, 427 (1928). — [8] JOLLIFFE, N., and H. W. SMITH: Amer. J. Physiol. **98**, 572 (1931). — [9] REIN, H.: Physiologie des Menschen. 10. Aufl. S. 265. Berlin, Göttingen, Heidelberg 1949. — [10] MEYER, F.: Kli. Wo. **1952**, 987.

bis sie, wenn gar keine Rückresorption mehr erfolgt, vollständig mit dem Harn ausgeschieden wird, d. h. ihre Clearance ist dann gleich der glomerulären Filtration; dies ist z. B. beim Inulin der Fall. Wenn eine Substanz in den Glomeruli filtriert und in den Tubuli sezerniert wird, so wird die Clearance um die sezernierte Menge größer sein als die glomeruläre Filtration, was z. B. für Kreatinin, Phenolrot, p-Aminohippursäure zutrifft. Die obere Grenze der Clearance wird dann erreicht, wenn die Niere alles ihr zugeführte Blut bei einem einzigen Durchgang von einer bestimmten Substanz befreit, und ist gleich der wirklichen Plasmadurchströmung durch alle sezernierenden Gewebe der Niere.

Messungen der Glomerulusfiltration. Wenn eine Substanz zur Messung der Glomerulusfiltration gebraucht werden soll, so muß sie bestimmten Anforderungen genügen:

1. Sie muß vollständig filtrierbar sein, d. h. ihre Moleküle müssen so klein sein, daß sie die Glomerulusmembran passieren können; sie darf mit den Proteinen des Plasmas keinerlei Bindungen eingehen, da die Plasmaproteine nicht filtrabel sind. 2. Sie darf durch die Tubuli weder synthetisiert noch zerstört werden. 3. Sie darf durch die Tubuli weder rückresorbiert noch sezerniert werden. 4. Sie muß physiologisch inaktiv sein, so daß ihre Zuführung keine störende Wirkung auf den Organismus und besonders nicht auf die Niere hat. 5. Sie muß so beschaffen sein, daß ihre Konzentration im Plasma und im Harn genau bestimmt werden kann.

Auf der Suche nach geeigneten Substanzen zur Bestimmung der tubulären Wasserrückresorption überprüften H. W. Smith u. Mitarb.[1] systematisch die Ausscheidung verschiedener Kohlenhydrate im Harn, die normalerweise nicht im intermediären Stoffwechsel vorkommen. Nach den Befunden an der aglomerulären Niere war anzunehmen, daß Kohlenhydrate tubulär nicht sezerniert werden. Sie waren außerdem für den Organismus indifferent, so daß sie auch für funktionelle Nierenprüfungen am Menschen in Betracht kamen. Unter anderem wurde auch Inulin (Mol. Gew. 5200) untersucht, das alle genannten Bedingungen erfüllte. Inulin und zugeführtes Kreatinin werden nach H. W. Smith[1] im Harn von Hund, Kaninchen, Schaf, Robbe und Frosch in genau gleichem Grad konzentriert. Dies war ein weiterer indirekter Beweis dafür, daß bei den genannten Tieren beide Substanzen nur der Ultrafiltration im Glomerulus unterliegen, da es unwahrscheinlich ist, daß 2 so verschiedene Substanzen wie Inulin und Kreatinin bei allen diesen Tieren tubulär völlig parallel rückresorbiert oder sezerniert werden. Beim Haifisch, Menschenaffen und auch beim Menschen wurde jedoch eine — bezogen auf Inulin — erhöhte Konzentrierung des exogenen Kreatinins gefunden. Daß eine tubuläre Sekretion von Inulin nicht erfolgt, konnten Richards u. Mitarb.[2] an Hand von Durchströmungsversuchen an Frosch-, Kaninchen- und Hundenieren bei einem Blutdruck, der unter dem Filtrationsdruck lag, zeigen; wie erwartet, erfolgte keine Ausscheidung von Inulin. Wenn also die Annahme berechtigt war, daß Inulin aus dem Plasma lediglich durch Filtration im Glomerulus entfernt wird, so mußte das je Zeiteinheit vom Inulin befreite Plasmavolumen mit der Filtratmenge selbst identisch sein. Aus dem Vergleich der Plasmakonzentration des Inulins und der je min im Harn ausgeschiedenen Inulinmenge war daher die Konzentrationsleistung der Niere bzw. die Menge des Glomerulusfiltrats zu errechnen. Die damit gewonnene Bezugszahl mußte ferner die Möglichkeit zur Beurteilung des Schicksals anderer Substanzen in der Niere bieten.

[1] s. Smith, Kidney S. 233. — [2] Richards, A. N., P. A. Bott and B. B. Westfall: Amer. J. Physiol. **123**, 281 (1938).

Die Clearance für eine bestimmte Substanz kann auf Grund der folgenden Formel berechnet werden:

$$A = \frac{U \cdot V}{P} \text{ cm}^3 .$$

Das Produkt $U \cdot V$ ergibt die je min ausgeschiedene Menge der untersuchten Substanz (U = Konzentration dieser Substanz bezogen auf 1 cm³ Harn, V = ausgeschiedenes Harnvolumen in cm³/ min, P bedeutet die Plasmakonzentration derselben Substanz bezogen auf 1 cm³). Im allgemeinen wird die Plasma-Clearance bestimmt, welche sich auf die Konzentration der untersuchten Substanz im Plasma bezieht, da die meisten der in Frage kommenden Stoffe nicht in die Erythrocyten eindringen. Die Inulin-Clearance bietet den Bezugswert, auf welchen die übrigen Clearance-Tests bezogen werden können. Die Inulin-Clearance (bzw. die Clearance einer anderen echten Nichtschwellensubstanz) ergibt als einzige keine fiktive Größe, sondern die tatsächliche Plasmamenge, die in der Minute von Inulin renal befreit wird, und zugleich die Menge des Glomerulusfiltrates.

Die durchschnittliche Inulin-Clearance beträgt beim Mann 125—130 cm³, daraus errechnet sich ein Glomerulusfiltrat von 180 *l* je 24 Std. Da die Clearance der Filterfläche (etwa 2 m²) proportional ist, ist der Durchschnittswert bei der Frau entsprechend der kleineren Filterfläche etwa um $^1/_5$ niedriger als beim Mann. Die Gültigkeit dieser Tatsache wurde experimentell am Hund[1] und an der Ratte[2] bestätigt: Nach Reduktion der Filterfläche durch einseitige Nephrektomie fiel der Wert für die Inulin-Clearance auf etwa 50% des Ausgangswertes ab und stieg nach Maßgabe der kompensatorischen Hyperplasie der gebliebenen Niere wieder an. Auch am Menschen wurde 2—4 Wochen nach Nephrektomie ein Ansteigen der postoperativ reduzierten Inulin-Clearance festgestellt, sofern die exstirpierte Niere funktionstüchtig war[3].

Die Frage, ob eine im Harn ausgeschiedene Substanz tubulär rückresorbiert oder sezerniert wird, kann durch Vergleich ihrer Clearance mit der gleichzeitig bestimmten Inulin-Clearance entschieden werden. Durch die Inulin-Clearance kennt man die Menge des Glomerulusfiltrates und somit auch die abfiltrierte Menge der zweiten untersuchten Substanz. Die Art der Leistung des Tubulusapparates ergibt sich aus der Differenz der beiden Clearance-Werte (meist ausgedrückt als Quotient $\frac{x\text{-Clearance}}{\text{Inulin-Clearance}}$. Die Überprüfung der für verschiedene künstlich eingeführte Substanzen und für normale Plasmabestandteile gültigen Clearance-Werte ergab bei Vermeidung eines zu hohen Plasmaspiegels Werte zwischen 0 und etwa 700 cm³. Der Wert 0 ergibt sich für *Glucose*, der Wert 700 für das jodhaltige Kontrastmittel *Diodrast*, welches bei Plasmakonzentrationen bis zu 1 mg-% den Blutstrom in der Niere quantitativ verläßt.

Bei der *Kreatinin-Clearance* ist zwischen der Bestimmung des exogenen[4] und des endogenen[5] Kreatinins zu unterscheiden. Heute wird im allgemeinen die Clearance des endogenen, also körpereigenen Kreatinins bestimmt. Die Kreatinin-Clearance beträgt nach SCHWALB u. HENSEL[6] bei nierengesunden Männern im Durchschnitt 140 cm³/min und bei Frauen 135 cm³/min. Für *Harnstoff* ergibt sich hingegen ein Wert von etwa 70 cm³, was bedeutet, daß Harnstoff im Tubulusapparat in den Blutstrom rückdiffundiert; es handelt sich dabei weniger um

---

[1] BRAUN MENENDEZ, E., e H. CHIODI: Rev. Soc. argent. Biol. **23**, 21 (1947). — [2] WATSCHINGER, B., u. G. WERNER: Wien. Z. inn. Med. **30**, 435 (1949). — [3] AUERSWALD, W.: Wien. klin. Wschr. **1950**, 433. — [4] REHBERG, P. B.: Biochem. J. **20**, 447 (1926). Zbl. inn. Med. **52**, 589 (1922). — [5] POPPER, H., E. MANDEL u. H. MAYER: B. Z. **291**, 354 (1937). — [6] SCHWALB, H., u. H. HENSEL: Med. Klinik **1952**, 1421.

eine aktive Rückresorption, da dieser Prozeß viel stärker von der Harnmenge als von der Harnstoffkonzentration in Plasma und Glomerulusfiltrat abhängt.

Die Gesamtdurchblutungsgröße der Niere kann mit Hilfe der Clearance von Substanzen erfaßt werden, die tubulär besonders rasch ausgeschieden werden. Dazu ist es notwendig, neben der Ausscheidung im Harn durch Katheterisierung der Nierenvenen den Konzentrationsunterschied einer derartigen Substanz im arteriellen Blut und im Nierenvenenblut zu bestimmen.

Für *Diodrast** fanden CORCORAN u. Mitarb.[1] an Tieren eine renale Extraktionsrate von 87% der im arteriellen Plasma enthaltenen Substanz. Wenn man die Umgehung des eigentlichen Nierenkreislaufes durch Kapselgefäße und verschiedene arteriovenöse Anastomosen berücksichtigt, so kann man eine nahezu 100%ige Entfernung der Substanz aus dem durch das sekretorische Nierengewebe geleitete Blut annehmen. Auch am Menschen ergeben sich immer höhere Werte je weiter der Venenkatheter in die Nierenvene vorgeschoben wird.

Da die Diodrast-Clearance beim Mann etwa 700 cm^3 beträgt, bedeutet dies bei einem Hämatokritwert von etwa 42%, daß etwa 1200 cm^3 Blut je min die Niere durchströmen, das ist etwa $^1/_4$ *des Minutenvolumens*. Neben Diodrast haben auch andere Substanzen, wie p-Aminohippursäure und Penicillin Clearance-Werte über 600 cm^3, so daß man auch hier bei niedriger Plasmakonzentration eine tubuläre Ausscheidung annehmen kann. Dabei wurde festgestellt, daß bei gleichzeitiger Anwesenheit von 2 Substanzen mit sehr hoher tubulärer Sekretionsgeschwindigkeit eine kompetitive Hemmung der Ausscheidung[2] erfolgt. Diese Tatsache hat insofern praktische Bedeutung, als beispielsweise die rasche tubuläre Ausscheidung des Penicillins durch gleichzeitige Erzeugung eines entsprechenden Plasmaspiegels einer derartigen Substanz verlangsamt werden kann.

Neben der Filtrationsleistung und der Durchblutungsgröße kann die funktionelle Leistungsfähigkeit des Tubulusgewebes an Hand der sog. Sättigungsmethode von SHANNON[3] beurteilt werden. Diese Autoren wiesen ursprünglich an der Hundeniere nach, daß bei stufenweiser Steigerung des Plasma-Glucosespiegels ein Grenzwert erreichbar ist, von welchem die an sich vorher ständig steigende Glucoserückresorption einen konstanten Maximalwert annimmt (Tm = maximale tubuläre Rückresorptionsleistung). Während unterhalb des Grenzwertes die Rückresorption noch fast vollkommen ist, wird über dem Grenzwert mit steigendem Glucosespiegel eine immer größere Zuckermenge im Harn ausgeschieden, da die tubuläre Sättigung erreicht ist. Bei steigendem Plasma-Glucosespiegel nähert sich daher die Glucose-Clearance asymptotisch der Inulin-Clearance. Die durchschnittliche Glucose-Tm beträgt beim Mann etwa 320 mg je min. Unter normalen Bedingungen ist die Tm ein Maß für die funktionierende Masse des Tubulusgewebes. Für Vitamin C, welches normalerweise ebenfalls vollkommen rückresorbiert wird, ergab sich eine Vitamin C-Tm von etwa 2,2 mg

---

* Diodrast = 3,5-Dijod-4-pyridon-N-essigsaures-diäthanolamin.

$$\text{(3,5-J}_2\text{-4-oxo-pyridin)N}-CH_2-COOH \cdot HN(CH_2-CH_2OH)_2$$

Mercks Jber. **63**, 208 (1950); **65**, 347. —

[1] CORCORAN, A. C., H. W. SMITH and I. H. PAGE: Amer. J. Physiol. **134**, 333 (1941). — [2] SPERBER, I.: Nature **161**, 236 (1948). — [3] SHANNON, J. A.: Physiol. Rev. **19**, 63 (1939).

je min[1]. Auch die Vitamin C-Clearance näherte sich bei sehr hoher Plasmakonzentration der Inulin-Clearance. RUSZNYÁK u. Mitarb.[2] fanden unter Percortenwirkung eine Steigerung der Glucose-*Tm* um mehr als 100%, was sie mit einer Steigerung der tubulären Sättigungsfähigkeit für Glucose bei Förderung der Phosphorylierungsprozesse erklärten.

Man nennt Stoffe, die sich wie die Glucose verhalten, *Schwellensubstanzen* (threshold substances). Man muß dazu auch die Na- und die Cl-Ionen zählen. Nur entspricht bei ihnen die normale Plasmakonzentration gerade der Ausscheidungsschwelle. Ihre Ausscheidung im Urin hört erst dann vollständig auf, wenn die Konzentration im Blut ein weniges unter die Norm absinkt.

Im Gegensatz zum Zucker können Natrium und Chlorid nicht anders gespeichert werden als in der extracellulären Flüssigkeit, und sie können daraus nur durch die Nieren entfernt werden. Wenn also in der Körperflüssigkeit überhaupt eine konstante Konzentration erhalten bleiben soll, so muß sie notwendigerweise mit der Ausscheidungsschwelle zusammenfallen.

Wie eine maximale tubuläre Rückresorptionsleistung, so kann auch eine Maximalrate der tubulären Sekretion ermittelt werden. So werden bei ansteigendem Diodrastspiegel maximal etwa 57 mg Diodrast je min (Diodrast-*Tm*) konstant ausgeschieden, während immer mehr Diodrast der tubulären Ausscheidung entgeht. Die bei niedrigem Plasmaspiegel relativ sehr hohe Diodrast-Clearance sinkt also beim Ansteigen der Diodrastkonzentration asymptotisch zur Inulin-Clearance ab.

Die Kombination der Clearance- und Sättigungsmethode vermittelt unter physiologischen Bedingungen, insbesondere bei normaler Durchblutung ein gutes Bild wichtiger Nierenfunktionen. Für pathologische Verhältnisse scheint dies nicht immer zuzutreffen, und selbst bei normaler Niere können abnorme Kreislauf-, Wasserhaushalt- und Elektrolytverhältnisse oder eine nervös bedingte, zeitweise Abschaltung funktionstüchtiger Nephrone zu einer wesentlichen Veränderung der Clearance-Ergebnisse führen[3-6]. Eine Methode, die die Messung der Nierendurchblutung auch bei anurischen Patienten gestattet, wird von CONN u. Mitarb.[7] beschrieben. Sie gründet sich auf die Diffusion von N_2O. Nach TRUETA RASPALL u. Mitarb.[8] besitzt die vegetativ-nervöse Versorgung der Niere schon unter normalen Verhältnissen eine beträchtliche regulatorische Bedeutung, die bisher auf Grund der Untersuchungsergebnisse an vegetativ entnervten Tieren[9] unterschätzt wurde. So nimmt TRUETA an, daß beim „crush syndrome" die Oligurie oder Anurie nicht vorwiegend auf mobilisierte toxische Gewebssubstanzen zurückzuführen sei, sondern auf eine Umleitung des Blutes über die „Trueta shunts". Die häufigen Schwankungen der intrarenalen Blutverteilung zwischen dem corticalen und dem medullären Weg wurden bisher wenig berücksichtigt. Wenn diese Trueta shunts auch nicht existieren, so lehnen auch H. W. SMITH[10] und CORCORAN u. Mitarb.[11] auf Grund ihrer Beobachtungen bei schockartigen Zuständen die Möglichkeit eines renalen Kurzschlusses unter Abschaltung ganzer

[1] RALLI, E. P., G. J. FRIEDMAN and S. H. RUBIN: J. clin. Invest. **17**, 765 (1938). — [2] RUSZNYÁK, I., M. FÖLDI u. G. SZABÓ: Orv. Lapja Népeg. **3**, 1185 (1947). Exper. **3**, 420 (1947). — [3] Smith, Kidney S. 605—612. — [4] MCCANCE, R. A., and J. R. ROBINSON: Proc. R. Soc. Med. **42**, 475 (1949). — [5] RAASCHOU, F.: Studies on Chronic Pyelonephritis. Kopenhagen 1948. — [6] O'CONNOR, W. J., and E. B. VERNEY: Quart. J. exp. Physiol. **31**, 393 (1941/42); **33**, 77 (1945). — [7] CONN, H. L. jr., W. ANDERSON, S. ARENA and P. IBACH: J. appl. Physiol. **5**, 683 (1953). — [8] TRUETA RASPALL, J., A. E. BARCLAY, P. M. DANIEL, K. J. FRANKLIN and M. M. L. PRICHARD: Studies on the Renal Circulation. Oxford 1947, Springfield, Ill. 1948. — [9] CANNON, W. B.: The Wisdom of the Body. S. 97. New York 1932. — [10] SMITH, H. W.: Physiology of the renal circulation. Harvey Lect. (1939/40) **35**, 166 (1941). — [11] CORCORAN, A. C., R. D. TAYLOR and I. H. PAGE: Ann. Surg. **118**, 871 (1943).

Gruppen von Nephronen nicht ab. Es ist klar, daß die Harnbildung, die ja vorwiegend von der Durchblutung abhängt, von derartigen Umstellungen stark beeinflußt werden kann.

e) Zum biochemischen Mechanismus der Harnbereitung[1].

α) Biochemie der Ionenbildung und des Ionentransportes[2-7].

Die osmotische Arbeit, d. h. der Transport von Substanzen gegen ein Konzentrationsgefälle, kann nur geleistet werden, wenn gleichzeitig Energie geliefert wird. Die Niere bezieht die für ihre Arbeit notwendige Energie so gut wie ausschließlich aus der Atmung. Die Frage nach dem Mechanismus der „aktiven" Sekretion und Resorption ist daher in der Niere, wie in anderen Geweben, mit der Frage nach der Koppelung zwischen Energieverwertung und osmotischer Arbeit verbunden. Das Problem dieser Koppelungsmechanismen ist für den Fall einfacher gelöster Stoffe, z. B. anorganischer Ionen, der experimentellen und theoretischen Bearbeitung zugänglich. Danach unterscheidet sich das Problem der Sekretions- und Rückresorptionsmechanismen in der Niere nicht prinzipiell von dem Stoffaustausch, der in allen Geweben zwischen Zellen und Körperflüssigkeiten stattfindet, da es in allen Geweben neben den physikalischen Diffusionsvorgängen „aktive" Mechanismen gibt, durch welche Substanzen entgegen dem Konzentrationsgefälle transportiert werden. Anorganische Stoffe, z. B. K- und Na-Ionen, und kleinmolekulare Stoffe, z. B. Aminosäuren, wandern aus den Geweben in das Blutplasma und zurück. Entsprechend dem Konzentrationsgefälle ist der Vorgang in einer Richtung „einfache" Diffusion und in der entgegengesetzten Richtung „aktiver" Transport. Der Umstand, daß Vorgänge, die prinzipiell der Nierensekretion gleichgeartet sind, in anderen Geweben vor sich gehen, ist von praktischem Interesse, weil manche Nierenerkrankungen mit extrarenalen Störungen kombiniert sind. Werden frische Nieren- oder Leberschnitte in eine physiologisch-isotonische Salzlösung gebracht, so nimmt das Gewebe Flüssigkeit auf, d. h. es schwillt, sobald O_2-Mangel eintritt; die Schwellung unterbleibt, wenn das Gewebe hinreichend mit O_2 versorgt ist. Auch in vivo führt eine partielle Hemmung der Zellatmung durch CO oder HCN zu großen Flüssigkeitsverschiebungen im Körper[8-10,*]. Bei Versuchspersonen im akuten O_2-Mangel ist nach KLEINSCHMIDT[11] die Harnsekretion stark eingeschränkt. Die Gewebe nehmen Flüssigkeit auf, das Volumen der extracellulären Körperflüssigkeiten nimmt ab. Das sog. extracelluläre Wasser, das normalerweise etwa 20% des Körpergewichtes ausmacht, sinkt auf etwa 55—60% des Normalwertes. Diese Beobachtungen an Gewebsschnitten und am intakten Tierkörper bedeuten, daß die Flüssigkeitsbewegungen im Körper und die Aufrechterhaltung der normalen

* Diese Flüssigkeitsverschiebungen spielen sich innerhalb der 3 Arten von Flüssigkeit im Körper ab, nämlich der Plasmaflüssigkeit, der interstitiellen und der intracellulären Flüssigkeit. Die Plasma- und die interstitielle Flüssigkeit bilden zusammen die extracelluläre Flüssigkeit. Zur Messung der Volumina dieser Flüssigkeiten s. SMITH, H. W.: The Kidney, Structure und Function in Health and Disease. New York 1951. —

[1] Dargestellt nach: KREBS, H. A.: Neuere Entwicklungen auf dem Gebiet der Patho-Physiologie der Niere. Verh. dtsch. Ges. inn. Med. **58**, 113 (1952). — [2] RUMMEL, W.: Energetik oder Organisation selektiver Permeation? Naturwiss. **40**, 277 (1953). — [3] ROSENBERG, T., and W. WILBRANDT: Encymatic processes in cell membrane penetration. Int. Rev. Cytol. **1**, 65 (1952). — [4] ROSENBERG, T.: Acta chem. scand. **2**, 14 (1948). — [5] HEINZ, E.: Chemische Grundlagen des aktiven Transports. Ber. Physiol. **172**, 171 (1955). — [6] BARTLEY, W., R. E. DAVIES and H. A. KREBS: Proc. R. Soc. London (B) **142**, 187 (1954). — [7] CLARKE, H. T., and D. NACHMANSOHN (Hrsgb.): Ion Transport across Membranes. Symposium. New York 1954. — [8] AEBI, H.: Helv. physiol. Acta **8**, 525 (1950). — [9] ROBINSON, J. R.: Proc. R. Soc. London (B) **137**, 378 (1950). — [10] HAMBURGER, J., et G. MATHE: Presse méd. **59**, 265 (1951). — [11] KLEINSCHMIDT, K.: Pflügers Arch. **250**, 79 (1948).

Flüssigkeitsverteilung von der Energiezufuhr abhängen. Die normale Verteilung ist nicht ein stabiles Gleichgewicht, sondern ein unstabiler, stationärer Zustand, der durch die Atmungsenergie aufrecht erhalten wird. Sobald die Energiezufuhr aufhört, ändert sich die Flüssigkeitsverteilung in der Richtung des thermodynamischen Gleichgewichtes. Anders ausgedrückt bedeutet dies, daß entgegen den klassischen Vorstellungen der osmotische Druck vieler Gewebe nicht dem der Körperflüssigkeiten gleich ist. Die Zellen sind dem Blutplasma gegenüber hypertonisch und ziehen Wasser an. Das osmotische Verhalten der roten Blutzellen, an denen so viele klassische Untersuchungen ausgeführt worden sind, ist eine Ausnahme, nicht die Regel.

Nach CONWAY[1] ist jedoch die Interpretation der vorstehend geschilderten Untersuchungsergebnisse unrichtig: er fand nämlich keinen Unterschied in der molaren Salzkonzentration bei gequollenen Schnitten mit normalem Wassergehalt: die Gefrierpunktsdepression von in 0,30 osmolarer Salzlösung suspendierten Nierenschnitten war genau gleich der normaler Nierenschnitte und derjenigen der Suspensionsflüssigkeit. Bei Verwendung von Rattennierenschnitten war bei gequollenem und bei normalem Gewebe die molare Konzentration gleich und gegenüber der Suspensionsflüssigkeit erhöht. Diese Tatsache wird zurückgeführt auf den raschen Abbau labiler hochmolekularer Inhaltsstoffe der Nierenschnitte zu kleinmolekularen, osmotisch wirksamen Substanzen, der selbst bei 0° abläuft. Die Annahme, daß der osmotische Druck der Nierenschnitte höher ist als der der Körperflüssigkeiten, besteht demnach nicht zu Recht.

Die Unterschiede in den osmotischen Konzentrationen zwischen Plasma und Zellinnern sind erheblich, 50—80%. Der Druck der Mitochondrien ist mindestens doppelt so groß wie der des Plasmas oder der roten Blutzellen. Die Vorstellung der Gleichheit des intra- und extracellulären osmotischen Druckes geht unter anderem auf Analysen der anorganischen Bestandteile zurück. Die Summe der anorganischen Anionen und Kationen ist in der Tat ungefähr gleich, aber die Gewebe enthalten andere kleinmolekulare Stoffe, die erheblich zum osmotischen Druck beitragen, z. B. Aminosäuren, Nucleotide, Peptide (darunter Glutathion), Cofermente (darunter ATP und Cozymase), intermediäre Stoffwechselprodukte (darunter Milchsäure und die Zwischenstufen des Citronensäurecyclus).

Die Gesamtmenge der kleinmolekularen Substanzen in den Geweben ist nicht genau bekannt. Die Aminosäuren in Niere und Leber allein erhöhen den osmotischen Druck der anorganischen Substanzen um ungefähr 10—20%. Der höhere osmotische Druck der Gewebe hat zur Folge, daß die Gewebe Wasser aus den Körperflüssigkeiten anziehen. Wenn trotzdem die Wassermenge des Gewebes normalerweise konstant bleibt, muß Wasser ständig aus dem Gewebe herausgepumpt werden. Die Pumparbeit aber hängt von der Energielieferung, d. h. der Atmung ab. Die Wassermoleküle der Gewebe erneuern sich also kontinuierlich, selbst wenn die Gesamtmenge des Wassers konstant bleibt. Dieser Austausch erfolgt mit großer Geschwindigkeit. Versuche mit schwerem Wasser (HEVESY u. JACOBSEN[2]) haben gezeigt, daß in den meisten Geweben das gesamte Wasser in weniger als $^1/_2$ Std ersetzt wird. ROBINSON[3] *hat aus der Geschwindigkeit der Glomerulusfiltration berechnet, daß Nierenzellen im Durchschnitt in 2 min eine Wassermenge aufnehmen und abgeben, die ihrem Eigenvolumen gleich ist**. Wird isotopes Kalium injiziert, so läßt sich das Isotop innerhalb weniger min in den meisten Geweben nachweisen, obgleich die Gesamtkonzentration des Kaliums

* KREBS weist darauf hin, daß manche Formen der Gewebeschwellung, z. B. die trübe Schwellung und die Ödeme nach Trauma oder bei der Entzündung sowie bei anderer Ätiologie, wenigstens teilweise auf Störungen des normalen Pumpvorgangs zurückgehen.

[1] GEOGHEGAN, H., and E. J. CONWAY: 3. Int. Congr. Biochem. Brüssel, Résumés. S. 110. 1955. — [2] HEVESY, G., and C. F. JACOBSEN: Acta physiol. scand. **1**, 11 (1940). — [3] ROBINSON, J. R.: Proc. R. Soc. London (B) **137**, 378 (1950).

unverändert bleibt[1]. Das Erscheinen der Isotopen innerhalb der Zelle beweist, daß ebenso wie im Falle des Wassers ein ständiger Austausch stattfindet. Gewebsschnitte erhalten in vitro unter manchen Bedingungen den Konzentrationsunterschied zwischen Zelle und Medium aufrecht[2], wenn 1. Sauerstoff, 2. Glucose oder ein anderes oxydierbares Substrat, 3. Glutaminsäure oder α-Ketoglutarsäure zugegen sind. Werden Nierenschnitte in einer isotonischen Salzlösung in Gegenwart von Glucose, Sauerstoff und α-Ketoglutarsäure bei Körpertemperatur suspendiert, so verläßt ein Teil des Kaliums das Gewebe in den ersten min und kehrt in den folgenden 20 oder 30 min entgegen dem Konzentrationsgefälle in das Gewebe zurück, was durch Steigerung der Oxydationen ermöglicht wird[3]. Der anfängliche Verlust kann als Verletzung des Gewebes angesehen werden — eine Verletzung, die bemerkenswerterweise reversibel, d. h. nicht sehr tiefgreifend ist. Die Frage drängt sich auf, ob es analoge vorübergehende Störungen der Zellpermeabilität im Gesamtkörper gibt. Möglicherweise ist die postoperative erhöhte Kaliumausscheidung im Harn (s. Wilkinson[4]) eine ähnliche Störung wie der Kaliumverlust des überlebenden Gewebes, der nicht nur in der Niere, sondern in allen daraufhin untersuchten Geweben zu beobachten ist. Versuche mit radioaktivem Kalium[2] zeigen, *daß in der Niere die Hälfte des Kaliums in etwa 7 min ausgetauscht wird.* Die entsprechende Zahl für die Netzhaut ist 12 min und für rote Blutzellen 3000—4000 min. Auch in vivo findet ein rascher Austausch von derselben Größenordnung statt[1]. Die Nierenzellen können so mit dem Plasma und vielleicht auch mit dem Primärharn im Lumen der Tubuli eine Kaliummenge austauschen, die ein Vielfaches der endgültigen Sekretion darstellt. Das gleiche gilt auch für andere Stoffe. *Sekretion und Rückresorption sind daher nur verhältnismäßig kleine Schwankungen in der Bilanz eines normalen Allgemeinvorganges.*

β) Säurebildung in der Niere.

Eine Vorstellung bezüglich *des Ionenaustausches in der Niere* kann nach Krebs[5] gewonnen werden an Hand der Betrachtung der *Säurebildung in der Niere,* die eine ihrer wesentlichsten Funktionen darstellt und prinzipiell auf gleiche Weise erfolgt wie in der Magenschleimhaut[6] (s. Bd. 2/1, S. 60ff., s. a. Bd. 2/2a, S. 801ff.).

Modellversuche an der Magenschleimhaut des Frosches haben ergeben, daß die Wasserstoffionen letzten Endes aus dem Wassermolekül stammen. Salzsäureausscheidung in das Lumen ist von einer genau äquivalenten Ausscheidung von Hydrogencarbonat in die Außenflüssigkeit begleitet. Es ist sehr wahrscheinlich, daß das Hydrogencarbonation nicht direkt, d. h. aus Kohlensäurehydrat, entsprechend der Gleichung

$$H_2CO_3 \rightleftharpoons H^+ + HCO_3^- \qquad (1)$$

entsteht, sondern daß die Primärreaktion die Spaltung von Wasser in Wasserstoff- und Hydroxylionen ist:

$$H_2O = H^+ + OH^-. \qquad (2)$$

Diese Reaktion (die hier in vereinfachter Form geschrieben ist, in Wirklichkeit ist H_2CO_3 ein Zwischenprodukt) verläuft bei dem p_H der Zellen verhältnismäßig langsam. Ihre Geschwindigkeit wird durch das Ferment Kohlensäureanhydratase stark beschleunigt, eine Tatsache, die physiologisch von größter Bedeutung ist, weil sie in diesem Falle Gewebsschädigung durch Alkali verhütet. Die großen

[1] Fenn, W. O., T. R. Noonan, L. J. Mullins and L. Haege: Amer. J. Physiol. **135**, 149 (1941). — [2] Krebs, H. A., L. V. Eggleston and C. Terner: Biochem. J. **48**, 530 (1951). — [3] Mudge, G. H.: Amer. J. Physiol. **165**, 113 (1951). — [4] Wilkinson, A. W., B. H. Billing, G. Nagy and C. P. Stewart: Lancet **1950 II**, 135. — [5] Krebs, H. A.: Verh. dtsch. Ges. inn. Med. **58**, 113 (1952). — [6] Davies, R. E.: Biol. Reviews **26**, 87 (1951).

Kohlensäureanhydratasemengen, die in den Belegzellen des Magens gefunden wurden (s. a. Bd. 2/1, S. 38, 60) und die *auch in den Nierentubuli vorkommen*[1], *können somit physiologisch erklärt* werden. Die Bilanz der Reaktionen 1 und 2 ist die Bildung von Wasserstoff und Hydrogencarbonationen aus Wasser und Kohlendioxyd

$$H_2O + CO_2 = H^+ + HCO_3^- . \qquad (3)$$

Eine bleibende Trennung der intracellulär gebildeten Wasserstoff- und Hydrogencarbonationen ist nur denkbar, wenn man annimmt, daß die beiden entgegengesetzt geladenen Ionenarten an verschiedenen Orten in der Zelle entstehen und durch spezifische Strukturverhältnisse an einer Wiedervereinigung verhindert und aus der Zelle ausgestoßen werden, eine Annahme, die theoretisch keine Schwierigkeiten bereitet. Die Spaltung von Wasser und Kohlendioxyd in Wasserstoff- und Hydrogencarbonationen verlangt natürlich Energie, wenn die Spaltprodukte angereichert werden sollen.

Einen Zusammenhang zwischen der Energielieferung durch die Zellatmung und der Trennung der Ionen kann man sich folgendermaßen vorstellen: Bei der Zellatmung bilden das Atmungsferment von Warburg und die Cytochrome eine unerläßliche Durchgangsstufe. Diese Eisenverbindungen werden alternierend oxydiert und reduziert. Die Oxydationen und Reduktionen lassen sich folgendermaßen formulieren:

$$4\,Fe^{+++} + 4\,H = 4\,Fe^{++} + 4\,H^+ ,$$
$$4\,Fe^{++} + 2\,H_2O + O_2 = 4\,Fe^{+++} + 4\,OH^- ,$$

wobei H die Wasserstoffatome der organischen Atmungssubstrate bedeutet. Es ist aus dieser Formulierung ersichtlich, daß jede atmende Zelle einen Mechanismus besitzt, durch den Wasserstoff- und Hydroxylionen gebildet werden. Die intermediäre Bildung dieser Ionen im Verlaufe der Oxydation der Glucose wird durch die Reaktionsgleichung

$$C_6H_{12}O_6 + 6\,O_2 + 18\,H_2O = 6\,CO_2 + 24\,H^+ + 24\,OH^-$$

wiedergegeben. Aus der Tatsache, daß mehrere — mindestens 4 — verschiedene Eisenverbindungen an der Atmungskatalyse teilnehmen, läßt sich schließen, daß die Wasserstoff- und Hydroxylionen nicht an derselben Stelle, sondern an verschiedenen Orten in der Zelle entstehen und durch spezielle Strukturen an der Wiedervereinigung verhindert werden können. Wenn die Wasserstoff- und Hydroxylionen getrennt bleiben, liefert die Oxydation der Glucose natürlich weniger freie Energie, weil ein Teil der Verbrennungsenergie der Glucose von der Vereinigung der H- und OH-Ionen zu Wasser herrührt. Die obige Formulierung entspricht einer unvollkommenen Verbrennung, bei der ein Teil der chemischen Energie des Substrates direkt als osmotische Energie, d. h. als Konzentrationsgefälle, erscheint.

Der wesentlichste Punkt in dem als ein mögliches Beispiel erörterten Mechanismus ist die Neubildung von Ionen. Neue Ionen, die zur Verfügung stehen, können im Prinzip ohne Energieaufwand gegen äquivalente andere Ionen ausgetauscht werden, wie von den synthetischen Ionenaustauschern bekannt ist.

Der Austauschmechanismus wird durch Abb. 4 illustriert. In der Zelle entstehen H- und HCO_3-Ionen aus H_2O und CO_2 an verschiedenen Orten. Die ersteren werden gegen K^+, die letzteren gegen Cl^- ausgetauscht. Die ausgetauschten H- und HCO_3-Ionen reagieren zurück unter Bildung von Wasser und Kohlendioxyd, so daß der Bilanzeffekt der Transport von KCl in die Zelle ist.

[1] Davenport, H. W., and A. E. Wilhelmi: Proc. Soc. exp. Biol. Med. **48**, 53 (1941).

Daß derartige Mechanismen in der Niere (und in anderen Zellen) vorkommen, wird durch verschiedene Tatsachen wahrscheinlich gemacht. Unter diesen sind zwei von besonderer Bedeutung: die direkte Demonstration einer Säurebildung durch das Gewebe (s. S. 37ff.) *und das Vorkommen von großen Kohlensäureanhydratasemengen* (s. S. 39ff.). Die *Säurebildung in der Niere* ist zuerst von PITTS u. ALEXANDER[1] nachgewiesen worden.

Sie fanden, daß die Säuremenge im Harn unter manchen Bedingungen viel größer ist, als durch Glomerulusfiltration erklärt werden kann. Nach Zufuhr von Pufferlösungen fand sich bei acidotischen Patienten eine starke Steigerung titrierbarer Säure im Harn, die nur durch eine Bildung von H-Ionen in der Niere erklärbar ist. Sulfanilamid hemmt in großen Dosen die Säureausscheidung im Harn.

2-Acetylamino-1,3,4-thiodiazol-5-sulfonamid ist ein sehr wirksamer Hemmkörper der Kohlensäureanhydratase. Wird dieser Inhibitor acidotischen Hunden

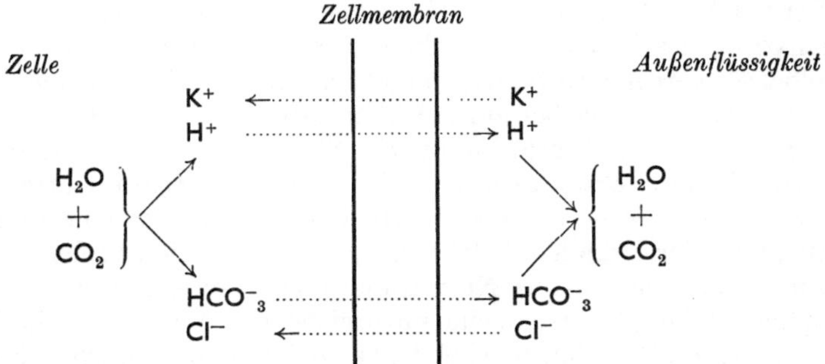

Abb. 4. Hypothetischer Ionentransport (Nach KREBS[2]).

injiziert, so wird der Harn fast augenblicklich alkalisch. Die titrierbaren Säuren verschwinden und werden durch Hydrogencarbonat ersetzt. Aus all dem ist zu schließen, daß die Kohlensäureanhydratase eine entscheidende Rolle bei dem Prozeß spielt, durch den H-Ionen zur Ausscheidung bereitgestellt werden (s. Bd. **1**, S. 60).

Die Annahme einer Produktion von Wasserstoffionen in den Tubuli ist notwendig, um die Harnacidität zu erklären. Daß die Fähigkeit der Säure- und Alkalibildung nicht nur der Niere zukommt, sondern anscheinend ein allgemein biologisches Phänomen ist, das sich auch in anderen Zellen findet, haben CONWAY u. O'MALLEY[3] bei der Hefe gezeigt. In Bezug auf die Bedeutung des Vorkommens der Kohlensäureanhydratase in der Niere läßt sich sagen, daß allgemein Fermente nur dann vorkommen, wenn sie eine Funktion haben. *Aus dem Vorkommen der Kohlensäureanhydratase ist daher der Schluß zu ziehen, daß schnelle Reaktionen der Kohlensäure für die Funktion der Niere eine Rolle spielen.* Die Bildung von Wasserstoff- und Hydrogencarbonationen ist die einzige schnelle Reaktion der Kohlensäure, die bisher in Betracht gezogen worden ist. Ein weiterer Beweis für die Teilnahme der Kohlensäureanhydratase an der Säurebildung sind die Beobachtungen über die Wirkung der spezifischen Hemmung dieses Ferments durch Sulfanilamide. Hemmung erniedrigt die Säurebildung in der Niere in situ (PITTS u. ALEXANDER[1]) und verlangsamt den Kaliumaustausch überlebender Gewebeschnitte (DAVIES[4,5]). Ein Austausch bedeutet natürlich noch nicht Transportierung von Blut zu Harn oder umgekehrt. Transport findet von einem Gewebe in

[1] PITTS, R. F., and R. S. ALEXANDER: Amer. J. Physiol. **144**, 239 (1945). — [2] KREBS, H. A.: Verh. dtsch. Ges. inn. Med. **58**, 113 (1952). — [3] CONWAY, E. J., and E. O'MALLEY: Biochem. J. **40**, 59 (1946). — [4] DAVIES, R. E., and A. W. GALSTON: Nature **168**, 700 (1951). — [5] WHITTAM, R., and R. E. DAVIES: Biochem. J. **55**, 880 (1953).

ein anderes statt, wenn Aufnahme und Abgabe einer Substanz an verschiedenen Orten der Zelloberfläche erfolgten. Besondere Strukturen müssen daher die Substanzen innerhalb der Zellen durch bestimmte Wege hindurch leiten.

γ) Pathologie der Säurebildung in der Niere[1].

Wenn die Bildung von Säure eine wesentliche Funktion des Nierenepithels ist, dann ist zu erwarten, daß eine Störung, d. h. Verringerung, der Säurebildung in der Pathologie der Niere eine Rolle spielt. Daß dies in der Tat der Fall ist, ist schon lange bekannt. Aber erst in letzter Zeit ist es klar geworden, daß eine Störung der Säurebildung nicht immer eine Sekundärwirkung, sondern unter manchen Bedingungen eine primäre Störung sein kann. Eine Störung der renalen Säureproduktion läßt sich verhältnismäßig leicht erkennen, weil sie durch einen abnormen Hydrogencarbonatgehalt des Harns gekennzeichnet ist. Nach PITTS, AYER u. SCHIESS[2] enthält normaler Harn kein Hydrogencarbonat, solange das Blutplasmahydrogencarbonat — die Alkalireserve — unter etwa 50 Vol-% liegt. Eine pathologisch verringerte Säureproduktion äußert sich demnach durch Hydrogencarbonatausscheidung bei einer Alkalireserve unter 50 Vol-%. *Die normale Säurebildung ist für die Aufrechterhaltung des Säure-Basengleichgewichtes des Körpers von entscheidender Bedeutung, und die abnormen Hydrogencarbonatverluste führen daher zur Acidose — der renalen Acidose.* Acidose ist eine nicht seltene Begleiterscheinung der Urämie, obgleich die Säureproduktion in der Urämie ausreichend sein kann, wenn andere Nierenfunktionen schwer gestört sind. Es gibt jedoch Krankheitsbilder, bei denen eine unzureichende Säurebildung in der Pathogenese im Vordergrund zu stehen scheint (was bei den gewöhnlichen Formen der Nephritiden nicht der Fall ist).

1. Idiopathische renale Acidose[1].

Die einfachsten (d. h. unkompliziertesten) Störungen dieser Art sind die sog. idiopathischen renalen Acidosen, die von LIGHTWOOD[3], HARTMANN[4], BUTLER u. Mitarb.[5] und STAPLETON[6] bei Kindern der ersten Lebensjahre beschrieben worden sind. Die Symptome sind Zurückbleiben im Wachstum, Erbrechen, Verstopfung, Wasserverlust (Dehydratation) und schließlich klinische Acidose (große Atmung). Charakteristisch und beweisend sind die chemischen Befunde: niedrige Blutalkalireserve bei neutralem oder alkalischem Harn. Symptomatische Behandlung mit den Natriumsalzen leicht verbrennbarer Carbonsäuren (Citrat oder Lactat) bringt prompte Besserung und kann nach einigen Wochen oder Monaten zur vollkommenen Restitution führen. In solchen Fällen (s. STAPLETON[6]) ist die Nierenstörung vorübergehender Art und anscheinend vollständig reversibel. *Nur vorübergehendes Versagen der Säureproduktion kann alle Befunde und Symptome erklären* und ist offenbar die einzige pathologische Störung.

2. Renale Acidosen mit Komplikationen[1].

Wenn renale Acidose längere Zeit besteht, treten sekundäre Komplikationen hinzu, insbesondere Störungen des Calciumstoffwechsels, vielleicht auch des Kaliumstoffwechsels[7]. Die Unfähigkeit der Niere, Säure zu sezernieren, führt zum

---

[1] KREBS, H. A.: Verh. dtsch. Ges. inn. Med. **58**, 113 (1952). — [2] PITTS, R. F., J. L. AYER and W. A. SCHIESS: J. clin. Invest. **28**, 35 (1949). — [3] LIGHTWOOD, R.: Arch. Dis. Childh. **10**, 205 (1935). — [4] HARTMANN, A. F.: Ann. internal Med. **13**, 940 (1939). — [5] BUTLER, A. M., J. L. WILSON and S. FARBER: J. Pediatr. **8**, 489 (1936). — [6] STAPLETON, T.: Lancet **1949 I**, 683. — [7] ALBRIGHT, F., C. H. BURNET, W. PARSON, E. C. REIFENSTEIN and A. ROOS: Medicine, Baltimore **25**, 399 (1946).

Verlust von Basen, darunter von Calcium. Ein chronischer niedriger Blutcalciumspiegel hat dann Osteomalacie zur Folge. Die primäre Nierenstörung kann durch die Ammoniumchloridbelastung demonstriert werden. Bei normalen Personen fällt nach 3 g Ammoniumchlorid der p_H des Harns auf etwa 5,0, in Fällen von renaler Acidose mit Osteomalacie bleibt er praktisch unverändert. Die charakteristischen chemischen Blut- und Harnbefunde sind niedrige Alkalireserven, niedriger Calciumspiegel, hoher Chloridspiegel im Plasma, verhältnismäßig hoher p_H-Wert im Harn (über 6,07)[1].

3. Tubuläre Störungen der Kaliumausscheidung.

Das Syndrom Hypokaliämie, Muskelschwäche, Obstipation, flache T-Welle im EKG, niedriger Serum K-Spiegel kann außer durch eine Reihe extrarenaler Faktoren auch durch renale tubuläre Insuffizienz bedingt sein[2]. Eine tubuläre Insuffizienz der Säurebildung liegt aber nicht in allen Fällen vor. Die Bedeutung der tubulären Produktion von Wasserstoffionen liegt nicht nur darin, daß sie zur Regulation des Säure-Basengleichgewichtes beiträgt, sondern daß sie mit der Sekretion und Rückresorption von Elektrolyten verbunden zu sein scheint. Isolierte Störungen dieser Funktion sind wohl nicht sehr häufig, aber wahrscheinlich häufiger als bisher vermutet wurde.

δ) Beziehungen zwischen tubulärem Transport und Enzymsystemen.

Die Energie für die Filtration im Glomerulus wird vom Herzen geliefert. Die Bildung des endgültigen Harnes ist eine Stoffwechselleistung der Tubuluszellen, die durch die Rückresorption von Wasser das Harnvolumen verringern und dadurch die Ausscheidungsprodukte konzentrieren. Die Tubuli sezernieren nicht nur Abfallprodukte in den Harn hinein, sondern resorbieren wertvolle Substanzen aus dem Glomerulusfiltrat zurück. Für diese Tätigkeit benötigen die Tubuluszellen Energie.

Es sind 3 Arten von „Rückresorptionsmechanismen“ bekannt, zwei aktive und ein passiver. Ein Beispiel für den aktiven Mechanismus ist die Rückresorption von Glucose (s. S. 103ff.). Ein weiterer aktiver Rückresorptionsmechanismus ist beim Transport der wichtigsten Ionen, wie Natrium, Chlorid und Hydrogencarbonat wirksam (s. S. 46ff.). Der als passiv bezeichnete Rückresorptionsmechanismus verbraucht keine Energie, er besteht in der Diffusion von Wasser vom Tubuluslumen zu peritubulärem Blut, die allein durch die Abwanderung von aktiv rückresorbierten Ionen bewirkt wird und in der Rückdiffusion von Harnstoff[3–5].

Die folgenden Ausführungen beschäftigen sich mit „aktiven“ *Sekretions*-Mechanismen.

Am Beispiel der Kohlensäureanhydratase wurde gezeigt, daß die *Wirkung eines Fermentes bestimmten Leistungen der Niere zugeordnet werden kann. Nach* BEYER[6] *und* TAGGART[7] *werden allgemein tubuläre Transportsysteme als komplexe enzymatische Systeme angesehen, die bei einer besonderen Spezifität in einen räumlichen, richtungsmäßig orientierten Transport von Stoffen einbezogen sind.* Ihre Leistungsfähigkeit kann daher in Form von Fermentaktivitäten angegeben werden. Störungen dieser Fermentwirkungen müssen auch zur Beeinträchtigung der Leistung des Transportsystems führen.

---

[1] LUNDPÆK, K.: Lancet **1951 II**, 419. — [2] EARLE, D. P., S. SHERRY, L. W. EICHNA and N. J. CONANN: Amer. J. Med. **11**, 283 (1951). — [3] PITTS, R. F.: Kli. Wo. **1955**, 365. — [4] SHANNON, J. A., and S. FISHER: Amer. J. Physiol. **122**, 765 (1938). — [5] SHANNON, J. A.: Amer. J. Physiol. **122**, 782 (1938). — [6] BEYER, K. H.: Pharmacol. Rev. **2**, 227 (1950). — [7] TAGGART, J. V.: Amer. J. Med. **9**, 678 (1951).

Von SHIDEMAN u. RENE[1] konnte nachgewiesen werden, daß die Succinatoxydation einen wichtigen energieliefernden Prozeß für den tubulären Transport von p-Aminohippursäure und Phenolsulfophthalein darstellt. Es ergab sich nämlich eine enge Beziehung zwischen der Konzentration von Hemmkörpern der Succinoxydase (z. B. Malonsäure, Dehydroacetsäure = 3-Acetyl-6-methyl-2,4-pyrandion), die nötig ist zur deutlichen Hemmung der Succinoxydaseaktivität in vitro, zur Hemmung der p-Aminohippursäure-[2] und Phenolsulfophthaleinanreicherung in Nierenschnitten und der Hemmung ihrer Sekretion in vivo. Die Dehydroacetsäure hemmt außerdem merklich die Ausscheidung von N-Methylnicotinsäureamid, für das ein anderer Ausscheidungsmechanismus angenommen wird.

BEYER u. Mitarb.[3] haben nämlich gefunden, daß die Ausscheidung von N-Methylnicotinamid im Gegensatz zu der von p-Aminohippursäure, Phenolsulfophthalein *, Penicillin usw. durch Caronamid (4-Carboxy-phenylmethansulfonanilid) nicht gehemmt wird. Malonsäure, Dehydroacetsäure ** und *Cincophen* (= Atophan = Phenylchinolincarbonsäure) haben in Dosen, welche die Tubulussekretion merklich unterdrücken, keinen Einfluß auf die tubuläre Rückresorption von Glucose und Phosphat. Die Kreatininausscheidung wurde unter Dehydroacetsäure nicht gehemmt. Benemid [p-(Di-N-propylsulfamidyl)-benzoesäure] *** hemmt selektiv und reversibel den Mechanismus der tubulären Sekretion von p-Aminohippursäure, Phenolrot und Penicillin. Es blockiert nicht alle tubulären Transportsysteme, da es die renale Ausscheidung von N-Methylnicotinsäureamid nicht beeinflußt. Es beeinflußt nicht die Glomerulusfiltration (Kreatinin- und Mannit-Clearance), die Rückresorption von Glucose, Arginin, Harnstoff, Sulfonamiden, Na, K, Cl und Phosphaten; Benemid erhöht sogar die Ausscheidung von Harnsäure beim Hund.

Die Blockierung der tubulären Sekretion von p-Aminohippursäure und Phenolsulfophthalein durch Dehydroacetsäure, Dinitrophenol und Caronamid wird durch Acetat aufgehoben oder vermindert. Beim Hund erhöht die intravenöse Darreichung von Acetat die Clearance von Phenolsulfophthalein. Die Ausscheidung der p-Aminohippursäure wird durch Acetat stärker enthemmt als die von Phenolsulfophthalein. Es ist also Acetat am Transportmechanismus beteiligt[4]. Nach TAGGART u. SCHACHTER[5] wird die aktive Speicherung von p-Aminohippurat durch Nierenschnitte von Kaninchen, Hunden, Meerschweinchen und Tauben durch Acetat erhöht und durch Fettsäuren von der Kettenlänge C_6—C_{12} gehemmt. Nierenschnitte und Nieren-Acetontrockenpulver der obengenannten Tiere vermögen aromatische und aliphatische Acylglycine (C_2—C_{10}) zu synthetisieren. Die C_2—C_4-Acylglycine haben nur eine geringe Wirkung auf den Transport von PAH, während die C_5—C_8-Derivate aktiv gespeichert werden

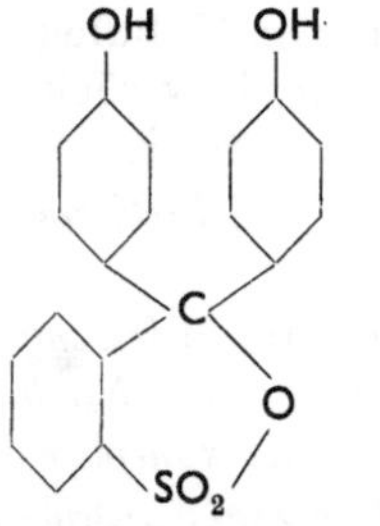

* [Strukturformel: OH, OH, C, O, SO_2]

Phenolsulfophtalein

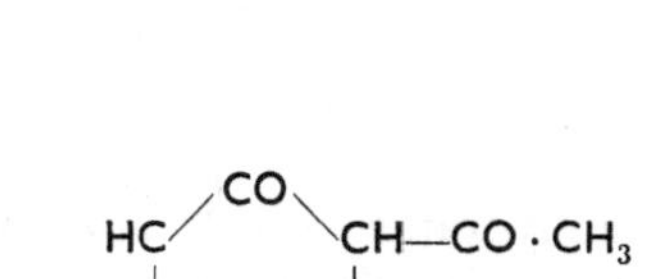

** [Strukturformel: CO, HC, CH—CO · CH_3, H_3C—C, CO, O]

Dehydroacetsäure

(E. H. RODD: Chemistry of Carbon Compounds Bd. I/A, S. 394. London 1951.

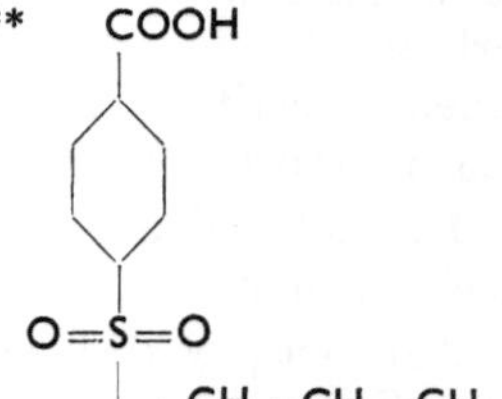

*** [Strukturformel: COOH, O=S=O, N, CH_2—CH_2—CH_3, CH_2—CH_2—CH_3]

Benemid

(Mercks Jber. **65**, 151 (1953).

[1] SHIDEMAN, F. E., and R. M. RENE: Amer. J. Physiol. **166**, 104 (1951). — [2] DOMINGUEZ, A. M., and F. E. SHIDEMAN: Fed. Proc. **12**, 316 (1953). — [3] BEYER, K. H., H. F. RUSSO, S. R. GASS, K. B. MILLER and A. A. AMAN: Amer. J. Physiol. **155**, 426 (1948). — BEYER, K. H., H. F. RUSSO, E. K. TILLSON, A. K. MILLER, W. F. VERWEY and S. R. GASS: Amer. J. Physiol. **166**, 625 (1951). — [4] FARAH, G., G. GRAHAM and F. KODA: J. Pharmacol. exp. Therap. **108**, 410 (1953). — [5] TAGGART, J. V., and D. SCHACHTER: 3. Int. Congr. Biochem. Brüssel. Résumés. S. 107. 1955.

und den PAH-Transport kompetitiv hemmen. Acetat beeinflußt den PAH-Transport bei Huhn, Ente, Truthahn und Gans nicht. Die Nieren dieser Tiere sind nicht fähig, Glycin mit Acylresten zu verbinden. Es wird daher angenommen, daß die Hemmung des PAH-Transports durch die Fettsäuren der angegebenen Kettenlänge auf der Synthese kompetitiver aliphatischer Acylglycine beruht. Offenbar wird durch Benemid die fermentative Bereitstellung der Essigsäure gehemmt. Benemid und Caronamid wirken auf die spezifische Conjugase, welche die Synthese von p-Aminohippursäure aus p-Aminobenzoesäure oder von PAHX (dem intermediären Conjugat) aus p-Aminohippursäure katalysiert. Dinitrophenol setzt den Transport von Phenolrot und p-Aminohippursäure herab durch Blockierung der Bildung energiereichen Phosphats, ohne die Atmung zu hemmen (Entkoppelung der Atmungskettenphosphorylierung). Energiereiche Phosphorverbindungen erleichtern die Conjugationen, welche den Transport von p-Aminohippursäure und ähnlichen Verbindungen bestimmen. Bei diesem Transportmechanismus ist Acetat beteiligt. Nach BEYER[1] nehmen Acetat und Conjugase an der gleichen Reaktion teil. Nach SCHWALB u. Mitarb.[2] läßt sich die p-Aminohippursäure-Clearance durch Zuführung von Natriumfluorid bis zu 75% vermindern, ebenso die des Kreatinins. Die Chloridausscheidung erfährt hierbei eine Vermehrung auf das 2—10fache, bei gleichzeitig gesteigerter, manchmal auch etwas verminderter Harnmenge. Die Verminderung der PAH-Clearance ließ sich durch Zufuhr von Natriumlactat rückgängig machen, auch die Kreatinin-Clearance normalisierte sich wieder, während Harnmenge, Chlorid- und Harnstoffausscheidung zunahmen. Diese Wirkung konnte nur mit L-Lactat erzielt werden, D-Lactat hatte keinen Einfluß.

JUDAH u. Mitarb.[3] haben Enzyme beschrieben, welche die Esterifizierung von anorganischem Phosphat und Oxydation von Glutamin in Mitochondrien der Leber und Niere katalysieren. Die Katalyse der Acetatoxydation durch die Niere wird gehemmt durch Substanzen wie Dinitrophenol, welche Oxydation und Phosphorylierung entkoppeln. Die Oxydation von Acetat kann ein begrenzender Faktor des Conjugasesystems von BEYER sein. Sauerstoff und vor allem CO_2 sind notwendig für den Gesamtmechanismus der tubulären Sekretion. *Irgendein Hemmstoff, der die Sauerstoffverwertung durch Unterbrechung der Prozesse im Kohlenhydratcyclus verhindert, hemmt notwendigerweise die Sekretion zusammen mit vielen anderen Funktionen.* Da die Oxydation der Intermediärprodukte des Kohlenhydratcyclus als Energiequelle für die Phosphorylierung und für die Bildung energiereicher Phosphorverbindungen dient, wird alles, was einen dieser Faktoren hemmt, viele Zellfunktionen unterbinden.

Dabei wird angenommen, daß die Benutzung der energiereichen Phosphatverbindungen bei dem Transport der Glucose in ihrer direkten Phosphorylierung besteht. Im Gegensatz dazu, scheint beim Transport des p-Aminohippurats eine energiereiche Zellkomponente beteiligt zu sein[4].

An isolierten, überlebenden Nierenkanälchen der Flunder wurde die Einwirkung des Sauerstoffgehaltes und der Temperatur sowie zahlreicher Fermentgifte auf die Speicherungsfähigkeit für Phenolrot untersucht. Die in isotonischer Lösung gehaltenen isolierten Tubuli besitzen noch einige Std nach der Präparation die Eigenschaft, Phenolrot in ihrem Lumen anzureichern. Die Lösung muß mit Sauerstoff durchströmt werden. Maximale Konzentration (visuell beurteilt) wird nach 30—60 min erreicht. Bei Abwesenheit von Sauerstoff oder bei Abkühlung auf 3—5° findet keine Farbstoffaufnahme statt; diese Effekte sind reversibel. Der Phenolrottransport wird durch Dehydrogenaseinhibitoren, durch Schwermetallsalze (Sulfhydrylinaktivierung) und antidiuretisch wirkende Chininderivate

---

[1] BEYER, K. H., R. H. PAINTER and V. D. WIEBELHAUS: Amer. J. Physiol. **161**, 259 (1950). — [2] SCHWALB, H., A. BAUERFEIND u. H. HENSEL: A. e. P. P. **224**, 285 (1955). — SCHWALB, H.: 3. Freiburger Symp. S. 160, Berlin, Göttingen, Heidelberg 1955. — [3] JUDAH, J. D., and H. G. WILLIAMS-ASHMAN: Biochem. J. **48**, 38 (1951). — [4] TAGGART, J. V.: 1. Int. Meet. Pharmacol. Montreal. S. 31. 1953.

blockiert. Die Aufrechterhaltung eines Konzentrationsgradienten für Phenolrot hängt von der vollständig ungestörten Stoffwechselaktivität des Tubulusepithels ab[1–3].

Wenn 2 Verbindungen, die durch die Tubuli ausgeschieden werden, sich gegenseitig in der Ausscheidung hemmen, so nennt man das *kompetitive Hemmung*. Diese Art der Hemmung ist ausgiebig in Hinsicht auf Substanzen untersucht worden, die selbst in genügender Menge durch die Tubuli ausgeschieden werden, und sie ist als Beweis dafür angesehen worden, daß einige Substanzen den gleichen Transportmechanismus besitzen. Nach SPERBER[4] hemmen auch Verbindungen, und zwar verschiedene Phenolrotderivate, die Ausscheidung anderer Substanzen, obwohl sie selbst nicht oder nur wenig durch die Tubuli sezerniert werden.

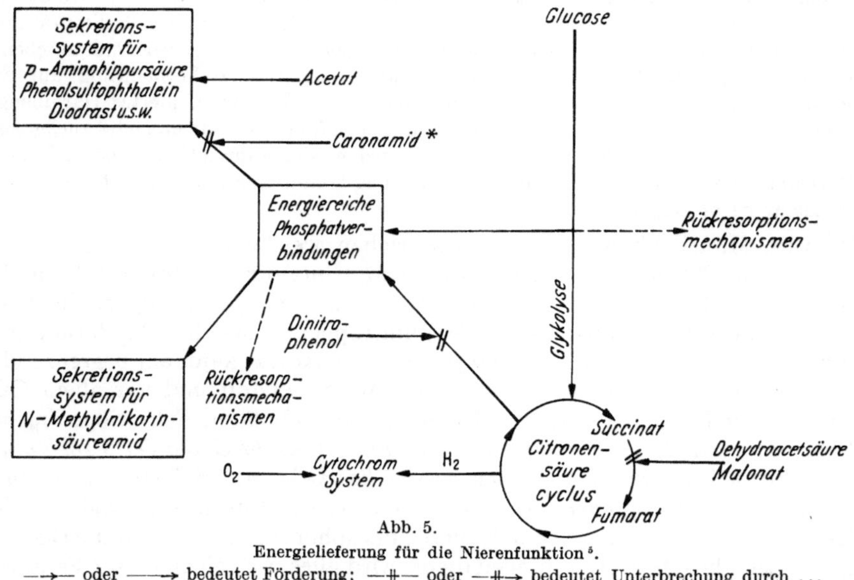

Abb. 5.
Energielieferung für die Nierenfunktion[5].
—→— oder ——→ bedeutet Förderung; —#— oder —#→ bedeutet Unterbrechung durch ...

Nach BEYER[6, 7] gibt es folgende Möglichkeiten kompetitiver Hemmung renaler Transportsysteme:

1. Die hemmende Affinität einer Verbindung für ein Transportsystem und für die eigene renale Elimination kann verschieden sein. Verbindungen, die die tubuläre Ausscheidung hemmen, können:

a) durch die Tubuli ausgeschieden werden,

b) durch die Tubuli ausgeschieden und durch die Tubuli rückresorbiert werden oder

---

* $HOOC-C_6H_4-CH_2-SO_2-NH-C_6H_5$ 4-Carboxyphenyl-methansulfonanilid (Mercks Jber. **63**, 267, 107 (1950) 1947/48, S. 111).

[1] FORSTER, R. P., and J. V. TAGGART: J. cellul. comp. Physiol. **36**, 251 (1950). — [2] PUCK, T., K. WASSERMAN and A. P. FISHMAN: J. cellul. comp. Physiol. **40**, 73 (1952). — [3] FORSTER, R. P.: Science, N. Y. **108**, 65 (1948). — [4] SPERBER, I.: 1. Int. Meet. Pharmacol. Montreal. S. 30. 1953. — [5] SHIDEMAN, F. E., and R. M. RENE: Amer. J. Physiol. **166**, 104 (1951). — [6] BEYER, K. H.: 1. Int. Meet. Pharmacol. Montreal. S. 32. 1953. — [7] BEYER, K. H., E. K. TILLSON, F. RUSSO and N. W. PUSEY: 19. Int. Congr. Physiol. Montreal. S. 211. 1953.

c) mehr oder weniger vollständig aus dem Glomerulusfiltrat durch die Tubuli rückresorbiert werden.

2. Eine Verbindung kann eine bestimmte enzymatische Komponente eines Komplexes hemmen, die die funktionelle Spezifität eines Transportsystems bestimmt. So hemmt Benemid die Ausscheidung von gewissen Säuren (z. B. p-Aminohippursäure und Penicillin G), ohne die Sekretion quarternärer Basen zu hemmen.

3. Die enzymatische Komponente eines tubulären Transportsystems kann in Abhängigkeit von genetischen Faktoren in den Dienst eines Stofftransportes nach verschiedenen Richtungen gestellt werden. Harnsäure wird beim Dalmatinerhund tubulär sezerniert, bei anderen Rassen rückresorbiert, bei nicht rassereinen Dalmatinerhunden rückresorbiert und ausgeschieden. Benemid hemmt die Ausscheidung von Harnsäure durch die Nieren des Dalmatinerhundes, und es hemmt die Rückresorption der Harnsäure bei anderen Hunderassen.

4. Die Gesetze, die für die Hemmung des tubulären Transports anorganischer Anionen oder Kationen gelten, scheinen auch für den Transport organischer Säuren oder Basen zuzutreffen.

Die bisher gewonnenen Erkenntnisse über Zusammenhänge zwischen Kohlenhydratstoffwechsel, Citronensäurecyclus und Sekretionsfunktionen sind in dem vorstehenden Schema zusammengefaßt.

f) Ausscheidung von Elektrolyten und Säure.

α) Renale Säureausscheidung[1].

Im Stoffwechsel der Proteine und Lipoide werden organisch gebundener Phosphor, Schwefel und Chlor als Ionen starker Säuren in Freiheit gesetzt. Diese Säuren werden sofort durch Basen aus den verschiedenen Puffersystemen des Körpers neutralisiert. Würden die Säuren in Verbindung mit festen Basen ausgeschieden, so wären die Reserven des Körpers schnell erschöpft; denn der Vorrat an verfügbarem Alkali beträgt nur ungefähr 1 Mol. Um die Erschöpfung dieser begrenzten Vorräte zu vermeiden, scheidet die Niere Säure aus, teilweise in freier, titrierbarer Form, teilweise neutralisiert durch Ammoniak. Unter gewöhnlichen Bedingungen übersteigt die Produktion von Säure die Einnahme von verfügbaren Basen um 50—100 mÄq je Tag. Bei der oralen Zuführung von Alkali kann die ausgeschiedene reine Säuremenge bis auf 0 absinken, während sie bei schwerer Ketose bis auf 750 mÄq in 24 Std zunehmen kann. Wenn die renale Funktion gestört ist, überwiegt sehr schnell die Acidosis; bei normaler renaler Funktion werden die Änderungen der Säurebelastung durch Änderung der Ausscheidung von titrierbarer Säure und Ammoniak ausgeglichen.

Untersuchungen von Montgomery u. Pierce[2] an der Amphibienniere liefern eine morphologische Basis für das Verständnis des Prozesses, auf Grund dessen das leicht alkalische Blutplasma in sauren Harn verwandelt wird. Es wurden kleinste Flüssigkeitsmengen aus dem Glomerulus, aus den proximalen, medialen und distalen Tubulusabschnitten durch Punktion gewonnen und der p_H mit einer Mikrochinhydronelektrode bestimmt. Dabei ergaben sich die in Abb. 6 dargestellten Beziehungen zwischen der Reaktion der erhaltenen Flüssigkeiten aus verschiedenen Stellen des Nephrons und der des Plasmas, aus der sie gebildet wurden.

Innerhalb gewisser Grenzen ist der p_H des Glomerulusfiltrates und der der proximalen und medialen Tubulusflüssigkeit identisch mit dem p_H des Plasmas. Im distalen Segment wird der Harn sauer, der p_H fällt auf Werte, die im Harn von Blase und Ureter gefunden werden. Diese Änderung der Reaktion des

[1] Dargestellt nach: Pitts, R. F.: Fed. Proc. **7**, 418 (1948). — [2] Montgomery, H., and J. A. Pierce: Amer. J. Physiol. **118**, 144 (1937).

Glomerulusfiltrates hatten schon ELLINGER u. HIRT[1] sehr deutlich an der Luminiscenz nach Fluoresceininjektion an der lebenden Niere zeigen können. Es tritt ein allmählicher Übergang der grünen Farbe in gelb ein, da der Farbstoff bei alkalischer Reaktion grün, bei saurer gelb erscheint. *Die Säuerung des Harns ist also eine Funktion des distalen Segments des Tubulus der Niere.*

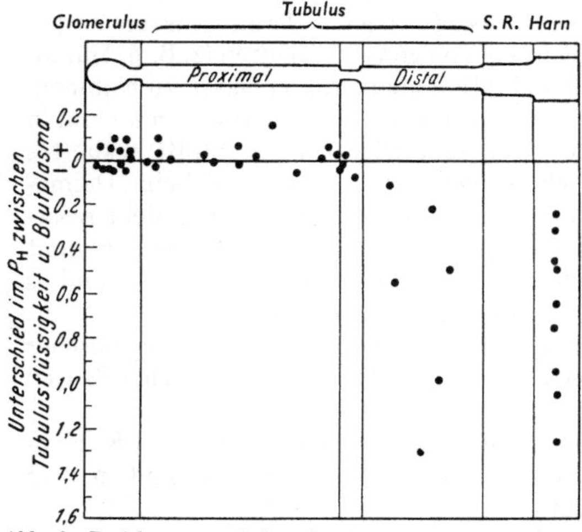

Abb. 6. Beziehungen zwischen der Reaktion des tubulären Harns und der Reaktion des Blutplasmas an verschiedenen Stellen des Amphibiennephrons[2].

Es gibt 2 Hauptwege, auf denen der distale Tubulus seinen leicht alkalischen Inhalt in sauren Harn verwandeln kann: erstens könnte er die alkalische Komponente resorbieren und nur die sauren Bestandteile übriglassen, zweitens könnte er Säure zu dem Tubulusinhalt hinzufügen. 4 Möglichkeiten der beiden Hauptwege sind in Abb. 7 (s.[3]) dargestellt. Nur 2 Puffersysteme treten in merklichen Mengen in das Glomerulusfiltrat ein, nämlich 1- und 2basisches Phosphat, Kohlensäure und Hydrogencarbonat. Wenn, wie im oberen Diagramm des Nephrons gezeigt ist, 2basisches Phosphat vorzugsweise rückresorbiert wird, kann das ausgeschiedene 1basische Phosphat als Säure im Harn titriert werden. Diese Vorstellung, die als „Phosphat-Rückresorptionstheorie" bezeichnet wird, ist in viele biochemische Lehrbücher eingegangen. Auf der anderen Seite, wenn Hydrogencarbonat vollständig rückresorbiert würde und wenn die Tubuluswand für Kohlensäure vollständig undurchlässig ist, wie SENDROY, SEELIG u. VAN SLYKE[4] in ihrer „Hydrogencarbonat-Rückresorptionstheorie" behauptet haben, würde diese Säure mit Puffersalzen reagieren und sie quantitativ in freie Puffersäure überführen.

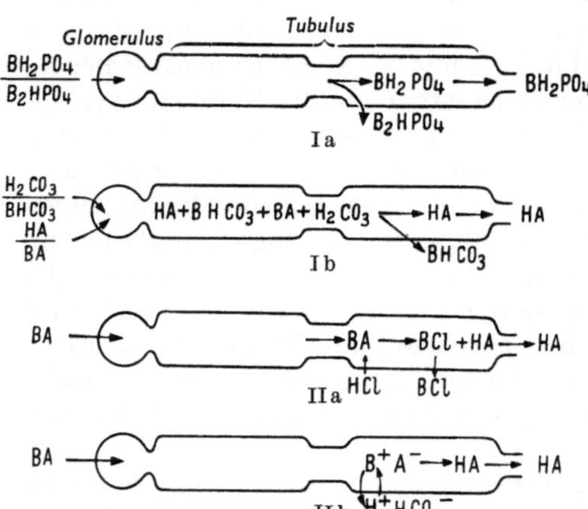

Abb. 7. Renale Säureausscheidung[2]. I. Säure, die im Filtrat vorhanden ist. a) Phosphat-Rückresorptionstheorie. b) Hydrogencarbonat-Rückresorptionstheorie. II. Säure, die in den tubulären Harn ausgeschieden wird. a) Theorie der molekularen Säureausscheidung. b) Ionen-Austauschtheorie. (B = Base; A = Säure)

Für die Erklärung der Säuerung des Harns und die Umwandlung von alkalischen Pufferbestandteilen in ihre Säureform ist von MACALLUM u. CAMPBELL[5] die „tubuläre Ausscheidung molekularer Säure" vorgeschlagen worden. Andererseits hat SMITH[6] einen

---

[1] ELLINGER, P., u. A. HIRT: A. e. P. P. **145**, 193 (1929); **150**, 285 (1930); **159**, 111 (1931). — [2] MONTGOMERY, H., and. J. A. PIERCE: Amer. J. Physiol. **118**, 144 (1937). — [3] PITTS, R. F., W. D. LOTSPEICH, W. A. SCHIESS and J. L. AYER: J. clin. Invest. **27**, 48 (1948). — [4] SENDROY, J. jr., S. SEELIG and D. D. VAN SLYKE: J. biol. Ch. **106**, 479 (1934). — [5] MACALLUM, A. B., and W. R. CAMPBELL: Amer. J. Physiol. **90**, 439 (1929). — [6] Smith, Kidney S. 380—387.

„Ionen-Austauschmechanismus" vorgeschlagen, der dasselbe erreichen sollte. Danach sollten Wasserstoffionen, die in den Tubuluszellen durch Dissoziation von Kohlensäure entstanden sein sollten, ausgetauscht werden gegen Ionen fester Basen, die durch Puffersalze im tubulären Harn gebunden seien, und sie so in titrierbare Puffersäuren überführen. Die experimentelle Prüfung dieser 4 Möglichkeiten mit Hilfe der Säurebelastung durch orale Ammoniumchloridzufuhr bei Menschen durch PITTS u. Mitarb.[1] hat ergeben, daß die Phosphat-Rückresorptionstheorie nur 8,9—10%, die Hydrogencarbonat-Rückresorptionstheorie nur 21—26,5% der beobachteten Säureausscheidung erklären kann. Es können also diese 2 Theorien zusammen maximal nur für ungefähr $^1/_3$ der tatsächlich ausgeschiedenen Säuremenge eine Erklärung bieten. Da Kohlensäure und einbasisches Phosphat die einzigen im Glomerulusfiltrat vorhandenen Säuren sind, die ins Gewicht fallen, ist durch diese Versuche *bewiesen, daß Säure durch einen aktiven cellulären Mechanismus dem tubulären Harn zugeführt werden muß.*

Die Säure könnte auf folgende Weise geliefert werden: 1. sezerniert als molekulare Säure, 2. gebildet aus dem Austausch von Wasserstoffionen gegen Base, 3. neu gebildet in den Tubuli aus Wasser durch die Rückresorption von Hydroxylionen oder 4. neu gebildet aus Hydrogencarbonat durch die Rückresorption von Carbonationen. Die Sekretion von molekularer Säure ist unwahrscheinlich, da es keine Beweise für die tubuläre Ausscheidung eines starken Säureanions gibt. Ionen, wie Chloride, Sulfate und Phosphate, werden im Tubulus mehr oder weniger vollständig rückresorbiert, nicht ausgeschieden. Die Neubildung von Säure im Tubulus durch die Rückresorption von Hydroxyl- oder Carbonationen ist auch unwahrscheinlich, da dieser Vorgang die beträchtliche Herausnahme dieser Ionen aus einer Flüssigkeit bedeuten würde, in der sie nur in verschwindend geringen Mengen vorhanden sind. Der leistungsfähigste Anionen-Rückresorptionsmechanismus, der bekannt ist, nämlich der für Hydrogencarbonat, ist fähig, 99,9% herauszunehmen bis zu einer Endkonzentration von 10^{-7} molar (s. S. 41). Um eine Säuerung bis auf p_H 4,5 durch die Rückresorption von Hydroxyl- oder Carbonationen zu erreichen, müßte dieser spezifische Mechanismus eine nahezu 1000mal größere Rückresorptionskapazität besitzen als der Hydrogencarbonatmechanismus.

Es ist wahrscheinlich, daß die Niere die Reaktion der Harnpuffermischung in der Weise bestimmt, daß sie die Konzentration eines bestimmten Ions festlegt und daß dadurch die Konzentration aller anderen Ionen durch isohydrisches Gleichgewicht aufrechterhalten wird. *Die große biologische Bedeutung der Säuerung des Harns liegt offenbar darin, daß die Basen, die im Glomerulusfiltrat enthalten sind, dem Körper wieder zugeführt werden und daß die nicht gebrauchten Anionen in Verbindung mit Wasserstoffionen ausgeschieden werden.* Dies wird augenscheinlich am besten durch den oben beschriebenen Austauschmechanismus erreicht.

Da die Säureausscheidung durch große Dosen von Sulfanilamid gehemmt wird und Sulfanilamid ein wirksamer Hemmkörper der Kohlensäureanhydratase ist, wurde von DAVENPORT u. WILHELMI[2] sowie von HOEBER[3] geschlossen, daß die Kohlensäureanhydratase eine wichtige Rolle bei dem Prozeß der Bereitstellung von H-Ionen für die Sekretion bildet (s. S. 50). Der Austauschmechanismus für H- und Na-Ionen, der von der Kohlensäureanhydratase abhängig ist, ist im

[1] PITTS, R. F., and R. S. ALEXANDER: Amer. J. Physiol. **144**, 239 (1945). — [2] DAVENPORT, H. W., and A. E. WILHELMI: Proc. Soc. exp. Biol. Med. **48**, 53 (1941). — [3] HOEBER, R.: Proc. Soc. exp. Biol. Med. **49**, 87 (1942).

distalen gewundenen Tubulus lokalisiert und ist verantwortlich für die Ausscheidung titrierbarer Säure und für die Rückresorption jenes Teils des Hydrogencarbonats, der im proximalen Segment der Rückresorption entgangen ist. Die Abb. 8 stellt eine Zelle aus dem Teil des distalen Tubulus dar, dem die Säuerung des Harns obliegt. Solch eine Zelle ist auf der einen Seite dem tubulären Blutstrom ausgesetzt, auf der anderen Seite dem tubulären Harn. Durch die eigene Stoffwechseltätigkeit der Zelle und durch ihren Kontakt mit dem Nierenblut steht ihr ein ständiger Vorrat an *Kohlendioxyd* zur Verfügung. Wegen ihres hohen Gehaltes an Kohlensäureanhydratase kann die Zelle dieses Gas sehr schnell in *Kohlensäure* verwandeln. Wasserstoffionen, die von der Kohlensäure abdissoziieren, werden über die Zell-Lumengrenze hinweg gegen basische Ionen des tubulären Harns ausgetauscht. Die Base wird mit einer äquivalenten Menge von Hydrogencarbonat dem renalen Blutstrom wieder einverleibt. Die Wasserstoffionen und die restlichen Anionen werden im Harn als titrierbare Säure ausgeschieden. Diese Vorgänge können natürlich nicht spontan verlaufen, sondern es muß dem System, wie auf S. 34 dargelegt, Energie zugeführt werden, aber die spezielle Natur dieser energieliefernden Vorgänge ist noch nicht bekannt. Die Austauschkapazität dieses Mechanismus ist begrenzt, es gibt ein maximales Konzentrationsgefälle, gegen das die Zelle Wasserstoffionen transportieren kann, nämlich ein Konzentrationsverhältnis von ungefähr 800:1, d. h. bei einem Blut-p_H von 7,4 kann der Harn maximal einen p_H von 4,5 erreichen. (In Wirklichkeit gilt dieser bedeutende H-Ionen-Gradient nicht von peritubulärem Blut zu tubulärem Harn, sondern vom Inhalt der tubulären Zelle zu tubulärem Harn. Da der letztere nicht meßbar ist, wurde von PITTS der erstere, meßbare seinen Betrachtungen zugrunde gelegt.)

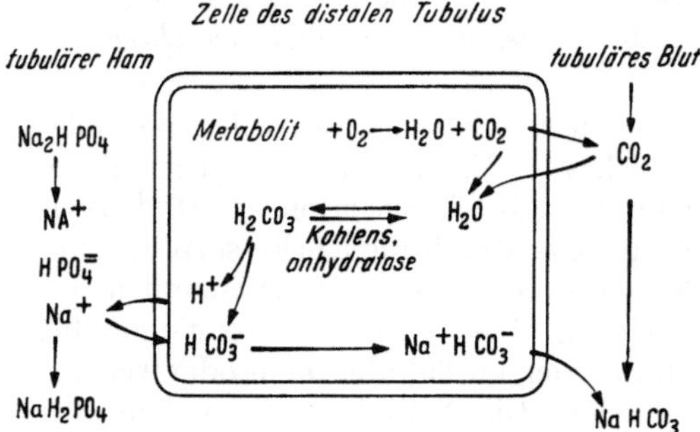

Abb. 8.
Der celluläre Mechanismus für die Säuerung des Harns[1].

Die Geschwindigkeit des Austausches und damit die Geschwindigkeit der Ausscheidung von titrierbarer Säure wird durch 3 Faktoren bestimmt[2]: 1. die Menge des Puffers im tubulären Harn mit dem die säuernden Zellen arbeiten können, 2. die Säurestärke dieses Puffers und 3. der Grad der Acidose.

Zwischen der Ausscheidung von titrierbarer Säure und von Plasma-Hydrogencarbonat besteht nach PITTS eine reziproke Abhängigkeit, wie sie in Abb. 9 veranschaulicht ist. Auf der linken Seite des Schemas sind die Verhältnisse bei der Acidose aufgezeichnet: Größere Mengen von fixer Puffersubstanz, aber wenig Hydrogencarbonat treten in das distale Segment ein. Der Austausch von Wasserstoffionen gegen die durch den fixen Puffer gebundene Base geht ungehemmt vor sich. Auf der rechten Seite sind die Verhältnisse, wie sie normalerweise — und bei Alkalose sehr verstärkt — vorliegen, eingezeichnet. Als Folge des erhöhten Plasmaspiegels und der erhöhten Abgabe an das Glomerulusfiltrat, treten Hydrogencarbonat und fixer Puffer in das distale Segment ein. Diese beiden konkurrieren als Basendonatoren, mit dem Ergebnis, daß die Ausscheidung von titrierbarer Säure herabgesetzt ist[2]. In dem Prozeß der Aufrechterhaltung der Hydrogencarbonat-

[1] PITTS, R. F., and R. S. ALEXANDER: Amer. J. Physiol. **144**, 239 (1945). — [2] PITTS, R. F., J. L. AYER and W. A. SCHIESS: [PITTS, R. F.: Fed. Proc. **7**, 418 (1948)].

konzentration spielt die Niere 2 Rollen: die erste ist die der Aufrechterhaltung der Vorräte an Alkali. Die Tubuli, denen Hydrogencarbonat im Glomerulusfiltrat angeboten wird, reabsorbieren es fast vollständig, wenn die Konzentration normal oder niedrig ist, etwas weniger vollständig, wenn die Konzentration erhöht ist. Unter diesen Umständen befreit die Ausscheidung den Körper vom Überfluß und stellt wieder eine normale Konzentration her. Die 2. Rolle ist die, daß die Niere die Vorräte an Hydrogencarbonat, die zur Neutralisation der im Stoffwechsel gebildeten Säuren verbraucht wurden, wieder ergänzt.

In der menschlichen Niere werden täglich rund 200 *l* Glomerulusfiltrat gebildet. Normalerweise enthält jedes Liter Filtrat ungefähr 25 mÄq Hydrogencarbonat. Demnach treten alle 24 Std 5000 mÄq in die Tubuli ein. Ein Liter Harn von p_H 6,0 enthält nur Spuren von Hydrogencarbonat, nämlich 1 oder 2 mÄq. Es werden also 4998 mÄq oder 99,9% des gefilterten Hydrogencarbonats in 24 Std rückresorbiert. Während der Acidose wird infolge der Verminderung der Plasmakonzentration weniger Hydrogencarbonat an die Tubuli geliefert und selbst die sonst ausgeschiedenen Spuren werden unter diesen Umständen zurückbehalten.

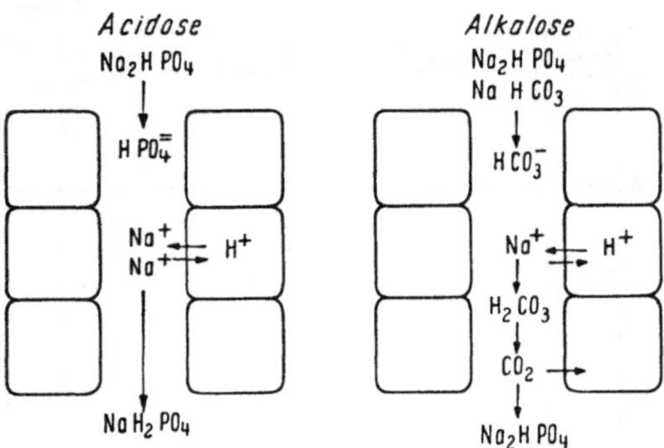

Abb. 9. Reziproke Beziehung zwischen der Ausscheidung von titrierbarer Säure und Plasma-Hydrogencarbonatkonzentration[1].

Die Niere stabilisiert die Plasmakonzentration von Hydrogencarbonat also innerhalb der engen Grenzen von 24—28 mÄq/*l*. Bei einem Individuum, das bei gewöhnlicher, saurer Diät lebt, wird die gefilterte Menge zum größten Teil rückresorbiert, nichts wird verschwendet. Wenn infolge einer alkalischen Diät oder durch Zufuhr von Natriumhydrogencarbonat ein Überschuß an Base vorhanden ist, steigt die Plasmakonzentration, und der gefilterte Überschuß wird im Harn ausgeschieden. Ein funktioneller Anstieg der Filtrationsgeschwindigkeit wird begleitet von einem äquivalenten Anstieg der tubulären Rückresorptionskapazität. Darum führen kleinere Schwankungen in der glomerulären Filtration nicht zur Erhöhung oder Herabsetzung der Alkalireserve.

Der Mechanismus für die tubuläre Rückresorption von Hydrogencarbonat ist sehr empfindlich gegenüber der CO_2-Spannung der Körperflüssigkeiten. Die Rückresorption steigt an, wenn der CO_2-Partialdruck ansteigt und umgekehrt. Die relative Stabilität des Rückresorptionsprozesses bei normalen Individuen ist deshalb teilweise eine Widerspiegelung der Konstanz, mit der das Respirationssystem die Kohlensäurespannung der Körperflüssigkeiten aufrecht erhält. Bei chronischen Lungenerkrankungen kompensieren die erhöhte Rückresorption und die erhöhte Konzentration von Hydrogencarbonat in den Körperflüssigkeiten die Acidose, die durch Kohlensäureretention verursacht ist[2]. Die Tubuluszellen bilden aus Bestandteilen des arteriellen Blutes Ammoniak (s. S. 42) und scheiden es in sehr hoher Konzentration in den tubulären Harn aus. Nach WALKER[3] ist die *Ausscheidung von Ammoniak und die Bereitung eines sauren Harns eine Funktion der distalen Tubuli.* Wie die Abb. 10 erkennen läßt,

[1] PITTS, R. F., and W. D. LOTSPEICH: Amer. J. Physiol. **147**, 138 (1946). — [2] PITTS, R. F., W. J. SULLIVAN and P. J. DORMAN: in The Kidney, Ciba Found. Symp., S. 125. London 1954. — [3] WALKER, A. M.: Amer. J. Physiol. **131**, 187 (1940).

enthält die Glomerulusflüssigkeit und die Flüssigkeit der proximalen Tubuli der Amphibienniere nur Spuren von Ammoniak. Wenn die Flüssigkeit durch die Tubuli weiter wandert, wird Ammoniak in immer größeren Mengen zugefügt.

Quellen des Harnammoniaks. Ursprünglich wurde angenommen, daß das Harnammoniak aus dem Harnstoff stammt[1–3]. Diese Ansicht wurde durch VAN SLYKE[4] widerlegt. Die Niere enthält keine Urease, dagegen Glutaminase und zahlreiche verschiedene desaminierende und transaminierende Enzyme[5–8]. Es wird daher heute angenommen, daß das Ammoniak aus Glutamin und anderen Aminosäuren stammt. Diese Auffassung wird durch die Ergebnisse zweier Typen von Versuchen an Hunden in vivo gestützt:

Es wurden mögliche Vorstufen des Harnammoniaks intravenös gegeben und die Wirkung auf die Ammoniakausscheidung im Harn, sowie die Differenz des Ammoniakgehaltes in der Arteria und Vena renalis bestimmt. Nach solchen Versuchen sind Glykokoll, D- oder L-Alanin, D- oder L-Leucin und D,L-Asparaginsäure Vorstufen des Harnammoniaks, nicht aber L-Arginin, L-Lysin und L-Glutaminsäure[10–12]. So war nach Infusion der erstgenannten Aminosäuren bei acidotischen Hunden in Mengen, die das Plasmaniveau des Aminostickstoffs von normal 4 mg-% auf 20 mg-% steigen ließen, die Geschwindigkeit der Ammoniakausscheidung auf das 3fache erhöht[13].

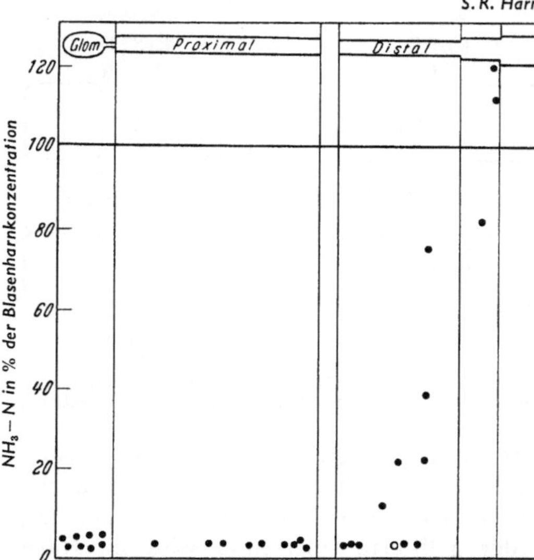

Abb. 10. Ammoniakkonzentration der Tubulusflüssigkeit an verschiedenen Stellen des Amphibiennephrons[9].

Diese Versuche sind jedoch nicht voll beweisend, weil D-Aminosäuren sicher keine physiologischen Ammoniakvorstufen sind, wenn sie auch die Ammoniakausscheidung im Experiment erhöhen und weil die genannten L-Aminosäuren im Blut in so hoher Konzentration, wie sie im Experiment angewandt wurden, nicht vorkommen.

Die zweite Art von Versuchen bestimmt die Geschwindigkeit mit der die im Blut kreisenden Vorstufen verschwinden. So fand VAN SLYKE[4], daß L-Glutamin aus Nierenblut in Mengen verschwindet, welche für 60% des ausgeschiedenen Ammoniaks verantwortlich sind. Der Rest war der Verminderung von α-Aminosäurestickstoff im Nierenblut äquivalent.

[1] BARNETT, G. D., and T. ADDIS: J. biol. Ch. **30**, 41 (1917). — [2] NASH, T. P. jr, and S. R. BENEDICT: J. biol. Ch. **48**, 463 (1921). — [3] BOLLMAN, J. L., and F. C. MANN: Amer. J. Physiol. **92**, 92 (1930). — [4] SLYKE, D. D. VAN, R. A. PHILLIPS, P. B. HAMILTON, R. M. ARCHIBALD, P. H. FUTCHER and A. HILLER: J. biol. Ch. **150**, 481 (1943). — [5] KREBS, H. A.: Biochem. J. **29**, 1620 (1935). Kli. Wo. **1932 II**, 1744. H. **217**, 191 (1933). — [6] KREBS, H. A.: Biochem. J. **29**, 1951 (1935). — [7] BLANCHARD, M., D. E. GREEN, V. NOCITO and S. RATNER: J. biol. Ch. **155**, 421 (1944). — [8] MYLON, E., and J. H. HELLER: Amer. J. Physiol. **154**, 542 (1948). — [9] WALKER, A. M.: Amer. J. Physiol. **131**, 187 (1940). — [10] POLONOVSKI, M., P. BOULANGER et G. BIZARD: Cr. **198**, 1815 (1934). — [11] POLONOVSKI, M., et P. BOULANGER: Cr. **207**, 308 (1938). — [12] BLISS, S.: J. biol. Ch. **137**, 217 (1941). — [13] LOTSPEICH, W. D., and R. F. PITTS: J. biol. Ch. **168**, 611 (1947).

DAVIES und YUDKIN[1] untersuchten, ob an der Ammoniakbereitung beteiligte Enzyme, nämlich L-Aminosäureoxydase, Transaminase, Glutaminase und Glycinoxydase, sich adaptativ bei länger dauernder Alkalose oder Acidose in ihrer Konzentration ändern, weil die chronische Acidose durch eine vermehrte, die Alkalose durch eine verminderte Ammoniakproduktion gekennzeichnet ist. Chronische Acidose (3—8 Monate) führte zu einer beträchtlichen Steigerung, chronische Alkalose zu einer beträchtlichen Verminderung der Ammoniakproduktion aus L-Glutamin, Glycin und L-Leucin, also zur adaptativen Aktivitätsänderung der Glutaminase, Glycin- und L-Aminosäureoxydase. Bei der Änderung der Ammoniakausscheidung bei Alkalose oder Acidose steht also die veränderte NH_3-*Bildung* und nicht die Ausscheidung im Vordergrund. Die Ammoniakproduktion aus L-Asparagin und L-Alanin blieb unbeeinflußt[2].

Die *Aktivität der Nierenglutaminase* ist bei der Ratte und beim Hund 10mal so hoch wie beim Kaninchen. Die herabgesetzte Ammoniakausscheidung der acidotischen, nebennierenrindeninsuffizienten Ratte hängt nicht von dem Mangel an Nierenglutaminase ab; denn letztere bleibt auch bei Nebenniereninsuffizienz normal. Es besteht eine Beziehung zwischen der Fähigkeit, Ammoniak zu bilden, und der Aktivität der Nierenglutaminase bei der normalen Ratte, bei Hund und Kaninchen, denn Ratte und Hund bilden gut Ammoniak und haben hohe Glutaminaseaktivität, während das Kaninchen, ein schwacher Ammoniakbildner, niedrige Glutaminaseaktivität besitzt. Die Ammoniakbildung von Nierenschnitten in vitro wird durch Zugabe von Glutamin erhöht[3]. Diese Ergebnisse sprechen dafür, daß das Harnammoniak — zum Teil wenigstens — produziert wird durch Desaminierung von Glutamin, Glycin und anderen Monoaminomonocarbonsäuren. Eine Quelle des Harnammoniaks könnte auch Adenosin darstellen[4].

Die Gesamtacidität im Harn geht stets der Ammoniakmenge parallel[5]. Zufuhr von Säure mit der Nahrung vermehrt die im Harn ausgeschiedene Ammoniakmenge. Beim Hund verursacht Zufuhr von Salzsäure starke Zunahme, Zufuhr von Alkali Abnahme des Harnammoniaks. Von der einverleibten Säure wurden 75% durch Ammoniak im Harn neutralisiert[6].

Um zu entscheiden, ob die Ammoniakausscheidung vom Säure-Basengleichgewicht des Blutes oder vom p_H der Tubulusflüssigkeit abhängt, wurde der Harn-p_H entweder durch Gaben von Alkali oder von p-Sulfonamido-benzoesäure (Hemmung der Kohlensäureanhydratase) erhöht. In beiden Fällen fand sich die gleiche Abhängigkeit der Ammoniakausscheidung vom Harn-p_H. Da im ersten Fall im Blut eine Alkalose besteht, während im zweiten Fall mit einer Acidose zu rechnen ist, sprechen diese Versuche dafür, daß der Harn-p_H die Höhe der Ammoniakausscheidung reguliert[7], dafür sprechen auch Versuche von ROBINSON[8], der an Nierenschnitten von Ratten nachwies, daß die Ammoniakproduktion mit dem Säuregrad der Suspensionsflüssigkeit zunimmt.

Nach NICHOLSON[9] ist aber die Harnacidität weder der einzige, noch der hauptsächlichste Faktor, der die Menge des von der Niere gebildeten Ammoniaks bestimmt; denn bei einer experimentell erzeugten leichten Nephrose, die die Inulin- oder die Kreatinin-Clearance nicht beeinflußte, stieg der p_H des Harns der kranken Niere an, die Ausscheidung von Ammoniak blieb aber gleich oder überstieg sogar die der normalen Niere, deren Harn-p_H sich nicht geändert hatte.

[1] DAVIES, B. M. A., and J. YUDKIN: Biochem. J. **52**, 407 (1952). — [2] WHITE, H. L., and D. ROLF: Amer. J. Physiol. **169**, 174 (1952). — [3] HINES, B. E., and R. A. MCCANCE: J. Physiol., London **124**, 8 (1954). — [4] CONWAY, E. J., and R. COOKE: Biochem. J. **33**, 479 (1939). — [5] BJÖRN-ANDERSEN, H., u. M. LAURITZEN: H. **64**, 21 (1910). — [6] WALTER, F.: A. e. P. P. **7**, 148 (1877). — [7] FERGUSON, E. B. jr.: J. Physiol., London **112**, 420 (1951). — [8] ROBINSON, J. R.: J. Physiol., London **124**, 1 (1954). — [9] NICHOLSON, F. T.: 19. Int. Congr. Physiol. Montreal. S. 646. 1953.

Bei Verfütterung, von Natriumhydrogencarbonat kann man das Ammoniak im Harn bis auf Spuren zum Verschwinden bringen. Gibt man bei gemischter Kost einem Menschen je Tag 16 g Hydrogencarbonat, so vermindert sich das Harnammoniak auf $^{1}/_{3}$ (s. [1]).

Im Sinne obiger Annahme spricht auch der Einfluß der Kost auf die Ammoniakausscheidung im Harn. Vegetarische Kost liefert basische, Fleischkost saure Stoffwechselprodukte. Man findet daher bei vegetarischer Kost wenig, bei Fleischkost viel Ammoniak im Harn. CORANDA[2] fand das Verhältnis des Ammoniakgehaltes bei vegetarischer zu Fleischkost wie 1:2,4. PICCININI[3] beobachtete bei vegetarischer Kost eine Tagesmenge von 0,69—0,86 g, bei Fleischkost von 1,24—1,61 g Harnammoniak. Sehr groß kann die Menge des Harnammoniaks werden, wenn bei krankhaften Zuständen große Mengen saurer Stoffwechselprodukte gebildet werden. So fand man, daß bei Diabetes mellitus der Ammoniakgehalt des Harns dem Gehalt an β-Oxybuttersäure und der anderen sauren Stoffwechselprodukte parallel geht. Bei dieser Erkrankung kommen Tagesmengen von Ammoniak bis zu 12 g vor.

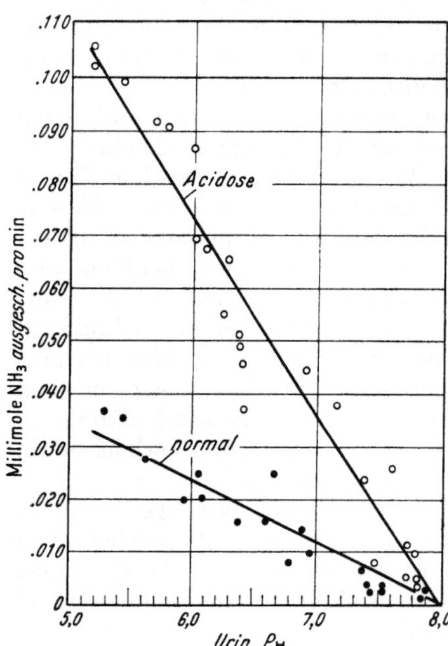

Abb. 11. Beziehung zwischen der Geschwindigkeit der Ammoniakausscheidung und der Harnreaktion bei einem normalen und bei einem Tier nach 48stündiger Acidose [4].

Welches sind nun die Faktoren, die die Aktivität des Sekretionsmechanismus für Ammoniak bestimmen, und wie verhalten sie sich bei Variationen der Säurebelastung des Körpers? Es ist bekannt, daß die Konzentration von Glutamin im Plasma beim normalen Tier, das wenig Ammoniak ausscheidet, und beim acidotischen Tier, das große Mengen ausscheidet, gleich groß ist; auch besteht kein großer Unterschied in der Konzentration der gesamten Aminosäuren bei beiden Zuständen. Die Plasmakonzentration der Vorstufen ist also nicht bestimmend für die Größe der Ammoniakausscheidung.

Nach PITTS sind für die Ausscheidungsgeschwindigkeit des Ammoniaks 2 Faktoren maßgebend: 1. der Harn-p_H, wie oben dargelegt, und 2. ein noch unbekanntes Element der Ammoniaksekretionskapazität der Tubuluszellen. Der erste Faktor bestimmt die schnellen Veränderungen der Ammoniakausscheidung, der zweite die langsamen, adaptativen Veränderungen. Abb. 11 veranschaulicht die Bedeutung der beiden Faktoren. Alle Werte der Abb. 11 stammen aus einem Experiment an *einem* Hund. Die Reaktion des Harns wurde von p_H 5,0—8,0 durch die intravenöse Infusion von Hydrogencarbonat variiert. Zwei Gruppen von Werten sind angegeben, solche, die bei normalem Säure-Basengleichgewicht, und solche, die nach einer 48 Std währenden Stimulierung des Mechanismus erhalten wurden. In beiden Gruppen besteht eine deutliche Beziehung zwischen der

[1] JANNEY, N.: H. **76**, 99 (1911/12). — [2] CORANDA: A. e. P. P. **12**, 76 (1880). — [3] PICCININI, G.: Riv. crit. Clin. med. **9**, 62 (1908). — [4] PITTS, R. F.: Fed. Proc. **7**, 418 (1948).

Geschwindigkeit der Ammoniakausscheidung und der Harnreaktion. Die Veränderlichkeit dieser Korrelation ist bedingt durch das Wirksamwerden des noch nicht definierbaren Faktors der cellulären Sekretionskapazität.

Die biologische Bedeutung der Ammoniaksekretion liegt nach BRIGGS[1] lediglich darin, daß die Niere und die ableitenden Harnwege vor dem ziemlich sauren Harn durch Neutralisation geschützt werden sollen, daß Ammoniak also nicht zur Aufrechterhaltung des Säure-Basengleichgewichtes beiträgt. Dies ist aber nach PITTS gerade dessen Aufgabe. PITTS begründet seine Auffassung wie folgt: Wenn der tubuläre Harn nur Salze von starken Säuren, wie Natriumchlorid, enthält, kann der Austausch von Wasserstoffionen gegen Natriumionen nur in einem begrenzten Ausmaß vonstatten gehen, denn die Salzsäure, die dabei gebildet wird, ist stark dissoziiert. Der hohe Wasserstoffionengradient würde weitere Transporte blockieren. Die Sekretion von Ammoniak in den Harn puffert diese Säure, indem sie die Wasserstoffionen als Ammoniumionen bindet und dadurch den fortwährenden Austausch von Wasserstoffionen gegen Base erlaubt. So wird die Menge der ausgetauschten Base exakt bestimmt durch die Menge der herausgenommenen Wasserstoffionen, entweder als undissoziierte Puffersäure oder als Ammoniumion. Grundsätzlich wird Ammoniak gegen Base Mol für Mol ausgetauscht (s. Abb. 12).

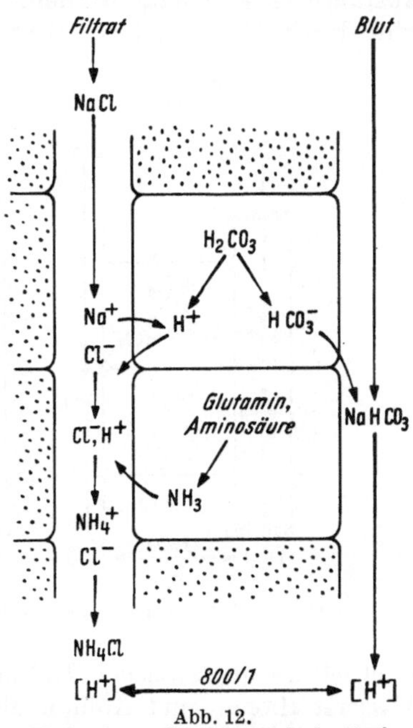

Abb. 12. Mechanismus der Ammoniaksekretion[2].

Die oft beobachtete Tatsache, daß die Produktion von Ammoniak der Säurebelastung nachhinkt und bei Erhöhung des Basendefizits kontinuierlich ansteigt, erklärt PITTS auf zweierlei Weise: 1. Der langsame Anstieg der Ammoniakausscheidung könnte aus der kompensatorischen Erhöhung der Konzentration von Glutaminase und Aminosäureoxydase in den Tubuluszellen resultieren, und 2. könnte die Stimulierung des Mechanismus der Ammoniakbildung in den Tubuluszellen durch Nebennierenrindenhormone verursacht sein. Die Acidose stellt eine Bedrohung der Alkalireserve des Körpers dar, durch die die Nebennieren stimuliert werden könnten. Nach neueren Untersuchungen[3] unterliegt die Ammoniakbildung in der Niere in der Tat der Kontrolle der Nebennieren.

Seine Untersuchungsergebnisse faßt PITTS folgendermaßen zusammen: Die Ausscheidung von Säure, entweder in Verbindung mit Ammoniak oder als titrierbare Säure, beruht grundsätzlich auf dem Austausch von Wasserstoffionen, die in den Zellen der distalen Tubuli gebildet werden, gegen basische Ionen im tubulären Harn. Die Zellen können ein Wasserstoffionenkonzentrationsgefälle von fast 800:1 überwinden. Ist, wie in Abb. 13 veranschaulicht, der Puffergehalt des Harns hoch, so können große Mengen von titrierbarer Säure gebildet werden, bevor die Grenze des Gradienten erreicht ist. Wenn wie im Diagramm C der Puffergehalt niedrig ist, wird wenig titrierbare Säure gebildet. Als Folge der hohen Wasserstoffionenkonzentration diffundiert Ammoniak in den tubulären

[1] BRIGGS, A. P.: J. biol. Ch. **104**, 231 (1934). — [2] PITTS, R. F.: Fed. Proc. **7**, 418 (1948). — [3] PITTS, R. F.: Amer. J. Med. **9**, 356 (1950).

Harn. Da zu wenig Puffer im Glomerulusfiltrat ist, bildet die Niere ihren eigenen Puffer, nämlich Ammoniak. Wie im Diagramm B gezeigt wird, wird Hydrogencarbonat in ausreichenden Mengen an das distale Segment geliefert, wenn die Basen des Körpers überwiegen. Der Austausch von Wasserstoffionen gegen von Hydrogencarbonat gebundene Base vermindert die Bildung von titrierbarer Säure. Es wird ein alkalischer Harn gebildet, der weder titrierbare Säure noch Ammoniak in meßbaren Mengen enthält. Die dabei möglichen Verhältnisse sind in der Abb. 13, A—C, veranschaulicht.

Nach BINKLEY[1] kann der renale Tubulus als eine Säule selbstregenerierender Austauscher aufgefaßt werden. Die für die Regenerierung notwendige Energie wird durch ATP geliefert. BINKLEY nimmt eine Natriumpumpe an, die auf die

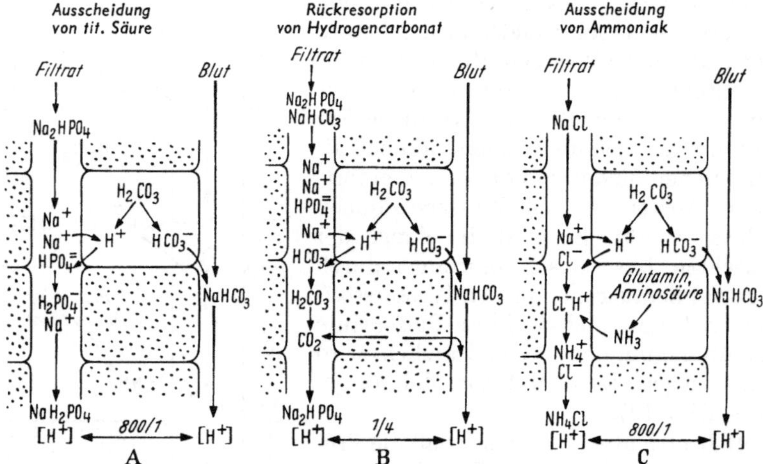

Abb. 13. Ionen-Austauschmechanismus für die Ausscheidung von Säure und Ammoniak[2].

Wechselwirkung zwischen Kalium und Natrium und auf den Austausch von Wasserstoffionen und Ammoniak wirkt.

Eine starke Vermehrung der NH_3-Bildung in der Niere findet bei der Therapie von Ödemen und Hochdruckkrankheiten mit Ionenaustauschern statt, weil gegen jedes vom Ionenaustauscher aufgenommene Na-Ion ein H-Ion ausgetauscht wird, zu dessen Neutralisierung wiederum ein NH_3-Molekül notwendig ist[3-5].

Ammoniak, das nicht der Neutralisierung von sauren Stoffwechselprodukten und nicht im Zusammenhang mit der Aufrechterhaltung des Säure-Basengleichgewichtes verbraucht wird, wird zur Entgiftung vorwiegend in Form von Glutamin der Leber zugeführt, welche es zur Synthese von Harnstoff verwendet (Bd. **1**, S. 550).

β) Renale Ausscheidung von Natrium und Wasser[6].

Beim Frosch und bei Necturus bleibt der Harn auf seinem Weg durch das proximale Tubulussegment isosmotisch mit dem Plasma, da aber im phlorrhizinierten Tier die Glucose im proximalen Segment konzentriert wird[7,8], muß hier Natrium und Wasser rückresorbiert werden, und zwar isosmotisch.

---

[1] BINKLEY, F.: Nature **167**, 888 (1951). — [2] PITTS, R. F.: Fed. Proc. **7**, 418 (1948). — [3] HERKEN, H., u. M. WOLF: Kli. Wo. **1952**, 529. — [4] WOLFF, H. P.: Geburtsh. u. Frauenhlkde. **13**, 765 (1953). — [5] WOLFF, H. P.: Kli. Wo. **1954**, 761. — [6] Dargestellt nach: SMITH, H. W.: Fed. Proc. **3**, 701 (1952). — [7] WALKER, A. M., C. L. HUDSON, T. FINDLEY jr. and A. N. RICHARDS: Amer. J. Physiol. **118**, 121 (1937). — [8] WALKER, A. M., and C. L. HUDSON: Amer. J. Physiol. **118**, 130 (1937).

Bei Meerschweinchen und Ratten sind wie bei Amphibien[1] am Ende des proximalen Segmentes 80% des Filtrates isosmotisch rückresorbiert. Die Natriumionen verursachen ungefähr 90% des osmotischen Druckes des Glomerulusfiltrates. Eine so große Menge von rückresorbiertem Wasser muß eine entsprechend große Rückresorption von Natrium einschließen, da andere Substanzen nur wenig zum osmotischen Druck des Primärharns beitragen. Auf Grund von Messungen bei der Mannitdiurese beim Hund schließen WESSON u. ANSLOW[2], daß innerhalb des ganzen Tubulus und unzweifelhaft im proximalen Segment die Rückresorption von Natrium ein aktiver Prozeß ist, analog der aktiven Rückresorption der Glucose, wogegen die Resorption von Wasser passiv erfolgt.

Der dünne Teil der HENLEschen Schleife dient dazu, ein osmotisches Gleichgewicht herzustellen, bevor der Harn in den distalen Tubulus fließt, wo die endgültigen Veränderungen in bezug auf Wasser und Natrium ausgeführt werden[3] (Abb. 14). Für die Verdünnung des Harns ist nach SMITH das distale Segment von Bedeutung. Bei Amphibien kann die Verdünnung nicht auf der tubulären Ausscheidung von Wasser beruhen; denn der Harn wird beim phlorrhizinierten Tier, wenn er an dem distalen Segment entlangfließt, immer konzentrierter in bezug auf Harnstoff, Phosphat, Farbstoffe und Glucose[5]. Die Verdünnung kann also nur dadurch eintreten, daß aus dem bisher isosmotischen Harn osmotisch aktives Material herausgenommen wird[6]. Für Säugetiere machen es indirekte Beweise wahrscheinlich, daß auch hier die Verdünnung hervorgerufen wird durch das Herausnehmen von osmotisch aktivem Material aus dem isosmotischen Harn, wenn er das proximale System verläßt und nicht wie BRODSKY u. RAPOPORT[5] annahmen, durch tubuläre Ausscheidung von Wasser. Die maximale Wasserdiurese erreicht beim Menschen ungefähr $^1/_3$ des Glomerulusfiltrates. Die einzige Substanz, die in genügender Menge vorhanden ist, um dieses Volumen von osmotisch freiem Wasser durch tubuläre Rückresorption sicherzustellen, ist Natrium mit seinen hauptsächlich begleitenden Anionen, Chlorid und Hydrogencarbonat. Während der Wasserdiurese kann der Harn so wenig Natrium enthalten, daß man von natriumfreiem Harn sprechen kann. Dieser letzte Schritt bei der Natriumrückresorption ist ein aktiver Vorgang. Bei dieser aktiven Rückresorption des Natriums erscheint das osmotisch freie Wasser zum erstenmal im Nephron.

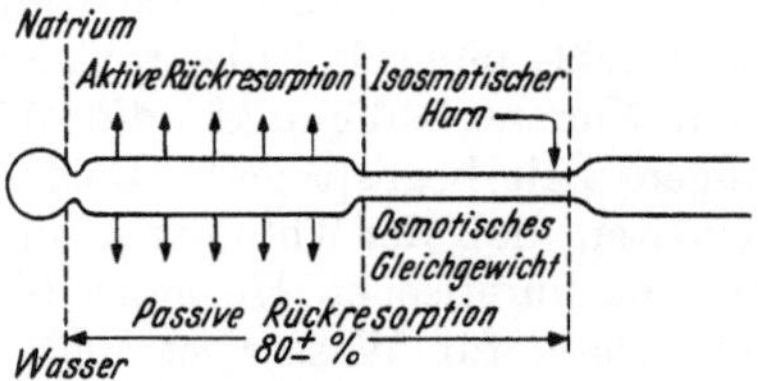

Abb. 14. Osmotische Verhältnisse im proximalen Segment des Nephrons[4].

Während der Wasserdiurese ist der Harn zusammengesetzt aus isosmotisch gebundenem Wasser (entweder durch Natrium, Harnstoff oder eine andere Substanz) plus osmotisch freiem Wasser; das letztere wird verfügbar durch die Absorption von Elektrolyten (wahrscheinlich größtenteils Natrium) im distalen Segment. Die Abhängigkeit der groben Wasserdiurese von der Ausscheidung von Elektrolyten und die endliche Verminderung der Wasserdiurese durch Individuen, die dauernd Wasser zu sich nehmen, könnte in Beziehung stehen, entweder zu der reduzierten Belieferung des distalen Tubulus mit Natrium oder zu den Änderungen der Harnwassermenge, die isosmotisch dem Natrium verpflichtet ist[7].

[1] WALKER, A. M., P. A. BOTT, J. OLIVER and M. C. MACDOWELL: Amer. J. Physiol. **134**, 580 (1941). — [2] WESSON, L. G. jr., and W. P. ANSLOW jr.: Amer. J. Physiol. **153**, 465 (1948). — [3] WESSON, L. G. jr., W. P. ANSLOW jr. and H. W. SMITH: Bull. N. Y. Acad Med. **24**, 586 (1948). — [4] SMITH, H. W.: Fed. Proc. **11**, 701 (1952). — [5] BRODSKY, W. A., and S. RAPOPORT: J. clin. Invest. **30**, 282 (1951). — [6] WALKER, A. M., C. L. HUDSON, T. FINDLEY and A. N. RICHARDS: Amer. J. Physiol. **118**, 121 (1937). — [7] ROSENBAUM, J. D., W. P. NELSON III and M. B. STRAUSS: J. clin. Invest. **29**, 841 (1950).

Wenn eine Wässerung vorgenommen wird, wird das freie Wasser, das im distalen Tubulusteil durch die Rückresorption von Natrium frei geworden ist, irgendwo im distalen Nephron rückresorbiert und reduziert den Harnfluß bis zur Oligurie. SMITH[1] nimmt an, daß es pari passu mit dem Natrium rückresorbiert wird, vielleicht durch passive Diffusion durch ein fakultativ permeables Epithel, wodurch der Harn wieder isotonisch mit dem Plasma wird.

Unter der Wirkung des antidiuretischen Hormons wird der Harn über den isosmotischen Status hinaus konzentriert bis zu einem verschiedenen Grad der Hypertonie. Die Hypertonie wird wahrscheinlich durch die Rückresorption einer konstanten Menge Wasser aus dem Harn erreicht, ohne Rücksicht auf das durchfließende Volumen. Es gibt bis jetzt noch keine Möglichkeit zu entscheiden, ob die Fähigkeit zu konzentrieren und zur Wasserdiurese in Verbindung stehen oder ob diese 2 Prozesse möglicherweise im gleichen Teil des distalen Segmentes vor sich gehen. Ein Beweis dafür, daß sie funktionell und anatomisch getrennt sind, ist die klinische Beobachtung, daß die Fähigkeit zu konzentrieren oft verloren geht, ohne daß die Fähigkeit zur Wasserdiurese darunter leidet und daß nach Nierenschädigungen die Wiederherstellung der Konzentrierungsfähigkeit längere Zeit beansprucht. Beide Prozesse an dieselbe Stelle zu verlegen würde bedeuten, daß der Tubulus so konstruiert ist, daß er während der Abwesenheit des antidiuretischen Hormons (d. h. während der Wasserdiurese) praktisch undurchlässig für Wasser ist und trotzdem fähig sein muß, Wasser gegen den osmotischen Druck während der Antidiurese rückzuresorbieren. Diese Auffassung ist möglich, aber unwahrscheinlich. SMITH hat in früheren Veröffentlichungen[1] die Möglichkeit in Betracht gezogen, daß der Konzentrierungsvorgang in den Sammelröhren lokalisiert ist, und daß er deshalb kontinuierlich und unabhängig von dem Diurese-Antidiuresemechanismus funktionieren könnte. Der isosmotische Harn ist, wenn er in den distalen Tubulus eintritt, das Objekt zweier Vorgänge. Die distale Rückresorption von Natrium läßt ein verfügbares Quantum von osmotisch freiem Wasser übrig, das während der Antidiurese rückresorbiert, aber während der Wasserdiurese ausgeschieden wird.

Die *Sekretion des antidiuretischen Hormons* wird nach den klassischen Untersuchungen von VERNEY *durch den osmotischen Druck des Plasmas* gesteuert. Es kann aber auch eine Änderung des Volumens der extracellulären Flüssigkeit[2,3] oder des Plasmas[4] eine echte Wasserdiurese verursachen, unabhängig von einer Änderung des osmotischen Druckes dieser Flüssigkeiten. Auch bei gewässerten Individuen[5] führte die Infusion von isotonischer Salzlösung zu manchmal maximaler Wasserdiurese trotz gleichbleibendem oder sogar erhöhtem osmotischem Druck des Plasmas.

Volumenänderungen der extracellulären Flüssigkeit verursachen beim Hund bedeutende Änderungen der Filtrationsgeschwindigkeit, die die Größe der Zurückhaltung oder Ausscheidung von Natrium beeinflussen[6]. Schon seit 1933 ist bekannt, daß die tubuläre Rückresorption von Natrium durch ein oder mehrere Nebennierenrindenhormone beeinflußt wird. LOEB u. Mitarb.[7] bewiesen, daß die bedeutendste physiologische Störung bei Nebenniereninsuffizienz der Verlust von Natriumchlorid durch die Nieren ist. 1935 nahm PETERS[8] an, daß die Niere

---

[1] Smith, Kidney S. 309. — [2] STRAUSS, M. B., R. K. DAVIS, J. D. ROSENBAUM and E. C. ROSSMEISL: J. clin. Invest. **30**, 862 (1951). — [3] LEAF, A., and A. R. MAMBY: J. clin. Invest. **30**, 654 (1951). — [4] WELT, L. G., and J. ORLOFF: J. clin. Invest. **30**, 751 (1951). — [5] LADD, M.: J. appl. Physiol. **3**, 379 (1951). — [6] CORT, J. H.: J. Physiol., London **116**, 307 (1952). — [7] LOEB, R. F., D. W. ATCHLEY, E. M. BENEDICT and J. LELAND: J. exp. Med. **57**, 775 (1933). — [8] PETERS, J. P.: Body Water, the Exchange of Fluids in Man. Springfield, Ill., London 1935.

osmotisch aktive Substanzen zurückhält, nämlich hauptsächlich Natrium, wenn das extracelluläre Flüssigkeitsvolumen abnimmt. Es häufen sich die Beweise dafür, daß isosmotische Zu- oder Abnahme der Körperflüssigkeiten zu Veränderungen in der Rückresorption von Natrium führen können und auch zu Veränderungen der tubulären Rückresorption von Wasser[1].

Zusammenfassend stellt H. W. SMITH[2] fest, daß bei der Kontrolle der Wasserdiurese der osmotische Druck des Plasmas und das Volumen der extracellulären Flüssigkeit ausschlaggebend sind. Die Vergrößerung oder Verkleinerung des Volumens der extracellulären Flüssigkeit kann zu einer verstärkten oder verminderten Ausschüttung des antidiuretischen Hormons führen, unabhängig von dem osmotischen Druck des Plasmas. Von großer Wichtigkeit bei der Ausscheidung von Natrium ist die Filtrationsgeschwindigkeit. Der distale Tubulus dient dazu, Natrium zurückzuhalten, wenn die Filtrationsgeschwindigkeit reduziert oder die proximale Rückresorption erhöht ist. Aber von gleicher Wichtigkeit ist die Änderung der proximalen Rückresorption. Ob die Kapazität zur distalen Natriumrückresorption humoralen Kontrollen unterliegt, ist unbekannt.

γ) Renale Sekretion von Kalium- und Wasserstoffionen[3].

Als *Sekretion* wird im folgenden ein *Vorgang* bezeichnet, der *von der Zelle zum Lumen* vor sich geht. Sekretion und Rückresorption zusammen werden als *Transport* bezeichnet.

Der Transport von Kalium ist durch die Beteiligung beider Vorgänge, der Sekretion und der Resorption, kompliziert, und es besteht die Merkwürdigkeit, daß die ausgeschiedene Menge Kalium ungefähr 10—15% der durch die Glomeruli gefilterten Menge beträgt. Es würde normalerweise die auszuscheidende Kaliummenge durch Filtration allein, also ohne Sekretion, sicherzustellen sein. Aber es gibt schlüssige Beweise dafür, daß der Sekretionsprozeß bedeutend zur normalen Kaliumausscheidung beiträgt, obwohl die Gesamtausscheidung weit unter der gefilterten Kaliummenge liegt.

Eine Sekretion von Kalium durch die Tubuli war schon auf Grund klinischer Beobachtungen wahrscheinlich[4, 5]. Ferner konnte bewiesen werden, daß die durch Filtration im Glomerulus gesetzte Grenze für die Kaliumausscheidung durch die Zuführung von großen Mengen Kaliumsalzen[6], durch osmotische Diurese[7] und durch die Zuführung hypertonischer Lösungen von Natriumhydrogencarbonat[8] überschritten werden kann.

Über den Vorgang der Rückresorption von Kalium durch die Nierentubuli ist nichts Näheres bekannt. Die Möglichkeit, daß die Sekretion von Kalium auf dem Wege eines Austausches von Kaliumionen gegen Natriumionen erfolgt, wird durch das reziproke Verhalten dieser Ionen bei der Ausscheidung unter gewissen Bedingungen nahegelegt[9]. Solch ein Kationenaustauschmechanismus ist bereits angenommen worden, um die Sekretion von Wasserstoffionen durch die Tubuli zu erklären[10] (s. a. S. 39).

---

[1] EPSTEIN, F. H., A. V. N. GOODYER, F. D. LAWRASON and A. S. RELMAN: J. clin. Invest. **30**, 63 (1951). — [2] SMITH, H. W.: Fed. Proc. **11**, 701 (1952). — [3] Dargestellt nach: BERLINER, R. W.: Fed. Proc. **11**, 695 (1952). — [4] MCCANCE, R. A., and E. M. WIDDOWSON: Lancet **1937 II**, 247. — [5] KEITH, N. M., A. E. OSTERBERG and H. E. KING: Trans. Ass. amer. Physicians **55**, 219 (1940). — [6] BERLINER, R. W., and T. J. KENNEDY jr.: Proc. Soc. exp. Biol. Med. **67**, 542 (1948). — [7] MUDGE, G. H., J. FOULKS and A. GILMAN: Amer. J. Physiol. **67**, 545 (1948). — [8] MUDGE, G. H., J. FOULKS and A. GILMAN: Amer. J. Physiol. **161**, 159 (1950). — [9] BERLINER, R. W., T. J. KENNEDY jr. and J. G. HILTON: Amer. J. Physiol. **162**, 348 (1950). — [10] PITTS, R. F., and R. S. ALEXANDER: Amer. J. Physiol. **144**, 239 (1945).

Berliner u. Mitarb.[1] bestimmten den Elektrolytgehalt des Harnes von Hunden nach Infusion großer Mengen von Eisen(II)-cyanid und stellten fest, daß die ausgeschiedene Kaliummenge oft um 3—400 μ Äq/min größer war als die filtrierte Menge. Das heißt, daß wenigstens 3—400 μ Äq/min Kalium sezerniert worden sind. Zur selben Zeit war Fe^{II}, gebunden an Cyanid, das mengenmäßig überwiegende Anion im Harn. Die Summe der Chloride, Hydrogencarbonate, Sulfate und Phosphate reichte nicht aus, um das sezernierte Kalium abzudecken. Es fehlten zwischen 150 und 300 μ Äq/min. Wahrscheinlich wurden Kaliumionen gegen Natriumionen direkt ausgetauscht[1].

Nach der Auffassung von Conway[2] kommt die biologische Exkretion bestimmter Ionen in hohen Konzentrationen dadurch zustande, daß Wasserstoff aus dem Stoffwechsel von einem System mit niedrigerem Redoxpotential auf einen Metallkatalysator in der Zellwand mit einem höheren Redoxpotential übertragen wird. Dort wird er durch einen Elektronenacceptor zu H-Ionen reduziert. Die Elektronen werden in das Zellinnere abgeleitet, während die H-Ionen eine Potentialdifferenz durch die Membran schaffen, durch welche die diffusiblen Anionen ausgeschieden werden. So werden in den Belegzellen des Magens H- und Cl-Ionen angereichert, bis deren osmotischer Druck höher ist als der des Blutes und HCl sezerniert wird. Wenn die ausgeschiedene Konzentration der H-Ionen ein Maximum erreicht hat, ist die gesamte Elektronenenergie in beiden Systemen in osmotische verwandelt. Dies Prinzip der „Redoxpumpe" läßt sich auch auf die Exkretion von Kalium übertragen, wenn man ein Redoxsystem annimmt, das selektiv Na-Ionen absorbiert. Experimentell wurde es bei der aktiven Exkretion von Natrium durch kaliumarm gezüchtete Hefe von Conway u. Moore[3] verwirklicht. Der Reaktionsablauf ist durch Gifte für Oxydationskatalysatoren, wie Cyanid und Azid sowie durch Sauerstoffmangel, hemmbar[4], außerdem auch durch Desoxycorticosteronacetat, während Cortison und eine Anzahl anderer Steroide unwirksam sind.

Die Tatsache, daß die Sekretion von Wasserstoffionen zu der von Kaliumionen in Beziehung steht, ist von großer Allgemeinbedeutung. So fanden Darrow u. Mitarb.[5, 6], daß Tiere, die an Kalium verarmten, alkalotisch wurden und daß Tiere, die alkalotisch gemacht wurden, an Kalium verarmten. Sie fanden auch, daß bei acidotischen Tieren der Gehalt an Muskelkalium anstieg. Es wurde vermutet, daß eine normale Nierenfunkion die Voraussetzung für diese Veränderungen sein müßte. Weiter ist schon seit längerer Zeit bekannt, daß die Zufuhr von neutralen Kaliumsalzen den p_H des Harnes ansteigen läßt[1, 7, 8], umgekehrt wird durch Alkalose die Ausscheidung von Kalium erhöht[9]. In einigen Fällen ist gefunden worden, daß alkalotische, kaliumverarmte Individuen einen Harn ausschieden, der unverhältnismäßig sauer war und erst dann alkalisch wurde, wenn Kalium zugeführt wurde[10, 11].

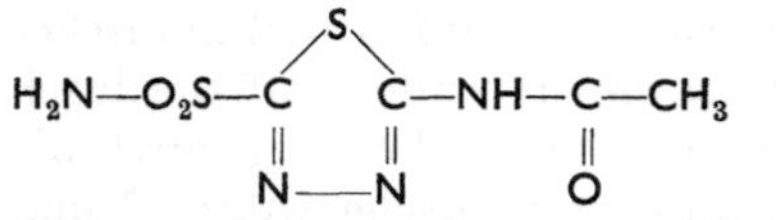

```
        S
       / \
H2N—O2S—C   C—NH—C—CH3
        ‖   ‖    ‖
        N———N    O
```

2-Acetylamino-1,3,4-thiodiazol-5-sulfonamid (Verbindung 6063) (= Diamox = Acetacolamid).

---

[1] Berliner, R. W., T. J. Kennedy jr., and J. G. Hilton: Amer. J. Physiol. **162**, 348 (1950). — [2] Conway, E. J.: 2. Int. Congr. Biochem. Paris. S. 140. 1952. — [3] Conway, E. J., and P. T. Moore: 2. Int. Congr. Biochem. Paris. S. 141. 1952. — [4] Conway, E. J., and J. Breen: Biochem. J. **39**, 368 (1945). — [5] Darrow, D. C., R. Schwartz, J. F. Iannucci and F. Coville: J. clin. Invest. **27**, 198 (1948). — [6] Darrow, D. C.: New Engl. J. Med. **242**, 978, 1014 (1950). — [7] Loeb, R. F., D. W. Atchley, D. W. Richards jr., E. M. Benedict and M. E. Driscoll: J. clin. Invest. **11**, 621 (1932). — [8] Winkler, A. W., and P. K. Smith: Amer. J. Physiol. **138**, 94 (1942). — [9] Mudge, G. H., J. Foulks and A. Gilman: Proc. Soc. exp. Biol. Med. **67**, 545 (1948). — [10] Kennedy, T. J. jr., J. H. Winkley and M. F. Dunning: Amer. J. Med. **6**, 790 (1949). — [11] Broch, O. J.: Scand. J. clin. Lab. Invest. **2**, 113 (1950).

Diese Beobachtungen wurden durch die Beziehungen dieser Prozesse untereinander und durch die erwähnte (s. S. 39) Wirkung von Kohlensäureanhydrataseinhibitoren erklärbar. Wird der Anhydrataseinhibitor 2-Acetylamino-1,3,4-thiodiazol-5-sulfonamid[1–4] bei acidotischen Hunden intravenös injiziert, so wird der Harn fast augenblicklich alkalisch, alle titrierbare Säure verschwindet und wird durch große Mengen von Hydrogencarbonat ersetzt. Da die Rückresorption des Natriums, die physiologischerweise im Austausch gegen Wasserstoffionen erfolgt, gehemmt ist, kommt es zu einer starken Erhöhung der Natriumausscheidung im Harn. Auch die Kaliumausscheidung steigt an, wenn auch weniger stark als die des Natriums, sie war oft größer als die gefilterte Kaliummenge. Eine Zunahme kann aber nur erfolgen, wenn auch die sezernierte Kaliummenge zunimmt[5]. BERLINER u. Mitarb.[6] konnten experimentell wahrscheinlich machen, daß die ganze oder doch der Hauptteil der Kaliumausscheidung auf die Sekretion zurückzuführen ist.

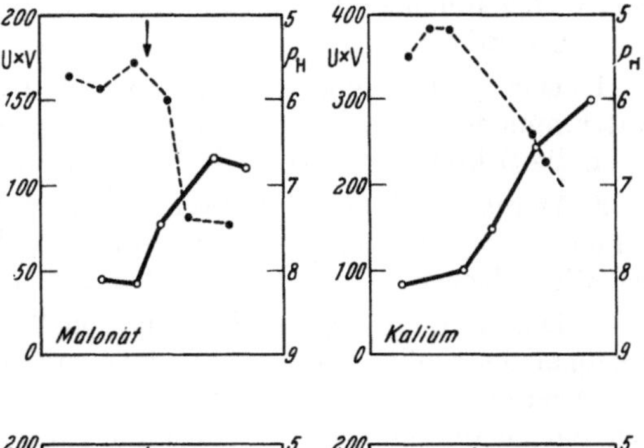

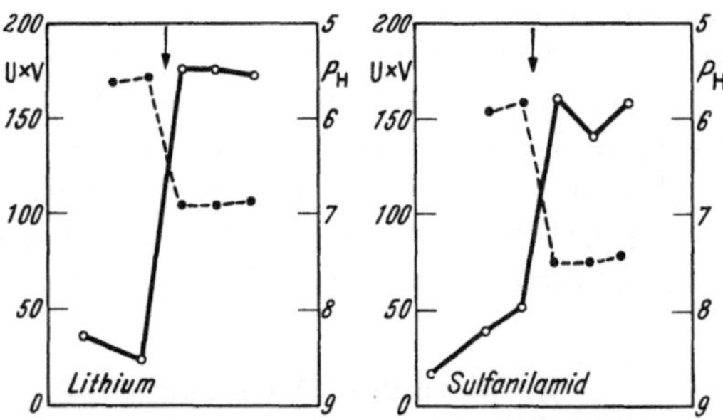

Abb. 15. Harn-p_H (gestrichelte Linien) und Kaliumausscheidung (ausgezogene Linien) vor und nach der Zuführung der angegebenen Substanzen[6].

Eine Säuerung des Harns wird nicht nur durch Anwendung von Kohlensäureanhydrataseinhibitoren verhindert, sondern auch durch Substanzen, die die Kohlensäureanhydrataseaktivität nicht beeinflussen; hierzu gehören Malonat, Lithium und Kalium. Auf Grund ihrer experimentellen Ergebnisse (s. Abb. 15) kommen BERLINER u. Mitarb. zu dem Schluß, daß ein Teil des Austauschmechanismus für Kalium- und Wasserstoffionen der gleiche ist, so daß eine hohe intracelluläre Konzentration des einen Ions den Transport des anderen hemmt. Dann ist zu erwarten, daß eine Zunahme der Kaliumsekretion die Sekretion von Wasserstoffionen vermindert, eine Abnahme von Kalium die Säuresekretion begünstigt und eine Abnahme der Wasserstoffionenkonzentration die Kaliumsekretion begünstigt usw. Die Zuführung des sehr wirksamen Kohlensäureanhydrataseinhibitors führt, wie erwähnt, zur Ausscheidung großer Hydrogencarbonatmengen. Bisher wurde angenommen, die Rückresorption von Hydrogencarbonat durch den proximalen Teil des Tubulus bewirke keinen Wechsel im p_H des Tubulusharns[7,8], die Säuerung des Harns sei eine ausschließliche Funktion des distalen Tubulus, und diese beiden Vorgänge seien getrennte Mechanismen. Nach BERLINER u. Mitarb.[6] ist *die Sekretion von Wasserstoffionen im Austausch gegen Natriumionen von der Rückresorption des*

[1] PITTS, R. F., and R. S. ALEXANDER: Amer. J. Physiol. **144**, 239 (1945). — [2] SCHWARTZ, W. B.: New Engl. J. Med. **240**, 173 (1949). — [3] MILLER, W. H., A. M. DESSERT and R. O. ROBLIN jr.: Am. Soc. **72**, 4893 (1950). — [4] BERLINER, R. W., T. J. KENNEDY jr. and J. ORLOFF: Amer. J. Med. **11**, 274 (1951). — [5] HERKEN, H.: Ärztl. Wschr. **1955**, 773. — [6] BERLINER, R. W.: Fed. Proc. **11**, 695 (1952). — [7] PITTS, R. F.: Fed. Proc. **7**, 418 (1948). — [8] MONTGOMERY, H., and J. A. PIERCE: Amer. J. Physiol. **118**, 144 (1937).

Hydrogencarbonats abhängig. Sie gaben einem acidotischen Hund eine mäßige Dosis eines Kohlensäureanhydrataseinhibitors und stellten fest, daß trotz der Schwere der Acidosis eine meßbare Ausscheidung von Hydrogencarbonat stattfand. Hieraus schlossen sie, daß entweder die Rückresorption des Hydrogencarbonats im proximalen wie im distalen Tubulus gehemmt sein oder daß Hydrogencarbonat sezerniert werden müßte. Da nun keine Beweise für die Sekretion des Hydrogencarbonats vorliegen, ist die Hemmung der Rückresorption wahrscheinlich.

Eine Änderung in der Ausscheidung der Kalium- oder der Wasserstoffionen oder beider Ionen kann nach BERLINER[1] z. B. durch folgende Maßnahmen hervorgerufen werden:

1. Durch Erhöhung der dem erwähnten Austauschmechanismus zugeführten Natriummenge. Dies kann die Ausscheidung eines Ions oder beider Ionen erhöhen, wenn die Sekretionskapazität bisher nicht ausgenützt war.

2. Durch Erhöhung der totalen Kapazität des Austauschmechanismus. Sie kann die Ausscheidung von Wasserstoff- und Kaliumionen erhöhen. Die Wirkung der Mineralocorticoide fällt wahrscheinlich in diese Kategorie.

3. Durch Hemmung der Bildung von Wasserstoffionen und (oder) Erhöhung des p_H an der Stelle der Sekretion. Es resultiert ein reziproker Anstieg der Kaliumausscheidung, was durch Zuführung von Kohlensäureanhydrataseinhibitoren, von Salzen der Malonsäure, Lithiumsalzen und durch respiratorische Alkalose erreicht werden kann.

4. Durch verstärkte Bildung von Wasserstoffionen und (oder) Erniedrigung des p_H an der Stelle der Sekretion infolge der respiratorischen Acidose. Es folgt eine Verminderung der Kaliumausscheidung.

5. Durch Erniedrigung der Kaliumkonzentration an der Stelle der Ausscheidung, wodurch die Wasserstoffionensekretion erhöht wird.

g) Niere und Wasserhaushalt[2–5] (s. a. Bd. 2/1, S. 589ff.).

Ungefähr 65—70% des Körpergewichtes bestehen aus Wasser. Der Körper eines Mannes, der 70 kg wiegt, enthält also ungefähr 50 *l* Wasser. Der Wassergehalt der meisten Gewebe ist 70—80%, das Skelet macht eine Ausnahme mit ungefähr 20% Wassergehalt.

Die 3 Fraktionen des Körperwassers sind:

1. Intracelluläres Wasser.
2. Extracelluläres Wasser.
   a) Wasser im Plasma.
   b) Interstitielles Wasser.

Tabelle 2. Verteilung des Körperwassers auf die einzelnen Fraktionen[2].

Gesamtkörpergewicht	100%	70 kg	60 kg
Gesamtkörperwasser	70%	50 *l*	42 *l*
1. Intracelluläres Wasser	50%	35 *l*	30 *l*
2. Extracelluläres Wasser	20%	15 *l*	12 *l*
a) Plasma	5%	3,5 *l*	3 *l*
b) Interstitielles Wasser	15%	11,5 *l*	9 *l*

Annähernde Werte für einen 70 kg schweren und einen 60 kg schweren Mann sind in vorstehender Tabelle enthalten.

---

[1] BERLINER, R. W.: 1. Int. Meet. Pharmacol. Montreal. S. 53. 1953. — [2] WRIGHT, S.: Applied Physiology. S. 2. Cambridge, Mass. 1952. — [3] GAMBLE, J. L.: Chemical Anatomy, Physiology and Pathology of Extracellular Fluid. 5. Aufl. Cambridge, Mass. 1947. — [4] PETERS, J. P.: Body Water. Springfield, Ill., London 1935. — [5] FREY, E.: Nierentätigkeit und Wasserhaushalt. Berlin, Göttingen, Heidelberg 1951.

α) Wassereinnahme und Wasserverlust.

Das Körperwasser führt dauernd Austauschvorgänge mit dem äußeren Milieu aus.

1. Wasser wird ausgeschieden:
   a) durch die Niere,
   b) durch die Haut (1. Schweiß, 2. sog. unmerkliche Perspiration),
   c) durch die Lungen mit der Ausatmungsluft,
   d) zu einem kleineren Teil im Kot, bei stillenden Frauen in der Milch und zu einem sehr geringen Betrag durch die Tränenflüssigkeit.

2. Wasser wird ferner fortwährend als Endprodukt der Oxydation der Nahrungsmittel im Körper gebildet.

3. Wasser wird gewöhnlich durch die Eingeweide resorbiert, es kann aber auch durch subcutane und intravenöse Injektionen zugeführt werden.

Annähernd quantitative Werte für diese Austauschvorgänge je Tag sind folgende:

Wassereinnahme. Als Wasser in der Nahrung 1000 cm^3 (0 bis mehrere Liter am Tage, hängt von der Art der Nahrung ab), aus der Gewebsoxydation 300 cm^3.

Wasserausscheidung. Im Harn 1500 cm^3 (von unter 20 bis über 1200 cm^3 in der Std). Durch die Haut: Unmerkliche Perspiration 600—800 cm^3. Schweiß 0 bis nahezu 2 *l*/Std. Durch die Lunge: etwa 400 cm^3. Im Kot: 100 cm^3 (erhöht bei Diarrhoe).

Ungenügende und übermäßige Wasserzufuhr. Lange anhaltender Durst führt zu den Erscheinungen der Exsiccose. Mit der Bluteindickung gehen tiefgreifende Veränderungen des Säure-Basenhaushaltes, des Kohlenhydratstoffwechsels und der N-Bilanz einher. Plötzliche Steigerung der Wasserzufuhr auf das Doppelte und 3fache führen zu einer vorübergehenden Steigerung der N-Ausscheidung bis zu 20% des Ausgangswertes. Die Frage, ob es sich dabei um eine echte Stimulierung des Eiweißstoffwechsels oder um eine Auswaschung der N-Depots des Organismus handelt, ist wahrscheinlich zugunsten der letzteren Annahme zu entscheiden. Die Steigerungen der Sulfat- und Phosphatausscheidungen sind wahrscheinlich auch im Sinne einer Depotausschwemmung zu deuten.

Hunger und Mast. Während es bei kurzdauernder Nahrungskarenz von einigen Tagen auch bei Gesunden zu einer überschießenden Diurese (600—800 cm^3) täglich kommt, die bei Fettsucht oder Ödemzuständen auf 1—1,5 *l* ansteigen kann (therapeutische Wirkung der Dursttage), führt chronischer Hunger infolge Eiweißmangels zu Wasserretention. Mast hat stets Wasserretention zur Folge, vor allem bei Kohlenhydratfütterung. Nicht so ausgeprägt ist die Wasserretention bei Mast mit fettreicher Kost. Mast durch vorwiegende Eiweißernährung führt oft zu verstärkter Diurese, doch kommt es trotzdem zu Wasserretention, da die Eiweißmast letzten Endes auf eine Kohlenhydratmast hinausläuft. Die diuresefördernde Wirkung der Rohkost auf den Wasserhaushalt ist vorwiegend durch NaCl-Armut bedingt.

β) Die Regelung des Wasserhaushaltes durch die Niere[1].

Wasserdiurese. Die Passage des Wassers in das Blut führt zu einer leichten Verdünnung des Plasmas und verringert seinen osmotischen Druck bis um 3%. Das Plasmavolumen wird leicht erhöht. Die Volumenänderung des Plasmas ist deswegen nur sehr klein, weil 1. der Wasserüberschuß sich innerhalb der

---

[1] WRIGHT, S.: Applied Physiology. S. 2. Cambridge, Mass. 1952.

extracellulären und der intracellulären Flüssigkeit verteilt und 2. die Wasserausscheidung durch die Nieren sehr schnell zunimmt. Die geringfügige Verdünnung der Plasmaproteine verringert ihren osmotischen Druck in einem zu vernachlässigenden Ausmaß (von 25 auf 24 mm Hg). Das Abwandern des Wassers aus den Capillaren ist eine Folge der Verminderung des durch die Krystalloide bedingten osmotischen Druckes. Dieser Druck ist in der Intestinalflüssigkeit höher als der reduzierte Druck des Plasmas; deshalb wird Wasser aus dem Plasma in das Interstitium des Intestinaltraktes befördert. Die Elektrolyte diffundieren gleichzeitig in der entgegengesetzten Richtung, d. h. von der Intestinalflüssigkeit in das Plasma. Bei Erreichung des Gleichgewichtes ist das Volumen des Plasmas und der Intestinalflüssigkeit erhöht, und beide Flüssigkeiten haben den gleichen Druck, der niedriger als vorher ist. Der osmotische Druck der intracellulären Flüssigkeit ist jetzt höher als der der extracellulären, statt wie normal ihm gleich. Durch den höheren Druck der intracellulären Flüssigkeit wird Wasser von der interstitiellen Flüssigkeit in die Zellen hineingezogen. Schließlich ist nun das Volumen *aller* Abteilungen des Körperwassers in demselben leichten Maß erhöht, und alle Körperflüssigkeiten haben einen identischen, aber leicht erniedrigten osmotischen Druck. Wenn die Niere nicht reagieren würde, wäre das Ergebnis folgendes: 2 *l* Wasser, die absorbiert wurden, würden das Volumen des Plasmas von 3,5 auf 5,5 *l* erhöhen (d. h. um 70%). Das Wasser wird aber auf das ganze Körperwasser (50 *l*) verteilt und erhöht dessen Volumen auf 52 *l*, also um 4%. Das Plasmavolumen ist auch nur um 4% erhöht worden. Der krystalloide osmotische Druck des Plasmas wird so anstatt um 70% auch nur um 4% erniedrigt.

Die Nieren treten nach einer Latenzperiode von 15—30 min in Aktion. Der Harnfluß steigt vom Ruhewert von 50 cm^3 in der Std zu seinem Höchstwert während der 2. Std, in der eine maximale Ausscheidungsgeschwindigkeit bis zu 1300 cm^3 erreicht werden kann. Die Diurese fällt dann ab und ist gewöhnlich nach 3 Std vorüber, nach dieser Zeit ist die eingenommene Menge Flüssigkeit praktisch wieder ausgeschieden. Selbst 5 *l* Wasser, während 2 Std getrunken, können in 5—6 Std ausgeschieden werden. Die Niere scheidet zusammen mit einer sehr großen Menge Wasser nur sehr wenig feste Bestandteile aus. Dabei kommt es nicht zu einer Vermehrung der renalen Blutdurchströmung oder des Glomerulusfiltrates, ausgenommen, wenn das Harnvolumen 900 cm^3 in der Std übersteigt. Die Wasserdiurese scheint also die Folge einer Hemmung der Ausschüttung von Hinterlappenhormon zu sein, verursacht durch Reflexe über die Osmorezeptoren[1]. Die Verdünnung des Plasmas geht dem Einsetzen der Diurese voraus, und man kann annehmen, daß während dieser Latenzperiode das zirkulierende antidiuretische Hormon zerstört und kein neues sezerniert wird. Wenn der Hormongehalt des Blutes fällt, setzt die Diurese ein. Das Lymphgefäßsystem der Niere spielt bei dem Abtransport der ins Interstitium gelangten Flüssigkeit eine wichtige Rolle. Ist die Funktion der Lymphgefäße behindert, so hat dies für das Organ, aber auch für den Gesamtorganismus katastrophale Folgen[2].

Salzdiurese. Das Einnehmen von Kochsalz oder Kochsalzüberschuß verursacht *Durst*, es wird mehr Wasser getrunken und vom Körper zurückgehalten, um das Salz zu verdünnen und den normalen osmotischen Druck wieder herzustellen. Die überschüssige Flüssigkeit und das überschüssige Salz werden langsam innerhalb der folgenden Tage ausgeschieden.

Der Wüstennager Dipodomys (Kängeruhratte) vermag als Getränk Meerwasser zu genießen. Bei gleichzeitig bestehendem Harnstoffüberschuß scheidet die

---

[1] Leaf, A., and A. R. Mamby: J. clin. Invest. **31**, 54 (1952). — [2] Rusznyák, I., M. Földi u. G. Szabó: Schweiz. med. Wschr. **85**, 1037 (1955).

Ratte die großen, im Meerwasser enthaltenen Elektrolytmengen aus, so daß der normale Wassergehalt ihres Körpers erhalten bleibt[1] (s. a. S. 62).

Die Änderungen in den Körperflüssigkeiten bei *Kochsalzmangel* sind umgekehrt wie bei NaCl-Überschuß.

Die Niere hält Na und Cl zurück. Ihre Funktion kann ernstlich gestört sein. Obwohl der Blutdruck unverändert ist, nimmt die Glomerulusfiltration um ungefähr 30% ab, auch die Harnstoff-Clearance ist vermindert, und zwar auf 40—80% des Kontrollwertes. Es wird Harnstoff retiniert, was zu einem Anstieg der Konzentration des Harnstoffs im Plasma um 30—80% führt.

h) Tagesrhythmen der Nierentätigkeit.

Im allgemeinen ist die Harnbildung während der Nacht geringer als am Tage. Am Morgen nach dem Aufwachen ist sie verstärkt. Dieser tägliche Rhythmus bleibt auch bei vorübergehender Störung des normalen Schlafrhythmus bestehen[2-5]. Hunger-, Wasser- und Salzentzug sowie Gaben von Desoxycorticosteron, Pituitrin und Corticotropin stören ihn nicht. Im gleichen Rhythmus ändert sich auch die Elektrolytausscheidung. Die Glomerulusfiltratmenge und die renale Durchblutung ist jedoch in der Nacht, also zur Zeit der verminderten Harnausscheidung, nicht geringer als am Tage[6].

An Hand der Inulin-, Kreatinin- und p-Aminohippurat-Clearance konnten Sirota u. Mitarb.[6] feststellen, daß die Verminderung der Harnmenge während der Nacht auf eine erhöhte tubuläre Rückresorption zurückzuführen ist.

Bei Personen, die einem 12stündigem Tätigkeitsrhythmus unterworfen wurden, erfolgte die Ausscheidung von Wasser, Na, K und Cl weiter im 24 Std-Rhythmus, nur die P-Ausscheidung zeigte jetzt einen 12 Std-Rhythmus. Jeweils während der Schlaf- bzw. Ruheperioden wurde der Harn alkalisch, und gleichzeitig sank oft der Quotient Cl/(Na+K) ab[7].

Größere Änderungen der Natriumchloridaufnahme können den täglichen Rhythmus umkehren[8], ebenso große Dosen von Cortison (200—500 mg je Tag)[9].

i) Nierenfunktion während der Schwangerschaft[10,11].

Nach Untersuchungen von Menne u. Fritsch[12] beeinflußt der Menstruationscyclus die Nierenfunktion. Nach der Inulin- und p-Aminohippuratclearance steigt während der Menstruation die Filtrationsleistung des Glomerulusapparates an, dagegen sind der Nierenplasmastrom und die tubuläre Sekretion vermindert, die Wasserrückresorption ist vermehrt.

Die bedeutende Speicherung von Stickstoff und die dadurch resultierende Verminderung der Harnstoffausscheidung setzt die Arbeit der Niere in der Schwangerschaft herab. Ein großer Teil der aufgenommenen Proteine wird nicht abgebaut und durch die Niere ausgeschieden, sondern wird später in Form des Kindes und der Placenta ausgestoßen. Nach Walter u. Addis[13] wiegen die Nieren von

---

[1] Schmidt-Nielsen, B., and K. Schmidt-Nielsen: Amer. J. Physiol. **160**, 291 (1950). — [2] Borst, J. G. G., and L. A. DeVries: Lancet **1950 II**, 1. — [3] Stanbury, S. W., and A. E. Thomson: Clin. Sci. **10**, 267 (1951). — [4] Mills, J. N.: J. Physiol., London **113**, 528 (1951). — [5] Mills, J. N., and S. W. Stanbury: J. Physiol., London **115**, 18 P (1951). — [6] Sirota, J. H., D. S. Baldwin and H. Villarreal: J. clin. Invest. **29**, 187 (1950). — [7] Mills, J. N., and S. W. Stanbury: J. Physiol., London **117**, 22 (1952). — [8] Papper, S., and J. D. Rosenbaum: J. clin. Invest. **31**, 401 (1952). — [9] Rosenbaum, J. D., B. C. Ferguson, R. K. Davis and E. C. Rossmeisl: J. clin. Invest. **31**, 507 (1952). — [10] Page, E. W.: in Davis, C. H.: Gynecology and Obstetrics. Bd. I. Hagerstown, Mld. 1950. — [11] Lanz, R., u. E. Hochuli: Schweiz. med. Wschr. **85**, 395, 423 (1955). — [12] Menne, F., u. M. Fritsch: Z. ges. exp. Med. **125**, 166 (1955). — [13] Walter, F., and T. Addis: J. exp. Med. **69**, 467 (1939).

trächtigen Ratten 11% weniger als berechnet, was auf eine verminderte osmotische Arbeit während der Trächtigkeit zurückgeführt wird. PAGE u. OGDEN[1] zeigten, daß trächtige Ratten nach beidseitiger Nierenentfernung ebenso lange überleben wie nichtträchtige Tiere, daß aber trächtige Tiere eine experimentelle renale Hypertension oder Verminderung der Menge funktionierenden Nierengewebes besser vertragen als nichtträchtige Tiere. Bei Frauen mit essentieller Hypertonie oder chronischer Glomerulonephritis bewirkt die Gravidität keine Verschlechterung der renalen Funktion[2,3]. Der Harnstoff-Clearance-Test gab widersprechende Resultate. CANTAROW u. RICCHIUTI[4] erhielten erniedrigte Werte gegen Ende der Schwangerschaft, während NICE[5] erhöhte Werte fand. Harnstoff-Clearance und Harnstoffkonzentrierungsproben liegen bei gesunden Schwangeren im Schwankungsbereich der Werte von Nichtschwangeren. Nach 15stündigem Fasten ist das spezifische Gewicht des Harns von Schwangeren 1022, nach der Geburt 1030 oder höher[6]. Messungen des renalen Blutstromes mit Diodrast (s. S. 25) und der glomerulären Filtration mit Inulin ergaben keine Änderungen bei normaler Schwangerschaft. Der renale Blutstrom beträgt 850—950 cm^3/min bei einer Körperoberfläche von 1,73 m^2, und die Geschwindigkeit der glomerulären Filtration ist durchschnittlich 120 cm^3 je min. Die totale tubuläre Ausscheidung und der Filtratanteil sind unverändert. In der Präeklampsie ist der renale Blutfluß höher und der Filtrationsanteil vermindert. Während der normalen Schwangerschaft ist das Harnsediment etwas vermehrt; es besteht aus roten und weißen Blutkörperchen sowie aus epithelialen Zellen. Die tubuläre Reabsorption von Natrium ist erhöht. Dies ist vermutlich auf den Einfluß von Steroidhormonen zurückzuführen. Die Fähigkeit der Niere zur Ausscheidung von Wasser, Salzen oder Abbauprodukten ist in der Schwangerschaft nicht beeinträchtigt.

Aminosäurestoffwechsel. Der Harn enthält etwas mehr Tyrosin als bei der nichtschwangeren Frau. Histidin dagegen wird vom mütterlichen Organismus zurückgewiesen und erscheint im Harn in großen Mengen. Während dies von KAPELLER-ADLER einer Verringerung des Histidinabbaues durch die Leber infolge einer Hemmung der Histidase durch das choriogene gonadotrope Hormon zugeschrieben wird, hat PAGE nachgewiesen, daß eine Verminderung der renalen tubulären Rückresorption die Ursache ist. D-Histidin wird in gleich großen Mengen bei schwangeren und nichtschwangeren Frauen ausgeschieden[7] (s. a. S. 130). Bei nichtgraviden, bei normalen und toxikosekranken Graviden schwankt die Methioninausscheidung stark. Bei Graviden wurden im allgemeinen höhere Werte (750—2150 mg je Tag) als bei Nichtgraviden (80—1200) gefunden. In Fällen von Hyperemesis gravidarum und latenter Präeklampsie fanden sich keine wesentlichen Abweichungen von der „Norm"; in einem Fall von schwerer Präeklampsie dagegen wurde eine erhebliche Erhöhung der Methioninausscheidung festgestellt[8].

Harnstoff. Der Blutharnstoff ist während der Schwangerschaft bis kurz vor dem Partus vermindert. Ob die Vermutung von NICE[5] zutrifft, daß eine gesteigerte Nierenfunktion die Ursache ist, ist im Hinblick auf die nicht eindeutigen Clearanceergebnisse zweifelhaft.

Von 500 von WILLIAMS[9] untersuchten Schwangeren wiesen 13,6% *Glucosurie* auf, wovon 80% der zweiten Schwangerschaftshälfte angehörten. Andere Unter-

---

[1] PAGE, E. W., and E. OGDEN: Proc. Soc. exp. Biol. Med. **49**, 511 (1942). — [2] WELLEN, I., C. A. WELSH and H. C. TAYLOR jr.: J. clin. Invest. **23**, 742 (1944). — [3] ADDIS, T.: Glomerular Nephritis, Diagnosis and Treatment. New York 1948. — [4] CANTAROW, A., and G. RICCHIUTI: Arch. internal Med., Chicago **52**, 637 (1933). — [5] NICE, M.: J. clin. Invest. **14**, 575 (1935). — [6] DIECKMANN, W. J.: Amer. J. Obstet. Gynec. **29**, 472 (1935). — [7] PAGE, E. W.: in DAVIS, C. H.: Gynecology and Obstetrics. Bd. 1. S. 33. Hagerstown, Mld. 1950. — [8] VOCKE: Zbl. Gynäkol. **76**, 1395 (1954). — [9] WILLIAMS, O.: in DAVIS, C. H.: Gynecology and Obstetrics. Bd. 1, S. 34. Hagerstown, Mld. 1950.

sucher haben einen niedrigeren Prozentsatz der Glucosurie gefunden, z. B. 5,4%. Bei 20% der Schwangeren trat nach oraler Gabe von 1,75 g Glucose je kg eine stärkere Glucosurie auf, und bei 19% waren mindestens Spuren von Zucker im Harn nachweisbar. Die Glucosurie, welche bei Verabreichung von 1 g Glucose je kg Körpergewicht bei Schwangeren auftritt, wird eher der alimentären Hyperglykämie als einer Erniedrigung der Nierenschwelle zugeschrieben.

Eine Beziehung zwischen dem Auftreten von Zuckern im Harn während der Schwangerschaft und Graviditätstoxämie oder Hyperemesis wurde von ZILLIACUS u. ROOS[1] nicht gefunden.

Fettstoffwechsel. Bei Schwangeren tritt leicht Ketonurie auf. Es besteht eine Hyperlipämie.

k) Hormonale Einflüsse auf die Niere.

α) Einfluß der Schilddrüse auf die Niere.

Wie bei anderen Organen, so hängt die Höhe des Stoffwechsels auch bei der Niere von dem Funktionszustand der Schilddrüse ab. So ist der Sauerstoffverbrauch von überlebendem Nierengewebe von mit Thyroxin vorbehandelten Tieren in vitro erhöht, während er bei thyreoidektomierten Tieren vermindert ist[2]. Der Gehalt der Niere an Aminosäureoxydase sinkt nach Thyreoidektomie[3,4].

β) Beziehungen zwischen Nebenschilddrüsen und Niere[5].

Nach unilateraler Nephrektomie und Reduktion der übriggelassenen Niere fand PAPPENHEIMER[6], daß das Volumen der Nebenschilddrüsen zunahm, und zwar je nach der Schwere der Nierenschädigung. DONOHUE u. Mitarb.[7] fanden, daß nach teilweiser Nephrektomie der Calciumgehalt des übriggebliebenen Nierengewebes erhöht war. Diese Erscheinung konnte durch die Entfernung der Nebenschilddrüsen verhindert werden. Die Demineralisation des Skelets, die nach totaler Nephrektomie bei Ratten auftritt, kann vollständig verhindert werden, wenn die Nebenschilddrüsen auch entfernt werden[8]. SELYE[8] glaubt, daß die Niere die Resorptionstätigkeit der Knochen nur über die Nebenschilddrüsen beeinflussen kann, während andere im Gegenteil annehmen, daß die Nebenschilddrüsen die Knochen beeinflussen können, erst wenn die Nieren fähig sind, große Mengen von Phosphat auszuscheiden. Jedenfalls besteht kein Zweifel darüber, daß Nieren und Nebenschilddrüsen in enger Verbindung zueinander stehen, und es ist sicher, daß eine gestörte Nierenfunktion eine vermehrte Ausschüttung des Nebenschilddrüsenhormons auslöst[9]. Dabei können die Nebenschilddrüsen hypertrophieren, um den angestiegenen Bedarf decken zu können.

Wenn die renale Insuffizienz der ursächliche Faktor für eine Überproduktion des Nebenschilddrüsenhormons ist, könnte nach PINCUS die Kette der gestörten physiologischen Vorgänge folgende sein: 1. Retention von Phosphat, 2. Senkung des Blut-Calciumspiegels, 3. verlängerte Stimulation der Nebenschilddrüsen, 4. Hypertrophie der Nebenschilddrüsen und Hyperfunktion mit der daraus folgenden Knochenzerstörung[10,11].

---

[1] ZILLIACUS, H., u. B. E. ROOS: Nord. Med. **47**, 521 (1952). — [2] DYE, J. A.: Amer. J. Physiol. **105**, 518 (1933). — [3] CAGAN, R. N., J. L. GRAY and H. JENSEN: J. biol. Ch. **183**, 11 (1950). — [4] ABDERHALDEN, R.: Die Hormone. S. 73. Berlin, Göttingen, Heidelberg 1952. — [5] Pincus-Thiman, Hormones Bd. 1, S. 287ff. — [6] PAPPENHEIMER, A. M.: J. exp. Med. **64**, 965 (1936). — [7] DONOHUE, W., C. SPINGARN and A. M. PAPPENHEIMER: J. exp. Med. **66**, 697 (1937). — [8] SELYE, H.: Arch. Path., Chicago **34**, 625 (1942). — [9] ALBRIGHT, F., P. C. BAIRD, O. COPE and E. BLOOMBERG: Amer. J. med. Sci. **187**, 49 (1934). — [10] PAPPENHEIMER, A. M., and S. L. WILENS: Amer. J. Path. **11**, 73 (1935). — [11] HIGHMAN, W. J., and B. HAMILTON: J. clin. Invest. **16**, 103 (1937).

Nach ALBRIGHT[1] muß aber bei unkomplizierter renaler Insuffizienz der Blutcalciumspiegel mit steigender Blutphosphatkonzentration nicht absinken, weil die gleichzeitige Acidose die Mobilisation des Calciums in Knochen und Darm begünstigt. Nach GINZLER u. JAFFE[2] wird die Demineralisation der Knochen bei chronischer Niereninsuffizienz nicht durch die Hyperfunktion der Nebenschilddrüsen verursacht, sondern durch die Acidose.

Nach GOADBY[3] stimuliert das Parathormon die Phosphatausscheidung durch die Niere und die Mobilisierung des Calciums aus den Knochen. Eine direkte Wirkung des Parathormons auf die Niere im Sinne einer Anregung der Phosphatausscheidung wurde von TWEEDY u. Mitarb.[4] mit Hilfe von radioaktivem Phosphat nachgewiesen.

γ) Einfluß der Androgene auf die Niere.

Größe und Funktion der Niere hängen bis zu einem gewissen Grad von dem Androgenspiegel des Blutes ab. Diese Tatsache hat sich bei Untersuchungen über den Einfluß von Kastration, Zufuhr von Androgenen an kastrierte männliche und normale weibliche Personen und durch Untersuchungen über den Einfluß der Androgene auf die Nierenfunktion ergeben.

Bei kastrierten männlichen Ratten nimmt die Größe der Niere ab. Zufuhr von Androgenen verhindert die Abnahme des Nierenvolumens oder bringt die Niere auf die ursprüngliche Größe zurück. Ähnliche Wirkungen sind bei kastrierten männlichen und normalen weiblichen Mäusen beschrieben worden. Die Zunahme des Nierengewichtes als eine Folge der Androgenbehandlung scheint auf einer Hypertrophie der Epithelzellen der proximalen und distalen gewundenen Harnkanälchen zu beruhen. Die Rinde ist verdickt und das Epithel, welches die parietale Schicht der BOWMANschen Kapsel bedeckt, hypertrophiert[5-7]. LATTIMER[8] fand eine renotrope Wirkung des Testosterons bei Hunden und Ratten. Er beobachtete einen Zuwachs an Gewebe, der mehr auf einer Zunahme des Cytoplasmas als auf einem Zunehmen der Kernelemente beruhte. Die Nierenfunktion bei Hunden war, gemessen an der Inulin- und Diodrast-Clearance, im Verhältnis zu der Zunahme des Nierengewebes erhöht.

KOCHAKIAN[9] beobachtete bei kastrierten Mäusen starke renotrophische Wirkung von Testosteron, Testosteronpropionat, 17-Methyltestosteron, Androstanol-17α-on-3, Androstandiol-3α,17α und 17-Methylandrostandiol-3α,17α.

Dosen der aktivsten Verbindungen von nur 15 μg/Tag über 30 Tage verursachten das Anwachsen der Niere der kastrierten Maus auf die Größe derjenigen des normalen Tieres. Bei Unterernährung nimmt die Niere der kastrierten Maus an Umfang weniger ab als die Niere der normalen Maus. Androgene stimulierten die Niere der unterernährten kastrierten Maus[9]. Androgene verursachen eine Abnahme an „alkalischer" Phosphatase im Nierengewebe und ein leichtes Ansteigen an „saurer" Phosphatase[10].

Ein Zuwachs der Arginaseaktivität bis auf etwa das 6fache wurde bei kastrierten Mäusen gegenüber Kontrollen nach der Zuführung von Methyltestosteron beobachtet. Testosteron, 17-Methylandrostandiol-3(α),17(α) und Androstanol-17(α)-on-3 wirkten im gleichen Sinne.

---

[1] ALBRIGHT, F.: Glandular Physiology and Therapy. Kapitel 26. New York 1942. — [2] GINZLER, A. M., and H. L. JAFFE: Amer. J. Path. **17**, 293 (1941). — [3] GOADBY, H. K.: Biochem. J. **31**, 1530 (1937). — [4] TWEEDY, W. R., M. E. CHILCOTE and M. C. PATRAS: J. biol. Ch. **168**, 597 (1947). — [5] KORENCHEVSKY, V., and M. A. ROSS: Brit. Med. J. **1940 I**, 645. — [6] SELYE, H.: J. Endrocrinol. **1**, 208 (1939). — [7] SELYE, H.: J. Urol, Baltimore **42**, 637 (1939). — [8] LATTIMER, J. K.: J. Urol., Baltimore **48**, 778 (1942). — [9] KOCHAKIAN, C. D.: Conference on Metabolic Aspects of Convalescence Including Bone and Wound Healing. June 15—16, 1945. Josiah Macy jr. Foundation. New York. — [10] KOCHAKIAN, C. D., and R. P. FOX: J. biol. Ch. **153**, 669 (1944).

δ) Nebennierenrinde und Nierenfunktion.

Eine der wichtigsten Rollen der Nebennierenrinde ist die Aufrechterhaltung der Nierenfunktion und die Regulation der Ausscheidung gewisser Substanzen im Harn. Die Reststickstoff-, Natriumchlorid-, Kalium- und Wasserausscheidung werden durch Änderungen der Nebennierensekretion stark beeinflußt[1-10]. Die Werte für den Reststickstoff steigen nach der Nebennierenexstirpation oder nach dem Aussetzen der Zufuhr von Nebennierenextrakten parallel mit der Schwere der Nebenniereninsuffizienz an[11,12]. Erhöhung des Rest-N und Abfall des Blutdruckes erfolgen gleichzeitig[13]. Bei erhöhten Werten für NPN (Nicht-Eiweiß-N) und Harnstoff sind auch die Werte für Blutkreatinin, Harnsäure, Sulfat und Phosphat erhöht[4,7,14-19]. Andere Beweise für eine Dysfunktion der Niere sind durch Ausscheidungsversuche erbracht worden[2,5,20-23].

Auch bei der ADDISONschen Krankheit besteht stets eine chronische Niereninsuffizienz[24-26].

Nach Adrenektomie ist die Sauerstoffaufnahme der Niere um 25% gesenkt. Die Behandlung mit Nebennierenrindenextrakt bringt den O_2-Verbrauch der Niere wieder zur Norm zurück[27-29].

Sicher geht der Einfluß der Nebennierenhormone über eine Stimulierung jener Fermente, welche die Nierentätigkeit ermöglichen. Es bedeutet einen großen Zuwachs an Erkenntnis, daß es mehr und mehr möglich ist, die hormonale Über- oder Unterfunktion auf die Beeinflussung der Kapazität bestimmter Fermente zu beziehen.

Die große Mehrausscheidung von Natrium und Chlor im Harn bei nebennierenlosen Tieren kann durch Zufuhr von Nebennierenrindenextrakt verhindert werden[3,30-38]. Nach Adrenektomie ist das Plasma-Kalium vermehrt[39,40], und die

---

[1] BANTING, F. G., and S. GAIRNS: Amer. J. Physiol. **77**, 100 (1926). — [2] BEVIER, G., and A. E. SHEVSKY: Amer. J. Physiol. **50**, 191 (1919/20). — [3] BRITTON, S. W.: Physiol. Rev. **10**, 617 (1930). — [4] HARTMAN, F. A., C. G. MACARTHUR, F. D. GUNN, W. E. HARTMAN and J. J. MACDONALD: Amer. J. Physiol. **81**, 244 (1927). — [5] MARSHALL, E. K., and D. M. DAVIS: J. Pharmacol. exp. Therap. **8**, 525 (1916). — [6] SWINGLE, W. W.: Amer. J. Physiol. **79**, 666 (1926/27). — [7] SWINGLE, W. W., and A. J. EISENMAN: Amer. J. Physiol. **79**, 679 (1926/27). — [8] SWINGLE, W. W., and J. W. REMINGTON: Physiol. Rev. **24**, 89 (1944). — [9] YONKMAN, F. F.: Amer. J. Physiol. **86**, 471 (1928). — [10] ZWEMER, R. L.: Endocrinology **18**, 161 (1934). — [11] PFIFFNER, J. J., W. W. SWINGLE and H. M. VARS: J. biol. Ch. **104**, 701 (1934). — [12] ROGOFF, J. M., and G. N. STEWART: Amer. J. Physiol. **78**, 711 (1926). — [13] SWINGLE, W. W., J. J. PFIFFNER, H. M. VARS and W. M. PARKINS: Amer. J. Physiol. **108**, 428 (1934). — [14] HARROP, G. A., and G. W. THORN: J. exp. Med. **65**, 757 (1937). — [15] HARROP, G. A., and A. WEINSTEIN: J. exp. Med. **57**, 305 (1933). — [16] ROGOFF, J. M., and G. N. STEWART: Amer. J. Physiol. **78**, 683 (1926). — [17] ROWNTREE, L. G.: J. amer. med. Ass. **114**, 2526 (1940). — [18] SWINGLE, W. W., and W. F. WENNER: Proc. Soc. exp. Biol. Med. **25**, 169 (1927). — [19] WINTER, K. A., u. M. REISS: Endokrinologie **10**, 404 (1932). — [20] GERSH, I., and A. GROLLMAN: Amer. J. Physiol. **125**, 66 (1939). — [21] HARRISON, H. E., and D. C. DARROW: Amer. J. Physiol. **125**, 631 (1939). — [22] STAHL, J., D. W. ATCHLEY and R. F. LOEB: J. clin. Invest. **15**, 41 (1936). — [2] ABDERHALDEN, R.: Die Hormone. S. 54. Berlin, Göttingen, Heidelberg 1952. — [24] SMITH, T. W.: Guy's Hosp. Rep. **54**, 229 (1897). — [25] TALBOTT, J. H., L. J. PECORA, R. S. MELVILLE and W. V. CONSOLAZIO: J. clin. Invest. **21**, 107 (1942). — [26] WATERHOUSE, C., and E. H. KEUTMANN: J. clin. Invest. **27**, 372 (1948). — [27] CRISMON, J. M., and J. FIELD jr.: Amer. J. Physiol. **130**, 231 (1940). — [28] RUSSELL, J. A., and A. E. WILHELMI: J. biol. Ch. **137**, 713 (1941). — [29] TIPTON, S. R.: Amer. J. Physiol. **132**, 74 (1941). — [30] BAUMANN, E. J., and S. KURLAND: J. biol. Ch. **71**, 281 (1926/27). — [31] MARINE, D., and E. J. BAUMANN: Amer. J. Physiol. **81**, 86 (1927). — [32] HARROP, G. A.: Bull. Johns Hopkins Hosp. **59**, 11 (1936). — [33] HARROP, G. A., W. M. NICHOLSON and M. B. STRAUSS: J. exp. Med. **64**, 233 (1936). — [34] HARROP, G. A., L. J. SOFFER, R. ELLSWORTH and J. H. TRESCHER: J. exp. Med. **58**, 17 (1933). — [35] HARROP, G. A., L. J. SOFFER, W. M. NICHOLSON and M. B. STRAUSS: J. exp. Med. **61**, 839 (1935). — [36] LOEB, R. F., D. W. ATCHLEY, E. M. BENEDICT and J. LELAND: J. exp. Med. **57**, 775 (1933). — [37] RUBIN, M. I., and E. T. KRICK: J. clin. Invest. **15**, 685 (1936). — [38] SILVETTE, H., and S. W. BRITTON: Amer. J. Physiol. **104**, 399 (1933). — [39] HASTINGS, A. B., and E. L. COMPERE: Proc. Soc. exp. Biol. Med. **28**, 376 (1931). — [40] MARENZI, A. D.: Endocrinology **23**, 330 (1938).

Ausscheidung von Kalium im Harn ist vermindert. Die Störung der Kaliumausscheidung bei Nebenniereninsuffizienz ist wahrscheinlich renal bedingt. Zur gleichen Zeit ist anscheinend auch der Mechanismus zusammengebrochen, der das Kaliumgleichgewicht zwischen Blut und Geweben regelt[1].

Mit den Änderungen der Konzentration der Elektrolyte im Blut und in den Geweben sind Änderungen des Harnflusses nach Adrenektomie verbunden. Bei der Ratte kann der Harnfluß nach Adrenektomie bis auf das 4- und 5fache gesteigert sein[2-8]. Auf eine physiologische Beteiligung der Nebennierenrinde am Vorgang der Wasserdiurese weist das Verschwinden der Ascorbinsäure aus der Nebenniere bei Ratten hin, denen große Mengen Wasser gegeben wurden. NAGAREDA u. GAUNT[9] nehmen an, daß das Maximum der Wasserdiurese durch Hemmung der Sekretion des antidiuretischen Hormons und Nebennierenreizung erreicht wird. Trotz der Diurese, die der Adrenektomie folgt, verliert die Niere schnell die Fähigkeit, das zugeführte Wasser auszuscheiden. Daher kann das adrenalektomierte Tier nicht genügend Harn ausscheiden, wenn Wasser wiederholt zugeführt wird, und zeigt dann schnell die Symptome der Wasservergiftung. Auch eine Abnahme der Filtrationsgeschwindigkeit, des Harnflusses und der Wasserdiurese kommt bei adrenalektomierten Ratten vor. Große Dosen von Desoxycorticosteronacetat oder Nebennierenrindenextrakt stellen den Harnfluß wieder her, wobei die Filtrationsgeschwindigkeit aber nicht den Ausgangswert erreicht. Angriffspunkt des Desoxycorticosterons ist wahrscheinlich die Niere selbst: Es wird die tubuläre Rückresorption von Wasser unterdrückt[10] und diejenige von Natrium und Chlor in den Tubuli gefördert, womit gleichzeitig die Möglichkeit erhöht wird, harnpflichtige stickstoffhaltige Stoffwechselendprodukte, in erster Linie Harnstoff, im Austausch gegen Kochsalz auszuscheiden[11].

Von den *Hormonen des Nebennierenmarks* bewirkt nur Noradrenalin[12-16], nicht aber Adrenalin bei Ratten, denen Wasser durch eine Schlundsonde verabreicht worden war, ein Ansteigen des Blut-Na-Spiegels, der Na- und Cl-Ausscheidung, der Harnmenge, der Glomerulusfiltration und des Hämatokritwertes, während die K-Ausscheidung im Harn abnimmt. Bei Tieren, die sich im Zustand der Salzdiurese befinden, bewirkt Noradrenalin eine Zunahme der Harnmenge bei Verminderung der Na-, K- und Cl-Harnkonzentration; bei Adrenalingaben kommt es zu einer Abnahme der Harnmenge und zu einem Anstieg der Natriumkonzentration im Harn[14]. Über Adrenalinwirkung bei Hunden s. a. S. 66.

ε) Einfluß der Hypophyse auf die Niere.

Die Neurohypophyse sezerniert das *antidiuretische Hormon,* welches die Ausscheidung des Harns durch die Niere kontrolliert und so den Wasser- und Elektrolythaushalt des Körpers regelt (s. S. 458).

---

[1] MARENZI, A. D.: Endocrinologie **23**, 330 (1938). — [2] LOEB, R. F., D. W. ATCHLEY, E. M. BENEDICT and J. LELAND: J. exp. Med. **57**, 775 (1933). — [3] HARROP, G. A., A. WEINSTEIN, L. J. SOFFER and J. H. TRESCHER: J. amer. med. Ass. **100**, 1850 (1933). — [4] SWINGLE, W. W., J. J. PFIFFNER, H. M. VARS and W. M. PARKINS: Amer. J. Physiol. **107**, 259 (1934). — [5] BEAIRD, R. D., and H. G. SWANN: Proc. Soc. exp. Biol. Med. **36**, 194 (1937). — [6] GAUNT, R., J. W. REMINGTON and M. SCHWEIZER: Amer. J. Physiol. **120**, 532 (1937). — [7] SANDBERG, M., and D. PERLA: J. biol. Ch. **113**, 35 (1936). — [8] SANDBERG, M., D. PERLA and O. M. HOLLY: Endocrinology **21**, 352 (1937). — [9] NAGAREDA, C. S., and R. GAUNT: Endocrinology **48**, 560 (1951). — [10] Boss, W. R., J. H. BIRNIE and R. GAUNT: Endocrinology **46**, 307 (1950). — [11] ABDERHALDEN, R.: Die Hormone. S. 57. Berlin, Göttingen, Heidelberg 1952. — [12] HORRES, A. D., W. J. EVERSOLE and M. ROCK: Proc. Soc. exp. Biol. Med. **75**, 58 (1950). — [13] BLAKE, W. D.: Fed. Proc. **10**, 15 (1951). — [14] COOK, D. L., W. E. HAMBOURGER and D. M. GREEN: Amer. J. Physiol. **163**, 604 (1950). — [15] EVERSOLE, W. J., F. A. GIERE and M. H. ROCK: Amer. J. Physiol. **170**, 24 (1952). — [16] DEXTER, D., and H. B. STONER: J. Physiol., London **118**, 486 (1952).

Die Wirkung des antidiuretischen Hormons: Beim Menschen mit normaler Wassereinnahme wird der Harnfluß durch Hinterlappenextrakte leicht vermindert. Die Injektion auf der Höhe der Wasserdiurese reduziert den Harnfluß zeitweise bis auf den Ruhewert. Wenn antidiuretisches Hormon injiziert wird, solange das Wasser zur Erzeugung der Diurese noch getrunken wird, verzögert es das Einsetzen der Diurese. Wahrscheinlich wirkt das Hormon direkt auf die Tubuli und stimuliert die Rückresorption von Wasser und vermindert so das Harnvolumen. Nach histologischen Untersuchungen von DARMADY[1] bei Patienten mit Nierenschäden greift das antidiuretische Hormon am Epithel der Sammelröhren und in einem weniger großen Ausmaß am Epithel der distalen Tubuli an. In physiologischen Dosen hat das Hormon keinen Einfluß auf die renale Blutdurchströmung. Die ungenügende Sekretion des Hormons ist für den Diabetes insipidus verantwortlich, bei dem ein sehr großes Volumen sehr verdünnten Harns ausgeschieden wird.

Im allgemeinen wird durch geringe Gaben die Harnabsonderung eingeschränkt, durch große eine Diurese hervorrufen[2–4]. So sah DE MUYLDER[5] bei Zugabe von 2 Milli-Einheiten zu intravenösen Einläufen von Kochsalzlösung eine Hemmung, bei 2 E eine Verstärkung der Diurese. Beide Erscheinungen, Hemmung der Wasserausscheidung und Diurese, beruhen nach E. FREY[6] auf einer Lenkung des Blutstromes auf die Glomeruli bei Einschränkung der Blutfülle der Tubuli. Versuche am isolierten Organ und am ganzen Tier beweisen, daß eine direkte Beeinflussung der Niere durch das Hypophysenhinterlappenhormon vorliegt[3,7]; bei Injektion in die linke Nierenarterie wird zunächst die Harnabsonderung links gehemmt.

Injektionen kleiner Dosen von Hypophysenhinterlappenextrakt oder Vasopressin lassen entweder die Filtrationsgeschwindigkeit und die wirkliche Plasmadurchströmung der Niere unverändert[8–10] oder erzeugen einen Anstieg der Inulin-, Kreatinin- und Diodrast-Clearance[11,12]. Eine Verminderung der renalen Blutdurchströmung wird nur durch große intravenöse Dosen erreicht. Von CROXATTO u. BARNAFI[13] wurde festgestellt, daß im Blut antidiuretische Substanzen vorhanden sind, deren Wirkung nicht auf Vasopressin beruht.

Es ist bei Menschen, Hunden, Kaninchen und Ratten gezeigt worden, daß Änderungen in der renalen Blutverteilung (d. h. das Wirksamwerden von „shunts") bei dem antidiuretischen Effekt der vasopressorischen Stoffe ohne Bedeutung sind. Einwirkung von Hitze und körperliche Arbeit reduzieren den renalen Plasmadurchfluß und die Filtrationsgeschwindigkeit[14]. Durch Hitze wird die Diurese gehemmt[14], was durch die Annahme erklärt wird, daß bei steigenden Temperaturen eine verstärkte Ausschüttung des Hinterlappenhormons erfolgt, denn bei hypophysektomierten Ratten blieb die Diurese bei verschiedenen Temperaturen unverändert[15–17].

[1] DARMADY, E. M.: in The Kidney. Ciba Found. Symp. S. 27. London 1954. — [2] KONSCHEGG, A. v., u. E. SCHUSTER: D. m. W. **1915**, 1091. — [3] FROMHERZ, K.: A. e. P. P. **100**, 1 (1923). — [4] MOLITOR, H., u. E. PICK: A. e. P. P. **101**, 169 (1924); **107**, 180, 185 (1925); **112**, 113 (1926). — [5] MUYLDER, E. DE: Fonctionement rénal et concentrations ioniques du plasma. Paris 1949. — [6] FREY, E.: Nierentätigkeit und Wasserhaushalt. S. 36. Berlin, Göttingen, Heidelberg 1951. — [7] JANSSEN, S.: A. e. P. P. **135**, 1 (1928). — [8] WALKER, A. M., C. F. SCHMIDT, K. A. ELSOM and C. G. JOHNSTON: Amer. J. Physiol. **118**, 95 (1937). — [9] SHANNON, J. A.: J. exp. Med. **76**, 371 (1942). — [10] DICKER, S. E., and H. HELLER: J. Physiol., London **104**, 353 (1946). — [11] SINCLAIR-SMITH, B. C., J. SISSON, A. A. KATTUS, A. GENECIN, C. MONGE, W. MCKEEVER and E. V. NEWMAN: Bull. Johns Hopkins Hosp. **87**, 221 (1950). — [12] SARTORIUS, O. W., and K. ROBERTS: Endocrinology **45**, 273 (1949). — [13] CROXATTO, H., and L. BARNAFI: Nature **172**, 304 (1953). — [14] RADIGAN, L. R., and S. ROBINSON: J. appl. Physiol. **2**, 185 (1949). — [15] STUTINSKY, F.: C. R. Soc. Biol. **143**, 195 (1949). — [16] KENNEY, R. A., and D. H. MILLER: Acta med. scand. **135**, 87 (1949). — [17] HELLMANN, K., and J. S. WEINER: J. appl. Physiol. **6**, 194 (1953).

Die Diuresehemmung ist auch gänzlich unabhängig vom Nervensystem[1]. Die Hypophysinwirkung wird durch Narkose aufgehoben[1]. Daß dies peripher geschieht, zeigte JANSSEN dadurch, daß er die Hemmung durch lokale Einspritzung von Urethan in die Nierenarterie beseitigen konnte[2]. Auch in einem Fall von pathologischem Ausbleiben der Wasserdiurese (vielleicht durch zu starke Absonderung von Adiuretin) trat die Wasserdiurese in der Narkose wieder auf[3].

Bei Menschen mit Unterfunktion der Hypophyse sind glomeruläre Filtration, Plasmadurchfluss und Wasserdiurese vermindert[4]. Die Clearance ist bei Akromegalie normal oder niedrig, wodurch angedeutet wird, daß das Wachstumshormon keinen renotrophischen Effekt beim Menschen hat[4]. LUFT u. SJÖGREN[5] fanden, daß Verabreichung von Desoxycorticosteronacetat und Kochsalz die Filtrationsgeschwindigkeit bei Hypophysenmangel steigert, ohne die renale Blutdurchströmung zu beeinflussen. Hinzufügung von Desoxycorticosteronacetat und Thyroxin führte beide Funktionen fast zur Norm zurück.

Die Fähigkeit, Wasser auszuscheiden, ist bei hypophysektomierten Hunden herabgesetzt, wahrscheinlich, weil *Wachstumshormon* fehlt, welches in Dosen von 1 mg/kg Körpergewicht die Wasserdiurese wiederherstellt[6]. Daher nahmen WHITE u. Mitarb.[7] im Gegensatz zu den oben beschriebenen Anschauungen an, daß das Wachstumshormon doch einen renotrophischen Effekt hat. Bei Ratten ist die Abnahme des Nierengewichtes, das der Hypophysektomie folgt, nicht eine Folge des Gewichtsverlustes und auch nicht der Unterernährung oder des Fehlens der Harnstoffausscheidung. Dagegen ist eine mangelhafte Schilddrüsentätigkeit ein wichtiger Faktor[8], so daß wahrscheinlich ein Teil des renotrophischen Effektes des Wachstumhormons einer Verunreinigung mit thyreotropem Hormon zuzuschreiben ist[7].

Die Kängeruhratte (Dipodomys) hat in ihrer natürlichen Umgebung sehr wenig Wasser. Da es bei Versuchen mit diesem Tier zu sehr hohen U/P-Verhältnissen (s. S. 55) von Harnstoff und Elektrolyten kam, nahmen AMES u. Mitarb.[9] an, daß diese Tiere einen sehr aktiven Hormonmechanismus haben müssen. Sie fanden auch tatsächlich bis zu 50 Milli-Einheiten von antidiuretischem Hormon je cm^3 Harn gegenüber einem Maximum von nur 6 Milli-Einheiten bei Hunden und Katzen nach Stimulierung der Osmoreceptoren. Die antidiuretische Substanz im Dipodomysharn entsprach sehr gut in ihren Eigenschaften dem Hormon der Hypophyse, die 5—6mal soviel antidiuretisches Hormon enthielt als die von Albinoratten.

O'CONNOR fand, daß eine Abgabe von 0,25 Milli-Einheiten des antidiuretischen Hormons je min genügt, um bei Hunden eine maximale Wasserretention zu erreichen[10].

Auf die Kochsalzausscheidung hat das antidiuretische Hormon keine spezifische Wirkung[11]. Der *antidiuretische Effekt der Hinterlappenextrakte wird der vergrößerten Wasserrückresorption* zugeschrieben, die *Filtrationsgeschwindigkeit* scheint nicht verändert zu sein[12] (s. a. S. 61).

---

[1] VERNEY, E. B.: A. e. P. P. **181**, 24 (1936). — [2] JANSSEN, S.: A. e. P. P. **135**, 1 (1928). — [3] FREY, E.: Nierentätigkeit und Wasserhaushalt. S. 36. Berlin, Göttingen, Heidelberg 1951. — [4] PICKFORD, M., and J. A. WATT: J. Endocrinol. **6**, 398 (1950). — [5] LUFT, R., and B. SJÖGREN: Acta endocrinol., København **4**, 351 (1950). — [6] BODO, R. C. DE, I. L. SCHWARTZ, J. GREENBERG, M. KURTZ, D. P. EARLE jr. and S. J. FARBER: Proc. Soc. exp. Biol. Med. **76**, 612 (1951). — [7] WHITE, H. L., P. HEINBECKER and D. ROLF: Amer. J. Physiol. **165**, 442 (1951). — [8] BRAUN-MENENDEZ, E.: C. R. Soc. Biol. **144**, 1228 (1950). Cardiologia, Basel **21**, 272 (1952). — [9] AMES, R. G., and H. B. VAN DYKE: Proc. Soc. exp. Biol. Med. **75**, 417 (1950). — [10] O'CONNOR, W. J.: Quart. J. exp. Physiol. **36**, 21 (1950). — [11] CHALMERS, T. M., A. A. G. LEWIS and G. L. S. PAWAN: J. Physiol., London **112**, 238 (1951). — [12] HELLER, H.: J. Physiol., London **98**, 405 (1940).

Hypophysengesamtextrakt vermindert die Rückresorption von Salzen durch die Tubuli, subcutane Injektion der oxytocischen Fraktion in kleinen Dosen verursacht Wasser- und Salzdiurese bei nichtnarkotisierten Ratten; die Pressorfraktion verhindert sie[1].

Nach Untersuchungen über den renalen Transport von p-Aminohippurat nach Hypophysektomie und nach Zufuhr von Wachstumshormon verursacht das Wachstumshormon die Synthese eines Fermentes oder von Fermenten, die für den Transport von p-Aminohippursäure notwendig sind. Cortison hemmt diese Synthese, während sie durch Desoxycorticosteronacetat nicht beeinflußt wird[2].

Hypophysektomie und Thyreoidektomie führen zu einer Vermehrung des Gehalts an Aminosäureoxydase in der Niere[3].

Diabetes insipidus beim Menschen. Der Diabetes insipidus beim Menschen ist durch eine Störung des Wasserhaushaltes gekennzeichnet. Ein großes Harnvolumen mit sehr niedrigem spezifischem Gewicht wird ausgeschieden und gleich große Mengen Flüssigkeiten werden getrunken, um diesen Wasserverlust auszugleichen. Die Flüssigkeitsausscheidung und -aufnahme kann durch die Injektion von Hinterlappenextrakten auf normale Werte gebracht werden. Eine Diurese, die durch erhöhte Salzeinnahme verursacht wurde, wird durch die Hinterlappenextrakte nicht beeinflußt. Die Diurese, die durch Einwirkung von Kälte hervorgerufen wird, unterscheidet sich nur durch die erhöhte Chloridausscheidung von der Wasserdiurese. Die leichte Beeinflussung der Kältediurese durch Pitressingaben lassen vermuten, daß dem Hypophysenhinterlappen eine wesentliche Bedeutung bei dem hormonalen Regulationsmechanismus der Kältediurese zukommt[4].

l) Diuretische und antidiuretische Substanzen.

α) Diuretica[5].

Diuretische Substanzen bewirken die Ausscheidung von Wasser oder Salzen durch ihre lokale Wirkung auf die Niere. Irgendein im Primärharn gelöster Stoff verzögert, wenn er mit genügender Geschwindigkeit ausgeschieden wird, die proximale und möglicherweise auch die distale Rückresorption des Wassers und vergrößert so den Harnfluß. Dies wird im allgemeinen als „osmotische" Diurese bezeichnet, obwohl diese Bezeichnung nicht ganz richtig ist, da es nicht der osmotische Druck des fertigen Harns ist, der die Diurese verursacht, sondern der osmotische Widerstand, der der passiven Rückresorption des Wassers in dem proximalen Tubulus und dem dünnen Teil der Schleife entgegensteht. Bei Versuchen an Hunden mit Hilfe der Inulin-Clearance wiesen Kuschinsky u. Langecker[6] nach, daß eine Diuresesteigerung auch durch eine Sekretion im Tubulusapparat zustande kommen kann. Die Autoren kommen auf Grund ihrer Untersuchungen zu dem Schluß, daß Filtration und Rückresorption in der bisher angenommenen Weise für die dauernde Harnbildung sorgen („Grunddiurese"), während z. B. bei einem Wasserstoß per os oder bei intravenösen Infusionen die zusätzliche Sekretion des Tubulus in Gang komme. Frey u. Frey[7] unterscheiden 2 Arten von Diuresen, einmal die Filtrationsdiurese, die mit einer Volumenzunahme der Niere einhergeht und zu einem Harn führt, der immer plasmaähnlicher wird, je

---

[1] Fraser, A. M.: J. Physiol., London **100**, 233 (1941). — [2] Farah, A., and G. Graham: J. Pharmacol. exp. Therap. **106**, 385 (1952). — [3] Abderhalden, R.: Die Hormone. S. 6. Berlin, Göttingen, Heidelberg 1952. — [4] Cagan, R. N., J. L. Gray and H. Jensen: J. biol. Ch. **183**, 11 (1950). — [5] Kuschinsky, G.: Fiat Rev. (Pharmakologie II) Bd. 62, S. 251 (1948). — [6] Kuschinsky, G., u. H. Langecker: D. m. W. **1943**, 695. — [7] Frey, E., u. J. Frey: Die Funktionen der gesunden und kranken Niere. S. 40ff.. Berlin, Göttingen, Heidelberg 1950.

reichlicher er fließt, und der auf der Höhe der Harnflut ein reines Ultrafiltrat des Plasmas darstellt, und zum anderen die Wasserdiurese, bei der sich der Harn dem Extrem des destillierten Wassers nähert. Bei der zweiten Form, der Wasserdiurese, soll nach J. FREY dem provisorischen Harn Wasser durch den Tubulus zugefügt werden. Diese Ansicht konnte in jüngster Zeit durch J. FREY u. Mitarb.[1-3] erneut experimentell gestützt werden.

Wasser- und Salzdiuretica. Die Substanzen, mit denen man eine *osmotische* Diurese erreichen kann, sind: Harnstoff, Rohrzucker, Mannit, Natriumsulfat und hypertonische Kochsalzlösungen. Säuernde Salze, wie Ammoniumchlorid *, Ammoniumthiosulfat und Calciumchlorid wirken als Ursachen einer osmotischen Diurese.

Purinkörperdiuretica. Beim Menschen wirken Coffein[4,5], nach KUSCHINSKY[6] auch Theophyllin und Adenosintriphosphorsäure diuretisch. Nach SCHWALB[7] hat jedoch ATP keine diuretische Wirkung.

Quecksilberdiuretica. Alle löslichen Quecksilberverbindungen (Mercurophyllin, Salyrgan[8] usw.) verursachen in Dosen, bei denen noch keine Nekrose zu erwarten ist, die Ausscheidung von Natrium und in geringerem Grade von Wasser[9].

Der *Mechanismus der Quecksilberdiurese* ist vielfach bearbeitet, aber nicht geklärt worden[10-14]. Nach MUDGE u. Mitarb.[14] vermindern die Quecksilberpräparate die Kaliumrückresorption und -sekretion. Quecksilber blockiert, wie andere Schwermetalle, die Sulfhydrylgruppen der Enzyme, und man könnte erwarten, daß damit seine Wirkung auf die Tubuli zusammenhängt. Aber organische Quecksilberverbindungen bilden auch Komplexe mit anderen Gruppen (Amiden und Carboxyl). BAL (British Antilewisit = 2,3-Dimercaptopropanol), welches einen schwach dissoziierbaren Komplex mit Quecksilber bildet, beschleunigt dessen Ausscheidung[15] und ist mit gutem Erfolg bei der Behandlung der Quecksilberchloridvergiftung benutzt worden[16]. Es verhindert oder unterbricht die Diurese, die bei Hunden und Kaninchen durch Mercupurin (= Novurit = Gemisch aus Quecksilber, Kampfersäureamylamid und Theophyllin) und Mersalyl [= (γ-Hydroxymercuri-β-methoxypropyl)-amid-o-essigsäure] hervorgerufen wurde[17-19]. BAL ist ohne Wirkung auf die Filtrationsgeschwindigkeit und auf die renale Plasmadurch-

* Die herrschende Meinung über den Wirkungsmechanismus des NH_4Cl war bisher folgende: NH_4Cl zerfällt in HCl und NH_3. Ammoniak wird zu Harnstoff gebunden und HCl bleibt frei. H. WINTERSTEIN [Pflügers Arch. **256**, 85 (1952)] vertritt eine neuartige Auffassung: Da nach Ausschaltung des Pfortaderkreislaufes intravenös injiziertes NH_4Cl eine starke Säuerung des Blutes bewirkt, nimmt WINTERSTEIN an, daß das elektrisch neutrale NH_3 die lipoidhaltigen Membranen schnell durchwandert, während elektrisch geladene Teilchen dies nicht können. Das Ammoniak wird nicht durch Harnstoffbildung beseitigt, sondern durch Abwanderung aus dem Blut. Die NH_4Cl-Acidose scheint also eine Folge der Gewebsalkalose zu sein.

[1] FREY, J., J. SCHIRMEISTER u. H. HENNING: A. e. P. P. **223**, 107 (1954). — [2] FREY, J., u. J. SCHIRMEISTER: A. e. P. P. **223**, 117 (1954). — [3] FREY, J., u. J. SCHIRMEISTER: A. e. P. P. **223**, 122 (1954). — [4] GEBHARDT, H.: A. e. P. P. **191**, 696 (1939). — [5] VOLLMER, H.: A. e. P. P. **194**, 551 (1940). — [6] KUSCHINSKY, G.: Fiat Rev. (Pharmakologie II) Bd. 62, S. 251 (1948). — [7] SCHWALB, H., H. HENSEL: A. e. P. P. **221**, 198 (1954). — [8] Mercks Jber., **63**, 314 (1950). — [9] FOURNEAU, E., and K. I. MELVILLE: J. Pharmacol. exp. Therap. **41**, 47 (1931). — [10] FAWAZ, G., and E. N. FAWAZ: Proc. Soc. exp. Biol. Med. **77**, 239 (1951). — [11] LEHMAN, J. F., L. P. BARRACK and R. A. LEHMAN: Science, N. Y. **113**, 410 (1951). — [12] FARAH, A., T. C. COBBEY and W. MOOK: Fed. Proc. **10**, 293 (1951). — [13] TARAIL, R., and F. M. MATEER: Fed. Proc. **10**, 135 (1951). — [14] MUDGE, G. H., A. AMES 3rd, J. FOULKS and A. GILMAN: Amer. J. Physiol. **161**, 151 (1950). — [15] GILMAN, A., R. P. ALLEN, F. S. PHILIPS and E. S. JOHN: J. clin. Invest. **25**, 549 (1946). — [16] LONGCOPE, W. T., J. A. LUETSCHER, E. CALKINS, D. GROB, S. W. BUSH and H. EISENBERG: J. clin. Invest. **25**, 557 (1946). — [17] EARLE, D. P. jr., and R. W. BERLINER: Amer. J. Physiol. **151**, 215 (1947). — [18] FARAH, A., and G. MARESH: J. Pharmacol. exp. Therap. **92**, 73 (1948). — [19] HANDLEY, C. A., and M. LA FORGE: Proc. Soc. exp. Biol. Med. **65**, 74 (1947).

strömung. Bei der Wasserdiurese hat es eine starke Wirkung, wahrscheinlich durch Stimulation der Sekretion des antidiuretischen Hormons. Nach GIEBISCH u. Mitarb.[1] liegt der Angriffspunkt der Quecksilberverbindungen proximal der Stelle der distalen Wasserrückresorption.

Diureseänderungen durch andere Stoffe. KUSCHINSKY u. BUNDSCHUH[2] fanden in Hypophysenhinterlappenpräparaten eine Substanz mit diuretischer und chloridausschwemmender Wirkung. Die Wirkung beruht nicht auf der Beimengung kleiner Mengen Vasopressin. HOTOVY[3] hat Herkunft und Eigenschaften dieser Substanz näher untersucht. Das Maß der Chlorausschwemmung durch diese ist abhängig vom Chlorgehalt des Körpers. Bei geringem Chlorgehalt ist die Substanz unwirksam. Vorderlappenextrakte verursachen keine akute Diurese. *Testosteron* bewirkt nach KUSCHINSKY, LANGECKER u. HOTOVY[4] an der Ratte bei der Grunddiurese und bei geeigneter Belastung im akuten Versuch eine Vermehrung der Wasser- und Chloridausscheidung. Bei wiederholter Testosteronverabreichung und Wasserbelastung fand sich nur eine geringe Diuresesteigerung. Die gleichzeitig eintretende Hypertrophie der Tubulusepithelzellen läßt die Verfasser schließen, daß die beobachtete Diuresesteigerung vielleicht auf eine gesteigerte Sekretion der Tubuluszellen zu beziehen ist.

Nach J. FREY[5] kann eine Filtrationsdiurese durch intravenöse Injektion von *Strophantin* (0,05 mg Kombetin Boehringer/kg Maus) hervorgerufen werden. Nach FREY wird die Atmung von Gewebsschnitten aus Rattennierenrinde durch k-Strophantin gehemmt. Diese Wirkung des Strophantins ist an die Intaktheit der Tubuluszelle gebunden, da sie nach Homogenisierung des Gewebes nicht mehr auftritt. Eine diuretische Wirkung sahen GÖLDI u. WILBRANDT[6] nach Zuführung eines eiweißfreien, reninfreien und pyrogenfreien Nierenextraktes bei gesunden Ratten. Auf Grund von Clearanceuntersuchungen konnte festgestellt werden, daß die Ursache der Diurese in erster Linie einer verstärkten Glomerulusfiltration zuzuschreiben ist, deren Ursache in einer erhöhten Gesamtdurchblutung der Niere zu suchen ist.

β) Antidiuretische Substanzen[7].

Eine antidiuretische Substanz verursacht eine Abnahme des Harnvolumens nach Zufuhr von Wasser.

Ob ein glomerulärer oder ein tubulärer antidiuretischer Effekt vorliegt, kann an Hand einer Clearance-Methode entschieden werden, die mit dem Harnvolumen die Filtrationsgeschwindigkeit feststellt[8].

Stoffe, die eine Antidiurese durch extrarenale Aktivität hervorrufen. Die Zuführung von narkotisierenden Stoffen verhindert die Aufnahme von Wasser durch den Magen-Darmtrakt[9], so daß ein vollständiges Fehlen der Wasserdiurese resultiert. Sehr wirksam ist z. B. Chloroform. Viele Steroide bewirken eine Retention von Wasser, was teilweise auf die verstärkte Rückresorption von Natrium durch die Tubuli zurückzuführen ist. Bei Ratten steigt nach Injektionen von Oestradiol, Progesteron und Desoxycorticosteronacetat der Wassergehalt des Uterus und der Vagina beträchtlich[10]. Zur gleichen Zeit sinkt der Wassergehalt

---

[1] GIEBISCH, G., H. KLUPP u. S. RAPOPORT: A. e. P. P. **214**, 562 (1951/52). — [2] KUSCHINSKY, G., u. H. E. BUNDSCHUH: A. e. P. P. **192**, 683; **193**, 256 (1939). — [3] HOTOVY, R.: A. e. P. P. **202**, 219 (1943). — [4] KUSCHINSKY, G., H. LANGECKER u. R. HOTOVY: A. e. P. P. **204**, 752 (1947). — [5] FREY, J.: A. e. P. P. **216**, 473 (1952). — [6] GÖLDI, C., u. W. WILBRANDT: Schweiz. med. Wschr. **84**, 75 (1954). — [7] HELLER, H.: J. Pharmacy Pharmacol. **3**, 609 (1951). — [8] HARE, K., E. V. MELVILLE, G. H. CHAMBERS and R. S. HARE: Endocrinology **36**, 323 (1945). — [9] HELLER, H., and F. H. SMIRK: J. Physiol., London **76**, 292 (1932). — [10] ZUCKERMAN, S., A. PALMER and D. A. HANSON: J. Endocrinol. **6**, 261 (1950).

anderer Gewebe. Schilddrüsenextrakt und Thyroxin verstärken unter gewissen Bedingungen die Wasserdiurese[1], und antithyreoidale Drogen verhindern sie[2].

Nach AAES-JORGENSEN u. DAM[3] hat die quantitative und qualitative Veränderung des Fettgehaltes der Nahrung bei Ratten einen Einfluß auf die Harnproduktion. Die Verabreichung hydrierter Fette führt zur Abnahme der Harnproduktion. Die Differenz zwischen Wasseraufnahme und -abgabe wird nicht auf Retention von Wasser zurückgeführt. Der Mechanismus dieser Diuresehemmung ist noch nicht geklärt.

Stoffe, die durch Einfluß auf die renale Blutdurchströmung eine Antidiurese verursachen. Intravenöse Injektionen kleiner Dosen *Adrenalin* in nichtnarkotisierte Hunde verursachen eine Hemmung der Wasserdiurese[4-6], während große subcutane oder intramuskuläre Injektionen den Harnfluß vergrößern[7,8]. Der diuretische Effekt des Adrenalins beruht auf einer Constriction der Vasa efferentia, die vielleicht von einer Erweiterung der afferenten Gefäße begleitet ist. Beim Menschen verursacht *Noradrenalin* eine Steigerung der Filtration und Verringerung des Harnflusses[9].

GREEN[10] vermutete, daß aus geschädigtem Muskelgewebe freiwerdendes *Adenosintriphosphat* antidiuretisch wirkt und für die traumatische Oligurie verantwortlich sei. Ein Einfluß des Adenosintriphosphats, das bei gesunden Personen mit Wasser zugeführt wurde, konnte jedoch nicht festgestellt werden[11-14].

Extrakte, die *5-Oxytryptamin* (=Enteramin) enthalten, z. B. aus Discoglossus pictus-Haut, haben eine starke antidiuretische Wirkung. Der Mechanismus der Enteramin-antidiurese beruht nach ERSPAMER auf einer Drosselung des afferenten Gefäßsystems der Glomeruli[15,16]. Andere Untersucher konnten jedoch keine Verengerung der afferenten Arteriolen nach Enteramininjektionen feststellen[17]. Nach CORCORAN u. Mitarb.[18] hat Enteramin keinerlei spezifische Wirkung auf die Nierengefäße.

Stoffe, die eine Antidiurese durch direkte Einwirkung auf die Tubuli hervorrufen. Das antidiuretische Hormon der Neurohypophyse ist gegenwärtig die einzige Substanz, für die eine direkte Wirkung auf die tubuläre Wasserrückresorption nachgewiesen wurde[19-23]. Vom Hypothalamus soll nach MIRSKY u. Mitarb.[24] ein Neurohormon mit antidiuretischen Eigenschaften sezerniert werden als Antwort auf schädliche physische oder psychische Reize.

---

[1] PICK, E. P.: J. Mt. Sinai Hosp. **13**, 167 (1946). — [2] BRÜCKE, F., u. A. LINDNER: Wien. klin. Wschr. **1948**, 39. — [3] AAES-JORGENSEN, E., and H. DAM: 2. Int. Congr. Biochem. Paris. S. 325. 1952. — [4] RYDIN, H., and E. B. VERNEY: Quart. J. exp. Physiol. **27**, 343 (1938). — [5] THEOBALD, G. W., and E. B. VERNEY: J. Physiol., London **83**, 341 (1935). — [6] PICKFORD, M.: J. Physiol., London **95**, 226 (1939). — [7] STARR, I. jr.: J. exp. Med. **43**, 31 (1926). — [8] TOTH, L. A.: Amer. J. Physiol. **119**, 140 (1937). — [9] BARNETT, A. J., R. B. BLACKET, A. E. DEPOORTER, P. H. SANDERSON and G. M. WILSON: Clin. Sci. **9**, 151 (1950). — [10] GREEN, H. N.: Lancet **1943 II**, 147. — [11] GREEN, H. N., and H. B. STONER: J Physiol., London **103**, 228 (1944). — [12] KEELE, C. A., and D. SLOME: J. Physiol., London **104**, 26 P (1945). — [13] LAUSON, H. D., S. E. BRADLEY and A. COURNAND: J. clin. Invest. **23**, 381 (1944). — [14] HOUCK, C. R., R. J. BING, F. N. CRAIG and F. E. VISSCHER: Amer. J. Physiol. **153**, 159 (1948). — [15] ERSPAMER, V., and A. OTTOLENGHI: Exper. **8**, 152 (1952). — [16] CROXATTO, H., and L. BARNAFI: Nature **172**, 304 (1953). — [17] NIZET, E., L. WILSENS et G. BARAC: Arch. int. Pharmacodyn. Thérap. **96**, 76 (1953). — [18] CORCORAN, A. C., G. M. MASSON, F. DEL GRECO and I. H. PAGE: Arch. int. Pharmacodyn. Thérap. **97**, 483 (1954). — [19] PICKFORD, M.: Physiol. Rev. **25**, 573 (1945). — [20] O'CONNOR, W. J.: Biol. Reviews **22**, 30 (1947). — [21] VERNEY, E. B.: Proc. R. Soc., London (B) **135**, 25 (1947). — [22] HARRIS, G. W.: Physiol. Rev. **28**, 139 (1948). — [23] COLLIN, R., et F. STUTINSKY: J. Physiol. Path. gén. **41**, 7 (1949). — [24] MIRSKY, I. A., M. STEIN and G. PAULISCH: 19. Int. Congr. Physiol. Montreal. S. 621. 1953.

Substituierte Cinchoninsäuren beeinflussen enzymatische Prozesse in den proximalen Tubuli[1-3]. Sie wirken beim normalen Hund antidiuretisch, unabhängig von Änderungen der Glomerulusfiltration.

Stoffe, die durch Freisetzung des antidiuretischen Hormons eine Antidiurese verursachen. Die Wirkung eines solchen Stoffes wird angenommen, wenn auch nach Denervierung der Niere die Wasserdiurese durch Hemmung der tubulären Rückresorption niedrig bleibt, die antidiuretische Wirkung aber nach Entfernung der Neurohypophyse verschwindet.

Stoffe, die diese Bedingungen erfüllen, sind: Acetylcholin[4-6], Histamin[34], Yohimbin[7], Corynanthin[8] (Isomeres von Yohimbin[9]), Ergotoxin, Ergotamin, Ergosin, Ergosinin[10, 11], Morphin[12-17], Omnopon, Codein, Dehydrocodeinon, Pethidin[18, 19], Nicotin[20] und Ferritin[21, 22].

Auch das Rauchen von Zigaretten bewirkt eine Ausschüttung von antidiuretischem Hormon. So kann man feststellen, ob bei Diabetes insipidus noch ein Rest des antidiuretischen Hormons vorhanden ist[23]. Das eisenreiche Protein *Ferritin*, das normalerweise in Leber und Milz in inaktiver Form gespeichert wird, wird bei pathologischen Zuständen, die mit Wasserretention verknüpft sind, in die Blutbahn ausgeschüttet[23]. Ist der Ferritinspiegel im Blut genügend hoch, so wird die Neurohypophyse stimuliert und schüttet antidiuretische Stoffe von Pitressincharakter aus, die im Harn ausgeschieden und nachweisbar werden. Das Ausmaß der durch Ferritin verursachten Antidiurese ist abhängig von der Menge der freien Sulfhydrylgruppen im Plasma. Man kann daraus also folgern, daß die Vasopressinvermehrung im Blut bei Leberschäden und Eiweißmangelödem auf der Unfähigkeit der Leber beruht, Ferritin zu speichern und zu inaktivieren[24].

Antidiuretische Substanzen aus der Leber sind von verschiedenen Autoren beschrieben worden[25-31]. Bei der hepatischen antidiuretischen Substanz handelt es sich um Ferritin[32]. Die Placenta von Patientinnen mit Schwangerschaftstoxikosen enthält antidiuretisches Material[5], Extrakte aus normaler Placenta waren fast inaktiv. Es ist auch berichtet worden, daß Relaxin[33], das im Serum und in den Ovarien des trächtigen Schweines gefunden wurde, Wasser-

[1] Dearborn, E. H.: Bull. Johns Hopkins Hosp. **87**, 328 (1950). — [2] Marshall, E. K. jr., and K. C. Blanchard: J. Pharmacol. exp. Therap. **95**, 185 (1949). — [3] Marshall, E. K. jr., K. C. Blanchard and E. H. Dearborn: Bull. Johns Hopkins Hosp. **86**, 89 (1950). — [4] Molitor, H., u. E. P. Pick: A. e. P. P. **101**, 198 (1924). — [5] Pickford, M.: J. Physiol., London **95**, 226 (1939). — [6] Pickford, M.: J. Physiol., London **106**, 264 (1947). — [7] Fugo, N. W.: Endocrinology **34**, 143 (1944). — [8] Zunz, E., et O. Vesselovsky: C. R. Soc. Biol. **131**, 135 (1939). — [9] Mercks Jber. **64**, 129 (1951); **65**, 222 (1953). — [10] Zunz, E., et O. Vesselovsky: C. R. Soc. Biol. **121**, 1343 (1936). — [11] Zunz, E., et O. Vesselovsky: C. R. Soc. Biol. **129**, 20 (1938). — [12] Frey, E.: Pflügers Arch. **120**, 66 (1907). — [13] Stehle, R. L., and W. Bourne: Arch. internal Med., Chicago **42**, 248 (1928). — [14] Barbour, H. G, I. G. Hunter and C. H. Rickey: J. Pharmacol. exp. Therap. **36**, 251 (1929). — [15] Fee, A. R.: J. Physiol., London **68**, 39 (1929/30). — [16] Bahn, C., Iserbeck u. Lindemann: Z. ges. exp. Med. **71**, 156 (1930). — [17] Dsikowsky, W.: Arch. int. Pharmacodyn. Thérap. **53**, 457 (1936). — [18] Ferrer, M. I., and L. Sokoloff: Amer. J. med. Sci. **214**, 372 (1947). — [19] Lewis, A. A. G., and T. M. Chalmers: Clin. Sci. **10**, 137 (1951). — [20] Motzfeldt, K.: J. exp. Med. **25**, 153 (1917). — [21] Burn, J. H., L. H. Truelove and I. Burn: Brit. med. J. **1945 I**, 403. — [22] Mazur, A., S. Baez and E. Shorr: Amer. J. Physiol. **169**, 134 (1952). — [23] Baez, S., A. Mazur and E. Shorr: Amer. J. Physiol. **169**, 123 (1952). — [24] Kühnau, J.: Regensburger Jahrbuch für ärztliche Fortbildung. Bd. IV. Stuttgart 1955. — [25] Lampe, W.: A. e. P. P. **119**, 83 (1926). — [26] Glaubach, S., u. H. Molitor: A. e. P. P. **132**, 31 (1928). — [27] Theobald, G. W., and M. White: J. Physiol., London **78**, 18 P (1933). — [28] Walker, A. M.: Proc. Soc. exp. Biol. Med. **39**, 105 (1938). — [29] Schaffer, N. K., J. F. Cadden and H. J. Stander: Endocrinology **28**, 701 (1941). — [30] Ham, G. C., and E. M. Landis: J. clin. Invest. **21**, 455 (1942). — [31] Baez, S., A. Mazur and E. Shorr: Fed. Proc. **8**, 7 (1949). — [32] Mokotoff, R., D. J. W. Escher, I. S. Edelman, J. Grossman, L. Leiter, R. E. Weston, B. W. Zweifach and E. Shorr: Fed. Proc. **8**, 112 (1949). — [33] Zwarrow, M. X.: Proc. Soc. exp. Biol. Med. **71**, 705 (1949). — [34] Blackmore, W. P., and G. R. Cherry: Amer. J. Physiol. **180**, 596 (1955).

retention bei Kaninchen verursacht. Einige der antidiuretischen Substanzen aus den Körpergeweben könnten mit dem antidiuretischen Hormon der Hypophyse oder mit Abkömmlingen desselben identisch sein.

m) Chemie der renalen Hypertension[1].

Drosselung der arteriellen Blutzufuhr, Entnervung der Nieren, Entfernung des thorakalen und abdominalen Grenzstranges, führen zur Ausbildung eines chronischen Hochdrucks, bei dem die Niere bei manchmal voll erhaltener Funktion eine vasopressorische Substanz bildet und abgibt, die durch Widerstandserhöhung in den Arteriolen einen Anstieg des allgemeinen Blutdrucks verursacht. Um durch Einschränkung der arteriellen Blutzufuhr einen Hochdruck zu erzielen, muß die Drosselung der Nierenarterie plötzlich erfolgen.

Dabei wird ein Ferment der Niere, das *Renin*, das normalerweise inaktiv oder nur begrenzt aktiv ist, wirksam und produziert aus einem Globulin des Blutserums, dem *Hypertensinogen* oder Reninsubstrat, eine blutdrucksteigernde Substanz, das *Hypertensin* (s. S. 75)[1,2].

Nach DIVRY[3] wird die Aktivierung oder Abgabe von Renin nicht, wie bisher allgemein angenommen wurde, durch Anoxie der Niere, sondern durch einen druckempfindlichen Mechanismus ausgelöst, der bei einer Senkung des Blutdruckes am Niereneingang auf etwa 60 mm Hg anspricht. Bei normalem Durchströmungsdruck verursachte erhebliche Verminderung der Sauerstoffversorgung und des Sauerstoffverbrauchs der Niere keine Blutdrucksteigerung. Erst Senkung des Durchströmungsdruckes auf unter 80 mm Hg bewirkte bei arterieller wie venöser Durchströmung, also unabhängig von der Sauerstoffzufuhr und dem Sauerstoffverbrauch, deutliche Blutdrucksteigerung.

Die Drosselung einer Nierenarterie bei jungen wachsenden Ratten führt zur Atrophie der betroffenen Niere, es entsteht jedoch kein Hochdruck[4,5].

Wird bei Kaninchen mit renaler Hypertonie das einzige Organ der Reninsubstratbildung, nämlich die Leber, entfernt, so kehrt der Blutdruck auch nach Aufbrauch des noch vorhandenen Reninsubstrates durch zusätzliche Injektion von Renin nicht zur Norm zurück. Die Renin-Angiotonintheorie der renalen Hypertonie ist demnach unhaltbar. Ein Dauerhochdruck durch Renininjektionen läßt sich nicht erzeugen[6].

Die Hoffnung, daß das nähere Studium des von der Niere ausgehenden experimentell erzeugten Hochdrucks Licht bringen würde in die schon von BRIGHT beschriebenen Zusammenhänge zwischen Erkrankungen der Niere und Veränderungen des Herzens, die von VOLHARD im Sinne einer kausalen Verknüpfung von verminderter Durchblutung der Niere, Blutdrucksteigerung und Herzhypertrophie näher präzisiert wurden, hat sich bisher nicht erfüllt.

Eine weitere Möglichkeit der stofflichen Verursachung des nephrogenen Hochdrucks könnte dadurch gegeben sein, daß die Niere unter pathologischen Bedingungen mit Hilfe der Aminosäuredecarboxylasen mehr vasopressorische Amine (Tyramin, Oxytyramin) bildet, als sie entgiften oder ausscheiden kann. Auch das Entgiftungs- und Ausscheidungsvermögen für außerhalb der Niere gebildete Pressoramine (Adrenalin, Noradrenalin) könnte herabgesetzt sein. Physiologischerweise sind diese Fähigkeiten der Niere so aufeinander abgestimmt, daß die Aufrechterhaltung eines normalen Blutdrucks gewährleistet ist. Nach WERLE

[1] HOLTZ, P.: Kli. Wo. **1946/47**, 65. — [2] GOLDBLATT, H., H. LAMFROM and E. HAAS: Amer. J. Physiol. **175**, 75 (1953). — [3] DIVRY, A.: Arch. int. Physiol. **59**, 211 (1951). — [4] FLOYER, M. A.: Clin. Sci. **10**, 405 (1951). — [5] ROBERT, A.: 19. Int. Congr. Physiol. Montreal. S. 705. 1953. — [6] Lit. s. STREHLER, E., u. E. SUITER: Z. ges. exp. Med. **115**, 436 (1950).

u. LELLMANN[1] ist aber die Aktivität der Decarboxylasen bei verschiedenartigen experimentellen Nierenschädigungen (nach Drosselung der A. renalis, Entfernung des Sympathicusgeflechtes von der A. renalis, Dekapsulierung der Niere, Quecksilbernephrose) stark herabgesetzt, so daß eine vermehrte Bildung von Pressoraminen als Ursache des nephrogenen Hochdrucks unwahrscheinlich erscheint. Dazu ist die Konzentration der Substrate der Aminosäuredecarboxylasen in der Blutbahn zu gering, um eine zur Blutdrucksteigerung führende Aminbildung zu unterhalten.

Nach Untersuchungen von HOLTZ[2] findet sich in jedem normalen Harn das sog. *Urosympathin*, ein Gemisch aus Oxytyramin, Arterenol und Adrenalin. Die blutdruckwirksamen Komponenten liegen zum überwiegenden Teil in gebundener pharmakologisch unwirksamer Form vor, vermutlich mit Glucuron- oder Schwefelsäure gepaart. Bei Patienten mit Nephritis und Hochdruck war der Urosympathingehalt des Harns vermindert und lag um mehr als 50% unter der Norm. Nach parenteraler oder auch oraler Zufuhr von „Dopa" enthielt der Harn von Patienten mit nephritischem Hochdruck regelmäßig weniger Oxytyramin als der Harn von Gesunden. Der verminderten, häufig ganz ausbleibenden Ausscheidung von Oxytyramin entsprach eine Ausscheidungsinsuffizienz der erkrankten Niere für „Gesamtpolyphenol", wie aus der ausbleibenden Melaninbildung und dem verminderten Sauerstoffverbrauch des Harns nach Zusatz von Polyphenoloxydase hervorging. Der Ausscheidungsschwäche der nephritischen Niere für Oxytyramin und Polyphenole überhaupt scheint eine gewisse Spezifität zuzukommen, da sie auch in solchen Fällen beobachtet wird, in denen die Rest-N-Werte des Blutes nicht oder noch nicht nennenswert erhöht sind. Die Erklärung für die „spezifische" Ausscheidungsinsuffizienz liegt vielleicht darin, daß die adrenalinähnlichen Phenolverbindungen im Gegensatz zu anderen stickstoffhaltigen, direkt harnfähigen Substanzen erst durch eine „entgiftende" Paarung mit Schwefel- oder Glucuronsäure harnfähig gemacht werden müssen. Die Ursache der Retention wäre dann nicht eine Beeinträchtigung der exkretorischen Funktion der Niere an sich, sondern eine isolierte Störung des fermentativen Paarungsmechanismus im ischämischen Nierengewebe. Die Klinik kennt Fälle stärkster Retention N-haltiger Stoffwechselschlacken ohne Blutdrucksteigerung, und die Exstirpation beider Nieren im Tierexperiment führt trotz der hohen Rest-N-Werte des Blutes nicht zu einer Erhöhung des Blutdrucks. Eine Retention N-haltiger pressorischer Substanzen, wie sie im intermediären Stoffwechsel sich bilden und zum Teil als Urosympathin in den Harn übertreten, vermag daher an sich die pathologische Blutdrucksteigerung bei renaler Hypertonie wohl kaum befriedigend zu erklären. Eine Überproduktion von Urosympathin hält HOLTZ bei bestimmten Fällen renaler Hypertonie (chronische Nephritis und Nephrosklerose) für möglich.

In mehr als der Hälfte der 27 untersuchten Fälle war die Urosympathinmenge vermehrt. Sie erreichte in 24 Std Werte von 7—8 mg, was dem 2—2$^1/_2$fachen der Norm entspricht. HOLTZ nimmt an, daß es unter dem Einfluß des Sauerstoffmangels zu einer herabgesetzten Aminzerstörung durch die Monoaminoxydase und zum vermehrten Auftreten blutdrucksteigernder Amine kommt. In der Tat ist die Aktivität der Monoaminoxydase im Gegensatz zu jener der Diaminoxydase in experimentell geschädigtem Nierengewebe stark vermindert[1,3].

Die im Blut von Tieren mit experimentellem Hochdruck und im Blut von Hochdruckkranken bisher nachgewiesenen vasoconstrictorischen Stoffe sind aber

[1] WERLE, E., u. G. LELLMANN: Z. ges. exp. Med. **114**, 674 (1945). — [2] HOLTZ, P., K. CREDNER u. W. KOEPP: A. e. P. P. **200**, 356 (1942). — [3] WERLE, E., M. J. MADLENER u. H. HERRMANN: Z. ges. exp. Med. **106**, 105 (1939).

nicht adrenalinartiger Natur, insbesondere ließ sich das von HEINSEN u. WOLF[1] behauptete Vorkommen von Tyramin im Blut von Patienten mit renalem Hochdruck nicht bestätigen.

Das Nierenvenenblut von Hochdrucktieren mit gedrosselter Blutzufuhr hat direkte pressorische und vasoconstrictorische Wirkung, während sich das Jugularis- und Femoralisblut dieser Tiere wie Normalblut verhält. Der wirksame Stoff wird also schon bei einmaliger Passage durch die Körperorgane zum größten Teil inaktiviert. Aus gesunden Nieren von Hunden und Katzen und aus Blut von Patienten mit chronischer Nephritis und Nephrosklerose lassen sich geringe Mengen sympathicomimetischer Stoffe isolieren, die aber für das Zustandekommen des erhöhten Blutdrucks bei renaler Hypertonie bedeutungslos sein dürften[2-6].

Über hypertensive Stoffe im Blut bei experimenteller renaler Ischämie s. ferner [7].

Eine nicht identifizierte Pressorsubstanz von langer Wirkungsdauer wurde von HANDLER u. BERNHEIM[8] im Harn von normalen Menschen gefunden.

Für die Beantwortung der Frage nach der Herkunft der vasopressorischen Substanz ist die Beobachtung bedeutsam, daß bei bestehender renaler Hypertonie eine eiweißfreie Kost rasch zu einem Absinken des hohen Blutdruckes führen kann, und umgekehrt Eiweißbelastung eine Verschlimmerung des Krankheitsbildes nach sich zieht.

Die Angaben über die Wirkung der Hypertonie auf die Nierenfunktion sind sehr widersprechend. Es scheint der Blutdurchfluß der Niere wenig vermindert und auch der Harn kaum pathologisch verändert zu sein.

n) Chemische Bestandteile der Niere[9].

α) Mineralstoffe.

Der Gehalt der Niere an verschiedenen Mineralien und Spurenelementen ist in den folgenden Tabellen verzeichnet. Er ist in beiden Nieren ein und desselben Tieres praktisch der gleiche. Der Gehalt an Wasser, Fett, Na und Cl, ist im Mark meist größer als in der Rinde. Die in den Tabellen aufgeführten Spurenelemente wurden qualitativ spektrographisch nachgewiesen[10]. Ba war in der menschlichen Niere nicht nachweisbar[11], dagegen wurde es in den Nieren verschiedener Pflanzenfresser gefunden.

β) Organische Bestandteile.

Schweinenieren haben, getrocknet und entfettet, einen Wassergehalt von 5% und einen Aschegehalt von 6,75%. Die N-Werte bewegen sich um 12%. Der Eiweißgehalt der Rattenniere beträgt 19,2% ($N \times 6{,}25$)[12].

Die *Glutaminmenge* in Rattennieren hängt vom Eiweißgehalt des Futters ab[13]. Bei Ratten, deren Futter 20% Protein enthält, wurden 119 mg-% gefunden. Die

---

[1] HEINSEN, H.-A., u. H. J. WOLF: Z. klin. Med. **128**, 213 (1935). — WOLF, H. J., u. H.-A. HEINSEN: A. e. P. P. **179**, 15 (1935). — [2] HARRISON, T. R., A. BLALOCK and M. F. MASON: Proc. Soc. exp. Biol. Med. **35**, 38 (1936). — [3] PRINZMETAL, M., and B. FRIEDMAN: Proc. Soc. exp. Biol. Med. **35**, 122 (1936). — [4] HARRISON, T. R., A. BLALOCK, M. F. MASON and J. R. WILLIAMS jr.: Arch. internal Med., Chicago **60**, 1058 (1937). — [5] ENGER, R., u. F. DÖLP: Z. klin. Med. **139**, 542 (1941). — [6] ENGER, R., u. W. JELLINGHOFF: Z. klin. Med. **139**, 572 (1941). — [7] FREY, W.: Handb. inn. Med. (BERGMANN-FREY-SCHWIEGK). 4. Aufl., Bd 8, S. 581. — [8] HANDLER, P., and F. BERNHEIM: Fed. Proc. **10**, 194 (1951). — [9] H.-Th. 10. Aufl. Bd. V, S. 501. — [10] BOYD, T. C., and N. K. DE: Ind. J. med. Res. **20**, 789 (1933) [C. **1934 I**, 69]. — [11] KUNOWSKI, S.: Dtsch. Z. gerichtl. Med. **19**, 265 (1932) [Ber. Physiol. **71**, 655]. — [12] WETZEL, R., H. WOLLSCHITT, H. RUSKA u. T. OESTREICHER: A. e. P. P. **179**, 86 (1935). — [13] TIGERMAN, H., and R. W. MACVICAR: Proc. Soc. exp. Biol. Med. **72**, 651 (1949).

Tabelle 3. Schwefelfraktionen und Spurenelemente in der Niere (in mg-% der Frischsubstanz)[1].

Gesamt-S .	164[2]	Fe	1,9—6,9[10-13]
Eiweiß-S .	114[2]	Co	0,025[14]
SH-S . . .	17[2]	Ni.	0,025[15]
F*.	0,5[3,4]	Cu	0,17—0,32[6-8]
Br.	0,36—0,45[5]	Zn	2,4—6,4[16-18]
Al	0,04[6]	Sn	0,02—0,18[6,19]
Mo	0,014—0,035[7,8]	Pb	0,027—2,45[6,20]
Mn	0,06—0,17[6,9]		

* Werte vermutlich zu hoch, neuere Analysen liegen nicht vor.

Tabelle 4. Mineralien und Spurenelemente in der Niere[1].

Frischsubstanz	γ-%	Trockensubstanz	mg-%
Sr.	Spur[21]	F*	1,3—1,5[4,28]
Ti.	1,5—12[22-24]	Fe, Gesamt	
Hg		normal	20—54[29]
Huhn	< 0,1[25]	anämisch	15—37[29]
Meerschweinchen . . .	3,5[25,26]	Nicht-Hb-Fe	
Mensch, die hohen Werte		normal	9—25[29]
bei Amalgamträgern. .	9—58[25,26]	anämisch	5—20[29]
As.	14—27[27]	Cu	1,1—6,3[29,30]
		Zn	18,6[30]
		Si	4—13[31]

* Werte vermutlich zu hoch, neuere Analysen liegen nicht vor.

Erhöhung der Eiweißzufuhr auf das Doppelte läßt die Glutaminwerte um 10—25% sinken. Dagegen steigen sie bei sinkender Eiweißzufuhr auf über 200 mg-%[32]. In der menschlichen Niere wurden 98 mg-% *Glutaminsäure* und 19 mg-% Glutamin gefunden. Nieren von Hunden enthalten bis zu 0,18 γ *Serotonin* (Enteramin)

---

[1] H.-Th. 10. Aufl. Bd. V, S. 502. — [2] Médvédéva, N.: Med. Ž. **10**, 793 (1940) [Ber. Physiol. **124**, 415]. — [3] Eds, F. de: Medicine, Baltimore **12**, 1 (1933). — [4] Zdarek, E.: H. **69**, 127 (1910). — [5] Dixon, T. F.: Biochem. J. **29**, 86 (1935). — [6] Kehoe, R. A., J. Cholak and R. V. Story: J. Nutrit. **19**, 579 (1940). — [7] TerMeulen, H.: Recu. Trav. chim. Pays-Bas **50**, 491 (1931). — [8] Bertrand, D.: Bull. Soc. Chim. biol. **25**, 197 (1943). — [9] Reiman, C. K., and A. S. Minot: J. biol. Ch. **42**, 329 (1920). — [10] Kennedy, R. P.: J. biol. Ch. **74**, 385 (1927). — [11] Bogniard, R. P., and G. H. Whipple: J. exp. Med. **55**, 653 (1932). — [12] Austoni, M. E., A. Rabinovitch and D. M. Greenberg: J. biol. Ch. **134**, 17 (1940). — [13] Lintzel, W.: Ergebn. Physiol. **31**, 844 (1931). — [14] Caujolle, F.: Expos. ann. Biochim. méd. **7**, 200 (1947). — [15] Bertrand, G., et M. Macheboeuf: Cr. **180**, 1380, 1993 (1925). — [16] Gettler, A. O., and R. Bastian: Amer. J. clin. Path. **17**, 244 (1947). — [17] Dutoit, P., et C. Zbinden: Cr. **190**, 172 (1930). — [18] Leiner, M., and G. Leiner: Biol. Zbl. **62**, 119 (1942). — [19] Bertrand, G., et V. Ciurea: Cr. **192**, 780 (1931). — [20] Minot, A. S., and I. C. Aub: J. industr. Hyg. **6**, 149 (1924). — [21] Sheldon, J. H., and H. Ramage: Biochem. J. **25**, 1608 (1931). — [22] Bertrand, G., et Mme. Voronca-Spirt: Bull. Soc. Chim. France (4) **47**, 643 (1930). — [23] Chuyko, V., u. A. Voynar: Biochem. Z., Kiew **14**, 191 (1939) [Ber. Physiol **120**, 372]. — [24] Maillard, L. C., et J. Ettori: C. R. Soc. Biol. **122**, 951 (1936). — [25] Kluge, H., H. Tschubel u. A. Zitek: Z. Unters. Lebensm. **76**, 321 (1938). — [26] Bodnár, J., Ö. Szép u. B. Weszprémy: B. Z. **302**, 384 (1939). — [27] Schaaf, E.: H. **280**, 65 (1944). — [28] Roholm, K.: Ergebn. inn. Med. **57**, 822 (1939). — Zdarek, E.: H. **69**, 127 (1910). — [29] Brückmann, G., and S. G. Zondek: Biochem. J. **33**, 1845 (1939). — [30] Eggleton, W. G. E.: Biochem. J. **34**, 991 (1940). — [31] King, E. J., and T. H. Belt: Physiol. Rev. **18**, 329 (1938). — [32] Archibald, R. M.: J. biol. Ch. **154**, 643 (1944).

= *5-Oxytryptamin* je g frischen Gewebes[1]. In der Trockensubstanz von Mäusenieren finden sich je etwa 2% *Desoxyribonucleinsäure* und *Ribonucleinsäure*[2]. Ribonucleotide und Desoxyribonucleotide sind in Schafsnieren im Verhältnis 1:8 vorhanden[3].

Tabelle 5. Wasser- und Mineralgehalt der Niere (Frischsubstanz)[6].

	Mensch	Hund	
H_2O	76,5—86,4[7]	80[8]	%
Na	510[9]	228[8]	mg-%
K	390[9]	193[8]	,,
	242 ± 3,5[10]		
Mg	21,5[11]	12,6[11]	,,
Ca	19[11]	10[8], 41,3[11]	,,
P	127—192[11]	200—300[8]	,,
Cl	220[12]	246[8]	,,

Die Gesamtmenge der reduzierenden Substanzen in der Rattenniere beträgt etwa 1,3%, davon sind 25% *Glykogen*. Die Milchsäuremenge wird mit 0,11% angegeben[4].

Fette. Der Gehalt der normalen menschlichen Niere an Gesamtphosphatiden (berechnet auf Trokkensubstanz) beträgt 8—9 mg-% [5], davon sind 0,72 mg-% Sphingomyeline, 3,26mg-% Kephaline und 5,1mg-% Lecithine. Der Lipoid-P-Gehalt beträgt 0,32 mg-%. Nach POPJÁK[13] enthalten die Rinden menschlicher Nieren 220–380mg-% Gesamtcholesterin, davon liegen etwa 20 mg-% als Ester vor. Das Nierenmark hat einen geringeren Gesamtcholesteringehalt als die Rinde (190—250 mg-%), doch sind davon 45 bis 65 mg-% verestert. Der Gesamtfettgehalt der Rattenniere liegt im Durchschnitt bei 2,6% [4].

Tabelle 6. Freie Aminosäuren in der Niere[14].
Mittelwerte und Streubreite bei der Analyse von 12 Ratten. Alle Werte in γ/g Frischsubstanz.

Aminosäure	Niere	Aminosäure	Niere
Cystin	177—**255**—312	Isoleucin	114—**217**—295
Threonin	214—**304**—400	Lysin	153—**230**—367
Methionin	27— **46**— 73	Phenylalanin	146—**222**—294
Valin	210—**326**—433	Tyrosin	96—**139**—188
Arginin	160—**268**—373	Tryptophan	27— **44**— 67
Leucin	351—**569**—752	Histidin	29— **48**— 60

Tabelle 7. Aminosäurezusammensetzung der Niere (g Aminosäure je 100 g Protein mit 16% N)[13].

Aminosäure		Aminosäure	
Cystin	1,5	Isoleucin	5,2
Threonin	4,6	Lysin	5,5
Methionin	2,7	Phenylalanin	5,5
Valin	5,3	Tyrosin	4,8
Arginin	6,3	Tryptophan	1,7
Leucin	7,9	Histidin	2,7

Vitamine. Der Gehalt der Rinderniere an *Vitamin A* liegt unter 20 I.E./g (= 666 γ-%)[15]. Die Niere der Säuger enthält 2,5 bis 5,5 γ *Aneurin* je g Trocken-

[1] TWAROG, B. M., and I. H. PAGE: Amer. J. Physiol. **175**, 157 (1953). — [2] REDDY, D. V. N., and L. R. CERECEDO: J. biol. Ch. **192**, 57 (1951). — [3] Lang, Interm. Stoffw. Tab. 159, S. 332. — [4] WETZEL, R., H. WOLLSCHITT, H. RUSKA u. T. OESTREICHER: A. e. P. P. **179**, 86 (1935). — [5] THANNHAUSER, S. J., J. BENOTTI and H. REINSTEIN: J. biol. Ch. **129**, 709 (1939). — [6] H.-Th. 10. Aufl. Bd. V, S. 503. — [7] BRÜCKMANN, G., and S. G. ZONDECK: Biochem. J. **33**, 1845 (1939). — [8] EICHELBERGER, L., and W. G. BIBLER: J. biol. Ch. **132**, 645 (1940). — [9] BOULANGER, P.: Expos. ann. Biochim. méd. **6**, 119 (1946). — [10] RODECK, H., u. W. DODEN: Z. ges. exp. Med. **117**, 414 (1951). — [11] SCHMIDT, C. L. A., and D. M. GREENBERG: Physiol. Rev. **15**, 297 (1935). — [12] KEHOE, R. A., J. CHOLAK and R. V. STORY: J. Nutrit. **19**, 579 (1940). — [13] POPJÁK, G.: Biochem. J. **37**, 468 (1943). — [14] SOLOMON, J. D., C. A. JOHNSON, A. L. SHEFFNER and O. BERGEIM: J. biol. Ch. **189**, 629 (1951). — [15] DONINI, P.: Rass. Clin. Terap. **38**, 7 (1939). — [16] BLOCK, R. J.: Adv. Protein Chem. **2**, 119 (1945).

substanz. Bei der Ratte enthält die Niere normal 700 γ-% Aneurinphosphat. Dieser Wert sinkt nach 5 Tagen B_1-freier Ernährung auf 270 γ-% ab. Injiziertes Aneurin wird nur in der Leber und der Niere zunächst frei und dann phosphoryliert gespeichert[1]. Der *Lactoflavin*gehalt wird mit 1,5—15 mg-% angegeben[2,3]. Nur noch in der Leber finden sich so erhebliche Lactoflavinmengen; in allen anderen Organen sind sie wesentlich geringer (etwa 0,1—0,8 mg-%). Rinderniere enthält etwa 5 mg-% *Adermin*[4] und 0,5 mg-% *Vitamin* B_{12} je g Trockengewicht[5]. Der *Folsäure*-gehalt der Niere beträgt 75 γ-%[6]. Die Rattenniere enthält bei normaler Kost 1,0 mg-% freie *Pantothensäure* und 10,2—16,0 mg-% Gesamtpantothensäure[6,7]. Nächst der Leber enthält die Niere die größte Menge *Nicotinsäure*, nämlich 7 mg-%. Bei Gesunden enthält die Rinde 9,3 mg-% gebundene und 0,2 mg-% freie Nicotinsäure[8]. Bei Nicotinsäuremangel verarmen die Organe an Pellagraschutzstoff, die Nieren aber (und die Erythrocyten) halten ihren Bestand an

Tabelle 8. Verteilung des Stoffbestandes von Leber- und Nierenzellen auf die morphologischen Strukturen[9].

	% des Stoffbestandes der gesamten Zelle			
	Masse	Stickstoff	RNS	DNS
Zellkerne	6— 8	15	9	100
Mitochondrien . .	15—25	30—35	35	0
Mikrosomen . . .	15—20	18—20	35	0
Cytoplasma . . .	47—64	30—44	21	0

Nicotinsäure, die ausschließlich in Nucleotidform vorliegt, unverändert bei[10,11]. Die *Ascorbinsäure*werte schwanken je nach der angewandten Methodik bei verschiedenen Tieren nicht unbeträchtlich. So finden sich in der Niere von mit Vitamin C reichlich ernährten Meerschweinchen 3—15 mg-%.

Die Niere enthält weniger als 0,1 γ *Acetylcholin* je g Gewebe.

γ) Fermente[12].

Bei den vielseitigen Aufgaben der Niere ist es verständlich, daß das Organ mit einem äußerst leistungsfähigen Fermentapparat ausgestattet ist. Er unterscheidet sich allerdings nicht so sehr in qualitativer als vielmehr in quantitativer Hinsicht von dem anderer Organe, weil im Prinzip zur Bewältigung biochemischer Aufgaben überall die gleichen Fermentsysteme herangezogen werden, wobei offenbar nur auf Grund besonderer morphologischer Gegebenheiten spezielle Leistungen, z. B. des gerichteten Transportes, resultieren. In der Tat fehlt in der Niere keines der wichtigen Fermentsysteme, die den intermediären Stoffwechsel katalysieren. Bei der großen Zahl der nachgewiesenen Fermente kann hier nur auf einige wichtige hingewiesen werden.

Fermente, die den Ab- und Umbau von *Aminosäuren* und *Aminen* katalysieren, liegen in größerer Zahl im Nierengewebe vor.

[1] Melnick, D., W. D. Robinson and H. Field jr.: J. biol. Ch. **138**, 49 (1941). — [2] Randoin, L., A. Raffy et A. Gourévitch: C. R. Soc. Biol. **130**, 729 (1939). — [3] Schweigert, B. S.: Proc. Soc. exp. Biol. Med. **66**, 315 (1947). — [4] Mitolo, M.: Boll. Soc. ital. Biol. sperim. **16**, 175 (1941). — [5] Lewis, U. J., U. D. Register, H. T. Thompson and C. Elvehjem: Proc. Soc. exp. Biol. Med. **72**, 479 (1949). — [6] Mitchell, H. K., E. R. Isbell and R. C. Thompson: J. biol. Ch. **147**, 485 (1943). — [7] Kaplan, N. O., and F. Lipmann: J. biol. Ch. **174**, 37 (1948). — [8] Handler, P., and W. J. Dann: J. biol. Ch. **145**, 145 (1942). — [9] Lang, Interm. Stoffw. Tab. 175, S. 362. — [10] Klein, J. R., W. A. Perlzweig and P. Handler: J. biol. Ch. **145**, 27 (1942). — [11] Chang, H. C., and J. H. Gaddum: J. Physiol., London **79**, 255 (1933). — [12] H.-Th. 10. Aufl. Bd. V, S. 504.

Nach KREBS[1] erfolgt nach Versuchen an Gewebsschnitten die Desaminierung der Aminosäuren im Tierkörper zum überwiegenden Teil in der Niere. Die damit verbundene Ammoniakbildung spielt eine wichtige Rolle bei der Regulierung des Säure-Basengleichgewichtes, wie bereits ausführlicher beschrieben wurde (s. S. 32, 39, 42).

Bei Ratten geht die Umsetzung und Desaminierung der untersuchten Aminosäuren durch die Niere schneller vor sich als in der Leber. Die Umsatz- und Desaminierungsgeschwindigkeit von Ornithin, Lysin, Asparaginsäure ist in der Niere 10—20mal größer als in der Leber. Die unnatürlichen, optisch aktiven Aminosäuren werden in stärkerem Maße desaminiert als die natürlich vorkommenden. Ähnlich der Rattenniere verhalten sich die Nieren von Schwein, Katze, Hund und Kaninchen.

Auch bei menschlichen Nieren ist das Desaminierungsvermögen sehr ausgesprochen. In der Desaminierung der optischen Isomeren besteht hier aber kein Unterschied.

STREHLER[2] untersuchte die Desaminierung von Aminosäuren durch die Niere von Kaninchen mit MASUGI-Nephritis. Der O_2-Verbrauch der Schnitte von MASUGI-Nieren ist normal. Die Desaminierung von zugesetztem Leucin, Alanin und Tyramin geht in normalem Ausmaß vor sich. Bei einem Tier mit einer Eiweißausscheidung von 0,15% und ausgedehnter Schädigung des tubulären Apparates wurde das Alanin weniger gut desaminiert. Bei allen Versuchen wurden die Schnitte nur aus der Nierenrinde genommen. Bei der tubulär veränderten Niere (Sublimatvergiftung) waren der Sauerstoffverbrauch und die Ammoniakbildung aus Alanin und Tyramin im gleichen Maße herabgesetzt. Diese Versuche sprechen dafür, daß ein rein glomerulärer Prozeß die Desaminierung nicht beeinträchtigt.

In welchem Abschnitt der Niere die Desaminierung erfolgt, ist unbekannt. Zwar besitzen die Nierenrinden von Ratten, Meerschweinchen, Katzen, Hunden, Schafen und Pferden weitaus die größte desaminierende Kraft, aber damit ist noch nicht entschieden, ob die Desaminierung in den Glomeruli oder in den Tubuli vor sich geht. Es steht auch nicht fest, ob alle zu desaminierenden Aminosäuren mit dem Blut der Niere zugeführt werden, oder ob nicht ein Teil von ihnen aus dem Eiweiß der Niere stammt. Durch krankhafte Prozesse, durch Behinderung der Arterialisation und durch Narkotica, z. B. Cyanide oder Octylalkohol, kann die oxydative Desaminierung stark beeinträchtigt werden. So führt die Glomerulonephritis mit entzündlichen Veränderungen im Gefäßknäuel und den benachbarten Arteriolen zu einer Ischämie der Niere und damit wahrscheinlich auch zur Herabsetzung der Ammoniakbildung aus Aminosäuren (s. S. 43). Der Sauerstoffverbrauch der funktionierenden Niere ist sehr groß (s. S. 19). Es ist noch nicht untersucht, welcher Anteil am Sauerstoffverbrauch vom Umsatz der Kohlenhydrate beansprucht wird, und wieviel des O_2-Verbrauches auf die oxydative Desaminierung der Aminosäuren entfällt. Die sekundären und tertiären Amine werden wesentlich langsamer desaminiert als die primären. Daher werden auch diese Substanzen zu einem *erheblichen Prozentsatz unverändert oder wie die Oxyphenylalkylamine (z. B. Adrenalin) an Schwefelsäure oder Glucuronsäure gebunden im Harn ausgeschieden. Amine, welche von der Aminoxydase mit größerer Geschwindigkeit angegriffen werden, erscheinen im Harn in Form von Carbonsäuren* (sofern diese schwer verbrennlich sind), weil der primär entstehende Aldehyd zur Säure dehydriert wird.

---

[1] KREBS, H. A.: Kli. Wo. **1932 II**, 1744. H. **217**, 191 (1933). Biochem. J. **29**, 1620 (1935). —
[2] STREHLER, E.: Z. ges. exp. Med. **112**, 591 (1943).

Nicht nur bei der Prüfung der Nierenfunktion interessiert das Verhalten der Aminosäuren, mangelhafte Desaminierung und Ammoniakbildung sind auch von großer Bedeutung für die Entstehung der urämischen *Acidose*.

Endlich gehört auch das Problem der *nephrogenen Hypertension* zu dem Bereich der Fragen, die ohne Berücksichtigung der fermentativen Desaminierung der Aminosäuren in der Niere nicht zu lösen sind (s. a. S. 68).

Nierenschnitte verschiedener Tiere sind zur Ketonkörperbildung aus einer Reihe von Aminosäuren befähigt[1]. Dioxyphenylalanin wird durch die *Dopadecarboxylase* abgebaut[2]. Diese Fähigkeit geht bei der Niere skorbutischer Tiere verloren und kann durch Vitamin C-Zufuhr wieder hergestellt werden[3]. Histidin wird durch die *Histidindecarboxylase* decarboxyliert, Histamin und andere Diamine durch *Diaminoxydase* oxydativ desaminiert[4]. Bei Nierenschädigungen ist die Aktivität dieser Fermente deutlich vermindert[5]. Die Spaltung von Hippursäure erfolgt durch eine *Hippuricase*, die in der Schweineniere in verschiedenen Formen vorkommt und in der Niere von Hund und Pferd nur in sehr geringer Menge nachgewiesen werden kann[6]. Der Gehalt an *Glutaminase* ist bei einer Acidose gesteigert, man kann daraus schließen, daß das Enzym für die Regulation des Säure-Basengleichgewichtes wichtig ist und den Umfang der Ammoniakausscheidung durch die Niere reguliert (s. S. 43). An Ratten wurde gezeigt, daß bei 3 Monate langer Verabreichung von 0,5 n HCl statt Trinkwasser die entstehende Acidose zu einer Vermehrung der nach KREBS bestimmten Glutaminase der Niere führt. Eine entsprechend durch Zufuhr von 0,1 n $NaHCO_3$-Lösung erzeugte Alkalose führte zu einer Herabsetzung der Aktivität des Enzyms der Niere[7].

Unter aeroben Bedingungen bilden Nierenschnitte im Gegensatz zu Lebergewebe *Harnsäure*. Unter anaeroben Bedingungen ist die Harnsäurebildung verringert und wird durch Zusatz von Hypoxanthin noch weiter gehemmt, während Zusatz von Brenztraubensäure eine Aktivierung der Harnsäurebildung bewirkt[8]. Eine *Conjugase*, die aus Pteroylheptaglutaminsäure Pteroylglutaminsäure freimacht, ist von HODSON[9] aus Schweineniere, *Katalase*[10] aus Pferdeniere dargestellt worden. MEISTER[11] wies nach, daß Nieren Diketosäuren angreifen. Das dabei beteiligte Enzymsystem spaltet die Diketosäure in Acetessigsäure und Essigsäure[12]. Alkohol wird durch Niere und Leber am schnellsten oxydiert.

WEIL u. JENNINGS[13] haben *Kathepsin, Aminopolypeptidase, Esterase* und *Amylase* in allen Strukturelementen der Niere nachgewiesen. Die Zellen der proximalen Tubuli sind aktiver als die Zellen der HENLEschen Schleife, und diese wiederum sind aktiver als die Zellen der Sammelrohre. In den Zellen der Sammelrohre fehlt die Dipeptidase. Amylase war in den Zellen der proximalen und distalen Tubuli und in den Zellen der Sammelrohre vorhanden, während sie in den Zellen der HENLEschen Schleife fehlte.

Phosphatasen. Phosphorylierungsvorgänge sind mit der Tätigkeit der Niere eng verknüpft, daraus erklärt sich die Anwesenheit großer Mengen von *Phosphatasen*. Unter optimalen Bedingungen können von 1 g Nierengewebe 5—6 mg

---

[1] HEINSEN, H. A.: Z. ges. exp. Med. **106**, 733 (1939). — [2] HOLTZ, P., u. R. HEISE: A. e. P. P. **191**, 87 (1939). — [3] CLEGG, R. E., and R. R. SEALOCK: J. biol. Ch. **179**, 1037 (1949). — [4] WERLE, E., u. H. HERRMANN: B. Z. **291**, 105 (1937). — [5] WERLE, E., M. J. MADLENER u. H. HERRMANN: Z. ges. exp. Med. **106**, 105 (1939). — [6] BACCARI, V., e M. PONTECORVO: Boll. Soc. ital. Biol. sperim. **16**, 329 (1941) [Ber. Physiol. **128**, 207]. — [7] DAVIES, B. M. A., and J. YUDKIN: Nature **167**, 117 (1951). — [8] BERNHEIM, F., and M. L. C. BERNHEIM: J. biol. Ch. **127**, 695 (1939). — [9] HODSON, A. Z.: Arch. Biochem. **16**, 309 (1948). — [10] BONNICHSEN, R. K.: Acta chem. scand. **1**, 114 (1947). — [11] MEISTER, A.: J. biol. Ch. **178**, 577 (1949); **184**, 117 (1950). — [12] WITTER, R. F., and E. STOTZ: J. biol. Ch. **176**, 485, 501 (1948). — WITTER, R. F., J. SNYDER and E. STOTZ: J. biol. Ch. **176**, 493 (1948). — [13] WEIL, L., and R. K. JENNINGS: J. biol. Ch. **139**, 421 (1941).

Tabelle 9. Fermente der Niere.

Die Tabelle ist zum Teil zusammengestellt nach SUMNER-MYRBÄCK: The Enzymes. New York 1950, und erhebt keinen Anspruch auf Vollständigkeit.

Adenosindesaminase	β-Glucosidase
Allantoinase	β-Glucuronidase
Aldolase	Hexokinase
Alkoholdehydrogenase	Hexosediphosphatase
Aminosäureamidasen	Hippuricase
Aminosäuredecarboxylasen	Hyaluronidase
D- und L-Aminosäureoxydase	Katalase
Amylase	Kathepsine
Arginase	Kohlensäureanhydratase
Asparaginase	Lipasen
ATP-ase	Lipoxydase
Bernsteinsäuredehydrase	Maltase
Carnosinase	Metaphosphatase
Carboligase	Monoamin- und Diaminoxydase
Cholinesterase	Myrosulfatase
Cu-haltiges Enzym	Nucleosidase
Cysteinoxydase	Peptidasen
Dehydrogenasen	Peroxydase**
Dehydropeptidasen	Phenolsulfatase
Diphosphopyridinnucleotidase	Phosphoamidase
Desoxyribonuclease	Phosphoacylase
Desulhydrase	Phosphoglucomutase
Enolase	Phosphomonoesterasen
Fe-haltige Enzyme	(alkalische und saure)
Fermente der Synthese von Peptidbindungen	Phosphodiesterasen
Fermente des Fettsäureabbaus****	Proteinasen
Fermente der Fettsäuresynthese****	Pyrophosphatase
Fermente der aeroben Glykolyse	Ribonuclease
Fermente der Gärung	Sulfatase
Fermente des Citronensäurecyclus	Thiaminase
Flavinhaltige Enzyme	Transaminasen
Folsäureconjugase	Transacetylase
Fumarase	*Urease fehlt**
α-D-Glucosidase	Xanthinoxydase***

P je Std umgesetzt werden[1]. Die Niere enthält alkalische und saure Phosphatasen[2]. Die Aktivität der Nierenphosphatasen ist auch unter pathologischen Bedingungen nur wenig vermindert. Bei verschiedenen Nierenleiden, bei experimentellen Nephropathien und nach Vergiftung mit Urannitrat, K-Dichromat oder Sublimat konnte eine Fermentinaktivierung nicht festgestellt werden, obwohl schwere Nierenschädigungen vorlagen[3]. Während bei adrenalektomierten Ratten die Aktivität der alkalischen Darmphosphatase vermindert ist, bleibt die Aktivität der Nierenphosphatase unverändert. Zuführung von Desoxycorticosteronacetat oder NaCl, steigert die Aktivität der Nierenphosphatase in auffallend hohem Maße[4].

* Urease ist in der Niere von Helix pomatia nachgewiesen worden [HEIDERMANNS, C., u. I. KIRCHNER-KÜHN: Z. vergl. Physiol. **34**, 166 (1952)].

** BANCROFT, G., and K. A. C. ELLIOTT: Biochem. J. **28**, 1911 (1934).

*** FRIEDMANN, H. C.: Biochim. biophysica Acta, N. Y. **11**, 585 (1953).

**** LYNEN, F.: Angew. Chem. **67**, 463 (1955).

[1] H.-Th. 10. Aufl. Bd. V, S. 505. — [2] KALCKAR, H.: Enzymologia **5**, 365 (1938/39). — [3] HEPLER, O. E., J. P. SIMSONS and H. GURLEY: Proc. Soc. exp. Biol. Med. **44**, 221 (1940). — [4] HIERONYMI, G.: Verh. dtsch. Ges. Path. **1953**, 185.

Die Fähigkeit der Niere zur Überführung von Glucose-6-phosphat in Ribose-5-phosphat wird nur von der Leber übertroffen. Gemessen am gesamten Umsatz der Glucose ist die Ribosebildung ein unbedeutender Nebenweg des Zuckerabbaus, er ist aber von großer biologischer Wichtigkeit, weil er zu der für den Organismus so wesentlichen Ribose führt[1].

Die Stoffwechselaktivität des Zellkerns war bei der Niere Gegenstand eingehender Untersuchungen. *Desoxyribonuclease* findet sich ausschließlich im Zellkern. Die Oxydationsfermente und Dehydrogenasen des Tricarbonsäurecyclus konnten bisher im Zellkern nicht nachgewiesen werden. Die Aktivität der D-Peptidase des Zellkerns ist wesentlich geringer als die des Cytoplasmas. In erheblicher Aktivität sind nachweisbar: Phosphatasen, Kathepsin, verschiedene Peptidasen, Glutathionase, ATP-ase, sowie glykolytische Fermente. Nähere Einzelheiten s. [2].

Da die Niere zu den Organen mit dem höchsten oxydativen Stoffwechsel gehört, ist es verständlich, daß der Gehalt der Niere an *Cytochrom c* besonders hoch ist. Nach DRABKIN[3] besitzt die Nierenrinde von Ratten einen Q_{O_2} von 20 und enthält 143 mg Cytochrom c in 100 g Trockengewebe, bzw. 35 mg in 100 g Frischgewebe. Niedriger liegen die von HARNISCHFEGER u. OPITZ[4] in der Niere gesunder Kaninchen gefundenen Werte mit $5 \pm 1{,}15$ mg-%. Bei anämischen Kaninchen liegen die Werte in der gleichen Größenordnung oder nur wenig höher. Bei Tieren, die man für 2—5 Monate an O_2-Mangel entsprechend einer Höhe von 6000—9000 m gewöhnt hat, waren die Werte bedeutend erhöht, nämlich bis um 50%.

Die Niere enthält 160 γ Codehydrogenase I und 40 γ Codehydrogenase II je g Frischgewicht bei der Ratte.

o) Allgemeine Eigenschaften des Harns[5-11].

α) Menge.

In 24 Std werden vom gesunden erwachsenen Mann 1000—2000 cm³, von der Frau 900—1500 cm³ Harn gebildet. Doch schon unter physiologischen Bedingungen kann die Menge erheblich von diesen Mittelwerten abweichen. Bei reichlichem Flüssigkeitsgenuß steigt sie bis auf einige Liter an; und sie nimmt ab, wenn der Körper durch starkes Schwitzen Wasser verliert.

β) Farbe.

Die Farbe des normalen Harns von Menschen und von fast allen Tieren ist ein mehr oder weniger gesättigtes Gelb, welches je nach der Konzentration und in Abhängigkeit von der Nahrung stärker oder schwächer ist. Konzentrierte Harne von hohem spezifischen Gewicht haben in der Regel eine dunkelgelbe Farbe, verdünnte Harne mit niedrigem spezifischem Gewicht sind fast farblos. Eine Ausnahme macht der diabetische Harn, der trotz seines hohen, von der Glucose verursachten spezifischen Gewichtes hell ist. Beim Eindampfen in der Hitze

---

[1] Lang, Interm. Stoffw. S. 127. — [2] Lang, Interm. Stoffw. Tab. 179, S. 368/369. — [3] DRABKIN, D. L.: J. biol. Ch. **182**, 317 (1950). — [4] HARNISCHFEGER, E., u. E. OPITZ: Pflügers Arch. **252**, 627 (1949/50). — [5] H.-Th. 10. Aufl. Bd. V, S. 181. — [6] LOEBISCH, F.: Anleitung zur Harnanalyse. 3. Aufl. Wien, Leipzig 1893. — [7] NEUBAUER u. VOGEL: Analyse des Harns. 10. Aufl. Bearb. von HUPPERT, H., Wiesbaden 1898. — [8] NEUBAUER-HUPPERT: Analyse des Harns. 11. Aufl. Bearbeitet von ELLINGER. A., u. a. 2 Bde. Wiesbaden 1910/13. — [9] NEUBERG, C.: Der Harn. 2 Bde. Berlin 1911. — [10] BANG, I.: Lehrbuch der Harnanalyse. Wiesbaden 1918. — [11] SPAETH, E.: Die chemische und mikroskopische Untersuchung des Harns. 4. Aufl. Leipzig 1912.

nimmt die Farbintensität stärker zu, als es der erfolgten Konzentrierung entspricht. Auch beim Stehen an der Luft wird der Harn meist dunkel.

Die Farbe des Harns wird durch eine Reihe von Farbstoffen und Pigmenten, die unter normalen Bedingungen in wechselnden Mengen ausgeschieden werden, verursacht und kann je nach der Konzentration auch physiologisch in weiten Grenzen schwanken, von dunkelgelb bis fast farblos. Eine Übersicht über auftretende Harnfarben und ihre Ursachen gibt die folgende Tabelle.

Tabelle 10. Veränderungen der Harnfarbe durch Blutfarbstoffderivate und andere Pigmente[1].

Farbe des Harns	Ursache
Bernsteinfarben	Normal durch Urochrom.
Nahezu farblos	Bei großer Flüssigkeitsaufnahme; bei Polyurie (unbehandeltem Diabetes, Diabetes insipidus, Nephrose, nach Diureticis).
Orange	Bei Flüssigkeitseinschränkung, nach Schwitzen und Fieber; durch Urobilin und geringe Mengen von Bilirubin; durch Pyridin und andere Drogen.
Orange bis rötlich	Gewisse Drogen (Rhabarber, Senna).
Braun und stark braun	Bei Bilirubinausscheidung; bei Methämoglobinurie; durch phenolhaltige Drogen; bei Porphyrinurie.
Rot	Blut; Pyramidon, Pyridin, Neotropin, Prontosil, Anilinfarben.
Purpurrot	Phenolrot und Phenolphthalein in Abführmitteln bei alkalischem Harn.
Portweinfarben	Porphyrin; Mischung von Methämoglobin und Oxyhämoglobin.
Braunschwarz	Viel Hämoglobin; Phenol und Kresol; oxydiertes Melanin; Homogentisinsäure.
Grünlich	Biliverdin; Methylenblau, Indigocarmin; Phenol, Guajacol, Santonin; Flavine.
Blau	Methylenblau, Indigoblau.
Milchig	Fetttropfen oder Eiter.

Bei Anwesenheit von Porphyrin oder Hämoglobin nimmt der Harn eine rote oder rötliche Farbe an, auch medikamentös oder mit der Nahrung zugeführte Farbstoffe können dem Harn eine rote Farbe verleihen. Bei Gegenwart von Substanzen, die sekundäre dunkle Oxydationsprodukte geben, wie Homogentisinsäure, Hydrochinon oder Brenzcatechin färbt sich der Harn braun oder schwarzbraun, ebenso in Gegenwart von Hämatin, Methämoglobin, Melanin (Melanosarkom).

Bei Anwesenheit von Gallenfarbstoff im Harn nimmt dieser eine typische gelbbraune Farbe an, die leicht in grünlich übergeht, wenn das Bilirubin zu Biliverdin oxydiert wird. Nach Verabfolgung von Drogen, wie Senna, Rhabarber, Chelidonium oder Pyramidon u. dgl., können gelbbraune Verfärbungen auftreten. Die Bildung von Indigo aus Indoxylschwefelsäure oder Indoxylglucuronsäure wird durch eine blaue Farbe oder ein blaues, auf dem Harn schwimmendes Häutchen mit rotem Glanz oder durch ein blaues Sediment angezeigt.

γ) Geruch[2].

Frischer normaler Harn riecht schwach aromatisch. Beim Stehen bildet sich infolge bakterieller Zersetzung der „urinöse" Geruch aus, wobei Harnstoff zu Ammoniak und Kohlendioxyd hydrolysiert wird. Der Harn nimmt dadurch alkalische

[1] H.-Th. 10. Aufl. Bd. V, Tab. 41, S. 185. — [2] H.-Th. 10. Aufl. Bd. V, S. 185.

Reaktion an und trübt sich durch ausfallende Erdalkaliphosphate. Der auf natürlichem Wege entleerte Harn ist nämlich im Gegensatz zum Blasenharn nicht steril. Nach Genuß von Spargel, auch von Kohl, Radieschen nimmt er einen eigenartigen Geruch an, nach Einatmen von Terpentin riecht er deutlich nach Veilchen. Der acetonhaltige Harn besitzt einen obstartigen Geruch. Faulig-jauchig riecht er bei starken Zersetzungen (z. B. beim Krebskranken). Die Substanzen, welche den normalen Geruch des Harns ausmachen, sind noch nicht isoliert worden; man hat lediglich ein gelbes Öl isoliert, welches die den Harngeruch verursachenden Stoffe sehr konzentriert enthält[1].

δ) Viscosität.

Die Viscosität des Harns ist etwas höher als die des Wassers. Sie beträgt 1,02 bei einem spez. Gew. von 1,016, bzw. 1,14 beim spez. Gew. von 1,024. Deutliche Erhöhungen treten erst auf, wenn der Harn Eiweiß, Blut, Leukocyten oder Cylinder enthält. Bei Nephritis kann die Viscosität auf 1,7 steigen, bei stark bluthaltigem Harn sogar auf 1,9. Bei starker Chylurie hat der Harn eine gallertige Beschaffenheit[2].

ε) Spezifisches Gewicht.

Das spezifische Gewicht des Harns steht in umgekehrtem Verhältnis zur gebildeten Harnmenge. Eine Ausnahme macht der Harn des Zuckerkranken, der auch bei großem Volumen ein hohes spezifisches Gewicht aufweist. Für den Gesamttagesharn schwankt es zwischen 1,015 und 1,020, kann aber in Einzelportionen zwischen 1,001 und 1,050 betragen. Das spezifische Gewicht ist ein Maß für die Konzentration der im Harn gelösten Stoffe. Aus ihm läßt sich der Gehalt an festen Substanzen ungefähr berechnen; wenn man die 2. und 3. Stelle hinter dem Komma mit 2,6 multipliziert, erhält man die Menge an festen Substanzen in 1000 cm^3 Harn. Ist also das spezifische Gewicht z. B. mit 1,018 bestimmt, so sind $18 \times 2{,}6 = 46{,}8$ g feste Substanz im Liter. Dies würde bei einer Tagesharnmenge von 1120 cm^3 52,4 g feste Substanzen je Tag bedeuten.

Das spezifische Gewicht geht der *Gefrierpunktserniedrigung* parallel, und so findet man, daß diese zwischen 0,075 und 2,6° schwanken kann. Die normale Schwankungsbreite liegt zwischen 1,3 und 2,3°.

ζ) Wasserstoffionenkonzentration.

Der normale Harn reagiert meist schwach sauer (p_H 4—6), er kann aber auch neutral oder schwach alkalisch sein in Abhängigkeit von der Zusammensetzung der Nahrung. Die Grenzen liegen bei p_H 4 und 8,3*.

Tabelle 11. Abhängigkeit des Harn-p_H von der Nahrung[3].

Man findet bei	p_H
Kohlenhydratnahrung .	5,84—5,89
Milch	5,86—6,06
Fleisch	5,38—5,27
Vegetarischer Kost . .	6,50—7,50

Durch Verabreichung einer säure- oder basenüberschüssigen Nahrung werden Titrationsacidität und p_H des Harns verändert. Die Größenordnung der auftretenden Änderungen geht aus nachstehenden Werten einer Versuchsperson hervor.

* Ein Ansteigen des p_H des Harns bei Kaninchen wurde bei intravenöser Zufuhr von Adrenalin, Noradrenalin, Hämoglobin beobachtet [SCHLEGEL, J. U.: Amer. J. Physiol. **168**, 522 (1952)].

[1] DEHN, W. M., and F. A. HARTMAN: Am. Soc. **36**, 403 (1914). — [2] POSNER, C.: Berlin. klin. Wschr. **1915**, 1106. — [3] FELIX, K.: Physiologische Chemie. S. 423. Heidelberg 1951.

Die saure Kost hatte chemisch-analytisch einen Säureüberschuß von 163 mÄq, die basische einen Basenüberschuß von 156 mÄq.

Die *Titrationsacidität* des Harns wird als diejenige Menge 0,1 n NaOH definiert, die von 10 cm³ Harn verbraucht wird, bis Phenolphthalein dauernd gerötet bleibt. Sie ist ein ungefähres Maß für die Pufferungskapazität des Harns[1, 2].

Saure Reaktion rührt in der Hauptsache von den primären Phosphaten her, weiter tragen etwas dazu bei die Harnsäure und bei Diabetes vielleicht auch β-Oxybuttersäure und Acetessigsäure. Der Grad der Acidität wird in der Hauptsache durch das Verhältnis der primären zu den sekundären Phosphaten bestimmt, wie die folgende Tabelle anzeigt.

Tabelle 12. Einwirkung einer sauren und basischen Kost auf den p_H des Harns[3].

	Kostart		
	Standard	sauer	basisch
Harntitrationsacidität in mÄq . . .	303—581	519—871	385—514
Harn-p_H	5,8—6,2	5,2—5,8	5,8—6,6

Im Harn tritt niemals freie Phosphorsäure auf, ebensowenig tertiäre Phosphate. Die Reaktion schwankt also gewöhnlich nur in den Grenzen, die dadurch gegeben sind, daß Phosphorsäure vollständig entweder als Dinatriumphosphat oder als Mononatriumphosphat vorhanden ist.

Sind Säuren, z. B. Milchsäure, vermehrt auszuscheiden, dann dient ein Teil des Alkalis aus den sekundären Phosphaten zu deren Neutralisation, und letztere gehen in die primären Salze über. Sind umgekehrt mehr Basen auszuscheiden, wie das bei vegetarischer Kost der Fall ist, dann werden, um sie zu neutralisieren, mehr sekundäre Phosphate gebildet. Der p_H des Harns spiegelt auch die Magen- und Pankreasfunktion wider, und zwar wird der Harn bei Salzsäuresekretion alkalischer, bei Absonderung von Pankreassaft saurer[5, 6]. Die Reaktion des Harnes zeigt außerdem deutliche Tages- und Nachtschwankungen[7].

Tabelle 13. p_H-Wert von Phosphatpuffern[4].

p_H	$\frac{NaH_2PO_4}{Na_2HPO_4}$
5,2	9 : 1
6,0	5 : 1
7,0	1 : 2

Im Laufe eines Tages wechselt die Harnreaktion, namentlich zu den Zeiten der Verdauung. Während die Magenschleimhaut die Salzsäure aus dem Kochsalz des Blutes bildet, verschiebt sich in ihm das Gleichgewicht zwischen Säuren und Basen zugunsten der letzteren. Die Niere entfernt die überschüssigen Basen und scheidet im Anschluß an die Mahlzeiten einen weniger sauren, manchmal sogar einen alkalischen Harn aus.

Sezerniert ein kranker Magen zuviel Säure, so schwankt die Reaktion des Harns noch auffallender, und umgekehrt fehlt diese Schwankung, wenn die Salzsäureproduktion gering oder ganz versiegt ist, wie z. B. beim Magencarcinom. Saurer wird der Harn auch, wenn die Verbrennungsprozesse lebhafter sind, so bei körperlicher Anstrengung und im Fieber.

Alkalisch wird der Harn, abgesehen von vegetarischer Kost, bei bakterieller Infektion des Nierenbeckens und der Blase, weil der Harnstoff durch die Bakterien

[1] NAEGELI, O.: H. **30**, 313 (1900). — [2] VOZÁRIK, A.: Pflügers Arch. **111**, 473 (1906). — [3] DENNIG, H., H. J. GOTTSCHALK u. L. TEUTSCHER: A. e. P. P. **174**, 468 (1934). — [4] FELIX, K.: Physiologische Chemie. S. 423. Heidelberg 1951. — [5] RUBINI, R.: Fisiol. e Med. **11**, 285 (1940). — [6] GIRINO, G.: Clin. med. ital. **71**, 259 (1940). — [7] BELLUC, S., J. CHAUSSIN, H. LAUGIER et T. RANSON: Travail hum. **7**, 62 (1939).

zu Ammoniak und Kohlendioxyd zersetzt wird. Während der Schwangerschaft ist der Harn alkalischer als im Wochenbett, außerdem ist der Ammoniakstickstoff relativ erhöht. Die vermehrte Ammoniakbildung dient der Neutralisation der gebildeten Säuren. Doch wird Ammoniak in geringem Überschuß gebildet, so daß der Harn alkalisch wird. Zwischen der CO_2-Spannung und der Pufferkonzentration des Harnes besteht eine direkte, zwischen der CO_2-Spannung und der Harnflut eine reziproke Beziehung. Es soll in jedem Nephron ein Diffusionsgleichgewicht für CO_2 erreicht werden und danach die Mischung der Harnanteile mit verschiedenem p_H und verschiedener Pufferkonzentration in einem Bereich, in dem das Verhältnis Oberfläche : Volumen für die Rückdiffusion ungünstig ist, die beobachtete CO_2-Spannung des Blasenharns verursachen[1].

η) Optische Aktivität.

Der normale zuckerfreie Harn zeigt stets eine geringe optische Aktivität von —0,01 bis —0,05°. Unter normalen Bedingungen ist die Drehung nie positiv. Eiweißhaltige Harne drehen stärker links und glucosehaltige Harne proportional der Zuckermenge rechts.

ϑ) Transparenz.

Der normal entleerte Harn ist klar und durchsichtig mit einer leichten Opalescenz. Beim Stehen des Harns bildet sich zuerst ein feiner Schleier, welcher *Nubecula* genannt worden ist und aus den Harnmucoiden besteht[2], die aus den Harnwegen stammen. Es kommt auch vor, daß von Gesunden ein trüber Harn entleert wird, z. B. auf der Höhe der Verdauung einer reichlichen Mahlzeit. Häufiger ist das bei Stoffwechselstörungen und Erkrankungen der Harnorgane der Fall. Der Grund liegt entweder in einem zu hohen Gehalt an Trockensubstanz (konzentrierter Harn) und/oder an einer Verschiebung der Reaktion. Bei saurer Reaktion fallen freie Harnsäure, Urate und Oxalate aus; bei neutraler sekundäres Calciumphosphat und Calciumcarbonat; bei durch Ammoniak alkalischer Reaktion Magnesium-Ammoniumphosphat und Ammoniumurat. Die Trübung kann auch durch Bakterien oder durch zellige Elemente verursacht sein, die aus den Nieren oder Harnwegen stammen.

ι) Der Schaum.

Wird Harn geschüttelt, so bildet sich ein weißer, unbeständiger Schaum. Er ist feinblasig und beständig bei eiweißhaltigem, gelbgefärbt bei bilirubinhaltigem Harn.

κ) Oberflächenspannung.

Die Oberflächenspannung ist stets niedriger als die des Wassers. Sie schwankt zwischen 64—69 dyn/cm (Wasser=72,8). Gewisse zugeführte Stoffe können die Oberflächenspannung herabsetzen, z.B. Alkohol, Äther, Chloroform, Phenole und Balsamica. Eine Verminderung der Oberflächenspannung kann durch pathologische Prozesse hervorgerufen sein[3].

λ) Sedimente[4].

Die Zusammensetzung des Sediments hängt weitgehend von der Reaktion des Harns und von der Beschaffenheit der Harnwege ab.

---

[1] Kennedy, T. J. jr., J. Orloff and R. W. Berliner: Amer. J. Physiol. **169**, 3 (1952). — [2] Kobayasi, T.: J. Biochem. **30**, 451 (1939). — [3] Polonovski, M.: Medizinische Biochemie. 5. Aufl. S. 613. Berlin, Saulgau 1951. — [4] Hallmann 6. Aufl. S. 228ff.

Die freie Harnsäure ist gelb bis gelbbraun gefärbt. Kalium- und Natriumurat zeigen durch mitgerissenes Uroerythrin eine ziegelrote, durch Ammoniumurat eine schwarzbraune Farbe.

Weiterhin findet man im Sediment Epithelzellen der Harnwege und bei renalen Affektionen häufig weiße und rote Blutkörperchen. Bei Entzündungen der Harnwege werden die sog. *Cylinder* ausgeschieden, welche Ausgüsse der Harnkanälchen darstellen. Die Cylinder bestehen aus Eiweiß allein oder gemischt mit verschiedenartigen Einlagerungen; hyaline, granulierte und Wachscylinder, Epithel-, Erythrocyten- und Leukocytencylinder, Fettcylinder usw. Auch Bakterien können sich im Harnsediment finden (Typhus, Coli usw.), sowie Hefezellen und Sarcine.

Tabelle 14. Häufige Harnsedimente[1].

Im sauren Harn:	Im alkalischen Harn:
Harnsäure	Calciumoxalat
Urate	Calciumphosphat
Calciumoxalat	Magnesiumphosphat
Calciumphosphat	Calciumcarbonat
	Magnesiumcarbonat
	Tripelphosphat
	Ammoniumurat

Einige Aminosäuren können in krystallisierter Form im Sediment erscheinen: Tyrosin, Leucin, Cystin. Daneben kommen auch Cholesterin und Hippursäure in krystalliner Form vor.

Bilirubin krystallisiert im Harn in verschiedenenKrystallformen aus, ebenso Indigo.

Hämaturie und Leukocytenausscheidung[2]. Hämaturien und Ausscheidung von Leukocyten können außer bei Erkrankungen des Nierenbeckens, der ableitenden Harnwege oder als Folge von Nierensteinen, Tumoren, Verwundungen und Bluterkrankungen als Folge der Schädigung der Glomeruluscapillaren auftreten. Man unterscheidet folgende Formen der Hämaturie:

1. hämatogene Nierenkrankheiten mit Schädigung der Nierencapillaren, besonders der Glomeruluscapillaren (akute Glomerulonephritis),
2. toxische Schädigung der Nierencapillaren nach Infektionen,
3. Stauungshämaturie infolge spastischer Verengerung der Nierenvenen; lordotische Stauungshämaturie nach langen Märschen und langem Stehen,
4. reflektorisch ausgelöste Hämaturie durch Nässe und Kälte,
5. sog. angioneurotische Nierenblutungen nach psychischen Aufregungen bei gefäßlabilen Personen,
6. Hämaturie nach Reizung von Zwischenhirnzentren (bisher nur im Tierexperiment bewiesen),
7. essentielle Hämaturie infolge Durchlässigkeitssteigerung der Glomeruluscapillaren ohne erkennbare Ursache (selten),
8. Leukocytenausscheidungen treten bei allen entzündlichen Nierenerkrankungen, besonders bei der Herdnephritis, auf[3, 4].

μ) Diazoreaktion.

Pathologische Harne geben eine positive Diazoreaktion, die sie verursachenden Substanzen sind nicht bekannt. Einen praktischen Wert hat die Reaktion nur in Verbindung mit anderen Symptomen. Sie ist positiv besonders bei fieberhaften Erkrankungen, wie Typhus, Tuberkulose und Masern, jedoch ist sie auch bei Carcinom, chronischem Rheumatismus, Erisypel, Pneumonie, Scharlach und Syphilis beobachtet worden. Die Anwesenheit von Farbstoffen, Guajakol, Heroin, Morphin und Gerbsäure, stört die Reaktion. Nach HUNTER[5] unterscheidet man

[1] Hallmann 6. Aufl. S. 228ff. — [2] Grosse-Brockhoff, Path. Physiol. S. 270ff. — [3] RANDERATH, E.: Nephrose-Nephritis; in BECHER, E.: Nierenkrankenheiten. Bd. II, S. 98. Jena 1947. — [4] FAHR, T.: Die Morphologie des Morbus Brightii; in BECHER, E.: Nierenkrankheiten. Bd. I, S. 587. Jena 1944. — [5] HUNTER, G.: Biochem. J. **19**, 25 (1925).

2 Arten der Reaktion, von denen Typ *A* sich langsam entwickelt, aber relativ beständig ist, während Typ *B* rasch entsteht und rasch verschwindet. Typ *A* soll auf der Anwesenheit von Imidazolen, Phenolen, Purinen und unbekannten Chromogenen beruhen, während Typ *B* besonders charakteristisch für Typhus und Masern sein und auf der Anwesenheit von Urochromen beruhen soll.

Tabelle 15. Normale Bestandteile des Harns und Normalwerte (Werte je Tag in g).

Substanz	Menge	Zitat
K	1,7—3,4	1
	etwa 3,0 (K_2O)	2
Na (aus NaCl)	3,0—6,0	1
NaCl	15,0	1
	10—16,0	2
NH_3	0,5—1,0	1, 3
Mg	0,03—0,18	1
	0,172—0,285	4
	0,4—0,5	2
Ca	0,011—0,36	5
PO_4	2,5—3,5	1
Cl (aus NaCl)	5,8	1
SO_4 (gesamt)	2,0—3,5	1
NO_3	0,1	1
Gesamtstickstoff	10—17,0	1
	10—18,0	3
Harnstoff	20—35,0	1–3
Harnsäure, gesamt	0,2—1,0	1, 2
	0,1—2,0	3
Harnsäure, endogen	0,3—0,4	1
	0,28—0,35	2
Kreatinin	1,0—1,5	1, 3
Kreatin	0—0,06	3
Hippursäure	0,7	1, 3
Purinbasen	0,015—0,06	1
	0,02	3
Oxalsäure	0,01—0,02	1
Glucuronsäure	0,04—0,4	1
Glycerinphosphorsäure	0,07—0,12	1
Phenole, gesamt	0,078—0,113	1
Steroide	0,05—0,25	1
Imidazolderivate	0,015—0,06	3
Glykocyamin	0,03	3
Allantoin	0,01—0,025	3
Indican	0,004—0,02	3
Proteine	0,003—0,06	3

p) Harnbestandteile[2, 6, 7].

α) Im Harn enthaltene Stoffmengen.

In 24 Std werden mit dem Harn 50—72 g *feste Stoffe* ausgeschieden, die 10—17 g Stickstoff enthalten. Ernährung und körperliche Leistung beeinflussen die Gesamtmenge und die in ihr enthaltenen Stickstoffmengen in weiten Grenzen. Bei starkem Schwitzen werden die festen Stoffe teilweise mit dem Schweiß ausgeschieden, trotzdem kann ihre absolute Konzentration erhöht sein, da beim Schwitzen das Harnvolumen abnimmt. Wüstentiere vermögen einen hochkonzentrierten Harn zu bilden, dessen Kochsalzkonzentration weit jenseits der Konzentrationsgrenze liegen kann, die im Harn von anderen Säugetieren angetroffen wird[8].

Die im Harn ausgeschiedenen Stoffe kann man einteilen in solche, die physiologischerweise und solche, die vorwiegend unter pathologischen Bedingungen ausgeschieden werden, schließlich in solche, die nur nach Zufuhr von Arzneimitteln, Drogen oder Giften im Harn enthalten sind. Einen Überblick über die im Harn erscheinenden Substanzmengen geben die Tabellen 15 bis 18.

[1] H.-Th. 10. Aufl. Bd. V, S. 183. — [2] Hallmann 6. Aufl. S. 443ff. — [3] Everett, M. R.: Medical Biochemistry. 2. Aufl. New York, London 1946. — [4] Bernstein, M., and S. Simkins: J. Lab. clin. Med. **26**, 521 (1940). — [5] Wang, C. C.: J. biol. Ch. **111**, 443 (1935). — [6] H.-Th. 10. Aufl. Bd. V, S. 181ff. — [7] Technique de Laboratoire. Bd. Chimie clinique. S. 104. Paris 1954. — [8] Schmidt-Nielsen, K., B. Schmidt-Nielsen and H. Schneiderman: Amer. J. Physiol. **154**, 163 (1948).

Hydronephrosenflüssigkeit. Der Inhalt von Hydronephrosen entspricht meist einem verdünnten Harn und ist dann wasserklar; er kann aber auch durch Beimischung von Schleim, Blut oder Eiter sein Aussehen verändern. Das spezifische Gewicht liegt zwischen 1010 und 1020. Es werden wechselnde Mengen an Eiweiß und Harnbestandteilen gefunden[1].

Tabelle 16. Konzentration einiger Stoffe im Blutplasma und im Harn (in %)[2].

Substanz	Konzentration im arteriellen Blutplasma %	Konzentration im Harn %	Konzentrationssteigerung im Harn
Gesamte feste Stoffe	10	4	
Eiweiß	7,5—9	0,0	
Chloride	0,37	0,6	2—5fach
Harnstoff	0,03	2,0	40—80fach
Glucose	0,1	0,0	bei Diabetes bis zu 30fach
Harnsäure	0,003	0,05	16fach
Hippursäure	0,00	0,07	
Kreatinin	0,001	0,1	100fach
Ammoniumsalze	0,001	0,04	
H-Ionen	p_H 7,35—7,4	p_H 4,6—8,3	1000fach

Der Energiegehalt der Nährstoffe wird vom Organismus nicht voll ausgenutzt, ein gewisser Bruchteil davon geht, in Abhängigkeit von der Art der Ernährung, mit dem Harn verloren. So werden physiologischerweise geringe Mengen von Aminosäuren neben dem Harnstoff ausgeschieden. Von Rubner wurde der calorische Quotient des Harns (Brennwert in kcal/g Stickstoff im Harn) unter

Tabelle 17. Prozentualer Gehalt an gelösten Stoffen in Blut und Harn[3].

	Blutplasma	Harn	Verhältnis
Wasser	90—93	95	—
Eiweiß, Fett, Kolloide	7—9	—	—
Traubenzucker	0,1	—	—
Harnstoff	0,03	2,00	1:66
Harnsäure	0,002	0,05	1:25
Na	0,32	0,35	1:1
K	0,02	0,15	1:7
NH_4^+	0,001	0,04	1:40
Cl	0,37	0,6—0,7	1:2
PO_4	0,009	0,27	1:30
SO_4	0,003	0,18	1:60
Kreatinin	0,001	0,10	1:100

verschiedenen Bedingungen untersucht und beim Menschen in mehrtägigen Versuchen die in der Tabelle 19 angegebenen Werte gefunden.

Wie aus der Tabelle hervorgeht, sind die Werte am höchsten bei Ernährung mit Muttermilch und am niedrigsten bei Ernährung mit Kartoffeln.

[1] H.-Th. 10. Aufl. Bd. V, S. 353. — [2] H.-Th. 10. Aufl. Bd. V, S. 182. — [3] Rein, H.: Einführung in die Physiologie des Menschen. 10. Aufl. S. 248. Berlin, Göttingen, Heidelberg 1949.

Tabelle 18. Spurenelemente im menschlichen Harn[1].

Element	Ausscheidung im Harn mg/Tag	Element	Ausscheidung im Harn mg/Tag
Lithium	0,7	Zink	0,3
Aluminium	0,04—0,1	Zinn	0,01—0,02
Mangan	0,01—0,02	Bor	9,0 —20
Kobalt	0,03	Fluor	0,3 —1,5
Nickel	0,14—0,25	Brom	3,0 —5,0
Kupfer	0,02—0,05	Jod	0,017—0,060
Silber	0,0		

Tabelle 19. Calorische Quotienten des Harns beim Menschen[2].

Nahrung	kcal/g N	Nahrung	kcal/g N
Muttermilch	12,1	Fettreiche gemischte Kost	8,6
Kuhmilch, Säugling	9,6	Fleisch allein	7,7
Kuhmilch, Erwachsener	7,7	Kartoffel allein	7,7
Fettarme gemischte Kost	8,4		

β) Anorganische Harnbestandteile[3].

Die anorganischen Stoffe sind im Harn im wesentlichen in Ionenform vorhanden. Es kann nicht angegeben werden, in welcher Verbindung sie ausgeschieden werden. Es wird z. B. meistens vorausgesetzt, daß das Chlorid immer von einer äquivalenten Menge Natrium begleitet ist, und daher wird vom Natriumchlorid fast immer als von einer physiologischen Einheit gesprochen. Die Tatsache, daß Natrium- und Chloridionen häufig im Plasma und im Harn vorherrschend sind, verleitet zu dieser Vorstellung, und weil die analytischen Methoden für die Bestimmung von Chlorid einfacher sind als die für Natrium, hat man, jedenfalls bis zur Einführung des Flammenphotometers, das Chlorid unter der Annahme bestimmt, daß es von Natrium begleitet ist[4]. In Wirklichkeit variiert das Verhältnis Na:Cl im Harn im Verlauf eines Tages stark. Cl kann im Harn mit anderen Kationen, Na mit andere Anionen erscheinen. Bei Betrachtung längerer Zeitperioden werden jedoch Natrium und Chlor praktisch in äquivalenten Mengen ausgeschieden, wie es ja auch der Zufuhr entspricht[5].

Die Verhältnisse bei der Ionenausscheidung sind sehr verwickelt. Die Notwendigkeit, äquivalente Mengen von Kationen und Anionen im Blut und im Harn zu erhalten, begrenzt natürlich die Ausscheidungsmöglichkeiten der Ionen. Innerhalb dieser Grenzen sind beträchtliche Substitutionen möglich. Die Austauschmöglichkeit ist besonders anschaulich im Falle von Chlorid und Hydrogencarbonat. Verlust von Salzsäure durch Erbrechen kann bewirken, daß die Hälfte der Chlorionen durch Hydrogencarbonat und andere Ionen ersetzt wird, Steigerung der Muskeltätigkeit, daß die Hälfte der Hydrogencarbonationen durch Lactationen ersetzt wird. Die Zunahme der Kohlensäurespannung kann die Menge Hydrogencarbonat auf Kosten von Chlorid ansteigen lassen, während die Erniedrigung der Kohlensäurespannung sich umgekehrt auswirken kann. Die Anhäufung von Ketosäuren während des Fastens oder bei diabetischer Acidose kann einen Ersatz des Hydrogencarbonats durch die Anionen dieser Säuren zur Folge haben. Eine Rückwirkung auf den Organismus scheinen diese

[1] Lang-Ranke, Stoffwechsel S. 189. — [2] Rubner, M.: Handb. Physiol. Bd. 5, S. 134. — [3] Smith, Kidney S. 295. — [4] Smith, Kidney S. 305. — [5] Mainzer, F.: Amer. J. med. Sci. **199**, 232 (1940).

Substitutionen nicht zu haben, wenn man die Änderung des p_H und damit eine Änderung in der Kohlensäurespannung und eine dadurch resultierende Atembehinderung ausnimmt. Tatsächlich scheint das Chlorid keine spezifische physiologische Rolle zu spielen. Die abfiltrierten Elektrolyte werden zu $^4/_5$ im proximalen Teil der Tubuli, der Rest im distalen rückresorbiert[1]. Über Zusammenhänge zwischen renaler Blutdurchströmung und Elektrolytausscheidung s. [2–12]. Die unilaterale Splanchnicotomie verursacht bei Hunden eine Steigerung der homolateralen Ausscheidung von Natrium und Chlor. Daraus wird geschlossen, daß die renalen Nerven die proximale tubuläre Reabsorption in spezifischer Weise beeinflussen[13, 14].

1. Kationen.

a) Natrium (s. a. Bd. 2/1, S. 620). Das Natrium der normalen Kost, etwa 5 g Natrium oder 12,7 g Kochsalz, wird unter physiologischen Bedingungen nahezu vollständig im Darm resorbiert und im Harn ausgeschieden, nur geringe Mengen erscheinen im Kot. Die Salzverluste durch den Schweiß und die perspiratio insensibilis schwanken erheblich. Ohne daß es zu einer sichtbaren Schweißbildung kommt, werden nach FREYBERG u. GRANT[15] beim Gesunden etwa 500 mg Natrium oder 1,27 g Kochsalz täglich durch die Haut eliminiert. Bei weitgehender Reduzierung der Natriumzufuhr (KEMPNER-Diät mit 300—330 mg Natrium, annähernd 0,8 g Kochsalz täglich) sinkt die Ausscheidung im Harn nach Angaben von KEMPNER[16] auf etwa 11 mg Natrium täglich. Bei dieser Diät wird offenbar auch der Mineralgehalt der perspiratio insensibilis vermindert, da es sonst bei einer Zufuhr von 300 mg und einer Ausscheidung durch die Haut von 500 mg zu einer ständig negativen Natriumbilanz kommen würde, die aber nicht festzustellen ist[17].

Nach SALKOWSKI[18] beträgt die tägliche Natriumausscheidung im Harn 3,4 bis 5,9 g. Nach ROBERT[19], liegt der aus vielen Angaben der Literatur errechnete Mittelwert der Natriumausscheidung bei normaler Kost bei 3,88 g. Nach flammenphotometrischer Bestimmung von WOLDRING[20] beträgt die tägliche Durchschnittsausscheidung von Natrium 3,0 g.

Es scheint jetzt Klarheit darüber zu bestehen, daß eine Natriumverarmung des Organismus, die als „low salt syndrome" beschrieben wurde, durch Kochsalzbeschränkung in der Kost nicht verursacht werden kann. Dagegen wurde sie wiederholt bei Störungen der tubulären Rückresorption des Natriums (salt loosing nephritis) und bei Dauerbehandlung mit Quecksilberdiureticis beobachtet[21], besonders dann, wenn die Natriumzufuhr in der Kost gering war.

Der *Einfluß der Ernährung* auf die Ausscheidung von Natrium und Kalium ist sehr deutlich, da Pflanzenkost 2—4mal soviel Kalium enthält wie Fleischkost.

---

[1] Smith, Kidney S. 306. — [2] BURTON, A. C.: Amer. J. Physiol. **164**, 319 (1951). — [3] NICHOL, J., F. GIRLING, W. JERRARD, E. B. CLAXTON and A. C. BURTON: Amer. J. Physiol. **164**, 330 (1951). — [4] GUYTON, A. C., J. E. LINDLEY, R. N. TOUCHSTONE, C. M. SMITH and H. M. BATSON jr.: Amer. J. Physiol. **163**, 529 (1950). — [5] SPENCER, M. P.: Amer. J. Physiol. **165**, 399 (1951). — [6] PATERSON, J. C. S.: Amer. J. Physiol. **164**, 682 (1951). — [7] MARSHALL, L. H., and H. SPECHT: Amer. J. Physiol. **163**, 733 (1950). — [8] BRULL, L., et D. LOUIS-BAR: Arch. int. Physiol. **58**, 329 (1950). — [9] SHIPLEY, R. E., and R. S. STUDY: Amer. J. Physiol. **163**, 750 (1950). — [10] STUDY, R. S., and R. E. SHIPLEY: Amer. J. Physiol. **163**, 754 (1950). — [11] RAPOPORT, S., and C. D. WEST: Amer. J. Physiol. **162**, 668 (1950). — [12] PULLMAN, T. N., and W. W. McCLURE: Fed. Proc. **10**, 105 (1951). — [13] KAPLAN, S. A., and S. RAPOPORT: Amer. J. Physiol. **164**, 175 (1951). — [14] KAPLAN, S. A., C. D. WEST and S. J. FOMON: Fed. Proc. **12**, 76 (1953). — [15] FREYBERG, R. H., and R. L. GRANT: J. clin. Invest. **16**, 729 (1937). — [16] VOYLES, C. jr., and E. S. ORGAIN: New Engl. J. Med. **245**, 808 (1951). — [17] HERKEN, H., u. M. WOLF: Kli. Wo. **1952**, 529. — [18] SALKOWSKI, E.: Virchows Arch. **53**, 209 (1871). — [19] ROBERT, H.: Thèse Nancy 1905. — [20] WOLDRING, M. G.: Analyt. chim. Acta, N. Y. 8, 150 (1953). — [21] DANOWSKI, T. S.: Amer. J. Med. **10**, 468 (1951).

Eine plötzliche Steigerung der Kaliumzufuhr mit der Nahrung führt zu einer Steigerung der Natriumausscheidung mit dem Harn. Daher tritt bei pflanzenfressenden Tieren, die also dauernd große Mengen Kaliumsalze mit der Nahrung zu sich nehmen, wegen der Verarmung des Körpers an Natrium ein starker Kochsalzhunger auf, der bei fleischfressenden Tieren fehlt. BUNGE[1] fand bei Fleischkost 2,74 g K und 2,9 g Na im Tagesharn, bei einer aus Butter, Käse, Brot, etwas Salz und Wasser bestehenden Kost 1,08 g K und 2,9 g Na. Bei kaliarmer Kost führt Zufuhr von reichlich Kochsalz zu erhöhter Ausscheidung von Kaliumsalzen. Es kann sogar eine negative Bilanz eintreten, d. h. der Körper kann an Kalisalzen verarmen[2]. Im Fieber wird vermehrt Kalium durch den Harn ausgeschieden. Beim Hunger beobachtet man bei unveränderter Ausscheidung von Natrium eine relative Vermehrung der Kaliumausfuhr, die hervorgerufen ist durch den Zerfall des kaliumreichen Gewebes. Was den Mechanismus der Natriumausscheidung betrifft, so scheint eine Abhängigkeit von der Glomerulusfiltrationsrate zu bestehen; denn wenn sie gesenkt wird, hört beim Hund die Natriumausscheidung vollständig auf, beim Menschen fällt sie ab[3].

Die durchschnittliche Menge des durch die Tubuli rückresorbierten Natriums beträgt nach CORSON[4] 139,6 mÄq je Liter Glomerulusfiltrat.

Nach Desoxycorticosteronacetat beobachtet man nach BERLINER[5] und KLEIN[6] bei Neugeborenen und bei Erwachsenen Natriumretention und Kaliumverlust. Nach DANFORD[7] und DEANE[8] scheidet die zona glomerulosa von Rattennebennierenrinden Steroide aus, welche die Natrium- und Kaliumausscheidung regulieren, unabhängig vom ACTH, das von der zona fasciculata aus die Ausscheidung der Gluco-corticoide regelt. Nach WESSON u. Mitarb.[9] wird die Natriumausscheidung bei Hunden doppelt kontrolliert: hämodynamisch und hormonal. Die Wirkung von Veränderungen der renalen Blutdurchströmung auf die Ausscheidung von Natrium wurde von LEVY u. a.[10-17] untersucht.

Das Gleichgewicht zwischen Kochsalzaufnahme und -ausscheidung ist im Verlauf von ödematösen Erkrankungen naturgemäß gestört, da bei der Ödembildung entsprechende Kochsalzmengen retiniert werden, die bei der Ausschwemmung der Ödeme zusätzlich ausgeschieden werden müssen. Diese zusätzliche Menge beträgt z. B. bei 10 *l* Ödemflüssigkeit 80—90 g Kochsalz[18].

Bestimmung. Entfernung der Phosphate durch Schütteln mit festem Calciumhydroxyd oder Behandeln mit $FeCl_3$-Lösung oder Uranylacetatlösung, Fällung des Natriums als Natriumzinkuranylacetat; titrimetrische[19, 20] oder flammenphotometrische Bestimmung[21].

b) Kalium (s. a. Bd. 2/1, S. 623). Untersuchungen mit radioaktivem ^{42}K haben gezeigt, daß das Element rasch resorbiert und in die Körperzellen übergeführt

---

[1] BUNGE, G.: Z. Biol. **9**, 104 (1873); **10**, 111 (1874). — [2] Smith, Kidney S. 307. — [3] CHALMERS, T. M., A. A. G. LEWIS and G. L. S. PAWAN: J. Physiol., London **117**, 218 (1952). — [4] CORSON, S. A., and E. A. CORSON: 19. Int. Congr. Physiol. Montreal. S. 284. 1953. — [5] BERLINER, R. W.: Amer. J. Med. **9**, 541 (1950). — [6] KLEIN, R.: J. clin. Invest. **30**, 318 (1951). — [7] DANFORD, P. A., and H. G. DANFORD: Amer. J. Physiol. **164**, 690 (1951). — [8] DEANE, H. W., and G. M. C. MASSON: J. clin. Endocrinol. **11**, 193 (1951). — [9] WESSON, L. G. jr., W. P. ANSLOW jr., L. G. RAISZ, A. A. BOLOMEY and M. LADD: Amer. J. Physiol. **162**, 677 (1950). — [10] LEVY, M.: Amer. J. Physiol. **163**, 729 (1950). — [11] POST, R. S.: Amer. J. Physiol. **165**, 278 (1951). — [12] DAVIS, J. O., A. E. LINDSAY and J. L. SOUTHWORTH: Fed. Proc. **10**, 33 (1951). — [13] THOMPSON, D. D., and R. F. PITTS: Fed. Proc. **10**, 136 (1951). — [14] MUELLER, C. B., A. SURTSHIN, M. R. CARLIN and H. L. WHITE: Amer. J. Physiol. **165**, 411 (1951). — [15] STAMLER, J., W. HWANG and K. KURAMOTO: Amer. J. Physiol. **165**, 328 (1951). — [16] PAGE, I. H., and L. LEWIS: Amer. J. Physiol. **156**, 422 (1949). — [17] HALL, P. W. III, and E. E. SELKURT: Amer. J. Physiol. **164**, 143 (1951). — [18] HERKEN, H., u. M. WOLF: Kli. Wo. **1952**, 529. — [19] Hinsberg-Lang 2. Aufl. S. 6. — [20] WEINBACH, A. P.: J. biol. Ch. **110**, 95 (1935). — [21] WOLDRING, M. G.: Analyt. chim. Acta, N. Y. 8, 150 (1953).

wird. Es wird praktisch ausschließlich durch die Niere ausgeschieden und nicht nennenswert im Organismus gespeichert[1]. Nur die Niere scheint die Fähigkeit zu haben, Kalium in beschränktem Umfang speichern zu können, besonders bei kaliumarmer Ernährung[2].

Die Menge des beim Menschen täglich ausgeschiedenen Kaliums beträgt bei normaler Kost nach SALKOWSKI[3] 2,5—3,3 g, nach flammenphotometrischer Bestimmung von WOLDRING[4] täglich durchschnittlich 2,25 g.

Im normalen Harn erscheint im allgemeinen das Natrium in größerer Menge als das Kalium, und zwar ist das Verhältnis von Kalium zu Natrium[5] im allgemeinen wie 2:5. Von großem Einfluß auf die ausgeschiedenen Mengen ist naturgemäß die Art der Nahrung bzw. ihr Kalium- und Natriumgehalt, ferner sind Wasseraufnahme, Muskelarbeit, Wachen und Schlafen von erheblicher Bedeutung. Im Hunger sinkt die absolute Größe der Kaliumausscheidung stark ab; hier tritt eine wesentliche Änderung in dem Verhältnis Kalium zu Natrium ein, da kein Natrium zugeführt wird und der hungernde Organismus von seinen kalireichen Geweben zehren muß. Nach MUNK[6] kann sich das Verhältnis bis auf 3:1 verschieben. Mit dem Hungerzustand während der Nacht scheint auch die Tageskurve der Alkaliausscheidung in Verbindung zu stehen. Nach CHARRIER[7] zeigt die prozentuale Ausscheidung des Kaliums ihr Maximum in den Vormittagsstunden.

An Patienten mit chronischer Niereninsuffizienz konnten LEAF, CAMARA u. ALBERTSON[8] nachweisen, daß die Kaliumausscheidung größer war als die filtrierte Kaliummenge, d. h. daß ein gewisser Teil des ausgeschiedenen Kaliums sezerniert werden muß (s. S. 49). Die Verf. nehmen an, daß die filtrierte Kaliummenge in der gesunden Niere so groß ist, daß eine Sekretion nicht notwendig ist, um die mit der Nahrung aufgenommene Menge wieder auszuscheiden. Wieweit eine Veränderung der HENLEschen Schleifen, die bei Kaliummangeldiät[9] an Ratten und Hunden beobachtet worden ist, hier mitsprechen könnte, ist ungewiß. DANOWSKI u. Mitarb.[10] haben den Kaliumstoffwechsel in bezug auf die Niere untersucht und festgestellt, daß der Gehalt oder die Konzentration von Kalium in den Gewebszellen der Reiz für die Kaliumausscheidung ist. MUDGE u. Mitarb.[11] fanden, daß der durch Entwässerung veranlaßte Kaliumverlust über die tubuläre Sekretion erfolgt. Eine Kaliummangeldiät hat den gleichen Einfluß auf die Kaliumausscheidung wie Überdosierung von Desoxycorticosteron-acetat. Die bei diesen Versuchen benutzten Hunde entwickelten Polyurie und gesteigerten Durst, die von der 3. bis zur 7. Woche zunahmen und dann wieder absanken[12]. In gleichartigen Versuchen bei Ratten wurde eine Zunahme von Nieren- und Nebennierengewicht[13] sowie ein Hochdruck festgestellt[14].

BALDWIN u. Mitarb.[15] fanden, daß die Rückresorption von Kalium und Natrium wechselseitig herabgesetzt wird, während Anionen diese Spezifität nicht zeigen.

---

[1] Lang-Ranke, Stoffwechsel S. 175. — [2] SQUIRES, R. D., E. J. HUTH and J. R. ELKINGTON: 19. Int. Congr. Physiol. Montreal. S. 790. 1953. — [3] SALKOWSKI, E.: Virchows Arch. **53**, 209 (1871). — [4] WOLDRING, M. G.: Analyt. chim. Acta, N. Y. **8**, 150 (1953). — [5] PINCUSSEN, L.: Handb. Biochem. Bd. 5, S. 488. — [6] LEHMANN, C., F. MUELLER, I. MUNK, H. SENATOR u. N. ZUNTZ: Virchows Arch. **131**, Suppl. (1893). — [7] CHARRIER, L.: Thèse Paris. 1897. — [8] LEAF, A., A. A. CAMARA and B. ALBERTSON: J. clin. Invest. **28**, 1526 (1949). — [9] SMITH, S. G., B. BLACK-SHAFFER and T. E. LASATER: Arch. Path., Chicago **49**, 185 (1950). — [10] DANOWSKI, T. S., and J. R. ELKINGTON: Pharmacol. Rev. **3**, 42 (1951). — [11] MUDGE, G. H., J. FOULKS and A. GILMAN: Amer. J. Physiol. **161**, 159 (1950). — [12] SMITH, S. G., and T. E. LASATER: Proc. Soc. exp. Biol. Med. **74**, 427 (1950). — [13] FUHRMAN, F. A., and A. BROKAW: Fed. Proc. **10**, 46 (1951). — [14] FREED, S. C., and M. FRIEDMAN: Science, N. Y. **112**, 788 (1950). — [15] BALDWIN, D., E. M. KAHANA and R. W. CLARKE: Amer. J. Physiol. **162**, 655 (1950).

Nach PULLMAN u. MCCLURE[1] verringert die Verabreichung von Adrenalin oder Noradrenalin die Kaliumausscheidung. KOLFF[2] erklärt die Hypokaliämie von rheumatischen Patienten durch eine tubuläre Sekretion von Kalium.

Bestimmung. Nach KRAMER u. TISDALL[3,4]; flammenphotometrisch[5].

c) Magnesium (s. a. Bd. 2/1, S. 634) **und Calcium** (s. a. Bd. 2/1, S. 637). Magnesium und Calcium werden, im Gegensatz zu den Alkalimetallen, zum größeren Teil durch den Darm und nur zum kleineren Teil (etwa 30%) durch die Nieren ausgeschieden. Bei mit Kuhmilch ernährten Säuglingen und bei Tieren (Hund, Ziege, Hammel) kann der auf den Harn entfallende Teil der Erdalkalien weniger als 10% der Gesamtmenge betragen. Außerordentlich groß ist die Menge des Calciums im Pferdeharn. In 24 Std werden beim Menschen 88—118 mg Calcium und etwa 150 mg Magnesium ausgeschieden[6]. Während nach diesen Angaben die Calciummenge geringer ist als die des Magnesiums, ist nach Untersuchungen von RENVALL[7] das Verhältnis umgekehrt. Danach werden in 24 Std ausgeschieden 0,24 bzw. 0,43 Ca, 0,096 bzw. 0,14 g Mg, so daß das Verhältnis Ca : Mg im Mittel 2,1 bzw. 2,5 : 1 beträgt. Nach neueren Untersuchungen von STRIEBEL u. BAUR[8] ist das Verhältnis von Ca : Mg im Harn bei Gesunden im Mittel 1,0. Bei Krebskranken ist dieses Verhältnis in der Regel größer oder kleiner. Bei bestimmter Kost fand RENVALL im Harn 0,6 g Calcium und im Kot 0,3 g. Es besteht natürlich auch eine gewisse Abhängigkeit der Calciumausscheidung im Harn von der Zufuhr mit der Nahrung. Calciumhaltiges Trinkwasser dürfte hier besonders eine Rolle spielen. Nach HOPPE-SEYLER[9] wird bei Bettruhe im Harn doppelt so viel Calciumphosphat ausgeschieden wie bei Körperbewegung. Bei Kindern ist, auch bei gleicher Kost, die Ca-Menge im Harn individuell verschieden und steigt mit zunehmendem Alter an[10]. Die Menge des Ca wird vermehrt durch Gaben von NH_4Cl, vermindert durch Zufuhr von NaH_2PO_4, während $NaHCO_3$ und Na-Acetat auch in hohen Dosen ohne Wirkung sind[11]. Durch die Zufuhr organischer Säuren wird die Calciumausscheidung im Harn vom Menschen sowie beim Hunde gesteigert[12]. Die im intermediären Stoffwechsel, besonders bei Diabetes mellitus entstehenden Säuren sollen die Ausfuhr größerer Mengen von Calcium und Magnesium fördern[13,14].

Die Calciumausscheidung im Harn verläuft im allgemeinen parallel mit der Resorption[15]. CHANG u. FREEMAN[16] fanden, daß die Injektion von Citrat, die eine beträchtliche Erhöhung der Citratkonzentration in Blut und Harn hervorrief, die Blutcalciumkonzentration nur geringfügig, die Ausscheidung von Calcium im Harn aber beträchtlich erhöhte. Die Injektion von Ammoniumchlorid und Natriumhydrogencarbonat beeinflußte die Konzentration von Calcium und Citrat im Blut nicht, aber die Calciumausscheidung im Harn stieg beträchtlich an.

Nach CAMPBELL u. GREENBERG[17] werden bei Ratten von oral verabreichtem Calcium nach 69 Std rund 10% im Stuhl wiedergefunden, rund 66% im Harn, 24% werden im Körper retiniert.

---

[1] PULLMAN, T. N., and W. W. MCCLURE: J. Lab. clin. Med. **39**, 711 (1952). — [2] KOLFF, W. J.: J. Lab. clin. Med. **36**, 719 (1950). — [3] KRAMER, B., and F. F. TISDALL: J. biol. Ch. **46**, 339 (1921); **48**, 4 (1921). — [4] Hallmann 6. Aufl. S. 514. — [5] WOLDRING, M. G.: Analyt. chim. Acta, N. Y. **8**, 150 (1953). — [6] PINCUSSEN, L.: Handb. Biochem. Bd. 5, S. 490. — [7] RENVALL, G.: Skand. Arch. Physiol. **16**, 94 (1904). — [8] STRIEBEL, A., u. H. BAUR: Schweiz. med. Wschr. **84**, 1082 (1954). — [9] HOPPE-SEYLER, G.: H. **15**, 161 (1891). — [10] STEARNS, G.: J. biol. Ch. **97**, LXIII (1932). — [11] STEWART, C. P., and J. B. S. HALDANE: Biochem. J. **18**, 855 (1924). — [12] SCHETELIG: Virchows Arch. **82**, 437 (1880). — [13] NOORDEN, C. v.: Zuckerkrankheit. S. 147. Berlin 1912. — [14] GERHARDT, D. u. W. SCHLESINGER: A. e. P. P. **42**, 83 (1899). — [15] MCCANCE, R. A., and E. M. WIDDOWSON: Biochem. J. **33**, 523 (1939). — [16] CHANG, T. S., and S. FREEMAN: Amer. J. Physiol. **160**, 330 (1950). — [17] CAMPBELL, W. W., and D. M. GREENBERG: Proc. nat. Acad. Sci. USA **26**, 176 (1940).

Gewisse anorganische Salze oder säurebildende Nahrung verursachen eine acidotische Stoffwechsellage, welche die Calciumausscheidung durch die Nieren beträchtlich erhöhen kann[1]. Auch unter gewissen pathologischen Verhältnissen, wie z. B. bei Ostitis fibrosa RECKLINGHAUSEN, erscheint der durch Hyperfunktion oder Adenom der Nebenschilddrüsen bedingte Überschuß an Serumcalcium ausschließlich im Harn. Bei Herzinsuffizienz dagegen erfolgt nur geringe Ausscheidung von Calcium durch die Nieren, d. h. die größere Menge des resorbierten Calciums wird im Stuhl gefunden. Auch bei erniedrigtem Calciumgehalt des Serums, z. B. bei der Tetanie, ist die Calciumausscheidung durch die Niere vermindert[2].

Veränderte Verhältnisse der Calciumausscheidung herrschen auch bei der Schwangerschaft. Der Calciumgehalt des Harns nimmt bei fortschreitender Gravidität dauernd ab, und zwar parallel mit dem Phosphor: Das Calcium wird wahrscheinlich für den Knochenaufbau der wachsenden Frucht gebraucht. Auch die Ausscheidung des Magnesiums zeigt eine deutliche Verminderung[3]. Bei der Osteomalacie werden im Beginn der Erkrankung Calcium und Magnesium in größerer Menge ausgeschieden, bei fortschreitender Erkrankung soll die Menge des ausgeschiedenen Ca wieder abnehmen, während das Mg fortschreitend zunimmt[4].

Während das im Harn erfaßte Calcium eindeutig als Ausscheidungsprodukt angesehen werden muß, besteht die in den Faeces bestimmte Calciummenge sowohl aus nicht resorbiertem als auch bereits wieder in den Darm ausgeschiedenem Calcium.

Die Zufuhr von Parathormon bei normalen Hunden läßt im Serum das gesamte und auch das filtrierbare Calcium ansteigen. Ebenso steigt die Geschwindigkeit der tubulären Rückresorption und der tubulären Sekretion. Die gesteigerte Reabsorption kann auf die größere filtrierte Menge zurückgeführt werden. Es wird angenommen, daß das Hormon keine Wirkung auf die Tubulusaktivität besitzt. Hypercalcämie und Calciumurie sind extrarenale Wirkungen des Hormons und beruhen auf der Ausschwemmung von im Körper gespeichertem Calcium[5]. Bei Vitamin D-Mangel ist die Calciumausscheidung im Harn beträchtlich vermindert, dabei sind kaum Schwankungen im Serumcalciumniveau zu beobachten, es kann sogar ein Ansteigen des Serumcalciums mit einem Abfall der Calciumausscheidung einhergehen[6]. Auch Mangel oder Zufuhr von Schilddrüsenhormon beeinflußten die tubuläre Calciumrückresorption, und zwar ist auch hier die Ausscheidung unabhängig vom Calciumspiegel im Serum[7,8].

Der Calciumgehalt des Harns geht seinem Ammoniakgehalt meist parallel, da offenbar auch das Calcium bei der Neutralisation von Säuren eine Rolle spielt. So bewirken Hunger, Säurezufuhr und solche Nahrung, die den Harn sauer macht, eine Vermehrung der Calcium- und der Ammoniakausscheidung. Auch bei Diabetikern geht der Calciumgehalt des Harns dem Ammoniakgehalt parallel. Bei diabetischer Acidose werden hohe Calcium- und Ammoniakwerte gefunden. Durch Zufuhr von Alkali kann der Calciumgehalt des Harns herabgedrückt werden[3].

Magnesiumarm ernährte Tiere speichern in ihren Organen und im Skelet, vor allem aber in der Niere, beträchtliche Calciummengen[9]. Futter mit 1,35%

[1] BENTZ, W.: Dtsch. Arch. klin. Med. **181**, 1 (1938). — [2] MATHIEU, F.: Arch. int. Physiol. **51**, 278 (1941). — [3] HOFFSTRÖM, K. A.: Skand. Arch. Physiol. **23**, 326 (1910). — [4] SCHUCHARDT, L.: Diss. med. Würzburg 1897. — [5] JAHAN, I., and R. F. PITTS: Amer. J. Physiol. **155**, 42 (1948). — [6] LIU, S.-H., H. I. CHU, C. C. SU, T. F. YÜ and T. Y. CHENG: J. clin. Invest. **19**, 327 (1940). — [7] ROBERTSON, J. D.: Lancet **1942 I**, 672. — [8] DENT, C. E.: in The Kidney. Ciba Found. Symp. S. 242, London 1954. — [9] TUFTS, E. V., and D. M. GREENBERG: Proc. Soc. exp. Biol. Med. **34**, 292 (1936). J. biol. Ch. **122**, 693, 715 (1937/38).

Calcium bewirkte bei einzelnen Tieren Hypertrophie der Niere und Steinbildung in den Harnwegen[1].

Bestimmung. Calcium: Vorbereitung des Harns nach WANG[2], oxydimetrische Bestimmung mit Cerisulfat nach RAPPAPORT[3]. *Magnesium* s. [4,5].

d) Aluminium. Der Mensch scheidet täglich 0,4—1,2 mg Al aus[6,7].

e) Mangan (s. a. Bd. **2**/1, S. 671). Beim gesunden Menschen beträgt die Manganausscheidung weniger als 0,02 mg je Liter. Bei Arbeitern in Manganwerken wird jedoch eine höhere Ausscheidung beobachtet[8].

f) Eisen. (s. a. Bd. 2/1, S. 655). Die Angaben über die Eisenausscheidung im Harn schwanken in der Literatur beträchtlich. Nach älteren Angaben von HUECK[9] liegt der Wert ungefähr bei 1 mg. LIEB u. Mitarb.[10] sowie LINTZEL[11] fanden, daß Eisen bei gesunden Männern und auch bei fieberhaften Erkrankungen im Harn nicht nachweisbar ist, d. h. unterhalb der Grenze von 0,001 mg-% liegt. Nach PLÖTNER[12] enthält der Harn des Menschen im Mittel 6,5 γ-% Fe, die Tagesausscheidung beträgt etwa 64 γ. Nach neueren noch nicht bestätigten Untersuchungen von MORCZEK[13] beträgt die Eisenausscheidung im Harn gesunder Personen 0,29—1,1 mg je Tag. Nach seinen Untersuchungen ist die Eisenkonzentration abhängig von der Konzentration des Harns und läuft mit dem spezifischen Gewicht annähernd parallel. Folgende durchschnittliche Tageswerte der Eisenausscheidung wurden gefunden: bei perniziöser Anämie bis 1,5, bei hämolytischem Ikterus bis 5,5, bei Myeloblastenleukämie bis 2,1, bei Hämochromatose bis 5,2 mg. Bei Infektionskrankheiten und malignen Tumoren wurden keine Abweichungen von der Norm festgestellt[14]. Bei Eisenbelastung per os beginnt die Mehrausscheidung bereits 2 Std nach der Einnahme. Milzlose Menschen scheiden mehr Eisen aus als Gesunde. Stark ist die Eisenausscheidung bei hämolytischer Anämie mit ständiger Hämosiderinurie[15]. Nach einer Bluttransfusion ist die Eisenausscheidung nicht verändert und hat keine Beziehung zur Veränderung der Hämoglobinwerte[16]. Bei gesunden Schwangeren ist die Eisenausscheidung normal. Bei Graviditätstoxikose[17] ist sie erhöht und liegt bei einem Durchschnitt von 45 γ-%. Nach neuesten Bestimmungen von PLÖTNER beträgt die renale Eisenausscheidung bei Gesunden nur 64 γ je Tag[18].

WOLTER[19] unterscheidet zwischen dem Gesamteisen und dem locker gebundenen, durch Schwefelammonium fällbaren Eisen. Im normalen Menschenharn findet sich kein locker gebundenes Eisen; bei verschiedenen Tieren, so bei Hund, Ziege, Hammel, Ochse, ist dessen Menge jedoch beträchtlich. Bei Pflanzenfressern ist die Eisenausscheidung erhöht, z. B. beträgt sie beim Hammel im Tagesdurchschnitt 2,29 mg gegenüber der des Hundes von ungefähr 1 mg.

g) Kupfer (s. a. Bd. **2**/1, S. 665). Der Kupfergehalt des Tagesharns schwankt zwischen kaum nachweisbaren Spuren und 0,7 mg, bei Kindern zwischen 0,026 und 0,62 mg s. [20]. Bei einer täglichen Aufnahme von 2,3 mg Cu mit der Nahrung werden von gesunden Personen

[1] WILLIAMSON, A., D. M. HEGSTED, J. M. MCKIBBIN and F. J. STARE: J. Nutrit. **31**, 647 (1946). — [2] WANG, C. C.: J. biol. Ch. **111**, 443 (1935). — [3] RAPPAPORT, F.: Kli. Wo. **1933 II**, 1774. — [4] DENIS, W.: J. biol. Ch. **52**, 411 (1922). — [5] SIMONSEN, D. G., L. M. WESTOVER and M. WERTMAN: J. biol. Ch. **169**, 39 (1947). — [6] Klinke, Mineralstoffwechsel S. 206. — [7] ROSE, M. S.: J. Nutrit. **1**, 541 (1929). — [8] MCCRACKAN, R. F., and E. PASSAMANECK: Arch. Path., Chicago **1**, 585 (1926). — [9] HUECK, W.: Diss. med. Rostock 1906. — [10] LANYAR, F., H. LIEB, u. A. VERDINO: H. **217**, 160 (1933). — [11] LINTZEL, W.: Z. Biol. **87**, 157 (1928). — [12] PLÖTNER, K., u. H. PETZEL: Kli. Wo. **1954**, 821. — [13] MORCZEK, A.: Dtsch. Z. Verd.- u. Stoffw.-Krankh. **10**, 148 (1950). — [14] MORCZEK, A.: Dtsch. Z. Verd.- u. Stoffw.-Krankh. **12**, 14 (1952). — [15] DOMINICI, G., C. GIORDANO e L. GRIVA: Boll. Soc. ital. Biol. sperim. **3**, 1033 (1928). — [16] COTTI, L.: Policlinico, Sez. med. **40**, 196 (1933). — [17] NEUWEILER, W.: Schweiz. med. Wschr. **84**, 87 (1954). — [18] PLÖTNER, K.: 21. Tg. Dtsch. Physiol. Ges. Heidelberg, 1954. — [19] WOLTER, O.: B. Z. **24**, 108 (1910). — [20] RABINOWITCH, I. M.: J. biol. Ch. **100**, 479 (1933).

mit dem Harn 0,1—0,5 mg, im Mittel 0,3 mg ausgeschieden[1,2]. Bei WILSONscher Krankheit kann die Cu-Ausscheidung stark erhöht sein[3–6]. Bei der Untersuchung von 73 gesunden Versuchspersonen fanden CHATTERJI u. GANGULY[7] Werte von 0,008—0,048 mg je Liter Harn. In kupferverarbeitenden Betrieben beschäftigte Personen schieden 0,06—0,4 mg Cu je Liter Harn aus. Bei schweren akuten Kupfersulfatvergiftungen wurden 0,26—1,82 mg Cu je Liter Harn gefunden.

h) Zink (s. a. Bd. 2/1, S. 674). Der gesunde Erwachsene scheidet in 24 Std 0,25—2,0 mg Zn aus[8].

i) Quecksilber (s. a. Bd. 2/1, S. 687). Normalpersonen, die soweit nachweisbar nie mit Hg in Berührung gekommen waren, scheiden nach STOCK[9,10] 0,01—0,1 γ-%, nach SZÉP[11] 0—0,072 γ-% Hg aus. Auch bei Kindern war Hg vielfach nachweisbar[12,13].

k) Blei (s. a. Bd. 2/1, S. 688). Die Bleimenge im Harn ist sehr schwankend. Nach WEYRAUCH u. LITZNER[14,15] liegt der Durchschnitt bei Menschen, die nie mit Blei zu tun gehabt haben, in 24 Std bei 0,023 mg, die kritische Menge (Bleikranke) liegt nach diesen Autoren bei ungefähr 0,1 mg Pb. Nach TOMPSETT[16] ist die tägliche Ausscheidung von 0,05 mg Pb noch normal, während nach BEHRENS u. TAEGER[17] eine Ausscheidung von 0,025—0,03 mg bereits pathologisch ist. KRAUT u. WEBER[18] fanden bei Bleiarbeitern einen Gehalt von 16—230 mg-% im Harn. s. a. [19].

2. Anionen.

Im Harn kommen die Anionen folgender Mineralsäuren vor: Salzsäure, Schwefelsäure, Orthophosphorsäure und Kohlensäure; die Chloride als freie Ionen, Sulfate nur zum Teil in Ionenform, zum Teil in Esterbindung (z. B. als Phenolesterschwefelsäure), zum Teil als „Neutralschwefel" gebunden.

a) Chloride (s. a. Bd. 2/1, S. 628). Der Gehalt des Harns an Chloriden wird entscheidend beeinflußt vom Kochsalzgehalt der Nahrung. Deshalb gibt man die Chloridmenge des Harns häufig berechnet als Natriumchlorid an, obwohl dies nicht ganz richtig ist (s. a. S. 85). Die tägliche Menge im menschlichen Harn beträgt 6—15 g NaCl. Beim Warmblüter ist der Chloridgehalt des Harns größer als der des Blutes. Beim Menschen kann man durchschnittlich die doppelte Konzentration im Harn wie im Blut annehmen. Alle Einflüsse, die in dem osmotischen Gleichgewichtszustand des Körpers Veränderungen hervorrufen, verändern auch den Chloridgehalt des Harns. So ist die Ausscheidung von Chlorid größer bei Aufnahme großer Wassermengen als bei Durst. Bei Hunger sind Werte bis herab zu 0,2 g täglich und weniger angegeben worden[20,21]. Die Abhängigkeit der Chloridausscheidung von der Nahrungsaufnahme weist gewisse Gesetzmäßigkeiten auf. Nach der Mahlzeit tritt als Folge der erhöhten Resorption von Kochsalz aus der Nahrung eine vorübergehende Vermehrung der Chloride im Harn auf. Nach einiger Zeit folgt eine Verminderung, welche auf den Verbrauch von

---

[1] TOMPSETT, S. L.: Biochem. J. **28**, 2088 (1934). — [2] CHOU, T.-P., and W. H. ADOLPH: Biochem. J. **29**, 476 (1935). — [3] SCHEINBERG, I. H., and D. GITLIN: Science, N. Y. **116**, 484 (1952). — [4] MANDELBROTE, B. M., M. W. STAINIER, R. H. S. THOMPSON and M. N. THURSTON: Brain **71**, 212 (1948). — [5] PORTER, H.: Arch. Biochem. **31**, 262 (1951). — [6] CUMINGS, J. N.: Brain **74**, 10 (1951). — [7] CHATTERJI, S. K., and H. D. GANGULY: Ind. J. med. Res. **38**, 303 (1950). — [8] DRINKER, K. R., J. W. FEHNEL and M. MARSH: J. biol. Ch. **72**, 375 (1927). — [9] STOCK, A.: B. Z. **316**, 108 (1944). — [10] STOCK, A., u. F. CUCUEL: Naturwiss. **22**, 390 (1934). — [11] SZÉP, Ö.: B. Z. **307**, 79 (1940/41). — [12] BORINSKI, P.: Kli. Wo. **1931 I**, 149. — [13] STOCK, A.: Kli. Wo. **1931 I**, 454. — [14] LITZNER, S., u. F. WEYRAUCH: Arch. Gewerbepath. **4**, 74 (1932). — [15] WEYRAUCH, F., u. S. LITZNER: Arch. Gewerbepath. **3**, 15 (1932). — [16] TOMPSETT, S. L., and A. B. ANDERSON: Biochem. J. **29**, 1851 (1935). — [17] BEHRENS, B., u. H. TAEGER: Z. ges. exp. Med. **96**, 282 (1935). — [18] KRAUT, H., u. M. WEBER: B. Z. **317**, 133 (1944). — [19] BYERS, R. K., C. A. MALOOF and M. CUSHMAN: A. M. A. Amer. J. Dis. Children **87**, 548 (1954). — [20] DAIBER: Schweiz. Wschr. Chem. Pharmaz. **34**, 395 (1896). — [21] CATHCART, E. P., and C. E. FAWSITT: J. Physiol., London **36**, 27 (1907).

Chlorid für die Salzsäureproduktion im Magensaft zurückzuführen ist. Es tritt dann abermals eine Steigerung ein, welche durch die Resorption von Chloriden durch den Darm zu erklären ist[1].

Beim Erwachen gesunder junger Menschen ist der Chloridgehalt des Harns stark erhöht und beträgt bis 3mal soviel wie während des Schlafes[2]. Beim Frosch[3] enthält der Harn stets die Chloride in geringerer Konzentration als das Blut, auch nach subcutaner Zufuhr von Kochsalz[4].

Eine Verminderung der Chloridausscheidung findet sich bei allen fieberhaften Krankheiten; besonders beobachtet bei Pneumonie, Abdominaltyphus, Recurrensfieber, Masern und Scharlach. Eine Vermehrung der Harnchloride beobachtet man bei der Rückbildung von Ödemen und Transsudaten sowie bei der Lösung der Pneumonie, wobei man bis zu 60 g Kochsalz in 24 Std im Harn feststellen konnte[4].

Bestimmung nach VOLHARD oder MOHR[5–7].

b) Phosphate (s. a. Bd. 2/1, S. 646). Die Ausscheidung der Phosphorsäure erfolgt durch die Nieren und den Darm, wobei rund 50—80% der Ausfuhr auf die Nieren entfallen[8]. Im Blut ist das anorganische Phosphat vollständig ionisiert und daher auch filtrabel. Die säurelöslichen Phosphate, leicht hydrolysierbare Phosphatester, scheinen eine Art Depot für Phosphationen zu sein. Bei einer Erhöhung des Calciumgehaltes des Blutes kommt es zu einer Verminderung der Filtrierbarkeit des Calciums wie der Phosphate. Es bilden sich nach KLINKE[9] Verbindungen zwischen Phosphaten und Calcium, die als solche vermehrt resorbiert werden. Der Niere wird das Phosphat nach KLINKE zum größten Teil in organischer Form angeboten, und zwar soll anorganisches Phosphat erst in den Tubuli durch fermentative Einwirkung der Phosphatase in Freiheit gesetzt werden. Im Harn sollen die Calcium- und Magnesiumphosphate durch Kolloide in Lösung gehalten werden. Fehlen diese Kolloide, so komme es zur Ausfällung von Phosphaten[10,11].

Im Nüchternharn fand WALKER[12] 2,56—210 mg-% anorganischen P und 0—19,5 mg-% organischen P. Bei Hunger ist der P-Gehalt erhöht[13], im Schlaf ist er gegen die Norm vermindert[14]. Nach MCCORVIE[15] soll bei Nierenkranken der P-Gehalt im Nachtharn kleiner sein als bei Gesunden. Bei der Arbeit ist nach HAVARD[16] der anorganische P vorübergehend deutlich vermehrt im Gegensatz zur Verringerung der Chloride.

Die Kapazität der Tubuli zur Rückresorption der Phosphate ist verschieden beurteilt worden[17,18]. PITTS u. ALEXANDER[19] kamen auf Grund ausgedehnterer Untersuchungen zu dem Ergebnis, daß sie scharf begrenzt ist, SMITH, OLLAYOS u. WINKLER[20] kamen zu dem gegenteiligen Ergebnis, nämlich, daß es keine maximale Rückresorption gibt. Nach der Infusion von anorganischem Phosphat

---

[1] MÜLLER, A., u. P. SAXL: Z. klin. Med. **56**, 546 (1905). — [2] SIMPSON, G. E.: J. biol. Ch. **67**, 505 (1926). — [3] PARNAS, J. K.: B. Z. **114**, 1 (1921). — [4] SCHÜRMEYER, A.: Pflügers Arch. **210**, 759 (1925). — [5] Hallmann 6. Aufl. S. 443. — [6] TILLMANNS, J., u. G. OHNESORGE: Praktikum der chemischen usw. Untersuchungsmethoden. 13. Aufl. S. 221. Berlin, Wien 1940. — [7] Hallmann 6. Aufl. S. 489. — [8] Lang-Ranke, Stoffwechsel S. 185. — [9] KLINKE, K.: Ergebn. Physiol. **26**, 235 (1928). Kli. Wo. **1927 I**, 791. Der Mineralstoffwechsel. Physiologie und Pathologie. Leipzig, Wien 1931. — [10] FREY, W.: Handb. inn. Med. (BERGMANN-FREY-SCHWIEGK) 4. Aufl. Bd. 8, S. 200. — [11] LICHTWITZ, L.: Med. Kolloidlehre S. 128ff. — [12] WALKER, B. S.: J. Lab. clin. Med. **17**, 347 (1932). — [13] MULDER, A. G., I. E. PHILLIPS and M. B. VISSCHER: J. biol. Ch. **98**, 269 (1932). — [14] SIMPSON, G. E.: J. biol. Ch. **84**, 393 (1929). 17. Int. Congr. Physiol. Stockholm. S. 153. (1926). — [15] MCCORVIE, J. E.: J. clin. Invest. **2**, 35 (1925). — [16] HAVARD, R. E., and G. A. REAY: J. Physiol., London **61**, 35 (1926). — [17] HARRISON, H. E., and H. C. HARRISON: Amer. J. Physiol. **134**, 781 (1941). — [18] HARRISON, H. E., and H. C. HARRISON: J. clin. Invest. **20**, 47 (1941). — [19] PITTS, R. F., and R. S. ALEXANDER: Amer. J. Physiol. **142**, 648 (1944). — [20] SMITH, P. K., R. W. OLLAYOS and A. W. WINKLER: J. clin. Invest. **22**, 143 (1943).

konnten TAUGNER u. Mitarb[1]. bei Katzen keine tubuläre Sekretion feststellen. Im Gegensatz zum Hund, wird bei der Katze die tubuläre Rückresorption des Phosphates nicht durch ein Maximum begrenzt, selbst nicht bei einem Plasmaspiegel von 100 mg-%.

Was die Frage betrifft, ob Phosphat auch sezerniert wird, so fanden WALKER u. HUDSON[2], daß sich die Konzentration des Phosphats vom Glomerulus abwärts fortschreitend verändert. An dieser Konzentrationsänderung scheinen beide Teile der tubuli contorti beteiligt. Bei Untersuchungen an Necturus kamen diese Autoren zu dem Ergebnis, daß bei der Perfusion eines proximalen Tubulus Phosphat nach beiden Richtungen hin passieren kann, sie konnten aber die Frage nicht entscheiden, ob die Erhöhung der Konzentration nur auf Wasserrückresorption beruht oder ob eine direkte Sekretion von Phosphat angenommen werden kann. In neueren Untersuchungen glauben BARCLAY, COOKE u. KENNEY diese Frage bejahen zu können[3].

HOGBEN u. BOLLMAN[4] bestimmten den maximalen tubulären Transport von Phosphat in der Froschniere. Das Phosphat ist nicht der tubulären Sekretion unterworfen. Bei Hunden ließ sich eine maximale Kapazität der Rückresorption feststellen, die sehr unstabil und leicht erschöpfbar war. Die Nebenschilddrüsen steigern oft die Rückresorption von exogenem und endogenem Phosphat[5]. Die Konstanthaltung des P-Spiegels im Blut hängt von der Kontrolle der renalen Phosphorsäureausscheidung durch die Parathyreoidea ab. Nach der Injektion von Parathormon ist die Phosphatausscheidung erhöht, verbunden mit einer Senkung der Plasmaphosphatkonzentration[6-10]. Große Mengen von Nebenschilddrüsenextrakten verursachen bei Ratten vermehrte Phosphorausscheidung ohne gleichzeitige Änderung der Aktivität von saurer und alkalischer Phosphatase der Niere[11].

In erster Linie scheinen die Harnphosphate dem Phosphatgehalt der Nahrung zu entstammen, nur der geringere Teil entsteht aus organischen Phosphatverbindungen. Das läßt die Tatsache verständlich werden, daß die Phosphorsäureausscheidung der Stickstoffausscheidung nicht parallel geht und daß auch eine Phosphorretention bei Stickstoffverlust beobachtet werden kann[12].

Phosphate werden im Harn und im Kot ausgeschieden. Das Verhältnis der einzelnen Anteile kann hierbei stark wechseln. Beim Fleischfresser (Hund) beobachtete man nach subcutaner Injektion von Phosphaten keine Vermehrung der Phosphatausscheidung im Kot. Die Mehrausscheidung erfolgte durch den Harn, umgekehrt wie beim Pflanzenfresser (Hammel). Hier erfolgte die ganze Mehrausscheidung durch den Darm und nicht durch den Harn. Beim Menschen ist das Verhältnis Harnphosphat zu Kotphosphat bedingt durch die Menge des gleichzeitig ausgeschiedenen Calciums[13].

Bei *Phosphaturie* wird ein trüber Harn entleert, der beim Stehen ein sehr reichliches Sediment von Calciumphosphat und Calciumcarbonat sowie von Magnesiumphosphat bildet. Der Harn reagiert alkalisch, und die Menge des ausgeschie-

[1] TAUGNER, R., M. v. BUBNOFF u. W. BRAUN: Pflügers Arch. **258**, 133 (1953/54). — [2] WALKER, A. M., and C. L. HUDSON: Amer. J. Physiol. **118**, 130 (1937). — [3] BARCLAY, J. A., W. T. COOKE and R. A. KENNEY: Acta med. scand. **134**, 107 (1949). — [4] HOGBEN, C. A. M., and J. L. BOLLMAN: Amer. J. Physiol. **164**, 662 (1951). — [5] JAHAN, I., and R. F. PITTS: Amer. J. Physiol. **155**, 42 (1948). — [6] DENT, C. E.: in The Kidney. Ciba Found. Symp. S. 242. London 1954. — [7] ALBRIGHT, F., C. H. BURNETT, P. H. SMITH and W. PARSON: Endocrinology **30**, 922 (1942). — [8] ELLSWORTH, R., and J. E. HOWARD: Bull. Johns Hopkins Hosp. **55**, 296 (1934). — [9] GOADBY, H. K., and R. S. STACEY: Biochem. J. **28**, 2092 (1934). — [10] KLEEMAN, C. R., and R. E. COOKE: J. Lab. clin. Med. **38**, 112 (1951). — [11] KOCHAKIAN, C. D., and A. R. TEREPKA: Amer. J. Physiol. **165**, 142 (1951). — [12] EHRSTRÖM, R.: Skand. Arch. Physiol. **14**, 82 (1903). — [13] Lang-Ranke, Stoffwechsel S. 185ff.

denen Calciums ist stark vermehrt. Der Phosphatgehalt des Harns braucht dabei nicht abnorm hoch zu sein. Es handelt sich also mehr um eine verstärkte Calciumurie[1]. Bei schwerer körperlicher Arbeit nimmt die Phosphatmenge des Harns stark zu[2].

Bestimmung s. [3,4].

c) Sulfate und Neutralschwefel (s. a. Bd. 2/1, S. 652). Der Schwefel kommt in dreierlei Form im Harn vor: als Sulfatschwefel, in den Esterschwefelsäuren und als sog. Neutralschwefel.

Der Schwefel in Form der Sulfate entstammt zum allergeringsten Teil aus den in der Nahrung vorhandenen Sulfaten. Der Gesamtschwefel des Harns leitet sich fast vollkommen aus dem Eiweiß her. Liegt er in Form der Schwefelsäure, also als Sulfat oder als Esterschwefelsäure vor, so ist er durch einen Oxydationsvorgang entstanden; denn im Eiweiß kommt der Schwefel als Sulfhydrylgruppe vor. Dieser oxydativen Bildung der Schwefelsäure aus Eiweiß ist in erster Linie die säuernde Wirkung eiweißreicher Kost, z. B. einseitiger Fleischkost, zuzuschreiben. Die Gesamtmenge der Schwefelsäureausscheidung je Tag beträgt beim Menschen 2—2,5 g. Das Verhältnis der Ester- zur Sulfatschwefelsäure ist etwa 1:10.

Für die einzelnen Fraktionen des Schwefels im menschlichen Harn hat man folgende Werte (als Schwefel angegeben) gefunden:

Tabelle 20. Schwefelfraktionen des Harns (in g S je Tag)[5].

Gesamtschwefel	1,33
Sulfatschwefel	1,16
Esterschwefelsäure-Schwefel	0,09
Neutralschwefel	0,07

Tabelle 21. Aufteilung der Fraktion des Neutralschwefels (in % der Gesamtmenge)[6].

HSCN	2,6
organische Sulfonsäuren	61,4
Cystin und Cystinpeptide	25,0
Methionin	11,0

Neutralschwefel. Über die Zusammensetzung des sog. Neutralschwefels beim Menschen s. Tabelle 21.

Der Neutralschwefel entsteht durch unvollständige Oxydation des Eiweißschwefels. Er tritt im Harn in Form geringer Mengen von Thiosulfat und Mercaptan[7], von SCN-Ionen[8] und von Diäthylsulfid[9] $(C_2H_5)_2S$ auf. Nach intravenöser Injektion von Vitamin B_1 steigt die Rhodanausscheidung an. Bei Rauchern erreicht die Ausscheidung im Harn das Doppelte des Normalwertes.

Normalwerte für Rhodan im Harn: bei Nichtrauchern 0,4 mg-%, bei starken Rauchern 1,4 mg-%[10].

Bestimmung von Rhodan im Harn s. [11,12].

Lotspeichs[13] Untersuchungen der Sulfatausscheidung beim Hunde zeigen bei normalen Plasmakonzentrationen und normaler Filtrationsgeschwindigkeit eine fast quantitative Resorption von Sulfat. Mit jeder leichten Erhöhung der Konzentration im Glomerulusfiltrat ist die Resorptionskapazität schnell überschritten,

---

[1] Tobler, L.: A. e. P. P. **52**, 116 (1905). — [2] Embden, G., u. E. Grafe: H. **113**, 108 (1921). — [3] Hallmann 6. Aufl. S. 533. — [4] Tillmanns, J., u. G. Ohnesorge: Praktikum der chemischen usw. Untersuchungsmethoden. 13. Aufl. S. 223; ausführliche Beschreibung: Hinsberg-Lang 2. Aufl. S. 50ff. — [5] Folin, O.: Amer. J. Physiol. **13**, 45 (1905). — [6] Lefèvre, C., et M. Rangier: J. Pharmacie Chim. (8) **27**, 204 (1938). — [7] Salkowski, E.: H. **89**, 485 (1914). — [8] Gscheidlen, R.: Pflügers Arch. **14**, 401 (1877). — [9] Abel, J. J.: H. **20**, 253 (1895). — [10] Rheinwald, U.: Dtsch. zahnärztl. Z. **1955**, 477. — [11] Lang, K.: B. Z. **262**, 14 (1933). — [12] Hinsberg-Lang 2. Aufl. S. 71. — [13] Lotspeich, W. D.: Amer. J. Physiol. **151**, 311 (1947).

ebenso wird durch Zuführung von NaCl die Rückresorption des Sulfats gehemmt. Es scheint dies eine spezifische Wirkung des Chloridions zu sein[1]. LOTSPEICH nimmt an, daß das Sulfat durch einen aktiven Prozeß rückresorbiert wird.

Nach Untersuchungen von WEISS[2] wird der Neutralschwefel bei Zuständen, welche mit vermehrtem Organeiweißzerfall einhergehen, relativ vermehrt ausgeschieden. Die Lungentuberkulose geht mit einer Erhöhung der absoluten und relativen Neutralschwefelwerte einher; die relativ höchsten Werte des Neutralschwefels wurden bei Krebskrankheiten beobachtet.

Bestimmung der Schwefelfraktionen nach MORGULIS und HEMPHILL, mittels Benzidin s.[3,4].

Von SCHMIEDEBERG[5] wurde im Harn von Katzen und Hunden *Thioschwefelsäure* festgestellt. Im Harn des normalen Menschen wurde sie von SALKOWSKI[6] und von PRESCH[7] nicht gefunden, während HEFFTER[8] ihre Anwesenheit aus einer Differenzbestimmung erschloß. Von STRÜMPELL[9] ist Thioschwefelsäure im Harn eines Typhuskranken gefunden worden.

Die *gepaarten Schwefelsäuren* werden auch Esterschwefelsäuren genannt. Sie sind Ester der Schwefelsäure mit aromatischen oder heterocyclischen Hydroxylverbindungen. Bei den verschiedenen Tieren wurden gefunden:

Phenolschwefelsäure, Kresolschwefelsäure, Brenzcatechin-mono-schwefelsäure, Brenzcatechin-di-schwefelsäure, Hydrochinonschwefelsäure, Indoxylschwefelsäure, Skatoxylschwefelsäure.

Die Gesamtmenge der Esterschwefelsäuren beträgt im Durchschnitt beim Menschen 0,18 g am Tag. Der Pflanzenfresser enthält im Harn mehr Esterschwefelsäuren als der Fleischfresser. Die Menge der gepaarten Schwefelsäuren im Harn steht im Zusammenhang mit der Intensität der Eiweißfäulnis im Darm und nimmt mit ihr zu.

Die Menge der *Phenolschwefelsäure* ist außer bei starker Darmfäulnis auch dann vermehrt, wenn Phenol per os einverleibt wird.

Indoxylschwefelsäure beobachtet man in großer Menge nach Verfütterung von Indol. Bei starker Eiweißfäulnis im Darm ist ihre Menge im Harn vermehrt.

Ob *Skatoxylschwefelsäure* im normalen menschlichen Harn überhaupt vorkommt, ist zweifelhaft. Sie wurde einmal aus Diabetikerharn isoliert[10].

Brenzcatechinschwefelsäuren sind im Pferdeharn in ziemlich großer Menge vorhanden. Im Menschenharn kommen sie selten und nur in geringer Menge vor[11]. Auch *freies Brenzcatechin* konnte im Harn in geringer Menge beobachtet werden.

Hydrochinonschwefelsäure ist nur in Spuren im Pferdeharn enthalten. Neben dieser Verbindung enthält nach Phenolvergiftungen der Harn auch *freies Hydrochinon*. Durch seine Zersetzungsprodukte ist die dunkle Farbe bedingt, die der „Carbolharn“ an der Luft bekommt.

Der Harn des Menschen enthält normalerweise *Phenol-* und *Kresolschwefelsäure*, letztere in etwas größerer Menge. Nach MÖRNER enthält der normale Harn *Chondroitinschwefelsäure*[12].

d) Kohlendioxyd und Carbonate. Auf eine Steigerung der sauren Anionen im Blut reagiert die Niere mit Mehrbildung von Ammoniak, z. B. nach oraler Zufuhr von saurem Phosphatsirup. Bei der Abnahme der sauren Valenzen im Blut geht umgekehrt die Ammoniakbildung durch die Niere zurück. Diese Schwankungen

[1] BERGLUND, F.: Fed. Proc. **12**, 14 (1953). — [2] WEISS, M.: B. Z. **27**, 175 (1910). — [3] MORGULIS, S., and R. E. HEMPHILL: J. biol. Ch. **96**, 573 (1932). — [4] MARENZI, A. D., and R. F. BANFI: Biochem. J. **33**, 1879 (1939). — [5] SCHMIEDEBERG, O.: Arch. Heilkde. **8**, 422 (1867). — [6] SALKOWSKI, E.: Virchows Arch. **58**, 460 (1873). — [7] PRESCH, W.: Virchows Arch. **119**, 156 (1890). — [8] HEFFTER, A.: Pflügers Arch. **38**, 476 (1886). — [9] STRÜMPELL, A.: Arch. Heilkde. **17**, 390 (1876). — [10] OTTO, J. G.: Pflügers Arch. **33**, 607 (1884). — [11] H.-Th. 10. Aufl. Bd. V, S. 247. — [12] MÖRNER, K. A. H.: Skand. Arch. Physiol. **6**, 332 (1895).

im Verhalten der Niere treten auch bei verschiedener Ernährung hervor, auch bei dem schlecht regulierenden Kaninchen, bei dem saure Kost (Grünfutter) sie erniedrigt. Wahrscheinlich spielt bei Schwankungen der Hydrogencarbonatausscheidung das interstitielle Gewebe eine Rolle. Eine ähnliche Erscheinung sieht man auch bei oraler Zufuhr und Überlastung mit Natriumsalzen, nämlich eine Mehrausscheidung von Natrium; das interstitielle Gewebe weist die übermäßige Zufuhr ab und umgekehrt. Die Niere selbst filtriert, was ihr von den Salzdepots im Gewebe durch das Blut angeboten wird; die tubuläre Rückresorption scheint dagegen wenig zu variieren[1].

Die Menge von CO_2, die man aus Harn auspumpen kann, wechselt sehr stark. Nach BUCKMASTER u. HICKMAN[2] kann man aus 100 cm³ Harn 4,17—13,96 cm³ CO_2 (unter Normalbedingungen gemessen) erhalten. Von dieser Kohlensäure ist bei weitem der größte Teil in Form von Hydrogencarbonationen vorhanden. Die Hydrogencarbonatmenge des Harns wechselt sehr. Nach reichlicher Pflanzennahrung sind die Hydrogencarbonate im Harn vermehrt, hauptsächlich deswegen, weil die in den Pflanzen vorhandenen organischen Säuren im Körper bis zu CO_2 oxydiert werden. Ist Carbonation in größerer Menge im Harn, so entweicht nach Zugabe von Salzsäure CO_2 unter Aufbrausen.

Von OCHWADT[3] wurde die Menge des Glomerulusfiltrates (Na-thiosulfat-Clearance), die Hydrogencarbonatkonzentration im arteriellen Plasma, sowie die Hydrogencarbonatausscheidung im Harn beim Menschen während willkürlicher Hyperventilation gemessen. Das Glomerulusfiltrat zeigte keine eindeutige Änderung. Die Ausscheidung des Hydrogencarbonats steigt, seine Rückresorption nimmt ab. (Nach 20 min Hyperventilation von 22—27 auf 17—23 mMol/*l*.) Der p_H im Plasma steigt um 0,1—0,2. Möglicherweise ist seine Veränderung als auslösender Faktor der Rückresorptionsminderung anzusehen.

Tabelle 22. Kieselsäuregehalt des Harns[4,7].

Tierart	mg-% SiO_2 im Harn
Mensch	0,7—2,2
Hund	0,9—2,7
Katze	0,3—0,8
Ratte	3,0—5,7
Kaninchen	7,2—27,2
Meerschweinchen	8,2—28,6
Schaf	11,9—17,2

e) Silikate (s. a. Bd. **2**/1, S. 690). Die im Harn ausgeschiedene Kieselsäure stammt aus der Nahrung und aus dem Trinkwasser. Auch nach Einatmung von silikathaltigem Staub, die zur Ablagerung erheblicher Mengen SiO_2 in den Lungen und peribronchialen Lymphknoten („*Silikose*") führt, kommt es zur Kieselsäureausscheidung im Harn[4]. GONNERMANN fand im Normalharn im täglichen Durchschnitt ungefähr 0,1 g[5]. Nach Trinken kieselsäurehaltigen Wassers nahm die Kieselsäure um ungefähr 20% täglich zu. KING u. MCGEORGE[6] fanden bei normalen Katzen eine Ausscheidung von 0,6—2,4 mg Kieselsäure in 100 cm³ Harn.

Bestimmung s. [8,9].

f) Nitrate und Nitrite (s. a. Bd. **2**/1, S. 617). Jeder Harn enthält in geringer Menge salpetersaure Salze, die sicherlich aus der Nahrung stammen. Die Menge beträgt beim Menschen im Mittel etwa 42,5 mg N_2O_5 im Liter[10]. Die ausgeschiedene Menge ist bei Fleischkost geringer als bei gemischter Kost, am größten bei vegetabilischer Nahrung.

Bestimmung s. [11,12].

[1] FREY, W.: Handb. inn. Med. (BERGMANN-FREY-SCHWIEGK) 4. Aufl. Bd. 8, S. 672. — [2] BUCKMASTER, G. A., and H. R. B. HICKMAN: J. Physiol., London **61**, XVII (1926). — [3] OCHWADT, B.: Pflügers Arch. **252**, 529 (1949/50). — [4] Lang-Ranke, Stoffwechsel S. 199. — [5] GONNERMANN, M.: B. Z. **94**, 163 (1919). — [6] KING, E. J., and M. MCGEORGE: Biochem. J. **32**, 426 (1938). — [7] KING, E. J., H. STANTIAL and M. DOLAN: Biochem. J. **27**, 1002 (1933). — [8] KING, E. J.: Biochem. J. **33**, 944 (1939). — [9] Hinsberg-Lang 2. Aufl., S. 74. — [10] WEYL, T.: Virchows Arch. **96**, 462 (1884). — [11] WHELAN, M.: J. biol. Ch. **86**, 189 (1930). J. Lab. clin. Med. **20**, 755 (1934/35). — [12] Hinsberg-Lang 2. Aufl. S. 82.

g) Arsen (s. a. Bd. **2**/1, S. 692). Arsen, aus Nahrungsmitteln stammend, ist in wechselnder Menge bis zu 0,52 mg im 24 Std-Harn enthalten. Der Mensch scheidet 25—63% der zugeführten Menge durch die Niere aus[1].

h) Fluoride (s. a. Bd. **2**/1, S. 695). BERZELIUS[2] wies schon auf geringe Mengen von Fluor im Harn hin; sehr wahrscheinlich stammen sie aus der Nahrung und dem Trinkwasser. Dort ist Fluor in geringer Menge nachgewiesen worden[3].

γ) Organische Bestandteile.

1. Aliphatische Säuren.

Im Harn sind sowohl flüchtige als auch höhermolekulare Fettsäuren gefunden worden. Zu den flüchtigen Fettsäuren rechnet man im allgemeinen *Ameisensäure*, *Essigsäure* und *Buttersäure*. Beim Diabetiker oder im Hunger werden große Mengen *β-Oxybuttersäure* und *Acetessigsäure* neben *Aceton* ausgeschieden (s. Bd. **2**/1, S. 802 u. 822ff.). Der normale menschliche Harn enthält in 200 cm^3 etwa 5,8 mÄq Ameisensäure und 0,5 mÄq Essigsäure. Urin von Kühen enthält ungefähr ebensoviel Ameisensäure, aber bis zu 30 mÄq Essigsäure. Ameisensäure wird auch im Hundeharn angetroffen; bei experimenteller Methylalkoholvergiftung vermehrt[4,5].

Am Tag werden etwa 30 mg Ameisensäure ausgeschieden. Sie stammt aus dem intermediären Stoffwechsel, und zwar aus der Methylgruppe des Methionins, der Alkoholgruppe des Serins, der Methylgruppe des Glykokolls, aus Methylgruppen des Cholins und des Betains[6]. Gesunde Personen scheiden je Tag 1—4 mg *Acetessigsäure* aus[7-9].

Im Harn von Diabetikern soll *Acetaldehyd* vorkommen, seine Herkunft ist unbekannt[10].

β-Oxybuttersäure ist neben der Acetessigsäure die einzige Säure, die in großen Mengen im Harn vorkommen kann. Sie ist besonders vermehrt bei der diabetischen Acidose und kann dann je Tag 20—30 g ausmachen. β-Oxybuttersäure ist im Harn nur dann vorhanden, wenn auch Acetessigsäure nachweisbar ist.

Bestimmung. Ameisensäure s. [11,12]. Essigsäure s. [13-15]. Acetessigsäure-Nachweis s. [16,17], Bestimmung s. [18]. Gesamtacetonkörper s. [19]. Bestimmung von Aceton, Acetessigsäure und β-Oxybuttersäure nebeneinander s. [20].

Unter „Acetonkörper" versteht man die Verbindungen *β-Oxybuttersäure*, *Acetessigsäure* und *Aceton*. Es wurde zuerst von JAKSCH[21] gefunden, daß auch im normalen Harn Aceton enthalten ist. Die Bestimmungsmethode erfaßte das Gesamtaceton. Er fand eine Tagesmenge von höchstens 10 mg im menschlichen Harn. Im normalen Pferdeharn fand man eine Menge von 2—4 mg Gesamtaceton im Liter[22]. Nach den Arbeiten von PITTARELLI[23] soll der normale Harn

---

[1] BANG, I.: B. Z. **165**, 364, 377 (1925). — [2] BERZELIUS, J.: Überblick über Zusammensetzung tierischer Flüssigkeit. Nürnberg 1815. — [3] CARLES, P.: J. Pharmacie Chim. (6) **25**, 228 (1907). — [4] STRISOVER, R.: B. Z. **54**, 189 (1913). — [5] BROUWER, E., and H. J. NIJKAMP: Acta physiol. pharmacol. neerl. **1**, 44 (1950). — [6] Lang, Intermed. Stoffw. S. 290. — [7] LEONHARDI, G., u. I. v. GLASENAPP: H. **286**, 145 (1951). — [8] WEITZEL, G.: H. **282**, 208 (1947). — [9] FELIX, K., G. LEONHARDI u. I. v. GLASENAPP: H. **287**, 133 (1951). — [10] STEPP, W., u. R. FEULGEN: H. **114**, 301 (1921). — [11] RIESSER, O.: B. Z. **142**, 280 (1923). — [12] Hinsberg-Lang 2. Aufl. S. 96. — [13] HUTCHENS, J. O., and B. M. KASS: J. biol. Ch. **177**, 571 (1949). — [14] H.-Th. 10. Aufl. Bd. V, S. 201. — [15] Hinsberg-Lang 2. Aufl. S. 99. — [16] ZWARENSTEIN, H.: J. Lab. clin. Med. **30**, 172 (1945). — [17] H.-Th. 10. Aufl. Bd. V, S. 207. — [18] LEONHARDI, G., u. I. v. GLASENAPP: H. **286**, 145 (1951). — [19] Hallmann 6. Aufl., S. 463. — [20] FOLIN, O., and W. DENIS: J. biol. Ch. **18**, 263 (1914). — [21] JAKSCH, V. R.: H. **6**, 541 (1882). — [22] KIESEL, K.: Pflügers Arch. **97**, 480 (1903). — [23] PITTARELLI, E.: Riforma med. **36**, 303 (1920).

kein freies Aceton, sondern eine acetonbildende Substanz enthalten, aus der sich bei der Destillation des Harns Aceton abspaltet. Ob der normale Harn auch β-Oxybuttersäure enthält, ist fraglich. In merklicher Menge sind die Acetonkörper unter pathologischen Bedingungen im Harn enthalten. Man findet sie vor allem, wenn Kohlenhydrate im Körper nicht in genügender Menge abgebaut werden. Dies ist z. B. der Fall beim Fehlen der Kohlenhydrate in der Nahrung bei sonst ausreichender Kost, solange nicht, wie beim Fleischfresser, Gewöhnung an eine solche Kost eingetreten ist, ferner beim Hunger (s. Bd. 2/1, S. 829). Auch findet man die Acetonkörper im Harn bei fieberhaften Erkrankungen und vor allem bei schwerem Diabetes, wenn die Verwertung der Kohlenhydrate schon sehr gelitten hat (s. Bd. 2/1, S. 803).

Die Muttersubstanzen der Acetonkörper sind vor allem die Fettsäuren der Fette (s. Bd. 2/1, S. 802) und gewisse „ketoplastische“ Aminosäuren des Eiweißes (s. Bd. 2/1, S. 932). β-Oxybuttersäure und Acetessigsäure werden nur im Harn ausgeschieden: Aceton als leichtflüchtige Verbindung findet man auch in der Ausatmungsluft. Bei schwerem Diabetes ist die Menge der ausgeschiedenen Acetonstoffe oft recht erheblich. Man fand je Tag 20—30 g, bei Zufuhr von Natriumhydrogencarbonat sogar 60 g β-Oxybuttersäure, bei Diabetikern, die nicht im Koma waren.

Wie bei jeder Säurevergiftung wird auch hier die im Harn vorhandene Säure durch Ammoniak neutralisiert. Im Coma diabeticum kann die Menge der ausgeschiedenen β-Oxybuttersäure bis zu 160 g am Tag ansteigen, aber nur dann, wenn genügend Natriumhydrogencarbonat zur Neutralisation der entstehenden Säure zugeführt wird. Bei Patienten, die im Koma verstorben waren, fand sich β-Oxybuttersäure in den Organen. Im Körper können 100—200 g dieser Verbindung aufgestapelt werden. Ähnlich verhält es sich mit den übrigen Acetonkörpern[1]. Das Verhältnis der einzelnen Acetonstoffe zueinander wechselt im Harn sehr stark. Das Verhältnis zwischen β-Oxybuttersäure und Aceton kann innerhalb der Grenzen 2:1 und 8:1 variieren[2].

Durch Verfütterung gewisser Stoffe kann man beim Diabetiker die Menge der Acetonkörper im Harn sehr herabsetzen. Als solch antiketogener Stoff wirkt in erster Linie Glucose[3]. Aber auch andere Verbindungen, wie Milchsäure, Glycerin, Brenztraubensäure und Alanin, haben diesen Einfluß. Die zuletzt genannten Stoffe sind alle Zuckerbildner im Organismus, worauf wohl ihre antiketogene Wirkung zurückzuführen ist.

Man hat aus normalem Menschenharn in sehr geringer Menge *Ölsäure* erhalten. Ferner isolierte man ein Gemisch von höheren Fettsäuren, das aus Palmitin- und Stearinsäure bestehen soll[4]. Freie Fettsäuren der Kettenlänge C_9—C_{11} werden bei der Körperpassage zu etwa 1—2% durch Oxydation der Endmethylgruppen der Paraffinkette als Dicarbonsäuren im Harn ausgeschieden, in besonders hohem Prozentsatz verzweigte Fettsäuren[5].

2. Aliphatische Di- und Tricarbonsäuren.

Oxalsäure, HOOC—COOH, ist stets im Harn enthalten. Die in Form des Calciumsalzes täglich vom Menschen ausgeschiedene Oxalsäuremenge beträgt 20—50 mg, bei einem Oxalsäureblutspiegel von 0,2—0,8 mg-%. Im Morgenharn

[1] Magnus-Levy, A.: A. e. P. P. **42**, 149 (1899). — [2] Schmitz, E.: Handb. Physiol. Bd. 4, S. 289. — [3] Jost, H.: Handb. Physiol. Bd. 5, S. 663. — Schmitz, E.: Der Harn. Handb. Physiol. Bd. 4, S. 290. — Shaffer, P. A.: J. biol. Ch. **47**, 433 (1921). — [4] Hybbinette, S.: Skand. Arch. Physiol. **7**, 380 (1897). — [5] Lit. s. Breusch, F. L.: Adv. Enzymol. **8**, 343 (1948). Angew. Chem. **62**, 66 (1950).

finden sich 2,4—6,5 mg je 100 cm^3 s.[1]. Nach LAMDEN u. CHRYSTOWSKY[2] beträgt die tägliche Oxalsäureausscheidung 38,3 ± 1,7 mg. Die Bildung eines Oxalatsediments erfolgt meist erst beim Stehen des Harns. Ein großer Teil der Oxalate entstammt der pflanzlichen Nahrung[3-6] und wird unverändert ausgeschieden.

In sehr geringer Menge beobachtet man im menschlichen Harn *Oxalursäure:*

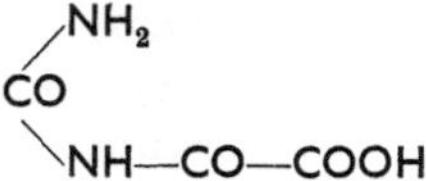

Herkunft und Bedeutung der Verbindung ist unbekannt.

Oxalsäure ist vermutlich als Oxydationsprodukt der Kohlenhydrate anzusehen, denn ihre Menge nimmt nach vermehrter Zufuhr von Kohlenhydrat oder Protein, nicht aber bei vermehrter Zufuhr von Fett oder höheren Fettsäuren zu[4,7,8]. Im Organismus wird Oxalsäure auch aus Glykol oder Glyoxylsäure gebildet, und Störungen im Kohlenhydratstoffwechsel können so auch Störungen im Oxalsäurestoffwechsel verursachen[9]. Wahrscheinlich stellt Oxalsäure auch ein Oxydationsprodukt des Vitamin C dar (s. S. 178).

Ein beträchtlicher Prozentsatz der Harnsteine besteht aus Calciumoxalat[10]. Nicht zuletzt aus diesem Grunde kommt dem Oxalsäurestoffwechsel eine praktische Bedeutung zu.

Beim Diabetes mellitus kann der Oxalsäurespiegel des Blutes auf das 2—3fache der Norm steigen, was wohl auf eine Störung der Endoxydation der Kohlenhydrate zurückzuführen ist. Auch im O_2-Mangelzustand ist der Blutoxalsäurespiegel erhöht. Es kann aber noch nicht angegeben werden, wie hoch der endogene Anteil der Oxalsäurebildung gegenüber der exogen zugeführten Oxalsäure ist. Keine besondere Beziehung zum Diabetes hat die Oxalurie, ein Auftreten von Calciumoxalatkrystallen im frisch gelassenen Harn; bei diesen, plötzlich auftretenden „oxalurischen Anfällen" kann die tägliche Ausscheidungsquote von normal 20—30 mg bis über 1000 mg ansteigen. Diesen Anfällen liegt häufig eine „oxalämische" Diathese zugrunde, die von neurovegetativen Störungen begleitet ist. Das Auskrystallisieren von oxalsaurem Calcium kann bereits im Nierenharn erfolgen, da der Harn bei einer plötzlichen Steigerung der Oxalsäureausscheidung eine viel größere Menge von Calciumoxalat in Lösung halten muß, als der Löslichkeit in Wasser entspricht. Es ist noch nicht bekannt, welche Rolle der endogenen Oxalsäurestoffwechselstörung neben der erhöhten Oxalsäurezufuhr bei Erkrankungen auf oxalämischer Grundlage zukommt; denn einerseits können bei diesen Kranken durch Zufuhr von oxalsäurereichen Nahrungsmitteln (Schokolade, Rhabarber, Tomaten, Tee) Nierenkoliken heraufbeschworen werden, andererseits kann man die Anfälle aber auch bei Patienten beobachten, die lange keine oxalsäurehaltige Nahrung zu sich genommen haben[11], während die tetanischen Erscheinungen bei Oxalsäure-(Kleesalz-)vergiftungen auf einer Hypocalcämie beruhen, die durch Ausfällung von oxalsaurem Calcium verursacht ist[12].

---

[1] Lang, Intermed. Stoffw. S. 268. — [2] LAMDEN, M. P., and G. A. CHRYSTOWSKY: Proc. Soc. exp. Biol. Med. **85**, 190 (1954). — [3] PINCUSSEN, L.: Handb. Biochem. Bd. **5**, S. 576. — [4] PINCUSSOHN, L.: B. Z. **99**, 276 (1919). — PINCUSSEN, L.: B. Z. **126**, 82 (1921). — [5] STRADOMSKY, N.: Virchows Arch. **163**, 404 (1901). — [6] DAKIN, H. D.: J. biol. Ch. **3**, 57 (1907). — [7] EPPINGER, H.: Hofmeisters Beitr. **6**, 492 (1905). — [8] FLASCHENTRÄGER, B., u. P. B. MÜLLER: H. **251**, 52, bes. 74 (1938). — [9] BÖHME, R.: Diss. med. Leipzig 1941. — [10] s. PHILIPSBORN, H. v.: Ärztl. Forsch. **7/I**, 391 (1953). — [11] OETTEL, H.: Handb. inn. Med. (BERGMANN-STAEHELIN) 3. Aufl. Bd. 6/2, S. 1023. — [12] Grosse-Brockhoff, Path. Physiol. S. 419.

Nachweis s. [1,2], *Bestimmung* s. [3-6].

THOMAS u. KALBE[7] fanden im Hundeharn regelmäßig und unabhängig von der Nahrung kleinste Mengen *Malonsäure*, die papierchromatographisch isoliert und identifiziert wurden.

Nachweis s. [8].

Gesunde Personen scheiden am Tag 2,5—10,8 mg *Bernsteinsäure* aus[9-11].

Bestimmung s. [10,12,13].

Am Tag werden 0,2—1,0 g *Citronensäure* ausgeschieden[14]. Die Konzentration im Harn ist 20—60mal höher als im Blut. FOURMAN u. ROBINSON[15] beobachteten bei einem Fall von Nierenacidose eine verminderte Citratausscheidung im Harn. Auch bei experimentell erzeugtem K-Mangel sinkt die Citratausscheidung ab. Nach MILNE[16] sind aber nicht nur K-Mangel, sondern auch noch andere Faktoren, darunter der Ca-Gehalt des Körpers von Bedeutung für die Ausscheidung von Citrat.

Bestimmung s. [17].

3. Aromatische Säuren und Phenole.

Die im intermediären Stoffwechsel dauernd, auch unter normalen Bedingungen entstehenden Phenole werden im Harn als Ester der Schwefelsäure und der Glucuronsäure ausgeschieden. Es lassen sich *Phenole*, *Kresole* und *Brenzcatechin* nachweisen. Die im normalen Harn je Tag ausgeschiedenen Mengen schwanken zwischen 50 und 150 mg. Nach den älteren Angaben sind Kresol und Phenol ungefähr in gleichen Mengenverhältnissen vorhanden, während nach den Untersuchungen von SCHMIDT[18] die Kresole 87 mg, die Phenole nur 10 mg ausmachen. Unter krankhaften Bedingungen kann die Phenolausscheidung im Tag bis auf fast 1 g ansteigen[19].

Bestimmung s. [19-22].

Nach BECHER, LITZNER u. DOENECKE[23] sind im Harn bei Vermehrung der Phenole *Oxyphenylessigsäure* und *Oxyphenylpropionsäure* in Mengen von 0,01 bis 0,02 g-% nachweisbar. p-Oxyphenylessigsäure tritt im Harn von Menschen und Meerschweinchen auf, deren Vitamin C-Bedarf nicht gedeckt ist. Nach Verabreichung von Vitamin C wird p-Oxyphenylessigsäure nicht mehr ausgeschieden[24]. Weitere im Harn auftretende aromatische Oxysäuren sind die *Phenylglykolsäure*, *Oxyhydrocumarsäure* (Oxydationsprodukt der Phenylacrylsäure) sowie die *Homogentisinsäure*, ferner vom Tryptophan abstammend die *Indolessigsäure*

---

[1] EEGRIWE, E.: Z. analyt. Chem. **89**, 123 (1932). — [2] SUZUKI, S.: H. **244**, 235 (1936). — [3] H.-Th. 10. Aufl. Bd. V, S. 212. — [4] KÖPPLIN, F.: Z. ges. exp. Med. **96**, 784 (1935). — KOCH, K.: B. Z. **283**, 422 (1936). — [5] PEREIRA, R. S.: Mikrochem. **36/37**, 398 (1951). — [6] BURROWS, S.: Analyst **75**, 80 (1950). — [7] THOMAS, K., u. H. KALBE: H. **293**, 239 (1953). — [8] DIETERLE, W., u. F. WENZEL: B. Z. **316**, 357 (1944). — [9] LEONHARDI, G., u. I. v. GLASENAPP: H. **286**, 145 (1951). — [10] WEITZEL, G.: H. **282**, 208 (1947). — [11] FELIX, K., G. LEONHARDI u. I. v. GLASENAPP: H. **287**, 133 (1951). — [12] THOMAS, K., u. G. WEITZEL: H. **282**, 170 (1947). — [13] FLASCHENTRÄGER, B., u. T. HOSODA: H. **282**, 215 (1947). — [14] HUGOUNENQ, L.: Technique de Laboratoire. Bd. Chimie clinique. S. 105. Paris 1954. — [15] FOURMAN, P., and J. R. ROBINSON: Lancet **265**, 656 (1953). — [16] EVANS, B. M., N. C. JONES, M. D. MILNE and H. YELLOWLESS: Lancet **265**, 791 (1953). — [17] NATELSON, S., J. K. LUGOVOY and J. B. PINCUS: J. biol. Ch. **170**, 597 (1947). — [18] SCHMIDT, E. G.: J. biol. Ch. **179**, 211 (1949). — [19] H.-Th. 10. Aufl., S. 247. — [20] STOUGHTON, R. W.: J. biol. Ch. **115**, 293 (1936). — [21] GOMORI, G.: J. Lab. clin. Med. **34**, 275 (1949). — [22] SCHMIDT, E. G.: J. biol. Ch. **179**, 211 (1949). — [23] BECHER, E., S. LITZNER u. F. DOENECKE: M. m. W. **1927 II**, 1656. — [24] ATERMAN, K., R. J. BOSCOTT and W. T. COOKE: Biochem. J. **55**, XVII (1953).

und *Indolacetursäure.* Im Harn von Kranken mit Lebercarcinom ist 5-Oxyindolessigsäure gefunden worden[1].

Homogentisinsäure, Bestimmung s. [2,3].

Indol, Bestimmung s. [4].

Das Vorhandensein von m-Oxyhippursäure und m-Oxyphenylmilchsäure im normalen menschlichen Harn wurde durch chromatographische Methoden wahrscheinlich gemacht[5].

Bei Erkrankungen der Niere, die mit Harnstoffretention einhergehen, ist der Gehalt des Serums an aromatischen Oxysäuren vermehrt, die Menge der aromatischen Oxysäuren geht der Menge der Phenole parallel. Bei chronischer Nephritis sind die Mengen oft erhöht. Die stärkste Vermehrung sieht man bei Schrumpfniere und bei Anurie.

p-Oxybenzoesäure wurde im Harn von normalen Kaninchen nachgewiesen[6]. Die Ausscheidung betrug 0—6 mg/*l*. Auch im Harn von trächtigen Stuten ist die p-Oxybenzoesäure gefunden worden[7].

p-Oxyphenylbrenztraubensäure konnte bisher im normalen Harn nicht nachgewiesen werden, bei Leberkranken tritt sie spontan auf[8]. Nach Belastung mit 2 g p-Oxyphenylbrenztraubensäure per os bei Patienten mit Leberschädigungen, häufig auch bei Bluterkrankungen, bei Infekten und malignen Tumoren[9], tritt diese Säure vermehrt im Harn auf, gleichzeitig werden auch Tyrosin, Phenol und Brenztraubensäure in erhöhtem Maß gefunden[10–12]. Bei dieser Belastung nimmt die Acetessigsäure nur bei Gesunden im Harn zu, nicht aber bei leberkranken Versuchspersonen.

Bestimmung s. [13–15].

Harn von Patienten mit Alkaptonurie färbt sich an der Luft braun bis schwarz und reduziert alkalische Kupferlösung in der Wärme. Diese Reaktion geht auf die Anwesenheit von 2,5-*Dioxyphenylessigsäure (Homogentisinsäure)* zurück, welche durch den Luftsauerstoff oxydiert wird. Die Homogentisinsäure entsteht aus Phenylalanin und Tyrosin (s. S. 129 sowie Bd. 2/1, S. 981 u. Bd. 2/2a, S. 280).

Man nimmt schon seit längerer Zeit an, daß Homogentisinsäure ein normales Zwischenprodukt des Abbaus von Phenylalanin und Tyrosin ist, da verfütterte oder injizierte Homogentisinsäure von *gesunden* Menschen quantitativ oxydiert wird. Bei der Alkaptonurie kann die Homogentisinsäure aus irgendwelchen Gründen nicht vollständig umgesetzt werden. Durch Verfütterung großer Mengen von Tyrosin oder Phenylalanin kann beim Menschen keine „experimentelle" Alkaptonurie erzeugt werden. Bei Mäusen und Ratten gelang es jedoch durch chronische Verfütterung hoher Dosen von L-Tyrosin (über 0,4 g je 100 g Körpergewicht und Tag) Ausscheidungen von bis zu 70 mg Homogentisinsäure je Ratte und Tag zu erreichen. Auch durch die chronische Verabreichung von L-Phenylalanin konnte bei Ratten eine Alkaptonurie erzielt werden. Einmalige große

---

[1] Clerc-Bory, M., H. Pachéco et C. Mentzer: Cr. **238**, 525 (1954). — [2] Metz, E.: B. Z. **190**, 261 (1927). H. **193**, 46 (1930). — [3] Neuberger, A.: Biochem. J. **41**, 431 (1947). — [4] Fearon, W. R., and J. A. Drum: Sci. Proc. R. Dublin Soc. (N. S.) **25**, 295 (1951). — [5] Armstrong, M. D., K. N. F. Shaw and P. E. Wall: Fed. Proc. **14**, 174 (1955). — [6] Boyland, E., D. Manson, J. B. Solomon and G. H. Wiltshire: Biochem. J. **53**, 420 (1953). — [7] Lederer, E., et J. Polonsky: Biochim. biophysica, Acta N. Y. **2**, 431 (1948). — [8] Felix, K., G. Leonhardi, u. I. v. Glasenapp: H. **287**, 141 (1951). — [9] Gros, H., u. E.-J. Kirnberger: Kli. Wo. **1954**, 115. — [10] Felix, K., G. Leonhardi u. I. v. Glasenapp: H. **287**, 133 (1951). — [11] Felix, K.: H. **281**, 36 (1944). — [12] Felix, K., u. R. Teske: H. **267**, 173 (1941). — [13] H.-Th. 10. Aufl. Bd. V, S. 204. — [14] Leonhardi, G., I. v. Glasenapp u. K. Felix: H. **286**, 19 (1950). — [15] Wegner, E.: Kli. Wo. **1950**, 347.

Dosen erwiesen sich aber stets als wirkungslos. Nur die Verabreichung der L-Formen erzeugte bei den Tieren eine Alkaptonurie, die D-Formen waren stets unwirksam[1,2].

4. Heterocyclische Säuren.

J. v. LIEBIG isolierte aus dem Harn von Hunden die *Kynurensäure* (s. Bd. 2/1, S. 987 u. 2/2a, S. 288), die im Stoffwechsel aus Tryptophan gebildet wird, was von ELLINGER erstmalig nachgewiesen wurde. Die Substanz kommt nur im Harn des Haus- und des Steppenhundes (Canis ochropus) normalerweise vor[3]. Die Menge der Kynurensäure im Hundeharn nimmt bei Fleischfütterung zu. Nach Zufuhr großer Tryptophandosen scheiden Hunde, Ratten, Kaninchen und Mäuse bis zu 50% der berechneten Menge Kynurensäure aus. Nach der Einnahme von 10 g L-Tryptophan wurden bei einem Menschen aus dem Harn 0,9 g Kynurensäure isoliert[3,4]. Bei Patienten, die an Leukämie litten, konnte chromatographisch Kynurenin und 3-Oxykynurenin im Harn nachgewiesen werden[5]. Das aus menschlichem Urin nach starker Alkalisierung nachweisbare o-Aminoacetophenon stammt wahrscheinlich aus dem Kynurenin des Harns[6].

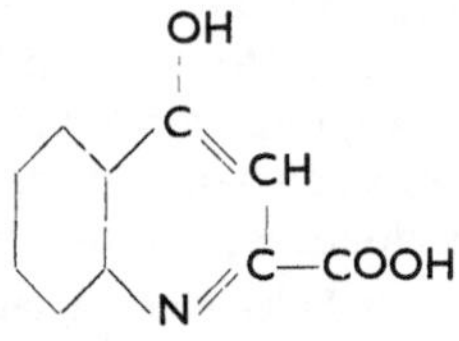

Kynurensäure

Kynurenin, Bestimmung s. [7].

Kynurensäure, Bestimmung s. [8].

Katzen scheiden an Stelle von Kynurensäure *Anthranilsäure* aus[4].

Aus dem Harn von Kranken mit kongenitaler hypoplastischer Anämie konnte Anthranilsäure isoliert werden. Orale Gaben von L-Tryptophan führten bei diesen Kranken zu einer erhöhten Ausscheidung der Anthranilsäure[9].

Menschen scheiden im Tag etwa 5—10 mg *Furandicarbonsäure* (s. Bd. 2/1, S. 738) im Harn aus. Nach Verfütterung von Glucuronsäure oder Galakturonsäure steigt die Ausscheidung auf das 5—15fache an[10]. PRICE u. LINDENBLAD[11] isolierten aus normalem menschlichem Harn N-Methyl-2-pyridon-5-carbonsäure. Die tägliche Ausscheidung variiert von 3—6 mg.

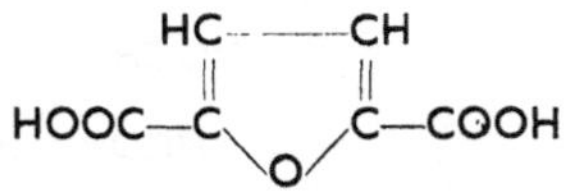

Furandicarbonsäure

5. Kohlenhydrate.

Auch wenn im Harn die TROMMERsche Probe negativ ausfällt, kann man stets eine geringfügige Reduktion, z. B. von FEHLINGscher Lösung beobachten. Ein Teil der reduzierenden Wirkung wird auf normalerweise vorhandene Kohlenhydrate zurückgeführt. Im einzelnen sind die Angaben der Literatur, vor allem, was die Menge der vorhandenen Kohlenhydrate anbelangt, sehr schwankend. Dies liegt zum Teil an der Geringfügigkeit der Reduktion, zum Teil an Mängeln der angewandten Analysenverfahren.

Pentosen. Nach EASTHAM[12] kommen im normalen Harn Spuren von *Rhamnose, Arabinose und Xylose* vor. L-Xylose oder L-Arabinose beobachtet man im Harn nach reichlichem Genuß von Früchten und Fruchtsäften, weil die in den Früchten

---

[1] Lang, Intermed. Stoffw. S. 227. — [2] SCHREIER, K., u. H. PLÜCKTHUN: Z. Kinderheilkde 71, 462 (1952). — [3] SWAIN, R. E.: Amer. J. Physiol. 13, 30 (1905). — [4] Lang, Intermed. Stoffw. S. 235, 237. — [5] MUSAJO, L., C. A. BENASSI e A. PARPAJOLA: Ric. sci. 23, 1407 (1953). — [6] ŠPAČEK, M.: Nature 172, 204 (1953). — [7] KOTAKE, Y., u. M. KAWASE: H. 214, 6 (1933). — [8] JACKSON, R. W.: J. biol. Ch. 131, 469 (1939). — [9] ALTMAN, K. I., and G. MILLER: Nature 172, 868 (1953). — [10] FLASCHENTRÄGER, B., B. CAGIANUT u. F. MEIER: Helv. 28, 1489 (1945). — [11] PRICE, J. M., and G. E. LINDENBLAD: Fed. Proc. 14, 264 (1955). — [12] EASTHAM, M.: Biochem. J. 45, XIII (1949).

enthaltenen Pentosen im Körper schlecht abgebaut werden. In seltenen Fällen hat man eine D,L-Arabinosurie und eine L-Arabinosurie als Folge von Stoffwechselstörungen[1,2], außerdem eine Ausscheidung einer Xyloketose, nämlich von L(+)-Xylose, beobachtet[3]. Im tierischen Organismus sind die Pentosen weit verbreitet, z. B. als Bausteine der Nucleinsäuren, der Mononucleotide, z. B. der ATP, von Cofermenten usw., und zwar in Form von Ribose und Desoxyribose. Die Reduktionsprobe im Harn wird bei der Pentosurie erst nach längerem Kochen positiv. FEHLING- und NYLANDER-Reagens werden von Pentose reduziert, die Gärprobe bleibt aber negativ (charakteristisch für Pentosen ist die Orcinprobe = TOLLENS-Probe; s. Bd. 1, S. 278). Die Ursache der Pentosurie wird in einer Leberschädigung vermutet, da gleichzeitig Aminosäuren und Urobilinogen vermehrt ausgeschieden werden. Bei der seltenen erbicihen Pentosurie werden L-Xylose (Xyloketose), D,L-Arabinose und D-Ribose im Harn angetroffen.

Als Folge einer seltenen familiären Störung des Kohlenhydratstoffwechsels kann gleichzeitig Fructosurie, Pentosurie und Mannosurie auftreten. Von MALYOTH u. Mitarb.[4] wurde im Harn eines Kindes Fructose, Glucose, Mannose, Arabinose und Xylose angetroffen, im Harn der Mutter dieses „Kranken" Arabinose und Xylose, im Harn der Großtante mütterlicherseits neben Fructose, Galaktose, Glucose, Mannose auch die Aldopentose Xylose.

Nach der Zufuhr größerer Mengen von D-*Glucosamin* und D-*Chondrosamin* wird der größte Teil unverändert im Harn ausgeschieden[5].

Nach WAKO[6] kommt im menschlichen Harn *Methylglyoxal* vor. Die Substanz wurde papierchromatographisch identifiziert.

D-Chondrosamin (Galaktosamin)	D-Glucosamin (Chitosamin)	Methylglyoxal
CH(OH)	CH(OH)	
$HCNH_2$	$HCNH_2$	
HOCH	HOCH	CHO
HOCH	HCOH	CO
HCO	HCO	CH_3
CH_2OH	CH_2OH	

Hexosen: Man hat aus dem Harn ein Glucosazon isoliert und geschlossen, daß in 2 *l* Tagesharn beim Menschen 0,1—0,2 g *Glucose* enthalten sind[7]. Dieser Schluß ist unzulässig, da man aus dem Vorliegen von Glucosazon nicht eindeutig auf das Vorhandensein von Glucose schließen kann. Mit Hilfe der Papierchromatographie konnte EASTHAM[8] jedoch nachweisen, daß normaler Harn in der Tat stets wechselnde Mengen von Glucose und von *Uronsäuren* enthält.

Glucosurie ist ein Zeichen dafür, daß die Rückresorption des Zuckers gestört ist oder daß die in den Primärharn übergegangene Glucosemenge die Resorptionskapazität der Niere übersteigt[9]. Wenn die Glucosekonzentration im Plasma über einen kritischen Wert hinausgeht, so wird Glucose in beträchtlichen Mengen

[1] NEUBERG, C.: B. **33**, 2243 (1900). — [2] LUZZATTO, R.: Hofmeisters Beitr. **6**, 87 (1905). — [3] GREENWALD, I.: J. biol. Ch. **88**, 1; **89**, 501 (1930). — [4] MALYOTH, G., K. SCHEPPE u. H. W. STEIN: Kli. Wo. **1952**, 1018. — [5] Lang, Interm. Stoffw. S. 132. — [6] WAKO, H.: Tohoku J. exp. Med. **55**, 124 (1952). — [7] BAISCH, K.: H. **18**, 193; **19**, 339 (1894). — [8] EASTHAM, M.: Biochem. J. **45**, XIII (1949). — [9] KLEINSCHMIDT, A.: Kli. Wo. **1953**, 873. — HÄNZE, S., u. A. KLEINSCHMIDT: Schweiz. med. Wschr. **84**, 321 (1954).

ausgeschieden. Diese Tatsache führte zum Begriff der „Nierenschwelle", der von CLAUDE BERNARD 1877 geprägt wurde.

Glucose wird normalerweise bis zu Blutzuckerwerten von 140—190 mg-% total rückresorbiert. Bei einer glomerulären Filtration von 120 cm³/min und einem mittleren Blutzuckergehalt von 150 mg-% werden also 180 mg Zucker je min rückresorbiert (maximale T_{mG} 300—375 mg Glucose je min[1]; T_{mG} = maximale Rückresorptionskapazität für Glucose.)

Auffallend ist das Ansteigen der „Nierenschwelle" für Glucose bei Nephrosklerose. Bei gleichzeitigem Vorliegen eines Diabetes mellitus können Nephrosklerosen Blutzuckersteigerungen bis 500 mg-% aufweisen, ohne daß es zur Zuckerausscheidung im Harn kommt. Die Ursache dafür ist bisher ungeklärt[2,3]. Beim Myxödem und bei der SIMMONDSschen Kachexie kommt es ebenfalls zu einer Erhöhung der Nierenschwelle[4,5]. Nach FRIEDMAN soll es Fälle von renalem Diabetes geben, bei denen eine niedrige Glucoseschwelle neben einer normalen Rückresorptionskapazität besteht. Glucosurie kann vorkommen bei Thyreotoxikose, bei Hypophysenanomalien (z. B. bei Akromegalie), bei Nebennierenmarktumoren und bei seelischen Erregungen.

Renaler Diabetes. Der renale Diabetes ist gekennzeichnet

a) durch Glucosurie bei verhältnismäßig niedrigem Blutzuckerwert,

b) dadurch, daß bei Patienten mit renalem Diabetes bei Erhöhung des Blutzuckers mehr Glucose ausgeschieden wird als durch normale Nieren bei derselben Höhe des Blutzuckers[6].

Nach REUBI kann[7] man wenigstens zwei verschiedene Typen von dauernder renaler Glucosurie unterscheiden. Der erste Typ, den REUBI „echten renalen Diabetes" nennt, ist charakterisiert durch eine ausgesprochene Glucosurie und eine niedrige T_{mG}. Er ist eine kongenitale Anomalie und kann familiär auftreten. Der zweite Typ, der „renaler Pseudodiabetes" genannt wird, ist durch eine mäßige Glucosurie, eine niedrige T_{mG} bei niedrigem Blutzuckerniveau und einer normalen T_{mG} bei einem hohen Blutzuckerniveau gekennzeichnet. Er kann angeboren oder erworben sein.

Die Ursachen können nach LAMBERT[8,9] darin liegen, daß die Tubuli der einzelnen Nephrone eine unterschiedliche Kapazität zur Glucoserückresorption besitzen. Die von LAMBERT beschriebene „minimale Glucoseschwelle" würde demnach das Blutzuckerniveau kennzeichnen, bei dem eine kleine Anzahl von Nephronen, nämlich die in bezug auf die Glucoserückresorption am schwächsten sind, gesättigt sind. Die „maximale Schwelle" bezeichnet dann das Blutzuckerniveau, bei dem auch die Rückresorptionskapazität der „stärksten" Tubuli gesättigt ist.

Bei kongenitalem renalem Diabetes ist die niedrige Nierenschwelle stets mit einer niedrigen maximalen Rückresorptionskapazität verbunden. Da die Rückresorption von Phosphaten bei renalem Diabetes normal ist, führen LAMBERT u. GOVAERTS den congenitalen renalen Diabetes nicht auf eine anatomische Schädigung der Tubuli, sondern auf eine Störung im Mechanismus des enzymatischen Glucosetransports in den Tubuli zurück.

---

[1] GOLDRING, W., and H. CHASIS: Hypertension and Hypertensive Disease. New York 1944. — [2] SPÜHLER, O.: Zur Physio-Pathologie der Niere. Bern 1946. — [3] SPÜHLER, O., u. O. U. ZOLLINGER: Dtsch. Arch. klin. Med. **190**, 321 (1943). — [4] KLEINSCHMIDT, A.: Kli. Wo. **1953**, 873. — [5] REINECKE, R. M., and P. J. HAUSER: Amer. J. Physiol. **153**, 205 (1948). — REINECKE, R. M.: Amer. J. Physiol. **171**, 29 (1952). — [6] GOVAERTS, P., et P. CAMBIER: Bull. Mém. Soc. Méd. Hôp. Paris **1934**, 474. Acta med. scand. **83**, 317 (1934). — GOVAERTS, P.: Rev. méd. Suisse rom. **47**, 1 (1937). — GOVAERTS, P., et P. P. LAMBERT: Acta clin. belg. **4**, 341 (1949). — [7] REUBI, F. C.: in The Kidney. Ciba Found. Symp. S. 96. London 1954. — [8] LAMBERT, P. P.: in The Kidney. Ciba Found. Symp. S. 79. London 1954. — [9] GOVAERTS, P.: Acta clin. belg. **5**, 1 (1950).

Eine leichte Glucosurie als Folge einer Hyperglykämie kann noch im Bereich des Physiologischen liegen und kann z. B. verursacht sein durch eine umfangreiche Kohlenhydratmahlzeit, durch extreme körperliche Anstrengungen, durch Aufregungen, durch Kälte usw.

Eine „alimentäre" Glucosurie tritt beim Menschen z. B. nach Verabreichung einer Lösung von 100 g Glucose per os ein. Besonders leicht kann eine alimentäre Glykosurie durch Verfütterung größerer Mengen von Fructose und Pentose erzeugt werden.

Die häufigste Ursache der Glucosurie ist der *Diabetes mellitus*, bei welchem eine cyclische oder dauernde Hyperglykämie besteht. Von der Niere aus gesehen, erscheint die physiologische Glykosurie wie die diabetische als Folge der die Rückresorptionskapazität der Tubulusepithelien übersteigenden Belastung des Glomerulusfiltrates mit Glucose, und nicht als Folge einer Störung der Funktion der Tubuli.

Die *Resorption* des Zuckers in den Kanälchen könnte durch physikalische Begünstigung des Abtransports des Zuckers durch die Zellmembranen bedingt sein[1] oder aber durch das Eingehen der Glucose in den Stoffwechsel der Nierenzelle. In diesem Zusammenhang ist hervorzuheben, daß nach COHN u. Mitarb.[2] in der Niere eine Zuckerneubildung von 60 mg/kg/Std stattfindet; bei Hyperglykämie ist dieser Wert erhöht. Diese Glucose stammt nach COHN[3] nicht aus dem Nierenglykogen. In diesem Sinne spricht auch die Tatsache, daß die Zuckerkonzentration bei Affen, Hunden und Ratten im Nierenvenenblut größer ist als im arteriellen Blut[4]. Das Nierenglykogen ist bei eviscerierten, hepatektomierten Hunden vermehrt. Bei der Kaninchenniere wurde von DRURY u. Mitarb.[5] eine nur sehr geringe Gluconeogenese festgestellt. Nierenschnitte bilden bei Inkubation mit Succinat und Pyruvat Glucose. Es besteht kein Unterschied zwischen den Organen normaler und adrenalektomierter Tiere[6].

Gegen die Annahme, daß der Zucker auf physikalischem Wege das Lumen der Tubuli verläßt, läßt sich z. B. anführen, daß die Molekülgröße für die Resorption einer Zuckerart nicht entscheidend ist[7], ferner daß bei klinischer und experimenteller Nierenschädigung mit sehr starker Behinderung der Wasserresorption und damit der Resorption von Na, Cl, Ca, d. h. der physikalischen Rückresorption niemals Zucker im Harn nachweisbar wird und schließlich auch die stoffwechselchemischen Verhältnisse beim Phlorrhizindiabetes. Für das Verständnis des Mechanismus der *Glucoserückresorption* ist die sog. Phlorrhizinglucosurie von besonderem Interesse. Sie sei daher etwas eingehender behandelt.

Die Phlorrhizinglucosurie. Kurz nach der Entdeckung des Phlorrhizins (DE KONINCK 1846, Formel s. Bd. 1, S. 269), welches in Rinde und Wurzeln von Apfel-, Pfirsich- und anderen Fruchtbäumen vorkommt, wurde es als Heilmittel gegen Malaria versucht, weil es bitter war, wie andere Arzneien, die gegen diese Krankheit halfen. Die Verabreichung von Phlorrhizin führt zur Zuckerausscheidung im Harn. Man bezeichnete diese Glucosurie als Phlorrhizindiabetes. Erst viele Jahre

---

[1] FREY, W.: Handb. inn. Med. (BERGMANN-FREY-SCHWIEGK) 4. Aufl. Bd. 8. S. 343. — [2] COHN, C., B. KATZ and M. KOLINSKY: Amer. J. Physiol. **165**, 423 (1951). — [3] COHN, C., B. KATZ and P. COHN: Science, N. Y. **112**, 174 (1950). — [4] REINECKE, R. M.: Amer. J. Physiol. **171**, 29 (1952). — [5] DRURY, D. R., A. N. WICK, E. M. MACKAY, N. HILLYARD, R. FITCH, M. E. BLACKWELL, R. W. BANCROFT and M. E. DOROUGH: Amer. J. Physiol. **163**, 655 (1950). — [6] COHEN, E. M., S. E. DE JONGH and E. KUIPERS: Proc. K. Akad. Wet. Amsterdam (C) **56**, 528 (1953). — [7] GOVAERTS, P., et P. CAMBIER: Bull. Mém. Soc. Méd. Hôp. Paris **1934**, 474. Acta med. scand. **83**, 317 (1934). — GOVAERTS, P.: Rev. méd. Suisse rom. **47**, 1 (1937). — GOVAERTS, P., et P. P. LAMBERT: Acta clin. belg. **4**, 341 (1949).

später wurde der grundsätzliche Unterschied zwischen Diabetes mellitus und der Phlorrhizinglucosurie erkannt. Normalerweise findet sich nach NISHI[1] im Rindenabschnitt der Niere Zucker, nicht aber im Mark, in Phlorrhizinnieren findet man, gerade umgekehrt, den Zucker im Mark und wenig in der Rinde. NISHI schloß daraus, daß bei Phlorrhizinvergiftung die Zuckerausscheidung nicht mehr in den Glomeruli, sondern in den absteigenden Teilen der Tubuli stattfindet. Die Glomeruli werden jedoch durch Phlorrhizin nicht beeinflußt. Die Anreicherung von Zucker im Mark ist ohne weiteres verständlich, wenn man annimmt, daß der von den Glomeruli gelieferte Zucker die Kanälchen unverbraucht passiert. Anhand von Messungen der Kreatinin-Clearance beim Hund, oder der Inulin-Clearance bei anderen Tieren wurde gezeigt, daß Phlorrhizin in genügenden Dosen (200 mg/kg intravenös beim Hund) die Rückresorption von Glucose vollständig hemmt. In den größten Dosen, die beim Menschen verwendet worden sind (100 mg/kg[2,3]), erhöht das Phlorrhizin den Glucose-Inulin-Clearancequotienten auf 0,91; es ist aber sicher, daß größere Dosen eine vollständige Glucosurie hervorrufen würden.

Die Phlorrhizinwirkung bezieht sich nur auf die Glucoserückresorption*. Daneben wird nur noch die Rückresorption von Vitamin C teilweise gehemmt[4]. Die Ausscheidung von Chloriden und Hydrogencarbonat[5], Kreatin[6], Aminosäuren[7], Harnstoff[3,8], Hexamethylentetramin[9] wird nicht beeinflußt. Die Rückresorption von Phosphat ist im phlorrhizinierten Hund etwas beschleunigt, wahrscheinlich wegen des Ausschlusses der Glucose von einem Transfersystem bei welchem Glucose und Phosphat kompetitive Faktoren sind. Die Phlorrhizinglucosurie ist bei allen Tieren von einer Hypoglykämie begleitet, die eine Folge des großen Glucoseverlustes ist. Sie ist ferner gekennzeichnet durch eine mäßige Diurese als Folge des osmotischen Widerstandes, den die im Primärharn enthaltene Glucose der Rückresorption des Wassers entgegensetzt. Verlängerte Zuführung von Phlorrhizin führt sekundär zu einer Steigerung der Eiweißverbrennung, zu Ketose und vielen anderen Erscheinungen einer Verminderung des Kohlenhydratstoffwechsels.

Über den *Mechanismus der Phlorrhizinwirkung* liegen zahlreiche Untersuchungen vor. Nach Phlorrhizin sind die Zellatmung und die Oxydation von Kohlenhydratabbauprodukten gehemmt. Der respiratorische Quotient der Leber geht bis auf 0,55 zurück[10]; es wird ausschließlich Fett verbrannt[11]. Der Zusatz von m/500 Phlorrhizin hemmt stark die Veratmung von Glucose im Leberschnittversuch. Phlorrhizin hemmt die Bildung des EMBDEN-Esters, nicht aber die des HARDEN-YOUNG-Esters[10,12-14].

Nach KALCKAR[15] stellt die Phosphorylierung der Glucose zu Glucose-6-phosphat den ersten Schritt im Rückresorptionsprozeß dar. Die Tubuluszellen sind auch reichlich mit ATP und Hexokinase versehen. Nach KALCKAR sowie

* Phlorrhizin hemmt auch die intestinale Absorption von Glucose, Galaktose, Mannose und Sorbose, nicht aber die von Fructose. [BOGDANOVE, E. M., and S. B. BARKER: Proc. Soc. exp. Biol. Med. **75**, 77 (1950).]

[1] NISHI, M.: A. e. P. P. **62**, 329 (1910). — [2] CHASIS, H., N. JOLLIFFE and H. W. SMITH: J. clin. Invest. **12**, 1083 (1933). — [3] SHANNON, J. A., and H. W. SMITH: J. clin. Invest. **14**, 393 (1935). — [4] PIANTONI, C.: Rev. Soc. argent. Biol. **16**, 175 (1941). — [5] SHANNON, J. A., N. JOLLIFFE and H. W. SMITH: Amer. J. Physiol. **102**, 534 (1932). — [6] PITTS, R. F.: Amer. J. Physiol. **109**, 542 (1934). — [7] PITTS, R. F.: Amer. J. Physiol. **140**, 156 (1943/44). — [8] SHANNON, J. A.: Amer. J. Physiol. **112**, 405 (1935). — [9] PITTS, R. F.: Amer. J. Physiol. **115**, 706 (1936). — [10] WETZEL, R., u. C. MEADOWS: A. e. P. P. **187**, 192 (1937). — [11] HOFSTETTER, H., H. LEICHTER u. F. F. NORD: B. Z. **295**, 414 (1938). — [12] PARNAS, J. K.: Enzymologia **5**, 166 (1938/39). — [13] OSTERN, P., J.-A. GUTHKE u. J. TERSZAKOWEC: C. R. Soc. Biol. **121**, 1133 (1936). — [14] SCHÄFFNER, A., u. H. SPECHT: H. **251**, 144 (1938). — [15] KALCKAR, H.: Skand. Arch. Physiol. **77**, 46 (1937).

nach WILMER[1] sind die Tubuluszellen und ihr Bürstensaum reich an alkalischer Phosphatase, die das Glucose-6-phosphat spaltet. Die Glucose kann nun in das Zellinnere und in das peritubuläre Blut diffundieren. Cyanide, Azide und Arsenite hemmen den Nachschub von energiereichen Phosphatverbindungen, sie hemmen auch die Glucoserückresorption. Gegen den von KALCKAR postulierten Mechanismus der Glucoserückresorption spricht allerdings, daß Dinitrophenol, welches die Atemkettenphosphorylierung entkoppelt, die Glucoserückresorption nicht hemmt[2]. Nach SCHAPIRO[3] bewirkt nun Phlorrhizin in vivo und in vitro schon in geringen Dosen eine Hemmung des Dehydrogenasesystems, welches am Aufbau energiereicher Phosphatbindungen beteiligt ist. Der Durchtritt der Glucose aus der Tubuluszelle in das Blut ist mit einer Dephosphorylierung verknüpft, wobei möglicherweise eine hohe lokale Konzentration der Glucose in der Zellwand erreicht und damit der Übertritt in das Blut erleichtert wird. Mit Hilfe von radioaktivem Phosphor stellte jedoch DICZFALUSY[4] fest, daß bei phlorrhizinierten Ratten in der Niere lediglich die Umsatzrate von Phosphoglycerinsäure deutlich vermindert war. Im ATP-Umsatz ergaben sich keine größeren Differenzen. Auch verursacht Monojodessigsäure, die nach VERZÁR u. Mitarb.[5] die Phosphorylierung hemmt, keine Glucosurie[6]. Der Wirkungsmechanismus des Phlorrhizins ist also keineswegs geklärt. Untersuchungen über die Wirkung von Phlorrhizin auf die Oxydation von Citrat, iso-Citrat und cis-Aconitat durch Homogenate von Meerschweinchennierenrinde ergaben eine starke Hemmung der Oxydation von Citrat und cis-Aconitat. Die Oxydation von Isocitrat wurde nicht beeinflußt. Die Hauptwirkung des Phlorrhizins bei der Citratoxydation besteht also in einer Hemmung der Aconitase, die auch an Aconitasepräparaten aus Niere beobachtet wurde. Damit ist ein wichtiger Angriffspunkt des Phlorrhizins, nämlich die Störung des Citronensäurecyclus, erkannt[7]. Die Phlorrhizinglucosurie ist nach Hypophysektomie, Thyreoidektomie und Adrenalektomie abgeschwächt[8]. Diese Eingriffe in die hormonalen Steuerungen, offenbar auch der Niere selbst, deuten darauf hin, daß das Wesen des Phlorrhizindiabetes nicht oder nicht in der Hauptsache auf einer Störung der Zuckerphosphorylierung beruht, wie z. B. LUNDSGAARD annahm[9].

Einen physikalischen Mechanismus der Phlorrhizinwirkung nimmt KELLER an[10], der jedoch von SMITH[6] mit guten Gründen abgelehnt wird. Nach RUSZNYÁK u. Mitarb.[11] wird beim Hund durch Desoxycorticosteronglucosid (Hydrosolubel Percorten Ciba) die Nierenschwelle für Glucose erhöht. Beim Menschen verminderte es die maximale tubuläre Glucoserückresorptionskapazität um ungefähr 30% und führte so zur Ausscheidung von Glucose. Das Desoxycorticosteronacetat hatte keine ähnliche Wirkung und veränderte die Nierenschwelle nicht. Die Wirkung des Desoxycorticosteronglucosid ist also eher der Glucosidfunktion als der des Steroidradikals zuzuschreiben. Wie Phlorrhizin wirkt außerdem noch Arbutin[12].

---

[1] WILMER, H. A.: Arch Path., Chicago **37**, 227 (1944). — [2] PITTS, R. F.: Kli. Wo. **1955**, 365. — [3] SHAPIRO, B.: Biochem. J. **41**, 151 (1947). — [4] DICZFALUSY, E.: Acta endocrinol., København **7**, 60 (1951). — [5] VERZÁR, F., u. Mitarb.: [VERZÁR, F.: Die Funktion der Nebennierenrinde. S. 63. Basel 1939]. — [6] SMITH, H. W.: The Excretion of the Non-Metabolised Sugars in the Dogfish, the Dog, and Man. Oxford 1935. The Physiology of the Kidney. Chapter 5 in BERGLUND, H., and G. MEDES (Hrsgb.): The Kidney in Health and Disease. Philadelphia, London 1935. — [7] LOTSPEICH, W. D.: Fed. Proc. **14**, 95 (1955). — [8] LOMBROSO, C.: Boll. Soc. Biol. ital. sperim. **12**, 133 (1937). — [9] LUNDSGAARD, E.: B. Z. **264**, 209, 221 (1933). — [10] KELLER, R.: Kolloid-Z. **25**, 60 (1919); **26**, 173 (1920). B. Z. **136**, 163 (1923). Ergebn. Physiol. **30**, 294 (1930). Der elektrische Faktor der Nierenarbeit. Mährisch-Ostrau 1933. — [11] RUSZNYÁK, S., M. FÖLDI u. G. SZABÓ: Exper. **3**, 420 (1947). — [12] MICHEL, F. Y.: Proc. Soc. exp. Biol. Med. **35**, 62 (1936).

Alloxandiabetes: *Glucosurie* tritt auch auf nach experimenteller Schädigung der β-Zellen des Inselapparates durch Alloxan und andere Diketoverbindungen, ferner nach Verabreichung von Adrenalin oder nach vermehrter Ausschüttung von Adrenalin (z. B. nach dem Zuckerstich, nach Schädeltraumen, nach psychischen Erregungen). In jedem Fall handelt es sich um die Folge eines überhöhten Blutzuckerspiegels und nicht um eine Änderung des Nierenchemismus.

Nach VERZÁR[1] soll *Alloxan*, in seltenen Fällen im menschlichen Harn nachweisbar sein.

```
HN——CO
|     |
OC    CO
|     |
HN——CO
```

Alloxan

Andere Zucker im Harn. *Lävulosurie* ist eine sehr selten vorkommende Ausscheidung von Lävulose. Es werden 2 Formen unterschieden: a) alimentäre Lävulosurie, b) spontane Lävulosurie. Die alimentäre Lävulosurie ist theoretisch interessant. Fructose wird vom Diabetiker an sich besser verwertet als Glucose. Es ist daher besonders merkwürdig, daß Lävulosurie ohne Glucosurie auftreten kann. Nach MALYOTH u. Mitarb.[2] ist die Lävulosurie eine Stoffwechselstörung, die auf das Fehlen eines spezifischen Fermentes der Leber zurückzuführen ist. 10—20% der zugeführten Gesamtmenge (z. B. auch nach Zuführung von Saccharose) werden ausgeschieden.

Lactose ist zusammen mit Galaktose im Harn magen- und darmkranker Säuglinge, ferner bei stillenden Frauen, besonders bei Milchstauung, gefunden worden[3]. Nach RIFFART u. Mitarb.[4] enthält der Harn von schwangeren Frauen regelmäßig vom 7. Monat ab Lactose. Die ausgeschiedene Menge schwankt zwischen 30—50 mg-%. Wöchnerinnen scheiden bis zum 21. Tag post partum mit einem Maximum zwischen dem 4. und 11. Tag bis zu 50 mg-% aus. Die Lactosurie ist von der Milchbildung unabhängig. Parenteral zugeführter Milchzucker wird im Harn ausgeschieden.

Galaktose verhält sich weitgehend wie die Fructose und wird wie Glucose durch die Tubuli rückresorbiert[5]. Die Differenzen in der Rückresorptionskapazität werden auf die Existenz von phosphorylierenden und dephosphorylierenden Fermentsystemen zurückgeführt, die für jede Hexose spezifisch sind. Die *Galaktosurie* ist außerordentlich selten und wurde nur bei Kindern mit Darmerkrankungen angetroffen. Die Konzentration der Galaktose im Harn ist meist sehr gering und überschreitet selten 0,5%[6]. Meist tritt dabei neben Galaktose auch Milchzucker im Harn auf. Bei Lebererkrankungen kann nach Milchzuckergenuß bei Kindern auch Galaktose auftreten, was als Symptom einer Funktionsstörung der Leber aufgefaßt werden muß, die die vom Darm her zuströmende Galaktose nicht verwerten kann (s. a. S. 104).

Rohrzucker wird im allgemeinen im Harn nur nach parenteraler Einverleibung angetroffen, da Disaccharide, die unter Umgehung des Darmkanals in den Körper gelangen, unverändert durch die Niere ausgeschieden werden. Nach intravenöser Injektion von Rohrzucker können nach 12—24 Std 90—98% im Harn wieder nachgewiesen werden. Der Rohrzucker ist physiologisch inaktiv und hat in mäßigen Dosen keinen Einfluß auf die Harnstoff-Clearance. Verschiedene Autoren geben einen Xylose-Rohrzucker-Clearancequotienten zwischen 0,90 und

---

[1] VERZÁR, F.: Lehrbuch der inneren Sekretion. S. 181. Liestal 1948. — [2] MALYOTH, G., K. SCHEPPE u. H. W. STEIN: Kli. Wo. **1952**, 1018. — [3] LANGSTEIN, L., u. F. STEINITZ: Hofmeisters Beitr. **7**, 575 (1906). — HOFMEISTER, F.: H. **1**, 101 (1877/78). — [4] RIFFART, W., P. DECKER u. H. WAGNER: Arch. Gynäk. **181**, 607 (1952). — [5] GAMMELTOFT, A., and K. KJERULF-JENSEN: Acta physiol. scand. **6**, 368 (1943). — [6] FOWWEATHER, F. S.: Biochem. J. **55**, 718 (1953).

0,99 beim Menschen an[1-4]. Die Frage ist jedenfalls noch offen, ob beim Menschen eine Rückresorption stattfindet. Da Rohrzucker praktisch nicht toxisch ist, wird er häufig in hohen Konzentrationen intravenös verabreicht, um die Gewebe, besonders das Gehirn zu entwässern, und um osmotische Diurese anzuregen[5,6]. Eine Saccharosurie wurde bei einem Fall von Pankreolithiasis beschrieben.

Nachweis und Bestimmung von Kohlenhydraten im Harn s.[7-9].

Der Harn enthält regelmäßig Spuren von *Inosit*[10]. Im Harn von Säugetieren wurde neben Inosit auch der isomere *Scyllit* nachgewiesen[11].

Gepaarte Glucuronsäuren. Phenole und Säuren werden, vielfach an *Glucuronsäure* gebunden, ausgeschieden (s. a. Bd. 1, S. 308ff. u. Bd. 2/1, S. 735). Auch ein großer Teil der Steroidhormone findet sich im Harn in Form von 3-β-D-Glucuroniden, z. B. Pregnandiol, Östriol, Oestron, Androsteron, Dehydroandrosteron. Die im Tierkörper auftretende Glucuronsäure hat die D-β-Form. Phenole werden ätherartig, Säuren esterartig mit Glucuronsäure „gepaart". Am Tag werden vom gesunden Menschen 0,2—1,0 g Glucuronsäure im Harn ausgeschieden. In der Stunde kann der Mensch, wie aus Versuchen an der überlebenden Leber berechnet wurde, bis zu 1 g Glucuronsäure zur Entgiftung bereitstellen. Durch eiweißreiche Kost wird die Glucuronsäureausscheidung vermehrt, durch kohlenhydratreiche vermindert. Die Verfütterung von Glucuronsäure führt nicht zur Vermehrung der normalen Ausscheidungswerte[12]. Nach ENKLEWITZ u. LASKER[13] scheiden Patienten, die an einer Pentosurie leiden, 20% einer verabreichten Glucuronsäuredosis als L-Xyloketose aus.

Der Ort der Bildung der gepaarten Glucuronsäuren ist wie bei den Esterschwefelsäuren in erster Linie die Leber[14]. Die gepaarten Glucuronsäuren sind nach 2 Typen gebaut. Die meisten weisen Glucosidbindung auf, da eine alkoholische Hydroxylgruppe des Paarlings mit dem Acetalhydroxyl der Glucuronsäure unter Wasseraustritt reagiert. In anderen Fällen, in denen der Paarling eine Carboxylgruppe trägt, reagiert diese mit dem Acetalhydroxyl unter Bildung einer Glucuronsäure vom Estertypus. Die gepaarten Glucuronsäuren des Glykosidtypus sind alle β-Glykoside, da sie durch Emulsin gespalten werden.

FLÜCKIGER[15] hat zuerst den Nachweis erbracht, daß ein Teil der Phenole im Harn an Glucuronsäure gebunden ist. Im normalen Harn des Menschen kommt reichlich *Phenolglucuronsäure*, in sehr geringer Menge *Indoxyl-* und vielleicht auch *Skatoxylglucuronsäure* vor. Sehr starke Vermehrung der Glucuronsäuremenge fand man nach Zuführung von Chloralhydrat, Natriumsalycilat und bei Lysolvergiftung. Bei Einführung der genannten Stoffe dient Glucuronsäure zur Entgiftung dieser toxisch wirkenden Substanzen.

Bestimmung s.[16,17].

Im Harn ist *Milchsäure* normalerweise meist nicht nachweisbar. Sie tritt aber bei starker Muskelarbeit auf[18]. Bei Olympiakämpfern wurden im Tagesharn bis zu

---

[1] SMITH, H. W.: In BERGLUND, H., and G. MEDES (Hrsgb.): The Kidney in Health and Disease. Kapitel 5. Philadelphia 1935. — [2] KEITH, N. M., M. H. POWER and R. D. PETERSON: Amer. J. Physiol. **108**, 221 (1934). — [3] CHASIS, H., N. JOLLIFFE and H. W. SMITH: J. clin. Invest. **12**, 1083 (1933). — [4] STEINITZ, K.: Amer. J. Physiol. **129**, 252 (1940). — [5] HELMHOLZ, H. F., and J. L. BOLLMAN: J. Lab. clin. Med. **25**, 1180 (1940). — [6] HELMHOLZ, H. F. and J. L. BOLLMAN: Proc. Staff Meet. Mayo Clinic **14**, 567 (1939). — [7] Hinsberg-Lang 2. Aufl. S. 190ff. — [8] H.-Th. 10. Aufl. Bd. V, S. 241ff. — [9] Hallmann 6. Aufl. S. 176. — [10] HUGOUNENQ, L.: Technique de Laboratoire, Bd. Chimie Clinique. S. 143. Paris 1954. — [11] MALANGEAU, P., et A. L. JOUANNET: Bull. Soc. Chim. biol. **36**, 381 (1954). — [12] Lang, Intermed. Stoffw. S. 122. — [13] ENKLEWITZ, M., and M. LASKER: J. biol. Ch. **110**, 443 (1935). — [14] EMBDEN, G.: Hofmeisters Beitr. **2**, 591 (1902). — [15] FLÜCKIGER, M.: H. **9**, 323 (1885). — [16] SAUER, J.: Kli. Wo. **1930 II**, 2350. — [17] H.-Th. 10. Aufl. Bd. V, S. 245. — [18] JERUSALEM, E.: B. Z. **12**, 361 (1908).

1,6 g festgestellt[1,2]. Auch nach epileptischen Anfällen tritt Milchsäure im Harn vermehrt auf, ferner bei Tieren, die ein sauerstoffarmes Gasgemisch eingeatmet hatten, bei Erstickung, nach Vergiftung mit CO, Curare und Strychnin, ebenso bei Tieren, deren Körpertemperatur auf 26° herabgesetzt worden war[3], schließlich bei Fieber und bei Kachexie[4].

Bestimmung s. [5-7].

Gesunde Personen scheiden am Tag 40—100 mg *Brenztraubensäure* aus[8-10]. Die Brenztraubensäureausscheidung ist bei Diabetes erhöht.

Bestimmung s. [11-13].

6. Fette und Lipoide.

Lipurie kommt vor bei Fettembolie der Niere, traumatischen Schäden der Niere und der ableitenden Harnwege, Diabetes, Fettsucht, Phthise, fettreicher Kost, körperlicher Überanstrengung und Schwangerschaft[14].

Lipoide werden normalerweise im Harn nur in minimalen Mengen ausgeschieden. Nach PETERS u. VAN SLYKE[15] gehen Neutralfett und Phosphatide normalerweise nicht in den Harn über. Die Lipoidurie bei Nephrosen ist Folge der gleichzeitig bestehenden Lipoidämie. Die Lipoide sind im Harn als doppelbrechende Substanzen nachweisbar. Lipoidämie führt erst dann zu Lipoidurie, wenn eine Nierenschädigung vorliegt. Der Ort der Lipoidausscheidung ist der Glomerulusapparat. Die lipoide Verfettung der Tubuluszellen ist sekundär bedingt und beruht auf einer tubulären Rückresorption von Lipoiden, die mit dem Glomerulusfiltrat ausgeschieden werden.

Die Anreicherung der Lipoide in den interstitiellen Lymphräumen der Niere ist wahrscheinlich ebenfalls Folge der Rückresorption der Lipoide durch die Tubuluszellen. Versuche an der Salamanderniere ergaben analog den Befunden über die hyalintropfige Entmischung bei Eiweißausscheidung, daß in den Zellen der geschlossenen Nephrone nur dann eine Lipoidspeicherung nachweisbar war, wenn vorher die Glomeruluscapillaren geschädigt wurden[16].

Cholesterin. Die ersten Angaben über das Vorkommen von Cholesterin im Harn stammen von BUTENANDT u. DANNENBAUM[17]. Bei Carcinomträgern soll der Cholesteringehalt besonders hoch sein[18,19]. TRAPPE[20] zeigte aber, daß die Mehrausscheidung von Cholesterin nur von einer Nierenschädigung abhängig ist. Der normale Harn enthält nur freies Cholesterin, und zwar der sedimentfreie Anteil 20—90 γ-%, mit Sedimenten 20—140 γ-%. Bei Lipoidnephrose kann der Gehalt bis zu 1,6 mg-% betragen. Nur bei Nierenschädigung tritt auch verestertes Cholesterin im Harn auf, und zwar scheinbar in Abhängigkeit von der Schwere der Schädigung im sedimentfreien Anteil bis zu 2400 γ-%, im sedimenthaltigen

---

[1] FLÖSSNER, O., u. E. KUTSCHER: M. m. W. **1926 II**, 1434. — [2] SNAPPER, I., u. A. GRÜNBAUM: B. Z. **206**, 319; **208**, 212 (1929). — [3] TERRAY, P. v.: Pflügers Arch. **65**, 393 (1897). — [4] JERUSALEM, E.: B. Z. **12**, 361 (1908). — [5] KRUSIUS, F. E.: Acta physiol. scand. **2**, Suppl. **3**, 162 (1940). — [6] DIRSCHERL, W., u. H. U. BERGMEYER: B. Z. **320**, 46 (1949/50). — [7] LEHMANN, J.: Skand. Arch. Physiol. **80**, 237 (1938). — [8] LEONHARDI, G., u. I. v. GLASENAPP: H. **286**, 145 (1951). — [9] WEITZEL, G.: H. **282**, 208 (1947). — [10] FELIX, K., G. LEONHARDI u. I. v. GLASENAPP: H. **287**, 133 (1951). — [11] LU, G. D.: Biochem. J. **33**, 249 (1939). — [12] FRIEDEMANN, T. E., and G. H. HAUGEN: J. biol. Ch. **147**, 415 (1943). — [13] LEONHARDI, G., I. v. GLASENAPP u. K. FELIX: H. **286**, 28 (1951). — [14] JNOUE, N., u. T. MORI: Chylurie bzw. Hämatochylurie (Jap.). [SUTER, F.: Handb. inn. Med. (BERGMANN-FREY-SCHWIEGK) 4. Aufl., Bd. 8, S. 843]. — [15] Peters-van Slyke, 2. Aufl. Bd. 1, S. 406. — [16] RANDERATH, E.: Nephrose-Nephritis; in BECHER, E. (Hrsg.): Nierenkrankheiten. Bd. H. S. 98. Jena 1947. — [17] BUTENANDT, A., u. H. DANNENBAUM: H. **248**, 151 (1937). [18] BLOCH E., and H. SOBOTKA: J. biol. Ch. **124**, 567 (1938). — [19] SOBOTKA, H., and E. BLOCH: Amer J. Cancer **35**, 50 (1939). — [20] TRAPPE, W.: Z. Krebsforsch. **53**, 47 (1942).

Harn bis zu 2640 γ-%. Die Befunde von TRAPPE wurden von anderer Seite bestätigt[1,2]. Umgerechnet auf den Tagesharn finden sie maximal bis zu 0,8 mg bei Frauen, bis zu 1 mg bei Männern; ausgenommen bei Albuminurie und Pyurie war der Cholesteringehalt des Sediments von derselben Größenordnung.

Bestimmung s. [3,4].

Nach KAYSER u. BALAT[5] bestehen Cholesterinurien nur vorübergehend. Sie sind immer von einer Albuminurie begleitet und nicht auf bestimmte Krankheiten beschränkt.

Bei genuiner *Lipoidnephrose* kommt es zu einer besonders hochgradigen Hypercholesterinämie. Dabei besteht meist eine Cholesterinurie (doppelbrechende Substanzen im Harnsediment). Auch die Wachscylinder im Harnsediment sind mit lipoiden Substanzen imprägniert. Die Cholesterinurie ist eine Folge der Epitheldegeneration des Nierenparenchyms.

Chylurie kommt vor als Folge einer Infektion mit Filaris sanguinis.

7. N-haltige Bestandteile.

a) Der Gesamtstickstoff des Harns. Den Harnstickstoff kann man unterteilen in solchen, dessen Menge von der exogenen N-Zufuhr weitgehend unabhängig ist, und in solchen, dessen Menge entsprechend der N-Zufuhr schwankt.

1. Harnammoniak in Form anorganischer Salze der Schwefelsäure (abhängig von der N-Zufuhr),
2. Kreatinin, Harnsäure und Neutralschwefel (unabhängig von der N-Zufuhr).

Tabelle 23. Stickstofffraktionen des Harns beim Menschen in Abhängigkeit von der Höhe der Eiweißzufuhr (nach FOLIN)[6].

	Nahrung	
	eiweißreiche	eiweißarme
Volumen des Harns	1170 cm³	385 cm³
Gesamtstickstoff	16,8 g	3,60 g
Harnstoff-N	14,70 = 87,5%	2,20 = 61,7%
Ammoniak-N	0,49 = 3,0%	0,42 = 11,3%
Harnsäure-N	0,18 = 1,1%	0,09 = 2,5%
Kreatin-N	0,58 = 3,6%	0,60 = 17,2%
Unbestimmter N	0,85 = 4,9%	0,27 = 7,3%

Der im Harn unter den Bedingungen des absoluten N-Minimums ausgeschiedene N verteilt sich im Mittel beim Menschen folgendermaßen auf die einzelnen Fraktionen:

Tabelle 24. Verteilung des Harnstickstoffs[7].

	% des Gesamt-N		% des Gesamt-N
Harnsäure-N	4,2	Ammoniak-N	13,6
Kreatinin-N	21,1	Harnstoff-N	48,4
Aminosäure-N	6,1	Undefinierter N	6,6

[1] BURCHELL, M. (M.), J. H. O. EARLE and N. F. MACLAGAN: Brit. J. Cancer 3, 42 (1949). — Biochem. J. 44, IV (1949). — [2] SOBOTKA, H., E. BLOCH and A. B. ROSENBLOOM: Amer. J. Cancer 38, 253 (1940). — [3] TRAPPE, W.: Z. Krebsforsch. 53, 47 (1942). — [4] BURCHELL, M. M., and N. F. MACLAGAN: Brit. J. Cancer 3, 52 (1949). — [5] KAYSER, F., and R. BALAT: 2. Congr. Int. Biochem. Paris. S. 359. 1952. — [6] Lang, Intermed. Stoffw. Tab. 69, S. 157. — [7] Lang-Ranke, Stoffwechsel S. 117.

Über Ammoniakausscheidung im Harn s. a. S. 42ff. u. Bd. 2/1, S. 617.

Bei N-freier, aber calorisch ausreichender Ernährung beträgt die tägliche N-Ausscheidung je kg Körpergewicht 0,0545—0,055 g, für einen 60 kg schweren Menschen also etwa 3,3 g.

Gesamtstickstoffbestimmung nach Kjeldahl s. [1-3].

Ammoniakbestimmung s. [4].

b) Eiweiß. Jeder normale Harn enthält Spuren von Eiweiß, und zwar Albumine, Globuline und Mucine. Wenn man von den Mucinen absieht, enthält der Harn nach Mörner[5] 5 mg-% Eiweiß, nach Gunton u. Burton[6] sowie Tárnoky[7] 3 mg-% bzw. nach Marrack u. Johns[8], die mit einer immunbiologischen Methode gearbeitet haben, nur 0,2—0,8 mg-%. Unter pathologischen Bedingungen können diese Werte erheblich ansteigen. Bei gesunden Personen überschreitet die Ausscheidung von Eiweiß nicht 10 mg je Tag[9], aber bei renalen Affektionen kann diese Menge bis auf 20 g ansteigen[10]. Rigas u. Heller[11] trennten die Harneiweißkörper mit Hilfe der Tiselius-Apparatur. Im Harn finden sich alle Serumkomponenten wieder. Die relative Menge der einzelnen Fraktionen ist aber leicht verschoben. Durchschnittswerte im Tagesharn: Gesamteiweiß 39 mg, Albumin 14,8 mg, Globuline 25,8 mg; Muco- und Glykoproteide ließen sich im normalen Harn ebenfalls nachweisen. Die geringere Albuminmenge im Harn wird auf eine bessere Rückresorption in den Tubuli zurückgeführt. Das normale Harneiweiß ist frei von Nucleoproteiden[12] und stammt daher nicht aus irgendwelchen Organen, sondern, wie auch fast immer das pathologische Harneiweiß, aus dem Blut.

Der Harn von gesunden Personen enthält nach Seitz u. Mitarb.[13] durchschnittlich 2 mg-% Eiweiß; davon entfallen nur etwa 20% auf die Albuminfraktion. Im Gegensatz zum Serum ist im normalen Urin der α_2-Globulingehalt meist höher als der von α_1 (etwa 17% bzw. 12%). Die β-Fraktion ist mit etwa 43% die stärkste Fraktion des normalen Harns. γ-Globulin ist nur wenig vorhanden (etwa 8%). Die Schwankungen der Relationen der einzelnen Proteinfraktionen sind groß.

Bei ihren Mikropunktionsversuchen am Frosch und bei Necturus fanden Wearn u. Richards[14] kein Eiweiß im Primärharn, doch reichten ihre analytischen Methoden nicht aus, um weniger als 1% der Plasmaeiweißkonzentration feststellen zu können. Bei Ratten und Meerschweinchen fanden Walker, Bott, Oliver u. McDowell[15] kein Protein in der Kapselflüssigkeit oder im Harn der proximalen Tubuli bei 25 von 41 Tieren. Bei 16 Tieren ergaben sich positive Eiweißreaktionen, bei 14 wurden weniger als 200 mg-% und bei 9 weniger als 80 mg-% festgestellt. Diese Ergebnisse bestätigen die Auffassung, daß das normale Glomerulusfiltrat sehr kleine Eiweißmengen enthält, daß aber kleinere mechanische Traumen die Glomerulusmembranen sehr durchlässig für Eiweiß machen können.

Bei aglomerulären Fischen kann, im Gegensatz zu Fischen, deren Nieren über einen Glomerulusapparat verfügen, durch toxische Schädigung der Nieren keine Albuminurie erzeugt werden. Farbstoffversuche an der Salamanderniere,

[1] Hallmann 6. Aufl. S. 544. — [2] H.-Th. 10. Aufl. Bd. V, S. 190. — [3] Hinsberg-Lang 2. Aufl. S. 517. — [4] Folin, O.: H. **37**, 161 (1902/03). — [5] Mörner, K. A. H.: Skand. Arch. Physiol. **6**, 332 (1895). — [6] Gunton, R., and A. C. Burton: J. clin. Invest. **26**, 892 (1947). — [7] Tárnoky, A. L.: Biochem. J. **49**, 205 (1951). — [8] Marrack, J. R., and R. G. S. Johns: Biochem. J. **47**, XXXI (1950). — [9] Addis, T.: Trans. Ass. amer. Physicians **57**, 106 (1942). — [10] Barker, M. H., and E. J. Kirk: Arch. internal Med., Chicago **45**, 319 (1930). — [11] Rigas, D. A., and C. G. Heller: J. clin. Invest. **30**, 853 (1951). — [12] Pribram, H., u. G. Herrnheiser: B. Z. **111**, 30 (1920). — [13] Seitz, W., E. Zimmer u. P. E. Alberti: Z. klin. Med. **152**, 196 (1953). — [14] Wearn, J. T., and A. N. Richards: Amer. J. Physiol. **71**, 209 (1924/25). — [15] Walker, A. M., and P. A. Bott; Oliver, J., and M. C. MacDowell: Amer. J. Physiol. **134**, 580 (1941).

die über 2 verschiedene Typen von Nephronen verfügt (offene und geschlossene Nephrone) ergaben folgende Befunde: in die Leibeshöhle von Salamandern eingebrachte Farbstoffe gröberer Teilchengröße (Preußischblau-Tusche) führen zu einer Farbstoffspeicherung in den offenen, direkt mit der Leibeshöhle in Verbindung stehenden Nephronen, während eine Farbstoffspeicherung in den geschlossenen Nephronen ausblieb. Wird dagegen ein Farbstoff mit niedrigerem Molekulargewicht (Carmin) eingespritzt, so wird er sowohl in den offenen als auch in den geschlossenen Nephronen gespeichert. In den geschlossenen Nephronen kann der Farbstoff aber nur dann gespeichert werden, wenn er vorher durch die Glomeruli ausgeschieden wird, was bei den Farbstoffen mit niedrigem Molekulargewicht der Fall ist[1, 2].

Ähnliche Beobachtungen ergaben Farbstoffversuche an Menschen mit Cystenniere, in denen makromolekulare Farbstoffe auch nur in denjenigen Harnkanälchen nachzuweisen waren, die in offener Verbindung mit der Cyste standen[3].

Weiterhin kommt an der Salamanderniere bei Einspritzung menschlicher Serumeiweißkörper in die Leibeshöhle das Bild der hyalintropfigen Entartung der Tubuli — analog den Veränderungen bei Nephrose — ausschließlich an den offenen Nephronen zustande, während die geschlossenen Nephrone keinerlei Epithelveränderungen aufweisen. Niedrigmolekulare Eiweißkörper (Eiereiweiß, Albumosen), die auch die intakten Glomerulusschlingen passieren können, rufen in den offenen wie in den geschlossenen Nephronen eine hyalintropfige Eiweißspeicherung hervor. Während früher die feintropfige Eiweißspeicherung als Ausdruck einer Eiweißsekretion der Tubulusepithelien angesehen wurde, sprechen diese Befunde dafür, daß es sich dabei um eine Eiweißspeicherung durch Rückresorption handelt. Bei Kaninchen war der Gesamteiweiß- und Albumingehalt im Serum des Nierenvenenblutes signifikant niedriger als im Serum des Blutes der Bauchaorta[4]. Der Hämatokritwert war in beiden Proben gleich, eher im Venenblut etwas höher.

Wurden den Tieren vorher mehr als 15 cm^3/kg Blut entnommen, so war das Nierenvenenblut albuminreicher als das Arterienblut. Dieser Effekt kam nicht zustande, wenn die Nieren denerviert waren. Wurden die Tiere durch eine mit Seide induzierte Perinephritis hypertonisch gemacht, so war kein Unterschied im Proteingehalt von Venen- und Arterienblut mehr festzustellen. Daraus wurde geschlossen, daß die normale Niere in der Lage ist, Eiweiß zu speichern und bei Bedarf abzugeben. Bei Albuminurien, die neben quantitativen auch qualitative Veränderungen der Bluteiweißkörper aufweisen, zeigen auch die Harneiweißkörper entsprechende Abweichungen. Harn- und Serumeiweißkörper stimmen hinsichtlich N-Gehalt, optischer Drehung, osmotischem Druck und spezifischer Refraktion überein. Ihr Gehalt an Tyrosin, Tryptophan, Cystin und Arginin ist der gleiche. Im Harn sind immer die Eiweißkörper mit dem niedrigsten Molekulargewicht anteilmäßig am stärksten vertreten. Bei Albuminurien infolge Nierenschädigung sind im Harn größtenteils Albumine und zum geringsten Teil Globuline, je nach Verschiebung der Albumin-Globulinfraktionen, vorhanden[5].

Bei chronischer Nephritis ist das Mengenverhältnis der Eiweißfraktionen im Harn und Serum ähnlich. Nur ist im Urin der prozentuale Albuminanteil höher, der γ-Anteil geringer als im Serum. Bei Nephrosen wird im Urin wenig α_2-, dagegen relativ viel α_1-Globulin gefunden, ganz im Gegensatz zum Serum. Bei einem Fall von Nephrose blieb über längere Zeit die prozentuale Zusammensetzung

---

[1] RANDERATH, E.: BECHER, E.: Nierenkrankheiten. Bd. II, S. 99. Jena 1947. — [2] GÉRARD, P., et R. CORDIER: Arch. int. Méd. exp. 8, 225 (1933). — [3] LAMBERT, P. P., u. P. CAMBIER: Beitr. path. Anat. **101**, 470 (1938). — [4] GERBI, C.: Arch. Biochem. **31**, 49 (1951). — [5] LANG, K.: A. e. P. P. **171**, 73 (1933).

der Harn-Eiweißfraktionen relativ konstant trotz größter Schwankungen in der absoluten Ausscheidung[1]. Nach elektrophoretischen Untersuchungen bei 86 Fällen von Proteinurie fanden SOULIER u. BARBIER[2], daß in keinem dieser Fälle eine reine Albuminurie bestand. Es handelte sich immer um eine komplexe Proteinurie oder um eine reine Globulinurie. Danach sind *Blut- und Harneiweißproteine identisch.* Die Filtration in den Glomeruli entspricht dem Verhältnis der Porengröße ihrer Membranen zur Molekülgröße der angebotenen Substanz[3].

Das geht vor allem aus Versuchen an der isolierten Hundeniere hervor. KERRIDGE u. BAYLISS[4] geben folgende Übersicht über das Molekulargewicht der einzelnen Eiweißkörper im Vergleich mit ihrer Diffusibilität durch die Niere. Die Molekulargewichte sind den Angaben von SVEDBERG entnommen:

Tabelle 25. Differente Filtration von Eiweißkörpern von verschiedenem Molekulargewicht[4].

a) ausgeschieden	Mol. Gew.	b) nicht ausgeschieden	Mol. Gew.
Gelatine	35000	Hämoglobin	68000
Eiereiweiß	34500	Serumalbumin	67500
Bence-Jones	33500	Serumglobulin	103800
Hämoglobin	68000	Casein	188000
		Edestin	208000
		Hämocyanin (Helix)	500000

Eiweißkörper mit einem Molekulargewicht unter 70000 passieren normale Nieren ungehemmt, z. B. Gelatine, Eiereiweiß, BENCE-JONESscher Eiweißkörper. Eiweißkörper mit höherem Molekulargewicht, z. B. Albumin, Globulin, Edestin, Hämocyanin, werden zurückgehalten. Auch artfremdes Serumeiweiß, anaesthesierten Katzen und Hunden intravenös verabreicht oder an der isolierten Hundeniere zusammen mit 0,9% NaCl der Durchströmungsflüssigkeit zugesetzt, vermag das Nierenfilter nicht zu passieren. Hämoglobin (Molekulargewicht 68000) liegt an der Grenze der Permeation.

Histologisch und funktionell wurden die Glomeruli im Falle des Permeierens von Eiweiß intakt gefunden[5]. Unter pathologischen Bedingungen muß aber auch dem Faktor der Porengröße Bedeutung zugemessen werden.

Nach der intravenösen Injektion von ungespaltenem Eiweiß kommt es bei einer Eiweißkonzentration von etwa 9% zu einer Eiweißausscheidung im Harn, die einen erheblichen Umfang annimmt, aber ohne jede Nierenschädigung einhergeht und sofort wieder aufhört, wenn der Eiweißgehalt des Plasmas unter den erwähnten Schwellenwert abfällt.

Nach Untersuchungen von ASAI[6] folgt der intravenösen Injektion von artfremdem Eiweiß nicht nur eine Ausscheidung dieses heterogenen Eiweißstoffes, sondern auch die von arteigenem höhermolekularem Serumeiweiß. HAYASHI[7] sah am Frosch nach Injektion von Hühnereiweiß nicht nur dieses im Harn auftreten, sondern dazu auch eigenes Plasmaeiweiß. Die Abgabe von eigenem Plasmaeiweiß ging

[1] SEITZ, W., E. ZIMMER u. P. E. ALBERTI: Z. klin. Med. **152**, 196 (1953). — [2] SOULIER, J. P., et J. BARBIER: 2. Int. Congr. Biochem. Paris. S. 374. 1952. — [3] SLATER, R. J., and H. G. KUNKEL: J. Lab. clin. Med. **41**, 619 (1953). — [4] BAYLISS, L. E., P. M. T. KERRIDGE and D. S. RUSSELL: J. Physiol., London **77**, 386 (1933). — [5] BRULL, L., et G. FANIELLE: Arch. int. Pharmacodyn. Thérap. **42**, 1 (1932). — [6] ASAI: Acta derm., Kyoto, Monogr. **I** (1928). [KORÁNYI, A., u. A. HÁMORI: Z. klin. Med. **129**, 129 (1936)]. — [7] HAYASHI, O.: Proc. imp. Acad. Jap. **3**, 635 (1927). [KORÁNYI, A., u. A. HÁMORI: Z. klin. Med. **129**, 129 (1936)].

mit dem Verschwinden des Hühnereiweißes wieder zurück. GARRIERE u. SCHULMANN[1] sahen am Kaninchen, daß das Quantum von ausgeschiedenem Eiweiß im Harn unabhängig ist von der Menge des injizierten Eiweißes; man kann daraus schließen, daß derartige abnorme Eiweißstoffe die Membran der Glomeruli gelegentlich in Mitleidenschaft ziehen. MARSHALL u. DEUTSCH[2] untersuchten das Verhältnis der Kreatinin-Clearance zu der Clearance von Proteinen verschiedener Molekülgröße. Lysozym, mit dem kleinsten Molekül, wurde rascher ausgeschieden als andere Eiweißproteine. Die Clearance-Werte für Ovomucoid und Ovalbumin betrugen etwa = 15% der Kreatinin-Clearance. Ovomucoid hat ein kleineres Molekulargewicht, aber ist unsymmetrischer gebaut. Die Clearance von β-Lactoglobulin hängt von der Serumkonzentration ab. Die Porosität des Glomerulus scheint von der Molekülgestalt abhängig zu sein, jedoch wird diese Beziehung durch Komplexbildung zwischen injizierten und kreisenden Proteinen und durch die tubuläre Reabsorption verdunkelt.

Nach McDONALD u. Mitarb.[3] beträgt die glomeruläre Durchlässigkeit für injiziertes Hämoglobin beim Menschen etwa 12% von der des Inulins. Bei Patienten mit Proteinurie war das Verhältnis der Hämoglobin-Clearance zur Inulin-Clearance gegenüber gesunden Personen nicht verändert[4]. Es scheint keine erhöhte glomeruläre Porosität für Makromoleküle von der Größe des Hämoglobins als Ursache einer Proteinurie zu bestehen. Die Porosität nimmt mit zunehmender Proteinurie bei Kranken mit glomerulären Störungen ab. Dies läßt vermuten, daß die Proteinurie primär glomerulär bedingt ist[5]. VOLHARD stimmte 1936 der Auffassung zu, daß die Albuminurie keine Folge einer Proteinsekretion durch die Hauptstückepithelien darstelle, sondern Ausdruck einer Störung der Permeabilität der Capillaren des Glomerulus sei. Experimentelle Beweise für eine tubuläre Eiweißsekretion konnten trotz vieler Bemühungen auch in jahrelangen experimentellen Untersuchungen bis heute nicht beigebracht werden[6]. Auch die von SARRE u. MOENCH[7] im Sinne einer tubulären Eiweißsekretion gedeuteten histologischen Bilder sind nicht eindeutig. CAVELTI[8] kommt auf Grund seiner experimentellen Untersuchungen zu dem Ergebnis, daß die Eiweißausscheidung nur erklärt werden kann durch eine Läsion der ultrafiltrierenden Glomerulusmembran, die zu einer erhöhten Permeabilität führt. Auch nach WALLENIUS[9] ist die Proteinurie nur eine Funktion der Porosität des Glomerulusapparates.

Männliche Ratten scheiden mehr Protein aus als weibliche[10]. Kastration von männlichen Tieren vermindert die Proteinurie. Testosteron vermehrt die Proteinausscheidung bei männlichen und weiblichen Kastraten. Die durch Renin hervorgerufene Proteinurie wird durch ACTH bei Ratten verstärkt[11,12].

Bei der Proteinurie, die durch Anstrengungen beim Menschen hervorgerufen werden kann, scheinen glomeruläre und tubuläre Faktoren eine Rolle zu spielen[13].

Bei der Lipoidnephrose kann eine Albuminurie einsetzen, wenn der prozentuale Plasmaproteingehalt noch nahezu normal ist, bei normaler Blutkörperchen-

---

[1] GARRIERE, M., et E. SCHULMANN: C. R. Soc. Biol. **93**, 600 (1925). — [2] MARSHALL, M. E., and H. F. DEUTSCH: Amer. J. Physiol. **163**, 461 (1950). — [3] McDONALD, R. K., J. H. MILLER and E. B. ROACH: Fed. Proc. **10**, 87 (1951). — [4] BRANDT, J. L., R. FRANK and H. C. LICHTMAN: Proc. Soc. exp. Biol. Med. **74**, 863 (1950). — [5] CORCORAN, A. C.: Cincinnati J. Med. **32**, 253 (1951). — [6] RANDERATH, E.: Medizinische **1953**, 597. — [7] SARRE, H., u. A. MOENCH: Z. ges. exp. Med. **117**, 49 (1951). — [8] CAVELTI (s. [6]). — [9] WALLENIUS, G.: Acta Soc. med. upsal. **59**, Suppl. **4** (1954). — [10] SELLERS, A. L., H. C. GOODMAN, J. MARMORSTON and M. SMITH: Amer. J. Physiol. **163**, 662 (1950). — [11] MARMORSTON, J., A. SELLERS, H. GOODMAN and S. SMITH III: Fed. Proc. **10**, 90 (1951). — [12] SELLERS, A. L., S. ROBERTS, I. RASK, S. SMITH III, J. MARMORSTON and H. C. GOODMAN: J. exp. Med. **95**, 465 (1952). — [13] JAVITT, N. B., and A. T. MILLER jr.: Fed. Proc. **10**, 70 (1951).

senkungsgeschwindigkeit; sie scheint Ausdruck einer selbständigen *renaltubulären Funktionsstörung* zu sein[1]. Weitere Untersuchungen über die Ausscheidung von Protein s.[2-14].

Ursachen der Eiweißausscheidung. Nach den obigen Ausführungen muß außer bei der Ausscheidung von Eiweißkörpern mit niedrigem Molekulargewicht Ursache der Albuminurie eine Störung der Permeabilität sein. Die Erhöhung der Capillarpermeabilität kann verursacht sein 1. durch entzündliche Vorgänge (Glomerulonephritis), 2. durch toxische Einwirkungen.

a) Bei genuiner Nephrose. Bei der genuinen Nephrose kommt es infolge des Albuminverlustes zu einer Verschiebung des Albumin-Globulinverhältnisses, daneben werden primäre Veränderungen der Bluteiweißkörper angenommen[15,16]. Diese „Paraproteinämie"[15,16] soll sekundär eine Schädigung der Niere hervorrufen die zu Albuminurie führt. Die veränderten Blutproteine sollen als „körperfremdes Eiweiß" schädigend auf die Capillarpermeabilität einwirken. Eine Erhöhung der Permeabilität der Glomeruluscapillaren soll auch durch die Einwirkung von Polypeptiden verursacht werden[16], die an der Capillarwand adsorbierte Proteine verdrängen und dadurch eine Erweiterung der Poren verursachen sollen.

b) Bei Amyloidnephrose und Ausscheidung von BENCE-JONES*schem Eiweißkörper.* Die Ausscheidung von Amyloid und BENCE-JONESschem Eiweißkörper kann infolge ihrer Körperfremdheit eine Schädigung der Glomeruluscapillaren verursachen. Der BENCE-JONESsche Eiweißkörper enthält nach Untersuchungen von SCHREIER einen relativ hohen Anteil von Oxyaminosäuren und wahrscheinlich kein Methionin[17].

c) Bei Nierenschädigungen infolge von Fieber, Infektionen (Typhus, Pneumonie, Diphtherie, Tuberkulose, septischen Erkrankungen), Schwangerschaft, Vergiftungen, Verbrennungen, Stoffwechselkrankheiten.

d) Bei Hypoxämie, bei Herzinsuffizienz und Lungenkrankheiten, schweren Anämien und bei lokalem O_2-Mangel infolge örtlicher Zirkulationsstörungen (orthostatische und lordotische Albuminurie). Bei orthostatischer und lordotischer Albuminurie besteht eine Abflußstauung des venösen Blutes aus der Niere. Dabei tritt oft ein Eiweißkörper im Harn auf, der mit Essigsäure schon in der Kälte ausfällt. Es handelt sich um ein Serumalbumin, das gleichzeitig mit einer eiweißfällenden Säure (Chondroitinschwefelsäure) ausgeschieden wird. Die Chondroitinschwefelsäure wird als Natriumsalz eliminiert und durch Essigsäure freigesetzt, wobei gleichzeitig das Albumin ausfällt. Dieser Eiweißkörper darf nicht mit dem echten BENCE-JONESschen Eiweißkörper verwechselt werden.

---

[1] FREY, W.: Handb. inn. Med. (BERGMANN-FREY-SCHWIEGK) 4. Aufl. Bd. 8, S. 431. — [2] LEWIS, W. H.: Bull. Johns Hopkins Hosp. **49**, 17 (1931). Amer. J. Cancer **29**, 666 (1937). — [3] LAMBERT, P. P.: Le rein polykystique. Étude morphologique, physio-pathologique et clinique. S. 222, 879. Paris 1943. Arch. Path., Chicago **44**, 34 (1947). — [4] OLIVER, J.: J. Mt. Sinai Hosp. **15**, 175 (1948). When seeing is believing. (Festschr. f. THOMAS ADDIS.) Stanford med. Bull. **6**, 7 (1948). — [5] RATHER, L. J.: (Festschr. f. TH. ADDIS). Stanford med. Bull. **6**, 117 (1948). — [6] RANDERATH, E.: Die Entwicklung der Lehre von den Nephrosen in der pathologischen Anatomie. Ergebn. Path. **32**, 91 (1937). — [7] DOCK, W.: New Engl. J. Med. **227**, 633 (1942). — [8] EKEHORN, G.: Acta med. scand., Suppl. **36** (1931). — [9] LUETSCHER, J. A. jr.: J. clin. Invest. **19**, 313 (1940). — [10] RIGAS, D. A., and C. G. HELLER: J. clin. Invest. **30**, 853 (1951). — [11] LIPPMAN, R. W., H. J. UREEN and J. OLIVER: J. exp. Med. **93**, 325, 605 (1951). — [12] CHASIS, H., W. GOLDRING and D. S. BALDWIN: J. clin. Invest. **29**, 804 (1950). — [13] TAYLOR, R. D., A. C. CORCORAN and I. H. PAGE: J. Lab. clin. Med. **36**, 996 (1950). — [14] Grosse-Brockhoff, Path. Physiol. S. 268ff. — [15] APITZ, K.: Virchows Arch. **306**, 631 (1940). — [16] Wuhrmann-Wunderly 2. Aufl. S. 267ff. 344. — [17] SCHREIER, K., u. H. PLÜCKTHUN: Kli. Wo. **1952**, 677.

e) Durch zentralnervöse Einwirkungen. Durch Reizung des Hypophysen-zwischenhirn-Systems kann Albuminurie erzeugt werden (diencephale Albuminurie, die mit Hämaturie und Oligurie einhergehen kann). Auf zentralnervöse Ursachen ist die Eiweißausscheidung bei Comotio cerebri, im epileptischen Anfall, bei starken seelischen Affekten und bei endogenen Depressionen zu beziehen. (Psychopathenalbuminurie, die oft mit Phosphaturie und Oxalurie zusammen auftritt.)

Tabelle 26. Übersicht über Harnproteinbefunde (rd. 150 Fälle).

Krankheitsform	Proteinurie			Serum: Harn	
	konstant	Bild wie Normal-Serum	Eigen-Serum	Albumin-Faktor	Globulin-Inversion
Gesunde und orthostatische Proteinurie	(+)	—	—	1000—20000	(+)
Akute Glomerulonephritis	(+)	+		wenn + 6—15	
Interstitielle Nephritis	(+)			30	
Chronische Glomerulonephritis	(+)	+		11 (2—10)	+
mit Schrumpfung (terminal)	(+)	(+)	(+)	13 (7—19)	
mit nephrotischem Verlauf	+	+	(+)	3 (1—10)	+
Nephrotisches Syndrom („Lipoid-N“)	++	+	(±)	1,8, 0,2—5 meist (< 1)	++
mit reiner Albuminurie (?)	+			15 (3—30)	
Infekte der Harnwege (Pyelonephritis)	+	(+)	(+)	45 (9—80)	
Hyperergische Reaktionen					
Amyloidnephrosen	+	+	—	2,5 (0,8—6)	(+)
Nephrosklerose	(+)	(+)		20	(+)
Diabetische Nephropathien	+		(+)	5 (5—10)	(+)
Herdnephritis (Endocarditis lenta)	(+)		+	38 (20—60)	
Schwangerschaftsnephropathien	+		(+)	1,7 (1—3)	+
Eklampsie	(+)			60 (40—500)	
Lupus erythematodes	±	(+)			+
Periarteriitis nodosa				41	
Cystenniere, Hydronephrose, Tumor				75, 258 (500)	
Plasmocytom (reine BJ-Proteinurie)	(+)		(+)	> 500	
(mit Albuminurie)	+			17—350	
Makroglobulinämie	(+)				

(+) = häufig; + = praktisch obligat; ++ = hochgradig. Der renale Albumin-Faktor ist ermittelt aus der Serum-Albuminkonzentration, dividiert durch die Harn-Albuminkonzentration.

Tabelle 26 bezeichnet den Befund im Harn bei einer Reihe von patho-physiologisch bedeutungsvollen Proteinurien[1].

f) Andere Ursachen. Ratten, die ein Defizit an Pantothensäure, an Vitamin E oder Methionin hatten, schieden weniger Eiweiß als normale Ratten aus. Bei Vitamin B_6-Mangel war die Eiweißausscheidung wesentlich erhöht. Die Injektion von Testosteron erhöhte bei kastrierten männlichen Ratten die Eiweißausscheidung auf normale Werte. Testosteron erhöhte auch die Proteinurie bei weiblichen Ratten. Das Maß der Ausscheidung variierte mit dem Grundumsatz. Ratten mit Lebertumoren schieden große Mengen Eiweiß aus[2].

[1] Sandkühler, S.: Das ärztliche Laboratorium. **1**, 51 (1955). — [2] Linkswiler, H., M. S. Reynolds and C. A. Baumann: Amer. J. Physiol. **168**, 504 (1952).

Nach POLVOGT, MCCOLLUM u. SIMMONDS[1] bewirken Kostformen mit rund 40% Protein bei Ratten zwar keine äußerlich erkennbaren Veränderungen, insbesondere waren alle körperlichen Funktionen einschließlich der Fortpflanzung normal; die Autopsie der Tiere ergab jedoch, daß die Nieren im Gegensatz zu den völlig intakten übrigen Organen Vergrößerungen und Hämorrhagien sowie Degeneration in den Tubuli aufwiesen.

Nachweis von Eiweiß im Harn s. [2].

Bestimmung s. [3-5].

Mucoproteide sind von ANDERSON[6-8] aus dem menschlichen Harn isoliert worden. Die Werte schwankten zwischen 78—214 mg im 24 Std-Harn. Einzelne Fraktionen waren: Mucoproteid A = 3,87 mg und 3,11 mg Mucoproteid B aus je 100 ml Harn.

Hohe Werte im Harn und im Serum wurden bei Krebskranken gefunden, die höchsten Werte bei den Fällen, in denen die Metastasierung fortgeschritten war oder in denen Lymphdrüsen, entweder primär oder sekundär, betroffen waren. Bei einigen Fällen mit endokrinen Erkrankungen waren die Urinwerte bei normalen Serumwerten hoch. Eine Beziehung zu bestimmten Leberflockungsreaktionen wurde insofern gefunden, als Fälle mit positiver Flockungsreaktion (Thymol, Gold, Zinksulfat) normale Serum- und Harnwerte der Mucoproteide aufwiesen, während die Serum- und Harnwerte in Fällen erhöht waren, bei denen die Flockungsreaktionen negativ waren.

Fibrinurie wird bei Blasentumoren beobachtet. Es bilden sich im Harn weißliche gallertartige Gerinnsel[9].

c) Aminosäuren[10]. Die im Blutplasma frei zirkulierenden Aminosäuren werden zu einem geringen Teil in den Harn ausgeschieden. In älteren Arbeiten wurden von ABDERHALDEN u. SCHITTENHELM[11,12] im Blut so gut wie alle Aminosäuren identifiziert, im Harn aber hatten sie nur Glykokoll angetroffen. Schon aus dieser Beobachtung geht hervor, daß die Niere bei der Filtration eine Auswahl zu treffen vermag oder die einzelnen Aminosäuren bei der tubulären Rückresorption verschieden behandelt.

Der gesunde Erwachsene scheidet täglich mit dem Harn ungefähr 1,1 g freie Aminosäuren aus. Dies entspricht ungefähr 180 mg N, d. h. etwa 1,2% des ausgeschiedenen Gesamt- oder 120 mg α-Amino-N. Weitere 2 g Aminosäuren werden in gebundener Form ausgeschieden und können durch Säurehydrolyse freigesetzt werden[13]. Die im Harn ausgeschiedenen Aminosäuren sind nicht alle frei, sondern zum Teil peptidartig gebunden, und zwar sollen nach WOODSON u. Mitarb.[14] besonders Asparaginsäure und Glutaminsäure in gebundener Form ausgeschieden werden. Das gleiche gilt von Valin und Isoleucin. Histidin liegt zu 85% in freier Form vor.

Eine verstärkte Diurese erhöht die Aminosäureelimination. Die prozentualen Harnwerte sind deshalb konstanter als die absoluten Zahlen. Die verschiedenen

---

[1] POLVOGT, L. M., E. V. MCCOLLUM and N. SIMMONDS: Bull. Johns Hopkins Hosp. **34**, 168 (1923). — [2] Hallmann 6. Aufl. S. 170. — [3] HILLER, A., J. F. MCINTOSH and D. D. VAN SLYKE: J. clin. Invest. **4**, 235 (1927). — [4] FOLIN, O., and W. DENIS: J. biol. Ch. **18**, 273 (1914). — [5] HILLER, A., R. L. GRIEF and W. W. BECKMAN: J. biol. Ch. **176**, 1421 (1948). — [6] ANDERSON, A. J.: Biochem. J. **56**, XXV (1954). — [7] ANDERSON, A. J., and N. F. MACLAGAN: Biochem. J. **59**, 638, I (1955). — [8] ANDERSON, A. J., E. LOCKEY and N. F. MACLAGAN: 3. Int. Congr. Biochem. Brüssel. Résumés. S. 141. 1955. — [9] GEILL, T.: Kli. Wo. **1927 I**, 220, 289. — [10] FREY, W.: Handb. inn. Med. (BERGMANN-FREY-SCHWIEGK) 4. Aufl. Bd. 8, S. 154, 1951. — [11] ABDERHALDEN, E.: H. **88**, 478 (1913); **114**, 250 (1921). — [12] ABDERHALDEN, E., u. A. SCHITTENHELM: H. **47**, 339 (1906). — [13] STEIN, W. H.: J. biol. Ch. **201**, 45 (1953). — [14] WOODSON, H. W., S. W. HIER, J. D. SOLOMON and O. BERGEIM: J. biol. Ch. **172**, 613 (1948).

Autoren[1] finden Werte zwischen 0,5 und 3,5% als normal. Nur bei Kindern (Säugling) werden schon in der Norm höhere Werte gefunden. Nach Verbrennungen ist die Ausscheidung von essentiellen und nichtessentiellen Aminosäuren erhöht, und zwar um so stärker, je umfangreicher die Verbrennung ist[2].

Die Aminosäuren werden aus den Tubuli praktisch quantitativ wieder zurückresorbiert. Die rückresorbierte Menge ist nicht konstant, sondern steigt mit zunehmender Aminosäurekonzentration im Plasma an. Relativ schlecht wird die Glutaminsäure rückresorbiert.

Arginin und Histidin, ebenso Histidin und Lysin hemmen sich gegenseitig kompetitiv bei der Rückresorption. Mit den anderen Aminosäuren ergeben sich keine Hemmungen, so daß man annehmen darf, daß *die basischen Aminosäuren einen besonderen Mechanismus der Rückresorption* haben. Kompetitive Hemmungen der Rückresorption lassen sich auch im Bereich der Monoamino-monocarbonsäuren beobachten. Beispielsweise hemmt Glykokoll die Rückresorption anderer Aminosäuren. Die Selektivität der Nierentubuli für die einzelnen Aminosäuren ergibt sich aus den Clearance-Werten. Die Clearance beträgt für Leucin, Isoleucin, Valin und Arginin weniger als 1 cm^3 je min, für Threonin, Lysin und Methionin 1—2 cm^3 je min und für Histidin 9,6 cm^3 je min. Die Infusion einer größeren Menge einer bestimmten Aminosäure verursacht in den meisten Fällen eine Steigerung der Ausscheidung der anderen Aminosäuren auf das Vielfache[3]. Am stärksten wird die Ausscheidung von Threonin und Histidin beeinflußt.

Bei der Verfütterung eiweißhaltiger Nahrung an Ratten und Mäuse beeinflußt der biologische Wert des zugeführten Eiweißes die Höhe der Aminosäureausscheidung im Harn. Nach der Verfütterung von biologisch minderwertigem Eiweiß kann die Aminosäureausscheidung bis auf 20% der Zufuhr und mehr ansteigen, während nach der Zufuhr von biologisch hochwertigem Eiweiß die Aminosäureausscheidung höchstens 0,5—1,0% der Zufuhr beträgt. Das biologisch wenig wertvolle Eiweiß enthält nur geringe Mengen an essentiellen Aminosäuren und ist deshalb als Ausgangsmaterial für die Eiweißsynthese wenig geeignet. Die Exkretion steigt an, weil viele Aminosäuren nicht verwertet werden können. Steigt der biologische Wert des verfütterten Eiweißes, so wird die Ausscheidung der Aminosäuren immer geringer; sie steigt aber steil an, wenn ein Protein verfüttert wird, in dem eine oder mehrere der essentiellen Aminosäuren vollkommen fehlen. Mäuse, denen als einzige N-Quelle oxydiertes Casein gegeben wurde, in dem Cystin, Methionin und Tryptophan fehlten, schieden im Mittel 24,5% der Nahrungsaminosäuren im Harn aus[4,5].

Beim Menschen konnte dagegen eine Beziehung zwischen der Proteinaufnahme mit der Nahrung und der Gesamtausscheidung von Aminosäuren und der Verteilung der ausgeschiedenen Aminosäuren nicht festgestellt werden[6–10].

Nach DUSTIN, MOORE u. BIGWOOD[11] werden beim Neugeborenen 5% und mehr der 24stündigen Gesamtstickstoffmenge in Form von Aminostickstoff ausgeschieden, während er beim Erwachsenen weniger als 1% ausmacht; außerdem werden im Säuglingsharn Aminosäuren angetroffen, die sich im Harn von Erwachsenen nicht finden, besonders Glutaminsäure und Prolin.

---

[1] NEUBAUER, O.: Intermediärer Eiweißstoffwechsel. Handb. Physiol. Bd. 5. S. 681. — [2] NARDI, G. L.: J. clin. Invest. **33**, 847 (1954). — [3] KAMIN, H., and P. HANDLER: Amer. J. Physiol. **164**, 654 (1951). — [4] Lang, Intermed. Stoffw. S. 187. — [5] Lang-Ranke, Stoffwechsel S. 146. — [6] MOORE, S., and W. H. STEIN: J. biol. Ch. **192**, 663 (1951). — [7] STEELE, B. F., M. S. REYNOLDS and C. A. BAUMANN: J. Nutrit. **40**, 145 (1950). — [8] NASSETT, E. S., and R. H. TULLY: J. Nutrit. **44**, 477 (1951). — [9] KIRSNER, J. B., A. L. SHEFFNER and W. L. PALMER: J. clin. Invest. **28**, 716 (1949). — [10] STEIN, W. H., A. G. BEARN and S. MOORE: J. clin. Invest. **33**, 410 (1954). — [11] DUSTIN, J. P., S. MOORE et E. J. BIGWOOD: 2. Int. Congr. Biochem. Paris S. **364**. 1952.

Die Beobachtung, daß der Säugling vermehrt Aminosäuren ausscheidet, ist von Interesse, weil das Blut von Säuglingen prozentual nicht mehr Aminosäuren enthält als das von Erwachsenen. Es werden also nicht mehr Aminosäuren im Harn ausgeschieden, weil die Desaminierung der mit der Nahrung zugeführten Aminosäuren beim Säugling unvollständiger wäre, es scheint sich vielmehr um eine verminderte Rückresorption in der Niere zu handeln.

Man könnte auch vermuten, daß das Nierenfilter beim Säugling besonders durchlässig ist, da die im Blut kreisenden Aminosäuren ein großes Diffusionsvermögen besitzen. Man kann annehmen, daß die Konzentration der Aminosäuren im Blut und im Glomerulusfiltrat annähernd gleich ist. Die erhöhte Aminosäureausscheidung beim Säugling würde dann einem besonderen Verhalten bei der Rückresorption und nicht einer besonders hohen Durchlässigkeit des Nierenfilters zuzuschreiben sein[1].

Die ersten Beobachtungen über die Rückresorption von Aminosäuren beim Menschen stammen von Kirk[2], der zeigte, daß die Gesamt-Aminosäure-Clearance einen sehr niedrigen Wert besitzt. Nach Gaben von Glycin stieg die Clearance beträchtlich an. Doty[3] fand, daß Tyrosin und Histidin fast vollständig rückresorbiert werden. Die Untersuchungen von Pitts[4] ergaben, daß Glycin und Kreatin durch denselben Mechanismus rückresorbiert werden, und daß die Sättigung der Tubuli mit Glucose die Rückresorption der Aminosäuren nicht beeinflußt. Gibt man nämlich Phlorrhizin in solchen Dosen, daß die Rückresorption der Glucose vollständig gehemmt ist, so wird die Ausscheidung von Aminosäuren nicht erhöht. Wie im Falle des Glycins, sinkt die Rückresorption von D,L-Alanin, L-Glutaminsäure und L-Arginin sehr schnell, wenn die Belastung erhöht wird[5]. Eine maximale Geschwindigkeit der Rückresorption konnte nicht erreicht werden, es nahm aber die Größe der Rückresorption vom Glycin über Alanin und Glutaminsäure zum Arginin ab. Auch bei der niedrigsten Belastung wurden gut feststellbare Mengen von Alanin, Glutaminsäure und Arginin ausgeschieden. Eaton, Ferguson u. Beyer[6] fanden, daß eine maximale Rückresorptionsgeschwindigkeit mit D,L-Valin, L-Leucin und D,L-Isoleucin erreicht werden kann. Für Valin ist der durchschnittliche Wert 13, für Leucin und Isoleucin 9—10 mg Aminostickstoff in der Minute auf den Quadratmeter Filterfläche. Histidin, Methionin, Leucin, Isoleucin, Tryptophan, Valin, Threonin und Phenylalanin werden so stark rückresorbiert, daß bei Versuchen keine T_m (maximale Rückresorptionsgeschwindigkeit) festgestellt werden kann, da vorher schwere Übelkeit auftritt[7–11], während Glycin, Arginin und Lysin weniger stark rückresorbiert werden und daher eine meßbare T_m haben.

Nach Beyer u. Mitarb.[12] können bei den Aminosäuren unter dem Gesichtspunkt ihrer gegenseitigen Beeinflussung bei der Rückresorption 3 Gruppen unterschieden werden: 1. die basischen Aminosäuren Arginin, Histidin und Lysin, 2. die Monoamino-monocarbonsäuren Leucin und Isoleucin und 3. Glycin. Die

---

[1] Bernuth, F. v., u. F. Goebel: B. Z. **146**, 336 (1924). — [2] Kirk, E.: Acta med. scand. **89**, 450 (1936). — [3] Doty, J. R.: Proc. Soc. exp. Biol. Med. **46**, 129 (1941). — [4] Pitts, R. F.: Amer. J. Physiol. **140**, 156 (1943/44). — [5] Pitts, R. F.: Amer. J. Physiol. **140**, 535 (1943/44). — [6] Eaton, A. G., F. P. Ferguson and F. T. Byer: Amer. J. Physiol. **145**, 491 (1946). — [7] Beyer, K. H., L. D. Wright, H. F. Russo, H. R. Skeggs and E. A. Patch: Amer. J. Physiol. **146**, 330 (1946). — [8] Wright, L. D., H. F. Russo, H. R. Skeggs, E. A. Patch and K. H. Beyer: Amer. J. Physiol. **149**, 130 (1947). — [9] Russo, H. F., L. D. Wright, H. R. Skeggs, E. K. Tillson and K. H. Beyer: Proc. Soc. exp. Biol. Med. **65**, 215 (1947). — [10] Wright, L. D.: Trans. N. Y. Acad. Sci. (2) **10**, 271 (1948). — [11] Ferguson, F. P., A. G. Eaton and J. S. Ashman: Proc. Soc. exp. Biol. Med. **66**, 582 (1947). — [12] Beyer, K. H., L. D. Wright, H. R. Skeggs, H. F. Russo and G. A. Shaner: Amer. J. Physiol. **151**, 202 (1947).

Aminosäuren der Gruppen 1 und 2 werden offenbar durch 2 getrennte Mechanismen rückresorbiert. Sie konkurrieren untereinander, aber nicht mit einer Säure der anderen Gruppe. Ein dritter Mechanismus könnte für Glycin vorhanden sein, da es mit keinem Mitglied einer anderen Gruppe interferiert. Nach KAMIN u. HANDLER[1] steigert die Infusion einer Aminosäure bei Hunden die Ausscheidung von Aminosäuren mit ähnlichen sauren Eigenschaften beträchtlich. Es wurden mehr Glutamin- und Asparaginsäure im Harn ausgeschieden, als durch glomeruläre Filtration geliefert wurden, so daß die Untersucher zu der Annahme kamen, daß nichtessentielle Aminosäuren durch tubuläre Sekretion ausgeschieden werden. Durch die Infusion anderer Aminosäuren wurde die Ausscheidung von Histidin und Threonin gesteigert[1]. ACTH und Cortison beschleunigen den Eiweißabbau, und man sollte daher eine vermehrte Ausscheidung von Aminosäuren im Harn erwarten. BRODIE u. Mitarb.[2] zeigten, daß die Verabreichung von ACTH und Cortison an Patienten mit rheumatischer Arthritis in der Tat zur Ausscheidung von Threonin, Lysin und Tyrosin führt. Beim Menschen ist der Rückresorptionsmechanismus der Aminosäuren bei niedrigem Plasmaniveau so wirkungsvoll, daß bei einer Zufuhr von 1 g Protein je kg Körpergewicht und Tag nur eine verschwindend kleine Menge der einzelnen Aminosäuren im Harn erscheint. Am stärksten wird dabei Histidin ausgeschieden[3–5]. Die Niere gibt die im Filtrat abgegebenen rückresorbierten kostbaren Aminosäuren dem Körper wieder zurück, zum Teil werden sie wohl auch im Nierenstoffwechsel verwendet.

Eine Übersicht über die Ausscheidung der essentiellen Aminosäuren bei gewöhnlicher Ernährung gibt die folgende Tabelle:

Tabelle 27.
Ausscheidung beim Menschen, Gesamtaminosäuren im 24 Std-Harn (mikrobiologisch bestimmt. Werte in mg)[6].

Aminosäure	SHEFFNER u. Mitarb.[5]	WOODSON u. Mitarb.[7]	DUNN u. Mitarb.[8]	TOMPSETT u. Mitarb.[9]	LAWRIE[10]
Arginin	25,8	23,7	35,6		
Histidin	263,3	203,3	188,5	174,0	
Isoleucin	17,5	20,3	19,3		
Leucin	25,8	21,2	31,2		
Lysin	100,0	73,2	83,1		
Cystin				150,0	
Methionin . . .	8,3	8,6	11,9	1,0	
Threonin	60,0	53,8	57,8		
Valin.	20,8	19,8	29,0		
Phenylalanin . .				24—**38**—54	
Tyrosin				7,5—**18**—34	11—**23**—37
Tryptophan. . .				19,5	

[1] KAMIN, H., and P. HANDLER: Amer. J. Physiol. **164**, 654 (1951). — [2] BRODIE, E. C., E. B. WALLRAFF, A. L. BORDEN, W. P. HOLBROOK, C. A. L. STEPHENS jr., D. F. HILL, L. J. KENT and A. R. KEMMERER: Proc. Soc. exp. Biol. Med. **75**, 285 (1950). — [3] HARVEY, C. C., and M. K. HORWITT: J. biol. Ch. **178**, 953 (1949). — [4] KIRSNER, J. B., A. L. SHEFFNER and W. L. PALMER: J. clin. Invest. **28**, 716 (1949). — [5] SHEFFNER, A. L., J. B. KIRSNER and W. L. PALMER: J. biol. Ch. **175**, 107 (1948). — [6] Lang-Ranke, Stoffwechsel S. 146. — [7] WOODSON, H. W., S. W. HIER, J. D. SOLOMON and O. BERGEIM: J. biol. Ch. **172**, 613 (1948). — [8] DUNN, M. S., M. N. CAMIEN, S. SHANKMAN and H. BLOCK: Arch. Biochem. **13**, 207 (1947). — [9] TOMPSETT, S. L., and J. FITZPATRICK: Brit. J. exp. Path. **31**, 70 (1950) (s. a. Bd. 2/2a, S. 278). — [10] LAWRIE, N. R.: Biochem. J. **41**, 41 (1947) (s. a. Bd. 2/2a, S. 284).

Die Ausscheidung von Aminosäuren wird durch die Höhe der Eiweißzufuhr nur wenig beeinflußt. ECKARDT u. DAVIDSON[1] fanden bei einer Zufuhr von 150 g Eiweiß eine Gesamtausscheidung von 1,094 g Aminosäuren und bei einer Verfütterung von 75 g Eiweiß eine Ausscheidung von 0,919 g Aminosäuren;

Tabelle 28. Ausscheidung beim Menschen, Gesamtaminosäuren im 24 Std-Harn (chromatographisch bestimmt, Werte in mg).

	STEIN[2]	MÜTING[3]		STEIN[2]	MÜTING[3]
Taurin	156	130	Methionin	<10	71
Threonin	28	15	Isoleucin	18	57
Serin	43	71	Leucin	14	17
Asparagin	54	—	Tyrosin	35	11
Asparaginsäure	—	4	Phenylalanin	18	8
Glutamin	<10	107	Histidin	216	93
Prolin	<10	0	Methylhistidin	180	—
Glycin	132	87	Lysin	19	59
Alanin	46	72	Arginin	<10	13
Aminoadipinsäure	10	—	Glutaminsäure	—	22
Cystin	10	62	Tryptophan	—	17
Valin	<10	57	Oxyprolin	—	0

dies sind 0,4% bzw. 0,6% der Zufuhr. Bei eiweißfreier Kost fanden sie 0,494 g Aminosäuren je Tag im Harn. Die Ausscheidung von Aminosäuren steht in keiner Beziehung zu der Exkretion anderer N-haltiger Bestandteile des Harns, z.B. Harnsäure, Harnstoff, Kreatinin, Ammoniak, und ist auch unabhängig vom Harnvolumen. Der Verzehr von viel Kohlenhydrat spart Eiweiß und senkt auch die Aminosäureausscheidung im Harn, und zwar in besonders hohem Maße die von Tryptophan. Im übrigen beeinflußt die *Ernährungsart* die Aminosäureausscheidung nur wenig. Lediglich der biologische Wert des Nahrungsproteins ist, wie schon erwähnt, von Wichtigkeit[4].

Tabelle 29. Abhängigkeit der Aminosäureausscheidung im Harn vom biologischen Wert des Nahrungsproteins. (Mäuse erhielten ein Futter, das 8% Protein enthielt)[5].

Nahrungsprotein	Aminosäuren im Harn in % der Aufnahme
Arachin	4,7
Fibrin	2,7
Casein	3,4
Eieralbumin	1,5
Lactalbumin	1,0

Nach den Untersuchungen von DUNN u. Mitarb[6]. liegt die *Normalausscheidung bei eiweißarmer Ernährung* bei gesunden Männern für *Glycin* zwischen 500 und 1000 mg, für *Histidin* zwischen 44 und 136 mg und für *Cystin* zwischen 50 und 88 mg[6]. Für die anderen untersuchten Aminosäuren bewegte sich die Ausscheidungsgrenze zwischen 5 und 29 mg. Bei eiweißreicher Kost steigen die Werte im Mittel um 30% an. Auch bei Aminosäurebelastungen ist die Ausscheidung recht verschieden; von *Leucin* werden nur 0,43, von *Histidin* aber 12,6% im Mittel ausgeschieden[7]. Daraus geht auch hervor, daß die Nieren-

[1] ECKHARDT, R. D., and C. S. DAVIDSON: J. clin. Invest. **27**, 165, 727 (1948). J. biol. Ch. **177**, 687 (1949). — ECKHARDT, R. D., J. H. LEWIS, T. L. MURPHY, W. H. BATCHELOR and C. S. DAVIDSON: J. clin. Invest. **27**, 119 (1948). — [2] STEIN, W. H.: J. biol. Ch. **201**, 45 (1953). — [3] MÜTING, D.: H. **297**, 61 (1954). — [4] Lang-Ranke, Stoffwechsel S. 146. — [5] SAUBERLICH, H. E., and C. A. BAUMANN: Fed. Proc. **7**, 183 (1948). — [6] DUNN, M. S., M. N. CAMIEN, S. AKAWAIE, R. B. MALIN, S. EIDUSON, H. R. GETZ and K. R. DUNN: Amer. Rev. Tuberc. **60**, 439 (1949). — [7] SHEFFNER, A. L., J. B. KIRSNER and and W. L., PALMER J. biol. Ch. **175**, 107 (1948).

Tabelle 30. Einfluß der Geschwindigkeit der Infusion eines Aminosäuregemisches auf die Höhe der Aminosäureausscheidung im Harn beim Menschen. (Es wurden jeweils 500 cm³ 10%iges Aminosäuregemisch infundiert: *langsame Infusion* = 2 mg Amino-N/kg/min, *schnelle Infusion* = 10 mg Amino-N/kg/min[1].)

Aminosäure	Ausscheidung in 24 Std			
	langsam infundiert		schnell infundiert	
	mg	% der Zufuhr	mg	% der Zufuhr
Arginin	8,7	0,3	37,8	1,5
Histidin	206	12,9	231	14,4
Isoleucin	9,6	0,2	98,6	2,6
Leucin	45,7	0,6	281	3,6
Lysin	149	3,5	354	8,4
Methionin	34,4	1.1	169	5,3
Phenylalanin	43,1	1,6	175	6,5
Threonin	155	14,1	196	17,8
Tryptophan	22,7	5,7	33,8	8,4
Valin	42,1	1,4	196	6,3
Summe	716	2,3	1772	5,8

clearance für die verschiedenen Aminosäuren sehr verschiedene Werte aufweist. Die von SHEFFNER u. Mitarb.[2] gefundenen Ausscheidungsgrößen für 8 verschiedene Aminosäuren sind folgende:

Tabelle 31.
Aminosäurekonzentration im Harn und Clearancewert nach Belastung[2].

	Aminosäuregehalt mg-%		Clearancewert cm³ Blut je min	
	Fall 1	Fall 2	Fall 1	Fall 2
Leucin	19,8	32,2	0,44	0,52
Isoleucin	15,1	20,2	0,49	0,50
Valin	19,3	23,5	0,40	0,46
Threonin	52,6	71,5	1,24	1,19
Arginin	23,3	30,0	0,82	0,69
Histidin	142,9	387,6	5,31	12,87
Lysin	61,8	140,5	1,32	2,00
Methionin	6,7	10,9	1,59	1,94

Die Zufuhr von Fett bewirkt eine Verbesserung der Resorption und eine Verminderung der Ausscheidung von Aminosäuren[3].

Die vermehrte Ausscheidung einer oder mehrerer Aminosäuren bei pathologischen Zuständen kann in 2 Gruppen eingeteilt werden[4]:

1. Die vermehrte Ausscheidung kann auf einem erhöhten Plasmaniveau beruhen, d.h. eine Störung des intermediären Stoffwechsels führt zu einer Erhöhung des Plasmaniveaus einer oder mehrerer Aminosäuren in einem solchen Maß, daß

[1] ECKHARDT, R. D., and C. S. DAVIDSON: J. clin Invest. **27**, 165, 727 (1948). J. biol. Ch. **177**, 687 (1949). — ECKHARDT, R. D., J. H. LEWIS, T. L. MURPHY, W. H. BATCHELOR and C. S. DAVIDSON: J. clin. Invest. **27**, 119 (1948). — [2] SHEFFNER, A. L., J. B. KIRSNER and W. L. PALMER: J. biol. Ch. **175**, 107 (1948). — [3] PEARSON, P. B., and F. PANZER: J. Nutrit. **38**, 257 (1949). — [4] HARRIS, H.: 3. Int. Congr. Biochem. Brüssel. Rapports S. 34. 1955.

die Kapazität des tubulären Rückresorptionsmechanismus überschritten wird und daher die betreffende Aminosäure oder -säuren vermehrt im Harn ausgeschieden werden.

2. Die vermehrte Ausscheidung beruht auf einer Störung der tubulären Rückresorption, so daß auch bei einem normalen Plasmaniveau die betreffenden Aminosäuren vermehrt im Harn erscheinen.

Es ist möglich, daß beide Störungen nebeneinander vorkommen[1,2].

Einige dieser Störungen seien hier angeführt:

Gruppe 1: 1. Phenylketonurie (s. S. 129). 2. Lebererkrankungen: a) schwere Nekrose (akute gelbe Leberdystrophie), b) progressive Cirrhose, c) akute infektiöse Hepatitis.

Gruppe 2: 1. Cystinurie (s. S. 126). 2. WILSONsche Krankheit (hepatolentikuläre Degeneration). 3. Galaktosämie. 4. FANCONI-Syndrom. 5. Skorbut[3–5]. 6. Rachitis[4,6,7]. 7. Bleivergiftung[8,9]. 8. Lysolvergiftung[10].

Eine stark vermehrte Ausscheidung von Aminosäuren wird nur bei akuter Leberatrophie und fortgeschrittener Cirrhose der Leber angetroffen[11,12]. Im allgemeinen wird gefunden, daß das Ausmaß der vermehrten Aminosäureausscheidung mit der Schwere der Leberschädigung parallel läuft[12–16].

Bei einem 5jährigen Jungen war während einer schweren Hepatitis die Aminosäureausscheidung stark erhöht. Die chromatographisch nachgewiesene Tagesausscheidung betrug 677 mg. Nach der Ausheilung wurden bei gleicher Stickstoffausscheidung nur noch 117 mg festgestellt. Methionin wurde bis zu 208 mg je Tag ausgeschieden. Leucin, Tyrosin und Taurin traten in größeren Mengen auf. Eine erhöhte Methioninausscheidung scheint nur bei schweren, nicht aber auch bei leichten Leberfunktionsstörungen einzutreten[17]. Eine hohe Aminosäureausscheidung wurde bei einem 12jährigen Mädchen mit hämolytischem Ikterus und Cholelithiasis gefunden. Hier stand die Methioninausscheidung nicht im Vordergrund[18].

Bei der WILSONschen Krankheit ist von vielen Untersuchern eine vermehrte Aminosäureausscheidung beobachtet worden[19–23]. Es bestehen beträchtliche Schwankungen in der Höhe der Ausscheidung von Fall zu Fall[21]. Fast alle im normalen Harn vorkommenden Aminosäuren können vermehrt ausgeschieden werden, mit Ausnahme von Taurin, 1-Methylhistidin und 3-Methylhistidin[21]. Prolin, Ornithin und Citrullin, die im normalen Harn nur in sehr geringen Mengen vorkommen oder fehlen, können hier in großen Mengen angetroffen werden[21]. Aminosäuren werden auch in gebundener Form, möglicherweise als Peptide ausgeschieden[21,23]. Es wird vermutet, daß diese vermehrte Aminosäureausscheidung ihren Ursprung in einer Schädigung der Tubuli durch dort abgelagertes Kupfer

[1] DENT, C. E.: Schweiz. med. Wschr. **80**, 752 (1950). — [2] DENT, C. E.: Lectures on the Scientific Basis of Medicine. Bd. 2, S. 213. London 1954. — [3] JONXIS, J. H., and T. H. HUISMAN: Pediatrics, N. Y. **14**, 238 (1954). — [4] HUISMAN, T. H.: Pediatrics, N. Y. **14**, 245 (1954). — [5] HUISMAN, T. H. J., and J. H. P. JONXIS: 3. Int. Congr. Biochem. Brüssel. Résumés. S. 139, 1955. — [6] JONXIS, J. H., and T. H. HUISMAN: Lancet **1953 II**, 428. — [7] JONXIS, J. H.: Ned. T. Geneeskde. **98**, 598 (1954). — [8] WILSON, V. K., M. L. THOMSON and C. E. DENT: Lancet **1953 II**, 66. — [9] MARSDEN, H. B., and V. K. WILSON: Brit. J. med. **1955 I**, 324. — [10] SPENCER, A. G., and G. T. FRANGLEN: Lancet **1952 I**, 190. — [11] DENT, C. E.: Lancet **1946 II**, 637. — [12] WALSHE, J. M.: Quart. J. Med. **22**, 483 (1953). — [13] FRANKL, W., H. MARTIN and M. S. DUNN: Arch. Biochem. **13**, 103 (1947). — [14] DUNN, M. S., S. AKAWAIE, H. L. YEH and H. E. MARTIN: J. clin. Invest. **29**, 302 (1950). — [15] GABUZDA, G. J. jr., R. D. ECKHARDT and C. S. DAVIDSON: J. clin. Invest. **31**, 1015 (1952). — [16] YI-YUNG HSIA, D., and S. S. GELLIS: J. clin. Invest. **33**, 1603 (1954). — [17] ABBASY, A. S., and E. A. EISA: Arch. Pediatrics **70**, 146 (1953). J. egypt. med. Ass. **36**, 265 (1953). — [18] SOUCHON, F., u. G. GRUNAU: Kli. Wo. **1952**, 663. — [19] UZMANN, L., and D. DENNY-BROWN: Amer. J. med. Sci. **215**, 599 (1948). — [20] DENT, C. E., and H. HARRIS: Ann. Eugenics **16**, 60 (1951). — [21] STEIN, W. H., A. G. BEARN and S. MOORE: J. clin. Invest. **33**, 410 (1954). — [22] COOPER, A. M., R. D. ECKHARDT, W. W. FALOON and C. S. DAVIDSON: J. clin. Invest. **29**, 265 (1950).— [23] UZMANN, L. L., and B. HOOD: Amer. J. med. Sci. **223**, 392 (1952).

hat[1,2]. Interessanterweise besteht bei manchen Fällen von WILSONscher Krankheit eine renale Glucosurie, so daß man annehmen kann, daß auch andere Rückresorptionsmechanismen geschädigt sein können.

Kinder mit Galaktosämie scheiden große Mengen Aminosäuren mit dem Harn aus[3–5]. Papierchromatographische Untersuchungen zeigen, daß dabei die Ausscheidung von Serin, Glycin, Threonin und Alanin bedeutend, die von Glutamin, Valin, Leucin und Tyrosin weniger stark erhöht ist[3–5].

Beim FANCONI-Syndrom (Cystinspeicherkrankheit) findet man trotz der Vielfalt der klinischen Symptome bei Kindern und Erwachsenen regelmäßig eine stark erhöhte Ausscheidung von Aminosäuren. Eine erhöhte Ausscheidung von Glycin, Alanin, Serin, Glutamin, Valin, Leucin, Isoleucin, Phenylalanin, Lysin, Cystin, Arginin und Prolin wurde festgestellt. Histidin, Taurin, 1-Methylhistidin und β-Aminoisobuttersäure werden gewöhnlich nicht vermehrt ausgeschieden[6–10]. Nach BICKEL[8] beruht die Vermehrung der Aminosäureausscheidung auf einer Erhöhung des Plasmaniveaus. DENT[11] fand dagegen das Plasmaaminosäureniveau stets normal. Er vermutet, daß die tubuläre Schädigung als Ursache der erhöhten Aminosäureausscheidung nicht allein die Rückresorption von Aminosäuren betrifft, sondern auch andere Substanzen, darunter Glucose und Phosphat. Dies würde die bei diesem Syndrom anzutreffende Glucosurie und Hypophosphatämie erklären.

Cystin. Die Ausscheidung von Cystin im normalen Harn wird verschieden hoch angegeben. Nach CAMIEN u. DUNN[12] bewegt sie sich zwischen 34 und 63 mg. Bei der Cystinurie besteht eine Cystinämie, bei der unverwertetes Cystin ins Gewebe übertritt und dort auskrystallisieren kann. Es kommt zur vermehrten Ausscheidung von Cystin im Harn. Die Cystinämie und Cystinurie stellen einen wesentlichen ursächlichen Faktor für die Entstehung von Cystinsteinen in der Niere dar (s. Bd. 2/1, S. 954).

Eine Mehrbildung von Cystin im Organismus kann als Ursache für die Entstehung der Cystinurie ausgeschlossen werden, da der Körper schwefelhaltige Aminosäuren nicht synthetisieren kann. Die Hydrierung des Cystins zu Cystein kann auch bei Cystinurikern in normalem Umfang vollzogen werden. Auch scheint die Ausscheidung des Cysteins durch Umwandlung in Taurocholsäure über die Galle nicht gestört zu sein. Während normalerweise der aus Cystein und Cystin stammende Schwefel größtenteils als Sulfat im Harn ausgeschieden wird, findet man bei einem Teil von Cystinurikern eine Verzögerung der Sulfatausscheidung[13]. Auf der anderen Seite gibt es aber eine Gruppe von Kranken, bei der die Belastung mit Cystin zu einer normalen Sulfatausscheidung führt, so daß die wesentliche Ursache der Erkrankung nicht allein in einer unvollständigen Oxydation des Cysteins zum Sulfat gesucht werden kann[14,15]. Es liegen Beobachtungen vor, die

---

[1] BEARN, A. G., and H. G. KUNKEL: J. clin. Invest. **33**, 400 (1954). — [2] CARTWRIGHT, G. E., R. E. HODGES, C. J. GUBLER, J. P. MAHONEY, K. DAUM, M. M. WINTROBE and W. B. BEAN: J. clin. Invest. **33**, 1487 (1954). — [3] HOLZEL, A., G. M. KOMROWER and V. K. WILSON: Brit. med. J. **1952 I**, 194. — [4] BICKEL, H., and E. M. HICKMANS: Arch. Dis. Childh. **27**, 348 (1952). — [5] YI-YUNG HSIA, D., H. H. HSIA, S. GREEN, M. KAY and S. GELLIS: Amer. J. Dis. Children **88**, 458 (1954). — [6] DENT, C. E.: Biochem. J. **41**, 240 (1947). — [7] DENT, C. E., and H. HARRIS: Ann. Eugenics **16**, 60 (1951). — [8] BICKEL, H., W. C. SMALLWOOD, J. M. SMELLIE, H. S. BAAR and E. M. HICKMANS: Acta paediatr., Uppsala **42**, Suppl. 90 (1952). — [9] EVERED, D. F.: A Study of amino acids in biological fluids using ion exchange resins. Diss. phil. London 1954. — [10] BICKEL, H., and D. C. THURSBY-PELHAM: Arch. Dis. Childh. **29**, 224 (1954). — [11] DENT, C. E.: Exp. Med. Surg. **12**, 229 (1954). — [12] CAMIEN, M. N., and M. S. DUNN: J. biol. Ch. **183**, 561 (1950). — [13] MEDES, G.: Biochem. J. **31**, 1330 (1937); **33**, 1559 (1939). — [14] NEUBERG, C., u. P. MAYER: H. **44**, 472 (1905). — [15] HESS, W. C., and M. X. SULLIVAN: J. biol. Ch. **142**, 3; **143**, 545; **146**, 381 (1942); **149**, 543 (1943).

eine Erschwerung der Abspaltung von Schwefel zu schwefelfreien Verbindungen (wobei Alanin entstehen würde) annehmen lassen. Aber auch diese Möglichkeit erklärt die Vorgänge nicht genügend. Ein entscheidender Faktor beruht auf einer Erschwerung der Desaminierung, wobei als Zeichen einer Herabsetzung der Tätigkeit der desaminierenden Fermente bei der Cystinurie neben Cystin auch Leucin, Tyrosin und Lysin im Harn auftreten können[1, 2]. Daneben können noch Putrescin und Cadaverin im Harn des Cystinurikers auftreten[3]. Danach wäre die Cystinurie lediglich als erstes Symptom einer allgemeinen Schwäche der desaminierenden Fermente zu werten. Man kann hierbei folgende Gruppen unterscheiden[4]:

1. Reine Cystinurie.
2. Cystinurie und Diaminurie, wobei zu unterscheiden sind:
   a) Cystinurie und alimentäre Diaminurie,
   b) Cystinurie und spontane Diaminurie.
3. a) Fälle von Cystinurie und alimentärer Aminosäureurie,
   b) Cystinurie und spontane Aminosäureurie.
4. Entsprechende Kombinationen von 2 und 3.

Die bei der Cystinurie ausgeschiedene Cystinmenge hängt wesentlich von der Höhe der Eiweißzufuhr ab. Aber auch bei einer eiweißarmen Diät wird immer noch etwas Cystin ausgeschieden. Nach den Untersuchungen von BRAND u. Mitarb.[5] gibt die Einverleibung von Homocystein, Cystein und Methionin zu einer beträchtlichen Mehrausscheidung von Cystin bei der Cystinurie Anlaß. Cystin und Homocystin sind jedoch wirkungslos.

BRAND u. Mitarb[5]. kommen auf Grund ihrer Versuche zu der Auffassung, daß Methionin die wichtigste Cystinquelle bei der Cystinurie ist. Jedoch wurden auch Cystinuriker beobachtet, bei denen Gaben von 4—10 g Methionin keine Mehrausscheidung von Cystin bewirkten[6]. Auch neuere, unter Verwendung von markierten Substanzen durchgeführte Untersuchungen haben zu keiner abschließenden Klärung des Problems der Cystinurie geführt. In der Tabelle 32 sind einige, bei einem Cystinuriker erhobene Befunde wiedergegeben. In Versuchen an cystinurischen Hunden wurden ähnliche Resultate erhalten[7, 8].

Tabelle 32.
Ausscheidung von Cystin bei der Cystinurie[5].

Verfütterte Substanz	g	Mehrausscheidung von Cystin g	Ausscheidung von Homocystin g
L-Cystein-HCl	8,8	2,13	—
L-Cystin	6,4	0,0	—
Homocystein	5,5	1,60	0,86
Homocystin	7,2	0,0	0,41
D,L-Methionin	8,0	2,03	—
Glutathion	16,0	0,6	—

Die in den Tabellen 33 und 34 wiedergegebenen Zahlen lassen vermuten, daß neben dem Cystin noch eine andere organische S-haltige Substanz ausgeschieden wird, die aber kein Methionin ist. Die unmittelbare Ursache für die

[1] ABDERHALDEN, E., u. A. SCHITTENHELM: H. **45**, 468 (1905). — [2] ACKERMANN, D., u. F. KUTSCHER: Z. Biol. **57**, 355 (1912). — [3] UDRÁNZKY, L. v., u. E. BAUMANN: H. **13**, 564 (1889); **15**, 77 (1891). — [4] FREY, W.: Handb. inn. Med. (BERGMANN-FREY-SCHWIEGK) 4. Aufl. Bd. 8, S. 158. — Grosse-Brockhoff, Path. Physiol. S. 362. — [5] BRAND, E., G. F. CAHILL and M. M. HARRIS: J. biol. Ch. **109**, 69 (1935). — BRAND, E., G. F. CAHILL and R. J. BLOCK: J. biol. Ch. **110**, 399 (1935). — [6] HESS, W. C., and M. X. SULLIVAN: J. biol. Ch. **140**, LX (1941). — [7] REED, L. J., D. CAVALLINI, F. PLUM, J. R. RACHELE and V. DU VIGNEAUD: J. biol. Ch. **180**, 783 (1949). — [8] TARVER, H., and C. L. A. SCHMIDT: J. biol. Ch. **167**, 387 (1947).

Tabelle 33. Oxydation verschiedener S-haltiger Substanzen durch Cystinuriker[1].

Verfütterte Substanz	% des gesamten im Harn ausgeschiedenen S		
	Sulfat	Cystin	Neutral-S unbekannter Art
D,L-Methionin	33	51	15
D,L-Homocystein	27	50	24
D,L-α-Oxy-γ-methylthiobuttersäure	25	29	43
S-Methylcystein	14	0	86
γ-Thiobuttersäure	32	17	61
γ,γ-Dithiobuttersäure	6	31	63

Ausscheidung von Cystin bei der Cystinurie dürfte eine erniedrigte Nierenschwelle infolge einer verminderten Rückresorption der Aminosäure sein[2]. In Übereinstimmung mit dieser Annahme steht auch der Befund, daß Cystinuriker keinen erhöhten Gehalt des Plasmas an freiem Cystin aufweisen.

Die Cystinurie bedingt keine Cystinverarmung des Organismus. Die Proteine haben selbst bei den schwersten Fällen von Cystinurie einen normalen Cystingehalt, insbesondere auch die cystinreichen Keratine. Auch die Bildung von Taurin ist nicht gestört, so daß man in der Galle normale Werte für den Gehalt an Taurocholsäure findet. Parenteral beigebrachtes Cystin bzw. Glutathion wird nicht gespeichert, sondern innerhalb kürzester Frist oxydiert, was aus der vermehrten Sulfatausscheidung im Harn zu ersehen ist. Bei der Cystinspeicherkrankheit werden im Harn vermehrt Aminosäuren ausgeschieden, und zwar in der folgenden Reihe in abnehmender Konzentration: Glykokoll, Leucin, Alanin, Lysin, Valin, Prolin, Glutamin, Glutaminsäure, Phenylalanin, Serin, Asparaginsäure und Tyrosin[4].

Tabelle 34. Umwandlung von Methionin in Cystin und Oxydation zu Sulfat bei der Cystinurie (ein an einer Cystinurie leidender Patient erhielt 200 mg mit ^{35}S markiertes Methionin)[3].

S-Fraktion des Harns	Im Harn ausgeschiedene % des verfütterten ^{35}S			
	1. Tag	2. Tag	3. Tag	4. Tag
Gesamt-S	13,30	2,38	1,80	0,90
Gesamt-SO_4-S	0,74	0,82	0,53	0,39
Neutral-S	12,54	1,56	1,27	0,61
Cystin	0,66	0,78	0,78	0,40

Bestimmte aromatische Substanzen, z. B. Halogenbenzole, werden von verschiedenen Tierarten, an acetyliertes Cystein gebunden, als ***Mercaptursäuren*** im Harn ausgeschieden. Zur Mercaptursäurebildung befähigt sind z.B. Hunde, Ratten, Kaninchen und Meerschweinchen. Bei Hunden ist diese Fähigkeit am größten. Mercaptursäuren entstehen im Organismus jedoch nur dann, wenn genügend Cystin bzw. Methionin zur Verfügung steht. Daher scheiden Hunde im Eiweißminimum oder nach einer längeren Hungerperiode keine Mercaptursäuren aus, wenn ihnen eine mercaptursäureliefernde Substanz zugeführt wird. Dagegen wird bei der Cystinurie Mercaptursäure gebildet, da ja, wie erwähnt, bei Cystinurie keine Cystinverarmung des Organismus eintritt. Eine Übersicht über die wichtigsten Substanzen, welche zu einer Mercaptursäurebildung Anlaß geben, findet man in der Tabelle 35.

[1] Brand, E., R. J. Block and G. F. Cahill: J. biol. Ch. **119**, 681, 689 (1937). — [2] Dent, C. E., and G. A. Rose: Quart. J. Med. **20**, 205 (1951). — [3] Reed, L. J., D. Cavallini, F. Plum, J. R. Rachele and V. du Vignaud: J. biol. Ch. **180**, 783 (1949). — [4] Bickel, H.: Z. Kinderheilkde. **72**, 15 (1952).

Die Ausscheidung von ***Tyrosin*** beim normalen Menschen beträgt 0,9—1,8 mg-% und steigt bei Schwangeren und Leberkranken, besonders bei gelber Leberatrophie, auf 11—37 mg-%. Nach STEIN u. MOORE[1] werden täglich von gesunden Menschen 35 mg freies Tyrosin und eine gleich große Menge an gebundenem Tyrosin ausgeschieden, ein Teil des gebundenen Tyrosins (durchschnittlich 27 mg) in Form des Tyrosin-o-sulfat.

Eine Störung des intermediären Tyrosinstoffwechsels führt zur *Alkaptonurie* (s. a. Bd. 2/1, S. 981f.), einer Stoffwechselstörung, die im Jahre 1859 von BOEDECKER erstmalig ausführlich beschrieben wurde (s. a. S. 102 sowie Bd. 2/2 a, S. 280).

Tyrosin wird nach den Untersuchungen von ROKA[2] durch die Niere in *p-Oxyphenylbrenztraubensäure* umgebildet. Es kann auch Phenylbrenztraubensäure im Harn ausgeschieden werden. Eine Störung im Tyrosinabbau liegt bei einer Form geistiger Minderwertigkeit, der *Oligophrenia phenylpyruvica*, vor (s. a. Bd. 2/1, S. 980). Bei dieser Störung wird Indolmilchsäure in größeren Mengen ausgeschieden, neben Indolessigsäure und 5-Oxyindolessigsäure[3].

Tabelle 35.
Mercaptursäureliefernde Substanzen[4].

Benzol[5]	m-Dichlorbenzol[5]
Chlorbenzol[6]	Benzylchlorid[7]
Brombenzol[6]	Naphthalin[8]
Jodbenzol[6]	p-Brombenzylchlorid[9]
o-Dichlorbenzol[5]	

Belastet man bei diesen Kranken den Stoffwechsel durch Verfütterung großer Mengen Tyrosin oder Eiweiß, so erscheinen im Harn neben p-Oxyphenylbrenztraubensäure noch Tyrosin, Phenylmilchsäure und 2,5-Dioxyphenylalanin. Verfütterung von Phenylalanin gibt zur Ausscheidung von Phenylalanin, Tyrosin und p-Oxyphenylbrenztraubensäure Anlaß. Bei der Tyrosinosis wird p-Oxyphenylbrenztraubensäure im Harn ausgeschieden. Dieser Stoffwechselstörung liegt offensichtlich das Unvermögen, p-Oxyphenylbrenztraubensäure zu verwerten, zugrunde[10].

Verfüttert man an *skorbutische Meerschweinchen* täglich 0,5 g L-Tyrosin, so scheiden sie große Mengen von p-Oxyphenylbrenztraubensäure, p-Oxyphenylmilchsäure und Homogentisinsäure aus[11]. Nierenschnitte skorbutischer Tiere oxydieren die aromatischen Aminosäuren wesentlich schlechter als die normaler Tiere. Die Ascorbinsäure greift also in einer noch undurchsichtigen Weise neben dem Glutathion in den Stoffwechsel der aromatischen Aminosäuren ein.

Histidin. (s. Bd. 2/1, S. 974ff.). Normaler Harn enthält 14—39 mg-% Histidin[12].

Aus Harn von Pflanzenfressern konnte ENGELAND[13] kleine Mengen von Histidin als Pikrolonat isolieren neben den Pikrolonaten von zwei anderen Substanzen, von denen er die eine als Imidazyl-4(5)-aminoessigsäure, die andere als ein höheres Histidinhomologes ansprach.

Obwohl die im Harn gefundene Menge Histidin größer ist als die der anderen Aminosäuren, ist sie doch klein im Verhältnis zu der mit der Nahrung

[1] TALLAN, H. H., S. T. BELLA, W. H. STEIN and S. MOORE: Fed. Proc. **14**, 290 (1955). — [2] ROKA, L.: 2. Int. Congr. Biochem. Paris. S. 302 1952. — [3] ARMSTRONG, M. D., and K. S. ROBINSON: Arch. Biochem. **52**, 287 (1954). — [4] Lang, Intermed. Stoffw. S. 212. — [5] CALLOW, E. H., and T. S. HELE: Biochem. J. **20**, 598 (1926). — [6] BAUMANN, E., u. C. PREUSSE: H. **5**, 309 (1881). — BAUMANN, E.: H. **8**, 190 (1883). — BAUMANN, E., u. P. SCHMITZ: H. **20**, 586 (1895). — [7] STEKOL, J. A.: J. biol. Ch. **128**, 199 (1939). — [8] STEKOL, J. A.: J. biol. Ch. **110**, 463 (1935). — [9] STEKOL, J. A.: J. biol. Ch. **138**, 225 (1941). — [10] FÖLLING, A., u. K. CLOSS: H. **254**, 115 (1938). — [11] SEALOCK, R. R., and H. E. SILBERSTEIN: J. biol. Ch. **135**, 251 (1940). — [12] SHEFFNER, A. L., J. B. KIRSNER and W. L. PALMER: J. biol. Ch. **175**, 107 (1948). — [13] ENGELAND, R.: H. **57**, 49 (1908).

aufgenommenen Menge[1-8]. Nach oraler oder parenteraler Zufuhr von L-Histidin wird nur ein Bruchteil mit dem Harn ausgeschieden[9-13]. Bei Zuführung von D-Histidin variiert der ausgeschiedene Prozentsatz mit der Tierart. Bei Ratten[12] wird nur ein kleiner Prozentsatz wiedergefunden, während bei Meerschweinchen[10-12], bei Kaninchen[14-16], Hunden[15] und beim Menschen[1,2] praktisch alles zugeführte D-Histidin im Harn erscheint. Nach CRAMPTON u. SMITH[17] verhalten sich die Tubuli zu den verschiedenen Isomeren der Aminosäuren verschieden. Bei ihren Experimenten wurden nur die L-Isomeren durch die Tubuli aktiv resorbiert. Ähnlich verhalten sich die Aminosäuren im Dünndarm, wo nur die L-Formen gegen einen Ionengradienten transportiert werden können[18].

In der Schwangerschaft ist die Histidinausscheidung vermehrt[19-23]. Sie nimmt im Verlauf der Schwangerschaft fortlaufend zu und sinkt erst kurz nach der Entbindung wieder ab. KAPELLER-ADLER fand mit der KNOOPschen Reaktion im Schwangerenharn 6—74 mg-% freies Histidin (s. Bd. 2/2, S. 979). Nach neueren Untersuchungen schwankt die Höhe der Histidinausscheidung bei Graviden individuell zwischen 15 und 50 mg-% [24-36].

Trächtige Meerschweinchen, Kaninchen, Hunde, Katzen, Macacus- und Rhesusaffen zeigten keine Histidinurie[21]. Da bei diesen Tieren zum Unterschied von graviden Frauen die ASCHHEIM-ZONDEK-Reaktion negativ ausfällt, wurde die Schwangerschaftshistidinurie auf eine Störung des enzymatischen Abbaus des Histidins durch die Histidase der Leber durch das während der menschlichen Gravidität zirkulierende gonadotrope Hormon zurückgeführt[22,23] (s. a. S. 56). Das Auftreten der Histidinurie bei CUSHING-Syndrom[37] und bei Hypertrophie des Hypophysenvorderlappens[38] scheint diese Hypothese zu bestätigen. Entgegen der Annahme von PAGE[39] kann die Histidinurie nicht auf einer Störung der tubulären Rückresorption beruhen, da oral und intravenös verabfolgtes L-Histidin bei Graviden sehr viel langsamer aus dem Blutstrom verschwand

---

[1] ALBANESE, A. A., J. E. FRANKSTON and V. IRBY: J. biol. Ch. **160**, 441 (1945). — [2] BAUR, H.: Z. ges. exp. Med. **119**, 143 (1952). — [3] BORDEN, A. L., E. C. BRODIE, E. B. WALLRAFF, W. P. HOLBROOK, D. F. HILL, C. A. L. STEPHENS jr., R. B. JOHNSON and A. R. KEMMERER: J. clin. Invest. **31**, 375 (1952). — [4] GABUZDA, G. J. jr., R. D. ECKHARDT and C. S. DAVIDSON: J. clin. Invest. **31**, 1015 (1952). — [5] HARPER, H. A., M. E. HUTCHIN and J. R. KIMMEL: Proc. Soc. exp. Biol. Med. **80**, 768 (1952). — [6] HARVEY, C. C., and M. K. HORWITT: J. biol. Ch. **178**, 953 (1949). — [7] LANGLEY, W. D.: J. biol. Ch. **137**, 255 (1941). — [8] STEIN, W. H.: J. biol. Ch. **201**, 45 (1953). — [9] ABDERHALDEN, E., u. S. BUADZE: H. **200**, 87 (1931). — [10] EDLBACHER, S., H. BAUR u. H. R. STAEHELIN: H. **270**, 165 (1941). — [11] GROB, D.: Bull. Johns Hopkins Hosp. **90**, 341 (1952). — [12] HOLTZ, P., K. CREDNER u. D. HOLTZ: H. **280**, 49 (1944). — [13] STEELE, B. F., and C. B. LEBOVIT: J. Nutrit. **45**, 235 (1951). — [14] ABDERHALDEN, E., and A. WEIL: H. **77**, 435 (1912). — [15] ABDERHALDEN, E., u. H. HANSON: Fermentforsch. **15**, 274 (1937). — [16] KIYOKAWA, M.: H. **214**, 38 (1933). — [17] CRAMPTON, R. F., and D. H. SMITH: J. Physiol., London **122**, 1 (1953). — [18] WISEMANN, G.: J. Physiol., London **120**, 63 (1953). — [19] VOGE, C. I. B.: Brit. med. J. **1929 II**, 829. — [20] KAPELLER-ADLER, R.: B. Z. **264**, 131 (1933). Kli. Wo. **1934 I**, 21; **1936 II**, 1728. J. Obstet. Gynaec. **48**, 141 (1941). — [21] KAPELLER-ADLER, R., u. H. HERRMANN: Kli. Wo. **1934 II**, 1220. — [22] KAPELLER-ADLER, R., u. F. HAAS: B. Z. **280**, 232 (1935). — [23] KAPELLER-ADLER, R., u. H. HERRMANN: Kli. Wo. **1936 II**, 977. — [24] KAPELLER-ADLER, R.: Wien. klin. Wschr. **1948**, 395. — [25] TSCHOPP, W., u. H. TSCHOPP: B. Z. **298**, 206 (1938). — [26] NIENDORF, F.: H. **259**, 194 (1939). — [27] RACKER, E.: Biochem. J. **34**, 89 (1940); **35**, 667 (1941). — [28] SAKAGUCHI, R.: J. Biochem. **31**, 289 (1940). — [29] LANGLEY, W. D.: J. biol. Ch. **137**, 255 (1941). — [30] O'BRIEN, J. R., and P. E. QUELCH: Biochem. J. **37**, XVII (1943). — [31] DAWSON, J.: Biochem. J. **38**, XVII (1944). — [32] CHATTAWAY, F. W.: Biochem. J. **41**, 226 (1947). — [33] RICKETTS, W. A., R. M. CARSON and R. R. SAEKS: Amer. J. Obstet. Gynec. **56**, 955 (1948). — [34] ARMSTRONG, A. R., and E. WALKER: Biochem. J. **26**, 143 (1932). — [35] MARCOU, I., A. DEREVICI and M. DEREVICI: C. R. Soc. Biol. **126**, 726 (1937). — [36] MATSUDA, K., J. ITAGAKI, J. WACHI and M. UCHIDA: J. Biochem. **39**, 40 (1952). — [37] KAPELLER-ADLER, R., u. G. BOXER: B. Z. **293**, 207 (1937). — [38] NORPOTH, L.: Kli. Wo. **1937 I**, 96. — [39] PAGE, E. W.: Amer. J. Obstet. Gynec. **51**, 553 (1946).

als bei normalen Frauen[1]. Aus Untersuchungen der Nierenclearance an gesunden Schwangeren mit Histidinurie geht hervor, daß die glomeruläre Fitration vermehrt und der reabsorptive Anteil vermindert ist[2]. Die Histidinurie der Graviden geht bei schweren Toxämien zurück, verschwindet in bedrohlichen präeklamptischen Fällen bis auf Spuren oder vollständig[3, 4]. Als Begleiterscheinung solcher toxämischer Zustände tritt dann bisweilen Histamin im Harn auf[5]. CHATTAWAY[6] erklärt die hohen Histidinausscheidungen der Graviden durch endogenen Hämoglobinzerfall.

Nach Untersuchungen von GRABRAWY[7] beträgt die Tagesausscheidung von Histidin bei normalen Männern 421 mg, bei nichtschwangeren Frauen 380 mg und bei schwangeren Frauen 460 mg. Bei eiweißarmer Ernährung war die durchschnittliche Histidinausscheidung 200—300 mg am Tag und bei einer eiweißreichen Ernährung 600—800 mg je Tag. Danach ist die vermehrte Histidinausscheidung kein Zeichen für eine bestehende Schwangerschaft[8]. Carnivoren scheiden neben Histidin noch vielfach Methylhistidin aus. Es entsteht vermutlich aus Anserin, das durch die Carnosinase in Methylhistidin und β-Alanin aufgespalten wird[9,10].

Die Histidinurie gesunder Personen verschwindet bei täglicher Darreichung von 140 mg Thiamin[11]. Histidin wird auch bei Lebererkrankungen vermehrt ausgeschieden[12]. Bei Verfütterung von Histidin an Meerschweinchen wird ein geringer Bruchteil in Form von Histamin im Harn ausgeschieden. Er ist erhöht, wenn zur kompetitiven Hemmung der Diaminoxydase, insbesondere in der Niere, gleichzeitig Putrescin verabreicht wird[13,14]. Bei einer histidinarmen Kost blieben die Versuchspersonen zwar im N-Gleichgewicht, schieden aber nach einigen Wochen im Harn eine Substanz aus, die mit dem Indicanreagens von SHARLITT eine grüne Farbe gab. Nach Zufuhr von Histidin verschwand die Substanz rasch wieder aus dem Harn. Ihre Natur ist noch unbekannt[15]. 3-Methyl-L-Histidin wird in Mengen bis zu 50 mg je Tag mit normalem Menschenharn ausgeschieden[16].

Urocaninsäure (Bd. 1, S. 553 u. Bd. 2/1, S. 975) wurde erstmalig von JAFFÉ[17] im Harn von Kaninchen aufgefunden. Japanische Autoren haben festgestellt, daß Urocaninsäure dann ausgeschieden wird, wenn große Mengen Histidin verfüttert werden.

Tryptophan (s. a. Bd. 2/1, S. 987). Der Tryptophangehalt des normalen menschlichen Harns soll 137—240 mg je Tag betragen; von anderer Seite werden noch niedrigere Werte angegeben, nämlich 12—30 mg je Tag[18–20].

Die Ausscheidung von *Glutaminsäure* beträgt 2—12 mg je Tag, diejenige von *Glutamin* 35—175 mg je Tag[21]. HILLMANN u. Mitarb.[22] fanden im Harn von gesunden Menschen und von hungernden Ratten D-Glutaminsäure in Form von

---

[1] KAPELLER-ADLER, R.: Quart. J. exp. Physiol. **35**, 145 (1949). — [2] PAGE, E. W., M. B. GLENDENING, W. DIGNAM and H. A. HARPER: Amer. J. Obstet. Gynec. **68**, 110 (1954). — [3] KAPELLER-ADLER, R.: Wien. klin. Wschr. **1948**, 395. — [4] KAPELLER-ADLER, R.: J. Obstet. Gynaec. **48**, 141 (1941). — [5] KAPELLER-ADLER, R., and E. ADLER: J. Obstet. Gynaec. **50**, 177 (1943). — [6] CHATTAWAY, F. W.: Biochem. J. **41**, 226 (1947). — [7] GABRAWY, B.: 19. Int. Physiol. Congr. Montreal. S. 372. 1953. — [8] TABOR, H.: Pharmacol. Rev. **6**, 299 (1954). — [9] DATTA, S. P., and H. HARRIS: Nature **168**, 296 (1951). — [10] TALLAN, H. H.: Fed. Proc. **12**, 278 (1953). — [11] DAWSON, J.: Biochem. J. **38**, XVII (1944). — [12] KAUFFMANN, F., u. R. ENGEL: Z. klin. Med. **114**, 405 (1930). — [13] HOLTZ, P.: Ergebn. Physiol. **44**, 230 (1941). — [14] WERLE, E.: B. Z. **288**, 292 (1936); **304**, 201 (1940); **311**, 270 (1941/42). — [15] ALBANESE, A. A., L. E. HOLT jr., J. E. FRANKSTON and V. IRBY: Bull. Johns Hopkins Hosp. **74**, 251 (1944). — [16] TALLAN, H. H., W. H. STEIN and S. MOORE: J. biol. Ch. **206**, 825 (1954). — [17] JAFFÉ, M.: B. **7**, 1669 (1874); **8**, 811 (1875). — [18] BERG, C. P., and W. G. ROHSE: J. biol. Ch. **170**, 725 (1947). — [19] ALBANESE, A. A., and J. E. FRANKSTON: J. biol. Ch. **157**, 59 (1945). — [20] H.-Th. 10. Aufl. S. 218. — [21] FOSS, O. P.: Scand. J. clin. Lab. Invest. **6**, 107 (1954). — [22] HILLMANN, G., A. HILLMANN-ELIES and F. METHFESSEL: Nature **174**, 403 (1954).

Pyrrolidon-α-carbonsäure. Bei Carcinomkranken ist die D-Glutaminsäureausscheidung nicht erhöht. Diesem Befund kommt im Hinblick auf die immer noch umstrittene Behauptung von F. KÖGL, wonach das Tumoreiweiß durch den Besitz von D-Glutaminsäure charakterisiert ist, eine gewisse Bedeutung zu.

Bei der üblichen Ernährung scheiden gesunde Menschen 5—13 mg (im Mittel 8,6 mg) *Chinolinsäure* im Tag aus. Verabreichung von 1 g L-Tryptophan steigert die Ausscheidung etwas. Nach Gaben von 1—2 g Chinolinsäure werden etwa 20—40 mg der Säure ausgeschieden.

Ergothionein soll im Harn von Säugetieren ausgeschieden werden[1]. Mit Hilfe der Papierchromatographie fand WORK[2] 130—300 mg im Liter, während LAWSON[3] unter Verwendung eines Kaliumwismutjodreagens kein Ergothionein nachweisen konnte und auch keine Thiourocaninsäure.

Arginin. Im Harn gesunder Personen werden in 24 Std 2—21 mg ausgeschieden[4,5].

Mit papierchromatographischen Methoden wurde von BOULANGER u. BISERTE[6] *α-Aminoadipinsäure* im menschlichen Harn festgestellt.

Die Tagesausscheidung von *Lysin* beträgt zwischen 19—33 mg, davon 5 ± 1 mg in Form von freiem Lysin[7-10]. Lysin ist wahrscheinlich die Vorstufe von *Piperidin*, dessen Vorkommen im Harn des Menschen und der Säugetiere von U. S. v. EULER[11] nachgewiesen wurde. Gesunde junge Männer scheiden während des Schlafes 0,3—0,5 mg Piperidin je Std aus, am Tage bei Ruhe 0,5—0,8 mg, bei körperlicher Anstrengung etwa 6 mg.

β-Aminobuttersäure wurde von DENT u. Mitarb.[12] im Harn entdeckt. 4,8% von 459 untersuchten Personen hatten eine ungewöhnlich hohe Ausscheidung.

β-Aminoisobuttersäure wurde von CRUMPLER u. Mitarb.[13] und von FINK u. Mitarb.[14] im normalen menschlichen Harn gefunden.

Nach Eingabe größerer Mengen von *Methionin* scheiden Patienten mit FANCONI-Syndrom *α-Aminobuttersäure* aus. Diese Aminosäure war auch im Plasma der Patienten nachweisbar[15].

Methioninsulfoxyd und eine weitere Substanz, die wegen ihrer großen Wanderungsgeschwindigkeit im Papierchromatogramm als „Überglycin" bezeichnet wurde (wahrscheinlich ein Tripeptid Serylglycylglycin), wurde von DENT[15] bei einem Fall von FANCONI-Syndrom im Harn entdeckt. Die Höhe der Ausscheidung der Aminosäuren ging der Stärke der Glucosurie parallel.

$$\mathrm{C}(\mathrm{NH_2})(=\mathrm{NH_2})-\mathrm{NH-CH_2-COOH}$$

Glykocyamin (Guanidinoessigsäure)

Glykocyamin (Guanidinoessigsäure) (s. a. Bd. **1**, S. 790) ist ein normaler Bestandteil des Harns und wird täglich in einer Menge von 0,06 g von gesunden Menschen ausgeschieden. Die Ausscheidung ist vermehrt beim chromophoben und beim acidophilen Adenom, in geringem Grade vermindert bei Thyreotoxikosen[16,17].

---

[1] SULLIVAN, M. X., and W. C. HESS: J. biol. Ch. **102**, 67 (1933). — [2] WORK, E.: Lancet **1949 I**, 652. — [3] LAWSON, A., H. V. MORLEY and L. I. WOOLF: Biochem. J. **47**, 513 (1950). — [4] HOBERMAN, H. D.: J. biol. Ch. **167**, 721 (1947). — [5] JOHNSÉN, V. K.: Acta physiol. scand. **15**, 314 (1948). — [6] BOULANGER, P., et G. BISERTE: Cr. **232**, 1451 (1951). — [7] DUNN, M. S., M. N. CAMIEN, S. SHANKMAN and H. BLOCK: Arch. Biochem. **13**, 207 (1947). — [8] WOODSON, H. W., S. W. HIER, J. D. SOLOMON and O. BERGEIM: J. biol. Ch. **172**, 613 (1948). — [9] ECKHARDT, R. D., and C. S. DAVIDSON: J. biol. Ch. **177**, 687 (1949). — [10] HARVEY, C. C., and M. K. HORWITT: J. biol. Ch. **178**, 953 (1949). — [11] EULER, U. S. v.: Acta physiol. scand. **9**, 382 (1945). — [12] DENT, C. E.: Biochem. J. **43**, 169 (1948). — [13] CRUMPLER, H. R., C. E. DENT, H. HARRIS and R. G. WESTALL: Nature **167**, 307 (1951). — [14] FINK, K., R. B. HENDERSON and R. M. FINK: Proc. Soc. Exp. Biol. Med. **78**, 135 (1951). — [15] DENT, C. E.: Biochem. J. **41**, 240 (1947). — [16] CUMINGS, J. N.: J. clin. Path. **3**, 345 (1950). — [17] ACKERMANN, D.: H. **234**, 208 (1935).

TALLAN, STEIN u. MOORE[1] isolierten aus Urin *α-Amino-β-(1-methyl-4-imidazol)-propionsäure.*

Im Harn findet man bei der üblichen Ernährung *Pteroylglutaminsäure*, und zwar etwa 5—20 γ je Tag. Nach Verabreichung einer großen Belastungsdosis, z. B. 5 mg, werden innerhalb 4 Std 30—50% davon im Harn ausgeschieden[2].

Eine neue schwefelhaltige Aminosäure wurde von WESTALL[3] aus dem Urin von Katzen isoliert, die von dieser Substanz 100—120 mg je Tag, das ist mehr, als von irgend einer anderen einzelnen Aminosäure ausscheiden. Es handelt sich um eine Verbindung, die als *Felinin* bezeichnet wird und ein S-Oxyalkylcystein darstellt (provisorische Formel: $HOOC—CH(NH_2)—CH_2—S—C(CH_3)_2—CH_2—CH_2OH$). Die Isoalkylgruppe hat das Kohlenstoffskelet von Isopentan.

Aminosäuren, Bestimmung s. [4, 5]. Ausführliche Angaben s. [6]. Chromatographische Methoden[7, 8].

8. Endprodukte des Eiweiß- und Aminosäurestoffwechsels.

a) Harnstoff. Der Harnstoff, das Diamid der Kohlensäure,

$$C(=O)(OH)_2 \qquad\qquad C(=O)(NH_2)_2$$

wurde 1773 von ROUELLE als charakteristischer Harnbestandteil erkannt und 1818 von PROUT analysiert. WÖHLER hat ihn im Jahre 1823/24 im Reagenzglas durch Erhitzen einer Lösung von Ammoniumcyanat hergestellt. Es war dies die erste „Synthese“ einer natürlich vorkommenden „organischen“ Verbindung (s. Bd. 1, S. 3).

$$N{\equiv}C—O—NH_4 \rightarrow \underset{\text{Isoharnstoff}}{H_2N—C(NH)—OH} \rightleftharpoons H_2N—C(O)—NH_2$$

Funktionell sind folgende Eigenschaften von Bedeutung: Die Lösungen des Harnstoffs reagieren neutral. Er ist nur molekular dispers und besitzt eine große Permeabilität. Er vermag wie Kohlensäure alle biologischen Grenzflächen glatt zu durchdringen. Durch Anlagerung von Harnstoff wird die Löslichkeit von Nitraten und Oxalaten erhöht, dasselbe gilt für Acetate, Chloride und Sulfate. Der Harnstoff wirkt also als „Lösungsvermittler“.

Wenn man die plasmolytische Grenzkonzentration C einer nicht permeierenden Substanz kennt, z. B. Raffinose, und diesen Wert mit der plasmolytischen Grenzkonzentration C_1 eines anderen Stoffes vergleicht, so läßt sich der sog. *Permeabilitätsfaktor* N ermitteln[9, 10]:

$$N = \frac{C_1—C}{C_1}$$

Je größer N, um so leichter permeabel ist der Stoff. Die Tabelle 36 gibt die Permeabilitätskoeffizienten für einige Stoffe wieder.

Die Permeabilität von Harnstoff ist nahezu ebenso groß wie diejenige von Wasser oder Alkohol. Überall wo Arginase und Arginin in Geweben zusammentreffen, kann Harnstoff entstehen. Außer in der Leber und in geringen Mengen

---

[1] TALLAN, H. H., W. H. STEIN and S. MOORE: J. biol. Ch. **206**, 825 (1954). — [2] DAY, P. L., and J. R. TOTTER: J. Nutrit. **36**, 803 (1948). — [3] WESTALL, R. G.: Biochem. J. **55**, 244 (1953). — [4] SÖRENSEN, S. P. L., u. H. JESSEN-HANSEN: B. Z. **7**, 407 (1908). — [5] MOUBASHER, R., and A. SINA: J. biol. Ch. **180**, 681 (1949). — [6] Hinsberg-Lang 2. Aufl. S. 403ff. — [7] CRAMER, F.: Papierchromatographie. 3. Aufl. Weinheim 1954. — [8] TURBA, F.: Chromatographische Methoden in der Protein-Chemie. Berlin, Göttingen, Heidelberg 1954. — [9] FREY, W.: Handb. inn. Med. (BERGMANN-FREY-SCHWIEGK) 4. Aufl. Bd. 8, S. 131. — [10] HÖBER, R.: Physikalische Chemie der Zellen und Gewebe. 6. Aufl. S. 787. Leipzig 1926.

auch in der Niere der Vögel findet sich Arginase (s. a. Bd. 1, S. 1103) im sterilen Granulationsgewebe des Muskels, in embryonalem Muskelgewebe, in gutartigen Tumoren (wie Nasen- und Ohrenpolypen) und in allen untersuchten malignen Geschwülsten (EHRLICHS Mäusecarcinom, JENSEN-Sarkom der Ratte, Mäusecarcinom, menschliche Carcinome und Sarkome). Unter pathologischen Bedingungen ergeben sich so weitere Möglichkeiten der Harnstoffbildung. Die Harnstoffbildung in der Niere ist deshalb von Interesse, weil die relativ niedrigen Werte der tubulären Harnstoffrückresorption durch die Harnstoffbildung in der Niere ihre Erklärung finden können.

Daß der Harnstoff außer als Lösungsvermittler noch bestimmte biologische Funktionen hat, ist im Hinblick darauf, daß normalerweise mehr als 76% des im Primärharn enthaltenen Harnstoffes in den Tubuli wieder rückresorbiert werden, wahrscheinlich. In den Organen und Sekreten (Liquor cerebrospinalis, Milch und Harn) findet sich Harnstoff in ungefähr derselben Konzentration wie im Blut[2]. Schwankungen im Harnstoffgehalt gehen parallel mit dem Wassergehalt der Organe; so enthält Fettgewebe nur wenig Harnstoff.

Tabelle 36. Permeabilitätskoeffizienten[1].

Gelöster Stoff	Molekulargewicht	Molekularvolumen	Grenz-konzentration g	Permeabilitäts-koeffizient
Wasser	18,52	18,52		1
Harnstoff	60,05	59,2	0,35	0,9996
Äthylalkohol . . .	46,05	62,2	1	1
Glykokoll	75,05	76,5	0,002	0,925
Leucin	131,2	164,5	0,00025	0,40
Glucose	180,1	183,2	0,00055	0,73

Daß der Harnstoff chemisch indifferent ist, scheint nicht für krankhaft gesteigerte Konzentrationen zu gelten. Möglicherweise ist dies die Ursache für die an zahlreichen Organen bei Urämie zu beobachtenden entzündlichen Reaktionen.

Der diuretische Effekt des Harnstoffs ist eine typische Reizwirkung auf die Nieren[3]. Der äußerst diffusible Harnstoff kann intravasal nicht osmotisch wirken, es wird der Niere bei der Harnstoffdiurese nicht vermehrt Wasser zugeführt. Es wird lediglich sekundär, extrarenal Wasser und Kochsalz mobilisiert in Abhängigkeit von der einsetzenden Diurese. Harnstoff ist auch an der isolierten, überlebenden Niere wirksam[4].

Nach subcutaner Injektion von Harnstoff kommt es zu einer verhältnismäßig hohen Stickstoffausscheidung im Harn. Nach Zufuhr von 10 g Harnstoff beobachtete HEILNER[5] eine Mehrausscheidung von Stickstoff um 88%.

Da die Harnstoffmenge im Harn von der Zufuhr an Eiweißkörpern in der Nahrung abhängt, schwankt die *normale Ausscheidung* in weiten Grenzen. Als Extreme werden 20 und 35 g je Tag genannt. Die absolute Konzentration im Harn ist ungefähr 2%. Kinder scheiden absolut gemessen weniger, auf das Körpergewicht berechnet aber mehr aus als Erwachsene. Zwischen 3 und 6 Jahren beträgt die tägliche Harnstoffausscheidung in 24 Std etwa 1 g/kg. Die durchschnittliche Harnstoffausscheidung je kg Körpergewicht in verschiedenen Lebensaltern verzeichnet Tabelle 37.

[1] FREY, W.: Handb. inn. Med. (BERGMANN-FREY-SCHWIEGK) 4. Aufl. Bd. 8. S. 131. — [2] FOLIN, O., and H. BERGLUND: J. biol. Ch. **51**, 395 (1922). — [3] BECHER, E., u. S. JANSSEN: A. e. P. P. **98**, 148 (1923); **104**, 250 (1924). — [4] SCHMIDT, R.: A. e. P. P. **95**, 267 (1922). — [5] HEILNER, E.: Z. Biol. **52**, 216 (1909).

Eine Vermehrung der Harnstoffausscheidung findet man bei allen fieberhaften Erkrankungen, die mit einem Zerfall von Organeiweiß einhergehen. Eine bedeutende Vermehrung wird beim Diabetes mellitus gefunden, was einmal auf eine reichliche Fleischernährung, zum anderen auf die Gluconeogenese aus Eiweiß zurückzuführen ist. Eine Verminderung der Harnstoffmenge findet man bei der akuten gelben Leberatrophie, bei welcher häufig Leucin und Tyrosin im Harn angetroffen werden. Auch bei Nierenkrankheiten kann die Harnstoffausscheidung vermindert sein, was zu einem Anstieg des Rest-N und des Harnstoffgehaltes des Blutes und in extremen Fällen zu den Symptomen der Urämie führt. Die Werte für Clearance und „renal extraction", welche das Verhältnis zwischen Ausscheidung und arteriellem Angebot festlegen, bleiben auch bei starken Schwankungen der Blutharnstoffkonzentration unverändert. Steigerungen auf das 50fache ändern die Clearance nicht[2]. Dies spricht gegen die Annahme einer tubulären Harnstoffsekretion. Nach neueren Untersuchungen von SOSNOWICK[3] an der Albinoratte steigt das Verhältnis Harnstoff-Inulin-Clearance bei steigender Diurese über 1,0. Auch bei Hunden und Menschen ist diese Erscheinung beobachtet worden. Bei der Wüstenratte (Dipodomys) steigt nach hoher Proteinernährung die Harnstoff-Inulin-Clearance auf über 1,0[4]. Es erscheint demnach also möglich, daß der Harnstoff entweder tubulär sezerniert oder passiv tubulär ausgeschieden wird. Bei der nach Harnstoffgaben einsetzenden Diurese tritt keine Vermehrung der Nierendurchblutung ein. Auch wird der Sauerstoffverbrauch der Niere trotz zunehmender Plasmaharnstoffkonzentration[5] nicht erhöht. Das spricht für den beherrschenden Einfluß der glomerulären Filtration bei der Harnstoffausscheidung.

Tabelle 37. Einfluß des Lebensalters auf die Ausscheidung von Harnstoff im Harn[1].

Alter	Harnstoff in g je kg und 24 Std.
1. Lebensjahr (Brustnahrung)	0,30
2 Jahre	1,00
3 Jahre	1,20
4 Jahre	1,30
5—8 Jahre	0,80
8—11 Jahre	0,70
11—15 Jahre	0,50
15—18 Jahre	0,40
Erwachsene bis zum 50. Jahr	0,36
Ältere Personen	0,25—0,20

Bestimmung s. [6-10].

b) Methylierte Basen. Aus normalem frischem Harn lassen sich nur geringe Mengen flüchtiger Basen isolieren, entsprechend 8,5—12 mg N, das ist 0,1% des Gesamt-N[11].

Methylamin ($H_3C—NH_2$) (s. a. Bd. **1**, S. 783) läßt sich in jedem normalen Harn nachweisen[12,13]. Seine Menge beträgt nach FOLIN[14] etwa 3—4% der jeweils vorhandenen Stickstoffmenge des Harns. Bei Männern werden 78—82 mg, bei Frauen 109—146 mg im Tagesharn gefunden[15,16]. Es tritt vermehrt nach Verfütterung von Kreatin auf[13].

[1] POLONOVSKI, M.: Medizinische Biochemie. 5. Aufl. S. 626. Berlin, Saulgau 1951. — [2] DRURY, D. R.: J. biol. Ch. **55**, 113 (1923). — [3] SOSNOWICK, H.: 19. Int. Congr. Physiol. Montreal. S. 783. 1953. — [4] SCHMIDT-NIELSEN, B.: Amer. J. Physiol. **170**, 45 (1952). — [5] ELLINGER, P.: Die Absonderung des Harns unter verschiedenen Bedingungen usw. Handb. Physiol. Bd. 4, S. 308. — [6] CONWAY, E. J.: Biochem. J. **27**, 430 (1933). — [7] CONWAY, E. J., and E. O'MALLEY: Biochem. J. **36**, 655 (1942). — [8] GIBBS, G. E., and P. L. KIRK: Mikrochem. **16**, 25 (1935). — [9] STETTER, H.: Enzymatische Analyse. S. 74. Weinheim 1951. — [10] WENGER, P., C. CIMERMAN et A. MAULBETSCH: Mikrochem. **14**, 129 (1934). — [11] RECHENBERGER, J.: H. **265**, 275 (1940). — [12] ZORN, B., u. W. DIHLMANN: Dtsch. Gesundh.-Wes. **8**, 1522 (1953). — [13] BAUMANN, E., u. J. v. MERING: B. **8**, 584 (1875). — [14] FOLIN, O.: J. biol. Ch. **3**, 83 (1907). — [15] KAPELLER-ADLER, R., u. J. KRAEL: B. Z. **235**, 394 (1931). — [16] KAPELLER-ADLER, R., u. K. TODA: B. Z. **248**, 403 (1932).

Nach Zufuhr von Methylamin werden 1,7—1,9% im Harn unverändert ausgeschieden[1]. Nach LÖFFLER[2] macht *Dimethylamin* [$(CH_3)_2NH$] den Hauptanteil an flüchtigen Basen im Harn aus. Nach Verabreichung wird es vom gesunden Menschen zu 91,5% unverändert im Harn ausgeschieden[3]. Nach Verfütterung von Trimethylamin an Hunde scheiden diese vermehrt Dimethylamin aus[4]. *Trimethylamin* [$(CH_3)_3N$] kommt regelmäßig im normalen Harn vor. Verfüttertes Trimethylamin wird zum größten Teil zu Trimethylaminoxyd oxydiert und als solches im Harn ausgeschieden[5]. Eine Übersicht über die im normalen menschlichen Harn vorkommenden Alkylamine gibt die nebenstehende Tabelle[2,6].

Tabelle 38. Durchschnittliche Ausscheidung von Alkylaminen im menschlichen Harn[2,6].

	Ausscheidung mg/Tag
Methylamin-N + Dimethylamin-N	10
Trimethylamin-N	1
Trimethylaminoxyd-N	12,4
Trimethylammoniumbasen-N . .	22,4

Im Harn von Nervenkranken und von Kranken mit Verbrennungen ist die Trimethylaminausscheidung erhöht[6,7]. Der normale menschliche Harn enthält etwa 50 mg Trimethylaminoxyd je Liter[6].

Von HOPPE-SEYLER[8] ist der Beweis erbracht worden, daß das Trimethylaminoxyd mit dem sog. *Canirin* identisch ist. *Neurin* (Vinyl-trimethylammoniumhydroxyd), das aus Cholin durch biologische Wasserabspaltung entsteht, kommt im normalen menschlichen Harn vor, aus 10 *l* wurden 0,17 g Goldsalz isoliert[9,10]. Die Ausscheidung von *Cholin* beim Menschen beträgt 5,5 mg je 100 m*l* Harn, beim Schaf 2, beim Hund 1,5—4 mg[11]. *Adrenalin* s. S. 196.

N-Methyl-pyridinium-hydroxyd

Die Ausscheidung von N-*Methylpyridiniumhydroxyd* im normalen Harn wurde erstmals von KUTSCHER u. LOHMANN[12] festgestellt und auf den Genuß von Kaffee zurückgeführt. Es erscheint auch nach Zufuhr von Pyridin im Harn der Versuchstiere[13].

Nachweis flüchtiger Aminbasen s. [14].

Bestimmung von primären, sekundären und tertiären Aminen s. [15].

Bestimmung der Trimethylammoniumbasen s. [16].

Bestimmung von Cholin s. [17,18].

c) Betaine. *Betain* kommt nur gelegentlich im menschlichen Harn vor. Nur Pflanzenfresser können Betaine in größerem Maße verwerten, sie scheiden daher wenig Betain aus[19–22]. Nach Verfütterung von 20 g Betain an einen Hund wurden im Harn 11,7 g unverändert ausgeschieden[23].

---

[1] RECHENBERGER, J.: H. **265**, 275 (1940). — [2] LÖFFLER, H.: H. **232**, 259 (1935). — [3] MÜLLER, H.: H. **263**, 243 (1940). — [4] MÜLLER, H.: H. **266**, 205 (1940). — [5] MÜLLER, H., u. I. IMMENDÖRFER: H. **275**, 267 (1942). — [6] LINTZEL, W.: B. Z. **273**, 243 (1934). — [7] GUGGENHEIM, M.: Die biogenen Amine. 4. Aufl. S. 73. Basel, New York 1951. — [8] HOPPE-SEYLER, F. A.: H. **175**, 300 (1928). — [9] KUTSCHER, (F.), u. LOHMANN: H. **48**, 1, 422; **49**, 81 (1906). — [10] POLLER, K.: H. **217**, 79 (1953). — [11] JOHNSON, B. C., T. S. HAMILTON and H. H. MITCHELL: J. biol. Ch. **159**, 5 (1945). — [12] KUTSCHER, (F.), u. LOHMANN: H. **49**, 84 (1906). — [13] HIS, A.: A. e. P. P. **22**, 253 (1887). — [14] ZORN, B., u. W. DIHLMANN: Dtsch. Gesundh.-Wes. 8, 1522 (1953). — [15] WEBSTER, F. C., and J. B. WILSON: J. biol. Ch. **35**, 385 (1918). — [16] LINTZEL, W.: B. Z. **273**, 243 (1934). — [17] LINTZEL, W., u. G. MONASTERIO: B. Z. **241**, 273 (1931). — [18] SAMUELSSON, G.: J. Pharmacy Pharmacol. **5**, 239 (1953). — [19] Lang, Intermed. Stoffw. S. 145. — [20] ACKERMANN, D.: Z. Biol. **64**, 44 (1914). — [21] ACKERMANN, D., u. F. KUTSCHER: Z. Biol. **72**, 177 (1920). — [22] HOPPE-SEYLER, F. A., u. W. LINNEWEH: H. **196**, 47 (1931). — [23] MÜLLER, H., u. I. IMMENDÖRFER: H. **275**, 267 (1942).

γ-Butyrobetain wurde im Menschenharn nach starker körperlicher Arbeit und bei Patienten mit perniziöser Anämie gefunden[1]. *Trigonellin* und *Trigonellinamid* s. S. 174.

d) Imidazolverbindungen. *Histamin* kommt bei Herbivoren hauptsächlich in freier Form, bei Carnivoren vorwiegend inaktiv in Form von Acetylhistamin vor[2]. Hundeharn enthält 0,27 γ /cm³ Harn[3]. Auch der Menschenharn enthält freies und gebundenes Histamin[4–7]. Im Urin von Männern wurden durchschnittlich 32,4 γ je 24 Std (Schwankungsbreite 18—62 γ) gefunden. An konjungiertem Histamin wurden durchschnittlich 125 γ (Schwankungsbreite 16—727 γ) in 24 Std angetroffen[8]. Bei graviden Frauen wurden 10—160 γ festgestellt[6]. Nach ROCKENSCHAUB[9] ist die Ausscheidung von freiem und gebundenem Histamin im Harn gravider und nichtgravider Frauen gleich hoch (18—24 γ bzw. 45—189 γ je 24 Std). Bei leichter Präeklampsie war das freie Histamin nicht verändert; bei mäßig schweren Fällen wurde ein starker Abfall der Gesamthistaminausscheidung gefunden (Durchschnitt 27,1 γ gegenüber 96,7 γ der Norm). Besonders die Ausscheidung von freiem Histamin war erniedrigt (6,38 γ gegenüber 20,4 γ normal). Fasten reduziert die tägliche Ausscheidung von gebundenem Histamin und von freiem Histamin bis auf ein ziemlich konstantes Niveau von 5,6—15,6 γ je Tag. Brot- und Milchaufnahme steigert die Ausscheidung von freiem Histamin im Harn über diesen Grundwert nicht, wohl aber eine Fleischmahlzeit, die auch die Ausscheidung von gebundenem Histamin erhöht[10]. Die Ausscheidung von freiem und gebundenem Histamin wird durch die Zufuhr von Cortison signifikant erhöht[11].

```
H3C—C════C—CH2—COOH
    |    |   H   H   H
    |    |   |   |   |
    N    N—C—C—C—CH2OH
     \\ /    |   |   |
      C      O   O   O
      ·      H   H   H
      H   |            |
          └─────O──────┘
```

Nach SCHAYER u. TABOR[12] wird Histamin auch in Form von 1-Methyl-4-ribosido-5-essigsäureimidazol im Harn ausgeschieden.

Bestimmung s.[13–15].

e) Guanidinverbindungen. *Guanidin.* Nach WEBER werden beim Menschen 10—20 mg, bei Kaninchen 6—10 mg und bei Hunden 10—30 mg in 24 Std ausgeschieden[16–18]. Eine Guanidinausscheidung von 36—571 mg am Tage wurde bei einem Patienten mit einer Myopathie beobachtet[19]. Von Kranken mit Myasthenia gravis wird zugeführtes Guanidin zu 40—60% unverändert im Harn ausgeschieden[20]. *Methylguanidin* ist im Harn von Vertebraten gefunden worden[21].

---

[1] BURCHARD, H.: B. Z. **272**, 74 (1934). — [2] ANREP, G. V., M. S. AYADI, G. S. BARSOUM, J. R. SMITH and M. M. TALAAF: J. Physiol., London **103**, 155 (1944). — [3] McINTIRE, F. C., F. B. WHITE and M. SPROULL: Arch. Biochem. **29**, 376 (1950). — [4] UNGAR, G., et A. POCOULE: C. R. Soc. Biol. **124**, 1204 (1937). — [5] WERLE, E., u. S. EFFKEMANN: Zbl. Gynäk. **64**, 722 (1940). — [6] KAPELLER-ADLER, R.: Biochem. J. **35**, 213 (1941). — [7] STÜTTGEN, G.: Arch. Derm. Syph., Berlin **196**, 431 (1953). — [8] ROBERTS, M., and H. M. ADAM: Brit. J. Pharmacol. **5**, 526 (1950). — [9] ROCKENSCHAUB, A.: J. Obstet. Gynaec. **60**, 398 (1953). — [10] MITCHELL, R. G., and C. F. CODE: J. appl. Physiol. **6**, 387 (1954). — [11] MITCHELL, R. G., and C. F. CODE: J. clin. Endocrin. **14**, 707 (1954). — [12] SCHAYER, R., and H. TABOR: Histamin-Symposium. London April 1955. — [13] LUBSCHEZ, R.: J. biol. Ch. **183**, 731 (1950). — [14] ROSENTHAL, S. M., and H. TABOR: J. Pharmacol. exp. Therap. **92**, 425 (1948). — [15] H.-Th. 10. Aufl. S. 59. — [16] KUEN, F. M.: B. Z. **187**, 283 (1927). — [17] WEBER, C. J.: J. biol. Ch. **78**, 465 (1928). — [18] ANDES, J. E., E. J. VAN LIERE, E. J. ANDES and P. VAUGHN: J. Lab. clin. Med. **26**, 530 (1940). — [19] GREENBLATT, I. J.: J. biol. Ch. **137**, 791 (1941). — [20] MINOT, A. S., and H. E. FRANK: J. Pharmacol. exp. Therap. **71**, 130 (1941). — [21] REINWEIN, H., u. F. THIELMANN: A. e. P. P. **103**, 115 (1924).

Nach Verfütterung von Liebigs Fleischextrakt konnte aus dem Harn *Dimethylguanidin* gewonnen werden[1].

Bestimmung s. [2,3].

f) Kreatin und Kreatinin[4]. Daß *Kreatin* (Methylguanidylessigsäure) normalerweise im Harn nicht ausgeschieden werde, trifft nicht zu.

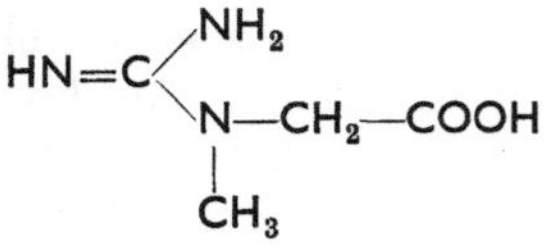

$$HN{=}C\begin{cases} NH_2 \\ N{-}CH_2{-}COOH \\ \quad | \\ \quad CH_3 \end{cases}$$

Kreatin

$$HN{=}C\begin{cases} NH{-}CO \\ N{-}CH_2 \\ | \\ CH_3 \end{cases}$$

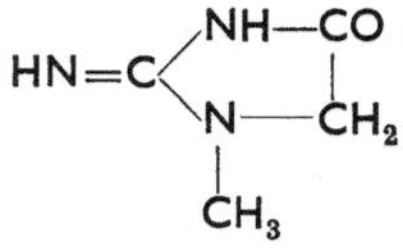

Kreatinin

Es kann im Harn von Kindern, Frauen und Männern[4;5] nachgewiesen werden und muß nach WILDER u. MORGULIS[6] als normaler Bestandteil des Harnes angesehen werden. Die Autoren fanden mit verbesserten Methoden bei gesunden erwachsenen Männern eine Kreatinurie von 60—150 mg täglich (Nüchterntageswert 0,15—0,30 g). Bei Frauen ist die Kreatinurie variabler und größer. Die normale *Kreatinin*ausscheidung beträgt durchschnittlich bei gesunden Menschen von 18—33 Jahren 161 mg täglich, bei einer mittleren Ausscheidung je kg Körpergewicht von 0,024 g beim Mann und von 0,007—0,025 g bei der Frau. Im Alter werden etwa 185 mg täglich ausgeschieden. Die Ausscheidung ist bei akutem Rheumatismus nicht verändert, bei chronischer Osteoarthritis bis zu 675 mg rhöht[7]. CUMINGS[8] findet bei gesunden Männern kein Kreatin im Harn.

Die Niere enthält 16—29 mg-% Kreatin[9-11]. Während der Wachstumsperiode, der Schwangerschaft, im Puerperium und bisweilen auch bei gesunden, nicht schwangeren Frauen treten im Harn wechselnde Mengen von Kreatin auf. Die Wachstumskreatinurie beginnt schon im frühen Kindesalter und setzt sich, individuell wechselnd, bis zum 16. Jahr fort. Die ausgeschiedenen Kreatinmengen variieren ziemlich stark und betragen bis 60% des Gesamtkreatins. Das Nahrungskreatin spielt dabei nur eine unbedeutende Rolle. Die Kreatinwerte steigen jedoch mit der Proteinzufuhr. Während der Nachtzeit nimmt die Kreatinurie häufig, aber nicht regelmäßig ab.

Neben der physiologischen kennt man auch pathologische Kreatinurien. Sie treten auf im Hungerzustand, bei Störung des Kohlenhydratstoffwechsels, bei nutritiver und endogener Muskeldystrophie und bei verschiedenen inkretorischen Störungen. Bei Diabetikern besteht eine dauernde oder vorübergehende Kreatinurie[12,13]. BRENTANO[14] wies nach, daß bei jeder Vermehrung der Ketonkörperausscheidung stets auch Kreatin im Harn nachzuweisen ist. Die Kreatinurie geht im allgemeinen dem Auftreten der Acetonkörper voraus. Verfüttertes Kreatin wird zu über 80% wieder ausgeschieden. TIERNY u. PETERS[15] zeigten, daß Kreatin nur dann im Harn von normalen Individuen erscheint, wenn die Plasmakonzentration 0,5 mg-% übersteigt. Aus den vorliegenden Untersuchungen

[1] KUTSCHER, (F.), u. LOHMANN: H. **48**, 422 (1906). — [2] WEBER, C. J.: J. biol. Ch. **78** 465 (1928). — [3] MINOT, A. S., and H. E. FRANK: J. Pharmacol. exp. Therap. **71**, 130 (1941). — [4] BEARD, H. H.: Creatine and Creatinine Metabolism. Brooklyn 1943. — [5] Smith, Kidney S. 110. — [6] WILDER, V. M., and S. MORGULIS: Arch. Biochem. **42**, 69 (1953). — [7] GRANIRER, L. W.: Ann. internal Med. **30**, 961 (1949). — [8] CUMINGS, J. N.: J. clin. Path. **3**, 345 (1950). — [9] BEKER, J. C.: H. **87**, 21 (1913). — [10] SHAFFER, P. A.: J. biol. Ch. **18**, 525 (1914). — [11] JANNEY, N. W., and N. R. BLATHERWICK: J. biol. Ch. **21**, 567 (1915). — [12] FRERCKS, R.: M. m. W. **1952**, 1169. — [13] BÜRGER, M., u. H. MACHWITZ: A. e. P. P. **74**, 222 (1913). — [14] BRENTANO, C.: Z. klin. Med. **124**, 237 (1933). — [15] TIERNEY, N. A., and J. P. PETERS: J. clin. Invest. **22**, 595 (1943).

geht hervor, daß Kreatin vollständig filtrierbar ist und daß es bei niedrigem Plasmaniveau vollständig rückresorbiert wird.

Pitts[1,2] zeigte, daß Kreatin und die Aminosäuren durch denselben Mechanismus der Tubuli rückresorbiert werden. Wenn dieser Mechanismus durch Glycin, Alanin oder Glutaminsäure blockiert ist, findet keine Kreatinrückresorption mehr statt. Brentano u. Riesser[3,4] führten die Kreatinurie, welche unter dem Einfluß inkretorischer Störungen oder gewisser Pharmaka (Coffein, Chinin, Phlorrhizin) eintritt, auf eine Glykogenverarmung der Skeletmuskulatur zurück, doch verändern sich Phosphagen- und Glykogengehalt der Muskeln nicht gleichsinnig[5,6], und bei Glykogenspeicherkrankheit der Kinder nimmt die Kreatinurie sogar zu[7]. Die übergeordnete und gemeinsame Ursache von Kreatinurie und Glykogenmobilisation erblickte Brentano[8] schließlich in einem anomalen Verlauf der glykolytischen Vorgänge im Muskel, welcher verhindert, daß die Verbrennungsenergie der Glucose zu einer ausreichenden Resynthese von Glykogen und zur Phosphorylierung des Kreatins verwertet wird. Da nicht alle Kreatinurien mit einem Glykogenzerfall und einer Störung der Glykolyse einhergehen, nimmt Beard[9] an, daß Kreatinurie auftritt, wenn dem Muskelgewebe Adenosintriphosphat fehlt, welches physiologischerweise Kreatin in Kreatinphosphorsäure überführt. Die mannigfaltigsten endogenen und exogenen Stoffwechselbedingungen, welche die Bildung von ATP beeinträchtigen oder ATP in übermäßigem Umfang beanspruchen, können zur Kreatinurie führen.

Bei vielen Krankheiten, so bei akutem Fieber, bei Typhus und auch bei Lebercarcinom wird Kreatin im Harn ausgeschieden. Im normalen Harn der männlichen Säugetiere findet sich fast ausschließlich Kreatinin neben sehr wenig Kreatin. Im Harn von Vögeln und Reptilien[10-12], Süßwasser- und Salzwasserteleostiern[13-17] und Elasmobranchiern[18] ist mehr Kreatin als Kreatinin enthalten. Eine vermehrte Ausscheidung von Kreatin gegenüber Kreatinin findet man bei Fehlen oder Mangel von Testosteron[19]. Bei tumortragenden Ratten ist selbst bei kreatinfreier Nahrung die Kreatinausscheidung 10mal so hoch wie bei Normaltieren. Harnstoff- und Kreatininausscheidung bleiben dabei unverändert[20].

Als Muttersubstanz des *Kreatinins* ist das *Kreatin* anzusprechen. Die im Harn ausgeschiedene Kreatininmenge setzt sich aus einem hämatogenen und einem renalen Anteil zusammen[21]. Die Anhydrierung des Kreatins zu Kreatinin scheint in der Niere oder im Blut vor sich zu gehen. Die Kreatininausscheidung ist unabhängig von der totalen Stickstoffausscheidung und stellt bei fleischloser Ernährung einen Maßstab für die vorhandene Muskelmasse dar (s. u.). Trotzdem muß die Bildung von Kreatin an die Anwesenheit von Zerfallsprodukten des Gewebseiweißes

[1] Pitts, R. F.: Amer. J. Physiol. **140**, 156 (1943/44). — [2] Pitts, R. F.: Amer. J. Physiol. **140**, 535 (1943/44). — [3] Brentano, C.: A. e. P. P. **155**, 21; **157**, 125 (1930); **163**, 156 (1932). D. m. W. **1932 I**, 699; **1933 I**, 448. Z. ges. exp. Med. **98**, 677 (1936). — [4] Riesser, O., u. C. Brentano: A. e. P. P. **155**, 1 (1930). — [5] Jokl, E.: Kli. Wo. ***1935* II**, 1139. — [6] Moschini, A.: Bull. Soc. Chim. biol. **18**, 160 (1936). — [7] Fan, C., and T. T. Woo: Chin. med. J. **58**, 88 (1940). — [8] Brentano, C.: Z. klin. Med. **145**, 582 (1949). — [9] Beard, H. H.: Creatine and Creatinine Metabolism. Brooklyn 1943. — [10] Fuse, N.: Jap. J. med. Sci. (II) **1**, 103 (1925). — [11] Hunter, A.: Creatine and Creatinine. London 1928. — [12] Vimtrup, B.: Scand. J. clin. Lab. Invest. **1**, 339 (1949). — [13] Grollman, A.: J. biol. Ch. **81**, 267 (1929). — [14] Marshall, E. K. jr.: Amer. J. Physiol. **94**, 1 (1930). — [15] Marshall, E. K. jr., and A. L. Grafflin: Bull. Johns Hopkins Hosp. **43**, 205 (1928). — [16] Smith, H. W.: J. biol. Ch. **81**, 727 (1929). — [17] Smith, H. W.: J. biol. Ch. **88**, 97 (1930). — [18] White, F. D.: Contr. canad. Biol. Fish. (N. S.) **6**, 341 (1931). — [19] Abderhalden, R.: Die Hormone. S. 38. Berlin, Göttingen, Heidelberg 1952. — [20] Bach, S. J.: Angew. Chem. **66**, 612 (1954). — [21] Frey, W.: Handb. inn. Med. (Bergmann-Frey-Schwiegk) 4. Aufl. Bd. 8, S. 146.

gebunden sein; denn bei allgemeinem stärkerem Zerfall von Protoplasma (Hunger, Diabetes, Fieber, Vergiftungen, Sauerstoffmangel, Hyperthyreosen, malignen Tumoren) steigt die Kreatinausscheidung[1-4]. Die Abspaltung bzw. Aufnahme von Wasser beim Übergang von Kreatin in Kreatinin und umgekehrt ist p_H-abhängig. Bei alkalischer Reaktion des Lösungsmittels ist der Übergang von Kreatinin in Kreatin eine unvollständige Reaktion 1. Ordnung. In n/1 NaOH endigt die Reaktion bei 26° in einem Gleichgewichtszustand, dessen Konstante $\frac{\text{Kreatin}}{\text{Kreatinin}} = 2{,}12$ ist[5]. Die OH-Ionen der Lösung wirken als Katalysatoren beschleunigend auf die Umwandlung. In der alkalischen Lösung lagert sich nur das freie Kreatin, nicht das vorhandene Kreatinnatrium in Kreatinin um[6]. In saurer Lösung geht Kreatin vollständig in Kreatinin über, was darauf beruht, daß Kreatinin eine 38mal so starke Base wie Kreatin ist[5]. In vivo verläuft der Prozeß allerdings mit bemerkenswerter Langsamkeit. MYERS u. FINE[7] rechnen mit einer täglichen Umwandlung von 2% Kreatin in Kreatinin.

Bisher ist kein Ferment in Blut, Harn und Leber oder in Extrakten der Gewebe der verschiedenen Tiere aufgefunden worden, das eine Überführung von Kreatin in Kreatinin oder umgekehrt katalysiert[8]. Über den Bildungsweg des Kreatins s. Bd. 2/1, S. 945ff.

Bei Niereninsuffizienz werden erhöhte Kreatininwerte im Blut gefunden. Das ist ein indirekter Beweis dafür, daß das Kreatinin der Niere mit dem Blut zugeführt wird.

Die vom Menschen täglich ausgeschiedene Kreatininmenge steht, wie erwähnt, in Beziehung zur Muskelmasse des Individuums. SHAFFER[9] hat den Begriff des *Kreatinin-Koeffizienten* aufgestellt. Hierunter versteht er die je kg Körpergewicht in 24 Std ausgeschiedene Kreatininmenge in mg. Dieser Koeffizient variiert bei gesunden Männern zwischen 18 und 30, er ist bei muskelschwachen Personen klein, bei muskelstarken groß und ist somit innerhalb gewisser Grenzen ein Maß für die Muskelentwicklung des Individuums[10]. Einmalige orale Verabreichung einer großen Kreatinmenge führt beim Menschen nie zu einer Vermehrung des im Harn ausgeschiedenen Kreatinins[11]. Vom verabreichten Kreatin findet man 20—50% im Harn wieder[11-13].

Entgegen einer Angabe von LYMAN u. TRYMBI[14] wird nach subcutaner Injektion einer größeren Menge von Kreatin das Harnkreatinin bei Mensch und Kaninchen nicht vermehrt[11]. Die Menge des täglich ausgeschiedenen Kreatinins ist unabhängig von der Muskelarbeit[12] und unabhängig von der zugeführten Nahrung, speziell der Menge des Nahrungseiweißes.

Der Harn des Mannes enthält normalerweise erstaunlich konstante Mengen von Kreatinin. Dies gilt sowohl für die Tagesmenge als auch für die in kürzeren Zeitintervallen ausgeschiedenen Mengen. Es besteht auch kaum ein Unterschied in der Kreatininmenge, die im Tag- und Nachtharn gefunden wird. Die Harnmenge ist ohne Einfluß auf die Tagesmenge des ausgeschiedenen

---

[1] FOLIN, O.: J. biol. Ch. **97**, 141 (1932). — [2] FOLIN, O., and H. BERGLUND: J. biol. Ch. **51**, 395 (1922). — [3] FOLIN, O., H. BERGLUND and C. DERICK: J. biol. Ch. **60**, 361 (1924). — [4] FOLIN, O., and W. DENIS: J. biol. Ch. **11**, 87 (1912). — [5] HAHN, A., u. G. BARKAN: Z. Biol. **72**, 25 (1920). — [6] HAHN, A., u. H. FASOLD: Z. Biol. **82**, 473 (1925). — [7] MYERS, V., and M. S. FINE: J. biol. Ch. **21**, 377 (1915). — [8] HAHN, A., u. G. MEYER: Z. Biol. **76**, 247 (1922). — [9] SHAFFER, P.: Amer. J. Physiol. **23**, 1 (1908). — [10] BÜRGER, M.: Z. ges. exp. Med. **9**, 262 (1919). — [11] HAHN, A., u. L. SCHÄFER: Z. Biol. **80**, 195 (1924). — [12] HOOGENHUYZE, C. J. C. VAN, u. H. VERPLOEGH: H. **46**, 415 (1905). — [13] HAHN, A., u. H. FASOLD: Z. Biol. **83**, 283 (1925). — [14] LYMAN, J. F., and J. C. TRIMBY: J. biol. Ch. **29**, 1 (1917).

Kreatinins[1]. Bei verschiedenen Tierarten geht die Menge des ausgeschiedenen Gesamtkreatins (Kreatin und Kreatinin) der Höhe des Grundumsatzes parallel[2].

Nach REHBERG[3] kann die Größe des Glomerulusfiltrates aus der Plasma-Kreatininkonzentration und der Kreatininausscheidung berechnet werden. REHBERG setzte dabei voraus, daß die Kreatininkonzentration im Plasma und im Glomerulusfiltrat die gleiche ist und daß Kreatinin tubulär weder sezerniert noch rückresorbiert wird. Die Untersuchungen von RICHARDS[4] an der Froschniere und die Befunde, die von WALKER, BOTT, OLIVER u. MCDOWELL[5] an der Säugetierniere erhoben werden konnten, bestätigten die Richtigkeit der Annahme, daß Kreatinin im Glomerulusfiltrat in der gleichen Konzentration wie im Plasma vorhanden ist. MACKAY u. MACKAY[6] fanden beim Kaninchen und später auch beim Menschen, daß nach oraler Zufuhr von Kreatinin eine gesetzmäßige Abhängigkeit der Kreatininausscheidung im Harn von der Kreatinin-Plasmakonzentration besteht, sie schlossen daraus auf eine rein glomuläre Filtration des Kreatinins. Auch die Feststellung von REHBERG, daß die Ausscheidung von Kreatinin im Harn umgekehrt proportional dem kolloidosmotischen Druck der Plasmaflüssigkeit ist, scheint mehr auf den mechanischen Vorgang der Filtration hinzuweisen.

Bei Clearance-Untersuchungen mit Inulin und Kreatinin fanden KENNEDY u. Mitarb.[7], daß die Kreatininclearance durchschnittlich 6% niedriger war als die gleichzeitig bestimmte Inulinclearance. Das würde bedeuten, daß Kreatinin, wenn auch nur zu einem kleinen Teil rückresorbiert wird. Nach MILLER u. DUBOS[8], findet aber eine Rückresorption nicht statt. Wenn die Tubuli geschädigt sind, kann scheinbar auch eine tubuläre „Sekretion" von Kreatinin stattfinden, denn BROD u. SIROTA[9] fanden für den Quotienten

$$\frac{\text{Kreatininclearance}}{\text{Inulinclearance}},$$

der normalerweise 1,0 beträgt, Werte von 1,11—1,25.

Während bei Versuchen mit Enzymgiften die Kreatininclearance nicht vermindert gefunden wurde, ergab sich unter dem Einfluß von NaF eine erhebliche Hemmung der Kreatininclearance. Ersteres würde für eine Filtration des Kreatinins sprechen, letzteres mehr für eine Sekretion, zumal sich neuerdings erwiesen hat, daß der Rückgang der Kreatininclearance wie auch der Inulinclearance nach Fluorid nicht durch Verminderung des Blutdrucks zu erklären ist[10]. Die Ergebnisse der Untersuchungen von SPERBER[11] sprechen ebenfalls für eine tubuläre Ausscheidung des Kreatinins bei Säugetieren.

Bestimmung s. [12,13].
Kreatinin s. [14-17].
Kreatin s. [18,19].

---

[1] SHAFFER, P.: Amer. J. Physiol. **23**, 1 (1908). — [2] NEUBAUER, O.: Handb. Physiol. Bd. 5, S. 933. — [3] REHBERG, P. B.: Biochem. J. **20**, 447 (1926). — [4] RICHARDS, A. N.: Methods and Results of Direct Investigations of the Function of the Kidney. Baltimore 1929. — [5] WALKER, A. M., and P. A. BOTT; OLIVER J., and M. C. MACDOWELL: Amer. J. Physiol. **134**, 580 (1941). — [6] MACKAY, E. M., and L. L. MACKAY: Amer. J. Physiol. **115**, 455 (1936). — [7] KENNEDY, T. J. jr., J. G. HILTON and R. W. BERLINER: Amer. J. Physiol. **171**, 164 (1952). — [8] MILLER, B. F., and R. DUBOS: J. biol. Ch. **121**, 457 (1937). — [9] BROD, J., and J. H. SIROTA: J. clin. Invest. **22**, 595 (1943). — [10] SCHWALB, H., A. BAUERFEIND u. H. HENSEL: A. e. P. P. **224**, 285 (1955). — [11] SPERBER, I., and C. SPERBER: 19. Int. Congr. Physiol. Montreal. S. 785. 1953. — [12] H.-Th. 10. Aufl. Bd. V, S. 192. — [13] Hinsberg-Lang 2. Aufl. S. 363. — [14] LIEB, H., u. M. K. ZACHERL: H. **223**, 169 (1934). — [15] STELGENS, P., H. WOLF u. K. SCHREIER: H. **286**, 218 (1951). — [16] LANGLEY, W. D., and M. EVANS: J. biol. Ch. **115**, 333 (1936). — [17] RÖTTGER, H.: B. Z. **319**, 359 (1949). — [18] BERENDT, H. W.: Hippokrates **20**, 517 (1949). — [19] HAHN, A., u. G. BARKAN: Z. Biol. **72**, 305 (1920).

g) Biogene Amine. (*Histamin* s. S. 137 sowie Bd. **1**, S. 792, Bd. **2**/1, S. 978.) Die Ausscheidung von *Aminoäthanol* beträgt bei gesunden Männern zwischen 5,3—10,3 mg je Tag, bei Frauen 19,9—31,7 mg. Die Substanz wurde erstmals im Harn von Patienten mit schweren Lebererkrankungen nachgewiesen und in Form von Di-p-nitrobenzoyläthanolamin isoliert[1]. *Putrescin* und *Cadaverin* (Chemie s. Bd. **1**, S. 791/92) werden im Harn von Cystinurikern ausgeschieden, besonders nach Zulage von Lysin und Arginin zur Nahrung[2-7]. Diese Diamine stammen wahrscheinlich aus dem Darm, wo sie durch bakterielle Decarboxylierung der zugehörigen Aminosäuren entstehen. Möglicherweise liegt bei Cystinurie eine Unterfunktion der Diaminoxydase vor. Sicher besteht eine Eiweißstoffwechselstörung; denn außer Cystin werden Tyrosin, Leucin, Asparaginsäure und Lysin vermehrt ausgeschieden. Normaler Harn enthält nur Spuren von Cadaverin[8]. *Tyramin* (s. Bd. **1**, S. 793) ist von ENGER u. ARNOLD[9] im Harn nachgewiesen worden. Es dürfte einer bakteriellen Decarboxylierung von Tyrosin im Darm seine Entstehung verdanken. *Isoamylamin* (s. Bd. **1**, S. 794), das durch bakterielle Decarboxylierung im Darm aus Leucin entsteht, kann im menschlichen Harn auftreten[10]. Nach ZORN u. DIHLMANN[11] kommt Isoamylamin auch primär im Harn vor. Als Entstehungsort wird die Niere angenommen. *5-Oxytryptamin* (Serotonin; Enteramin) wird normalerweise im Harn in Mengen zwischen 0,1—1,0 γ/cm^3 ausgeschieden[12]. Nach BUMPUS u. PAGE[13] beruht die Serotoninaktivität des menschlichen Harns nicht allein auf 5-Oxytryptamin. Sie konnten mit chromatographischen Methoden im Harn neben Serotonin (5-Oxytryptamin) Bufotenin (N,N-Dimethylserotonin) und N-Methylserotonin nachweisen. *Spermin*, das Mäusen, Ratten und Kaninchen intraperitoneal injiziert wird, hat eine starke nephrotoxische Wirkung, die sich auf die Tubuli bezieht. Im Harn ist es bisher noch nicht nachgewiesen worden[14].

h) Purinderivate. Nucleotide finden sich nach MÖRNER[14] in sehr kleinen Mengen im Harn. Sie fallen nach dem Ansäuern mit Eiweißkörpern aus.

Beim Menschen und den anthropoiden Affen ist *Harnsäure* das Endprodukt des Purinstoffwechsels (s. S. 143 sowie Bd. **2**/1, S. 1198ff.). Oxydation der Harnsäure zu *Allantoin* kommt höchstens in ganz untergeordnetem Umfang vor.

$$\begin{array}{l} \mathrm{HN{-}{-}CO} \\ \mathrm{\;|\qquad |} \\ \mathrm{CO\;\;C{-}NH} \\ \mathrm{\;|\qquad \|\qquad\quad >CO} \\ \mathrm{HN{-}{-}C{-}NH} \end{array} \xrightarrow{+H_2O\;+O} \begin{array}{l} \mathrm{H_2N} \\ \mathrm{\;\;|} \\ \mathrm{OC\quad CO{-}NH} \\ \mathrm{\;|\qquad |\qquad\quad >CO + CO_2} \\ \mathrm{HN{-}{-}CH{-}NH} \end{array}$$

Anders bei den übrigen Säugetieren. Hier ist Allantoin das an Menge überwiegende Endprodukt des Purinstoffwechsels. Dies zeigt sich im Gehalt des Urins der verschiedenen Säugetiere an Allantoin, Harnsäure und Purinbasen.

Im tierischen Organismus entsteht Allantoin aus Harnsäure durch ein oxydierendes Ferment, die Uricase (s. Bd. **1**, S. 1225, Bd. **2**/1, S. 1208).

An Ratten verfüttertes Hypoxanthin und Xanthin mit ^{15}N in den Stellungen 1 und 3 werden praktisch quantitativ zu Allantoin oxydiert und als

[1] DENT, C. E.: Biochem. J. **43**, 169 (1948). — [2] UDRÁNSZKY, L. v., u. E. BAUMANN: H. **13**, 562 (1889); **15**, 77 (1891). — [3] BÖDTKER, E.: H. **45**, 393 (1905). — [4] CAMMIDGE, P. J., and A. E. GARROD: J. Path. Bacteriology **6**, 327 (1900). — [5] GARROD, A. E., and W. H. HURTLEY: J. Physiol., London **34**, 217 (1906). — [6] LOEWY, A., u. C. NEUBERG: H. **43**, 338 (1904/05). — [7] DAVIES, D. F., K. M. WOLFE and H. M. PERRY jr.: J. Lab. clin. Med. **43**, 620 (1954). — [8] DOMBROWSKI, S.: Cr. **135**, 244 (1902). — [9] ENGER, R., u. H. ARNOLD: Z. klin. Med. **132**, 270 (1937). — [10] BAIN, W.: Quart. J. Physiol. **8**, 229 (1914). — [11] ZORN, B., u. W. DIHLMANN: Dtsch. Gesundh.-Wes. **8**, 1522 (1953). — [12] TWAROG, B. M., and I. H. PAGE: Amer. J. Physiol. **175**, 157 (1953). — [13] BUMPUS, F. M., and I. H. PAGE: J. biol. Ch. **212**, 111 (1955). — [14] ROSENTHAL, S. M., E. R. FISHER and E. F. STOHLMAN: Proc. Soc. exp. Biol. Med. **80**, 432 (1952). — [15] MÖRNER, K. A. H.: Skand. Arch. Physiol. **6**, 378 (1895).

solches im Harn ausgeschieden. Ein Einbau des ^{15}N in Nucleotide fand nicht statt[1]. Tiere, denen man bei einer eiweißarmen Diät Xanthin injizierte, schieden mehr Harnsäure und Allantoin aus als eiweißreich ernährte[2].

Guanin ist bis jetzt im menschlichen Harn noch nicht mit Sicherheit nachgewiesen worden, kommt also dort höchstens in Spuren vor. Im Harn des gesunden Schweines fehlt das Guanin. Dagegen erscheint es im Harn bei Guaningicht, die bei Schweinen gelegentlich auftritt und die durch Ablagerung von Guanin in den Gelenken, den Muskeln und Bändern der erkrankten Tiere gekennzeichnet ist.

Außer den bisher angeführten wurden folgende Purinderivate im menschlichen Harn nachgewiesen: *Adenin, Adenosin, Xanthin, Heteroxanthin* (1,7-Methylxanthin), *1-Methylxanthin*, *Paraxanthin* (1,7-Methylguanin), *Hypoxanthin, Epiguanin* (7-Methylguanin)[3-5].

Tabelle 39. Gehalt des Harnes an Purinderivaten.

	Allantoin N-%	Harnsäure N-%	Purinbasen N-%
Meerschweinchen	91,0	6,0	3.0
Ratte	93,0	3,7	2,7
Schaf	64,0	16,0	20,0
Kuh	92,0	7,3	0,7
Pferd	88,0	12,0	0,5
Schwein	92,3	1,8	5,8
Hund	91,1	1,9	1,3
Mensch	2,0	90,0	8,0

Harnsäure[6] (s. a. Bd. 1, S. 807 u. Bd. 2/1, S. 1198ff.). Die Harnsäure wurde im Jahre 1776 von SCHEELE im Harn und in Blasensteinen und gleichzeitig von BERGMANN in Blasensteinen entdeckt. Beim Säugetier wird der Stickstoff hauptsächlich in Form von Harnstoff ausgeschieden; Harnsäure erscheint im Harn nur als Stoffwechselprodukt der Purinbasen. Für die Frage der renalen Harnsäureausscheidung ist von Bedeutung, ob die Harnsäure im Plasma frei gelöst ist oder nicht. Die Harnsäure verhält sich wie eine Säure, weil 2 der an Stickstoff gebundenen H-Atome durch Metallionen ersetzbar sind, andererseits besitzt sie auch basische Eigenschaften: denn sie ist durch Phosphorwolframsäure und andere Basenfällungsmittel fällbar. Der ziemlich große Temperaturkoeffizient der Löslichkeit bedingt es, daß sich die Harnsäure aus sauren Urinen beim Abkühlen spontan ausscheidet[7-9]. Unter dem Mikroskop erkennt man ihre charakteristischen Krystallformen (Wetzstein-, Tonnen- und Kammform). Durch Adsorption von Uroerythrin sind die Krystalle braunrot bis gelb gefärbt (s. Siegelmehlsediment, S. 168). Zuweilen scheidet sich aus saurem Harn die Harnsäure schon im Nierenbecken und der Blase aus, wodurch es zur Bildung von größeren Konkrementen und Harngrieß kommt.

Das bei der Reaktion der Körpersäfte und Exkrete sich bildende Salz der Harnsäure ist das Monourat[10], z.B. Mononatriumurat ($C_5H_3O_3N_4Na \cdot H_2O$). Das Natriumurat kann aus übersättigter Lösung in Form einer kolloidalen Gallerte[11], eines amorphen Zwischenzustandes[12] oder in krystallisierter Form[7-9] ausfallen. Gemäß der allgemeinen Regel, daß die unbeständigeren Formen einer Substanz

[1] GETLER, H., P. M. ROLL, J. F. TINKER and G. B. BROWN: J. biol. Ch. **178**, 259 (1949). — [2] WILLIAMS, J. N. jr., P. FEIGELSON and C. A. ELVEHJEM: J. biol. Ch. **185**, 887 (1950). — [3] STADTHAGEN, M.: Virchows Arch. **109**, 390 (1887). — [4] LEVENE, P. A., u. W. A. JACOBS: B. **42**, 2730 (1909); **43**, 3150 (1910). — [5] KRÜGER, M., u. G. SALOMON: H. **24**, 364 (1898). — [6] FREY, W.: Handb. inn. Med. (BERGMANN-FREY-SCHWIEGK) 4. Aufl. Bd. 8, S. 161ff. — [7] GUDZENT, F.: H. **56**, 150 (1908); **60**, 25 (1909). — [8] GUDZENT, F.: H. **63**, 455 (1909). — [9] GUDZENT, F.: H. **89**, 253 (1914). — [10] BRANDENBERGER, E., F. DE QUERVAIN u. H. R. SCHINZ: Exper. **3**, 185 (1947). Schweiz. med. Wschr. **77**, 642 (1947). — [11] SCHADE, H., u. E. BODEN: H. **83**, 347 (1913). — [12] BARKAN, G.: Z. Biol. **76**, 257 (1922). B. Z. **146**, 446 (1924).

leichter löslich sind als die beständigen, nimmt die Löslichkeit des Urats von der kolloidalen über die amorphe zur krystallisierten Form stark ab. Bei 18° wurde für die Gallerte als größte Löslichkeit 5,35 g im Liter Wasser gefunden. Die Löslichkeit der amorphen Zwischenform ist 2,03 g und die der krystallisierten Form 0,79 g im Liter. BARKAN zeigte, daß die Abnahme der Löslichkeit auf einer Erhöhung der Teilchengröße des Urates in Lösung beruht. Die Löslichkeit der Harnsäure ist stark abhängig von der H-Ionenkonzentration[1]. Außerdem scheinen die Kaliumionen einen Einfluß auf die Löslichkeit der Harnsäure zu haben. Bei einem p_H von 7,47 liegt die Harnsäure zu 99% als Mononatriumurat, zu 1% als freie Säure vor.

Bei der Ausscheidung der Harnsäure und der Urate muß die Niere eine erhebliche Konzentrationsarbeit leisten. Im Harn ist die Harnsäurekonzentration im Mittel 25mal so groß wie im Blut. Die Menge der in 24 Std ausgeschiedenen Gesamtharnsäure (Harnsäure und Urate) hängt vom Gehalt der Nahrung an Nucleoproteiden ab. Bei gemischter Kost werden 0,5—1,0 g, bei einer Kost, die sehr reich an Nucleoproteiden ist, 2,0 g und mehr ausgeschieden. Im Harn wechselt das Verhältnis von freier zu gebundener Harnsäure je nach dem p_H. Bei p_H 8 findet sich überhaupt keine freie Säure, bei p_H 5 ist die Harnsäure zu $^3/_4$ als freie Säure vorhanden und zu $^1/_4$ als Natrium-, Kalium- oder Ammoniumsalz. Bei p_H 6 ist der Uratanteil etwa doppelt so hoch wie derjenige der freien Säure[2].

Unter „endogener" Harnsäure versteht man die Menge Gesamtharnsäure, die zur Ausscheidung kommt, wenn mit der Nahrung praktisch keine Nucleoproteide zugeführt werden[3]. Sie ist für ein bestimmtes Individuum konstant. Bei verschiedenen Personen dagegen kann sie sehr verschieden sein. (Beim Mann: 300—600 mg; bei der Frau: 300 bis 500 mg.) Die „endogene" Harnsäure entstammt dem Abbau der körpereigenen Nucleoproteide, die beim Verschleiß von Körperzellen aus den Kernpurinen anfallen.

Die „exogene" Harnsäure ist diejenige Gesamtharnsäure, die von den Nucleoproteiden der Nahrung herrührt. Ihre Menge wechselt mit dieser sehr stark. Die insgesamt bei Nahrungsaufnahme ausgeschiedene Harnsäure ist die Summe von endogener und exogener Harnsäure. Nach der Zuführung von Methylxanthinen, z.B. Coffein, Theobromin und Theophyllin, konnten von JOHNSON[4] im Harn substituierte Harnsäuren festgestellt werden, bei denen die Methylgruppe in Stellung 1 oder 7 oder 1 und 7 steht.

Das Schicksal der im Blut zirkulierenden Harnsäure ist beim Menschen anders als bei den meisten Tierarten. Dalmatinerhunde scheiden wesentlich mehr Harnsäure aus als andere Hunde. Dieser lange Zeit rätselhafte Befund erklärt sich aus der (genetisch bedingten) fehlenden Rückresorption der Harnsäure aus den Nierentubuli[5] (s. a. Bd. 2/1, S. 1214).

Nach intravenöser Injektion von 100 mg Harnsäure fällt der Harnsäuregehalt des Blutes rasch ab, ohne Vermehrung der Harnsäureausscheidung durch die Niere[6]. Es wurde beim Hund festgestellt, daß die Harnsäure ausschließlich in der Niere gespeichert wird. So stieg 10 min nach intravenöser Injektion von 100 mg Harnsäure je kg der Harnsäuregehalt der Niere von 1,2 mg-% auf 162,0 mg-% an. GREMELS u. BODO[7] haben nach Injektionen von Harnsäure oder Purinen Harnsäure als Granula mikroskopisch in den Zellen der Tubuli contorti nachgewiesen, ebenso eine Niederschlagsbildung im Lumen der Kanälchen.

---

[1] JUNG, A., u. F. LEUTHARDT: D. m. W. **1926 II**, 1985. — [2] Grosse-Brockhoff, Path. Physiol. S. 365. — [3] BURIAN, R., u. H. SCHUR: Pflügers Arch. **80**, 241 (1900); **87**, 239 (1901); **94**, 273 (1903). — [4] JOHNSON, E. A.: Biochem. J. **51**, 133 (1952). — [5] Lang, Interm. Stoffw. S. 345. — [6] FOLIN, O., H. BERGLUND and C. DERICK: J. biol. Ch. **60**, 361 (1924). — [7] GREMELS, H., and R. BODO: Proc. R. Soc. London (B) **100**, 336 (1926).

Beim normalen, wie auch beim gichtischen Menschen erfolgt der Abfall der Blutharnsäurewerte im Gegensatz zum Hund sehr langsam[1]. Der Mensch besitzt keine oder nur eine sehr geringe Fähigkeit zur Urikolyse und kann sich deswegen der Harnsäure nur über die Ausscheidungsmechanismen entledigen. Der Weg über die Leber ist noch umstritten. Im Hinblick auf das Tierexperiment wird man auch hier an eine Stapelung in der Niere zu denken haben.

Man muß also annehmen, daß die Rolle der Nierenfunktion, neben der Filtration der im Plasma frei gelösten Harnsäure bzw. Urate, die Stapelung und Verarbeitung beträchtlicher Harnsäuremengen ist.

Auch unter krankhaften Bedingungen ist die Rückresorption der Harnsäure nicht herabgesetzt, sondern erscheint eher etwas erhöht[2]. Die Uratrückresorption ist nach BEYER[3] zum Teil von dem Fermentsystem abhängig, das für die Rückresorption von p-Aminobenzoesäure notwendig ist. Nach Mahlzeiten, Salzsäurezufuhr und bei Hungergefühl erfolgt eine Mehrausscheidung von Harnsäure, ohne daß der Harnsäurespiegel im Blut erhöht ist. W. FREY[2] nimmt an, daß ein Teil der Harnsäure als indifferentes neutrales Salz mit dem Wasser und den Alkalisalzen nach den Capillaren hin abgegeben wird.

Bei Verwendung von markierter Harnsäure wurde die Auffassung von THANNHAUSER[4] bestätigt, daß die Harnsäure für den Menschen praktisch unangreifbar ist und daß nach der Verfütterung von Harnsäure stets ein mehr oder minder hoher Prozentsatz durch die Darmbakterien zerstört wird. GEREN u. Mitarb.[5] fanden nach oraler Zufuhr von mit ^{15}N markierter Harnsäure bei purinarmer Kost nach 3 Tagen 47% des ^{15}N im Harn als Harnstoff und 27% als Harnsäure wieder. Bei intravenöser Zufuhr der gleichen Menge markierter Harnsäure als Li-Salz wurden nach 5 Tagen 95% als Harnsäure ausgeschieden, was auch für die TANNHAUSERsche Ansicht spricht. Nach Untersuchungen von WYNGAARDEN[6] und BUZARD[7] werden nur 78% der injizierten markierten Harnsäure unverändert im Harn ausgeschieden, auch nach Vernichtung der Darmflora. Demnach kann im Gegensatz zur Auffassung von THANNHAUSER die Harnsäure im menschlichen Organismus, wenn auch sehr langsam, abgebaut werden.

Bei der Ratte verursacht ACTH eine Steigerung der Harnsäureausscheidung, was wahrscheinlich auf einer verlangsamten tubulären Rückresorption beruht[8].

Auch viele körperfremde Stoffe verursachen eine gesteigerte Ausscheidung von Harnsäure bei Mensch und Ratte, so Cinchophen[9,10] (s. S. 34), Salyrgan[9], Salicylat[10–12], Diodrast[12,13], Caronamid[14] (s. S. 34), Phenolrot[12], Acetylsalicylsäure[10,16] u. a. Ebenso wirkt Renin[15].

Eine Abnahme der Harnsäureausscheidung im Harn mit Zunahme des Harnsäureblutspiegels findet sich oft als das erste Zeichen einer Niereninsuffizienz,

---

[1] FOLIN, O.. H. BERGLUND and C. DERICK: J. biol. Ch. **60**, 361 (1924). — [2] FREY, W.: Handb. inn. Med. (BERGMANN-FREY-SCHWIEGK) 4. Aufl. Bd. 8. S. 166. — [3] DRURY, D. R., A. N. WICK and E. M. MACKAY: Amer. J. Physiol. **163**, 655 (1950). — [4] THANNHAUSER, S. J., u. G. DORFMÜLLER: H. **102**, 148 (1918). — [5] GEREN, W., A. BENDICH, O. BODANSKY and G. B. BROWN: J. biol. Ch. **183**, 21 (1950). — [6] WYNGAARDEN, J. B., and D. STETTEN jr.: J. biol. Ch. **203**, 9 (1953). — [7] BUZARD, J., C. BISHOP and J. H. TALBOTT: J. biol. Ch. **196**, 179 (1952). — [8] FRIEDMAN, M., and S. O. BYERS: Amer. J. Physiol. **163**, 684 (1950). — [9] COOMBS, F. S., L. J. PECORA, E. THOROGOOD, W. V. CONSOLAZIO and J. H. TALBOTT: J. clin. Invest. **19**, 525 (1940). — Mercks Jber. **63**, 314 (1950). — [10] MARTIN, G. J.: Exp. Med. Surg. **6**, 24 (1948). — [11] FRIEDMAN, M.: Amer. J. Physiol. **152**, 302 (1948). — [12] TALBOTT, J. H., and H. A. CHRISTIAN: Gout. Oxford Medicine. Vol. 4. Chapter 4. New York 1943. — [13] BONSNES, R. W, L. V. DILL and E. S. DANA: J. clin. Invest. **23**, 776 (1944). — [14] WOLFSON, W. Q., C. COHN, R. LEVINE and B. HUDDLESTUN: Amer. J. Med. **4**, 774 (1948). — Mercks Jber. **63**, 107, 267 (1950). — [15] SCHAFFER, N. K., L. V. DILL and H. J. STANDER: Endocrinology **29**, 243 (1941). — [16] KLEMPERER, F., and W. BAUER: J. clin. Invest. **23**, 950 (1944).

wenn der Rest-N noch normal ist. (Die Harnsäure im Blut beträgt nach der FOLINschen Methode bei purinfreier Kost 2—3,5 mg-%.) Ein Wert von 15 mg-% wird selten überschritten, auch wenn der Rest-N noch weiter steigt. Bei fettreicher Kost wird eine Herabsetzung der Harnsäureausscheidung beobachtet. Ketonurie und Harnsäureausscheidung stehen also im umgekehrten Verhältnis zueinander[1]. Bei Akromegalie wurde mehrfach eine Steigerung der endogenen Harnsäureausscheidung gesehen[2, 3], deren Ursache ungeklärt ist. Bei Krankheiten mit erhöhtem Kernzerfall kommt es zu erhöhter Harnsäureausscheidung, so im Lösungsstadium der Pneumonie, bei Leukämien, besonders unter der Einwirkung von Röntgenstrahlen infolge gesteigerten Leukocytenzerfalls, und unter der Röntgenbestrahlung von Tumoren. Regeneratorische Anämien weisen ebenfalls eine hochgradige Erhöhung der Harnsäureausscheidung auf, die mit der Reticulocytenzahl im Blut parallel geht (z. B. hämolytischer Ikterus). Bei der Regeneration von 1 Mill. Erythrocyten je mm^3 entstehen etwa 5—7 g Harnsäure (bezogen auf eine Gesamterythrocytenregeneration von 20—300 Mill.). Die Harnsäure entsteht bei dem Zerfall der Normoblastenkerne im Knochenmark.

Bei der Gicht, bei der es zu schubweisen Uratablagerungen vor allem in den distalen Gelenken kommt, ist die Ausscheidung der Harnsäure vermindert bei meist erhöhten Blutharnsäurewerten (Hyperurikämie), nach einem Gichtanfall steigt die Harnsäureausscheidung erheblich an.

Bestimmung s. [4–6].

Im Harn gesunder Menschen lassen sich neben der Harnsäure meist noch *1-Methylharnsäure*, *7-Methylharnsäure* und *1,7-Dimethylharnsäure* nachweisen. Diese Substanzen entstehen aus den aufgenommenen Methylxanthinen (Coffein, Theobromin und Theophyllin), die im Stoffwechsel partiell demethyliert werden. Coffein und Theobromin werden nicht in Harnsäure übergeführt. Sie werden zu $^1/_3$—$^1/_4$ unverändert durch den Harn ausgeschieden, der Rest durch Entmethylierung in die oben erwähnten methylierten Xanthinderivate übergeführt und in dieser Form durch die Nieren ausgeschieden. In sehr seltenen Fällen treten auch Xanthinsteine auf[7].

Nach der Verfütterung größerer Mengen *Adenin* findet man in den Nieren Krystalle von *2,8-Dioxyadenin*. Eine Ablagerung von 2,8-Dioxyadenin läßt sich auch nach der Verfütterung von Isoguanin oder 8-Oxyadenin beobachten, nicht aber nach der Einverleibung von 2,8-Dioxyadenin selber[8].

9. Hippursäure und Verwandte.

Hippursäure (Benzoylglykokoll) (s. Bd. **1**, S. 524 u. Bd. **2**/1, S. 938) wurde im Jahre 1829 von LIEBIG im Pferdeharn entdeckt. Sie wird in der Niere durch Vereinigung von Benzoesäure und Glykokoll gebildet. Durch diesen Vorgang wird die Benzoesäure entgiftet. Eine andere Benzoesäureverbindung, nämlich mit Glucuronsäure, wurde von MAGNUS[9] im Hammelharn festgestellt. Nach NEUBERG[10] beträgt der Anteil der Glucuronsäureverbindung 7,5—11% der zugeführten Benzoesäure. Beim Menschen erscheinen etwa 90% als Hippursäure.

Die normale Ausscheidung der Hippursäure beträgt 0,7 g je Tag. Nach STEIN u. MOORE[11] scheiden gesunde Männer am Tag 1,0—2,5 g Hippursäure aus. Gibt man

[1] WACHTEL, L. W., E. HOVE, C. A. ELVEHJEM and E. B. HART: J. biol. Ch. **138**, 361 (1941). — [2] Grosse-Brockhoff, Path. Physiol. S. 365. — [3] MICHAELIS, E.; Z. exp. Path. Therap. **14**, 255 (1913). — [4] FOLIN, O., and H. WU: J. biol. Ch. **38**, 459 (1919). — [5] JACKSON, H. jr., and W. W. PALMER: J. biol. Ch. **50**, 89 (1922). — [6] FOLIN, O.: J. biol. Ch. **101**, 111 (1933). — [7] SCHMID, J.: H. **67**, 155 (1910). — [8] Lang, Interm. Stoffw. S. 347. — [9] MAGNUS-LEVY, A.: B. Z. **6**, 502 (1907). — [10] NEUBERG, J.: B. Z. **145**, 249 (1924). — [11] STEIN, W. H., A. C. PALADINI, C. H. W. HIRS and S. MOORE: Am. Soc. **76**, 2848 (1954).

6 g Natriumbenzoat per Schlundsonde oder 1,77 g intravenös, so werden unter normalen Bedingungen in den ersten 4 Std 3—3,5 g Hippursäure ausgeschieden. Werden weniger als 3 g ausgeschieden, wird auf eine Leberschädigung geschlossen. Die Benzoesäure, die zur Hippursäurebildung führt, stammt zum größten Teil aus den aromatischen und hydroaromatischen Teilen der Pflanzennahrung. Die in der Pflanze enthaltene Zimtsäure (I), Chinasäure (II) und Vanillinsäure (III) werden

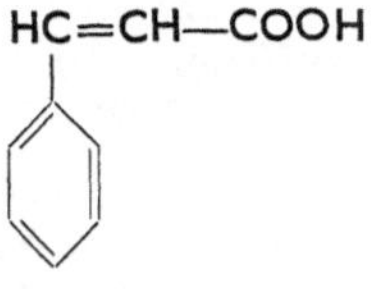

HC=CH—COOH | HO COOH HO OH OH | COOH OCH_3 OH

(I) 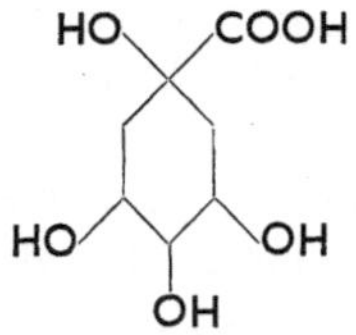 (II) 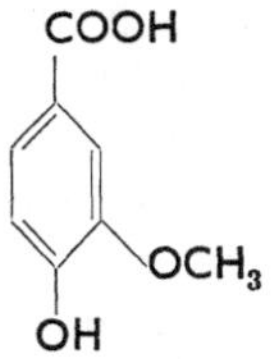 (III)

im tierischen Stoffwechsel zu Benzoesäure abgebaut[1]. Bei gemischter Nahrung werden beim Menschen täglich etwa 0,5—1 g Benzoesäure in Form von Hippursäure ausgeschieden. Dieser Wert steigt bei reichlichem Genuß von Gemüse und Obst auf ein Vielfaches an. Die Herbivoren scheiden auch bedeutend mehr Hippursäure aus als die Omnivoren. Das für die Hippursäuresynthese notwendige Glykokoll kann vom Organismus jederzeit leicht gebildet werden, entweder synthetisch oder hydrolytisch beim Abbau des Proteinmoleküls. Bei reichlicher Verfütterung von Benzoesäure wird ein großer Teil des Harnstickstoffs, bis zu 37%, in Form von Hippursäure ausgeschieden, ohne daß ein pathologischer Eiweißzerfall auftritt. Glykokoll steht scheinbar in unbegrenzten Mengen zur Paarung zur Verfügung[2].

Der Ort der Hippursäurebildung ist bei den einzelnen Tierarten verschieden. Beim Hund ist die Niere der einzige Ort der Hippursäurebildung. BUNGE u. SCHMIEDEBERG[3] wiesen an der durchströmten Niere nach, daß nach Zufuhr von Benzoesäure und Glykokoll sowohl in der Nierensubstanz als auch im Ureter Hippursäure vorhanden war. Nach Unterbindung der Nierengefäße konnte keine Hippursäure mehr nachgewiesen werden. Beim Hund war 4 Std nach beidseitiger Nierenexstirpation und selbst nach Injektion großer Mengen von benzoesaurem Natrium (12 g) und Glykokoll (5 g) in der Leber und im Blut keine Hippursäure auffindbar[4]. Für den Hund ist also die Niere das einzige zur Hippursäurebildung fähige Organ; das gleiche gilt für Schwein und Schaf[4]. Auch die menschliche Niere ist nach Durchströmungsversuchen an operativ isolierten, aber noch funktionsfähigen Organen zur Hippursäuresynthese befähigt[4]. Bei einem urämischen Patienten wurden große Mengen von Hippursäure (24—80 mg/100 cm^3) im Blut festgestellt[4,5]. Dies deutet auf die Möglichkeit auch einer extrarenalen Hippursäurebildung. Die Hippursäurebildung kann daher nicht zur Funktionsprüfung der erkrankten Niere herangezogen werden. Bei Nephritikern[6,7] war die Hippursäureausscheidung nach Benzoesäurezufuhr mehr oder weniger stark verlangsamt.

Der Grad der Ausscheidung der Hippursäure geht der Elimination stickstoffhaltiger Substanzen parallel. Bei Nephritikern mit reduzierter Filtrationsgröße ist die Hippursäureausscheidung ähnlich wie die von Wasser, Harnstoff und

---

[1] FÜRTH, O.: Lehrbuch der physiologischen und pathologischen Physiologie. Bd. II, S. 405, 408. Leipzig 1927. — [2] ABDERHALDEN, E., u. P. HIRSCH: H. **78**, 292 (1912). — [3] BUNGE, G., u. O. SCHMIEDEBERG: A. e. P. P. **6**, 233 (1877). — [4] SNAPPER, I., A. GRÜNBAUM u. J. NEUBERG: B. Z. **145**, 40 (1924). — [5] SNAPPER, I., u. A. GRÜNBAUM: B. Z. **150**, 12 (1925). Presse méd. **34**, 1524 (1926). — [6] SNAPPER, I.: Kli. Wo. **1924 I**, 55. — [7] KINGSBURY, F. B., and W. W. SWANSON: Arch. internal Med., Chicago **28**, 220 (1921).

Kreatinin verzögert. Gesunde Nieren scheiden 5 g verfüttertes Natriumbenzoat innerhalb 12 Std in Form von Hippursäure in den Harn aus, ebenso Patienten mit Nephritis, Nephrose, Arteriosklerose der Niere ohne Harnstoffretention. Die dekompensierte Niere ist jedoch weit weniger leistungsfähig. Hippursäure wird wohl gebildet und ausgeschieden, die Gesamtelimination zieht sich aber unter Umständen bis über 48 Std hin. Je größer die Verlangsamung der Wasserausscheidung, um so stärker ist die Hippursäureausscheidung verzögert, was mit einer ungenügenden „Konzentrationsfähigkeit" solcher kranken Nieren erklärt wird. 4 Std nach Zufuhr von 3mal 5 g benzoesaurem Natrium enthält das Blut bei Gesunden keine Hippursäure, bei leichter Niereninsuffizienz 10—25 mg, bei schwerer Niereninsuffizienz 60—90 mg Hippursäure je 250 cm³ Blut[1].

Bei Gesunden tritt bei glykokollarmer Ernährung, nach Zufuhr von Natriumbenzoat mehr oder weniger viel *freie Benzoesäure* im Harn auf[2]. Bei Nephritis ist dieser Befund öfter zu erheben. Nach Zufuhr von 0,4—2,0 g Natriumbenzoat scheidet der Gesunde nach Ablauf von 24 Std keine freie Benzoesäure, Kranke mit chronischen Nierenaffektionen scheiden bis zu 100% der zugeführten Benzoesäure als solche im Harn aus[3, 4].

LINDEBOOM[5] beobachtete nach Zufuhr von Natriumbenzoat in den letzten Monaten der Schwangerschaft eine Hemmung der Hippursäurebildung. Möglicherweise bezieht sie sich nicht auf die Niere, sondern auf die Leber. Die Niere enthält ein Ferment, welches die Spaltung von Hippursäure zu Benzoesäure und Glykokoll katalysiert, das Histocym oder die Hippuricase (s. Bd. **1**, S. 1112). Man hat ihr früher auch die Fähigkeit zugeschrieben, Hippursäure zu synthetisieren. Da aber die Hippursäuresynthese erhebliche Energiemengen erfordert, die durch Übertragung aus energiereichen Phosphatbindungen zur Verfügung gestellt wird, ist es sehr fraglich, ob sie durch die Hippuricase katalysiert wird[6].

Das *p-Aminohippurat* hat, wie erwähnt (S. 23), in der Nierendiagnostik große Bedeutung erlangt (s. S. 25). Die Ausscheidung von Phosphaten wird durch gleichzeitige Gaben von p-Aminohippurat gefördert. Der Grad der Phosphaturie variiert direkt mit dem Plasmawert für p-Aminohippursäure[7]. Nach den Untersuchungen von CROSS u. TAGGART[8] reichern Schnitte von Kaninchennierenrinde p-Aminohippurat aus der umgebenden Salzlösung zu einem beträchtlichen Grade an. Der Prozeß scheint in enger Beziehung zu der Exkretion des p-Aminohippurats am intakten Tier zu stehen. Acetat hatte bei diesen Versuchen einen fördernden Einfluß auf den Kumulationseffekt.

Das Nervensystem scheint keine Rolle bei der Regulierung der Hippursäurebildung durch die Nieren zu haben. Wird einem Hund eine Niere auf den Hals transplantiert, dann kommt es nach Zufuhr von Natriumbenzoat zur Bildung von Hippursäure in der intakten, nicht transplantierten Niere. Wird jedoch diese entfernt, so gewinnt auch die denervierte, transplantierte Niere die Fähigkeit zur Hippursäurebildung[9].

---

[1] FRIEDMANN, E., u. H. TACHAU: B. Z. **35**, 88 (1911). — [2] QUICK, A. J.: Acta med. scand. **104**, 216 (1940). J. biol. Ch. **67**, 477 (1926). — [3] JAARSVELD, G. J., u. B. J. STOKVIS: A. e. P. P. **10**, 268 (1879). — [4] KRONECKER, F.: A. e. P. P. **16**, 344 (1883). — [5] LINDEBOOM, G. A.: Acta med. scand. **99**, 447 (1939).

[6] **Zusammenfassende Darstellungen über Hippuricase:** TROLLE, B.: Bamann-Myrbäck Bd. 2, S. 1982. Oppenheimer, Fermente. Suppl. Bd. 1, S. 594. — KRAUT, H., u. E. KOFRÁNYI: Handb. Katalyse (SCHWAB), Bd. 3, S. 272. — LEUTHARDT, F.: Sumner-Myrbäck Bd. 1/2, S. 951.

[7] WEST, C. D., and S. RAPOPORT: Proc. Soc. exp. Biol. Med. **71**, 322 (1949). — [8] CROSS, R. J., and J. V. TAGGART: Amer. J. Physiol. **161**, 181 (1950). — [9] WISCHNEWSKI, A. A., J. J. GRITZMAN, A. S. KONIKOWA u. F. W. MASINA: Bull. Acad. Sci. URSS (N. S.) **88**, 621 (1952).

Bestimmung s. [1-3].

Phenacetursäure, C_6H_5—CH_2—CO—NH—CH_2—COOH, ist das nächste Homologe der Hippursäure. Sie entsteht durch Vereinigung von Phenylessigsäure mit Glykokoll. Man beobachtet sie normalerweise im Pferdeharn. Die Phenylessigsäure kann auch beim Menschen gelegentlich durch bakterielle Eiweißfäulnis im Darm gebildet werden, so daß auch der menschliche Harn Phenacetursäure enthalten kann. Verfüttert man an Hunde und Kaninchen Phenylessigsäure, so tritt im Harn Phenacetursäure auf. Bei solchen Tieren, deren Harn normalerweise die Phenacetursäure enthält, entsteht die Phenylessigsäure ebenfalls bei der Darmfäulnis, wahrscheinlich aus Phenylalanin.

Wird beim Menschen Phenylessigsäure verabreicht, so tritt im Harn *Phenylacetylglutamin* auf[4]:

```
HOOC—CH—CH2—CH2—CO—NH2
     |
     NH—OC—CH2—C6H5
```

Nach STEIN u. Mitarb.[5] scheiden auch gesunde Personen am Tag 250—500 mg Phenylacetylglutamin aus.

In dieser Form dürfte auch die beim Menschen bei der Eiweißfäulnis im Darm entstehende Phenylessigsäure zur Ausscheidung gelangen.

Ornithursäure (Bibenzoylornithin) von der Formel:

```
        HOOC—CH—CH2—CH2—CH2
             |           |
C6H5—CO—NH               NH—CO—C6H5
```

erscheint im Harn von Hühnern nach Verfütterung von Benzoesäure[6-8].

10. Farbstoffe[9-12].

Im Harn hat man bis jetzt die in Tabelle 40 und 41 verzeichneten Farbstoffe gefunden. Die Farbe des normalen Harns wird allein durch Urochrom und Uroerythrin erzeugt. Alle übrigen, in normalen Harnen vorkommenden Farbstoffe sind in so geringer Konzentration vorhanden, daß sie die Harnfarbe nicht beeinflussen; insbesondere sind Urobilin, Stercobilin, andere Gallenfarbstoffe, Porphyrine und Flavine nur in Spuren im Harn des Gesunden vorhanden.

Blutfarbstoff kommt nur pathologischerweise im Urin vor (Abb. 16).

Der Farbstoffgehalt des Harns ist bei Niereninsuffizienz gewöhnlich herabgesetzt[13]. „Je heller ein spärlicher Urin ist, desto schwerer erkrankt ist die Niere“.

a) Bilirubinkörperausscheidung. Im folgenden werden unter dem Begriff der *Urobilinkörper* Urobilinogen, Urobilin, Stereobilinogen und Stercobilin zusammengefaßt. Die tägliche Urobilinkörperausscheidung schwankt zwischen 80 und 250 mg-% (Durchschnitt 150 mg-%), normalerweise beträgt die Urobilinquote des Harns 1% des Urobilins im Stuhl. Prinzipiell muß zwischen Stercobilin und Stercobilinogen bzw. Urobilin und Urobilinogen unterschieden werden. Sie

---

[1] WEICHSELBAUM, T. E., and J. G. PROBSTEIN: J. Lab. clin. Med. **24**, 636 (1939). — [2] KRAUS, I., and S. DULKIN: J. Lab. clin. Med. **26**, 729 (1941). — [3] KANZAKI, I.: J. Biochem. **16**, 105 (1932). — [4] THIERFELDER, H., u. C. P. SHERWIN: B. **47**, 2630 (1914). — [5] STEIN, W. H., A. C. PALADINI, C. H. W. HIRS and S. MOORE: Am. Soc. **76**, 2848 (1954). — [6] JAFFÉ, M.: B. **10**, 1925 (1877); **11**, 406 (1878). — [7] SPERBER, I.: Nature **158**, 131 (1946). — [8] SPERBER, I.: 17. Int. Congr. Physiol. Oxford. S. 217. 1947. — [9] BRUGSCH, J.: Porphyrine: Bedeutung, Stoffwechsel, Untersuchungsverfahren. Leipzig 1952. — [10] Baumgärtel, Bilirubinstoffwechsel. S. 92. — [11] CARRIÉ, C.: Die Porphyrine. Leipzig 1936. — [12] HEILMEYER, L.: Medizinische Spektrophotometrie. Jena 1933. — [13] KLEMPERER, G.: Berlin. klin. Wschr. **1903**, 313.

Tabelle 40. Physiologische Harnfarbstoffe[1].

Bezeichnung	Zusammensetzung	Herkunft
Urochrom B	Enthält Bilifuscine (Dioxypyrromethenderivate)	Hämoglobin- und Myoglobinabbau
Uroerythrin	?	Hb-abbau
Urorubin	Verwandt zu Uroerythrin	Hb-abbau
Bilifuscin (Bilileukan)	Dioxypyrromethenaggregate (Dioxypyrromethanderivate)	Oxyreduktiver Hb-, Bilirubin-, Urobilin-, Stercobilinabbau
Mesobilifuscin (Mesobilileukan)	Äthylisologe des Bilifuscins	Oxyreduktiver Hb-, Bilirubin-, Urobilin-, Stercobilinabbau
Stercobilin (Stercobilinogen)	Biliendderivat	Bakterielle fermentative Bilirubinreduktion
Koproporphyrin I	1,3,5,7-Tetramethyl-2,4,6,8-tetrapropionsäureporphin	Nebenprodukt der Hämsynthese
Koproporphyrin III	1,3,5,8-Tetramethyl-2,4,6,7-tetrapropionsäureporphin	Nebenprodukt der Hämsynthese
Deuteroporphin III	1,3,5,8-Tetramethyl-2,4-äthyl-6,7-dipropionsäureporphin	Enterales Fäulnisprodukt des Häms
Mesoporphyrin III	1,3,5,8-Tetramethyl-2-äthyl-4-vinyl-6,7-dipropionsäureporphin	Enterales Fäulnisprodukt des Häms
Harnindikan	Indoxylschwefelsaures Kalium oder Natrium	Tryptophanabbau
Indirubin	Indigorot	Tryptophanabbau
Urorosein	Indolacetursäure	Tryptophanabbau
Urochrom A	?	Proteinabbau (?)
Lyochrome	Flavinderivate	Vitaminstoffwechsel
Uropterin (Xanthopterin)	2-Amino-6,8-dioxypteridin	Stoffwechselprodukt
Chlororubin	?	Chlorophyllabbau

stammen zwar alle vom Bilirubin ab, sind aber als verschiedene Körper zu betrachten, da sie sich nicht ineinander überführen lassen.

Normalerweise schwankt die Stercobilinkörperausscheidung im Harn zwischen 0 und 4 mg, im Stuhl zwischen 100 und 250 mg. Bei erhöhtem Blutzerfall steigt sie im Stuhl unvergleichlich stärker an als im Harn[2]. Im normalen 24 Std-Harn fand SPARKMAN[3] eine „Urobilinogen"-Ausscheidung von 3—25 mg. Nach WATSON[4] enthält er 10—130 mg „Urobilin".

Bei totalem Gallengangsverschluß sind im Stuhl und im Harn keine Urobilinkörper nachweisbar. Bei parenchymatösen Leberschädigungen mit Acholie des Darmes besteht hohe Urobilinkörperausscheidung im Harn.

Mit Hilfe der Kupferreaktion von H. FISCHER[5] ist es möglich, Urobilinogen und Stercobilinogen im Harn zu unterscheiden (s. jedoch S. 227f.). Nach Zufügung von Kupfersulfat in alkalischer Lösung tritt bei Anwesenheit von Urobilinogen ein charakteristisches dreibandiges Spektrum auf, während Stercobilin dabei nur eine Absorptionsbande im Grün zeigt. Die positive Aldehydreaktion im Harn wird in

[1] BRILMAYER, C., A. MACK u. W. STICH: D. m. W. **1953**, 568. — [2] HEILMEYER, L., u. H. BEGEMANN: Blutkrankheiten. Handb. inn. Med. (BERGMANN-FREY-SCHWIEGK) 4. Aufl. Bd. 2, S. 151. — [3] SPARKMAN, R.: Arch. internal Med., Chicago **63**, 858 (1939). — [4] WATSON, C. J.: Amer. J. clin. Path. **6**, 485 (1936). Arch. internal Med., Chicago **59**, 196 (1937). — [5] FISCHER, H.: M. m. W. **1912 II**, 2555. — Vgl. a. FISCHER, H., u. H. LIBOWITZKY: H. **258**, 255 (1939).

Tabelle 41. Pathologische Harnfarbstoffe[1].

Bezeichnung	Zusammensetzung	Herkunft
Hämoglobin	Fe^{II}-Protoporphyrin IX-globin	Erythrocyten
Oxyhämoglobin	Hb-O_2	Erythrocyten
Methämoglobin (Hämiglobin)	Fe^{III}-Protoporphyrin IX-globin	Erythrocyten
Myoglobin	Fe^{II}-Protoporphyrin IX-spezifisches Protein	Muskelzelle
Metmyoglobin	Fe^{III}-Protoporphyrin IX-spezifisches Protein	Muskelzelle
Hämatin	Fe^{III}-OH-Protoporphyrin IX	Pathologischer Hb-abbau
Protoporphyrin IX	1,3,5,8-Tetramethyl-2,4-vinyl-6,7-dipropionsäureporphin	Zwischenprodukt der Hämsynthese
Uroporphyrin I	2,4,6,8-Tetrapropionsäure-1,3,5,7-tetraessigsäureporphin	Pathologisches Syntheseprodukt
Uroporphyrin III	2,4,6,7-Tetrapropionsäure-1,3,5,8-tetraessigsäureporphin	Pathologisches Syntheseprodukt
Porphobilin (Porphobilinogen)	Dipyrryl-tetracarbonsäuren	Zwischenprodukt der Uroporphyrinsynthese
Bilirubin	Bilidienderivat	Hb- und Mb-abbau
Biliverdin	Bilitrienderivat	Bilirubinoxydation
Urobilin (Urobilinogen)	Bilien-(Bilan-)Derivate	Cellulär-fermentative Bilirubinreduktion
3. Urobilinkörper	?	Bilirubinreduktion
Propentdyopent (Pentdyopent)	Dioxypyrromethen (Carbinolbase-) Derivat	Oxydativer Hb-, Bilirubin-, Urobilinabbau
Hämosiderin	Fe-Proteinverbindung	Blutabbau
Skatolrot	β-Methyl-indolderivat	Tryptophanabbau
Melanine	Dopaderivate	Eiweißstoffwechsel

der Kälte vorwiegend durch Stercobilinogen und nur in untergeordnetem Maße durch Urobilinogen hervorgerufen (neuere Trennungsmöglichkeiten[2]). Außer diesen beiden Stoffen ist von W. C. MEYER[3] ein sog. *dritter Urobilinkörper* beschrieben worden, der zwar die EHRLICHsche Aldehydreaktion zeigt, nicht aber die SCHLESINGERsche Reaktion. Aus dem Verhalten desselben bei der Kupferreaktion und aus der Tatsache, daß dieser 3. Urobilinkörper auch die sog. umgekehrte EHRLICHsche Aldehydreaktion zeigt, schließt BAUMGÄRTEL[4], daß es sich dabei um Phylloerythrinogen, ein Abbauprodukt des Chlorophylls, handelt.

Im Harn kommt es bei gesteigertem Blutfarbstoffabbau vor allem zu einer erhöhten Ausscheidung des Urobilinkörpers mit der Absorptionsbande bei 495 bis 510 mμ (positive Aldehydprobe). Bei Leberschädigungen ohne Acholie werden alle 3 Bilirubinoide im Harn ausgeschieden, wobei ihr gegenseitiges Mengenverhältnis stark wechseln kann.

Bilirubin (s. a. Bd. 1, S. 911) ist im normalen Harn durch die üblichen Proben (GMELINsche-, HUPPERTsche- und Jodprobe) nicht nachweisbar. Bilirubinurie kann erst auftreten, wenn der Blutbilirubinspiegel über 2 mg-% steigt.

[1] BRILMAYER, C., A. MACK u. W. STICH: D. m. W. **1953**, 586. — [2] s. Baumgärtel, Bilirubinstoffwechsel S. 27, sowie dieses Werk Bd. **1**, S. 928, 933. — BINGOLD, K.: Kli. Wo. **1934 II**, 1451; **1935 II**, 1287. — [3] MEYER, W. C.: Ärztl. Forsch. **1947**, I/85. — [4] Baumgärtel, Bilirubinstoffwechsel. S. 129.

Ein Teil des im pathologischen Harn vorkommenden Bilirubins ist an Eiweiß gebunden[1]. Im Harn und in wäßriger Lösung liegt Bilirubin molekular dispers vor[2]. In sehr geringer Menge findet sich der Gallenfarbstoff wahrscheinlich auch im normalen Harn, ohne dessen Farbe zu beeinflussen[3]. Vermehrt ist seine Menge bei den verschiedenen Formen des Ikterus. Bilirubinhaltiger Harn hat eine bierbraune Farbe und gibt beim Schütteln einen gelbbraunen Schaum. Ist durch Oxydation im Harn schon viel Biliverdin entstanden, so geht seine Farbe ins Grünliche über. Bei Untersuchungen über den Mechanismus der Bilirubinurie bei durch Abbindung des Ductus choledochus ikterisch gemachten Hunden fand Barac[4], daß das Bilirubin des ikterischen Plasmas durch Zusatz von Coffeinbenzoat und Natriumbenzoat teilweise ultrafiltrabel gemacht wird. Es konnte festgestellt werden, daß sich in der Niere von gelbsüchtigen Hunden das Bilirubin in der Höhe der proximalen Tubuli und in den absteigenden Teilen der Henleschen Schleifen lokalisiert[5]. Der wäßrige Extrakt der normalen Niere scheint befähigt zu sein, eine sehr kleine Fraktion des Bilirubins von den Plasmaproteinen zu trennen. Es erscheint möglich, daß die Niere schon im normalen Zustand Substanzen enthält, die befähigt sind, den Bilirubin-Proteinkomplex des Plasmas aufzuspalten. Die chemische Natur dieser Substanzen ist noch nicht geklärt. Dabei ist zu beachten, daß nur das sog. „*direkte*“ Bilirubin beim mechanischen wie beim parenchymatösen Ikterus in den Harn übertreten kann, während das „*indirekte*“ Bilirubin beim hämolytischen Ikterus auch bei Ansteigen des Blutbilirubinspiegels über 2 mg-% nicht in den Harn übertritt. Von den Derivaten des Bilirubins sind dessen Reduktionsprodukte als normale und pathologische Bestandteile des Harns besonders wichtig. Über die Unterscheidung von direktem und indirektem Bilirubin s. [6,7] (s. Bd. **1**, S. 914; Bd. **2**/1, S. 354, 438).

Unter der alten Bezeichnung *Urobilinogen* verbergen sich 2 Stoffe, die zwar beide die Ehrlichsche Reaktion und als Oxydationsprodukt auch die Schlesingersche Reaktion zeigen, die aber in ihrem sonstigen Reagieren verschieden sind. Der eine Stoff wurde *Mesobilirubinogen*, von verschiedenen Autoren auch noch weiterhin *Urobilinogen* oder von Hans Fischer *Urobilinogen IX* α genannt, der andere *Stercobilinogen* (s. Bd. **1**, S. 926).

Als Normalwert für die Urobilinogenausscheidung werden 0,2—78 mg Urobilinogen im 24 Std-Harn angegeben[8] (s. Bd. **1**, S. 943).

Urobilinurien können beim totalen Verschlußikterus auftreten. Urobilinogenurien werden bei allen Erkrankungen der Leber beobachtet (Stauungsleber, Lebercirrhose, carcinomatösen Erkrankungen), bei Vergiftungen, die die Leber in Mitleidenschaft ziehen, wie z.B. durch Phosphor, Blei, Alkohol, Chloroform und Kohlenoxyd.

Die tägliche Ausscheidung von Stercobilin im Harn bei Gesunden schwankt zwischen 3—5 mg[9].

Erhöhte Stercobilinurie und Stercobilinogenurie findet sich bei perniziösen Anämien, bei Scharlach, Malaria, Typhus, Diabetes, Blutergüssen, Hämoglobinurie, hämolytischem Ikterus und Tetanus. Beim totalen Choledochusverschluß verschwinden Stercobilinogen und Stercobilin vollständig aus Harn und Stuhl.

---

[1] Fischer, H.: H. **95**, 78 (1915). — [2] Snapper, I., and W. M. Bendien: Acta med. scand. **98**, 77 (1938). — [3] Schmitz, E.: Handb. Physiol. Bd. 4, S. 303. — [4] Barac, G.: 2. Int. Congr. Biochem. Paris. S. **346**. 1952. — [5] Nizet, E., et G. Barac: C. R. Soc. Biol. **146**, 1282 (1952). — [6] Talafant, E.: Biochim. biophysica Acta, **N. Y. 13**, 159 (1954). — [7] Moeller, J., u. R. Schroeder: Z. klin. Med. **151**, 313 (1954). — [8] Watson, C. J., and V. Hawkinson: Amer. J. clin. Path. **17**, 108 (1947). — [9] Brilmayer, C., A. Mack u. W. Stich: D. m. W. **1953**, 568.

Abgesehen von den sehr seltenen Fällen reiner Urobilinurie und Urobilinogenurie kommen die Urobilinkörper im Harn stets nebeneinander vor. Es gibt vorwiegende Urobilinurien und vorwiegende Stercobilinurien. Bei Leberschädigungen verschiedenster Art tritt im Anfangsstadium zur physiologischen Stercobilinurie eine Urobilinurie. Später ist daneben auch die Stercobilinausscheidung im Harn erhöht.

Demgegenüber betont W. C. MEYER[1], daß in bezug auf die Urobilin- und die Stercobilinausscheidung im Harn zwischen normalen Zuständen und den verschiedenen Erkrankungen keine qualitativen, sondern nur quantitative Unterschiede bestehen. Das mengenmäßige Überwiegen des einen oder anderen Urobilinkörpers im Harn wird lediglich durch das Angebot von Bilirubin im Darm und durch die Tätigkeit der Darmbakterien bestimmt.

Durch einen oxydo-reduktiven Abbau entsteht *Mesobilileukan* (Promesobilifuscin), die Muttersubstanz des Mesobilifuscins, das in jedem Normalharn nachweisbar ist[2,3]. Im Ikterusharn erscheint es vermehrt.

Bestimmung s.[4–6].

b) Pentdyopent (s. a. Bd. 1, S. 936, Bd. 2/1, S. 1017). STOKVIS fand[7], daß bei gewissen Kranken die Reduktion des Harns mit Schwefelammonium, Zinn oder Zucker zum Auftreten einer Rotfärbung führt, die durch ein charakteristisches Spektrum ausgezeichnet ist. Diese Reaktion wurde von BINGOLD[8] wieder aufgefunden, der in einem bilirubinreichen Harn nach Reduktion mit Natriumdithionit ($Na_2S_2O_4$) in alkalischer Lösung Rotfärbung feststellte. Da im Spektrum das Maximum der Absorption bei 525 mμ gefunden wurde, erhielt die Reaktion den Namen „Pentdyopent-Reaktion". BINGOLD erkannte, daß dieser Reaktion ein Abbauprodukt des roten Blutfarbstoffes zugrunde liegt.

Das Pentdyopent ist in erster Linie als sekundäres Oxydationsprodukt des Bilirubins anzusehen, das in der Niere entsteht. Die von BINGOLD als Träger der Pentdyopentreaktion *Propentdyopent* genannte Substanz wurde von H. FISCHER u. DOBENECK in ihrer Konstitution aufgeklärt. Sie erwies sich als ein Gemisch zweier Isomerer, die durch die Spaltung des Blutfarbstoffs an den α- und γ-Methinbrücken infolge der Asymmetrie des Moleküls entstehen (Formel s. Bd. 1, S. 938, Bd. 2/1, S. 1017). Die Propentdyopente sind farblose Verbindungen.

Je höher der Bilirubingehalt des Harns, um so höher auch der Gehalt an Pentdyopent. In seltenen Fällen entsteht Pentdyopent bei hochgradiger Urobilinogenurie aus Urobilin, während seine direkte Entstehung aus der Farbstoffgruppe des Hämoglobins bisher nicht sicher bewiesen ist. In vitro kann durch Ausschaltung der Katalase Pentdyopent auf direktem Wege ohne Bilirubin als Zwischenprodukt aus dem Blutfarbstoff entstehen. Es ist wahrscheinlich, daß der Pentdyopententstehung in den geraden Harnkanälchen der Niere ein verminderter Katalaseschutz des Blutes zugrunde liegt. Nach Untersuchungen von BINGOLD kommt dieser Stoff unter pathologischen Bedingungen, hauptsächlich bei Leberstauung, im Urin vor[9].

Bestimmung s.[10].

---

[1] MEYER, W. C.: Ärztl. Forsch. **1947**, I/51, 85. — [2] SIEDEL, W., u. H. MÖLLER: H. **259**, 113 (1939). — [3] SIEDEL, W., W. STICH u. H. EISENREICH: Naturwiss. **35**, 316 (1948). — [4] H.-Th. 10. Aufl. Bd. V, S. 236. — [5] Hinsberg-Lang 2. Aufl. S. 587. — [6] WITH, T. K.: H. **275**, 176 (1942). — [7] STOKVIS, B. J..: Maanbl. Natuurwet. **1870**, Nr. 5; **1871**, Nr. 2. B. **5**, 583 (1872). — [8] BINGOLD, K.: Kli. Wo. **1934 II**, 1451; **1935 II**, 1287. — [9] BINGOLD, K.: Entstehung und Bedeutung des Pentdyopents für den Hämoglobinstoffwechsel. Dtsch. Arch. klin. Med. **195**, 413 (1949). — [10] STICH, W.: D. m. W. **1946**, 137.

c) Porphyrine[1–5] (s. a. Bd. **1**, S. 891). Früher kannte man nur das Vorkommen von *Koproporphyrin* (III) und wenig *Uroporphyrin* in den Isomeren I und III. Die Kenntnisse über den Porphyringehalt des Harnes sind in letzter Zeit aber wesentlich erweitert worden. So weiß man heute, daß ein großer Teil der Porphyrine als Chromogene im Harn ausgeschieden wird und daß Porphyrine mit 2, 3, 5, 6 und 7 Carboxylgruppen im Harn erscheinen können[6–8]. Die Trennung dieser vielen Homologe erzielte man durch Chromatographie. Ein konstantes Verhältnis der Mengen der Isomeren I und III ist bisher nicht festgestellt worden. Bei der akuten Porphyrinurie scheint mehr die Form III ausgeschieden zu werden, während bei der kongenitalen Porphyrinurie die Form I zu überwiegen scheint[9–11]. Aus der folgenden Tabelle geht hervor, daß es eine ganze Reihe anderer Erkrankungen gibt, bei denen beide Formen in wechselnden Mengen ausgeschieden werden.

Tabelle 42. Ausscheidung von Koproporphyrin und Uroporphyrin bei Krankheiten[12].

Krankheit	Koproporphyrin		Uroporphyrin	
	Ausscheidung in	Typ	Ausscheidung in	Typ
Hämolytische Anämie	Harn und Stuhl	I		
Perniziöse Anämie	Harn Stuhl	I und III I	Harn	?
Aplastische Anämie	Harn	I und III		
Verschiedene fieberhafte Erkrankungen	Harn	I		
Kongenitale chronische Porphyrie	Harn und Stuhl	I und III	Harn	I und III
Akute Porphyrie	Harn und Stuhl	III und I	Harn	III
Lebererkrankungen	Harn	I (III)		
Vergiftungen:				
Nitroverbindungen	Harn	III		
Sulfonamide	Harn und Stuhl	III und (I)		
Quecksilber- und Bleivergiftung	Harn	III		
Sulfonalvergiftung	Harn	?	Harn	I und III
Alkoholische Lebercirrhose			Harn	?

Nach WATSON u. Mitarb.[13,14] besteht ein erheblicher Anteil an der Gesamtporphyrinausscheidung aus den chromogenen Vorstufen der Porphyrine. WALDENSTRÖM u. VAHLQUIST[15] nannten das Chromogen *Porphobilinogen*. WATSON u. Mitarb. zeigten, daß dieses Chromogen mit einer Leukoverbindung identisch ist, welche aus Koproporphyrin durch Reduktion mit Natriumamalgam entsteht. Auch ein Chromogen des Uroporphyrins kommt im Harn vor. Es wurde zuerst

[1] FLINK, E. B., and C. J. WATSON: J. biol. Ch. **146**, 171 (1942). — [2] CARRIÉ, C.: Die Porphyrine. Leipzig 1936. — [3] VANNOTTI, A.: Porphyrine und Porphyrinkrankheiten. Berlin 1937. — [4] LEMBERG, R., and J. W. LEGGE: Hematin Compounds and Bile Pigments. New York 1949. — [5] COMFORT, A., H. MOORE and M. WEATHERALL: Biochem. J. **58**, 177 (1954). — [6] NICOLAS, R. E. H., and C. RIMINGTON: Biochem. J. **48**, 306 (1951). — [7] McSWINEY, R. R., R. E. H. NICHOLAS and F. T. G. PRUNTY: Biochem. J. **46**, 147 (1950). — [8] ERIKSEN, L.: Scand. J. clin. Lab. Invest. **3**, 121 (1951). — [9] LEMBERG, R., and J. W. LEGGE: Hematin Compounds and Bile Pigments. S. 590. New York 1949. — [10] WATSON, C. J., D. A. SUTHERLAND and V. HAWKINSON: J. Lab. clin. Med. **37**, 8 (1951). — [11] SUTHERLAND, D. A., and C. J. WATSON: J. Lab. clin. Med. **37**, 29 (1951). — [12] H.-Th., 10. Aufl. Bd. V, S. 227, Tabelle 43. — [13] WATSON, C. J., R. PIMENTA DE MELLO, S. SCHWARTZ, V. E. HAWKINSON and I. BOSSENMAIER: J. Lab. clin. Med. **37**, 831 (1951). — [14] RAINE, D. N.: Biochem. J. **47**, XIV (1950). — [15] WALDENSTRÖM, J., u. B. VAHLQUIST: H. **260**, 189 (1939).

von SAILLET[1, 2] im Jahre 1892 als Urospectrin erwähnt. FISCHER[3] bestätigte 1937 diesen Befund. Dieses Chromogen läßt sich durch Oxydation leicht in Porphyrin überführen.

Die *Porphyrinausscheidung* im Harn beträgt nach Messungen ohne Berücksichtigung des Chromogens bei gesunden Menschen in 90% der Fälle nicht mehr als 60 γ und überschreitet nie 100 γ in 24 Std. Im Harn von gesunden Menschen wurde kein Uroporphyrin gefunden[4, 5]. Nach LOCKWOOD[6] jedoch kommt Uroporphyrin auch im normalen Harn vor. Die Ausscheidung beträgt 15—30 γ täglich. Für Koproporphyrin fand SCHWARTZ[7] folgende Werte: Koproporphyrin I 0,0147—0,080 mg, Koproporphyrin III 0,0014—0,0343 mg im 24 Std-Harn. MASON u. NESBITT[5] finden 5,6—85 γ beim gesunden Menschen, bei Anämien bis 660 γ, bei Porphyrie 230 γ. Bei Carcinomen des Rectums und des Magens betrug die Ausscheidung nur 24—29 γ. Nach Untersuchungen von BRACHVOGEL[8] wurden im Harn von Patienten mit akuter Porphyrie 65—288 γ-% Uroporphyrin gefunden. GROSSFELD[9] fand bei einer akuten Porphyrie 285 mg Uroporphyrin je Liter Harn. Im Frühharn kann die Konzentration an Porphyrinen 16mal höher sein als im nachfolgenden Tagesharn[10]. Wenn die Chromogene mit berücksichtigt werden, beträgt die Gesamtausscheidung an Koproporphyrin 3,4—104,4 γ[11-14]. Bei Knaben im Alter von 6—16 Jahren betrug die durchschnittliche Ausscheidung von Koproporphyrin 30—40 γ je 24 Std. Die Ausscheidung zeigte eine Korrelation zum Körpergewicht, weniger zum Alter oder zur Körperoberfläche[15]. Nach WATSON u. Mitarb.[16] liegt die oberste Grenze der täglichen Koproporphyrinausscheidung bei 300 γ. Bei Alkoholkonsum kann sie bis auf 350 γ steigen. Die Ausscheidung ist bei Männern größer als bei Frauen und ist jahreszeitlich verschieden hoch. Bei längerem Stehen des Harns verringert sich der Gehalt an Chromogen beträchtlich.

Porphyrinurien[13, 14, 17-19]. Die Porphyrinurien sind durch eine *erhöhte Ausscheidung von Porphyrin* gekennzeichnet (tiefburgunderroter Harn). Die erhöhte Ausscheidung beruht nicht auf einer vermehrten Porphyrinbildung wie bei der *Porphyrie*, sondern tritt als symptomatische Porphyrinurie auf. Es werden unterschieden: a) alimentäre Porphyrinurie, b) die gastrointestinale Porphyrinurie, c) die hepatogene Porphyrinurie und d) die toxische Porphyrinurie.

Alimentäre Porphyrinurie. Das in der Nahrung enthaltene Hämoglobin, Myoglobin und Chlorophyll wird unter der Einwirkung von Darmbakterien zum Teil in Porphyrin umgewandelt. Ausgeschieden werden die Porphyrine in Form von Kopro- und Deuteroporphyrin.

Die gastrointestinale Porphyrinurie besteht oft bei Enteritiden und Störungen der Fettresorption.

---

[1] SAILLET: Rev. Méd. **16**, 542 (1896). — [2] MEEK, S. F., T. MOONEY and G. C. HARROLD: Industr. Med., Chicago **17**, 469 (1948). — [3] FISCHER, H., u. A. MÜLLER: H. **246**, 43 (1937). — [4] GROTEPASS, W.: H. **253**, 276 (1938). — [5] MASON, H. L., and S. NESBITT: J. biol. Ch. **152**, 19 (1944). — [6] LOCKWOOD, W. H.: Austral. J. exp. Biol. med. Sci. **31**, 453 (1953). — [7] SCHWARTZ, S., L. ZIEVE and C. J. WATSON: J. Lab. clin. Med. **37**, 843 (1951). — [8] BRACHVOGEL, C.: Z. ges. inn. Med. **5**, 308 (1950). — [9] GROSSFELD, E.: Brit. med. J. **1951 I**, 1240. — [10] KÖLBL, J.: Klin. Med., Wien **4**, 763 (1949). — [11] ERIKSEN, L.: Scand. J. clin. Lab. Invest. **3**, 135 (1951). — [12] SVEINSSON, S. L., C. RIMINGTON and H. D. BARNES: Scand. J. clin. Lab. Invest. **1**, 2 (1949). — [13] VANNOTTI, A.: Porphyrinurie und Porphyrinkrankheiten. Handb. inn. Med. (BERGMANN-STAEHELIN) 3. Aufl. Bd. VI/2, S. 627. — [14] KÄMMERER, H.: Verh. dtsch. Ges. inn. Med. **45**, 28 (1933); **54**, 388 (1949). — [15] HSIA, D. Y., and M. PAGE: Proc. Soc. exp. Biol. Med. **85**, 86 (1954). — [16] ZIEVE, L., E. HILL, S. SCHWARTZ and C. J. WATSON: J. Lab. clin. Med. **41**, 663 (1953). — [17] Thannhauser, Stoffw.-Krankh. S. 535. — [18] BRUGSCH, J.: Verh. dtsch. Ges. inn. Med. **54**, 425 (1949). — [19] Grosse-Brockhoff, Path. Physiol. S. 18ff.

Eine *hepatogene Porphyrinurie* findet sich bei Funktionsstörungen der Leber, wie Hepatitiden, Cirrhosen, Intoxikationen des Leberparenchyms und hepatischem Ikterus.

Hämatogene Porphyrinurie kommt vor bei perniziöser Anämie. Es kommt zur vermehrten Porphyrinausscheidung nach Vergiftungen z. B. mit Quecksilber, Blei, Zink, Arsen, Phosphor. Auch durch Anilin, Cocain, Sulfonal, Veronal und Trional können Porphyrinintoxikationen ausgelöst werden. Ferner werden bei Sulfonamidbehandlungen mit großen Dosen Porphyrinurien beobachtet.

Bei den *Porphyrien* (s. a. Bd. 2/1, S. 1019ff.) kommt es zu vermehrter Ausscheidung von Koproporphyrin I und III sowie Uroporphyrin I und III. Die Porphyrie mit abdominellen Symptomen soll hauptsächlich mit einer Ausscheidung des Porphyrins vom Typ III, die mit Hauterscheinungen mit einer vermehrten Ausscheidung vom Typ I einhergehen. Nach WATSON liegt bei dieser Erkrankung eine komplexe Mischung von Porphyrinen und ihren Vorstufen vor[1] (s. Bd. 2/1, S. 1020).

Nachweis s. [2,3]. *Bestimmung* s. [4–7].

d) Hämoglobin. Bei den *paroxysmalen Hämoglobinurien* handelt es sich um anfallsweise auftretende Zerstörungen der Erythrocyten, bei denen es nicht zu einer Ausscheidung von Erythrocyten, sondern von Blutfarbstoff im Harn, oft in Form von Zylindern kommt. Der Hämoglobinausscheidung im Harn muß also eine Hämolyse vorausgegangen sein. Tritt Hämolyse im Blut ein, so kommt es zunächst im RES zu einem Abbau des Hämoglobins zu Gallenfarbstoffen. Daher besteht bei der Hämoglobinurie auch stets ein Ikterus. Erst wenn mehr Hämoglobin frei wird, als abgebaut werden kann, tritt Hämoglobin in den Harn über.

Das im Blut frei gelöste Hämoglobin wird zum Teil durch die Niere ausgeschieden, was in Fällen einer stärkeren Hämoglobinämie zu beträchtlichen sekundären Symptomen von seiten der Niere führt[8]. Der Schwellenwert liegt beim Menschen bei etwa 12 g Hämoglobinzerfall, also 2% des Gesamthämoglobins. Wesentlich dabei ist der plötzliche Zerfall. Es kommt darauf an, daß in kurzer Zeit (einige Stunden) ein Schwellenwert des Hämoglobinzerfalls von 12 g erreicht wird. Im Harn findet sich neben Hämoglobin eine vermehrte Ausschüttung von Urobilinogenkörpern. Die *Uroerythrinausscheidung* (s. S. 159) ist ebenfalls erhöht. Gleichzeitig treten bei der paroxysmalen Hämoglobinurie Oligurie und Albuminurie auf, die Ausdruck einer Nierenschädigung sind. *Paroxysmale Hämoglobinurien* treten auf nach starker Abkühlung, nach anstrengenden Märschen, dabei ist der Harn durch den hohen Hämoglobingehalt dunkelbraun. Auch gibt es *nächtliche Hämoglobinurien*, bei denen es neben der Ausscheidung von Hämoglobin auch zu der von *Hämosiderin* (s. S. 157) kommt. Bei der *paralytischen Hämoglobinurie* wird im Harn in Wirklichkeit *Myoglobin* (s. u.) ausgeschieden. Die *symptomatischen Hämoglobinurien* entstehen meist im Gefolge hämolytischer Anämien. Die Ursachen sind meist exogene Gifte (Arsenwasserstoff, Schwefelwasserstoff, Kaliumchlorat, gallensaure Salze, Saponin, Morchelgift, Gift des Knollenblätterpilzes, Ricin, Extract. filicis maris, Schlangengifte) oder endogene Gifte [bei Infektionskrankheiten, Sepsis, Malaria (Ausscheidung von Methämo-

---

[1] NICHOLAS, R. E. H., and C. RIMINGTON: Biochem. J. **55**, 109 (1953). — [2] FISCHER, H.: H. **95**, 34 (1915). — [3] H.-Th. 10. Aufl. Bd. V, S. 228. — [4] SCHWARTZ, S., L. ZIEVE and C. J. WATSON: J. Lab. clin. Med. **37**, 843 (1951). — [5] TROPP, C., u. A. HOFMANN: B. Z. **292**, 74 (1937). — [6] BODE, O.: Ärztl. Forsch. **1950**, 617. — [7] SVEINSSON, S. L., C. RIMINGTON and H. D. BARNES: Scand. J. Lab. Invest. **1**, 2 (1949). — [8] Lang, Interm. Stoffw. S. 330.

globin, braune Farbe)]. Bei Übertragung nicht gruppengleichen Blutes kann durch Hämolyse eine Hämoglobinurie verursacht werden.

Nachweis s.[1]. *Bestimmung* s.[2].

Myoglobin[3] (s. Bd. 1, S. 746). Das Myoglobin ist der respiratorische Farbstoff der Muskulatur. Man hat lange Zeit sein Auftreten im Harn mit Hämoglobinurien verwechselt. Erst durch die exakte chemische und spektroskopische Trennung der beiden Farbstoffe konnte eine Reihe von roten Urinen bei bestimmten Erkrankungen als durch Myoglobinurie bedingt gekennzeichnet werden.

Myoglobin wurde im Harn beim „crush syndrome" nachgewiesen[4]. Bei diesem Syndrom, deutsch „myorenales Syndrom", tritt auch Hämoglobin im Harn auf[5]. Hämaturie nach Unfällen mit Starkstrom[6, 7]. Traumatische Myoglobinurie[8].

Die *paroxysmale Myoglobinurie* zeigt sich meist bereits in früher Kindheit durch Schwächeanfälle mit Fieber, Gliederschmerzen sowie Myoglobinurie. Die Muskulatur ist schwach, oft besteht völlige Bewegungsunfähigkeit. Besonders stark betroffen sind dabei die Wadenmuskeln. Die *Myositis myoglobinurica* setzt plötzlich mit Schüttelfrost und geringem Fieber ein. Erst nach 10—14 Tagen zeigt sich dann eine Polymyositis. Hauptsymptom ist die Myoglobinurie. Eine besondere Form der paroxysmalen Myoglobinurie ist die *Haffkrankheit*[9].

Bei dem weitaus größten Teil der Myoglobinurien wird *Metmyoglobin* ausgeschieden[10]. Auch *Hämatin* kann im Harn bei schweren toxischen Prozessen auftauchen. Bei bestimmten hämolytischen Erkrankungen kann ein weiteres Derivat des Blutfarbstoffes, *Hämosiderin*, im Harn auftreten. Neuere Untersuchungen haben ergeben, daß nicht nur bei der hämolytischen Anämie mit nächtlicher Hämoglobinurie eine Hämosiderinurie besteht, sondern daß jede Hämoglobinurie zu einer Hämosiderinurie führen kann. Das Hämosiderin kann nach dem Zentrifugieren im Sediment durch die Preußischblau-Reaktion nachgewiesen werden[11].

Bestimmung s.[12].

e) Indolderivate. Neben den vom Hämoglobin abgeleiteten Harnfarbstoffen gibt es eine weitere wichtige Gruppe von Chromogenen und Farbstoffen, welche sich durch den Besitz des Indolkerns auszeichnen. Infolge ihres Gehaltes an Tryptophanase spalten die Darmbakterien Tryptophan zu *Indol* und Alanin auf[13-18]. Das Indol wird zu *Indoxyl* oxydiert und durch Kuppelung an Schwefelsäure unschädlich gemacht. Das *Harn-Indikan* ist indoxylschwefelsaures Kalium oder Natrium. Bei abnorm starken Fäulnisprozessen im Darm findet man eine Vermehrung von Harn-Indikan. Aus der Menge des Harn-Indikans können Rückschlüsse auf die Größe der Eiweißfäulnisprozesse im Darm gezogen werden, es ist vermehrt bei Darmkrankheiten mit abnormer Zersetzung der Ingesta, z. B.

---

[1] Hallmann 6. Aufl. S. 162. — [2] Flink, E. B., and C. J. Watson: J. biol. Ch. **146**, 171 (1942). — [3] Theorell, A. H. T.: B. Z. **252**, 1 (1932); **268**, 46; **268**, 55 (1934). — Theorell, H.: Adv. Enzymol. **7**, 265 (1947). — Theorell, H., and C. De Duve: Arch. Biochem. **12**, 113 (1947). — Vogt, H., u. G. Geiseler: Dtsch. Arch. klin. Med. **189**, 44 (1942). — Bingold, K., u. W. Stich: M. m. W. **1951**, 635. — [4] Bingold, K., u. W. Stich: Schweiz. med. Wschr. **80**, 630 (1950). — [5] Bywaters, E. G. L., and D. Beall: Brit. med. J. **1941 I**, 427. — [6] Fischer, H., u. P. H. Rossier: Helv. med. Acta **14**, 212 (1947). — [7] Fischer, H., u. R. Froehlicher: Bull. schweiz. elektrotechn. Ver. **38**, 496 (1947). — [8] Biörck, G.: On myoglobin and its occurrence in man. Acta med. scand., Suppl. **226** (1949). — [9] Bingold, K., u. W. Stich: M. m. W. **1951**, 635. — [10] Brilmayer, C., A. Mack u. W. Stich: D. m. W. **1953**, 568. — [11] Bingold, K., u. W. Stich: Med. Mschr. **1949**, 243. — [12] Crandall, M. W., and D. L. Drabkin: J. biol. Ch. **166**, 653 (1946). — [13] Nencki, M.: B. **8**, 336 (1875). — [14] Woods, D. D.: Biochem. J. **29**, 640 (1935). — [15] Krebs, H. A., M. M. Hafez and L. V. Eggleston: Biochem. J. **36**, 306 (1942). — [16] Fildes, P.: Biochem. J. **32**, 1600 (1938). — [17] Tosatti, E.: Biochim. Terap. sperim. **22**, 286 (1938). — [18] Becher, E., u. E. Herrmann: Dtsch. Arch. klin. Med. **186**, 593 (1940).

bei Cholera, die stärkste Vermehrung findet sich bei Peritonitis und bei Ileus. Das Indican wird durch Überführung in Indigo mit Hilfe des OBERMAYER-Reagens nachgewiesen[1–3] (s. a. Bd. 1, S. 544). In seltenen Fällen kann in indikanreichen Harnen, die der Oxydation anheimfallen, bereits nativ Indigo vorhanden sein und eine schwache Blaufärbung verursachen. In geringer Menge kann aus dem Chromogen auch *Indirubin (Indigorot)* gebildet werden. Ein weiteres Indolderivat ist das *Urorosein*. Dieses stellt vorwiegend Indolacetursäure dar.

Bestimmung s. [4].

f) Urochrom. Urochrom ist das Oxydationsprodukt des Urochromogens. Das Urochrom ist in konzentrierter Lösung braunrot und fluoresciert grün. Es läßt sich leicht an Tierkohle adsorbieren, ferner an Urate und an Harnsäure. In 1 *l* Harn sind etwa 0,3—0,35 g Urochrom enthalten[5]. HEILMEYER[6] konnte das Urochrom durch Aussalzen mit Ammonsulfat in 2 Komponenten trennen, Urochrom A und B. Im Gegensatz zu der Auffassung, daß das Urochrom aus Tyrosin oder Tryptophan stammen könnte (s. unten), glaubt HEILMEYER, daß es sich vom Blutfarbstoff ableitet. Bei Zuständen gesteigerten Blutzerfalls so auch beim Icterus neonatorum ist Urochrom B vermehrt, während Urochrom A keine Beziehungen zum Hämoglobinumsatz aufweist. Im Blut und in den Geweben findet sich kein Urochrom, wohl aber *Urochromogen*. Aus dieser Vorstufe entsteht durch die Nierentätigkeit Urochrom, und auch in der Haut scheint beim übermäßigen Gehalt der Körpersäfte an Urochromogen der Farbstoff Urochrom zu entstehen. Schon STEPP hat darauf aufmerksam gemacht, daß der Mangel an Urochrom im Harn der Nephritiker nicht einer Retention dieses Farbstoffes seine Entstehung verdankt; denn gerade bei Niereninsuffizienz mit Azotämie ist das Serum farbstoffarm[7].

Nach RANGIER[7] soll das Urochrom A nach folgendem Schema aufgebaut sein:

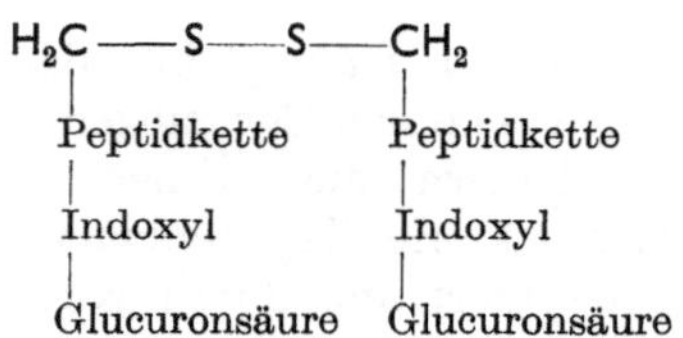

Urochromogen hat Phenolcharakter und gibt auch eine starke Xanthoproteinreaktion, die nach WEISZ[8] auf Phenylalanin zurückgeht. Drei Stoffe kommen hier als reaktionsfähige Körper in Betracht: Tyrosin, Phenylalanin, Tryptophan. WEISZ findet, daß Urochromogen mit MILLONschem Reagens nicht reagiert, so daß Tyrosin ausscheidet. Auch Tryptophan muß wegen des Fehlens einer Glyoxylschwefelsäurereaktion ausgeschlossen werden, mithin bleibt nur noch Phenylalanin übrig zur Erklärung der mit Urochromogen erhaltenen positiven Xanthoproteinreaktion. *Urochrom erscheint somit als ein Melanogen*, es bildet Melanine ähnlich wie Dioxyphenylalanin (Dopa).

Über den Ort der Entstehung des Urochromogens weiß man noch nichts Bestimmtes. WEISZ ist der Ansicht, daß die Niere die Bildungsstätte des Urochromogens ist, und er weist darauf hin, daß keine Körperflüssigkeit und kein

[1] JAFFÉ, M.: Pflügers Arch. **3**, 448 (1870). — [2] OBERMAYER, F.: Wien. klin. Rdsch. **1898**, Nr. 34. H. **26**, 427 (1898/99). — [3] ZACHERL, M. K.: H. **220**, 113 (1933). — [4] BÖHM, F.: B. Z. **290**, 137 (1937). — [5] FELIX, K.: Physiologische Chemie. S. 421. Heidelberg 1951. — [6] HEILMEYER, L.: Medizinische Spektrophotometrie. S. 230. Jena 1933. — [7] RANGIER, M., et P. DE TRAVERSE: Cr. **208**, 1345 (1939). — [8] WEISZ, R.: M. m. W. **1911 I**, 1348.

Organextrakt, jedoch Extrakte aus Melanosarkomen eine positive Diazo- oder Urochromogenprobe gäben. Dagegen sprechen aber die Arbeiten von BECHER[1], wonach nicht nur im Blutserum, sondern auch in Exsudaten Urochromogen nachweisbar ist. Die Niere oxydiert Urochromogen zu Urochrom. Die Vorstufe Urochromogen scheint der Niere auf dem Blutweg zugeführt zu werden. BECHER[1] hält den Darm für den Bildungsort des Urochromogens, da nach der Herausnahme des Darmes der Harn nahezu ungefärbt erscheint. Urochromogen wird aus dem Darm resorbiert und bei Niereninsuffizienz retiniert, im Blut angehäuft, ähnlich wie Indikan, Phenole und die Fraktion der aromatischen Oxysäuren. Wenn diese Retention nicht stattfindet, wie bei akuter Nephritis, so fehlt dann auch der durch Oxydation gebildete Farbstoff Urochrom, es fehlt die eigenartige Färbung der Haut und die Blässe des Harns. Das Urochrom ist noch nicht krystallisiert erhalten worden.

g) Uroerythrin. Es ist eine Reihe von Harnfarbstoffen beschrieben worden, die die verschiedensten Bezeichnungen tragen: *Skatolrot*, *Ururosein*, *Uromelanin*, *Purpurin*, *Urohämatin*, die wahrscheinlich alle mit dem *Uroerythrin* identisch sind[2]. Wahrscheinlich sind auch *Urorubin* und sein Chromogen zu den Uroerythrinen zu rechnen.

Uroerythrin wurde bisher noch nicht krystallisiert erhalten. Über die Ausscheidung ist nur sehr wenig bekannt. Nach WEISS[3] werden am Tag 10—20 mg ausgeschieden. Bei Leberschädigungen und Leberstauung ist diese Menge erhöht. Die Ausscheidung von Uroerythrin steht in keiner Beziehung zur Ausscheidung von Urobilinogen. Uroerythrin ist der rote Farbstoff des Ziegelmehlsediments. Beim Ausfallen von Uraten wird es mitgerissen. Uroerythrin bestimmt aber die Harnfarbe wesentlich mehr als Urobilin bzw. Stercobilin; beim Gesunden zu 0—15%, in pathologischen Fällen bis zu 50%, Urobilin bzw. Stercobilin machen 1—2% der Harnfarbe aus[4]. Da der Farbstoff noch nicht krystallisiert erhalten worden ist, ist seine Einheitlichkeit zweifelhaft. Das Uroerythrin soll sich aus dem Indoxylrest des Urochroms ableiten. Es wird ihm die Formel des Indirubins zugeschrieben:

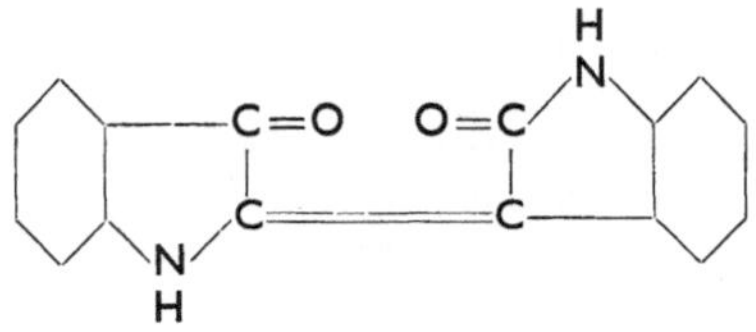

Von HEILMEYER[5] ist eine Trennung in Uroerythrin A und B durchgeführt worden.

Urorubin ist verwandt mit Uroerythrin, besitzt jedoch keine wesentliche Bedeutung und tritt nur ganz selten auf[6].

h) Flavine (Lyochrome) (s. a. Bd. 1, S. 272). Nach KOSCHARA[7] enthält der normale Harn stets Flavine, und zwar in einer Verdünnung von 1:3000000. Man hat die verschiedenen Lyochrome durch chromatographische Adsorption getrennt. *Uroflavin*, das in krystallisierter Form erhalten worden ist, macht 95% aller Harnlyochrome aus. Es stimmt in vielen Eigenschaften mit dem Lactoflavin überein,

[1] BECHER, E.: Dtsch. Arch. klin. Med. **148**, 10, 46, 159 (1925). Verh. dtsch. Ges. inn. Med. **40**, 637 (1928). D. m. W. **1921 I**, 42. M. m. W. **1924 II**, 1611, 1677. — [2] RANGIER, M., et P. DE TRAVERSE: Cr. **208**, 1345 (1939). — [3] WEISS, M.: Dtsch. Arch. klin. Med. **177**, 97 (1935). — [4] FREY, E.: Nierentätigkeit und Wasserhaushalt. S. 85. Berlin, Göttingen, Heidelberg 1951. — [5] HEILMEYER, L.. u. G. WILL: Z. ges. exp. Med. **67**, 111 (1929). — [6] BRILMAYER, C., A. MACK u. W. STICH: D. m. W. **1953**, 568. — [7] KOSCHARA, W.: H. **232**, 101 (1935).

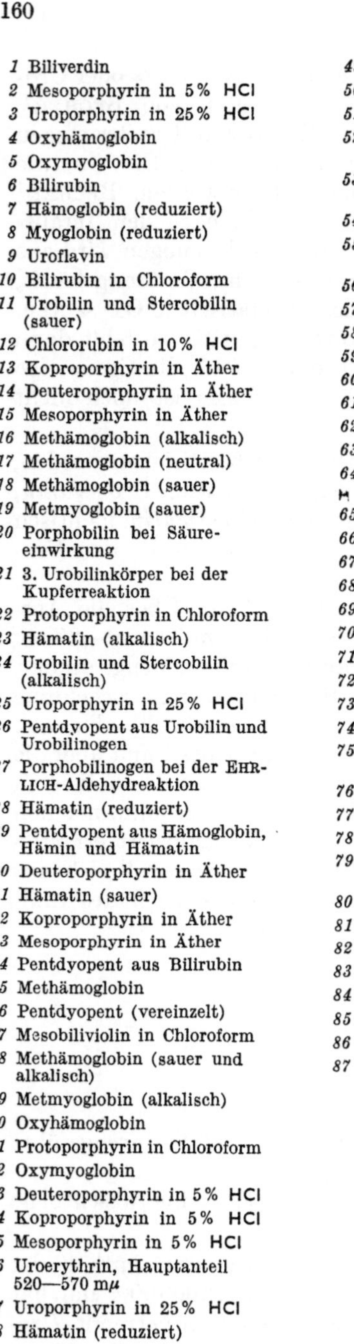

1 Biliverdin
2 Mesoporphyrin in 5% HCl
3 Uroporphyrin in 25% HCl
4 Oxyhämoglobin
5 Oxymyoglobin
6 Bilirubin
7 Hämoglobin (reduziert)
8 Myoglobin (reduziert)
9 Uroflavin
10 Bilirubin in Chloroform
11 Urobilin und Stercobilin (sauer)
12 Chlororubin in 10% HCl
13 Koproporphyrin in Äther
14 Deuteroporphyrin in Äther
15 Mesoporphyrin in Äther
16 Methämoglobin (alkalisch)
17 Methämoglobin (neutral)
18 Methämoglobin (sauer)
19 Metmyoglobin (sauer)
20 Porphobilin bei Säureeinwirkung
21 3. Urobilinkörper bei der Kupferreaktion
22 Protoporphyrin in Chloroform
23 Hämatin (alkalisch)
24 Urobilin und Stercobilin (alkalisch)
25 Uroporphyrin in 25% HCl
26 Pentdyopent aus Urobilin und Urobilinogen
27 Porphobilinogen bei der EHRLICH-Aldehydreaktion
28 Hämatin (reduziert)
29 Pentdyopent aus Hämoglobin, Hämin und Hämatin
30 Deuteroporphyrin in Äther
31 Hämatin (sauer)
32 Koproporphyrin in Äther
33 Mesoporphyrin in Äther
34 Pentdyopent aus Bilirubin
35 Methämoglobin
36 Pentdyopent (vereinzelt)
37 Mesobiliviolin in Chloroform
38 Methämoglobin (sauer und alkalisch)
39 Metmyoglobin (alkalisch)
40 Oxyhämoglobin
41 Protoporphyrin in Chloroform
42 Oxymyoglobin
43 Deuteroporphyrin in 5% HCl
44 Koproporphyrin in 5% HCl
45 Mesoporphyrin in 5% HCl
46 Uroerythrin, Hauptanteil 520—570 mμ
47 Uroporphyrin in 25% HCl
48 Hämatin (reduziert)
49 Hämatin (sauer)
50 Myoglobin (reduziert)
51 Hämoglobin (reduziert)
52 Phylloerythrinogen in 25% HCl
53 Urorosein in alkoholischer Lösung
54 Indirubin
55 Porphobilinogen nach der EHRLICH-Aldehydreaktion
56 Deuteroporphyrin in Äther
57 Mesoporphyrin in Äther
58 Phylloerythrinogen in 25% HCl
59 Koproporphyrin in Äther
60 Mesobilirhodin in Chloroform
61 Mesobiliviolin in Chloroform
62 Protoporphyrin in Chloroform
63 Porphobilin
64 Methämoglobin (sauer und alkalisch)
65 Oxyhämoglobin
66 Uroporphyrin in 25% HCl
67 Oxymyoglobin
68 Koproporphyrin in 5% HCl
69 Deuteroporphyrin in 5% HCl
70 Metmyoglobin (alkalisch)
71 Mesoporphyrin in 5% HCl
72 Koproporphyrin in Äther
73 Uroporphyrin in 25% HCl
74 Methämoglobin (alkalisch)
75 Phylloerythrinogen in 25% HCl
76 Hämatin (alkalisch)
77 Indigo (Indikan)
78 Methämoglobin (neutral)
79 Phylloerythrinogen in 25% HCl
80 Deuteroporphyrin in Äther
81 Koproporphyrin in Äther
82 Mesoporphyrin in Äther
83 Methämoglobin (sauer)
84 Metmyoglobin (sauer)
85 Protoporphyrin in 5% HCl
86 Biliverdin
87 Hämatin (sauer)

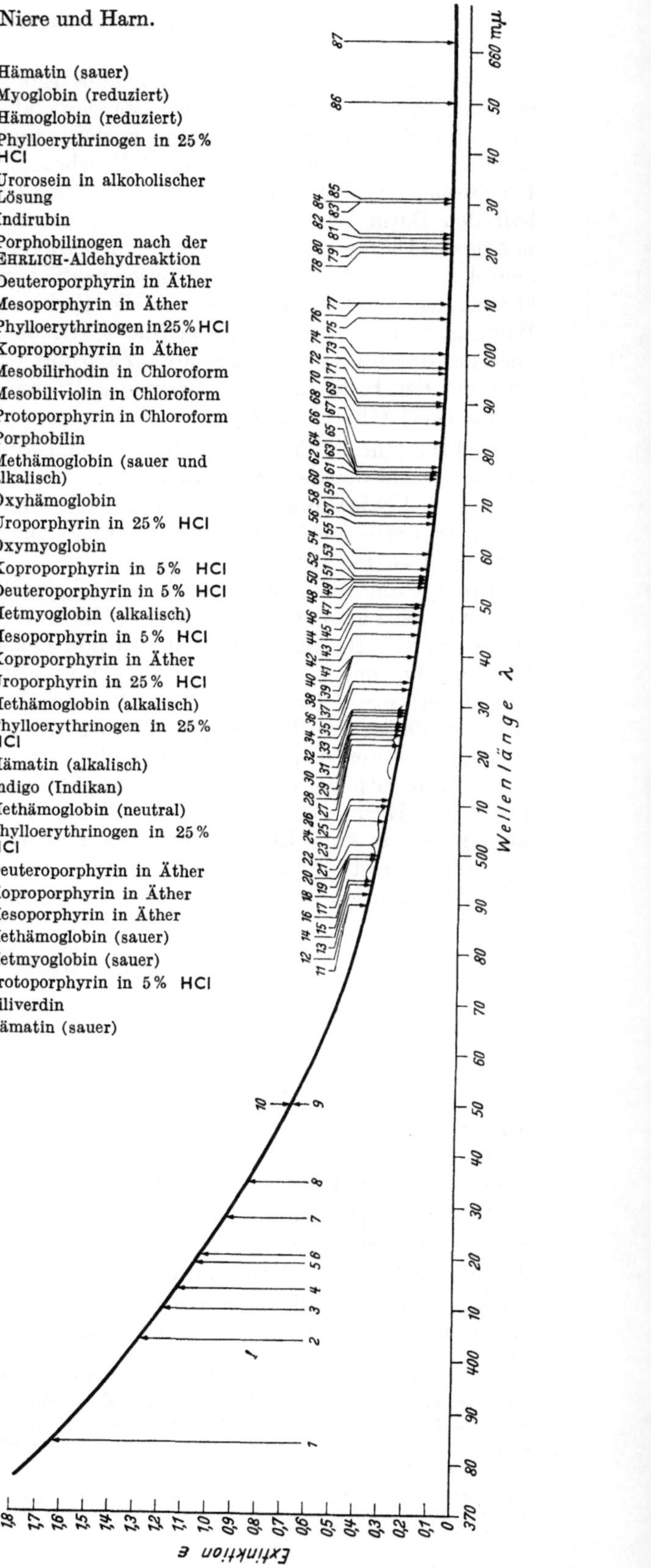

Abb. 16. Überblick über die physiologischen und pathologischen Harnfarbstoffe und die ihnen entsprechenden Spektren[1].

[1] BRILMAYER, C., A. MACK u. W. STICH: D. m. W. **1953**, 568.

ist jedoch mit diesem nicht identisch. Uroflavin soll angeblich ein Gemisch von gleichen Teilen Lactoflavin und einem sauerstoffreicheren Lyochrom sein. In geringerer Menge ist ferner im Harn stets das *Aquoflavin* vorhanden. Auch soll noch ein 3. und 4. Harnlyochrom existieren. In 100 cm³ Menschenharn sind im Winter weniger als 10 γ, im Sommer etwa 30—35 γ Lyochrom enthalten. Dieser verschiedene Gehalt dürfte mit jahreszeitlichen Schwankungen im Flavingehalt der Nahrung zusammenhängen.

i) Melanin (s. Bd. 1, S. 1220 sowie Bd. 2/1, S. 985). In manchen Fällen von Melanosarkom fand man im Harn dunkle Farbstoffe, Melanine und auch deren Chromogene. Letztere werden bei Zusatz von Oxydationsmitteln, wie konzentrierte Salpetersäure, Kaliumhydrogenchromat und Eisen(III)-chlorid, schwarz. Das Melanogen wird durch den Luftsauerstoff zu Melanin oxydiert. KAWEREAU[1] fand auch im normalen Harn kleine Mengen von Melaninvorstufen.

k) Sonstige Farbstoffe. *Uropterin und Urothion.* Von KOSCHARA u. Mitarb.[2-4] ist im Harn das Uropterin gefunden worden, das sich von den Pteridinen (s. Bd. 1, S. 821) ableitet. Mit dem Uropterin ist das Xanthopterin identisch. Der Mensch scheidet im Tag etwa 2 mg Xanthopterin aus.

Ein schwefelhaltiger Farbstoff, das *Urothion*, wurde ebenfalls von KOSCHARA[5] im Harn aufgefunden.

Auffällige Vermehrungen der Uropterinausscheidung finden sich bei perniziöser Anämie und schweren sekundären Anämien, Panmyelophthise, lymphatischer Leukämie und Lymphogranulomatose, ferner bei manchen Infektionskrankheiten, wie Scharlach, Pneumonie und Miliartuberkulose. Auch im Normalharn können ab und zu die Uropterinwerte erhöht sein, besonders nach abnormen körperlichen Anstrengungen. Ein vom Chlorophyll abgeleiteter Farbstoff, der im normalen Harn auftreten kann, ist das *Chlororubin*[6]. Es entsteht aus einer farblosen Vorstufe, dem Chlororubinogen. Beide Stoffe lassen eine gewisse Beziehung zu den Gallenfarbstoffen erkennen, sind aber chemisch noch nicht aufgeklärt. Das Chlororubin ist nicht identisch mit dem Phylloerythrin.

δ) Nieren- und Harnsteine*.

1. Vorkommen von Konkrementen.

Harnkonkremente finden sich außer beim Menschen bei Pferd, Esel, Rind, Schwein, Schaf, Hund, Hase, Katze, Ratte, Geflügel, Schlange, Kröte, Schildkröte, Fisch, Fischotter, Seehund, Hirsch, Reh, Wolf, Kängeruh, Gemse und Nutria[7, 8].

Je nach der *Größe* unterscheidet man Sand, Grieß und Steine. Die Grenzen zwischen den einzelnen Bezeichnungen sind willkürliche. Nierensteine können sehr groß werden; es sind Steine bis zu einem Gewicht von 1 kg und mehr beschrieben worden. Am häufigsten sieht man bis kleinerbsengroße Konkremente, die noch spontan ausgeschieden werden.

---

* Ausführliche Übersicht über die Theorien der Steinbildung: SCHULTHEISS, T.: Z. Urol. Sonderheft Verh.-B. dtsch. Ges. Urol. 1949. S. 86. 1950. — EBSTEIN, W., u. A. NIKOLAIER: Über die experimentelle Erzeugung von Harnsteinen. Wiesbaden 1891. — SUTER, F.: Handb. inn. Med. (BERGMANN-FREY-SCHWIEGK) 4. Aufl. Bd. 8, S. 930ff. — LICHTWITZ, L.: Med. Kolloidlehre S. 114ff. —

[1] KAWEREAU, E.: 2. Int. Congr. Biochem. Paris. S. 358. 1952. — [2] KOSCHARA, W.: H. **240**, 127 (1936); **250**, 161 (1937). — [3] KOSCHARA, W., u. A. HRUBESCH: H. **258**, 39 (1939). — [4] KOSCHARA, W., S. VON DER SEIPEN u. P. A. ALDRED: H. **262**, 158 (1939/40). — [5] KOSCHARA, W.: H. **263**, 78 (1940); **279**, 44 (1943). — [6] KOSCHARA, W.: H. **240**, 127 (1936). — [7] GRUBER, G. B.: Die Harnsteine. Handb. path. Anat. Histol. (HENKE-LUBARSCH) Bd. 6/2, S. 221 (1934). — [8] HUTYRA, F. v., u. J. MAREK: Spezielle Pathologie und Therapie der Haustiere. 10. Aufl. Bd. 3. S. 57. Jena 1952.

Die Form der Steine ist bedingt durch den Ort der Entstehung und durch ihre chemische Konstitution.

Die „Nierensteine" entstehen vor allem in der Niere, dem Nierenbecken und der Blase. Die Bildung von Konkrementen wird aber auch im Harnleiter, in der Harnröhre und in der Prostata beobachtet.

Die *Harnsäureinfarkte* der Neugeborenen gehören zu den eigentlichen Nierensteinen. Sie bestehen aus länglichen, wulstförmigen Gebilden, die die erweiterten Sammelröhren ausfüllen, und erscheinen im durchfallenden Licht dunkelbraun bis grauschwarz. Die Harnsäureinfarkte haben ein feines Eiweißgerüst; bei stärkerer Vergrößerung kann man eine zentrale radiäre Streifung und eine konzentrische Schichtung der Ränder feststellen[1].

Nach BÜCHNER[2] entstehen die Harnsäureinfarkte durch Erhöhung des Harnsäuregehaltes infolge vermehrter Erythrocyteneinschmelzung. Es ist beobachtet worden, daß bei Erwachsenen solche Harnsäureinfarkte der Niere nach spontaner oder durch Röntgenbestrahlung hervorgerufener Einschmelzung großer Zellmassen bei Leukämie und nach Auflösung von Exsudaten bei fibrinösen Pneumonien entstehen können.

In Markcysten der Niere werden die sog. Marksteine gefunden[3]. Ihre Farbe ist braun bis schwarz; sie bestehen aus Oxalaten und Uraten.

Die einzeln und multipel vorkommenden *Steine des Nierenbeckens* (Nephrolithe) sind sehr häufig. Sie sind von verschiedenartigster Größe, die von feinstem Grieß bis zu großen Steinen variiert, die das ganze Nierenbecken ausfüllen. Die kleinen Steine sind meist rundlich, polyedrisch und manchmal facettiert, die großen sind immer unregelmäßig geformt und bilden mit ihren Verästelungen und manchmal mit geweihartigen Fortsätzen häufig einen Ausguß des Nierenbeckens (Korallenstein).

Die *Uretersteine* (Ureterolithe) stammen fast immer aus dem Nierenbecken. In seltenen Fällen entstehen sie auch bei Wanderkrankungen primär im Harnleiter. In präformiert weiten oder erst später atonisch gewordenen Uretern können die Uretersteine eine beträchtliche Größe erreichen. Es sind Steine bis zu einem Gewicht von 800 g beschrieben worden. SCHOBER[4] beobachtete in einem Ureterocelensack 283 Steinchen, die hauptsächlich aus Calciumphosphat bestanden. In den Uretern sind auch röhrenförmige Inkrustationen beobachtet worden, die die ganze Länge des Ureters ausfüllen können; sie bestehen aus Calciumoxalat oder -phosphaten.

Blasensteine (Cystolithe) sind entweder herabgewanderte Nierensteine, denen sich in der Blase neue Schichten anlagern können, oder in der Blase selbst entstandene Steine. Sie können in seltenen Fällen die ganze Blase ausfüllen und bis über 1000 g schwer werden. Die Kerne der Blasensteine können von primär in die Blase oder sekundär durch Wanderung in sie hineingelangter Gegenstände gebildet werden: Granatsplitter, Fäden von Operationen, Darmsteine aus durchgebrochenen Appendicitisabscessen, Gallensteine aus durchgebrochenen Gallenblasen, Eier von Bilharzia haematobium (in Ägypten häufig) usw. Von ROTHE[5] wird als Seltenheit ein eigroßer Blasenstein erwähnt, der weich, schlaff und elastisch war, konzentrische Schichten von Eiweiß und Ammoniummagnesiumphosphat aufwies und im Zentrum ein pflaumenkerngroßes leeres Lumen besaß.

Harnröhrensteine. Sie werden selten primär in der Harnröhre, am häufigsten in Divertikeln gebildet[6]; weniger häufig hinter Strikturen. Die Größe wechselt

[1] LICHTWITZ, L.: Klinische Chemie. 2. Aufl. S. 602. Berlin 1930. — [2] BÜCHNER, F.: Allgemeine Pathologie. S. 69. München, Berlin 1951. — [3] GÜNTHER, G. W.: Z. Urol. **43**, 29 (1950). — [4] SCHOBER, K. L.: Z. Urol. **35**, 104 (1941). — [5] ROTHE, G.: Zbl. Chir. **1943**, 1158. — [6] BOEMINGHAUS, H.: Chirurgie der Urogenitalorgane. Bd. 2. S. 118. Bad Wörishofen 1950.

sehr; ein extrem großer Stein von 6×9 cm wurde in einem Divertikel gefunden. Steine von 720, 780 und 1020 g Gewicht wurden beschrieben. Auch die Harnröhrensteine kommen nicht einzeln vor, es sind oft zahlreiche (bis zu 2170 Stück wurden gezählt) stecknadelkopf- bis erbsengroße Steine, die häufig facettiert angetroffen werden. Die Farbe ist ziegelrot (wenn viele Urate vorhanden sind) bis blaßgelb (wenn vorwiegend Phosphate vorhanden sind), selten auch schwarz. Je nach Zusammensetzung ist die Konsistenz hart oder weich. Es handelt sich meist um Mischsteine, die einen Mantel aus Phosphaten und Carbonaten und einen Kern aus Uraten und Oxalaten besitzen. Auch Ammoniummagnesiumphosphat kommt vor. Cystinsteine sind äußerst selten. Von *Periurethralsteinen* spricht man, wenn es sich um in Nebensäcken der Harnröhre gelegene Steine handelt; in der Zusammensetzung gleichen sie den Urethralsteinen.

Weiter kommen vor: *Prostatasteine*[1–5] *Präputialsteine*[6], *Epididymissteine*[7], *Verkalkungen in der Placenta*[8] *und Uterussteine*[9].

2. Theorien der Konkrementbildung.

Die Nierensteine bestehen aus einem organischen Gerüst und aus einem Steinbildner. Alle Versuche der Erklärung der Entstehung der Steine gehen von diesen beiden Komponenten aus.

Nach MECKEL[10] kommt die Steinbildung im Anschluß an Katarrhe der Schleimhaut der Harnwege dadurch zustande, daß sich im Schleimhautsekret Salze aus dem Harn niederschlagen, die das Steingerüst bilden.

Im Gegensatz dazu hält ULTZMANN[11] das Gerüst für nebensächlich und weist dem Steinbildner die Hauptrolle zu. Nach EBSTEIN[12] entstehen Gerüst und Steinbildner gleichzeitig und sind für die Steinbildung von gleich großer Bedeutung.

Nach SCHADE[13] ist aber das Steingerüst eine unerläßliche Voraussetzung zur Steinbildung. Er nimmt an, daß primär Kolloide aus dem Harn ausfallen und daß von den Kolloiden die Krystalloide, die Steinbildner, mitgerissen werden. Ein Mißverhältnis in der Verteilung der Harnkolloide ist auch nach HOLTZ[14] Ursache für die Steinbildung: die labilen mucoiden Harnkolloide sind den stabilisierenden gegenüber in geringerer Menge vorhanden.

Nach MORITZ[15] und ASCHOFF[16] erfolgt die Steinbildung in den Harnwegen durch eine Übersättigung des Harnes mit Steinbildnern.

KLEINSCHMIDT[17] nimmt auf Grund seiner histologisch-chemischen Untersuchungen an, daß man zwischen der primären Steinbildung oder Kernbildung und der sekundären oder Schalenbildung bei den Steinen entzündlicher oder nichtentzündlicher Pathogenese unterscheiden muß. Er hat hauptsächlich Harnsäurekerne gefunden und nimmt für ihre Entstehung pathologische Ausscheidung

[1] BOEMINGHAUS, H.: Chirurgie der Urogenitialorgane. Bd. 2. S. 118. Bad Wörishofen 1950. — [2] DROSCHL, H.: Z. urol. Chir. **46**, 492 (1943). — [3] KADAR, L.: Z. Urol. **36**, 143 (1942). — [4] THOMAS, B. A., and J. T. ROBERT: J. Urol., Baltimore **18**, 470 (1927). — [5] STEELE, H. D., G. KINLEY, C. LEUCHTENBERGER and E. LIEB: A. M. A. Arch. Path. **54**, 94 (1952). — [6] MARESCH, R., u. H. CHIARI: Handb. path. Anat. Histol. (HENKE-LUBARSCH) Bd. VI/3, S. 384 (1934). — [7] HOFFMAN, C. A., and S. WERTHAMMER: J. Urol., Baltimore **64**, 403 (1950). — [8] BRANDENBERGER, E., u. H. R. SCHINZ: Schweiz. med. Wschr. **73**, 171 (1943). — [9] MEYER, R.: Handb. path. Anat. Histol. (HENKE-LUBARSCH) Bd. VII/1, S. 74 (1930). — [10] MECKEL VON HEMSBACH, H.: Mikrogeologie. Berlin 1856. — [11] ULTZMANN, R.: Die Harnkonkretionen des Menschen und die Ursachen ihrer Entstehung. Wien 1882. — [12] EBSTEIN, W.: Die Natur und Behandlung der Harnsteine. Wiesbaden 1884. — [13] SCHADE, H.: M. m. W. **1909 I**, 3; **1911 I**, 723. — [14] HOLTZ, F.: Z. Urol. **31**, 334 (1937). — [15] MORITZ, F.: Über den Einfluß von organischer Substanz in den krystallisierten Sedimenten des Harns. Verh. dtsch. Kongr. inn. Med. **14**, 322 (1896). — [16] ASCHOFF, L.: Ergebn. Path. **8**, 561 (1904). — [17] KLEINSCHMIDT, O.: Die Harnsteine. Berlin 1911.

von Harnsäure an, da beim Tier durch intravenöse Harnsäureinjektion, bei Hühnern durch Unterbindung des Ureters Harnsäureabscheidungen in den Harnwegen auftreten oder durch Verfütterung von Oxamid Oxalsäuresedimente nachweisbar werden, während sich um Fremdkörper, die aseptisch ins Nierenbecken oder in die Blase gebracht werden, sich keine Salzablagerungen bilden. Je nach der jeweiligen Konzentration der verschiedenen Salze im Harn wechselt die Zusammensetzung der Konkremente, deren Schale durch Anlagerung an den Kern entsteht[1-4].

Bei der Sulfonamidbehandlung fanden sich häufig Nierensteine, die aus Sulfonamid mit Eiweiß gemischt bestehen[5-7]. Hier scheint das Überangebot an Steinbildnern die Bildung der Harnsteine zu verursachen.

Der Harn ist nach LICHTWITZ[8] in bezug auf Harnsäure, harnsaure Salze und Oxalate eine stark übersättigte Lösung. Nur der Kolloidschutz hält diese Übersättigung aufrecht. Die Konzentration der Krystalloide ist für die Konkrementbildung unbedeutend; denn es kann einerseits eine Lösung bei extrem hohen Konzentrationswerten beständig sein und schon andererseits bei normalen, niedrigen Werten eine Sedimentbildung erfolgen (Gicht). Die Ursache der Steinbildung ist also nach LICHTWITZ in abnormen Verhältnissen der Harnkolloide zu suchen. Es läßt sich daraus die Tatsache erklären, daß beim gleichen Individuum Phosphaturie mit Oxalaturie abwechseln kann und daß aus dem gleichen Harn oxalsaurer Kalk und Harnsäure ausfallen können, ohne daß zwischen der Löslichkeit von Harnsäure und Calciumoxalat Beziehungen bestehen. Es kann auch beim gleichen Individuum gleichzeitig oder nacheinander zur Bildung von Steinen verschiedener Zusammensetzung kommen.

Zur Bildung eines Sedimentes kommt es also nach LICHTWITZ durch eine Störung des kolloidalen Gleichgewichtes im Harn. Die zusammenklebenden Sedimente bilden den Steinkern, an dessen Oberfläche Harnkolloide adsorbiert werden, in die hinein die Ausscheidung von Krystalloiden aus dem Harn je nach Reaktion und Konzentration vor sich geht. Diese Ansicht wird durch die Untersuchungen von BUTT u. HAUSER gestützt[9], die 700 Personen untersuchten, die schon teilweise eine Neigung zur Bildung von Nierensteinen gezeigt hatten. Bei diesen Personen stand die Konzentration von Schutzkolloiden im Harn im umgekehrten Verhältnis zu der Tendenz des Körpers, Nierensteine zu bilden. Die Erhöhung der Kolloidkonzentration im Harn durch Verabfolgung von Hyaluronidase verhinderte bei einigen Patienten, die große Neigung zur Bildung von Nierensteinen hatten, über einen Zeitraum von 11—15 Monaten die Neubildung von Steinen. WOHLZOGEN[10] konnte bei experimenteller Oxalurie nach subcutanen Hyaluronidaseinjektionen ein Ausbleiben oder doch eine wesentliche Verzögerung der Harntrübung feststellen. GIBIAN[11] konnte im Harn gesunder Versuchspersonen geringe Mengen hyaluronidaseempfindlicher Mucopolysaccharidsäuren nachweisen. Sie wurden jedoch durch subcutane Hyaluronidaseinjektionen nicht signifikant vermindert. Dies macht Änderungen der kolloiden Eigenschaften des Harns nach Hyaluronidasegaben über eine Ausscheidung von Hyaluron- oder

[1] EBSTEIN, W., u. A. NIKOLAIER: Über die experimentelle Erzeugung von Harnsteinen. Wiesbaden 1891. — [2] ROSENBACH, (F.): Mitt. Grenzgeb. Med. Chir. **22**, 630 (1911). — [3] STUDENSKY, N.: Dtsch. Z. Chir. **7**, 171 (1877). — [4] KUMITA, (V.): Mitt. Grenzgeb. Med. Chir. **20**, 565 (1909). — [5] LINDNER, H. J., and D. W. ATCHESON: J. Urol., Baltimore **47**, 262 (1942). — [6] NEWMAN, H. R., and I. SHLESER: J. Urol., Baltimore **47**, 258 (1942). — [7] GROSS, P., F. B. COOPER and M. LEWIS: Urinary calculi caused by sulfapyridine. Urol. Rev., St. Louis **43**, 299 (1939). — [8] LICHTWITZ, L.: Über Bildung der Harn- und Gallensteine. Ergebn. inn. Med. **13**, 1 (1914). Die Bildung der Harn- und Gallensteine. Berlin 1914. — [9] BUTT, A. J., and E. A. HAUSER: Science, N. Y. **115**, 308 (1952). — [10] WOHLZOGEN, F. X.: Wien. klin. Wschr. **1952**, 562. — [11] GIBIAN, H.: H. **292**, 117 (1953).

Chondroitinschwefelsäure unwahrscheinlich. Die Zufuhr von Hyaluronidase verringert aber auch die Oberflächenspannung des Harns und vermehrt die Anzahl der Kolloidpartikelchen. Die Hemmung der Bildung und die Rückbildung von Harnsteinen können also ihre Ursache in einer Vermehrung der Schutzkolloide und einer Verminderung der Oberflächenspannung haben[1]. Die Frage des Zusammenhangs zwischen Hyaluronsäuregehalt des Harns und Konkrementbildung bedarf also noch weiterer Klärung. Es gelang HIRSCH u. VOIT[2] durch Gaben von Polyvinylpyrrolidon die Konkrementbildung nach Sulfonamid zu verhindern. Das Polyvinylpyrrolidon scheint keine Wirkung auf die krisenhafte Durchblutungsstörung (s. S. 166) der Niere während einer Steinkrise auszuüben, vielmehr scheint seine Wirkung auf einer Vermehrung der Schutzkolloide im Harn zu beruhen.

Die Störung im Gleichgewicht der Schutzkolloide im Harn kann verursacht sein durch Ausscheidung von Eiweißkörpern durch die Niere, die zur Ausfällung der normalen Harnkolloide Veranlassung geben. An pathologisch veränderten Oberflächen der Harnwege (entzündliche Prozesse, Schwellungen, Epithelabschilferungen) können sich Harnkolloide und Krystalloide niederschlagen, wodurch sich das Gleichgewicht der Harnkolloide ändert.

Nach klinischen und experimentellen Untersuchungsergebnissen von CARROLL u. BRENNAN[3] spielen Proteus- und Micrococcusarten die wesentlichste Rolle bei der Entstehung rezidivierender Harnsteine, sowie auch des ursprünglichen Steines, wenn eine Infektion vorgelegen hatte. Diese Untersucher sind der Überzeugung, daß bei der Bildung von Harnsäure-, Urat-, Oxalat- und Cystinsteinen der Infektion nur eine sehr geringe Bedeutung zukommt, Apatit- und Struvitsteine jedoch auf Grund von Infektionen gebildet werden.

Diese Erklärungsversuche der Entstehung von Harnsteinen verzichten also völlig auf die Annahme einer zu hohen Konzentration der Steinbildner im Harn und suchen ganz allgemein die Ursache in einer Störung des gegenseitigen Verhältnisses zwischen Kolloid und Steinbildner. Da die Steinkrankheit mit Gicht, chronischem Rheumatismus und Diabetes auch hereditär oder familiär auftritt, müßte das erwähnte Mißverhältnis die vererbte Störung sein.

MENDEL[4]; LEERSUM[5]; GASPARJAN u. OWTSCHINNIKOW[6] stellten fest, daß bei einer Ernährung mit einem Vitamin A-freien Futter sich bei Ratten in etwa 10—20% der Fälle Steine in Niere und Blase bilden, die aus phosphorsaurem und oxalsaurem Calcium bestehen. Vitamin A- und Carotinzufuhr hemmt die Steinbildung und beseitigt die gebildeten Konkremente. SCHNEIDER[7] hat bei 600 Patienten den Vitamin A-Spiegel bestimmt und keinen Zusammenhang zwischen Steinleiden und A-Hypovitaminose feststellen können. KEYSER[8] behauptet, daß es ohne Traumatisierung des Schleimhautepithels nicht zur Steinbildung komme. BOSHAMMER[9] vermutet in einer fokalen Infektion den primären Faktor, der über eine Schädigung des Zwischenhirns eine Sympathicusreizung provoziere und eine Dyskolloidurie verursachen soll. Bei gewissen Krankheiten sieht man relativ häufig Harnsteinbildung, dies könnte auch eine Folge der langdauernden Bewegungsunfähigkeit sein[10]. Nach BÜHLER[11] sind die bei Leukämie oft beobachteten Harnsäuresteine die Folge von Überangebot des

[1] RAVICH, R. A.: Science, N. Y. **117**, 561 (1953). — [2] HIRSCH, H. H., u. E. VOIT: Kli. Wo. **1954**, 651. — [3] CARROLL, G., and R. V. BRENNAN: J. int. Coll. Surg. **17**, 809 (1952). — [4] MENDEL, L. B.: N. Y. State J. Med. **20**, 212 (1920). — [5] LEERSUM, E. C. VAN: J. biol. Ch. **76**, 137 (1928). — [6] GASPARJAN, A., u. N. OWTSCHINNIKOW: Z. urol. Chir. **30**, 365 (1930). — [7] SCHNEIDER, E.: Med. Klinik **1937 II**, 1089. — [8] KEYSER, L. D: J. Urol., Baltimore **50**, 169 (1943). — [9] BOSHAMER, K.: M. m. W. **1932 II**, 1951. — [10] FALLET, G. H.: Sem. des Hôp. Paris **28**, 3912 (1952). — [11] BÜHLER, F.: Z. urol. Chir. **37**, 406 (1933).

Steinbildners. Nach ROUX[1], COLBY[2], MANDL u. UEBELHÖR[3] kommen bei der Ostitis fibrosa Recklinghausen als Folge der Hypercalcämie und -urie Steine relativ häufig vor.

Bei 45—60 g schweren jungen Ratten wurden durch Gabe eines Futters mit niedrigem Phosphorgehalt und nahezu normalem Calciumgehalt Harnsteine hervorgerufen. Die Häufigkeit ihres Auftretens wurde noch vermehrt durch Zugabe von Natriumhydrogencarbonat oder alkalischen Salzen zum Futter. Andererseits wurde die Steinbildung völlig verhindert durch die Verfütterung von adäquaten Mengen von Phosphat. Die durch eine Kost mit niedrigem Phosphorgehalt bei normalem Calciumgehalt hervorgerufenen Steine enthielten eine beträchtliche Menge von *Calciumcitrat*, welches aber bei zusätzlicher Gabe von Alkalien stark abnahm. Der Calciumgehalt der Steine war angestiegen und Carbonat und Phosphat erschienen als weitere Bestandteile[4].

Nach KOCH u. HAASE[5] entstehen die Harnkonkremente als Folge von Konkrementbildungskrisen. Entstehen und Wachstum der Konkremente sind von der Stärke und der Häufigkeit dieser Krisen abhängig. Die Krisen können ausgelöst werden durch Noxen, die als Reize am Gefäßnervensystem der Niere angreifen und zu funktionellen Störungen an der Nierenstrombahn führen. Schwache Dosen dieser Noxen bewirken eine kurzfristige Verlangsamung der Durchströmung in den Glomeruluscapillaren, mittelstarke haben noch reversible, prästatische Zustände im Glomerulusbereich und Stromverlangsamung in den kleinen Gefäßen der Niere zur Folge, während bei Applikation großer Dosen schwere, irreversible Schäden auftreten, die durch das Bild der totalen Stase oder Ischämie gekennzeichnet sind. MANDL u. UEBELHÖR[3] konnten bei Tieren mit gestauten Harnwegen durch Parathormonfütterung Harnsteine erzeugen. Der Mechanismus der Bildung von Cystinsteinen, die bei *Cystinurie* nur in einem kleinen Prozentsatz der Fälle beobachtet werden, ist noch unklar[6, 7]. Bei raschem Skeletabbau, z. B. *Osteomalacie*[8], bei Neubildungen und Entzündungen kommt eine Steinbildung verhältnismäßig häufig vor. Von Bedeutung für die Entstehung der Steine ist die Infektion der Harnwege mit harnstoffzersetzenden Bakterien (Staphylokokken, Proteus). Beim Kaninchen kann man nach HRYNTSCHAK[9] Nierensand erzielen, indem man eine Niere staut und Aufschwemmungen von Staphylococcus albus injiziert. Dabei scheint primär eine Ausflockung von Kolloiden einzutreten. Im Tierexperiment an Maus und Ratte zeigten auch die gegengeschlechtlichen Sexualhormone Einfluß auf die Harnsteinbildung[10, 11]. Senkung des Harn-p_H von 6,4 auf 5,7 durch Verfütterung von NH_4Cl führte bei Nerzen zum Rückgang der Steinbildung[12].

3. Bestandteile der Harnsteine[13].

An der Harnsteinbildung können folgende Substanzen beteiligt sein: Harnsäure, Natriumurat, Kaliumurat und Ammoniumurat, Calciumoxalat, Phosphate und Carbonate der alkalischen Erden. In seltenen Fällen wurden Cystin, Xanthin, Homogentisinsäure, Indigo, Fette, freie Fettsäuren (Stearinsäure, Palmitinsäure

---

[1] ROUX, M.: J. Chir., Paris **50**, 781 (1937). — [2] COLBY, F. H.: Surg., Gynec. Obstet. **59**, 210 (1934). — [3] MANDL, F., u. R. UEBELHÖR: Wien. klin. Wschr. **1932**, 1492. — [4] MORRIS, P. G., and H. STEENBOCK: Amer. J. Physiol. **167**, 698 (1951). — [5] KOCH, F. E., u. H. HAASE: Ber. Physiol. **162**, 371 (1954). — [6] KRETSCHMER, H. L.: J. Urol., Baltimore **30**, 403 (1933). — [7] FRANKENTHAL, L.: Arch. klin. Chir. **187**, 414 (1936). — [8] LANGENDORFF, O., u. J. MOMMSEN: Virchows Arch. **69**, 452 (1877). — [9] HRYNTSCHAK, T.: Z. urol. Chir. **40**, 211 (1935). — [10] CHWALLA, R.: Z. Urol. Sonderh. Verh.-B. dtsch. Ges. Urol. 1949. S. 152 (1950). — [11] GERSHON-COHEN, J., H. SHAY, K. E. PASCHKIS and S. S. FELS: Endocrinology **26**, 1087 (1940). — [12] LEOSCHKE, W. L., and C. A. ELVEHJEM: Proc. Soc. exp. Biol. Med. **85**, 42 (1954). — [13] PHILIPSBORN, H. v.: Naturwiss. Rdsch. **5**, 400 (1952).

und eventuell Myristinsäure), Cholesterin und Eiweiß gefunden. Die Gerüstsubstanz der Harnsteine besteht aus organischen Stoffen, meist aus Eiweiß und kann Bakterien enthalten (Staphylokokken, Typhus- und Tuberkelbacillen). Bei spektrographischen Untersuchungen wurde in allen Harnsteinen *Blei* gefunden. In Nierensteinen waren es durchschnittlich 7,39 γ/g. Der hohe Bleigehalt der Nierensteine geht ihrem Calciumreichtum parallel[1]. Es bestehen demnach Beziehungen zwischen Calcium- und Bleistoffwechsel. In Nieren- und Blasensteinen wurden 0,11—0,35% Citronensäure gefunden[2]. Die Farbstoffe der Harnsteine entstammen wahrscheinlich den Harnfarbstoffen, sicher auch in manchen Fällen dem Hämoglobin als Folge steinbedingter Hämaturie. Sehr häufig bestehen die Steine aus Mischungen oder Schichtungen mehrerer Körper. Mischung von harnsauren Salzen und Harnsäure ist häufig, seltener Mischung von Oxalsäure und Harnsäure. Xanthin kommt relativ häufig als Beimengung vor und Calciumcarbonat fast nur als Beimengung. Von 700 Steinen, die PRIEN u. FRONDEL[3] spektro- und röntgenoskopisch analysierten, waren 36,1% reine Oxalate, 31% Calciumoxalate mit Apatit, 19,5% Apatite, 6,1% Harnsäure, 3,8% Cystin- und 3,2% gemischte Steine. Die Autoren konnten neben Calciumoxalatmono- auch -dihydrat (Weddellite und Whewellite) nachweisen (s. a. [4]).

An Phosphaten wiesen sie nach: Tripelphosphat (Struvit), Carbonatapatit, Hydroxylapatit, Tricalciumphosphat (Whitlocit), Calciumhydrogen-phosphatdihydrate (Brushite), ferner Harnsäure und ihre Salze und Cystin, Xanthin, Indigo, Cholesterin; Calciumsulfat-dihydrat (Gips) fanden sie in ihrem Material nicht. Durch Röntgenstrahldiffraktion konnte Zinkphosphat, $Zn_3(PO_4)_2 \cdot 4\,H_2O$, in Harnsteinen nachgewiesen werden[5].

Gewisse Blasensteine enthalten Mucopolysaccharide, die von Hyaluronidase angreifbar sind[6].

Bei Doppelseitigkeit der Steinkrankheit können sich in den beiden Nieren verschieden zusammengesetzte Steine befinden. Auch in *einer* Niere kommen gelegentlich Konkremente verschiedener Konstitution vor (Oxalat- und Uratsteine). Vom gleichen Individuum werden gelegentlich bei verschiedenen Koliken Steine verschiedener Zusammensetzung ausgeschieden.

4. Arten von Harnsteinen.

Harnsäuresteine. Sie kommen in den verschiedensten Größen vor und sind die häufigsten Harnsteine. Ihre Form ist sehr wechselnd. In der Blase wurde ein Uratstein von 261 g Gewicht gefunden[7], im Nierenbecken Steine von über 500 g Gewicht[8]. Die Harnsäuresteine sind immer gefärbt, meist gelbgrau, gelbrötlich und gelbbraun bis dunkelrotbraun. Die Oberfläche ist glatt, manchmal feinkörnig rauh oder kleinhöckerig. Die Harnsäuresteine sind nach den Oxalatsteinen die härtesten Steine, ihre Dichte beträgt sehr konstant 1,741 (s. [9]). Die ungleich stark gefärbten Schichten der Steine, die regelmäßig konzentrisch angeordnet sind, lassen sich oft schalenartig ablösen. Schichten von Harnsäure wechseln bisweilen mit anderen Schichten ab, am häufigsten mit Calciumoxalat. Ammoniumuratsteine sind meistens klein und gelbgefärbt. In feuchtem Zustand sind sie teigigweich und zerfallen, wenn sie getrocknet sind, leicht zu Pulver. Der Krystallart

[1] ZEGLIO, P.: Rass. Med. appl. Lav. industr. **1942**, 10 [Schweiz. med. Wschr. **73**, 543 (1943)]. — [2] MÅRTENSSOON, J.: Kgl. fysiogr. Sällsk. Lund. Förh. **11**, 129 (1942). — [3] PRIEN, E. L., and C. FRONDEL: J. Urol., Baltimore **57**, 949 (1947). — [4] GASSER, G., K. BRAUNER u. A. PREISINGER: Naturwiss. **42**, 541 (1955). — [5] PARSONS, J.: Science, N. Y. **118**, 217 (1953). — [6] NARINS, L., N. SIMON and G. D. OPPENHEIMER: J. Mt. Sinai Hosp. **15**, 33 (1948). — [7] RAČIĆ, J.: Z. urol. Chir. **46**, 248 (1943). — [8] DIETRICH, A.: Pathologische Anatomie. 8. Aufl. Bd. 2. S. 258. Stuttgart 1948. — [9] MIHAÉLOFF, S.: Bull. Soc. Chim. biol. **19**, 1548 (1937).

nach handelt es sich um Monoammoniumurat $[(NH_4)H(C_5H_2O_3N_4)]$[1,2]. Relativ häufig werden Uratsteine bei kleinen Kindern gefunden, bei denen sie wohl ein Überbleibsel der Harnsäureinfarkte darstellen. Diese Steine sind weicher als die normalen Harnsäuresteine und dunkler gefärbt. Aus saurem Harn scheiden sich Urate beim Abkühlen aus. Der Uratniederschlag ist durch mitgerissenes Uroerythrin rötlich gefärbt (Ziegelmehl, Sedimentum làteritium). Diese Ausscheidung tritt besonders bei Harnen auf, die bei Fieber oder nach starkem Schwitzen entleert werden. Charakteristisch für die ausgefallenen Urate ist, daß sie sich beim Erhitzen des Harns wieder auflösen. Aus zersetztem Harn, in dem schon die ammoniakalische Harngärung eingetreten ist, scheidet sich die Stechapfelform des äußerst schwer löslichen Monoammoniumurates aus.

Oxalatsteine sind Konkremente der Oxalsäure in Form des Calciumsalzes. Bis heute wird im einschlägigen medizinischen und physiologischen Schrifttum[3,4] nur von Calciumoxalat schlechthin gesprochen. Es werden nur die „briefumschlagförmigen" Krystalle von den selteneren „sanduhrförmigen" und „hantelförmigen" Gebilden unterschieden. VON PHILIPSBORN[5] unterscheidet ein monoklin krystallisierendes Calciumoxalatmonohydrat $CaC_2O_4 \cdot H_2O$, genannt Whewellit, das identisch ist mit dem Calciumoxalat der chemisch-analytischen Calciumbestimmungen, und ein tetragonal krystallisierendes Calciumoxalat $CaC_2O_4 \cdot 2—2{,}5\ H_2O$, genannt Weddellit, das identisch mit dem bekannten „briefumschlagförmigen" Calciumoxalat des Harnsediments ist. Außerdem soll noch ein weiteres Calciumoxalathydrat existieren, von dem man aber weder die Hydratstufe noch das Krystallsystem kennt. Flache Tafeln sind seine charakteristische Form[6-9]. Nach den Untersuchungen von v. PHILIPSBORN[5], der es als Begleiter des aus dem Harn ausgefällten Weddellits fand, scheint es ein Trihydrat zu sein, da es isomorph mit dem in ähnlichen Formen bekannten Cadmiumoxalat-trihydrat ist.

Die Oxalatsteine können sehr groß werden, sie haben eine rauhe Oberfläche, sind dunkel pigmentiert und sehr hart. Die Bruchfläche ist radiär gestreift und zeigt eine wellige krystalline Schichtung. An der Oberfläche der Steine sind oft glänzende Auflagerungen zu beobachten.

Calciumoxalatsteine sind nach den Uratsteinen die häufigsten Konkremente. Kleine Steine sind glatt und von heller Farbe (Hanfsamensteine), die großen haben eine rauhe, höckerige Oberfläche (Maulbeersteine). Ihre Dichte beträgt 2,037 (s.[10]).

Aus alkalischem oder schwach saurem Harn bilden sich die *Phosphatsteine.* Sie kommen in den verschiedensten Formen und Größen vor und sind an der Oberfläche facettiert und wie poliert. Sie bestehen aus einfachen phosphorsauren Salzen: krystallinischem und amorphem Calciumphosphat, Magnesiumphosphat oder aus Tripelphosphat: Magnesium-ammonium-phosphat.

Steine aus Calciumphosphat, Magnesiumphosphat oder Ammoniumphosphat besitzen eine weiche, kreidige Konsistenz und sind weißlich, schwach gelb oder grau gefärbt. Ihre Dichte, die sehr schwankt, beträgt im Durchschnitt 1,771 (s.[10]). Bei den Phosphatsteinen, deren Kern häufig aus Uraten und Oxalaten besteht, handelt es sich meist um Gemenge von Carbonaten und Phosphaten von Calcium

---

[1] BRANDENBERGER, E., u. H. R. SCHINZ: Helv. **32**, 810 (1949). — [2] EPPRECHT, W., u. H. R. SCHINZ: Schweiz. med. Wschr. **80**, 792 (1950). — [3] Müller-Seifert 66. Aufl. S. 201. — [4] KOWARSKI, A.: Klinische Mikroskopie. 13. Aufl. S. 233. Berlin, Wien 1947. — [5] PHILIPSBORN, H. v.: Naturwiss. Rdsch. **5**, 400 (1952). — [6] HAMMARSTEN, G.: C. R. Lab. Carlsberg **17**, Nr. 11 (1929). — [7] JAKÓB, W. F., u. E. LUCZAK: Roczn. Chem. **9**, 41 (1929). — [8] KOHLSCHÜTTER, V., u. J. MARTI: Helv. **13**, 929 (1930). — [9] LECOMTE, J., T. POBEGUIN et J. WYART: Cr. **216**, 808 (1943). — [10] MIHAÉLOFF, S.: Bull. Soc. Chim. biol. **19**, 1548 (1937).

oder Magnesium mit Ammoniummagnesiumphosphat, Ammoniumurat und Calciumoxalat. Sehr selten werden Steine beobachtet, die nur aus Calciumphosphat oder aus Magnesiumammoniumphosphat bestehen. Der Krystallstruktur nach bestehen sie aus Hydroxylapatit [$Ca_5(PO_4)_3(OH)$], Brushit [$CaH(PO_4) \cdot 2\,H_2O$], Whilokit-β [$Ca_3(PO_4)_2$] und Struvit [$Mg(NH_4)(PO_4) \cdot 6\,H_2O$][1-4]. In einem Calciumphosphatstein wurde Schwefel festgestellt[5].

Calciumcarbonatsteine werden weniger beim Menschen, häufiger beim Pflanzenfresser angetroffen. Es sind meist kleine Steine von Sandkorn- bis zu Haselnußgröße, von weißlicher Farbe und perlartigem Glanz. Die Schnittfläche ist kreideweiß und fein gekörnt. Meist sind Phosphate und Calciumoxalat beigemischt. In den Nierensteinen kommen die getrennten Substanzen „Calciumcarbonat" und „Calciumphosphat" nur äußerst selten vor, es handelt sich immer um ein als Carbonatapatit bezeichnetes Gemisch dieser beiden Salze

Carbonatkonkremente sind sehr selten rein. Kürzlich berichteten BOISSIER u. SERAFINO[6] über 2 Fälle von reinen Calciumcarbonatsteinen (Arragonit). Sehr häufig findet sich Calciumcarbonat in Gemischen mit Phosphaten und in Inkrustationen. Einen Harnstein aus reinem Arragonit fand auch BARRAUD[7].

Cystinsteine sind sehr selten und kommen nur bei Cystinämie und Cystinurie vor, sie sind also die Folge dieser Stoffwechselstörung. Sie kommen meist rein vor, sind blaßgelb, nicht sehr hart, ihre Dichte ist im Mittel 1,631 (s. [8]). Ihre Oberfläche ist meist glatt, die Bruchfläche krystallinisch und wachsglänzend. Cystinsteine können hühnereigroß werden.

Xanthinsteine sind sehr selten. In der Literatur wurden bisher nur 22 Fälle beschrieben[9,10]. Ihre Schnittfläche ist amorph oder zeigt leicht abblätternde Schichten. Sie werden erbsen- bis hühnereigroß und sind gelbbraun, zimtfarben, zinnoberrot oder dunkelbraun gefärbt. Sie sind nicht sehr hart und nehmen beim Reiben Wachsglanz an.

Cholesterinsteine können bis zu 95% Cholesterin enthalten. Sie sehen äußerlich den Cystinsteinen ähnlich. Sie sind klein, blaßgelb und von wachsartiger Beschaffenheit.

Bei den *Eiweißsteinen* handelt es sich um geschichtete Fibrinmassen, also um eine Art Steingerüst aus Kolloid ohne Ablagerung von Krystalloiden[11,12]. Sie finden sich einzeln oder in Mehrzahl im Nierenbecken und sind von hell- bis dunkelgrauer Farbe. Eiweißsteine sind weich und besitzen eine deutliche konzentrische Schichtung. Man kann Fibrinsteine, amyloide Eiweißsteine und Bakteriensteine unterscheiden; gelegentlich ist Schleim oder coaguliertes Blut an ihrer Bildung beteiligt. Sie besitzen manchmal einen Oxalat- oder Uratkern.

Fettsteine (Urostealithe) sind in feuchtem Zustand sehr weich und elastisch, werden beim Trocknen hart und spröde und zeigen eine amorphe Bruchfläche und Wachsglanz. Sie sind sehr leicht, von brauner Farbe und enthalten vorwiegend Fett, außerdem Calcium, Magnesiumseifen und Eiweiß. Nach HORBACZEWSKI enthielten einige analysierte Urostealithe 2,5% Wasser, 0,8% anorganische Stoffe, 11,7% in Äther unlösliche und 85% in Äther lösliche (organische) Stoffe, darunter 51,5% freie Fettsäure, Stearinsäure, Palmitinsäure und wahrscheinlich Myristinsäure, 33,5% Fett und Spuren von Cholesterin.

Indigosteine sind sehr seltene Konkremente, die wegen eines hohen Gehaltes an Indigo blau bis blauschwarz gefärbt sind. Sie sind sehr selten. GEE hat einen extrem großen Stein von 1080 g beobachtet[13].

[1] BRANDENBERGER, E., u. H. R. SCHINZ: Helv. **32**, 810 (1949). — [2] EPPRECHT, W., u. H. R. SCHINZ: Schweiz. med. Wschr. **80**, 792 (1950). — [3] GRADWOHL, R. B. H.: Clinical Laboratory Methods and Diagnosis. 4. Aufl. Bd. 1. S. 129. St. Louis 1948. — [4] BRANDENBERGER, E., u. H. R. SCHINZ: Helv. med. Acta, Suppl. **16** (1945). — [5] GRADWOHL, R. B. H.: Clinical Laboratory Methods and Diagnosis. 4. Aufl. Bd. 1. S. 133. St. Louis 1948. — [6] BOISSIER, J., et X. SERAFINO: 2. Int. Congr. Biochem. Paris, S. 348. 1952. — [7] BARRAUD, J.: Bull. Soc. franç. Minéral. **75**, 166 (1952). — [8] MIHAÉLOFF, S.: Bull. Soc. Chim. biol. **19**, 1548 (1937). — [9] PEARLMAN, C. K.: J. Urol., Baltimore **64**, 799 (1950). — [10] TAYLOR, W. N., and J. N. TAYLOR: J. Urol., Baltimore **68**, 659 (1952). — [11] MORAWITZ, P., u. C. ADRIAN: Mitt. Grenzgeb. Med. Chir. **17**, 579 (1907). — [12] SCHMIDT, M. B.: Zbl. Path. **1912**, 23. — [13] EICHHORST, H.: Handbuch der speziellen Pathologie und Therapie. 6. Aufl. Bd. 2. S. 915. Berlin, Wien 1904.

(*Amyloidsteine*[1], *Eiweißsteine*[1], weiche Harnkonkremente[2].)

Die *relative Häufigkeit der einzelnen Harnsteintypen* ist von Land zu Land verschieden, ferner wechselt sie auch in verschiedenen Landschaften ein und desselben Landes, sie wechselt auch in verschiedenen Zeiträumen. PRIEN[3] gibt für die USA folgende Zahlen für 1000 untersuchte Steine auf Prozente berechnet:

Tabelle 43. Relative Häufigkeit der verschiedenen Harnsteintypen.

	Zahl der Steine		%	%
Calciumoxalat rein:				
Whewellit rein	137	327	32,7	32,7
Weddellit rein	4			
Whewellit + Weddellit	186			
Calciumoxalat + Apatit:				
Whewellit + Apatit	72	343	34,3	34,3
Weddellit + Apatit	47			
Whewellit + Weddellit + Apatit	224			
Apatit rein	34	34	3,4	24,3
Struvit rein	3	3	0,3	
Struvit + Apatit	155	155	15,5	
Struvit + Apatit + Calciumoxalat	32	32	3,2	
Brushit rein	2	2	0,2	
Brushit + andere Komponenten	17	17	1,7	
Harnsäure rein	47	47	4,7	5,8
Harnsäure + andere Komponenten	11	11	1,1	
Cystin rein	22	22	2,2	2,9
Cystin + andere Komponenten	7	7	0,7	
zusammen		1000	100,0	100,0

Die Gründe für die verschiedene Frequenz in verschiedenen Ländern diskutiert G. HAMMARSTEN[4]. Während in Schweden die Calciumoxalatsteine und die Calciumoxalat + Calciumphosphatsteine die häufigsten sind, sind die Calciumoxalatsteine in Finnland relativ selten. Die Autorin führt dies auf den hohen Milchkonsum in Finnland zurück und darauf, daß in Schweden ein hoher Brotkorn- und Fleischverbrauch (saure Asche) im allgemeinen nicht in wünschenswertem Grade durch ausreichende Zufuhr von Obst und Gemüse (alkalische Asche) aufgewogen wird. Über qualitative Untersuchung und quantitative Analyse der Harnsteine s.[5].

ε) Vitamine[6, 7].

1. Vitamin A (Axerophthol) (s. a. S. 654).

Außer in der Leber, die ein besonders großes Reservoir für Vitamin A bildet, findet sich das Vitamin in der Niere größtenteils in veresterter Form. Das Epithel der Harnwege scheint gegen Vitamin A-Mangel besonders empfindlich zu sein, denn bei einer Vitamin A-Avitaminose kommt es zu reichlicher Abschilferung der Epithelien und Verhornung im Nierenbecken, in der Urethra und der Blase. Dies kann auch Anlaß zur Steinbildung in Niere und Blase sein (s. a. S. 165).

[1] SUTER, F.: Handb. inn. Med. (BERGMANN-FREY-SCHWIEGK) 4. Aufl. Bd. 8, S. 933. — [2] HORSTMANN, W.: Z. urol. Chir. **45**, 185 (1940). — [3] PRIEN, E. L.: J. Urol., Baltimore **61**, 821 (1949). — [4] HAMMARSTEN, G.: Nord. Med. **7**, 1329 (1940). — [5] H.-Th. 10. Aufl. Bd. V, S. 434. — [6] ABDERHALDEN, E., u. G. MOURIQUAND: Vitamine und Vitamintherapie. Bern 1948. — [7] Stepp-Kühnau-Schroeder, Vitamine 7. Aufl. Bd. 1, S. 10.

Vitamin A und seine Vorstufe Carotin werden nicht durch die Niere ausgeschieden. Ein etwaiger Überschuß geht mit den Faeces ab[1]. Nur bei Säuglingen enthält der Harn nach CATEL[2] gelegentlich Vitamin A. Selbst bei Überschüttung des Organismus mit 165 mg (= 50000 I.E.) je Tag bleibt das gesunde Nierenfilter für Vitamin A undurchlässig. In der Schwangerschaft enthält der Harn physiologischerweise nicht selten Vitamin A. Bei jeder mit Fieber einhergehenden Infektion muß mit der Ausscheidung von Vitamin A im Harn gerechnet werden[3]. Vitamin A-Überschuß scheint die Nierenfunktion zu beeinflussen. Hunde scheiden in 24 Std 2,5—47,5 I.E. Vitamin A per 100 ml oder täglich 14,3—235,0 I.E. aus[4]. HERRIN u. NICHOLES[5] fanden, daß eine Zuführung von 165 mg Vitamin A täglich beim Hund eine Steigerung der Harnstoff-Clearance um 41—94% bewirkte. Der Beginn der Steigerung lag eine Woche, das Maximum nach 96tägiger Zufuhr. Bei einem Hund blieb die Harnstoff-Clearance 44 Tage lang erhöht, nachdem die Zufuhr von Vitamin A aufgehört hatte. Den Veränderungen der Harnstoff-Clearance gehen Veränderungen der Inulin-Clearance parallel. Vitamin A-Mangel verminderte die Harnstoff-Clearance; nach Zuführung von Vitamin A oder Carotin wurden wieder normale Werte gefunden[6]. Auch beim Menschen sind diese Veränderungen der Nierenfunktion beobachtet worden[7]. DICKER u. HELLER[8] fanden, daß bei Ratten die Zufuhr von Vitamin A eine Steigerung der Filtrationsgeschwindigkeit, der renalen Plasmadurchströmung und des tubulären Transportes bewirkte. CORCORAN u. PAGE[9] zeigten, daß die Zuführung von 6,6 mg (= 2000 I.E.) Vitamin A täglich bei Ratten den tubulären Transport der p-Aminohippursäure um 100% steigert. Allerdings behaupten diese Untersucher, daß diese Wirkung nicht dem Vitamin A zuzuschreiben ist, sondern anderen Faktoren, die in den Handelspräparaten enthalten sind.

2. Vitamin B_1 (Aneurin, Thiamin) (s. a. S. 709).

Das im Organismus nicht gespeicherte oder zerstörte Vitamin wird, soweit es als Diphospho-aneurin vorliegt, in der Niere zum Teil dephosphoryliert und im Durchschnitt zu etwa 60—70%, bisweilen auch vollkommen in freier Form ausgeschieden[10]. Der gesunde Mensch scheidet im Harn ständig die Pyrimidinhälfte des Aneurins in einer der Größe der Aneurinzufuhr proportionalen Menge aus[11]. Bei einer adäquaten Zufuhr werden im Tag etwa 50—500 γ Aneurin im Harn ausgeschieden. Ausscheidungen unter 30—50 γ werden von der Mehrzahl aller Autoren als Zeichen einer mangelhaften Aneurinversorgung aufgefaßt. Der gesunde Mensch scheidet 100—300 γ Aneurin mit dem Harn aus[12]. Die Größe der Aneurinausscheidung variiert von Mensch zu Mensch und bei demselben Individuum von Tag zu Tag beträchtlich, ohne daß die Gründe hierfür immer erkennbar wären. KRAUT[13] schätzt, daß ungefähr $^9/_{10}$ des Aneurins in Form der Aneurincarbonsäure ausgeschieden werden. Die Oxydation des Aneurins zu Aneurincarbonsäure scheint der Weg zur Beseitigung überschüssigen Aneurins im Organismus zu sein.

---

[1] ABDERHALDEN, E., u. G. MOURIQUAND,: Vitamine und Vitamintherapie. Bern 1948. — [2] CATEL, W.: Mschr. Kinderheilkde. **73**, 316 (1938). — [3] Stepp-Kühnau-Schroeder, Vitamine 7. Aufl. Bd. 1. S. 10. — [4] WORDEN, A. N., J. BUNYAN, A. W. DAVIES and C. E. WATERHOUSE: Biochem. J. **59**, 527 (1955). — [5] HERRIN, R. C., and H. J. NICHOLES: Amer. J. Physiol. **125**, 786 (1939). — [6] HERRIN, R. C.: Proc. Soc. exp. Biol. Med. **42**, 695 (1939). — [7] HERRIN, R. C., and H. J. NICHOLES: J. clin. Invest. **19**, 489 (1940). — [8] DICKER, S. E., and H. HELLER: J. Physiol., London **104**, 353 (1945/46). — [9] CORCORAN, A. C., and I. H. PAGE: Fed. Proc. **6**, 91 (1947). — [10] MELNICK, D., W. D. ROBINSON and H. FIELD jr.: J. biol. Ch. **138**, 49 (1941). — [11] MICKELSEN, O., W. O. CASTER and A. KEYS: J. biol. Ch. **168**, 415 (1947). — [12] Stepp-Kühnau-Schröder, Vitamine 7. Aufl. Bd. 1, S. 137. — [13] KRAUT, H., u. L. WILDEMANN: B. Z. **321**, 368 (1950/51).

Bei vermehrter B_1-Zufuhr steigt auch der B_1-Gehalt des Harns, doch wird von per os zugeführtem Aneurin auch bei Fehlen eines Defizits stets nur ein Bruchteil im Harn ausgeschieden, und zwar ein um so kleinerer, je größer die verabfolgte B_1-Menge war. Auch von parenteral verabreichtem B_1 erscheint meist nur ein kleiner Teil im Harn, bisweilen wird jedoch ohne erkennbaren Grund mehr Aneurin ausgeschieden als zugeführt wurde. Es ist deshalb, anders als beim Vitamin C, nicht ohne weiteres möglich, aus der Aneurinausscheidung im Harn Rückschlüsse auf den Sättigungsgrad des Organismus zu ziehen und ein Aneurindefizit zu diagnostizieren. Die statistische Bearbeitung von MICKELSEN, COSTER u. KEYS[1] hat die Regellosigkeit der Aneurinausfuhr im Harn eindeutig erwiesen. Nur unter ganz bestimmten Voraussetzungen (Innehaltung einer Standarddiät, Verfolgung der Aneurinausfuhr über lange Zeiträume) darf man aus dem Durchschnittswert der Aneurinausscheidung vorsichtige Schlüsse auf den Sättigungszustand ziehen. Als Faustregel darf gelten, daß bei normaler Ernährung eine mittlere Tagesausscheidung von weniger als 0,1 mg auf ein Aneurindefizit hindeutet[2].

Während der Gravidität und der Lactation nimmt die Aneurinausscheidung bei ausreichender Zufuhr nicht oder nur wenig ab[3]. Ist die Abnahme erheblich, so deutet dies wohl auf Störungen des Verlaufs von Gravidität und Puerperium hin[4].

Kohlenhydratbelastungen (250 g Glucose) vermindern immer das Harnaneurin. Nach HAMAR[5] ist bei Hunden, die an einer B_1-Avitaminose leiden, die Rückresorptionskapazität für Glucose vermindert.

3. Vitamin B_2 (Lactoflavin, Riboflavin) (s. a. S. 725).

Niere und Leber haben mit etwa 1,5—2,5 mg-% den höchsten Lactoflavingehalt von allen Organen. In allen anderen Organen finden sich wesentlich geringere Mengen (etwa 0,1—0,8 mg-%). Bei Eiweißmangelernährung kommt es zur Ausscheidung von freiem Lactoflavin im Harn. Die Lactoflavinausfuhr im Harn variiert umgekehrt proportional dem Grad der Stickstoffretention. Umgekehrt führt Lactoflavinmangel zu einer erhöhten Ausscheidung von freien Aminosäuren im Harn[6]. Die Ausscheidung des Lactoflavins im Harn erfolgt nach Abspaltung des Eiweißanteils der gelben Fermente, und es findet sich im Harn und in der Galle praktisch ausschließlich in phosphorylierter Form. Daneben kommen Flavinabbauprodukte (Aquoflavin, s. S. 161) vor. Bei längerem Stehen des Harns kann durch die Wirkung der Harnphosphatasen aus dem ursprünglich allein vorhandenen Flavinphosphat freies Lactoflavin gebildet werden.

Die tägliche Flavinausscheidung[7] mit dem Harn (s. a. S. 159) beträgt beim gesunden Menschen unter normalen Ernährungsbedingungen 0,25—0,8 mg, schwankt also je nach den individuellen Ernährungsgewohnheiten beträchtlich; bei schlechter Ernährung kann sie bis auf 0,06 mg je Tag zurückgehen, kann aber auch bei manifestem Lactoflavinmangel normal sein, nämlich dann, wenn der Mangelzustand durch unzureichende Eiweißzufuhr bedingt ist. Beim Neugeborenen ist die Lactoflavinausscheidung im Harn sehr hoch (140 γ-% am 1. Tag), nimmt aber in der ersten Lebenswoche sehr schnell ab, um am 7. Tage praktisch den Wert Null zu erreichen (2 γ-%)[8]. Offenbar findet in den ersten

[1] MICKELSEN, O., W. O. CASTER and A. KEYS: J. biol. Ch. **168**, 415 (1947). — [2] JONG, R. N. DE: Arch. Neurol. Psychiatry **44**, 1044 (1940). — [3] RODERUCK, C. E., H. H. WILLIAMS and I. G. MACY: Amer. J. Dis. Children **70**, 162 (1945). J. Nutrit. **32**, 249 (1946). — [4] HILDEBRANDT, A., u. H. OTTO: M. m. W. **1938 II**, 1619. — [5] HAMAR, N.: Quart. J. exp. Physiol. **30**, 289 (1941). — [6] SCHWEIGERT, B. S.: Proc. Soc. exp. Biol. Med. **66**, 315 (1947). — [7] EMMERIE, A.: Z. Vit.-Forsch. **7**, 244 (1938). — [8] NEUWEILER, W., u. ESTERMANN: Z. Vit.-Forsch. **18**, 74 (1946).

Lebenstagen eine Ausschwemmung von Lactoflavin aus den Gewebsvorräten statt, die nach Umstellung auf das extrauterine Leben nicht mehr benötigt werden.

Eine durch längere Zeit fortgesetzte Verabreichung größerer Dosen Aneurin (10 mg je Tag) steigert die Ausscheidung von Lactoflavin. Schwere körperliche Arbeit vergrößert die Ausscheidung, Verzehr von viel Eiweiß vermindert sie. Während der Schwangerschaft, aber nicht im Wochenbett, ist die Lactoflavinausscheidung im Harn bei starker Streuung der Einzelwerte im Durchschnitt deutlich (um etwa 40%) herabgesetzt, und zwar unter normalen Ernährungsbedingungen und nach Lactoflavinbelastung[1]. Die Ursache ist eher in einer Steigerung der Vitaminspeicherung als in einem Mangelzustand zu erblicken. Nach Nebennierenexstirpation steigt die Lactoflavinausfuhr im Harn auf das Doppelte an[2]. Auch Injektionen von Adenosintriphosphat erhöhen die Lactoflavinausscheidung im Harn[3]. Im Tierversuch hört die Flavinausscheidung erst im Zustand der manifesten Avitaminose auf. Nach Lactoflavinmangel wurde beim Schwein eine lipoide Degeneration der Nierentubuli festgestellt. Gesunde Ratten und Ratten mit einem transplantierten Sarkom scheiden die gleichen Mengen Riboflavin mit dem Harn aus. Nach subcutaner Zufuhr von Riboflavin scheiden die gesunden Ratten nahezu die ganze, die Sarkomratten nur etwa 20% der zugeführten Menge aus[4].

Da nicht nur die Zuckerresorption im Darm, sondern auch die Rückresorption der Glucose in den Nierentubuli eine Phosphorylierung des Zuckers zur Voraussetzung hat und nach VERZÁR zu deren Durchführung Flavinphosphorsäure erforderlich ist, übt Lactoflavin auch Heilwirkungen bei nichtdiabetischen, durch Rückresorptionsstörungen bedingten Glucosurien aus. Dementsprechend verringern orale Gaben von Lactoflavin die Glucosurie bei Phlorrhizindiabetes[5], auch die den renalen wie den echten Diabetes begleitende Kreatinurie, sowie alle anderen Formen pathologischer Kreatinurie werden durch Lactoflavingaben beseitigt[6].

4. Nicotinsäure und Nicotinsäureamid (Niacin, Pellagraschutzstoff, PP-Faktor) (s. a. S. 738).

Die Nicotinsäure wird im Harn in verschiedenen Formen ausgeschieden. Nach Verabreichung von ^{14}C-Nicotinsäure oder Nicotinsäureamid an verschiedene Tierarten wurde folgende prozentuale Verteilung der Radioaktivität im Harn festgestellt[7]:

Tabelle 44. Abbauprodukte der Nicotinsäure im Harn.

Stoffwechselprodukt	^{14}C-Nicotinsäure				^{14}C-Nicotinsäureamid			
	Hund	Ratte	Hamster	Maus	Hund	Ratte	Hamster	Maus
N_1-Methylnicotinsäureamid	94	56	23,6	13,6	94	73,5	35	20
Nicotinursäure	1	10,5	2,8	24,8	0,5	0,0	0	0,5
Nicotinsäure	0,3	6,3	24,5	37,2	1	5,5	17	36,2
Unbekannte Verbindung	0	11,9	13,0	7,0	1	3,6	13	9
N(1)-Methylpyridon-3-carbonsäureamid	2	11,9	10,6	11,6	2,5	12	10	20
Nicotinsäureamid	2,4	3,5	25,5	6,1	1	5,6	25	14,3

[1] DUBRAUSZKY, V., u. S. BLAZSÓ: Z. Vit.-Forsch. **14**, 2 (1943). — [2] LASZT, L., u. L. DALLA TORRE: Z. Vit.-Forsch. **13**, 77 (1943). — [3] MAGYAR, I: Hung. Acta med. **1**, 37 (1948). — [4] PATESS, M. M.: Fragen d. Ernähr. (russ.) **12**, 19 (1953). — [5] Stepp-Kühnau-Schroeder, Vitamine 7. Aufl. Bd. 1, S. 243.— [6] Stepp-Kühnau-Schroeder, Vitamine 7. Aufl. Bd. 1, S. 265.— [7] LEIFER, E., L. J. ROTH, D. S. HOGNESS and M. H. CORSON: J. biol. Ch. **190**, 595 (1951).

Tabelle 45. Ausscheidung von Nicotinsäure, Nicotinsäureamid, Trigonellinamid und Trigonellin nach Belastung mit Nicotinsäure und Nicotinsäureamid (in % der Zufuhr bei verschiedenen Tierarten[1]. I = bei Nicotinsäure-, II = bei Nicotinsäureamidzufuhr).

	Nicotinsäure		Nicotinsäureamid		Trigonellinamid		Trigonellin	
	I	II	I	II	I	II	I	II
Mensch	1	0	2	0—2	16—21	19—25	0	0
Hund	13—16	0	48—49	31—43	21—31	31—50	0	0
Katze	10—29	0	12—24	34—47	19—24	20—34	0	0
Ratte	26—35	0	20—32	15—32	1—16	9—15	0	0
Kaninchen . . .	35—64	3—19	0	2—7	0	0	35—64	3—9
Meerschweinchen	60—82	24—39	0	0	0	0	0	0

JOHNSON[2] isolierte nach intraperitonealer Zufuhr von Nicotinsäure 10 bei Ratten verschiedene Verbindungen im Harn, von denen 6 bekannte Niacin-Stoffwechselprodukte waren, nämlich Nicotinsäure, N_1-Methylnicotinamid, Nicotinharnsäure, Coenzym I, N_1-Methyl-2-pyridon-5-carboxamid und Nicotinamid. Außerdem erfaßte JOHNSON Trigonellinamid und ein anderes noch unbekanntes Stoffwechselprodukt. Als Stoffwechselprodukt der Nicotinsäure kommt auch β-Nicotinoyl-D-glucuronsäure in Frage[3].

N (1)-Methylnicotinsäureamid (Trigonellinamid)

N (1)-Methyl-2-pyridon-5-carboxamid

Der normale menschliche Tagesharn[4] enthält 1,2 mg Codehydrogenase I. Beim Huhn wird die Nicotinsäure als Dinicotinyl-ornithin ausgeschieden[5]. Normalerweise entspricht die Summe der Ausscheidung aller dieser Substanzen etwa 40% der Nahrungsnicotinsäure.

Die wichtigsten im Harn erscheinenden Abbauformen des Niacins sind das Trigonellinamid und das 1-Methyl-6-pyridon-3-carboxamid (s. Bd. **1**, S. 785).

Trigonellinamid, auch als Substanz F_2 bezeichnet, bildet ein Pikrat, das bei 189° schmilzt (s. Bd. **1**, S. 785). Im Harn scheint es teilweise in Form eines (rein blau fluorescierenden) Dihydroderivates vorzukommen[6]. Das Trigonellinamid wird durch tubuläre Sekretion ausgeschieden[7]. Die Ausscheidung des Trigonellinamids wird durch p-Aminohippursäure nicht beeinflußt und umgekehrt. Es scheint demnach, daß der Transportmechanismus für das Trigonellinamid von dem der p-Aminohippursäure verschieden ist.

Beim Menschen werden von aufgenommener Nicotinsäure rund 15%, von aufgenommenem Nicotinsäureamid rund 22% als Trigonellinamid im Harn aus-

[1] ELLINGER, P., and M. M. ABDEL KADER: Biochem. J. **44**, 77 (1949). — ELLINGER, P., G. FRAENKEL and M. M. ABDEL KADER: Biochem. J. **41**, 559 (1947). — [2] JOHNSON, B. C:. 2. Int. Congr. Biochem. Paris. S. 225. 1952. — [3] EYS, J. VAN, O. TOUSTER and W. J. DARBY: Fed. Proc. **14**, 296 (1955). — [4] VILTER, R. W., S. P. VILTER and T. D. SPIES: Amer. J. med. Sci. **197**, 322 (1939). J. amer. med. Ass. **112**, 420 (1939). — [5] Stepp-Kühnau-Schroeder, Vitamine 7. Aufl. Bd. 1, S. 299. — [6] HUFF, J. W., and W. A. PERLZWEIG: Science, N. Y. **97**, 538 (1943). — [7] BEYER, K. H., H. F. RUSSO, S. R. GASS, K. M. WILHOYTE and A. A. PITT: Amer. J. Physiol. **160**, 311 (1950).

geschieden[1, 2]. Bei der Frau scheint der Prozentsatz noch höher zu liegen und kann schon außerhalb der Gravidität bis 42% betragen. In der Schwangerschaft steigt er, mit deren Dauer zunehmend, bis auf über 100% (bei niedrigen Zufuhren bis 175%) an[3], um sogleich nach der Geburt auf 8—9% abzusinken[4, 5]. Die hohen Werte der Trigonellinamidausscheidung am Ende der Gravidität zeigen, daß in diesem Zeitpunkt Nicotinsäure in verstärktem Ausmaß vom Körper synthetisiert wird. Die Annahme älterer Autoren, daß bei Mensch, Hund und Ratte als Endprodukt des Nicotinsäurestoffwechsels normalerweise Trigonellin im Harn ausgeschieden werde, hat sich als ein Irrtum herausgestellt; die für Trigonellin gehaltene Substanz ist in Wirklichkeit Trigonellinamid[2]. Das im Harn bei Mensch und Hund ausgeschiedene Trigonellin entstammt trigonellinhaltigen pflanzlichen Nahrungsmitteln und hat mit dem Haushalt des Anti-Pellagra-Vitamins nichts zu tun. Dasselbe gilt für die Nicotinursäure (Nicotin-glykokoll), die entgegen früheren Meinungen weder beim Menschen noch bei Hund, Katze und Ratte im Harn ausgeschieden wird[2, 6].

Die bei menschlicher und experimenteller Pellagra im Harn auftretenden roten Pigmente sind nicht Porphyrine, sondern Indolderivate, die einem pathologisch verlaufenden Tryptophanabbau vermutlich infolge abnormer Fäulnisvorgänge im Darm ihr Dasein verdanken[7]. Gelegentlich bei Pellagra oder Pellagroiden zu beobachtende Porphyrinurien sind auf einen begleitenden Lactoflavinmangel, bisweilen auch auf einen gleichzeitig vorhandenen Leberschaden zurückzuführen[8, 9].

Niere und Gehirn sind in geringem Umfang zur Methylierung von Nicotinsäureamid befähigt[10].

5. Vitamin B_6 (Pyridoxin) (s. a. S. 749).

Gesunde Menschen scheiden etwa 0,4—0,8 mg B_6 je Tag im Harn aus. Nach einer Belastung mit 50 mg des Vitamins findet man 3—8 mg im Harn wieder. Pyridoxin wird im Organismus oxydiert und als Pyridoxinsäure (2-Methyl-3-oxy-5-oxymethylpyridincarbonsäure) im Harn ausgeschieden[11]. 85% des im Harn ausgeschiedenen B_6 liegen als 4-Pyridoxinsäure vor, der Rest zu gleichen Teilen als Pyridoxin und Pyridoxal.

Bei Vitamin B_6-Mangel ist der normale Abbau des Tryptophans blockiert, und es häufen sich im Harn Kynurenin, 3-Oxykynurenin sowie deren Acetylderivate an. Bei verschiedenen Tieren, z.B. bei Ratten, erscheint Xanthurensäure im Harn, vorausgesetzt, daß tryptophanhaltiges Eiweiß in der Diät enthalten ist. Beim Menschen kommt jedoch Xanthurensäure auch bei schwerem B_6-Defizit nicht zur Ausscheidung, außer wenn große Mengen der Aminosäure zugeführt werden. Bei Schwangeren und bei Frauen kurz nach der Entbindung ist die Xanthurensäureausscheidung erhöht[12]. Die Nieren vom Huhn enthalten

[1] Holman, W. I. M., and D. J. de Lange: Biochem. J. **45**, 559 (1949). Nature **165** 605 (1950). — [2] Ellinger, P., and M. M. Abdel Kader: Biochem. J. **44**, 77 (1949). — Ellinger, P., G. Fraenkel and M. M. Abdel Kader: Biochem. J. **41**, 559 (1947). — [3] Stepp-Kühnau-Schroeder, Vitamine 7. Aufl. Bd. 1, S. 299. — [4] Lojkin, M. E., A. W. Wertz and C. G. Dietz: J. Nutrit. **46**, 335 (1952). — [5] Coryell, M. N., M. E. Harris, S. Miller, H. H. Williams and I. G. Macy: Amer. J. Dis. Children **70**, 150 (1945). — Coryell, M. N., C. Roderuck, M. E. Harris, S. Miller, M. M. Rutledge, H. H. Williams and I. G. Macy: J. Nutrit. **34**, 219 (1947). — [6] Johnson, B. C., T. S. Hamilton and H. H. Mitchell: J. biol. Ch. **159**, 231 (1945). — [7] Watson, C. J.: J. amer. med. Ass. **114**, 2427 (1940). — [8] Dobriner, K., W. H. Strain and S. A. Localio: Proc. Soc exp. Biol. Med. **38**, 748 (1938). — [9] Kark, R., and A. P. Meiklejohn: Amer. J. med. Sci. **201**, 380 (1941). — [10] Ellinger, P.: Biochem. J. **40**, XXXI (1946); **42**, 175 (1948). Lancet **1948 I**, 539. — [11] Huff, J. W., and W. A. Perlzweig: Science, N. Y. **100**, 15 (1944). — [12] Wachstein, M., and A. Gudaitis: J. Lab. clin. Med. **40**, 550 (1952).

0 mg-% Pyridoxin, 3,0 mg-% Pyridoxalhydrochlorid und 2,6 mg-% Pyridoxaminhydrochlorid. Die entsprechenden Werte sind bei der Ratte 1,0, 3,3 und 1,3 mg-%. Bei Niereninsuffizienz gelingt es manchmal durch parenterale Pyridoxinzufuhr den Reststickstoff zu senken. Es wird angenommen, daß der Angriffspunkt des Vitamins am Tubulusapparat liegt[1].

6. Pantothensäure (s. a. S. 757).

Für gesunde Menschen wurde die Pantothensäureausscheidung im 24 Std-Harn mit folgenden Werten angegeben: Kinder bis zu 10 Jahren 2,05 mg, bis zu 14 Jahren 2,86 mg, Männer von 17—60 Jahren 2,72 mg und Frauen 2,63 mg[2]. Bei der Ratte[3], beim Rind[3] und vor allem beim Menschen[4,5] ist die Pantothensäureausscheidung im Harn und Kot ebenso groß oder größer als die Zufuhr mit der Nahrung. Dies gilt besonders für die Lactationsperiode; zwischen dem 5. und dem 10. Tag der Stillzeit scheidet die Wöchnerin allein in Milch und Harn bis zu 130% (unter Berücksichtigung des normalen Pantothensäuregehaltes der Faeces, insgesamt 160%) der zugeführten Pantothensäure aus[6], der Überschuß wird durch durch die Darmflora geliefert.

Auch bei zusätzlicher Zufuhr des Vitamins erscheint kein größerer Betrag im Harn, solange die Konzentration der Plasmapantothensäure den Wert von 0,05 mg-% nicht überschreitet. Wird durch Verabfolgung freier Pantothensäure der Plasmapantothensäurespiegel über den genannten Grenzwert erhöht, so treten große Vitaminmengen im Harn auf, die mit steigender Plasmakonzentration so schnell zunehmen, daß oberhalb eines Plasmaspiegels von 0,120 mg-% die berechnete Pantothensäure-Clearance der Geschwindigkeit der Glomerulusfiltration gleichkommt[7]. Beim Hund werden von per os verabfolgter Pantothensäure (1—4 mg/kg) nur Spuren (0—5%), von in gleicher Menge intravenös injizierter Pantothensäure 22—57% im Harn ausgeschieden[8].

7. Biotin (Vitamin H) (s. a. S. 797).

Innerhalb des tierischen Organismus ist die Biotinkonzentration in Leber und Niere am höchsten. Die Biotinausfuhr in Harn und Kot übersteigt die mit der Nahrung zugeführte Biotinmenge um das 3—6fache, bei biotinarmer Kost sogar um das 9fache[9]. Der bakterielle Ursprung dieses Biotinüberschusses wird dadurch bewiesen, daß Verabfolgung darmsterilisierender Mittel, wie Sulfaguanidin, Sulfasuxidin, die Biotinausfuhr nahezu auf Null herabdrücken[10]. Die Normalausscheidung von Biotin im 24 Std-Harn beträgt 0,028—0,036 g, im Mittel 0,032 g[11].

8. p-Aminobenzoesäure und Folsäure (s. a. S. 764 u. 767).

Im Überschuß zugeführte p-Aminobenzoesäure wird im Harn nur zum kleinsten Teil in freier Form, zu einem größeren als mikrobiologisch unwirksame Acetyl-p-aminobenzoesäure und in der Hauptsache gebunden an Glykokoll oder Glucuronsäure als p-Aminohippursäure, p-Aminobenzoylglucuronsäure und Acetyl-

---

[1] SCHMID, S.: M. m. W. **1955**, 782. — [2] SCHMIDT, V.: Int. Z. Vit.-Forsch. **22**, 257 (1950). — [3] TEERI, A. E., M. LEAVITT, D. JOSSELYN, N. F. COLOVOS and H. A. KEENER: J. biol. Ch. **182**, 509 (1950). — [4] DENKO C. W., W. E. GRUNDY, N. C. WHEELER, C. R. HENDERSON, G. H. BERRYMAN, T. E. FRIEDEMANN and J. B. YOUMANS: Arch. Biochem. **11**, 109 (1946). — [5] CROKAERT, R., S. MOORE et E. J. BIGWOOD: Bull. Soc. Chim. biol. **33**, 1209 (1951). — [6] CORYELL, M. N., M. E. HARRIS, S. MILLER, H. H. WILLIAMS and I. G. MACY: J. Lab. clin. Med. **32**, 1454 (1947). — [7] Stepp-Kühnau-Schroeder, Vitamine 7. Aufl. Bd. 1, S. 387. — [8] SILBER, R. H., and K. UNNA: J. biol. Ch. **142**, 623 (1942). — [9] GARDNER, J., H. T. PARSONS and W. H. PETERSON: Arch. Biochem. **8**, 339 (1945). — [10] OPPEL, T. W.: Amer. J. med. Sci. **204**, 856 (1942); **215**, 76 (1948). — [11] ROBINSON, F. A.: The Vitamin B-Complex. London 1951.

p-aminobenzoylglucuronsäure ausgeschieden[1]. Im Durchschnitt erscheinen täglich 0,15 mg p-Aminobenzoesäure im Harn[2].

Beim Menschen ist die Folsäureausscheidung durch den Darm etwa 80 bis 100mal größer als durch die Niere[2]. Die im Harn ausgeschiedene Folsäuremenge, die noch nicht 1% der Nahrungsfolsäure ausmacht, besteht zu etwa 60—80%, bei purinreicher Kost zu 45% aus Citrovorum-Faktor. Bei Milchdiät ist die Folsäureausfuhr im Harn herabgesetzt, bei purinreicher Ernährung erhöht. Folsäure- und Vitamin B_{12}-Ausscheidung verlaufen nicht parallel[3]. Zufuhr von Aminopterin hat eine Ausschwemmung im Harn zur Folge[4,5].

Tabelle 46. Tägliche Ausscheidung von Gesamtfolsäure*, Citrovorum-Faktor und Vitamin B_{12} im Harn bei gesunden Menschen (Werte in γ)[3].

Ernährungsart	Gesamtfolsäure	Citrovorum-Faktor	Vitamin B_{12}
normal	4,1 (1,9—6,6)	2,6 (1,6—4,8)	0,031 (0,016—0,055)
Milchdiät	2,6	1,8	0,037
eiweißreich	3,1	2,6	0,033
purinreich	10,4	4,9	0,043
Hunger	3,9	2,8	0,062

* Folsäure + Citrovorum-Faktor.

Zusätzlich per os verabfolgte Folsäure wird in einem um so höheren Prozentsatz im Harn eliminiert, je höher die verabreichte Dosis war, und zwar zum Teil als Citrovorum-Faktor[6]. Die Folsäure beseitigt die vermehrte Ausfuhr von p-Oxyphenyl(Tyrosyl-)derivaten im Harn bei skorbutkranken Säuglingen[7].

Die folgende Tabelle 47 stellt für den Menschenn die im Harn ausgeschiedenen Mengen von 6 Vitaminen der Zufuhr mit der Nahrung gegenüber[2].

Tabelle 47. Harnausscheidung von Vitaminen der B-Gruppe.

Vitamin	Zufuhr	Ausscheidung im Harn
Aneurin (mg)	1,24—**1,44**—1,63	0,14—**0,23**—0,32
Lactoflavin (mg)	1,74—**1,84**—1,98	0,54—**0,68**—0,91
Pantothensäure (mg)	4,19—**4,73**—5,30	2,68—**3,04**—446
Biotin (γ)	37— **44**—54	28— **32** — 36
p-Aminobenzoesäure (γ)	97—**188** — 220	131—**148** —198
Folsäure (γ)	43— **62**— 86	3— **4** — 5

Harn enthält geringe, stark wechselnde Mengen von *Vitamin* B_{12} ausschließlich in freier, mikrobiologisch wirksamer Form. Der normale Harn hat einen B_{12}-Gehalt von 0—20 γ-%. Parenteral gegebene B_{12}-Überschüsse erscheinen vorwiegend und sehr schnell im Harn: die B_{12}-Verluste im Harn steigen mit der verabfolgten Dosis stark an, wobei wesentliche Unterschiede zwischen Gesunden und Perniciosakranken nicht bestehen[8].

[1] Salassa, R. M., J. L. Bollman and T. J. Dry: J. Lab. clin. Med. **33**, 1393 (1948). — [2] Denko, C. W.: J. appl. Physiol. **3**, 559 (1951). — [3] Register, U. D., and H. P. Sarett: Proc. Soc. exp. Biol. Med. **77**, 837 (1951). — [4] Stepp-Kühnau-Schroeder, Vitamine 7. Aufl. Bd. 1, S. 484. — [5] Bethell, F. H., M. C. Myers and R. B. Neligh: J. Lab. clin. Med. **33**, 1477 (1948). — [6] Sauberlich, H. E.: J. biol. Ch. **181**, 467 (1949). — [7] Morris, J. E., E. R. Harpur and A. Goldbloom: J. clin. Invest. **29**, 325 (1950). — [8] Stepp-Kühnau-Schroeder, Vitamine 7. Aufl. Bd. 2. Im Druck.

Tabelle 48. Ausscheidung von Vitamin B_{12} im menschlichen Harn[1].

μγ Vitamin B_{12} je ml Harn	mγ Vitamin B_{12} je Tag	μγ Vitamin B_{12} je ml Harn	mγ Vitamin B_{12} je Tag
Normalwerte Gesunder		Perniziöse Anämie	
—	0—200[2]	<16—100	20—150[3]
80—250	110—270[3]	0,001—15	0,0015—20[4]
40—200	50—250[4]		

Vor kurzem gelang es HODGKIN, SMITH, TODD u. ihren Mitarb.[5], die Struktur des Vitamin B^{12} aufzuklären. Näheres s. S. 781.

9. Vitamin C (Ascorbinsäure) (s. a. S. 807).

Die Möglichkeit der Speicherung im Organismus ist begrenzt. Die Ausscheidung der Ascorbinsäure erfolgt im wesentlichen im Harn. Sie setzt einen gewissen Schwellenwert im Plasma voraus, der bei 1,1—1,8 mg-% liegt. Unterhalb dieser Konzentration wird nur sehr wenig ausgeschieden; nach Erreichung des Schwellenwertes erfolgt ein steiler Anstieg. Der Schwellenwert ist individuell verschieden, aber auch bei ein und demselben Menschen großen Schwankungen unterworfen, z. B. ist er bei mangelhafter Vitaminversorgung herabgesetzt. Nach STORVICK u. HAUCK beträgt die tägliche Vitamin C-Ausscheidung 0,015—0,05 g bei normaler gemischter Kost[6]. Nach Applikation sehr großer Ascorbinsäuremengen findet man im Harn neben unveränderter Ascorbinsäure noch Diketogulonsäure und Oxalsäure als Zeichen, daß ein Teil des Vitamins irreversibel zerstört wird. Bei Sättigungsversuchen fanden GOUNELLE u. Mitarb.[7], daß der Ascorbinsäuregehalt des Harns mit der Blutkonzentration nicht parallel geht. Die Schnelligkeit der Ausfuhr richtet sich nach der Zufuhr. Bei intravenöser Zufuhr wird das Höchstmaß an Ausscheidung binnen 1 oder 2 Std erreicht; bei Zufuhr per os zwischen der 3. und 5. Std. In 5—6 Std sind 85% der Tagesmenge ausgeschieden[7].

Die zur Erreichung einer normalen Ausscheidung benötigten Ascorbinsäuredosen sind am höchsten bei Skorbut, Dyspepsien, Neoplasmen, Nierenerkrankungen, doch führt erst ein hoher Grad von Niereninsuffizienz zu einer Verzögerung der Ausscheidung.

10. Sonstige Vitamine.

Vitamin D wird nicht durch die Niere ausgeschieden. Nur in ganz seltenen Fällen von Chylurie ist Vitamin D im Harn festgestellt worden[8].

Der Harn ist auch bei den höchsten Zufuhren frei von *Vitamin E*.

Bestimmung der Vitamine im Harn s. [9].

---

[1] HEINRICH, H. C.: Kli. Wo. **1954**, 867. — [2] ROSS, G. I. M.: Nature **166**, 270 (1950). — [3] MOLLIN, D. L., and G. I. M. ROSS: J. clin. Path. **5**, 129 (1952). — [4] HEINRICH, H. C., u. H. LAHANN: Z. Naturforsch. **7b**, 417 (1952). — [5] HODGKIN, D. C., J. PICKWORTH, J. H. ROBERTSON, K. N. TRUEBLOOD, R. J. PROSEN and J. G. WHITE; BONNETT, R., J. R. CANNON, A. W. JOHNSON, I. SUTHERLAND, S. A. TODD and E. L. SMITH: Nature **176**, 325 (1955). — TODD, A., A. W. JOHNSON u. Mitarb.: Angew. Chem. **67**, 428 (1955). — [6] STORVICK, C. A., and H. M. HAUCK: J. Nutrit. **23**, 111 (1942). — [7] Nach ABDERHALDEN, E., u. G. MOURIQUAND: Vitamine und Vitamintherapie. S. 282. Bern 1948. — [8] SCHROEDER, H.: Persönliche Mitteilung an den Verfasser. — [9] Stepp-Kühnau-Schroeder, Vitamine 7. Aufl. Bd. 1.

ζ) Hormone[1,2].

Nahezu alle Hormone, die im Organismus vorkommen, sind auch im Harn nachweisbar. Die Konzentrationsverhältnisse sind aber im Harn ganz andere als im Blut. Es werden die unveränderten Hormone ausgeschieden und daneben Abbau- und Kondensationsprodukte, die selbst keine oder nur noch eine abgeschwächte hormonale Wirkung besitzen. Eine Einteilung der mit dem Harn ausgeschiedenen Hormone kann erfolgen:

1. nach ihrer biologischen Wirkung, und
2. nach ihrer chemischen Konstitution.

Man kann sie biologisch, zum Teil auch auf Grund spezifischer chemischer Reaktionen bestimmen.

Im Harn kann man 3 große Gruppen von Hormonen unterscheiden:

a) Die Steroidhormone:
   1. Oestrogene (Oestron, Oestrol und Oestradiol),
   2. Androgene (Testosteron, Androsteron und Dehydroandrosteron),
   3. das Corpus luteum-Hormon Progesteron (ausgeschieden als Pregnandiol) und
   4. die Nebennierenrindenhormone (Corticosteron, Desoxycorticosteron usw.).

b) Die Hypophysenhormone. Sie können nur biologisch bestimmt werden, da die chemischen Reaktionen nicht spezifisch genug sind.

c) Eine Anzahl anderer Hormone, die keiner einheitlichen chemischen oder biologischen Gruppe zuzuordnen sind, und zwar Thyroxin, Insulin, Adrenalin und die Gewebshormone, z. B. Histamin, Acetylcholin, Kallikrein.

1. Die Steroidhormone[3].

Wegen ihrer klinischen Wichtigkeit hat die *Bestimmung der Steroidhormone im Harn* in letzter Zeit große Bedeutung erlangt. Über Konstitution und Chemie der Steroide s. Bd. **1**, S. 391—459. Selten werden die Steroide im Harn in freier Form ausgeschieden, häufig gelangen sie als Ester der Glucuron- oder der Schwefelsäure zur Ausscheidung. Unter normalen Bedingungen werden sie nur in sehr kleinen Mengen ausgeschieden, unter pathologischen Bedingungen aber, besonders bei Tumoren der Nebenniere, der Ovarien und der Testes sowie während der Schwangerschaft, können tägliche Werte von 100 mg und mehr erreicht werden.

a) Androgene (s. a. S. 58, Bd. **1**, S. 437, Bd. **2**/1, S. 895—904). Androgene sind im Harn sowohl bei normalen Individuen als auch bei pathologischen Zuständen gefunden worden. Der menschliche Harn hat im Gegensatz zum Harn der Tiere einen hohen Gehalt an Androgenen, die bei beiden Geschlechtern und auch bei Kindern gefunden worden sind. Neben den Substanzen mit androgener Aktivität sind auch zahlreiche Steroide aus dem Harn isoliert worden, die zwar keine biologische Aktivität besitzen, chemisch den Androgenen aber nahe verwandt sind. Es ist in einigen Fällen gelungen nachzuweisen, daß diese biologisch nichtaktiven Substanzen von dem androgen aktiven Material abstammen.

Die Androgene erscheinen im Harn in einer wasserlöslichen, biologisch inaktiven Form. Durch die Behandlung mit Säure und durch Erhitzen wird der wasserlösliche Komplex aufgesprengt und ergibt das fettlösliche, wasserunlösliche

[1] Pincus-Thimann, Hormones Bd. I. S. 351, 407, 467, 549; Bd. II, S. 33, 65, 351. — [2] H.-Th. 10. Aufl. Bd. V, S. 251—292. — [3] PINCUS, G., L. P. ROMANOFF and J. CARLO: J. Gerontol. **9**, 113 (1954).

Androgen, das jetzt biologisch aktiv ist. Aber diese Behandlung verursacht an den biologisch aktiven Steroiden strukturelle Veränderungen, die dazu beitragen, die totale androgene Aktivität herabzusetzen. FUNK[1] zeigte 1929, daß Harnextrakt nach Behandlung mit Säure größere Mengen aktives Material ergab als unbehandelter Harn. ADLER[2] fand, daß Butanolextrakte aus männlichem Harn, welche sich beim Kapaunenkammtest als inaktiv erwiesen, durch Erhitzen mit Trichloressigsäure in biologisch aktives Material übergeführt werden können. Andere Untersucher bestätigten diese Erfahrungen[3, 4]. Dehydroandrosteron und Androsteron wurden in Form ihrer Schwefelsäureester aus männlichem Harn isoliert[5, 6].

Die Konzentration von Androgenen und 17-Ketosteroiden im Harn. Männliche Geschlechtshormone werden sowohl von Männern als auch von Frauen im Harn ausgeschieden. Die Konzentration im Harn für Androsteron beträgt normalerweise: für Männer[7] etwa 1—2 mg/*l*, für Frauen[8] etwa 1—3 mg/*l*; für Dehydroandrosteron bei Männern und Frauen[9] 0,2 mg/*l*.

Bei Kindern ist während der ersten 6 Lebensjahre der Androgenspiegel im Harn extrem niedrig. Ein ziemlich schnelles Ansteigen der Ausscheidung im Harn kann zwischen dem 6. und 7. Jahr beobachtet werden, dann steigt die Ausscheidung an bis zum 17. oder 18. Lebensjahr.

Man findet folgende Werte der Ausscheidung von 17-Ketosteroiden: kurz nach der Geburt 1 mg je Tag; bis zum 2. Monat Abfall bis auf 0,5 mg je Tag[10], im Alter von 2—6 Jahren 0,7 mg je Tag, von 6—9 Jahren 0,9 mg je Tag, von 9—12 Jahren 1 mg je Tag. Im Kindesalter ist kein signifikanter Unterschied der beiden Geschlechter feststellbar. Mit Eintritt der Pubertät steigt die Ausscheidung der 17-Ketosteroide steil an, während der prozentuale Anteil an Dehydroandrosteronen mit zunehmendem Alter abnimmt[11].

Bei Patientinnen mit Hyperemesis gravidarum beträgt die Ausscheidung von 17-Ketosteroiden 0,5—11,6 mg mit einem Durchschnitt von 5,3 mg je 24 Std, während die Ausscheidung bei normalen Schwangeren im 1. Trimester der Schwangerschaft 2,4—15,7 mg mit einem Durchschnitt von 8,1 mg je 24 Std beträgt. Daraus wird auf eine Schädigung der Nebennierenrinde bei der Hyperemesis gravidarum geschlossen[12]. Bei Stress-Zuständen sind dynamische Veränderungen der 17-Ketosteroide im Harn beobachtet worden.

Obwohl bis zu 25 I.E im Alter von 20 Jahren am Tag ausgeschieden werden, ist diese Konzentration doch noch bedeutend niedriger als die während der Zeit zwischen 20 und 30 Jahren. Die wachsende Konzentration der 17-Ketosteroide im Harn mit zunehmendem Alter scheint der Ausscheidungskurve der Androgene parallel zu gehen[13, 14]. Die Zunahme der Konzentration von Androgenen und 17-Ketosteroiden mit zunehmendem Alter ist bei Mädchen ähnlich wie bei Knaben[15]. Die 17-Ketosteroidausscheidung bei erwachsenen Männern scheint

---

[1] FUNK, C., B. HARROW and A. LEJWA: Proc. Soc. exp. Biol. Med. **26**, 569 (1929). — [2] ADLER, A. A.: Nature **133**, 798 (1934). — [3] GALLAGHER, T. F., and F. C. KOCH: J. biol. Ch. **104**, 611 (1934). — [4] PETERSON, D. H., T. F. GALLAGHER and F. C. KOCH: J. biol. Ch. **119**, 185 (1937). — [5] MUNSON, P. L., T. F. GALLAGHER and F. C. KOCH: J. biol. Ch. **152**, 67 (1944). — [6] VENNING, E. H., M. M. HOFFMAN and J. S. L. BROWNE: J. biol. Ch. **146**, 369 (1942). — [7] CALLOW, N. H.: Biochem. J. **33**, 559 (1939). — [8] MARKER, R. E., and E. J. LAWSON: Am. Soc. **60**, 2928 (1938). — [9] CALLOW, N. H., and R. K. CALLOW: Biochem. J. **32**, 1759 (1938); **33**, 931 (1939). — [10] STRÖDER, J., H. ZEISEL u. E. KÖLITZ: Kli. Wo. **1952**, 980. — [11] WOOD, M. E., and C. H. CRAY: J. Endocrinol. **6**, 112 (1949). — [12] UUSPÄÄ, V. J., and P. A. JÄRVINEN: Ann. Med. exp. Biol. Fenn. **32**, 305 (1954). — [13] OESTING, R. B., and B. WEBSTER: Endocrinology **22**, 307 (1938). — [14] NATHANSON, I. T., L. E. TOWNE and J. C. AUB: Endocrinology **28**, 851 (1941). — [15] SCHWENK, A., u. E. SCHWENK: Z. Kinderheilkde. **71**, 570, 580 (1952).

sich zwischen 8 und 32 mg je Tag, bei einer Spitzenausscheidung zwischen 13 und 14 mg je Tag zu bewegen, wenn zur Bestimmung die CALLOW-Methode benutzt wird. Nach der HOLTHOFF-KOCH-Methode beträgt die Ausscheidung 15,9 bis 34,0 mg. Bei Frauen wird eine Ausscheidung nach der CALLOW-Methode von 6,8—12,2 mg je Tag gefunden und im Falle der Androgene ungefähr $^2/_3$ der Werte für gesunde Männer[1]. Nach SCHREUS u. Mitarb.[2] liegt das Maximum der Ausscheidung der 17-Ketosteroide bei Männern zwischen 40 und 50 Jahren und ist unabhängig von der Harnmenge[3]. Die normale Ausscheidung für die 17-Oxycorticoidglucuronide beträgt nach SANDBERG u. Mitarb.[4] 3—5 mg je Tag für Männer und Frauen. Die Verfasser benutzten zur Bestimmung die Spaltung mit β-Glucuronidase.

Die Ketosteroide des Harns setzen sich zusammen aus:

1. Oestron, einem Keton mit aromatischem Ring,
2. 17-Ketosteroiden und
3. 20-Ketosteroiden.

Im ganzen sind 42 Ketosteroide als Harnbestandteile bekannt. Die Übereinstimmung der aus den Werten der 17-Ketosteroide im Plasma und Harn errechneten Clearance mit der Kreatinin-Clearance läßt darauf schließen, daß die 17-Ketosteroide rein glomerulär ausgeschieden werden und keiner Rückresorption unterliegen[5]. Die nachfolgende Tabelle gibt eine Übersicht über die im Harn aufgefundenen wichtigsten nichtaromatischen Ketosteroide nach ESCAMILLA[6].

Tabelle 49. **Harnketosteroide.**

Nichtaromatische α-Ketosteroide des Harns:

1. $\Delta^{3,5}$-Androstan-dien-on-17	12. Pregnanol-3α-on-20
2. Δ^{2}(oder ^{3})-Androstenon-17	13. Androsteron
3. 3-Chlor-Δ^{5}-androstenon-17	14. Δ^{9}-Androstenol-3α-on-17
4. Ätiocholanol-3α-on-17-acetat-3	15. 17-iso-Pregnanol-3α-on-20
5. Δ^{11}(?)-Androstenol-3α-on-17-acetat-3	16. Δ^{9}-Ätiocholenol-3α-on-17
6. Allopregnandion-3,20	17. Ätiocholanol-3α-on-17
7. Pregnandion-3,20	18. Androstandiol-3α,11β-on-17
8. Androstandion-3,17	19. Ätiocholanol-3α-dion-11,17
9. Ätiocholandion-3,17	20. Pregnandiol-3α,20α
10. Δ^{4}-Androstendion-3,17	21. Allopregnandiol-3α,6-on-20
11. Allopregnanol-3α-on-20	

Nichtaromatische β-Ketosteroide des Harns:

1. Δ^{2}(oder ^{3})-Allopregnenon-20	3. Dehydroisoandrosteron
2. Allopregnanol-3β-on-20	4. Isoandrosteron

LIEBERMAN u. Mitarb.[7] isolierten neue Steroidtriole aus menschlichem Harn, und zwar handelt es sich um das Ätiocholan-3α.16α-17β-triol, das Androstan-3α.16α,17β-triol und um das Allopregnan-3β.16α,20α-triol.

[1] Bestimmungsmethoden s. H.-Th. 10. Aufl. Bd. V, S. 258. — [2] SCHREUS, H. T., W. DÖRNER u. H. RUHRMANN: Z. Haut- u. Geschl.-Krankh. **13**, 361 (1952). — [3] APPEL, W.: Z. ges. exp. Med. **118**, 269 (1952). — [4] SANDBERG, A. A., D. H. NELSON, E. M. GLENN, F. H. TYLER and L. T. SAMUELS: J. clin. Endocrinol. **13**, 1445 (1953). — [5] WEST, C. D., F. H. TYLER, H. BROWN and L. T. SAMUELS: J. clin. Endocrinol. **11**, 897 (1951). — [6] ESCAMILLA, R. F.: Ann. internal Med. **30**, 249 (1949). — [7] LIEBERMAN, S., B. PRAETZ, P. HUMPHRIES and K. DOBRINER: J. biol. Ch. **204**, 491 (1953).

Die mit der β-Steroidfraktion aus dem Harn einer schwangeren Frau isolierte Verbindung $3\beta,6\alpha$-Dioxyallopregnan-20-on[1], konnte durch SALOMON u. DOBRINER[2] als Allopregnan-$3\beta,6\alpha$-diol-20-on identifiziert werden.

b) Oestrogengruppe (s. Bd. **1**, S. 421—431; Bd. **2**/1, S. 904f. Die oestrogenen Hormone, die im menschlichen und tierischen Harn vorkommen, sind durch einen aromatischen Ring gekennzeichnet und sind zum Teil aus normalem, zum Teil aus Schwangerenharn isoliert worden. Zu dieser Gruppe gehören:

α-Oestradiol	Oestron	Equilin
β-Oestradiol	Oestronsulfat	Equilenin
Oestriol		β-Dihydroequilenin
Oestriolglucuronid		Hippulin

Die Oestrogene kommen ohne Unterschied des Geschlechtes in jedem Harn vor. Nach Injektionen von oestrogenen Hormonen wird nur ein kleiner Prozentsatz im Harn wiedergefunden, deswegen ist die im Harn ausgeschiedene Menge kein Maß für den wirklichen Umsatz im Organismus[3-5]. Nur 10% von injiziertem α-Oestradiol werden im Harn wieder ausgeschieden.

Gesunde Männer scheiden am Tag 5—15 γ, Frauen 10—36 γ, schwangere Frauen bis zu 20000 γ aus[6]. Nach ABDERHALDEN[7] kommt Oestron im Harn schwangerer Frauen in einer Menge von 7—8 mg/l vor. Eine Stute scheidet während der Trächtigkeitszeit insgesamt rund 30 g Substanzen mit oestrogener Wirksamkeit aus. Der höchste Gehalt an Oestron findet sich eigenartigerweise im Hengstharn (14 mg/l). Im Harn von nichtschwangeren Frauen und im Männerharn sind nur die oben angegebenen geringen Mengen vorhanden. Die Oestrogene werden zum Teil an Schwefelsäure, zum Teil an Glucuronsäure gebunden ausgeschieden[8, 9].

Die Oestronausscheidung beginnt erst mit dem 10.—11. Lebensjahr und schwankt zwischen 10—80 I.E. Später werden die oben angegebenen Mengen ausgeschieden[10].

Oestron und *Oestriol* wurden aus Schwangerenharn isoliert (s. Bd. **1**, S. 425). Im Stutenharn wurde *Equilin* gefunden, von dem aus 7000 kg Harn 0,1 g in reiner Form dargestellt wurden. Das *Hippulin* wurde ebenfalls aus Stutenharn isoliert.

Bei Leberkrankheiten kommt es nach DOHAN u. Mitarb.[11] zu einer vermehrten Ausscheidung von Oestrogenen im Harn.

Im Harn von *Myomträgerinnen* sollen erhöhte Mengen Follikelhormon ausgeschieden werden[12].

Die Ausscheidung oestrogener Substanzen im Harn war bei *Fällen mit Hypogenitalismus* bis auf $^1/_5$ der Norm erniedrigt. Nach Zufuhr von Testosteron (25 mg je Tag, 9—14 Tage lang) stieg bei Hypogenitalismus die Ausscheidung androgener Stoffe von 2—16 I.E. auf 44—115 I.E. je Tag, die tägliche Oestrogenausscheidung von 0,3 γ auf 5 γ je Tag[13]. Von anderen wurde aber bei Kastraten eine erhöhte Ausscheidung androgener Substanzen, vor allem von Dehydro-

[1] LIEBERMAN, S., K. DOBRINER, B. R. HILL, L. F. FIESER and C. P. RHOADS: J. biol. Ch. **172**, 263 (1948). — [2] SALOMON, I. I., and K. DOBRINER: J. biol. Ch. **207**, 323 (1954). — [3] HEARD, R. D. H., and M. M. HOFFMAN: J. biol. Ch. **141**, 329 (1941). — [4] STIMMEL, B. F., A. GROLLMAN and M. M. HOFFMAN: J. biol. Ch. **184**, 677 (1950). — [5] HEARD, R. D. H., W. S. BAULD and M. M. HOFFMAN: J. biol. Ch. **141**, 709 (1941). — [6] TOMPSETT, S. L.: Analyst **74**, 6 (1949). — [7] ABDERHALDEN, R.: Die Hormone. S. 26. Berlin, Göttingen, Heidelberg 1952. — [8] BUTENANDT, A., u. H. HOFSTETTER: H. **259**, 222 (1939). — [9] COHEN, H., and R. W. BATES: Endocrinology **44**, 317; **45**, 86 (1949). — [10] Grosse-Brockhoff, Path. Physiol. S. 537. — [11] DOHAN, F. C., E. M. RICHARDSON, L. W. BLUEMLE jr. and P. GYÖRGY: J. clin. Invest. **31**, 481 (1952). — [12] Grosse-Brockhoff, Path. Physiol. S. 552. — [13] HOSKINS, W. H., J. R. COFFMAN, F. C. KOCH and A. T. KENYON: Endocrinology **24**, 702 (1939).

androsteron, gefunden. Die Ausscheidung von Dehydroandrosteron war von normal 0,2 bis auf 2,0 mg/l gesteigert[1].

Von PEARLMAN[2] stammt die folgende Tabelle über die im Harn vorkommenden Oestrogene.

Tabelle 50. Harnoestrogene.

Oestrogen	Quelle des Harns	Untersucher
	Ketonische Oestrogene:	
Oestron	Schwangere	DOISY u. Mitarb.[3]; BUTENANDT[4]
	Trächtige Stute	DE JONGH u. Mitarb.[5]
	Mann	DINGEMANSE u. Mitarb.[6]
	Hengst	HÄUSSLER[7]; DEULOFEU u. FERRARI[8]
	Stier	MARKER[9]
	Ochse	MARKER[9]
Oestronsulfat	Trächtige Stute	SCHACHTER u. MARRIAN[10]; BUTENANDT u. HOFSTETTER[11]
Equilin	„	GIRARD u. Mitarb.[12]
Hippulin	„	GIRARD u. Mitarb.[12]
Equilenin	„	GIRARD u. Mitarb.[13]
	Nichtketonische Oestrogene:	
α-Oestradiol	Schwangere	SMITH u. Mitarb.[14]
	Trächtige Stute	WINTERSTEIN u. Mitarb.[15]
α-Oestradiol	Hengst	LEVIN[16]
β-Oestradiol	Trächtige Stute	HIRSCHMANN u. WINTERSTEINER[17]
Oestriol	Schwangere	MARRIAN[18]; DOISY u. Mitarb.[19]
Oestriolglucuronid	Schwangere	COHEN u. MARRIAN[20]
β-Dihydroequilenin	Trächtige Stute	WINTERSTEINER u. Mitarb.[21]

Ausscheidung von Oestrogenen während der Schwangerschaft. Die Ausscheidung oestrogener Substanzen im Harn, die während des normalen menstruellen Cyclus durchschnittlich ungefähr 250 I.E. beträgt, steigt bis zum 5. Monat auf 1800 I.E, bis zum 6. Monat auf 2600 E, bis zum 8. Monat auf 5000 E und gegen Ende auf 7000 E an. Diese Zahlen entsprechen ungefähr den von ZONDEK in Mäuseeinheiten (ME) angegebenen Mengen. Die in freier Form ausgeschiedenen oestrogenen Stoffe betragen während der Schwangerschaft nur bis zu 1% der insgesamt ausgeschiedenen oestrogenen Stoffe (normal sind es etwa 30%). Nur unmittelbar vor

[1] CALLOW, N. H., and R. K. CALLOW: Biochem. J. **34**, 276 (1940). — [2] PEARLMANN, W. H.: Pincus-Thimann, Hormones. Bd. I, S. 382. — [3] DOISY, E. A., C. D. VELER and S. (A.) THAYER: Amer. J. Physiol. **90**, 329 (1929). — [4] BUTENANDT, A.: Naturwiss. **17**, 878 (1929). — [5] JONGH, S. E. DE, S. KOBER u. E. LAQUEUR: B. Z. **240**, 247 (1931). — [6] DINGEMANSE, E., E. LAQUEUR and O. MÜHLBOCK: Nature **141**, 927 (1938). — [7] HÄUSSLER, E. P.: Helv. **17**, 531 (1934). — [8] DEULOFEU, V., u. J. FERRARI: H. **226**, 192 (1934). — [9] MARKER, R. E., and E. ROHRMANN: Am. Soc. **61**, 944 (1939). — MARKER, R. E.: Am. Soc. **61**, 1287 (1939). — [10] SCHACHTER, B., and G. F. MARRIAN: J. biol. Ch. **126**, 663 (1938). — [11] BUTENANDT, A., u. H. HOFSTETTER: H. **259**, 222 (1939). — [12] GIRARD, A., G. SANDULESCO, A. FRIDENSON et J. J. RUTGERS: Cr. **194**, 909; **195**, 981 (1932). — [13] GIRARD, A., G. SANDULESCO, A. FRIDENSON, C. GAUDEFROY et J. J. RUTGERS: Cr. **194**, 1020 (1932). — [14] SMITH, G. V., O. W. SMITH, M. N. HUFFMAN, S. A. THAYER, D. W. MACCORQUODALE and E. A. DOISY: J. biol. Ch. **130**, 431 (1939). — [15] WINTERSTEINER, O., E. SCHWENK and B. WHITMAN: Proc. Soc. exp. Biol. Med. **32**, 1087 (1935). — [16] LEVIN, L.: J. biol. Ch. **158**, 725 (1945). — [17] HIRSCHMANN, H., and O. WINTERSTEINER: J. biol. Ch. **122**, 303 (1938). — [18] MARRIAN, G. F.: J. Soc. chem. Industr. **49**, 515 (1930). — [19] DOISY, E. A., S. A. THAYER, L. LEVIN and J. M. CURTIS: Proc. Soc. exp. Biol. Med. **28**, 88 (1930). — [20] COHEN, S. L., and G. F. MARRIAN: J. Soc. chem. Industr. **54**, 1025 (1935). Biochem. J. **30**, 57 (1936). — [21] WINTERSTEINER, O., E. SCHWENK, H. HIRSCHMANN and B. WHITMAN: Am. Soc. **58**, 2652 (1936).

der Geburt, wenn die Oestrogenausscheidung abfällt, kommt es zu einem deutlichen Anstieg der Ausscheidung von oestrogenen Substanzen in freier Form. Der Oestronanteil beträgt nur etwa 10%, während das Oestriol etwa 90% ausmacht. Einige Wochen vor der Geburt wird der Oestronanteil oft größer[1,2].

Bei Präeklampsie und Eklampsie scheint die Ausscheidung oestrogener Hormone erniedrigt zu sein.

Die Isolierung einer bisher unbekannten Substanz mit oestrogenem Charakter gelang GARST u. FRIEDGOOD[3] aus dem Harn. Die gereinigte Substanz gleicht in manchen Beziehungen dem Oestriol, in anderen unterscheidet sie sich vom Oestriol. Die Substanz hat oestrogene Aktivität und einen hohen Sauerstoffgehalt.

Tabelle 51. Die Ausscheidung oestrogener Stoffe bei normaler und toxischer Schwangerschaft[4].

Schwangerschaftsmonat	Ausscheidung oestrogener Stoffe in Ratteneinheiten je 24 Std	
	durchschnittlicher Normalwert	durchschnittlicher Wert bei Schwangerschaftstoxikose
6.	2600	1600
$7^1/_2$.	4200	2200
8.	5000	4000
Ende der Schwangerschaft	7000	3600

Kinder scheiden kein Pregnandiol aus, auch nicht nach parenteraler Zufuhr von Progesteron[5].

c) Progesteron. Progesteron kommt nur in Spuren im Harn vor, aber sein hauptsächlichstes Stoffwechselprodukt, das *Pregnandiol*, ist quantitativ im Schwangerenharn und im Harn der Corpus luteum Phase als Pregnandiol-glucuronid von VENNING[6] festgestellt worden.

Zuerst wurde Pregnandiol von BUTENANDT[7] im Schwangerenharn gefunden und erhielt von ihm seinen Namen von pregnans = schwanger. Es wurde sehr bald erkannt, daß es ein Abbauprodukt von Progesteron ist, daß es aber nicht nur im Schwangerenharn vorkommt, sondern auch zeitweise während des Menstruationscyclus und unter pathologischen Bedingungen.

Das Pregnandiol wird nicht als freies Steroid ausgeschieden, sondern als Glucuronid, teilweise auch als Schwefelsäureester. Es wird im menschlichen Harn und im Harn von Schimpansen, Kühen, Stieren und Stuten gefunden. Das Glucuronid wurde nur aus menschlichem Harn und aus Kaninchenharn nach Verabfolgung von Progesteron isoliert. Von SERCHI wurde ein neues oestrogenes Stoffwechselprodukt aus dem Harn gesunder Frauen isoliert, das als 16-Ketooestron erkannt wurde[8].

Die Pregnandiolausscheidung im Harn schwankt in weiten Grenzen. Der normale Harn enthält 2—3 mg Pregnandiol je Tag[9]. Während der Follikelphase werden täglich 1,05—7,65 mg ausgeschieden, im Mittel 3,3 mg. In der Lutealphase befinden sich 0,15—27,15 mg im täglichen Harn[10,11]. Während der Sekretionsphase werden 2—5 mg Pregnandiol ausgeschieden. Während der ersten Woche der Schwangerschaft beträgt die Ausscheidung 5 mg, im 4. Monat 20 mg und gegen Ende der Schwangerschaft 60—80 mg je Tag[12-14].

[1] SMITH, O. W., and G. VAN S. SMITH: Amer. J. Obstet. **33**, 365 (1937). — [2] COHEN, S. L., G. F. MARRIAN and M. C. WATSON: Lancet **1935 I**, 674. — [3] GARST, J. B., and H. B. FRIEDGOOD: 2. Int. Congr. Biochem. Paris. S. 129 1952. — [4] SMITH, G. VAN S., and O. W. SMITH: Amer. J. Physiol. **107**, 128 (1934). — [5] ZANDER, J., u. K. SOLTH: Kli. Wo. **1953**, 317. — [6] VENNING, E. H.: J. biol. Ch. **119**, 473 (1937). — [7] BUTENANDT, A.: B. **63**, 661 (1930). — [8] SERCHI, G.: Chimica, Milano (N. S.) **8**, 10 (1953). — [9] DELAVILLE, M., G. DELAVILLE et A. GALLI: Ann. pharmaceut. franc. **10**, 492 (1952). — [10] SEMMONS, E. M., and E. W. MCHENRY: J. clin. Endocrinol. **9**, 852 (1949). — [11] KAUFMANN, C., u. U. WESTPHAL: Kli. Wo. **1946/47**, 910. — [12] BENARD, H., A. CRUZ-HORN et P. RAMBERT: Ann. Endocrinol., Paris **13**, 312 (1952). — [13] ABDERHALDEN, R.: Die Hormone. S. 35. Berlin, Göttingen, Heidelberg 1952. — [14] HENDERSON, J., N. F. MACLAGAN, V. R. WHEATLEY and J. H. WILKINSON: J. Endocrinol. **6**, 41 (1949).

In neueren Untersuchungen fand TOMPSETT[1] bei gravimetrischen Bestimmungen von Pregnandiaol im Harn, daß die Pregnandiolausscheidung bei Männern nicht mehr als 1 mg je Tag und bei Frauen während der Aufbauphase 4,5—6,5 mg je Tag beträgt. Die Pregnandiolausscheidung erreicht im Cyclus maximal 6 mg je Tag, sinkt aber auch auf Mengen von 0,3 mg je Tag ab[2].

Auch während der *Schwangerschaft* wird das Luteinisierungshormon nicht als Progesteron, sondern als Pregnandiol ausgeschieden (als Natrium-pregnandiolglucuronid). Die Ausscheidung beträgt in der 5. Woche der Schwangerschaft etwa 8 mg je Tag, am Ende etwa 18 mg je Tag[3].

Unmittelbar nach der Geburt findet ein steiler Abfall bis auf Werte von 0,5 mg je Tag statt[2]. Die Pregnandiolausscheidung sinkt bei Auftreten eklamptischer Erscheinungen plötzlich ab (z. B. von 80 mg auf 35 mg).

Die Pregnanolone, die im menschlichen Schwangerenharn gefunden wurden, sind 20-Ketosteroide. Obwohl diese dem Pregnandiol chemisch sehr ähnlich sind, sind sie wohl nicht Stoffwechselprodukte des Progesterons[4], sondern sind wahrscheinlicher Stoffwechselprodukte von Vorstufen der Nebennierensteroide[5].

Pregnandiol-3α,20α ist nicht das einzige C_{21}-Steroid, das als Glucuronsäurekomplex ausgeschieden wird. MARRIAN u. GOUGH[6] haben gezeigt, daß Natriumpregnandiolglucuronat, das durch die üblichen Methoden aus dem menschlichen Schwangerenharn isoliert wird, ungefähr 20% eines wasserlöslichen Derivates des Pregnanol-3α-on-20-glucuronats als Verunreinigung enthält.

Einige der C_{21}-Steroide, die im Schwangerenharn ausgeschieden werden, können auch als Schwefelsäureester erscheinen[7,8].

Tabelle 52. Mit den Oestrogenen verwandte nichtphenolische Steroide.

Steroid	Quelle des Harns	Untersucher
Oestradiol A und B	Schwangere	MARKER u. Mitarb.[9,10]
$\Delta^{5,7,9}$-Oestratrienol-3-on-17 .	Trächtige Stute	HEARD u. HOFFMAN[11]
3-Desoxyequilenin	Trächtige Stute	PRELOG u. FÜHRER[12]
11-Keto-3-desoxyequilenin (nach CrO_3-Oxydation) . .	Trächtige Stute	MARKER u. ROHRMANN[13,14]

Obwohl Pregnandiol-3α,20α im menschlichen Harn und im Harn des Schimpansen, der Kuh, des Stieres und der Stute vorkommt, ist das Pregnandiolglucuronid nur im menschlichen Harn und im Harn des Kaninchens gefunden worden (nach Zuführung von Progesteron)[15]. An der biologischen Inaktivierung des Progesterons könnte in geringem Maße die Niere neben der Leber beteiligt sein.

Bei der Untersuchung der nichtphenolischen Steroide im Harn trächtiger Stuten stellten BROOKS u. KLYNE[16] das *Urandiol* (17-Methyl-D-homoandrostan-3β,17αβ-diol), das 5-α-Pregnan-3β,20β-diol, und in geringen Quantitäten das 3β,20α-Isomere und eine Verbindung mit unbekannter Struktur, der sie den

[1] TOMPSETT, S. L.: J. clin. Path. **3**, 287 (1950). — [2] DIBBELT, L., K. HINSBERG u. H. ESSER: H. **289**, 153 (1952). — [3] STOVER, R. F., and J. P. PRATT: Endocrinology **24**, 29 (1939). — [4] PINCUS, G., and W. H. PEARLMAN: Vitamins & Hormones **1**, 294 (1943). — [5] VENNING, E. H.: Endocrinology **39**, 203 (1946). — [6] MARRIAN, G. F., and N. GOUGH: Nature **157**, 438 (1946). — [7] KLYNE, W.: Biochem. J. **40**, LV (1946). — [8] KLYNE, W., and G. F. MARRIAN: Biochem. J. **39**, XLV (1945). — [9] MARKER, R. E., E. ROHRMANN, E. J. LAWSON and E. L. WITTLE: Am. Soc. **60**, 1901 (1938). — [10] MARKER, R. E., E. ROHRMANN, E. L. WITTLE and E. J. LAWSON: Am. Soc. **60**, 1512 (1938). — [11] HEARD, R. D. H., and M. M. HOFFMAN: J. biol. Ch. **135**, 801 (1940); **138**, 651 (1941). — [12] PRELOG, V., u. J. FÜHRER: Helv. **28**, 583 (1945). — [13] MARKER, R. E., and E. ROHRMANN: Am. Soc. **61**, 2537 (1939). — [14] MARKER, R. E., and E. ROHRMANN: Am. Soc. **61**, 3314 (1939). — [15] HOFFMAN, M. M.: Canad. med. Ass. J. **47**, 424 (1942). — [16] BROOKS, R. V., et W. KLYNE: 2. Int. Congr. Biochem. Paris. S. 122. 1952.

Tabelle 53. Progesteron und verwandte C_{21}-Steroide, die aus dem Harn isoliert wurden[1].

Steroid	Quelle des Harns	Untersucher
Pregnandion-3,20 . . . . Allopregnandion-3,20	Trächtige Stute	MARKER u. Mitarb.[2]
Pregnanol-3α-on-20 . . .	Schwangere Trächtiges Schwein	MARKER u. KAMM[3]; PEARLMAN u. PINCUS[4] MARKER u. ROHRMANN[5]
Allopregnanol-3α-on-20 .	Schwangere	MARKER u. Mitarb.[6]
Allopregnanol-3β-on-20 .	Schwangere	PEARLMAN u. Mitarb.[7]
	Trächtige Stute	MARKER u. Mitarb.[2]
	Trächtiges Schwein	MARKER u. ROHRMANN[5]
Δ^5-Pregnendiol-3β,20α . .	Trächtige Stute	MARKER u. ROHRMANN[8]
	Nebennierentumor, Knabe	HIRSCHMANN u. HIRSCHMANN[9]
	Nebennierentumor, Mädchen	SCHILLER u. Mitarb.[10]
Pregnandiol-3α,20α . . .	Schwangere	MARRIAN[11]; BUTENANDT[12]
	Trächtige Schimpansin	FISH u. Mitarb.[13]
	Trächtiges Rind	MARKER[14]
	Trächtige Stute	MARKER u. Mitarb.[15]
	Nichtschwangere	VENNING u. BROWNE[16]
	Mensch nach Ovariektomie	HIRSCHMANN[17]
	Mann	ENGEL u. Mitarb.[18]
	Stier	MARKER u. Mitarb.[19]
	Nebennierentumor und Hyperplasie, Mensch	MASON u. KEPLER[20]
Pregnandiol-3β,20α . . .	„	MASON u. KEPLER[20]
Allopregnandiol-3α,20α .	Schwangere	HARTMANN u. LOCHER[21]
	Trächtiges Rind	MARKER[14]
	Trächtige Stute	MARKER u. Mitarb.[22]
	Nichtschwangere	MARKER u. Mitarb.[19]
	Stier	
Allopregnandiol-3β,20α .	Schwangere	MARKER u. ROHRMANN[23]
	Trächtiges Rind	MARKER[14]
	Trächtige Stute	MARKER u. ROHRMANN[23]
	Stier	MARKER u. Mitarb.[19]
Pregnanol-3α	Schwangere	MARKER u. LAWSON[24]

[1] PEARLMAN, W. H.: Pincus-Thimann, Hormones Bd. I, S. 448. — [2] MARKER, R. E., E. J. LAWSON, E. L. WITTLE and H. M. CROOKS: Am. Soc. **60**, 1559 (1938). — [3] MARKER, R. E., and O. KAMM: Am. Soc. **59**, 1373 (1937). — [4] PEARLMAN, W. H., and G. PINCUS: Fed. Proc. **1**, 66 (1942). — [5] MARKER, R. E., and E. ROHRMANN: Am. Soc. **61**, 3476 (1939). — [6] MARKER, R. E., O. KAMM and R. V. MCGREW: Am. Soc. **59**, 616 (1937). — [7] PEARLMAN, W. H., G. PINCUS and N. T. WERTHESSEN: J. biol. Ch. **142**, 649 (1942). — [8] MARKER, R. E., and E. ROHRMANN: Am. Soc. **60**, 1565 (1938). — [9] HIRSCHMANN, H., and F. B. HIRSCHMANN: J. biol. Ch. **157**, 601 (1945). — [10] SCHILLER, S., A. M. MILLER, R. I. DORFMAN, E. L. SEVRINGHAUS and E. P. MCCULLAGH: Endocrinology **37**, 322 (1945). — [11] MARRIAN, G. F.: Biochem. J. **23**, 1090 (1929). — [12] BUTENANDT, A.: B. **63**, 659 (1930). — [13] FISH, W. R., R. I. DORFMAN and W. C. YOUNG: J. biol. Ch. **143**, 715 (1942). — [14] MARKER, R. E.: Am. Soc. **60**, 2442 (1938). — [15] MARKER, R. E., E. ROHRMANN, E. J. LAWSON and E. L. WITTLE: Am. Soc. **60**, 1901 (1938). — [16] VENNING, E. H., and J. S. L. BROWNE: Endocrinology **21**, 711 (1937). — [17] HIRSCHMANN, H.: J. biol. Ch. **136**, 483 (1940). — [18] ENGEL, P.: Endocrinology **35**, 70 (1944). — [19] MARKER, R. E., E. L. WITTLE and E. J. LAWSON: Am. Soc. **60**, 2931 (1938). — [20] MASON, H. L., and E. J. KEPLER: J. biol. Ch. **161**; 235 (1945). — [21] HARTMANN, M., u. F. LOCHER: Helv. **18**, 160 (1935). — [22] MARKER, R. E., O. KAMM, H. M. CROOKS jr., T. S. OAKWOOD, E. J. LAWSON and E. L. WITTLE: Am. Soc. **59**, 2297 (1937). — [23] MARKER, R. E., and E. ROHRMANN: Am. Soc. **61**, 2537 (1939). — [24] MARKER, R. E., and E. J. LAWSON: Am. Soc. **60**, 2928 (1938).

Namen „MM“ gaben, fest. Diese unbekannte Substanz hat wahrscheinlich die Summenformel $C_{21}H_{36}O_2$. Ein Hauptsteroid mit dem Hydroxyl in 20-β-Stellung ist bisher noch nicht gefunden worden. Alle 20-Oxysteroide des menschlichen Harns haben die 20-α-Konfiguration.

Aus dem Harn gesunder Personen konnten Cox u. MARRIAN[1] Pregnan-3α, 17α,20α-triol in einer Menge isolieren, die einer täglichen Ausscheidung von etwa 1—2 mg entspricht.

Tabelle 54. C_{21}-Steroide aus Stutenharn.

Steroid	Untersucher
Allopregnantriol-3α,16,20	SMITH u. Mitarb.[2]; HASLEWOOD u. Mitarb.[3]; MARKER u. Mitarb.[4]
Urantriol-3α,11,20*	MARKER u. Mitarb.[4,5]
Urandiol-3β,11	MARKER u. Mitarb.[6]
Uranol-11-on-3	MARKER u. Mitarb.[7]
Verbindung Z, Δ^{16}-Allopregnenol-3β-on-20 (versuchte Identifizierung)	KLYNE u. MARRIAN[8]
Verbindung Y (wahrscheinlich identisch mit Urandiol-3β, 11)	KLYNE[9]

* Diese Verbindung kommt wahrscheinlich auch im menschlichen Schwangerenharn vor[10].

Einige ungewöhnliche C_{21}-Steroide, die aus dem Harn schwangerer Stuten isoliert wurden, sind in Tabelle 54 verzeichnet.

d) Nebennierenrindensteroide. Aktive Corticosteroide werden mit dem Harn sowohl frei als auch in Form ihrer Ester ausgeschieden.

Tabelle 55. Ausscheidung von Stoffwechselprodukten der Nebennierenrinde im Harn (in mg/*l*, ausschließlich von 17-Ketosteroiden und Kunstprodukten, die aus den Verbindungen entstehen)[11].

Verbindung	Normaler Harn	Nebennierenschädigung		
		Hyperplasie	Tumor	Krebs
Δ^5-Androsten-3β,17α-diol		—	0,2—1,5	8—48
Δ^5-Androsten-3β,16,17-triol	0,1	—	20	20
Δ^5-Pregnen-3β,20α-diol	—	—	—	35
Pregnan-3α,20α-diol	0,1	0,1—6	2—20	7—20
Pregnan-3α,17,20-triol	—	2—20	0—3	—
Pregnan-3α,17-diol-20-on	—	3,2	0,5	—
Δ^5-Pregnen-3β,17'β'-diol-20-on		—	—	5,3

[1] COX, R. I., and G. F. MARRIAN: Biochem. J. **54**, 353 (1953). — [2] SMITH, E. R., D. HUGHES, G. F. MARRIAN and G. A. D. HASLEWOOD: Nature **132**, 102 (1933). — [3] HASLEWOOD, G. A. D., G. F. MARRIAN and E. R. SMITH: Biochem. J. **28**, 1316 (1934). — [4] MARKER, R. E., O. KAMM, H. M. CROOKS, T. S. OAKWOOD, E. L. WITTLE and E. J. LAWSON: Am. Soc. **60**, 210 (1938). — [5] MARKER, R. E., O. KAMM, T. S. OAKWOOD, E. L. WITTLE and E. J. LAWSON: Am. Soc. **60**, 1061 (1938). — [6] MARKER, R. E., E. ROHRMANN and E. L. WITTLE: Am. Soc. **60**, 1561 (1938). — [7] MARKER, R. E., E. J. LAWSON, E. L. WITTLE and H. M. CROOKS: Am. Soc. **60**, 1559 (1938). — [8] KLYNE, W., and G. F. MARRIAN: Biochem. J. **39**, XIV (1945). — [9] KLYNE, W.: Biochem. J. **40**, LV (1946). — [10] FERNHOLZ, E.: B. **67**, 1855, 2027 (1934). — [11] HEARD, R. D. H.: Pincus-Thimann, Hormones Bd. I, S. 606.

Tabelle 56. Harnsteroide mit wahrscheinlichem Ursprung aus der Nebennierenrinde[1].

Steroid	Harnquelle	Untersucher
Allopregnan-3α,16,20-triol . . .	Trächtige Stute	2–8
Allopregnan-3α,20α-diol	Gravide Frau	9
	Trächtige Kuh	10
	Trächtige Stute	11
	Nichtgravider menschlicher Harn	2
	Erwachsener Stier	2
Allopregnan-3β,20α-diol	Gravide Frau	12
	Trächtige Kuh	10
	Trächtige Stute	12
	Erwachsener Stier	2
Allopregnan-3β,20β-diol	Trächtige Stute	13
Pregnan-3α-ol-20-on	Gravide Frau	14, 15
	Trächtiges Schwein	16
	Neoplasma, Mensch	17
Allopregnan-3α-ol-20-on	Gravide Frau	18
	Neoplasma, Mensch	17
Allopregnan-3β-ol-20-on	Gravide Frau	19, 20
	Trächtige Stute	21, 22
	Trächtiges Schwein	16
Pregnan-3,20-dion	Trächtige Stute	20
Allopregnan-3,20-dion	Trächtige Stute	20
	Neoplasma, Mensch	17
Pregnan-3α-ol.	Gravide Frau	23
Androstan-3β-ol-20-on	Trächtige Stute	21, 22

Bei gesunden Männern schwankt die Ausscheidung von 0,77—1,66 mg in 24 Std, mit einem Mittel von 1,15 ± 0,32 mg je Tag[24]. Die etwas niedrigeren Werte bei Frauen betragen 0,28—1,63 mg, mit einem Mittel von 0,84 ± 0,29 mg je Tag. Im allgemeinen beträgt die tägliche Ausscheidung bei Männern und Frauen im Durchschnitt 1 mg je Tag. Nach letzten Untersuchungen von CORCORAN[24] wurden als Mittelwert gefunden: bei Männern 1,04 ± 0,39 mg je Tag, bei Frauen 0,56 ± 0,361 mg je Tag. GLENN u. NELSON[25] fanden im normalen Harn nach Hydro-

[1] HEARD, R. D. H.: Pincus-Thimann, Hormones Bd. I, S. 620. — [2] HASLEWOOD, G. A. D., G. F. MARRIAN and E. R. SMITH: Biochem. J. **28**, 1316 (1934). — [3] HEARD, R. D. H.: Am. Soc. **60**, 493 (1938). — [4] MARKER, R. E., O. KAMM, E. L. WITTLE, T. S. OAKWOOD and E. J. LAWSON: Am. Soc. **60**, 1067 (1938). — [5] MARKER, R. E. and D. L. TURNER: Am. Soc. **62**, 2540 (1940). — [6] MARKER, R. E., and E. L. WITTLE: Am. Soc. **61**, 855 (1939). — [7] ODELL, A. D., and G. F. MARRIAN: J. biol. Ch. **125**, 333 (1938). — [8] SMITH, E. R., D. HUGHES, G. F. MARRIAN and G. A. D. HASLEWOOD: Nature **132**, 102 (1933). — [9] HARTMANN, M., u. F. LOCHER: Helv. **18**, 160 (1935). — [10] MARKER, R. E.: Am. Soc. **60**, 2442 (1938). — [11] MARKER, R. E., O. KAMM, H. M. CROOKS jr., T. S. OAKWOOD, E. J. LAWSON and E. L. WITTLE: Am. Soc. **59**, 2297 (1937). — [12] MARKER, R. E., and E. ROHRMANN: Am. Soc. **61**, 2537 (1939). — [13] BAULD, W. S., and R. D. H. HEARD: [Pincus-Thimann, Hormones Bd. I, S. 620]. — [14] PEARLMAN, W. H., and G. PINCUS: Fed. Proc. **1**, 66 (1942). — [15] MARKER, R. E., and O. KAMM: Am. Soc. **59**, 1373 (1937). — [16] MARKER, R. E., and E. ROHRMANN: Am. Soc. **61**, 3476 (1939). — [17] DOBRINER, K., C. P. RHOADS, S. LIEBERMAN, B. R. HILL and L. F. FIESER: Science, N. Y. **99**, 494 (1944). — [18] MARKER, R. E., O. KAMM and R. V. MCGREW: Am. Soc. **59**, 616 (1937). — [19] PEARLMAN, W. H., G. PINCUS and N. T. WERTHESSEN: J. biol. Ch. **142**, 649 (1942). — [20] MARKER, R. E., E. J. LAWSON, E. L. WITTLE and H. M. CROOKS: Am. Soc. **60**, 1559 (1938). — [21] HEARD, R. D. H., and A. F. MCKAY: J. biol. Ch. **131**, 371 (1939). — [22] OPPENAUER, R.: H. **270**, 97 (1941). — [23] MARKER, R. E., and E. J. LAWSON: Am. Soc. **60**, 2928 (1938). — [24] CORCORAN, A. C., and I. H. PAGE: J. Lab. clin. Med. **33**, 1326 (1948). — [25] GLENN, E. M., and D. H. NELSON: J. clin. Endocrinol. **13**, 911 (1953).

Tabelle 57. Ausscheidung von Nebennierenrindenprodukten im Harn[1].

	17-Ketosteroide mg *	Cortin mg **	Reduzierende Substanzen in mg		Entstanden bei HJO_4-Oxydation	
			HEARD u. Mitarb. ***	TALBOT u. Mitarb. †	17-Ketosteroide mg ††	Formaldehyd mg †††
Normale Männer, Durchschnitt	15	0,062	1,5	0,24	0,4	0,5—0,8
Normale Frauen, Durchschnitt	10	0,039	1,3	0,24	—	—
Hypoadrenalismus						
ADDISONsche Krankheit .	0—7	0—0,015		0,02—0,26	—	0,15
Panhypopituitarismus . .	0—4	0	0,4—0,6	0,10—0,17	—	—
Hyperadrenalismus						
Hirsutismus	15—30	0,05—0,065	—	0,23—0,32	—	—
CUSHING-Syndrome	10—40	0,2—0,7	4,8	0,90—12,0	—	21,0
Virilismus	40—250	—	—	0,15—0,57	10—16	—
Stress						
Verbrennungen	20—30 *†	0,1—0,5 **†	3,0—4,0	0,34—1,7	—	—
postoperativ	20—30 *†	0,1—0,2 **†	—	0,34—1,70	—	—
späte Schwangerschaft . .	10—20 *††	0,1—0,4	2,8—3,2		—	—

* Ausgedrückt als Farbäquivalent des Androsterons.

** Werte von VENNING u. Mitarb.[2–4]; ausgedrückt als das biologische Äquivalent von KENDALLS Compound E, verglichen zu der Fähigkeit, Glykogen in der Leber der adrenalektomierten Maus zu speichern.

*** Werte von HEARD, SOBEL u. VENNING[2]; festgestellt nach Extraktion des Harns bei p_H 1,0 und ausgedrückt als Äquivalent der Reduzierfähigkeit des Desoxycorticosterons.

† Werte von TALBOT u. Mitarb.[5]; festgestellt durch Extraktion des Harns ohne Zusatz von Säure und ausgedrückt als mg „Corticosteroid".

†† Werte von TALBOT u. EITINGON[6].

††† Werte von LOWENSTEIN, CORCORAN u. PAGE[7].

*† Ein leichter Anstieg, unregelmäßig beobachtet, sofort nach der Schädigung, der nach 1 oder 2 Tagen durch Abfallen auf normale oder subnormale Werte gefolgt ist [8–10].

**† Abhängig von der Schwere des Stress kann der Anstieg, im Gegensatz zu dem der 17-Ketosteroide, für viele Wochen andauern[11].

*†† Die obere Grenze ist durch die ZIMMERMANN-Reaktion bestimmt und kommt wahrscheinlich durch die vermehrte Ausscheidung von 20-Ketosteroiden zustande, bei der Antimon-trichlorid-Methode wird kein Anstieg beobachtet[3].

lyse mit Glucuronidase 2—4 mg 17-Oxycorticoide im Liter. Bei Kindern wird im Mittel eine Ausscheidung von 0,18 mg je Tag gefunden, die bis zum 16. Lebensjahr auf 0,4 mg ansteigt[12]. Während der Schwangerschaft ist die Ausscheidung im allgemeinen vermehrt. Sie nimmt nach Untersuchungen von VENNING[13] 100—120 Tage nach der Konzeption bis zur Norm ab und steigt zwischen dem 140. und 160. Tag wieder an.

[1] HEARD, R. D. H.: Pincus-Thimann, Hormones Bd. I, S. 604. — [2] HEARD, R. D. H., H. SOBEL and E. H. VENNING: J. biol. Ch. **165**, 699 (1946). — [3] VENNING, E. H.: Endocrinology **39**, 203 (1946). — [4] THORN, G. W., L. L. ENGEL and R. A. LEWIS: Science, N. Y. **94**, 348 (1941). — [5] TALBOT, N. B., A. H. SALTZMAN, R. L. WIXOM and J. K. WOLFE: J. biol. Ch. **160**, 535 (1945). — [6] TALBOT, N. B., and I. V. EITINGON: J. biol. Ch. **154**, 605 (1944). — [7] LOWENSTEIN, B. E., A. C. CORCORAN and I. H. PAGE: Endocrinology **39**, 82 (1946). — [8] FORBES, A. P.: Macy Foundation Reports. Conference on Bone and Wound Healing. 3rd Meeting. New York 1943. — [9] FREEMAN, W., G. PINCUS and E. D. GLOVER: Proc. Ass. internal Secretions. Chicago Meeting, (1944). — [10] STEVENSON, J. A. F., V. SCHENKER and J. S. L. BROWNE: Proc. Ass. internal Secretions. Chicago Meeting (1944). — [11] Macy Foundation Reports. Conference on Metabolic Aspects of Convalescence including Bone and Wound Healing. 10th Meeting. New York 1945. — [12] KING, N. B., and H. L. MASON: J. clin. Endocrinol. **10**, 479 (1950). — [13] VENNING, E. H.: Endocrinology **39**, 203 (1946).

Tabelle 58. Ausscheidung von 17-Ketosteroiden bzw. Androgenen im Harn[1–4].

	Normalwerte	
	Androgene IE/Tag	17-Ketosteroide mg/Tag
Kinder		
3—10 Jahre	0,3—5,0	1,2—6,0
10—15 Jahre	7,0—18	2,3—12,0
15—18 Jahre	22—25	7,6—15,9
Männer		
17—40 Jahre	38—98 (20—225)	9,1—22,6
62—88 Jahre	5—20	3,4—9,4
Frauen		
20—40 Jahre	41—47 (2—85)	4,5—12,6
42—74 Jahre	9—11	16—81

Tabelle 59. Steroidhormonausscheidung bei verschiedenen Krankheiten[5].

Vermehrt	Vermindert oder Null
Gonadotrope Hormone:	
Hydatiforme Mole	Hypophysäre Amenorrhoe
Chorionepitheliom	Anovulation auf Grund hypophysärer Erkrankung
Hodenteratom	Chromophobes Adenom
Natürliche oder künstliche Menopause	Kraniopharyngiom
Primäre ovarielle Amenorrhoe	Dystrophia adiposogenitalis
Sexuelle Frühreife	SIMMONDSsche Erkrankung
Hypophysentumor	LAURENCE-MOON-BIEDL-Syndrom
Hypophysenbasophilismus (Cushing)	DERCUMsche Erkrankung
Erkrankungen des Hypothalamus	Diabetes insipidus
Unterentwicklung der Ovarien	Hypophysärer Zwergwuchs
Oestrogene:	
Überfunktion der Ovarien durch Granulosa- oder Thecazellentumoren	Kastration
Follikuläre Hyperplasie	Rückbildung der Ovarien nach Menopause
Persistierende Follikel	Hypofunktion der Ovarien
Feminisierender Nebennierentumor	
Pregnandiol:	
Normale Schwangerschaft	Drohender Abort
Persistierendes Corpus luteum	Behandelter Abort
Thecazellentumoren	Anovulatorischer Cyclus
Gew. Nebennierentumoren	Fehlen von Corpus luteum
17-Ketosteroide:	
Nebennierentumoren (β-Fraktion)	ADDISONsche Krankheit
Nebennierenhyperplasie	Chromophobes Adenom
HAND-SCHÜLLER-CHRISTIANsches Syndrom	SIMMONDSsche Erkrankung
	Myotonia dystrophica
	Hypophysärer Zwergwuchs

[1] DORFMAN, R. I.: Pincus-Thimann, Hormones Bd. I, S. 500ff. — [2] KIMELDORF, D. J.: Amer. J. Physiol. **152**, 615 (1948). — [3] VIALE, L., V. CARNESECCHI, E. LIVIERATO and C. RAVAZZONI: Arch. Maragliano **4**, 795 (1949). — [4] KENIGSBERG, S., S. PEARSON and T. H. MCGAVACK: J. clin. Endocrinol. **9**, 426 (1949). — [5] WATTEVILLE, H. DE, S. SALINGER and R. BORTH: Brit. med. J. **1949 II**, 352.

Krankheiten, die mit einer Änderung der Steroidausscheidung im Harn einhergehen, sind in Tabelle 59 zusammengestellt.

SCHNEIDER[1] beschreibt die Ausscheidung und Isolierung folgender Nebennierenrindenverbindungen aus dem Harn:

17(α)-Oxypregnan-11,20-dion

21-Acetoxy-17(α)-oxypregnan-3,11,20-trion

17-Oxycorticosteronacetat

17-Oxy-11-dehydrocorticosteronacetat.

Bei gesunden Frauen und Männern schwankt die normale Ausscheidung von Ketosteroiden bereits unter physiologischen Verhältnissen in weiten Grenzen. Auch die durch das Alter bedingten Unterschiede sind erheblich.

Eine natriumarme Kost hat Rückwirkungen auf hormonale Vorgänge im Körper, die sich in einer veränderten Ausscheidung bestimmter Nebennierenhormone im Harn äußern[2].

Die Tabelle 60 verzeichnet die Ausscheidung von 20-Methylsteroiden bei verschiedenen Krankheiten.

Tabelle 60. 20-Methylsteroide, wahrscheinlich mit Nebennierenursprung, die aus menschlichem Harn isoliert wurden.

Verbindung	Krankheit des Patienten	Literatur
Pregnan-3α,17α,20α-triol	Nebennierenhyperplasie	3–5
Pregnan-3α,17α-diol-20-on	Nebennierenhyperplasie, Nebennierenrindentumor	6, 7
Δ^5-Pregnen-3β,17α,20α-triol . . .	Nebennierenrindentumor	8
Δ^5-Pregnen-3β,17α-diol-20-on . . .	Nebennierenrindentumor	9
Pregnan-3α,20α-diol-11-on	Nebennierenhyperplasie	10
Pregnan-3α-ol-11,20-dion	Nebennierenhyperplasie	10
Pregnan-3α,17α-diol-11,20-dion . .	Nach Zuführung von ACTH und Cortison zu Patienten mit Neoplasma	11

COX[12] nimmt an, daß die in der Tabelle 60 angegebenen Steroide, die aus dem Harn isoliert wurden, teilweise durch Reduktion bei C_{21} aus Oxysteroiden, welche durch die Drüsen sezerniert werden, stammen könnten.

Es ist vermutet worden, daß das wichtigste C_{21}-adrenocorticale Hormon, das vom Menschen ausgeschieden wird, 17-Oxycorticosteron sein könnte[13]. Im Hinblick auf diese Möglichkeit und auf die weitverbreitete therapeutische Benutzung des 17-Oxy-11-dehydrocorticosterons (Cortison) beschäftigte sich COX mit der quantitativen Bestimmung der C_{21}-17,20-Dioxy-20-methylsteroide im Harn, die von diesen 2 Hormonen gebildet werden könnten, und zwar durch die Reduktion der C_{21}-Hydroxylgruppe. Es ist bekannt, daß die C_{21}-Steroide, die entweder eine

[1] SCHNEIDER, J. J.: J. biol. Ch. **194**, 337 (1952). — [2] PFEFFER, K. H., u. HJ. STAUDINGER: Kli. Wo. **1952**, 257. — [3] BUTLER, G. C., and G. F. MARRIAN: J. biol. Ch. **119**, 565 (1937). — [4] BUTLER, G. C., and G. F. MARRIAN: J. biol. Ch. **124**, 237 (1938). — [5] MASON, H. L., and E. J. KEPLER: J. biol. Ch. **161**, 235 (1945). — [6] LIEBERMAN, S., and K. DOBRINER: J. biol. Ch. **161**, 269 (1945). — [7] MILLER, A. M., and R. I. DORFMAN: Endocrinology **46**, 6 (1950). — [8] HIRSCHMANN, H., and F. B. HIRSCHMANN: J. biol. Ch. **187**, 137 (1950). — [9] HIRSCHMANN, H., and F. B. HIRSCHMANN: J. biol. Ch. **167**, 7 (1947). — [10] LIEBERMAN, S., D. K. FUKUSHIMA and K. DOBRINER: J. biol. Ch. **182**, 299 (1950). — [11] LIEBERMAN, S., L. B. HARITON, M. B. STOKEM, P. E. STUDER and K. DOBRINER: Fed. Proc. **10**, 216 (1951). — [12] COX, R. J.: Biochem. J. **52**, 339 (1952). — [13] REICH, H., D. H. NELSON and A. ZAFFARONI: J. biol. Ch. **187**, 411 (1950).

α-Keto- oder eine α-Glykolseitenkette haben, mit Perjodsäure Formaldehyd bilden[1]. Die C_{21}-17,20-Dioxy-20-methylsteroide bilden bei Behandlung mit Perjodsäure Acetaldehyd. Diese Eigenschaft benutzte Cox[2] zum Nachweis dieser Steroide im Harn (s. Tabelle 61).

Tabelle 61. Mengen von acetaldehydbildendem Material im Harn von normalen Männern (alle Werte ausgedrückt als mg Pregnantriol je 24 Std).

Harnprobe	Behandlung des Harns vor der Chloroformextraktion			
	unbehandelter Harn	Ansäuerung bis pH 1, sofortige Extraktion	Säuerung bis pH 1, nach 24 Std extrahiert	inkubiert bei 37°, pH 4,5 mit β-Glucuronidase
	A. Chloroformextrakte mit Alkali gewaschen:			
1	0,33	0,44	0,92	—
2	0,28	0,43	—	—
3	0,36	—	—	1,58
4	0,47	—	—	—
5	0,48	0,93	0,80	1,94
6	0,12	0,19	0,29	0,66
7	0,28	0,32	0,45	—
	B. Chloroformextrakte nicht mit Alkali gewaschen:			
8	0,92	2,96	2,80	3,60
9	0,72	3,20	3,40	4,80

SCHREIER, KADELIS u. ZARSKA[3] berichten über die Cortisonausscheidung im Harn, die sie mit Hilfe des Verfahrens von PORTER u. SILBER (von den Verfassern etwas modifiziert) untersuchten. Sie teilen Ausscheidungswerte von unverestertem

Tabelle 62. Cortisonausscheidung im Tagesharn gesunder Personen (in γ)[3].

Säuglinge			Kinder			Männer	
Alter	Ausscheidung		Alter	Ausscheidung		Alter	Ausscheidung
	1. Tag	2. Tag *	Jahre	1. Tag	2. Tag	Jahre	1. Tag
1 Woche . .	15	—	4	23	—	21	135
1 Woche . .	17	21	$5^1/_2$	38	20	22	142
2 Monate . .	7	7	8	25	—	20	83
2 Monate . .	24	—	8	32	34	44	115
3 Monate . .	20	27	9	62	70	47	73
3 Monate . .	25	21	9	40	48	49	58
3 Monate . .	31	—	9	70	102	52	60
$3^1/_2$ Monate .	20	37	10	50	—	56	120
6 Monate . .	21	13	10	86	75	60	51
8 Monate . .	17	17	12	82	100	62	110
9 Monate . .	24	31	13	60	—		
	20,9		14	86	75		94,7
			14	75	—		
			14	95	—		

* Doppelversuche mit gleichem Urin ergaben eine Übereinstimmung von ±5%. Dagegen führt eine geringe Änderung des Zustandes und Verhaltens der Individuen zu Tagesschwankungen.

[1] LOWENSTEIN, B. E., A. C. CORCORAN and I. H. PAGE: Endocrinology **39**, 82 (1946). — [2] COX, R. J.: Biochem. J. **52**, 339 (1952). — [3] SCHREIER, K., B. KADELIS u. T. ZARSKA: Kli. Wo. **1952**, 657.

Cortison — denn um dieses handelt es sich fast immer — für die verschiedenen Lebensalter mit. Die Durchschnittswerte für das erste Lebensjahr liegen um 20 γ, die des Kindesalters zwischen 30 und 90 γ und erreichen damit im Schulalter bereits die untere Grenze der Erwachsenenwerte.

Stewart, Robson u. Tompsett[1] stellten im Harn eine Substanz fest, die dem *Desoxycorticosteronacetat* (DOCA) sehr ähnlich war. Die Ausscheidung betrug 5 mg am Tag (als DOCA berechnet), bei normalen Menschen. Erniedrigt war die Ausscheidung bei Simmondsscher Krankheit und bei Addisonscher Krankheit. Die Ausscheidung war gesteigert nach der Eingabe von DOCA oder ACTH, aber nicht nach der Eingabe von Cortison.

Tabelle 63. Cortisonausscheidung bei einigen pathologischen Zuständen im Kindesalter und bei Erwachsenen[2].

Alter Jahre	Diagnose	Ausscheidung in γ			
12	Adiposogigantismus	60	78	80	93
9	Adiposogigantismus	115	68	50	
11	Adiposogigantismus	78	68		
14	Endokrine Fettsucht(?)	192	220		
8	Diphtherie	73	80	60	
9	Diphtherie	96	55	42	
9	Diphtherie	91	110	115	
7	Asthma bronchiale	175			
10	Diabetes insipidus	475			
45	Cushing	480	425		
48	Verdacht auf Addisonsche Krankheit	51 (ohne Therapie) 305 (nach mehrtägiger DOCA-Behandlung)			

Wenn Patienten, die eine in bezug auf Na, K und Cl konstante Diät bekamen, plötzlich kein NaCl mehr erhielten, so steigerte sich die tägliche Ausscheidung von DOCA-ähnlichen Substanzen und Kalium für einige Tage, um danach wieder auf das normale Niveau abzufallen. Ein zeitweiliger Anstieg in der Ausscheidung von Kalium und den DOCA-ähnlichen Substanzen geschah an den Tagen, die chirurgischen Eingriffen folgten.

Ausführliche Übersicht über die Methoden zur Bestimmung von Ketosteroiden, Oestrogenen, Nebennierensteroiden und Pregnandiol s.[3], ferner[4].

2. Hypophysenhormone.

a) Gonadotropin (s. a. S. 480ff.). Gesunde Frauen scheiden nur sehr geringe, eben feststellbare Mengen Gonadotropin im Harn aus. In neuerer Zeit ist es mit Hilfe der Papierchromatographie und der Elektrophorese gelungen, eindeutige Ergebnisse beim Nachweis des Gonadotropins im Harn zu erzielen[5-8]. Es werden normalerweise von nichtschwangeren Frauen 3—6 Mäuse-Uterus-Einheiten ausge-

[1] Stewart, C. P., J. S. Robson and S. L. Tompsett: 2. Int. Congr. Biochem. Paris. S. 138. 1952. — [2] Schreier, K., B. Kadelis u. T. Zarska: Kli. Wo. **1952**, 657. — [3] H.-Th. 10. Aufl. S. 251ff. — [4] Marrian, G. F.: The determination of steroids in blood and urine. 3. Int. Congr. Biochem. Brüssel. Rapports S. 205. 1955. — [5] Bigwood, E. J., et C. Wodon: Arch. int. Physiol. **60**, 207 (1952). — [6] Dustin, J. P., C. Wodon, O. Medard et E. J. Bigwood: Ann. Endocrinol., Paris **13**, 687 (1952). — [7] Dustin, J. P., O. Medard, C. Wodon et E. J. Bigwood: Arch. int. Physiol. **60**, 208 (1952). — [8] Wodon, C., J. P. Dustin et E. J. Bigwood: Arch. int. Physiol. **58**, 463 (1951).

schieden. In der Mitte des Menstruums ist die Ausscheidung verstärkt und beträgt zwischen 10—50 Mäuseeinheiten (ME). Während der Menopause werden 50 bis 100 ME während 24 Std ausgeschieden[1]. Das Gonadotropin stammt aus der Hypophyse. Bei Männern beobachtet man eine Ausscheidung von 7—120 ME am Tage.

Einen besonders starken und vor allem frühzeitigen Anstieg der Ausscheidung im Harn weisen die gonadotropen Hormone während der Schwangerschaft auf. Die höchste Ausscheidung von gonadotropen Hormonen findet zwischen dem 20. und 50., meist am 30. Tag statt. Die Höchstwerte können zwischen 75000 RE und 1000000 RE schwanken. In den späteren Schwangerschaftsmonaten tritt ein Abfall bis auf 3000 RE ein*. Nach der Entbindung sind meist nur noch eben nachweisbare Spuren vorhanden[2]. Während der Schwangerschaft stammt das Gonadotropin wahrscheinlich aus dem Chorion. Im letzten Trimester ist bei diabetischen Frauen und bei schwerer Eklampsie die Ausscheidung hoch. Die Gonadotropin-Clearance blieb während der Schwangerschaft unter dem Normalwert, woraus geschlossen wird, daß vermehrte Ausscheidung in der Präeklampsie und Toxämie auf erhöhte Konzentrationen des Hormons im Serum zurückzuführen sind.

Tabelle 64. Ausscheidung von gonadotropen Hormonen bei normaler und toxischer Schwangerschaft[3].

Schwangerschaftsmonat	Ausscheidung von gonadotropen Hormonen in Ratteneinheiten je 24 Std	
	durchschnittlicher Normalwert	durchschnittlicher Wert bei Schwangerschaftstoxikose
5.	1000	—
6.	600	1600
7.	600	1800
8.	500	6000
Ende der Schwangerschaft	700	2000

Bei *Kastraten* und *Eunuchen* werden im Harn besonders hohe Mengen von gonadotropen Hormonen ausgeschieden, während die Ausscheidung von Sexualhormonen stark erniedrigt sein bzw. fehlen soll. So wurde bei Hypogenitalismus eine durchschnittliche Erniedrigung androgener Stoffe im Harn auf $^1/_3$ der Norm gefunden (statt normal 60—70 I.E. je Tag, 20 I.E. je Tag).

b) Prolactin. Die Ausscheidung von Prolactin ist bei Kindern mit Pubertas praecox und bei kastrierten Frauen erhöht, bei Frauen mit Leiomyoma uteri erniedrigt. Bei gesunden Männern schwankten die Werte zwischen 0 und 306 I.E., wobei ein Mann von 75 Jahren die größte Menge ausschied. Bei gesunden Frauen wurde eine mit dem Cyclus wechselnde Ausscheidung gefunden, die ihr Maximum nach der Cyclusmitte erreichte und bei der die postovulatorischen Werte höher lagen als die präovulatorischen. Die Behandlung mit hohen Dosen Testosteronpropionat bei Frauen mit Mammacarcinom scheint es zu einer Erhöhung der Prolactinausscheidung zu kommen. In der Schwangerschaft kommt es zu einem allmählichen Ansteigen, ohne Änderung unter der Geburt und danach zu einem allmählichen Absinken trotz fortgesetzter Lactation[4].

* 1 RE = Ratteneinheit: 26—28 Tage alten weiblichen, hypophysektomierten Ratten wird am 6.—8. Tage nach der Operation das zu untersuchende Präparat an 3 aufeinanderfolgenden Tagen subcutan injiziert. 72 Std nach der 1. Injektion werden die Tiere getötet und ihre Ovarien untersucht. Die kleinste Hormondosis, die das Auftreten normaler Follikel bewirkt, wird als Ratteneinheit bezeichnet. [Evans, H. M., M. E. Simpson, S. Tolksdorf and H. Jensen: Endocrinology **25**, 529 (1939).]

[1] Heller, C. G., J. P. Farney, D. N. Morgan and G. B. Meyers: J. clin. Endocrinol. **4**, 95 (1944). — [2] Evans, H. M., C. L. Kohls and D. H. Wonder: J. amer. med. Ass. **108**, 287 (1937). — [3] Smith, G. van S., and O. W. Smith: Amer. J. Physiol. **107**, 128 (1934). — [4] Coppedge, R. L., and A. Segaloff: J. clin. Endocrinol. **11**, 465 (1951).

Nach DEKANSKI[1] enthält der menschliche Harn eine *vasopressinähnliche Substanz*, die nach Adsorption der Gonadotropine an Kaolin und nachfolgender Behandlung zur Konzentrierung des antidiuretischen Faktors nachweisbar wird. Innerhalb 24 Std erfolgt eine durchschnittliche Ausscheidung dieser Substanz entsprechend 90 mμ Pitressin.

Die antidiuretische Wirkung zweier 24 Std-Konzentrate entsprach der von 50 bzw. 80 mμ Pitressin. DEKANSKI nimmt an, daß die Blutdrucksteigerung auf *Vasopressin* beruht, das nach DALE[2] im Harn ausgeschieden wird, s. a. [3].

c) Antidiuretische Substanzen. Die meisten Untersucher nehmen an, daß der Harn frei von antidiuretischen Substanzen ist. Außer dem Urin von Menschen[6,11] wurde untersucht: der Urin von Ratte[3-6], Kaninchen[7], Katze[8] und Hund[9,10]. Diese negativen Ergebnisse können natürlich daher kommen, daß die Bestimmungsmethoden nicht empfindlich genug waren, daß das aktive Material nicht konzentriert genug war oder nicht mit einer passenden Methode extrahiert wurde. Die Gegenwart von antidiuretischem Material im Harn ist tatsächlich von ARNOLD[12] und WALKER[13] festgestellt worden, beide Verfasser bezweifeln aber seine neurohypophysäre Herkunft. KAUFMANN[14] gibt ein Verfahren zur Gewinnung einer antidiuretischen Substanz aus menschlichem Urin an. Antidiuretische hypophysäre Aktivität ist auch im Harn der Känguruhratte festgestellt worden[15]. *Reizung der Neurohypophyse*[16,17] führt zu Freisetzung solcher Mengen des antidiuretischen Hormons, daß es durch die Nieren ausgeschieden wird.

Daß antidiuretische Substanzen in pathologischen Fällen im Harn erscheinen, ist wahrscheinlich. Ihr Auftreten im Harn ist beschrieben worden nach experimentellen Maßnahmen, wie Belassung von Versuchspersonen in Räumen mit hohen Temperaturen[18], renaler Hypertension[6], Behandlung mit Desoxycorticosteron[19], nach Adrenalektomie[20] bei Ratten mit hoher Fettnahrung[21] und Eiweißmangeldiät[22], und bei den folgenden Krankheiten: Schwangerschaftstoxikose, Präeklampsie und Eklampsie, während der Phase der akuten Wasserretention[22-25], akute hämorrhagische Nephritis mit Ödemen und Nephrose[26], CUSHINGsche Krankheit[26], Hypertension[6], Vitium cordis[27] Lebercirrhose mit Ascites[28-31] und Hungerödem[32], nach Ohnmachtsanfällen[33].

[1] DEKANSKI, J.: Brit. J. Pharmacol. **6**, 351 (1951). — [2] GINSBURG, M., and H. HELLER: J. Endocrinol. **9**, 283 (1953). — [3] HELLER, H., and F. F. URBAN: J. Physiol., London **85**, 502 (1935). — [4] GILMAN, A., and L. GOODMAN: J. Physiol., London **90**, 113 (1937). — [5] BOYLSTON, G. A., and A. C. IVY: Proc. Soc. exp. Biol. Med. **38**, 644 (1938). — [6] ELLIS, M. E., and A. GROLLMAN: Endocrinology **44**, 415 (1949). — [7] HARRIS, G. B.: J. Physiol., London **107**, 430 (1948). — [8] INGRAM, W. R., L. LADD and J. T. BENBOW: Amer. J. Physiol. **127**, 544 (1939). — [9] HARE, K., R. C. HICKEY and R. S. HARE: Amer. J. Physiol. **134**, 240 (1941). — [10] O'CONNOR, W. J.: Quart. J. exp. Physiol. **36**, 21 (1950). — [11] TAYLOR, N. B. G., and R. L. NOBLE: Proc. Soc. exp. Biol. Med. **73**, 207 (1950). — [12] ARNOLD, O.: A. e. P. P. **190**, 360 (1938). — [13] WALKER, A. M.: Amer. J. Physiol. **127**, 519 (1939). — [14] KAUFMANN, G.: Dtsch. Arch. klin. Med. **200**, 419 (1953). — [15] AMES, R. G., and H. B. VAN DYKE: Proc. Soc. exp. Biol. Med. **75**, 417 (1950). — [16] HATERIUS, H. O.: Amer. J. Physiol. **128**, 506 (1939/40). — [17] HARRIS, G. W.: Philos. Trans. R. Soc. London (B) **232**, 385 (1947). — [18] HELLMANN, K., and J. S. WEINER: J. appl. Physiol. **6**, 194 (1953). — [19] SKAHEN, J. G., and D. M. GREEN: Amer. J. Physiol. **155**, 290 (1948). — [20] MARTIN, S. J., H. C. HERRLICH and J. F. FAZEKAS: Amer. J. Physiol. **127**, 51 (1939). — [21] LESLIE, S. H., and E. P. RALLI: Endocrinology **41**, 1 (1947). — [22] DICKER, S. E.: Biochem. J. **46**, 53 (1950). — [23] TEEL, H. M., and D. E. REID: Endocrinology **24**, 297 (1939). — [24] KRIEGER, V. I., and T. B. KILVINGTON: Med. J. Australia **1**, 575 (1940). — [25] SCHAFFER, N. K., I. F. CADDEN and H. J. STANDER: Endocrinology **28**, 701 (1941). — [26] ROBINSON, F. H. jr., and L. E. FARR: Ann. internal Med. **14**, 42 (1940). — [27] NOBLE, R. L., H. RINDERKNECHT and P. C. WILLIAMS: Lancet **1938 I**, 13. — [28] BERCU, B. A., S. N. ROKAW and E. MASSIE: Proc. 22nd sci. Session amer. Heart Ass. (1949). — [29] RALLI, E. P., J. S. ROBSON, D. CLARKE and C. L. HOAGLAND: J. clin. Invest. **24**, 316 (1945). — [30] HALL, C. A., B. FRAME and V. A. DRILL: Endocrinology **44**, 76 (1949). — [31] STUECK, G. H. jr., S. H. LESLIE and E. P. RALLI: Endocrinology **44**, 325 (1949). — [32] WATSON, C. J., and A. GREFNBERG: Amer. J. med. Sci. **217**, 651 (1949). — [33] NOBLE, R. L., and N. B. G. TAYLOR: J. Physiol., London **122**, 220 (1953).

Postoperativ gewonnene Urinextrakte von hydratisierten Kranken führten nach intraperitonealer Injektion bei Ratten zu einer verzögerten Harnausscheidung. Die Identität dieser antidiuretischen Substanz mit dem antidiuretischen Hormon des HHL konnte aber nicht bewiesen werden[1].

ANDERSSON u. LARSSON[2] isolierten aus dem Harn von Milchkühen eine antidiuretische Substanz, die wahrscheinlich aus dem Hypophysenhinterlappen durch den Reiz des Melkens freigesetzt wird.

ACTH ist im Harn von Frauen und weiblichen Tieren nachweisbar[3,4].

Aus menschlichem Harn wurde das die Interstitialzellen stimulierende Hormon (Luteinisierungshormon) isoliert[5].

Eine Substanz mit oxytocischer Wirkung wurde von BUNDSCHUH[6] aus dem Harn von Ratten und Menschen isoliert.

3. Insulin.

Nur nach intravenösen Injektionen hoher Dosen von Insulin gelangen geringe Mengen in den Harn. Normalerweise ist der Harn frei von Insulin, genauer gesagt, er enthält weniger als 0,5 I.E. in 100 cm^3, s. [7].

4. Kallikrein[8].

Kallikrein wird im Harn des Menschen und aller untersuchten Säugetiere ausgeschieden. Bei Säuglingen und bei Greisen ist die Kallikreinausscheidung gegenüber dem gesunden Erwachsenen sehr gering. In 24 Std scheidet der gesunde Erwachsene durchschnittlich 200 Einheiten aus. Bei essentieller Hypertonie und bei nephrogenem Hochdruck ist die Ausscheidung extrem niedrig, sie liegt zwischen 6 und 120 Einheiten bzw. 5 und 54. Sie ist auch stark vermindert bei ADDISON-Kranken. Nach experimenteller Entfernung der Nebennieren oder des Pankreas beim Hund sinkt die Kallikreinausscheidung stark ab.

Kallidin[8] wird unter physiologischen Bedingungen im Harn nicht ausgeschieden.

5. Adrenalin und andere gefäßaktive Substanzen (s. a. S. 68ff.).

VON EULER u. HELLNER[9] fanden bei gesunden jungen Männern eine *Adrenalin*ausscheidung von $11{,}5 \pm 6{,}0\gamma$ und eine *Noradrenalin*ausscheidung von $29{,}0 \pm 12{,}3\gamma$ im Tag. Die Ausscheidung ist nach schwerer Muskelarbeit erhöht. Bei einigen Fällen von Hypertension war der Noradrenalingehalt des Harns erhöht und betrug 86,4 γ in 24 Std[10]. Von intravenös injiziertem Noradrenalin wird nur ein kleiner Bruchteil im Harn ausgeschieden[11]. Nach PEKKARINEN[12] scheiden normale Personen am Tag durchschnittlich 81 γ Adrenalin und Noradrenalin aus.

Nach KÄGI u. LANGEMANN[13] beträgt der durchschnittliche Gehalt des normalen Harns an Adrenalin und Noradrenalin 16—80 γ, davon sind 85% Noradrenalin. Bei Fällen mit Phäochromocytom beträgt die Ausscheidung meistens weit über 200 γ. Der Urin von Kühen enthält hauptsächlich Noradrenalin.

---

[1] CLINE, T. N., J. W. COLE and W. D. HOLDEN: Surg., Gynec. Obstet. **96**, 674 (1953). — [2] ANDERSSON, B., and S. LARSSON: Acta physiol. scand. **25**, 212 (1952). — [3] BLUMENTHAL, H. T.: Endocrinology **27**, 477 (1940). — [4] BLUMENTHAL, H. T.: J. Lab. clin. Med. **30**, 428 (1945). — [5] MCARTHUR, J. W.: Endocrinology **50**, 304 (1952). — [6] BUNDSCHUH, H. E.: A. e. P. P. **195**, 631 (1940). — [7] CUTTING, M.: Biochem. J. **36**, 376 (1942). — [8] FREY, E. K., H KRAUT u. E. WERLE: Kallikrein. Stuttgart 1950. — [9] EULER, U. S. v., and S. HELLNER: Acta physiol. scand. **22**, 161 (1951). — [10] EULER, U. S. v., S. HELLNER and A. PURKHOLD: Scand. J. clin. Lab. Invest. **6**, 54 (1954). — [11] EULER, U. S. v., and R. LUFT: Brit. J. Pharmacol. **6**, 286 (1951). — [12] PEKKARINEN, A., and M. E. PITKÄNEN: Scand. J. clin. Lab. Invest. **7**, 1, 8 (1955). — [13] KÄGI, J., u. H. LANGEMANN: Schweiz. med. Wschr. **85**, 402 (1955).

In jedem Harn lassen sich Pressorsubstanzen nachweisen, die durch Tyrosinase zerstörbar sind. Das „*Urosympathin*" des Harns besteht aus einer Mischung von Oxytyramin, Adrenalin und Noradrenalin[1]. Innerhalb von 24 Std scheidet der Mensch normalerweise eine 2—3 mg Oxytyramin bzw. 0,0—0,15 mg Adrenalin (oder Noradrenalin) entsprechende Aminmenge im Harn aus[2]. Nach schwerer Arbeit wird die Ausscheidung von Urosympathin vermehrt gefunden.

Nach Verabreichung von D,L-Adrenalin, das ^{14}C als β-C-Atom enthielt, fand SCHAYER[3] im Harn nach Papierchromatographie 5 verschiedene ^{14}C-enthaltende Substanzen, von denen jedoch keine identifiziert wurde. Nach der intravenösen Injektion von markiertem Adrenalin war keine Ausscheidung von konjugiertem Adrenalin nachweisbar. Dagegen wurde nach der Verfütterung der Substanz ein großer Teil im Harn in konjugierter Form aufgefunden. Man kann daraus schließen, daß Veresterung mit Schwefelsäure oder Bindung an Glucuronsäure im Darm oder in der Leber stattfinden. Versuche mit Adrenalin, das durch ^{14}C in der Methylgruppe markiert war, ergaben, daß ein Teil der Methylgruppen zu CO_2 oxydiert wird. Im Harn waren nur etwa 50% des einverleibten ^{14}C wiederzufinden. Adrenalin wird also im Organismus in großem Umfang demethyliert[3].

Orale Darreichung von 10—30 mg Adrenalin führt zu einer Ausscheidung von *Phenolestern*[4,5], welche nach hydrolytischer Spaltung eine Pressorwirkung entfalten[6]. Kaninchen scheiden von oral verabreichtem 200—250 mg D-Adrenalin je kg 21% innerhalb 24 Std als Glucuronid aus. Der Harn enthält kein unverändertes D-Adrenalin[7]. Nach oraler Verabreichung von 500—730 mg D-Adrenalin erscheinen 20% als Glucuronid, aber praktisch keine Schwefelsäureester. Die Glucuronidbildung erfolgt an einem der beiden phenolischen-Hydroxyle[8]. Esterartige Derivate von Pressoraminen finden sich auch unter den Urosympathinen.

Die vom normalen Menschen in 24 Std in freier und gepaarter Form ausgeschiedenen Urosympathinmengen sind am Blutdruck der Katze äquivalent 2—3 mg Oxytyramin bzw. 100—500 γ Adrenalin oder Noradrenalin. Die Ausscheidung von Urosympathin ist nach Arbeitsleistung und bei manchen Fällen essentieller Hypertonie vermehrt. Sie kann Werte entsprechend 8 mg Oxytyramin in 24 Std erreichen[2]. Bei akuter Nephritis ergab sich eine wesentliche Verminderung, bei chronischer Nephritis und Nephrosklerose eine Erhöhung der Urosympathinausscheidung, was im Sinne einer Retention bzw. vermehrten Bildung sympathicomimetischer Substanzen gedeutet wird. Überproduktion wird in Zusammenhang gebracht mit einer durch die Anoxämie der kranken Nieren bedingten Hemmung der Aminoxydase.

Eine niedermolekulare, blutdrucksenkende und die glatte Muskulatur von Darm und Uterus erregende Substanz[9] *(Substanz U)* und eine von dieser verschiedene *Substanz Z*[10] wurden neuerdings im Harn nachgewiesen. Von GOMES[11] wurde ein langsam reagierendes, den Rattenuterus kontrahierendes *Polypeptid* im Harn festgestellt.

---

[1] KRONEBERG, G., u. H.-J. SCHÜMANN: A. e. P. P. **209**, 350 (1950). — HOLTZ, P., G. KRONEBERG u. H.-J. SCHÜMANN: A. e. P. P. **209**, 364 (1950). — [2] HOLTZ, P., K. CREDNER u. G. KRONEBERG: A. e. P. P. **204**, 228 (1947). — [3] SCHAYER, R. W.: J. biol. Ch. **187**, 777 (1950); **189**, 301; **192**, 875 (1951). — [4] RICHTER, D.: J. Physiol., London **98**, 361 (1940). — [5] DEICHMANN, W. B.: Proc. Soc. exp. Biol. Med. **54**, 335 (1943). — [6] RICHTER, D., and J. C. MACINTOSH: Amer. J. Physiol. **135**, 1 (1941/42). — [7] WILLIAMS, R. T.: Biochem. J. **41**, 1 (1947). — [8] DODGSON, K. S., and R. T. WILLIAMS: Biochem. J. **45**, 381 (1949). — [9] BERALDO, W. T.: Amer. J. Physiol. **171**, 371 (1952). — [10] WERLE, E., u. E. G. ERDÖS: A. e. P. P. **223**, 234 (1954). — [11] GOMES, F. P.: Brit. J. Pharmacol. **10**, 200 (1955).

Ein gefäßerweiternder thermostabiler Stoff, das Depressan, wurde von WOLLHEIM[1] aus dem Harn isoliert. Weitere blutdrucksenkende Substanzen wurden von KAHLSON[2] und von LITTLE u. Mitarb.[3] im Harn gefunden.

Pressorische Wirkungen des Harns wurden von ARNOLD[4] nachgewiesen.

6. Schilddrüsenhormon.

In Harn und Galle wird kein unverändertes Schilddrüsenhormon ausgeschieden. Patienten mit Schilddrüsenüberfunktion scheiden 3—4mal soviel Jod im Harn aus wie Schilddrüsengesunde[5].

In der Schweiz fand man in Gegenden, in denen das Trinkwasser wenig Jod enthält und bei 56—62% der Bevölkerung Kropf vorkommt, eine Jod-Tagesausscheidung von 17—19 γ je Tag; dagegen fand man in jodreichen Gegenden mit nur 1% Kropf eine Jodausscheidung von 60 γ je Tag. In Norwegen beträgt in Gegenden mit 30—60% Kropf die Jodausscheidung 29—87 γ je Tag, dagegen in Gegenden ohne Kropf 112—302 γ je Tag[6].

7. Urogastron.

Der normale männliche und weibliche Harn enthält *Urogastron*, eine Substanz unbekannter Zusammensetzung, die die Magensaftsekretion hemmt[7-11]. Urogastron bleibt im Harn von Hunden, denen die Ovarien, die Schilddrüse oder die Hypophyse entfernt wurden, nachweisbar[12,13].

η) Fermente[14,15].

Wie alle anderen Stoffe des Organismus, so unterliegen auch die Fermente einer Abnutzung. Ihre Abbauprodukte werden teilweise wieder dem intermediären Stoffwechsel zugeführt, besonders die der Apofermente, teils werden sie im Harn ausgeschieden, was besonders für die Cofermente gilt, über deren Ausscheidung im Harn in den Kapiteln Vitamine und Farbstoffe sich Angaben finden. Fermente können aber auch physiologischerweise in Spuren, pathologischerweise auch in größeren Mengen unverändert im Harn erscheinen. Im folgenden seien nur die praktisch wichtigsten im Harn festgestellten Fermente berücksichtigt.

Amylase (s. a. Bd. **1**, S. 1058). Die normale Ausscheidung beträgt 24—76 Einheiten (nach WOHLGEMUTH), mit starken Schwankungen nach oben und unten bei Flüssigkeitskarenz oder Diurese. Bei hoher Kohlenhydratdiät ist die 24 Std-Ausscheidung von Amylase im Harn vermindert, vermehrt ist sie bei hoher Proteindiät oder beim Fasten. Bei nephritischen Symptomen ist die Amylase im Harn vermindert (im Serum erhöht), sehr hohe Amylasewerte finden sich bei der

---

[1] WOLLHEIM, E.: Acta physiol. scand. **10**, 126 (1945). Schweiz. med. Wschr. **66**, 1231 (1936). Acta med. scand. **91**, 1 (1937). — WOLLHEIM, E., u. K. LANGE: D. m. W. **1932 I**, 572. — [2] KAHLSON, G.: Skand. Arch. Physiol. **77**, 271 (1937). — [3] LITTLE, J. M., H. D. GREEN and J. I. BUMGARNER: Amer. J. Physiol. **155**, 345 (1948). — [4] ARNOLD, O.: A. e. P. P. **190**, 360 (1938). — [5] FLEISCHMANN, W.: Pflügers Arch. **221**, 591 (1929). — [6] VERZÁR, F.: Lehrbuch der inneren Sekretion. S. 67. Liestal 1948. — [7] SMITH, B. W., and J. H. ROE: J. appl. Physiol. **4**, 666 (1952). — [8] CULMER, C. U., A. J. ATKINSON and A. C. IVY: Endocrinology **24**, 631 (1939). — [9] GRAY, J. S., E. WIECZOROWSKI and A. C. IVY: Science, N. Y. **89**, 489 (1939). — [10] FRIEDMAN, M. H. F., R. O. RECKNAGEL, D. J. SANDWEISS and T. L. PATTERSON: Proc. Soc. exp. Biol. Med. **41**, 509 (1939). — [11] NECHELES, H., M. E. HANKE and E. FANTL: Proc. Soc. exp. Biol. Med. **42**, 618 (1939). — [12] KAULBERSZ, J., T. L. PATTERSON, D. J. SANDWEISS and H. C. SALTZSTEIN: Science, N. Y. **102**, 530 (1945). — [13] SANDWEISS, D. J., H. C. SALTZSTEIN and A. A. FARBMAN: Amer. J. digest. Dis. **6**, 6 (1939). — [14] MERTEN, R.: Ergebn. inn. Med. (N. F.) **2**, 49 (1950). — [15] H.-Th. 10. Aufl. Bd. V, S. 292.

Pankreasnekrose, deutlich erhöhte Werte bei der akuten Pankreatitis sowie beim Verschluß des Ductus pancreaticus. Die akute Pankreasnekrose geht in den allermeisten Fällen mit einer sehr starken Amylaseerhöhung einher und kann nach BAUMANN[1] 2000—4000 E betragen. Ganz allgemein werden Erhöhungen der amylatischen Wirkung des Harns bei allen im Oberbauch, also in der Nähe der Bauchspeicheldrüse liegenden Affektionen, besonders bei allen Erkrankungen der Gallenwege gefunden. Nicht mit derselben Häufigkeit wie bei Cholecystopathien finden sich Steigerungen des stärkespaltenden Enzyms im Harn bei Ulcera ventriculi und duodeni[2,3]. Eine Verminderung des Enzyms im Harn wird, allerdings nicht regelmäßig, bei chronischen Pankreatitiden angetroffen. Auch bei Diabetes mellitus ist eine Verminderung des Enzyms beobachtet worden[4,5]. Auch das Pankreascarcinom kann mit einer starken Reduktion oder mit völligem Fehlen der Amylase im Harn einhergehen[6,7]. Bei Nierenentzündungen fand SCHMEREL[4] eine Abnahme der amylatischen Wirkung des Urins. Als Ursache wird eine renale Ausscheidungsstörung durch Erhöhung der Nierenschwelle angesehen.

Phosphatase (s. a. Bd. 1, S. 1093). Der Harn enthält ein phosphatatisches Enzym[8], das sein Aktivitätsoptimum im sauren Bereich hat und stark gehemmt ist, da nach Dialyse des Harns die Aktivität auf das 3fache ansteigt. Bei Glucosebelastung sinkt mit dem Ansteigen der Blutzuckerkurve die Phosphataseausscheidung im Harn ab. Umgekehrt war nach Insulinbelastung die Phosphatase im Harn vermehrt[9].

Neben der sauren Phosphatase findet sich wenig alkalische Phosphatase[10–12]. Der Katzenharn soll viel[13], der Kaninchenharn keine Phosphatase enthalten. Die bei Männern und Frauen vorkommende Phosphatase stammt aus den Nieren oder dem Blut; denn sie wird auch im Katheterharn gefunden, und zwar auch vor der Pubertät oder nach Prostatektomie. Frauen scheiden je Tag regelmäßig ungefähr 50 Einheiten saure Phosphatase aus. Bei Männern steigt die Ausscheidung in der 4. Dekade des Lebens auf 350—400 Einheiten[9,14,15]. Bei männlichen Individuen kann die Konzentration der sauren Harnphosphatase durch Beimengung des Prostatasekretes erhöht sein[16].

Peptidasen. Das Auftreten von Peptidasen im Harn ist besonders eingehend von ABDERHALDEN und seiner Schule untersucht worden[17]. Es wurden im Harn unter physiologischen Verhältnissen eine Polypeptidase, die nur höhere Polypeptide, sowie eine Dipeptidase, die nur Dipeptide spaltet, nachgewiesen. Im Stadium der Ausheilung des Icterus catarrhalis wurden hohe Peptidasewerte im Harn festgestellt, wohl als Folge einer erheblichen Parenchymzerstörung in der Leber[18].

Die wichtigsten *Proteinasen* des tierischen Organismus sind im Harn nachgewiesen worden.

---

[1] BAUMANN, J.: Z. ges. exp. Med. **91**, 120 (1933). — [2] KATSCH, G.: Handb. inn. Med. (BERGMANN-STAEHELIN) 3. Aufl. Bd. III/1. S. 240. — [3] BERNHARD, (F.): Arch. klin. Chir. **193**, 45 (1938). — [4] SCHMEREL, F.: B. Z. **208**, 415 (1929). — [5] BRINCK, J., u. (A.) RODRIGUEZ-OLLEROS: Dtsch. Arch. klin. Med. **175**, 691 (1933). — [6] STEPP, W.: Neue dtsch. Klin. 8, 562 (1931). — [7] GRAY, S. H., and M. SOMOGYI: Proc. Soc. exp. Biol. Med. **36**, 253 (1937). — [8] DMOCHOWSKI, A., u. D. ASSENHAJM: Naturwiss. **23**, 501 (1935). — [9] WOLBERGS, H.: **238**, 23 (1936). — [10] FOLLEY, S. J., and H. D. KAY: Biochem. J. **29**, 1837 (1935). — [11] ALBERS, D.: H. **265**, 129; **266**, 1 (1940). — [12] BIGET, P.: Thèse Pharm. Paris 1943. — [13] FLOOD, C. A., E. B. GUTMAN and A. B. GUTMAN: Amer. J. Physiol. **120**, 696 (1937). — [14] BURGEN, A. S. V.: Lancet **1947 I**, 329. — [15] COURTOIS, J., et P. BIGET: Bull. Soc. Chim. biol. **25**, 103 (1943). — [16] SCOTT, W. W., and C. HUGGINS: Endocrinology **30**, 107 (1942). — [17] ABDERHALDEN, E., u. S. BUADZE: Fermentforsch. **10**, 455 (1929). — [18] BÖHMIG, L.: Wien. Arch. inn. Med. **19**, 89 (1929).

Uropepsin[1–4] ist nach heutigen Auffassungen mit dem Pepsinogen, dem eiweißspaltenden Ferment der Magenschleimhaut identisch[5]. Pepsinogen wird nicht vollständig in das Mageninnere, sondern zum Teil auch an das Blut abgegeben und tritt von dort in den Harn über[6, 7]. Für die Richtigkeit dieser Anschauung spricht das völlige Verschwinden des Uropepsins aus dem Harn nach totaler Gastrektomie[8]. Eine Erhöhung der Uropepsinausscheidung ist nach Coffein, schwarzem Tee, Zigarettenrauchen zu beobachten, ebenso nach Mahlzeiten; Histamin ist weniger wirksam[9]. Bei Kranken mit Magenulcus war eine deutliche Erhöhung der Uropepsinausscheidung festzustellen. Bei Perniciosakranken war kein Pepsin im Harn nachzuweisen[10]. MIRSKY u. Mitarb.[7] konnten nach Verfütterung großer Pepsinmengen keine Erhöhung des Uropepsins feststellen. Auch nach intravenöser Injektion von Pepsinogen war die Uropepsinausscheidung nicht erhöht[11]. Im allgemeinen kann man sagen, daß die Pepsinogenausscheidung die Pepsinsekretion im Magen widerspiegelt. Veränderungen des Uropepsingehaltes gehen mit Veränderungen der Alkalireserve des Harns parallel, welche ihrerseits ein Maß der Salzsäuresekretion des Magens darstellt[9, 12]. Die Uropepsinausscheidung in normalem Morgenharn beträgt 15—40 E[13].

Durch Dialyse des Harns werden Substanzen entfernt, die das *Harnkathepsin* (s. Bd. **1**, S. 1161) hemmen[3]. Bei Entzündungen, Infektionen sowie bei Prozessen, die mit einer Gewebseinschmelzung einhergehen, ist eine Erhöhung der Kathepsinausscheidung zu beobachten, dagegen eine Erniedrigung bei chronischen Eiweißmangelschäden sowie bei chronischer Tuberkulose.

Durch BAUMANN[3] und BUADZE[4] wurde das *Trypsin* (s. a. Bd. **1**, S. 1148) als regelmäßiger Bestandteil des Harns gesunder Individuen sichergestellt. Bei Erkrankungen des Pankreas oder bei Erkrankungen der Nachbarorgane und nach Operationen im Oberbauch kommt es zu einer etwa dem Grade der Diastasevermehrung entsprechenden Vermehrung aktiven Trypsins im Harn des Menschen. Bei experimenteller akuter, tödlicher Pankreasnekrose treten außerordentlich große Trypsinmengen im Harn auf. Diese Mengen betrugen in verschiedenen Versuchen am Hund das 64—1280fache der oberen Normalwerte für den Trypsingehalt des Harns[14].

Bei Verwendung von Hämoglobin als Substrat kann die proteolytische Aktivität in γ Tyrosin-N, welcher aus dem Hämoglobin abgespalten wird, ausgedrückt werden. Die Fermentaktivität unterliegt nicht nur einem Wechsel zwischen Tag und Nacht, sondern zeigt auch Schwankungen innerhalb eines Tages. Für den Gesamttag berechnet, ergibt sich bei gesunden Personen eine Schwankung von 180—550 γ Tyrosin-N für das Pepsin und von 190—550 γ Tyrosin-N für das Kathepsin. Bei Typhus werden Werte bis 1300, bei Lungentuberkulose bis zu 2000 γ Tyrosin-N für das Pepsin gemessen[2].

Abwehrproteinasen (s. a. Bd. **1**, S. 1168) und *Abwehrpolypeptidasen* werden mit dem Harn ausgeschieden. 20—24 Std nach subcutaner Verabreichung eines körper-

---

Zusammenfassende Darstellungen: 1—4. Über das *Harnpepsin:* [1] BUCHER, G. R.: Gastroenterol., Baltimore **8**, 627 (1947). — Über das *Harnkathepsin:* [2] MERTEN, R.: Kli. Wo. **1946/47**, 401. — Über das *Harntrypsin:* [3] BAUMANN, J.: Z. ges. exp. Med. **91**, 120 (1933). — [4] BUADZE, S.: Fermentforsch. **14**, 56 (1933/34).

[5] MERTEN, R.: Z. ges. exp. Med. **123**, 332 (1954). — [6] DELEZENNE, C., et I. POZERSKI: C. R. Soc. Biol. **55**, 327 (1903). — [7] MIRSKY, I. A., S. BLOCK, S. OSHER u. R. H. BROH-KAHN: J. clin. Invest. **27**, 818 (1948). — [8] BUCHER, G. R., and A. C. IVY: Amer. J. Physiol. **150**, 415 (1947). — [9] STREHLER, E.: Schweiz. med. Wschr. **84**, 99. (1954). — [10] ROSS, J. R., and M. M. SHAW: J. biol. Ch. **139**, 603 (1941). — [11] GOTTLIEB, E.: Skand. Arch. Physiol. **46**, 1 (1925). — [12] VORLAENDER, K. O., P. BÖHM u. S. HAASTERT: Kli. Wo. **1954**, 734. — [13] WEST, P. M., F. W. ELLIS and B. L. SCOTT: J. Lab. clin. Med. **39**, 159 (1952). — [14] BAUMANN, J.: Dtsch. Z. Chir. **238**, 671 (1933).

fremden Eiweißes erscheint nach ABDERHALDEN[1] im Harn die zugehörige Abwehrproteinase. Die Antikörper lassen sich bekanntlich erst 5—7 Tage nach der Antigenzufuhr im Blut nachweisen. Wird einem Tier *einmal* ein Antigen parenteral zugeführt, so dauert die Ausscheidung der Abwehrfermente gewöhnlich nur einige Tage bis höchstens einige Wochen. Neuerdings wird die Existenz der Abwehrfermente in Frage gestellt[2].

Ein sehr aktives *fibrinolytisches Ferment* wurde im Harn nachgewiesen. Es unterscheidet sich vom Pepsin und vom Trypsin und ähnelt in seinem Verhalten dem Plasmin. Die Menge im normalen Harn ändert sich mit der Diurese. Gastrektomie hat keinen Einfluß auf die fibrinolytische Aktivität des Harns, aber Hepatektomie verursacht einen schnellen Abfall der Fermentaktivität. Nierenharn zeigt die gleiche Aktivität wie Blasenharn[3,4].

Lipase (s. a. Bd. 1, S. 1071). Die lipolytische Wirkung des Harns ist, an der Tributyrinspaltung gemessen, relativ gering[5]. Das wirksame Ferment ist chininresistent, woraus geschlossen wurde, daß es aus der Niere stammt. Bei diffusen, entzündlichen und degenerativen Erkrankungen der Niere ist der Lipasegehalt des Harns vermehrt. Gelegentlich tritt dabei auch Serumlipase auf, erkennbar an der Chininempfindlichkeit der Lipolyse. Bei degenerativen Erkrankungen der Nieren überwiegt das chininfeste Ferment, während bei entzündlichen Veränderungen mehr die chininempfindliche Lipase im Harn erscheint. Nach ZORN[6] ist beim Gesunden im Säuglings- und Kindesalter bis in die Pubertätszeit hinein etwa in der Hälfte der Fälle eine Lipaseausscheidung, gemessen an der olivenölspaltenden Wirkung, im Harn festzustellen. Beim Erwachsenen ist unter normalen Umständen während der ganzen Lebenszeit keine Lipase im Harn nachweisbar. Ihr Auftreten im Harn Erwachsener ist also im allgemeinen als pathologisch zu betrachten. Bei der Tuberkulose ist jede erheblichere Ausscheidung von Lipase prognostisch als ungünstig zu bewerten. Auch bei anderen Infektionskrankheiten kann Lipase im Harn vermehrt sein. Nach neueren Untersuchungen wird jedoch auch von gesunden Erwachsenen Lipase ausgeschieden, und zwar 0,2—1,0 E/cm^3; im Harn von Hunden 0,15—1,2 E/cm^3 [7]. Bei allen Fällen von Lues im Stadium 1 und 2 enthält der Harn stets Lipase. Dient die Tributyrinspaltung als Maßstab, so besteht zwischen dem Urin von Kindern und Erwachsenen kein Unterschied.

Von LAVES[8] wurde im Harn eine *Ribonuclease* festgestellt. Röntgenbestrahlte Ratten scheiden im Harn eine neutrale und eine saure Desoxyribonuclease aus[9].

ϑ) Verschiedenes.

Von LÖHR u. SCHÜMANN[10] wurde aus dem Harn von Diabetikern und Gesunden ein blutzuckersteigernder Stoff angereichert, der einen zuckerhaltigen Eiweißkörper oder ein Peptid darstellt. Ein quantitativer Unterschied zwischen Gesunden und Diabetikern ließ sich nicht feststellen, auch wurde eine Beziehung zwischen der ausgeschiedenen Menge des blutzuckersteigernden Stoffes und dem Insulinbedarf nicht gefunden.

Im Harn von Krebskranken wurde ein „Toxin" nachgewiesen, das die Aktivität gewisser Fermente der Leber im Sinne von Aktivierung oder Hemmung

[1] ABDERHALDEN, E.: Fermentforsch. **15**, 93 (1936/38). Abwehrfermente. Dresden, Leipzig 1944. — [2] Diskussion zum 4. Mosbacher Coll. S. 26. — [3] BJERREHUUS, I.: Scand. J. clin. Lab. Invest. **4**, 179 (1952). — [4] SEELICH, F., M. PANTLITSCHKO u. E. KAISER: Enzymologia **16**, 56 (1953). — [5] BLOCH, E.: Z. ges. exp. Med. **35**, 416 (1923). — BLOCH, E., u. O. EINSTEIN: **40**, 311 (1924). — [6] ZORN, B.: Fermentforsch. **15**, 397 (1936/38). — [7] NOTHMAN, M. M.: A.e.P.P. **219**, 528 (1953). — [8] LAVES, W.: B. Z. **322**, 292 (1951/52). — [9] KOWLESSAR, O. D., K. I. ALTMAN and L. H. HEMPELMANN: Nature **172**, 867 (1953). — [10] LÖHR, K., u. W. O. SCHÜMANN: Z. ges. exp. Med. **122**, 374, 380 (1953/54).

beeinflußt; so wird die saure Phosphatase der Leber z. B. stark aktiviert[1-3]. Von MACHT u. KREMEN[4] wurde ein Stoff im Harn Krebskranker mit phytotoxischer Aktivität festgestellt, der auch im Blutserum Krebskranker vorkommt. Die im Harn vorhandene Wuchsstoffaktivität wird von WIELAND u. Mitarb.[5] nicht auf das Vorhandensein von Auxin a, sondern auf die Gegenwart von Indolylessigsäure zurückgeführt (s. a. Bd. **1**, S. 543).

2. Die Faeces[6-19].

Von **F. W. KRZYWANEK**†* und **B. FLASCHENTRÄGER****.

Inhaltsverzeichnis.

---

* F. W. KRZYWANEK ist 1945 verstorben.

** Den Herren Prof. Dr. F. BAUMGÄRTEL, W. HEUPKE, W. SIEDEL und W. STEPP danke ich für die freundliche Durchsicht der Fahnen dieses Beitrages. B. F.

[1] YOSHIDA, T.: Gann, Tokyo **43**, 92 (1952). — [2] SHIINA, K., u. E. YOSHIDA: Gann, Tokyo **43**, 95 (1952). — [3] SATO, H., K. YUNOKI u. Y. SEGUCHI: Gann, Tokyo **43**, 94 (1952). — [4] MACHT, D. I., and D. KREMEN: Fed. Proc. **14**, 97 (1955). — [5] WIELAND, O. P., R. S. DE ROPP and J. AVENER: Nature **173**, 776 (1954).

Zusammenfassende Darstellungen: 6—14. [6] SCHMIDT, E. A., u. J. STRASBURGER: Die Fäzes des Menschen im normalen und krankhaften Zustande mit besonderer Berücksichtigung der klinischen Untersuchungsmethoden. 4. Aufl. Berlin 1915. Zitiert als: Schmidt-Strasburger. — [7] STRASBURGER, J.: Der Darm als Exkretionsorgan. Handb. Physiol. Bd. 4, S. 681—695. — [8] STRASBURGER, J.: Die Faeces. Handb. Physiol. Bd. 4, S. 696—708. — [9] KRZYWANEK, F. W.: Die Faeces. Handb. Mangold Bd. 2, S. 349—392. — [10] KRZYWANEK, F. W.: Kotbildung, Zusammensetzung und Chemie der Fäces. Handb. Biochem. Erg.-W. Bd. 2, S. 522—532. — [11] SCHREUER, M.: Kotbildung, Zusammensetzung und Chemie der Fäces. Handb. Biochem. Bd. 5, S. 345—384. — [12] KESTNER, O.: Ausscheidung und Kotbildung. Handb. Physiol. Bd. 16, 935—938. — [13] HENNING, N., u. W. BAUMANN: Die Krankheiten des Darmes. Handb. inn. Med. (BERGMANN-STAEHELIN) 3. Aufl. Bd. 3/2 S. 799. 4. Aufl. 1953. — [14] HENNING, N.: Die Faeces. Lehrb. path. Physiol. (HEILMEYER) 8. Aufl. 1951.

Methodisches: [15] HEUPKE, W.: Die Faeces des Menschen. Funktionelle Diagnostik der Darmkrankheiten. Physiologie und Pathophysiologie der Verdauungsvorgänge. 2. Aufl. Dresden, Leipzig 1943. — [16] LUGER, A.: Grundriß der klinischen Stuhluntersuchung. Unter Mitarbeit von KOVÁCS, N., E. LAUDA u. E. PREISSECKER. Wien 1928. — [17] LOHRISCH, H.: Methoden zur Untersuchung der menschlichen Faeces. Handb. biol. Arb.-Meth. Abt. IV, Teil 6/1, 33—356 (1926). — [18] H.-Th. 10. Aufl. Bd. V, S. 401—427. — Hallmann 6. Aufl. S. 82ff. — [19] Über Exkretstoffwechsel der wirbellosen Tiere s. z. B. HEIDERMANNS, C.: Naturwiss. **26**, 263, 279 (1938).

Nach den grundlegenden Arbeiten von ADOLF SCHMIDT und JULIUS STRASBURGER[1–3] haben sich in neuerer Zeit außer KRZYWANEK[4,5] und HEUPKE[6] nur wenige Biochemiker mit der Erforschung der Faeces befaßt und dann auch nur mit Einzelfragen dieses Gebietes. Trotzdem sind in jüngster Zeit dank den großen Fortschritten der Chemie und der Biochemie unsere Kenntnisse über Ursprung und Zusammensetzung der Faeces sehr erweitert worden.

Durch die Aufbereitung und Resorption der verdaulichen Nahrungsbestandteile werden die Menge und Beschaffenheit des Inhaltes in den distalen Darmabschnitten verändert. Dies führt schließlich zur Bildung der Faeces. Danach erscheinen die Faeces als *Rückstand der Nahrung* eine Anschauung, die lange Zeit allgemeine Gültigkeit besaß. Erst als man begann, das Schicksal der einzelnen Nahrungsbestandteile im Darm zu verfolgen und wagte, Operationen am Verdauungstrakt auszuführen, erkannte man, daß der Kot neben den Überbleibseln der Nahrung auch ein *Exkret der Darmschleimhaut*[7] ist, ja daß in besonderen Fällen der Kot ausschließlich aus solchen Exkreten und aus der *Darmflora* bestehen kann (s. a. Bd. 2/1, S. 195). Unterstützt wurde diese Erkenntnis durch die Tatsache, daß auch während des Hungers dauernd Faeces ausgeschieden werden und vor allem dadurch, daß auch der Fetus, der während des intraunterinen Lebens keine Gelegenheit hat, enteral Stoffe aufzunehmen, im Enddarm das Meconium enthält.

Diese 3fache Natur der Faeces als Exkret, als Rest der Nahrung und als Rückstand der Bakterientätigkeit gestattet eine getrennte Besprechung dieser 3 Faktoren.

a) Die Faeces als physiologisches Exkret.

α) Hungerkot.

Die Tatsache, daß auch im Hungerzustand Kot gebildet wird, ist zuerst von BIDDER u. SCHMIDT[8] und von VOIT[9] am Fleischfresser festgestellt worden. Ausführliche Analysen über den Hungerkot hat F. MÜLLER[10] zusammengestellt.

[1] SCHMIDT, E. A., u. J. STRASBURGER: Die Fäzes des Menschen im normalen und krankhaften Zustande mit besonderer Berücksichtigung der klinischen Untersuchungsmethoden. 4. Aufl. Berlin 1915. Zitiert als: Schmidt-Strasburger. — [2] STRASBURGER, J.: Der Darm als Exkretionsorgan. Handb. Physiol. Bd. 4, S. 681—695. — [3] STRASBURGER, J.: Die Faeces. Handb. Physiol. Bd. 4, S. 696—708. — [4] KRZYWANEK, F. W.: Die Faeces. Handb. Mangold Bd. 2, S. 349—392. — [5] KRZYWANEK, F. W.: Kotbildung, Zusammensetzung und Chemie des Faeces. Handb. Biochem. Erg.-W. Bd. 2, S. 522—532. — [6] HEUPKE, W.: Die Faeces des Menschen. Funktionelle Diagnostik der Darmkrankkrankheiten. Physiologie und Pathophysiologie der Verdauungsvorgänge. 2. Aufl. Dresden, Leipzig 1943. — [7] Über Exkretstoffwechsel der wirbellosen Tiere. s. z. B. HEIDERMANNS, C.: Naturwiss. **26**, 263, 279 (1938). — [8] BIDDER, F., u. C. SCHMIDT: Die Verdauungssäfte und der Stoffwechsel. S. 295, 310. Mitau, Leipzig 1852. — [9] VOIT, C.: Z. Biol. **2**, 307 (1866). — [10] MÜLLER, F.: Z. Biol. **20**, 327 (1884).

Tabelle 65. Zusammensetzung des Hungerkotes.

	Frischer Kot in g je Tag	Wasser	Getrockneter Kot		Asche des Trocken-kotes	Gesamt-S		Lipoide				
										Zusammensetzung der Lipoide in %		
		%	g je Tag	% des feuchten Kotes	%	g je Tag	% des Trocken-kotes	g je Tag	% des Trockenkotes	Neutralfette und Cholesterin	Fettsäuren	Seifen
Mensch[1]	9,5—23	77—82	2—3,8	18—23	12,5	0,25 0,1—0,3	5,7—8,3	0,6—1,2	28,4—35,5	47—55	37,6—41,5	7,3—11,5
Hund[2]**		60—80	0,6—3,2*	20—40	19—27	0,05—0,24	7,96		17,7—48,0	33	25	42

* Je Tag und 10 kg Körpergewicht. ** Die Zahlen vom Hund beziehen sich im Gegensatz zu denjenigen über den Hungerkot des Menschen auf den ganzen Darminhalt nach 6—38tägiger Hungerperiode.

Neuere eingehende Analysen liegen nicht vor. Nach MÜLLER ist die Kotbildung im Hungerzustand nicht unbedeutend.

Hunde[2] im Gewicht von 6—37 kg bildeten täglich eine Kotmenge, die zwischen 0,66 und 4,8 g Trockensubstanz enthielt, das sind 0,6—3,2 g je 10 kg Körpergewicht. Die Menge hängt naturgemäß von der Größe, dem Ernährungszustand und schließlich auch von Krankheiten des Tieres ab.

Zusammensetzung des getrockneten Hungerkotes von Hunden[2]. Den Gesamtstickstoffgehalt fand MÜLLER verhältnismäßig hoch: 5,0—8,0% N. Die Asche betrug 18,9—27,2% des Trockenrückstandes und enthielt Alkalien, Mg, Ca, Fe, Cl, SO_4 und PO_4 vor allem aber Ca und PO_4. Die ätherlöslichen Substanzen schwankten zwischen 17,7 und 48% der Trockensubstanz. Der Ätherextrakt bestand zum größten Teil aus freien Fettsäuren und Seifen neben etwas Cholesterin. Auch im Hunger geht die Fäulnis im Darm weiter. Damit wird die Anwesenheit von Indol, Phenol und Reduktionsprodukten der Gallenfarbstoffe im Kot sowie von gepaarten Schwefel- und Glucuronsäuren im Harn erklärlich.

Den ***Hungerkot vom Menschen,*** und zwar von den bekannten *Hungerkünstlern Cetti* und *Breithaupt* (3,8 bzw. 2 g Trockenkot), haben F. MÜLLER u. Mitarb.[3] untersucht. Beim Hund fand man bedeutend größere Mengen, weil man auch den nach dem Tode im Rectum vorhandenen Inhalt mitbestimmte[2]. Der N-Gehalt des Trockenkotes von hungernden Menschen lag zwischen 5,7 und 8,3%. Die ätherlöslichen Substanzen waren nach Menge und Zusammensetzung denen des Hungerkotes von Hunden gleich: 28,4—35,5% des Trockenkotes. Die Kotasche der beiden Männer war geringer als beim Hund: 12,5 und 12,6% der Trockensubstanz; das ist etwa eine Menge, wie sie auch beim normal ernährten Menschen gefunden wird. Auch hier waren Alkalien vorhanden sowie reichlich Calcium und Phosphate.

Als Reste von Verdauungssekreten werden regelmäßig Erepsin, Trypsin und Amylase gefunden[4]. Ein Drittel des Hungerkotes kann aus Bakterien bestehen. Legt man bei einem Tier

---

[1] LEHMANN, C., F. MUELLER, I. MUNK, H. SENATOR u. N. ZUNTZ: Virchows Arch. **131**, Suppl. (1893): bes. S. 106f. Der Hungerkot (MUELLER).— HEUPKE, W.: Die Faeces des Menschen, 2. Aufl. S. 15. Dresden und Leipzig 1943. — [2] MÜLLER, F.: Z. Biol. **20**, 327 (1884). — [3] LEHMANN, C., F. MUELLER, I. MUNK, H. SENATOR u. N. ZUNTZ: Virchows Arch. **131**, Suppl. (1893). — [4] Schmidt-Strasburger S. 2.

eine *Darmfistel*[1] nach THIRY[2] oder VELLA[3] an und reinigt dieselbe, so füllt sie sich nach einiger Zeit mit kotähnlichen Massen, die, ähnlich dem Hungerkot, ein physiologisches Exkret des Darmes darstellen.

Aus einigen der genauesten Stoffwechselversuchen der Literatur hat VOIT[4] berechnet, daß Menge und Bestandteile des Hungerkotes bei Mensch und Hund gleich sind, wenn man sie je m² Oberfläche umrechnet.

β) Das Meconium.

Der Name stammt von *μήκων*, Mohn, *μηκώνιον*, Mohnsaft, wegen der ähnlichen Farbe des eingedickten Mohnsaftes. Es wird auch „Kindspech" genannt. Es ist die erste Darmentleerung des Neugeborenen und, abgesehen von den Bestandteilen der verschluckten Vernix caseosa, ein reines steriles Darmsekret.

Beim Menschen ist das Meconium eine dunkelbraungrüne, pechähnliche, meist sauer reagierende Masse ohne stärkeren Geruch[5]. Es enthält grüngefärbte Epithelzellen, Zelldetritus, zahlreiche Fettkörnchen und Cholesterintäfelchen. Der Wassergehalt beträgt 72—80%, die Trockensubstanz 28—20%. Man hat Mucin, Gallenfarbstoffe (Biliverdin, Bilirubin), Gallensäuren (Taurocholsäure), Fette, Seifen, Cholesterin, Spuren von Enzymen und Mineralstoffe gefunden. Fäulnisprodukte, Koprosterin und Stercobilin fehlen im Meconium.

Über tierisches Meconium s. [6,7].

Die *Wasserstoffionenkonzentration des Meconiums*[8] entspricht im Durchschnitt einem p_H von 6,1, steigt in den nächsten Tagen nach der Nahrungsaufnahme an und erreicht am 5.—6. Lebenstag die Werte des normalen Stuhles von Brustkindern mit p_H 4,6—5,2.

Die ***chemische Untersuchung*** des Meconiums ist noch recht unvollständig. Die Sammlung größerer Mengen ist in Zusammenarbeit mit Geburtskliniken nicht schwierig. Allerdings muß durch rasches Konservieren mit Äther oder Chloroform sowie durch Abschluß von der Luft eine nachträgliche Infektion vermieden werden. Das genauere Studium der Zusammensetzung des Meconiums verspricht eine Reihe von wertvollen Erkenntnissen über die Biochemie des Darmes.

ZWEIFEL[9] gibt folgende *Zusammensetzung* für das menschliche Meconium an. *Trockensubstanz* 20%, *Asche* 5%, *Neutralfett* 3,86%, *Cholesterin* 4,0% der Trockenmasse. Phosphatide waren nicht nachweisbar. Weiter fand er Ameisensäure, Taurocholsäure, Mucin, jedoch keinen Traubenzucker und keine Milchsäure. Die Asche[10] enthielt mehr S als P (s. Tabelle 66). Besonders eingehend hat diese MÜLLER[6] untersucht.

Von ***Mineralstoffen*** wiesen SHELDON u RAMAGE[11] im menschlichen Meconium auf spektrographischem Wege nach: Na, K, Mg, Ca, Mn, Cu, Fe und S. Auffallend war der hohe Mn- und der niedrige Fe-Gehalt. In Tabelle 66 sind die bisherigen Beobachtungen zusammengestellt.

Die *Veraschung*[10] *von Meconium und Kot* erfolgte früher durch vorsichtiges Glühen des Trockenrückstandes im Platintiegel. Eine direkte Veraschung ist jedoch wegen der pyrogenen Veränderungen der Salze nicht zulässig[12]. (s. a. [13].) Man hat daher die älteren Angaben über Aschenbestandteile mit Vorsicht zu bewerten.

---

[1] Landois-Rosemann 26. Aufl. S. 295. — [2] THIRY, L.: S.-B. Akad. Wiss. Wien (I) **1864**, 77. — [3] VELLA, L.: Moleschotts Unters. **13**, 40 (1888). — Technik: KESTNER, O.: Handb. biol. Arb.-Meth. Abt. IV, Teil 6/2, S. 1096—1098 (1932). s. a. Bd. 2/1, S. 144. — [4] VOIT, E.: Z. Biol. **92**, 169 (1932). — [5] Hammarsten 11. Aufl. S. 407. — Handb. Geburtsh. (WINCKEL) Bd. 2/1, S. 277 (1904). — REUSS, A.: Biol. Path. Weib (HALBAN-SEITZ) Bd. 8/2, S. 540. Physiologie des Neugeborenen. — [6] MÜLLER, F.: Z. Biol. **20**, 327 (1884). — [7] ADAM, A.: Z. Kinderheilkde. **33**, 308 (1922). — [8] NORTON, R. C., and A. T. SHOHL: Amer. J. Dis. Children **32**, 183 (1926). — [9] ZWEIFEL, (P.): Arch. Gynäk. **7**, 474 (1875). — [10] Vgl. Schmidt-Strasburger S. 288. Über Herstellung der Asche S. 286. — [11] SHELDON, J. H., and H. RAMAGE: Biochem. J. **27**, 674 (1933). — [12] Vgl. H.-Th. 10. Aufl. Bd. V, S. 406. — [13] HAWK, P. B., B. L. OSER and W. H. SUMMERSON: Practical Physiological Chemistry. 13. Aufl. S. 399. Philadelphia, Toronto 1955.

Der ***Steringehalt*** des menschlichen Meconiums ist außerordentlich hoch. Eine ausgetragene Frucht enthält nach SCHÖNHEIMER u. v. BEHRING[1] im Meconium etwa 0,5 g Cholesterin. Im sterilen Darminhalt von 3 ausgetragenen menschlichen Früchten fanden sich 0,8—2,1% Gesamtsterine, berechnet auf feuchtes Meconium. Davon waren in 2 Fällen 6,7 und 8,4% gesättigte Sterine. Auch beim Neugeborenen ist der Anteil der gesättigten Sterine im Kot größer als im übrigen Körper. Im Vergleich mit dem Erwachsenen ist die Anreicherung von gesättigtem Sterin im Meconium aber wesentlich geringer, vielleicht weil sezerniertes Cholesterin nicht rückresorbiert werden kann und weil Koprosterin wegen des Fehlens von Bakterien nicht entsteht. Wir müssen annehmen, daß das gesättigte Sterin des Meconiums von der Darmwand sezerniert wird. Wieweit es aus der Galle, dem Darmsaft und den Zellen der Darmwand stammt, ist unbekannt. Auch die chemische Natur der gesättigten Meconiumsterine ist noch

Tabelle 66. Zusammensetzung der Asche von Meconium (in g-%).

	% der Trocken-substanz	Na	K	Mg	Ca	Fe	Cl	P	S
Mensch[2]	5,1	20,1	6,5	3,4	9,3	1,0	3,9	2,18	11,7
Mensch[3]	6,2	24,4		2,6	5,7	0,6	—	4,6	18,8
Pferd[3]	9,3	21,9		1,6	13,4	0,6	8,4	4,5	15,4

unerforscht. Koprosterin, das durch bakterielle Reduktion aus Cholesterin gebildet wird (s. Bd. 2/1, S. 875), ist nach unseren heutigen Kenntnissen nicht vorhanden, sondern nur Dihydrocholesterin.

Meconium enthält 2,0—2,7% der Gesamtsäuren als *Polyensäuren*. In den ersten Lebenstagen werden mehr Polyensäuren ausgeschieden[4].

Im Meconium ist *Harnsäure* vorhanden. Sie gelangt durch Verschlucken von Fruchtwasser oder aus anderen Gründen in den sterilen Verdauungskanal des Fetus und bleibt dort erhalten[5]. Bakterien der Coligruppe bauen Harnsäure ab[6] (s. a. Bd. 2/1, S. 1213).

An ***Pyrrolfarbstoffen*** wurden im Meconium festgestellt: *Biliverdin* beim Fetus[7] und normalen Neugeborenen[8] (s. a. Bd. 1, S. 920), *Bilirubin* in krystallisierter Form (ZWEIFEL[3, 9]), *Deuteroporphyrin* (SCHUMM[10]), (von ihm noch Kopratoporphyrin genannt) sowie *Koproporphyrin I*[11], das auch im Erwachsenenkot immer wieder gefunden wird. Wesentliche Mengen von *Bilifuscin* hat SIEDEL außer in den normalen Faeces der Erwachsenen auch im Meconium gefunden (s. Bd. 1, S. 940). Nach unseren heutigen Kenntnissen könnten im Meconium auch noch *Urobilinogen* (bzw. *Urobilin*) sowie *Mesobilirubin* in der Galle des Fetus und daher auch im Meconium vorkommen. Bisher aber sind sie, soweit wir sehen, weder gesucht noch gefunden worden.

Im Gegensatz dazu kann *Stercobilinogen* (bzw. *Stercobilin*) wegen des Fehlens einer Darmflora im Meconium des Neugeborenen nicht erwartet werden (s. a. S. 229). *Phylloerythrinogen* (bzw. *Phylloerythrin*) könnte aus der Pflanzenkost der Mutter über den Blutweg und die Placenta in den Fetus und in seine Galle und sein Meconium gelangen (s. S. 232).

[1] SCHÖNHEIMER, R., u. H. v. BEHRING: H. **192**, 109 (1930). s. a. hier S. 221. — [2] MÜLLER, F.: Z. Biol. **20**, 327 (1884). — [3] ZWEIFEL, (P).: Arch. Gynäk. **7**, 474 (1875). — [4] SÖDERHJELM, L.: Upsala Läk.-Fören. Förh. **57**, 438 (1952) [Ber. Physiol. **159**, 241]. — [5] LUCKE, H.: Z. ges. exp. Med. **76**, 180 (1931). — [6] SIVÉN, V. O.: Pflügers Arch. **145**, 283 (1912). — [7] ZAMORANI, V.: Riv. Clin. pediatr. **23**, 9 (1925) [Ber. Physiol. **31**, 254]. — [8] ROYER, M., et J. C. BERTRAND: C. R. Soc. Biol. **100**, 130 (1929). — [9] Vgl. a. HOPPE-SEYLER, F.: Physiologische Chemie. Teil 2. S. 332, 341. Berlin 1878 [SENATOR, H.: H. **4**, 1 (1880)]. — [10] SCHUMM, O.: H. **151**, 126 (1926). — [11] WALDENSTRÖM, J.: H. **239**, III (1936).

PASSINI[1] hat in umfangreichen Untersuchungen im amylalkoholischen Extrakt aus bakterienfreiem Meconium mit Zinkchlorid eine positive Fluorescenzreaktion erhalten. Er glaubte damit Urobilin nachgewiesen zu haben, das aus dem mütterlichen Blut stammen sollte, vor allem deshalb, weil die Reaktion in den folgenden Tagen nach der Geburt negativ wurde, die Substanz also verschwand. Heute können wir nach den Arbeiten von BAUMGÄRTEL mit Recht das Vorkommen von Urobilin ablehnen und statt dessen *Phylloerythrinogen* bzw. *Phylloerythrogen* annehmen (s. S. 233).

Das Fehlen von Fäulnisvorgängen im fetalen Darm bewirkt nach PASSINI[1] auch die Abwesenheit von Indol und Phenol, erlaubt aber das Auftreten von unveränderten *gepaarten Gallensäuren* im Meconium (s. S. 222).

Von den *Sexualhormonen* fand NAITO[2] Oestron (30 ME/g Meconium); Prolan dagegen fehlte.

Alle diese Befunde bedürfen weiterer Bestätigung und Ergänzung.

Zur besseren Übersicht und Festlegung der Lücken sind die Ergebnisse in der Tabelle 67 zusammengestellt.

Tabelle 67. Zusammensetzung von Meconium.

	Tagesmenge (feucht) g	Trockensubstanz %	Wasser %	Asche % der Trockensubstanz	% der Trockensubstanz				
					ätherlöslich	Neutralfett	Cholesterin	Gesamt-N	Bilirubin
Mensch . .	22[3]	20[4]	80	6,2[5]		3,9[4]	4,0	2,5—5[6]	0,13[7]
			73—80[5]	5,1[5]					
Pferd . . .		16[5]	86[8]	9,3[5]	22,5[5]				
Lamm . .					13,5[5]				

Vitamine im Meconium sind bisher noch nicht beschrieben worden. Als *vitaminähnlichen Stoff* fand R. KUHN den für die spätere Darmflora wesentlichen Bifidus-Wuchsstoff (s. a. S. 405) besonders reich im Meconium des Neugeborenen und im Colostrum der Frau[9].

Blutgruppenaktive Substanzen[10] sind im Meconium von Neugeborenen vorhanden. Bezogen auf Trockenmasse enthalten diese: 4,3% N, 32,1% reduzierende Zucker, darunter 18,8% Hexosamin, 4,5% Fructose und 6,0% Acetylreste, außerdem Galaktose.

b) Die Faeces nach Nahrungsaufnahme.

α) Allgemeine Zusammensetzung und Menge der normalen Faeces.

Der Kot enthält bei üblicher Ernährung neben den „Exkreten" der Darmschleimhaut und den Bakterien auch noch die unverdauten Reste der Nahrung. Folgende Bestandteile etwa bilden den normalen Kot:

A. Aus der Nahrung stammende Stoffe: 1. Unverdauliches oder Schwerverdauliches: Rohfaser, Inkrusten, Cellulose, Lignin, Keratine (Haare, Federn, elastische Fasern), Haut, Sehnen, Knorpel, Knochen.

2. Der Verdauung Entgangenes: Pflanzlicher Zellinhalt, an sich verdaulich, aber eingeschlossen.

3. Verdautes, das unresorbiert blieb: Fettsäuren, Seifen, Unverseifbares, Aminosäuren u. a.

4. Wasser und Mineralstoffe.

---

[1] PASSINI, F.: Z. Kinderheilkde. **53**, 175 (1932). — [2] NAITO, K.: Mitt. jap. Ges. Gynäk. **29**, H. 7, 56 (1934) [Ber. Physiol. **82**, 334]. — [3] VOIT, C.: Z. Biol. **25**, 232 (1889). — [4] ZWEIFEL, (P.): Arch. Gynäk. **7**, 474 (1875). — [5] MÜLLER, F.: Z. Biol. **20**, 327 (1884). — [6] ADAM, A.: Z. Kinderheilkde. **33**, 308 (1922). — [7] ZAMORANI, V.: Rio Clin. pediatr. **23**, 9 (1925) [Ber. Physiol. **31**, 254]. — [8] ZWEIFEL, (P.): Arch. Gynäk. **7**, 474 (1875). — Vgl. a. HOPPE-SEYLER, F.: Physiologische Chemie. Teil 2. S. 332, 341. Berlin 1878 [SENATOR. H.: H. **4**, 1 (1880)]. — [9] KUHN, R.: Angew. Chem. **67**, 184 (1955). — [10] BUCHANAN, D. J., and S. RAPOPORT: J. biol. Ch. **192**, 251 (1951).

B. Sekrete und Exkrete aus Darm und Verdauungsdrüsen sowie Zellen: Schleim, Gallenbestandteile, Fermente, Farbstoffe, durch den Dickdarm ausgeschiedene Verbindungen, Epithelzellen.

C. Bakterien und deren Stoffwechselprodukte: Bakterienleiber, Fäulnis- und Gärungsprodukte (Indol, Skatol, Basen, niedere Fettsäuren, Gase).

Nahrungsstoffe und Exkrete sind an der Kotbildung je nach Tierart und Nahrung verschieden beteiligt. Vom Fleischfresser und vom Menschen wird reine Fleischnahrung oder eine Kost, die vorzugsweise aus Fleisch mit wenig Fett und Kohlenhydraten besteht, bei nicht allzu reichem Angebot vollständig verdaut. Der dann abgesonderte Kot wird „*Normalkot*" genannt. Er besteht fast völlig aus den Exkreten der Darmwand sowie aus Bakterien und ist ziemlich konstant zusammengesetzt. Der mittlere N-Gehalt des Trockenkotes beträgt 8,65%, der Ätherextrakt 16,4% und der Aschegehalt 13,8% (PRAUSSNITZ[2]). Der feuchte Kot enthält bei 75% Wasser 2,1% N, 4,1% Fett, 3,5% Asche. (Nähere Angaben über die Zusammensetzung der Nahrung zur Erzielung eines Normalkotes s. SCHREUER[3].) Ganz anders liegen die Verhältnisse, wenn die Nahrung größere Mengen schwer verdaulicher oder unverdaulicher Stoffe enthält. Der Kot ist dann nicht nur vermehrt, sondern auch anders zusammengesetzt.

Tabelle 68. Tägliche Faecesmenge beim Menschen (nach VOIT[1]).

	g Kot		Wasser
	feucht	trocken	%
Hunger	22	4,7	78,5
Gemischte Kost (Normalkot) .	120—150	30—37	75
Pflanzenkost (Vegetarier) . . .	333	75	75

Tabelle 69. Tägliche Faecesmenge von Menschen und normal ernährten Haustieren.

	kg Kot feucht	g Kot auf 100 g Nahrung	g Kot trocken
Mensch[4] . . .	0,1—0,25	5—10	20—50
Pferd[5] . . .	6—19	30—59	
Rind[5]	10—27	40—66	
		0—30*	
Kalb[5]	0,2—5	4,5—5**	
Schwein[6] . .	0,5—3		
Schaf[5]. . . .	0,5—1	30—41	
Ziege[5] . . .		28	
Kaninchen[7] .	0,04		

* Bei jungen Rindern ** Bei Saugkälbern.

Kotmenge. Die Kotmenge richtet sich bei der Aufnahme von cellulosereicher Nahrung[8] und deren Begleitern nach dem Grade der Verdaulichkeit von Cellulose und Hemicellulosen. Gesunde Erwachsene scheiden bei gemischter Kost im Tag 60—100—250 g Kot aus mit einem Wassergehalt von 65—80%; Kinder relativ zum Gewicht mehr, nämlich 60—150 g Kot. Bei Stoffwechselkrankheiten kann die Stuhlmenge beträchtlichen Umfang annehmen. Bei der nichttropischen Sprue[9,10] des Menschen sind tägliche Kotmengen bis zu 2 kg beobachtet worden. Der Einfluß der Nahrung auf die Kotmenge geht aus den Tabellen 68 und 69 hervor.

[1] VOIT, C.: Z. Biol. **25**, 232 (1889). — [2] PRAUSNITZ, W.: Z. Biol. **35**, 335 (1897). — [3] SCHREUER, M.: Handb. Biochem. Bd. 5, S. 345—384. — [4] H.-Th. 10. Aufl. Bd. V, S. 405. — [5] GRÜNDLER, E.: Diss. med. veterin. Gießen 1911. — [6] ELLENBERGER, W.: Vergleichende Physiologie der Haussäugethiere. Bd. 2, Teil 1, S. 844. Berlin 1890. — [7] FLASCHENTRÄGER, B.: Unveröffentlicht. — [8] WILLIAMS, R. D., W. H. OLMSTED, C. H. HAMANN, J. A. FIORITO and D. DUCKLES: J. Nutrit. **11**, 433 (1936). — [9] THAYSEN, P. E. H.: Nontropical Sprue. Kopenhagen, London 1932. — [10] Bicknell-Prescott, Vitamins 2. Aufl. S. 353—361.

β) Die Beschaffenheit der Faeces[1].

Schon äußerlich zeigt der Kot beim Menschen, bei einzelnen Tierarten sowie bei ein und demselben Tier bei verschiedener Fütterung wechselnde Beschaffenheit in Konsistenz, Farbe, Form, Geruch und mikroskopisch unterscheidbaren Bestandteilen. (Über Sammlung des Kotes[1-3].)

Der ***Kotgeruch*** ist bedingt durch flüchtige Stoffe der Eiweißfäulnis (s. Bd. 2/1, S. 189), insbesondere Skatol und daneben auch durch Indol, Schwefelwasserstoff, Mercaptane, Ammoniak u. a., oder durch flüchtige Fettsäuren, die bei der Kohlenhydratgärung entstehen (s. Bd. 2/1, S. 187). Dabei riecht der Kot nach Fleischfütterung (von Carni- und Omnivoren) viel unangenehmer als der von Herbivoren.

Die ***Farbe des Kotes*** ist gewöhnlich hell- bis dunkelbraun. Sie wird durch Menge und Natur der Nahrung vor allem aber durch Umwandlung der Gallenfarbstoffe in Kotfarbstoffe (s. Bd. 2/1, S. 193) beeinflußt, so daß wir als Extreme den braunschwarzen Kot nach vorwiegender Fleischnahrung und gelblichweiße Entleerungen nach Milchdiät oder tonfarbene nach Gallengangsverschluß antreffen.

Medikamente können dem Kot eine abnorme Färbung geben, so Rhabarber gelbe, Wismut- und Eisensalze schwarze durch Bildung von Wismut- und Eisensulfid, Kalomel grüne durch Hemmung der Darmfäulnis und Auftreten von Biliverdin. Carbo medicinalis bedingt ebenfalls schwarzen Kot, wovon man zur Kotabgrenzung Gebrauch macht.

Der *Stuhl des Kindes* bei Brustmilchnahrung ist goldgelb durch Bilirubin[4]. Da er durch die ausschließlich vorhandenen aeroben Milchsäurebakterien (Bact. bifidum, Bact. acidophilum) schwach sauer ist, entwickeln sich in ihm keine Anaerobier[5]. Erst beim Stehen an der Luft wird der Brustmilchstuhl grün, weil dann das Bilirubin zu Biliverdin oxydiert wird. Bei Kuhmilchnahrung enthält der Kot neben den genannten Milchsäurebakterien auch Anaerobier, wie Bact. putrificus verrucosus und Bact. amylobacter sowie Bact. coli und Enterokokken, die Fäulnisvorgänge und damit alkalische Reaktion auslösen. Daher kann das Bilirubin bakteriell zu farblosem Stercobilinogen reduziert werden, das beim Stehen an der Luft in braunes Stercobilin übergeht. Der Kuhmilchstuhl des Kindes und bei gemischter Kost der *Kot des Erwachsenen* haben eine braune Farbe. Die sauren *Gärungsstühle* sind hellbraun und die alkalischen ***Fäulnisstühle*** dunkelbraun.

Die *Ursache der braunen Farbe des normalen menschlichen Kotes* kann aber mit der Annahme des Überganges von Stercobilinogen in Stercobilin nicht ausreichend erklärt werden. Nach den grundlegenden Arbeiten von SIEDEL u. Mitarb.[6] beruht die braune Farbe des Kotes zum größten Teil auf der Anwesenheit von *Bilifuscin* und *Mesobilifuscin*, die aus dem bakteriell nicht reduzierten Bilirubin durch bakterielle Oxydation im Dickdarm gebildet werden. Das Nachdunkeln der Faeces an der Luft ist bedingt durch Autooxydation von Stercobilinogen zu Stercobilin und mehr noch von Bilileukan und Mesobilileukan zu Bilifuscin und Mesobilifuscin (s. S. 231 sowie Bd. **1**, S. 939ff. u. Bd. 2/1, S. 1017).

Zur *Kotabgrenzung*[7] verwendet man Milch, bei Hunden gemahlene Knochen, bei Ratten Chromtrioxyd (Cr_2O_3)[8]. Die Verwendung von Kohle wurde schon oben erwähnt.

---

[1] HEUPKE, W.: Die Faeces des Menschen. 2. Aufl. S. 15. Dresden, Leipzig 1943. — Hallmann 6. Aufl. S. 83. — [2] BÖMER, A.: Handb. Lebensm.-Chem. (BÖMER u. a.) Bd. 2/2, S. 1462. — [3] H.-Th. 10. Aufl. Bd. V, S. 405. — [4] Bestimmung von Bilirubin im Stuhl von Frühgeburten s. KÜNZER, W., J. ZANNER u. H. ZEISEL: Kli. Wo. **1950**, 68. — [5] Baumgärtel, Bilirubinstoffwechsel S. 111. — [6] SIEDEL, W., W. v. PÖLNITZ u. F. EISENREICH: Naturwiss. **34**, 314 (1947). — SIEDEL, W.: Fortschr. Chem. org. Naturstoffe **3**, 128 (1939). — Baumgärtel, Bilirubinstoffwechsel S. 144. — [7] BÖMER, A.: Handb. Lebensm.-Chem. (BÖMER u. a.) Bd. 2/2, S. 1457—1464. — CREMER, M., u. H. NEUMAYER: Z. Biol. **35**, 391 (1897). — [8] H.-Th. 10. Aufl. Bd. V, S. 401.

c) Die Chemie der Faeces.

Für die Bedürfnisse des Arztes stehen heute noch die mikroskopische und die bakteriologische Untersuchung des Kotes im Vordergrund. Die chemische Untersuchung der Kotbestandteile ist bisher noch wenig einheitlich. Mit Ausnahme des Nachweises von „okkultem" Blut und der Kotfettbestimmung besitzen die Verfahren bis heute kein großes Interesse der Ärzte, geschweige der Chemiker. Und doch ist nach den Erkenntnissen der letzten Jahrzehnte auf dem Gebiete der Blut- und Gallenfarbstoffe, der Steroide und Fermente die Zeit reif auch für eine Vertiefung der chemischen Faecesforschung. Bis jetzt wird man immer wieder auf das grundlegende Werk von SCHMIDT-STRASBURGER[1] aus dem Jahre 1915 zurückgreifen müssen. Für die Stuhluntersuchung sei auf HEUPKE[2] sowie auf[3] verwiesen.

α) Die Wasserstoffionenkonzentration

der Faeces des Menschen schwankt[4] um p_H 7,01—8,77 mit einem Mittelwert[5] von 7,4. Die Reaktion wird außer beim Säugling durch die aufgenommene Nahrung nicht beeinflußt. Die Reaktion des Kotes gegen Lackmus ist bei gemischter Kost neutral oder schwach alkalisch, bei stärkerer Gärung sauer, bei Fäulnis wegen Ammoniakbildung alkalisch. Die inneren Teile der Kotballen können sauer sein, während die an der Schleimhaut anliegenden äußeren Teile alkalisch reagieren können.

Tabelle 70. Reaktion der menschlichen Faeces[5].

Faeces	p_H
Von Erwachsenen (gemischte Kost)	7,4[6]
Von Kindern (saure Trockenmilch)	7,4—7,8
Meconium	6,1
Brustmilchkot	5,11—7,07
Kuhmilchkot	6,71—8,04
Salzsäure-Milchkot	8,17—8,76
Bei HERTERschem Infantilismus	8,54

Für die Pufferung der Faeces wird das ungelöste tertiäre Calciumphosphat verantwortlich gemacht. Zunehmender Wassergehalt hat eine vermehrte Säuerung zur Folge (Phasenpufferung[5]). Obstipationsstühle reagieren meistens alkalisch. Die umfangreichen Untersuchungen von KARTAGENER[5] mit elektrometrischen Verfahren haben ergeben, daß aus der Bestimmung des p_H der Faeces keine Schlüsse auf die Ausscheidung saurer oder basischer Äquivalente durch den Darm möglich sind. Die potentielle Acidität ist ohne Bedeutung.

Säuglingsstuhl. Die Reaktion des Brustmilchstuhles ist im Gegensatz zu dem des Erwachsenen und des mit Kuhmilch ernährten Säuglings stets sauer. Die H-Ionenkonzentration hängt ab von der Resorbierbarkeit der Kohlenhydrate, da Gärungsvorgänge bei verzögerter Resorption zunehmen. Das Fett[7] ist dagegen im allgemeinen ohne Einfluß auf den p_H-Wert. Jedoch bewirken bei Resorptionsstörungen freie, schwerer flüchtige bzw. nichtflüchtige Fettsäuren eine Erniedrigung des p_H (BAUMANN[8]).

Die *H-Ionenkonzentration des Pferdekotes*[9] liegt bei p_H 6,4—7,4, in der überwiegenden Mehrzahl zwischen p_H 6,5—6,8, also im schwach sauren Bereich.

---

[1] Schmidt-Strasburger S. 107ff. — [2] HEUPKE, W.: Die Faeces des Menschen. 2. Aufl. Dresden, Leipzig 1943. — [3] H.-Th. 10. Aufl. Bd. V, S. 401. — [4] WAKEFIELD, E. G., and M. H. POWER: Amer. J. digest. Dis. **6**, 308 (1939). — [5] KARTAGENER, M.: Die Wasserstoffionenkonzentration und die Pufferung der Faeces. Ergebn. inn Med. **40**, 262—335 (1931). — [6] GIRAUD, (A.), et (M.) VIDAL: Nourisson **27**, 1 (1939) [Ber. Physiol. **114**, 237]. — [7] PACHIOLI, R., e V. MENGOLI: Pediatria, Riv. **44**, 189 (1936) [Ber. Physiol. **94**, 412]. — [8] BAUMANN, T.: Mschr. Kinderheilkde. **60**, 81 (1934). — [9] PÖTTING, B.: Arch. wiss. prakt. Tierheilkde. **59**, 223 (1930).

Die Reaktion des *Rinderkotes*[1, 2] ist wechselnd von sauer bis alkalisch; sauer besonders nach reichlicher Kohlenhydrat- und Fettnahrung. Der *Schafkot* reagiert meist neutral oder schwach alkalisch, bei reichlicher Kartoffelfütterung wegen der umfangreichen Gärungen ebenfalls schwach sauer; der des *Schweines* wechselt von sauer, neutral bis alkalisch.

β) Wassergehalt und Trockensubstanz der Faeces

schwanken: bei Gesunden enthalten die Faeces 65—80% Wasser. Der Wassergehalt hängt beim Menschen nur in geringem Maße vom Wassergehalt der aufgenommenen Nahrung ab. Entscheidender wird er beeinflußt durch die Aufenthaltsdauer im Colon sowie durch die Flüssigkeitsausscheidung durch Haut, Lunge, Niere und Colon. Normalerweise scheidet ein Erwachsener mit dem Kot täglich 100—300 cm³ Wasser aus (s. a. Bd. 2/1, S. 593).

Tabelle 71. Wassergehalt und Trockensubstanz der Faeces verschiedener Säugetiere.

	H_2O %	Trockensubstanz %	Schrifttum
Mensch	77—82	18—23	MÜLLER[3]
	65—85	15—35	SCHMIDT[2]
Mittelwert	75	25	
Pferd	73—78	22—27	ELLENBERGER[1]
	70—81	19—30	KUTSCHBACH[4]
Mittelwert	75	25	STUTZER[5]
Rind	82—86	14—18	ELLENBERGER[1]
	78—89	11—22	SCHMIDT[2]
Mittelwert	83,5	16,5	STUTZER[5]
Schaf, Ziege	56—75*	20—44	SCHMIDT[2]
Mittelwert	68	32	STUTZER[5]
Schwein	etwa 65**	etwa 35	SCHMIDT[2]
Mittelwert	80	20	STUTZER[5]
Hund	60—80	20—40	MÜLLER[3]
Kaninchen	72	28	FLASCHENTRÄGER[3]

* Stark wechselnd, meist 56—75%. ** Bei wasserreichem Futter 75—82%.

Das *Trocknen des Kotes*[7] erfolgt nach PODA[8] durch wiederholtes Eindampfen mit Alkohol auf dem Wasserbad und Konstanzwägung des Trockenpulvers bei 100° C. Man hat dabei auf flüchtige basische oder saure Anteile zu achten und gegebenenfalls zu neutralisieren. Am besten arbeitet man mit kurzhalsigen Kolben im Vakuum.

γ) Zusammensetzung der Trockensubstanz.

1. Mineralstoffe.

Die anorganischen Bestandteile betragen etwa 2—3% der feuchten und 24% der getrockneten Faeces. Sie stammen aus der Nahrung, den Verdauungssäften und der Darmwand[9]. Die Mineralstoffe des normalen Kotes sind somit von

[1] ELLENBERGER, W.: Vergleichende Physiologie der Haussäugethiere. Bd. 2, Teil 1. Berlin 1890. — [2] SCHMIDT, T.: Diss. med. veterin. Hannover 1919. — [3] MÜLLER, F.: Z. Biol. **20**, 327 (1884). — [4] KUTSCHBACH, R.: Diss. med. veterin. Hannover 1912. — s. a. Schmidt-Strasburger S. 283. Dort Analysen von PORTER (1849) und FLEITMANN (1847). — [5] STUTZER, A.: Fühlings landwirtsch. Ztg. **59**, 450 (1910). — [6] FLASCHENTRÄGER, B.: Unveröffentlicht. s. a. hier Nachtkot S. 236. — [7] Schmidt-Strasburger S. 117. — H.-Th. 10. Aufl. Bd. V, S. 404. — [8] PODA, H.: H. **25**, 355 (1898). — [9] s. a. Mineralstoffwechsel Bd. **2**/1, S. 608ff. — H.-Th. 10. Auf. Bd. V, S. 406.

vielen Einflüssen abhängig. Mittelzahlen lassen sich nur schwer angeben. Der Mineralstoffgehalt des Normalkotes schwankt zwischen 6 und 15 g je Tag. Die Asche beträgt etwa 10—20% des getrockneten Kotes. Die vorliegenden ausführlichen Analysen der gesamten Kotasche sind veraltet[1]. Neuere Untersuchungen sind hier nötig, zumal gute Methoden[2] zur Verfügung stehen. Bis heute läßt sich keine befriedigende Zusammenstellung der Aschenbestandteile geben. Gefunden hat man[3] hauptsächlich Kalium[4], Calcium, Phosphate und Schwefel neben Na, Mg, Cl, Mn, Fe, Cu, Zn und weiteren Spurenelementen. Während Na und Cl im normalen Kot nur in geringer Menge vorkommen, ist K verhältnismäßig reichlich vorhanden. Ein großer Teil des Ca der Nahrung wird nicht resorbiert, sondern im Kot als tertiäres Ca-Phosphat wieder (s. a. Bd. 2/1, S. 640) ausgeschieden. Auch der Dickdarm gibt erhebliche Mengen von Ca und Phosphaten ab.

Tabelle 72. Mineralstoffe im Kot von Haustieren (umgerechnet auf die Elemente; nach STUTZER[5]).

Bestandteil	Im frischen Kot sind enthalten in % bei			
	Pferd	Rind	Schaf	Schwein
Gesamt-P .	0,30	0,28	0,30	0,60
K	0,33	0,14	0,17	0,50
Mg	0,10	0,18	0,24	0,02
Ca	0,23	0,24	0,04	0,05
SO_4—S . .	0,05	0,12	0,14	0,06
Cl.	0,01	0,01	0,10	0,01

Calcium ist im lufttrockenen Kot von Ferkeln[6] zu etwa 4% vorhanden, und zwar als tertiäres, zum Teil auch als saures Phosphat, außerdem als Carbonat und auch — normalerweise aber nur wenig — in den Calciumsalzen höherer Fettsäuren (Seifen). Über calciumphosphathaltige Kotsteine s. Bd. 2/1, S. 186.

Wie das Calcium kommt auch das *Magnesium* (insgesamt etwa 0,8% des Trockenkotes) in wasserlöslichen Verbindungen zum Teil als Phosphat, zum Teil in noch unerforschten Bindungen vor[6]. Hunde scheiden bei Mg-freier Nahrung etwa 6—8 mg Mg im Kot und 2—8 mg im Harn aus[7]. Auch die *Phosphorsäure* liegt sowohl als anorganisches Salz als auch in unbekannten organischen Bindungen vor[6]. 60% des gesamten P sind im Kot als anorganischer P, gesamtsäurelöslicher P und als Lipoid-P vorhanden; der Rest ist vermutlich Proteid-P und stammt wahrscheinlich aus den Bakterien. Diese P-Fraktion ist auch durch 9stündiges Kochen mit Mineralsäuren nicht abzuspalten[8]. Radioaktiver ^{32}P erscheint nach intravenöser Injektion bei Kälbern nicht vor Ablauf von 5 Std. im Kot[9].

Eisen wird vom Menschen nur in den Kot ausgeschieden (s. a. Bd. 2/1, S. 660). Der Harn ist praktisch eisenfrei (s. S. 91). DOMINICI[10] hat beim Menschen eine durchschnittliche tägliche Eisenausscheidung durch den Kot von 15,8 mg gefunden. Dieses Eisen muß zumeist aus der Nahrung stammen. Beim Hund konnte mit radioaktivem Eisen eine meßbare Fe-Ausscheidung in den Kot festgestellt werden[11]. Bei Fleischnahrung schied ein Hund im Tag 8 mg Fe im Kot aus[12].

[1] Vgl. Schmidt-Strasburger S. 293. Dort Analysen von PORTER (1849) und FLEITMANN (1847). — [2] LOCKEMANN, G.: Quantitative Faecesaschenanalyse. Handb. biol. Arb.-Meth. Abt. IV, Teil 6/1, S. 357—396. 1926. — [3] Vgl. Schmidt-Strasburger S. 284. — [4] MARENZI, A. D.: C. R. Soc. Biol. **129**, 1241 (1938). — [5] STUTZER, A.: Fühlings landwirtsch. Ztg. **59**, 450 (1910). — [6] MAREK, J., O. WELLMANN u. L. URBÁNYI: B. Z. **272**, 277 (1934). — [7] NICOLAYSEN, R.: Skand. Arch. Physiol. **73**, 75 (1936). — [8] BARAC, G., et L. BRULL: Bull. Soc. Chim. biol. **21**, 134 (1939). — Kritik der P-Bestimmungsmethoden im Kot: ZARDO, G.: Arch. Farmacol. sperim. **57**, 139 (1934) [Ber. Physiol. **80**, 277]. — [9] LOFGREEN, G. P., M. KLEIBER and A. H. SMITH: J. Nutrit. **47**, 561 (1952). — [10] DOMINICI, G.: Boll. Soc. ital. Biol. sperim. **3**, 1047 (1928) [Ber. Physiol. **51**, 735]. Arch. Sci. med., Torino **53**, 129 (1929) [Ber. Physiol. **51**, 272]. — [11] HAHN, P. F., W. F. BALE, R. A. HETTIG, M. D. KAMEN and G. H. WHIPPLE: J. exp. Med. **70**, 443 (1939). — [12] RANGIER et LAFRANÇAISE: J. Pharmacie Chim. (8) **24**, 266 (1936) [Ber. Physiol. **96**, 499].

Der *Kupfergehalt* des Kotes hängt ganz ausschließlich von der Cu-Zufuhr mit der Nahrung ab. Die tägliche Ausscheidung beträgt nach TOMPSETT[1] 1—2 mg Cu im Kot und 0,12—0,72 mg Cu im Harn.

Seltene Elemente, wie Pb, Co, Ni und Zn in den menschlichen Ausscheidungen hat BERG[2] untersucht. In den Ausscheidungen von Haustieren (Kalb, Rind, Schwein und Kaninchen) fand er Kobalt.

Vorkommen von *Blei* in Stuhl und Harn weist nicht ohne weiteres auf Bleivergiftung hin, da Blei immer mit Nahrung und Trinkwasser in Spuren aufgenommen wird. 51 Personen ohne Kontakt mit Blei oder Bleiarbeiter ohne Vergiftungserscheinungen schieden in 100 g Kot 0—0,14 bzw. 0—0,2 mg Pb, im Liter Harn 0,01—0,07 bzw. 0—0,05 mg Pb aus[3]. Bleiarbeiter mit Vergiftungserscheinungen hatten in 100 g Kot 0,02—0,9 mg Pb und im Liter Harn 0—0,13 mg Pb. Höhere Werte als 0,14 mg in 100 g Kot und 0,07 mg im Liter Harn weisen auf Bleivergiftung hin[3]. Andere Autoren[4] fanden in 100 g feuchtem Kot von Gesunden nur 0,008—**0,015**—0,018 mg Pb und im Liter Harn nur 0—**0,03**—0,04 mg Pb. TAEGER u. SCHMITT[5] wollen die Bleiwerte im Stuhl nicht für die Diagnose Bleivergiftung gelten lassen, da sie bei Gesunden und Bleikranken im Tagesstuhl bis 1 mg Pb gefunden haben. Entscheidend ist nach ihnen, ob das Blei in löslicher oder unlöslicher Form vorliegt.

Bestimmung von *Quecksilber* in Faeces und Harn[6], von *Sulfid*-S im Stuhl[7], von *Jod* in Stuhl, Harn und Blut[8], von *Silicium* in Harn und Kot[9].

Die Menge an *wasserlöslichen Mineralstoffen* im Kot ist nach SALOMON[10] beträchtlich. Sie beträgt etwa 7—9 g je Tag und schwankt abhängig von der Nahrung zwischen 88—91% des gesamten Mineralgehaltes.

Während die Mineralstoffe, auch die Spurenelemente, der Nahrungsmittel eingehend untersucht werden, bleiben für die Mineralstoffe des Kotes noch viele Fragen unbeantwortet. Einige Angaben über den Mineralstoffgehalt im Kot von Haustieren enthält die Tabelle 72, einen Vergleich der Mineralstoffmengen in Kot und Harn gibt die Tabelle 73.

2. Eiweiß und seine Abbauprodukte; Kotstickstoff.

Das Eiweiß des Kotes entstammt, wie schon erwähnt, verschiedenen Quellen, dem Schleim und den Epithelien der Darmwand, den Bakterien, der Nahrung und den Verdauungssäften[11,12]. Es handelt sich daher um ein nicht näher bekanntes Gemisch von mehr oder weniger veränderten Eiweißstoffen. Definierte Anteile sind nicht bekannt. Man hat sich bisher begnügt, die Gesamtstickstoffwerte des Kotes durch Multiplikation mit 6,25 auf „Eiweiß" oder „Rohprotein" umzurechnen. Je nach den Versuchsbedingungen schwanken die Angaben.

Der Gesamtstickstoff des menschlichen Kotes[13] wechselt mit der Nahrung. Einige Zahlen sind in der Tabelle 74 zusammengestellt.

***Auswertung des Kot*-N.** Die N-Werte des menschlichen Kotes schwanken von 0,1—4 g, im Mittel beim normal ernährten Erwachsenen um 3—4 g, bei den Haustieren zwischen 0,5—0,6 g-%. Davon kann man 10% als in Wasser leicht lösliche Teile abtrennen. Da der N-Gehalt zu einem wesentlichen Teil — nach

[1] TOMPSETT, S. L.: Biochem. J. **28**, 2088 (1934). — [2] BERG, R.: B. Z. **165**, 461 (1925). — [3] FRETWURST, F., u. A. HERTZ: Arch. Hygiene **104**, 315 (1930). — [4] BAGCHI. R. B. K. N., and H. D. GANGULY: Ind. J. med. Res. **25**, 147 (1937) [Ber. Physiol. **103**, 167]. — [5] TAEGER, H., u. F. SCHMITT: Z. ges. exp. Med. **100**, 717 (1937). — [6] SCHREIBER, N. E., T. SOLLMANN and H. S. BOOTH: Am. Soc. **50**, 1620 (1928). — [7] LORANT, J. S., u. F. REIMANN: B. Z. **228**, 300 (1930). — [8] PHILLIPS, F. J., and G. M. CURTIS: Amer. J. clin. Path. **4**, 346 (1934). — [9] KINDT, B.: H. **174**, 28 (1928). — [10] SALOMON, H.: C. R. Soc. Biol. **114**, 723 (1933). — [11] STRACK, E.: Beobachtungen über den endogenen Anteil des Kotstickstoffes. Ber. sächs. Akad. Wiss. **97**, Heft 1 (1949) [Ber. Physiol. **140**, 191]. — [12] KRZYWANEK, F. W., u. J. BRÜGGEMANN: Biedermanns Zbl. (B) **14**, 1, 29 (1942). — [13] Vgl. Schmidt-Strasburger S. 124—136: Gesamt-N.

Tabelle 73. Mineralstoffe im normalen menschlichen Kot und Harn (mg je Tag).

	Im Kot mg	Literatur	Im Harn mg	Literatur
K . . .	400—500	Bd. 2/1, S. 625	1000—2000 1700—3400	Bd. 2/1, S. 625 H.-Th. Bd. V, S. 183
Na . . .	16—75	STIVEN[1]	700—4000 3000—6000	Bd. 2/1, S. 621 H.-Th. Bd. V. S. 183
Mg . . .	etwa 15	Bd. 2/1, S. 635	150 30—180	Bd. 2/1, S. 635, Tabelle 247 H.-Th. Bd. V, S. 183, Tabelle 39
Ca . . .	500—1500	Bd. 2/1, S. 641	240 10—*360*—4000	Bd. 2/1, S. 635, Tabelle 247 Bd. 2/1, S. 640 H.-Th. Bd. V, S. 183
Cl	10	Bd. 2/1, S. 631	5800 6000—9000	H.-Th. Bd. V, S. 183 Hallmann, 6. Aufl., S. 443
P	50*	Bd. 2/1, S. 649	800—1140	H.-Th. Bd. V, S. 183
NH_3 . . .			500—1000	H.-Th. Bd. V, S. 183
Gesamt-S .	440	Bd. 1, S. 245, Tabelle 51	500—1200 670—1160	Bd. 2/1, S. 653 H.-Th. Bd. V, S. 183
Fe	0—1	Bd. 2/1, S. 660	0—0,013	Bd. 2/1, S. 661
Cu	1,9 1—2	Bd. 2/1, S. 667 TOMPSETT[2]	0,1—*0,3*—0,5 0,18—0,72	Bd. 2/1, S. 667 TOMPSETT[2]
Zn	2,7—18,9	Bd. 2/1, S. 677	0,6—1,6	Bd. 2/1, S. 677
Mn . . .	1,4—*3,3*—6,6	Bd. 2/1, S. 671	0	Bd. 2/1, S. 671
Co	+	Bd. 2/1, S. 673	+	Bd. 2/1, S. 673
Hg . . .	0,0035	Bd. 2, S. 687	0,0005—0,001	Bd. 2/1, S. 687
Pb	0,125—*0,5*—1,0	Bd. 1, S. 231	0,037—0,05	Bd. 1, S. 231
As . . .	5,0	Bd. 2/1, S. 693	0,010—0,5	Bd. 2/1, S. 693 Bd. 1, S. 242, Tabelle 50
Si	+	Bd. 2/1, S. 690	15—95	Bd. 2/1, S. 690
F	+		0,3	Bd. 2/1, S. 697
J	0,003—0,005	Bd. 2/1, S. 680	0,015—0,057	Bd. 2/1, S. 680

* Hungerkot.

HEUPKE u. BELZ[3] 5% des Trockenkotes, nach RIEDER[4] etwa 30% des Gesamt-N der Faeces — aus den Darmsekreten stammt, darf aus N-Analysen nicht auf die Ausnützungsbestandteile geschlossen werden. Es muß somit scharf zwischen N-*Ausnutzung*, d. h. der tatsächlichen N-Resorption, und N-*Bilanz*, d. h. der Gegenüberstellung von Ein- und Ausfuhr, unterschieden werden[5]. Der nicht direkt aus der Nahrung stammende Kotstickstoff beträgt nach neuesten Berechnungen von KRAUT[6] beim Menschen 0,8 g je Tag. Bei gemischter, nicht schlacken-

[1] STIVEN, D.: Biochem. J. **32**, 13 (1938). — [2] TOMPSETT, S. L.: Biochem. J. **28**, 2088 (1934). — [3] HEUPKE, W., u. F. BELZ: Arch. Hygiene **114**, 56 (1935). — [4] RIEDER, H.: [Schmidt-Strasburger S. 128]. — [5] STUTZER, A.: Fühlings landwirtsch. Ztg. **59**, 450 (1910). s. a. S. 211, Tab. 71. — [6] KRAUT, H., H. BRAMSEL u. H. WECKER: B. Z. **320**, 422 (1949/50).

Tabelle 74. Gesamt-N-Werte im Tageskot des Menschen.

Nahrung	Im Kot g N	mg N je kg Körpergewicht*	Literatur
Säugling:			
Brustmilch	0,16	32	1
Kuhmilch	0,4	90	1
Erwachsener:			
Im Hunger	0,25	3,6	2
Gemischte Kost	3—4	43—57	
N-freie Nahrung	0,38—0,73	5,4—10,4	3
Pflanzliche Kost, frei gewählt	3,5	50	4
Kartoffeln (3 kg)	3,7	53	5
Schwarzbrot (1,36 kg)	4,3	61	5
Erbsen	3,6—9	51—130	5
Milch	0,9—3,1**	12,9—44,3	5—7
Fleisch	1,12***	17,2	3

* Mittleres Gewicht für Säuglinge 5 bzw. 4,6 kg, für Erwachsene 70 kg. ** 3,67—6,26% der Trockensubstanz nach F. MÜLLER[2], S. 107. *** 6,55—6,98% der Trockensubstanz nach M. RUBNER[5], zit. nach F. MÜLLER[2], S. 107.

reicher Kost mit durchschnittlich 4,2 g tierischem und 6,4 g pflanzlichem N oder nach der üblichen Umrechnung mit dem Eiweißfaktor 6,25 mit 66 g Gesamteiweiß, von dem 26 g = 40% tierisches, 40 g = 60% pflanzliches Eiweiß waren, findet KRAUT aus 704 Analysen eine durchschnittliche Ausscheidung von 0,14 g pflanzlichem und 0,03 g tierischem N. Damit berechnet KRAUT im Gegensatz zu den eben erwähnten Autoren einen *nicht aus der Nahrung stammenden Stickstoff (NNN)* des Kotes zu 82,5% des Gesamt-N. Wir müssen daraus schließen, daß die Hauptmenge des NNN aus den unteren Darmabschnitten stammt und aus Dünndarmsekreten, die der Rückresorption im Dünndarm entgangen sind. Der NNN dürfte mit dem *endogenen Anteil des Kotstickstoffes* nach STRACK[9] identisch sein.

Tabelle 75. Zusammensetzung des frischen Haustierkotes (in g-%)[8].

	Wasser	Trockensubstanz	Organische Stoffe	Gesamt-N %	Leichtlöslicher N
Pferd	75	25	23	0,56	0,05
Rind	83,5	16,5	15	0,59	0,06
Schaf	68	32	29,5	0,62	0,05
Schwein	80	20	16	0,60	0,08

Die Größe des endogenen Anteils am Kotstickstoff hängt nach STRACK[9] nicht so sehr von der Nahrungsmenge ab wie von der Schlackenbildung und vom Bakterienwachstum, das durch die Art der Nahrung bedingt ist. Gleiche Kost ergibt konstante Mengen an endogenem Kot-N; bei schlackenarmer Kost beträgt er nur wenige Prozent des Harn-N, kann also vernachlässigt werden.

---

[1] BIEDERT, P.: Kinderernährung im Säuglingsalter usw. 4. Aufl. S. 59. Stuttgart 1900. — [2] LEHMANN, C., F. MUELLER, I. MUNK, H. SENATOR u. N. ZUNZ: Virchows Arch. **131**, Suppl.-H. S. 106 (1893). — [3] Zit. nach Schmidt-Strasburger S. 127. — [4] VOIT, C.: Z. Biol. **25**, 232 (1889). — [5] RUBNER, M.: Z. Biol. **15**, 159 (1879). — [6] Zit. nach Schmidt-Strasburger S. 129. — Berechnet aus einer Zusammenstellung von C. v. NOORDEN: Lehrbuch der Pathologie des Stoffwechsels. S. 39. Berlin 1893. — [7] MÜLLER, F.: Z. klin. Med. **12**, 101 (1887). — [8] STUTZFR, A.: Fühlings landwirtsch. Ztg. **59**, 450 (1910). — s. a. S. 211, Tab. 71. — [9] STRACK, E.: Ber. sächs. Akad. Wiss., math.-naturwiss. Kl. **97**, Heft 1 (1949) [Ber. Physiol. **140**, 191].

Versuche an Kindern führten zu der Schlußfolgerung, daß 22,4% des Kot-N aus dem Eiweißanteil stammen, aber nicht aus dem N der Nahrungsreste oder dem Eiweiß der Bakterienleiber, sondern aus dem Eiweiß der Darmsekrete[1].

Bei Hunden ist der N-Gehalt des Kotes ziemlich konstant der Kotmenge proportional. Bei abnehmendem Eiweißgehalt im Futter stieg die N-Menge in den Faeces, die bei geringer Eiweißzufuhr bis 50% des in der Nahrung zugeführten N betrug[2].

Der Kotstickstoff liegt nicht in Form von Eiweiß vor. Im Gegenteil, alle bisherigen Untersuchungen[3-5] haben ergeben, daß Eiweiß und Albumosen im normalen Kot nicht enthalten sind, sondern nur bei Erkrankungen des Magens und des Darmkanals vorkommen. Anders verhält es sich mit dem *Mucin*, das beim Menschen wegen seiner schweren Verdaulichkeit wohl unangegriffen in den Kot gelangt[7]. Das Eiweiß der Bakterienleiber ist noch unerforscht.

Tabelle **76**. Aminosäuregehalt im 6-Tagekot von 2 Männern (in g)[6].*

Aminosäure	Mit der Nahrung aufgenommene g	Gehalt im Kot
Methionin . . .	6,4—**10,5** —14,8	0,5—**0,71**—0,9
Lysin	13,2—**24,66**—31,7	1,9—**2,38**—2,9
Arginin	13,3—**22,24**—26,0	1,2—**1,59**—2,1
Histidin	6,9—**11,44**—13,8	0,6—**0,72**—0,9
Leucin	24,7—**34,02**—39,0	1,8—**2,33**—2,9
Isoleucin	17,1—**23,44**—28,4	1,4—**1,78**—2,3
Valin	16 9—**22,98**—27,5	1,5—**1,95**—2,6
Threonin	11,5—**16,84**—19,8	1,4—**1,67**—2,2

* Werte aus 10 Versuchsperioden von je 6 Tagen an 2 Personen.

Bei *Amöbenruhr*[8] und bei *Colitis*[9] werden größere Mengen Schleim abgegeben, der wohl wenig verändert ist.

Bei unseren *Haustieren* dagegen enthält der Kot immer mehr oder weniger reichliche Mengen von Schleim[5], und zwar um so mehr, je höher der Trockensubstanzgehalt des Kotes ist.

Der *Nachweis von Eiweiß* kann mit dem Reagens von TRIBOULET (3,5 g $HgCl_2$ und 1 cm³ Eisessig in 100 cm³ Wasser) erfolgen[10].

***Die einzelnen Bestandteile des Kot*-N.** Die Frage nach der qualitativen und quantitativen Verteilung des Kot-N kann heute noch nicht recht beantwortet werden. Die N-haltigen Kotbestandteile sind nur ungefähr bekannt. Eingehendere Untersuchunen liegen darüber nicht vor, obwohl der Hungerkot und insbesondere das Meconium zur Untersuchung gut geeignet sind.

Aminosäuren im Kot wurden bei 2 Männern mit verschiedener Diät während einer Zeit von 6 Tagen mikrobiologisch quantitativ bestimmt[6]. Die Aufnahme an Aminosäuren mit der Nahrung schwankte zwischen 5 und 30 g in 6 Tagen. Die Ausscheidung von Aminosäuren blieb fast konstant, obwohl mit der Diät verschiedene Mengen gereicht wurden. Daher wird angenommen, daß die Aminosäuren im Kot nicht aus der Nahrung, sondern analog wie die Fette aus dem Verdauungstrakt stammen, und zwar aus den verdauten Verdauungsenzymen, oder daß sie zunächst in Bakterieneiweiß umgewandelt werden und erst im Kot erscheinen, wenn sie wieder in Freiheit gesetzt worden sind.

[1] ALBANESE, A. A., V. I. DAVIS, M. LEIN and E. M. SMETAK: J. biol. Ch. **176**, 1189 (1948). — [2] COFFEY, R. J., F. C. MANN and J. L. BOLLMAN: Amer. J. digest. Dis. **7**, 141 (1940) [Ber. Physiol. **127**, 39]. — [3] Schrifttum bei SCHREUER, M.: Kotbildung, Zusammensetzung und Chemie der Fäces. Handb. Biochem. Bd. 5, S. 345—384. — [4] ALLODI, A., e B. ALLOATTI: Arch. Sci. med., Torino **56**, 695 (1932). — [5] KRZYWANEK, F. W.: Kotbildung, Zusammensetzung und Chemie der Fäces. Handb. Biochem. Erg.-W. Bd. 2, S. 522—532. — [6] SHEFFNER, A. L., J. B. KIRSNER and W. L. PALMER: J. biol. Ch. **176**, 89 (1948). — [7] Nachweis von Mucin s. H.-Th. 10. Aufl. Bd. V, S. 408. — GOIFFON, R., O. AGUIAR et M. GOMEZ: Arch. Mal. Appar. digest. **37**, 523 (1948). — [8] Vgl. Lehrb. inn. Med. (ASSMANN u. a.) 6. u. 7. Aufl. Bd. 1, S. 305. — [9] Vgl. Lehrb. inn. Med. (ASSMANN u. a.) 6. u. 7. Aufl. Bd. 1, S. 798. — [10] Hallmann 6. Aufl. S. 91.

Bis jetzt hat man im frisch entleerten Stuhl stets geringe Mengen von *Harnsäure*[1,2] festgestellt, z. B. beim Menschen im Mittel 23,6 mg. Da Harnsäure von Colibakterien zerstört wird, verschwindet sie beim Stehenlassen des Kotes[3]. Von den *Purinbasen* kommen im Harn Xanthin, Hypoxanthin, Guanin und Adenin vor (s. Bd. 2/1, S. 1217).

Bei Durchfällen und bei Cholera, auch beim Säugling wurden *Leucin* und *Tyrosin* gefunden. Auch *Putrescin, Cadaverin, Butyrobetain*[4] und wahrscheinlich auch *Arginin* konnten im Kot von Erwachsenen und von normalen Säuglingen nachgewiesen werden[4,5], nicht aber Histidin und Histamin.

Andere Autoren[6] fanden jedoch im Stuhl von 13 normalen Personen in 26 Einzelbestimmungen 1,3 γ Histamin in 1 cm³ Stuhl, bei Colitis ulcerosa fast normale Werte, bei Gärungsdyspepsien 15—25 γ in 1 cm³. Ferrum reductum senkt die Werte. Bei Asthma bronchiale ist der Histamingehalt im Kot stark erhöht (250 γ in 1 cm³ Stuhl)[6,7].

Aus Stühlen von Säuglingen wurde *γ-Butyrobetain*[4] rein dargestellt. Infolge von Fäulnisvorgängen im Enddarm tritt auch *Ammoniak* in freier und gebundener Form im Kot auf und bedingt zum größten Teil dessen alkalische Reaktion, besonders bei Fleischfressern[8].

Durch Eiweißfäulnis entstehen im Darm und Kot aus Aminosäuren die *aromatischen und heterocyclischen Eiweißabkömmlinge* Phenol, Kresol, Indol[5,9], Skatol und Skatolcarbonsäure[10].

Die Rolle dieser Stoffe in der menschlichen Pathologie ist von BECHER[11] im Sinne einer Selbstvergiftung vom Darm aus, als sog. *intestinale Autointoxikation* zusammenfassend beschrieben worden. Der Phenolgehalt der Faeces wird mit 20—**40**—125 mg-% angegeben[12] (s. a. Bd. 2/1, S. 189).

3. Kohlenhydrate und ihre Zersetzungsprodukte[13]; Darmgase.

Im menschlichen Kot, auch im Säuglingsstuhl, werden *Mono- und Disaccharide* nie gefunden. Ob unverdaute Stärke[14] ausgeschieden wird, hängt vom Grade ihrer mechanischen und fermentativen Aufschließung ab. Rohe und durch Kochen vorbehandelte Stärkemehle aus Cerealien werden fast restlos ausgenützt. Dagegen wird rohes Kartoffelmehl[15], z. B. nach Aufnahme von 50 g, im menschlichen Kot zu 10—14% wieder gefunden. Das Vorkommen von Stärke bei normaler Ernährung ist die Folge einer verminderten äußeren Pankreassekretion.

Nachweis der Stärke durch mikroskopische Untersuchung[16] oder chemische Verfahren[17]: Man gibt verstärkte LUGOLsche Lösung (2% J) zu einer Kotprobe und mikroskopiert die blaugefärbten Stärkekörner. Versager der Probe kommen vor. Zum chemischen Nachweis kocht

[1] Schrifttum bei SCHREUER, M.: Kotbildung, Zusammensetzung und Chemie der Fäces. Handb. Biochem. Bd. 5, S. 345—384. — [2] KRZYWANEK, F. W.: Kotbildung, Zusammensetzung und Chemie der Fäces. Handb. Biochem. Erg.-W. Bd. 2, S. 522—532. — [3] LUCKE, H.: Z. ges. exp .Med. **76**, 180 (1931). — [4] BURCHARD, H.: B. Z. **272**, 74 (1934). — [5] Indol- und Skatolbestimmung im Kot, s. a. Bd. **1**, S. 794f. — H.-Th. 10. Aufl. Bd. V, S. 419. — PIERCE, H. B., and R. B. KILBORN: J. biol. Ch. **81**, 381 (1929). — [6] MYHRMAN, G., u. J. TOMENIUS: A. e. P. P. **193**, 14 (1939). — [7] Histaminbestimmung im Kot: H.-Th. 10. Aufl. Bd. V, S. 419. — [8] GOIFFON, R., et SALA-ROIG: C. R. Soc. Biol. **109**, 853 (1932). — [9] DOLEJŠ, R.: Čas. čes. Lék. **21**, 33 (1941). [C. **1941 II**, 759]. — SHŌJI, T.: J. Biochem. **26**, 167 (1937). — s. a. Bd. 1, S. 792. — [10] URY, H.: D. m. W. **1904 I**, 700. — [11] BECHER, E.: Das Problem der Selbstvergiftung vom Darm. 2. Aufl. Stuttgart 1943. Kli. Wo. **1937 I**, 145, 152. Intestinale Autointoxikation. Ergebn. ges. Med. **18**, 459—521 (1933). D. m. W. **1942 I**, 133. — MAGNUS-ALSLEBEN, E.: Die intestinale Autointoxikation. Handb. Physiol. Bd. 3, S. 1037—1040. — [12] JONCKHEERE-DEBERGH, Mme., et R. GOIFFON: C. R. Soc. Biol. **103**, 485 (1930). — [13] Ausführliche Darstellung s. Schmidt-Strasburger S. 186—240. — [14] Schmidt-Strasburger S. 202f. — [15] NORTON, R. C., and A. T. SHOHL: Amer. J. Dis. Children **32**, 183 (1926). — [16] Schmidt-Strasburger S. 76, 192. — [17] Schmidt-Strasburger S. 192. — H.-Th. 10. Aufl. Bd. V, S. 409. — TERRIER, J., et J. DESHUSSES: Mitt. Lebensm.-Unters. Hyg. **31**, 249 (1949).

man eine Kotprobe mit Wasser oder verdünnter Salzsäure, filtriert und prüft mit einem Zuckerreagens[1]. Häufig wird die Gärprobe nach SCHMIDT-STRASBURGER[1] verwendet oder auch die Gärungsapparatur nach STRAUSS oder HALÁSZ[2]. Ein etwa walnußgroßer Teil des gut verrührten frischen Kotes wird mit Wasser vermengt und im Gärungsröhrchen 24 Std bei 37° gehalten. Es bildet sich aus der Stärke, die in leicht angreifbarer Form vorliegt, ohne Hefezusatz Gas[3]. Von normalem Kot wird kein Gas, aus 0,1 g zugesetzter Stärke werden etwa 15 cm^3 gebildet.

Cellulose und Hemicellulosen nützt der gesunde Mensch in der gemischten Kost durchschnittlich zu 50% (s. [4]), nach einer anderen Angabe[5] Cellulose bis zu 75% aus. Die Hemicellulosen sind in der Nahrung in größerer Menge vorhanden als Cellulose[6] und werden deshalb auch in größerer Menge umgesetzt. Die Ausnutzung der Cellulose in den verschiedenen Nahrungsmitteln hat vor allem LOHRISCH[7] untersucht. 50—100% der Cellulose kann ausgenützt werden. Die unverdauten polymeren Kohlenhydrate finden sich in der Rohfaser.

Als *Rohfaser* (engl. *plant fiber*, *roughage*, *bulk*, *cellulose*) bezeichnet man alle Rückstände pflanzlicher Nahrung, die man aus dem Kot abtrennen kann und die in Wasser, verdünnten Säuren und Alkalien sowie in Alkohol und Äther unlöslich sind. Sie ist also ein Gemisch von Cellulose, Lignin oder verholzten Zellen und unlöslichen Pflanzeneiweißstoffen, Pentosanen, Hexosanen u. a. m., je nach Nahrungs- und Futtermittel.

Die *Zellmembran*[8, 9], die etwa 30% der Trockensubstanz unserer pflanzlichen Nahrungsmittel ausmacht, enthält ungefähr 35—40% Cellulose, 20—30% Pentosane und einen noch nicht näher erforschten „Restbestand“ von etwa 30%. Ihre unverdauten Rückstände sucht man mit der „Rohfaser“ zu ermitteln.

Die *Bestimmung der Rohfaser* (fibre) erfolgt vielfach nach dem von HENNEBERG u. STOHMANN an der landwirtschaftlichen Versuchsstation zu Weende ausgearbeiteten „Weender Verfahren“[10]. 3,5 g getrockneter Kot werden mit 200 cm^3 1,25%iger H_2SO_4 $^1/_2$ Std gekocht, der unlösliche Rückstand mit Wasser, Natronlauge, Alkohol und Äther wiederholt ausgezogen und getrocknet. Es werden also damit die ganz oder annähernd unverdaulichen Pflanzenstoffe bestimmt, ohne daß bestimmte polymere Kohlenhydrate erfaßt werden.

WILLIAMS u. Mitarb.[11] entfernen zunächst Stärke, Fett und Eiweiß durch Abbau mit Pankreatin-NaCl-Lösung und Gallensalzpufferlösung. Dann spalten sie mit 4%iger Schwefelsäure die Rohfaser.

Bei den Pflanzenfressern, bei denen die Kohlenhydrate einen größeren Prozentsatz der Nahrung ausmachen, in der sie außerdem oft in einer schwer aufschließbaren Form enthalten sind, reichern sich die Rückstände der Kohlenhydratverdauung im Kot besonders an. Während man[12] im Kot des *Pferdes keine Stärke* nachweisen konnte, wurde in 16 von 20 untersuchten *Rinderkot*proben Stärke nachgewiesen[13]. *Cellulose* ist in allen Tierfaeces reichlich vorhanden. Über den Gehalt des Kotes an Cellulose, Stärke[14], Pentosanen und N-freien Extraktivstoffen unterrichtet eine umfassende Zusammenstellung, die bei KRYZWANEK[15] nachzulesen ist. Den Abbau der Cellulose durch Mikroorganismen hat SIMOLA[16] bearbeitet.

---

[1] Schmidt-Strasburger S. 197. — [2] Hallmann 6. Aufl. S. 90. — H.-Th. 10. Aufl. Bd. V, S. 409. — [3] LOEWY, A.: Darmgase. Methodisches. Handb. biol. Arb.-Meth. Ab. IV, Teil 6/1, S. 397—410. 1926. — [4] Schmidt-Strasburger S. 226. — [5] KOHMOTO, T., and S. SAKAGUCHI: J. Biochem. **6**, 61 (1926) [Ber. Physiol. **37**, 346]. — [6] WILLIAMS, R. D., W. H. OLMSTED, C. H. HAMANN, J. A. FIORITO and D. DUCKLES: J. Nutrit. **11**, 433 (1936). — [7] LOHRISCH, H.: H. **47**, 200, bes. 237 (1906). — Vgl. Schmidt-Strasburger S. 222. — [8] RUBNER, M.: Handb. Lebensm.-Chem. (BÖMER u. a.) Bd. 1, S. 1170. — [9] Über die Zellwand vgl. FREY-WYSSLING, A.: Die Stoffausscheidung höherer Pflanzen. Berlin 1935. — [10] HENNEBERG, W., u. F. STOHMANN: Beiträge zur Begründung einer rationellen Fütterung der Wiederkäuer. H. 2, S. 48. Braunschweig 1864. — [11] WILLIAMS, R. D., and W. H. OLMSTED: J. biol. Ch. **108**, 653 (1935). — [12] KUTSCHBACH, R.: Diss. med. veterin. Hannover 1912. — [13] SCHMIDT, T.: Diss. med. veterin. Hannover 1919. — [14] WEISER, S., u. A. ZAITSCHEK: Pflügers Arch. **93**, 98 (1903). — [15] KRZYWANEK, F. W.: Handb. Biochem. Erg.-W. Bd. 2, S. 522—532. — [16] SIMOLA, P. E.: Über den Abbau der Cellulose durch Microorganismen. I. u. II. Ann. Acad. Sci. fenn. (A) **34**, Nr. 1 u. 6 (1931).

Als *Gärungsprodukte der Kohlenhydrate* kommen im Darminhalt niedere Fettsäuren, vor allem Milchsäure, Propionsäure und Buttersäure vor. Kohlenhydratreiche Kost liefert bei Gesunden 60—300% mehr niedere flüchtige Fettsäuren als eiweißreiche[1]. Nach STRASBURGER[2] sollen sich aus Milchsäure und Bernsteinsäure beim Erwachsenen flüchtige Fettsäuren, besonders Essigsäure und Buttersäure bilden (30—60%, daneben 10% Ameisensäure[3]). Etwa vorhandene *Milchsäure* wird durch die Darmbakterien zerstört; dem Stuhl zugesetzt, verschwindet sie nach 24stündiger Bebrütung vollständig, nicht dagegen im sterilisierten Kot[4]. Im Tagesstuhl wurden von KLINC[5] beim Erwachsenen 40—130 mg-% Buttersäure gefunden. Bemerkenswert sind seine Befunde beim Neugeborenen: Das Meconium enthält keine Buttersäure. Nach Beginn des Stillens werden in den Faeces 3—20 mg-% gefunden. Später ist offenbar als Folge der veränderten Bakterienflora Buttersäure nicht mehr nachzuweisen. Diarrhoe (durch $MgSO_4$) erhöht den Gehalt des Kotes an flüchtigen Fettsäuren um 100% und mehr[1].

Bei den *Haustieren* sind derartige Bestimmungen nur einmal[6] an einem Ziegenbock durchgeführt worden, der bei Fütterung mit Heu täglich 1,8 g flüchtige Fettsäuren (Essigsäure und Buttersäure) im Kot ausschied.

Über *Darmgase* (N_2 und O_2 nach gemischter und pflanzlicher Kost s. Fußnote[7]. Die tägliche Menge der Darmgase[8], gewonnen mit Darmrohr und Gummiballon, betrug bei 5 Erwachsenen 380—655 cm³. Folgende Gase kommen im Dickdarm vor: N_2, H_2, CH_4, CO_2, O_2, NH_3, H_2S, $H_3C \cdot SH$ (s. a. Bd. **1**, S. 187).

Bei bettlägerigen Patienten wurden mit einem besonderen Apparat, im wesentlichen einem Darmkatheter mit Gasbüretten, die Darmgase gemessen: die Gesamtgasmenge betrug im Durchschnitt 1,5 cm³/min. Sie hatte folgende Zusammensetzung[9]:

$$59\%\ N_2,\ 21\%\ H_2,\ 9\%\ CO_2,\ 7\%\ CH_4,\ 4\%\ O_2.$$

Der Energiegehalt der Darmgase macht beim Menschen nur 0,1—0,2% der mit der Nahrung eingeführten Calorien aus, beim Wiederkäuer dagegen (Rind) 10—15%. Rosenkohl erhöht beim Menschen die Darmgase auf 2,34 cm³/min. Die Vermehrung betrifft vor allem N_2 und O_2, so daß angenommen wird, die erhöhte Peristaltik erhöhe die Passage von atmosphärischer Luft durch den Darm. Colitis vermehrt die Darmgase nicht.

4. Fette und ätherlösliche Faecesbestandteile[10].

Der Ätherauszug des Kotes enthält neben den Glyceriden noch Lipoide, vor allem Cholesterin und Gallensäuren, die unter Umständen, z. B. im Hungerkot, die Glyceride an Menge übertreffen können[11]. *Nahrungsfett* wird im allgemeinen nur dann im Kot gefunden, wenn die Fettaufnahme sehr reichlich, das Fett schwer verdaulich oder die Fettverdauung gestört ist, z. B. bei Fetten mit hohem Schmelzpunkt[12]. Bei fettfreier Nahrung liegen die Gesamtlipoide nur wenig unter der Menge, in der sie bei fettfreier Kost vorkommen. Sie sind in ihrer Zusammen-

---

[1] GROVE, E. W., W. H. OLMSTED and K. KOENIG: J. biol. Ch. **85**, 127 (1929/30). — [2] STRASBURGER, J.: Dtsch. Arch. klin. Med. **67**, 238, 531 (1900). — [3] OLMSTED, W. H., C. W. DUDEN, W. M. WHITAKER and R. F. PARKER: J. biol. Ch. **85**, 115 (1929/30). — [4] PITTMAN, J. E., and W. H. OLMSTED: Proc. Soc. exp. Biol. Med. **29**, 479 (1932). — Bestimmung von Milchsäure im Kot: H.-Th. 10. Aufl. Bd. V, S. 417. — [5] KLINC, L.: Bull. Soc. Chim. biol. **17**, 1546 (1935). — [6] WILSING, H.: Z. Biol. **21**, 625 (1885). — [7] Vgl. Schmidt-Strasburger S. 240—245. — EDLBACHER, S.: Schweiz. med. Wschr. **71**, 1104 (1941). — LOEWY, A.: Darmgase. Handb. biol. Arb.-Meth. Abt. IV, Teil 6/1, S. 397—410. — [8] BEAZELL, J. M., and A. C. IVY: Amer. J. digest. Dis. **8**, 128 (1941). — [9] KIRK, E.: Gastroenterol., Basel **12**, 782 (1949) [Ber. Physiol. **143**, 169]. — [10] KAUNITZ, H., u. G. LEINER: Kli. Wo. **1936 II**, 1885. — CLOSS, K., u. A. PIHL: Kli. Wo. **1941**, 224. — [11] SCHREUER, M.: Handb. Biochem. Bd. 5, S. 345—384. — Vgl. a. MEYER, L. F.: Handb. Biochem. Bd. 8, S. 459. — [12] ARNSCHINK, L.: Z. Biol. **26**, 434 (1890).

setzung dem Blutfett sehr ähnlich. SPERRY[1,2] schließt daraus auf eine Sekretion der Blutplasmalipoide in den Darm.

Das Kotfett enthält alle ätherlöslichen Anteile nach Ansäuern des Kotes. Das Gesamtfett macht etwa 25% des Trockenkotes aus. Das ungespaltene Fett (unsplit fat) beträgt 25% des Gesamtfettes und besteht aus Neutralfetten, Phosphatiden, Sterinen (etwa 10—30% der ungespaltenen Fette), Farbstoffen und anderen fettähnlichen Substanzen. 75% des Gesamtfettes sind „gespaltene Fette" (split fat), hauptsächlich freie Fettsäuren oder solche aus zerlegten Seifen. Das Neutralfett ist nicht unverdautes Nahrungsfett und stammt auch nicht aus der Galle, da das Gallenfett völlig resorbiert wird[3]. Das Kotfett setzt sich zusammen aus Fett von Bakterien (40%, s. a. S. 239), Epithelzellen des Darmes oder aus durch den Dickdarm ausgeschiedenem Fett (60%). Das Kotfett ist daher normalerweise unabhängig vom Nahrungsfett[2].

Tabelle 77. Zusammensetzung des Kotfettes gesunder Erwachsener (Mittelwerte im Tag)[4].

	Trockensubstanz g	Gesamtfett %	Neutralfett %	Neutralfett in % des Gesamtfettes	Seifen %	Freie Fettsäuren %
34 Männer . .	20,3	17,4	7,16	41,1	4,69	5,56
41 Frauen . .	22,0	17,7	7,45	42,1	4,51	5,72
Mittel	21,1	17,5	7,31	41,6	4,60	5,64

Als ***Quelle der Faecesfette und -lipoide*** kommt in Betracht eine Fettsekretion mit der Galle oder durch die Darmschleimhaut, Mikroorganismen[11] oder desquamierte Darmepithelien[5]. Die Galle liefert bei Hunden keine nennenswerten Lipoidmengen[6]. Etwa 40% des Fettes könnte aus den Bakterien stammen. Normale Hunde[5] von etwa 5 kg Gewicht scheiden in der Woche bei fettfreier Ernährung etwa 1,5 g Fett aus, Gallenfistelhunde jedoch unter sonst gleichen Bedingungen 3,2 g. Davon sind 27,7% Unverseifbares, bei Normalhunden 29,7%. Die Bakterienfraktion enthält 42,1%, die übrigen festen Anteile des Kotes 50,9% der gesamten Fettmenge. Durch Abschilferung der Darmmucosa[7] kann beim Hund die Lipoidausscheidung in den Faeces nicht erklärt werden, da sie nicht das dazu nötige Ausmaß erreicht. An Hunden mit Fisteln direkt oberhalb der Ileocoecalklappe konnte gezeigt werden[8], daß der Dünndarm mehr Lipoide als der Dickdarm ausscheidet. Die Lipoide der Faeces sind daher in der Hauptsache der nach der Rückresorption aus dem Dünndarm und in kleinen Mengen der aus dem Dickdarmsekret verbliebene Fettrest. Mit deuteriumhaltigem Fett wurde bewiesen[9], daß 65—70% der Nahrung fettfrei in Abwesenheit von Galle resorbiert wird und daß die Zunahme des Faecesfettes in Abwesenheit von Galle bedingt ist durch Fettsekretion in das Darmlumen[8]. Das Kotfett muß daher aus dem Bakterienfett[11] und aus dem Dickdarmsekret stammen. Versuche an fettfrei ernährten Menschen s. [10].

[1] SPERRY, W. M., and W. R. BLOOR: J. biol. Ch. **60**, 261 (1924). — SPERRY, W. M.: J. biol. Ch. **68**, 357 (1926). — [2] KRAKOWER, A.: Amer. J. Physiol. **107**, 49 (1934). — [3] SPERRY, W. M.: J. biol. Ch. **71**, 351 (1926/27); **81**, 299 (1929). — [4] FOWWEATHER, F. S.: Brit. J. exp. Path. **7**, 15 (1926). — [5] SPERRY, W. M.: J. biol. Ch. **85**, 455 (1929/30). — [6] SPERRY, W. M.: J. biol. Ch. **81**, 299 (1929). — [7] SPERRY, W. M.: J. biol. Ch. **96**, 759 (1932). — [8] SPERRY, W. M., and R. W. ANGEVINE: J. biol. Ch. **96**, 769 (1932). — [9] SHAPIRO, A., H. KOSTER, D. RITTENBERG and R. SCHOENHEIMER: Amer. J. Physiol. **117**, 525 (1936). — [10] KLINC, L.: B. Z. **324**, 385 (1953). — [11] HOLASEK, A.: H. **298**, 55, 219, 224 (1954).

Die Fettwerte sind in % der Trockensubstanz angegeben. Das Neutralfett enthält 0,64—1,83—3,88% Unverseifbares.

Bei *Krankheiten* kann das „Kotfett" vermehrt sein, wenn Fettverdauung oder -resorption gestört sind. Wenn z. B. bei Stauungsikterus wegen Fehlen der Galle zwar noch Fett verdaut aber nicht völlig resorbiert wird, nehmen die Fettsäuren zu. Bei Verschluß des Pankreasganges fehlt die Pankreaslipase, daher ist die Fettspaltung gestört und das ungespaltene Fett im Kot erhöht.

Bei *Spruekranken* findet sich im Trockenkot 24—55% „Fett". Davon sind 75% gespalten[1]. Beim Gesunden fand A. SCHMIDT[1] 20,5% Fett im Trockenkot.

Über die *Bestimmung des Gesamtfettes, der Fettsäuren und Sterine* s. [2–8]. Über das Anfärben einzelner Fettanteile s. Fußnote [7].

Lecithin findet sich im normalen Kot nur in äußerst geringen Mengen; es stammt wahrscheinlich aus der Nahrung. Im Meconium[9] ist es nicht enthalten.

Ungesättigte Fettsäuren, meist Diensäuren, wenig Triensäuren, Tetra- und Hexaensäuren findet man in den Kotfettsäuren bei Kindern nach Frauenmilchnahrung zu 1,8—7,1%, nach Kuhmilchnahrung nur zu 0,4—2,0%. Pentaensäuren fehlen fast immer[10].

Kotsterine (s. a. Bd. 2/1, S. 191, 196). Bei mit gemischter Kost ernährten gesunden Personen fanden SCHÖNHEIMER u. v. BEHRING[11] im Tageskot 1,7 g Unverseifbares. Davon waren 56,5—68,4% Gesamtsterine, 89,4—97,8% der Gesamtsterine waren gesättigt.

Das vorhandene *Cholesterin* entstammt ausschließlich der Galle, wie SALOMON[12] durch Stoffwechselversuche an einem Mann mit vollkommenem Verschluß des Gallenganges festgestellt hat. BÜRGER[13], BEUMER u. HEPNER[14] sowie SCHÖNHEIMER u. SPERRY[15] bewiesen eine *Exkretion von Sterinen durch die Darmwand* (s. Bd. 2/1, S. 192). Nach BÜRGER[16] werden vom Menschen bei cholesterinfreier Nahrung im Tag etwa 0,1 g Cholesterin durch den Darm ausgeschieden. Epithelabschilferungen des Dickdarmes können nach ihm unmöglich das Kotsterin liefern. SCHÖNHEIMER[17] isolierte aus dem Stuhl eines mit Fleisch ernährten Menschen und ebenso aus Hundekot ein Steringemisch, das zu etwa 87% aus hydrierten Sterinen und zu 12% aus krystallisiertem Cholesterin bestand.

Neben dem Cholesterin findet sich bei Mensch und Carnivoren infolge der stärkeren Fäulnisvorgänge *Koprosterin*[18]. Daher fehlt es im Meconium. Je nach der Nahrung wächst die Koprosterinmenge im Kot. Bei reiner Milchdiät ist sie gering, bei cholesterinreicher Kost (Gehirn) dagegen vermehrt[19, 20].

Da in vitro Cholesterin durch Fäulnisbakterien nicht angegriffen werden soll, nimmt DAM[21] an, daß es im Darm in einer bisher unbekannten Form vorliegt, die durch Bakterien angreifbar ist.

---

[1] SCHMIDT, A.: Klinik der Darmkrankheiten. S. 243. Wiesbaden 1913. — [2] H.-Th. 10. Aufl. Bd. V, S. 410. — [3] SÖDERHJELM, U., and L. SÖDERHJELM: J. Lab. clin. Med. **34**, 1471 (1949). — [4] TIDWELL, H. C., and L. E. HOLT jr.: J. biol. Ch. **112**, 605 (1935/36). — CLOSS, K., u. A. PIHL: Kli. Wo. **1941**, 224. — [5] TRAJNA, N. S.: Probl. aliment., Roma (II) **3**, 118 (1939) [Ber. Physiol. **120**, 423]. — WINKLER, G.: Biedermanns Zbl. **11**, 206 (1939) [Ber. Physiol. **116**, 548]. — [6] GLASER, E., u. O. KAHLER: H. **191**, 187 (1930). — H.-Th. 10. Aufl. Bd. V, S. 411. — [7] HERTERT, L. D.: J. Lab. clin. Med. **16**, 926 (1931). — [8] GOIFFON, R.: Arch. Mal. Appar. digest. **30**, 512 (1941) [Ber. Physiol. **132**, 93]. — EHRSTRÖM, R.: Acta med. scand., Suppl. **90**, 298 (1938). — KAMER, J. H. VAN DE: Scand. J. clin. Lab. Invest. **5**, 30 (1953). — [9] ZWEIFEL, (P.): Arch. Gynäk. **7**, 474 (1875). — [10] SÖDERHJELM, L.: Upsala Läk.-Fören. Förh. **57**, 438 (1952) [Ber. Physiol. **159**, 241]. — [11] SCHÖNHEIMER, R., u. H. v. BEHRING: H. **192**, 102 (1930). — [12] SALOMON, H.: Arch. Verd.-Krankh. **41**, 257 (1927). — [13] BÜRGER, M.: Der Cholesterinhaushalt beim Menschen. Ergebn. inn. Med. **34**, 583—701 (1928). — [14] BEUMER, H., u. F. HEPNER: Z. ges. exp. Med. **64**, 787 (1929). — [15] SCHOENHEIMER, R., and W. M. SPERRY: J. biol. Ch. **107**, 1 (1934). — [16] BÜRGER, M., u. H. D. OETER: H. **184**, 257 (1929). — [17] SCHOENHEIMER, R.: J. biol. Ch. **105**, 355 (1934). — [18] Chemie s. Bd. **1**, S. 398. — [19] BONDZYŃSKI, S.: B. **29**, 476 (1896). — FISCHER, H.: H. **73**, 232 (1911). — [20] ROSENHEIM, O., and T. A. WEBSTER: Biochem. J. **35**, 920 (1941). — [21] DAM, H.: Biochem. J. **28**, 820 (1934).

Andererseits gelang es Bischoff[1] durch Nachfaulenlassen von Fäulnisstühlen eine Sterinhydrierung außerhalb des Darmes zu erreichen. Bei der Fäulnis von Faeces[2] bleibt die Gesamtmenge der Sterine konstant, aber der Sättigungsgrad wächst entsprechend der Zunahme von Koprosterin. Aus dem Gleichbleiben des Verhältnisses Cholesterin: Koprosterin auch bei wechselnder Fütterung schließt Bürger[3], daß an der Reduktion des Cholesterins nicht nur die Darmbakterien beteiligt sind.

Im Kot der Herbivoren konnten von Dorée u. Gardner[4] beim Pferd und von Schönheimer[5] beim Kaninchen trotz Verarbeitung großer Faecesmengen Cholesterin nie oder nur in Spuren, wohl aber Nahrungssterine nachgewiesen werden. Über das Unverseifbare der Rattenfaeces s. [6].

Neben Koprosterin wird im Kot immer, wenn auch in sehr kleinen Mengen das stereoisomere *Dihydrocholesterin*[7] gefunden. Im Gegensatz zum Koprosterin wird es von der Darmwand sezerniert. Schon 1911 hatte Böhm[8] aus dem sterilen Inhalt einer während 14 Jahre beiderseits verschlossenen Dünndarmschlinge eines Menschen reines Dihydrocholesterin isoliert. Es reichert sich im Dickdarm des Hundes nach Ileostomie und Verschluß des Anus an[9]. Es kann, einmal ausgeschieden, nicht mehr durch die Darmwand resorbiert werden[8,10]. Bei Belastung mit 3 g Dihydrocholesterin oder Koprosterin fand man[10] 100 bzw. 95% davon unverändert im menschlichen Kot wieder. Dam[11] stellte fest, daß Dihydrocholesterin der Nahrung zugesetzt, nicht in Koprosterin übergeht und nicht resorbiert wird. Nach Schönheimer ist das Dihydrocholesterin ein intermediäres Hydrierungsprodukt des Cholesterins, das in den Darm abgegeben wird und nicht rückresorbierbar ist. Deshalb reichert es sich im Kot an. Es kann mit dem Darmsaft sezerniert werden oder, was wahrscheinlicher ist, aus den Darmepithelien und Lymphocyten stammen[12]. Die menschliche Dickdarm*wand* enthält kein Koprosterin[13].

Neben Cholesterin und seinen Hydrierungsstufen werden je nach der Nahrung *Phytosterine* gefunden. Diese werden vom Kaninchen[5] quantitativ und qualitativ unverändert ausgeschieden.

Bestimmung der Sterine im Kot[14].

Gepaarte Gallensäuren finden sich im menschlichen Kot nur bei Durchfällen[15]. Dagegen sind gallensaure Salze und Taurin immer in kleinen Mengen vorhanden. Wehninger[16] und Jenke[17] stellten im Stuhl mit spektrographischen Verfahren 1—20 mg-% *Cholsäure* fest. Etwa 0,17 g Gallensäuren werden im menschlichen Kot je Tag ausgeschieden[18], obgleich etwa 10 g mit der Galle sezerniert werden; der größte Teil davon wird im enterohepatischen Kreislauf vom Dünndarm zurückresorbiert. Nach Wehninger[16] sollen in normalen Stühlen 1—20 mg-% Cholsäure und eine Tagesausscheidung von nicht über 40 mg vorkommen. Bei vollständigem Gallengangsverschluß sind Darm und Kot frei von Gallensäuren[16]. *Taurocholsäure* kann im Dickdarm bakteriell zu Desoxycholsäure

---

[1] Bischoff, G.: B. Z. **222**, 211 (1930). — [2] Dam, H.: Biochem. J. **28**, 820 (1934). — [3] Bürger, M., u. W. Winterseel: H. **181**, 255 (1929). — [4] Dorée, C., and J. A. Gardner: Proc. R. Soc. London (B) **80**, 212 (1908). — [5] Schönheimer, R.: H. **180**, 32 (1929). — [6] Ammundsen, E.: B. Z. **284**, 313 (1936) — [7] Chemie s. Bd. **1**, S. 398. — [8] Böhm, R.: B. Z. **33**, 474 (1911). — [9] Schönheimer, R., H. v. Behring, R. Hummel u. L. Schindel: H. **192**, 73 (1930). — Schönheimer, R., u. L. Hrdina: H. **212**, 161 (1932). — [10] Bürger, M., u. W. Winterseel: H. **202**, 237 (1931). — [11] Dam, H.: Biochem. J. **28**, 815 (1934). — [12] Schönheimer, R., u. H. v. Behring: H. **192**, 102 (1930). — [13] Bürger, M., u. H. D. Oeter: H. **182**, 141 (1929). — [14] H.-Th. 10. Aufl. Bd. V, S. 413. — [15] Ury, H.: Arbeiten aus dem Path. Inst. Berlin. Festschrift 1906, S. 634 [Schmidt-Strasburger S. 267]. — [16] Wehinger, A.: Diss. med. Freiburg i. Br. 1937 [Ber. Physiol. **107**, 84]. — [17] Jenke, M.: Verh. dtsch. Ges. inn. Med. **49**, 246 (1937). — s. a. Minnibeck, H.: B. Z. **257**, 160 (1933). — [18] H.-Th. 10. Aufl. Bd. V, S. 417.

reduziert werden und im Kot in kleinen Mengen vorkommen[1]. Nach HALLMANN ist das Auftreten von Gallensäuren im Kot — ermittelt mit der PETTENKOFERschen Reaktion — pathologisch[2].

Im Kot des Pferdes und des Rindes konnte weder gepaarte Gallensäuren noch Cholsäure nachgewiesen werden[3]. Vielleicht bringen hier bessere Arbeitsmethoden andere Befunde. Über *Bestimmung* der Gallensäuren im Kot s.[2,4,5].

Carotinoide. Carotin wurde von 6 Männern bei gemischter, nahezu carotinfreier Kost in Mengen von 0,5—2,8 γ/g Kot ausgeschieden, so daß eine durchschnittliche Tagesmenge von etwa 0,075—0,420 mg Carotin in 150 g Kot errechnet werden kann[6]. KARRER u. HELFENSTEIN[7] haben aus Schafs- und Kuhkot ein Phytoxanthin (Xanthophyll) der Bruttoformel $C_{40}H_{56}O_2 \cdot CH_3OH$ isoliert. Ein Carotin konnten sie nicht sicher nachweisen, da die isolierte Krystallmenge zur Identifizierung zu gering war[7] (s. a. S. 234 sowie Bd. **1**, S. 470).

Cetylalkohol ist im Kot von Mensch, Hund und Katze vorhanden. Er stammt beim Hund nicht aus der Galle. In künstlich angelegten sterilen Darmcysten kommt er neben Cholesterin und Dihydrocholesterin reichlich vor. SCHOENHEIMER nimmt seine Ausscheidung durch die Darmwand an[8], da er auch in der Darmwand nachgewiesen werden konnte[9].

5. Blut-, Gallen-, Kot- und Blattfarbstoffe in den Faeces.

a) Blut im Kot kann bei Gesunden und Kranken aus recht verschiedenen Gründen vorkommen. Für gewöhnlich teilt man das „Blut im Stuhl" in sichtbares und unsichtbares, sog. okkultes Blut, ein. Sichtbares Blut weist auf Blutungen hin in den unteren Darmabschnitten, wie Colon, Rectum oder Anus, okkultes Blut kann aus irgendeinem Teil des Darmtraktus stammen, vom Mund bis zum Rectum; denn auch kleine Blutmengen im Colon oder sogar im Rectum können mit halbfestem Stuhl unsichtbar vermischt sein. Blut enthaltende Kost, wie Fleisch und Fische, Zahnfleisch-, Nasen-, Magen- und Darmblutungen, auch chlorophyllhaltige Nahrung machen die üblichen Blutproben positiv. Eisen-, Chrom- und Kupfersalze können eine positive Blutprobe vortäuschen. Bei der Benzidin- und der Guajakprobe[10–17] wird durch die Katalase des Blutes oder durch Metallsalze (Fe, Cu) zugesetztes Wasserstoffsuperoxyd zersetzt, dessen Sauerstoff Benzidin oder Guajak zu blauen Farbstoffen oxydiert. Bevor die Blutprobe mit Faeces angestellt wird, muß daher 3 Tage lang eine blut- und chlorophyllfreie Nahrung aufgenommen werden. Meist kann der negative Ausfall der Proben besser ausgewertet werden als der positive. Der spektroskopische Nachweis von Hämoglobinabkömmlingen ist eindeutig spezifisch, wenn man die Absorptionsstreifen von saurem Hämatin, Hämochromogen, Chlorophyll oder Porphyrinen mitberücksichtigt. Eisenfreie Porphyrine, die leicht bei der Verdauung von Blutfarbstoff entstehen (s. B. 2/1, S. 76), werden durch die chemischen Proben nicht

[1] BAUMGÄRTEL, T.: Kli. Wo. **1947**, 378. — s. a. BAUMGÄRTEL, T.: Klinische Darmbakteriologie. S. 31. Stuttgart 1954. — [2] Hallmann 6. Aufl. S. 86. — [3] KUTSCHBACH, R.: Diss. med. veterin. Hannover 1912. — SCHMIDT, T.: Diss. med. veterin. Hannover 1919. — [4] H.-Th. 10. Aufl. Bd. V, S. 417. — [5] MINIBECK, H.: B. Z. **297**, 217 (1938); **257**, 160 (1933). — JENKE, M.: Verh. dtsch. Ges. inn. Med. **49**, 246 (1937). — [6] VIRTANEN, A. I., u. M. KREULA: H. **270**, 141 (1941). — [7] KARRER, P., u. A. HELFENSTEIN: Helv. **13**, 86 (1930). — [8] SCHOENHEIMER, R., and G. HILGETAG: J. biol. Ch. **105**, 73 (1934). — [9] MANCKE, R.: H. **162**, 238 (1927). — [10] Müller-Seifert 66. Aufl. S. 139. — [11] Hallmann 6. Aufl. S. 87. — [12] H.-Th. 10. Aufl. Bd. V, S. 408. — [13] KAUFMANN, W.: Dtsch. Z. Verd.- u. Stoffw.-Krankh. **6**, 37 (1942). — [14] EDER, R., u. C. v. LIPPERT: Schweiz. med. Wschr. **72**, 1245 (1942). — [15] GRAF, H.-E.: Dtsch. Z. Verd.- u. Stoffw.-Krankh. **2**, 274 (1939). — [16] STAS, M. E.: Pharmaceut. Wbl. **71**, 489 (1934). Kli. Wo. **1934 I**, 1469. — [17] BOAS, I.: Kli. Wo. **1934 I**, 942.

erfaßt. Wegen der klinisch wichtigen Frage des Nachweises okkulter Blutungen sei auf die Arbeiten von SNAPPER[1], HÄCKER[2] und BOAS[3] und auf den neuesten Bericht von PAYNE[4] verwiesen.

Nach STEPP[5] kann reichliche Aufnahme von roten Rüben dem Stuhl das Aussehen eines Blutstühles geben, selbst für das Auge eines geübten Klinikers. Die Probe auf Blut gibt aber ein negatives Resultat.

Der chemische Blutnachweis ist wegen der katalytischen Wirkung von Eisen auch noch mit einer gekochten Kotprobe möglich[6]. 2 cm³ Blut per os eingenommen, geben im Kot noch eine deutlich positive Benzidinprobe und sind spektroskopisch als Hämochromogen nachweisbar[7]. HULST[8] fand in den Faeces von 38 Carcinomkranken spektroskopisch stets Protoporphyrin, bei 30 Fällen auch Deuterohämatin, bei 37 nicht an Carcinom Erkrankten dagegen nur einmal Deuterohämatin.

b) Porphyrine im Kot. Das Hämoglobin wird nach HAUROWITZ im Darm leicht abgebaut (s. Bd. **2**/1, S. 76). Nach bluthaltiger Nahrung oder nach Blutungen im Darmkanal ist im Kot *Protoporphyrin IX* vorhanden[9]. HAUROWITZ[10] fand nach Aufnahme von 50 cm³ Eigenblut im Stuhl 85—90% des Blutfarbstoffs als *Protohämin*, 5—8% als *Deuterohämin*, 2—3% als *Protoporphyrin IX* und 0,5—1% als Deuteroporphyrin. Deuterohämin sowie *Proto-* und *Deuteroporphyrin* werden durch die Fäulnisvorgänge im Dickdarm gebildet[11].

Die *Umwandlung von Hämoglobin in eisenfreie Porphyrine* erfolgt nur in Anwesenheit von Galle[12]. Nach WATSON[13] werden im menschlichen Stuhl zeitweilig Deutero- und Koproporphyrin gefunden. Aus 500 g normalem Stuhl nach gemischter Kost konnte der krystallisierte Dimethylester hergestellt werden, bei fleischfreier Kost fehlte Deuteroporphyrin. Es ist möglich, daß Deuteroporphyrin aus dem Fleisch im Darm entsteht, aber bei hämolytischem Ikterus wurde auch bei fleischfreier Kost ziemlich viel Deuteroporphyrin gefunden. Koproporphyrin fand WATSON nur in kleiner Menge, vermehrt war es bei perniciöser Anämie. Die Koproporphyrinmenge wird durch Blutaufnahme nicht geändert; es muß daher aus anderen Quellen stammen (s. Bd. **1**, S. 900). Da nach Gallengangsverschluß und porphyrinarmer Kost im Kot praktisch kein Koproporphyrin I vorhanden ist, wird als Quelle die Galle angesehen (s. Bd. **1**, S. 901). Das *Koproporphyrin I* in Galle und Kot stammt nicht aus dem Blutfarbstoff. Bei Gesunden sinkt die Koproporphyrinausscheidung im Kot nach Zufuhr von Ca- und Mg-Salzen[14]. Bei Pellagrakranken ist Koproporphyrin im Stuhl und im Harn vermehrt. Nicotinsäure senkt die Koproporphyrinausscheidung im Harn und auch, wenn auch nicht so deutlich, mit den Faeces[15].

Isolierung von Porphyrinen aus Kot s. Bd. **1**, S. 905, Bestimmung s. Bd. **2**/1, S. 1021.

c) Gallenfarbstoffe und ihre Abkömmlinge in den Faeces. ***Biliverdin*** (Chemie s. Bd. **1**, S. 919). Noch bis vor kurzem hat man angenommen, daß in der Galle

[1] SNAPPER, I.: Arch. Verd.-Krankh. **25**, 230 (1919). — SNAPPER, I., u. S. VAN GREVELD: Über okkulte Blutung. Ergebn. inn. Med. **32**, 1—45 (1927). — [2] HÄCKER, W.: Arch. Verd.-Krankh. **58**, 268 (1935). — [3] BOAS, I.: Arch. Verd.-Krankh. **58**, 249 (1935). — GASSYT, L.: Diss. med. Zürich 1934. — H.-Th. 10. Auflage Bd. V, S. 408. — [4] PAYNE, W. W.: Brit. med. J. **1954 I**, 206. — [5] STEPP, W.: Med. Klinik **1952**, 505, 573. — [6] KRETZ, J., u. A. T. PELLEGRINI: Wien. klin. Wschr. **1934 I**, 389. — [7] SCHOUTEN, D. E.: Ned. Maandschr. Geneeskde. **13**, 651 (1926) [Ber. Physiol. **40**, 87]. — [8] HULST, L. A.: Kli. Wo. **1934 I**, 912. — [9] FISCHER, H., u. K. SCHNELLER: H. **130**, 302 (1923). — s. a. Bd. **1**, S. 893. — [10] HAUROWITZ, F.: Arch. Verd.-Krankh. **50**, 33 (1931) — [11] KÄMMERER, H.: Dtsch. Arch. klin. Med. **145**, 257 (1924). — s. a. Bd. **1**, S. 893. — [12] SNAPPER, (I.): Arch. Mal. Appar. digest. **14**, 677 (1924) [Ber. Physiol. **30**, 429]. — [13] WATSON, C. J.: H. **204**, 57, bes. 66 (1932). — [14] IBERTI, U.: Clin. med. ital. (N. S.) **70**, 237 (1939) [Ber. Physiol. **117**, 135]. — [15] MALAGUTI, A.: G. Clin. med. **20**, 1127 (1939) [Ber. Physiol. **119**, 157].

nur Bilirubin und Biliverdin vorkämen. Heute wissen wir besonders durch die Arbeiten von BAUMGÄRTEL[1], daß außerdem noch Mesobilirubin und Mesobilirubinogen IX α (Urobilinogen), wenn auch beim Gesunden nur in Spuren in der Blasengalle, nicht in der Lebergalle, vorhanden sind (s. a. S. 227). Die beiden letzteren Substanzen, und wahrscheinlich auch das Bilirubin, entstehen in den extrahepatischen Gallenwegen, also nicht in den Leberzellen[2]. Unter „unverändertem Gallenfarbstoff" ist daher streng genommen nur Biliverdin zu verstehen. Dieses wird nur im Meconium und in den Faeces des Neugeborenen in seinen ersten Lebenstagen gefunden (s. a. S. 206). Im Gegensatz zu Carnivoren und Omnivoren, die in der Galle hauptsächlich Bilirubin und seine eben genannten Reduktionsstufen enthalten, ist in der Galle der Herbivoren neben den Abbauprodukten des Blattfarbstoffes (s. S. 232) größtenteils Biliverdin vorhanden. Es wird in den Faeces ausgeschieden, weil in der Galle der Herbivoren das reduzierende Fermentsystem fehlt und die Darmbakterien das Biliverdin nicht reduzieren können[3]. Auch Vögel, wie z. B. Tauben, scheiden mit der Galle Biliverdin und nicht Bilirubin aus.

Ob in der Galle und in den Faeces auch noch *Verdoglobin* (s. Bd. **1**, S. 923) vorkommt, ist bisher unerforscht. Da KIESE[4] Verdoglobin in Leber, Milz und strömendem Blut festgestellt hat, könnte es in der Galle vorkommen. Im Kot jedoch ist es nicht zu erwarten, da das Globin schon im Magen abgespalten würde.

Bilirubin (Chemie s. Bd. **1**, S. 911). Wie schon im Abschnitt über die Kotfarbe ausgeführt (s. S. 209), ist Bilirubin normalerweise nur im Stuhl des mit Muttermilch ernährten Säuglings vorhanden[5], nicht aber im Stuhl des mit Kuhmilch ernährten Kindes und des gesunden Erwachsenen. Das Bilirubin der Galle färbt zwar den normalen Dünndarminhalt in Duodenum, Jejunum und Ileum goldgelb, wird aber schon im Dünndarm fast völlig resorbiert. Der normale braune Dickdarminhalt ist bilirubinfrei; denn das der Resorption entgangene Bilirubin wird im Dickdarm in die Bilirubinoide Stercobilin und Stercobilinogen verwandelt (s. S. 228). Bei Krankheiten mit gesteigertem Blutzerfall, also beim Krankheitsbild des hämolytischen Ikterus, ist das Bilirubin in der Galle so stark vermehrt, daß es im Darm nicht mehr völlig resorbiert, reduziert oder abgebaut wird. Es gelangt dann auch in die Faeces. FISCHER u. LIBOWITZKY[6] isolierten aus dem Stuhl von 2 Kranken mit hämolytischem Ikterus aus 4 Tagesausscheidungen 190 mg und aus 3 Tagesausscheidungen 140 mg krystallisiertes Bilirubin mit allen bekannten Eigenschaften. Mesobilirubin konnten sie dagegen nicht auffinden. Bei keimfreiem Darm sollte Bilirubin im Stuhl zu finden sein, aber nur in Mengen, die normalerweise der bakteriellen Umwandlung in Stercobilin entsprechen würden. Bei Tieren ist kein Bilirubin im Kot gefunden worden.

Zum qualitativen und quantativen *Nachweis von Bilirubin im Kot* kann die Diazoprobe verwendet werden[7]. Die GMELINsche Probe ist im normalen menschlichen Kot negativ[8]. PAYNE[9] gibt für den qualitativen Nachweis von Galle im Kot eine einfache Methode an, die die etwaige Anwesenheit von Bilirubin anzeigt: Eine verdünnte wäßrige Stuhlemulsion wird mit steigenden Mengen von FOUCHETs Reagens (25 g Trichloressigsäure in 100 cm³ Wasser und 10 cm³ 10%ige $FeCl_3$-Lösung) tropfenweise versetzt. Wenn Bilirubin vorhanden ist, färbt sich die Probe grün oder blau.

[1] Baumgärtel, Bilirubinstoffwechsel S. 47. — [2] Baumgärtel, Bilirubinstoffwechsel S. 137. — [3] Baumgärtel, Bilirubinstoffwechsel S. 95f. — HOFSTETTER, A.: Diss. med. München 1948. — [4] KIESE, M.: Naturwiss. **30**, 587 (1942). Kli. Wo. **1942**, 565. — Baumgärtel, Bilirubinstoffwechsel S. 46. — [5] Bestimmung von Bilirubin im Stuhl von Frühgeburten, s.: KÜNZER, W., J. ZANNER u. H. ZEISEL: Kli. Wo. **1950**, 681. — [6] FISCHER, H., u. H. LIBOWITZKY: H. **258**, 255 (1939). — [7] H.-Th. 10. Aufl. Bd. V, S. 414. — WITH, T. K.: H. **275**, 166, bes. 172 (1942). — MADEL, M.: Z. ges. inn. Med. **2**, 659 (1947). — [8] Baumgärtel, Bilirubinstoffwechsel S. 240. — [9] PAYNE, W. W.: Brit. med. J. **1954 I**, 206.

Mesobilirubin, Urobilinogen (Mesobilirubinogen IX, α) und Urobilin (Chemie s. Bd. **1**, S. 915, 926 und 928).

Bevor auf das Vorkommen dieser Bilirubinoide in den Faeces eingegangen werden kann, muß ein kurzer historischer Rückblick gegeben werden. *Mesobilirubin* wurde zuerst 1914 von HANS FISCHER[1] durch katalytische Hydrierung der Vinylgruppen von Bilirubin dargestellt. *Mesobilirubinogen IX* α, im klinischen Schrifttum nach LE NOBEL[2] meist *Urobilinogen* genannt, wurde 1911 zum erstenmal von HANS FISCHER u. MEYER-BETZ[3] aus 50 *l* pathologischem Harn isoliert. Schon vorher hatte STÄDELER[4] Bilirubin mit Natriumamalgam zu einer farblosen Verbindung reduziert, die mit der von FISCHER aus pathologischem Harn isolierten identisch war und die später FISCHER u. NEUMANN[5] durch katalytische Reduktion von Bilirubin über Mesobilirubin gewannen, in der Hoffnung, die natürliche Hydrierung im Darmkanal nachgeahmt zu haben. Statt „Darmkanal" müssen wir heute „extrahepatische Gallenwege" setzen. *Urobilin* begleitet fast überall das Urobilinogen, aus dem es durch Dehydrierung durch Luftsauerstoff leicht entstehen kann.

In der Galle hat JAFFÉ[6] das „Urobilin" 1868 zuerst entdeckt. Er hielt es für ein Umwandlungsprodukt von Bilirubin, was aber erst später durch H. FISCHER[10] bewiesen wurde. Der Befund von JAFFÉ wurde in der Folge von vielen Autoren bestätigt, insbesondere von KIMURA[7], der in fast jeder menschlichen Galle mehr oder weniger Urobilinogen nachwies. 1945 klärte dann BAUMGÄRTEL[8] die Zusammenhänge vollends auf: Biliverdin wird in den extrahepatischen Gallenwegen, vor allem in der Gallenblase, durch ein in der Lebergalle vorhandenes Fermentsystem zu Bilirubin und wenn genügend Zeit dazu ist, zu Mesobilirubin und Mesobilirubinogen IXα reduziert. Mesobilirubin und Urobilinogen sind in der Lebergalle nicht vorhanden[9]. Bettlägerige Menschen[10], bei denen die Galle nicht so leicht abfließen kann wie beim Aufrechtstehenden, enthalten auch in der Galle etwas Mesobilirubin. Kranke mit erhöhtem Blutzerfall, wie bei hämolytischem Ikterus, haben in ihrer pleiochromen Galle neben viel Bilirubin auch reichlich Mesobilirubin und Urobilinogen; auch der Darminhalt enthält bei hämolytischem Ikterus viel Urobilinogen. BAUMGÄRTEL[11] zeigte an einem Dünndarmfistelträger, bei dem ein Übertritt von Galle und damit auch von Bilirubin in den Dickdarm ausgeschlossen war, daß die Galle trotzdem reichlich Urobilin (Urobilinogen) enthielt. Damit ist die extraintestinale Urobilinogenbildung eindeutig bewiesen. BAUMGÄRTEL[12] beobachtete sogar, daß im ikterischen Serum beim Aufbewahren bei 37° eine Vermehrung von Urobilinogen nachweisbar ist. Dies kann nur aus dem Bilirubin des Blutes stammen. Es ist weiterhin von BAUMGÄRTEL[13] in länger bestehenden Hämatomen neben Bilirubin auch Mesobilirubin und Urobilinogen aufgefunden worden. In der Galle von Hunden und Schweinen hat man wesentlich mehr Mesobilirubin und Urobilinogen festgestellt als in der von Menschen. Läßt man keimfreie Schweinegalle länger stehen, so tritt deutliche Aufhellung ein, d. h. es bildet sich mehr von der Leukoform. Bei erhitzter Galle bleibt die Aufhellung aus, da das Fermentsystem zerstört ist[14].

Die Umwandlung des Bilirubins in Mesobilirubin und Mesobilirubinogen erfolgt also durch ein in der Galle vorhandenes hydrierendes Fermentsystem und ist von der Konzentration des Bilirubins und von der Reaktionszeit abhängig. Damit ist das Vorkommen der Bilirubinoide in der Galle auf einfache Weise erklärt.

Wenn Mesobilirubin aus irgend einem Grunde der Resorption im Darm entginge, würde es durch Bakterien nicht zu Urobilinogen (= Mesobilirubinogen), sondern zu Stercobilinogen reduziert werden[15]. BAUMGÄRTEL u. ZAHN[16] haben

[1] FISCHER, H.: B. **47**, 2330 (1914). Z. Biol. **65**, 163 (1915). — Baumgärtel, Bilirubinstoffwechsel S. 81. — [2] LE NOBEL, C.: Pflügers Arch. **40**, 501 (1887). — [3] FISCHER, H., u. F. MEYER-BETZ: H. **75**, 246 (1911). — Baumgärtel, Bilirubinstoffwechsel S. 77. — [4] STÄDELER, G.: A. **132**, 323 (1864). — [5] FISCHER, H., u. G. NIEMANN: H. **127**, 317 (1923). — [6] JAFFÉ, M.: Zbl. wiss. Med. **6**, 243 (1868). — [7] KIMURA, T.: Dtsch. Arch. klin. Med. **79**, 274 (1904). — [8] Baumgärtel, Bilirubinstoffwechsel S. 136. — [9] Baumgärtel, Bilirubinstoffwechsel S. 239. — [10] Baumgärtel, Bilirubinstoffwechsel S. 137, 239. — [11] Baumgärtel, Bilirubinstoffwechsel S. 138. — [12] Baumgärtel, Bilirubinstoffwechsel S. 131. — [13] Baumgärtel, Bilirubinstoffwechsel S. 132. — [14] Baumgärtel, Bilirubinstoffwechsel S. 138. — BAUMGÄRTEL, T.: Kli. Wo. **1949**, 27. — [15] BAUMGÄRTEL, T.: Z. ges. exp. Med. **112**, 459 (1943). — [16] BAUMGÄRTEL, T., u. D. ZAHN: Kli. Wo. **1952**, 44.

dies in Versuchen mit einer Cystin-Bilirubin-Peptonkultur experimentell belegt, in der sie neben Bilirubin und Stercobilin auch Mesobilirubin eindeutig nachweisen konnten. Dies hat auch MEYER[1] bei der Bilirubinreduktion in vitro festgestellt. Mesobilirubin kann daher sowohl bei der chemischen und der fermentchemischen als auch der bakteriellen Reduktion als Zwischenprodukt auftreten. Schon deshalb sind die Aussichten, es im Stuhl aufzufinden, sehr gering.

Mesobilirubin und Mesobilirubinogen (Urobilinogen) in Darm und Faeces. Aus 1—1,5 kg normaler Faeces isolierten FISCHER u. LIBOWITZKY[2] 2 g eines Gemisches von Leukoformen, aus denen sie etwa 0,28% reines krystallisiertes Mesobilirubinogen darstellen konnten; analog fanden sie bei hämolytischem Ikterus etwa 0,1% davon. Trotz der Krystallisation steht aber nach den Autoren die einwandfreie Identifizierung noch aus. LIBOWITZKY[3] hält Mesobilirubinogen für einen „Bestandteil normaler wie pathologischer Faeces". Dagegen führt BAUMGÄRTEL[4] HANS FISCHER als Zeugen dafür an, daß in den normalen Faeces kein Urobilinogen vorkomme. BAUMGÄRTEL[5] selber ist der Meinung, daß das „Urobilinogen, wenn überhaupt, so doch nur spurenweise in größeren Faecesmengen nachzuweisen ist". Es gelang ihm „bei Dickdarmfistelträgern in keiner Phase der bakteriellen Bilirubinhydrierung — auch nicht im Coecum — Urobilinogen nachzuweisen". Bei Kranken mit anus praeter naturalis fanden BAUMGÄRTEL u. Mitarb.[6] in Faecesproben aus den verschiedensten Dickdarmabschnitten zwar immer reichlich Stercobilin, aber niemals „auch nicht spurenweise" Urobilinogen oder Urobilin. Auch in den Faeces von Kranken mit Durchfällen wurde keine Spur von Urobilinogen gefunden.

Welches Schicksal erfahren nun Mesobilirubin und Mesobilirubinogen im Darm, und kann im Darm aus Bilirubin Mesobilirubin und Mesobilirubinogen gebildet werden?

Schon 1895 fand ADOLF SCHMIDT[7] bei Untersuchung der verschiedenen Darmabschnitte nur im Duodenum das mit der Galle in den Darm ausgeschiedene „Urobilin"; Jejunum und Ileum waren dagegen frei davon. Das Urobilinogen muß also schon im Duodenum resorbiert werden. Dies wurde von BAUMGÄRTEL[8] bestätigt. FISCHLER[9] konnte am Hund mit ECKscher Fistel, bei der die Pfortader direkt mit der V. cava inf. verbunden ist, nur geringe Mengen von Urobilinogen im Harn finden; denn hierhin kann es aus der Gallenblase über Duodenum, Pfortader, großen Kreislauf, unter Umgehung der Leber gelangen. Da im Darm weder bakteriell noch auf andere Weise Urobilinogen entstehen kann, kann das Harnurobilinogen nur aus der Galle stammen. Normalerweise wird das resorbierte Urobilinogen in der Leber zerstört[10]. Auch das *Mesobilirubin* wird im Jejunum resorbiert[8] und dürfte ebenfalls in der Leber zerstört werden.

Bei totalem Choledochusverschluß scheiden die Kranken schneeweiße Faeces aus. Hier sollten die Faeces völlig frei von Urobilinogen sein, aber sowohl FISCHLER[11] als auch BAUMGÄRTEL u. Mitarb.[12] fanden in ihnen immer Urobilin. Dies wird durch die Annahme eines Übertritts von Urobilinogen aus der gestauten Galle über die Lymphbahnen der Leber zum Duodenum erklärt[8]. Bei Menschen mit

---

[1] MEYER, W. C.: Ärtzl. Forsch. **1947**, I/15, 51, 85. — [2] FISCHER, H., u. H. LIBOWITZKY: H. **258**, 255, bes. 265 (1939). — [3] LIBOWITZKY, H.: H. **263**, 267 (1940). — [4] Baumgärtel, Bilirubinstoffwechsel S. 119. — Fischer-Orth, Pyrrolchemie Bd. II/1, S. 678. — [5] Baumgärtel, Bilirubinstoffwechsel S. 118. — [6] Baumgärtel, Bilirubinstoffwechsel S. 241. — [7] SCHMIDT, A.: Verh. Kongr. inn. Med. **13**, 320 (1895). — [8] Baumgärtel, Bilirubinstoffwechsel S. 146. — [9] FISCHLER, M.: Physiologie und Pathologie der Leber. 2. Aufl. S. 217. Berlin 1925. — Baumgärtel, Bilirubinstoffwechsel S. 119. — [10] Baumgärtel, Bilirubinstoffwechsel S. 139. — [11] FISCHLER, M.: Physiologie und Pathologie der Leber. 2. Aufl. S. 223f. Berlin 1925. — [12] Baumgärtel, Bilirubinstoffwechsel S. 180. — STICH, W.: Kli. Wo. **1948**, 365. — EISENREICH, F.: D. m. W. **1948**, 506.

kompletter Gallenfistel, bei denen die Galle gut abfließt, findet sich kein Urobilinogen in den Faeces[1]. Klemmt man aber das Drainrohr ab, so tritt bald Urobilinogen im Kot auf, das wieder verschwindet, sobald die Abklemmung gelöst wird[1]. GEBHARDT[2] zeigte, daß bei gut angelegter Gallenblasenfistel auch beim Hund kein Urobilinogen in den Faeces zu finden ist, wohl aber nach künstlicher Gallenstauung.

Nachweis von Mesobilirubin. Mesobilirubin gibt positive GMELINsche und EHRLICHsche Diazoreaktion. Mesobilirubin kann man durch Oxydation mit Eisenchlorid in Eisessig bei Siedehitze in tiefblau gefärbtes Eisenchloriddoppelsalz (Ferrobilin) und nachträgliche Ausfällung des Eisens als Hydroxyd mit Natronlauge in tiefblaues Glaukobilin umwandeln[3].

Nachweis von Mesobilirubinogen IX, α (Urobilinogen). Urobilinogen gibt wie Stercobilinogen die EHRLICHsche Reaktion, d. h. mit Dimethylaminobenzaldehyd einen roten Farbstoff[4] (s. Bd. 1, S. 927). HEILMEYER u. KREBS[5] haben diese Reaktion zur quantitativen Bestimmung mit dem PULFRICH-Photometer ausgearbeitet. BAUMGÄRTEL[6] empfiehlt folgendes Vorgehen: Eine etwa walnußgroße Stuhlmenge wird mit 20 cm³ Äthanol in der Reibschale fein zerrieben und filtriert. Das braune alkoholische Faecesfiltrat enthält neben anderen alkohollöslichen Faecesbestandteilen noch die Bilirubinoide sowie Indol und Skatol. Durch wiederholtes Ausschütteln mit Petroläther werden Indol und Skatol abgetrennt. Der alkoholische Extrakt gibt stark positive Reaktionen mit EHRLICHS Dimethylaminobenzaldehyd und mit SCHLESINGERS Reagens. Die GMELINsche Reaktion ist wegen des Fehlens von Bilirubin und Mesobilirubin negativ. Der vom Petroläther getrennte alkoholische Extrakt wird zur Trockne verdunstet und mit Wasser aufgenommen, wobei sich die Bilirubinoide, nicht aber die Fette usw. lösen. Die gelbbraune Lösung wird mit kochender konz. Salzsäure, in der Spuren von Eisenchlorid gelöst sind, dehydriert. Dabei entsteht das braune Eisen(III)-komplexsalz des Stercobilins, aber kein Mesobiliviolin, weil normalerweise die Bilirubinoide im Kot fehlen. Um dennoch Spuren von ihnen zu erfassen, löst man das Eisenkomplexsalz mit 3 cm³ Chloroform und gibt noch 10 cm³ 0,1 n-NaOH hinzu, um etwa vorhandenes Mesobiliviolin in die Natronlauge zu bringen, was an einer tiefblauen Farbe sichtbar würde. Normalerweise ist aber auch die Spurenprobe negativ.

Zur *Unterscheidung von Urobilinogen und Stercobilinogen* dient die Kupferreaktion[7]. Die klare natronalkalische Lösung des Kotextraktes versetzt man mit wenig 2 n Ammoniaklösung und tropfenweise mit 1%iger Kupfersulfatlösung. Nach 1—2 min Erwärmen auf 60° im Wasserbad tritt bei Anwesenheit von Urobilinogen eine violett- bis lilarote Farbe auf mit einer Absorption bei 638—656 $\mu\mu$. Stercobilin gibt auch nach 30 min bei 60° keine Absorption.

Zum *Nachweis von Urobilin* dient die SCHLESINGERsche Fluorescenzreaktion mit alkoholischer Zinkacetatsuspension (s. Bd. 1, S. 931). Es tritt in Gegenwart von Urobilin und Stercobilin dieselbe intensiv grüne Fluorescenz auf. Zum Unterschied von Stercobilin gibt Urobilin eine positive Pentdyopentreaktion[8] (s. Bd. 1, S. 938). Erwärmt man einen alkalischen Kotextrakt mit wenig Natriumdithionit so tritt Rotfärbung ein mit einer Absorptionsbande bei 525 mμ. Kocht man eine methanolische Urobilinlösung mit sehr wenig Eisen(III)-chlorid in 25%iger Salzsäure, so bildet sich schon nach 5 min violettrotes Mesobiliviolin mit wenig Mesobilirhodin, löslich in Chloroform[9]. Stercobilin liefert nur eine bräunlichrote Chloroformlösung (s. a. Bd. 1, S. 932).

Zusammenfassend läßt sich über das Vorkommen von Mesobilirubin und Mesobilirubinogen im Darmkanal sagen, daß beide Stoffe extrahepatisch fermentativ

[1] Baumgärtel, Bilirubinstoffwechsel S. 181. — [2] GEBHARDT, F.: Z. ges. exp. Med. **106**, 213, 468 (1939). — [3] Baumgärtel, Bilirubinstoffwechsel S. 239. — ALLMENDINGER, W.: Diss. med. München 1944. — FISCHER, H., H. BAUMGARTNER u. R. HESS: H. **206**, 201 (1932). — [4] STICH, W.: Ärztl. Wschr. **1948**, 577. — [5] HEILMEYER, L., u. W. KREBS: B. Z. **231**, 393 (1931). — s. a. Baumgärtel, Bilirubinstoffwechsel S. 74. — [6] Baumgärtel, Bilirubinstoffwechsel S. 240. — [7] FISCHER, H., u. H. LIBOWITZKY: H. **258**, 255, bes. 276 (1939). — Bd. 1, S. 928. — Baumgärtel, Bilirubinstoffwechsel S. 78. — MEYER, W. C.: Dtsch. Arch. klin. Med. **196**, 279 (1949/50). — BAUMGÄRTEL, T.: Dtsch. Arch. klin. Med. **197**, 139 (1950). — [8] STICH, W.: Kli. Wo. **1948**, 365. — [9] Baumgärtel, Bilirubinstoffwechsel S. 90/91. — BAUMGÄRTEL, T.: Kli. Wo. **1943**, 92.

in der Galle entstehen und schon im Dünndarm resorbiert werden, normalerweise daher im Kot nicht vorkommen können. Sie können auch nicht in den Harn gelangen, da sie nach Resorption in der Leber zerstört werden. Viele ältere Angaben im Schrifttum beziehen sich auf damals noch unerkanntes Stercobilinogen und Stercobilin.

Stercobilinogen und Stercobilin (Chemie s. Bd. **1**, S. 927, 930). VANLAIR u. MASIUS[1] entdeckten 1871 in normalen Faeces einen vom Urobilin verschiedenen Farbstoff, den sie Stercobilin nannten. Obwohl HANS FISCHER[2] 1911 schon 160g Stercobilin in Händen hatte, gelang damals die Krystallisation nicht; FROMHOLD[3] erhielt bereits aus Harn und Faeces krystallisiertes Urobilin bzw. Stercobilin, konnte aber die beiden Stoffe nicht identifizieren. So glaubte man lange, daß sie identisch seien. 1932 gelang es WATSON Stercobilin[4] aus normalen und pathologischen Faeces und 1 Jahr später Urobilin[5] aus urobilinreichem Harn einer an Stauungsleber leidenden Patientin zu krystallisieren. Er hielt wegen der fast gleichen physikalischen und chemischen Eigenschaften Harnurobilin und Stercobilin mit größter Wahrscheinlichkeit für identisch. Erst 1935 stellten HANS FISCHER u. Mitarb.[6] eine starke optische Aktivität von Stercobilin und einen Mehrgehalt von 4 H-Atomen gegenüber Urobilin fest. Durch Konstitutionsermittlung und Totalsynthese des Urobilins wurde von SIEDEL u. MEIER[7] die Verschiedenheit endgültig gesichert. Während das Hydrierungsprodukt des Stercobilins, das Stercobilinogen, krystallisiert, gibt Urobilin bei der Hydrierung nicht Krystalle. BAUMGÄRTEL bewies schließlich, daß das physiologische „Harnurobilin“ mit Stercobilin identisch ist[8].

Wie schon S. 227 gezeigt wurde, kann Urobilinogen normalerweise aus der Galle gar nicht in den Harn gelangen, weil es nach der Rückresorption aus dem Darm in der Leber zerstört wird. Die sog. „physiologische Urobilinurie“ ist in Wirklichkeit eine *Stercobilinurie.* Die Urobilinogen- wie die Urobilinurie bei Krankheiten beruht nicht auf einer vermehrten Resorption der Bilirubinoide aus dem Darm, sondern auf einem Übertritt von Urobilinogen in den großen Kreislauf durch Stauung der Gallenwege oder auf einer erhöhten Bildung durch erhöhten Blutzerfall.

Das *Stercobilin* ist ein echtes Produkt der Tätigkeit der Darmbakterien[9]. Das der Resorption im Dünndarm entgangene Bilirubin wird im Dickdarm zu Stercobilinogen hydriert. BAUMGÄRTEL[10] nimmt an, daß im Coecum primär durch Bac. putrificus verrucosus das aus der Eiweißspaltung stammende Cystin zu Cystein reduziert wird und in einer zweiten Reduktionsphase im gesamten Colon durch die spezifische Dehydrogenase des Bact. coli der Wasserstoff des Cysteins auf Bilirubin übertragen wird. Eine bakterielle Hydrierung von Bilirubin zu Urobilinogen ist weder KÄMMERER u. MILLER[11] noch BAUMGÄRTEL[12,13] gelungen. Auch Biliverdin wird nicht bakteriell reduziert[14]. Daß sich Stercobilin nicht zu Urobilin oder Urobilinogen dehydrieren läßt, ist nach Aufklärung der Struktur des Stercobilinogens durch SIEDEL u. GRAMS[15] verständlich. Zur Erklärung der

---

[1] VANLAIR, (C.), u. (J. B.) MASIUS: Zbl. med. Wiss. **9**, 369 (1871). — [2] FISCHER, H.: H. **73**, 204 (1911). — [3] FROMHOLD, F.: Z. exp. Path. Therap. **9**. 268 (1909) [C. **1911 II**, 1358]. — [4] WATSON, C. J.: H. **204**, 57; **208**, 101 (1932); **221**, 145 (1933); **233**, 39 (1935). J. biol. Ch. **114**, 47 (1936). — [5] WATSON, C. J.: H. **221**, 145 (1933). J. biol. Ch. **105**, 469 (1934); **114**, 47 (1936). — RUDERT, H., u. L. HEILMEYER: B. Z. **261**, 336 (1933). — [6] FISCHER, H., H. HALBACH u. A. STERN: A. **519**, 254 (1935). — [7] SIEDEL, W., u. E. MEIER: H. **242**, 101 (1936). — [8] Baumgärtel, Bilirubinstoffwechsel S. 89. — STICH, W.: D. m. W. **1946**, 137. — [9] Baumgärtel, Bilirubinstoffwechsel S. 113, 136. — [10] Baumgärtel, Bilirubinstoffwechsel S. 115. — [11] KÄMMERER, H., u. K. MILLER: Dtsch. Arch. klin. Med. **141**, 318 (1922/23). — [12] Baumgärtel, Bilirubinstoffwechsel S. 110, 113, 121. — [13] BAUMGÄRTEL, T., u. D. ZAHN: Kli. Wo. **1952**, 44. — [14] EISENREICH, F.: D. m. W. **1948**, 506. — Baumgärtel, Bilirubinstoffwechsel S. 138. — [15] SIEDEL, W., u. E. GRAMS: H. **267**, 49, bes. 62 (1941). — s. a. Bd. **1**, S. 931.

spezifischen Reduktion von Bilirubin zu Stercobilin hat BAUMGÄRTEL die Colidehydrogenase auf strukturspezifische Wirksamkeit untersucht. Während Leberzellbrei[1] Biliverdin spielend leicht zu Bilirubin reduziert, kann dies die Colidehydrogenase nicht, weil sie die mittelständige Methingruppe der Bilitriene (Biliverdin, Glaukobilin) nicht angreifen kann[2].

Stercobilin kann aus normalen und pathologischen Faeces nach den Verfahren von WATSON[3] oder von FISCHER u. LIBOWITZKY[4] präparativ dargestellt werden. Aus 1 kg normalem Stuhl können 50—100 mg Stercobilin oder Stercobilinogen, bei hämolytischem Ikterus bis zu 2 g isoliert werden (s. Bd. **1**, S. 931). WATSON[5] erhielt aus dem Kot von 8 Tagen einer an Lebercirrhose und hämolytischem Ikterus leidenden Patientin etwa 0,7 g Stercobilinhydrochlorid. FISCHER u. LIBOWITZKY[4] gewannen bei einem Patienten mit hämolytischem Ikterus aus einem 13 Tagekot 10,2 g Rohchromogen und 1,5 g Stercobilinhydrochlorid.

Stercobilinogen wird über den Plexus haemorrhoidalis resorbiert und über den großen Kreislauf in den Harn ausgeschieden[6]. Bei Kranken mit Anus praeter naturalis findet sich keine physiologische Stercobilinogenurie. Krankheiten mit abnormem Blutzerfall, wie bei hämolytischem Ikterus, bei perniciöser Anämie, Malaria und kardialer Insuffizienz, die zu pleiochromer Galle führen, entsteht im Dickdarm viel Stercobilinogen, es wird daher über den Plexus haemorrhoidalis auch vermehrt resorbiert und vermehrt im Harn abgegeben[7].

Nachweis von Stercobilinogen analog dem von Urobilinogen mit Dimethylaminobenzaldehyd und Salzsäure (s. Bd. **1**, S. 927). Die Unterscheidung vom Urobilinogen ist schon S. 228 behandelt.

Nachweis von Stercobilin analog dem von Urobilin mit alkoholischem Zinkacetat (s. Bd. **1**, S. 931). Zum Unterschied von Urobilin gibt Stercobilin keine Pentdyopentreaktion. Weitere Unterscheidungsmöglichkeiten s. S. 228.

Zum *klinisch diagnostischen Nachweis* der Harn-, Gallen- und Kotfarbstoffe hat BAUMGÄRTEL[8] einfache Proben angegeben: Zur Extraktion der Bilirubinoide gibt man zu 10 cm³ Harn, Galle, Duodenalsaft oder Faecesextrakt einige Tropfen Eisessig und schüttelt mit 2—3 cm³ Chloroform. Bleibt das Chloroform farblos, so sind keine Bilirubinoide vorhanden. Für gewöhnlich aber färbt sich das Chloroform gelblich bis braun. Die Chloroformlösung trennt man im Scheidetrichter ab und verdampft sie zur Trockne. Der braune Rückstand wird in Alkohol aufgenommen. Die Lösung gibt bei Anwesenheit von Urobilinoiden oder Stercobilinoiden eine stark positive SCHLESINGERsche Reaktion. Um bei acholischen Faeces die Fette zu entfernen, kann man anstatt in Alkohol auch in Wasser aufnehmen. Zur Dehydrierung der Extrakte fügt man kochend heiße, durch Zusatz von sehr wenig Eisenchlorid zitronengelbgefärbte Salzsäure tropfenweise hinzu und kocht kurze Zeit auf. Die Zuordnung der Farbe zu den einzelnen Stoffen zeigt die folgende Zusammenstellung:

Rotviolett bis rot: Mesobiliviolin bzw. Mesobilirhodin aus Urobilinogen bzw. Urobilin.

Bräunlich bis braun: Eisen(III)-komplex des Stercobilins aus Stercobilinogen bzw. Stercobilin.

Bläulich bis blau: Glaukobilin aus Mesobilirubin.

Blau bis violett: Mischung aus Mesobiliviolin bzw. Mesobilirhodin und Glaukobilin.

Grün: Biliverdin aus Bilirubin.

Durch Ausschütteln der abgekühlten Lösung mit 2—3 cm³ Chloroform und Waschen der Chloroformlösung mit 10—15 cm³ Wasser enthält man in Chloroform besonders schöne Farbtöne. Gibt man zum Waschwasser etwas Natronlauge, so wandert, wenn Urobilin oder Urobilinogen vorhanden sind, das entstandene Mesobiliviolin bzw. Mesobilirhodin mit rot-

[1] BAUMGÄRTEL, T.: Z. ges. exp. Med. **112**, 459 (1943). — [2] Baumgärtel, Bilirubinstoffwechsel S. 117. — [3] WATSON, C.: H. **233**, 39 (1935). — [4] FISCHER, H., u. H. LIBOWITZKY: H. **258**, 255 (1939). — [5] WATSON, C. J.: H. **233**, 39, bes. 52 (1935). — [6] Baumgärtel, Bilirubinstoffwechsel S. 112, 234, 235. — [7] STICH, W.: Kli. Wo. **1948**, 365. — BAUMGÄRTEL, T.: Med. Klinik **1948**, 320. — [8] Baumgärtel, Bilirubinstoffwechsel S. 92/93. — s. a. H.-Th. 10. Aufl. Bd. V, S. 416.

violetter Farbe aus dem sauren Chloroform in die wäßrige Lauge. Etwa vorhandenes braunes Eisen(III)-komplexsalz von Stercobilin bleibt im Chloroform, oder das Stercobilin geht als Natriumsalz mit brauner Farbe und starker positiver Fluorescenz in die wäßrige Lösung. Phylloerythrinogen gibt violettrotes Phylloerythrin, das nach Zugabe von Natronlauge mit gelbgrüner Farbe in Lösung geht. Für weitere Trennungen hat sich die chromatographische Adsorptionsanalyse auch bei den Pyrrolfarbstoffen sehr bewährt.

Zusammenfassend ist über die Stercobilinoide zu sagen: Stercobilinogen und daher auch sein Dehydrierungsprodukt Stercobilin entstehen im Darmkanal nur durch Bakterienfermente. Sie werden nicht über das Pfortadersystem resorbiert, sondern normalerweise und nur in sehr geringem Umfang über den Plexus haemorrhoidalis; sie gelangen dadurch über den Kreislauf in den Harn. *Es gibt keine normale Urobilinogenurie, sondern nur eine Stercobilinogenurie.* Die Hauptmenge der Stercobilinoide wird im Kot ausgeschieden. Unter pathologischen Bedingungen bei pleiochromer Galle wird auch mehr Stercobilinogen durch den Dickdarm resorbiert, so daß dann das Stercobilinogen auch im Harn vermehrt ist.

d) Zweikernige Blutfarbstoffabbauprodukte in den Faeces: *Myobilin, Bilileukan-Bilifuscin, Mesobilileukan-Mesobilifuscin.* Wie schon S. 209 hervorgehoben wurde, sind aus den Faeces des Menschen weitere Pigmente isoliert worden, die als die wesentlichen Farbstoffträger des Kotes angesehen werden müssen. Bei der primären progressiven Muskeldystrophie ist die Skeletmuskulatur auffallend blaß und fischfleischähnlich, weil das Myoglobin vermindert ist[1]. Das Serum von Myopathikern hat eine deutlich gelbe Farbe, dabei ist die Diazoreaktion auf Bilirubin negativ. Während die Harnfarbe normal erschien, waren Kotextrakte tiefer braun gefärbt als normal; sie fluorescierten auch ohne Zusatz von Zinkacetat grün. MELDOLESI, SIEDEL u. MÖLLER[1] gelang es, aus dem Stuhl von Muskeldystrophikern ein Pigment zu isolieren, das sie *Myobilin* nannten und in Mesobilifuscin und Eiweiß zerlegen konnten Das Mesobilifuscin erwies sich als identisch mit dem Bilifuscin von STÄDELER[2] und dem Körper II aus Rindergallensteinen von HANS FISCHER[3]. In jedem normalen menschlichen Kot sind geringe Mengen von Myobilin vorhanden[4]. Bei der Schwangerschaft ist der Gehalt des Uterus an Myoglobin vermehrt, im Wochenbett der Myoglobinabbau erhöht, so daß man in den ersten Tagen nach der Niederkunft im Stuhl eine große Menge des spontan fluorescierenden Myobilins findet[5]. In allen Fällen, in denen Muskeln vermehrt abgebaut werden, ist auch eine erhöhte Myobilinausscheidung im Kot zu erwarten.

Die chemische Natur von Mesobilifuscin und seine Beziehungen zu den Gallenfarbstoffen wurde von MELDOLESI, SIEDEL u. MÖLLER aufgeklärt[1,4] (s. Bd. **1**, S. 939ff.).

Auch bei fleisch- und chlorophyllfreier Nahrung ist Bilifuscin regelmäßig im Kot zu finden, da im Dickdarm der Reduktion entgangenes Bilirubin und Mesobilirubin, aber auch Urobilinogen durch aerobe Bakterien gespalten und in Bilifuscin und Mesobilifuscin verwandelt werden. Diese beiden Verbindungen sind die stabilen Endstufen des Blut- und Gallenfarbstoffabbaus[6]. Sie stehen dem System Urobilinogen-Urobilin im Dünndarm und dem Stercobilinogen-Stercobilin im Dickdarm als normale Abbauprodukte gleichwertig gegenüber. Auch mengenmäßig sind sie ihnen gleich, wenn nicht überlegen. Darüber fehlen aber

[1] MELDOLESI, G., W. SIEDEL u. H. MÖLLER: H. **259**, 137 (1939). — s. a. Bd. **1**, S. 939. — [2] STÄDELER, G.: A. **132**, 323 (1864). — [3] FISCHER, H.: H. **73**, 204 (1911). — [4] SIEDEL, W., u. H. MÖLLER: H. **259**, 113, bes. 125 (1939). — [5] MELDOLESI, G., W. SIEDEL u. H. MÖLLER: H. **259**, 137, bes. 146 (1939). — [6] SIEDEL, W., W. v. PÖLNITZ u. F. EISENREICH: Naturwiss. **34**, 314 (1947).

noch quantitative Angaben. Den Leukoformen Urobilinogen und Stercobilinogen entsprechen die farblosen Bilileukane und Mesobilileukane, die ebenfalls von SIEDEL u. Mitarb.[1] aus normalen Faeces isoliert worden sind.

Die *braune Farbe des Kotes* ist eine Mischfarbe aus dem tiefbraunen Mesobilifuscin und Bilifuscin und dem braungelben Stercobilin. Die tiefbraune Farbe des Mesobilifuscins — wie die der Bilifuscine überhaupt — weist ebenso wie die amorphe Struktur auf eine spezifische Konstitutionseigentümlichkeit hin, die nach SIEDEL „nur in einer Aggregation (Assoziation oder Polymerisation) der 2kernigen Grundbausteine liegen kann"[2]. Beim Stehen an der Luft dunkelt der Kot nach, da sich die Leukoformen durch Autooxydation in die Pigmente umwandeln. Die direkte Oxydation der Gallenfarbstoffe zu den Farbstoffen erfolgt im Dickdarm; eine nachträgliche Reduktion zu den Leukoformen durch Anaerobier ist nicht möglich.

Die biologische Bedeutung der Abbauprodukte von Blut- und Gallenfarbstoffen im Darm und in den Faeces ist noch fast ganz unbekannt. Neuere Versuche von BERNHARD[3] zeigen jedoch, daß die Gallenfarbstoffe antioxydative Wirkung haben. So stabilisieren Bilirubin und Biliverdin im Darm von Ratten das Vitamin A und auch das sog. Vitamin F und bewahren diese vor der Zerstörung. In vitro-Versuche bewiesen einwandfrei die antioxydative Wirkung von Bilirubin, Biliverdin und nativer Galle[1].

e) Abkömmlinge des Blattfarbstoffs im Kot[4]. Immer wieder ist die Frage nach dem Schicksal des Chlorophylls im Darmkanal aufgetaucht, das mit pflanzlicher Nahrung in größeren Mengen aufgenommen wird. Der Blattfarbstoff wird zum Teil unverändert ausgeschieden. Als Abbauprodukte finden sich bei Herbivoren in Kot und Galle in größeren Mengen *Phylloerythrin*, bei Carnivoren und beim Menschen dagegen fehlt es (s. jedoch weiter unten). Im menschlichen Kot finden sich die sog. *„Probophorbide"* (s. Bd. **1**, S. 965).

BAUMGÄRTEL kommt zu anderen Ergebnissen[5]. Im sauren Magensaft wird zunächst aus dem Chlorophyll das Magnesium abgespalten, es bildet sich, wie schon KORTSCHAGIN[6] feststellte, *Phäophytin*. Die Lipasen des Dünndarms spalten die Alkohole Methanol und Phytol ab. Erst im Dickdarm folgt dann die bakterielle Hydrierung des Phäophytins und die Abspaltung der Carboxylgruppe, wobei farbloses, in seiner Struktur noch nicht aufgeklärtes *Phylloerythrinogen* entstehen soll, aus dem erst durch Autooxydation — meist nach Entleerung des Kotes — *Phylloerythrin* gebildet wird[7] (Chemie des Phylloerythrins s. Bd. **1**, S. 958. s. a. Bd. **2**/1, S. 1025). Nach reichlichem Genuß von chlorophyllhaltiger Nahrung fand BAUMGÄRTEL[8] Phylloerythrinogen nicht nur in den Faeces, sondern auch in Galle und Harn. Als sehr leicht diffusible Substanz gelangt es nämlich über die Pfortader in Leber und Galle, über den Plexus haemorrhoidalis in den großen Kreislauf und in den Harn. Dies konnte an einem Kranken mit tief angelegtem anus preater naturalis bewiesen werden[8]. BAUMGÄRTEL[9] identifizierte das Phylloerythrinogen mit dem von W. C. MEYER[10] entdeckten *„dritten Urobilinkörper"* (s. Bd. **1**, S. 932).

FISCHER u. HENDSCHEL[11] haben aus 400 g Trockenkot eines Menschen nach 10wöchiger vegetarischer Ernährung 2 mg Phylloerythrin isoliert, daneben 15 bis

[1] SIEDEL, W., W. STICH u. F. EISENREICH: Naturwiss. **35**, 316 (1948). — [2] s. Bd. **1**, S. 940. — [3] BERNHARD, K.: Briefliche Mitteilung an B. F. 1953. — [4] Fischer-Orth, Pyrrolchemie Bd. II/2, S. 389—397. — [5] BAUMGÄRTEL, T.: Med. Mschr. **1**, 401 (1947). — Baumgärtel, Bilirubinstoffwechsel S. 124ff. — [6] KORTSCHAGIN, M. W.: B. Z. **153**, 510 (1924). — Chemie von Phäophytin s. Bd. **1**, S. 950. — [7] BAUMGÄRTEL, T.: Kli. Wo. **1948**, 22. — [8] BAUMGÄRTEL, T.: Med. Klinik **1947**, 231. Med. Mschr. **1**, 401 (1947). — Baumgärtel, Bilirubinstoffwechsel S. 125, 128, 241. — [9] Baumgärtel, Bilirubinstoffwechsel S. 129. — [10] MEYER, W. C.: M. m. W. **1944**, 410. Ärztl. Forsch. **1947**, I/15, 51, 85. — [11] FISCHER, H., u. A. HENDSCHEL: H. **216**, 57 (1933).

18 mg Probophorbid a, als Methylester krystallisiert. Nach BAUMGÄRTEL[1] ist 8 Std nach der Aufnahme von chlorophyllhaltiger Nahrung die Phylloerythrinurie maximal. Phylloerythrinogen geht auch in die Milch über, da es in den Faeces von ausschließlich mit Muttermilch ernährten Säuglingen und auch in der Milch von Ziegen und Schafen gefunden wurde[2]. Beim Schwein wurde das Phylloerythrin auch im Pfortaderblut nachgewiesen[1].

Da Phylloerythrinogen eine positive EHRLICHsche Reaktion (s. Bd. **1**, S. 927), aber keine Fluorescenzreaktion nach SCHLESINGER (s. Bd. **1**, S. 931) gibt und auch keine Pentdyopentreaktion (s. Bd. **1**, S. 936), empfiehlt BAUMGÄRTEL[3] neben der Reaktion mit Dimethylaminobenzaldehyd immer die Reaktion mit alkoholischem Zinkacetat anzustellen. Bei der Autooxydation der Leukoform bildet sich das rotviolette Phylloerythrin, das mit dem violetten Mesobiliviolin[4] (s. Bd. **1**, S. 910, 932) leicht verwechselt werden kann. Mesobiliviolin geht aber aus dem Chloroformextrakt in stark verdünnte Natronlauge mit violetter, Phylloerythrin mit gelbgrüner Farbe über.

BRUGSCH u. Mitarb.[5] kommen zu abweichenden Ergebnissen. Sie fanden nach Aufnahme von 400 mg Chlorophyll beim Menschen 45% = 181 mg unverändert im Kot wieder. Daneben isolierten sie ein „Chlororubinogen", wohl analog dem Stercobilinogen aus Harn und manchmal aus Galle und Faeces. Bei der Fraktionierung enthielt die 10%-HCl-Fraktion aus Galle und Faeces ein Chlorin, das bei Leberkrankheiten vermehrt war; in der 25%-HCl-Fraktion der Faeces fanden sich „Stercophorbide" und in der 37%-HCl-Fraktion der Faeces Phäophytin (s. Bd. **1**, S. 965). Die endgültige Identifizierung dieser Chlorophyllabkömmlinge muß abgewartet werden.

Im frischen Kot von *Schafen, Gänsen, Weinbergschnecken* und *Seidenraupen* wurden bei schonender Aufarbeitung noch große Mengen an unverändertem Chlorophyll gefunden[6]. Chlorophyll a wird im Verdauungskanal stärker abgebaut als Chlorophyll b. Die Lebergalle der meisten Herbivoren ist durch Biliverdin grün, die der Carnivoren durch Bilirubin braun gefärbt. Die Galle der Herbivoren enthält im Gegensatz zu der der Carnivoren keine Fermente für die Reduktion der Gallenfarbstoffe. Da Biliverdin auch von Darmbakterien nicht reduziert werden kann, scheiden die Herbivoren mit den Faeces unverändertes Biliverdin aus, die grüne Farbe ihres Kotes ist also eine Mischfarbe aus Biliverdin und Chlorophyllabkömmlingen[7].

Aus 600 g Schafkot konnten FISCHER u. HENDSCHEL[8] Probophorbide (πρόβατον = Schaf) isolieren. Sie erwiesen sich zunächst als ein Gemisch von Probophorbid a (20 mg), Probophorbid b (8 mg), Probophorbid c (7 mg), Probophorbid d (7 mg) und Phylloerythrin (70—80 mg), und wenig Koproporphyrin. Später fanden FISCHER u. STADLER[9] in 600 g Schafkot: 40—50 mg Pyrophäophorbid b, 200 mg Probophorbidfraktion und wenig (20—30 mg) Phylloerythrin (s. Bd. **1**, 950, 957).

Elefantenkot[8] von Tieren, die im Zoologischen Garten ausschließlich mit Heu gefüttert worden waren, verhält sich in der Zusammensetzung der Kotfarbstoffe analog dem Schafkot. Er enthält hauptsächlich Phylloerythrin und 2 grüne Farbstoffe, die in naher Beziehung zum Phylloerythrin stehen müssen. Die für den Schafskot so charakteristischen Prophorbide aber fehlten im Elefantenkot.

Die *Seidenraupen*[8] verwandeln Chlorophyll in *Phyllobombycin*, ein Gemisch von Phäophorbid a und der Phäopurpurine 7 und 18 (s. Bd. **1**, S. 965).

---

[1] Baumgärtel, Bilirubinstoffwechsel S. 128. — [2] Baumgärtel, Bilirubinstoffwechsel S. 129. — [3] Baumgärtel, Bilirubinstoffwechsel S. 241. — [4] Baumgärtel, Bilirubinstoffwechsel S. 90. — [5] BRUGSCH, J., R. BRAUN, D. SCHMIDT, J. WEGNER u. KÜHNEL: Z. ges. inn. Med. **4**, 538 (1949). — [6] SEYBOLD, A., u. K. EGLE: H. **257**, 49 (1939). — MARCHLEWSKI, L.: H. **43**, 464 (1904/05). — [7] Baumgärtel, Bilirubinstoffwechsel S. 138. — [8] FISCHER, H., u. A. HENDSCHEL: H. **206**, 255 (1932). — [9] FISCHER, H., u. F. STADLER: H. **239**, 167 (1936).

6. Vitamine in den Faeces.

Obwohl man die Koprophagie bei einzelnen Tieren unter besonderen Bedingungen schon lange kannte, fand man für sie erst in den letzten Jahren eine recht einleuchtende Erklärung. Bei Untersuchungen über Vitamin D stellte man fest, daß Ratten in alten noch etwas mit Kot beschmutzten Käfigen nicht an Rachitis erkrankten, da sie die alten Faecesreste und mit ihnen durch Licht gebildetes Vitamin D fraßen. Zweifellos hat die Koprophagie noch andere, tiefere Ursachen. Ihre physiologische Bedeutung besteht darin, daß bestimmte Darmbakterien imstande sind, Vitamine zu synthetisieren, die dann dem Wirtsorganismus zugute kommen (s. a. Bd. 2/1, S. 194). Keimfrei gezüchtete Hühnchen, die mit Hühnereiweiß und gequollener Hirse ernährt werden, sind nicht lebensfähig. Es könnte daher scheinen, als ob die Darmbakterien für die Erhaltung des Lebens notwendig sind. Tiere können jedoch steril aufgezogen werden, wenn man ihnen mit dem Futter alle lebensnotwendigen Nährstoffe gibt.

In den Faeces finden sich regelmäßig Vitamine. Sie stammen entweder aus der Nahrung, oder sie sind Syntheseprodukte der Darmbakterien, oder sie werden von der Darmschleimhaut in den Darm abgegeben.

Nach W. STEPP[1] beeinflußt die Zusammensetzung der Nahrung, insbesondere ihr Vitaminreichtum auch die Vitaminsynthese durch die Darmflora. Reichliche Versorgung mit Nicotinsäure in der Nahrung begünstigt die optimale Zusammensetzung der Darmbakterien. Ersetzt man in einem Nährstoffgemisch für die Baumwollratte den Rohrzucker durch Lactose, so steigt die Biotinbildung auf das 5fache an[2]. Die Vitamine der Darmbakterien sind in den lebenden Zellen gebunden. Sie wandern erst nach dem Absterben der Bakterien durch deren Zellwände und können erst dann resorbiert werden. STEPP schätzt die Menge der lebenden Bakterien im normalen Stuhl auf etwa 5%.

Vitamin A (Axerophthol) wird vom Gesunden nach Belastung mit 2500 I.E. (= 8,33 mg Vitamin A) bis zu 710 I.E. (= 2,37 mg Vitamin A), d. h. bis zu 28,5%, im Kot ausgeschieden[3,4]. Die Vitamin A-Ausscheidung tritt später auf als die von Carotin, von dem bis zu 96% der täglich mit den Vegetabilien (Möhren, Spinat) angebotenen Menge in den Kot gelangen[4,5]. Vitamin A wird besser als β-Carotin resorbiert. Die Vitamin A-Bestimmungen sind noch recht ungenau[6]. Im menschlichen Kot fand WENDT[7] zuerst Vitamin A (s. a. Bd. 2/1, S. 197 u. 249).

Vitamin D (Calciferol) wird normalerweise mit dem Kot ausgeschieden, da es nur in geringen Mengen resorbiert wird (s. Bd. 2/1, S. 191 ff, 249). Nach Zufuhr einer größeren Menge Vitamin D_2 werden 3—14% in den ersten 3 Tagen mit dem Kot wieder abgegeben[8]. Vitamin D_2, in Öl gelöst, wird von gesunden Säuglingen nur zu 42—48% resorbiert, der Rest wird im Kot ausgeschieden. Bei dyspeptischen Säuglingen werden 63% des in Öl gelösten Vitamin D_2 im Kot gefunden. Öl ist also kein günstiges Vehikel für Vitamin D (s. [9]).

Vitamin E (Tokopherol). Bis zu 25% findet man nach reichlicher Aufnahme im Kot wieder. *Bestimmung* s. [8].

Vitamin K (Phyllochinon). Im Meconium fehlt Vitamin K. In den ersten Tagen nach der Geburt ist bei Brustmilch-Kindern nur sehr wenig Vitamin K im

[1] STEPP, W.: Briefliche Mitt. vom 3. 1. 55. — [2] STEPP, W.: M. m. W. **1955**, 360. — [3] WAGNER, K.-H.: Z. klin. Med. **137**, 664 (1940). Vitamine u. Hormone **2**, 58 (1942). — [4] WAGNER, K.-H.: Kli. Wo. **1954**, 87. — STEPP, W.: M. m. W. **1955**, 360. — [5] WITH, T. K.: Vitamine u. Hormone **1**, 443 (1941). — [6] WITH, T. K.: Z. Vit.-Forsch. **11**, 298 (1941). — H.-Th. 10. Aufl. Bd. V, S. 420. — [7] WENDT, H.: Kli. Wo. **1937 II**, 1175. — [8] H.-Th. 10. Auf. Bd. V, S. 421. — [9] GLAVIND, J., H. LARSEN and P. PLUM: Acta med. scand. **112**, 198 (1942).

Stuhl vorhanden[1]. Noch am 8.—12. Tage nach der Geburt ist der Vitamin K-Gehalt im Stuhl des Brustkindes so gering, daß er nicht quantitativ bestimmt werden kann. Dann aber beginnen die sich mehr und mehr entwickelnden Bakterien Vitamin K an den Wirtskörper abzugeben[2,3]. Bei künstlich ernährten Kindern steigt schon am 4. Tag der Vitamin K-Gehalt im Stuhl bedeutend an, da die Bakterienflora nun rasch zunimmt. Kinder von $2^1/_2$ Monaten bis zu 11 Jahren haben im Kot die gleichen Vitamin K-Mengen wie Erwachsene. Es bestehen keine Unterschiede zwischen Männern, Frauen und Schwangeren[1]. Bact. coli gilt als Hauptproduzent für den Vitamin K-Gehalt der Faeces. Der Petrolätherextrakt der Faeces eines Erwachsenen, der 5 Tage lang eine vitamin-K-freie Kost zu sich nahm, enthielt noch etwa 2000 E Vitamin K je g[4]. Vitamin K_1 kommt in grünen Pflanzen vor, während Vitamin K_2 durch verschiedene Bakterienarten, vor allem durch Bact. coli, in Jejunum und Dickdarm synthetisiert wird. Im Jejunum wird das Vitamin K_2 mit Hilfe der Gallensäuren resorbiert, das im Colon synthetisierte wird mit den Faeces ausgeschieden. BAUMGÄRTEL[5] konnte in Ammoniumlactatnährböden mit Zusatz von Biotin, Folsäure, Phosphat und Glucose die Synthese von Vitamin K_2 durch Bact. coli beweisen und das krystallierte Vitamin K_2 isolieren. Damit ist die doppelte Herkunft der Vitamin K-Versorgung einmal aus der pflanzlichen Nahrung (K_1) und zweitens aus den Darmbakterien (K_2) eindeutig bewiesen. *Bestimmung* nach GLAVIND[1,6].

Vitamin K hat auch bakterizide Eigenschaften. Nach W. STEPP[7] könnte Bact. coli durch das aus ihm freigesetzte Vitamin K einen regulierenden Einfluß auf die Darmflora ausüben.

Für die ***wasserlöslichen Vitamine*** ist das Hauptausscheidungsorgan die Niere; der Kot sollte daher keine wasserlöslichen Vitamine enthalten. Da aber die Bakterien des Dickdarms[8] vor allem p-Aminobenzoesäure, Biotin, Folsäure und Pantothensäure sowie Nicotinsäure und Vitamin B_6 synthetisieren können, sind diese regelmäßige Bestandteile des Kotes, und zwar als der Resorption entgangene Reste bakterieller Synthese. Inwieweit sie aus der Nahrung stammen oder vom Darm abgegeben werden, ist noch Gegenstand der Forschung. Per os zugeführte krystallisierte B-Vitamine und Proteine beeinflussen die Vitaminausscheidung im Kot nicht deutlich[9].

B-Vitamine. DENKO u. Mitarb.[8] fanden die tägliche Ausscheidung der B-Vitamine in Kot größer als die im Harn, mit Ausnahme von Vitamin B_6. Die Vitamine B_1, B_2, B_6 und die Nicotinsäure werden mit der Nahrung in größerer Menge aufgenommen, als sie in Harn und Kot ausgeschieden werden, während die Gesamtausscheidung von p-Aminobenzoesäure, Biotin, Folsäure und Pantothensäure in Harn und Kot die mit der Nahrung aufgenommenen Mengen übertrifft. Dies könnte durch die Annahme einer Synthese im Darm erklärt werden.

Vitamin B_1 (Thiamin, Aneurin) ist ein normaler Kotbestandteil. Es stammt beim Menschen aus der Nahrung. Eine Synthese ist beim Menschen nur beim Säugling beobachtet worden, der ausschließlich mit Frauenmilch ernährt wurde. Bei dieser Ernährung kann sich das Bact. bifidum entwickeln, das Vitamin B_1 besonders gut synthetisieren kann. Beim Erwachsenen wird nur ein Teil des

---

1 GLAVIND, J., H. LARSEN and P. PLUM: Acta med. scand. **112**, 198 (1942). — 2 QUICK, A. J., and A. M. GROSSMAN: Proc. Soc. exp. Biol. Med. **40**, 647 (1939). — UVNÄS, B.: Schweiz. med. Wschr. **72**, 461 (1942). — 3 PLUM, P., u. H. DAM: Kli. Wo. **1940**, 853. — SCHMIDT, T., u. K.-H. BÜSING: Kli. Wo. **1942**, 411. — 4 DAM, H.: Z. Vit.-Forsch. **8**, 248 (1939). — 5 BAUMGÄRTEL, T., u. D. ZAHN: Kli. Wo. **1953**, 92. — 6 H.-Th. 10. Aufl. Bd. V, S. 422. — 7 STEPP, W.: Briefl. Mitt. vom 3. 1. 55. — 8 DENKO, C. W., W. E. GRUNDY, J. W. PORTER, G. H. BERRYMAN, T. E. FRIEDEMANN and J. YOUMANS: Arch. Biochem. **10**, 33 (1946). — 9 FREED, M., W. E. GRUNDY, C. R. HENDERSON and G. H. BERRYMAN: Gastroenterol., Baltimore **8**, 353 (1947).

Bedarfes durch Synthese im Darm gedeckt, denn nicht das gesamte synthetisierte B_1 diffundiert aus den Bakterienzellen[1]. Ratten, die ihren Kot fressen können (Refektion), erkranken nicht an Beriberi (s. Bd. 2/1, S. 194). Auch für Kaninchen ist schon lange bekannt, daß sie in der Nacht einen weichen, eiweiß-, vitamin- und bakterienreichen Kot abgeben und sogleich auffressen. Dieser „Nachtkot" wird deshalb von SCHEUNERT „Vitaminkot" genannt. Bei Ratten wird das Vitamin B_1 im Coecum synthetisiert, beim Rind im Pansen[2]. Bact. vulgatum und Bact. bifidum können Vitamin B_1 synthetisieren[3]. Ratten scheiden je Tag 15—115 γ Vitamin B_1 aus, davon 25—35% im Harn und 20—30% im Kot[4], berechnet auf die zugeführte Menge. Etwa 20—25% des Vitamins B_1 im Kot ist phosphoryliert[5]. *Bestimmung im Kot* s. [6].

Vitamin B_2 (Lactoflavin, Riboflavin) findet sich in den Faeces zum Teil phosphoryliert und gebunden. Es muß zur *Bestimmung*[7] durch Säure abgespalten werden. Der Stuhl des Neugeborenen ist nahezu flavinfrei[8]. Im Kot des Erwachsenen wird halb soviel Vitamin B_2 ausgeschieden wie im Harn[9]. Im Panseninhalt findet sich nach THAYSEN 30—100mal soviel Lactoflavin wie in der aufgenommenen Nahrung der Wiederkäuer, ein klarer Beweis für die Synthese von Vitamin B_2 durch die Mikroben des Pansen. *Bestimmung* s. [7].

Von *Nicotinsäureamid (pellagra preventive factor)* werden nach DENKO u. Mitarb.[9] doppelt soviel im Kot ausgeschieden wie im Harn. Man muß deshalb an Synthesen im Dickdarm denken. Intravenöse, nicht aber orale Gaben von Nicotinsäureamid erhöhen den Nicotinsäuregehalt im Stuhl[10]. Colibakterien und vor allem Aerobakterien (z. B. Bact. lactis aerogenes) können beim Menschen Nicotinsäure aufbauen. *Bestimmung* s. [7].

Vitamin B_6 (Pyridoxin, Pyridoxal, Pyridoxamin), Biotin, Inosit und *Pantothensäure* werden reichlich im Darm gebildet, so daß sie auch im Kot zu finden sein sollten[11]. Hierüber fehlen jedoch eingehende Berichte im Schrifttum. Die Hauptmenge von Vitamin B_6 und von *Pantothensäure* (60%) wird im Harn, der Rest (40%) im Kot gefunden[9]. Weiße Leghornhühner scheinen bei Körnerfutter und Dextrin *Biotin* bilden zu können[12].

Bestimmung von Vitamin B_6, Pantothensäure und p-Aminobenzoesäure im Kot s. [13].

Folsäure (Pteroylglutaminsäure) wird durch Darmbakterien gebildet und muß daher auch im Kot zu finden sein. BAUMGÄRTEL[14] gelang es, aus den Folsäurevorstufen Pteridinaldehyd und p-Aminobenzoylglutaminsäure durch anaerobe Bebrütung mit Bact. coli in glucosephosphathaltiger Ammoniumlactatlösung in vitro die Bildung von krystallisierter Folsäure nachzuweisen, also durch eine Reaktion, die der bakteriellen Synthese im Darm analog ist. *Bestimmung* im Kot s. [13].

Vitamin B_{12} (Cobalamin, extrinsic factor) wird nur in Gegenwart des intrinsic factor im normalen Magensaft resorbiert. Von Perniciosakranken wird freies Vitamin B_{12} zu 70—95% im Stuhl wieder ausgeschieden[15], in Verbindung mit dem

[1] BAUMGÄRTEL, T.: Klinische Darmbakteriologie. S. 3. Stuttgart 1954. — [2] Stepp-Kühnau-Schroeder, Vitamine 7. Aufl. Bd. 1, S. 118. — [3] SCHEUNERT, A., u. M. SCHIEBLICH: B. Z. **286**, 66 (1936). — [4] LIGHT, R. F., A. S. SCHULTZ, L. AKTIN and L. J. CRACAS: J. Nutrit. **16**, 333 (1938). — [5] CRISMER, R., et J. DELTOMBE: Bull. Soc. Chim. biol. **23**, 350 (1941). — [6] H.-Th. 10. Aufl. Bd. V, S. 423. — CALLIGARIS, G., e S. JUCKER: Arch. Fisiopat. **7**, 371 (1939) [Ber. Physiol. **119**, 438]. — [7] H.-Th. 10. Aufl. Bd. V, S. 424. — [8] NEUWEILER, W.: Kli. Wo. **1937 II**, 1348. Z. Vit.-Forsch. **6**, 316 (1937). — [9] DENKO, K. W., W. E. GRUNDY, J. W. PORTER and G. H. BERRYMAN; FRIEDEMANN, T. E., and J. B. YOUMANS: Arch. Biochem. **10**, 33 (1946). — [10] ZAMBOTTI, V., e F. MANCINI: Ric. sci. **12**, 566 (1941) [Ber. Physiol. **127**, 429]. — [11] STEPP, W.: Med. M.-Spiegel **2**, H. 4, 5, 7 (1953). — [12] JOHANSSON, U. R., S. K. SHAPIRO and W. B. SARLES: J. Bacteriology **54**, 35 (1947). — [13] H.-Th. 10. Aufl. Bd. V, S. 425. — [14] BAUMGÄRTEL, T., u. D. ZAHN: Kli. Wo. **1952**, 565, 718. — [15] MAHLO, A.: Med. Klinik **1953**, 246.

intrinsic factor erscheinen nur 5—30% im Kot. BAUMGÄRTEL[1] bewies durch in vitro-Versuche die wachstumshemmende und zerstörende Wirkung von Vitamin B_{12} auf Darmbakterien, wie Bact. coli, Bact. lactis aerogenes und Strept. faecalis (Enterococcus). Es ist also auch mit der Möglichkeit zu rechnen, daß Vitamine das Wachstum von Darmsymbionten im negativen Sinn beeinflussen. Vitamin B_{12} wird in reichlichen Mengen im Kuhmist gefunden. Es wird von Streptomyces griseus und anderen Streptomyceten synthetisiert[2]. Auch im Darm des Menschen wird es gebildet. *Bestimmung* s. [3].

Schaffaeces enthalten große Mengen Vitamin B_{12}. Dies kann nach Verabreichung von radioaktivem Kobalt nachgewiesen werden; denn dies wird im Körper in organische Co-Verbindungen mit B_{12}-Wirkung eingebaut[4].

Vitamin C (Ascorbinsäure) wird in Mengen von 3,8—4,5 mg im menschlichen Tageskot ausgeschieden; intravenöse Injektion von 200 und 300 mg erhöhte die Ausscheidung auf 8,3 bzw. 10,4 mg, während orale Zufuhr die Abgabe im Kot nicht erhöht, da Ascorbinsäure im Darm von Bakterien zerstört werden kann[5]. Bei einer Normalkost mit 70—90 mg Ascorbinsäure erscheinen im Kot nur 5 mg[6]. Im Kot liegt Vitamin C fast nur in der reduzierten Form vor, wohl wegen der reduzierenden Wirkung der Dickdarmflora[6]. Bei der *Bestimmung* von Vitamin C werden mit Bleimetaphosphat fast alle Kotfarbstoffe entfernt, so daß sie mit Dichlorphenolindophenol ausgeführt werden kann[3,6].

Diese wenigen Angaben über das Vorkommen von Vitaminen im Kot zeigen, daß weitere Untersuchungen am Kot von Gesunden und Kranken notwendig sind und auch für den Arzt praktisch auswertbare Ergebnisse erbringen werden.

7. Hormone in den Faeces.

Während über die Hormone im Harn ein fast unübersehbares Schrifttum vorliegt (s. S. 179—198), ist es über die Hormone im Kot recht dürftig. Es fehlen noch die notwendigen Testreaktionen. Über *Thyroxin* im Kot s. S. 508.

Oestrogene Hormone[7] kommen in den Faeces in größerer Menge vor, hauptsächlich in freier Form und in einer Menge von etwa 60—70% von gleichzeitig im Harn ausgeschiedenem Oestron, Oestradiol und Oestriol. Die Werte im Harn gehen denen im Kot parallel. Während des ganzen 28tägigen Menstruationscyclus werden 2845 I.E. im Kot ausgeschieden. Vielleicht gelangen die oestrogenen Hormone mit der Galle oder durch Abgabe aus dem Blut in den Darm.

Bei trächtigen Kühen hat man ebenfalls größere Mengen von Oestrogen in den Faeces gefunden. Dies ist für die Förderung des Pflanzenwachstums durch natürlichen Dünger als wichtig erkannt worden.

8. Fermente in den Faeces.

Die Fermente des Kotes stammen aus den Sekreten des Verdauungskanals und zum Teil auch aus den Zellen der Darmwand und den Bakterien. Sie sind bis jetzt noch wenig untersucht. Je nach dem Grade der Peristaltik können fast alle Fermente des Verdauungskanals im Stuhl auftreten. Normalerweise aber werden die Verdauungsfermente in Wechselwirkung und durch die Darmbakterien zerstört. Klinische Bedeutung besitzen sie für die Diagnose von Erkrankungen

---

[1] BAUMGÄRTEL, T.: Kli. Wo **1953**, 619. — [2] STEPP, W.: Med. M.-Spiegel **2**, H. 5 (1953). — [3] H.-Th. 10. Aufl. Bd. V, S. 425. — [4] ABELSON. P. H., and H. H. DARBY: Science, N.Y. **110**, 566 (1949). — [5] MARTIN, H.: Kli. Wo. **1941**, 287. Diss. med. Halle 1941. — [6] CHINN, H., and C. J. FARMER: Proc. Soc. exp. Biol. med. **41**, 561 (1939). — [7] DINGEMANSE, E., u. E. LAQUEUR: Ned. T. Geneeskde. **84**, 3287 (1940) [Ber. Physiol. **124**, 87].

der sezernierenden Drüsen, besonders des Pankreas. Über die Redoxenzyme des Kotes, mit Ausnahme der Katalase, ist nichts bekannt, obwohl die stark reduzierende Wirkung des Darminhaltes seit langem anerkannt ist. Die Fermente des Kotes verdienen im Zusammenhang mit der Erforschung der Bakterienflora ein erhöhtes Interesse der Enzymchemiker. Auch das weitere Schicksal der Verdauungsfermente sollte mit moderner Enzymtechnik verfolgt werden[1].

Die Bestimmungen der Kotfermente folgen den gewöhnlichen Vorschriften für die Verdauungsfermente[2].

Von *kohlenhydratspaltenden Fermenten* sind Amylase (Diastase), Saccharase (Invertin), Lactase (in Säuglingsfaeces) und Maltase (im durchfälligen Kot) nachgewiesen und mengenmäßig untersucht worden[3].

Die *Amylasewerte* nach Wohlgemut betragen im normalen Stuhl 465 W.-E. Bei Pankreatitis können bis zu 10000 W.-E. gefunden werden[4]. Auch die Art der Verdauung beeinflußt die Amylasemenge[5]. Im acholischen Kot kann die Amylaseprobe wegen hemmender Wirkung der fettsauren Salze negativ ausfallen. Es wird daher empfohlen, die Fettsäuren zu entfernen[6].

Von den *proteolytischen Fermenten* kommen besonders Trypsin, Lab und ereptische Fermente vor, während Pepsin unter physiologischen Verhältnissen stets fehlt.

Der *Nachweis von Trypsin* ist zur Kontrolle der Pankreasfermente am zuverlässigsten und am einfachsten[7]. Eine frische, nicht älter als 4 Std alte Kotprobe wird mit 1%iger Natriumcarbonatlösung im Verhältnis 1:10 verrieben und von der Emulsion 1 Tropfen auf die Gelatineschicht einer photographischen Platte gebracht. Zur Kontrolle wird auch ein Tropfen der Sodalösung daneben aufgebracht. Um ein Verdunsten der Tropfen zu verhindern, legt man über sie ein feuchtes Filtrierpapier, das aber die Tropfen nicht berühren darf. Nach 30 min langer Bebrütung wäscht man die Platte mit kaltem Wasser und sieht, ob die Gelatine an der Stelle der Kotprobe weggedaut ist. Bei negativem Ausfall ist die Schicht nur leicht gequollen. Andere Autoren bestimmen das Trypsin nach den Methoden der Fermentchemiker[2]. Normale Faeces geben Trypsinwerte von 2—80 E[8]. Abführmittel erhöhen die Werte auf 4—60—800 E. In diarrhoischen Faeces ist Trypsin meist vermehrt, sinkt aber ab, wenn die Diarrhoe mehrere Tage anhält[2]. Die Faeces von Säuglingen enthalten nach Ernährung mit Frauenmilch weniger Trypsin als nach Kuhmilch[9].

Lipasen[10] *und Esterasen* sowie *Nucleasen* sind nur in geringer Menge, *Phosphatasen* immer vorhanden[11]. *Phytase*[12], die nicht in den Verdauungssäften des Menschen vorkommt, ist im menschlichen Kot gefunden worden. Wahrscheinlich stammt sie aus Bakterien. Die *Phosphatase* der Faeces erreicht im 3.—6. Lebensmonat des Menschen ein Maximum (3000—36000 Buch-Einheiten), sinkt im 20. Lebensjahr auf 100 und im 80. auf 45 E je g Trockensubstanz[13].

Für eine *Glycerophosphatase*, die β-Glycerophosphat spaltet und Mg-Ionen benötigt, findet man im Kot Gesunder 1,2—7,1 Bodánsky-Einheiten je g Trockenkot, entsprechend 0,2 cm³ Faeces[14]. Sie fehlt bei tropischer Sprue, ist sehr vermehrt bei einigen Fällen von

---

[1] Heupke, W., u. H. Wirtz: Kli. Wo. **1933 II**, 1866. — [2] Hallmann 6. Aufl. S. 86. — H.-Th. 10. Aufl. Bd. V, S. 427. — [3] Vgl. Schreuer, M.: Handb. Biochem. Bd. 5, S. 345—384. — Krzywanek, F. W.: Handb. Mangold Bd. 2, S. 349—392. — Calabrese, C., e M. Forestiere: Fisiol. e Med. **11**, 135 (1940) [Ber. Physiol. **120**, 93]. — [4] Garry, G.: Arch. klin. Chir. **174**, 378 (1933). — [5] Wolfer, J. A., and L. W. Christian: Arch. Surg. **17**, 899 (1928). — [6] Frank, N., u. F. Doleschall: B. Z. **155**, 125 (1925). — [7] Payne, W. W.: Brit. med. J. **1954** I, 206. — [8] Vercellotti, G.: Osp. magg. **16**, 265 (1928) [Ber. Physiol. **48**, 391]. — [9] Budde, O.: Z. Kinderheilkde. **46**, 202 (1928). — [10] Heupke, W.: Die Faeces des Menschen. S. 84. Dresden, Leipzig 1943. — [11] Heymann, W.: Z. Kinderheilkde. **55**, 92 (1933). — Duckworth, J., and W. J. Godden: Biochem. J. **35**, 16 (1941). — Armstrong, A. R.: Biochem. J. **29**, 2020 (1935). — [12] Courtois, J., et C. Perez: Bull. Soc. Chim. biol. **31**, 1373 (1949). — [13] Mårtensson, E.: Nord. Med. **41**, 1141 (1949). — [14] Koster, L.: Acta med. scand. **101**, 482 (1939).

Leukämie und normal bei Tuberkulose, Carcinom, Pankreaserkrankungen und Ikterus. Über eine *alkalische Phosphatase* in Hundefaeces s. [1].

Als *Katalase*-Normalwert kann gelten, wenn eine Kotprobe von Gesunden aus H_2O_2 in der Zeiteinheit etwa 10 cm³ O_2 entwickelt. Nur geringe Erhöhung findet man bei chronischer Obstipation, Gärungsdyspepsien, Colitis mucosa, Enterocolitis chronica. Dagegen steigen bei allen Darmerkrankungen mit Eiterbeimischungen im Kot die Katalasewerte stark an[2].

Fermente im Kot der Haustiere (Pferde, Rinder, Schafe, Ziegen, Schweine und Hunde) haben erstmalig KRZYWANEK u. SCHAKIR[3] gesucht. In allen untersuchten Tierfaeces fanden sie stets die proteolytischen Fermente *Trypsin* und *Erepsin*, nicht aber Pepsin und Nucleasen. Die in allen Proben festgestellte *Amylase* stand bei den verschiedenen Tierarten in einem bestimmten Verhältnis zu den proteolytischen Fermenten: Die Carnivoren und die Omnivoren scheiden im Kot mehr Trypsin und weniger Diastase, die Herbivoren dagegen weniger Trypsin und mehr Diastase aus. *Saccharase* konnte in geringer Menge nur im Kot des Schweines nachgewiesen werden, *Maltase* beim letzteren und beim Hund. Der Kot eines 1 Monat alten Ferkels enthielt *Lactase*, nicht aber der eines 3 Monate alten Schweines und zweier 3 bzw. 12 Tage alten Kälber. Die *Lipaseprobe* fiel in allen untersuchten Kotproben positiv aus, am stärksten mit den Faeces der mit fetthaltigem Fischmehl gefütterten Schweine.

9. Blutgruppenspezifische Stoffe.

Von HODYO konnten in den Faeces *blutgruppenspezifische Stoffe* festgestellt werden[4]. Über Agglutinine im Stuhl bei Bacillenruhr s. SCHIFF[5]. Im Meconium soll im Gegensatz zum Stuhl von Erwachsenen und Kleinkindern etwa 100mal mehr A-Substanz vorhanden sein als in WITTE-Pepton[6].

d) Die Bakterienflora der Faeces[7,8].

Wie im Abschnitt über die Vitamine im Kot (s. S. 234 sowie Bd. **2**/1, S. 194) ausgeführt, erlaubt der Nachweis der verschiedenen Bakterien im Kot nur einen beschränkten Einblick in ihre Tätigkeit im Darm. Viele chemische Umsetzungen dürften noch unbekannt sein, da die Darmflora sich je nach Diät und Peristaltik ändern kann. Ohne Zweifel können die Darmbakterien sich auch gegenseitig beeinflussen. So besitzt nach PERETS[9] der Stuhl von gesunden und kranken Personen gegenüber der eigenen Mikroflora baktericide Wirkungen und ist manchmal sogar absolut baktericid. Dies kann durch die antagonistische Wirkung von Colibakterien erklärt werden. In wieweit die Darmbakterien Antibiotica[10] gegen bestimmte Keime bilden, ist noch unerforscht (s. a. [11]).

Der Kot des gesunden Erwachsenen und Säuglings besteht zu 30% aus Bakterien. Der Trockenkot des Erwachsenen enthält 8 g Bakterien je Tag[4]. Bei leichter Kost und im Hunger entfällt mindestens die Hälfte des gesamten Kotstickstoffs auf die Kotbakterien[12]. Daher ist auch mit beträchtlichen Mengen von

[1] ABUL-FADL, M. A. M., and E. J. KING: Biochem. J. **44**, 431 (1949). — [2] KEMP, S., u. T. T. ANDERSON: Acta med. scand. **78**, 308 (1932). — [3] KRZYWANEK, F. W., u. BEDI-I SCHAKIR: B. Z. **220**, 342 (1930). — [4] HODYO, H.: Dtsch. Z. gerichtl. Med. **22**, 95 (1933). — [5] SCHIFF, F.: Handb. Biochem. Bd. 3, S. 301. — [6] WITEBSKY, E., u. T. SATOH: Kli. Wo. **1933 I**, 948. — [7] BAUMGÄRTEL, T.: Klinische Darmbakteriologie für die ärztliche Praxis. Stuttgart 1954. — [8] MACKIE, T. J., and J. E. MCCARTNEY: Handbook of Practical Bacteriology. 8. Aufl. Edinburgh 1949. Klassifikation der Bakterien S. 395. — [9] PERETS, L.: Z. Mikrobiol., Moskau Nr. 12, 64 (1940) [Ber. Physiol **125**, 210]. — [10] FLOREY, H. W., E. CHAIN, N. G. HEATLEY, M. A. JENNINGS, A. G. SANDERS, E. P. ABRAHAM and M. E. FLOREY: Antibiotics. A Survey of Penicillin, Streptomycin and other Antimicrobial Substances from Fungi, Actinomycetes, Bacteria, and Plants. JENNINGS, M. A.: Bd. 2, S. 970—1084. London, New York, Toronto 1949. — [11] TOPLEY and WILSONS Principles of Bacteriology and Immunity. 3. Aufl. von WILSON, G. S., and A. A. MILES. Bd. 2, S. 1986. London 1946. — [12] STRASBURGER, J.: Z. klin. Med. **46**, 413 (1902).

Stoffwechselprodukten der Bakterien zu rechnen, deren Natur allerdings noch wenig erforscht ist (s. a. Bd. 2/1, S. 182).

Der Anteil der Bakterien am Kot kann außerordentlich hohe Werte annehmen und bis zu 42% der Trockensubstanz ausmachen (Schrifttum s. SCHREUER[1]). Als absolute Zahl der Bakterien im Tageskot eines normalen Erwachsenen gibt STRASBURGER[2] 128 Billionen an. Bei Obstipation ist der Bakteriengehalt des Kotes niedriger und beträgt etwa 5,5 g je Tag; bei dyspeptischen Darmstörungen liegt er höher mit durchschnittlich 14—20 g je Tag. Bei *Rohkostnahrung* konnte eine Abnahme des Bakteriengehaltes festgestellt werden[3]. Bei überwiegender *Fleischnahrung* findet gegenüber gemischter Kost ebenfalls eine Abnahme der Bakterienzahl statt, hauptsächlich durch den Fortfall der Kohlenhydratvergärer[4]. Durch reichlichen *Fettgenuß* entwickelt sich die Darmflora nach der Seite der Fäulniserreger[5]. Die *Jahreszeit* ist insofern von Einfluß, als die Keimzahl je g Trockenkot in den Wintermonaten am höchsten ist[6].

BAUMGÄRTEL[7] hat in seinem neuesten Buch eine Übersicht über die Darmflora des Menschen gegeben: Früher hatte man unterschieden „Darmkeime" als darmeigene Keime und „Nahrungskeime" als der Nahrung zufällig entstammende Keime. Die *Darmflora des mit Muttermilch ernährten Säuglings* ist verschieden von der des Kleinkindes und des Erwachsenen; sie ist nicht so kompliziert zusammengesetzt. ESCHERICH[8] fand im Darm des Säuglings hauptsächlich 3 Bakterienarten, die er als „obligate", d. h. immer vorhandene, gegenüber den „fakultativen", den zufällig anwesenden, unterschied: 1. Bacterium coli commune, 2. Bacterium lactis aerogenes und 3. Streptococcus ovalis. Daneben hat ESCHERICH weitere obligate Milchsäurebildner aufgespürt, die später MORO[9] als Bacterium acidophilum und TISSIER[10] als Bacterium bifidum in Reinkultur isolieren konnten.

Im *Darm des Neugeborenen* überwiegt nach W. STEPP[11] B. bifidum, und zwar infolge der Einwirkung des Bifidusfaktors in der Frauenmilch. B. bifidum ist fast ein ebenso starker Aneurinbildner wie die Bierhefe. Auch β-Lactose fördert nach MALYOTH[12] das Wachstum von B. bifidum. Der Gehalt der Muttermilch an Vitamin B_1 würde niemals den Bedarf des Säuglings decken können. Er ist daher wesentlich von der enteralen Aneurinsynthese abhängig. Die Beurteilung einer Milch hat daher auch auf ihren Einfluß auf die Ergänzung durch die Darmflora Rücksicht zu nehmen (s. a. Frauenmilchlipase s. Bd. 2/1, S. 84). Wird der Säugling von Muttermilch- auf Kuhmilchnahrung umgestellt, so verschwindet B. bifidum zugunsten von B. coli wie beim Erwachsenen. Die Versorgung des Säuglings mit Vitamin B_1 aus dem Darm hört fast auf und wird nunmehr durch den hohen B_1-Gehalt der Kuhmilch gerade noch ausreichend ersetzt.

Beim Erwachsenen und beim mit Kuhmilch ernährtem Kleinkind ist der Magen wegen des Gehaltes von etwa 0,5% Salzsäure im Magensaft praktisch keimfrei bis auf einige säurebeständige Hefen, Sarzine und Milchsäurebakterien. Der obere Dünndarm mit einem p_H von 5,9—6,27—6,6, insbesondere das Duodenum ist

[1] SCHREUER, M.: Handb. Biochem. Bd. 5, S. 345—384. — [2] STRASBURGER, J.: Z. klin. Med. **46**, 413 (1902). — [3] POTZ, F.: Arch. Hygiene **96**, 122 (1925). — [4] FORTI, C.: Bull. Atti. Accad. med. Roma **58**, 337 (1932) [Ber. Physiol. **72**, 97]. — [5] FORTI, C.: Probl. aliment., Roma **2**, 216 (1932) [Ber. Physiol. **73**, 499]. — [6] GOLDWASSER, R., and I. J. KLIGLER: J. prevent. Med., London **4**, 361 (1930). — [7] BAUMGÄRTEL, T.: Klinische Darmbakteriologie S. 7. Stuttgart 1954. — [8] ESCHERICH, T.: Die Darmbakterien des Säuglings und ihre Beziehungen zur Physiologie der Verdauung. Stuttgart 1886. — [9] MORO, E.: Wien. klin. Wschr. **1900**, 114. — [10] TISSIER, M.: Recherches sur la flore intestinale normale et pathologique du nourisson. Paris 1900. — [11] STEPP, W.: M. u. W. **1955**, 323, 360. Briefliche Mitt. vom 3. 1. 1955. — [12] MALYOTH, G., u. A. BAUER: Z. Kinderheilkde. **68**, 358 (1950).

ebenfalls bakterienfrei, da der bactericid wirksame Duodenalsaft eine Autosterilisation bewirkt. Die eigentliche Bakterienbesiedlung beginnt daher nach dem oberen Dünndarm im Jejunum (p_H 6,2—6,5—6,7) mit säuretoleranten Enterokokken, zu denen im mittleren Dünndarm Milchsäurebakterien, wie Bac. acidophilus, hinzukommen. Diese wirken durch Milchsäurebildung antiseptisch. Im unteren Dünndarm (Ileum p_H 6,2—6,79—7,3) kommen noch hinzu: Bact. coli und Bact. lactis aerogenes, die nicht in das Jejunum emporwandern können, da sie durch die von Bac. acidophilus gebildete Milchsäure daran gehindert werden. Nur in den unteren Teilen des Ileum herrscht lakmusalkalische Reaktion. Im Coecum, der „Gärkammer" des Darmtraktus, sind neben Keimen aus dem Dünndarm vor allem Bact. coli sowie die beiden anaeroben Sporenträger: der Bac. saccharobutyricus, der gewöhnliche Vergärer der Kohlenhydrate und der Bac. putrificus, der gewöhnliche Eiweißerzsetzer, das eine biologische Mischung von Bac. saccharobutyricus und Bac. putrificus verrucosus ist. Daneben kommen vielfach vor: der anaerobe Riesenkokkus, genannt Streptococcus giganteus (BAUMGÄRTEL)[2], das Bact. phlegmonis emphysematosae (= FRÄNKELscher Gasbrandbecillus = Cl. welchii). Im ganzen *Colon* herrscht Bact. coli vor, die übrigen aus dem Dünndarm stammenden Keime sterben größtenteils ab, aber ohne durch Autolyse zerlegt zu werden, wie BAUMGÄRTEL ausdrücklich hervorhebt. Nach STRASBURGER[3] widerstehen die Darmbakterien lebend und abgestorben den verschiedenen Verdauungsenzymen des Darmkanals, so daß sie in ihrer charakteristischen Zellstruktur mit den Faeces ausgeschieden werden. Ob das Zellinnere dabei ausgelaugt ist, wie das HEUPKE (s. Bd. 2/1, S. 181) bei Pflanzenzellen zeigte, ist hier noch nicht widerlegt.

Tabelle 78. Vitaminsynthesen und Wuchsstoffwirkung von Bakterien[1].

	Wuchsstoffwirkung auf		
	Bact. coli		Bact. lactis aerogenes
	Mensch	Ratte	
Biotin	+	+	+
Nicotinsäureamid	+	+	+
p-Aminobenzoesäure	+	+	+
Pantothensäure	+	+	+
Lactoflavin	+	+	+
Folsäure	+	+	+
Aneurin	—	+	±
Adermin	—	+	—
Vitamin B_{12}	—	+	+

Aus den Untersuchungen über die Flora des Darmes und der Faeces geht hervor, daß normalerweise jeder Darmabschnitt von ihm angepaßten charakteristischen Bakterienarten bewohnt ist. Die Darmflora ist normalerweise spezifisch lokalisiert. Danach richten sich auch die biologischen Varianten der obligaten Darmbakterien. Nach ESCHERICH hat jedes Individuum eine „persönliche" Colirasse, was BAUMGÄRTEL mit der großen Variabilität des Bact. coli erklärt.

Beim gesunden Erwachsenen sind nach WEILAND[4] Magen und Duodenum praktisch keimfrei; in den oberen Dünndarmabschnitten findet sich in mäßiger Menge eine grampositive Flora, vor allem Milchsäurebakterien, Bac. acidiphilus, Bact. bifidum und Darmstreptokokken; im unteren Dünndarm kommen gramnegative Keime hinzu, aber mehr Aerobacter aerogenes als echte Colibakterien; im Coecum treten anaerobe Kohlenhydratvergärer hinzu, wie Bac. saccharobutyricus und Eiweißersetzer, wie Bac. putrificus. Erst im Colon herrscht Bact. coli commune vor, das durch seine antagonistische Tätigkeit die grampositive Flora

[1] ZAHN, D.: Kli. Wo. **1952**, 953. — BAUMGÄRTEL, T.: Klinische Darmbakteriologie. S. 30. Stuttgart 1954. — [2] BAUMGÄRTEL, T.: Z. klin. Med. **141**, 103 (1942). — [3] STRASBURGER, J.: Z. klin. Med. **48**, 491 (1903). — [4] WEILAND, P.: Heilkunst **1952**, Heft 9. Arzneim.-Forsch. **1**. 370 (1951).

aus dem oberen Dünndarm vermindert und auch fremde Keime nicht aufkommen läßt. Die Stuhlflora gibt zunächst kein richtiges Bild von der Darmflora, da ein großer Teil der mikroskopisch sichtbaren Keime bereits abgestorben sind. Trotzdem kann sie vom Fachmann in Kulturversuchen ausgewertet werden[1].

Nach BAUMGÄRTEL[2] synthetisiert Bact. coli allein 7 Vitamine (Vitamin K_2, Lactoflavin, Nicotinsäureamid, Pantothensäure, Biotin, p-Aminobenzoesäure und Folsäure), die mit Ausnahme von Vitamin K_2 dem Erzeuger als Wuchsstoffe, dem Wirtsorganismus aber alle als Vitamine dienen.

Die Tabelle 78 zeigt, daß Bacterium coli von Mensch und Ratte in verschiedenem Umfang ihre Vitamine als Wuchsstoffe synthetisieren. Die Wirkung der darmeigenen Bakterien ist bei verschiedenen Wirtsorganismen verschieden und kann auch bei einzelnen Menschen verschieden sein.

Tabelle 79. Bakterienarten in der Darmflora (in %)[3].

Bakterienart	Mensch	Hund	Weiße Ratte
Obligate Anaerobier:			
B. peloton	38,12	27,10	15,59
B. Fujikawa I	14,00	15,07	3,71
B. bifidum	21,37	6,74	22,31
andere	13,24	8,66	5,15
Fakultative Anaerobier:			
Coligruppe	2,75	9,67	0,28
Enterokokken	1,62	12,03	0,85
Staphylokokken	2,75	12,59	5,00
Acidophilusgruppe	3,10	7,53	46,35
andere	3,00	0,56	0,71

INOUYE[3] hat die Bakterien von 20 gesunden Menschen sowie von Hunden und weißen Ratten untersucht und nebenstehende Verteilung gefunden.

KUME[4] isolierte aus dem Kot von 320 gesunden Menschen 50 Stämme von Bakterien, die eine positive VOGES-PROSKAUER-Reaktion[5] geben, darunter Bac. oxytocus perniciosus, Bac. lactis aerogenes, Bac. cloacae. BONOPERA[6] fand in 150 menschlichen Faecesproben 11 Stämme von Coli aerogenes. Streptococcus faecalis und Streptococcus liquefaciens bilden durch Gärungsvorgänge *Diacetyl*[7].

In den Faeces eines Hundes betrug der *Fettgehalt der Bakterienfraktion* 14 bis 64, im Mittel 25—45%. Daraus schließt SPERRY, daß die Bakterien etwa $^1/_3$ der Kotfette enthalten. Nur wenig von den Kotlipoiden findet sich im Darmsekret, der größte Anteil ist in den Zellen gebunden[8].

Über die Bakterienflora der weißen Ratte s. [9].

Hühnereier wurden mit 1% $HgCl_2$ sterilisiert und die steril ausgebrüteten Küken mit sterilisierter Nahrung, darunter Hefe und Leber, aufgezogen. Nach 4—8 Wochen zeigten sie gleiches Wachstum und Entwicklung wie normale Kontrollküken. Allerdings wurden 80% des Aneurin durch das Sterilisieren der Nahrung zerstört und mußten ergänzt werden. Im *Kot der keimfrei ernährten Küken* fand man gleiche Mengen von Pantothensäure und Folsäure wie bei den Kontrolltieren, und zwar beträchtlich mehr, als im Futter zugeführt worden waren.

[1] WEILAND, P.: Heilkunst **1952**, Heft 9. Arzneim.-Forsch. **1**, 370 (1951). — [2] BAUMGÄRTEL, T.: Klinische Darmbakteriologie. S. 2. Stuttgart 1954. — BAUMGÄRTEL, T., u. D. ZAHN: Kli. Wo. **1952**, 565. — ZAHN, D.: Kli. Wo. **1952**, 904, 953. — [3] INOUYE, D.: Mitt. med. Ges. Chiba **17**, 103 (1939) [Ber. Physiol. **117**, 247]. — [4] KUME, T.: Mitt. med. Ges. Chiba **17**, 104 (1939) [Ber. Physiol. **117**, 247]. — [5] TOPLEY and WILSONS Principles of Bacteriology and Immunity. 3. Aufl. von WILSON, G. S., and A. A. MILES. Bd. 1, S. 368, 661. London 1946. — [6] BONOPERA, A.: Boll. Ist. sieroterap. milanese **19**, 381 (1940) [Ber. Physiol. **121**, 412]. — [7] DAVIS, J. G., H. J. ROGERS and C. C. THIEL: Nature **143**, 558 (1939). — [8] SPERRY, W. M.: J. biol. Ch. **78**, XLIV (1928). — [9] SCHIEBLICH, M.: Zbl. Bakteriol. (I) **112**, 497 (1929).

Die Synthese dieser Vitamine muß daher nicht unbedingt auf die Darmbakterien zurückgeführt werden[1]. In zwei Caecalinhalten wurde je g gefunden: 68 und 48 γ Lactoflavin, 12 und 46 γ Pantothensäure, 3,1 und 6,8 γ Folsäure sowie 0,14 und 0,36 γ Vitamin B_{12}.

Besonderheiten des Kotes bei den Vögeln. Nach SCHMIDT u. SCHEUNERT[2] ähnelt der Kot der Hausvögel in der Hauptsache dem der Pflanzenfresser. Abweichungen sind insofern gegeben, als die Vögel im Gegensatz zu den Säugetieren eine Kloake besitzen, also Harn und Kot durch dieselbe Öffnung entleeren. Im Kot der Vögel sind daher reichlich *Harnbestandteile*, besonders Krystalle von Harnsäure, vorhanden. Der Kot der Vögel setzt sich weiter aus 2 verschiedenen Anteilen zusammen, dem eigentlichen Kot des Rectums und den *Entleerungen des Blinddarms*, die entweder mit dem Kot des Rectums gemeinsam oder zwischen die Rectumentleerungen eingestreut erfolgen. Hierüber haben besonders MANGOLD und seine Schüler[3,4] genaue Untersuchungen angestellt. Der Blinddarmkot unterscheidet sich von dem Rectumkot besonders durch umfangreichere *bakterielle Zersetzungen*, sein Gehalt an Bakterien ist viel höher als der des eigentlichen Kotes.

Keimfreie Faeces des Menschen. Mit Hilfe der Antibiotica können die Bakterien im Darm ausgeschaltet werden. Wir wissen heute noch nicht, ob die vielfach unkontrollierte Anwendung der Antibiotica nicht zu neuen Krankheitsbildern führen wird. Das Krankheitsbild des Icterus gravis beim Neugeborenen infolge von Vitamin K-Mangel mahnt zur Vorsicht[5]. Andererseits gelingt es, durch Ausschalten der Darmbakterien sichere Kenntnis über einige Funktionen der Darmflora zu erhalten. Mit Aureomycin und Streptomycin werden die Faeces nicht nur kulturell, sondern auch mikroskopisch völlig keimfrei. BAUMGÄRTEL fand in dem alkoholischen Extrakt solcher antibiotisch entkeimter Faeces weder eine positive EHRLICHsche Aldehydreaktion noch eine positive SCHLESINGERsche Fluorescenzreaktion, weil weder Indol und Skatol noch Stercobilinogen und Stercobilin im keimfreien Kot vorhanden sind[6]. Denn diese Stoffe, so darf man nunmehr mit Sicherheit schließen, entstehen ausschließlich durch bakterielle Umwandlung von Tryptophan bzw. Bilirubin (s. a. S. 206). Die Untersuchung über das Vorkommen von Bilifuscinen und Bilileukanen steht noch aus. Über den Mechanismus der Ausschaltung der Bakterien durch Aureomycin und Streptomycin s. [7]); über ihre große praktische Bedeutung bei Darmoperatione s. [8].

e) Schluß: Ergebnisse und Probleme.

Der vorliegende Bericht zeigt deutlich, daß das Interesse an der Erforschung der Physiologie und Pathologie der Faeces wieder im Zunehmen ist. Die Untersuchung des Meconiums steckt noch in den Anfängen, ebenso die des Hungerkotes. Da es heute leicht gelingt, durch Antibiotica die Faeces keimfrei zu machen, und die nötigen Vitamine unter Umgehung des Darmkanals ausreichend zugeführt werden können, ist die Beschaffung eines sterilen Hungerkotes, etwa als „Meconium des Erwachsenen“, für weitere Untersuchungen zugänglich. Die Erforschung der Kotfarbstoffe hat dank der Arbeiten der Schule von HANS FISCHER große Fortschritte gemacht. Die physiologische Urobilinogenurie ist durch eine physiologische Stercobilinogen- und Bilileukanurie zu ersetzen. Leider wissen wir aber über die biologische Bedeutung der Gallen- und Kotfarbstoffe noch sehr

---

[1] REYNIERS, J. A., P. C. TREXLER, R. F. ERVIN, M. WAGNER, H. A. GORDON, T. D. LUCKEY, R. A. BROWN, G. J. MANNERING and C. J. CAMPBELL: J. Nutrit. **41**, 31 (1950). [Ber. Physiol. 147, 250]. — [2] SCHMIDT, J., u. A. SCHEUNERT: Anleitung zur mikroskopischen und chemischen Diagnostik der Krankheiten der Haustiere. 3. Aufl. Hannover 1918. — [3] MANGOLD, E.: Handb. Mangold Bd. 2, S. 81—95. — [4] STOTZ, H.: Wiss. Arch. Landwirtsch. (B) **9**, 426 (1933). — [5] KOSKOWSKI, W.: Persönliche Mitteilung. — [6] BAUMGÄRTEL, T.: Briefliche Mitteilung. — [7] BAUMGÄRTEL, T., u. D. ZAHN: Kli. Wo. **1951**, 646. — Baumgärtel, Bilirubinstoffwechsel S. 76. — [8] ZETTLER, F.: M. m. W. **1955**, 1527.

wenig, und gerade weil wir nichts darüber wissen, sollten weitere Untersuchungen darüber angestellt werden. Ebenso geringe Ergebnisse haben wir über die chemische Tätigkeit der Darmsymbionten. Sicher spielen sie im Abwehrkampf gegen eindringende Bakterien und deren Gifte eine größere Rolle als bisher angenommen. Ihre antibiotische Tätigkeit ist noch unerforscht. Die quantitative Ermittlung der spezifischen Darmprodukte im Kot beim Gesunden und Kranken verspricht auch für die Klinik noch praktisch brauchbare Ergebnisse.

3. Die Haut und ihre Ausscheidungen.

Von F. SCHAAF.

Inhaltsverzeichnis.

a) Allgemeines[1–16].

α) Allgemeine biologische Bedeutung der Haut.

Sie erschöpft sich nicht in den ihr als Grenzorgan zwischen Körper und Außenwelt zugewiesenen Schutzfunktionen gegenüber äußeren Schädigungen physikalischer und chemischer Art. Die *Haut* ist vielmehr als *selbständiges,*

Zusammenfassende Darstellungen: 1—16. [1] ROTHMAN, S., u. F. SCHAAF: Chemie der Haut. Handb. Haut- u. Geschl.-Krankh. Bd. 1/2, S. 161—377. — [2] UNNA, P. G.: Biochemie der Haut. Jena 1913. Histochemie der Haut. Leipzig, Wien 1928. — [3] SCHULZ, F. N.:

flächenhaft sich ausbreitendes, kompliziert gebautes *Organ* aufzufassen, welches auf Grund seiner innigen Verbindung mit dem Körper durch Blutkreislauf, Lymphstrom und Nerven nicht nur *Anteil an den verschiedenen Stoffwechsel-* und Ausscheidungsvorgängen hat, sondern auf Grund hautspezifischer Leistung zur *Bildung hauteigener Stoffe* (Keratin, Hautfette u. a.) befähigt ist. Sowohl innerhalb ihrer physiologischen Reaktionsbreite wie auch bei bestimmten krankhaften Vorgängen dürfte die Haut *Einfluß auf besondere und allgemeine Stoffwechselvorgänge des Körpers haben.*

Von den vom Hautorgan ausgeübten Schutzfunktionen sind die *Reglerfunktionen im Wärme- und Wasserhaushalt* sowie der *Lichtschutz* am längsten bekannt. Die Haut verhält sich aber gegenüber den von außen an sie herantretenden Energieformen nicht nur sperrend sondern z. T. auch ausbeutend (s. S. 312).

Ein Beispiel für den **Einfluß der Umwelt** ist die durch ultraviolettes Licht ausgelöste Umwandlung des im Hautfett enthaltenen Provitamins D_3 in antirachitisches Vitamin D_3 (s. Bd. 1, S. 399). Auch andere photochemische Umsetzungen haben ihren Sitz in der Haut und die Produkte solcher Lichtreaktionen sind sowohl für die normalen Funktionen des Körpers (Hyperpigmentierung s. S. 269) als auch für das Auftreten lichtbedingter Erkrankungen von Bedeutung (z. B. Photosensibilisierung durch Porphyrine[1,2]). Die Wirkungen der Strahlen, ebenso wie der Mechanismus dieser sich in der Haut abspielenden Umsetzungen sind noch unbekannt. Ob auch der durch chemische Untersuchungen bekannte Lichtabbau von Lactoflavin[3] in der Haut vor sich gehen kann, bleibt noch zu untersuchen. Die Haut als Grenzorgan des Körpers gegen die Umwelt könnte sehr wohl auch Ort solcher photochemischer Umsetzungen sein.

β) Geschichtliches über die Biochemie der Haut.

Die historische Entwicklung der Lehre von den Hautkrankheiten brachte es mit sich, daß unter dem bestimmenden Einfluß ihres eigentlichen, auf pathologisch-anatomischen Befunden aufbauenden Schöpfers F. v. Hebra (1816—1880) die früher als vermeintliche Ursache aller Hautkrankheiten angenommenen psorischen, herpetischen und anderen Dyskrasien, d. h. die *humorale Deutung krankhafter Hautvorgänge* in den Hintergrund traten. Diese mit Hilfe anatomischer, morphologischer und bakteriologischer Methodik so erfolgreiche Ära regte eben gerade wegen ihrer Erfolge nur wenig zu physiologisch-chemischen Fragestellungen an. Abgesehen von einigen Teilproblemen und den aus der Feder von Gerbereichemikern stammenden, vorwiegend ledertechnische, allgemeinchemische oder physikalisch-chemische Fragen behandelnden und dementsprechend nur die Verhältnisse im Corium

---

Hautabscheidungen und Tränen. A. Die Drüsen der Haut. Handb. Biochem. Bd. 5, S. 385—415. — [4] Rothman, S.: Haut und Hautanhänge. Handb. Biochem. Erg.-W. Bd. 2, S. 157—184. — [5] Rothman, S.: Hautabscheidungen. Handb. Biochem. Erg.-W. Bd. 2, S. 533—541. Physiology and Biochemistry of the Skin. Chicago 1954. — [6] Hoepke, H.: Histologische Technik der Haut. Handb. Haut- u. Geschl.-Krankh. Bd. 1/2, S. 495. — [7] Frey, M. v., u. H. Rein: Physiologie der Haut. Handb. Haut- u. Geschl.-Krankh. Bd. 1/2, S. 1—160. — [8] Rothman, S.: Resorption durch die Haut. Handb. Physiol. Bd. 4, S. 107; Bd. 18, S. 85. — [9] Schaffer, J.: Die Hautdrüsenorgane der Säugetiere mit besonderer Berücksichtigung ihres histologischen Aufbaus und Bemerkungen über die Proktodäaldrüsen. Berlin 1940. — [10] Heubner, W.: Mineralbestand des Körpers. Haut. Handb. Physiol. Bd. 16/2, S. 1495. — [11] György, P.: Stoffwechsel und Immunbiologie der Haut. Handb. Kinderheilkde. (Pfaundler-Schlossmann) Bd. 10, S. 45—81. — [12] Jadassohn, J.: Dermatologie. Wien, Bern 1938. — [13] Darier, J., A. Civatte et A. Tzanck, par A. Civatte: Précis de dermatologie. Paris 1947. — [14] Sutton, R. L., and R. L. Sutton jr.: Handbook of Diseases of the Skin. St. Louis 1948. — [15] Felix, K.: Chemie und Stoffwechsel der Haut. Arch. Derm. Syph., Berlin **184**, 140 (1943). — [16] Carruthers, C., and V. Suntzeff: Biochemistry and physiology of epidermis. Physiol. Rev. **33**, 229—243 (1953).

[1] Pincussen, L.: Photobiologie. S. 460. Leipzig 1930. — [2] Vannotti, A.: Porphyrine und Porphyrinkrankheiten. Berlin 1937. — s. a. Bd. 1, S. 899. — [3] Karrer, P.: Über die Chemie der Flavine. Ergebn. Vit.-u. Hormonforsch. **2**, 381—417 (1939).

berücksichtigenden Arbeiten[1] fehlte es bis zu der Monographie von ROTHMAN u. SCHAAF[2] an einer systematischen Darstellung der *Chemie der Haut.* Eine Sonderstellung nehmen die Bemühungen P. G. UNNAS und seiner Schüler[3,4] um eine auf den Ergebnissen färberischer Methoden aufgebaute Biochemie des Hautorgans ein. Die *physiologische Chemie der Haut* ist systematisch erst in den letzten Dezennien bearbeitet worden, und zwar unter besonderer Berücksichtigung patho-physiologischer Fragestellungen[5]. Mit dieser Feststellung wird zugleich eine Schwäche dieses Kapitels aufgedeckt: Die Bearbeitung patho-physiologischer Fragen ist vielfach jener physiologischer, grundsätzlicher Probleme vorausgeeilt. Somit erwächst der Forschung zunächst die Aufgabe, die Kenntnisse über die chemischen Bausteine und ihr Schicksal in der gesunden Haut, und zwar innerhalb ihrer physiologischen Reaktionsbreite, zu vertiefen und damit die patho-physiologischen Ergebnisse zu unterbauen bzw. richtigzustellen.

γ) Die Haut als Organ im Gesamtkörper.

Die zur Erhaltung ihres Zellebens, d. h. die zur *Energiebeschaffung* nötigen Substanzen empfängt die Haut aus dem Säftestrom. Die *Energiewandlung* vollzieht sich teils als selbständige Leistung der Zellen, teils unter dem Einfluß übergeordneter nervöser und humoraler Regulationsmechanismen; sie mündet in Endprodukte, die Gemenge entweder einfacher oder hochmolekularer, zum kleineren Teil organ-(haut-)spezifischer Verbindungen sind.

Organspezifisch sind nur bestimmte Eiweiße *(Keratine)* und die *Hautsekretfette*; die übrigen Bausteine entsprechen den am strukturellen Aufbau des Hautorgans beteiligten Gewebsarten.

Die Frage, inwieweit das Hautorgan zu eigenen und für den Gesamtorganismus wesentlichen energetischen Leistungen befähigt ist, muß vorerst mangels bündiger Beweise offen bleiben. Das Substrat für die Energiewandlung in der Zelle steht auf seinem Wege vom Angebot aus dem Säftestrom bis zu seinem Endprodukt qualitativ und quantitativ unter dem Einfluß einer Reihe verschiedenartigster, übergeordneter, teils endogener, teils exogener Faktoren. Es wirken in der Haut wie bei anderen Organen zusammen: nervöse Reize, innere Sekrete, Vitamine, allgemeine und spezielle Stoffwechselvorgänge, bestimmte Organfunktionen, immunbiologische Vorgänge u. a.

Beispiele für die engeren Beziehungen zwischen dem Biochemismus der Haut und dem Gesamtkörper sind diejenigen zu Schilddrüse[6], Leber, Nebenniere[7] und die im Bereich bestimmter Stoffwechselvorgänge (verminderte Kohlenhydratassimilation, Änderungen der Mineralbilanz u. a.[8]) sich abspielenden Vorgänge als Folge von innerhalb physiologischer Reaktionsbreite ablaufenden, experimentell-entzündlichen Hautreaktionen, ferner die Hyperpigmentation der Haut bei Morbus Addison (Nebenniereninsuffizienz) und Morbus Basedow (Dysfunktion der Thyreoidea), Pellagra, Schwangerschaftspigmentierung (vermehrte Oestronbildung), Lipoidosen der Haut bei Störungen des Kohlenhydrat- und Fettstoffwechsels, Neigung zu Pyodermien bei gleichzeitiger Erhöhung der Hautzuckerwerte bei Diabetes mellitus u. a.

δ) Die Haut als Speicher- und Ablagerungsorgan.

Haut vermag sowohl oxydierbare als auch für energetische Zwecke nicht mehr verwendbare, organische und anorganische Stoffwechselprodukte zu speichern oder abzulagern.

---

[1] Handb. Gerbereichem. Lederfabrik. (BERGMANN-GRASSMANN) Bde. 1—3. — [2] ROTHMAN, S., u. F. SCHAAF: Handb. Haut- u. Geschl.-Krankh. Bd. 1/2, S. 161—377 (dort Literatur). — [3] UNNA, P. G., u. J. SCHUMACHER: Lebensvorgänge in der Haut der Menschen und der Tiere. Leipzig, Wien 1925. — [4] UNNA, P. G.: Biochemie der Haut. Jena 1913. — [5] JENA, E.: Über die chemische Schutzwirkung der Haut. Ergebn. Hyg. **9**, 564—618 (1928). — [6] OZAKI, T.: Zbl. Haut- u. Geschl.-Krankh. **53**, 327 (1936). — [7] REIS, G. v., u. F. SJÖSTRAND: Skand. Arch. Physiol. **79**, 139 (1938). — [8] MONCORPS, C., R. M. BOHNSTEDT u. R. SCHMID: Arch. Derm. Syph. Berlin **169**, 67 (1933).

Von *Speicherung* (Stapelung, Deponierung) spricht man, wenn die Vermehrung bestimmter, physiologisch brauchbarer Stoffwechselprodukte in der Haut zeitlich begrenzt ist und keine gröberen morphologischen oder physiologischen Störungen auslöst. Die Bezeichnung „Speicherkrankheit" betont das Pathologische der Ansammlung normaler Stoffe.

Der Begriff Überspeicherung* oder *Ablagerung* ist dann am Platze, wenn die Vermehrung der für den Hautchemismus typischen, atypischen oder körperfremden wertlosen Substanzen zu klinisch wahrnehmbaren oder die physiologische Reaktionsbreite übersteigenden, funktionellen Änderungen führt.

Während die unter den Begriff Speicherung fallenden Vorgänge zeitlich begrenzt sind, führen Überspeicherungsvorgänge, wenn auch nicht immer, so doch überwiegend zu Zustandsbildern, welche nach Gestalt und Verlauf wohlcharakterisierte Hautkrankheiten bzw. Teilstücke eines Syndroms darstellen. Die Grenze zwischen Speicherung und Überspeicherung ist jedoch nicht immer scharf zu ziehen (s. a. S. 313).

Gespeichert können werden: Wasser, Salze, Fett, Kohlenhydrate, Provitamine und Vitamine. Als Beispiele von *Überspeicherungs-* oder *Ablagerungsvorgängen* seien genannt: Calcinosis der Haut, Amyloidose, Hämosiderinpigmentationen, Xanthomatosis, Necrobiosis lipoidica diabeticorum, Harnsäuretophi, Glykogenspeicherkrankheit, Argyrosis, Chrysiasis, Aurantiasis (Carotinoide).

Eine *Ablagerung* von Stoffwechselschlacken oder körperfremden Substanzen in der Haut ist an folgende Vorbedingungen geknüpft: 1. das Vorhandensein bestimmter Stoffwechselstörungen, 2. übermäßige Zufuhr von körperfremden Substanzen, 3. primär im Hautorgan gelegene Störungen.

ε) Die Haut als Ausscheidungsorgan.

Als Grenzorgan zwischen Umwelt und Lebewesen fällt der Haut die Aufgabe zu, die ihrem eigenen Betriebsstoffwechsel entstammenden Schlacken auch unmittelbar nach außen zu entfernen. Darüber hinaus beteiligt sie sich aber noch an der Ausscheidung von endogenen, teils dem normalen, teils dem fehlerhaften Stoffwechsel[1] entstammenden Verbindungen. Der *Ausscheidungsvorgang* erfolgt teils durch den Hautdrüsenapparat (Schweiß- und Talgdrüsen), teils unabhängig von diesem. Die Ex- und Sekrete sind z. T. auch nach ihrer Abgabe für die normale Hauttätigkeit von großer Bedeutung, z. B. der Schweiß für die Oberflächenacidität (Säureschutzmantel[2]) oder auch den Wärmehaushalt und daher nicht nur wertlose Ausscheidungsstoffe.

ζ) Kritisches zum Hautstoffwechsel.

Grundsätzlich muß man sich bei der Betrachtung der die Haut betreffenden physiologisch-chemischen Probleme die Wechselbeziehungen zwischen Haut und Gesamtkörper vor Augen halten. Hierbei ist zu beachten, daß *nur ein unvollkommener Ausgleich von normalen oder krankhaften Stoffwechselend- und -zwischenprodukten zwischen Haut und Säftestrom* stattfindet.

Es war daher ein Irrweg, aus der einmaligen Bestimmung dieses oder jenes Stoffwechselzwischen- oder -endproduktes im Blut und aus der Feststellung von Abweichungen von sog. Normalwerten Rückschlüsse im Sinne eines gleichartigen Verhaltens derselben Substanz in der Haut zu ziehen und diese für ätiologische und pathogenetische Deutungen zu verwenden. Erst die Erkenntnis

* Nach einem Vorschlag von v. MÖLLENDORFF (persönliche Mitteilung).

[1] BÜTTNER, H. E., u. H. ROBBERS: Kli. Wo. **1935 I**, 372. — [2] SCHADE, H., u. A. MARCHIONINI: Kli. Wo. **1928 I**, 12.

von der Notwendigkeit langfristiger Versuche nach funktionellen Belastungen bei gleichzeitigem Studium von Stoffwechselteilvorgängen im Säftestrom und in der Haut führten zu deutbaren Ergebnissen.

b) Anatomischer Bau der Haut[1].

Die Haut (= Cutis, integumentum commune) ist das größte Organ; es umfaßt beim Erwachsenen[2,3], von Alter, Größe und Geschlecht abhängig, im Mittel etwa 1,6—1,8 qm und ist ohne Tela subcutanea mit etwa 5—9% am Körpergewicht beteiligt[2]. Entwicklungsgeschichtlich sind an der Bildung des Integumentum commune 2 Keimblätter, das äußere *(Ektoderm)* und das mittlere *(Mesoderm)* beteiligt. Jenes liefert die Epidermis und letzteres das Corium und die Subcutis. Die Bezeichnung Cutis für Corium und Subcutis ist veraltet[1]. Wenn für die ganze Haut eine mittlere Dicke von 2 mm angenommen wird, entfällt auf die Epidermis etwa 0,12 mm und auf das Corium etwa 1,8 mm. Das spezifische Gewicht der Haut soll etwa 1,1 betragen[3].

α) Entwicklungsgeschichte.

Epidermis (ektodermal). Im 3.—4. Fetalmonat ist die *Differenzierung des Ektoderms zur Epidermis* so weit fortgeschritten, daß die für die Epidermis typische *Verhornung* der Handteller und Fußsohlen mit der Bildung von „*Keratohyalin*" und *Keratin* beginnt. Mit fortschreitender Verhornung verschwindet das in der embryonalen Epidermis reichlich vorkommende *Glykogen* allmählich. Ebenso vermindert sich das in der embryonalen Epidermis vorhandene *Fett*. Nach dem 5. Fetalmonat bildet sich aus den abgestoßenen, verhornten Zellen, dem Talgdrüsensekret und Haaren die für das Neugeborene charakteristische *Vernix caseosa*. Das normale *Oberhautpigment* tritt selbst bei der schwarzen Rasse erst nach der Geburt in Erscheinung.

Corium und Subcutis (mesodermal). Im mesodermalen Anteil ist zu Beginn der zweiten Schwangerschaftshälfte eine Vermehrung von der Epidermis parallel verlaufender *Kollagenbündel* festzustellen, d.h. die *Anlage der Lederhaut* wird an ihrer gegenüber der zartern und lockerern Schichtung im Bereich des sich entwickelnden Papillarkörpers und der Tela subcutanea auffallenden Verdichtung erkennbar. Die *elastischen Fasern (Elastica)* lassen sich regionär zu verschiedenen Zeiten, vom $4^1/_2$.—9. Monat nachweisen. Die *Fettzellen (Panniculus adiposus)* entstehen in der 2. Schwangerschaftshälfte aus eigenen „Primitivorganen", in welchen vor der Fettspeicherung vorübergehend Blutzellen gebildet werden. Bevor die Fettspeicherung einsetzt, ist in den zu Fettzellen sich differenzierenden Zellen Glykogen feststellbar.

Epidermale Anhangsgebilde. Die sog. Anhangsgebilde der Haut *(Haare, Nägel, Drüsen)* sind im wesentlichen epidermaler Natur und Herkunft. *Nagelsubstanz* ist mit Beginn des epidermalen Verhornungsprozesses (4.—5. Fetalmonat) innerhalb der Nageltaschen nachweisbar. Die *Haare* mit Talgdrüsenanlage werden im 4. Monat angelegt. Im 6. Embryonalmonat sind freie *Talgdrüsen* mit deutlich sekretorischer Tätigkeit vorhanden. Die *Schweißdrüsen* lassen erst im 7. Fetalmonat ein Lumen und sekretorische Tätigkeit erkennen. Die *Milchdrüsen* werden sehr frühzeitig angelegt; ihre Differenzierung erfolgt über die im 3. Fetalmonat sich zurückbildende Milchleiste (anormales Überbleibsel: akzessorische Brustdrüsen) und ist mit der Geburt bis zu einer gewissen Funktionsfähigkeit (Hexenmilch = durch von der Mutter auf den Embryo übertretende Hormone bedingt) gediehen. Erst mit der Pubertät reift die Milchdrüse beim weiblichen Geschlecht weiter, um während der Schwangerschaft zur eigentlichen Milchbildung vorbereitet zu werden.

Wenn auch mit der Geburt die Haut in ihren wesentlichen anatomischen Bestandteilen angelegt ist, so erfolgen doch unter dem Einfluß der Entwicklung, der Umwelt und schließlich

---

[1] v. MÖLLENDORFF, Lehrb. Histol. 25. Aufl. S. 431. Handb. mikroskop. Anat. (v. MÖLLENDORFF) Bd. 3/1. — PINKUS, F.: Handb. Haut- u. Geschl.-Krankh. Bd. 1/1, S. 1—378. — [2] WILMER, H. A.: Proc. Soc. exp. Biol. Med. **43**, 386 (1940). — [3] LEIDER, M., and C. M. BUNCKE: Arch. Derm. Syph. Chicago **69**, 563 (1954).

des Alterns zunächst *Reifungs-* und *Differenzierungsvorgänge*, z. B. Unterschied in Leistung und Ausbildung des neuro-capillären Systems, des reticulo-endothelialen Apparates, der Drüsen beim Säugling gegenüber dem Kind in den Entwicklungsjahren bzw. des Erwachsenen[1], und schließlich *regressive Veränderungen* im Rückbildungsalter. Diese Gesichtspunkte haben in Arbeiten mit physiologisch-chemischer Fragestellung noch nicht die erforderliche Berücksichtigung gefunden.

β) Histologie und Histobiologie.

1. Epidermis und epidermale Anhangsgebilde (ektodermal).

Histologisch[1–5] werden an der *Epidermis* mehrere Schichten unterschieden, und zwar von der Oberfläche gegen die Tiefe zu: 1. *Stratum corneum*, 2. *Stratum lucidum*, 3. *Stratum granulosum* und 4. *Stratum germinativum*. Stratum corneum und Stratum germinativum haben eigene, von einander unabhängige Systeme von Tonofibrillen. Die Basalzellschicht des Stratum germinativum ist die Bildungsstätte des normalen Oberhautpigmentes. Aus den Basalzellen und den höher gelegenen Stachelzellen regeneriert sich die Epidermis durch mitotische und höchstens mit ganz unwesentlichem Anteil durch amitotische Teilung.

Zwar findet sich in der normalen Haut nur eine spärliche Zahl Mitosen, und es fällt häufig schwer, solche in den Zylinderzellen und in der unteren Lage des Stratum spinosum zu beobachten, so daß vermutet werden könnte, die recht erhebliche Zellneubildung sei so nicht zu decken. Trotzdem scheint amitotische Vermehrung im Stratum germinativum nicht in Betracht zu kommen[6]. Das Vorkommen 2kerniger Zellen, die reichliche Zellvermehrung in kurzer Zeit ohne entsprechende Mitosenvermehrung und Beobachtungen an Gewebskulturen machten eine amitotische, d. h. direkte Kernteilung wahrscheinlich, ihr Ablauf konnte aber nie beobachtet werden. Die oft außerordentlich große Vermehrung von Mitosen bei ersichtlich vermehrter Zellneubildung, wie sie z. B. bei der Haarneubildung und bei epithelialen Tumoren zu sehen ist, läßt deshalb die Mitose als wesentlichste, wenn nicht einzige Neubildungsform der Epidermiszellen erscheinen. Mit Hilfe der Colchicinmethode[7–11] lassen sich auch bei rasch entstehender Epidermisverbreiterung massenhaft Mitosen nachweisen, die ohne Colchicin der Beobachtung entgehen.

Dieser an Hand der Zellgestalt und des verschiedenen färberischen Verhaltens unterscheidbaren Schichtung entsprechen biochemische Unterschiede, die teils mittels histochemischen, teils mittels qualitativ- und quantitativ-chemischen Methoden faßbar sind.

A. Stratum corneum. Die Zellen des Stratum corneum besitzen schon in den unteren Lagen nicht mehr die Kennzeichen der lebenden Zelle. An Stelle der für die tieferen Epidermisabschnitte charakteristischen Saftlücken ist eine mit Silbernitrat schwärzbare Kittsubstanz vorhanden. Die Hornschicht zeigt *abschnittsweise ein wechselndes Verhalten gegenüber Farbstoffen und Reagentien*: Innerhalb der Hautleisten Basophilie und innerhalb der Furchen Oxyphilie[12]. Mittels bestimmter histologischer Methoden wurde eine gleichmäßige Durchsetzung des Stratum corneum mit Stoffen bestimmter Reaktionsfähigkeit (Schwärzung mit Osmiumsäure) nachgewiesen. Allein auf Grund ihres färberischen aber unter Außerachtlassung des chemischen Verhaltens können diese Stoffe jedoch nicht, wie das geschehen ist,

---

[1] Becker, J.: Anatomischer Aufbau der Haut im Kindesalter. Handb. Kinderheilkde. (Pfaundler-Schlossmann) Bd. 10, 1—44. — [2] Salecker, J.: Gegenbaurs Jb. **88**, 225 (1943). — [3] Pernkopf, E., u. V. Patzelt: Arzt-Zieler Bd. 1, S. 1—140 (1934). — [4] Kyrle, J.: Vorlesungen über Histo-Biologie der menschlichen Haut und ihrer Erkrankungen. Wien, Berlin 1925. — [5] Unna, P. G.: Biochemie der Haut. Jena 1913. Histochemie der Haut. Leipzig, Wien 1928. — [6] Stöhr, P. jr.: Lehrbuch der Histologie und der mikroskopischen Anatomie des Menschen. S. 458. Berlin, Göttingen, Heidelberg 1951. — [7] Lits, F.: C. R. Soc. Biol. **115**, 1421 (1934). — [8] Dustin, A. P.: Volume jubilaire Prof. J. Demoor. Paris 1937. Ann. Bull. Soc. R. Sci. méd. natur. Bruxelles **1939**, No 5/6. — [9] Jadassohn, W., u. H. E. Fierz-David: Vjschr. naturforsch. Ges. Zürich **88**, Beiheft 1, S. 7 (1943). — [10] Steinegger, E.: Schweiz. Apoth.-Ztg. **82**, 509 (1944). — [11] Gaudin, P.: Derm., Basel **97**, 208 (1948). — [12] Patzelt, V.: Z. mikroskop.-anat. Forsch. **5**, 371 (1926); **17**, 253 (1929).

als Ester der Ölsäure angesprochen werden (s. S. 258). Die *Dicke der Hornschicht* ist teilweise für den mechanischen Schutz, besonders aber zur Fernhaltung ultravioletter Strahlen von Bedeutung[1]; sie wechselt nach Alter und Region in weiten Grenzen.

Die im Schrifttum angegebenen Zahlen sind mit Kritik zu verwerten; verläßlich sind nur die Werte[2], welche an unfixiertem Material mit Gefrierschneideverfahren (tiefgekühltes Messer nach SCHULTZ-BRAUNS) oder an unter Vermeidung der Schrumpfung fixiertem Gewebe gewonnen wurden. Nach solchen Messungen zeigt z. B. das Stratum corneum an Bauch, Oberschenkel, Fußrücken und Fußsohle Dicken von 0,012, 0,017, 0,050 bzw. 0,2 mm[1].

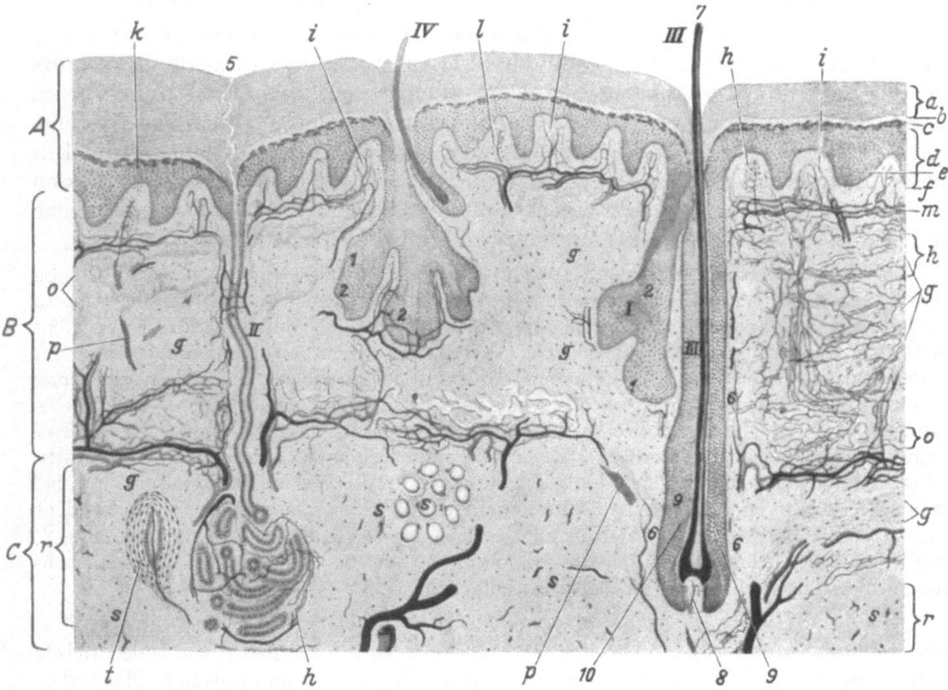

Abb. 17. Schematischer Querschnitt der menschlichen Haut. *A* Epidermis; *B* Corium; *C* Subcutis. *a* Stratum corneum; *b* Str. lucidum; *c* Str. granulosum; *b* u. *c* „Übergangsschichten"; *d—e* Str. spinosum; *f* Str. basale s. germinativum; *d—f* rete Malpighi; *g* kollagene Bindegewebsfasern; *h* elastische Fasern; *i* Capillaren des Papillarkörpers. *I* Talgdrüse; *II* Schweißdrüse; *III* Terminalhaar mit kleiner Talgdrüse; *IV* Lanugohaar mit großer Talgdrüse. *1* Basalschicht der Talgdrüse; *2* Talgdrüsenzellen; *4* Schweißdrüsenausführungsgang mit Capillargefäßen; *5* Schweißdrüsenporus; *7* Haar; *9* äußere Haarwurzelscheide; *10* innere Haarwurzelscheide („Übergangsschichten" des epithelialen Haarfollikels) (nach ROTHMAN[3]).

B. Stratum lucidum. Es ist als eine besondere, nur an bestimmten Stellen (Fußsohle, Handteller) morphologisch besonders mittels saurer Farbstoffe darstellbare Phase des Verhornungsvorganges nachweisbar. Durch Verflüssigung des „Keratohyalins" (s. C) gewinnt diese in ihrer Breite dem darunterliegenden Stratum granulosum entsprechende Schicht ein eigentümlich homogenes Aussehen; wegen der Ähnlichkeit mit Öl wird die das Stratum lucidum charakterisierende Substanz „*Eleidin*" bzw. „*Elaidin*" genannt. „Eleidin" und „Keratohyalin" sind in der Histologie gebräuchliche Begriffe für chemisch nichtdefinierte Körper (s. S. 258).

C. Stratum granulosum. Das ein bis mehrere Lagen abgeplatteter Zellen aufweisende Stratum granulosum bildet den Übergang vom Stratum germinativum zum Stratum corneum und ist durch das Auftreten von „*Keratohyalin*" charakterisiert.

Das „Keratohyalin" ist eine stark lichtbrechende, isotrope, sich im allgemeinen stark mit basischen Farbstoffen färbende Masse von halbfester Konsistenz.

[1] MIESCHER, G.: Strahlentherapie **35**, 403 (1930). — [2] PATZELT, V.: Z. mikroskop.-anat. Forsch. **5**, 371 (1926); **17**, 253 (1929). — [3] ROTHMAN, S.: Handb. Physiol. Bd. 4, S. 110.

D. Stratum germinativum (früher Strat. Malpighi genannt). Das durch polyedrische, miteinander durch Brückenbildung verbundene Zellen charakterisierte *Stratum spinosum* beteiligt sich vorwiegend durch Mitosen[1,2] an der Regeneration der Epidermis. *Wesentlich für das Verständnis biochemischer Vorgänge ist das Vorhandensein der das ganze Stratum germinativum als zusammenhängenden Raum durchsetzenden Intercellulärspalten.* Sie enthalten eine sich von der Lymphe des Bindegewebes durch Silbernitratschwärzung unterscheidende und den Stoffwechsel vermittelnde Flüssigkeit.

Die Basalzellschicht des Stratum germinativum *(Stratum basale)* ist durch senkrecht zur Oberfläche palisadenartig gestellte, prismatische, sich mitotisch vermehrende Zellen charakterisiert; ihre Aufgabe liegt in der Herstellung einer festen Verbindung mit dem mesodermalen Gewebsanteil der Haut (Wurzelfüßchen) und zugleich in der Vermittlung des Stoffwechsels zwischen beiden. Die Zellen färben sich im Vergleich zum Stratum spinosum etwas stärker und sind die *Bildungsstätte des normalen Oberhautpigments. Lipoide* lassen sich dort färberisch in geringer Menge nachweisen.

Die *epidermalen Anhangsgebilde (Talg-* und *Schweißdrüsen, Haare, Nägel)* sind in den mesodermalen Gewebsanteil (Corium und Subcutis) mehr oder weniger tief eingesenkt. Die Hornsubstanz der Haut soll sich von der der Nägel, Haare und Hörner auch chemisch unterscheiden („weiche“ und „harte“ Form[3]). Einwandfreie chemische Befunde, welche diese Annahme stützen, fehlen.

2. Corium und Subcutis (mesodermal).

Dieser Teil umfaßt das an das Stratum germinativum angrenzende *Corium* (Lederhaut) und die *Tela subcutanea* (Unterhautzellgewebe). Die Grenzlinie zwischen Epidermis und Corium zeigt im senkrechten Gewebsschnitt eine charakteristische, nach Region und Alter verschieden stark ausgeprägte Verzahnung. In vivo ist die Verbindung zwischen Epidermis und Corium gegenüber mechanischen Trennungsversuchen äußerst widerstandsfähig.

A. Das Corium bzw. die Lederhaut, so genannt, weil sie die Substanz für die Lederherstellung abgibt, zeigt eine oberflächliche Schicht, welche wegen ihrer zwischen den Leisten gegen die Epidermis vorspringenden Papillen *Stratum papillare,* Papillarschicht oder Papillarkörper genannt wird. Unter dieser Schicht liegt der mechanisch wichtigste Teil der Haut, *Stratum reticulare* genannt, welcher aus geflechtartigem, bei Gerbung zu Leder werdendem Bindegewebe besteht. Charakteristische, mittels bestimmter Färbemethoden darstellbare Bestandteile des Bindegewebes sind die *elastischen Fasern und kollagenen Bindegewebsbündel.*

Die *elastischen Fasern* begleiten die kollagenen Bündel und umspinnen sie netzförmig; gegen die Oberfläche zu werden sie immer dünner und sind in den stärkerer Dehnung ausgesetzten Hautpartien reichlicher ausgebildet. Beim Übergang in Schleimhäute verschwinden sie größtenteils. Die elastischen Fasern degenerieren im Alter. Durch lokale Wirkung geschlechtsspezifischer Hormone soll eine gewisse Neubildung möglich sein[4]. Das unter pathologischen Bedingungen geänderte Verhalten der mesenchymalen Faserarten gegenüber bestimmten Färbeverfahren *(Umwandlung des Elastins in „Elacin“ und des Kollagens in „Kollastin“ bzw. „Kollacin“)* darf nicht unter der Annahme, der Aufbau habe sich grundlegend geändert, in chemischer Hinsicht zu weitgehenden Schlüssen führen. Verschiedenes färberisches Verhalten könnte sehr wohl durch solche Veränderungen (kolloidchemische) bedingt sein, die noch keine chemisch bestimmenden Umformungen einschließen. Auch „Kollastin“ und „Elacin“ sind in der Histologie gebräuchliche Begriffe für chemisch unbekannte Gewebsbestandteile.

B. Die *Tela subcutanea,* die in allmählichem Übergang die Verbindung mit den die Hautunterlage bildenden Gewebsteilen (Knochen, Knorpel, Muskel, Fascie) herstellt, ist durch

---

[1] THURINGER, J. M.: Anat. Rec. **40**, 1 (1928). — [2] STÖHR, P. jr.: Lehrbuch der Histologie und der mikroskopischen Anatomie des Menschen, S. 457. Berlin, Göttingen, Heidelberg 1951. — [3] UNNA, P. G., u. J. SCHUMACHER: Lebensvorgänge in der Haut der Menschen und der Tiere. S. 49. Wien 1925. — [4] GOLDZIEHER, J. W., I. S. ROBERTS, W. B. RAWLS and M. A. GOLDZIEHER: Arch. Derm. Syph., Chicago **66**, 304 (1952).

eine mehr lamellöse Lockerung des Bindegewebes mit Einlagerung von Fettzellen charakterisiert. Die in Form kleiner und größerer Läppchen verbundenen Fettzellen bilden den in seiner Stärke individuell nach Körperregionen, Alter und Ernährungszustand wechselnden *Panniculus adiposus.*

C. Gefäßversorgung von Corium und Subcutis. Die *Arterien der Haut* bilden an der Grenze von Corium und Subcutis einen *cutanen* und im Papillarkörper einen *subpapillären Plexus.*

Das Capillarsystem ist in 3 übereinanderliegenden Gebieten angeordnet, von denen jedes eigene Zu- und Abflüsse besitzt, und die außerdem unabhängig voneinander innerviert werden: 1. die aus dem subpapillären Plexus gespeisten Capillargefäße der Papillar-, Talgdrüsen- und Schweißdrüsenausführungsgänge, 2. das von den aus der Subcutis aufsteigenden Arterien gespeiste Capillarnetz der Schweißdrüsenknäuel und der Haarpapillen und 3. das zutiefst gelegene, die Fettläppchen der Subcutis umspinnende, von selbständigen kleinen Arterien versorgte Capillarnetz. Das Bindegewebe des Statum reticulare, der das Leder liefernden Schicht, ist arm an Capillargefäßen.

D. Lymphbahnen. Über die Beschaffenheit des Lymphsystems gehen die Meinungen noch auseinander. Die Hautlymphe passiert vor Einströmen in die Blutbahn subcutan oder subfascial gelegene Lymphknoten.

E. Nerven. Die Art der *nervösen Versorgung* spiegelt die Haut als flächenhaft ausgebreitetes Sinnesorgan wider. Vom *cerebrospinalen System* stammen alle sensiblen *markhaltigen* Fasern (Berührungs-, Schmerz-, Temperaturempfindung); sie treten an die Haare und Blutgefäße heran. Die *vom Grenzstrang ausgehenden, dem autonomen System* angehörenden Nervenfasern sind *marklos* und versorgen den sekretorischen Apparat sowie die glatten Muskeln der Haut.

Die Beachtung der Anordnung und nervösen Versorgung des Hautgefäßsystems ist unerläßliche Voraussetzung für die Erörterung formalgenetischer und auch physiologisch-chemischer Probleme.

Nachdrücklich sei darauf verwiesen, daß das Hautorgan nach Alter, Geschlecht[1] *und Körperregion in seiner Zusammensetzung, d. h. dem quantitativen und qualitativen Anteil seiner einzelnen Bestandteile erheblichen Schwankungen unterworfen und dies bei der Bearbeitung physiologisch-chemischer Probleme zu berücksichtigen ist.*

c) Chemischer Aufbau und Funktion der Haut.

Die *physiologische Chemie der Haut*[2–6] gliedert sich nach 2 Gesichtspunkten: I. *chemischer Aufbau des Hautorgans* unter besonderer Berücksichtigung der für ihre einzelnen Schichten und Gewebsanteile charakteristischen Bestandteile und II. *die physiologisch-chemischen Leistungen der Haut als solche und im Rahmen des Gesamtstoffwechsels.*

α) Gewinnung von Untersuchungsmaterial.

Zum Studium der einzelnen Gewebsanteile ist ihre Trennung voneinander Voraussetzung. Verwendet werden hierfür chemische und mechanische Methoden.

Beiden haftet der Nachteil an, daß (mit Ausnahme der Hornschichtgewinnung) das Untersuchungsgut entweder Beimengungen anderer Gewebsanteile oder Hautanhangsgebilde in mehr oder minder großer Menge enthält oder daß es durch die Anwendung eingreifender chemischer Arbeitsweisen denaturiert wird und dann die Schlußfolgerungen nicht ohne weiteres auf die ursprünglichen Verhältnisse bezogen werden können. Selbst bei der Gewinnung und Untersuchung der Hornschicht ist zu berücksichtigen, daß ihr zum Teil schwer entfernbare

[1] Tadokoro, T.: J. Fac. Sci. Hokkaido (III) **1**, 1 (1930) [C. **1932 I**, 1681]. J. Fac. Sci. Hokkaido (III) **1**, 185 (1933) [C. **1934 I**, 1340].

Zusammenfassende Darstellungen über die Chemie der Haut: 2—6. [2] Schulz, F. N.: Hautabscheidungen und Tränen. A. Die Drüsen der Haut. Handb. Biochem. Bd. 5, S. 385—415. — [3] Unna, P. G.: Histochemie der Haut. Leipzig, Wien 1928. — [4] Rothman, S., u. F. Schaaf: Handb. Haut- u. Geschl.-Krankh. Bd. 1/2, S. 161—377. — [5] Rothman, S.: Handb. Biochem. Erg.-W. Bd. 2, S. 157, 533. — [6] Sanders, F. K.: Special senses, cutaneous sensation. Ann. Rev. Physiol. **9**, 553 (1947).

äußere Verunreinigungen anhaften, welche die ermittelten Analysenwerte, besonders bei Bestimmungen des Mineralgehalts, zu bedeutungslosen Zufallsergebnissen erniedrigen, die über die wahren Verhältnisse nichts aussagen. Alle diese Gründe machen es häufig unmöglich, die Ergebnisse verschiedener Untersucher zusammenzufassen oder einer vergleichenden Betrachtung zu unterziehen.

Gewinnung von Hautschichten. Für Hornschicht Abhobeln von Fußsohlenhaut mit dem Raspatorium oder Rasierapparaten, Maceration bzw. Quellung in Wasser oder 15—20%iger Kalilauge, Sammeln von Schuppen bei desquamativen Prozessen (Schuppung nach Ultraviolettdermatitis, Scarlatina u. a.), planparalleles Abtragen der Hornschicht auf dem Gefriermikrotom. Das letzte Vorgehen liefert am ehesten ein physiologischen Verhältnissen entsprechendes Untersuchungsgut Hornschicht und Epidermis. d. h. eine *Trennung der Epidermis von Corium und Subcutis,* läßt sich durch Vorbehandlung von Hautstücken mit 20%iger Salpetersäure gewinnen, doch erhält man auf diese Weise ein weitgehend verändertes Untersuchungsgut. Günstiger scheint eine schonende tryptische Verdauung[1]. Auf mechanischem Wege ist ebenfalls keine genaue Trennung von Epidermis und Corium möglich (feste Verzahnung zwischen Epidermisleisten und Papillarkörper). Es müßte schon eine solche Haut gefunden werden, bei der die Epidermis glatt über das Corium gezogen wäre. Neuere Methoden[2,3]. Für bestimmte Zwecke (Versuche nach WARBURG über Hautatmung, Glykolyse u. a.) liefern auch hier der Oberfläche planparallele und auf ihre gewebliche Beschaffenheit kontrollierbare Gefrierschnitte die einwandfreiesten Proben. Das gleiche gilt für die *Gewinnung von Coriumproben.* Mechanisches Abschaben der Oberfläche oder Unterseite von Hautstücken ergibt kein verläßliches Untersuchungsmaterial.

β) Chemie der Hornschicht.

Die chemischen Vorgänge bei der Verhornung können nicht als Degeneration, Eintrocknungserscheinung oder bedingt durch Entfernung von der Nährbasis erklärt, sondern müssen auf ererbte Entwicklungspotenzen bezogen werden.

1. Wassergehalt.

Man[4,5] fand in Hornschichtproben der menschlichen Haut sowie in tierischen Keratingebilden Wasser in von 7—12% wechselnder Menge (z. B. in Ichthyosisschuppen 11,4%, in Schildpatt 9,4% H_2O).

Das Keratin der Hornschicht kann als verhältnismäßig stark entwässerter, in Wasser gelartig quellender Körper aufgefaßt werden, dessen Wassergehalt unter normalen Verhältnissen lange nicht dem höchsten Sättigungsgrad entspricht. Wasser kann noch von der Hornschicht *aufgenommen, angezogen werden.* Angaben über den Wassergehalt und Schwankungen zwischen verschiedenen Proben können infolgedessen nicht Grundlage theoretischer Folgerungen sein. Vorbehandlung der Hornschicht, Trocknungsverfahren, Luftfeuchtigkeit und Oberflächengröße des Untersuchungsgutes beeinflussen die gefundenen Werte stark. Es ist deshalb auch noch nichts Sicheres darüber auszusagen, wie stark das Wasserbindungsvermögen der Hornschicht vom Alter oder von der Herkunft abhängig ist. Auch Untersuchungen über die *Art der Wasserbindung* im Stratum corneum und in anderen Horngebilden liegen noch nicht vor.

2. Mineralstoffe.

Auch die Aschenwerte schwanken aus obigen Gründen in weiten Grenzen (Hühnerauge 0,1%, Ichthyosisschuppen 2,3%[6]). Neuere Arbeiten zeigen, daß die Aschenwerte weitgehend von der Reinigung der Haut *vor* der Analyse abhängen. Eine praktische Bedeutung kommt daher diesen, selbst bei analogem Untersuchungsgut noch stark schwankenden Aschenwerten nicht zu. Das

[1] MEDAWAR, P. B.: Nature **148**, 783 (1941). — [2] FLESCH, P., A. M. KLIGMAN and G. D. BALDRIDGE: J. invest. Derm. **16**, 81 (1951). — [3] BLANK, I. H., and O. G. MILLER: J. invest. Derm. **15**, 9 (1950). — [4] ABDERHALDEN, E., u. B. ZORN: H. **120**, 214 (1922). — [5] BUCHTALA, H.: H. **74**, 212 (1911). — [6] SAMMARTINO, U.: B. Z. **133**, 476 (1922).

zuverlässigste Verfahren scheint noch immer die Veraschung einwandfrei isolierter Hornschichten im Cariusrohr zu sein.

a) Wesentliche Aschebestandteile sind der Menge nach Na, K, Ca, Mg, die als Chloride, Phosphorsäure- und Schwefelverbindungen sowie als Hydrogencarbonate u. a. vorliegen dürften. Verläßliche Angaben über den Schwefel- und Phosphatgehalt des Stratum corneum fehlen. Die meisten Arbeiten beziehen sich auf Horn, Haare oder Gesamthaut.

b) Spurenelemente. Abgesehen vom Fe wird auch über das Vorkommen geringer Mengen anderer Schwermetalle (Mn, Co[1], Ni[1], Cu, Zn, Pb) berichtet. Nach den Befunden sollte die Oberhaut Schwermetalle in größeren Mengen als andere Organe aufzunehmen vermögen, sie in den verhornten Gewebsbestandteilen anreichern und von hier aus abscheiden. Unter physiologischen Verhältnissen ist die Menge der in der Hornschicht nachgewiesenen Schwermetalle mit Ausnahme des Fe jedoch sehr gering und nur mittels besonders empfindlicher Methoden nachweisbar[1,2]. Äußere Verunreinigungen sind anteilmäßig schwer abzuschätzen, so daß die Angaben mit Vorsicht auszuwerten sind.

Das gleiche gilt für das Vorkommen von Mg, Al und die *Metalloide* F, Br, J, As.

Fluor. Besondere Bedeutung wurde dem in der Hornschicht nachgewiesenen Fluor (z. B. in abgekratzten, getrockneten Hautschuppen eines 70jährigen Mannes 16,4 mg in 100 g Hornsubstanz[3]) beigemessen. Ob dieses Element in der Hornschicht eine besondere Aufgabe zu erfüllen hat, das Verhältnis Fluor: Phosphor eine solche kennzeichnet oder organisch gebundenes Fluor auf dem Wege der Verhornung in anorganische Bindung übergehen kann, wird erst zu entscheiden sein, wenn die älteren Angaben durch neue Befunde gestützt werden, die in einem alle Fehlermöglichkeiten berücksichtigenden Arbeitsgang erhalten werden.

Silicium. Was den *Siliciumgehalt* der Hornschicht betrifft, so weiß man hierüber wenig Sicheres. Verläßliche, Staubverunreinigungen ausschließende Angaben über den Kieselsäuregehalt der Hornschicht fehlen, wenn man von älteren, sehr hohe Werte angebenden Arbeiten absieht. Über die Bindungsform ist ebensowenig etwas Genaueres bekannt; in der Asche wurde stets SiO_2 gefunden[4].

c) Kritisches zur Aschenanalyse. Es sei hervorgehoben, daß nur wenige Analysenergebnisse sich auf einwandfrei isoliertes Stratum corneum beziehen; vielmehr wurden aus den für verhornte Anhangsgebilde menschlicher und tierischer Herkunft gefundenen Werten Rückschlüsse auf die Verhältnisse im Stratum corneum bzw. auf die Keratine als solche gezogen. Es erübrigt sich daher im Hinblick auf die zum Teil veralteten Methoden Zahlenwerte zu bringen. Moderne spektrophotometrische Verfahren (Emmissionsspektra) und Mikromethoden im Verein mit einer sorgfältigen, äußere Verunreinigungen ausschließenden Gewinnung einwandfreien Versuchsmaterials dürften berufen sein, diese Lücke unseres Wissens bezüglich der Spurenelemente zu schließen.

Zusammenfassend ist festzustellen, daß *nur wenige verläßliche Werte über die Mineralstoffe des Stratum corneum* vorliegen. Äußere Verunreinigungen, sowie Herkunft und Aufbereitung des Untersuchungsmaterials müssen bei einer kritischen Bewertung der Analysenergebnisse berücksichtigt werden. Weiterhin sei darauf verwiesen, daß *Aschenanalysen nur bedingt Auskunft über die Zusammenhänge des Mineralstoffgehaltes mit Lebensvorgängen zu geben vermögen.* Sie unterrichten nur in groben Zügen über Speicherung und Ablagerung als solche, nicht aber über den biologisch wirksamen Anteil der Mineralien.

3. Organische Bestandteile.

a) Eiweiß. Die Hornschicht enthält vom Saurier bis zum Menschen ebenso wie die verhornten Hautanhangsgebilde als wesentlichen und spezifischen Bestandteil *Keratine* (s. Bd. **1**, S. 733ff.).

[1] Bertrand, G., et M. Mâcheboeuf: Cr. **180**, 1380 (1925). — [2] Gerlach, Wa., u. We. Gerlach: Die chemische Emissionsspektralanalyse. 2. Tl. Anwendung in Medizin, Chemie und Mineralogie. Leipzig 1933. — [3] Gautier, A., et P. Clausmann: Cr. **156**, 1347; **157**, 94 (1913). — [4] Gonnermann, M.: H. **99**, 255 (1917).

Keratin. Abgesehen von ihren spezifischen Eigenschaften (hohe Fermentresistenz und Thioglykolsäureempfindlichkeit[1], relative Widerstandsfähigkeit gegen Säuren und Laugen, hoher Cystin- und Tyrosingehalt) zeigen nach den älteren Untersuchungen die aus den verschiedenen Horngebilden gewonnenen Keratine je nach Herkunft und Alter des Ausgangsmaterials selbst innerhalb der gleichen Tierspecies erhebliche Unterschiede hinsichtlich des Vorkommens und der Menge einzelner Bausteine. Überdies beziehen sich die Angaben über Art und Ausbeute der verschiedenen Zwischenprodukte (bei partieller Keratolyse) oder der einfachen Bausteine (nach totaler Keratolyse[2,3]) in der Keratinmolekel vorwiegend auf die verschiedensten Horngebilde (Rinderhorn, Haare, Nägel) oder pathologischen Verhornungsprodukte (Hautschuppen, Hühneraugen) und nur ausnahmsweise auf die Hornschicht normaler menschlicher Haut. Alle diese Angaben können höchstens zur groben Orientierung dienen, Schlüsse über den tatsächlichen Aufbau des Keratins der verschiedenen verhornten Gebilde lassen sie nicht zu. Es ist nicht bekannt, wieviel der nachgewiesenen Aminosäuren teilweise, und welche bei der Hydrolyse ganz zerstört werden (Huminstoffe). Selbst gut definierte und leicht abtrennbare Aminosäuren sind nicht ganz leicht quantitativ faßbar[4]. Neuere, sorgfältig durchgeführte Untersuchungen über die Aminosäureverteilung im Keratin der Hornschicht deuten darauf, daß mindestens zwischen den Keratingebilden der gleichen Species nicht so große Unterschiede bestehen dürften, wie nach den älteren Angaben zu erwarten war. Es wurde z. B. ein ähnliches Verhältnis zwischen den basischen Aminosäuren Histidin, Lysin und Arginin im Keratin von Stratum corneum, Haar und Fingernagel des Menschen[5] gefunden.

Neuerdings hat man auch mit Hilfe der Ultraviolett-Reflexionsspektrophotometrie in vivo versucht, einen Einblick in den Keratinaufbau zu erhalten[6].

Eine große Rolle spielt bei der Erörterung der biochemischen Grundlagen der Verhornung der mengenmäßige *Anteil des Schwefels* und die Art seiner Bindung im Keratin. Besondere Beachtung findet in neuerer Zeit die Beteiligung von Methionin neben Cystin am Keratinaufbau. Methionin[7] ($H_3CS—(CH_2)_2—CH(NH_2)—COOH$) wurde auch als Bestandteil des Strat. corneum (Schuppen der Haut bei exfoliativer Dermatitis) nachgewiesen[8]. In Haaren und Fingernägeln findet sich aber ein wesentlich höherer Anteil an Methion-S als in der Epidermis. In bezug auf den Cystin-S bestehen keine derartigen Unterschiede. Die Subcutis wiederum ist sowohl an Methionin-S als auch an Cystin-S ärmer als die Epidermis[9].

Neben der Disulfid- (***R***S—S***R***)- und der Methionin- (***R***S—CH_3)-Bindung muß auch noch mit anderen Verknüpfungen gerechnet werden[10]. Entgegen der bisherigen Auffassung sprechen neuere Befunde für das Vorkommen von Sulfhydrylgruppen (***R***—SH) auch in normal verhorntem Stratum corneum, und zwar auf Grund einer für histochemische Zwecke modifizierten Natriumnitroprussidreaktion[11,12]. Weitere histochemische Darstellungsverfahren zur Feststellung der Schwefelverteilung in menschlicher Haut[13–15].

---

[1] Routh, J. I., and H. B. Lewis: J. biol. Ch. **124**, 725 (1938). — [2] Abderhalden, E., u. E. Komm: H. **132**, 1; **139**, 181 (1924). — [3] Ssadikow, W. S.: B. Z. **136**, 238 (1923); **150**, 361 (1924); **179**, 326 (1926). — Ssadikow, W. S., u. N. D. Zelinsky: B. Z. **136**, 241 (1923). — [4] Rimington, C.: Biochem. J. **23**, 41 (1929). — [5] Wilkerson, V. A.: J. biol. Ch. **107**, 377 (1934). — [6] Goldzieher, J. W., I. S. Roberts, W. B. Rawls and M. A. Goldzieher: Arch. Derm. Syph., Chicago **64**, 533 (1951). — [7] Barger, G., and F. P. Coyne: Biochem. J. **22**, 1417 (1928). — [8] Wilkerson, V. A., and V. J. Tulane: J. biol. Ch. **129**, 477 (1939). — [9] Liefländer, M., u. H. Tronnier: Derm., Basel **109**, 295 (1954). — [10] Mörner, C. T.: H. **93**, 175 (1914). — [11] Moncorps, C.: A. e. P. P. **141**, 81 (1929). — [12] Sannicandro, G.: Arch. ital. Derm. **8**, 647 (1932). — [13] Montagna, W., A. Z. Eisen, A. H. Rademacher and H. B. Chas: J. invest. Derm. **23**, 23 (1954). — [14] Goldblum, R. W., W. N. Piper and A. W. Campbell: J. invest. Derm. **23**, 375 (1954). — [15] Barrnett, R. J., and A. M. Seligman: Science, N. Y. **116**, 323 (1952). J. nat. Cancer. Inst. **14**, 769 (1953/54).

Eindeutig kann das Vorkommen von SH-Gruppen auf Grund histochemischer Befunde in nicht richtig oder fehlerhaft verhornter Hornschicht (Parakeratose) nachgewiesen werden. Dieser Umstand erleichtert die Beantwortung von Fragen, die sich bei der Erörterung der Wechselbeziehungen zwischen Hornschichtchemismus und der Resorption von S-haltigen Arzneimitteln ergeben.

Begleitstoffe der Verhornung „Keratohyalin" und „Eleidin"[1,2]. Die spärlichen Angaben über die allgemeinen Eigenschaften dieser Stoffe genügen für eine chemisch eindeutige Umschreibung noch nicht. Über das morphologisch in granulärer Form vorliegende „Keratohyalin" ist nur bekannt, daß ihm histochemisch Lipoideigenschaften fehlen, daß es sich in starken Mineralsäuren löst, von Pepsin-Salzsäure verdaut wird und in der Kälte in schwachen Alkalien oder Alkalicarbonatlösungen unlöslich ist, in starken Laugen jedoch quillt. Diese letzte Eigenschaft, zusammen mit Konsistenz, Glanz, Transparenz und vielseitiger Anfärbbarkeit erinnerte an Hyalin und führte zur Bezeichnung „Keratohyalin", ohne daß aber chemische Gründe für eine solche Ähnlichkeit geltend gemacht werden konnten. Ähnlich verhält es sich mit dem oberhalb der „keratohyalin"-führenden Körnerschicht (s. Histologie S. 252) histochemisch nachweisbaren halbflüssigen, im Schnitt in Tropfenform austretenden „Eleidin". Seine Eigenschaften deuten auf Albumosenatur, die ölartige Erscheinungsform war für die Bezeichnung bestimmend; sichere Anhaltspunkte, welche ein Lipoid als Bestandteil des „Eleidins" nahelegen, fehlen bis heute.

Keratohyalin und Eleidin sind also nach den bisherigen Kenntnissen *nicht viel mehr als Begriffsbildungen* und bedürfen einer Bearbeitung mittels neuerer Methoden.

Biochemie der Verhornung. Die verschiedenen Methoden der Zerlegung der Keratinmolekel in Zwischenprodukte und einfache Bausteine[3] haben in ihren Ergebnissen die Frage, welche chemischen Vorgänge dieser Umwandlung des Zelleiweißes der lebenden Epidermiszelle zugrunde liegen, nicht zu klären vermocht. Weder Tyrosin- noch Cystinanreicherung, noch Abspaltung aliphatischer Aminosäuren können als Grundvorgang für die Resistenz gegenüber Fermenten und als wesentliches Merkmal der Verhornung angesprochen werden. Als Tatsache gilt für die Betrachtung des für den Biologen noch immer ungelösten Verhornungsvorganges nur *der erhebliche Wasserverlust der verhornten Epidermisanteile gegenüber der lebenden Grundsubstanz. Tyrosin-* und *Cystinvermehrung* müssen nicht zwangsläufig Begleiterscheinungen der Verhornung sein, die Anreicherung dieser Aminosäuren könnte sekundär bedingt sein.

Wenn auch die Angaben über den *Wassergehalt* des aus dem Stratum corneum der menschlichen Haut stammenden Keratins nicht als absolute, verläßliche Werte zu gelten haben, so ist doch einwandfrei gegenüber dem Wassergehalt der nicht verhornten Epidermis eine erhebliche, im Verhältnis etwa 1:4 bis 1:7 betragende *Wasserverarmung* festzustellen. In Analogie zu Beobachtungen über die Verhornung von Epithelkulturen bei Mangel an Sauerstoff und Nährstoffen[4] könnte als Ursache für die Wasserverarmung der mit der Entfernung der verhornenden Zellen von der gefäßhaltigen Nährbasis (Papillarkörper) steigende Sauerstoffmangel erwogen werden. Diese Annahme würde zugleich eine Erklärungsmöglichkeit für den höheren Säuregehalt der Verhornungszone im Vergleich zum Stratum germinativum einschließen.

b) Fette und Lipoide. Die Lipoide des Stratum corneum scheinen, wie die Befunde an der talgdrüsen- und haarfreien Fußsohlen- und Handtellerhaut zeigen, keineswegs nur aus den Talgdrüsen stammende Beimengungen zu sein.

In ihnen sind als hauptsächlichste Gruppen enthalten: Unverseifbares 27—36%, Gesamtsterine 20—24% (freie Sterine 16,5—20%), Gesamtfettsäuren 17—23% (freie Fettsäuren 27—35%). Unter den Fettsäuren ist ungefähr ein gleich großer Anteil flüssig (44—39%),

[1] Hoepke, H.: Handb. Haut- u. Geschl.-Krankh. Bd. 1/2, S. 495. (Literatur.) — [2] Unna, P. G., u. P. Unna: Keratohyalin. Handb. Haut- u. Geschl.-Krankh. Bd. 1/2, S. 590. — [3] Rothman, S., u. F. Schaaf: Handb. Haut- u. Geschl.-Krankh. Bd. 1/2, S. 165—204. — [4] Fischer, A.: J. exp. Med. **39**, 585 (1924).

und fest (56—61%). Ölsäure und Palmitinsäure wurden in reichlicher Menge nachgewiesen, es sollen aber auch flüssige gesättigte Fettsäuren vorkommen[1]. Die Lipoide der Hornschicht wurden auch schon als „Zellfette“ bezeichnet. Bis zum Vorliegen neuer Tatsachen ist aber die Annahme zwangloser, daß es sich um Fett, das aus der Blutbahn in die Epidermis gelangt ist, handelt, also mit den verhornenden Zellen auch in die Hornschicht gebracht wird. Aus dem Ergebnis der üblichen Fettfärbeverfahren[2] lassen sich keine Rückschlüsse auf den wahren Fettgehalt ziehen, da die in irgendeiner Form an Eiweiß gebundenen Lipoide sich dem färberischen Nachweis entziehen[3,4]. Die analytisch ermittelten Werte über die Mengen der einzelnen Lipoidbestandteile sind nicht sehr konstant. Schwankungen sind in erster Linie auf ungleiche Vorbereitung und Extraktion des Materials, sowie auf die Leistungsfähigkeit des angewandten Analysenverfahrens zurückzuführen. Besteht das sog. „Zellfett“ der Hornschicht aber vorwiegend aus abgewandertem, aus der Blutbahn stammendem Epidermisfett, dann sind solche Schwankungen auch bei einwandfreier Untersuchung nicht verwunderlich (Abhängigkeit von der Ernährung). Um mehr aussagen zu können, müssen weitere, an zuverlässig vom Hautoberflächenfett befreiter Hornschicht gewonnene und auf fettfreie Trockensubstanz berechnete Zahlen abgewartet werden.

Charakteristisch für die Horngebilde, auch aus talgdrüsenhaltiger Haut, soll der gegenüber dem Talgdrüsensekret wesentlich höhere *Cholesteringehalt* und die gegenüber dem Rete niedrigere *Jodzahl der Gesamtfettsäuren*[5] sein. Hieraus wird gefolgert, daß die Hauptmenge des in der Gesamthaut nachgewiesenen Cholesterins nicht aus den Drüsen stamme und beim Verhornungsvorgang aktive, ungesättigte Fettsäuren sich umsetzen und verschwinden.

Da aber von talgdrüsenhaltigen Bezirken stammende Hornschicht sich auch durch Behandeln mit Fettlösungsmitteln nicht völlig von Sekretbeimengungen freimachen läßt, sind solche Schlußfolgerungen noch verfrüht. Selbst die Analyse von Schuppen, welche bei krankhaften Hautveränderungen entstehen (desquamative entzündliche Vorgänge) führt zu keinen eindeutigen Ergebnissen.

Weitere Untersuchungen sind nötig. Diese haben sich vor allem auch mit dem auf Grund der Osmiumsäurereaktion vermuteten Ölsäuregehalt der basalen Hornzelle, der für diese charakteristisch sein soll, zu befassen. Die Anwesenheit von Ölsäure kann jedoch bis heute durch keine andere Reaktion gestützt werden. Das Verhalten der Hornschicht gegen Osmiumsäure ist nicht beweisend, auch andere Hornschichtbestandteile könnten Osmiumsäure reduzieren.

Epidermisgewinnung. Durch Digerierung mit 1% Essigsäure wurde die Trennung von Corium und Epidermis (menschliche Fußsohlen- und Handtellerhaut) erreicht, Basalschichten und Hornschicht wurden von der losgelösten Epidermis abgeschabt.

Über das Verhältnis zwischen freiem und verestertem Cholesterin im Hornschichtfett liegen noch wenig zuverlässige Angaben vor. Die auf Grund älterer, zum Teil wenig beweisender histochemischer Untersuchungen gezogenen Schlüsse über Zusammenhänge zwischen fortschreitender Verhornung und Cholesterinestervermehrung, sowie über die Möglichkeit und die Ursache einer sekundären Cholesterinesterverseifung[6] bedürfen noch weiterer Stützen.

Antirachitisches Provitamin. Von großer biologischer Bedeutung ist das in der Epidermis bzw. im Hornschichtfett nachgewiesene Provitamin D, das beim Neugeborenen etwa 0,15%, beim Erwachsenen sogar 0,43% der Gesamtsterine ausmacht[7]. Möglicherweise handelt es sich auch hier um Provitamin D_3 (7-Dehydrocholesterin), welches wahrscheinlich allgemein als das den Säugetiersterinen beigemengte Provitamin D anzusprechen ist. Es konnte in Ratten- und Meerschweinchenhaut nachgewiesen[8], und aus Schweineschwarte chemisch

---

[1] ENGMAN, M. F., and D. J. KOOYMAN: Arch. Derm. Syph., Chicago **29**, 12 (1934). — [2] HOEPKE, H.: Färbung von Fetten und fettähnlichen Bestandteilen. Handb. Haut- u. Geschl.-Krankh. Bd. 1/2, S. 515. — [3] KAUFMANN, C., u. E. LEHMANN: Virchows Arch. **261**, 623 (1926). — [4] KOGA, K.: Fukuoka-Ikwadaigaku-Zasshi **27**, 124 (1934) [Ber. Physiol. **84**, 28]. — [5] KOOYMAN, D. J.: Arch. Derm. Syph., Chicago **25**, 245, 444 (1932). — [6] LIPSCHÜTZ, I.: H. **141**, 146 (1924). — [7] HENTSCHEL, H., u. L. SCHINDEL: Kli. Wo. **1930 I**, 262. — [8] GLOVER, M., J. GLOVER and R. A. MORTON: Biochem. J. **51**, 1 (1952).

Tabelle 80. Lipoidgehalt in entfetteter und getrockneter Epidermis[1] (in g-%).

Epidermisschicht	Phosphatide	Gesamt-cholesterin	% freies Cholesterin	Fettsäuren	Verhältnis von P-Lipoiden zu Cholesterin
Gesamtepidermis .	0,6	0,9	92,6	1,7	0,7
Basalschichten . .	2,6	1,6	98,2	3,9	1,6
Hornschicht . . .	0,1	0,7	81,9	2,9	0,2

rein dargestellt werden[2]. Provitamin D_2 dürfte nur bei Lebewesen vorkommen, die Ergosterin aufnehmen.

Phosphatide. Der *Phosphatidgehalt* des Hornschichtfettes ist verhältnismäßig gering. Mit fortschreitender Verhornung nimmt der P-Lipoidgehalt der Zellen stark ab (s. Tabelle 80), was mit der sinkenden Zahl der an Lipoid-P reichen Mitochondrien bei abnehmender Zelltätigkeit erklärt werden kann.

c) Kohlenhydrate. Von Kohlenhydraten ist in normaler Hornschicht (in der zwischen Stratum granulosum und Stratum corneum gelegenen Schicht) lediglich *Glykogen* mittels histochemischen, wegen der starken Abhängigkeit des Reaktionsausfalles von der Technik der Färbung in ihrer Beweiskraft mit Recht angezweifelten Methoden (Bestsche Carminfärbung, Jodreaktion[3]) nachweisbar. Die Schlußfolgerungen, welche aus dem stetigen Übergang von der eiweißreichen Körnerzellenschicht über die glykogenführende, intrabasale Hornzellenschicht zur ölsäurereichen basalen Hornzelle gezogen wurden (Bildung von Glykogen aus Eiweiß bzw. Fettneubildung) sind in mehrfacher Hinsicht abzulehnen. Der hohe Ölsäuregehalt der basalen Hornschicht ist überhaupt noch nicht sichergestellt. Das hornschichtständige, schwer herauslösbare, möglicherweise als Glykoproteid vorliegende „stabile Glykogen" unterscheidet sich auch von dem der Leber und schließlich genügt selbst der sichere Nachweis bestimmter Stoffe in aufeinanderfolgenden Schichten noch nicht zur Annahme eines genetischen Zusammenhangs. Derart festgestellte Stoffe können auch aus anderen nicht nachweisbaren Bausteinen der tieferliegenden Schichten entstanden sein.

d) Redoxpotential der Hornschicht. Die Hornschicht ist durch eine starke, an Hand histochemischer Verfahren (Nitroreduktionsmethode[4], Kaliumpermanganat- und Berlinerblau-Reaktion[5]) nachweisbare *Oxydierbarkeit* ausgezeichnet. Gegen die hieraus abgeleitete Lehre Unnas von den *Reduktionsorten*[5] sind berechtigte methodische und grundsätzliche Einwände gemacht worden. Die Oxydierbarkeit der Hornschicht, die in ihrem Wesen noch unbekannt ist, aber weder einer einfachen Luftsauerstoffaufnahme gleichgesetzt, noch auf fermentative Oxydationen zurückgeführt werden muß, wird als Ursache für die Entstehung der *Hornfarbe* angesehen. Diese sei um so ausgeprägter, je lebhafter die Verhornung sei. Über Herkunft und Natur ihrer Muttersubstanzen sowie die chemische Konstitution der Hornfarbe ist unbeschadet der Angaben über allgemeine Eigenschaften, Bleichbarkeit usw. nichts Näheres bekannt[6].

γ) Biochemie der verhornten Anhangsgebilde (Haare, Nägel, Klauen, Horn, Federn).

1. Haare.

a) Allgemeines (Anatomie, Haararten). Der Haarschaft senkt sich in eine von der Epidermis (Haarwurzelscheide) und Lederhaut gebildete Tasche *(Follikel)* ein und endet als Haarwurzel mit kolbiger, an ihrer untersten Stelle eingedellter Auftreibung *(Bulbus pili),*

[1] Kooyman, D. J.: Arch. Derm. Syph., Chicago, **25**, 444 (1932). — [2] Windaus, A., u. F. Bock: H. **245**, 168 (1937). — [3] Hoepke, H.: Handb. Haut- u. Geschl.-Krankh. Bd. 1/2, S. 551. — [4] Melczer, N.: Derm. Z. **49**, 252 (1926). — [5] Unna, P. G.: Biochemie der Haut. Jena 1913. — [6] Rothman, S., u. F. Schaaf: Handb. Haut- u. Geschl.-Krankh. Bd. 1/2, S. 345ff.

in die sich die zwiebelförmige Haarpapille einpaßt[1]. Der aus der Haut herausragende Teil des Haares, der Schaft (Scapus), ist histologisch und auch chemisch von dem in die Haut eingesenkten Teil, der Haarwurzel (radix pili), unterschieden. Die Haare sind biegsame, elastische Hornfäden, die ganz aus Epithelzellen bestehen. Drei Bestandteile lassen sich im Feinbau[1] unterscheiden: Oberhäutchen (Haarcuticula), Rindensubstanz, welche die Hauptmenge des äußeren Haares ausmacht, und die Marksubstanz, die bei vielen Haaren fehlt und auch sonst nur spärlich vorhanden ist. In Papillennähe sind diese 3 Teile lebendig und verhornen mit der Annäherung an die Hautoberfläche. Die Plattenepithelzellen der Haarcuticula bedecken dachziegelartig die Rindenschicht. An dieser rauhen Oberfläche bleiben von außen hinzugelangende Fettstoffe oder Staub leicht haften, so daß es nahezu unmöglich ist, chemisch reine, unveränderte Haarsubstanz in größeren Mengen zu erhalten.

Haararten. Man unterscheidet beim Menschen *Woll- und Flaumhaare (Lanugo), Terminalhaare* und *Kurz- oder Borstenhaare* (über ihre Funktion s. [2], über physikalische Eigenschaften[3-5], Anatomie[1], allgemeines Verhalten gegen chemische Mittel und Herstellung von Schnitten[6, 7]).

b) Chemische Zusammensetzung, Materialgewinnung und -vorbereitung. Die Analysenergebnisse hängen von der Art des Untersuchungsmaterials (Mensch, Tier, lebendes oder totes Individuum[8]) und dessen Vorbehandlung (Entfettung, Waschen, Trocknung, äußere Verunreinigungen, Dauer der Lagerung) ab. Spezifisches Gewicht des Haares etwa 1,31[9].

Über wasserlösliche organische Stoffe (Harnsäure, Pentosen, Glykogen, Totalphenole) vom Haar des Menschen, von Hund, Katze, Meerschweinchen, Ratte, Schaf u. a.[10].

α) Wasser- und Aschegehalt. Die Angaben über Wasser- und Aschegehalt von Haaren entstammen vorwiegend älteren Arbeiten und gehen hinsichtlich der mengenmäßigen Anteile sehr auseinander, so daß eine Neubearbeitung unter Berücksichtigung der eben genannten Gesichtspunkte mittels neuerer Methoden notwendig ist. Der *Wassergehalt* wird z. B. für Menschen- und Tierhaar mit 12—15%[11], für Hühnerfedern mit 13—32%[12] angegeben. Als *Gesamtaschegehalt* geben ältere Arbeiten mit 0,3—0,7%[13] hohe Werte und neuere, auf peinliche Reinigung achtende Arbeiten wesentlich kleinere Werte, z. B. nur 0,042% (menschliche Kopfhaare) an[14].

β) Aschebestandteile. *Mengen- und Spurenelemente.* Im Haar wurden, ebenso wie in der Hornschicht der Haut, als wesentliche Bestandteile der Asche Na, K, Ca, Mg und Fe, die als Chloride, Phosphate, Sulfate und als andere Salze vorliegen, sowie Si nachgewiesen. Die Angaben über die mengenmäßige Verteilung stützen sich auf ältere Analysen und sind sowohl in qualitativer als auch in quantitativer Hinsicht an einwandfrei gewonnenem und vorbereitetem Material zu überprüfen. Es erübrigt sich, auf Einzelheiten der Mineralverteilung, insbesondere auf die schon früher und wieder erneut festgestellte Abhängigkeit der Aschezusammensetzung von der Haarfarbe einzugehen.

Spurenelemente. Gleiche Einwände methodischer Natur können auch gegen Angaben über das Vorkommen der Spurenelemente (Zn, Cu, Pb, Mn, Ni und Co[15-18], der Halogene F, Br, J) erhoben werden. Alle diese Befunde, ebenso diejenigen über die *Verteilung der Aschebestandteile* über die ganze Länge des Haares,

---

[1] Stöhr, P. jr.: Lehrbuch der Histologie und der mikroskopischen Anatomie des Menschen. Berlin, Göttingen, Heidelberg 1951. — [2] Abderhalden, E.: Lehrbuch der Physiologie. 1. Aufl. I. Teil, S. 421. Berlin 1925. — [3] Marchionini, A., u. L. Weiss: Derm. Wschr. **106**, 661 (1938). — [4] Tänzer, E.: Pflügers Arch. **213**, 671 (1926). — [5] Rothman, S., u. F. Schaaf: Chemie der Haut. Handb. Haut- u. Geschl.-Krankh. Bd. 1/2, S. 194. — [6] Stoves, J. L.: Proc. R. Soc. Edinburgh **62**B, Pt. 2, 132 (1945). — [7] Steggerda, M.: J. Heredity **33**, 302 (1942). — [8] Rutherford, T. A., and P. B. Hawk: J. biol. Ch. **3**, 459 (1907). — [9] Leider, M., and C. M. Buncke: Arch. Derm. Syph., Chicago **69**, 563 (1954). — [10] Bolliger, A.: J. invest. Derm. **17**, 79 (1951). — [11] Vgl. Moleschott, J., sowie Maumené u. Grothe: [Rothman, S., u. F. Schaaf: s. [13]]. — [12] Weiske, (H.): Landwirtschaftl. Vers.-Stat. **36**, 81 (1889). — [13] Rothman, S., u. F. Schaaf: Handb. Haut- u. Geschl.-Krankh. Bd. 1/2, S. 168ff. (Literatur.) — [14] Sammartino, U.: B. Z. **133**, 476 (1922). — [15] Bertrand, G., et M. Mâchebœuf: Cr. **180**, 1380 (1925). — [16] Bertrand, G., et M. Mokragnatz: Bull. Soc. Chim. France **33**, 1539 (1923). — [17] Rost, E., u. A. Weitzel: Arb. Reichsgesundh.-Amt **51**, 494 (1919). — [18] McCrae, J.: J. s.-afr. chem. Inst. **6**, 18 (1923) [Chem. Abstr. **17**, 1971].

über die Unterschiede im Aschengehalt von großen Schwungfedern und kleinen Federn[1], über die Natur und die Bindung der Aschebestandteile an die Haarsubstanz[2] bedürfen der Nachprüfung mit modernen, verfeinerten Verfahren. In neuester Zeit fand man sogar *Uran*[3] in Frauenhaar $1{,}27 \times 10^{-7}$%, in Schafwolle $1{,}3 \times 10^{-5}$% und in der Federfahne der Wildtaube $2{,}5 \times 10^{-5}$%. Neue Analysen (verschiedene Elemente)[4].

Immerhin dürfen in bezug auf den Gehalt an Spurenelementen unbeschadet der besonders gegenüber den zahlenmäßig überwiegenden, älteren Angaben angebrachten Kritik 2 Schlußfolgerungen gezogen werden: 1. *ihr Vorkommen als normale Haarbestandteile* und 2. *ihre Anreicherung in der Haarsubstanz bei vermehrter Zufuhr* (Nahrung, Arzneimittel). Die Anreicherung bzw. Ablagerung von As[5], J[6], Br[7] und Schwermetallen in der Haarsubstanz ist dementsprechend als Folgeerscheinung der *Ausscheidungsfunktionen* des Hautorganes zu betrachten (s. S. 249).

Der hohe Cu-*Gehalt der Vogelfedern*[8] hat für die Frage der Farbstoffausscheidung (Turacin = Kupfersalz des Uroporphyrins[9]) besonderes Interesse. Das Turacin wird beim Baden des Vogels mit Wasser aus den Federn herausgelöst.

Tabelle 81. Zusammensetzung des Menschenhaares (in %).

C	H	N	S
43,0—44,5	5,9—6,5	14,6—15,8	4,8—5,0

Fluor[10], *Silicium*[2,11].

Obwohl diesen Elementen für die Strukturfestigkeit und die Biochemie ebenso wie dem Schwefel besondere Bedeutung beigemessen wurde, genügt ein Hinweis auf die älteren Angaben, ohne Einzelheiten aufzuführen. Die schon für den Aschegehalt der Hornschicht erhobenen Einwände gelten auch hier. Eine erneute Bearbeitung rechtfertigt sich, da es sich bei manchen Aschebestandteilen sicher um echte Bestandteile des Haares und nicht um zufällige Beimengungen handelt.

γ) Organische Bestandteile. *A. Eiweiß.* Die Haare bestehen im wesentlichen aus hautspezifischem *Keratin* (s. S. 257 u. 265).

Elementaranalyse. Je nach Alter, Farbe, Herkunft und Vorbehandlung des Materials schwanken die elementaranalytischen Werte des Haarkeratins. Tabelle 81 gibt Durchschnittswerte für Menschenhaar an[12], welche mit sonstigen neueren Elementaranalysen[13] in gutem Einklang stehen.

Menschen- und Tierhaar sind bevorzugtes Ausgangsmaterial für Untersuchungen der Keratine mittels hydrolysierender oder oxydierender Aufspaltverfahren (s. Bd. 1, S. 734f.); auch hier gilt das anläßlich der Aschenbestandteile über den Einfluß der Materialauswahl und -vorbehandlung auf die Analysenergebnisse Gesagte. Das Verhältnis von C:H:N:S kann schon im Hinblick darauf, selbst bei Untersuchung gleichartig ausgewählten Materials, nicht konstant sein. Es soll aber außerdem auch noch von Rasse, Rassenreinheit, Geschlecht[14,15], Alter[16] und Körperregion abhängig sein, ebenso davon, ob das Haar

[1] Gonnermann, M.: H. **102**, 78 (1918). — [2] Heffter, A.: Vjschr. gerichtl. Med. (3) **49**, 194 (1915). — [3] Hoffmann, J.: H. **279**, 120 (1943). — [4] Goldblum, R. W., S. Derby and A. B. Lerner: J. invest. Derm. **20**, 13 (1953). — [5] Billeter, O.: Helv. **1**, 475 (1918); **6**, 258 (1923). — Billeter, O., u. E. Marfurt: Helv. **6**, 771, 780 (1923). — [6] Fellenberg, T. v.: B. Z. **174**, 355 (1926). — [7] Bernhardt, H., u. H. Ucko: B. Z. **170**, 459 (1926). — [8] Zanda, G. B.: Biochim. Terap. sperim. **11**, 7 (1924). — [9] Fischer, H., u. J. Hilger: H. **138**, 49 (1924). — Vgl. Bd. **1**, S. 898. — [10] Gautier, A., et P. Clausmann: Cr. **156**, 1347 (1913). — [11] Gorup-Besanez, E. F. v.: Lehrbuch der Chemie für den Unterricht auf Universitäten, technischen Lehranstalten und für das Selbststudium. Bd. 3: Lehrbuch der physiologischen Chemie. 4. Aufl. Braunschweig 1878. — [12] Danforth, C. H.: Arch. Derm. Syph., Chicago **12**, 76 (1925). — [13] Stary, Z.: H. **150**, 202 (1925). — [14] Tadokoro, T.: J. Fac. Sci. Hokkaido (III) **1**, 185 (1933) [C. **1934 I**, 1340]. — [15] Valdiguié, P., et Dachary: C. R. Soc. Biol. **125**, 855 (1937). — [16] Block, W. D., and H. B. Lewis: J. biol. Ch. **125**, 561 (1938).

von toten oder lebenden Menschen[1] stammt. Wenn auch einige dieser Angaben der Überprüfung bedürfen, kann, wie neue Untersuchungen bestätigen, mit einzelnen solcher die Haarzusammensetzung beeinflussenden Faktoren als Tatsache gerechnet werden.

N-, S- *und Cystingehalt.* Das beweisen auch unter gleichartigen Bedingungen durchgeführte Bestimmungen des Cystingehalts, welche sogar am gleichen Haar Unterschiede aufdeckten. Bei 13 cm langem Haar ergaben sich (von der Spitze gegen die Wurzel gemessen) im Abschnitt 0—5 cm 9,25%, im Abschnitt 5—10 cm 12,6% und im Endstück 13,6% Cystin[2].

Daraus ist aber ferner ersichtlich, daß die *Angaben verschiedener Untersucher über das Verhältnis von* C:H:N:S *im Haar nicht vergleichbar* sind.

Ähnliches gilt für den Cystingehalt (auf die älteren Analysen sei nur verwiesen[3]). Dazu kommt, daß abgesehen von der Genauigkeit der Methode[4], die Höhe der Cystinausbeute von der Art der vor der Hydrolyse durchgeführten Entfettung abhängig ist. Behandlung der Haare mit heißer Sodalösung ist ungeeignet, kalte Sodawaschung liefert gute Cystinausbeute[5].

In Tabelle 82 sind Zahlen über den N-, S- und Cystingehalt zusammengestellt, die vom gleichen Untersucher[6] nach gleicher Methode an Haaren von Mensch und verschiedenen Tieren ermittelt wurden.

Tabelle 82. Stickstoff-, Schwefel- und Cystingehalt verschiedener Haare (in %).

Haar von	N	S	Cystin
Mensch . . .	15,4	5,0	15,5
Schimpanse .	16,7	4,3	15,5
Ziege	16,2	3,1	8,9
Kuh	15,3	3,7	13,4
Lamm . . .	15,4	3,6	13,1
Kamel . . .	15,1	3,1	11,0

Der *Schwefelgehalt der Haare* wird fast ausschließlich durch deren Gehalt an *Disulfidverbindungen*[7,8] bestimmt. Ob daneben weitere S-Bindungsarten[9,10] vorkommen, die leichte H_2S-Abspaltung bei Abbauversuchen in neutralem Milieu[11] könnte dafür sprechen, steht noch offen und bedarf weiterer Bearbeitung[2,12]. Die Beteiligung von Methionin am Gesamtschwefel des Haares ist strittig[8,13]; sie scheint aber, wenn tatsächlich bestehend, nur unwesentlich zu sein[14]. Eine tektonische Bedeutung für das Haar besitzt, entgegen früherer Annahmen, weder die Schwefel- noch die Cystinanreicherung. Möglicherweise sind aber für die Elastizität des Haares Disulfidbindungen wichtig, da bei Auflösung dieser Verknüpfung unter dem Einfluß von Salzen der Thioglykolsäure diese Eigenschaft geändert wird[15,16].

Über das färberisch von „Keratohyalin" sich unterscheidende, aus markreichen Haaren isolierbare „*Trichohyalin*" des Haarmarkes und der inneren Wurzelscheide ist außer einigen Löslichkeitsbedingungen chemisch nichts Näheres bekannt.

Leukokeratin, Melanokeratid und Rhodokeratid (Haarfarbe). Mittels verdünnter, kalter Natronlauge läßt sich aus menschlichen Haaren ein farbloses, mit Essigsäure ausfällbares, nicht dialysables *Leukokeratin*[17] in einem je nach der Haarfarbe wechselnden Prozentgehalt (braunes Haar etwa 30%) abspalten; die hiernach bei dunklen Haaren verbleibende (bei Verarbeitung weißer und roter Haare fehlende) Restsubstanz stellt ein den Chromoproteiden

[1] Rutherford, T. A., and P. B. Hawk: J. biol. Ch. **3**, 459 (1907). — [2] Tadokoro, T., u. H. Ugami: J. Biochem. **12**, 187 (1930); **15**, 257 (1932). — [3] Rothman, S., u. F. Schaaf: Chemie der Haut. Handb. Haut- u. Geschl.-Krankh. Bd. 1/2, S. 176. — [4] Lucas, C. C., and J. M. R. Beveridge: Biochem. J. **34**, 1356 (1940). — [5] Hoffman, W. F.: J. biol. Ch. **65**, 251 (1925). — [6] Block, J. R.: J. biol. Ch. **128**, 181 (1939). — [7] Mörner, K. A. H.: H. **34**, 207 (1901/02). — [8] Rimington, C.: Biochem. J. **23**, 41 (1929). — [9] Mörner, C. T.: H. **93**, 175 (1914/15). — [10] Schöberl, A.: H. **216**, 193 (1933). — Schöberl, A., u. H. Eck: A. **522**, 97 (1936). — [11] Gränacher, C.: Helv. **8**, 784 (1925). — [12] Okuda, Y.: Proc. Imp. Akad. Tokyo **2**, 277 (1926). — [13] Barritt, J.: Biochem. J. **28**, 1 (1934). — [14] Cuthbertson, W. R., and H. Phillips: Biochem. J. **39**, 7 (1945). — Lindley, H., and H. Phillips: Biochem. J. **39**, 17 (1945). — [15] Huggins, M. L.: Chem. Reviews **32**, 195 (1943). — [16] Dutcher, T. F., and S. Rothman: J. invest. Derm. **17**, 65 (1951). — [17] Stary, Z., u. R. Richter: H. **253**, 159 (1938).

analoges und wohl mit dem Haarmelanin identisches *Melanokeratid*[1] dar. In eiskalter, verdünnter Natronlauge gelöstes rotes Haar gibt „*Rhodokeratid*"[1] in Lösung, dessen prosthetische Gruppe (Rhodoin) durch Hydrolyse abtrennbar und durch Aussalzen mit Ammonsulfat isolierbar ist. Diese Feststellungen haben weniger wegen der Nomenklatur als wegen der Trennungsverfahren Interesse.

Die am Haarkeratin durchgeführte Aufteilung in „*Melano*keratid" und „*Rhodo*keratid" könnte vermuten lassen, daß neben dem vorwiegend in Betracht kommenden braunschwarzen Farbstoff *Melanin* (s. S. 268) noch andere, verschiedenartig gefärbte Stoffe für die Entstehung der verschiedenen Haarfarben verantwortlich seien. Diese Auffassung wird auch neben der anderen vertreten, daß ein und derselbe Farbstoff, je nach der Größe der einzelnen Farbstoffteilchen in ähnlicher Weise in verschiedenen Farbtönen erscheinen könnte, wie z. B. ein Goldsol verschiedenen Dispersitätsgrades. Die der chemischen Aufklärung entgegenstehenden Schwierigkeiten haben vorläufig jede sichere Aussage über die Bildung der verschiedenartigen Haarfarben verhindert. Rothaarigkeit bei der schwarzen Ratte ist eine Mangelerscheinung[2]. Dem nach Art und Menge wechselnden Metallgehalt des Haares wurde auch schon eine Bedeutung für das Entstehen der Haarfarben beigemessen[3–5].

B. Fette und Lipoide. Es wird zwischen dem an der Haaroberfläche haftenden Sekret der Talgdrüsen (und Schweißdrüsen?) und dem nach gründlicher Entfettung durch Waschen mit Fettlösungsmitteln in den Haaren verbleibenden *Hornfett* unterschieden. Über den nach der Entfettung der Oberfläche von Keratingebilden verbleibenden, aus der Grundsubstanz des Haares mit Äther extrahierbaren Fettrest, dem *Hornfett*, ist nur wenig bekannt[6, 7], obwohl das Haar im Hinblick auf die strittigen Fragen des Fettvorkommens beim Verhornungsprozeß ein geeignetes Studienobjekt wäre.

Neue Untersuchungen müssen erst den Beweis erbringen, daß der nach Entfettung der Haare verbleibende Fettanteil tatsächlich eigentliches Horn- bzw. Haarfett darstellt und daß es sich dabei nicht einfach um schwerer entfernbare, weil schwerer lösliche und der ersten Entfettung widerstehende Reste des Oberflächenfettes handelt.

Zahlenangaben über die Zusammensetzung des Haarfettes sind deshalb vorläufig unter diesem Vorbehalt zu betrachten. und theoretische Folgerungen können auf solche Befunde noch nicht aufgebaut werden. Hingegen ist die Feststellung, daß menschliches Haarfett ungeradzahlige, unverzweigte Fettsäuren enthält, von gewisser Bedeutung[8]. Erst wenn die Natur eines Extraktionsgutes eindeutig sichergestellt ist, gewinnen auch die nach einwandfreiem Verfahren (Digitoninmethode) ermittelten Werte für Cholesterin, welches in frischen Kaninchen-, Ratten-, Katzen- und Hundehaaren in mittleren Mengen von 0,55—0,57% gefunden wurde, oder die Untersuchungen über die Lipoidverteilung im Haar von Stieren[9] größeren Wert. Wenn aus solchen Untersuchungen hervorgeht, daß die Haarlipoide, abgesehen von ihrem relativ hohen Gehalt an Gesamtcholesterin, durch die Wachsfraktion und die freien Fettsäuren sowie durch das Fehlen von Lipoid-P keine besonders große Ähnlichkeit mit dem Lipoidgemisch der oberen Epidermis und Hornschicht zeigen, dann legt das erst recht die Vermutung nahe, daß das, was bis jetzt als Haarfett untersucht wurde, mindestens vorwiegend als Hautoberflächenfett anzusprechen sei. Neuere Untersuchungen über Menge und Zusammensetzung des vom Haar gewonnenen Fettes je nach Geschlecht, Alter und Rasse[10].

C. *Kohlenhydrate.* Die Haare der Säuger und Menschen sind frei von Kohlenhydraten. Lediglich die äußere Haarwurzelscheide enthält auch noch beim Erwachsenen histochemisch nachweisbares *Glykogen*[11].

---

[1] Stary, Z. u. R. Richter: H. **253**, 159 (1938). — [2] Schwarz, K.: Naturwiss. **30**, 264 (1942). — [3] Dutcher, T. F., and S. Rothman: J. invest. Derm. **17**, 65 (1951). — [4] Rothman, S., and P. Flesch: Proc. Soc. exp. Biol. Med. **53**, 134 (1943). — [5] Flesch, P.: J. invest. Derm. **11**, 157 (1948). — [6] Linser, P.: Dtsch. Arch. klin. Med. **80**, 201 (1904). Habil.-Schr. med. Tübingen 1904. — [7] Meyer, R.: Z. öst. Apoth.-Ver. **43**, 978 (1905). — [8] Blaser, B.: Fette u. Seifen **52**, 65 (1950). — [9] Koppenhoefer, R. M.: J. biol. Ch. **116**, 321 (1936). — [10] Nicolaides, N., and S. Rothman: J. invest. Derm. **21**, 9 (1953). — [11] Komatsu, H.: Nagasaki Igakkai Zasshi **13**, 477 (1935).

Bei niederen Tieren (Cephalopoden, Crustaceen, Arthropoden) kommen im Integument und dessen Anhängen Substanzen vor, die den Kohlenhydraten nahestehen (*Tunicin*, im Mantel der Tunicaten [= Cellulose[1]] und *Chitin* bei Cephalopoden, Crustaceen und Arthropoden [= zu etwa 75% polymeres Monoacetyldiglucosamin enthaltend] s. Bd. **1**, S. 348).

c) Beeinflussung des Haarwuchses. Es sei in diesem Zusammenhang noch ergänzend beigefügt, daß an Ratten und Mäusen auftretende bzw. experimentell erzeugte Haarwachstumsschädigungen durch Inosit oder durch Salze der Inositphosphorsäure[2,3], aber auch durch Verfütterung größerer Mengen Pantothensäure[4] geheilt werden können. Inositphosphorsäureester wurde auch schon als Mäuse-Antialopeciefaktor angesprochen, der als neues Vitamin bei der Maus für Erhaltung und normales Wachstum der Haare verantwortlich sei. Am Menschen ist erst ein Abkömmling der Pantothensäure geprüft worden, er führte aber selbst bei Alopecien gleicher Ätiologie nur ganz vereinzelt eine Besserung herbei[5]. Erst wenn weitere Versuche vorliegen, wird über die Beeinflussung des Haarwachstums bei Mensch und Tier mehr auszusagen sein. Eine epilierende Wirkung zeigen ungesättigte Verbindungen, wie Allyllaurat, Allylbenzoat, Allyldiphenylacetat, Squalen, Olein- und Linolensäure des Hautoberflächenfettes und Vitamin A[6-9]. Squalen ist aber nicht Ursache der Kahlheit[10]. Mit gewissen Mitosegiften läßt sich unter bestimmten Bedingungen auch an der Maus ein reversibler Haarausfall auslösen[11].

2. Nägel und sonstige Horngebilde (Klauen, Hufe, Horn).

a) Anatomie[12]. Der Nagel besteht aus verhornten Epidermisschüppchen mit noch erkennbaren Kernen zum Unterschied von der Hornschicht der Haut. Bei der Verhornung der Haare, Nägel und Hörner soll kein Keratohyalin, sondern Eleidin gebildet werden. Wie weit diese Ansicht heute noch aufrecht erhalten werden kann, bedarf der Nachprüfung. Die Festigkeit des Nagels wird durch 2 Längsfaserschichten und eine Querfaserschicht von Tonofibrillen bedingt.

b) Chemische Zusammensetzung. Die Grundsubstanz der *Nägel* enthält die gleichen Bestandteile wie die Haare und andere verhornte Anhangsgebilde.

Die Beschreibung kann sich hier auf eine Ergänzung (ältere Angaben[13-16]) durch einzelne besondere Befunde beschränken, welche bei der Untersuchung der Nägel (Asche, Wasser, Fett, Keratin) gewonnen wurden. Hervorzuheben ist, daß für alle bisherigen Angaben über die Aschenbestandteile, den Wassergehalt und die Fettzusammensetzung der Nägel, ebenso wie zum Teil für diejenigen über die Verteilung der Aminosäuren im Nagelkeratin, ähnliche Vorbehalte geltend gemacht werden müssen, wie sie schon S. 257 u. 262 (Stratum corneum, Haar) angeführt wurden. Für eine genaue Darstellung müssen kritische Untersuchungen mit neuen Verfahren abgewartet werden. Spezifisches Gewicht der Nägel etwa 1,3[17].

Der *Aschengehalt* schwankt nach den bisherigen Angaben zwischen 0,3 bis 0,7% (in menschlicher Nagelsubstanz fand sich $4{,}12 \times 10^{-2}$% U[18]), der *Wassergehalt* wurde mit etwa 10% angegeben[15]. Für *Schwefel* liegen die Werte zwischen 2,5—3,8% und für *Stickstoff* zwischen 14,9—16,6%[15,19]. Die festgestellten Mengen

---

[1] Herzog, R. O., u. H. W. Gonell: H. **141**, 63 (1924). — [2] Woolley, D. W.: Science, N. Y. **92**, 384 (1940). — [3] Nielsen, E., and A. Black: Proc. Soc. exp. Biol. Med. **55**, 14 (1944). — [4] Woolley, D. W.: J. biol. Ch. **139**, 29 (1941). — [5] Juon, M.: Derm., Basel **91**, 310 (1945). — [6] Flesch, P., and M. Hunt: Arch. Derm. Syph., Chicago **65**, 261 (1952). — [7] Flesch, P.: Proc. Soc. exp. Biol. Med. **76**, 801 (1951). Arch. Derm. Syph., Chicago **67**, 1 (1953). — [8] Flesch, P., and S. B. Goldstone: J. invest. Derm. **18**, 267 (1952). — [9] Polemann, G.: Derm., Basel **108**, 98 (1954). — [10] Nicolaides, N., and S. Rothman: J. invest. Derm. **19**, 389 (1953). — [11] Strauss, R. E., and A. M. Kligman: J. invest. Derm. **22**, 515 (1954). — [12] Stöhr, P. jr.: Lehrbuch der Histologie und der mikroskopischen Anatomie des Menschen. Berlin, Göttingen, Heidelberg 1951. — [13] Sasakawa, M.: Arch. Derm. Syph., Berlin **134**, 418 (1921). — [14] Langecker, H.: H. **115**, 38 (1921). — [15] Rothman, S., u. F. Schaaf: Handb. Haut- u. Geschl.-Krankh. Bd. 1/2, S. 168. — [16] Gautier, A., et P. Clausmann: Cr. **156**, 1347 (1913). — [17] Leider, M., and C. M. Buncke: Arch. Derm. Syph., Chicago **69**, 563 (1954). — [18] Hoffmann, J.: H. **279**, 120 (1943). — [19] Block, J. R.: J. biol. Ch. **128**, 181 (1939).

dieser beiden Elemente dürfen mit großer Wahrscheinlichkeit vorwiegend dem Nagelkeratin zugeschrieben werden, das in seiner Zusammensetzung nicht wesentlich von derjenigen des Haarkeratins abweicht[1,2]. Nach neueren Untersuchungen stehen z. B. auch die basischen *Aminosäuren* Histidin, Lysin und Arginin des Nagelkeratins in einem gleichen Verhältnis zueinander wie im Haarkeratin[2]. Neue, vergleichende Analysen[1] (gleiche Aufarbeitungs- und Untersuchungsverfahren) ergaben für Haar- und Nägelkeratin die in Tabelle 83 angegebenen Werte:

Tabelle 83. Vergleich der Zusammensetzung von Menschenhaar und Fingernägeln (Werte in %).

	Menschenhaar	Fingernägel
Stickstoff . . .	15,4	14,9
Schwefel	5	3,8
Histidin	0,6	0,5
Lysin	2,5	2,6
Arginin.	8,0	8,5
Cystin	15,5	12,0
Tyrosin	3,0	3,0
Tryptophan . .	0,7	1,1
Phenylalanin . .	2,6	2,5

Über den *Fettgehalt* der Nägel liegen nur wenig ältere Angaben[3] vor.

Die Nägel werden als besonders feiner Indicator einer durch Allgemeininfektionen und Systemerkrankungen bedingten Störung des Hautstoffwechsels bezeichnet, insofern als der S-Gehalt der Nägel früher und deutlicher als jener der Haare herabgesetzt sein soll. Krankheiten der Nägel s. [4].

In sonstigen Horngebilden *(Klauen, Huf, tierischen Hornbildungen, Federn)* sind bezüglich der chemischen Bausteine keine grundsätzlichen Unterschiede gegenüber den bisher besprochenen, verhornten Hautanhangsgebilden festzustellen. Die bisherigen Ergebnisse sind aber ebenfalls noch zu sichten und zu erweitern. Klauen, Huf, Krallen und Federn sind bevorzugtes Ausgangsmaterial für *Keratinabbauversuche*. Besonderes Interesse beansprucht die Abspaltung von H_2S aus Gänsefedern unter Bedingungen, bei denen sich Cystin noch nicht zersetzt[5], im Zusammenhang mit Untersuchungen über die Bindungsarten des Schwefels[6,7].

δ) Chemie des Stratum germinativum.

1. Isolierung des Untersuchungsmaterials.

Die Trennung des Stratum germinativum (s. S. 253) von seiner gegen die Hautoberfläche abdeckenden Schicht (Stratum corneum) sowie seinem bindegewebigen Bett erfolgt entweder a) auf *mechanischem* Wege (s. S. 255) oder b) mittels *chemischer* Methoden[8-11]. Die Eignung des jeweiligen Trennungsverfahrens wird durch die Art der Fragestellung bestimmt.

Zum Zwecke der *chemischen* Trennung von Epidermis und Corium wird eine große Anzahl von Macerationsflüssigkeiten angegeben[8]. Als Beispiele seien nur genannt: $^1/_4$—$^1/_3$%ige Essigsäure (eventuell mit Zusatz einiger Tropfen Chloroform), 6%ige Holzessiglösung, verdünnte Ammoniaklösung, Trypsinlösung. Eine vollständige Trennung gelingt nur bei Beachtung einiger wichtiger Regeln: 1. höchstens das Doppelte des Volumens des zu macerierenden Stückes an Macerationsflüssigkeit nehmen, 2. möglichst frisches Hautgewebe verwenden, 3. Wärme von nicht über 40° beschleunigt den Vorgang, 4. Macerationsflüssigkeit nicht wechseln.

Erwähnt sei noch, daß auch durch längeres Kochen eine Trennung von Epidermis und Corium erzielt werden kann. Weitere Methoden[12].

[1] Block, J. R.: J. biol. Ch. **128**, 181 (1939). — [2] Wilkerson, V. A.: J. biol. Ch. **107**, 377 (1934). — [3] Unna, P. G., u. L. Golodetz: B. Z. **20**, 469 (1909). Mh. Derm. **50**, 95 (1910). — [4] Pardo Castelló, V.: Diseases of the Nails. 2. Aufl. Springfield, Ill. 1946. — [5] Gränacher, C.: Helv. **8**, 784 (1925). — [6] Mörner, C. T.: H. **93**, 175 (1914/15). — [7] Klauder, J. V., and H. Brown: Arch. Derm. Syph., Chicago **31**, 26 (1935). — [8] Hoepke, H.: Handb. Haut- u. Geschl.-Krankh. Bd. I/2, S. 392. — [9] Medawar, P. B.: Nature **148**, 783 (1941). — [10] Baumberger, J. P., V. Suntzeff and E. V. Cowdry: J. nat. Cancer Inst. **2**, 413 (1942). — [11] Evans, R., E. V. Cowdry and P. E. Nielson: Anat. Rec. **86**, 545 (1943). — [12] Flesch, P., A. M. Kligman and G. D. Baldridge: J. invest. Derm. **16**, 81 (1951). — Blank, I. H., and O. G. Miller: J. invest. Derm. **15**, 9 (1950). — Scott, E. J. van: J. invest. Derm. **18**, 377 (1952).

Grundsätzlich ist die *mechanische* Trennung, am besten an frischer Haut mit Gefriermikrotom und tiefgekühltem Messer nach SCHULTZ-BRAUNS[1,2] vorgenommen, den chemischen Methoden vorzuziehen, da letztere das Untersuchungsmaterial durch Quellung, Denaturierung der organischen Bestandteile und Auslaugung weitgehend verändern. Bei der Bewertung von Untersuchungsergebnissen an isoliertem Stratum germinativum muß man sich vor allem darüber klar sein, ob diese tatsächlich nur auf das Stratum germinativum zu beziehen sind bzw. inwieweit Anteile des Papillarkörpers, des Stratum corneum und Blutbeimengung am Untersuchungsergebnis beteiligt sind (s. S. 255).

2. Untersuchungsmethodik.

Diese Schwierigkeit einer exakten Trennung des Stratum germinativum von anderen Hautbestandteilen sucht die am Gewebsschnitt oder -stück angestellte histochemische Methodik zu umgehen; die Beweiskraft histochemischer Verfahren ist jedoch mit wenigen Ausnahmen nicht bindend, da die Reaktionen in einem biochemisch komplizierten und nicht immer klar übersehbaren Milieu ablaufen. Demzufolge verfügen wir über nicht allzu reichliche gesicherte Kenntnisse über den chemischen Aufbau dieser Hautschicht.

3. Wasser- und Aschegehalt.

Über den zahlenmäßigen *Anteil der Epidermis am Gesamtwassergehalt der Haut* (s. S. 276 u. 282) liegen keine verwertbaren Angaben vor. Man darf aus dem mengenmäßig geringen Anteil der Epidermis an der Gesamthautmasse sowie aus der geweblichen Struktur und der damit physiologisch beschränkten Anteilnahme der Epidermis an der Wasserbewegung folgern, daß der Wassergehalt der Epidermis gegenüber dem des Coriums und der Subcutis weit geringer ist[3].

Desgleichen fehlt es an verwertbaren Angaben über den *Aschegehalt* der Epidermis und deren Zusammensetzung. Wir sind lediglich an Hand histochemischer Methoden[4] über die Tatsache des Vorkommens von K und Ca in der Epidermis unterrichtet. Unter normalen Bedingungen läßt sich in der Epidermis nur K nachweisen; nach Setzen von entzündungserregenden Reizen kommt es zu einer Verschiebung des Ca vom Papillarkörper in die Epidermis bei zum Teil inter-, zum Teil intracellulärer Lagerung[5,6]. Wenn auch im allgemeinen die Stützsubstanz gegenüber dem Parenchym K-ärmer gefunden wird, so erscheint doch ein nahezu vollständiger Mangel an Ca in den Epidermiszellen physiologisch schwer verständlich (s. S. 277 u. 283). Sowohl die mittels indirekter histochemischer Methoden wie auch die mit Asche-Schnittbildern (Spodogramme[7,8]) erhaltenen Befunde bedürfen einer Nachprüfung mit genauen chemischen Verfahren.

4. Organische Bestandteile.

a) Eiweiß. Durch Kalkwasserextraktion läßt sich aus tierischer Haut, die vorwiegend Epidermis und Papillarschicht, dagegen keinen oder nur wenig Stratum reticulare-Anteil enthält, ein durch Essigsäure fällbares Gemenge von Eiweißstoffen gewinnen, welches der Interfibrillarsubstanz der Sehne, der Grundsubstanz des Nabelstranges sowie den Nucleoalbuminen sehr ähnlich ist. Eine systematische chemische Untersuchung dieses als „*Coriomucoid*“ (s. S. 277)

---

[1] SCHULTZ-BRAUNS, O.: Zbl. Path. **50**, 273 (1931). — [2] HOFFMANN, E.: Derm. Z. **62**, 5 (1931). — [3] ROTHMAN, S., u. F. SCHAAF: Handb. Haut- u. Geschl.-Krankh. Bd. I/2, S. 291. — [4] MACALLUM, A. B.: Die Methoden der biologischen Mikrochemie. Handb. biochem. Arb.-Meth. (ABDERHALDEN) Bd. 5/2, S. 1099—1147 (1912). — [5] GANS, O., u. T. PAKHEISER: Derm. Wschr. **78**, 249 (1924). — [6] DÄHN, W.: Derm. Wschr. **82**, 425 (1926). — [7] SCHULTZ-BRAUNS, O.: Z. wiss. Mikroskop. **48**, 161 (1931). Verh. dtsch. path. Ges. **26**, 153 (1931). — [8] GERLACH, WE.: Zbl. Path. **52**, Erg.-H., 163 (1931).

bezeichneten und mit dem Begriff „Granoplasma“[1] identifizierten Eiweißgemenges aus isoliertem Stratum germinativum steht noch aus, so daß sich eine Erörterung der mit dem Vorkommen des Corio- oder besser Epidermomucoides verknüpften Fragen nach dessen P- und Kohlenhydratgehalt bzw. Zugehörigkeit zu den Mucinen, Mucoiden oder P-haltigen Proteiden erübrigt[2].

Was sonst über die Eiweißkörper und Aminosäuren dieser Schicht bekannt ist, betrifft ausschließlich Begriffsbildungen auf Grund von färberischen und morphologischen Eigentümlichkeiten (Granoplasma, Spongioplasma, Nucleine[3]).

b) Fette und Lipoide. Mit Fettfärbungen (Sudan III, Scharlach u. a.) lassen sich im Stratum germinativum, insbesondere in der Basalschicht, *Fette* nachweisen[4,5], doch gestatten die histologischen Befunde kaum bindende Rückschlüsse auf die wahren Fettmengen, da das an Eiweiß gebundene Fett sich der färberischen Darstellung entzieht[6].

Über den mengenmäßigen Anteil der einzelnen Lipoidfraktionen am Gesamtlipoidgehalt des Stratum germinativum liegen nur wenige verwertbare Angaben vor (s. Tabelle 80, S. 260). Bemerkenswert ist die Tatsache, daß in ihm das *Cholesterin* in unveresterter Form vorliegt, während es in der Hornschicht etwa zu 18% verestert gefunden wurde[7]. Die Gesamtmenge des Cholesterins ist im unverhornten Epidermisanteil etwa doppelt so groß wie in der Hornschicht. Diese Feststellung widerspricht der in älteren Arbeiten vertretenen Auffassung einer Cholesterinanreicherung während der Verhornung. Weiterhin sei auf den höheren P-Lipoidgehalt und die höhere Jodzahl der Gesamtfettsäuren des Stratum germinativum gegenüber dem Stratum corneum verwiesen.

Soweit das Fett in der Haut einer Darstellung mit histochemischen Färbeverfahren zugänglich ist, ergeben sich Unterschiede zwischen normaler und krankhaft veränderter Haut[8].

c) Kohlenhydrate. Abgesehen vom histochemisch geführten Glykogennachweis in der Epidermis der Fetalhaut sowie unter pathologischen Bedingungen auch beim Erwachsenen ist über den *Kohlenhydratgehalt* der Epidermis nichts Näheres bekannt. Die im Schrifttum niedergelegten, mit Reduktionsmethoden gewonnenen Zahlen über den Zuckergehalt der Haut beziehen sich auf Gesamthaut; die Epidermis allein war bisher nicht Gegenstand gesonderter Untersuchungen. Aus dem Nachweis zuckerspaltender Fermente (Glykolyseversuche nach WARBURG) in der Epidermis[9–11] darf angenommen werden, daß die Zellen des Stratum germinativum zu einer Aufspaltung des ihnen aus dem Säftestrom angebotenen Zuckers befähigt sind; zu einer Glykogensynthese kommt es hingegen nicht.

d) Sonstige organische Bestandteile. *Melanin.* Der braune bis braunschwarze Farbstoff der Oberhaut, der pigmenttragenden Zellen der Cutis, der Haare und der Chorioidea war Gegenstand zahlreicher Untersuchungen[12–14]. Diese geben sichere Auskunft über bestimmte histologisch und histochemisch faßbare Eigenschaften des vorwiegend, doch nicht immer intracellulär gelagerten, corpus-

---

[1] UNNA, P. G., u. J. SCHUMACHER: Lebensvorgänge in der Haut der Menschen und der Tiere. Leipzig, Wien 1925. — [2] KÜNTZEL, A.: Collegium, Darmstadt **1924**, 212. — [3] FEULGEN, R.: Ber. Physiol. **22**, 489 (1924). — [4] CAROL, W. L. L.: Derm. Wschr. **63**, 843 (1916). — [5] SCHMIDT, M. B.: Virchows Arch. **253**, 432 (1924). — [6] MONACELLI, M.: Arch. Derm. Syph., Berlin **157**, 31 (1929). — [7] KOOYMAN, D. J.: Arch. Derm. Syph., Chicago **25**, 245, 444 (1932). — [8] WLASSICS, T.: Derm. Wschr. **95**, 1128, 1476 (1932). — [9] MONCORPS, C.: 8. Int. derm. Congr. Kopenhagen 1930. — [10] KÜNZEL, O.: Diss. med. München 1932. — [11] DROLLER, H.: Diss. med. München 1933. — [12] BLOCH, B.: Das Pigment. Handb. Haut- u. Geschl.-Krankh. Bd. 1/1, S. 434. — [13] SCHAAF, F.: Derm. Z. **72**, 249, 316 (1935/36); **73**, 14 (1936). — [14] SCHMALFUSS, H.: Fette u. Seifen **45**, 393 (1938). — WOHLGEMUTH, J.: Schweiz. med. Wschr. **77**, 285 (1947).

culären Farbstoffes, während sie über seine Konstitution und über den Weg seiner Entstehung noch keine abschließende Aussage machen können.

Der Farbstoff der Haut findet sich in der Epidermis und im Corium. Das Melanin der Epidermis schützt das Corium und die Subcutis vor schädigenden Lichtwirkungen. Unter dem Einfluß ultravioletter Strahlen wird es reichlicher gebildet (Hyperpigmentierung). Die Melanin enthaltenden Zellen haben den Farbstoff entweder selbst gebildet oder durch eine Art Phagocytose aufgenommen. Man unterscheidet melaninbildende Zellen *(Melanoblasten)* und melanintragende Zellen *(Melano-* oder *Chromatophoren)*. Bildungsstätte ist die Basalzellschicht des Stratum germinativum. Auch die Haare bilden ihr Melanin selbst. Im Corium ist nach der vorherrschenden Ansicht, von bestimmten Ausnahmen abgesehen (blauer Naevus sowie als „Mongolenfleck" bezeichnete, zeitlich und räumlich beschränkte atavistische Überreste einer cutan-mesodermalen Melaninbildung anthropoider Vorfahren), keine autochthone Farbstoffbildung nachweisbar. Das dort festgestellte Melanin wäre dann aus der Basalschicht der Epidermis, welche ihren Farbstoff vorwiegend nach oben, aber auch nach unten abschiebt, abgewandert. Gewöhnliche Bindegewebszellen, welche Melanin phagocytiert haben, können zu Melanophoren werden[1]. Die Ansicht, daß die Pigmentierung oberflächlicher Coriumzellen aber auch unabhängig von der Epidermis erfolgen könne, daß also eine autochthone mesodermale Pigmentierung möglich sei, wird jedoch noch weiter vertreten[2]. Neben histologischen und morphologischen Gründen wird als besondere Stütze dieser Annahme hervorgehoben, daß das pigmenthaltige Corium, auch wenn es von der Epidermis befreit sei, nach einer Wärmebehandlung sein Pigment nach Menge und Lage vermehren könne. Dazu muß aber erwogen werden, ob die hierfür nötige Erwärmung toter Haut 75 Std lang auf 56° nicht schon Nebenreaktionen sekundärer Art auslösen könnte, durch welche bereits vorhandenes Pigment nachträglich umgewandelt und zur Nachdunkelung gebracht würde (s. S. 273). Die sichere Feststellung der autochthonen Pigmentbildung in der Basalschicht der Epidermis förderte die weitere Entwicklung der Erforschung der Pigmentgenese in besonderem Maße.

Die *Bezeichnung Pigment* hat sich für den Farbstoff der Oberhaut ebenfalls eingebürgert und ersetzt im einschlägigen Schrifttum häufig den Begriff Melanin. Sie ist insofern nicht ganz eindeutig, als auch andere braungefärbte Stoffe des Körpers Pigmente genannt werden, wie z. B. das durch pathologische Vorgänge entstehende braune Abnützungspigment oder die Lipochrome. Diese Produkte sind vom Melanin scharf abzugrenzen.

In der anatomischen Literatur nennt man gewöhnlich die Farbstoffe „Pigmente", die in körniger oder in krystalliner Form in den Geweben liegen[3]. Andere verstehen unter Pigment alles, was einen eigenen Farbton hat, gleichgültig ob der Farbstoff gelöst oder ungelöst vorkommt. Der Chemiker versteht unter Pigmenten unlösliche Farbstoffe. Auf einem unlöslichen Träger abgeschiedene Farben heißen Farblacke. Das Melanin ist nur bedingt ein Pigment im Sprachgebrauch des Chemikers; der an sich unlösliche Farbstoff ist auf einem unlöslichen Träger niedergeschlagen und somit eher als Farblack aufzufassen.

Eigenschaften und Isolierung. Die Melanine sind hochmolekulare, chemisch ziemlich indifferente, amorphe, in Wasser, Alkohol, Äther und Chloroform nicht, aber in Alkalien kolloidal lösliche Stoffe. Sie können kaum ohne Beimengungen (Eiweißstoffe, Eiweißspaltstücke) oder unter Bedingungen erhalten werden, welche sekundäre chemische Veränderungen sicher ausschließen lassen. Das Pigment muß stets durch Aufschließen eiweißhaltigen Materials von Mensch und Tier (Haut, Haare, Chorioidea, primäre melanotische Geschwülste oder

---

[1] Bloch, B.: Das Pigment. Handb. Haut. u. Geschl.-Krankh. Bd. 1/1, S. 434. — [2] Meirowsky, E., u. L. W. Freeman: Hautarzt **2**, 201 (1951). Derm., Basel **103**, 144 (1951). — [3] Hueck, W.: Handb. allg. Path. (Krehl-Marchand) Bd. 3/2, S. 299.

Lebermetastasen) gewonnen werden. Die festhaftenden Eiweißbestandteile, die nicht nur durch Adsorption sondern auch chemisch[1,2] mit dem Melanin fest verbunden sein dürften, bereiten der Reinigung die größten Schwierigkeiten. Reinere Melanine sind höchstens unter den bei einer Melanurie ausgeschiedenen Stoffen zu erwarten, bei ihnen ist aber völlige Übereinstimmung mit dem in den Zellen gebildeten Farbstoff nicht zum vornherein vorauszusetzen. Immerhin stellen sie ebenfalls Oxydationsprodukte der ausgeschiedenen farblosen Melaninvor- und -zwischenstufen und deren Abbaustoffe dar.

Zusammensetzung des Melanins. Diese Umstände machen es verständlich, daß die sehr stark voneinander abweichenden *Elementaranalysen* der Melanine keinen Schluß auf den Bau des Farbstoffes zulassen. Selbst in eiweißfreiem Milieu durch Oxydation bekannter Verbindungen (Tyrosin, L-3,4-Dioxyphenylalanin, Tryptophan u. a.) künstlich hergestellte Farbstoffe mit melaninähnlichen Eigenschaften können bei gleicher Versuchsanordnung und gleichem Ausgangsstoff nicht in stets gleicher Zusammensetzung erhalten werden. Auch das zeigt, daß elementaranalytische Untersuchungen zur Konstitutionsermittlung unbrauchbar sind.

Solche Angaben können höchstens qualitativ über die *Elemente* berichten, welche die Melaninmolekel aufbauen. Als solche kommen sicher in Betracht C, H, O und N. Eisen ist eindeutig als Verunreinigung erkannt worden, womit die früher vermutete Abstammung des Melanins vom Blutfarbstoff dahinfällt. Ob S als weiterer Baustein angenommen werden muß, in dunklen Tierhaaren wurde ein höherer Cystingehalt festgestellt[3], ist noch strittig. Wahrscheinlich enthält das eiweißfreie Melanin keinen Schwefel, seine Gegenwart dürfte ebenso wie diejenige des Fe Verunreinigungen zuzuschreiben sein. Es sind S-freie Melanine aus tierischem Material (Chorioidea) isoliert worden[4,5], und S-haltige Pigmente konnten durch schonende Reinigungsverfahren weitgehend von S-haltigen ungefärbten Bestandteilen befreit werden[6].

Wege zur Untersuchung. Direkt, d.h. aus der Elementarzusammensetzung bzw. durch tiefgreifenden Abbau (Kalischmelze), läßt sich ebensowenig wie aus der Absorption im Ultraviolett oder Infrarot oder aus Röntgenbeugungsdiagrammen[7] bis jetzt entscheiden, ob die in verschiedenen Zell- und Tierarten vorkommenden Melanine unter sich verschieden sind, ob einzelne davon mit bestimmten künstlichen, z. B. photosynthetisch[8], dargestellten Pigmenten übereinstimmen und ob Entstehung und Endprodukt auf biochemisch grundsätzlich gleichen Vorgängen beruhen. Ultraspektrographische Untersuchungen[8] schienen zunächst bei diesen Fragen weiter zu führen.

Auf *indirektem* Wege, mit histochemischen Untersuchungen (Blochsche Dopareaktion[9,10] = Nachweis des pigmentbildenden Ferments mit Hilfe von L-3,4-Dioxyphenylalanin = Dopa), chemischen Modellreaktionen[11-16] und durch die Isolierung von Ausscheidungsprodukten im Harn bei pathologischem Pigmentstoffwechsel[17] konnte jedoch schon ein klareres Bild erhalten werden. Gerade bei der Anwendung histochemischer Untersuchungsmethoden war aber die falsche Interpretation unspezifischer Reaktionen häufig Ursache neuer Verwirrung.

Über die Bildung von Melanin durch Fermentwirkung. Schon ältere Forschungen machten es wahrscheinlich, daß das Melanin des Warmblüters, ähnlich

---

[1] Waelsch, H.: H. **213**, 35 (1932). — [2] Stary, Z., u. R. Richter: H. **253**, 159 (1938). — [3] Flesch, P.: J. invest. Derm. **14**, 157 (1950). — [4] Sieber, N.: A. e. P. P. **20**, 362 (1886). — [5] Landolt, H.: H. **28**, 192 (1899). — [6] Schaaf, F.: B. Z. **209**, 79 (1929). — [7] Spiegel-Adolf, M.: Fundamenta radiol. Berlin **5**, 36 (1939). — [8] Spiegel-Adolf, M.: Biochem. J. **31**, 1303 (1937). — Spiegel-Adolf, M., and G. C. Henny: Am. Soc. **61**, 2178 (1939). — [9] Bloch, B.: Das Pigment. Handb. Haut- u. Geschl.-Krankh. Bd. 1/1, S. 434—541. — [10] Sharlit, H.: Arch. Derm. Syph., Chicago **51**, 376 (1945). — [11] Raper, H. S.: Biochem. J. **20**, 735 (1926). — [12] Raper, H. S.: Biochem. J. **21**, 89 (1927). — [13] Raper, H. S.: Fermentforsch. **9**, 206 (1927). — [14] Heard, R. D. H., and H. S. Raper: Biochem. J. **27**, 36 (1933). — [15] Arman, C. G. van, and K. K. Jones: J. invest. Derm. **12**, 11 (1949). — [16] Lorincz, A. L.: J. invest. Derm. **15**, 425 (1950). — [17] Linnell, L., and H. S. Raper: Biochem. J. **29**, 76 (1935).

wie der Farbstoff des Tintenfisches (Sepia officinalis) unter dem Einfluß eines oxydierenden Fermentes aus einer farblosen Vorstufe gebildet wird. Diese Auffassung steht auch heute, in Einzelheiten hinsichtlich Chromogen und Oxydationsferment allerdings nicht unbestritten[1], im Vordergrund. Sie gibt eine Vorstellung über den Weg zur Bildung des Pigments, nicht aber über den Bau des fertigen Farbstoffes. Das Melanin wäre demnach als Endprodukt eines fermentativen Oxydationsvorganges, als ein Gemisch verschiedener Oxydationsstufen aufzufassen. Die Oxydation dürfte analog der über verschiedene Stufen sichergestellten Bildung von Tyrosinschwarz aus Tyrosin verlaufen (s. Bd. **1**, S. 1220f.). Nach den grundlegenden histochemischen Untersuchungen[2] enthält die *pigmentbildende Zelle ein Ferment, das eine besondere farblose Vorstufe spezifisch zu Melanin oxydieren kann.* Es ist noch strittig, ob diese Vorstufe mit dem Blut herangebracht oder an Ort und Stelle gebildet wird[3]. Andere Fragen sind ebenfalls noch zu klären.

Das auch optische Spezifität (Spaltung von racemischem 3,4-Dioxyphenylalanin in D- und L-Antipode[4]) aufzeigende Ferment[5] der pigmentbildenden Zelle des Warmblüters schien zunächst nicht mit Tyrosinase im engeren Sinne identisch zu sein[6]. Ob es sich um ein neues, selbständiges Enzym oder um eine der bekannten und nur in stark verdünntem Zustand vorhandene Oxydase handelt, wäre noch ebenso wie die Beteiligung von Oxydoreduktionssystemen, Metallen u. a. weiter zu untersuchen[7]. Phenolase enthält bekanntlich Cu als prosthetische Gruppe[8]. Es ist jedenfalls zu beachten, daß Tyrosinase die Eigenschaften einer Monophenolase und einer Polyphenolase (Brenzcatechinase, Catecholase) in einem einzigen Enzym oder Enzymkomplex vereinigt und somit Monophenole zu o-Diphenolen und o-Diphenole zu o-Chinonen oxydieren kann[9]. Das Ferment in der pigmentbildenden Zelle der Haut, das L-3,4-Dioxyphenylalanin in Melanin verwandelt, könnte deshalb als Tyrosinase aufgefaßt werden[10–12], wobei sich dann der Reaktionsablauf zusammensetzen würde aus der Monophenolaseaktivität und der Catecholaseaktivität, mit fortschreitender Hemmung des Fermentes während der Reaktion und einer bremsenden Wirkung der Monophenole auf die Catecholasefunktion. Tyrosinase ist auch im Warmblütergewebe nachgewiesen worden[13]. Cyanide, Ascorbinsäure, reduziertes Glutathion und Cystein (Sulfhydrylverbindungen) hemmen die Phenolase durch Komplexbildung am Cu. Auch die Wirkung des pigmentbildenden Ferments wird durch diese Stoffe geschädigt. Neuerdings wird angenommen, daß die Tyrosinase in normaler Haut in inaktiver oder teilweise inaktiver Form vorliege (Blockierung durch Sulfhydrylkörper). Durch ultraviolette Strahlen werde diese Hemmung gelöst, so daß sich Spuren von 3,4-Dioxyphenylalanin bilden, die ihrerseits wieder die fermentative Melaninbildung aus Tyrosin katalysieren[11,12].

Der farblose *Ausgangsstoff für Melanin* scheint eine Aminosäure zu sein. Tyrosin kommt dafür sehr wahrscheinlich als erste, aber nicht als unmittelbare

[1] SCHMALFUSS, H.: Fette u. Seifen **45**, 393 (1938). — ROBERT, P., u. E. A. ZELLER: Schweiz. med. Wschr. **71**, 1605 (1941). — [2] BLOCH, B.: Das Pigment. Handb. Haut- u. Geschl.-Krankh. Bd. 1/1, S. 434—541. — [3] APITZ, K.: Virchows Arch. **300**, 89 (1937). — [4] VOGLER, K., u. H. BAUMGARTNER: Helv. **35**, 1776 (1952). — [5] BLOCH, B., u. F. SCHAAF: Kli. Wo. **1932 I**, 10. — [6] PINCUSSEN, L., u. T. HAMMERICH: B. Z. **239**, 273 (1931). — [7] SCHAAF, F.: Arch. Derm. Syph., Berlin **176**, 646 (1938). — DANNEEL, R.: Biol. Zbl. **63**, 377 (1943). — FIGGE, F. H. J.: Proc. Soc. exp. Biol. Med. **46**, 269 (1941). — [8] KUBOWITZ, F.: B. Z. **296**, 443 (1938). — [9] GUGGENHEIM, M.: Die biogenen Amine. 4. Aufl. S. 536. Basel, New York 1951. — [10] LERNER, A. B., T. B. FITZPATRICK, E. CALKINS and W. H. SUMMERSON: J. biol. Ch. **178**, 185 (1951). — [11] FITZPATRICK, T. B., S. W. BECKER jr., A. B. LERNER and H. MONTGOMERY: Science, N. Y. **112**, 223 (1950). — [12] FITZPATRICK, T. B., and A. B. LERNER: Arch. Derm. Syph., Chicago **69**, 133 (1954). — [13] FITZPATRICK, T. B., A. B. LERNER, E. CALKINS and W. H. SUMMERSON: Proc. Soc. exp. Biol. Med. **75**, 394 (1950).

Vorstufe in Betracht, als solche wurde dessen nächste Oxydationsstufe, das L-3,4-Dioxyphenylalanin angesprochen[1]. Dieses entsteht z. B. auch schon unter dem Einfluß ultravioletter Strahlen aus Tyrosin[2]. Die verschiedenen Oxydationsstufen dieses „Melanogens" ordnen sich dann bis zum 5,6-Dioxyindol bzw. bis zum fertigen Melanin in die für die Tyrosinschwarzbildung aufgeklärte Oxydationsfolge[3] (s. Bd. **1**, S. 1221) ein[4–6]. So wäre der als *Melanin* bezeichnete Farbstoff als *Gemisch verschiedener Oxydations- und Polymerisationsprodukte des* sehr leicht der Autoxydation anheimfallenden *5,6-Dioxyindols* zu betrachten. Die Uneinheitlichkeit selbst künstlich hergestellter Melanine würde bei einem solchen Reaktionsverlauf verständlich, desgleichen aber auch die Unmöglichkeit, selbst an einem in reinster Form vorliegenden natürlichen Melanin die Konstitution aufzuklären oder durch Vergleich eines künstlich hergestellten Pigments mit dem natürlichen Hautfarbstoff Rückschlüsse auf dessen Aufbau zu ziehen. Es ist zwar schon versucht worden, die nächsten, noch einfacheren Oxydations- und Polymerisationsprodukte von 5,6-Dioxy-indol herzustellen[7–10], zu einer Aufklärung der Konstitution der Melaninmolekel führten sie aber noch nicht. Ganz ähnlich verhält es sich übrigens mit den Polymerisationsprodukten des Adrenochroms[11,12], dem Oxydationsprodukt von Adrenalin bzw. der Adrenalinmelanisierung (s. Bd. **1**, S. 1229). Für die Wahrscheinlichkeit einer der Tyrosinschwarzbildung analogen Entstehung des Warmblütermelanins spricht noch besonders, daß bei der Melanurie die Anwesenheit von Stoffen nachgewiesen werden konnte, welche dem 5,6-Dioxyindol sehr nahestehen[13]. Ebenso sind schon Abkömmlinge der niedrigeren Oxydationsstufen, nämlich Brenzcatechine, festgestellt worden[14,15].

Der Frage nach Entstehung und Natur des natürlichen Melanins wird weiter nachgegangen. Dabei sind schon, aufbauend auf diesen Grundanschauungen, einzelne Teilvorgänge der Pigmentbildung klarer erfaßt worden. Daneben ist aber auch versucht worden, die Melaninbildung von völlig neuen Gesichtspunkten aus zu betrachten. Ausgehend von der als *Vitiligo* bezeichneten, durch ihre meist symmetrische Topographie auffallende Pigmentatrophie der Haut sind die Diaminoxydase und das Histamin in engere Beziehung zur Pigmentbildung gebracht worden[16–19]. Die bestehenden Ansichten über die Melaningenese verloren aber durch diese, auch schon widerlegte[20] neue Betrachtungsweise nichts von ihrer Bedeutung. Die Ursache der merkwürdig flächig begrenzten Pigmentatrophie der vitiliginösen Haut bleibt weiter unbekannt. Ihr mit Hilfe gesicherter Erkenntnisse der Pigmentlehre weiter nachzugehen, erscheint schon aus dem Grunde nützlich, weil man so möglicherweise übergeordnete Faktoren kennenlernen könnte, die für einen solchen Mangel des Pigmentbildungsvermögens bzw. wie bis jetzt angenommen wurde, für einen Schwund des pigmentbildenden Ferments[21] verantwortlich sind. Auffälligerweise ist auch der Sulfhydrylgehalt in der vitiliginösen Haut höher als in der normal pigmentierten Umgebung[22].

---

[1] Bloch, B.: Das Pigment. Handb. Haut- u. Geschl.-Krankh. Bd. 1/1, S. 434. — [2] Arnow, L. E.: J. biol. Ch. **120**, 151 (1937). — [3] Raper, H. S.: Biochem. J. **20**, 735 (1926); **21**, 89 (1927). Fermentforsch. **9**, 206 (1927). — Heard, R. D. H., and H. S. Raper: Biochem. J. **27**, 36 (1933). — [4] Clemo, G. R., F. K. Duxbury and G. A. Swan: Soc. **1952**, 3464. — [5] Clemo, G. R.. and F. K. Duxbury: Soc. **1952**, 3844. — [6] Cromartie, R. I. T., and J. Harley-Mason: Soc. **1952**, 2525. — [7] Clemo, G. R., and J. Weiss: Soc. **1945**, 702. — [8] Harley-Mason, J.: Nature **159**, 338 (1947). — [9] Bu'Lock, J. D., and J. Harley-Mason: Soc. **1951**, 2248. — [10] Beer, R. J. S., J. P. Brown and A. Robertson: Soc. **1951**, 2426. — [11] Cohen, G. N.: Cr. **220**, 796, 927 (1945). — [12] Harley-Mason, J.: Soc. **1950**, 1276. — [13] Linnell, L., and H. S. Raper: Biochem. J. **29**, 76 (1935). — [14] Thannhauser, Stoffw.-Krankh. — [15] Fürth, O., u. H. Kaunitz: B. Z. **253**, 231 (1932). — [16] Robert, P.: Derm., Basel **84**, 257 (1941). Schweiz. med. Wschr. **79**, 309 (1949). — [17] Robert, P., u. E. A. Zeller: Schweiz. med. Wschr. **71**, 1605 (1941). — [18] Robert, P., u. E. Strehler: Derm., Basel **91**, 1 (1945). — [19] Robert, P., u. H. Zürcher: Derm., Basel **100**, 217 (1950). — [20] Liebetrau, H. R.: Derm., Basel **103**, 75, 406 (1951). — [21] Bloch, B.: Arch. Derm. Syph., Berlin **124**, 129 (1917). — [22] Scott, E. J. van, S. Rothman and C. R. Greene: J. invest. Derm. **20**, 111 (1953).

Nichtfermentative Dunkelung oder Aufhellung des Pigments. Das Melanin der Haut wird, wie histochemische Untersuchungen zeigten, durch die Gegenwart reduzierender Stoffe, unter teilweiser Änderung seiner Eigenschaften, in ein *helleres Pigment* verwandelt, aus dem durch erneute Oxydation das *dunklere Pigment* wieder zurückerhalten wird[1]. Auch unter dem Einfluß ultravioletter Strahlen tritt eine Dunkelung helleren Melanins auf. Der Spektralbereich von 330—420 mμ ist für diese lichtbedingte Pigmentdunkelung besonders günstig[1-3]. Diese Verstärkung der Pigmentierung der Haut durch langwelliges Ultraviolett[4] besitzt übrigens auch für Sonnenschutzmittel, welche das Lichterythem, nicht aber die Bräunung verhindern sollen, praktische Bedeutung. Auch mit der lichtbedingten Dunkelung ist eine Sauerstoffaufnahme verbunden. Diese Farbänderungen werden bei Betrachtung des Weges, der von der farblosen Pigmentvorstufe bis zum Melanin durchschritten wird, verständlich. Das Melanin der Haut ist kein fertig gebildeter Stoff, sondern enthält noch mehr oder weniger weitgehend oxydierte Zwischenstufen. Durch äußere Eingriffe oxydierender oder reduzierender Art dürfte sich deshalb die Farbintensität in der einen oder der anderen Richtung verschieben lassen. Schon spontan, besonders aber in der Wärme und im Sauerstoffstrom dunkeln die helleren Oxydationsstufen selbst in toter Haut nach. Dieser Vorgang spricht natürlich in keiner Weise gegen die fermentative Pigmentbildung in der lebenden Haut. Nicht an die Gegenwart eines Enzyms gebunden, kann die notwendige Aktivierung des Sauerstoffs durch verschiedene Mittel erreicht werden. Ältere Beobachtungen über die nichtfermentative Pigmentbildung, die häufig der Annahme einer enzymatischen Melaningenese entgegengehalten wurden, erscheinen damit in neuem Lichte.

Beschleuniger und Hemmstoffe der fermentativen und nichtfermentativen Dunkelung der Haut. Oxydierend oder reduzierend wirkende Stoffe können aber nicht nur den Farbton des gebildeten Hautfarbstoffs verschieben, sondern greifen vielleicht schon bei der fermentativen Melaninbildung bestimmend in die Reaktionsfolge ein. p-Benzyl-hydrochinon depigmentiert menschliche Haut[5-7]; der gleiche Stoff unterbricht aber auch die fermentative Oxydation von Tyrosin, die vielfach als Modell der Melaninbildung studiert wird, schon vor der Indolringbildung[8]. Auch andere Hemmstoffe sind festgestellt worden wie beispielsweise Thioglykolsäure, Thiomilchsäure, Cystein und Ascorbinsäure. Schwermetalle, wie Cu^{II}, Mn^{II}, Fe^{III} und Co^{II}, jedoch sind ausgesprochene Beschleuniger der Oxydation.

Auf die *Beziehung zwischen Schwermetallen und Melanin* wurde immer wieder hingewiesen, Eisen wurde sogar als integrierender Bestandteil der Melaninmolekel betrachtet und bis in die neueste Zeit, gestützt auf den Eisennachweis in natürlichen Melaninen, ernsthaft in Erwägung gezogen. Es sind schon verschiedene Gründe genannt worden (S. 269f.), welche gegen eine solche Annahme sprechen. Betrachtet man aber die verschiedenen Oxydationsstufen, die von einfachen Mono- oder Dioxyphenylaminosäuren über 5,6-Dioxyindol zum Oxydationsendprodukt führen, dann stellt eine besondere Metallaffinität nichts Außergewöhnliches dar. Diese Reaktionsglieder können Metalle binden, ohne

[1] Miescher, G., u. H. Minder: Strahlentherapie **66**, 6 (1939). — Miescher, G.: Strahlentherapie **66**, 615 (1939). Arch. Derm. Syph., Berlin **180**, 238 (1940). — [2] Henschke, G.: Strahlentherapie **71**, 174 (1942). — [3] Felsher, Z., L. Rubin and S. Rothman: Derm., Basel **94**, 280 (1947). — [4] Hausser, I.: Naturwiss. **26**, 137 (1938). — Hamperl, H., U. Henschke u. R. Schulze: Virchows Arch. **304**, 19 (1939). — Henschke, U., u. R. Schulze: Strahlentherapie **64**, 14, 43 (1939). — [5] Schwartz, L., E. A. Oliver and L. H. Warren: Arch. Derm. Syph., Chicago **42**, 993 (1940). — [6] Peck, S. M., and H. Sobotka: J. invest. Derm. **4**, 325 (1941). — [7] Spencer, G. A.: Arch. Derm. Syph., Chicago **58**, 215 (1948). — [8] Lorincz, A. L.: J. invest. Derm. **15**, 425 (1950).

daß diese Metalle wesentliche Bestandteile des Melanins sein müssen. Auch für Silber besitzt das Pigment eine besondere Affinität, die histologisch zur Sichtbarmachung feinster Pigmentkörnchen ausgenützt wird (Silbernitratreaktion). Da Fe im Gewebe weitverbreitet ist, kann deshalb auch seine Bindung an das Melaninkorn als zufällig und nicht als genetisch wichtig betrachtet werden. Eine katalytische Wirkung bei der nicht fermentativen Weiteroxydation der Melaninzwischenstufen wird damit dem Fe[1], wie übrigens auch dem Cu[2,3] nicht abgesprochen, wie eine solche auch für andere Metalle[4] nicht abzulehnen ist.

Ob aber ein besonderer Metallgehalt des Melanins eine besondere Haarfarbe bestimme[3], kann wohl noch nicht mit Sicherheit gesagt werden. Wenn dunkle Haare einen höhern Fe- und Cu-Gehalt aufweisen als weiße Haare, dann läßt sich das zunächst zwanglos damit erklären, daß ein melaninreicheres Substrat mehr metallaffine Gruppen zur Bindung von Metall zur Verfügung stellen kann als ein melaninärmeres Untersuchungsgut. Über die Inaktivierung der Pigmentbildung durch Hg, Ag, Au und die Indifferenz zahlreicher anderer Ionen s. [5].

Beim Studium der Möglichkeiten, welche die Pigmentbildung hemmend oder fördernd beeinflussen können, darf vorläufig ein besonders sinnfälliger Mechanismus nicht als besonders wichtig in den Vordergrund gestellt werden. Es können neben diesem einen noch andere, ebenso wichtige, vorhanden sein. Mehrere solcher Teilvorgänge sind vielleicht gekoppelt oder wirken einander entgegen. Die Rolle der Metalle, als Redoxsysteme, muß beim Studium der Pigmentbildung sicher noch im Zusammenhang mit einem anderen Redoxsystem, demjenigen der *Sulfhydrylverbindungen*, genauer untersucht werden. Sulfhydrylkörper hemmen z. B. die fermentative Oxydation von L-3,4-Dioxyphenylalanin[6]. Durch ultraviolette Strahlen, Röntgenstrahlen, Hitze, Entzündung, aber auch durch Metalle wie z. B. Cu (s. [7]) werden diese Hemmstoffe oxydiert und damit unwirksam.

Diese Sulfhydrylsysteme scheinen im Zellstoffwechsel des Stratum germinativum besondere Bedeutung zu haben. Durch histochemische Verfahren wurde dort die Anwesenheit von Thiol-(SH-)Gruppen sichergestellt[8], und in den basalen Schichten der Epidermis, dort wo auch das Pigment gebildet wird, sind sie reichlicher vorhanden als in den höhern Zellagen[9-11]. Auch mit Hilfe von Durchströmungsversuchen unter Verwendung reduzierbarer Farbstoffe ließen sie sich nachweisen[12]. Wahrscheinlich gehören sie dem System Cystein-Cystin oder Glutathionid-Glutathion an. Ein Verfahren zur quantitativen Bestimmung von Glutathion-Glutathionid in der Gesamthaut ist ausgearbeitet[13].

Außer solchen Verbindungen hat sicher aber auch die L-*Ascorbinsäure* teil an der starken Reduktionswirkung der basalen Schichten des Stratum germinativum[14] und damit in mehrfacher Hinsicht auch am Ablauf der Pigmentbildung. Dafür spricht, daß L-Ascorbinsäure zwar Tyrosin in 3,4-Dioxyphenylalanin überführen kann[15], daß aber L-Ascorbinsäure die Oxydation von Tyrosin durch Tyrosinase bereits auf der Stufe von 3,4-Dioxyphenylalanin aufhält[16]. Die vereinzelt am Menschen beobachtete depigmentierende Wirkung von Ascorbinsäure konnte am Tier jedoch nicht reproduziert werden[17].

---

[1] Robert, P.: Schweiz. Z. Path. Bakt. **10**, Suppl. 74 (1947). — [2] Smith, S. E., and G. H. Ellis: Arch. Biochem. **15**, 81 (1947). — [3] Flesch, P.: J. invest. Derm. **11**, 157 (1948). — [4] Robert, P., u. H. Zürcher: Derm., Basel **100**, 217 (1950). — [5] Lerner, A. B.: J. invest. Derm. **18**, 47 (1952). — [6] Rothman, S., H. F. Krysa and A. M. Smiljanic: Proc. Soc. exp. Biol. Med. **62**, 208 (1946). — [7] Flesch, P.: Proc. Soc. exp. Biol. Med. **70**, 136 (1949). — [8] Bierich, R., u. A. Rosenbohm: H. **231**, 39 (1935). — [9] Buffa, E.: J. Physiol. Path. gén. **6**, 645 (1904). — [10] Moncorps, C.: A. e. P. P. **141**, 80 (1929). — [11] Giroud, A., et H. Bulliard: Arch. Anat. microscop. **31**, 271 (1935). — [12] Wels, P.: Strahlentherapie **66**, 677 (1939). — [13] Moncorps, C., u. R. Schmid: H. **205**, 151 (1932). — [14] Giroud, A., C. P. Leblond, R. Ratsimamanga et M. Rabinowicz: Bull. Soc. franç. Derm. Syph. **42**, 482 (1935). — [15] Arman, C. G. van, and K. K. Jones: J. invest. Derm. **12**, 11 (1949). — [16] Schaaf, F.: Helv. **18**, 1017 (1935). — [17] Jadassohn, W., u. F. Schaaf: Kli. Wo. **1934 I**, 845.

Damit sind erst einige Wechselwirkungen aufgedeckt, welche die primäre fermentative Oxydation der farblosen Vorstufe zum Melanin beeinflussen und für den erreichbaren Endzustand von Bedeutung sein können[1]. Sehr wahrscheinlich sind das nicht die einzigen[2], und weiteren Untersuchungen wird es vorbehalten sein, den ganzen Komplex der mit der Pigmentbildung verknüpften Vorgänge zu zergliedern. Hyper- und Depigmentierung, Ort und Chemismus der Melanogenbildung, Einfluß von Melanogenangebot und Fermentaktivierung werden dabei noch einzubeziehen sein, vor allem aber auch die Wirkung bestimmter Hormone auf die Pigmentbildung.

Hyperpigmentierungen während der Gravidität (Chloasma uterinum) weisen auf einen Zusammenhang mit weiblichen Sexualhormonen hin. Es kann angenommen werden, daß solche Hormone auch direkt angreifen und nicht nur über den Umweg über Hypophyse, Sympathikus und Nebenniere. Bei dieser Pigmentvermehrung scheint durch den Hormoneinfluß eine Aktivierung des pigmentbildenden Fermentes ausgelöst zu werden, gleichzeitig ist aber auch eine starke Vermehrung der pigmentbildenden Zellen selbst zu beobachten[3]. Diese Wirkung der weiblichen Sexualhormone wird im Zusammenhang mit dem Pigmentproblem noch Gegenstand weiterer Untersuchungen sein wie auch diejenige des Desoxycorticosterons, das einer Pigmentzunahme entgegenwirken soll[4–6].

Wenn die Melaninbildung als Ganzes klarer erfaßt sein wird, sind auch die schon beobachteten Unterschiede zwischen den Pigmenten verschieden gefärbter Haare[7,8] (s. S. 263 u. 274) der Aufklärung zugänglicher. Es sind allerdings schon Bestandteile des Vitamin B-Komplexes, die *Pantothensäure* (s. S. 265) und die *p-Aminobenzoesäure* als Antigraufaktoren der Haare angesprochen worden[9–12]. Bis jetzt konnte diese Wirkung der Pantothensäure aber nur an Ratten festgestellt werden, beim Menschen war das Ergebnis zweifelhaft[13]. An dunkeln Mäusen, deren Fell nach Verfütterung von Hydrochinon ergraute, ließ sich durch Zufütterung von p-Aminobenzoesäure die ursprüngliche Dunkelfärbung wieder herstellen[14], und bei oraler Verabreichung soll sich auch die Achromotrichie des Menschen bessern[15]. Da die fermentative Oxydation von L-3,4-Dioxyphenylalanin aber durch p-Aminobenzoesäure verzögert und vielleicht durch Blockierung der o-Chinongruppen in anderer Weise weitergeführt wird[16,17], ist auch die Beziehung dieses Bestandteils des B-Komplexes zur Pigmentbildung noch weiter abzuklären.

ε) Corium und Tela subcutanea.

1. Allgemeines.

Das Corium ist von der Epidermis scharf abgegrenzt, aber durch eine starke Verzahnung fest mit ihr verbunden. Man unterscheidet 2 Schichten, *Corium* oder *Lederhaut* und *Tela subcutanea* (s. S. 253). Während die *biologische Bedeutung der Epidermis* im wesentlichen in einer sich weniger mechanisch als

[1] FITZPATRICK, T. B., A. B. LERNER, E. CALKINS and W. H. SUMMERSON: Arch. Derm. Syph., Chicago **59**, 620 (1949). — [2] ROTHMAN, S.: Physiology and Biochemistry of the Skin. S. 531. Chicago 1954. — [3] JADASSOHN, W., u. H. E. FIERZ-DAVID: Vjschr. naturforsch. Ges. Zürich **88**, Beiheft 1 (1943). — [4] SPOOR, H. J., and E. P. RALLI: Endocrinology **35**, 325 (1944). — [5] RALLI, E. P., and J. GRAEF: Endocrinology **37**, 252 (1945). — [6] WALTHARD, B.: Acta endocrinol., København **5**, 61 (1950). — [7] ZWICKY, H., u. F. ALMASY: B. Z. **281**, 103 (1935). — [8] ARNOW, L. E.: Biochem. J. **32**, 1281 (1938). — [9] LUNDE, G., u. H. KRINGSTAD: Naturwiss. **28**, 550 (1940). — SCHWARZ, K.: H. **275**, 245 (1942). — [10] LUNDE, G., H. KRINGSTAD u. E. JANSEN: Naturwiss. **29**, 62 (1941). — [11] UNNA, K., and W. L. SAMPSON: Proc. Soc. exp. Biol. Med. **45**, 309 (1940). — [12] GYÖRGY, P., and C. E. POLING: Proc. Soc. exp. Biol. Med. **45**, 773 (1940). — [13] JUON, M.: Derm., Basel **91**, 310 (1945). — [14] MARTIN, G. J., and S. ANSBACHER: J. biol. Ch. **138**, 441 (1941). — [15] SIEVE, B. F.: Science, N. Y. **94**, 257 (1941). — [16] MARTIN, G. J., W. A. WISANSKY and S. ANSBACHER: Proc. Soc. exp. Biol. Med. **47**, 26 (1941). — [17] WISANSKY, W. A., G. J. MARTIN and S. ANSBACHER: Am. Soc. **63**, 1771 (1941).

chemisch auswirkenden Schutzfunktion, im Abwehren, Auffangen und Umwandeln der von außen wirkenden Kräfte liegt, ist diese chemische Aufgabe nur noch z. T. und neben anderen vom Corium zu erfüllen. Es verschafft mit seinen beiden Schichten Stratum papillare und reticulare in erster Linie den mechanischen Schutz und bildet den Übergang zwischen der Epidermis und den die Hautunterlage bildenden Gewebsbestandteilen.

Das *Corium* stellt somit das eigentliche *Stützgewebe* dar und verleiht der Haut die nötige Festigkeit, Spannung und Elastizität, um mechanischen Kräften wirksam zu begegnen. Bau und Eigenschaften ihrer Bestandteile (Fasernetz, Wasseraufnahmefähigkeit und Quellbarkeit der kollagenen Faser) sind auf diese Aufgabe eingestellt. Eine Verminderung der Elastizität kommt bei der Altershaut deutlich in einer Schrumpfung, Fältelung und Erschlaffung und in einer Veränderung der kollagenen Fasern[1] zum Ausdruck. Das Corium ist weiter *Träger des Gefäß- und Nervensystems*, es enthält die Sekretionsorgane der Haut (*Schweiß- und Talgdrüsen*) und die tief in diese Schicht versenkten *Haare*.

Die *Tela subcutanea* ist die verschiebliche Schicht der Haut und eine *Speicherungs- und Ablagerungsstätte* für Verbindungen des normalen und pathologischen Stoffwechsels (s. S. 249). In praktischer Hinsicht ist nur das Corium, und zwar für die *Leder- und Leimbereitung* von großer Bedeutung, die Tela subcutanea fällt höchstens als Träger der subcutanen *Fettschicht* in Betracht.

Bei der *Lederbereitung* wird die „Blöße", das ist die durch Abschaben der Oberfläche von der Epidermis, den Haaren und dem Unterhautzellgewebe befreite Lederhaut, einer besonderen Behandlung unterworfen, für die auf die gerbereichemische Literatur verwiesen werden muß[2,3]. Für die Leimgewinnung wird neben anderen Rohstoffen auch die Haut bzw. ihre kollagenhaltige Schicht (Corium) verwendet und nach besonderen Verfahren in Glutin (= Gelatine) verwandelt (s. Bd. **1**, S. 723).

Das Material zur chemischen Untersuchung der Lederhaut wird am besten aus frischer Haut, welche durch parallel zur Oberfläche geführte Gefrierschnitte zerteilt wird, gewonnen. Nur so besteht Gewähr, daß einheitliches Untersuchungsgut zur Verarbeitung gelangt. Aber auch dann ist noch zu berücksichtigen, daß selbst in entbluteter Haut bei bestimmten Untersuchungen Blutreste die Zuverlässigkeit der Ergebnisse beeinträchtigen können. Eine Vorbereitung der Haut durch mechanisches Abschaben von Oberfläche und Unterseite liefert kein brauchbares Untersuchungsmaterial. Alle Untersuchungsergebnisse sind auf fettfreie Trockensubstanz zu beziehen.

2. Chemische Zusammensetzung.

Wegen der Unsicherheit der Untersuchungsergebnisse, bedingt durch die Vielfalt der präparativen Vorbereitung und aus Mangel an Arbeiten mit einheitlichem Material, kann nur auf einzelne Angaben eingegangen werden, noch nicht aber auf solche, bei denen die histologische Abgrenzung des Untersuchungsgutes unklar ist (s. Gesamthaut S. 281).

a) Wassergehalt. Corium und Subcutis bilden die wasserreichste Schicht der Haut, die höchsten Werte zeigt dabei das Corium, denn in der Tela subcutanea tritt das Wasser um so mehr zurück, je höher ihr Fettgehalt ansteigt. Wasserbestimmungen an definierten Schichten fehlen. Für Corium und Subcutis zusammen kann ein Wassergehalt von 60—70% angenommen werden, die Haut Neugeborener enthält mehr (80,6%)[4].

---

[1] Ejiri, I.: Jap. J. Derm. **41**, 64 (1937) [Ber. Physiol. **104**, 113]. — [2] Handb. Gerbereichem. Lederfabrik. (Bergmann-Grassmann) 3 Bde. — [3] McLaughlin, G. D., and E. R. Theis: The Chemistry of Leather Manufacture. New York 1945. — [4] Klose, E.: Jb. Kinderheilkde. **80**, 154 (1914); **91**, 157 (1920).

b) Aschebestandteile. Im Corium bzw. mit der Subcutis wurden der Menge nach als wesentliche Aschenbestandteile Na, K, Mg Ca neben Si und reichlich Fe gefunden.

Zur Kritik der Analysenwerte. Wenn auch die Einschleppung äußerer Verunreinigungen im Verlauf der Materialgewinnung weniger zu Störungen Anlaß geben kann als bei der Analyse von Stratum corneum oder Haaren, so sind doch die gleichen Vorbehalte wie S. 255 zu machen und die Beeinträchtigung der Ergebnisse durch Blutreste ist selten sicher auszuschließen. Aber selbst wenn die ermittelten Werte in dieser Richtung verläßlich wären, fehlte die nötige Einheitlichkeit des Untersuchungsgutes, so daß ihnen höchstens zur Orientierung eine gewisse Bedeutung beigemessen werden kann. Neue Untersuchungen mit einwandfreier präparativer Vorbereitung der Gewebsschichten sind nötig, denn auf ihre Leistungsfähigkeit geprüfte Analysenverfahren stehen zur Verfügung[1]. Auch die Angaben über den Gesamtaschegehalt (in Haut eines Neugeborenen etwa 0,8%) sind unter diesen Gesichtspunkten zu werten. Alle diese Feststellungen eignen sich demnach noch nicht zu Erörterungen über die Abhängigkeit des Aschengehaltes von Alter, Körperregion, Ernährung, Einfluß auf Entzündungsbereitschaft und über die Möglichkeit einer Basenretention durch die Haut. Die Lückenhaftigkeit der experimentellen Grundlagen macht es ohne weiteres verständlich, daß über alle diese Fragen die Ansichten noch geteilt sind.

Tabelle 84. Streuung des Ionengehalts im Corium in gesunder Haut.

mg/100g trockene Haut	Na	K	Mg	Ca
Gefunden				
Maximal .	408	339	38	59
Minimal. .	298	168	20	34

Um wenigstens über die Größenordnung der für die einzelnen Aschenbestandteile gefundenen Mengen zu berichten, können Ergebnisse aus Coriumanalysen an Leichenhaut bzw. Haut von Amputationen angeführt werden[2] (Material gewonnen durch Abschaben der Oberfläche und des Unterhautzellgewebes). Diese Zahlen (Tabelle 84) zeigen gleichzeitig, wie stark der Gehalt an diesen Elementen selbst in gesunder Haut variieren kann und wie wenig Gewicht sog. Normalwerten, welche die Grundlage zur Feststellung pathologischer Abweichungen bilden sollten, beigemessen werden kann.

Versuche, *auf histochemischem Wege* Einblick in die Mineralstoff- im besonderen in die K- und Ca-Verteilung der einzelnen Gewebsschichten zu erhalten[3], führten auch noch zu keinen eindeutigen Ergebnissen (s. S. 267 u. 282).

Die heute noch klaffende Lücke in bezug auf den Mineralstoffgehalt des Coriums, auch unter Einbeziehung der Spurenelemente, bedarf der Schließung schon wegen der vielfach durchgeführten Untersuchungen über mögliche Zusammenhänge zwischen krankhaften Hautveränderungen und dem Mineralstoffwechsel der Haut. Der Mangel sicherer Normalwerte macht die bisher in dieser Richtung erhobenen Befunde bedeutungslos.

c) Organische Bestandteile. *Eiweiß.* Es sind zu unterscheiden *leichter lösliche Eiweißstoffe* und das unlösliche *Elastin* neben dem wesentlichsten Bestandteil *Kollagen*[4]. Ein als „Retikulin" bezeichnetes weiteres Eiweiß des Coriums[5] erwies sich als Elastin[6].

Leicht lösliche Eiweißstoffe. Sie können durch 5—10%ige Kochsalzlösung aus epidermisfreier Haut ausgezogen werden, sind koagulierbar und entsprechen den Albuminen und den Globulinen. Ihre Natur ist unbekannt, ihre Anwesenheit mindestens zum Teil auf Blutreste zurückzuführen. Nach der Entfernung dieser leicht löslichen Verbindungen kann mit alkalischen Lösungen noch ein den Mucoiden ähnlicher, nicht näher zu umschreibender Stoff, „*Coriomucoid*", erhalten werden. Im Corium scheinen also ebenso wie in der Epidermis schleimähnliche Substanzen enthalten zu sein, die der Interfibrillärsubstanz der Sehnen gleichen.

[1] Nathan, E., u. F. Stern: Derm. Z. **53**, 451; **54**, 14, 232 (1928). — [2] Brown, H.: J. biol. Ch. **68**, 729 (1926). — [3] Waterman, N.: B. Z. **133**, 535 (1922). — [4] Rothman, S., u. F. Schaaf: Chemie der Haut. Kollagen. Handb. Haut- u. Geschl.-Krankh. Bd. 1/2, S. 211—221. — [5] Kaye, M.: J. int. Soc. Leather Trades' Chem. **20**, 223 (1936). — [6] Küntzel, A., u. A. Seitz: Collegium, Darmstadt **1936**, 567.

Kollagen. Die Hauptmenge der Bindegewebsproteine ist Kollagen. Das für gerbereichemische Untersuchungen verwendete *Hautpulver* besteht vorwiegend aus diesem Stoff. Es ist chemisch nicht einheitlich, Angaben über seine Bausteine oder die Elementarzusammensetzung lassen deshalb auch keine Schlüsse darüber zu, ob zwischen den Kollagenen der verschiedenen Tierarten Unterschiede bestehen. Neuere Bestimmungen über die Aminosäurenverteilung in Kollagenen aus Rinderhaut[1] zeigen immerhin, daß unter den Aminosäuren, welche aus Kollagenen verschiedener Hautschichten oder aus verschiedenen Häuten gewonnen wurden, Arginin, Lysin und Histidin in ziemlich genau den gleichen Mengen gefunden werden können. Kennzeichnend für das Kollagen ist seine *Faserstruktur.* Jeder Eingriff, der diese Struktur löst, führt zu einer Veränderung des Kollagens. Diese Kollagenfasern bestehen aus Fadenmolekeln[2], welche ein Faserdiagramm und Doppelbrechung besitzen. Im Elektronenmikroskop[3] zeigt Kollagen relativ gerade, nicht verzweigte und glatte Fasern, wobei diejenigen aus jugendlicher Haut feiner, kürzer, zusammenhaftender und gewundener sind. In lebender Haut weisen die Fibrillen runden oder elliptischen Querschnitt auf, beim Trocknen treten in bestimmten Abständen Verdickungen auf, offenbar entstanden durch verschieden starke Schrumpfung der lokalisierten Querbänder. Beim Erwachsenen wurde eine mittlere Dicke der Fibrillen von etwa 1000 Å gemessen, in jugendlichem Alter kann sie bis auf etwa 300 Å sinken. Die Fasern zeigen axiale Querstreifungsperioden im Abstand von ungefähr 620—660 Å, in denen sich wieder feinere Bänder erkennen lassen, meist als 6 ungleiche Streifen. Dieses 6-Bänder-Muster scheint für Kollagen verschiedener Herkunft charakteristisch zu sein. Die Fibrillen selbst sind vermutlich aus noch feineren Fäden zusammengesetzt, schätzungsweise aus 3—10 je Fibrille mit Durchmessern von 100 Å oder darunter. Die Präpariermethode kann aber das Bild beeinflussen. An Kollagenfasern aus Kinderhaut konnten größere Mengen amorphen, an der Faser anhaftenden Materials festgestellt werden (s. a. Bd. **1**, S. 658).

Kollagen wird durch Wasser, besonders bei höherer Temperatur und in saurem Milieu zur Quellung gebracht und in *Glutin* verwandelt. Gegen alkalische Lösungen zeigt es eine gewisse Resistenz, immerhin wird es auch durch Alkalilaugen, ebenso wie durch Säuren oder Proteasen gespalten. Gerbstoffe machen das Kollagen gegen Wasser und Fäulnis widerstandsfähig (Gerbung). Infolge dieser besonderen Eigenschaften (Festigkeit durch Faserstruktur, Leimbildung durch Glutinisierung) ist das Kollagen Gegenstand umfangreicher Untersuchungen gewesen und wertvolles Ausgangsmaterial für die Leder- und Leimbereitung geworden. Gerade die verhältnismäßig größere Widerstandsfähigkeit des Kollagens ist bei der Aufbereitung der Häute zur Lederherstellung[4] wichtig (s. S. 276). (Näheres s. Bd. **1**, S. 721 ff.)

Elastin (s. Bd. **1**, S. 726f.). Neben Kollagen ist in sehr viel kleinerer Menge Elastin in den elastischen Fasern des Coriums enthalten. Es wurde schon eine Verwandtschaft zwischen Kollagen und Elastin angenommen[5,6]. Das letztere unterscheidet sich von jenem hauptsächlich durch seine andere Widerstandsfähigkeit gegenüber chemischen oder fermentativen Eingriffen. Es quillt nicht in Wasser oder verdünnter Essigsäure und ist auch durch Säuren und Magensaft weniger leicht zu spalten, hingegen wird es von Trypsin leichter angegriffen. Die chemische Aufklärung ist schon ziemlich vorangekommen[7]. Im Alter zeigen die elastischen Fasern Veränderungen, die zu einer Verminderung ihrer normalen Leistung führen. Nach neuer Methode wurde in Leichenhaut ein mittlerer Kollagen- und Elastingehalt von 33% des Feuchtgewichts oder 79% der getrockneten Haut gefunden[8].

Bei der Altersänderung der Haut sind die Umwandlungen an den kollagenen und elastischen Fasern maßgebend beteiligt. Als andere Faktoren kommen auch der Schwund drüsiger Organe, eine Wasserverarmung und Gewebsverdickung, die teilweise Verlegung der Capillaren, eine verminderte Durchblutung und eine herabgesetzte Regenerationsgeschwindigkeit des

---

[1] Highberger, J. H.: J. amer. Leather Chem. Ass. **33**, 9 (1938). — Schneider, F.: Collegium, Darmstadt **1940**, 97. — [2] Meyer, K. H., u. C. Ferri: Pflügers Arch. **238**, 78 (1936). — Meyer, K. H.: Die hochpolymeren Verbindungen. S. 426ff. Leipzig 1940. — Küntzel, A.: Kolloid-Z. **96**, 273 (1941). — [3] Gross, J., and F. O. Schmitt: J. exp. Med. **88**, 555 (1947). — [4] Handb. Gerbereichem. Lederfabrik. (Bergmann-Grassmann). — [5] Küntzel, A.: Collegium, Darmstadt **1926**, 176. — [6] Herzog, R. O., u. W. Jahnke: Festschr. Kaiser-Wilhelm-Gesellschaft. S. 118. Berlin 1921. — [7] Stein, W. H., and E. G. Miller jr.: J. biol. Ch. **125**, 599 (1938). — [8] Lowry, O. H., D. R. Gilligan and E. M. Katersky: J. biol. Ch. **139**, 795 (1941).

Epithels in Betracht[1]. Das Kollagen geht allmählich zugrunde, während die elastischen Fasern, allerdings unter glasartiger Veränderung, erhalten bleiben. Die färberische Untersuchung der Hautalterung deckt hauptsächlich die atrophischen Erscheinungen auf, die, etwa im mittleren Lebensalter beginnend, kontinuierlich bis ins Senium fortschreiten. Das Kollagen zeigt etwa vom 30. Lebensjahr stets zunehmende Atrophie, Rarefizierung und Parallelisierung der Fasern, und schließlich tritt hochgradige Entartung zur „Kollacin"-Bildung auf (s. S. 253). Damit entsteht eine Lockerung der Faserdurchflechtung und eine Verdünnung im tieferen Corium, das zum Schluß nur noch relativ dünne, homogenisierte und starre, durch Lücken getrennte mehr oder weniger parallele Faserbündel enthält. Die elastischen Fasern lassen färberisch feststellbare Veränderungen vermissen, hingegen zeigen sie morphologisch eine völlige Überdehnung, gekennzeichnet durch Parallelisierung und Streckung. Auch der Zell- und Gefäßreichtum der jugendlichen Haut erfährt übrigens mit dem Alter ebenfalls eine Verminderung[2,3]. Die an seniler Frauenhaut durch percutane Injektion größerer Dosen von Oestrogen erreichbare Regeneration führte im wesentlichen zu einer Verdickung der Epidermis mit einer Zunahme des weichen Keratins und des Keratohyalins[4], während die elastischen Strukturen nur eine gelegentliche und eine unwesentliche Verbesserung erfuhren[4,5]. Eine derartige Regeneration der Altershaut erscheint bei Verwendung solcher Oestrogendosen nicht ganz belanglos, da neben dem lokal erwünschten Effekt ein unerwünschter Allgemeineffekt durch hämatogene Wirkung des Oestrogens nicht sicher auszuschließen ist.

Andere organische Anteile. Der Gehalt des Coriums an Kohlenhydraten, Lipoiden und anderen organischen Stoffen ist noch nicht genau festgestellt. Solche Untersuchungen wurden an Material durchgeführt, dessen Einheitlichkeit nicht durch histologische Kontrolle sichergestellt war. Die meisten Angaben beziehen sich auch auf die Gesamthaut (s. S. 281).

ζ) Subcutanes Fettgewebe.

1. Aufgabe.

Der in seiner Stärke von Körperregion, Alter und Ernährungszustand abhängige *Panniculus adiposus* ist Speicherungsort für Fette, Lipoide, Kochsalz und Wasser, er scheint Reaktionsort im Kohlenhydrat- und Fettstoffwechsel zu sein und erfüllt bestimmte Aufgaben als mechanisches und thermisches Schutzorgan. Weitere Bestandteile sind fettspaltende Fermente sowie bestimmte Farbstoffe (Carotin, Xanthophyll), welche bei einseitiger Zufuhr bestimmter Nahrungsstoffe oder bei pathologischen Zuständen die Fettfärbung stark verändern. Ferner ist Eiweiß in geringer Menge, etwa zu 0,6%, hauptsächlich als Bestandteil des Fettstützgewebes vorhanden. Zwischen dem Fett des Menschen[6] und der Tiere bestehen in bezug auf den Aufbau der Triglyceride deutliche Unterschiede.

2. Wasser- und Mineralgehalt.

Für den Wasser- und Kochsalzhaushalt der Haut ist die Speicherung dieser Bestandteile im subcutanen Fettgewebe wichtig. Ausführliche Angaben über den Mineralgehalt des subcutanen Fettgewebes fehlen. Der *Wassergehalt* zeigt durch seine Verknüpfung mit dem Wasserhaushalt der Haut große Schwankungen (5—60%)[7,8]. Auch aus anderen Gründen können sich die Wasserwerte nicht in engen Grenzen bewegen. Wasser- und Fettgehalt, dieser vom Ernährungszustand abhängig, stehen in einem umgekehrten Verhältnis zueinander.

---

[1] Bürger, M.: Arch. Derm. Syph., Berlin **191**, 71 (1950). — [2] Ejiri, J.: Zbl. Haut- u. Geschl.-Krankh. **57**, 254 (1937). — [3] Ströbel, H.: Arch. Derm. Syph., Berlin **186**, 636 (1948). — [4] Goldzieher, J. W., I. S. Roberts, W. B. Rawls and M. A. Goldzieher: Arch. Derm. Syph., Chicago **64**, 533 (1951); **66**, 304 (1952). — [5] Goldzieher, J. W.: J. Gerontol. **4**, 104 (1949). — [6] Kühnau, J.: Handb. Biochem., Erg.-W. Bd. 3, S. 643. — [7] Bozenraad, O.: Dtsch. Arch. klin. Med. **103**, 120 (1911). — [8] Bernhard, K., u. H. Korrodi: Helv. **30**, 1786 (1947).

Im subcutanen Fettgewebe aus fettreicher Haut findet sich deshalb weniger Wasser als in demjenigen aus der Haut Abgemagerter. Weiter zieht eine Vermehrung der Bindegewebsanteile in der Subcutis eine Erhöhung des Wasseranteils nach sich, und außerdem spielt die Lokalisation des Fettes eine Rolle, die tieferen Schichten sind wasserärmer als die höher gelegenen.

3. Triglyceride.

Die Lipoide des menschlichen subcutanen Fettes bestehen im Mittel aus etwa 98,3% Neutralfett und Sterinen, 1,2% freien Fettsäuren, 0,2% Unverseifbarem und enthalten etwa 0,4% Acetonunlösliches, das nur gegen 0,7% P und 0,7% N aufweist[1]. Ungefähr 70% der Fettsäuren sind flüssig und 30% fest. Die Fettsäureglycerinester, welche wesentlicher Bestandteil des menschlichen subcutanen Fettgewebes sind, können als homo- und als heteroacide Fette aufgebaut sein. Als hauptsächlichste Fettsäurereste kommen in Betracht Palmitinsäure mit etwa 17—26%[1,2], Stearinsäure mit etwa 5—8% und Ölsäure mit etwa 45 bis 87%[2,3]. Myristinsäure wurde nur etwa zu 1—3,5%[2,3] und Laurinsäure in Spuren gefunden[3]. Arachinsäure und Oxysäuren wurden nicht eindeutig sichergestellt. Ungesättigte Fettsäuren mit mehr als einer Doppelbindung[4,5] (Linol-, Linolen- und Arachidonsäure) sind ebenfalls noch am Aufbau der Triglyceride beteiligt[2].

Das Mischungsverhältnis der verschiedenen Triglyceride ist zum Teil auch von der Ernährung abhängig, und die mannigfaltigen Kombinationsmöglichkeiten bei der Veresterung der Fettsäuren bestimmen die Konsistenz des Fettes, den Schmelzpunkt, die Verseifungszahl und die Jodzahl. Der Schmelzpunkt wurde im Fett des Neugeborenen zu 36° gefunden, er ist aber nicht konstant, sondern wechselt je nach der Lokalisation des Fettes. Je tiefer dieses gelagert ist, um so höher liegt sein Schmelzpunkt. Das deutet auf eine Verschiebung der gesättigten Fettsäurereste auf Kosten der ungesättigten Säuren. Das Absinken der Jodzahl zeigt diese Veränderung an. Die Entstehung des Fettsklerems bei Säuglingen wurde schon dem geringen Ölsäuregehalt des Fettes zugeschrieben. Man kennt jedoch die wahre Ursache dieser Fettkonsistenzänderung noch nicht[6]. Im Panniculus adiposus abdominalis wurde eine Jodzahl von etwa 68—70 bestimmt[1]; allgemein kann für das Fettgewebe eine Schwankungsbreite für die Jodzahl von 60—70 angenommen werden[7,8]. Die flüssigen Fettsäuren zeigen eine Jodzahl von etwa 79—85, die festen Fettsäuren eine solche von nur 0,3 bis 0,5[1]. Die Anpassung des Fettaufbaus an die besonderen Verhältnisse (Temperatur) des Ablagerungsortes und die damit verbundene Änderungsmöglichkeit des Schmelzpunktes ermöglicht unter den verschiedenen Umständen die Einhaltung der gleichen Konsistenz. Andererseits zeigen Fette, welche durch Druck stark beansprucht werden, einen erhöhten Anteil an Ölsäure[7]. Die Verseifungszahl[7], im Durchschnitt etwa 191—200, steigt von den äußeren nach den inneren Schichten an. Dioleostearine sind die hauptsächlichsten Bestandteile des menschlichen Fettes. Dadurch unterscheidet es sich von tierischen Fetten (Rinder-, Hammeltalg, Schweinefett), die im wesentlichen Palmitostearine oder Stearopalmitine enthalten. Im übrigen besteht jedoch zwischen dem subcutanen Fett des Menschen und beispielsweise dem Rinderdepotfett eine weitgehende Ähnlichkeit[9,10]. Unterschiede ergeben sich aber auch in den einzelnen Fettsäuren verschiedener tierischer Fette[11]. Besonders Myristin- und Laurinsäure kommen in ihnen reichlicher vor (14—15 bzw. 10—13%).

4. Cholesterin.

Das Fettgewebe ist neben den Nebennieren der wichtigste Speicherungsort für Cholesterin. In den Triglyceriden ist es verhältnismäßig gut löslich, so daß seine Aufnahme im Fettgewebe begünstigt wird. Die absolute Cholesterinmenge ist nicht hoch. Die festgestellten Mengen

[1] Bernhard, K., u. H. Korrodi: Helv. **30**, 1786 (1947). — [2] Cramer, D. L., and J. B. Brown: J. biol. Ch. **151**, 427 (1943). — [3] Rothman, S., u. F. Schaaf: Handb. Haut- u. Geschl.-Krankh. Bd. 1/2, S. 264. — [4] Eckstein, H. C.: J. biol. Ch. **64**, 797 (1925). — [5] Wagner, O.: Čas. Lék. čes. **66**, 1053, 1539 (1927) [Zbl. Haut- u. Geschl.-Krankh. **26**, 134 (1928)]. — [6] Rothman, S., u. F. Schaaf: Handb. Haut- u. Geschl.-Krankh. Bd. 1/2, S. 265. — [7] Kalinke, M.: Z. klin. Med. **137**, 181 (1939). — [8] Cuthbertson, D. P., and S. L. Tompsett: Biochem. J. **27**, 1103 (1933). — [9] Hilditch, T. P., and H. E. Longenecker: Biochem. J. **31**, 1805 (1937). — [10] Hilditch, T. P., and K. G. Murti: Biochem. J. **34**, 1301 (1940). — [11] Hilditch, T. P., and W. H. Pedelty: Biochem. J. **35**, 932 (1941). — Hilditch, T. P., and Y. A. H. Zaky: Biochem. J. **35**, 940 (1941).

liegen bei 0,13—0,25 mg-%[1-3]. Vorwiegend kommt unverestertes Cholesterin in Betracht. Bei pathologischen Zuständen und im Alter kann der Cholesteringehalt auf das 2—3fache ansteigen. Eine entsprechende Vermehrung des Cholesterins im Zusammenhang mit der Alterung tritt im Coriumfett (s. Haut als Ganzes S. 286) nicht in Erscheinung; dort wurde im Gegenteil eine deutliche Cholesterinverminderung nachgewiesen[4].

5. Fettsäuren.

Höhere oder flüchtige Glieder der Reihe finden sich im subcutanen Fettgewebe nicht oder höchstens in geringen Mengen als Stoffwechselzwischenprodukte. Nur im Fett des Neugeborenen konnten, möglicherweise als postmortale Spaltprodukte, flüchtige Fettsäuren (Butter- und Capronsäure) in etwas reichlicherer Menge nachgewiesen werden[5].

6. Phosphatide.

Sowohl die älteren[5] als auch die neueren Untersuchungen[6-8] lassen erkennen, daß Phosphatide im subcutanen Fettgewebe, wenn überhaupt (keine Phosphatide im Depotfett von Rind, Schwein und Hammel[6]) nur in untergeordneten Mengen[7] (etwa 0,08% in rohem Menschenfett) enthalten sind (Panniculus adiposus abdominalis des Menschen, höchstens bis 0,01% organisch gebundener P[7]). Sie sind am ehesten als zufällige Begleiter der Fette zu betrachten.

η) Die Haut als Ganzes.

1. Allgemeines.

Es liegen darüber mehr Angaben vor, als über die Bestandteile der einzelnen Schichten. Trotzdem wurden diese Ergebnisse vorangestellt; denn nur die getrennte Untersuchung der auch durch ihre Funktionen sich unterscheidenden Hautschichten kann weiter führen. Die Schwierigkeit bei der Gewinnung des Untersuchungsgutes (s. S. 266) darf dabei kein Hindernis sein. An der Gesamthaut ergeben sich nur rohe Durchschnittswerte, aus denen sich keine Einzelheiten abheben. Durch die Voranstellung sollte auch gezeigt werden, wie ergänzungsbedürftig solche Untersuchungen zur Hautschichtchemie noch sind, und wie wenig sie genügen, um eine Grundlage zum Verständnis pathochemischer Veränderungen zu bilden. Die an sich zahlreicheren Angaben über die Zusammensetzung der Gesamthaut ändern an dieser Tatsache nichts. Sie können sogar die vorhandene Lücke verschleiern und auch dort Unterschiede zwischen normaler und kranker Haut vortäuschen, wo sichere Kenntnisse über die normalen Verhältnisse noch fehlen. Eine ausführliche Darstellung der Gesamthautuntersuchungen kann unterbleiben, es wird auf solche Ergebnisse, ohne Einschluß des subcutanen Fettes, nur soweit eingegangen, als aus ihnen Hinweise auf mögliche Unterschiede in bezug auf die Chemie einzelner Hautschichten zu entnehmen sind, um anzudeuten; welche Fragen bei der weiteren Bearbeitung der Hautschichtenzusammensetzung neben anderen in erster Linie der Klärung bedürfen. Bei dieser notwendigen und umfassenden Erweiterung der Untersuchungen über den Aufbau der Haut sind alle Fehlermöglichkeiten und alle Umstände, die, wie z. B. Alter, Rasse, Lokalisation und Ernährung, auf das Ergebnis von Einfluß sind, voll zu berücksichtigen. *Erst dann bilden diese physiologisch-chemischen Befunde den sicheren Unterbau zur Erfassung pathochemischer Veränderungen, wenn erwiesen ist, welche Bestandteile der Haut unkontrollierbaren und nicht faßbaren Beeinflussungen entzogen sind, welche Mengen*

[1] Wacker, L.: H. **80**, 383 (1912). — [2] Eckstein, H. C.: J. biol. Ch. **64**, 797 (1925). — [3] Channon, H. J., and G. A. Harrison: Biochem. J. **20**, 84 (1926). — [4] Bürger, M., u. G. Schlomka: Z. ges. exp. Med. **63**, 105 (1928). — [5] Jaeckle, H.: H. **36**, 53 (1902). — [6] Rewald, B.: B. Z. **198**, 103 (1928); **208**, 179 (1929). — [7] Kaufmann, H. P.: Fette u. Seifen **48**, 53 (1941). — [8] Cathcart, E. P., and D. P. Cuthbertson: J. Physiol., London **72**, 349 (1931).

von Verbindungen sich unter normalen Verhältnissen mindestens oder höchstens erwarten lassen und wie groß die wahrscheinliche mittlere Konzentration und ihre Streuung ist.

2. Chemische Zusammensetzung.

Die bisherigen Angaben können also nicht verallgemeinert werden, sie stellen Einzelbefunde dar, welche selbst bei Untersuchung normaler Haut sehr weit auseinander liegen können, da Ernährungszustand, Alter, Rasse, Art der Materialgewinnung und Untersuchungsverfahren in ihrem Einfluß auf die Ergebnisse selten zu überblicken sind. Auch den mit Kritik gewonnenen Ergebnissen über die Zusammensetzung der Gesamthaut oder einzelner allerdings nicht genauer definierten Schichten ist vorläufig höchstens orientierender Wert beizumessen. Untersuchung lebender Haut mit Hilfe der Reflexions-Spektrophotometrie[1].

a) Wassergehalt. Die Haut ist ein wasserarmes Organ. Übergeordnet sind ihm in dieser Hinsicht die inneren Organe. Kennzeichnend ist die große Schwankungsbreite, denn das Wasserlager der Haut ist sehr beweglich und im Gegensatz zu demjenigen in den inneren Organen locker gebunden. Es kann nach Bedarf verschoben und an notwendigen Stellen eingesetzt werden. Erzwungene Wasserverluste (Durst) werden deshalb von der Haut gedeckt, 8—14% Wasser können aus ihr verschwinden, während unter gleichen Voraussetzungen die Abnahme in anderen Organen zu vernachlässigen ist. Auch Hunger, größere Blutentnahmen, kochsalzarme Ernährung, Nephrektomie[2] erniedrigen den Hautwassergehalt, der daneben auch innersekretorischen Einflüssen untersteht (s. Bd. **2**/1a, S. 604). Auch vom Alter ist der Hautwassergehalt abhängig, beim heranwachsenden liegen die Wasserwerte höher als beim erwachsenen Menschen, steigen aber im Greisenalter wieder etwas an.

Die *Wasserbestimmung* ergibt verschiedene Werte, je nachdem bei höherer Temperatur und gewöhnlichem Druck oder bei niedrigeren Temperaturen im Vakuum getrocknet wird, ganze Hautstücke oder Gewebebrei untersucht werden[3,4]. Um zuverlässige Zahlen zu erhalten, ist den zum Teil durch Materialeigenschaften bedingten Schwierigkeiten Rechnung zu tragen und das Verfahren den Grundsätzen der quantitativen Analyse entsprechend aufzubauen (s. Bd. **1**, S. 176f.).

Leichenhaut[3,5] zeigte 56—74%, die Haut Lebender[6,7] 63—71% Wasser. Ein Gehalt, der 74% überschreitet, wurde nie gefunden. Die Hauptmenge des Wassers entfällt auf die bindegewebigen Anteile, in denen es, wie für Rinderhaut festgestellt wurde, von den untersten zu den obersten Coriumschichten um mehr als das Doppelte zunehmen kann[8]. Eine gleichartige, allerdings nicht dasselbe Ausmaß annehmende Abstufung wurde auch in Menschenhaut festgestellt. Im subcutanen Fettgewebe ist der Wasseranteil viel geringer[3].

b) Aschengehalt. Die Kenntnis des Aschengehaltes der Haut, insbesondere die Verteilung der einzelnen Ionen und ihr Anteil am biologischen Geschehen wäre auch zum Verständnis ihres kolloidchemischen Verhaltens und ihres Pufferungsvermögens von grundsätzlicher Bedeutung. Aber Schwierigkeiten bei der Materialgewinnung (s. S. 254 u. 266) erlauben vorläufig noch keine genauen Angaben über die Verteilung der Salze in Epidermis, Corium und Subcutis. Bestimmt wurden bis jetzt lediglich Depotzahlen, aus denen sich keine Beziehungen zu Lebensfunktionen ableiten lassen. Die Hauptmenge der Aschenbestandteile entfällt auf den Bindegewebsanteil. Auf die großen Schwankungen, welche selbst bei gleichen und normalen Verhältnissen feststellbar sind, wurde schon hingewiesen (s. S. 277). Eine Neubearbeitung dieses Gebietes, die auch die topographische Verteilung berücksichtigt, ist mit zuverlässigen Methoden von Grund auf durchzuführen. Neue Gehaltsbestimmungen zahlreicher Elemente in Haut und Anhangsgebilden[9].

[1] EDWARDS, E. A., N. A. FINKELSTEIN and S. Q. DUNTLEY: J. invest. Derm. **16**, 311 (1951). — [2] GILIBERTI, P.: Riv. Pat. sperim. (II) **7**, 283 (1937). — [3] NADEL, A.: B. Z. **249**, 83 (1932). — [4] HERRMANN, F.: Z. ges. exp. Med. **76**, 780 (1931). — [5] BROWN, H.: J. biol. Ch. **68**, 729 (1926). — [6] SAKATA, S.: A. e. P. P. **105**, 11 (1925). — [7] NADEL, A.: Arch. Derm. Syph., Berlin **165**, 507 (1932). — [8] MCLAUGHLIN, G. D., and E. R. THEIS: J. amer. Leather Chem. Ass. **19**, 428 (1924). — [9] GOLDBLUM, R. W., S. DERBY and A. B. LERNER: J. invest. Derm. **20**, 13 (1953).

Alkali- und Erdalkalimetalle. Unter den Elementen Natrium, Kalium, Magnesium und Calcium wurde dem Verhältnis K/Ca in Corium und Epidermis neben dem Verhältnis Na/Mg besondere Beachtung geschenkt. Es waren in erster Linie klinische Fragestellungen, welche Untersuchungen veranlaßten zur Feststellung von Verschiebungen dieser Verhältnisse bei Kostveränderungen, bei der Säuerung der Gewebe bei Entzündungsprozessen, Entzündungen nach Belichtung u. a.[1] (s. S. 267). Infolge der großen Schwankungen der Normalwerte (s. Tabelle 84, S. 277) für die Menschen- und für die Tierhaut[2], lassen sich eindeutige Zusammenhänge weder aus den chemischen Analysen noch aus den histochemischen Beobachtungen ableiten. Es ist auch zweifelhaft, ob in einem Organ, dessen Speicherfähigkeit für Salze verschiedenen Einflüssen untersteht und in dem vielleicht auch noch ein bestimmter Ionenaustausch stattfindet, Normalwerte im üblichen Sinne überhaupt erwartet werden können. Deshalb geben die gewonnenen Analysenwerte nur die Größenordnung an, in der einzelne Ionen in der Haut gefunden werden können. Als Normalwerte sind sie nicht aufzufassen.

Natrium. Seine Menge in der Haut, besonders im bindegewebigen Anteil derselben schwankt infolge der Speicher- und Mobilisierfähigkeit von Wasser und Kochsalz sehr stark. Auch für das Chlorion sind aus diesem Grunde wenig konstante Werte zu erwarten. Kochsalz wird, allerdings von der Wasserbewegung unabhängig, abgegeben oder zurückgehalten und selbst bei länger dauernder kochsalzfreier Ernährung wird keine sinnfällige Kochsalzverarmung festgestellt[3]. 100—360 mg Natrium können in 100 g frischer Haut gefunden werden[4–6].

Kalium. K ist in der Haut in größerer Menge als im Blutserum (20 mg-% K) vorhanden. 200—300 mg K finden sich in 100 g frischer Menschenhaut[1,4,6] oder 100—680 mg K in 100 g tierischer Haut[7] (Meerschweinchen und Kaninchen). Meerschweinchenhaut, durch Flachschnitte in Epidermis und Corium getrennt, ergab in beiden Schichten verschieden hohe Kaliummengen (Epidermis 607 mg-%, Cutis 311 mg-% [2]). 537 mg-% wurden in einem THIERSCHschen Lappen aus Menschenhaut bestimmt[2].

Magnesium. Mit 20—30 mg Mg in 100 g frischer menschlicher Haut[4,6] liegt die Mg-Konzentration ebenfalls wesentlich über derjenigen des Blutserums (2,3 mg-% Mg). Mit dem Alter scheint sich das Magnesium zugleich mit dem Calcium und mit der Gesamtasche in der Haut anzureichern.

Calcium. Die ebenfalls nicht sehr konstante Ca-Menge von 20—30 mg in 100 g frischer menschlicher Haut[1,4] entfernt sich etwas weniger von der Calciumkonzentration des Blutserums (10 mg-%). Die Epidermis ist bei Mensch und Tier reicher an Calcium als das Corium[2]. Es wurde in menschlicher Epidermis etwa 60 mg-% Ca, in der von Meerschweinchen ungefähr 100 mg-% und im Corium dieser Tiere nur etwa 80 mg-% Ca gefunden. Die Verhältniszahl K/Ca ist also anscheinend in der Epidermis etwas größer als im Corium. Diese Feststellungen durch die chemische Analyse scheinen den aus histochemischen Untersuchungen sich ergebenden Unterschied in der Verteilung von Kalium- und Calcium zwischen Epidermis und Corium zu stützen. Es tritt aber kein Kation in der einen Schicht ganz zugunsten des andern zurück, auch wenn dies der histochemische Nachweis andeutete. Die häufig angenommenen Verschiebungen von K und Ca bei Hautreizungen verschiedener Art (s. S. 267 u. 277) sind noch durch eindeutige analytische Belege zu stützen[8].

Ammoniak. Dieses Stoffwechselprodukt wurde in Tierhaut (Nager, Hund) in Mengen von 50—175 mg je 100 g feuchtigkeitsfreiem Untersuchungsgut gefunden[9]. Gewebsschnitte bilden in Gegenwart von Sauerstoff Ammoniak[10].

Schwefel und Phosphor. Es ist nichts darüber bekannt, wieviel Sulfat-S der eigentlichen Hautasche angehört, da in allen Untersuchungen eine Trennung dieses Anteils von zusätzlichen, aus dem Gesamt-S stammenden Mengen nicht durchführbar war. Der Sulfatgehalt der Asche ist aber ebenso wie der Phosphatgehalt unwesentlich. In frischer Haut[11] fanden sich

[1] NATHAN, E., u. F. STERN: Derm. Z. **54**, 232 (1928). — [2] BOHNSTEDT, R. M.: Kli. Wo. **1931 II**, 1666. — [3] VOLK, R., u. P. FANTL: Derm., Basel **79**, 91 (1939). — [4] DÖRFFEL, J.: D. m. W. **1931 I**, 268. Arch. Derm. Syph., Berlin **162**, 621 (1931). — [5] BROWN, H.: J. biol. Ch. **75**, 789 (1927). — [6] SUNTZEFF, V., and C. CARRUTHERS: J. biol. Ch. **160**, 567 (1945). — [7] STERN, F.: Arch. Derm. Syph., Berlin **164**, 573 (1932). — [8] ROTHMAN, S., u. F. SCHAAF: Handb. Haut- u. Geschl.-Krankh. Bd. 1/2, S. 305. — [9] SEMMOLA, L., e G. GARDENGHI: Sperimentale **98**, 1 (1947). — [10] BORGHI, B.: Boll. Soc. ital. Biol. sperim. **18**, 135 (1943). — [11] McLAUGHLIN, G. D., and E. R. THEIS: J. amer. Leather Chem. Ass. **19**, 428 (1924).

etwa 0,04—0,085% P. Seine Verteilung in der Menschenhaut auf verschiedene chemische Fraktionen und Gewebsschichten ist noch nicht näher untersucht. In der Rattenhaut wurden in verschiedenen Regionen mineralische, leicht abspaltbare, barytlösliche und unlösliche Phosphorverbindungen nachgewiesen[1].

Halogene. Chlor. Infolge der Kochsalzspeicherung (s. S. 283) sind für dieses Mengenelement keine konstanten Werte in der Haut zu erwarten. Es wurden 0,19—0,46 % oder im Mittel 0,26 % in frischer Haut gefunden[2]. Für *Fluor, Brom* und *Jod* fehlen noch zuverlässige Angaben, diese Spurenelemente treten aber mengenmäßig gegenüber Chlor stark zurück[3]. Die sichere Bestimmung ihrer Mengen verlangt wegen der sehr geringen Konzentrationen besonders feine Verfahren. Soweit schon ersichtlich, ist die Verteilung von Br zwischen der Haut und dem übrigen Körper eine andere[4] als diejenige von Cl.

Spurenelemente. Für die nachgewiesenen Elementen Ti, Mn, Fe, Cu, Ni, Co, Zn, Pb liegen ausführlichere neue Untersuchungen vor[5,6]. *Eisen* findet sich in wechselnder Menge vorwiegend in und unter der Epidermis. In der trockenen Epidermis wurden 6—28 mg-% und im trockenen Corium 2—6 mg-% gefunden (Trennung von Epidermis und Corium durch Quellung in 1% Essigsäure). — Das meiste Eisen lag als Fe (III) vor. Eisenbestimmungen in der Haut werden durch mitgeschlepptes Hämoglobineisen nicht stark gefälscht, dieses macht in 100 g trockener Haut nur etwa 20—40 γ aus. Hingegen sind die verschiedenen Eisenbestimmungsmethoden nicht gleich leistungsfähig. Es scheint, daß die Haut größere Mengen Schwermetalle aufzunehmen und in den verhornten Teilen zu stapeln vermag. Soweit es sich nicht um lebensnotwendige Spurenelemente handelt, dürfte sich der Körper auf diese Weise wertloser Bestandteile durch Abstoßung mit den verhornten Zellen entledigen.

c) Aktuelle Reaktion. Die mineralischen Bestandteile sind zum Teil bestimmend für die aktuelle Reaktion der Gewebe und Zellen. Welche Salze in erster Linie dafür nötig sind und welche organischen Gruppen diese ergänzen, ist ebensowenig sicher bekannt, wie die wahre aktuelle Reaktion bestimmter Hautschichten oder Zellen selbst (s. Bd. **2**/1b, S. 1157).

Die p_H-*Bestimmung der Haut* wurde schon mit verschiedenen Verfahren versucht. In Anbetracht, daß mit allen eine Verletzung der Zellen und des Protoplasmagefüges verbunden ist und wegen der Salz- und Eiweißfehler sind solche Angaben nur bedingt richtig. Die Untersuchung von Hautbrei oder Hautpreßsaft kann nur rohe Werte liefern, bei denen alle feineren Abstufungen verwischt sind. Selbst bei Verfahren, die eine grobe Schädigung vermeiden[7,8], sind solche Vorbehalte zu berücksichtigen. Immerhin ergibt sich aus solchen Messungen, daß in den einzelnen Schichten der Haut, den Funktionen entsprechend, eine feine Abstufung des p_H besteht.

Die Epidermiszellen sind deutlich saurer als das Blut, am sauersten die Basalzellen mit ihrem erhöhten Stoffwechsel, die darüber liegenden etwas weniger. Die Hornschicht ist wieder etwas saurer, und zwar noch etwas stärker als die Basalschicht, hier sind es aber nicht Lebensvorgänge, welche diesen Säuerungsgrad bedingen, sondern abgeschobene saure Autolyseprodukte der Haut. Das subcutane Bindegewebe wurde etwas weniger sauer als die Basalzellen, aber immer noch saurer als das Blut gefunden. Die aktuelle Reaktion der Haut und ihrer Zellen bedarf noch weiterer sehr eingehender Untersuchungen. Ihr kommt für das Verständnis der Stoffwechselvorgänge in der Haut, vor allem in Gegenwart bestimmter Fermente und Oxydoreduktionssysteme besondere Bedeutung zu. Die heute noch umstrittene Frage, ob Ernährungsänderungen die aktuelle Reaktion der Haut zu verschieben vermögen, wird erst dann zu beantworten sein.

d) Organische Bestandteile. *Eiweißstoffe* können in ihrem mengenmäßigen Anteil am Gesamthautgewicht aus der Menge der fettfreien Trockensubstanz, welche etwa 25—33% der frischen Haut ausmacht[4], mit einiger Annäherung geschätzt werden. Dieser Wert, vermindert um den Aschegehalt und die Menge der nicht eiweiß- oder fettartigen organischen

---

[1] Ciaccio, I.: Boll. Soc. ital. Biol. sperim. **11**, 418 (1936) [Ber. Physiol. **99**, 470]. — [2] Nadel, A.: B. Z. **249**, 83 (1932). — [3] Bernhardt, H., u. H. Ucko: B. Z. **170**, 459 (1926). — [4] Toxopéus, M. A. B.: A. e. P. P. **149**, 263 (1930). — [5] Schmid, R.: Arch. Derm. Syph., Berlin **175**, 493 (1937). — [6] Goldblum, R. W., S. Derby and A. B. Lerner: J. invest. Derm. **20**, 13 (1953). — [7] Schmidtmann, M.: Z. ges. exp. Med. **45**, 714 (1925). — [8] Schade, H., P. Neukirch u. A. Halpert: Z. ges. exp. Med. **24**, 11 (1921).

Bestandteile, ergibt die Summe der wasserfreien Eiweißstoffe. Die Bestimmung des Gesamt-N-Gehalts der Haut sagt über den Eiweißgehalt nichts aus. In dieser Zahl sind neben Eiweiß-N noch in nicht bestimmbarer Menge andere, nicht eiweißartige Stoffe enthalten, die im einzelnen noch nicht erfaßbar sind; außerdem ergeben sog. „Rest-N"-Bestimmungen an der Haut je nach Aufarbeitungsverfahren die verschiedensten Werte.

Mucopolysaccharide wurden ebenfalls (z. B. in Schweinehaut) nachgewiesen[1]. Sie sind aus Bindegewebe extrahierbar und enthalten Aminozucker (N-acetyliertes D-Galaktosamin), D-Glucuron- und Schwefelsäure (Chondroitinschwefelsäure[2] — zu deren Struktur s. [3]). *Hyaluronsäure*, deren Gele für den Zusammenhalt der Zellen verantwortlich gemacht werden[4], ist auch ein Mucopolysaccharid[5] (mit N-acetyliertem Glucosamin), und zwar ein Bestandteil des Mucins[6]. Ihre Konstitution ist aufgeklärt[7].

Fette und Lipoide. Die Lipoide der Haut besitzen schon deshalb allgemein biologisches Interesse, weil aus ihnen durch die spezifische Drüsentätigkeit besonders gebaute, im Körper sonst nicht vorkommende Wachse hervorgehen, welche dem Oberflächenfett der Haut seine zweckentsprechenden Eigenschaften verleihen. Die Menge der Gesamtfette der Haut ist beim Menschen sehr schwankend[8] und auch je nach Lokalisation verschieden. In der Haut des Fußrückens wurden etwa 1%, in Oberarmhaut etwa 3,3% und in Oberschenkelhaut 7—11% gesamtätherlösliche Substanz gefunden[1]. Ihre Menge ist auch schwer zu erfassen, da bei der chemischen Verarbeitung häufig die Mitbestimmung subcutanen Fettes nicht sicher auszuschließen ist. Auch sonst bietet die chemische Analyse der Hautfette größere Schwierigkeiten, da schon die Vorbehandlung des Materials die gefundenen Fettmengen entscheidend beeinflussen kann. An Eiweiß gebundenes Fett läßt sich nicht direkt extrahieren, sondern geht erst in Gegenwart von Essigsäure in Fettlösungsmittel über. Von den Coriumfetten des Rindes konnte durch eine Behandlung in saurem Medium etwa das 3fache der direkt extrahierbaren Menge erfaßt werden[9]. Die chemische Analyse der Hautfette ist noch genau auszuarbeiten, erst dann werden brauchbare Angaben zur Verfügung stehen. Histologische Untersuchungen sind nicht verläßlich, denn an Eiweiß gebundenes Fett wird durch sie nicht erfaßt. Über das Fett der Gesamthaut des Menschen, ohne Einbeziehung des subcutanen Fettes, läßt sich vorläufig folgendes aussagen:

Gesamtfettsäuren. Das Gesamtfett der Hornschicht enthält freie und gebundene Fettsäuren in ungefähr gleichen Mengen (s. S. 258). Inwieweit dabei postmortale Säuerung durch Lipasen oder die physiologische Ausbildung des „Säuremantels" der Haut zum Ausdruck kommt, sollte noch genau festgestellt werden. Die Jodzahl der Hornschichtfettsäuren ist mit 60 wenig niedriger als diejenige der Basalschichtfettsäuren, für die man einen Wert von 73 fand[10].

Cholesterin ist im Fettanteil der Haut zu etwa 20% enthalten und in den einzelnen Schichten ungleichmäßig verteilt (s. S. 268). Der absolute Gehalt bewegt sich in weiten Grenzen. Methodische Schwierigkeiten bei der Extraktion und der exakten Bestimmung sind neben regionären Unterschieden sicher Ursache der großen Schwankungsbreite in den Angaben des Schrifttums. Stetige Änderungen sind aber auch mit zunehmendem Alter nachgewiesen worden und auf eine Altersatrophie der Talgdrüsen zurückzuführen[11]. Nach mehrfach erhobenen und gleichsinnig deutbaren Beobachtungen ist der normale Cholesteringehalt der Haut vom Blutangebot unabhängig, das Cholesterin wird durch die Talgdrüsen begierig aufgenommen und sein Gehalt steigt vom Corium zur Epidermis an. Nicht alle Analysen sprechen für eine von den unteren zu den oberen Schichten zunehmende Veresterung[10] des Cholesterins. In Corium und Epidermis der normalen Haut wurden auch schon gleich viel freies und verestertes Cholesterin nachgewiesen[12]. Die bisherigen Befunde sind durch neue, genaue Untersuchungen zu sichern. Verschiedene Angaben betreffen zwar schon die Verteilung des Cholesterins in den einzelnen Hautschichten. Zu berücksichtigen

[1] Meyer, K(arl), and E. Chaffee: J. biol. Ch. **138**, 491 (1941). — [2] Watson, E. M.: Brit. J. Derm. Syph. **59**, 327 (1947). — [3] Meyer, K. H., et G. Baldin: Helv. **36**, 597 (1953). — [4] Meyer, K.: Physiol. Rev. **27**, 335 (1947). — [5] Hunt, J. S., and A. S. Minot: Arch. Derm. Syph., Chicago **59**, 114 (1949). — [6] Watson, E. M.: Canad. med. Ass. J. **54**, 260 (1946). — [7] Meyer, K. H., J. Fellig et E. H. Fischer: Helv. **34**, 939 (1951). — [8] Urbach, E.: Arch. Derm. Syph., Berlin **156**, 73 (1928). — [9] McLaughlin, G. D., and E. R. Theis: J. amer. Leather Chem. Ass. **19**, 428 (1924). — [10] Kooyman, D. J.: Arch. Derm. Syph., Chicago **25**, 444 (1932). — [11] Bürger, M., u. G. Schlomka: Z. ges. exp. Med. **63**, 105 (1928). — [12] Walter, F., u. M. Obtulowicz: Przegl. derm. **32**, 395 (1937).

sind bei der Auswertung die angeführten Fehlermöglichkeiten, insbesondere die Beimengung von Oberhautfett bei Analysen der Hornschicht und Epidermis, oder die Vermischung mit benachbarten Schichten bei Epidermis- und Coriumuntersuchungen. Vorläufig ist es daher besser, diese Ergebnisse im Zusammenhang mit der Gesamthaut zu beurteilen. So wird für das Fußsohlenhornschichtfett angegeben, daß es aus 27—36% Unverseifbarem bestehe, wovon etwa $^2/_3$ auf freies und $^1/_3$ auf gebundenes Cholesterin entfalle[1]. In Hautschuppen von Dermatitis exfoliativa ließ sich bei 7—8% Gesamtlipoidgehalt der Schuppen 1,2—1,7% Gesamtcholesterin nachweisen[2]. Mit zuverlässigen Methoden konnte in getrockneter gesunder Menschenhaut für einzelne Fraktionen des Gesamtfettes in Epidermis und Corium ein unterschiedlicher Gehalt festgestellt werden[3] (Tabelle 85).

Provitamin D. Aus den wenigen Angaben ist vorerst nur ersichtlich, daß es einen geringen Anteil der Gesamtsterine darstellt und beim Neugeborenen weniger reichlich als beim Erwachsenen anzutreffen ist (s. S. 259).

Phosphatidphosphor. Die Haut ist mit Epidermis und Haaren zusammen das P-ärmste Organ. Daher findet sich in ihren Fettbestandteilen nur wenig Phosphatid-P. Eine Konzentrationsverschiedenheit in Abhängigkeit von den untersuchten Schichten wurde mehrfach festgestellt, trotzdem fehlt aber bis heute eine genaue Einsicht. Immerhin dürfte der Phosphatid-P-Gehalt der Basalschicht wesentlich höher sein als derjenige der Hornschicht. P-haltige Lipoide finden sich auch vorwiegend in der Epidermis[3]. Schuppen von Dermatitis exfoliativa ergaben nur 0,2% P-Lipoide, d. h. 2,5—3,2% der Gesamtfette[2], und in den Fetten der Fußsohlenhornschicht wurden nur etwa 1% P-Lipoide gefunden[1].

Tabelle 85. Verteilung einzelner Lipoidfraktionen in Epidermis und Corium.

	Lipoid-P %	Gesamtcholesterin %	Im Gesamtcholesterin als Ester enthalten %
Epidermis . .	0,52	4,5	48
Corium . . .	0,02	0,2	47

Es ist auch schon an Tierhaut (Stier) versucht worden, durch Zerlegung der vom subcutanen Fett sorgfältig befreiten Haut in horizontale Schichten einen Überblick über Art und Verteilung der Lipoidanteile zu erhalten[4]. Eine solche Aufteilung der Haut kann natürlich keinen Anspruch darauf erheben, genaue Angaben über die Lipoide histologisch definierter Schichten zu vermitteln. Sie gibt aber, besonders wenn weiter auseinanderliegende Hautlagen vergleichend betrachtet werden, doch einige Anhaltspunkte über die möglichen Änderungen, welche die Lipoidzusammensetzung von den untersten Coriumschichten bis hinauf zur Hornschicht durchmachen kann. Eine solche Aufteilung in obere Epidermis mit Hornschicht, untere Epidermis bis in den Bereich der Basalzellen, einschließlich Haarbulbi, Schweiß- und Talgdrüsen, in eine den Papillarkörper und die obersten Coriumlagen enthaltende Zwischenschicht, welche Epidermis und Corium sicher voneinander abgrenzt, in den Hauptteil des Coriums und schließlich in eine unterste, direkt über dem subcutanen Fettgewebe liegende Zone, führte bei der Bestimmung der Gesamtlipoide, des Cholesterins, des Lipoid-P, der freien Fettsäuren und der Wachsfraktion, insbesondere aber auch beim Vergleich der Kennzahlen der Fette und Fettsäuren zu Ergebnissen, die zu denjenigen, welche für Menschenhaut wahrscheinlich sind, eine gewisse Ähnlichkeit zeigen. Von den untersten Hautschichten zur Hornschichtzone aufsteigend, wurde vor allem eine Zunahme des Gesamtcholesterins, der freien Fettsäuren, der Wachsfraktion und der Acetylzahl der Gesamtfettsäuren, neben einem Absinken des Lipoid-P gefunden. Die Wachsnatur der Lipoide scheint damit für die Hornschicht und die obere Epidermis besonders kennzeichnend zu sein. Es wurden, weitgehend in veresterter Form, die Alkohole C_{14} und C_{16}, Cholesterin, aber auch n-Eikosylalkohol (Arachylalkohol) nachgewiesen. Der Cholesteringehalt, in den untersten Lagen nur etwa 0,06—0,08% des trockenen Untersuchungsgutes, geht auf etwa 1% in der obersten Lage. Die freien Fettsäuren vermehren sich von 0,15% auf 2,1% und die Acetylzahl steigt

[1] ENGMAN, M. F., and D. J. KOOYMAN: Arch. Derm. Syph., Chicago **29**, 12 (1934). — [2] ECKSTEIN, H. C., and U. J. WILE: J. biol. Ch. **67**, LIX; **69**, 181 (1926). — ECKSTEIN, H. C.: J. biol. Ch. **73**, 363 (1927). — [3] WALTER, F., u. M. OBTULOWICZ: Przegl. derm. **32**, 395 (1937). — [4] KOPPENHOEFER, R. M.: J. biol. Ch. **116**, 321 (1936).

von 1,4 auf 47—57. Es liegt nahe, Beziehungen zwischen dem Wachsgehalt der obersten Hautpartie und der ihr zufallenden Schutzfunktion anzunehmen. Die eher dem Corium zuzuzählenden Lipoide könnten nach diesen Untersuchungen in 2 Gruppen geteilt werden, in die verhältnismäßig gleichartig verteilten Fraktionen der Phospholipoide und des Cholesterins, und in die eine größere Schwankungsbreite zeigenden Triglyceride, die sich vor allem in der Zone, die dem subcutanen Fett benachbart ist, anreichern und so eher für das Corium charakteristisch sind.

Andere organische Bestandteile. Glykogen kann in der Haut, die dafür allerdings keine bevorzugte Lagerstätte darstellt, vorkommen. Festgestellt wurde es in Corium und Epidermis[1,2]. Färberische Glykogennachweismethoden erlauben keine quantitativen Schlüsse[3] (s. S. 260). Neuere Untersuchungen s.[4].

Sonstige Kohlenhydrate wurden in stark voneinander abweichenden Mengen gefunden. Der Kohlenhydratgehalt von 100 g feuchter Haut soll beim Menschen etwa 50—80 mg, bei Hund, Katze, Kaninchen, Ratte, Maus und Meerschweinchen etwa 50—180 mg betragen. Diese Werte sind durch die Ungleichheit der Materialvorbereitung, der Schichttiefe, der Untersuchungsmethoden, der Ernährung und des allgemeinen Hautzustandes noch ziemlich unsicher und können höchstens über die Größenordnung Aufschluß geben. Bei der Bestimmung der Glucose kann zudem der Glykogengehalt zu falschen Resultaten führen. Eine vorübergehende Vermehrung der Glucose ist am ehesten Diffusionsvorgängen zuzuschreiben. In Untersuchungen am Hund ist eine Abhängigkeit der Glucosekonzentration vom Kohlenhydratgehalt der Nahrung nachgewiesen worden. Ebenso ließ sich beim Diabetes mellitus eine Erhöhung der Hautglucosewerte feststellen[5]. Diese Steigerung geht aber der Steigerung des Blutglucosegehaltes nicht völlig parallel. Nicht alle reduzierenden Stoffe der Haut sind dem Traubenzucker zuzuzählen, z. B. enthielt die unmittelbar verarbeitete, frisch amputierte Haut, befreit vom Fett und erschöpfend extrahiert, im ganzen 58—86 mg-% reduzierende Substanz (berechnet als Glucose), wovon 6—20 mg-% auf nicht vergärbare Stoffe und nur 46—69 mg-% auf wahre Zucker entfielen[6]. Ob es durch geeignete Extraktionsweise tatsächlich gelingt, die Glucose allein zur Bestimmung freizumachen, ist fraglich[5]. Beim Menschen macht der Hautzucker (berechnet als Glucose) etwa 40—50% des Blutzuckers aus[6]. In der Haut des Hundes ist das Verhältnis zwischen Haut- und Blutzucker zugunsten der Hautglucose verschoben[7,8], und in der Kaninchenhaut kann der Traubenzucker in niedrigeren oder in höheren Konzentrationen gefunden werden als im Kaninchenblut[9]. Die Haut spricht träger auf ein erhöhtes Glucoseangebot an als das Blut, ebenso ist der Ablauf von Konzentrationsänderungen in der Haut weniger übersichtlich. Die Durchführung von Hautzuckerbelastungsproben, die in ähnlicher Weise diagnostisch auswertbar wären wie die Blutzuckerbelastungsversuche, erscheinen daher nutzlos. Ihre vereinzelte Anwendung stützt sich auf keine gesicherten Kenntnisse des Kohlenhydratstoffwechsels der Haut. In neuester Zeit ist mit einer Färbemethode[10] eine histochemische Lokalisation der Polysaccharide in normaler Haut versucht worden[11].

Die *anderen reduzierenden Stoffe* der Haut sind noch nicht näher untersucht. In Frage kommen besonders die *Sulfhydrylverbindungen*[12] und die *Ascorbinsäure* (s. S. 274). Die genaue Bestimmung von Vitamin C, das mit den üblichen Extraktionsmitteln nicht quantitativ aus der Haut ausgezogen werden kann, verlangt besondere Verfahren[13].

Weitere organische Verbindungen wurden im Zusammenhang mit bestimmten Fragestellungen nachgewiesen. Unter ihnen fand der Gehalt der Haut an *Kreatinverbindungen*[14] schon eine gewisse Beachtung. Unabgeklärte methodische Schwierigkeiten erlauben aber

---

[1] Fahrig, C.: Z. Krebsforsch. **25**, 146 (1927). — [2] Wohnlich, H.: Arch. Derm. Syph., Berlin **188**, 1 (1949). — [3] Rothman, S., u. F. Schaaf: Handb. Haut- u. Geschl.-Krankh. Bd. I/2, S. 269. — [4] Braun-Falco, O.: Arch. Derm. Syph., Berlin **198**, 111 (1954). — [5] Trimble, H. C., and B. W. Carey jr.: J. biol. Ch. **90**, 655 (1931). — [6] Pillsbury, D. M., and G. V. Kulchar: J. biol. Ch. **106**, 351 (1934). — [7] Urbach, E., u. G. Sicher: Arch. Derm. Syph., Berlin **157**, 160 (1929). — [8] Folin, O., H. C. Trimble and L. H. Newman: J. biol. Ch. **75**, 263 (1927). — [9] Tsukada, S.: Jap. J. Derm. **30**, 561 (1930). — [10] McManus, J. F. A.: Nature **158**, 202 (1946). — [11] Stoughton, R., and G. Wells: J. invest. Derm. **14**, 37 (1950). — [12] Bonting, S. L. jr.: Biochim. biophysica Acta, N. Y. **6**, 183 (1950/51). — [13] Torrance, C. C.: Science, N. Y. **87**, 332 (1938). — [14] Ciaccio, I.: Boll. Soc. ital. Biol. sperim. **11**, 418 (1936). — Lardell, S. S.: J. Physiol., London **106**, 237 (1947).

keine sichere Aussage über deren wahren Gehalt. Auch der *Histamin*gehalt der Haut, welche diesen Stoff nicht nur speichern, sondern auch produzieren soll[1], fand in neuerer Zeit vermehrte Berücksichtigung. Den Bestimmungsmethoden haften noch durch Unsicherheiten der Extraktion Mängel an, es können dabei histaminähnliche Stoffe nicht erfaßt werden oder es kommt zu einer Mobilisierung gebundenen Histamins. Häufig wird zur Histaminbestimmung der Inhalt künstlich erzeugter Blasen verwendet[2]. Neben dem normalen Gehalt der Haut an Histamin, der in 100 g feuchtem Untersuchungsgut 5—24 mg betragen soll[3], stand die Beeinflussung des Histamingehalts durch äußere Eingriffe, wie Ultravioletterythem[4], Verbrennungen[5] und Vereisungen[6], bei den Untersuchungen im Vordergrund. Über den *Cholin*gehalt menschlicher Haut, im Corium etwa 0,18 mg und in der Epidermis etwa 1,2 mg auf 1 g feuchtes Untersuchungsgut, ist bekannt[7], daß in beiden Schichten etwa 95% des Cholins in gebundener Form vorliegen. Beim Verhornungsprozeß soll ein großer Teil des Cholins zerlegt werden.

e) Vitamine sind in der Haut nachgewiesen worden, die Angaben sind aber noch recht spärlich. Vitamin A soll nach fluorescenzmikroskopischen Untersuchungen in der Epidermis fehlen[8], Vitamin B_1 wurde in Spuren in Dialysaten menschlicher Haut[9], aber in heilenden Wunden bei Ratten in doppelt so großer Menge als in normaler Haut gefunden[10]. Nicotinsäure in freier und gebundener Form soll in 100 g getrockneter Haut in mittleren Mengen von etwa 0,78 mg (entsprechend 0,13—0,49 mg in 100 g feuchter Haut) enthalten sein[11]. Festgestellt wurden auch B_2, Folsäure, Riboflavin, Pantothensäure, Biotin und Thiamin[12]. Vitamin C kann der Haut mit den üblichen Methoden nicht quantitativ entzogen werden. Über Vitamin D[13] s. S. 259.

f) Fermente sind, wie zu erwarten, reichlich in der Haut nachgewiesen worden. Alle wichtigen Hydrolasen und Desmolasen wurden festgestellt, wie Proteasen im engeren Sinne, peptolytische Fermente, Arginase[14], Amylase, Lipase, Cholesterinesterase, wachsspaltende Esterasen mit noch ungeklärter Spezifität, Lecithasen, Nucleotidase, Sulfatase, Phosphatase, Carboxylasen, Glykosidase, Polyphenoloxydasen, Peroxydasen, Katalasen[15]. Erst in neuerer Zeit sind einige besondere Vertreter festgestellt oder näher bestimmt worden. Eine Protease[16], eine L-Leucyldiglycin spaltende, in Kaninchenhaut gefundene Aminopeptidase[17], alkalische Phosphatasen[18] treten dazu, und einem cholesterinveresternden Enzym[19] wurde, auch hinsichtlich Verteilung in Haut und Schweißdrüsen[20], besondere Beachtung geschenkt. Diese Cholesterinesterase ist in Haut reichlicher als in Serum enthalten, und ihr Gehalt soll von den unteren Malpighischichten gegen die Hornschicht zunehmen. Die Veresterung des Cholesterins führt zu keiner Änderung des Gesamtcholesteringehalts der Haut. Die Amylase der Haut wurde erneut genauer untersucht[21], wobei eine neue Bestimmungsmethode[22] zur Anwendung gelangte. Mono- und Diaminoxydasen sind in der Haut nicht regelmäßig nachweisbar[23], hingegen wurde Cholinesterase in Menschen- und Rattenhaut festgestellt[23,24]. Von besonderer Bedeutung für die Frage der Hautdurchlässigkeit kann vielleicht das

---

[1] STÜTTGEN, G.: Arch. Derm. Syph., Berlin **188**, 297 (1949). — [2] OTTOLENGHI-LODIGIANI, F.: G. ital. Derm. Sif. **87**, 153 (1946). — [3] NILZÉN, Å.: Acta derm.-venereol., Stockholm **27**, Suppl. XVII (1947). — [4] OTTOLENGHI-LODIGIANI, F.: G. ital. Derm. Sif. **83**, 375 (1942). — [5] DEGANSKI, J.: J. Physiol., London **104**, 151 (1945). — [6] PELLERAT, J., et M. MURAT: Ann. Derm. Syph., Paris **6**, 76 (1946). — [7] SNIDER, B. L., H. R. GOTTSCHALK and S. ROTHMAN: J. invest. Derm. **13**, 323 (1949). — [8] CORNBLEET, T., and H. POPPER: Arch. Derm. Syph., Chicago **46**, 59 (1942). — [9] ZÜRCHER, H., R. MÜLLER u. F. SCHLIENGER: Derm., Basel **102**, 279 (1951). — [10] PAUL, H. E., M. F. PAUL, J. D. TAYLOR and R. W. MAESTERS: Arch. Biochem. **7**, 231 (1945). — [11] PINETTI, P.: G. ital. Derm. Sif. **84**, 131 (1943). — [21] LEE, T. H., A. B. LERNER and R. J. HALBERG: J. invest. Derm. **20**, 19 (1953). — [13] WOLBACH, S. B., and O. A. BESSEY: Physiol. Rev. **22**, 233 (1942). — [14] SCOTT, E. J. VAN: J. invest. Derm. **17**, 21 (1951). — [15] ROTHMAN, S., u. F. SCHAAF: Handb. Haut- u. Geschl.-Krankh. Bd. 1/2, S. 330. — [16] BELOFF, A.: Biochem. J. **40**, 108 (1946). — [17] FRUTON, J. S.: J. biol. Ch. **166**, 721 (1946). — [18] FISHER, I., and D. GLICK: Proc. Soc. exp. Biol. Med. **66**, 14 (1947). — [19] OTTOLENGHI-LODIGIANI, F.: Boll. Soc. ital. Biol. sperim. **23**, 666 (1947). G. ital. Derm. Sif. **89**, 363 (1948). — [20] HURLEY, H. J., W. B. SHELLEY and G. B. KOELLE: J. invest. Derm. **21**, 139 (1953). — [21] WORTMANN, F.: Derm., Basel **94**, 237 (1947). — [22] SCHUPPLI, R.: Derm., Basel **93**, 97 (1946). — [23] ZELLER, E. A., V. KOCHER u. A. MARITZ: Helv. physiol. Acta **2**, C 63 (1944). — [24] THOMPSON, R. H. S., and V. P. WHITTAKER: Biochem. J. **38**, 295 (1944).

Vorkommen von *Hyaluronidase* in menschlicher und tierischer Haut werden[1,2]. (Über Hyaluronidase s. Bd. **1**, S. 1068f.) Das gelbildende Mucopolysaccharid, die Hyaluronsäure (s. S. 285), die als Zementsubstanz der normalen Epidermis angesprochen wird und Bestandteil des Mucins ist, wird von Hyaluronidase hydrolysiert. Das Ferment wird von der Haut in inaktiver Form gespeichert und beteiligt sich durch Änderung der Viskosität der Bindegewebsgrundsubstanz an der Regulierung des Wasseraustausches und -stoffwechsels. Es begünstigt die Ausbreitung in die Haut eingespritzter Stoffe und erleichtert den Durchgang lebender und toter Teilchen. Hyaluronidase ist identisch mit dem Diffusionfaktor (spreading factor), der aus Stiertestikeln gewonnen wurde[3,4].

d) Talgdrüsen und ihre Produkte.

α) Allgemeines.

1. Anatomischer Aufbau der Talgdrüsen.

Die Talgdrüsen[5,6] (Gl. sebaceae) gehören, wie die übrigen Drüsen der Haut, die Schweiß- und Milchdrüsen, zu den exokrinen Drüsen, da sie ihr Sekret an eine der Körperoberflächen abgeben. Sie finden sich an allen behaarten Stellen als Haarbalgdrüsen und in einigen Schleimhäuten, besonders an den Übergängen zur äußeren Haut. Sie sind als unverästelte oder verästelte, bauchige Einzeldrüsen mit mehrschichtigem Epithel gebaut, deren Zellen durch Umwandlung und gänzliche Auflösung das Sekret, den „Hauttalg“ (Sebum) liefern. Die Sekretion bedeutet also zugleich den Zelltod, wohl unter Mitwirkung besonderer Fermente. Man spricht von holokriner Sekretion. Die Drüsenzellen müssen dabei immer neu gebildet werden, und zwar aus den dichtgelagerten, kleinen Zellen, die einer vom gefäßreichen Bindegewebe abgrenzenden Membran, der Membrana propria, aufsitzen. Der kurze Ausführungsgang der Talgdrüsen am Haarbalg ist mit geschichtetem Plattenepithel ausgekleidet, welches in das Drüsenepithel übergeht. Der Hauttalg ist eine halbflüssige Masse, der aus „Fett“ und zerfallenen Zellen besteht.

2. Allgemeine Beschaffenheit des Hauttalges.

Reines Sekret der Talgdrüsen kann nicht gewonnen werden. Was als „*Hauttalg*“ bezeichnet wird und der Untersuchung zugänglich ist, stellt ein Gemisch dar aus dem eigentlichen Ausscheidungsprodukt der Talgdrüsen und den Fetten, welche von Haut- und Hornschicht ausgeschieden werden. Außerdem enthält diese Mischung noch als Verunreinigungen Bestandteile des Schweißes, wobei unabgeklärt ist, ob die Schweißdrüsen selbst auch Fette sezernieren können, und zufällige Beimischungen aus der Umwelt. Die physiologische und pathologische Sekretionstätigkeit der Talgdrüsen kann, da eine Trennung in eigentlichen Hauttalg und Beimengungen ausgeschlossen ist, nicht eindeutig erfaßt werden. Das der Haut aufliegende Sekret kann sich auch nachträglich verändern. Was als Hauttalg bezeichnet wird, stellt ein Gemisch aller auf der Hautoberfläche ausgebreiteten Fettstoffe dar, und es wäre richtiger, dieses allgemein als „*Hautoberflächenfett*“ zu bezeichnen. Gleiches gilt für die talgähnlichen Sekrete der Tiere. Durch die Beimischung von Hornschichtfett erleidet das normale Hautoberflächenfett allerdings keine Veränderungen, welche seine Besonderheiten verwischen könnten. Die Zusammensetzung dieser Beimischungen ist, wie die physikalischen Konstanten[7] und die Analysenzahlen zeigen, zwar eine etwas andere (s. S. 258), ihr Anteil tritt jedoch auch mengenmäßig zurück. Dennoch

[1] WATSON, E. M., and R. H. PEARCE: Brit. J. Derm. Syph. **59**, 327 (1947). — [2] PROSE, P. H., and R. L. BAER: J. invest. Derm. **16**, 169 (1951). — [3] BLOOM, D., F. J. HERRMANN and H. SHARLIT: J. invest. Derm. **12**, 339 (1949). — [4] HUNT, J. S., and A. S. MINOT: Arch. Derm. Syph., Chicago **59**, 114 (1949). — [5] STÖHR, P. jr.: Lehrbuch der Histologie und der mikroskopischen Anatomie des Menschen. S. 43, 470 u. Abb. 39 S. 43, Abb. 472 S. 471. Berlin, Göttingen, Heidelberg 1951. — [6] ROTHMAN, S.: Physiology and Biochemistry of the Skin. S. 284—336. Chicago 1954. — [7] ROTHMAN, S., u. F. SCHAAF: Handb. Haut- u. Geschl.-Krankh. Bd. 1/2, S. 235.

erscheint eine Gleichsetzung von Hautoberflächenfett und Hauttalg nicht angebracht. Um trotzdem das von den Talgdrüsen sezernierte Produkt näher kennenzulernen, wurden Sekrete von ihnen nahestehenden Drüsen (MEIBOMsche, HARDERsche Drüse, Analdrüse, Bürzeldrüse der Vögel), deren Ausscheidungen reiner zu gewinnen sind, untersucht oder es wurden Smegma, Cerumen, Comedonenfett, der Inhalt von Talgdrüsen- oder Dermoidcysten sowie Atherome, zur Analyse verwendet. Rückschlüsse wurden auch aus dem Aufbau tierischer Hautoberflächenfette gezogen. Alle diese indirekten Verfahren können naturgemäß nur allgemeinere Anhaltspunkte vermitteln, sie ersetzen die Untersuchung des reinen Sekrets der Talgdrüsen nicht. Gerade bei den zum Vergleich herangezogenen tierischen Sekreten ist zu berücksichtigen, daß diese Sekrete anderen Umweltsbedingungen angepaßt sind und andere Aufgaben zu erfüllen haben als das Oberflächenfett der menschlichen Haut. In bezug auf den allgemeinen Aufbau sind Analogieschlüsse zulässig, und da zeigte sich, daß das Bürzeldrüsenfett der Gänse und das Wollfett der Schafe grundsätzlich ähnlich aufgebaut sind wie der Hauttalg des Menschen.

3. Bedeutung des Hautoberflächenfettes.

Am wichtigsten ist die *Schutzfunktion*, d. h. die Abhaltung atmosphärischer und bakterieller Schädigungen sowie die Bewahrung vor ungünstigen Veränderungen bei Schwankungen des Wassergehaltes oder der Temperatur. Auch bei der Stoffaufnahme von außen kann das Hautoberflächenfett eine Mittlerrolle erfüllen (s. S. 317).

Für die an der Körperoberfläche sicher vorhandenen *bactericiden Kräfte* ist den in Schweiß und Hauttalg vorkommenden Fettsäuren schon früher eine Bedeutung beigemessen worden, die Undecylensäure und andere Fettsäuren fanden auch durch ihre *fungistatische Wirkung*[1-6] besonderes Interesse. Umfang, Bedeutung und Mechanismus dieser Selbstdesinfektion der Haut ist aber erst in neuester Zeit systematisch untersucht worden[7]. Verschiedene Faktoren machen sich dabei erschwerend geltend. Die bactericide Wirkung des Hautoberflächenfettes zeigt, vielleicht durch die Gewinnung der Fraktionen bedingt, wechselndes Ausmaß; gealterte wirksame Hautfettfraktionen können zudem eine Verstärkung der keimtötenden Eigenschaften erfahren, und schließlich ist die Empfindlichkeit der Bakterien ungleich stark ausgeprägt, so daß eine Übertragung der Resultate von einer Bakterienart auf eine andere nur mit Vorsicht vorzunehmen ist. Besonders empfindlich erwiesen sich beispielsweise Pneumokokken und nichthämolytische Streptokokken, relativ unempfindlich zeigte sich die Subtilis-Mesentericusgruppe. Die jetzt schon vorliegenden Ergebnisse haben aber bereits in mehrfacher Richtung Klarheit gebracht, so daß die bactericide Wirkung als wichtige Komponente der allgemeinen Schutzfunktion des Hautoberflächenfettes sichergestellt ist. Die bactericiden Eigenschaften sind dabei vorwiegend an die im Hautoberflächenfett enthaltenen freien und veresterten Fettsäuren gebunden. Auch methylierte Fettsäuren behalten ihre volle Aktivität. An bestimmten Bakterien, wie hämolytischen Streptokokken, E. coli und Staph. aureus, fand sich die stärkste Wirkung bei niedrigen (bis C_{10}) Fettsäuren. Gegenüber hämolytischen Streptokokken und Staph. aureus führte die Hydrierung der ungesättigten Fettsäuren zu einer

[1] PECK, S. M., and H. ROSENFELD: J. invest. Derm. **1**, 237 (1938). — [2] SHAPIRO, A. L., and S. ROTHMAN: Arch. Derm. Syph., Chicago **52**, 166 (1945). — [3] SULZBERGER, M. B., and A. KANOF: Arch. Derm. Syph., Chicago **55**, 391 (1947). — [4] TIO BIAUW SING u. B. A. VERHAGEN: Derm., Basel **99**, 139 (1949). — [5] KUSKE, H.: Praxis **39**, 683 (1950). — [6] WEITZEL, G.: D. m. W. **1950**, 1616. — [7] MIESCHER, G., H. LINCKE u. P. RINDERKNECHT: Derm. Basel. **106**, 76 (1953) [dort auch ältere Literatur]; **109**, 65 (1954).

Aktivitätsverminderung. Ein Parallelismus zwischen Wirksamkeit und mittlerem Molekulargewicht der Fettsäuren oder dem Gehalt an ungesättigten Säuren scheint nicht zu bestehen. Die unverseifbaren Anteile des Hautoberflächenfettes, d. h. höhere aliphatische Alkohole, Sterine und Kohlenwasserstoffe sind erheblich weniger bactericid.

Die biologisch bedeutsame Zusammensetzung beherrscht auch die *Wasseraufnahmefähigkeit* der Haut *und* ihre *Wasserdurchlässigkeit*, so daß weder eine zu starke Durchnässung noch eine zu starke Austrocknung eintreten kann. Hautoberflächenfett ist mit Wasser emulgierbar, dieses bildet die disperse Phase und dunstet doch so leicht ab, daß die insensible Wasserabgabe nicht behindert wird. Unerwünschte Quellung der Hornschicht wird dadurch vermieden. Umgekehrt ist es aber genügend wasserabstoßend, um eine zu starke Benetzung der Haut unmöglich zu machen. Über das Verhalten des Hautfettes zum hydrophoben Keratin s.[1]. Schließlich soll auch das allgemeine Aussehen seniler Haut verbessert werden, wenn mehr Hautoberflächenfett vorhanden ist[2].

4. Bildung des Hautoberflächenfettes.

Der größte Anteil stammt aus den Talgdrüsen. Wie diese das Sekret bilden, ist noch unklar, wahrscheinlich setzen sie es aus aufgenommenen Körper- und Nahrungsfetten zusammen, indem sie diese zum Teil unverändert, zum Teil erst nach Umwandlung in höhere Wachsarten wieder abgeben. Der kleinere Anteil des Oberflächenfettes der Haut entsteht von dieser Drüsentätigkeit unabhängig. Hornschicht- und Hautfette gelangen unmittelbar an die Oberfläche und mischen sich in unkontrollierbarem Verhältnis dem eigentlichen Drüsensekret bei. Ob auch aus dem Schweiß Fettstoffe dazukommen, wird bestritten, ist aber noch unabgeklärt[3].

5. Gewinnung und Menge des Hautoberflächenfettes.

Es wird meist durch Abreiben der Körperoberfläche mit in Fettlösungsmitteln getränkten Tupfern gewonnen. Besser ist das Verfahren, bei dem nur der Fettgehalt einer genau umschriebenen Hautfläche durch Aufsaugen des Fettes in einem aufgelegten Filtrierpapierstück bestimmt wird[4]. Es vermeidet Fehler durch Fettverluste in Kleidern und erlaubt gleichzeitig, regionale Unterschiede des Fettfilms der Hautoberfläche zu erfassen. Wird das zum Fettaufsaugen verwendete Filterpapier zuerst mit einer 0,5%igen Lösung von Anthracen in Äther imprägniert, dann läßt sich an diesem Testpapier unter dem Woodschen Licht das aufgenommene Hautfett in hübscher Weise sichtbar machen. Alle mit Hautfett imbibierten Papierstellen unterdrücken die blaue Fluorescenz des Anthracens[5]. Auf diese Weise werden auch die Produktionsstellen als dunkle Punkte auf fluorescierendem Grund erkennbar. Das mit Papier aufgenommene Hautfett kann auch mit Osmiumsäure sichtbar gemacht werden[6]. Statt mit Filtrierpapier kann eine umschriebene Hautfläche auch mit einem Fettlösungsmittel erschöpfend ausgelaugt werden[3,7]. Ausgearbeitete und auf ihre Leistungsfähigkeit geprüfte Verfahren liegen vor[8–11], auch für die Gewinnung größerer Mengen[11]. In einem solchen Extrakt, der natürlich stets mit abgelösten Hornlamellen verunreinigt ist, läßt sich die Fettmenge auf mikrochemischem Wege bestimmen. Sie beträgt etwa 75—95% der insgesamt abgelösten Stoffmenge[12,13]. Das Verfahren ist gut brauchbar, verlangt aber eine empfindliche Bestimmungsmethode.

---

[1] Schneider, W., u. H. Schuleit: Arch. Derm. Syph., Berlin **193**, 434 (1951). — [2] Kvorning, S. A., and E. Kirk: J. Gerontol. **4**, 113 (1949). — [3] Herrmann, F., and P. H. Prose: J. invest. Derm. **17**, 217 (1951). — [4] Rabbeno, A.: G. ital. Mal. vener. **65**, 1509 (1924). — [5] Brun, R., et G. Meyer: Derm., Basel **103**, 178 (1951). — [6] Brun, R., K. Enderlin et E. A. Kull: Derm., Basel **106**, 165 (1953). — Brun, R.: Arch. Sci., Genève **7**, 243 (1954). — [7] Emanuel, S.: Acta derm. venereol., Stockholm **17**, 444 (1936). — [8] Miescher, G., u. A. Schönberg: Bull. schweiz. Akad. med. Wiss. **1**, 101 (1944). — [9] Dünner, M.: Derm., Basel **93**, 249 (1946). — [10] Zehender, F., u. M. Dünner: Derm., Basel **93**, 355 (1946). — [11] Lincke, H.: Arch. Derm. Syph., Berlin **188**, 453 (1949). — [12] Butcher, E. O., and J. P. Parnell: J. invest. Derm. **9**, 67 (1947). — [13] Zehender, F.: Helv. **29**, 973 (1946).

Die sich abscheidende *Fettmenge* ist auf verschiedenen Körperstellen verschieden groß. In absteigender Reihe ergibt sich die Folge: Nasenrücken, Nasenflügel, Kinn, Ohrmuschel, Stirn, Wange, Rücken, Schamgegend, Nacken, Brustbein, Schulter, Stamm unterhalb des Nabels, Extremitäten, Hohlhand. Es entsteht aber auch weniger Fett bei niedrigerer Außentemperatur, ebenso sind individuelle Unterschiede, vielleicht im Zusammenhang mit Haarfarbe, Geschlecht und Ernährung feststellbar. Angaben über die gebildete Fettmenge sind nicht vergleichbar; ihre Feststellung ist infolge der geringen Abscheidung in keinem Fall sehr einfach. In einer Woche werden auf einer 4 cm^2 großen Hautfläche je nach Lokalisation (Stirn oder Oberarm) vielleicht etwa 0,01—0,12 g gebildet[1], auf der ganzen Körperfläche je Tag etwa 1,5 g, bei Frauen gegen 28% weniger[2]. Über die Menge des Oberflächenfettes der Haut orientiert aber die einmalige erschöpfende Fettablösung umschriebener Hautbezirke besser[3]; für die Dicke des Fettfilms ergibt sich daraus aber kein Maß, da das Fett nicht gleichmäßig über die Oberfläche verteilt ist, sondern zunächst Hautfurchen ausfüllt. Mittelwerte aus solchen Bestimmungen an 15—20 Personen ergaben für eine Hautfläche von 1,5 cm^2 Fettmengen in verschiedener Größenordnung (Tabelle 86).

Tabelle 86. Oberflächenfett der Haut (mittlere Menge in mg auf 1,5 cm^2).

	Neugeborene	Kinder	Erwachsene Männer	Erwachsene Frauen
Stirn	0,33	0,09	0,25	0,19
Brust	0,06	0,02	0,15	0,12
Epigastrium	0,07	0,007	0,09	0,08

Aus diesen Untersuchungen ergibt sich auch, daß Kinder weniger Hautoberflächenfett (Stirn beispielsweise vor der Pubertät noch kaum oder kein Fett[4]) besitzen als Erwachsene. Unabhängig ist die Talgbildung hingegen von körperlicher Arbeit, nach den bisherigen Ergebnissen auch von direkten pharmakologischen (Atropin, Pilocarpin, Acetylcholin) oder, trotz bestehender Zusammenhänge mit der Pubertät, von bestimmten hormonalen Einflüssen (Follikel-, Corpus luteum-Hormon, Hypophysenextrakt)[5]. Daß aber trotzdem eine induktive Beeinflussung der Talgsekretion besteht, beweisen auch bestimmte Krankheiten.

Zwei Eigenschaften sind für die Talgproduktion besonders kennzeichnend. Es wird nur soviel ausgeschieden wie zur Erzeugung eines bestimmten *Sättigungsgrades* der Haut notwendig ist, dann setzt die Ausscheidung aus und kommt erst wieder in Gang, wenn dieser Sättigungsgrad durch irgendwelche Einflüsse unterschritten wird. Der Sättigungsgrad kann naturgemäß von Mensch zu Mensch, abhängig von Alter und Geschlecht[4] und je nach den bestimmenden Einflüssen verschieden hoch sein. Bei ein und demselben Individuum zeigt er aber eine bemerkenswerte Konstanz. Die Zahlen der Tabelle 86 stellen Mittelwerte des Sättigungsgrades bestimmter Hautstellen dar. Weiter wird bei völliger Entfernung des Hautoberflächenfettes neuer Talg mit erhöhter Geschwindigkeit ausgeschieden, so daß schon etwa 3—4 Std nach der Entfettung der Sättigungsgrad fast oder völlig wieder hergestellt ist[3,6,7]. Die in kurzen Intervallen nacheinander gesammelten Mengen übersteigen schließlich sogar den Betrag der in der Gesamtzeit bei einmaliger Abnahme gebildeten Menge[8,9]. Regionale und keinen Gesetzmäßigkeiten folgende Verschiedenheiten scheinen dabei auch auf die *Sekretionsgeschwindigkeit* bestimmenden Einfluß zu haben.

Die Einhaltung eines bestimmten Sättigungsgrades und die nach Fettentfernung erhöhte Sekretionsgeschwindigkeit weisen auf eine aktive Drüsentätigkeit hin. Diese

[1] LEUBUSCHER, G.: Verh. Kongr. inn. Med. **1899**, 457. — [2] LINCKE, H.: Arch. Derm. Syph., Berlin **188**, 453 (1949). — [3] EMANUEL, S.: Acta derm.-venereol., Stockholm **17**, 444 (1936). — [4] BRUN, R., et G. MEYER: Derm., Basel **103**, 178 (1951). — [5] MIESCHER, G., u. A. SCHÖNBERG: Bull. schweiz. Akad. med. Wiss. **1**, 101 (1944). — [6] ROTHMAN, S., u. F. SCHAAF: Handb. Haut- u. Geschl.-Krankh. Bd. 1/2, S. 260. — [7] BRUN, R.: Arch. Sci., Genève **7**, 297 (1954). — [8] HERRMANN, F., and P. H. PROSE: J. invest. Derm. **16**, 217 (1951). — [9] ZEHENDER, F., u. M. DÜNNER: Derm., Basel **93**, 355 (1946).

scheint zentral reguliert zu werden, wobei das Mittelzwischenhirn als Regulationsort, d. h. als Zentrum einer Produktionshemmung angesprochen wird[1,2]. Möglicherweise wird also bei einer Steigerung der Fettbildung nicht die Drüsenfunktion, sondern die Drüse selbst im Sinne einer Vergrößerung angeregt[1].

Wenn der *Sättigungsgrad (Talgspiegel)* diejenige Hautoberflächenfettmenge bezeichnen soll, die sich auf unberührter Haut in einer bestimmten Zeit bilden kann, die *Produktionskapazität* jedoch die bei dauernder Entfernung des Talges abgegebene Menge[1,3], dann findet sich nur bei ein und demselben Individuum unter gleichen Bedingungen eine annehmbare Konstanz des Talgspiegels, zwischen verschiedenen Personen aber eine sehr große Streuung. Eine feste Beziehung zwischen Talgspiegel und Produktionskapazität konnte nicht gefunden werden, auch steht der Sättigungsgrad nicht mit der Gesamtfläche der Talgdrüsen oder ihrer sekretorischen Leistungsfähigkeit in enger Beziehung, wohl aber die Produktionskapazität. Das deutet darauf, daß an der Konstanz des Talgspiegels noch andere, bisher nicht erkannte Faktoren maßgeblich beteiligt sind. Möglicherweise handelt es sich um ein Zusammenspiel zahlreicher physikalischer Bedingungen, durch die Umwelt bestimmt, die eine planvolle Regulation der Drüsenfunktion nur vortäuschen, wenn sie selbst einigermaßen konstant bleiben. Die Abhängigkeit der Talgproduktion von Umweltfaktoren ist untersucht worden. Wird das gleiche Individuum beispielsweise zuerst auf 800 m und dann auf etwa 3500 m Meereshöhe untersucht[4], dann zeigt sich ein Absinken des Talgspiegels um 22—74%, aber ein Ansteigen der Produktionskapazität auf 105—188% des Ursprungswertes. Diese Anpassung an die Höhe zeigte aber eine gewisse Trägheit, die Höhenwerte blieben auch nach Rückkehr in tiefere Lagen noch einige Zeit erhalten. Mit dieser Höhenanpassung soll auch eine Erhöhung des Cholesteringehaltes im Talg verbunden sein, während Jodzahl und Säurezahl nicht berührt werden[5,6]. Bei dieser Änderung von Talgspiegel und Produktionskapazität in größeren Höhen eine Beziehung zum verminderten Luftdruck anzunehmen, ist noch schwierig, denn diese beiden Größen blieben bei Unterdruck (420 mm) unbeeinflußt. Sie zeigten aber einen Anstieg bei Temperaturerhöhung (bis 40°), während bei Abkühlung (auf —2°) der Talgspiegel allein eine Senkung erfuhr[6]. Die Änderung der Viscosität des Talges in Abhängigkeit von der Temperatur als wichtigsten Faktor anzusehen, der die Talgproduktion maßgebend bestimmen könnte, ist auf Grund der bisherigen Untersuchungsergebnisse noch nicht möglich.

Die *Gesamtmenge* des abgeschiedenen Hautoberflächenfettes ist somit abgesehen von den verschiedenen Gewinnungsmethoden auch bei Untersuchung homologer Stellen an gleichartigem Material bei Unkenntnis des Sättigungsgrades und der Sekretionsgeschwindigkeit nicht sicher anzugeben.

Vergleichbare Werte sind nur zu erhalten, indem man an sorgfältig ausgewählten Untersuchungspersonen zuerst den Fettbelag restlos entfernt, dann bis zur Wiederherstellung der Sättigung wartet und erst jetzt die auf möglichst großer Fläche ausgeschiedene Fettmenge bestimmt. Einzelne Messungen sind auf diese Weise ausgeführt worden.

Nach den vorliegenden, kritisch gewonnenen Zahlen kann die auf der gesamten Körperoberfläche ausgeschiedene Fettmenge auf 1—2 g geschätzt werden[7,8].

Physikalische Daten. Der Schmelzpunkt variiert zwischen 25—36°[5,9,10], der Erstarrungspunkt liegt wesentlich tiefer[11]. Die Oberflächenspannung wurde bei 16—45° zu etwa 25 bis 31 dyn/cm² bestimmt[8,11]. Die Viscosität liegt bei 20—26,5° ungefähr bei 75—100 Centipoise

[1] MIESCHER, G., u. A. SCHÖNBERG: Bull. schweiz. Akad. med. Wiss. **1**, 191 (1944) — [2] PERUTZ, A., u. B. LUSTIG: B. Z. **261**, 128 (1933). — [3] ZEHENDER, F., u. M. DÜNNER: Derm., Basel **93**, 355 (1946). — [4] SCHÖNBERG, A.: Helv. physiol. Acta, Suppl. **3**, 251 (1944). — [5] ZEHENDER, F., u. A. SCHÖNBERG: Klimaphysiologische Untersuchungen in der Schweiz. 2. Tl., S. 738. Basel 1948. — [6] DÜNNER, M.: Derm., Basel **93**, 249 (1946). — [7] KUZNITZKY, E.: Arch. Derm. Syph., Berlin **114**, 691 (1913). — [8] LINCKE, H.: Arch. Derm. Syph., Berlin **188**, 453 (1949). — [9] ROTHMAN, S., u. F. SCHAAF: Handb. Haut- u. Geschl.-Krankh. Bd. 1/2, S. 260. — [10] MACKENNA, R. M. B., V. R. WHEATLEY and A. WORMALL: J. invest. Derm. **15**, 33 (1950). — [11] BUTCHER, E. O., and A. COONIN: J. invest. Derm. **12**, 249 (1949).

(g/cm · sec · 10²)[1, 2] und zeigt bis auf 40° eine starke Abnahme[3]. Hautoberflächenfett besitzt somit bei 20° eine mindestens 75fach höhere innere Reibung als Wasser und entspricht ungefähr einer 82%igen Glycerin-Wassermischung.

Kennzahlen. Die *Säurezahl* liegt bei 26—60, im Mittel etwa bei 40 (Werte unter 20 und über 70 sind Ausnahmen)[4]. Bei verschiedenen Versuchspersonen oder an verschiedenen Körperstellen kann sie relativ große Schwankungen zeigen. Sie wurde beispielsweise im Hauttalg von Gesicht und Brust höher gefunden als in demjenigen von Rücken oder Flanke. Selbst am gleichen Individuum ergab sich bei der Untersuchung in größeren Abständen eine die Fehlerbreite der Methode übersteigende Streuung. Hingegen kann mit ziemlicher Sicherheit eine Abhängigkeit der Säurezahl von der Produktionskapazität der Talgdrüsen ausgeschlossen werden. Die Säurezahl bleibt unverändert, unabhängig davon, ob in gleicher Zeit und auf gleicher Fläche wenig oder viel Talg ausgeschieden wird. Auch ein Geschlechtsunterschied ließ sich nicht aufdecken. Wohl aber scheint vielleicht eine gewisse Altersabhängigkeit möglich zu sein, da mit der Pubertät ein geringfügiger Anstieg der Säurezahl auf die Werte des Erwachsenen feststellbar wird[4]. Die *Jodzahl* liegt bei 61—83. Die *Rhodanzahl* ist etwa 5 bis 10% niedriger als die Jodzahl, was beweist, daß auch geringe Mengen mehrfach ungesättigter Fettsäuren im Hautoberflächenfett vorkommen.

β) Zusammensetzung.

Wasser- und *Mineralgehalt* können vernachläßigt werden. Diese Bestandteile sind entweder nicht bestimmt, nicht gefunden worden oder in ihrem Ursprung unklar.

Unter den *organischen Bestandteilen* sind *Seifen* nur in zu vernachlässigenden Mengen vorhanden, *flüchtige Fettsäuren* scheinen zu fehlen, hingegen werden etwa 5—10% flüchtige Anteile anderer Art im Hautoberflächenfett vorausgesetzt[1]. Die Stoffe, welche den Talg und damit zum größten Teil das Hautoberflächenfett aufbauen, unterscheiden sich in charakteristischer Weise von den Bestandteilen der echten Fette. Diese setzen sich vorwiegend aus Glyceriden der Palmitin-, Stearin- und Ölsäure zusammen, jene bestehen aus Fettsäureestern hochmolekularer Alkohole, aus freien Fettsäuren und aus wenig Triglyceriden[5, 6]. Der Talg ist somit den Wachsen beizuordnen, die Ähnlichkeit mit anderen Wachsgemischen, wie Wollfett, Bürzeldrüsenfett und Walrat, gründet sich auf den Reichtum an hochmolekularen Alkoholen. Im Hauttalg des Menschen ist es *Eikosylalkohol*[7], $C_{20}H_{41}OH$. Eine weitere charakteristische Verbindung kann nach dem chemischen Verhalten vielleicht als *Lacton der Lanocerinsäure* (s. S. 299) angesprochen werden[8]. Cholesterin und Cholesterinester dürften im Hautoberflächenfett nicht nur dem Hauttalg, sondern auch dem abgeschobenen Hautfett entstammen. Über Anreicherung von Cholesterin im Hautoberflächenfett nach Verfütterung bei Kaninchen liegen besondere Angaben vor[9]. Freie Fettsäuren, und wenn überhaupt, sehr wenig P-haltige Lipoide ergänzen die Reihe der im Hautoberflächenfett festgestellten Stoffe. Über ihre Mengen liegen zahlreiche Angaben vor[3, 5, 10–17], diese zeigen aber, hauptsächlich hinsichtlich Gesamtcholesteringehalt, beträchtliche Unterschiede[15]. Art der Fettgewinnung, Genauigkeit der Bestimmungsmethode, aber auch Alter[14] der Versuchspersonen (bei Kindern höherer Cholesteringehalt), Produktionskapazität (niederer Cholesteringehalt bei

[1] KUZNITZKY, E.: Arch. Derm. Syph., Berlin **114**, 691 (1913). — [2] BUTCHER, E. O., and A. COONIN: J. invest. Derm. **12**, 249 (1949). — [3] LINCKE, H.: Arch. Derm. Syph., Berlin **188**, 453 (1949). — [4] LINCKE, H.: Arch. Syph., Berlin **194**, 436 (1952). — [5] ZEHENDER, F.: Helv. **29**, 973 (1946). — [6] ROTHMAN, S., u. F. SCHAAF: Handb. Haut- u. Geschl.-Krankh. Bd. 1/2, S. 260. — [7] MUCK, J.: H. **122**, 125 (1922). — [8] GRASSOW, F.: B.Z. **148**, 61 (1924). — [9] LINCKE, H.: Derm., Basel **104**, 71 (1952); **105** 153 (1952). — [10] ENGMAN, M. F., and D. J. KOOYMAN: Arch. Derm. Syph., Chicago **29**, 12 (1934). — [11] SCHÖNBERG, A.: Helv. physiol. Acta, Suppl. **3**, 251 (1944). — [12] MACKENNA, R. M. B., V. R. WHEATLEY and A. WORMALL: J. invest. Derm. **15**, 33 (1950). — [13] LINCKE, H.: Arch. Derm. Syph., Berlin **190**, 203 (1950). — [14] KIRK, E.: J. Gerontol. **3**, 251 (1948). — [15] LINCKE, H., u. K. KLÄUI: Arch. Derm. Syph., Berlin **192**, 402 (1951). — [16] KVORNING, S. A.: Acta pharmacol. toxicol., København **5**, 383 (1949). — [17] BUTCHER, E. O., and J. P. PARNELL: J. invest. Derm. **9**, 67 (1947).

deren Erhöhung)[1], Umweltbedingungen und andere Faktoren (Blutcholesteringehalt[1]) können deren Ursache sein. Die einzelnen Bestandteile dürften nach neueren, zuverlässigeren Untersuchungen[2-6] am ehesten im folgenden Konzentrationsbereich liegen:

Tabelle 87. Mutmaßliche Zusammensetzung des Hautoberflächenfettes (Werte abgerundet).

Unverseifbares	Sterine		Fettsäuren		P-Lipoide
	gesamt	frei	gebunden	frei	
%	%	%	%	%	%
~ 19—44	~ 2—6	~ 0,6—2,4	~ 25—55	bis ~ 30	höchstens ~ 1

Bei schonender, eine Verseifung vermeidender Trennung[7] wurden neben den freien Fettsäuren etwa 79—87% Neutralkörper mit einer Jodzahl von 65—82 gefunden. Auch nach diesen Angaben herrschen die unverseifbaren, d. h. die nach Verseifung und Entfernung der Fettsäuren verbleibenden fettlöslichen Anteile vor. Der Steringehalt liegt gegenüber dem des Hornschichtfettes (20—24%, s. S. 258) wesentlich tiefer. Ein mittlerer Gesamtcholesteringehalt von 3—4% dürfte am wahrscheinlichsten sein[3,4,6]. Das veresterte Cholesterin scheint zum freien Anteil im selben Verhältnis (2:1) zu stehen wie im Blut[5]. Unter den unverseifbaren Anteilen finden sich aber, wie die chromatographische Trennung zeigte, nicht nur Sterine, gesättigte und ungesättigte Alkohole, sondern neben noch nicht genauer aufgeklärten Stoffen ziemlich reichlich Kohlenwasserstoffe, u. a. auch *Squalen*[2]. Die veresterten Fettsäuren sind sowohl fest als flüssig. Unter den festen Fettsäuren überwiegt die Palmitinsäure (etwa 35%). Stearin- und Myristinsäure sind noch nicht nachgewiesen worden. Eine Trennung der Säuren aus den verseifbaren Anteilen des Hautoberflächenfettes ergab beispielsweise folgende Verteilung der Bestandteile:

Tabelle 88. Verteilung der Fettsäuren im Hautoberflächenfett[8].

	Freie Säuren %	Veresterte Säuren %
Flüssige Säuren	41,7	41,5
Feste Säuren	58,3	58,5
Ölsäure	46,0	50,7
Linolensäure	2,2	0,04
Arachidonsäure	0	0,004
Palmitinsäure	20,4	22,2
Gesättigte flüssige Fettsäuren	16,2	5,0

Tabelle 89. Verteilung der Fettsäuren im Hautoberflächenfett nach Länge der Kohlenstoffkette[9].

Fettsäuren (%)	0,07	0,15	0,2	0,33	0,15	3,5	1,4	9,5	6	36	6	23	8	2,5
Kohlenstoffzahl	7	8	9	10	11	12	13	14	15	16	17	18	20	22

[1] LINCKE, H.: Arch. Derm. Syph., Berlin **195**, 540 (1953). — [2] MACKENNA, R. M. B., V. R. WHEATLEY and A. WORMALL: J. invest. Derm. **15**, 33 (1950). — [3] LINCKE, H.: Arch. Derm. Syph., Berlin **190**, 203 (1950). — [4] KIRK, E.: J. Gerontol. **3**, 251 (1948). — [5] LINCKE, H., u. K. KLÄUI: Arch. Derm. Syph., Berlin **192**, 402 (1951). — [6] KVORNING, S, A.: Acta pharmacol. toxicol., København **5**, 383 (1949). — [7] LINCKE, H.: Arch. Derm. Syph., Berlin **188**, 453 (1949). — [8] ENGMAN, M. F., and D. J. KOOYMAN: Arch. Derm. Syph., Chicago **29**, 12 (1934). — [9] ROTHMAN, S., A. SMILJANIC, A. L. SHAPIRO and A. W. WEITKAMP: J. invest. Derm. **8**, 81 (1947).

Die Verteilung kann aber auch eine etwas andere sein[1]. Aus den Destillationskurven der Fettsäuremethylester[2] wurde beispielsweise auf folgende Verteilung geschlossen: Fettsäuren bis zu C_{13} etwa 6%, von denen ein sehr hoher Anteil, vielleicht gegen $^4/_5$ in ungesättigter Form vorliegt, mit C_{14} und C_{15} schätzungsweise 22—27%, darunter etwa $^1/_4$ ungesättigt, und mit C_{16} etwa 35—40%, wovon etwa die Hälfte ungesättigte Anteile umfaßt. Die nach besonders schonendem Verfahren abgetrennten, in ihrem Gehalt stark wechselnden freien Fettsäuren zeigen Schmelzintervalle von etwa 30,5—32° und 41—43° eine Jodzahl von 35,9—48 und ein Äquivalentgewicht von 279,5—328,5. Der feste Anteil derselben kann eine Jodzahl von 4—55, der flüssige eine solche von etwa 77 aufweisen. Das Schmelzintervall des festen Anteils steigt auf 46—60°[3].

Der auffällig hohe Gehalt an freien Fettsäuren ist ebenso sehr von biologischer Bedeutung wie der Reichtum an wachsartigen Bestandteilen, ihre Auswahl ist offenbar so getroffen, daß der Fettüberzug der Haut eine mit den zu erfüllenden Schutzaufgaben und mit den vorherrschenden Temperaturen in Einklang stehende Konsistenz erhält und dennoch flüssig ausgeschieden werden kann. Im Hautoberflächenfett des behaarten Kopfes sind ebenfalls Fettsäuren mittlerer Kettenlänge, d. h. mit C_8—C_{10}—C_{12} nachgewiesen worden[4]; solchen Fettsäuren wird eine biologische Sonderstellung zugeschrieben[5].

γ) Talgähnliche und verwandte Produkte.

1. Dermoidenfett.

Das in Mißbildungen, fetalen Einstülpungen des äußeren Keimblattes, sog. Dermoidcysten, angesammelte Fett ist hauttalgähnlich und daher vergleichsweise zu dessen Erforschung herangezogen worden. Wie dieses ist es den Wachsen zuzuzählen. Bis zu 60% des Fettes sind unverseifbar; in diesem Anteil können als sicher nachgewiesen bisher nur gelten: *Cetylalkohol, Octadecylalkohol, Eikosylalkohol, freies Cholesterin* (6,4%), *Cholesterinester* (13,9%), *Dihydrocholesterin* (28,5%). Daneben wurde ein squalenähnlicher Kohlenwasserstoff $C_{16}H_{26}$ gefunden, dessen Menge bis etwa den 5. Teil des ganzen Fettgesmisches ausmachen soll[6,7]. Neuerdings wurde *Squalen* selbst in Mengen von 19—14% des Totallipoids festgestellt[8]. Auch im Wachs des Pottwals scheinen Kohlenwasserstoffe enthalten zu sein (s. S. 300). Der Phosphatidgehalt des Dermoidenfettes ist sehr niedrig.

2. Cerumen (Ohrschmalz)

wurde ebenfalls als hauttalgähnliche Masse angesprochen, enthält aber bis zu 56% lipoidunlösliche Stoffe. Davon entfallen etwa 43% auf Proteine und etwa 57% auf wasserlösliche und wasserunlösliche Aschebestandteile. Die Lipoidfraktion ist vom Hauttalg wesentlich verschieden. Im Cerumen fand man bis jetzt 1,2% Fettsäuren neben 2% der sonst nur im Wollfett nachgewiesenen Cerotinsäure, aber 12,4% Fette, doch nur 2,5% Cholesterin und wenig[9] oder keine Phosphatide[10]. Hingegen wurde auch etwa 5% Squalen gefunden[8]. Der fettfreie Anteil des Cerumens enthält verschiedene freie Aminosäuren[11].

3. Smegma und Comedonenfett.

Talgartige Absonderung der Glans penis und des Praeputiums sowie die Talganhäufungen in den Talgdrüsen der Haut sind noch nicht genügend untersucht, um aus ihrer Zusammensetzung diejenige des Hauttalgs näher kennen zu lernen. Squalen soll in diesen Produkten

---

[1] MACKENNA, R. M. B., V. R. WHEATLEY aud A. WORMALL: J. invest. Derm. **15**, 33 (1950). — [2] MIESCHER, G., H. LINCKE u. P. RINDERKNECHT: Derm., Basel **109**, 65 (1954). — [3] LINCKE, H.: Arch. Derm. Syph., Berlin **188**, 453 (1949). — [4] WEITKAMP, A. W., A. M. SMILJANIC and S. ROTHMAN: Am. Soc. **69**, 1936 (1947). — [5] WEITZEL, G.: D. m. W. **1950**, 1616. — [6] DIMTER, A.: H. **208**, 55 (1932). — [7] BEHMEL, G.: H. **208**, 62 (1932). — [8] SOBEL, H.: J. invest. Derm. **13**, 333 (1949). — [9] AKOBJANOFF, L., C. CARRUTHERS and B. H. SENTURIA: J. invest. Derm. **23**, 43 (1954). — [10] NAKASHIMA, S.: H. **216**, 105 (1933). — [11] BAUER, W. C., C. CARRUTHERS and B. H. SENTURIA: J. invest. Derm. **21**, 105 (1953).

aber ebenfalls enthalten sein und beim Menschen etwa 1%, beim Pferd etwa 5% der Totallipoide ausmachen[1,2]. Es ist aber zu beachten, daß Comedonenfett stärker durch Hornschichtteilchen verunreinigt ist als bisher angenommen wurde.

4. Wollfett

ist das am meisten untersuchte Säugetierfett. Es wird durch Extraktion oder Waschen von Schafwolle gewonnen und ist in roher Form eine schwarzbraune, übelriechende und zähe Masse, welche durch Entsäuerung und Bleichung stufenweise gereinigt wird und schließlich ein hellgelbes, wenig aber charakteristisch riechendes, zähes Stoffgemisch ergibt. Gereinigtes Wollfett ist optisch aktiv, schmilzt bei 36—41°, besitzt ein spezifisches Gewicht von $d_{15^\circ} = 0{,}973$ und zeigt eine Jodzahl von 11—12. Die Veränderungen nativen Wollfettes durch Reinigungsverfahren sind deutlich erkennbar (s. Tabelle 90).

Tabelle 90. Zusammensetzung von gereinigtem und nativem Wollfett.

	Gereinigtes Wollfett nach den Bestimmungen des DAB 6[3]	Petrolätherextrakt von Merinowolle ohne Nachbehandlung[4]
Säurezahl	höchstens 0,28	8,1
Verseifungszahl	90—100	91,2
Unverseifbares	etwa 56%	37,2%
Fettsäuren	etwa 44%	
Freies Cholesterin	etwa 3— 4%	
Gebundenes Cholesterin	etwa 13—14%	
Gesamtcholesterin	etwa 16—18%	etwa 12,4%

Die Zusammensetzung des Wollfettes ist bis heute, trotz seiner großen praktischen Bedeutung noch nicht völlig, wenn auch schon sehr weitgehend aufgeklärt. Verschiedene ältere Befunde wurden richtig gestellt. Zahlreiche Widersprüche in den Angaben sind darauf zurückzuführen, daß über die der Gewinnung unmittelbar nachfolgende Behandlung nicht immer ausreichende Angaben vorlagen.

Auch im Wollfett sind reichlich hochmolekulare Alkohole der aliphatischen und der hydroaromatischen Reihe, als Ester an hochmolekulare Fettsäuren gebunden oder frei, vorhanden, während Glyceride von Fettsäuren fast völlig fehlen. Über die Mengen der einzelnen Bestandteile ist, abgesehen vom Cholesterin[4], wenig bekannt. Phosphatide scheinen nicht vorhanden zu sein.

Im unverseifbaren Anteil wurden sicher nachgewiesen *Cholesterin*[3-5], *Dihydrocholesterin* und in größerer Menge *Cetylalkohol*[4]. In kleinen Mengen finden sich weiter Cerylalkohol[5] ($C_{26}H_{54}O$) und ein früher als „Isocholesterin“[5] bezeichnetes Produkt. Dieses sog. „Isocholesterin“ ist aber kein Isomeres des Cholesterins. Diese Bezeichnung kann ebensowenig wie diejenige anderer Wollfettbestandteile, die als „Metacholesterin“, „Oxycholestenol“, „Oxy-cholesterin“ bezeichnet und zum Teil mit besonders charakteristischen Eigenschaften belegt wurden, weiter aufrechterhalten werden[6]. „Isocholesterin“ besteht aus Lanostadienol, Lanostenol, Agnosterin und Dihydroagnosterin[7]. Lano- und Agnosterin sind den Sterinen[8] zuzuordnen, was früher bestritten wurde[4,9]. Lanostenol konnte synthetisch hergestellt werden[10]. Die Identität von Lanosterin aus dem Wollfett der Schafe mit dem Kryptosterin der Hefe wurde einwandfrei bewiesen[11]. Lanosterin läßt sich in Agnosterin überführen[12] „Oxycholestenol“[13]

---

[1] Sobel, H.: J. invest. Derm. **13**, 332 (1949). — [2] Plaut, A., and A. C. Kohn-Speyer: Science, N. Y. **105**, 391 (1947). — [3] Gänssle, W.: Fette u. Seifen **44**, 460 (1937). — [4] Drummond, J. C., and L. C. Baker: J. Soc. chem. Industr., Chem. & Industr. (II) **48**, 232 (1929). — [5] Heiduschka, A., u. R. Nier: J. prakt. Chem. (N. F.) **149**, 98 (1937). — [6] Mohs, P.: Fette u. Seifen **45**, 152 (1938). — [7] Voser, W., M. V. Mijović, O. Jeger u. L. Ruzicka: Helv. **34**, 1585 (1951). — [8] Voser, M., M. V. Mijović, H. Heusser, O. Jeger u. L. Ruzicka: Helv. **35**, 2414 (1952). — [9] Schulze, H.: H. **238**, 35 (1936). — [10] Woodward, R. B., A. A. Patchett, D. H. R. Barton, D. A. J. Ives and R. B. Kelly: Am. Soc. **76**, 2852 (1954). — [11] Ruzicka, L., R. Denss u. O. Jeger: Helv. **28**, 759 (1945). — [12] Dorée, C., J. F. McGhie and F. Kurzer: Soc. **1949**, 570. — [13] Frick, F. (I. G. Farbenindustrie A.G.): DRP. 485198 (1929).

Tabelle 91. Fettsäuren des Wollfetts[1].

Bezeichnung und Bruttoformel			Schmelzpunkt °
n-Decansäure	Caprinsäure	$C_{10}H_{20}O_2$	31,2
n-Dodecansäure	Laurinsäure	$C_{12}H_{24}O_2$	43,8
n-Tetradecansäure	Myristinsäure	$C_{14}H_{28}O_2$	54,4
n-Hexadecansäure	Palmitinsäure	$C_{16}H_{32}O_2$	62,9
n-Octadecansäure	Stearinsäure	$C_{18}H_{36}O_2$	69,6
n-Eicosansäure	Arachinsäure	$C_{20}H_{40}O_2$	75,4
n-Docosansäure	Behensäure	$C_{22}H_{44}O_2$	79,9
n-Tetracosansäure	Lignocerinsäure	$C_{24}H_{48}O_2$	84,2
n-Hexacosansäure	Cerotinsäure	$C_{26}H_{52}O_2$	87,7
	Optisch aktive Oxysäuren:		
2-Oxy-tetradecansäure	α-Oxymyristinsäure	$C_{14}H_{28}O_3$	81,5—82
2-Oxy-hexadecansäure	α-Oxypalmitinsäure	$C_{16}H_{32}O_3$	86—87
	Isoreihe:		
8-Methyl-nonansäure	Iso-Caprinsäure	$C_{10}H_{20}O_2$	
10-Methyl-undecansäure	Iso-Laurinsäure	$C_{12}H_{24}O_2$	41,2
12-Methyl-tridecansäure	Iso-Myristinsäure	$C_{14}H_{28}O_2$	50,5—51,5
14-Methyl-pentadecansäure	Iso-Palmitinsäure	$C_{16}H_{32}O_2$	61.8—62,4
16-Methyl-heptadecansäure	Iso-Stearinsäure	$C_{18}H_{36}O_2$	67,6—68,2
18-Methyl-nonadecansäure	Iso-Arachinsäure	$C_{20}H_{40}O_2$	75,3
20-Methyl-heneicosansäure	Iso-Behensäure	$C_{22}H_{44}O_2$	79,4
22-Methyl-tricosansäure	Iso-Lignocerinsäure	$C_{24}H_{48}O_2$	83,1
24-Methyl-pentacosansäure	Iso-Cerotinsäure	$C_{26}H_{52}O_2$	86,9
26-Methyl-heptacosansäure	Iso-Montansäure	$C_2\ H_{56}O_2$	89,3
	Rechtsdrehende Anti-Isoreihe:		
6-Methyl-octansäure		$C_{[illegible]}H_{1[illegible]}O_2$	
8-Methyl-decansäure		$C_{11}H_{22}O_2$	—18,5
10-Methyl-dodecansäure		$C_{13}H_{26}O_2$	6,2
12-Methyl-tetradecansäure		$C_{15}H_{30}O_2$	23
14-Methyl-hexadecansäure		$C_{17}H_{34}O_2$	36,8
16-Methyl-octadecansäure		$C_{19}H_{38}O_2$	49,9—50,6
18-Methyl-eicosansäure		$C_{21}H_{42}O_2$	55,6
20-Methyl-docosansäure		$C_{23}H_{46}O_2$	62,1
22-Methyl-tetracosansäure		$C_{25}H_{50}O_2$	67,8
24-Methyl-hexacosansäure		$C_{27}H_{54}O_2$	72,9
28-Methyl-triacontansäure		$C_{31}H_{62}O_2$	80,7

ist identisch mit „Isocholesterin"[2]. Auch „Metacholesterin" ist kein isomeres, sondern durch Additionsverbindungen verunreinigtes Cholesterin (bei der Herstellung Anlagerung von Benzoesäure an die Cholesterindoppelbindung)[3]. Für die dem „Metacholesterin" zugeschriebenen besonderen Emulgatoreigenschaften fehlt jede stichhaltige Begründung[4]. „Oxycholesterin", ebenfalls nicht einheitlich, wurde noch nicht vollständig definiert[4]. Unter der Wirkung ultravioletter Strahlen entstehen aus Cholesterin neben einem noch unbekannten Stoff vorwiegend 7(α)-Oxycholesterin und wenig $\Delta^{4,5}$-Cholesten-3,6-diol[5]. Die Anwesenheit

[1] Weitkamp, A. W.: Am. Soc. **67**, 447 (1945). — [2] Lifschütz, I.: Arch. Pharmazie **270**, 205 (1932). — [3] Windaus, A., u. H. Lüders: H. **109**, 183 (1920); **115**, 257 (1921). — [4] Mohs, P.: Fette u. Seifen **45**, 152 (1938). — [5] Windaus, A., K. Bursian u. U. Riemann: H. **271**, 179 (1941).

von Ergosterin ist noch strittig[1–3], ebenso diejenige von Carnaubylalkohol ($C_{24}H_{50}O$)[4]. Außer den bis jetzt sicher nachgewiesenen Wollfettbestandteilen können vielleicht noch weitere im unverseifbaren Anteil, und zwar in den bei der Fraktionierung anfallenden uneinheitlichen, nicht krystallisierten und noch nicht aufgeklärten Gemischen enthalten sein[4].

Zahlreiche ältere Angaben[1, 4–9], besitzen nurmehr historisches Interesse, seitdem das Fettsäuregemisch des Wollfetts unter Berücksichtigung des mengenmäßigen Anteils einzelner Fettsäuren einer gründlichen, größtenteils auch röntgenographischen Untersuchung unterzogen worden ist[10, 11] (Tabelle 91). Diese bekannten Wollfett-Fettsäuren sind geradkettig und verzweigtkettig. Damit könnte sich das Wollfett vom menschlichen Haar- und Hautfett unterscheiden[12], in dem ungradzahlige aber unverzweigte Fettsäuren nachgewiesen wurden.

5. Bürzeldrüsenfett.

Schon frühere Befunde über einen hohen Gehalt an n-Octadecylalkohol und einen niedrigen an Triglyceriden[13] deuten auf eine gewisse Ähnlichkeit mit Hautoberflächenfett und Wollfett. Umfassende Untersuchungen am Bürzeldrüsensekret von Ente und Gans[14–16] zeigten, daß dieses im wesentlichen aus n-Octadecylestern optisch aktiver, verzweigtkettiger Fettsäuren besteht. Bei beiden Tieren findet sich Octadecylalkohol in etwa gleicher Menge (48%), erhebliche Unterschiede aber bestehen zwischen den mit ihm veresterten Fettsäuren. Bei der Ente hatten etwa 69% der Fettsäuren 7—18 C-Atome. Die Fettsäuren sind zum Teil (etwa 36%) mit Wasserdampf flüchtig und enthalten hauptsächlich (etwa 30%) 4-Methylhexansäure mit wenig 2-Methyl-hexansäure. Im nichtflüchtigen Anteil wurde auch eine optisch aktive, flüssige, gesättigte und verzweigtkettige Octadecansäure festgestellt. Bei der Gans machen die optisch aktiven verzweigtkettigen, flüssigen und gesättigten Fettsäuren, die alle nicht wasserdampfflüchtig sind, etwa 80% aus und enthalten vorwiegend eine Tetradecansäure, vermischt mit wenig Tridecansäure. Die verzweigtkettigen Fettsäuren im Gänse-, nicht im Entenbürzelfett tragen mehrere seitenständige Alkylgruppen. Neben diesen charakteristischen Octadecylestern finden sich relativ wenig normalkettige gesättigte Säuren (Palmitin- und Stearinsäure) und ungesättigte Glieder C_{14-18} (Ölsäure), die mit Glycerin verestert sein dürften und uncharakteristische Sekretbestandteile darstellen. Die Unterschiede in den anderen Bestandteilen sind unbedeutend (Phosphatide 1,5 bzw. 2,75%; Cholesterin 1,4 bzw. 0,25%; Glycerin 1,5%). Freier n-Octadecylalkohol scheint kaum nennenswert anwesend. Die ölig-flüssige Beschaffenheit des Bürzeldrüsenfetts wird also durch Veresterung gesättigter, optisch-aktiver, verzweigtkettiger Fettsäuren und ohne wesentliche Beihilfe ungesättigter Verbindungen erzeugt. Das ergibt eine weitere Analogie zu dem ebenfalls von der Haut gebildeten Wollfett.

6. Walrat.

Das Pottwalöl, aus den beim Pottwal (*Physeter macrocephalus*) im Schädel und längs der Wirbelsäule angeordneten Behältern, schützt die Haut des Tieres gegen die Einwirkungen des Seewassers. Es ist ebenfalls ein wachsartiges Gemisch, das vorwiegend aus Estern höherer einwertiger Alkohole besteht und nur wenig Glyceride enthält. Die Fettsäurereste sind überwiegend ungesättigte Säuren[17, 18]. Beim Abkühlen scheiden sich die festen Anteile ab, aus denen nach Reinigung das Walrat erhalten wird: Schmelzpunkt 42—54°, $d_{15°}$ etwa 0,960, Verseifungszahl 118—135, Jodzahl etwa 9; es enthält etwa 50% unverseifbare Bestandteile.

[1] Drummond, J. C., and L. C. Baker: J. Soc. chem. Industr. Chem. & Industr. (II) **48**, 232 (1929). — [2] Hess, A. F., M. Weinstock and F. D. Helman: J. biol. Ch. **63**, 305 (1925). — [3] Moncorps, C., H. Droller u. C. E. Carter: M. m. W. **1933 II**, 1289. — [4] Heiduschka, A., u. R. Nier: J. prakt. Chem. (N. F.) **149**, 98 (1937). — [5] Kuwata, T., u. Y. Ishii: J. Soc. chem. Industr., Japan [Suppl.] **39**, 358 B (1936) [C. **1937 I**, 4577]. — [6] Kuwata, T.: Am. Soc. **60**, 559 (1938). — [7] Abraham, E. E. U., and T. P. Hilditch: J. Soc. chem. Industr. Chem. & Industr. (II) **54**, 398 (1935). — [8] Darmstaedter, L., u. J. Lifschütz: B. **29**, 618 (1896). — [9] Grassow, F.: B. Z. **148**, 61 (1924). — [10] Weitkamp, A. W.: Am. Soc. **67**, 447 (1945). — [11] Velick, S. F.: Am. Soc. **69**, 2317 (1947). — [12] Blaser, B.: Fette u. Seifen **52**, (1950). — [13] Röhmann, F.: Hofmeisters Beitr. **5**, 110 (1904). — [14] Weitzel, G., u. K. Lennert: H. **288**, 251 (1951). — [15] Weitzel, G., A.-M. Fretzdorff u. J. Wojahn; J. Goubeau: H. **291**, 29 (1952). — [16] Weitzel, G., A.-M. Fretzdorff u. J. Wojahn: H. **291**, 46 (1952). — [17] Schwieger, A.: Fette u. Seifen **45**, 64 (1938). — [18] Kaufmann, H. P.: Fette u. Seifen **45**, 94 (1938).

Unter diesen steht der *Cetylalkohol* als Palmitinsäurecetylester „Cetin" an 1. Stelle, von anderen Alkoholen wurden *Tetradecyl-*, *Hexadecyl-*, *Oleinalkohol* und auch *Cholesterin* in kleiner Menge nachgewiesen. Sie sind mit festen Fettsäuren, wie *Palmitin-*, *Stearin-*, *Myristin-* und *Laurinsäure*, sowie mit flüssigen, wie *Caprylsäure oder Caprinsäure und anderen,* besonders im Walöl enthaltenen *Säuren* verbunden. Freie Fettalkohole wurden in geringer Menge gefunden. Die Anwesenheit eines Kohlenwasserstoffes, der als „*Pristan*" bezeichnet wurde ($C_{18}H_{33}$), ist wahrscheinlich. *Squalen* ($C_{30}H_{50}$) konnte in frischem Walöl nachgewiesen werden[1]. Neben „Cetin" kommt als weiterer Bestandteil des Walrats vorwiegend *Stearinsäurecetylester* in Betracht.

7. Hauttalg des Rindes.

Das Hautoberflächenfett des Stieres[2] zeigt beim Vergleich mit dem menschlichen Hauttalg ebenfalls eine gewisse Ähnlichkeit des Aufbaus. Der unverseifbare Anteil herrscht vor und findet sich etwa in entsprechender Menge. Ähnlich verhalten sich auch die Gesamtfettsäuren. Unterschiede, die aus den anderen Umweltbedingungen verständlich sind, zeigen sich vor allem in einer niedrigeren Jod- und Säurezahl, einem höheren Gesamtcholesteringehalt und einem offenbar etwas vermehrten Phospholipoidgehalt. Im Hautoberflächenfett des Stieres wurde eine Jodzahl von 32,6, eine Säurezahl von 10,1, ein Gehalt an Gesamtfettsäuren von 57,4% und an Unverseifbarem von 42,7% gefunden. 14,4% des Unverseifbaren besteht aus freiem und verestertem Cholesterin, die Hauptmenge, nämlich etwa 95% ist aber in veresterter Form gefunden worden. An Lipoidphosphor wurde in einem solchen tierischen Hauttalg 0,16% nachgewiesen.

δ) Vergleich zwischen dem Hautoberflächenfett und verwandten Stoffen von Mensch und Tier.

Ein Vergleich ist nur in groben Zügen durchführbar, da die analytischen Unterlagen zur Feststellung eines ähnlichen, aber auch eines abweichenden Aufbaus noch nicht ausreichen. Da außerdem die Produkte zweckmäßigerweise auf die besonderen, den jeweiligen Umweltsbedingungen angepaßten Funktionen abgestimmt sein dürften, sagen die Unterschiede zwischen dem Hauttalg bzw. dem Hautoberflächenfett des Menschen und dem Wollfett der Schafe, dem Bürzeldrüsenfett der Vögel oder dem Walrat vielleicht mehr aus als die übereinstimmenden Merkmale. Rückschlüsse aus der Zusammensetzung des einen Hautfettes auf die eines anderen führen deshalb kaum weiter und die verschiedentlich aufgefallene Ähnlichkeit zwischen den einzelnen Ausscheidungsprodukten darf nur als grobe Annäherung bewertet werden. Gerade die genauere Kenntnis des einen Stoffes darf für die eines anderen noch unbekannteren Hautfettes nicht kritiklos verwendet werden.

Trotz der zum Teil zweckbedingten Ungleichheit der Produkte sind *gemeinsame Grundzüge des Aufbaus* erkennbar. Das kann darin begründet sein, daß der Schutz der Körperoberfläche in erster Linie den in ihrem Ausmaß verschiedenen Schädigungen durch Schwankungen des Wassergehalts gewachsen sein muß. Der Hauttalg und die ihm verwandten Produkte (ausgenommen das Cerumen), setzen sich im Gegensatz zu den echten Fetten nicht aus Glycerinestern der Fettsäuren sondern aus Fettsäureestern höherer Alkohole zusammen. Triglyceride sind, wenn überhaupt nachgewiesen, nur in geringer Menge vorhanden. Der unverseifbare Anteil ist ziemlich hoch, zwischen den einzelnen Stoffen bestehen aber mengenmäßig beträchtliche Unterschiede. Gemeinsames Kennzeichen aller talgähnlichen Produkte ist ferner das Fehlen oder das geringe Vorkommen von Phosphatiden. Weitere Ähnlichkeiten des Aufbaues lassen sich vorläufig nicht ableiten. Trotz ihrer Spärlichkeit erlauben sie einen Einblick in die Art, wie die Hauptaufgabe des Hautfettes erfüllt werden könnte. Wachs-

[1] Täufel, K., u. W. Heimann: B. Z. **306**, 123 (1940). — [2] Koppenhoefer, R. M.: J. biol. Ch. **116**, 321 (1936).

gemische scheinen geeigneter zu sein als Mischungen aus Fettsäureglycerinestern. Von der Emulsionslehre aus betrachtet, findet ein wasserdurchlässiger, gegen Wasserverarmung und Wasserdurchtränkung der Haut schützender Überzug in einem an Fettalkohol oder Fettalkoholestern reichen Gemisch geeignetere Stoffe vor als unter den echten Fetten. Die vorherrschenden Bestandteile in den talgähnlichen Produkten stellen *Emulgatorgemische* dar, welche die Wasserverschiebung von und zu der Haut in erwünschter Art beherrschen können. Der Mangel an Phosphatiden, die von der Haut offenbar auch nicht gebildet werden[1], ist, in diesem Zusammenhang betrachtet, vielleicht nicht zufällig. Es könnte angenommen werden, daß die verschiedenen Hautoberflächenfette Muster fein abgestufter, die bestimmten Umweltsbedingungen in bezug auf den Wassereinfluß optimal berücksichtigender Emulgatorgemische darstellen.

Um dieser Aufgabe zu genügen, sind unter Einhaltung des grundsätzlichen Aufbauplanes vielfältige Abwandlungen nötig und durchführbar. Die in qualitativer und in quantitativer Richtung festgestellten Unterschiede werden damit verständlich. Sie sind auch notwendig, weil andere *Umweltfaktoren*, insbesondere die Temperatur, ebenfalls noch Anpassungen verlangen. Die *Konsistenz* der ausgeschiedenen Produkte ist den im einzelnen in Betracht fallenden Lebensbedingungen derart anzugleichen, daß sich in jedem Fall die schützende Decke in nicht leicht verletzlicher und guthaftender Form ausbilden kann. Das scheint am ehesten durch Änderung des Verhältnisses zwischen den zu veresternden gesättigten und ungesättigten Fettsäuren erreicht zu werden, jenes durch besondere Auswahl der esterbildenden höheren Alkohole, und zwar nach Zahl, Art und Menge. Die Kenntnisse über diese Anpassungsmöglichkeiten sind noch lückenhaft, je nach Produkt liegen einfachere oder komplizierter zusammengesetzte Mischungen aus Fettalkoholen vor, die in wechselnden Mengen frei oder verestert sein können. Derjenige *Bestandteil*, der in einem Hauttalg *in überwiegender* Menge enthalten ist, scheint für diesen *charakteristisch* zu sein. So ist im Hautoberflächenfett Eikosylalkohol, im Wollfett neben Cholesterin auch Dihydrocholesterin, im Dermoidenfett Dihydrocholesterin, im Bürzeldrüsenfett Octadecylalkohol und im Walrat Cetylalkohol vorherrschender Bestandteil des Unverseifbaren. Unterschiede ergeben sich auch in bezug auf Menge und Art der in den Hauttalgen vorkommenden freien Fettsäuren. Eine lückenlose Untersuchung ist aber auch hier noch nicht durchgeführt.

Sichere Unterschiede zwischen der *Talgzusammensetzung an verschiedenen Abscheidungsorten* sind nicht bekannt, und es ist an sich zweifelhaft, ob ein solcher Vergleich überhaupt durchführbar ist. Der abgesonderte Talg ist nicht vom mitabgeschiedenen Hornschichtfett zu trennen. Wechselnde Mengen des Hornschichtfettes und die auch je nach Flächendichte der Talgdrüsen wechselnde Talgbildung an den verschiedenen Körperstellen stehen einer Erfassung regionaler Unterschiede hindernd im Wege.

Bei Untersuchung des *Hautoberflächenfettes unter pathologischen Verhältnissen* wurde eine Talgreduktion[2] und eine Talgüberproduktion beobachtet, bei gleichzeitiger Vergrößerung der Talgdrüsen[3]. Eine Vergrößerung bis auf das 15fache zeigten auch die vermehrt talgbildenden Drüsen der Sternalgegend des Fuchskusu (Trichosurus)[4]. Der Mangel sicherer Angaben über die normale Zusammensetzung des Hauttalges macht eine genaue Umschreibung der unter krankhaften Verhältnissen auftretenden Änderungen unmöglich. Daß solche Änderungen besonders bei vermehrter Bildung des Hautoberflächenfettes eintreten, ist allerdings

[1] LEONHARDI, G., I. v. GLASENAPP u. P. KRAUSE: H. **295**, 310 (1953). — [2] ROSENFELD, G.: Zbl. inn. Med. **1906**, 986. — [3] MIESCHER, G., u. A. SCHÖNBERG: Bull. schweiz. Akad. med. Wiss. **1**, 101 (1944). — [4] BOLLIGER, A., and M. H. HARDY: J. Proc. R. Soc. N. S. Wales **78**, 122 (1944).

unzweifelhaft, es ist aber unklar, wie weit sie der Talgbildung oder der Hornschichtfettabscheidung zuzuteilen sind. Ein unter pathologischen Bedingungen gebildetes Hautoberflächenfett besitzt Eigenschaften, durch die es sich vom normal zusammengesetzten Sekret deutlich unterscheidet.

Das bei der *Seborrhoea oleosa*[1] entstehende Produkt hat eine hohe Säure-, Verseifungs- und Jodzahl, besitzt einen niedrigeren Schmelzpunkt, weniger unverseifbare Bestandteile, z. B. Cholesterin und zeigt einen höheren Gehalt an Triglyceriden. Das läßt vermuten, daß unter diesen Umständen mehr unverarbeitetes Nahrungsfett durch die Talgdrüsen abgeschieden wird. Hautfett bei Acne vulgaris[2].

e) Schweißdrüsen und Schweiß.

α) Allgemeines.

1. Anatomischer Aufbau der Schweißdrüsen.

Die Schweißdrüsen[3] (Gl. sudoriferae, Knäueldrüsen) sind nicht einheitlich. Nahezu über die ganze Haut verteilt sind die kleinen, ekkrinen (auch minores genannt) aus den basalen Schichten der Epidermis angelegten Schweißdrüsen, z. B. an Fußsohle und Handteller. Die größeren, apokrinen Formen (majores) scheiden nicht nur ein Sekret nach außen ab, sondern schnüren zeitweise oberflächlich liegende Teile des Cytoplasmas ab. Es ist klar, daß die Zusammensetzung des Schweißes je nach Drüsenform verschieden sein muß. Die apokrinen Drüsen entstehen meist aus den Haarbälgen, epidermiswärts von der Talgdrüsenmündung; Durchmesser und Länge des Drüsenkanals übertreffen den der ekkrinen. In bestimmten Hautgebieten sind die apokrinen Schweißdrüsen zu großen Paketen angereichert, wie in der Achselhöhle. Die *Glandulae ceruminosae* im Ohr und die *Glandulae sudoriferae ciliares* am Augenlid sind besondere Schweißdrüsenformen mit chemisch sehr verschiedenen Sekreten. Die Knäuel der Schweißdrüsen liegen in der Subcutis eingebettet; ihr Ausführungsgang verläuft meist in Schraubengängen durch das Corium und die Epidermis, wo er auf einem meist kegelförmigen Wärzchen, der Papille, mit einem eben noch für das unbewaffnete Auge sichtbaren Lumen, der Schweißpore, auf der Hautoberfläche mündet. Das Sekret der Schweißdrüsen ist gewöhnlich eine fettige, zum Einölen der Haut bestimmte Flüssigkeit; nur unter dem Einfluß veränderter Innervation kommt es in den Knäueldrüsen zur Absonderung jener wäßrigen Flüssigkeit, die wir Schweiß nennen; eine Zerstörung der Drüsenzellen findet weder bei dem einen, noch bei dem anderen Sekretionsmodus statt[3]. Herkunft und Art der Schweißgewinnung ist auch für seine Zusammensetzung bedeutsam. Bis jetzt ist nur Schweiß untersucht worden, der unter einseitigen Bedingungen gewonnen wurde.

2. Bedeutung und Bildung des Schweißes.

In der *Wasserabgabe* durch die Haut besitzt der menschliche Körper einen fein ansprechenden *Regulator des Wasser- und Wärmehaushaltes.* Wasser scheidet sich dauernd mit wechselnder Geschwindigkeit durch die Schweißdrüsen aus. Es wird aber auch unmerklich aus der Epidermis abgegeben (s. S. 308). Beide Absonderungen sind nicht voneinander zu trennen[4,5], da sich auch das Epidermiswasser der Schweißdrüsenausführungsgänge bedient. Es kann ferner sog. „Quellwasser" direkt aus der Epidermis abdunsten. Die Schweißbildung stellt einen physiologischen Sekretionsvorgang dar, über den der Körper auch die *Exkretion* verschiedener Stoffe, vorwiegend *Kochsalz* und *Harnstoff*, aber auch von *Pharmaka*[6] vornimmt. Durch die Ausscheidung des Schweißes mit seinen Inhalts-

---

[1] ROTHMAN, S., u. F. SCHAAF: Handb. Haut- u. Geschl.-Krankh. **1**/2, 262. — [2] PROSE, P. H., R. L. BAER and F. HERRMANN: J. invest. Derm. **19**, 227 (1952). — [3] STÖHR jr., P.: Lehrbuch der Histologie und der mikroskopischen Anatomie des Menschen. S. 42, 462. Berlin, Göttingen, Heidelberg 1951.

Zusammenfassende Darstellungen: 4, 5. [4] ROTHMAN, S., u. F. SCHAAF: Handb. Haut- u. Geschl.-Krankh. Bd. 1/2, S. 287. — [5] ROTHMAN, S.: Handb. Biochem., Erg.-W. Bd. 2, S. 533—541. Physiology and Biochemistry of the Skin. S. 153. Chicago 1954.

[6] TACHAU, H.: A. e. P. P. **66**, 334 (1911).

stoffen erhält die Körperoberfläche wichtige Mittel zur Einstellung ihrer aktuellen Reaktion. Die Schweißdrüsenfunktion untersteht der Regelung durch das Hautnervensystem[1-6] und ist damit auch auf pharmakologischem Wege beeinflußbar.

Da nach den neuesten Untersuchungen die Schweißdrüsen sowohl unter dem Einfluß des sympathischen wie des parasympathischen Nervensystems zu stehen scheinen, läßt sich durch die Reizung beider eine Schweißabsonderung hervorrufen. Ein neuer, besonders empfindlicher Test, bei dem jeder Tropfen des austretenden Schweißes in einem auf die Haut aufgebrachten Salzgemisch Berlinerblau entwickelt, erwies sich als sehr geeignet zur Prüfung der pharmakodynamischen Wirkung verschiedener Stoffe auf die Schweißdrüse[7]. Die iontophoretische Anwendung der Hydrochloride von Pilocarpin, Physostigmin und Acetylcholin ruft eine Schweißbildung hervor, wenn auch mit den beiden letzteren etwas verzögert und flüchtiger. Selbst nach der Iontophorese von Adrenalinhydrochlorid kann meistens eine lokale Schweißbildung ausgelöst werden, wie das auch mit anderer Methode schon gelang[8]. Die verbreitete Annahme, daß Adrenalin die Schweißdrüse nicht beeinflusse, wird damit widerlegt[5,6]. Mit diesem in der Anwendung einfachen Test, der auch schon zur Prüfung der Wirkung von Ephedrinhydrochlorid, das keine Schweißbildung hervorruft, sowie von Adrenalin- oder Pilocarpinantagonisten (Gynergen, Dihydroergotamin bzw. Atropin) herangezogen wurde[6,7], dürften sich noch weitere Fragen eindeutig abklären lassen.

Die Schweißdrüsen arbeiten intermittierend, die maximale Sekretionsstärke stellt sich erst nach einer kurzen Latenzzeit ein[9]. Bei Männern soll bis zum Auftreten sichtbaren Schweißes weniger Zeit verstreichen als bei Frauen, während ein Unterschied zwischen weißer Rasse und Negern nicht feststellbar war[10]. Unter subtropischen Verhältnissen zeigen Hand und Fuß den größten Wasserverlust[11].

Ob die Schweißdrüsen auch *Speicherstätte* verschiedener Stoffe darstellen, ist noch weiter zu untersuchen.

3. Schweißmenge.

Das je Tag mit dem Schweiß unter normalen Bedingungen ausgeschiedene Wasser wird unter Einschluß der Perspiratio insensibilis in der Größenordnung von ungefähr 1 *l* geschätzt[3]. Verschiedene Faktoren, wie Außentemperatur, Wassergehalt der Umgebung, Hormone, periphere und zentrale Nervenreize, Körperlage, Schlaf- oder Wachzustand beeinflussen die Ausscheidung. Von der Zusammensetzung des Blutes ist sie hingegen weitgehend unabhängig. Eine nahe Übereinstimmung zwischen den einzelnen Angaben ist schon aus diesen Gründen nicht zu erwarten, außerdem ist die Bestimmung des ausgeschiedenen Wassers nicht mit der notwendigen Genauigkeit durchführbar. Schon bei mäßiger Arbeit nimmt die Schweißbildung zu und bei anstrengender Arbeit wird sie so stark vermehrt, daß sich in der Std bis ungefähr $2^1/_2$ *l* ausscheiden können. Zunehmende Hitzegewöhnung führt wieder eine Anpassung und damit eine Verminderung der Schweißbildung herbei[12].

---

[1] ACKERMANN, A.: Derm., Basel **79**, 151, 219, 305 (1939). — [2] LIST, C. F., and M. M. PEET: Arch. Neurol. Psychiatry **39**, 1228; **40**, 27 (1938). — [3] MEZINCESCO, M. D.: C. R. Soc. Biol. **126**, 540 (1937). — [4] KAHN, D., and S. ROTHMAN: J. invest. Derm. **5**, 431 (1942). — [5] KERNEN, R., et R. BRUN: Derm., Basel **106**, 1 (1953). — [6] MANUILA, L.: Schweiz. med. Wschr. **82**, 104 (1952). — [7] BRUN, R.: Arch. Sci., Genève **7**, 243 (1954). — [8] WADA, M.: Science, N. Y. **111**, 376 (1950). — [9] ADOLPH, E. F.: Amer. J. Physiol. **145**, 710 (1946). — [10] HERRMANN, F., P. H. PROSE and M. B. SULZBERGER: J. invest. Derm. **18**, 71 (1952). — [11] MACHLE, W., and T. F. HATCH: Physiol. Rev. **27**, 200 (1947). — [12] DILL, D. B., F. G. HALL and H. T. EDWARDS: Amer. J. Physiol. **123**, 412 (1938).

4. Schweißgewinnung.

Schweiß kann in reichlicherer Menge gewonnen werden durch Anregung der Sekretion im Heißluft-, Licht- oder Dampfbad *(Hitzeschweiß)*, durch anstrengende körperliche Tätigkeit *(Arbeitsschweiß)* oder auf pharmakologischem Wege. Die Gewinnungsart ist auf die Untersuchungsergebnisse nicht ohne Einfluß. Schweiß aus Heißluftbädern kann infolge zu starker Beanspruchung der Schweißbildungsstätten eine andere Zusammensetzung zeigen als das bei Körperruhe gewonnene Sekret. Mit zunehmender Absonderung ändert sich auch die Konzentration, für einzelne Bestandteile aber in verschiedenem Ausmaß. Hitzeschweiß ist verdünnter als das unter normalen Bedingungen abgeschiedene Sekret. Feuchte Wärme führt die Verdünnung weiter als trockene. Um vergleichbares Untersuchungsmaterial zu erhalten, wird empfohlen, große Mengen des in mit Wasserdampf gesättigter Atmosphäre gewonnenen Schweißes, nach Verwerfung der zuerst ausgeschiedenen Anteile, zu verwenden. Arbeitsschweiß enthält mehr Kochsalz als Hitzeschweiß, ebenso sind andere Mengen von K, SO_4, Cl und von den organischen Bestandteilen gefunden worden als im Sekret des ruhenden Körpers[1].

Nach Reinigung der Körperoberfläche wird der nach einem der genannten Verfahren erzeugte Schweiß möglichst vollständig, wenn nötig in Verbindung mit einer Extraktion schweißaufsaugender Wäschestücke, gesammelt[2,3]. Auch die Abnahme des Körpergewichts während des Schwitzversuches wird häufig bestimmt, doch gibt die Gewichtsabnahme zusammen mit dem Kochsalzgehalt des gewonnenen Schweißes keine brauchbare Berechnungsgrundlage zur Bestimmung der ganzen abgeschiedenen Menge. Entnahme von apokrinem Schweiß direkt aus dem Ausführungsgang[4].

Verschiedenheit des Gewinnungsverfahrens, regionale Unterschiede in bezug auf Sekretion und Zusammensetzung, wechselnde Beimischungen von Bestandteilen des Hautoberflächenfettes oder der Hornschicht, Eindickung durch sofort einsetzende Verdunstung, Abhängigkeit der Zusammensetzung von der Schwitzdauer, von der Nahrungsaufnahme und vom Füllungszustand der Kochsalzspeicher in der Haut machen einen *Vergleich der verschiedenen Versuchsergebnisse unmöglich.* Nur unter einheitlicheren Bedingungen vom gleichen Untersucher erhaltene Werte könnten sich dafür besser eignen.

Es kann in diesem Zusammenhang nicht unerwähnt bleiben, daß der Schweißsekretion in neuerer Zeit von einem ganz anderen Gesichtspunkt aus vermehrte Beachtung geschenkt wird. Es wäre von praktischer Bedeutung, wenn eine übermäßige Schweißbildung durch äußerliche Anwendung bestimmter Stoffe vermindert werden könnte. Aus solchen Untersuchungen ergaben sich neue Erkenntnisse zum Vorgang des Schwitzens[5–11]. Die Methoden zur Bestimmung der Sekretionsstärke des Schweißes wurden erweitert[5,7,8,12,13]. Die Wirkung, welche bekannte schweißhemmende Stoffe, wie Aluminiumsalze, auf die Schweißdrüsen ausüben, wurde auch histologisch verfolgt[6]; der Einfluß anionenaktiver und kationenaktiver, die Oberflächenspannung herabsetzender Zusätze fand besonderes Interesse[7,11]. Kationenaktive Stoffe oder stark elektropositive Elektrolyte der HOFMEISTERschen Reihe führen eine deutliche Verminderung der Schweißproduktion der ekkrinen und apokrinen Drüsen herbei, auch wenn die großen Unterschiede, die selbst am gleichen Individuum bestehen können, mit in Betracht gezogen werden. Der Hemmeffekt ist um so größer, je stärker elektropositiv der auf die Haut

[1] WHITEHOUSE, A. G. R.: Proc. R. Soc. London (B) **108**, 326 (1931). — [2] BÖTTNER, H., u. B. SCHLEGEL: Z. ges. exp. Med. **108**, 151 (1941). — [3] BÖTTNER, H.: Kli. Wo. **1941**, 471. Med. Klinik **1943**, 575. — [4] SHELLEY, W. B., and H. J. HURLEY jr.: Arch. Derm. Syph.. Chicago **66**, 156 (1952). — [5] SULZBERGER, M. B., F. HERRMANN and F. G. ZAK: J. invest. Derm. **9**, 221 (1947). — [6] SULZBERGER, M. B., F. G. ZAK and F. (J.) HERRMANN: Arch. Derm. Syph., Chicago **60**, 404 (1949). — [7] SULZBERGER, M. B., F. HERRMANN, R. KELLER and P. V. PISHA: J. invest. Derm. **14**, 91 (1950). — [8] MANUILA, L.: Derm., Basel **100**, 304 (1950). Schweiz. med. Wschr. **82**, 104 (1952). — [9] KERNEN, R., et R. BRUN: Derm., Basel **106**, 1 (1953). — [10] JADASSOHN, W.: Arch. belg. Derm. Syph., **8**, 179 (1952). — [11] BRUN, R., et L. MANUILA: Derm., Basel **104**, 267 (1952). — [12] MANUILA, L., et H. ISLER: Derm., Basel **102**, 302 (1951). — [13] HERRMANN, F., P. H. PROSE and M. B. SULZBERGER: J. invest. Derm. **17**, 241 (1951).

aufgebrachte Stoff ist. Ob im Schweißkanal ein elektronegatives Potential unterhalten wird, das die Bewegung des Schweißes gegen die Oberfläche durch Elektrosmose erleichtert, durch elektropositive Stoffe aber geschwächt wird, oder ob diese Stoffe vielleicht eine intracelluläre Eiweißfällung herbeiführen, welche die Schweißausführungsgänge mechanisch verdickt, kann erst nach weiteren Untersuchungen entschieden werden.

In neuester Zeit ist auch die qualitative Beurteilung der Schweißabsonderung an sich und auch der mit dem Schweiß ausgeschiedenen Ionen und Stoffe durch Einführung neuer Methoden gefördert worden. Diese erlauben, den Schweiß und Bestandteile desselben an den einzelnen Schweißaustrittsstellen festzustellen. Es werden zu diesem Zwecke Testpapiere mit der Haut in Kontakt gebracht[1,2], die mit Reagentien imprägniert sind, welche mit dem nachzuweisenden Stoff in charakteristischer Weise reagieren.

β) Zusammensetzung[3].

1. Allgemeines.

Das sichtbar als Schweiß abgesonderte Sekret stellt eine sehr verdünnte, farblose, wasserklare, höchstens durch abgestoßene Hornlamellen oder Hautoberflächenfett schwach getrübte wäßrige Lösung dar. Das *spezifische Gewicht* des unter verschiedenen Bedingungen erhaltenen Hitzeschweißes beträgt 1,0053—1,0089 und zeigt eine *Gefrierpunktserniedrigung* von 0,32 bis 0,37° C. Die *Oberflächenspannung* beträgt bei 37—38° C etwa 70 dyn/cm² s. [4]. Als feste Bestandteile finden sich im Schweiß Hornschichtteilchen; gelöst sind Salze anorganischer und organischer Säuren, freie Säuren und organische Stoffe anderer Art. Der *Trockenrückstand*[5,6] kann 0,65—2,1% betragen. Darin sind neben organischen Bestandteilen etwa 34—66% Mineralstoffe enthalten, unter denen Kochsalz allein ungefähr die Hälfte ausmacht. Flüchtige, niedrige Glieder der Fettsäuren sind neben dem Hautoberflächenfett und stickstoffhaltigen Verbindungen für den Schweißgeruch verantwortlich. Die Geruchsstoffe entstehen größtenteils durch nachträgliche Zersetzung des Schweißes. Ungeklärt ist, ob die Schweißdrüsen auch Fett absondern. Die in geringer Menge gefundenen ätherlöslichen Substanzen können als Verunreinigung dem Hautoberflächenfett entstammen. Neue Untersuchungen über den Einfluß des Schweißes auf die Menge der ätherlöslichen Stoffe auf der Haut s.[7]. Der Aschegehalt kann aus den oben erwähnten Gründen stark veränderliche Werte zeigen. Die ihn beherrschenden Gesetze sind noch nicht zu überblicken.

2. Anorganische Bestandteile.

Ionenverteilung. Die Kationen Na, K, Mg, Ca und die Anionen Cl, SO_4, PO_4 und J sind als normale Schweißbestandteile nachgewiesen worden[1]. Die Hauptmenge ist Kochsalz, bei fortlaufender Sekretion wird der Schweiß fast zu einer reinen Kochsalzlösung. Die anderen Bestandteile, besonders die Sulfate, erfahren bei fortgesetzter Schweißabgabe eine deutliche Konzentrationsverminderung. Ammoniak-N ist wohl aus bakteriell zersetztem Harnstoff entstanden, Kohlensäure ist nur in geringen Mengen vorhanden. SO_4 kann durchschnittlich zu etwa 4 bis 8 mg-%[8,9], PO. in ähnlichen Mengen gefunden werden[9]. Für die hauptsächlichsten Ionen ergibt sich eine Verteilung, wie sie Tabelle 92 zeigt.

Der Chloridgehalt (etwa 36—300 mg-%), selbst erheblichen Schwankungen unterworfen, geht dem des Natriums parallel, Kalium und Natrium sind voneinander unabhängig, ihr Verhältnis kann zwischen 1:1,25—1:12 wechseln. Der Natriumgehalt des Schweißes liegt durchwegs niedriger als im Blut, Kalium ist hingegen in erheblich höherer Konzentration vorhanden, aber Calcium weicht nicht wesentlich von der im Blut gefundenen Menge ab. Außer Sulfat-S sind als geringfügige Beimengung auch Esterschwefelsäuren vorhanden.

[1] Brun, G., et L. Manuila: Derm., Basel **104**, 267 (1925). — [2] Manuila, L., et H. Isler: Derm., Basel **102**, 302 (1951). — [3] Robinson, S., and A. H. Robinson: Chemical composition of sweat. Physiol. Rev. **34**, 202 (1954). — [4] Randall, W. C., and C. Calman: J. invest. Derm. **23**, 113 (1954). — [5] Borchhardt, W.: Pflügers Arch. **214**, 169 (1926). — [6] Thiodet et Ribère: C. R. Soc. Biol. **123**, 329 (1936). — [7] Herrmann, F., P. H. Prose and M. B. Sulzberger: J. invest. Derm. **21**, 397 (1953). — [8] Rothman, S., u. F. Schaaf: Handb. Haut- u. Geschl.-Krankh. Bd. 1/2. S. 323. — [9] Whitehouse, A. G. R.: Proc. R. Soc. London (B) **117**, 139 (1935).

Kochsalzabgabe nach außen. Der Kochsalzgehalt des Schweißes bzw. die mit ihm regelmäßig abgegebene Kochsalzmenge gibt einen Einblick in die Veränderungen, welche die Schweißabscheidung unter verschiedenen Bedingungen durchmachen kann. Erst wenn eine untere Schwelle der Absonderung überschritten ist, sind Chloride nachweisbar. Die normale Kochsalzkonzentration beträgt etwa 0,06—0,5%. Die tägliche Ausscheidung macht selbst bei einer aus therapeutischen Gründen erhöhten Schweißsekretion höchstens 1 g aus, bei Körperruhe sogar nur 0,33 g. Erhebliches profuses Schwitzen schiebt ebenso wie eine durch Hitze oder schwere körperliche Arbeit erzwungene vermehrte Schweißbildung wesentlich mehr Kochsalz ab und zieht eine deutliche Kochsalzverarmung des Körpers nach sich. Bei mäßiger Körperarbeit kann schon etwa 3,5—4 g im Tag, im Schwitzversuch sogar in einigen Stunden über 3—7 g Kochsalz ausgeschieden werden. Unter solchen Bedingungen müßte im Tag mit einer Kochsalzabgabe von 10—20 g gerechnet werden[3]. Bei ungewohnten körperlichen Leistungen, z. B. großen Märschen kann es zu Salzmangelzuständen kommen, die leicht durch NaCl-Aufnahme zu beseitigen sind, wenn die Ursache erkannt wird.

Tabelle 92. Kationenverteilung im Schweiß (Werte in mg-%).

	BORCHHARDT[1]	TALBERT[2]
Na	54—450	350—400
K	20—126	28—*50*—130
Mg		0,1—4,5
Ca	0,9—14	0,4—*5*—12

Mit der vermehrten Kochsalzabgabe tritt eine merkliche Verminderung des K-Gehaltes in Erscheinung. Die Serumwerte, die dabei selbst eine Erniedrigung erfahren, werden aber nie unterschritten. Auch die ausgeschiedene Sulfatmenge wird geringer. *Eine Erhöhung der Schweißbildung führt somit zu ungleichmäßigen Konzentrationsänderungen mehrerer Ionen im Blut, was als Beweis für eine aktive Schweißdrüsentätigkeit betrachtet wird.*

3. Organische Schweißbestandteile.

Unter ihnen finden sich N-freie und N-haltige Verbindungen. Der Gesamtstickstoff verteilt sich auf Hornschichtanteile, Schweiß, Talg bzw. Hautoberflächenfett und ist noch nicht weiter getrennt worden. Der Gesamt C-Gehalt[4] beträgt etwa 0,3%.

Stickstoffhaltige Schweißbestandteile. Die Stickstoffabgabe durch den Schweiß ist den gleichen Einflüssen unterworfen wie die des Kochsalzes[3,5,6]. Es werden ungefähr 10 bis 125 mg-% N abgeführt. Stickstoff- und Kochsalzausscheidung, häufig gemeinsam untersucht, gehen einander im allgemeinen parallel, wenn auch bei niedrigen Kochsalzwerten die N-Abgabe etwas überschießt und bei erhöhtem Kochsalzverlust wenig zurückbleibt. Das Verhältnis dieser beiden Stoffe, im Mittel 1:10, scheint aber weniger von den Versuchsbedingungen als vom individuell verschiedenen Schwitzvermögen abhängig zu sein[3].

Bei der Fraktionierung des Gesamt-N ergibt sich nach Abzug des NH_3-N ein Vorherrschen des Harnstoffanteils[7–11], so wurde beispielsweise gefunden: NH_3-N 5—8 mg-% (im intermittierenden Schweiß etwa das 4—6fache), NH_2-N 5—7 mg-%, Harnstoff-N 20 bis 22 mg-%[9–11]. Harnstoff soll auch von den Schweißdrüsen aktiv gespeichert werden, Schweiß enthält etwa doppelt soviel Harnstoff wie das Blut[12,13]. Bei Urämie können Harnstoff und

[1] BORCHHARDT, W.: Pflügers Arch. **214**, 169 (1926). — [2] TALBERT, G. A., C. HAUGEN, R. CARPENTER and J. E. BRYANT: Amer. J. Physiol. **104**, 441 (1933). — [3] BÖTTNER, H., u. B. SCHLEGEL: Z. ges. exp. Med. **108**, 151 (1941). — [4] VOIT, K.: Dtsch. Arch. klin. Med. **175**, 108 (1933). — [5] CUTHBERTSON, D. B., and W. S. W. GUTHRIE: Biochem. J. **28**, 1444 (1934). — [6] MEZINCESCO, M. D.: Bull. Soc. Chim. biol. **20**, 39 (1938). — [7] MEZINCESCO, M. D.: C. R. Soc. Biol. **126**, 540 (1937). — [8] THIODET et RIBÈRE: C. R. Soc. Biol. **123**, 329 (1936). — [9] MCSWINEY, B. A.: Proc. R. Soc. Med. **27**, 839 (1934). — [10] LOBITZ, W. C., and H. L. MASON: Arch. Derm. Syph., Chicago **57**, 69 (1948). — [11] LOBITZ, W. C., and H. L. MASON: Arch. Derm. Syph., Chicago **57**, 387, 907 (1948). — [12] ANDRESEN, K. L. G.: B. Z. **116**, 266 (1921). — [13] TALBERT, G. A., J. R. FINKLE and S. S. KATSUKI: Amer. J. Physiol. **82**, 153 (1927).

Kochsalz sogar auf der Haut auskrystallisieren[1]. Der Schweiß der Achselhöhlen zeigt einen höhern NH_3-N-Gehalt als derjenige des Rumpfes, während in diesem der Harnstoff-N-Anteil in größerer Menge aufzutreten scheint[2], wobei sich auch der ekkrine Schweiß gegenüber dem apokrinen durch eine niedrigere NH_3-N-Quote auszeichnen soll. Aminosäuren, Kreatinin, Harnsäure (in intermittierendem Schweiß etwa 0,8 mg-%, in profusem Schweiß nicht bestimmbar[9]), Indol, Indoxyl und Cholin erscheinen neben Harnstoff nur in ganz geringen Mengen; für Kreatinin wurde im Mittel eine Konzentration von 4 mg-% bestimmt[3]. Wie sich die freien Aminosäuren im Schweiß von 20—30jährigen gesunden Testpersonen verteilen, wurde auf mikrobiologischem Wege ermittelt. Es ergab sich dabei Unabhängigkeit von Nahrungsaufnahme und Blutzusammensetzung, ein beträchtliches Überwiegen des Arginin- und Histidingehalts im Schweiß, verglichen mit den Plasmawerten, und wesentlich geringere Unterschiede im Threonin- und Tyrosingehalt[4,5] (Tabelle 93).

Stickstofffreie Schweißbestandteile. Neben zufällig auftretenden Stoffen (Pharmaka), sind außer organischen Säuren nur wenige Substanzen nachgewiesen worden. In Spuren fand man Aceton und Phenole; über den Gehalt an Glucose (etwa 12—20 mg-%)[6] gehen die Ansichten auseinander. Unter den im Schweiß enthaltenen *Säuren* steht die *Milchsäure* an erster Stelle, ihre Menge übersteigt diejenige des Blutes um etwa das 10fache und kann bei körperlicher Arbeit beträchtlich erhöht werden. Zwischen ekkrinem und apokrinem Schweiß zeigten sich keine deutlichen Unterschiede im Milchsäuregehalt (um etwa 300 mg-%), doch scheint der Schweiß von Frauen im allgemeinen niedrigere Werte aufzuweisen[2,7]. Der Schweiß hat im Dissoziationsbereich der Milchsäure eine erhebliche Pufferungskapazität[2,7]. Die Milchsäure, ein Produkt echter Sekretion, macht etwa 65—85% aller Säuren des Schweißes aus[8]. Von anderen Säuren, die teilweise durch bakterielle Zersetzung entstanden sein dürften und von denen einzelne für den spezifischen Schweißgeruch[9] verantwortlich sind, konnten nachgewiesen werden: Ameisen-, Essig-, Propion-, n-Butter-, Isovalerian-, Capryl- und Äpfelsäure. In bezug auf den Gehalt an Citronensäure widersprechen sich die Angaben.

Tabelle 93. Aminosäuren in Schweiß und Blutplasma (in mg je 100 cm³).

	Schweiß	Plasma
Arginin . . .	13,58 ± 3,92	2,32 ± 0,6
Histidin . . .	8,02 ± 0,97	1,42 ± 0,2
Isoleucin . .	2,27 ± 0,66	1,66 ± 0,3
Leucin . . .	2,69 ± 0,77	2,03 ± 0,4
Lysin	2,26 ± 0,45	2,97 ± 0,5
Phenylalanin	2,19 ± 0,63	1,4 ± 0,35
Threonin . .	5,38 ± 1,84	2,08 ± 0,5
Tryptophan .	1,12 ± 0,33	1,11 ± 0,2
Tyrosin . . .	3,15 ± 0,95	1,5 ± 0,4
Valin	2,26 ± 0,75	2,81 ± 0,4

Vitamine. Der Vitamingehalt des Schweißes fand wegen der Möglichkeit eines Vitaminverlustes durch den Schweiß Beachtung. Carotin soll färbender Bestandteil des gelben Schweißes sein, über den Gehalt an Ascorbinsäure sind die Meinungen geteilt. Aneurin und Aneurindiphosphorsäure wurden in kleinsten Mengen gefunden. Nach der vorherrschenden Ansicht ist der Vitaminverlust durch den Schweiß, selbst bei übermäßigem Schwitzen so klein, daß dadurch kein Vitamindefizit zu befürchten ist[10–12]. Der Verlust durch den Urin ist auf jeden Fall viel größer.

4. Schweißzusammensetzung unter pathologischen Verhältnissen.

Über sie ist noch sehr wenig bekannt, nur im Diabetikerschweiß konnte häufiger eine vermehrte Aceton- und Glucoseausscheidung nachgewiesen werden. Über die Art der

[1] Büttner, H. E., u. H. Robbers: Kli. Wo. **1935 I**, 372. — [2] Ottenstein, B.: Arch. Derm. Syph., Berlin **191**, 118 (1950). — [3] Schumann, R.: Z. ges. exp. Med. **79**, 145 (1931). — [4] Hier, S. W., T. Cornbleet and O. Bergeim: J. biol. Ch. **166**, 327 (1946). — [5] Hier, S. W. and O. Bergeim: J. biol. Ch. **161**, 717 (1945). — [6] McSwiney, B. A.: Proc. R. Soc. Med. **27**, 839 (1934). — [7] Thurmon, F. M., and B. Ottenstein: J. invest. Derm. **18**, 333 (1952). — [8] Couraud, J.: C. R. Soc. Biol. **118**, 155 (1935). — [9] Rothman, S., u. F. Schaaf: Handb. Haut- u. Geschl.-Krankh. Bd. 1/2, S. 241. — [10] Sargent, F., P. Robinson and R. E. Johnson: J. biol. Ch. **153**, 285 (1944). — [11] Johnson, B. C., T. S. Hamilton and H. H. Mitchell: J. biol. Ch. **159**, 5, 231, 425; **161**, 357 (1945). — [12] Shields, J. B., B. C. Johnson, T. S. Hamilton and H. H. Mitchell: J. biol. Ch. **161**, 351 (1945).

bei Chromidrosis und bei Bromidrosis auftretenden Stoffe ist nichts Näheres auszusagen. Ob sich bestimmte Hautkrankheiten durch eine für sie kennzeichnende Änderung der aktuellen Schweißreaktion auszeichnen, ist unbewiesen. Schweiß bei Urämie s. S. 306.

γ) Perspiratio insensibilis[1-5].

Die Art des Ausscheidungsvorganges ist noch nicht genau zu umschreiben, die Ansichten darüber gehen auseinander. Es dürfte sich aber nicht nur um eine physikalische, sondern auch um eine aktive Abdunstung unter Beteiligung der Schweißdrüsen und der ganzen Haut handeln. Diese Wasserabgabe bedient sich ebenfalls der Schweißdrüsenausführungsgänge, die Saftlücken der Epidermis münden in diese. Schweißdrüsenlose Haut ist zur unmerklichen Wasserabgabe aber nicht unfähig. Das durch perspiratio insensibilis abdunstende Wasser untersteht den gleichen Einflüssen wie die Schweißabsonderung, und seine Menge ergibt beim Erwachsenen die beträchtliche Zahl von etwa 580 g im Tag. Sie macht also etwa 25% des gesamten Ruhe-Wasserverlustes (einschließlich Niere und Darm) aus oder 50—56% der nur über Haut und Lungen vor sich gehenden unmerklichen Wasserabgabe[2]. Die abgegebene Menge sinkt mit einsetzender Abkühlung, ist von Körperruhe, Schlaf und Grundumsatz abhängig, ebenso vom Zustand der Haut selbst und ihrem Fettungszustand. Bei bestimmten Hautkrankheiten ist die Perspiratio insensibilis stark erhöht, möglicherweise ist dabei die Änderung der Wasserdurchlässigkeit durch eine Diskontinuität des Stratum granulosum verursacht[6]. In bezug auf die Beeinflußbarkeit der Abgabe durch vermehrte Wasserzufuhr ergeben sich zwischen Erwachsenen und Kindern Unterschiede. Schon eine einmalige Wasseraufnahme erhöht die unmerkliche Abgabe beim Säugling und Kleinkind deutlich, während beim Erwachsenen nur eine über längere Zeit durchgeführte erhöhte Wasserzufuhr vorübergehend eine Vermehrung bedingt[3]. Stärkerer Wasserentzug kann um etwa $^1/_4$ erniedrigen und auch Kochsalzzufuhr wirkt vermindernd. Der *Kochsalzgehalt* des unmerklich abgegebenen Wassers beträgt etwa 50 mg-%, liegt also an der unteren Grenze der für den Schweiß ermittelten Werte[4].

Zur *Bestimmung* der insensiblen Wasserabgabe liegen kritisch bearbeitete Verfahren vor[5,7].

Die N-haltigen Stoffe der Hautoberfläche, die ebenfalls der Perspiratio insensibilis entstammen dürften, sind schon näher untersucht worden. Unter normalen Verhältnissen und auf normaler Haut fand sich etwa 1—1,2 mg-% N, der sich prozentual folgendermaßen auf die verschiedenen N-Fraktionen verteilte[8]: NH_3-N 3—6,5%, Harnstoff-N 23—25%, Aminosäure-N 57—64%, Kreatinin-N 1—1,9%. Die Art der Aminosäuren, welche sich auf der normalen Hautoberfläche finden, ließ sich mit Hilfe der 2dimensionalen Papierchromatographie bestimmen[9-12]. Asparaginsäure, Glutaminsäure, Serin, Glycin, Alanin, Citrullin, Arginin, Oxyprolin, Valin, Tyrosin und ein Leucin wurden qualitativ nachgewiesen, möglicherweise können auch noch Threonin, Prolin, Lysin, Oxylysin, Phenylalanin, Histidin und Ornithin anwesend sein.

---

[1] Klinke, K.: Handb. Biochem. Erg.-W. Bd. 3, S. 481. — [2] Rothman, S., u. F. Schaaf: Handb. Haut- u. Geschl.-Krankh. Bd. 1/2, S. 287. — [3] Jores, A.: Z. ges. exp. Med. **74**, 757 (1930). — [4] Schwenkenbecher, A., u. O. Spitta: A. e. P. P. **56**, 284 (1907). — [5] Rothman, S.: Arch. Derm. Syph., Berlin **131**, 549 (1921). — [6] Felsher, Z., and S. Rothman: J. invest. Derm. **6**, 271 (1945). — [7] Spier, H. W., u. G. Pascher: Arch. Derm. Syph., Berlin **199**, 411 (1954/55). — [8] Rothman, S., A. M. Smiljanic and J. C. Murphy: J. invest. Derm. **13**, 317 (1949). — [9] Consden, R., A. H. Gordon and A. J. P. Martin: Biochem. J. **38**, 224 (1944). — [10] Dent, C. E.: Biochem. J. **43**, 169 (1948). — [11] Rothman, S., and M. B. Sullivan: J. invest. Derm. **13**, 319 (1949). — [12] Korting, G. W., u. D. Nitz-Litzow: Arch. Derm. Syph., Berlin **194**, 405 (1952).

δ) Aktuelle Reaktion von Schweiß und Hautoberfläche.

1. Schweiß.

Der p_H des Schweißes, welcher die aktuelle Reaktion der Hautoberfläche mitbestimmt, schwankt in gewissen Grenzen. Frisch sezernierter Schweiß[1] zeigt mehrheitlich leicht saure Reaktion (p_H 5,7—6,4). Wenn bei Hitzeschweiß auch neutrale oder besonders schwach alkalische Werte (p_H 7,1—7,4) festgestellt wurden, so sind dafür sicher teilweise äußere Umstände verantwortlich zu machen[2].

Die Einflüsse, welche die aktuelle Reaktion verändern, machen die beobachteten Schwankungen verständlich. Arbeits-[1], Hitze- und Pilocarpinschweiß[3] können sich durch verschieden hohes p_H unterscheiden, bedeckte Körperstellen sind saurer als unbedeckte. Verdunstung führt zu einer Erhöhung des Säuregrades (p_H 6,6—4,3)[4]. Verhinderung der Schweißsekretion setzt die Acidität herab. Die von apokrinen Schweißdrüsen versorgten Bezirke sind weniger sauer als die der ekkrinen Drüsen[3,5].

2. Hautoberfläche.

Im Bereich der ekkrinen Drüsen wurde in neueren Untersuchungen mehrheitlich eine *schwach saure Reaktion* gemessen[6-11], die durch den sauren, sichtbar und unsichtbar abgegebenen Schweiß, vielleicht auch durch die freien Fettsäuren des Hautoberflächenfettes, die zwar verglichen mit anderen biologischen Systemen nur eine geringe Pufferkapazität aufweisen[12], und durch die sauren Hornbestandteile bestimmt und bei beiden Geschlechtern etwa gleich und unabhängig vom Alter[11] erhalten wird. Der mittlere p_H-Wert dürfte ungefähr $5{,}5 \pm 0{,}3$ betragen[11]. Im Bereich der apokrinen Drüsen (Axilla) liegt der p_H der Hautoberfläche vor der Pubertät ebenfalls bei etwa 5,5, mit der Ausbildung der sekundären Geschlechtsmerkmale erhöht er sich aber fast sprunghaft auf etwa 7—7,5[11]. Im Greisenalter sinkt dann der p_H der Hautoberfläche bei beiden Geschlechtern wieder in den Bereich des Neutralpunkts ab. Die Hautoberfläche scheint also weniger sauer zu sein als frühere Bestimmungen vermuten ließen (gegen p_H 3)[4]. Aber auch die mit genauen Verfahren gewonnenen Zahlen können wegen der Art des zur Untersuchung zugänglichen Mediums nicht als wahre p_H-Werte betrachtet werden. Schon leichte Änderungen der Kontaktbildung zwischen Haut und Elektrode bei elektrometrischen Bestimmungen, die an sich allein zulässig sind, können größere Schwankungen des p_H hervorrufen[11,12]. Je nach Lokalisation bestehen Unterschiede[11] und auch Umweltbedingungen können von Bedeutung sein. Verstärkte Sekretion des Schweißes verdünnt zwar den Hautoberflächenfilm, erhöht aber den Oberflächen-p_H, Abdunstung des Schweißes senkt ihn.

Welche *Verbindungen* in besonderem Maße für die Erhaltung der *Oberflächenacidität* verantwortlich sind, ist noch nicht näher bekannt[4,6,11-13]. Milchsäure und ihre Salze bilden sicher ein wichtiges Puffersystem, das bis auf etwa p_H 6 nützlich sein könnte und gute Pufferkapazität besitzt[14,15]. Daneben wird neuerdings noch ein Kohlensäure-Hydrogencarbonatsystem in Erwägung gezogen[11,13]. Im Gegensatz zum Blut besteht im Schweiß kein Gleichgewicht zwischen sauren und basischen Bestandteilen, sondern es ist ein Überschuß an Säure

[1] Talbert, G. A.: Amer. J. Physiol. **50**, 433 (1919); **61**, 493 (1922). — [2] Hopf, G.: Arch. Derm. Syph., Berlin **171**, 301 (1935). — [3] Brill, E.: Arch. Derm. Syph., Berlin **156**, 488 (1928). — [4] Schade, H., u. A. Marchionini: Kli. Wo. **1928 I**, 12. Arch. Derm. Syph., Berlin **154**, 690 (1928). — [5] Marchionini, A.: Schweiz. med. Wschr. **58**, 1055 (1928). — [6] Blank, I. H.: J. invest. Derm. **2**, 67, 75, 231 (1939). — [7] Pillsbury, D. M., and B. Shaffer: Arch. Derm. Syph., Chicago **39**, 253 (1939). — [8] Czetsch-Lindenwald, H. v.: Fette u. Seifen **47**, 401 (1940). — [9] Hausknecht, W.: Diss. med. Freiburg i. Br. 1939. — [10] Greuer, W.: Arch. Derm. Syph., Berlin **185**, 232 (1944). — [11] Arbenz, H.: Diss. med. Zürich 1952. Derm., Basel **105**, 333 (1952). — [12] Lincke, H.: Arch. Derm. Syph., Berlin **188**, 453 (1949). — [13] Szakall, A.: Fette u. Seifen **52**, 171 (1950). — [14] Fishberg, E. H., and W. Bierman: J. biol. Ch. **97**, 433 (1932). — [15] Wilkerson, V. A.: J. biol. Ch. **112**, 329 (1935/36).

vorhanden. Durch Kochen des Schweißes lassen sich saure Anteile austreiben, was die Annahme eines Carbonatpuffersystems stützen könnte. Außer diesen Möglichkeiten ist aber vermutlich auch noch anderen Säuren, wie beispielsweise der Phosphorsäure oder den Fettsäuren, ein wenn auch geringfügiger Anteil an der Einstellung des p_H der Hautoberfläche beizumessen.

Der saure Hautüberzug dürfte *funktionelle Bedeutung* besitzen, besonders bei der Fernhaltung schädlicher, die Hornschicht quellender Mittel. Diesem „Säuremantel" oder besser dieser „Pufferschutzhülle"[1] der Haut wurden auch schon Abwehrkräfte für bakterielle Angriffe zugeschrieben[2]. Die Rolle, welche die Fettsäuren des Hautoberflächenfettes dabei spielen, ist schon erwähnt worden (s. S. 290). Ein Schutzvermögen der ersten Art ist auch schon zur Erhaltung der mechanischen und chemischen Festigkeit der Haut notwendig. Auch das Hautoberflächenfett dient diesem Zweck.

Gegen saure Lösungen ist die Hornschichtresistenz größer als gegen alkalische[3], der isoelektrische Punkt[4] der Haut und der Keratingebilde liegt bei p_H 3,7—3,8, das Quellungsminimum also im sauren Bereich und deutlich unter dem p_H der Hautoberfläche. Lösungen mit einem p_H unter 2 sind für die Haut nicht mehr indifferent[1,2]. Der Grenzwert für die Beeinflussung durch alkalische Lösungen dürfte zwischen p_H 9,5—12,8 liegen[5,6].

Für das Gebiet p_H 2 bis gegen p_H 12,6 besitzt demnach die Hautoberfläche durch ihren Schutzüberzug ein ausreichendes Abwehrvermögen. Wenn die Hornschichtresistenz gegen saure Einwirkungen vollkommener ist als gegen alkalische, so kann dafür der puffernde Säureüberzug nicht allein verantwortlich sein. Die leichtere Benetzbarkeit der Haut und die bessere Emulgierung des Oberflächenfettes durch alkalische Lösungen sind in diesem Zusammenhang mit zu berücksichtigen. Außerdem zeigte sich, daß auch eine vom „Säuremantel" befreite Haut schwach saure und schwach alkalische Lösungen abstumpfen kann[7–10]. Das Ausmaß dieses Neutralisationsvermögens scheint von individuellen Eigenschaften abzuhängen. Diese Reaktionsmöglichkeit kann eine besondere Schutzfunktion der Haut offenbaren, deren Prüfung aus gewerbehygienischen Gründen Bedeutung erlangen könnte, da Zusammenhänge zwischen mangelhaftem Abstumpfungsvermögen und bestimmten gewerblichen Hautschädigungen (Alkaliüberempfindlichkeit bei träger Alkaliabstumpfung, Bäckerekzem bei träger Säureabstumpfung) festgestellt wurden.

Methoden zur Bestimmung des Alkalineutralisationsvermögens[7,8,11,21] und des Säureneutralisationsvermögens[12–15], unter Berücksichtigung der Fehlermöglichkeiten[11,15], sind angegeben worden. Die Ansichten über das Bestehen einer solchen Schutzfunktion sind heute jedoch noch geteilt und die Vorgänge, welche dieses Abstumpfvermögen der Haut für saure oder alkalische Medien möglich machen und beherrschen, sind keineswegs klar. Schon die normale CO_2-Abgabe der Haut könnte das Alkalineutralisationsvermögen bestimmend beeinflussen, außerdem ist aber auch das Pufferungsvermögen der Hauteiweißkörper, insbesondere des Keratins[16–18] und auch der Aminosäuren[19,20] nicht zu vernachlässigen. Auch ist der Ver-

---

[1] SZAKALL, A.: Fette u. Seifen **52**, 171 (1950). — [2] MARCHIONINI, A., R. SCHMIDT u. J. KIEFER: Kli. Wo. **1938 I**, 736. — [3] MENSCHEL, H.: A. e. P. P. **110**, 1 (1925). — [4] WILKERSON, V. A.: J. biol. Ch. **112**, 329 (1935/36). — [5] BLANK, I. H.: J. invest. Derm. **2**, 67, 75, 231 (1939). — [6] PILLSBURY, D. M., and B. SHAFFER: Arch. Derm. Syph., Chicago **39**, 253 (1939). — [7] BURCKHARDT, W.: Arch. Derm. u. Syph., Berlin **173**, 155 (1935); **178**, 1 (1938). Derm., Basel **94**, 73 (1947). — [8] KOCH, F.: Kli. Wo. **1939 I**, 889. — [9] CATTUS, W.: Diss. med. Freiburg i. Br. 1939. — [10] SCHMIDT, P. W.: Arch. Derm. Syph., Berlin **182**, 102 (1941). — [11] PIPER, H. G.: Arch. Derm. Syph., Berlin **183**, 591; **184**, 264 (1943). — [12] HAAS, F.: Diss. med. Freiburg i. Br. 1941. — [13] SCHUPPLI, R.: Derm., Basel **98**, 295 (1949). — [14] SCHMID, M.: Derm., Basel **104**, 367 (1952). — [15] WACEK, A.: Derm., Basel **107**, 369 (1953). — [16] SCHULZE, W.: Arch. Derm. Syph., Berlin **185**, 93 (1943). — [17] JACOBI, O.: Hautarzt **2**, 109 (1951). — [18] PEUKERT, L.: Hautarzt **2**, 170 (1951). — [19] BURCKHARDT, W., u. W. BÄUMLE: Derm., Basel **102**, 294 (1951). — [20] VERMEER, D. J. H., J. C. DE JONG u. J. B. LENSTRA: Derm., Basel **103**, 1 (1951); **108**, 88 (1954). — [21] OBERRIETHER, P.: Derm., Basel **108**, 279 (1954).

minderung des Diffusionswiderstandes der Haut im Verlauf einer derartigen Prüfung Rechnung zu tragen[1], ebenso wie der Beteiligung der Schweißsekretion bzw. des Schweißes[2,3] und der Rolle des Oberflächenfettes[4]. Weitere Untersuchungen sind deshalb zur Kennzeichnung des Alkali- und Säureneutralisationsvermögens als besondere Hautfunktion noch notwendig.

ε) Schweiß verschiedener Säugetiere.

Es liegen erst vereinzelte Angaben vor, welche nicht nur über die aktuelle Reaktion, sondern auch etwas über die Zusammensetzung aussagen. Säugetierschweiß soll allgemein alkalisch sein, im *Pferdeschweiß* wurde ein p_H von 7,8—8,9 gemessen.

Pferdeschweiß und der Wollschweiß der *Schafe* wurden eingehender untersucht. Dieser aber nicht als Exkret, sondern als Trockenrückstand, welcher nach Auflösen aller in heißem Wasser löslichen Bestandteile der Rohwolle erhalten wurde[5]. Er kann deshalb nicht zum Vergleich herangezogen werden.

Tabelle 94. Zusammensetzung von Menschen- und Pferdeschweiß.

	Mensch[6,7]	Pferd[8]	
	Hitzeschweiß	Hitzeschweiß	Arbeitsschweiß
Spezifisches Gewicht	1,0053—1,0089	1,009—1,010	1,023—1,012
Trockenrückstand	0,6—2,1%	2.2—3,2%	3,1—4,9%
Aschengehalt	0,8—1,4%	1,5—2,2%	1,9—4,0%
Aschengehalt in % des Trockenrückstandes	34—66%	im Mittel 67%	im Mittel 76%
Chloride (als NaCl berechnet)	0,6—0,8%	1,1—1,5%	1,5—3,3%
Chloride als NaCl berechnet in % der Asche	etwa 50%	im Mittel 70%	im Mittel 83%
Stickstoff	10—125 mg-%	85—153 mg-%	136—185 mg-%

Der *Pferdeschweiß* wurde wie Menschenschweiß ebenfalls als Arbeits-, Wärme- oder Pilocarpinschweiß gewonnen[9]. Vom Menschenschweiß unterscheidet sich der Pferdeschweiß durch die größere Menge gelöster Bestandteile und die Zusammensetzung des Trockenrückstandes. Auch beim Pferd ist der bei körperlicher Arbeit gewonnene Schweiß konzentrierter als der Hitzeschweiß. Die Bestimmung gleichartiger Bestandteile im Schweiß von Mensch und Pferd deckt nur geringe Unterschiede auf.

Soweit die wenigen und in ihrer Gesamtheit durch zahlreiche Umstände beeinflußbaren Ergebnisse einen Vergleich überhaupt zulassen, können, abgesehen von der aktuellen Reaktion, keine grundsätzlichen Abweichungen zwischen Menschen- und Pferdeschweiß festgestellt werden.

Beim australischen Beuteltier *Trichosurus* (Fuchskusu) finden sich in der Sternalgegend stark vergrößerte Schweißdrüsen. Von diesen oder den Talgdrüsen wird auch ein brauner Farbstoff abgesondert[9].

f) Stoffwechsel der Haut und Stoffaufnahme von außen.

α) Allgemeines zum Hautstoffwechsel.

Die Stellung der Haut zum Gesamtkörper, ihr differenzierter Bau, ihre Funktionen und ihre Abnützung setzen einen umfangreichen Stoffwechsel voraus. Dafür sprechen auch die verschiedenen Fermente sowie die Glieder von

[1] Piper, H. G.: Arch. Derm. Syph., Berlin **183**, 591; **184**, 264 (1943). — [2] Robert, P., u. J. Jaddou: Derm., Basel **86**, 72 (1942). — [3] Wohnlich, H.: Arch. Derm. Syph., Berlin **187**, 377, 383 (1948). — [4] Dünner, M.: Derm., Basel **101**, 17 (1950). — [5] Freney, M. R.: J. Soc. chem. Industr. Chem. & Industr. (II) **53**, 131 (1934). — [6] Vgl. S. 305 u. 306. — [7] Camerer, W. jr.: Z. Biol. **41**, 271 (1901). — [8] Pugliese, A.: B. Z. **39**, 133 (1912). — [9] Bolliger, A., and M. H. Hardy: J. Proc. R. Soc. N. S. Wales **78**, 122 (1944).

Oxydoreduktionssystemen, welche in der Haut nachgewiesen wurden[1] (s. S. 274). Es sind die dem Eigenstoffwechsel der Haut dienenden Vorgänge abzutrennen von solchen, welche mit dem Stoffwechsel des Gesamtkörpers verknüpft sind. Über die ersteren liegen nur vereinzelte und unzusammenhängende Befunde vor, die noch kein deutliches Bild vermitteln. Auch die an sich zahlreicheren Untersuchungen, welche sich mit den möglichen Wechselbeziehungen zwischen Haut und Gesamtstoffwechsel befassen, sind vorläufig in ihrem Ergebnis noch unklar[2, 3]. Die biologische Bedeutung der im Gesamtorganismus enthaltenen Elemente als Bausteine, Betriebs- und Wirkstoffe ist für einzelne schon näher bekannt[4]. Ob die in der Haut vorkommenden Mengen- und Spurenelemente darüber hinaus im Hautstoffwechsel und im Zusammenhang mit den der Haut eigenen Funktionen noch besondere Aufgaben zu erfüllen haben, bleibt zu untersuchen. Die Unübersichtlichkeit der teilweise auch von Nerven- und Hormoneinflüssen abhängigen Umsetzungen und der Mangel an gesicherten Vergleichsgrundlagen erschweren ganz allgemein genauere Aussagen selbst dann, wenn die methodischen Voraussetzungen einwandfrei sind. Außerdem sind zahlreiche Untersuchungen nicht am Menschen, sondern am Tier, sogar an Herbivoren durchgeführt worden. Aus solchen Ergebnissen darf aber, selbst wenn sie besser deutbar sind, kein Schluß auf den Menschen gezogen werden. Erst nach umfassenderer Bearbeitung unter neuen Gesichtspunkten (s. S. 249) und unter Zugrundelegung allseitig geprüfter Tatsachen wird sich der Stoffwechsel der Haut, vor allem ihr Eigenstoffwechsel, fußend auf den in ihrem Wesen teilweise noch nicht völlig geklärten Ferment- und Oxydoreduktionsreaktionen, zuverlässig umschreiben lassen.

Eine sichere Beziehung der Haut zum Gesamtstoffwechsel kann aus ihrem Speicherungsvermögen für bestimmte Gruppen chemischer Verbindungen mit bekannterem Stoffwechsel (Wasserhaushalt, Mineral-, Kohlenhydrat- und Fettstoffwechsel) abgeleitet werden. Ob aber mit dieser Fähigkeit, wie schon für den Kohlenhydratstoffwechsel angenommen wurde, auch aktive Umsetzungen in der Haut verbunden sind[5] und Stoffwechselprodukte aus der Haut wieder in den Gesamtstoffwechsel eingesetzt oder nur als reine Diffusionsbestandteile in ihr abgelagert und dort durch rasche Zersetzung ausgeschaltet werden, ist noch strittig[6-8]. Glieder des Mineral- und Fettstoffwechsels können hingegen wieder in den Stoffwechsel des Gesamtkörpers zurückfließen, wobei aber bei beiden auch eine Abgabe nach außen zu berücksichtigen ist. Vitamin D wird durch Licht in und auf der Haut gebildet und gelangt von hier in den Stoffwechsel. Weiter abzuklären ist, ob in der Haut auch ein Ionenaustausch stattfinden kann. In den Talgdrüsen der Haut entstehen, wahrscheinlich aus Fett, neue Fettsäuren und Alkohole. Die Speicherung von Wasser und die Fähigkeit, dasselbe erneut in den Gesamtstoffwechsel einzusetzen oder zur Erfüllung besonderer Aufgaben nach außen abzugeben, ist unbestritten. Alle übrigen Angaben sind zu ergänzen. Die Beziehungen der Haut zu Störungen des Gesamtstoffwechsels sowie die Zusammenhänge zwischen einzelnen Stoffwechselgruppen[9] sind weiter abzuklären. Erst dann können praktisch auswertbare Schlußfolgerungen gezogen werden. Vorläufig fehlt für viele Zusammenhänge, welche schon

---

[1] ROTHMAN, S.: Handb. Biochem. Erg.-W. Bd. 2, S. 177—184. — [2] GRÜTZ, O.: Verh. Ges. Verd.-Krankh. **13**, 195 (1937). — [3] MALLINCKRODT-HAUPT, A. S. v.: Med. Klinik **1940**, 1039, 1076, 1097; **1941**, 55, 79. — [4] FLASCHENTRÄGER, B.: Schweiz. med. Wschr. **71**, 949 (1941). — [5] WOHLGEMUTH, J., u. Y. NAKAMURA: B. Z. **173**, 258 (1926). — [6] SELLEI, C., u. M. SPIERA: B. Z. **296**, 83 (1938). — [7] KAPLANSKI, S. J., e S. I. KAPLANSKAJA-RAISSKAJA: Arch. Sci. biol., Bologna **39**, 169 (1937). [C. **1937 II**, 803]. — [8] ROTHMAN, S.: Handb. Biochem. Erg.-W. Bd. 2, S. 533—541. — [9] MONCORPS, C., R. M. BOHNSTEDT u. R. SCHMID: Arch. Derm. Syph., Berlin **169**, 67 (1933).

zwischen Störungen des Gesamtstoffwechsels und krankhaften Hautveränderungen abgeleitet wurden, ebenso wie für die darauf gegründeten therapeutischen Maßnahmen noch die sichere Unterlage.

Hormoneinfluß. Den Hormonen wurde je und je ein Einfluß auf die Haut und ihren Stoffwechsel zugeschrieben. Zahlreiche ältere Angaben sind jedoch nicht verläßlich. Erst mit den Fortschritten der Hormonchemie war die Möglichkeit gegeben, einigen dieser Zusammenhänge schon in einwandfreierer Versuchsanordnung, insbesondere durch Verwendung chemisch definierter und genau dosierbarer Hormone, nachzugehen. Diese Untersuchungen sind noch im Fluß, sicherer erfaßt ist vorläufig erst die *Beeinflussung des Wasserhaushalts* der Haut durch das *Schilddrüsenhormon*[1,2] und die Veränderung des mucoelastischen Gewebes des Hahnenkamms oder der Epidermis an der Meerschweinchenzitze unter der Wirkung bestimmter *Sexualhormone*[3,4].

Bei thyreopriven Tieren oder myxödematösen Menschen wird zugeführtes Wasser durch das Bindegewebe begierig aufgenommen und festgehalten. Schilddrüsenstoff bewirkt einen raschen Austausch zwischen Gewebsflüssigkeit und Blutplasma.

Bestimmte Sexualhormone, wie z. B. Oestron, führen, wenn sie auf die Zitzen von Meerschweinchen gebracht werden, neben einer Zitzenvergrößerung zu einer enormen Epithelverbreiterung (bis auf das 6—8fache der normalen Breite). Diese unter der Bezeichnung *Nippletest*[5,6] eingeführte Methode kann bei zahlreichen, dermatologisch wichtigen Fragen verwendet werden, wie beispielsweise bei Untersuchungen über die percutane Resorption, den lokalen und hämatogenen Effekt lokal applizierter Hormone, über die Wirkung von Antagonisten der oestrogenen Hormone und über die Wirkung von Röntgen-, Radium- und β-Strahlen auf das Epithel[7-9]. Die an der pigmentierten Meerschweinchenzitze gleichzeitig feststellbare Hyperpigmentierung beruht in erster Linie auf einer Zunahme der pigmentbildenden Zellen. Diese Pigmentvermehrung ist also nicht wie diejenige bei der ADDISONschen Krankheit einem erhöhten Melanogenangebot oder wie bei der Hautdunkelung nach entzündlichen Reizen einer größeren Aktivität des pigmentbildenden Fermentes im Zusammenhang mit Regenerations- und Reparationsvorgängen zuzuschreiben.

Haut als Reaktionsort bei pathologischen Vorgängen. Die Beziehung der *Schilddrüse* zum Wasser- und Kochsalzhaushalt der Haut macht deutlich, wie diese mit ihrem Speicherungs- und Einsatzvermögen für bestimmte Stoffe, Reaktionsort bei bestimmten Krankheiten sein kann (Myxödem). Auch *andere Stoffwechselvorgänge* treffen die Haut. Sie braucht dabei aber nicht Speicherungs-, sondern kann nur Ablagerungsort (s. S. 248) sein. Wenn sie durch die Ablagerung bestimmter Stoffwechselprodukte pathologische Veränderungen erleidet, sind die Zusammenhänge manchmal wohl schon deutlicher, sie müssen aber trotzdem in ihrem Wesen als noch nicht völlig aufgeklärt gelten. Insbesondere ist häufig nicht klar, ob und welche pathologischen Veränderungen in der Haut selbst Ablagerungen bei gestörtem Stoffwechsel auslösen[10] (Xanthomatose). Nicht in jedem Fall ist der abgelagerte Stoff auch selbst kennzeichnend für die primäre Stoffwechselstörung. Diese kann mit einer anderen gekoppelt sein, wobei erst durch die zweite in der Haut Ablagerungen erfolgen, welche nur für den gekoppelten Stoffwechselvorgang typisch sind (z. B. bei Kohlenhydrat- und Fettstoffwechselstörungen das diabetische Xanthom). Gerade bei solchen durch Stoffablagerungen entstandenen Hautveränderungen eilte die klinische und histologische Beobachtung der pathochemischen Aufklärung voraus. Es ist Aufgabe künftiger Forschung, diesen klinischen Feststellungen die sichere Grundlage zu verschaffen. Das ist auch dort notwendig, wo Hautveränderungen als unphysiologisches Stoffspeicher- oder Stoffabgabevermögen oder

---

[1] ROTHMAN, S., u. F. SCHAAF: Handb. Haut- u. Geschl.-Krankh. Bd. 1/2. S. 283. — [2] EPPINGER, H.: Zur Pathologie und Therapie des menschlichen Ödems. Zugleich ein Beitrag zur Lehre von der Schilddrüsenfunktion. Berlin 1917. — [3] TSCHOPP, E.: Kli. Wo. **1935 II**, 1064. — [4] JADASSOHN, W., E. UEHLINGER u. H. E. FIERZ: Schweiz. med. Wschr. **71**, 6 (1941). — [5] JADASSOHN, W., E. UEHLINGER u. W. ZÜRCHER: Helv. med. Acta **4**, 199 (1937). Kli. Wo. **1937 I**, 314. — [6] JADASSOHN, W., E. UEHLINGER and A. MARGOT: J. invest. Derm. **1**, 31 (1938). — [7] JADASSOHN, W.: Bull. schweiz. Akad. med. Wiss. **6**, 384 (1950). — [8] JADASSOHN, W., E. BUJARD, R. PAILLARD, P. WENGER et P. GAUDIN: Acta radiol., Stockholm **34**, 469 (1950). — [9] BRUN, R., E. BUJARD, W. JADASSOHN, E. CHERBULIEZ, R. PAILLARD et P. GAUDIN: Schweiz. Z. Path. Bakt. **14**, 612 (1951). — [10] SCHAAF, F.: Zbl. Haut- u. Geschl.-Krankh. **35**, 1, 193 (1930) [ältere Literatur].

als sonstige Stoffwechselstörungen gedeutet wurden. Im besonderen harren noch jene krankhaften Veränderungen der weiteren Bearbeitung, für die z. B. schon eine abwegige Talgbildung (Seborrhoea oleosa, seborrhoisches Ekzem), eine anormale Stickstoffabgabe durch den Schweiß, eine Stickstoffretention oder eine Störung des Mineralstoffwechsels der Gewebe angegeben wurde.

β) Gaswechsel der Haut.

Als *Hautatmung*[1] muß der Sauerstoffverbrauch und die Kohlensäurebildung in der Haut selbst bezeichnet werden, nicht aber der Austausch dieser Gase durch die Haut. Kann jener nach WARBURG leicht gemessen werden, stehen der Bestimmung dieses Umsatzes große methodische Schwierigkeiten entgegen. Die Hautatmung liefert ein Maß für die vitalen Verbrennungsvorgänge in der Haut. Der passive Gasaustausch macht nur etwa 1 % der Lungenatmung und nur einen Bruchteil des sehr beträchtlichen Gasumsatzes im Gewebe aus.

Der Gaswechsel durch die Haut ist von verschiedenen Umständen abhängig. Menge und Richtung der durch die Haut tretenden Gase werden bestimmt durch das Druckgefälle zwischen Atmosphäre und Blut, durch Temperaturunterschiede und jahreszeitliche Schwankungen oder durch individuelle Verschiedenheiten. Im Mittel können in der Stunde durch eine Hautfläche von 1 dm^2 ungefähr 1,18 cm^3 Kohlendioxyd und 0,5 cm^3 Sauerstoff wandern[1–3]. Das Verhältnis CO_2/O_2 dürfte sich zwischen 1,0 und 1,9 bewegen[4]. Die sich daraus berechnende minimale Sauerstoffmenge, welche die menschliche Haut aufnehmen kann, ist für den Gesamtsauerstoffbedarf des menschlichen Körpers völlig bedeutungslos. Im Gegensatz dazu ist aber bei den *Amphibien* und den Fischen dieser Gasaustausch nicht zu vernachlässigen.

Der mit Hilfe der WARBURGschen Anordnung bestimmbare Q_{O_2}-Wert der Haut, der im Mittel bei 1,5—3,18 liegt[5], soll von Geschlecht, Jahreszeit und Temperatur unabhängig sein, jedoch durch Rasse und genetische Faktoren beeinflußt werden. Zwischen fetaler und ausgewachsener Haut zeigen sich keine wesentlichen Unterschiede[6], wohl aber tritt im Greisenalter eine deutliche Senkung auf[7,8], und auch äußerliche Beeinflussung der Haut, wie Waschen, Reiben usw., soll nicht belanglos sein.

γ) Stoffaufnahme von außen[9–14].

1. Allgemeines.

Äußerst verwickelte Verhältnisse bestimmen die Aufnahmefähigkeit der Haut für von außen angebotene Stoffe beim Warmblüter, auf die hier ausschließlich eingegangen wird. Bei den niederern Tierklassen liegen zudem wieder ganz andere Bedingungen vor. Beim Warmblüter ist die genaue Kenntnis derjenigen Faktoren, die an und in der Haut erfüllt sein müssen, schon allein für die in therapeutischer Hinsicht oft wichtige Frage, wie ein lokaler oder ein allgemeiner Einfluß am besten zu erreichen ist, von allergrößter Bedeutung. Die Aufnahme von Quecksilber aus grauer Salbe durch die Haut ist schon lange bekannt, zahlreiche Untersuchungen mit bestimmten anderen Wirkstoffen sind seither aus-

---

[1] ROTHMAN, S., u. F. SCHAAF: Handb. Haut- u. Geschl.-Krankh. Bd. 1/2, S. 346. — [2] WILLEBRAND, E. A. v.: Skand. Arch. Physiol. **13**, 337 (1902). — [3] ZUELZER, G.: Z. klin. Med. **53**, 403 (1904). — [4] SHAW, L. A., A. C. MESSER and S. WEISS: Amer. J. Physiol. **90**, 107 (1929). — [5] PUCCINELLI, V. A.: G. ital. Derm. Sif. **83**, 46 (1942). — [6] BARRON, E. S. G., J. MEYER and J. B. MILLER: J. invest. Derm. **11**, 97 (1948). — [7] AMERSBACH, J. C., L. G. NUTRINI and E. S. COOK: Arch. Derm. Syph., Chicago **43**, 949 (1949). — [8] WALTER, E. M., and J. C. AMERSBACH: J. invest. Derm. **10**, 11 (1948).

Zusammenfassende Darstellungen: 9—14. [9] ROTHMAN, S.: Resorption durch die Haut. Handb. Physiol. Bd. 4, S. 107—151; Bd. 18, S. 85. Physiology and Biochemistry of the Skin S. 26, Chicago 1954. — [10] LANE, C. G., and I. H. BLANK: Arch. Derm. Syph., Chicago **54**, 497, 650 (1946). — [11] ELLER, J. J., and S. WOLFF: J. amer. med. Ass. **114**, 1865, 2002 (1940). — [12] VALETTE, G., et R. CAVIER: J. Physiol. Path. gén. **39**, 137 (1947). — [13] BÜRGI, E.: Die Durchlässigkeit der Haut für Arzneien und Gifte. Berlin 1942. — [14] CALVERY, H. O., J. H. DRAIZE and E. P. LAUG: Physiol. Rev. **26**, 495—540 (1946).

geführt worden. Dabei fand der heilende Einfluß von Bädern[1] und in neuerer Zeit auch das Verhalten der Haut gegen die als „Kampfgase" bekannten Stoffe[2-4] erhöhte Beachtung. Eine umfassende Darstellung der Bedingungen, welche die Stoffaufnahme von außen beherrschen, kann heute noch nicht gegeben werden[5,6]. Wenn dabei auch die Durchdringung der Haut im Vordergrund steht, bei welcher der aufgenommene Stoff in den Säftestrom gelangt und je nachdem wieder ausgeschieden wird, darf der davon zu trennende Vorgang, bei dem der aufgenommene Stoff nur in eine gewisse Tiefe eindringt und eine lokalisierte Tiefenwirkung auslöst, nicht unberücksichtigt bleiben[7]. Für bestimmte Fragestellungen ist gerade diese Tiefenwirkung von besonderer Bedeutung. Schließlich muß als dritte Möglichkeit auch an eine Stoffaufnahme als Folge einer aktiven Zelleistung gedacht werden, die eine echte Resorption darstellen würde[8]. Schon diese verschiedenen Aufnahmemöglichkeiten sind nicht mit genügender Sicherheit zu erfassen und gegeneinander abzugrenzen, daneben gibt es aber weiter ebenfalls noch unübersichtliche Zustandsbedingungen, die entweder für die Haut oder für das zur Aufnahme gelangende Stoffgemisch wesentlich sind. Es können heute noch keine allgemeingültigen Regeln aufgestellt werden, deshalb ist auch die Übertragung eines an einem Stoffe gewonnenen Resultates auf Stoffe verwandten Aufbaus vorläufig recht unbefriedigend. In jedem Falle kann nur der Versuch entscheiden[8,9]. Wäre die Haut nur ein passives und indifferentes Sieb, lägen die Verhältnisse relativ einfach. Sie ist aber zum mindesten ein Filter mit bestimmten elektrischen Eigenschaften, dessen Aktivität auch von den Zwischenräumen in der Haut und vom Wesen der Zellmembran abhängig ist. Zudem können der dargebotene Stoff oder dessen Träger mit der Haut oder unter sich in Reaktion treten. Die Stoffaufnahme von außen wird somit von der Haut selbst, von dem an sie herangebrachten Stoff und von dem vermittelnden Träger bestimmend beeinflußt[6]. Es spielen eine Rolle: Durchblutung, Oberflächenkräfte, osmotischer und hydrostatischer Druck, Diffusion, Filtration, Teilungsquotient, Konzentrationsgefälle des angebotenen Stoffe zwischen Lösung und Haut, Löslichkeit des an die Haut gelangenden Stoffes (lipoid- und wasserlöslich), Art des Lösungsmittels, Fettungszustand, strukturelles Gefüge, Temperatur und Oberflächenbeschaffenheit der Haut[5,10-12]. Immerhin haben sich, wenn auch die Gesetze, welche die Stoffaufnahme der Haut beherrschen, noch nicht offen vor uns liegen, doch schon einige allgemeine, für weitere Untersuchungen nützliche Feststellungen ergeben. Zur Methodik s. [8].

Die Haut stellt an sich mit ihrer unregelmäßigen Oberfläche, mit ihren Einbuchtungen, Follikel- und Schweißdrüsenausführungsgängen, ihrem Oberflächenfett, ihrem je nach Umständen verschiedenen Feuchtigkeitsgrad, der dauernden Hornschichtabschuppung und der in der Tiefe der Follikel dünneren Epidermisschicht einen für die Stoffaufnahme recht komplizierten Empfänger dar. Schon allein die Hornschicht kann ein Hindernis für die Stoffaufnahme darstellen, wenn auch ihre Dicke selbst von untergeordneter Bedeutung ist. Ferner sind die

---

[1] Strasburger, J.: Physiologische Wirkung von Bädern unter normalen und pathologischen Bedingungen. Handb. Physiol. Bd. 17, S. 444—462. — [2] Muntsch, O.: Leitfaden der Pathologie und Therapie der Kampfstofferkrankungen. 4. Aufl. Leipzig 1936. — [3] Camenisch, B.: Diss. med. Bern 1947. — [4] Cullumbine, H.: Quart. J. exp. Physiol. **34**, 83 (1948). — [5] Rothman, S.: Handb. Physiol. Bd. 4, S. 107—151; Bd. 18, S. 85. — [6] Calvery, H. O., J. H. Draize and E. P. Laug: Physiol. Rev. **26**, 495 (1946). — [7] Czetsch-Lindenwald, H. v.: Arch. Derm. Syph., Berlin **184**, 439 (1943). — [8] Moncorps, C.: Fette u. Seifen **52**, 482 (1950). — [9] Schwartz, L., and S. M. Peck: Cosmetics and Dermatitis. New York 1946. — [10] Flury, F.: 16. Int. Congr. Physiol. Zürich, I, S. 23 (1938). — [11] Moncorps, C.: A. e. P. P. **163**, 377 (1931). — [12] Bliss, A. R. jr.: 16. Int. Congr. Physiol. Zürich, II, S. 291 (1938).

begrenzte Benetzbarkeit infolge des Fettbelags, der in seiner Wirkung allerdings vielleicht etwas überschätzt wird, ganz besonders aber die elektrischen Ladungsverhältnisse[1, 2] der tieferen Schichten nicht bedeutungslos. Zwischen verhorntem und unverhorntem Epithel, im Bereich des Stratum granulosum und des Stratum lucidum wurde zudem eine sog. „*Übergangsschicht*" angenommen, die eine Zone hochgradiger Undurchlässigkeit darzustellen schien. Diese „Übergangsschicht" trennt die saure Hornschicht vom leicht alkalischen Stratum spinosum. Sie verhindert die Quellung der unter ihr liegenden Schichten, bis zu ihr vorgedrungene Stoffe finden hier eine Schranke, die den weiteren Durchtritt wirkungsvoll unterbindet. Die Annahme einer elektrophysiologischen Trennung wird heute aber abgelehnt[3]. Durch die an die Haut gebrachten Stoffe oder durch ihre Träger treten je nachdem auch histologisch wahrnehmbare Veränderungen auf, welche unter Umständen das weitere Vordringen hemmen oder fördern können[4–6]. Als solche funktionelle Änderungen kommen in Betracht: milde Keratolyse, Hyperämie, Anregung der Epidermisregeneration oder Hautreizung und Entfernung von Hautoberflächenbestandteilen. Auch die Entfernung des Hautoberflächenfettes mit Alkohol könnte beispielsweise das Aufnahmevermögen verbessern, doch soll durch den Alkohol gleichzeitig eine Proteinfällung ausgelöst werden, welche sich wieder hemmend auswirke. Sich widersprechende Ergebnisse sind vielleicht zum Teil auch der Nichtberücksichtigung solcher Faktoren zuzuschreiben.

Die Abhängigkeit des Aufnahmevermögens von den Eigenschaften des der Haut angebotenen Stoffes bildete die wesentlichste Grundlage theoretischer Anschauungen über die Stoffaufnahme von außen. Die Regel von MEYER u. OVERTON, nach der lipoidlösliche Stoffe von einer das Zellprotoplasma umgebenden Lipoidhülle aufgenommen werden, steht noch an erster Stelle. Daneben sind auch andere Vorstellungen in Erwägung gezogen worden, die zur *Haftdruck-* (TRAUBE) und zur *Lipoidporentheorie* (COLLANDER-BÄRLUND) führten. Nach der Regel von MEYER-OVERTON hängt die Geschwindigkeit, mit der ein Stoff in die Lipoidhülle eindringen kann, vom Verhältnis der Löslichkeiten ab, welche er in Lipoiden und in Wasser zeigt. Je größer dieser Teilungsquotient Lipoid/Wasser ist, um so besser sollte ein Stoff in die Haut eintreten, am leichtesten also, wenn er außerordentlich gut lipoidlöslich und nahezu oder ganz wasserunlöslich wäre. Die Lipoidlöslichkeit eines Stoffes ist für dessen Aufnahme in die Lipoidhülle der Zellmembran oder in dem zwischen den Zellen und im Bereich der Drüsenausführungsgänge liegenden Fettkörper sicher nicht nebensächlich. Es ist nun aber bemerkenswert, daß die Regel von MEYER-OVERTON dann keine Gültigkeit mehr besitzt, wenn nur lipoidlösliche, aber absolut wasserunlösliche Stoffe untersucht werden. Nebenbei gesagt werden ausschließlich wasserlösliche Körper von der Haut auch nur in geringstem Umfang oder gar nicht aufgenommen. Nicht fallende Wasserlöslichkeit und gleichzeitig steigende Lipoidlöslichkeit, in enger Auslegung, führen zu einer besseren Aufnahmefähigkeit, sondern es scheint vielmehr neben einer guten Lipoidlöslichkeit auch noch eine nicht zu vernachlässigende Wasserlöslichkeit notwendig zu sein[5, 7–11]. Solche Stoffe zeigen ein leichteres Durchdringungsvermögen, welche Gruppen enthalten, die sowohl die Wasserlöslichkeit

---

[1] ROTHMAN, S.: J. Lab. clin. Med. **28**, 1305 (1943). — [2] HERRMANN, F., M. B. SULZBERGER and R. L. BAER: Science, N. Y. **96**, 451 (1942). — [3] KOPACZEWSKI, W.: Les détersifs en hygiène et cosmétique. S. 65. Paris 1954. — [4] MONCORPS, C.: Fette u. Seifen **52**, 482 (1950). — [5] CALVERY, H. O., J. H. DRAIZE and E. P. LAUG: Physiol. Rev. **26**, 495 (1946). — [6] SCHAAF, F., u. F. GROSS: Derm., Basel **106**, 170, 357 (1953). — [7] BECK, S., et B. FENYVESSY: Arch. int. Pharmacodyn. Thérap. **6**, 109 (1899). — [8] STADLIN, W.: Helv. **28**, 415 (1945). — [9] SCHWARTZ, L., and S. M. PECK: Cosmetics and Dermatitis. New York 1946. — [10] MIRIMANOFF, A., u. H. EL-HINDI: J. suisse Pharmacie **88**, 269 (1950). — [11] EL-HINDI, H.: Diss. med. Genf 1952.

als auch die Lipoidlöslichkeit begünstigen (z. B. Alkohol-, Aldehyd-, Ketogruppen). Erhöhte Ionisierungstendenz hemmt aber das Aufnahmevermögen der Haut auf jeden Fall. Die Abhängigkeit der Stoffaufnahme von außen von den besonderen Löslichkeitsverhältnissen konnte schon an zahlreichen Beispielen festgestellt werden. Die lipoidunlöslichen Zucker und Aminosäuren durchdringen die Haut praktisch nicht, wohl aber lipoidlösliche, jedoch nur schwach ionisierte Schwermetalle und Schwermetallverbindungen oder die nur schwach ionisierte Salicylsäure. Im Gegensatz dazu nimmt die Haut die lipoidunlöslichen aber gut ionisierten Alkalisalze der Salicylsäure nicht mehr auf. Das verschiedenartige Verhalten von Borsäure und Natriumborat könnte vielleicht in gleicher Weise gedeutet werden. Daß für gute Aufnahmefähigkeit eines Stoffes nicht ein besonders hoher Teilungsquotient Lipoid/Wasser günstig, sondern neben guter Lipoidlöslichkeit auch eine nicht zu vernachlässigende Wasserlöslichkeit notwendig ist, wurde an folgenden Beispielen gezeigt: Schlechte Aufnahme des fast nur lipoidlöslichen Iso-Amyljodid gegenüber dem besseren Durchdringungsvermögen von Jodthion, dem lipoid- und etwas besser wasserlöslichen Dijod-iso-propylalkohol $CH_2J—CH(OH)—CH_2J$ [1], unterschiedliches Durchdringungsvermögen der sich durch ihre Lipoid- und Wasserlöslichkeit stark unterscheidenden o-, m- und p-Brombenzoesäuren[2]. Auch das etwas besser wasserlösliche Oestron soll leichter aufgenommen werden als das noch schlechter wasserlösliche Progesteron[3]. Für hexansaures Kupfer sind ähnliche Verhältnisse wahrscheinlich[2], wenn auch noch nicht streng bewiesen. Warum sich neben einer guten Lipoidlöslichkeit auch noch eine bestimmte Wasserlöslichkeit des angebotenen Stoffes für die Aufnahme von außen als zweckmäßig erweist, ist heute noch nicht abgeklärt. Denkbar wäre, daß derartige lipoid- und wasserlösliche Stoffe schon in dem die Aufnahme vermittelnden Lipoidgemisch, dem Hautoberflächenfett, besser emulgierbar sind.

Wenn die Lösungseigenschaften des an die Haut gebrachten Stoffes und sein Verhalten zur Lipoidmembran der Zelle die Stoffaufnahme von außen bestimmend beeinflussen, dann können diese beiden Faktoren, mindestens in gewissem Umfang, auch bei den Trägerstoffen, welche die an die Haut gebrachten Stoffe in der Regel begleiten, nicht belanglos sein. Die besondern Verhältnisse bei chemischen Umsetzungen zwischen aufzunehmendem Stoff und Träger können hier unberücksichtigt bleiben. Als Trägerstoffe fallen im wesentlichen Wasser, flüssige oder halbfeste Lösungsmittel (Lösungen und Salben) und Emulsionen der Wasser-Öl- und der Öl-Wasserform in Betracht. Auf die Beteiligung von *Emulgatoren* ist ganz besonders hinzuweisen; sie können dem Hautoberflächenfett entstammen oder selbst Bestandteile des zur Aufnahme gelangenden Stoffgemisches sein.

Eine grundsätzlich andere, als Iontophorese bezeichnete Methode zur Erzielung einer Stoffaufnahme durch die Haut[4-6] sei hier nur erwähnt.

Reine flüssige Lösungsmittel sind als Träger geeigneter als Salben[7], Unterschiede bestehen aber auch wieder zwischen den verschiedenen Salbengrundlagen, wie Wollfett, Vaseline oder Schweinefett[8]. Es ist noch unentschieden, ob ein gutes Aufnahmevermögen nur dann zu erwarten ist, wenn mit dem angebotenen Stoff auch der Träger aufgenommen wird, oder ob dafür schon dessen Adsorption an die Haut genügt, wobei die von ihm möglicherweise hervorgerufene Quellung der Hornschicht oder Auflockerung der Hautstruktur noch besondere Vorteile

[1] Stadlin, W.: Helv. **28**, 415 (1945). — [2] Isler, H.: Thèse No. 1140, Faculté ès Sciences. Genève 1949. — [3] Isler, H., et A. Mosimann: Ann. Endocrinol., Paris **11**, 69 (1950). — [4] Leduc, S.: Zwangl. Abh. Elektrotherap. Radiol. H. 3, 1905. — [5] Frankenhäuser, F.: Physikal. Therap. Einzeldarstell. H. 7. 1906. — [6] Rothman, S.: Handb. Physiol. Bd. 4, S. 107—151; Bd. 18, S. 85. — [7] Macht, D. I.: J. amer. med. Ass. **110**, 409 (1938). — [8] Moncorps, C.: A. e. P. P. **163**, 377 (1931).

böte[1]. Wenn Salben oder Emulsionen als Trägermischungen verwendet werden, ergeben sich aus dem Zusammenspiel der verschiedenen Faktoren so unübersehbare Verhältnisse, daß auch die zahlreichen Untersuchungen[2-9] noch keine allgemein gültigen Gesetze ableiten lassen. Nur Versuche können auch hier vorläufig allein entscheiden. Bei der Verwendung von Salben oder Emulsionen als Trägergemische scheint es aber unter Berücksichtigung des Verteilungssatzes für eine Begünstigung der Stoffaufnahme von Vorteil, wenn der für die Aufnahme in der Haut bestimmte Stoff im Trägergemisch nicht besonders gut löslich ist. Es muß ferner berücksichtigt werden, daß Salben und Emulsionen als Träger die Durchlässigkeit der Haut auch noch in besonderer Weise ändern können. Die Fetthülle der Haut oder der Zellen kann in Mitleidenschaft gezogen werden und die Herbeiführung von unphysiologischen Bedingungen ist denkbar[10]. Das gilt in gleicher Weise, wenn Lösungsmittel für den Stofftransport in die Haut verwendet werden, so daß auch diese scheinbar einfacheren Verhältnisse schwer zu überblicken sind. Öle als Träger des an die Haut gebrachten Stoffes scheinen organischen Lösungsmitteln unterlegen zu sein[11,12]. Organische Lösungsmittel, wie Alkohol, Äther, Benzol, greifen aber auch die Lipoidhülle der Zelle an und fördern damit vielleicht die Kontaktmöglichkeit für wasserlösliche Stoffe[13]. Als besonders günstig erwiesen sich Mischungen von Aceton mit Wasser[12,14]. Ätherische Öle, wie Fichtennadelextrakt, Bornylacetat, Eucalyptol, vor der Stoffapplikation auf die Haut gebracht oder als Lösungsmittel verwendet, sollen die Stoffaufnahme von außen ebenfalls begünstigen[15,16]. Es handelt sich hier um oberflächenaktive Stoffe, wie sie häufig herangezogen werden, wenn durch Herabsetzung der Grenzflächenspannung zwischen Haut und Vehikel das Aufnahmevermögen der Haut gesteigert werden soll. Ein weiterer Schritt in dieser Richtung wurde mit der Entwicklung der *Penetrasole*[2,17] vollzogen. Das sind Kombinationen von Propylenglykol mit Netzmitteln, die zudem Antipyrin enthalten können, das ebenfalls noch als oberflächenaktiver Stoff und gleichzeitig als Lösungsvermittler für den mit dem Penetrasol in die Haut einzubringenden Stoff wirksam sei. Je nach dem Verwendungszweck eignet sich Penetrasol A, B oder C besser. Diese 3 Formen unterscheiden sich im wesentlichen durch das Netzmittel (Natriumsalz des Dihexylesters der sulfurierten Bernsteinsäure = Aerosol MA, Natriumsalz des Dibutylesters der sulfurierten Bernsteinsäure = Aerosol 1B, Natriumsalz der Xylol-p-Sulfosäure). Mit diesen Penetrasolen ist es gelungen, größere Mengen oder bisher überhaupt nicht aufnahmefähige Stoffe in die Haut zu bringen. Bei der Verwendung von Penetrasolen spielen so viele Faktoren eine Rolle, daß nur Mutmaßungen zur Deutung ihrer Wirkung herangezogen werden könnten. Es ist aber aus diesen Untersuchungen ersichtlich, daß die Stoffaufnahme von außen

---

[1] MONCORPS, C.: Fette u. Seifen **52**, 482 (1950). — [2] MACKEE, G. M., M. B. SULZBERGER, F. HERRMANN and R. L. BAER: J. invest. Derm. **6**, 43 (1945). — [3] ELLER, J. J., and S. WOLFF: J. amer. med. Ass. **114**, 1865, 2002 (1940). — [4] DUEMLING, W. W.: Arch. Derm. Syph., Chicago **43**, 264 (1941). — [5] STRAKOSCH, E. A.: J. Pharmacol. exp. Therap. **78**, 65 (1943). — [6] LANE, C. G., and I. H. BLANK: Arch. Derm. Syph., Chicago **54**, 497, 650 (1946). — [7] CALVERY, H. O., J. H. DRAIZE, B. J. VOS, V. D. JOHNSON, E. P. LAUG, E. ANGHEY, M. ANDERSEN, S. M. BERMANN, G. WOODARD, R. R. OFNER, P. JENNER and C. D. WRIGHT: Committee on Medical Research of the Office of Research and Development. Bimonthly Rep. No. 2, 5, 6 (1943). — [8] SHELLEY, W. B., and F. M. MELTON: J. invest. Derm. **13**, 61 (1949). — [9] NADKARNI, M. V., D. B. MEYERS, R. G. CARNEY and L. C. ZOPF: Arch. Derm. Syph., Chicago **64**, 294 (1951). — [10] ROTHMAN, S.: J. Lab. clin. Med. **28**, 1305 (1943). — [11] ZONDEK, B.: Lancet **234**, 1107 (1938). — [12] JADASSOHN, W., u. E. PFANNER: Derm., Basel **91**, 51 (1945). — [13] SCHWARTZ, L., and S. M. PECK: Cosmetics and Dermatitis. New York 1946. — [14] STADLIN, W.: Helv. **28**, 415 (1945). — [15] LEHMANN, H.: Schweiz. Apoth. Ztg. **80**, 101 (1942). — [16] VALETTE, G., et R. CAVIER: C. R. Soc. Biol. **140**, 255 (1946). — [17] HERRMANN, F., M. B. SULZBERGER and R. L. BAER: Science, N. Y. **96**, 451 (1942).

von der Seite des Trägers eine weitere Entwicklung erwarten läßt. Ausgedehnte Forschungsarbeit ist noch zu leisten, dabei sind aber auch andere Möglichkeiten, wie beispielsweise der Einfluß pharmakologischer Mittel oder derjenige physiologischer Nervenreize, in vermehrtem Maße zu berücksichtigen.

Bei der Stoffaufnahme von außen sind Follikel- und Drüsenausführungsgänge wesentliche Eintrittsorte[1,2], während der direkte Durchtritt durch die Haut nur als äußerst spärlich zu betrachten ist. Neuerdings wird angenommen[1], daß Stoffe, welche auf die Hautoberfläche gebracht werden, in die Follikelöffnungen eindringen, an dem Haarschaft entlang in die Tiefe gelangen, dann aus dem Follikel in die Cutis übertreten und von dort wieder in die Epidermis aufsteigen. Wasser und wäßrige Lösungen können, wenn der Kontakt hergestellt ist, nur bis in die gequollene Hornschicht vordringen, keineswegs aber direkt in die Epidermis. Auch diese Stoffe benützen vorzugsweise Follikel-, Talg- und Schweißdrüsenkanäle. Die Bedeutung einer Beimischung gut benetzender Hilfsstoffe wird damit verständlich, da gerade schlecht benetzende Lösungen nur schwierig durch die Talgausführungsgänge Aufnahme fänden[3]. Eine Dialyse durch die Haut ist wenig wahrscheinlich. Bei der Stoffaufnahme von außen bietet es somit keine Schwierigkeiten, wasser- oder öllösliche Stoffe in die Hornschicht zu bringen; besondere Voraussetzungen sind aber zu erfüllen, wenn ein Stoff tiefer in die Haut gelangen soll.

Selbst bei völliger Sperrung des Durchgangs durch die „Übergangsschicht" bestehen also über Follikel- und Drüsenausführungsgänge Aufnahmemöglichkeiten. Dieser Weg wird auch beschritten, wenn Stoffe mit Hilfe der Elektrophorese (Iontophorese) in die Haut gebracht werden sollen. Ionisierte, d.h. elektrisch geladene Teilchen, gelangen dabei durch Endosmose in die im Stratum lucidum negativ geladene Haut. Wasser diffundiert bei diesem Verfahren zusammen mit den positiv geladenen Ionen von der Anode in die Haut, negativ geladene Ionen dringen jedoch nicht ein. Salzlösungen mehrwertiger positiver Ionen und Säuren setzen die negative Ladung der Haut herab.

Bei der Stoffaufnahme von außen ist die Wahl günstigster Bedingungen zur Aufnahme durch die bevorzugten Eintrittsorte dann besonders wichtig, wenn mit einer solchen Stoffdarreichung nicht nur eine Sättigung der Hornschicht, sondern eine Überführung in den Säftestrom oder eine ausgesprochene Tiefenwirkung in der Haut erreicht werden soll. In dieser Richtung lassen sich für einzelne Trägerstoffe schon gewisse Unterschiede erkennen[1,3]. Salben treten außer an den bevorzugten Eintrittsorten der Haut nur noch in die oberste Hornschicht ein, organische Lösungsmittel vermögen bei längerer Einwirkungsdauer vielleicht noch etwas tiefer einzudringen. In Öl gelöste Stoffe vermischen sich ebenfalls mit dem Hautoberflächenfett und den die Hornschicht durchtränkenden Fetten und setzen sich so in ihr fest. Wäßrige Lösungen, gutes Benetzungsvermögen vorausgesetzt, erreichen die Hornschicht, aber auch die tiefen Follikel, die Drüsenanhänge und sogar das Bindegewebe, dabei bleibt aber im Bereich des Stratum lucidum die „Übergangsschicht" ausgespart. Die Penetrasole durchdringen die Haut besonders gut, die Follikel, das Bindegewebe und zahlreiche Bezirke der unteren Epidermis werden mit ihrer Hilfe von den von außen angebotenen Stoffen erreicht.

Für den Nachweis einer Stoffaufnahme von außen bestehen verschiedene Möglichkeiten. Grundsätzlich ist es sicher nützlich, in solchen Untersuchungen nicht nur beim Heranbringen eines Stoffes an die Haut, sondern auch bei der Feststellung

---

[1] MacKee, G. M., M. B. Sulzberger, F. Herrmann and R. L. Baer: J. invest. Derm. **6**, 43 (1945). — [2] Strakosch, E. A.: J. Pharmacol. exp. Therap. **78**, 65 (1943). — [3] Lane, C. G., and I. H. Blank: Arch. Derm. Syph., Chicago **54**, 497, 650 (1946).

seiner Aufnahme verschiedene Wege zu beschreiten. Ob eine Aufnahme stattgefunden hat, läßt sich dann am sichersten erkennen, wenn durch den angebotenen Stoff an der Haut selbst oder im Gesamtkörper eine für diesen Stoff spezifische Reaktion ausgelöst wird. Der an die Haut gebrachte Stoff läßt sich vielleicht aber auch mit chemischen Methoden nach seinem Durchgang im Urin, in Körperflüssigkeiten, im Gewebe oder in der Ausatmungsluft nachweisen. Hier ist jedoch zu berücksichtigen, daß der negative Ausfall einer solchen Probe noch nicht gegen eine Aufnahme durch die Haut sprechen muß. Selbst wenn der dargebotene Stoff keine tiefgreifende Veränderung erfahren hat, welche den Nachweis unmöglich macht, kann er sich ihm entziehen, wenn er nicht ausgeschieden, sondern gespeichert wird. Um einen solchen Speicherort zu erfassen, wird deshalb in neuerer Zeit auch eine Analyse der Niere[1] empfohlen. Auf diese Weise läßt sich zudem eine Verdünnung des gesuchten Stoffes vermeiden, die mit der Ausscheidung im Urin nicht zu umgehen ist. Vielfach eignet sich auch der Nachweis im Gewebsschnitt, wobei der angebotene Stoff durch verschiedene Mittel, z.B. durch chemische Färbung oder Fluorescenz sichtbar gemacht werden kann. Das Ergebnis derartiger Nachweisverfahren ist naturgemäß dann schwer zu deuten, wenn das Aufnahmevermögen der Haut für körpereigene Stoffe, wie beispielsweise Glucose, Kochsalz oder CO_2, untersucht werden soll. Das sog. Restverfahren, bei dem eine gegebene Stoffmenge während einer bestimmten Zeit auf die Haut gebracht, dann der auf der Haut verbliebene Rest bestimmt und aus der Differenz auf den zur Aufnahme gelangten Anteil geschlossen wird[2], enthält schwer kontrollierbare Fehlermöglichkeiten und führt kaum zu sicheren Ergebnissen.

Ein Überblick über die Stoffe und Stoffklassen, für die eine Aufnahme von außen festgestellt wurde, gibt Anhaltspunkte über die Möglichkeiten einer solchen Stoffzufuhr. Dabei kann aber weder zwischen echter Resorption, Durchdringung oder Tiefenwirkung noch auf die im einzelnen angewandten Nachweisverfahren ausführlicher eingegangen werden.

2. Aufnahme von Wasser und in Wasser gelösten Stoffen.

Für Elektrolyte ist die Haut verhältnismäßig stark undurchlässig. Über das Aufnahmevermögen von Ionen und Salzen sind die Ansichten noch geteilt. KCl, $NaCl$, $CaCl_2$, an sich schon schwer bestimmbar, dürften aber die Haut nicht durchdringen[3]. Für KJ, NH_4J, NaJ und LiJ deuten einzelne Ergebnisse auf einen Durchgang[4], doch handelt es sich dabei eher um eine ausschließliche Resorption der Jodidionen. Radioaktives Jod bleibt bei Gesunden mehrere Tage in der Haut liegen und verschwindet dann langsam durch Resorption, Verdampfung und Ausscheidung[5]. Erst mit sehr konzentrierten Neutralsalzlösungen konnte eine gewisse Durchlässigkeit erzwungen werden[6], wobei auch spurenweise ein Eindringen in die Haut nachweisbar war. Eine Aufnahme von Li-, Cs-, Rb-, Sr- und Ca-Salzen ließ sich aber selbst spektrographisch nicht sicherstellen. Auch eine Wasserpassage ist äußerst zweifelhaft[7]. Für das Verhalten der Ionen dürfte bestimmend sein, in welchem Grade sie sich durch elektrische Aufladung oder Entladung der Haut den Weg bereiten oder verschließen können[8].

---

[1] Laug, E. P., E. A. Vos, E. J. Umberger and F. M. Kunze: Fed. Proc. **5**, 143 (1946). — [2] Wild, R. B., and I. Roberts: Brit. med. J. **1926 I**, 1076. — [3] Lehmann, G.: Arch. int. Pharmacodyn. Thérap. **55**, 331 (1937). — [4] Zwick, K. G.: Korresp.-Bl. schweiz. Ärzte **47**, 1319 (1917). — [5] Miller, O. B., and W. A. Selle: J. invest. Derm. **12**, 19 (1949). — [6] Bürgi, E.: 16. Int. Congr. Physiol. Zürich, I, S. 23 (1938). Wien. klin. Wschr. **1936 II**, 1545. — [7] Whitehouse, A. G. R., W. Hancock and J. S. Haldane: Proc. R. Soc. London (B) **111**, 412 (1932). — [8] Rothman, S.: Handb. Physiol. Bd. 4, S. 107; Bd. 18, S. 85.

Der weiteren Untersuchung der Stoffaufnahme mit Hilfe von Isotopen, die zur Lösung solcher Fragen besonders geeignet wären, stehen bis jetzt technische Schwierigkeiten entgegen. Aufnahme von Thorium X aus alkoholischer Lösung[1].

3. Aufnahme von Schwermetallen und Metalloiden.

Schwermetalle, wie überhaupt Kationen mit niedrigerer Lösungstension, entladen die Haut weniger stark oder zeigen selbst schon eine gewisse Lipoidlöslichkeit. Die Aufnahmefähigkeit der Haut für Quecksilberverbindungen[2], Bleiacetat, Bleioleat, Bleiarseniat[3,4], Arsenverbindungen[5–7], lipoidlösliche Kupferverbindungen[8], Eisen- und Wismutverbindungen[9] könnte durch diese Eigenschaften begünstigt werden. Lipoidunlösliche Schwermetallsalze dringen nur dann in die Haut ein, wenn sie mit Fettsäuren des Trägers oder des Hautoberflächenfettes Seifen zu bilden vermögen[10]. Das verschiedene Aufnahmevermögen der Haut für Borsäure und Borate[11,12] — die lipoidlösliche, schwach ionisierte Borsäure, nicht aber Borax dringt aus alkoholischer Lösung ein — beruht wahrscheinlich ebenfalls auf den verschiedenen Lösungseigenschaften dieser beiden Stoffe.

4. Aufnahme von Gasen.

In Wasser gelöst, dringen sie leicht in die Haut ein. Das konnte besonders für *Kohlensäure*[13,14] gezeigt werden. Die Aufnahmefähigkeit ist von äußeren Faktoren, wie Gaskonzentration, Salzgehalt der Lösung und Hyperämisierungszustand der Haut, abhängig. Das Aufnahmevermögen ist für Kohlensäure am besten, wenn sie zu 0,3% in Wasser gelöst ist. Ein steigender Neutralsalzgehalt einer solchen Lösung hemmt aber die Aufnahme von CO_2 in zunehmendem Maße. Eine Stauung des Gases in der Haut wurde nie beobachtet[15]. Eine direkte Kohlensäurediffusion ist in äußerst bescheidenem Umfang möglich[16], aber nur, wenn der CO_2-Gehalt der umgebenden Luft 8,5% übersteigt[17]. Ähnliches gilt für die direkte Diffusion von *Sauerstoff* (s. S. 314). *Andere Gase* durchdringen die Haut ebenfalls, und unter Umständen sind die aufgenommenen Mengen so groß, daß einzelne Gase Vergiftungserscheinungen und sogar den Tod herbeiführen können. Hierher gehören Schwefelwasserstoff[18,19] und Blausäure[20]. Tiere erleiden beispielsweise schon schwere Vergiftungen, wenn die HCN-Konzentration der Luft nur 5,5 bis 15 mg/*l* beträgt. Ebenso tritt auch Stickstoff und etwa doppelt so leicht Helium in die Haut[21] ein, desgleichen Ammoniak[18] und in geringem Umfang auch

[1] WITTEN, V. H., M. S. ROSS, E. OSHRY and A. B. HYMAN: J. invest. Derm. **17**, 311 (1951). — [2] LAUG, E. P.: J. Soc. cosmet. Chem. **1**, 81 (1948). — [3] LAUG, E. P., and F. M. KUNZE: J. industr. Hyg. **30**, 256 (1948). — [4] SCHMID, R.: Kli. Wo. **1942**, 158. — [5] CALVERY, H. O., J. H. DRAIZE, B. J. VOS, V. D. JOHNSON, E. P. LAUG, E. ANGHEY, M. ANDERSON, S. M. BERMANN, G. WOODARD, R. R. OFNER, P. JENNER and C. D. WRIGHT: Committee on Medical Research of the Office of Research and Development. Bimonthly Rep. No. 2, 5, 6 (1943). — [6] LEVA, J.: M. m. W. **1929 II**, 1368. — MACHT, D. I.: FÜHNER-WIELANDS Samml. Vergift.-Fälle **1**, 103 (1930). — [7] FUCHS, L.: Dtsch. Z. gerichtl. Med. **19**, 280 (1932). — [8] SCHMID, R., u. J. WINKLER: Kli. Wo. **1938 I**, 559. — [9] HERRMANN, F., M. B. SULZBERGER and R. L. BAER: Science, N. Y. **96**, 451 (1942). — [10] SHELLEY, W. B., and F. M. MELTON: J. invest. Derm. **13**, 61 (1949). — [11] KAHLENBERG, L.: J. biol. Ch. **62**, 149 (1924/25). — KAHLENBERG, L., and N. BARWASSER: J. biol. Ch. **79**, 405 (1928). — [12] PFEIFFER, C. C., L. F. HALLMAN and J. GERSH: J. amer. med. Ass. **128**, 266 (1945). — [13] HEDIGER, S.: Kli. Wo. **1928 II**, 1553. — [14] BÜRGI, E.: Schweiz. med. Wschr. **68**, 1333 (1938). — [15] KRAMER, K., u. H. SARRE: A. e. P. P. **180**, 545 (1936). — [16] CALVERY, H. O., J. H. DRAIZE and E. P. LAUG: Physiol. Rev. **26**, 495 (1946). — [17] SHAW, L. A., and A. C. MESSER: Amer. J. Physiol. **95**, 13 (1930). — [18] BÜRGI, E.: Wien. klin. Wschr. **1936 II**, 1545. — [19] LAUG, E. P., and J. H. DRAIZE: J. Pharmacol. exp. Therap. **76**, 179 (1942). — [20] WALTON, D. C., and M. G. WITHERSPOON: J. Pharmacol. exp. Therap. **26**, 315 (1925). — [21] BEHNKE, A. R., and T. L. WILLMON: Amer. J. Physiol. **131**, 627 (1941).

Ra-Emanation[1,2]. Auffälligerweise scheint aber die Haut für Kohlenmonoxyd undurchlässig zu sein. Neben diesen Gasen können selbstverständlich noch zahlreiche andere Stoffe in Form ihrer Dämpfe von der Haut aufgenommen werden, z.B. Nitrobenzol- und Dinitrobenzoldämpfe, flüchtige ätherische Öle[3], Senfgas und Lewisitdampf[4].

5. Aufnahme von verschiedenen organischen Stoffen.

Für eine große Zahl organischer Verbindungen der alipathischen, aromatischen, hydroaromatischen und heterocyclischen Reihe ist schon eine Durchlässigkeit der Haut nachgewiesen worden[3,5]. Arzneimittel, Narkotica oder Anaesthetica[6,7], Alkaloide[3], aber auch ätherische Öle[8] sowie „Kampfgase" fanden aus praktischen Gründen besondere Beachtung. Neuere Untersuchungen über die Stoffaufnahme von außen befassen sich mit Sulfonamiden[9,10], Dichlordiäthylsulfid[11] (Yperit, Lost), Dijodisopropylalkohol[12] (Jodthion), Tri-o-tolylphosphat[13], Teerbestandteilen[14], Dioxymethylanthranol[15,16] (Chrysarobin), Imidazolyläthylamin[17] (Histamin). Dieses wird aus wäßrigen und aus öligen Trägern von der Haut aufgenommen, wenn es als freie Base vorliegt, die Salze dringen nicht ein. Sulfonamide können aus Salben[10], aus Lösungsmitteln, aus Emulsionen sowie mit Hilfe der Elektrophorese in die Haut gebracht werden. Ob dabei gleichzeitige Aufnahme des Trägers notwendig ist, kann noch nicht gesagt werden, auf jeden Fall beeinflußt der Träger die Aufnahmefähigkeit. Sulfonamid wird z.B. aus Propylenglykol besser aufgenommen als aus einer Öl-Wasseremulsion, noch weniger gut aus einer Wasser-Ölemulsion und am schlechtesten aus Öl. Vom Träger hängt auch die Tiefe der erreichbaren Hautschichten ab. Aus einem Wollfett-Wassergemisch gelangen die Sulfonamide nur in die Hautoberfläche und in die obersten Lagen der Hornschicht, mit den der Aufnahme besonders förderlichen Penetrasolen sind sie aber auch bis in den Haarschaft und bis in das Corium zu bringen[9,18]. Eine Methode zum histochemischen Nachweis der von außen durch die Haut aufgenommenen Sulfonamide ist ausgearbeitet[19].

6. Aufnahme von Aminosäuren, Eiweißstoffen, Kohlenhydraten und Antigenen.

Ob die Haut von außen Aminosäuren, Zucker und Kohlenhydrate aufnehmen kann, ist noch nicht klargestellt. Die vorliegenden Einzelbeobachtungen lassen keine sicheren Schlüsse zu. Mit Hilfe anaphylaktischer Reaktionen konnte zwar

---

[1] Janitzky, A., W. Raschig, O. Steinke u. W. Wichmann: Kli. Wo. **1933 II**, 1692. — [2] Wagner, R.: S.-B. Akad. Wiss. Wien **143**, 521 (1934). — [3] Schwartz, L., and S. M. Peck: Cosmetics and Dermatitis. New York 1946. — [4] Cullumbine, H.: Quart. J. exp. Physiol. **34**, 83 (1948). — [5] Rothman, S.: Handb. Physiol. Bd. 4, S. 107; Bd. 18, S. 85 — [6] Freystadtl, B.: Derm. Wschr. **106**, 73 (1938). — [7] Bürgi, E.: Die Durchlässigkeit der Haut für Arzneien und Gifte. Berlin 1942. — [8] Macht, D. I.: J. amer. med. Ass. **110**, 409 (1938). — [9] Herrmann, F., M. B. Sulzberger and R. L. Baer: Science, N. Y. **96**, 451 (1942). — [10] Woodard, G., C. D. Wright, O. L. Evenson, R. R. Ofner, D. S. Kramer, P. M. Jenner and V. D. Johnson: Fed. Proc. **3**, 87 (1944). — [11] Camenisch, B.: Diss. med. Bern 1947. — [12] Stadlin, W.: Helv. **28**, 415 (1945). — [13] Bonduelle, M., et C. Brisset: Rev. neurol., Paris **79**, 367 (1947). — [14] Moncorps, C., R. Schmid u. M. Tholey: A. e. P. P. **185**, 572 (1937). — [15] Jadassohn, W.: Schweiz. med. Wschr. **74**, 1143 (1944). — [16] Gaudin, P.: Derm., Basel **97**, 208 (1948). — [17] Shelley, W. B., and F. M. Melton: J. invest. Derm. **13**, 61 (1949). — [18] Calvery, H. O., J. H. Draize, B. J. Vos, V. D. Johnson, E. P. Laug, E. Anghey, M. Anderson, S. M. Bermann, G. Woodard, R. R. Ofner, P. Jenner and C. D. Wright: Committee on Medical Research of the Office of Research and Development. Bimonthly Rep. No. 2, 5, 6 (1943). — [19] MacKee, G. M., F. Herrmann, R. L. Baer and M. B. Sulzberger: J. Lab. clin. Med. **28**, 1642 (1943).

schon eine Aufnahme[1] kleinster Eiweißmengen nachgewiesen werden. Es sind hier vielleicht noch weitere Ergebnisse bei Benützung besonders geeigneter Träger zu erwarten, zeigte sich doch, daß bei zweckmäßiger Verwendung der Penetrasole die Antigenaufnahme durch die Haut begünstigt wird.

7. Aufnahme von Fetten, Lipoiden und Fettsäuren.

Ausschließlich lipoidlösliche pflanzliche und tierische Fette und ihre ebenfalls nur lipoidlöslichen unverseifbaren Anteile sollten wie auch die sog. mineralischen Fette von der Haut nicht aufgenommen werden. Etwas aufnahmefähig wären hingegen lipoid- und bis zu einem gewissen Grade auch wasserlösliche Stoffe, wie Lecithine und nach Maßgabe ihres Teilungsquotienten Lipoid/Wasser, vielleicht auch Cholesterin und Fettsäuren. Es dürften nun aber die pflanzlichen und tierischen Fette kaum als ausschließlich lipoidlöslich betrachtet werden. Durch die darin enthaltenen Beimengungen, wie Glycerophosphate (Lecithin), Ester anderer Alkohole und auch Glycerinester anderer Art, erhalten sicher auch die natürlichen Fette eine geringe Wasseraffinität, so daß für ihre Aufnahmefähigkeit durch die Haut ebenfalls der Teilungsquotient Lipoid/Wasser ausschlaggebend ist. Miteinander in Einklang stehende Ergebnisse fehlen noch, methodische Schwierigkeiten erschweren zudem eine sichere Beurteilung der Aufnahmefähigkeit. Blut-, Körpergewebe- oder Ausscheidungsanalysen sind oft nicht beweisend, handelt es sich doch häufig gerade um den Nachweis körpereigener Stoffe, von denen die physiologischen Normalwerte so wenig wie die physiologische Streuung genauer bekannt sind. Mit der sog. Restmethode[2,3] ist zwar schon eine Aufnahme von Ölen, wasserfreiem Wollfett, Schweinefett und Vaseline gefunden worden, derartige Ergebnisse können aber noch nicht als beweisend betrachtet werden, so wenig wie die histologische Prüfung nach Behandlung der Haut mit gefärbten Fetten. Es müßte für dieses Verfahren zunächst bewiesen werden, daß die Aufnahmefähigkeit des zu prüfenden Fettes derjenigen des zur Färbung verwendeten Farbstoffes gleich ist. Immerhin ist wahrscheinlich, daß mineralische Fette von der Haut nicht oder sehr schlecht aufgenommen werden[4,5] und animalische Fette für die Aufnahme von außen günstiger sind als vegetabilische Fette. Eintrittsort wären für solche Stoffe die Drüsenkanäle und lose Hornschichtpartien, tiefere Schichten dürften kaum erreicht werden[6]. Für Cholesterin ließ sich noch kein Durchgang durch die Haut nachweisen, ebensowenig für hydriertes Lein- und Erdnußöl, das mit D_2 markiert war[5]. Hingegen wurde ein natürliches Triglyceridgemisch (Sonnenblumenöl) gefunden, das von der Haut aufgenommen wird. Es gelang, die charakteristischen Erscheinungen der Akrodynie, wie sie an Ratten nach einem Mangel an essentiellen, mehrfach ungesättigten Fettsäuren auftreten, ausschließlich durch percutane, jede Verschleppung ausschließende Verabreichung dieses an Triglyceriden solcher Fettsäuren reichen Öles zu heilen[7]. Ein Vergleich der Wirkung bei oraler und cutaner Darreichung ergab zudem, daß diese ungesättigten Fette offenbar quantitativ von der Haut aufgenommen werden. Ein Penetrationsvermögen zeigen auch die ungesättigten Fettsäuren Linol- und Ölsäure[8]. Besonders untersucht wurde ferner das Verhalten radioaktiv gekennzeichneter Stearinsäure[8].

---

[1] HERRMANN, F., M. B. SULZBERGER and R. L. BAER: Science, N. Y. **96**, 451 (1942). — [2] WILD, R. B., and I. ROBERTS: Brit. med. J. **1926 I**, 1076. — [3] BERNHARDT, H., u. C. B. STRAUCH: Z. klin. Med. **106**, 671 (1927). — [4] ELLER, J. J., and S. WOLFF: Arch. Derm. Syph., Chicago **40**, 900 (1939). — [5] CZETSCH-LINDENWALD, H. v.: Arch. Derm. Syph., Berlin **184**, 439 (1943). — [6] BECK, G., u. E. BÜRKI: Verh. schweiz. Physiol. **1942**, 25. — [7] EDLBACHER, S., G. VIOLLIER u. L. GSCHAEDLER: Z. Vit.-Forsch. **15**, 274 (1944/45). — [8] BUTCHER, E. O.: J. invest. Derm. **21**, 43, 243 (1953).

8. Aufnahme von Vitaminen.

Für die Vitamine A[1-3], B_1[4], C[1], D[2], K[5] und für Fette mit mehrfach ungesättigten Fettsäuren[6] (essentielle Fettsäuren) ist ein Aufnahmevermögen der Haut festgestellt worden. Für die völlige lipoidunlösliche aber wasserlösliche L-Ascorbinsäure ist dieser Befund in theoretischer Hinsicht überraschend. Eine Lokalwirkung üben die so aufgenommenen Vitamine im allgemeinen nicht aus[1].

9. Aufnahme von Hormonen.

Neben Insulin, das nach einer Einzelbeobachtung[7] intakte Haut nur nach Vorbehandlung mit Lösungsmitteln oder Wärme durchdringen soll, bei dieser Anwendungsart aber der subcutanen Verabreichung weit unterlegen sei, wurde vor allem das Aufnahmevermögen der Haut für die Geschlechtshormone in ausgedehntem Maße untersucht. Es werden oestrogene[8-29,33] und androgene[13,17,29-32] Hormone von der Haut von außen aufgenommen, wobei sich eine hämatogene und eine lokale Hormonwirkung entfalten kann.

Die *lokale Wirkung* von androgenen Hormonen wurde am Kapaunenkamm, diejenige von oestrogenen Hormonen im wesentlichen an der Meerschweinchenzitze untersucht. Es ließen sich auf diese Weise auch Verfahren zur Hormonbestimmung (Hahnenkammtest[34,35], Nippletest[28]) entwickeln. Die Hormonaufnahme durch die Haut fand im Zusammenhang mit der Hervorrufung und Untersuchung der allgemeinen und der lokalen Hormonwirkungen besondere Beachtung. Es ließ sich dabei u. a. auch feststellen, daß oestrogene und androgene Hormone, diese letzteren allerdings nur bei Verwendung hoher Dosen, auf senile männliche und weibliche Haut einen gewissen regenerierenden Einfluß ausüben[13-16]. Von außen dargereichtes Hormon ändert den Gehalt an weichem Keratin und an Keratohyalin[14] und führt eine Akkumulierung des Keratins und eine Proliferation der Epidermis herbei. Die Epithelzellen zeigen zunehmend größere Kerne und größeres Cytoplasma, die epithelialen Zellagen vermehren sich, und es bilden sich wellenförmige Epidermisfalten aus[21]. Auch soll dabei eine Neubildung elastischer Fasern in seniler Haut zu beobachten sein[15]. Bei Anwendung der gebräuchlichen Hormonmengen bleibt aber die Wirkung nicht auf den Anwendungsort beschränkt, es kann eine je nach Umständen unerwünschte und je nach Dosierung verschieden starke Allgemeinwirkung auftreten[16]. Theoretisch dürften zur ausschließlichen Hervorrufung eine Lokal-

---

[1] Eller, J. J., and S. Wolff: J. amer. med. Ass. **114**, 2002 (1940). — [2] Schwartz, L., and S. M. Peck: Cosmetics and Dermatitis. New York 1946. — [3] Mandelbaum, J., and L. Schlessinger: Arch. Derm. Syph., Chicago **46**, 431 (1942). — [4] Lehmann, H.: Schweiz. Apoth.-Ztg. **80**, 101 (1942). — [5] Vollmer, H., C. Abler and H. S. Altman: Amer. J. Dis. Children **64**, 462 (1942). — [6] Edlbacher, S., u. G. Viollier: Z. Vit.-Forsch. **15**, 274 (1945). — [7] Reiss, H.: Virchows Archiv **296**, 627 (1936). — [8] Zondek, B.: Kli. Wo. **1929** II, 2229. Schweiz. med. Wschr. **65**, 1168 (1935). — [9] Loeser, A. A.: J. Obstet. Gynaec. brit. Emp. **44**, 710 (1937). — [10] Baer, H. L.: J. invest. Derm. **2**, 15 (1939). — [11] Salmon, U. J.: Proc. Soc. exp. Biol. Med. **38**, 481 (1938). — [12] Eller, J. J., and S. Wolff: J. amer. med. Ass. **114**, 1865, 2002 (1940). — [13] Goldzieher, J. W.: J. Gerontol. **4**, 104 (1949). — [14] Goldzieher, J. W., I. S. Roberts, W. B. Rawls and M. A. Goldzieher: Arch. Derm. Syph., Chicago **64**, 533 (1951). — [15] Goldzieher, J. W., I. S. Roberts, W. B. Rawls and M. A. Goldzieher: Arch. Derm. Syph., Chicago **66**, 304 (1952). — [16] Eller, J. J.: Arch. Derm. Syph., Chicago **59**, 449 (1949). — [17] Moore, C. R., J. K. Lamar and N. Beck: J. amer. med. Ass. **111**, 11 (1938). — [18] Bishop, P. M. F.: Brit. med. J. **1943 II**, 244. — [19] MacBryde, C. M.: J. amer. med. Ass. **112**, 1045 (1939). — [20] Stadlin, W.: Helv. **28**, 415 (1945). — [21] Goldzieher, M. A.: J. Gerontol. **1**, 196 (1946). — [22] Isler, H., W. Jadassohn et E. Bujard: Schweiz. med. Wschr. **79**, 1001 (1949). — [23] Isler, H., et A. Mosimann: Ann. Endocrinol., Paris **11**, 69 (1950). — [24] Jadassohn, W., H. E. Fierz-David and E. Pfanner: Schweiz. med. Wschr. **73**, 1301 (1943). — [25] Jadassohn, W.: Schweiz. med. Wschr. **69**, 313 (1939). — [26] Pillsbury, D. M.: The Physiology of the Skin. Ann. Rev. Physiol. **2**, 151 (1940). — [27] Jadassohn, W., H. E. Fierz-David and E. Pfanner: Helv. **27**, 1161 (1944). — [28] Jadassohn, W., u. H. E. Fierz-David: Vjschr. naturforsch. Ges. Zürich 88, Beiheft 1 (1943). — [29] Jadassohn, W., H. E. Fierz-David and E. Pfanner: Helv. **25**, 3 (1941). — [30] Ruzicka, L., u. E. Tschopp: Schweiz. med. Wschr. **49**, 1118 (1934). — [31] Tschopp, E.: Kli. Wo. **1935 II**, 1064. — [32] Miescher, K., u. P. Gasche: Helv. med. Acta, Pars physiol. et pharm. **7**, Suppl. VI, 93 (1941). — [33] Miescher, K., u. P. Gasche: Schweiz. med. Wschr. **71**, 1301 (1941). — [34] Fussgänger, R.: Med. u. Chem. **2**, 194 (1934). — [35] Tschopp, E.: Kli. Wo. **1935 II**, 1064.

wirkung nur so geringe Hormonmengen auf die Haut gebracht werden, bei denen eine Allgemeinwirkung sicher nicht mehr eintreten kann. Da für den Menschen eine solche zulässige Grenzkonzentration noch nicht bekannt ist, müßte die Dosierung eines geschlechtswirksamen Hormons, das lokal und beispielsweise ausschließlich zur Erzielung einer Hautregeneration zur Anwendung gelangen soll, vorsichtshalber extrem niedrig gehalten werden[1]. Daß eine Hautwirkung vielleicht schon mit verschwindend kleinen Dosen oestrogener Hormone erzielbar sein könnte, läßt sich aus Versuchen ableiten, in denen mit niedrigsten Hormonmengen am Meerschweinchen noch eine Zitzenvergrößerung und eine Epidermisverbreiterung zu erzielen war[2–6]. Die dabei noch wirksamen, von außen an die Haut gebrachten Hormonmengen lagen in folgender Größenordnung: Etwa 16×10^{-11} g Oestron ergab, während eines Monats täglich auf die Zitze eines männlichen Meerschweinchens aufgebracht, noch eine erhebliche lokale und hämatogene Wirkung[7], und die einmalige Behandlung einer Zitze mit etwa 7×10^{-8} g Hormoestrol zeigte schon 34 Std später an der benachbarten unbehandelten Zitze eine deutlich nachweisbare Fernwirkung[4]. Selbst mit etwa 7×10^{-11} Hormoestrol konnte bei einmaligem Aufbringen auf eine Zitze an dieser selbst noch eine acanthotische Epidermisverbreiterung ausgelöst werden[4]. Bei direktem Angebot von oestrogenen Hormonen an die Haut sind somit, besonders wenn die Hormone in organischen Lösungsmitteln angewandt werden, noch mit minimalen Hormonmengen deutliche Effekte zu erzielen. Daraus geht hervor, daß diese Hormondarreichung für viele Fragestellungen eine bevorzugte Form darstellen könnte. Auch für Androsteron ließ sich zeigen, daß seine Wirkung viel intensiver ist, wenn es als Lösung auf den Kapaunenkamm aufgebracht statt intramuskulär bzw. subcutan gespritzt oder per os gegeben wird[8,9].

g) Aufgaben der Forschung.

Nach der vorliegenden kritischen Sichtung mag der Eindruck entstehen, daß die unabgeklärten Fragen unsere heutigen Kenntnisse beinahe überwiegen. Und doch verdeutlicht dies nur die schon eingangs erhobene Feststellung, daß die Bearbeitung patho-physiologischer Fragen vielfach jener physiologischer vorausgeeilt sei. Solange diese nicht eine allseitig gesicherte Grundlage grundsätzlicher Probleme darstellen, sind auch jene nicht als abgeschlossen zu betrachten. Denn noch fehlen die unverrückbaren Anknüpfungspunkte für Ableitungen ätiologischer oder genetischer Art. Bleibt man sich der Lückenhaftigkeit der Kenntnisse bewußt, so ist eine fruchtbare Weiterentwicklung der Forschung zu erwarten. Zahlreiche Feststellungen über die Verhältnisse in der gesunden und kranken Haut werden dann nur nach Maßgabe ihres tatsächlichen Gewichts als Grundlage für neue Untersuchungen verwendet. Erste Aufgabe der Forschung muß bleiben, die vorhandenen Lücken zu schließen. Vor allem sind durch Nachprüfung und Ergänzung die vorläufig vielfach noch unsicheren Kenntnisse der Biochemie der gesunden Haut durch gesicherte Tatsachen zu ersetzen. Die methodische Richtung ist deshalb zuerst zu entwickeln. Die Auslese, Vorbereitung und Gewinnung des Materials ist ebensosehr zu berücksichtigen wie die chemische Untersuchung selbst. Neue chemische Verfahren sind auszuarbeiten und einheitlich anzuwenden. Erst dann werden die Verhältnisse bei gesunder und kranker Haut vergleichbar und damit auswertbar. Vorerst fehlen noch vielfach diese Voraussetzungen zur Annäherung an das erstrebenswerte Endziel, die Lebensvorgänge in der gesunden Haut zusammen mit den sie beherrschenden Einflüssen so kennenzulernen, daß sich daraus die krankhaften Veränderungen verstehen und soweit möglich, zum Heile der Kranken beeinflussen lassen.

[1] Moore, C. R., J. K. Lamar and N. Beck: J. amer. med. Ass. **111**, 11 (1938). — [2] Jadassohn, W., E. Uehlinger u. W. Zürcher: Helv. med. Acta **4**, 199 (1937). — [3] Jadassohn, W., E. Uehlinger u. H. E. Fierz: Schweiz. med. Wschr. **71**, 6 (1941). — [4] Isler, H., W. Jadassohn et E. Bujard: Schweiz. med. Wschr. **79**, 1001 (1949). — [5] Jadassohn, W., H. E. Fierz-David and E. Pfanner: Helv. **25**, 3 (1941); **27**, 1161 (1949). — [6] Jadassohn, W., u. H. E. Fierz-David: Vjschr. naturforsch. Ges. Zürich 88, Beiheft 1 (1943). — [7] Jadassohn, W., u. H. E. Fierz-David: Ars. Medici, Liestal **34**, 605 (1944). — [8] Fussgänger, R.: Med. u. Chem. **2**, 194 (1934). — [9] Tschopp, E.: Kli. Wo. **1935 II**, 1064.

4. Milchdrüse und Milch.

Von W. Lintzel.

Inhaltsverzeichnis.

a) Allgemeines.

Als Sekret der Milchdrüse der Säugetiere ist die Milch für die Ernährung des neugeborenen Säugetieres von lebenswichtiger Bedeutung. Der physiologische Vorgang des Säugens hat der ganzen Tierklasse der Mammalia den Namen gegeben, in deren Unterklassen, den Kloakentieren, den Beuteltieren und den Placentatieren, sich die äußere Brutpflege allmählich immer höher ausbildet.

Das *Schnabeltier* (Kloakentiere, Monotremata) legt 2 weichhäutige, reptilienähnliche Eier in eine Erdhöhle und brütet sie in einer Art Nest aus. Beide Elterntiere sollen *tubulöse, in Hautflächen angeordnete Milchdrüsen* zur Entwicklung bringen, deren aktiv abgesonderte Milch von den Jungen aufgeleckt wird. Die Herkunft der *Milchdrüsen* aus *Schweißdrüsen* ist hier noch deutlich.

Beim *Riesenkänguruh* (Marsupalia) gelangt das befruchtete Ei in den Uterus, wo es nur wenige Wochen verweilt und zu einem Embryo heranwächst, ohne durch eine Placenta im Nährstoffaustausch mit dem mütterlichen Organismus zu stehen. Das Junge kommt unentwickelt nur 3,5 cm groß zur Welt und wird im Beutel durch die *Milchdrüse* ernährt, deren

Zitze eine feste Verbindung mit dem Munde des Jungen eingeht und tief in den Schlund hineinragt. Die Milch wird aktiv in den Verdauungstrakt des Jungen abgegeben, erst nach 6 bis 7 Wochen, nach Ablauf der Embryonalperiode, reguliert das Junge durch Saugen die weitere Leistung der Milchdrüse.

Bei den *Placentalia* ist die intrauterine Brutpflege durch die Ausbildung der Placenta vervollkommnet, die einen Nährstoffaustausch zwischen dem mütterlichen und fetalen Blut ermöglicht. Obwohl die Jungen sehr weit entwickelt zur Welt kommen, sind sie bei allen Arten ohne Muttermilch nicht lebensfähig.

Die Milch[1–20] mancher Nutztiere und die daraus bereiteten Produkte haben sich darüber hinaus bei vielen Völkern, besonders bei den eigentlichen Hirtenvölkern, zum Teil als wesentliche *Nahrungsmittel* für das Kind nach dem Säuglingsalter und für den Erwachsenen eingebürgert. Nebenprodukte der Herstellung von Milcherzeugnissen werden als *Futtermittel* verwendet. Erzeugnisse aus Milch werden für *pharmazeutische Zwecke* und in steigendem Umfange in der *technischen Chemie* für Leim, Anstrichfarben, Kunsthorn u. a. verarbeitet.

Alle Erkenntnisse über den Nährwert, die Verwendung und Bearbeitung der Milch stützen sich auf die physiologisch-chemische Erforschung der Milch, die ihrerseits durch die technischen Erfahrungen stark befruchtet worden ist und von der Praxis her ständig neuen Antrieb erhält.

b) Die Milchdrüse.

Bei den verschiedenen Säugetierarten ist die Milchdrüse (Mamma) trotz vieler anatomischer Unterschiede ein gleichartig gebautes Organ ektodermalen Ursprungs. Sie ist als *umgewandelte Schweißdrüse* anzusehen, zum Unterschied von dieser besteht sie jedoch aus einer Summe zahlreicher Einzeldrüsen. Die lactierende Milchdrüse stellt sich daher als ein zusammengesetztes, in Lappen und Läppchen eingeteiltes Organ dar.

α) Anatomischer Bau[21, 22].

Der Drüsenkörper selbst besteht aus *Alveolen* und *Drüsenkanälchen*, daran schließt sich ein *Gangsystem*, in dem die Drüsenkanälchen zu *Ausführungsgängen* zusammentreten (Abb. 18),

---

Zusammenfassende Darstellungen: 1—20. [1] WINKLER, W.: Handb. Milchwirtsch. (WINKLER) 3 Bde. Berlin 1930—1936. — [2] FLEISCHMANN, W., u. H. WEIGMANN: Lehrbuch der Milchwirtschaft. 7. Aufl. Berlin 1929—32. — [3] GRIMMER, W.: Lehrbuch der Chemie und Physiologie der Milch. 2. Aufl. Berlin 1926. — [4] GRIMMER, W.: Handb. Biochem. Erg.-W. Bd. 2, S. 383. — [5] PFAUNDLER, M. v.: Milchdrüsen, Lactation, Saugen. Handb. Physiol. Bd. 14, S. 605—644. — [6] SCHULZ, M. E.: Manuale lactis. (Bibliographie.) Nürnberg 1948—. — [7] LENKEIT, W., u. W. LINTZEL: Milch u. Milchprodukte. Handb. Mangold Bd. 1, S. 474—497. — [8] KÖNIG, J.: Chemie der menschlichen Nahrungs- und Genußmittel. 5. Aufl., Bd. 2: Untersuchung landwirtschaftlich und gewerblich wichtiger Stoffe. Berlin 1926. — [9] GRONOVER, A., u. R. STROHECKER: Milch. Handb. Lebensm.-Chem. (BÖMER u. a.) Bd. 3, S. 37—211. — [10] KLIMMER, M., u. F. SCHÖNBERG: Milchkunde und Milchhygiene. 6. Aufl. Hannover 1951. — [11] WYSSMANN, E., u. A. PETER: Milchwirtschaft. Neu bearb. von THOMANN, W., u. E. ZOLLIKOFER. 11. Aufl. Frauenfeld (Schweiz) 1938. — [12] GRIMMER, W.: Milchwirtschaftliches Praktikum. Leipzig 1926. — [13] LING, E. R.: A Textbook of Dairy Chemistry. 2. Aufl. London 1946. — [14] BEYTHIEN, A.: Laboratoriumsbuch für den Lebensmittelchemiker. 6. Aufl. Dresden, Leipzig 1951. — [15] STROHECKER, R.: Methoden der Lebensmittelchemie. 3. Aufl. Berlin 1949. — [16] DEMETER, K. J.: Molkereibakteriologie. Handb. landwirtsch. Bakt. (LÖHNIS) 2. Aufl. Bd. I/2, S. 107. Bakteriologische Untersuchungsmethoden von Milch, Milcherzeugnissen usw. 2. Aufl. Berlin, Wien 1943. — [17] SCHMIDT, A.: Kleines Handbuch der Milchwirtschaftlichen Untersuchungsmethoden usw. 2. Aufl. Hildesheim 1947. — [18] DIEMAIR, W.: Untersuchung der Milch. H.-Th. 10. Aufl. Bd. V, S. 666—682. — [19] SCHWARZ, G., u. B. HAGEMANN: Die chemischen und bakteriologischen Untersuchungsverfahren für Milch, Milcherzeugnisse und Molkereihilfsstoffe. Radebeul, Berlin 1950. — [20] ROEDER, G.: Leitfaden der Milchuntersuchung. Hildesheim 1948.

[21] EGGELING, H. v.: Handb. vgl. Anat. Wirbeltiere (BOLK u. a.) Bd. 1, S. 671. Berlin, Wien 1931. — [22] Handb. vgl. Anat. Haustiere (ELLENBERGER-BAUM). 15. Aufl. Berlin 1921. — Handb. mikroskop. Anat. (v. MÖLLENDORFF) Bd. III/1. Berlin 1936.

die sich zu den *Milchgängen* vereinigen. Bei der Kuh münden die Milchgänge in einen Sammelraum, die *Zisterne*, ein, die zum Teil noch in der Drüsenmasse liegt, zum Teil den Zitzenteil der Milchdrüse ausfüllt. Die Verbindung der Zisterne nach außen wird durch den *Strichkanal* gebildet. In der Zahl der Zisternen und Zitzen herrscht bei den verschiedenen Tierarten große Mannigfaltigkeit[1,2]. In der weiblichen Mamma laufen die Milchgänge nicht in einer Zisterne zusammen, sondern ziehen parallel zueinander durch die Brustwarze, um auf dem Warzenfeld in 12—15 Poren zu münden.

Vor der *ersten Schwangerschaft* ist nur das Gangsystem entwickelt, so daß die virginelle Mamma einen tubulären Aufbau hat. In der Schwangerschaft werden die Alveolen (Abb. 19) mit den kleinen Drüsengängen gebildet, wodurch die Drüse erst funktionsfähig wird. Die Ausbildung der Alveolen geht so vonstatten, daß das 2schichtige Epithel der Milchgänge proliferiert.

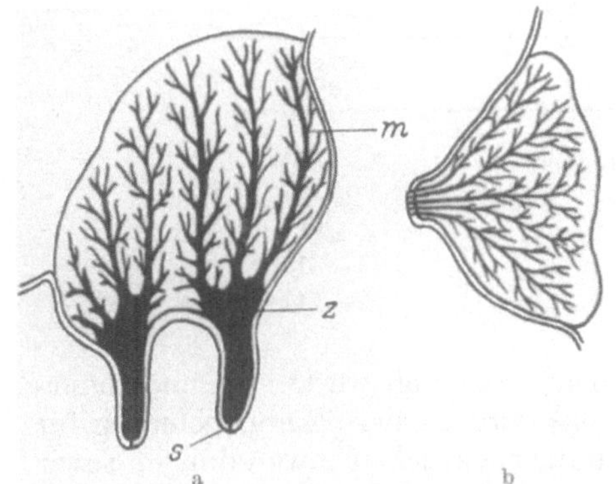

Abb. 18 a u. b. Aufbau der Milchdrüse, schematisch. a Schnitt durch die linke Euterhälfte der Kuh. *m* Milchgang; *z* Zisterne; *s* Strichkanal. b Schnitt durch die weibliche Mamma. Die Ductus lactiferi führen unmittelbar nach außen.

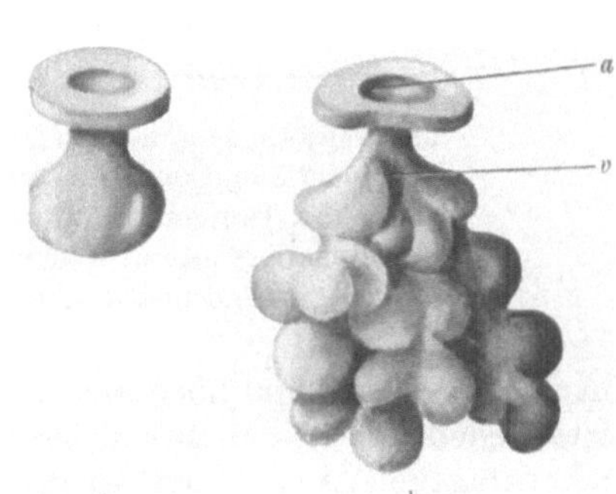

Abb. 19 a u. b. Feinbau alveolärer Drüsen, schematisiert. a Alveoläre Drüse. b Zusammengesetzte alveoläre Drüse (Milchdrüse). *a* Ausführungsgang; *v* Verästelung.

Die innere, dem Lumen zugewendete Epithelschicht bildet das verzweigte System der *interlobulären und intralobulären Gänge* sowie das *sekretorische Epithel der Alveolen.* Aus den Zellen der äußeren Epithelschicht der Milchgänge entstehen die gestreckten, mit spindelförmigen Ausläufern untereinander verbundenen *myoepithelialen Zellen,* die auch als *Korbzellen* bezeichnet werden. Sie sind *kontraktil* und betätigen sich bei der Ejektion der Milch aus den Alveolen[3].

β) Chemische Zusammensetzung.

Tabelle 95. Zusammensetzung der Milchdrüse der Kuh (in %)[4].

	Wasser	Protein	Fett	Lactose	Asche
Milcharm	74,4	9,7	13,4	1,6	1,0[5]
Milcharm	76,4	11,84	9,50	1,08	1,18
	(72,33—79,96)	(9,38—14,63)	(4,97—14,13)	(0—2,32)	(0,90—1,46)

Tabelle 96. Proteine der Milchdrüse (nach LAXA[5] in % des Eiweißgehaltes).

Nucleoproteide	69,54	Aminosäuren	4,25
Albumine und Globuline . .	7,67	Casein.	immunologisch nachweisbar
Peptone	18,54		

[1] EGGELING, H. v.: Handb. vgl. Anat. Wirbeltiere (BOLK u. a.) Bd. 1, S. 671. Berlin, Wien 1931. — [2] Handb. vgl. Anat. Haustiere (ELLENBERGER-BAUM). 15. Aufl. Berlin 1921. — Handb. mikroskop. Anat. (v. MÖLLENDORFF) Bd. 3/1. Berlin 1936. — [3] RICHARDSON, K. C.: Proc. R. Soc. London (B) **136**, 30 (1949). — SWANSON, E. W., and C. W. TURNER: J. Dairy Sci. **24**, 635 (1941). — [4] König, Chem. Nahr.- u. Genußm. 4. Aufl. Bd. 2, S. 496 (1904). — [5] LAXA, O.: Lait **7**, 336 (1927).

Kohlenhydrate. Der hohe Gehalt an N-freien Extraktstoffen in dem milchreichen Euter besteht in erster Linie aus *Milchzucker*. Das Drüsengewebe enthält ferner *Glykogen*, doch waren die Beobachtungen darüber bisher sehr unterschiedlich. BARRENSCHEEN u. ALDERS[1] fanden in ruhenden und lactierenden Drüsen des Meerschweinchens 30—40 mg-% Glykogen, das sie als unbeachtlich für die Funktion der Drüse betrachten, zum Teil sind auch höhere Werte beobachtet worden (Tabelle 97).

Kuheuter vom Schlachthof, die infolge postmortaler Glykogenolyse nur 25 mg-% Glykogen enthalten, weisen nach Durchströmung mit glucosereichem

Tabelle 97. Glykogengehalt der Milchdrüse.

Untersuchte Drüse	Glykogen mg-%
Meerschweinchen, lactierend und trocken	30—40[1]
Kuh, lactierend und trocken	200[2]
Ratte, 21. Tag der Lactation	22[3]
Ziege, lactierend und trocken	14—51[3]
Kuh, lactierend und trocken	52—141[3]

Blut 200 mg-% auf und noch mehr, wenn Insulin zugefügt wird[4]. Die noch ungeklärte Bedeutung des Mammadrüsenglykogens wird in der Energielieferung für den kontraktilen Apparat der Korbzellen und für chemische Umwandlungen sowie in der Synthese des Milchzuckers gesucht.

Eine *Ketoheptose* wurde neuerdings im Eutergewebe aufgefunden. Sie ist auch im Colostrum, jedoch nicht in der reifen Milch vorhanden[5].

Protein. In der Milchdrüse findet sich ein Nucleoproteid, dessen Nucleinsäure neben Phosphorsäure und einem zuckerartigen Bestandteil Adenin, Guanin, Thymin und Cytosin[6] enthält, somit der Thymonucleinsäure (s. Bd. **1**, S. 839) nahesteht oder mit ihr identisch ist.

Casein wird schon in der 20. Woche der ersten Trächtigkeit im Kuheuter immunologisch nachweisbar[7]. Indiziertes anorganisches Phosphat wurde in erheblicher Menge in Phosphoproteidbindung in der Milchdrüse wiedergefunden[8].

Lipoide. Neben dem *Neutralfett* sind nach LAXA 0,52% Cholesterin und 0,97% Phosphatide vorhanden. Der Phosphatidgehalt fand sich in der Lactation auf das Doppelte vermehrt[9]. Die für das Milchfett typischen, sonst im Körper nicht vorkommenden niederen Fettsäuren werden in der Milchdrüse des Kaninchens schon während der Trächtigkeit nachweisbar[10].

Fermente. Die Fermente der Milchdrüse sind von entscheidender Bedeutung für die gewaltigen Stoffwechselleistungen, die bei der Milchbildung geleistet werden müssen. Allerdings ist es bisher noch kaum gelungen, die Aufgaben der verschiedenen, im Mammagewebe aufgefundenen Fermente mit Sicherheit zu

[1] BARRENSCHEEN, H. K., u. N. ALDERS: B. Z. **252**, 97 (1932). — [2] PETERSEN, W. E., and J. C. SHAW: J. Dairy Sci. **21**, Abstr. 168 (1938). — [3] FOLLEY, S. J.: Biol. Reviews **24**, 316 (1949). — [4] KNODT, C. B., and W. E. PETERSEN: J. Dairy Sci. **28**, 415 (1945); **29**, 121 (1946). — [5] PEETERS, G., R. COUSSENS u. G. SIERENS: Naturwiss. **41**, 428 (1954). — [6] MANDEL, J. A., u. P. A. LEVENE: H. **46**, 155 (1905). — LÖBISCH, W.: Hofmeisters Beitr. **8**, 191 (1906). — [7] CUTLER, O. I., and J. H. LEWIS: Amer. J. Physiol. **103**, 643 (1933). — [8] SIMONNET, H., et J. STERNBERG: Bull. Soc. Chim. biol. **33**, 1240 (1951). — [9] BLOOR, W. R., and R. H. SNIDER: J. biol. Ch. **107**, 459 (1934). — [10] POPJÁK, G., S. J. FOLLEY and T. H. FRENCH: Arch. Biochem. **23**, 508 (1949). — POPJÁK, G., and M.-L. BEECKMANS: Biochem. J. **46**, 547 (1950).

deuten, da zu viele Vorgänge nebeneinander herlaufen, bei denen man die Mitwirkung eines und desselben Fermentes vermuten könnte, z. B. Abbau hochmolekularer Stoffe zum Zwecke der Aufnahme in die Zelle, Aufbau der hochmolekularen Stoffe der Milch, Umwandlungen zwischen Eiweiß, Kohlenhydrat und Fett, Verbrennung. In einzelnen Fällen ist versucht worden, aus dem Sitz des Fermentes in der Drüse auf seine Funktion zu schließen.

Nach älteren Befunden sind in der Milchdrüse ein *proteolytisches* und ein *peptolytisches Ferment* vorhanden, auch wurden *Monobutyrase*, *Amylase* und *Salolase* gefunden, diese spaltet Salicylsäurephenylester (Salol) in Salicylsäure und Phenol[1]. Fermente, die eine Umwandlung eines mit Glykogen nicht identischen Vorratskohlenhydrates in Fructose und weiter in Galaktose bewirken sowie aus Glucose und Galaktose Milchzucker synthetisieren[2], auch eine synthetisierende *Lactase*[3] und Fermente getrockneter Milchdrüsensubstanz, die aus Glucose Milchzucker bilden[4] sind beschrieben worden. Das Enzym *Desoxyribonuclease*[5], das Thymonucleinsäure depolymerisiert, ferner *Katalase* und *Xanthindehydrogenase*, die schon als Bestandteile der Milch bekannt waren, sind im Drüsengewebe aufgefunden worden. Cytochrom c, Cytochromoxydase sowie Bernsteinsäurehydrogenase sind in der Milchsäure bei Ruhe in geringen, in der Lactation in erheblich vermehrten Mengen vorhanden[7]. Die Enzyme des Citronensäurecyclus sind in der Milchdrüse wirksam[8].

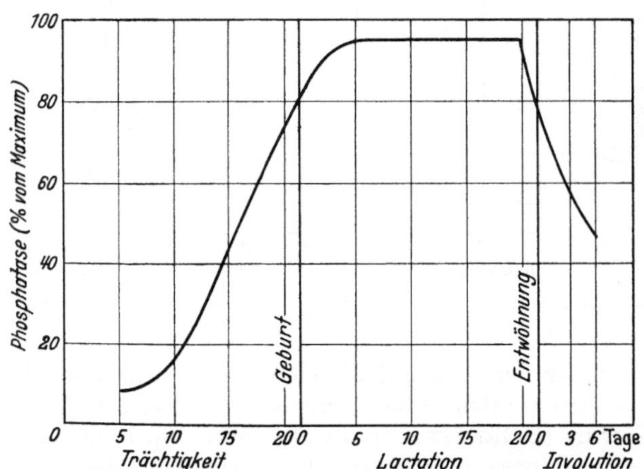

Abb. 20. Alkalische Phosphatase in der Milchdrüse der Ratte (in % vom Maximum). Nach FOLLEY u. GREENBAUM[6].

Phosphatasen. Eine Phosphomonoesterase *(sauere Phosphatase)*, die auch in der Milch vorkommt, wurde im Milchdrüsengewebe nachgewiesen[9].

Näher untersucht ist die *alkalische Phosphatase*[10], eine Phosphomonoesterase, die nach BORST (1932) die im Kuheuter gleichfalls vorhandene Adenosinphosphorsäure zu spalten vermag. FOLLEY u. KAY nehmen an, daß die Phosphatasen aus Milchdrüse und Niere des Meerschweinchens identisch sind. Gewisse Unterschiede[11] dürften durch den Reinheitsgrad bzw. die Begleitstoffe bedingt sein.

---

[1] GRIMMER, W.: B. Z. **53**, 429 (1913). — [2] RÖHMANN, F.: B. Z. **72**, 26 (1916); **84**, 382 (1917); **93**, 237 (1919). — [3] MICHLIN, D., u. M. LEWITOW: B. Z. **271**, 448 (1934). — [4] WEINBACH, A. P.: J. gen. Physiol. **19**, 829 (1936). — [5] GREENSTEIN, J. P., and W. V. JENRETTE: J. nat. Cancer Inst. **1**, 845 (1940/41). — GREENSTEIN, J. P.: J. nat. Cancer Inst. **2**, 357 (1941/42). — GREENSTEIN, J. P., W. V. JENRETTE, G. B. MIDER and H. B. ANDERVONT: J. nat. Cancer Inst. **2**, 293 (1941/42). — [6] FOLLEY, S. J., and A. L. GREENBAUM: Biochem. J. **41**, 261 (1947). — [7] ROSENTHAL, O., and D. L. DRABKIN: J. biol. Ch. **150**, 131 (1943). — MOORE, R. O., and W. L. NELSON: Arch. Biochem. **36**, 178 (1952).— [8] TERNER, C.: Biochem. J. **50**, 145 (1952). — [9] GREENSTEIN, J. P.: J. nat. Cancer Inst. **2**, 511 (1941/42). — DEMPSEY, E. W., H. BUNTING and G. B. WISLOCKI: Amer. J. Anat. **81**, 309 (1947). — [10] BORST, W.: H. **212**, 126 (1932). — FOLLEY, S. J., and H. D. KAY: Biochem. J. **29**, 1837 (1935). Ergebn. Enzymforsch. **5**, 159 (1936). — [11] CAPUTTO, R., u. A. MARSAL: Rev. Soc. argent. Biol. **17**, 139 (1941). Rev. Cien. méd. Córdoba **2**, 3 (1944).

Veränderungen des Phosphatasegehaltes in der Milchdrüse der Ratte in Abhängigkeit vom jeweiligen Tätigkeitszustand weisen eindeutig auf die Bedeutung dieses Fermentes für die Milchbildung hin (Abb. 20)[1].

Etwa in der Mitte der Tragzeit steigt der Phosphatasegehalt an, um während der ganzen Lactationsperiode auf einem etwa 12fachen Wert stehen zu bleiben. Nach der Entwöhnung sinkt sie wieder ab, so daß die Mitwirkung des Fermentes bei der Milchbildung wohl sicher ist. Über die Art dieser Mitwirkung können jedoch nur Vermutungen angestellt werden. Die alkalische Phosphatase der lactierenden Milchdrüse soll auf Grund histochemischer Untersuchungen vorzugsweise in den myoepithelialen Zellen und der Wand der Capillaren lokalisiert sein[2].

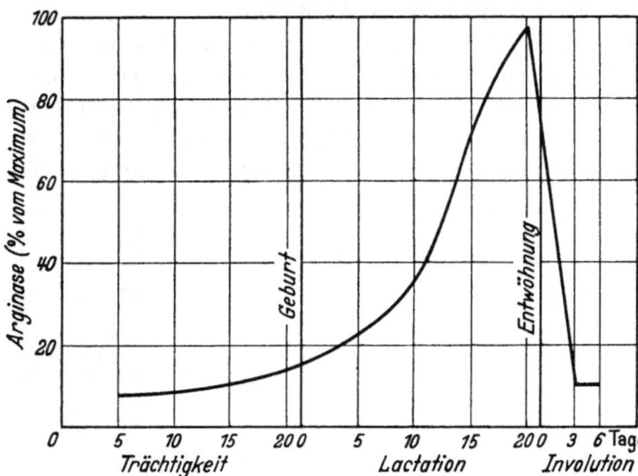

Abb. 21. Arginase in der Milchdrüse der Ratte (in % vom Maximum). Nach FOLLEY u. GREENBAUM[1].

Arginase wurde 1938 von SHAW u. PETERSEN[3] im Euter der Kuh aufgefunden und konnte auch bei Maus[4] und Ratte[5] nachgewiesen werden. Das Ferment ist identisch mit der Leberarginase; u. a. fanden FOLLEY u. GREENBAUM das gleiche p_H-Optimum, das FELIX u. SCHNEIDER[6] für Leberarginase angegeben haben. Zwischen Allesfressern (Ratte, Maus) und reinen Pflanzenfressern ergaben sich große Unterschiede, die auf grundsätzliche Verschiedenheiten des Stoffwechsels der lactierenden Drüse bei einer an Fett und Eiweiß reicheren Ernährung im Vergleich zu der kohlenhydratreichen Ernährung des reinen Pflanzenfressers hinweisen, da die Arginase zweifellos in Beziehung zum Eiweißstoffwechsel, insbesondere zur Gluconeogenese aus Protein steht (Tabelle 98).

Tabelle 98. Arginasegehalt der Milchdrüse verschiedener Species (in % vom Maximum; nach FOLLEY u. GREENBAUM[5]).

Tierart	Lactationszeit in Tagen	Arginasegehalt der Milchdrüse
Ratte	17	100
Maus	15	61
Maus	5	35
Meerschweinchen	10	7
Meerschweinchen	5	5
Kaninchen	28	3
Ziege		3
Kuh	71, 208	2
Kaninchen	7	1

Die Zunahme der Arginase im Verlauf der Lactation (Abb. 21) kann mit den zunehmenden Anforderungen an die stoffliche Leistung der Drüse in Zusammenhang gebracht werden.

Im Vergleich mit anderen Organen steht die Milchdrüse in ihrem Arginasegehalt beim Allesfresser an 2. Stelle, beim reinen Pflanzenfresser dagegen weiter zurück (Tabelle 99).

[1] FOLLEY, S. J., and A. L. GREENBAUM: Biochem. J. **41**, 261 (1947). — [2] GREENSTEIN, J. P.: J. nat. Cancer Inst. **2**, 511 (1941/42). — DEMPSEY, E. W., H. BUNTING and G. B. WISLOCKI: Amer. J. Anat. **81**, 309 (1947). — [3] SHAW, J. C., and W. E. PETERSEN: Proc. Soc. exp. Biol. Med. **38**, 632 (1938). — [4] GREENSTEIN, J. P., W. V. JENRETTE, G. B. MIDER and J. WHITE: J. nat. Cancer Inst. **1**, 687 (1940/41). — [5] FOLLEY, S. J., and A. L. GREENBAUM: Biochem. J. **40**, 46 (1946); **41**, 261 (1947); **43**, 581 (1948). — [6] FELIX, K., u. H. SCHNEIDER: H. **255**, 132 (1938).

Tabelle 99. Relativer Arginasegehalt verschiedener Organe (nach FOLLEY u. GREENBAUM[1]).

Allesfresser (Ratte)		Pflanzenfresser (Ziege)	
Organ	Arginase	Organ	Arginase
Leber	100	Leber	100
Milchdrüse	9	Niere	3
Darm	3	Darm	2
Niere	2	Milchdrüse	1

Phosphorverbindungen. In der überlebenden Milchdrüse nimmt der anorganische P zu. Als Quellen hierfür kommen Glucose-6-phosphorsäure und andere organische P-Verbindungen in Frage[2]. Der P-Gehalt des tätigen Organs ist im Vergleich zum Ruhezustand erheblich erhöht[3], namentlich die Fraktionen des säureunlöslichen, des organischen und des schwer hydrolysierbaren P. Wahrscheinlich sind Hexosemonophosphorsäuren und Adenosintriphosphorsäure vorhanden.

c) Die Lactation.

Die Vorgänge bei der Lactation können zweckmäßig nach dem folgenden Schema eingeteilt werden[4]:

Tabelle 100. Schema der Lactation.

α) *Bildung der Milch* durch die Zellen des Epithels der Alveolen

β) *Übertritt der Milch* aus dem Cytoplasma der alveolären Epithelzellen in das Lumen der Alveole

γ) *Passive Ausscheidung.* Abgabe der Milch aus den Zisternen und großen Milchgängen durch Saugen oder Melken ohne Mitwirkung des kontraktilen Gewebes der Milchdrüse

δ) *Ejektion der Milch.* Die durch den Saugreiz bzw. das Melken hervorgerufene *Kontraktion der Alveolen* bewirkt die Entleerung der Alveolen unter Erhöhung des Druckes in der Milchdrüse

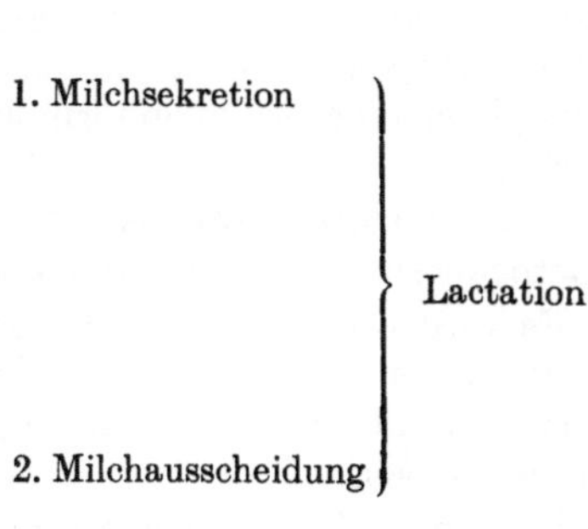

α) Zeitdauer.

Der Zeitraum, in dem die Milchdrüse sezerniert, wird als *Lactationsperiode* bezeichnet. Die Lactation beginnt gegen Ende der Schwangerschaft oder nach der Geburt und hat bei den einzelnen Tierarten wie auch individuell verschiedene Dauer. Sie wird durch zahlreiche innere und äußere Umstände beeinflußt. Ihr natürliches Ende findet sie, wenn das Junge durch Aufsuchen anderer Nahrung keine Milch mehr saugt. Künstlich kann die Lactation durch Absetzen des Säuglings bzw. durch Einstellung des Melkens beendet werden. Andererseits

[1] FOLLEY, S. J, and A. L. GREENBAUM: Biochem. J. **40**, 46 (1946); **41**, 261 (1947); **43**, 581 (1948). — [2] BRENNER, W.: H. **212**, 135 (1932). — [3] BARRENSCHEEN, H., u. N. ALDERS: B. Z. **252**, 97 (1932). — [4] FOLLEY, S. J.: Brit. med. Bull. **5**, 142 (1947). — COWIE, A. T., S. J. FOLLEY, B. A. CROSS, G. W. HARRIS, D. JACOBSOHN and K. C. RICHARDSON: Nature **168**, 421 (1951).

kann durch fortgesetztes Säugen oder Abmelken die Lactation sehr lange in Gang gehalten werden, z. B. bei der Frau und bei der Kuh über Jahre und über eine neue Schwangerschaft hinaus.

β) Ursachen und Steuerung.

Wie die Ausbildung der Milchdrüse, so wird auch die Lactation durch *Hormone* geregelt. Von Jugend an steht die Milchdrüse unter dem Einfluß der übergeordneten Sexualhormone des Hypophysenvorderlappens (S. 485ff.). Als unmittelbar auf die Milchdrüse wirkende Hormone sind das Follikelhormon *Oestron* (LAQUEUR u. JONGH 1927), das Gelbkörperhormon *Progesteron* (CORNER 1929) und das *Prolactin* genannte Hormon des Hypophysenvorderlappens (RIDDLE 1932) erkannt worden. Während man zunächst meist annahm, daß die nacheinander erfolgende Einwirkung dieser Hormone die Entwicklung des Gängesystems der Milchdrüse, die Ausbildung des alveolären Apparates und das Einsetzen der Lactation bewirkt, steht nunmehr fest, daß allein die oestrogenen Substanzen des Ovariums und der Placenta die gesamte Entwicklung der Milchdrüse und die Lactation zu bewirken vermögen[1]. Das histologische Bild des Mammagewebes zeigt jedoch Abweichungen von der Norm, auch die Milchleistung bleibt hinter der normalen zurück. Die gleichzeitige Verabfolgung von Oestron und Progesteron ergibt bessere Resultate[2,3]. Auch bei der Unterdrückung vorzeitiger Milchbildung wirkt das Progesteron mit dem Oestron zusammen. Mit der Ausstoßung der Placenta bei der Geburt und der damit eintretenden schlagartigen Abnahme des Oestrons und Progesterons tritt nach FAUVET eine *autonome* Milchbildung ein, deren Fortbestand einmal durch den Saugreiz, zum anderen durch das Prolactin bedingt ist. Als galaktopoietische Substanzen kommen außer Prolactin vielleicht noch andere Hypophysenvorderlappenhormone, auch das adrenocorticotrope Hormon (ACTH) in Frage[3].

Nach anderer Auffassung sind auch für die Initiation der Milchbildung (Lactogenesis) Prolactin und andere Vorderlappenhormone erforderlich[4].

Es wird vermutet, daß die bei der Mutter wirksamen Hormone auch auf den Fetus wirken und bei ihrem Wegfall nach der Geburt in der gekennzeichneten Weise eine autonome Lactation, die Bildung der sog. *Hexenmilch* beim Neugeborenen bewirken.

Besondere *Lactationsvitamine* sind bei der Ratte nachgewiesen worden. Nach NAKAHARA handelt es sich um 2 Stoffe, Vitamin L_1 und L_2, die in Rinderleber bzw. in Hefe enthalten und mit bekannten Ernährungsfaktoren nicht identisch sind. L_1 ist vermutlich *Anthranilsäure*, von der 5 mg täglich bei Ratten wirksam sind, während L_2 eine *Adenylthiomethylpentose* ist[5], die ihre Wirkung gleichfalls mit 5 mg der krystallisierten Substanz je Tag entfaltet, während Adenin selbst

---

[1] FOLLEY, S. J., H. M. S. WATSON and A. C. BOTTOMLEY: J. Physiol., London **98**, 15 P. (1940). J. Dairy Sci. **12**, 241 (1941). — FAUVET, E.: Arch. Gynäk. **171**, 342 (1941). D. m. W. **1943**, 469; **1946**, 304. Milchwiss. **3**, 61 (1948). — TRAUTMANN, A., u. E. FAUVET: Dtsch. tierärztl. Wschr. **54**, 49 (1947). — HOHLWEG, W.: Mh. prakt. Tierheilkde. (N. F.) **1**, 165 (1949). — NOTTBOHM, H.: Molkereiztg., Hildesheim **2**, 397 (1948). — PEETERS, G., L. MASSART, R. COUSSENS et M. VANDEPLAASCHE: Arch. int. Pharmacodyn. Thérap. **78**, 548 (1949). — LANGHEINRICH, W.: Diss. med. veterin. Hannover 1949. — [2] COWIE, A. T., S. J. FOLLEY, F. H. MALPRESS and K. C. RICHARDSON: J. Endocrinol. **8**, 64 (1952). — [3] FOLLEY, S. J., and F. G. YOUNG: 11. Int. Congr. Chem. London 1947, N. I. R. D. Paper 949. — [4] FOLLEY, S. J.: 2. Int. Congr. Biochem. Paris. (4) S. 5—19. 1952. Nat. Inst. Res. Dair. Pap. 1354 (1952). — [5] NAKAHARA, W., F. INUKAI and S. UGAMI: Science, N. Y. **87**, 372 (1938). — NAKAHARA, W., F. INUKAI, S. UGAMI u. Y. NAGATA: Sci. Papers physical. chem. Res., Tokyo **42**, 39 (1945). — NAKAHARA, W., F. INUKAI u. S. UGAMI: Sci. Papers physical. chem. Res., Tokyo **40**, 433 (1943).

unwirksam ist. Vitamine bzw. vitaminartige Stoffe, die für die Lactation wichtig sind, sind ferner *p-Aminobenzoesäure* und *Inosit*[1].

Als besonderer Wirkstoff für die Milchbildung wird auch *Mangan*[2] angesehen, weil bei seinem Fehlen in der Nahrung bei Ratten die Lactation ausbleibt. Es wird eine indirekte Wirkung des Mn über die Hormonbildung im Hypophysenvorderlappen vermutet.

Ganz allgemein hängt die Lactation von inneren und äußeren Ursachen ab. Von größter Bedeutung sind die *ererbte Veranlagung* als innerer und die *Ernährung* als äußerer Faktor. Wie ein schlecht veranlagtes Tier durch noch so gute Ernährung keine über ein gewisses Maß hinausgehende Milchleistung vollbringen kann, die überschüssige Nahrung vielmehr zur Mast verwendet, so kann andererseits ein zu hoher Milchleistung befähigtes Tier bei unzureichender Ernährung keine optimale Milchleistung erzielen. Selbstverständlich ist, daß pathologische Zustände auch auf die Lactation Einfluß nehmen.

γ) Lactationsperiode und Milchbeschaffenheit.

Im Verlaufe der Lactation weisen chemische Zusammensetzung und die Menge der Milch gewisse Veränderungen auf. Nachdem schon in den letzten Tagen vor der Geburt ein *Vorcolostrum* abgemolken werden kann, setzt nach der Geburt die Sekretion des *Colostrums*, auch *Biestmilch* genannt, ein (S. 396). Die Zusammensetzung des Colostrums ändert sich mit jedem Gemelke und nähert sich innerhalb weniger Tage derjenigen der *reifen Milch*. Die Milchmenge steigt an und erreicht bei der Kuh nach 1—2 Monaten ihren Höchstwert, um dann allmählich oder auch stufenweise abzufallen.

Der Gehalt an *Fett* und *Eiweißstoffen* nimmt zu, während der *Zuckergehalt* gleich bleibt. Die *flüchtigen Fettsäuren* im Milchfett nehmen ab, die *ungesättigten* dagegen zu. Die Fettkügelchen werden kleiner und rahmen schwerer auf. Dadurch wird die Milch sog. altmelkender Kühe für manche Zwecke ungeeignet. Die Verbutterung der *altmelken Milch* ist erschwert, die Anwesenheit fettspaltender Fermente wird hierfür verantwortlich gemacht.

Die chemischen Unterschiede in der Zusammensetzung der Milch bzw. des Colostrums bei Beginn der Lactation sind auch für das Gedeihen des Säuglings von Bedeutung. Die späteren Veränderungen hinsichtlich der Menge und der Beschaffenheit der Milch können durch Einflüsse der Ernährung bis zu einem gewissen Grade überlagert werden.

Die Dauer einer Lactationsperiode bei der Kuh wird gewöhnlich zu 300 Tagen angenommen. Liegt die tägliche Milchleistung anfangs bei 20—30 kg Milch, so geht sie später auf 10—20 kg zurück und kann schließlich nur noch 3—6 kg betragen. Die Jahresleistung unserer Kühe liegt durchschnittlich bei 2765 kg Milch mit 98 kg Fett (1952/53), sie kann bei Rekordkühen das Mehrfache dieser Zahlen betragen. Das Ziel der Leistungszucht besteht darin, die *durchschnittliche* Milch- und Fettleistung zu steigern.

Gegen Ende der Lactationsperiode gehen die Alveolen in steigender Zahl in einen Ruhestand über, derart, daß ruhende Läppchen und noch tätige durcheinander verstreut zu finden sind. Der Ruhezustand der Milchdrüse wird als *Involution* bezeichnet, gleichgültig, ob ihm eine neue Lactationsperiode oder die für das Alter charakteristische bindegewebige Umwandlung folgt.

---

[1] SURE, B.: Science, N. Y. **94**, 167 (1941). — [2] ORENT, E. R., and E. V. McCOLLUM: J. biol. Ch. **92**, 651 (1931). — KEMMERER, A. R., C. A. ELVEHJEM and E. B. HART: J. biol. Ch. **92**, 623 (1931).

δ) Milchsekretion.

Das histologische Bild der sekretionsbereiten Milchdrüse gegen Ende der Gravidität läßt in den Alveolen ein hohes Epithel erkennen, dessen Protoplasma durch feine Granulationen getrübt erscheint. Zunehmend lagern sich an der dem Lumen zugewendeten Seite erst kleine, dann größere Fetttröpfchen ein. Leukocyten finden sich zwischen den Zellen und im Lumen der Alveolen, wo sie sich mit Fetttröpfchen beladen und als sog. *Colostrumkörperchen* auch im Colostrum erscheinen.

Im späteren Stadium der Milchbildung sind die Leukocyten fast gänzlich verschwunden. Die sekretbeladenen Epithelzellen ragen zapfenförmig in das

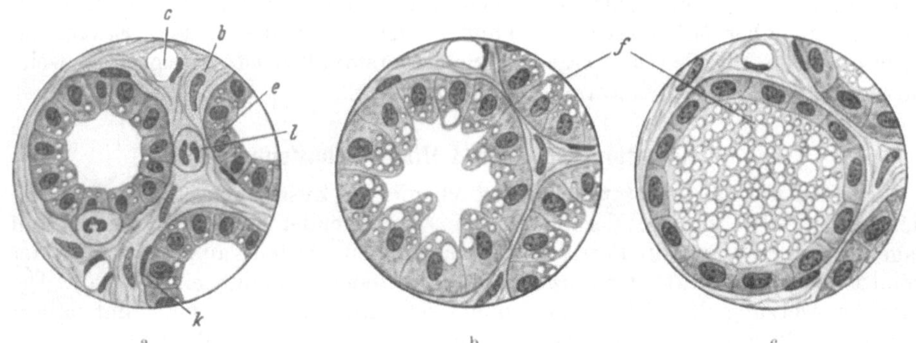

Abb. 22 a—c. Histologisches Bild der Milchdrüse (Kuh) in verschiedenen Stadien. *b* Bindegewebszelle; *c* Capillare; *e* Epithelzelle; *f* Fetttröpfchen; *k* Korbzelle; *l* Leukocyt. a Sekretionsbereite Alveolen gegen Ende der Trächtigkeit, reichlich Leukocyten. b Alveolen in „geladenem“ Zustand. Zapfenartig vorgewölbte Epithelzellen mit Sekret gefüllt. Leukocyten fast vollständig verschwunden. c Sekret in den Innenraum ausgestoßen. Das Epithel liegt flach an der gedehnten Wandung. Das interalveoläre Bindegewebe ist zu einer dünnen Schicht ausgezogen.

Lumen der Alveole. Nach der Ausstoßung des Sekretes ist die Alveole prall mit Milch gefüllt, während die Epithelzellen flach an die Basalmembran gedrückt sind, an der auch die Kerne flach anliegen (Abb. 22).

Die Hauptbestandteile des Sekretes der Milchdrüse, namentlich Casein, Milchfett und Milchzucker, sind spezifische Produkte der Milchdrüse, die an anderer Stelle im Körper nicht vorkommen. Da sie in großer Menge produziert werden, hat die Milchdrüse eine gewaltige Stoffwechselarbeit zu leisten, die hinsichtlich ihres Umfanges und ihrer Vielseitigkeit nur von dem größten Stoffwechselorgan des Körpers, der Leber, übertroffen wird. Als oberflächlich liegendes, leicht zugängliches Organ bietet die Mammardrüse der physiologisch-chemischen Wissenschaft einzigartige Forschungsmöglichkeiten, deren Ergebnisse nicht nur für den Vorgang der Milchsekretion von Bedeutung sind, sondern darüber hinaus für allgemeine Probleme des Stoffwechsels entscheidende Beiträge zu leisten vermögen. Die Physiologie der Milchbildung stellt sich damit in Parallele zu den so erfolgreich untersuchten chemischen Vorgängen bei der Muskelkontraktion, indem sie der hier zur Diskussion stehenden Energieproduktion gegenüber Vorgänge der stofflichen Produktion präsentiert. Einzelne dieser Vorgänge, wie z. B. die Synthese der Fettsäuren, dürften sich an keinem anderen biologischen Objekt besser studieren lassen als an der Milchdrüse.

Die für das Studium der Milchbildung angewendeten Methoden sind sehr vielseitig. Nach dem schon 1906 von KAUFMANN u. MAGNÉ[1] angewendeten Prinzip müssen Vorläufer der Milchbestandteile, z. B. Zucker, die im Blut in geringer

[1] KAUFMAN, M., et H. MAGNÉ: Cr. **143**, 779 (1906).

Konzentration, in der Milch in umgewandelter Form jedoch in sehr hoher Konzentration vorliegen, beim Durchströmen des Blutes durch das Euter eine meßbare Abnahme erfahren. Es muß für diese Methode *arterielles Blut* und *Euter-venenblut* entnommen und analysiert werden[1-3], die bei Ziege und Kuh leicht in großer Menge erhältlich sind. Wie LINTZEL 1934[2] zeigte, kann aus der arteriovenösen Differenz des Vorläufers im Blut und der Konzentration des entsprechenden Bestandteils in der Milch berechnet werden, *wieviel Blut durch das Euter strömen muß, um 1 l Milch zu bilden.* Diese mathematische Beziehung, die allerdings mannigfachen Fehlerquellen ausgesetzt ist, hat zu zahlreichen Untersuchungen mit der arterio-venösen Methode (a.-v.-Versuch) Anlaß gegeben, von denen Tabelle 101 einige aufführt. Der aus der a.-v.-Differenz des Blutzuckers berechnete Wert ist zweifellos zu niedrig, da Zucker in der Milchdrüse nachweislich auch zur Fettsynthese verwendet sowie verbrannt wird. Die aus der a.-v.-Differenz von Ca und P ermittelten Werte dürften der Wahrheit am nächsten kommen, während die mit Hilfe der Thermostromuhr nach REIN gefundenen Durchströmungsmengen unzweifelhaft zu niedrig sind.

Tabelle 101. Für die Bildung von 1 *l* Milch erforderliche Blutdurchströmung des Euters.

Berechnet aus der a.-v.-Differenz von	Tierart	Liter Blut für 1 *l* Milch
Blutzucker	Ziege	256[2]
Aminosäure-N	Ziege	450[2]
Fettsäuren aus Glyceriden	Ziege	540[2]
Gesamtsäurelöslicher P. .	Ziege	476[2]
Ca	Kuh	387[4]
Ca	Kuh	410[5]
Ca	Kuh	563[6]
P	Kuh	425[6]
Ca + P	Kuh	494[6]
Thermostromuhr	Ziege	150—250[7]

Wenn somit etwa 500 *l* Blut die Milchdrüse durchströmen müssen, damit 1 *l* Milch gebildet werden kann, so bedeutet das eine erhebliche Beanspruchung für Herz und Kreislauf, die zu der großen stofflichen Leistung hinzukommt.

Eine wertvolle Methode zum Studium der Milchbildung ist die *künstliche Durchströmung der isolierten überlebenden Milchdrüse*[8]. Die Mitwirkung anderer Organe, besonders der Leber, bei der Bildung der Bestandteile der Milch ist hierbei ausgeschlossen. Abb. 23 zeigt die Apparatur von PEETERS u. MASSART, bei der rechte und linke Euterhälfte, die durch einen Schnitt getrennt sind, für sich durchströmt werden, so daß gleichzeitig ein Kontrollversuch durchgeführt werden kann.

In der Abbildung ist nur die eine Hälfte der Apparatur wiedergegeben. Aus dem Reservoir *A* gelangt das durch Heparin ungerinnbar gemachte Blut in das künstliche Herz *B*, das durch eine Luftpumpe getrieben wird, und weiter in ein Röhrensystem *E*, das in einem Thermostaten auf 38° gehalten wird. Das Blut strömt dann zu der entsprechenden Euterhälfte *H* und über die künstliche Lunge *K* zurück in das Reservoir *A*. Der Blutdruck wird durch ein Ventil *P* konstant auf 120 mm Hg gehalten. In die Zisternen sind Kanülen eingeführt. Wird die Durchströmung in Gang gesetzt, so beginnt alsbald die Milch zu fließen. Das Euter arbeitet einwandfrei während 2 Std, dann muß mit beginnender bakterieller Infektion

[1] BLACKWOOD, J. H., and J. D. STIRLING: Biochem. J. **26**, 357, 362, 778 (1932). — [2] LINTZEL, W.: Z. Züchtung (B) **29**, 219 (1934). — [3] GRAHAM, W. R. jr., H. D. KAY and R. A. MCINTOSH: Proc. R. Soc. London (B) **120**, 319 (1936). — [4] SHAW, J. C., and W. E. PETERSEN: Amer. J. Physiol. **123**, 183 (1938). — [5] SHAW, J. C., and W. E. PETERSEN: J. Dairy Sci. **23**, 1045 (1940). — [6] SHAW, J. C., R. C. POWELL jr. and C. B. KNODT: J. Dairy Sci. **25**, 909 (1942). — [7] GRAHAM, W. R. jr., O. B. HOUCHIN, V. E. PETERSON and C. W. TURNER: Amer. J. Physiol. **122**, 150 (1938). — GRAHAM, W. R. jr., T. S. G. JONES and H. D. KAY: Proc. R. Soc. London (B) **120**, 330 (1936). — [8] FOÀ, C.: Arch. Fisiol. **10**, 402 (1912). — PETERSEN, W. E., J. C. SHAW and M. B. VISSCHER: J. Dairy Sci. **22**, 439 (1939); **24**, 139 (1941). — PEETERS, G., et L. MASSART: Arch. int. Pharmacodyn. Thérap. **74**, 83 (1947). Research **3**, 217 (1950).

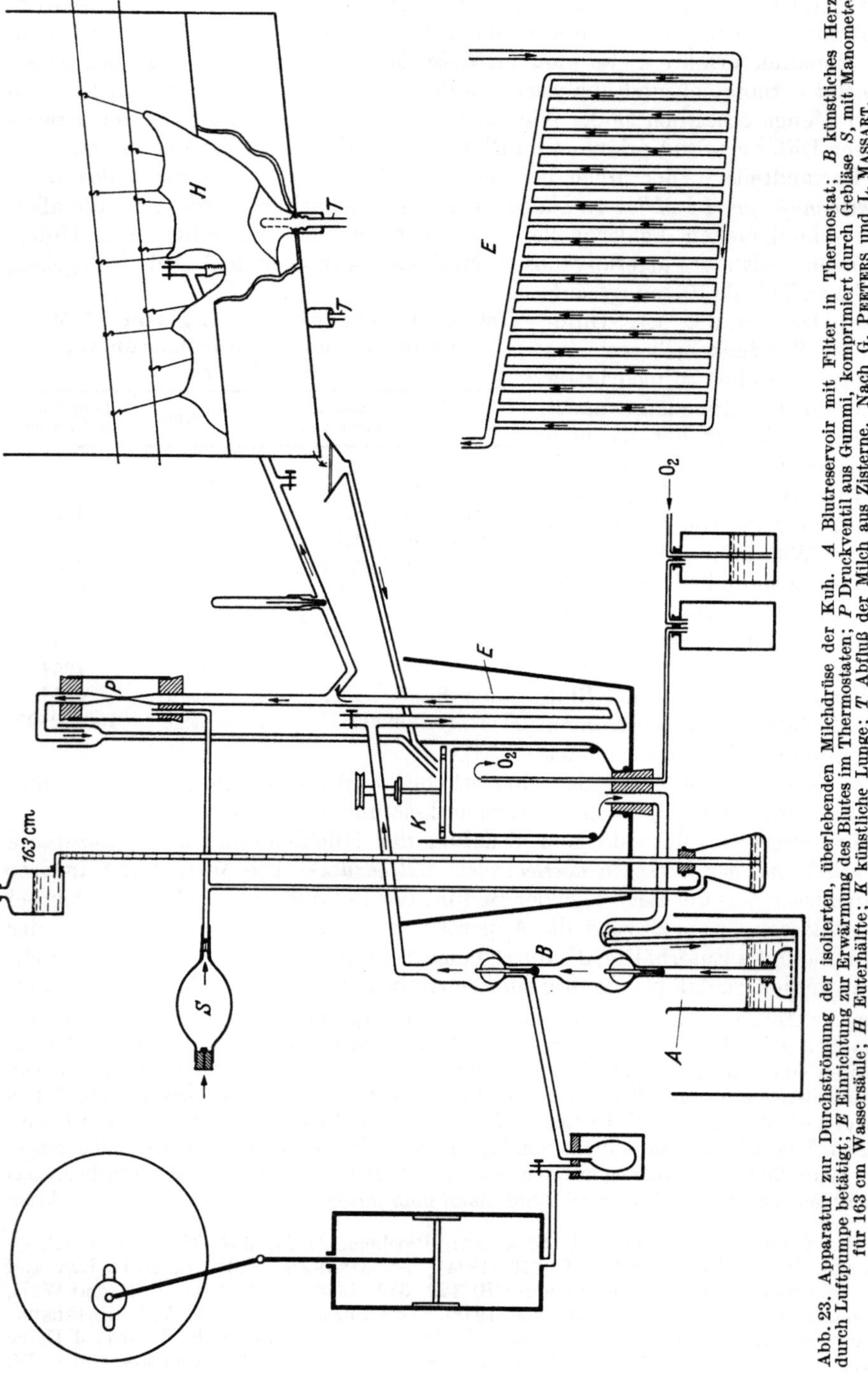

Abb. 23. Apparatur zur Durchströmung der isolierten, überlebenden Milchdrüse der Kuh. *A* Blutreservoir mit Filter in Thermostat; *B* künstliches Herz, durch Luftpumpe betätigt; *E* Einrichtung zur Erwärmung des Blutes im Thermostaten; *P* Druckventil aus Gummi, komprimiert durch Gebläse *S*, mit Manometer für 163 cm Wassersäule; *H* Euterhälfte; *K* künstliche Lunge; *T* Abfluß der Milch aus Zisterne. Nach G. PEETERS und L. MASSART.

gerechnet werden. Durch Zusatz des Hypophysenhinterlappenhormons Pituitrin zum Blut bei Beginn und am Ende des Versuches wird jeweils die restliche Milch aus dem Euter durch Ingangsetzen der Ejektion entleert.

Die Tätigkeit überlebenden Mammargewebes kann ferner an Gewebeschnitten mit Hilfe der WARBURG-*Apparatur* studiert werden, während für Fermentstudien auch homogenisiertes Drüsengewebe und Extrakte daraus verwendet werden.

Die sezernierte Milch in den Alveolen steht unter einem Druck, der als *Sekretionsdruck* bezeichnet wird und das Weiterströmen des Sekretes in die Milchgänge und schließlich in den Drüsenteil der Zisterne bewirkt. Der Zitzenteil der Zisterne beim Wiederkäuer bleibt infolge der Füllung des submukösen Venengeflechtes fast frei von Milch, ebenso der Strichkanal. Der *Füllungsdruck* wurde im vollen Euter der Kuh zu 22—25 mm Hg gemessen, beträgt also nur etwa $^1/_5$ des arteriellen Blutdruckes. Er reicht aber hin, dem Sekretionsdruck die Waage zu halten, so daß die Sekretion bei gefülltem Euter zum Erliegen kommt. In diesem Zustande kann der von der Milchdrüse gebildete Milchzucker in das Blut übertreten und als blutfremder Stoff im Harn ausgeschieden werden. Bleibt dieser Zustand einige Tage erhalten, so tritt, spätestens nach 8 Tagen, ein *Versiegen der Sekretion* ein, das nunmehr durch erneutes Melken nicht mehr rückgängig gemacht werden kann.

Die Milchbildung zwischen 2 Abmelkungen verläuft nach EISENREICH u. MENNICKE[1] nahezu linear. Eine Krümmung der Kurve zeigt sich erst bei großem Abstand der Melkzeiten entsprechend einer geringen Abnahme der Milchbildung, die durch den zunehmenden Druck im Euter zu erklären ist. Ältere Angaben über einen *wellenförmigen Verlauf* der Milchbildung[2] scheinen nicht zutreffend zu sein.

Die ältere Lehre von der Milchbildung nahm an, daß die Milch in 2 deutlich voneinander geschiedenen *Phasen* verlaufe, derart, daß zwischen den Melkzeiten, in der 1. Phase, nur etwa die Hälfte der Milch durch langsame Sekretion gebildet werde und daß beim Ausmelken unter dem Einfluß des Nervensystems eine lebhafte, ja stürmische Sekretion, die sog. 2. Phase der Milchbildung folge, in der also während des Melkens die 2. Hälfte der ermolkenen Milch gebildet werden soll[3]. Diese Lehre, die der Geschicklichkeit des Melkers die entscheidende Bedeutung für den Milchertrag zuweist, hat lange Zeit unbestritten geherrscht. Sie wurde gestützt durch die Beobachtung, daß das Euter scheinbar nur 45% der ermolkenen Milchmenge zu fassen vermag. Auch wurde festgestellt, daß wohl mit unvollkommenen Maschinen gemolkene Kühe eine etwa $^1/_2$ Std währende *Hypoglykämie* des aus der Ohrmuschel entnommenen Blutes aufweisen, die 40 mg-% Zucker unterschreiten kann, aber anscheinend wegen ihrer kurzen Dauer keine klinischen Symptome hervorruft. Die Hypoglykämie wurde durch den starken Zuckerverbrauch für die 2. Phase der Milchbildung erklärt.

Es ist nun aber festgestellt worden, daß die Hohlräume des Euters durch *Dehnung* unter dem Sekretionsdruck ihr Fassungsvermögen gewaltig erhöhen, wodurch das pralle Aussehen des gefüllten Organs entsteht[4–6]. *Fast die gesamte Milch ist zur Zeit des Melkens bereits gebildet*, unter Umständen können 20 *l* Milch bei der Kuh zur Melkzeit angesammelt sein. Zur Melkzeit findet sich in dem Euter des getöteten Tieres die gleiche Menge Milchzucker wie in der tags zuvor zur gleichen Stunde ermolkenen Milch[7]. *Für 1 kg Eutermasse ist in 15 Std die Bildung von 5 kg Milch anzunehmen.* Eine gewisse Steigerung der Milchbildung während des Melkens dürfte eintreten; als Sekretionsreize können die Druckentlastung und das Melken selbst betrachtet werden[8]. Eine Hypoglykämie wird beim Handmelken in der Regel vermißt. Auch bei einer Hypoglykämie wären die Blutmengen, die für eine stürmische Milchbildung des Euters durchströmen müßten, so groß, daß eine enorme Steigerung der Herztätigkeit beim Melken eintreten müßte. Nichts dergleichen ist der Fall.

---

[1] EISENREICH, L., u. U. MENNICKE: Milchwiss. **5**, 310, 362 (1950). — [2] FILIPOVIĆ, S.: Milchwirtsch. Forsch. **12**, 347 (1931). — [3] ZIETZSCHMANN, O.: Dtsch. tierärztl. Wschr. **31**, 109 (1923). — [4] FILIPOVIĆ, S.: Milchwirtsch. Forsch. **6**, 4 (1928). — [5] SWETT, W. W.: J. Dairy Sci. **10**, 1 (1927). — [6] KRZYWANEK, F. W., u. J. BRÜGGEMANN: Milchwirtsch. Forsch. **10**, 369 (1930); **11**, 371 (1931). — [7] GAINES, W. L., and F. P. SANMANN: Amer. J. Physiol. **80**, 691 (1927). — [8] GOWEN, J. W., and E. R. TOBEY: J. gen. Physiol. **10**, 949 (1927).

ε) Milchströmung und Milchausscheidung.

Immer bei maximaler Sekretfüllung scheidet die Drüsenzelle periodisch ihr Sekret aus. Der hierbei auftretende *Sekretionsdruck* ist die wesentliche Ursache für die Fortbewegung des Sekretes, das schließlich den Drüsenteil der Zisterne erfüllt. Beim Saugen oder Melken tritt reflektorisch eine Erschlaffung des Schwellkörpers ein, der den Zitzenteil der Zisterne verschließt. Die Zitzen füllen sich, *die Milch schießt ein*. Die Zitze erscheint nun groß und prall gefüllt. Der Milchdruck steigt um 15—25 mm Hg[1], wobei die kontraktilen Zellen an der Basis der Alveolen mitwirken: *Ejektion der Milch*. Der Durchtritt der Milch durch den Strichkanal und die Entleerung nach außen wird durch Saugen oder Ausstreifen und Ausdrücken der Zisterne beim Melken herbeigeführt.

Die Ejektion der Milch steht nicht unter der direkten Kontrolle des Zentralnervensystems[2], da sie auch nach Durchschneidung der Nerven einer Euterhälfte eintrat. Durch den Saug- oder Melkreiz erfolgt eine Ausschüttung von Oxytocin aus dem Hinterlappen der Hypophyse, wodurch die Ejektion veranlaßt wird[3]. Das Milcheinschußhormon bewirkt die Kontraktion der Korbzellen sowie eine *Erweiterung der Milchgänge* durch Kontraktion der longitudinalen myoepithelialen Strukturen.

Die reflektorischen Vorgänge bei der Milchausscheidung müssen beim Melken sachkundig berücksichtigt werden. Sie werden durch eine Art Massage, das *Anrüsten*, gefördert. Störungen der reflektorischen Vorgänge führen zum sog. *Aufziehen* oder *Nichtherablassen der Milch* oder zu plötzlicher Unterbrechung der Ausscheidung der Milch beim Melken.

d) Die Kuhmilch sowie Milch im allgemeinen.

Unter dem *Begriff Milch* schlechthin wird in Westeuropa stets *Kuhmilch* verstanden. Wegen ihrer großen wirtschaftlichen Bedeutung und leichten Zugänglichkeit ist sie die wissenschaftlich am eingehendsten untersuchte aller Milcharten, so daß Beobachtungen an anderen Milcharten fast stets auf einen Vergleich mit Kuhmilch bzw. auf die Wiederholung der für Kuhmilch ausgearbeiteten Untersuchungsverfahren hinauslaufen. So ist die Kuhmilch Gegenstand der Forschung durch ihre eigene Bedeutung wie auch als Modell der Milch im allgemeinen.

Im Deutschen Reich waren 1936 über 10 Millionen Milchkühe und 2,6 Millionen Ziegen vorhanden. Die Gesamtmilcherzeugung erreichte eine Höhe von 26479000 t[4]. Wertmäßig überstieg sie mit 3 Milliarden RM die deutsche Kohlenerzeugung (2 Milliarden RM) und Automobilerzeugung (1 Milliarde RM) bei weitem. 1937/38 wurden in der Schweiz 912000 Milchkühe und 149000 Milchziegen gezählt, mit einer Milcherzeugung von 2860000 t im Gesamtwert von 1,2 Milliarden sfr.

Als Milch wird stets nur die Mischung der ganzen Menge bezeichnet, die von gesunden, normal ernährten Kühen bei regelmäßigem ununterbrochenem und vollständigem Ausmelken erhalten wird, da bei gebrochenem Melken die ersten Anteile gehaltärmer, die letzten dagegen besonders fettreich sind.

---

[1] Tgetgel, B.: Schweiz. Arch. Tierheilkde. **68**, 335, 369 (1926). — Peeters, G., R. Coussens et W. Oyaert: Arch. int. Pharmacodyn. Thérap. **79**, 113 (1949). — Peeters, G., and L. Massart: Research **3**, 217 (1950). — [2] Ely, F., and W. E. Petersen: J. Dairy Sci. **24**, 211 (1941). — [3] Peeters, G., L. Massart et R. Coussens: Arch. int. Pharmacodyn. Thérap. **75**, 85 (1947). — Petersen, W. E., and T. M. Ludwick: Fed. Proc. **1**, 66 (1942). — Whittleston, W. G.: Nature **166**, 994 (1950); J. Endocrinol. **10**, 167 (1954). — Macaulay, M. H. I.: Coll. int. Centre nat. Rech. sci. Strassbourg S. 145. 1950. — Elert, R.: Geburtsh. u. Frauenheilkde. **14**, 147 (1954). — [4] Schweigart, H. A.: Der Ernährungshaushalt des deutschen Volkes. Berlin 1937.

α) Allgemeine und physikalische Eigenschaften.

Die Milch ist eine Emulsion, die aus dem *Milchserum* und den darin suspendierten Fetttröpfchen oder *Milchkügelchen* und *Caseinteilchen* besteht. Casein und Fett in ihrer grobdispersen Verteilung bedingen die Undurchsichtigkeit der Milch und ihr weißes, gelbliches, unter Umständen auch bläulichweißes Aussehen. Das Milchserum kann nach verschiedenen Verfahren abgetrennt werden, wobei je nach der gewählten Methode Essigsäureserum, Chlorcalciumserum, Spontanserum, Molken usw. erhalten werden.

Der *Geruch* der Milch wird als eigentümlich, etwas fade, an die Hautausdünstung des Viehes schwach erinnernd, jedoch nicht unangenehm beschrieben. Der *Geschmack*, der in der Hauptsache an die Phosphatide der Milch gebunden sein soll[1], aber auch durch Milchzucker und Fett beeinflußt ist, ist wenig ausgeprägt. Durch besondere Futtermittel, wie Lauch und Raps, ferner durch Erhitzen der Milch und bakterielle Einwirkungen können abweichende Geschmackswirkungen entstehen[2].

Das *spezifische Gewicht* der Milch bei 15° C liegt mit 1,028—1,034 stets höher als das des Wassers. Die Bestimmung, die meist mit einem Spezialaräometer, dem *Lactodensimeter*, ausgeführt wird, darf nie unmittelbar nach dem Melken vorgenommen werden, da der Wert wegen der Erstarrung und Kontraktion der Milchkügelchen innerhalb der ersten 5—6 Std zunimmt. Höherer Fettgehalt bedingt eine Abnahme, höhere fettfreie Trockensubstanz eine Zunahme des spezifischen Gewichtes. Aus dem Fettgehalt F und dem spezifischen Gewicht s läßt sich die *Trockensubstanz* T nach der theoretisch begründeten und empirisch bewährten FLEISCHMANNschen Formel[3]

$$T = F + 2{,}665 \frac{100s - 100}{s}$$

oder nach der vereinfachten Formel von HALENKE u. MÖSLINGER $T = 0{,}25 \cdot (5F + d)$ (d = Lactodensimetergrade) berechnen, woraus sich nach Abzug des Fettgewichtes die *fettfreie Trockensubstanz* ergibt. Die direkte Bestimmung der Trockenmasse durch Trocknen ist verschiedenen Fehlerquellen ausgesetzt und nicht üblich.

Die *Viscosität* der Milch, bezogen auf Wasser = 1, kann zwischen 1,5 und 1,2 schwanken[4]. Die *Oberflächenspannung* ist kleiner als die des Wassers, sie beträgt 0,7—0,8 gegenüber Wasser = 1[5]. Von großer praktischer und wissenschaftlicher Bedeutung ist das *Lichtbrechungsvermögen* bzw. der Refraktometerwert[6] des Milchserums. Es ist beim gleichen Tier von Tag zu Tag außerordentlich konstant.

Während früher spezifisches Gewicht, Fettgehalt und fettfreie Trockensubstanz für den Nachweis der *Wässerung der Milch* herangezogen wurden, werden hierfür jetzt spezifisches Gewicht, Refraktion des Milchserums sowie besonders die Gefrierpunktserniedrigung benutzt[7].

Die *Gefrierpunktserniedrigung*[8] als Maß für den osmotischen Druck der Milch ist unbeeinflußt vom Eiweiß- und Fettgehalt. Sie schwankt zwischen $\Delta = 0{,}54°$ und 0,57° und beträgt im Mittel 0,55°. Die Milch ist somit blutisotonisch. Wegen der Konstanz des osmotischen Druckes der Milch müssen die osmotisch wirksamen Substanzen, in erster Linie Milchzucker und Salze, gleichfalls eine gewisse Gleichmäßigkeit bzw. gegenseitige Abhängigkeit zeigen. Eine solche Beziehung kommt

[1] GROSSFELD, I.: Naturwiss. **24**, 285 (1936). — [2] WAGNER, K. G.: Z. Unters. Lebensm. **89**, 241 (1949). — [3] MÜLLER, E.: Mitt. Lebensm.-Unters. Hyg. **34**, 374 (1936). — [4] SPÖTTEL, W., u. K. GNEIST: Milchwirtsch. Forsch. **21**, 214 (1942). — [5] TEICHERT (K.): Milchwirtsch. Zbl. **55**, 81 (1926). — [6] SCHLOEMER, A.: Z. Unters. Lebensm. **83**, 55 (1942). — [7] BEYTHIEN, A.: Laboratoriumsbuch für den Lebensmittelchemiker. 6. Aufl. Dresden, Leipzig 1951. — RANGAPPA, K. S.: Nature **160**, 719 (1947). — [8] ASCHAFFENBURG, R., and P. L. TEMPLE: J. Dairy Res. **12**, 315 (1941).

zum Ausdruck in der Chlorzuckerzahl $= \frac{\text{Chlor \%} \cdot 100}{\text{Milchzucker \%}}$. Werte der Chlorzuckerzahl[1] über 2—2,5 weisen auf anormale, kranke Milch hin. Die osmotisch wenig oder gar nicht wirksamen Substanzen, namentlich Casein und Fett, können dagegen großen Schwankungen unterliegen.

Die *elektrische Leitfähigkeit* der Milch hängt vor allem von der Konzentration der Elektrolyte ab und erfährt daher bei kranker Milch mit erhöhtem Salzgehalt charakteristische Veränderungen. Die spezifische Leitfähigkeit $\varkappa$ ist der reziproke Wert des Widerstandes, den ein Würfel aus Milch von 1 cm Kantenlänge dem elektrischen Strom entgegensetzt und wird in $\frac{1}{\text{Ohm} \cdot \text{cm}}$ gemessen. Die normalen Werte liegen zwischen $\varkappa = 40$ und $60 \cdot 10^{-4}\,\omega^{-1}\,\text{cm}^{-1}$ bei 25°[2,3].

Die *aktuelle Reaktion* der Milch wurde zuerst von VAN DAM (1909) sowie von DAVIDSON[4] (1913) gemessen. Sie liegt im schwach sauren Gebiet bei p_H 6,3—6,6[3]. Die Beurteilung der Reaktion mittels Indikatoren, die *Alizarolprobe* nach MORRES[5] und die *Frigidolprobe* nach ROEDER[6] sind von großer praktischer Bedeutung als Schnellmethoden für die Untersuchung der Milch[7], während die p_H-Messung mit Elektroden seltener ausgeführt wird.

Dagegen hat sich die Bestimmung der *potentiellen Acidität*, in Form der Titration der Milch, behauptet. Zwischen dem p_H-Wert, dem Titrationswert und der Pufferung der Milch bestehen äußerst verwickelte Beziehungen[6,8], die noch immer die Titration als besonders brauchbar erscheinen lassen.

Nach SOXHLET u. HENKEL (1887) werden 100 cm³ Milch mit n/4 NaOH bis zur Rosafärbung von Phenolphthalein titriert, die verbrauchten cm³ Lauge geben den *Säuregrad nach* SOXHLET-HENKEL (SH) an. Meist werden jedoch 20 cm³ Milch mit n/10 NaOH titriert und die verbrauchten cm³ Lauge mit 2 multipliziert, um den Säuregrad zu ermitteln. Er beträgt bei frischer Milch 6—7° SH. Die fortschreitende Bildung von Milchsäure aus Milchzucker durch Bakterien beim Stehen der Milch wird durch den Säuregrad mit ausreichender Genauigkeit wiedergegeben[9]. Ist er auf 12° SH gestiegen, so gerinnt die Milch beim Kochen. Der Säuregrad steht auch in Beziehung zur *Alkoholprobe*[10], bei der 2 cm³ Milch mit 2 cm³ Alkohol von 68% gemischt werden. Während frische Milch keine sichtbare Veränderung zeigt, erkennt man bei einem Säuregrad von 9° SH beginnende Flockung, bei Zusatz der doppelten Menge Alkohol schon bei 8° SH.

Bestimmungen des *Redoxpotentials* (s. Bd. **1**, S. 111 u. 1242) in Milch wurden von KRAUSS (1950)[11] durchgeführt. Konstante Potentiale konnten nur in sehr keimarmer oder erhitzter Milch erhalten werden. Codehydrogenase, gelbes Ferment und Lactoflavin sollen für das Redoxpotential der Milch ausschlaggebend sein.

β) Die Bestandteile der Kuhmilch.

Die Milch enthält Fette und Lipoide, Eiweißstoffe und sonstige N-haltige Substanzen, Kohlenhydrate, Vitamine, Hormone, Fermente, Immunstoffe und Salze, teils in Emulsion, teils kolloid oder krystalloid gelöst.

---

[1] KOESTLER, G.: Mitt. Lebensm.-Unters. Hyg. **11**, 154 (1920); **12**, 133 (1921). — NOTTBOHM, F. E.: Milchwirtsch. Forsch. **1**, 345 (1924). — [2] STROHECKER, R.: Z. Unters. Lebensm. **49**, 342 (1925). — GERBER, V.: Z. Unters. Lebensm. **54**, 257 (1927). — [3] ROEDER, G.: Milchwirtsch. Forsch. **12**, 236 (1931). — [4] DAM, W. VAN: H. **58**, 295 (1908/09). — DAVIDSOHN, H.: Z. Kinderheilkde. **9**, 11 (1913). — [5] MORRES, W.: Praktische Milchuntersuchung. 5. Aufl. Berlin 1930. — [6] ROEDER, G.: Z. Lebensm.-Unters. u. -Forsch. **88**, 306 (1948). — [7] ROEDER, G.: Süddtsch. Molkereiztg. **69**, 58 (1948). — [8] GRIMMER, W., u. C. ARLART: Milchwirtsch. Forsch. **9**, 100 (1930). — OLDENBURG, F.: Milchwirtsch. Forsch. **13**, 24 (1932). — [9] MUNDINGER, E.: Fette u. Seifen **51**, 236 (1944). — [10] HENKEL, T.: Katechismus der Milchwirtschaft. 4. Aufl. Stuttgart 1920. — [11] KRAUSS, B.: Kieler milchwirtsch. Forsch.-Ber. **2**, 127 (1950).

Die Gesamtheit dieser Stoffe kann als *Trockensubstanz* der Milch quantitativ erfaßt werden, indem etwa 3 g Milch in einer Nickelschale mit Deckel abgewogen, und erst auf dem siedenden Wasserbad, dann im Trockenschrank bei 100° zur Gewichtskonstanz getrocknet und zurückgewogen werden. Aufbewahrte Milch ergibt zu niedrige Werte, so daß die Berechnung der Trockensubstanz (S. 341) fast stets vorgezogen wird.

Tabelle 102. Zusammensetzung der Kuhmilch (in g-%)[1].

Trockensubstanz	Gesamt-N-Substanzen (N ×6,37)	Casein	Koagulierbares Eiweiß	Rest-N-Substanzen	Fett	Zucker	Asche
11—13	3,0—4,0	2,5—3,0	0,3—0,6	0,2—0,4	3,0—4,5	4,5—5,0	0,8
Norddeutschland 12,0	3,40	—	—	—	3,20	4,60	0,80
Süddeutschland 13,0	3,80	—	—	—	3,70	4,70	0,80

1. Fette und Lipoide.

a) Verteilung und Zustand des Fettes in der Milch. Das Fett ist in der Milch in Form von Fetttröpfchen oder Milchkügelchen verteilt, die mit freiem Auge nicht erkennbar sind, im Mikroskop jedoch als runde Scheiben mit BROWNscher Molekularbewegung (Bd. 1, S. 151) erscheinen. Sie wurden bereits 1697 von LEUWENHOEK[2] beobachtet. Ihre Größe (Abb. 24) liegt hauptsächlich zwischen 0,0016 und 0,01 mm (1,6 bis 10 μ), ihre Zahl zwischen 1 und 11 Millionen im mm³, doch schwanken diese Werte individuell sowie mit Rasse, Lactationsstadium und Ernährung[2]. Die fettreiche Milch der Gebirgsrassen enthält vor allem größere Milchkügelchen. Mit fortschreitender Lactation nimmt die Größe ab, die Zahl zu.

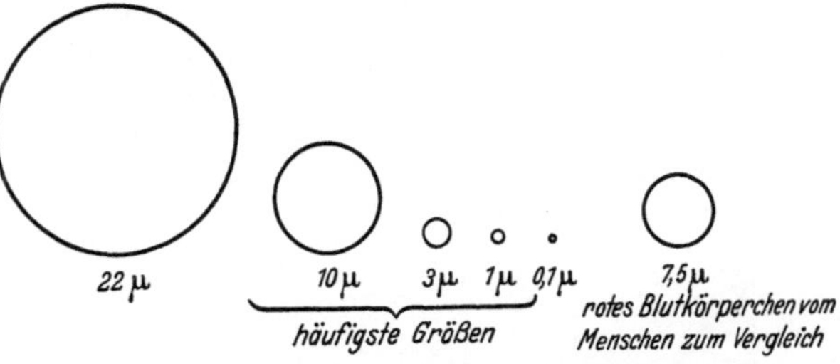

Abb. 24. Milchkügelchen aus Kuhmilch. Maßstab 1:1000.

Die Milchkügelchen sind umgeben von einer *Eiweißschicht*, die durch Waschen des Rahms auf der Zentrifuge und anschließendes Entfetten dargestellt werden kann. Nach STORCH[3] handelt es sich um eine *Haptogenmembran*. Das Membraneiweiß ist auf Grund seiner Aminosäuren mit definierten Proteinen der Milch nicht identisch[4], dieses Ergebnis wird durch eine Reihe von Beobachtungen gestützt[5]. Nach MOYER[6] handelt es sich um ein besonderes Membranprotein,

[1] FLEISCHMANN, W., u. H. WEIGMANN: Lehrbuch der Milchwirtschaft. 7. Aufl. Berlin 1932. — GRIMMER, W.: Lehrbuch der Chemie und Physiologie der Milch. 2. Aufl. Berlin 1926. — [2] LEEUWENHOEK, A. v.: Philos. Trans. R. Soc. London **11**, 23 (1697). — GUTZEIT, E.: Landwirtsch. Jb. **24**, 539 (1895). — BOHR, C.: Diss. med. Kopenhagen 1880 [Jber. Fortschr. Tierchem. **9**, 182]. — MÄNNLEIN, F.: Diss. med. Erlangen 1948. — ODENWALD, M.: Z. Tierzücht. **61**, 253 (1953). — [3] STORCH, V.: Kgl. Veterin.-Landb.-Höjskol. Lab. Heft 36 (1897) [Jber. Fortschr. Tierchem. **27**, 273]. — [4] ABDERHALDEN, E., u. W. VOELTZ: H. **59**, 13 (1909). — SCHWARZ, G., u. O. FISCHER: Milchwirtsch. Forsch. **18**, 53 (1936). — [5] HATTORI, K.: J. pharmaceut. Soc. Jap. **49**, 332 (1929). — SCHWARZ, G.: Milchwirtsch. Forsch. **7**, 572 (1929). — WIESE, H. F., and L. S. PALMER: J. Dairy Sci. **17**, 29 (1934). — RIMPILLA, C. E., and L. S. PALMER: J. Dairy Sci. **18**, 827 (1935). — PALMER, L. S., and H. F. WIESE: J. Dairy Sci. **16**, 41 (1933). — SANDELIN, A. E.: Molkereiwiss. Z., Helsinki **1941**, 1. — MUNIN, F.: Milchwirtsch. Ztg., Wien **49**, 467 (1941). — [6] MOYER, L. S.: J. biol. Ch. **133**, 29 (1940).

das bei ungenügendem Waschen mit Casein verunreinigt sein kann, während nach anderer Ansicht Euglobulin[1] an den erstarrten Fettkügelchen adsorbiert ist, das beim Erhitzen in das Serum zurücktritt. Das in der Hülle vorhandene Lecithin soll als Netzmittel[2] wirken, so daß nach Zerschlagung der Fettkügelchen beim Homogenisieren der Milch eine neue Membran gebildet werden kann.

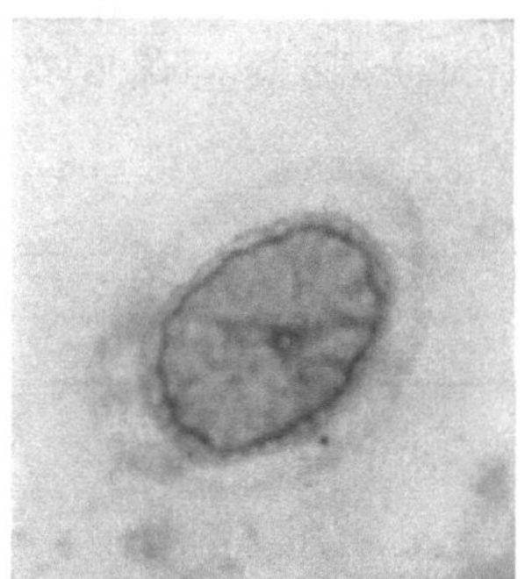

Abb. 25. Milchkügelchen im Elektronenmikroskop, Vergr. 1:22000. 22 mm entsprechen 1 μ (nach G. SCHWARZ).

Die seit 70 Jahren angenommene Existenz einer Hülle der Fettkügelchen konnte von G. SCHWARZ (1947)[3] mit Hilfe des Elektronenmikroskopes (Abb. 25 und 26) weitgehend bestätigt und bewiesen werden.

Im elektronenoptischen Bilde zeigt sich eine innere Eiweißschicht, eine Krone von Tröpfchen, die als Phosphatidanteil gedeutet werden müssen und eine äußere schleimige Schicht, die bei der Zusammenballung der Milchkügelchen zu traubenförmigen Gebilden mitwirkt. Die Eiweißhülle ist zugleich Träger des SCHARDINGER-Fermentes der Milch (S. 384) und eines antioxydativ wirkenden Systems von Stoffen, die dem Peroxyd-Ranzigwerden des Fettes entgegenwirken.

Ein tieferer Einblick in die Struktur der Milchkügelchen ist über die wissenschaftliche Fragestellung hinaus von großem Interesse für die Molkereipraxis und zwar u. a. für die Bereitung guter und lagerfähiger Butter, somit für Probleme von großer wirtschaftlicher und gesundheitlicher Bedeutung.

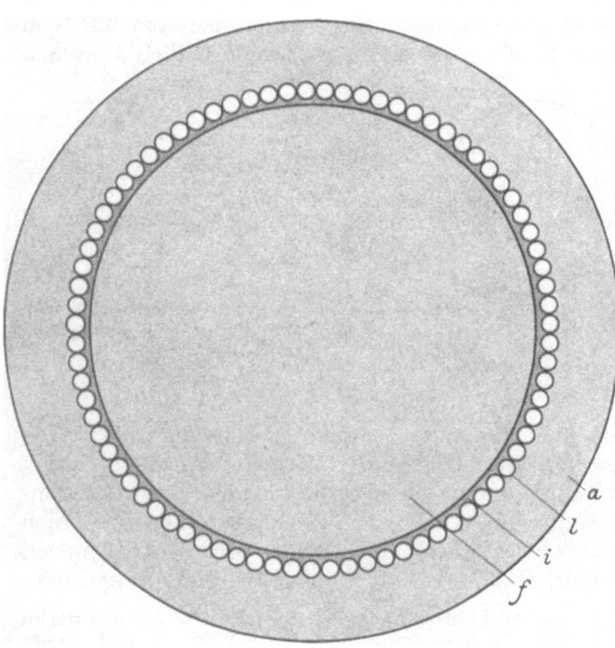

Abb. 26. Feinbau eines Milchkügelchens, schematisch. *f* Fett; *i* innere Eiweißschicht, im elektronenmikroskopischen Bild als dunkler Saum erkennbar; *l* Schicht von Lecithintröpfchen; *a* äußere, schleimige Eiweißschicht.

Die Eiweißhülle bewirkt, daß einfaches Ausschütteln der Milch mit Äther die Fetttröpfchen nicht löst. Die Lösung erfolgt aber leicht, wenn die Membran durch etwas NaOH gelöst oder durch Alkohol, Essigsäure oder proteolytische Fermente verändert oder angegriffen ist.

Der *Fettgehalt der Milch* kann im allgemeinen auf 3 bis 4% veranschlagt werden, aber auch große Schwankungen über diese Werte hinaus aufweisen. Für Norddeutschland werden im Durchschnitt 3,2%, für Süddeutschland und die Schweiz 3,7%, für die englischen Kanalinseln über 4% angegeben. Die ägyptische Büffelmilch (Bubalus bubalis L.) enthält 6,5% Fett. Der *Fettgehalt* der Milch wird unabhängig von der *Milchmenge* vererbt[4].

[1] Es, M. Y. VAN: Ned. Wbl. Zuivelber. **53**, 1 (1947). — [2] BALLARIN, O.: Milchwiss. **6**, 6 (1951). — [3] SCHWARZ, G.: Neue Molkereiztg., Hildesheim **2**, 33 (1947). — [4] SCHMIDT, J. (Hrsgb.): Züchtung, Ernährung und Haltung der Landwirtschaftlichen Haustiere. 6. Aufl. Berlin 1953.

Fettarmes Futter vermindert das Milchfett, fettreiches Futter vermehrt es innerhalb beschränkter Grenzen, eiweißreiches Futter fördert die Milchmenge und erhöht auch das Milchfett[1,2]. Der Übergang von Stallfütterung auf Weidefutter, das reich an biologisch hochwertigem Eiweiß, insbesondere reich an bestimmten essentiellen Aminosäuren, wie *Lysin*, ist, führt alljährlich im Frühjahr zu der sog. *Milchschwemme*, die für die Milchwirtschaft ein schwieriges Problem darstellt. Beeinflussung des Milchfettgehaltes durch Arbeitsleistung, Schreck und Aufregung, Senkung an Gewittertagen wurden beobachtet. Bei täglich 3maligem Melken nimmt der Milchertrag nur etwa um 6—7% gegenüber 2maligem Melken zu, so daß 3maliges Melken nur bei sehr milchergiebigen Kühen wirtschaftlich gerechtfertigt ist.

Bestimmung des Milchfettes durch Extraktion der mit Alkohol und Ammoniak versetzten Milch mit Äther und Wägung des Rückstandes aus einem gemessenen Teil des Ätherextraktes nach Röse-Gottlieb, in der milchwirtschaftlichen Praxis nach dem Butyrometerverfahren von Gerber bzw. in den Vereinigten Staaten nach dem ähnlichen Babcock-Verfahren.

Im Butyrometer (Abb. 27) wird die Milchprobe mit Schwefelsäure und Amylalkohol vermischt, geschüttelt und in einer Spezialzentrifuge zentrifugiert. Das Fett sammelt sich im capillaren Teil des Butyrometers. Der Fettgehalt wird in g-% unmittelbar abgelesen[3]. In entsprechender Weise wird bei Magermilch, Rahm, Butter und Käse verfahren. Das Butyrometerverfahren dürfte die am häufigsten ausgeführte Bestimmungsmethode der gesamten physiologischen Chemie sein.

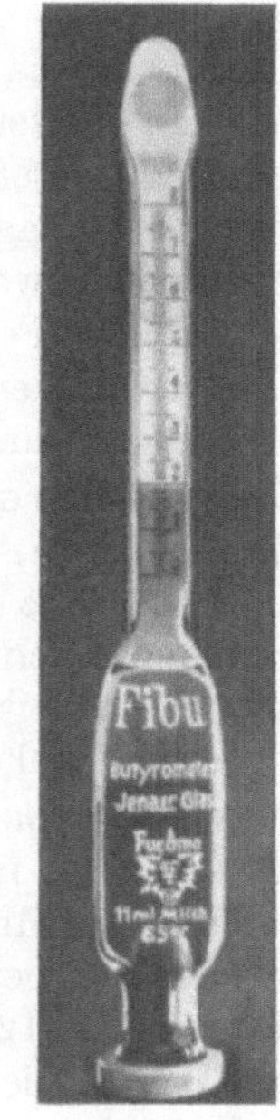

Abb. 27. Butyrometer für die Fettbestimmung in Milch. Die Fettsäule im Butyrometer steht hier von Teilstrich 1,9—5,4, so daß 3,5% Fett abgelesen werden (Funke, Berlin).

Wird die Milch in getrennten Anteilen ermolken, so steigt der Fettgehalt an, so daß die zuletzt erhaltene Milch am fettreichsten ist. Dagegen zeigt die fettfreie Trockenmasse nur unbedeutende Schwankungen (Tabelle 103). Es ist daher zu fordern, daß nur die Gesamtheit der ermolkenen Milch als solche anerkannt und verkauft wird. Für den Säugling ist die vollständige Entleerung der Milchdrüse von besonderer Wichtigkeit.

Ältere Deutungen dieser Erscheinungen durch die „zweite Phase der Milchbildung" oder durch Aufrahmen im Euter sind unzutreffend oder unwahrscheinlich. Vermutlich bleiben die Fetttröpfchen bei der Milchströmung an den Wänden

Tabelle 103. Zusammensetzung der Fraktionen der Kuhmilch bei gebrochenem Melken[4] (in %).

	1	2	3	4	5	6	7	8	9	10	Ganze Milch
Fett	1,35	1,50	1,60	2,40	3,40	4,45	5,20	5,65	6,40	6,60	3—4
Fettfreie Trockensubstanz	8,55	8,82	8,49	8,85	8,90	8,80	8,77	8,65	8,62	8,35	8—9

[1] Basch, K.: Ergebn. Physiol. **2**/1, 326 (1903). — Morgen, A., C. Beger u. G. Fingerling: Landwirtsch. Vers.-Stat. **61**, 1 (1904); **63**, 251 (1905); **64**, 93 (1906). — Morgen, A., C. Beger u. F. Westhausser: Landwirtsch. Vers.-Stat. **66**, 63 (1907). — Kellner, O., u. A. Scheunert: Grundzüge der Fütterungslehre. 11. Aufl. Berlin 1952. — Bender, R. C., and L. A. Maynard: J. Dairy Sci. **15**, 242 (1932). — Bünger, H.: Forsch. u. Fortschr. **19**, 361 (1943). — [2] Zusammenfassende Darstellung: Becker, M.: Schr.-Reihe Forsch.-Anst. Landwirtsch. Braunschweig-Völkenrode H. 6, 5 (1953). — [3] Glimm, E., u. T. Bauer: Fette u. Seifen **47**, 261 (1940). — [4] Grimmer, W.: Handb. Biochem. Erg.-W. Bd. 2, S. 383 (1934).

der kleinsten Gänge hängen, sie werden gewissermaßen abfiltriert. Ähnlich erklärt man bekanntlich die Anreicherung der roten Blutkörperchen in der Milz bei Körperruhe; Größenordnungen und anatomische Verhältnisse sind durchaus vergleichbar.

In frisch ermolkener Milch haben die Milchkügelchen die Neigung, zu traubenförmigen Gebilden zusammenzutreten[1], wodurch das Aufrahmen stark beschleunigt wird. Beim Schütteln und Transportieren der Milch geht die Neigung zur Zusammenballung verloren, so daß solche Milch schwerer aufrahmt.

Durch mechanische Einwirkung, und zwar Durchpressen der erhitzten Milch durch feine Düsen bei 250 Atm., gelingt es, die Fetttröpfchen in kleinste Partikel zu zerteilen. Derart *homogenisierte Milch* rahmt nicht auf, sie kann besser konserviert und gelagert werden. Homogenisierte Milch wird in Blech oder in braunen Flaschen aufbewahrt, da sie gegen Licht empfindlich ist. Hierzu dürfte die feine Verteilung des Fettes und vielleicht der Verlust der antioxydativ wirkenden Hülle der Fetttröpfchen beitragen. Es gelingt bisher nicht, Fremdfett in Magermilch dauerhaft zu emulgieren bzw. zu homogenisieren.

Beim Stehen der Milch steigen die Fetttröpfchen unter der Wirkung der Schwerkraft nach oben, bilden jedoch keine Fettschicht, sondern den *Rahm*, der als eine *mit Fetttröpfchen angereicherte Milch* anzusehen ist. In der *Milchzentrifuge*, in der an Stelle der Schwerkraft die Zentrifugalkraft wirkt, gelingt es 96,5% des Fettes in kürzester Zeit im Rahm zu sammeln. Die Zentrifugenmagermilch enthält nur noch 0,1% Fett in Form der feinsten Teilchen.

Das *Aufrahmen der Milchkügelchen* ist ein Analogon der Senkung der roten Blutkörperchen im Blute. Das Aufrahmen wird durch Zusatz von 5% Rinderblutserum zur Milch stark beschleunigt (HEKMA[2]). Wirksam ist hier der früher als *Euglobulin* bezeichnete Serumbestandteil, der etwa dem jetzigen γ-Globulin (s. Bd. 2/1, S. 312) entspricht, während Pseudoglobulin, dem jetzigen α-Globulin entsprechend, die Aufrahmung nur unwesentlich beeinflußt. Die Wirkung des Globulins wird in der Zusammenballung der Fetttröpfchen gesehen, wodurch die Aufrahmung des Fettes ebenso begünstigt wird, wie die Blutkörperchensenkung durch analoge Vorgänge unter Globulineinfluß.

Die Traubenbildung in Milch soll gleichfalls durch ein Euglobulin bedingt sein, das dargestellt werden kann, indem gewaschener Rahm bei 50° zentrifugiert wird. Das Euglobulin trennt sich in der Wärme von den Milchkügelchen und reichert sich in der Flüssigkeit an. Zusatz zu erhitzter, nicht mehr aufrahmender Milch stellt die Aufrahmung wieder her[3].

In der frischentleerten Milch liegt das Fett im flüssigen Zustand vor. Beim Abkühlen findet ein langsamer Übergang in den festen Zustand statt, wobei zugleich eine im spezifischen Gewicht der Milch zum Ausdruck kommende *Kontraktion der Milchkügelchen* stattfindet. Der *Schmelzpunkt* des Milchfettes kann zwischen 31 und 42° C schwanken, während der *Erstarrungspunkt* zwischen 24 und 0° liegt. Diese Größen hängen von der chemischen Zusammensetzung des Milchfettes ab, die durch Rasse, Ernährung und andere innere und äußere Einflüsse beeinflußt wird. Das Milchfett kann als eine Lösung der höher schmelzenden Fettanteile in dem *Butteröl* angesehen werden. Beim Erstarren krystallisieren sie aus und können durch Abpressen von dem Butteröl getrennt werden.

---

[1] RAHN, O.: Forsch. Milchwirtsch. Molkereiwes. **1**, 133, 165, 213 (1921). — BURG, B. VAN DER: Forsch. Milchwirtsch. Molkereiwes. **1**, 154 (1921). Lait **7**, 452 (1927). —
[2] HEKMA, E., u. E. BROUWER: Versl. Vereen. Exploit. Proefzuivelb. Hoorn. **1923**, 36. —
[3] ES, M. Y. VAN: Ned. Weekbl. Zuivelbereid. **53**, 1 (1947).

b) Zusammensetzung des Milchfettes. ***Glyceride.*** Das Milchfett besteht aus Triglyceriden von Fettsäuren und auffallend kleinen Anteilen von Phosphatiden, Sterinen und Carotinoiden. Es handelt sich vorzugsweise um *gemischte* Triglyceride, in denen also 2 oder sogar 3 verschiedene Fettsäuren mit einem Glycerinmolekül verestert sind. So ist das wasserlösliche, bitter schmeckende Tributyrin im Milchfett nicht nachweisbar[1].

AMBERGER[1] konnte durch fraktionierte Krystallisation des Milchfettes *Palmitodistearin* und *Stearodipalmitin* nachweisen. Da hierbei auch die Reihenfolge der Fettsäuren zu verschiedener Struktur führt und das mittlere C-Atom des Glycerins asymmetrisch werden kann, besteht eine große Mannigfaltigkeit, in der sich bisher keine Gesetzmäßigkeiten erkennen lassen.

Die Fettsäuren des Milchfettes. Durch Verseifen des Milchfettes nach den gebräuchlichen Verfahren wird ein Gemisch von Glycerin (13%) und Fettsäuren neben etwas Unverseifbarem (0,6%) erhalten. Die Fettsäuren können durch Krystallisation aus Lösungsmitteln bei niederen Temperaturen bis —70° C in verschiedene Gruppen aufgeteilt und nach Überführung in die Methyl- oder Äthylester durch fraktionierte Destillation getrennt werden. Die weitere Trennung erfolgt über die Schwermetallsalze und andere Derivate[2].

In Tabelle 104 sind typische Werte für Kuhmilch wiedergegeben, zum Vergleich sind Werte für Colostrum sowie für Colostrum und Milch der Frau angeführt. Palmitinsäure, Stearinsäure und Ölsäure sind wie bei anderen Warmblüterfetten auch im Milchfett tragende Bestandteile. Besonderes Interesse haben immer die niederen Fettsäuren mit 4, 6 und 8 C-Atomen gefunden, die eine Besonderheit des Milchfettes der Wiederkäuer bilden, im übrigen nur in Spuren und auch bei nicht wiederkäuenden Pflanzenfressern mit gleicher Ernährungsweise nur spärlich vorkommen. Die Vitaminforschung hat die Aufmerksamkeit besonders auf die höher ungesättigten Fettsäuren vom Typ der Linolsäure gelenkt, die als essentielle, lebenswichtige Fettsäuren, auch als Vitamin F bezeichnet werden. Sie sind in Kuhmilch nicht besonders reichlich vertreten (s. S. 381).

Im Milchfett ist ferner die *Vaccensäure* nachgewiesen worden, die von BERTRAM[3] in Rinder- und Hammelfett aufgefunden worden war. Sie ist der Oleinsäure isomer und als 11,12-Elaidinsäure die einzige natürlich vorkommende Elaidinsäure. Befunde, nach denen Vaccensäure ein Wachstumsfaktor für höhere Tiere ist[4], sind von anderer Seite nicht bestätigt worden[5].

Verzweigte Fettsäuren, die in der Natur überaus selten angetroffen werden, sind von HANSEN u. SHORLAND (1951)[6] im Milchfett gefunden worden. Es handelt sich um Methylverzweigungen. Es fanden sich 2 C_{17}-Säuren, in denen iso- und anteiso-Säuren vermutet werden, ferner in der C_{20}-Fraktion um gleichfalls gesättigte Säuren, die 3 oder 4 Methylgruppen enthalten.

---

[1] AMBERGER, C.: Z. Unters. Nahr.- u. Genußm. **35**, 313 (1918). — HILDITCH, T. P., and J. J. SLEIGHTHOLME: Biochem. J. **25**, 507 (1931). — [2] FROG, F., u. S. SCHMIDT-NIELSEN: B. Z. **127**, 168 (1922). — DEAN, H. K., and T. P. HILDITCH: Biochem. J. **27**, 889 (1933). — HILDITCH, T. P., and H. PAUL: Biochem. J. **30**, 1905 (1936). — HILDITCH, T. P.: Analyst **62**, 250 (1937). — HILDITCH, T. P., S. PAUL, B. G. GUNDE and L. MADDISON: J. Soc. chem. Industr. **59**, 138 (1940). — HILDITCH, T. P.: The Chemical Constitution of Natural Fats. 2. Aufl. London 1949. — PETERSEN, N.: Fette u. Seifen **51**, 25 (1944). — GROSSFELD, J.: Z. Unters. Lebensm. **80**, 1 (1940). — [3] BERTRAM, S. H.: B. Z. **197**, 433 (1928). — [4] BOER, J., B. C. P. JANSEN and A. KENTIE: Nature **158**, 201 (1946). J. Nutrit. **33**, 339 (1947). — [5] EULER, B. v., u. H. v. EULER: Z. Vit.-, Horm.- Ferm.-Forsch. **1**, 474 (1947/48). — DEUEL, H. J. jr., S. M. GREENBERG, E. E. STRAUB, D. JUE, C. M. GOODING and C. F. BROWN: J. Nutrit. **39**, 301 (1948). — JANSEN, B. C. P., and E. H. GROOT: 12. Int. Dairy Congr. Stockholm **2**/2, 191 (1949). — [6] HANSEN, R. P., and F. B. SHORLAND: Biochem. J. **50**, 207, 358 (1952); **55**, 662 (1953).

Tabelle 104. Fettsäuren des Milchfettes[1].

Fettsäuren	Kuh-colostrum	Kuhmilch	Frauen-colostrum	Frauenmilch
Gesättigte				
C_4 : Buttersäure	2,6	3,0	0,2	0,4
C_6 : Capronsäure	1,6	1,4	0,1	0,1
C_8 : Caprylsäure	0,5	1,5	0,8	0,1
C_{10}: Caprinsäure	1,6	2,7	3,5	2,2
C_{12}: Laurinsäure	3,2	3,7	0,9	5,5
C_{14}: Myristinsäure	9,5	12,1	2,8	8,5
C_{16}: Palmitinsäure	31,7	25,3	24,6	23,2
C_{18}: Stearinsäure	11,8	9,2	9,9	6,9
C_{20}: Arachinsäure	0,6	1,3	4,9	1,1
Ungesättigte 1 F*				
C_{10}: Decensäure	0,1	0,3	0,2	0,1
C_{12}: Dodecensäure	0,2	0,4	0,1	0,1
C_{14}: Tetradecensäure	0,7	1,6	0,1	0,6
C_{16}: Palmölsäure	2,7	4,0	1,8	3,0
C_{18}: Ölsäure	28,5	29,6	36,0	36,5
Vaccensäure	4,9	1,3		
Ungesättigte 2 F*				
C_{18}: Linolsäure	2,5	3,6	7,5	7,8
C_{20}: C_{20}-Diensäure	1,1	1,0	4,6	2,4
Ungesättigte 3 F*				
C_{18}: Linolensäure	0,4		0,3	0,4
Hochungesättigt				
C_{20}: Arachidonsäure	0,7	0,3	1,8	0,9

F = Zeichen für Doppelbindung.

Tabelle 105. Einteilung der Fettsäuren.

Flüchtig	Wasserlöslich	Flüssig
C_4: Buttersäure C_6: Capronsäure C_8: Caprylsäure C_{10}: Caprinsäure	C_4: Buttersäure C_6: Capronsäure C_8: Caprylsäure	C_4: Buttersäure C_6: Capronsäure C_8: Caprylsäure C_{18}: Ölsäure
Nichtflüchtig	**Unlöslich**	**Fest**
C_{12}: Laurinsäure C_{14}: Myristinsäure C_{16}: Palmitinsäure C_{18}: Stearinsäure C_{20}: Arachinsäure C_{18}: Ölsäure	C_{10}: Caprinsäure C_{12}: Laurinsäure C_{14}: Myristinsäure C_{16}: Palmitinsäure C_{18}: Stearinsäure C_{20}: Arachinsäure C_{18}: Ölsäure	C_{10}: Caprinsäure C_{12}: Laurinsäure C_{14}: Myristinsäure C_{16}: Palmitinsäure C_{18}: Stearinsäure C_{20}: Arachinsäure

[1] BALDWIN, A. R., and H. E. LONGENECKER: J. biol. Ch. **154**, 255; **155**, 407 (1944). — HILDITCH, T. P., and M. L. MEARA: Biochem. J. **38**, 29 (1944). — BROWN, J. B., and B. M. ORIANS: Arch. Biochem. **9**, 201 (1946). — ENGEL, C.: Ned. Melk- en Zuivel.-T. **1**, 43 (1947). — HILDITCH, T. P., and H. E. LONGENECKER: J. biol. Ch. **122**, 497 (1938). — JACK, E. L., and J. L. HENDERSON: J. Dairy Sci. **28**, 65 (1945). — BROUWER, E., et M. C. E. JONKER-SCHEFFENER: Recu. Trav. chim. Pays-Bas **65**, 408 (1946). — Chemische Kennzeichnung der Fettsäuren s. Bd. **1**, S. 363/364.

Die in der Tabelle aufgeführten ungesättigten Fettsäuren waren schon früher im Milchfett beobachtet worden[1], ebenso Arachidonsäure und die dort nicht erwähnten *Behensäure* und *Cerotinsäure*[2].

Arachinsäure wird nach BOWES[3] nach Verfütterung von Erdnußkuchen bzw. Erdnußöl (Arachisöl) im Milchfett gefunden. Nach Verfütterung von Sesamöl wird im Milchfett die BAUDOUINsche Reaktion positiv[4]. Während Fettsäuren mit konjugierten Doppelbindungen („Konjuensäuren") im Milchfett gewöhnlich höchstens in Spuren enthalten sind[5], treten sie nach KAUFMANN[6] als Folge der Verfütterung bestimmter Samenöle *vorübergehend* in beträchtlicher Menge darin auf (Abb. 28).

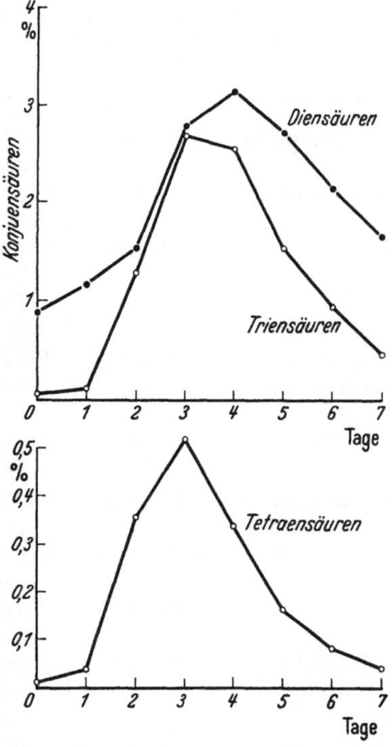

Abb. 28. Ausscheidung von Konjuenfettsäuren in der Ziegenmilch nach Verfütterung von 250 g Samen von Impatiens Roylei Wolpers (etwa 100 g Parinarsäure). Gesamtmilch: 3090 m*l*; Gesamtfett: 88,2 g; ausgeschieden wurden: 0,18 g Tetraensäuren, 1,26 g Triensäuren, 1,97 g Diensäuren (nach H. P. KAUFMANN[6]).

Die Identifizierung und Bestimmung der einzelnen Fettsäuren kann für viele Fragen durch die Bestimmung der ***Kennzahlen*** ersetzt werden. Man teilt die Fettsäuren hierzu nach Flüchtigkeit, Wasserlöslichkeit und dem Zustand flüssig oder fest ein (Tabelle 105).

Diese Eigenschaften der Fettsäuren neben anderen Merkmalen liegen den Kennzahlen (Tabelle 106) zugrunde, die teils für Fette im allgemeinen (s. Bd. 1, S. 370), teils speziell für Milchfett ausgearbeitet wurden.

Tabelle 106. Kennzahlen des Milchfettes.

Kennzahl	Werte für Milchfett[7]	Bedeutung
RMZ	28—32	REICHERT-MEISSL-*Zahl*. Titrationswert der flüchtigen, *wasserlöslichen* Fettsäuren. Höchste Werte bei Milchfett.
PZ	1,5—3,5	POLENSKE-*Zahl*. Titrationswert der flüchtigen, *wasserunlöslichen* Fettsäuren. Niedrig bei Milchfett, hoch bei Kokosfett.
A-Zahl B-Zahl	6—9 29—38	Trennung und Bestimmung der niederen Fettsäuren[8] durch Mg- und Ag-Fällung der höheren Fettsäuren. Milchfett: A niedrig, B hoch. Kokosfett umgekehrt.

[1] GRÜN, A., u. T. WIRTH: B. **55**, 2197 (1922). — RIEMENSCHNEIDER, R. W., and N. R. ELLIS: J. biol. Ch. **113**, 219; **114**, 441 (1936). — [2] HELZ, G. E., and A. W. BOSWORTH: J. biol. Ch. **116**, 203 (1936). — BOSWORTH, A. W., and E. W. SISSON: J. biol. Ch. **107**, 489 (1934). — [3] BOWES, O. C.: J. biol. Ch. **22**, 11 (1915). — [4] ENGEL (S.): Arch. Kinderheilkde. **43**, 194 (1906). — [5] HILDITCH, T. P., and H. JASPERSON: J. Soc. chem. Industr. **58**, 241 (1939). — [6] KAUFMANN, H. P.: Fette u. Seifen **55**, 673 (1953). — [7] PETERSEN, N.: Fette u. Seifen **51**, 25 (1944); ergänzt. — [8] BERTRAM, S. H., H. G. BOS u. F. VERHAGEN: Z. dtsch. Öl- u. Fettindustr. **44**, 445, 459 (1924). — KUHLMANN, J., u. J. GROSSFELD: Z. Unters. Lebensm. **50**, 329 (1925).

Tabelle 106. (Fortsetzung.)

Kennzahl	Werte für Milchfett[1]	Bedeutung
Buttersäurezahl	17,6—23,0	Nach GROSSFELD[2]. Titrationswert der Buttersäure nach Aussalzen der übrigen Fettsäuren.
Kupferzahl	11	Titrationswert der Buttersäure nach Fällung der übrigen Fettsäuren mit $CuSO_4$ und Destillation[3].
VZ	220—235	*Verseifungszahl* (KÖTTSDORFER-Zahl), mg KOH, die zur Verseifung von 1 g Fett benötigt werden. Hoch bei Fetten, die niedere Fettsäuren enthalten: Milchfett, Kokosfett.
JUCKENACK-PASTERNACK-Differenz	+ 6,5 bis — 6,8	RMZ + 200 — VZ. Milchfett um 0, Kokosfett —40 bis —60.
He-Zahl	85—94	HEHNER*sche Zahl.* Die in 100 Teilen Fett enthaltenen Teile unlöslicher Fettsäuren.
Säuregrad	0,5—1,5	Verbrauch von *n* Lauge zum Neutralisieren von 100 g Fett. Titrationswert der freien Fettsäuren.
Säurezahl	0,28—0,84	mg KOH, die zur Neutralisation von 1 g Fett erforderlich sind.
JZ	28—44	*Jodzahl* nach v. HÜBL[4]. Maß für Doppelbindungen, hoch bei Ölen, im Milchfett nach Ölfütterung erhöht.
Rh-Zahl	24—40	*Rhodanzahl* nach KAUFMANN[5]. Linolsäure addiert nur an *eine* Doppelbindung Rhodan. JZ und Rh-Zahl der Ölsäure sind gleich (89,93), JZ der Linolsäure 181,12, Rh-Zahl 90,545. Gesättigte Fettsäuren: beide Zahlen = 0.
nD_{25}	49—55	Brechungsexponent n im Lichte der D-Linie bei 25° C. Eigentlich 1,49, statt dessen angegeben: 49.
nD_{40}	40—46	Dgl. bei 40°. n nimmt in der Wärme ab.
Schmelzpunkt	28°—35°	Temperatur, bei der Milchfett klar wird.
Spez. Gew.	0,93	Spezifisches Gewicht, Wasser = 1.
Erstarren	etwa	
Anfang	21,5°—23°	
Ende	etwa 16°—18°	

Außer den hier angeführten sind zahlreiche weitere Kennzahlen für Milchfett angegeben und verwendet worden.

Steroide (Chemie s. Bd. **1**, S. 391). In der Milch findet sich *Cholesterin* in einer Menge von 0,01—0,03%, bzw. 0,32—0,37% im Fett[6], die auch in die Butter (0,25% Cholesterin) übergehen, und zwar in freier Form, während Cholesterinfettsäureester höchstens in Spuren vorhanden sind. Bedeutungsvoll ist das *7-Dehydrocholesterin* der Milch, das durch Bestrahlung der Milch in Vitamin D_3 übergeführt werden kann (s. jedoch S. 381 [6-8] sowie S. 831). Ferner sind die Vitamine D_2 und D_3 in der Milch vorhanden, die durch Belichtung der Provitamine Ergosterin und 7-Dehydrocholesterin in der Haut des Tieres gebildet und in der Milch ausgeschieden werden.

Phosphatide. Phosphorhaltige Lipoide kommen in der Milch vor allem als Bestandteile der Hülle der Fettkügelchen (s. S. 344) vor. Ein bei 42° vorsichtig

[1] PETERSEN, N.: Fette u. Seifen **51**, 25 (1944); ergänzt. — [2] GROSSFELD, J.: Z. Unters. Lebensm. **51**, 203 (1926); **70**, 459 (1935). — [3] MORGENSTERN, F. v.: Z. Unters. Lebensm. **52**, 385 (1926). — [4] KAUFMANN, H. P.: Fette u. Seifen **47**, 4 (1940). — [5] KAUFMANN, H. P.: Studien auf dem Fettgebiet. Berlin 1935. — [6] TILLMANS, J., H. RIFFART u. A. KÜHN: Z. Unters. Lebensm. **60**, 361 (1930).

ausgeschmolzenes Butterfett ist dagegen frei von Phosphatiden[1]. Nachgewiesen worden sind Lecithin, Sphingomyelin und Kephalin[2], deren Fettsäuren sich nicht von denen der Phosphatide unterscheiden, die an anderen Stellen des tierischen Organismus gefunden werden. Der Phosphatidgehalt der Milch ist unabhängig von Stallfütterung oder Weidegang und vom Fettgehalt der Milch[3], und weitgehend konstant.

Unter dem *Gesamt-P der Milch* in Menge von 118,2 mg-% sind 4,05 mg-% Phosphatid-P entsprechend 0,101% Phosphatid (Tabelle 118, S. 390)[4]. BISCHOFF[5] konnte aus 80 *l* Milch 15 g Lecithin und 7 g Kephalin isolieren, die Angaben liegen meist bei 0,03—0,07% Phosphatidgehalt der Milch[6], doch werden auch höhere Werte angegeben, vermutlich wenn Glycerinphosphorsäure miterfaßt wird[7].

Da bei der Verarbeitung der Milch, zumal bei der Butterherstellung, die Hüllen der Fettkügelchen zum Teil abgestreift werden, schlagen die Phosphatide einen anderen Weg als das Fett ein (s. Tabelle 107)[8]. Vom Phosphatid der Milch gehen 72—82% in die Magermilch, 13—20% in den Rahm, Reste reichern sich im Zentrifugenschlamm an. (Der Zentrifugenschlamm wird durch Zentrifugieren der erwärmten Milch bei 6500 Umdrehungen/min gewonnen. Er besteht aus ausgeflocktem Eiweiß, Schleim, Leukocyten und Verunreinigungen.) In der Butter sind nur 4—9%, in der Buttermilch 11—16% des ursprünglichen Milchphosphatids enthalten[9]. Während das Butterfett 0,232% Phosphatide enthält, weist das Magermilchfett 13,91% auf. Da bei den Fettbestimmungsmethoden Phosphatide immer nur teilweise, in keinem Falle ganz oder gar nicht miterfaßt werden, bilden sie eine gewisse Fehlerquelle[10]. SANDELIN empfiehlt daher für die Fettbestimmung in Magermilch die Zählung der Tröpfchen in der BÜRKERsche Zählkammer[11].

Tabelle 107. Verteilung der Phosphatide (g-%).

Milch	0,0709
Rahm	0,2155
Buttermilch	0,1480
Magermilch	0,0290
Butter	0,20—0,31

Cerebroside. Aceton-Äther-unlösliche Lipoide, Sphingomyeline und Cerebroside machen in der Milch etwa 15% der Lecithin- und Kephalinsubstanzen aus. Sie enthalten zu 80% Lignocerinsäure und 20% eines Gemisches gesättigter, ungesättigter und Oxysäuren in Übereinstimmung mit Sphingomyelin und Cerebrosid anderer Herkunft[2].

Carotinoide. 89% der fettlöslichen gelben Farbstoffe der Milch sind *Carotine*[2], deren Vorhandensein von dem Gehalt des Futters an Carotinen abhängt. Auch die fluorescierenden farblosen Substanzen der Mohrrübe erscheinen im Butterfett[12].

[1] MOHR, W., C. BROCKMANN u. W. MÜLLER: Molkereiztg., Hildesheim **46**, 633 (1932). — RITTER, W., u. T. NUSSBAUMER: Schweiz. Milchztg. **1937**, Nr. 7—11; **1939**, Nr. 11. — [2] KURTZ, F. E., and G. E. HOLM: J. Dairy Sci. **22**, 1011 (1939). — DIEMAIR, W., B. BLEYER u. M. OTT: B. Z. **272**, 119 (1934). — DIEMAIR, W., u. B. BLEYER: B. Z. **257**, 242 (1935). — DIEMAIR, W., B. BLEYER u. W. SCHMIDT: B. Z. **294**, 353 (1937). — [3] GOULD, I. A., W. K. FOX and G. M. TROUT: Food Res. **5**, 131 (1940). — [4] ACHARYA, B. N., and S. C. DEVADATTA: Proc. ind. Acad. Sci. (B) **10**, 221, 229 (1939). — [5] BISCHOFF, G.: H. **173**, 227 (1928). — [6] REWALD, B.: Lait **17**, 225 (1937). — CRANE, J. C., and B. E. HORRALL: J. Dairy Sci. **26**, 935 (1943). — [7] MOHR, W., u. J. MOOS: Milchwirtsch. Forsch. **13**, 442 (1932). — HOLM, G. E., P. A. WRIGHT and E. F. DEYSHER: J. Dairy Sci. **16**, 445 (1933). — GROSSFELD, J., u. A. ZEISSET: Z. Untens. Lebensm. **85**, 321 (1943). — [8] CHAPMAN, O. W.: J. Dairy Sci. **11**, 429 (1928). — JAX, P.: Molkereiztg., Hildesheim **55**, 61 (1941). — KAUFMANN, H. P., J. BALTES u. B. SIBBEL: Fette u. Seifen **52**, 600 (1950). — [9] HOLM, G. E., P. A. WRIGHT and E. F. DEYSHER: J. Dairy Sci. **19**, 631 (1936). — GRIMMER, W., u. G. SCHWARZ: Milchwirtsch. Forsch. **2**, 163 (1925). — HORRALL, B. E.: Bull. Indiana agr. Exp. Stat. Nr. 401, 31 (1935). — [10] SCHLOEMER, A., K. RAUCH u. E. SCHLOEMER: Z. Unters. Lebensm. **83**, 305 (1942). — [11] SANDELIN, A. E.: Karjantuote **25**, 31, 63 (1942). — [12] PARRISH, D. B., G. H. WISE and J. S. HUGHES: J. biol. Ch. **167**, 673 (1947). — STRAIN, H. H.: J. biol. Ch. **127**, 191 (1939).

α- und β-Carotin und gewisse ihrer Oxydationsprodukte gehen in das Milchfett, nicht aber Lycopin bei Tomatenfütterung[1]. Carotinarmes Winterfutter bedingt helle, fast weiße Butter, die mit unschädlichen Lebensmittelfarben gefärbt wird, am besten mit natürlichem Carotin[2]. Durch Fütterung mit Karotten (10 bis 20 kg täglich) in Verbindung mit Leinsamen, dessen Öl die Carotinresorption fördert, erhält man im Winter eine normal gefärbte Butter[3]. (Über Carotin als Provitamin A s. S. 662.)

c) Die Bildung des Milchfettes. Sinn und Zweck der Milchviehhaltung sind darin begründet, daß die Kuh als Wiederkäuer befähigt ist, rohfaserreiche Pflanzenstoffe, die weder für den Menschen unmittelbar noch für das Schwein geeignet sind, auszunutzen und ihren hohen Gehalt an Nährstoffen, vornehmlich an *Kohlenhydraten, in Milchfett umzusetzen.* Die gleichzeitig erfolgende Umwandlung von Eiweißstoffen des pflanzlichen Futters, besonders des Grünfutters, in für den Menschen hervorragend geeignetes Milcheiweiß ist nicht weniger bedeutsam, tritt jedoch wirtschaftlich hinter der Fettbildung zurück, wird doch ein erheblicher Teil dieses Eiweißes gar nicht für die menschliche Ernährung, sondern für die Tierfütterung und für technische Zwecke eingesetzt. Die beim Rinde durchschnittlich zu 50—60% verdauliche Rohfaser[4] ist nach den Untersuchungen von KELLNER (1907)[5] im Hinblick auf das Fettbildungsvermögen der verdaulichen Stärke gleichzusetzen. Das Fettbildungsvermögen wird in *Stärkewerten* ausgedrückt auf der Grundlage, daß 1 kg verdauliche Stärke 0,248 kg Fett bildet. Die Fettbildung aus den verschiedenen Nährstoffen ergab die Stärkewerte nach Tabelle 108.

Tabelle 108. Stärkewerte verschiedener Nährstoffe.

1 kg verdauliche	entspricht kg Stärkewert
Stärke . . .	1
Rohfaser . .	1
Eiweiß . . .	0,94
Fett	1,91—2,41
Rohrzucker .	0,76

Das Fettbildungsvermögen der Futtermittel kann unmittelbar am Tier bestimmt werden, auch können die verdaulichen Nährstoffe im Tierversuch, meist beim Hammel, ermittelt werden und ergeben auf Grund der obigen Zahlen das Fettbildungsvermögen bzw. den Stärkewert des Futters, schließlich kann allein aus den analytischen Daten des Futtermittels auf Grund empirischer Verdauungsquotienten der Stärkewert berechnet werden[6].

Eine Milchkuh von 500 kg Gewicht benötigt als Grundfutter 2,5 kg Stärkewert mit 250 g verdaulichem Eiweiß und für jedes kg Milch weitere 250 g Stärkewert und 50 g verdauliches Reineiweiß oder 55 g verdauliches Rohprotein (Eiweiß + Amide). In anderen Ländern sind zum Teil recht schwierige Berechnungsmethoden gebräuchlich (MANGOLD[6]).

In Anlehnung an die Berechnungen KELLNERs stellte BUSCHMANN[7] auf Grund umfangreicher Versuche an Milchkühen fest, daß sämtliches oder nahezu sämtliches Milchfett aus den Kohlenhydraten des Futters entstehen kann. Die Menge des ausgeschiedenen Milchfettes war 2—3mal größer als die Menge des aufgenommenen Futterfettes.

An zweiter Stelle kommt die Herkunft des Milchfettes aus Nahrungsfett in Frage. Besonders bekannt sind die Versuche von CASPARI sowie WINTERNITZ[8], die

[1] GILLAM, A. E., and S. K. KON: J. Dairy Res. **11**, 266 (1940). — [2] SCHUCHARDT, W.: Milchwiss. **6**, 304 (1951). — [3] KIEFERLE, F., A. SEUSS u. I. ZENGLEIN: Milchwiss. **6**, 295 (1951). — [4] MANGOLD, E.: S.-B. Ges. naturforsch. Freunde Berlin **1933**, 345. — [5] KELLNER, O., u. A. SCHEUNERT: Grundzüge der Fütterungslehre. 11. Aufl. Berlin 1952. — [6] MANGOLD, E.: Handb. Mangold Bd. 3, S. 435. Die Verdauung bei den Nutztieren. Berlin 1950. — [7] BUSCHMANN, A.: Z. Tierzücht. **10**, 47 (1927). — [8] CASPARI, W.: Arch. Anat. Physiol. **1899**, Suppl. 267. — WINTERNITZ, H.: D. m. W. **1897**, 477. — CASPARI, W., u. H. WINTERNITZ: Z. Biol. **49**, 558 (1907). — AYLWARD, F. X., J. H. BLACKWOOD and J. A. B. SMITH: Biochem. J. **31**, 130 (1937).

nach Verfütterung von jodiertem Schweinefett jodiertes Fett in der Milch fanden. So führt auch die Verfütterung von Erdnuß (Arachis hypogaea) zum Auftreten von Arachinsäure im Milchfett der Ziege[1], während die ungesättigten Fettsäuren, insbesondere Linolsäure von Lein- und Hanföl, erhöhte Jodzahlen des Milchfettes bedingen. Exakte Linolsäurebilanzen bei Kühen wurden von RICHTER u. BECKER ausgeführt; in ihnen erschienen bei fettarmer Fütterung 25,1—36,2% der im Heu usw. enthaltenen Linolsäure im Milchfett, wie auch nach HILDITCH Lebertranfütterung hochungesättigte Fettsäuren im Milchfett erscheinen läßt[2]. Konjuensäuren[3], auch synthetische unnatürliche Fettsäuren[4] werden nach Fütterung im Milchfett wiedergefunden.

Manche bekannt gewordenen Abhängigkeiten des Milchfettes bzw. der Beschaffenheit der Butter von Nahrungseinflüssen können durch diese Zusammen-

Tabelle 109. Fettverteilung im Blut und in der Milch der Ziege (mg in 100 cm³)[5].

	Blut	Milch	Milch/Blut
Gesamtfettsäuren	211,6	2940	13,9
Fettsäuren aus Glyceriden	45,2	2887	63,8
Fettsäuren aus Phosphatiden	101,8	53,3	0,5
Fettsäuren aus Cholesterinester	66,4	Spur	0,0
Gesamtcholesterin	114,0	58,7	0,5
Cholesterinester	100,0	Spur	0,0
Phosphatid-P	5,55	2,96	0,5
davon Lecithin-P	3,92	2,15	0,5

hänge jedoch nicht gedeutet werden, auch kann die Herkunft der niederen Fettsäuren durch Futtereinflüsse nicht erklärt werden, so daß die nähere Kenntnis des Vorganges der Milchfettbildung zum Verständnis der Verhältnisse erforderlich ist. Das Blut als Zubringer der Baustoffe für das Milchfett zeigt eine vom Milchfett grundsätzlich verschiedene Fettverteilung (Tabelle 109), gekennzeichnet durch das erdrückende Übergewicht der Glyceride über die begleitenden Lipoide in der Milch. Der Vorläufer dieser Mengen im Blute muß eine deutliche a.-v.-Differenz (s. S. 337) aufweisen. Die Vermutung, daß die Phosphatide als größte Fettfraktion im Blute Vorläufer des Milchfettes seien, wurde jedoch auf Grund der a.-v.-Differenz als unzutreffend erwiesen[5,6]. Zahlreiche Untersuchungen haben an diesem Befund keinen Zweifel gelassen[7], so daß die Triglyceride des Blutes als die wesentlichen Vorläufer des Milchfettes eindeutig nachgewiesen sind. Die alten, oft angezweifelten Befunde von FOÀ[8] (1912), der die ausgeschnittene überlebende Milchdrüse mit Ringerlösung unter Zusatz von Triolein durchströmte und dabei die Bildung typischer Milchfettkügelchen beobachtete, haben

[1] BOWES, O. C.: J. biol. Ch. **22**, 11 (1915). — [2] HILDITCH, T. P., and H. M. THOMPSON: Biochem. J. **30**, 677 (1936). — RICHTER, K., u. M. BECKER: Arch. Tierernähr. **4**, 282 (1954/55). — KARSTEN, G., M. BECKER u. W. OSLAGE: Schr.-Reihe Forsch.-Anst. Landwirtsch. Braunschweig-Völkenrode H. 6, 96 (1953). — [3] KAUFMANN, H. P.: Fette u. Seifen **55**, 673 (1953). — [4] APPEL, H., H. BÖHM, W. KEIL u. G. SCHILLER: H. **282**, 220 (1947). — [5] LINTZEL, W.: Z. Züchtung (B) **29**, 219 (1934). — [6] BLACKWOOD, J. H., and J. D. STIRLING: Biochem. J. **26**, 357, 362, 778 (1932). — [7] SHAW, J. C., and W. E. PETERSEN: Amer. J. Physiol. **123**, 183 (1938). J. Dairy Sci. **23**, 1045 (1940). — VORIS, L., G. ELLIS and L. A. MAYNARD: J. biol. Ch. **133**, 491 (1940). — SHAW, J. C., R. C. POWELL jr. and C. B. KNODT: J. Dairy Sci. **25**, 909 (1942). — GRAHAM, W. R. jr., T. S. G. JONES and H. D. KAY: Proc. R. Soc. London (B) **120**, 330 (1936). — KAY, H. D.: Nature **156**, 159 (1945). Brit. med. Bull. **5**, 149 (1947). — PETERSEN, W. E.: J. Dairy Sci. **25**, 71 (1942). Physiol. Rev. **24**, 340 (1944). — FOLLEY, S. J.: Biol. Reviews **15**, 421 (1940). — [8] FOÀ, C.: Arch. Fisiol. **10**, 402 (1912).

damit ihre Bestätigung erfahren. Es muß dahingestellt bleiben, ob Cholesterinester und Phosphatide des Blutes in geringem Umfange Fettsäuren, etwa für die Bildung der Milchphosphatide, beisteuern.

Die Aufnahme des Neutralfettes aus dem Blute könnte nach vorangegangener Spaltung erfolgen. Freie Fettsäuren sind im basalen Teil des Drüsenepithels histochemisch nachweisbar[1], auch Lipase für die Resynthese ist im Mammargewebe vorhanden[2].

Bezüglich der Bildung der niederen ungesättigten Fettsäuren des Milchfettes bis herunter zur Decensäure hat HILDITCH (1937)[3] eine Art ω-Oxydation der Ölsäure mit nachfolgender Hydrierung angenommen, wobei also der Abstand der Doppelbindung vom COOH-Ende der Fettsäure gewahrt bleibt. Die zu erwartenden verkürzten Fettsäuren dieses Typs hat HILDITCH im Milchfett nachweisen können (s. Milchfettsäuren S. 348).

Eine neue Wendung nahm das Problem der Herkunft der niederen Fettsäuren im Milchfett der Wiederkäuer durch die Entdeckung von FOLLEY u. FRENCH (1949)[4], daß Schnitte des Mammargewebes von Wiederkäuern *Acetat* mit hohem Respiratorischen Quotienten *für die Fettsynthese* verwerten. Die Essigsäure entsteht beim Wiederkäuer in Menge neben Propionsäure und Buttersäure bei den Gärungsprozessen im Pansen (TAPPEINER 1888)[5]. Das Angebot im Blute beläuft sich auf 10 mg-%. Am lebenden Tier ergab sich nach Injektion von Carboxyl-^{14}C-acetat oder $H_3C^{14}COONa$ ein hoher Anteil ^{14}C im Mammafett, und zwar wies die *wasserlösliche Fraktion der Fettsäuren* den höchsten Isotopengehalt auf, die flüchtigen Fettsäuren waren 7—18mal aktiver als die nichtflüchtigen, auch das *Cholesterin* war aktiv[6]. *Niedere Fettsäuren und Cholesterin werden somit in der Milchdrüse aus C_2-Verbindungen aufgebaut.* Gleiche Ergebnisse wurden auch am durchströmten, überlebenden Euter der Kuh erhalten, wobei eine Euterhälfte markiertes Acetat, die andere markiertes Hydrogencarbonat in schwerem Wasser erhielt[7]. Die bei der Ziege nach Injektion von markiertem Acetat ausgeschiedenen Milchfettsäuren wurden getrennt und der Abbau durchgeführt[8].

Buttersäure entsteht aus 2 Essigsäuremolekülen durch Bindung der Carboxyl- an die Methylgruppe. 40% entstanden aus Acetat, 60% aus anderen Quellen, vielleicht aus β-Oxybuttersäure, deren Ausnutzung aus früheren arterio-venösen Versuchen bekannt ist[9]. Capronsäure entsteht durch Verlängerung der Kette mit Acetat, die Verlängerung geht schrittweise bis zur Palmitinsäure, während Stearinsäure und Oleinsäure wahrscheinlich nur aus dem Blut und nicht aus Acetat gebildet werden. Während die C_4—C_{10}-Säuren sehr rasch aktiv werden, dauert dies länger bei den C_{12}—C_{16}-Säuren, die sich wahrscheinlich mit einem Fettsäurepool im Mammargewebe mischen, während der C_4—C_{10}-Pool unbedeutend ist.

[1] KELLY, P. L., and W. E. PETERSEN: J. Dairy Sci. **22**, 7 (1939). — [2] KELLY, P. L.: J. Dairy Sci. **25**, 709 (1942). — [3] HILDITCH, T. P.: Analyst **62**, 250 (1937). The Chemical Constitution of Natural Fats. 2. Aufl. London 1947. — ACHAYA, K. T., and T. P. HILDITCH: Proc. R. Soc. London (B) **137**, 187 (1950). — [4] FOLLEY, S. J., and T. H. FRENCH: Nature **163**, 174 (1949). Biochem. J. **46**, 465 (1950). — BALMAIN, J. H., S. J. FOLLEY and R. F. GLASCOCK: Biochem. J. **52**, 301 (1952). — [5] TAPPEINER, H.: Z. Biol. **24**, 105 (1888). — MANGOLD, E.: Die Verdauung bei den Nutztieren. Berlin 1950. Handb. Mangold Bd. 2, S. 107. — [6] POPJÁK, G. S. J. FOLLEY and T. H. FRENCH: Arch. Biochem. **23**, 508 (1949). — POPJÁK, G., and M.-L. BEECKMANS: Biochem. J. **46**, 547 (1950). — POPJÁK, G., T. H. FRENCH and S. J. FOLLEY: Biochem. J. **48**, 411 (1951). — [7] COWIE, A. T., W. G. DUNCOMBE, S. J. FOLLEY, T. H. FRENCH, R. F. GLASCOCK, L. MASSART, G. J. PEETERS and G. POPJÁK: Biochem. J. **49**, 610 (1951). — [8] POPJÁK, G., T. H. FRENCH, G. D. HUNTER and A. J. P. MARTIN: Biochem. J. **48**, 612 (1951). — [9] KNODT, C. B., and W. E. PETERSEN: J. Dairy Sci. **29**, 115 (1946). — SHAW, J. C.: J. Dairy Sci. **24**, 502 (1941); **29**, 183 (1946). J. biol. Ch. **142**, 53 (1942). — SHAW, J. C., and C. B. KNODT: J. biol. Ch. **138**, 287 (1941). — SHAW, J. C., and W. E. PETERSEN: J. biol. Ch. **147**, 639 (1943).

Myristinsäure und Palmitinsäure wiesen gleiche Aktivität auf, so daß zwischen ihnen ein dynamisches Gleichgewicht vermutet wird, ebenso ist ein Stearinsäure-Oleinsäure-Gleichgewicht anzunehmen. Ein bedeutender Pool dieser Säuren ist in der Milchdrüse vorhanden.

Die Bildung der niederen Fettsäuren erfolgt in gleicher Weise aus Glucose, die vermutlich eine C_2-Verbindung ähnlich wie bei der alkoholischen Gärung liefert, aus der niedere und höhere Fettsäuren in der Milchdrüse aufgebaut werden. Glucose ist der Essigsäure insofern überlegen, als sie auch den Glycerinanteil des Milchfettes zu liefern vermag. Das Vorkommen niederer Fettsäuren im Milchfett der Wiederkäuer bedeutet von diesem Gesichtspunkt eine Verschwendung von Glycerin, die durch die doppelte Materialzufuhr mit Glucose und Essigsäure beim Wiederkäuer ermöglicht wird. Die bei diesen Vorgängen sich abspielenden Acetylierungen und Umesterungen vollziehen sich mit Hilfe des Coenzym A.

Die Phosphatide der Milch werden gleichfalls in der Milchdrüse gebildet. Markiertes Phosphat fand sich alsbald in den Phosphatiden der Milchdrüse und der Milch wieder[1].

d) Die Butter. Butter (butyrum), auch Käse (caseus) wurden im alten Germanien erst durch die Römer bekannt, deutsche Namen gibt es dafür nicht. Butter wurde anscheinend zunächst als Salbe (Anke, unguentum) benutzt und gewann erst im 17. Jahrhundert größere Bedeutung als Nahrungsmittel. Das Milchvieh wurde vor allem zur Gewinnung des Düngers für die Getreidefelder gehalten, und noch um 1800 wurde das Vieh gefüttert nach dem Gesichtspunkt der Gewinnung größtmöglicher Mengen Mist. Erst im 19. Jahrhundert wurden Fütterung und Züchtung auf die Milch- und Fettleistung abgestellt, gleichlaufend hat sich die Butter in den letzten 100 Jahren zum wertvollsten und gesuchtesten Speisefett entwickelt.

Butterbereitung. Während noch vor wenigen Jahren eine einzige Butterart bekannt war, die in dem überlieferten Butterfaß und seiner Großausführung, dem Butterfertiger hergestellt wurde, werden heute eine Reihe verschiedener *Butterarten* erzeugt, die man nach folgenden Verfahren einteilen kann[2]:

Schaumbutterungsverfahren, Flotationsverfahren. Im alten Butterfaß und im Butterfertiger wird gesäuerter Rahm mit 30—40% Fett unter starker Schaumbildung, bedingt durch einen hypothetischen Schaumstoff der Milch, geschlagen. Die Fettkügelchen reichern sich im Schaum an, der durch Oberflächendenaturierung des Schaumstoffes schließlich bricht und Butterkörnchen zurückläßt, die zu Butter verknetet und mit Wasser gewaschen werden[3]. Beim FRITZ-*Verfahren*[4] wird Rahm von 48—50% durch ein hochtouriges Schlagwerk sekundenschnell verbuttert. Infolge der kontinuierlichen Arbeitsweise erhält man eine Süßrahmbutter von vorzüglicher Haltbarkeit. Das Dr.-SENN-*Kohlensäureverfahren* (Schweiz) arbeitet mit Schaum, der durch Einblasen von CO_2 in den Rahm erzeugt wird.

Separierverfahren, Phasenumkehrverfahren. Durch Zentrifugen wird der Rahm auf 79—84% Fett gleich dem Fettgehalt der Butter angereichert und unter Kühlung und Druck kontinuierlich in Süßrahmbutter umgewandelt. Nach diesem Prinzip wirken das Alfaverfahren (Hamburg-Stockholm)[5] und der New-Way-Process (Australien) (Abb. 29).

Butterschmalzemulgierverfahren. Aus heißem hochkonzentriertem Rahm wird Butterschmalz abgeschieden, in das wäßrige Flüssigkeit hineinemulgiert wird. Das Verfahren entspricht den Vorgängen bei der Herstellung von Margarine. Die Dauer der Herstellung von Butter, beginnend vom Einlaufen der Milch in die Zentrifuge, beträgt 10 min (Creamery Package Continuous Buttermaking Process[6] und CHERRY BURREL-Verfahren [Goldener-Strom-Prozeß, Amerika]).

---

[1] ATEN, A. H. W. jr., and G. HEVESY: Nature **142**, 111 (1938). — [2] MOHR, W.: Fette u. Seifen **52**, 96 (1950). — SCHULZ, M. E.: Milchwiss. **2**, 293 (1947). — [3] SIEDEL, J.: Molkereiztg., Hildesheim **43**, 481 (1929). — RAHN, O.: Handb. Milchwirtsch. (WINKLER) Bd. 3/2. Wien 1931. — [4] FRITZ, W.: Süddtsch. Molkereiztg. **68**, 83 (1947). — WILSMANN, W., u. E. FELTENS: Milchwiss. **2**, 303 (1947). — [5] MOHR, W., u. J. WELLM: Milchwiss. **3**, 149 (1948). — [6] PUTMANN, G. W., and R. F. BRISBIN: Milk Plant Monthly **35**, 52 (1946). — [7] KING, N.: Milchwiss. **9**, 16 (1954).

In Deutschland werden hauptsächlich Butterfertigerbutter, Alfabutter und Fritzbutter (Maschinenbutter) hergestellt. Erst jahrelange Erfahrungen in der Praxis können erweisen, welches dieser vorzüglichen Verfahren den Forderungen der Wirtschaft und Hygiene am besten entspricht.

Das ***physikalische Bild der Butter***[1] ist das einer Emulsion von Wasser in Fett. Die Baustoffe sind: Butteröl, das aus Milchkügelchen abgepreßt ist, Butteröl und krystallisiertes Fett aus zerstörten Milchkügelchen, deren Hüllen in die Buttermilch gehen oder in der Butter bleiben, intakte Milchkügelchen mit Hülle, Tröpfchen wäßriger Flüssigkeit und Luftbläschen. Unversehrte Milchkügelchen finden sich am meisten in der Alfabutter, am wenigsten in der Fritzbutter, während die Butterfertigerbutter eine mittlere Stellung, mehr nach Fritzbutter hin, einnimmt. Es liegen noch keine Mitteilungen vor, ob

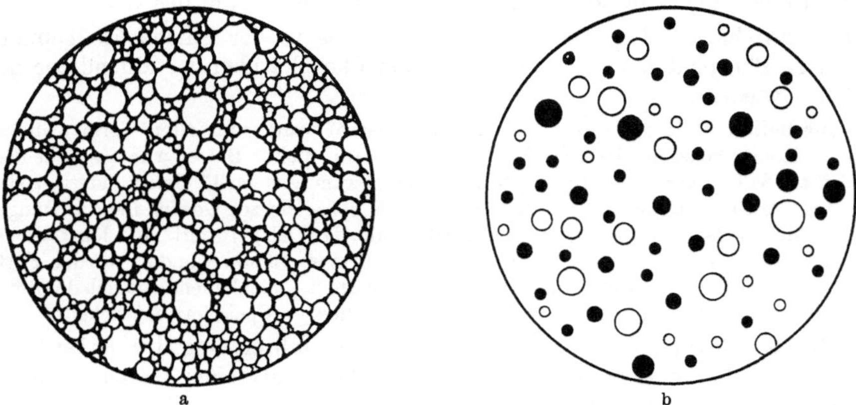

Abb. 29 a u. b. Phasenumkehr beim Alfa-Butterungsverfahren. Etwa 600fach vergrößert. Schematisiert nach MOHR u. WELLM. Schwarz: wäßrige, weiß: lipoide Phase. a Rahm mit 80% Fett. Deformierte Fettkügelchen. Kontinuierliche Phase: Wasser. Disperse Phase: Fett. b Butter mit 80% Fett, darin intakte Fettkügelchen mit Hülle. Kontinuierliche Phase: Fett. Disperse Phase: Wasser.

ernährungsphysiologische Unterschiede derart verschieden strukturierter Butterarten vorhanden sind. Die besondere Bekömmlichkeit der Butter im Vergleich zu anderen Speisefetten, die auch bei Störungen der Fettverdauung festzustellen ist, scheint mehr auf den chemischen Besonderheiten des Butterfettes[2] als auf dem physikalischen Bau der Butter zu beruhen, wie man bisher meist annahm.

Bei der Überführung von Rahm in Butter können Reste der kontinuierlichen Wasserphase des Rahms in der Butter erhalten bleiben[3], die dann eine Durchdringungsstruktur im Sinne FREY-WYSSLINGs mit kontinuierlicher Wasser- und Fettphase aufweist. Solche Butter ist wasserlässig und somit fehlerhaft.

Chemische Zusammensetzung. Die *Aromastoffe* der Butter entstehen bei der Säuerung des Rahmes unter der Einwirkung von Streptokokken und Betakokken[4], die als Aromastoffe CO_2, Essigsäure, Propionsäure, Buttersäure, Valeriansäure, Isovaleriansäure, Acetylmethylcarbinol und Diacetyl[5] bilden.

$H_3C—CHOH—CO—CH_3$
Acetylmethylcarbinol (Acetoin)

$H_3C—CO—CO—CH_3$
Diacetyl

[1] KING, N., u. W. FRITZ: Milchwiss. **3**, 2, 36, 75, 102 (1948). — [2] HARRIS, R. S., and L. M. MOSHER: Food Res. **5**, 177 (1940). — SCHANTZ, E. J., R. K. BOUTWELL, C. A. ELVEHJEM and E. B. HART: J. Dairy Sci. **23**, 1201 (1940). — [3] MULDER, H.: 12. Int. Dairy Congr. Stockholm **2**/2, 81 (1949). — [4] FOLDA, W.: Milchwiss. **7**, 49 (1952). — [5] NIEL, C. B. VAN, A. J. KLUYVER u. H. G. DERX: B. Z. **210**, 234 (1929). — SCHMALFUSS, H., u. H. BARTHMEYER: H. **176**, 282 (1928). B. Z. **216**, 330 (1929).

Diacetyl entsteht aus Acetoin durch Dehydrierung oder soll unmittelbar aus Acetaldehyd gebildet werden[1]:

$$4\,H_3C{-}CHO + O_2 = 2\,H_3C{-}CO{-}CO{-}CH_3,$$

während Acetylmethylcarbinol nach NEUBERG[2] als typischer Bestandteil des Weinessigs aus Acetaldehyd durch das Ferment *Carboligase* gebildet wird:

$$H_3C{-}CHO + OHC{-}CH_3 = H_3C{-}CHOH{-}CO{-}CH_3.$$

Die Bildung von Diacetyl im Rahm erfolgt aus Glucose unter Mitwirkung von Citronensäure (Methylenblau, Chinon) als Wasserstoffacceptoren[3]. Die Bildung von Acetoin und Diacetyl dürfte auf Grund neuerer Erkenntnisse unter Mitwirkung von Coenzym A erfolgen (s. Bd. 2/1, S. 1032).

Die Zusammensetzung der Butter kann bei der Herstellung weitgehend beeinflußt werden, ist jedoch durch gesetzliche Vorschriften bezüglich des Gehaltes an Fett, Wasser und Salz in bestimmten Grenzen festgelegt.

Tabelle 110. Zusammensetzung der Butter (in %).

	Ungesalzen	Gesalzen
Fett	84,0	82,0
Wasser	14,7	15,5
Eiweiß	0,54	0,6
Milchzucker und Milchsäure	0,65	0,4
Mineralstoffe einschließlich NaCl	0,11	1,5

In der Butter finden sich Schwermetalle aus der Verarbeitung, die als Katalysatoren die Haltbarkeit ungünstig beeinflussen und daher nach Möglichkeit niedrig gehalten werden müssen. So fanden sich in 36 Proben 2—38 γ-% Cu, 22—105 γ-% Zn, 30—300 γ-% Fe und mehr als 20 γ-% Sn.

Einflüsse der Fütterung. Weiche Butter mit einer Jodzahl über 50 wird durch Maiskeime, Sesamkuchen, vollfette Sojabohnen, Sonnenblumenkuchen, Leinsaat- und Rapskuchen im Futter hervorgerufen. Normale Butter mit der Jodzahl 29,4—34,1 wird erzielt mit Erdnuß- und Baumwollsaatkuchen, Kartoffelschnitzel, Fischmehl, Paprikamehl, halbfetter Soja, Kohlrüben mit Blatt, Sonnenblumenschrot, Weizenkeimen, Hafer. Trockene spröde Butter mit niedriger Jodzahl wird durch Mais, Gerste, Roggen, Roggenkleie, Weizen, Cocoskuchen, entfettetes Sojaschrot und Palmkernkuchen bedingt[4]. Die Einflüsse des Futters beruhen auf den Gehalten an ungesättigten Fettsäuren, die in der Jodzahl des Butterfettes zur Geltung kommen, ferner auf den futterbedingten Gärungsvorgängen im Pansen, die auf Grund der neuen Erkenntnisse über die Fettsynthese im Euter aus Gärungsessigsäure und Glucose sich auf die Beschaffenheit des Butterfettes auswirken.

Verderben der Butter. Dem Fettverderben (s. a. Bd. **1**, S. 372) ist in neuerer Zeit ein ungewöhnlicher Aufwand wissenschaftlicher Arbeit gewidmet worden, da es sich dabei um große wirtschaftliche und gesundheitliche Werte handelt[5]. Das *Talgigwerden*, die Bildung höherschmelzender Fettbestandteile fällt wenig auf, auch das *Peroxydigwerden*, das gewöhnlich das Fettverderben einleitet, wird vom Verbraucher wenig beachtet. Das *Sauerwerden* oder *Seifigwerden* wird stark empfunden, wenn nur wenige γ/cm³ der Säuren C_4 bis C_{10} in freier Form vorliegen. Das *Ketonigwerden*, auch als *Parfümranzigkeit* bezeichnet, wird besonders durch das aus Laurinsäure entstehende Methylnonylketon sehr lästig,

[1] BEYNUM, J. VAN, and J. W. PETTE: J. Dairy Res. **10**, 250 (1939). — [2] NEUBERG, C., u. O. ROSENTHAL: B. **57**, 1436 (1924). — [3] VIRTANEN, A. I., P. KONTIO u. T. STORGÅRDS: B. Z. **307**, 215 (1940/41). — [4] PETERSEN, N.: Fette u. Seifen **51**, 25 (1944). — [5] SCHMALFUSS, H.: Milchwiss. **2**, 335 (1947).

das schon in Mengen von 60 γ/cm^3 abgelehnt wird. Das *Aldehydigwerden* wird besonders durch das Auftreten des Heptylaldehyds unangenehm. Nebenformen des Fettverderbens sind *Öligwerden, Fischigwerden* und *Tranigwerden*, die noch weniger untersucht sind[1].

Das Fettverderben wird durch Mikroorganismen sowie auch durch rein chemische Reaktionen der Fette hervorgerufen, wobei Licht, Wärme, O_2, Wasser und Katalysatoren mitwirken. Butter mit ihrem Gehalt an Wasser und Bakteriennahrung ist das am meisten gefährdete Speisefett.

2. Eiweißstoffe.

Neuere Erkenntnisse haben die Vorstellungen über die Eiweißstoffe der Milch vervollständigt und teilweise gewandelt. An Stelle eines einheitlichen Caseins können mehrere Proteine unterschieden werden, die als α-, β- usw. Casein bezeichnet werden. Ein dem Serumalbumin verwandtes Protein findet sich im Kuhmilchserum nach elektrophoretischen Befunden *nicht*. Der als Lactalbumin bezeichnete Stoff wurde vielmehr als verwandt oder identisch mit dem β-Globulin des Blutserums erkannt und wird als β-Lactoglobulin beschrieben. Die Beziehungen zwischen den alten und den neu sich einführenden Bezeichnungen können annähernd durch das Schema Tabelle 111 wiedergegeben werden, wobei manches noch ungeklärt ist.

Tabelle 111. Einteilung der Milcheiweißstoffe.

Neue Einteilung	Alte Einteilung
Casein	Casein
α-Casein	
β-Casein	
γ-, δ-Casein	
β-Lactoglobulin	Lactalbumin
Immunglobuline	Lactoglobulin
	Euglobulin
	Pseudoglobulin

a) Casein*. *Vorkommen und Eigenschaften.* Das Casein ist ein typischer Bestandteil aller Milcharten, der nirgends sonst in der Natur aufgefunden wurde. Der hohe Anteil des Caseins am Gesamteiweiß in der Kuhmilch und in der Milch der Wiederkäuer allgemein kennzeichnet diese als *Caseinmilcharten*, zum Unterschied gegen die globulinreicheren Milchen bei anderen Tieren und beim Menschen.

Der Phosphorgehalt des Caseins bei Abwesenheit von Purinen und Pyrimidinen verweist es in die Gruppe der *Phosphoproteide* und trennt es scharf von den Nucleoproteiden, so daß auch von einer genetischen Beziehung zu dem früher erwähnten Nucleoproteid der Milchdrüse (S. 330) keine Rede sein kann.

Das Casein ist wie andere Eiweißstoffe ein amphoterer Elektrolyt, infolge der Anwesenheit der Phosphorsäure im Molekül überwiegt der Säurecharakter. Es liegt in der Milch als Calciumsalz vor, das außerdem etwa 6% kolloidales Calciumphosphat angelagert enthält. Das Calcium liegt in zwei Bindungsformen vor, ionogen an die Carboxylgruppen und komplex an die Aminogruppen gebunden[2].

Während Casein früher meist für einheitlich gehalten wurde, gelang LINDERSTRØM-LANG 1925 die Trennung in verschiedene Komponenten, die durch Löslichkeit und P-Gehalt verschieden waren[3,4]. Diese Beobachtungen wurden besonders gefördert durch den Befund von MELLANDER[5], daß Casein sich bei der elektrophoretischen Wanderung in alkalischer Lösung zur Anode hin in eine schnelle

* Im englischen Schrifttum wird Casein als Caseinogen bezeichnet.

[1] PETERSEN, N.: Milchwiss. **3**, 12 (1948). — [2] HOSTETTLER, H., u. H. R. RÜEGGER: Landwirtsch. Jb. Schweiz **64**, 667 (1950). — [3] LINDERSTRØM-LANG, K.: C. R. Lab. Carlsberg **16**, 48 (1925); **17**, 116 (1929). H. **176**, 76 (1928). — [4] CHERBULIEZ, E., et J. JEANNERAT: Helv. **22**, 952, 959 (1939). — JIRGENSONS, B.: B. Z. **268**, 406, 414 (1934). — GRÓH, J.: H. **226**, 32 (1934). — [5] MELLANDER, O.: B. Z. **300**, 240 (1938/39). Nature **155**, 604 (1945).

α- und eine langsamere β-Komponente aufspaltet und noch weitere Komponenten (γ, δ) erkennen läßt. WARNER sowie CHERBULIEZ u. BAUDET[1] konnten diese Komponenten auch präparativ darstellen. Die Ca-Salze von β- und γ-Casein sind unlöslich, sie werden durch *α-Casein als Schutzkolloid* in Lösung gehalten.

Die grobdispersen Caseinteilchen liegen in der Milch in verschiedenen Größenklassen vor, die durch hochtourige Zentrifugen fraktioniert werden können[2]. Die kleinen Teilchen enthalten weniger Ca als die großen. Sie wachsen durch Ca-Zusatz und zerfallen durch Ca-Entzug, z. B. durch Verdünnen der Milch mit Wasser[3].

Die Caseinteilchen verschiedener Größe enthalten jeweils die einzelnen Komponenten nebeneinander[4], ja schon in Natriumcaseinatlösungen von Milch-p_H

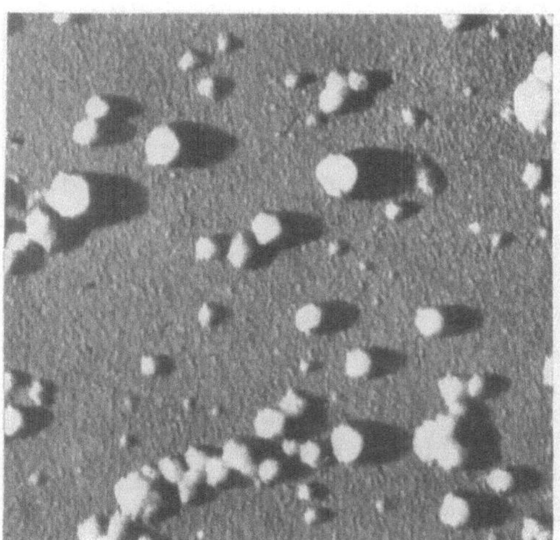

a

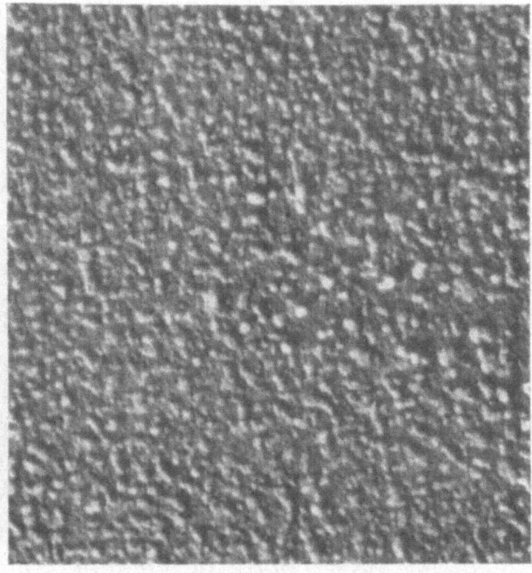

b

Abb. 30 a u. b. Elektronenoptisches Bild der Caseinteilchen in Kuhmilch und Frauenmilch; 25000fach (Original NITSCHMANN[7]). a Kuhmilch, b Frauenmilch

sind sie komplex miteinander verbunden, eine Voraussetzung für die Wirkung des α-Caseins als Schutzkolloid für die anderen Caseine[5].

Die Vorstellungen, die man sich schon früher von den Caseinteilchen der Milch gemacht hatte[6], wurden bestätigt und erweitert durch ihre elektronenoptische Darstellung und Größenbestimmung durch NITSCHMANN[7] (Abb. 30).

Die Teilchengrößen in Kuhmilch liegen zwischen 40 und 280 mμ, am häufigsten sind die Teilchen von 80—120 mμ Durchmesser, die einem Mol.-Gew. von 81 bis 266 Millionen entsprechen. Die Caseinteilchen sind infolge der Oberflächenspannung kugelig, in bezug auf ihre Form sind sie nicht als biologische Gebilde aufzufassen, da sie auch künstlich aus Caseinlösung durch Ca-Ionen in gleicher Ausbildung entstehen.

---

[1] WARNER, R. C.: Am. Soc. **66**, 1725 (1944). — CHERBULIEZ, E., et P. BAUDET: Helv. **33**, 398, 1673 (1950). — [2] HOSTETTLER, H., E. RYCHENER u. L. KÜNZLE: Landwirtsch. Jb. Schweiz **62**, 31 (1949). — [3] SCHNECK, A.: Milchwirtsch. Forsch. **7**, 1 (1928). — FORD, T. F., and G. A. RAMSDELL: 12. Int. Dairy Congr. Stockholm, Bd. 2, S. 2, 17 (1949). — [4] HOSTETTLER, H., u. E. RYCHENER: 12. Int. Dairy Congr. Stockholm **2**, 175 (1949). — [5] NITSCHMANN, H., u. H. ZÜRCHER: Helv. **33**, 1698 (1950). — [6] KREIDL, A., u. A. NEUMANN: Pflügers Arch. **123**, 523 (1908). — WIEGNER, G.: Z. Unters. Nahr.- u. Genußm. **27**, 425 (1914). — EILERS, H., R. N. J. SAAL u. M. VAN DER WAARDEN: Chemical and Physical Investigations on Dairy Products. Amsterdam 1947. — NICHOLS, J. B., E. D. BAILEY, G. E. HOLM, G. R. GREENBANK and E. F. DEYSHER: J. physic. Chem. **35**, 1303 (1931). — [7] NITSCHMANN, H.: Helv. **32**, 1258 (1949).

Über chemische Zusammensetzung, Bausteinanalyse und Abbau des Caseins s. Bd. **1**, S. 738.

Ausfällung des Caseins. Im isoelektrischen Punkt weisen die Proteine gleichviel positive und negative Ladungen auf, wandern daher nicht im elektrischen Feld und haben zugleich ihre geringste Löslichkeit. Casein fällt bei seinem isoelektrischen Punkt, der bei p_H 4,6 liegt[1], aus. Die Fällung gelingt leicht in verdünnter Magermilch durch vorsichtigen Zusatz von Essigsäure. Durch Laugen läßt sich der Niederschlag leicht wieder in Lösung bringen und erneut durch Säure fällen. Hierauf beruht die Darstellung des Caseins nach HAMMARSTEN[2]. Durch Alkohol kann ein alkohollösliches Begleitprotein entfernt werden[3]. Ein verbessertes Verfahren beschreibt LINDERSTRØM-LANG[4]. Das wasserfreie Säurecasein enthielt 15,74% N, 0,794% P, ein P/N-Verhältnis von 0,0503 und Spuren Mg und Cl. Technisch wird Milchsäurecasein, Schwefelsäurecasein, Salzsäurecasein und Labcasein gewonnen. Sie unterscheiden sich durch Aschegehalt und Viscosität der Lösungen und zeigen verschiedene Eignung für technische Zwecke[5].

Bei der isoelektrischen Fällung des Caseins wird das Milchfett mit niedergeschlagen, während die Globuline im Serum verbleiben und durch Erhitzen der Lösung ausgefällt werden können.

Eine isoelektrische Fällung ist auch die *Spontangerinnung* der Milch, die sich unter dem Einfluß verschiedener Milchsäurebakterien, vorzugsweise des Streptococcus lactis, vollzieht. Dabei wird der Milchzucker teilweise zu Milchsäure vergoren. Das langsame Säuern der unbewegten Milch bedingt die Gerinnung des Caseins zu einer gelatinösen Masse. Neben Milchsäure können auch Buttersäure, Bernsteinsäure, Essigsäure und andere Säuren auftreten. Nach längerer Zeit, besonders bei Erwärmen auf 30—40°, treten Synäreseerscheinungen auf. Das Caseingel zieht sich zusammen und preßt die *Molke*, auch Spontanserum genannt, als gelblichgrüne Flüssigkeit aus. Der abgepreßte Niederschlag, als *Weißkäse* oder *Quark* bezeichnet, dient als Nahrungsmittel oder wird zu *Sauermilchkäse* verarbeitet. Für diese Erzeugnisse wird in der Regel Magermilch verwendet.

Beim *Kochen der Milch* wird das Casein nicht gefällt, doch überzieht sich die Milch mit einer Haut, die vorwiegend Casein-Calcium neben Globulin und Fett enthält. In gleicher Weise zeigen reine Casein-Calciumlösungen Hautbildung beim Kochen.

Eine *Fällung des Caseins* in der Milch und in Caseinlösungen kann ferner durch *Aussalzen* mit Ca- und Mg-haltigem Kochsalz, mit Magnesiumsulfat u. a. erzielt werden, ferner durch Schwermetallsalze, wobei Denaturierung eintritt. Die Fällung mit $CaCl_2$ in der Wärme hat Bedeutung für die Darstellung des Calciumchloridserums, das für die Refraktometrie der Milch verwendet wird.

Eine auffallende Besonderheit des Caseins ist seine Gerinnung unter dem Einfluß des Labfermentes.

Die Labgerinnung. *Das Labferment* (Chymosin, Rennin, s. Bd. **1**, S. 1146)[6] bewirkt die Gerinnung der Milch im Labmagen des Kalbes, aus dem es auch

[1] MICHAELIS, L., u. H. PECHSTEIN: B. Z. **47**, 260 (1912). — MICHAELIS, L., u. A. MENDELSSOHN: B. Z. **58**, 315 (1914). — [2] HAMMARSTEN, O.: Nova Acta R. Soc. Sci. upsal. Sonderbd. 1877 [Jber. Fortschr. Tierchem. **7**, 158]. — Gattermann-Wieland, 34. Aufl. S. 341. — [3] OSBORNE, T. B., and A. J. WAKEMANN: J. biol. Ch. **33**, 243 (1918). — [4] LINDERSTRØM-LANG, K.: C. R. Lab. Carlsberg **17**, 116 (1929). — [5] SUTERMEISTER, E., u. E. BRÜHL: Das Kasein, Chemie und technische Verwendung. Berlin 1932. — STROHECKER, R.: Casein. Milchzucker. Handb. Lebensm.-Chem. (BÖMER u. a.) Bd. 3, S. 423 (1936). — [6] ENGEL, S., u. E. HECKER: Milchgerinnung. Handb. Biochem. Bd. 4, S. 714. — GRIMMER, W.: Milchgerinnung. Handb. Biochem. Erg.-W. Bd. 2, S. 409 — BEAU, M.: La presure et la coagulation du lait. Ergebn. Enzymforsch. **4**, 173 (1935). — Oppenheimer, Fermente, Suppl. Bd. 2, S. 863 (1939).

in technischem Maßstabe für Käsereizwecke in flüssiger und fester Form gewonnen wird. Es scheint eine Besonderheit des saugenden Wiederkäuers zu sein, denn bei anderen Tierarten scheinen Pepsin[1] und Kathepsin[2] die gleiche Aufgabe zu erfüllen. Auch Chymotrypsin und andere proteolytische Fermente haben unter geeigneten Bedingungen Labwirkung. Labwirkung haben auch eine große Zahl von *Pflanzen*[3], von denen das Labkraut (Galium verum) besonders bekannt ist, ferner Lolium perenne (Lolch), viele Arten von Euphorbiaceen (Wolfsmilchgewächse), Cruciferen (Kreuzblütler) und Umbelliferen (Doldengewächse). Labwirkung und zugleich proteolytische Wirkung zeigen Ficus carica (Feigenbaum), Pinguicula (Fettkraut), das zur Herstellung der skandinavischen Taettemilch dient, Drosera (Sonnentau), Withania coagulans, Carica Papaya (Melonenbaum), Ananas sativus, ferner Getreidekeime (Malz), Lupinenkeime und Kleinlebewesen, wie Bacillus prodigiosus.

Präparate gewinnt man, indem man die Pflanzen bei 40° trocknet und pulverisiert. Das lange haltbare Material wird mit 5%iger NaCl-Lösung mit etwas Senföl erschöpfend extrahiert, um labaktive Extrakte zu erhalten.

Die *Grundlagen für das Verständnis der Labgerinnung* wurden von HAMMARSTEN[4] gelegt, der zwei unabhängige Vorgänge erkannte: die enzymatische Veränderung des Caseins durch Lab und die Ausfällung des veränderten Caseins durch Ca-Ionen. Die Enzymwirkung beschrieb HAMMARSTEN als eine Spaltung des Caseins in Paracasein und Molkeneiweiß. Es gelang jedoch nicht, diese Spaltung mit den neueren Methoden der Fermentchemie messend zu verfolgen[5], auch war es niemals möglich, analytische Unterschiede von Labcasein und Säurecasein festzustellen, mit Ausnahme der allerdings sehr eindrucksvollen HAMMARSTEN*schen Reaktion* mit Ca-Salzen, bei der Labcasein ausfällt, während Säurecasein nur eine Trübung gibt. Erst neuerdings konnten gewisse Unterschiede im elektrophoretischen Verhalten beobachtet werden[6].

Durch die immer weiter geführte *Reinigung des Labfermentes*[7], die schließlich zur Darstellung in krystallisiertem Zustande durch HANKINSON[8] und durch BERRIDGE[8] führte, ergaben sich neue Erkenntnisse. Hämoglobin wird durch Lab optimal bei p_H 3,7, durch Pepsin dagegen bei p_H 2 abgebaut. Die Bausteinanalyse des krystallisierten Labfermentes[9] weicht eindeutig von der des krystallisierten Pepsins ab, so daß die Verschiedenheit der beiden Fermente, die lange umstritten war, erwiesen ist. Um einen meßbaren Abbau des Caseins durch Lab zu erzwingen, ließ NITSCHMANN[10] starke Lösungen des krystallisierten Präparates von BERRIDGE bei p_H 2,3 sowie 6,8 auf Säurecasein bei 25° einwirken. Diese Säurestufen wurden gewählt, weil Casein zwischen p_H 3 und 5 fast unlöslich ist. Der Spaltungsvorgang ging zu Ende, nachdem auf 8 Aminosäurereste eine Bindung gespalten war und konnte auch durch Zusatz neuen Fermentes nicht weitergetrieben werden. Aus diesen Versuchen geht hervor, daß Lab tatsächlich proteolytisch auf Casein wirkt, wie aus der labenden Wirkung anderer Proteasen immer gefolgert worden war. Aus der Reaktionskinetik ließ sich ableiten,

---

[1] HOLTER, H., u. B. ANDERSEN: B. Z. **269**, 285 (1934). — [2] BUCHS, S.: Die Biologie des Magenkathepsins. Basel, New York 1947. — [3] ZIESE, W.: Handb. Pfl.-Analyse (KLEIN) Bd. 4/2, S. 963. — [4] HAMMARSTEN, O.: J. prakt. Chem. **6**, 371 (1872). Upsala Läk. Fören. Förh. **8**, 63 (1872); **9**, 363, 452 (1874). [Jber. Fortschr. Tierchem. **2**, 118; **4**, 135; **7**, 158]. — [5] HOLTER, H.: B. Z. **255**, 160 (1932). — [6] NITSCHMANN, H., u. W. LEHMANN: Exper. **3**, 153 (1947). — [7] TAUBER, H., and I. S. KLEINER: J. biol. Ch. **96**, 745 (1932). — [8] HANKINSON, C. L.: J. Dairy Sci. **26**, 53 (1943). — BERRIDGE, N. J.: Nature **151**, 473 (1943). Biochem. J. **39**, 179 (1945). — [9] SCHWANDER, H., P. ZAHLER u. H. NITSCHMANN: Helv. **35**, 553 (1952). — MCKERNS, K. W.: Canad. J. med. Sci. **29**, 59 (1951). — [10] NITSCHMANN, H., u. R. VARIN: Helv. **34**, 1421 (1951).

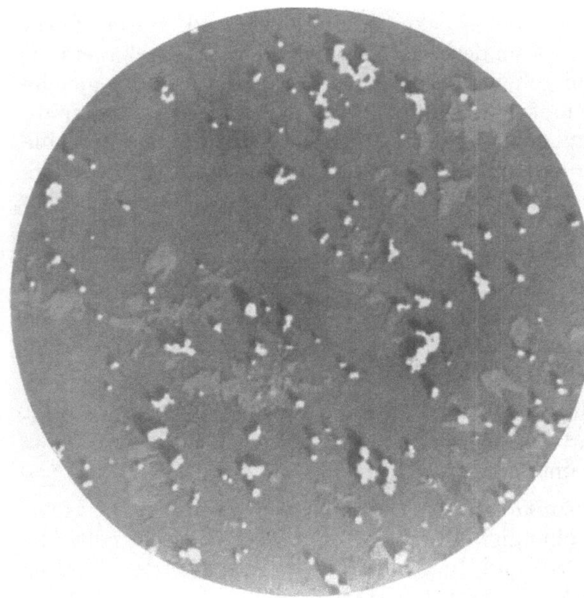

Abb. 31a. Zusammenlagerung kugeliger Caseinteilchen bei allmählich fortschreitender Säuerung vor Erreichung des isoelektrischen Punktes (pH 4,6). Latente Gerinnungsbereitschaft. 7000fach.

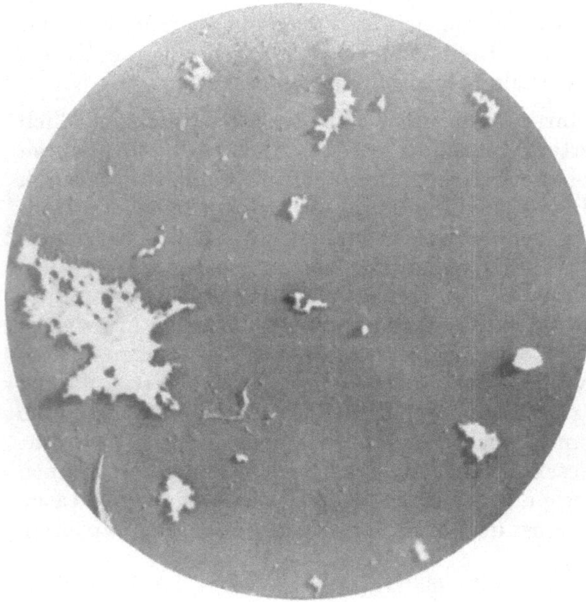

Abb. 31 b. Fortschreitende Umwandlung der Kugelformen des Caseins in ein unregelmäßiges, Hohlräume und Kammern umschließendes Fadengebilde. 5000fach.

daß *im Augenblick der Labgerinnung* erst ein winziger Bruchteil der maximalen Spaltung vollzogen sein kann, derart, daß *auf 10000 Aminosäurereste erst eine Bindung* hydrolytisch gespalten ist. Die Primärreaktion dürfte sich auf die Oberfläche der Caseinteilchen beschränken.

Hierfür spricht auch die Beobachtung von HOSTETTLER u. IMHOF[1], nach der Milch mit kleineren Caseinteilchen, die ja eine wesentlich größere Oberfläche haben, eine längere Einwirkung des Labfermentes erfordert. Die Zusammenballung der Caseinteilchen bei der Labgerinnung ist ebenso wie die Säuregerinnung eine Oberflächenerscheinung, wie aus den elektronenoptischen Beobachtungen hervorgeht (Abb. 31).

Den neueren Beobachtungen über die Labgerinnung dürfte am besten die Schutzkolloidtheorie der Labgerinnung gerecht werden[2]. Als Schutzkolloid, das unter der Labwirkung denaturiert oder sonst verändert wird, ist das α-Casein bzw. die daraus isolierte α_{II}-Komponente[3] anzusehen, die das unlösliche β, γ-Casein-Calcium in Lösung hält.

Das *Molkenprotein* ist vielleicht identisch mit der Fraktion δ, die aus Säurecasein isoliert werden konnte[4]. Auch muß berücksichtigt werden, daß

[1] HOSTETTLER, H., u. K. IMHOF: Milchwiss. **6**, 351 (1951). — HOSTETTLER, H.: Schweiz. Milchztg. **1951**, 530. — [2] LINDERSTRØM-LANG, K.: C. R. Lab. Carlsberg **17**, 116 (1929). — HOLTER, H.: B. Z. **255**, 160 (1932). — CHERBULIEZ, E., et P. BAUDET: Helv. **33**, 1673 (1950). — [3] CHERBULIEZ, E., et F. MEYER: Helv. **16**, 600 (1933). — [4] CHERBULIEZ, E., et J. JEANNERAT: Helv. **22**, 959 (1939).

Casein stets ein proteolytisches Ferment enthält, das das Casein auch beim Umfällen begleitet. Begleitende eiweißspaltende Fermente können auch eine Rolle spielen, wenn mit ungereinigtem Lab gearbeitet wird.

Der bemerkenswerte Befund von HOLTER u. LI[1], wonach Lab befähigt ist, aus N-(p-Chlorphenyl)-amidophosphorsäure die Phosphorsäure abzuspalten, läßt sich mit der Wirkung auf Casein noch nicht in Beziehung setzen, da Phosphorsäureamid-Bindungen im Casein nicht bekannt sind.

Eine gewisse Beziehung besteht zwischen *Milchgerinnung und Blutgerinnung*[2], wie aus folgendem Schema hervorgeht:

Casein + Lab
↓
Labcasein + Ca
↓
Labcasein-Ca

Thrombogen + Thrombokinase + Ca
↓
Thrombin + Fibrinogen
↓
Fibrin

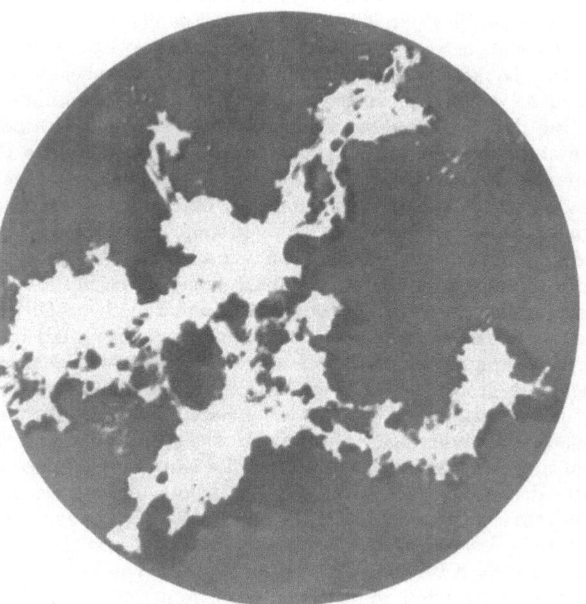

Abb, 31 c. Säurecoagulum nach der Gerinnung. 5000fach.

Abb. 31 a—c. Caseingerinnung als Oberflächenphänomen. Elektronenoptische Darstellung des Gerinnungsvorganges durch Säure- und Labwirkung. Das ganze Gesichtsfeld ist wenig größer als ein rotes Blutkörperchen vom Menschen. Nach HOSTETTLER u. IMHOF[4].

Es wird daher das Casein der Milch auch als *Caseinogen*, das Labcasein als Casein bezeichnet, doch haben diese Ausdrücke sich nicht durchsetzen können. Die Bedeutung des Ca bei beiden Vorgängen ist jedenfalls eine sehr verschiedene. Jedoch fördern Milch und neutrale Lablösung die Blutgerinnung, während Hirudin und Heparin die Blutgerinnung und auch die Milchgerinnung hemmen. Beschleunigend auf die Blutgerinnung wirkt vor allem Frauenmilch, während Kuhcolostrum sie nahezu aufhebt[3].

Prothrombin ist in beträchtlichen Mengen im Kuhcolostrum, in nur geringer Menge in Kuhmilch, Frauencolostrum und Frauenmilch vorhanden. Frauenmilch enthält reichlich Thrombokinase, Kuhmilch nur wenig[5]. Wenn man die Bildung des Fibrins als Denaturierungsvorgang und das Thrombin als Denaturase auffaßt[6], könnte vielleicht auch die Labgerinnung als Denaturierung betrachtet und hierin eine Analogie beider Vorgänge gefunden werden[7].

Chemie der Käsebereitung. Die Gerinnung der Milch durch bakterielle Säuerung und durch Lab findet Anwendung in der Käsebereitung[8].

---

[1] HOLTER, H., and S.-O. LI: Acta chem. scand. **4**, 1321 (1950). — [2] HOLTER, H.: B.Z. **255**, 160 (1932). — [3] DUNGERN, M. v., u. G. NELZ: Z. Biol. **97**, 277 (1936). — WEINECK, H.: Dis. med. veterin. Hannover 1936. — KURAHASHI, Y.: Mitt. med. Akad. Kioto **17**, 691 (1936) [Ber. Physiol. **96**, 80]. — SOLÉ, A.: Kli. Wo. **1935 II**, 1354. — [4] HOSTETTLER, H., u. K. IMHOF: Milchwiss **6**, 351 (1951). — HOSTETTLER, H.: Schweiz. Milchztg. **1951**, 530. — [5] SCHØNHEYDER, F., u. S. B. THOMSEN: Acta physiol. scand. **4**, 309 (1942). — BROGGI, G.: Pediatria **1943**, 2 [Schweiz. med. Wschr. **73**, 1504 (1943)]. — [6] WÖHLISCH, E.: Kolloid-Z. **85**, 179 (1939). — [7] NITSCHMANN, H., u. W. LEHMANN: Helv. **30**, 804 (1947). — [8] Die Lehr- und Handbücher der Milchkunde sowie MEZGER, O., u. J. UMBRECHT: Käse. Handb. Lebensm.-Chem. (BÖMER u. a.) Bd. 3, S. 308.

Sauermilchkäse werden vorzugsweise aus Magermilch hergestellt, wie Handkäse, Harzer Käse u. dgl. Größere Bedeutung hat die Herstellung der *Labkäse*, für die Milch verschiedenen Fettgehaltes, von Vollmilch mit Rahmzusatz oder Rahm selbst bis zu Magermilch, Verwendung findet. Der Fettgehalt wird in Fettprozenten in der Trockensubstanz angegeben und unterliegt gesetzlichen Bestimmungen. Je nach den Umständen beim Dicklegen der Milch und bei der Behandlung des Bruches werden *Weichkäse* oder *Hartkäse* erhalten. Bekannte Weichkäse sind: Limburger, Romadur, Brie, Camembert, Gorgonzola, bekannte Hartkäse: Schweizer, Emmentaler, Cheddar, Tilsiter, Chester, Edamer. Zu den Hunderten der Käsearten aus Kuhmilch kommen Käse aus anderen Milcharten, so Roquefort aus Schafmilch.

Die Labkäse sind durch ihren hohen Calciumgehalt von den Sauermilchkäsen unterschieden, wobei Camembert eine mittlere Stellung einnimmt[1].

Bei der *Käsebereitung* wird käufliches Lab in vorausberechneter Menge der Milch zugesetzt. Nach dem STORCH-SEGELCKE*schen Gesetz* ist das Produkt aus Labmenge und Gerinnungszeit konstant, so daß z.B. mit der doppelten Menge Lab die Gerinnungszeit auf die Hälfte zurückgeht, und die Labmenge durch einen Vorversuch ermittelt werden kann. Der *Bruch* wird von der Labmolke getrennt und verschiedenen Arbeitsgängen, Zerkleinern, Pressen, Formen usw. unterworfen und schließlich der *Reifung* überlassen, die unter dem Einfluß bestimmter Bakterien und Schimmelpilze erfolgt. Die Kleinlebewesen gelangen unter den jeweiligen örtlichen Bedingungen ohne künstliche Hilfe zur Entwicklung, müssen unter anderen Verhältnissen jedoch künstlich gezüchtet werden. Trotzdem ist es in der Regel sehr schwierig, eine örtliche Käsebereitung in andere Plätze zu übertragen, so daß die Kennzeichnung „echt“ bei Käse eine besondere Bedeutung hat.

Die *chemischen Vorgänge bei der Käsereifung*[2] sind in erster Linie Umsetzungen des Caseins, daneben Veränderungen des Fettes und des Milchzuckers. *Proteolytische Vorgänge*, die eine Spaltung und Verflüssigung des Eiweißes bewirken, führen zunächst zur Bildung von *Peptonen*, unter denen das *Caseoglutin*[3], ein in Wasser unlösliches, in 60—70%igem Alkohol lösliches P-freies Abbauprodukt des Caseins mit 6% Tryptophan, näher untersucht ist. Der Abbau geht teilweise bis zu den Aminosäuren weiter, von denen im Käse zuerst Leucin, Tyrosin (τυρός griech. Käse) und Phenylalanin, später von WINTERSTEIN[4] im Emmentaler Käse viele weitere aufgefunden worden sind. Die ferner nachgewiesenen Abbauprodukte der Aminosäuren deuten darauf hin, daß Decarboxylierung, Desamidierung, Hydrierung und Dehydrierung sich im Käse abspielen. Näher untersucht worden sind Romadur[5], Tilsiter[6], Cheddar[7], Blauschimmelkäse[8] u. a.[9].

Arginin geht in Ornithin über und wird zu Putrescin decarboxyliert, in gleicher Weise entsteht aus Lysin Cadaverin. Auch Tyramin (V), Histamin, Tryptamin und Guanidin wurden gefunden (vgl. Bd. **1**, S. 777). Außer dem stets vorhandenen Ammoniak wurden in Blauschimmelkäse Methylamin, Dimethylamin und Trimethylamin nachgewiesen.

Die *Desamidierung* der Aminosäuren verläuft bei der Käsereifung anders als im tierischen Organismus, da reduktive Vorgänge eine größere Rolle spielen. In Analogie zu der beim Tier als Sonderfall beobachteten Bildung von Mandelsäure (C_6H_5—CH(OH)—COOH) aus Phenylaminoessigsäure entstehen bei der Desamidierung im Käse aus Aminosäuren Ammoniak und Oxysäuren in annähernd äquimolekularen Mengen. So geht Tyrosin (I) über in p-Oxyphenyl-

[1] SCHULZ, M.: Milchwiss. **1**, 7 (1946). — [2] SCHWARZ, G.: Z. angew. Chem. **51**, 521 (1938). — [3] WEIDMANN, M.: Landwirtsch. Jb. **11**, 587 (1882). — BENECKE, F., u. E. SCHULZE: Landwirtsch. Jb. **16**, 317 (1887). — [4] WINTERSTEIN, E.: H. **41**, 485 (1904); **105**, 25 (1919). — WINTERSTEIN, E., u. J. THÖNY: H. **36**, 28 (1902). — WINTERSTEIN, E., u. W. BISSEGGER: H. **47**, 28 (1906). — WINTERSTEIN, E., u. A. KÜNG: H. **59**, 138 (1909). — WINTERSTEIN, E., u. O. HUPPERT: B. Z. **141**, 193 (1923). — [5] ORLA-JENSEN, S.: Zbl. Bakteriol. (II) **13**, 161 (1904). Landwirtsch. Jb. Schweiz **18**, 314 (1904). — [6] GRIMMER, W., u. E. ARONSOHN: Milchwirtsch. Forsch. **4**, 538 (1927). — MEYER, W.: Zbl. Bakteriol. (II) **98**, 212 (1938). — GRIMMER, W., W. BODSCHWINNA u. K. SCHÜTZLER: Milchwirtsch. Forsch. **7**, 595 (1929). — SCHWARZ, G., u. J. THOMASOW: Milchwiss. **5**, 376 (1950). — [7] KOSIKOWSKY, F. V.: J. Dairy Sci. **34**, 228 (1951). — BLOCK, R. J.: J. Dairy Sci. **32**, 1 (1951). — SLYKE, L. L. VAN, and E. B. HART: Amer. chem. J. **30**, 8 (1903). — [8] THOMASOW, J.: Milchwiss. **2**, 354 (1947). — [9] DOX, A. W.: Bull. US Dep. Agric. exp. Stat. **109**, 1 (1908).

milchsäure (III), und aus Phenylalanin, Tryptophan und Histidin werden die Oxysäuren Phenylmilchsäure, Indolylmilchsäure und Imidazolylmilchsäure gebildet, die im Käse nachgewiesen bzw. wahrscheinlich gemacht worden sind.

Diese Oxysäuren können weiter abgebaut werden, wobei oxydativ Phenylessigsäure, p-Oxyphenylessigsäure (II) und aus aliphatischen Aminosäuren Valeriansäure, Buttersäure, Bernsteinsäure, Propionsäure, Essigsäure und Ameisensäure gebildet werden. Das gleichzeitige Auftreten von Ammoniak deutet auf den Ursprung aus Aminosäuren hin.

(I) $HO{-}C_6H_4{-}CH_2{-}CH(NH_2){-}COOH$ (II) $HO{-}C_6H_4{-}CH_2{-}CO{-}COOH$
(II) $HO{-}C_6H_4{-}CH_2{-}CH_2{-}COOH$
(III) $HO{-}C_6H_4{-}CH_2{-}CHOH{-}COOH$
(IV) $HO{-}C_6H_4{-}CH_2{-}CH_2OH$
(V) $HO{-}C_6H_4{-}CH_2{-}CH_2(NH_2)$

Die Ammoniumsalze dieser Fettsäuren, zumal der flüchtigen, bedingen den scharfen Geschmack und Geruch mancher Weichkäse und Sauermilchkäse, die wie Camembert und Roquefort Schimmelpilze führen. Bei diesen treten ferner auch die scharf riechenden Methylketone auf[1], die durch β-Oxydation und Decarboxylierung der niederen Fettsäuren entstehen (s. Bd. **1**, S. 372). —

Durch Desamidierung und Decarboxylierung können sich aus Aminosäuren *Alkohole* bilden; so wurde Oxyphenyläthylalkohol (IV) (Tyrosol) nachgewiesen, der aus Tyrosin abzuleiten ist[2].

Auch *reduktive Desamidierung*, die zu den oben genannten Fettsäuren führt, kommt im Käse vor; sie führt z. B. zur Bildung von Bernsteinsäure neben Äpfelsäure aus Asparaginsäure.

Durch Fäulnisbakterien werden ferner *Stinkstoffe* gebildet, unter anderem Ammonsulfid.

Gleichzeitig mit dem Eiweißabbau spielen sich im Käse die Vorgänge ab, die beim Ranzigwerden der Butter und bei der Gärung des Milchzuckers erwähnt werden. Auch die Vorgänge, die mit *Gasbildung* verbunden sind, haben für die Käsereifung Bedeutung. Die Lochbildung erfolgt in verschiedenen Stadien der Reifung durch Milchsäure- und Propionsäuregärung. Schädliche Gasbildung, vor allem durch Buttersäuregärung gibt zur *Blähung* der Käse Anlaß.

Bei der Käsereifung ist die Bildung von *Antibiotica* mit Sicherheit anzunehmen. Als ein primitives Antibioticum kann die Propionsäure angesehen werden, die auf Grund der Beobachtung am Käse auch für andere Lebensmittel, besonders für Brot als gesundheitlich unbedenkliches Konservierungsmittel in großem Umfange benutzt wird[3]. Der Gehalt an antibiotisch wirksamen Substanzen ist die Ursache, daß Infektionen und Intoxikationen mit Käse[4] zu den Seltenheiten gehören, während sie mit anderen Eiweißnahrungsmitteln, wie Fleisch und Fisch, häufiger vorkommen.

Für *Geschmack und Aroma* des Käses sind Prolin und Oxyprolin als süße Aminosäuren günstig, Arginin wegen Bitterkeit nachteilig[5]. Diacetyl und Acetylmethylcarbinol wurden mit 1 bzw. 8 mg-% auch im Käse gefunden[6], eine einfache Beziehung zum Käsearoma besteht nicht. Ca-Propionat ist für den Geschmack von Schweizerkäse wichtig[7]. Flüchtige Säuren und ihre Ammoniumsalze sowie Methylketone wurden schon als Aromastoffe erwähnt. Methylamylketon aus

---

[1] Stärkle, M.: B. Z. **151**, 371 (1924). — [2] Grimmer, W., u. B. Wauschkuhn: Milchwirtsch. Forsch. **20**, 110 (1939). — [3] Weyland, P.: Getreide, Mehl, Brot **2**, 151 (1948). — [4] Meyn, A.: Mschr. Kinderheilkde **82**, 384 (1940). D. m. W. **1954**, 1055. — [5] Virtanen, A. I., u. M. Kreula: Meijerit. Aikakaus. **10**, 1 (1948). — [6] Csiszár, J., A. Bakos u. G. Tomka: Milchwirtsch. Forsch. **21**, 236 (1942). — [7] Babel, F. J., and B. W. Hammer: Food Res. **4**, 81 (1939).

Caprylsäure wurde im Roquefort gefunden. Aldehyde werden in geringer Menge in Käse gefunden[1].

b) β-Lactoglobulin. β-Lactoglobulin wurde von SEBELIEN[2] 1885 durch Aussalzen aus Milch dargestellt und als Lactalbumin beschrieben. Es wurde neuerdings als nahe verwandt oder identisch mit dem β-Globulin des Blutserums erkannt, während ein schneller Gradient, der dem Albumin des Blutserums entspricht, in der Elektrophoresekurve der Kuhmilch *nicht* vorhanden ist (Abb. 32)[3].

Ein krystallisiertes Präparat wurde schon 1899 von WICHMANN[4] erhalten. Die Darstellung des β-Lactoglobulins erfolgt nach PALMER[5]. BAIN u. DEUTSCH[6] stellten nach gleichartigem Verfahren β-Lactoglobulin aus Kuhmilch und Globulin aus Ziegenmilch her, die untereinander verschieden und elektrophoretisch nicht

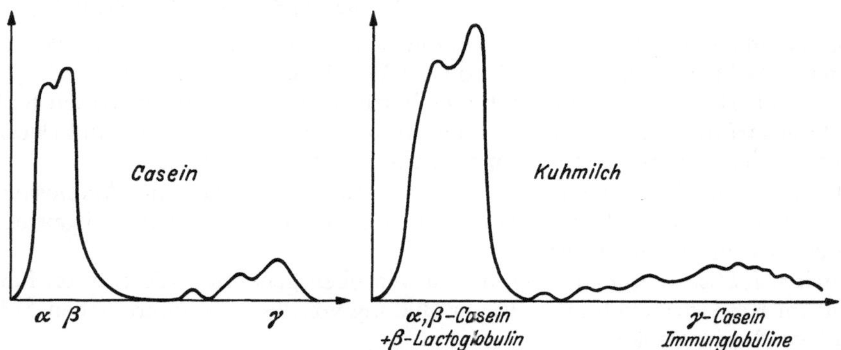

Abb. 32. Elektrophoresekurven von Casein und Kuhmilch. Nach EWERBECK[3]. Im Kuhmilch-Elektropherogramm verschwindet β-Lactoglobulin hinter α, β-Casein.

einheitlich waren. Die Milch verschiedener Säugetiere und des Menschen enthält Globuline, die verschieden und charakteristisch für die Art sind[7]. Die Globuline des Colostrums zeigen größere Verwandtschaft zu den homologen Serumglobulinen als die der reifen Milch[7, 8]. Die Bausteinanalyse des β-Lactoglobulins (s. Bd. 1, S. 691) wurde bis zu einer Erfassung von 99% der Substanz durchgeführt[9] und ergab einen Aufbau aus 370 Aminosäureresten mit 366 Peptidbindungen, die in 4 Untereinheiten angeordnet sind. Das errechnete Molekulargewicht beträgt 42020 ± 105. Es wurden folgende Aminosäurereste ermittelt:

Tabelle 112. Aminosäurereste im β-Lactoglobulin.

4 Glykokoll	4 Cystein-H	36 Asparaginsäure
29 Alanin	8 Cystin-S	24 Glutaminsäure
21 Valin	9 Methionin	32 Glutamin
50 Leucin	4 Tryptophan	20 Serin
27 Isoleucin	7 Arginin	21 Threonin
15 Prolin	4 Histidin	9 Tyrosin
9 Phenylalanin	33 Lysin	4 H_2O

[1] SCHWARZ, G., u. J. THOMASOW: Milchwiss. **5**, 376 (1950). — [2] SEBELIEN, J.: H. **9**, 445 (1885). — [3] EWERBECK, H.: in ANTWEILER, H. J.: Die quantitative Elektrophorese in der Medizin. Berlin, Göttingen, Heidelberg 1952. — [4] WICHMANN, A.: H. **27**, 575 (1899). — [5] PALMER, A. H.: J. biol. Ch. **104**, 359 (1934). — [6] BAIN, J. A., and H. F. DEUTSCH: Arch. Biochem. **16**, 221 (1948). — [7] DEUTSCH, H. F.: J. biol. Ch. **169**, 437 (1947). — [8] SMITH, E. L., and R. D. GREENE: J. biol. Ch. **171**, 355 (1947). — [9] BRAND, E., L. J. SAIDEL, W. H. GOLDWATER, B. KASSELL and F. J. RYAN: Am. Soc. **67**, 1524 (1945).

Bei der Gerinnung der Milch verbleibt das Globulin in der Molke und kann nach Säuerung auf 12—16° Soxhlet-Henkel durch Erhitzen abgeschieden werden. Das gewonnene Eiweißgemisch, das auch als *Zieger* bezeichnet wird, wird in manchen Ländern frisch oder nach einem Reifungsprozeß als Ziegerkäse verzehrt. Eine allgemeinere Verwertung der Molkeneiweißstoffe für die menschliche Ernährung wurde in Deutschland in beiden Weltkriegen und nachher mit gewissem Erfolg durchgeführt.

Beim Erhitzen der Milch auf 76,5° entstehen aus β-Lactoglobulin augenblicklich freie Sulfhydrylgruppen, die den „Kochgeschmack" der Milch bedingen, während der „Lichtgeschmack" auf Veränderungen des Methionins unter Lichteinfluß beruht[1].

c) Immunglobuline. Elektrophoretische Untersuchungen lassen in der Milch verschiedene Globuline erkennen, die als Immunglobuline beschrieben werden. In dieser Fraktion sind vermutlich das Lactoglobulin von SEBELIEN[2] und das gelegentlich in Milch beobachtete Euglobulin und Pseudoglobulin[3] einbegriffen. Das Globulin von SEBELIEN wurde auf nur 0,003% der Milch bemessen. Ältere Untersuchungen haben bereits auf eine enge Beziehung oder Identität mit Serumglobulin hingedeutet[4].

Die Immunglobuline der Milch gehen in den Organismus des arteigenen Säuglings über und entfalten dort ihre Schutzwirkung[5].

Der Übergang von Antitoxin von Mäusen, die gegen Abrin und Ricin immunisiert waren, auf die Jungen wurde von EHRLICH nachgewiesen. Die Übertragung der *Immunität gegen Typhus und Dysenterie* durch die Muttermilch wurde bei Katzen und Kaninchen, die Übertragung von *Diphtherie-* und *Scharlachantitoxin* bei menschlichen Säuglingen beobachtet. *Die Säuglinge nehmen nur aus arteigener Milch Immunstoffe auf*, auch ist diese Fähigkeit vorwiegend auf die ersten Lebenstage beschränkt. Aus arteigenem Blutserum werden dagegen keine Immunstoffe resorbiert. Bei der Fällung des Caseins gehen die Antitoxine in das Milchserum, aus dem sie aussalzbar sind, wodurch zuerst die Globulinnatur der Antitoxine der Milch erschlossen wurde. Die rasche Abnahme der Globuline vom Colostralstadium zur reifen Milch ist mit einer Abnahme des Antitoxingehaltes verbunden.

Bei passiver Immunisierung der Mutter mit artfremdem Serum scheinen die Antitoxine gleichfalls in die Milch und in den Säugling überzugehen, in gewissem Widerspruch zu den Befunden, daß der Säugling aus artfremder Milch kein Antitoxin aufzunehmen vermag. Unabhängig von diesen Fragen wurde beobachtet, daß Tiere in den ersten Lebenstagen artfremdes Eiweiß unabgebaut zu resorbieren vermögen.

Bakteriolysine und Hämolysine bestehen aus Amboceptor und Komplement, über deren Vorkommen in der Milch keine Klarheit herrscht. Möglicherweise beruht die Immunität von Brustkind, sofern sie nicht angeboren ist, auf der Übertragung eines der beiden Teile durch die Milch. Soweit sich Anhaltspunkte für die fraglichen Abwehrstoffe ergeben haben, handelt es sich um Colostrum und frühe Milch.

Agglutinine, die zur Zusammenballung oder Agglutination von Bakterien führen, konnten in der Milch wiederholt nachgewiesen werden. So wurden Agglutinine für *Typhus*, *Coli*, *Cholera*, *Tuberkulose* und BANG-*Bacillen* in der

---

[1] JOSEPHSON, D. V.: Agric. Food Chem. **2**, 1182 (1954). — [2] SEBELIEN, J.: H. **9**, 445 (1885); **13**, 135 (1889). — [3] SMITH, E. L.: J. biol. Ch. **165**, 665 (1946). — [4] TIEMANN, H.: H. **25**, 363 (1898). — ABDERHALDEN, E., u. A. HUNTER: H. **47**, 404 (1906). — [5] Zusammenfassende Darstellung: BAUER, J.: Handb. Milchwirtsch. (WINKLER) Bd. 1, 1, S. 109 (1930).

Milch gefunden, deren Menge gelegentlich die Menge im Blute übertraf, in der Regel allerdings weit darunter lag. Aus der Milch gehen auch die Agglutinine hauptsächlich in den ersten Lebenstagen auf den Säugling über, während Serumagglutinin schlecht resorbiert wird. Auch *Hämagglutinine* finden sich in der Milch: sie agglutinieren artfremde rote Blutkörperchen (s. ferner Frauenmilch S. 403).

Casein und Globulin der Milch haben *Antigeneigenschaften*. Nach der Injektion von Milch in den Tierkörper treten *Präzipitine* im Blutserum auf, die Casein und Globulin der betreffenden und artverwandten Milch ausfällen. Die Antisera fällen auch das Serumeiweiß der Tierart, von der die injizierte Milch stammt. Damit ist serologisch bewiesen, daß Beziehungen zwischen den einzelnen Milchproteinen und dem artgleichen Serumeiweiß bestehen[1]. Eine besonders nahe Verwandtschaft zwischen den Eiweißstoffen von Colostrum und Blutserum besteht auch in bezug auf die anaphylaktische Reaktion, dagegen wurde durch Injektion von Casein keine Empfindlichkeit gegen die Globuline der Milch und des Serums hervorgerufen[2]. Serologische Reaktionen werden verwendet, um z. B. Frauenmilch von Kuhmilch zu unterscheiden[3].

Präzipitinhaltiges Serum reagiert auch mit gekochter Milch, auch erzeugt die Injektion von gekochter Milch ein Antiserum, das mit roher und gekochter Milch präzipitiert[4].

d) Sonstige Eiweißstoffe der Milch sind verschiedentlich beschrieben worden. Das *Opalisin* der Kuhmilch[5] weist hohen Schwefelgehalt auf und ist auch als Spaltprodukt des Caseins aufgefaßt worden. Ein *in verdünntem Alkohol löslicher Eiweißstoff*[6] wurde als Begleiter des Caseins bei Fällungen bereits erwähnt (S. 360). Als besondere Eiweißstoffe werden auch die *Hüllsubstanz der Milchkügelchen* und der beim Buttern wirksame *Schaumstoff* aufgefaßt.

e) Rest-N-Substanzen der Milch. Der Gesamtstickstoff der Milch umfaßt neben den Eiweißstoffen N-haltige Substanzen von nicht eiweißartiger Natur, die nach dem Enteiweißen als Rest-N der Milch im Serum verbleiben, oder auch durch Ultrafiltration oder Dialyse aus der Milch gewonnen werden können. Der Name Rest-N ist der physiologischen Chemie des Blutes bzw. des Blutserums entlehnt. Seine Menge beträgt in der Milch etwa 5% vom Gesamt-N. Es handelt sich um eine sehr große Zahl von Stoffen, deren Einteilung und Menge im Verhältnis zum Gesamtstickstoff und im Vergleich zum Blut die Tabelle 113 zeigt[7,8].

Die Werte in Milch und Blut entsprechen sich so weitgehend, daß man die Milchflüssigkeit als ein Ultrafiltrat des Blutes betrachten könnte. Dieser Gedanke läßt sich jedoch mit Rücksicht auf andere Krystalloide der Milch, insbesondere die vom Blute stark abweichende Mineralzusammensetzung, nicht ohne weitere Hilfsannahmen durchführen.

Die in der Milch aufgefundene *Orotsäure*[9], die als Uracil-4-carbonsäure erkannt wurde[10] (s. Bd. 1, S. 817) hat eine wachstumsfördernde Wirkung für Lacto-

---

[1] UHLENHUTH, (P.): D. m. W. **1903 I**, 184. — HAMBURGER, F.: Wien. klin. Wschr. **1901**, 1202. — BAUEREISEN, A.: Arch. Gynäk. **90**, 349 (1910). — BAUER, J.: M. m. W. **1908 I**, 847. — [2] KLEINSCHMIDT, H.: Mschr. Kinderheilkde **10**, 254 (1911). — [3] RÖSSLER, B.: Dtsch. Lebensm.-Rdsch. **20**, 122 (1942). — [4] FULD, E.: Hofmeisters Beitr. **3**, 523 (1903). — [5] WRÓBLEWSKI, A.: H. **26**, 308 (1898/99). — [6] OSBORNE, T. B., and A. J. WAKEMAN: J. biol. Ch. **33**, 7 (1918). — [7] BLEYER, B., u. O. KALLMANN: B. Z. **153**, 459 (1924); **155**, 54 (1925). — REIF, G.: B. Z. **161**, 128 (1925). — KLUGE, H.: Z. Unters. Lebensm. **71**, 232 (1936). — KIEFERLE, F., u. J. GLOETZL: Milchwirtsch. Forsch. **11**, 62 (1930). — DENIS, W., and A. S. MINOT: J. biol. Ch. **37**, 353 (1919). — KRÜGER, F.: H. **50**, 293 (1906/07). — GRIMMER, (W.): Milchwirtsch. Zbl. **3**, 296 (1907). — ESCUDERO, P., e G. WAISMAN: Bol. Soc. quím. Peru **12**, 152 (1946). — [8] SCHEUNERT, A., u. H. v. PELCHRZIM: B. Z. **139**, 17 (1923). — [9] BISCARO, G., e E. BELLONI: Annu. Soc. chim. Milano **11** (1905) [Jber. Fortschr. Tierchem. **35**, 297]. — [10] BACHSTEZ, M.: B. **63**, 1000 (1930).

bacillus bulgaricus[1]. Sie wurde in zuckerfreier Trockenmolke zu 260 mg-%, in Magermilchpulver und Molkenpulver zu 58 bzw. 60 mg-% ermittelt[2]. Kuhmilch enthält 7,7—9,4 mg-% (Winter) bzw. 8,1—12,1 mg-% (Sommer), Colostrum 20—40 mg-%. Beim Schaf werden hohe Werte von 32,4, bei Schwein, Pferd, Ratte niedrige Werte um 1 mg-% gefunden, im Frauencolostrum 0,7 mg-%[3].

f) Die Bildung der Milchproteine. Nach älteren Vorstellungen sollten die im Blute zirkulierenden Eiweißstoffe die Organe und Zellen mit Eiweiß versorgen, jedoch wurde diese Aufgabe später durch die grundlegenden Forschungen von E. ABDERHALDEN den Aminosäuren des Blutes zugewiesen. Das sekretorische Epithel der Milchdrüse würde somit die jeweils benötigten Aminosäuren aus dem Blute herausnehmen, um die Milchproteine daraus aufzubauen. Beim Pflanzenfresser und vor allem beim Wiederkäuer strömen infolge häufiger Nahrungsaufnahme in Verbindung mit dem Futtervorrat in den weiträumigen Höhlen des Verdauungskanals nahezu *kontinuierlich* die Nahrungsaminosäuren dem Blute und der Milchdrüse zu und können unmittelbar ihrem Endzweck zugeführt werden. Diese vorzugsweise auf kohlenhydratreicher und verhältnismäßig fett- und eiweißarmer Nahrung beruhende Form des Stoffwechsels wird von LINTZEL[4] als *einphasischer Eiweißstoffwechsel* gekennzeichnet. Beim Fleischfresser dagegen wird die Nahrung periodisch in Abständen bis zu 24 Std und mehr aufgenommen. Die stoßweise einströmenden Aminosäuren werden schnellstens zu Körpereiweiß aufgebaut, wobei wahrscheinlich das Körpereiweiß als Ganzes vermehrt wird[5] und jedenfalls auch die Milchdrüse ihren Eiweißbestand vermehrt. Nach Abschluß der Resorption der Nahrungsaminosäuren wird Körpereiweiß wieder abgebaut und liefert die Aminosäuren in das Blut, aus dem die Milchdrüse ihren Bedarf entnimmt *(zweiphasischer Eiweißstoffwechsel)*. Die Qualitätsanforderung an das Nahrungseiweiß wird hier nicht durch den Endzweck, sondern durch die Notwendigkeit des intermediären Anbaus bestimmt. Der 2malige Umbau des Nahrungseiweißes in Körpereiweiß und dann in Milcheiweiß bzw. in Milchdrüseneiweiß und dann in Milcheiweiß bietet eine Erklärung für den hohen Arginasegehalt des Mammagewebes beim Allesfresser (S. 332).

Tabelle 113. N-Bestandteile der Milch im Vergleich zum Blute.

	Kuhmilch mg-%	Kuhblut mg-%
Gesamt-N	466,4	3200
Protein-N	392,0	3170
Rest-N	23,2	24—39
Purinbasen-N	2,3	—
Harnsäure-N	1,6	0—0,75
Kreatinin-N	1,4	1,4—1,7
Kreatin-N	2,6	4—9
Aminosäuren-N	2,9	5—9
Harnstoff-N	10,1	11—24
Ammoniak-N	0,1	—
Rhodanid-N	0,2	—

Wichtige Lieferanten für die Nahrungsproteine der Milchkuh sind die grünen Pflanzen, deren Protein hohe Gehalte an essentiellen Aminosäuren, besonders an Lysin, aufweist[6], die für die Bildung der Milchproteine wichtig sind. Wenig geeignet sind Kleie und Ölkuchen, da Milcheiweiß etwa den 3fachen Lysingehalt aufweist wie jene. Es müßten daher 3 Teile jener Futtereiweiße aufgewendet werden, um

[1] HUFF, J. W., D. K. BOSSHARDT, L. D. WRIGHT, D. S. SPICER, K. A. VALENTIK and H. R. SKEGGS: Proc. Soc. exp. Biol. Med. **75**, 297 (1950). — [2] WRIGHT, L. D., K. A. VALENTIK, D. S. SPICER, J. W. HUFF and H. R. SKEGGS: Proc. Soc. exp. Biol. Med. **75**, 293 (1950). — [3] HALLANGER, L. E., J. W. LAAKS and M. O. SCHULTZE: J. biol. Ch. **202**, 83 (1953). — [4] LINTZEL, W.: Arch. Tierernähr., Beih. **5**, 127 (1954). — [5] SCHOENHEIMER, R.: The Dynamic State of Body Constituents. Cambridge, Mass. 1942. — DUMAZERT, C., et S. GRAC: C. R. Soc. Biol. **142**, 347 (1948). — [6] LUGG, J. W. H., and R. A. WELLER: Biochem. J. **42**, 408, 412 (1948).

einen Teil Milcheiweiß zu bilden. Allerdings vermögen die Kleinlebewesen des Pansens in gewissem Umfange essentielle Aminosäuren, auch Lysin, aufzubauen, derart, daß der Wiederkäuer mit den Panseninfusorien gewissermaßen eine Zulage von tierischem Eiweiß[1] erhält, die für die Milcheiweißbildung günstig ist.

Die These, daß die Aminosäuren des Blutes als Vorläufer der Milchproteine anzusehen sind, wurde von CARY[2] begründet, der allerdings durch Vergleich von Jugularis- und Eutervenenblut keine schlüssigen Beweise beibringen konnte. In arterio-venösen Versuchen ergaben sich jedoch eindeutige Unterschiede des Aminosäure-N im zu- und abströmenden Blute des Euters, die sich bei verschiedenen Untersuchern auf 0,7—1,3 mg N je 100 cm^3 Blut beliefen[3-5] und in Anbetracht der je *l* Milch durchströmenden Blutmenge für die Bildung des Caseins vermutlich ausreichen. CAMPBELL u. WORK[6] führten beim Kaninchen mit ^{14}C indiziertes Valin und Lysin zu und fanden nach 6 Std die Aktivität der Milchproteine weit höher als die der Blutproteine. Es ist daher klar, daß freie Aminosäuren des Blutes direkt in die Milchproteine eingebaut werden.

Die im Casein esterartig an Serin gebundene Phosphorsäure leitet sich von dem anorganischen Phosphat des Blutserums ab, wie besonders durch Versuche mit indiziertem P erwiesen wurde[7].

Die nahe Verwandtschaft der Milchglobuline zu den Serumglobulinen läßt vermuten, daß sie durch direkten Übergang aus dem Blute in die Milch gelangen. Die höhere Konzentration im Blutserum im Vergleich zur Milch gibt arteriovenösen Versuchen in dieser Hinsicht kaum Möglichkeiten, doch sollen gewisse Verschiebungen innerhalb der Globulinfraktionen des Blutes beim Durchgang durch das Euter im Sinne eines direkten Überganges zu deuten sein[4,8]. Nach neueren Anschauungen[9] werden die Globuline des Blutes im Gegensatz zu den Albuminen zum großen Teil *nicht* in der Leber gebildet, es ist vielmehr eine polyzentrische Globulingenese im Reticuloendothel anzunehmen. Die Lymphocyten produzieren Immunglobuline oder speichern und transportieren sie. Organ- und Plasmaeiweiß stehen in einem dynamischen Gleichgewicht, an dem die Globuline besonders lebhaft beteiligt sind.

Diese Erkenntnisse lassen in bezug auf die Bildung von Milcheiweiß alle Möglichkeiten offen. Es muß daher damit gerechnet werden, daß die Milchdrüse auch Proteine des Blutes aufnimmt und zu Milchproteinen umbaut, somit neben der Aufnahme von Aminosäuren aus dem Blut einen eigenen Eiweißstoffwechsel betätigt[10]. Hierfür sprechen der bei der Kuh allerdings geringe Arginasegehalt der Milchdrüse sowie der Befund, daß im Eutervenenblut mehr Harnstoff enthalten ist als im Arterienblut[4,8,11]. Im Hunger dürfte die Milchdrüse auch gewebseigenes Protein in Milchprotein überführen[12].

[1] FERBER, K.-E.: Z. Tierzücht. **12**, 31 (1928); **15**, 375 (1929). — MANGOLD, E.: Biedermanns Zbl. (A) (N. F.) **3**, 161 (1933). — MANGOLD, E., u. C. SCHMITT-KRAHMER: B. Z. **191**, 411 (1927). — RADEFF, T.: Jb. veterin. med. Fak. Sofia **8**, 139 (1931/32); **9**, 159 (1932/33). — [2] CARY, C. A.: J. biol. Ch. **43**, 477 (1920). — CARY, C. A., and E. B. MEIGS: J. biol. Ch. **78**, 399 (1928). — [3] BLACKWOOD, J. H.: Biochem. J. **26**, 772 (1932). — LINTZEL, W.: Z. Züchtung (B) **29**, 165 (1934). — [4] REINEKE, E. P., V. E. PETERSON, O. B. HOUCHIN and C. W. TURNER: Res. Bull. Missouri agric. exp. Stat. Nr. 296, 2 (1939). — [5] SHAW, J. C.: J. Dairy Sci. **29**, 183 (1946). — [6] CAMPBELL, P. N., and T. S. WORK: Biochem. J. **49**, XLVI (1951). — [7] ATEN, A. H. W. jr., and G. HEVESY: Nature **142**, 111 (1938). — KLEIBER, M., A. H. SMITH and N. P. RALSTON: Proc. Soc. exp. Biol. Med. **69**, 354 (1948). — BARRY, J. M.: J. biol. Ch. **195**, 795 (1952). — [8] GRAHAM, W. R. jr., V. E. PETERSON, O. B. HOUCHIN and C. W. TURNER: J. biol. Ch. **122**, 275 (1938). — [9] EWERBECK, H.; in: ANTWEILER, H.-J.: Die quantitative Elektrophorese in der Medizin. Berlin, Göttingen, Heidelberg 1952. — [10] FOLLEY, S. J.: Biol. Reviews **24**, 316 (1949). — [11] GRAHAM, W. R. jr., O. B. HOUCHIN and C. W. TURNER: J. biol. Ch. **120**, 29 (1937). — [12] REINEKE, E. P., M. B. WILLIAMSON and C. W. TURNER: J. biol. Ch. **138**, 83 (1941). — SHAW, J. C., R. C. POWELL jr. and C. B. KNODT: J. Dairy Sci. **25**, 909 (1942).

3. Kohlenhydrate.

Das für die Milch charakteristische Kohlenhydrat ist der Milchzucker, Lactose, mit dem offizinellen Namen Saccharum lactis (lax, lactis, lat. Milch) benannt, wird schon seit Jahrhunderten durch Eindampfen der Molke gewonnen und wurde zuerst 1633 von BARTOLETUS beschrieben[1]. Er wurde als Abführmittel und Gichtmedikament gebraucht.

a) Milchzucker ist in allen Milcharten zu 2—8%, in der Kuhmilch zu 4,5—5,5% enthalten, er wurde erst neuerdings von KUHN[2] auch in der Pflanzenwelt, und zwar in Blütenpollen, entdeckt. Er ist ein aus D-Glucose und D-Galaktose aufgebautes Disaccharid vom Maltosetyp, in dem das C-Atom 1 der Galaktose β-glykosidisch mit dem C-Atom 4 der Glucose verknüpft ist. Chemisch ist er daher als 4(β-D-Galaktosido)-D-glucose zu bezeichnen (s. Bd. 1, S. 323). Das C-Atom 1 des Glucoseanteils kann in α- oder β-Konfiguration vorliegen, so daß man α- und β-Lactose zu unterscheiden hat. Beide zeigen Mutarotation, bis sich in der Lösung ein Gleichgewicht beider Formen eingestellt hat. In der Kuhmilch sind α- und β-Lactose im Verhältnis 2:3 vorhanden. Die Handelsform des Milchzuckers ist in der Regel α-Lactose, hierauf wird dessen unbefriedigende Wirkung beim Säugling zurückgeführt (s. S. 413).

Tabelle 114. Süßkraft des Milchzuckers im Vergleich zu anderen Zuckern (Rohrzucker = 100).

Fruchtzucker . . .	105
Rohrzucker. . . .	100
Invertzucker . . .	79
Traubenzucker . .	52
Malzzucker . . .	35
Galaktose	33
Milchzucker . . .	28

In der Frauenmilch, nicht in der Kuhmilch[3], sind 2 Isomere des Milchzuckers aufgefunden worden, *Gynolactose* und *Allolactose* (s. Bd. 1, S. 323).

Milchzucker wird technisch aus Molken dargestellt, er bildet harte weiße Krystalle oder ein feines Pulver, das im Munde sandig wirkt und zwischen den Zähnen knirscht. Auskrystallisieren des Milchzuckers ist daher bei kondensierter Milch gefürchtet, man versucht es durch Zusatz von Rohrzucker zu verhindern. Milchzucker wird als Trägersubstanz in der Pharmazie, in geringem Umfange in der Säuglingsernährung sowie in der Süßwarenindustrie zur Abrundung und Milderung des süßen Geschmackes des Rohrzuckers verwendet. Seine Süßkraft ist die geringste der bekannteren Zucker (Tabelle 114). Als Hauptbestandteil der Molke wird er am besten an Schweine verfüttert, vielfach aber ungenutzt verworfen. Versuche, aus Milchzucker durch Spaltung ein honigartiges, Glucose und Galaktose enthaltendes Nahrungsmittel herzustellen, wurden 1948 in Deutschland in technischem Maßstabe durchgeführt. Das neue, schmackhafte Nahrungsmittel konnte sich jedoch nicht durchsetzen. Ebenso erging es den vielfachen Versuchen, Molkengetränke sehr ansprechender Art in den Verkehr zu bringen. Das Problem einer umfassenden Verwertung des Milchzuckers bzw. der Molken ist noch nicht gelöst.

Nachweis und quantitative Bestimmung. Milchzucker gibt die TROMMERsche Probe, von Bäckerhefe wird er nicht vergoren. In Gemischen mit gärfähigen Zuckern kann Milchzucker nach Vergären der Begleitzucker durch die Reduktion erkannt werden. Eine bei Zusatz von Natronlauge zur Milch langsam auftretende, erst gelblichrötliche, schließlich besonders bei Erwärmen auf 50° schön rote Färbung wird auf die Anwesenheit des Milchzuckers zurückgeführt. Mit Ammoniak auf 60° erwärmt, gibt Kuhmilch hellgelbe, Frauenmilch violettrote Färbung, vermutlich auf Milchzucker und Zitrat beruhend (UMIKOFFsche Reaktion).

[1] s.: FUNCK, E.: Milchwiss. **3**, 152 (1948). — [2] KUHN, R.: Angew. Chem. **61**, 433 (1949). — [3] KUHN, R.: Angew. Chem. **64**, 493 (1952).

Zur quantitativen Bestimmung[1] mit FEHLINGscher Lösung wird die Milch mit $CuSO_4$ und NaOH enteiweißt, das Ca durch NaF gefällt. Das beim Kochen mit FEHLINGscher Lösung gebildete Cu_2O wird nach einer besonderen Tabelle auf Milchzucker umgerechnet.

Die Polarisation nach SCHEIBE[2] wurde wegen angeblich in der Milch vorhandener rechtsdrehender Dextrine früher abgelehnt. Die refraktometrische Bestimmung ist nur bei normaler Milch anwendbar.

Zur Bestimmung der α- und β-Lactose in Milch wird mit alkoholischem $HgCl_2$ enteiweißt, mit Noritkohle entfärbt und polarisiert[3].

$$\alpha\text{-Lactose} + 1\,H_2O : \text{F. } 202^\circ;\ [\alpha]_D^{20} = +83{,}5^\circ \rightarrow +52{,}3^\circ$$

$$\beta\text{-Lactose} : \text{F. } 252^\circ;\ [\alpha]_D^{25} = +34{,}2^\circ \rightarrow +53{,}6^\circ$$ [4].

α) Gärungen des Milchzuckers. Beim *Angriff von Mikroorganismen auf die Milch* ist es in erster Linie der Milchzucker, der Veränderungen erleidet. Voraussetzung ist die Anwesenheit von Lactase oder allgemeiner eines β-galaktosidische Bindungen spaltenden Fermentes, mit dessen Hilfe das Disaccharid in die vergärbaren Monosaccharide gespalten werden kann. Da Bier- und Bäckerhefe der Art Saccharomyces cerevisiae solche Fermente nicht enthalten, vermögen sie Milchzucker nicht zu vergären.

Die wichtigste Gärung des Milchzuckers ist die *Milchsäuregärung*, ferner spielen Gärungen unter Bildung von *Buttersäure*, *Propionsäure* und *Alkohol* eine Rolle.

Alle Gärungen dürften in ihrem Anfang in gleicher Weise wie auch der Zuckerabbau im höheren Organismus verlaufen. Die zuerst gebildete Hexosediphosphorsäure zerfällt hälftig in 2 Phosphotriosen, aus denen *Brenztraubensäure* CH_3—CO—COOH als gemeinsamer Ausgangspunkt weiterer Umwandlungen entsteht.

Die Milchsäuregärung vollzieht sich anaerob in größerem Umfange als bei Gegenwart von Sauerstoff. Sie wird vornehmlich durch Streptococcus lactis bewirkt, der in der Molkerei in Reinkulturen auf pasteurisierte Milch und Rahm verimpft wird. Er vermag bis zu 0,7% Milchsäure zu erzeugen, während 0,45% bereits für die Gerinnung der Milch genügen. Wird die gebildete Milchsäure laufend neutralisiert, so geht die Gärung bis zum vollständigen Verbrauch des Milchzuckers weiter. Neben dem genannten wirken bei der Spontangärung der Milch eine Reihe weiterer Mikroorganismen mit, darunter das früher für entscheidend gehaltene Bacterium acidi lactici und Bakterien der Colia erogenes-Gruppe, die eigentlich Darmbewohner sind.

$$\underset{\text{Hexose}}{C_6H_{12}O_6} = 2\,\underset{\text{Milchsäure}}{H_3C - CH(OH) - COOH} + 22\,\text{Cal.}$$

Die intermediär gebildete Brenztraubensäure geht durch Aufnahme von 2 H aus Triosephosphorsäure in Milchsäure über. In der Regel wird racemische, D,L-Milchsäure, die sog. Gärungsmilchsäure, gebildet.

Die *Propionsäuregärung*, die namentlich bei der Reifung der Käse auftritt, führt zu Propionsäure neben Essigsäure und CO_2. 2 Mol Milchsäure werden zu Propionsäure reduziert, während 1 Mol zu Essigsäure und CO_2 oxydiert wird[5]:

$$1{,}5\,\underset{\text{Hexose}}{C_6H_{12}O_6} = 2\,\underset{\text{Propionsäure}}{H_3C - CH_2 - COOH} + \underset{\text{Essigsäure}}{H_3C - COOH} + CO_2 + H_2O$$

Bei der in Käsereien wegen des Blähens der Käse gefürchteten *Buttersäuregärung* sind anaerob lebende sporentragende Bacillen wirksam. Der Vorgang läßt sich wie folgt formulieren:

[1] BEYTHIEN, A.: Laboratoriumsbuch für den Lebensmittelchemiker. 5. Aufl. Dresden, Leipzig 1947. — [2] SCHEIBE, A.: Z. analyt. Chem. **40**, 1 (1901). — [3] SHARP, P. F., and H. DOOB jr.: J. Dairy Sci. **24**, 589 (1941). — [4] KOBEL, M., u. C. NEUBERG: Handb. Pfl.-Analyse (KLEIN) Bd. 4/2, S. 1253. — [5] ORLA-JENSEN, S.: Landwirtsch. Jb. Schweiz **18**, 401 (1904).

$$C_6H_{12}O_6 = H_3C—CH_2—CH_2—COOH + 2\,CO_2 + 2\,H_2$$
Hexose — Buttersäure — Wasserstoffgas

Ausgehend von Brenztraubensäure nehmen NEUBERG u. ARINSTEIN[1] die Bildung von Brenztraubensäurealdol an, das durch Decarboxylierung β-Oxybuttersäurealdehyd (Acetaldol) und weiterhin Buttersäure liefern soll.

$$H_3C—COOH—CH_2—CO—COOH \rightarrow H_3C—CHOH—CH_2—COH + 2\,CO_2 \rightarrow$$
Brenztraubensäurealdol — Acetaldol

$$H_3C—CH_2—CH_2—COOH$$
Buttersäure

Die *alkoholische Gärung* erfolgt durch Hefen, die Lactase enthalten oder durch eine besondere Lactozymase den Milchzucker unmittelbar vergären können, namentlich durch Torulahefen. Auch können Bakterien den Milchzucker spalten, während Hefen in einem symbiontischen Vorgang die Spaltprodukte vergären.

β) Die Bildung des Milchzuckers. Der kohlenhydratreich ernährte Pflanzenfresser baut Milchzucker zweifellos aus der *Glucose der Nahrung* auf, die der Milchdrüse in Form des *Blutzuckers* zugeführt wird. Die Bildung des Milchzuckers erfolgt nur in der Milchdrüse selbst. Bei unvollständigem Ausmelken sowie bei Milchstauung durch Einblasen von Luft in das Euter erscheint Milchzucker im Harn, zugleich tritt eine vorübergehende, vermutlich auf Milchzucker beruhende Steigerung des Zuckers im Blute auf. Wird die tätige Milchdrüse dagegen operativ entfernt, so erscheint im Harn Glucose[2], bedingt durch das augenblickliche Überangebot. Umgekehrt gelingt es auch, durch Ableitung des Blutzuckers in den Harn mittels Phlorrhizin oder durch Senkung des Blutzuckers mittels Insulin die Bildung des Milchzuckers zu hemmen[3]. In gleicher Richtung deuten die Befunde, nach denen im Eutervenenblute weniger Zucker enthalten ist als im arteriellen Blute (s. S. 336). Die a.-v.-Differenz kann 10—30 mg Blutzucker ausmachen.

Die zahlreichen Bemühungen, die Gleichgewichtsreaktion

$$\text{Lactose} \rightleftharpoons \text{Glucose} + \text{Galaktose}$$

unter Mitwirkung der Lactase zur Synthese von Milchzucker auszunutzen, waren wenig erfolgreich. Besondere methodische Schwierigkeiten ergeben sich für die analytische Erfassung des Milchzuckers neben den anwesenden Hexosen, so daß bisher nur mikrobiologische Verfahren erfolgreich angewendet werden können. BASCH[4] ließ Milchdrüsenextrakte auf ein Gemisch von Glucose und Galaktose wirken und anschließend Saccharomyces pastorianus III einwirken, der diese Zucker vergärt, Milchzucker jedoch nicht angreift. Es konnte kein Milchzucker aufgefunden werden. RÖHMANN[5] jedoch glaubt, aus Milchdrüsenbrei und Rohrzucker in einigen Fällen Milchzucker erhalten zu haben.

Die Biosynthese des Milchzuckers gelang GRANT[6] (1935) mit Hilfe von Milchdrüsenschnitten vom Meerschweinchen unter Benutzung der mikrobiologischen Analysenmethode. Die Schnitte bilden Lactose aus Glucose, dagegen kaum aus Mannose, Galaktose und Fructose. *Glucose + Galaktose ergaben schlechtere Ausbeute als Glucose allein.* Es handelt sich anscheinend nicht um einfache glykosidische

[1] NEUBERG, C., u. B. ARINSTEIN: B. Z. **117**, 269 (1921). — [2] PORCHER, C.: Cr. **141**, 73 (1905). B.Z. **23**, 370 (1910). — BERT, P.: Cr. **98**, 775 (1884). — WIDMARK, E. M. P., u. O. CARLENS: B. Z. **158**, 3 (1925). — [3] PATON, D. N., and E. P. CATHCART: J. Physiol., London **42**, 179 (1911). — BROWN, W. R., W. E. PETERSEN and R. A. GORTNER: J. Dairy Sci. **19**, 147 (1936). — [4] BASCH, K.: Ergebn. Physiol. **2**/1, 326 (1903). — [5] RÖHMANN, F.: B. Z. **93**, 237 (1919). — [6] GRANT, G. A.: Biochem. J. **29**, 1905 (1935); **30**, 2027 (1936).

Verknüpfung der beiden Bausteine, sondern um eine verwickelte Synthese. Die mit CO_2-Schnee behandelte Milchdrüse war unwirksam. Erfolgreich waren auch Versuche von KNODT u. PETERSEN[1] mit Schnitten der Milchdrüse der Kuh und Glucose, Maltose und Glykogen als Zuckerquelle und von FOLLEY u. FRENCH[2] mit Drüsenschnitten von der Ratte.

Galaktose unterscheidet sich von Glucose nur durch die Konfiguration des 4. C-Atoms, die beiden Zucker sind *4-diastereomer.*

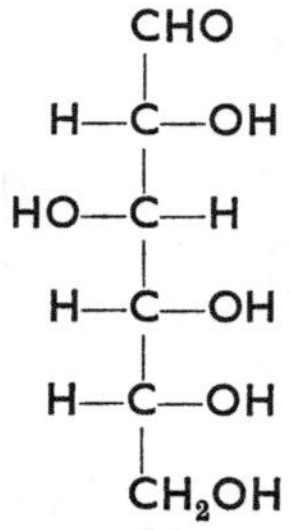

$$\begin{array}{ccc} \text{CHO} & \qquad & \text{CHO} \\ | & & | \\ \text{H—C—OH} & & \text{H—C—OH} \\ | & & | \\ \text{HO—C—H} & & \text{HO—C—H} \\ | & & | \\ \text{H—C—OH} & & \text{HO—C—H} \\ | & & | \\ \text{H—C—OH} & & \text{H—C—OH} \\ | & & | \\ \text{CH}_2\text{OH} & & \text{CH}_2\text{OH} \\ \text{D-Glucose} & & \text{D-Galaktose} \end{array}$$

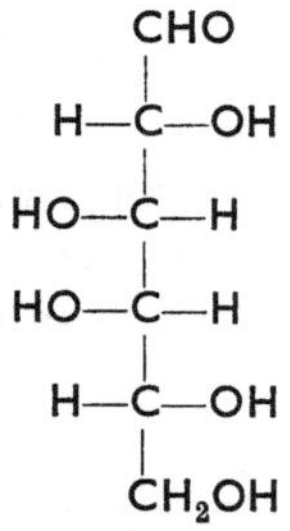

Der Gehalt der lactierenden Drüse an P-Estern läßt BARRENSCHEEN[3] vermuten, daß der Weg zum Milchzucker über Phosphorsäureester geht, die für die sterische Umwandlung der Zucker von Bedeutung seien[4]. Bei der Aufspaltung der Hexosephosphorsäure in 2 Trioseester geht die optische Aktivität der C-Atome 3 und 4 verloren, so daß daraus Galaktosephosphorsäure aufgebaut werden könnte. Das Auftreten indizierter Lactose nach Zufuhr von indizierter Essigsäure, jedoch nicht nach indiziertem Carbonat[5], weist auf den Aufbau aus niederen Bruchstücken hin, da die 2-C-Verbindungen mit den 3-C-Verbindungen als niedrigsten Intermediärstufen des Kohlenhydratstoffwechsels durch reversible Reaktionen verbunden sind, die einen Austausch indizierten Kohlenstoffs ermöglichen. Freie Galaktose, die auch sonst in der Natur kaum vorzukommen scheint, tritt bei der Lactosebildung vermutlich überhaupt nicht auf, sie war in den Versuchen von GRANT zur Biosynthese der Lactose unwirksam. Übrigens war auch Galaktose-6-phosphat unwirksam, es steht aber die Möglichkeit noch offen, daß andere Ester wirksam sind, zumal α-Galaktose-1-phosphat in der Milch nachgewiesen wurde[6].

Als letzte Stufe der Milchzuckerbildung dürfte ein irreversibler Vorgang in Frage kommen, in Analogie zu den Vorgängen, die HASSID u. Mitarb. (s. Bd. **1**, S. 320) bei der Biosynthese des Rohrzuckers in der Pflanze annehmen, da die hohe Konzentration des Milchzuckers im Sekret der Milchdrüse die Herausnahme des gebildeten Zuckers aus den reversiblen Vorgängen unabdingbar erfordert. Diese Forderung ist tatsächlich so vollständig erfüllt, daß bei der Unterbrechung der Milchausscheidung der Organismus mit dem gebildeten Milchzucker nichts anderes tun kann, als ihn auf dem Nierenwege zu eliminieren. In der Irreversibilität der Lactosebildung dürfte auch der Grund zu suchen sein, warum dieser außergewöhnliche Zucker eine so große Bedeutung bei den Säugetieren erlangen konnte.

---

[1] KNODT, C. B., and W. E. PETERSEN: J. Dairy Sci. **28**, 415 (1945). — [2] FOLLEY, S. J., and T. H. FRENCH: Biochem. J. **45**, 117 (1949). — [3] BARRENSCHEEN, H. K., u. N. ALDERS: B. Z. **252**, 97 (1932). — [4] NEUBERG, C.: B. **55**, 3629 (1922). — BARRENSCHEEN, H. K., u. J. PANY: B. Z. **219**, 364 (1930). — BARRENSCHEEN, H. K., J. PANY u. R. BERGER: B. Z. **229**, 196 (1930). — [5] COWIE, A. T., W. G. DUNCOMBE, S. J. FOLLEY, T. H. FRENCH, R. F. GLASCOCK, L. MASSART, G. J. PEETERS and G. POPJÁK: Biochem. J. **49**, 610 (1951). — [6] MCGEOWN, M. G., and F. H. MALPRESS: Biochem. J. **52**, 606 (1952).

Die Rolle des *Glykogens* der Milchdrüse bei der Lactosebildung läßt sich abschätzen, wenn man in Betracht zieht, daß 100 g Mammargewebe, die 0,4 g Glykogen enthalten können, zwischen den Melkzeiten 500 g Milch mit 20 g Milchzucker bilden. Der Glykogenbestand würde somit nur 2% des gebildeten Milchzuckers liefern können. Das Glykogen kann daher allenfalls Schwankungen der Zuckerzufuhr ausgleichen oder als intermediäre, in das Gesamtgeschehen eingegliederte Substanz mitwirken.

Eine a.-v.-Differenz im Betrage von 2,15 mg-% an Protein gebundenem Zucker, die bei der Ziege nachgewiesen wurde[1], dürfte eine ins Gewicht fallende zusätzliche Zuckerversorgung bedeuten, sofern nicht das Glykoproteid als solches in die Milch übergeht.

Als glykogenenthaltendes Organ ist die Milchdrüse zur *Glykolyse* befähigt. Unter anaeroben Bedingungen wird bei der Bebrütung in vitro Milchsäure gebildet[2], die durch O_2-Zufuhr erheblich gemindert wird, so daß die PASTEUR-MEYERHOFsche Reaktion deutlich erkennbar ist[3]. Die unter aeroben Bedingungen noch vorhandene Säurebildung dürfte zum Teil auf anderen Säuren beruhen. Die Aufnahme von Milchsäure aus dem Blute wurde in arterio-venösen Versuchen beobachtet[4], normalerweise wird jedoch Blutmilchsäure nicht aufgenommen[5,6], weil das Konzentrationsgefälle zwischen Plasma und Gewebe nicht ausreicht. Abgabe von Milchsäure an das Blut wie beim arbeitenden Muskel wurde bei der lactierenden Drüse noch nicht beobachtet. Ähnlich liegen die Verhältnisse bezüglich der Brenztraubensäure des Blutes, die keine a.-v.-Differenz ergab[6].

Der Respiratorische Quotient (R. Q. $= \frac{CO_2}{O_2}$) der ruhenden und lactierenden Milchdrüse der Wiederkäuer wurde durch Blutgasanalysen im zu- und abströmenden Blute nahe bei 1 gefunden, er weist somit eindeutig auf die Verbrennung von Zucker für die Energielieferung hin[7]. Die a.-v.-Differenz des O_2 ist mit 3—5 Vol.-% bei Ruhe und Lactation fast gleich, so daß der stark vermehrte O_2-Verbrauch der lactierenden Drüse durch die *gesteigerte Blutdurchströmung* gedeckt wird, wie dies ähnlich beim Muskel und anderen Organen der Fall ist.

Mit O_2 belüftete Schnitte des Mammargewebes haben in vitro bei Ratte, Maus, Kaninchen und Meerschweinchen einen hohen R. Q., weit über 1, bei Kuh und Ziege niedrige Werte zwischen 0,64 und 0,95, die schwer zu deuten sind. Mit Acetat als Substrat sinken die Werte bei Ratte und Maus unter 1, während sie beim Wiederkäuer auf 1,2 steigen. Hier wird *Acetat zur Synthese von Milchfett* verwendet.

b) Sonstige Kohlenhydrate der Milch. Außer Milchzucker sind verschiedentlich andere Kohlenhydrate in der Milch beschrieben worden. So sollen eine Pentose[8], Glucose[9], ferner auch Polysaccharide in geringer Menge vorkommen. Durch Einwirkung von Bacterium Delbrücki, das Fructose, Glucose, Galaktose, Maltose, Saccharose und Dextrin, dagegen nicht Milchzucker vergärt, erhielt LEICHMANN[10]

---

[1] REINEKE, E. P., M. B. WILLIAMSON and C. W. TURNER: J. biol. Ch. **138**, 83 (1941). — [2] SVANBERG, O.: H. **188**, 207 (1930). — BARRENSCHEEN, H. K., u. N. ALDERS: B. Z. **252**, 97 (1932). — KNODT, C. B., and W. E. PETERSEN: J. Dairy Sci. **28**, 415 (1945). — [3] FOLLEY, S. J., and T. H. FRENCH: Biochem. J. **45**, 117 (1949). — TERNER, C.: Biochem. J. **52**, 229 (1952). — [4] GRAHAM, W. R. jr.: J. biol. Ch. **122**, 1 (1937). — SHAW, J. C., W. L. BOYD and W. E. PETERSEN: Proc. Soc. exp. Biol. Med. **38**, 579 (1938). — [5] POWELL, R. C. jr., and J. C. SHAW: J. biol. Ch. **146**, 207 (1942). — [6] SHAW, J. C.: J. Dairy Sci. **29**, 183 (1946). — [7] REINEKE, E. P., W. D. STONECIPHER and C. W. TURNER: Amer. J. Physiol. **132**, 535 (1941). — PETERSEN, W. E., and J. C. SHAW: J. Dairy Sci. **25**, 708 (1942). — SHAW, J. C.: J. Dairy Sci. **22**, 438 (1939); **29**, 183 (1946). — GRAHAM, W. R. jr., O. B. HOUCHIN, V. E. PETERSON and S. W. TURNER: Amer. J. Physiol. **122**, 150 (1938). — FOLLEY, S. J., and T. H. FRENCH: Nature **161**, 933 (1948). Biochem. J. **42**, XLVII (1948). — [8] SEBELIEN, J.: Festschrift für O. HAMMARSTEN. Upsala Läk.-Fören. Förh. (N. F.) **11**, Suppl. (1906). — LAXA, O.: Lait **1**, 118 (1921). — [9] SÖLDNER, (F.): Z. Biol. **33**, 43 (1896). — [10] LEICHMANN, G.: Zbl. Bakteriol. (II) **2**, 281 (1896).

keine Gärung und bestreitet daher die Anwesenheit der genannten Kohlenhydrate in der Milch. Papierchromatographisch konnten indessen α-Galaktose-1-phosphat und Glucose-1-phosphat nachgewiesen, das Vorkommen von Glucose-6-phosphat wahrscheinlich gemacht werden[1]. *Fucosehaltige Oligosaccharide*, die von KUHN u. Mitarb.[2] in Frauenmilch entdeckt wurden, fanden sich in Kuhmilch nur spärlich.

c) Citronensäure. Von sonstigen *N-freien Stoffen der Milch* ist die Citronensäure am bemerkenswertesten. HENKEL[3] entdeckte sie 1891, als er einen Überschuß der Basen über die Säuren der Milch feststellte und nach den fehlenden Säurevalenzen suchte. Sie fehlt im Colostrum und erscheint erst am 3.—4. Tag[4]. Der Gehalt an Citronensäure kann den beträchtlichen Wert von 400 mg-% annehmen[5], in frisch ermolkener Milch wurden durchschnittlich 278 mg-% gefunden[6]. Ein Teil ist wasserlöslich, ein anderer wasserunlöslich in kolloidaler Verteilung vorhanden[7]. Entgegen manchen Angaben tritt beim Kochen der Milch keine Verminderung ein[6]. Beim Aufbewahren der Milch zerstören die Bakterien 80% der ursprünglichen Menge[7]. Die Hauptmenge der Citronensäure geht bei der Käsebereitung in den Käse über, im reifen Käse findet sie sich jedoch nicht mehr[7].

Citronensäure hat antirachitische Wirkung[8]. Indem sie Schwermetalle komplex bindet, wirkt sie der katalytischen Oxydation durch Fe, Cu usw. entgegen und bietet als Schwermetallinhibitor Schutz gegen Fettverderben. Sie soll auch noch in anderer Weise die Wirkung der natürlichen Antioxydantien unterstützen[9]. Natriumcitrat erhöht die Löslichkeit der Trockenmilch[9], es ist von Bedeutung für die Dispergierung und Peptisation der Milchkolloide.

Für die quantitative Bestimmung bestehen exakte Methoden[10]. Die Citronensäure der Milch stammt nicht aus dem Futter, sie tritt auch im Hunger auf, ihre Menge kann durch reichliche Gaben von Natriumcitrat nicht gesteigert werden[11,12]. Die Citronensäure der Milch entsteht vielmehr als Nebenprodukt des Tricarbonsäurecyclus in der Milchdrüse selbst. Ihre Bildung wurde bei der Bebrütung lactierenden Eutergewebes mit verschiedenen Substanzen, wie Glykogen, Maltose, Glucose, Milchsäure und Brenztraubensäure, von KNODT u. PETERSEN[13] (1946) beobachtet.

4. Vitamine.

Die Vitamine der Milch[14] sind in der Entdeckungsgeschichte der Vitamine wiederholt entscheidend hervorgetreten. Nachdem STEPP 1909 festgestellt hatte, daß eine von ihren alkohol-ätherlöslichen Bestandteilen befreite Nahrung Mäuse nicht am Leben zu erhalten vermochte, wies gerade die unterschiedliche Wirkung

---

[1] MCGEOWN, M. G., and F. H. MALPRESS: Biochem. J. **52**, 606 (1952). — [2] KUHN, R., A. GAUHE u. H. H. BAER: B. **85**, 827 (1953); **87**, 289 (1954). — [3] HENKEL, TH.: Landwirtsch. Vers.-Stat. **39**, 143 (1891). Münch. klin. Wschr. **1888**, 19 [Jb. Kinderheilkde. **29**, 154 (1889)]. — [4] JERLOV, E.: Milchwirtsch. Forsch. **11**, 9 (1939). — [5] BLEYER, B., u. J. SCHWAIBOLD: Milchwirtsch. Forsch. **2**, 260 (1925). — MUSSILL, J.: Milchwirtsch. Forsch. **15**, 42 (1933). — TEMPLETON, H. L., and H. H. SOMMER: J. Dairy Sci. **12**, 21 (1929). — [6] TÄUFEL, K.: Z. Unters. Lebensm. **89**, 341 (1949). — [7] STORGÅRDS, T.: Molkereiwiss. Z., Helsinki X (Sonderheft) **168**, Nr. 1 (1950). — [8] HURNI, H.: Z. Vit.-Forsch. **20**, 216 (1948). — [9] FINDLAY, J. D., J. A. B. SMITH and C. H. LEA: J. Dairy Sci. **14**, 165 (1945). — [10] TÄUFEL, K., u. K. SCHOIERER: Z. Unters. Lebensm. **71**, 297 (1936). — [11] SUPPLEE, G. C., and B. BELLIS: J. biol. Ch. **48**, 453 (1921). — KICKINGER, H.: B. Z. **132**, 210 (1922). — [12] BLEYER, B., u. J. SCHWAIBOLD: Milchwirtsch. Forsch. **2**, 260 (1925). — KIEFERLE, F.: Milchwirtsch. Forsch. **2**, 312 (1925). — STROHECKER, R.: Milchwirtsch. Forsch. **5**, 249 (1928). — [13] KNODT, C. B., and W. E. PETERSEN: J. Dairy Sci. **29**, 115 (1946). — [14] NEUWEILER, W.: Die Vitamine der Milch unter besonderer Berücksichtigung der Frauenmilch. Bern 1936. — RANDOIN, L.: Bull. Soc. Chim. biol. **23**, 437 (1941). — KON, S. K.: J. Dairy Res. **13**, 216 (1943). — ENGEL, C.: Ned. Melk- en Zuivelt. **1**, 43 (1947). Voeding **8**, 194 (1947).

einer Zugabe von Butterfett im Vergleich zu anderen Fetten so eindeutig auf besondere Wirkstoffe im Milchfett hin, daß von hier aus die Vitaminforschung einen entscheidenden Ausgang nahm. Mit wenig Milch konnten 1913 HOPKINS u. NEVILLE[1] sowie McCOLLUM u. DAVIS[2] die Ausfallerscheinungen beseitigen. Auch die Aufklärung des Vitamin B_2 ging von der Milch aus, da es sich hierbei um den gelben Farbstoff der Molke handelt. Der Name dieses Vitamins, *Lactoflavin,* weist auf seine erste Reindarstellung aus Milchserum hin[3] und dürfte dem Synonym *Riboflavin* vom Standpunkt der historischen Entwicklung der Milchchemie vorzuziehen sein.

a) Vitamin A (Axerophthol) entsteht aus bestimmten Carotinen, die vor allem im *Dünndarm* der Kuh in Axerophthol umgewandelt werden (Chemie s. Bd. 1, S. 479ff. sowie diesen Bd. S. 665ff.). Etwa 15% der Vitamin A-Wirksamkeit der Milch bzw. des Milchfettes, in dem diese Stoffe gelöst sind, beruht auf den farbigen Provitaminen, 85% sind Axerophthol, das fast farblos ist und vorzugsweise als Ester vorliegt. An der gelben Farbe des Milchfettes sind Farbstoffe ohne Vitaminwirkung zu etwa 10% beteiligt[4]. *Der Vitamin A-Gehalt der Milch geht parallel der Carotinzufuhr mit dem Futter,* vor allem α- und β-Carotin bedingen die Farbe, das Lycopin der Tomate geht nicht in die Milch über, sondern wird im Kot wiedergefunden[5]. Bei Fehlen von Grünfutter und Heu in ausreichender Menge, besonders bei der Stallfütterung im Spätwinter, wird die Butter arm an Carotinen und Vitamin A und fast farblos. Die künstliche Färbung mit unschädlichen Lebensmittelfarben, am zweckmäßigsten mit Carotin[6], ist zulässig. Durch gutes Luzerneheu und Sojabohnenheu[7], ferner durch 10—20 kg Karotten je Kuh und Tag in Verbindung mit Leinsamen, deren Fett das Carotin löst und die Resorption fördert[8], kann auch im Winter eine Butter erzeugt werden, die der Sommerbutter nicht nachsteht. Der Carotingehalt im Heu nimmt bei der Lagerung ständig ab. Auch durch sehr hohe Gaben von Axerophthol in Form von Haifischleberöl gelingt es, den Vitamin A-Gehalt der Milch zu erhöhen[9].

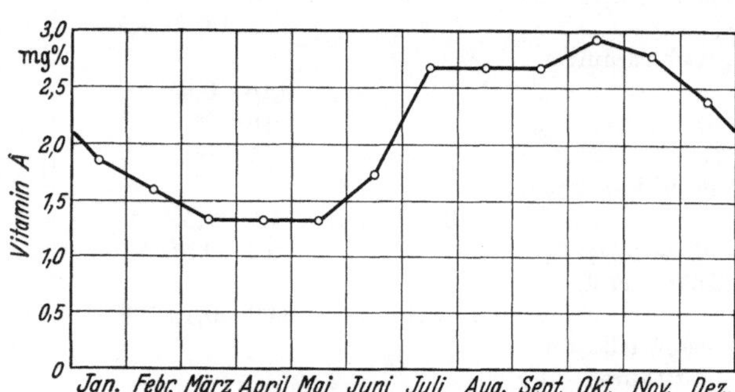

Abb. 33. Jahreszeitliche Schwankungen des Vitamin A-Gehaltes von Marktbutter (nach ELLENBERG, GUERRANT und FARDIG).

Carotine und Axerophthol der Milch gehen in Butter und fetthaltige Käse über. In 100 g Butter sind 0,2—5 mg Vitamin A enthalten, doch können die jahreszeitlichen Schwankungen nach unten und oben weit über diese Werte hinausgehen. Butter aus der Sammelmilch vieler Ställe zeigt mehr ausgeglichene Werte (Abb. 33)[10].

[1] HOPKINS, F. G., and A. NEVILLE: Biochem. J. 7, 97 (1913). — [2] McCOLLUM, E. V., and M. DAVIS: J. biol. Ch. 15, 167 (1913). — [3] ELLINGER, P., u. W. KOSCHARA: B. 66, 315, 808, 1411 (1933). — KUHN, R., u. T. WAGNER-JAUREGG: B. 66, 1577 (1933). — [4] PARRISH, D. B., G. H. WISE and J. S. HUGHES: J. biol. Ch. 167, 673 (1947). — HAAS, J. H. DE, u. J. O. MEULEMANS: Z. Vit.-Forsch. 7, 1 (1938). — [5] GILLAM, A. E., and S. K. KON: J. Dairy Res. 11, 266 (1940). — [6] SCHUCHARDT, W.: Milchwiss. 6, 304 (1951). — [7] HILTON, J. H., S. M. HAUGE and J. W. WILBUR: J. Dairy Sci. 16, 355 (1933). — [8] KIEFERLE, F., u. A. SEUSS: Milchwiss. 4, 351 (1949). — KIEFERLE, F., A. SEUSS u. I. ZENGLEIN: Milchwiss. 6, 295 (1951). — [9] DEUEL, H. J. jr., N. HALLIDAY, L. F. HALLMAN, C. JOHNSTON and A. J. MILLER: J. Nutrit. 22, 303 (1941). — [10] ELLENBERGER, H. A., N. B. GUERRANT and O. B. FARDIG: J. Nutrit. 33, 39 (1947).

Tabelle 115. Vitamine der Milch (Übersicht).

	Kuhcolostrum	Kuhmilch	Frauencolostrum	Frauenmilch
Vitamin A				
Axerophthol (γ-%) . . .	134—247[1,8]	60[2]	75—**161**—305[3,4]	15—**61**—226[2,3,46]
Carotin (γ-%)	34—337[1,8]	33[2]	41—**117**—385[4,5]	2—**25**—77[2,4,6,9,10]
Vitamin B_1 (Thiamin) (γ-%)	60—100[8,14]	24—**40**—57[2,11,14]	0,9—**1,9**—3,4[10,12,13]	7—29[2,6,11–13]
Vitamin B_2 (Riboflavin) (γ-%)	574—600[8]	100—150[2,14–16]	12—**30**—45[18,19]	15—50[2,6,15–18]
Adermin (Pyridoxin) (γ-%)		60—**67**—160[20,34,50]		15—18—20[20,34,50]
Nicotinsäureamid (γ-%). .	77—87[8]	70—**90**—101[32,51]	50—**75**—145[20,23,24]	66—**183**—330[2,20,23–25]
Pantothensäure (γ-%) . .	224[8]	280—**320**—360[26,27,32,51]	29—**183**—302[20]	86—**246**—584[20,26]
Folsäure (γ-%).		5[27,29]		45[27,29]
Biotin (γ-%)		3[20,27,28,32,51]		0,8[20]
Vitamin B_{12} (Cobalamin) (γ-%)		0,16—0,65[22,49]		0,041[49]
Inosit (mg-%)		18[20,29]		33[20,29]
Cholin (mg-%)		15[27,32]		0,4—4,0[30,31]
Vitamin C (Ascorbinsäure) (mg-%)	1,8[33]	1,5—2,5[35,36]	4—7[37–39]	4—7[12,34,35,37–42]
Vitamin D (Calciferol) (γ-%)		0,2—0,5[2,21]		0,1—0,15[6,7]
Vitamin E (Tokopherol) (mg-%)	0,3—0,4[49]	0,06—0,10[43–45,49]	3,30[43,46]	0,94—4,8[43,46]
Vitamin F, essentielle ungesättigte Fettsäuren (mg-%)		150—230[48]		390—400[48]
Vitamin K als Phyllochinon (mg-%)		3[47]		0,8[47]

[1] François, A.: Lait **26**, 302 (1946). — [2] Abderhalden, R.: Vitamine, Fermente, Hormone. 4. Aufl. Basel 1953. — [3] Chevallier, A., P. Giraud et C. Dinard: C. R. Soc. Biol. **131**, 373, 396 (1939). — [4] Lesher, M., J. K. Brody, H. H. Williams and I. G. Macy: Amer. J. Dis. Childr. **70**, 182 (1945). — [5] Menken, J. G.: Maandschr. Kindergeneeskde. **4**, 22 (1934) [Zbl. Kinderheilkde. **30**, 177 (1935)]. — [6] Randoin, L.: Bull. Acad. Méd., Paris **124**, 590 (1941). — [7] Drummond, J. C., C. H. Gray and N. E. G. Richardson: Brit. med. J. **1939 II**, 757. — [8] Luecke, R. W., C. W. Duncan and R. E. Ely: Arch. Biochem. **13**, 277 (1947). — [9] Fridrichsen, C., and T. K. With: Ann. paediatr., Basel **153**, 113 (1939). — [10] Neuweiler, W.: Z. Vit.-Forsch. **4**, 259 (1935). — [11] Neuweiler, W.: Kli. Wo. **1938 I**, 296. — [12] Widenbauer, F., u. F. Heckler: Z. Kinderheilkde. **60**, 683 (1939). — [13] Roderuck, C. E., H. H. Williams and I. G. Macy: Amer. J. Dis. Children **70**, 162 (1945). — [14] Houston, J., S. K. Kon and: S. Y. Thompson: J. Dairy Res. **11**, 145 (1940). — [15] Neuweiler, W.: Die Vitamine der Milch unter besonderer Berücksichtigung der Frauenmilch. Bern 1936. — [16] Escudero, P., e J. Espejo Sola: Rev. Asoc. argent. Dietol. **1**, 203 (1943). — [17] Randoin, L., et A. Raffy: C.R. Soc. Biol. **136**, 743 (1942). — [18] Roderuck, C. E., M. N. Coryell, H. H. Williams and I. G. Macy: Amer. J. Dis. Children **70**, 171 (1945). — [19] Blazsó, S., u. V. Dubrauszky: Z. Vit.-Forsch. **14**, 17 (1943). — [20] Coryell, M. N., M. E. Harris, H. H. Williams and I. G. Macy: Amer. J. Dis. Children **70**, 150 (1945). — [21] Milch-Vitamin-Tabelle 1946. Lactrone G.m.b.H. Nürnberg. 1946. — Vgl. a. Schulz, M. E.: Milchwiss. **6**, 318 (1951). — [22] Collins, R. A., A. E. Harper, M. Schreiber and C. A. Elvehjem: J. Nutrit. **43**, 313 (1951). — [23] Lwoff, A., M. Morel et L. Digonnet: Cr. **213**, 811 (1941). — Lwoff, A., L. Digonnet et H. C. Dusi: Cr. **214**, 39 (1942). — Lwoff, A., et M. Morel: C.R. Soc. Biol. **136**, 379 (1942). — [24] Regno, R. del, A. de Rienzo e A. Vescia: Quad. Nutriz. **7**, 241 (1940). — [25] Neuweiler, W.: Z. Vit.-Forsch. **15**, 193 (1945). — [26] Houdinière, A.: Lait **30**, 37 (1950). — [27] Hodson, A. Z.: J. Nutrit. **38**, 25 (1949). — [28] Cheldelin, V. H., and R. J. Williams: Univ. Texas Publ. Nr. 4237, 105 (1942). — [29] Macy, I. G.: Amer. J. Dis. Children **78**, 589 (1949). — [30] Silber, W.: Z. Kinderheilkde. **49**, 210 (1930). — [31] Försterling, W. K.: Diss. med. Leipzig 1936. — [32] Hodson, A. Z.: J. Nutrit. **29**, 137 (1945). — [33] Bicknell, F., and F. Prescott: The Vitamins in Medicine. 2. Aufl. London 1946. — [34] Neuweiler, W., u. H. Fischer: Int. Z. Vit.-Forsch. **25**, 205 (1954). — [35] Randoin, L., et A. Perroteau: Lait **30**, 29 (1950). —

Die Vitamin-A-wirksamen Stoffe der Milch und der Butter sind gegen Erhitzen widerstandsfähig, empfindlich jedoch gegen Sauerstoff, Licht und Produkte des Fettverderbens. Sie sind auch in Dauermilchwaren in wirksamer Form erhalten.

b) Vitamin B_1, das antineuritische Vitamin, kommt in der Milch als *Aneurin* sowie mit 2 Mol Phosphorsäure verestert als *Cocarboxylase* vor (s. S. 713f.). Beide Formen sind frei und mehr oder weniger fest an Protein gebunden, daher nicht dialysierbar, vorhanden. Der Anteil an Cocarboxylase kann in Colostrum und Erstmilch 80% betragen, um später auf niedrige Werte abzusinken. Der nicht dialysierbare Anteil beläuft sich auf 40%, die Gesamtmenge des Aneurins im Colostrum auf 60—100 γ-%[1,2], in der reifen Milch auf 30—40 γ-%[1]. Niedrigste Werte von 10—16 γ-% fanden sich in den Monaten Januar bis April[3].

Molkereimäßiges Pasteurisieren 30 min bei 65° zerstört 10%, Sterilisieren 50%, während kurzes Aufkochen sowie Kondensieren der Milch im Vakuum das Vitamin kaum schädigen.

c) Vitamin B_2 ist der gelbe, gelbgrün fluorescierende Farbstoff der Molke[4], der den Namen *Lactoflavin* erhalten hat (s. S. 725ff.). Der Farbstoff, der im Körper fast ausschließlich in Form des gelben Fermentes (WARBURG u. CHRISTIAN) an Eiweiß gebunden vorkommt, findet sich in der Kuhmilch nur in freiem, dialysierbarem Zustande. Im Sommer finden sich nach HOUSTON u. Mitarb.[5] 150 γ-%, im Winter 110 γ-% im Mittel, während Colostrum die 3—4fache Menge enthält[6]. Allgäuer Milch weist einen besonders hohen Gehalt von 220 γ-% auf[7]. B_2 wird im Pansen der Wiederkäuer synthetisiert.

Pasteurisieren, Trocknen usw. der Milch schädigen das Vitamin nicht, es wird jedoch in Flaschenmilch durch Sonnenlicht zerstört. Synthetisches Lactoflavin ist neben β-Carotin für die Färbung von Butter und von Käse geeignet[8].

d) Vitamin B_6 (*Adermin, Pyridoxin, Pyridoxal, Pyridoxamin*) kommt im pflanzlichen und tierischen Organismus in verschiedenen Formen als Alkohol, Aldehyd und Amin vor, welche von ihnen in der Milch vorliegt, ist nicht bekannt (s. S. 749ff.). Die Menge in Kuhmilch wird auf 60—150 γ-% beziffert, während Käse 300—800 γ-% enthält[9]. Es ist gegen Pasteurisieren und Sterilisieren nahezu beständig, empfindlich jedoch gegen Belichtung.

---

36 NEHRING, K., u. K. WACHHOLDER: Vitamine u. Hormone **2**, 400 (1942). — 37 WINKLER, H., u. E. HEINS: Z. Geburtsh. **117**, 148 (1938). — 38 KASAHARA, M., u. K. KAWASHIMA: Z. Kinderheilkde. **58**, 191 (1936). Kli.Wo. **1935 II**, 1278. — 39 MUNKS, B., A. ROBINSON, H. H. WILLIAMS and I. G. MACY: Amer. J. Dis. Children **70**, 176 (1945). — 40 NEUWEILER, W.: Kinderärztl. Praxis **11**, 299 (1940). — 41 QUESADA, R.: Rev. Asoc. bioquím. argent. **5**, 24 (1940). — 42 CORRENS, A. E.: Kli. Wo. **1937 II**, 81. — 43 ABDERHALDEN, R.: B. Z. **318**, 47 (1948). — 44 EMMERIE, A., u. C. ENGEL: Z. Vit.-Forsch. **13**, 259 (1943). — 45 KOFLER, M.: Helv. **26**, 2170 (1943). — 46 QUAIFE, M. L.: J. biol. Ch. **169**, 513 (1947). — HARRIS, P. L., M. L. QUAIFE and P. O'GRADY: J. Nutrit. **46**, 459 (1952). — 47 DAM, H., J. GLAVIND, H. LARSEN u. P. PLUM: Acta med. scand. **112**, 210 (1942). — PLUM, P., u. H. DAM: Kli. Wo. **1940**, 853. — 48 HILDITCH, T. P.: The Chemical Constitution of Natural Fats. 2. Aufl. London 1949. — 49 KIEFERLE, F., A. SEUSS u. E. SCHRAUDY: Milchwiss. 8, 57 (1953). — 50 DEBRIT, F. P.: Int. Z. Vit.-Forsch. **24**, 331 (1952). — 51 HOEFLAKE, H.: Ned. Melk- en Zuivelt. **7**, 227 (1953).

1 HOUSTON, J., S. K. KON and S. H. THOMPSON: J. Dairy Res. **11**, 145 (1940). — NEUWEILER, W.: Kli. Wo. **1941**, 1072. — 2 LUECKE, R. W., C. W. DUNCAN and R. E. ELY: Arch. Biochem. **13**, 277 (1947). — 3 WAGNER, K.-H.: Fette u. Seifen **57**, 721 (1955). — 4 GERNGROSS, O., u. M. SCHULZ: Chem.-Ztg. **51**, 501 (1927). — 5 HOUSTON, J., S. K. KON and S. H. THOMPSON: J. Dairy Res. **11**, 145 (1940). — NEUWEILER, W.: Kli. Wo. **1941**, 1072. — 6 LUECKE, R. W., C. W. DUNCAN and R. E. ELY: Arch. Biochem. **13**, 277 (1947). — 7 EFFERN, J.: Süddtsch. Molkereiztg. **68**, 24 (1947). — ENGEL, C.: Ned. Melk- en Zuivelt. **1**, 43 (1947). — 8 SCHUCHARDT, W.: Milchwiss. **6**, 304 (1951). Fette u. Seifen **56**, 986 (1954). — 9 DEBRIT, F. P.: Int. Z. Vit.-Forsch. **24**, 331 (1952).

e) **Nicotinsäureamid,** der Pellagraschutzstoff (s. S. 738ff.), ist in der Milch zu 50—400 γ-% enthalten, ein Maximalwert von 480 γ-% wird nicht überschritten[1], Verfütterung der Substanz ist ohne Einfluß auf den Gehalt in der Milch. Im Colostrum ist nur wenig enthalten. Das Vitamin ist widerstandsfähig gegen die Behandlung der Milch, wird jedoch leicht durch Bakterien verbraucht.

f) **Pantothensäure** (s. S. 757ff.) ist nach HOUDINIÈRE[2] in Kuhmilch zu 280 bis 360 γ-% enthalten, in Molke zu 400, in Ziegenmilch zu 366 γ-%.

g) **Biotin,** von GYÖRGY als *Vitamin H* beschrieben (s. S. 797ff.), findet sich in der Milch zu 3—5 γ-% [3].

h) **p-Aminobenzoesäure,** ursprünglich als *Vitamin H'* bezeichnet (s. S. 764ff.), wurde in Molke mit 120—240 E/cm³ nachgewiesen[4]. Die Substanz ist ein Bestandteil der **Folsäure** (Pteroylglutaminsäure), die zu 5 γ-% in der Milch enthalten ist (R. J. WILLIAMS[5]).

i) **Vitamin B_{12}** *(Cobalamin)* (s. S. 778ff.) ist gleichfalls in Milch vorhanden, in Ziegenmilch nur zu 0,120 γ-% [6]. Diese Gruppe von Vitaminen ist von erheblicher Bedeutung, da manche perniciosaähnlichen Milchanämien, besonders die Ziegenmilchanämie bei menschlichen Säuglingen und Ferkeln auf Mangel an Folsäure, p-Aminobenzoesäure, Xanthopterin (TSCHESCHE[7]) sowie an B_{12} und die damit verbundenen Störungen des Stoffwechsels von Thymin zurückzuführen sind.

Von weiteren Wirkstoffen der B-Gruppe sind **Inosit** (s. S. 804f.) mit 18 mg-% [8] und **Cholin** (s. S. 802f.) mit 14,7 mg-% [9] in der Kuhmilch enthalten.

k) **Vitamin C** *(Ascorbinsäure)* (s. S. 807ff.) liegt im Blute zu 80% in reversibel oxydiertem Zustande, in der Milch ausschließlich in reduzierter Form vor[10], so daß eine auswählende Sekretion der Milchdrüse anzunehmen ist. Vom November bis Mai wurden 1,5—2,5 mg-% Vitamin C gefunden, im Juni unter 1 mg-%. Ein Einfluß der Fütterung war dennoch nicht festzustellen[11]. Das Vitamin ist jedenfalls in den gesamten Komplex der Redoxsubstanzen des Organismus eingebaut, der schwer zu übersehen ist. Bei der Behandlung der Milch, beim Erhitzen, durch Zufuhr von Spuren Schwermetall, insbesondere Cu, treten erhebliche Verluste ein, immerhin enthielt Kondensmilch noch 0,4, aufgelöste Trockenmilch noch 0,9 mg-% Ascorbinsäure[12]. Buttermilchpulver, das einer Skorbutdiät zu 25% zugesetzt wurde, vermochte beim Meerschweinchen Skorbut nicht zu verhindern[13]. Blaues und violettes Licht zerstören Vitamin C am schnellsten.

Der besonders niedrige Ascorbinsäuregehalt der Kuhmilch erklärt sich dadurch, daß das Kalb die Zufuhr nicht benötigt. Vitamin C wird vielleicht in der Dünndarmwand synthetisiert.

l) Dem antirachitischen **Vitamin D** der Kuhmilch (s. S. 825ff.) ist besondere Beachtung geschenkt worden, weil offensichtlich die Rachitis des Kindes durch die künstliche Ernährung mit Kuhmilch hervorgerufen ist, während sie bei Brustkindern fehlt oder nur in milder Form in Erscheinung tritt. In der Haut der

---

[1] LWOFF, A., et M. MOREL: C. R. Soc. Biol. **136**, 379 (1942). — [2] HOUDINIÈRE, A.: Lait **30**, 37 (1950). — [3] MELVILLE, D. B., K. HOFMANN, E. HAGUE and V. DU VIGNEAUD: J. biol. Ch. **142**, 615 (1942). — [4] KUHN, R., u. K. SCHWARZ: B. **74**, 1617 (1941). — [5] WILLIAMS, R. J., V. H. CHELDELIN and H. K. MITCHELL: Univ. Texas Publ. No. 4237, 97 (1942). — [6] COLLINS, R. A., A. E. HARPER, M. SCHREIBER and C. A. ELVEHJEM: J. Nutrit. **43**, 313 (1951). — [7] TSCHESCHE, R.: Angew. Chem. **59**, 65 (1947). — [8] CORYELL, M. N., M. E. HARRIS, S. MILLER, H. H. WILLIAMS and I. G. MACY: Amer. J. Dis. Children **70**, 150 (1945). — [9] HODSON, A. Z.: J. Nutrit. **29**, 137 (1945). — [10] ALBRECHT, R.: Kli. Wo. **1939 II**, 1550. — [11] NEHRING, K., u. K. WACHOLDER: Vitamine u. Hormone **2**, 400 (1942) [Ber. Physiol. **132**, 45]. — [12] RANDOUIN, L., et A. PERROTEAU: Lait **30**, 29 (1950). — [13] ROLLET, G. M. J., et V. EDEL: Cr. **223**, 763 (1946).

Kuh wird durch Bestrahlung mit Sonnenlicht aus dem körpereigenen Provitamin 7-Dehydrocholesterin das Vitamin D_3 gebildet und aus dem Futter Vitamin D_2 aufgenommen, die beide in die Milch gelangen. Die Milch enthält 0,05—0,09 γ-%, Alpenmilch 0,12—0,28γ-% Vitamin D(s.[1]), und zwar vorzugsweise D_3 sowie reichliche Mengen Provitamin, vor allem 7-Dehydrocholesterin. Diese Stoffe sind im Milchfett gelöst, ein Teil soll an Protein gebunden sein. Vitamin D-Proteinsymplexe sollen höhere Wirksamkeit entfalten[2], dies wird jedoch bestritten[3].

Der Tagesbedarf des Flaschenkindes beträgt 10 γ D_3, des Brustkindes nur 2 γ D_3(s.[4]). Mit 500 g Kuhmilch erhält das Kind nur 1 γ, so daß die *Anreicherung der Milch mit Vitamin D* als stumme Prophylaxe gegen die auch heute noch sehr häufige Rachitis dringend geboten ist. Die Bestrahlung der Milch nach SCHEER[5] wird in einigen deutschen Städten durchgeführt. Durch Bestrahlung der Milch in 0,5 mm Schichtdicke wird in 0,5 sec 50% Provitamin aktiviert. (Über die Wirksamkeit der Bestrahlung vgl. jedoch[6-8] sowie S. 831). Es muß allerdings befremden, daß alle Inhaltsstoffe der Milch, die zum Teil sehr lichtempfindlich sind, so die Vitamine A, B_1, B_2, B_6, C und K und die Fette, mitbestrahlt werden, um nur einige γ-% Provitamin zu aktivieren, zumal die Nebenprodukte der Bestrahlung in der Milch verbleiben. Da heute die Vitamine D_2 und D_3 in reiner, krystallisierter Form in erheblicher Menge hergestellt werden, ist der direkte Zusatz zur Milch nach dem Vorschlage von ADAM[9] wohl vorzuziehen. Nach dem D-Vitamin-Zusatzverfahren werden 1000 *l* Milch mit 5 cm³ alkoholischer 0,5%iger D_2-Lösung oder mit 3,8 cm³ 0,5%iger alkoholischer D_3-Lösung gründlich vermischt. Zweckmäßig wird homogenisierte Milch verwendet. Mehrere Großversuche haben die hervorragende Wirkung dieser Rachitisprophylaxe erwiesen.

Die Vitamin D-Verluste beim Pasteurisieren liegen unter 10% und betragen bei 5 min Kochen 15%. Beim Säuern können in 48 Std 40% zu Verlust gehen. Zugesetztes Vitamin D_3 verhält sich ebenso[10].

m) Das Vitamin E kommt in Form der *Tokopherole* (s. S. 842 ff.) in der Kuhmilch in sehr geringer Menge vor, die Menge wird von verschiedenen Untersuchern auf 0,02 mg-% [11], 0,061 [12] bzw. 0,09—0,12 mg-% [13] beziffert. Doch auch diese Mengen sind für das saugende Tier von Bedeutung.

n) Als Vitamin F faßt man die ungesättigten Fettsäuren vom Typ Linolsäure, Linolensäure, Arachidonsäure zusammen, die nach EVANS u. BURR als essentielle Fettsäuren bezeichnet werden. Sie sind in Kuhmilch zu 0,15—0,23%, in Butter zu 1,9—4,0% enthalten[14], also im Vergleich zu pflanzlichen Ölen, wie Sojabohnenöl, das 56—63% dieser Fettsäuren enthält, in sehr geringer Menge. Die Arachidon-

---

[1] BRÜGGEMANN, J., u. H. KARG: Milchwiss. **9**, 52 (1954). — [2] SUPPLEE, G. C.: Lait **7**, 12 (1927). — SUPPLEE, G. C., S. ANSBACHER, R. C. BENDER and G. E. FLANIGAN: J. biol. Ch. **114**, 95 (1936). — [3] AUHAGEN, E., E. HUF u. W. GRAB: Kli. Wo. **1950**, 623. — [4] ROMINGER, E.: Ergebn. Vit.- u. Horm.-Forsch. **2**, 129 (1939). — [5] SCHEER, K: M. m. W. **1928 I**, 642. Med. Klinik **1928 I**, 1. — SCHEER, K., A. FUHRBERG u. A. KOSS: Arch. Kinderheilkde. **84**, 161 (1928). — [6] WAGNER, K.-H.: Milchwiss. 8, 379 (1953); **9**, 55 (1954). — [7] DIEMAIR, W., u. G. SCHWINDLING-MANDERSCHEID: Milchwiss. **9**, 261 (1954). — [8] COATES, M. E., G. F. HARRISON, K. M. HENRY and S. K. KON: Milchwiss. **9**, 258 (1954). — [9] ADAM, A.: Kli. Wo. **1928 II**, 1825. Milchwiss. **5**, 283 (1950). — [10] KOLLMANN, A.: Milchwiss. **6**, 266 (1951). — KELLER, H., O. MROZEK, H. PRENZEL u. H. A. SIMON: Milchwiss. **6**, 267 (1951). — KÜSTER, F., u. H. WESTHAUS: Milchwiss. **6**, 271 (1951). — WODSAK, W.: Fette u. Seifen **56**, 1003 (1954). — [11] EMMERIE, A., u. C. ENGEL: Z. Vit.-Forsch. **13**, 259 (1943). — [12] ABDERHALDEN, R.: B. Z. **318**, 47 (1948). — [13] KOFLER, M.: Helv. **26**, 2170 (1943). — KIEFERLE, F., A. SEUSS u. E. SCHRAUDY: Milchwiss. 8, 57 (1953). — [14] HILDITCH, T. P.: The Chemical Constitution of Natural Fats. 2. Aufl. London 1946. — RICHTER, K., u. M. BECKER: Arch. Tierernähr. **4**, 282 (1955).

säure ist für das Wachstum 3mal so wirksam wie Linolsäure[1], die wiederum die 6fache Wirkung der Linolensäure aufweist[2].

o) Die unter dem Namen **Vitamin K** *(Phyllochinon)* (s. S. 858ff.) zusammengefaßten, für die Bildung des Prothrombins und die Blutgerinnung wichtigen Stoffe, die mit der Nahrung zugeführt oder durch die Darmbakterien gebildet werden, fehlen dem Neugeborenen, da sie im Fetalleben aus dem mütterlichen Blut nicht übertragen werden und Darmbakterien zunächst nicht vorhanden sind. Blutungsneigung Neugeborener ist die Folge des Mangels. Die von DAM u. GLAVIND in der Milch nachgewiesenen Vitamin K-Mengen sind für die K-Versorgung des neugeborenen Menschen und Tieres in der ersten Lebenswoche bedeutend. Gefunden wurden in Kuhmilch von Dezember bis März 2 Dam-Glavind-E je cm^3, die in Anbetracht der Jahreszeit Mindestwerte darstellen[3]. Sie entsprechen 0,032 mg-% Phyllochinon.

p) Vitamin P, das *Permeabilitätsvitamin* (SZENT-GYÖRGYI), hat sich in der Milch nicht nachweisen lassen[4].

q) Ein neues Vitamin, das von BAHRS u. WULZEN (1941)[5] unter dem Namen **antistiffness-factor** beschrieben wurde, findet sich in roher Sahne. Sein Fehlen verursacht beim Meerschweinchen Steifheit der Handgelenke und Ellenbogen. Über seine Chemie s. S. 806.

5. Fermente der Milch.

Die Fermente der Milch sind im Milchplasma, in der Hülle der Fettkügelchen, in weißen Blutzellen sowie in den Bakterien enthalten, somit teils *originär*, teils *bakteriell.* Eine klare Unterscheidung ist nicht immer möglich. Für den Säugling ist die Fermentaktivität nicht von nennenswerter Bedeutung, die Fermente mögen als Nährstoffe von Eiweißnatur, die Cofermente als Vitamine, teilweise als nichtessentielle Wirkstoffe der Ernährung dienen. Dennoch haben die Fermente der Milch eine erhebliche theoretische und praktische Bedeutung erlangt[6].

Ein milcheigenes *proteolytisches Ferment*, das ältere Untersucher in der Milch nachgewiesen haben, ist wahrscheinlich bakteriellen Ursprungs[7], dagegen ist die Anwesenheit einer originären Peptidase anzunehmen, die Glycyltryptophan zerlegt[8]. Eine Protease, die mit dem Casein ausgefällt wird, ist in allen Caseinpräparaten vorhanden, auch wenn wiederholte Umfällung vorgenommen worden ist[9]. Sie wirkt auch bei der Käsereifung mit, bei der im übrigen bakterielle eiweißspaltende Fermente wirksam sind.

a) Amylase. Die Forschungen über dieses Milchferment gehen auf BÉCHAMP[10] (1883) zurück. Es handelt sich um ein milcheigenes Ferment, das auch im Eutergewebe vorhanden ist[11] und in erhitzter Milch nicht mehr wirksam ist. Die Milchamylase geht quantitativ in die Labmolke und wird mit den koagulierbaren Proteinen gefällt. Ein Zusammenhang mit den Milchglobulinen ist zu vermuten[12]. Der Nachweis erfolgt, indem man zu Milch oder Milchserum Stärkelösung in

---

[1] TURPEINEN, O.: J. Nutrit. **15**, 351 (1938). — [2] QUACKENBUSH, F. W., F. A. KUMMEROW and H. STEENBOK: J. Nutrit. **24**, 213 (1942). — [3] DAM, H., J. GLAVIND, H. LARSEN and P. PLUM: Acta med. scand. **112**, 210 (1942). — [4] NEUWEILER, W.: Z. Vit.-Forsch. **15**, 193 (1945). — [5] BAHRS, A., M. BAHRS and R. WULZEN: Amer. J. Physiol. **133**, 500 (1941). — WAGTENDONCK, W. J. VAN, and R. WULZEN: Arch. Biochem. **1**, 373 (1943). — SMITH, S. E., M. A. WILLIAMS, A. C. BAUER and L. A. MAYNARD: J. Nutrit. **38**, 87 (1949). — [6] Zusammenfassung: HESSE, A.: Handb. Enzymol. (NORD-WEIDENHAGEN) Bd. 2, S. 1411 (1940). — [7] ZAITSCHEK, A.: Pflügers Arch. **104**, 539 (1904). — [8] KOCH, H.: Z. Kinderheilkde. **10**, 1 (1914). — [9] WARNER, R. C., and E. POLIS: Am. Soc. **67**, 529 (1945). — [10] BÉCHAMP, A.: Cr. **96**, 1508 (1883). — [11] WEINSTEIN, P.: Z. Unters. Lebensm. **68**, 73 (1934). — GRIMMER, W.: B. Z. **53**, 429 (1913). — [12] SCHLOEMER, A., E. SCHLOEMER u. B. BLEYER: Milchwirtsch. Forsch. **20**, 59 (1939).

abnehmender Menge zusetzt, bei p_H 6,5—6,8 und 20—25° bebrütet und den Abbau der Stärke mit Jodlösung prüft[1]. Der Amylasenachweis wird zum Nachweis stattgehabter Milcherhitzung verwendet.

b) Esterasen, die Triglyceride spalten, sind in der Milch ursprünglich vorhanden. Ältere Angaben über ein kräftiges Spaltungsvermögen gegenüber Öl haben allerdings keine Bestätigung gefunden[2], die Wirkung ist jedoch mit verfeinerten Methoden nachweisbar, besonders in altmelker Milch[3] und in Frauenmilch[4]. Das Ferment wird durch Schütteln aktiviert, auf seiner Wirkung soll der bittere Geschmack der Milch altmelker Kühe, das schlechte Aufrahmen, auch der animalische Geruch der Kuhmilch beruhen. Kuhwarme Milch soll daher möglichst nicht bewegt werden[5]. Neben dem triglycerid-spaltenden Ferment findet sich in der Milch *Monobutyrase*, die Monobutyrin zu spalten vermag. Das Ferment ist auch in der Milchdrüse vorhanden[6]. Milch vermag ferner mittels eines Fermentes *Salolase* Salol in seine Bestandteile Phenol und Salicylsäure zu spalten[7]. Das Ferment ist in Frauenmilch, Eselsmilch, Ziegenmilch nachgewiesen und von GRIMMER[6] auch im Eutergewebe von Rind, Schaf, Ziege, Schwein und Pferd aufgefunden worden.

Aus der Gruppe der Esterasen finden sich in der Milch ferner ***Phosphatasen,*** die befähigt sind, Phosphorsäureester organischer Verbindungen zu spalten. Eine Phosphatase wurde von DEMUTH[8] 1925 entdeckt. Geeignete Substrate sind Glycerinphosphorsäure[9] und besonders Dinatriumphenylphosphat[10], ferner p-Nitrophenylphosphat[11] sowie Phenolphthaleinphosphat[12]. Das Reaktionsoptimum der Milchphosphatase liegt bei p_H 9,5, wodurch sie als *alkalische Phosphatase* gekennzeichnet ist (s. Bd. **1**, S. 1089).

Die Verfahren zum Phosphatasenachweis[13] werden verwendet, um die sog. Kurzzeiterhitzung der Milch auf 71—74° zu kontrollieren, da das Enzym bei 71° nach 24 sec, bei 72° nach 15 sec bereits vollständig inaktiviert wird. In 2000 Teilen erhitzter Milch kann 1 Teil roher Milch nachgewiesen werden.

Die Phosphatase findet sich in der Milch in der Hüllsubstanz der Fettkügelchen[14], so daß Buttermilch, in der die Hüllsubstanz angereichert ist, die Hauptmenge des Fermentes enthält, doch ist es auch in Magermilch vorhanden.

Die Hitzeinaktivierung der Milchphosphatase ist irreversibel, dagegen kann die Inaktivierung durch Säure bei geeignetem p_H rückgängig gemacht werden[15].

Nach KAY u. Mitarb.[16] findet sich in der Milch auch eine *saure Phosphatase* mit dem Wirkungsoptimum p_H 4,1, die empfindlich gegen Licht, jedoch besonders hitzebeständig ist und bei 96° erst nach 5 min inaktiviert wird. Bei Verwendung von Phenolphthaleinphosphat als Substrat gelang JANECKE[17] der Nachweis

[1] KREKER, H.: Beiträge zum Nachweis der Milcherhitzung. Berlin 1939. — SCHLOEMER, A., u. B. BLEYER: Z. Unters. Lebensm. **80**, 425 (1940). — [2] VIRTANEN, A. I.: H. **137**, 1 (1924). — PALMER, A. H.: J. Dairy Sci. **5**, 51 (1922). — [3] PALMER, A. H.: J. Dairy Sci. **5**, 201 (1922). — [4] DAVIDSOHN, H.: B. Z. **49**, 249 (1913). — ENGEL, (S.): Mschr. Kinderheilkde. **12**, 559 (1914). — [5] BEHRENDT, H.: B. Z. **128**, 450 (1922). — BAILY, J.: Süddtsch. Molkereiztg. **68**, 193 (1947). — [6] GRIMMER, W.: B. Z. **53**, 429 (1913). — [7] NOBÉCOURT, P., et P. MERKLEN: C. R. Soc. Biol. **53**, 148 (1901). — [8] DEMUTH, F.: B. Z. **159**, 415 (1925). — [9] KAY, H. D. and W. R. GRAHAM jr.: J. Dairy Res. **5**, 191 (1935). — [10] KING, E. J., and A. R. ARMSTRONG: Canad. med. Ass. J. **31**, 1627, 1658, 2976 (1934). — [11] ASCHAFFENBURG, R., and J. E. C. MULLEN: J. Dairy Res. **16**, 58 (1949). — [12] HUGGINS, C., and P. TALALAY: J. biol. Ch. **159**, 399 (1945). — KING, E. J.: J. Path. Bacteriology **55**, 315 (1943). — [13] SCHWARZ, G., u. O. FISCHER: Milchwiss. **3**, 41 (1948). — SANDERS, G. P., and O. S. SAGER: J. Dairy Sci. **31**, 845 (1948). — [14] HETRICK, J. H., and P. H. TRACY: J. Dairy Sci. **31**, 867 (1948). — [15] SJÖSTRÖM, G.: Svenska Mejeritidn. **32**, 139 (1940). — [16] KAY, H. D., R. ASCHAFFENBURG and J. E. C. MULLEN: 12. Int. Dairy Congr. Stockholm **2**, 749 (1949). — RITTER, W.: Milchwiss. **7**, 301 (1952). — [17] JANECKE, H.: Dtsch. Lebensm.-Rdsch. **46**, 202 (1950).

dieser Phosphatase nicht. Auf die saure Phosphatase des Eutergewebes wurde schon hingewiesen, sie findet sich ferner in Schafmilch und Frauenmilch.

c) Das SCHARDINGER-**Ferment** *(Xanthindehydrogenase, Aldehydoxydase*, s. a. Bd. 1, S. 1178), ein originäres Ferment der Milch, hat eine wichtige Rolle in der Erforschung der Verbrennungsprozesse im tierischen Organismus gespielt, denn auf Grund der Vorgänge bei der SCHARDINGER-Reaktion hat H. WIELAND zuerst die Vorstellungen entwickelt, die als WIELAND*sche Dehydrierungstheorie* (s. Bd. 1, S. 1178) so große Bedeutung erlangt haben.

SCHARDINGER[1] fand 1902, daß beim Zusatz von Formaldehyd und Methylenblau zu roher Milch in wenigen min Entfärbung eintritt. Die Reaktion vollzieht sich in Kuhmilch, jedoch nicht in Frauen- und Ziegenmilch.

Das Reagens wird aus 5 cm^3 Formalin, 5 cm^3 gesättigter alkoholischer Methylenblaulösung und 190 cm^3 Wasser bereitet.

Bei der Reaktion wird Wasserstoff aus Formaldehydhydrat auf Methylenblau übertragen, das dabei in das farblose Leukomethylenblau übergeht, während der Formaldehyd zu Ameisensäure dehydriert wird. Als Wasserstoffdonatoren können auch andere Aldehyde, Acetaldehyd, Benzaldehyd, Salicylaldehyd und Anisaldehyd, ferner Xanthin und Hypoxanthin, die dabei in Harnsäure übergehen, und Dihydro-Cozymase[2] dienen. Als Wasserstoffacceptoren können außer Methylenblau Nitrat[3] sowie elementarer Sauerstoff verwendet werden, in diesem Falle wird H_2O_2 gebildet[4].

Das SCHARDINGER-Enzym haftet vorzugsweise der Hülle der Fettkügelchen an[5], beim Verbuttern des Rahmes geht es in die Buttermilch, aus der es mit Aceton niedergeschlagen werden kann[6]. Ein gereinigtes Enzym[7-9] kann durch Adsorptionsmethoden erhalten werden. Das SCHARDINGER-Ferment ist ein gelbes Ferment mit breiter Absorptionsbande zwischen 400 und 500 Å-E, dessen prosthetische Gruppe ein Derivat des Lactoflavins ist[9]. Bei der Abtrennung mit verdünnter Säure wurde ein brauner Farbstoff erhalten[8].

Der Primärvorgang der Dehydrierung kann nunmehr in der Anlagerung des Aldehydhydrates an das Fermentprotein erblickt werden, wobei eine Aktivierung des Wasserstoffs vermutet wird, der auf die N-Atome des Alloxazinderivates übertragen wird. In der zweiten Stufe wird der Wasserstoff sodann an den Acceptor weitergegeben:

$$1.\ \underset{\text{Salicylsäurealdehydhydrat}}{C_6H_4(OH)-CHO(H_2O)} + \text{Sch. E.} \rightarrow \underset{\text{Salicylsäure}}{C_6H_4(OH)-COOH} + \text{Sch. E.}-H_2$$

$$2.\ \text{Sch. E.}-H_2 + \text{MB} \rightarrow \text{Sch. E.} + \underset{\text{Leukomethylenblau}}{\text{LMB}}$$

Obwohl das SCHARDINGER-Ferment hinsichtlich des Substrates wie auch des Acceptors nicht streng spezifisch ist, hat es *keine Mutasewirkung*[10], vermag also nicht den Wasserstoff eines Aldehydmoleküls auf ein zweites Aldehydmolekül zu übertragen. Es ist ferner streng zu unterscheiden von der Reduktase der Milch.

d) Unter dem Begriff **Reduktase** werden die Redoxfermente der lebenden Bakterien der Milch verstanden. Die Bakterien benötigen zu ihrer Lebens-

---

[1] SCHARDINGER, F.: Z. Unters. Nahr.- u. Genußm. **5**, 1113 (1902); **6**, 865 (1903). — LYNEN, F.: Das Schardinger-Enzym. Bamann-Myrbäck Bd. 3, S. 2347. — [2] BALL, E. G.: J. biol. Ch. **128**, 51 (1939). — [3] BACH, A.: B. Z. **33**, 282 (1911). — SBARSKY, B., u. D. MICHLIN: B. Z. **155**, 485 (1925). — [4] WIELAND, H.: B. **45**, 2606 (1912). — [5] RÖMER, (P.), u. (T.) SAMES: Z. Unters. Nahr.- u. Genußm. **20**, 1 (1910). — [6] BACH, A.: B. Z. **33**, 282 (1911). — SBARSKY, B., u. D. MICHLIN: B. Z. **155**, 485 (1925). — [7] BALL, E. G.: J. biol. Ch. **128**, 51 (1939). — [8] SCHWARZ, G., u. O. FISCHER: Milchwirtsch. Forsch. **19**, 260 (1938). — [9] CORRAN, H. S., J. G. DEWAN, A. H. GORDON and D. E. GREEN: Biochem. J. **33**, 1694 (1939). — [10] DIXON, M.: Enzymologia **5**, 198 (1938/39).

tätigkeit Sauerstoff, den sie als Wasserstoffacceptor für die Dehydrierungsvorgänge in ihrem Stoffwechsel benötigen. Wasserstoffdonator sind die Nährstoffe der Bakterien. In Abwesenheit oder nach Verbrauch des Sauerstoffs vermögen die Bakterien den Wasserstoff auf andere Acceptoren zu übertragen, so auf Methylenblau, Janusgrün[1], Nitrat[2], Pyocyanin[3] und andere Stoffe, die gewissermaßen an Stelle von Sauerstoff veratmet werden. Methylenblau wird dabei zu Leukomethylenblau entfärbt. Die Zeitdauer bis zur Entfärbung gibt einen Anhaltspunkt für die Zahl der lebenden Bakterien. Die Reduktaseprobe ist daher ein wertvolles Verfahren zur Prüfung der Milch für Molkerei- und Käsereizwecke, das in vielen Fällen die schwierigen bakteriologischen Methoden ersetzt.

Reduktaseprobe. 1 cm³ Methylenblaulösung (5 cm³ gesättigte alkoholische Methylenblaulösung, Wasser auf 200 cm³) und 20 cm³ Milch werden luftfrei in ein Reduktaseröhrchen gefüllt und im Thermostaten bei 45—50° bebrütet. Gute Milch entfärbt frühestens nach $5^1/_2$ Std, während unzweckmäßig gewonnene oder behandelte Milch nach weniger als 20 min entfärbt sein kann.

e) Die **Peroxydase** der Milch hydriert Wasserstoffsuperoxyd und sonstige Peroxyde, wie Äthylperoxyd, Bariumperoxyd und peroxydhaltige Öle, indem sie zugleich Phenolderivate dehydriert und beispielsweise in Chinone überführt. Zum Nachweis dieses Milchenzyms verwendete schon sein Entdecker PLANCHE 1820 gealterte, peroxydhaltige Guajaktinktur, die mit roher Milch, jedoch nicht mit abgekochter, sofort Blaufärbung ergibt.

Zum *Nachweis* wird gewöhnlich p-Phenylendiamin und H_2O_2 nach STORCH[4] sowie das Reagens von ROTHENFUSSER[5] verwendet. 100 cm³ Milch werden mit 5—6 cm³ Bleiessig DAB 6 geschüttelt und filtriert. Etwa 10 cm³ Filtrat geben mit 1—2 Tropfen 0,3%iger H_2O_2-Lösung und einigen Tropfen Reagens [1 g p-Phenylendiamin $NH_2—C_6H_4—NH_2$ in 15 cm³ Wasser, 2,0 g Guajakol $C_6H_4(OH)(OCH_3)$ in 135 cm³ 96%igem Alkohol, beide Lösungen gemischt] rotviolette Farbe bei roher Milch, während gekochte Milch ungefärbt bleibt.

Nach TILLMANS[6] werden p-Phenylendiamin und Bariumsuperoxyd aus Streudosen in die Milchprobe eingestreut. Nicht abgekochte Milch zeigt nach wenigen sec Blaufärbung. Die Reaktion wird auch von Laien ausgeführt (sog. Pfeffer- und Salzprobe).

Für *quantitative Bestimmungen* werden ferner Malachitgrün[7], Benzidin[8] und andere Reagentien benutzt.

Peroxydase ist als originäres Ferment reichlich in der Milch der Wiederkäuer enthalten, sie fehlt oder ist nur schwach wirksam in der Milch von Frau, Pferd, Esel, Hund und Kaninchen, wo sie jedoch im Colostralstadium und bei Milchstauung auftritt.

Während im Pflanzenreich Peroxydase weit verbreitet ist, wird sie im Tierkörper nur spärlich angetroffen, so in den Leukocyten. Es ist jedoch nicht sicher, ob es sich hier um die gleiche Substanz handelt, da Hämine, Hämoglobin und dessen Abbauprodukte im Kot sowie komplexe Eisenverbindungen gleichfalls Peroxydasereaktion geben können.

Eine biologische Aufgabe der Peroxydase im Tierkörper, geschweige in der Milch, ist nicht bekannt. So konnte die Meinung geäußert werden, daß sie aus der pflanzlichen Nahrung stamme[9]. Hierfür wird die Abhängigkeit der Frauenmilchperoxydase von der Nahrung und das Verschwinden aus der Ziegenmilch bei rein

---

[1] CHRISTIANSEN, W.: Milchwirtsch. Ztg. Lübeck **1926**, Nr. 42. — [2] BACH, A.: B. Z. **31**, 443 (1911). — [3] STHEEMANS, A. A.: B. Z. **191**, 320 (1927). — [4] STORCH, V.: Z. Unters. Nahr.-Genußm. **2**, 239 (1899). — [5] ROTHENFUSSER, (S.): Z. Unters. Nahr.-Genußm. **16**, 63 (1908). Z. Unters. Lebensm. **60**, 94 (1930). — [6] TILLMANS, J.: Z. Unters. Nahr.-Genußm. **24**, 61 (1912). — [7] KREKER, H.: Beiträge zum Nachweis der Milcherhitzung. Berlin 1939. — [8] EBLE, K., u. H. PFEIFFER: Z. Unters. Lebensm. **60**, 311 (1930); **68**, 307 (1934). — FINK, E.: Milchwirtsch. Forsch. **19**, 339 (1938). — [9] SPOLVERINI, L. M.: Ann. Ig. sperim. **12**, 451 (1902).

animalischer Fütterung des Tieres angeführt. Als Quelle werden auch die polymorphkernigen Leukocyten angesehen, die im Colostrum und im Zentrifugat der Milch angereichert sind, die auch verstärkte Reaktion geben. Allerdings ist die Hauptmenge im Milchserum gelöst und kann mit den koagulierbaren Eiweißstoffen ausgefällt werden.

Hochgereinigte Milchperoxydase wurde von THEORELL u. ÅKESON mit einer Ausbeute von 0,2 mg-% aus Kuhmilch dargestellt[1]. Da die Milchperoxydase bei 80° in wenigen sec inaktiviert wird[2], ist der Peroxydasenachweis ein wertvolles Hilfsmittel, die ordnungsmäßige Erhitzung der Magermilch zu überwachen, die aus den Molkereien für die Fütterung von Kälbern und Schweinen auf das Land zurückgeht und ohne Beachtung dieser Vorsichtsmaßregel eine Ausstreuung der Tiertuberkulose verursachen könnte.

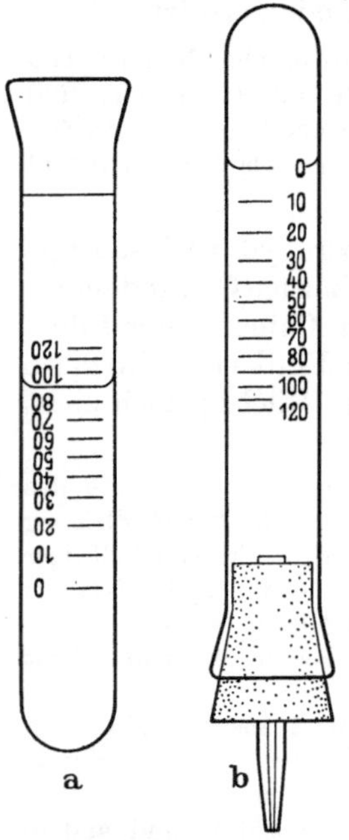

Abb. 34. Katalasegläschen (nach ROEDER).

f) Katalase. Das im Tierkörper verbreitete Ferment Katalase findet sich auch in der Milch. Es katalysiert den Zerfall von Wasserstoffsuperoxyd in Wasser und Sauerstoff, reagiert jedoch zum Unterschied von Peroxydase nicht mit anderen Peroxyden. Seine biologische Aufgabe wird in dem Schutz des Körpers vor intermediär gebildetem Wasserstoffsuperoxyd gesehen (s. Bd. **1**, S. 1216).

Die Katalase wurde in der Milch von RAUDNITZ[3] (1899) entdeckt und erhielt ihren Namen von OSCAR LOEW (1901). Geringe Mengen enthält die Milch von Pferd und Esel, mehr wird bei Rind, Schaf, Ziege und Hund gefunden, besonders wirksam ist Frauenmilch.

Als originäres Milchferment ist die Katalase locker an die Fettkügelchen gebunden, von denen sie leicht abgewaschen werden kann. Sie reichert sich im Rahm an und geht beim Buttern in die Buttermilch. Zahlreiche in der Milch vorkommende Bakterien, jedoch nicht der gewöhnliche Milchsäurestreptococcus, sind zur Katalasebildung befähigt, die durch Kühlung und Chloroformzusatz unterdrückt werden kann.

Bei infektiösen Erkrankungen des Euters nimmt der Katalasegehalt der Milch stark zu, so daß mit Hilfe der Katalaseprobe in der frischen Milch euterkranke Tiere herausgefunden werden können.

Die *Katalaseprobe* wird in besonderen Katalaseapparaten vorgenommen, am einfachsten nach ROEDER[4] in einem passend graduierten Katalaseröhrchen (Abb. 34), das bis zu bestimmten Marken mit 15 cm³ Milch und 5 cm³ H_2O_2 (1%ig) beschickt, mit Stopfen und Capillare verschlossen und umgekehrt bei 25° aufgestellt wird. Das in 30 min gebildete Sauerstoffgas beträgt bei normaler Milch nicht mehr als 10% des Milchvolumens und kann in kranker Milch auf 40—100% und mehr ansteigen.

6. Mineralstoffe.

a) Allgemeines. Die mineralischen Bestandteile der Milch sind die gleichen, die auch sonst im Tierkörper vorkommen. Man kann die in größerer Konzentration vorhandenen *Mengenelemente* und die *Spurenelemente* unterscheiden. Sie

[1] THEORELL, H., and Å. ÅKESON: Ark. Kemi, Mineral. Geol. **16** (A), Nr. 8 (1942). — [2] ECK, J. J. VAN: Z. Unters. Nahr.-Genußm. **22**, 393 (1911). — BOUMA, A., u. W. VAN DAM: B. Z. **92**, 385 (1918). — FISCHER, O.: Milchwirtsch. Forsch. **21**, 285 (1943). — [3] RAUDNITZ, R. W.: Zbl. Physiol. **12**, 790 (1899). Z. Biol. **42**, 91 (1901). — LOEW, O.: US Dep. Agric., Rep. **68**, Bull. 3 (1901). — KLINKOWSKI, M.: Nachruf auf O. LOEW (1844—1941): B. **74** (A), 115 (1941). — [4] ROEDER, G.: Milchwirtsch. Forsch. **9**, 516 (1930).

Tabelle 116. Mineralbestandteile der Milch im Vergleich zu Rinderblut (in mg-%).

	Milch	Blutplasma		Milch	Blutplasma
Na	35—127	320	Cl	80—144	369
K	100—166	22	Gesamt-P . .	83—119	4,5
Mg	10— 18	1,8— 3,2	Gesamt-S . .	27— 44	3—5
Ca	85—149	9,5—11,0			

finden sich im Milchserum gelöst, zum Teil an Kolloide gebunden oder selbst kolloidal, sowie als Bestandteile der organischen Substanzen der Milch. Die im Milchserum gelösten Salze bedingen zusammen mit den organischen Krystalloiden, insbesondere mit dem Milchzucker, den osmotischen Druck. Da dieser sich von der Blutisotonie nicht erheblich entfernt, sind Milchzucker und Salze gemeinsam nicht beliebig veränderlich, sondern der Zunahme eines Bestandteils muß stets die Abnahme eines anderen entsprechen. Die Zusammensetzung der Mineralstoffe der Milch zeigt grundlegende Unterschiede gegenüber allen anderen Körperflüssigkeiten, besonders im Vergleich zum Blute (Tabelle 116). Während Na und Cl, „Kochsalz", im Blute wie in sonstigen Körperflüssigkeiten weitaus überwiegen, treten sie in der Milch stark zurück.

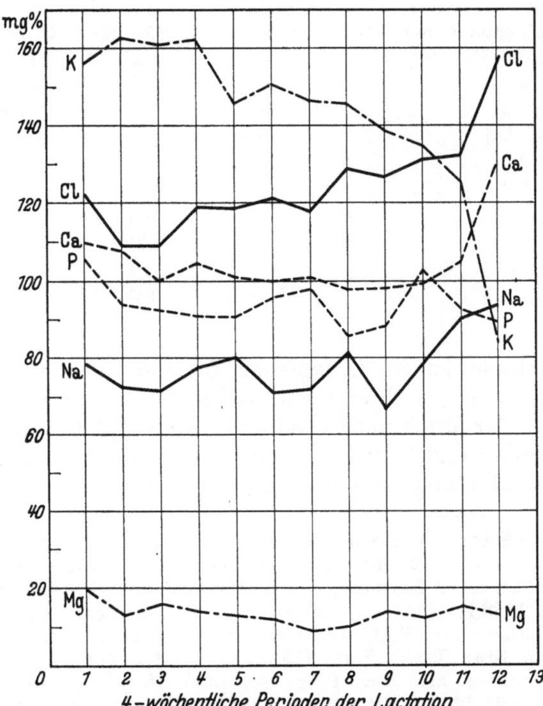

Abb. 35. Veränderungen des Mineralgehaltes der Kuhmilch im Verlaufe der Lactation. Na und Cl gehen parallel. K entgegengesetzt (BUNGEsche Regel). Zu Anfang und Ende der Lactation ist die Milch in bezug auf diese Mineralien dem Blutserum ähnlicher (nach FORBES).

Da mit einigen Ausnahmen die Mineralstoffe der Milch im ionisierten Zustande vorliegen, sind die Bemühungen früherer Forscher zwecklos, genaue Angaben über die Mengen der einzelnen Salze in der Milch zu machen, wie sie stöchiometrisch zu berechnen wären. Wir sind nicht imstande, die Gleichgewichte sämtlicher Ionen in der Milch zu berechnen. Auf Grund der älteren Vorstellungen hat sich besonders der Begriff des Kochsalzes in der Milch erhalten, mit einer gewissen Berechtigung, weil Na und Cl meist gleichsinnig variieren.

b) Die Mengenelemente. Die Menge der einzelnen Mineralstoffe der Milch im Verlaufe der Lactation ist aus dem Diagramm (Abb. 35) nach den Analysenwerten von FORBES[1] zu entnehmen. Das *Natrium* zeigt erhöhte Werte zu Anfang und am Ende der Lactationsperiode, das Milchserum ist hier dem Blutserum ähnlicher als in der übrigen Zeit. Das *Kalium* verhält sich umgekehrt[2]. Ein Überwiegen des

[1] FORBES, E. B., A. BLACK, W. W. BRAMAN, D. E. H. FREAR, O. J. KAHLENBERG, F. J. McCLURE, R. W. SWIFT and L. VORIS: Pennsylvania State Coll. agric. Exp. Stat. Techn. Bull. **319** (1935). — [2] TRUNZ, A.: H. **40**, 263 (1903/04).

Tabelle 117. Mineralstoffe der Milch (Übersicht).

	Kuhcolostrum	Kuhmilch	Frauencolostrum	Frauenmilch
Natrium (mg-%)	56[2]	32[2]	27—**50**—137[1-3]	6—**17**—44[1-3]
Kalium (mg-%)	146[2]	125—**143**—163[2,5]	66—**75**—87[1-3]	37—**51**—64[1-4]
Magnesium (mg-%)	16[2]	9—**10**—15[2,5]	3—**4,2**—8[1,2]	2—**3,5**—6[1,2]
Calcium (mg-%)	168[2]	98—113[2,5]	24—**48**—66[1,2]	17—**34**—61[1,2,17]
Chlor (mg-%)	122—160[19,20]	109—132[5,19,20]	44—**59**—101[1,19]	9—**34**—73[1,19]
Gesamt-Phosphor (mg-%)	149[2]	85—**94**—103[2,5,21-23]	9—**16**—25[1,2]	7—**14**—27[1,2,21,23]
Gesamt-Schwefel (mg-%)		21—31[2,18,21]	20—**23**—26[1,2]	5—**14**—30[1,2,18,21]
Eisen (γ-%)	150—200[8]	30—**58**—121[6,7]	100[2]	20—**50**—80[2,7]
Kupfer (γ-%)	48—56[8]	1,5—60[9,10-12,25]	46—123[2,11,24]	30—70[2,9,11,24,25]
Mangan (γ-%)	7—21[13-15]	1—20[9,13-15,26]		0,7[9]
Zink (γ-%)		172—1866[9,14,16,27]		140—740[9,14,27]
Nickel (γ-%)		0,4[28]		
Kobalt (γ-%)		0,6—0,8[34]		
Bor (γ-%)		20[29]		8[29]
Fluor (γ-%)		10—28[30]		
Jod (γ-%)	3,2[31]	1,6—3,6[31]	1,7—5,0[32]	12—47[32,33]

Kaliums ist im Organismus für die Gewebe, besonders für den Muskel kennzeichnend, während alle Körperflüssigkeiten kaliumarm sind und sich hierin von der Milch unterscheiden. Das Verhältnis K : Na ist als *Alkalizahl* bezeichnet worden und kann zur Erkennung von altmelker Milch sowie von Störungen der Milchbildung herangezogen werden[35].

[1] Macy, I. G.: Amer. J. Dis. Children **78**, 589 (1949). — [2] Escudero, P., e J. Espejo Sola: Rev. argent. Dietol. **1**, 203 (1943). — [3] Goldmann, F.: Jb. Kinderheilkde. **151**, 263 (1938). — [4] Leulier, A., L. Revol et R. Paccard: C. R. Soc. Biol. **124**, 1114 (1937) [C. **1938 I**, 4674]. — [5] Forbes, E. B., A. Black, W. W. Braman, D. E. H. Frear, O. J. Kahlenberg, F. J. McClure, R. W. Swift and L. Voris: Pennsylvania State Coll. agric. Exp. Stat. Techn. Bull. **319** (1935). — [6] Lintzel, W.: Z. ges. exp. Med. **86**, 269 (1933). — [7] Plumier, M.: Rev. Belge Sci. méd. **16**, 313 (1945). — Wallgreen, A.: Acta paediatr., Uppsala **12**, 153 (1932). — Feuillen, Y. M., et M. Plumier: Acta paediatr., Uppsala **41**, 138 (1952). — [8] Luecke, R. W., C. W. Duncan and R. E. Ely: Arch. Biochem. **13**, 277 (1947). — [9] Broek, A., u. L. K. Wolff: Acta neerl. physiol. **5**, 80 (1935). — [10] Remy, E.: Z. Unters. Lebensm. **64**, 545 (1932). — [11] Zondek, S. G., u. M. Bondmann: Kli. Wo. **1931 II**, 1528. — Munch-Petersen, S.: Acta paediatr., Uppsala **39**, 378 (1950). — Neuweiler, W.: Kli. Wo. **1954**, 211. — [12] Quam, G. N., and A. Helbig: J. biol. Ch. **78**, 681 (1928). — [13] Büttner, G., u. A. Miermeister: Z. Unters. Lebensm. **65**, 644 (1933). — [14] Sato, M., and K. Murata: J. Dairy Sci. **15**, 451, 461 (1932). — [15] Richards, M. B.: Biochem. J. **24**, 1572 (1930). — [16] Todd, W. R., and C. A. Elvehjem: J. biol. Ch. **96**, 609 (1932). — [17] Rossi, L.: Clin. pediatr. **16**, 833 (1934) [Milchw. Forsch. **17**, 171 (1936)]. — [18] Revél, L., et R. Paccard: C. R. Soc. Biol. **126**, 25 (1937). — [19] Mai, H., u. A. Keller: Kli. Wo. **1930 I**, 535. — Keller, A., u. H. Mai: Schweiz. med. Wschr. **60**, 487, 506 (1930). — [20] Sharp, P. F., and E. B. Struble: J. Dairy Sci. **18**, 527 (1935). — [21] Steffen, F., u. H. Süllmann: Schweiz. med. Wschr. **61**, 1114 (1931). — [22] Lenstrup, E.: J. biol. Ch. **70**, 193 (1926). — [23] Bomskov, C.: Z. Kinderheilkde. **53**, 527 (1932). — [24] Lesné, E., et S. Briskas: Acta paediatr., Uppsala **22**, 123 (1937). — [25] Zbinden, C.: Lait **12**, 481 (1932). — [26] Skinner, J. T., W. H. Peterson u. H. Steenbock: B. Z. **250**, 392 (1932). — [27] Koga, A.: Keijo J. Med. **5**, 106 (1954) [Chem. Abstr. **28**, 7334[8]]. — [28] Bertrand, G.: Chem. Umschau **37**, 143 (1930). — [29] Bertrand, G., et H. Agulhon: Cr. **156**, 2027 (1913). — [30] Phillips, P. H., E. B. Hart and G. Bohstedt: J. biol. Ch. **105**, 123 (1934). — Evans, R. J., and P. H. Phillips: J. Dairy Sci. **22**, 621 (1939). — [31] Kieferle, F., J. Kettner, K. Zeiler u. H. Hanusch: Milchwirtsch. Forsch. **4**, 1 (1927). — [32] Elmer, A. W., et W. Rychlik: C. R. Soc. Biol. **117**, 530 (1934). — [33] Turner, R. G.: Proc. Soc. exp. Biol. Med. **30**, 1401 (1933). — [34] Ahmad, B., and E. V. McCollum: Amer. J. Hyg. **29 A**, 24 (1939). — [35] Nottbohm, F. E.: Milchwirtsch. Forsch. **4**, 336 (1927).

Vom Gesamt-*Magnesium* der Milch in Menge von durchschnittlich 15 mg-% Mg sind 10,7 mg-% löslich und ionisiert, 4,3 mg-% liegen wahrscheinlich als kolloidales Magnesiumphosphat an Casein gebunden vor[1].

Das ***Calcium*** der Milch macht ein Vielfaches des Calciums im Blutserum aus. Wie im Blute kann man auch in der Milch mehrere Fraktionen unterscheiden. Bei der Filtration der Milch durch eine Tonzelle gehen 26—40% des Ca ins Filtrat, während bei der osmotischen Kompensationsmethode nach Rona u. Michaelis[2] sich 40—50%, nach anderen Angaben etwas geringere Mengen, als gegen $CaCl_2$-Lösungen dialysierbar erweisen. Bei der Dialyse gegen Wasser geht weit mehr Ca heraus, da hier eine ständige Störung von Gleichgewichten stattfindet. Das Casein bildet ein grobdisperses, wenig dissoziiertes Calciumsalz, an dem nach György[3] Calciumphosphat angelagert ist. Hierfür spricht die Beobachtung, daß auch ein Teil der anorganischen Phosphorsäure der Milch, und zwar 50—60%, nicht dialysierbar ist bzw. nicht in das Ultrafiltrat übergeht. Bei Säuerung der Milch werden Ca und P zunehmend diffusibel mit einem Höchstwert im isoelektrischen Punkt des Caseins.

Die ältere Annahme unlöslichen Calciumphosphates in der Milch ist unhaltbar, da keine Anreicherung von Calciumphosphat im Zentrifugenrückstand feststellbar ist[4]. Beim Zusatz von Oxalat zur Milch, wodurch das Calcium abgeschieden wird, ist der Wert der Formoltitration um 11% erhöht. Es kann daher eine chemische Bindung von Calciumphosphat an das Casein angenommen und das Casein in der Milch als Doppelsalz von Calciumcaseinat und Tricalciumphosphat aufgefaßt werden[5]. Bei der Labgerinnung wird neben Caseincalcium stets auch Calciumphosphat niedergerissen, das jedoch für den Gerinnungsvorgang ohne Bedeutung ist. Beim Erhitzen der Milch nimmt der Anteil des diffusiblen Calciums ab[6]. Die *Einteilung* der *Ca-Fraktionen der Milch* ergibt sich aus der folgenden Übersicht nach Ling[1]:

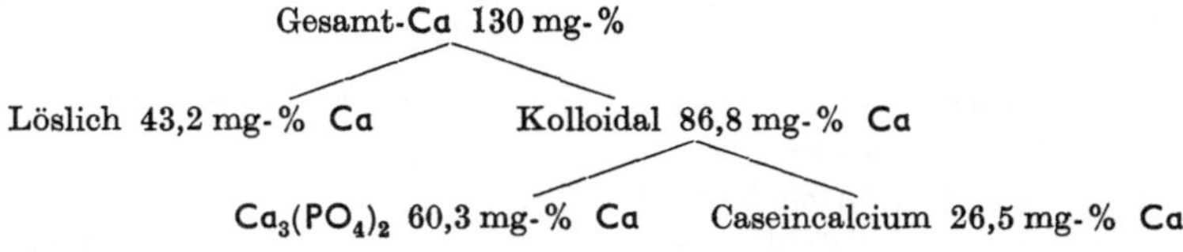

Im Laufe der Lactationsperiode erfährt das Milchcalcium nur unbedeutende Veränderungen. Bei Calciummangel in der Nahrung kommen verminderte Werte vor, während es nicht gelingt, durch übergroße Ca-Zufuhr Steigerung über die Norm zu erzielen. In Übereinstimmung mit früheren Forschern fand Dubbe[7] bei Frauen Calciumpräparate in dieser Richtung unwirksam, ebenso war eine Erhöhung des Blut-Ca, die durch Gaben des Wirkstoffes A. T. 10 herbeigeführt wurde, ohne Einfluß auf das Milchcalcium.

Die Calciumabgabe mit der Milch stellt für Kühe mit hoher Milchleistung eine außerordentliche Belastung des Ca-Stoffwechsels dar, so daß es in der Regel zu negativen Ca-Bilanzen kommt, die aus der Mineralsubstanz der Knochen bestritten werden müssen und unter Umständen zu Knochenschädigungen nach Art der Osteomalacie sowie zu Spontanfrakturen führen können.

[1] Ling, E. R.: J. Dairy Res. 8, 173 (1937). — [2] Rona, P., u. L. Michaelis: B. Z. **21**, 114 (1909). — Sarzana, G.: Boll. Soc. ital. Biol. sperim. **11**, 1032 (1936) [Ber. Physiol. **100**, 349]. — [3] György, P.: B. Z. **142**, 1 (1923). — [4] Grimmer, W., u. G. Schwarz: Milchwirtsch. Forsch. **2**, 163 (1925). — [5] Pyne, G. T.: Biochem. J. **28**, 940 (1934). — Hostettler, H., u. H. R. Rüegger: Landwirtsch. Jb. Schweiz **64**, 667 (1950). — [6] Bell, R. W.: J. biol. Ch. **64**, 391 (1925). — Magee, H. E., and D. Harvey: Biochem. J. **20**, 873 (1926). — [7] Dubbe, K.: Diss. med. Göttingen 1941.

Die *Chlorionen* der Milch weisen zu Beginn und Ende der Lactation erhöhte Werte auf[1], erhöhte Werte kommen ferner bei Störungen der Milchbildung vor, die auch durch die *Chlorzuckerzahl* (S. 342) erfaßt werden. Da das Cl leicht bestimmbar ist, dient es in der Diätetik meist als Maß für den Salzgehalt der Milch und somit als Indikator für das schwerer bestimmbare Natrium, wodurch Irrtümer entstehen können.

Der ***Phosphorgehalt*** der Milch läßt wie im Blute mehrere Fraktionen unterscheiden. Der im Casein in Form des Serinphosphorsäureesters enthaltene P mit etwa 20 mg-% und der Phosphatid-P, der etwa 1—3 mg-% ausmacht, bilden den säureunlöslichen P. Der säurelösliche P ist teils anorganisch (40 mg-%), teils organisch (20 mg-%). Kreatinphosphorsäure kann in dieser Fraktion nur eine geringe Rolle spielen, da die vorhandenen 2,5 mg-% Kreatin nur etwa 0,6 mg-% P entsprechen würden. Es handelt sich um Pyrophosphat, Kohlenhydratester, von denen α-Galaktose-1-phosphat und Glucose-1-phosphat und anscheinend auch Glucose-6-phosphat papierchromatographisch nachweisbar waren[2], sowie Phosphobrenztraubensäure[2] und Glycerinphosphorsäure[3], ferner um Stoffe wie Adenosinphosphorsäure, die auch fermentativ spaltbar sind[4].

Tabelle 118. P-Verteilung in der Milch.

P-*Verteilung nach* Ling[5]:

Gesamt-P 112,2 mg-%

- Organisch 41,0 mg-% P
  - Löslich 19,8 mg-% P
  - Unlöslich 21,2 mg-% P (Phosphatide 2,6 mg-% P)
- Anorganisch 71,2 mg-% P
  - Löslich 37,6 mg-% P
  - Unlöslich 33,6 mg-% P (davon $Ca_3(PO_4)_2$ 31,1 mg-% P)

P-*Verteilung nach* Acharya u. Devadatta[6] (in mg-% P).

Gesamt-P:	118,2
Orthophosphat	45,4
Pyrophosphat	13,95
Organisch:	
unlöslich in $Ba(OH)_2$ bei p_H 9	10,60
löslich bei p_H 9, hydrolysierbar	10,70
desgleichen, nicht hydrolysierbar	5,62
säureunlöslich	26,48
(davon Casein-P	23,35
Lipoid-P	4,05

Phosphorarme Ernährung, wie sie Weiden auf P-armen Böden bieten, bedingt verminderten P-Gehalt der Milch. In diesen Fällen führt Zulage von phosphorsauren Salzen zum Anstieg des Milch-P, dagegen anscheinend nicht bei normal ernährten Kühen mit normalem P-Gehalt der Milch.

Der *Schwefelgehalt* der Milch ist gleichfalls auf verschiedene Bestandteile der Milch verteilt, wobei der Proteinschwefel überwiegt, der auf 30 mg-% S zu

[1] Sharp, P. F., and E. B. Struble: J. Dairy Sci. **18**, 527 (1935). — [2] McGeown, M. G., and F. H. Malpress: Biochem. J. **52**, 606 (1952). — [3] Lenstrup, E.: J. biol. Ch. **70**, 193 (1926). — Steffen, F., u. H. Süllmann: Schweiz. med. Wschr. **61**, 1114 (1931). — [4] Kay, H. D.: Biochem. J. **19**, 433 (1925). — Kay, H. D., and P. G. Marshall: Biochem. J. **22**, 416 (1928). — [5] Ling, E. R.: J. Dairy Res. **8**, 173 (1937). — [6] Acharya, B. N., and S. C. Devadatta: Proc. Ind. Acad. Sci. (B) **10**, 221, 229 (1939).

bemessen ist. Organischer Nichteiweiß-S, der Stoffe wie Cystin, Glutathion und Aneurin umfassen dürfte, macht 1,6—2 mg-% S aus[1]. Esterschwefelsäuren sind in der Milch nicht nachgewiesen, dagegen sind 3,4—4,3 mg-% S als Sulfat vorhanden. In der Trockensubstanz von Frischmilch fanden sich 215 mg-% Gesamt-S, 183 mg-% organischer S und 33,9 mg-% Sulfat-S[2]. Nach Eingabe von Natriumsulfat soll der Sulfatschwefel der Milch erhöht sein.

c) Die Spurenelemente. Die in der Milch in kleinen Mengen vorkommenden zahlreichen Mineralstoffe haben zum Teil lebenswichtige Bedeutung, sind also echte Bioelemente, andere müssen wahrscheinlich als bedeutungslose Begleitstoffe aufgefaßt werden.

Der *Eisengehalt* von Milch, die unter Vermeidung jeder Verunreinigung von außen gewonnen wurde, beträgt nur 20—50 γ-% Fe, er wird aber bei der Bearbeitung erhöht und beträgt in Handelsmilch 140 γ-% und mehr[3]. In Ziegenmilch, die mit allen Vorsichtsmaßregeln ermolken war, fanden sich 41,4, bei einem anderen Tier 30—38 γ-% Fe[4]. Das Eisen der Milch ist säurelöslich, es ist nach Untersuchungen in Frauenmilch an Globuline, jedoch nicht an β-Lactoglobulin gebunden[5]. Verfütterung von Eisensalzen vermag den Fe-Gehalt der Milch nicht merklich zu steigern.

In noch geringerer Menge findet sich *Kupfer* in der Milch, zum Teil an Protein gebunden[6], und zwar 1,5—5 γ-% Cu[7], während Marktmilch 10—20 γ-% und noch weit höhere Werte aufweisen kann[8]. 2—3 g Kupfersulfat an die Kuh verfüttert, bedingen keine Zunahme.

Zink wurde in Milch in größerer Menge, und zwar zu 172—1866 γ-% gefunden, ähnlich hohe Werte in Schafmilch und Frauenmilch[9]. Der Zinkgehalt wurde durch Weidegang erhöht, während die Verfütterung von 8—12 g Zinksulfat ohne Einfluß war.

Mangan findet sich in der Milch zu 4—20 γ-%[10] und kann durch manganreiches Futter, wie rote Rüben oder Tulpenzwiebeln, in der Milch angereichert werden. Verfütterung von 3 g Mangan(II)-chlorid bedingte indessen keine Vermehrung in der Milch.

Der *Jodgehalt* der Milch beläuft sich gewöhnlich auf 2—4 γ-% J[11], in jodreicher Gegend, namentlich im Bereich der Meeresluft, liegen die Werte meist bei 8 γ-%. Verfütterung von Kaliumjodid und anderen jodhaltigen Stoffen erhöht die Werte erheblich. Entfernung der Schilddrüse bedingt Abnahme des Jodgehaltes der Milch[12]. Als weiteres Halogen kommt *Fluor* in Mengen von 5—25 γ-% in der Milch vor. Im Gegensatz zum Jod ist es durch die Fütterung schwer zu beeinflussen[13].

---

[1] Tillmans, (J.), u. (W). Suthoff: Z. Unters. Nahr.-Genußm. **20**, 49 (1910). — [2] Stotz, H.: Bodenkde. u. Pfl.-Ernährung **6**, 1 (1937). — [3] Plumier, M.: Rev. belge Sci. méd. **16**, 313 (1945). — [4] Lintzel, W.: Z. ges. exp. Med. **86**, 269 (1933). — Rechenberger, J., u. C. Pollack: Z. ges. exp. Med. **114**, 200 (1944). — [5] Schäfer, K. H.: Mschr. Kinderheilkde. **99**, 69 (1951). — [6] Dills, W. L., and J. M. Nelson: Am. Soc. **64**, 1616 (1942). — [7] Broek, A., u. L. K. Wolff: Acta neerl. physiol. **5**, 80 (1935). — Quam, G. N., and A. Helbig: J. biol. Ch. **78**, 681 (1928). — Zondek, S. G., u. M. Bondmann: Kli. Wo. **1931 II**, 1528. — [8] Remy, E.: Z. Unters. Lebensm. **64**, 545 (1932). — [9] Sato, M., u. K. Murata: J. Dairy Sci. **15**, 451, 461 (1932). — [10] Richards, M. B.: Biochem. J. **24**, 1572 (1930). — Sato, M., u. K. Murata: J. Dairy Sci. **15**, 451 (1932). — Skinner, J. T., W. H. Peterson u. H. Steenbock: B. Z. **250**, 392 (1932). — Büttner, G., u. A. Miermeister: Z. Unters. Lebensm. **65**, 644 (1933). — [11] Bleyer, B.: B. Z. **170**, 265 (1926). — Scharrer, K.: Chemie und Biochemie des Jods. Stuttgart 1928. — Kieferle, F., J. Kettner, K. Zeiler u. H. Hanusch: Milchwirtsch. Forsch. **4**, 1 (1927). — Rasche, W.: Z. Kinderheilkde. **42**, 124 (1926). — [12] Klein, W.: Dtsch. tierärztl. Wschr. **39**, 502 (1931). — [13] Phillips, P. H., E. B. Hart and G. Bohstedt: J. biol. Ch. **105**, 123 (1934). — Evans, R. J., and P. H. Phillips: J. Dairy Sci. **22**, 621 (1939). — Schmid, H.: D. m. W. **1952**, 61.

Nickel wurde zu 0,4 γ-% in Milch gefunden[1], in Spuren sind ferner *Aluminium, Silicium, Bor, Titan, Lithium, Rubidium, Strontium, Silber, Chrom, Germanium, Blei, Zinn, Vanadium, Arsen* und *Barium* spektrographisch nachgewiesen worden[2], *Molybdän* wird als normaler Bestandteil der Milch angesehen, *Kobalt* wurde zu 0,6—0,8 γ-% gefunden[3].

Gase der Milch (in Vol.-%). (Nach CZERNY, A., u. A. KELLER: Des Kindes Ernährung. 2. Aufl. Bd. 1, S. 159. Leipzig, Wien 1925):

	Kuhmilch	Frauenmilch
CO_2	3—7	2,3—2,9
O_2	0,1—1	1—1,4
N_2	2—3	3,4—3,8
Gesamt-Gas . .	4,2—8,6	7—7,5

7. Milchfremde Bestandteile, kranke Milch.

Unter *kranker Milch* wird nach HOUDINIÈRE[4] eine Milch verstanden, die für Mensch und Tier *gesundheitsschädlich* ist. Intra vitam können *physiologische Einflüsse*, wie die Stufen im Leben der Tiere, Brunst und fortschreitende Lactation, anormale Milch bedingen, nicht jedoch der monatliche Cyclus der Frau. Als *pathologische Einflüsse*, die eine Rückwirkung auf die Milch ausüben, sind Krankheiten, besonders Euterkrankheiten, Maul- und Klauenseuche, Ernährungsstörungen, mineralische, organische und vegetabilische Gifte, Parasiten und pathogene Keime zu nennen. Extra vitam kann die Milch gesundheitsschädliche Eigenschaften erwerben, wenn pathogene Keime und Gifte hineingelangen oder Nährstoffe wie Vitamine zerstört werden.

Die meisten *normalen Milchbestandteile* können zwar bei einem Mangel *unternormale Werte* annehmen, die durch entsprechende Zufuhr ausgeglichen werden, es ist aber in der Regel unmöglich, durch überschüssige Zufuhr wirklich übernormale Werte in der Milch zu erzielen. Bei der Frau soll durch *fettreiche Nahrung* eine fettreiche Milch gebildet werden, die als Ursache für Ekzeme des Säuglings angesehen worden ist. Als Ausnahme kann vielleicht auch das *Jod* angesehen werden.

Bei einigen Spurenelementen, wie *Blei Arsen* und *Barium*, ist noch nicht geklärt, ob sie als körper- und milchfremd anzusehen sind. *Wismut* konnte nach Injektion von kolloidem Bi und Wismutsalzen bei Frauen in der Milch nachgewiesen werden, war jedoch für das Kind ohne Bedeutung. Frühere Versuche, in denen Wismut- und Antimonsalze (Brechweinstein) an Schafe und Ziegen verfüttert wurden, hatten keine Schädlichkeit der Milch für Mensch und Hund erkennen lassen. Arsen, Blei, Quecksilber und Bor werden nach entsprechender Zufuhr in der Milch in erhöhter Menge beobachtet[5], Bor z. B. in der unschädlichen Menge von 4 mg-%. Nach 10 mg Arsenik fanden sich 3 γ-%, nach 35 mg 5 γ-% As in der Frauenmilch[6]. Eine mit Salvarsan behandelte Ziege wies in ihrer Milch kein *Arsen* auf[7]. Nach Bleiacetat enthielt die Kuhmilch am 2. Tage 20 mg-% *Blei*[8]. Nach Kalomel ergab sich kein *Quecksilber* in der Milch bei Stillenden[9]. Über *Selen*vergiftung bei Milchvieh s. Bd. 2/1, S. 695.

Bromide ersetzen bei reichlicher und fortgesetzter Darreichung die Chloride im Blut, Magensaft usw. und erscheinen auch in der Milch. Nach Gaben von 1,3—6,5 g Kaliumbromid an Frauen wurden 170—800 γ-% in der Milch gefunden[9,10], die mit der Milch gestillten Kinder zeigten deutliche Bromwirkung, bei dauernder Aufnahme auch Bromdermatose.

---

[1] BERTRAND, G.: Chem. Umschau **37**, 143 (1930). — [2] DINGLE, H., and J. H. SHELDON: Biochem. J. **32**, 1078 (1938). — DE, N. K.: Ind. J. med. Res. **22**, 499 (1935). — WRIGHT, N. C., and J. PAPISH: Science, N. Y. **69**, 78 (1929). Ind. J. med. Res. **22**, 499 (1935) [Chem. Abstr. **29**, 8159[6]]. — [3] AHMAD, B., and E. V. MCCOLLUM: Amer. J. Hyg. **29** A, 24 (1939). — [4] HOUDINIÈRE, A.: Lait **22**, 134, 224 (1942). — [5] WILEY, H. W.: J. biol. Ch. **3**, 11 (1907). — ZBINDEN, C.: Lait **11**, 113 (1931). — [6] HAANAPPEL, T. A. G.: Pharmaceut. Wbl. **74**, 871 (1937). — [7] CHAMBRELENT, (I.), et (D.) CHEVRIER: C. R. Soc. Biol. **71**, 136 (1911). — [8] BAUM, A., u. G. SEELIGER: Arch. Tierheilkde **21**, 297 (1895). — [9] TYSON, R. M., E. A. SHRADER and H. H. PERLMAN: J. Pediatr. **11**, 824 (1937). — [10] BOGERT, F. VAN DER: Amer. J. Dis. Children **21**, 167 (1921).

5—25 g *Salpeter* führten bei kranken Kühen regelmäßig, bei gesunden jedoch nur ausnahmsweise zu positiver Nitratreaktion der Milch. Erst mit 75 g Kaliumnitrat läßt sich in jedem Falle eine Nitratreaktion der Milch erzwingen. Manche Futtermittel enthalten zwar Nitrate in geringer Menge, doch wird die Milch dadurch nicht nitrathaltig.

Nitratreaktion der Milch wird vielmehr als Zeichen einer Verfälschung mit Brunnen- oder Leitungswasser bewertet. Der sehr empfindliche Nachweis wird in der enteiweißten Milch mittels Diphenylaminschwefelsäure nach TILLMANNS u. SPLITTGERBER[1] geführt.

Chinin als Sulfat in Gaben von 0,25—2 g geht bei der Darreichung an Frauen schon nach 1 Std mit einem Höchstwert nach 4 Std in die Milch über, die leicht bitteren Geschmack annimmt, für den Säugling jedoch indifferent ist[2,3]. Die Wirkstoffe von *Senna und Rhabarber* gehen nicht in die Milch, *Aloe* geht über ohne der Milch abführende Wirkung zu erteilen, während *Cascara* in der Milch chemisch und klinisch nachweisbar wird[4].

Nach Gaben von 15 g Kaffee mit 99 mg *Coffein* wurde nach 6 Std 1 mg Coffein in der Frauenmilch gefunden. 0,6—3,3% des Coffeins gehen in die Milch, 10—14% in den Harn über[5].

Nicotin bedingte nach Injektion bei Katzen und Kühen starken Rückgang der Milchsekretion. Tabakgenuß in mäßigen Mengen bei Stillenden soll die Milch unbeeinflußt lassen[6] Nach 50—60 Zigaretten fanden sich bei Frauen 1,3—1,5 γ-% Nicotin in den Milch[7], unter Umständen kann Tabakmißbrauch zu Nicotinintoxikation des Säuglings führen[8].

Morphium, Veratrumbasen und *Yohimbin* wurden in Frauenmilch nach entsprechenden Gaben der Arzneimittel nicht gefunden.

Chloroform und *Äther* sind bei Frauen nach einer Narkose in der Milch nachweisbar[9].

Nach Fütterung von Kühen mit *alkoholhaltiger Schlempe* sind Alkoholgehalt und Fuselgeruch der Milch festgestellt worden. Kühe, die im Laufe von 3 Wochen 6 *l* Alkohol erhielten, schieden in der Milch insgesamt 11 cm³ davon aus, die Hauptmenge in den ersten Tagen der Zufuhr[10]. Beim Wiederkäuer muß mit einem gegewissen Abbau des Alkohols im Rumen gerechnet werden. Bei stillenden Frauen fand sich in der ersten Std nach Gabe von 20 cm³ Alkohol 0,4—0,7‰ in der Milch[11], nach 30 cm³ Alkohol wurden 0,16—0,66‰ gegenüber einem Leerwert der Milch von 0,02—0,2‰ festgestellt[12]. Ein Blutalkoholgehalt von 0,13—0,14‰ des Säuglings störte dessen Wohlbefinden nicht, doch konnte FIORENTINI[12] Vergiftungserscheinungen von Säuglingen bei starkem Weingenuß der Mütter beobachten.

Phenolphthalein geht nicht in die Milch über, während der Übertritt für *Natrium salicylicum, Acidum acetylsalicylicum*[3] und *Phenylbarbitursäure*[4] erwiesen worden ist. *Sulfonamide* wurden mit weniger als 1,6% der Zufuhr in Frauenmilch gefunden, es ergab sich keine Beeinflussung des Säuglings[13]. Dicumarol geht in Frauenmilch über und gefährdet als Anticoagulans den Säugling[14]. Auch Antibiotica[15] treten in die Milch über, und zwar mit einigen Prozenten der kurativen Dosis.

Einzelne *Farbstoffe* gehen in die Milch, so *Fluorescein, Alizarin* und *Chrysophansäure*. Bei Hunden war nur ausnahmsweise und in geringstem Ausmaß ein Übertritt von *Uramin, Rhodamin, Krystallviolett* und *Methylenblau* festzustellen. Schachtelhalm und Buchweizen

---

[1] TILLMANS, J., u. A. SPLITTGERBER: Z. Unters. Lebensm. **22**, 401 (1911). — TILLMANS, J., u. W. SCHNEEHAGEN: Z. Unters. Lebensm. **31**, 341 (1916). — [2] CANDIA, G. DE: Clin. ostet., Roma **27**, 153 (1925) [Zbl. Kinderheilkde. **18**, 748 (1925)]. — [3] HAANAPPEL, T. A. G.: Pharmaceut. Wkbl. **74**, 871 (1937). — [4] TYSON, R. M., E. A. SHRADER and H. H. PERLMAN: J. Pediatr. **11**, 824 (1937). — [5] SCHILF, E., u. R. WOHINZ: Kli. Wo. **1928 II**, 1186. — [6] HATCHER, R. A., and H. CROSBY: J. Pharmacol. exp. Therap. **32**, 1 (1927). — EMANUEL, W.: Z. Kinderheilkde. **52**, 41 (1932). — [7] NAGY, L.: Pharmaz. Z. **75**, 737 (1934). — [8] STODULKA, F.: Čas. Lék. česk. **1942**, 6 [Schweiz. med. Wschr. **72**, 454 (1942)]. — [9] NICLOUX, M.: C. R. Soc. Biol. **60**, 720 (1906). — [10] VÖLTZ, W., u. J. PAECHTNER: B. Z. **52**, 73 (1913). — [11] OLOW, J.: B. Z. **134**, 553 (1923). — [12] FIORENTINI, A.: Probl. aliment., Roma **2**, 40 (1932). — [13] HAC, L. R., F. L. ADAIR and H. C. HESSELTINE: Amer. J. Obstet. Gynec. **38**, 57 (1939) [Zbl. Kinderheilkde. **37**, 168 (1940)]. — FÖLLMER, W.: Kli. Wo. **1941**, 912. — HEPBURN, J. S., N. F. PAXSON and A. N. ROGERS: Arch. Pediatrics **59**, 413 (1942). — LANZENDÖRFER, W.: Kli. Wo. **1953**, 426. — [14] FERSTL, A., u. V. LACHNIT: Kli. Wo. **1953**, 539. — [15] OVERBY, A. L.: Dairy Sci. Abstr. **16**, 3 (1954) [Milchwiss. **9**, 169].

rufen in Kuhmilch *bläuliche Farbe* hervor, während die *rötliche Farbe* der Milch nach Karotten, Rüben, Crocus, Rhabarber dem physiologischen Übergang von Carotinen und Carotinoiden in die Milch entspricht. Eine *grünliche Färbung*, die auf Lactoflavin beruht, findet sich in der Frauenmilch nach Genuß von Rindsleber[1]. Indikan als Vorstufe des Farbstoffes Indigo ist bei Verdauungsstörungen der Milchkühe beobachtet worden[2].

Insecticide nach Art von DDT und Hexachloräthan können von Kühen mit bestäubtem Futter aufgenommen und in der Milch ausgeschieden werden. Mäuse gingen nach 10—14 Tagen ein, wenn sie Milch von Kühen erhielten, die allerdings die unwahrscheinliche Menge von 25—27 g DDT täglich mit dem Futter erhalten hatten[3]. Das Insecticid kann in der Milch und in Butter, in der es sich anreichert, nachgewiesen und quantitativ bestimmt werden[4].

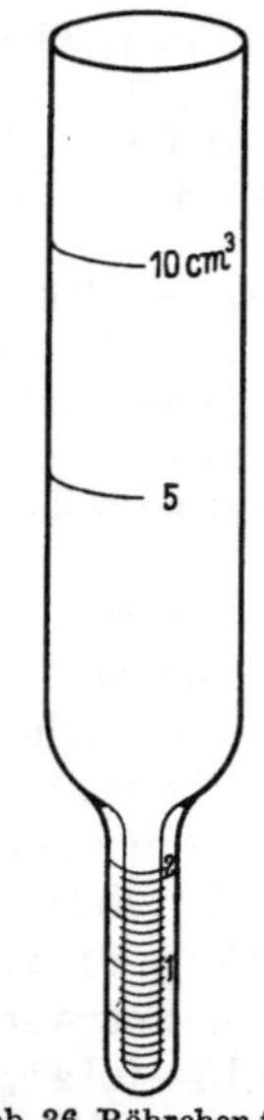

Abb. 36. Röhrchen für die Leukocytenprobe (nach TROMMSDORF).

Nach Verfütterung von *Sumpfschachtelhalm* (Equisetum palustre) wird die Labungsfähigkeit der Milch vermindert[5], Aufnahme von *Labkraut* (Galiumarten) wirkt schädlich auf die Milch und das säugende Tier[6]. Dagegen werden die Alkaloide von *Vicia sativa* und *Lathyrus* (Kichererbse) durch das Stillen nicht auf das Kind übertragen[7].

Nahrungseiweiße mit *Allergenwirkung*, wie Eiereiweiß, können mit der Muttermilch auf den Säugling übertragen werden und Reaktionen auslösen, wie durch das anaphylaktische Meerschweinchenexperiment nachgewiesen werden konnte[8].

Pathologisch im Organismus der Mutter gebildete Stoffe gehen mitunter in die Milch über. So fand sich bei Alkaptonurie der Mutter *Homogentisinsäure* zu 3,9 mg-% in der Milch[9]. *Bilirubin* kann bei gestörter Lebertätigkeit in die Milch übergehen[2], findet sich unter normalen Bedingungen jedoch nicht. Acetonkörper bedingen den „Stallgeschmack" der Milch[10].

Wenn die Frage einer Gefährdung durch die Fremdstoffe in der Milch in den meisten Fällen noch durchaus offen ist, so entstehen bekanntlich ernste Gefahren für Mensch und Tier durch Milch, die mit *pathogenen Keimen* infiziert ist. Die häufigste Ursache der Bildung derart kranker Milch ist die Euterentzündung, die als Mastitis oder gelber Galt beschrieben wird. Diese Krankheit wird beim Melken leicht übertragen, der Erreger, Streptococcus agalactiae s. mastitidis, ist oft schwer vom gewöhnlichen Streptococcus lactis zu unterscheiden. Seltener findet sich Streptococcus pyogenes, der auch als Anginaerreger menschenpathogen ist. Tuberkulöse Mastitis, *Eutertuberkulose*, ist eine Form der Rindertuberkulose, bei der die Milch bacillenhaltig und für Mensch und Tier pathogen ist. Milch von Kühen mit schwerer Mastitis und mit nachgewiesener Tuberkulose von Lungen, Euter, Gebärmutter oder Darm ist vom Handel ausgeschlossen.

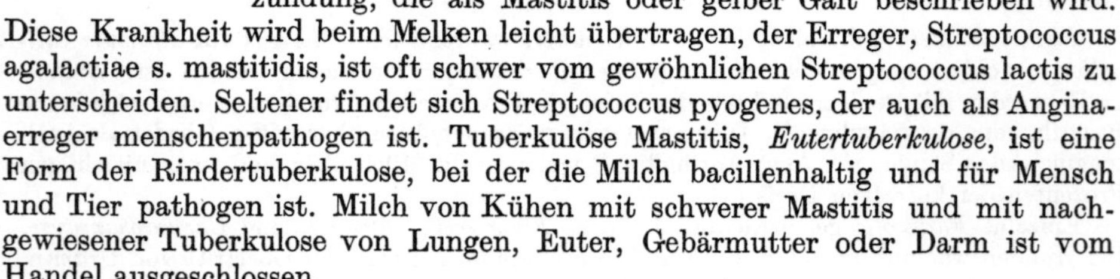

Kranke Milch ist im vorgeschrittenen Zustand durch den Gehalt an Koagula, Leukocyten und Eiter und durch salzigen Geschmack gekennzeichnet. Die koagulierbaren Eiweißstoffe, ferner Na, Cl, und SO_4 sind vermehrt, Milchzucker, K,

---

[1] FEER, E.: B. Z. **72**, 378 (1916). — GRIEBEL, C.: Z. Unters. Lebensm. **72**, 46 (1936). — KAYSER, M.-E.: D. m. W. **1937 I**, 136, 712. — [2] SATO, M., u. K. MURATA: Angew. Chem. **50**, 840 (1937). — [3] PETUNIN, F. A., M. D. MANSHOSS u. N. L. PONOMAREWA: Veterinarija, Moskva **27**, Nr. 10 (1950). — [4] SCHLECHTER, S., H. L. HALLER and M. A. BOGERELSKIN: Agric. Chem. **1**, 27, 46 (1946) [Milchwiss. **3**, 59 (1948)]. — CHARTER, R. H.: Analyt. Chem., Washington **19**, 54 (1947). — HOFFMANN, W.: Dtsch. tierärztl. Wschr. **1941**, 527. — BAUMGARTNER, H.: Mh. Veterin.-Med. **7**, 508 (1952). — [5] DIBBERN, H., u. A. EICHSTÄDT: Milchwirtsch. Forsch. **4**, 84 (1927). — [6] KOLKWITZ, R.: Mh. Med. **4**, 116 (1949). — [7] TRABAUD, J.: Rev. méd. franç. **13**, 451 (1932). — [8] SHANNON, W. R.: Amer. J. Dis. Children **22**, 223 (1921). — [9] LANYAR, F., u. H. LIEB: H. **203**, 135 (1931). — [10] JOSEPHSON, D. V.: Agric. Food Chem. **2**, 1182 (1954).

Mg, Ca und P vermindert. Die Reaktion der Milch ist von der Norm mit p_H 6,4 bis 6,6 in alkalischer Richtung, in schweren Fällen ins saure Gebiet verschoben. Die Labfähigkeit ist herabgesetzt.

Die *Untersuchung der kranken Milch*[1], die von der Mischmilch des Stalles zu dem erkrankten Euterviertel vordringen soll, kann sich auf den bakteriologischen Nachweis des Erregers stützen. Häufig angewendet wird die *Leukocytenprobe* nach TROMMSDORFF, bei der Menge und Beschaffenheit des Bodensatzes beim Zentrifugieren in einem unten verjüngten Gläschen geprüft werden (Abb. 36). Weitere Prüfungen beziehen sich auf Chlorgehalt, Chlorzuckerzahl, p_H-Wert, Säuregrad und Leitfähigkeit der Milch und den Katalasegehalt unmittelbar nach dem Melken. Wichtig sind vor allem die *Stallproben*, die Anmelkprobe unter Verwendung passend gefärbter und geformter Gefäße, die etwaige Flockung erkennen lassen und die Prüfung der Milch mit Indikatoren, die zugleich mit der Katalaseprobe als Katalasethybromolprobe ausgeführt werden kann.

Von großer praktischer Bedeutung, aber mit Schwierigkeiten verbunden ist es, *Grenzwerte* anzugeben, deren Überschreitung eine Milch als abnormal kennzeichnen würde. Einen Anhaltspunkt in dieser Richtung bildet die folgende Übersicht (Tabelle 119)[2].

Tabelle 119. Kennzeichnung anormaler Milch.

	Normale Milch (%)			Abnormale Milch
	Minimum	Maximum	Mittel	
Fett	2,8	5,5	3,6	gewöhnlich niedrig, bei Maul- und Klauenseuche erhöht
Milchzucker	4,0	5,2	4,9	unter 4,2%
Cl	0,045	0,150	0,095	über 0,150%
Gesamt-N	0,46	0,54	0,50	Mastitis, Tuberkulose: erhöht, Maul- und Klauenseuche: vermindert
Casein-N	0,34	0,44	0,38	
koagulierbarer Eiweiß-N	0,051	0,070	0,060	
Rest-N	0,024	0,040	0,030	niedrig in verhaltener Milch, sonst hoch

Infektiöse Milch[3] enthält menschen- und tierpathogene Keime, die vom Tier, zum Teil unmittelbar aus dem Euter stammen oder nachträglich vom Menschen eingebracht werden können. Vom Tier können Erreger der Rindertuberkulose, Maul- und Klauenseuche, von Milzbrand, Tollwut, Paratyphus und infektiösem Abort, ferner bei eitriger Mastitis pathogene Streptokokken in die Milch kommen. Durch unhygienische Behandlung können Erreger von Typhus, Tuberkulose, Angina, Scharlach, Cholera, Diphtherie und andere eingebracht werden, die in der Milch längere Zeit virulent bleiben, zum Teil sogar sich vermehren können und nicht selten Anlaß zu Infektionen, ja zu Epidemien gegeben haben. *Die Gefahren infektiöser Milch werden durch obligatorische Pasteurisierung der Handelsmilch weitgehend behoben,* sofern nicht die Milch derartig erkrankter Kühe auf Grund der Gesetze überhaupt vom Handel ausgeschlossen ist.

Bei Mäusen gibt es ein übertragbares Carcinom der Milchdrüse, das auf die Jungtiere übergeht. Ein provozierendes Carcinogen löst dann die Tumorbildung

[1] ROEDER, G.: Milchwirtsch. Forsch. **6**, 403 (1928). — [2] DAVIES, W. L.: The Chemistry of Milk. London 1936. Angew. Chem. **47**, 847 (1934). — [3] ERNST, W.: Handb. Milchwirtsch. (WINKLER) Bd. 1, S. 195 (1930). — HENNEBERG, W.: Handb. Lebensm.-Chem. (BÖMER u. a.) Bd. 3, S. 429. — KLIMMER, M., u. F. SCHÖNBERG: Milchkunde und Milchhygiene. 6. Aufl. Hannover 1951. — MEYN (A.): D. m. W. **1954**, 1055; Mschr. Kinderheilkde. **82**, 384 (1940).

aus. Saugende Junge bleiben bei Ammen gesund, während fremde Junge bei dem infizierten Tier infiziert werden[1].

Als *Milchfehler* werden Veränderungen der Milch durch Futtereinfluß, nichtpathogene Kleinlebewesen und andere Ursachen bezeichnet, die die Milch handelsunfähig und ungenießbar machen. Senföle des Futters, Knoblauch verändern Geruch und Geschmack der Milch, Mikroorganismen machen die Milch schleimig, so daß sie Fäden zieht und, in Wasser gebracht, zusammengeballt bleibt, sie kann bitter, ranzig, faulig, fischig werden, Malzgeschmack annehmen und verschiedene Färbungen erhalten. In solchen Fällen ist auch an abnorme Zusammensetzung der Milch zu denken, wodurch das Wachstum fehlerhafter Bakterien begünstigt und die Entwicklung der normalen Milchsäurebildner gehemmt wird.

8. Bactericidie der Milch.

Frisch ermolkene Milch zeigt deutlich bactericide Eigenschaften, die durch Brutwärme aktiviert werden[2]. Die Wirkung wird bei 60—70° geschwächt, durch Kochen vernichtet, ist gegen Kälte jedoch widerstandsfähig. Frauenmilch, Ziegenmilch verhalten sich ähnlich der Kuhmilch, Colostrum ist bedeutend wirksamer. Beziehungen zum Leukocytengehalt und zur Peroxydasewirkung bestehen nicht. Frauenmilch ist gegen Staphylococcus aureus am wirksamsten[3]. Rohe und dauerpasteurisierte (63°, 30 min) Frauenmilch war 4—6 Std bactericid. Die Wirkung richtete sich in Frauenmilch auch gegen Colibakterien, in Kuhmilch dagegen nicht[4]. Es handelt sich um thermolabile und lagerempfindliche antibakterielle Hemmungsstoffe oder *Inhibine*[5], das keimhemmende Prinzip wurde auch als *Lactenin* beschrieben[6] und als *bakterienlösendes Ferment*[7] angesehen. *Lebende Zellen* wurden in Frauenmilch angetroffen, die träge amöboide Bewegungen ausführen. Phagocytose konnte nicht beobachtet werden, Mitosen waren nicht festzustellen[8].

e) Das Colostrum.

Als Colostrum[9] oder Biestmilch, auch Vormilch, wird das nach der Geburt von der Milchdrüse abgesonderte Sekret bezeichnet, das im Laufe der ersten Tage äußerlich der Milch bald ähnlich wird, in seiner Zusammensetzung aber erst nach 8—14 Tagen in die reife Milch übergeht. Tage oder Wochen vor der Geburt kann bereits ein als *Vorcolostrum* bezeichnetes Sekret erhalten werden, das sich vom Colostrum kaum unterscheidet.

Das Colostrum ist durch die gelbe bis braune Farbe, unangenehmen Geruch und bittersalzigen Geschmack erkennbar. Es ist dickflüssig, schleimig und klebrig. Das erste Gemelk rahmt nicht auf, die späteren verhalten sich schon der reifen Milch ähnlicher[10]. Morphologisch ist das Colostrum durch die *Colostrumkörperchen* (Abb. 37) gekennzeichnet, bis 25 μ große traubige Zellen, die mit Fetttröpfchen vollkommen durchsetzt sind. Der Zellkern ist unsichtbar oder nicht vorhanden.

---

[1] Buwailo, S. A., E. E. Pogasjanz and L. M. Schabad: Bull. exp. Biol. Med. (russ.) **22**, 8 (1946). — Edel, G.: Dtsch. Gesundh.-Wes. **1947**, 191. — Druckrey, H.: D. m. W. **1952**, 1534. — [2] Drewes, K.: Milchwirtsch. Forsch. **4**, 403 (1927). — Tewes, G., u. B. Schlossberger: B. Z. **323**, 133 (1952/53). — [3] Schlaeppi, F.: Schweiz. Z. Ges.-Pflege **8**, 373 (1928). — [4] Goeters, W.: Z. Kinderheilkde. **61**, 184 (1940). — [5] Dold, H., E. Wizemann u. C. Kleinen: Z. Hyg. **119**, 525 (1937). — [6] Jones, F. S., and H. S. Simms: J. exp. Med. **51**, 327 (1930). — [7] Bauza, J. A., e M. C. Saizar: Arch. Pediatr. Uruguay **9**, 273 (1938). — [8] Borsarelli, F.: Boll. Soc. ital. Pediatr. **2**, 331 (1933) [Zbl. Kinderheilkde. **28**, 547 (1934)]. — [9] Engel, (S.): Biochemie des Colostrums. Ergebn. Physiol. **11**, 41 (1911). — Klimmer, M., u. F. Schönberg: Milchkunde und Milchhygiene. 6. Aufl. Hannover 1951. — [10] Engel, H., u. H. Schlag: Milchwirtsch. Forsch. **2**, 1 (1924). — Mrozek, O., u. H. Schlag: Milchwirtsch. Forsch. **4**, 183 (1927).

Während sie von einigen Forschern vom sezernierenden Drüsenepithel abgeleitet werden, handelt es sich nach CZERNY um Leukocyten, die das Fett durch Phagocytose aufgenommen haben[1]. Ihre Aufgabe wird darin gesehen, nichtsezerniertes Fett abzutransportieren. Sie treten auch bei Sekretionsstörungen auf. Das Colostrum ist besonders reich an *Eiweiß und Reststickstoff*. Im Eiweißanteil herrschen die koagulierbaren Proteine vor, die beim Kochen Gerinnung bewirken. Dem hohen Globulingehalt geht ein hoher Gehalt an Immunglobulinen parallel. Elektrophoretische Untersuchungen zeigen Veränderungen der Eiweißbestandteile von Gemelk zu Gemelk[2], ebenso bei Frauencolostrum[3]. Die Colostrumproteine zeigen eine Verwandtschaft zu den homologen Blutplasmaproteinen, die in der reifen Milch nur noch in geringem Umfange vorhanden ist[4]. Auch serologisch wurde die Ähnlichkeit bzw. Identität mit Globulinen hämatogenen Ursprungs erwiesen[5].

Der *Rest*-N des Colostrums zeigt mit 50—100 mg-% erhöhte Werte gegenüber 20—30 mg-% in der reifen Milch. Erhöht sind vor allem Harnstoff, Kreatinin sowie Ammoniak, das in Frauencolostrum zu 0,19—0,55 mg-% N im Vergleich zu 0,04 bis 0,20 mg-% in Frauenmilch ermittelt wurde[6].

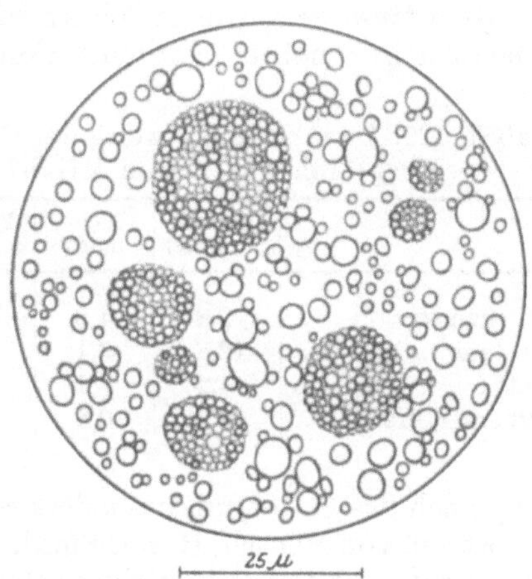

Abb. 37. Colostrum mit Colostrumkörperchen.

Der *Fettgehalt* des Colostrums ist schwankend. Die Kennzahlen weisen auf hohen Gehalt an hochmolekularen Fettsäuren und Ölsäure hin, während niedermolekulare Fettsäuren in geringerer Menge vorhanden sind (s. Übersicht Tabelle 104, S. 348). Bei Murrahbüffelkühen fanden sich Buttersäure, Myristinsäure und Palmitinsäure vermehrt, Stearinsäure und Ölsäure vermindert im Vergleich zum 10. Tage der Lactation[7].

Der niedrige *Milchzuckergehalt* des Colostrums ist mit einem erhöhten Gehalt an Mineralstoffen gekoppelt. Die dem entsprechende Abnahme des Cl, und Zunahme des Milchzuckers sowie die Veränderung der Chlorzuckerzahl im Colostrum zeigt einen regelmäßigen Gang vom 1.—8. Tage der Lactation, an dem Werte der reifen Milch erreicht werden[8]. Über die Ketoheptose des Colostrums s. S. 330.

Die Mineralstoffe des Colostrums (s. Übersicht Tabelle 117, S. 388) sind zum Teil merklich erhöht, vor allem das Natrium.

Einige *Vitamine* zeigen im Colostrum starke Abweichungen im Vergleich zur reifen Milch (s. Übersicht Tabelle 115, S. 378). Die gelbe bis braune Farbe beruht auf hohem Carotingehalt, entsprechend ist auch viel Axerophthol vorhanden[9]. Im Frauencolostrum wurden 87 γ-% Vitamin A gefunden, gegenüber

---

[1] AMBRUS, M. v.: Jber. Kinderheilkde. **109**, 333 (1925). — [2] GRÖNWALL, A.: Nature **159**, 376 (1947). — [3] BISERTE, G., et L. MASSE: C. R. Soc. Biol. **142**, 664 (1948). — [4] DEUTSCH, H. F.: J. biol. Ch. **169**, 437 (1947). — [5] KOLLMEYER, F.: Z. Biol. **54**, 64 (1910). — [6] POLONOVSKI, M., et P. BOULANGER: Bull. Soc. Chim. biol. **17**, 1178 (1935). — [7] ANANTAKRISHNAN, C. P., V. R. B. RASO, T. M. PAUL and M. C. RANGASWAMY: J. biol. Ch. **166**, 31 (1946). — [8] MAI, H., u. A. KELLER: Kli. Wo. **1930 I**, 535. — KELLER, A., u. H. MAI: Schweiz. med. Wschr. **60**, 487, 506 (1930). — GARRET, O. F., and O. R. OVERMAN: J. Dairy Sci. **23**, 13 (1940). — [9] DANN, W. J.: Biochem. J. **27**, 1998 (1933).

18 γ-% in der reifen Milch und 25 γ-% im Blute[1]. Die Anreicherung im Vergleich zum Werte des Blutes ist hier bemerkenswert. Im Colostrum vom Schwein fehlt β-Carotin[2].

Aneurin liegt im Colostrum zu 80% als Cocarboxylase, d. h. in phosphorylierter Form, vor. Es fanden sich 60—100 γ-% B_1 im Colostrum, 60 γ-% in der Erstmilch und 30—40 γ-% Mitte bis Ende der Lactation[3]. Das Spontanserum des Colostrums ist dunkelgelb, allmählich übergehend in die grünliche Farbe des Serums der reifen Milch[4]. Die intensive Färbung beruht auf dem *Lactoflavin*, das im Colostrum in 3—4facher Menge vorkommt wie in reifer Milch[3]. *Nicotinsäureamid* findet sich dagegen in geringerer[5], nach anderen Forschern jedoch gleichfalls in erhöhter Menge[6] im Colostrum vor.

Ascorbinsäure wurde im Colostrum der Frau in geringerer Menge[7], nach anderen Angaben in erhöhter Konzentration[8] im Vergleich zur reifen Milch gefunden. Gleichfalls in Frauencolostrum wurden wesentlich höhere Mengen *Vitamin E* nachgewiesen als später[10], die für den Säugling bedeutungsvoll sind.

Tabelle 120. Zusammensetzung des Colostrums im Vergleich zur reifen Milch[9] (in %).

	Kuh-colostrum	Kuh-milch	Frauen-colostrum	Frauen-milch
Milchzucker . . .	2,8	4,8	5,2	7,1
Protein	12,8	3,1	3,2	1,1
Fett	4,2	3,1	4,0	4,2
Mineralstoffe . . .	1,3	0,8	0,4	0,2

Die *Fermente* Monobutyrase und Salolase finden sich im Colostrum in geringerer Menge als in der reifen Milch, im allgemeinen ist jedoch das Colostrum besonders reich an Fermenten. So wird Peroxydase im Colostrum von Mensch, Hund, Pferd, Esel und Kaninchen beobachtet, während sie in der reifen Milch nur in geringer Menge vorkommt. Im Frauencolostrum wurden auch Amylase, Lipase, Phosphatase und Katalase besonders reichlich gefunden.

Die *Bildung des Colostrums* kann *physiologisch* in der Weise gedeutet werden, daß die Milchdrüse bei Beginn der Lactation noch nicht voll funktionstüchtig ist. Ähnliche Verhältnisse finden sich in zahlreichen Beispielen, wie etwa bei den Organen des Neugeborenen, die ihre Tätigkeit aufnehmen, beim Muskel nach längerer erzwungener Untätigkeit, beim Magen-Darmkanal nach wochenlangem Hungern usw. Für diese Auffassung spricht, daß kein Colostrum auftritt, wenn die Kuh während der ganzen Trächtigkeit weiter gemolken wird[11], die Milch zeigt dann als alleinige Veränderung eine Zunahme der koagulierbaren Eiweißstoffe auf etwa das Doppelte während einiger Tage vor und nach der Geburt. Bemerkenswert ist ferner die Beobachtung, daß bei Sekretionsstörungen, wie etwa bei Maul- und Klauenseuche, die Milch kolostrale Beschaffenheit annimmt.

Zuweilen wird auch eine *teleologische*, den biologischen Zweck des Colostrums betonende Deutung herangezogen. Der hohe Gehalt an Vitaminen besonders an

[1] CHEVALLIER, A., P. GIRAUD et C. DINARD: C. R. Soc. Biol. **131**, 373, 396 (1939). — [2] BRAUDE, R., S. K. KON and S. Y. THOMPSON: J. Dairy Res. **14**, 414 (1946). — [3] HOUSTON, J., S. K. KON and S. Y. THOMPSON: J. Dairy Res. **11**, 145 (1940). — [4] PFEIFFER, A.: Milchwirtsch. Forsch. **4**, 210 (1927). — [5] LWOFF, A., et M. MOREL: C. R. Soc. Biol. **136**, 379 (1942). — [6] REGNO, R. DEL, A. DE RIENZO e A. VESCIA: Quad. Nutriz. **7**, 241 (1940). — [7] WINKLER, H., u. E. HEINS: Z. Geburtsh. **117**, 148 (1938). — SAPEGNO, E., e V. F. MADON: Arch. ital. Pediatr. **2**, 724 (1934) [Zbl. Kinderheilkde **30**, 229 (1935)]. — KASAHARA, M., u. K. KAWASHIMA: Z. Kinderheilkde. **58**, 191 (1936). Kli. Wo. **1935 II**, 1278. — [8] QUESADA, R.: Rev. Asoc. bioquím. argent. **5**, 24 (1940). — [9] Ausführliches älteres Analysenmaterial s. GRIMMER, W.: Lehrbuch der Chemie und Physiologie der Milch. 2. Aufl. Berlin 1926. — [10] ABDERHALDEN, R.: B. Z. **318**, 47 (1948). — QUAIFE, M. L.: J. biol. Ch. **169**, 513 (1947). — [11] ECKLES, C. H., and L. S. PALMER: J. biol. Ch. **27**, 313 (1916).

Vitamin A und E, der wie ein prophylaktischer Vitaminstoß wirkt, der hohe Gehalt an Immunstoffen, die eine Immunisierung des Neugeborenen bewirken, ferner der hohe Salzgehalt, der abführend wirkt und die Ausscheidung des Mekoniums fördert, werden in den Vordergrund der Betrachtung gerückt. Eine Entscheidung zwischen beiden Auffassungen zu treffen, ist weder möglich noch notwendig, denn in der Natur erweisen sich häufig Organe, Organfunktionen und Vorgänge, die uns unvollkommen und unzweckmäßig erscheinen, im Gesamtgeschehen als nützlich und erfolgreich.

f) Frauenmilch.

Die *Sekretion der weiblichen Milchdrüse*[1] beginnt einige Wochen vor der Niederkunft mit der Bildung eines *Vorcolostrums*. Nach der Geburt setzt dann verstärkt

Tabelle 121. Zusammensetzung der Frauenmilch[2].

	Fett	Protein (N 6,37)	Milchzucker	Asche
Deutschland (WEISS)	3,74	2,10	6,37	0,30
Deutschland (YLLPÖ)	3,31	0,95	6,81	0,19
Finnland (YLLPÖ)	4,52	1,20	6,48	0,20
Amerika (ELSDON)	3,11	1,19	7,18	0,21
	(1,1—5,9)	(0,7—1,8)	(6,6—7,6)	(0,2—0,3)
Amerika (ELSDON)	3,27	1,81	—	0,29
		(0,51—3,25)		(0,08—0,52)
Australien (WARDLOW) . . .	3,00	1,90	—	—
Negerfrauen (PALMER) . . .	3,72	1,19	6,81	—
Negerfrauen (PALMER) . . .	3,92	1,37	6,98	—
Colostrum 5.—9. Tag	2,49	1,58	6,53	1,94
Reife Milch 5 Monate . . .	4,08	1,21	7,08	0,18
Ende der Lactation (MEIGS)	0,85	1,26	7,30	0,16
Erste 5 Tage	2,95	2,29	—	0,308
	(2,47—3,18)	(1,46—6,80)		
Zweite 5 Tage	3,52	1,59	6,4	0,267
	(2,73—5,18)	(1,27—1,89)	(6,1—6,7)	(0,231—0,338)
Reife Milch (MACY).	4,54	1,06	7,1	0,202
	(1,34—8,29)	(0,73—2,00)	(4,9—9,5)	(0,160—0,266)
62jährige Frau (FRÄNKEL). .	4,15	2,175	4,84	0,277
34jährige Amme nach 3 Jahren Lactation (BIRK)	4,5	1,0	7,0	0,26

die Bildung des Colostrums ein, das innerhalb der ersten 10—14 Tage in die reife Milch übergeht. Die Milchmenge steigt zunächst immer mehr an, um in 1 bis 2 Monaten ihren Höchstwert zu erreichen. Durch regelmäßiges Stillen oder Abdrücken der Milch kann die Lactation lange in Gang gehalten werden, gewöhnlich 7—10 Monate, bei Naturvölkern und Ammen 2 Jahre und länger.

[1] JASCHKE, R. T. v.: Biol. Path. Weib. (HALBAN-SEITZ) Bd. 5/2, S. 1265. — [2] WEISS, R.: M. m. W. **1923 I**, 847. — YLPPÖ, A.: Duodecim **44**, 291 (1928) [Zbl. Kinderheilkde. **22**, 790 (1929)]. — ELSDON, G. D.: Analyst **41**, 74 (1916); **53**, 78 (1928). — WARDLOW, H. S. H.: J. Proc. R. Soc. N. S. WALES **49**, 169 (1915). — PALMER, L. S., and C. H. ECKLES: J. Dairy Sci. **1**, 185 (1917). — MEIGS, E. B., and H. L. MARSH: J. biol. Ch. **16**, 147 (1913). — MACY, I. G.: Amer. J. Dis. Children **78**, 589 (1949). — FRÄNKEL, S.: B. Z. **18**, 34 (1909). — BIRK, W.: Mschr. Kinderheilkde. **25**, 30 (1923). — SCHMID, F.: Diss. med. Heidelberg 1949. SALMI, T.: Acta pediatr., Uppsala **32**, 1 (1944/45).

Die Tagesmenge beträgt normal 1,3 *l*, doch sind auch viel größere Milchgaben bis 5 *l* beobachtet worden[1]. Durch unvollständigen oder fehlenden Milchentzug wird die Lactation vorzeitig beendet.

α) Physikalische Eigenschaften.

1. Reaktion.

Im Gegensatz zu der schwach sauren Kuhmilch weist die Frauenmilch mit p_H 7,0—7,4 neutrale bis schwach alkalische Reaktion auf und nähert sich dem p_H-Wert des Blutes[2]. Ohne Gasaustausch entnommene Frauenmilch weist p_H 7,26 auf, die Reaktion ändert sich durch Abdunsten von CO_2 nach alkalischer Richtung, unter Öl durch Bakterienwirkung langsam nach der sauren Seite[3].

2. Das spezifische Gewicht

der Frauenmilch wird zu 1022—1036, häufiger zu 1028—1034, im Mittel zu 1032 gefunden[4], während Colostrum etwas höhere Werte aufweisen kann. Die höheren Werte finden sich bei gut genährten Frauen.

3. Der Gefrierpunkt

der Frauenmilch liegt bei —0,583°, gewisse Änderungen sollen bei Krankheiten vorkommen[5]. Vergleichsweise beträgt die Gefrierpunktserniedrigung des menschlichen Blutes 0,56—0,58°, die Milch ist daher *blutisotonisch*. Über die *Leitfähigkeit* berichten KERMACK u. MILLER[6].

β) Bestandteile[7].

Die allgemeinen Grundzüge der Beschaffenheit und chemischen Zusammensetzung, die sich bei der Betrachtung der Kuhmilch ergeben, finden sich in der Frauenmilch wieder. Im einzelnen sind jedoch viele Unterschiede vorhanden, ferner ergeben sich außerordentlich große Schwankungen bei *individuellen* Frauenmilchen, die durch die weitgehenden Unterschiede in der Lebensweise und Ernährung des Menschen in verschiedenen Lebenskreisen zu deuten sind.

1. Fette und Lipoide.

Der Fettgehalt der Frauenmilch entspricht im wesentlichen dem der Kuhmilch und liegt eher etwas höher. Umfangreiche Untersuchungen ergaben im Mittel 3,10%, 3,5%[8] und die Werte der Tabelle 121. Die individuellen Werte variieren zwischen 0,5 und 10%. Die Anfangsmenge der Milch enthielt in einem Falle 3,45% Fett, nach 5 min Stillen waren 4,425%, in der Endportion 4,51% Fett vorhanden, eine stetige Zunahme[9], wie sie ähnlich beim gebrochenen Melken der Kuh gefunden wird.

Die Zahl der *Fettkügelchen* beläuft sich auf 0,8—1 Million in 1 mm³ gegenüber 1,1—3,7 Millionen in der Kuhmilch. Fettarme Milch enthält überwiegend kleine Fettkügelchen[10].

[1] AARON, E.: Z. Kinderheilkde. **42**, 39 (1926). — RUDDER, B. DE: Z. Kinderheilkde. **39**, 197 (1925). — KOLLMANN, A.: Arch. Kinderheilkde. **80**, 81 (1927). — [2] DAVIDSOHN, H.: Z. Kinderheilkde. **9**, 11 (1913). — SZILI, A.: B. Z. **84**, 194 (1917). — [3] CACIOPPO, F.: Pediatria, Riv. **58**, 317 (1950). — [4] WATANABE, M., K. KOBAYASI u. Y. KATO: Mitt. med. Akad. Kioto **30**, dtsch. Zus.-fassg. 1345 (1940) [Chem. Abstr. **35**, 3688³]. — MACY, I. G.: Amer. J. Dis. Children **78**, 598 (1949). — [5] SCHLOSS, E. D.: Mschr. Kinderheilkde. **9**, 636 (1910). — [6] KERMACK, W. O., and R. A. MILLER: Arch. Dis. Childh. **26**, 320 (1951). — [7] Zusammenfassung: CZERNY, A., u. A. KELLER: Des Kindes Ernährung, Ernährungsstörungen und Ernährungstherapie. 2. Aufl. Bd. 1, S. 86. Leipzig 1925. — ZARIBNICKY, F.: Ergebn. inn. Med. **64 II**, 1217 (1945). — [8] SYDOW, G. v.: Acta paediatr., Uppsala **32**, 756 (1944/45). — GÖLZ, H.: Lait **20**, 20 u. 145 (1940). — [9] BUBANI, L.: Boll. Soc. ital. Pediatr. **2**, 613 (1933) [Zbl. Kinderheilkde. **29**, 372 (1934)]. — MACY, I. G., B. NIMS, M. BROWN and H. A. HUNSCHER: Amer. J. Dis. Children **42**, 569 (1931). — [10] RESTIVO, G.: Pediatria., Riv. **43**, 544 (1935).

Im Frauenmilchfett fanden HILDITCH u. MEARA[1] 24% Glyceride mit 2 ungesättigten Fettsäuren, die außerdem Myristinsäure, Laurinsäure oder Caprinsäure enthielten, sowie 19% Glyceride, in denen Palmitinsäure die gesättigte Fettsäure war. Ferner waren 20% Glyceride mit 1 Molekül ungesättigter Fettsäure, 1 Molekül Palmitinsäure sowie einer 10-, 12- oder 14-C-Säure und 14% mit je 1 Mol Ölsäure, Palmitinsäure und Stearinsäure vorhanden. Der Rest verteilt sich auf verschiedene andere gemischte Triglyceride.

Nach den gleichen Forschern unterscheidet sich Frauenmilchfett von Kuhmilchfett durch das Fehlen der Buttersäure und der Säuren mit 10 und weniger C-Atomen. Dagegen weist es einen höheren Gehalt an doppeltungesättigten Fettsäuren einschließlich Linolsäure und an ungesättigten C_{20}—C_{22}-Fettsäuren auf. In der Hauptmenge bestehen die Fettsäuren aus Ölsäure (30—37%) und Palmitinsäure (22—24%). An doppeltungesättigten Fettsäuren sind 7% C_{18}-Säuren einschließlich Linolsäure, 3—4% C_{20}—C_{22}-Säuren, an einfach ungesättigten Fettsäuren außer Ölsäure kleine Mengen C_{16}- und C_{14}-Säuren vorhanden. An gesättigten Säuren sind neben Palmitinsäure 8—9% Myristin- und Stearinsäure, 5 bis 7% Laurinsäure und 2—3% Caprinsäure vorhanden. Unabhängig von diesen Forschungen fanden BALDWIN u. LONGENECKER[2] eine ähnliche Zusammensetzung des Frauenmilchfettes (s. Übersichtstabelle 104, S. 348).

Tabelle 122. Kennzahlen der Frauenmilch.

	Colostrum	Reife Milch
REICHERT-MEISSL-Zahl .	3,4	1,4—2,6
POLENSKE-Zahl	1,9	1,4—2,2
Verseifungszahl		205—213
Jodzahl	35,9	44,5—46,9
Schmelzpunkt		28—34°
Erstarrungspunkt . . .		20,2—22,5°
Unverseifbares		1,1%

Die Kennzahlen des Frauenmilchfettes werden gemäß Tabelle 122 gefunden[3].

Der *Cholesteringehalt* der Frauenmilch wurde zu 136 mg-%[4], von anderen Forschern[5] zu 16—91 mg-%, im Mittel 44 mg-% bzw. zu 30—100 mg-%[6] angegeben. Vom 4.—10. Tag der Lactation fanden sich 26 mg-%[7].

Phosphatide sind zu 20—100 mg-% vorhanden. Als Norm werden 63 mg-% gefunden, für Frauencolostrum 860 mg-%[8].

2. Stickstoffhaltige Bestandteile.

Der Gesamt-N, der oft individuelle Schwankungen aufweist, wird in der Regel zu 152—192 mg-% gefunden, hiervon entfallen nur 30—53,6%, im Mittel 42,9% auf *Casein*[9], das übrige auf die koagulierbaren Eiweißstoffe und den Rest-N oder Nichteiweiß-N.

Das Zurücktreten des Caseins auf etwa die Hälfte der Proteine zugunsten der koagulierbaren Eiweißstoffe, besonders der Globuline, gibt Anlaß, die Frauenmilch als *Globulinmilch* — von GRIMMER als Albuminmilch bezeichnet — einzureihen, im Gegensatz zur Milch der Wiederkäuer als *Caseinmilch*.

[1] HILDITCH, T. P., and M. L. MEARA: Biochem. J. **38**, 437 (1944). — [2] BALDWIN, A. R., and H. E. LONGENECKER: J. biol. Ch. **154**, 255 (1944). — LONGENECKER, H. E., and B. F. DAUBERT: Ann. Rev. **14**, 114 (1945). — [3] BOSWORTH, A. W.: J. biol. Ch. **106**, 235 (1934). — FOX, F. W., and J. A. GARDNER: Biochem. J. **18**, 127 (1924). — [4] WACKER, L., u. K. F. BECK: Z. Kinderheilkde. **27**, 288 (1921). — [5] DORLENCOURT, H., et E. PALFY: C. R. Soc. Biol. **92**, 70 (1925) [Chem. Abstr. **19**, 1299]. — [6] BOSWORTH, A. W.: J. biol. Ch. **106**, 235 (1934). — [7] MÜHLBOCK, O.: Z. Kinderheilkde. **56**, 303 (1934). — [8] BALDWIN, A. R., and H. E. LONGENECKER: J. biol. Ch. **155**, 407 (1944). — [9] FREHN, A.: H. **65**, 256 (1910).

Der P-Gehalt des Frauenmilchcaseins wird von verschiedenen Forschern auf 0,22—0,70% beziffert. MELLANDER[1] fand in dem nach ENGEL dargestellten Casein 0,47% P, nach der Darstellung gemäß SANDELIN 0,32—0,47% P, stärkere Schwankungen jedoch bei der Darstellung aus individuellen Milchen. Elektrophoretisch waren 3 Caseine (α, β und γ) zu unterscheiden mit abnehmendem P-Gehalt, von denen die verschiedenen Caseinpräparate wechselnde Mengen enthalten dürften.

Die *Ausfällung des Caseins* gelingt nicht durch einfaches Ansäuern wie bei Kuhmilch. ENGEL[2] verdünnt und setzt Essigsäure zu, läßt zuerst 2—3 Std im Eisschrank stehen und erwärmt dann auf 40°. Andere[3] empfehlen vor der Säurefällung Einfrieren oder Dialyse der Frauenmilch. Der isoelektrische Punkt des Caseins der Frauenmilch liegt niedriger als derjenige der Kuhmilch, individuell wurden Schwankungen von p_H 4,10—4,66 beobachtet[4].

Unter der *Wirkung des Labfermentes* wird die Frauenmilch nicht dickgelegt, sondern es tritt nur ein feines Gerinnsel von Labcasein-Calcium auf. Das abweichende Verhalten des Frauenmilchcaseins muß auf den überaus *feindispersen Zustand* des Caseincalciums zurückgeführt werden, der im elektronenoptischen Bild (Abb. 30b, S. 359) eindrucksvoll in Erscheinung tritt. Ferner ist der Kolloidschutz der Globuline zu beachten. Diese Verhältnisse sind für die Ernährung des Säuglings von größter Bedeutung.

Über die koagulierbaren Proteine der Frauenmilch konnten noch keine klaren Vorstellungen entwickelt werden. Fällungsreaktionen und elektrophoretisches Verhalten weisen große Unterschiede gegenüber der Kuhmilch und der Milch anderer Tiere auf[5]. Globuline sind reichlich vorhanden, die Anwesenheit von Albuminen kann nicht mehr als gesichert betrachtet werden, neue Forschungsergebnisse müssen abgewartet werden. Die Globuline der Frauenmilch sind artspezifische Eiweiße, wie die serologischen Reaktionen beweisen[6], die eine Beziehung zu den homologen Serumproteinen ergeben. Das Colostrum zeigt elektrophoretisch große Unterschiede von Tag zu Tag[7], die durch einen hohen Gehalt an Globulinen und Immunglobulinen und deren Abnahme beim Übergang zur reifen Milch gedeutet werden können.

Über die *Aminosäuren der Frauenmilchproteine* bzw. der Frauenmilch liegen eine Reihe von Untersuchungen mit teilweise unterschiedlichen, grundsätzlich aber übereinstimmenden Ergebnissen vor[8], einige neuere Befunde im Vergleich zu Kuhmilchprotein bzw. Kuhmilch sind in Tabelle 123 wiedergegeben.

Über die Verteilung der Aminosäuren der Frauenmilch zwischen Casein und den Eiweißstoffen der Molke wird von BEACH u. Mitarb.[9] berichtet. Über die Aminosäuren des Colostrums in den ersten und zweiten 5 Tagen und der reifen Milch macht MACY ausführliche Angaben.

Antitoxine finden sich in der Milch hochimmuner Mütter, so wurde Staphylokokkenantitoxin im Colostrum zu 2 E/cm³, in der Milch zu 0,5—1 E/cm³ nach-

[1] MELLANDER, (O.): Mschr. Kinderheilkde. **97**, 177 (1949). — [2] ENGEL, (S.): B. Z. **13**, 89; **14**, 234 (1908). — [3] FULD, E., u. J. WOHLGEMUTH: B. Z. **5**, 118 (1907). — [4] MEYER, HUGO: B. Z. **178**, 82 (1926). — TRENDTEL, F.: B. Z. **180**, 371 (1927). — [5] DEUTSCH, H. F.: J. biol. Ch. **169**, 437 (1947). — EWERBECK, H.: in: ANTWEILER, H. J., Die quantitative Elektrophorese in der Medizin. Berlin, Göttingen, Heidelberg 1952. — SCHÄFER, K. H.: Mschr. Kinderheilkde. **99**, 69 (1951). — [6] KOLLMEYER, F.: Z. Biol. **54**, 64 (1910). — VERSELL, A.: Z. Immun.-Forsch. **24**, 267 (1915). — [7] BISERTE, G., et L. MASSE: C. R. Soc. Biol. **142**, 664 (1948). — [8] BLOCK, R. J., and D. BOLLING: Arch. Biochem. **10**, 359 (1946). — BLOCK, R. J.: The amino acid composition of food proteins. Adv. Protein Chem. **2**, 119 (1945). — BEACH, E. F., S. S. BERNSTEIN, O. D. HOFFMAN, D. M. TEAGUE and I. G. MACY: J. biol. Ch. **139**, 57 (1941). — WILLIAMSON, M. B.: J. biol. Ch. **156**, 47 (1944). — MACY, I. G.: Amer. J. Dis. Children **78**, 589 (1949). — [9] BEACH, E. F., S. S. BERNSTEIN, O. D. HOFFMAN, D. M. TEAGUE and I. G. MACY: J. biol. Ch. **139**, 57 (1941).

gewiesen[1], ebenso auch Diphtherieantitoxin[2]. Antikörper gegen Masern, Scharlach, Diphtherie, Tetanus sowie Vaccineimmunität finden sich in Frauenmilch und Colostrum wie im Blute, die orale Einverleibung soll für den Säugling im Vergleich zur placentaren Übertragung ohne Bedeutung sein[3]. Der Agglutiningehalt der Milch typhuskranker Wöchnerinnen übersteigt den des Blutes. Ebenso findet sich Paratyphus B-Agglutinin in der Milch. Die Agglutinine gehen in den Säugling über. Die Erreger von Typhus und Paratyphus B werden mit der Milch sezerniert und können aus ihr gezüchtet werden[4]. Der Agglutinationstiter für Bacterium coli ist in der ersten Woche der Lactation dem des Blutes ähnlich[5]. Die Durchlässigkeit der Darmwand des Säuglings für Immunstoffe ist nur in den ersten Lebenswochen vorhanden, die *Säuglingsimmunität* beim Menschen wird im allgemeinen für bedeutungsvoll gehalten[6].

Tabelle 123. Aminosäuren der Milchproteine bzw. der Milch.

	% vom Eiweiß (N 6,25) (BLOCK)		mg-% in der Milch (ROSELL)	
	Frauenmilch	Kuhmilch	Frauenmilch	Kuhmilch
Arginin	6,8	3,2	67	127
Histidin	2,8	2,6	25	63
Lysin	6,5	8,2	94	200
Tyrosin	5,1	6,2	73	172
Tryptophan	3,1	1,7	31	47
Phenylalanin	5,9	4,5	77	177
Cystin	4,0	0,8	41	27
Methionin	2,5	3,4	29	99
Leucin	8,1	8,7	288	490
Isoleucin	5,5	7,2	75	167
Valin	5,8	7,0	66	170
Threonin	6,4	4,7	63	151
Glykokoll	—	—	—	11
Alanin	—	—	35	75
Serin	—	—	69	160
Asparaginsäure	—	—	116	166
Glutaminsäure	—	—	230	680
Prolin	—	—	80	250

In der Frauenmilch finden sich normale *Hämagglutinine* gegen verschiedene Blutkörperchen, im Colostrum mehr als später, sie fehlen jedoch im Serum des Säuglings bis zum 14. Lebenstage, werden somit zerstört oder nicht resorbiert[7]. Die Isohämagglutinine α und β wurden von EPSTEIN[8] in 78% der Fälle in der Frauenmilch aufgefunden. Sie entsprachen in der Regel der Blutgruppenzugehörigkeit der Frau, mitunter ergaben sich Befunde, die auf Grund der Gruppenzugehörigkeit nicht erwartet wurden. Neuere Befunde bestätigen, daß die Isoagglutinine in der Milch nicht so regelmäßig vorkommen wie im Blute. Abweichungen sollen jedoch *nicht* vorkommen[9].

In diesem Zusammenhang ist zu erwähnen, daß auch die *blutgruppenspezifischen Substanzen A, B und 0* der roten Blutkörperchen bei bestimmten Frauen, die als „Ausscheider" bezeichnet werden, in der Milch auftreten. Man nimmt an, daß die alveolaren Zellen des Mammagewebes bei diesen Frauen die Fähigkeit haben, die Gruppensubstanz aufzubauen, während die Sekretion der im Blute kreisenden Substanz abgelehnt wird[10].

---

[1] SCAPATICCI, R.: Boll. Atti Accad. med. Roma **64**, 86 (1938). — [2] SUGG, J. Y.: Amer. J. Hyg. **22**, 227 (1935). — [3] NATTAN-LARRIER, L., P. LÉPINE et J. MAY: C. R. Soc. Biol. **97**, 1472 (1927). — [4] LÖHR, H.: Z. ges. exp. Med. **24**, 371 (1921). Med. Klinik **1921 I**, 629. — [5] SODANO, A.: Arch. Ostet. Ginec. **40**, 77 (1933) [Zbl. Kinderheilkde. **28**, 289 (1934)]. — [6] HELLER, K.: Ann. paediatr., Basel **152**, 210 (1939). — [7] ZUBRZYCKI, J. v., u. R. WOLFSGRUBER: D. m. W. **1913 I**, 210. — [8] HARA, M., u. R. WAKAO: Jb. Kinderheilkde. **114**, 313 (1926). — EPSTEIN, B., u. E. PODVINEC: Jb. Kinderheilkde. **121**, 123 (1928). — [9] RICHARD, A.: Ž. èksper. Biol. Med. **7**, 133 (1927) [Zbl. Kinderheilkde. **21**, 617 (1928)]. — DUJARRIÉ DE LA RIVIÈRE, R., et N. KOSSOVITCH: Lait **18**, 474 (1938). — [10] DAHR, P.: Technik der Blutgruppen- und Blutfaktorenbestimmung. 6. Aufl. S. 216. Stuttgart 1953.

Der Eiweißstoff *Opalisin* findet sich in der Frauenmilch, in der er von WROBLEWSKI[1] entdeckt wurde, in größerer Menge als in der Kuhmilch.

Vom Gesamt-N der Frauenmilch entfallen nicht weniger als 13—24% auf den Nichteiweiß-N oder *Rest*-N, der nach seiner absoluten Menge in gleicher Größenordnung wie in der Kuhmilch vorliegt (Tabelle 124).

Tabelle 124. Gesamt-N und Rest-N der Frauenmilch (in mg-%).

	Gesamt-N	Rest-N	Untersucher
Frauenmilch	152—188	31,5	ESCUDERO
	179	28	VENUTI
	192	47	PLIMMER
	—	26—36	DENIS
	185	—	SCHLOSS
Kuhmilch	448	30,2	ESCUDERO
	491	42	PLIMMER

Die Verteilung des Rest-N ergibt sich aus Tabelle 125.

Tabelle 125. Verteilung des Rest-N der Frauenmilch (nach DENIS, TALBOT und MINOT[2], ergänzt) (in mg-%).

	Frauenmilch	Menschliches Blutplasma
Gesamt-Rest-N	20—37	20—40
Harnstoff	8,3—16,0	13—30
Aminosäure-N	3—9	6—7
Kreatinin	1,0—1,6	1,5
Kreatin.	2—4	5—6
Harnsäure	1,7—4,4	3
Ammoniak-N[3]	0,04—0,20	0,003
Ammoniak-N, Colostrum . . .	0,19—0,55	

Ähnliche Zahlen wurden von ERICKSON u. Mitarb. mitgeteilt[4]. Die Werte schließen sich in der Größenordnung den Blutwerten an, nur der Ammoniakgehalt ist in Milch deutlich erhöht. Die Milch dürfte auch pathologische Schwankungen der Blutwerte mitmachen; so bedingte Harnstoffzufuhr bei stillenden Frauen einen Anstieg des Harnstoffs in der Milch[5].

In der Frauenmilch fand man 0,5—10 γ-% *Histamin* oder histaminähnlich wirkende Stoffe[6].

3. Kohlenhydrate.

Die Frauenmilch enthält im *Milchzucker* das gleiche Kohlenhydrat wie Kuhmilch und alle anderen Milcharten. Die Menge liegt mit 6,1—7,5% jedoch weit höher als beim Wiederkäuer und bei den meisten anderen Tierarten und wird nur

[1] WRÓBLEWSKI, A.: H. **26**, 308 (1898/99). — [2] ESCUDERO, P., u. G. WAISMAN: Bol Soc. quím. Peru **12**, 152 (1946). — VENUTI, A.: Milchwirtsch. Forsch. **11**, 43 (1931). — PLIMMER, R. H. A., and J. LOWNDES: Biochem. J. **31**, 1751 (1937). — DENIS, W., F. B. TALBOT and A. S. MINOT: J. biol. Ch. **39**, 47 (1919). — SCHLOSS, E. D.: Mschr. Kinderheilkde. **9**, 636 (1910). — [3] POLONOVSKI, M., et B. BOULANGER: Bull. Soc. Chim. biol. **17**, 1178 (1935). — [4] ERICKSON, B. N., M. GULICK, H. A. HUNSCHER and I. G. MACY: J. biol. Ch. **106**, 145 (1934). — [5] ENGEL, S., u. H. MURSCHHAUSER: H. **73**, 131 (1911). — [6] REX-KISS, B., u. F. WENT: Z. klin. Med. **139**, 26 (1941).

von Equiden erreicht. Der Milchzucker liegt nach MALYOTH[1] überwiegend als *β-Lactose* vor, während Kuhmilch höhere Anteile α-Lactose enthalten soll.

Im Colostrum finden sich nur 4—5% Milchzucker, der langsame Anstieg zu den Werten der reifen Milch ist mit einer Abnahme des Cl-Gehaltes gekoppelt (Tabelle 126).

Weitere Kohlenhydrate der Milch sind *Gynolactose*, über die wenig bekannt ist, und *Allolactose*[2], der auf Grund ihrer besonderen Spaltungsverhältnisse durch Emulsin eine Bedeutung für die Ernährung des Säuglings zugeschrieben wird. Neuerdings wurden von KUHN u. Mitarb.[3] Fucose enthaltende Oligosaccharide, speziell eine Lacto-N-tetraose in Frauenmilch aufgefunden, die als Wuchsstoffe des Bacterium bifidum wirksam sind *(Bifidusfaktor)*[5] und vergleichsweise in Kuhmilch nur spärlich vorkommen.

Tabelle 126. Gehalt an Milchzucker und Cl sowie Chlorzuckerzahl im Colostrum der Frau (nach KELLER u. MAI[4]).

Tag nach der Geburt	Milchzucker %	Cl mg-%	Chlor-Zuckerzahl
1	4,75	110	2,30
2	4,50	141	3,15
3	4,35	160	3,55
4	6,10	135	2,20
5	6,25	89	1,40
6	6,50	71	1,10
7	6,40	55	0,86
8	6,75	46	0,68

4. Vitamine.

Die Vitamine der Frauenmilch zeigen in ihrer Konzentration vielfältige Unterschiede gegenüber der Kuhmilch, wie aus der Übersicht (Tabelle 115, S. 378) erkennbar ist. Eine Reihe von Unzulänglichkeiten der Kuhmilchernährung des Säuglings finden allein hierin ihre Erklärung.

Der *Vitamin A-Gehalt* der Frauenmilch kommt dem der Kuhmilch nahe, Werten von 331 I.E. (= 100 γ) je 100 cm^3 zu Beginn der Lactation folgt ein Absinken auf 171—216 I.E. (= 51—65 γ) im 2. Monat[6,7]. Zufuhr von Vitamin A während der Schwangerschaft steigert den Gehalt in der Milch, ohne Protein, Fett, Lactose und Mineralstoffe zu beeinflussen[6]. Die Beeinflussung der Milchwerte durch die Diät stellt sich prompt ein[7,8]. Das Verhältnis Axerophthol zu Carotin liegt bei 2—3:1[9]. Im Sommer sind die Werte höher als im Winter[7], jedoch wurden in Helsinki Höchstwerte im Januar und September, niedrigste Werte im Juli beobachtet[10]. Zwischen Vitamin A-Gehalt und Milchfett besteht eine Parallele. Bei einem Nüchternwert im Blute von 25 γ-% Axerophthol wurden in der Milch 18 γ-% gefunden, im Colostrum hingegen lagen die Werte mit 87 γ-% weit über dem Blutwert[11]. Eine Speicherung soll in der Milchdrüse selbst möglich sein[12].

Vitamin B_1 findet sich in der Frauenmilch in weit geringerer Menge als in der Kuhmilch. Der Gehalt ist gänzlich von der Zufuhr von außen abhängig und kann durch reichliche Gaben auf einen Höchstwert gesteigert werden, der auf 25 bis

[1] MALYOTH, G.: Med. Mschr. **1947**, 146. — [2] POLONOVSKI, M., et A. LESPAGNOL: C. R. Biol. **104**, 553 (1930). Cr. **195**, 465 (1932). — [3] KUHN, R., A. GAUHE u. H. H. BAER: B. **86**, 827 (1953); **87**, 289 (1954). — [4] MAI, H., u. A. KELLER: Kli. Wo. **1930 I**, 535. — KELLER, A., u. H. MAI: Schweiz. med. Wschr. **60**, 487, 506 (1930). — [5] GYÖRGY, P.: Pediatrics **11**, 98 (1953). — KUHN, R.: Angew. Chem. **64**, 493 (1952). — [6] HRUBETZ, M. C., H. J. DEUEL jr., B. J. HANLEY and M. FAIRCLOUGH: J. Nutrit. **29**, 245 (1945). — [7] MADON, V., e GUIDETTI: Ginecologia **2**, 889 (1936). — [8] NEUWEILER, W.: Z. Vit.-Forsch. **4**, 259 (1935). — [9] MEULEMANS, O., and J. H. DE HAAS: Ind. J. Pediatr. **3**, 133 (1936) [Zbl. Kinderheilkde. **32**, 644 (1937)]. — [10] NYLUND, C. E.: Finska Läk.-Sällsk. Handl. **80**, 733 (1937) [Zbl. Kinderheilkde. **34**, 307 (1938)]. — [11] CHEVALLIER, A., P. GIRAUD et C. DINARD: C. R. Soc. Biol. **131**, 373, 396 (1939). — [12] PORTES, L., et J. VARANGOT: C. R. Soc. Biol. **136**, 168 (1942).

32 γ-% Aneurin beziffert wird[1-3], während als Normalwerte 7—29 γ-% gefunden werden. 50—80% davon liegen in freier Form, der Rest als Phosphorsäureester vor[3]. Das *Frauencolostrum* enthält sehr wenig B_1, während bei der Kuh das Colostrum mehr enthält als die reife Milch. Je größer die Milchmenge um so geringer ist der B_1-Gehalt[2]. Die oft geringen Gehalte bedürfen dringend der Beachtung im Hinblick auf die Vitaminversorgung des Säuglings.

Auch an *Vitamin B_2* ist die Frauenmilch wesentlich ärmer als die Kuhmilch, insbesondere werden die hohen Gehalte des Kuhcolostrums im Frauencolostrum vermißt. Es besteht eine enge Abhängigkeit von der Nahrung[4,5]. Wie FEER[6] 1916 beobachtete, nimmt die Milch von Frauen, die Leber gegessen haben, eine grünliche Färbung an, die nach 16 Std wieder verschwindet. Die blaue Fluorescenz der Frauenmilch im ultravioletten Licht der Quarzlampe nähert sich dabei der kanariengelben Fluorescenz der Kuhmilch. Diese Erscheinungen werden durch die Anreicherung der Milch mit Lactoflavin gedeutet[7]. RÖSSLER[8] fand die „Gelbmilch" häufiger unter dem Einfluß der vitaminreichen Kriegsernährung.

Adermin ist in der Frauenmilch nur in geringer Menge vorhanden, reichlicher findet sich *Nicotinsäureamid*, während freie Nicotinsäure fehlt[9]. Der Gehalt ist anfangs gering und steigt in den ersten Tagen der Lactation an. Bei Gaben von 1 g Nicotinsäureamid täglich steigen die Werte von 84 auf 105—230 γ-% an[9], doch wird ein Höchstwert von 340—540 γ-% auch bei hoher Zufuhr nicht überschritten. Es handelt sich daher um einen echten Sekretionsvorgang[10].

Pantothensäure findet sich auch in der Frauenmilch in beachtlicher Menge, ebenso die sonstigen Wirkstoffe des Vitamin B-Komplexes, wie *Folsäure, Biotin, Inosit* und *Cholin*. Inosit liegt ganz überwiegend in freier Form vor, nur wenige Prozent sind verestert. Die Anreicherung der Milch mit antianämischen Wirkstoffen durch Gaben von Leberextrakt (Hepatrat) wurde wahrscheinlich gemacht[11].

Große Beachtung hat der hohe *Ascorbinsäuregehalt* der Frauenmilch gefunden, der ein Mehrfaches desjenigen der Kuhmilch beträgt. Diese Besonderheit ist biologisch dadurch gedeutet worden, daß Vitamin C für den Säugling streng exogen ist, für das Kalb dagegen nicht. Indessen enthält auch die Milch vieler Tiere hohe, der Frauenmilch vergleichbare Mengen, so Eselsmilch 7,2, Stutenmilch 9,5 mg-%[12], denen 4—7 mg-% in der menschlichen Milch gegenüber stehen.

Auch bei gleicher Ernährung zeigen die Werte bei verschiedenen Frauen individuelle Unterschiede. Bei Vitamin C-Mangel in der Nahrung können die Normalwerte in der Milch erheblich unterschritten werden, während bei überreicher Zufuhr ein bei 8—9 mg-% liegender Höchstwert nicht überschritten wird[13,14]. Jahreszeitlich finden sich die Spitzenwerte in der Zeit von Juni bis Oktober[15]. Die bekanntgewordenen Zahlen sind sämtlich mit chemischen Methoden ermittelt worden. Bemerkenswert ist, daß der *biologische Nachweis des Vitamin C* in der

---

[1] MORGAN, A. F., and E. G. HAYNES: J. Nutrit. **18**, 105 (1939). — [2] McCOSH, S. S., I. G. MACY and H. A. HUNSCHER: J. biol. Ch. **90**, 1 (1931). — [3] NEUWEILER, W.: Kli. Wo. **1941**, 1072. — [4] RANDOIN, L., et A. RAFFY: C. R. Soc. Biol. **136**, 743 (1942). — [5] BLAZSÓ, S., u. V. DUBRAUSZKY: Z. Vit.-Forsch. **14**, 17 (1943). — [6] FEER, E.: B. Z. **72**, 378 (1916). — [7] KAISER, M. E.: D. m. W. **1937 I**, 136, 712. — DÉRIBÉRÉ, M.: Lait **22**, 122 (1942). — [8] RÖSSLER, B.: Dtsch. Lebensm.-Rdsch. **20**, 122 (1942). — [9] NEUWEILER, W.: Z. Vit.-Forsch. **15**, 193 (1945). — LWOFF, A., L. DIGONNET et H. C. DUSI: Cr. **214**, 39 (1942). — [10] LWOFF, A., et M. MOREL: C. R. Soc. Biol. **136**, 379 (1942). — [11] SCHWARTZER, K., u. D. GOEDECKEMEYER: Mschr. Kinderheilkde. **71**, 22 (1937). — [12] CIMMINO, A.: Ann. Ig. **50**, 471 (1940). — [13] STATEVA, S.: Arch. Kinderheilkde. **129**, 154 (1943). — [14] WIDENBAUER, F., u. A. KÜHNER: Z. Vit.-Forsch. **6**, 50 (1937). — [15] CORRENS, A. E.: Kli. Wo. **1937 II**, 81. — BAUMANN, T.: Schweiz. med. Wschr. **67**, 362 (1937). Jb. Kinderheilkde. **150**, 193 (1937). — BOGDANOWA, W. A.: Gig. i San., Moskva **12**, 28 (1947) [C. **1948 II**, 1208].

Frauenmilch am Meerschweinchen auf ernste Schwierigkeiten stößt, durch BRAESTRUP u. LIECK jedoch geführt werden konnte[1].

Das *D-Vitamin* der Frauenmilch ist in erster Linie durch das unter Lichteinfluß in der Haut gebildete Vitamin D_3 aus 7-Dehydrocholesterin vertreten, obgleich auch die Anwesenheit von D_2 aus bestrahltem Ergosterin der pflanzlichen Nahrung möglich ist. Frauenmilch ist bei weißen Ratten antirachitisch wirksam, nach Bestrahlung zeigt sie toxische Nebenwirkungen[2], sie ist wirksamer als Kuhmilch[3]. Die Wirksamkeit beträgt 6 I.E. in 100 cm^3 herab bis 3,5 I.E. und kann durch Vitamin D-Zufuhr auf einen Höchstwert von 10 I.E. gesteigert werden[4]. Bei Darreichung von Lebertran erscheinen maximal 1,3% des zugeführten Vitamins in der Milch[5]. Durch tägliche Gaben von 400000 I.E. wurden in Frauencolostrum abnorme Werte von 9,2—44,0 I.E. erzielt, die nicht mehr einer echten Sekretion entsprechen[6].

In der Frauenmilch fanden KOFLER[7] sowie R. ABDERHALDEN[8] mit 0,5 bis 3,6 mg-% wesentlich mehr *Vitamin E* als in der Kuhmilch, in der nur 0,09 bis 0,12 mg-% gefunden werden[8]. Besonders reich ist der Gehalt von Frauencolostrum[9]. Ebenso ist in Bezug auf die *essentiellen ungesättigten Fettsäuren*, die auch als Vitamin F zusammengefaßt werden, Frauenmilch reicher, während *Vitamin K*, in der Kuhmilch zu 2 DAM-GLAVIND-Einheiten je 100 cm^3 enthalten, in der Frauenmilch nur mit 0,5 E vertreten ist[10]. Die Menge, die durch Medikation auf 2 E gesteigert werden konnte, ist dennoch wichtig für die Vitamin K-Versorgung des Säuglings in der ersten Lebenswoche, bis er durch die Vitamin K-Bildung seiner Darmflora von der Zufuhr von außen unabhängig wird.

Das *Permeabilitätsvitamin P*, *Citrin*, war nach Untersuchungen von NEUWEILER[11] in der Frauenmilch nicht nachweisbar, auch waren intravenöse Gaben von 50 mg Citrin ohne Einfluß auf die Milch.

5. Fermente.

Bei der Untersuchung der Frauenmilch hat man es fast ausschließlich mit den *originären Milchfermenten* zu tun, da die Milch in der Regel nicht wie Kuhmilch transportiert und behandelt wird, so daß bakterielle Wirkungen entfallen.

Die *Amylase* der Milch wurde 1883 von BÉCHAMP[12] in der Frauenmilch entdeckt und später vielfach bestätigt. Ihre Menge ist weit größer als in Kuhmilch und in der 2. Hälfte der Lactation noch erhöht[13]. Die optimale Temperatur für ihre Wirkung liegt bei 45°, bei 65—68° wird das Ferment in 30 min zerstört. Die Amylase bildet Dextrin und Maltose aus Stärke.

Angaben über Proteasewirkungen der Frauenmilch haben sich nicht bestätigen lassen, dagegen wird von einer *Peptidase* berichtet, die Glycyltryptophan spaltet[14]

---

[1] FRANK, A.: Kli. Wo. **1925 I**, 1204. Jb. Kinderheilkde. **112**, 169 (1926). Mschr. Kinderheilkde. **42**, 177 (1929). — BRAESTRUP, P. W., o. H. LIECK: Hosp.-Tid. **1938**, 913. — [2] BORSARELLI, F.: Riv. Clin. pediatr. **30**, 191 (1932). — [3] HARRIS, R. S., and J. W. BUNKER: Amer. J. publ. Hlth. **29**, 744 (1939) [Chem. Abstr. **33**, 7352[5]]. — [4] DRUMMOND, J. C., C. H. GRAY and N. E. G. RICHARDSON: Brit. med. J. **1939 II**, 757. — [5] AUHAGEN, E., u. W. GRAB: Milchwiss. **5**, 299 (1950). — [6] POLSKIN, L. J., B. KRAMER and A. E. SOBEL: Fed. Proc. **2**, 68 (1943). — [7] KOFLER, M.: Helv. **26**, 2170 (1943). — [8] ABDERHALDEN, R.: B. Z. **318**, 47 (1948). — [9] QUAIFE, M. L.: J. biol. Ch. **169**, 513 (1947). — [10] DAM, H., J. GLAVIND, H. LARSEN u. P. PLUM: Acta med. scand. **112**, 210 (1942). — [11] NEUWEILER, W.: Z. Vit.-Forsch. **9**, 338 (1939). — [12] BÉCHAMP, A.: Cr. **96**, 1508 (1883). — [13] MORO, E.: Jb. Kinderheilkde. **56**, 391 (1902). — VERCESI, C.: Fol. gynaec., Genova **18**, 309 (1923). — WELZMÜLLER, F.: B. Z. **125**, 179 (1921). — MASSLOW, M. S.: Vrač. Gaz. **1921**, Nr. 34 [Zbl. Kinderheilkde. **12**, 8 (1922)]. — SCHLACK, H., u. W. SCHARFNAGEL: Mschr. Kinderheilkde. **51**, 273 (1931). — MANICATIDE, M., BRATESCU et M. POPA: C. R. Soc. Biol. **120**, 657 (1935). — [14] WOHLGEMUTH, (J.), u. (M.) STRICH: S.-B. preuß. Akad. Wiss. **1910**, 520. — KOCH, H.: Z. Kinderheilkde. **10**, 1 (1914) — ABDERHALDEN, R.: Fermentforsch. **15**, 302 (1937).

und auch in Kaninchenmilch vorkommt, dagegen nur unregelmäßig und in geringer Wirksamkeit in Kuhmilch. Sie ist bei alkalischer Reaktion am wirksamsten.

Eine *Esterase* wurde zuerst in Frauenmilch sichergestellt. Sie ist zunächst inaktiv und wird durch Schütteln der Milch aktiviert, wobei Adsorption des am Globulin des Milchplasmas haftenden Profermentes an die Fettkügelchen angenommen wird[1]. Die Prolipase wird nach FREUDENBERG[2] durch Gallensäure aktiviert. Dem Ferment wird eine Bedeutung für die *Fettverdauung beim Säugling* zugeschrieben, wobei besonders die hohen Gehalte im Frauencolostrum wichtig erscheinen. Das p_H-Optimum beträgt 8,5, die Zerstörungstemperatur 74° (s. [3]).

Das Ferment *Monobutyrase*, das Monobutyrin spaltet, wurde von MARFAN u. GILLET[4] 1902 in Frauenmilch entdeckt, in der es regelmäßig und in größerer Menge als in Kuhmilch vorkommt. Der optimale p_H-Wert liegt im alkalischen Gebiet. Gleichfalls erstmalig in Frauenmilch wurde das Ferment *Salolase* von NOBÉCOURT u. MERKLEN[5] entdeckt, das Phenolsalicylsäureester (Salol) in seine Komponenten spaltet. Das Ferment wurde auch in Esels- und Hundemilch gefunden, es fehlt oder findet sich spärlich in Kuh- und Ziegenmilch; bei 55—60° wird es merklich geschwächt, bei 85° fast vollständig vernichtet. Die Befunde wurden häufiger bestätigt.

In der Frauenmilch ist *alkalische und saure Phosphatase* vorhanden, deren p_H-Optima bei 9,2 bzw. 5,1 liegen. Die alkalische Phosphatase wird durch Magnesiumsalze aktiviert, die saure nicht[6]. Beide spalten gut Hexosediphosphat, weniger Glycerinphosphorsäure, schlecht Pyrophosphat. Die höchste Aktivität zeigt Frauencolostrum[6]. Wurde originäre Frauenmilch einer 24stündigen Autolyse bei 37° überlassen, so ergab sich ein Anstieg des anorganischen P von ursprünglich 5,33 auf 5,9—14,4 mg-% als Folge der Phosphatasewirkung. In gekochter Frauenmilch trat keine Vermehrung des anorganischen P ein[7].

Das SCHARDINGER-*Enzym* wird in Frauenmilch vermißt. *Peroxydase* ist nur in geringer Menge vorhanden und fehlt häufig, etwas reichlicher kann es im Colostrum angetroffen werden, in dem es den Colostrumkörperchen anhaftet[8]. Als Träger werden auch die Leukocyten der Milch angesehen, starke Peroxydasereaktion findet sich bei Brustabscessen, Syphilis und Tuberkulose[9]. Ein besonders empfindlicher Peroxydasenachweis in Frauenmilch ist die ARAKAWA-*Reaktion*[10], deren Ausfall dem Calciumgehalt parallel geht und auch Beziehungen zum Chlorgehalt hat. Negativer Ausfall wird als Frühsymptom eines B_1-Mangels angesehen. Bei der ARAKAWA-Reaktion negative Frauenmilch hat schädliche Wirkungen, die auf das Fehlen des Fermentes Glyoxalase und die Anhäufung von Methylglyoxal oder einer verwandten Substanz in der Milch zurückgeführt werden.

Originäre *Katalase* findet sich in der Frauenmilch in wechselnden Mengen, mitunter weit mehr als in Kuhmilch. Colostrum hat teilweise höhere Werte. Es bestehen Beziehungen zu den neutrophilen Leukocyten, die jedoch nicht die einzigen Katalaseträger sind. Das Ferment ist auch locker an die Fettkügelchen

---

[1] DAVIDSOHN, H.: Z. Kinderheilkde. **8**, 14 (1913). — ENGEL, (S.): Mschr. Kinderheilkde. **12**, 559 (1913). — BEHRENDT, H.: B. Z. **128**, 450 (1922). — [2] FREUDENBERG, E.: Z. Kinderheilkde. **46**, 170 (1928). Die Frauenmilchlipase. Bibl. paediatr., Basel **54** (1953). — [3] CATEL, W.: Dtsch. Z. Verd.-Krankh. **1**, 129 (1938). Kli. Wo. **1939 I**, 342. — [4] MARFAN, A. B., u. C. GILLET: Mschr. Kinderheilkde. **1**, 57 (1902). — [5] NOBÉCOURT, P., et P. MERKLEN: C. R. Soc. Biol. **53**, 148 (1901). — [6] GIRI, K. V.: H. **243**, 57 (1936). — [7] TONI, G. DE, u. G. GRAF: Z. Kinderheilkde. **60**, 74 (1939). — [8] MARFANE, A. B., et L. LAGANE: C. R. Soc. Biol. **74**, 564 (1914). — ACQUA, M.: Clin. pediatr. **10**, 619 (1928). — RANNO, A.: Boll. Soc. ital. Pediatr. **2**, 232 (1933). — [9] MARFAN, A.-B.: J. Physiol. Path. gén. **1920**, 985. — [10] ARAKAWA, T.: Tohoku J. exp. Med. **16**, 83, 236 (1930). — ORIMO, R.: Tohoku J. exp. Med. **35**, 34 (1939).

gebunden, kann durch physiologische Kochsalzlösung ausgewaschen werden und geht in die Buttermilch. Das Ferment soll in Frauenmilch wärmebeständiger sein als in Kuhmilch[1].

Ein *bakterienlösendes Ferment* der Frauenmilch, das 48 Std wirksam bleibt, wurde von BÁUZA und SAIZAR beschrieben[2]. *Prothrombin* war in Frauencolostrum und Frauenmilch in geringen Mengen nachweisbar[3], ebenso Thrombokinase[4].

6. Hormonale Wirkungen.

In der Frauenmilch wurde bei BASEDOWscher Krankheit das *Schilddrüsenhormon*[5] nachgewiesen. Die positive Reaktion nach ASCHHEIM-ZONDEK weist auf das Vorkommen des *gonadotropen Hormons* hin[6]. Im Frauencolostrum sind ferner *Follikelhormon*[7] und das Lactationshormon *Prolactin*[8] anwesend.

7. Mineralstoffe.

Der Gehalt an *Gesamtasche* ist bei Frauenmilch mit 0,2% wesentlich niedriger als der 0,8% betragende der Kuhmilch (s. Tabelle 120, S. 398). Dem geringeren Gehalt an osmotisch wirksamen Salzen entspricht ein höherer Gehalt an Milchzucker, so daß der osmotische Druck der Frauenmilch ebenso hoch ist wie der der Kuhmilch. Biologisch betrachtet enthält allgemein die Milch langsam wachsender Arten weniger Mineralstoffe als die der schnell wachsenden (Näheres S. 415).

Tabelle 127. Fraktionierung des Gesamt-P der Frauenmilch (Werte in mg-% P).

	LENSTRUP[9]	BOMSKOV[9]	STEFFEN u. SÜLLMANN[10]
Gesamt-P	14,2	14,80	15,3
säurelöslich	11,6	11,96	
säurelöslich anorganisch	5,1	5,54	
säurelöslich organisch	6,5	6,42	
Hexoseester-P		0,61	
Pyrophosphat-P		0,61	0,91
schwer spaltbarer P		5,07	
säureunlöslich	2,6	2,84	
Casein-P	2,56		
Lipoid-P	0,04		

Der Mindergehalt gegenüber Kuhmilch (s. Übersicht Tabelle 117, S. 388) betrifft alle einzelnen Mengenelemente. Die in den ersten Tagen und Wochen der Lactation eintretenden Veränderungen des Mineralgehaltes[11] werden von STEFFEN[12] dahin gedeutet, daß die Sekretionsfunktion der Milchdrüse allmählich zunimmt. Der Kaliumgehalt konnte durch orale Gaben von Kaliumsalzen vorübergehend erhöht werden[13]. Darreichung von Calciumpräparaten war ohne Wirkung, dagegen konnte durch bestrahltes Ergosterin eine leichte Erhöhung und durch Parathyreoideaextrakt ein Anstieg hervorgerufen werden[14]. Der Calciumgehalt schwankt stark in den einzelnen Milchfraktionen. Er betrug vor

[1] MASSLOW, M. S.: Vrač. Gaz. **1921**, Nr. 34 [Zbl. Kinderheilkde. **12**, 8 (1922)]. — ACQUA, M.: Clin. pediatr. **10**, 619 (1928). — RANNO, A.: Boll. Soc. ital. Pediatr. **2**, 232 (1933). — [2] BÁUZA, J. A., e M. C. SAIZAR: Arch. Pediatr. Uruguay **9**, 273 (1938). — [3] SCHØNHEYDER, F., u. S. B. THOMSEN: Acta physiol. scand. **4**, 309 (1942). — [4] BROGGI, G.: Pediatria **1943**, 2 [Schweiz. med. Wschr. **73**, 1504 (1943)]. — [5] LUKÁCS, J.: Magyar orv. Arch. **32**, 147 (1931) [Milchwirtsch. Forsch. **12**, 141 (1931)]. — [6] POWGITKOW, V.: Akušerstvo i Ginek. **4**, 52 (1939). — [7] HEIM, K.: Kli. Wo. **1931 I**, 357. — TSCHAIKOWSKI, V. K., S. A. GUIL et A. K. KUSNETZOWA: Nourisson **24**, 367 (1936) [C. **1937 I**, 3354]. — [8] BARATZ, M. E.: Bull. Biol. Med. exp. URSS **6**, 555 (1938) [C. **1940 I**, 2175]. — [9] LENSTRUP, E.: J. biol. Ch. **70**, 193 (1926). — BOMSKOV, C.: Z. Kinderheilkde. **53**, 527 (1932). — [10] STEFFEN, F. u. H. SÜLLMANN: Schweiz. med. Wschr. **61**, 1114 (1931). — [11] KERMACK, W. O., and R. A. MILLER: Arch. Dis. Childh. **26**, 320 (1951). — [12] STEFFEN, F.: Schweiz. med. Wschr. **61**, 204 (1931). — [13] GOLDMANN, F.: Jb. Kinderheilkde. **151**, 263 (1938). — [14] ROSSI, L.: Clin. pediatr. **16**, 833 (1934).

dem Stillen 47—70 mg-%, nach dem Stillen 20—22 mg-%[1]. Ca und P zeigten in den ersten Monaten der Lactation Anstieg, später Abfall, doch war das Verhältnis Ca/P ziemlich konstant[2].

Die quantitativen Unterschiede der *Spurenelemente* in Frauenmilch und Kuhmilch (Tabelle 117, S. 388) können zum Teil durch Ernährungseinflüsse erklärt werden. So sind viele pflanzliche Futtermittel reich an *Mangan* und machen die öfter sehr hohen Mn-Werte der Kuhmilch verständlich, während die menschliche Nahrung in Haushalt und Industrie vielfach mit Kupfergeräten in Berührung kommt und Anlaß zu hohen Cu-Werten der Frauenmilch geben dürfte. *Jod* fand sich in der Frauenmilch in *kropfreichen Gegenden* zu durchschnittlich 14,5 γ-%, in *kropffreien Gebieten* zu 12,4 γ-%[3], Blei wurde zu 16 γ-% gefunden[4].

Spektrographisch wurden in Frauenmilch nachgewiesen: *Aluminium, Titan, Vanadium, Mangan, Eisen, Kupfer, Blei* und *Bor.* Ferner in sehr geringer Menge: *Barium, Kobalt, Nickel* und *Zinn*[5].

g) Milch aus der Brust neugeborener Kinder („Hexenmilch“).

Neugeborene Kinder beiderlei Geschlechts scheiden aus der nur minimal entwickelten Brust einige Tropfen einer milchartigen Flüssigkeit aus, die als „Hexenmilch“ bezeichnet wird. Die Sekretion erfolgt vermutlich unter dem Einfluß der gleichen Hormone, die bei der Vorbereitung der mütterlichen Milchbildung wirksam sind. Die Hexenmilch enthält 7,4—12,5% Trockensubstanz. Proteine und Milchzucker überwiegen, der Gehalt an Globulin und Reststickstoff ist hoch, beträchtliche Mengen Peroxydase und Phosphatase wurden nachgewiesen[6].

h) Milch verschiedener Tierarten.

Neben Kuhmilch haben in Westeuropa *Ziegenmilch,* in geringerem Umfange auch *Schafmilch* wirtschaftliche Bedeutung, daneben treten in anderen Ländern weitere Milcharten. Auch die Milch der nicht genutzten Arten ist von bedeutendem wissenschaftlichem Interesse für die Erforschung biologischer Gesetzmäßigkeiten in der Ernährung des jungen Säugetieres.

Im Hinblick auf die Verteilung von Casein und koagulierbaren Proteinen können nach GRIMMER *Caseinmilch* und *Globulinmilch* (von ihm als Albuminmilch bezeichnet) unterschieden werden. Als Grenze kann eine Milch gedacht werden, in der die koagulierbaren Eiweißstoffe über 25% vom Gesamteiweiß ausmachen. Die Eigentümlichkeit der Wiederkäuermilch gegenüber anderen Milcharten wird durch ihren Charakter als Caseinmilch gekennzeichnet (Tabelle 129).

Die flüchtigen niedermolekularen Fettsäuren sind ein weiteres Merkmal der Wiederkäuermilch[7] (Tabelle 130).

Während das Milchfett der Wiederkäuer durch diese Besonderheit von ihrem Körperfett stark abweicht, ergab sich für das Milchfett beim Schwein große Ähnlichkeit mit normalem Schweinefett aus den Fettdepots[8]. Die Milch des Blauwals mit 19—46% Fett enthält mehr ungesättigte Fettsäuren als andere Körperfette des gleichen Tieres[9]. Im Milchfett des Finnwales ist Laurinsäure die niedrigste

[1] STRANSKY, E.: Z. Kinderheilkde. **40**, 671 (1926). — [2] WIDDOWS, S. T., M. F. LOWENFELD, M. BOND and E. I. TAYLOR: Biochem. J. **24**, 327 (1930). — [3] TURNER, R. G.: Proc. Soc. exp. Biol. Med. **30**, 1401 (1933). — [4] TRACY, A., and J. MCPHEAT: Biochem. J. **37**, 683 (1943). — [5] DE, N. K.: Ind. J. med. Res. **22**, 499 (1935) [Chem. Abstr. **29**. 8159[6]]. — [6] THOMAS, E.: Hexenmilch, in: Biol. Daten (BROCK) 2. Aufl. Bd. 2, S. 603. — DAVIES, W. L., and A. MONCRIEFF: Biochem. J. **32**, 1238 (1938). — FORSSELL, P.: Acta päd. diatr., Uppsala **23**, Suppl. 1 (1938). — [7] GUTZEIT, E.: Kühn-Arch. **5**, 127 (1914). — [8] MARE, P. B. D. DE LA, and F. B. SHORLAND: Nature **153**, 380 (1944). — [9] KLEM, A.: Hvalråd. Skr. **11**, 49 (1935).

Tabelle 128. Zusammensetzung der Milch verschiedener Tierarten.

	Trocken-substanz	Fett	Protein			Milch-zucker	Asche
			Gesamt (N 6,37)	Casein	koagulier-bare Proteine		
Pferd[1,2,4] . .	7,5	0,7	1,7	1,3	0,4	4,7	0,3
Esel[3,5] . . .	8,8	1,3	2,3	1,2	0,6	5,8	0,4
Mensch . . .	11,0	3,0	1,5	0,7	0,7	6,8	0,2
Kamel[1] . . .	11,8	2,5	3,6	—	—	5,0	0,7
Kuh	12,0	3,2	3,3	2,5	0,6	4,6	0,8
Ziege[1,6] . . .	13,1	4,4	3,7	2,6	0,6	3,9	0,8
Büffel[1,7] . . .	17,3	7,9	5,9	5,4	0,5	4,5	0,8
Katze[1] . . .	18,4	3,3	9,1	3,1	6,0	4,9	0,5
Schwein[1,8] . .	19,5	6,9	6,1	—	—	5,6	1,0
Schaf[1,2,9,10] .	19,7	6,9	6,1	4,5	0,9	4,3	0,8
Hund[1,11] . . .	21,1	8,6	6,8	4,0	2,8	4,1	1,1
Kaninchen[1] .	30,5	10,5	15,5	—	—	2,0	2,6
Elefant[1] . . .	33,3	22,1	3,2	—	—	7,4	0,6
Renntier[12] . .	35,8	19,7	10,9	8,7	2,2	2,6	1,4
Walfisch[1,13] .	38,4	22,2	12,0	8,2	3,8	1,5	1,7

Tabelle 129. Caseinmilch und Globulinmilch (nach GRIMMER).

Vom Gesamteiweiß entfallen auf	Caseinmilch				Globulinmilch			
	Rind	Schaf	Ziege	Renn-tier	Pferd	Esel	Hund	Mensch
Casein (%)	85	80	75	81	65	65	50	50
Koagulierbares Eiweiß (%) . .	15	20	25	19	35	35	50	50

Tabelle 130. REICHERT-MEISSL-Zahl des Milchfettes (nach GUTZEIT).

Fleisch- und Allesfresser	1—4
Nichtwiederkäuende Pflanzenfresser.	11—16
Wiederkäuende Pflanzenfresser	24—30

Fettsäure[14]. Die Milch der Robbe Halichoerus grypus ist blaß gelblich, dick, viscös mit hohem Fettgehalt und hat deutlichen Fischgeruch, der auf direkten Übergang von Nahrungsfettsäuren in die Milch hinweist. Die Fettsäuren fand MEARA[15] ähnlich denen des Blubberfettes, jedoch mit höherem Gehalt an Palmitinsäure.

[1] GRIMMER, W.: Lehrbuch der Chemie und Physiologie der Milch. 2. Aufl. Berlin 1926. — [2] PEIRCE, A. W.: J. exp. Biol. med. Sci. **12**, 7 (1934). — [3] LINTON, R. G.: J. agric. Sci. **21**, 669 (1931). — [4] VENUTI, A.: Riv. Clin. pediatr. **27**, 643 (1929) [Ber. Physiol. **53**, 184]. — [5] ANANTAKRISHNAN, C. P.: J. Dairy Sci. **12**, 119 (1941). — [6] NOTTBOHM, F. E., u. K. PHILIPPI: Z. Unters. Lebensm. **66**, 689 (1933). — [7] SHUTT, F. T.: Analyst **57**, 454 (1932) [C. **1932 II**, 2254]. — BAL, D. V., and S. K. MISRA: Proc. ind. Acad. Sci. (B) **9**, 117 (1939). — [8] BRAUDE, R., S. K. KON and S. Y. THOMPSON: J. Dairy Res. **14**, 414 (1946). — WHITTLESTONE, W. G.: J. Dairy Sci. **19**, 127 (1952). — [9] CSISZÁR, J.: Kisérlet. Közlemén. (ungar.) **31**, 278 (1928) [Milchwirtsch. Forsch. **10**, 44 (1930)]. — [10] BIRO, G.: Z. Unters. Lebensm. **27**, 397 (1914). — [11] ANDERSON, H. D., B. C. JOHNSON and A. ARNOLD: Amer. J. Physiol. **129**, 631 (1940). — [12] YLPPÖ, A.: Z. Kinderheilkde. **43**, 255 (1927). — [13] KLEM, A.: Hvalråd. Skr. **11**, 49 (1935). — WHITE, J. C. D.: Nature **171**, 612 (1953). — [14] SCHMIDT-NIELSEN, S., o. F. FROG: K. norske Vid. Selsk. Forh. **6**, 127 (1933). — [15] MEARA, M. L.: Biochem. J. **51**, 190 (1952).

Der *Lactosegehalt* der verschiedenen Milcharten zeigt die schon wiederholt erwähnte Gegenläufigkeit zum Mineralgehalt.

Die *Vitamine* der verschiedenen Milcharten sind bisher noch wenig erforscht (Tabelle 131).

Tabelle 131. Vitamine verschiedener Milcharten.

	Büffel (Colostrum)	Ziege	Schaf	Pferd	Schwein (Colostrum)	Hund	Walfisch
Vitamin A (γ-%) . . .	145[1]	—	—	—	60[1,2]	260[3]	—
Carotin (γ-%)	129[1]	fehlt	—	—	0—24[1,2]	fehlt[3]	
Vitamin B_1 (γ-%) . . .	85[1]	—	—	—	81—260[1,2]	—	—
Vitamin B_2 (γ-%) . . .	498[1]	—	—	—	21—400[1,2]	690[3]	—
Nicotinsäureamid (γ-%)	57[1]	—	—	—	143[1]	—	—
Pantothensäure (γ-%) .	171[1]	366[4]	—	—	105[1]	—	—
Vitamin C (mg-%) . . .	—	—	—	9,5[5]	—	—	7[6]
Vitamin F (g-%) . . .	—	0,22[7]	0,36[7]	0,69[7]	—	—	—

Bei der Ziege tritt Carotin in die Milch über, wenn die Schilddrüse entfernt wird[8], andererseits ist das Milchfett vom Esel orangefarben und von durchdringendem Geruch[5]. Im Vergleich zu Kuhmilch, die 0,2—0,3 γ-% Vitamin B_{12} aufwies, fanden COLLINS u. Mitarb.[9] in Ziegenmilch nur Spuren dieses Vitamins. Die Testratten zeigten Wachstumsstörungen, die durch Zulage von 50 mg Folsäure und 0,1 mg B_{12} behoben wurden.

Mineralstoffe: Eine Zusammenstellung der Mengenelemente in einigen Milcharten ist in Tabelle 132 gegeben.

Tabelle 132. Mineralgehalt verschiedener Milcharten (in mg-%).

	Na	K	Mg	Ca	Cl	Gesamt-P	Gesamt-S
Ziege	80	146	13	128	14	104	37
Büffel . . .	38	99	16	203	62	125	—
Kuh	32	143	10	106	120	94	26
Schaf	31	187	8	207	71	123	—
Kamel . . .	20	114	21	143	105	98	—
Mensch . . .	17	51	4	34	38	14	14
Pferd	9	75	7	77	27	50	—

Die mineralreichen Caseinmilcharten sind von den mineralärmeren Globulinmilcharten, hier durch Mensch und Pferd vertreten, deutlich zu unterscheiden.

Über einige Gehalte an Spurenelementen unterrichtet die noch recht unvollständige Tabelle 133.

[1] LUECKE, R. W., C. W. DUNCAN and R. E. ELY: Arch. Biochem. **13**, 277 (1947). — [2] BRAUDE, R., S. K. KON and S. Y. THOMPSON: J. Dairy Res. **14**, 414 (1946). — [3] ANDERSON, H. D., B. C. JOHNSON and A. ARNOLD: Amer. J. Physiol. **129**, 631 (1940). — [4] HOUDINIÈRE, A.: Lait **30**, 37 (1950). — [5] CIMMINO, A.: Ann. Ig. **50**, 471 (1940). — [6] BEGG, M.: Nature **160**, 430 (1947). — [7] HILDITCH, T. P.: The Chemical Constitution of Natural Fats. 2. Aufl. London 1949. — [8] FASOLD, H., u. E. R. HEIDEMANN: Z. ges. exp. Med. **92**, 53 (1933). — [9] COLLINS, R. A., A. E. HARPER, M. SCHREIBER and C. A. ELVEHJEM: J. Nutrit. **43**, 313 (1951).

Tabelle 133. Spurenelemente in verschiedenen Milcharten (in γ-%).

	Eisen	Kupfer	Mangan	Zink
Ziege	30—41[1]	45—90[2]	—	260—420[3]
Büffel (Colostrum)	180[4]	—	—	—
Kuh	45[5]	2—60	1—20	172—1866
Schaf	110	—	5—9[6]	182—1472[6]
Mensch	50[5]	30—70	0,7	140—740
Pferd	68	—	4[6]	—

i) Milch als Nahrungsmittel[7].

α) Für den Säugling[8].

1. Allgemeine Bedeutung.

Der chemische und physikalische Aufbau der Milcharten ist auf das feinste den Bedürfnissen des Säuglings der jeweiligen Tierart angepaßt, dessen *physiologische Nahrung* sie in der ersten Lebenszeit bildet. Arteigenes Colostrum und arteigene Milch sind die allein adäquate Nahrung der neugeborenen Säuger, ohne die eine normale Aufzucht nicht möglich ist. Einen gewissen *Ersatz* bildet die Milch anderer Tierarten, die Ammendienste zu leisten vermögen. Am bedeutungsvollsten ist hier die künstliche Ernährung des menschlichen Säuglings mit Kuhmilch.

a) Kuhmilch als Ersatz für Frauenmilch. Wasser-Kuhmilchverdünnungen im Verhältnis 1:1, sog. *Halbmilch*, und im Verhältnis 1:2, sog. *Zweidrittelmilch*, werden hergestellt, um die Kuhmilch im Eiweißgehalt der Frauenmilch anzugleichen. Zugleich wird der Mineralgehalt den Verhältnissen der Frauenmilch wenigstens angenähert, zugleich werden jedoch der Fett- und Milchzuckergehalt sowie der osmotische Druck weit unter die Werte der Frauenmilch herabgedrückt, und es werden die Vitamine verdünnt. Durch Zugabe von Milchzucker und anderen Zuckern sowie von Dextrinen und Stärke wird das Defizit an Milchzucker ausgeglichen, die Caseinfällung verfeinert und darüber hinaus ein Ersatz für die fehlenden Fettkalorien geschaffen. Die Milchverdünnungen werden daher an Stelle der 7% Milchzucker der Frauenmilch auf 8—10% und mehr an Zucker und Polysacchariden angereichert, sofern nicht neben dem Kohlenhydratzusatz noch ein Fettzusatz erfolgt. Auf den Fettzusatz verzichtet man jedoch häufig im Hinblick auf die Tatsache, daß auch die Milch gesunder Frauen oft niedere Fettgehalte herunter bis 1,1% aufweist (s. Schwankungsbreite des Fettgehaltes Tabelle 121, S. 399).

Es ist sonderbar, daß käuflicher Milchzucker in Kuhmilchverdünnungen schlecht verträglich ist und abführend wirkt. Man kann daran denken, daß Frauenmilch nicht reinen Milchzucker, sondern daneben kleine Mengen Gynolactose und Allolactose mit abweichenden Resorptionsverhältnissen und besonderer

[1] Lintzel, W.: Z. ges. exp. Med. **86**, 269 (1933). — Rechenberger, J., u. C. Pollack: Z. ges. exp. Med. **114**, 200 (1944). — [2] Zbinden, C.: Lait **12**, 481 (1932). — Remy, E.: Z. Unters. Lebensm. **64**, 545 (1932). — [3] Koga, A.: Keijo J. Med. **5**, 106 (1934) [Chem. Abstr. **28**, 7334[8]]. — [4] Luecke, R. W., C. W. Duncan and R. E. Ely: Arch. Biochem. **13**, 277 (1947). — [5] Feuillen, Y. M., et M. Plumier: Acta paediatr., Uppsala **41**, 138 (1952). — [6] Sato, M., u. K. Murata: J. Dairy Sci. **15**, 451, 461 (1932). — [7] Zusammenfassende Darstellung: Trendtel, F.: Handb. Milchwirtsch. (Winkler) Bd. 1, 1931. — [8] Demuth, F.: Zur Physiologie und pathologischen Physiologie der Milchverdauung im Säuglingsalter. Ergebn. inn. Med. **29**, 90 (1926). — Müller, Ernst: Die Bedeutung des Kuhmilchfettes für die Säuglingsernährung. Stuttgart 1937. — Adam, A., in: Biol. Daten (Brock), 2. Aufl. Bd. 1, S. 435—478.

Beeinflussung der Darmflora enthält. Nach E. MÜLLER[1] ist Lactose brauchbar, wenn die Kuhmilchverdünnung mit Fett angereichert wird und der Lactosezusatz in den Grenzen bleibt, die durch den Gehalt in Frauenmilch gezogen sind. Eine interessante Hypothese wurde von MALYOTH[2] entwickelt. Hiernach liegt der Milchzucker in der genuinen Frauenmilch vorwiegend als β-Lactose vor, während käuflicher Milchzucker aus α-Lactose besteht. Beide Formen verhalten sich nach MALYOTH im Hinblick auf die fermentative Spaltung und die Beeinflussung der Darmflora verschieden, derart, daß β-Lactose die Entwicklung der erwünschten Bifidusflora fördert. Gegen diese Vorstellungen wird geltend gemacht, daß beide Zuckerformen in Lösungen langsam in ein identisches Gleichgewichtsgemisch übergehen[3].

Obgleich der Vitamin C-Gehalt der Kuhmilch gering ist und durch Pasteurisierung und Verdünnung weiter vermindert wird, kommt echter Säuglingsskorbut in Form der MÖLLER-BARLOWschen Krankheit bei Verwendung guter Milch kaum vor. Dennoch gilt eine Vitamin C-Anreicherung durch Obstsaft oder Vitamin C-Tabletten bei künstlicher Ernährung als Regel. Dringend erforderlich ist ferner eine Rachitisprophylaxe, da der Vitamin D-Bedarf des künstlich ernährten Kindes mit $10\,\gamma$ D_3 wesentlich größer ist als der auf nur $2\,\gamma$ zu beziffernde des Brustkindes[4]. Der Vitamin D-Zusatz erfolgt am besten in der Molkerei in der Weise, daß 1000 *l* Milch mit 4 cm^3 einer 0,5%igen alkoholischen Lösung von krystallisiertem Vitamin D_3 vermischt werden (ADAM)[5].

b) Kuhmilch als Ersatz für andere Tiermilch bietet viel Lehrreiches[6]. Die Aufzucht junger Ferkel, Fohlen und Lämmer mit Kuhmilch ist recht schwierig. Meerschweinchen und Kaninchen[7], Ratten[8] und Hunde[9] lassen sich mit Kuhmilch nicht oder nur unter großen Verlusten aufziehen, während Hasen, Igel und Füchse mit Kuhmilch gedeihen[10].

Ziegenmilch als Ersatz für andere Milcharten macht besondere Schwierigkeiten, so bei Saugferkel, Kaninchen, Hund, Katze, Fuchs, Igel und Ratte. Da bei älteren Säuglingen, die schon andersartige Zukost aufnehmen, unter Umständen überhaupt keine Schäden auftreten, ist ein früher vermuteter toxischer Bestandteil auszuschließen. Das Ziegenlamm selbst nimmt schon im Alter von wenigen Tagen fremde Nahrung neben der Muttermilch auf. Bei der Fütterung von jungen Ratten mit verschiedenen Milcharten stellten v. HAAM u. BEARD[11] fest:

Frauenmilch . . . keine Anämie,
Kuhmilch . . . . 37,5% Anämie,
Ziegenmilch . . . 50% hypochrome Anämie mit tödlichem Ausgang.

Beim menschlichen Säugling kann bei fortgesetzter reiner Ziegenmilchnahrung eine der perniciösen Anämie ähnliche Blutarmut, die *Ziegenmilchanämie* (SCHELTEMA 1916) auftreten[12], die nach ROMINGER u. BOMSKOV[13] durch das Fehlen eines

[1] MÜLLER, ERNST: Z. Kinderheilkde. **65**, 269 (1948). — [2] MALYOTH, G., u. S. KIRIMLIDIS: Kli. Wo. **1939 II**, 1240, 1270. — MALYOTH, G.: Med. Mschr. **1947**, 146. — [3] ACKER, L.: Getreide, Mehl, Brot **3**, 196 (1949). — [4] ROMINGER, E.: Ergebn. Vit.-Horm.-Forsch. **2**, 128 (1939). — [5] ADAM, A.: Milchwiss. **5**, 283 (1950). — AUHAGEN, E., u. W. GRAB: Milchwiss. **5**, 299 (1950). — [6] GÄRTNER, R., u. H. ULRICH: Milchwiss. **6**, 305 (1951). — [7] HEIM, P.: Mschr. Kinderheilkde. **13**, 495 (1916). — SCHROEDER, E. S.: Amer. J. Dis. Children **6**, 334 (1913). — [8] BRÜNING, H.: Jb. Kinderheilkde. **80**, 65 (1914). — [9] KLEINSCHMIDT, H.: Mschr. Kinderheilkde. **12**, 423 (1914). — ORGLER, A.: B. Z. **28**, 359 (1910). — [10] STADELMANN, C.: M. m. W. **1924**, 426. — [11] HAAM, E. v., and H. H. BEARD: Proc. Soc. exp. Biol. Med. **32**, 750 (1935) [Zbl. Kinderheilkde. **31**, 165 (1936)]. — [12] STOELTZNER, W.: M. m. W. **1922**, 4. — [13] ROMINGER, E., u. C. BOMSKOV: Z. ges. exp. Med. **89**, 818 (1933).

in Leber vorhandenen Stoffes bedingt ist. Nach TSCHESCHE[1] handelt es sich um den von KOSCHARA[2] aufgefundenen Farbstoff *Uropterin.* Diese Forschungen leiten über zu den neuen Erkenntnissen, daß Mangel an Folsäure und Vitamin B_{12}, die in der Ziegenmilch nur spärlich vertreten sind, als Ursache der bei Ziegenmilchnahrung beobachteten Störungen anzusehen sind[3].

Der entwicklungsgeschichtliche Vorgang, nach dem sich die verschiedenen Milcharten differenziert haben, ist noch in Dunkel gehüllt. Als einzige Deutungsmöglichkeit kennen wir die Auslesevorgänge in langen Generationsfolgen. Viele Forscher sind durch die offensichtliche Zweckmäßigkeit der Zusammensetzung der Milch veranlaßt worden, sinnvolle Zusammenhänge zwischen Umwelt, Lebensweise und Jugendentwicklung der Tiere und der Zusammensetzung ihrer Milch aufzusuchen.

Analogien in der Zusammensetzung der Milch zeigen sich bei verwandten Arten, wenn Lebensweise und Umwelt Ähnlichkeit aufweisen. Solche Gruppen sind Rind, Schaf und Ziege, jedoch ohne das im kalten Klima lebende Renntier, ferner Pferd und Esel wie auch die Meeressäuger. In kalten Zonen ist der Fettgehalt der Milch in der Regel hoch (GRIMMER). Aber auch in heißen Ländern werden höhere Werte gefunden, so in Ägypten in Büffelmilch 6,5%.

BUNGE[4] fand Beziehungen zwischen Wachstumsgeschwindigkeit der Säuglinge und Baustoffgehalt der Milch auf (Tabelle 134).

Tabelle 134. Beziehungen zwischen Wachstumsgeschwindigkeit der Säuglinge und Zusammensetzung der Milch (nach ABDERHALDEN[5]).

	Gewicht verdoppelt nach Tagen	Milchbestandteile			
		Eiweiß (g-%)	Asche (g-%)	Ca (mg-%)	P (mg-%)
Mensch	180	1,6	0,2	23,4	20,6
Pferd	60	2,0	0,4	88,7	57,2
Rindskalb	47	3,5	0,7	114,0	86,0
Ziege	22	3,7	0,77	141	124
Schaf	15	4,9	0,84	175	128
Schwein	14	5,2	0,81	178	134
Katze	9,5	7	1,02	—	—
Hund.	9	7,4	1,33	325	222
Kaninchen	6	10,4	2,50	638	435

Nach v. WENDT[6] haben Tiere mit stark ausgebildeten Schweißdrüsen und erhöhtem Wasserbedarf eine wasserreichere Milch als Tiere ohne Schweißdrüsen. Ein Unterschied besteht auch bezüglich der Wärmeregulation bei Tieren, die nackt bzw. behaart, sowie bei Tieren, die sehr klein oder groß zur Welt kommen und wegen der verschiedenen Verhältnisse von Körperoberfläche zum Körpergewicht eine mehr oder weniger große Wärmeabgabe haben.

2. Verdauung der Milch durch den Säugling.

Die Verdauung beginnt im Munde durch die Beimischung des Speichels, der eine feinere Flockung des Caseins im Magen bedingen soll, während eine fermentative Einwirkung zu fehlen scheint. Im Magen erfolgt die *Labung* der Milch, die beim menschlichen Säugling zu einem feinen Caseingerinnsel führt. Der Mageninhalt bleibt flüssig, während er bei manchen Tieren mehr oder weniger fest ist. Infolge der für die optimale Pepsinwirkung nicht genügenden Säurestufe von p_H 5

[1] TSCHESCHE, R., u. H. J. WOLF: H. **244**, I (1936); **248**, 34 (1937). — WOLF, H. J., u. R. TSCHESCHE: H. **248**, 21 (1937). — TSCHESCHE, R.: Angew. Chem. **51**, 349 (1938); **59**, 65 (1947). — [2] KOSCHARA, W.: H. **240**, 127 (1936). — [3] COLLINS, R. A., A. E. HARPER, M. SCHREIBER and C. A. ELVEHJEM: J. Nutrit. **43**, 313 (1951) [Milchwiss. **6**, 328 (1951)]. — [4] BUNGE, G.: Z. Biol. **10**, 295 (1874). — [5] ABDERHALDEN, E.: H. **27**, 356 u. 408 (1899). — [6] WENDT, G. v.: Mineralstoffwechsel. Handb. Biochem. Bd. 8, S. 183.

dürfte in den ersten Lebensmonaten nur eine beschränkte Peptonisierung des Eiweißes im Magen stattfinden[1]. Die Reaktion ermöglicht jedoch die Wirkung des Kathepsins (s. Bd. 2/1, S. 81 u. 97) und die fettspaltende Wirkung der Lipasen des Magensaftes und der Milchlipase, namentlich bei Frauenmilch mit ihrem hohen Gehalt an Prolipase. Freie Fettsäuren ließen sich infolgedessen einige Std nach der Nahrungsaufnahme im Säuglingsmagen nachweisen, die Fettspaltung wird auf 5—6% veranschlagt[2].

Die *Entleerung des Magens* vollzieht sich beim menschlichen Säugling nach Frauenmilch auf Grund von Röntgenbefunden innerhalb von 2—3 Std, nach Kuhmilch in etwas längerer Zeit.

Im *Dünndarm* steigt der p_H-Wert mit wachsender Entfernung vom Pylorus an, dürfte aber selten den Neutralpunkt erreichen oder gar überschreiten. Im Dünndarm wird die Eiweiß- und Fettverdauung durch die Fermente des Pankreas- und Dünndarmsaftes weitergeführt. In der ersten Lebenszeit ist außerdem die unmittelbare Resorption vorzugsweise arteigener Globuline sichergestellt[3]. Die Aufnahme des Milchzuckers in die Blutbahn setzt dagegen die Spaltung durch Lactase voraus, für die eine *artspezifische Wirkung* wahrscheinlich gemacht worden ist, derart, daß der Milchzucker der Frauenmilch vom menschlichen Säugling am wirksamsten gespalten wird. Diese älteren Befunde können im Lichte neuerer Erkenntnisse über die Anwesenheit von Gynolactose, Allolactose und das Vorherrschen von β-Lactose (MALYOTH) besser verständlich werden.

Neben der fermentativen Verdauung findet vom unteren Teil des Jejunum ab eine allerdings unbedeutende *bakterielle Verdauung* der Milch statt. Während im Dünndarm eine nicht besonders starke Flora von Bacterium lactis aerogenes und coli vorhanden ist, findet sich im Dickdarm massenhaft die sog. Stuhlflora, die beim Brustkind nahezu eine Reinkultur von Bacterium bifidum darstellt, während die sog. Kuhmilchstuhlflora auch Coli- und Buttersäurebakterien einschließt (über den Bifidusfaktor s. S. 405). Während die Bifidusflora nur *Gärungsvorgänge* bewirkt, spielen in der Kuhmilchstuhlflora auch *Fäulnisvorgänge* eine Rolle. Während die Bedeutung der Darmbakterien früher umstritten war, setzt sich heute eine allgemeinere Anerkennung durch, da die Bakterien die Biosynthese der Vitamine Biotin, Pantothensäure, p-Aminobenzoesäure, Nicotinsäureamid, Lactoflavin, Folsäure, B_{12} und K_2 durchführen (BAUMGÄRTEL) (s. a. Bd. 2/1, S. 194).

Die Gesamtdauer des Aufenthaltes im Säuglingskörper beträgt bei Frauenmilch 5—24 Std, bei künstlicher Nahrung bis zu 2 Tagen.

Der *Milchkot des Säuglings* enthält außer unverdauten oder nicht resorbierten Milchbestandteilen auch die Rückstände der Verdauungssäfte, Darmepithelien und Bakterien, die Inhaltsstoffe des Verdauungskanals assimiliert haben. Die Differenz aus Zufuhr und Kotausscheidung ergibt daher die sog. scheinbare Verdaulichkeit.

Tabelle 135. Verdaulichkeit der Muttermilch beim Säugling (9 Wochen alt, 5022 g) (nach RUBNER u. HEUBNER[4]).

Je Tag	Milch	N	Fett	Milchzucker	Asche
Zufuhr (g)	608,4	1,030	16,71	43,02	1,27
Kotausscheidung (g)	—	0,174	1,17	0,0	0,26
Verdaut (g)	—	0,856	15,54	43,02	1,01
Verdaut in % der Zufuhr	—	83,1	93,0	100	79,5

[1] SALGE, B.: Z. Kinderheilkde. **4**, 171 (1912). — KRONENBERG, R.: Jb. Kinderheilkde. **82**, 401 (1915). — [2] HULDSCHINSKY, K.: Z. Kinderheilkde. **3**, 366 (1912). — [3] GANGHOFNER, G., u. J. LANGER: M. m. W. **1904 II**, 1497. — HAYASHI, (K.): Mschr. Kinderheilkde. **12**, 749 (1914). — [4] RUBNER, M., u. O. HEUBNER: Z. Biol. **36**, 1 (1898).

Aus den Zahlen ergibt sich die hohe scheinbare Verdaulichkeit der arteigenen Milch beim Kinde, die wahre Verdaulichkeit von Stickstoffsubstanz und Fett liegt noch höher.

Die Zusammensetzung des Säuglingskotes ändert sich, wenn artfremde Milch gegeben wird. Beträgt der N-Gehalt des Kotes bei Brustkindern 0,15 g N je Tag, so finden sich bei Kuhmilchkindern 0,41 g N[1]. Der Kot der Brustkinder gleicht mehr dem Hungerkot. Von Lipoiden überwiegen die Neutralfette, daneben kommen wenig freie Fettsäuren und Seifen vor. Der Kuhmilchkot enthält mehr Fettsäuren und Seifen, auch mehr Calcium und Phosphat. Die andersartigen Verhältnisse der Ca- und P-Resorption bedingen den erhöhten Vitamin D-Bedarf des Flaschenkindes.

3. Die Ausnutzung der Nährstoffe der Milch durch den Säugling.

Die resorbierten Nährstoffe werden im Organismus des Säuglings für den *Betriebsstoffwechsel* einschließlich Wärmebildung und Muskeltätigkeit und für den *Ansatzstoffwechsel* verwertet. Der auf den Betriebsstoffwechsel entfallende Anteil der Nährstoffe ist am geringsten in der ersten Lebenszeit, um dann ständig anzusteigen. Vom Milcheiweiß werden vom jungen Säugling nur 25% umgesetzt, die Hauptmenge mit 75% wird angesetzt. Beim 2 Monate alten Säugling wurden noch 37% des Eiweißes für den Ansatz verwertet[2].

Das *Milchfett* stellt für den Säugling die *alleinige Quelle für den Ansatz von Körperfett* dar. Der Ansatz beträgt bis zu 87% der Zufuhr, nur ein kleiner Rest dient als Brennstoff. Eine *Fettbildung aus Kohlenhydrat* ist beim Säugling *nicht nachweisbar*[1], wie auch Fettbildung aus Eiweiß nicht in Frage kommen kann.

Der *Milchzucker* ist für den Säugling der maßgebliche *Brennstoff*, das gleiche gilt für die Kohlenhydrate, die bei künstlicher Ernährung der Kuhmilchverdünnung zugesetzt werden, sowie für die Kohlenhydrate, die beim älteren Säugling der Milchnahrung beigefügt werden. Dies haben auch Erfahrungen an Kälbern gelehrt, die bei Magermilch mit Kohlenhydratzusatz den bei Vollmilchnahrung zu beobachtenden Fettansatz vermissen lassen.

Der Betriebsstoffwechsel des Säuglings vollzieht sich somit bei überwiegender Kohlenhydratverbrennung neben geringer Fettverbrennung bei einem nur geringen Eiweißverbrauch, wie er auch für die kohlenhydratreiche, fett- und eiweißarme Ernährung der Pflanzenfresser und die überwiegende Getreidenahrung des Erwachsenen kennzeichnend ist. So ergibt sich die paradoxe Tatsache, daß *der Säugling im Eiweißminimum lebt* (K. Thomas). Dies setzt ihn in den Stand, die Hauptmenge der resorbierten Fett- und Eiweißstoffe für das Wachstum zu verwerten.

Es handelt sich hier um kontinuierliche Ernährung und einen einphasischen Eiweißstoffwechsel. Es ist auffallend und noch wenig beachtet, daß auch die Fleischfresser ihre stoffwechselphysiologische Laufbahn als Kohlenhydratverbraucher beginnen, um sich im Laufe der Saugperiode zunehmend auf Fett- und Eiweißverbrennung umzustellen. Beim menschlichen Säugling vollzieht sich der Übergang zu kohlenhydratreicher Nahrung unvergleichlich leichter und früher als der Übergang zu Fett-Fleischnahrung[3].

Von den resorbierten *Mineralstoffen* werden Calcium und Phosphor nahezu vollständig für den Ansatz verwendet, während vom resorbierten Na, K, Mg und Cl, mehr oder weniger große Anteile im Harn wieder ausgeschieden werden[4].

[1] Biedert, P.: Jb. Kinderheilkde. **17**, 251 (1881). — Schmidt, A., u. J. Strassburger: Die Faeces des Menschen. 4. Aufl. S. 129. Berlin 1915. — [2] Steuber, M., u. A. Seifert: Arch. Kinderheilkde. **85**, 12 (1928); **87**, 192 (1929). — [3] Lintzel, W.: D. m. W. **1955**, 1047. — [4] Camerer, W. jr.: Z. Biol. **43**, 1 (1902).

Diese Stoffe werden für Regelungen im Betriebsstoffwechsel gebraucht, ebenso das Wasser, von dem nur 4% zum Ansatz gelangen. Das Fortschreiten des Ansatzes von Ca und P bei saugenden Tieren verfolgte RADEFF[1] durch Analyse von saugenden Tieren des gleichen Wurfes in gewissen Zeitabständen.

Der N-Gehalt der Tiere schwankt, da mit dem Wachstum stets erhebliche Schwankungen des Wassergehaltes einhergehen. Der Ansatz von Ca und P hält mit dem anfänglich besonders raschen Wachstum nicht Schritt, so daß eine vorübergehende Verarmung an diesen Mineralstoffen eintritt, die später wieder aufgeholt wird. Bezogen auf den N- bzw. Eiweißbestand der Tiere kommt die Ca- und P-Verarmung im Alter von 5—10 Tagen besonders deutlich zum Ausdruck.

In ähnlicher Weise findet sich bei saugenden Tieren eine Eisenverarmung, die ihren Höhepunkt bei allen untersuchten Arten am Ende der Saugperiode erreicht und als physiologisch zu betrachten ist.

Tabelle 136. Zusammensetzung junger, saugender Hunde (in %) (nach RADEFF[1]).

Alter	100 g Körpersubstanz enthalten g			$\frac{Ca}{P}$	Auf 100 g N entfallen	
Tage	N	Ca	P		Ca	P
0	2,30	0,665	0,379	1,76	28,9	16,4
0	2,30	0,644	0,382	1,67	27,8	16,6
5	2,09	0,370	0.292	1,27	17,7	14,0
10	2,26	0,415	0,325	1,27	18,4	14,4
20	2,21	0,545	0,394	1,38	25,4	18,3
29	1,83	0,443	0,308	1,44	20,7	16,8
42	2,44	0,698	0,367	1,91	28,1	15,3

BUNGE[2] fand beim neugeborenen Kaninchen einen hohen Eisengehalt der Leber, ein Eisendepot, das dem Neugeborenen von der Mutter mitgegeben wird, um die Periode der eisenarmen Milchnahrung zu überbrücken. Spätere Untersuchungen haben gezeigt, daß z. B. Hund[3] und Ratte[4] sehr lebhaft *Eisen aus der Muttermilch* aufnehmen und das von BUNGE bei Kaninchen gefundene große Depot bei anderen Tierarten nicht in annähernd gleicher Höhe wiederzufinden ist. Dagegen kommen die Jungen vieler Arten, so Hund und Katze, mit einem sehr hohen Hämoglobingehalt zur Welt, der für die ersten Lebenswochen in Verbindung mit dem aus der Muttermilch aufgenommenen Eisen das Säuglingswachstum ermöglicht, die erwähnte Verarmung an Eisen am Ende der Saugperiode jedoch nicht verhindern kann[5].

Von allen Tierarten verschiedene Verhältnisse finden sich beim *menschlichen Säugling*[6]. Ein nennenswertes Eisendepot in der Leber ist nicht vorhanden, dagegen ein hoher Hämoglobinbestand, der als Anpassung an den niedrigen Sauerstoffdruck im fetalen Kreislauf zu deuten ist. Das überschüssige Hämoglobin kann zunächst nicht verwertet werden, es wird in den ersten Lebenswochen abgebaut, das freigewordene Eisen in der Leber gespeichert, um später wieder für die Hämoglobinbildung herangezogen zu werden (Abb. 38).

---

[1] RADEFF, T.: Wiss. Arch. Landwirtsch. (B) **3**, 639 (1930). — [2] BUNGE, G.: H. **16**, 173 (1892). — [3] FONTÈS, G., et L. THIVOLLE: C. R. Soc. Biol. **93**, 681, 683 (1925). — [4] SMYTHE, C. V., and R. C. MILLER: J. Nutrit. **1**, 209 (1929). — [5] LINTZEL, W., u. T. RADEFF: Wiss. Arch. Landwirtsch. (B) **6**, 313 (1931). — LINTZEL, W.: Der Eisenstoffwechsel. Ergebn. Physiol. **31**, 883 (1931). — [6] LINTZEL, W., J. RECHENBERGER u. E. SCHAIRER: Z. ges. exp. Med. **113**, 591 (1944). — SCHAIRER, E., u. J. RECHENBERGER: Z. Kinderheilkde. **64**, 255 (1944). — Z. Geburtsh. **130**, 181 (1949). — SCHÄFER, K. H.: Ergebn. inn. Med. (N. F.) **4**, 706 (1935). Der Eisenstoffwechsel. Biol. Daten (BROCK) 2. Aufl. Bd. 1, S. 301—321.

Der Körper des menschlichen Säuglings ist daher in den ersten Lebensmonaten mit überschüssigem Eisen überschwemmt, eine Eisenaufnahme aus der Milch ist nicht erforderlich und findet nicht statt. Erst gegen Ende des ersten Lebenshalbjahres geht der Eisenvorrat zu Ende, und es würde zur Aufnahme von Eisen aus der Milch kommen, wenn nicht gewöhnlich schon eisenreiche Fremdnahrung das Milcheisen entbehrlich machen würde.

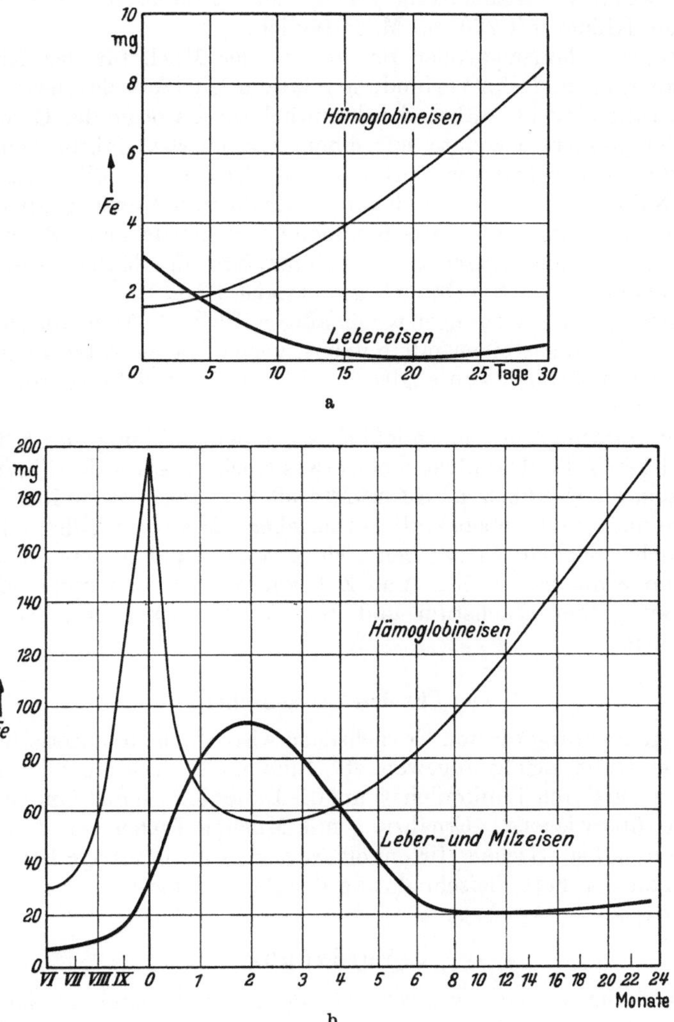

Abb. 38a u. b. Hämoglobineisen und Depoteisen des Säuglings im Verlaufe der Saugperiode, absolute Werte. a Kaninchen (nach LINTZEL u. RADEFF). b Menschlicher Säugling (nach LINTZEL, RECHENBERGER u. SCHAIRER).

β) Für das ältere Kind.

Die Milch der Nutztiere wird seit ältesten Zeiten als Nahrungsmittel verwendet. Allerdings ist die Verwendung zeitweise zurückgetreten, auch sind Völker bekannt, die, obwohl sie Nutztiere besitzen, deren Milch nicht verwenden[1]. Auf dem Lande ein wichtiges Nahrungsmittel, gelangte die Milch nicht in die mittelalterlichen

[1] DEUTSCH-RENNER, H.: Ernährungsgebräuche. S. 277. Wien 1947.

Städte. Erst die neueren schnellen Beförderungsmittel, die neuen technischen Hilfsmittel der Pasteurisierung und Kühlung, die Einrichtung der städtischen Milchhöfe haben es ermöglicht, der Milch den Platz eines unserer wichtigsten Nahrungsmittel zu erobern.

Infolge seines hohen Gehaltes an essentiellen Aminosäuren ist das *Milcheiweiß ein ausgesprochenes Wachstumseiweiß*. Die erforderlichen Mengen sind, worauf BESSAU[1] hinweist, verhältnismäßig gering. Man rechnet bis zu 5 Jahren mit 500, für ältere Kinder mit 250 cm³ Milch täglich.

Als weiterer bedeutungsvoller Bestandteil der Milch für das Kind ist das *Vitamin A* anzusehen, das in Verbindung mit dem Milchfett als eine sichere Größe in die Ernährung eingeht, während bekanntlich die Carotine der Gemüse infolge schwankender Resorptionsquote mit einem Unsicherheitsfaktor behaftet sind.

Ein vierter unentbehrlicher Faktor ist das *Calcium* der Milch, ist diese doch das einzige Nahrungsmittel, das Calcium in wirklich ins Gewicht fallender Menge enthält. Um die sich über lange Kindheitsjahre hinziehende Zahnbildung zu fördern, ist gerade die regelmäßige Calciumzufuhr unerläßlich, die nur durch gewohnheitsmäßigen Milchverbrauch gewährleistet ist.

Die hervorragenden Wirkungen regelmäßiger Milchgaben sind durch zahlreiche, groß angelegte Versuchsreihen mit Kindern verschiedener Altersgruppen sichergestellt, die hauptsächlich von englischen Forschern ausgeführt worden sind, so besonders von MANN[2].

Mit einer Nahrung, die ausschließlich aus einer Mischung von 5 Teilen Vollweizen und 1 Teil Vollmilchpulver neben etwas Kochsalz sowie destilliertem Wasser bestand, konnten CAMPELL u. SHERMAN[3] 59 Generationen weißer Ratten bei bester Gesundheit und Lebenskraft heranziehen. Mit roher Milch allein ist eine Aufzucht nicht möglich, es ergeben sich Anämien und andere Schäden, doch konnten Hunde mit roher Milch und Zulagen von Eisen, Kupfer, Mangan und Lebertran zu gutem Wachstum und zur Fortpflanzung in 2 Trächtigkeiten gebracht werden[4].

γ) Für den Erwachsenen.

Als einzige Nahrung für den Erwachsenen wird Milch zu diätetischen Zwecken vorübergehend mit Erfolg angewendet. Eine volle Deckung aller Bedürfnisse des Erwachsenen durch Trinkmilch ist auf die Dauer jedoch nicht möglich, dagegen kommt eine überwiegende Ernährung mit Milch*produkten* bei alpinen Sennen, afrikanischen und sibirischen Hirtenvölkern vor. Eine derartige Ernährung steht in Parallele zu der Fett-Fleischnahrung der Jägervölker.

1. Verdauung.

Maßgeblich für die *Verdauung der Kuhmilch im Magen* sind vor allem Fistelversuche, so die von TOBLER[5] und anderen Forschern am Hunde ausgeführten. Die Milch gerinnt unter dem Einfluß der Pepsinsalszäure, nur Teile gelangen unver-

[1] BESSAU, G.: Lehrb. Kinderheilkde. (FEER) 14. Aufl. S. 17. Jena 1942. — [2] MANN, H. C. C.: J. R. Inst. publ. Hlth. **2**, 486 (1939). — LEIGHTON, G., and P. L. MCKINLAY: Milk Consumption and the Growth of School Children. Edinburgh 1930. — ROBERTS, L. J., S. ENGLEBRECHT, R. BLAIR, W. WILLIAMS and M. SCOTT: Amer. J. Dis. Children **56**, 805 (1938). — [3] CAMPBELL, H. L., and H. C. SHERMAN: Amer. J. Physiol. **144**, 717 (1945). — [4] ANDERSON, H. D., C. A. ELVEHJEM and J. E. GONCE jr.: J. Nutrit. **20**, 433 (1940). — [5] TOBLER, L.: H. **45**, 185 (1905). Ergebn. inn. Med. **1**, 495 (1908). — TOBLER, (L.), u. H. BOGEN: Mschr. Kinderheilkde. **7**, 12 (1908). — LEVITES, S.: H. **49**, 273 (1906). — FOÀ, C.: Arch. Fisiol. **5**, 34 (1908). — GAUCHER, L.: Cr. **148**, 361 (1909). C. R. Soc. Biol. **66**, 25 (1909). — SCHMIESING, T.: H. **112**, 295 (1921). — ZAHN, K. A.: Jb. Kinderheilkde., **96** 259 (1921).

ändert in das Duodenum. Aus dem Gerinnsel werden fettfreie Molken an das Duodenum abgegeben. Im Magen verbleibt ein mehr oder weniger weicher, fetthaltiger Klumpen, der durch Pepsinsalzsäure und Magenlipase verdaut wird. „Freie Salzsäure" tritt dabei nicht auf. Die Fettverdauung erreicht etwa 10% ; Milch ist demnach kein Getränk im üblichen Sinne, das den Magen schnell verläßt, sondern eine Speise in flüssiger Form, wie ja auch ein Trinkei kaum als Getränk aufgefaßt werden kann. Mißverstandene Auffassung der Milch als Getränk kann bei großem Durst zu ernsten Verdauungsstörungen führen.

Die Weichheit und Feinheit des Gerinnsels im Magen ist entscheidend für die Bekömmlichkeit der Milch und ihre Verweildauer im Magen, die 6—7 Std betragen kann. Pasteurisierte Milch liefert ein weicheres Gerinnsel[1], besonders günstig wirkt sich das Homogenisieren der Milch aus[2]. Prüfungen der Trinkmilch auf Härte („Tension") der Gerinnsel und deren Zahl, die möglichst hoch sein soll, werden in den Vereinigten Staaten mittels des *curd tension test* und *curd number test* ausgeführt. Homogenisierte Milch mit guten Testwerten wird in den amerikanischen Großstädten in größtem Stile hergestellt und hat zu einer erheblichen Steigerung des Milchverbrauches geführt. Die Testwerte der Frauenmilch werden jedoch durch Kuhmilch nicht erreicht. Magermilch liefert ein hartes Gerinnsel.

Im *Dünndarm* wird die Verdauung weitergeführt und auch unverändert übergegangene Milch verdaut. Die Reaktion des Dünndarminhaltes ist bei Milchnahrung sauer und nähert sich erst im unteren Abschnitt dem Neutralpunkt, um im Dickdarm als Folge von Gärungsvorgängen wieder sauer zu werden. Im Dünndarm wird auch der Milchzucker, der als Disaccharid nicht resorbierbar ist, gespalten. Das erforderliche Ferment Lactase ist beim Erwachsenen mitunter nicht oder nicht in ausreichender Menge vorhanden, soll aber bei regelmäßigem Milchgenuß gebildet werden. Nichtsäugetiere, wie das Huhn, bilden keine Lactase[3]. Bei Lactasemangel wird der Milchzucker bakteriell zersetzt und kann eine Gärungsdyspepsie hervorrufen. Die Abneigung vieler Erwachsener gegen Milch dürfte auf Eigenbeobachtungen dieser Art beruhen, auch wenn sie subjektiv fälschlich mit Abneigung gegen den Milchgeschmack begründet wird.

Der *Kuhmilchkot* des Erwachsenen und des Säuglings zeigen große Ähnlichkeit. Der Kot-N beläuft sich im Mittel auf 1,11 g N und überschreitet nur wenig den Wert von 0,7—1,1 g N bei eiweißfreier Nahrung. Die sog. *wahre Verdaulichkeit* ergab sich für das Eiweiß von Sommermilch und Wintermilch gleichlautend zu 99—100%, für Magermilch zu 93%, wobei alle Milcharten gekocht waren[4]. Das Fett des Milchkotes liegt vorwiegend als Fettsäuren und Seifen, nur zu 25% als Neutralfett vor. Auffallend ist der hohe Mineralgehalt des Milchkotes, der mit 27—35% Asche in der Trockensubstanz etwa 3mal so hoch ist wie bei gemischter Kost. Hauptbestandteile der Asche sind Ca und P.

2. Nährwert.

Das *Fett* der Milch ist als das bekömmlichste aller Speisefette anzusehen, wie sich besonders aus klinischen Erfahrungen bei Störungen der Fettverdauung ergibt. Die besonderen Eigenschaften werden der feinen Verteilung in Form der

---

[1] PETERSEN, N., u. B. SPUR: Molkerei-Ztg., Hildesheim **3**, 59 (1949) [C. **1950 I**, 237]. — [2] ADAM, A.: Milchwiss. **5**, 283 (1950). — THEOPHILUS, D. R., H. C. HANSEN and M. B. SPENCER: J. Dairy Sci. **17**, 519 (1934). — CAULFIELD, W. J., and W. H. MARTIN: Milk Plant Monthly **23**, 24 (1934) [C. **1935 I**, 1465]. — [3] LENKEIT, W., u. M. BECKER: Z. Tierernähr. Futterm.-kde. **2**, 15 (1939). — [4] NEVENS, W. B., and D. D. SHAW: J. Nutrit. **6**, 139 (1933). — SUMNER, E. O., and J. R. MURLIN: J. Nutrit. **16**, 141 (1938). — LINTZEL, W., u. J. RECHENBERGER: Dtsch. Z. Verd.- u. Stoffw.-Krankh. **12**, 31 (1952).

Fettkügelchen und der Anwesenheit der Glycerinester der Fettsäuren von Capronsäure bis Myristinsäure zugeschrieben[1]. Eine besondere Wachstumswirkung wird der Sommermilch zugeschrieben[2], als wirksamer Faktor wurde auch die *Vaccensäure* angesehen, doch hat sich diese Vermutung nicht bestätigt (s. S. 347).

Die Aufbau- und Wachstumswirkung des Milcheiweißes, die auf dem hohen Gehalt an essentiellen Aminosäuren und deren adäquaten Mischungsverhältnis beruht, bewährt sich auch beim Erwachsenen bei der *Regeneration* nach schweren Eiweißverlusten[3] sowie bei Frauen in der Zeit der Schwangerschaft und Lactation. Ist ein Regenerationsbestreben durch vorangegangene Eiweißverluste nicht vorhanden, so wird beim Erwachsenen unter kohlenhydratreicher Ernährung mit 46,3 g Milcheiweiß Stickstoffgleichgewicht erzielt. Bei Zulage von 15 g Glutaminsäure täglich ging der Bedarf an Milcheiweiß auf 23,4 g zurück. In dieser Menge sind somit die Mindestmengen aller essentiellen Aminosäuren vorhanden, während der Bedarf an nicht essentiellen Aminosäuren vom Typ der Glutaminsäure und des Prolins durch diese Milcheiweißgabe nicht gedeckt wird[4].

Der *Milchzucker* ist in der Ernährung des Erwachsenen den übrigen gebräuchlichen Kohlenhydraten, besonders der Stärke und dem Rohrzucker, nicht ebenbürtig. Er kann Verdauungsstörungen hervorrufen und sein Galaktoseanteil weicht ernährungsphysiologisch von anderen Monosacchariden der Nahrung ab. In allerdings unphysiologisch hohen Gaben an Ratten verfüttert, ruft Galaktose histologische Veränderungen peripherer Nerven und Katarakt hervor[5]. Es dürfte kein Zufall sein, daß bei der Herstellung der Milchprodukte, wie Butter und Käse, der Milchzucker mehr oder weniger weitgehend entfernt wird und die Verwertung der Molke auf Schwierigkeiten stößt.

Die beste Verwendung der Milch in der Ernährung des Erwachsenen erfolgt in Kostformen, die der diätetisch vorzüglich bewährten *lactovegetabilen Kost* nahekommen. Sie dient hier dazu, die eiweißarme Getreide-Gemüsenahrung mit Eiweiß anzureichern und eine Regeneration von Körpereiweiß bei etwaigen Verlusten zu ermöglichen, und erfüllt somit den gleichen Zweck wie eine Fleisch- oder Fischbeigabe. In einer überwiegenden Fleisch-Fettnahrung kann sich die Milch dagegen erfahrungsgemäß schwerlich behaupten, hier sind die Milchprodukte wesentlich besser geeignet.

k) Pasteurisierte Milch, Milchprodukte.

Die Milch bildet einen vorzüglichen Nährboden für Mikroorganismen. Neben den harmlosen Milchsäurebakterien und einer Reihe von Luft-, Boden- und Darmbakterien können vom Tier stammende oder vom Menschen nachträglich eingebrachte Krankheitserreger vorhanden sein. Da unter diesen solche mit hitzeresistenten Sporen nicht vorhanden sind, genügt eine verhältnismäßig geringe Wärmeeinwirkung zu ihrer Vernichtung.

Nachdem die Milch Filtereinrichtungen oder eine Reinigungszentrifuge durchaufen hat, in der Schmutzteilchen, Epithelien, Leukocyten und größere Casein-

[1] Schantz, E. J., R. K. Boutwell, C. A. Elvehjem and E. B. Hart: J. Dairy Sci. **23**, 1201, (1940). — [2] Kohler, G. O., C. A. Elvehjem and E. B. Hart: J. Nutrit. **14**, 131 (1937). — [3] Bürger, M.: M. m. W. **1950**, 9. — [4] Lintzel, W., u. J. Rechenberger: Dtsch. Z. Verd.- u. Stoffw.- Krankh. **12**, 31 (1952). — Lintzel, W.: D. m. W. **1955**, 1047. — [5] Guha, B. C.: Biochem. J. **25**, 1367, 1385 (1931). — Yudkin, A. M., and C. H. Arnold: Proc. Soc. exp. Biol. Med. **32**, 836 (1935). — Bertrand, I., et R. Lecoq: Bull. Sci. pharmacol. **48**, 251 (1941). — Ershoff, B. H.: Proc. Soc. exp. Biol. Med. **63**, 73 (1946). Physiol. Rev. **28**, 107 (1948). — Handler, P.: J. Nutrit. **33**, 221 (1947).

teilchen als „Zentrifugenschlamm“, etwa 0,01% der Milch betragend, abgeschieden werden, wird sie pasteurisiert. Man unterscheidet:

Dauererhitzung 63—65° während 30 min,
Moment- oder Kurzzeiterhitzung in dünner Schicht auf 71—74°,
Hocherhitzung 85° bis zu 1 min.
Anschließend wird die Milch tief gekühlt.

Beim *Pasteurisieren* gehen etwa 10% Vitamin B_1 und 20% Vitamin C verloren, während Vitamin B_2, Vitamin A und Carotin voll erhalten bleiben[1]. Auch die Verdaulichkeit des Calciums sowie Nährwert und Verdaulichkeit der Proteine bleiben unbeeinflußt. Nicotinsäureamid, Biotin, Pyridoxin und Pantothensäure überstehen die Behandlung ohne Schaden[2], auch das Vitamin D gilt als beständig. Dagegen soll Vitamin E geschädigt werden[3], wie Versuche an Hunden mit pasteurisierter Milch und noch deutlicher mit evaporierter Milch ergaben. Diese Befunde sind jedoch nach KON[4] nicht eindeutig und bedürfen weiterer Untersuchung. Erhebungen an Kindern im Alter von 10 Monaten bis zu 12 Jahren, die sich über 6 Jahre erstreckten, haben gezeigt, daß tatsächlich keinerlei nachteilige Folgen der ausschließlichen Verwendung pasteurisierter Milch im Vergleich zu roher festzustellen waren[5]. Die Häufigkeit von Diphtherie und Scharlach war mit roher Milch größer.

Kondensmilch und *pasteurisierte Vollmilch* werden vom Säugling gleich gut vertragen, Homogenisierung und Sterilisierung der Kondensmilch waren ohne Einfluß auf das Gedeihen; die Infektionshäufigkeit war bedeutend geringer[6]. Die wegen ihrer Haltbarkeit beliebte *Sterilmilch* wird bei 117° sterilisiert, wobei die Vitamine A, B_1, B_2 und C erheblich geschädigt werden[7].

Trotz des hohen Standes der technischen Bearbeitung der Milch in den Kulturländern steht fest, daß die beste Bearbeitung eine von Anfang an hygienisch gewonnene Milch nicht zu ersetzen vermag. Unter besonderen Vorsichtsmaßregeln von tierärztlich überwachten Kühen und durch ärztlich untersuchtes Personal gewonnene Milch, die weniger als 50000 Keime im cm^3 enthält, wird als *Säuglingsmilch, Kindermilch* oder *Vorzugsmilch* in den Handel gebracht.

Die Herstellung der *Milchprodukte* verfolgt den Zweck, aus der vergänglichen Milch dauerhaftere Erzeugnisse (Kondensmilch, Trockenmilch, Käse, Butter) zu gewinnen, den für manche Personen unverträglichen Milchzucker zu entfernen oder mehr oder weniger abzubauen (Butter, Käse, Sauermilch, Yoghurt, Kumys) oder neue Geschmackswerte zu gewinnen (Sahne, Butter, Käse, Sauermilch Yoghurt, Kumys).

Unter den *Sauermilchprodukten*[8] wird Dickmilch am meisten verwendet. Sie ist einfach herzustellen, seit dem Altertum bekannt und über die ganze Erde verbreitet. In *Buttermilch*, die im übrigen ein wertvolles Nahrungsmittel ist, fanden sich unbefriedigende Vitaminwerte, sie verhinderte nicht Skorbut bei Meerschweinchen und Beriberi bei Tauben[9]. *Kefir*[10], eine aus dem Kaukasus stammende Milchzubereitung, enthält 1,15% Milchsäure, 1,65% Alkohol und 2,2% Milchzucker. Da er stark moussiert, ist er im Handel schwer zu vertreiben.

[1] HOUSTON, J., S. K. KON and S. Y. THOMPSON: J. Dairy Res. **11**, 67 (1940). — KON, S. K.: J. Dairy Res. **9**, 242 (1938); **11**, 196 (1940); **13**, 216 (1943). — [2] HODSON, A. Z.: J. Nutrit. **27**, 415 (1944); **29**, 137 (1945). — [3] ANDERSON, H. D., C. A. ELVEHJEM and J. E. GONCE jr.: J. Nutrit. **20**, 433 (1940). — [4] KON, S. K.: Brit. med. Bull. **5**, 170 (1947/48). — HARRIS, P. L., M. L. QUAIFE and P. O'GRADY: J. Nutrit. **46**, 459 (1952). — [5] FRANK, L. C., F. A. CLARK, W. H. HASKELL, M. M. MILLER, F. J. MOSS and R. C. THOMAS: Publ. Hlth. Rep. **47**, 1951 (1932). — [6] DROESE, W., u. H. STOLLEY: Mschr. Kinderheilkde. **101**, 285 (1953). — [7] WAGNER, K.-H.: Milchwiss. 8, 364 (1953). — [8] HEUPKE, W.: Milchwiss. **6**, 279 (1951). — [9] ROLLET, G. M. J., et V. EDEL: Cr. **223**, 763 (1946). — [10] SCHULZ, M. (E.): Milchwiss. **1**, 19 (1946).

Eine Sauermilch, in der Bacterium bulgaricum und Thermobacterium Yoghurt vorkommen, ist der in Bulgarien beheimatete *Yoghurt*. METSCHNIKOFF[1] schreibt ihm eine fäulniswidrige Wirkung auf den Darm und dadurch eine lebensverlängernde Wirkung zu, wodurch Yoghurt weitere Verbreitung fand. Nach BAUMGÄRTEL[2] ist die Milchsäure der wirksame Faktor. Eine Störung der normalen Coliflora ist möglich.

Tabelle 137. Zusammensetzung und physiologisch nutzbare Calorien von Milch und Milchprodukten (g bzw. Cal in 100 cm³)[3].

	Wasser	N 6,37	Fett	Lactose	Mineral-stoffe	Nutzbare Calorien
Frauenmilch	87,6	2,0	3,7	6,4	0,2	68
Kuhmilch	87,3	3,4	3,7	4,9	0,8	67
Ziegenmilch	86,9	3,8	4,1	4,6	0,9	70
Schafmilch	83,6	5,2	6,2	4,2	0,9	94
Kondensmilch mit Zucker	26,4	10,5	10,1	51,0	2,0	339
Kondensmilch ohne Zucker	61,5	11,2	11,4	14,0	2,0	206
Trockenvollmilch	3,0	23,1	23,1	42,4	8,5	474
Magermilch	90,5	4,0	0,1	4,7	0,8	37
Magermilchpulver	4,0	35,5	1,5	45,6	7,8	330
Rahm, süßer	72,3	3,5	10,0	4,0	0,6	124
Butter	13,5	0,8	83,7	0,6	1,6	761
Buttermilch	90,1	3,9	1,0	4,2	0,7	42
Rahmkäse	39,9	20,6	35,0	1,1	3,5	393
Fettkäse	36,3	26,2	29,5	3,4	3,5	381
Halbfetter Käse	40,2	29,1	24,4	2,1	4,2	346
Magerkäse	43,1	35,6	12,4	4,2	4,7	283
Sauermilchkäse	52,4	36,6	6,0	0,9	4,1	222
Frischer Quark	76,4	17,2	3,1	4,0	1,0	98
Molke	93,6	0,8	0,2	4,8	0,6	24

Aus Stutenmilch wird bei kirgisischen und tatarischen Völkern der *Kumys*[4] hergestellt, eine homogene, weiße, stark gasierte Flüssigkeit von angenehm saurem Geschmack und aromatischem Geruch. Die typische Gärung wird durch Bacillus Orenburgii oder bulgaricus in Symbiose mit Torula Kumys hervorgerufen. Die Lactose wird fast vollständig vergoren, der Alkoholgehalt erreicht 2,5—3%, 30—40% des Milcheiweißes sind peptonisiert. Aus Kuhmilch kann Kumys nicht hergestellt werden, weil das Casein stört. Zuweilen gelingt die Herstellung aus Ziegenmilch. Die in Skandinavien gebrauchte *Taettemilch* ist eine milchsäurereiche, etwas fadenziehende Dickmilch mit geringem Alkoholgehalt, *Mysost* ein norwegischer Molkenkäse[5].

[1] METSCHNIKOFF, E.: La prolongation de la vie. Paris 1902. — [2] BAUMGÄRTEL, T.: Klinische Darmbakteriologie. S. 113. Stuttgart 1954. — [3] Vgl. die Handbücher der Milchkunde. Weitere Angaben bei SCHALL, H.: Nahrungsmitteltabelle, 16. Aufl. Leipzig 1954. — [4] HOROWITZ-WLASSOWA, L.: Zbl. Bakteriol. (II) **64**, 329 (1925). — [5] WEKRE, E.: Süddtsch. Molkerei-Ztg. **68**, H. 10 (1947).

VI. Chemische Regulationen im Stoffwechsel.

1. Die physiologische Chemie der inneren Sekretion[1–313].

von K. JUNKMANN, Berlin.

Inhaltsverzeichnis.

Zusammenfassende Darstellungen (1—313). *1. Einführungen:* [1] ABDERHALDEN, R.: Vitamine, Hormone, Fermente. 4. Aufl. Basel 1953. — [2] ABDERHALDEN, R.: Die Hormone. Berlin, Göttingen, Heidelberg 1952. — [3] AMMON, R., u. W. DIRSCHERL: Fermente, Hormone, Vitamine und die Beziehungen dieser Wirkstoffe zueinander. 2. Aufl. Leipzig 1948. — [4] AUERSWALD, W.: Wirkstoffe. Fermente, Vitamine, Hormone. Bd. 4. Wien 1949. — [5] BRETSCHNEIDER, L. H., and J. J. DUYVENÉ DE WIT: Sexual Endocrinology of Non-Mammalian Vertebrates. New York 1947. — [6] COBB, I. G.: The Glands of Destiny. (The Internal Secretions and their Action. The Role of the Glands in Forming Character and Personality.) 3. Aufl. London 1947. — [7] GOLDZIEHER, M. A.: The Endocrine Glands. New York 1944. — [8] HARROW, B.: One Family. Vitamins, Enzymes, Hormones. Minneapolis 1950. — [9] HOSKINS, R. G.: Die Hormone im Leben des Körpers. Deutsch von W. v. DRIGALSKI. Leipzig 1934. — [10] HUTTON, J. H.: War Endocrinology. Chicago 1943. — [11] JORES, A.: Hormone bei Pflanze, Tier und Mensch. Hamburg 1948. — [12] KLINGER, F.: Vitamine und Hormone. Schloß Bleckede a. d. Elbe 1948. — [13] KRUIF, P. DE: The Male Hormone. New York 1945. — [14] SACK, H.: Innere Sekretion. Hamburg 1949. — [15] SANDOZ, L. M.: Hormones. Neuchâtel 1949. — [16] SANDOZ, L. M.: Hormones et Vitamines. Lausanne 1946. — [17] SCHOONENS, J. G.: Hormonen. Amsterdam 1947. — [18] SCHWEIGART, H. A.: Vitamine und Hormone. Hannover 1948.

2. Anatomie, Physiologie und Pathologie: [19] ASHER, L.: Innere Sekretion. Basel 1945. — [20] BARGMANN, W.: Innersekretorische Drüsen: I. Schilddrüse, Epithelkörperchen, LANGERHANSsche Inseln. Handb. mikroskop. Anat. (v. MÖLLENDORFF) Bd. 6/2. — [21] BEACH, F. A.: Hormones and Behaviour. New York 1948. — [22] FØNSS-BECH, P.: A Study on Growth Hormone of Anterior Pituitary Lobe. Copenhagen 1947. — [23] BIASCO, F.: Metabolismo del calcio, paratormone e vitamina D. Galatina 1949. — [24] BUDDENBROCK, W. v.: Vergleichende Physiologie. Bd. IV. Hormone. Basel 1950. — [25] BURROWS, H.: Biological Action of Sex Hormones. London, New York 1945. 2. Aufl. 1949. — [26] CORNER, G. W.: Les hormones dans la reproduction sexuelle. Paris 1949. — [27] COURRIER, R.: Endocrinologie de la gestation. Paris 1945. — [28] GAARENSTROOM, J. H., and S. E. DE JONGH: Contribution to the Knowledge of the Influences of Gonadotropic and Sex Hormones on the Gonads of Rats. Amsterdam 1946. — [29] GALLAGHER, T. F.: The Chemistry and Physiology of Hormones. Publ. amer. Ass. Adv. Sci. **1944**, 186—194. — [30] HARINGTON, C. R.: The Thyroid Gland; its Chemistry and Physiology. London 1933. — [31] JENSEN, H. F.: Insulin, its Chemistry and Physiology. New York 1938. — [32] LACASSAGNE, A.: Radiophysiologie expérimentale, cancer et hormones. Pt. 6. Étude de la cancérisation par les substances chimiques exogènes. Paris 1947. — [33] LIPSCHÜTZ, A.: Steroid Hormones and Tumors. Baltimore 1950. — [34] MAISIN, J.: Cancer. Vol. I. Hérédité, hormones, substances cancérigènes. Paris 1948. — [35] MANSFELD, G.: The Thyroid Hormones and their Action. London 1949. — [36] MOULTON, F. R. (Hrsg).: The Chemistry and Physiology of Hormones. Washington 1944. — [37] RAAB, W.: Hormone und Stoffwechsel. (Die Bedeutung der Hormone für den Stoffhaushalt tierischer u. pflanzlicher Organismen.) Freising, München 1926. — [38] ROGOFF, J. M.: Endocrinology. Pittsburgh 1945. — [39] ROMEIS, B.: Innersekretorische Drüsen. II. Hypophyse. Handb. mikroskop. Anat. (v. MÖLLENDORFF) Bd. 6/3. — [40] SAMUELS, J.: Die Hormonversorgung des Foetus. Leiden 1947. — [41] SAMUELS, J.: Die hormonalen Aspekte des Fortpflanzungsprozesses. Amsterdam 1946. — [42] SAMUELS, L. T.: Nutrition and Hormones. Springfield, Ill. 1947. — [43] TAUSK, M.: De Hormonen. 2 Bde. Utrecht 1941; 1943. — [44] VINCKE, E.: Der Wirkungsmechanismus von Hormonen. Leipzig 1950. — [45] VISSCHER, M. DE: La régulation hormonale du métabolisme et la vitamine A. Paris 1946. — [46] WERLE, E.: Das Schicksal der Hormone im Organismus. Chemie **56**, 305—316 (1943). — [47] YOUNG, H. H.: Genital Abnormalities. Hermaphroditism and Related Adrenal Diseases. London 1937.

---

3. Größere, ältere Werke: [48] BIEDL, A.: Innere Sekretion. 4. Aufl. Bd. I/1 u. III. Berlin, Wien 1922. — [49] Physiologie und Pathologie der Hormonorgane. Handb. Physiol. Bd. 16/1. — [50] FALTA, W.: Die Erkrankung der Blutdrüsen. 2. Aufl. Berlin 1928. — [51] LAQUER, F.: Hormone und innere Sekretion. Dresden, Leipzig 1934. — [52] REISS, M.: Die Hormonforschung und ihre Methoden. Berlin, Wien 1934. — [53] TRENDELENBURG, P.: Die Hormone, ihre Physiologie und Pharmakologie. a) Band 1, Keimdrüsen, Hypophyse, Nebennieren. Berlin 1929; b) Band 2, Schilddrüse, Nebenschilddrüsen, Inselzellen der Bauchspeicheldrüse, Thymus, Epiphyse. Hrsg. O. KRAYER. Berlin 1934.

4. Größere, neuere Werke: [54] GROLLMAN, A.: Essentials of Endocrinology. 2nd ed. Philadelphia 1947. — [55] HARROW, B., and C. P. SHERWIN: The Chemistry of the Hormones. London 1935. — [56] FIESER, L. F., and M. FIESER: Natural Products Related to Phenanthrene. 3. Aufl. New York 1949. — [57] HOSKINS, R. G.: Endocrinology; the Glands and their Functions. New York 1941. Endocrinology. New York 1950. — [58] MEDVEDEVA, N. B.: Experimental Endocrinology (russ.). Kiew 1946. — [59] PINCUS, G., and K. V. THIMANN: The Hormones. Physiology, Chemistry and Applications. Vol. I. New York 1948. Vol. II. New York 1950. Vol. III. New York 1955. — [60] RANGASWAMI, S., and T. R. SESHADRI: Chemistry of Vitamins and Hormones. Waltair, South India 1946. — [61] SELYE, H.: Textbook of Endocrinology. 2. Aufl. Montreal 1949. — [62] SIVADJIAN, J.: La chimie des vitamines et des hormones. Paris 1949. — [63] THOMPSON, W. O., and T. D. SPIES: The 1946 Year Book of Endocrinology, Metabolism and Nutrition. Endocrinology. Chicago 1947. — [64] TURNER, C. D.: General Endocrinology. Philadelphia 1948; 2. Aufl. 1955. — [65] VERZÁR, F.: Lehrbuch der inneren Sekretion. Liestal 1948. — [66] WILLIAMS, R. H. (Hrsg.): Textbook of Endocrinology. Philadelphia 1950.

5. Handbücher: [67] BERBLINGER, W.: Pathologie und pathologische Morphologie der Hypophyse des Menschen. Handb. inn. Sekretion (HIRSCH) Bd. 1. — [68] Drüsen mit innerer Sekretion. Handb. path. Anat. Histol. (HENKE-LUBARSCH) Bd. 8. — [69] KRAUS, E. J.: Die Hypophyse. Handb. path. Anat. Histol. (HENKE-LUBARSCH) Bd. 8, S. 810. — [70] HIRSCH, M.: Eine umfassende Darstellung der Anatomie, Physiologie und Pathologie der endokrinen Drüsen. Handb. inn. Sekretion (HIRSCH). Bd. 1: Normale und pathologische Anatomie. Embryologie und Histologie der endokrinen Drüsen. 1932. Bd. 2: Normale und pathologische Physiologie der endokrinen Drüsen. Bd. 2/1, 1929. Bd. 2/2, 1933. Bd. 3: Klinische Pathologie und Therapie der endokrinen Drüsen. Bd. 3/1, 1928. Bd. 3/2, 1933. — [71] MILLER, J: Weibliche Geschlechtsorgane. III. Teil: Die Krankheiten des Eierstocks. Handb. path. Anat. Histol. (HENKE-LUBARSCH) Bd. 7/3, 1937. — [72] LESSER, E. J.: Das endokrine System. Handb. Biochem. Bd. 9, S. 159—229. — LEDEBUR, J. v. Frhr.: Handb. Biochem. Erg.-W. Bd. 3, S. 907—956. — [73] SELYE, H.: Encyclopedia of Endocrinology. Section I. Classified Index of Steroid Hormones and Related Compounds. Vol. 1—4. Montreal 1943. — [74] SELYE, H.: The Ovary. Encyclopedia of Endocrinology. Section IV. Vol. 7. Ovarian Tumors and Vol. 7 (References). Montreal 1946.

6. Referate und Jahresreferate: [75] ACHER, R., et C. FROMAGEOT: Chimie des hormones neurohypophysaires. Ergebn. Physiol. **48**, 286 (1955). — [76] ALBERT, A.: Thyroid gland. Ann.

Rev. Physiol. **14**, 481 (1952). — [77] Allen, E.: Sex and Internal Secretions. A Survey of Recent Research. London 1933. 2. Aufl. 1939. — [78] Astwood, E. B., M. S. Raben and R. W. Payne: Chemistry of corticotrophin. Recent Progr. Hormone Res. **7**, 1 (1952). — [79] Axelrod, L. R.: The chromatographic fractionation and identification of compounds related to estrogens. Recent Progr. Hormone Res. **9**, 69 (1954). — [80] Bacq, Z. M.: Metabolism of adrenalin. Pharmacol. Rev. **1**, 1 (1949). — [81] Baker, B. L.: A comparison of the histological changes induced by experimental hyperadrenocorticalism and inanition. Recent Progr. Hormone Res. **7**, 331 (1952). — [82] Bartter, F. C.: The parathyroids. Ann. Rev. Physiol. **16**, 429 (1954). — [83] Bates, R. W.: Spectrophotometric and fluorometric methods for determination of estrogenic steroids. Recent Progr. Hormone Res. **9**, 95 (1954). — [84] Blaxter, K. L.: Some effects of thyroxine and iodinated casein on dairy cows, and their practical significance. Vitamins & Hormones **10**, 217 (1952). — [85] Bodenstein, D.: Endocrine mechanisms in the life of insects. Recent Progr. Hormone Res. **10**, 157 (1954). — [86] Bodo, R. C. de, and M. W. Sinkoff: Anterior pituitary and adrenal hormones in the regulation of carbohydrate metabolism. Recent Progr. Hormone Res. **8**, 511 (1953). — [87] Borth, R., and H. de Watteville: Hormone assays in obstetrics and gynecology. Vitamins & Hormones **10**, 141 (1952). — [88] Bradbury, R. B., and D. E. White: Estrogens and related substances in plants. Vitamins & Hormones **12**, 207 (1954). — [89] Bullough, W. S.: Hormones and mitotic activity. Vitamins & Hormones **13**, 261 (1955). — [90] Bush, I. E.: The possibilities and limitations of paper chromatography as a method of steroid analysis. Recent Progr. Hormone Res. **9**, 321 (1954). — [91] Cameron, A. T:. Recent Advances in Endocrinology. Philadelphia. 5. Aufl. 1945; 6. Aufl. 1948. — [92] Chang, M. C., and G. Pincus: Physiology of fertilization in mammals. Physiol. Rev. **31**, 1 (1951). — [93] Code, C. F.: The inhibition of gastric secretion. Pharmacol. Rev. **3**, 59 (1951). — [94] Conn, J. W., and S. S. Fajans: The pituitary-adrenal system. Ann. Rev. Physiol. **14**, 453 (1952). — [95] Conn, J. W., S. S. Fajans, L. H. Louis, H. S. Seltzer and H. D. Kaine: A comparison of steroidal excretion and metabolic effects induced in man by stress and by ACTH. Recent Progr. Hormone Res. **10**, 471 (1954). — [96] Courrier, R.: Interactions between estrogenes and progesterone. Vitamins & Hormones **8**, 179—214 (1950). — [97] Crowfoot, D.: X-Ray crystallography and sterol structure. Vitamins & Hormones **2**, 409—461 (1944). — [98] Deane, H. W., and A. M. Seligman: Evaluation of procedures for the cytological localization of ketosteroids. Vitamins & Hormones **11**, 173 (1953). — [99] Dedman, M. L., T. H. Farmer, P. Morris and C. J. O. R. Morris: Purification of the pituitary adrenocorticotrophic hormone. Recent Progr. Hormone Res. **7**, 59 (1952). — [100] Djerassi, C.: Syntheses of cortisone and related steroids. Vitamins & Hormones **11**, 205 (1953). — [101] Dodds, E. C.: Hormones in cancer. Vitamins & Hormones **2**, 353—359 (1944). — [102] Doisy, E. A., and D. W. MacCorquodale: The hormones. Ann. Rev. **5**, 315—354 (1936). — [103] Dorfman, R. I.: Steroids and tissue oxidation. Vitamins & Hormones **10**, 331 (1952). The bioassay of adrenocortical hormones. Recent Progr. Hormone Res. **8**, 87 (1953). Neutral steroid hormone metabolism. Recent Progr. Hormone Res. **9**, 5 (1954). Bioassay of steroid hormones. Physiol. Rev. **34**, 138 (1954). — [104] Dougherty, T. F.: Studies of the antiphlogistic and antibody suppressing functions of the pituitary adrenocortical secretions. Recent Progr. Hormone Res. **7**, 307 (1952). Effect of hormones on lymphatic tissue. Physiol. Rev. **32**, 379 (1952). — [105] Dyke, H. B. van, K. Adamsons jr. and S. L. Engel: Aspects of the biochemistry and physiology of the neurohypophyseal hormones. Recent Progr. Hormone Res. **11**, 1 (1955). — [106] Engel, F. L.: The anterior pituitary and adrenal cortex. Ann. Rev. Physiol. **15**, 397 (1953). — [107] Engel, L. L., and B. Baggett: Estimation of alcoholic steroids. Recent Progr. Hormone Res. **9**, 251 (1954). — [108] Engle, E. T.: Aspects of aging as reflected in the human ovary and testis. Recent Progr. Hormone Res. **11**, 291 (1955). — [109] Ershoff, B. H.: Nutrition and the anterior pituitary with special reference to the general adaptation syndrome. Vitamins & Hormones **10**, 79 (1952). — [110] Euler, U. S. von: The nature of adrenergic nerve mediators. Pharmacol. Rev. **3**, 247 (1951). — [111] Evans, H. M.: Endocrine glands: gonads, pituitary, and adrenals. Ann. Rev. Physiol. **1**, 577—652 (1939). Glandular Physiology and Therapy. S. 19—32. Chicago 1935. — [112] Fatt, P.: Biophysics of junctional transmission. Physiol. Rev. **34**, 674 (1954). — [113] Folkers, K., and D. E. Wolf: Chemistry of vitamin B_{12}. Vitamins & Hormones **12**, 1 (1954). — [114] Folley, S. J.: Aspects of pituitary-mammary gland relationships. Recent Progr. Hormone Res. **7**, 107 (1952). — [115] Fraenkel-Conrat, H.: The chemistry of the hormones. Ann. Rev. **12**, 273—304 (1943). — [116] Freud, J., E. Laqueur and O. Mühlbock: Hormones. Ann. Rev. **8**, 301—348 (1939). — [117] Fried, J., R. W. Thoma, D. Perlman, J. E. Herz and A. Borman: The use of microorganisms in the synthesis of steroid hormones and hormone analogues. Recent Progr. Hormone Res. **11**, 149 (1955). — [118] Frieden, E. H., and F. L. Hisaw: Biochemistry of relaxin. Recent Progr. Hormone Res. **8**, 333 (1953). — [119] Furth, J.: Experimental pituitary tumors. Recent Progr. Hormone Res. **11**, 221 (1955). — [120] Gallagher, T. F.: Biochemistry of the hormones. Ann. Rev. **17**, 349—380 (1948). — [121] Gallagher, T. F., H. L. Bradlow, D. K. Fukushima, C. Beer, T. H. Kritchevsky, M. Stokem, M. L. Eidinoff, L. Hellman and K. Dobriner: Studies of the metabolism of isotopic steroid hormones in man. Recent Progr. Hormone Res. **9**, 411 (1954). — [122] Gassner, F. X.: Some physiological and medical aspects of the gonadal cycle of domestic animals. Recent Progr. Hormone Res. **7**, 165 (1952). — [123] Gorbman, A.: Some aspects of the comparative biochemistry of iodine utilization and the evolution of thyroidal function. Physiol. Rev. **35**, 336 (1955). — [124] Gordon, A. S.: Endocrine influences upon the formed elements of blood and blood-forming organs. Recent Progr. Hormone Res. **10**, 339 (1954). — [125] Gross, J., and R. Pitt-Rivers: Recent knowledge of the biochemistry of the thyroid gland. Vitamins & Hormones **11**, 159 (1953). Triiodothyronin in relation to thyroid physiology. Recent Progr. Hormone Res. **10**, 109 (1954). — [126] Gurin, S., and R. O. Brady: The in vitro synthesis of lipids and its hormonal control. Recent Progr. Hormone Res. **8**, 571 (1953). — [127] Guterman, H. S.: Progesterone metabolism in the human female: Its significance in relation to reproduction. Recent Progr. Hormone Res. **8**, 293 (1953). — [128] Haines, W. J.: Studies on the biosynthesis of adrenal cortex hormones. Recent Progr. Hormone Res. **7**, 255 (1952). — [129] Hammond, J. jr.: Light regulation of hormone secretion. Vitamins & Hormones **12**, 157 (1954). — [130] Hartman, C. G.: Reproduction. Ann. Rev. Physiol. **14**, 499 (1952). — [131] Hastings, A. B., A. E. Renold and C.-T. Teng: Effects of ions and hormones on carbohydrate metabolism. Recent Progr. Hormone Res. **11**, 381 (1955). — [132] Hays, E. E., and W. F. White: The chemistry of corticotrophins. Recent Progr. Hormone Res. **10**, 265 (1954). — [133] Heard, R. D. H.,

R. JACOBS, V. O'DONNELL, F. G. PERON, J. C. SAFFRAN, S. S. SOLOMON, L. M. THOMPSON, H. WILLOUGHBY and C. H. YATES: The application of C^{14} to the study of the metabolism of the sterols and steroid hormones. Recent Progr. Hormone Res. **9**, 383 (1954). — [134] HECHTER, O.: Concerning possible mechanisms of hormone action. Vitamins & Hormones **13**, 293 (1955). — [135] HECHTER, O., and G. PINCUS: Genesis of the adrenocortical secretion. Physiol. Rev. **34**, 459 (1954). — [136] HERTZ, R., W. W. TULLNER, J. A. SCHRICKER, F. G. DHYSE and L. F. HALLMAN: Studies on amphenone and related compounds. Recent Progr. Hormone Res. **11**, 119 (1955). — [137] HISAW, F. L., and M. X. ZARROW: The physiology of relaxin. Vitamins & Hormones **8**, 151—178 (1950). — [138] HOAGLAND, H.: Studies of brain metabolism and electrical activity in relation to adrenal cortical physiology. Recent Progr. Hormone Res. **10**, 29 (1955). — [139] Hormone und ihre Wirkungsweise. 5. Colloquium der Gesellschaft für physiologische Chemie. Berlin, Göttingen, Heidelberg 1955. — [140] HOROWITZ, N. H., and H. K. MITCHELL: Biochemical genetics. Ann. Rev. **20**, 465 (1951). — [141] HOUSSAY, B. A.: Hormones. Greens' Currents biochem. Res. S. 187—206. — [142] HOUSSAY, B. A., V. DEULOFEU and A. D. MARENZI: The hormones. Ann. Rev. **4**, 279—310 (1935). — [143] HOUSSAY, B. A.: The thyroid and diabetes. Vitamins & Hormones **4**, 187—206 (1946). — [144] HUGGINS, C., D. M. BERGENSTAL and A. S. CLEVELAND: The adrenal in cancer. Recent Progr. Hormone Res. **8**, 273 (1953). — [145] INGLE, D. J., and B. L. BAKER: A consideration of the relationship of experimentally produced and naturally occurring pathologic changes in the rat to the adaptation diseases. Recent Progr. Hormone Res. **8**, 143 (1953). — [146] JENSEN, H.: The chemistry of the hormones. Ann. Rev. **13**, 347—366 (1944). — [147] JOST, A.: Problems of fetal endocrinology: the gonadal and hypophyseal hormones. Recent Progr. Hormone Res. **8**, 379 (1953). — [148] KAPLAN, H. S., C. S. NAGAREDA and M. B. BROWN: Endocrine factors and radiation-induced lymphoid tumors of mice. Recent Progr. Hormone Res. **10**, 293 (1954). — [149] KATZMAN, P. A., R. F. STRAW, H. J. BUEHLER and E. A. DOISY: Hydrolysis of conjugated estrogens. Recent Progr. Hormone Res. **9**, 45 (1954). — [150] KENDALL, E. C.: The influence of the adrenal cortex on the metabolism of water and electrolytes. Vitamins & Hormones **6**, 277—327 (1948). — [151] KENDALL, E. C.: Hormones. Ann. Rev. **10**, 285—336 (1941). — [152] KOCHAKIAN, C. D.: The protein anabolic effects of steroid hormones. Vitamins & Hormones **4**, 255—310 (1946). — [153] KOLL, W., O. SCHAUMANN, F. EICHHOLTZ u. W. E. GRAB: Hormones. Fiat Rev. **61** (Pharmakologie und Toxikologie, Bd. 1), S. 139—227 (1948). — [154] KOLLER, G.: Der Stand der Hormonforschung. 2. Aufl. Bonn 1950. — [155] LANGWORTHY, O., and J. C. WHITEHORN: Review of psychiatric progress 1947. Neuropathology, Endocrinology, and Biochemistry. Amer. J. Psychiatr. **104**, 451—456 (1948). — [156] LARDY, H. A., and G. F. MALEY: Metabolic effects of thyroid hormones in vitro. Recent Progr. Hormone Res. **10**, 129 (1954). — [157] LEATHEM, J. H.: Reproduction. Ann. Rev. Physiol. **16**, 445 (1954). — [158] LEVIN, L., and R. K. FARBER: Hormonal factors which regulate the mobilization of depot fat to the liver. Recent Progr. Hormone Res. **7**, 399 (1952). — [159] LEVINE, R., and M. S. GOLDSTEIN: On the mechanism of action of insulin. Recent Progr. Hormone Res. **11**, 343 (1955). — [160] LEVY, H., and S. KUSHINSKY: Methods of isolation of corticosteroids from blood. Recent Progr. Hormone Res. **9**, 357 (1954). — [161] LI, C. H., and H. M. EVANS: The biochemistry of pituitary growth hormone. Recent

---

Progr. Hormone Res. 3, 3—44 (1948). — [162] LI, C. H.: The chemistry of the hormones. Ann. Rev. 16, 291—322 (1947). — [163] LI, C. H., and J. I. HARRIS: Chemistry of the non-steroid hormones. Ann. Rev. 21, 603 (1952). — [164] LIEBERMAN, S., and K. DOBRINER: Biochemistry of steroids. Ann. Rev. 20, 227 (1951). — [165] LIEBERMAN, S., B. MOND and E. SMYLES: Hydrolysis of urinary ketosteroid conjugates. Recent Progr. Hormone Res. 9, 113 (1954). — [166] LLOYD, C. W.: Some clinical aspects of adrenal cortical and fluid metabolism. Recent Progr. Hormone Res. 7, 469 (1952). — [167] LONG, C. N. H.: Metabolic functions of the endocrine glands. Ann. Rev. Physiol. 4, 465—502 (1942). — [168] LONG, C. N. H.: Regulation of ACTH secretion. Recent Progr. Hormone Res. 7, 75 (1952). — [169] LORENZ, F. W.: Effects of estrogens on domestic fowl and applications in the poultry industry. Vitamins & Hormones 12, 235 (1954). — [170] LUFT, R., B. SJÖGREN, D. IKKOS, H. LJUNGGREN and H. TARUKOSKI: Clinical studies on electrolyte and fluid metabolism. Recent Progr. Hormone Res. 10, 425 (1954). — [171] LUKENS, F. D. W.: Metabolic functions of the endocrine glands. Ann. Rev. Physiol. 9, 69—102 (1947). — [172] MANN, T., and C. LUTWAK-MANN: Secretory function of male accessory organs of reproduction in mammals. Physiol. Rev. 31, 27 (1951). — [173] MARKEE, J. E.: Physiology of reproduction. Ann. Rev. Physiol. 13, 367—396 (1951). — [174] MARKEE, J. E., J. W. EVERETT and C. H. SAWYER: The relationship of the nervous system to the release of gonadotrophin and the regulation of the sex cycle. Recent Progr. Hormone Res. 7, 139 (1952). — [175] MARRIAN, G. F.: Observations on the determination of urinary formaldehydogenic substances. Recent Progr. Hormone Res. 9, 303 (1954). — [176] MAQSOOD, M.: Thyroid functions in relation to reproduction of mammals and birds. Biol. Reviews 27, 281 (1952). — [177] MARRIAN, G. F., and G. C. BUTLER: The hormones. Ann. Rev. 6, 303—334 (1937). — [178] MASON, H. L.: Hydrolysis of conjugates and extraction of urinary corticoids. Recent Progr. Hormone Res. 9, 267 (1954). — [179] MIGEON, C. J., and J. E. PLAGER: Neutral 17-ketosteroids in human plasma. Recent Progr. Hormone Res. 9, 235 (1954). — [180] MIESCHER, K.: Recherches récentes en Suisse dans le domaine des hormones. Exper. 2, 237—250 (1946). — [181] MIRSKY, I. A.: The etiology of diabetes mellitus in man. Recent Progr. Hormone Res. 7, 437 (1952). — [182] MOTE, R. J. (Hrsg.): Proceedings of the First Clinical ACTH Conference. Philadelphia 1950. — [183] MUNSON, P. L., and A. D. KENNY: Colorimetric analytical methods for neutral 17-ketosteroids of urine. Recent Progr. Hormone Res. 9, 135 (1954). — [184] MUNSON, P. L., and F. N. BRIGGS: The mechanism of stimulation of ACTH secretion. Recent Progr. Hormone Res. 11, 83 (1955). — [185] NELSON, W. O., and C. G. HELLER: Diseases of the reproductive system. Ann. Rev. Med. 2, 179—198 (1951). — [186] NOWAKOWSKI, H. (Hrsgb.): Zentrale Steuerung der Sexualfunktionen. Die Keimdrüsen des Mannes. 1. Symposion der Deutschen Gesellschaft für Endokrinologie. Berlin, Göttingen, Heidelberg 1955. Stoffwechselwirkungen der Steroidhormone. 2. Symposion der Deutschen Gesellschaft für Endokrinologie. Berlin-Göttingen-Heidelberg 1955. — [187] OGILVIE, R. F.: Experimental glycosuria: its production, prevention, and alleviation. Vitamins & Hormones 10, 183 (1952). — [188] PAGE, I. H.: Serotonin (5-Hydroxytryptamin). Physiol. Rev. 34, 563 (1954). — [189] PARKES, A. S., and C. W. EMMENS: Effect of androgens and estrogens on birds. Vitamins & Hormones 2, 361—408 (1944). — [190] PEARLMAN, W. H.: Recent experiences in the detection, estimation and isolation of progesteron and related C_{21}-steroids. Recent Progr. Hormone Res. 9, 27 (1954). — [191] PFIFFNER, J. J., and O. KAMM: The chemistry of the hormones. Ann. Rev. 11, 283—308 (1942). — [192] PICKFORD, M.: Antidiuretic substances. Pharmacol. Rev. 4, 254 (1952). — [193] PINCUS, G., and F. ELMADJIAN: The pituitary adrenal system. Ann. Rev. Physiol. 16, 403 (1954). — [194] PINCUS, G., R. I. DORFMAN, L. P. ROMANOFF, B. L. RUBIN, E. BLOCH, J. CARLO and H. FREEMAN: Steroid metabolism in aging men and women. Recent Progr. Hormone Res. 11, 307 (1955). — [195] PORTER, R. W.: The central nervous system and stress-induced eosinopenia. Recent Progr. Hormone Res. 10, 1 (1954). — [196] RALLI, E. P., and M. E. DUMM: Relation of pantothenic acid to adrenal cortical function. Vitamins & Hormones 11, 133 (1953). — [197] RAWSON, R. W., and J. E. RALL: The endocrinology of neo-

---

plastic disease. Recent Progr. Hormone Res. **11**, 257 (1955). — [198] REICHSTEIN, T., and C. W. SHOPPEE: The hormones of the adrenal cortex. Vitamins & Hormones **1**, 345—413 (1943). — [199] REINEKE, E. P.: Thyroactive iodinated proteins. Vitamins & Hormones **4**, 207—253 (1946). — [200] RIDDLE, O.: Endocrine aspects of the physiology of reproduction. Ann. Rev. Physiol. **3**, 573—616 (1941). — [201] ROBERTS, S., and C. M. SZEGO: Steroid interaction in the metabolism of reproductive target organs. Physiol. Rev. **33**, 593 (1953). — Biochemistry of the steroid hormones. Ann. Rev. **24**, 543 (1955). — [202] ROBINSON, A. M.: The uses and limitations of adsorption chromatography for the separation of urinary ketosteroids. Recent Progr. Hormone Res. **9**, 163 (1954). — [203] ROCHE, J., and R. MICHEL: Thyroid hormones and iodine metabolism. Ann. Rev. **23**, 481 (1954). Nature, biosynthesis and metabolism of thyroid hormones. Physiol. Rev. **35**, 583 (1955). — [204] ROMANOFF, L. P., and R. S. WOLF: The fractionation of corticosteroid metabolites in human urine. Recent Progr. Hormone Res. **9**, 337 (1954). — [205] ROMANS, R. G.: Preparation and chemistry of crystalline insulin. Recent Progr. Hormone Res. **10**, 241 (1954). — [206] ROSE, B.: Histamine, hormones and hypersensitivity. Recent Progr. Hormone Res. **7**, 375 (1952). — [207] ROSENKRANZ, G., F. SONDHEIMER, O. MANCERA, J. PATAKI, H. J. RINGOLD, J. ROMO, C. DJERASSI and G. STORK: Synthesis of 11-oxygenated steroids from plant sources. Recent Progr. Hormone Res. **8**, 1 (1953). — [208] RUBIN, B. L., R. I. DORFMAN and G. PINCUS: Quantitative estimation of seven urinary 17-ketosteroids. Recent Progr. Hormone Res. **9**, 213 (1954). — [209] RUSSELL, J. A.: Metabolic functions of the endocrine glands. Ann. Rev. Physiol. **13**, 327—366 (1951). — [210] SALTER, W. T.: The chemistry of the hormones. Ann. Rev. **14**, 561—598 (1945). — [211] SAMUELS, L. T., and H. REICH: The chemistry and metabolism of the steroids. Ann. Rev. **21**, 129 (1952). — [212] SAMUELS, L. T., and C. D. WEST: The intermediary metabolism of the non-benzenoid steroid hormones. Vitamins & Hormones **10**, 251 (1952). — [2.3] SAVARD, K.: Some theoretical and some practical aspects of partition chromatography of ketosteroids. Recent Progr. Hormone Res. **9**, 185 (1954). — [214] SCHARRER, E., and B. SCHARRER: Hormones produced by neurosecretory cells. Recent Progr. Hormone Res. **10**, 183 (1954). — [215] SELENKOW, H. A., and S. P. ASPER jr.: Biological activity of compounds structurally related to thyroxine. Physiol. Rev. **35**, 426 (1955). — [2:6] SELYE, H.: The diseases of adaptation. Introductory remarks. Recent Progr. Hormone Res. **8**, 117 (1953). — [217] SELYE, H., and H. JENSEN: The chemistry of the hormones. Ann. Rev. **15**, 347—360 (1946). — [218] SHOPPEE, C. W.: Steroid configuration. Vitamins & Hormones **8**, 255—308 (1950). — [219] SHOPPEE, C. W.: The chemistry of cortisone. Ann. Rev. **22**, 261 (1953). — [220] SHORR, E., A. MAZUR and S. BAEZ: Chemical and biological properties of the hepatorenal factors VEM and DVM (ferritin). Recent Progr. Hormone Res. **11**, 453 (1955). — [221] SIMPSON, S. A., and J. F. TAIT: Recent progress in methods of isolation, chemistry and physiology of aldosterone. Recent Progr. Hormone Res. **11**, 183 (1955). — [222] SMITH, O. W., and G. V. SMITH: Endocrinology and related phenomena of the human menstrual cycle. Recent Progr. Hormone Res. **7**, 209 (1952). — [223] SONENBERG, M., and W. L. MONEY: The fate and metabolism of anterior pituitary hormones. Recent Progr. Hormone Res. **11**, 43 (1955). — [224] SOSKIN, S.: Metabolic functions of the endocrine glands. Ann. Rev. Physiol. **3**, 543—572 (1941). — [225] STEHLE, R. L.: The physiological actions of the hormones of the posterior lobe of the pituitary gland. Pt. 2. Actions other than those upon the circulation and the secretion of urine. Vitamins & Hormones **8**, 215—254 (1950). — [226] STACK-DUNNE, M. P., and F. G. YOUNG: Biochemistry of hormones. (Restricted to pituitary and adrenal interrelationship.) Ann. Rev. **23**, 405 (1954). — [227] STADIE, W. C.: Current concepts of the action of insulin. Physiol Rev. **34**, 52 (1954). — [228] STAMLER, J., L. N. KATZ, R. PICK and S. RODBARD: Dietary and hormonal factors in experimental atherogenesis and blood pressure regulation. Recent Progr. Hormone Res. **11**, 401 (1955). — [229] SWINGLE, W. W., and J. W. REMINGTON: The role of the adrenal cortex in physiological processes. Physiol. Rev. **24**, 89 (1944). — [230] Sympesion on neurohumoral transmission. Physiological Society of Philadelphia, Pharmacol. Rev. **6**, 3—121 (1954). — [231] SZEGO, C. M., and S. ROBERTS: Steroid action and interaction in uterine metabolism. Recent Progr. Hormone Res. **8**, 419 (1953). — [232] LIEBER-

---

MAN, S., and S. TEICH: Recent trends in the biochemistry of the steroid hormones. Pharmacol. Rev. **5**, 285 (1953). — [233] THAYER, S. A.: Methods of bioassay of animal hormones. Vitamins & Hormones **4**, 311—361 (1946). — [234] THOMPSON, K. W.: Antihormones. Physiol. Rev. **21**, 588—631 (1941). — [235] THOMSON, D. L., and J. B. COLLIP: Endocrine glands. Ann. Rev. Physiol. **2**, 309—346 (1940). — [236] THOMSON, D. L., and J. B. COLLIP: The hormones. Ann. Rev. **1**, 413—430 (1932); **2**, 231—252 (1933); **3**, 225—246 (1934). — [237] THORN, G. W., D. JENKINS and J. C. LAIDLAW: The adrenal response to stress in man. Recent Progr. Hormone Res. **8**, 171 (1953). — [238] TÖNDURY, G., u. B. CAGIANUT: Die Wirkung der Sexualhormone auf Wachstum und Differenzierung. Biol. Reviews **26**, 28 (1951). — [239] VANDERLAAN, W. P., and V. M. STORRIE: A survey of the factors controlling thyroid function, with especial reference to newer views on antithyroid substances. Pharmacol. Rev. **7**, 301 (1955). — [240] VENNING, E. H., I. DYRENFURTH and V. E. KAZMIN: Hydrolysis and extraction of corticoids and 17-ketosteroids from body fluids. Recent Progr. Hormone Res. **8**, 27 (1953). — [241] VERZÁR, F.: The influence of corticoids on enzymes of carbohydrate metabolism. Vitamins & Hormones **10**, 297 (1952). — [242] WAKERLIN, G. E.: Endocrine factors in renal hypertension. Physiol. Rev. **35**, 555 (1955). — [243] WEIL-MALHERBE, H.: The mechanism of action of insulin. Ergebn. Physiol. **48**, 54 (1955). — [244] WELCH, A. D., and R. W. HEINLE: Hematopoietic agent in macrocytic anemias. Pharmacol. Rev. **3**, 345 (1951). — [245] WHITE, A.: Chemistry of the hormones. Ann. Rev. **19**, 261 (1950). — [246] WETTSTEIN, A., and F. BENZ: Chemistry of the hormones. Ann. Rev. **18**, 355—390 (1949). — [247] WINTERSTEINER, O., and P. E. SMITH: The hormones. Ann. Rev. **7**, 253—304 (1938). — [248] WOLSTENHOLME, G. E. W., assisted by M. P. CAMERON: Ciba Found. Coll. Endocrinol.: Bd. 1. Steroid hormones and tumor growth and steroid hormones and enzymes. London 1952. — Bd. 2. Steroid metabolism and estimation. London 1952. — Bd. 3. Hormones, psychology and behaviour and steroid hormone administration. London 1952. — Bd. 4. Anterior pituitary secretion and hormonal influences in water metabolism. London 1952. — Bd. 5. Bioassay of anterior pituitary and adrenocortical hormones. London 1953. — Bd. 6. Hormonal factors in carbohydrate metabolism. London 1953. — Bd. 7. Synthesis and metabolism of adrenocortical steroids. London 1953. — [249] WOODBURY, D. M.: Effect of hormones on brain excitability and electrolytes. Recent Progr. Hormone Res. **10**, 65 (1954). — [250] YOUNG, F. G.: The growth hormone and diabetes. Recent Progr. Hormone Res. **8**, 471 (1953). — [251] ZAFFARONI, A.: Mic'omethods for the analysis of adrenocortical steroids. Recent Progr. Hormone Res. **8**, 51 (1953). — [252] ZONDEK, B.: Some problems related to ovarian function and to pregnancy. Recent Progr. Hormone Res. **10**, 395 (1954). — [253] ZUBIRÁN, S., and F. GÓMEZ-MONT: Endocrine disturbances in chronic human malnutrition. Vitamins & Hormones **11**, 97 (1953).

7. *Methodisches:* [254] EVANS, H. M., K. MEYER and M. E. SIMPSON: The growth and gonad-stimulating hormones of the anterior hypophysis. Mem. Univ. Calif. 1933. — [255] BOMSKOV, C.: Methodik der Hormonforschung. Berlin 1937. Bd. 1: Schilddrüse, Nebenschilddrüse, Nebenniere, Pankreas. Bd. 2: Ovar, Hoden, Hypophysenvorderlappen. — Methodik der Hormonforschung. 2 Bde. Leipzig 1939. Nachdruck Ann Arbor 1949. — [256] BREDERECK, H., u. R. MITTAG: Vitamine und Hormone und ihre technische Darstellung. 1. Teil: Ergebnisse der Vitamin- und Hormonforschung. [Chem. Techn. Gegenwart, XV. Bd.] Leipzig 1936. 2. Aufl. S. 57—112. 1938. — [257] BURN, J. H.: Biologische Auswertungsmethoden. Deutsch v. E. BÜLBRING. Berlin 1937. — [258] EMMENS, C. W. (Hrsgb.): Hormone Assay. New York 1950. — [259] MAURER, K.: Chemie der Inkrete und ihre wichtigsten Darstellungsmethoden. Leipzig 1937. — [260] RUIZ GIJÓN, J.: Métodos biológicos de valoración de hormonas, vitaminas y drogas. Madrid 1943. — [261] THAYER, S. A.: Methods of bioassay of animal hormones. Vitamins & Hormones **4**, 311—361 (1946). — [262] VINCKE, E.: Vitamine und Hormone und ihre technische Darstellung. 3. Teil. Darstellung von Hormonpräparaten (außer Sexualhormonpräparaten) [Chem. Techn. Gegenwart, XIX. Bd.]. Leipzig 1938. 2. Aufl. 1945.

8. *Klinisches:* [263] ALBRIGHT, F., and E. C. REIFENSTEIN jr.: The parathyroid glands and metabolic bone disease. Baltimore 1948. — [264] BAUER, J.: Innere Sekretion, ihre Physiologie, Pathologie und Klinik. Berlin 1927. — [265] BIRNBERG, C. H.: Female Sex Endocrino-

---

logy. Philadelphia 1949. — [266] Bishop, P. M. F.: Gynecological Endocrinology for the Practitioner. Edinburgh 1946. — [267] Biskind, M. S.: Nutritional therapy of endocrine disturbances. Vitamins & Hormones 4, 147—185 (1946). — [268] Böving, B. C.: The Role of Hormones in Sterility. Bloomfield 1947. — [269] Calatroni, C. J., V. Ruiz u. G. di Paola: Endocrinologia sexual femenina. Buenos Aires 1947. — [270] Castillo, E. B. del: Endocrinologia clinica. Buenos Aires 1944. — [271] Cawadias, A. P.: Clinical Endocrinology and Constitutional Medicine. London 1948. — [272] Chiray, M., M. Mollard et H. Maschas: Syndromes digestifs et pathologie neurohormonale. La thérapeutique hormonale des maladies digestives. Paris 1944. — [273] Chwalla, R.: Urologische Endokrinologie. Wien 1951. — [274] Curschmann, H.: Endokrine Krankheiten. Dresden, Leipzig 1943. — [275] Cushing, H.: The Pituitary Body and its Disorders. Clinical States Produced by Disorders of the Hypophysis Cerebri. Philadelphia 1912. — [276] Goldzieher, M. A.: The Adrenal Glands in Health and Disease. Philadelphia 1944. — [277] Greene, R. (Hrsg.): Practice of Endocrinology. London 1948. — [278] Hamblen, E. C.: Endocrinology of Woman. Springfield, Ill. 1945. 2. Aufl. 1949. — [279] Hanke, H.: Innere Sekretion und Chirurgie. Berlin 1937. — [280] Hütteroth, R.: Hormoneinwirkungen auf die Nase. 2. Aufl. Leipzig 1947. — [281] Jagić, N. v., u. K. Fellinger: Die endokrinen Erkrankungen, ihre Klinik, Pathologie und Therapie. Berlin, Wien 1938. — [282] Jores, A.: Klinische Endokrinologie. Ein Lehrbuch für Ärzte und Studierende. 3. Aufl. Berlin 1949. — [283] Kemp, T., u. H. Okkels: Lehrbuch der Endokrinologie für Studierende und Ärzte. Aus dem Dänischen übersetzt v. Marx, L. Leipzig 1936. — [284] Lewin, H., u. W. Spiegelhoff: Die Cyclushormone des Weibes. Stuttgart 1951. — [285] Loeser, A., u. H. Marx: Hormontherapie. 3. Aufl. Leipzig 1947. — [286] Marx, H.: Probleme der inneren Sekretion. Kli. Wo. **1943**, 309—314 u. 329—331. — [287] Moricard, F.: Hormonologie sexuelle humaine. Paris 1943. — [288] Mühlbock, O., H. Knaus u. E. Tscherne: Die weiblichen Sexualhormone in der Pharmakotherapie. Bern 1948. — [289] Nieburgs, H. E.: Hormones in Clinical Practice. London 1949. — [290] Nobel, E., W. Kornfeld, A. Ronald u. R. Wagner: Innere Sekretion und Konstitution im Kindesalter (Physiologie, Pathologie und Klinik). Wien 1937. — [291] Oswald, A.: Die Erkrankungen der endokrinen Drüsen. Bern 1949. — [292] Twombly, G. H., and G. T. Pack: Symposium on Endocrinology of Neoplastic Diseases. New York 1947. — [293] Pulay, E., A. P. Cawadias and P. Lansel (Hrsg.): Constitutional Medicine and Endocrinology. Vol. I. London 1944. — [294] Raab, W.: Innersekretorische Störungen und Organotherapie. Berlin 1932. — [295] Ratschow, M.: Die Sexualhormone als Heilmittel innerer Krankheiten. (Vorträge a. d. prakt. Med., hrsg. v. K. Beckmann, Heft 15.) Stuttgart 1942, 2. Aufl. 1944. — [296] Reese, H. H., N. D. C. Lewis and P. Bailey: Year Book of Neurology, Psychiatry and Endocrinology. Chicago 1945. — [297] Riley, G. M.: Essentials of Gynecologic Endocrinology. Ann Arbor 1948. — [298] Rivoire, R.: Neue Erkenntnisse und Erfahrungen auf dem Gebiete der Endocrinologie. (Deutsche Übers. d. 4. franz. Aufl. v. Marg. Möckli v. Seggern.) Bern 1944. — [299] Rivoire, R.: Les acquisitions nouvelles de l'endocrinologie. Paris 1942. — [300] Roussy, G., et M. Mosinger: Traité de neuro-endocrinologie. Paris 1946. — [301] Soskin, S. (Hrsg.): Progress in Clinical Endocrinology. New York 1950. — [302] Stevens, G. A.: Hormones and Vitamins. London 1947. — [303] Thaddea, S.: Die Nebenniereninsuffizienz und ihr Formenkreis. Stuttgart 1941. — [304] Thomas, E.: Drüsen mit innerer Sekretion. Biol. Daten (Brock) Bd. 2, S. 22—90. — [305] Tscherne, E.: Sexualhormontherapie. Wien 1948. — [306] Velhagen, K.: Sehorgan und innere Sekretion. München, Berlin 1943. — [307] Werner, A. A.: Endocrinology, Clinical Application and Treatment. 2. Aufl. Philadelphia 1942. — [308] Zondek, H.: Die Krankheiten der endokrinen Drüsen. Berlin 1926.

9. Klinische Handbücher: [309] Barker, L. F. (Hrsg.): Endocrinology and Metabolism. (Presented in their scientific and practical clinical aspects by ninety-eight contributors.) 4 Bde. New York 1922. — [310] Berblinger, W., C. Clauberg u. E. J. Kraus: Die Bedeutung der inneren Sekretion für die Frauenheilkunde. Handb. Gynäk. (Stoeckel). Bd. 9. — [311] Falta, W.: Die Erkrankungen der Blutdrüsen. Handb. inn. Med. (Bergmann-Staehelin). 3. Aufl. Bd. 4/2, S. 1035—1396. — [312] Heilmeyer, L., u. H. Begemann: Handb. inn. Med. (Bergmann-Frey-Schwiegk) 4. Aufl. Bd. 2. — [313] Jores, A., u. M. Nothmann: Endokrine Störungen. Handb. Neurol. (Bumke-Foerster) Bd. 15

a) Allgemeines über chemische Wirkstoffe.

α) Geschichtliches, Begriffsbestimmung, Einteilung der Hormone[1].

Claude Bernard prägte 1855 den Begriff der inneren Sekretion und wies damit als erster darauf hin, daß von den Zellen Stoffe an die Körpersäfte abgegeben werden, die an anderen Organen physiologische Wirkungen ausüben. Unter diesen ganz allgemeinen Begriff der „inneren Sekretion" fällt auch die Abgabe von Kohlensäure oder Milchsäure, die als ubiquitäre Zellstoffwechselprodukte in die Blutbahn gelangen und von hier aus als Regulatoren der Atmung wirksam sind. Auch die Zuckerabgabe durch die Leber mit allen sich daraus ergebenden physiologischen Folgen oder die Abgabe von Harnstoff, der auf die Diurese Einfluß nimmt, und vieles andere mehr wären hierher zu rechnen. Damit war zum erstenmal ausgesprochen, daß es neben der bekannten, durch das vegetative und animale Nervensystem bewirkten Regelung der Funktion der Organe und Organsysteme auch noch eine stoffliche, im Wege des Säftestromes erfolgende „humorale Regulation" des Organismus gibt.

Somit ist der Begriff der inneren Sekretion ein sehr weit gefaßter. Anregend waren der Befund von Brown-Séquard[2] über die Lebenswichtigkeit der Nebenniere (1856) und die noch früheren Versuche von Berthold (1849) über die Beseitigung der Kastrationsfolgen von Hähnen durch Hodenimplantate. Der Entdeckung von Berthold widersprach man damals, und sie war in Vergessenheit geraten. Die Forschung konzentrierte sich zunächst auf eine Reihe von Organen, die von den Anatomen (Johannes Müller 1830) als „Blutgefäßdrüsen" bezeichnet worden waren. Diese Organe drüsiger Struktur besitzen keinen Ausführungsgang. Zu ihnen gehören z. B. Schilddrüse, Nebenschilddrüse, Nebennieren und Hypophyse. Klinische Erfahrungen und die Erkenntnisse bei Exstirpationsversuchen legten auch für eine Reihe anderer Organe, wie Keimdrüsen, Pankreas oder Thymus, die Annahme einer inneren Sekretion nahe. 1902 nannten dann Bayliss und Starling das von ihnen nachgewiesene Secretin der Duodenalschleimhaut (S. 588) ein „Hormon" und schlugen 1906 diese Bezeichnung für alle Stoffe ähnlicher Bedeutung vor[3]. Der Name Hormon wurde in der Folgezeit für die Produkte der inneren Sekretion der Blutdrüsen allgemein angenommen. Der Forschung gelang es in rascher Folge, eine ganze Anzahl dieser Stoffe zu isolieren, teilweise ihre Konstitution aufzuklären und vielfach sogar Hormone synthetisch herzustellen. Zeitweise beschränkte

---

[1] Lieben, F.: Geschichte der physiologischen Chemie. S. 655—711. Leipzig, Wien 1935. — [2] Olmsted, J. M. D.: Charles-Édouard Brown-Séquard, a Nineteenth Century Neurologist and Endocrinologist. Baltimore, London 1946. — Marshall, J.: Nature **160**, 383 (1947). — [3] Aschoff, L., u. P. Diepgen: Kurze Übersichtstabelle zur Geschichte der Medizin. München 1940.

man den Begriff der inneren Sekretion auf die innersekretorischen Drüsen und ihre Sekrete und wollte unter Hormonen organische Stoffe verstanden wissen, die in kleinsten Mengen von bestimmten drüsigen Organen dauernd oder zeitweise an die Körpersäfte abgegeben werden und fern vom Ort ihrer Bildung Wirkungen entfalten, die für den geregelten Ablauf der Lebensfunktionen des Organismus wesentlich sind.

Die intensive Beschäftigung mit Organextrakten ließ mit der Zeit eine ganze Reihe Wirkungen erkennen, die durch *Gewebsextrakte* ausgelöst werden, ohne daß die Bildung der verantwortlichen Stoffe, wenigstens bisher, auf bestimmte anatomisch festgelegte Organe oder eine der bekannten innersekretorischen Drüsen zurückgeführt werden konnte. Es waren dies besonders die gefäßwirksamen Stoffe, die in allen möglichen Organauszügen vorkommen, weiter Stoffe, die auf Drüsensekretionen, die Blutbildung und noch manche andere Funktionen wirksam sind. Die Hormonforschung hat diese Befunde zunächst als mehr zufällige gewertet wissen wollen, kann sich aber heute nicht mehr der Ansicht verschließen, daß mindestens viele von ihnen eine durchaus nicht unwesentliche funktionelle Bedeutung besitzen.

Schließlich haben die jüngsten Erfahrungen gezeigt, daß man sogar innerhalb der einzelnen Zelle mit stofflichen Regulationen zu rechnen hat, die durchaus dem Wesen der humoralen Regulationen gleichzusetzen sind. Hierher gehören z. B. die Erbfaktoren oder Gene, für die die Erkenntnis der chemischen Struktur allerdings in den ersten Anfängen steht[1-3]. Das Prinzip der chemischen Reizbildung bzw. Reizübertragung ist wahrscheinlich überhaupt das stammesgeschichtlich älteste Organisationsprinzip, da ja dem Einzeller und dem primitiven Zellverband ein Nervensystem fehlt. Die chemische Regulation bei diesen niederen Lebewesen dient nicht nur der inneren Organisation, sondern auch der Verständigung mit der Umwelt (Kopulationsstoffe der Protozoen[1]). Über die stofflichen Beeinflussungen bei den primitiven Lebewesen wissen wir jedoch heute im allgemeinen noch recht wenig. Trotzdem spielen sie sicher eine bedeutende Rolle. Biologie und Chemie stehen hier noch vor dankbaren Forschungsaufgaben. Auch die Aufklärung dieses Gebietes bei den etwas höher organisierten Lebensformen steht erst am Beginn, z. B. ist das Kapitel Pflanzenhormone sicher nicht mit Wuchsstoffen und Auxinen erschöpft. Das gleiche gilt für die niedere Tierwelt. Auch hier sind die Häutungs- und Verpuppungshormone der Insekten[4] oder die Chromatophorenhormone der Crustaceen nur ein erster Einblick in eines der interessantesten Kapitel der Biologie.

Weitaus am besten untersucht sind die chemischen Regulationen bei den Säugetieren bzw. bei den Wirbeltieren. Mit den Hormonen der letzteren Tierklassen wollen wir uns in den nachstehenden Abschnitten zunächst befassen. Wir sehen, daß der Hormonbegriff im Laufe der Zeit gewisse Wandlungen erfahren hat und daß wir heute, nach einer vorübergehenden Einschränkung des Begriffsumfanges in den Anfängen der exakten Hormonforschung, dem Hormonbegriff wiederum eine weitere Fassung geben, die etwa der CLAUDE BERNARDschen Auffassung der inneren Sekretion entspricht oder durch Einschluß der Zellhormone noch darüber hinausgeht.

Hormone als Wirkstoffe. Die so abgegrenzte Klasse der Hormone hat recht viele verwandte Züge mit der der Vitamine und Fermente. Man bezeichnet

[1] KÜHN, A.: Angew. Chem. **52**, 309 (1939). — [2] KUHN, R.: Angew. Chem. **53**, 1 (1940). — [3] MOROWITZ, N. H., and R. D. OWEN: Ann. Rev. Physiol. **16**, 80 (1954). — LEDERBERG, J.: Physiol. Rev. **32**, 403 (1952). — [4] KÜHN, A.: D. m. W. **1937 II**, 1595. — WENSE, T.: Wirkungen und Vorkommen von Hormonen bei wirbellosen Tieren. Leipzig 1938.

die Gesamtheit dieser in kleinsten Mengen auf den Ablauf von Lebensprozessen wirksamen Substanzen auch ganz allgemein als Wirkstoffe (Biokatalysatoren, Ergozyme, Ergone oder Ergine). Besonders zwischen Vitaminen und Hormonen bestehen hinsichtlich ihrer Wirkungsweise viele Beziehungen, auf die auch S. 437 hingewiesen ist. Die Begriffsabgrenzung ist überhaupt keine scharfe, und es wird Fälle geben, in denen man im Zweifel ist, ob man einen bestimmten Stoff der einen oder anderen Gruppe zuzurechnen hat. Auf die wesentlichsten gemeinsamen Züge und Unterschiede geht die nachstehende Tabelle 138 ein.

Tabelle 138. **Übersicht über die Wirkstoffe.**

Einteilung	Chemische Regelung: Wirkstoffe				
	Hormone (Inkrete)			Fermente (= Enzyme)	Vitamine
	Gewebshormone		Zellhormone		
	Glanduläre (Drüsen-) Hormone	Aglanduläre Hormone			
Chemische Natur	Organische Verbindungen der verschiedenen Stoffklassen				
Bildungsort	In bestimmten anatomisch abgegrenzten Organen oder Organteilen	Nicht auf bestimmte Organe beschränkt	Innerhalb der verbrauchenden Zelle		Außerhalb des verbrauchenden Organismus
Verbreitung	Durch den Säftestrom, Blut, Lymphe	Durch Diffusion oder Säftestrom	Durch Diffusion		Aufnahme durch den Verdauungskanal, Blut, Lymphe
Wirkungsort	Entfernt vom Bildungsort	In der Nähe oder entfernt vom Bildungsort	In der Zelle selbst	In der Zelle oder ihrer näheren Umgebung	Verschiedene Körperzellen
Wirkungsweise	In kleinsten Mengen derart, daß das wirksame Agens in der Energiebilanz der beeinflußten Reaktion nicht oder kaum in Erscheinung tritt				
	Nur an der lebenden Zelle oder mindestens ihren organisierten Strukturen[1] wirksam			Auch am unbelebten Substrat wirksam	Außerhalb der lebenden Zelle nur als Cofermente wirksam

Eine etwas abweichende Einteilung der biogenen Wirkstoffe, zu denen auch die Hormone zu zählen sind, schlägt DRUCKREY mit dem nachstehenden Schema (Tabelle 139) vor.

Kritisches zur Systematik. In Tabelle 138 sind die Hormone, dem Vorgehen KOLLERS[2] folgend, in glanduläre (Drüsen-) Gewebshormone, aglanduläre Gewebshormone und Zellhormone unterteilt. Auch hier ist die Abgrenzung

[1] HECHTER, O.: Vitamins & Hormones **13**, 293 (1955). — [2] KOLLER, G.: Hormone bei wirbellosen Tieren. Leipzig 1938.

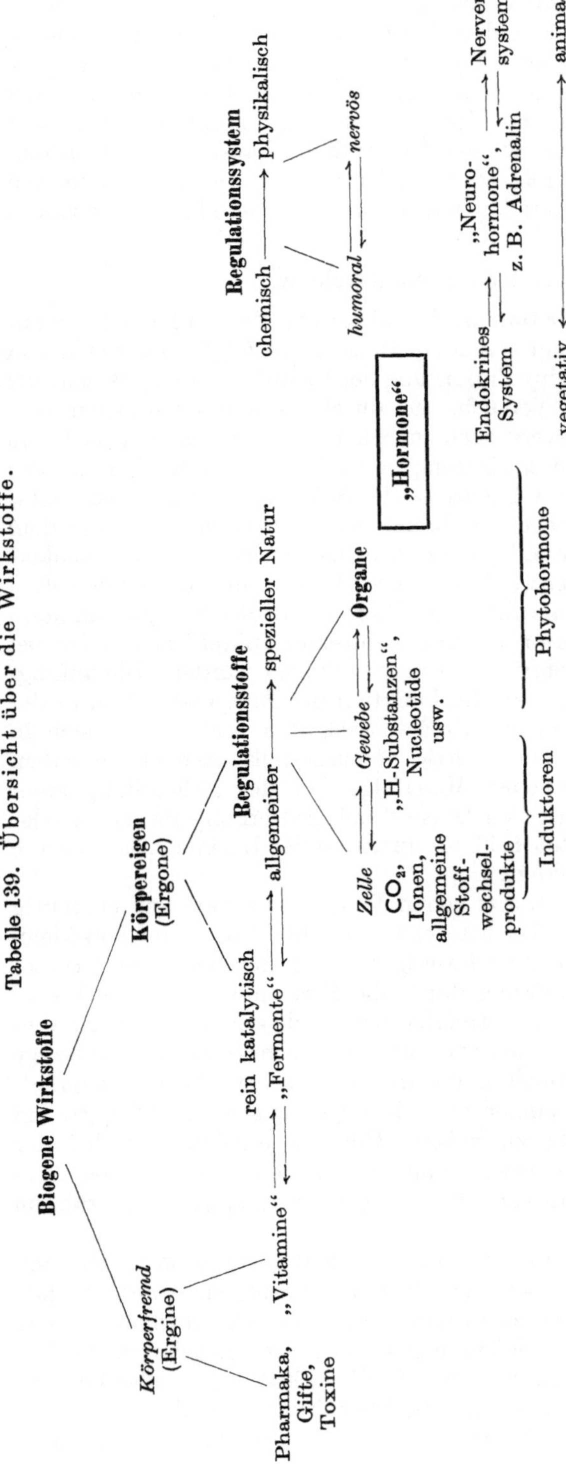

Tabelle 139. Übersicht über die Wirkstoffe.

keine scharfe, und man wird vielleicht mit fortschreitender Erkenntnis manche andere Einordnung vornehmen müssen. Man wird z. B. zweifeln, ob man die perniziöse Anämie als eine Hormon- oder eine Vitaminmangelkrankheit auffassen soll, das Castlesche Ferment als glanduläres oder aglanduläres Gewebshormon oder den Leberstoff als Depotform eines Vitamins oder als inneres Sekret der Leber. Man gerät in Verlegenheit bei der Klassifizierung des ältesten bekannten Hormons, des Adrenalins und auch des Arterenols, als Drüsenhormone, weil sie ja auch als allgemeine Funktionsstoffe adrenergischer Nerven gebildet und dabei am Ort der Bildung wirksam werden, was einem aglandulären Hormon entspräche. Andererseits wäre nicht einzusehen, warum man nicht dem Acetylcholin, das die analoge Funktion an den cholinergischen Nerven ausübt, die Zugehörigkeit zur gleichen Stoffklasse wie dem Adrenalin zubilligen sollte, besonders wenn man berücksichtigt, daß die Entfernung des Nebennierenmarkes keine wesentlichen Ausfallserscheinungen verursacht.

Vielleicht wird späterhin einmal eine befriedigende Einteilung der Hormone nach organisatorischen Gesichtspunkten möglich. Wir werden S. 451 sehen, daß eine Gruppe von Hormondrüsen unter der gemeinsamen Steuerung der Hypophyse zu einer gewissen funktionellen Einheit zusammengefaßt ist, die den nervösen, vom vegetativen Nervensystem ausgehenden Regulationen parallel geschaltet ist. Es ist nicht ausgeschlossen, daß sich auch für andere Hormongruppen analoge funktionelle Einheiten werden aufdecken lassen. Man kann dabei, um nur einige Beispiele zu geben, etwa denken an ein neurohormonales System der Regulation der Motilität und Sekretionsleistung des Verdauungstraktes (Secretine usw.), oder ein analoges System für den Kreislauf, den Kohlenhydrathaushalt, Salzhaushalt, die Blutbildung. Wenn also im folgenden die Hormone in Drüsenhormone und aglanduläre Gewebshormone eingeteilt sind, so ist diese Einteilung in gewissem Sinne willkürlich.

β) Methodik der Hormonforschung.

Bei glandulären Gewebshormonen. Die klassische Methodik der Hormonforschung wurde an den Drüsenhormonen entwickelt. Sie folgte dem schon von Berthold eingeschlagenen Prinzip: Entfernung der fraglichen Drüse, Beachtung der Ausfallserscheinungen und Versuch, sie durch Drüsenimplantation und Extraktzufuhr oder in Parabioseversuchen zu beheben. So ließen sich im Laufe der Zeit charakteristische Ausfallserscheinungen als Folgen der Entfernung der Nebennieren, der Keimdrüsen, des Pankreas, der Schilddrüse, der Nebenschilddrüse und der Hypophyse feststellen, während bei anderen Organen, wie dem Thymus, der Epiphyse oder der Milz, bei denen man auch an die Möglichkeit einer inneren Sekretion dachte, derart überzeugende Feststellungen nicht getroffen werden konnten. Zu diesen Erfahrungen gesellten sich Beobachtungen am Menschen, die bei krankhaft gestörter Funktion einzelner Inkretdrüsen oder bei operativer Entfernung innersekretorischer Organe erhoben wurden. Die anfänglich vielfach gemachte Annahme, daß die Funktion der Blutgefäßdrüsen in der Verhütung einer Autointoxikation mit Stoffwechselgiften bestehe, hat sich in zahlreichen Versuchen immer mehr als irrig herausgestellt. Schließlich haben klinische therapeutische Erfolge oder Mißerfolge bei der Behandlung einer Überfunktion einer innersekretorischen Drüse durch Entfernung derselben oder durch Zufuhr von Organpräparaten bei Unterfunktion der Hormondrüsen unsere Kenntnisse wesentlich vervollständigt.

Gelegentlich konnten auf die zuletzt genannte Weise bequem und eindeutig Erfolge erzielt werden, wie bei der Verfütterung von Schilddrüse beim Myxödem. Oft war aber der Weg der Forschung schwieriger. Viele Hormone oder Drüsenextrakte waren wegen ihrer Zerstörung durch die Fermente des Magen-Darmkanals oder wegen mangelhafter Resorbierbarkeit in dieser einfachen Anwendung unwirksam. Dazu kam, daß, wie etwa bei den Keimdrüsen, rohe Auszüge viel zu wenig wirksame Stoffe enthielten, um an den zunächst relativ unempfindlichen biologischen Testobjekten eindeutige Wirkungen auszulösen oder gar am Menschen therapeutischen Erfolg zu haben. Oder es ergaben sich bei der Darstellung Schwierigkeiten, wie etwa beim Insulin, für das erst die Ausschaltung der zerstörenden tryptischen Fermente eine erfolgreiche Extraktion gestattete.

Nachdem das Wesen der inneren Sekretion einmal erkannt war, richteten sich die Bemühungen der physiologischen Chemiker naturgemäß auf die Isolierung und womöglich die Synthese der wirksamen Stoffe oder Hormone. Auch hier waren wechselnd große Schwierigkeiten zu überwinden. So gelangen die Isolierung (1901), die Konstitutionsaufklärung (1901—1904) und schließlich die Synthese (1904) des Adrenalins früh, da hier die Phenolreaktionen des Adrenalins, die auf das Vorhandensein eines Brenzkatechinringes im Molekül hinweisen, einen einfachen Nachweis gestatteten und als Leitfaden für die Darstellung dienen konnten. Bei der Isolierung des Thyroxins, bei der Jodbestimmungen die Rolle der Leitreaktion übernahmen, mußte jedoch erst die Schwierigkeit überwunden werden, daß das Thyroxin in der Drüse in fester Bindung an Eiweiß vorliegt und erst nach in bestimmter Weise durchgeführter Hydrolyse dargestellt werden kann (1914—1919). Auch die Konstitutionsaufklärung war hier schwieriger und hatte erst 1926 Erfolg, dem 1927 die Synthese folgte.

In den meisten Fällen konnte sich jedoch die chemische Aufarbeitung der Drüsen nicht an so einfache chemische Nachweise halten und blieb auf den Nachweis durch den Tierversuch angewiesen. Die Auffindung eines möglichst empfindlichen, möglichst spezifischen und quantitativ verwertbaren biologischen Testobjektes, das außerdem rasche und einfache Durchführung großer Versuchsreihen gestattete, bildete daher für die meisten Hormone die Voraussetzung der Isolierung und weiteren Erforschung. So ermöglichte die Blutzuckersenkung am pankreasdiabetischen und am normalen Tier 1920 die Isolierung des Insulins und später eine Darstellung in krystalliner Form, und so erschloß der einfache Nachweis am Scheidenabstrich kastrierter Nagerweibchen die Darstellung des krystallisierten Follikelhormons (1929). Die Benutzung des Kammwachstums von Kapaunen zum Nachweis führte 1931 zur Isolierung und 1934 zur Teilsynthese von Androsteron und 1935 zur Isolierung und Konstitutionsermittlung von Testosteron. Neben der Benutzung geeigneter Nachweise war im Falle der Sexualhormone die Erschließung eines ergiebigeren und leichter verarbeitbaren Ausgangsmaterials, als es die Keimdrüsen sind, im Schwangerenharn bzw. Männerharn die Voraussetzung für den Erfolg. Die Darstellung (1934) und die Synthese (1935—1937) des Gelbkörperhormons brachten einen gewissen Abschluß der Sexualhormonforschung. Die dabei gemachten Erfahrungen kamen der Nebennierenrindenforschung zugute. Durch den Nachweis der lebenserhaltenden Wirkung an epinephrektomierten Tieren gelang hier 1931 die Herstellung wirksamer Extrakte und 1935—1938 die Isolierung und Synthese analog wirksamer Stoffe. Besonders die letzten Jahre brachten der Nebennierenforschung zahlreiche Erfolge sowie Aufklärung und Synthese einer großen Anzahl von Steroidhormonen. Bei den übrigen Drüsenhormonen, besonders den Hormonen der Hypophyse, steht die chemische Erforschung wegen der polypeptid- bzw. eiweißartigen Struktur dieser Stoffe erst in den Anfängen.

Bei den aglandulären Gewebshormonen ist die Forschung einen etwas abweichenden Weg gegangen. Bisher fehlte hier meistens die Möglichkeit, durch Organsausschaltungen eindeutige Ausfallserscheinungen hervorzurufen. Auch die Versuche der Klinik, Hyper- oder Hyposekretion des einen oder anderen derartigen Stoffes zu gewissen Krankheitsbildern in Beziehung zu setzen (Renin-Hypertonie), lassen noch keine klare Erkenntnis zu, ebensowenig die Ergebnisse der Behandlung verschiedener Erkrankungen, z. B. mit gefäßerweiternden Stoffen. Gewöhnlich wurde durch die infolge der Hormonforschung angeregte Beschäftigung mit Organauszügen überhaupt irgendwelche biologische Wirkung entdeckt und unter Leitung durch den Tierversuch angestrebt, den verantwortlichen Stoff zu isolieren. Schließlich bemühte man sich aus der Wirkungsweise einer derartigen Substanz ihre allfällige physiologische Bedeutung abzuleiten. Vielfach begegnete man bei derartigen Versuchen bereits bekannten chemischen Stoffen, wie gewissen biogenen Aminen (Histamin, Acetylcholin) oder Abbauprodukten des Nucleotidumsatzes oder, wie beim Acceleransstoff bzw. Sympathin, einem schon bekannten Hormon, dem Adrenalin bzw. Noradrenalin. Die chemische Natur vieler aglandulärer Gewebshormone ist noch unbekannt. Auch hier finden sich viele mit polypeptidartiger Zusammensetzung. Ebenso steht der biologische Nachweis durch den Tierversuch, eventuell die Identifizierung mit bekannten Wirkstoffen an Hand möglichst vieler verschiedener biologischer Reaktionen im Vordergrund.

Der vielseitige Gebrauch biologischer Nachweisverfahren, die zuerst von pharmakologischer Seite zur Standardisierung von Digitaliszubereitungen ausgearbeitet worden waren, für die Zwecke der Hormonforschung hat zu einer erheblichen Verfeinerung dieser Technik geführt. Für den praktischen Gebrauch müssen auch heute noch viele Hormonpräparate biologisch standardisiert werden, um eine gleichmäßige Wirksamkeit zu gewährleisten. Die technische Herstellung reiner Präparate ist oft unwirtschaftlich oder vorläufig überhaupt unmöglich. Oft erfordert auch die mangelhafte Haltbarkeit solcher Zubereitungen eine biologische Kontrolle der Wirksamkeit. Für die wesentlichsten Hormone sind internationale Standardpräparate in Gebrauch, die den Interessenten zugänglich sind[1–5]. Eine bestimmte Gewichtsmenge eines solchen Standards verkörpert die internationale Einheit des betreffenden Hormons, und die Stärke unbekannter Präparate wird durch geeigneten biologischen Vergleich mit dem Standard im Tierversuch ermittelt. Für eine Reihe von Hormonen sind derartige Standarde noch in Vorbereitung.

Die chemischen Verfahren der Isolierung der Hormone sind entsprechend der Tatsache, daß sich die Hormone aus den verschiedensten Stoffklassen ableiten, ungemein mannigfaltig. Eine auch nur einigermaßen allgemein anwendbare Methode, wie etwa die der Alkaloidgewinnung, gibt es für die Hormone nicht. Schon die Vorbereitung des Ausgangsmaterials, die Art und Reaktion des für den Primärextrakt benutzten Lösungsmittels können sehr wesentlich sein. Im Einzelfalle wird man durch Vorversuche über die Extraktionsbedingungen an Hand des Tierversuches ein möglichst günstiges Lösungsmittel feststellen und den Kreis der weiterhin erlaubten Maßnahmen durch Ermittlung der Beständigkeit gegen Temperatureinflüsse, Säure oder Alkali, Adsorbierbarkeit, Dialysierbarkeit, Ultrafiltrierbarkeit usw. einengen. Oft muß der Extraktion eine Entfettung des Ausgangsmaterials vorausgeschickt werden. Meist ist auch eine mehr oder weniger eingreifende vorangehende oder mit der primären Extraktion verbundene Hydrolyse erforderlich, da die Hormone nicht frei, sondern in mehr oder weniger fester Bindung an die Formelemente des Zellinneren vorliegen und eine weitere Reinigung erst nach Sprengung dieser Bindung möglich ist. Das geschieht bei den lipoidlöslichen Hormonen meist durch Isolierung des Unverseifbaren aus den Lipoidextrakten, Verteilung in verschiedenen Lösungsmitteln, Vakuumdestillation, Chromatographie, Gegenstromverteilung und schließlich auch Fällung mit möglichst spezifischen Fällungsreagentien. Bei den eiweiß- und polypeptidartigen Hormonen spielen partielle Hydrolyse, Eiweißfällungsmittel, sowohl zur Enteiweißung als auch zum Niederschlagen des Hormons, unter Umständen fraktionierte Fällung oder Aussalzung unter Berücksichtigung von p_H und Ionenstärke, Chromatographie, Dialyse und Ultrafiltration, isoelektrische Fällungen, Elektrophorese, Fällung mit organischen Lösungsmitteln und schließlich Adsorptions- und Elutionsmethoden, am Ende Krystallisation aus gut gepufferten Lösungen beim isoelektrischen Punkt die Hauptrolle bei der Extraktaufarbeitung. Die richtige zeitliche Aufeinanderfolge der einzelnen Maßnahmen

---

[1] KNAFFL-LENZ, E.: A. e. P. P. **135**, 259 (1928). — [2] Bull. Hlth. Organis. **7**, 894 (1938). — [3] FREED, S. C.: J. amer. med. Ass. **117**, 1175 (1941) [C. **1942 I**, 3223]. — [4] BURN, J. H., D. J. FINNEY and L. G. GOODWIN: Biological Standardization. London, New York, Toronto 1950. — [5] EMMENS, C. W.: Hormone Assay. New York 1950.

entscheidet den Erfolg. Für die chemisch so verschiedenartigen aglandulären Hormone kommen alle möglichen Isolierungsverfahren neben den schon aufgeführten in Frage[1].

γ) Physiologie der Hormone.

Die lipoidlöslichen Hormone der Keimdrüsen, der Nebennierenrinde und des Corpus luteum gehören der Klasse der Steroide an und werden deshalb gemeinsam an anderer Stelle (s. Bd. 1, S. 420—454) besprochen. Wenn wir unsere Betrachtungen auf die Drüsenhormone beschränken und vom Adrenalin und Acetylcholin, die wir als biogene Amine auffassen können, und dem Thyroxin, einer Aminosäure, absehen, so sind die übrigen bisher bekannten Drüsenhormone entweder Steroide oder besitzen eiweiß- oder polypeptidartige Eigenschaften. Schließlich ist es beim Adrenalin und Thyroxin nicht ausgeschlossen, daß nicht diese selbst, sondern thyroxin- bzw. adrenalinhaltige Eiweißstoffe oder Polypeptide die eigentlichen Sekretionsprodukte der Schilddrüse bzw. des Nebennierenmarkes darstellen. Die Isolierung von höhermolekularen, jodhaltigen Stoffen aus der Schilddrüse stützt diese Annahme. Wir würden damit zu der Feststellung kommen, daß es nur eiweißartige und steroidartige Drüsenhormone gibt. Adrenalin und Thyroxin wären nur abgespaltene wirksame Bruchstücke der eigentlichen Hormone. Daß auch noch bei den anderen eiweißartigen Hormonen eine derartige Abspaltung wirksamer (prosthetischer) Gruppen möglich wäre, ist nicht sehr wahrscheinlich, aber immerhin nicht ausgeschlossen. Bei den eiweißartigen Hormonen läßt der Nachweis bestimmter Atomgruppen, wie phenolischer OH-, NH_2- oder S—S- und SH-Gruppen (Insulin), oder der Nachweis von Glucosamin oder Zuckern (Hypophysenhormone) vorderhand nur einen bescheidenen Einblick in den chemischen Aufbau zu, wenn man von der inzwischen geglückten Konstitutionsaufklärung und Synthese der Hinterlappenhormone und der schon etwas fortgeschrittenen Aufklärung des Insulins und des ACTH absieht. Bezüglich des natürlichen Aufbaues der Hormone durch die Zelle ist man bei den niedrigmolekularen Hormonen zu bestimmten Annahmen gekommen. Hinsichtlich der Bildung der eiweißartigen Hormone müssen wir uns vorderhand mit der Annahme begnügen, daß in den Zellen Eiweißkörper gewissermaßen als Matrizen mit spiegelbildlicher elektrischer Ladungsverteilung umgekehrten Vorzeichens vorhanden sind. Eine solche Annahme würde die relativ feste Bindung dieser Hormone in den Drüsen, ihre hohe Spezifität und schließlich vielleicht auch die Bildung von Antihormonen erklären. Wäre doch eine solche Eiweißmatrize gewissermaßen ein Antihormon, das zum zugehörigen Hormon im gleichen Verhältnis stünde wie der Antikörper zum Antigen, und begegnet man doch immer wieder Mitteilungen in der Literatur über Hemmungsstoffe, die die Darstellung oder den Nachweis, etwa der gonadotropen Hormone des Vorderlappens, erschweren.

Die Abgabe der Hormone durch die Zellen könnte man sich durch hydrolytische Abspaltung von ihrer Verankerung an den Formelementen der Zelle bedingt vorstellen, möglicherweise durch hierfür spezifische Hydrolasen. Als letzte Ursache der Sekretionsleistung genügt die Annahme einer Tätigkeitssteigerung der Drüsenzelle mit nachfolgender p_H-Verschiebung des Zellinhaltes. Die Abgabe erfolgt bei vielen Hormonen zweifellos direkt ins Blut. Für manche Drüsen ist aber auch die Sekretion in die Lymphbahn diskutiert, wie beim Hypophysenhinterlappen, dessen Hormone im Liquor des III. Ventrikels nachweisbar sind. Vielleicht werden von einzelnen Hormonen auch beide Wege beschritten. Die Gewebshormone mit vor-

[1] Bugyi, B.: Über Anwendung der Ultraviolettabsorptionsanalyse in der Hormonforschung. Zeiss-Nachr. 4, 98 (1941).

wiegend oder ausschließlich örtlicher Wirkung werden wohl an die Gewebsflüssigkeit abgegeben. Jedenfalls ist die allgemeine Bezeichnung der innersekretorischen Drüsen als Blutgefäßdrüsen nicht generell zutreffend, da eine direkte Abgabe der Inkrete an das Blut keineswegs für alle erwiesen ist. Manchmal ist das Haupterfolgsorgan einer Hormondrüse im Flüssigkeitsstrom gleich hinter die entsprechende Drüse geschaltet, wie die Leber hinter das Pankreas oder, wenn man den Lymphweg für die Sekretion der Keimdrüsen als den wahrscheinlicheren annimmt, der Uterus hinter das Ovar oder Samenblasen und Prostata hinter den Hoden.

Über den Wirkungsmechanismus der Hormone haben wir nur sehr unzureichende Vorstellungen. Man war zuerst beeindruckt von der außerordentlichen Spezifität dieser Wirkungen. Die Annahme einer besonderen Spezifität kann aber eigentlich heute nicht mehr aufrechterhalten werden. Hormone, wie das Adrenalin oder die Keimdrüsenhormone, lassen gewisse Änderungen ihres molekularen Aufbaues zu, ohne daß die Wirkung grundsätzlich verlorengeht. Andererseits besitzen chemisch von einem Hormon recht verschiedene Stoffe oft eine gleiche oder wenigstens sehr ähnliche Wirkung. Es sei hier an A. T. 10, ein Bestrahlungsprodukt des Ergosterins, erinnert (s. Bd. **1**, S. 456), das die Wirkung des Epithelkörperchenhormons nachahmt, oder die Wirkungen des Stilboestrols (Formel s. Bd. **1**, S. 429), die in ihren Hauptzügen trotz der sehr entfernten chemischen Verwandtschaft durchaus denen der weiblichen Keimdrüsenhormone gleichen. Die Hormone unterscheiden sich also hinsichtlich ihrer Wirkung in keiner Weise von der anderer, wirksamer natürlicher (Vitamine) oder künstlicher Arzneimittel oder Reizstoffe. Der einzige Unterschied ist die Bildung der Hormone im Körper des Verbrauchers selbst. Der Unterschied zwischen Fermenten und Hormonen, daß letztere nur am belebten Substrat wirken, während die Fermente unter geeigneten Bedingungen auch außerhalb der lebenden Zelle zur Wirkung gebracht werden können, dürfte im Laufe der Zeit und bei genauerer Kenntnis Einschränkungen erfahren. Es wird wahrscheinlich möglich werden, diejenigen Reaktionen, welche von Hormonen katalytisch beeinflußt werden, herauszuschälen und dann auch manche Hormonwirkungen, ebenso wie Fermentwirkungen, außerhalb der Zelle an Modellreaktionen zu zeigen[1]. Hinweise liegen in dieser Richtung weiter vor in der Steigerung anaerober Stoffwechselvorgänge durch Thyroxin oder der Zunahme der Phosphorylierungen durch Nebennierenrindenstoffe oder der Beeinflussung bestimmter Phasen des intermediären Kohlenhydratumsatzes durch Insulin. Die geringfügigen Mengen, in welchen die Hormone wirksam sind, lassen kaum eine andere Deutung für den Wirkungsmechanismus zu als die Annahme einer katalytischen Beeinflussung von Stoffwechselvorgängen, in positivem oder negativem Sinne, wenn man nicht eine außerordentlich spezifische Beeinflussung von Zellgrenzflächen im Sinne von Permeabilitätsänderungen annehmen will[2]. Vielleicht werden wir in Zukunft auch einige Hormone, ebenso wie das schon bei einzelnen Vitaminen geschehen ist, als Bestandteile gewisser Fermentsysteme kennenlernen[3]. So wie sich die Pharmakologie bemüht, die Wirkungen eines Arzneimittels möglichst auf eine oder mindestens auf wenige Elementarwirkungen zurückzuführen, die ihrerseits, je nachdem welche Zellart sie betrifft, die verschiedensten sichtbaren biologischen Reaktionen auslösen

---

[1] JENSEN, H., and L. E. TENENBAUM: The influence of hormones on enzymic reactions. Adv. Enzymol. **4**, 257—267 (1944). — HECHTER, O.: Vitamins & Hormones **13**, 293 (1955). — BRODY, T. M.: Pharmacol. Rev. **7**, 335 (1955). — MALEY, G. F., and H. A. LARDY: J. biol. Ch. **204**, 435 (1953). — HOCH, F. L., and F. LIPMANN: Fed. Proc. **12**, 218 (1953). — [2] BULLOUGH, W S.: Vitamins & Hormones **13**, 261 (1955). — [3] FLASCHENTRÄGER, B.: Verh. schweiz. Physiol **1940**, 19.

kann, wird sich die Hormonforschung mit der Festlegung der chemischen oder physikalisch-chemischen Elementarwirkungen der einzelnen Hormone zu beschäftigen haben.

Die drei zuletzt genannten Hormone (Thyroxin, Nebennierenrindenstoffe, Insulin) scheinen eine Grundwirkung zu haben, die auf eine bestimmte Reaktion im Erhaltungsstoffwechsel der Zellen gerichtet ist. Einige andere beeinflussen besonders den Funktionsstoffwechsel, z. B. Adrenalin oder Acetylcholin an den Zellen oder Zellbestandteilen des vegetativen Nervensystems oder Hypophysenhinterlappenhormone die Tätigkeit der glatten Muskeln des Genitale oder der Gefäße. Eine Anzahl von Hormonen wirkt besonders auf die Teilungsenergie der Zellen, mit welcher Wirkung meist eine Steigerung aller spezifischen Funktionen der betreffenden Zellart verbunden ist. Hierher gehören besonders die glandotropen Hormone des Vorderlappens der Hypophyse und die Keimdrüsenhormone. Auch die Wirkung des Leberstoffes auf die Knochenmarkselemente oder die des Epithelkörperchenhormons auf die Osteoklasten wäre hier zu nennen.

In diesem Zusammenhang ist es vielleicht nicht ohne Bedeutung, daß Adrenalin, Thyroxin und alle bisher bekannten Steroidhormone Redoxstoffe sind, die man sich sehr gut als Cofermente eines dehydrierenden oder reduzierenden Fermentkomplexes vorstellen könnte, während den eiweißartigen Hormonen die Rolle von Apofermenten zukäme, die im Erfolgsorgan mit dem ihnen entsprechenden jeweiligen Coferment zusammentreffen[1].

Es sieht so aus, als ob die Hormone, jeweils nur einzelne oder wenige, bevorzugt die geschwindigkeitsbestimmenden Reaktionen einer Reaktionsfolge katalysieren. Voraussetzung für ihre Wirkung ist dann, daß alle übrigen Reaktionen im Verlauf meist komplizierter Reaktionsketten intakt sind. Das heißt: die Hormonwirkungen sind an bestimmte Vorbedingungen (ausreichende Vitaminversorgung, genügende allgemeine Ernährung, normale Zusammensetzung der verschiedenen Fermentsysteme, ungestörte nervöse Versorgung) geknüpft.

Einer derartigen Auffassung kommen die neuerdings geäußerten Gedankengänge von BULLOUGH[2] und HECHTER[3] entgegen, die im Transfer von Metaboliten bzw. Ionen in die Zellen bzw. die Stoffwechselzentren der Zellen (Mitochondrien) über deren Grenzflächen und die den aktiven Transport bewerkstelligenden Stoffwechselreaktionen den Wirkungsmechanismus der Hormone vermuten. Dieser Schluß scheint notwendig geworden zu sein, da die sehr umfangreichen Untersuchungen der Beeinflussung von Fermentwirkungen durch Hormone in vitro praktisch ergebnislos verlaufen sind, und da weiter die Untersuchungen des Fermentbestandes der Zellen unter Hormoneinfluß zwar vielfach Beeinflussungen erkennen ließen, jedoch nicht ausreichend den Wirkungsmechanismus zu deuten gestatteten[4].

Der zeitliche Ablauf der Hormonwirkungen ist wechselnd. Wir kennen sehr rasch eintretende und ebenso rasch abklingende Reaktionen, wie etwa jene, die die Funktion glatter Muskeln oder vegetativer Nerven betreffen. Auch die Wirkung der örtlich wirksamen aglandulären Hormone ist meist flüchtig. Die Hormoneinflüsse auf den Erhaltungsstoffwechsel oder auf Drüsensekretionen verlaufen langsamer. Noch langsamer laufen jene ab, die Zellteilungsvorgänge betreffen, oder gar jene, welche die Entwicklungsvorgänge über lange Zeiträume des Lebens hin begleiten. Diesen verschiedenen zeitlichen Bedürfnissen kommt auch die Art der Abgabe, Zerstörung oder Ausscheidung der Hormone entgegen.

---

[1] JUNKMANN, K.: Dtsch. med. J. **2**, 520 (1951). — [2] BULLOUGH, W. S.: Vitamins & Hormones **13**, 261 (1955). — [3] HECHTER, O.: Vitamins & Hormones **13**, 293 (1955). — [4] DIRSCHERL, W.: Ergebn. Physiol. **48**, 112 (1955).

Die für flüchtige Wirkungen in Betracht kommenden Hormone werden gewöhnlich nicht über längere Zeiträume, sondern nur im Bedarfsfalle kurzfristig von den Drüsen abgegeben. Ebenso rasch erfolgt bei ihnen die Zerstörung durch Stoffwechselvorgänge (Adrenalin) oder ihre Ausscheidung durch Harn oder Galle. Bei den langsamer wirksamen Hormonen ist auch die Sekretion eine verlangsamte; Zerstörung und Ausscheidung halten mit der Neubildung Schritt. Die eiweißartigen Hormone werden wahrscheinlich inaktiviert durch Gewebsproteasen, die steroiden Hormone durch hydrierende und dehydrierende Stoffwechselreaktionen und Paarung, z. B. an Schwefelsäure oder Glucuronsäure (bessere Harnfähigkeit). Außerdem denkt man auch noch an das Vorkommen vorgebildeter Inaktivatoren im Blut (Kallikrein, Cholinesterase) oder an die Bildung von Antihormonen. Neben Oxydation, Abbau, Kuppelung und Inaktivierung spielt auch die Ausscheidung eine wesentliche Rolle. Für manche Hormone (Keimdrüsen-, Hypophysenhormone) sind die Ausscheidungen des Körpers eine ergiebigere Quelle für die Gewinnung als die Drüsen.

δ) Regulationen und Wechselwirkungen (Korrelationen)[1].

Die Abgabe der Hormone erfolgt nicht planlos. Es gibt vielmehr eine äußerst fein eingespielte, vielfach gesicherte Regulationseinrichtung in enger Verflechtung mit den nervösen Regulationen, die das sinnvolle Zusammenarbeiten der Organe und Organsysteme gewährleistet. Das organisatorische Prinzip ist das gleiche wie bei der vegetativen oder der animalen Innervation: die doppelte antagonistische Beeinflussung. Jeder Eingriff in das hormonal-nervöse Regulationssystem löst prompt Gegenregulationen aus, die den physiologischen Ausgangszustand wieder herzustellen bestrebt sind. Oft schießen diese Gegenregulationen über ihr Ziel hinaus, und der Gleichgewichtszustand wird dann gewissermaßen durch ein langsames Pendeln um die Ruhelage erreicht. So folgt einer Blutzuckersenkung durch Insulin oft eine Blutzuckersteigerung, hervorgerufen durch kompensatorisch ausgeschüttetes Adrenalin oder Glucagon, und umgekehrt einer Blutzuckersteigerung durch Adrenalin eine Blutzuckersenkung durch kompensatorische Insulinsekretion.

Die Wege, auf denen diese Gegenregulationen ausgelöst werden, sind mannigfaltig. Eine Vorstellung einiger Möglichkeiten vermittelt die Skizze in Abb. 39.

Die einfachste Form einer solchen humoralen Gegenregulation wäre etwa die: Muskelkontraktion→Bildung von Ermüdungsstoffen→Erschlaffung, oder: lokale Gefäßverengerung etwa durch Adrenalin→verlangsamte Abfuhr und damit Anhäufung von Stoffwechselprodukten→Gefäßerweiterung.

In anderen Fällen führt die Hormonwirkung zu einer Veränderung der Blutzusammensetzung, die ihrerseits eine antagonistisch wirkende Hormondrüse zur Sekretion anregt. So führt die Blutzuckersteigerung durch Adrenalin zu einer direkten Reizung der Inselzellen des Pankreas und kompensatorischer Insulinsekretion. Die Anregung der antagonistischen Hormondrüse kann aber auch über eine humorale Beeinflussung vegetativer Zentren stattfinden und von hier aus auf dem Wege vegetativer Nerven wirksam werden, ein Vorgang, wie er für den Antagonismus Nebennierenmark-Inselzellen ebenfalls in Anspruch genommen wird. Auch die Wiederherstellung des normalen Blutdruckes nach der Einwirkung blutdrucksenkender Hormone durch kompensatorische Adrenalinsekretion

[1] Zondek, H., u. I. G. Koehler: Correlationen der Hormonorgane untereinander. Handb. Physiol. Bd. 16/1, S. 656—694. — Abelin, I.: Über Hormongleichgewichte. Schweiz. med. Wschr. 72, 788 (1942). — Woolley, D. W.: Some aspects of biochemical antagonism. Green's Currents biochem. Res. S. 357—377.

erfolgt auf diesem Wege: Blutdrucksenkung—Kreislaufverlangsamung—CO_2-Anhäufung—Säuerung des Blutes—Erregung des Vasomotorenzentrums—Splanchnicus—Nebenniere—Adrenalinsekretion—Blutdrucksteigerung. Die Gegenwirkung kann aber auch von den vegetativen Zentren direkt auf nervösem Wege erfolgen, wie etwa die Vaguserregung nach Adrenalinblutdrucksteigerung beweist, die allerdings selbst wieder durch Acetylcholinbildung an den Nervenenden erst eigentlich wirksam wird.

Alle Inkretdrüsen sind überdies reichlich vegetativ innerviert und werden einerseits fördernd, andererseits hemmend durch diese Innervation beeinflußt. Diese Nervenwirkung spielt jedoch bei den meisten Inkretdrüsen

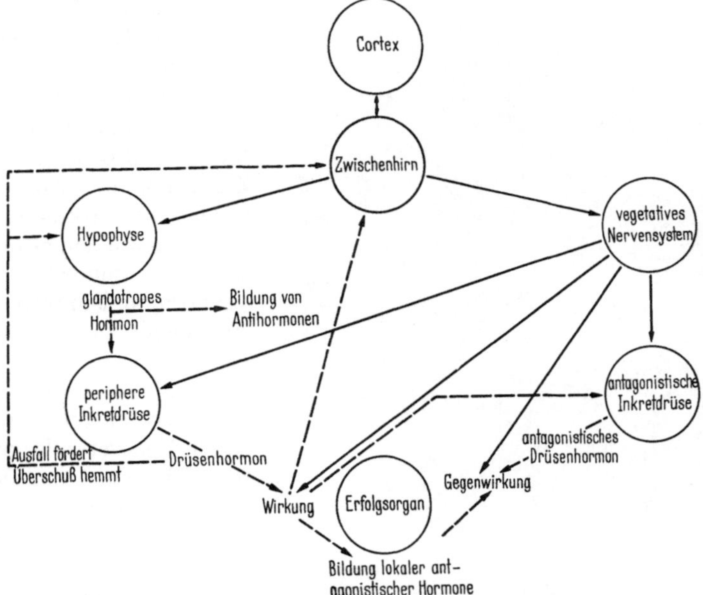

Abb. 39. Verschiedene Wege der Regulationen; ------ hormonal, ——— nervös.

keine ausschlaggebende Rolle, wie die Versuche mit Entnervung und Transplantation der Drüsen glaubhaft machen. Es ist dies der Ausdruck dafür, daß die den nervösen Einflüssen parallel geschalteten humoralen Regulationen unter normalen Verhältnissen vollwertig für die nervöse Versorgung der Drüsen einspringen können. Nur bei der Hypophyse scheint die Stieldurchtrennung und bei der Nebenniere die Splanchnicusdurchschneidung zum Ausfall wesentlicher Funktionen zu führen.

Eines der interessantesten hormonal-nervösen Regulationssysteme ist das Hypophysen-Zwischenhirn-System. Der Hypophysenvorderlappen sezerniert eine ganze Reihe sog. glandotroper Hormone, die ihrerseits jeweils eine bestimmte innersekretorische Drüse zur Tätigkeit anregen. Wegfall oder mangelhafte Sekretion der vom Vorderlappen abhängigen Drüsen führt zu charakteristischen anatomischen Veränderungen an der Hypophyse als Ausdruck des Versuchs der Hypophyse, durch vermehrte Sekretion des entsprechenden glandotropen Hormons den Ausfall der peripheren Inkretdrüse auszugleichen. Derartige Veränderungen sind mit Sicherheit nach dem Wegfall der Keimdrüsen, der Schilddrüse und der Nebennierenrinde beschrieben. Wahrscheinlich sind sie auch bei Nebenschilddrüsenausfall, weniger wahrscheinlich nach Pankreasentfernung. Die

Veränderungen der Hypophyse können soweit eindeutig sein, daß man aus dem Aussehen des Vorderlappens auf das fehlende periphere Hormon schließen kann (vgl. Abb. 40).

Die großen, wenig färbbaren „Kastrationszellen" sind in der Kastratenhypophyse deutlich zu erkennen. Auch in der Hypophyse nach Thyreoidektomie finden sich ähnliche große helle Zellen, die Thyreoidektomiezellen, die sich bei einiger Übung jedoch ohne weiteres von den Kastrationszellen durch die gröbere Granulierung ihres Protoplasmas unterscheiden lassen. Als weitere Besonderheit der Thyreoidektomiehypophyse gegenüber der Kastrationshypophyse ist die starke Verminderung der Zahl der eosinophilen Zellen zu erwähnen.

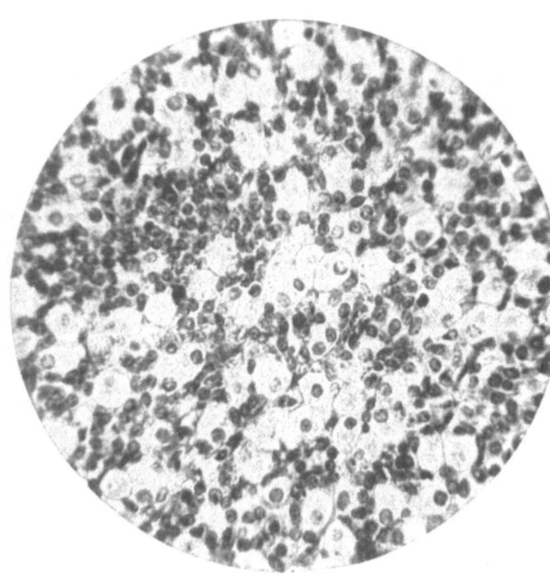

Abb. 40a.

Der Ausfall eines Hormons einer von der Hypophyse abhängigen Drüse wirkt dabei entweder direkt auf humoralem Wege auf die Hypophyse ein oder indirekt durch humorale Beeinflussung eines Zentrums im Zwischenhirn, welches seinerseits auf nervösem oder wie neuerdings wahrscheinlich gemacht, ebenfalls auf hormonalem Wege[1] die entsprechende glandotrope Hormonproduktion anregt. Das letztere ist z. B. der Fall nach Ovarektomie, denn die Kastrationsveränderungen treten nicht ein, wenn die Hypophyse verpflanzt oder der Hypophysenstiel durchtrennt ist. Auch die Überproduktion einer Drüse des Hypophysen-Zwischenhirn-Systems wirkt auf den gleichen Wegen dämpfend auf die Sekretion des einschlägigen glandotropen Hormons, begleitet von allerdings nicht ganz so charakteristischen anatomischen Veränderungen im Vorderlappen. Diese Regulationsmechanismen erklären z. B. die kompensatorische Hypertrophie eines Drüsenrestes nach unvollständigen Resektionen oder die vermehrte Bildung gonadotroper Hormone nach Kastration oder im Klimakterium und schließlich die Funktionsminderung einer Hormondrüse, welche eintritt, wenn man ihr Hormon während einiger Zeit künstlich zuführt.

Als letzte Regelungsmöglichkeit gibt es noch die Bildung von Antihormonen[2], die nach längerer Zufuhr verschiedener eiweißartiger Hormone, besonders der Hypophysenhormone, auftreten. Ob diese im Blut, meist in der Globulinfraktion enthaltenen Stoffe als direkte Antagonisten oder durch Inaktivierung der Hormone im Sinne einer Antigen-Antikörperreaktion wirken, wird noch erörtert.

Reaktionsfolge und Funktionswechsel. Die Verhältnisse werden noch dadurch verwickelt, daß oft eine ganze Reihe hormonaler Reaktionen hintereinandergeschaltet ist, um einen bestimmten physiologischen Zweck zu erreichen. Beispiele dafür s. S. 484. Dazu kommt, daß manche Hormone im Laufe des

---

[1] Scharrer, E., u. B. Scharrer: Neurosekretion. Handb. mikroskop. Anat. (v. Möllendorff) Bd. 6/5, S. 953—1066. — Harris, G. W.: Neural control of the pituitary gland. Physiol. Rev. **28**, 139—179 (1948). — [2] Collip, J. B., H. Selye and D. L. Thomson: Biol. Reviews **15**, 1 (1940). — Thompson, K. W.: Antihormones. Physiol. Rev. **21**, 588—631 (1941).

Wachstums und der verschiedenen Entwicklungsphasen verschiedene Aufgaben zu erfüllen haben. So sind Schilddrüse und Nebenschilddrüse im fetalen Leben und in der Kindheit vorwiegend Wachstumsdrüsen, während sich ihre Tätigkeit im späteren Leben auf die Regulation des Stoffwechsels bzw. auf die Aufrechterhaltung der normalen Ca-Menge im Blut und der Zusammensetzung der Knochen beschränkt. Beim Kaltblüter fehlt z. B. die stoffwechselsteigernde Wirkung der Schilddrüsenstoffe; die Schilddrüse ist hier wie in der Jugend der höheren Tiere nur Wachstums- und Entwicklungsdrüse. Auf die wechselnde Tätigkeit der Keimdrüsen in den verschiedenen Lebensaltern sei hier nur hingewiesen, ferner darauf, daß auch zwischen mütterlichen und kindlichen Hormonen während der Schwangerschaft physiologische Beziehungen bestehen. Welche Ursachen für einen derartigen Funktionswechsel der Hormone im Laufe der Entwicklung verantwortlich sind, wissen wir heute noch ebensowenig, wie wir die Frage nach den übergeordneten Einrichtungen beantworten können, die dafür maßgebend sind, daß das Zusammenspiel der Drüsen, welche Entwicklung, Wachstum, Reife und Altern beherrschen, innerhalb der in Betracht kommenden langen Zeiträume in der richtigen zeitlichen Aufeinanderfolge mit dem jeweils richtigen Ausmaß erfolgt. Wenn wir geneigt sind, diese ebenfalls in das Zwischenhirn-Hypophysen-System zu verlegen, so ist das zunächst nur eine, vielleicht nicht ganz unbegründete Vermutung.

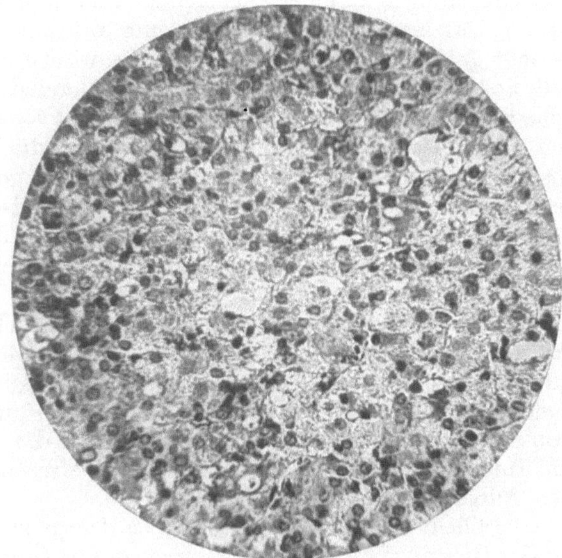

Abb. 40b.

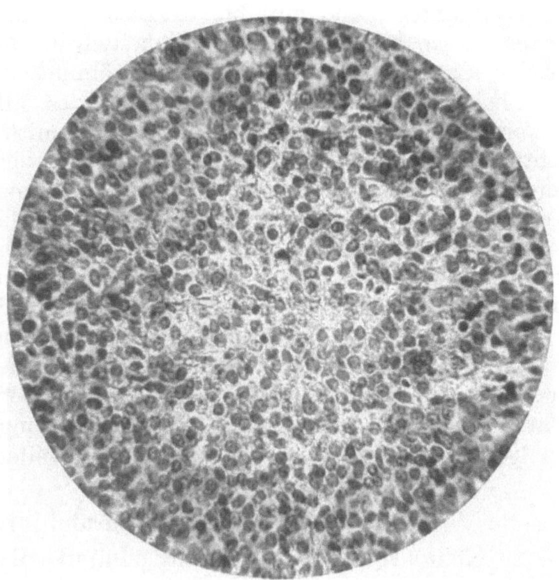

Abb. 40c.

Abb. 40a—c. a Hypophyse der Ratte nach Kastration. b Hypophyse der Ratte nach Thyreoidektomie. c Normale Rattenhypophyse.

Sicherung der Hormonwirkung. Die soeben geschilderten Zusammenhänge gestatten 2 Feststellungen zu treffen: 1. Im allgemeinen sind die humoral-neural gesteuerten Vorgänge derartig vielfältig gesichert, daß erst erhebliche Ausfälle oder Überproduktionen zu einer krankhaften Störung der Funktion führen können. Das wird auch noch dadurch unterstrichen, daß man von den meisten

Inkretdrüsen erheblich mehr als die Hälfte entfernen muß, um nennenswerten Funktionsausfall zu erhalten.

2. Ausfall oder Überproduktion eines Hormons führt nur in den seltensten Fällen zu einer einzigen Störung, sondern vielmehr durch die zahlreichen Ausgleichsregelungen zu einer allgemeinen Unordnung der hormonal-neuralen Regulation. Das macht das Bild endokriner Erkrankungen so vielgestaltig und verursacht große diagnostische und therapeutische Schwierigkeiten. Dazu kommt, daß Lokalisation und Ausmaß solcher sekundären Erscheinungen in den verschiedenen Lebensaltern aber auch individuell verschieden sein können. Gelegentlich sind sie sogar entgegengesetzt. So bildet die Hypophyse nach Keimdrüsenausfall im Klimakterium nicht nur vermehrt gonadotropes Hormon, sondern manchmal auch thyreotropes Hormon (thyreotoxische Erscheinungen im Klimakterium), andererseits entwickelt sich manchmal in der Klimax auch ein Myxödem. Vielleicht hängt die im Klimakterium nicht seltene Fettsucht mit einer analog ausgelösten Überproduktion von corticotropem Hormon zusammen. Es entspräche diese zusätzliche Sekretion eines eigentlich nach dem Organisationsplan gar nicht erwünschten Hormons etwa dem, was wir als Mitinnervation beim animalen Nervensystem kennen. Wahrscheinlich ist die Kupplung von Hormongemeinschaften zu einer derartigen Mitsekretion durch eine erbmäßig bestimmte Konstitutionseigentümlichkeit bedingt. Daß die wechselnde Zusammensetzung und Intensität solcher Sekretionsgemeinschaften den Kliniker vor die schwierigsten Aufgaben stellen kann, leuchtet ein.

Überblickt man die Verhältnisse, so drängt sich immer wieder der Vergleich mit der Organisation des Zentralnervensystems auf. Dort Ketten hintereinandergeschalteter Neuronen, von denen jedes vorangehende das nachfolgende zur Tätigkeit anregt, und ein- bis vielgliedrige Reflexbogen; hier Ketten hintereinandergeschalteter hormonaler Einheiten, für die vielleicht noch ein passender Ausdruck zu prägen wäre, die in einem ähnlichen Verhältnis zueinander stehen. Auch bei den hormonalen Regulationen gibt es „afferente und efferente Bahnen", humorale Reize, die direkt oder durch Vermittlung anderer hormonaler Einrichtungen einem hormonalen Zentralorgan oder nervösen Zentren zugeleitet werden und sich von dort aus entweder auf humoralem oder nervös-humoralem Wege wiederum in die Peripherie auswirken. Man ist versucht, den Vergleich noch weiter zu spinnen und von rein hormonalen, gemischt hormonal-nervösen und rein nervösen Reflexen zu sprechen oder je nach der Anzahl der beteiligten Einheiten von Reflexen höherer und niederer Ordnung.

Therapie. Dieselben Überlegungen, wie die in den vorstehenden Absätzen angestellten, gelten auch für die Hormontherapie und die therapeutische Entfernung von Hormondrüsen. Trotz der großen Schwierigkeiten[1] und ihrer relativen Jugend kann diese Forschungsrichtung schon auf recht beachtliche Erfolge zurückblicken und verspricht noch weitere für die Zukunft.

b) Die Hormondrüsen und ihre Hormone.

α) Die Hypophyse (Glandula pituitaria, Hypophysis cerebri)[2-10].

Anatomie. Die Hypophyse oder der Hirnanhang liegt als durchschnittlich 0,62 g schweres Organ unterhalb des Zwischenhirns, mit diesem durch den Hypophysenstiel verbunden, auf der Oberseite des Keilbeinkörpers in einer mehr oder weniger stark ausgebildeten Vertiefung dieses Knochens (Sella turcica). Entwicklungsgeschichtlich besteht sie aus 2 Teilen,

[1] SCHITTENHELM, A.: Kli. Wo. **1941**, 1037. — s. a. S. 428—430, Zitate 131—180.

Zusammenfassende Darstellungen: 2—10. [2] PERITZ, G.: Die Hypophyse. Handb. Biochem. Bd. 9, S. 435—496. — [3] BIEDL, A.: Handb. Physiol. Bd. 16/1, S. 401—492. — [4] COLLIP, J. B.: Results of recent studies on anterior pituitary hormones. Edinburgh med. J. **45**, 782

dem aus nervösen Elementen gebildeten *Hinterlappen* und dem aus der Rachenwand sich ableitenden *Vorderlappen.* Bei den meisten Tieren, mit Ausnahme des Menschen und der anthropoiden Affen, ist auch ein anatomisch abgrenzbarer aus epithelialen Zellen bestehender *Zwischenlappen oder Mittellappen* festzustellen. Beim Menschen ist die Zwischenzone vom Vorderlappen nicht scharf abgegrenzt. Lage und Anordnung der einzelnen Hypophysenabschnitte sind bei verschiedenen Tierarten wechselnd. Beim Wal wiegt der gut abgegrenzte Vorderlappen 17—54 g, der Hinterlappen 1—2 g, beim Rind 2,5—3,5 g bzw. 0,3—0,5 g. Über Durchblutung der Hypophyse s. [1].

Histologie[2]. Im *Hinterlappen* werden die Pituicyten (ROMEIS[3]) als absondernde Zellen angesehen; die Grundlage des Hinterlappengewebes ist Neuroglia. Es bestehen zahlreiche Beziehungen zum zentralen Grau des Zwischenhirnbodens. In der *Zwischenzone* findet man neben den im Vorderlappen zu unterscheidenden Drüsenzellformen mit Kolloid (Stapelsubstanz) gefüllte, von Epithel ausgekleidete Hohlräume. Im *Vorderlappen* überwiegen kompakte Epithelstränge, welche von weiten, sinuösen Blutcapillaren umspült werden. Unter den Epithelzellen herrschen die kleinen Hauptzellen (γ-Zellen) mit etwa 50% vor; aus ihnen entstehen bei der Schwangerschaftsvergrößerung die sog. Schwangerschaftszellen. Die sehr zahlreichen, mit acidophilen Granula gefüllten α-Zellen sollen das Wachstumshormon, die basophil gekörnten β-Zellen das gonadotrope Hormon abscheiden. Weniger als in der Zwischenzone liegen auch in den Zellsträngen des Vorderlappens eingeschlossene Kolloidtropfen, welche wohl wie in der Schilddrüse als Hormonstapelsubstanz anzusehen sind.

Chemie. Über die grob chemische Zusammensetzung der Hypophyse des Rindes unterrichtet die nachstehende Tabelle 140 nach MAC ARTHUR[4].

Der angebliche besonders hohe *Brom*gehalt der Hypophyse konnte nicht bestätigt werden[5]. Über die chemische Zusammensetzung der menschlichen Hypophyse ist nichts bekannt.

Nachstehende Aminosäuren wurden in entfetteten, getrockneten Schweinehypophysen mikrobiologisch nachgewiesen: Arginin, Asparaginsäure, Glutaminsäure, Glycin, Histidin, Isoleucin, Leucin, Lysin, Methionin, Phenylalanin, Threonin und Valin[6]. In Rattenhypophysen ließen sich die Fermente des Citronensäurecyclus, Bernsteinsäuredehydrogenase und Glutaminsäure-Oxalessigsäure-Transaminase nachweisen[7].

Folgen der Hypophysektomie. Die Entfernung der Hypophyse gelang nach früheren erfolglosen Versuchen erstmalig ASCHNER 1910[8]. Bis dahin wurde sie wegen der tödlich verlaufenden Exstirpationsversuche für lebenswichtig gehalten. Grundsätzlich ist die Frage der Lebenswichtigkeit eigentlich auch heute noch

(1938). — [5] BIEDL, (A.): Physiologie und Pathologie der Hypophyse. Verh. Kongr. inn. Med. **34**, 331 (1922). — [6] DYKE, H. B VAN: The Physiology and Pharmacology of the Pituitary Body. Chicago Bd. 1, 1936; Bd. 2, 1939. — DYKE, H. B. VAN: Protein hormones of the pituitary body. Ann. N. Y. Acad. Sci. **43**, Art. 6. 255 (1943). — [7] ZONDEK, B.: Die Hormone des Ovariums und des Hypophysenvorderlappens. 2. Aufl. Wien 1935. — [8] RUGGIERI, A.: Die Bedeutung der Hypophyse für die Pathologie der Blutgefäße. Ergebn. inn. Med. **49**, 262—310 (1935). — [9] BERBLINGER, W.: Die Wechselbeziehungen zwischen Hypophyse und Keimdrüsen. Ergebn. Vit.- u. Horm.-Forsch. **1**, 191—212 (1939). — [10] Lehrb. inn. Med. (ASSMANN u. a.) 6./7. Aufl. Bd. 2, S. 206—232.

[1] SPANNER, R.: Kli.Wo. **1952**, 721. — SPATZ, H.: Acta neuroveget., Wien **3**, 5 (1951). — SPATZ, H., R. DIEPEN u. V. GAUPP: Dtsch. Z. Nervenheilkde. **159**, 229 (1948). — [2] v. MÖLLENDORFF, Lehrb. Histol. 26. Aufl. S. 275. 1949. — [3] ROMEIS, B.: Hypophyse. Handb. mikroskop. Anat. (v. MÖLLENDORFF) Bd. 6/3 (1940). – BARGMANN, W., T. HELLMAN u. M. WATZKA: Handb. mikroskop. Anat. (v. MÖLLENDORFF). Innersekretorische Drüsen, III. Thymus, Paraganglien, Epiphyse. Bd. 6/4 (1943). Lymphgefäßapparat. Ergänzung zu Bd. 6/1 (1943). — [4] MAC ARTHUR, C. G.: Am. Soc. **41**, 1225 (1919). — Vgl. Handb. Biochem. Bd. 9, S. 443. — [5] BERNHARDT, H., u. H. UCKO: B. Z. **155**, 174 (1925). — [6] CAMIEN, M. N., M. S. DUNN, R. B. MALIN, P. J. REINER and J. TARBET: Univ. Calif. Publ. Physiol. **8**, 327 (1949). — [7] MELCHIOR, J. B., and D. M. HILKER: J. biol. Ch. **212**, 187 (1955). — [8] ASCHNER, B.: Pflügers Arch. **146**, 1 (1912).

Tabelle 140. Chemische Zusammensetzung der Rinderhypophyse.

	Vorderlappen		Hinterlappen	
	% der frischen Substanz	% der Gesamt-trockensubstanz	% der frischen Substanz	% der Gesamt-trockensubstanz
Trockensubstanz	22,77		20,32	
A. Proteine	17,66	77,53	13,46	66,22
Protein-P	0,12	0,51	0,01	0,48
Protein-S	0,18	0,78	0,20	1,01
Protein-Ca	0,02	0,07	0,03	0,16
Protein-N	2,39	10,49	1,68	8,27
Humin-N	0,49	2,15	0,26	1,26
NH_3-N	0,12	0,51	0,07	0,36
Basen-N	0,65	2,87	0,51	2,52
Arginin-N	0,37	1,64	0,32	1,59
Histidin-N	0,10	0,46	0,03	0,13
Lysin-N	0,15	0,65	0,07	0,37
Cystin-N	0,08	0,34	0,09	0,44
Monoamino-N	1,33	4,97	0,84	4,14
Nicht-Amino-N	0,28	1,25	0,19	0,93
α-Amino-N	0,85	3,73	0,65	3,20
B. Lipoide	3,16	13,87	4,00	19,68
Lipoid-P	0,09	0,42	0,12	0,59
Lipoid-S	0,001	0,005	0,002	0,01
Cholesterin	0,37	1,65	0,43	2,12
Lipoidrückstand	2,02	8,87	2,58	12,69
Lipoid-N	0,05	0,24	0,08	0,38
Filtrat-N	0,04	0,19	0,06	0,31
Amino-N	0,02	0,11	0,04	0,18
Cholin-N	0,16	0,70	0,02	0,10
Zucker	0,13	0,57	0,15	0,74
C. Extraktivstoffe	1,95	8,56	2,87	14,12
Organische Extraktivstoffe	1,56	6,85	2,44	12,00
Zucker	0,34	1,50	0,22	0,11
N	0,08	0,37	0,17	0,83
Amino-N	0,05	0,23	0,09	0,46
NH_3-N	0,003	0,01	0,002	0,01
Harnstoff-N	0,01	0,03	0,004	0,02
Kreatin- + Kreatinin-N	0,01	0,05	0,01	0,04
Anorganische Extraktivstoffe	0,39	1,71	0,43	2,12
S	0,003	0,01	0,005	0,02
Ca	0,002	0,01	0,01	0,04
P	0,06	0,25	0,07	0,33
Phosphat-P	0,04	0,16	0,03	0,14
Neutral-P	0,02	0,09	0,04	0,2

nicht entschieden, da eine restlose Entfernung deshalb nicht gelingt, weil die sog. Pars tuberalis, welche dem Zwischenhirn anliegt, sich nicht ohne Verletzung dieses lebenswichtige Zentren enthaltenden Hirnteils entfernen läßt! In der Folgezeit sind für die verschiedenen Tierarten brauchbare Operationsmethoden entwickelt worden[1, 2]. Die Hypophysektomie führt am jugendlichen Tier[3] zu

[1] Smith, P. E.: Anat. Rec. **32**, 221 (1926). Amer. J. Physiol. **81**, 20 (1927). — [2] Zusammenstellung bei: Bomskov, C.: Methodik der Hormonforschung. Bd. 2, S. 553. Leipzig 1939. — [3] Aschner, B.: Pflügers Arch. **146**, 1 (1912).

Wachstumsstillstand und Offenbleiben der Epiphysenfugen, Erhaltung des Milchgebisses und des infantilen Haarkleides, Ausbleiben der Pubertät und der Ausbildung der sekundären Geschlechtscharaktere, Herabsetzung des Stoffwechsels und anderen Stoffwechselstörungen[1].

Am erwachsenen Tier kommt es zur Rückbildung der Keimdrüsen und der sekundären Geschlechtsmerkmale. Die Atrophie der Keimdrüsen, der Schilddrüse und der Nebennierenrinde wird stets gefunden, weniger eindeutig sind die Veränderungen in anderen Organen. Bei Entfernung des Hinterlappens kommt es, mindestens vorübergehend, zu Polyurie, Polydipsie und bei Kaltblütern zur Kontraktion der Chromatophoren. Wieweit die vielfältigen nach Hypophysektomie beobachteten Stoffwechselstörungen, wie Verfettung, Störung des Kohlenhydrathaushaltes und des Eiweißumsatzes oder der Wärmeregulation auf Nebenverletzungen der vegetativen Zentren des benachbarten Zwischenhirns beruhen, ist heute noch nicht vollständig zu übersehen.

Zahl der Hypophysenhormone. Die Hypophyse bildet in ihren einzelnen Abschnitten, gelenkt und gesteuert teils von den peripheren Inkretdrüsen, teils vom Zentralnervensystem, eine ganze Reihe von Hormonen, die alle Proteine bzw. Peptide sind[2]. Es hat sich eingebürgert, für jede irgendwann entdeckte Wirkung von Zubereitungen aus Hypophyse ein besonderes Hormon verantwortlich zu machen. Im nachfolgenden werden alle diese Hormone besprochen. Die chemische, besonders in den letzten Jahren geförderte Aufarbeitung der Hypophyse hat bisher jedoch nur 9—10 verschiedene Stoffe isolieren können. Es muß dahingestellt bleiben, ob sich noch weitere Hormone auffinden lassen oder ob die vielen beschriebenen Wirkungen den bisher bekannt gewordenen Hormonen oder Kombinationen dieser Hormone zugeschrieben werden können.

Die folgenden Hormone können heute als gesichert gelten:

Tabelle 141. Hypophysenhormone.

Hinterlappen	Zwischenlappen	Vorderlappen
Oxytocin, Vasopressin (Adiuretin)	Intermedin	*a) Stoffwechselhormone:* Wachstumshormon, thyreotropes Hormon, corticotropes Hormon *b) Gonadotrope Hormone:* follikelstimulierendes Hormon, interstitialzellstimulierendes Hormon, luteotrophes Hormon (Prolactin)

Mit den gonadotropen Hormonen des Vorderlappens werden zweckmäßig die beiden aus dem Chorion stammenden Gonadotropine, das menschliche Choriongonadotropin aus dem Harn schwangerer Frauen und das im Serum trächtiger Stuten vorkommende Stutenserumgonadotropin besprochen.

[1] Falta, W.: Hypophysäre Krankheitsbilder. Berlin, Wien 1941. — Anselmino, K. J., u. F. Hoffmann: Wirkungen und Wirkstoffe des Hypophysenvorderlappens. Handb. Heffter, Erg.-W. Bd. 9. — Bomskov, C., u. F. Unger: Fette u. Seifen **45**, 90 (1938). — Jores, A.: Ergebnisse und Probleme der Hypophysenforschung. Vitamine u. Hormone **1**, 165—174 u. 247—254 (1941). — [2] Chow, B. F.: The purification and properties of certain protein hormones. Adv. Protein chem. **1**, 153—176 (1944).

1. Die Hormone des Hypophysenhinterlappens[1-6].

Geschichtliches und Bezeichnung. Auf die blutdrucksteigernde Wirkung von Hinterlappenextrakten wurde 1894[7], auf die uteruserregende 1906[8] erstmalig aufmerksam gemacht. Die antidiuretische Wirkung wurde 1913[9] beschrieben. Lange Zeit wurde dann, besonders der Anschauung von ABEL folgend, die Meinung vertreten, daß der wirksame Stoff des Hinterlappens Histamin sei. Erst die Berücksichtigung der Verschiedenheit der Wirkung des Histamins und der Hinterlappenstoffe am überlebenden Rattenuterus[10] sowie der hohen Alkaliempfindlichkeit der Hinterlappenstoffe[11] ließ diese Annahme hinfällig werden. Zunächst wurde für die vielfältigen Wirkungen der Hinterlappenextrakte nur ein Stoff verantwortlich gemacht, bis 1919[12] durch den Nachweis der verschiedenen Löslichkeit der uterus- und der blutdruckwirksamen Substanz die Charakterisierung von 2 Wirkstoffen gelang. Schließlich glückte auch die weitgehende chemische Trennung der beiden Stoffe[13]. Die diuresehemmende Wirkung war bis dahin immer mit der Blutdruckwirkung vergesellschaftet. Sie wurde dementsprechend als Teilwirkung des pressorischen Stoffes aufgefaßt, verschiedentlich jedoch einem besonderen Stoff zugeschrieben[14]. Für die Hormone des Hinterlappens sind verschiedene Bezeichnungen in Gebrauch:

1. uteruswirksam:	*2. blutdruckwirksam:*	*3. diuresehemmend:*
Oxytocin	Vasopressin	(Adiuretin)
α-Hypophamin	β-Hypophamin	
Orastin	Tonephin	
Pitocin	Pitressin u. a.	

Die Hinterlappenstoffe haben in ihrem chemischen und physiologischen Verhalten soviel Gemeinsames, daß eine gemeinsame Besprechung gerechtfertigt erscheint.

Vorkommen. Die Hinterlappenhormone sind im Hinterlappen aller untersuchten Wirbeltiere mit Ausnahme der Elasmobranchier nachgewiesen. Sie kommen auch im Hypophysenstiel und in den angrenzenden Teilen des Tuber cinereum vor. Ihre Bildung wird in die Pituicyten verlegt, die auch noch in Gewebekultur Hormone bilden[15]. Das Vorkommen von Pituicyten auch im Zwischenhirn verstärkt die Annahme, daß auch dort eine Hormonbildung erfolgt. Die früher erörterte Sekretion der Hinterlappenstoffe in den Liquor des III. Ventrikels scheint nicht mehr vertreten zu werden. Heute neigt man mehr der Ansicht zu, daß die Hinterlappenhormone im Zwischenhirn gebildet und im Hinter-

Zusammenfassende Darstellungen: 1—6. [1] STEHLE, R. L.: The chemistry of the hormones of the posterior lobe of the pituitary gland. Ergebn. Vit.- u. Horm.-Forsch. **1**, 114—139 (1939). The chemistry of the hormones of the posterior lobe of the pituitary gland. Vitamins & Hormones **7**, 383—388 (1949). — [2] SCHAUMANN, O.: Wirkstoffe des Hinterlappens der Hypophyse. Handb. Heffter, Erg.-W. Bd. 3, S. 61—150. — [3] DYKE, H. B. VAN: Physiology and Pharmacology of the Pituitary Body. 2 Bde. Chicago 1936, 1939. — [4] WARING, H., and F. W. LANDGREBE: Hormones of the posterior pituitary. In Pincus-Thimann, Hormones Bd. 2, 427—514. — [5] DYKE, H. B. VAN, K. ADAMSONS jr. and S. L. ENGEL: Recent Progr. Hormone Res. **11**, 1 (1955). — [6] ACHER, R., et C. FROMAGEOT: Ergebn. Physiol. **48**, 286 (1954).

[7] OLIVER, G., and E. A. SCHÄFER: J. Physiol., London **16**, I (1894); **17**, IX (1895). — [8] OTT, E., F. H. SCOTT and H. H. DALE: J. Physiol., London **34**, 163 (1906). — [9] VELDEN, R. VON DEN: Berlin. klin. Wschr. **1913 II**, 2083. — [10] GUGGENHEIM, M.: B. Z. **65**, 189 (1914). — COW, D.: J. Pharmacol. exp. Therap. **14**, 275 (1920). — [11] HANKE, M. T., and K. K. KOESSLER: J. biol. Ch. **43**, 557, 567 (1920). — [12] DUDLEY, H. W.: J. Pharmacol. exp. Therap. **14**, 295 (1920); **21**, 103 (1923). — [13] KAMM, O., T. B. ALDRICH, I. W. GROTE, L. W. ROWE and E. P. BUGBEE: Am. Soc. **50**, 573 (1928). — STEHLE, R. L.: J. Pharmacol. exp. Therap. **48**, 288 (1933). — [14] KAMM, O., I. W. GROTE and L. W. ROWE: J. biol. Ch. **92**, LXIX (1931). — [15] GEILING, E. M. K., and M. R. LEWIS: Amer. J. Physiol. **113**, 534 (1935). — GRIFFITHS, M.: Nature **141**, 286 (1938).

lappen nur gespeichert werden[1,2]. Auch in Blut und Harn lassen sich Hinterlappenstoffe in geringen Konzentrationen nachweisen. In Rattenhypophysen war ein Teil des Oxytocins und Vasopressins an die Glucose in den Zellen gebunden[3].

Darstellung. Die alte ABELsche Annahme der Einheitlichkeit aller Hinterlappenhormone[4] wird auch noch durch neuere Darstellungsversuche zu stützen versucht. So hat VAN DYKE[5] 1 kg frischer Hinterlappen des Rindes mit 0,01 n H_2SO_4 bei p_H 4,25 extrahiert, dann den Extrakt bei p_H 3,9 mit 80 g NaCl je *l* ausgesalzen und den Niederschlag Cl-frei dialysiert. Daraus wurde die zwischen 2% und 4% NaCl bei p_H 3,9 fallende Fraktion isoliert und durch wiederholtes Umfällen gereinigt. Es wurden 700 mg eines in Elektrophorese- und Ultrazentrifugenversuchen einheitlichen Proteins erhalten, das 17 E pressorischer und oxytocischer Aktivität je mg enthielt. Die Beweise für die Einheitlichkeit des Produktes sind jedoch nicht ausreichend[6].

Für die getrennte Darstellung des uterus- und des blutdruckwirksamen Hormons sind mehrere Verfahren angegeben.

a) Aussalzen des aus Acetontrockenpulver (Herstellung nach SMITH u. MCCLOSKY[7]) mit 0,25%iger Essigsäure gewonnenen Auszuges mit Ammonsulfatsättigung. Auflösen des Niederschlages in 98%iger Essigsäure und Fällen mit Äther-Petroläther. Durch fraktionierte Fällung des neuerlich in 98%iger Essigsäure aufgenommenen Niederschlags mit Aceton und Äther gelingt weitgehende Trennung. Ausbeute aus 1 kg 2 g Vasopressin mit 80 pressorischen und 15 oxytocischen Einheiten je mg und 2,4 g Oxytocin mit 6 pressorischen und 160 oxytocischen Einheiten je mg[8,9].

b) Der eingeengte mit 0,5%iger Essigsäure hergestellte Primärextrakt wird mit absolutem Alkohol gefällt, der wieder aufgelöste Niederschlag mit kolloidalem Eisenhydroxyd enteiweißt und mit Alkohol- oder Methanol-Essigester fraktioniert gefällt. Ausbeute 2 g Vasopressin je kg mit 200 pressorischen und 5 oxytocischen Einheiten je mg und 0,55 g Oxytocin mit 4 pressorischen und 250 oxytocischen Einheiten je mg[9]. Mit einer ähnlichen Fraktionierungstechnik und zwischengeschalteter Butanolextraktion der Hormone aus wäßriger Lösung, sowie einer elektrophoretischen Abtrennung des kathodisch wandernden Materials, wurden aus 6 kg frischem Rinderhinterlappen 0,2 g Vasopressin mit 200 pressorischen und 26 oxytocischen Einheiten je mg und wenig oxytocisches Hormon mit 22 pressorischen und 146 oxytocischen Einheiten je mg unter Inkaufnahme großer Verluste gewonnen[10]. Versuche, mit fraktionierter Adsorption zu weiterer Reinigung oder besserer Trennung zu gelangen, scheinen mit Norit[11] nur geringe Erfolge zu haben, während die Verwendung künstlicher Zeolithe[12] zu besonders hoch wirksamen Präparaten geführt hat.

c) In den letzten Jahren sind die Darstellungsmethoden verfeinert worden. Es kamen in Anwendung: Adsorption an Ionenaustauscher (Permutit[13], Amberlit[14]), an aktiviertes SiO_2 und Salicylsäure[15]. Gegenstromverteilung vorgereinigter Produkte war besonders erfolgreich[16].

---

[1] HARRIS, G. W.: Physiol. Rev. **28**, 139 (1948). — [2] BACHMANN, R., E. SCHARRER u. B. SCHARRER: Die Nebenniere. Neurosekretion. Handb. mikroskop. Anat. (v. MÖLLENDORFF) Bd. 6/5. — [3] PARDOE, A. U., and M. WEATHERALL: J. Physiol., London **127**, 201 (1955). — [4] ABEL, J. J.: J. Pharmacol. exp. Therap. **40**, 139 (1930). — [5] DYKE, H. B. VAN, B. F. CHOW, R. O. GREEP and A. ROTHEN: J. Pharmacol. exp. Therap. **74**, 190 (1942). — [6] IRVING, G. W. jr., and V. DU VIGNEAUD: Ann. N. Y. Acad. Sci. **43**, 273 (1943). — [7] SMITH, M. I., and W. T. MCCLOSKY: J. Pharmacol. exp. Therap. **24**, 391 (1925). — [8] KAMM, O., T. B. ALDRICH, I. W. GROTE, L. W. ROWE and E. P. BUGBEE: Am. Soc. **50**, 573 (1928). — [9] STEHLE, R. L.: J. Pharmacol. exp. Therap. **48**, 288 (1933). — STEHLE, R. L., and A. M. FRASER: J. Pharmacol. exp. Therap. **55**, 136 (1935). — [10] IRVING, G. W. jr., and V. DU VIGNEAUD: Ann. N. Y. Acad. Sci. **43**, 273 (1943). — [11] GULLAND, J. M., and W. H. NEWTON: Biochem. J. **26**, 337 (1932). — [12] POTTS, A. M., and T. F. GALLAGHER: J. biol. Ch. **140**, P 103 (1941); **143**, 561 (1942). — [13] POTTS, A. M., and T. F. GALLAGHER: J. biol. Ch. **154**, 349 (1944). — [14] TAYLOR, S. P. jr.: Proc. Soc. exp. Biol. Med. **85**, 226 (1954). — [15] FROMAGEOT, P., et H. MAIER-HÜSER: Cr. **232**, 2367 (1951). — MAIER-HÜSER, H., H. CLAUSER, P. FROMAGEOT et R. PLONGERON: Biochim. biophysica Acta, N. Y. **11**, 252 (1953). — FROMAGEOT, P., R. ACHER, H. CLAUSER et H. MAIER-HÜSER: Biochim. biophysica Acta, N. Y. **12**, 424 (1953). — [16] LIVERMORE, A. H., and V. DU VIGNEAUD: J. biol. Ch. **180**, 365 (1949). — PIERCE, J. G., and V. DU VIGNEAUD: J. biol. Ch. **186**, 77 (1950). — PIERCE, J. G., S. GORDON and V. DU VIGNEAUD: J. biol. Ch. **199**, 929 (1952). — TURNER, R. A., J. G. PIERCE and V. DU VIGNEAUD: J. biol. Ch. **191**, 21 (1951).

Eigenschaften. Für das „einheitliche" van Dykesche Protein liegen folgende Angaben vor: Amorphes Protein mit einer Sedimentationskonstante von 2,61—2,80. Das daraus ermittelte Mol.Gew. von 30000 entspricht dem unter Annahme einer freien Aminogruppe im Molekül errechneten (26000). Die Elementaranalyse ergab: C 48,64, H 6,63, N 16,32, Amino-N 0,054, P 0,027, S 4,89, Cl 0,02, O 22,89 und Asche 0,58%. Das Protein enthielt kein Cystein, 4,3% Cystin, 0,1—0,4% Sulfat. Methionin konnte nicht sicher nachgewiesen werden. Der isoelektrische Punkt war p_H 4,8. Das Präparat verhielt sich hinsichtlich Löslichkeit, elektrophoretisch und auf der Ultrazentrifuge als einheitlicher Stoff. Durch Behandlung mit Cystein verliert es seine Wirksamkeit.

Tabelle 142. Zusammensetzung einiger Hinterlappenzubereitungen.

Wirksamkeit E/mg		Gehalt in %						Literatur	H_2O-und Aschegehalt berücksichtigt
press.	oxytoc.	N	S	NH_2-N	Cystin	Tyrosin	Arginin		
200	?	—	3,1	—	—	10,5	—		
?	500	—	3,1	—	9,0	14,3	—	1	ja
200	6	15,6	3,4	—	—	11,5	3,8		
2	500	15,2	3,3	—	9,6	15,8	—	2	ja
200	9	13,9	3,0	2,0	7,7	9,5			
4	250	13,8	3,6	2,5	8,9	10,7	6,1		
4	4	13,7	1,6	1,2	—	2,6	8,6	3	?
200	25	14,3	—	—	11,2	9,9	—		
9	9	14,6	—	—	10,8	2,2	—	4	nein
?	240	14,0	3,2	1,4	—	—	—	5	?
450	unter 40	—	—	—	11,0	11,9	12,3		
$\lesseqgtr$ 20	700	—	5,6	—	18,3	14,2	<0,8	6	?

Für die getrennten Hormone liegt eine Reihe von älteren Angaben vor[7].

Die Anwesenheit von Aminosäuren in Hydrolysaten des oxytocischen Prinzips war schon relativ frühzeitig erkannt worden, doch waren die Angaben über das Vorkommen einzelner Aminosäuren zum Teil wiedrspruchsvoll. Schließlich gelang es Pierce u. du Vigneaud[8] durch Säulenchromatographie an Stärke in Hydrolysaten des wirksamsten bis dahin erhaltenen Präparats (Aktivität etwa 800 E)[9] die 8 Aminosäuren Leucin, Isoleucin, Tyrosin, Prolin, Glutaminsäure, Asparaginsäure, Glykokoll und Cystin, sowie fernerhin Ammoniak nachzuweisen. Andere Aminosäuren waren höchstens in Spuren vorhanden. Das molare Verhältnis der Aminosäuren war 1:1, das Verhältnis von Ammoniak zu jeder der vorhandenen Aminosäuren 3:1 (s. [8,10]).

Durch Reduktion mit Raney-Nickel läßt sich feststellen, daß das Cystin nicht endständig steht. In dem reduzierten Produkt erscheint statt des Cystins Alanin, außerdem sind noch

[1] Vogt, M.: J. Endocrinol. **5**, LVII (1947). — [2] Sealock, R. R., and V. du Vigneaud: J. Pharmacol. exp. Therap. **54**, 433 (1935). — [3] Stehle, R. L., and A. M. Fraser: J. Pharmacol. exp. Therap. **55**, 136 (1935). — [4] Irving, G. W. jr., H. M. Dyer and V. du Vigneaud: Am. Soc. **63**, 503 (1941). — [5] Freudenberg, K., E. Weiss u. H. Biller: H. **233**, 172 (1935). — [6] Potts, A. M., and T. F. Gallagher: J. biol. Ch. **143**, 561 (1942). — [7] s. Irving, G. W. jr., and V. du Vigneaud: Ann. N. Y. Acad. Sci. **43**, 273 (1943). — [8] Pierce, J. G., and V. du Vigneaud: J. biol. Ch. **182**, 359 (1950). — [9] Livermore, A. H., and V. du Vigneaud: J. biol. Ch. **180**, 365 (1949). — [10] Pierce, J. G., and V. du Vigneaud: J. biol. Ch. **186**, 77 (1950).

3,39 Mol NH_3 nach der Hydrolyse nachweisbar[1]. Durch Behandlung mit Dinitrofluorbenzol wird nur die OH-Gruppe des Tyrosins und die Aminogruppe des Cystins bzw. nach Reduktion die Aminogruppe des Alanins angegriffen. Mit CS_2 reagieren die gleichen Gruppen[2]. Oxydation mit Perameisensäure führt zu keiner Spaltung[3].

Die Fortsetzung der Arbeiten über die Konstitutionsaufklärung des Oxytocins[1-4] ließen es als cyclisches Polypeptid mit einer Disulfidbrücke erkennen[1,3] und führten zur Aufstellung einer Konstitutionsformel[5], die dann auch durch die Synthese bestätigt werden konnte[6]. Das synthetische Material entsprach in seinen physikalischen Eigenschaften dem reinen natürlichen Produkt ($[\alpha]_D^{21,5} = -26,1°$, c 0,53, Wasser; Identität der krystallinen Flavianate; gleiche Aminosäurezusammensetzung) und besaß die erwartete oxytocische Aktivität am Rattenuterus und die Wehenwirksamkeit desselben, sowie die milchexpulsorische Wirkung am Menschen. Auch die Verteilungsverhältnisse in Lösungsmittelgemischen, das elektrophoretische Verhalten und die Ultrarotspektren entsprachen den Verhältnissen beim natürlichen Material. Nahezu gleichzeitig gelangte ein zweiter Arbeitskreis zu denselben Ergebnissen[7].

Analog konnte auch für Vasopressin von beiden Untersucherkreisen eine Konstitutionsformel vorgeschlagen werden[8]. Es gibt 2 Vasopressine, die sich vom Oxytocin nur durch den Ersatz des Leucylrestes durch den Arginin- bzw. Lysinrest unterscheiden. Die Synthese des Lysylvasopressins führte zu biologisch aktivem Material.

Die Hinterlappenstoffe sind löslich in Wasser und wasserhaltigen mit Wasser mischbaren organischen Lösungsmitteln, weiter in wenig Wasser enthaltender Essigsäure. Aus unreinen Auszügen fallen sie mit den meisten Eiweißfällungsmitteln und werden auch durch viele Adsorbentien niedergeschlagen. Sie sind relativ hitzebeständig. Am besten halten sie sich bei p_H 3,5—4,5. Die thermische Zersetzung folgt den Gesetzen einer monomolekularen Reaktion[9]. Durch n/10 NaOH wird schon in 10 min die oxytocische Wirksamkeit fast völlig zerstört (Unterscheidung von Histamin); auch die pressorische Wirksamkeit geht bei längerer Alkalieinwirkung verloren. Bei steriler Aufbewahrung sind beim p_H-Optimum wäßrige Lösungen jahrelang haltbar. Pepsin und Papain vermindern die Wirksamkeit nach älteren Arbeiten[10] nicht, Erepsin schädigt wenig, dagegen inaktivieren Aminopolypeptidasen[11], Dipeptidasen und Kathepsin. Prolinase und Arginase greifen Oxytocin nicht an, Tyrosinase zerstört es[12].

---

[1] Turner, R. A., J. G. Pierce and V. du Vigneaud: J. biol. Ch. **193**, 359 (1951). — [2] Davoll, H., R. A. Turner, J. G. Pierce and V. du Vigneaud: J. biol. Ch. **193**, 363 (1951). — [3] Mueller, J. M., J. G. Pierce, H. Davoll and V. du Vigneaud: J. biol. Ch. **191**, 309 (1951). — [4] Pierce, J. G., S. Gordon and V. du Vigneaud: J. biol. Ch. **199**, 929 (1952).— [5] Vigneaud, V. du, C. Ressler and S. Trippett: J. biol. Ch. **205**, 949 (1953).— [6] Vigneaud, V. du, C. Ressler, J. M. Swan, C. W. Roberts, P. G. Katsoyannis and S. Gordon: Am. Soc. **75**, 4879 (1953). — Vigneaud, V. du, C. Ressler, J. M. Swan, C. W. Roberts and P. G. Katsoyannis: Am. Soc. **76**, 3115, 4751 (1954). — [7] Tuppy, H.: Biochim. biophysica Acta, N. Y. **11**, 449 (1953). — [8] Vigneaud, V. du, H. C. Lawler and E. A. Popenoe: Am. Soc. **75**, 4880 (1953). — Acher, R., et J. Chauvet: Biochim. biophysica Acta, N. Y. **12**, 487 (1953). — Popenoe, E. A., and V. du Vigneaud: J. biol. Ch. **205**, 133 (1953). — Popenoe, E. A., H. C. Lawler and V. du Vigneaud: Am. Soc. **74**, 3713 (1952). — [9] Adams, H. S.: J. biol. Ch. **30**, 235 (1917). — Gaddum, J. H.: Biochem. J. **24**, 939 (1930). — [10] Freudenberg, K., E. Weiss u. H. Eyer: Naturwiss. **20**, 658 (1932). — Dale, H. H., and H. W. Dudley: J. Pharmacol. exp. Therap. **18**, 27 (1921). — Gulland, J. M., and T. F. Macrae: Biochem. J. **27**, 1237 (1933). — [11] Croxatto, H., J. Alliende e R. Croxatto: Rev. Med. Aliment., Santiago **5**, 228, 230 (1942/43). — Croxatto, H., G. Illanes, H. Salvestrini e R. Croxatto: Rev. Med. Aliment., Santiago **5**, 226 (1942/43). — Croxatto, H.: Rev. Med. Aliment., Santiago **5**, 259 (1942/43). — [12] Gulland, J. M., and T. F. Macrae: Nature **131**, 470 (1933).

```
                     C6H5(OH)     C2H5
                        |           |
      NH2  O           CH2  O      CH—CH3
       |   ||           |   ||      |
H2C—CH—C—NH—CH—C—NH—CH
 |                                  |
 S                                 C=O
 |                                  |
 S              O            O     NH
 |              ||           ||     |
H2C—CH—NH—C—CH—NH—C—CH—(CH2)2—CO—NH2
      |           |
     C=O         CH2
      |           |
H2C——N\     O    CO—NH2   O
 |      \   ||              ||
 |       CH—C—NH—CH—C—NH—CH2—CO—NH2
 |      /         |
H2C—H2C/         CH2
                  |
                 CH—(CH3)2
```

Oxytocin (Mol.Gew. 1010).

```
                     C6H5(OH)     C2H5
                        |           |
      NH2  O           CH2  O      CH—CH3
       |   ||           |   ||      |
H2C—CH—C—NH—CH—C—NH—CH
 |                                  |
 S                                 C=O
 |                                  |
 S              O            O     NH
 |              ||           ||     |
H2C—CH—NH—C—CH—NH—C—CH—(CH2)2—CO—NH2
      |           |
     C=O         CH2
      |           |
H2C——N\     O    CO—NH2   O
 |      \   ||              ||
 |       CH—C—NH—CH—C—NH—CH2—CO—NH2
 |      /         |
H2C—H2C/         CH2
                  |
                 CH2—CH2—NH—C—NH2
                              ||
                              NH
```

(Arginyl-) Vasopressin (Mol.Gew. 1080).

Außer durch Aminopolypeptidase soll Oxytocin auch durch Hypertensinase abgebaut werden[1], ebenso Vasopressin. Carboxypeptidase ist ohne Einfluß[2]. Krystallisiertes Chymotrypsin inaktiviert beide Hormone. Trypsin inaktiviert nur Vasopressin und läßt Oxytocin intakt[3]. Menschliches Serum, besonders in der Schwangerschaft, inaktiviert ebenfalls[4]. Formaldehyd zerstört Oxytocin[5].

---

[1] CROXATTO, H., J. ALLIENDE e R. CROXATTO: Rev. Med. Aliment., Santiago **5**, 228, 230 (1942/43). — CROXATTO, H., G. ILLANES, H. SALVESTRINI e R. CROXATTO: Rev. Med. Aliment., Santiago **5**, 226 (1942/43). — CROXATTO, H.: Rev. Med. Aliment., Santiago **5**, 259 (1942/43). — [2] CROXATTO, H., R. CROXATTO e M. RIOSECO: Rev. Soc. argent. Biol. **21**, 23 (1945). — [3] LAWLER, H. C., and V. DU VIGNEAUD: Proc. Soc. exp. Biol. Med. **84**, 114 (1953). — [4] WERLE, E., u. A. KALVELAGE: B. Z. **308**, 405 (1941). — [5] BEAUVILLAIN, A.: C. R. Soc. Biol. **138**, 87 (1944).

Über weitere chemische Beeinflussungen der Wirksamkeit vgl. [1]. Der isoelektrische Punkt wird für Vasopressin bei Ionenstärke 0,02 mit p_H 10,85, für Oxytocin mit p_H 8,5 angegeben [2]. Nach neueren Messungen liegt er für Oxytocin bei p_H 7,7 [3], für Vasopressin bei p_H 10,9 [4]. Die elektrophoretische Wanderungsgeschwindigkeit ist beim Vasopressin größer als beim Oxytocin [3, 5].

Über Eigenschaften einer abgetrennten antidiuretischen Fraktion liegen keine gesicherten Angaben vor.

Nachweis. Der biologische Nachweis erfolgt durch den Vergleich der Wirksamkeit mit der eines Standardpräparates, das unter bestimmten Vorsichtsmaßnahmen aus getrockneten Rinderhypophysenhinterlappen gewonnen wird und im mg 2 internationale oder VÖGTLIN-Einheiten enthält [6].

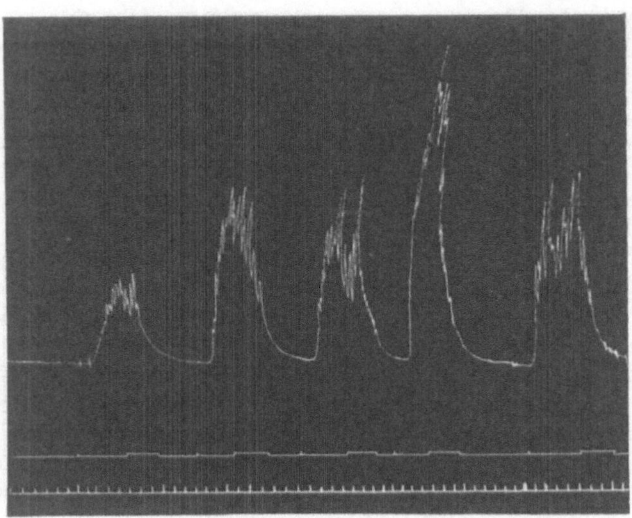

Abb. 41. Mehrere Reaktionen eines Oxytocinpräparates am überlebenden virginellen Meerschweinchenuterus.

Die *Auswertung* der Uteruswirksamkeit geschieht vorwiegend am überlebenden *virginellen Meerschweinchenuterus* [7] (s. Abb. 41) oder auch am Uterus vom Schwein oder Schaf [8]. Verminderung des Ca-Gehaltes [9], Erhöhung des Mg-Gehaltes [10] oder Minderung der Temperatur [11] der Nährlösung für den Meerschweinchenuterus erleichtern die Auswertung durch Stabilisierung der Empfindlichkeit und Ausschaltung von Spontankontraktionen. Die Uterusmethode läßt sich auch statistisch durchführen [12]. Neuerdings wird auch der Rattenuterus als recht brauchbar empfohlen [13]. Bei nicht zu ungünstigem Verhältnis zwischen pressorischer und oxytocischer Wirkung ist auch eine Auswertung durch die von Oxytocin an Vögeln ausgelöste

[1] IRVING, G. W. jr.: The chemistry and physiology of the posterior lobe of the pituitary gland. In: Chemistry and physiology of Hormones. Publ. amer. Ass. Adv. Sci. **1944**, 28—46. — [2] COHN, M., G. W. IRVING jr., and V. DU VIGNEAUD: J. biol. Ch. **137**, 635 (1941). — [3] KUNKEL, H. G., S. P. TAYLOR jr. and V. DU VIGNEAUD: J. biol. Ch. **200**, 559 (1953). — [4] TAYLOR, S. P. jr., V. DU VIGNEAUD and H. G. KUNKEL: J. biol. Ch. **205**, 45 (1953). — [5] IRVING, G. W. jr., and V. DU VIGNEAUD: J. biol. Ch. **123**, 485 (1938). — VIGNEAUD, V. DU, G. W. IRVING jr., H. M. DYER and R. R. SEALOCK: J. biol. Ch. **123**, 45 (1938). — [6] KNAFFL-LENZ, E.: A. e. P. P. **135**, 259 (1928). — DALE, H. H.: Brit. med. J. **1942 II**, 385. Bull. Hlth. Organis., Mem. **36** (1936); **43** (1942—1944). — [7] DALE, H. H., and P. P. LAIDLAW: J. Pharmacol. exp. Therap. **4**, 75 (1912/13). — BURN, J. H., and H. H. DALE: Med. Res. Council, spec. Rep. Ser. No. 69 (1922). — [8] TRENDELENBURG, P.: A. e. P. P. **138**, 301 (1928). — [9] KOCHMANN, M.: H. **115**, 305 (1921). — GARCIA DE JALÓN, P.: Farmacoterap. actual, Madrid **4**, 177 (1947). — [10] BURN, J. H.: Biological Standardisation. London 1937. — HSU, Y.-C.: Quart. J. Pharmacy **21**, 146 (1948). — FRASER, A. M.: J. Pharmacol. exp. Therap. **66**, 85 (1939). — STEWART, G. A.: J. Pharmacy Pharmacol. **1**, 436 (1949). — [11] HAMBURGER, C.: Acta pharmacol. toxicol., København **2**, 212 (1946). — [12] MORREL, C. A., M. G. ALLMARK and W. M. BACHINSKI: J. Pharmacol. exp. Therap. **70**, 440 (1940). — GADDUM, J. H.: Quart. J. Pharm. **11**, 697 (1938). — [13] HOLTON, P.: Brit. J. Pharmacol. **3**, 328 (1948).

Blutdrucksenkung möglich[1]. Schließlich wurde noch die Auswertung am puerperalen Uterus der Katze empfohlen[2]. Außerdem kann auch die lactagoge Wirkung des Oxytocins an Kaninchen[3] und Schwein[4] verwendet werden.

Die Bewertung der *Blutdruckwirkung* geschieht nach intravenöser Injektion an enthirnten oder dekapitierten Katzen[5] oder am Hund in tiefer Chloretonnarkose[6].

Der Blutdruck der Ratte in tiefer Dialnarkose ist wegen geringerer Beeinträchtigung durch die Tachyphylaxie besonders gut geeignet[7]; auch Ratten nach Zerstörung des Zentralnervensystems sind für die Versuche brauchbar[8].

Die *Diuresehemmung* wird am Blasenfistelhund[9] oder am Kaninchen[10], in besonders einfacher Weise an Ratten[11] und Mäusen[12], gelegentlich auch am Menschen[13] ausgewertet, zweckmäßig nach einem „Wasserstoß". Auch die Chloridausscheidung wurde zur Bewertung herangezogen.

Physiologie. Wir können mit großer Wahrscheinlichkeit annehmen, daß dem *Oxytocin* eine wesentliche Rolle bei der normalen Geburtsauslösung zukommt, wenn auch die Ergebnisse von Exstirpationsversuchen in dieser Richtung nicht eindeutig sind. Die Ansprechbarkeit des Uterusmuskels, auf den es direkt einwirkt, wird durch Follikelhormon gesteigert. Die physiologische Bedeutung des *Vasopressins* ist ungeklärt. Vielleicht nimmt es an gewissen Gefäß- und Kreislaufreaktionen Anteil, vielleicht hat es auch wegen seiner besonders auf den Dick- und Enddarm gerichteten erregenden Wirkung mit der Schreck- und Angstdefäkation zu tun. Die antidiuretische Wirkung spielt eine entscheidende Rolle im Wasserhaushalt. Bluteindickung bei Wassermangel führt durch Vermittlung nervöser im Stromgebiet der Carotis interna gelegener Receptoren zur Anregung der Sekretion von Adiuretin und schränkt somit die Wasserausscheidung ein. Beim Dursten oder nach Injektion hypertonischer Lösungen in die Carotis erscheint Adiuretin vermehrt im Blut der Vena jugularis und auch im Harn[14]. Weitere Reize, die zur Ausschüttung von Adiuretin führen, sind Gemütsbewegungen und Vagusreizung, während Sympathicusreizung hemmend zu wirken scheint[15]. Auch Nicotin begünstigt die Freisetzung von pressorischem bzw. antidiuretischem Hormon. Für den Warmblüter ist somit das Adiuretin ein wesentlicher Faktor zur Aufrechterhaltung der Isotonie der Körpersäfte. Der Hinterlappen teilt sich in diese Funktion mit der Neben-

[1] Coon, J. M.: Arch. int. Pharmacodyn. Therap. **62**, 79 (1939). — Smith, R. B. jr.: J. Pharmacol. exp. Therap. **75**, 342 (1942). — Thompson, R. E.: J. Pharmacol. exp. Therap. **80**, 373 (1944). — Smith, R. B. jr., and B. J. Vos jr.: J. Pharmacol. exp. Therap. **78**, 72 (1943). — [2] Schübel, K.: A. e. P. P. **147**, 73 (1930). — [3] Turner, C. W., and W. D. Cooper: Endocrinology **29**, 320 (1941). — Cross, B. A., and G. W. Harris: J. Endocrinol. **8**, 148 (1952). — [4] Braude, R., and K. G. Mitchell: Nature **165**, 937 (1950). — Whittlestone, W. G.: J. Endocrinol. 8, 89 (1952). — [5] Hogben, L. T., W. Schlapp and A. D. Macdonald: Quart. J. exp. Physiol. **14**, 301 (1924). — [6] Kamm, O., T. B. Aldrich, I. W. Grote, L. W. Rowe and E. P. Bugbee: Am. Soc. **50**, 573 (1928). — [7] Landgrebe, F. W., M. H. I. Macaulay and H. Waring: Proc. R. Soc. Edinburgh (B) **62**, 202 (1946). — [8] Shipley, R. E., and J. H. Tilden: Proc. Soc. exp. Biol. Med. **64**, 453 (1947). — [9] Kestranek, W., H. Molitor u. E. P. Pick: B. Z. **164**, 34 (1925). — [10] Lindquist, K. M., and L. W. Rowe: J. amer. pharmaceut. Ass. (sci. Ed.) **38**, 227 (1949). — [11] Glaubach, S., u. H. Molitor: A. e. P. P. **166**, 243 (1932). — Burn, J. H.: Biological Standardization. London 1937. — Gilman, A., and L. Goodman: J. Physiol., London **90**, 113 (1937). — Silvette, H.: Amer. J. Physiol. **128**, 747 (1940). — Krieger, V. I., and T. B. Kilvington: Med. J. Australia **1940 I**, 575. — Ham, G. C.: Proc. Soc. exp. Biol. Med. **53**, 210 (1943). — Ham, G. C., and E. M. Landis: J. clin. Invest. **21**, 455 (1942). — [12] Gibbs, O. S.: J. Pharmacol. exp. Therap. **40**, 129 (1930). — [13] Vartiainen, O., u. E. V. Venho: Ann. Med. exp. Biol. fenn. **27**, 227 (1949). — [14] Ames, R. G., D. H. Moore and H. B. van Dyke: Endocrinology **46**, 215 (1950). — [15] Verney, E. B.: Proc. R. Soc. London (B) **135**, 25 (1947). Lancet **1946 II**, 739.

nierenrinde[1]. Beim Kaltblüter scheint ein ähnlicher Mechanismus der Einschränkung der Wasserausscheidung durch die Niere unter Adiuretin vorzuliegen. Ob daneben noch ein die Hautpermeabilität für Wasser beeinflussender Stoff (Wasserstoffwechselprinzip) vorkommt, ist Gegenstand der Erörterung[2]. Es soll besonders in Kaltblüterhypophysen reichlich vorkommen und in Warmblüterdrüsen nur in geringen Mengen enthalten sein. Auch an die gesonderte Existenz eines chlorurischen und die Na- und K-Ausscheidung fördernden Prinzips wird gedacht[3].

Pathologie[4]. Es ist wahrscheinlich, daß bestimmte Störungen der Wehentätigkeit unter der Geburt mit Störungen der Sekretion von Oxytocin zusammenhängen. Einschlägige Beobachtungen bei Kranken mit Diabetes insipidus scheinen zu fehlen. Verschiedentlich wurde versucht, eine Hypersekretion von Vasopressin für die Genese der Hochdruckkrankheit, der Urämie und auch der Eklampsie in Anspruch zu nehmen[5]. Stichhaltige Beweise für diese Annahme stehen jedoch aus. Mit einem Mangel an Hinterlappenstoffen hängt zweifellos der Diabetes insipidus[6] zusammen. Dabei handelt es sich um eine stark vermehrte Wasserausscheidung bei gleichzeitiger Einschränkung des Kochsalzkonzentrierungsvermögens, verbunden mit großem Durst, der zum laufenden Ausgleich der Wasserverluste führt. Hinterlappenextrakte wirken hier prompt unter Verschwinden aller Symptome. Das Adiuretin greift direkt an der Niere an und bewirkt Steigerung der Wasserrückresorption und Verminderung der NaCl-Rückresorption. Zum Zustandekommen eines Diabetes insipidus ist überdies ein intakter Vorderlappen Voraussetzung. Der Nachweis von mehr Adiuretin im Harn bei Ödemen bei Lebercirrhose oder bei natürlicher oder künstlicher Hyperfollikulinie[7], bei Glomerulonephritis, prämenstruellen Ödemen und Morbus Cushing[8] läßt an eine Beteiligung des Adiuretins bei diesen Zuständen denken.

2. Das Hormon des Hypophysenzwischenlappens[9].

(Chromatophorenhormon, Melanophorenhormon, MSH, Intermedin „B".)

Die im Hinterlappen nachgewiesene, auf die Melanophoren bzw. Chromatophoren expandierend wirksame Substanz wurde lange für Vasopressin gehalten, bis sich 1932 herausstellte, daß der verantwortliche Stoff in viel höherer Konzentration im Zwischenlappen vorhanden ist[10].

---

[1] Lloyd, C. W.: Recent Progr. Hormone Res. **7**, 469 (1952). — [2] Heller, H.: Exper. **6**, 368 (1950). J. Physiol., London **100**, 125 (1941). — Sawyer, W. H.: Amer. J. Physiol. **164**, 44, 457 (1951). — [3] Ralli, E. P., L. G. Raisz, S. H. Leslie, M. E. Dumm and B. Laken: Amer. J. Physiol. **163**, 141 (1950). — Birnie, J. H.: Ciba Found. Coll. Endocrinol. **4**, 542 (1952). — Sartorius, O. W., and K. Roberts: Endocrinology **45**, 273 (1949). — Anslow, W. P. jr., and L. G. Wesson jr.: Amer. J. Physiol. **182**, 561 (1955). — [4] Kylin, E.: Die Klinik der hypophysären Erkrankungen. (Zwangl. Abh. inn. Med. Bd. 8) Leipzig 1943. — [5] Bernhart, F.: Wien. klin. Wschr. **1939**, 1009, 1013. — [6] Lehrb. inn. Med. (Assmann u. a.) 6./7. Aufl. Bd. 2, S. 229. 1949. — [7] Gilbert-Dreyfus, J. Schiller, Lapidus et Huppert: Bull. Soc. méd. Hôp. Paris **66**, 1054 (1950). — [8] Robinson, F. H. jr., and L. E. Farr: Ann. internal Med. **14**, 42 (1940). — [9] Oldham, F. K., N. O. Calloway and E. M. K. Geiling: The melanophore hormone. Ergebn. Physiol. **44**, 556—587 (1941). — Frisch, K. v.: Angew. Chem. **54**, 193 (1941). — Parker, G. H.: Animal Color Changes and their Neurohormones. London 1948. — Kabelitz, G.: Das Chromatophorenhormon der Hypophyse. Nova Acta Leopoldina, Halle (N. F.) **11**, 437 (1942). — Waring, H.: Koordination der Melanophorenreaktion der Vertebraten. Biol. Reviews **17**, 120—150 (1942). — Waring, H., and F. W. Landgrebe: Hormones of the posterior pituitary. Pincus-Thimann, Hormones Bd. 2, S. 427—514. — [10] Zondek, B., u. H. Krohn: Kli. Wo. **1932 II**, 1293. — Jores, A.: Kli. Wo. **1932 II**, 2116. — Dietel, F. G.: Kli. Wo. **1932 II**, 2075; **1933 I**, 1027.

Man hat wiederholt eine Identität des Intermedins mit dem adrenocorticotropen Hormon (ACTH) erwogen und diskutiert. Die Beweise, die gegen eine solche Anschauung sprechen, mehren sich jedoch[1].

Vorkommen. Es findet sich in allen Teilen der Hypophyse, besonders reichlich jedoch im Zwischenlappen. Das Hormon ist auch bei den Elasmobranchiern vorhanden, denen eine Neurohypophyse fehlt und die daher keine Hinterlappenhormone besitzen[2]. Bei Tieren, denen der Zwischenlappen fehlt (Vögel, Walfisch, Gürteltier) wird es im Vorderlappen gefunden[3]. Der Gehalt der Hypophysen an Melanophorenhormon nimmt in der Reihe: Schwein, Pferd, Rind, Schaf, Frosch ab[4]. Der Nachweis mit dem Elritzentest gelang in Blut, Harn und anderen Organen nicht[5]. Mit der Melanophorenreaktion wurden im Blut positive Ergebnisse erhalten[6]. Der Nachweis im Warmblüterblut wurde anfangs stark angezweifelt[7], neuerdings jedoch mit Sicherheit erbracht[8]. Das Hormon ist sicher im Blut von Amphibien[9], des Aals[10] und der Elasmobranchier[11] nachweisbar. Das Vorkommen im normalen oder pathologischen Harn des Menschen oder anderer Warmblüter scheint heute[8] gesichert[7,12]. Nach Injektion großer Dosen wird es im Kaninchenharn nachweisbar. In der Leber von Kaninchen und Meerschweinchen wird es angereichert[7]. Auch ein Vorkommen im Auge wird erwähnt[13].

Darstellung. Aus sauren Hinterlappenkochextrakten durch Eindampfen und Aufnehmen in siedendem Alkohol, unter Umständen unter Zerstörung der Hinterlappenstoffe im Alkoholtrockenrückstand durch Alkali oder durch Extraktion der Drüsen mit Barytlauge, Beseitigung des Bariums durch Schwefelsäure, Einengen und Klären der Lösung und Fällen mit Aceton, Auskochen des Rückstandes der Acetonlösung mit Alkohol und Eindampfen[14].

Aus einem durch Einengen konzentrierten Eisessigextrakt von Hinterlappen lassen sich mit dem 5—10fachen Volumen Alkohol die Hinterlappenhormone niederschlagen. Das in Lösung bleibende Melanophorenhormon wird nach dem Verdampfen des Eisessigs in Methanol aufgenommen und mit Essigester gefällt. Durch Behandlung des getrockneten Niederschlages mit Methanol, in dem das Hormon jetzt unlöslich ist, können weitere Verunreinigungen beseitigt werden[15].

Aus sauren Kochextrakten mit oder ohne nachträgliche Zerstörung der Hinterlappenhormone durch Behandlung mit Alkali in der Hitze kann das Hormon an Tierkohle adsorbiert und mit Eisessig eluiert und schließlich mit Äther gefällt werden[16]. Aus den Rückständen der

---

[1] WIED, D. DE, and J. H. GAARENSTROOM: Acta endocrinol., København **12**, 361 (1953). — KARKUN, J. N., A. B. KAR and B. MUKERJI: Acta endocrinol., København **13**, 188 (1953). — WARING, H., and B. KETTERER: Nature **171**, 862 (1953). — BENFEY, B. J., and J. L. PURVIS: Am. Soc. **77**, 5167 (1955). — SULMAN, F. G.: Acta endocrinol., København **11**, 1 (1952). — KETTERER, B., and E. REMILTON: J. Endocrinol. **11**, 14 (1954). — KETTERER, B., and R. L. KIRK: J. Endocrinol. **11**, 19 (1954). — [2] BEER, G. R. DE: Comparative Anatomy, Histology, and Development of the Pituitary Body. Edinburgh 1926. — [3] GEILING, E. M. K., and F. K. OLDHAM: J. amer. med. Ass. **116**, 302 (1941). — [4] WARING, H., and F. W. LANDGREBE: Austral. J. exp. Biol. med. Sci. **27**, 331 (1949). — [5] ZONDEK, B., u. H. KROHN: Kli. Wo. **1932 I**, 405. — [6] KROGH, A.: J. Pharmacol. exp. Therap. **29**, 177 (1926). — DIETEL, F. G.: Arch. Gynäk. **144**, 496 (1931). — JORES, A.: Kli. Wo. **1936 I**, 841. — LEVINSON, L.: Proc. nat. Acad. Sci. USA **26**, 257 (1940). — [7] LANDGREBE, F. W., E. REID and H. WARING: Quart. J. exp. Physiol. **32**, 121 (1943). — LANDGREBE, F. W., and H. WARING: Quart. J. exp. Physiol. **31**, 31 (1941); **33**, 1 (1944). — [8] JOHNSSON, S., and B. HÖGBERG: Acta endocrinol., København **13**, 325 (1953). — [9] PARKER, G. H., and L. E. SCATTERTY: J. cellul. comp. Physiol. **9**, 297 (1937). — [10] WARING, H., and F. W. LANDGREBE: J. exp. Biol. **18**, 80 (1941). — [11] WARING, H.: Proc. Trans. Liverpool biol. Soc. **49**, 17 (1936). — [12] MUTCH, J. R., and D. MACKAY: Brit. J. Ophthalmol. **27**, 434 (1943). — [13] JORES, A., u. W. VELDE: A. e. P. P. **173**, 27 (1933). — JORES, A.: Kli. Wo. **1933 II**, 1599. — [14] DIETEL, F. G.: Kli. Wo. **1934 I**, 796. — [15] STEHLE, R. L.: J. Pharmacol. exp. Therap. **57**, 1 (1936). — [16] LANDGREBE, F. W., E. REID and H. WARING: Quart. J. exp. Physiol. **32**, 121 (1943).

Extraktion der Vorderlappenhormone von Schafshypophysen mit wäßrigem Pyridin und auch aus diesen Pyridinauszügen konnte das Melanophorenhormon ebenfalls durch eine Reihe von Maßnahmen in besonders großer Reinheit, jedoch in schlechter Ausbeute isoliert werden[1]. Auch Adsorption an Oxycellulose und Gegenstromverteilung zwischen organischen Säuren und sekundärem Butanol liefert reine Produkte[2,5].

Eigenschaften. Löslich in Wasser und in gewissem Maße auch in Alkohol, Methanol und weiteren niederen Alkoholen, besonders in der Hitze, gut löslich in Eisessig. Unlöslich in Essigester, Aceton, Benzol, Chloroform und anderen organischen Lösungsmitteln. Fällbar durch Phosphorwolframsäure, Pikrinsäure, durch Schwermetallsalze (verlustreich), ferner durch Aussalzen. Nicht fällbar mit Sulfosalicylsäure und Trichloressigsäure. Langsam dialysabel. Leicht adsorbierbar an Kohle und Kieselgur, weniger gut an Aluminium- oder Eisenhydroxyd. In neutraler Lösung ziemlich hitzebeständig. Gegen Alkali weitaus weniger empfindlich als die Hinterlappenhormone, die sich durch Alkalibehandlung bei 99° isoliert zerstören lassen. Dies ermöglicht eine Reinigung, denn auch die meisten bekannten Vorderlappenhormone werden durch Alkali in der Wärme inaktiviert. Alkalibehandlung erhöht auch die Wirksamkeit (Potenzierung) des Melanophorenhormons und verlängert seine Wirkungsdauer (Protektion)[3], wahrscheinlich durch Beeinflussung von Begleitstoffen. Dies geschieht optimal bei p_H 13,0 in 3 min bei 99°, während nach 10 min schon Wirksamkeitseinbußen auftreten. Das Mol.Gew. dürfte höchstens 2000 sein. Auffallend ist ein besonders hoher Tryptophangehalt (5%), auch Tyrosin (4,7%), Arginin und Cystin wurden in Präparaten, die 73mal reiner als das Standardpulver waren, nachgewiesen[4]. Die Aminosäurezusammensetzung eines hochgereinigten Präparates[5] zeigt die Tabelle 143. Aminosäure- und Amid-N geben Rechenschaft für 95,2% des Gesamt-N. Die Analyse weicht jedoch in wesentlichen Punkten von einer früheren für Schweinemelanophorenhormon gegebenen[6] ab. Der Gehalt an Alanin, Cystin, Leucin, Threonin und Valin ist hier sehr niedrig, Histidin und Methionin wurden nachgewiesen. Das Mol.Gew. wird mit mindestens 4500 angenommen, der isoelektrische Punkt bei p_H 10,5—11,0 angegeben. Das Hormon ist gegen Pepsin beständig, wird jedoch durch Trypsin abgebaut.

Tabelle 143. Aminosäurezusammensetzung des Melanophorenhormons[5].

	%	Molare Verhältnisse	Minimale Anzahl der einzelnen Reste im Mol.
Alanin	0,2	0,2	
Arginin	4,2	1,9	2
Asparaginsäure	5,8	3,5	4
Cystin	0,3	0,1	
Glutaminsäure	7,3	4,0	4
Glykokoll	2,2	2,3	2
Histidin	2,9	1,5	2
Isoleucin	...	...	
Leucin	0,3	0,2	.
Lysin	6,7	3,7	4
Methionin	1,6	0,9	1
Phenylalanin	3,7	1,8	2
Prolin	4,9	3,4	3
Serin	2,2	1,7	2
Threonin	...	...	.
Tryptophan	5,3	2,1	2
Tyrosin	3,8	1,7	2
Valin	0,5	0,3	.
Amid-N	0,5	4,4	4

[1] ABRAMOWITZ, A. A., D. N. PAPANDREA and F. L. HISAW: J. biol. Ch. **151**, 579 (1943). — [2] RATEN, M. S., I. N. ROSENBERG and E. B. ASTWOOD: Fed. Proc. **11**, 126 (1952). — FISCHER, H., H. KÜRSTEN, H. GIERSBERG u. R. MODES: Naturwiss. **41**, 431 (1954). — [3] LANDGREBE, F. W., and H. WARING: Quart. J. exp. Physiol. **31**, 31 (1941). — [4] STEHLE, R. L.: Rev. canad. biol. **3**, 408 (1944). — [5] BENFEY, B. J., and J. L. PURVIS: Am. Soc. **77**, 5167 (1955). — [6] LERNER, A. B., and T. H. LEE: Am. Soc. **77**, 1066 (1955).

Nachweis. Durch Vergleich der Wirksamkeit eines Standardpulvers (vgl. S. 457) nach subcutaner Injektion am helladaptierten normalen Frosch[1] oder an isolierten Hautstücken des Frosches (vgl. Abb. 42)[2] oder durch Bestimmung der Mindestmenge, welche erforderlich ist, bei der Elritze, *(Phoxinus laevis)* eine Rotfärbung der Bauchflossen hervorzurufen (P.E. = Phoxinuseinheit)[3]. Außerdem wurde auch die Verwendung hypophysektomierter Frösche[4], der isolierten Elritzenflosse, der überlebenden Eidechsenhaut[5] oder der photometrischen Messung der Lichtdurchlässigkeit der Froschhaut, die in linearer Beziehung zum Logarithmus der Dosis steht[6], empfohlen. Gegen alle diese Methoden lassen sich verschiedene Einwände erheben. Als besonders geeignet hat sich bei kritischer Wertung der möglichen Methoden die Beobachtung der Melanophoren der Schwimmhaut von Xenopus laevis nach Injektion der Testlösungen in den dorsalen Lymphsack ergeben[7]. Als Einheit wird die Wirksamkeit von 0,5 mg des internationalen Hinterlappenstandardpulvers vorgeschlagen. Der Melanophorenhormongehalt eines Hinterlappenpulvers ist stark von der Herstellungsweise abhängig. Darauf muß bei der Gewinnung eines Standards Rücksicht genommen werden.

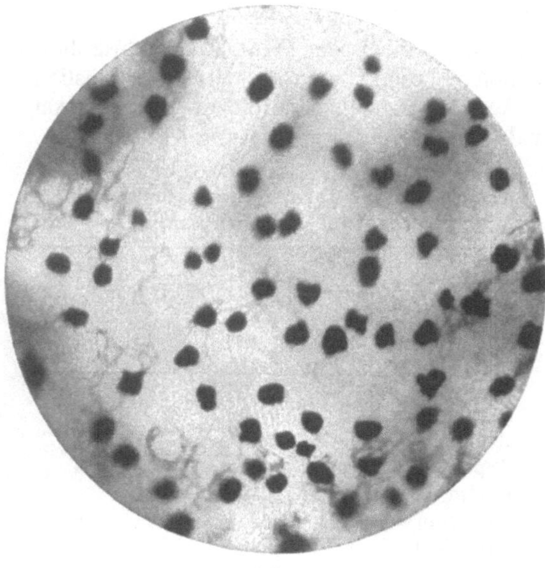

a

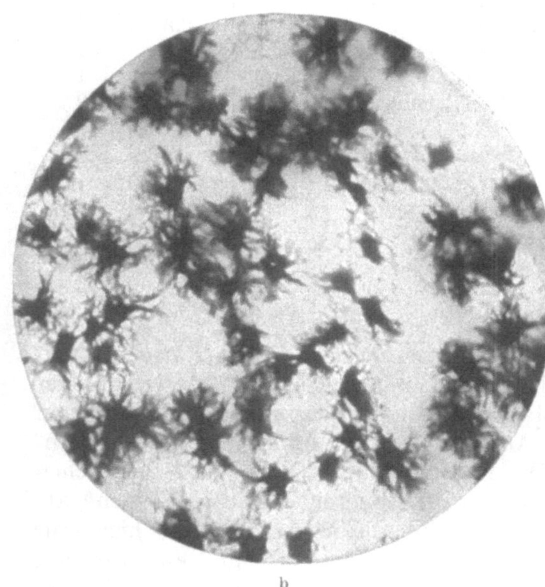

b

Abb. 42a u. b.
Melanophoren der Bauchhaut von Rana esculenta. a Belichtet. b Nach Einlegen in Melanophorenhormonlösung.

[1] Dietel, F. G.: Kli. Wo. **1932 II**, 2075. — [2] Jores, A.: Z. ges. exp. Med. **87**, 266 (1933). — [3] Zondek, B., u. H. Krohn: Kli. Wo. **1932 I**, 405. — [4] Teague, R. S.: Endocrinology **25**, 962 (1939). — Teague, R. S., R. O. Noojin and E. M. K. Geiling: J. Pharmacol. exp. Therap. **65**, 115 (1939). — [5] Keaty, C., and A. J. Stanley: Proc. Soc. exp. Biol. Med. **47**, 403 (1941). — [6] Frieden, E. H., J. W. Fishbein and F. L. Hisaw: Arch. Biochem. **17**, 183 (1948). — Shizume, K., A. B. Lerner and T. B. Fitzpatrick: Endocrinology **54**, 553 (1954). — [7] Landgrebe, F. W., and H. Waring: Quart. J. exp. Physiol. **33**, 1 (1944). — Ketterer, B., and E. Remilton: J. Endocrinol. **11**, 7 (1954). — s. a. Emmens, C. W.: Hormone Assay. S. 141—171. New York 1950.

Physiologie. Das Melanophorenhormon dient bei den meisten niederen Wirbeltieren der Anpassung der Hautfarbe an die Umgebung. In dunkler Umgebung expandieren die Melanophoren, bei Belichtung kontrahieren sie sich langsam. Hypophysektomierte Tiere bleiben dauernd blaß. Diese Reaktionen können durch direkte Licht- oder Nerveneinflüsse auf die Chromatophoren kompliziert werden. Wahrscheinlich haben auch manche Affektverfärbungen (nicht beim Chamäleon) mit dem Chromatophorenhormon zu tun, vermutlich auch die Ausbildung des Hochzeitskleides. Der die Ausbildung des Hochzeitskleides bei der Elritze vermittelnde Reiz ist nicht bekannt. Die gonadotropen Hypophysenhormone und die bekannten Keimdrüsenhormone rufen es nicht hervor. Ob es neben dem expandierend wirkenden Chromatophorenhormon („B“) noch ein kontrahierend wirkendes Prinzip („W“) gibt, wird erörtert[1]. Neben der Wirkung hinsichtlich Melanophorenausbreitung scheint auch noch ein Einfluß des Hormons auf den Pigmentstoffwechsel zu bestehen, wie der Pigmentverlust lange Zeit im Dunkeln gehaltener Tiere[2] und die Förderung der Melaninbildung in vitro durch das Melanophorenhormon vermuten lassen[3].

Die Ausschüttung des Melanophorenhormons steht unter dem hemmenden, durch ACTH vermittelten und durch Cortison verursachten, Einfluß der Nebennierenrinde. Fortfall dieser Hemmwirkung bedingt die Pigmentierungen der ADDISON-Kranken. Die Wirkung des Melanophorenhormons auf die Pigmentzellen scheint heute eindeutig als Pigmentmigration (Wanderung der Pigmentgranula in die präformierten Fortsätze der Zellen) aufzufassen zu sein. Daneben läßt sich auch eine Vergrößerung der Pigmentgranula selbst nachweisen[4]. Die Wirkung des MSH ist O_2-abhängig, sie kann durch Dinitrophenol, Thyroxin, NaCN und CO gehemmt werden. Adrenalin verursacht Pigmentballung und arbeitet damit der Wirkung des Melanophorenhormons am Erfolgsorgan entgegen.

Pathologie. Bemerkenswert scheint, daß das Blut bei malignen Tumoren Melanophorenhormon inaktiviert[5]. Vitiligo könnte vielleicht auf einen Melanophorenhormonmangel zurückgeführt werden, da einzelne günstige Behandlungsergebnisse mit dem Hormon vorliegen[6,7].

In der Schwangerschaft und bei Morbus ADDISON ist der Melanophorenhormongehalt des Harns deutlich erhöht, beim Panhypopituitarismus erklärt das Fehlen des MSH die blasse Hautfarbe der Patienten[4].

3. Die Hormone des Hypophysenvorderlappens[8].

a) Wachstumshormon (Phyon, somatotropes Hormon, STH)[9]. Klinische Erfahrungen ließen schon frühzeitig einen beherrschenden Einfluß der Hypophyse auf das Wachstum vermuten. Eine Bestätigung fanden diese Vermutungen durch den nach Hypophysektomie an jugendlichen Tieren beobachteten Wachstumsstillstand. Eine weitere Bestätigung wurde durch den Nachweis einer wachstumsfördernden Wirkung alkalischer Vorderlappenextrakte an jungen

---

[1] WARING, H.: Biol. Reviews **17**, 120 (1942). — [2] DAWES, B.: J. exp. Biol. **18**, 26 (1941). — SUMNER, F. B.: Biol. Reviews **15**, 351 (1940). — [3] FOSTVEDT, G. A.: Proc. Soc. exp. Biol. Med. **40**, 302 (1939). — [4] LERNER, A. B., and Y. TAKAHASHI: Recent Progr. Hormone Res. **12**, 303 (1956). — LERNER, A. B., K. SHIZUME and I. BUNDING: J. clin. Endocrinol. **14**, 1463 (1954). — [5] JORES, A.: Kli. Wo. **1933 II**, 1599; **1940**, 1075. — [6] RODEWALD, W.: D. m. W. **1936 I**, 726. — [7] MUSSIO FOURNIER, J. C., J. M. CERVINO and O. CONTI: Endocrinology **28**, 513 (1941). J. clin. Endocrinol. **3**, 353 (1943). — [8] ANSELMINO, K. J., u. F. HOFFMANN: Die Wirkstoffe des Hypophysenvorderlappens. Handb. Heffter, Erg.-W. Bd. 9. — VOSS, H. E.: Z. Vit.-, Horm.-Ferm.-Forsch. **6**, 297 (1954). Ärztl. Wschr. **6**, 913 (1951). — SMITH, R. W., H. GAEBLER and C. N. H. LONG: The Hypophyseal Growth Hormone, Nature and Actions. New York 1955. — [9] LI, C. H., and H. M. EVANS: Vitamins & Hormones **5**, 197 (1947). Recent Progr. Hormone Res. **3**, 3 (1948).

Ratten erbracht[1], ein Befund, der in der folgenden Zeit für die verschiedensten Tierarten bestätigt wurde. Besonders konnte auch das Wachstum von Mäusen mit erblichem Zwergwuchs gesteigert werden[2]. Fortgesetzte Behandlung der Tiere erzeugte Riesenwuchs[3]. Der nach Hypophysektomie eintretende Wachstumsstillstand konnte durch Extraktbehandlung behoben werden[4].

Vorkommen. Mit Sicherheit nachgewiesen ist das Hormon im Vorderlappen, seine Ausscheidung durch den Harn ist fraglich. Das angebliche Vorkommen im Harn von Schwangeren und Akromegalen ist bisher nicht bestätigt[5].

Im Plasma des gesunden Menschen konnte es nachgewiesen werden. Bei Akromegalie war es hier vermehrt, bei Panhypopituitarismus vermindert[6].

Darstellung. Die meisten älteren Versuche sind mit relativ rohen, alkalischen Vorderlappenextrakten angestellt, die aus frischen oder acetongetrockneten Vorderlappen gewonnen waren. Die Extrakte lassen sich durch Fällung am isoelektrischen Punkt, allerdings unter Verlusten, von einem Teil der Proteine befreien. Aus den ersten Auszügen konnte das Hormon durch Natriumsulfat[8], Fällung mit Aceton oder besser Alkohol und auch durch Fällung mit Trichloressigsäure, Phosphorwolframsäure oder Flaviansäure niedergeschlagen werden. Aus vorgereinigten Präparaten konnte durch Aufnehmen in Eisessig, wobei gonadotrope und thyreotrope Wirkung zerstört werden, und durch fraktionierte Fällung der Eisessiglösung mit Aceton das Hormon gewonnen werden. Schließlich wurde auch Adsorption an Noritkohle, Elution mit Phenol und Fällung der Phenollösung mit Aceton empfohlen[7]. Die zunächst bezweifelte Existenz des Hormons (seine Wirkungen wurden auf eine Verbindung der Wirkung von Prolactin und thyreotropem Hormon zurückgeführt[8]) wurde endgültig sichergestellt durch seine Reindarstellung[9]. Dazu wurde Acetontrockenpulver aus Rinderhypophysenvorderlappen mit $Ca(OH)_2$-Lösung bei p_H 11,5 durch 24 Std extrahiert. Danach wurde durch Einleiten von CO_2 ein p_H von 8,7 eingestellt und nach weiterem 24stdgem. Stehen in der Kälte vom Unlöslichen abgetrennt. Es folgte Aussalzen mit 0,2 mol. Ammonsulfat, Aufnehmen des Niederschlags in Wasser und Dialyse, wobei das Hormon als Globulin ausfällt. Der in Wasser suspendierte Niederschlag wurde durch 0,1 n $NaCl$ bei p_H 4,0 in Lösung gebracht, vom Unlöslichen befreit und die Lösung mit 5,0 n $NaCl$ bei p_H 4,0 ausgesalzen. Die $NaCl$-Fraktionierung wurde 2mal wiederholt. Der Niederschlag wurde nun wieder salzfrei dialysiert. Bei Einstellen auf p_H 5,7—5,8 und danach auf p_H 8,7—8,8 entstehende Niederschläge wurden entfernt, die Lösung mit 1,65 mol. Ammonsulfat bei p_H 7,0 ausgesalzen und der Niederschlag dialysiert. Letztere Fraktionierungen wurden wiederholt, wobei schließlich mit der Endlösung eine letzte Aussalzung mit Ammonsulfat bei p_H 6,8—6,9 vorgenommen wird, bei der das Hormon oft in pseudokrystalliner Form erscheint. Ausbeute 50 mg aus 1 kg frischen Rindervorderlappen.

Etwas anders gehen Wilhelmi u. Mitarb. vor: der $Ca(OH)_2$-Auszug wird bei p_H 8,7 mit 12% Äthanol gefällt. Durch anschließende Fällung beim isoelektrischen Punkt und schließliche Fällung bei p_H 8,5—8,7 mit 20%igem Alkohol wird ein bei Elektrophorese und bei Untersuchung mit der Ultrazentrifuge homogenes Präparat in einer Ausbeute von 3 g je kg frischer Rindervorderlappen erhalten[10].

Eigenschaften. Wie ein Protein. Löslich in alkalischem Wasser und Eisessig. Unlöslich in konzentrierteren organischen Lösungsmitteln. Aussalzbar durch Ammonsulfat oder 20%iges Natriumsulfat. Fällbar mit Trichloressigsäure,

---

[1] Evans, H. M., and J. A. Long: Anat. Rec. **21**, 62 (1921). — [2] Kemp, T.: Kli. Wo. **1934 II**, 1854. — [3] Evans, H. M., K. Meyer, R. Pencharz and M. E. Simpson: Science, N. Y. **75**, 442 (1932). — [4] Downs, G. W. jr.: Arch. Path., Chicago **12**, 37 (1938). — [5] Evans, H. M., and M. E. Simpson: Amer. J. Physiol. **89**, 375 (1929). — [6] Segaloff, Albert, E. L. Komrad, A. Flores, Ann Segaloff and M. Hardesty: Endocrinology **57**, 527 (1955). — [7] Dingemanse, E., et J. Freud: Acta brev. neerl. Physiol. **5**, 39 (1935). — [8] Riddle, O., and R. W. Bates: Endocrinology **17**, 689 (1933). — Clements, D. I., and N. E. Howes: J. exp. Biol. **15**, 541 (1938). — [9] Li, C. H., and H. M. Evans: Science, N. Y. **99**, 183 (1944). — Li, C. H., H. M. Evans and M. E. Simpson: J. biol. Ch. **159**, 353 (1945). — Li, C. H., and V. V. Herring: Amer. J. Physiol. **143**, 548 (1945). — [10] Wilhelmi, A. E., J. B. Fishman and J. A. Russell: J. biol. Ch. **176**, 735 (1948). — Fishman, J. B., A. E. Wilhelmi and J. A. Russell: Science, N. Y. **106**, 402 (1947).

Phosphorwolframsäure oder Flaviansäure, an viele Niederschläge leicht adsorbierbar, nicht dialysabel und nicht ultrafiltrierbar. Durch SEITZ- und BERKEFELD-Filter filtrierbar. Wenig haltbar in Lösung, etwas besser bei alkalischer Reaktion. Sehr hitzeempfindlich[1]. Es fällt bei p_H 7,0 unter Verlust der Wirksamkeit bei 80° aus. 6,66 Mol Harnstoff beeinträchtigt die Wirksamkeit nicht, salpetrige Säure und Behandlung mit Keten zerstören die Wirksamkeit[2]. Weitere Eigenschaften vgl. Tabelle 148, S. 496.

Nachweis. Zum qualitativen Nachweis sind die verschiedensten Tiere im normalen oder hypophysektomierten Zustand vorgeschlagen worden. Die Fehlerquellen sind recht erhebliche[3]. Für die quantitative Ermittlung eignet sich besonders die im Alter von 28—30 Tagen hypophysektomierte weibliche Ratte[4], bei der die Gewichtszunahme in linearer Beziehung zum Logarithmus der Dosis steht[5]. Mit den Injektionen wird 10—14 Tage nach der Operation begonnen. Es wird täglich durch 9 Tage injiziert. Auch intraperitoneale Injektion an 5—6 Monate alte weibliche Ratten von 220—280 g wird empfohlen. Es wird 17mal innerhalb 20 Tagen injiziert[6]. Auch hier besteht lineare Beziehung der Gewichtszunahme zum Logarithmus der Dosis[5,7].

Als besonders empfindlich (noch 5 γ des reinen Hormons sind wirksam) erwies sich die Breite des Epiphysenknorpels des proximalen Tibiaendes an weiblichen Ratten, die im Alter von 26—28 Tagen hypophysektomiert und 12—13 Tage später verwendet wurden. Schon nach 4—5 Tagen war eine Breitenzunahme des nach Hypophysektomie verschmälerten Epiphysenknorpels nachweisbar, die in Beziehung zur Wachstumshormondosis bzw. zu deren Logarithmus steht[8]. Als Einheit wurde jene Menge des Hormons gewählt, die bei der infantilen hypophysektomierten Ratte nach 10 Tagen eine Gewichtszunahme von 10 g erzeugte. Dies entspricht etwa 10 γ Hormon. Auch ältere Tiere erwiesen sich als brauchbar[9]. Behandlung mit ACTH ermöglicht die Verwendung nichthypophysektomierter Ratten[10].

Physiologie. Das Wachstumshormon ist wesentlich für die Aufrechterhaltung des normalen Wachstums des jugendlichen Tieres und des Menschen. Es scheint besonders dadurch wirksam zu sein, daß es den anabolen Eiweißstoffwechsel begünstigt und den Abbau von Fett und seine Umwandlung in Eiweiß fördert. Erfolgsorgan ist besonders die Leber und die Muskulatur. Ausdruck dieser Stoffwechselwirkungen sind nachweisbare N-Retention, Abnahme des Aminosäure-N im Blutplasma, Abnahme des Körperfetts und Vergrößerung von Leber und Thymus. Anorganischer P und alkalische Phosphatase im Plasma werden erhöht[11].

Pathologie. Vermehrte Ausschüttung des Wachstumshormons äußert sich, je nachdem sie den Patienten vor oder nach Abschluß der physiologischen Wachstumsperiode trifft, entweder in hypophysärem Riesenwuchs (Gigantismus[12])

[1] SHIPLEY, R. A.: Endocrinology **31**, 629 (1942). — [2] LI, C. H., and H. M. EVANS: Pincus-Thimann, Hormones Bd. 1, S. 685. — [3] COLLIP, J. B.: Amer. J. Obstet. Gynec. **33**, 1010 (1937). — RIDDLE, O., and R. W. BATES: Endocrinology **17**, 690 (1933). — [4] EVANS, H. M., N. UYEI, Q. R. BARTZ and M. E. SIMPSON: Endocrinology **22**, 483 (1939). — [5] MARX, W., M. E. SIMPSON and H. M. EVANS: Endocrinology **30**, 1 (1942). — [6] EVANS, H. M., and M. E. SIMPSON: Amer. J. Physiol. **98**, 511 (1931). — [7] BÜLBRING, E.: Quart. J. Pharmacy **11**, 26 (1938). — [8] EVANS, H. M., M. E. SIMPSON, W. MARX and E. A. KIBRICK: Endocrinology **32**, 13 (1943). — GREENSPAN, F. S., C. H. LI, M. E. SIMPSON and H. M. EVANS: Endocrinology **45**, 455 (1949). — MARX, W., M. E. SIMPSON and H. M. EVANS: Proc. Soc. exp. Biol. Med. **55**, 250 (1944). — [9] KINSELL, L. W., G. D. MICHAELS, C. H. LI and W. E. LARSEN: J. clin. Endocrinol. **8**, 1013 (1948). — [10] SFORZINI, P., M. NEGRI e A. MAZZARELLA: Folia endocrinol. Pisa **7**, 583 (1954). — [11] LI, C. H., and H. M. EVANS: Recent Progr. Hormone Res. **3**, 3 (1948). — SAMUELS, L. T.: Recent Progr. Hormone Res. **1**, 147 (1947). — [12] Lehrb. inn. Med. (ASSMANN u. a.) 6./7. Aufl. Bd. 2, S. 216, Abb. 9.

oder in Akromegalie[1], wobei als anatomisches Substrat der Störung meist ein eosinophiles Adenom gefunden wird. Beim hypophysären Riesen überwiegen die Unterlängen die Oberlängen, häufig finden sich im späteren Verlauf auch akromegale Züge. Bei der Akromegalie entwickelt sich eine auffällige Vergröberung der Gesichtszüge, bedingt durch das pathologische Wachstum des Skelets und der Weichteile (Zunge, Lippen, Nase, Ohren) und eine Vergrößerung der Hände und Füße. Neben diesem Wachstum der „Akren“ findet Neubildung und appositionelles Wachstum der Knochen in den verschiedensten Teilen des Skelets, besonders an den Wirbeln statt. Störungen der Sexualfunktion und sehr häufig Stoffwechselstörungen (Diabetes, dem Wachstumshormon kommen auch diabetogene Eigenschaften zu[2]) sind nicht selten Begleiterscheinungen. Wahrscheinlich sind auch die im Verlauf der Gravidität oft auftretenden akromegalen Symptome mit der Hypophyse in Zusammenhang zu bringen.

Verminderte Wachstumswirkung des Vorderlappens verursacht in der Jugend hypophysären Zwergwuchs[3]. Dabei unterbleibt die Verknöcherung der Wachstumsgrenzen, das Wachstum hört auf und die Epiphysenfugen bleiben, oft für das ganze Leben, offen. Die Körpermaße bleiben infantil. Die Entwicklung der Keimdrüsen ist gehemmt (hypophysärer Infantilismus), oft zusammen mit Zeichen der Dystrophia adiposogenitalis oder des Diabetes insipidus. Als Gegenstück der Akromegalie wäre die seltene Akromikrie zu erwähnen.

Antiwachstumshormon. Fortgesetzte Injektion von Hypophysenextrakten führt zur Bildung antagonistisch oder hemmend wirkender Stoffe im Serum der behandelten Tiere[4].

b) Thyreotropes Hormon (Thyreotropin, TSH)[5]. Schon Arbeiten aus dem Jahre 1908 weisen auf Beziehungen zwischen Hypophysenvorderlappen und Schilddrüse hin[6]. Die Wiederherstellung der nach Hypophysektomie atrophischen Schilddrüse durch Hypophysenimplantate an Ratten[7] und die Beobachtung der beschleunigten Amphibienmetamorphose nach Vorderlappenzufuhr 1928[8] klärten diese Beziehungen weiter auf. 1929 wurde dann auf die histologischen Veränderungen der Meerschweinchenschilddrüse durch den in der Folgezeit „thyreotropes Hormon“ genannten Stoff, der von anderen Vorderlappenhormonen eindeutig differenziert werden konnte, hingewiesen.

Vorkommen. Das thyreotrope Hormon findet sich im Vorderlappen aller bisher untersuchten Wirbeltiere. Die Hypophyse enthält um so mehr thyreotropes Hormon, je tätiger sie bei der betreffenden Tierart von Natur aus ist. Schweinedrüsen enthalten mehr als solche von Rindern, letztere mehr als Schafshypophysen. Sehr aktiv sind Rattenhypophysen. In JUNKMANN-SCHOELLER-Einheiten[9] ausgedrückt enthält 1 kg trockener Drüsen bei der Ratte bis zu 1 Million, beim Schwein 300000, beim Rind 120000 und beim Schaf 80000 E. Bei Anreicherung läßt sich das Hormon auch im Blut des Menschen mit empfind-

[1] Lehrb. inn. Med. (ASSMANN u. a.) 6./7. Aufl. Bd. 2, S. 211—215, Abb. 3—8. — [2] YOUNG, F. G.: J. Endocrinol. **1**, 339 (1939). — BENNETT, L. L., and C. H. LI: Endocrinology **39**, 63 (1946). — REID, E.: Ciba Found. Coll. Endocrinol. **6**, 116 (1953). — [3] Lehrb. inn. Med. (ASSMANN u. a.) 6./7. Aufl. Bd. 2, S. 217, Abb. 10. — [4] COLLIP, J. B.: J. Mount Sinai Hosp. **1**, 28 (1934). — [5] JUNKMANN, K.: Thyreotropes Hormon und verwandte Hormone. Handb. biol. Arb.-Meth. Abt. 5, Teil 3 B, S. 1027—1110. — LI, C. H., and H. M. EVANS: Pincus-Thimann, Hormones Bd. 1, S. 661—665. — ALBERT, A.: Ann. N. Y. Acad. Sci. **50**, 466 (1949). — RAWSON, R. W.: Ciba Found. Coll. Endocrinol. **4**, 294 (1952). — [6] HALLION, L., et L. ALQUIER: C. R. Soc. Biol. **65**, 5 (1908). — RENON, L., et A. DELILLE: Cr. **65**, 459 (1908). — [7] SMITH, P. E.: Anat. Rec. **32**, 221 (1926). Amer. J. Anat. **45**, 205 (1930). — HOSKINS, E. R., and M. M. HOSKINS: Endocrinology **4**, 1 (1920). — [8] UHLENHUTH, E., and S. SCHWARTZBACH: Proc. Soc. exp. Biol. Med. **26**, 153 (1928/29). — LOEB, L., and R. B. BASSETT: Proc. Soc. exp. Biol. Med. **26**, 860 (1928/29). — [9] JUNKMANN, K., u. W. SCHOELLER: Kli. Wo. **1932 II**, 1176.

lichen Nachweismethoden erfassen. In 2 cm^3 wurden beim Gesunden 0,001—0,01 JUNKMANN-SCHOELLER-Einheiten gefunden. Bei M. BASEDOW sind die Werte oft erniedrigt, seltener erhöht; partielle Thyreoidektomie erhöht den Gehalt etwas. Bei malignem Exophthalmus dagegen und häufig bei Myxödem findet es sich vermehrt im Blut[1]. Nach Zufuhr größerer Mengen erscheint es auch im Harn des Hundes[2]. Es läßt sich mit empfindlichen Methoden auch im normalen Menschenharn (5—10 RE je *l*)[3] nach Zufuhr von Hormon oder besonders bei einigen Hypophysentumoren und Myxödem[4] nachweisen. Angaben über Vorkommen in anderen Organen[5] bedürfen der Nachprüfung.

Darstellung[6]. Man geht von schwach sauren oder schwach alkalischen wäßrigen Kaltextrakten, von frischen oder acetongetrockneten Hypophysenvorderlappen aus. Saure Auszüge enthalten das Hormon von vornherein weniger durch andere Hormone verunreinigt. Das thyreotrope Hormon kann nach vorangehender Enteiweißung, z. B. durch Trichloressigsäure oder Sulfosalicylsäure[2, 7], durch Alkaloidfällungsmittel, besonders Pikrinsäure[8] oder Flaviansäure, niedergeschlagen und nach Beseitigung des Fällungsmittels in gereinigtem Zustand erhalten und mit Alkohol und Äther getrocknet werden.

Mit steigendem Gehalt an thyreotropem Hormon ordnen sich die Hypophysen der einzelnen Species wie folgt[9]: Henne, Meerschweinchen, Hühnchen, Taube, Katze, Kaninchen, Pferd, Mensch, Truthahn, Rind, Kröte, Schaf, Schwein, Hund, Maus, Ratte, Seezunge und Frosch.

Durch fraktionierte Aussalzung mit Ammonsulfat (zwischen 0,25 und 0,35 Sättigung fällt aus Extrakten von Schafshypophysen das thyreotrope Hormon) kann es vom ICSH getrennt werden, welches zwischen 0,35 und 0,5 Sättigung ausgesalzen wird[10]. Ebenfalls durch fraktionierte Aussalzung wurde aus Rinderhypophysen ein besonders reines Präparat gewonnen[11]. Dazu wurde das durch Ausziehen mit 1%iger NaCl-Lösung mit 0,25% Essigsäure durch 50% Aceton gefällte Rohprodukt in 1%igem NaCl aufgenommen und die zwischen 0,3 und 0,6 Sättigung mit Ammonsulfat fallende Fraktion isoliert. Nach Aufnehmen in Wasser und neuerlicher Vorfällung mit 0,3 Ammonsulfatsättigung wurde das Hormon mit 0,5 Ammonsulfatsättigung ausgesalzen, in Wasser gelöst dialysiert und durch 39% Aceton ausgefällt. Ausbeute 2,6 g aus 1 kg trockener Drüsen. 12—26 γ als Gesamtdosis steigern das Schilddrüsengewicht von Küken in 6 Tagen.

Ein anderes Verfahren geht von einem Extrakt mit 2%igem NaCl bei p_H 7,4—7,8 aus[12], fällt Verunreinigungen bei p_H 4,0—4,1 und schlägt weitere Verunreinigungen mit 50% Aceton nieder. Das dann aus dem Filtrat mit 75% Aceton niedergeschlagene Hormon wird in Wasser aufgenommen, bei p_H 9,0 durch Zentrifugieren geklärt und bei p_H 7,0 mit 5%igem Bleiacetat erschöpfend gefällt. Im Filtrat wird durch Zusatz von 8% Trichloressigsäure enteiweißt. Das Trichloressigsäurefiltrat wird dialysiert, konzentriert und schließlich gefriergetrocknet. Ausbeute 0,4—0,5 g je kg frischer Rinderdrüsen. 1 γ als Gesamtdosis bewirkt in 5 Tagen histologische Veränderungen von Kükenschilddrüsen. Ein endgültiger Beweis für die Reinheit der beiden Präparate ist nicht erbracht, wenn sie sich auch elektrophoretisch einheitlich verhalten. Gute Reinigung von Rinder-TSH wurde durch Chromatographie an Amberlit und Fällung von Verunreinigungen im Eluat mit Pikrinsäure oder Sulfosalicylsäure erreicht[13]. Fraktionierte Aussalzung, Adsorption von Begleitstoffen an Oxycellulose und Trichloressigsäurefällung ergeben aus gefrorenen Rinderhypophysen Präparate vom Mol.-Gew. 6000—10000[14].

[1] SOFFER, L. J., M. VOLTERRA, J. L. GABRILOVE, A. POLLACK and M. JACOBS: Proc. Soc. exp. Biol. Med. **64**, 446 (1947). — CONTE, E. DEL: Medicina, Buenos Aires **9**, 195 (1949). — PURVES, H. D., and W. E. GRIESBACH: Brit. J. exp. Path. **30**, 23 (1949). — [2] LOESER, A.: A. e. P. P. **166**, 693 (1932). — [3] MILCO, S. M.: Bull. Sect. sci. Acad. roum. **23**, 321 (1941). — [4] GALLI MAININI, C.: Sem. méd., Buenos Aires **1947 I**, 93. — [5] STURM, A., u. W. SCHÖNING: Endokrinologie **16**, 1 (1935). — [6] WHITE, A.: Physiol. Rev. **26**, 574 (1946). — [7] LOESER, A.: Kli. Wo. **1932 II**, 1271. — [8] JUNKMANN, K., u. W. SCHOELLER: Kli. Wo. **1932 II**, 1176. — [9] ADAMS, A. E.: Quart. Rev. Biol. **21**, 1 (1946). — [10] JENSEN, H., and S. TOLKSDORF: Proc. Soc. exp. Biol. Med. **47**, 223 (1941). — [11] FRAENKEL-CONRAT, J., H. L. FRAENKEL-CONRAT, M. E. SIMPSON and H. M. EVANS: J. biol. Ch. **135**, 199 (1940). — [12] CIERESZKO, L. S.: J. biol. Ch. **160**, 585 (1945). — [13] HEIDEMAN, M. L. jr.: Endocrinology **53**, 640 (1953). — [14] FELS, I. G., M. E. SIMPSON and H. M. EVANS: J. biol. Ch. **213**, 311 (1955).

Eigenschaften. Löslich in Wasser und nicht zu hochprozentigen wasserlöslichen organischen Lösungsmitteln, bei stärker saurer Reaktion auch in höherprozentigem Alkohol beschränkt löslich. Löslich auch unter Zerstörung in wasserhaltigen niederen Fettsäuren, flüssigem Phenol oder Formalin. Fällbar durch die meisten Alkaloidfällungsmittel oder durch mit Wasser mischbare organische Lösungsmittel, besonders bei schwach alkalischer Reaktion und durch zahlreiche Adsorbentien. Nicht fällbar bei stark saurer Reaktion durch Sulfosalicylsäure oder Trichloressigsäure. Aussalzbar durch $^1/_2$—$^2/_3$ Sättigung mit Ammonsulfat. Durch kongodichte Membranen nicht dialysierbar oder ultrafiltrierbar. Hitzeempfindlich in wäßrigen Lösungen, unter bestimmten Bedingungen aber auch durch kurzes Kochen nicht vollständig zerstörbar. Gegen Alkali empfindlicher als gegen Säuren. In trockenem Zustand weitgehend haltbar gegen Erhitzen, selbst auf 140°. Auch die bisher reinsten Präparate geben die meisten Eiweißfarbreaktionen und Fällungsreaktionen. Behandlung mit Cystein oder Keten[1] und Einwirkung von Jod vernichten[2] die Wirksamkeit. Weitere Eigenschaften vgl. Tabelle 148, S. 496.

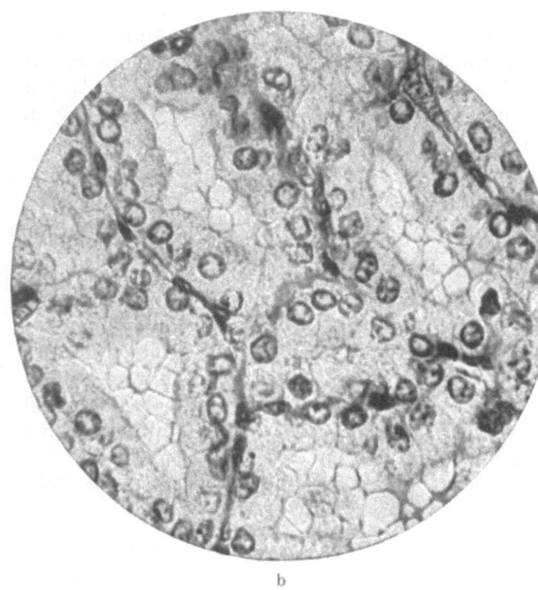

Abb. 43a u. b. Meerschweinchenschilddrüse bei gleicher Vergrößerung. a Normal. b 4 Tage nach täglicher Behandlung mit thyreotropem Hormon.

Nachweis[3]. Zum qualitativen Nachweis kann eine ganze Reihe der physiologischen Wirkungen des thyreotropen Hormons herangezogen werden, wie Steigerung des Grundumsatzes, Ansteigen des Jods im Blut oder Speicherung und nachfolgende Abnahme in der Schilddrüse, Verschwinden des Leberglykogens oder Metamorphosebeeinflussung von Kaltblütern.

[1] FRAENKEL-CONRAT, J., H. L. FRAENKEL-CONRAT, M. E. SIMPSON and H. M. EVANS: J. biol. Ch. **135**, 199 (1940). — [2] ALBERT, A., R. W. RAWSON, P. MERRILL, B. LENNON and C. RIDDELL: J. biol. Ch. **166**, 637 (1946). — [3] TURNER, C. W. in: EMMENS, C. W.: Hormone Assay. S. 215—235. New York 1950. — TALA, P.: Acta endocrinol., København, Suppl. **9**, 1 (1952).

Zum quantitativen Nachweis eignet sich das Studium der histologischen Veränderungen der Schilddrüse von jungen Meerschweinchen (vgl. Abb. 43). Dabei wurde jene Tagesmenge als Einheit vorgeschlagen, die Meerschweinchen von 100—150 g je 100 g und Tag injiziert werden muß, um am 5. Tag bei der Mehrzahl der Tiere eine deutliche Reaktion im histologischen Bild der Schilddrüse auszulösen[1]. Die histologischen Veränderungen bestehen in Verflüssigung und Verschwinden des Kolloids, Verdickung und Protoplasmazunahme bei den Follikelepithelzellen, deren Granulierung zunimmt. Die Zellkerne, deren Chromatingerüst aufgelockert wird, rücken an die Basis der zylindrisch werdenden Zellen. Zahlreiche Mitosen und eine ausgesprochene Hyperämie sowie Gewichtszunahme der ganzen Drüse ergänzen das Bild. Auch die quantitativen Beziehungen, die zwischen Schilddrüsengewicht und Hormondosis bestehen, lassen sich für die Testierung nutzbar machen[2]. Dies wurde nicht nur an Meerschweinchen, sondern auch an Küken empfohlen[3]. Weiter wurden verwendet die Zunahme der Zellhöhen der Follikelepithelien[4], die am Auftreten von Flüssigkeitströpfchen kenntliche Veränderung des Schilddrüsenkolloids[5] beim Meerschweinchen oder gewisse histologische Veränderungen der Kükenschilddrüse[6] und der Schilddrüse der hypophysektomierten Ratte[7]. Weitere Auswertungsmethoden benutzen teils die Schilddrüsenveränderungen an den verschiedensten Tierarten, die Stoffwechselerhöhung oder die Metamorphosebeschleunigung an Kaltblütern.

In jüngster Zeit werden zahlreiche Methoden unter Benutzung von radioaktiven Isotopen (^{131}J, ^{32}P) empfohlen. Auswertungskriterien sind: Aufnahme von ^{131}J durch die Schilddrüse von Maus[8] und Ratte[9], häufig nach Hypophysektomie, Bestimmung des proteingebundenen ^{131}J in der Drüse[10], Ausschüttung in der Drüse gespeicherten ^{131}J an Ratte[11] bzw. Küken[10,12] und schließlich Bestimmung der Aufnahme von ^{32}P in die Schilddrüse[13] bei Küken, Ratte und Meerschweinchen.

[1] Junkmann, K., u. W. Schoeller: Kli. Wo. **1932 II**, 1176. — Heyl, J. G., and E. Laqueur: Arch. int. Pharmacodyn. Thérap. **49**, 338 (1934). — Jorgensen, M. N., and N. J. Wade: Endocrinology **28**, 406 (1941). — [2] Rowlands, I. W., and A. S. Parkes: Biochem. J. **28**, 1829 (1934). — Junkmann, K., u. A. Loeser: A. e. P. P. **188**, 474 (1938). — Emmens, C. W.: J. Endocrinol. **2**, 194 (1940). — Bergman, A. J., and C. W. Turner: Endocrinology **24**, 656 (1939). — [3] Smelser, G. K.: Endocrinology **23**, 429 (1938). — Cope, C. L.: J. Physiol., London **94**, 358 (1938/39). — Kabac, J. M., and N. I. Liapin: Bull. Biol. Méd. exp. URSS **5**, 334 (1938). — Bates, R. W., O. Riddle and E. L. Lahr: Endocrinology **29**, 492 (1941). — [4] Starr, P., R. W. Rawson, R. E. Smalley, E. Doty and H. Patton: West. J. Surg. **47**, 65 (1939). — Rawson, R. W., and P. Starr: Arch. internal Med., Chicago **61**, 726 (1938). — Starr, P., and J. Metcoff: Proc. Soc. exp. Biol. Med. **46**, 306 (1941). — [5] Robertis, E. de, and E. del Conte: Rev. Soc. argent. Biol. **20**, 88 (1944). — Robertis, E. de: J. clin. Endocrinol. **8**, 956 (1948). — Junqueira, L. C.: Endocrinology **40**, 286 (1947). — [6] Jones, M. S.: Endocrinology **24**, 665 (1939). — Jensen, H., and J. F. Grattan: Amer. J. Physiol. **128**, 270 (1939). — Ciereszko, L. S.: J. biol. Ch. **160**, 585 (1945). — Rawson, R. W., and W. T. Salter: Endocrinology **27**, 155 (1940). — [7] Hertz, S., and E. G. Oastler: Endocrinology **20**, 520 (1936). — [8] Querido, A., A. A. Kassenaar and L. D. Lameyer: Acta endocrinol., København **12**, 335 (1953). — [9] Ghosh, B. N., D. M. Woodbury and G. Sayers: Endocrinology **48**, 631 (1951). — Vanderlaan, W. P., and M. A. Greer: Endocrinology **47**, 36 (1950). — Halmi, N. S., B. N. Spirtos, E. M. Bogdanove and H. J. Lipner: Endocrinology **52**, 19 (1953). — Eskelson, C. D., H. E. Firschein and H. Jensen: Endocrinology **57**, 168 (1955). — Overbeek, G. A., J. Fokkens, A. Querido, J. de Visser and P. Canninga: Acta endocrinol., København **14**, 285 (1953). — [10] Vanderlaan, W. P., and M. A. Greer: Endocrinology **47**, 36 (1950). — [11] Wolff, J.: Endocrinology **48**, 284 (1951). — Perry, W. F.: Endocrinology **48**, 643 (1951). — [12] Lamberg, B. A.: Acta endocrinol., København **18**, 405 (1955). — Gilliland, I. C., and R. Fraser: Ciba Found. Coll. Endocrinol. **5**, 20 (1953). — [13] Crooke, A. C., and J. D. Matthews: Ciba Found. Coll. Endocrinol. **5**, 25 (1953). — Lamberg, B. A.: Acta endocrinol., København **13**, 145 (1953). — Lamberg, B.-A., P. Wahlberg and C. Olin-Lamberg: Acta endocrinol., København **19**, 263 (1955). — Tala, P., B.-A. Lamberg and U. Uotila: Acta endocrinol., København **19**, 255 (1955). — Dedman, M., A. S. Mason, P. Morris and C. J. O. R. Morris: Ciba Found. Coll. Endocrinol. **5**, 10 (1953). — Borrell, U., and H. Holmgren: Acta endocrinol., København **3**, 33 (1949).

Die Hemmung der Eigenproduktion der Meerschweinchenhypophyse durch Thyroxin und die Bewertung der Freisetzung von Schilddrüsenhormon erwiesen sich als nützlich[1].

Physiologie. Das thyreotrope Hormon hat auf dem Wege über die Anregung der Sekretion der Schilddrüse alle jene Wirkungen, die wir von der Schilddrüse her kennen. Mit der Stoffwechselsteigerung ist eine erhöhte Empfindlichkeit gegen Sauerstoffmangel verbunden. Bei Vögeln kommt es zur Mauserung und Nachwachsen neuen Gefieders. Beim hypophysektomierten Tier wird die Atrophie der Schilddrüse beseitigt. Aus Erfahrungen beim hypophysektomierten Tier dürfen wir schließen, daß dem thyreotropen Hormon ein Einfluß auf die Entwicklung (Metamorphose beim Kaltblüter, wahrscheinlich auch fetale Entwicklung und das Wachstum nach der Geburt beim höheren Tier) zukommt. Wahrscheinlich liegt hier die Hauptbedeutung des thyreotropen Hormons, denn im späteren Leben scheint es nur eine gewisse regulierende Funktion für die Schilddrüsentätigkeit zu haben; sein Fortfall führt zu einer Abnahme der Schilddrüsentätigkeit. Es scheint, daß sämtliche Wirkungen des thyreotropen Hormons auf dem Wege über die Anregung der Schilddrüsenfunktion zustande kommen. Nur der Exophthalmus macht von dieser Regel eine Ausnahme. Es wurde auch der Versuch gemacht, den nach Vorderlappenextraktinjektionen auftretenden Exophthalmus einer gesonderten Hormonfraktion zuzuschreiben[2]. Auch ein vorwiegend die Schilddrüsengröße und ein besonders die histologischen Merkmale der Schilddrüse beeinflussendes Prinzip sollen sich unterscheiden lassen[3]. Das thyreotrope Hormon wirkt direkt auf die Schilddrüsenepithelien, auch in vitro[4]. Es führt zuerst zu einer Ausschüttung der Hormonreserven aus der Schilddrüse, weiterhin steigert es jedoch auch die Fähigkeit der Schilddrüse, Jod zu speichern[5], wie aus Versuchen mit Radiojod zu erkennen ist. Bezüglich der Regulation der Sekretion des thyreotropen Hormons vgl. S. 507.

Pathologie. Ausfall des thyreotropen Hormons kann Unterfunktion der Schilddrüse bedingen. Diese Fälle scheinen allerdings seltener als die durch Ausfall der Schilddrüse selbst bedingten Fälle von Myxödem. Prüfung der Anspruchsfähigkeit der Schilddrüse auf TSH unter Verwendung von ^{131}J erlaubt es, zentrale und periphere Schilddrüseninsuffizienz zu unterscheiden. Analoges gilt für die Überfunktion der Schilddrüse. Letztere ist meist peripher bedingt und geht dann mit einer verminderten Produktion von TSH einher. Bei vielen hypophysären Störungen begleitet eine herabgesetzte Schilddrüsentätigkeit die Erkrankung (Dystrophia adiposogenitalis, Infantilismus, Zwergwuchs usw.). Vielleicht macht sich ein Mangel an thyreotropem Hormon durch schlechte Heilung von Wunden und Knochenbrüchen[6], wofür Versuche über die Beschleunigung der Wundheilung durch thyreotropes Hormon sprechen würden, bemerkbar, vielleicht ist ein solcher Mangel auch für manche Minderwertigkeitszustände des Kreislaufs verantwortlich[7].

c) Hormothyrin. Neben dem thyreotropen Hormon soll im Vorderlappen noch eine kochbeständige und im Gegensatz zum thyreotropen Hormon ultrafiltrable Substanz vorkommen, die die Acetonitrilresistenz der weißen Maus steigert[8], sie ist vielleicht mit der nachfolgend beschriebenen identisch.

---

[1] ADAMS, D. D., and H. D. PURVES: Endocrinology **57**, 17 (1955). — [2] DOBYNS, B. M.: Surg. Gynec. Obstet. **80**, 526 (1945). — [3] HEYL, J. G.: Acta brev. neerl. Physiol. **4**, 102 (1934). — [4] EITEL, H., H. A. KREBS u. A. LOESER: Kli. Wo. **1933 I**, 615. — [5] RAWSON, R. W.: Ann. N. Y. Acad. Sci. **50**, 491 (1949). — CHAIKOFF, I. L., and A. TAUROG: Ann. N. Y. Acad. Sci. **50**, 377 (1949). — [6] EITEL, H., u. E. W. LEXER: Arch. klin. Chir. **185**, 587 (1936). Bruns Beitr. **164**, 69 (1936). — [7] REHN, E.: Arch. klin. Chir. **183**, 358 (1935). — [8] OEHME, C., H. PAAL u. H. O. KLEINE: A. e. P. P. **171**, 54 (1933). — SANTO, E.: Z. ges. exp. Med. **93**, 793 (1934).

d) Metabolic principle. Nach COLLIP[1] enthält der Vorderlappen eine kochbeständige, dialysable, gegen Pepsin und Alkali beständige Verbindung, die ohne Vermittlung der Schilddrüse den Stoffwechsel steigert. Sie ist vielleicht identisch mit dem Melanophorenhormon.

e) Antithyreotropes Hormon. Bei fortgesetzter Behandlung werden Tiere gegen thyreotropes Hormon unempfindlich, was auf die Bildung eines Antihormons zurückgeführt wird[2]. Das Antihormon ist in Blut und Organen der behandelten Tiere enthalten. Auch das normale Blut enthält diesen Schutzstoff. Die Bildung ist an die Anwesenheit der Schilddrüse gebunden[3], findet aber nicht dort statt.

Darstellung. Aus dem Blut vorbehandelter Hammel durch Adsorption an Benzoesäure, Zerlegen des Niederschlages und Fällen mit Aceton[4] oder durch fraktionierte Fällung mit Aceton oder Aussalzen[5]. Zur Darstellung läßt sich auch das Blut von Pferden benutzen, die längere Zeit mit thyreotropem Hormon behandelt wurden[6].

Eigenschaften. Das Antihormon ist kochunbeständig, in 66%igem Aceton löslich, durch 92%iges Aceton fällbar. Anreicherung[6] und Befreiung von Eiweiß[7] ist möglich.

f) Exophthalmos-producing substance, EPS. Die an verschiedenen Tierarten beobachtete exophthalmusauslösende Wirkung von TSH wird neuerdings einer besonderen Substanz zugeschrieben. Man glaubt, sie vom TSH abtrennen zu können[8]. Zum biologischen Nachweis dient Fundulus heteroclitus[8,9]. Seine Wirkung scheint durch ACTH und Cortison beeinflußt zu werden[10].

g) Parathyreotropes Hormon. Der vielfältige Einfluß der Vorderlappenextrakte auf das Wachstum, besonders der Knochen, ließ zusammen mit älteren klinischen Erfahrungen auch an eine Beeinflussung der Epithelkörperchen durch den Hypophysenvorderlappen denken. ANSELMINO u. HOFFMANN haben dann an Ratten und anderen Tieren proliferative Veränderungen an den Nebenschilddrüsen durch Hypophysenextrakte auslösen können[11], die von einer Steigerung des Calciumgehaltes im Serum begleitet waren.

Vorkommen. Außer in der Hypophyse auch im Schwangerenharn[12].

Darstellung. Wäßrige Vorderlappenextrakte oder Alkoholfällungen aus Schwangerenharn. Die Identität der Stoffe aus den verschiedenen Quellen ist unbewiesen.

Eigenschaften. Wasserlöslich, durch organische Lösungsmittel fällbar, nicht ultrafiltrabel, thermolabil.

Nachweis. Vergrößerung der Epithelkörperchen und Vermehrung der „hellen Hauptzellen" und der eosinophilen Zellen an erwachsenen männlichen Ratten nach längerer Injektion.

Die Befunde sind nicht unwidersprochen geblieben, und das Vorkommen eines gesonderten parathyreotropen Hormons ist nicht gesichert.

h) Corticotropes Hormon (adrenotropes Hormon, Corticotropin, adrenocorticotropes Hormon, ACTH). Nach Hypophysektomie atrophiert die Nebennierenrinde[13]. Durch geeignete Behandlung mit Vorderlappenextrakt läßt sich diese

[1] NEUFELD, A. H., and J. B. COLLIP: Endocrinology **23**, 735 (1938). — O'DONOVAN, D. K., and J. B. COLLIP: Endocrinology **23**, 718 (1938). — BILLINGSLEY, L. W., D. K. O'DONOVAN and J. B. COLLIP: Endocrinology **24**, 63 (1939). — [2] COLLIP, J. B.: Ann. internal Med. **8**, 10 (1934). — ANDERSON, E. M., and J. B. COLLIP: Lancet **1934 I**, 784. — LOEB, L., and H. FRIEDMANN: Proc. Soc. exp. Biol. Med. **29**, 648 (1932). — [3] EITEL, H., u. A. LOESER: A.e.P.P. **179**, 440 (1935). — [4] LOESER, A., u. V. M. TRIKOJUS: Ber. naturforsch. Ges. Freiburg i. Br. **35**, 211 (1937). — [5] HARINGTON, C. R., and I. W. ROWLANDS: Biochem. J. **31**, 2049 (1937). — [6] LOESER, A., u. V. M. TRIKOJUS: Kli. Wo. **1937 I**, 313. — [7] COLLIP, J. B.: J. Mt. Sinai Hosp. **1**, 28 (1934). — [8] DOBYNS, B. M., and S. L. STEELMAN: Endocrinology **52**, 705 (1953). — SMELSER, G. K., and V. OZANICS: Amer. J. Ophthalm. **38 II**, 107 (1954). — [9] DOBYNS, B. M., and L. A. WILSON: J. clin. Endocrinol. **14**, 1393 (1954). — ALBERT, A.: Endocrinology **37**, 389 (1945). — [10] ATERMAN, K.: Acta endocrinol., København, Suppl. **20**, 1 (1954). Brit. med. J. **1951 II**, 609. Lancet **1952 I**, 1143. — BOAS, N. F., and R. O. SCOW: Endocrinology **55**, 148 (1954). — KINSELL, L. W., J. W. PARTRIDGE and N. FOREMAN: Ann. internal Med. **38**, 913 (1953). — [11] ANSELMINO, K. J., F. HOFFMANN u. L. HEROLD: Kli. Wo. **1933 II**, 1944. — ANSELMINO, K. J., L. HEROLD u. F. HOFFMANN: Z. ges. exp. Med. **97**, 51 (1936). — [12] ANSELMINO, K. J., F. HOFFMANN u. L. HEROLD: Kli. Wo. **1934 I**, 45. — [13] SMITH, P. E.: J. amer. med. Ass. **88**, 158 (1927).

Atrophie beheben[1], und auch die Nebennierenrinde normaler Tiere kann durch Extraktbehandlung zur Hypertrophie gebracht werden[2]. Zur Frage der Identität mit dem Melanophorenhormon s. [3]. In letzter Zeit konnte ACTH in den acidophilen Granula der Hypophyse durch Differentialzentrifugieren nachgewiesen und von MSH im Überstand abgetrennt werden[4].

Vorkommen. In den Hypophysenvorderlappen aller Wirbeltiere, besonders reichlich beim Schwein, sehr viel weniger in den Drüsen von Rind, Schaf oder Wal[5]. In kleinen Mengen auch im Nebennierenvenenblut[6, 7], kaum im Gesamtkreislauf und in kleinen Mengen auch im normalen und Schwangerenharn[8].

Darstellung. Anfänglich wurden Ultrafiltrate wäßriger Vorderlappenextrakte bei p_H 5,3, Neutralisieren und Aufkochen (zwecks Zerstörens begleitender Hormone), evtl. Alkoholfällung empfohlen[9]. Bei älteren Darstellungsversuchen fiel die bessere Löslichkeit des ACTH in wäßrigem Aceton oder Alkohol auf[10]. Dementsprechend wurden solche Lösungsmittel zu den Extraktionsversuchen benutzt[11]. In sauren oder alkalischen wäßrigen Auszügen war das Hormon für eine Reindarstellung etwas stark durch die übrigen Hypophysenhormone verunreinigt. Als gutes Extraktionsmittel erwies sich weiterhin Eisessig[12], mit dessen Hilfe die Herstellung von Rohkonzentraten möglich war.

Die Herstellung eines einheitlichen Proteins gelang aus Schweinehypophysen[13] und aus Schafshypophysen[14]. Schweinehypophysen werden mit wäßrigem salzsaurem Aceton extrahiert und durch Erhöhung der Acetonkonzentration auf 92% im Extrakt das Hormon gefällt. Der Niederschlag wird je kg Ausgangsmaterial mehrmals mit 50 cm^3 Wasser extrahiert, und die vereinigten Extrakte werden wieder mit 92%igem Aceton niedergeschlagen. Aufnehmen in Wasser bei p_H 9,0 und Beseitigung von Fällungen, die sich beim Einstellen des p_H auf 8,0, 6,6 und 5,4 jeweils bilden. Beseitigung eines geringen sich im Filtrat durch 0,07 Sättigung mit Ammonsulfat bildenden Niederschlages und Fällung mit dem 4fachen Volumen Aceton. Aufnehmen des Niederschlages mit Wasser und dem gleichen Volumen konzentriertem Ammoniak. Nach 7stdgem. Stehen Fällung durch 90%iges Aceton, Auflösen des Niederschlages in Wasser, Dialyse bis zur Salzfreiheit, Beseitigung eines geringen sich bei p_H 5,4 bildenden Niederschlages und Einstellen des p_H im Filtrat auf 4,7. Dabei fällt das Protein aus.

Aus frischen Schafshypophysen wird ebenfalls die gleiche Acetonfällung gewonnen und in 0,1 mol. Na_2HPO_4 aufgenommen und mit 2 mol. Ammonsulfat ausgesalzen. Der in Wasser gelöste Niederschlag wird salzfrei dialysiert und nach einer Vorfällung mit 0,54 mol. NaCl bei p_H 3,0 mit 2 mol. Ammonsulfat ausgesalzen. Der in Wasser aufgenommene Niederschlag wird mit dem gleichen Volumen konz. Ammoniak versetzt, nach 4 Std mit 90% Aceton

---

[1] Collip, J. B., E. M. Anderson and D. L. Thomson: Lancet **1933 II**, 347. — [2] Anselmino, K. J., F. Hoffmann u. L. Herold: Kli. Wo. **1933 II**, 1944; **1934 I**, 209. — Anselmino, K. J., L. Herold u. F. Hoffmann: Z. ges. exp. Med. **94**, 323 (1934). — [3] vgl. Seite 460. — [4] Harlant, M.: Cr. **240**, 237 (1955). — [5] Astwood, E. B., M. S. Raben and R. W. Payne: Recent Progr. Hormone Res. **7**, 10 (1952). — [6] Long, C. N. H.: Recent Progr. Hormone Res. **7**, 77 (1952). — Sayers, G.: J. clin. Endocrinol. **15**, 754 (1955). — Paris, J., M. Upson jr., R. G. Sprague, R. M. Salassa and A. Albert: J. clin. Endocrinol. **14**, 597 (1954). — [7] Gray, C. H., and D. M. V. Parrott: J. Endocrinol. **9**, 236 (1953). — Parrott, D. M. V.: J. Endocrinol. **12**, 120 (1950). Ciba Found. Coll. Endocrinol. **5**, 153 (1953). — [8] Anselmino, K. J., L. Herold u. F. Hoffmann: Kli. Wo. **1934 II**, 1724. — Blumenthal, H. T.: Endocrinology **27**, 477 (1940). J. Lab. clin. Med. **30**, 428 (1945). — Voss, H. E.: Ärztl. Wschr. **1951**, 913. — [9] Anselmino, K. J., F. Hoffmann u. L. Herold: Arch. Gynäk. **157**, 86 (1934). — [10] Collip, J. B.: J. Mt. Sinai Hosp. **1**, 28 (1934). — Bates, R. W., O. Riddle and R. A. Miller: Endocrinology **27**, 781 (1940). — [11] Perla, D.: Proc. Soc. exp. Biol. Med. **34**, 751 (1936). — Rosen, S. H., and D. Marine: Proc. Soc. exp. Biol. Med. **41**, 647 (1939). — Lyons, W. R.: Proc. Soc. exp. Biol. Med. **35**, 645 (1937). — Reiss, M., and I. D. K. Halkerston: J. Pharmacy Pharmacol. **2**, 236 (1950). — Benz, F., W. Schuler and A. Wettstein: Nature **167**, 691 (1951). — [12] Tyslowitz, R.: Science, N. Y. **98**, 225 (1943). — Payne, R. W., M. S. Raben and E. B. Astwood: J. biol. Ch. **187**, 719 (1950). — [13] Sayers, G., A. White and C. N. H. Long: J. biol. Ch. **149**, 425 (1943). Proc. Soc. exp. Biol. Med. **52**, 199 (1943). — [14] Li, C. H., H. M. Evans and M. E. Simpson: J. biol. Ch. **149**, 413 (1943). — Li, C. H., M. E. Simpson and H. M. Evans: Science, N. Y. **96**, 450 (1942).

gefällt. Der in Wasser gelöste Niederschlag wird gegen Phosphatpuffer von p_H 7,5 dialysiert und schließlich mit 1,65 mol. Ammonsulfat ausgesalzen. Dialyse und Aussalzung werden wiederholt. Schließlich kommt die dialysierte Lösung für 2 Std in ein kochendes Wasserbad, und die Ammonsulfatfällung wird nochmals wiederholt. Die letzte Fällung wird in Wasser aufgenommen und nach einer Vorfällung mit 0,54 mol. NaCl mit 1,36 mol. NaCl bei p_H 3,0 ausgesalzen.

Die Einheitlichkeit des Hormonproteins ist trotz seiner in Tabelle 148, S. 496 geschilderten Eigenschaften etwas in Frage gestellt, seit es gelungen ist, durch Behandlung mit Pepsin[1] oder auch mit Salzsäure aus ihm ein Peptidgemisch zu erhalten, das noch hoch wirksam ist. Nach Enteiweißen mit Trichloressigsäure enthielt dieses Peptidgemisch[2] durch Papierchromatographie trennbare Fraktionen, von denen nur eine wirksam war. Die einzelnen Peptide enthielten nur 7—9 Aminosäuren. Im Hydrolysat des Gesamtpeptidgemisches waren Asparaginsäure, Glutaminsäure, Lysin, Arginin, Serin, Glycin, Threonin, Alanin, Tyrosin (1,5%), Histidin, Valin, Tryptophan (1,0%), Prolin, Leucin, Isoleucin und Phenylalanin nachzuweisen. Das Peptid erfuhr durch Erhitzen im Wasserbad eine Wirksamkeitssteigerung[3].

Über ACTH-Präparate von niedrigem Mol.-Gew. wurde auch schon früher berichtet[4]. Auch aus Ultrafiltraten wurde ein homogenes wirksames Peptid durch Jontophorese, Papierchromatographie und Elution mit Butylalkohol-Eisessig erhalten, das 8mal wirksamer als der internationale Standard war[5]. Ebenfalls nach Pepsinbehandlung des Proteins und durch Gegenstromverteilung konnte eine 120mal wirksamere Fraktion als der Standard erhalten werden, die ein Mol.Gew. von 2500—10000 hatte und im Hydrolysat Cystin, Asparaginsäure, Glutaminsäure, Serin, Glycin, Lysin, Alanin, Arginin, Tyrosin, Prolin, Valin, Leucin und vielleicht Tryptophan lieferte[6]. Ein weiteres Darstellungsverfahren ergab ebenfalls ein Polypeptid, das nur aus 7—8 Aminosäuren bestehen soll. Es wurde ebenfalls durch Pepsinbehandlung gewonnen[1].

In Fortsetzung der Versuche konnte durch Chromatographie an Oxycellulose ohne Salzsäure- oder Pepsinhydrolyse ein ACTH-Peptid isoliert werden[7]. Auch durch Chromatographie an Ionenaustauschern gelang die Isolierung eines aktiven Peptides[8]. Nichthydrolysierte und mit HCl oder HCl-Pepsin hydrolysierte Präparate verhielten sich bei der Chromatographie an Ionenaustauschern unterschiedlich[9]. Aus diesen Untersuchungen ergaben sich ein aus nicht hydrolysierten Produkten gewonnenes *Corticotropin A*, das durch Pepsin-HCl im wesentlichen in *Corticotropin B* übergeht und bei weiterer Hydrolyse kleine Mengen *Corticotropin C* liefert.

Durch häufig wiederholte Gegenstromverteilung in Butanol/verd. Trichloressigsäure oder Salzlösungen vorgereinigter Präparate (Chromatographie an Oxycellulose) waren 8 aktive Fraktionen zu isolieren. Eine davon, β-Corticotropin, konnte hinsichtlich ihrer Aminosäurefrequenzen vollständig aufgeklärt werden und erwies sich dabei als geradlinige Kette von 38 Aminosäuren. Vom Carboxylende her konnten bis zu 15 Aminosäuren abgespalten werden, ohne daß sich die Wirksamkeit hinsichtlich Ascorbinsäureverminderung in der Nebenniere, Eosinophilenverminderung oder Fettmobilisierung und die Relationen dieser

---

[1] Li, C. H., and K. O. Pedersen: Ark. Kemi **1**, 533 (1950). — Li, C. H.: Trans. Conf. metab. Asp. Convalescence **17**, 114 (1948). — [2] Fishman, J. B.: J. biol. Ch. **167**, 425 (1947). — Brink, N. G., M. A. P. Meisinger and K. Folkers: Am. Soc. **72**, 1040 (1950). — [3] Li, C. H.: Am. Soc. **72**, 2815 (1950). — [4] Tishkoff, G. H., A. Zaffaroni and H. Tesluk: J. biol. Ch. **175**, 857 (1948). — Dent, C. E., W. Stepka and F. C. Steward: Nature **160**, 682 (1947). — [5] Morris, P., and C. J. O. R. Morris: Lancet **1950 I**, 117. — [6] Lesh, J. B., J. D. Fisher, I. M. Bunding, J. J. Kocsis, L. J. Walaszek, W. F. White and E. E. Hays: Science, N. Y. **112**, 43 (1950). — White, W. F., W. L. Fierce and J. B. Lesh: Proc. Soc. exp. Biol. Med. **78**, 616 (1951). — [7] Astwood, E. B., M. S. Raben, R. W. Payne and A. B. Grady: Am. Soc. **73**, 2969 (1951). — [8] Dixon, H. B. F., S. Moore, M. P. Stack-Dunne and F. G. Young: Nature **168**, 1044 (1951). — [9] White, W. F., and W. L. Fierce: Am. Soc. **75**, 245 (1953). — Hays, E. E., and W. F. White: Recent Progr. Hormone Res. **10**, 265 (1954). — Stack-Dunne, M. P., and F. G. Young: Ann. Rev. **23**, 405 (1954). — White, W. F., and W. A. Landmann: Am. Soc. **77**, 1711 (1955).

Wirkungen untereinander veränderten. Jeder Eingriff am NH_2-Ende zerstörte die Wirksamkeit[1]. Nachstehend die Formel von β-Corticotropin:

H·Ser·Tyr·Ser·Met·Glu·His·Phe·Arg·Try·Gly·Lys·Pro·Val·Gly·Lys·Lys·Arg·Arg·Pro·Val·Lys·Val·Tyr·Pro·Asp·Gly·Ala·Glu·Asp·Glu·Leu·Ala·Glu·Ala·Phe·Pro·Leu·Glu·Phe·OH
NH_2

Für Corticotropin A und B werden folgende Eigenschaften und Aminosäurezusammensetzungen angegeben[2,3] (vgl. Tabellen 144 u. 145).

Tabelle 144. Eigenschaften von Corticotropin A und B.

	Corticotropin	
	A	B
Mol.Gew. Ultrazentrifuge		2300 bei p_H 1,0—2,0
Aminosäurezusammensetzung	3500	6000—7000
Isoelektrischer Punkt	7,0—8,0	> 4,6 10,0
$E^{1\%}_{1\,cm}$ bei 2770 Å	18	23
Aktivität	125 E/mg	150 E/mg 300 E/mg

Tabelle 145. Aminosäurezusammensetzung von Corticotropin A, B und dem ACTH-Protein aus Schafshypophysen[4] (Angaben in Gew.-%).

	Corticotropin		ACTH-Protein		Corticotropin		ACTH-Protein
	A	B			A	B	
Glycin	2,7	4,4	8,3	Cystin	—	—	8,0
Alanin	3,5	1,9	7,0	Methionin	1,7	2,5	1,5
Valin	4,0	6,7	3,4	Asparaginsäure	4,3	5,3	6,6
Leucin	4,0	—	7,5	Glutaminsäure	11,2	8,1	15,6
Isoleucin	—	—	3,2	Histidin	2,5	3,1	1,3
Prolin	4,1	5,8	8,5	Lysin	7,2	11,4	5,0
Serin	3,1	4,5	6,2	Arginin	6,6	13,4	9,3
Threonin	—	—	3,0	NH_3		0,5	—
Phenylalanin	6,6	4,7	4,1	Tryptophan	4,0	7,3	—
Tyrosin	3,5	6,9	2,6				

Für Rinderhypophysen wurde ein ACTH-Darstellungsverfahren unter Benutzung von Oxycellulose und Cellulosenitrat empfohlen[5].

Ein durch Adsorption an Oxycellulose gewonnenes Konzentrat aus Schafshypophysen[6] wurde 1%ig bei p_H 9,3—9,4 in Dioxan aufgenommen. Nach Gefriertrocknung der Lösung folgte Reinigung durch Elektrophorese, Chromatographie mittels Ionenaustauscher und Fällung mit Trichloressigsäure. Gegenstromverteilung lieferte schließlich ein Produkt mit 150 USP-Einheiten im mg,

[1] Bell, P. H., and R. G. Shepherd: 3. Int. Congr. Biochem. Conf. of Rapp. Brüssel. S. 10 1955. — Bell, P. H.: Am. Soc. **76**, 5565 (1954). — [2] White, W. F., and W. L. Fierce: Am. Soc. **75**, 245 (1953). — Hays, E. E., and W. F. White: Recent Progr. Hormone Res. **10**, 265 (1954). — Stack-Dunne, M. P., and F. G. Young: Ann. Rev. **23**, 405 (1954). — White, W. F., and W. A. Landmann: Am. Soc. **77**, 1711 (1955). — [3] Brink, N. G., G. E. Boxer, V. C. Jelinek, F. A. Kuehl jr., J. W. Richter and K. Folkers: Am. Soc. **75**, 1960 (1953). — [4] Mendenhall, R. M.: Science, N. Y. **117**, 713 (1953). — [5] Koch, W. T., and F. J. Wolf: Am. Soc. **77**, 489 (1955). — [6] Li, C.H.: Acta endocrinol., København **10**, 255 (1952). Am. Soc. **74**, 2124 (1952).

das als α-Corticotropin bezeichnet wurde. Nach Hydrolyse waren in ihm alle bekannten Aminosäuren außer Cystin, Threonin und Isoleucin nachweisbar[1]. Über die Aminosäurezusammensetzung von ACTH-Präparaten verschiedenen Reinheitsgrades wird von anderer Seite berichtet[2].

Eigenschaften. Das ACTH-Protein ist gut löslich in Wasser und fällt beim isoelektrischen Punkt (p_H 4,7—4,8) nur partiell aus. Es ist auch löslich in 60- bis 70%igem Alkohol oder Aceton und wird durch 90%iges Aceton gefällt. Es fällt mit Trichloressigsäure[3], Sulfosalicylsäure und Bleiacetat[4]. Es ist bei schwach saurer oder neutraler Reaktion in Lösung relativ hitzebeständig. Durch kochende 0,1 n HCl wird es jedoch bald zerstört[5]. Behandlung mit Keten[6] ebenso die Einwirkung von salpetriger Säure[6] vernichtet die Wirksamkeit. Weiter inaktivieren Formaldehyd[6] und Jod unter Jodierung der Tyrosingruppen[6]. Peroxyde inaktivieren unter Verlust der UV-Absorption durch Zerstörung der Tyrosin- und Tryptophangruppen, ebenso Tyrosinase[7]. Die verschiedenen ACTH-Peptide sind noch nicht sehr eingehend untersucht. Weitere Eigenschaften vgl. Tabelle 148, S. 496.

Nachweis[8]. Zum quantitativen Nachweis haben sich die für das intakte Tier vorgeschlagenen Methoden weniger bewährt, da die eigene Hypophyse des Versuchstieres auf allzuviele unspezifische Einwirkungen hin mit Freisetzung von ACTH antwortet und so die Ergebnisse verfälscht. Es wurde vorgeschlagen: die Nebennierenvergrößerung an 21 Tage alten männlichen Ratten am 4. Tag[9] nach 3 Gaben an 3 Tagen oder die an 4 Tage alten Nestlingsratten unter gleichen Bedingungen erzielbare Gewichtsvermehrung der Nebennieren, wobei die Abnahme des Thymusgewichts zusätzlich gewertet werden kann[10]. Nestlingsratten im Alter von bis zu 8 Tagen sollen keine störenden stress-Reaktionen aufweisen[11]. Etwas günstiger scheint sich das 2 Tage alte Küken zu verhalten[12].

Besser schneiden allgemein die Methoden am hypophysektomierten Tier ab. Die Wiederherstellung des Gewichts der Nebenniere und ihres histologischen Aussehens an einseitig epinephrektomierten[13] oder auch an normalen hypophysektomierten Ratten[14] erfordert ziemlich lange Behandlungsdauer und ist nicht übertrieben unterschiedsempfindlich. Etwas besser fährt man, wenn man diese Methoden auf die Erhaltung von Gewicht und histologischer Struktur der Nebenniere durch Behandlungsbeginn unmittelbar nach der Hypophysektomie abstellt[4,15]. Auch die Wiederherstellung der normalen Fettverteilung in der Nebennierenrinde (Verschwinden der ,,sudanophoben Zone“) ist für die Beurteilung der Wirkung an der hypophysektomierten Ratte brauchbar[16]. Vgl. Abb. 44.

---

[1] Levy, A. L., I. I. Geschwind and C. H. Li: J. biol. Ch. **213**, 187 (1955). — Li, C. H., I. I. Geschwind, J. S. Dixon, A. L. Levy and J. I. Harris: J. biol. Ch. **213**, 171 (1955). — [2] Fox, S. W., T. L. Hurst and C. Warner: Am. Soc. **76**, 1154 (1954). — [3] Li, C. H., H. M. Evans and M. E. Simpson: J. biol. Ch. **149**, 413 (1943). — [4] Sayers, G., A. White and C. N. H. Long: J. biol. Ch. **149**, 425 (1943). — [5] Noble, R. L., and J. B. Collip: Endocrinology **29**, 934 (1941). — [6] Li, C. H., M. E. Simpson and H. M. Evans: Arch. Biochem. **9**, 259 (1946). — [7] White, W. F., and W. L. Fierce: Am. Soc. **75**, 245 (1953). — Hays, E. E., and W. F. White: Recent Progr. Hormone Res. **10**, 265 (1954). — Stack-Dunne, M. P., and F. G. Young: Ann. Rev. **23**, 405 (1954). — White, W. F., and W. A. Landmann: Am. Soc. **77**, 1711 (1955). — [8] Li, C. H.: Ciba Found. Coll. Endocrinol. **5**, 115 (1953). — [9] Moon, H. D.: Proc. Soc. exp. Biol. Med. **35**, 649 (1937). — [10] Moon, H. D.: Proc. Soc. exp. Biol. Med. **43**, 42 (1940). — Bruce, H. M., and A. S. Parkes: Lancet **1952 I**, 71. — [11] Jailer, J. W.: Endocrinology **46**, 420 (1950). — [12] Bates, R. W., O. Riddle and R. A. Miller: Endocrinology **27**, 781 (1940). — [13] Collip, J. B., E. M. Anderson and D. L. Thomson: Lancet **1933 II**, 347. — [14] Collip, J. B.: J. Mt. Sinai Hosp. **1**, 28 (1934). — [15] Simpson, M. E., H. M. Evans and C. H. Li: Endocrinology **33**, 261 (1943). — Li, C. H., M. E. Simpson and H. M. Evans: Science, N. Y. **96**, 450 (1942). — [16] Reiss, M., J. Balin, F. Oestreicher u. V. Aronson: Endocrinology **18**, 1 (1936).

Als empfindlichste Methode hat sich bewährt die Ascorbinsäureverarmung der Nebenniere 120—160 g schwerer Ratten 1 Std nach intravenöser Injektion des Versuchspräparates, einen Tag nach der Hypophysektomie. Ihr Ausmaß steht in einer direkten Beziehung zum Logarithmus der Dosis[1]. Verglichen wird jeweils der Gehalt in der einen vor der Injektion entfernten Nebenniere mit dem Gehalt der zweiten 1 Std nach der Injektion entnommenen Nebenniere. Es scheint, daß intensive Vorbehandlung mit Desoxycorticosteronacetat die Hypophysektomie überflüssig machen kann[2]. Am Menschen kann die in einigen Stunden nach der Injektion auftretende Abnahme der eosinophilen Leukocyten im Blut zu einer groben Beurteilung der Wirksamkeit dienen (THORN-Test)[3]. Außerdem wurde der O_2-Verbrauch von Rinder-Nebennierenschnitten in vitro empfohlen[4], sowie

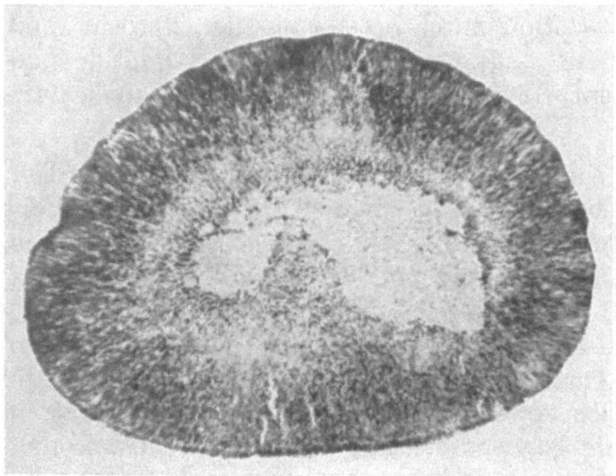

a

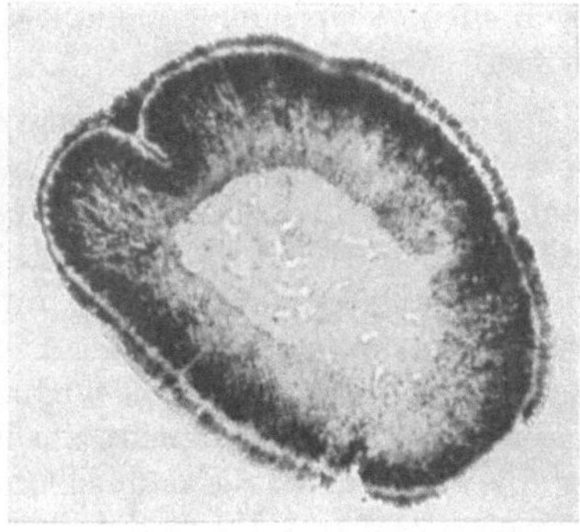

b

Abb. 44 a u. b. Nebenniere der Ratte: Fettfärbung. a Normal. b Nach Hypophysektomie (sudanophobe Zone).

die Bestimmung der Corticoidbildung in Nebennierenschnitten[5], weiter die Corticoidausscheidung beim Meerschweinchen[6].

Physiologie[7]. Das adrenocorticotrope Hormon greift auf dem Wege über eine Mobilisierung von Nebennierenrindensteroiden, besonders der Glucocorticoide, tief in den gesamten Stoffwechsel ein. Es steigert — kenntlich an einer Erhöhung des Rest-N, der N-Ausscheidung, des Harnsäure-Kreatinin-Quotienten, der Aminosäuren und des Harnstoffs im Blut — den Eiweißstoffwechsel, begünstigt die Gluconeogenese besonders aus Eiweiß, wahrscheinlich auch aus Fett, das ebenfalls vermehrt umgesetzt wird (Steigerung des Blutfettgehaltes, des Acetonkörpergehaltes im Blut und des Blutcholesterins), begünstigt weiter die Ablagerung von Glykogen in Leber und Muskulatur und führt bei längerer Anwendung in größeren Dosen zu Diabetes (Störung der Zuckerverwertung bei vermehrter Gluconeogenese), Acidosis (Störung der Fettverbrennung) und den von der Nebennierenüberfunktion her bekannten Störungen des Wasser- und Salzhaushaltes

[1] SAYERS, M. A., G. SAYERS and L. A. WOODBURY: Endocrinology **42**, 379 (1948). — GREENSPAN, F. S., H. M. EVANS and C. H. LI: Endocrinology **46**, 261 (1950). — MUNSON, B. L., A. G. BARRY and F. C. KOCH: s. S. 476[1], 387. — [2] BUTTLE, G. A. H., and J. R. HODGES: Ciba Found. Coll. Endocrinol. **5**, 147 (1953). — [3] THORN, G. W., P. H. FORSHAM, F. T. G. PRUNTY and A. G. HILLS: J. amer. med. Ass. **137**, 1005 (1948). — [4] REISS, M., E. BRUMMEL, I. D. HALKERSTON, F. E. BADRICK and M. FENWICK: J. Endocrinol. **9**, 379 (1953). — [5] SAFFRAN, M., and A. V. SCHALLY: Endocrinology **56**, 523 (1955). — [6] LIDDLE, G. W., J. E. RICHARD and R. E. PETERSON: Endocrinology **57**, 594 (1955). — [7] MUNSON, P. L., and F. N. BRIGGS: Recent Progr. Hormone Res. **11**, 83 (1955). — PINCUS, G., and F. ELMADJIAN: Ann. Rev. Physiol. **16**, 403 (1954).

(Natrium- und Wasserretention, Blutvolumenvermehrung, Ausbildung von Ödemen und Hochdruck). Es kann das Bild eines Morbus Cushing ausgelöst werden.

Das ACTH spielt eine zentrale Rolle bei der Auslösung des „Allgemeinen Adaptationssyndroms" nach SELYE[1]. Alle möglichen, den Organismus treffenden schädlichen Einflüsse führen teils direkt über das Zentralnervensystem, teils indirekt über eine vermehrte Ausschüttung von Adrenalin zur Sekretion von ACTH. Die Wirkungen dieser ACTH-Bereitstellung bilden einen großen Teil der als *general adaptation syndrom* geschilderten Stoffwechselreaktionen und Symptome. Das ACTH ist damit in eine der wesentlichsten Abwehrreaktionen eingeschaltet. Eine seiner wichtigsten Wirkungen scheint dabei die zu sein, mittels der erhöhten Sekretion von Cortison bzw. Dihydrocortison die Eiweißdepots (Thymus, Lymphdrüsen, Fibroblasten) zum Einschmelzen zu bringen und für anderweitige Verwendung (Antikörperbildung, Veränderung der Zusammensetzung der Bluteiweißkörper, Verlangsamung der Blutsenkung) freizumachen. Die damit verbundene Schwächung des mesenchymalen Abwehrapparates dämpft unerwünscht heftige entzündliche oder proliferative Reaktionen. Sie kann soweit gehen, daß selbst maligne mesenchymale Neubildungen, wenn auch nur vorübergehend, rückgebildet werden oder wenigstens im Wachstum aufhören. Vielfältig wirkt hier ACTH antagonistisch den Mineralocorticoiden gegenüber und kann Störungen, die durch Überproduktion der letzteren bedingt sind, ausgleichen.

Pathologie. Das Fehlen des corticotropen Hormons ist wahrscheinlich die Hauptursache der als SIMMONDSsche Kachexie[2,3] bezeichneten schweren Magersucht, deren Leitsymptome durchaus denen der ADDISONschen Krankheit (extremste Abmagerung, vollständiger Appetitverlust, Pigmentierungen) ähneln. Weniger ausgeprägte Hypofunktionszustände (kenntlich an verminderter 17-Ketosteroid- und Corticoidausscheidung im Harn, die nicht auf Adrenalingaben mit Senkung der Eosinophilen reagiert) sind wahrscheinlich gar nicht so selten. Die Übersekretion des ACTH hängt vielleicht gelegentlich mit dem Morbus Cushing zusammen[4,5]. Dabei handelt es sich um eine auf den Stamm beschränkte Fettsucht mit Striae und Hochdruck, verbunden mit einer abnormen Brüchigkeit der Knochen und häufig Störungen des Kohlenhydratstoffwechsels und der Sexualfunktion. Bei den hypophysären Fällen des Morbus Cushing findet man meist ein kleines basophiles Adenom der Hypophyse, was auf eine Bildung des corticotropen Hormons in diesen Zellen hinweisen würde.

Störungen der Sekretion von ACTH im Verlauf des allgemeinen Adaptationssyndroms (zu viel, zu wenig, zu kurze oder zu lange Zeit) können zu den von SELYE geschilderten vielfältigen Adaptationskrankheiten in Beziehung gebracht werden. Die ausgedehnte therapeutische Verwendung des ACTH bei derartigen Erkrankungen und die eingehende experimentelle Bearbeitung der hierher gehörenden Fragen, dürfte in den nächsten Jahren die vielfach noch wünschenswerte weitere Klärung dieses Forschungsgebietes bringen. Eine Diskussion des derzeitigen Standes dieser Auffassungen s. [6].

i) Weitere noch nicht durch chemische Abtrennung gesicherte Stoffwechselhormone des Hypophysenvorderlappens. α) Adrenalotropes Hormon. Einen Stoff, der auf das Nebennierenmark im Sinne eines Verlustes seiner Färbbarkeit mit Chromsalzen einwirkt, glauben

[1] SELYE, H.: The Physiology and Pathology of Exposureto Stress. Montreal, Canada 1950. — [2] Lehrb. inn. Med. (ASSMANN u. a.) 6./7. Aufl. Bd. 2, S. 225, Abb. 14. — [3] KYLIN, E.: Die SIMMONDSsche Krankheit. Ergebn. inn. Med. **49**, 1—63 (1935). — [4] Lehrb. inn. Med. (ASSMANN u. a.) 6./7. Aufl. Bd. 2, S. 219 f., Abb. 11 u. 12. — [5] KESSEL, F. K.: Morbus Cushing. Ergebn. inn. Med. **50**, 620—678 (1936). — [6] Adrenocortical Physiology. SELYE, H.; INGLE, D. J., and B. L. BAKER; THORN, G. W., D. JENKINS and J. C. LAIDLAW; BAUER, W., and W. S. CLARK; HUGGINS, C., D. M. BERGENSTAL and A. S. CLEVELAND: Recent Progr. Hormone Res. **8**, 117—292 (1953).

ANSELMINO u. Mitarb.[1] im Vorderlappen nachweisen zu können. Die Substanz sei löslich in Wasser und 50%igem Alkohol, fällbar durch 80% Alkohol oder Aceton, bei neutraler Reaktion nicht ultrafiltrierbar, kochbeständig, aber empfindlich gegen höhere Säure- und Alkalikonzentrationen. Vermutlich identisch mit dem von COLLIP[2] als *medullotropes Hormon* bezeichneten Stoff.

β) Contrainsuläres Hormon. Mit einem Handelsextrakt (Präphyson) fand LUCKE[3] akute Blutzuckersteigerungen an Hunden und Kaninchen. Die wirksame Substanz wirke dem Insulinschock entgegen und greife am Zuckerzentrum an, von wo aus sie im Wege der Splanchnici zur Adrenalinausschüttung führe[4]. Splanchnicusdurchschneidung und Ergotamin heben ihre Wirksamkeit auf[5]. Der Stoff soll in Lösung nur wenig haltbar sein. Vielleicht ist er identisch mit dem vorstehenden, vielleicht sind beide nur der Ausdruck von Nebenwirkungen anderer Hypophysenhormone (Melanophorenhormon?).

γ) Diabetogenes Hormon. Bei der Kröte und bei anderen Kaltblütern[6] bleibt der nach Pankreasentfernung sonst auftretende Diabetes nach Hypophysektomie aus. Durch Vorderlappenimplantation[7] oder Injektion alkalischer Vorderlappenextrakte läßt er sich dann wieder auslösen. Auch beim Hund verläuft der Diabetes nach Pankreasexstirpation milder, wenn zusätzlich die Hypophyse entfernt wird[8]. Normale Hunde reagieren schließlich auf längere Zeit fortgesetzte Einspritzungen großer Gaben Vorderlappenextrakt mit Hyperglykämie und Glykosurie. Diese Wirkung ist unabhängig von Nebenniere und Splanchnicus[9]. Nach längerer Behandlung bleibt auch nach dem Aufhören der Injektionen ein permanenter Diabetes bestehen, die β-Zellen in den Inseln atrophieren[10].

Vorkommen. In den Vorderlappen von Rind, Schwein und Schaf; Extrakte von Vorderlappen von Kröte, Ratte, Huhn und Rind waren schwächer wirksam als solche aus menschlichen Vorderlappen[10]. Vorderlappen von Meerschweinchen, Hunden und Fischen waren unwirksam[11]. Eine ähnlich wirksame Substanz kommt auch im Harn, besonders beim Diabetiker, vor[12].

Darstellung. Für die Versuche wurden meist analoge Zubereitungen wie für das Wachstumshormon verwendet. Vom Prolactin soll sich das diabetogene Prinzip abtrennen lassen[13]. In Rindervorderlappen befand es sich in der Globulin- und Pseudoglobulinfraktion[14].

Eigenschaften. Löslich in Wasser und wäßrig-alkalischem Alkohol. Unlöslich in organischen Lösungsmitteln. Fällbar bei höherer Alkohol- und Acetonkonzentration. Aussalzbar mit 30% Natriumsulfat. An Benzoesäure adsorbierbar, nicht dagegen an Kaolin und Kohle. Adialysabel, thermolabil.

Nachweis. Durch die bei längere Zeit fortgeführter Injektionsbehandlung bei Hund, Ratte oder Kaninchen auftretende Hyperglykämie und Glykosurie. Partiell pankreatektomierte Hunde sind empfindlicher. Auch an der hypophysektomierten, pankreatektomierten Kröte ist der Nachweis möglich. Exakte quantitative Bestimmungsmethoden scheinen zu fehlen.

Physiologie. Es bleibt abzuwarten, ob sich ein gesondertes diabetogenes Hormon wird isolieren lassen. Wir kennen von 3 identifizierten Vorderlappenhormonen diabetogene Wirkungen, dem Wachstumshormon[15], dem luteotrophen Hormon und besonders dem adrenocorticotropen Hormon[16].

---

[1] HEROLD, L., K. J. ANSELMINO u. F. HOFFMANN: Arch. Gynäk. **158**, 531 (1934). Kli. Wo. **1934 II**, 1724. — [2] COLLIP, J. B.: Amer. J. Obstet. Gynec. **39**, 187 (1940). — [3] LUCKE, H., E. R. HEYDEMANN u. R. HECHLER: Z. ges. exp. Med. **88**, 65 (1933). — LUCKE, H.: Z. klin. Med. **122**, 23 (1932). — [4] LUCKE, H., E. R. HEYDEMANN u. H. HAHNDEL: Z. ges. exp. Med. **91**, 483 (1933). — [5] LUCKE, H., E. R. HEYDEMANN u. H. HAHNDEL: Z. ges. exp. Med. **91**, 492 (1933). — [6] HOUSSAY, B. A., et A. BIASOTTI: C. R. Soc. Biol. **104**, 407; **105**, 121 (1930). — [7] HOUSSAY, B. A., u. A. BIASOTTI: Pflügers Arch. **227**, 239 (1931). — [8] HOUSSAY, B. A., u. A. BIASOTTI: Pflügers Arch. **227**, 664 (1931). — [9] HOUSSAY, B. A., A. BIASOTTI et C.-T. RIETTI: C. R. Soc. Biol. **111**, 479 (1932). — HOUSSAY, B. A.: Nature **160**, 599 (1947). — [10] DOHAN, F. C., C. A. FISH and F. D. W. LUKENS: Endocrinology **28**, 341 (1941). — [11] HOUSSAY, B. A., F. S. SMYTH, V. G. FOGLIA and A. B. HOUSSAY: J. exp. Med. **75**, 93 (1942). — [12] HOUSSAY, B. A., et A. BIASOTTI: C. R. Soc. Biol. **113**, 469 (1933). — [13] EVANS, H. M., and M. E. SIMPSON: Amer. J. Physiol. **98**, 511 (1931). — BERGMAN, A. J., and C. W. TURNER: Endocrinology **23**, 228 (1938). — [14] YOUNG, F. G.: J. Endocrinol. **1**, 339 (1939). — [15] SHIPLEY, R. A., and C. N. H. LONG: Biochem. J. **32**, 2242 (1938). — vgl. a. YOUNG, F. G.: Biochem. J. **39**, 515 (1945). — [16] HOUSSAY, B. A., et E. ANDERSON: Rev. Soc. argent. Biol. **25**, 91 (1949). C. R. Soc. Biol. **143**, 1262 (1949). — INGLE, D. J., C. H. LI and H. M. EVANS: Endocrinology **39**, 32 (1946). — BENNETT, L. L., and C. H. LI: Endocrinology **39**, 63 (1946).

Pathologie. Das Vorkommen von insulinresistentem Diabetes als Begleitsymptom anderer hypophysärer Erkrankungen (Akromegalie, Morbus Cushing) ist nicht allzu selten. Man muß hier an eine Beteiligung der diabetogenen Eigenschaften des Vorderlappens denken. Auch bei sonstigen insulinrefraktären Diabetesfällen ist mit den Einflüssen des Hypophysenvorderlappens zu rechnen[1].

δ) Kohlenhydratstoffwechselhormon. ANSELMINO u. HOFFMANN glauben im Blut des Menschen nach Zuckerbelastung ein Hormon nachgewiesen zu haben[2], das das Leberglykogen senkt. Auch Hypophysenextrakte tun dies. Es sei jedoch darauf hingewiesen, daß die Leberglykogensenkung auch eine Wirkung des thyreotropen und des Schilddrüsenhormons ist.

Vorkommen. In der Hypophyse, in Blut und Harn des Gesunden nach Zuckerbelastung und beim Diabetiker.

Darstellung. Durch Ultrafiltration von Alkoholfällungen unter Pufferzusatz bei p_H 5,2 bis 5,4 durch Eisessigkollodium oder durch direkte Ultrafiltration von Diabetikerblut oder von Blut nach Traubenzuckerbelastung mit nachfolgender Alkoholfällung[3].

Eigenschaften. Wasserlöslich, unlöslich in organischen Lösungsmitteln. Fällbar durch Alkohol und Aceton. Nicht adsorbierbar. Bei neutraler und schwach saurer Reaktion ultrafiltrierbar und dialysierbar. Bei alkalischer Reaktion nicht ultrafiltrierbar. Relativ kochbeständig, aber empfindlich gegen Säuren und Laugen.

Nachweis. Durch den Glykogenabfall in der Rattenleber 2 Std nach der Injektion. Vgl. auch contrainsuläres Hormon S. 478.

ε) Pankreotropes Hormon. Außer den bisher erwähnten werden noch weitere Beziehungen der Hypophyse zu Pankreas und Kohlenhydrathaushalt angenommen. Nach Hypophysektomie nimmt bei der Ratte das Pankreasgewicht von 0,57/100 g auf 0,44/100 g ab, der Insulingehalt (1,06 I.E./100 g) war dann höher als bei Kontrolltieren (0,64 I.E./100g)[4]. Nach Pankreasentfernung sollen die eosinophilen Zellen des Vorderlappens verschwinden. Eine Neubildung und Vergrößerung der LANGERHANSschen Inseln wird nach Injektion von Vorderlappenextrakt beschrieben[5].

Darstellung. Durch Ultrafiltration wäßriger Vorderlappenextrakte durch 8%iges Eisessigkollodium unter Zusatz von Acetatpuffer von p_H 5,2, eventuell Fällung des Filtrates mit Alkohol[6].

Eigenschaften. Der auf die Inselzellen wirksame Stoff ist wasserlöslich und unlöslich in organischen Lösungsmitteln, fällbar mit Aceton und Alkohol. Bei saurer Reaktion gut, bei alkalischer Reaktion schlecht ultrafiltrabel. Sowohl in Lösung als auch in trockenem Zustand schlecht haltbar. Sehr thermolabil. Adsorbierbar an Kieselgur, nicht an Talkum und Kohle[7].

Nachweis. Durch histologische Kontrolle am Pankreas männlicher, erwachsener Ratten nach 4tägiger Extraktbehandlung. Die Befunde sind bisher nicht bestätigt, teilweise bestritten[8].

ζ) Fettstoffwechselhormon. ANSELMINO u. HOFFMANN glauben weiter, im Vorderlappen einen Stoff nachgewiesen zu haben, der die Acetonkörper in Blut und Harn von Tier und Mensch steigert[9].

Vorkommen. In der Hypophyse und im Harn von Diabetikern. Im Blut nach alimentärer Fettbelastung.

Eigenschaften. Wasserlöslich und unlöslich in organischen Lösungsmitteln. Ultrafiltrabel bei alkalischer Reaktion.

Nachweis. Durch die Steigerung der Blutacetonkörper der Ratte. Als Einheit wird jene Menge vorgeschlagen, die einen Anstieg auf 10—20 mg-%, ausgedrückt als Acetessigsäure,

[1] GRAFE, E.: Der Diabetes mellitus als endokrine Regulationsstörung. Verh. dtsch. Ges. inn. Med. **57**, 174—191 (1951). — [2] ANSELMINO, K. J., u. F. HOFFMANN: Kli. Wo. **1934 II**, 1048. Z. klin. Med. **129**, 24 (1935). — HOLDEN, R. F. jr.: Proc. Soc. exp. Biol. Med. **31**, 773 (1934). — [3] ANSELMINO, K. J., u. F. HOFFMANN: Endokrinologie **17**, 289 (1936). — [4] GRIFFITHS, M., and F. G. YOUNG: Nature **146**, 266 (1940). — [5] ANSELMINO, K. J., L. HEROLD u. F. HOFFMANN: Kli. Wo. **1933 II**, 1245. — HOFFMANN, F., u. K. J. ANSELMINO: Kli. Wo. **1933 II**, 1436. — [6] ANSELMINO, K. J., u. F. HOFFMANN: Kli. Wo. **1933 II**, 1435. — [7] ANSELMINO, K. J., F. HOFFMANN u. L. HEROLD: Arch. Gynäk. **157**, 86 (1934). — [8] WOLFF, R.: C. R. Soc. Biol. **131**, 315 (1939). — [9] HOFFMANN, F., u. K. J. ANSELMINO: Kli. Wo. **1931 II**, 2380, 2383. — ANSELMINO, K. J., u. F. HOFFMANN: Kli. Wo. **1931 II**, 2380.

innerhalb 2 Std hervorruft[1]. Ähnliche Wirkungen sind auch von anderer Seite beschrieben[2]. Auch das Kaninchen wurde empfohlen. Die Nachprüfungen sind nicht ganz einheitlich[3]. Da auch Wachstumshormon und corticotropes Hormon ketogene Eigenschaften haben, bleibt eine gesonderte Existenz des auch *ketogenes Hormon* genannten Fettstoffwechselhormons noch zu beweisen.

η) Lipoitrin (blutfettsenkendes Hormon). In mit Trichloressigsäure enteiweißten Vorderlappenextrakten soll eine kochbeständige Substanz vorkommen, die auch in kleinen Mengen im Hinterlappen enthalten ist. Sie führt zu einer Senkung der Blutfettkurve nach alimentärer Fettbelastung und zu einer erhöhten Fettspeicherung in der Leber[4]. Über Blutfettspiegelsenkung am nüchternen Hund durch eine kochbeständige Substanz in Hinterlappenextrakten berichtet auch KABELITZ[5].

ϑ) Thymotropes Hormon. Auf das Vorkommen einer das Wachstum des Thymus fördernden Substanz im Vorderlappen wurde hingewiesen[6]. Von BOMSKOV u. Mitarb.[7] wurde das Vorkommen eines besonderen thymotropen Hormons im Vorderlappen befürwortet. Es sollte mit dem Wachstumshormon, dem diabetogenen Hormon und dem Kohlenhydratstoffwechselhormon von HOFFMANN und ANSELMINO (vgl. S. 478) identisch sein. Als Nachweis diente die Herabsetzung des Leberglykogens von Ratte oder Meerschweinchen durch das Hormon[8]. Nach Ausschaltung des Thymus durch Röntgenbestrahlung, weniger gut durch Operation, unterbleibe diese Wirkung. Diese Feststellungen und die daraus gezogenen Schlußfolgerungen wurden vielfach angegriffen[9], von BOMSKOV jedoch immer wieder verteidigt[10].

Vgl. a. unter Thymus S. 518.

ι) Erythropoetischer Faktor. Hypophysektomie führt zu einer ausgesprochenen Anämie[11]. Diese läßt sich durch Hypophysenextrakte beheben[12]. Die Wirkung scheint mit keiner der bekannten, von dem Hypophysenvorderlappen beeinflußten Drüsen in Zusammenhang zu stehen. Längere Behandlung löst Polycythämie aus[13].

4) Die Gonadotropine aus Hypophyse und Placenta[14].

Aus den Beobachtungen nach Hypophysektomie[15] konnte schon frühzeitig auf hormonale Einflüsse von seiten dieses Organs auf die Keimdrüsen geschlossen werden. Bewiesen wurden diese 1926 durch den Erfolg der Implantation von

---

[1] ANSELMINO, K. J., G. EFFKEMANN u. F. HOFFMANN: Z. ges. exp. Med. **96**, 209 (1935). — [2] BAHNER, F., u. P. SEIFERT: Z. ges. exp. Med. **115**, 603 (1950). — [3] MAGISTRIS, H.: Endokrinologie **11**, 176 (1932). — [4] RAAB, W.: Z. ges. exp. Med. **49**, 179; **53**, 317 (1926); **62**, 366 (1928); **89**, 588 (1933). — [5] KABELITZ, G.: Z. ges. exp. Med. **109**, 618 (1941). — [6] UYLDERT, I. E., and J. FREUD: Acta brev. neerl. Physiol. **8**, 188 (1938). — [7] BOMSKOV, C., u. L. SLADOVIĆ: D. m. W. **1940**, 589. — BOMSKOV, C., u. B. HÖLSCHER: Z. klin. Med. **137**, 745 (1940). — [8] BOMSKOV, C., u. L. SLADOVIĆ: Z. klin. Med. **137**, 737 (1940). — [9] OBERDISSE, K.: Kli. Wo. **1942**, 278. — ANSELMINO, K. J.: Kli. Wo. **1942**, 611. — ANSELMINO, K. J., u. M. LOTZ: Kli. Wo. **1941**, 1190. — ALBERS, D., u. D. J. ATHANASIOU: Kli. Wo. **1942**, 685. — [10] BOMSKOV, C.: Kli. Wo. **1942**, 162, 547. — [11] ASCHNER, B.: Pflügers Arch. **146**, 1 (1912). — HOUSSAY, B. A., M. ROYER et O. ORIAS: Rev. Soc. argent. Biol. **7**, 314 (1931). — CRAFTS, R. C.: Endocrinology **29**, 596 (1941). — MEYER, O. O., G. E. STEWART, E. W. THEWLIS and H. P. RUSCH: Folia haematol., Leipzig **57**, 99 (1937). — STEWART, G. E., R. O. GREEP and O. O. MEYER: Proc. Soc. exp. Biol. Med. **33**, 112 (1935). — VOLLMER, E. P., A. S. GORDON, I. LEVENSTEIN and H. A. CHARIPPER: Endocrinology **25**, 970 (1939). — DYKE, D. C. VAN, J. F. GARCIA, M. E. SIMPSON, R. L. HUFF, A. N. CONTOPOULOS and H. M. EVANS: Blood **7**, 1017 (1952). — [12] CONTOPOULOS, A. N., M. E. SIMPSON, D. C. VAN DYKE, S. ELLIS, J. H. LAWRENCE and H. M. EVANS: Anat. Rec. **118**, 290 (1954). — CONTOPOULOS, A. N., and J. H. LAWRENCE: Fed. Proc. **13**, 29 (1954). — [13] CONTOPOULOS, A. N., S. ELLIS, M. E. SIMPSON, J. H. LAWRENCE and H. M. EVANS: Endocrinology **55**, 808 (1954). — [14] ASDELL, S. A.: Patterns of Mammalian Reproduction. Ithaca, N. Y. 1946. — CATCHPOLE, H. R.: Ann. Rev. Physiol. **11**, 21 (1949). — ENGLE, E. T.: Ann. Rev. Physiol. **2**, 347 (1940). — EVANS, H. M., and M. E. SIMPSON: Pincus-Thimann, Hormones Bd. 2, S. 351. — FRIEDMAN, M. H.: Ann. Rev. Physiol. **3**, 617 (1941). — HARRIS, G. W.: Physiol. Rev. **28**, 139 (1948). — HISAW, F. L.: Physiol. Rev. **27**, 95 (1947). — HOOKER, C. W.: Ann. Rev. Physiol. **8**, 467 (1946). — LEVIN, L., in: The Chemistry and

frischen Vorderlappen an Ratten[1] und Mäusen[2]. Auf die Luteinisierung der Ovarien durch Vorderlappenextrakt war schon vorher hingewiesen worden[3]. Verwirrung stiftete zunächst das im Harn schwangerer Frauen in großen Mengen aufgefundene[4] gonadotrope Hormon (Prolan), das anfänglich als hypophysäres Gonadotropin angesprochen wurde. Es konnte später auch in der Placenta nachgewiesen[5] und mit Prolan identifiziert werden. Später fand sich noch ein weiteres Gonadotropin im Serum trächtiger Stuten[6]. Das im Harn nach Kastration oder nach der Menopause[7] gefundene Gonadotropin war hypophysären Ursprungs.

Die noch 1938 vertretene Annahme der Gleichheit aller aufgefundenen Gonadotropine[8] kann heute nicht mehr aufrecht erhalten werden. Wir rechnen vielmehr jetzt mit 3 aus der Hypophyse stammenden und 2 aus der Placenta des Menschen bzw. der Stute hergeleiteten, im Harn bzw. im Blut während der Schwangerschaft in hoher Konzentration vorkommenden gonadotropen Stoffen. Sie sind nach weitgehender Reinigung durch unterschiedliche chemische Eigenschaften (vgl. Tabelle 148, S. 497) und deutliche Unterschiede hinsichtlich ihrer physiologischen Wirkungen (vgl. Tabelle 147, S. 494) wohl voneinander abgrenzbar.

a) Das follikelstimulierende Hormon (FSH, Thylakentrin[9]). *Vorkommen.* In größeren Mengen im Vorderlappen der Hypophysen von Mensch, Rind, Schaf, Pferd und Schwein. In geringen Mengen im menschlichen Harn nach der Menopause und nach Kastration.

Darstellung. Ältere Darstellungsversuche führten nicht zu ganz reinen Präparaten. Sie benutzten frische oder acetongetrocknete Drüsen. Man ging aus von wäßrig-ammoniakalischen Extrakten, aus denen die bei p_H 5,0—6,0 zwischen 2,4 und 2,7 mol.[10] bzw. zwischen 0,35 und 0,60 Sättigung mit Ammonsulfat fallende Fraktion sorgfältig isoliert wurde[11]. Auch isolierte Zerstörung des luteinisierenden Hormons mit Trypsin wurde versucht[12] oder Abtrennung des letzteren durch Aussalzen mit 20,5% Natriumsulfat bei p_H 4,4 in Acetatpuffer[13]. Ein biologisch reines und auch chemisch hochgereinigtes Produkt wurde schließlich 1949 erhalten: Extraktion gefrorener Schafsdrüsen mit wäßrigem $Ca(OH)_2$; die aus diesem Extrakt zwischen 0,5 und 0,75 Sättigung mit Ammonsulfat fallende Fraktion wird in Wasser gelöst und nach Dialyse von bei p_H 6,0 und 4,7 fallenden Niederschlägen befreit. Isolierung der aus dem Filtrat zwischen 0,5 und 0,75 Sättigung mit Ammonsulfat bei ph 4,7 fallenden Fraktion, die getrocknet und in 40%igem Alkohol mit 0,1 mol. K_2HPO_4 aufgenommen wird. Fällung bei —5° mit 80%igem Alkohol. Aus dem in Wasser aufgenommenen und dialysierten Niederschlag lieferte die bei p_H 4,7 zwischen 0,55 und 0,7 Ammonsulfatsättigung fallende Fraktion nach mehrmaliger Umfällung und Dialyse biologisch reines FSH[14]. Aus Schweinedrüsen konnte nach

Physiology of Hormones. S. 162. Washington, D. C. 1944. — Li, C. H.: Vitamins & Hormones **7**, 223 (1949). — Meyer, R. K.: Ann. Rev. Physiol. **7**, 567 (1945). — Parkes, A. S.: Ann. Rev. Physiol. **6**, 483 (1944). Physiol. Rev. **25**, 203 (1945). — Riddle, O.: Ann. Rev. Physiol. **3**, 573 (1941). — Thomson, D. L., and J. B. Collip: Ann. Rev. Physiol. **2**, 309 (1940). — Wagenen, G. van: Ann. Rev. Physiol. **9**, 51 (1947). — Werth, G.: Arzneim.-Forsch. **5**, 409 (1955). — White, A.: Vitamins & Hormones **7**, 253 (1949). — Voss, H.E.: Z. Vit.-, Horm.-Ferm.-Forsch. **6**, 297 (1954). — [15] Aschner, B.: Arch. Gynäk. **97**, 200 (1912).

[1] Smith, P. E.: Proc. Soc. exp. Biol. Med. **24**, 131 (1926). — [2] Zondek, B.: D. m. W. **1926 I**, 343. — [3] Evans, H. M., and J. A. Long: Proc. nat. Acad. Sci. USA **8**, 38 (1922). — [4] Aschheim, S., u. B. Zondek: Kli. Wo. **1927 II**, 1322. — [5] Smith, G. van S., and O. W. Smith: Surg., Gynec. Obstet. **61**, 27 (1935). — Siebert, G., u. G. Stark: Kli. Wo. **1954**, 732. — [6] Cole, H. H., and G. H. Hart: Amer. J. Physiol. **93**, 57 (1930). — [7] Zondek, B., H. Scheibler u. W. Krabbe: B. Z. **258**, 102 (1933). — [8] Saunders, F. J., and H. H. Cole: Endocrinology **23**, 302 (1938). — [9] Coffin, H. C., and H. B. van Dyke: Science, N. Y. **93**, 61 (1941). — [10] Fevold, H. L., M. Lee, F. L. Hisaw and E. J. Cohn: Endocrinology **26**, 999 (1940). — [11] Jensen, H., S. Tolksdorf and F. Bamman: J. biol. Ch. **135**, 791 (1940). — Fraenkel-Conrat, H. L., M. E. Simpson and H. M. Evans: Proc. Soc. exp. Biol. Med. **45**, 627 (1940). — [12] McShan, W. H., and R. K. Meyer: J. biol. Ch. **135**, 473 (1940). — [13] Greep, R. O., H. B. van Dyke and B. F. Chow: J. biol. Ch. **133**, 289 (1940). — [14] Li, C. H., M. E. Simpson and H. M. Evans: Science, N. Y. **109**, 455 (1949).

vorangehender saurer Acetonextraktion mittels Alkoholfraktionierung ebenfalls FSH gewonnen werden, dessen Aktivität der von elektrophoretisch reinem FSH aus Schafshypophysen entsprach[1]. Bei Schafshypophysen war nach Vorreinigung[2] Fraktionierung über Kationenaustauscher sehr erfolgreich und lieferte ein besonders reines Präparat[3].

Eigenschaften (vgl. a. Tabelle 148, S. 497). Die leicht in Wasser und nicht zu hochprozentigen wasserlöslichen organischen Lösungsmitteln lösliche Substanz wird durch Speichelamylase und Takadiastase angegriffen[4], sie erträgt nur kurzes Erhitzen auf 70°. Reduktion mit Cystein[5] oder Behandlung mit Keten[6] schwächt ihre Wirkung erheblich ab.

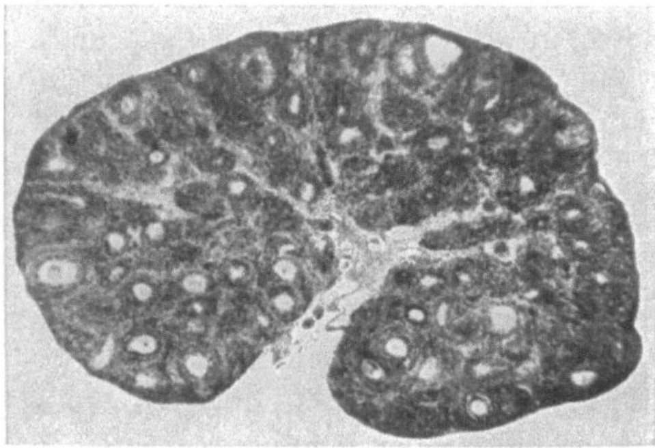

Abb. 45a.

Nachweis. Durch Bestimmung der Schwellendosis, die nach wiederholter Injektion an infantilen hypophysektomierten weiblichen Ratten 96 Std nach der ersten Injektion zum Auftreten vergrößerter Follikel führt oder durch Ermittlung der Dosis, die bei Injektionen an 3 Tagen kombiniert mit einer Standarddosis menschlichen Choriongonadotropins an normalen infantilen weiblichen Ratten im Alter von 24–25 Tagen das Ovargewicht verdoppelt[7]. Die an sich unbedeutende Wirkung des reinen FSH auf das Gewicht der Ovarien wird nämlich durch Beimengung von Choriongonadotropin oder von anderen hypophysären Gonadotropinen erheblich verstärkt.

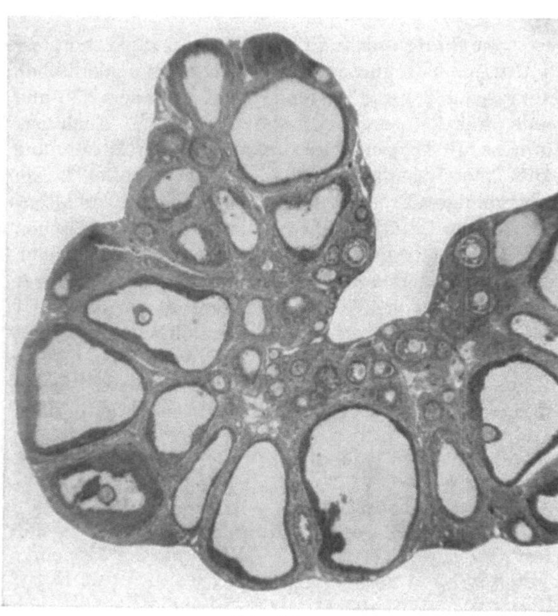

Abb. 45b.

Physiologie. An der hypophysektomierten infantilen Ratte bewirkt FSH ausschließlich Vergrößerung der Follikel ohne Beeinflussung der interstitiellen Zellen und ohne Andeutung einer Bildung von Corpora lutea. Es führt nicht zur Bildung von Oestrogenen und demnach nicht zu Vaginaloestrus und Uterusvergrößerung[8]. Am nicht hypophysektomierten Tier werden durch den zusätz-

[1] Steelman, S. L., W. A. Lamont, W. A. Dittman and E. J. Hawrylewicz: Proc. Soc. exp. Biol. Med. **82**, 645 (1953). — Steelman, S. L., W. A. Lamont and B. J. Baltes: Endocrinology **56**, 216 (1955). — [2] McShan, W. H., C. M. Kagawa and R. K. Meyer: Proc. Soc. exp. Biol. Med. **85**, 393 (1954). — [3] McShan, W. H., and R. K. Meyer: Proc. Soc. exp. Biol. Med. **88**, 278 (1955). — [4] McShan, W. H., and R. K. Meyer: J. biol. Ch. **135**, 473 (1940). — [5] Fraenkel-Conrat, H., M. E. Simpson and H. M. Evans: J. biol. Ch. **130**, 243 (1939). — [6] Li, C. H., M. E. Simpson and H. M. Evans: J. biol. Ch. **131**, 259 (1939). — [7] Thayer, S. A.: Vitamins & Hormones **4**, 311 (1946). — Steelman, S. L., and F. M. Pohley: Endocrinology **53**, 604 (1953). — [8] Greep, R. O., H. B. van Dyke and B. F. Chow: Endocrinology **30**, 635 (1942).

lichen Einfluß der körpereigenen Gonadotropine unkontrollierbare Wirkungen am Ovar ausgelöst. An der männlichen infantilen Ratte wird ausschließlich Spermiogenese beobachtet, ohne daß die Zwischenzellen angeregt und zur Androgenbildung befähigt werden. Dementsprechend bleiben die Accessoria und das Hodengewicht klein. FSH bereitet demnach nur den Boden für die Einwirkung der weiteren Gonadotropine vor.

Pathologie. Hier können vorläufig nur Vermutungen geäußert werden, wie etwa die, daß der isolierte Ausfall von FSH mit bestimmten Formen der Amenorrhoe und Sterilität zu tun haben könnte.

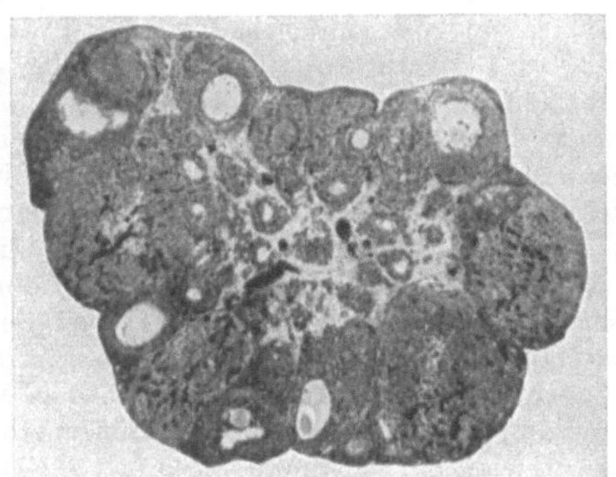

Abb. 45 c.

b) Das interstitialzellstimulierende Hormon (ICSH-luteinisierendes Hormon, LH oder Metakentrin).

Vorkommen. Es wurde in den Vorderlappen verschiedener Tiere und des Menschen nachgewiesen[1]. Besonders reichlich bei Katze, Pavian, Schaf und Opossum, weniger reichlich bei Ratte, Gürteltier, Meerschweinchen, Hund und Kaninchen und in besonders geringer Menge bei Rind, Wal, Pferd und Mensch.

Das im Harn gesunder Frauen und Männer, vermehrt im Alter, in der Menopause oder nach Kastration vorkommende Gonadotropin scheint hypophysären Ursprungs zu sein, ohne daß dies bisher mit Sicherheit bewiesen ist. Neben FSH[2] wird auch reichlich ICSH[3] nachgewiesen.

Darstellung. Zur Isolierung aus Acetontrockenpulver von Schafshypophysen[4]

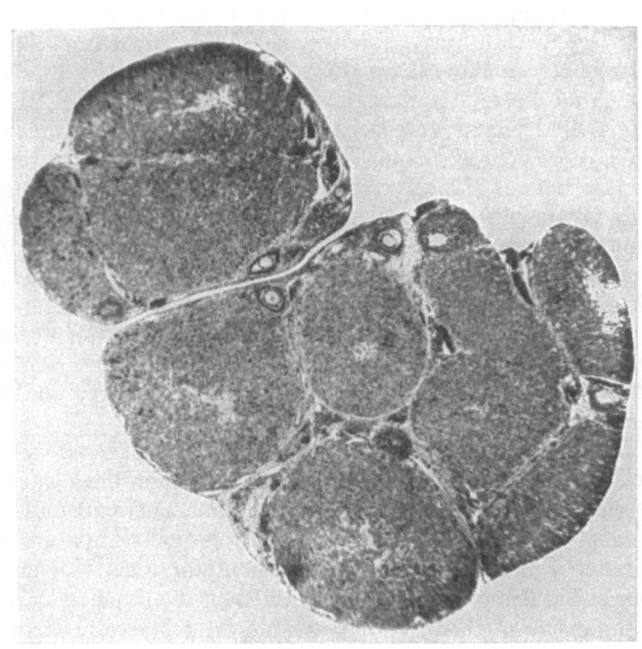

Abb. 45 d.

Abb. 45a—d. a Ovar der Ratte nach Hypophysektomie. b Follikelreifung im Rattenovar durch gonadotropes Hormon aus Stutenserum. c Luteinisierung im Ovar der hypophysektomierten Ratte durch luteinisierendes Hormon aus dem Vorderlappen. d Luteinisierung im Ovar der infantilen Ratte durch gonadotropes Hormon aus Schwangerenharn. (Bei gleicher Vergrößerung.)

[1] FEVOLD, H. L.: Ann. N. Y. Acad. Sci. **43**, 321 (1943). — [2] BROWN, P. S.: J. Endocrinol. **13**, 59 (1955). — INGRAM, J. D., W. R. BUTT and A. C. CROOKE: Nature **173**, 85 (1954). — [3] MCARTHUR, J. W.: Endocrinology **50**, 304 (1952). — LLOYD, C. W., M. MORLEY, K. MORROW, J. LOBOTSKY and E. C. HUGHES: J. clin. Endocrinol. **9**, 636 (1949). — [4] LI, C. H., M. E. SIMPSON and H. M. EVANS: Endocrinology **27**, 803 (1940). Science, N. Y. **92**, 355 (1940). Am. Soc. **64**, 367 (1942).

werden diese mit 40%igem Alkohol extrahiert und der Extrakt mit 96%igem Alkohol gefällt. 50 g der getrockneten Fällung werden in 3 *l* Wasser aufgenommen und mit dem gleichen Volumen Aceton gefällt. Das aus dem in 1%igem wäßrigem NaCl aufgenommenen Niederschlag mit 0,5 Ammonsulfatsättigung ausfallende Proteid wird mehrmals umgefällt, schließlich in Wasser gelöst, salzfrei dialysiert und aus der dialysierten Lösung die zwischen 0,2 und 0,4 Ammonsulfatsättigung fallende Fraktion isoliert. Nach mehrmaliger Wiederholung dieser Fraktionierung wird neuerlich dialysiert und die bei p_H 4,1 und 0,33 Ammonsulfatsättigung fallende Fraktion als reines Endprodukt erhalten. Ausbeute 0,5 g aus 4 kg Drüsen mit 50000 bis 100000 RE (Schwellendosis für Stimulierung der interstitiellen Zellen des Ovars). Aus frischen Schweinehypophysen wurde das Hormon mit 2%iger NaCl-Lösung extrahiert (bei 4°). Der Extrakt wurde bei p_H 4,2—4,6 von Begleitproteinen befreit und durch Ammonsulfatsättigung ausgesalzen. Die Fällung wurde in Wasser aufgenommen, dialysiert, auf p_H 5,1—5,5 gebracht und daraus die zwischen 0,33 und 0,90 Ammonsulfatsättigung fallende Fraktion isoliert. Nach Aufnehmen in Wasser und Dialyse fällt daraus bei 0,33 Ammonsulfatsättigung beim isoelektrischen Punkt (p_H 7,3) das reine Hormon[1]. Neuere Arbeiten glauben aus Rinderhypophysen nach Extraktion mit 40%igem Methanol bei p_H 5,0, Fällung mit Methanol, Behandlung mit Rivanol und Acetonfraktionierung ein krystallines Produkt erhalten zu können[2]. Es enthielt 5,85% Mannose und 6,14% Glucosamin[3].

Eigenschaften (vgl. a. Tabelle 148, S. 497). Das Hormon aus Schweinedrüsen ist chemisch, biologisch und immunologisch nicht identisch mit dem aus Schafshypophysen. Es ist hitzeunbeständig, fällbar mit Pikrinsäure, Pikrolonsäure, Flaviansäure, Trichloressigsäure, nicht mit Sulfosalicylsäure. Es wird durch Ketenbehandlung oder Reduktion mit Cystein zerstört[4, 5].

Nachweis. Als Einheit der Wirksamkeit von ICSH wurden die verschiedensten Reaktionen vorgeschlagen: Schwellendosis, die an infantilen weiblichen, im Alter von 26 Tagen hypophysektomierten Ratten 7—10 Tage nach der Operation auf 3 Tage verteilt subcutan injiziert Anregung der interstitiellen Zellen des Ovars bewirkt. Die am hypophysektomierten Tier protoplasmaarmen und mit pyknotischen Zellkernen ausgestatteten Zellen des Interstitium erhalten aufgelockerte Kerne und ein reichlicheres helles Protoplasma; ferner die Schwellendosis, die an hypophysektomierten 23 Tage alten männlichen Ratten, beginnend 2 Tage nach der Operation, auf 4 Tage verteilt gespritzt, das Gewicht der ventralen Prostata oder das Gewicht der Hoden um 100% erhöht. Auch die Gewichtssteigerung der Hoden von Eintagsküken oder von 33 Tage alten Tauben wurde herangezogen.

Physiologie. Beim weiblichen hypophysektomierten Tier bewirkt ICSH ausschließlich Anregung der interstitiellen Zellen des Ovars. Am infantilen Rattenweibchen bewirkt es zusammen mit dem körpereigenen FSH Sekretion von Oestrogenen und damit Oestrus und Uteruswachstum. Zusammen mit dem körpereigenen Prolactin veranlaßt es die entstandenen Corpora lutea zur Progesteronsekretion. Am erwachsenen weiblichen Kaninchen löst es Follikelsprung aus. Bei der männlichen hypophysektomierten Ratte bewirkt es Zwischenzellenstimulation, Androgenausschüttung und dadurch ausgelöste Wachstumsanregung von Prostata und Samenblasen, ferner Spermiogenese, die durch FSH-Einwirkung vervollständigt wird.

Pathologie. Gewisse Cyclusstörungen der Frau, ferner bestimmte Formen des Infantilismus bei Mann und Frau dürften mit einer mangelhaften Bildung von ICSH zusammenhängen.

[1] SHEDLOVSKY, T., A. ROTHEN, R. O. GREEP, H. B. VAN DYKE and B. F. CHOW: Science, N. Y. **92**, 178 (1940). — CHOW, B. F., H. B. VAN DYKE, R. O. GREEP, A. ROTHEN and T. SHEDLOVSKY: Endocrinology **30**, 650 (1942). — [2] TAKEDA, K., T. MINESHITA, H. OTSUKA and Y. NODA: Proc. Imp. Acad. Jap. **28**, 353 (1952). — OTSUKA, H., and Y. NODA: J. Biochem. **41**, 547 (1954). — [3] OTSUKA, H.: J. Biochem. **41**, 653 (1954). — [4] LI, C. H., M. E. SIMPSON and H. M. EVANS: Endocrinology **27**, 803 (1940). Science, N. Y. **92**, 355 (1940). Am. Soc. **64**, 367 (1942). — [5] FRAENKEL-CONRAT, H., M. E. SIMPSON and H. M. EVANS: J. biol. Ch. **130**, 243 (1939).

c) Prolactin (Lactationshormon, Luteotropin, Luteotrophin, LTH)[1-9]. Die früher angenommene Einwirkung des Hinterlappens auf die Milchsekretion dürfte sich heute durch einen Einfluß auf die glatten Muskeln der Milchausführungsgänge erklären lassen. Eine echte Steigerung der Sekretionsleistung der Brustdrüse wurde 1928 bei Tieren am Ende der Gravidität oder bei Kaninchen, die durch Deckung mit einem vasoligierten Bock scheinträchtig waren, gezeigt[10]. Vorbedingung für die Wirksamkeit der Vorderlappenextrakte ist ein entsprechender Zustand der Brustdrüse, wie er eben in den beiden genannten Fällen vorliegt, wie er aber auch durch Vorbehandlung mit Follikel- und Gelbkörperhormon an männlichen kastrierten Tieren künstlich erzeugt werden kann[11].

Vorkommen. Prolactin wurde im Hypophysenvorderlappen verschiedener Wirbeltiere nachgewiesen, besonders reichlich bei Schaf und Rind[12], erheblich weniger beim Schwein, ferner bei Maus, Ratte, Kaninchen, Meerschweinchen und Katzen[13] und in Walhypophysen[14], schließlich in kleinen Mengen in Hypophysen von Fischen, Amphibien und Reptilien[15]. Kleinste Mengen wurden auch im Hinterlappen gefunden[3,6]. Es findet sich ferner in der unreifen Placenta[16] und soll auch im Kuheuter und der Kuhmilch bis zum 14. Tag nach dem Kalben vorkommen[17]. Es fand sich weiter in Milch[18], Harn[7,18,19] und Blut[20] von Wöchnerinnen und wurde auch im Stutenkot während und nach der Gravidität nachgewiesen[21]. In Leber von Rind, Pferd und Schwein[22], in Leber und Hirn von Fischen[15], in Taubenleber[7] und menschlichen Mammacysten soll Prolactin ebenfalls zu finden sein[16].

Darstellung. Frische oder acetongetrocknete Drüsen, meist vom Rind oder Schaf, können auf verschiedene Weise extrahiert werden. Alkalisch wäßrige Extraktion[23] liefert ziemlich unreine Ausgangsextrakte, besser bewährte sich Extraktion mit wäßrigem sauren Aceton[24] oder Extraktion mit Eisessig[25] oder alkalischem 60—70%igen Alkohol[12]. Auch wäßrige Extraktion bei p_H 2,5 wurde versucht[26]. Besonders die Extraktion mit wäßrigem Aceton lieferte im weiteren Verlauf der Untersuchungen ein brauchbares Rohprolactin[27] durch Erhöhung der Ketonkonzentration auf 90—92%. Aufnehmen in Wasser läßt unlösliche Verunreinigungen zurück[28,29]. Durch Wiederholung der Acetonfällung, Aufnehmen in Wasser bei

---

[1] Berblinger, W.: Schweiz. med. Wschr. **71**, 1237 (1941). — [2] Hooker, C. W.: Ann. Rev. Physiol. **8**, 467 (1946). — [3] Lyons, W. R.: Cold Spring Harbor Symp. quant. Biol. **5**, 198 (1937). — [4] Nelson, W. O.: Physiol. Rev. **16**, 488 (1936). — [5] Petersen, W. E.: The hormonal control of lactation. Recent Progr. Hormone Res. **2**, 133 (1948). — [6] Riddle, O.: J. amer. med. Ass. **115**, 2276 (1940). — [7] Riddle, O., and R. W. Bates in: Allen, E., H. Danforth and E. A. Doisy: ‚Sex and Internal Secretions'. S. 1088—1117. London 1939. — [8] Voss, H. E.: Prolactin (Das Lactationshormon des Hypophysenvorderlappens). Ergebn. Physiol. **44**, 96—229 (1941). Arzneim.-Forsch. **4**, 467 (1954). — [9] White, A.: Vitamins & Hormones **7**, 253 (1949). — [10] Stricker, P., et F. Grueter: C. R. Soc. Biol. **99**, 1978 (1928). — Gürtler, F., u. P. Stricker: Kli. Wo. **1929 II**, 2322. — [11] Anselmino, K. J., L. Herold u. F. Hoffmann: Zbl. Gynäk. **59**, 963 (1935). — [12] Bates, R. W., and O. Riddle: J. Pharmacol. exp. Therap. **55**, 365 (1935). — [13] Reece, R. P., and C. W. Turner: Res. Bull. Missouri agric. Exp. Stat. No. 266, 2 (1937). — [14] Geiling, E. M. K., L. N. Tarr and A. D. Tarr: Bull. Johns Hopkins Hosp. **57**, 123 (1935). — [15] Le Blond, C. P., and G. K. Noble: Proc. Soc. exp. Biol. Med. **36**, 517 (1937). — [16] Ehrhardt, K.: M. m. W. **1936 II**, 1163. — [17] Geschichter, C. F., and D. Lewis: Arch. Surg. **32**, 598 (1936). — [18] Baratz, M. E.: Bull. Biol. Méd. exp. URSS **6**, 555 (1938). — [19] Lyons, W. R., and E. Page: Proc. Soc. exp. Biol. Med. **32**, 1049 (1935). — Langecker, H., u. F. Schenk: Med. Klinik **1936 II**, 1104. — [20] Tesauro, G.: Pediatria, Riv. **44**, 665 (1936). — [21] Le Blond, C. P.: C. R. Soc. Biol. **124**, 1062 (1937). — [22] Rabald, E., u. H. E. Voss: H. **261**, 71 (1939). — [23] Gardner, W. U., and C. W. Turner: Res. Bull. Missouri agric. Exp. Stat. No. 196, 1 (1933). — [24] Lyons, W. R., and H. R. Catchpole: Proc. Soc. exp. Biol. Med. **31**, 299 (1933/34). — [25] McShan, W. H., and C. W. Turner: Proc. Soc. exp. Biol. Med. **32**, 1655 (1935). — [26] Riddle, O., R. W. Bates and S. W. Dykshorn: Proc. Soc. exp. Biol. Med. **29**, 1211 (1932). — [27] Lyons, W. R.: Proc. Soc. exp. Biol. Med. **35**, 645 (1936/37). — [28] White, A., R. W. Bonsnes and C. N. H. Long: J. biol. Ch. **143**, 447 (1942). — [29] White, A.: Ann. N. Y. Acad. Sci. **43**, 341 (1943).

p_H 8,0, Ausfällen von Begleitproteinen bei p_H 6,6 bei 0,05 Ammonsulfatsättigung und Ausfällen beim isoelektrischen Punkt $p_H = 5{,}4$ und Wiederholung dieser Reinigungsmaßnahmen kann ein sehr reines Präparat erhalten werden. Zur Krystallisation werden 200 mg davon in 2 cm^3 10%iger Essigsäure gelöst, mit 2 cm^3 Pyridin versetzt und das dabei Unlösliche 10mal in gleicher Weise behandelt. Die vereinigten Filtrate liefern beim Stehen im Eisschrank hexagonale Krystalle. Man kann auch das amorphe Prolactin in wäßrigem Alkali aufnehmen, bei p_H 5,4—5,5 einen Niederschlag abtrennen und das Filtrat mit 4 Volumen Aceton im Eisschrank zur Krystallisation bringen.

Ein amorphes, ebenso wirksames Produkt wird erhalten durch wiederholte Fällung des Prolactins aus der Lösung des Rohprolactins in 0,36 mol. NaCl bei $p_H = 3{,}0$ (dabei bleibt ACTH in Lösung) und Fällung des Prolactins beim isoelektrischen Punkt[1].

Tabelle 146. Aminosäurezusammensetzung von Prolactin aus Schafshypophysen.

	Gew.-%
Arginin	8,3—8,6
Asparaginsäure	11,6
Cystin	3,1
Glutaminsäure	14,1
Glycin	4,0
Histidin	4,5
iso-Leucin	7,2
Leucin	12,5
Lysin	5,3
Methionin	3,6—4,3
Phenylalanin	4,1
Prolin	6,2
Serin	6,5
Threonin	4,8
Tyrosin	4,5—4,7
Tryptophan	1,2
Valin	5,9

Zur Anreicherung wurde noch die Adsorption an Chloroformemulsion[2] vorgeschlagen. Zur Gewinnung aus Harn dienten Alkoholfällung und Dialyse[3]. Ein vereinfachtes Darstellungsverfahren aus Rückständen der ACTH-Gewinnung durch Aufnehmen bei p_H 3,0, Aussalzen mit 0,06 Sättigung NaCl, Aufnehmen in $^1/_{1000}$ n NaOH, Einstellen auf p_H 6,3, Verwerfen des entstehenden Niederschlags und Isolierung des im Filtrat bei p_H 5,6 ausfallenden Niederschlags, der in NaOH aufgenommen und gefriergetrocknet wird, lieferte sehr reine Präparate. Weitere Reinigung war durch Gegenstromverteilung (sek. Butanol/0,4% Dichloressigsäure) möglich. 35 Einheiten im mg[4].

Eigenschaften. Hinsichtlich der Eigenschaften des krystallinen Prolactins vgl. Tabelle 148, S. 497. Prolactin ist besonders bei stärker saurer oder alkalischer Reaktion löslich in Wasser und in ziemlich hochprozentigen, mit Wasser mischbaren organischen Lösungsmitteln. Trocken ist es recht beständig, in Lösung, besonders bei alkalischer Reaktion über p_H 11, sehr empfindlich gegen Erhitzen, verträgt jedoch zwischen p_H 7,0 und 8,0 kurzes Kochen. Fällbar mit den meisten Eiweißfällungsmitteln, leicht aussalzbar. Behandlung bei p_H 4,0 mit Keten acetyliert in gleichem Maße die Aminogruppen und die phenolischen OH-Gruppen des Prolactins und vernichtet entsprechend dem Ausmaß der Acetylierung die Wirksamkeit[5]. Die Wirkung wird weiter aufgehoben durch Einwirkung von $NaNO_2$, Formaldehyd, Benzoylchlorid und durch Diazotieren[6], durch Behandlung mit Phenylisocyanat jedoch nur um 10% geschwächt[7]; Behandlung mit Jod[8] inaktiviert unter Aufnahme von Jod. Veresterung mit Methanol und HCl inaktiviert unter Entstehen eines basischen Esterproteins[9], Reduktion mit einem starken Überschuß an Cystein, noch besser mit Thioglykolsäure[10], hob ebenfalls

[1] Li, C. H., M. E. Simpson and H. M. Evans: J. biol. Ch. **146**, 627 (1942). — [2] Schwenk, E., G. A. Fleischer and S. Tolksdorf: J. biol. Ch. **147**, 535 (1943). — [3] Coppedge, R. L., and A. Segaloff: J. clin. Endocrinol. **11**, 465 (1951). — [4] Cole, R. D., and C. H. Li: J. biol. Ch. **213**, 197 (1955). — [5] Li, C. H., and A. Kalman: Am. Soc. **68**, 285 (1946). — [6] McShan, W. H., and H. E. French: J. biol. Ch. **117**, 111 (1937). — [7] Bottomley, A. C., and S. J. Folley: Nature **145**, 304 (1940). — [8] Li, C. H., W. R. Lyons and H. M. Evans: J. biol. Ch. **139**, 43 (1941). — [9] Li, C. H., and H. Fraenkel-Conrat: J. biol. Ch. **167**, 495 (1947). — [10] Fraenkel-Conrat, H. L., V. V. Herring, M. E. Simpson and H. M. Evans: Amer. J. Physiol. **135**, 404 (1942).

die Wirkung auf. Behandlung mit Harnstoff erhöhte zwar die Viscosität wäßriger Lösungen, ließ jedoch die Wirkung unbeeinflußt, dagegen denaturierten Netzmittel[1–3].

Außer den Angaben in Tabelle 148, S. 497, liegt noch eine in Tabelle 146 dargestellte Analyse der Aminosäurezusammensetzung eines reinen Prolactins aus Schafshypophysen vor[4].

Nachweis. Der Nachweis geschieht qualitativ mit Hilfe der obengenannten Reaktionen oder besser am Taubenkropf. Es hat sich gezeigt, daß das Hormon die Kropfdrüse der Taube, die während des größten Teils des Jahres atrophisch ist, zur Proliferation (vgl. Abb. 46) und zur Sekretion der sog. Kropfmilch anregt, jener weißlichen käsigen Masse, mit der die Tauben ihre Jungen ernähren. Dabei steht das durch intramuskuläre Injektionen von Prolactin erzielbare Gewicht der Kropfdrüsen in Beziehung zu der verabreichten Prolactindosis und gestattet eine quantitative Beurteilung[5]. Durch örtliche Applikation in der Nähe der Kropfdrüse läßt sich zwar die Reaktion empfindlicher, kaum aber genauer gestalten[6]. Zweckmäßig ist der Vergleich mit einem Standardpräparat. Als solches verwendet Riddle ein bestimmtes seiner Präparate, welches 10 E

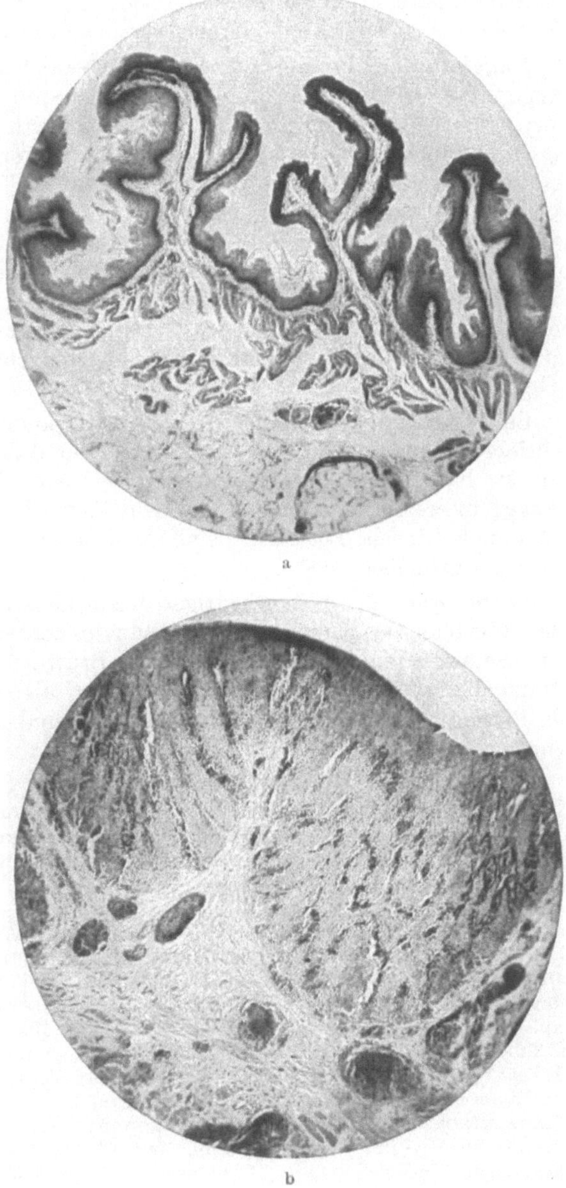

a

b

Abb. 46a u. b. a Kropfdrüse der Taube im Ruhezustand. b Kropfdrüse der Taube nach 4tägiger Behandlung mit Prolactin.

[1] Li, C. H., W. R. Lyons and H. M. Evans: J. biol. Ch. **139**, 43 (1941). — [2] Li, C. H., W. R. Lyons and H. M. Evans: J. biol. Ch. **140**, 43 (1941). — [3] Li, C. H.: J. biol. Ch. **146**, 633 (1942); **155**, 45 (1944). — [4] Li, C. H.: J. biol. Ch. **178**, 459 (1949). — [5] Riddle, O., R. W. Bates and S. W. Dykshorn: Amer. J. Physiol. **105**, 191 (1933). — Bates, R. W., and O. Riddle: J. Pharmacol. exp. Therap. **55**, 365 (1935). — [6] Lyons, W. R., and E. Page: Proc. Soc. exp. Biol. Med. **32**, 1049 (1935). — Lyons, W. R.: Anat. Rec., Suppl. **64**, 31 (1936). Proc. Soc. exp. Biol. Med. **35**, 645 (1936/37). — Folley, S. J., F. J. Dyer and K. H. Coward: J. Endocrinol. **2**, 179 (1940). — Bates, R. W., and O. Riddle: Proc. Soc. exp. Biol. Med. **44**, 505 (1940).

im mg enthält. Ein internationaler Standard wurde neuerdings eingeführt. Er liegt in Tabletten zu 10 mg = 100 internationalen Prolactineinheiten vor[1]. Die lokale Methode ist 1000mal empfindlicher. Statt des Kropfgewichtes wurde auch die Schwellenreaktion bei systematischer Anwendung zur Auswertung benützt[2]. Verwendung von P^{32} kann die Auswertungen vielleicht empfindlicher gestalten[3].

Physiologie[4]. Prolactin wurde von EVANS[5] als das dritte Gonadotropin der Hypophyse erkannt, das künstlich erzeugte oder natürlicherweise vorhandene Corpora lutea zu Sekretion von Progesteron befähigt. Dies wurde von zahlreichen Nachuntersuchern bestätigt[6]. Prolactin ist weiter in der Lage, sowohl bei parenteraler als auch lokaler Anwendung[7] die durch Follikelhormon und Progesteron vorbereitete Mamma weiterzuentwickeln[8] und die Lactation auszulösen. Es wird vermutet, daß auch die Nebennierenrinde irgendwie mit diesem Geschehen verbunden ist, da es bei hypophysektomierten Tieren nicht gelingt, mit Prolactin die Milchsekretion in Gang zu bringen, wenn nicht gleichzeitig Cortin oder corticotropes Hormon verabreicht wird. Dafür sprechen auch in vitro-Versuche[9]. Das mütterliche Prolactin verursacht beim Neugeborenen die Absonderung der „Hexenmilch".

Bei Vögeln wurde eine Reihe verschiedener Stoffwechselwirkungen beschrieben[10]; es scheint hier auch mit dem Jahresrhythmus der Fertilität zu tun zu haben und die Geschlechtsruhe beim Männchen auszulösen[11]. Beim Säuger interessiert besonders die von REISS[12] hervorgehobene Reduktion der Fettdepots durch Prolactin, eine Anschauung, die allerdings nicht unwidersprochen geblieben ist[13].

Pathologie. Nach den heutigen Kenntnissen liegt es nahe, Cyclusstörungen und Störungen des Eintritts und Abschlusses der Schwangerschaft sowie Störungen der Lactation und der Entwicklung der Brustdrüsen[14] mit dem Prolactin in Zusammenhang zu bringen, dies um so mehr, als schon gewisse klinische Erfolge der Prolactinanwendung bei Menorrhagien[15] und drohendem Abort[16] beobachtet wurden.

d) Antiprolactin. Nach längerer Behandlung mit Prolactin entstehen im Serum von Kaninchen[17] und Tauben sowie Affen[18] Stoffe, die die Prolactinwirkung hemmen. Sie werden als Antiprolactin bezeichnet und entsprechen den analogen Befunden beim thyreotropen und gonadotropen Hormon. Über immunologische Studien mit Prolactin von Schaf und Rind berichten BISCHOFF u. LYONS[19].

---

[1] Hormone Standards. J. amer. med. Ass. **114**, 68 (1940). — [2] MCSHAN, W. H., and C. W. TURNER: Proc. Soc. exp. Biol. Med. **34**, 50 (1936). — [3] BROWN, R. W., D. M. WOODBURY and G. SAYERS: Proc. Soc. exp. Biol. Med. **76**, 639 (1951). — [4] WERTH, G.: Arzneim.-Forsch. **5**, 735 (1955). — [5] EVANS, H. M., M. E. SIMPSON and W. R. LYONS: Proc. Soc. exp. Biol. Med. **46**, 586 (1941). — EVANS, H. M., M. E. SIMPSON, W. R. LYONS and K. TURPEINEN: Endocrinology **28**, 933 (1941). — [6] LYON, R.: Proc. Soc. exp. Biol. Med. **51**, 156 (1942). — EVERETT, J. W.: Endocrinology **35**, 507 (1944). — SYDNOR, K. L.: Endocrinology **36**, 88 (1945). — DESCLIN, L.: C. R. Soc. Biol. **140**, 1182 (1946). — GAARENSTROOM, J. H., and S. E. DE JONGH: Ned. T. Geneeskde. **90**, 679 (1946). — [7] LYONS, W. R.: Proc. Soc. exp. Biol. Med. **51**, 308 (1942). — [8] FOLLEY, S. J., and F. H. MALPRESS: Pincus-Thimann, Hormones Bd. 1, S. 695—805. — [9] BALMAIN, J. H., and S. J. FOLLEY: Arch. Biochem. **39**, 188 (1952). — [10] RIDDLE, O.: Carnegie Inst. Publ. Nr. 559, 128 (1947). — [11] LOFTS, B., and A. J. MARSHALL: J. Endocrinol. **13**, 101 (1956). — [12] REISS, M.: Endocrinology **40**, 294 (1947). — [13] LI, C. H., D. J. INGLE, M. C. PRESTRUD and J. E. NEZAMIS: Endocrinology **44**, 454 (1949). — [14] BLICKENSTORFER, E., P. ISLER, M. MARI u. C. HEDINGER: Dtsch. Arch. klin. Med. **199**, 462 (1952). — [15] HALL, G. J.: J. clin. Endocrinol. **2**, 296 (1942). — [16] KUPPERMAN, H. S., P. FRIED and L. Q. HAIR: Amer. J. Obstet. Gynec. **48**, 228 (1944). — [17] KABAC, J. M.: Bull. Biol. Méd. exp. URSS **5**, 443 (1938). — KABAC, J. M., et O. P. STULOVA: Bull. Biol. Méd. exp. URSS **4**, 297 (1937). — [18] YOUNG, F. G.: Biochem. J. **32**, 656 (1938). — [19] BISCHOFF, H. W., and W. R. LYONS: Endocrinology **25**, 17 (1939).

e) Mammogenes Hormon[1]. Es mehren sich die Stimmen, die die Ansicht vertreten, daß die Wirkung, die das Follikelhormon auf die Ausbildung des Milchgangsystems und die Wirkung, die eine Kombination von Follikel- und Gelbkörperhormon auf die Ausbildung des Alveolarsystems der Milchdrüse hat, nicht direkt, sondern durch die Auslösung einer Sekretion eines hypophysären, nicht mit dem Prolactin identischen Hormons zustande komme[2]. Die Annahme zweier hypophysärer Hormone (Mammogen I und II) wurde wieder verlassen.

Vorkommen. Die Wirkung wurde in frischen und acetongetrockneten Rindervorderlappen nachgewiesen[3]. Der Gehalt steigt langsam im Lauf der Trächtigkeit und nimmt mit Eintritt der Geburt ab[4], während Prolactin im Verlauf der Gravidität in ziemlich konstanter Menge gefunden und erst nach der Geburt vermehrt nachgewiesen wird.

Eigenschaften. Anfänglich für lipoidlöslich gehalten[4], wird es jetzt den eiweißartigen Vorderlappenhormonen zugerechnet[5]. Es soll mit den bisher isolierten 6 Vorderlappenhormonen nicht identisch sein.

Nachweis. Durch Ermittlung der Minimalmenge, die zur Entwicklung des Milchgangsystems der Brustdrüse an normalen männlichen 15–25 g schweren Mäusen bei täglicher Injektion durch 6 Tage benötigt wird[4] oder derjenigen Minimalmenge, die auf 10 Injektionstage verteilt bei 50% von 10 oder mehr weiblichen kastrierten Mäusen von 12—18 g bei gleichzeitiger ebenso verteilter Gesamtdosis von 75 γ Oestron gerade Entwicklung des Alveolarsystems auslöst[6]. Mammogenes Hormon ohne gleichzeitige Oestronbehandlung wirkt 5mal schwächer. Das Hormon soll nur zur Entwicklung, nicht aber zur Sekretion der Milchdrüse führen.

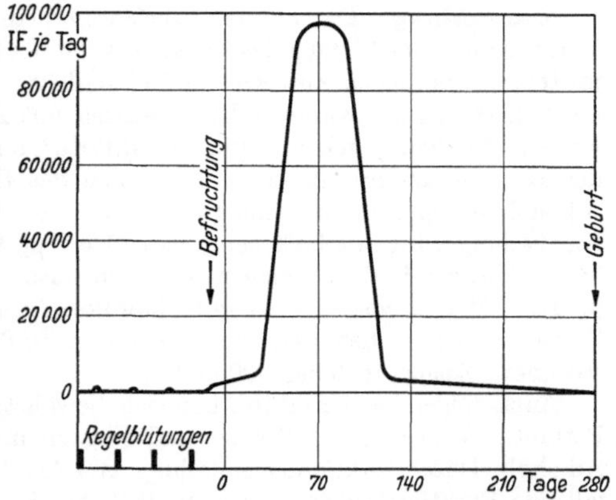

Abb. 47. Gehalt des menschlichen Harns an Choriongonadotropin im Verlaufe des Cyclus und der Schwangerschaft.

f) Choriongonadotropin (human chorionic gonadotropin, HCG, Prolan)[7]. ***Vorkommen.*** Das zunächst nach seiner Entdeckung durch ASCHHEIM u. ZONDEK als Prolan bezeichnete und für ein hypophysäres Gonadotropin gehaltene Hormon findet sich reichlich im menschlichen Schwangerenharn. Es ist schon einige Tage vor der ersten ausbleibenden Menstruation nachweisbar. Seine Konzentration erreicht bis zum 60. Schwangerschaftstag einen Höhepunkt[8], von dem sie bis etwa zum 120. Tag absinkt (vgl. Abb. 47). Der biologische Nachweis des Hormons in Harn und Blut[9] bewährte sich als *Schwangerschaftsreaktion.* Aus zahlreichen Untersuchungen verschiedener Autoren geht hervor, daß der Gehalt des Harns der erwachsenen

---

[1] FOLLEY, S. J., and F. H. MALPRESS: Hormonal control of mammary growth. Pincus-Thimann, Hormones Bd. 1, S. 695—743. — TURNER, C. W.: Mammogenic hormone. In: EMMENS, C. W.: Hormone Assay. S. 261—272. New York 1950. — [2] REECE, R. P., C. W. TURNER and R. T. HILL: Proc. Soc. exp. Biol. Med. **34**, 204 (1936). — GOMEZ, E. T., C. W. TURNER, W. U. GARDNER and R. T. HILL: Proc. Soc. exp. Biol. Med. **36**, 287 (1937). — GOMEZ, E. T., and C. W. TURNER: Proc. Soc. exp. Biol. Med. **37**, 607 (1938). — [3] MEITES, J., and C. W. TURNER: Res. Bull. Missouri agric. Exp. Stat. Nr. 415 (1948). — [4] LEWIS, A. A., and C. W. TURNER: Res. Bull. Missouri agric. Exp. Stat. Nr. 310, 3 (1939). — [5] TRENTIN, J. J., and C. W. TURNER: Res. Bull. Missouri agric. Exp. Stat. Nr. 418 (1948). — [6] MIXNER, J. P., and C. W. TURNER: Res. Bull. Missouri agric. Exp. Stat. Nr. 378 (1943). — [7] LEVIN, L.: Endocrinology **28**, 378 (1941). — BROWNE, J. S. L., and E. H. VENNING: Lancet **1936 II**, 1507. — EVANS, H. M., C. L. KOHLS and D. H. WONDER: J. amer. med. Ass. **108**, 287 (1937). — FOSCO, A. L.: Mschr. Geburtsh. Gynäk. **116**, 36 (1943). — [8] LYON, R. A., M. E. SIMPSON and H. M. EVANS: Endocrinology **53**, 674 (1953). — [9] ASCHHEIM, S., u. B. ZONDEK: Kli. Wo. **1928 I**, 8; **II**, 1404, 1453. — ZONDEK, B.: Die Hormone des Ovariums und des Hypophysenvorderlappens. Mit einem Anhang: Die hormonale Schwangerschaftsreaktion aus dem Harn bei Mensch und Tier. Berlin 1931.

Frau an Prolan außerhalb der Schwangerschaft niedrig ist. Die Konzentrationsangaben sind wegen der verschiedenen angewendeten Nachweismethoden schlecht miteinander vergleichbar. Es scheint jedoch sicher zu sein, daß etwa um die Mitte des Menstruationscyclus zur Zeit des Follikelsprungs, ein kurzer, nicht sehr erheblicher Anstieg der Choriongonadotropinkonzentration im Harn erfolgt, der rasch zurückgeht. Die Tagesausscheidung bei Kindern wird mit 2—5 ME, bei geschlechtstüchtigen erwachsenen Frauen mit 3—60 ME, nach der Menopause mit 7—50 ME, bei Männern mit 2—120 ME angegeben. Große Mengen, bis zu 1000000 RE im *l* Harn, finden sich bei Blasenmole und Chorionepitheliom[1] bei der Frau und analogen Hodentumoren des Mannes. Auf das Vorkommen in der Placenta, die auch in Gewebekultur Choriongonadotropin zu bilden vermag[2], wurde schon hingewiesen. Hier findet die Bildung des Hormons statt.

Darstellung. Die meisten Verfahren bedienten sich, gegebenenfalls nach geeigneter Vorreinigung, der Fällung des Wirkstoffs mit neutralen, organischen, wasserlöslichen Lösungsmitteln[3], neuerlichen Auflösens und Umfällens. Daneben spielen auch Adsorption, besonders an Kohle[4], Benzoesäure[5], oder Aussalzen mit Ammonsulfat und Dialyse[6] eine Rolle. Eine weitere Reinigung gelang GURIN u. Mitarb.[7] aus Benzoesäureadsorbaten durch Beseitigung der Benzoesäure mit Aceton, Aufnehmen des Hormons aus dem Niederschlag in 50%igem Alkohol bei p_H 6,0 und Fällung der Lösung durch das doppelte Volumen absoluten Alkohols. Die Fällung wird mit 50%igem Alkohol bei p_H 4,8 aufgenommen und die löslichen Anteile in der Kälte mit dem gleichen Volumen absoluten Alkohols gefällt, Ausbeute 8 mg/*l*. Bei p_H 5,0 in Wasser gelöst, wird mit Chloroform geschüttelt. Die Chloroformemulsion wird mit Wasser ausgewaschen und die vereinigten wäßrigen Lösungen werden dialysiert und getrocknet. Ausbeute 6 mg 6000 I.E./*l*.

Auch folgendes Verfahren hat sich bewährt: Adsorption aus dem Harn bei p_H 3,5 an Permutit, Waschen mit Wasser und Elution mit 10%igem Ammoniumacetat in 38%igem Alkohol. Durch fraktionierte Fällung mit Alkohol wird die zwischen 70 und 75% Alkohol fallende Fraktion isoliert. Sie enthält 8500 I.E. im mg[8]. Zur Reinigung fand auch Papierchromatographie Anwendung[9].

Neuerdings wurde das Hormon krystallisiert erhalten[10]. Dazu wurde die aus einem Benzoesäureadsorbat durch Aceton erhaltene Fällung mit m/15 Acetatpuffer bei p_H 4,8 ausgezogen und mit 85%igem Alkohol mehrmals umgefällt. 500 mg des so erhaltenen Produkts mit 4000—6000 I.E. im mg werden in 50 cm^3 m/15 Phosphatpuffer bei p_H 7,4 gelöst und durch erschöpfende Fällung mit 10%iger Protaminlösung von Verunreinigungen befreit. Einstellen des klaren Filtrats auf p_H 3,5 und Zugabe des gleichen Volumens 5% Metakresol enthaltenden Alkohols. Nach 2stündigem Stehen wird die Alkoholkonzentration auf 60% erhöht, wonach das Hormon zunächst amorph ausfällt und dann in Stäbchen und Nadeln durchkrystallisiert. Das Präparat verhielt sich elektrophoretisch einheitlich. Es enthielt 10000 I.E./mg.

Nach Adsorption an Kaolin, alkalischer Elution, Fällung bei p_H 4,5 mit 80%igem Alkohol wanderte das Hormon bei Elektrophorese am stärksten bei p_H 4,0[11]. Ein besonders einfaches Verfahren der Darstellung beschreibt[12]. Neuere Arbeiten versuchen mit verschiedenen Methoden HCG in eine FSH-artig wirkende und in eine ICSH-artig wirkende Fraktion auf-

[1] HAMBURGER, C., F. BANG and J. NIELSEN: Acta path. scand. **13**, 75 (1936). — ZONDEK, B.: Endokrinologie **5**, 425 (1929). — [2] GEY, G. O., G. E. SEEGAR and L. M. HELLMAN: Science, N. Y. **88**, 306 (1938). — DICZFALUSY, E.: Acta endocrinol., København, Suppl. **12**, 1 (1953). — COLLIP, J. B.: Canad. med. Ass. J. **22**, 215 (1930). — KIDO, I.: Zbl. Gynäk. **61**, 1551 (1937). — SIEBERT, G., u. G. STARK: Kli. Wo. **1954**, 732. — [3] ZONDEK, B., H. SCHEIBLER u. W. KRABBE: B. Z. **258**, 102 (1933). — [4] KATZMAN, P. A., and E. A. DOISY: J. biol. Ch. **97**, LII (1932). — [5] KATZMAN, P. A., and E. A. DOISY: J. biol. Ch. **106**, 125 (1934). — [6] DICKENS, F.: Biochem. J. **24**, 1507 (1930). — SCHMIDT, A. A., u. E. DERANKOVA: Z. ges. exp. Med. **78**, 361 (1931). — FISCHER, F. G., u. L. ERTEL: H. **202**, 83 (1931). — [7] GURIN, S., C. BACHMAN and D. W. WILSON: J. biol. Ch. **128**, 525 (1939). — [8] KATZMAN, P. A., M. GODFRID, C. K. CAIN and E. A. DOISY: J. biol. Ch. **148**, 501 (1943). — [9] KLUNGSÖYR, L., and K. F. STÖA: Acta endocrinol., København **18**, 288 (1955). — [10] CLEASSON, L., B. HÖGBERG, T. ROSENBERG and A. WESTMAN: Acta endocrinol., København **1**, 1 (1948). — [11] STRAN, H. M., and G. E. S. JONES: Bull. Johns Hopkins Hosp. **95**, 162 (1954). — [12] LANDGREBE, F. W., B. M. HOBSON and G. M. MITCHELL: Quart. J. exp. Physiol. **39**, 309 (1954).

zuspalten[1]. Gegenstromverteilung und Verteilungschromatographie lieferten verschieden reine Präparate, die Wirksamkeit scheint mit einer UV-Absorption bei 280 und 295 mμ parallel zu gehen[2].

Eigenschaften. Das gereinigte Hormon ist leicht wasserlöslich, auch löslich in wäßrigen organischen Lösungsmitteln, fällt jedoch mit 70—80%igem Methanol, Äthanol oder Aceton; es fällt auch mit Phosphorwolframsäure, Phosphormolybdänsäure und Tannin, nicht mehr jedoch mit Pikrinsäure, Pikrolonsäure, Flaviansäure, Trichloressigsäure oder Sulfosalicylsäure. Durch Erhitzen in Wasser wird es rasch zerstört[3]. Vorsichtige Jodierung in saurer Lösung soll die Wirksamkeit nicht beeinträchtigen[4], Reduktion mit Cystein wird ertragen[5]. Behandlung mit Keten inaktiviert langsam, vermutlich durch Acylierung phenolischer OH-Gruppen[6]. Salpetrige Säure ist relativ unschädlich[7], freie Aminogruppen scheinen demnach nicht für die Wirkung wesentlich zu sein. 40%ige Harnstofflösung inaktiviert bei p_H 7,2 und 37°[8]. Der Reaktionsverlauf der Inaktivierung entspricht einer monomolekularen Reaktion[9]. Netzmittel sind ohne Einfluß[10], dagegen zerstören Röntgenstrahlen die Wirksamkeit[11], auch Bombardierung mit α-Teilchen[12]. Weiteres vgl. Tabelle 148, S. 497.

Nachweis. Zum qualitativen Nachweis ist die Schwangerschaftsreaktion (vgl. S. 489) geeignet, deren positiver Ausfall 72—98 Std nach der Injektion am Vaginaloestrus, Auftreten reifer Follikel oder Corpora lutea im Ovar der infantilen Maus oder Ratte, auch an der Uterusvergrößerung abgelesen werden kann. Auch der Eintritt der Ovulation am jugendlichen oder erwachsenen Kaninchen wurde benutzt[13].

Es steht auch ein internationales Standardpräparat zur Verfügung, das im mg 10 I.E. enthält, wobei 1 I.E. etwa derjenigen Menge entspricht, die erforderlich ist, um bei der infantilen Ratte Oestrus auszulösen[14]. Rascher als die bisher genannten biologischen Reaktionen tritt Hyperämie im Ovar der infantilen Ratte nach einmaliger Injektion von Choriongonadotropin auf. Sie kann in einem qualitativen Schnelltest (2—6 Std) zu seinem Nachweis bzw. als Schwangerschaftsschnellreaktion benutzt werden[15]. Eine analoge Beschleunigung konnte auch durch die Verwendung des Spermiennachweises in der Kloake von Xenopus laevis[16] 3 Std nach Injektion von Choriongonadotropin erreicht werden. Auch Rana pipiens[17] oder Bufo vulgaris oder variabilis[18] und andere Amphibien waren verwendbar. Weniger gut eignet sich der Eintritt der Ovulation bei verschiedenen Lurchen[19].

[1] Vignes, P., M. Robey et H. Simonnet: Bull. Soc. Chim. biol. **36**, 1163 (1954). — Drescher, J.: Acta endocrinol., København **15**, 325 (1954). — [2] Butt, W. R.: J. Endocrinol. **13**, 167 (1956). — [3] Bischoff, F. J:. biol. Ch. **165**, 399 (1946). — [4] Meyer, K.: The Endocrines in Obstetrics and Gynecology. S. 115. London 1937. — [5] Bischoff, F.: J. biol. Ch. **134**, 641 (1940). — [6] Li, C. H., M. E. Simpson and H. M. Evans: J. biol. Ch. **131**, 259 (1939). — [7] Bischoff, F.: Endocrinology **30**, 525 (1942). — [8] Bischoff, F.: J. biol. Ch. **153**, 31 (1944). — [9] Bischoff, F.: J. biol. Ch. **158**, 29, 577 (1945). — [10] Bischoff, F.: Amer. J. Physiol. **145**, 123 (1945). — [11] Hochman, A., R. Black, G. Goldhaber and F. Sulman: J. Endocrinol. **5**, 99 (1947). — [12] Odeblad, E.: Acta endocrinol., København **18**, 291 (1955). — [13] Friedman, M. H.: Amer. J. Physiol. **90**, 617 (1929). — [14] Collip, J. B.: Endocrinology **25**, 318 (1939). Bull. Hlth. Organis. **7**, 894 (1938); 8, 884 (1939). — [15] Frank, R. T., and R. L. Berman: Amer. J. Obstet. Gynec. **42**, 492 (1941). — Aschheim, S., et J. Varangot: C. R. Soc. Biol. **139**, 1002 (1945). — Zondek, B., and F. Sulman: Endocrinology **40**, 322 (1947). J. clin. Endocrinol. **7**, 159 (1947). — Riley, G. M., M. H. Smith and P. Brown: J. clin. Endocrinol. **8**, 233 (1948). — [16] Gasche, P.: Rev. suisse Zool. **50**, 262 (1943). Helv. physiol. Acta **2**, 607 (1944). Exper. **1**, 159 (1945). — Galli Mainini, C.: J. clin. Endocrinol. **7**, 653 (1947). — [17] Robbins, S. L., F. Parker jr., and P. D. Bianco: Endocrinology **40**, 227 (1947). — Robbins, S. L., and F. Parker jr.: Endocrinology **42**, 237 (1948). — [18] Wieninger, E., u. W. Lakomy: Wien. klin. Wschr. **1950**, 155. — [19] Shapiro, H. A., and H. Zwarenstein: Trans. R. Soc. S.-Afr. **22**, 75 (1934). Nature **133**, 762 (1934). J. clin. Endocrinol. **4**, 412 (1944). — Crew, F. A. E.: Brit. med. J. **1939 I**, 766. — Weisman, A. I., and C. W. Coates: J. clin. Endocrinol. **7**, 289 (1947).

Neuerdings wird auch die Spermienausschüttung beim Regenwurm[1] als Nachweisreaktion empfohlen.

Zur quantitativen Beurteilung der Wirksamkeit des HCG wurden die verschiedensten Beurteilungskriterien herangezogen: Ovargewicht der infantilen Ratte[2], Uterusgewicht der infantilen Ratte[3], Samenblasengewicht der infantilen[4] hypophysektomierten Ratte[5], Prostatagewicht der infantilen[4] und hypophysektomierten Ratte[5], schließlich das Hodengewicht von jungen Ringtauben[6].

Physiologie. Seinem zeitlichen Auftreten nach ist das Choriongonadotropin ein schwangerschaftserhaltendes Hormon. Es trägt zur Aufrechterhaltung der Funktion des Corpus luteum graviditatis bei. Es verschwindet praktisch dann, wenn die Progesteronbildung der Placenta eine genügende Höhe erreicht hat, um für sich allein die Schwangerschaft weiter zu erhalten. Das Erscheinen von Choriongonadotropin im Harn zur Zeit der Ovulation während des menschlichen Cyclus und sein bei verschiedenen Tieren nachgewiesener ovulationsauslösender Einfluß lassen auch für den Menschen an eine Bedeutung des Choriongonadotropins für den Eintritt der Ovulation denken. Die Ovulation beim Kaninchen wird durch Tetraäthylammoniumbromid verhindert[7]. Injiziertes Choriongonadotropin verschwindet sehr rasch aus Blut und Geweben und wird mit dem Harn ausgeschieden[8].

Pathologie. Störungen im Haushalt des Choriongonadotropins mögen mit gewissen Störungen des Cyclus und des Verlaufs der Frühschwangerschaft zusammenhängen. Das bei malignen Tumoren im Harn erscheinende, mit dem Choriongonadotropin identische[9] Hormon ist als Sekretionsprodukt der Tumorzellen aufzufassen, sein Nachweis hat diagnostische und prognostische Bedeutung. Die Vermutung, daß bei Genitaltumoren erhebliche Mengen hypophysärer Gonadotropine im Harn erscheinen, hat sich nicht bestätigt. Beim Menschen bewirkte Injektion von 150 Kaninchenovulationseinheiten und mehr Thekaluteinisierung ohne Beeinflussung der Granulosazellen[10].

g) Stutenserumgonadotropin (pregnant mare serum gonadotropin, PMSG). Das von COLE u. HART[11], sowie gleichzeitig von ZONDEK[12] im Serum schwangerer Stuten entdeckte gonadotrope Hormon ist chemisch und biologisch eindeutig von dem menschlichen Choriongonadotropin unterschieden.

Vorkommen. Das Hormon erreicht seine höchste Konzentration zwischen dem 50. und 80. Tag der Trächtigkeit[13]. Es stammt aus der Placenta und kann auch in dieser nachgewiesen werden[14]. Über den Verlauf der Konzentration im Stutenserum während der Trächtigkeit orientiert die Abb. 48.

Darstellung. Ältere Darstellungsversuche[15, 16] bedienten sich der Aussalzung mit Natriumsulfat, der Adsorption an Aluminiumhydroxyd und der Fällung mit organischen Lösungsmitteln. Sie lieferten keine besonders reinen Präparate.

[1] HASENBEIN, G.: Zbl. Gynäk. **73**, 38 (1951). — [2] SEALEY, J. L., and C. W. SONDERN: Endocrinology **26**, 813 (1940). — BISCHOFF, F.: Endocrinology **30**, 667 (1942). — [3] DELFS, E.: Endocrinology **28**, 196 (1941). — DORFMAN, R. I., and B. L. RUBIN: Endocrinology **41**, 456 (1947). — [4] WATTS, R. M., and F. L. ADAIR: Amer. J. Obstet. Gynec. **46**, 183 (1943). — LORAINE, J. A.: J. Endocrinol. **6**, 319 (1950). — [5] DICZFALUSY, E., B. HÖGBERG and A. WESTMAN: Acta endocrinol., København **5**, 226 (1950). — [6] RIDDLE, O.: Zit. nach DICZFALUSY, E.: Acta endocrinol., København, Suppl. **12**, 26 (1953). — [7] MOLINA, C., et T. DOUARD: C.R. Soc. Biol. **144**, 530 (1950). — [8] LEACH, R. B., I. TOKUYAMA and W. O. MADDOCK: J. clin. Endocrinol. **14**, 887 (1954). — [9] HAMBURGER, C.: Acta path. microbiol. scand. **18**, 456 (1941). — [10] ISHIZUKA, N.: Med. J. Osaka Univ. **2**, 103 (1950). — [11] COLE, H. H., and G. H. HART: Amer. J. Physiol. **93**, 57 (1930). — [12] ZONDEK, B.: Kli. Wo. **1930 II**, 2285. — [13] EVANS, H. M., K. MEYER and M. E. SIMPSON: Mem. Univ. Calif. 1933. — [14] COLE, H. H., and H. GOSS (Hrsgb.): Essays in Biology. in Honor of H. M. EVANS: Berkeley, Cal. 1943. — [15] CATCHPOLE, H. R., and W. R. LYONS: Amer. J. Anat. **55**, 167 (1934). — [16] GOSS, H., and H. H. COLE: Endocrinology **15**, 214 (1931). — EVANS, H. M., E. L. GUSTUS and M. E. SIMPSON: J. exp. Med. **58**, 569 (1933).

Bessere Ergebnisse wurden durch Vorfällung des Serums bei p_H 9,0 mit 50% Aceton, Einstellen des p_H des Filtrates auf 6,0 und Fällung mit 70% Aceton erhalten. Die Hormonfällung wurde in 40%igem neutralem Aceton aufgenommen, vom Unlöslichen abgetrennt, bei p_H 5,5 auf 50% Aceton gebracht und von dem dabei fallenden Niederschlag befreit. Bei Einstellen von p_H 4,5 im jetzt erhaltenen Filtrat fällt das Hormon elektrophoretisch einheitlich als feiner Niederschlag[1,2]. Eine andere Methode[3] benutzt eine Vorfällung des mit Wasser verdünnten Serums bei p_H 3,6 mit Metaphosphorsäure, Fällung des Hormons im Filtrat mit Benzoesäure, Beseitigung der Benzoesäure mit Aceton, Aufnehmen in Wasser, Vorfällung mit 25% Alkohol bei p_H 4,7 und Fällung des Hormons mit 66% Alkohol. Der Hormonniederschlag wird nach dem Trocknen in 50%igem Alkohol bei p_H 4,8 aufgenommen, vom Unlöslichen befreit, auf p_H 6,5 gebracht und wieder filtriert. Aus dem Filtrat fällt bei p_H 1,5 mit 66%igem Alkohol das Hormon.

Eigenschaften. In Lösung ist das Hormon hitzeempfindlich, stärker bei saurer als bei alkalischer oder neutraler Reaktion[1]. Sauerstoff ist ohne Einfluß auf die Hitzeinaktivierung[4]. Sterile Lösungen waren bei 0° über mehrere Monate relativ stabil[5]. Der p_H der Lösungen ist wesentlich für die Stabilität[4]. Das Hormon ist löslich in Wasser, 50%igem Methanol, Äthanol oder Aceton, es fällt mit 70% Methanol, Äthanol oder 60% Aceton. Mit Sulfosalicylsäure ist es nicht fällbar. Es wird inaktiviert durch salpetrige Säure[6], Formaldehyd[7] und Acetylierung mit Keten[8] sowie durch Behandlung mit NaCN bei p_H 8,0[8]. Einwirkung von Cystein und anderen Reduktionsmitteln bewirkt[9], anscheinend durch Reduktion von Disulfidbindungen, Inaktivierung. Wie menschliches Choriongonadotropin wird das Hormon durch Harnstofflösungen inaktiviert[10].

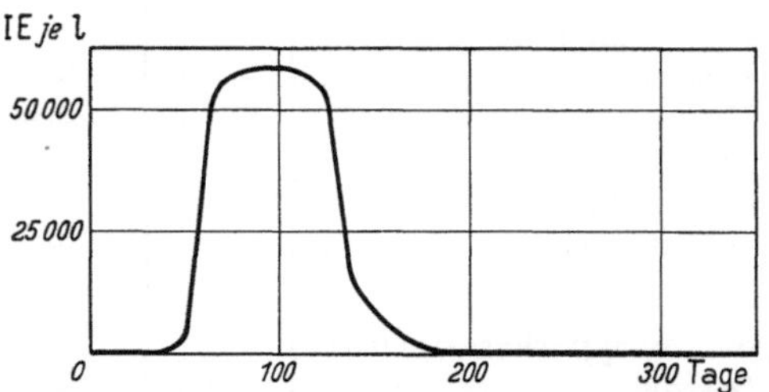

Abb. 48. Gehalt des Stutenserums an Stutenserumgonadotropin im Verlaufe der Trächtigkeit.

Weitere Eigenschaften vgl. Tabelle 148, S. 497.

Nachweis. Zum Nachweis des Stutenserumgonadotropins können die meisten der auf S. 491 aufgeführten Nachweisreaktionen des menschlichen Choriongonadotropins benutzt werden. Es steht ein internationaler Standard in Tabletten zu 25 mg zur Verfügung. 1 I.E. entspricht 0,25 mg dieser Tabletten[11]. Im Gegensatz zum Verhalten des menschlichen Choriongonadotropins bleibt injiziertes Stutenserumgonadotropin bis zu seiner Zerstörung im Blut[12] und erscheint kaum im Harn. Beim normalen infantilen Weibchen ist seine Wirkung hinsichtlich Follikelreifung viel intensiver als die von ICSH oder Choriongonadotropin. Auch das Gewicht der Ovarien wird sehr viel mehr gesteigert als durch die hypophysären Gonadotropine oder durch das in dieser Richtung besonders schwach wirksame Choriongonadotropin. Die Steigerung des Ovargewichts steht in einer linearen

[1] CARTLAND, G. F., and J. W. NELSON: J. biol. Ch. **119**, 59 (1937). — GOSS, H., and H. H. COLE: Endocrinology **26**, 244 (1940). — [2] LI, C. H., H. M. EVANS and D. H. WONDER: J. gen. Physiol. **23**, 733 (1940). — [3] RIMINGTON, C., and I. W. ROWLANDS: Biochem. J. **35**, 736 (1941). — [4] RIMINGTON, C., and I. W. ROWLANDS: Biochem. J. **38**, 54 (1944). — [5] COLE, H. H., H. GOSS, and J. BODA: J. clin. Endocrinol. **10**, 432 (1950). — [6] BISCHOFF, F.: Endocrinology **30**, 525 (1942). — [7] vgl. [1] sowie BISCHOFF, F.: Endocrinology **29**, 520 (1941). — [8] LI, C. H., M. E. SIMPSON and H. M. EVANS: J. biol. Ch. **131**, 259 (1939). — [9] FRAENKEL-CONRAT, H. L., M. E. SIMPSON and H. M. EVANS: Proc. Soc. exp. Biol. Med. **45**, 627 (1940). — EVANS, J. S., and J. D. HAUSCHILDT: J. biol. Ch. **145**, 335 (1942). — [10] BISCHOFF, F.: J. biol. Ch. **153**, 31 (1944); **165**, 399 (1946). — [11] D'AMOUR, F. E., and M. C. D'AMOUR: Endocrinology **27**, 68 (1940). — [12] CATCHPOLE, H. R., H. H. COLE and P. B. PEARSON: Amer. J. Physiol. **112**, 21 (1935).

Beziehung zum Logarithmus der Dosis von PMSG. Sie kann gut zur Standardisierung des Hormons benutzt werden, ebenso zur Unterscheidung vom Choriongonadotropin.

Physiologie. Außer den bisher erwähnten und den in Tabelle 147 aufgeführten Wirkungen des PMSG verdient noch Erwähnung, daß auch Ovulation und Superovulation durch das Hormon ausgelöst werden können[1]. Bei der Stute scheinen dem Hormon analoge Funktionen zuzukommen wie dem Choriongonadotropin beim Menschen.

Tabelle 147. Wirkungsspezifität der Gonadotropine auf Ratten.

	FSH	ICSH	FSH +ICSH	LTH	HCG	PMSG
Ratte, ♀, infantil:						
Oestrus	+++	+++	+++	———	+++	+++
Uterus	+++	+++	+++	———	+++	+++
Follikel	+++	+	+++	———	++	+++
Corpora lutea	++	+++	+++	———	+++	++
Interstitium	—	+++	+++	———	+++	+++
Ovargröße	+	+++	+++	———	+++	+
Ratte, ♀, hypophysektomiert:						
Oestrus	———	———	+++	———	+	—
Uterus	———	———	+++	———	+	—
Follikel	+++	———	+++	———	++	—
Corpora lutea	———	———	+++	———	+	—
Interstitium	———	+++	+++	———	++	+
Ovargröße	———	+++	+++	———	+	—
Ratte, ♂, infantil:						
Samenblasen	———	+++	+++	———	+++	+++
Spermiogenese	+++	++	+++	———	+++	+++
Zwischenzellen	———	+++	+++	———	+++	+++
Hodengröße	+	++	++	———	++	++
Ratte, ♂, hypophysektomiert:						
Samenblasen	———	+++	+++	———	++	++
Spermiogenese	+++	+	+++	———	++	++
Zwischenzellen	———	+++	+++	———	+++	+++
Hodengröße	+	+	+++	———	+	+

FSH = follikelstimulierendes Hormon. ICSH = interstitialzellstimulierendes Hormon. HCG = menschliches Choriongonadotropin. PMSG = Gonadotropin aus dem Serum trächtiger Stuten. LTH = Luteotrophin.

h) Antigonadotrope Hormone. Im Blut von längere Zeit mit gonadotropen Wirkstoffen behandelten Tieren entstehen antigonadotrope Stoffe[2]. Sie sind artspezifisch.

Darstellung. Durch Acetonfällung aus Blut behandelter Tiere oder durch Isolierung der Globulinfraktion durch Aussalzen[3].

---

[1] Evans, H. M., K. Meyer and E. M. Simpson: Mem. Univ. Calif. 1933. — Cole, H. H.: Amer. J. Anat. **59**, 299 (1936). Amer. J. Physiol. **119**, 704 (1937). — Evans, H. M., M. E. Simpson and W. R. Lyons: Proc. Soc. exp. Biol. Med. **46**, 586 (1941). — [2] Selye, H., C. Bachmann, D. L. Thomson and J. B. Collip: Proc. Soc. exp. Biol. Med. **31**, 1113 (1934). — Selye, H., J. B. Collip and D. L. Thomson: Proc. Soc. exp. Biol. Med. **32**, 530 (1934). — Collip, J. B., and E. M. Anderson: Lancet **1934 I**, 76. — [3] Zondek, B., and F. Sulman: Proc. Soc. exp. Biol. Med. **37**, 193 (1937).

Eigenschaften. Löslich in Wasser, unlöslich in 50%igem Aceton. Fällbar mit Alkohol oder Aceton oder durch Aussalzen mit 0,33—0,5 Sättigung Ammonsulfat. Durch 1/10 n NaOH zerstörbar, gegen 1/10 n-HCl beständig. Unempfindlich gegen H_2O_2 und UV-Bestrahlung. Nicht dialysabel[1].

Außerdem soll es in der Drüse noch einen Stoff geben, der antigonadotrope Wirkung hat und bei der Fraktionierung der luteinisierenden Fraktion gefunden wird[2].

i) Ein **androgener Wirkstoff** soll im Hypophysenvorderlappen des Rindes in der lipoidlöslichen, mit Digitonin nicht fällbaren Ketonfraktion vorkommen. Er dürfte dem Testosteron nahestehen[3].

k) Auf einen die Milchsekretion anregenden **„Faktor H"**, der nicht mit Vitamin E identisch ist, wurde 1947 hingewiesen[4].

β) Die Epiphyse (Zirbeldrüse, glandula pinealis)[5–9].

Anatomie. Die Epiphyse oder Zirbeldrüse, die sich schon bei wirbellosen Tieren findet und dort teilweise als Sinnesorgan angesprochen wird, liegt beim Menschen im hinteren Abschnitt der Vierhügelgegend als zapfenförmiges, mit dem breiteren Ende nach vorn gerichtetes Gebilde. Sie ist durch einen doppelten Stiel, durch den auch die Gefäße eintreten, mit dem Hirnstamm verbunden. Ihr Durchschnittsgewicht wird für den Menschen mit 0,15 g angegeben. Über die Größenverhältnisse bei verschiedenen Tierarten liegen ebenfalls Angaben vor[10].

Histologie[11]. Histologisch fallen neben indifferenten Glia-, Bindegewebs- und Nervenzellen die sog. Pinealzellen auf. Diese haben einen großen Kern mit eigenartigen Einschlüssen von Kugelform, die vom Kern an das Protoplasma abgegeben werden sollen (Kernexkretion), ein Vorgang, wie er bisher nur in der glandula pinealis beobachtet worden ist.

Physiologie. Unsere Vorstellungen über die Physiologie der Zirbel sind nur sehr mangelhaft fundiert. Von älteren klinischen Erfahrungen ausgehend, die sexuelle Frühreife bei Epiphysentumoren kannten, hat man immer wieder versucht, die Funktion der Zirbeldrüse als eine Hemmung der sexuellen Entwicklung aufzufassen[6]. Die Ergebnisse der Exstirpationsversuche sind nicht einheitlich. Wohl hat schon FoÀ beschleunigtes Kamm- und Hodenwachstum nach Epiphysektomie bei Hähnen gesehen und diese Versuche wiederholt[11].

Auch an Säugetieren, Ratten und Hunden[12] wirkte Entfernung der Zirbeln fördernd auf die Entwicklung der Gonaden. Außer der Hodenvergrößerung bei Ratten wurde auch Erhöhung des ^{32}P-Umsatzes[12] und verfrühtes Auftreten des Vaginaloestrus[13], beim Meerschweinchen Hemmung der kompensatorischen Hypertrophie des Ovars nach einseitiger Kastration[14], an der Maus Verzögerung der Geschlechtsreife und Verkleinerung der Ovarien gesehen[15]. Dagegen soll an Küken Pinealektomie Hodenwachstumshemmung bewirken[16]. Andere

[1] HARINGTON, C. R., and I. W. ROWLANDS: Biochem. J. **29**, 2049 (1937). — ZONDEK, B., and F. SULMAN: Proc. Soc. exp. Biol. Med. **36**, 708 (1937). — ZONDEK, B., F. SULMAN and A. HOCHMAN: Biochem. J. **32**, 1891 (1938). — [2] BUNDE, C. A., and A. A. HELLBAUM: Amer. J. Physiol. **125**, 290 (1939). — [3] PRELOG, V., and H. C. BEYERMAN: Exper. **1**, 64 (1945). — [4] EL SHAHAT, M.: Nature **160**, 247 (1947).

Zusammenfassende Darstellungen: 5—9. [5] Lehrb. inn. Med. (ASSMANN u. a.) 6./7. Aufl. Bd. 2, S. 232. — [6] BERBLINGER, W.: Physiologie und Pathologie der Zirbel. Ergebn. inn. Med. **14**, 245 (1930). — [7] ENGEL, P.: Die physiologische und pathologische Bedeutung der Zirbeldrüse. Ergebn. inn. Med. **50**, 116 (1936). — [8] MARBURG, O.: Handb. Physiol. Bd. 16/1, S. 493—509. — [9] ENGEL, P., u. W. BERGMANN: Z. Vit.-, Horm.-, Ferm.-Forsch. **4**, 564 (1951/52). — THIÈBLOT, L.: Rev. canad. Biol. **13**, 189 (1954).

[10] SANTAMARINA, E., and W. G. VENZKE: Amer. J. vet. Res. **14**, 555 (1953). — [11] v. MÖLLENDORFF, Lehrb. Histol. 26. Aufl., S. 279. — FOÀ, C.: Wien. klin. Wschr. **1934 II**, 1149. — [12] SIMONNET, H., and L. THIEBLOT: Acta endocrinol., København **7**, 306 (1951). — SIMONNET, H., and J. STERNBERG: Rev. canad. Biol. **9**, 407 (1951). — [13] SIMONNET, H., L. THIEBLOT and T. MELÍK: Ann. Endocrinol., Paris **12**, 202 (1951). — [14] MOSZKOWSKA, A.: C. R. Soc. Biol. **145**, 845 (1951). — [15] MOSZKOWSKA, A.: C. R. Soc. Biol. **145**, 847 (1951). — [16] SHELLABARGER, C. J.: Endocrinology **51**, 152 (1952).

Tabelle 148. Eigenschaften

	Wachstumshormon	Thyreotropes Hormon	Adrenocorticotropes Hormon * ACTH		
	Ausgangs-				
	Hypophysen-				
	Tierart				
	Rind	Rind (Schwein)	Schaf		Schwein (Protein)
			Protein	Peptid	
C	46,35		46,35		50,64
H	7,07		5,89		6,33
N	15,65	12,37—13,00	15,65		15.47
S	1,30	1,00—1,20	2,30		2,33
P.		0	0		
Asche.					
Amino-N	0,76				
Amid-N.	1,20				
Saure Gruppen je 10⁴ g	9,80				
BasischeGruppen je 10⁴ g	13,40				
Aminosäuren:					
Glykokoll	3,80				
Alanin					
Serin	5,70				
Cystein	0		0		0
Cystin	2,25		7,19		
Phenylalanin . . .	7,90	++			
Tyrosin	4,30			1,50	
Tryptophan	0,84—0,92			1,00	
Threonin	9,00				
Methionin	2,90—3,06	++	1.93		
Valin	3,90				
Prolin	3,40				
Leucin	12,10				
Isoleucin	4,00				
Arginin	9,10				
Histidin.	2,65				
Asparaginsäure . .	9,00				
Glutaminsäure . . .	13,40				
Lysin	7,10				
Kohlenhydrate: . . .	0	3,50	0	0	
Mannose	0		0	0	
Galaktose	0		0	0	
Hexosamin	0	2,50	0	0	
Verhalten gegen Enzyme:					
Carboxypeptidase .	0				
Chymotrypsin . . .		Zers.			
Trypsin	Zers.	Zers.	± Zers.	± Zers.	
Papain		0			
Pepsin	Zers.	Zers.	0	0	0

* Neuere Befunde siehe S. 474.

der Hypophysenhormone.

Follikel-stimulierendes Hormon		Interstitialzellen stimulierendes Hormon		Prolactin = luteotrophes Hormon		Chorion-gonadotropin	Stutenserum-gonadotropin
material							
vorderlappen						Harn	
Tierart							
Schaf	Schwein	Schaf	Schwein	Schaf	Rind	Schwangere Frau	Trächtige Stute
44,93			49,37	50,72	51,50	50,00	
6,67			6,83	6,63	6,92	7,00	
15,10	13,00	14,20	14,93	15,86	16,50	12,00	10,6—10,8
1,50				1,79	2,00	1,96—2,00	0,50—0,58
					0,50—0,72		
				0,74			0,46
				1,40			
				11,50			
				12,70			
				4,00		++	
						++	
				6,50		++	
		0		0	0	0	0
4,3				3,11	3,40	++	1,96—2,78
5,8				4,10		++	
3,8		4,50		4,53—4,70	5,50—5,70	++	3,54
0,6		1,00	3,80	1,20—1,30	1,30	0,15	1,37
4,7				4,10		++	
1,0				4,30—5,30		+++	
5,8				4,80		++	
5,2				6,20		++	
9,2				12,50		++	
3,3				6,50		+	
5,3				8,31—8,60		++	2,10
3,7				4,50		++	3,25
9,3				11,60		++	
13,4				14,10		++	
11,1				5,30		++	8,80
	20,00			0			
1,3	4,50	4,50	2,80	0			
				0		10,0—12,0	14,1—17,60
0,6-	4,40	5,80	2,20	0		5,0—6,0	8,40
1,51							
0	0-Zers.	0	0-Zers.				Zers.
	Zers.		Zers.			Zers.	Zers.
	± Zers.		± Zers.	Zers.	Zers.	Zers.	Zers.
	± Zers.		± Zers.			Zers.	Zers.
	± Zers.		Zers. ?	Zers.	Zers.	0	Zers.

Tabelle 148.

	Wachstumshormon	Thyreotropes Hormon	Adrenocorticotropes Hormon ACTH		
	Ausgangs-				
	Hypophysen-				
	Tierart				
	Rind	Rind (Schwein)	Schaf		Schwein (Protein)
			Protein	Peptid	
Molekulargewicht:					
Osmotischer Druck .	44250				
Sedimentation . . .	44000	10000	20000	1200	20000
Analyse	47300				
Diffusion	39300			1200	
Konstanten:					
Sedimentationskonst.		1,00	2,08		2,04—2,11
Diffusionskonst. . .	7,15		10,40		
Dissymmetriekonst.	1,31		1,10		
Isoelektr. Punkt (p_H)	6,85	8,0—8,5	4,65—4,70		4,70—4,80
Opt. Drehung [α] .					
Literatur	1–9	10–16		6, 9, 17–19	

[1] Franklin, A. L., C. H. Li and M. S. Dunn: J. biol. Ch. **169**, 515 (1947). — [2] Lewis, J. C., and H. S. Olcott: J. biol. Ch. **157**, 265 (1945). — [3] Li, C. H.: Fed. Proc. **5**, 144 (1946). — [4] Li, C. H.: Ann. Rev. **16**, 291 (1947). — [5] Li, C. H.: J. physic. Colloid Chem. **51**, 218 (1947). — Neurath-Bailey, Proteins, Bd. 2/A, S. 595—661. — [6] Li, C. H., and H. M. Evans: Vitamins & Hormones **5**, 198 (1947). — [7] Li, C. H., and H. M. Evans: Recent Progr. Hormone Res. **3**, 3 (1948). — [8] Li, C. H., H. M. Evans and M. E. Simpson: J. biol. Ch. **159**, 353 (1945). — Li, C. H., and M. Moskowitz: J. biol. Ch. **178**, 203 (1949). — [9] Li, C. H., H. M. Evans and M. E. Simpson: J. biol. Ch. **149**, 413 (1943). — [10] Chow, B. F., R. O. Greep and H. B. van Dyke: J. Endocrinol. **1**, 440 (1940). — [11] Ciereszko, L. S.: J. biol. Ch. **160**, 585 (1945). — [12] Fraenkel-Conrat, J., H. L. Fraenkel-Conrat, M. E. Simpson and H. M. Evans: J. biol. Ch. **135**, 199 (1940). — [13] Steelman, S. L., J. W. Giffee jr. and E. J. Hawrylewicz: Fed. Proc. **11**, 292 (1952). — [14] White, A.: On the Chemistry and Physiology of Hormones. S. 1. Lancaster, Pa. 1945. — [15] White, A., H. R. Catchpole and C. N. H. Long: Science, N. Y. **86**, 82 (1937). — [16] Fels, G., M. E. Simpson, A. Sverdrup and H. M. Evans: Endocrinology **51**, 349 (1952). — [17] Burtner, E.: Am. Soc. **65**, 1238 (1943). — [18] Lyons, W. R.: Proc. Soc. exp. Biol. Med. **35**, 645 (1937). — [19] Sayers, G., A. White and C. N. H. Long: J. biol. Ch. **149**, 425 (1943). — [20] Chen, G., and H. B. van Dyke: Proc. Soc. exp. Biol. Med. **40**, 172 (1939). — [21] Chow, B. F.: Ann. N. Y. Acad. Sci. **43**, 309 (1943). — [22] Chow, B. F., R. O. Greep and H. B. van Dyke: J. Endocrinol. **1**, 440 (1939). — [23] Fraenkel-Conrat, H., M. E. Simpson and H. M. Evans: J. biol. Ch. **130**, 243 (1939). — [24] Fraenkel-Conrat, H. (L.) M. E. Simpson and H. M. Evans: Proc. Soc. exp. Biol. Med. **45**, 627 (1940). — [25] Gurin, S.: Proc. Soc. exp. Biol. Med. **49**, 48 (1942). — [26] Horn, M. J., and D. B. Jones: J. biol. Ch. **157**, 153 (1945). — [27] Li, C. H.: Vitamins & Hormones **7**, 223 (1949) Am. Soc. **72**, 2815 (1950). — [28] McShan, W. H., and H. E. French: J. biol. Ch. **117**, 111 (1937). — [29] McShan, W. H., and R. K. Meyer: J. biol. Ch. **135**, 473 (1940). — [30] Li, C. H., and K. O. Pedersen: J. gen. Physiol. **35**, 629 (1952). — [31] Chow, B. F., H. B. van Dyke, R. O. Greep, A. Rothen and T. Shedlovsky: Endocrinology **30**, 650 (1942). — [32] Greep, R. O., H. B. van Dyke and B. F. Chow: Endocrinology **30**, 635 (1942). — [33] Shedlovsky, T., A. Rothen, R. O. Greep, H. B. van Dyke and B. F. Chow: Science, N. Y. **92**, 178 (1940). — [34] Fraenkel-Conrat, H. L.: J. biol. Ch. **142**, 119 (1942). — [35] Li, C. H.: J. biol. Ch. **146**, 633 (1942). — [36] Li, C. H.: J. biol. Ch. **148**, 289 (1943). — [37] Li, C. H., W. R. Lyons and H. M. Evans: J. gen. Physiol. **23**, 433 (1939/40). — [38] Li, C. H., W. R. Lyons and H. M. Evans: J. biol. Ch. **136**, 709 (1940). — [39] Li, C. H., W. R. Lyons and H. M. Evans: Am. Soc. **62**, 2925 (1940). — [40] Li, C. H., W. R. Lyons and H. M. Evans: J. biol. Ch.

(Fortsetzung.)

Follikelstimulierendes Hormon		Interstitialzellen stimulierendes Hormon		Prolactin = luteotrophes Hormon		Choriongonadotropin	Stutenserumgonadotropin
material							
vorderlappen						Harn	Serum
Tierart							
Schaf	Schwein	Schaf	Schwein	Schaf	Rind	Schwangere Frau	Trächtige Stute
		40000		26500	26500		
70000			100000	33300	32000—35000	100000	
					22000		
4,30		3,60	5,40		2,65	4,30	
				9,00	7,50	4,40	
				1,29	— 1,37		
4,50		4,60	7,45	5,73	5,73	3,20—3,30	2,60—2,65
					— 40,50		
20–30		22, 27, 31–33		34–46		27, 47–56	27, 57–61

140, 43 (1941). — [41] Li, C. H., M. E. Simpson and H. M. Evans: J. biol. Ch. **146**, 627 (1942). — [42] McShan, W. H., and H. E. French: J. biol. Ch. **117**, 111 (1937). — [43] Shedlovsky, T.: Ann. N. Y. Acad. Sci. **43**, 259 (1943). — [44] Shipley, R. A., K. G. Stern and A. White: J. exp. Med. **69**, 785 (1939). — [45] White, A.: Vitamins & Hormones **7**, 253 (1949). — [46] White, A., R. W. Bonsnes and C. N. H. Long: J. biol. Ch. **143**, 447 (1942). — [47] Abramowitz, A. A., and F. L. Hisaw: Endocrinology **25**, 633 (1939). — [48] Gurin, S., C. Bachman and D. W. Wilson: J. biol. Ch. **133**, 467 (1940). — [49] Gurin, S., C. Bachman and D. W. Wilson: J. biol. Ch. **133**, 477 (1940). — [50] Lundgren, H. P., S. Gurin, C. Bachman and D. W. Wilson: J. biol. Ch. **142**, 367 (1942). — [51] Reiss, M., u. F. Haurowitz: Z. ges. exp. Med. **68**, 371 (1929). — [52] Spielman, M. A., and R. K. Meyer: Proc. Soc. exp. Biol. Med. **37**, 623 (1938). — [53] Wiesner, B. P., and P. G. Marshall: Quart. J. exp. Physiol. **21**, 147 (1931). — [54] Zilliacus, H., and B. E. Roos: Acta endocrinol., København **6**, 147 (1951). — [55] Drèze, A., et C. Wodon: Arch. int. Physiol. **62**, 559 (1954). — [56] Butt, W. R.: J. Endocrinol. **13**, 167 (1956). — [57] Cartland, G. F., and J. W. Nelson: J. biol. Ch. **119**, 59 (1937). — [58] Evans, J. S., and J. D. Hauschildt: J. biol. Ch. **145**, 335 (1942). — [59] Evans, J. S., J. W. Nelson and G. F. Cartland: Endocrinology **30**, 387 (1942). — [60] Goss, H., and H. H. Cole: Endocrinology **15**, 214 (1931). — [61] Li, C. H., H. M. Evans and D. H. Wonder: J. gen. Physiol. **23**, 733 (1940).

Autoren kamen jedoch bei verschiedenen Tierarten zu wechselnden oder überhaupt negativen Ergebnissen[1]. Jedenfalls hat die Operation, wenn überhaupt, nur in frühester Jugend einen Erfolg. Das gleiche gilt für die Zufuhr von Zirbeldrüsenextrakten; es wird dabei eine gewisse Hemmung der Sexualentwicklung beschrieben[2]. Die Beobachtung, daß nach langdauernder Anwendung in aufeinanderfolgenden Rattengenerationen Zurückbleiben des Wachstums und sexuelle Frühreife eintreten[3], konnte nicht bestätigt werden[4]. Epyphysektomie an der Ratte erhöht Hexokinaseaktivität, anaerobe Glykolyse und ^{32}P-Aufnahme der

[1] Engel, P.: Wien. klin. Wschr. **1937 II**, 1219. — [2] Calvet, J.: Bull. Soc. Sexol. **1**, 171 (1933). — [3] Rowntree, L. G., J. H. Clark, A. Steinberg and A. M. Hanson: Endocrinology **20**, 348 (1936). — [4] Engel, P.: Endocrinology **25**, 144 (1939).

Epiphyse; corticotropes Hormon hemmt diese Veränderungen. Auch am ^{131}J-Stoffwechsel beteiligt sich die Zirbeldrüse[1].

Versuche an Fischen zeigen, daß bei lichtdurchlässiger Schädeldecke ein Einfluß der Belichtung der Epiphysengegend auf das Melanophorensystem besteht[2]. Zirbelextrakte wirken an Xenopus laevis melanophorenexpandierend[3]. Der Wirkstoff sei kochbeständig und nicht mit Adrenalin identisch.

Pathologie. Der Zusammenhang gewisser Formen von Pubertas praecox mit Zirbeldrüsentumoren ist vom klinischen Standpunkt nicht ganz von der Hand zu weisen. Fraglich bleibt nur, ob nicht Druckwirkungen auf das Zwischenhirn eher dafür verantwortlich sind, als ein Ausfall der hypothetischen inneren Sekretion der Zirbel. Klinisch wird vorzeitige Entwicklung der sekundären Geschlechtscharaktere und im Hoden Zunahme des interstitiellen Gewebes beobachtet. Über Pinealocytome vgl. Fußnote [4].

γ) Die Schilddrüse (glandula thyreoidea)[5-15].

Die innersekretorische Bedeutung der Schilddrüse wurde durch die Arbeiten von KOCHER u. REVERDIN bewiesen. Von größter Bedeutung für ihre Erforschung wurde jedoch die Entdeckung des Jodreichtums dieser Drüse[16] durch BAUMANN 1896.

Anatomie. Die Schilddrüse entwickelt sich aus dem vom Zungengrund ausgehenden ductus thyreoglossus und liegt bei den Säugetieren als paariges, braunrotes Organ beiderseits der Trachea in der Höhe des Kehlkopfes. Die beiden Seitenlappen sind durch einen, die Luftröhre umgreifenden, mehr oder weniger ausgebildeten Isthmus verbunden. Auffallend ist die besonders reichliche Gefäßversorgung der Drüse. Das Gewicht schwankt beim Menschen stark zwischen 20 und 60 g.

Histologie[17]. Die Schilddrüse ist durch das die Gefäße und Nerven führende Bindegewebe in Läppchen (acini) geteilt. Das Epithel bildet völlig in sich geschlossene, mit Kolloid gefüllte Hohlräume von verwickelter Form. Das Kolloid macht 65% des Drüsengewichtes aus und stellt die Stapelform des Hormons dar. Es wandelt sich bei erhöhter Hormonausschüttung (Resorptionsvacuolen) stark um, unter Umständen kann es zu völliger Entleerung der Follikel kommen. Nach einer solchen Sekretausschüttung wird neues Kolloid gebildet (Experimentalbefunde bei Meerschweinchen, Aktivitätsunterschiede bei winterschlafenden Tieren). Das Kolloid ist also als Produkt der Follikelepithelien aufzufassen.

---

[1] REISS, M., F. E. BADRICK and J. H. HALKERSTON: Biochem. J. **44**, 257 (1949). — [2] BREDER, C. M., and P. RASQUIN: Science, N. Y. **111**, 10 (1950). — [3] BORS, O., and W. C. RALSTON: Proc. Soc. exp. Biol. Med. **77**, 807 (1951). — [4] STOLL, W. S.: Schweiz. med. Wschr. **75**, 908 (1945). — CORBETTA, S.: Riv. Anat. pat. Oncol. **3**, 430 (1950). — KALM, H., u. R. MAGUN: Dtsch. Z. Nervenheilkde. **164**, 453 (1950).

Zusammenfassende Darstellungen: 5—15. [5] ABELIN, I.: Die Physiologie der Schilddrüse. Handb. Physiol. Bd. 16/1, S. 94—237. — [6] Lehrb. inn. Med. (ASSMANN u. a.) 6/7. Aufl. Bd. 2, S. 233—256. — [7] ELMER, A. W.: Iodine Metabolism and Thyroid Function. London 1938. — [8] HARINGTON, C. R.: The Thyroid Gland, its Chemistry and Physiology. London 1933. — [9] ISENSCHMID, R.: Pathologische Physiologie der Schilddrüse. Handb. Physiol. Bd. 16/1, S. 238—345. — [10] MANSFELD, G.: Die Sofortwirkung des Thyroxins und ihre klinische Bedeutung. Exper. **2**, 185 (1946). Die Hormone der Schilddrüse und ihre Wirkung. Basel, Budapest 1943. — [11] MEANS, J. H.: The Thyroid and its Diseases. 2nd. ed. Philadelphia 1948. — [12] SALTER, W. T.: The Endocrine Function of Iodine. Cambridge, Mass. 1940. — [13] SALTER, W. T.: Chemical Developments in Thyroidology. Springfield, Ill. 1950. — [14] SALTER, W. T.: The chemistry and physiology of the thyroid hormone. Pincus-Thimann, Hormones Bd. 2, S. 181—299. The control of thyroid activity. Pincus-Thimann, Hormones Bd. 2, S. 301—349. — [15] KÜHNAU, J.: A.e.P.P. **216**, 3 (1952). —

[16] BAUMANN, E.: H. **21**, 319 (1896). — BAUMANN, E., u. E. ROOS: H. **21**, 481 (1896). — [17] BARGMANN, W.: Handb. mikroskop. Anat. (v. MÖLLENDORFF) Bd. 6/2 S. 1—136. — WEGELIN, C.: Handb. path. Anat. (HENKE-LUBARSCH) Bd. 8, S. 1. — LOESCHCKE, E.: Beitr. path. Anat. **98**, 521 (1937).

Chemie. *Zusammensetzung.* Wasser 82,24%, organische Bestandteile 17,66%, anorganische 0,1%, Ca 33,7 mg-%, Mg 9,6 mg-%, As 13,1 γ-%. Pb konnte in gesunden menschlichen Schilddrüsen nicht gefunden werden[1]. Auf einen wechselnden Fluorgehalt wird hingewiesen[2]. Die Angaben über den Jodgehalt schwanken zwischen 0,01 und 0,35% des Frischgewichtes bei den verschiedenen Tierarten. Abgesehen von Artunterschieden ist dieser große Spielraum sicherlich teilweise durch methodische Differenzen besonders bei den älteren Untersuchern bedingt. Dazu kommen Einflüsse von Rasse, Alter, Klima, Jahreszeit, geographischer Lage und Ernährung, die alle den Jodgehalt der Schilddrüse maßgeblich beeinflussen können. Jedenfalls ist aber die Schilddrüse das bei weitem jodreichste Organ des tierischen Körpers. Sie enthält 20% des Bestandes des Organismus an Jod. Ein kleiner Teil des Schilddrüsenjods, bis zu 10%, liegt als anorganisches Jod vor, bestimmbar in den wäßrigen Auszügen des Drüsentrockenpulvers. Die Hauptmenge verteilt sich auf 28–60,5% Thyroxinjod, entsprechend der säureunlöslichen Jodfraktion nach schwach alkalischer Hydrolyse, und schließlich die säurelösliche Jodfraktion, die vorwiegend dem Dijodtyrosinjod entspricht[3]. Auch durch Extraktion des Drüsenhydrolysats mit Butylalkohol soll sich die Thyroxinjodfraktion abtrennen lassen[4], doch scheint diese Methode zu niedrige Werte zu ergeben[5]. Eine Übersicht über die Jodverteilung in der feuchten Schilddrüse gibt die vorstehende Tabelle 149.

Tabelle 149. Jodverteilung in der Schilddrüse.

Tierart	Gesamtjod g-%	Säurelösliches Jod g-%	Thyroxinjod g-%	Thyroxinjod in % des Gesamtjods
Rind . . .	0,253	0,139	0,114	45,05
Schwein . .	0,086	0,046	0,040	39,59
Pferd . . .	0,197	0,119	0,078	39,59
Mensch . .	0,174	0,130	0,044	25,20

Frische Rattenschilddrüsen enthalten 5,2—*7,2*—10,0 mg-% Thyroxin[6]. Das Thyroxin ist in der Schilddrüse in gebundener Form im Thyreoglobulin enthalten.

Hinsichtlich des Thyreoglobulins wäre zu dem in Bd. **1**, S. 537 u. 701 Gesagten hier noch nachzutragen: Thyroxin und Dijodtyrosin konnten als terminale Gruppen im Thyreoglobulin nachgewiesen werden[7], daneben fanden sich auch Glutaminsäure, Serin, Glycin, Alanin, Leucin, Threonin, Valin und Tyrosin als Endgruppen[8]. Das Thyreoglobulin stellt danach ein stark verzweigtes Eiweißmolekül dar mit sehr zahlreichen terminalen Gruppen. Aus ihm konnte durch Pepsin und Trypsin ein Mucopolysaccharid abgespalten werden[9].

In Schweineschilddrüsen konnten folgende Aminosäuren mikrobiologisch nachgewiesen werden: Arginin, Asparaginsäure, Glutaminsäure, Glycin, Leucin, Isoleucin, Lysin, Methionin, Phenylalanin, Threonin und Valin[10]. Der Glutaminsäuregehalt der menschlichen Schilddrüse wird ebenso wie der Glutamingehalt mit 10^{-6} Mol/g angegeben[11].

[1] Horiuchi, K., I. Takada and E. Tamori: Igaku to Seibutsugaku **29**, 188 (1953) [Chem. Abstr. **48**, 2921c (1954)]. — [2] Evans, R. J., and P. H. Phillips: J. amer. med. Ass. **111**, 300 (1938). — [3] Harington, C. R., and S. S. Randall: Quart. J. Pharmacol. **2**, 501 (1929). Biochem. J. **23**, 373 (1929). — [4] Leland, J. P., and G. L. Foster: J. biol. Ch. **95**, 165 (1932). — [5] Rotter, G., u. E. Soos: A. e. P. P. **173**, 614 (1933). — [6] Taurog, A., and I. L. Chaikoff: J. biol. Ch. **163**, 323 (1946). — [7] Roche, J., R. Michel, J. Nunez et G. Lacombe: Bull. Soc. Chim. biol. **37**, 219 (1955). — [8] Roche, J., R. Michel et J. Nunez: Bull. Soc. Chim. biol. **37**, 229 (1955). — [9] Hooghwinkel, G. J. M., G. Smits and D. B. Kroon: Biochim. Biophysica Acta, N. Y. **15**, 78 (1954). — [10] Camien, M. N., M. S. Dunn, R. B. Malin, P. J. Reiner and J. Tarbet: Univ. Calif. Publ. Physiol. **8**, 327 (1949). — [11] Krebs, H. A., L. V. Eggleston and R. Hems: Biochem. J. **44**, 159 (1949).

Die Schilddrüse des Neugeborenen ist fettfrei. Histochemisch wird Fett im Alter von 3 Monaten nachweisbar. Die vorwiegend im Interstitium anzutreffenden Lipoide erscheinen hier im Alter von 15 Monaten, im Epithel erst im Alter von 21 Monaten. Vom 2. Jahr ab enthält auch das Kolloid Fett[1]. In Schilddrüsen von Rind, Schaf und Schwein waren Tetraen-, Pentaen- und Hexaensäuren nachzuweisen[2]. Über Lipoide s. [3]. Acetalphosphatide lassen sich durch die FEULGEN-Reaktion und mit 2,4-Dinitrophenylhydrazin nachweisen[4]. Als weitere Inhaltsstoffe der menschlichen Schilddrüse werden 0,9% Citronensäure in Form eines Ca- oder Mg-Komplexes[5], ferner 2,1 γ-% Vitamin C[6] und deutliche Mengen von Inosit[7] erwähnt.

Peroxydasen lassen sich besonders in den zentralen Follikeln von Ratten- und Meerschweinchenschilddrüsen nachweisen[8]. Es wird auch über das Vorkommen von Katalase neben Peroxydasen berichtet[9]. Ferner wurde in Schilddrüsenextrakten eine strukturgebundene Proteinase (p_H-Optimum 4,0, SH-Ferment) und eine ebenfalls strukturgebundene Peptidase (p_H-Optimum 7,2—7,8) nachgewiesen[10]. Eine Dejodase der Schilddrüse[11] wurde durch TSH (s. S. 466) aktivierbar gefunden[12]. Sie spaltet aus Dijodtyrosin, nicht aus Thyroxin Jod ab. Aus Thyreoglobulin ließ sich ebenfalls eine Protease abtrennen, die kein SH-Ferment ist und weder durch Metallionen noch durch Trypsin oder TSH aktivierbar ist[13].

Folgen der Thyreoidektomie. Da bei der chemischen Aufarbeitung der Schilddrüse der Jodgehalt der Fraktionen als Maßstab für die Wirksamkeit dienen konnte, haben die Versuche mit Entfernung der Schilddrüse für die Chemie und Isolierung des Schilddrüsenhormons nicht jene große Bedeutung gehabt, die analogen Versuchen bei anderen Hormonen eigen war. Wenn eine gleichzeitige Entfernung der Nebenschilddrüsen vermieden wird, so treten nach der Operation beim Säugetier dieselben Erscheinungen auf wie beim menschlichen Myxödem. Der Grundumsatz sinkt, die Haut wird dick und wasserreich, trophische Störungen der Anhangsgebilde der Haut, Brüchigwerden der Nägel, der Haare und Verlangsamung des Haarwachstums werden beobachtet. Eine geringe Erniedrigung der Körpertemperatur und eine leichte Anämie begleiten häufig das Krankheitsbild. Die N-Ausscheidung sinkt, die Kohlenhydrattoleranz steigt. Der Jodgehalt des Blutes wird niedrig gefunden. Wenn die Entfernung der Schilddrüse in jugendlichem Alter vor Abschluß der Wachstumsperiode vorgenommen wird, so gesellen sich zu diesen Veränderungen noch schwere Störungen des Wachstums und der Entwicklung. Besonders das Längenwachstum der Extremitäten leidet, die Epiphysenfugen bleiben lange offen. Die psychischen Störungen, die beim Erwachsenen in einer allgemeinen Stumpfheit bestehen, können nach Thyreoidektomie beim Jugendlichen sehr hochgradig sein.

Thyroxin[14].

Bezüglich der Chemie, der Darstellung und des chemischen Nachweises der Wirkstoffe der Schilddrüse wird auf Bd. 1, S. 537 u. 701 verwiesen.

---

[1] LEONARDIS, L. DE: Arch. ital. Anat. Embriol. **51**, 284 (1946). — [2] HOLMAN, R. T., and S. I. GREENBERG: J. amer. Oil Chem. Soc. **30**, 600 (1953). — [3] FOA, C., M. SPALLICCI e G. GOBBI: Sci. Med. ital. **2**, 163 (1951). — [4] ALBERT, S., and C. P. LEBLOND: Endocrinology **39**, 386 (1946). — [5] BROLIN, S. E., and T. THUNBERG: Acta physiol. scand. **13**, 211 (1947). — [6] GÓTH, E., u. I. LITTMANN: Orv. Lapja Nép. **3**, 518 (1947). — [7] MEYER, A. E.: Proc. Soc. exp. Biol. Med. **62**, 111 (1946). — [8] VILLAMIL, M. F., et R. E. MANCINI: Rev. Soc. argent. Biol. **23**, 219 (1947). — [9] LLAMAS, R.: An. Inst. Biol., México **22**, 343 (1952). — [10] WEISS, B.: J. biol. Ch. **205**, 193 (1953). — [11] ROCHE, J., O. MICHEL, R. MICHEL et S. LISSITZKY: C. R. Soc. Biol. **147**, 232 (1953). — [12] ROCHE, J., O. MICHEL, R. MICHEL et A. GORBMAN: C. R. Soc. Biol. **147**, 234 (1953). — [13] MCQUILLAN, M. T., and V. M. TRIKOJUS: Austral. J. biol. Sci. **6**, 617 (1953). — [14] KENDALL, E. C.: Thyroxine. Amer. chem. Soc., Monogr. Ser. No. 47. New York 1929.

Durch Papierchromatographie an mit Radiojod markiertem Material konnte in neuester Zeit nachgewiesen werden, daß in der Schilddrüse außer Thyroxin und 3,5-Dijodtyrosin noch weitere jodhaltige Stoffe vorkommen. Von den 5 nachgewiesenen neuen Stoffen[1] konnten Monojodhistidin[2], Monojodtyrosin[3], 3,3'-Dijodthyronin[4], 3,3',5'-Trijodthyronin[5] und 3,5,3'-Trijodthyronin[6] identifiziert werden. Letzteres erwies sich als 3mal wirksamer als L-Thyroxin[7]. Der Befund könnte Unstimmigkeiten, die sich in älteren Versuchen zwischen dem Thyroxingehalt der Schilddrüse und ihrer biologischen Wirksamkeit ergeben haben, erklären. Darüber hinaus wird man wohl damit rechnen müssen, Trijodthyronin den Sekretionsprodukten der Schilddrüse zuzurechnen. Keines der jodierten Thyronine wird in der Schilddrüse dejodiert; ihre Dejodase wirkt nur auf Dijodtyrosin. Dagegen können die Dejodasen der Körperzellen aus Tetrajodthyronin (= Thyroxin) Jod abspalten[8].

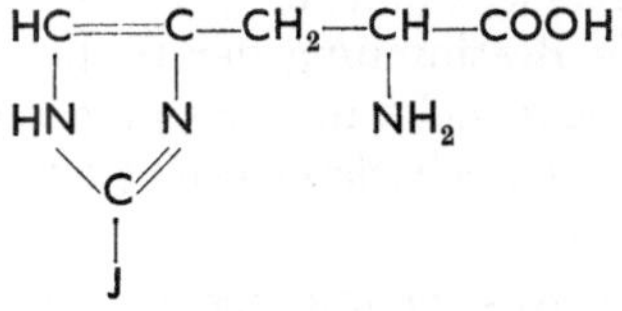

Monojodhistidin

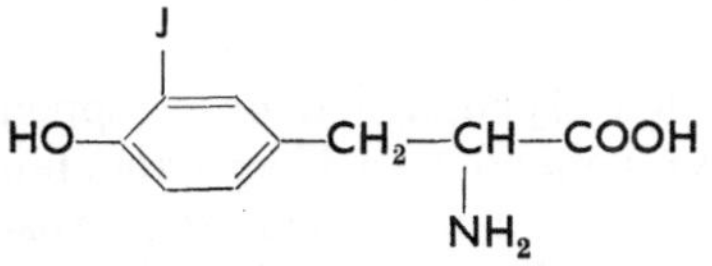

3-Monojodtyrosin

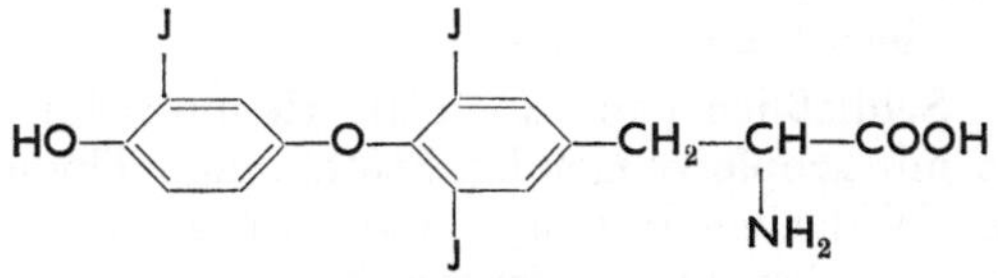

3,5,3'-Trijodthyronin

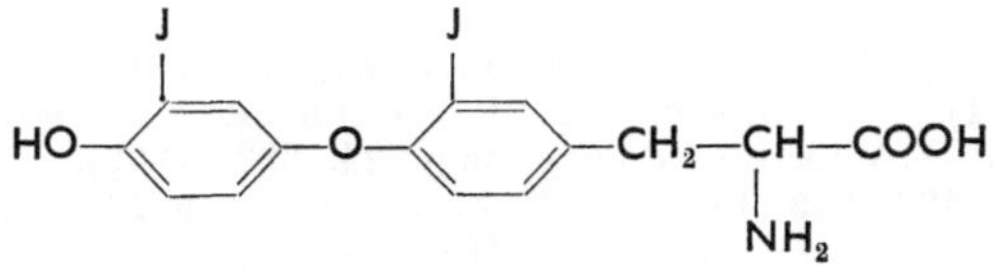

3,3'-Dijodtthyronin

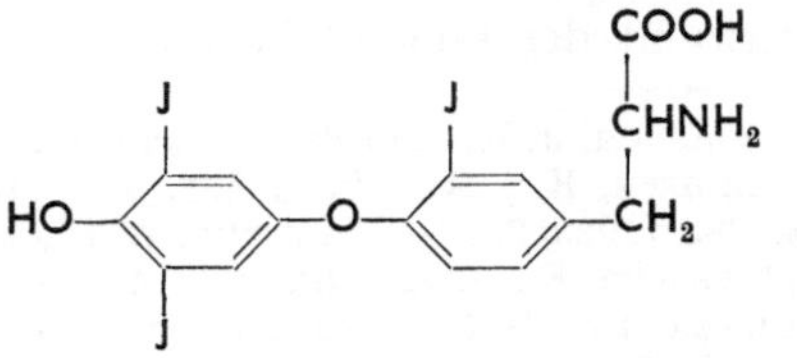

3,3',5'-Trijodthyronin

Nachweis. Zum qualitativen Nachweis ist eine ganze Anzahl der weiter unten beschriebenen biologischen Reaktionen der Schilddrüsenstoffe geeignet. Für den quantitativen Nachweis, der wegen einer gewissen Mangelhaftigkeit der chemischen Nachweisverfahren und wegen der Leichtigkeit, mit der Schilddrüsenpräparate gefälscht werden können, durchaus eine Berechtigung hat, stehen verschiedene Methoden zur Verfügung. Bei der Verwendung von Standardvergleichspräparaten, als welche sich besonders natürliches oder in ausreichender

[1] ROCHE, J., and R. MICHEL: Adv. Protein Chem. **6**, 253 (1951). — GROSS, J., and C. P. LEBLOND: Endocrinology **48**, 714 (1951). — [2] ROCHE, J., S. LISSITZKY and R. MICHEL: Cr. **232**, 2047 (1951). — [3] FINK, K., and R. M. FINK: Science, N. Y. **108**, 358 (1948). — TAUROG, A., I. L. CHAIKOFF and W. TONG: J. biol. Ch. **178**, 997 (1949). — [4] ROCHE, J., R. MICHEL, W. WOLF et J. NUNEZ: Cr. **240**, 921 (1955). — [5] ROCHE, J., R. MICHEL et W. WOLF: Cr. **240**, 251 (1955). — [6] GROSS, J., and R. PITT-RIVERS: Lancet **1952 I**, 439. — ROCHE, J., S. LISSITZKY and R. MICHEL: Ann. pharmaceut. franç. **10**, 166 (1952). — [7] GROSS, J., and R. PITT-RIVERS: Lancet **1952 I**, 593. — GROSS, J., R. PITT-RIVERS and W. R. TROTTER: Lancet **1952 I**, 1044. — [8] ROCHE, J., and R. MICHEL: Physiol. Rev. **35**, 583 (1955).

Reinheit synthetisch gewonnenes Thyroxin anbieten, wird man zu bedenken haben, daß nur L-Thyroxin gut wirksam ist, während über eine gewisse sehr viel geringere Wirksamkeit des D-Thyroxins in den einzelnen Versuchsanordnungen keine vollkommene Klarheit besteht. Die exakteste Methode dürfte die Messung des Grundumsatzes sein[1]. Für die Versuche können normale[2] oder einige Wochen vorher thyreoidektomierte[3] Ratten (letztere sollen empfindlicher sein), männliche erwachsene Mäuse[1] oder Meerschweinchen[4], nicht zuletzt auch der myxödemkranke Mensch[5] verwendet werden. Sowohl das Ausmaß der O_2-Verbrauchssteigerung als auch das der Zunahme der CO_2-Abgabe stehen in direkter Beziehung zum Logarithmus der Dosis.

Eines indirekten Nachweises des erhöhten O_2-Bedarfs unter Schilddrüseneinwirkung bedienen sich die Methoden, die die Überlebenszeit der Maus unter erniedrigtem O_2- und erhöhtem CO_2-Partialdruck als Maßstab benutzen[6]. Auch der Gewichtsverlust von Meerschweinchen[7], Schafen[8] oder nicht hungernden Ratten[9], schließlich auch die Bestimmung der tödlichen Dosis an Meerschweinchen[10] können für Auswertungszwecke nutzbar gemacht werden. Eine indirekte Methode der Messung der Stoffwechselsteigerung ist auch die Bestimmung der Acetonitrilresistenz an der Maus[11].

Eine weitere Technik der Auswertung des Schilddrüsenhormons benutzt die Metamorphosebeschleunigung von Amphibienlarven[12]. Als geeignet erwiesen sich die Larven von Rana temporaria[13], Rana pipiens[14], Xenopus laevis[15], von Salamandern[16] und Axolotln[17].

Schließlich kann auch die Hemmwirkung auf den Hypophysenvorderlappen an mit kropferzeugenden Stoffen vom Thiouraciltyp behandelten Tieren als Maß der Wirksamkeit von Schilddrüsenstoffen verwendet werden[18], sowie das Ausbleiben der histologischen Veränderungen des Hypophysenvorderlappens an derartig vorbehandelten Tieren[19]. Mehr zum qualitativen Nachweis geeignet ist die Verfolgung des Wachstums jugendlicher Tiere, die Mauser von Vögeln, der Schwund des Leberglykogens u. a. m.

---

[1] Mørch, J. R.: Dansk. T. Farmaci **2**, 281 (1928). J. Physiol., London **67**, 221 (1929). — Oberdisse, K.: A. e. P. P. **162**, 150 (1931). — [2] Gaddum, J. H.: J. Physiol., London **68**, 383 (1929/30). — [3] Meyer, A. E., and A. Wertz: Endocrinology **24**, 683 (1939). — [4] Dressler, E., u. K. Hölling: A. e. P. P. **196**, 266 (1940). — Reineke, E. P., and C. W. Turner: Res. Bull. Missouri agric. Exp. Stat. Nr. 355 (1942). — [5] Means, J. H., J. Lerman and W. T. Salter: J. clin. Invest. **12**, 683 (1933). — Lerman, J., and W. T.: Salter, J. Pharmacol. exp. Therap. **50**, 289 (1934). Endocrinology **18**, 317 (1934). — Salter, W. T., J. Lerman and J. H. Means: J. clin. Invest. **12**, 327 (1933). — [6] Smith, A. U., C. W. Emmens and A. S. Parkes: J. Endocrinol. **5**, 186 (1947). — Hutcheon, D. E.: J. Pharmacol. exp. Therap. **94**, 308 (1948). — [7] Kreitmair, H.: Z. ges. exp. Med. **61**, 202 (1928). — [8] Turner, C. W., and E. P. Reineke: Res. Bull. Missouri agric. Exp. Stat. Nr. 397 (1946). — [9] Hutcheon, D. E.: J. Pharmacol. exp. Therap. **94**, 308 (1948). — [10] Freud, P., u. E. Nobel: Kli. Wo. **1924 II**, 1849. — [11] Hunt, R.: J. biol. Ch. **1**, 33 (1905/06). Amer. J. Physiol. **63**, 257 (1923). — Haffner, F., u. T. Komiyama: A. e. P. P. **107**, 69 (1925). — Grab, W.: A. e. P. P. **167**, 313 (1932). — [12] Gudernatsch, J. F.: Roux' Arch. Entw.-Mech. **35**, 457 (1912). — Romeis, B.: Z. ges. exp. Med. **4**, 379 (1916); **6**, 101 (1918). — [13] Gaddum, J. H.: J. Physiol., London **64**, 246 (1927/28). — Wokes, F.: Quart. J. Pharmacy **11**, 521 (1938). — Deanesly, R., J. Emmett and A. S. Parkes: J. Endocrinol. **4**, 312 (1945). — [14] Reineke, E. P., and C. W. Turner: Res. Bull. Missouri agric. Exp. Stat. Nr. 355 (1942). Endocrinology **36**, 200 (1945). — [15] Deanesly, R., J. Emmett and A. S. Parkes: J. Endocrinol. **4**, 312 (1945). — Deanesly, R., and A. S. Parkes: J. Endocrinol. **4**, 356 (1945). — [16] Uhlenhuth, E.: Endocrinology **6**, 102 (1922). — Uhlenhuth, E., u. C. Winter: Arch. mikroskop. Anat. **119**, 516 (1929). — [17] Kreitmair, H.: Ergebn. Physiol. **30**, 219 (1930). — [18] Dempsey, E. W., and E. B. Astwood: Endocrinology **32**, 509 (1943). — Mixner, J. P., E. P. Reineke and C. W. Turner: Endocrinology **34**, 168 (1944). — Reineke, E. P., J. P. Mixner and C. W. Turner: Endocrinology **36**, 64 (1945). — [19] Griesbach, W. E., T. H. Kennedy and H. D. Purves: Nature **160**, 192 (1947).

Physiologie. Das Schilddrüseninkret ist wesentlich für das normale Wachstum und die Entwicklung während der Wachstumsperiode. Sicherlich spielt es auch schon während der intrauterinen Entwicklung eine entscheidende Rolle. Wir wissen nicht, ob diese Wirkungen auf den wachsenden Organismus nur ein Ausdruck der allgemeinen stoffwechselsteigernden Wirkung ist, die beim erwachsenen Wirbeltier und beim Menschen das Bild der Schilddrüsenhormonwirkung beherrscht. Die anregende Wirkung des Schilddrüsenhormons betrifft den Stoffwechsel aller 3 Hauptnahrungsstoffe. Ganz besonders stark wird der Eiweißstoffwechsel gesteigert, die N-Ausscheidung nimmt zu, aber auch der Kohlenhydratstoffwechsel wird erhöht (rascher Schwund des Leberglykogens, antagonistische Beeinflussung der Insulinwirkung). Fett wird aus den Depots mobilisiert und bevorzugt verbrannt (Senkung des respiratorischen Quotienten, Abmagerung). Der erhöhte Stoffwechsel kommt in erster Linie in dem erhöhten O_2-Verbrauch zum Ausdruck, aber auch die CO_2-Ausscheidung ist je nach der Ernährungsweise mehr oder weniger stark erhöht.

Wie diese Kardinalwirkung des Schilddrüsenhormons zustande kommt, darüber gehen die Ansichten auseinander. Der O_2-Verbrauch überlebender Gewebe wird jedenfalls durch Thyroxin nicht direkt gesteigert, wohl aber findet er sich erhöht bei Tieren, die vorher mit Thyroxin behandelt worden waren[1].

Man suchte ferner die lange Latenz, die auch bei Injektion von Thyroxin und nicht nur bei Fütterung von Schilddrüsensubstanz zu beobachten ist, damit zu erklären, daß man eine Einwirkung auf das Zentralnervensystem annahm[2], wobei man sich auf das Fehlen der Stoffwechselsteigerung bei Kaltblütern, also Tieren, die keine zentrale Wärmeregulation besitzen, stützte. Außerdem zog man den — allerdings nicht unwidersprochenen — Befund der Aufhebung der Thyroxinwirkung durch hohe Rückenmarksdurchschneidung als Stütze dieser Annahme heran. Es wurde auch vermutet, daß das Schilddrüsenhormon im Körper erst eine chemische Umwandlung erfahren muß, ehe es zur Wirkung gelangen kann[3]. Zeigen doch neuere Versuche[4], daß in den Körperzellen aus Thyroxin das viel stärker wirksame 3,5,3'-Trijodthyronin gebildet werden kann. Die meisten Untersucher verlegen den Angriffspunkt der Schilddrüsenwirkung in die Zelle selbst. So konnte gezeigt werden, daß sich auch am überlebenden Gewebe eine O_2-Verbrauchssteigerung erzielen läßt, wenn man das Hormon zunächst unter anaeroben Bedingungen einwirken läßt. Die Steigerung des O_2-Verbrauchs wäre danach nur die Folge der Steigerung anaerober Stoffwechselvorgänge[5]. MARTIUS nimmt an, daß das Thyroxin ein notwendiger Bestandteil des phosphorylierenden Systems in der Atmungskette ist, und erklärt die O_2-Verbrauchssteigerung durch Entkoppelung der normalerweise mit der Atmung verknüpften, energiespeichernden Phosphorylierungsprozesse[6, 7].

MANSFELD[8] sucht zu beweisen, daß das Thyroxin nicht auf dem Wege der Blutbahn, sondern auf dem Wege der peripheren Nerven vom Zentralnervensystem aus an die Erfolgsorgane gelange. Tatsächlich läßt sich eine

[1] HAARMANN, W.: A. e. P. P. **180**, 167 (1935). — [2] ISSEKUTZ, B. v.: Wien. klin. Wschr. **1935 II**, 1325. — ISSEKUTZ, B. v., u. Z. DIRNER: A. e. P. P. **185**, 685 (1937). — ISSEKUTZ, B. v., M. LEINZINGER u. B. v. ISSEKUTZ jr.: A. e. P. P. **185**, 673 (1937). — [3] SALTER, W. T., and M. W. JOHNSTON: Trans. Ass. amer. Physicians **61**, 210 (1948). — [4] ROCHE, J., and R. MICHEL: Physiol. Rev. **35**, 583 (1955). Recent Progr. Hormone Res. **12**, 1 (1956). — [5] MANSFELD, G., F. v. TIUKODI u. J. SCHEFF-PFEIFER: A. e. P. P. **181**, 376 (1936). — MANSFELD, G.: Kli. Wo. **1935 I**, 884. — OBERDISSE, K., u. E. RODA: Kli. Wo. **1936 II**, 1094. — [6] MARTIUS, C., u. B. HESS: A.e.P.P. **216**, 45 (1952). — MALEY, G. F., and H. A. LARDY: J. biol. Ch. **204**, 435 (1953). — HOCH, F. L., and F. LIPMANN: Fed. Proc. **12**, 218 (1953). — BRODY, T. M.: Pharmacol. Rev. **7**, 335 (1955). — [7] MARTIUS, C.: 3. Int. Congr. Biochem., Conf. et Rapp. Brüssel S. 1. 1956. — [8] MANSFELD, G.: A. e. P. P. **193**, 241 (1939).

solche Wanderung des Thyroxins entlang den Nervenstämmen nachweisen und darüber hinaus wäre eine solche Annahme geeignet, die gelegentlich vorkommenden einseitigen Symptome, wie etwa einseitigen Exophthalmus, zu erklären. Im Gegensatz zu den meisten Experimentalforschern setzt sich die Klinik immer wieder für einen zentral-nervösen Angriffspunkt der Schilddrüsenwirkung ein.

Das Schilddrüsenhormon wird aus seiner Depotform in der Schilddrüse, dem Thyreoglobulin, unter dem Einfluß des thyreotropen Hormons der Hypophyse durch proteolytische Prozesse freigemacht und an das Blut abgegeben[1]. Umgekehrt wirken Thyroxin oder Schilddrüsenfütterung hemmend auf die Produktion von thyreotropem Hormon im Hypophysenvorderlappen ein[2]. Im Plasma[3] und in der Lymphe[4] finde es sich in relativ festgebundender Form in den Eiweißkörpern. Andere Autoren[5] sind jedoch der Meinung, daß im Blut, nach dem Löslichkeitsverhalten und dem Verhalten bei der Extraktion Thyroxin vorliege.

Auch in den Organen abseits der Schilddrüse findet sich organisch gebundenes Jod[6], das nach Thyreoidektomie verschwindet. Es hat jedoch den Anschein, als ob den Körpergeweben eine gewisse minimale Fähigkeit zur Thyroxinsynthese innewohne[7,8].

Durch die Erfahrungen bei der Jodierung von Proteinen hat man einen gewissen Einblick in die Möglichkeiten der biologischen Thyroxinsynthese gewonnen. Bei der Einwirkung von Jod in hydrogencarbonatalkalischer Lösung auf Proteine entsteht unter günstigen Bedingungen dann, wenn alle Tyrosingruppen jodiert sind, auch Thyroxin[9]. Auch durch Jodierung von Tyrosin in alkalischer Lösung kann Thyroxin entstehen[10]. Durch Oxydation von Dijodtyrosin mit Hypojodit[11] oder mit H_2O_2 in alkalischer Lösung wird tatsächlich Thyroxin, zum Teil in beachtlicher Ausbeute, erhalten[12]. Auf Grund dieser Befunde konnte man sich schon gewisse Vorstellungen über den vermutlichen Reaktionsverlauf bilden[11,12]. In der Schilddrüse ist die Thyroxinsynthese an die Zellstruktur gebunden[8], sie ist außerdem abhängig von der Gegenwart von O_2, und sie wird durch H_2S, Cyanid und Azide (Cytochromoxydasehemmer) sowie durch Rhodanid und Thioharnstoffe unterbunden. Auch durch Jodbehandlung von L-Leucyl-L-tyrosin hat man Thyroxin erhalten können[13], sowie durch Behandlung von N-Acetyl-DL-dijodtyrosylglutaminsäure[14]. Bei der Peroxydbehandlung von Dijodtyrosin wurden neben Thyroxin 3,5-Dijod-4-oxybenzaldehyd oder in der Wärme 2,4,6-Trijodphenol und Oxalsäure[14], von anderer Seite Brenztraubensäure und NH_3[5] als Nebenprodukte nachgewiesen.

---

[1] Robertis, E. de: Amer. J. Anat. **80**, 219 (1941). — [2] Hohlweg, W., u. K. Junkmann: Pflügers Arch. **232**, 148 (1933). — Kuschinsky, G.: A. e. P. P. **170**, 510 (1933). — [3] Bassett, A. M., A. H. Coons, W. T. Salter and S. M. Simmons: Amer. J. med. Sci. **202**, 516 (1941). — Cohn, E. J., L. E. Strong, W. L. Hughes jr., D. J. Mulford, J. N. Ashworth, M. Melin and H. L. Taylor: Am. Soc. **68**, 459 (1946). — [4] Salter, W. T.: Trans. amer. Ass. Goiter **1946**, 145. — Salter, W. T., and E. A. McKay: Fed. Proc. **4**, 134 (1945). — [5] Taurog, A., and I. L. Chaikoff: J. biol. Ch. **176**, 639 (1948). — [6] Salter, W. T., and M. W. Johnston: J. clin. Endocrinol. 8, 911 (1948). — [7] Chapman, A., G. M. Higgins and F. C. Mann: J. clin. Endocrinol. **3**, 392 (1944). — [8] Schachner, H., A. L. Franklin and I. L. Chaikoff: Endocrinology **34**, 159 (1944). — [9] Muus, J., A. Coons and W. T. Salter: J. biol. Ch. **139**, 135 (1941). — Reineke, E. P., M. B. Williamson and C. W. Turner: J. biol. Ch. **147**, 115 (1943). — [10] Abelin, I.: A. e. P. P. **181**, 250 (1936). — Mutzenbecher, P. v.: H. **261**, 253 (1939). — Ludwig, W., u. P. v. Mutzenbecher: H. **258**, 195 (1939). — Harington, C. R., and R. V. Pitt Rivers: Nature **144**, 205 (1939). — [11] Johnson, T. B., and L. B. Tewkesbury jr.: Proc. nat. Acad. Sci. USA **28**, 73 (1942). — [12] Harington, C. R.: Proc. R. Soc. London (B) **132**, 223 (1944). — [13] Roche, J., et R. Michel: Cr. **227**, 570 (1948). — [14] Pitt-Rivers, R.: Biochem. J. **43**, 223 (1948).

Auf Grund dieser Erfahrungen und aus den Erkenntnissen, die das Studium kropferzeugender Agentien (vgl. S. 510) vermittelt, haben sich folgende vorläufige Vorstellungen über den Mechanismus der Bildung des Schilddrüsenhormons entwickelt:

Die Eiweißsynthese in der Schilddrüse erfolgt unabhängig vom Jodstoffwechsel[1] und befähigt unter normalen Umständen die Drüse zur Konzentrierung des Jods aus den umgebenden Körpersäften auf das 4000fache und mehr in Form einer lockeren, hitzelabilen Jodeiweißverbindung (Jodjodinase), der als Jodperjodase die Aufgabe zufällt, Tyrosin zu jodieren und in Dijodtyrosin überzuführen[2]. Die erste Reaktion, die Bildung der Jodeiweißverbindung, das „Jod-trapping", ist durch Rhodanid, die zweite, die Jodperjodasewirkung, durch Thiouracil und verwandte Verbindungen zu unterbinden.

Es ergäbe sich demnach nachstehendes Schema:

Jodid + *Jodinase* → *Jodjodinase (Jodperjodase)* + Tyrosin → Dijodtyrosin
Rhodanidhemmung Thiouracilhemmung

Aus dem Dijodtyrosin kann dann weiter durch oxydative Einflüsse Thyroxin gebildet werden. Wenn nicht 2 Dijodtyrosinmoleküle zusammentreten, sondern wenn ein Dijodtyrosin mit einem Monojodtyrosin reagiert, würden die entsprechenden Trijodthyronine entstehen.

Die Hormonbildung in der Schilddrüse unterliegt dem steuernden Einfluß des thyreotropen Hormons des Hypophysenvorderlappens (vgl. S. 466/470). Ein gewisser Teil der Hormonbildung verläuft jedoch unabhängig von der Hypophyse, denn Hypophysektomie führt nicht zum Myxödem, sondern nur zu mäßig herabgesetzter Schilddrüsenaktivität. Das thyreotrope Hormon wirkt peripher an der Schilddrüsenzelle[3], da auch überlebendes, explantiertes Schilddrüsengewebe von ihm beeinflußt wird. Jod wirkt antagonistisch gegenüber dem thyreotropen Hormon[4]. Nebennierenrindenstoffe wirken ebenfalls der TSH-Wirkung entgegen[5]. Schilddrüsengewebe inaktiviert Thyreotropin[6]. Radiojoduntersuchungen haben den feineren Mechanismus der Wirkung des thyreotropen Hormons auf die Schilddrüsenfunktion dem Verständnis näher gebracht[7]. Aus ihnen geht hervor, daß nach Hypophysektomie das Jodbindungsvermögen der Schilddrüse noch recht hoch ist, Jod jedoch vorwiegend als Dijodtyrosinjod und kaum als Thyroxinjod in der Schilddrüse gefunden wird. Thyreotropes Hormon steigert die Ausschüttung vorhandener Hormondepots[8]. Andererseits steigert es die Bildung von Thyroxin in der Schilddrüse und führt damit sekundär zu einer gesteigerten Jodaufnahme[9]. Zugeführtes Jod erscheint unter Thyreotropineinfluß demnach rascher in aktiver Form in der Schilddrüse und wird im weiteren Verlauf rascher in hormonal aktiver Form an das Blut abgegeben. Es ist wahrscheinlich, daß auch für die Sekretion des thyreotropen Hormons ein Zwischenhirnzentrum wesentlich ist. So wird beim Kaninchen anscheinend durch zentrale Einflüsse eine Schreckthyreotoxikose ausgelöst[10].

[1] SALTER, W. T., R. E. CORTELL and E. A. MCKAY: J. Pharmacol. exp. Therap. **85**, 310 (1945). — ASTWOOD, E. B., and A. BISSELL: Endocrinology **34**, 282 (1944). — KÜHNAU, J.: A. e. P. P. **216**, 3 (1952). — [2] SALTER, W. T.: Ann. N. Y. Acad. Sci. **50**, 358 (1949). — GREER, M. A., M. G. ETTLINGER and E. B. ASTWOOD: J. clin. Endocrinol. **9**, 1069 (1949). — [3] EITEL, H., u. H. A. KREBS: Kli. Wo. **1933 I**, 615. — FOOT, N. C., L. E. BAKER and A. CARREL: J. exp. Med. **70**, 39 (1939). — JUNQUEIRA, L. C.: Endocrinology **40**, 286 (1947). — [4] LOESER, A., u. K. W. THOMPSON: Endokrinologie **14**, 144 (1934). — FRIEDGOOD, H. B.: Endocrinology **20**, 526 (1936). — [5] RAWSON, R. W.: Ciba Found. Coll. Endocrinol. **4**, 294 (1952). — [6] RAWSON, R. W., G. D. STERNE and J. C. AUB: Endocrinology **30**, 240 (1942). — [7] CHAIKOFF, I. L., and A. TAUROG: Ann. N. Y. Acad. Sci. **50**, 377 (1949). — [8] KEATING, F. R. jr., R. W. RAWSON, W. PEACOCK and R. D. EVANS: Endocrinology **36**, 137 (1945). — RAWSON, R. W.: Ann. N. Y. Acad. Sci. **50**, 491 (1949). — [9] LEBLOND, C. P., and P. SÜE: Amer. J. Physiol. **134**, 549 (1941). — [10] KRACHT, J.: Acta endocrinol., København **15**, 355 (1954).

Der *Tagesjodbedarf des Menschen* wird auf 0,1—0,2 mg, die tägliche Thyroxinproduktion auf 0,3 mg geschätzt. Der Hormonbedarf bzw. die Hormonbildung sind wesentlich abhängig von der Umgebungstemperatur[1]. Die Tagesproduktion, ausgedrückt in γ Thyroxin je 100 g Körpergewicht, bei verschiedenen Tierarten, verschiedenen Altersklassen und verschiedenen Umgebungsbedingungen wurde zwischen 0,6 und 4,63 gefunden[2].

Thyroxin erscheint zum Teil in aktiver Form in Galle, Kot und Harn. Als „Compound U" erschien mit Radiojod markiertes Thyroxin in zunächst nicht identifizierbarer Form in der Rattengalle[3]. Es ließ sich zeigen, daß durch Hydrolyse daraus Thyroxin, Dijodthyronin und HJ erhältlich waren und daß die Verbindung bevorzugt durch β-Glucuronidase gespalten wurde[4]. 19,3% einer Testdosis von Thyroxin wurden in dieser Form vom Hund in 11 Std ausgeschieden. Im Rattenharn wurde kaum Compound U, sondern viel Jodid gefunden.

Neuere Untersuchungen[5] zeigen, daß in der Leber aus Thyroxin bzw. aus 3,5,3'-Trijodthyronin, abgesehen von einer geringfügigen Jodabspaltung, die ihnen entsprechenden phenolischen Glucuronsäurekonjugate entstehen und daß außerdem die ihnen entsprechenden, durch oxydative Desaminierung gebildeten 3,5,3'-Trijod- und 3,5,3',5'-Tetrajodthyrobrenztraubensäuren in Harn und Galle vorkommen. Diese Stoffe nehmen an dem enterohepatischen Kreislauf teil. Das durch Decarboxylierung aus Thyroxin entstehende Thyronamin[6] besitzt ausgesprochene, die Empfindlichkeit des Sympathicus erhöhende Eigenschaften. Man sucht einen Teil der thyreotoxischen Erscheinungen auf diese Verbindung zurückzuführen.

Der Thyroxinbestand des menschlichen Körpers entspricht der Höhe des Grundumsatzes; bei einem Grundumsatz von —30% entspricht er 2 mg Thyroxin, beim Normalen beträgt er 5 mg, bei einem Grundumsatz von +50% 10 mg[7] je 65 kg.

Pathologie. Die krankhafte *Überfunktion* der menschlichen Schilddrüse (Morbus Basedow)[8] äußert sich in der klassichen Symptomentrias: (parenchymatöser) Kropf, Tachykardie und Exophthalmus. Dazu kommt eine Steigerung des Grundumsatzes, Abmagerung, Glykogenverarmung der Organe, besonders der Leber, und als Zeichen des stark erhöhten Eiweißumsatzes Erhöhung der N-Ausscheidung. Über die Erhöhung des K-Gehalts der Leber trotz verminderter Glykogenbestände s.[9]. Leichtes Brüchigwerden der Nägel, Verdauungsstörungen (Durchfälle), ferner Tremor und psychische Störungen bis zu schweren Psychosen sind weitere Symptome. Harn- und Kochsalzausscheidung finden sich erhöht. Von schwersten Basedow-Symptomen bis zum Normalen finden sich fließende Übergänge hinsichtlich der gesteigerten Schilddrüsenfunktion, die nur einzelne der angeführten Symptome aufweisen und als Hyperthyreosen bezeichnet werden. Partielle Resektion der Schilddrüse kann die Basedowerscheinungen beseitigen.

Schilddrüsenausfall verursacht um so schwerere Erscheinungen, je früher in der Entwicklung der Patient davon befallen wird. Verlangsamtes Wachstum

---

[1] Dempsey, E. W., and E. B. Astwood: Endocrinology **32**, 509 (1943). — [2] Biellier, H. V., and C. W. Turner: Poultry Sci. **29**, 248 (1950). — Monroe, R. A., and C. W. Turner: Res. Bull. Missouri agric. Exp. Stat. Nr. 403 (1946). — Turner, C. W.: Poultry Sci. **27**, 146 (1948). — Schultze, A. B., and C. W. Turner: Res. Bull. Missouri agric. Exp. Stat. Nr. 392 (1945). — [3] Taurog, A., F. N. Briggs and I. L. Chaikoff: J. biol. Ch. **191**, 29 (1951). — [4] Taurog, A., F. N. Briggs and I. L. Chaikoff: J. biol. Ch. **194**, 655 (1952). — [5] Roche, J., and R. Michel: Physiol. Rev. **35**, 583 (1955). — [6] Thibault, O.: Ann. Endocrinol., Paris **12**, 674 (1951). — [7] McClendon, J. F., W. C. Foster and W. G. Kirkland: Endocrinology **28**, 412 (1941). — [8] Lehrb. inn. Med. (Assmann u. a.), 6./7. Aufl. Bd. 2, S. 238, Abb. 15. — [9] Abelin, I.: Helv. **24**, 1298 (1941).

der Extremitäten, verspätetes Auftreten der Knochenkerne, Ausbleiben des Epiphysenschlusses sind neben den Zeichen des allgemein verminderten Stoffwechsels und mehr oder weniger stark ausgeprägten geistigen Defekten die Haupterscheinungen des Schilddrüsenausfalls (Myxödem)[1] beim Jugendlichen. Daneben finden sich auch beim Schilddrüsenausfall in der Jugend die Verdickung der Haut und der Schleimhäute, das Versiegen der Schweißsekretion und trophische Störungen an Nägeln und Haaren. Der Kochsalzgehalt der Gewebe ist erhöht, der Eiweißumsatz herabgesetzt. Die Sexualentwicklung leidet oder unterbleibt überhaupt. Kongenital erkrankte Kinder leben meist nur kurze Zeit. Schilddrüsentherapie kann die wesentlichsten Ausfallserscheinungen unterdrücken. Beim Erwachsenen fehlen natürlich die Wachstumsstörungen, und die psychischen Erscheinungen sind weniger schwer, wenn auch geistige Trägheit und Interesselosigkeit der Patienten recht weitgehend sein können. Eine besondere Form schwersten Hypothyreoidismus stellt der *endemische Kretinismus* dar, charakterisiert durch hochgradige geistige Defekte, Taubstummheit, angeborenen Schilddrüsenmangel oder kropfige Entartung der Schilddrüse und Wachstumsstörungen analog denen des kindlichen Myxödems. Schilddrüsentherapie hat hier allerdings nur geringfügige Erfolge zu verzeichnen.

Der Zustand der Schilddrüsenfunktion äußert sich deutlich im Jodstoffwechsel der Schilddrüse, der mit ^{131}J gut studiert werden kann[2].

Das Jodbindungsvermögen der Schilddrüse ist bei Unterfunktion herabgesetzt, bei Überfunktion deutlich erhöht. Entsprechend wird eine Testdosis Radiojod bei Unterfunktion rascher durch die Nieren ausgeschieden, bei Überfunktion langsamer. Auch die Jodbindung in der Schilddrüse oder der Blutjodabfall, schließlich die Konzentration des proteingebundenen Jods können gemessen werden[3].

Antithyreoide Stoffe.

Gegen eine Überfunktion der Schilddrüse kann sich der Organismus durch verschiedene Stoffe schützen. Vielleicht gehört auch das antithyreotrope Hormon (vgl. S. 471) hierher. Dem Dijodtyrosin, das ebenfalls reichlich in der Schilddrüse vorkommt, wird von Abelin[4] ein hemmender Einfluß auf die Schilddrüsenfunktion zugesprochen, vermutlich in Form eines Dijodtyrosindipeptides. Diese Wirkung geht, mindestens teilweise, über eine Hemmung der thyreotropen Funktion des Hypophysenvorderlappens[5]. Darüber hinaus sind antithyreoide Wirkungen bei den verschiedensten Substanzen, die normalerweise im Organismus vorkommen oder ihm mit der Nahrung zugeführt werden, beobachtet worden. In diesem Sinne wirken z. B. Nebennierenrindenextrakte[6], Insulin[7] oder Thymusextrakte, ferner Vitamin A[8] und C[9]. Auch Eigelb[10] und verschiedene Öle haben antithyreoide Eigenschaften. Antithyreoide Schutzstoffe finden sich ferner im Blut von normalen[11] und thyreoidektomierten Tieren. Sie wurden auch zu therapeutischen Zwecken herangezogen. Auch Versuche mit Antihormonen wurden unternommen[12].

---

[1] Lehrb. inn. Med. (Assmann u. a.) 6./7. Aufl. Bd. 2, S. 250, Abb. 17a u. b. — [2] Keating, F. R. jr., and A. Albert: The metabolism of iodine in man as disclosed with the use of radioiodine. Recent Progr. Hormone Res. **4**, 429—481 (1949). — Seidlin, M. S.: Radioiodine as a diagnostic and therapeutic tool in clinical medicine. Recent Progr. Hormone Res. **4**, 483—510 (1949). — [3] Bansi, H. W.: In Schwiegk, H.: Künstliche radioaktive Isotope in Physiologie, Diagnostik und Therapie. S. 426—455. Berlin 1953. — [4] Abelin, I.: B. Z. **286**, 160 (1936). — [5] Loeser, A.: Kli. Wo. **1935 I**, 4. — [6] Oehme, C.: Kli. Wo. **1936 I**, 512. — [7] Gessner, O.: A. e. P. P. **127**, 223 (1928). — [8] Wendt, H.: M. m. W. **1935 II**, 1679. — Fasold, H., u. H. Peters: Z. ges. exp. Med. **92**, 57 (1933). — [9] Demole, V., u. F. Ippen: H. **235**, 226 (1935). — [10] Abelin, I., u. A. Schönenberger: Z. ges. exp. Med. **90**, 489 (1933). — [11] Blum, F.: Mitt. Grenzgeb. Med. Chir. **41**, 469 (1929). — [12] Rogers, J., and S. P. Beebe: Arch. internal Med., Chicago **2**, 297 (1908).

Kropferzeugende Agentien[1].

Eine besondere Gruppe von Schilddrüsenhemmstoffen bilden die kropferzeugenden Agentien (goitrogenic agents). Auf die kropferzeugende Wirkung gewisser Pflanzen, besonders von Kohlarten, wurde schon 1928 hingewiesen[2], und schließlich konnte das wirksame Prinzip als L-5-Vinyl-2-thio-oxazolidon aus Kohlrüben isoliert werden[3]. Auch Nitrile wirken kropferzeugend[4].

Das Studium der Toxicität aromatischer Thioharnstoffe[5] führte zur Aufdekkung ihrer kropferzeugenden Eigenschaften[6]. Die analoge Wirkung des Thioharnstoffs[7] und der Aminobenzoesäure[8] veranlaßte die Untersuchung zahlreicher Thioharnstoff- und Thiohydantoinderivate sowie von verschiedenen Sulfonamiden[9]. Schließlich wurde auch eine ähnliche Wirkung von Rhodaniden gefunden[10].

Die Vertreter dieser Stoffklassen blockieren mehr oder weniger die Bildung des Schilddrüsenhormons und führen damit zu einem Hormonmangel, der seinerseits eine erhöhte Produktion des thyreotropen Hypophysenhormons und damit die Kropfbildung bewirkt (vgl. S. 469). Zahlreiche Untersuchungen, näher in den Mechanismus dieser Wirkung durch das Studium des Einflusses dieser Stoffe auf verschiedene Fermentsysteme einzudringen, haben bisher keine vollkommene Klarheit erbracht[11]. Der Einfluß auf die Schilddrüse wird durch Thyroxin (Hemmung der thyreotropen Vorderlappensekretion), durch Hypophysektomie und in einzelnen Fällen (Rhodanidkropf) auch durch größere Gaben Jod antagonistisch beeinflußt. Einige der genannten Stoffe (besonders Propylthiouracil, Thiobarbitursäure und das sehr stark wirksame 1-Methyl-2-mercaptoimidazol) werden therapeutisch mit Erfolg bei der menschlichen Hyperthyreose verwendet.

Thermothyrin

Im Blut bzw. im enteiweißten Serum von Hunden, die bei hoher Umgebungstemperatur gehalten waren, fand sich ein bei p_H 5,0 in Wasser löslicher, die Körpertemperatur und den O_2-Verbrauch senkender Stoff, der als Kühlhormon oder *Thermothyrin A* bezeichnet wurde[12]. Thermothyrin A ist nicht identisch mit Dijodtyrosin oder Jodthyreopepton. Es kann auch durch alkalische Hydrolyse aus der Schilddrüse gewonnen werden[13]. In der bei p_H 5,0 unlöslichen Fraktion ist ein den O_2-Verbrauch steigerndes, den respiratorischen Quotienten senkendes und die Zuckerbildung begünstigendes Prinzip, *Thermothyrin B*, nachweisbar, das auch im Blut von in der Kälte gehaltenen Kaninchen gefunden wird[13,14]. Thermothyrin A steigert den respiratorischen Quotienten über 1; es begünstigt demnach die Fettbildung. Parasympathektomie verhindert bei Kaninchen die Freisetzung von Thermothyrin A bei hoher Umgebungstemperatur[15].

[1] Charipper, H. A., and A. S. Gordon: The biology of antithyroid agents. Vitamins & Hormones **5**, 273—316 (1947). — Vanderlaan, W. P., and V. M. Storrie: Pharmacol. Rev. **7**, 301 (1955). — [2] Chesney, A. M., T. A. Clawson and B. Webster: Bull. Johns Hopkins Hosp. **43**, 261 (1928). — [3] Astwood, E. B., M. A. Greer and M. G. Ettlinger: J. biol. Ch. **181**, 121 (1949). — [4] Marine, D., E. J. Baumann, A. W. Spence and A. Cipra: Proc. Soc. exp. Biol. Med. **29**, 772 (1932). — [5] Richter, C. P.: Physiology and endocrinology of toxic thioureas. Recent Progr. Hormone Res. **2**, 255—276 (1948). — [6] Richter, C. P., and K. H. Clisby: Proc. Soc. exp. Biol. Med. **48**, 684 (1941). Amer. J. Physiol. **134**, 157 (1941). Arch. Path., Chicago **33**, 46 (1942). — [7] Mackenzie, J. B., and C. G. Mackenzie: Fed. Proc. **1**, 122 (1942). — [8] Mackenzie, J. B., C. G. Mackenzie and E. V. McCollum: Science, N. Y. **94**, 518 (1941). — [9] Mackenzie, J. B., and C. G. Mackenzie: Proc. Soc. exp. Biol. Med. **54**, 34 (1943). — Astwood, E. B., J. Sullivan, A. Bissell and R. Tyslowitz: Endocrinology **32**, 210 (1943). — Astwood, E. B.: Chemotherapy of hyperthyroidism. Harvey Lect. (1944/45) **40**, 195—235 (1946). — [10] Astwood, E. B.: J. Pharmacol. exp. Therap. **78**, 79 (1943). — [11] Kühnau, J.: A.e.P.P. **216**, 3 (1952). — [12] Mansfeld, G., u. E. Mészáros: A. e. P. P. **196**, 590 (1940). — [13] Mansfeld, G.: A. e. P. P. **196**, 598 (1940). — [14] Mansfeld, G.: Schweiz. med. Wschr. **72**, 1267 (1942). — [15] Berde, B.: Exper. **4**, 231 (1948).

δ) Die Nebenschilddrüsen (Epithelkörperchen, glandulae parathyreoideae)[1–8].

Auf die Bedeutung der 1880 erstmalig von SANDSTRÖM beschriebenen Epithelkörperchen für den Calciumstoffwechsel wurde man 1908 aufmerksam[9]. Die Isolierung wirksamer Extrakte wurde jedoch erst 1925 vorgenommen[10].

Anatomie. Die Epithelkörperchen oder Nebenschilddrüsen liegen, 2—4 bis mehr an der Zahl, als kleinste (20—40 mg, in ihrer Gesamtheit höchstens 150 mg schwere), drüsige Organe in der Umgebung der Schilddrüse. Beim Hund war das Epithelkörpergewicht 2,7 $\pm$ 1,8 mg[11]. Lage, Anzahl und Größe sind von Tierart zu Tierart, aber auch individuell sehr wechselnd. Bei den Knochenfischen fehlen sie.

Histologie[12]. Die Epithelkörperchen sind aus epithelialen, polygonalen Elementen aufgebaut, die in Form von kompakten Massen oder einzelnen, von lockerem Bindegewebe getrennten Nestern oder auch in Form verzweigter solider Stränge, seltener als kolloidgefüllte Schläuche angeordnet sind. Man unterscheidet beim Menschen große, helle Hauptzellen mit wenig färbbarem, kaum granuliertem Protoplasma, großem Kern und scharfen Zellgrenzen. Die weniger zahlreichen eosinophilen Zellen haben weniger scharfe Zellgrenzen, sind grob granuliert und gut durch Eosin anfärbbar. Die Granula der Hauptzellen sind reich an Ribonucleinsäure, die der eosinophilen Zellen sind arm daran, die großen hellen Zellen enthalten keine Ribonucleinsäure; Zellen mit vesiculären Kernen sind glykogenfrei, Zellen mit dichten Kernen glykogenreich[13]. Fuchsinophile Granula wurden zur Sekretion in Beziehung gesetzt[14].

Chemie. Nach histologischen Befunden werden Fett und Glykogen erwähnt. Bei Rind, Schwein und Schaf wurde der Gehalt an hochungesättigten Fettsäuren untersucht[15]. Ein anfänglich behaupteter hoher J-Gehalt wurde nicht bestätigt. Die Nebenschilddrüsen enthalten trotz ihrer nahen entwicklungsgeschichtlichen Verwandtschaft mit der Schilddrüse wenig J (5 mg-%).

Folgen der Parathyreoidektomie. Die Epithelkörperchen sind lebenswichtige Organe. Ihre vollständige Entfernung, die allerdings wegen des häufigen Vorkommens akzessorischer Epithelkörperchen bei vielen Tierarten (Ratte, Kaninchen) kaum möglich ist, führt rasch unter dem charakteristischen Erscheinungsbild der parathyreopriven Tetanie zum Tode. Unvollständige Operation führt besonders beim wachsenden Tier zu Wachstumsstörungen und zu an Rachitis erinnernden Veränderungen des Skelets. Besonders an den Zähnen fallen fehlende Verkalkung des Dentins und Schmelzdefekte auf. Es treten die gleichen Veränderungen der neuromuskulären Erregbarkeit auf wie bei der menschlichen Tetanie. Nach längerer Dauer der Insuffizienz, die überdies nur durch recht ausgiebige Entfernung des Epithelkörperchengewebes ausgelöst wird, können

---

Zusammenfassende Darstellungen: 1—8. [1] ALBRIGHT, F., and E. C. REIFENSTEIN jr.: The Parathyroid Glands and Metabolic Bone Disease. Baltimore 1948. — [2] BARTTER, F. C.: Ann. Rev. Physiol. **16**, 429 (1954). — BARTELS, E. D.: Acta endocrinol., København **15**, 71 (1954). — [3] COLLIP, J. B.: The physiology of the parathyroid gland. Canad. med. Ass. J. **24**, 646 (1931). — [4] GREEP, R. O.: The physiology and chemistry of the parathyroid hormone. Pincus-Thimann, Hormones Bd. 1, S. 255—299 (1948). — [5] HOLTZ, F.: Wirkstoffe der Nebenschilddrüsen. Handb. Heffter Erg.-W. Bd. 3, S. 151—161. — [6] LENART, G.: Die Nebenschilddrüsenfunktion. Ihre Physiologie und Pathologie, mit besonderer Berücksichtigung des Kindesalters. Ergebn. inn. Med. **46**, 350—451 (1934). — [7] RUCART, G.: Les parathyreoides, physiologie et morphologie. Paris 1953. — [8] STEPHENSON, H. U. jr., J. W. J. McNAMARA and B. GOLDBERG: Amer. J. med. Sci. **215**, 381 (1948).

[9] MACCALLUM, W. G., and C. VOEGTLIN: Bull. Johns Hopkins Hosp. **19**, 91 (1908). J. exp. Med. **11**, 118 (1909). — [10] COLLIP, J. B.: J. biol. Ch. **63**, 395 (1925). Harvey Lect. (1925/26), **21**, 113 (1927). — COLLIP, J. B., and E. P. CLARK: J. biol. Ch. **66**, 133 (1925). — [11] MULLIGAN, R. M., and K. C. FRANCIS: Anat. Rec. **110**, 139 (1951). — [12] v. MÖLLENDOFF: Lehrb. Histol. 26. Aufl. S. 270. — BARGMANN, W.: Handb. mikroskop. Anat. (v. MÖLLENDORFF) Bd. 6/2. S. 137—196. — HERXHEIMER, G.: Handb. path. Anat. Histol. (HENKE-LUBARSCH) Bd. 8, S. 548—680. — PINELES, F.: Die Epithelkörperchen, Handb. Physiol. Bd. 16/1, S. 346. — [13] ALLARA, E.: Boll. Soc. ital. Biol. sperim. **29**, 1845 (1953). — [14] MADEIRA, A. C.: Arch. Portugaises Sci. Biol. **9**, 159 (1948). — [15] HOLMAN, R. T., and S. I. GREENBERG: J. amer. Oil Chem. Soc. **30**, 600 (1953).

sich Linsentrübungen entwickeln. Die tödlichen Folgen der vollständigen Parathyreoidektomie sind bei geeigneten Versuchstieren (Hund, Katze) durch diätetische Maßnahmen (Verabreichung von Kalksalzen, Vitamin D, AT 10) abwendbar. Tetanische Krämpfe, die teilweise zentral, teilweise jedoch auch peripher bedingt sind, lassen sich prompt durch Injektion von Calciumsalzen unterbrechen.

Der Serumcalciumspiegel sinkt im Laufe weniger Std nach der Operation stark ab und kann in 24 Std Werte von 3,5—5,0 mg-% (normal $10{,}5 \pm 1{,}0$ mg-%) erreichen. Damit sinkt der Serumcalciumspiegel unter die Nierenschwelle und der Harn wird praktisch calciumfrei. Gleichzeitig steigt die Konzentration des anorganischen Phosphats im Serum von 5,0 mg-% auf Werte bis 9,0 mg-% an, die Ausscheidung von Phosphat im Harn wird eingeschränkt, während Calcium und Phosphat im Kot keine sicheren Veränderungen erfahren. Sonstige Veränderungen der Elektrolyte des Serums finden nicht statt, auch scheint bei der akuten Tetanie keine Änderung des p_H oder der Alkalireserve beteiligt zu sein.

Das Epithelkörperchenhormon (Parathormon).

Vorkommen. In den Epithelkörperchen. Außerdem sollen geringe Mengen in der Placenta[1] und im Schwangerenblut[2] vorkommen. Ein Vorkommen im Harn ist unwahrscheinlich.

Darstellung. Zur Extraktion wird von den meisten Untersuchern 1,5—5,0%ige Salzsäure benutzt[3]. Als Ausgangsmaterial dienen frische, gefrorene oder acetongetrocknete Epithelkörperchen von Rind oder Pferd. Die Auszüge werden durch kurzes Aufkochen hergestellt. Aus den vom Fett befreiten Extrakten werden beim isoelektrischen Punkt (p_H 5,5 bis 5,6) Verunreinigungen ausgefällt. Diese werden nochmals umgefällt und die vereinigten Filtrate bei kongosaurer Reaktion mit NaCl ausgesalzen. Der nun erhaltene Niederschlag wird in schwachem Alkali aufgenommen und bei p_H 4,8 ausgeflockt und in gleicher Weise mehrmals umgefällt. Schließlich wird mit Alkoholäther getrocknet. Zum Gebrauch wird das Produkt bei p_H 3,0 gelöst. Man kann auch den Primärextrakt bei p_H 4,0 mit 80%igem Alkohol oder auch mit Aceton vorfällen und das Hormon im Filtrat nach Beseitigung des organischen Lösungsmittels mit Trichloressigsäure niederschlagen oder auch ohne Beseitigung des Alkohols mit Äther fällen[4].

Die Trichloressigsäurefällung läßt sich mit Alkohol zerlegen und trocknen. Weiter wurde vorgeschlagen, die frischen Drüsen mit Pikrinsäure in Aceton zu extrahieren; nach dem Einengen wird in saurem Alkohol aufgenommen, der Niederschlag getrocknet und aus Lösung in Phenol mit Äther gefällt[5]. Das Hormon läßt sich ferner aus dem salzsauren Primärextrakt mit Pikrinsäure fällen und in 70%igem Aceton aufnehmen. Nach dem Eindampfen der Acetonlösung wird es in wenig salzsaurem Alkohol aufgenommen, mit Aceton gefällt und pikrinsäurefrei gewaschen[6]. Wiederholte Umfällung des bei p_H 8,0 in ammoniakalischem Wasser gelösten Rohprodukts mit 1,25 mol. Ammonsulfat, anschließende Dialyse des Niederschlages und Aufnehmen in Wasser von p_H 3,5 liefert besonders reine Produkte[7]. Chromatographie und Gegenstromverteilung lieferten zwar verschiedene Proteinfraktionen aus Rohextrakten; die Blut-Ca-steigernde Wirkung verteilte sich jedoch auf alle gleichmäßig. Dagegen ließ sich die blutdrucksteigernde Wirkung durch Dialyse abtrennen[8]. Ein krystallines Präparat[9] ist noch nicht bestätigt.

[1] Peritz, G.: D. m. W. **1932 II**, 1354. — [2] Hoffmann, F., u. E. Rhoden: Arch. Gynäk. **156**, 459 (1934). — [3] Collip, J. B.: J. biol. Ch. **63**, 395 (1925). — Collip, J. B., and E. P. Clark: J. biol. Ch. **64**, 485; **66**, 133 (1925). — Allardyce, W. J.: Amer. J. Physiol. **98**, 417 (1931). — [4] Tweedy, W. R., and S. B. Chandler: Amer. J. Physiol. **88**, 754 (1929). — Tweedy, W. R.: J. biol. Ch. **88**, 649 (1930). — Tweedy, W. R., and J. J. Smullen: J. biol. Ch. **92**, LV (1931). — Tweedy, W. R., and M. Torigoe: J. biol. Ch. **99**, 155 (1933). — Tweedy, W. R., W. P. Bell and C. Vicens-Rios: J. biol. Ch. **108**, 105 (1935). — [5] Dyer, F. J.: J. Physiol., London **86**, 3 P (1936). — [6] Davies, D. T., F. Dickens and E. C. Dodds: Biochem. J. **20**, 695 (1926). — [7] Ross, W. F., and T. R. Wood: J. biol. Ch. **146**, 49 (1942). — [8] Handler, P., and D. V. Cohn: Amer. J. Physiol. **169**, 188 (1952). — [9] Berman, L.: Proc. Soc. exp. Biol. Med. **21**, 465 (1924).

Eigenschaften. Löslich in Wasser bei saurer oder alkalischer Reaktion. Unslöslich beim isoelektrischen Punkt (p_H 4,8). Die isoelektrische Fällung tritt bei Annäherung an den isoelektrischen Punkt von der alkalischen Seite her früher auf (p_H 6,0), als wenn man von sauren Lösungen ausgeht. Das Hormon ist weiter löslich in saurem nicht absolutem Alkohol, wäßrigem Aceton, 94%igem Eisessig, flüssigem Phenol oder Kresol, unlöslich in Äther, Benzol, Pyridin, wasserfreiem Eisessig und Tetrachlorkohlenstoff. Ziemlich kochbeständig in saurer Lösung, in neutraler und alkalischer Lösung oder in 10%iger HCl nicht kochbeständig. Die Aktivität wird beeinträchtigt durch Behandlung mit saurem Methyl- oder Äthylalkohol, Formaldehyd, Essigsäureanhydrid, H_2O_2, Acylierung mit Keten oder Einwirkung von Kaliumpermanganat. Gegenüber reduzierenden Eingriffen ist das Hormon ziemlich beständig (H_2S, Natriumsulfit, Natriumamalgam oder Na in flüssigem Ammoniak, katalytische Reduktion). Reinere Präparate enthalten noch Eisen und geringe Mengen S (0,2%). Das Hormon wird durch Pepsin und Trypsin inaktiviert. Es fällt mit den üblichen Eiweiß- und Alkaloidfällungsmitteln, gibt die bekannten Eiweißfarbreaktionen (Xanthoprotein-, Millon-, Ninhydrin-, Biuret- und HOPKINS-COLE-Reaktion) und wird auch durch UV-Licht inaktiviert. Es ist hochmolekular. Auch die reinsten Präparate bestehen noch aus mindestens 2 Komponenten, die sich auf der Ultrazentrifuge trennen lassen[1], einer vom Mol. Gew. 500000—1000000 und einer niedriger molekularen von 15000—25000 Mol. Gew., wobei die Aktivität bevorzugt in der hochmolekularen Fraktion gefunden wurde. Die hochmolekulare Fraktion wurde jedoch bei einem anderen Darstellungsversuch[2] nicht erfaßt, obwohl auch dieses Präparat bei der Elektrophorese noch aus 2 Komponenten bestand. Das Hormon ist kein Glucoproteid; MOLISCH- und Orcinreaktion sind negativ.

Nachweis. Zum qualitativen Nachweis kann die lebensverlängernde oder krampfverhütende Wirkung am parathyreopriven Tier dienen. Auch chronisch latent tetaniekranke Nagetiere sind geeignet. Hier gibt die Kontrolle der Dentinverkalkung ein sehr gutes Bild der Wirksamkeit[3]. Für die quantitative Auswertung wurde zunächst die Blutcalciumsteigerung beim normalen 20 kg schweren Hund vorgeschlagen und als Einheit $^1/_{100}$ derjenigen Menge bezeichnet, die in 16—18 Std eine Steigerung des Blutcalciumspiegels um 5 mg-% bewirkt[4]. Auch eine 5mal kleinere Einheit wurde vorgeschlagen[5]. Die recht ungenaue Methode wurde mehrfach kritisiert und nach statistischen Gesichtspunkten verbessert[6]. Die Beobachtung der Verzögerung des Anstiegs des Serumcalciumspiegels nach oraler Calciumsalzgabe am Kaninchen[7] scheint keine besonderen Vorteile zu bieten[8]. Ratten wurden ebenfalls verwendet[9] (Serum-Ca oder ^{32}P-Ausscheidung[10]). Es wurden weiter zur Auswertung herangezogen: der antagonistische Einfluß des Nebenschilddrüsenhormons gegenüber der Magnesiumnarkose an der Maus[11] sowie der antagonistische Einfluß gegenüber der Vergiftung mit calciumionenentziehenden Mitteln, wie Natriumfluorid[12] oder Natriumoxalat[13]. Weniger kostspielig als die Verwendung von

---

[1] ROSS, W. F., and T. R. WOOD: J. biol. Ch. **146**, 49 (1942). — [2] L'HEUREUX, M. V., H. M. TEPPERMAN and A. E. WILHELMI: J. biol. Ch. **168**, 167 (1947). — [3] CLARKE, M. F., and A. H. SMITH: Amer. J. Physiol. **112**, 286 (1935). — SPRETER v. KREUDENSTEIN, T.: Dtsch. Zahn-, Mund-Kieferheilkde. **4**, 208 (1937); **5**, 777 (1938). — [4] COLLIP, J. B.: J. biol. Ch. **63**, 395 (1925). — COLLIP, J. B., E. P. CLARK and J. W. SCOTT: J. biol. Ch. **63**, 439 (1925). — [5] AUB, J. C.: J. amer. med. Ass. **105**, 197 (1935). — [6] MILLER, L. C.: J. amer. pharmaceut. Ass., sci. Ed. **27**, 90 (1938). — BLISS, C. I., and C. L. ROSE: Amer. J. Hyg. **31** A, 79 (1940). — BLISS, C. I., and H. P. MARKS: Quart. J. Pharmacy **12**, 82, 182 (1939). — [7] HAMILTON, B., and C. SCHWARTZ: J. Pharmacol. exp. Therap. **46**, 285 (1932). — [8] DYER, F. J.: Quart. J. Pharmacy **8**, 197 (1935). — [9] BIERING, A.: Acta pharmacol. toxicol., København **6**, 40 (1950). — [10] RUBIN, B. L., and R. I. DORFMAN: Proc. Soc. exp. Biol. Med. **83**, 223 (1953). — [11] SIMON, A.: A. e. P. P. **178**, 57 (1935). — DYER, F. J.: Quart. J. Pharmacy **8**, 513 (1935). — [12] KOCHMANN, M.: D. m. W. **1934 II**, 1062. — [13] KOCHMANN, M.: D. m. W. **1934 I**, 406.

Hunden für die quantitative Auswertung sind männliche nicht hungernde Ratten, bei denen die Abnahme des anorganischen Serumphosphats nach Nebenschilddrüsenhormoninjektion in einem Dosisbereich zwischen 12 und 100 U.S.P.-Einheiten direkt dem Logarithmus der Dosis proportional ist[1]. Schließlich wurde noch vorgeschlagen, die Steigerung der Calciumausscheidung bei Gruppen von Ratten, die mit einer mit Calcium angereicherten Diät gefüttert wurden, einen Tag nach 3tägiger Behandlung mit Nebenschilddrüsenhormon im Tagesharn zu bestimmen und zur Auswertung zu benutzen[2]. Der Vorschlag, die neuromuskuläre Erregbarkeit am Froschgefäßpräparat und die Steigerung der Zuckungshöhe des in rhytmischen Abständen vom Nerven aus gereizten Gastrocnemius bei Durchströmung mit Nebenschilddrüsenhormon zu Auswertungszwecken zu benutzen[3], wurde noch nicht realisiert. Eine internationale Einheit existiert nicht. Derzeit wird meist die in der U.S.P. XIII vorgeschlagene Einheit benutzt, die sich an die von HANSON an parathyreopriven Hunden ermittelte anlehnt; im Gegensatz zu HANSON[4] wird die Auswertung am normalen Hund vorgenommen und die Einheit als $^1/_{100}$ derjenigen Minimalmenge definiert, die bei Hunden von 8—16 kg das Serumcalcium nach 16—18 Std um 1 mg-% steigert.

Physiologie. Die physiologische Aufgabe der Epithelkörperchen ist die Aufrechterhaltung eines normalen Blutcalcium- und -phosphatwertes. Das Nebenschilddrüsenhormon bewirkt den bei der Parathyreoidektomie beobachteten (Serumcalciumsenkung, Serumphosphatsteigerung, Hemmung der Harnausscheidung von Calcium und Phosphat) entgegengesetzte Veränderungen. Der primäre Angriffspunkt des Nebenschilddrüsenhormons wird von einer Reihe von Untersuchern in die Osteoklasten verlegt[5], die vermehrt und von gesteigerter Aktivität gefunden werden, während die Osteoblasten eine Hemmung erfahren. Alle übrigen Erscheinungen bei der Anwendung von Epithelkörperchenhormon wären danach sekundär, wie die Normalhaltung der neuromuskulären Erregbarkeit, des Knochenwachstums und der Verkalkung von Knochen und Zähnen. Von anderer Seite wird der primäre Angriffspunkt im Phosphatstoffwechsel vermutet[6]. Bemerkenswert ist, daß nach Ausschaltung der Nieren die Blutcalciumsteigerung durch Epithelkörperchenhormon nicht auftritt und daß auch Zufuhr von NaH_2PO_4 die Erhöhung des Blutcalciums unterbindet[7]. Der adäquate Reiz für die Produktion des Epithelkörperchenhormons scheint die Senkung des Blutcalciumspiegels zu sein. Durchströmung der Epithelkörperchen beim Hund mit hypocalcämischem Blut führte zu Hormonausschüttung[8], und Einschränkung der Ca-Zufuhr mit der Diät bei Ratten führt zu Vergrößerung der Epithelkörperchen. Allerdings führt auch Phosphatzufuhr mit der Nahrung zu Parathyreoideavergrößerung und unterstützt damit die Anschauung jener Autoren, die dem Phosphatspiegel eine wesentliche Rolle bei der Regulation der Nebenschilddrüsensekretion zuschreiben[9]. Jedenfalls scheint das parathyreotrope Hormon der Hypophyse (vgl. S. 471) noch nicht ausreichend gesichert. Auch das Ausbleiben einer kompensatorischen Hypertrophie von akzessorischen

[1] TEPPERMAN, H. M., M. V. L'HEUREUX and A. E. WILHELMI: J. biol. Ch. **168**, 151 (1947). — [2] DYER, F. J.: Quart. J. Pharmacy **6**, 426 (1933). — TRUSZKOWSKI, R., J. BLAUTH-OPIEŃSKA and J. IWANOWSKA: Biochem. J. **33**, 1005 (1939). — [3] GELLHORN, E.: Amer. J. Physiol. **111**, 466 (1935). — [4] HANSON, A. M.: J. amer. med. Ass. **90**, 747 (1928). — [5] SELYE, H.: Arch. Path., Chicago **34**, 625 (1942). — MCLEAN, F. C., and W. BLOOM: Science, N. Y. **85**, 24 (1937). — [6] ALBRIGHT, F., H. W. SULKOWITCH and E. BLOOMBERG: J. clin. Invest. **18**, 165 (1939). — [7] NEUFELD, A. H., and J. B. COLLIP: Endocrinology **30**, 135 (1942). — [8] PATT, H. M., and A. B. LUCKHARDT: Endocrinology **31**, 384 (1942). — [9] TÖRNBLOM, N.: Acta endocrinol., København Suppl. **4**, 3 (1949). — ENGFELDT, B.: Acta endocrinol., København Suppl. **6**, 7 (1950).

Epithelkörperchen, die bei der Exstirpation zurückgelassen wurden, spricht gegen eine zentrale Regelung (vgl. a. Bd. 2/1, S. 645).

Pathologie[1]. Chronische Behandlung mit großen Dosen Epithelkörperchenhormon führt bei Tieren zu einem Krankheitsbild, welches große Ähnlichkeit mit dem Morbus Recklinghausen[2] (Ostitis fibrosa generalisata) hat. Andererseits sind Fälle dieser Erkrankung durch Beseitigung von Adenomen der Epithelkörperchen geheilt worden. Bei der Ostitis fibrosa kommt es unter rheumatischen Schmerzen zu einer zunehmenden Entkalkung der Knochen, verbunden mit Neigung zu Spontanfrakturen und Knochenmarkcysten, die mit Granulationsgewebe erfüllt sind. Der Gehalt des Blutes an anorganischem Phosphat ist vermindert, der Calciumgehalt erhöht, ebenso die Ausscheidung von Calcium. Gastrointestinale Erkrankungen und Neigung zu Verkalkungen in den Organen oder Nierensteinbildung ergänzen das Krankheitsbild.

An Beziehungen zu den Epithelkörperchen hat man noch bei einer Reihe anderer Erkrankungen gedacht, so bei der Arthritis deformans, der Myositis ossificans, der Osteomalacie, der Sklerodermie und schließlich bei verschiedenen peripheren Zirkulationsstörungen, wie RAYNAUDscher Gangrän, Ulcus cruris und angioneurotischem Ödem. Gelegentliche operative Heilerfolge können vorläufig nicht als ausreichender Beleg für eine Beteiligung der Nebenschilddrüsen am Zustandekommen dieser Krankheitsbilder gelten. Für bestimmte Fälle chronisch rezidivierender Nierenkonkrementbildungen scheint eine Überfunktion der Epithelkörperchen als Ursache doch recht wahrscheinlich.

Als Folgen einer Unterfunktion der Epithelkörperchen (Infektionen, Intoxikationen, Überbeanspruchung bei Gravidität und Lactation) oder durch unbeabsichtigte Entfernung bei Schilddrüsenoperationen entwickelt sich das Krankheitsbild der *Tetanie*, charakterisiert durch Veränderung der neuromuskulären Erregbarkeit (TROUSSEAUsches, CHVOSTEKsches, ERBsches Zeichen), die sich bis zu typischen Krampfanfällen steigern kann. Bei längerer Dauer treten Störungen der Verkalkung, besonders an den Zähnen, Neigung zu Caries und Schmelzdefekten, Haarausfall, Brüchigwerden der Nägel und Neigung zu Nagelbetteiterungen sowie zu Angio- und Enterospasmen auf. Die regelmäßig zu findende Erhöhung der Magensalzsäure ist in anfallsfreien Zeiten oft das einzige Zeichen einer latenten Tetanie. Der Calciumgehalt im Blut wird vermindert, der Kalium- und Phosphatgehalt erhöht gefunden. Die Ausscheidung von Calcium und Phosphat ist herabgesetzt. Bei langer Dauer können sich Linsentrübungen (Tetaniestar) entwickeln.

Mit Rücksicht auf diese Symptomatologie hat man auch bei der Zahncaries, der Hyperacidität, dem Ulcus ventriculi und, sicherlich mit Recht, bei gewissen Fällen von Katarakt an die ursächliche Bedeutung einer Unterfunktion der Epithelkörperchen gedacht. Beziehungen zur Lipodystrophie wurden ebenfalls diskutiert[3].

Früher wurde den Nebenschilddrüsen eine Bedeutung für die Entgiftung von Guanidinverbindungen, die ähnliche Krampferscheinungen wie bei der Tetanie auszulösen in der Lage sind, zugeschrieben. Diese Annahme scheint weitgehend verlassen zu sein.

---

[1] Lehrb. inn. Med. (ASSMANN u. a.) 6./7. Aufl. Bd. 2, S. 257ff. — BEYER, W.: Die Bedeutung der Nebenschilddrüsen und ihrer Erkrankungen. Naturwiss. **30**, 503 (1942). — VEIL, W.: Die endokrinen Erkrankungen in der Praxis. Die Erkrankungen der Nebenschilddrüsen. M. m. W. **1933 I**, 840. — [2] Lehrb. inn. Med. (ASSMANN u. a.) 6./7. Aufl. Bd. 2, S. 258, Abb. 20. — [3] SCHÄFER, E. L.: Med. Mschr. **3**, 511 (1949).

ε) Der Thymus[1–6].

Anatomie. Die Thymusdrüse, auch das *Bries* genannt, liegt im oberen Mediastinum in enger Nachbarschaft zu den großen Gefäßen. Ihre schon normalerweise stark wechselnde Größe nimmt durch Bindegewebsvermehrung bis zur Pubertät langsam zu und von da an wiederum ab. Das Gewicht des Thymus ist nach HAMMAR bei der Geburt 13 g; es erreicht mit 38 g ein Maximum im Alter von 11—15 Jahren, von da an sinkt es dauernd, um bei 66—75 Jahren 6 g zu betragen. Diese Altersinvolution des Thymus scheint durch die Entwicklung der Keimdrüsen beschleunigt zu werden. Sie betrifft zunächst die Rinde, später auch das Mark. Schließlich schwinden auch die HASSALLschen Körperchen. Man hat der Änderung der Größe des Thymus früher eine weitaus tiefere Bedeutung beigemessen, als das heute geschieht, und das Zusammenfallen des Beginns der Thymusinvolution mit dem Abschluß der Wachstumsperiode war lange Zeit ein Argument für die innere Sekretion des Thymus, die auch heute noch umstritten ist.

Histologie[7]. Der Thymus gliedert sich in Läppchen, welche einen zentralen Markstrang enthalten; diesem ist peripher das Rindengewebe aufgelagert. Im Markstrang herrscht das ursprüngliche Epithel vor, welches zu den Reticulumzellen ähnlichen Zellen umgeformt ist und die HASSALLschen Körperchen, konzentrisch geschichtete Epithelkugeln, enthält. Letztere wachsen langsam heran und zerfallen dann. Die Markzone wird auch von Blutgefäßen erreicht, in deren Umgebung ein mesenchymales Reticulum mit zahlreichen Lymphocyten zu finden ist. Das Rindengebiet wird ausschließlich von lymphoidem Gewebe aufgebaut. Somit ist der Thymus ein lymphoepitheliales Organ und stimmt in vielen Baueigentümlichkeiten mit den Tonsillen überein. Gestaltliche Merkmale für die Absonderung eines besonderen Hormons sind nicht bekannt.

Chemie. Es werden angegeben: 80,41—80,71% Wasser, 19,27—19,59% organische Bestandteile, 0,2% anorganische Bestandteile, vorwiegend Kaliumphosphat, 15,52% Eiweißkörper, 3,15% Nucleinat. Der Gehalt an den einzelnen Purinkörpern wird wie folgt mitgeteilt: Adenin 1,92%, Hypoxanthin 0,22%, Guanin 0,07% und Xanthin 0,36%. Eine andere Aufteilung der Gesamteiweißkörper gibt an: 19,92% Gesamteiweiß, 1,08% Nucleoproteid, 3,15% Nucleohiston, 2,48% Alkohollösliches, 1,59% Asche und 1,32% Lipoidphosphor. In der Thymustrockensubstanz wurden gefunden: Albumin 1,76%, Leukonuclein 68,8%, Histon 8,67%, Lecithin 7,51%, Cholesterin 4,4% und Glykogen 0,8%. Die Proteine aus Kalbsthymus ähneln dem α- und β-Globulin[8]. β-Globulin war in Rinderthymus nur in geringen Mengen nachweisbar[9]. Die Thymonucleinsäure aus Kalbsthymus ist, wenn man eine Zersetzung vermeidet, in besonders hochmolekularem Zustande vorhanden[10]. Durch NaCl-Lösung wird sie gespalten. EULER schreibt dem Thymusnucleoproteid ein Mol.Gew. von 69000—79000 nach Sedimentationsmessungen zu[11]. Die Desoxyribosenucleinsäure aus Kalbsthymus enthält auf 10 Mol Cytosin, 16 Mol Adenin, 13 Mol Guanin und 13 oder 15 Mol

Zusammenfassende Darstellungen: 1—6. [1] HAMMAR, J. A.: Die Menschenthymus in Gesundheit und Krankheit. Teil 1. Das normale Organ. Leipzig 1926. Teil 2. Das Organ unter anormalen Körperverhältnissen. 1929. Die normale morphologische Thymusforschung im letzten Vierteljahrhundert. Analyse und Synthese mit einigen Worten zur Funktionsfrage. Leipzig 1936. — [2] HAMMETT, F. S.: Die Physiologie des Thymus. Übersetzt von NELLMANN, H.: Berlin, Wien 1928. — [3] LENART, G.: Die Thymusfunktion. Ergebn. inn. Med. **50**, 1 (1936). — [4] ROWNTREE, L. G.: Die Thymusdrüse. Die Drüsen mit innerer Sekretion, ihre physiologische und therapeutische Bedeutung. (Dtsche. Übersetzg. von NICHTENHAUSER, A., u. K. STERN) S. 316—323. Wien, Leipzig 1937. — [5] TESSERAUX, H.: Physiologie und Pathologie des Thymus, unter besonderer Berücksichtigung der pathologischen Morphologie. Leipzig 1953. — [6] WIESEL, J.: Thymus. Handb. Physiol. Bd. 16/1, S. 366—400.

[7] v. MÖLLENDORFF, Lehrb. Histol. 26. Aufl., S. 270ff. — BARGMANN, W.: Der Thymus. Handb. mikroskop. Anat. (v. MÖLLENDORFF) Bd. 6/4. S. 1—172. — SCHMINCKE, A.: Pathologie des Thymus. Handb. path. Anat. (HENKE-LUBARSCH) Bd. 8, S. 760—809. — [8] ABRAMS, A., and P. P. COHEN: J. biol. Ch. **177**, 439 (1949). — [9] KAMAL, S., and C. W. TURNER: J. Dairy Sci. **33**, 98 (1950). — [10] SIGNER, R., u. H. SCHWANDER: Helv. **32**, 853 (1949). — [11] EULER, H. v., u. L. HAHN: Ark. Kemi, Mineral. Geol. **22** A, 14 (1946).

Thymin[1]. Auf 4 P kommt 1 Thymin und 1 Guanin und 1,2 Cytosin bzw. 0,8 Adenin[2]. Sie enthält 3 freie Aminogruppen, 2 enolische OH-Gruppen, 4 primäre und 0,25 sekundäre Phosphorsäurereste auf je 4 P-Atome. Desoxyribonucleinsäure aus menschlichem und Rinderthymus sollen verschieden sein[3].

Die freien Aminosäuren des Rattenthymus setzen sich wie folgt zusammen (μMol je g Frischgewicht): Alanin 2,6 ± 0,2, Glutamin 1,9 ± 0,17, Glycin 2,5 ± 0,26, Glutaminsäure 7,7 ± 0,35, Asparaginsäure 3,5 ± 0,22, Taurin 7,5 ± 0,88, Äthanolaminphosphat 6,1 ± 0,56[4]. Über hochungesättigte Fettsäuren in Thymus von Rind, Schwein und Schaf liegen einige Angaben vor[5]. Die im Cytoplasma von Kalbsthymus vorkommende Desoxyribonucleinsäure[6] ist nicht mit der Pankreasdesoxyribonucleinsäure identisch[7].

Aus 26,4 kg Kalbsthymus konnten 2,36 g Betain und 1,03 g Cholin isoliert werden[8]. Rattenthymus[9] enthielt 2,12 γ Flavindinucleotid je g. Der Cholesteringehalt war 225 mg je 100 g frischen Kalbsthymus[10].

Folgen der Thymektomie. Die Folgen der technisch nicht ganz leichten Operation sind bei den verschiedenen Untersuchern nicht ganz eindeutig. Oft wird jeder Einfluß in Abrede gestellt. Andererseits werden, besonders bei jugendlichen Tieren, Verzögerung des Wachstums und mangelhafte Ausbildung der Knochen beobachtet[11]. Allerdings scheinen Kost und Haltung der Versuchstiere für das Ergebnis sehr wesentlich zu sein. Thymektomie an aufeinanderfolgenden Generationen von Ratten soll die Entwicklung der nachfolgenden Generationen nachteilig beeinflussen. Durch geeignete Extraktbehandlung oder Drüsenimplantationen soll dies rückgängig gemacht werden können[12]. Nach BOMSKOV soll Thymektomie zu Wachstumshemmung, Tonusverlust und schweren Veränderungen von Nebennieren, Schilddrüse, Pankreas und Keimdrüsen führen[13].

Beim Meerschweinchen verursacht Thymektomie Wachstumsstillstand, Hinfälligkeit und Tod in 3—6 Wochen[14]; weiter tritt Aktivierung der Schilddrüse ein und Kreatinurie, die nach Thyreoidektomie aufhört. Die Ausscheidung von TSH im Harn wurde bei thymektomierten Tieren vermehrt gefunden[15]. Sie konnte durch Thymusextrakte gesenkt werden. Durch Thymusextraktbehandlung nahm die thyreotrope Aktivität der Hypophyse zu[16]. Die durch Thyroxin an kastrierten, thymektomierten Meerschweinchen ausgelöste Kreatinurie[17], ebenso der Einfluß des Thyroxins auf das Blutcholesterin werden durch Thymusextrakte aufgehoben[18]. Als Einheit der Wirkung wurde jene kleinste Menge vorgeschlagen, die beim thymektomierten, kastrierten und thyreoidektomierten Meerschweinchen die Wirkung von 1 γ Thyroxin zu paralysieren vermag[19].

Thymusextrakte. Mangels eines geeigneten biologischen Testobjektes hat die Forschung nach allenfalls wirksamen Thymusstoffen noch keine klaren

[1] CHARGAFF, E., E. VISCHER, R. DONIGER, C. GREEN and F. MISANI: J. biol. Ch. **177**, 405 (1949). — [2] GULLAND, J. M., D. O. JORDAN and C. J. THRELFALL: Soc. **1947**, 1129. — GULLAND, J. M., D. O. JORDAN and H. F. W. TAYLOR: Soc. **1947**, 1131. — CREETH, J. M., J. M. GULLAND and D. O. JORDAN: Soc. **1947**, 1141. — [3] CHARGAFF, E., S. ZAMENHOF and C. GREEN: Nature **165**, 756 (1950). — [4] KIT, S., and J. AWAPARA: J. biol. Ch. **210**, 11 (1954). — [5] HOLMAN, R. T., and S. I. GREENBERG: J. amer. Oil Chem. Soc. **30**, 600 (1953). — [6] WEBB, M.: Exp. Cell Res. **5**, 16, 27 (1953). — [7] PRIVAT DE GARILHE, M., et M. LASKOWSKI: Biochim. biophysica Acta, N. Y. **14**, 147 (1954). — [8] ACKERMANN, D., u. W. WASMUTH: H. **281**, 199 (1944). — [9] BESSEY, O. A., O. H. LOWRY and R. H. LOVE: J. biol. Ch. **180**, 755 (1949). — [10] PIHL, A.: Scand. J. clin. Lab. Invest. **4**, 115 (1952). — [11] PARK, E. A., and R. D. MCCLURE: Amer. J. Dis. Children **18**, 317 (1919). — [12] EINHORN, N. H., and L. G. ROWNTREE: Endocrinology **22**, 342 (1938). Science, N. Y. **84**, 23 (1936). — [13] BOMSKOV, C., u. B. HÖLSCHER: Pflügers Arch. **245**, 455 (1942). — [14] COMSA, J.: Arch. franç. Pédiat. **7**, 51 (1950). — [15] COMSA, J.: Ann. Endocrinol., Paris **12**, 562 (1951). — [16] COMSA, J.: C. R. Soc. Biol. **149**, 1384 (1955). — [17] COMSA, J.: Bull. Soc. Chim. biol. **31**, 1035 (1949). — [18] COMSA, J.: Cr. **228**, 2061 (1949). — [19] COMSA, J.: Amer. J. Physiol. **166**, 550 (1951)

Erfolge aufzuweisen. Die an Kaulquappen festgestellten Wachstumswirkungen von Thymusfütterung sind nicht spezifisch. Die ASHERschen Versuche[1], in denen mit einem Thymocrescin genannten Thymusextrakt Wachstumswirkungen gesehen wurden, sind sehr von der sonstigen Haltung der Versuchstiere abhängig. Mit einem Thymusextrakt in 0,5%iger HCl, der sehr haltbar sein soll, wurden angeblich bei Behandlung fortlaufender Rattengenerationen in der 3. Generation sehr erhebliche Wachstumswirkungen erzielt[2]. Bestätigungen stehen aus. Auch das BOMSKOVsche Thymushormon[3], das im Unverseifbaren eines Lipoidextraktes aus Thymus enthalten sein[4] und zu Leberglykogensenkung[5], Schwund des Herzglykogens (Thymustod) führen soll, hat keine Bestätigung gefunden. Das Hormon sollte unter dem Einfluß eines hypophysären thymotropen Hormons (vgl. S. 480), das als identisch mit dem Wachstumshormon, dem diabetogenen und dem Kohlenhydratstoffwechselhormon angesehen wurde, vom Thymus an die Lymphocyten abgegeben und durch diese in die Körperperipherie transportiert werden[6]. Es sollte am Menschen und an der Ratte Lymphocytose bewirken[7] und die Empfindlichkeit von Meerschweinchen gegenüber Chloroform steigern[8]. Die Wirkungen des „Thymusöls" konnten nicht bestätigt werden[9].

Physiologie. Wir müssen demnach die Frage nach der innersekretorischen Bedeutung des Thymus noch offen lassen. Ob ihm neben seiner Funktion als lymphoides Organ auch noch Einflüsse auf Wachstum und Kalkstoffwechsel[10] zukommen, ist ungeklärt. Neuere Zusammenfassungen[11] erwähnen keine innersekretorischen Funktionen des Thymus.

Pathologie. Früher wurden plötzliche Todesfälle Jugendlicher oft mit dem Thymus in Zusammenhang gebracht und mit einem sog. Status thymicolymphaticus erklärt. Diese Annahme wird heute nur noch selten gemacht. Bei Myasthenia gravis werden nicht selten Thymustumoren, an denen die HASSALLschen Körperchen jedoch nicht beteiligt sind, beobachtet. An einen ursächlichen Zusammenhang wurde gedacht[10].

ζ) Die Bauchspeicheldrüse (glandula pancreatica)[12–19].

Die schon früher vermutete Bedeutung der Bauchspeicheldrüse für die Genese des Diabetes wurde durch die klassischen Untersuchungen von v. MERING u. MINKOWSKI[20] endgültig bewiesen. Drei Jahrzehnte später wurde das für den

[1] ASHER, L.: Endokrinologie **7**, 321 (1930). — [2] ROWNTREE, L. G., J. H. CLARK, A. M. HANSON and A. STEINBERG: J. amer. med. Ass. **103**, 1425 (1934). — ROWNTREE, L. G., J. H. CLARK and A. M. HANSON: Science, N. Y. **80**, 274 (1934). — [3] BOMSKOV, C.: Die Lösung des Thymusrätsels. Forsch. u. Fortschr. **16**, 324—326 (1940). — [4] BOMSKOV, C., u. L. SLADOVIĆ: Pflügers Arch. **243**, 611 (1940). — [5] BOMSKOV, C., u. K. N. v. KAULLA: Pflügers Arch. **245**, 493 (1942). — [6] BOMSKOV, C., u. F. BROCHAT: Endokrinologie **23**, 145 (1940). — [7] BOMSKOV, C., u. K. H. KREFT: Pflügers Arch. **243**, 623 (1940). — [8] BOMSKOV, C., B. HÖLSCHER u. J. HARTMANN: Pflügers Arch. **245**, 483 (1942). — [9] SCHAIRER, E., H. GÜTHERT u. J. RECHENBERGER: Virchows Arch. **309**, 137 (1942). — ALBERS, D., u. Z. SASYK: B. Z. **312**, 60 (1942). — [10] SCHWARZ, H., M. PRICE and C. A. ODELL: Metabolism **2**, 261 (1953). — NITSCHKE, A.: Z. ges. exp. Med. **65**, 637 (1929). — SCHNEIDER, M., u. A. NITSCHKE: Kli. Wo. **1930 II**, 1489. — [11] SELYE, H., and H. JENSEN: Ann. Rev. **15**, 347 (1946). — LI, C. H.: Ann. Rev. **16**, 291 (1947).

Zusammenfassende Darstellungen: 12—19. [12] Lehrb. inn. Med. (ASSMANN u. a.) 6./7. Aufl., Bd. 2, S. 268ff. — [13] GEILING, E. M. K., H. JENSEN and G. E. FARRAR jr.: Insulin. Handb. Heffter, Erg.-W. Bd. 5, S. 197. — [14] HOUSSAY, B. A., et V. DEULOFEU: La Chimie et la sécrétion de l'insuline. Ergebn. Vit.- u. Horm.-Forsch. **2**, 297—346 (1939). — [15] Hammarsten, 11. Aufl. S. 386f. — [16] JENSEN, H.: Insulin, its Chemistry and Physiology. New York 1938. The internal secretion of the pancreas. Pincus-Thimann, Hormones Bd. 1, S. 301 bis 332. — [17] STAUB, H.: Pankreas. Handb. Physiol. Bd. 16/1, S. 557—655. — [18] VIGNEAUD, V. DU: Cold Spring Harbor Symp. quant. Biol. **6**, 275 (1938). — [19] WHITE, A.: Cold Spring Harbor Symp. quant. Biol. **6**, 262 (1938).

[20] MERING, J. v., u. O. MINKOWSKI: A. e. P. P. **26**, 371 (1890).

Kohlenhydratstoffwechsel wesentliche innere Sekret des Pankreas nach zahlreichen vergeblichen früheren Versuchen isoliert[1] und soweit gereinigt, daß eine therapeutische Anwendung möglich wurde.

Anatomie. Das Pankreas liegt als 70—100 g schwere Drüse in enger Beziehung zum Duodenum. Seine Lage und Form sowie die Anzahl und der Ort der Mündung seiner Ausführungsgänge in den Darm sind von Tierart zu Tierart, aber auch individuell sehr wechselnd. Die Sekretionsinnervation des Pankreas ist parasympathisch.

Histologie[2]. Die Hauptmasse des Organs besteht aus acinösen Drüsenläppchen, die der äußeren Sekretion der Bauchspeicheldrüse dienen. In unregelmäßigen Abständen sind in das Drüsenparenchym kleine Haufen zylindrischer bis kubischer, nicht scharf begrenzter Zellen eingesprengt, die im Gegensatz zu den Drüsenzellen keine Zymogengranula enthalten, die LANGERHANSschen Inseln. Ihre Anzahl (0,25—2,5 Millionen) und Größe variieren stark. Beim Menschen machen sie etwa 2% des Gesamtgewichts des Pankreas aus (0,9—2,7%, bei Kindern bis 3,6%), also etwa 2—3 g. Sie bestehen zu 20% aus den silberimprägnierbaren α-Zellen oder A-Zellen und zu 80% aus den mit Silber nicht färbbaren β-Zellen oder B-Zellen[3]. Letztere fallen durch ihren histochemisch nachweisbaren hohen Zn-Gehalt auf. Nur sie werden mit der Insulinproduktion in Zusammenhang gebracht, denn ihre Anzahl wird beim Diabetes vermindert gefunden, sie atrophieren unter Alloxaneinwirkung bei der Erzeugung eines „Alloxandiabetes", während die α-Zellen unbeeinflußt bleiben[4].

Chemie[5]. Der Gehalt des Pankreas an *Mineralstoffen* schwankt stark. Der Wassergehalt wird mit 74,8% angegeben[6]. Weiter wurden auf das frische Organ berechnet gefunden[7]: 87,14 mg-% Na, 226,3 mg-% K, 16,8—27,47 mg-% Mg, 7,2—15,9 mg-% Ca, 180—220 mg-% Cl, 82 mg-% P, weiter 3,03—3,92 mg-% Sn, 25 γ-% Ni (beim Stier 135 γ-% Ni und 23,0 γ-% Co), 0—50 γ% Pb (gesunder Mensch)[8] und auffallend viel Zn[9]. Das Pankreas normaler Hunde enthielt 19,5 mg-% Zn, das von kranken 12,5 mg-% und das von hypophysektomierten Tieren 23,5 mg-%[9] (weitere Angaben s. Bd. 2/1, S. 676). Das Pankreas gesunder Menschen und das von Diabetikern hatten innerhalb der statistischen Fehlergrenzen, auf den fettfreien Trockenrückstand berechnet, den gleichen Zn-Gehalt[9]. In den Inselorganen von Knochenfischen fanden WEITZEL u. Mitarb.[10] 10 bis 100 mg-% Zn. Über Beziehungen des Zn zum Insulin vgl.[11].

Analysen der Magenschleimhaut und der Pankreasdrüse von 12 Hunden ergaben in g-% nachstehende Mittelwerte[12]:

Tabelle 150. Mineralstoffgehalt von Magenschleimhaut und Pankreas (in % des Trockengewichtes).

	H_2O	Na	K	Cl	PO_4-P
Magenschleimhaut	80,5	1,066	1,072	1,053	1,125
Pankreasdrüse	71,1	0,543	1,500	0,560	1,377

[1] BANTING, F. G., and C. H. BEST: Amer. J. Physiol. **62**, 162, 559 (1922). — s. a. LESSER, E. J.: Handb. Biochem. Bd. 4, S. 577. — WOHLGEMUTH, J.: Handb. Biochem., Erg.-W. Bd. 2, S. 325. — [2] v. MÖLLENDORFF, Lehrb. Histol. 26. Aufl. S. 343. — BARGMANN, W.: Handb. mikroskop. Anat. (v. MÖLLENDORFF) Bd. 6/2, S. 197—288. — GRUBER, G. B.: Handb. path. Anat. (HENKE-LUBARSCH) Bd. 5/2, S. 211—621. — [3] FERNER, H.: Verh. dtsch. Ges. inn. Med. **57**, 191 (1951). — [4] GOLDNER, M. G., and G. GOMORI: Endocrinology **33**, 297 (1943). — [5] Vgl. a. LESSER, E. J.: Handb. Biochem. Bd. 4, S. 579. — WOHLGEMUTH, J.: Handb. Biochem., Erg.-W. Bd. 2, S. 326. — [6] MARX, H.: B. Z. **179**, 414 (1926). — [7] BERTRAND, G., et A. MÂCHEBOEUF: Cr. **182**, 1305 (1926). — [8] HORIUCHI, K., I. TAKADA and E. TAMORI: Igaku to Seibutsugaku **29**, 188 (1953) [Chem. Abstr. **48**, 2921^c (1954)]. — [9] SCOTT, D. A., and A. M. FISHER: J. clin. Invest. **17**, 725 (1938). — EISENBRAND, J., u. M. SIENZ: H. **268**, 1 (1941). — HORVAI, L.: B. Z. **308**, 301 (1941). — [10] WEITZEL, G., F.-J. STRECKER, U. ROESTER, A.-M. FRETZDORFF u. E. BUDDECKE: H. **295**, 83 (1953). — [11] EISENBRAND, J., u. F. WEGEL: H. **268**, 26 (1941). — EISENBRAND, J., M. SIENZ u. F. WEGEL: Med. u. Chem. **4**, 259 (1942). — [12] INGRAHAM, R. C., and M. B. VISSCHER: Proc. Soc. exp. Biol, Med. **40**, 147 (1939).

Die *organischen Bestandteile* des Pankreas bestehen aus Eiweiß, Fetten und Extraktivstoffen. Als kernreiches Organ ist es auch reich an Nucleoproteiden und deren Spaltprodukten. Von der getrockneten Drüse sind 42,5% in Aceton, 5% in Petroläther und 29,5% in absolutem Alkohol löslich[1]. Die Eiweißstoffe bestehen zum großen Teil aus Nucleoproteiden[2] neben Globulinen und Albuminen. Das Schweinepankreasprotein hat einen besonders hohen Tryptophangehalt[3]. Die Extraktivstoffe, im wesentlichen durch postmortale Prozesse und chemische Eingriffe entstanden, enthielten: Leucin, Tyrosin, wechselnde Mengen Purinbasen, Inosit, flüchtige Fettsäuren und eine Pentose[4]. Im Schweinepankreas konnten mikrobiologisch folgende Aminosäuren nachgewiesen werden: Arginin, Asparaginsäure, Glutaminsäure, Glycin, Histidin, Isoleucin, Leucin, Lysin, Methionin, Phenylalanin, Threonin und Valin[5]. Über die grobchemische Zusammensetzung des Rattenpankreas liegen einige Angaben vor[6]. Unter den N-haltigen Extraktivstoffen des Schweinepankreas fanden sich Spermin, Spermidin, Tyrosin, Leucin, Lysin, Arginin, Uracil, Alanin und Spuren von Histidin und Asparaginsäure[7]. Außerdem scheinen 3 bisher unbekannte Aminosäuren[8], darunter β-Oxy-α-amino-önanthsäure und zwei α-Amino-β-oxysäuren, $C_{19}H_{40}N_4O_9$ und $C_{20}H_{42}N_4O_9$, vorzukommen. Schweinepankreas enthält etwa 1,8% α-Monoglyceride, 1,2% waren α-Monopalmitin. Die nicht identifizierte Restfraktion der α-Monoglyceride scheint ungesättigt zu sein[9]. Die Fette des Rinderpankreas sind im physiologischen Zustand neutral[10]. Im Pankreas von Rind, Schwein und Schaf werden Tetraen-, Pentaen- und Hexaencarbonsäuren nachgewiesen[11]. Der Plasmalgehalt der Glycerinphosphatide des Schweinepankreas ist hoch (3,98%)[12]. Nicotinsäure fand sich reichlich im Pankreas von Rind, Schwein und Pferd[13]. In frischem menschlichem Pankreas wurden je g 0,7 γ Pantothensäure und 7,5 γ β-Alanin nachgewiesen[14], von Vitamin C waren 1,1 mg-% nachweisbar[15]. Die Fermente des Pankreas sind im Kapitel Verdauung (vgl. Bd. **2**/1, S. 1159ff.) und Bd. **1**, S. 1062, 1077 u. 1148 eingehend geschildert. Ein krystallines Eiweiß mit Nucleasewirksamkeit konnte aus Rinderpankreas isoliert werden[16].

Folgen der Pankreatektomie. Das geeignete Versuchstier ist der Hund[17], doch gelingt die Operation auch an Kaltblütern und verschiedenen Nagetieren. Die Operation beim Hund ist schwierig wegen der gemeinsamen Blutversorgung der Drüse mit dem Duodenum, dessen Peritoneum teilweise entfernt werden muß. Es kann so leicht zu Ernährungsstörungen des Darmes kommen. Werden nur die Ausführungsgänge unterbunden, so atrophiert nur der drüsige Anteil des Pankreas, während der innersekretorische Anteil intakt bleibt und demgemäß keine Ausfallserscheinungen auftreten. Andererseits kann durch Alloxan isoliert das Inselgewebe (bzw. die β-Zellen) geschädigt und Diabetes ausgelöst werden[18]. Auch Zn-Komplexbildner, wie Dithizon, vermögen die β-Zellen

[1] MARX, H.: B. Z. **179**, 414 (1926). — [2] HAMMARSTEN, O.: H. **19**, 19 (1894). — HAMMARSTEN, E.: H. **109**, 141 (1920). — HAMMARSTEN, E., u. E. JORPES: H. **118**, 224 (1922). — [3] SCHWEIGERT, B. S., B. A. BENNETT and B. T. GUTHNECK: Food Research **19**, 219 (1954). — [4] Vgl. a. LESSER, E. J.: Handb. Biochem. Bd. 4, S. 579. — WOHLGEMUTH, J.: Handb. Biochem., Erg.-W. Bd. 2, S. 326. — [5] CAMIEN, M. N., M. S. DUNN, R. B. MALIN, P. J. REINER and J. TARBET: Univ. Calif. Publ. Physiol. **8**, 327 (1949). — [6] LANGER, H., u. A. GRAFFI: H. **299**, 139 (1955). — [7] FUKUDA, S.: J. Biochem. **30**, 141 (1939). — [8] TOMITA, M., u. S. FUKUDA: H. **270**, 16 (1941). — [9] JONES, M. E., F. C. KOCH, A. E. HEATH and P. L. MUNSON: J. biol. Ch. **181**, 755 (1949). — [10] SCHMIDT-NIELSEN, S.: Arch. int. Physiol. **49**, 423 (1939). — [11] HOLMAN, R. T., and S. I. GREENBERG: J. amer. Oil Chem. Soc. **30**, 600 (1953). — [12] KLENK, E., u. E. FRIEDRICHS: H. **290**, 169 (1952). — [13] KAWASHIMA, K.: J. jap. biochem. Soc. **21**, 122 (1949). — [14] NIELSEN, N., V. HARTELIUS u. V. SCHMIDT: Naturwiss. **31**, 550 (1943). — [15] GÓTH, E., u. I. LITTMANN: Orv. Lapja Nép. **3**, 518 (1947). — [16] LASKOWSKI, M.: J. biol. Ch. **166**, 555 (1946). — [17] MINKOWSKI, O.: A. e. P. P. **31**, 85 (1893). — [18] DUNN, J. S., and N. G. B. MCLETCHIE: Lancet **1943 II**, 384.

zu schädigen, sie ihres durch Diphenylthiocarbazid histochemisch nachweisbaren Zn-Gehalts zu berauben, dem Organismus große Mengen Zn zu entziehen und Diabetes zu verursachen[1]. Kurz nach der Entfernung des Pankreas steigt der Blutzucker von normalerweise 80—100 mg-% auf 200—300 mg-% und darüber. Er kann nach Kohlenhydratbelastung 800 mg-% erreichen. Gleichzeitig erscheinen große Mengen Traubenzucker im Harn. Das Leber- und Muskelglykogen schwinden in wenigen Tagen, und nur der Herzmuskel hält seine Glykogenvorräte hartnäckig fest. Die Prothrombinzeit sinkt[2]. Die Zuckerausscheidung bleibt auch im Hungerzustand oder bei kohlenhydratarmer Ernährung bestehen, weil reichlich Zucker aus Eiweiß, vielleicht auch aus Fett neugebildet wird. Als Ausdruck der verminderten Zuckerverwertung sinkt der respiratorische Quotient. Die erhöhte Inanspruchnahme der Eiweißkörper für die Gluconeogenese äußert sich in der N-Ausscheidung. Als Folgen des gestörten Stoffwechsels entwickeln sich Polyurie, Polydipsie und Polyphagie. Im weiteren Verlauf entsteht eine tiefgreifende Störung des Fettstoffwechsels. Das Depotfett wird mobilisiert, es treten Lipämie und Verfettung der Leberzellen auf, und schließlich erscheinen als Zeichen mangelhafter Fettverbrennung die sog. „Acetonkörper" (Acetessigsäure, β-Oxybuttersäure und Aceton) in Blut und Harn (s. a. Bd. 2/1, S. 327). Verlust der Alkalireserve, Acidose und Tod im diabetischen Koma sind die Folgen dieser Säurevergiftung. Weniger schwere Erscheinungen, eventuell nur mäßig erhöhten Blutzucker und leichte Glykosurie nach Kohlenhydratbelastung erhält man, wenn man nur einen größeren Teil des Pankreas entfernt.

Das Inselorgan ist demnach eine lebenswichtige innersekretorische Drüse. Alle Ausfallserscheinungen des operativen Pankreasdiabetes lassen sich durch Zufuhr von Insulin schlagartig beheben. Tiere können durch Insulinbehandlung, besonders wenn man durch Zufuhr von Fermentpräparaten den Ausfall der äußeren Sekretion des Pankreas kompensiert, praktisch nahezu beliebig lange am Leben erhalten werden[3].

1. Insulin.

Bezüglich Vorkommen, Eigenschaften und Darstellung des Insulins vgl. Bd. **1**, S. 695.

Ergänzend hierzu ist nachzutragen: Durch Gegenstromverteilung konnte Insulin neuerdings in 2 aktive Komponenten A und B aufgespalten werden[4], die sich nur durch das Vorhandensein einer Amidogruppe unterschieden[5]. Es steht offen, ob die B-Komponente vorgebildet oder bei der Darstellung des Insulins als Kunstprodukt entstanden ist. In Ergänzung älterer Angaben über die Aminosäurezusammensetzung des Insulins[6] konnten in Säurehydrolysaten die entsprechenden Werte für die A- und B-Komponente des Rinderinsulins und die A-Komponente des Insulins von Schwein und Schaf ermittelt werden[5]. Vgl. nachstehende Tabelle.

Die Versuche begünstigen die Annahme eines Mol.Gew. von etwa 6000 für das Insulin-„Monomere", für das in den meisten älteren Arbeiten 12000 gefordert wird. Für 6000 spricht jedoch auch eine Reihe neuerer Arbeiten (Sedimentations-

[1] Bahner, F.: Verh. dtsch. Ges. inn. Med. **57**, 207 (1951). — Maske, H.: Z. Naturforsch. 8 b, 96 (1953). — [2] Kuhlmann u. H. Franke: Kli. Wo. **1941**, 889. — [3] Macleod, J. J. R.: Lancet **1930 II**, 383. — Chaikoff, I. L., J. J. R. Macleod, W. W. Simpson and J. Markowitz: Amer. J. Physiol. **76**, 210 (1926). — Hédon, E.: C. R. Soc. Biol. **100**, 698 (1929). — [4] Harfenist, E. J., and L. C. Craig: Am. Soc. **74**, 3083 (1952). — [5] Harfenist, E. J.: Am. Soc. **75**, 5528 (1953). — [6] Tristram, G. R.: Adv. Protein Chem. **5**, 83 (1949). — Fromageot, C.: Cold Spring Harbor Symp. quant. Biol. **14**, 49 (1949). — Mills, G. L.: Biochem. J. **50**, 707 (1952).

Tabelle 151. Aminosäurezusammensetzung Insulin[1].

Aminosäure	Zahl der Reste			
	Rind A	Rind B	Schwein A	Schaf A
Asparaginsäure . .	3	3	3	3
Threonin	1	1	2	1
Serin	3	3	3	2
Glutaminsäure . .	7	7	7	7
Prolin	1	1	1	1
Glykokoll	4	4	4	5
Alanin	3	3	2	3
Cystin	3	3	3	3
Valin	5	5	4	5
Isoleucin	1	1	2	1
Leucin	6	6	6	6
Tyrosin	4	4	4	4
Phenylalanin . . .	3	3	3	3
Histidin	2	2	2	2
Lysin	1	1	1	1
Arginin	1	1	1	1
Ammoniak	6	5	6	6

Daraus ergibt sich folgende Elementarzusammensetzung:

	C		H		N		S		Amid-N	
	ber.	gef.	ber.	gef.	ber.	gef.	ber.	gef.	ber.	gef.
Rind A . .	53,19	53,00	6,62	6,68	15,88	15,40	3,36	3,25	1,46	1,42
Rind B . .	53,20	53,16	6,61	6,63	15,63	15,36	3,36	3,34	1,22	1,16
Schwein A .	53,20	52,97	6,64	6,62	15,75	15,56	3,33	3,36	1,45	1,45
Schaf A . .	53,26	53,04	6,63	6,74	15,96	15,55	3,37	3,48	1,47	1,45

bzw. folgende Bruttoformeln:

Rind A . . $C_{254}H_{377}N_{65}O_{75}S_6$, Mol.Gew. 5733
Rind B . . $C_{254}H_{376}N_{64}O_{76}S_6$, Mol.Gew. 5732
Schwein A . $C_{256}H_{381}N_{65}O_{76}S_6$, Mol.Gew. 5777
Schaf A . . $C_{253}H_{375}N_{65}O_{74}S_6$, Mol.Gew. 5703

und Diffusionsmessungen[2], Spreitungsversuche[3] und Mol.Gew.-Bestimmungen[4] mit der Technik von BATTERSBY u. CRAIG[5]).

Weitere Fortschritte wurden seit der Drucklegung des 1. Bandes hinsichtlich der Konstitutionsaufklärung des Insulins erzielt. Oxydation mit Perameisensäure[6] spaltet das Insulin durch Oxydation der S—S-Brücken zu —SO_3H-Gruppen in Polypeptidketten. Aus dem Polypeptidgemisch konnte eine mehr saure, bei p_H 6,5 lösliche Fraktion A mit einer endständigen Glycylgruppe und eine basischere, bei p_H 6,5 unlösliche Fraktion B mit einer endständigen Phenylalaningruppe isoliert werden[7]. Durch verschiedene hydrolytische Maßnahmen (HCl, Pepsin, Trypsin, Chymotrypsin, Papain) konnte mit der bei der Aufklärung der

[1] HARFENIST, E. J.: Am. Soc. **75**, 5528 (1953). — [2] FREDERICQ, E., and H. NEURATH: Am. Soc. **72**, 2684 (1950). — FREDERICQ, E.: Nature **171**, 570 (1953). — [3] FREDERICQ, E.: Bull. Soc. Chim. biol. **33**, 420 (1951). Biochim. biophysica Acta, N. Y. **9**, 601 (1952). — [4] HARFENIST, E. J., and L. C. CRAIG: Am. Soc. **74**, 3087 (1952). — [5] BATTERSBY, A. R., and L. C. CRAIG: Am. Soc. **73**, 1887 (1951); **74**, 4023 (1952). — [6] TOENNIES, G., and R. P. HOMILLER: Am. Soc. **64**, 3054 (1942). — [7] SANGER, F.: Biochem. J. **44**, 126 (1949).

Konstitution des Gramicidin S entwickelten Methodik[1] die Aminosäuresequenz in den Fraktionen A und B ermittelt werden[2]. Sie sind in der nebenstehenden Tabelle nach SANGER u. Mitarb.[3] wiedergegeben. Trypsin spaltet entsprechend seinen Reaktionsbedingungen, an denen die Carboxylgruppe von Lysin oder Arginin beteiligt ist. Es ist daher nur gegenüber Fraktion B wirksam und liefert bei Einwirkung auf natives Insulin Alanin als Spaltprodukt[4].

Der carboxylendständige Aminosäurerest der Fraktion A ist der Asparaginsäurerest, der N-endständige der Glycylrest[5]. Damit sind ältere Anschauungen, die den Glycylrest als carboxylendständig betrachten[6], widerlegt. In der Fraktion B bildet der Alanylrest die carboxylendständige Gruppe, während die N-endständige Gruppe vom Phenylalaninrest gebildet wird[5,7]. Weitere Untersuchungen[8] beschäftigen sich mit der Art der Verknüpfung der bisher aufgeklärten Ketten.

Tabelle 152. Aminosäuresequenzen in den Fraktionen A und B von oxydiertem Rinderinsulin.

Fraktion A: Struktur: Gly · Ileu · Val · Glu · Glu(—NH₂) · CySO₃H · CySO₃H · Ala · Ser · Val · CySO₃H · Ser · Leu · Tyr · Glu(—NH₂) · Leu · Glu · Asp(—NH₂) · Tyr · CySO₃H · Asp(—NH₂) (1–21)

Aufgespaltene Bindungen durch:	1:2	4:5	10:11	11:12	13|14	14|15	15:16	16|17	17|18	19|20
Chymotrypsin (C)				C		C				C
Pepsin (Pe)		Pe	Pe		Pe	Pe	Pe	Pe	Pe	
Papain-HCN (Pa)	Pa	Pa		Pa	Pa	Pa	Pa	Pa	Pa	

Fraktion B: Struktur: Phe · Val · Asp · (—NH₂) · Glu(—NH₂) · His · Leu · CySO₃H · Gly · Ser · His · Leu · Val · Glu · Ala · Leu · Tyr · Leu · Val · CySO₃H · Gly · Glu · Arg · Gly · Phe · Phe · Tyr · Thr · Pro · Lys · Ala · (1–30)

Aufgespaltene Bindungen durch:	1:2	3:4	11|12	13:14	14:15	15:16	16|17	22|23	23:24	24|25	25|26	26|27	29|30
Trypsin (T)								T					T
Chymotrypsin (C)						C	C				C	C	
Pepsin (Pe)	Pe	Pe	Pe	Pe	Pe	Pe	Pe		Pe	Pe	Pe		

Ausgezogene Striche (|): Hauptangriffspunkte der Enzymwirkung. Unterbrochene Striche (:): Gelegentliche Angriffspunkte der Enzymwirkung.

---

[1] CONSDEN, R., A. H. GORDON, A. J. P. MARTIN and R. L. M. SYNGE: Biochem. J. **41**, 596 (1947). — [2] SANGER, F., and H. TUPPY: Biochem. J. **49**, 463, 481 (1951). — SANGER, F., and E. O. P. THOMPSON: Biochem. J. **53**, 353, 366 (1953). — [3] SANGER, F., E. O. P. THOMPSON and H. TUPPY: Symposium sur les Hormones protéiques et dérivées des protéines. 2. Int. Congr. Biochem. Paris S. 26—38. 1952. — SANGER, F.: Bull. Soc. Chim. biol. **37**, 23 (1955). — SANGER, F., and E. O. P. THOMPSON: Biochem. J. **53**, 353 (1953). — [4] HARRIS, J. I., and C. H. LI: Am. Soc. **74**, 2945 (1952). — [5] CHIBNALL, A. C., and M. W. REES: Biochem. J. **52**, III (1952). — SANGER, F., E. O. P. THOMPSON and R. KITAI: Biochem. J. **59**, 509 (1955). — HARRIS, J. I.: Am. Soc. **74**, 2944 (1952). — Vgl. a. [2]. — [6] FROMAGEOT, C., M. JUTISZ, D. MEYER et L. PENASSE: Biochim. biophysica Acta, N. Y. **6**, 283 (1950/51). — CHIBNALL, A. C., and M. W. REES: Biochem. J. **48**, XLVII (1951). — [7] LENS, J.: Biochim. biophysica Acta, U. Y. **3**, 367 (1949). — TURNER, R. A., and G. SCHMERZLER: Biochim. biophysica Acta, N. Y. **13**, 553 (1954). — [8] ARNDT, U. W., and D. P. RILEY: Nature **172**, 245 (1953). — LOW, B. W.: Nature **172**, 1146 (1953). — ANSLOW, G. A.: J. chem. Physics **21**, 2083 (1953).

Nachweis. Der vorläufig nur biologisch mögliche Nachweis des Insulins wurde anfänglich an pankreasdiabetischen Hunden geführt. Heute dient vornehmlich die am normalen, nüchternen Kaninchen auslösbare Blutzuckersenkung oder weniger gut die Beurteilung der sog. Krampfgrenze als Kriterium der Wirksamkeit. Die Einführung eines internationalen Standardpräparates (der erste internationale Insulinstandard, 1925, enthielt 8 E im mg, der nunmehr gültige[1] enthält im mg 22 I.E.) sichert die Bewertung. Die Auswertungstechnik am Kaninchen wurde durch die Einführung des Überkreuzversuchs[2] verfeinert und durch Anwendung statistischer Methoden verbessert[3]. Außer der Blutzuckersenkung beim Kaninchen dient auch gelegentlich die Krampfwirkung an unter kontrollierten Stoffwechselbedingungen gehaltenen Mäusen für Auswertungszwecke[4]. Weniger geeignet dürfte die Temperatursenkung bei Ratten sein. Zum Nachweis kleinster Mengen im Blut kann mit Vorbehalt die Beschleunigung der Methylenblaureduktion durch Muskeln herangezogen werden[5].

Besonders gut zum Nachweis kleinster Mengen von Insulin eignet sich das schon 1940[6] untersuchte Rattenzwerchfell und die Glucoseaufnahme unter dem Einfluß von Insulin[7].

Physiologie[8]. Das Insulin nimmt eine zentrale Stellung in der Regulierung des Kohlenhydratumsatzes ein. Es wirkt den oben geschilderten Wirkungen der Pankreasentfernung entgegen: Es senkt den Blutzucker, beseitigt die Glykosurie und begünstigt die Ablagerung von Glykogen in Leber und Muskulatur[9], besonders in der letzteren[10]. Am Normaltier steigert Insulin die Leberglykogenbildung nicht. Es erhöht den respiratorischen Quotienten und fördert neben der Zuckerverbrennung in der Peripherie die Umwandlung von Glucose in Fett[11].

Die Steigerung der Fettbildung aus Kohlenhydraten läßt sich auch nachweisen, wenn man alloxandiabetische Ratten, die diese Fähigkeit verloren haben, mit Insulin behandelt[12]. Die Gluconeogenese aus Eiweiß wird gehemmt, die pathologisch vermehrte N-Ausscheidung normalisiert, die Bildung von Ketonkörpern gehemmt (über Gluconeogenese s. Bd. 2/1, S. 763).

Der adäquate Reiz für die Ausschüttung des Insulins ist die Höhe des Blutzuckerspiegels. Diese schon früher wahrscheinlich gemachte Annahme konnte neuerdings am durchströmten Pankreaspräparat durch Nachweis der Steigerung der Insulinabgabe mit einer Mikromethode[13] eindeutig bewiesen werden[14]. Hypophysektomie ist ohne Einfluß auf diese Reaktion, Wachstumshormon hemmt sie,

---

[1] Quart. Bull. Hlth. Organis. **5**, 584—658 (1936). — [2] HARRISON, H. P., R. D. LAWRENCE and H. P. MARKS: Brit. med. J. **1925 II**, 1120. — [3] FIELLER, E. C., J. O. IRWIN, H. P. MARKS and E. A. G. SHRIMPTON: Quart. J. Pharmacy **12**, 206 (1939). — BLISS, C. I., and H. P. MARKS: Quart. J. Pharmacy **12**, 182 (1939). — SMITH, K. L., in: EMMENS, C. W.: Hormone Assay. S. 35 — 76. New York 1950. — SMITH, K. W., H. P. MARKS, E. C. FIELLER and W. A. BROOM: Quart. J. Pharmacy **17**, 108 (1944). — [4] HEMMINGSEN, A. M.: Quart. J. Pharmacy **6**, 39, 187 (1933). Skand. Arch. Physiol. **82**, 105 (1939). — BRUGSCH, H., u. H. HORSTERS: A. e. P. P. **148**, 295 (1930). — TREVAN, J. W., and E. BOOCK: League of Nat., Publ. Hlth. **111**, 398 (1926). — [5] AHLGREN, G.: Skand. Arch. Physiol. **44**, 167 (1923). — [6] GEMMILL, C. L.: Bull. Johns Hopkins Hosp. **66**, 232 (1940). — [7] HAUGAARD, N., and J. B. MARSH: The Action of Insulin. Springfield 1953. — KRAHL, M. E.: Ann. N. Y. Acad. Sci. **54**, 649 (1951). — [8] STADIE, W. C.: Physiol. Rev. **34**, 52 (1954). — LEVINE, R., and M. S. GOLDSTEIN: Recent Progr. Hormone Res. **11**, 343 (1955). — [9] HÉDON, L., A. LOUBATIÈRES, P. CRISTOL et P. MONNIER: Ann. Physiol. Physicochim. biol. **14**, 548 (1938). — PAULS, F., and D. R. DRURY: J. biol. Ch. **145**, 481 (1942). — [10] BRIDGE, E. M.: Bull. Johns Hopkins Hosp. **62**, 408 (1938). — [11] PAULS, F., and D. R. DRURY: J. biol. Ch. **145**, 481 (1942). — [12] CHERNICK, S. S., I. L. CHAIKOFF, E. J. MASORO and E. ISAEFF: J. biol. Ch. **186**, 527 (1950). — CHERNICK, S. S., and I. L. CHAIKOFF: J. biol. Ch. **186**, 535 (1950). — [13] ANDERSON, E., E. LINDNER and V. SUTTON: Amer. J. Physiol. **149**, 350 (1947). — [14] ANDERSON, E., and J. A. LONG: Recent Progr. Hormone Res. **2**, 209 (1948).

Thyroxin und Nebennierenrindenhormon beeinflussen sie nicht. Nebenher besteht eine nervöse Regulation, die von einem im Thalamus vermuteten Zentrum über den Vagus die Insulinproduktion anregen soll[1]. Hormonale Antagonisten des Insulins sind Adrenalin, die diabetogenen Stoffe des Hypophysenvorderlappens (Wachstumshormon, corticotropes Hormon, vielleicht luteotrophes Hormon und ein besonderes diabetogenes Hormon oder contrainsuläres Hormon, vgl. S. 478), weiterhin wirken die Nebennierenrinde durch Steigerung der Gluconeogenese und in geringem Grade die Schilddrüse antagonistisch. Das Glucagon als physiologischer hormonaler Antagonist des Insulins gewinnt wachsende Bedeutung (vgl. S. 526). Zahlreiche Versuche beschäftigen sich mit der Frage nach dem primären Angriffspunkt des Insulins. Man glaubte ihn in einer Begünstigung der Phosphorylierungen erblicken zu können, dachte an die wesentliche Bedeutung der Umwandlung von Kohlenhydraten in Fett[2] und mißt heute besonders der gesteigerten Glucokinaseaktivität, die die Umwandlung von Glucose in Glucose-6-phosphat beherrscht und damit den Eintritt von Glucose in das Zellinnere begünstigt, besondere Bedeutung zu[3].

Pathologie. Die Überfunktion der Inselzellen (Inselzelladenome) führt zu einer eigenartigen Krankheit, die als Zuckermangelkrankheit oder auch als Spontanhypoglykämie bezeichnet wird[4]. Sie kann aber auch als Symptom anderweitiger Erkrankung, z. B. bei Fortfall der hormonalen Gegenspieler des Insulins (Hypophysenhormone, Nebennierenhormone), und bei verschiedenen cerebralen Störungen als Folge des Fortfalls nervöser Regulationen auftreten[5]. Die Symptome gleichen denen der Insulinüberdosierung und bestehen in anfallsweisem Abfall des Blutzuckers, verbunden mit Hunger, Müdigkeit und Schwächegefühl oder Schwindelanfällen. Zentralnervöse Erscheinungen können sich bis zu Bewußtlosigkeit und Krampfanfällen steigern. Im Anfall kann der Tod eintreten. Zuckerzufuhr beseitigt die Erscheinungen schlagartig.

Als Folge des Ausfalls der Inselfunktion tritt die *Zuckerkrankheit, Diabetes mellitus*[6], auf, die in ihren Symptomen durchaus den oben beschriebenen Erscheinungen nach experimenteller Ausschaltung des Pankreas gleicht, mit der Maßgabe, daß es sich beim Menschen seltener um einen vollkommenen als vielmehr um einen partiellen Ausfall der Inselzellen handelt und daß Einflüsse von Seiten der hormonalen Gegenspieler des Insulins die Erscheinungen und besonders die therapeutische Ansprechbarkeit erheblich beeinflussen können. Trotzdem beseitigt Insulin auch hier die wesentlichen Störungen des Kohlenhydratstoffwechsels. Entsprechend den verschiedenen Anschauungen über den Einfluß des Insulins auf den Kohlenhydrathaushalt bestehen 2 Theorien der diabetischen Stoffwechselstörung; die eine erblickt die Ursache in der Nichtverwertung der Kohlenhydrate, während die andere die vermehrte Gluconeogenese als entscheidend ansieht. Wahrscheinlich haben jedoch beide Störungen maßgeblichen Anteil am Zustandekommen der Stoffwechselstörungen des Zuckerkranken.

---

[1] Zunz, E., et J. La Barre: Arch. int. Physiol. **37**, 202 (1933). — [2] Pauls, F., and D. R. Drury: J. biol. Ch. **145**, 481 (1942). — [3] Price, W. H., C. F. Cori and S. P. Colowick: J. biol. Ch. **160**, 633 (1945). — Price, W. H., M. W. Slein, S. P. Colowick and G. T. Cori: Fed. Proc. **5**, 150 (1946). — Weil-Malherbe, H.: Ergebn. Physiol. **48**, 54 (1955). — Hechter, O.: Vitamins & Hormones **13**, 293 (1955). — [4] Wilder, J.: Klinik und Therapie der Zuckermangelkrankheiten. Wien 1936. — [5] Meythaler, F., u. M. Ehrmann: Über Spontanhypoglykämien. Ergebn. inn. Med. **54**, 116 (1938). — [6] Lehrb. inn. Med. (Assmann u. a.) 6./7. Aufl., Bd. 1, S. 863—881. — Collens, W. S., and L. C. Boas: The Modern Treatment of Diabetes Mellitus. S. 535. Springfield, Ill., 1946. — Grafe, E.: Der Diabetes mellitus als endokrine Regulationsstörung. Verh. dtsch. Ges. inn. Med. **57**, 174—191 (1951). — Houssay, B. A.: The thyroid and diabetes. Vitamins & Hormones **4**, 187—206 (1946). — Mirsky, I. A.: Recent Progr. Hormone Res. **7**, 437 (1952).

2. Glucagon (Antiinsulin, hyperglycemic factor, HG-Faktor)[1].

Die manchmal beobachtete Unwirksamkeit gewisser Insulinzubereitungen und die den meisten technischen Insulinpräparaten eigene primäre Blutzuckersteigerung[2] haben Veranlassung gegeben, im Pankreas nach einer gegen Insulin antagonistisch wirkende Substanz zu suchen. Tatsächlich konnte im Pankreassaft des Menschen, weniger in dem des Hundes, eine stark blutzuckersteigernde Substanz nachgewiesen werden[3].

Vorkommen. Die Substanz ließ sich in vielen Insulinpräparaten des Handels, besonders reichlich in gewissen Abfallfällungen der technischen Insulinbereitung nachweisen. Mit salzsaurem Alkohol konnte die Substanz aus Drüsen von Rindern, Kälbern, Schweinen und Pferden, aber auch aus dem Pankreas von Hunden, Kaninchen und Ratten gewonnen werden. Aus dem Pankreas alloxandiabetischer Tiere können direkt insulinfreie Produkte gewonnen werden[4]. Ausführungsgangunterbindung und gleichzeitige Erzeugung eines Alloxandiabetes läßt im Pankreas so behandelter Tiere nur die α-Zellen übrig, und auch Extrakte aus solchen Drüsen erweisen sich als wirksam[5]. Auch aus Darmschleimhaut lassen sich wirksame Extrakte erhalten[6]. Da in Magen- und Darmschleimhaut Zellelemente angetroffen werden[7], die ebenso wie die α-Zellen versilberbar sind, liegt es nahe, den Bildungsort in diese zu verlegen. Es sind jedoch auch Zweifel laut geworden[8]. Ein Vorkommen in Lymphknoten und Milz von Kaninchen wird beschrieben[9]. Auch im Blut konnte Glucagon nachgewiesen werden[10]. Über den Nachweis im Pankreas[6].

Durch Infusion des aus der Vena pancreaticoduodenalis ausströmenden Blutes von einem alloxandiabetischen Spenderhund läßt sich beim Empfängertier Blutzuckersteigerung auslösen, wodurch die Abgabe des Stoffes an die Blutbahn wahrscheinlich gemacht ist[11].

Darstellung. Glucagon kann aus technischem Insulin durch Behandeln mit 90%igem Alkohol oder durch fraktionierte, wiederholte isoelektrische Fällung gewonnen werden[12]. Um insulinfreie Präparate zu erhalten, hat man sich der Inaktivierung des Insulins durch Alkalibehandlung oder durch Reduktion mit Cystein bedient. Besser scheint jedoch die Kochsalzaussalzung des Insulins zu sein, die das Glucagon im Filtrat läßt (GAEDE). Weitere Reinigungsmaßnahmen werden von SUTHERLAND u. Mitarb.[13] angegeben.

---

[1] GAEDE, K.: Verh. dtsch. Ges. inn. Med. **57**, 534—540 (1951). — SUTHERLAND, E. W.: The effect of the hyperglycemic factor of the pancreas and of epinephrin on glycolysis. Recent Progr. Hormone Res. **5**, 441—463 (1950). — JENSEN, H. F.: Insulin, its Chemistry and Physiology. New York 1938. — MOHNIKE, G.: Beiträge zum Insulin-Glukagon-Problem. Leipzig 1953. — CAVALLERO, C.: Rev. canad. Biol. **12**, 509 (1953). — DUVE, C. DE: Lancet **1953 II**, 99. — [2] MURLIN, J. R., H. D. CLOUGH, C. B. F. GIBBS and A. M. STOKES: J. biol. Ch. **56**, 252 (1923). — KIMBALL, C. P., and J. R. MURLIN: J. biol. Ch. **58**, 337 (1923/24). — BÜRGER, M.: Amer. J. Physiol. **90**, 302 (1929). Fortschr. Diagn. Therap. Bd. 1. Glucagon. 1950. — BÜRGER, M., u. H. KRAMER: Z. ges. exp. Med. **67**, 441 (1929). — [3] MEYER-BISCH, R., D. BOCK u. W. WOHLENBERG: A. e. P. P. **136**, 185 (1928). — WOHLENBERG, W., u. K. MÜLLER: A. e. P. P. **171**, 340 (1933). — [4] GAEDE, K.: Verh. dtsch. Ges. inn. Med. **55**, 646 (1949). — [5] GAEDE, K., H. FERNER u. H. KASTRUP: Kli. Wo. **1950**, 388. — GAEDE, K., u. H. FERNER: Kli. Wo. **1950**, 621. — [6] SUTHERLAND, E. W., and C. DE DUVE: J. biol. Ch. **175**, 663 (1948). — [7] FERNER, H.: Verh. dtsch. Ges. inn. Med. **57**, 191 (1951). — TEHVER, J.: Z. mikroskop. anat. Forsch. **21**, 462 (1930). — [8] VOLK, B. W., S. S. LAZARUS and M. G. GOLDNER: Arch. internal Med., Chicago **93**, 87 (1954). — [9] RAO, M. R. R. R., and N. N. DE: Nature **174**, 229 (1954). — [10] BÜRGER, M., u. E. KLOTZBÜCHER: Z. ges. inn. Med. **2**, 43 (1947). — [11] FOA, P. P., H. R. WEINSTEIN and J. A. SMITH: Amer. J. Physiol. **157**, 197 (1949). — [12] BÜRGER, M., u. W. BRANDT: Z. ges. exp. Med. **96**, 375 (1935). — [13] SUTHERLAND, E. W., C. F. CORI, R. HAYNES and N. S. OLSEN: J. biol. Ch. **180**, 825 (1949).

Die wirksame Substanz konnte neuerdings aus amorphen Insulinpräparaten isoliert und krystallisiert werden[1]. Sie erscheint in rhombischen Dodekaedern und ist praktisch metallfrei. Sie kann auch in krystallisierten Insulinpräparaten nachgewiesen werden[2]. Sie enthält im Gegensatz zu Insulin kein Cystin, Prolin und Isoleucin, wohl aber Methionin und Tryptophan, die im Insulinmolekül nicht vorkommen. Die Elementarzusammensetzung ist C 52,5%, H 6,6%, N 16,3—16,5%, S 0,7—0,8%. Der S-Gehalt ist durch das Methionin bedingt. 0,5 γ/kg verursachen an der Katze einen deutlichen Blutzuckeranstieg[3].

Andere Autoren schlugen etwas abweichende Wege ein[4] und gelangten schließlich zu einem ribosehaltigen krystallisierten Nucleoproteid[5]. Die Aminosäurezusammensetzung in Gewichtsprozenten konnte ermittelt werden, vgl. Tabelle 153. Die Substanz war in trockenem Zustand nicht beständig.

Tabelle 153. Aminosäurezusammensetzung der blutzuckersteigernden Substanz aus Pankreas (nach BOSER; g je 100 g).

	%		%
Asparaginsäure	13,6	Leucin	4,6
Glutaminsäure	12,4	iso-Leucin	4,3
Histidin	1,63	Prolin	5,0
Arginin	10,25	Cystin	3,83
Lysin	6,65	Tryptophan	2,4
Serin	3,85	Hexosamin	1,06
Glycin	0,96	NH_3	1,04
Alanin	4,3	Ribose	10,38
Valin	6,6	Organisches Phosphat	2,67
Tyrosin	5,6	Base als Adenin	3,8
Phenylalanin	6,4		

Eigenschaften. Glucagon ist wie das Insulin ein Proteohormon und wie dieses in Wasser und saurem 80%igem Alkohol löslich. Durch höhere Alkoholkonzentrationen, sowie durch Zusatz von Äther oder Aceton wird es gefällt. Es läßt sich mit Neutralsalzen aussalzen, fällt mit Schwermetallsalzen und Alkaloidreagentien. Der isoelektrische Punkt, p_H 4,4, liegt nahe bei dem des Insulins, weshalb elektrophoretische Trennung nicht leicht gelingt[6].

Nachweis. Neben der Blutzuckersteigerung am Tier hat sich besonders die Verwendung von Kaninchenleberschnitten bewährt, deren Glucoseabgabe unter dem Einfluß abgestufter Hormonmengen in Phosphatkochsalzlösung bei p_H 7,4 gemessen wird[7].

Physiologie. Die glykolytische Wirkung des Glucagons läßt sich an Leberschnitten sowohl aerob als auch anaerob nachweisen. Sie ist an die Gegenwart von anorganischem Phosphat gebunden. Cyanid und Azid wirken nicht hemmend, wohl aber Fluorid und Arsenat. Alkohole und Netzmittel wirken abschwächend auf die Reaktion. Versuche an mit Radiophosphor behandelten Leberschnitten machen es wahrscheinlich, daß Glucagon ebenso wie auch Adrenalin am Phosphorylasesystem angreift. Die Milchsäurevermehrung, die bei Einwirkung des Adrenalins auf

[1] STAUB, A., L. SINN and O. K. BEHRENS: Science, N. Y. **117**, 628 (1953). — [2] STAUB, A., and O. K. BEHRENS: J. clin. Invest. **33**, 1629 (1954). — [3] LI, C. H.: in NEURATH-BAILEY, Proteins Bd. 2/A, S. 649. — [4] MOHNIKE, G., u. H. BOSER: Naturwiss. **40**, 295 (1953). — MOHNIKE, G.: Kli. Wo. **1955**, 132. — [5] BOSER, H.: Naturwiss. **40**, 462 (1953). — MOHNIKE, G., u. H. BOSER: Z. ges. exp. Med. **123**, 415 (1954). — [6] SUTHERLAND, E. W., C. F. CORI, R. HAYNES and N. S. OLSEN: J. biol. Ch. **180**, 825 (1949). — [7] SHIPLEY, R. A., and E. J. HUMEL jr.: Amer. J. Physiol. **144**, 51 (1945). — SUTHERLAND, E. W., and C. F. CORI: J. biol. Ch. **172**, 737 (1948). — vgl. a. [6].

das Muskelglykogen zur Beobachtung kommt, fehlt bei der Wirkung des Glucagons auf das Leberglykogen. Glucagon scheint teils synergistisch mit Insulin zu wirken, indem es aus der Leber Glucose freimacht, die unter dem Einfluß von Insulin in der Peripherie vermehrt verwertet wird[1], andererseits wirkt es dem Insulin gegenüber antagonistisch durch Steigerung des Blutzuckerspiegels.

Pathologie. Es ist wahrscheinlich, daß auch bei der Pathogenese des Diabetes dem Glucagon eine Rolle zukommt. Insbesondere wird daran gedacht, daß es hypophysäre Einflüsse von Seiten des eng mit dem Wachstumshormon verbundenen, vielleicht mit ihm identischen diabetogenen Prinzips vermittelt[2].

A-Zellen schädigende Stoffe. Ältere Beobachtungen über die blutzuckersenkende Wirkung gewisser Sulfonamide[3] gaben in neuerer Zeit Veranlassung, die Wirkung dieser Stoffe genauer zu analysieren. Dabei zeigte sich, daß verschiedene Sulfonamide, besonders Isopropylthiodiazolsulfonamid[4], zu einer mehr oder weniger selektiven, histologisch nachweisbaren Ausschaltung der A-Zellen führen. Ein bestehender Alloxandiabetes wird durch eine solche zusätzliche Zerstörung der A-Zellen gebessert. Die Untersuchung weiterer Sulfonamide deckte eine besonders günstige Wirkung des Sulfonamidoisopropylharnstoffs auf[5], die auch in der menschlichen Diabetesbehandlung mit gewissen Erfolgen erprobt wurde[6]. Weiter stellte sich heraus, daß das als Antidiabetikum im Jahre 1926 eingeführte Synthalin (Dekamethylendiguanidin)[7] eine analoge Wirkung besitzt[8], die allerdings von anderer Seite nur als Folge einer allgemeinen Stoffwechselstörung durch das Synthalin gedeutet wird[9]. Eine ähnliche Wirkung von Kobaltsalzen[10] wird neuerdings in Frage gestellt[11].

Als weitere Hormone aus dem Pankreas hat man neben Insulin das Kallikrein (S. 575) und das Vagotonin (S. 587) aufgefunden.

3. Andere blutzuckersenkende Stoffe aus Organen.

Im Duodenum wurde das Vorkommen blutzuckersenkender Stoffe beschrieben. Dabei soll es sich um eine ätherlösliche und um eine eiweißartige Verbindung handeln[12]. Diese Stoffe wurden als *Duocrin* bezeichnet. Auch die Namen *Inkretin, Duodenin* und *insulotropes Hormon* wurden vorgeschlagen[13]. Das wirksame Prinzip soll im Gegensatz zum Insulin per os wirksam und durch Fermente unangreifbar sein. Auch aus Jejunumschleimhaut soll sich mit ähnlichen Methoden ein blutzuckersenkender Stoff isolieren lassen[14] und schließlich wurden für die

---

[1] Pincus, I. J., and J. Z. Rutman: Arch. internal Med., Chicago **92**, 666 (1953). — Anderson, G. E.: Science, N. Y. **122**, 457 (1955). — Bürger, M.: Z. ges. inn. Med. **2**, 311 (1947). — [2] Waele, H. de: Arch. int. Physiol. **55**, 209 (1948). — Salter, J., and C. H. Best: Brit. Med. J. **1953 II**, 353. — Duve, C. de: Lancet **1953 II**, 99. — [3] la Barre, J., et J. Reuse: Arch. néerl. Physiol. **28**, 475 (1944). — Janbon, M., J. Chaptal, A. Vedel et J. Schaap: Montpellier médical **21/22**, 441 (1942). — Bovet, D., et P. Dubost: C. R. Soc. Biol. **138**, 764 (1944). — Loubatières, A.: C. R. Soc. Biol. **138**, 766, 830 (1944). Arch. int. Physiol. **54**, 170 (1946). — [4] Holt, C. v., L. v. Holt, B. Kröner u. J. Kühnau: A. e. P. P. **224**, 66, 78 (1955). — Creutzfeldt, W., u. E. Tecklenborg: A. e. P. P. **227**, 23 (1955). — [5] Dautzenberg, A.: Dtsch. Gesundh.-Wes. **8**, 1566 (1953). — [6] Bertram, F., E. Bendfeldt u. H. Otto: D. m. W. **1955 II**, 1455. — [7] Frank, E., M. Nothmann u. A. Wagner: Kli. Wo. **1926 II**, 2100. — [8] Davis, J. C.: J. Path. Bacteriology **64**, 575 (1952). — Runge, W.: Kli. Wo. **1954**, 748. — [9] Creutzfeldt, W., u. E. Tecklenborg: Kli. Wo. **1955**, 43. — [10] Campenhout, E. van, et G. Cornelis: C. R. Soc. Biol. **145**, 933 (1951). — Creutzfeldt, W., u. W. Schmidt: A. e. P. P. **222**, 487 (1954). — Goldner, M. G., B. W. Volk and S. S. Lazarus: Metabolism **1**, 544 (1952). — [11] Holt, C. v., u. L. v. Holt: Z. Naturforsch. **9**b, 319 (1954). — [12] Barbieri, A. de: Rass. Clin. Terap. **36**, 1 (1937). — Serono, C.: Rass. Clin. Terap. **36**, 247 (1937). — [13] Loew, E. R., J. S. Gray and A. C. Ivy: Amer. J. Physiol. **126**, 270 (1939); **128**, 298; **129**, 659 (1940). — [14] Rathery, F., A. Choay et P. de Traverse: Cr. **202**, 1949; **203**, 206 (1936).

verschiedensten Organextrakte analoge Wirkungen angegeben[1], wobei besonders die Wirkstoffe aus Dünndarm und Leber kochbeständig sein sollen. Bezüglich des ungünstigen Einflusses der Schilddrüse auf den Diabetes vgl. HOUSSAY[2].

Im Pankreas selbst soll noch eine nicht mit den Pankreasfermenten identische, in Alkohol und 5%iger Kochsalzlösung lösliche, in Äther unlösliche Substanz vorkommen, die die bei pankreaslosen Hunden nach längerer Insulinbehandlung auftretende Leberverfettung und Leberschädigung hintanhalten soll. Der nicht weiter definierte Stoff wurde als *lipocaisches Hormon* bezeichnet[3]. An seine Identität mit Cholin wurde gedacht[4]. Die Wirksamkeit der Pankreasextrakte ist jedoch nicht ihrem Cholingehalt entsprechend[5]. Die Leberverfettung unterbleibt auch, wenn das Pankreas nach Unterbindung der Ausführungsgänge in situ belassen wird. Auch Lecithin wirkt wie Pankreasextrakt oder Cholin[6]. Von anderer Seite wird das bestritten. Es komme auch hier beim Hund zum Leberschaden, zur Abnahme der Cholesterinester, der Phospholipoide, des Prothrombins und der Proteine im Plasma und zu einer Zunahme des freien Cholesterins und der alkalischen Phosphatase. Alle Veränderungen mit Ausnahme der Hypoproteinämie sind durch Pankreasfütterung aufzuheben[7]. Das wirksame Prinzip sei kochbeständig, werde bei p_H 9,0 nur wenig abgeschwächt und sei etwas wirksamer als Inosit[8].

η) Die Nebennieren (corpus suprarenale)[9–28].

Anatomie[29]. Die Nebennieren liegen beim Menschen als kleine, gelb-braunrote Organe am oberen Nierenpol oder in dessen unmittelbarer Nachbarschaft. Auf dem Querschnitt ist

---

[1] MAEHARA, K.: Folia endocrinol. jap. **10**, 29 (1934). — [2] HOUSSAY, B. A.: The thyroid and diabetes. Vitamins & Hormones **4**, 187—206 (1946). — [3] DRAGSTEDT, L. R., J. VAN PROHASKA and H. P. HARMS: J. Physiol., London **117**, 175 (1936). — DRAGSTEDT, L. R.: J. amer. med. Ass. **114**, 29 (1940). — [4] BEST, C. H., and J. H. RIDOUT: Amer. J. Physiol. **122**, 67 (1938). — [5] CHANNON, H. J., J. V. LOACH and G. R. TRISTRAM: Biochem. J. **32**, 1332 (1938). — [6] BOYCE, F. F.: Surgery **4**, 51 (1938). — [7] CANEPA, J. F., C. A. TANTURI and R. F. BANFI: Surg., Gynec. Obstet. **86**, 341 (1948). — [8] BRUUN, P., H. DAM u. K. SCHILLING: Acta physiol. scand. **20**, 319 (1950).

Zusammenfassende Darstellungen: 9—28. [9] ANDERSON, E.: Metabolic functions of the endocrine glands. Ann. Rev. Physiol. **10**, 329—364 (1948). — [10] Lehrb. inn. Med. (ASSMANN u. a.) 6./7. Aufl. Bd. 2, S. 271—279. — [11] ENGEL, F. L.: A consideration of the roles of the adrenal cortex and stress in the regulation of the protein metabolism. Recent Progr. Hormone Res. **6**, 277—313 (1951). — [12] GAUNT, R.: The adrenal cortex in salt and water metabolism. Recent Progr. Hormone Res. **6**, 247—276 (1951). — [13] GOLDZIEHER, M. A.: The Adrenal Glands in Health and Diseases. Philadelphia 1944. — [14] HEARD, R. D. H.: Chemistry and metabolism of the adrenal cortical hormones. Pincus-Thimann, Hormones Bd. 1, S. 549. — [15] HECHTER, O., A. ZAFFARONI, R. P. JACOBSEN, H. LEVY, R. W. JEANLOZ, V. SCHENKER and G. PINCUS: The nature and the biogenesis of the adrenal secretory product. Recent Progr. Hormone Res. **6**, 215—246 (1951). — [16] JULIAN, P. L.: Chemistry of the adrenal cortex steroids. Recent Progr. Hormone Res. **6**, 195—214 (1951). — [17] KENDALL, E. C.: The influence of the adrenal cortex on the metabolism of water and electrolytes. Vitamins & Hormones **6**, 277—327 (1948).— [18] KUP, J. v.: Z. Vit.-Forsch. **12**, 251—258 (1942). — [19] KUTSCHERA-AICHBERGEN, H.: Die Überfunktion und die Unterfunktion der Nebennieren. Schweiz. med. Wschr. **78**, 135 (1948). — [20] LONG, C. N. H.: The relation of cholesterol and ascorbic acid to the secretion of the adrenal cortex. Recent Progr. Hormone Res. **1**, 99 (1947). — [21] NOBLE, R. L.: Physiology of the adrenal cortex. Pincus-Thimann, Hormones Bd. 2, S. 65—180. — [22] PINCUS, G.: Studies of the role of the adrenal cortex in the stress of human subjects. Recent Progr. Hormone Res. **1**, 123 (1947). — [23] REICHSTEIN, T., and C. W. SHOPPEE: The hormones of the adrenal cortex. Vitamines & Hormones **1**, 345—413 (1943). — [24] SUNDSTROEM, E. S., and G. MICHAELS: The Adrenal Cortex in Adaptation to Altitude, Climate and Cancer. Berkeley, Calif. 1942. — [25] SOFFER, L. J.: Diseases of the Adrenals. 2nd ed. Philadelphia, London 1948. — [26] THADDEA, S.: Die Nebennierenrinde. Leipzig 1936. Forsch. u. Fortschr. **17**, 288 (1941). — [27] TRENDELENBURG, P.: Adrenalin und adrenalinverwandte Substanzen. Handb. Heffter Bd. **2**/2, S. 1130 bis 1293. — [28] VERZÁR, F.: Die Funktion der Nebennierenrinde. Basel 1939.

[29] DIETRICH, A., u. H. SIEGMUND: Die Nebenniere und das chromaffine System. Handb. path. Anat. (HENKE-LUBARSCH) Bd. 8, S. 951—1089.

schon makroskopisch deutlich die durch ihren Lipoidgehalt heller gefärbte Rinde von der dunkler gefärbten Marksubstanz abgesetzt. Bei den Selachiern bilden Rinde und Mark auch anatomisch getrennte Organe. Das Durchschnittsgewicht der menschlichen Nebennieren wird mit 5—12 g angegeben.

Histologie[1, 2]. Die *Rinde der Nebenniere* besteht von außen nach innen zunächst aus der *zona glomerulosa*, gebildet von unregelmäßig geformten, protoplasmaarmen Zellen mit kleinen, dunkleren Kernen, ferner der anschließenden breiteren *zona fasciculata*, die aus radial gestellten Zügen polygonaler, protoplasmareicher Zellen mit hellen aufgelockerten Kernen besteht, und schließlich der *zona reticularis*, in der sich die Zellzüge der zona fasciculata aufsplittern und mit den äußeren Schichten des Marks verschmelzen. Die Zellen der Reticularis sind wiederum kleiner und oft pigmenthaltig. Man schreibt den Zellen der Glomerulosa etwas schematisierend und nicht unwidersprochen die Bildung der Mineralocorticoide, denen der Fasciculata die Produktion der Glucocorticoide und denen der Reticularis die Sekretion der Nebennierenrindenandrogene zu. Das Nebennierenmark enthält in einer lockeren, bindegewebigen Grundsubstanz sympathische, große helle Ganglienzellen, die sich durch ihre Braunfärbbarkeit mit Chromsalzen auszeichnen.

Chemie. Der Wassergehalt der menschlichen Nebenniere wird mit 83,48% angegeben, außerdem wurden in frischen, menschlichen Nebennieren gefunden: 44,06 mg-% Na, 103,10 mg-% K, 15,60 mg-% Ca, 9,86 mg-% Mg. Pb konnte beim gesunden Menschen nicht nachgewiesen werden[3]. In der Trockensubstanz wurden 0,30% Cl und 0,335% P ermittelt. Fe war histochemisch nachweisbar und stand in keiner Beziehung zu den Pigmenten der Nebennierenrinde[4]. Hinsichtlich Apoferritingehalt vgl. Fußnote [5]. Zn ließ sich polarographisch in der Nebenniere nachweisen[6].

Das Pigment der zona reticularis beim Menschen ist eisenfrei und zeigt Verwandtschaft zu den Lipochromen[7]. Über den Nachweis von 12 Aminosäuren in getrockneten Schweinenebennieren s. [8]. Bezüglich der Lipoidverteilung vgl. Fußnote [9]. In den Nebennieren der wilden, norwegischen Ratte wurden 6,5% Gesamtlipoide und 3,7% Cholesterin nachgewiesen[10]. Die Glycerinphosphatide der Rindernebenniere haben einen besonders hohen Plasmalgehalt[11]. Für die Meerschweinchennebenniere wurde ein Gehalt von 8,83—8,87% Fettsäuren und 5,9% Cholesterin angegeben, für die Trockensubstanz ein S-Gehalt von 1,52%. Aus den Lipoiden der Rindernebenniere ließ sich Arachidonsäure als Methylester chromatographisch abtrennen, und außerdem konnte Eikosapentaensäure nachgewiesen werden[12]. Der Gehalt der Nebennieren von Rind, Schwein und Schaf an Tetraen-, Pentaen- und Hexaen-carbonsäuren wurde untersucht[13].

Für die Rattennebenniere werden folgende Vitamine (je g Frischgewicht) angegeben[14]: Vitamin A 49 I.E., Riboflavin 18,5 γ, Nicotinsäure 125 γ, Pantothensäure 36 γ, Pyridoxin 0,25 γ, Vitamin C 2940 γ, Biotin 0,63 γ, Inosit 450 γ, Folinsäure 3,7 „Einheiten". Auf ein besonderes Speicherungsvermögen der Ratten-

---

[1] v. Möllendorff, Lehrb. Histol., 26. Aufl. S. 283. — [2] Bachmann, R.: Handb. mikroskop. Anat. (v. Möllendorff) Bd. 6/5, S. 1—952 — [3] Horiuchi, K., I. Takada and E. Tamori: Igaku to Seibutsugaku **29**, 188 (1953) [Chem. Abstr. **48**, 2921c (1954)]. — [4] Bujard, E.: C. R. Soc. Physique Hist. natur. **58**, 263 (1941). — [5] Granick, S.: J. biol. Ch. **149**, 157 (1943). — [6] Handovsky, H.: Arch. int. Pharmacodyn. Thérap. **66**, 460 (1941). — [7] Zorzoli, G., e G. Veneroni: Boll. Soc. ital. Biol. sperim. **26**, 140 (1950). — [8] Camien, M. N., M. S. Dunn, R. B. Malin, P. J. Reiner and J. Tarbet: Univ. Calif. Publ. Physiol. **8**, 327 (1949). — [9] Thaddea, S.: Forsch. u. Fortschr. **17**, 288 (1941). Die Nebennierenrinde. Leipzig 1936. — Cavallero, C.: Rass. Clin., Terap. **26**, 204 (1950). — [10] Nichols, J.: Proc. Soc. exp. Biol. Med. **69**, 29 (1948). — [11] Klenk, E., u. E. Friedrichs: H. **290**, 169 (1952). — [12] White, M. F., and J. B. Brown: Am. Soc. **70**, 4269 (1948). — [13] Holman, R. T., and S. I. Greenberg: J. amer. Oil Chem. Soc. **30**, 600 (1953). — [14] Williams, R. J.: The significance of the vitamin content of tissues. Vitamins & Hormons **1**, 229—247 (1943).

nebenniere für Vitamin A wird hingewiesen[1]. Der *Vitamin B_2-Gehalt* in γ/g frisches Organ wird getrennt für Mark und Rinde für verschiedene Tierarten angegeben[2]: Nilpferd 2,0 (3,5), Bison 2,6 (4,2), Lama 3,3 (4,8), Löwe 2,5 (13,0), Panther 3,1 (9,9), Widder 2,9 (6,6), Ochse 2,8 (3,5) bzw. 7,8 (10,5), Kuh 1,8 (9,7), Kalb 3,5 (9,2), Pferd 1,4 (5,0), Wasserbock (Kobus defana unctuous) 2,8 (4,2). Die menschliche Nebenniere enthalte 1,1 γ je g Frischgewicht[3] an Vitamin B_2, die Nebenniere des männlichen Frosches 36 γ, des weiblichen 72 γ[4]. Der Nicotinsäuregehalt frischer Nebennieren von Rind, Schwein und Pferd wird mit etwa 5 mg-% angegeben[5]. Der Pantothensäuregehalt in der Trockensubstanz menschlicher Nebennieren betrug 5 γ/g. β-Alanin konnte nicht nachgewiesen werden[6]. Zum Vitamin E-Gehalt der Nebenniere menschlicher Feten s. [7].

Hinsichtlich des Fermentgehaltes der Nebenniere seien folgende Angaben erwähnt: Flavinadenindinucleotid 20,6 γ/g frische Rattennebenniere[8], Kohlensäureanhydratase fehlt in der Rattennebenniere[9], im Vergleich mit anderen Organen ist der Coenzym A-Gehalt besonders hoch[10], ebenso ist in der Nebenniere des Frosches der Katalasegehalt vergleichsweise zu anderen Organen hoch[11], die Monoaminooxydasekonzentration ist in der Rinde der menschlichen Nebenniere doppelt so hoch wie im Mark[10], die Nebennierenrinde enthält die Cytochrome a, b, c und eine mit CO hemmbare Eisenporphyrinverbindung, wahrscheinlich Cytochromoxydase, dagegen enthält das Mark eine Peroxydase und keine Cytochromoxydase[12]. In der Rindernebenniere enthält das Mark eine echte Lipase mit einem p_H-Optimum 9,3, die Rinde Tributyrase mit dem gleichen p_H-Optimum[13].

Die neueren Untersuchungen über die Biogenese der Nebennierenrindensteroide[14] haben in der Nebennierenrinde alle jene hydroxylierenden Fermente nachgewiesen, die zur Synthese der verschiedenen Corticoide durch Abbau von Cholesterin erforderlich sind. Es sind spezifische Hydroxylasen, die größtenteils strukturgebunden und mit den energieliefernden Prozessen der Atmungskette gekuppelt sind. Als gesichert können gelten ein zum Pregnenolon führendes Fermentsystem, eine Oxydase, die Pregnenolon zu Progesteron oxydiert, ferner 17α, 21-, 11β-, 6α, 6β-, 18- und 19-Hydroxylasen.

Folgen der Adrenalektomie. Die Folgen der operativen Ausschaltung der Nebenniere sind vorwiegend Folgen der Entfernung der Nebennierenrinde[15]. Letztere sind von BUTENANDT, Bd. **1**, S. 452f., eingehend beschrieben. Die isolierte Ausschaltung des Marks wird ohne auffallende Erscheinungen vertragen, selbst dann, wenn die betreffende Tierart kein weiteres chromaffines Gewebe besitzt. Das Nebennierenmark erscheint demnach nicht als lebenswichtig.

Dagegen hat der Verlust der Nebennierenrinde stets den Tod zur Folge. Er tritt bei den verschiedenen Tierarten verschieden lange Zeit nach der Epinephrektomie ein. Außer dieser durch die Tierart bedingten Besonderheit wird das Intervall zwischen Operation und Tod noch durch zusätzliche Faktoren (Art der Ernährung, Alter, Umgebungstemperatur, Beanspruchung durch physische und

[1] RADICE, J. C., et M. L. HERRAIZ: Rev. Asoc. méd. argent. **61**, 287 (1947). — [2] FONTAINE, M., et O. CALLAMAND: Bull. Mus. (nat.) Hist. natur. **16**, 554 (1944). — [3] RAFFY, A.: C. R. Soc. Biol. **139**, 900 (1945). — [4] NOLLET, H., et A. RAFFY: Cr. **210**, 269 (1940). — [5] KAWASHIMA, K.: J. jap. biochem. Soc. **21**, 122 (1949). — [6] NIELSEN, N., V. HARTELIUS u. V. SCHMIDT: Naturwiss. **31**, 550 (1943). — [7] ABDERHALDEN, R.: Z. Vit.-Forsch. **16**, 319 (1945). — [8] BESSEY, O. A., O. H. LOWRY and R. H. LOVE: J. biol. Ch. **180**, 755 (1949). — [9] ASHBY, W.: J. biol. Ch. **151**, 521 (1943). — [10] LANGEMANN, H.: Helv. physiol. Acta **2**, 367 (1944). — [11] SERFATY, A., et R. LOUVIER: Bull. biol. France Belg. **76**, 222 (1942). — [12] HUSZÁK, I.: B. Z. **312**, 330 (1942). — [13] SCOZ, G., e B. MARIANI: Enzymologia **7**, 88 (1939). — [14] DORFMAN, R. I., and F. UNGAR: Metabolism of Steroid Hormones. Minneapolis 1953. — HECHTER, O., and G. PINCUS: Physiol. Rev. **34**, 459 (1954). — [15] HELVE, O. E.: B. Z. **306**, 343 (1940).

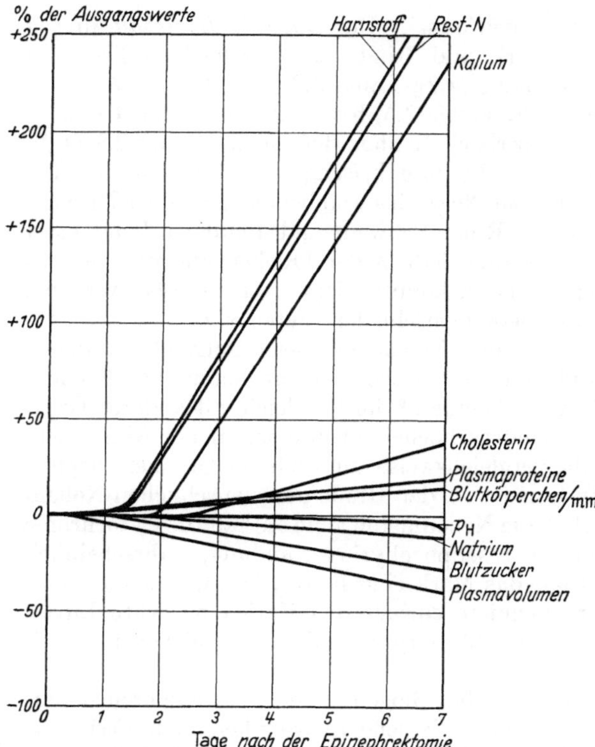

Abb. 49. Wirkung der Adrenalektomie am Hund im Spiegel der Blutzusammensetzung[1].

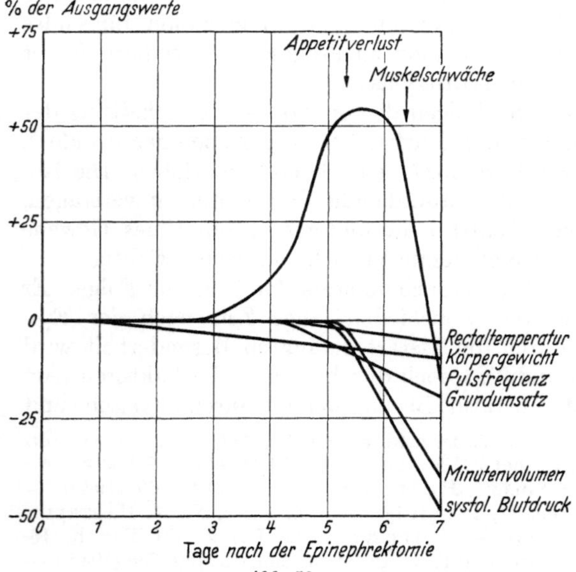

Abb. 50.
Physiologische Wirkungen der Adrenalektomie beim Hund[2].

psychische Einflüsse usw.) beeinflußt. Die Symptome des Rindenausfalls lassen sich verstehen einerseits als die Folge einer wahrscheinlich im Tubulusapparat der Niere lokalisierten Ausscheidungsstörung: Zunahme des Rest-N, des Harnstoffs, des Kreatinins sowie des Kaliums und in geringerem Maße des Calcium und des Phosphats im Plasma, ferner Verlust von Na, Cl und Wasser aus dem Blutplasma, kenntlich an Hämoglobinkonzentration, Zunahme von Blutkörperchenzahl und O_2-Kapazität und Abnahme der zirkulierenden Blutmenge, und andererseits als die Folge einer profunden allgemeinen Stoffwechselstörung: Senkung des Grundumsatzes, Verlust von Leber- und Muskelglykogen, Blutzuckersenkung, Störung der Fettresorption und Reduktion der Gluconeogenese aus Eiweißkörpern. Als klinische Zeichen dieser Veränderungen treten Appetitverlust, Erbrechen, Durchfälle, Hinfälligkeit und Muskelschwäche, Abfall des Körpergewichts, Abnahme der Körpertemperatur, Acidose, Kreislaufschwäche, Abfall des Blutdrucks und Tod im Coma ein. In den Abb. 49 u. 50 sind die wesentlichsten Erscheinungen der Rindeninsuffizienz im Spiegel der Blutzusammensetzung beim

[1] Unter teilweiser Benutzung der Angaben von: SIMPSON, C. K.: Lancet **1937 I**, 851. — HARROP, G. A., A. WEINSTEIN, L. J. SOFFER and J. H. TRESCHER: J. exp. Med. **58**, 1 (1933). — LOEB, R. F., D. W. ATCHLEY, E. M. BENEDICT and J. LELAND: J. exp. Med. **57**, 775 (1933). — [2] Unter Benutzung der Angaben von SIMPSON, C. K.: Lancet **1937 I**, 851. — HARROP, G. A., A. WEINSTEIN, L. J. SOFFER and J. H. TRESCHER: J. exp. Med. **58**, 1 (1933).

Hund nach Epinephrektomie zusammengestellt. Bis zu einem gewissen Grade lassen sich die Folgen des Nebennierenverlustes durch entsprechende Diät (Beschränkung der Kaliumzufuhr, reichliches Angebot von NaCl und $NaHCO_3$ oder Natriumcitrat und Kohlenhydraten) und Fernhaltung äußerer Schädlichkeiten bekämpfen[1]. Trotzdem bleiben derartige Tiere anfällig gegenüber allen möglichen äußeren Einflüssen und erliegen leicht interkurrenten Erkrankungen. Entsprechende Behandlung mit Rindenextrakten oder den geeigneten daraus isolierten Reinsubstanzen ist in der Lage, sämtliche Erscheinungen des Rindenausfalls zu kompensieren und die Tiere beliebig lange Zeit am Leben zu erhalten.

1. Die Hormone der Nebennierenrinde.

Chemie. Über die Chemie der Nebennierenrindenhormone wurde eingehend Bd. **1**, S. 446ff. berichtet. Nachzutragen ist seit Erscheinen des **1.** Bandes die Auffindung eines hochwirksamen Mineralocorticoids [30mal wirksamer als 11-Desoxycorticosteron (Cortexon)], *Electrocortin* (Aldosteron), in der amorphen Fraktion der Nebennierenrindensteroide[2] (aus 500 kg Rindernebennieren wurden 21,2 mg krystallisiertes Electrocortin gewonnen), das sich durch einen höheren Sauerstoffgehalt auszeichnet.

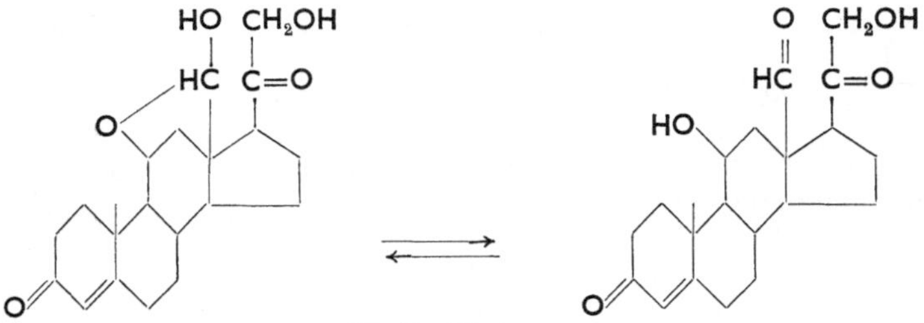

Abb. 51. Aldosteron.

Es erwies sich als ein Corticosteron, dessen 18-Methylgruppe zum Aldehyd oxydiert ist. Es liegt in einem Gleichgewichtszustand zwischen freiem 19-Aldehyd und cyclischem Halbacetal vor. Die Synthese des racemischen Produktes gelang in letzter Zeit[3].

Außerdem wurden in dem Bestreben, die chemischen Leistungen der Nebenniere für die Cortisonsynthese auszunutzen, umfangreiche Versuche an Nebennierenbrei oder Versuche mit künstlicher Durchströmung überlebender Nebennieren von Rind oder Schwein, sowie Versuche an isolierten Mitochondrienfraktionen angestellt[4]. Es wurde dabei sehr wahrscheinlich, daß die Nebenniere aus dem im

[1] Harrop, G. A., L. J. Soffer, W. M. Nicholson and M. Strauss: J. exp. Med. **61**, 839 (1935). — Allers, W. D., and E. C. Kendall: Amer. J. Physiol. **118**, 87 (1937). — [2] Simpson, S. A., J. F. Tait, A. Wettstein, R. Neher, J. v. Euw u. T. Reichstein: Exper. **9**, 333 (1953). Angew. Chem. **66**, 90 (1954). — Simpson, S. A., and J. F. Tait: Endocrinology **50**, 150 (1952). — Simpson, S. A., J. F. Tait, A. Wettstein, R. Neher, J. v. Euw, O. Schindler u. T. Reichstein: Helv. **37**, 1163 (1954). — Simpson, S. A., J. F. Tait, A. Wettstein, R. Neher, J. v. Euw u. T. Reichstein: Exper. **9**, 333 (1953). — Knauf, R. E., E. D. Nielson and W. J. Haines: Am. Soc. **75**, 4868 (1953). — Grundy, H. M., S. A. Simpson, J. F. Tait and M. Woodford: Acta endocrinol., København **11**, 199 (1952). — Gaunt, R., A. A. Renzi and J. J. Chart: J. clin. Endocrinol. **15**, 621 (1955). — Simpson, S. A., and J. F. Tait: Recent Progr. Hormone Res. **11**, 183 (1955). — [3] Wettstein, A.: Angew. Chem. **67**, 430 (1955). — [4] Hechter, O., A. Zaffaroni, R. P. Jacobsen, H. Levy, R. W. Jeanloz, V. Schenker and G. Pincus: Recent Progr. Hormone Res. **6**, 215 (1951). — Haines, W. J.: Recent Progr. Hormone Res. **7**, 255 (1952). — Dorfman, R. I., and F. Ungar: Metabolism of Steroid Hormones. Minneapolis 1953. — Hechter, O., and G. Pincus: Physiol. Rev. **34**, 459 (1954). — Samuels, L. T.: Ciba Found. Coll. Endocrinol. **7**, 176 (1953). — Dorfman, R. I., M. Hayano, R. Haynes and K. Savard: Ciba Found. Coll. Endocrinol. **7**, 191 (1953). — Hechter, O.: Vitamins & Hormones **13**, 293 (1955).

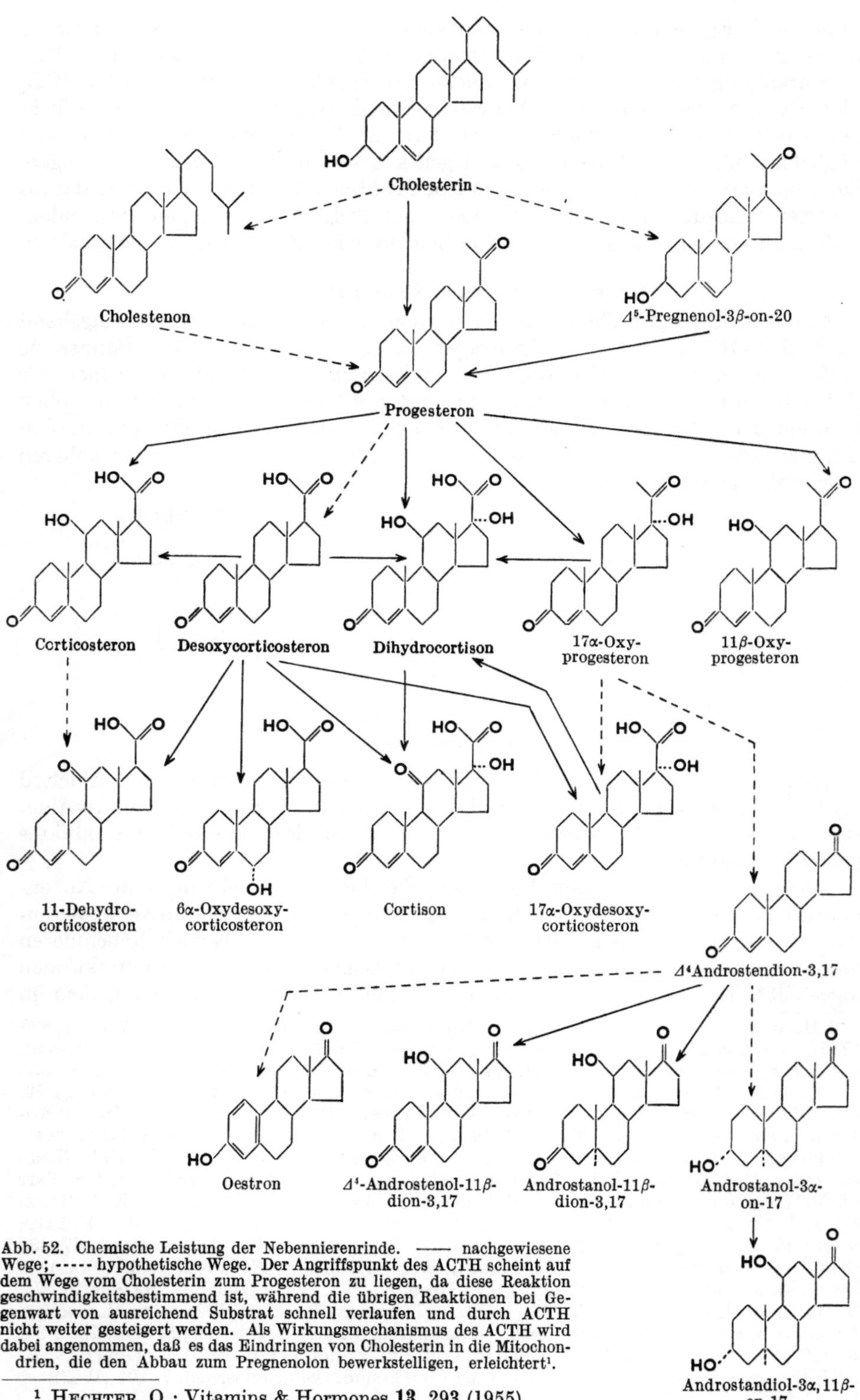

Abb. 52. Chemische Leistung der Nebennierenrinde. —— nachgewiesene Wege; ----- hypothetische Wege. Der Angriffspunkt des ACTH scheint auf dem Wege vom Cholesterin zum Progesteron zu liegen, da diese Reaktion geschwindigkeitsbestimmend ist, während die übrigen Reaktionen bei Gegenwart von ausreichend Substrat schnell verlaufen und durch ACTH nicht weiter gesteigert werden. Als Wirkungsmechanismus des ACTH wird dabei angenommen, daß es das Eindringen von Cholesterin in die Mitochondrien, die den Abbau zum Pregnenolon bewerkstelligen, erleichtert[1].

[1] Hechter, O.: Vitamins & Hormones **13**, 293 (1955).

Körper aus einfachen Vorstufen (Acetat, Acetacetat, verschiedene niedere Fettsäuren), vielleicht über Squalen, entstehenden Cholesterin[1] durch Abbau über Pregnenolon und Progesteron als zentralen Zwischenprodukten und verschiedene Dehydrierungen, Oxydationen und Reduktionen die einzelnen Rindensteroide zu produzieren in der Lage ist. Ein Schema der Vorstellungen, die man sich über die Synthese der Rindensteroide auf Grund dieser Ergebnisse und theoretischer Über-(legungen heute machen kann, ist in der vorstehenden Abb. 52 wiedergegeben (s. a. Bd. 2/1, S. 869).

Nachweis. Zum biologischen Nachweis der Nebennierenrindenwirksamkeit oder der Wirksamkeit der einzelnen Rindensteroide wurden die verschiedensten Wirkungen herangezogen. Benutzt werden:

1. Allgemeine Wirkungen, z. B. im Überlebenstest an der epinephrektomierten Ratte[2], Maus[3] oder am Enterich[4] oder am Wachstum epinephrektomierter Mäuse oder Ratten[2].

2. Wirkungen auf den Elektrolyt- und Wasserhaushalt, wie im Na-Retentionstest am Hund[5] oder der Ratte[3]. Besonders empfindlich gestaltet sich letztere Methode durch die Verwendung von Radio-Na[6]. Schließlich wurde der Kaliumstoffwechsel durch Bestimmung der Empfindlichkeit mit Nebennierensteroiden behandelter Mäuse gegenüber einer Testdosis von KCl[7] oder epinephrektomierter Ratten gegenüber einer Testinjektion von KCl intraperitoneal[3], eine Technik, die durch Verwendung von Isotopen noch verfeinert werden kann[3], herangezogen. Auf ähnlicher Basis erwies sich der Na/K-Quotient im Harn adrenalektomierter Ratten, zusammen mit der Beeinflussung der Wasserausscheidung als recht brauchbares Auswertungskriterium[8]. Schließlich wurde noch die N-Ausscheidung der Ratte unter Phlorrhizin herangezogen[9].

3. Eine dritte besonders umfangreiche Gruppe bedient sich der *Beeinflussung des Kohlenhydratstoffwechsels* durch die Rindenhormone. Benutzt wird hier die Fähigkeit der Leber adrenektomierter Ratten, Glykogen zu speichern[10] oder die gleiche Reaktion bei hungernden adrenektomierten Ratten[11], schließlich das Ausmaß der Glykogeneinlagerung bei adrenektomierten, hungernden Mäusen[12] oder die Verhütung des Abfalls des Leberglykogens am gleichen Versuchsobjekt[13]. Weitere Testmethoden bedienen sich mehr oder weniger indirekt ebenfalls der Veränderungen des Kohlenhydrathaushaltes. So der Muskelleistungserhaltungstest an der adrenalektomierten, nephrektomierten männlichen Ratte

[1] Bloch, K.: The biological synthesis of cholesterol. Recent Progr. Hormone Res. **6**, 111 (1951). — [2] Kuizenga, M. H., in Moulton, F. R.: The Chemistry and Physiology of Hormones. Washington 1944. — Cartland, G. F., and M. H. Kuizenga: Amer. J. Physiol. **117**, 678 (1936). — Grollman, A.: Endocrinology **29**, 855 (1941). — [3] Dorfman, R. I., in Emmens, C. W.: Hormone Assay. S. 325—362. New York 1950. — [4] Bülbring, E.: J. Physiol., London **89**, 64 (1937). — [5] Thorn, G. W., L. L. Engel and R. A. Lewis: Science, N. Y. **94**, 348 (1941). — Hartman, F. A., and H. J. Spoor: Endocrinology **26**, 871 (1940). — Olson, R. E., F. A. Jacobs, D. Richert, S. A. Thayer, L. J. Kopp and N. J. Wade: Endocrinology **35**, 430 (1944). — [6] Dorfman, R. I., A. M. Potts and M. L. Feil: Endocrinology **41**, 464 (1947). — Dorfman, R. I.: Proc. Soc. exp. Biol. Med. **72**, 395 (1949). — [7] Truszkowski, R., and J. Duszynska: Endocrinology **27**, 117 (1940). — [8] Simpson, S. A., and J. F. Tait: Endocrinology **50**, 150 (1952). — Marcus, F., L. P. Romanoff and G. Pincus: Endocrinology **50**, 286 (1952). — [9] Noble, R. L.: Pincus-Thimann, Hormones Bd. 2, S. 65. — [10] Olson, R. E., S. A. Thayer and L. J. Kopp: Endocrinology **35**, 464 (1944). — [11] Pabst, M. L., R. Sheppard and M. H. Kuizenga: Endocrinology **41**, 55 (1947). — [12] Venning, E. H., V. E. Kazmin and J. C. Bell: Endocrinology **38**, 79 (1946). — [13] Eggleston, N. M., B. J. Johnston and K. Dobriner: Endocrinology **38**, 197 (1946). — Dorfman, R. I., R. A. Shipley, E. Ross, S. Schiller and B. N. Horwitt: Endocrinology **38**, 189 (1946).

am rhythmisch gereizten Gastrocnemius[1] oder Masseter[2], oder der Muskelermüdungstest an der Ratte[3], schließlich der Lauftrommeltest[4] an der Ratte. Auf ähnlichen Prinzipien fußt die Bewertung der antagonistischen Wirkung der Corticoide gegenüber Insulin[5] oder die Ausnutzung der diabetogenen Wirkung der Nebennierenrindenhormone[6].

4. Von *unspezifischen*, teilweise jedoch auf den Veränderungen des Kohlenhydratstoffwechsels beruhenden *Testen*, die die Reaktion normaler oder adrenalektomierter Tiere gegenüber verschiedenen Beanspruchungen ausnutzen (Schwimmtest, Kälte, Typhustoxinbelastung), hat besonders der Kältetest weitgehendere Verwendung gefunden[7].

Außerdem wurde noch die Abnahme der Eosinophilen bei der adrenalektomierten Maus[8] und die Beeinflussung des Thymusgewichtes an männlichen epinephrektomierten Mäusen[9] zur Auswertung benutzt. Eine Anzahl von Ergebnissen der verschiedenen Auswertungsverfahren ist in der nachstehenden Tabelle 154 zusammengestellt. Die Beurteilung der Ergebnisse ist besonders bei der Auswertung von Extrakten oder Gemischen dadurch kompliziert, daß die einzelnen wirksamen Corticoide sich gegenseitig synergistisch oder auch antagonistisch beeinflussen können. Diese Verhältnisse können wir heute noch keineswegs ganz überblicken.

Physiologie. Die physiologische Bedeutung der Nebennierenrinde ergibt sich aus den oben geschilderten Ausfallserscheinungen nach ihrer operativen Ausschaltung. Nebennierenextrakte[10] oder reinere Totalpräparate (Cortin)[11] können diese beheben und die Tiere unter Umständen beliebig lange am Leben erhalten[12]. Am wirksamsten erweisen sich hinsichtlich Lebensverlängerung und Lebenserhaltung die auf den Mineralhaushalt wirksamen Corticoide *(Mineralocorticoide)*, Desoxycorticosteron und Aldosteron bzw. die amorphe Fraktion der Nebennierenrindensteroide. Sie beheben die Ausscheidungsstörungen für Na, Cl und N beim epinephrektomierten Tier und erhöhen am Normaltier die Retention von Na. Gleichzeitig normalisieren sie das Na : K-Verhältnis zwischen Zellen und Gewebsflüssigkeit. Die Konzentration von Na in der Gewebsflüssigkeit und im Plasma steigt an, die K-Konzentration sinkt. Plasmamenge und Wassergehalt des Plasmas steigen, Hämatokritwerte und Blutkörperchenkonzentration sinken zur Norm. Bei Überdosierung können Na- und Wasserretention so weit gehen, daß Ödeme entstehen. Der Blutdruck wird gesteigert und kann bei zu langer, hochdosierter Behandlung pathologisch hoch werden, ja sogar zum Tode durch Herzversagen führen. Die Nebenniere beteiligt sich somit in entscheidender Weise an der Aufrechterhaltung der Isoionie und der normalen Elektrolytverteilung. Sie arbeitet hier teils synergistisch (K-Ausscheidung) teils antagonistisch (Na- und Wasserausscheidung) mit dem Hypophysenhinterlappen. GAUNT[13] ist der Meinung, daß

---

[1] INGLE, D. J.: Endocrinology **34**, 191 (1944). — [2] EICHHOLTZ, F., R. HOTOVY u. H. ERDNISS: Arch. int. Pharmacodyn. Thérap. **80**, 62 (1949). — [3] EVERSE, J. W. (R.), and P. DE FREMERY: Acta brev. neerl. Physiol. **2**, 152 (1932). Ned. T. Geneeskde. **77**, 600 (1933). — [4] SCHENKER, V.: [DORFMAN, R. I.: Recent Progr. Hormone Res. **8**, 87 (1953)]. — [5] JENSEN, H., and J. F. GRATTAN: Amer. J. Physiol. **128**, 270 (1940). — [6] SIMPSON, S. A., and J. F. TAIT: Endocrinology **50**, 150 (1952). — [7] HARTMAN, F. A., K. A. BROWNELL and A. A. CROSBY: Amer. J. Physiol. **98**, 674 (1931). — SELYE, H., and V. SCHENKER: Proc. Soc. exp. Biol. Med. **39**, 518 (1938). — VENNING, E. H., M. M. HOFFMAN and J. S. L. BROWNE: Endocrinology **35**, 49 (1944). — VOGT, M.: J. Physiol., London **102**, 341 (1943). — [8] SPEIRS, R. S., and R. K. MEYER: Endocrinology **48**, 316 (1951). — [9] DORFMAN, R. I.: The bioassay of adrenocortical hormones. Recent Progr. Hormone Res. **8**, 87 (1953). — [10] ROGOFF, J. M., and G. N. STEWART: Science, N. Y. **66**, 327 (1927). Amer. J. Physiol. **84**, 660 (1928). J. amer. med. Ass. **92**, 1569 (1929). — [11] HARTMAN, F. A., and G. W. THORN: Proc. Soc. exp. Biol. Med. **28**, 94 (1930). — [12] SWINGLE, W. W., and J. J. PFIFFNER: Science, N. Y. **71**, 321, 489 (1930). Amer. J. Physiol. **96**, 164 (1931). — [13] GAUNT, R.: Recent Progr. Hormone Res. **6**, 247 (1951).

Tabelle 154. Auswertung von Nebennierenrindenhormonen.

Auswertungsmethode	Corticosteron	17-Hydroxycorticosteron (Dihydrocortison)	11-Dehydrocorticosteron	17-Hydroxy-11-dehydrocorticosteron (Cortison)	11-Desoxycorticosteron	17-Hydroxy-11-desoxycorticosteron	amorphe Fraktion	Aldosteron
Überlebenstest, Ratte[1]	100	130	78	130	520—590	100		
Wachstumstest, Maus[1]	100			93		202		
Na-Retentionstest, Hund[2], Ratte[3] . .	+++	———		———	++++		++++	3500–5310[3]
Na/K-Quotient im Harn, Ratte[4] . . .	100	57	43	57	715 (als Acetat)		1460	21000[5]
N-Ausscheidung, Phlorrhizin, Ratte[6] . . .	100		100	133	80			
Rest-N, Hund[6] . . .	100	25	80	25	250		700	
Leberglykogentest:								
Ratte[7]	100	150	115	133	unwirksam			
Ratte[8]	100	286	89	185	unwirksam			
Maus[9]			+	+++	unwirksam			+++[10]
Muskelleistungserhaltungstest (Ingle-Test)[11] . . .	100	348	70	210	4	4		
Muskelermüdungstest (de Fremery-Test)[12]	100	58		50	1400	100	+++	
Lauftrommeltest[13] . .	100	210		67	20			
Antiinsulintest[14] . . .	+++	++++	+++	++++	unwirksam			
Diabetogene Wirkung[14]	+++		+++	++	unwirksam			
Harnzucker, Ratte, Phlorrhizin[14] . . .	100		100	125	75			
Kältetest, Ratte[15] . .	100		370	1110	89 (als Acetat)			550[16]

Relative Wirksamkeit der verschiedenen Nebennierenrindenhormone, Corticosteron = 100. ++ in Fällen, wo keine direkt vergleichbaren Versuche vorliegen.

Unter teilweiser Benutzung der Zusammenstellungen von Dorfman, R. I., in Emmens, C. W.: Hormone Assay. S. 325—362. New York 1950. Recent Progr. Hormone Res. **8**, 87 (1953). — Heard, R. D. H.: Pincus-Thimann, Hormones. B. 1, S. 549—629.

[1] Kuizenga, M. H., in Moulton, F. R.: The Chemistry and Physiology of Hormones. Washington 1944. — Cartland, G. F., and M. H. Kuizenga: Amer. J. Physiol. **117**, 678 (1936). — Grollman, A.: Endocrinology **29**, 855 (1941). — [2] Thorn, G. W., L. L. Engel and R. A. Lewis: Science, N. Y. **94**, 348 (1941). — Hartman, F. A., and H. J. Spoor: Endocrinology **26**, 871 (1940). — Olson, R. E., F. A. Jacobs, D. Richert, S. A. Thayer, L. J. Kopp and N. J. Wade: Endocrinology **35**, 430 (1944). — [3] Desaulles, P., J. Tripod u. W. Schuler: Schweiz. med. Wschr. **83**, 1088 (1953). — [4] Simpson, S. A., and J. F. Tait: Endocrinology **50**, 150 (1952). — Marcus, F., L. P. Romanoff and G. Pincus: Endocrinology **50**, 286 (1952). — [5] Simpson, S. A., J. F. Tait, A. Wettstein, R. Neher, J. v. Euw, O. Schindler u. T. Reichstein: Helv. **37**, 1163 (1954). Exper. **10**, 132 (1954). — [6] Noble, R. L.: Pincus-Thimann, Hormones Bd. 2, S. 65. — [7] Olson, R. E., S. A. Thayer and L. J. Kopp: Endocrinology **35**, 464 (1944). — [8] Pabst, M. L., R. Sheppard and M. H. Kuizenga: Endocrinology **41**, 55 (1947). — [9] Venning, E. H., V. E. Kazmin and J. C. Bell: Endocrinology **38**, 79 (1946). — [10] Schuler, W., P. Desaulles u. R. Meier: Exper. **10**, 142 (1954). — [11] Ingle, D. J.: Endocrinology **34**, 191 (1944). — [12] Everse, J. W. (R.), and P. de Fremery: Acta brev. neerl. Physiol. **2**, 152 (1932). Ned. T. Geneeskde. **77**, 600 (1933). — [13] Schenker, V.: [Dorfman, R. I.: Recent Progr. Hormone Res. **8**, 87 (1953)]. — [14] Simpson, S. A., and J. F. Tait: Endocrinology **50**, 150 (1952). — [15] Hartman, F. A., K. A. Brownell and A. A. Crosby: Amer. J. Physiol. **98**, 674 (1931). — Selye, H., and V. Schenker: Proc. Soc. exp. Biol. Med. **39**, 518 (1938). — Venning, E. H., M. M. Hoffman and J. S. L. Browne: Endocrinology **35**, 49 (1944). — Vogt, M.: J. Physiol., London **102**, 341 (1943). — [16] Gaunt, R., A. S. Gordon, A. A. Renzi, J. Padawer, G. J. Fruhman and M. Gilman: Endocrinology **55**, 236 (1954).

die Nebennierenrinde einmal die Filtration im Glomerulus durch Beeinflussung der Gefäßpermeabilität steuere, weiter im tubulus contortus 2. Ordnung die Rückresorption von Na fördere und die von Wasser hemme, und schließlich werde durch sie durch Schutz der inaktivierenden Fermente in der Leber der Abbau des Adiuretins gefördert. Das Adiuretin seinerseits fördert im tubulus contortus 2. Ordnung die Rückresorption von Wasser und hemmt die Rückresorption von Na. Dabei steht der Hinterlappen unter Herrschaft nervöser Zentren des Zwischenhirns, die mittels Chemoreceptoren, die auf die Ionenzusammensetzung des Blutplasmas ansprechen, gesteuert werden. Die Nebenniere scheint über den Hypophysenvorderlappen humoral gesteuert zu werden. Allerdings dürfte ACTH relativ wenig mit der Sekretion der Mineralocorticoide zu tun haben.

Die hervorstechendste Wirkung der *Glucocorticoide*, besonders von Cortison und Dihydrocortison, betrifft die Gluconeogenese, die auf Kosten eines gesteigerten Eiweißumsatzes (negative N-Bilanz, Rest-N-, Aminosäure-, Harnstoff- und Kreatininvermehrung im Plasma, Erhöhung der Harnsäureausscheidung) beträchtlich gesteigert ist. Beim normalen und adrenalektomierten Tier wird die Einlagerung von Glykogen in Leber und Muskulatur durch die Glucocorticoide begünstigt[1], während Insulin und Glucose allein dies nicht vermögen. Andererseits wird der Pankreasdiabetes der Ratte durch Adrenalektomie (ebenso wie durch Hypophysektomie) günstig beeinflußt[2]. Ferner kann bei normalen Ratten bei kohlenhydratreicher Diät Diabetes ausgelöst werden[3], wenn durch ACTH die Glucocorticoidsekretion gesteigert wird, und ebenso kann beim Menschen die Kohlenhydrattoleranz vermindert und Diabetes erzeugt[4] werden, der sich als insulinresistent erweist. Da die Erhöhung des Eiweißumsatzes nicht ausreicht, das Ausmaß der diabetischen Stoffwechselstörungen durch Corticoide ganz zu erklären, müssen wohl zusätzlich auch Störungen der Glucoseverwertung als Ursache angenommen werden. Teilweise lassen sich die Störungen des Kohlenhydratstoffwechsels adrenalektomierter Tiere auch durch Korrektur des Elektrolythaushalts mit entsprechender Diät beheben, so besonders die Störung der Zuckerresorption und teilweise die mangelhafte Glykogeneinlagerung in den Organen.

Glucocorticoide führen zu einer starken Atrophie des Thymus und der Lymphdrüsen, die sich im Blutbild in einer Abnahme der Zahl der Lymphocyten manifestiert. Die vermehrte Harnsäureausscheidung dürfte wenigstens teilweise eine Folge des Unterganges zahlreicher Lymphocyten unter der Corticoideinwirkung sein. Epinephrektomie läßt dagegen Thymus und Lymphdrüsen hypertrophieren. Die Mineralocorticoide haben keine analoge Wirkung, sondern begünstigen eher eine Hypertrophie der lymphatischen Organe. Die Hassalschen Körperchen sind an den Reaktionen des Thymus auf Corticoide nicht beteiligt. Eine vermehrte Bildung von Plasmaglobulinen wird mit dem Zugrundegehen der Lymphocyten in Zusammenhang gebracht. Dies würde die vermehrte Ausschüttung von Immunkörpern bei immunisierten Tieren nach Anwendung von Corticoiden erklären[5]. Andererseits führt längere Behandlung mit Glucocorticoiden zu einer Erschöpfung der lymphoiden Organe und entsprechend zu Lähmung der Antikörperbildung. In neuerer Zeit wird eine generelle Steigerung der Plasmaglobulinbildung abgelehnt. Die Abnahme der Blutsenkungsgeschwindigkeit bei Behand-

---

[1] Britton, S. W., and H. Silvette: Amer. J. Physiol. **100**, 693 (1932). — [2] Long, C. N. H., B. Katzin and E. G. Fry: Endocrinology **26**, 309 (1940). — [3] Ingle, D. J., C. H. Li and H. M. Evans: Endocrinology **39**, 32 (1946). — [4] Conn, J. W., L. H. Louis and M. W. Johnston: Proc. amer. Diabetes Ass. **8**, 215 (1948). — [5] White, A., and T. F. Dougherty: Proc. Soc. exp. Biol. Med. **56**, 26 (1944). Ann. N. Y. Acad. Sci. **46**, 859 (1946). — Ingle, D. J.: J. clin. Endocrinol. **10**, 1312 (1950).

lung verschiedener Krankheitszustände mit Cortison oder ACTH[1] und schließlich die Analysen derartiger Plasmen beweisen eine Zunahme der Plasmaalbumine, deren Bildung in der Leber gefördert zu werden scheint[2]. Genauere Untersuchungen ergaben nach Cortison für das α-Globulin eine Abnahme, während die γ-Globuline vermehrt wurden[3].

Als weitere Wirkung der Glucocorticoide auf das Blutbild ist das rasche Verschwinden der Eosinophilen zu erwähnen, das als empfindlicher Indikator der Nebennierenaktivität im THORN-Test[4] klinisch Verwendung findet, und eine sich bei längerer Behandlung ausbildende Zunahme der absoluten Zahl der neutrophilen Leukocyten.

Weiteren Einblick in mögliche Funktionen der Nebennierenrindensteroide vermittelte die Entdeckung der Wirkung des Cortisons und des ACTH beim Gelenkrheumatismus und allergischen Erkrankungen[1]. Hier scheint sich eine, allerdings erst in recht hoher Dosierung sich äußernde allgemein hemmende Wirkung auf bestimmte Vorgänge im Mesenchym abzuzeichnen. Die Glucocorticoide dürften die Reaktionen der Bindegewebszellen, teilweise auch der Gefäße, auf die verschiedensten Entzündungsreize hemmen. Vielleicht ist diese Wirkung in Parallele zu setzen mit der wachstumshemmenden Wirkung der Glucocorticoide oder mit der bei der Überproduktion von Glucocorticoiden bei Morbus Cushing auftretenden Osteoporose, welch letztere sich als Störung der Produktion von Osteoid auffassen läßt. Ebenso könnte die Hemmung der Bildung von Fremdkörpergranulomen verstanden werden. Auch die Bildung der Zwischenzellsubstanz gehört zu den vielfältigen Leistungen mesenchymaler Zellen, und es wäre daran zu denken, daß Permeabilitätsänderungen und gewisse Stoffwechselbeeinflussungen durch eine Hemmung der Hyaluronsäureproduktion zustande kommen. Die Mineralocorticoide scheinen hier antagonistisch gegenüber den Glucocorticoiden zu wirken und Entzündungsprozesse und Bindegewebsproliferation zu fördern.

Die Sekretion der Glucocorticoide wird gesteuert anscheinend durch ihre Konzentration im Blut, analog der Steuerung anderer von der Hypophyse abhängiger Hormone. Vielleicht erfolgt diese Steuerung im Wege der Neurosekretion eines Zwischenhirnzentrums[5], das bei sinkender Glucocorticoidkonzentration im Blut den Hypophysenvorderlappen humoral zur Produktion von ACTH anregt. Außerdem reagiert jedoch die Nebennierenrinde auf die verschiedensten Beanspruchungen (stress) mit rascher, durch ACTH vermittelter Ausschüttung von Glucocorticoiden. Letztere wird entweder durch direkte nervöse Erregung der hypothalamischen Zentren ausgelöst, oder sie kann auch auf dem Umweg durch Anregung des Nebennierenmarks via Splanchnicus zur Adrenalinausschüttung und direkten Anregung des Vorderlappens durch dieses führen[6].

Die Sekretion der Corticoide setzt sich bei den einzelnen Species verschieden zusammen (vgl. Tabelle 155). Nicht die Menge der Sekretion, sondern auch ihre qualitative Zusammensetzung können sich unter verschiedensten Einflüssen verändern[7].

[1] HENCH, P. S., E. C. KENDALL, C. H. SLOCUMB and H. F. POLLEY: Proc. Staff Meet. Mayo Clinic **24**, 181, 277 (1949). — [2] BONGIOVANNI, A. M., S. H. BLONDHEIM, W. J. EISENMENGER and H. G. KUNKEL: J. clin. Invest. **29**, 798 (1950). — [3] WINTER, C. A., R. H. SILBER and H. C. STOERK: Endocrinology **47**, 60 (1950). — [4] THORN, G. W., P. H. FORSHAM, F. T. PRUNTY and A. G. HILLS: J. amer. med. Ass. **137**, 1005 (1948). — [5] GROOT, J. DE, and G. W. HARRIS: J. Physiol., London **111**, 335 (1950). — SAYERS, G., and M. A. SAYERS: The pituitary-adrenal system. Recent Progr. Hormone Res. **2**, 81 (1948). — [6] LONG, C. N. H.: Recent Progr. Hormone Res. **7**, 75 (1952). — MUNSON, P. L., and F. N. BRIGGS: Recent Progr. Hormone Res. **11**, 83 (1955). — [7] BUSH, I. E.: J. Endocrinology **9**, 95 (1953). Ciba Found. Coll. Endocrinol. **7**, 210 (1953).

Tabelle 155. Zusammensetzung der Rindensekretion verschiedener Species[1,2].

Art	Verhältnis 17-Oxycorticosteron: Corticosteron	11-Oxy-androstendion	Maximale Sekretionsrate mg/kg/24h
Mensch[3]	2		
Hund[4]	5—6	—	
Rind[5]	1	—	2—3,5
Katze	4	++	3,5—8,5
Frettchen	1,5	—	1,5—4,5
Kaninchen	<0,1	—	1,5—3,5
Ratte	<0,15	++	8—24
Affe	20	—	3,5—5,5
Schaf	10—15	++	

Pathologie. Unterfunktion bzw. Ausfall der Nebennierenrindenfunktion äußert sich in dem von ADDISON[6] beschriebenen und nach ihm benannten Krankheitsbild, dem Morbus Addison. Seine Symptome gleichen weitgehend den beim Tier nach Nebennierenentfernung beobachteten Erscheinungen. Zu ergänzen wäre das Bild noch durch Verlust der Magensalzsäure, Störungen der Sexualfunktion und die oft sehr ausgedehnten, bronzefarbigen Pigmentierungen. Oft liegt der Erkrankung eine Zerstörung der Nebennieren durch tuberkulöse Prozesse zugrunde. Behandlung mit Desoxycorticosteron, noch besser mit Gesamtpräparaten oder einer Kombination von Gluco- und Mineralocorticoiden wirkt günstig und verhütet den Tod bei dieser sonst innerhalb weniger Jahre tödlich verlaufenden Erkrankung (Lit. s. [7]).

Die Überfunktion der Nebennierenrinde, gelegentlich hypophysär bedingt, oft aber auch direkt auf eine Hypertrophie oder einen Tumor der Nebennierenrinde zurückzuführen, äußert sich in den schon S. 477 beschriebenen Symptomen des Morbus Cushing. Für seine Genese ist in erster Linie eine Überproduktion von Glucocorticoiden charakteristisch. Die androgenen Potenzen der Nebennierenrinde äußern sich pathologisch im Falle von Hypertrophie und Tumoren, verbunden mit einer Störung der Corticoidsynthese, als *adrenogenitales Syndrom* (starke äußerliche Virilisierung, besonders bei Frauen, gelegentlich verbunden mit Frühreife, stets einhergehend mit starker Erhöhung der 3,17α,20α-Pregnantriol-[8] und 17-Ketosteroidausscheidung)[9].

Ferner sei auch hier, wie schon bei Besprechung des ACTH darauf hingewiesen, daß SELYE[10] bei seiner Konzeption des *Adaptationssyndroms* als allgemeine Abwehr- und Anpassungsreaktion des Organismus gegenüber den verschiedensten unspezifischen schädigenden Einflüssen und Beanspruchungen *(stress)* der Nebenniere eine zentrale Stellung zuschreibt. Störungen dieser Regulationen, besonders

[1] BUSH, I.E.: J. Endocrinol. **9**, 95 (1953). Ciba Found. Coll. Endocrinol. **7**, 210 (1953). — [2] BUSH, I. E., and K. A. FERGUSON: J. Endocrinol. **10**, 1 (1953). — [3] SWEAT, M. L., W. E. ABBOTT, W. McK. JEFFRIES and E. L. BLISS: Fed. Proc. **12**, 141 (1953). — [4] REICH, H., D. H. NELSON and A. ZAFFARONI: J. biol. Ch. **187**, 411 (1950). — BUSH, I. E.: Biochem. J. **50**, 370 (1952). — [5] HECHTER, O., A. ZAFFARONI, R. P. JACOBSEN, H. LEVY, R. W. JEANLOZ, V. SCHENKER and G. PINCUS: Recent Progr. Hormone Res. **6**, 215 (1951). — [6] ADDISON, T.: On the Constitutional and Local Effects of Diseases of the Supra-Renal Capsules. London 1855. Nachdruck in: Med. Classics Bd. 2 Baltimore 1937/38. — Lehrb. inn. Med. (ASSMANN u. a.) 6./7. Aufl., Bd. 2, S. 272—277. — WEISSBECKER, L.: Die Klinik der Nebenniereninsuffizienz und ihre Grundlagen. Stuttgart 1954. — [7] JORES, A.: Handb. inn. Med. (BERGMANN-FREY-SCHWIEGK) 4. Aufl. Bd. 7/1, S. 418ff. — [8] LANGECKER, H.: A.e.P.P. **227**, 474 (1956). — [9] SOFFER, L. J., J. L. GABRILOVE, J. W. JAILER and M. D. JACOBS: Recent Progr. Hormone Res. **5**, 407 (1950). — [10] SELYE, H.: Textbook of Endocrinology. S. 837. Montreal 1947.

solche der adäquaten Mengen der sezernierten Rindensteroide oder Änderungen des Verhältnisses von Gluco- zu Mineralocorticoiden in der jeweiligen Sekretion werden als Ursachen für eine ganze Reihe von pathologischen Zuständen in Anspruch genommen. Das Ausmaß und die Art der Beteiligung der Rindenfunktion bei den verschiedensten Krankheitszuständen werden in der neueren Literatur in großem Umfang diskutiert. Allerdings fehlt es auch nicht an Stimmen, die sich besonders gegen die zentrale Rolle der Nebenniere wenden und ihr höchstens eine den nervösen und den sonstigen humoralen Regulationen gleich- oder sogar untergeordnete Rolle zubilligen wollen[1].

2. Die Hormone des Nebennierenmarks.

Chemie, Vorkommen und chemischer Nachweis der Hormone des Nebennierenmarks, Adrenalin und Noradrenalin sind, Bd. 1, S. 537 behandelt.

Nachweis. Der biologische Nachweis von Adrenalin und Noradrenalin ist auch heute noch keineswegs gegenstandslos geworden, besonders wenn es sich um die Auffindung kleinster Mengen in biologischen Substraten handelt. Für den qualitativen Nachweis kann eine ganze Reihe von charakteristischen pharmakologischen Reaktionen der beiden Amine dienen. Dabei gibt es bei bestimmten Testobjekten Unterschiede zwischen der Wirkung von Adrenalin und Noradrenalin, die Schlüsse gestatten, welcher der beiden Stoffe im Einzelfall vorliegt. Weiter kann die Aufhebung oder Umkehrung der einzelnen Reaktionen durch Ergotamin und andere Sympathicolytica als zusätzliche Sicherung benutzt werden. In der nachstehenden Tabelle 156 sind nach EULER[2] die wesentlichsten pharmakologischen Wirkungen der beiden Hormone zusammengestellt. Zum quantitativen Nachweis kann man viele der für den qualitativen Nachweis geeigneten Reaktionen benutzen, so z. B. den Blutdruckanstieg bei Hund oder Katze am narkotisierten Tier oder nach Zerstörung von Hirn oder Hirn und Rückenmark[3]. Weiter kann benutzt werden die Gefäßverengerung am überlebenden, künstlich durchströmten Kaninchenohr[4] oder an den Hinterextremitäten des Frosches[5].

Tabelle 156. Noradrenalin- und Adrenalingehalt in den Nebennieren verschiedener Tiere (in mg-%) (nach EULER[2]).

	Mensch	Rind	Schaf	Hund	Katze	Kaninchen	Meerschweinchen	Ratte
L-Noradrenalinhydrochlorid		50—130	23—91	85	40—370	30—110	5—12	7—18
				0—200	0—90	0—4	5—14	
				70	20—110			
L-Adrenalinhydrochlorid		180—330	75—153	80	30—110	80—170	20—30	100—120
				50—130	20—120	25—37	20—50	
				100	20—140			
% Noradrenalin	27	18—27	19—44	0—52	0—81	17—53	16—31	6,5—15
		10—15		41	24—78	0—13	9—33	

[1] INGLE, D. J., and B. L. BAKER: Recent Progr. Hormone Res. 8, 143 (1953). — [2] EULER, U. S. v.: Noradrenaline (Arterenol) adrenal medullary hormone and chemical transmitter of adrenergic nerves. Ergebn. Physiol. **46**, 261 (1950). Pharmacol. Rev. **6**, 15 (1954). — [3] WEST, G. B.: in EMMENS, C. W.: Hormone Assay. S. 91—107. New York 1950. — [4] RISCHBIETER, W.: Z. ges. exp. Med. **1**, 355 (1913). — PISSEMSKI, S. A.: Pflügers Arch. **156**, 426 (1914). — BEHRENS, A.: Pflügers Arch. **212**, 372 (1926). — SCHLOSSMANN, H.: A. e. P. P. **121**, 160 (1927). — [5] LÄWEN, A.: A. e. P. P. **51**, 415 (1904). — TRENDELENBURG, P.: A. e. P. P. **79**, 154 (1916).

Ergänzend seien hier noch einige Bemerkungen über das seit dem Erscheinen des 1. Bandes wesentlich bedeutungsvoller gewordene **L-Noradrenalin (Arterenol)** angefügt.

Es wurde schon 1904 von STOLZ synthetisch erhalten[1]. Die sehr sauerstoffempfindliche Base, Mol. Gew. 169,17, F 216,5—218,0°; $[\alpha]_D^{25°} = -47{,}0°$, fällt leicht aus den Lösungen der Salze (Chlorhydrat: Mol. Gew. 205,7, F 146,0—147,0°, $[\alpha]_D^{25°} = -40{,}0°$) mit Ammoniak. In wasserfreier methanolischer HCl wird sehr leicht der L-Noradrenalin-α-methyläther erhalten[2]. Die Trennung des bei der Synthese anfallenden Racemats erfolgt über die Tartrate. In wäßriger alkalischer Lösung wird Noradrenalin in Gegenwart von Luft rasch durch Oxydation inaktiviert. Bei p_H 7,0 und 100° werden in 1 Std 40% zerstört. Bei p_H 3,5 und 3—5° waren Lösungen auch bei Luftzutritt einen Monat stabil. Erhitzen in n H_2SO_4 auf 100° für 10 min zerstört 20% anscheinend unter partieller Racemisierung.

Vorkommen. Noradrenalin scheint im Nebennierenmark der meisten Vertebraten vorzukommen. Eine Zusammenstellung gibt die vorstehende Tabelle 156 nach v. EULER[3]. Es ließ sich auch in allen Organen, besonders der Milz, nur nicht in der nervenlosen Placenta nachweisen. Vgl. Tabelle 157 nach v. EULER[3]. Schließlich ergab sich, daß die „adrenergischen Nerven" vorwiegend Noradrenalin enthalten und daß der Gehalt an Noradrenalin in verschiedenen nervösen Geweben etwa parallel mit ihrem Gehalt an adrenergischen Fasern geht. Eine Zusammenstellung, ebenfalls nach v. EULER[3], liefert Tabelle 158. Bei Nervendurchschneidung und Degeneration der versorgenden Nerven sinkt der Noradrenalingehalt der betroffenen Organe stark, eventuell bis auf 0 ab[4]. Im Blut von Mensch und Rind konnten biologisch 1—2 γ je 100 cm³ nachgewiesen werden[5]. Ebenso fand es sich im normalen menschlichen Harn[6] und im Liquor cerebrospinalis von Mensch, Rind und Pferd[7].

Nachweis. Durch Oxydationsmittel (Eisen(III)-salze, Persulfat[8], Jod[9]) werden ebenso wie mit Adrenalin auch mit Noradrenalin Rotfärbungen, allerdings etwas abweichenden Farbtones erhalten, die auf die Bildung von Noradrenochrom zurückzuführen sind.

Die Oxydation mit J, die bei p_H 4,0 langsam, bei p_H 6,0 rasch erfolgt, kann auch zur quantitativen Bestimmung benutzt werden[10]. Die verschiedene Geschwindigkeit der Oxydation von Adrenalin und Noradrenalin kann zur Unterscheidung beider Stoffe dienen[9,11].

Durch Reduktion von Arsenomolybdänsäure liefert Noradrenalin eine schwächere Blaufärbung als Adrenalin[12]. Alkalibehandlung verstärkt die Blaufärbung bei Adrenalin, nicht bei Noradrenalin[12–14]. Diese Differenzen lassen sich auch zur quantitativen Abschätzung von Noradrenalin neben Adrenalin verwerten[15,16]. Als weitere Farbreaktionen wurden eine Purpurrotfärbung mit Alkyl-dimethyl-benzylammoniumchlorid (Zephirol) und β-Naphthochinon-4-sulfosäure[17] oder eine Gelbfärbung mit 4-Nitro-2-chlor-1-diazobenzol-β-naphthalinsulfosäure[18] vorgeschlagen.

---

[1] STOLZ, F.: B. **37**, 4149 (1904). — [2] TULLAR, B. F.: Am. Soc. **70**, 2067 (1948). — [3] EULER, U. S. v.: Noradrenaline (Arterenol) adrenal medullary hormone and chemical transmitter of adrenergic nerves. Ergebn. Physiol. **46**, 261 (1950). Pharmacol. Rev. **6**, 15 (1954). — [4] CANNON, W. B., and K. LISSÁK: Amer. J. Physiol. **125**, 765 (1939). — EULER, U. S. v.: Acta physiol. scand. **12**, 73 (1946). — [5] EULER, U. S. v., and C. G. SCHMITERLÖW: Acta physiol. scand. **13**, 1 (1947). — [6] HOLTZ, P., K. CREDNER u. G. KRONEBERG: A. e. P. P. **204**, 228 (1947). — [7] EULER, U. S. v.: Acta physiol. scand. **11**, 168 (1946). — [8] EWINS, A. J.: J. Physiol., London **40**, 317 (1910). — [9] EULER, U. S. v., and U. HAMBERG: Acta physiol. scand. **19**, 74 (1949). — [10] EULER, U. S. v.: Acta physiol. scand. **16**, 63 (1948). — [11] EULER, U. S. v., and U. HAMBERG: Science, N. Y. **110**, 561 (1949). — [12] SHAW, F. H.: Biochem. J. **32**, 19 (1938). — [13] WEST, G. B.: J. Physiol., London **106**, 418 (1947). — [14] VERLY, W.: Arch. int. Physiol. **55**, 397 (1948). — [15] RAAB, W.: Exp. Med. Surg. **1**, 188 (1943). Biochem. J. **37**, 470 (1943). Endocrinology **32**, 226 (1943). — [16] BLOOR, W. R., and S. S. BULLEN: J. biol. Ch. **138**, 727 (1941). — [17] AUERBACH, M. E., and E. ANGELL: Science, N. Y. **109**, 537 (1949). — [18] HEINRICH, P., u. W. SCHULER: Helv. physiol. Acta **7**, C 36 (1949).

Tabelle 157. Noradrenalingehalt verschiedener Organe (in γ je g feuchtes Organ) (nach EULER[10]).

Organ	Rind	Pferd	Schwein	Schaf	Hund	Katze	Kaninchen	Meerschweinchen	Literatur
Milz	1,5—3,5	3		1,6—3,3	0,4—1	0,8—1,4	0,3—0,5	1,5	1, 2
	4,7	2,7			0,15—0,2				
Herz	0,3—0,6								3
				0,2—0,5		0,25—1	0,5		1
						0,2—0,4 (umgerechnet)			4
Lunge	0,05			0,17					1
Leber	0,25—0,8								1
Niere	0,04								1
Muskel	0,04								1
Lymphdrüse	0,5—0,8								1
Darm	0,15								1
Blutgefäße	0,2—1	0,5—2	1,5		1,5				5
Uterus	0,15								5
Hoden	0,04								1
Ovarien	>(1,6)								1
Knochenmark	0								1

Tabelle 158. L-Noradrenalingehalt (in γ je g feuchtes Nervengewebe) (nach EULER[10]).

Gewebsart	Rind	Pferd	Schaf	Hund	Katze	Kaninchen	Mensch
Hirn	0,04—0,2		0,08			0,2	
Rückenmark	0,12						
Vagus	0,1			4	0	0	
Halssympathicus	0,6			1	0		
Sympathicus	2,5—4,9	1[2]		10, 12	12		1—3
Splanchnicus	4						
Milznerven	8,5—18,5	1,75[2]	8	10—15			
Mesenterialnerven	1,5—3			20, 18	20	1	
Phrenicus	0,15—0,25			0	0	0	
Ischiadicus				2,4	4	3,2	
Saphenus	0,2—1						
Oberes Cervicalganglion	1				16	14	

Auch die gelbgrüne Fluorescenz, die bei der Oxydation von Adrenalin oder Noradrenalin in alkalischer Lösung auftritt[6,7], kann zur Bestimmung verwendet werden[8]. Ihre Intensität ist bei Noradrenalin erheblich geringer, desgleichen ihre Bildungsgeschwindigkeit. Papierchromatographisch lassen sich Adrenalin und Noradrenalin an Hand differenter R_F-Werte in Phenol als Lösungsmittel trennen und auch durch die verschiedene Färbung bei Entwicklung mit 0,44%iger Ferricyanidlösung in Phosphatpuffer $p_H = 7,8$ (Adrenalin = lachsrot, Noradrenalin = mehr purpurrot) unterscheiden[9]. Noch besser ist n-Butanol als Lösungs-

[1] EULER, U. S. v.: Acta physiol. scand. **11**, 168 (1946). — [2] BACQ, Z. M., and P. FISCHER: Arch. int. Physiol. **55**, 73 (1947). — [3] GOODALL, C.: Acta physiol. scand. **20**, 137 (1950). — [4] CANNON, W. B., and K. LISSÁK: Amer. J. Physiol. **125**, 765 (1939). — [5] SCHMITERLÖW, C. G.: Acta physiol. scand. **16** Suppl. **56**, 113 (1948). — [6] WEST, G. B.: J. Physiol., London **106**, 418 (1947). — [7] GADDUM, J. H., and H. SCHILD: J. Physiol., London **80**, 9 P (1934). — [8] LUND, A.: Acta pharmacol. toxicol., København **6**, 137 (1950). — [9] JAMES, W. O.: Nature **161**, 851 (1948). — [10] v. EULER, U. S.: Ergebn. Physiol. **46**, 261 (1950).

mittel geeignet[1]. Hinsichtlich der Trennung von Adrenalin und Noradrenalin durch Gegenstromverteilung zwischen Phenol und 0,02 n HCl s. Fußnote [2]. Adsorptionsmethoden zur Isolierung leiden an der schlechten Eluierbarkeit. EULER [3] benutzt frisch gefälltes $Al(OH)_3$ und Elution mit Alkohol. Noch besser scheint Amberlite/RC 50 geeignet zu sein [4].

Tabelle 159. Noradrenalinwirkung.

Tierart	Organ	Wirkung von Noradrenalin	Verhältnis der Wirkung von L-Adrenalin zu L-Noradrenalin
Mensch [5]	Blutdruck	Steigerung	0,5
Katze [6]	Nickhaut, denerv.	Erregung	0,1—0,2
Katze [7]	Blutdruck	Steigerung	0,2—1,0
Katze [8]	Uterus, gravid	Erregung	0,3—0,4
Katze [9]	Gefäße	Kontraktion	0,4—0,5
Katze [8]	Herz	Erregung	0,5
Katze [7,10]	Darm	Hemmung	0,5—2,0
Katze [7,11]	Nickhaut	Erregung	0,6—1,0
Katze [8]	Iris, Pupille	Erweiterung	1,0—2,0
Katze [7,8,11]	Uterus, normal	Hemmung	5,0
Hund [12]	Blutdruck	Steigerung	0,6
Katze, Hund [13]	Bronchien	Dilatation	3,0—5,0
Kaninchen [7,8]	Darm	Hemmung	1,0—2,0
Kaninchen [8]	Uterus	Hemmung	Adrenalin erregt
Ratte [14]	Uterus	Hemmung	25,0—300,0
Huhn [15]	Coecum	Hemmung	5,0—50,0
Frosch [7]	Herz	Erregung	4,0—16,5
Frosch, Meerschweinchen [7] .	Gefäße	Kontraktion	2,5
Kröte [17]	Gefäße	Kontraktion	1,0

Auch die hemmende Wirkung auf den überlebenden Darm[16], ferner die Gegenwirkung von Adrenalin, nicht Noradrenalin gegenüber der Acetylcholinerregung des $CaCl_2$-arm überlebend gehaltenen Rattenuterus[14] oder die Pupillenerweiterung am isolierten Froschauge[18] können Verwendung finden. Zum Nachweis kleinster

[1] EULER, U. S. v., and U. HAMBERG: Nature **163**, 642 (1949). — [2] BERGSTRÖM, S., U. S. v. EULER and U. HAMBERG: Acta chem. scand. **3**, 305 (1949). — [3] EULER, U. S. v.: Arch. int. Pharmacodyn. Thérap. **77**, 477 (1948). — [4] BERGSTRÖM, S., and G. HANSSON: Acta physiol. scand. **22**, 87 (1951). — [5] GOLDENBERG, M., K. L. PINES, E. F. BALDWIN, D. G. GREENE and C. E. ROH: Amer. J. Med. **5**, 792 (1948). — BARCROFT, H., and H. KONZETT: Lancet **1949 I**, 147. — KAPPERT, A., G. C. SUTTON, A. REALE, K. H. SKOGLUND and G. NYLIN: Acta cardiol., Bruxelles **5**, 121 (1950). — [6] BÜLBRING, E., and J. H. BURN: Brit. J. Pharmacol. **4**, 202 (1949). — [7] WEST, G. B.: J. Physiol., London **106**, 418 (1947). — EULER, U. S. v.: Acta physiol. scand. **16**, 63 (1948). — [8] EULER, U. S. v.: Acta physiol. scand. **12**, 43 (1946). — [9] BARGER, G., and H. H. DALE: J. Physiol., London **41**, 19 (1910). — TAINTER, M. L.: Arch. int. Pharmacodyn. Thérap. **41**, 365 (1931). — MORTON, M. C., and M. L. TAINTER: J. Physiol., London **98**, 263 (1940). — [10] BURN, J. H., and D. E. HUTCHEON: Brit. J. Pharmacol. **4**, 373 (1949). — [11] BACQ, Z. M.: C. R. Soc. Biol. **141**, 963 (1947). — VERLY, W.: Arch. int. Physiol. **55**, 397 (1948). — [12] TAINTER, M. L., B. F. TULLAR and F. P. LUDUEÑA: Science, N. Y. **107**, 39 (1948). — [13] TAINTER, M. L., J. R. PADDEN and M. JONES: J. Pharmacol. exp. Therap. **51**, 371 (1934). — NISELL, O.: Acta physiol. scand. Suppl. **73** (1950). — KONZETT, H., and C. O. HEBB: Arch. int. Pharmacodyn. Thérap. **78**, 210 (1949). — [14] GARCÍA DE JALÓN, P., J. BAYO BAYO and M. GARCÍA DE JALÓN: Farmacoterap. actual, Madrid **2**, 313 (1945). — Vgl. a. [15]. — [15] MCGOODALL, C.: Acta physiol. scand. **20**, 137 (1950). — [16] KOJIMA, T., and S. SAITO: Tohoku J. exp. Med. **10**, 528 (1928). — SUGAWARA, T., M. WATANABÉ and S. SAITO: Tohoku J. exp. Med. **7**, 24 (1926). — [17] EULER, U. S. v.: Ergebn. Physiol. **46**, 261 (1950). — [18] EHRMANN, R.: A. e. P. P. **53**, 97 (1905). — BRANDT, F., u. G. KATZ: Z. klin. Med. **123**, 23 (1933).

Mengen im Blut wurde auch die Beschleunigung der Methylenblaureduktion durch Muskulatur herangezogen[1]. Der Gehalt des Nebennierenmarks an Adrenalin und Noradrenalin ist von Tierart zu Tierart recht verschieden, bei derselben Tierart jedoch relativ konstant. Vgl. nachstehende Tabelle 160[2].

Die menschliche Nebenniere enthält zwischen 4. und 6. Fetalmonat 2 γ Noradrenalin, zwischen 7. und 9. Fetalmonat 8 γ Noradrenalin und nur Spuren von Adrenalin[3]. Der Adrenalin- bzw. Noradrenalingehalt beim Erwachsenen schwankt stark, zwischen 14 und 537 γ Gesamtamine je g Frischgewebe. Davon sind 8—95% Adrenalin[4]. Sie finden sich in den Zellen größtenteils granulär gebunden. Die sekrethaltigen Granula sind spezifisch schwerer als die gewöhnlichen Mitochondrien. Sie enthalten bis zu 19% Hormon. In der Kälte geben sie kein Hormon ab, erhöhte Temperatur, Hypotonie oder Netzmittel bewirken jedoch Freisetzung[5]. Auch in den Milznerven war ein großer Teil des Adrenalins und Noradrenalins an die Granula gebunden[6].

Tabelle 160. Gehalt des Nebennierenmarks an Adrenalin und Noradrenalin (in mg/g).

Tierart	Noradrenalin	Adrenalin	% Methylierung
Pavian	0	0,83	100
Kaninchen	0,005	0,40	99
Meerschweinchen	0,01—0,06	0,50	90—98
Ratte	0,15	0,80	85
Mensch	0,10	0,60	85
Zebra	0,10—0,30	1,4—1,9	70—85
Kuh	0,50—1,30	1,8—3,3	75—85
Schaf	0,40—0,90	0,8—1,5	55—80
Impala	0,20	0,60	75
Hund	0,50	1,60	75
Grant-Gazelle	0,30—0,40	0,70	65
Gnu	0,60	0,80	60
Thompson-Gazelle	0,40	0,60	60
Eichhörnchen	0,10	0,10	50
Katze	0,40—0,80	0,4—0,8	40—60
Kröte	1,20—2,40	1,2—2,7	40—60
Löwe	0,30	0,20	40
Katzenhai	6,00	3,00	30
Wal	0,50—2,50	0—1,0	0—50
Pferd	1,95	8,7	80
Macacus radiatus	0,06	0,27	80
Ziege	0,83	1,40	65
Schwein	0,74	1,00	60
Taube	1,7	1,4	45
Huhn	7,3	3,1	30

Zur Auswertung von Adrenalin-Noradrenalingemischen, wie sie meist in biologischem Material vorliegen, macht man von dem Wirksamkeitsverhältnis Adrenalin:Noradrenalin an den verschiedenen Testobjekten Gebrauch, die sich um so besser eignen, je mehr sich dies Verhältnis von 1 unterscheidet.

Physiologie. Adrenalin und Noradrenalin werden im Nebennierenmark gebildet. Die meisten Markzellen bilden Noradrenalin (kenntlich an einem durch KJO_3-Oxydation histochemisch darstellbaren Pigment), nur wenige scheinen zur Methylierung und Adrenalinsynthese befähigt[7]. Man nahm anfänglich an, daß die Synthese aus Tyrosin erfolge[8], wobei Dioxyphenylalanin als Zwischenstufe in Anspruch genommen wurde[9]. Tatsächlich nimmt der Brenzkatechingehalt der

[1] Euler, U. S. v.: A. e. P. P. **171**, 186 (1933). — [2] Euler, U. S. v.: Symposium sur les Hormones protéiques et dérivées des protéines. 2. Int. Congr. Biochem. Paris. S. 39. 1952. — [3] Hunter, R. B., A. R. Macgregor, D. M. Shepherd and G. B. West: J. Pharmacy Pharmacol. **5**, 407 (1953). — [4] Lembeck, F., u. I. Obrecht: Z. Vit.-, Horm.- u. Ferm.-Forsch. **5**, 11 (1952/53). — [5] Blaschko, H., and A. D. Welch: A. e. P. P. **219**, 17 (1953). — Hagen, P., and A. D. Welch: Recent Progr. Hormone Res. **12**, 27 (1956). — [6] Euler, U. S. v., and N.-Å. Hillarp: Nature **177**, 45 (1956). — [7] Hillarp, N. Å., and B. Hökfelt: Acta physiol. scand. **30**, 55 (1953). Endocrinology **55**, 255 (1954). — [8] Schuler, W., u. A. Wiedemann: H. **233**, 235 (1935). — [9] Holtz, P., K. Credner u. G. Kroneberg: A. e. P. P. **204**, 228 (1947). — s. Bd. **1**, S. 538, Bd. **2**/1a, S. 984f.

Nebenniere nach Anwendung von Dioxyphenylalanin zu[1], und der Noradrenalingehalt der Organe wird erhöht[2]. Im Harn wird jedoch der Hormongehalt nicht erhöht. Neuerdings gewinnt Dioxyphenylserin als Vorstufe der Markhormone Bedeutung. Es wird aerob von Meerschweinchennieren decarboxyliert[3]. Es erhöht weiter den Noradrenalingehalt im Harn des Kaninchens[4]. ^{14}C-markiertes Phenylalanin führt zum Auftreten von radioaktivem Adrenalin im Nebennierenmark[5]. Aus Noradrenalin vermag die Nebenniere in Gegenwart von ATP und Cholin als Methyldonator Adrenalin zu bilden[6]. HAGEN u. WELCH[7] vertreten folgenden Aufbauweg: Tyrosin wird zu Dioxyphenylalanin (Dopa) oxydiert, dieses wird durch ein in der Wasserphase der Nebennierenmarkzellen vorhandenes Ferment (Dopa-Decarboxylase) in Dopamin (Dioxyphenylamin) verwandelt. Der größte Teil des Dopamin erleidet den normalen Stoffwechsel über Dioxyphenylacetaldehyd zu Dioxyphenylessigsäure. 8—10% des Dopamin werden durch ein ATPhaltiges Fermentsystem in der Seitenkette hydroxyliert und liefern Noradrenalin, das dann weiter methyliert werden kann. In ganz geringem Maße kann Dopamin selbst methyliert und durch nachfolgende Oxydation in der Seitenkette direkt in Adrenalin übergeführt werden. Die Nebenniere selbst ist zur Decarboxylierung von Dioxyphenylserin nicht befähigt, wohl aber andere Gewebe. Im Blut wird Adrenalin durch Adsorption an die roten Blutkörperchen relativ rasch unwirksam, ist aber im übrigen durch den Gehalt des Blutes an Ascorbinsäure, Cystein und Glutathion gegen Oxydation geschützt und daher beständiger als in reinen wäßrigen Lösungen. Inaktivierung scheint durch Veresterung mit H_2SO_4 zu erfolgen[8]. Als weiterer Weg der Inaktivierung im Körper wird Oxydation zu Adrenochrom (s. Bd. **1**, S. 539) bzw. Noradrenochrom durch das Cytochrom-Indophenoloxydase-System angenommen[9]. Verschiedentlich wurde erörtert, daß die Nebenniere nicht Adrenalin, sondern ein stärker wirksames adrenalinhaltiges Produkt sezerniere[10]. Allerdings steht ein endgültiger Beweis für diese Annahme aus. Vermutet wird auch, daß eine fluorometrisch nachweisbare Vorstufe des Adrenalins (Adrenalinogen) zu den sympathischen Nervenenden transportiert und dort auf Nervenreiz hin in Adrenalin verwandelt wird[11].

Es scheint jedoch tatsächlich im Nebennierenmark ein lipoidlöslicher, durch Säure spaltbarer Lipoidkomplex des Adrenalins vorzukommen[12], der sich durch besonders starke Wirksamkeit auszeichnet[13]. Auch die schwere Dialysierbarkeit eines Teils des Adrenalins in Organen[14] und im Blut[15] läßt an das Vorliegen von hochmolekularen Komplexen denken.

Adrenalin läßt sich im Nebennierenvenenblut nachweisen. Man nimmt für den Menschen eine normale Sekretion von 5 γ/kg und min an, also eine Tagesproduktion von etwa 72 mg. Es scheint jedoch zweifelhaft, ob dies zutrifft, da

[1] ARMAN, C. G. VAN: Amer. J. Physiol. **162**, 411 (1950). — [2] EULER, U. S. v., and P. UDDÉN: Exper. **7**, 465 (1951). — [3] BEYER, K. H., H. BLASCHKO, J. H. BURN and H. LANGEMANN: Nature **165**, 926 (1950). — BLASCHKO, H., J. H. BURN and H. LANGEMANN: Brit. J. Pharmacol. **5**, 431 (1950). — [4] SCHMITERLÖW, C. G.: Brit. J. Pharmacol. **6**, 127 (1951). — [5] GURIN, S., and A. M. DELLUVA: J. biol. Ch. **170**, 545 (1947). — [6] BÜLBRING, E.: Brit. J. Pharmacol. **4**, 234 (1949). — [7] BLASCHKO, H., and A. D. WELCH: A. e. P. P. **219**, 17 (1953). — HAGEN, P., and A. D. WELCH: Recent Progr. Hormone Res. **12**, 27 (1956). — [8] RICHTER, D.: J. Physiol., London **98**, 361 (1940). — BEYER, K. H., and S. H. SHAPIRO: Amer. J. Physiol. **144**, 321 (1945). — Vgl. a. HOLTZ, P., K. CREDNER u. G. KRONEBERG: A. e. P. P. **204**, 228 (1947). — [9] BACQ, Z. M.: Bull. Acad. Suisse Sci. med. **4**, 127 (1948). — [10] ANNAU, E., S. HUSZÁK, J. L. SVIRBELY and A. SZENT-GYÖRGYI: J. Physiol., London **76**, 181 (1932). — KONSCHEGG, T.: Kli. Wo. **1934 II**, 1452. — [11] LEHMANN, G., u. H. KINZIUS: Pflügers Arch. **253**, 132 (1951). — [12] KUTSCHERA-AICHBERGEN, H.: Schweiz. med. Wschr. **78**, 135 (1948). — [13] KONSCHEGG, T.: Wien. klin. Wschr. **1940**, 269. — [14] ÖSTLUND, E.: [EULER, U. S. v.: Ergebn. Physiol. **46**, 276 (1950)]. — [15] ANNERSTEN, S., A. GRÖNWALL and E. KÖIW: Nature **163**, 136 (1949).

die Blutentnahmen in den einschlägigen Versuchen stets durch Narkose, operative Eingriffe und andere Einflüsse kompliziert sind, die zu einer Ausschüttung von Adrenalin bzw. Markhormonen führen können. Jedenfalls kommt dem Nebennierenmark die ihm anfänglich auf Grund der eindrucksvollen Wirkung des Adrenalins auf den Blutdruck zugeschriebene Bedeutung für die Erhaltung des normalen Blutdruckes nicht zu. Nebennierenmarkausfall läßt den Kreislauf weitgehend unverändert. Da auch der Kohlenhydratstoffwechsel nach Markausschaltung nicht leidet, billigt man dem Nebennierenmark heute nur eine Notfallsfunktion[1] unter bestimmten Bedingungen zu. Jedenfalls führt eine ganze Zahl von Reizen (Schreck, Angst, Kälte, Muskelanstrengung, Erstickung) nachweislich zu einer vermehrten Abgabe der Markhormone. Auch jede Blutzuckersenkung, etwa durch Insulin, löst eine Mehrsekretion von Adrenalin aus, allerdings erst, wenn die Senkung des Blutzuckers 60 mg-% unterschreitet. Die Untersuchungen von REIN[2] machen es recht wahrscheinlich, daß bei Muskelanstrengung die Muskelgefäße durch Adrenalin erweitert werden, während sie in der Ruhe durch Adrenalin verengt werden. Es käme danach dem Adrenalin ein sehr zweckmäßiger Einfluß auf die Blutverteilung zu, besonders da durch die gleichzeitige Milzkontraktion bei Adrenalinausschüttung während muskulärer Anstrengungen auch noch zusätzlich Blut der zirkulierenden Blutmenge zugeführt wird und die Mobilisierung von Leberglykogen durch die glykogenolytische Wirkung des Adrenalins Nährstoffe an den arbeitenden Muskel heranführt.

Die Wirkungen von Adrenalin und Noradrenalin auf den Kreislauf und den Kohlenhydrathaushalt zeigen gewisse Besonderheiten. Während die Blutdrucksteigerung nach Adrenalin vorwiegend durch eine Zunahme des Minutenvolumens bedingt wird, wirkt Noradrenalin in erster Linie durch eine allgemeine Erhöhung des peripheren Widerstandes infolge genereller Vasoconstriction. Die Wirkung hinsichtlich Steigerung der Glykogenolyse in Leber und Muskel und hinsichtlich Steigerung des Blutzuckers und der Blutmilchsäure ist beim Adrenalin weitaus stärker ausgeprägt als beim Noradrenalin[3]. Adrenalin erhöht auch den Grundumsatz stärker als Noradrenalin und verursacht eine stärkere Eosinopenie, wie überhaupt der Einfluß von Adrenalin auf die ACTH-Sekretion des Hypophysenvorderlappens stärker ist als der von Noradrenalin[4].

Die Hormonabgabe durch das Nebennierenmark wird vorwiegend durch die Nervi splanchnici von vegetativen Zentren im IV. Ventrikel (Zuckerstich) und auch von höhergelegenen Zentren im Zwischenhirn[5] aus gesteuert. Wieweit der Hypophysenvorderlappen in diese Regulationen mit eingreift, ist noch Gegenstand der Diskussion (vgl. S. 477f.).

Pathologie. Ausfallserscheinungen nach krankhaftem Ausfall des Nebennierenmarks kennen wir ebensowenig wie nach operativer Ausschaltung. Paragangliome (Phäochromocytome) des Nebennierenmarks können zu Anfällen von Hochdruck führen, gekennzeichnet durch der Angina pectorisähnliche Beschwerden, Blässe, Herzklopfen, Ohrensausen, Zittern, Erbrechen und starke Blutdruck-

[1] CANNON, W. B.: Ergebn. Physiol. **27**, 380 (1928). — [2] MERTENS, O., H. REIN u. F. G. VALDECASAS: Pflügers Arch. **237**, 454 (1936). — [3] BEARN, A. G., B. BILLING and S. SHERLOCK: J. Physiol., London **115**, 430 (1951). — HOLTZ, P., u. H. J. SCHÜMANN: Naturwiss. **35**, 159 (1948). — HOUSSAY, B. A., and R. GERSCHMAN: Rev. Soc. argent. Biol. **23**, 72 (1947). — THIBAULT, O.: C. R. Soc. Biol. **142**, 47 (1948). — LUNDHOLM, L.: Acta physiol. scand. **18**, 341 (1949). — [4] HÖKFELT, B.: Acta physiol. scand. Suppl. **92**, 134 (1951). — HUMPHREYS, R. J., and W. RAAB: Proc. Soc. exp. Biol. Med. **74**, 302 (1950). — LUFT, R., B. SJÖGREN, O. CASSMER and E. ISSÉN: Acta endocrinol., København **4**, 153 (1950). — PELLEGRINO, P. C., G. M. MORRIS and S. TRUBOWITZ: Proc. Soc. exp. Biol. Med. **74**, 330 (1950). — [5] CANNON, W. B., and D. RAPPORT: Amer. J. Physiol. **58**, 338 (1921).

steigerung, meist jedoch ohne nennenswerte Erhöhung des Blutzuckers[1]. Dies und der vielfach nachgewiesene erhöhte Gehalt an Noradrenalin in Blut und Harn während des Anfalls sprechen für die Auslösung der Anfälle durch dieses Hormon[2].

9) Die weiblichen Keimdrüsen (Eierstöcke, Ovarien, glandulae ovariae)[3-15]

Der bestimmende Einfluß der Keimdrüsen für das Verhalten des gesamten Organismus war schon im Altertum aus Erfahrungen bei der Kastration von Haustieren und der auch beim Menschen nicht allzu selten aus kultischen und anderen Motiven durchgeführten Kastration bekannt. Der Beweis für die innere Sekretion der Hoden wurde erst 1849 durch BERTHOLD erbracht. Die Entdeckung und Isolierung der Keimdrüsenhormone ist jedoch jüngeren Datums (s. Bd. 1, S. 420).

Anatomie[17]. Die Ovarien liegen als eiförmige etwa 6 g schwere weißliche Organe beiderseits in der Bauchhöhle in der Gegend des Ausgangs des kleinen Beckens. Eine Peritonealfalte verbindet sie mit dem Fimbrienende der Tuben.

Histologie[18]. Das Ovar des Neugeborenen enthält in seiner Rinde einige hunderttausend Primordialfollikel, die aus je einem, von einem einfachen Kranz von Granulosazellen umgebenen Ei bestehen. Im Laufe des Lebens kommt nur eine beschränkte Anzahl von Follikeln zur Reife, indem die Granulosazellschicht sich verdickt und mit einer doppelten Lage von Bindegewebszellen, der Theca externa und interna, sich umgibt. Im reifen Follikel liegt das Ei, umgeben von den durch die Bildung eines mit der Follikelflüssigkeit erfüllten Hohlraumes zur Seite gedrängten Granulosazellen (Cumulus oophorus) exzentrisch. Nach dem Platzen des Follikels hängt das weitere Schicksal vom Eintritt oder dem Ausbleiben der Befruchtung des abgegebenen Eies ab. Im ersteren Falle bildet sich das Corpus luteum graviditatis, indem die Zellen der Theca interna zusammen mit neugebildeten Gefäßen die Follikelhöhle erfüllen. Dem Lipoidreichtum der großen, hellen, polygonalen Luteinzellen verdankt das Corpus luteum den Namen und die gelbe Farbe. Gegen Ende der Schwangerschaft unterliegt der Gelbkörper regressiven Veränderungen, und zum Schluß hinterbleibt eine weißliche Narbe. Unterbleibt die Befruchtung, so führen ähnliche Vorgänge zur Entstehung des Corpus luteum spurium oder menstruationis, welches kleiner ist und sich nach Eintritt der Regelblutung rasch zurückbildet. Die große Mehrzahl der Follikel erreicht die Reife nicht, sondern wird in irgendeinem Entwicklungsstadium gestoppt. Es folgen regenerative Veränderungen und Abbau zu einer

---

[1] KEPLER, E. J., R. G. SPRAGUE, H. L. MASON and M. H. POWER: Recent Progr. Hormone Res. 2, 345 (1948). — [2] LUND, A.: Scand. J. clin. Lab. Invest. 4, 263 (1952). — LUND, A., and K. MØLLER: Ugeskr. Laeg. 113, 1068 (1951).

Zusammenfassende Darstellungen: 3—16. [3] ASCHHEIM, S.: Die Schwangerschaftsdiagnose aus dem Harn. 2. Aufl. Berlin 1933. — [4] ASHLEY-MONTAGU, M. F.: Adolescent Sterility. Springfield, Ill., Toronto 1946. — [5] BERBLINGER, W.: Die Wechselbeziehungen zwischen Hypophyse und Keimdrüsen. Ergebn. Vit.- u. Horm.-Forsch. 1, 191—212 (1939). — [6] BERBLINGER, W., C. CLAUBERG u. E. J. KRAUS: Die Bedeutung der inneren Sekretion für die Frauenheilkunde. Handb. Gynäk. (STOECKEL) Bd. 9. 1936. — [7] CLAUBERG, C.: Die weiblichen Sexualhormone in ihren Beziehungen zum Genitalcyclus und zum Hypophysenvorderlappen. Berlin 1933. — [8] CORNER, G. W., and W. M. ALLEN: The Biology and Chemistry of Ovarian Hormones. New York 1938. — [9] ENGLE, E. T. (Hrsgb.): Diagnosis in Sterility. Springfield, Ill., London 1947. — [10] HAMBLEN, E. C.: Endocrinology of Women. 2nd. Prtg. Springfield, Ill. 1946. — [11] HOFFMAN, J.: Femal Endocrinology Including Sections on the Male. Philadelphia 1944. — [12] KORENCHEVSKY, V.: The bisexual and other effects of pure male sexual hormones on females. Ergebn. Vit.- u. Horm.-Forsch. 2, 418—468 (1939). — [13] PERITZ, G., u. G. SCHERK: Die weibliche Keimdrüse. Handb. Biochem. Bd. 9, S. 329—365. — [14] PINCUS, G., and W. H. PEARLMAN: The intermediate metabolism of the sex hormones. Vitamins & Hormones 1, 293 (1943). — [15] ZONDEK, B.: Clinical and Experimental Investigations of the Genital Functions and their Hormonal Regulation. Baltimore 1941. — [16] ZUNTZ, L.: Weibliche Geschlechtsorgane. Handb. Biochem. Bd. 4, S. 663—679. Handb. Biochem., Erg.-W. Bd. 2, S. 355—366.

[17] MILLER, J.: Handb. Gynäk. (STOECKEL) Bd. 1/1, S. 21—221. — Handb. path. Anat. (HENKE-LUBARSCH) Bd. 7/3, S. 1—1047. — [18] v. MÖLLENDORFF, Lehrb. Histol. 26. Aufl. S. 410. — SCHRÖDER, R.: Handb. mikroskop. Anat. (v. MÖLLENDORFF) Bd. 7/1, S. 334.

bindegewebigen Narbe (Corpora atretica). Das Stroma des Ovariums besteht aus protoplasmaarmen Bindegewebszellen mit dunklen ovalen Kernen. Die Tatsache, daß auch Gruppen von Stromazellen (interstitielle Zellen) unter dem Einfluß von Vorderlappenstoffen histologische Veränderungen (Umwandlung in den Luteinzellen ähnliche, protoplasmareiche Zellen) eingehen können, begründet die Vermutung, daß unter Umständen auch ihnen gewisse innersekretorische Funktionen zukommen.

Chemie. Wie bei fast allen Organen des Menschen ist die Zusammensetzung des menschlichen Ovars noch nicht systematisch chemisch erforscht. Meist ist man auf Analogieschlüsse, ausgehend von tierischen Organen, hier vor allem Rinderkeimdrüsen, angewiesen. Lediglich einzelne biologisch wichtige Verbindungen des Ovars hat man aufgesucht, so die Ovarialhormone (s. Bd. **1**, S. 420ff.). Die Analyse der menschlichen Ovarbestandteile bedarf somit noch weiterer Bearbeitung. Über die Zusammensetzung menschlicher Oocyten in verschiedenen Reifestadien liegt eine sehr eingehende Untersuchung besonders über das Verhalten der Nucleoproteide vor[1]. Die Stromamucine des Ovars enthalten Hyaluronsäure und Chondroitinschwefelsäuren, die der Follikel sind resistent gegen Hyaluronidase, die Mesomucine sind besonders resistent gegen Enzymeingriffe[2].

An *Mineralstoffen* des Schweineovars werden angegeben[3] 4,6% Asche, 0,072% NaCl, 0,016—0,037 % Ca und 0,7—1,1% P. Auch das Vorkommen von Jod wird erwähnt. In der Ovarialasche wurden spektroskopisch nachgewiesen: Ba 0,01, Cu 0,01, Fe $< 1{,}0$, Li 0,01—0,1, Mn etwa 0,01, Pb 0,001—0,01, Si 1,0 bis 10,0, T 0,01%, gelegentlich Spuren von Co, Mo, Ni und V[4].

Die ***Follikelflüssigkeit*** enthält 6,3% Rohprotein mit 5,3% Arginin, Spuren von Histidin, 11% Lysin, 7,1% Tyrosin, 2,5% Tryptophan und 1,1% S. Das Ovargrundgewebe weist 1,5% S auf[5].

Der Gehalt an Feststoffen wird mit 10—40%, vorwiegend Pseudomucin und Proteine, angegeben[6]. Das Vorkommen von Cholesterin[7] und von Oestradiol wird erwähnt[8]. Untersuchungen mit ^{35}S machen es wahrscheinlich, daß Sulfopolysaccharide von den Granulosazellen gebildet und an die Follikelflüssigkeit abgegeben werden[9].

Das ***Ovargrundgewebe,*** d. h. das vom Corpus luteum freie oder befreite Organ ist auch beim Menschen wenig, dagegen viel beim Rind untersucht.

Die *Eiweißstoffe des Ovargrundgewebes* der Kuh hat man mit Wasser- oder Salzlösungen ausgezogen. 10% des Trockenrückstandes sind Proteine, vorwiegend Albumin. Darin ließen sich an Aminosäuren in Mol nachweisen: 7 Lysin, 4 Tyrosin, 3 Arginin, 2 Cystin und 1 Tryptophan[5]. Extraktion[10] mit 0,6%iger NaCl-Lösung ergab einen Gesamttrockenrückstand mit 12,8% N, der weiter durch fraktionierte Fällung mit Ammonsulfat in Euglobulin-, Pseudoglobulin- und Albumin-N zerlegt werden konnte. Das Nucleoproteid des Auszuges enthielt 45,2% C, 18,9% N, 4,3% P. In getrockneten entfetteten Schweineovarien waren folgende Aminosäuren nachweisbar: Arginin, Asparaginsäure, Glutaminsäure, Glycin, Histidin, Isoleucin, Leucin, Lysin, Methionin, Phenylalanin, Threonin und Valin[11]. Der Glutaminsäuregehalt des menschlichen Ovars war

---

[1] Hedberg, E.: Acta endocrinol., København Suppl. **15**, (1953). — [2] Destro, F.: Ann. Ostet. Ginec. **75**, 1323 (1953). — [3] Benthin, W.: Z. Geburtsh. **68**, 353 (1911). — [4] Lopez de Azcona, J. M., A. Santos Ruiz and M. D. Guelbenzu: Rev. esp. Fisiol. **8**, 13 (1952). — [5] Fullerton, B., and F. W. Heyl: J. amer. pharmaceut. Ass. **15**, 18 (1926). — [6] Oertel, O.: Biol. und Path. Weib. (Halban-Seitz). Bd. 1, S. 334. — [7] Parhon, C.: C. R. Soc. Biol. **93**, 1623 (1925). — [8] MacCorquodale, D. W., S. A. Thayer and E. A. Doisy: J. biol. Ch. **115**, 435 (1936). — [9] Odeblad, E.: Acta endocrinol., København **11**, 268 (1952); **15**, 313 (1954). — [10] Meiersdorf, E.: B. Z. **176**, 127 (1926). — [11] Camien, M. N., M. S. Dunn, R. B. Malin, P. J. Reiner and J. Tarbet: Univ. Calif. Publ. Physiol. **8**, 327 (1949).

10^{-6} Mol/g[1]. Bei Rind, Pferd und Schaf wurden in der trockenen Drüse 2,45 bis 3,04% Methionin nachgewiesen[2].

An *Rest*-N-*Verbindungen* konnten aus dem Ovargrundgewebe der Kuh 0,51% mit Phosphorwolframsäure fällbarer Basen isoliert werden, davon 10% Kreatin, 11% Purinbasen, Adenin, Harnsäure und eine Verbindung $C_2H_4N_4O_5$, außerdem 24% Arginin, ferner Histidin, Lysin, L-Leucin, Kreatinin und Diazoreaktion gebende Stoffe[3].

Lipoide. Eine neuere Untersuchung trennte aus Rinderovarien mit Aceton und Äther 1,2—2% Gesamtlipoide ab, die 32—40% Phosphatide, 26% Neutralfett, 20% Unverseifbares (davon 90% Cholesterin) und 11—17% freie Fettsäuren enthielten[4].

Nach einer anderen Arbeit besteht Fett, mit Aceton aus Ovargrundgewebe der Kuh ausgezogen[5], zu 49% aus Neutralfett und zu 51% aus freien Fettsäuren. An Fettsäuren fand man 0,4% Myristinsäure, 32,4% Palmitinsäure, 10,4% Stearinsäure, 55,3% Ölsäure, eine Spur Linolensäure, 0,7% Arachidonsäure und Spuren einer ungesättigten Fettsäure $C_{20}H_{34}O_2$. Das Unverseifbare des Ätherextraktes bestand zu 66% aus Cholesterin[5]. Weiter sind im Grundgewebe von Rinderovarien nachgewiesen worden: 0,3% Kephalin, Spuren von Lecithin (als $CdCl_2$-Verbindung), 0,5% Cholesterin und 1,2% Protagon (s. Bd. **1**, S. 381), während im Corpus luteum der Kuh 1,2% Kephalin, 5,8% $CdCl_2$-Lecithin, 1,3% Cholesterin und 0,1% Protagon (s. Bd. **1**, S. 301) vorlagen. Von Fettsäuren fand man noch Ameisen-, Essig-, Propion-, Butter- und Bernsteinsäure[6]. Der Plasmalgehalt der Glycerinphosphatide des Schweineovars ist relativ niedrig (1,61%)[7]. Über den Gehalt an hochungesättigten Fettsäuren im Ovar von Rind, Schwein und Schaf liegt eine Untersuchung vor[8].

Im menschlichen Ovar wurden in γ/g folgende Vitamine nachgewiesen: Thiamin 0,61, Riboflavin 4,3, Nicotinsäure 18,3, Pantothensäure 4,0, Pyridoxin 0,15, Biotin 0,03, Inosit 581 und Folsäure 1,1[9].

Das Rattenovar enthielt im Oestrus 471 γ, im Metoestrus 655 γ Ascorbinsäure[10]. Sonst wurde in tierischen Ovarien ein Vitamin C-Gehalt von 140 bis 230 mg-% angegeben[11]. Der Flavingehalt beträgt beim Rind im Gelbkörper 0,05—0,1 mg-%, im Ovarialgrundgewebe 0,1—0,5 mg-% und im Follikelsaft 0,025 mg-%[12]. An Fermenten wurden Lipasen, Amylase, Urease, Nucleasen, Gewebsproteasen und Katalase gefunden[13]. Die alkalische Phosphatase des reifen Follikels, besonders in der Theca interna bei Schwein, Meerschweinchen, Rhesusaffe, Hund und Mensch, verschwindet nach der Ovulation. In den Granulosazellen fehlt sie bei Hund und Mensch[14]. Ein Gehalt an Plasminogen im menschlichen Follikelsaft wird erwähnt[15]. Aus Schweineovarien konnte durch Extraktion mit 0,5%iger Essigsäure, Alkoholfällung und Chromatographie über Aluminiumoxyd und Kartoffelstärke eine am Rattenuterus auswertbare oxytocische Substanz erhalten werden. Nach Gegenstromverteilung enthielt sie 8 Aminosäuren; sie war nicht identisch mit Oxytocin[16].

---

[1] Krebs, H. A., L. V. Eggleston and R. Hems: Biochem. J. **44**, 159 (1949). — [2] Gonnard, P.: Bull. Soc. Chim. biol. **27**, 77 (1945). — [3] Heyl, F. W., and B. Fullerton: J. amer. pharmaceut. Ass. **15**, 549 (1926). — [4] Lustig, B., u. E. Mandler: B. Z. **261**, 132 (1933). — [5] Tourtellotte, D., and M. C. Hart: J. biol. Ch. **71**, 1 (1926/27). — [6] Flössner, O.: Z. Biol. **86**, 269 (1927). — [7] Klenk, E., u. E. Friedrichs: H. **290**, 169 (1952). — [8] Holman, R. T., and S. I. Greenberg: J. amer. Oil Chem. Soc. **30**, 600 (1953). — [9] Williams, R. J.: The significance of the vitamin content of tissues. Vitamins & Hormones **1**, 229 (1943). — [10] Hoch-Ligeti, C., and G. H. Bourne: Brit. J. exp. Path. **29**, 400 (1948). — [11] Bessey, O. A., and C. G. King: J. biol. Ch. **103**, 687 (1933). — [12] Euler, H. v., u. E. Adler: H. **223**, 105 (1934). — [13] Löb, W., u. S. Gutmann: B. Z. **41**, 445 (1912). — [14] Corner, G. W.: Contr. Embryol. **32**, 1 (1948). — [15] Kaulla, K. N. v., u. L. B. Shettles: Kli. Wo. **1954**, 468. — [16] Fried, R., u. L. Wüst: Naturwiss. **41**, 553 (1954).

Die ***Corpora lutea*** vom Rind enthalten 4,4 g-% Gesamtlipoide[1]. Davon sind die Hälfte Neutralfett, ein Drittel Phosphatide und der Rest Unverseifbares. Der P-Gehalt der Gesamtlipoide entsprach dem der Phosphatide. Das Unverseifbare bestand zu 90% aus Cholesterin. Die Gesamtfettsäuren setzten sich aus 60% flüssigen und 40% festen Fettsäuren zusammen. Es handelt sich um Palmitin- und Stearinsäure, wie aus den Kennzahlen erschlossen wurde[1].

HART u. Mitarb.[2] untersuchten die einzelnen Fettsäuren. Aus 700 g Acetonextrakt der Corpora lutea von Kühen isolierten sie 75% Fettsäuren und 15% Unverseifbares, darin 8,3% Cholesterin. 52% der Fettsäuren waren als Glyceride gebunden, der Rest als freie Säuren. Die Trennung der Gesamtfettsäuren ergab: 25% Palmitinsäure, 11% Stearinsäure, 1,6% $C_{16}H_{30}O_2$, 32,8% Ölsäure, 16,6% Linolsäure, 8% Arachidonsäure und 4,8% einer neuen ungesättigten Säure $C_{20}H_{34}O_2$[3].

Bei einer anderen Analyse von getrockneten Kuh-Corpora lutea des Handels fand man 12% Neutralfett, 9,4% Phosphatide und 1,5% Cholesterin neben beachtlichen Mengen von Sulfatiden[4]. Die Lecithinfraktion enthielt[5] 17% Palmitin-, 26% Stearin-, 22% Öl-, 26% Linol-, 7% Arachidonsäure und 2% einer neuen, später *Ovarensäure* genannten, 3fach ungesättigten Fettsäure mit 20 C-Atomen. Die Kephalinfraktion war der aus Herz und Hirn gewonnenen ähnlich zusammengesetzt[6]. Aus den Ovarlipoiden des Schweines konnte nur Cholin als N-haltige Base isoliert werden[7]. Untersuchungen der Lipoide aus Rinder-Corpus luteum s. a. [1].

Der gelbe Farbstoff der Gelbkörper wurde als β-Carotin erkannt[8]. Außerdem wurden Spuren von Xanthophyll gefunden. Vitamin A und Lutein waren nicht nachzuweisen[9].

Die Zusammensetzung der Lipoid- und Fettanteile der Ovarien sowie die Verteilung der Lipoidsubstanzen in den Ovarien schwanken mit den wechselnden Funktionszuständen[10]. Die Befunde sind nicht ganz einheitlich, doch scheint festzustehen, daß gebundenes Cholesterin, Neutralfett und Fettsäuren mit der Rückbildung des Corpus luteum zunehmen.

In tierischen Ovarien wurde ein Vitamin C-Gehalt von 140—230 mg-%[11] angegeben. Der Flavingehalt beträgt beim Rind im Gelbkörper 0,05—0,1 mg-%, im Ovargrundgewebe 0,1—0,5 mg-% und im Follikelsaft 0,025 mg-%[12].

Ovarialcysten. Die nicht seltenen Follikelcysten enthalten eine seröse Flüssigkeit vom spezifischen Gewicht 1,005—1,022. Die sich gelegentlich aus den PFLÜGERschen Epithelschläuchen entwickelnden Kolloid- und Mucoidcysten haben einen schleimigen fadenziehenden Inhalt vom spezifischen Gewicht 1,015 bis 1,025 und im übrigen recht wechselnder Zusammensetzung. Der Inhalt der sehr häufigen Ovarialcystome, der eine gallertige Beschaffenheit hat, verdankt diese Eigenschaft seinem Gehalt an Kolloid und Pseudomucin. Das Kolloid

[1] LUSTIG, B., u. E. MANDLER: B. Z. **261**, 132 (1933). — [2] HART, M. C., and F. W. HEYL: J. amer. pharmaceut. Ass. **13**, 17 (1924). J. biol. Ch. **66**, 639 (1925). — [3] CARTLAND, G. F., and M. C. HART: J. biol. Ch. **66**, 619 (1925). — [4] FULLERTON, B., and F. W. HEYL: J. amer. pharmaceut. Ass. **13**, 194 (1924). — [5] HART, M. C., and F. W. HEYL: J. biol. Ch. **72**, 395 (1927). — [6] HART, M. C., and F. W. HEYL: J. biol. Ch. **70**, 663, 675 (1926). — [7] FLÖSSNER, O.: Arch. Gynäk. **135**, 474 (1929). — [8] ESCHER, H. H.: Arch. Gynäk. **119**, 1 (1923). — s. a. Bd. **1**, S. 471. — [9] EULER, H. v., u. E. KLUSSMANN: B. Z. **250**, 1 (1932). — [10] KAUFMANN, C., u. K. RAETH: Arch. Gynäk. **130**, 128 (1927). — HERMSTEIN, (A.): Arch. Gynäk. **124**, 739 (1925). — [11] BESSEY, O. A., and C. G. KING: J. biol. Ch. **103**, 687 (1933). — [12] EULER, H. v., u. E. ADLER: H. **223**, 105 (1934).

bildet gallertige Massen, die in Wasser nicht, wohl aber in Alkalilauge löslich sind. Die Lösungen sind nicht durch Essigsäure oder Essigsäure und Kaliumhexacyanoferrat fällbar. Das Pseudomucin, anfänglich Metalbumin genannt, ist ein Eiweißkörper, der in der Hitze mit Säuren reduzierende Stoffe abgibt, also ein Mucoproteid. Seine Zusammensetzung wurde mit C 49,75, H 6,98, N 10,28, S 1,25 und O 31,74% ermittelt[1]. Es gibt mit Wasser schleimige, fadenziehende, in der Hitze nicht gerinnbare Lösungen, die zum Unterschied von Mucinlösungen durch Essigsäure nicht gefällt werden. Mit Alkohol gibt die Lösung wasserlösliche Fällungen. Der Gehalt an Mineralstoffen in der Cystomflüssigkeit wird mit durchschnittlich 1% angegeben. Das Vorkommen von Amylasen, Lipasen und anderen Fermenten wird erwähnt[2]. Neben einem hohen Gehalt an Prolan (Choriongonadotropin) fällt in der Ovarialcystenflüssigkeit auch ein hoher Gehalt an Oestrogen (13000 I.E./l) und Progesteron (2,5 mg/l) auf[3]. Der Inhalt der intraligamentären papillären Cysten und der häufig recht großen Parovarialcysten enthält kein Kolloid oder Pseudomucin. Er ist gewöhnlich wasserklar oder leicht getrübt, gelblich und nähert sich in seiner mineralischen Zusammensetzung den Eigenschaften des Serums. Im Fett der Dermoidcysten wurden neben wenig Arachinsäure Ölsäure, Stearinsäure, Palmitinsäure, Myristinsäure und Cetylalkohol gefunden[4].

Das normale ***Scheidensekret,*** 0,1—1,6 g je Tag, stellt ein Transsudat dar. Von SCHRÖDER wird seine Entstehung auf Autolyse der Scheidenepithelien zurückgeführt[5]. Die schon bei der Geburt saure Reaktion wird mit dem Eintritt der Geschlechtsreife stark sauer. Neben Milchsäure konnte Phosphorsäure nachgewiesen werden. Der p_H wurde zwischen 4,26 und 4,37 in den verschiedenen Abschnitten der normalen Scheide gemessen[6]. Während der Gravidität fand sich bei reichlichem Glykogengehalt der Scheidenepithelien ein p_H von 4,38 und ein Milchsäuregehalt von 0,32 molar. Nach der Geburt steigt der p_H auf 8,0 unter gleichzeitigem Abfall des Glykogens in den Scheidenepithelien[7]. Der Glucosegehalt (durchschnittlich 665 mg-%) und der Glykogengehalt des Scheidensekrets sind in der Schwangerschaft hoch; post partum und in der Proliferationsphase des Cyclus ist der Gehalt an reduzierenden Stoffen am niedrigsten[8]. Auch Dextrin und Maltose sind im Scheidensekret nachgewiesen worden. Die β-Glucuronidaseaktivität nimmt im Scheidensekret ebenso wie auch in Uterus und Ovar in der Menopause ab[9]. Progesteron und Testosteron erhöhen bei der Ratte den Gehalt des Scheidensekretes an saurer Phosphatase[10]. Bei der kastrierten Maus erhöht Oestradiol den Ribonucleinsäuregehalt und den Gehalt an alkalischer Monophosphatase[11]. Bei der Kuh war die Aktivität der alkalischen Phosphatase im Oestrus besonders hoch[12]. Ob die DÖDERLEINschen Bacillen durch glykolytischen Abbau des in den Scheidenepithelien reichlich vorhandenen Glykogens ausschließlich für den hohen Milchsäuregehalt und die stark saure Reaktion des Scheidensekrets verantwortlich sind[13], wird von einzelnen Forschern in Abrede gestellt[14]. Der

[1] HAMMARSTEN, O.: H. **6**, 194 (1882). — [2] TACHIBANA, T.: J. Kinki gynec. Soc. **24**, 670 (1928). Jap. J. Obstet. Gynec. **11**, 100 (1928); **12**, 50, 182, 190, 281 (1929). — TACHIBANA, T., u. M. ABE: Jap. J. Obstet. Gynec. **12**, 200 (1929). — [3] HINGLAIS, H., et M. HINGLAIS: C. R. Soc. Biol. **143**, 321 (1949). — [4] LUDWIG, E.: H. **23**, 38 (1897). — ZEYNEK, R. v.: H. **23**, 40 (1897). — [5] SCHRÖDER, R., R. HINRICHS u. R. KESSLER: Arch. Gynäk. **128**, 94 (1926). — [6] KARNAKY, K. J.: Texas State J. Med. **43**, 73 (1947). — [7] LISTON, W. G., F. B. CHISHOLM, A. P. T. EASSON, R. G. JACOMB and W. O. KERMACK: J. Obstet. Gynaec. brit. Emp. **54**, 592 (1947). — [8] LAPAN, B., and M. M. FRIEDMAN: Amer. J. Obstet. Gynec. **59**, 921 (1950). — [9] FISHMAN, W. H., and A. J. ANLYAN: Cancer Res. **7**, 808 (1947). — [10] YÜCEL, T., u. W. LAQUEUR: Istanbul Seriyati **30**, 178 (1948). — [11] JEENER, R.: Biochim. biophysica Acta, N.Y. **2**, 439 (1948). — [12] KLINKENBERG, G. A. VAN: Nature **172**, 397 (1953). — [13] GRAGERT, O.: Arch. Gynäk. **124**, 77 (1925). — [14] SCHULTHEISS, H.: Arch. Gynäk. **136**, 48 (1929).

Ca-Gehalt des Scheidensekrets wird mit 6,5—27,6 mg-%[1], der Cl-Gehalt mit 0,06 bis 0,71 mg-% angegeben[2]. Bezüglich der Verteilung der N-haltigen Bestandteile vgl. RAAB[3]. An Fermenten wurden Amylase, Trypsin, Plasminogen[4], Carboanhydratase[5] und Katalase gefunden.

Die Uterusschleimhaut enthält mit dem Ablauf des Cyclus schwankende Mengen von Lipoid[6] und Glykogen[7]. Die Abhängigkeit der glykolytischen Kraft der Uterusschleimhaut vom Cyclus[8] wurde bestritten[9]. Der Glykogengehalt der menschlichen Uterusschleimhaut war in der Proliferationsphase 0,27%, in der Sekretionsphase 0,86%[10]. Der Ribonucleinsäuregehalt in den Drüsen der Uterusschleimhaut ist in der Proliferationsphase am höchsten, er nimmt in der Sekretionsphase ab und schwindet bei der Menstruation[11]. Bei maligner Entartung steigt er stark an. Das Endometrium enthält 4,5 γ-% As. In der Proliferation nimmt der Wert zu, vor der Menstruation findet sich ein weiterer Anstieg und bei der Menstruation eine Abnahme des As-Gehaltes[12].

Der Glucuronidasegehalt der Uterusschleimhaut verläuft parallel dem Oestrogenspiegel im Cyclus, der Proteinasegehalt ist am höchsten zur Zeit der Menstruation, der Fett- und Glykogengehalt sind hoch während der Lutealphase, der Gehalt an Ribonucleinsäuren und alkalischer Phosphatase ist hoch in der Proliferationsphase, das fibrinolytische Ferment steigt im Laufe des Cyclus bis zum Blutungstermin an[13]. Der Wassergehalt ist am höchsten in der Mitte der Proliferationsphase, am niedrigsten während der Menstruation[14]. Über die P-Fraktion des normalen und des pathologischen menschlichen Uterus liegt eine Untersuchung vor[15]. Das Vorkommen einer mit den Lipoiden der Uterusschleimhaut vergesellschafteten, kochbeständigen oxytocischen Substanz, *Eutocin,* ohne Blutdruckwirkung wird erwähnt[16].

Der Actomyosingehalt des menschlichen *Uterus* ist niedriger als beim Skeletmuskel. Er steigt in der Schwangerschaft zu einem Maximum kurz vor der Geburt an[17]. Nach Kastration nimmt er ebenso wie der Gehalt an Adenosintriphosphatase ab[18]. Spektralanalysen der Uterusasche deckten 0,01 Ba, 0,01 Ca, 0,1 Fe, 0,01—0,1 Li, $>$0,01 Mn, 0,001 Pb, 1,0—10,0 Si, 0,1 Ni und 0,01% Ti, gelegentlich 0,001 Co und 0,0001% Mo und V auf[19].

Das ***Cervixsekret*** enthält 96,5—97% Wasser, seine Reaktion ist alkalisch, p_H 7,2—9,0. Das Mucin des Schleimpfropfes der Cervix wird von Trypsin und Pepsin nicht angegriffen, wohl aber durch eine im menschlichen Sperma enthaltene adialysable, hitzeempfindliche Substanz gelöst[20] (s. a. S. 572). 75—80% der Polysaccharide des Cervicalschleims bestehen in der Cyclusmitte aus einem neutralen Mucopolysaccharid, das Methylpentose, Galaktose und Glucosamin

[1] ROTHER, W.: Zbl. Gynäk. **49**, 1357 (1925). — [2] NÜRNBERGER, L.: Handb. Gynäk. (STOECKEL) Bd. 5/2. — [3] RAAB, E.: Arch. Gynäk. **134**, 519 (1928). — [4] KAULLA, K. N. v., u. L. B. SHETTLES: Kli. Wo. **1954**, 468. — [5] LUTWAK-MANN, C.: J. Endocrinol. **13**, 26 (1955). — [6] POLONSKIJ, J.: Ginek i Akušerstvo **4**, 394, 400 (1925) [Ber. Gynäk. Geburtsh. **10**, 468]. — [7] MÜLLER, J. H.: Endokrinologie **17**, 36 (1936). — [8] RAAB, E.: Arch. Gynäk. **138**, 726 (1929). — [9] ADLER, K.: Arch. Gynäk. **141**, 306 (1930). — [10] LAQUEUR, W.: Mschr. Geburtsh. Gynäk. **119**, 223 (1945). — [11] ATKINSON, W. B., E. T. ENGLE, S. B. GUSBERG and C. L. BUXTON: Cancer, N. Y. **2**, 132 (1949). — [12] GUTHMANN, H., u. K. H. HENRICH: Arch. Gynäk. **172**, 380 (1941). — [13] PAGE, E. W., M. B. GLENDENING and D. PARKINSON: Amer. J. Obstet. Gynec. **62**, 1100 (1951). — [14] MCLENNAN, C. E., and P. KOETS: Obstet. gynec. Surv. **8**, 704 (1953). — [15] KINNUNEN, O., and A. PEKKARINEN: Ann. Med. exp. Biol. Fenn. **30**, 217 (1952). — [16] HANON, F., M. COQUOIN-CARNOT et P. PIGNARD: Ann. Endocrinol., Paris **14**, 204 (1953). — CANTONE, G., e L. MARTINI: Atti Soc. lomb. Sci. med. biol. **9**, 42 (1954). — [17] CSAPÓ, Á.: Nature **162**, 218 (1948). — [18] CSAPÓ, Á.: Amer. J. Physiol. **162**, 406 (1950). — [19] LOPEZ DE AZCONA, J. M., A. SANTOS RUIZ and M. D. GUELBENZU: Rev. esp. Fisiol. **8**, 13 (1952). — [20] KURZROK, R., and E. G. MILLER jr.: Proc. Soc. exp. Biol. Med. **24**, 670 (1927).

enthält[1]. Der Cervicalschleim ist in der Mitte des Cyclus am wasserreichsten und besitzt zu dieser Zeit auch den höchsten Gehalt an Kohlenhydraten und Aminosäuren[2]. Die Zellzahl ist zur Zeit der Ovulation vermindert. Reduzierende Substanzen, 50% davon schon ohne Hydrolyse reduzierend, sind während des ganzen Cyclus vorhanden. Die Aminosäuren tragen auch zum Reduktionswert bei[3].

Die Gesamtlipide des menschlichen Cervicalschleims machen 2,9% der Trockensubstanz oder 0,082% des Feuchtgewichtes aus. Das Gesamtcholesterin betrug 470 mg, der Lipoid-P 33 mg je kg Trockensubstanz[4]. Elektrophoretisch verhält sich der Cervicalschleim ähnlich wie Speichel. Serumalbumin ist darin nicht nachweisbar. Er dokumentiert sich damit als echtes Sekret[5].

Das ***Menstrualblut*** ist ungerinnbar und entspricht in seiner Zusammensetzung im allgemeinen dem zirkulierenden Blut, doch sollen Eiweiß-, Cl- und Na-Gehalt geringfügig vermindert[6], Rest-N und Aminosäure-N erhöht sein[7]. Cholesterin-, Fettsäure- und Phosphatidgehalt wurden im Menstrualblut gegenüber dem strömenden Blut erhöht gefunden. In letzterem sind diese Werte an sich während der Blutung höher als im Intermenstruum[8]. Auf einen höheren J- und besonders As-Gehalt, 92,5 γ-%[9], wurde hingewiesen.

Placenta. Der Wassergehalt der Placenta nimmt im Lauf der Gravidität von 99 auf 91%, nach anderen Angaben von 87—82% oder 92—84% ab[10]. Der Durchschnittswassergehalt der menschlichen Placenta wird mit 87% angegeben. Vom Trockengewicht waren 77% Protein, 3,8% Fett und 8,6% Asche[11]. Auf das Feuchtgewicht bezogen werden 0,81% Gesamtasche angegeben, 0,13% P, 0,132 mg-% Fe, 0,37 mg-% Ca, 0,03 mg-% Mg und 0,375% NaCl. An Schwefel wurden 0,15—0,37% gefunden. Die Zusammensetzung schwankt im Lauf der Entwicklung. Der Gesamt-N-Gehalt beträgt im Mittel 14,7% der Trockensubstanz. Die meisten bekannten Aminosäuren konnten festgestellt werden; auffallend ist ein hoher Argininngehalt. Aus menschlicher Placenta wurde ein elektrophoretisch einheitliches Protein, isoelektrischer Punkt p_H 9,0, das sich ähnlich dem ACTH verhielt, mit 36,6% C, 6,3% H, 10,8% N und 0,71% S isoliert[12]. Die Angaben über den Glykogengehalt der Placenta sind sehr schwankend, doch scheint die Glykogenspeicherung in den ersten Schwangerschaftsmonaten besonders groß zu sein. Lipoide: Die Trockensubstanz der reifen menschlichen Placenta enthält 3% Unverseifbares, 0,4% freies und 1,0% gebundenes Cholesterin und 4,86% Fettsäuren mit einer Jodzahl von 40,5[13]. Über den Nucleinsäuregehalt vgl. [14].

Auch die Zusammensetzung der Fettbestandteile ist stark vom Stadium der Gravidität abhängig[15]. Vom Gesamtfett waren 25% Neutralfett, 75% Phospholipoide und von den letzteren 50% Lecithin, 33% Kephalin und 14% Sphingomyelin[16]. Eine andere Untersuchung fand 30% Neutralfett in den Lipiden.

---

[1] SHETTLES, L. B.: Fertility & Sterility **2**, 361 (1951). — [2] POMMERENKE, W. T.: Amer. J. Obstet. Gynec. **52**, 1023 (1946). — [3] VIERGIVER, E., and W. T. POMMERENKE: Amer. J. Obstet. Gynec. **54**, 459 (1947). — [4] BRECKENRIDGE, M. A. B., and W. T. POMMERENKE: Fertility & Sterility **2**, 451 (1951). — [5] BILLICH, R., u. G. HUFNAGEL: Kli. Wo. **1953**, 868. — [6] GENGENBACH, A.: Z. Geburtsh. **89**, 56 (1926). — [7] RONA, A., u. O. WALDBAUER: Zbl. Gynäk. **52**, 997 (1928). — [8] HERMSTEIN, A.: Arch. Gynäk. **130**, 80 (1927). — [9] MAURER, F. E.: Arch. Gynäk. **130**, 70 (1927). — [10] WEHEFRITZ, E.: Arch. Gynäk. **124**, 511 (1925). — [11] PRATT, J. P., M. KAUCHER, A. J. RICHARDS, H. H. WILLIAMS and I. G. MACY: Amer. J. Obstet. Gynec. **52**, 402 (1946). — [12] BADINAND, A., R. MALLEIN et J. COTTE: C. R. Soc. Biol. **147**, 323 (1953). — [13] KLAUS, K.: Zbl. Gynäk. **57**, 558 (1933). — [14] BRODY, S.: Acta chem. scand. **7**, 495, 507 (1953). — [15] WATANABE, H.: J. Biochem. **2**, 369 (1923). — [16] PRATT, J. P., M. KAUCHER, E. MOYER, A. J. RICHARDS and H. H. WILLIAMS: Amer. J. Obstet. Gynec. **52**, 665 (1946).

Das N:P-Verhältnis in der Lipoidfraktion ließ an ein unbekanntes P-reiches, N-armes Phosphatid in der Placenta denken. Lecithin war reichlich vorhanden[1]. Die P-Verteilung in trockener menschlicher Placenta war: säurelöslich 412 ± 35 mg-%, Phospholipoid-P 242 ± 11 mg-%, Nucleoproteid-P 253 ± 9 mg-% und Protein-P 157 ± 7 mg-% [2]. An Acetylcholin wurden gegen Ende der Gravidität abnehmende, recht erhebliche Mengen von 34,1—10,6 mg-% gefunden. Mit der Wehentätigkeit scheinen diese nichts zu tun zu haben. An Fermenten in der Placenta werden erwähnt Amylase, Invertase, Lactase, Maltase, Cozymase, Pepsin, Trypsin, Erepsin, Arginase, Aminoxydase[3], saure und alkalische Phosphatasen[4], Desoxyribonuclease[5], Cholinacetylase[6] und Lipase. Über den Vitamingehalt der Placenta vgl. nachstehende Tabelle 161. Das Vorkommen einer cyanamidartigen Substanz wird erwähnt[7].

Tabelle 161. Vitamingehalt der Placenta.

	Carotin	Vitamin A		Vitamin B_2	Vitamin B_1	Cocarboxylase
	γ-%	I. E.	γ-%	γ-%	γ-%	γ-%
Placenta	0—*12*—21[8]	0—*22*—38[8]	0—*7*—12,6[8]	22—*51*—90[9]	0,5—8,6[10]	14—20[10]
Blut der Mutter	56—*96*—380[8]	0—*82*—130[8]	0—*27*—44[8]			
Nabelschnurblut, Vene	0—*9*—28[8]	0—*64*—160[8]	0—*21*—53[8]			
Arterie	0—*9*—26[8]	0—*49*—160[8]	0—*16*—53[8]			

(Kursive Zahlen = Mittelwerte.)

Der Vitamin C-Gehalt der Placenta war von der 5.—15. Schwangerschaftswoche um 50% höher als zum Zeitpunkt der normalen Geburt[11]. Der Cu-Gehalt war im Serum der Schwangeren 0,195—0,36 γ-%, im Serum der Nichtschwangeren 0,122—0,133 γ-%, im Nabelschnurvenenblut bis 30% höher als im Nabelschnurarterienblut[12]. Der menschlichen Placenta wird eine innersekretorische Funktion während der Gravidität zugesprochen (vgl. dazu S. 585). Hinsichtlich der vielfach angenommenen Bildung von Progesteron in der Placenta erwecken jedoch neuere Untersuchungen Zweifel, die aus 836 kg menschlicher Placenten nur 11,5 mg neutrale Ketone isolieren konnten, aus denen kein Progesteron gewonnen werden konnte, obwohl nach Absorptionsmessung 53 mäq Progesteron hätten vorhanden sein sollen. Es wurden jedoch allo-Pregnanol-3-on-20, Pregnandiol-3α-20α und allo-Pregnandiol-3,20α in Mengen von 50 mg und weniger nachgewiesen[13]. In jüngster Zeit wurden jedoch auch kleine Mengen Progesteron in der Placenta nachgewiesen[14].

Die Placenta ist auch der Produktionsort für Oestrogene während der Schwangerschaft. Doisy[15] gab 1942 einen Gehalt der reifen Placenta in γ/kg an: Oestriol 140,

[1] Cole, P. G., G. H. Lathe and C. R. J. Ruthven: Biochem. J. **55**, 17 (1953). — [2] Leone, E., e G. Manzi: Boll. Soc. ital. Biol. sperim. **24**, 689 (1948). — [3] Cafiero, M.: Arch. Sci. biol., Bologna **37**, 63 (1953). — [4] Seelich, F., u. H. Ehrlich-Gomolka: Enzymologia **15**, 96 (1952/53). — [5] Brody, S.: Acta chem. scand. **7**, 721 (1953). — [6] Comline, R. S.: J. Physiol., London **105**, P 6 (1946/47). — [7] Otagiri, Y., and K. Sasamoto: Folia pharmacol. jap. **47**, 49 (1951). — Otagiri, Y.: J. jap. biochem. Soc. **25**, 84 (1953). — [8] Neuweiler, W.: Z. Vit.-Forsch. **13**, 275 (1943). — [9] Dubrauszky, V., u. S. Blazsó: Z. Vit.-Forsch. **14**, 2 (1943). — [10] Hildebrandt, A., u. R. Abderhalden: Vitamine u. Hormone **3**, 355 (1943). — [11] Zsigmond, S., u. E. Scipiades jr · Arch. Gynäk. **174**, 204 (1942). — Møller-Christensen, E.: Vitamine u. Hormone **3**, 193 (1943). — [12] Neuweiler, W.: Kli. Wo. **1942**, 521. — [13] Pearlman, W. H., and E. Cerceo: J. biol. Ch. **194**, 807 (1952). — [14] Noall, M. W., H. A. Salhanick, G. M. Neher and M. X. Zarrow: J. biol. Ch. **201**, 321 (1953). — Philipp, E.: D. m. W. **1955 I**, 243. — [15] Doisy, E. A.: Endocrinology **30**, 933 (1942).

Oestron 35 und Oestradiol 38. Eine neuere Untersuchung lieferte die in der nachstehenden Tabelle zusammengefaßten, jedoch auch noch als provisorisch zu betrachtenden Werte[1].

Tabelle 162. **Östrogengehalt der Placenta** (γ/kg).

		Frei	Konjugiert	proteingebunden	Gesamt
Unreife Placenta	Oestron	17,9	0	0,3	18,2
	Oestradiol	7,8	0	0	7,8
	Oestriol	23,4	3,2	7,2	33,3
Reife Placenta	Oestron	46,7	2,5	3,4	52,6
	Oestradiol	3,1	1,5	0	4,6
	Oestriol	125,4	31,4	10,8	167,6
Blut, Ende der Gravidität	Oestron	1,6	15,0	0	16,6
	Oestradiol	1,9	0	0	1,9
	Oestriol	41,8	71,6	8,4	121,8
Amnionflüssigkeit, Frühstadium	Oestron	0	3,6		3,6
	Oestradiol	0	0		0
	Oestriol	6,3	19,5		25,8
Fetale Leber, Frühstadium	Oestron	29,0	29,6	12,6	71,2
	Oestradiol	0	0	0	0
	Oestriol	18,1	154,0	30,6	202,7

Die Placenta ist auch der Produktionsort des Choriongonadotropins, vgl. S. 489. Seine Bildung in der Placenta scheint durch zahlreiche Arbeiten gesichert[2]. Sie wird in die LANGHANS-Zellschicht verlegt[3]. Der Gehalt an Choriongonadotropin ist am höchsten im 3. Fetalmonat und beträgt dann, je nach der Auswertungstechnik, im Durchschnitt 350—640 I.E. je g[1]. Er sinkt dann bis zum Ende des 4. Monats stark ab und bleibt bis zum Ende der Schwangerschaft auf dem erreichten niedrigen Spiegel. $^1/_3$ der Gesamtmenge fand sich in der Fraktion der Zellkerne, der Rest in Plasma + Mitochondrien[4]. Weiter wird das Vorkommen einer ganzen Anzahl hormonal aktiver Stoffe in der Placenta beschrieben: ACTH[5], eine prolactinartige Substanz[6], Corticoide[7], Relaxin[8] und schließlich eine oxytocisch wirkende, kochbeständige, nicht mit den bekannten oxytocischen Stoffen identische Substanz[9].

[1] DICZFALUSY, E.: Acta endocrinol., København Suppl. **12**, 1 (1953). — [2] ZONDEK, B.: Kli. Wo. **1928 II**, 1404. — BROWNE, J. S. L., and E. H. VENNING: Amer. J. Physiol. **116**, 18 (1936). — SMITH, O. W., and G. VAN SMITH: Amer. J. Obstet. Gynec. **33**, 365 (1937). — EVANS, H. M., C. L. KOHLS and D. H. WONDER: J. amer. med. Ass. **108**, 287 (1937). — BICKENBACH, W.: Arch. Gynäk. **172**, 152 (1941). Kli. Wo. **1941**, 1236. — [3] WISLOCKI, G. B., and H. S. BENNETT: Amer. J. Anat. **73**, 335 (1943). — GEY, G. O., G. E. SEEGAR and L. M. HELLMAN: Science, N. Y. **88**, 306 (1938). — JONES, G. E. S., G. O. GEY and M. K. GEY: Bull. Johns Hopkins Hosp. **75**, 26 (1943). — STEWART, H. L. jr., M. E. SANO and T. L. MONTGOMERY: J. clin. Endocrinol. 8, 175 (1948). — [4] SIEBERT, G., u. G. STARK: Kli. Wo. **1954**, 732. — [5] OPSAHL, J. C., and C. N. H. LONG: Yale J. Biol. Med. **24**, 199 (1951). — SULMAN, F. G., and F. BERGMANN: J. Obstet. Gynaec. brit. Emp. **60**, 123 (1953). — BRUX, J. DE, et R. DU BOISTESSELIN: Cr. **237**, 1281 (1953). — ASSALI, N. S., and J. HAMERMESZ: Endocrinology **55**, 561 (1954). — [6] CANIVENC, R., et G. MAYER: C. R. Soc. Biol. **147**, 1067 (1953). — ITO, Y., and K. HIGASHI: J. pharmaceut. Soc. Jap. **73**, 89 (1953). — [7] MAJNARICH, J. J., and R. N. DILLON: Arch. Biochem. **49**, 247 (1954). — STAEMMLER, H. J.: Habil.-Schrift, Kiel 1954. — JOHNSON, R. H., and W. J. HAINES: Science, N. Y. **116**, 456 (1952). — [8] ZARROW, M. X., and B. ROSENBERG: Endocrinology **53**, 593 (1953). — [9] CANTONE, G., e L. MARTINI: Atti Soc. lomb. Sci. med. biol. **9**, 42 (1954). — HANON, F., M. COQUOIN-CARNOT et P. PIGNARD: Ann. Endocrinol., Paris **14**, 204 (1953).

Die ***Amnionflüssigkeit***[1] oder das Fruchtwasser, Liquor amnii, ist beim Menschen eine dünnflüssige, weißliche bis schwachgelbe, gelegentlich gelbbraune Flüssigkeit von fadem Geruch. Sie enthält die gewöhnlichen Transsudatbestandteile. Sie hat ein spezifisches Gewicht von 1,002—1,028. Der p_H ist 7,5—7,7. Sie enthält bei der Geburt 2% feste Bestandteile. Neben Spuren von Mucin ist wahrscheinlich auch etwas Serumalbumin vorhanden; außerdem lassen sich Harnstoff, Harnsäure, Allantoin und Kreatinin nachweisen. An Fermenten werden Pepsin, Amylase, Thrombin, saure und alkalische Phosphatase[2] und Lipase erwähnt. An 17-Ketosteroiden wurden bei männlichem Fetus 2,28 mg, bei weiblichem Fetus 0,62 mg je Liter im Durchschnitt gefunden[3]. Eine neuere Arbeit findet höhere und vom Geschlecht des Fetus unabhängige Werte[4].

Tabelle 163. Zusammensetzung des menschlichen Fruchtwassers im 9. Schwangerschaftsmonat[5].

	Mittelwerte	Grenzwerte
Wasser	98,8 g-%	99,0—98,5 g-%
Trockenrückstand	1,2 g-%	1,0— 1,5 g-%
Cl	622 mg-%	560—667 mg-%
Na	291 mg-%	273—314 mg-%
Ca	6,3 mg-%	
Eiweiß	200 mg-%	100—500 mg-%
Rest-N	27 mg-%	18— 40 mg-%
Zucker	33 mg-%	10— 62 mg-%
Kreatinin	2,3 mg-%	

Folgen der Kastration (Ovarektomie) (s. a. S. 572). Die Folgen des operativen Ovarausfalles unterscheiden sich, je nachdem die Operation vor oder nach Eintritt der Geschlechtsreife vorgenommen wird. Bei Kastration in jugendlichem Alter wird durch Fortfall der Hemmungsfunktion der inneren Sekretion des Ovariums auf die Hypophyse Offenbleiben der Epiphysenfugen und damit gesteigertes Längenwachstum beobachtet. Die weibliche Prägung des Skelets (Beckenform) unterbleibt, ebenso die Ausbildung der übrigen sekundären Geschlechtsmerkmale (Behaarung, Stimme, Entwicklung der Mammae und des psychischen Verhaltens). Der gesamte Genitalschlauch (Tuben, Uterus, Vagina) bleibt infantil, und der Cyclus tritt zur normalen Zeit nicht ein. Stoffwechselstörungen, wie Verfettung oder abnorme Abmagerung, scheinen auf Störungen indirekter Art durch Beeinflussung anderer Hormondrüsen zu beruhen. Beim Nagetier treten die cyclischen Veränderungen des Vaginalepithels nicht auf, und die Schleimhaut verharrt zeitlebens im Zustand des Dioestrus. Bei der Kastration nach Eintritt der Pubertät bzw. nach Abschluß des Körperwachstums fehlen naturgemäß die Wachstumsstörungen. Das Genitale atrophiert relativ rasch, während die sekundären Geschlechtsmerkmale sich nur langsam zurückbilden. Die psychosexuellen Merkmale können lange Zeit erhalten bleiben. Indirekte Ausfallserscheinungen, wie Störungen des Kreislaufs (Wallungen, Herzklopfen, Schwindel, Migräne u. a.) durch Beeinflussung der übrigen Inkretdrüsen, sowie psychische Störungen sind bei Spätkastration intensiver, da während der geschlechtstüchtigen Zeit der Ausfall der Keimdrüsen einen viel schwerwiegenderen Eingriff in das gesamte innersekretorische Regulationssystem darstellt als vorher

[1] Hammarsten 10. Aufl. S. 506. — Berzelius, J. J.: Lehrbuch der Chemie. 3. Aufl., Bd. 9, S. 640. Dresden, Leipzig 1840. — Wolff, B., u. L. Zuntz: Fruchtwasser. Handb. Biochem. Bd. 5, S. 592—610. — Zuntz, L.: Handb. Biochem., Erg.-W. Bd. 2, S. 676—681. — Abdine, F. H., P. Ghalioungui u. M. S. el Ridi: H. **296**, 44 (1954). — [2] Seelich, F., u. H. Ehrlich-Gomolka: Enzymologia **15**, 96 (1952/53). — [3] Jaworski, Z., et K. Kowalewski: Acta endocrinol., København **5**, 157 (1950). — [4] Abt, K. R., u. M. Keller: Geburtsh. u. Frauenheilkde. **14**, 126 (1954). — [5] Makepeace, A. W., F. Fremont-Smith, M. E. Dailey and M. P. Carrol: Surg., Gynec. Obstet. **53**, 635 (1931). — Wolff, B., u. L. Zuntz: Handb. Biochem. Bd. 5, S. 592.

oder nach dem Eintritt des Klimakteriums. Auch die klimakterischen Beschwerden sind als solche indirekten Kastrationsfolgen und Folge der Störung des hormonalen Gleichgewichts aufzufassen. Diese Ausfallserscheinungen sind durch Zufuhr von Ovarialhormon zu beheben. Durch geeignete Behandlung läßt sich am menschlichen Kastraten der gesamte Cyclus hervorrufen[1].

Physiologie. Das Ovar ist, gesteuert von den regelnden Einflüssen der Hypophyse und des Zentralnervensystems, einerseits verantwortlich für die Entwicklung und Ausbildung der weiblichen sekundären Geschlechtscharaktere, andererseits sorgt es nach dem Eintritt der Pubertät für einen den Zwecken der Fortpflanzung entsprechenden Zustand der Genitalien. Der mit der rhythmischen Abgabe der Eizellen einhergehende rhythmische Ablauf der innersekretorischen Vorgänge unterhält die als Menstruationscyclus bekannten Erscheinungen. Nach dem menstruellen Zusammenbruch beginnt die Uterusschleimhaut nach einem kurzen Stadium der Ruhe unter dem Einfluß der mit zunehmender Reife des nächsten Follikels ansteigenden Follikelhormonsekretion zu hypertrophieren (Proliferationsphase). Die Follikelhormonsekretion ihrerseits ist wiederum gesteuert durch die infolge des Abfalls des Follikelhormonspiegels im Blut bei der Menstruation durch Enthemmung des Sexualzentrums im Zwischenhirn angeregte erhöhte Produktion von follikelstimulierendem Hormon, welches die Reifung des nächsten Follikels einleitet, und von interstitialzellstimulierendem Hormon, welches die Follikelhormonproduktion des reifenden Follikels möglich macht und außerdem seine Luteinisierung anbahnt. Unter dem Einfluß des Follikelhormons nehmen Dicke, Durchblutung und Zellreichtum der Submucosa der Uterusschleimhaut stark zu, das vorher flache Epithel wird zylindrisch, und die in der Ruhe kurzen Drüsen beginnen sich zu langgestreckten, geraden Drüsenschläuchen zu entwickeln; zahlreiche Mitosen in den Epithelzellen ergänzen das histologische Bild. Als Bildungsort des Follikelhormons wird meist der reifende Follikel selbst angesprochen, wobei es noch zweifelhaft ist, wieviel Theka- und Granulosazellen an dieser Sekretion beteiligt sind. Etwa in der Mitte zwischen 2 Blutungen erfolgt, wahrscheinlich unter dem Einfluß des vermehrt sezernierten ICSH der Follikelsprung, und das Ei wird von der Tube aufgenommen. Es gelangt, durch Peristaltik und Flimmerbewegungen des Epithels weiterbefördert, in den Uterus. Inzwischen wurde durch das Follikelhormon der Hypophysenvorderlappen auch zur Produktion von Prolactin angeregt, was weitere Ausbildung des Follikels zum Corpus luteum und Sekretion von Progesteron zur Folge hat. Unter dessen Einfluß erfolgt eine weitere Umwandlung der Drüsen der Uterusschleimhaut zu geschlängelten Formen, und die Drüsen beginnen zu sezernieren (Sekretionsphase). Bleibt die Befruchtung des um diese Zeit in der Uterushöhle anlangenden Eies aus, so wird weiterhin kein Chorionhormon gebildet, welches die Funktion des Corpus luteum weiter unterhalten würde. Die Progesteronproduktion hört auf, und die Folge davon ist der menstruelle Zusammenbruch der Uterusschleimhaut. Der Abfall des Follikelhormons im Blut leitet eine neue Sekretionssteigerung des follikelreifenden Hormons in der Hypophyse ein, und die cyclischen Vorgänge beginnen, wie eben beschrieben, von neuem.

Wie weit den Androgenen, die zweifellos auch im Ovar gebildet werden, eine physiologische Bedeutung bei Cyclus und Gravidität zukommt, ist noch nicht vollkommen geklärt. Die Diskussion muß sich vorläufig auf Hypothesen beschränken[2].

Im Falle des Eintritts einer Gravidität sorgt das im Chorionanteil der Placenta gebildete gonadotrope Hormon (Choriongonadotropin) für den Fortbestand des

[1] Kaufmann, C.: Zbl. Gynäk. **57**, 42 (1933). Kli. Wo. **1933 I**, 217. — [2] Junkmann, K.: Ärztl. Wschr. **1954**, 289.

Corpus luteum und ermöglicht so dem Ei durch Verhinderung der Menstruation die Nidation. Die im weiteren Verlauf der Schwangerschaft ebenfalls von der Placenta bereitgestellten großen Mengen von Follikelhormon wirken auf dem Umweg über die Hypophyse in gleicher Richtung, haben aber wohl vorwiegend die Aufgabe, die erforderliche Größenzunahme des Fruchthalters und die Entwicklung der Brüste zu gewährleisten. Im Hinblick auf die letzteren wird erörtert, ob der Einfluß der Sexualhormone auf die Proliferation des Milchgang- und Alveolensystems ein direkter ist oder ob die Wirkung von Follikelhormon und Progesteron indirekt durch Vermittlung der Ausschüttung eines gesonderten mammotropen Hormons der Hypophyse erfolgt.

Unerforschtes. Es ist noch nicht ganz klar, von welcher Stelle aus der Rhythmus des weiblichen Sexualcyclus primär ausgelöst wird. Unbekannt ist auch die stoffliche Regulation, die im Falle des Eintritts einer Gravidität die Bildung der Placenta und das Einsetzen der inneren Sekretion der Placenta (neben dem Einfluß des Progesterons) beherrscht. Ebensowenig Sicherheit besteht über den hormonalen Mechanismus des Geburtseintritts. Zwar sieht man in der durch die am Ende der Schwangerschaft vorhandenen großen Follikelhormonmengen gesteigerten Anspruchsfähigkeit der Gebärmutter für Oxytocin einen unterstützenden Mechanismus für die Auslösung der Geburt; trotzdem fällt es schwer, diesen Faktor als den ausschließlich verantwortlichen aufzufassen. Durch den Fortfall der Placenta bei der Geburt hört schlagartig die Bildung von Follikelhormon und Progesteron, das während der letzten Schwangerschaftsmonate von der Placenta gebildet wird, auf. Die Folge ist eine Enthemmung des Hypophysenvorderlappens. Es setzt eine erhöhte Prolactinsekretion ein, die zusammen mit dem fördernden Einfluß des Saugreizes die Sekretion der Brustdrüsen in Gang bringt. Außerdem scheint das Prolactin die mütterlichen Instinkte zu steuern. Eine Hemmungswirkung der Prolactinsekretion auf die gonadotrope Funktion des Hypophysenvorderlappens kann, mindestens während der ersten Zeit der Lactation, die Reifung neuer Follikel im Ovar unterbinden.

Unklarheit besteht ferner über die letzten Ursachen des Beginns der Keimdrüsentätigkeit in der Pubertät, die bei Mädchen in unseren klimatischen Verhältnissen im 12.—14. Lebensjahr eintritt. Eine geringe Sekretion von follikelstimulierendem und interstitialzellstimulierendem Hormon hatte schon in der Kindheit ein gewisses Follikelwachstum unterhalten. Die Follikel unterlagen aber stets einer Rückbildung, ehe sie auch nur annähernd den vollen Reifezustand erlangt hatten. Die geringe Sekretion von Follikelhormon, die auf diese Weise während der Kindheit unterhalten wurde, reichte jedoch aus, um die körperliche und psychische Entwicklung des heranwachsenden Mädchens in weiblicher Richtung zu steuern. Es fällt schwer, für den Pubertätseintritt nur die nachlassende Sekretion des Wachstumshormons der Hypophyse verantwortlich zu machen, die eher umgekehrt durch die erhöhte Follikelhormonproduktion beim Pubertätseintritt gehemmt wird.

Auch die hormonalen Vorgänge, die im Klimakterium zum Versiegen der Ovarialfunktion führen, sind noch rätselhaft. Dem Organisationsplan entsprechend sezerniert die Hypophyse nach dem Fortfall der Ovarialfunktion in der Menopause reichlich gonadotropes Hormon, das leicht in Blut und Harn nachgewiesen werden kann. Trotzdem spricht das alternde Ovar nicht mehr auf den gewohnten hormonalen Reiz der Hypophyse an, obwohl es, wie Transplantationsversuche lehren, bei Übertragung in ein jugendliches Tier noch funktionsfähig ist.

Nicht unerwähnt möge bleiben, daß auch dem vegetativen Nervensystem ein Einfluß auf die generativen Vorgänge zugeschrieben wird. Der Vagus soll fördernd, der Sympathicus hemmend wirksam sein. Auf alle Fälle sind diese direkten nervösen Einflüsse hinsichtlich der Intensität ihrer Wirksamkeit jedoch nicht mit der stofflicher Regulationen vergleichbar.

Pathologie (s. a. S. 492). Störungen der inneren Sekretion der Ovarien können infolge der soeben nur kurz beschriebenen verwickelten Verhältnisse äußerst vielgestaltig sein. Der krankhafte Fortfall der Ovarien führt zu denselben Folgen wie die operative Kastration (s. S. 557). Eine allgemeine Hypofunktion kann sich im Ausbleiben der Menses zur Zeit der Pubertät (primäre Amenorrhoe) oder auch erst im späteren Lebensalter als sekundäre Amenorrhoe äußern, meist, besonders bei der primären Amenorrhoe, verbunden mit allgemeinem Infantilismus und Wachstumsstörungen.

Geringere Grade der Hypofunktion bewirken unregelmäßige, zu starke oder zu schwache Regelblutungen, die nicht selten schmerzhaft sind, und häufig psychisch auffälliges Verhalten der Kranken. Die zu schwache Blutung läßt sich mit mangelhafter Ausbildung der Schleimhaut des Uterus als Folge verminderter Follikelhormonsekretion erklären, die zu starke Blutung durch mangelhafte Blutstillung als Folge des wegen des Follikelhormonmangels unterentwickelten Myometriums. Die Schmerzhaftigkeit mag einem mangelnden Schutz des Uterus vor der Einwirkung des Hinterlappenhormons durch Progesteron zugeschrieben werden.

Auch Störungen im zeitlichen Ablauf der inneren Sekretion der beiden Ovarialhormone oder der Ausfall des einen der beiden Stoffe führen zu charakteristischen Krankheitsbildern. Die Unregelmäßigkeit eines krankhaften Cyclus hängt ganz allgemein mit derartigen zeitlichen Abweichungen der Ovarialfunktion zusammen. Isolierter Ausfall des Corpus luteum bewirkt Follikelpersistenz mit unregelmäßigen, häufigen Blutungen, verbunden mit glandulär-cystischer Hyperplasie des Endometriums. Fortbestand des Corpus luteum (Corpus luteum persistens) unterdrückt die Menstruation. Mangelhafte Ovarialsekretion, besonders während der Gravidität, wirkt sich ungünstig auf den Verlauf der Schwangerschaft aus. Ungenügende Progesteronsekretion beeinträchtigt die Ausbildung der Placenta und kann sogar für die Unterbrechung der Schwangerschaft verantwortlich sein. Übermäßige Sekretion bzw. zu lange anhaltende Funktion des Corpus luteum mag vielleicht mit dem Übertragen des Kindes oder mit der Placenta accreta zu tun haben. Über die hormonalen Störungen der Lactation besteht noch wenig Klarheit, doch dürften hier Störungen der inneren Sekretion des Hypophysenvorderlappens im Vordergrund stehen.

Eine Überfunktion in Richtung Follikelhormonsekretion kommt bei bestimmten Neubildungen (Granulosazelltumoren) zur Beobachtung. Die Erscheinungen bestehen in Hyperfeminisierung (Brüste, vergrößerter Uterus) und unregelmäßigen, gehäuften Blutungen. Im weiteren Verlauf können in solchen Tumoren auch Progesteron sezernierende Zellen auftreten und Amenorrhoe verursachen. Wie weit und wie oft die vorstehend beschriebenen Störungen durch primäre Schädigung der Hypophyse bedingt sind, bedarf wohl noch weiterer Klärung. Jedenfalls sei daran erinnert, daß wir auch im Kapitel Hypophyse (S. 483, 488 unter den sicher primär hypophysär bedingten Erkrankungen eine Anzahl kennengelernt haben, die mit charakteristischen Ausfallserscheinungen an den Keimdrüsen einhergeht.

Auch durch Störungen des Abbaus des Follikelhormons und durch Störung seiner Ausscheidung können Zustände von Feminisierung eintreten (Gynäkomastie bei Lebercirrhose). Ob das im Präklimakterium nicht allzuselten zu beobachtende Krankheitsbild der Hyperfollikulinie vorwiegend auf einer solchen Ausscheidungs- und Entgiftungsstörung oder vorwiegend auf erhöhter Produktion des Follikelhormons beruht, bedarf weiterer Klärung. Die Tatsache, daß derartige Patientinnen häufig über Störungen der Leberfunktion und über Erkrankungen der Gallenwege zu klagen haben, spricht vielleicht für die erste Annahme.

Vor Eintritt der Pubertät kann das Auftreten von Granulosazelltumoren vorzeitige Geschlechtsreife (Pubertas praecox) auslösen, doch kommt diese Erkrankung auch aus zentralen und hypophysären Ursachen vor. Auch Nebennierenrindentumoren, die gleichzeitig zu einer Vermännlichung führen, können Pubertas praecox bedingen. Gewisse Ovarialtumoren können, ebenfalls nicht allzuselten, vermännlichend wirken. Diese Tumoren gehen aus embryonalen Resten der heterosexuellen Keimdrüsen hervor, die von frühesten, ursprünglich bisexuell angelegten Keimen zurückgeblieben sind.

Relaxin[1]. Während der Schwangerschaft findet bei zahlreichen Wirbeltieren ein Prozeß in der Symphysis pubis und meist auch in den Sacroiliacalgelenken statt, der eine größere Beweglichkeit und die Möglichkeit einer Ausweitung der Geburtswege in sich schließt. Diese auch für den Menschen bekannten Erscheinungen[2] sind besonders stark am Meerschweinchen[3] und auch an der Maus[4] ausgeprägt. Dafür wird ein Hormon, Relaxin, als verantwortlich angesehen.

Vorkommen. Das wirksame Prinzip wurde nachgewiesen im Blut von Hund, Katze und Pferd[3], ferner im Serum des pseudograviden und des mit Progesteron behandelten Kaninchens[5] (0,2 E/cm³), im Serum des trächtigen Kaninchens (10 E/cm³)[6], im Uterus (10E/g), in der Placenta (50—75 E/g) und im Ovar des trächtigen Kaninchens (10 E/g)[7], im Serum der Schwangeren[8], im Schweineovar (3—10 E/g), im Corpus luteum des Schweins (2,5—5 E/g), im Ovar des trächtigen Schweins (10000—15000 E/g[9] bzw. 3000—96000 E/g[10]), weiter auch in Placenta und Uterus vom Schwein sowie im Serum[11] und im Uterus des trächtigen Meerschweinchens[9]. Beim Menschen stieg der Gehalt des Serums von 0,2 E auf 2 E gegen Ende der Gravidität und fiel bei der Geburt ab[12].

Über den *Bildungsort des Relaxins* besteht keine Klarheit. Weder Kastration in der Mitte der Schwangerschaft[13] noch Hypophysektomie[14] verhindern beim Meerschweinchen die Relaxation des Beckens. Beim Kaninchen sinkt der Relaxingehalt des Blutes nach Kastration während der Trächtigkeit und unter Progesteronbehandlung nicht ab[15], auch beim normalen Kaninchen bleibt nach Kastration unter Progesteronbehandlung der Relaxinblutspiegel erhalten[5], schwindet jedoch nach gleichzeitiger Hysterektomie. Auch bei der trächtigen Maus beeinträchtigt Hypophysektomie die Beckenrelaxation nicht, während Verlust der Placenta sie unterbindet[16]. Vielleicht veranlaßt die Placenta das Ovar zur Relaxinbildung[17]. Das Choriongonadotropin wird dafür verantwortlich gemacht[18]. Im Gegensatz zum Verhalten des Meerschweinchens und des Kaninchens scheint Vorbehandlung mit

[1] Hisaw, F. L., and M. X. Zarrow: The physiology of relaxin. Vitamins & Hormones 8 151—178 (1950). — [2] Cantin, L.: Diss. med. Paris (1899). — Lang, F. J., and L. Haslhofer: Arch. Surg. **25**, 870 (1932). — [3] Hisaw, F. L.: Physiol. Zool. **2**, 59 (1929). — Ruth, E. B.: Anat. Rec. **67**, 409 (1937). — [4] Gardner, W. U.: Amer. J. Anat. **59**, 459 (1936). — Newton, W. H., and F. J. Lits: Anat. Rec. **72**, 333 (1938). — [5] Hisaw, F. L., M. X. Zarrow, W. L. Money, R. V. N. Talmage and A. A. Abramowitz: Endocrinology **34**, 122 (1944). — [6] Marder, S. N., and W. L. Money: Endocrinology **34**, 115 (1944). — [7] Zarrow, M. X.: [Hisaw, F. L., and M. X. Zarrow: The physiology of relaxin. Vitamins & Hormones 8, 151—178 (1950)]. — [8] Abramson, D., E. Hurwitt and G. Lesnick: Surg., Gynec. Obstet. **65**, 335 (1937). — Pommerenke, W. T.: Amer. J. Obstet. Gynec. **27**, 708 (1934). — [9] Hisaw, F. L., and M. X. Zarrow: Proc. Soc. exp. Biol. Med. **69**, 395 (1948). — [10] Albert, A., W. L. Money and M. X. Zarrow: Endocrinology **40**, 370 (1947). — [11] Zarrow, M. X.: Proc. Soc. exp. Biol. Med. **71**, 705 (1949). — [12] Zarrow, M. X., E. G. Holmstrom and H. A. Salhanick: J. clin. Endocrinol. **15**, 22 (1955). — [13] Herrick, E. H.: Anat. Rec. **39**, 193 (1928). — Courrier, R., et R. Kehl: C. R. Soc. Biol. **128**, 188 (1938). — [14] Pencharz, R. I., and W. R. Lyons: Proc. Soc. exp. Biol. Med. **31**, 1131 (1934). — [15] Zarrow, M. X.: Diss. phil. Cambridge, Mass. 1947. — [16] Newton, W. H., and N. Beck: J. Endocrinol. **1**, 65 (1939). — [17] Hall, K., and W. H. Newton: J. Physiol., London **106**, 18 (1947). — [18] Astwood, E. B., and R. O. Greep: Proc. Soc. exp. Biol. Med. **38**, 713 (1938).

Progesteron keine Vorbedingung der Relaxinwirkung bei der Maus zu sein. Beim Schwein weist der außerordentlich hohe Relaxingehalt der Ovarien während der Trächtigkeit auf diese als sezernierendes Organ hin.

Darstellung. Ältere Darstellungsverfahren[1] bedienten sich der Extraktion der Corpora lutea vom Schwein mit 2%iger HCl in 95%igem Alkohol, des Einengens und der wiederholten Fraktionierung mit Alkohol und Äther. Später wurden die entfetteten Corpora lutea mit wäßriger 2%iger Salzsäure ausgezogen und anschließend durch Aussalzen mit Natriumsulfat und Äthanolfällung gereinigt[2]. Aus einem salzsauren Extrakt ganzer Schweineovarien kann das Hormon an Bentonit adsorbiert und mit 6%igem Pyridin eluiert werden, schließlich wird es beim isoelektrischen Punkt gefällt (Reinheitsgrad 100—500 Meerschweinchen-Einheiten je mg)[3]. Aus Blut wird es besonders in der Globulinfraktion erhalten, doch scheint keine reinliche Abtrennung der wirksamen Fraktion möglich zu sein[4]. Durch Dialyse von Harn, Einengen des Schlauchinhaltes und Fällung mit Aceton konnten ebenfalls wirksame Präparate erhalten werden[5]. Aus Ovarien trächtiger Schweine konnte es durch Extraktion mit 5%iger NaCl-Lösung, Dialyse gegen 95%iges Äthanol, Filtration, Ansäuern auf p_H 4,3, neuerliche Dialyse gegen absoluten Alkohol und Fällung mit Aceton und nochmals Dialyse auf das 1000fache angereichert werden[6].

Eigenschaften. Löslich in Wasser und wasserhaltigen polaren Lösungsmitteln, unlöslich in nichtpolaren Lösungsmitteln, stabil in saurer Lösung, instabil gegenüber Alkalien, hitzeempfindlich. Isoelektrischer Punkt p_H 5,4—5,5. Durch Oxydantien und proteolytische Fermente (Pepsin, Trypsin) wird es zerstört. Es scheint ein Polypeptid zu sein.

Nachweis. Zum qualitativen Nachweis kann die durch Palpation feststellbare Relaxation der Symphyse des Meerschweinchens nach Injektion von Hormonpräparaten dienen[7]. Eine genauere Technik definiert als Meerschweinchen-Einheit (G.P.U.) jene kleinste Menge, die auf der Basis einer Standardkurve bei $^2/_3$ einer Gruppe von 12 kastrierten, 4 Tage mit täglich 0,82 γ Oestradiol[8] oder 3 Tage mit 1 γ Oestradiol vorbehandelten Meerschweinchen von 350—800 g innerhalb 6 Std nach der Relaxininjektion eine definierte Erschlaffung der Symphyse auslöst[9]. Auch die Röntgenkontrolle der Symphyse bei Maus[10] und Meerschweinchen[11] wurde zur Auswertung herangezogen.

Physiologie. Es scheint, daß beim Meerschweinchen längere Behandlung sowohl mit Oestrogenen als auch mit Progesteron Relaxation der Symphyse bewirkt. Doch tritt auf Relaxininjektion am oestrogenvorbehandelten Meerschweinchen die Erschlaffung der Symphyse zeitlich sehr viel früher auf. Es scheinen auch histologische Unterschiede zwischen der durch Oestrogene allein und der durch Relaxin bewirkten Auflockerung des Beckens zu bestehen[12]. Dagegen sind die durch Progesteron an der Symphyse ausgelösten Veränderungen (Aufspaltung

---

[1] Hisaw, F. L., H. L. Fevold and R. K. Meyer: Physiol. Zool. **3**, 135 (1930). — Fevold, H. L., L. Frederick, F. L. Hisaw and R. K. Meyer: Proc. Soc. exp. Biol. Med. **27**, 606; **28**, 604 (1930). Am. Soc. **52**, 3340 (1930). — [2] Abramowitz, A. A., W. L. Money, M. X. Zarrow, R. V. N. Talmage, L. H. Kleinholz and F. L. Hisaw: Endocrinology **34**, 103 (1944). — Albert, A., W. L. Money and M. X. Zarrow: Endocrinology **39**, 270 (1946). — [3] Albert, A., W. L. Money and M. X. Zarrow: Endocrinology **40**, 370 (1947). — [4] Abramson, D., E. Hurwitt and G. Lesnick: Surg., Gynec. Obstet. **65**, 335 (1937). — [5] Albert, A., and W. L. Money: Endocrinology **38**, 56 (1946). — [6] Frieden, E. H., and F. L. Hisaw: Arch. Biochem. **29**, 166 (1950). — [7] Hisaw, F. L.: Physiol. Zool. **2**, 59 (1929). — Hisaw, F. L., H. L. Fevold and R. K. Meyer: Physiol. Zool. **3**, 135 (1930). — [8] Abramowitz, A. A., F. L. Hisaw, L. H. Kleinholz, W. L. Money, R. V. N. Talmage and M. X. Zarrow: Anat. Rec. **84**, 6 (1942). — Abramowitz, A. A., W. L. Money, M. X. Zarrow, R. V. N. Talmage, L. H. Kleinholz and F. L. Hisaw: Endocrinology **34**, 103 (1944). — [9] Hisaw, F. L., and M. X. Zarrow: Proc. Soc. exp. Biol. Med. **69**, 395 (1948). — [10] Hall, K.: J. Endocrinol. **5**, 314 (1948). — Dorfman, R. I., R. W. Marsters and J. Dinerstein: Endocrinology **52**, 204 (1953). — [11] Talmage, R. V., and W. R. Hurst: [Hisaw, F. L., and M. X. Zarrow: Vitamins & Hormones **8**, 151 (1950)]. — [12] Talmage, R. V.: J. exp. Zool. **106**, 281 (1947). — Heringa, G. C., and C. van der Meer: Verh. K. vlaam. Acad. Wet. Belg., Kl. Wet. **10**, 416 (1948).

der Kollagenfasern, Verlust der Glykoproteide) identisch mit den durch Relaxin verursachten. Bei der Maus ist Progesteron nicht wirksam, es hemmt im Gegenteil die Oestrogenwirkung.

ι) Die männlichen Keimdrüsen (Hoden, Testes, glandulae testes)[1–5].

Anatomie[6]. Die Hoden liegen als pflaumengroße, eiförmige bräunliche Drüsen, umschlossen von der tunica vaginalis propria, dem Rest des Peritonealüberzuges, und der derben bindegewebigen tunica albuginea in dem aus einer Haut- und einer Muskelschicht gebildeten Hodensack (Scrotum). Ihr Gewicht beträgt zusammen 60—80 g. Der Hoden ist eine tubuläre Drüse. Die Tubuli, die in Gruppen durch bindegewebige Septen zusammengehalten werden, sind stark gewunden. Sie münden als sog. Tubuli recti in das Rete testis. Von dort führt eine größere Anzahl von Kanälchen in den Nebenhoden und vereinigt sich da zum ductus deferens. Dieser steht mit den Samenblasen und der hinteren Harnröhre in Verbindung. Er mündet in enger Beziehung zu den Ausführungsgängen der Prostata in der hinteren Harnröhre.

Histologie[6]. Im reifen Hoden wird die Wand der Samenkanälchen durch eine mehrfache Lage von Zellen gebildet. An der Basis liegen, abwechselnd mit den zylindrischen SERTOLIschen Zellen, die Stammzellen der Spermien, die Spermatogonien. Gegen das Lumen zu folgt eine mehrfache Schicht von Spermatocyten, die sich durch große helle Kerne, schwach färbbares Protoplasma und Häufigkeit von Mitosen auszeichnen. Ganz im Inneren liegen die Spermatiden, die schon den größten Teil ihres Protoplasmas verloren haben und spindelförmige Kerne besitzen, sowie schließlich die fertigen Samenzellen. Trotz voller Ausbildung ihres Schwanzes sind sie im Hoden unbeweglich. In dem spärlichen Bindegewebe zwischen den Hodenkanälchen liegen die sog. Zwischenzellen (LEYDIGsche Zellen)[7], die mesenchymaler Herkunft sind, in ihrem Aussehen jedoch Epithelzellen ähneln. Ihnen wird die Bildung des männlichen Sexualhormons zugesprochen.

Chemie. Der Hoden ist viel weniger chemisch untersucht als die Ovarien. Vor allem fehlen neuere Arbeiten über die Zusammensetzung menschlicher Testes. Am besten sind Stierhoden erforscht.

An Mineralbestandteilen werden angegeben 0,5% J[8], 0,6—0,9 mg-% Br bei Rind und Pferd[9] und 1 γ-% As, ferner im trockenen Organ 3,3—4,3 mg-% Fe. Pb konnte in gesunden menschlichen Hoden nicht nachgewiesen werden[10].

An sonstigen Bestandteilen werden erwähnt: Kreatin, Adenin, Guanin, Hypoxanthin, Xanthin, Arginin, Histidin, Cholin und Inosit. Unter den Extraktivstoffen fanden sich keine Pyrimidinbasen[11]. Auch das Vorkommen von Monomethylguanidin[12] und Dimethylguanidin[13] wird erwähnt. Methylhydantoin im Extrakt von Stierhoden scheint für die blutdrucksteigernde Wirkung dieser Auszüge verantwortlich zu sein[14]. Auf eine Substanz $(CH_3)_3 \cdot C_6H_{13}N_6O_5$ im Hoden[15] wurde aufmerksam gemacht. Der Spermingehalt der Hoden ist viel geringer als im Sperma. Hoden und Nebenhoden vom Stier waren frei von Fructose[16].

Zusammenfassende Darstellungen: 1—5. [1] s. a. S. 548. — [2] GERHARTZ, H.: Handb. Biochem., Erg.-W. Bd. 2, S. 353—354. — [3] GOLDBERG, M. W.: Die Chemie der männlichen Sexualhormone. Ergebn. Vit.- u. Horm.-Forsch. **1**, 371—418 (1939). — [4] PERITZ, G.: Die männliche Keimdrüse. Handb. Biochem. Bd. 9, S. 366—385. — [5] SAND, K.: Die Physiologie des Hodens. Leipzig 1933.

[6] v. MÖLLENDORFF, Lehrb. Histol. 26. Aufl. S. 3943. — STIEVE, H.: Männliche Geschlechtsorgane. Handb. mikroskop. Anat. (v. MÖLLENDORFF) Bd. 7/2, S. 1—394. — PETER, K., u. L. GRÄPER: Geschlechtsorgane. Handb. Anat. Kind. (PETER u. a.) Bd. 2, S. 42—77. — OBERNDORFER, S.: Handb. path. Anat. Histol. (HENKE-LUBARSCH) Bd. 6/3, S. 427—865. — Handb. vgl. Anat. Haustiere (ELLENBERGER-BAUM) 18. Aufl. — THOREK, M.: The Human Testis. Philadelphia, London 1925. — [7] PATZELT, V.: Das endokrine System und die Zwischenzellen. Wien 1947. Wien. klin. Wschr. **1946**, 269, 337; **1947**, 99. — [8] JUSTUS, J.: Virchows Arch. **170**, 501 (1902); **176**, 1 (1904). — [9] KRIWSKY, J. L.: B. Z. **249**, 288 (1932). — [10] HORIUCHI, K., I. TAKADA and E. TAMORI: Igaku to Seibutsugaku **29**, 188 (1953). [Chem. Abstr. **48**, 2921[c]]. — [11] MORINAKA, K.: H. **124**, 259 (1923). — [12] MÜLLER, H.: Z. Biol. **82**, 573 (1925). — [13] LEIBFREID, L.: H. **139**, 82 (1924). — [14] COLLIP, J. B., and R. SANDIN: Trans. R. Soc. Canada V (3) **22**, 185 (1928). — [15] FRÄNKEL, S., u. G. MONASTERIO: B. Z. **212**, 61 (1929). — [16] BONADONNA, T.: Zootecn. e Veterin. **8**, 250 (1953).

Im Kalbshoden werden 2,4% Gesamtlipoide angegeben, davon die Hälfte Lecithin. In jungen Hoden sollen größere Mengen Lecithin und Kephalin enthalten sein[1].

Eingehende Untersuchungen beschäftigen sich mit den Lipoiden des Stierhodens[2]. Der Gesamtlipoidgehalt war hier 2,0—2,4%. Davon war $^1/_3$ Neutralfett, 41—48% Phosphatide, 16—17% Unverseifbares und 1—3% freie Fettsäuren. Bemerkenswert hoch ist der N-Gehalt der Lipoide (1,5—2,0%). Der P-Gehalt 1,25—1,46% entspricht fast vollständig der Menge der Phosphatide. Die Säurezahl 27,0—35,5 wird hauptsächlich durch die Phosphatide bedingt. Die Gesamtfettsäuren bestehen zu 51—59% aus festen, der Rest aus flüssigen Fettsäuren. Die festen Fettsäuren der Phosphatide enthalten größere Mengen ungesättigter Fettsäuren. Ihrem Molekulargewicht nach entsprechen die Fettsäuren einem Gemisch von C_{16}- und C_{18}-Säuren. Die flüssigen Fettsäuren der Phosphatide haben einen 3—4mal höheren Gehalt an 4fach ungesättigten Säuren als die flüssigen Fettsäuren des Neutralfettes. Dafür ist der Gehalt der letzteren an 3fach ungesättigten Säuren $2^1/_2$mal höher als bei den Phosphatiden. Die Lipoide der Hoden vom Schaf enthielten 15,6% Hexaencarbonsäure und 10,3% Arachidonsäure; auch in Rinder- und Schweinehoden fanden sich reichlich hochungesättigte Fettsäuren[3]. Das Unverseifbare bestand zu 80—92% aus Cholesterin. Daneben finden sich noch höhere Alkohole mit viel niedrigerer Jodzahl. Die Ursache des N-Gehalts des Unverseifbaren wird in geringen Sphingosinmengen vermutet[4]. Beim Stier war die Zusammensetzung der Lipoide des Nebenhodens von dessen Spermiengehalt abhängig[2].

Normaler Hundehoden enthält 87,3% Wasser, 2,03% Neutralfett, 1,66% N sowie in mMol je kg 60,3 Cl, 45,6 Na, 90,9 K, 0,86 Ca und 5,0 Mg[4]. Die Lipoide in Zwischenzellen und Sertoli-Zellen verschwinden nach Hypophysektomie oder Oestrogenbehandlung[5]. Aus den Lipoiden von Rinder- und Schweinehoden konnte D-α-Hexadecylglycerylläther, F 64°, isoliert werden[6]. Hoden von Schaf, Rind und Schwein enthielten 3,24—3,35% Methionin auf das Trockengewicht[7]. In menschlichen Hoden wurden 3,1 mg-% Vitamin C nachgewiesen[8]. Auch in den Zwischenzellen konnte Vitamin C nachgewiesen werden[9]. Von sonstigen Vitaminen werden in γ/g angegeben: Thiamin 0,55, Riboflavin 1,7, Nicotinsäure 8,0, Pantothensäure 2,9, Pyridoxin 0,09, Biotin 0,05 und Inosit 667 für den Menschen[10].

Für die Ratte werden an der gleichen Stelle angegeben: Vitamin C 310, Thiamin 6,9, Riboflavin 3,0, Nicotinsäure 25,2, Pantothensäure 20,0, Pyridoxin 0,31, Biotin 0,07 und Inosit 402 γ/g sowie Folsäure 0,85 E/g. Je g frischer Rattenhoden wurden 38 γ freie und 3 γ konjugierte p-Aminobenzoesäure nachgewiesen[11].

Ein wasserlösliches auf die sekundären Geschlechtscharaktere wirksames oder auf den Hypophysenvorderlappen hemmend wirksames Hormon hat sich in getrockneten Stierhoden nicht nachweisen lassen[12]. Schweinehoden wurden in neuerer Zeit eingehend auf ihren Steroidgehalt untersucht. Neben Testosteron

---

[1] Koch, W., and H. S. Woods.: J. biol. Ch. **1**, 203 (1905/06). — [2] Lustig, B., u. E. Mandler: B. Z. **261**, 132 (1933). — [3] Holman, R. T., and S. I. Greenberg: J. amer. Oil Chem. Soc. **30**, 600 (1953). — [4] Huggins, C., and L. Eichelberger: Cancer Res. **4**, 447 (1944). — [5] Huggins, C., P. Russell and P. V. Moulder: Cancer Res. **6**, 484 (1946). — [6] Prelog, V., L. Ruzicka u. F. Steinmann: Helv. **27**, 674 (1944). — [7] Gonnard, P.: Bull. Soc. Chim. biol. **27**, 77 (1945). — [8] Góth, E., u. I. Littmann: Orv. Lapja Nép. **3**, 518 (1947). — [9] Giroud, A., C. P. Leblond et M. Giroux: Cr. **198**, 850 (1934). — [10] Williams, R. J.: The significance of the vitamin content of tissues. Vitamins & Hormones **1**, 229—247 (1943). — [11] Ugami, S., and S. Nagata: Igaku to Seibutsugaku **9**, 202 (1946) [Chem. Abstr. **47**, 1218 (1953)]. — [12] Rubin, D.: Endocrinology **29**, 281 (1941).

fand man das α- und β-Epimere des Δ^{16}-Androstenol-3 als die einzigen Steroide der C_{19}-Reihe[1]. Sie wurden durch Partialsynthesen in ihrer Konstitution aufgeklärt[2]. Von Fermenten werden Proteasen, Lipasen, Phosphatasen, Arginase und β-Glucosaminase im Hoden angegeben[3]. Der reichliche Hyaluronidasegehalt[4] soll die Spermien befähigen, die Corona radiata des zu befruchtenden Eies zu durchdringen[5]. Eine Zusammenstellung des Hyaluronidasegehaltes des Spermas verschiedener Tiere findet sich bei WALLENFELS[6]. Er ist sehr hoch bei Rind und Kaninchen, hoch bei Ratte und Schaf, niedrig bei Hund und Mensch, fehlend bei Opossum, Pferd, Esel, Huhn, Reptilien und Seeigel.

Die ***Spermatozoen*** bestehen aus dem fast ausschließlich aus Kernmasse gebildeten Kopf, einem Zwischenstück und dem beweglichen Schwanz (s. S. 563).

Die Köpfe der Samenfäden sind sehr widerstandsfähig. Sie lösen sich nicht vollkommen, selbst in konzentrierter Schwefelsäure, Salpetersäure, Essigsäure oder siedender Sodalösung, wohl aber in siedender Lauge. Sie überstehen das Austrocknen und die Fäulnis (mikroskopischer Nachweis von Spermaflecken). Die Köpfe enthalten reichlich Nucleinsäuren, bei Fischen gebunden an Protamine und Histone (s. Bd. 1, S. 709ff.). Fischspermatozoen sind daher ein Ausgangsmaterial für die Erforschung der Nucleinsäuren (s. Bd. 1, S. 822ff.) gewesen[7].

Tabelle 164. Analysen der Fasermasse verschiedener Spermienkerne.

	N	P	Arginin
Regenbogenforelle	19,52	5,65	30,60
Saibling.	19,67	5,73	30,15
Bachforelle . . .	19,67	5,71	30,20
Hering	19,57	5,68	30,77
Salm	20,25	5,39	29,01
Stör	19,72	5,47	23,51

Durch Behandlung von Fischspermien mit destilliertem Wasser gelingt es leicht, die Zellkerne zu isolieren[8]. In ihnen ist das Verhältnis N:P = 3,46—3,55 und das Verhältnis P:Arginin 1:0,94. Letzteres zeigt an, daß nicht alle Phosphorsäurereste der Nucleinsäure durch Argininreste neutralisiert sind. Die Kerne lassen sich in 10%iger NaCl-Lösung auflösen und durch Umfällen reinigen. Analysen der Fasermasse sind in der obenstehenden Tabelle 164 zusammengestellt.

Diese Untersuchungen können somit die von STEDMAN[9], der noch einen zusätzlichen Eiweißkörper in den Kernen annimmt (Chromosomin), und die von MIRSKY[10] und REIS[11], die ein tryptophanhaltiges Protein (Residualchromosom) aufgefunden zu haben glauben, nicht bestätigen.

Die Schwänze enthalten neben Eiweiß (41,9%) reichlich Lecithin (31,8%), Fett (26,3%) und Cholesterin. In den Spermien sind oxydasepositive Granula nachgewiesen. Über Vitalfärbung menschlicher Spermatozoen vgl. [11].

Menschliche Spermien enthalten je g Trockensubstanz 2 mg Zn[12]. Sie enthalten wenig Carboanhydratase[12] und beim Rind reichlich, vorwiegend im

[1] PRELOG, V., u. L. RUZICKA: Helv. **27**, 61 (1944). — [2] PRELOG, V., L. RUZICKA u. P. WIELAND: Helv. **27**, 66 (1944). — [3] SELYE, H.: Textbook of Endocrinology. 2nd. ed. Montreal, Canada 1949. — [4] GIBIAN, H.: Angew. Chem. **63**, 105 (1951). — [5] EICHENBERGER, E.: Z. Vit.-, Horm.-Ferm.-Forsch. **2**, 126 (1948/49). — GREENBERG, B. E., and S. L. GARGILL: Human Fertil. **11**, 1 (1946). — ROTHSCHILD (Lord): Brit. med. J. **1947 II**, 239. — SWYER, G. I. M.: Biochem. J. **41**, 409 (1947). — WERTHESSEN, N. T., S. BERMAN, B. E. GREENBERG and S. L. GARGILL: J. Urol., Baltimore **54**, 565 (1945). — [6] WALLENFELS, K.: Angew. Chem. **63**, 218 (1951). — [7] MIESCHER, F.: A. e. P. P. **37**, 100 (1896). — MATHEWS, A.: H. **23**, 399 (1897). — STEUDEL, H.: H. **83**, 72 (1913). — [8] FELIX, K.: Exper. **8**, 312 (1952). — [9] STEDMAN, EDGAR, and ELLEN STEDMAN: Nature **152**, 267 (1943). Symp. Soc. exp. Biol. **1**, 232 (1947). — [10] MIRSKY, A. E., and H. RIS: J. gen. Physiol. **31**, 1 (1947). — [11] CROOKE, A. C, and A. M. MANDL: Nature **159**, 749 (1947). — [12] MAWSON, C. A., and M. I. FISCHER: Biochem. J. **55**, 696 (1953).

Schwanzteil, Apyrase[1]. Ein säurefestes Lipoid war in menschlichen Spermien auffindbar[2]. Kataphoretisch wandern sie zur Anode[3]. Im wasser- und lipoidfreien Anteil von Rinderspermatozoen wurden nachgewiesen: 16,7% Gesamt-N, 1,1% Asche und 2,3% Gesamt-P. An Aminosäuren fanden sich 15,0% Arginin, 5,0% Asparaginsäure, 2,8% Cystin, 6,4% Glutaminsäure, 3,6% Glykokoll, 1,7% Histidin, 2,5% Isoleucin, 4,5% Leucin, 4,4% Lysin, 1,5% Methionin, 2,7% Phenylalanin, 3,1% Prolin, 4,5% Serin, 3,2% Threonin, 1,0% Tryptophan, 4,3% Tyrosin und 3,3% Valin. Die schwefelhaltigen Aminosäuren, Cystin, Cystein, Methionin und Ergothionein scheinen in der Haut des Kopf- und Schwanzteils, die vielleicht eine chitinartige Struktur besitzt, lokalisiert zu sein[4]. Der Gesamtlipoidgehalt der Trockensubstanz war 1,2%[5].

Rinderspermien enthalten in den Köpfen 6—7%, in den Schwanzscheiden 23% Lipoide. 4% P in den Köpfen entsprechen dem Nucleinsäuregehalt. S und Cystein sind in allen Teilen der Rinderspermien gleichmäßig anwesend, N besonders reichlich in den Köpfen als Bestandteil der basischen Proteine. Der Methioningehalt war durchschnittlich 1,92%, in den einzelnen Teilen der Spermien 1,01—3,8%[6]. Als Kohlenhydrate enthielten Meerschweinchenspermien Galaktose, Mannose, Fucose und Ribose. Letztere entstammt den Nucleinsäuren, die 3 ersten scheinen zusammen mit Hexosamin einer oder mehreren Substanzen zu entstammen, die die Perjodsäurereaktion der Acrosomen bedingt[7].

Die Spermien erlangen ihre Beweglichkeit unter dem Einfluß des bei der Ejakulation beigemengten Prostatasekretes[8]. Die Bedeutung der Reaktion des Prostatasekretes, die man für diese Wirkung verantwortlich machte, wurde heftig erörtert[9]. Wahrscheinlich hat jedoch reines Prostata- und Samenblasensekret ein p_H von 7,0—7,4[10]. Die Beweglichkeit von Rattenspermatozoen wird durch Verdünnen des Spermas mit Kochsalzlösung beeinträchtigt. Sie läßt sich durch eine Spur Alkali wieder herstellen[11]. In geeigneten Salzlösungen hält die Beweglichkeit jedoch lange an. Im weiblichen Genitale sollen die Spermien lange Zeit beweglich bleiben, doch scheint ihre Befruchtungsfähigkeit nicht so lange anzuhalten, wie man früher angenommen hat. Die Beweglichkeit wird durch Säuren, aber auch auffallend stark durch LiCl, weniger stark durch $BaCl_2$ gehemmt[11].

Aerobe Glykolyse der Spermien läßt sich in den verschiedensten Medien feststellen. Es scheint dabei kein Unterschied zwischen Spermien fruchtbarer und unfruchtbarer Personen zu bestehen[12]. In RINGER-Hydrogencarbonat-Lösung wird im allgemeinen kein O_2 aufgenommen. Die aerobe Milchsäureproduktion beträgt in RINGER-Glucose-Lösung 80% der anaeroben. Sie sinkt rasch ab, während die anaerobe Glykolyse lange überdauert. Anaerob bleibt die Beweglichkeit der Spermien auch länger erhalten als aerob[13]. Sie wird durch SH-Gruppen gefördert, durch $Cu^{\cdot\cdot}$ und H_2O_2 gehemmt. Bei Fehlen von Zucker werden Phosphatide, wie Eilecithin, Phosphatide aus Rattenleber, Lecithin aus Sojabohnen und Kephalin

[1] NELSON, L.: Biochim. biophysica Acta, N. Y. **14**, 312 (1954). — [2] BERG, J. W.: Arch. Path., Chicago **57**, 115 (1954). — [3] TOMITA, K.: Acta Scholae med. Kioto **9**, 237 (1926). — [4] KIMMIG, J.: 1. Symp. dtsch. Ges. Endokrinol. S. 170 (1955). — [5] PORTER, J. C., S. SHANKMAN and R. M. MELAMPY: Proc. Soc. exp. Biol. Med. **77**, 53 (1951). — [6] ZITTLE, C. A., and R. A. O'DELL: J. biol. Ch. **140**, 899 (1941). — [7] CLERMONT, Y., R. E. GLEGG and C. P. LEBLOND: Exp. Cell Res. **8**, 453 (1955). — [8] STEINACH, E.: Pflügers Arch. **56**, 304 (1894). — [9] PEZZOLI, C.: Wien. klin. Wschr. **1902 I**, 697. — FINGER, E., u. M. SAENGER: Die Pathologie und Therapie der Sterilität beider Geschlechter. Teil 1. Leipzig 1898. — LOHNSTEIN, H.: D. m. W. **1900 II**, 841. — MUSCHAT, M.: J. Urol., Baltimore **15**, 593 (1926). — [10] MUSCHAT, M.: J. Urol., Baltimore **15**, 593 (1926). — [11] HIROKAWA, W.: B. Z. **19**, 291 (1909). — [12] ROSS, V., E. G. MILLER jr. and R. KURZROK: Endocrinology **28**, 885 (1941). — [13] MACLEOD, J.: Proc. Soc. exp. Biol. Med. **42**, 153 (1939). — WALLENFELS, K.: Z. angew. Chem. **63**, 218 (1951).

aus Eigelb, oxydativ ausgenützt und dienen der Aufrechterhaltung der Beweglichkeit[1]. Die Glykolyse der Spermien einer Person ist relativ konstant, von Person zu Person wechselt sie jedoch stark. Die Beweglichkeit ist von der Glykolyse unabhängig und auch nicht an die Gegenwart von Sauerstoff gebunden[2]. Menschliche Spermien enthalten kräftig wirkende Phosphatasen, die Adenosintriphosphat, Glucose-6- und -1-phosphat spalten[3]. Sie enthalten weiter die Fermente des Tricarbonsäurecyclus[4], die Cytochrome a, b und c, wahrscheinlich Coenzym A, aber keine Katalase. Weiteres über den Stoffwechsel der Spermatozoen vgl. [5].

Samen[6]. Die als Ejakulat entleerte Samenflüssigkeit, Sperma, setzt sich aus den Sekreten von Prostata (20%), Samenblasen (70%) und den spärlichen Absonderungen des Nebenhodens (10%) zusammen. Sie bildet eine gelblichweiße, fadenziehende Flüssigkeit von neutraler bis schwach alkalischer Reaktion und eigentümlichem Geruch. Der Durchschnitts-p_H von 100 unfruchtbaren Samen war $7{,}35 \pm 0{,}019$ (s. [7]). Die Kationenzusammensetzung des menschlichen Spermas ähnelt der des Blutes: Cl 42,8, PO_4 23,8 mMol/*l*[8]. Kurz nach der Entleerung erstarrt die Samenflüssigkeit zu einer Gallerte, die bald darauf wiederum verflüssigt wird. Diese „Gerinnung" kommt durch das Zusammentreffen der Sekrete von Prostata und Samenblasen zustande, wobei einem in dem ersteren enthaltenen Ferment, „Vesiculase", eine wesentliche Rolle zugesprochen wird[9].

Über die Zusammensetzung menschlichen Spermas liegt eine Reihe von Angaben vor.

So wird ein Gehalt von 5,3% Trockensubstanz und 0,88% Asche berichtet[10]. In der letzteren wurden gefunden: 9,3% Na, 0,27% K, 2,14% Mg, 1,91% Ca, 2,74% Si, 17,2% Cl, 3,17% S und 9,83% P. Es wurden jedoch auch etwas abweichende Angaben gemacht[11]. Danach hat das Sperma ein spezifisches Gewicht von 1,030 und 9,68% Trockenrückstand, sowie 90,32% Wasser. Im frischen Sperma wurden weiter gefunden: 0,90% Salze, 8,78% organische Substanz, 0,17% Ätherextrakt, 6,11% in Wasser und Alkohol lösliches sowie 1,39% hitzecoagulables Eiweiß, 0,41% in heißem Wasser lösliches Eiweiß (Albumosen), 0,20% Nucleine und Spuren von Albumin und Mucin. Elektrophorese menschlichen Samenplasmas lieferte 6 Banden, die den Serumglobulinen ähnelten. Glykoproteide fanden sich in der Mittelfraktion, Lipoproteide waren nicht nachweisbar, Fructose befand sich in der unbeweglichen Fraktion[12]. Eine weitere Analyse gibt 8% Trockenrückstand und 1,64% Eiweißgehalt an, außerdem 365 mg-% Gesamt-N, 174 mg-% Rest-N, 50 mg-% Harnstoff-N, 23 mg-% Amino-N, 2,6 mg-% Harnsäure, 5,5 mg-% Kreatinin, 231 mg-% NaCl, 66 mg-% Ca, 95 mg-% anorganischen P, 62 mg-% hydrolysierbaren P, 5,1 mg-% Lipoid-P, 132 mg-% Lecithin, 66 mg-% Fettsäuren, 55 mg-% Cholesterin und 136 mg-% Zucker. Von anderer Seite wird für ganz frisches menschliches Sperma nur

---

[1] LARDY, H. A., and P. H. PHILLIPS: J. biol. Ch. **140**, P 74 (1941). — [2] MACLEOD, J.: Amer. J. Physiol. **132**, 193 (1941). — [3] MACLEOD, J., and W. H. SUMMERSON: J. biol. Ch. **165**, 533 (1946). — [4] LARDY, H. A., and P. H. PHILLIPS: Nature **153**, 168 (1944). Arch. Biochem. **6**, 53 (1945). — [5] REDENZ, E.: B. Z. **257**, 234 (1933). — [6] JOËL, C. A.: Studien am menschlichen Sperma. Basel 1942. — POLLAK, O. J.: Semen and Seminal Stains. Methods in Medicolegal Investigations. Chicago 1943. — MANN, T., and C. LUTWAK-MANN: Physiol. Rev. **31**, 27 (1951). — KIMMIG, J.: 1. Symp. dtsch. Ges. Endokrinol. S. 171 (1955). — MANN, T.: Recent Progr. Hormone Res. **12**, 353 (1956), im Druck. — [7] GIAZOLA, A., e C. BALLERIO: Ann. Ostet. Ginec. **75**, 1060 (1953). — [8] LUNDQUIST, F.: Acta physiol. scand. **19**, Suppl. **66** (1949). — [9] CAMUS, L., et E. GLEY: C. R. Soc. Biol. **84**, 250 (1921). — [10] ALBU, A.: Z. exp. Path. Therap. **5**, 17 (1918). — [11] SLOWTZOFF, B.: H. **35**, 358 (1902). — [12] SCHNEIDER, W., H. NOWAKOWSKI u. K.-D. VOIGT: Kli. Wo. **1954**, 863.

10 mg-% anorganischer P angegeben, der jedoch schon in den ersten 10 min nach der Entleerung durch die Einwirkung der Samenblasenphosphatase auf 100 mg-% zunimmt. Dabei wird vermutlich Cholinphosphorsäure zersetzt[1]. Reichlich Cholinphosphorsäure und bis zu 0,5% Citronensäure waren im menschlichen Sperma nachzuweisen[2]. Für das Prostatasekret wird ein Gehalt von 2500 mg-% Citrat und von 1 Mol Calcium auf 5 Mol Citronensäure angegeben[3].

Im Filtrat nach Enteiweißung menschlichen Samens waren folgende Aminosäuren aufzufinden: Serin, Glycin, Threonin, Alanin, Tyrosin, Valin, Isoleucin, Leucin, Phenylalanin, Lysin, Arginin, Asparaginsäure und Glutaminsäure. Bebrütung des Spermas erhöhte den Aminosäuregehalt kaum[4]. Die Aminosäurezusammensetzung von Rindersperma und -samenplasma vgl. Tabelle 165. 90% des N-Gehalts des Rindersamenplasmas entsprachen den darin enthaltenen Proteinen. 76% Proteine sind hitzefällbar. Elektrophoretisch lassen sich 3 Haupt- und 8 Nebenkomponenten unterscheiden. Glyko- und Lipoproteide waren höchstens in Spuren anwesend[6].

Tabelle 165. Aminosäuregehalt von Rindersperma und -samenplasma in % der organischen Substanz[5].

	Sperma	Samenplasma
Arginin . . .	25,47	7,91
Histidin . . .	2,54	2,13
Lysin	5,08	4,86
Tryptophan .	1,59	2,63
Phenylalanin	3,81	3,42
Methionin . .	1,81	1,61
Threonin . .	3,78	3,20
Leucin . . .	5,20	3,81
Isoleucin . .	3,42	2,79
Valin	3,73	3,11
Glutaminsäure	8,33	7,75
N	17,61	12,05

Säugetiersamen enthält Fructose, die den Samenzellen als natürliche Energiequelle dient. Sie entstammt im wesentlichen der Sekretion der Samenblasen, wo sie unter dem Einfluß des männlichen Keimdrüsenhormons gebildet wird[7]; nach Kastration sinken die Werte stark ab. Menschlicher Samen enthielt 200—800 mg-% Fructose. Beim Hypogenitalen waren die Werte erniedrigt[8]. Beim Stier wurden bis 1 mg-%, im Ejakulat des Kaninchens 0,165—2,3 mg Fructose gefunden[9]. Außerdem fanden sich 510—1100 mg-% Citronensäure (beim Widder neben reichlich Fructose 110—550 mg-% Citronensäure), während Hundesamen frei von Fructose gefunden wurde[10]. Milchsäure, Brenztraubensäure, Phosphorylcholin und Fructose verschwinden nach Kastration aus Rindersperma und erscheinen nach Testosteronbehandlung wieder[11]. Auch Glycerophosphorylcholin konnte im Sperma nachgewiesen werden[12]. Der Zuckergehalt frischen Stierspermas (470 $\pm$ 11,7 mg-%) sinkt bei Lagerung bei $+10°$ in 24 Std um 23,8 $\pm$ 1,76 % ab[13].

S. 569 wird der Gehalt des Samenplasmas einiger Species an Fructose und Citronensäure wiedergegeben (vgl. Tabelle 166).

Die Verteilung der Fructose in verschiedenen Teilen des Genitaltraktes gibt Tabelle 167 wieder.

Die Enzymausstattung der Spermien erlaubt es ihnen, außer Fructose, die auf dem normalen Weg anaerob abgebaut wird, auch Glucose und Mannose zu ver-

[1] Lundquist, F.: Nature 158, 710 (1946). — [2] Lundquist, F.: Acta physiol. scand. 14, 263 (1947). — [3] Lundquist, F.: Acta physiol. scand. 19, Suppl. 66 (1949). — [4] Jacobsson, L.: Acta physiol. scand. 20, 88 (1950). — [5] Sakar, B. C. R., R. W. Luecke and C. W. Duncan: J. biol. Ch. 171, 463 (1947). — [6] Larson, B. L., and G. W. Salisbury: J. biol. Ch. 206, 741 (1954). — [7] Mann, T., and U. Parsons: Nature 160, 294 (1947). — [8] Landau, R. L., and R. Loughead: J. clin. Endocrinol. 11, 1411 (1951). — [9] Mann, T.: Nature 157, 79 (1946). — [10] Humphrey, G. F., and T. Mann: Nature 161, 352 (1948). — [11] Humphrey, G. F., and T. Mann: Biochem. J. 44, 97 (1949). — [12] Diament, M.: Cr. 238, 1674 (1954). — Lundquist, F.: Nature 172, 587 (1953). — [13] Anderson, J.: J. agric. Sci. 36, 260 (1946).

werten[1,2]. Das Sperma besitzt ausgesprochen reduzierende Eigenschaften. 12% des Reduktionswertes sind durch SH-Gruppen der Spermien erklärbar, je 18% durch den Ascorbinsäure- und Sulfitgehalt[3]. Im Samen des Ebers fand sich Ergothionein[4]. An Vitaminen wurden im Stiersamen 0,89 Thiamin, 2,09 Riboflavin, 3,71 Pantothensäure sowie 3,63 γ/cm^3 Nicotinsäure nachgewiesen[5].

Seine milchige Beschaffenheit verdankt das Sperma dem in Form feiner Kügelchen enthaltenen Lecithin, das dem Prostatasekret entstammt. Aus der gleichen Quelle kommen auch die Corpora amylacea, kugelförmige, stark lichtbrechende Gebilde, die sich mit Jodlösung braun färben. Auch Ausfällungen von Cholesterin und Calciumphosphat, ebenfalls aus dem Prostatasekret, sind zu beobachten[6].

Sperma, wäßrige Extrakte aus Spermaflecken und auch das Sekret der Vorsteherdrüse geben mit Jodjodkaliumlösung charakteristische krystalline Niederschläge (FLORENCEsche Reaktion, forensischer Nachweis)[7]. Die Reaktion ist wahrscheinlich auf das Spermin (s. Bd. **1**, S. 795) zurückzuführen. Auch mit Pikrinsäure lassen sich krystalline Niederschläge hervorrufen (Reaktion von BARBIERO)[8].

Tabelle 166. Gehalt des Samenplasmas an Fructose und Citronensäure (mg-%).

	Fructose	Citronensäure
Stier	513	1000
	779	
	1040	
Widder	565	110
	191	260
	340	
	268	
	285	
	466	
Kaninchen . .	515	110
	318	550
	515	
Eber	9	130
Mensch	100	
	120	
	204	
Hengst		60

Die im ***Prostatasekret*** und in Samenflüssigkeit natürlicherweise vorkommenden „BÖTTCHERschen Krystalle" sind Sperminphosphat (s. Bd. **1**, S. 795). Eine mit Goldchlorid erhältliche Krystallfällung wird auf Cholin bezogen[9]. Dem Amylasegehalt des Prostatasekretes wird eine gewisse Bedeutung für die Beweglichkeit der Spermien zugesprochen[10].

Tabelle 167. Verteilung der Fructose im Genitaltrakt (mg-%).

	Stier	Widder	Ratte	Kaninchen	Katze
Hoden	3	1	1	1	1
Nebenhoden	3	3	1	1	4
Prostata	5	8	10	230	35
Samenblasen	480	160	10		
Samenblasenflüssigkeit	840	560			
Ductus deferens Ampulle				12	
Utriculus masculinus				0	
COWPERsche Drüsen				Spur	

[1] HUMPHREY, G. F., and T. MANN: Biochem. J. **44**, 97 1949). — [2] MANN, T.: Biochem. J. **40**, 481 (1946). — MANN, T., and C. LUTWAK-MANN: Physiol. Rev. **31**, 27 (1951). — [3] LARSON, B. L., and G. W. SALISBURY: J. biol. Ch. **201**, 601 (1953). — [4] MANN, T., and E. LEONE: Biochem. J. **53**, 140 (1953). — [5] DEMARK, N. L. VAN, and G. W. SALISBURY: J. biol. Ch. **156**, 289 (1944). — [6] HUGGINS, C., and R. S. BEAR: J. Urol., Baltimore **51**, 37 (1944). — [7] POSNER, C.: Berlin. klin. Wschr. **1897 I**, 602. — [8] BAECCHI, B.: Arch. Farmacol. sperim. **14**, 527 (1913). — [9] DOMINICIS, A. DE: Vjschr. gerichtl. Med. **44**, 294 (1912). — [10] KARASSIK, W. M.: Z. ges. exp. Med. **53**, 734 (1927).

Im cm^3 Samen von Mensch, Stier und Ziegenbock wurden 1—2 γ Adrenalin[1], im menschlichen Samen geringe Mengen Noradrenalin[2] aufgefunden. Ein Liter menschlicher Samen enthielt 60 γ Oestron, 10 γ Oestradiol und 30 γ Oestriol in freier Form[3]. Das Vorkommen von Androgen und 17-Ketosteroiden wird diskutiert[4].

Über die Zusammensetzung der ***Prostata*** (glandula prostatica, Vorsteherdrüse), die als glattes, kastanienförmiges Gebilde die hintere Harnröhre umgreift, liegen nur wenige Angaben vor. Partiell gereinigte Extrakte aus menschlicher Prostata geben bei der Elektrophorese 3 Banden. Eine davon, isoelektrischer Punkt p_H 4,5, entsprach der sauren Phosphatase[5].

Der Spermingehalt ist hoch[6], 100 mg-%. Neben reichlich Lecithin, das in Granulaform in den Drüsenzellen nachgewiesen werden kann[7], fand sich auch Cholesterin bis zu 800 mg-%[8]. Bei Rind, Schaf und Schwein enthält die Prostata 2,5% Methionin auf das Trockengewicht[9]. Trockene menschliche Prostata enthielt 860 γ Zn je g[10]. Die Enzymsysteme zur Citronensäuresynthese wurden in der Rattenprostata nachgewiesen[11]. Die sog. Prostatasteine[12] bestehen aus Ca- und Mg-Phosphat und enthalten außerdem 7% Cholesterin, 2,3% Citrat und 8% Protein. Die Corpora amylacea der Prostata gehen aus desquamierten Epithelien hervor[13]. Prostataextrakten wird eine Reihe von physiologischen Wirkungen zugeschrieben, ohne daß bisher der Beweis einer inneren Sekretion der Prostata eindeutig erbracht werden konnte. So konnten Tonisierung der Blase und Blutdrucksenkung[14], beim Hund N-Umsatzsteigerung und Diurese[15], beim Kaninchen negative N-Bilanz[16] beschrieben werden. Bei der Ratte bewirkten Prostataextrakte Erregung von Uterus, Blase, Ureter, Samenleiter und Samenblasen[17]. Bei Kaulquappen wurde bei Verfütterung von Prostata Metamorphosebeschleunigung gesehen[18], aber für unspezifisch gehalten[19].

Bei Beschäftigung mit der Harnphosphatase[20] wurde man auf auffällige, mit den Mahlzeiten zusammenhängende Schwankungen des Phosphatasegehaltes aufmerksam[21]. Die Untersuchungen führten zur Aufdeckung der Prostata als Quelle der Schwankungen des Fermentgehaltes. Prostatasekret und besonders die Drüse selbst sind außerordentlich stark wirksam. Die Aufarbeitung menschlicher Prostata durch Extraktion, Elektrodialyse, Aussalzen mit Ammonsulfathalbsättigung und Silberfällung führt zu Fermentpräparaten von außerordentlich hohem Reinheitsgrad[22] (s. a. Bd. 1, S. 1093). Schließlich konnte die saure Prostataphosphatase als Metallproteid identifiziert werden[23]. Sie stellt ein

[1] Brochart, M.: C. R. Soc. Biol. **142**, 646 (1948). — [2] Beauvallet, M., et M. Brochart: C. R. Soc. Biol. **143**, 237 (1949). — [3] Diczfalusy, E.: Acta endocrinol., København **15**, 317 (1954). — [4] Dirscherl, W.: 1. Symp. dtsch. Ges. Endokrinol. S. 180 (1955). — Dirscherl, W., u. H. Breuer: Acta endocrinol., København **16**, 248 (1954); **19**, 30 (1955). — [5] Derow, M. A., and M. M. Davison: Science, N. Y. **118**, 247 (1953). — [6] Harrison, G. A.: Biochem. J. **27**, 1152 (1933). — [7] Plenge, C.: Virchows Arch. **253**, 665 (1924). — [8] Swyer, G. I. M., and S. Zuckerman: J. Anat. **75**, 368 (1941). — [9] Gonnard, P.: Bull. Soc. Chim. biol. **27**, 77 (1945). — [10] Mawson, C. A., and M. I. Fischer: Biochem. J. **55**, 696 (1953). — [11] Williams-Ashman, H. G., and J. Banks: J. biol. Ch. **208**, 121 (1954). — [12] Huggins, C., and R. S. Bear: J. Urol., Baltimore **51**, 37 (1944). — [13] Moore, R. A.: Arch. Path., Chicago **22**, 24 (1936). — Moore, R. A., and R. F. Hanzel: Arch. Path., Chicago **22**, 41 (1936). — [14] Dubois, C., et L. Boulet: C. R. Soc. Biol. **82**, 1054 (1919). — [15] Bogoslavskii, G., et V. Korenchevskii: C. R. Soc. Biol. **83**, 718 (1920). — [16] Korenchevsky, V.: Biochem. J. **22**, 482 (1928). — Korenchevsky, V., and M. Schultess-Young: Biochem. J. **22**, 491 (1928). — [17] Macht, D. J., and S. Matsumoto: J. Urol., Baltimore **4**, 255 (1920). — [18] Macht, D. J.: J. Urol., Baltimore **4**, 115 (1920). — [19] Rogoff, J. M., and W. Rosenberg: J. Pharmacol. exp. Therap. **19**, 353 (1922). — [20] Demuth, F.: B. Z. **159**, 415 (1925). — [21] Kutscher, W., u. H. Wolbergs: H. **236**, 237 (1935). — [22] Kutscher, W., u. A. Wörner: H. **239**, 109 (1936). — Kutscher, W., u. J. Pany: H. **255**, 169 (1938). — [23] Herbert, F. K.: Biochem. J. **39**, IV (1945).

sekundäres Geschlechtsmerkmal dar. Der Phosphatasegehalt nimmt im Lauf der sexuellen Entwicklung zu[1], er wird durch Androgenbehandlung erhöht[2]. Durch Mg^{++} und Mn^{++} wird die Wirksamkeit dialysierter Fermentlösungen gesteigert, die Fluoridhemmung wird durch Mn^{++} verstärkt[3].

Das Prostatasekret[4], dessen Menge in der Ruhe aus der Ausscheidung saurer Phosphatase (613 E je Tag) auf 0,5—2,0 cm³ je Tag geschätzt wird[5], wird unter dem Einfluß des männlichen Geschlechtshormons gebildet. Die Sekretion wird durch sexuelle Erregung oder durch parasympathische Reizung (Pilocarpin) stark erhöht.

Über die chemische Zusammensetzung des Ruhesekretes der menschlichen Prostata und der beim Hund durch Pilocarpininjektion ausgelösten vermehrten Sekretion orientiert die nachstehende Tabelle 168.

Tabelle 168. Zusammensetzung des Prostatasekrets.

	Mensch, Ruhesekretion	Hund, Sekretion nach Pilocarpin
p_H	6,3—6,45[6]	5,29—6,16[7]
Je *l* Flüssigkeit:		
Wasser, g	927—936[6]	981±3[7]
Na, mÄq	149—158[6]	159±2,6[7]
K, mÄq	28,7—61,4[6]	5,1±0,2[7]
Ca, mÄq	28,7—32,7[6]	0,3[7]
Cl, mÄq	34,8—46,1[8]	160±2,7[7]
P, säurelöslich, mÄq	0,65—1,77[8]	Spur[7]
CO_2, mÄq	3,1—5,4[6]	0,8—0,9[7]
Je 100 cm³ Flüssigkeit:		
Gesamt-N, mg	295—511[6]	154[7]
Rest-N, mg	30—90[6]	22[7]
Gesamtprotein-N, mg	246—264[6]	
Glucose, mg	Spur—16,4[8]	0—30[7]
Ascorbinsäure, mg	0,54[9]	0,76[9]
Citronensäure, g	0,48—2,68[10,11]	0,0026[10]
Saure Phosphatase, KING-ARMSTRONG-Einh.	255—1727[9]	3—286[9]
Alkalische Phosphatase		0—106[9]
Gesamtlipoide, mg	286[12]	
Cholesterin, mg	62—105[12]	
	86—618	130—210[13]
Spez. Gew.	1,022[13]	1,005—1,008[9]

[1] GUTMAN, A. B., and E. B. GUTMAN: Proc. Soc. exp. Biol. Med. **39**, 529 (1938). — [2] GUTMAN, A. B., and E. B. GUTMAN: Proc. Soc. exp. Biol. Med. **41**, 277 (1939). — [3] OHLMEYER, P.: Naturwiss. **30**, 508 (1942). — [4] HUGGINS, C.: The physiology of the prostate gland. Physiol. Rev. **25**, 281—295 (1945). — GEISSENDÖRFER, R.: Prostata, Geschlechtshormone und Genese der sogenannten Prostatahypertrophie. Leipzig 1940. — TÖRNBLOM, N.: Innere Sekretion des Keimgewebes der Hoden und Prostatahypertrophie. Upsala 1942 [Vitamine u. Hormone **3**, 353 (1943)]. — [5] SCOTT, W. W., and C. HUGGINS: Endocrinology **30**, 107 (1942). — [6] HUGGINS, C., W. W. SCOTT and J. H. HEINEN: Amer. J. Physiol. **136**, 467 (1942). — [7] HUGGINS, C., M. H. MASINA, L. EICHELBERGER and J. D. WHARTON: J. exp. Med. **70**, 543 (1939). — [8] HUGGINS, C. B., and A. A. JOHNSON: Amer. J. Physiol. **103**, 574 (1933). — [9] BERG, O. C., C. HUGGINS and C. V. HODGES: Amer. J. Physiol. **133**, 82 (1941). — [10] HUGGINS, C., and W. NEAL: J. exp. Med. **76**, 527 (1942). — [11] SCHERSTÉN, B.: Skand. Arch. Physiol. Suppl. **9**, 144 (1936). — [12] SCOTT, W. W.: J. Urol., Baltimore **53**, 712 (1945). — [13] MOORE, R. A., M. L. MILLER and A. MCLELLAN: J. Urol., Baltimore **46**, 132 (1941).

An Fermenten werden außer den Phosphatasen im Prostatasekret noch angegeben: Fibrinolysin[1], Fibrinogenase bei Mensch und Hund[2], Thrombokinase[2], Amylase[3], Vesiculase (beim Meerschweinchen[4]) und Diaminooxydase[5].

Die ***Samenblasen*** (vesicae seminales) liegen als kleine, mehrfach eingeschnürte, bläschenförmige Gebilde an der Hinterwand der Blase zwischen dieser und dem Rectum. Sie besitzen ein zylindrisches, sezernierendes Drüsenepithel. Außer den schon vorstehend beschriebenen vereinzelten Befunden liegen über sie selbst keine Beobachtungen vor. Das Sekret präsentiert sich als fadenziehende, grauweiße, von streifig-wolkigen Trübungen durchsetzte Masse. Vesiglandin ist ein blutdrucksenkender Stoff aus Samenblasen (s. S. 577). Die Samenblasenflüssigkeit des Ebers zeigt die in der nebenstehenden Tabelle 169 wiedergegebene Zusammensetzung[6].

Tabelle 169. Zusammensetzung der Samenblasenflüssigkeit des Ebers.

Trockenrückstand	15%
Mesoinosit	2—3%
Asche	0,42%
Fructose	13—130 mg-%
Citronensäure	137—1001 mg-%
Ergothionein	81—106 mg-%
Säurelöslicher P	24—38 mg-%
Dialysabler P	39,3 mg-%
Anorganisches Phosphat	4,0 mg-%
Gesamt-P	34,0 mg-%
Gesamt-S	340,0 mg-%
Anorganisches Sulfat	5,0 mg-%
NaCl	fehlt
Na	69 mg-%
K	215 mg-%
Ca	12 mg-%
Cl	12 mg-%
Glucose	3 mg-%
Glucosamin	85 mg-%
Milchsäure	21 mg-%
Total-N	1540 mg-%
Rest-N	50 mg-%

Folgen der Kastration[7]. Die Entfernung der Keimdrüsen, Kastration, führt wie bei der Frau zum Verlust der Zeugungsfähigkeit und bei Tier und Mensch, wenn sie vor der Pubertät ausgeführt wird, zum Ausbleiben der sexuellen Reife. Die sekundären Geschlechtscharaktere, Behaarungstyp, Bart-, Achsel-, Scham- und sonstige Körperbehaarung, männliche Form des Skelets, Verknöcherung des Kehlkopfs (Stimmwechsel) und das normale psychosexuelle Verhalten kommen nicht zur Entwicklung. Auch beim Mann bewirkt die Frühkastration Hochwuchs, von dem besonders die distalen Abschnitte der Extremitäten betroffen werden. Die Unterlängen überwiegen also die Oberlängen. Der Epiphysenschluß ist verzögert. Mit zunehmendem Alter entwickelt sich Neigung zur Verfettung. Das Genitale und seine Anhangsgebilde bleiben infantil. Die Psyche bleibt nicht infantil, sondern nimmt einen neutralen, indifferenten Charakter an. Das Triebleben kommt nicht zur Entwicklung, und in der Gefühlssphäre treten allerhand Störungen auf, während die Intelligenz nicht zu leiden pflegt. Die Kastration nach dem Eintritt der Geschlechtsreife läßt natürlich die Wachstumsstörungen vermissen. Die Genitalien atrophieren jedoch mitsamt ihren Anhangsdrüsen im Lauf einiger Monate, und auch die sekundären Geschlechtscharaktere bilden sich mehr oder weniger vollständig und rasch zurück. Libido und Potentia coeundi können längere Zeit erhalten bleiben, lassen aber mindestens in ihrer Intensität erheblich nach, wenn

[1] Tillett, W. S., and R. L. Garner: J. exp. Med. **58**, 485 (1933). — [2] Huggins, C., and V. C. Vail: Amer. J. Physiol. **139**, 129 (1943). — [3] Karassik, W. M.: Z. ges. exp. Med. **53**, 734 (1927). — [4] Camus, L., et E. Gley: C. R. Soc. Biol. **48**, 787 (1896); **49**, 787 (1897). — [5] Zeller, E. A.: Adv. Enzymol. **2**, 93 (1942). — [6] Mann, T.: Proc. R. Soc. London (B) **142**, 21 (1954). — [7] McCullagh, E. P.: Sex hormone deficiencies. Some clinical considerations. Recent Progr. Hormone Res. **2**, 295—344 (1948).

sie nicht gänzlich schwinden. Änderungen im psychischen Verhalten treten meist auch beim Spätkastraten ein.

Über die Geschichte, Isolierung, Eigenschaften, Darstellung, Synthese und Biologie der Hodenhormone s. Bd. **1**, S. 437ff.

Physiologie. Der Hoden ist mit seiner inneren Sekretion für die normale Reife des männlichen Organismus verantwortlich. Wie das Ovar, wird auch er von der Hypophyse gesteuert. Von ihr geht durch vermehrte Ausschüttung des Interstitialzellen-stimulierenden Hormons der Impuls aus, der zur Zeit der Pubertät im 12. bis 16. Lebensjahr die Entwicklung der männlichen sekundären Geschlechtsmerkmale einleitet. Vermehrte Sekretion des follikelstimulierenden Hormons führt schließlich zum Einsetzen der Spermiogenese und zum Eintritt der Zeugungsfähigkeit. Es scheint, daß auch ICSH allein auf dem Wege über Testosteronproduktion der Zwischenzellen zur Spermiogenese führen kann. Ob auch dem Prolactin eine Rolle bei der Ausbildung der männlichen Sexualität zukommt, ist noch unklar. Es ist auch beim Manne nicht bekannt, welcher Reiz die Hypophyse veranlaßt, ihre Sekretion beim Eintritt der Geschlechtsreife umzustellen. Im Gegensatz zur Frau bleibt beim Manne die Zeugungsfähigkeit bis ins hohe Alter erhalten. Das Klimakterium virile beschränkt sich demnach normalerweise auf ein Nachlassen der sexuellen und meist auch der physischen und psychischen Leistungsfähigkeit, oft verbunden mit ähnlichen psychischen und vegetativen Störungen wie bei der Frau. Cyclische Schwankungen der Sexualität wie bei der Frau sind beim Manne unbekannt. Bei den periodisch brünstigen Tierarten kommen derartige Schwankungen jedoch vor, und die innere Sekretion der Hoden spielt dabei eine wesentliche Rolle.

Pathologie[1]. Hypofunktion der Hoden, Eunuchoidismus, führt je nach dem Ausmaß der Schädigung in stärkerem oder geringerem Grade zu den als Kastrationsfolgen beschriebenen Erscheinungen. Als Späteunuchoidismus werden jene Fälle bezeichnet, bei denen die Schädigung der Keimdrüsen mit oder nach Eintritt der Geschlechtsreife einsetzt. Durch sekundäre Beeinflussungen anderer Hormondrüsen kann es auch beim Manne zu Nebenerscheinungen nach Art der klimakterischen Beschwerden der Frau kommen. Erinnert sei daran, daß bestimmte Hypophysenerkrankungen mit Beeinträchtigung der Keimdrüsen einhergehen (vgl. S. 451). Pathologisch frühzeitiger Eintritt der Geschlechtsreife (Pubertas praecox) kann auch beim Mann neben anderen Ursachen (zentralnervös durch Hirn- und Zirbeldrüsentumoren, durch Nebennierenrindentumoren) auch durch vermehrte Androgenbildung bei Hodentumoren ausgelöst werden. Einzelne Hodentumoren (Dysgerminome, Chorionepitheliome) verursachen gelegentlich eine gewisse Femininisierung (Gynäkomastie) durch Sekretion von Follikelhormon.

ϰ) Speicheldrüsenhormon, Parotin[2].

Aus der Parotis des Rindes konnte ein Protein isoliert werden, das den Blutkalk senkte und die Kalkablagerung in Zähnen und Knochen förderte[3]. Es wurde als *Parotin* bezeichnet[4]. Es kann qualitativ an den Schneidezähnen der Ratte[5] und quantitativ an der Blutcalciumsenkung des Kaninchens nach subcutaner Injektion[6] ausgewertet werden. Die Senkung der Serumeiweißkörper,

---

[1] Lehrb. inn. Med. (Assmann u. a.) 6./7. Aufl. Bd. 2, S. 286. — [2] Ito, Y.: Endocrinol. jap. **1**, 1 (1954). — [3] Ogata, T.: Tetsumon **5**, 2 (1943). Igakusoho **1**, 301 (1946) [zit. nach [2]]. — [4] Ogata, A., Y. Ito, Y. Nosaki, S. Okabe, T. Ogata and Z. Ishii: Igaku to Seibutsugaku **5**, 253 (1944). — Ogata, A., Y. Ito, Y. Nosaki and S. Okabe: J. pharmaceut. Soc. Jap. **64**, 114 (1944). — [5] Ishii, Z.: J. Path. Jap. **3**, 103 (1945) [zit. nach [2]]. — [6] Ogata, A., and Y. Ito: J. pharmaceut. Soc. Jap. **64**, 332 (1944).

die an normalen oder an Tieren nach Exstirpation der Speicheldrüsen durch den Stoff ausgelöst wird[1], oder die Steigerung der Leukocytenzahlen[2] scheinen für Auswertungszwecke verwendbar zu sein.

Das aktive Protein kann aus den Speicheldrüsen von Rindern leicht bei p_H 8 mit Wasser extrahiert und beim isoelektrischen Punkt ($\sim p_H$ 5,4) niedergeschlagen werden. Aus diesem Rohparotin kann durch Isolierung der zwischen 7 und 25% Ammonsulfat aussalzbaren Fraktion und wiederholte Fällung dieser Fraktion mit 15 und 12% Ammonsulfat ein krystallines elektrophoretisch einheitliches Protein erhalten werden. Nach seinen physikalischen Eigenschaften kommt ihm ein Mol.Gew. von 800000 zu, $[\alpha]_D^{23} = -85{,}7$ bei p_H 7,8, isoelektrischer Punkt p_H 5,7. Längsachse 634 Å, kurze Achse 57,6 Å. Absorptionsmaximum bei 277 mμ s.[3]. Die Elementaranalyse ergab C 50,84, H 7,31, N 14,53%. Ein 92%iges Parotin enthielt folgende Aminosäuren: Glycin, Alanin, Valin, Leucin, Phenylalanin, 3,64% Tyrosin, Asparaginsäure, Glutaminsäure, Lysin, Arginin, Histidin, Cystin, Methionin (2,15%), Serin, Threonin, Prolin und 1,09% Tryptophan. Der Zucker-(vermutlich Mannose-)Gehalt war 0,73%. Behandlung mit Keten, HNO_2, Formaldehyd oder Jodierung bei neutraler Reaktion hebt die Wirksamkeit auf, Reduktion mit Thioglykolsäure, nicht mit Cystein, inaktiviert ebenfalls[4], Behandlung mit Harnstoff inaktiviert reversibel[5].

Aus Speicheldrüsen vom Pferd wurde mit den gleichen Maßnahmen kein krystallines Produkt erhalten; es unterschied sich im elektrophoretischen Verhalten von dem Präparat aus Rinderdrüsen und war schwächer wirksam[6]. Ein besonders aktives Produkt konnte aus menschlichem Speichel isoliert werden[7]. Ein „Uroparotin" läßt sich durch Benzoesäureadsorption und Ammonsulfatfraktionierung aus menschlichem Harn gewinnen[8]. Aus Submaxillarisdrüsen vom Rind konnte ebenfalls eine parotinähnliche Substanz nach Trennung von einer das anorganische Serumphosphat stark senkenden Fraktion (P-Substanz) durch Gegenstromverteilung und Alkoholfraktionierung gewonnen werden[9].

c) Aglanduläre Gewebshormone.

α) Auf die Gefäße wirksame Stoffe[10-18].

1. Gefäßerweiternde Stoffe.

In zahlreichen Organextrakten wurden gefäßerweiternde Stoffe gefunden. Teilweise konnten die Wirkungen auf chemisch definierte Stoffe zurückgeführt werden, die an anderen Stellen beschrieben sind. So z. B. Cholin (vgl. Bd. 1,

[1] Ito, Y., and S. Tsurufuji: J. pharmaceut. Soc. Jap. **73**, 151 (1953). — Takaoka, Y., T. Yamaguchi and K. Kosaka: Tohoku J. exp. Med. **57**, 9 (1952). — [2] Tasaka, S., O. Takatani and K. Narita: Tokyo Igaku Zasshi **59**, 227 (1952). — [3] Mizutani, A.: J. pharmaceut. Soc. Jap. **72**, 1511 (1952). — [4] Mizutani, A.: J. pharmaceut. Soc. Jap. **72**, 1503 (1952). — [5] Mizutani, A.: J. pharmaceut. Soc. Jap. **72**, 1507 (1952). — [6] Ito, Y., and A. Mizutani: J. pharmaceut. Soc. Jap. **72**, 1462 (1952). — [7] Ito, Y., and S. Okabe: J. pharmaceut Soc. Jap. **74** (1954) [Ito, Y.: Endocrinol. jap. **1**, 1 (1954)]. — [8] Ito, Y., S. Aonuma and M. Sawada: J. pharmaceut. Soc. Jap. **74**, 142 (1954). — [9] Ito, Y., and S. Aonuma: J. pharmaceut. Soc. Jap. **73**, 1370 (1953).

Zusammenfassende Darstellungen: 10—18. [10] Dale, H.: Kreislaufwirkungen körpereigener Stoffe. Verh. dtsch. Ges. inn. Med. **44**, 17—29 (1932). — [11] Dale, H. H.: Vasopressorische Stoffe. Verh. dtsch. Ges. Kreislaufforsch. **1937**, 13—27. — [12] Gaddum, J. H.: Gefäßerweiternde Stoffe der Gewebe. Leipzig 1936. — [13] Guggenheim, M.: Die biogenen Amine. 4. Aufl. Basel, New York 1951. — [14] Rigler, R.: Kreislaufwirksame Gewebsprodukte. Handb. Heffter, Erg.-W. Bd. 7, S. 63—94. — [15] Rigler, R.: Über körpereigene Wirkstoffe. Ergebn. Hyg. **16**, 74—98 (1934). — [16] Schmidt, R.: Darstellung und chemischer Nachweis einiger kreislaufwirksamer Stoffe. Ergebn. Hyg. **16**, 99—120 (1934). — [17] Shorr, E., A. Mazur and S. Baez: Recent Progr. Hormone Res. **11**, 453 (1955). — [18] Werle, E.: Körpereigene kreislaufaktive Stoffe. Handb. Biochem. Erg.-W. Bd. 3, S. 1081—1121.

S. 375), Acetylcholin (vgl. Bd. 1, S. 787) oder Histamin (vgl. Bd. 1, S. 792). Weiter erwiesen sich als drucksenkend die verschiedenen Abbauprodukte der Nucleotide (vgl. Bd. 1, S. 822ff. und Bd. 2/1, S. 1177ff.), wie Adenosintriphosphorsäure (Adenylpyrophosphorsäure), Muskeladenylsäure, Guanylsäure, Inosinsäure und, wenn auch in geringerem Maße Purine, wie Adenin, Guanin, Inosin, Xanthin und Hypoxanthin. Alle diese Stoffe sind mehr oder weniger an der blutdrucksenkenden Wirkung von Muskelextrakten beteiligt, in erster Linie wohl die Adenylsäure. Es ist nicht ausgeschlossen, daß sie physiologischerweise bei der Auslösung der Arbeitshyperämie des Muskels eine gewisse Rolle spielen[1]. Auch im Blut kommen Adenosinverbindungen[2] und Histamin[3] vor. Diese Stoffe werden aber erst bei der Gerinnung bzw. durch Schädigung der Blutkörperchen und Blutplättchen frei und wirksam. Sie dürften identisch mit den von FREUND[4] als Früh- bzw. Spätgifte des defibrinierten Blutes bezeichneten Substanzen sein.

Darüber hinaus sind mehrere gefäßerweiternde Stoffe in Körperflüssigkeiten und Gewebsextrakten beschrieben, die sich von den bisher genannten teils durch ihre chemischen Eigenschaften, teils durch die Besonderheiten ihrer biologischen Reaktionen unterscheiden.

a) Kallikrein[5]. ***Vorkommen.*** Im Harn von Hund, Rind, Schwein und Mensch. Nicht im Pferdeharn. Reichlich im Pankreassaft und im Pankreas, wo es gebildet werden soll. Auch im Speichel vorhanden und in den Speicheldrüsen, aus denen es nach Unterbindung des Ausführungsganges schwindet[6]. Im Blut ist es in inaktiver Form vorhanden. In den verschiedensten Organen kann es in wechselnder Menge nachgewiesen werden. Die Stoffe verschiedener Provenienz scheinen nicht identisch zu sein[7].

Darstellung. Durch Fällung mit Uranylacetat aus phosphatfreiem mit 10% Alkohol versetztem Harn, Zerlegung des Niederschlages mit Diammoniumphosphat, Entfernen des Phosphatüberschusses mit Magnesiamixtur, Dialyse und Trocknen mit Alkohol und Äther[8]. Auch Einengen des Harns, Dialyse, Säurefällung und Adsorption an Zinkhydroxyd wurde vorgeschlagen[9]. Aus Pankreas oder Speicheldrüsen durch wäßrige Extraktion und Entfernung inaktiver Proteine durch Fällung bei p_H 4,0—7,0 und 45—60°.

Eigenschaften. Löslich in Wasser und niedrigprozentigem wäßrigem, unlöslich in höherkonzentriertem Alkohol. Fällbar in Gegenwart von Elektrolyten durch 80% Alkohol. Adsorbierbar unter anderem an Benzoesäure und Zinkhydroxyd. Zerstörbar durch Kochen, Schwefelkohlenstoff, Formaldehyd, H_2O_2, Schwefelwasserstoff, Jod und UV-Bestrahlung[10]. Ebenso heben acylierende und alkylierende Eingriffe die Wirksamkeit auf. Die PAULYsche Reaktion ist positiv. Durch Zugabe von Blut oder Serum wird es inaktiviert[11]. Im Blut und in den Geweben[12] scheinen mehrere verschiedene Inaktivatoren vorzukommen[13]. Im Eiereiweiß von Huhn und Ente findet sich ebenfalls eine reversibel hemmende Substanz. Sie ist hochmolekular, von Eiweißnatur, thermolabil, säure- und alkaliempfindlich[14].

---

[1] RIGLER, R.: A. e. P. P. **167**, 54 (1932). — [2] FISKE, C. H.: Proc. nat. Acad. Sci. USA **20**, 25 (1934). — [3] CODE, C. F., and A. D. MACDONALD: Lancet **1937 II**, 730. — WARBURG, O., u. W. CHRISTIAN: B. Z. **287**, 291 (1936). — CODE, C. F.: Histamine in blood. Physiol. Rev. **32**, 47—65 (1952). — [4] FREUND, H.: A. e. P. P. **86**, 266; **88**, 39 (1920); **91**, 272 (1921). — [5] FREY, E. K., u. H. KRAUT: H. **157**, 32 (1926). A. e. P. P. **133**, 1 (1928). — KRAUT, H., E. K. FREY u. E. BAUER: H. **175**, 97 (1928). — KRAUT, H., E. K. FREY u. E. WERLE: H. **189**, 97; **192**, 1 (1930). — FREY, E. K., H. KRAUT u. E. WERLE: Kallikrein, Padutin. Stuttgart 1950. — [6] MATTIOLI, W., et A. MATTIOLI: Arch. Fisiol. **45**, 36 (1946). — [7] WERLE, E., u. L. MAIER: B. Z. **323**, 279 (1952/53). — [8] KRAUT, H., E. K. FREY, E. BAUER u. F. SCHULTZ: H. **205**, 99 (1932). — [9] BISCHOFF, F., and A. H. ELLIOT: J. biol. Ch. **109**, 419 (1935). — [10] WERLE, E.: B. Z. **287**, 235 (1936). — [11] KRAUT, H., E. K. FREY, E. WERLE u. F. SCHULTZ: H. **230**, 259 (1934). — [12] WERLE, E., L. MAIER u. E. RINGELMANN: Naturwiss. **39**, 328 (1952). — [13] WERLE, E.: B. Z. **273**, 291 (1934); **287**, 235 (1936). — [14] WERLE, E., M. M. FORELL u. L. MAIER: Naturwiss. **41**, 89 (1954).

Nachweis. Am Carotisblutdruck des Hundes. Als Einheit wurde jene kleinste Menge vorgeschlagen, die die Pulsamplitude auf das 1,6fache vergrößert (FRANK-PETTER-Manometer) und den Blutdruck um 40% senkt. Die Wirkung muß durch Kochen oder Serumzusatz zerstörbar und adialysabel sein[1]. Zweckmäßig ist der Gebrauch eines Standardpräparates[2]. Vgl. a. Kallidin S. 606.

b) Depressan (Detonin). Im menschlichen Harn wurde noch ein weiterer, aber kochbeständiger blutdrucksenkender Stoff nachgewiesen[3].

Vorkommen. Im Harn von Menschen, besonders während der Gravidität, und von Pferden, nicht im Pferdeblut und im Blut von Patienten mit essentieller Hypertonie[4]. Bildungsstätte soll der Hypophysenhinterlappen sein.

Darstellung. Durch Fällung mit Alkohol, Aceton oder Ammonsulfat und Elektrodialyse und Kataphorese.

Eigenschaften. Löslich in Wasser, unlöslich in Alkohol, Äther oder Chloroform. Nicht an Kohle adsorbierbar, adialysabel. In 0,5 n HCl kochbeständig. Zerstörbar durch Pepsin, aber beständig gegenüber Trypsin und Behandlung mit Nitrit und Schwefelsäure.

c) Prostaglandin[5]. Prostataextrakte von Hund und Rind verursachen nach einer primären Blutdrucksteigerung[6], die vermutlich durch Adrenalin bedingt ist[7], ausgiebige Blutdrucksenkungen am Kaninchen[5].

Vorkommen. In der Prostata von Hund, Rind und Mensch, auch im Prostatasekret bzw. in der Samenflüssigkeit. Beim Erwachsenen reichlicher als bei Kindern vorhanden. Auch in der Prostata des Schafs nachgewiesen[8].

Darstellung. Vorfällung mit dem 3—5fachen Volumen Alkohol oder Aceton bei schwach saurer Reaktion, Trocknung des Filtrates und Ausziehen des Rückstandes mit absolutem Alkohol. Der alkoholische Extrakt wird mit Äther von beigemengtem Cholin befreit und das Filtrat zur Trockne gebracht.

Eigenschaften. Löslich in Wasser, Alkohol, Aceton, Chloroform oder Eisessig, wenig in Äther. Kochbeständig zwischen p_H 1,0 und 7,0. Zerstörbar durch längeres Kochen in n HCl oder n $NaOH$. Bei p_H 6,54 anodisch wandernd. In gereinigten Lösungen Lichtabsorption bei 2750 Å. Es enthält eine Carboxylgruppe und wird durch Veresterung mit Methanol wirksamer. Acetylierung und Hydrierung heben die Wirkung auf. In Gegenstromverteilungsversuchen befand sich die Wirksamkeit mit dem oben genannten Absorptionsmaximum vergesellschaftet[9].

Physiologie. Wirkt kräftig blutdrucksenkend. Die Blutdrucksenkung unterbleibt nach Ausschaltung der Leber aus dem Kreislauf[10]. Die Substanz erweitert auch die Gefäße am überlebenden Gefäßpräparat[5]. Sie wirkt außerdem kräftig die Darmmotilität steigernd, auch am atropinisierten Kaninchendarm. Auch Vorbehandlung mit F. 929 oder F. 1571 hebt

F. 929 F. 1571

[1] KRAUT, H., E. K. FREY, E. WERLE u. F. SCHULTZ: H. **230**, 259 (1934). — [2] ELLIOT, A. H., and F. R. NUZUM: Endocrinology **18**, 462 (1934). — [3] WOLLHEIM, E., u. K. LANGE: D. m. W. **1932 I**, 572. — [4] MOELLER, J., u. K. SCHÖFFLING: Z. klin. Med. **146**, 273 (1950). — [5] GOLDBLATT, M. W.: Chem. & Industr. **52**, 1056 (1933). J. Physiol., London **84**, 208 (1935). — EULER, U. S. v.: A. e. P. P. **175**, 78 (1934). Kli. Wo. **1935 II**, 1182. J. Physiol., London 88, 213 (1937). — [6] BIEDL, A.: Innere Sekretion. 2. Aufl. Wien 1913. — THAON, P.: C. R. Soc. Biol. **63**, 111 (1907). — [7] COLLIP, J. B.: Trans. R. Soc. Canada (V) **23**, 165 (1929). — EULER, U. S. v.: J. Physiol., London **81**, 102 (1934). — [8] EULER, U. S. v., and S. HAMMARSTROM: Skand. Arch. Physiol. **77**, 96 (1937). — [9] BERGSTRÖM, S.: Nord. Med. **42**, 1465 (1949). — [10] EULER, U. S. v.: Skand. Arch. Physiol. **81**, 65 (1939).

ihre Darmwirksamkeit nicht auf[1]. Es wird daran gedacht, daß Prostaglandin wegen seiner Wirksamkeit auf die glatte Muskulatur mit dem Entleerungsmechanismus der Prostata und der Samenblasen zu tun hat.

d) Vesiglandin[2]. In Samenblasen und Samenflüssigkeit von Mensch und Schaf, nicht von Pferd und Rind, vom Prostaglandin nur durch das Fehlen der Wirkungen auf glattmuskelige Organe unterschieden (vgl. Tabelle 170).

e) Euler-Gaddums Substanz P (SP) s. [3].

Vorkommen. Im Gehirn und in der glatten Muskulatur, besonders des Darms. Substanz P findet sich ziemlich gleichmäßig über die ganze Länge des Darms verteilt, vorwiegend in der Muscularis mucosae und auch in der Muscularis[4]. Dagegen war der Gehalt im Nervensystem in den einzelnen Teilen sehr unterschiedlich. Frühere Untersuchungen ergaben im Hundehirn außer im Hypothalamus ein Parallelgehen mit dem Acetylcholingehalt und reichliche Mengen in Hinterwurzeln, präganglionären Sympathicusfasern und Vagus, während motorische Nerven arm an SP waren[5]. Auch andere Autoren fanden erhebliche Unterschiede in verschiedenen Gehirnteilen[6], auch nach Ausschaltung des die Bestimmungen beeinträchtigenden 5-Oxytryptamins[7]. Hoher SP-Gehalt und niedriger Cholinacetylasegehalt gingen parallel[7].

Darstellung. Aussalzen eines auf p_H 4,0 eingestellten wäßrigen Kochextraktes mit Ammonsulfathalbsättigung, Auflösen des Niederschlages und Fällen mit Alkohol. Fraktionierte Fällung des Alkoholfiltrates mit Aceton oder Einengen eines sauren alkoholischen Extraktes, Entfetten mit Äther, Versetzen mit $NaHCO_3$ und Aufnehmen in Methylalkohol, Abdampfen des letzteren und Aufnehmen in Wasser. Hochgereinigte Präparate werden erhalten, wenn Rinderdarm oder Rinderhirn mit der doppelten Menge Wasser bei p_H 4,0 und 100° extrahiert werden und die Extraktion noch einmal wiederholt wird. Die Extrakte werden auf 1 cm³ je 10 g Gewebe bei 25° eingeengt und mit 2 Volumen 95%igem Alkohol bei 3° gefällt. Einengen des Filtrats auf 1 cm³ je 20 g Gewebe und Fällen mit 3 Volumen 95%igem Alkohol, Einengen und Aussalzen mit 0,7 Ammonsulfatsättigung. Der Niederschlag enthält nach dem Trocknen 3000 E im mg[8].

Eigenschaften. Löslich in Wasser, Eisessig und wäßrigem Alkohol (bis zu 80%). Schlecht löslich in absolutem Alkohol und unlöslich in Äther, Petroläther oder Chloroform. Durch Schwermetalle nicht vollständig fällbar, aussalzbar durch Ammonsulfathalbsättigung[9]. Als Pikrat fällbar und bei p_H 6,4 kathodisch, bei p_H 7,1 anodisch bei der Elektrophorese wandernd[10]. Zwischen p_H 1,0 und 7,0 in wäßriger Lösung kochbeständig. Zerstörbar durch Kochen in n NaOH und durch Trypsin. Durch salpetrige Säure nicht inaktivierbar. Durch Extrakte aus der Muskelschicht des Pferdedarms wird Substanz P inaktiviert. Ebenso inaktivieren Extrakte aus den Basalganglien und wesentlich schwächer solche aus quergestreifter Muskulatur[11]. Eine gewisse Verwandtschaft zum Cholecystokinin wurde behauptet[12].

Der hohe Gehalt der Hinterwurzeln an SP gab Veranlassung, diese Substanz als verantwortlich für die Übertragung der Erregung in den sensiblen Ganglien zu diskutieren[13]. Am Meerschweinchendarm greift SP nicht an denselben Receptoren an wie 5-Oxytryptamin, Histamin oder Acetylcholin[14]. Desensibilisierung der 5-Oxytryptaminreceptoren ermöglicht eine Unterscheidung von SP und ersterem bei der biologischen Testung[7,14].

---

[1] Vandelli, I.: Boll. Soc. ital. Biol. sperim. **18**, 74 (1943). — [2] Euler, U. S. v.: J. Physiol., London **88**, 213 (1937). — [3] Euler, U. S. v., and J. H. Gaddum: J. Physiol., London **72**, 74 (1931). — Euler, U. S. v.: A. e. P. P. **181**, 181 (1936). — [4] Douglas, W. W., W. Feldberg, W. D. M. Paton and M. Schachter: J. Physiol., London **115**, 163 (1951). — Pernow, B.: Acta physiol. scand. **24**, 97 (1952). — [5] Pernow, B.: Nature **171**, 746 (1953). — [6] Kopera, H., u. W. Lazarini: A. e. P. P. **219**, 214 (1953). — [7] Zetler, G., u. L. Schlosser: A. e. P. P. **224**, 159 (1955). Naturwiss. **40**, 559 (1953). — [8] Pernow, B.: Acta physiol. scand. **29**, Suppl. **105** (1953). — [9] Euler, U. S. v.: Skand. Arch. Physiol. **73**, 142 (1936). — [10] Euler, U. S. v.: Acta physiol. scand. **4**, 373 (1942). — [11] Gullbring, B.: Acta physiol. scand. **6**, 246 (1943). — [12] Bjurstedt, H., U. S. v. Euler and B. Gernandt: Skand. Arch. Physiol. **83**, 257 (1940). — [13] Hellauer, H.: A.e.P.P. **219**, 234 (1953). — Lembeck, F.: A.e.P.P. **219**, 197 (1953). — [14] Gaddum, J. H.: J. Physiol., London **119**, 363 (1953).

f) **WEBER-NANNINGA-MAJORs blutdrucksenkende Substanz**[1]. ***Vorkommen.*** Im Gehirn. ***Darstellung.*** Saure, mehrfach wiederholte Alkoholextraktion von Gehirn und fraktionierte Fällung mit Äther. Es können auch Krystalle erhalten werden[2].

Eigenschaften. Löslich in Wasser und saurem Alkohol, in alkalischer Lösung durch Silbersalze nicht fällbar. Nicht fällbar durch Phosphorwolframsäure. Fällbar in alkalischer Lösung durch Hg-Salze oder Alkohol. Nicht an Tierkohle adsorbierbar. Die Reaktion nach PAULY und nach SAKAGUCHI ist negativ.

g) Aus Nieren und Gekröse haben FELIX[3] und LANGE[4] einen kochbeständigen, **blutdrucksenkenden Stoff** isoliert, der wohl mit Histamin identisch ist[5].

h) Ein Gemisch verschiedener in den vorstehenden Abschnitten geschilderter Stoffe dürfte das **Angioxyl**[6] sein.

Nachweis und Unterscheidung der gefäßaktiven Stoffe gründen sich außer auf die angeführten chemischen Eigenschaften auf ihre verschiedenen biologischen Wirkungen. Die wesentlichsten für eine solche Unterscheidung in Betracht kommenden Wirkungen sind in der nachstehenden Tabelle zusammengestellt.

Tabelle 170. Wirkung der gefäßaktiven aglandulären Gewebshormone.

	Blutdruck			Hemmbar durch		Darm	Uterus
	Hund	Katze	Kaninchen	Atropin	Ergotamin		
Muskeladenylsäure	—	—	—	—		—	+
Hefeadenylsäure	—	—	—	—		—	+
Adenylpyrophosphorsäure			(+) —	—			
Adenosin			—	—			
Cholin	—	—	—	+		+	+
Acetylcholin	——	——	——	+		++	++
Prostaglandin	—	—	—	—		+	+
Vesiglandin			—	—		—	—
Kallikrein	—	—	—	—		+	(+)
Depressan	—	—	—	—		0	0
EULER-GADDUMs Substanz P	—	—	—	—		+	0
Histamin	—	—	+	—		+	+
COLLIPs Substanz	+	+	+		—	+	—
Renin	+	+	+		—	+	0
Tyramin	+	+	+		—	+	—
Vasopressin	+	+	+		±	+	+
Adrenalin	+	+	+		+	—	+
Noradrenalin	+	+	+		(+)	—	+

+ Steigerung bzw. Erregung; — Senkung bzw. Hemmung; 0 ohne Wirkung.

2. Gefäßverengernde Stoffe[7].

Neben dem Adrenalin, dem Noradrenalin und dem Hypophysenhinterlappenhormon wirkt noch eine Reihe chemisch definierter Stoffe[8] blutdrucksteigernd, so besonders das in verschiedenen Organen vorkommende Tyramin, ferner auch

[1] MAJOR, R. H., and C. J. WEBER: J. Pharmacol. exp. Therap. **37**, 367 (1929); **40**, 247 (1930). — MAJOR, R. H., J. B. NANNINGA and C. J. WEBER: J. Physiol., London **76**, 487 (1932). — [2] WEBER, C. J., J. B. NANNINGA and R. H. MAJOR: Proc. Soc. exp. Biol. Med. **30**, 513 (1933). — [3] FELIX, K., u. A. v. PUTZER-REYBEGG: A. e. P. P. **164**, 402 (1932). — [4] LANGE, F.: A. e. P. P. **164**, 417 (1932). — [5] GADDUM, J. H., and H. SCHILD: J. Physiol., London **83**, 1 (1934). — [6] GLEY, P., et N. KISTHINIOS: C. R. Soc. Biol. **99**, 1840 (1928); **100**, 90 (1929). — [7] GROLLMAN, A.: Experimental renal hypertension with special reference to its endocrine aspects. Recent Progr. Hormone Res. **1**, 371 (1947). — WAKERLIN, G. E.: Physiol. Rev. **35**, 555 (1955). — [8] HANTSCHMANN, L.: Vasokonstriktorisch wirksame Stoffe und arterieller Hochdruck. Ergebn. inn. Med. **49**, 311—336 (1935).

Guanidin und einige Methylguanidine und schließlich das Amylamin, welches vermutlich mit dem aus dem Harn isolierten „Urohypertensin“[1] identisch ist[2].

a) Renin[3]. Die blutdrucksteigernde Wirkung von Extrakten der Nierenrinde wurde schon 1898 nachgewiesen[4]. Schwierigkeiten bei der Auswertung gereinigter Reninzubereitungen an überlebenden Organen führten zu der Entdeckung, daß nicht Renin selbst das blutdrucksteigernde bzw. gefäßverengernde Agens ist, sondern daß unter seinem Einfluß aus einem im Plasma vorhandenen Substrat *(Reninaktivator, Hypertensinogen)* erst die eigentlich blutdruckwirksame Substanz *(Angiotonin, Hypertensin)* entsteht, die ihrerseits wieder zerstörenden Einflüssen von seiten des Blutplasmas *(Angiotonase, Hypertensinase)* unterliegt[5].

Vorkommen. Renin findet sich in der Nierenrinde aller untersuchten Wirbeltiere. Es fehlt in der glomerulusfreien Niere des midshipman fish (Porichthys notatus), ist aber in der Niere von Karpfen und Zwergwels nachweisbar[6]. Das Nierenmark ist frei von Renin.

Darstellung. Als Ausgangsmaterial dient frische oder acetongetrocknete Nierenrinde, meist vom Schwein. Als Globulin wird es zweckmäßig mit 1%iger NaCl-Lösung extrahiert. Auch Preßsäfte frischer Nieren sind verwendbar. Nach Ansäuern auf p_H 4,2—4,6 wird durch NaCl-Sättigung bei 37° ausgesalzen, der Niederschlag dialysiert und schließlich bei einer NaCl-Konzentration von 2—5% filtriert. Beim Ansäuern des Filtrats mit Milchsäure auf p_H 3,4 fallen Ballaststoffe. Aus der Lösung wird das Renin bei saurer Reaktion an Kaolin adsorbiert und durch Elution bei alkalischer Reaktion gewonnen. Durch Ultrafiltration lassen sich Elektrolyte entfernen. Das auf dem Filter bleibende Renin wird getrocknet[7].

Nach einer anderen Vorschrift extrahiert man Acetontrockenpulver aus Schweinenieren mit der 5fachen Menge 2%iger NaCl-Lösung und anschließend noch einmal mit der 3fachen Menge. Die vereinigten Extrakte werden mit 2% Essigsäure angesäuert, filtriert, stark eingeengt (wobei die Hauptmenge des Renins ausfällt) und dialysiert. Bei p_H 4,0 ist die erhaltene Lösung im Eisschrank ziemlich stabil[8].

Collings u. Mitarb. filtrieren den mit 2%iger NaCl-Lösung hergestellten Primärextrakt nach 12—24stündigem Stehen bei p_H 4,5, stellen auf p_H 6,8 ein und engen im Vakuum auf $^1/_{10}$ des Volumens ein. Es folgt Aussalzen mit 20% NaCl bei p_H 2,0. Der in Wasser aufgenommene Niederschlag wird neutralisiert und filtriert und bei p_H 2,0 durch NaCl-Sättigung ausgesalzen. Der Niederschlag wird in n/10 Acetatpuffer von p_H 5,0 gelöst, filtriert und 5mal hintereinander unter stetiger Reduktion des Volumens mit 0,4 Ammonsulfatsättigung ausgesalzen[9]. Einer Vorfällung mit Sulfosalicylsäure und anschließender Fällung mit Wolframsäure bedient sich Astrup[10]. Elektrophoreseversuche scheinen keine besondere Reinigung erbracht zu haben[11]. Sehr starke Reinigung bei guten Ausbeuten wurde in Großversuchen erzielt[12].

Eigenschaften. Renin scheint ein Pseudoglobulin zu sein. In elektrolytfreiem Wasser schlecht löslich, ist es gut in verdünnten Salzlösungen löslich.

[1] Abelous, J. E., et E. Bardier: J. Physiol. Path. gén. **4**, 627 (1908). — [2] Bain, W.: Quart. J. exp. Physiol. **8**, 229 (1914). — [3] Houssay, B. A., and E. Braun-Menendez: Brit. med. J. **1942 II**, 179. — Corcoran, A. C.: The renal pressor system and experimental and clinical hypertension. Recent Progr. Hormone Res. **3**, 325—342 (1948). — [4] Tigerstedt, R., u. P. G. Bergman: Skand. Arch. Physiol. **8**, 223 (1898). — [5] Kohlstaedt, K. G., O. M. Helmer and I. H. Page: Proc. Soc. exp. Biol. Med. **39**, 214 (1938). — Kohlstaedt, K. G., I. H. Page and O. M. Helmer: Amer. Heart J. **19**, 92 (1940). — Page, I. H., and O. M. Helmer: J. exp. Med. **71**, 29 (1940). — Braun-Menendez, E., J. C. Fasciolo, L. F. Leloir and J. M. Muñoz: J. Physiol., London **98**, 283 (1940). — Plentl, A. A., and I. H. Page: J. biol. Ch. **147**, 135 (1943). — [6] Friedman, M., and A. Kaplan: J. exp. Med. **75**, 127 (1942). — [7] Hessel, G., u. H. Maier-Hüser: Verh. dtsch. Ges. inn. Med. **46**, 347 (1934). — Hessel, G.: Kli. Wo. **1938 I**, 843. — [8] Euler, U. S. v., and T. Sjöstrand: Acta physiol. scand. **5**, 183 (1943). — Edman, P., U. S. v. Euler and O. T. Sjöstrand: J. Physiol., London **101**, 284 (1942). — [9] Collings, W. D., J. W. Remington, H. W. Hays and V. A. Drill: Proc. Soc. exp. Biol. Med. **44**, 87 (1940). — [10] Astrup, T., and A. Birch-Andersen: Nature **160**, 570 (1947). — [11] Jonnard, R., and M. R. Thompson: J. amer. pharmaceut. Ass. **31**, 19 (1942). — Katz, Y. J., and H. Goldblatt: J. exp. Med. **78**, 67 (1943). — [12] Haas, E., H. Lamfrom and H. Goldblatt: Arch. Biochem. **42**, 368 (1953).

Es fällt bei p_H 5,0 mit 0,38—0,41 Ammonsulfatsättigung, 0,7—1,0 Magnesiumsulfat- oder 1,0 NaCl-Sättigung[1].

Es ist relativ stabil in neutraler oder leicht saurer[2], weniger gut in alkalischer Lösung und wird schon durch Erhitzen auf 56° zerstört. Auch eiweißdenaturierende Mittel heben seine Wirksamkeit auf. Es ist leicht an Fullererde, Aluminiumoxyd, Kaolin oder Permutit adsorbierbar und alkalisch eluierbar. Es fällt mit Pikrinsäure aus. Das Pikrat enthält Schwefel, aber nicht in Form von SH-Gruppen. Es ist frei von Kohlenhydraten. Auch die reinsten Präparate haben gewisse proteolytische Eigenschaften, ohne daß es sicher ist, daß dies etwas mit der Reninwirkung zu tun hat[3]. Die Wirkung wird durch H_2O_2, Kaliumpermanganat, Formaldehyd und Ultraviolettbestrahlung sowie durch Pepsin und Trypsin

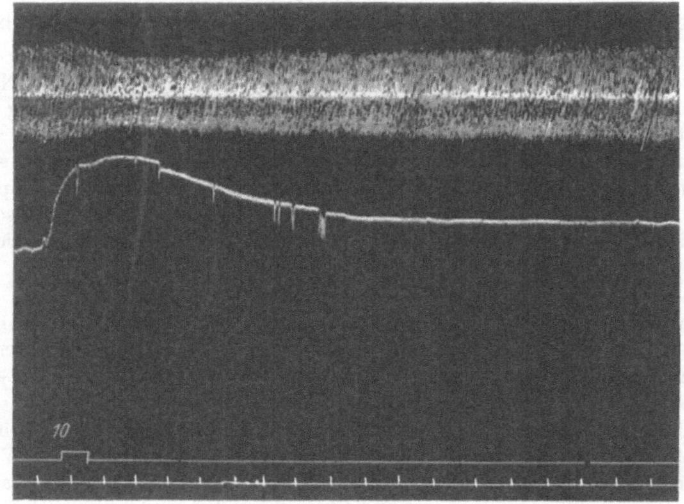

Abb. 53. Wirkung einer Renin-Injektion auf Blutdruck und Atmung des Hundes.

beeinträchtigt. $^1/_{1000}$ mol Lösungen von $Fe_2(SO_4)_3$, $AuCl_3$, $PtCl_3$, $AgNO_3$ und $CuSO_4$ inaktivieren, während Pyrophosphatpuffer stabilisiert[4]. Es kommt in 3 Modifikationen, α, β, γ, vor. α geht während Dialyse bei p_H 4,0 und 2° in β über oder verwandelt sich in γ, wenn es mehrere Tage bei schwach saurer Reaktion in wäßriger, Ammonsulfat und Acetatpuffer oder Glykokoll enthaltender Lösung aufbewahrt wird[5]. Es enthält 12,9% Tyrosin und 1,2% Tryptophan[5].

Nachweis. Der Nachweis erfolgt durch die Blutdrucksteigerung nach intravenöser Injektion am Hund. Als Blutdruckeinheit wurde jene kleinste Menge bezeichnet, die bei einem 10 kg schweren mit Pernocton narkotisierten Hund eine Drucksteigerung von 40 mm auslöst. Die Wirkung darf durch Ergotamin nicht aufgehoben werden und soll durch Cocain nicht verstärkt werden. Eine ausgesprochene Tachyphylaxie erschwert die Auswertungen. 1 kg frische Schweinenierenrinde enthält 1450 Renineinheiten[1,6]. Am Rattenblutdruck sind ebenfalls Auswertungen möglich[7].

---

[1] Collings, W. D., J. W. Remington, H. W. Hays and V. A. Drill: Proc. Soc. exp. Biol. Med. **44**, 87 (1940). — [2] Pickering, G., and M. Prinzmetal: Clin. Sci. **3**, 211 (1938). — [3] Plentl, A. A., and I. H. Page: J. biol. Ch. **155**, 363 (1944). — Schales, O., M. Holden and S. S. Schales: Arch. Biochem. **6**, 165 (1945). — [4] Haas, E., H. Lamfrom and H. Goldblatt: Arch. Biochem. **44**, 63 (1953). — [5] Haas, E., H. Lamfrom and H. Goldblatt: Arch. Biochem. **44**, 79 (1953). — [6] Remington, J. W., W. D. Collings, H. W. Hays and W. W. Swingle: Proc. Soc. exp. Biol. Med. **45**, 470 (1940). — [7] Dekanski, J.: Brit. J. Pharmacol. **9**, 187 (1954).

Physiologie. Tierisches Renin bildet mit Hypertensinogen vom Menschen kein Hypertensin[1]. Dementsprechend bewirkt Schweinerenin am Menschen auch keine Blutdrucksteigerung[2]. Die Erörterung, ob dem Renin eine Bedeutung bei der Entstehung oder Unterhaltung des menschlichen Hochdrucks zukommt, hat noch zu keiner einheitlichen Meinungsbildung geführt. Längere Behandlung mit Hunderenin führt beim Kaninchen zur Bildung eines *Antirenins*[3], das auch bei Hunden nach längerer Behandlung mit Schweinerenin nachgewiesen werden konnte[4].

b) Reninaktivator (Reninsubstrat, Hypertensinogen) ist in der Pseudoglobulinfraktion des Blutplasmas von Rind, Schwein und Hund in annähernd gleicher Menge enthalten, beim Pferd weniger[1]. Nephrektomie erhöht, Reninbehandlung mindert den Hypertensinogengehalt. Aus Pferdeserum läßt sich der Reninaktivator durch Ammonsulfathalbsättigung und Dialyse des Niederschlags gewinnen[5]. Er wird wahrscheinlich in der Leber gebildet. Nachweis durch die Bildung eines blutdrucksteigernden und auch am überlebenden Gefäßpräparat wirksamen Stoffes (Hypertensin, Angiotonin) bei Behandlung mit angiotoninfreiem Renin. Das p_H-Optimum dieser Reaktion liegt bei 5,0—7,0.

c) Hypertensin (Angiotonin) entsteht in der Reaktion zwischen Hypertensinogen und Renin als die eigentlich blutdrucksteigernd wirksame Substanz.

Darstellung. Reninaktivator kann aus Schweineserum durch fraktionierte Fällung mit Ammonsulfat zwischen 1,22 und 2,10 mol niedergeschlagen und durch Dialyse gereinigt werden[6]. Er ist in der α_2-Globulinfraktion lokalisiert. Aus Pferdeserum wurde er von EDMAN u. Mitarb. durch Ammonsulfathalbsättigung und Dialyse der Fällung erhalten[5]. Durch Zusammenbringen mit Reninlösung aus Schweinenieren bei 40° und anschließende Inaktivierung der Fermente durch kurzes Erhitzen auf 100° wird eine relativ stabile Angiotoninlösung erhalten[5,7]. Eine gewisse Reinigung wird erreicht durch Abtrennen des beim Erhitzen ausfallenden Eiweißniederschlages, Einengen des Filtrates und Fällen mit dem 5fachen Volumen Alkohol bei schwach lakmusalkalischer Reaktion. Das Filtrat wird neuerlich eingeengt und mit dem 10fachen Volumen Methanol gefällt. Durch Fällung dieses Filtrates mit Äther werden je *l* Ausgangsserum 100—200 mg Angiotonin erhalten, von dem 1 mg am Blutdruck die Wirksamkeit von 1—2 mg Tyraminphosphat besitzt[5]. Das Filtrat der ersten Alkoholfällung kann auch zur Trockne gebracht, in Eisessig aufgenommen und mit Essigester gefällt werden[7]. Durch Chromatographie an saurem Al_2O_3 in 95%igem Methanol und Elution mit wäßrigem Methanol, Fällung mit Nitranilsäure (= 2,5-Dioxy-3,6-dinitro-1,4-cyclohexadiendion) und Elektrodialyse gelingt weitere Reinigung[8].

Eigenschaften. So gereinigtes Angiotonin hat ein Mol.Gew. von etwa 2700 und ist wirksamer als Adrenalin oder etwa 40mal wirksamer als Tyraminphosphat. Das hygroskopische Produkt ist leicht löslich in Wasser, Alkohol und Methanol. Es ist aussalzbar. Beständig gegen kurzes Erhitzen mit n/2 HCl oder NaOH und längeres Erhitzen mit n/20 HCl oder NaOH. Durch Pepsin und proteolytische Enzyme wird es zerstört[5,9]. Gegen längere Behandlung mit Alkali ist es empfindlich. Auch Peroxydase zerstört die Angiotoninwirkung[10]. Durch Calciumphosphat oder Anionenaustauscher wird es bei p_H 7,0 nicht adsorbiert, wohl

---

[1] LELOIR, L.-F., J.-M. MUÑOZ, E. BRAUN-MENENDEZ et J.-C. FASCIOLO: C. R. Soc. Biol. **134**, 487 (1940). — [2] FASCIOLO, J. C., L. F. LELOIR, J. M. MUNOZ and E. BRAUN-MENENDEZ: Science, N.Y. **92**, 554 (1940). — SCHALES, O.: Am. Soc. **64**, 561 (1942). — [3] JOHNSON, C. A., and G. E. WAKERLIN: Proc. Soc. exp. Biol. Med. **44**, 277 (1940). — [4] WAKERLIN, G. E., and C. A. JOHNSON: Science, N. Y. **93**, 332 (1941). — [5] EDMAN, P., U. S. v. EULER, E. JORPES and O. T. SJÖSTRAND: J. Physiol., London **101**, 284 (1942). — [6] PLENTL, A. A., and I. H. PAGE: J. biol. Ch. **147**, 135 (1943); **158**, 49 (1945). — PLENTL, A. A., I. H. PAGE and W. W. DAVIS: J. biol. Ch. **147**, 143 (1943). — [7] EDMAN, P. V.: Ark. Kemi, Mineral. Geol. **18** B, Nr. 2 (1944). — [8] EDMAN, P. V.: Ark. Kemi, Mineral. Geol. **22** B, 1 (1945); **22** A, Nr. 3 (1945). — [9] PLENTL, A. A., and I. H. PAGE: J. biol. Ch. **155**, 379 (1944); **158**, 49 (1945). — [10] HELMER, O. M., and K. G. KOHLSTAEDT: Science, N. Y. **102**, 422 (1945).

aber durch Kationenaustauscher[1]. Der isoelektrische Punkt liegt bei p_H 6,3 bis 6,5[2]. Jodierung der Tyrosingruppen inaktiviert[3]. Es ist ein Polypeptid. In den gereinigten Präparaten wurden nachgewiesen: 28% Lysin und Histidin, 4% Glycin und Alanin, 5% Serin und Prolin, 2% Valin und Tyrosin, 4,5% Leucin oder Isoleucin und Asparaginsäure und 5% Glutaminsäure. Je eine freie endständige Aminogruppe und Carboxylgruppe werden angenommen[4]. Reinigungsverfahren mit Ionenaustauschern und Chromatographie ergaben recht reine, aber immer noch nicht krystallisierte Präparate[5]. Aus 7090 *l* Schweineblut konnten 1104 g Rohangiotonin und aus diesem in 16,4%iger Ausbeute Reinangiotonin gewonnen werden. Es enthielt eine freie Aminogruppe, die dem Lysin angehört[6]. Die Aminosäurezusammensetzung war folgende (vgl. Tabelle 171):

Tabelle 171. Aminosäurezusammensetzung von Angiotonin.

	Geringste Anzahl im Mol.
Asparaginsäure . .	2
Serin	1
Glutaminsäure . .	1
Prolin	2
Glycin	1
Alanin	1
Valin	1
iso-Leucin	1
Tyrosin	1
Phenylalanin . . .	1
Leucin	1
Histidin	2
Lysin	1
Arginin	2

Das Aminoende wird durch Asparaginsäure, das Carboxylende durch Leucin oder iso-Leucin gebildet[7]. Gegenstromverteilung ergab besonders reines Peptid[8]. Eine leicht abweichende Zusammensetzung und ein minimales Mol.Gew. von 1445 wurde für ein Präparat aus Kaninchenrenin und Rinderangiotonase berichtet[9].

Ein anderer Arbeitskreis erreichte starke Anreicherung von Angiotonin, ausgehend von einem nach PLENTL u. PAGE[10] hergestellten Konzentrat, das aus Schweinerenin und Schweinereninaktivator gewonnen war. Es wurde in Methanol aufgenommen, das Methanol wurde mit Phenol extrahiert. Es folgte Chromatographie über Silicagel, Gegenstromverteilung (Acetatpuffer p_H 3,0, n-Butanol und Methanol) und Fällung aus der Methanollösung mit Äther. Das sehr aktive Präparat war sehr instabil. Es enthielt die folgenden Aminosäuren: Asparaginsäure, Glutaminsäure, Glycin, Histidin, Alanin, Prolin, Serin, Tyrosin, Valin, Threonin, Phenylalanin, Leucin, iso-Leucin, Arginin und Lysin. Eine der Asparaginsäure angehörige freie Aminogruppe konnte nicht bestätigt werden[6], wohl aber eine dem Lysin angehörende.

Bei zunehmender Reinigung soll die Stabilität des Präparates leiden. Gegenstromverteilungsversuche machen die Existenz von 2 verschiedenen Formen wahrscheinlich[11]. Angiotonin steigert den systolischen und diastolischen Blutdruck[12], verursacht keine Tachyphylaxie; es wirkt besonders durch Verengerung der Arteriolen, was direkt beobachtet werden kann[13]. Es ist auch am überlebenden

[1] CRUZ COKE, E.: Ciencia, Mexico **6**, 101 (1945). — [2] EDMAN, P., U. S. v. EULER, E. JORPES and O. T. SJÖSTRAND: J. Physiol., London **101**, 284 (1942). — [3] CRUZ COKE, E.: Science, N. Y. **104**, 86 (1946). — [4] PLENTL, A. A., and I. H. PAGE: J. biol. Ch. **155**, 379 (1944); **158**, 49 (1945). — [5] BUMPUS, F. M., A. A. GREEN and I. H. PAGE: J. biol. Ch. **210**, 287 (1954). — [6] KUETHER, C. A., and M. E. HANEY jr.: Science, N. Y. **121**, 65 (1955). — [7] BUMPUS, F. M., and I. H. PAGE: Science, N. Y. **119**, 849 (1954). — [8] SKEGGS, L. T. jr., W. H. MARSH, J. R. KAHN and N. P. SHUMWAY: J. exp. Med. **100**, 363 (1954); **102**, 435 (1955). — [9] PEART, W. S.: Biochem. J. **60**, VI (1955). Nature **177**, 132 (1956). — [10] PLENTL, A. A., and I. H. PAGE: J. biol. Ch. **147**, 135 (1943); **158**, 49 (1945). — [11] SKEGGS, L. T. jr., W. H. MARSH, J. R. KAHN and N. P. SHUMWAY: J. exp. Med. **99**, 275 (1954). — [12] CORCORAN, A. C., K. G. KOHLSTAEDT and I. H. PAGE: Proc. Soc. exp. Biol. Med. **46**, 244 (1941). — [13] ABELL, R. G., and I. H. PAGE: J. exp. Med. **75**, 305 (1942).

Gefäßpräparat wirksam. Am isolierten Herzen wirkt es leistungssteigernd, beim Menschen mindert es das Minutenvolumen und steigert auch den Venendruck[1,2].

Aus Reninaktivator, aber auch aus Lactalbumin, Lactoglobulin, Casein und Ovalbumin, nicht aus Gelatine, entsteht durch Behandlung mit Pepsin eine blutdrucksteigernde Substanz: *Pepsitensin*[3]. Pepsitensin ist nicht mit Angiotonin identisch. Es ist löslich in Wasser und Alkohol, unlöslich in Äther, dialysabel durch Cellophan und wird durch Phosphorwolframsäure, nicht durch Trichloressigsäure, gefällt. Es wird durch Trypsin und Hypertensinase, nicht durch Tyrosinase inaktiviert[4]. Auch Hefepolypeptidase inaktiviert[5]. Der Abbau von Angiotonin und Pepsitensin durch krystallisiertes Pepsin verläuft verschieden[6].

Es liegen keine Untersuchungen darüber vor, ob die von ENGER beschriebene[7], aus Niere, Blut und Harn isolierte, wasser- und alkohollösliche, dialysierbare, in ihrer blutdrucksteigernden Wirkung von Tonephin, Adrenalin und Tyramin abgrenzbare Substanz (*Nephrin*) etwa mit Hypertensin bzw. Angiotonin identisch ist.

d) Angiotonase, Hypertensinase. Das Blutplasma enthält ein Ferment vom Charakter einer Aminopolypeptidase (keine Amin- oder Phenoloxydase, obwohl letztere auch Angiotonin inaktivieren, da Angiotonase auch anaerob und in Gegenwart von Octylalkohol oder Cyanid Angiotonin rasch inaktiviert[8]). Auch die Niere enthält ein analoges Ferment (rohe Reninpräparate zerstören das gebildete Angiotonin rasch wieder, Injektion von Angiotonin in die Nierenarterie ist ohne Wirkung, obwohl Injektion in andere Arterien wirksam ist[9]). Die Blutkörperchen enthalten eine besondere Angiotonase, die von der Plasmaangiotonase verschieden ist. Sie scheint sich nicht an der Zerstörung des Angiotonins durch Blut zu beteiligen[10]. Im intakten Tier ist jedoch die Nierenangiotonase an der Inaktivierung des Angiotonins stark mitbeteiligt, denn Nephrektomie steigert die Empfindlichkeit für Angiotonin[11]. Nephrektomie senkt beim Hund in 48 Std den Angiotonasegehalt des Plasmas und erhöht seinen Hypertensinogengehalt[12]. Bei Hochdruck, Leber- und Nierenerkrankungen ist der Angiotonasegehalt des Plasmas nicht verändert[13].

Über die physiologische und pathologische Bedeutung des Systems Renin-Angiotonin-Angiotonase sind die Akten nicht geschlossen. Während man noch vor einigen Jahren geneigt war, ihm eine wesentliche Rolle bei der arteriellen Hypertension zuzubilligen, haben sich in der letzten Zeit die zweifelnden Stimmen erheblich verstärkt. Durch ACTH, Cortison und Adrenalin, nicht aber durch Desoxycorticosteronacetat oder -glucosid konnte beim Hund der Hypertensinogengehalt des Plasmas für längere Zeit erhöht werden[14].

e) COLLIPs unspezifische blutdrucksteigernde Substanz[15]. ***Vorkommen.*** In zahlreichen Organen, in Pepsin- und Pankreaspräparaten.

---

[1] HILL, W. H. P., and E. C. ANDRUS: J. exp. Med. **74**, 91 (1941). — LORBER, V.: Amer. Heart J. **23**, 37 (1942). — [2] HERRICK, J. F., A. C. CORCORAN and H. E. ESSEX: Amer. J. Physiol. **135**, 88 (1941). — [3] HELMER, O. M., and I. H. PAGE: Proc. Soc. exp. Biol. Med. **49**, 389 (1942). — [4] CROXATTO, H., and R. CROXATTO: Science, N. Y. **95**, 101 (1942). Rev. méd. Chile **73**, 108 (1945). — [5] CROXATTO, R., H. CROXATTO and J. SOROLLA: Rev. Med. Aliment., Santiago **5**, 86 (1942/43). — [6] PLENTL, A. A., and I. H. PAGE: J. biol. Ch. **155**, 379 (1944). — [7] ENGER, R.: Dtsch. Arch. klin. Med. **189**, 75 (1942). — [8] CROXATTO, H., R. CROXATTO, L. MARTY, A. MARSANO u. H. ASTETE: Rev. Med. Aliment., Santiago **5**, 69 (1942/43). — [9] FRIEDMAN, M.: Proc. Soc. exp. Biol. Med. **47**, 348 (1941). — [10] SAPIRSTEIN, L. A., R. K. REED and E. W. PAGE: J. exp. Med. **83**, 425 (1946). — [11] PAGE, I. H., and O. M. HELMER: J. exp. Med. **71**, 495 (1940). — HOUSSAY, B. A., and L. DEXTER: Ann. internal Med. **17**, 451 (1942). — [12] COLLINS, D. A., and C. D. HARAKAL: Circulation Res. **2**, 196 (1954). — [13] HAYNES, F. W., and L. DEXTER: J. clin. Invest. **24**, 75 (1945). — [14] HAYNES, F. W., P. H. FORSHAM and D. M. HUME: Amer. J. Physiol. **172**, 265 (1953). — [15] COLLIP, J. B.: J. Physiol., London **66**, 416 (1928). Amer. J. Physiol. **85**, 360 (1928).

Darstellung. Essigsaure Kochextrakte der Organe werden im Vakuum eingeengt und nach Befreien von Fett durch Ausäthern weiter zum Sirup eingeengt. Aufnehmen in Aceton, Abdampfen des Acetons und neuerliches Aufnehmen in Aceton. Die Lösung wird dann zur Trockne gebracht und der Rückstand in Aceton-Äther 3:1 aufgenommen und mit wenig Wasser ausgeschüttelt. Danach enthält die Aceton-Ätherlösung die blutdrucksteigernde Substanz.

Eigenschaften. Löslich in Wasser und Alkohol und 97%igem Aceton und teilweise in Mischungen von diesem mit Äther und Petroläther. Mit letzteren Lösungsmitteln auch partiell fällbar. Bei p_H 8,0 an Kohle adsorbierbar und bei p_H 4,0 eluierbar. Kochbeständig, aber empfindlich gegen Oxydation. Zerstörbar durch Essigsäureanhydrid.

Nachweis. Durch die protrahierte, beliebig oft wiederholbare Blutdrucksteigerung.

f) Gefäßverengernde Substanz des defibrinierten Blutes. Neben den S. 575 erwähnten Stoffen dürfte für die bei Durchströmungsversuchen an überlebenden Organen so störende vasokonstriktorische Wirkung des defibrinierten Blutes noch ein besonderer Stoff verantwortlich sein, wenn auch die ursächliche Beteiligung des Histamins an dem Zustandekommen dieser Wirkung nicht ausgeschlossen ist[1], Adrenalin[2] und Tyramin[3] konnten dagegen als Ursache unwahrscheinlich gemacht werden. In neuerer Zeit konnte die wirksame Substanz aus Rinderserum isoliert werden[4]. Sie wurde identisch mit Enteramin gefunden und als 5-Oxytryptamin, F 196—197,5°, erkannt[5].

g) Weitere gefäßverengernde Stoffe. Eine aus dem Harn gewonnene blutdrucksteigernde Substanz erwies sich als Nicotin (bei Rauchern)[6], eine weitere konnte als Piperidin identifiziert werden[7]. Im Blut von Tieren, die Blutungen oder anderen blutdrucksenkenden Eingriffen unterworfen worden waren, ließ sich eine anhaltend blutdrucksteigernde Substanz nachweisen[8]. In der Niere soll unter stress eine blutdrucksteigernde Substanz entstehen, die nicht mit Renin oder Angiotonin identisch ist[9]. Sie soll in der Leber zerstört werden, und außerdem soll die Leber eine antagonistisch wirksame depressorische Substanz bilden.

β) Wirkstoffe des Nervensystems[10-16].

1. Vagusstoff (Acetylcholin).

Durch die klassischen Versuche von Loewi[17] wurde gezeigt, daß während der Vagusreizung am Froschherzen im Herzinhalt ein Stoff auftritt, der an einem zweiten Herzen Vaguswirkung entfaltet. 1933 führte Dale den Begriff cholinergische und adrenergische Nerven bzw. Nervenfasern und Neurone ein, wobei die cholinergischen Nerven ihre Wirkung durch Acetylcholin, die adrenergischen, wie wir nunmehr wissen, durch Adrenalin oder Noradrenalin übertragen[18]. Ein analoges Auftreten von Acetylcholin ließ sich auch bei Reizung parasympathischer Nerven im Erfolgsorgan nachweisen[19], und schließlich bewirkte die

---

[1] Rothlin, E.: B. Z. **111**, 299 (1920). — Clark, A. J.: J. Pharmacol. exp. Therap. **23**, 45 (1924). — [2] O'Connor, I. M.: A. e. P. P. **67**, 195 (1912). — Heymans, C., J. J. Bouckaert et A. Moraes: Arch. int. Pharmacodyn. Thérap. **43**, 468 (1932). — [3] Muller, P.: C. R. Soc. Biol. **123**, 128 (1936). — Enger, R., u. H. Arnold: Dtsch. Arch. klin. Med. **131**, 759 (1937). — [4] Rapport, M. M., A. A. Green and I. H. Page: J. biol. Ch. **174**, 735 (1948). — [5] Erspamer, V., and B. Asero: Nature **169**, 800 (1952). — [6] Helmer, O. M., K. G. Kohlstaedt and I. H. Page: Amer. Heart J. **17**, 15 (1939). — [7] Euler, U. S. v.: Acta physiol. scand. **8**, 380 (1944). — [8] Shipley, R. E., O. M. Helmer and K. G. Kohlstaedt: Amer. J. Physiol. **149**, 708 (1947). — [9] Shorr, E., B. W. Zweifach and R. F. Furchgott: Science, N. Y. **102**, 489 (1945).

Zusammenfassende Darstellungen: 10—16. [10] Dale, H.: Harvey Lect. (1936/37) **32**, 229 (1937). — [11] Feldberg, W.: Gegenwärtige Probleme auf dem Gebiet der chemischen Übertragung von Nervenwirkungen. A. e. P. P. **212**, 64 (1950/51). — [12] Gerard, R. W.: The acetylcholine system in neural function. Recent Progr. Hormone Res. **5**, 37—61 (1950). — [13] Holtz, P.: Pharmazie **5**, 49 (1950). — [14] Muralt, A. v.: Vagusstoffe. Exper. **1**, 136 (1945). — [15] Nachmansohn, D.: Chemical control of nervous activity. A. Acetylcholin. Pincus-Thimann, Hormones Bd. 2, S. 515—599. — Blaschko, H.: B. Adrenaline and sympathin. Pincus-Thimann, Hormones Bd. 2, S. 601—631. — [16] Tainter, M. L., and F. P. Luduena: Sympathetic hormonal transmission. Recent Progr. Hormone Res. **5**, 3—35 (1950).

[17] Loewi, O.: Pflügers Arch. **189**, 237 (1921); **203**, 408; **204**, 361, 629 (1924). — [18] Dale, H. H.: J. Physiol., London **80**, 10 P (1934). — [19] Brinkman, R., u. J. van der Velde: Pflügers Arch. **207**, 488 (1925).

Reizung der präganglionären Faser im vegetativen Nervensystem ganz allgemein Freisetzung von Acetylcholin in den entsprechenden Ganglien[1]. Durch DALE[2] wurde dann schließlich nachgewiesen, daß auch die Reizübertragung von den motorischen Nerven auf den Skeletmuskel durch die Vermittlung von Acetylcholin erfolgt. Auch hier ist die Acetylcholinwirkung wie in den sympathischen und parasympathischen Ganglien nicotinartig, d. h. nicht durch Atropin hemmbar. Außerdem konnte das physiologische Vorkommen von Acetylcholin nachgewiesen werden[3]. Nach diesen und zahlreichen weiteren Arbeiten[4] ergibt sich nunmehr folgendes Bild: Die Übertragung der Nervenwirkung durch Acetylcholin ist gesichert für sämtliche präganglionären Fasern des sympathischen und parasympathischen Nervensystems. Dazu zählt auch die Innervation des Nebennierenmarks, die als präganglionäre sympathische Nervenfaser zu betrachten ist. Weiter werden alle motorischen Impulse auf die quergestreifte Muskulatur durch Acetylcholin vermittelt (man hat die motorischen Endplatten als Äquivalente der peripheren autonomen Nervenzellen aufgefaßt). Cholinergisch ist, wenigstens beim Menschen, auch die sympathische Innervation der Schweißdrüsen. Alle übrigen sympathischen Innervationen werden durch Adrenalin bzw. Noradrenalin vermittelt. Es scheint, daß neben dem Acetylcholin auch noch weitere Ester des Cholins für die Reizübertragung in Betracht kommen. So konnte z.B. Propionylcholin aus Rindermilz isoliert und seine Synthese durch Hirn und Milz nachgewiesen werden[5].

Man hat weiter den Acetylcholinmechanismus auch für die Reizübertragung in den Synapsen innerhalb des Zentralnervensystems in Anspruch genommen[6] und Unterschiede im Acetylcholingehalt des Gehirns je nach dem jeweiligen Erregungszustand nachweisen können[7]. Auch der Cholinacetylasegehalt unterliegt ähnlichen Veränderungen[8]. Schwierigkeiten hinsichtlich der Geschwindigkeit der Reizübermittlung im Zentralnervensystem, die vielfach größer als in den autonomen Synapsen ist, sowie hinsichtlich der Ergebnisse der pharmakologischen Beeinflußbarkeit lassen jedoch dieser Annahme keine allgemeine Gültigkeit. Es mögen im Zentralnervensystem cholinergische Synapsen vorkommen, für die Mehrzahl der zentralen Synapsen ebenso auch für die Synapsen innerhalb der afferenten animalen Nerven besitzen wir keine Kenntnisse hinsichtlich der Reizübertragung. Die behauptete Bedeutung des Acetylcholins für die Nervenleitung innerhalb der Faser[9,10], ja sogar für die Erregungsleitung innerhalb des Muskels[10], wird stark bezweifelt. Die Wirkung des Acetylcholins wird als Membrandepolarisation aufgefaßt[11].

Im Körper auftretendes Acetylcholin wird durch ein Ferment, die Cholinesterase (s. Bd. **1**, S. 1081 ff.), rasch gespalten und unwirksam gemacht[12]. Es kommen

[1] FELDBERG, W., and J. H. GADDUM: J. Physiol., London **81**, 305 (1934). — EMMELIN, N., u. A. MUREN: Acta physiol. scand. **20**, 13 (1950). — [2] DALE, H. H., W. FELDBERG and M. VOGT: J. Physiol., London **86**, 353 (1936). — BROWN, G. L.: Physiol. Rev. **17**, 485 (1937). — BROWN, G. L., H. H. DALE and W. FELDBERG: J. Physiol., London **87**, 394 (1936). — [3] DALE, H. H., and H. W. DUDLEY: J. Physiol., London **68**, 97 (1929/30). — [4] FELDBERG, W.: Gegenwärtige Probleme auf dem Gebiet der chemischen Übertragung von Nervenwirkungen. A. e. P. P. **212**, 64 (1950/51). — [5] GARDINER, J. E., and V. P. WHITTAKER: Biochem. J. **58**, 24 (1954). — [6] KROLL, F. W.: Fortschr. Neurol. **8**, 93 (1936). — FEGLER, J., H. KOWARZYK u. Z. LELUSZ-LACHOWICZ: Kli. Wo. **1938 I**, 667. — [7] RICHTER, D., and J. CROSSLAND: Amer. J. Physiol. **159**, 247 (1949). — [8] FELDBERG, W., and M. VOGT: J. Physiol., London **107**, 372 (1948). — FELDBERG, W., G. W. HARRIS and R. C. Y. LIN: J. Physiol., London **112**, 400 (1951). — [9] MURALT, A. v.: Kli. Wo. **1939 I**, 658. — [10] NACHMANSOHN, D., and M. S. WEISS: J. biol. Ch. **172**, 677 (1948). — [11] PETERS, R. A.: Nature **158**, 647 (1946). — [12] MENDEL, B., and D. B. MENDEL: Biochem. J. **37**, 64 (1943). — MENDEL, B., D. B. MUNDELL and H. RUDNEY: Biochem. J. **37**, 473 (1943). — MENDEL, B., and H. RUDNEY: Biochem. J. **37**, 59 (1943).

mehrere Cholinesterasen vor, die sich durch ihr Verhalten gegenüber Hemmstoffen (Physostigmin, Prostigmin, Trikresylphosphat, Curare, Diisopropylfluorophosphat, Coffein u. a.) voneinander unterscheiden. Nur die echte Cholinesterase ist von Bedeutung. Die Acetylcholinsynthese erfolgt durch ein Fermentsystem Cholinacetylase[1], (s. Bd. 1, S. 1085; Bd. 2/2a, S. 849ff.), das Adenosintriphosphat für seine Wirksamkeit benötigt. Weiter braucht es, um wirksam zu sein, die Gegenwart des Coenzym A[2]. In gereinigtem Zustand wird die Enzymwirkung durch Acetat gefördert[3], in unreinen Zubereitungen durch Citrat. Zucker wirkt hemmend auf die Acetylcholinbildung. Senkung des Blutzuckers könnte fördernd wirken und so die Hungerkontraktionen des Magens und die Insulinkrämpfe durch vermehrte Acetylcholinproduktion erklären.

2. Acceleransstoff (Sympathin E und I, Adrenalin, Noradrenalin).

Ebenso wie Vagusreizung am Froschherzen die Freisetzung von Acetylcholin bewirkt, verursacht Acceleransreizung Freiwerden von Adrenalin[4], das auf Grund seiner biologischen und schließlich auch chemischen Reaktionen eindeutig identifiziert werden konnte[5]. Zahlreiche Versuche bewiesen, daß ganz allgemein die Reizung sympathischer Nerven, mit Ausnahme der die Schweißdrüsen versorgenden, zu Freisetzung ähnlich wirkender Stoffe führt[6]. Die unterschiedliche Wirksamkeit sympathischer Nervenreizung veranlaßte CANNON[7] zwei verschiedene Effektorsubstanzen: Sympathin E (excitatory) und Sympathin I (inhibitory) anzunehmen. Ersteres ist heute mit Noradrenalin (Arterenol), letzteres mit Adrenalin identifiziert[8], so daß die Bezeichnungen Sympathin E und I gegenstandslos geworden sind. Es wird jedoch empfohlen, den Ausdruck Sympathin für Gemische von L-Adrenalin und L-Noradrenalin weiter zu benutzen[9]. Für die Mehrzahl der sympathischen Nerven ist L-Noradrenalin der Reizübermittler, so für die Milznerven[8, 10], für die Lebernerven (hier durch das Verhalten der Wirkung des bei Reizung freigesetzten Sympathins gegenüber Ergotamin[7, 11] bzw. Dioxanderivaten[12] und weiter durch die Identität der Fernreaktionen des freigesetzten Sympathins mit den Wirkungen des Noradrenalins[13] bewiesen). Adrenalin als Reizübermittler sympathischer Impulse ist für das Froschherz erwiesen, ebenso für die sympathische Innervation der Coronargefäße[9]. Adrenalin bzw. Noradrenalin scheinen in den Nervenzellen selbst gebildet zu werden. Von dort gelangen diese Stoffe entlang der Nervenfaser zu den Nervenendigungen, wo sie bei Reizung frei werden. Nach Nervendurchschneidung erlischt bekanntlich die Reizbarkeit des peripheren Stumpfes bald, und Auswaschen erschöpft rasch die Erregbarkeit sympathischer Nerven. Sie kann durch Zugabe kleiner Mengen reversibel oxydierten Adrenalins an den Hinterextremitäten der Katze[14] oder am isolierten Froschherzen[15] wiederhergestellt werden, desgleichen am Kaninchenohrgefäßpräparat[16].

[1] NACHMANSOHN, D., and A. L. MACHADO: J. Neurophysiol. **6**, 397 (1943). — [2] LIPMANN, F., N. O. KAPLAN, G. D. NOVELLI, L. C. TUTTLE and B. M. GUIRARD: J. biol. Ch. **167**, 869 (1947). — [3] NACHMANSOHN, D., and M. S. WEISS: J. biol. Ch. **172**, 677 (1948). — [4] LOEWI, O.: Pflügers Arch. **203**, 408; **204**, 361, 629 (1924). — [5] LOEWI, O.: Schweiz. med. Wschr. **67**, 850 (1937). — GADDUM, J. H., and H. KWIATKOWSKI: J. Physiol., London **96**, 385 (1939). — [6] BACQ, Z. M.: Arch. int. Physiol. **36**, 167 (1933). — FINKLEMAN, B.: J. Physiol., London **70**, 145 (1930). — LEHMANN, G.: Z. Biol. **92**, 391 (1932). — [7] CANNON, W. B., and A. ROSENBLUETH: Amer. J. Physiol. **104**, 557 (1933). — [8] EULER, U. S. v.: Acta physiol. scand. **11**, 168; **12**, 73 (1946). J. Physiol., London **105**, 26 P (1946/47). — [9] BACQ, Z. M., and P. FISCHER: Arch. int. Physiol. **55**, 73 (1947). — [10] EULER, U. S. v., and U. HAMBERG: Nature **163**, 642 (1949). — EULER, U. S. v., and A. ASTROM: Acta scand. physiol. **16**, 97 (1948). — [11] STEHLE, R. L., and H. C. ELLSWORTH: J. Pharmacol. exp. Therap. **59**, 114 (1937). — [12] MELVILLE, K. I.: J. Pharmacol. exp. Therap. **59**, 317 (1937). — [13] GADDUM, J. H., and L. G. GOODWIN: J. Physiol., London **105**, 357 (1947). — [14] BURN, J. H., and M. L. TAINTER: J. Physiol., London **71**, 169 (1931). — [15] CALDEYRO BARCIA, R.: Arch. Soc. Biol. Montevideo **13**, 183 (1946). — [16] DEROUAUX, G., and J. ROSKAM: J. Physiol., London **108**, 1 (1949).

Für die verlockende Annahme, alle Nervenwirkungen als durch chemische Reizüberträger vermittelt zu erklären, fehlen heute noch die Beweise; man mag sie jedoch als Arbeitshypothese weiterer Forschung zugrunde legen.

Zwar kommt Substanz P (vgl. S. 577) in Gehirn und Hinterwurzeln vor, besitzt jedoch keine zentralen Reizwirkungen, so daß ihre Rolle als Überträgerstoff vorläufig außerordentlich fraglich erscheint. Dies gilt in gewissem Maße auch für die Reizübertragung aus den Zellen des AUERBACH-Plexus, soweit sie atropinresistent ist, auf die glatte Muskulatur des Darms. Letztere Hypothese bleibt aber immerhin ernsthaft zu diskutieren. Eine Rolle des Histamins, das als Reizüberträger im peripheren Nervensystem in Anspruch genommen wurde[1], gilt nicht als erwiesen[2]. Es wird ihm nur eine Bedeutung bei der Entwicklung von Hyperämie, Schmerzen, Brennen und Jucken nach Hautreizen zugebilligt[3]. Das gesamte Problem wurde umfangreich auf dem Symposion über neurohumorale Transmission in Philadelphia 1953 erörtert[4].

3. Vagotonin.

Aus Rohinsulin konnte ein eiweißartiger, gegen starke Säuren und Alkalien, sowie gegen Hitze empfindlicher Stoff abgetrennt werden, der am Kaninchen eine allgemeine Erregbarkeitssteigerung des Parasympathicus auslöst[5]. Am Hund ließ sich nach Injektion von Zubereitungen dieses Vagotonin benannten Stoffes das Erscheinen der mit Lithiumchlorid aussalzbaren Wirksamkeit im Harn nachweisen[6]. Die Überventilationsapnoe von Hunden in Chloralosenarkose wurde durch Vagotonin vermindert[7]; durch Fraktionierung mit Lithiumsulfat konnte Vagotonin in 2 Komponenten aufgespalten werden, von denen die löslichere und in größerer Menge vorhandene die parasympathische Reflexerregbarkeit steigerte, die besser aussalzbare das Atemzentrum erregte[8]. Die Histaminquaddel wurde durch Vagotonin verstärkt, ihre Dauer verlängert[9].

Eigenschaften[10]. Weißes, amorphes in Wasser, warmem Phenol, Chloroform, Xylol, Formalin, Benzol, Toluol, wäßrigem Alkohol und Pyridin lösliches Pulver von der Zusammensetzung: C 48,8—49,2%, H 7,5—7,8%, N 13,9—14,3%, S 3,18—3,27%, Asche 0,5—0,7%, P 0%. Aus wäßrigen Lösungen fällbar durch LiCl, NaCl, KCl, Na_2SO_4-Sättigung, nicht fällbar durch $BaCl_2$, $CaCl_2$, $FeCl_3$, $ZnSO_4$, Zn-Acetat, Na_2HPO_4, $CuSO_4$, Oxalsäure, Weinsäure, Citronensäure oder Milchsäure. Fällbar durch Pikrinsäure, Trichloressigsäure, Phosphormolybdänsäure und Uranylacetat. Es gibt die üblichen Eiweißreaktionen und hat 2 Absorptionsminima bei 2430 bzw. 2980 Å und ein Absorptionsmaximum bei 2750 Å.

γ) Motilität und Sekretionsleistungen des Verdauungstraktes beeinflussende Stoffe[11].

Motilität und Sekretionsleistungen des Verdauungskanals stehen zweifellos unter dem beherrschenden Einfluß des vegetativen Nervensystems. Neben dieser gut durchforschten nervösen Regelung wird durch die Arbeiten der letzten Jahr-

---

[1] UNGAR, G.: C. R. Soc. Biol. **118**, 620 (1935). — UNGAR, G., and J. L. PARROT: C. R. Soc. Biol. **129**, 753 (1938). — [2] FELDBERG, W. S.: Pharmacol. Rev. **6**, 85 (1954). — [3] PARROT, J. L.: Pharmacol. Rev. **6**, 119 (1954). — [4] Symposium on neurohumoral transmission, Physiological Society of Philadelphia. Pharmacol. Rev. **6**, 1 (1954). — [5] SANTENOISE, D.: Cr. **194**, 572 (1932). Bull. gén. Thérap. **183**, 249 (1932). — [6] FRANCK, C., R. GRANDPIERRE et E. STANKOFF: C. R. Soc. Biol. **131**, 324 (1939). — [7] GRANDPIERRE, R., C. FRANCK et M. VIDACOVITCH: C. R. Soc. Biol. **131**, 321 (1939). — [8] SANTENOISE, D., T. SANTENOISE, M. POLONOVSKI et G. MICHEL: Cr. **232**, 447 (1951). — MICHEL, G. F.: Recu. Trav. chim. Pays-Bas **72**, 227, 232 (1953). — MICHEL, G., et T. SANTENOISE: Bull. Soc. Chim. biol. **34**, 20 (1952). — [9] SPILLMANN, L., J. L. CRÉHANGE, C. FRANCK et J. DAVID: C. R. Soc. Biol. **131**, 317 (1939). — [10] MOTA LIRA, P. DA: Rev. Quím. Farmácia **12**, 9 (1947). — SANTENOISE, D., T. BRIEU et E. STANKOFF: C. R. Soc. Biol. **124**, 127 (1937). — [11] BABKIN, B. P.: Secretory Mechanism of the Digestive Glands. 2. Aufl. New York 1950. — GREENGARD, H.: The hormones of the gastrointestinal tract. In: The Chemistry and Physiology of Hormones. Amer. Ass. Adv. Sci. Washington 1944. — GREENGARD, H.: Hormones of the gastrointestinal tract. Pincus-Thimann, Hormones Bd. 1, S. 201—254. — GROSSMAN, M. I.: Gastrointestinal hormones. Physiol. Rev. **30**, 33—90 (1950). — HOLLANDER, F.: Rev. Gastroenterol., N. Y. **18**, 651 (1951). — HOUSSAY, B. A.: Hormonos del Apparato Digestivo. Buenos Aires 1944. — IVY, A. C.: Physiol. Rev. **10**, 282 (1930); **14**, 1 (1934).

zehnte immer deutlicher auch ein humoraler Steuerungsmechanismus erkennbar, der, den nervösen Regulationen parallel geschaltet, Menge und Fermentgehalt der Verdauungssäfte beeinflußt und auch auf die Motilität des Magen-Darmkanals Einfluß nimmt. Bildungsort dieser hierher gehörenden Hormone ist die Darmschleimhaut bestimmter Abschnitte. Den auslösenden Reiz für ihre Sekretion stellt meist der Darminhalt, der p_H oder gewisse Nahrungsbestandteile dar, gelegentlich scheint es auch nur der Füllungsgrad zu sein. Manche der nachstehend beschriebenen Hormone können noch nicht ganz als gesichert gelten. Die einschlägigen Untersuchungen haben mit ganz besonderen Schwierigkeiten zu kämpfen. Die klassischen Methoden der Hormonforschung durch Ausschaltung der innersekretorischen Organe und Beseitigung der Ausfallserscheinungen mit Drüsenextrakten sind hier in den meisten Fällen nicht anwendbar. Die Ausschaltung des gewöhnlich in den Organextrakten vorkommenden, Sekretionen und Motilität stark beeinflussenden Histamins macht außerordentliche Schwierigkeiten. Dazu kommt, daß anscheinend alle hierher gehörenden Hormone Eiweißkörper oder wenigstens Polypeptide sind, deren Reindarstellung Schwierigkeiten macht. Wieweit Ausfälle oder Fehlsekretionen der einschlägigen Hormone am Zustandekommen klinischer Krankheitsbilder beteiligt sind, ist ebenfalls noch vollkommen unklar. Therapeutisch hat selbst das am längsten bekannte und am intensivsten untersuchte Pankreassecretin kaum Verwendung gefunden, wenn man von der gelegentlichen diagnostischen Anwendung zur Erkennung von Sekretionsstörungen des Pankreas absieht.

1. Pankreassecretin[1] (s. a. Bd. **1**, S. 698, 1156; Bd. **2**/1, S. 131).

Im Jahre 1902 wurde durch BAYLISS u. STARLING[2] der Nachweis erbracht, daß die intravenöse Injektion eines sauren Extraktes aus Duodenalschleimhaut zu einer lebhaften Sekretion des Pankreas führt. Das Secretin soll nach Ansicht der Entdecker aus einem in der Darmwand präformierten Prosecretin durch die Einwirkung von Säure, insbesondere der Magensalzsäure, entstehen. Wie schon Bd. **2**/1, S. 131 erwähnt, wurde für das Secretin erstmalig die Bezeichnung Hormon angewendet. Die Annahme eines Prosecretins scheint übrigens heute verlassen zu sein.

Vorkommen. Reichlich in der Schleimhaut des oberen Dünndarms (schon beim Neugeborenen[3], auch schon intrauterin bei Feten von Kaninchen und Meerschweinchen[4] oder Katzen[5]), sehr viel weniger in den unteren Abschnitten des Dünndarms und ebenfalls in geringer Konzentration in der Magenschleimhaut. Im Enddarm fehlt es[6]. Das für Leber[7] und Muskulatur[8] beschriebene Vorkommen dürfte wohl auf Histaminwirkungen zurückzuführen sein. Nach großen Gaben erscheint es im Harn[9], wird jedoch sonst in der Regel rasch durch ein im Blut vorhandenes Fermentsystem, *Secretinase*[10] (p_H Optimum 7,4), das durch Vitamin K hemmbar sein soll[11], inaktiviert.

Darstellung. Die älteren Versuche zur Darstellung des Secretins gehen von wäßrigsauren oder wäßrig-alkoholischen Extrakten der Dünndarmschleimhaut aus. Die weitere

---

[1] LA BARRE, J.: La sécrétine, son rôle physiologique, ses propriétes thérapeutiques. Paris 1936. — [2] BAYLISS, W. M., and E. H. STARLING: J. Physiol., London **28**, 325 (1902). — [3] HALLION, (L.), et (M.) LEQUEUX: C. R. Soc. Biol. **61**, 33 (1906). — [4] CAMUS, L.: C. R. Soc. Biol. **61**, 59 (1906). — [5] PRINGLE, H.: J. Physiol., London **42**, XL (1911). — [6] MELLANBY, J., and A. S. G. HUGGETT: J. Physiol., London **61**, 122 (1926). — [7] MATSUOKA, K.: B. Z. **136**, 377 (1923). — [8] EISENHARDT: Int. Beitr. Ernähr.-Störungen **2** (1910). — [9] MELLANBY, J.: Proc. R. Soc. London (B) **111**, 429 (1932). — [10] GREENGARD, H., I. F. STEIN jr. and A. C. IVY: Amer. J. Physiol. **133**, 121 (1941). — [11] DOUBILET, H., D. HOPE und and L. SCHMIDT: Gastroenterol., Baltimore **7**, 108 (1946).

Reinigung geschah durch „isoelektrische" Fällung, durch Adsorption an Gallensäureniederschläge[1] und Fällung der wäßrig-alkoholischen Lösung mit Aceton[2], durch Ultrafiltration[3], Fällung mit Brucin und Extraktion mit Methylalkohol[4], durch Fällung mit $HgCl_2$ und Behandeln mit H_2S, Einengen und Fällung mit Aceton[5] oder durch Adsorption an ein Gel aus Chloroform und Wasser[6]. Im weiteren Verlauf haben sich besonders 2 Verfahrensschritte bewährt: Aussalzung eines sauren Primärextraktes durch NaCl-Sättigung[7] = *A-Fällung* und das Aufnehmen dieses Niederschlages in 70%igem Alkohol, Wegdampfen des Alkohols und Fällung durch 5%ige Trichloressigsäure[8] = *SI-Fällung*, die frei von Histamin und anderen gefäßaktiven Substanzen war und ein gutes, stets reproduzierbares Ausgangsmaterial für weitere Reinigungsversuche darstellte. Zu 2 chemisch nicht identischen krystallisierten Pikrolonaten gelangten 2 verschiedene Arbeitskreise: HAMMARSTEN u. Mitarb.[9] extrahieren Schweinedünndarm mit n/20 H_2SO_4 und fällen nach Klärung des Extraktes mit 150 cm³ 10%iger $HgSO_4$-Lösung in 5%iger H_2SO_4 je *l* Extrakt. Nach Zerlegen der Fällung mit H_2S und Einengen wird mit Pikrinsäure gefällt. Das Pikrat wird in einer Mischung von Alkohol und 2 n H_2SO_4 4:1 aufgenommen und mit Aceton gefällt. Bei Elektrodialyse durch Pergament wird in der Kathodenflüssigkeit ein so weit gereinigtes Präparat erhalten, daß die Herstellung eines krystallisierten Pikrolonats gelingt. Zur Trennung von Pankreozymin (vgl. S. 591) wurde von Gallensäurefällungen der Extrakte aus Schweinedünndarmschleimhaut ausgegangen. Der Alkoholextrakt daraus wurde mit Aceton gefällt und lieferte mit dem durch Konzentrierung und Aussalzen mit NaCl (30%ig) aus dem Acetonfiltrat vereinigt secretinfreies Pankreozymin, während das Secretin in der Gallensäurefällung enthalten war[10]. Weitere Arbeiten legen besonderen Wert auf die Entfernung gefäßwirksamer und pyrogener Substanzen in den Secretinzubereitungen[11]. Auch Extraktion des tiefgekühlt aufbewahrten Darmmaterials mit kalter 0,12 n HCl, Aussalzen mit NaCl, Extraktion der Fällung mit Methanol bei p_H 7,0 und Niederschlagen des Secretins im Extrakt mit der doppelten Menge Aceton kam zur Anwendung. Nach Umfällen mit NaCl, Gefriertrocknung und Extraktion des Pulvers mit Methanol bei p_H 6,5—7,0 wird das Methanolfiltrat bei p_H 2,0—2,5 mit 3 Volumen Äther gefällt[12]. Weiter wurde die Adsorption des Rohsecretins an Pectin, Elution mit saurem Äthanol, Fällung mit Aceton und Beseitigung weiterer Verunreinigungen in der Fällung durch Extraktion mit 90%igem Methanol bei 4° und endgültige Fällung aus dem Methanolextrakt mit Aceton empfohlen[13]. Ausfrieren von Verunreinigungen aus methanolischer Lösung bei —80° ergibt weitere Reinigung[14].

GREENGARD u. IVY[15] gingen von der „SI-Fällung" (s. o.) aus. Sie nahmen sie in 80%igem sauren Aceton auf und versetzten die Lösung bis zur maximalen Fällung mit Anilin. Das Filtrat dieser Fällung wurde zur Trockne gebracht, der Rückstand in Methanol aufgenommen, vom Unlöslichen abgetrennt und die Lösung mit Äther gefällt. Die in Wasser aufgenommene Ätherfällung wurde mit Butanol extrahiert, das Butanol aus der wäßrigen Phase durch Vakuumdestillation entfernt und schließlich das Secretin durch Pikrolonsäure krystallin gefällt. Die daraus isolierbare freie Base und auch andere Salze waren nicht zur Krystallisation zu bringen. Es wurde weiter vorgeschlagen, von einem Acetontrockenpulver der Darmschleimhaut und einem daraus hergestellten Alkoholextrakt, der anschließend durch Trichloressigsäure und Anilinbehandlung gereinigt wurde, auszugehen. Pikrinsäurefällung liefert

---

[1] MELLANBY, J.: J. Physiol., London **60**, 85 (1925); **64**, 331 (1928). Lancet **1926 II**, 215. — [2] MELLANBY, J.: J. Physiol., London **61**, XXXVII (1926); **66**, 1 (1928). — [3] TAKÁCS, L.: Z. ges. exp. Med. **63**, 553 (1928). — [4] STILL, E. U.: Amer. J. Physiol. **91**, 405 (1930). — [5] DALE, H. H., and P. P. LAIDLAW: J. Physiol., London **44**, XI (1912). — [6] HAMMARSTEN, E., O. WILANDER u. G. ÅGREN: Acta med. scand. **68**, 239 (1928). — [7] WEAVER, M. M., A. B. LUCKHARDT and F. C. KOCH: J. amer. med. Ass. **87**, 640 (1926). — [8] IVY, A. C., G. KLOSTER, G. E. DREWYER and H. C. LUETH: Amer. J. Physiol. **95**, 35 (1930). — [9] HAMMARSTEN, E., E. JORPES u. G. ÅGREN: B. Z. **264**, 272 (1933). — HAMMARSTEN, E., G. ÅGREN, H. HAMMARSTEN u. O. WILANDER: B. Z. **264**, 275 (1933). — ÅGREN, G., and E. HAMMARSTEN: J. Physiol., London **90**, 330 (1937). — [10] CRICK, J., A. A. HARPER and H. S. RAPER: J. Physiol., London **110**, 367 (1949). — [11] FRIEDMAN, M. H. F., and J. E. THOMAS: Proc. Soc. exp. Biol. Med. **73**, 345 (1950). — [12] JORPES, J. E., and V. MUTT: Biochem. J. **52**, 328 (1952). — [13] JORPES, E., and V. MUTT: Ark. Kemi **6**, 273 (1954). — [14] JORPES, J. E., and V. MUTT: Nature **172**, 124 (1953). — [15] GREENGARD, H., and A. C. IVY: Amer. J. Physiol. **124**, 427 (1938). — DOUBILET, H., D. HOPE and L. SCHMIDT: Gastroenterol., Baltimore **7**, 108 (1946).

dann hochgereinigte Produkte mit einem Mol.Gew. von etwa 5000—14400. Die Aminosäurezusammensetzung wird in Tabelle 172 wiedergegeben[1].

Eigenschaften. Secretin ist eine ausgesprochene Base, als Salz relativ gut wasserlöslich und auch in wasserlöslichen organischen Lösungsmitteln recht gut löslich. Fällbar durch höhere Konzentrationen von Aceton oder Äther und durch Basenfällungsmittel, wie Pikrinsäure, Pikrolonsäure, Phosphorwolframsäure usw. Unstabil in wäßriger Lösung, besonders bei einem p_H höher als 3,0. Auch in saurer Lösung erträgt es nur kurzes Kochen. Außer durch Wärme und Alkali tritt auch durch UV-Licht oder Behandlung mit H_2O_2 Inaktivierung ein. Erhitzen in Alkohol inaktiviert ebenfalls[2]. Secretin ist dialysabel und ultrafiltrabel. Es wird durch krystallisiertes Pepsin, Trypsin oder Chymotrypsin nicht inaktiviert[3]. Aminopolypeptidase spaltet, ohne zu inaktivieren, Aminosäuren ab[4].

Tabelle 172. Aminosäurezusammensetzung eines Secretinpräparates.

	%
Asparaginsäure + Cystein	4,08
Lysin	9,13
Glutaminsäure + Serin + Glycin	29,43
Arginin + Threonin	3,72
Alanin + Tyrosin	14,74
Valin	5,98
Phenylalanin + Methionin + Leucin + iso-Leucin	26,36

Das nach HAMMARSTEN gewonnene krystallisierte Secretinpikrolonat ist relativ hochmolekular. Nach Ultrazentrifugenversuchen hat es ein Mol.Gew. von etwa 5000. Die Elementarzusammensetzung des daraus hergestellten Phosphats war: C 46,08, H 6,93, N 14,39, S 0,68—0,88%. 7% des N lagen als freie, durch salpetrige Säure abspaltbare NH_2-Gruppen vor. Im Molekül des HAMMARSTEN-Secretins wurden nachgewiesen: je 2 Mol Arginin und Prolin, 3 Mol Lysin und je 1 Mol Histidin, Glutaminsäure, Asparaginsäure und Methionin sowie 25 unaufgeklärte Reste[5]. Aus dem S-Gehalt errechnete sich ein Mol.Gew. von 4740.

Während bei dem Pikrolonat nach HAMMARSTEN der Pikrolonsäureanteil unbedeutend ist, macht die Pikrolonsäure in dem Pikrolonat von GREENGARD u. IVY 80% aus. Dieses Produkt enthält C 52,0, H 4,5 und N 20,0%. Es wurde schwefelfrei gefunden. Die Zusammensetzung entspricht einer Bruttoformel von C_3H_3ON. Es enthält keine freien NH_2-Gruppen und keinen aktiven Wasserstoff. Es schmilzt scharf bei 234—235°, Gefrierpunktsdepression und Diffusionskonstante lassen auf ein niedriges Mol.Gew. schließen[6]. Von den verschiedenen Farbreaktionen auf Aminosäuren ist nur noch die Biuretreaktion positiv. Weitere Untersuchung des krystallinen Materials ergab, daß es sich bei den Krystallen stets um Mischkrystalle von Anilin-Secretin-Pikrolonat bzw. Pyridin-Secretin-Pikrolonat handelt[7]. Durch Behandlung mit Nitroäthan konnte Anilin bzw. Pyridinpikrolonat extrahiert werden. Das Secretinpikrolonat wurde dabei amorph erhalten.

Nachweis. Durch die Steigerung der Sekretion des Pankreas nach intravenöser Injektion am Fistelhund oder im akuten Versuch[8]. Als Einheit wurde

[1] GERSHBEIN, L. L., and M. KRUP: Am. Soc. **74**, 679 (1952). — [2] IVY, A. C., G. KLOSTER, H. C. LUETH and G. E. DREWYER: Amer. J. Physiol. **91**, 336 (1929). — [3] GREENGARD, H., I. F. STEIN jr. and A. C. IVY: Amer. J. Physiol. **133**, 121 (1941). — [4] ÅGREN, G.: Skand. Arch. Physiol. **77**, 94 (1937). — ÅGREN, G., and E. HAMMARSTEN: J. Physiol., London **90**, 330 (1937). — [5] ÅGREN, G.: J. Physiol., London **94**, 553 (1939). — NIEMANN, C.: Proc. nat. Acad. Sci. USA **25**, 267 (1939). — [6] GREENGARD, H.: Diss. Northwestern Univ. Med. School. Chicago 1937. — [7] GREENGARD, H., M. L. WOLFROM and R. K. NESS: Fed. Proc. **6**, 115 (1947). — [8] BICKEL, A., u. C. VAN EWEYK: Sekretine. Handb. biol. Arb. Meth. Abt. V. T. 3/B, 1. Hälfte, S. 669—677.

zunächst die Menge gewählt, die beim Hund in einer 10 min-Periode die Sekretmenge um 10 Tropfen = 0,4 cm³ erhöhte[1]. Besser war der Vergleich mit einem Standardpräparat (SI-Fällung, vgl. S. 589), dessen Schwellendosis, 0,25 mg je Hund, als Einheit betrachtet wurde = IVY-Einheit[2]. Auch die Alkaliausscheidung mit dem Pankreassaft wurde zur Auswertung herangezogen[3]. HAMMARSTEN benutzt dazu die Katze in Urethannarkose und sammelt den nach Secretininjektion sezernierten Pankreassaft mit einer ins Duodenum eingelegten Filtrierpapierrolle. Der Alkaligehalt wird dann gegen Methylrot mit 0,1 n HCl titriert, wobei die Anzahl der verbrauchten 0,1 cm³ 0,1 n HCl als Einheiten bezeichnet werden = HAMMARSTEN-Einheit. Eine IVY-Einheit = etwa $^1/_{20}$ HAMMARSTEN-Einheit[2]. Kaninchen waren auch für die Auswertung geeignet[4]. Auch Auswertung am Menschen wurde versucht[5].

Physiologie. Die Existenz des Secretinmechanismus ist durch zahlreiche Versuche bewiesen. Nerveneinfluß konnte durch Transplantation der gereizten Dünndarmschlinge oder durch Transplantation des Erfolgsorgans sowie durch Parabioseversuche ausgeschaltet werden. Der physiologische Reiz für die Sekretion von Secretin scheint Anwesenheit von H-Ionen im oberen Dünndarm zu sein. Ein p_H von 4,0—5,0 ist ausreichend[6]. Es scheint nicht sicher zu sein, ob auch andere Inhaltstoffe (Salzlösungen[7], Chloralhydrat[8]. Alkohol, Seifen[9], Zucker, Harnstoff, Glycerin[10], verdünnte Alkalien, Phosphatpuffer[11]) direkt oder nur indirekt zur Secretinsekretion führen. Secretin bewirkt Sekretion eines fermentarmen, jedoch nie fermentfreien, salz-, besonders hydrogencarbonatreichen Pankreassaftes. Es steigert auch den Gallenfluß[12]. Der Secretingehalt des Rattendünndarms nimmt nach Hypophysektomie ab[13].

Atropin hat wenig[14] oder keinen[15] Einfluß auf die Secretinwirkung, deren Angriffspunkt wohl in der Pankreasdrüsenzelle selbst zu suchen ist.

2. Pankreozymin (s. a. Bd. 2/1, S. 133).

Wie oben erwähnt, führt Secretin zur Sekretion eines fermentarmen Pankreassaftes, während Anwesenheit von Nahrungsstoffen im Duodenum oder Vagusreizung zur Produktion eines fermentreichen Pankreassekretes führt. Es konnte nun gezeigt werden, daß ein ähnlicher Mechanismus wie für die Secretinsekretion in dem Sinne besteht, daß die Dünndarmschleimhaut auf bestimmte lokale Reize hin ein Hormon (Pankreozymin) sezerniert, das die Bildung eines an eiweiß-, fett- und kohlenhydratspaltenden Fermenten reichen Pankreassaftes auslöst[16]. An Katzen in Narkose[17] oder am nichtnarkotisierten Hund[18] führte die Anwesenheit

[1] IVY, A. C., G. KLOSTER, H. C. LUETH and G. E. DREWYER: Amer. J. Physiol. **91**, 336 (1929). — [2] GREENGARD, H., and A. C. IVY: Amer. J. Physiol. **124**, 427 (1938). — [3] WILANDER, O., and G. ÅGREN: B. Z. **250**, 489 (1932). — [4] DORCHESTER, J. E. C., and R. E. HAIST: J. Physiol., London **118**, 182 (1952). — [5] HAMMARSTEN, E., G. ÅGREN and H. LAGERLÖF: Acta med. scand. **92**, 256 (1937). — [6] THOMAS, J. E.: Amer. J. digest. Dis. **7**, 195 (1940). — [7] DELEZENNE, C., et E. POZERSKI: C. R. Soc. Biol. **56**, 987 (1904). — [8] FALLOISE, A.: Bull. Acad. R. Méd. Belg. **1903**, 757. — [9] FLEIG, C.: J. Physiol. Path. gén. **6**, 32 (1904). — [10] FROUIN, A., et (S.) LALOU: C. R. Soc. Biol. **71**, 189 (1911). — [11] MELLANBY, J., and A. S. G. HUGGETT: J. Physiol., London **61**, 122 (1926). — [12] DOWNS, A. W.: Amer. J. Physiol. **52**, 498 (1920). — FRIEDMAN, M. H. F., and W. J. SNAPE: Fed. Proc. **4**, 21 (1945). — HENRI, V., et P. PORTIER: C. R. Soc. Biol. **54**, 620 (1902). — OKADA, S.: J. Physiol., London **49**, 457 (1914). — TANTURI, C. A., A. C. IVY and H. GREENGARD: Amer. J. Physiol. **120**, 336 (1937). — [13] DORCHESTER, J. E. C., and R. E. HAIST: J. Physiol., London **118**, 188 (1952). — [14] THOMAS, J. E., and J. O. CRIDER: Amer. J. Physiol. **116**, 154 (1936). — [15] BAYLISS, W. M., and E. H. STARLING: J. Physiol., London **28**, 325 (1902); **29**, 174 (1903). — EISLER, B., u. G. ÅGREN: Kli. Wo. **1936 I**, 1686. — [16] HARPER, A. A., and H. S. RAPER: J. Physiol., London **102**, 115 (1943). — [17] HARPER, A. A., and C. C. N. VASS: J. Physiol., London **99**, 415 (1941). — [18] CRIDER, J. O., and J. E. THOMAS: Amer. J. Physiol. **141**, 730 (1944).

bestimmter Nahrungsstoffe im Dünndarm auch nach beiderseitiger Ausschaltung von Vagus und Sympathicus zu erhöhter Ausschüttung von Pankreasfermenten.

Vorkommen. In der Schleimhaut der gleichen Darmabschnitte wie Secretin.

Darstellung. Pankreozymin konnte aus dem Filtrat der Gallensäurefällung des Secretins (vgl. S. 589) durch Aussalzen, Extrahieren des Niederschlags mit Alkohol und Einengen[1] gewonnen werden. Es war weiter auch in der Anilinfällung enthalten, die aus dem in 80%igem Aceton aufgenommenen „SI-Niederschlag" erhalten werden konnte (vgl. S. 589), während das Secretin im wesentlichen im Filtrat der Anilinfällung zu finden war[2]. Durch Extraktion mit saurem Methanol konnte die Anilinfällung weiter gereinigt werden. Hinsichtlich Trennung von Secretin vgl. S. 589.

Eigenschaften. Wasserlöslich und unlöslich in organischen Lösungsmitteln. In Lösung nicht unbegrenzt haltbar, besonders empfindlich gegen Alkali. Erträgt kurzes Kochen, wird durch Pepsin nicht, wohl aber durch aktivierten Pankreassaft zerstört. Durch Cellophan langsam dialysabel. Im Blut scheint es inaktiviert zu werden[3].

Nachweis. An der narkotisierten Katze[1] durch Kontrolle des Amylasegehaltes einer durch periodische Secretininjektion aufrechterhaltenen Pankreassekretion. Am Hund ebenfalls unter Secretininjektion[2]. Eine weitere Auswertungstechnik wurde von Burn u. Holton[4] vorgeschlagen.

Physiologie. Der Eintritt gewisser Inhaltstoffe in den oberen Dünndarm führt zur Sekretion von Pankreozymin. Es ist noch nicht bei allen für die Auslösung der Pankreozyminsekretion in Anspruch genommenen Stoffen (Seifen, Peptone[5,6], Stärke, Dextrin, Maltose, Lactose[7], Casein, Inulin, Kochsalzlösung[8]) mit Sicherheit erwiesen, daß sie ohne Nerveneinwirkung direkt wirksam sind. Immerhin konnte[9] an Hunden mit verlagertem Pankreas gezeigt werden, daß Pepton und Aminosäuren zu starker Pankreozyminausschüttung führen, während HCl die Secretinsekretion stark stimuliert und die Pankreozyminausschüttung nur geringfügig beeinflußt. Atropin ändert den Erfolg einer Pankreozymininjektion nicht[10], scheint jedoch die Freisetzung von Pankreozymin durch die Darmschleimhaut zu beeinträchtigen[11].

3. Gastrin (Magensecretin) (s. a. Bd. 2/1, S. 43).

Von der Beobachtung ausgehend, daß Extrakte aus Pylorusschleimhaut bei intravenöser Injektion an Katzen in Narkose zu starker HCl-Sekretion der Magenschleimhaut führten, wurde von Edgkins[12] ein Magensecretin oder Gastrin postuliert. Es sollte auf einen chemischen Reiz der Mageninhaltstoffe oder auch nur auf einen Dehnungsreiz hin sezerniert werden und auf dem Blutwege die Fundusdrüsen zur Salzsäuresekretion anregen. Der Vagus scheint nicht in den Gastrinmechanismus eingeschaltet zu sein[13]. Wirksame Extrakte wurden erhalten durch kurze heiße Extraktion der Magenschleimhaut mit n/10 HCl, Einengen,

---

[1] Harper, A. A., and H. S. Raper: J. Physiol., London **102**, 115 (1943). — [2] Greengard, H., and A. C. Ivy: Fed. Proc. **4**, 26 (1945). — [3] Greengard, H., M. I. Grossman, J. R. Woolley and A. C. Ivy: Science, N. Y. **99**, 350 (1944). — [4] Burn, J. H., and P. Holton: J. Physiol., London **107**, 449 (1948). — [5] Crider, J. O., and J. E. Thomas: Amer. J. Physiol. **141**, 730 (1944). — [6] Thomas, J. E., and J. O. Crider: Amer. J. Physiol. **140**, 574 (1944). — [7] Thomas, J. E., and J. O. Crider: Fed. Proc. **6**, 214 (1947). — [8] Harper, A. A., and C. C. N. Vass: J. Physiol., London **99**, 415 (1941). — [9] Wang, C. C., and M. I. Grossman: Amer. J. Physiol. **164**, 527 (1951). — [10] Harper, A. A., and I. F. S. Mackay: J. Physiol., London **107**, 89 (1948). — [11] Thomas, J. E., and J. O. Crider: J. Pharmacol. exp. Therap. **87**, 81 (1946). — [12] Edgkins, J. S.: J. Physiol., London **34**, 133 (1906). — Lim, R. K. S.: Quart. J. exp. Physiol. **13**, 79 (1922). — [13] Janowitz, H. D., and F. Hollander: Proc. Soc. exp. Biol. Med. **76**, 49 (1951).

Extraktion mit Alkohol und neuerliches Einengen[1]. Auch andere Organe, unter anderem Speicheldrüsen und Leber[2], lieferten gastrinartig wirkende, atropinfeste Extrakte. In all diesen Extrakten war jedoch die sekretionssteigernde Wirkung nicht von den starken Gefäßwirkungen zu trennen, und schließlich konnte daraus als das wirksame Agens Histamin isoliert werden[3]. Erst in neuerer Zeit wird die Herstellung eines histaminfreien Präparates beschrieben[4]. Tiefgekühlt aufbewahrte, gereinigte Pylorusschleimhaut aus Schweinemagen wird mit n/10 HCl in 95%igem Methanol extrahiert. Der auf p_H 5,0 eingestellte Extrakt wird filtriert und nach Einstellen auf p_H 5,5 neuerlich geklärt. Einstellen des Filtrats auf p_H 7,0 liefert einen Niederschlag, der in n/10 HCl in 99%igem Methanol aufgenommen wird. Es folgt Fällung mit der 4fachen Menge Alkohol und Trocknen mit Äther. Nach wiederholter isoelektrischer Fällung bei p_H 7,0, Fällung aus saurer methanolischer Lösung mit Äther und schließlich Dialyse wird eine hochwirksame, protein- und histaminfreie Substanz erhalten, die leicht löslich in Wasser und verdünnten Säuren ist. In trockenem Zustand ist sie haltbar[4]. Die Frage, ob Histamin bei der normalen Magensekretion eine wesentliche Bedeutung besitzt, ist von seiten der Physiologen vielfältig bearbeitet, bis heute jedoch nicht endgültig entschieden worden. Schien somit zunächst die Annahme eines Magensecretins widerlegt zu sein, so haben doch neuere, wenn auch noch nicht ausreichend bestätigte Befunde die Gastrintheorie wieder in den Vordergrund des Interesses gerückt: Komarov[5] konnte aus Pylorusschleimhaut ein von niedermolekularen Stoffen befreites, bei intravenöser Injektion wirksames Produkt isolieren. Allerdings waren Gaben von 200 mg erforderlich, um einen fermentarmen, HCl-reichen Magensaft zu produzieren. Nach dieser Methode hergestellte Extrakte aus menschlicher Magenschleimhaut waren bei Fällen von aktiven Duodenalulcera wirksamer als bei Fällen von weniger aktiven Ulcera[6]. Uvnäs u. Mitarb.[7] erhielten durch Extraktion von Pylorusschleimhaut mit verdünnten Säuren, Aussalzen, Aufnehmen in Wasser und Fällen mit Tannin oder Trichloressigsäure, Aufnehmen der Fällung in 80%igem Alkohol und anschließende isoelektrische Fällung bei p_H 8,0 ein histaminfreies, proteinartiges, hitzestabiles Produkt, das durch Pepsin, Trypsin, UV-Licht oder Alkali zerstörbar war. Es konnte aus der Pylorusschleimhaut von Katzen, Hunden und Schweinen erhalten werden. Auch Friedman erhielt ein Präparat, dessen Wirkung nicht auf Histamin zurückzuführen war[8]. Weitere Untersuchungen werden in der Zukunft zeigen müssen, ob diese neueren Befunde die Wiederaufnahme der Gastrintheorie rechtfertigen.

4. Nahrungssecretine.

In Spinat und Brennesseln kommen secretinartige Stoffe vor[9]. Die bei der Hitzebehandlung der natürlichen Nahrungsmittel bei der Zubereitung entstehenden, auch als Hitzesecretine bezeichneten Stoffe, welche fördernd auf die Magensekretion einwirken, sind im wesentlichen identisch mit Histamin[10].

---

[1] Koch, F. C., A. B. Luckhardt and R. W. Keeton: Amer. J. Physiol. **52**, 508 (1920). — Keeton, R. W., A. B. Luckhardt and F. C. Koch: Amer. J. Physiol. **51**, 469 (1920). — [2] Boller, R., u. W. Pilgerstorfer: Wien. Arch. inn. Med. **30**, 231 (1937). — [3] Sacks, J., A. C. Ivy, J. P. Burgess and J. E. Vandolah: Amer. J. Physiol. **101**, 331 (1932). — [4] Jorpes, J. E., O. Jalling and V. Mutt: Biochem. J. **52**, 327 (1952). — [5] Komarov, S. A.: Proc. Soc. exp. Biol. Med. **38**, 514 (1938). Rev. canad. Biol. **1**, 191, 377 (1942). — [6] Ferguson, D. J.: Surg. Forum, Proc. 36th Clin. Congr. Amer. Coll. Surgeons **1950**, 84. — [7] Bauer, A., and B. Uvnäs: Acta physiol. scand. **8**, 158 (1943). — Munch-Petersen, J., G. Rönnow and B. Uvnäs: Acta physiol. scand. **7**, 289 (1944). — Uvnäs, B.: Acta physiol. scand. **4**, Suppl. **13** (1942); **6**, 97, 117 (1943). — [8] Friedman, M. H. F., and E. N. King: Fed. Proc. **6**, 107 (1947). — [9] Bickel, A., u. C. van Eweyk: Sekretine. Handb. biol. Arb. Meth. Abt. V, Teil 3/B, 1. Hälfte, S. 669—677. — [10] Eweyk, C. van, u. M. Tennenbaum: B. Z. **125**, 238 (1921).

5. Duocrinin (s. a. Bd. 2/1, S. 142).

Injektion von nicht besonders hoch gereinigten Secretinpräparaten führt zu einer starken Sekretion der BRUNNERschen Drüsen des oberen Duodenums[1]. Hochgereinigten Produkten geht diese Wirkung ab[2]. Da Fütterung bestimmter Nahrungsstoffe in Fisteln des oberen Duodenums bei Hund, Katze und Schwein Sekretion auslöst[3], die auch an subcutan verlagerten Fisteln nach Stieldurchtrennung nachweisbar bleibt[4], schließt GROSSMAN auf einen innersekretorischen Mechanismus und nennt die verantwortliche Substanz *Duocrinin*[5].

Genauere Untersuchungen über ihren Bildungsort und über die Natur der ihre Sekretion auslösenden Reize fehlen bisher. Auch sind bis jetzt wohl duocrininfreie Secretinpräparate, aber keine secretinfreien Duocrininpräparate bekanntgeworden.

6. Enterocrinin[6] (s. a. Bd. 2/1, S. 142).

Subcutan verlagerte, autotransplantierte Jejunum- oder Ileumschlingen von Hunden zeigen einige Stunden nach einer Mahlzeit erhöhte Sekretion und Enzymproduktion[7]. Injektion geeigneter Extrakte aus Darmschleimhaut hat die gleiche Wirkung[8]. Die Wirkung der Fütterung kam jedoch nur an den entnervten Darmschlingen zum Ausdruck. Auch einige weitere Widersprüche in den Arbeiten von NASSET u. Mitarb. scheinen noch nicht ausreichend geklärt, um die Hormonnatur des Enterocrinins schon jetzt voll anzuerkennen. Systematische Untersuchungen über seinen Bildungsort fehlen ebenfalls noch. Wirksame Extrakte wurden aus Dünn- und Dickdarmschleimhaut, nicht aber aus Magen, Leber, Pankreas, Nieren oder Skeletmuskulatur erhalten[8]. Die Darmschleimhaut von Hund, Katze, Schwein, Rind, Affe und Mensch lieferte wirksame Extrakte[8]. Eine Reinigung der Extrakte und Befreiung von Secretin und gefäßaktiven Stoffen ist möglich[9].

Zur Herstellung eines krystallinen, histaminfreien, aber vermutlich noch nicht einheitlichen Präparates wird folgendes Vorgehen vorgeschlagen[10]: Extraktion frischer Schweinedünndarmschleimhaut mit 85%igem, mit HCl angesäuertem Methanol, Einengen im Vakuum, Aufnehmen in wenig Methanol, neuerliches Einengen, Aufnehmen in Wasser und Fällen mit Flaviansäure. Aufnehmen der Flaviansäurefällung in 0,2 n NaOH bei 60° und p_H 8,5—9,5, Beseitigung der Flaviansäure mit $BaCl_2$, Entfernung des Ba mit H_2SO_4. Fällung mit Phosphorwolframsäure und Zerlegung der Fällung mit Ba. Das Filtrat wird nach Na_2SO_4-Sättigung mit Butanol extrahiert und nach chromatographischer Fraktionierung mit Flaviansäure als krystallines Flavianat gefällt. Die Auswertung geschieht an einer isolierten Jejunumschlinge des narkotisierten Hundes[11].

---

[1] ÅGREN, G.: Ark. Kemi, Mineral. Geol. **16** B, 1 (1942). Enzymologia **10**, 161 (1941 bis 1942). — FLOREY, H. W., and H. E. HARDING: Quart. J. exp. Physiol. **25**, 329 (1935). — FOGELSON, S. J., and W. H. BACHRACH: Amer. J. Physiol. **128**, 121 (1939). — SONNENSCHEIN, R. R., M. I. GROSSMAN and A. C. IVY: Acta med. scand. Suppl. **196**, 296 (1947). — [2] BLICKENSTAFF, D., and M. I. GROSSMAN: [vgl. GROSSMAN, M. I.: Physiol. Rev. **30**, 33 (1950). — [3] FLOREY, H. W., and H. E. HARDING: J. Path., Bacteriology **37**, 431 (1933); **39**, 255 (1934). Proc. R. Soc. London (B) **117**, 68 (1935). — FOGELSON, S. J., and W. H. BACHRACH: Amer. J. Physiol. **128**, 121 (1939). — [4] SONNENSCHEIN, R. R., M. I. GROSSMAN and A. C. IVY: Acta med. scand. Suppl. **196**, 296 (1947). — WRIGHT, R. D., M. A. JENNINGS, H. W. FLOREY and R. LIUM: Quart. J. exp. Physiol. **30**, 73 (1940/41). — [5] GROSSMAN, M. I.: Physiol. Rev. **30**, 33 (1950). — [6] IVY, A. C.: J. amer. med. Ass. **117**, 1013 (1941). — NASSET, E. S., M. J. SCHIFFRIN and I. J. BELASCO: Amer. J. Physiol. **123**, 152 (1938). — [7] NASSET, E. S.: Rev. Gastroenterol. **9**, 188 (1942). — NASSET, E. S., H. B. PIERCE and J. R. MURLIN: Amer. J. Physiol. **111**, 145 (1935). — SCHIFFRIN, M. J., and E. S. NASSET: Amer. J. Physiol. **128**, 70 (1939). — [8] NASSET, E. S.: Amer. J. Physiol. **121**, 481 (1938). — [9] FINK, R. M.: Amer. J. Physiol. **139**, 633 (1943). — [10] HEGGENESS, F. W., and E. S. NASSET: Amer. J. Physiol. **163**, 720 (1950); **167**, 159 (1951). — [11] FINK, R. M., and E. S. NASSET: Amer. J. Physiol. **139**, 626 (1943).

7. Enterogastron (s. a. Bd. 2/1, S. 142).

Olivenölzugabe zu einer Testmahlzeit beim Menschen verursacht Hemmung der Salzsäuresekretion und der Magenentleerung[1]. Weiterhin konnte durch PAVLOV festgestellt werden, daß Fett diese Wirkung nur vom Dünndarm aus auszuüben in der Lage ist[2]. Die Wirkung auf Motilität[3] und Sekretionsleistung[4] ist auch an einem subcutan verlagerten entnervten Blindsack aus dem Fundusanteil des Magens nachweisbar. Da die Fettverdauungsprodukte keine derartige Wirkung auf Sekretion[4] und Motilität[5] hatten, wurde ein hormonaler Mechanismus wahrscheinlich. Für das verantwortliche Hormon wurde der Name Enterogastron[6] vorgeschlagen. Schließlich konnten Extrakte aus Darmschleimhaut erhalten werden, die die gleiche Wirkung hatten[7].

Vorkommen. In zahlreichen Versuchen wurden nur Extrakte aus Darmschleimhaut wirksam gefunden[8].

Darstellung. Die Wirksamkeit wurde in der von der Secretinherstellung bekannten „SI-Fällung" (vgl. S. 589) nachgewiesen[8]. Durch Fällung eines Extraktes aus Darmschleimhaut mit Pikrinsäure, Zerlegung des Pikrates mit saurem Alkohol und anschließende Acetonfällung konnten vasodilatin-, secretin- und cholecystokininfreie Präparate erhalten werden[9]. Besonders reine Produkte konnten aus der „A-Fällung" (vgl. S. 589) durch Aufnehmen in Wasser, Hitzekoagulation und Fällung des Filtrates mit Tannin, Zerlegung der Fällung mit wäßrigem saurem Aceton und Fällung mit reichlich Aceton gewonnen werden[10]. Durch Behandeln des so erhaltenen Produktes mit Pikrinsäure, Zerlegen der Fällung mit wäßrigem sauren Aceton unter Abtrennen des dabei Unlöslichen und Fällung der Wirksamkeit durch einen Überschuß von Aceton war noch weitere Reinigung möglich[11]. Auch Elektrophorese wurde in dieser Absicht versucht[12].

Eigenschaften. Leicht löslich in Wasser, auch löslich in Butanol[13], unlöslich in wasserfreien organischen Lösungsmitteln; wahrscheinlich niedrigmolekulares Polypeptid, durch Cellophan dialysierbar[12,14]. Es ist durch Hitze nicht titanfällbar, enthält P und reichlich S. Bei der Hydrolyse lassen sich mindestens 8 Aminosäuren nachweisen. Es wandert nicht bei Elektrophorese[15]. In saurer Lösung relativ beständig, erträgt es sogar 30 min langes Kochen, wird aber in alkalischer Lösung rasch zerstört. Die Thermolabilität war bei proteinfreien Präparaten größer[16]. An verschiedene Niederschläge leicht adsorbierbar. Durch Pepsin zerstörbar. Mit Trichloressigsäure nicht fällbar. UV-Absorptionsmaximum bei 2600 Å, Minimum bei 2350 Å[17].

Nachweis. Die Auswertung kann durch die Beeinflussung der Motilität oder der Sekretionsleistung des Magens geschehen. Am einfachsten erscheint die Unterdrückung der Hungerkontraktionen beim Hund[8] oder die Registrierung der Magenbewegungen durch einen eingeführten Ballon[10]. Zur Beobachtung der

---

[1] EWALD, C. A., u. J. BOAS: Virchows Arch. **104**, 271 (1886). — [2] PAVLOV, I. P.: The Work of the Digestive Glands. 2nd edit. London 1910. — IVY, A. C., and J. S. GRAY: Cold Spring Harbor Symp. quant. Biol. **5**, 405 (1937). — [3] FARRELL, J. I., and A. C. IVY: Amer. J. Physiol. **76**, 227 (1926). — [4] FENG, T.-P., H.-C. HOU and R. K. S. LIM: Chin. J. Physiol. **3**, 371 (1929). — [5] QUIGLEY, J. P., H. J. ZETTELMAN and A. C. IVY: Amer. J. Physiol. **108**, 643 (1934). — [6] KOSAKE, T., and R. K. S. LIM: Proc. Soc. exp. Biol. Med. **27**, 890 (1930). — [7] KOSAKE, T., and R. K. S. LIM: Chin. J. Physiol. **4**, 213 (1930). — [8] KOSAKE, T., R. K. S. LIM, S. M. LING and A. C. LIU: Chin. J. Physiol. **6**, 107 (1932). — [9] LIM, R. K. S., S. M. LING and A. C. LIU: Chin. J. Physiol. **8**, 219 (1934). — [10] GRAY, J. S., W. B. BRADLEY and A. C. IVY: Amer. J. Physiol. **118**, 463 (1937). — [11] GREENGARD, H., M. I. GROSSMAN, A. P. HANDS, and A. C. IVY: Fed. Proc. **2**, 17 (1943). — GREENGARD, H., A. J. ATKINSON, M. I. GROSSMAN and A. C. IVY: Gastroenterol., Baltimore **7**, 625 (1946). — [12] ÖBRINK, K. J.: Exper. **3**, 455 (1947). — VISSCHER, F.: Fed. Proc. **7**, 128 (1948). — [13] MILLEN, H. M., L. L. GERSHBEIN and A. C. IVY: Arch. Biochem. **35**, 360 (1952). — [14] WINBERG, H.: Acta chem. scand. **1**, 351 (1947). — [15] DRYER, R. L., J. I. ROUTH and W. D. PAUL: Quart. Bull. Indiana Univ. med. Center **13**, 14 (1951). — [16] ÖBRINK, K. J., and H. WINBERG: Acta chem. scand. **4**, 789 (1950). — [17] ÖBRINK, K. J., and H. WINBERG: Acta chem. scand. **4**, 1153 (1950).

Sekretionshemmung wird durch gleichmäßig alle 10 min vorgenommene Histamininjektionen eine regelmäßige Magensaftsekretion von 1 cm^3/min aufrechterhalten. Als Einheit für die Enterogastronwirkung wird dann jene kleinste Menge angenommen, die während 2 Std nach der Injektion die Ausscheidung freier HCl um 50% vermindert[1]. Verwendet wurden Magenfistelhunde von 12—14 kg. Man kann jedoch auch in einem Abstand von 5 Std die Wirkungen einer bestimmten Histamindosis ohne und mit vorangegangener Enterogastroninjektion miteinander vergleichen, wobei als Einheit jene Menge betrachtet wird, die die Histaminwirkung auf $^1/_2$ herabsetzt[2]. Auch Dauerinfusion von Histamin und Enterogastron erwies sich an diesem Versuchsobjekt als brauchbar[3]. Auch die Hemmung der HCl-Sekretion im Magen der Ratte nach Abbinden des Pylorus kann verwendet werden[4].

Es steht zur Diskussion, ob Motilitäts- und Sekretionshemmung nur einer oder nicht zwei verschiedenen Substanzen zuzuschreiben sind. Die durch die bisher zugänglichen Enterogastronpräparate auslösbare Motilitätshemmung wird nur am nicht entnervten Magen erhalten, während nach den Fütterungsversuchen Wirksamkeit auch an subcutan verlagerten Fistelsäcken mit durchschnittenen Nervenverbindungen zu erwarten wäre. Außerdem geht die Stärke der Motilitäts- und Sekretionshemmung in den einzelnen Zubereitungen keineswegs immer parallel. Die Beurteilung der Wirkung auf die Sekretionsleistung des Magens kann durch unspezifische Beistoffe, insbesondere die häufig als Verunreinigungen nachweisbaren Pyrogene, erschwert werden. Auch ein Refraktärwerden der Versuchshunde bei längerem Gebrauch kann die Bewertung stören[5].

8. Urogastron[6] (s. a. Bd. 2/1, S. 142).

Das seltene Vorkommen von Magengeschwüren während der Schwangerschaft veranlaßte die Untersuchung einer Anzahl innersekretorischer Präparate bei Hunden mit experimentellen Darmgeschwüren (MANN-WILLIAMSON-Technik[7]). Dabei erwiesen sich Präparate von Schwangerenharngonadotropin als wirksam[8]. Es stellte sich jedoch bald heraus, daß auch Extrakte aus Harnen Nichtschwangerer und aus Harn von Tieren die gleiche Wirkung hatten[9], sowie, daß derartige Präparate hemmend auf die Magensekretion wirksam waren. Die Annahme, daß der wirksame Stoff das Ausscheidungsprodukt des Enterogastrons sei, lag nahe und veranlaßte die Namengebung Urogastron[10].

Vorkommen. Urogastron wurde nachgewiesen im Harn vom Hund[11,12], Pferd[13], Rind[14] und Mensch[9].

Es findet sich auch im Harn des hungernden Tieres und wird auch von Hunden nach Ausschaltung des Duodenums ausgeschieden[12], ja sogar noch nach vollständiger Enterektomie[15].

---

[1] GRAY, J. S., W. B. BRADLEY and A. C. IVY: Amer. J. Physiol. **118**, 463 (1937). — [2] WELLS, J. A., J. S. GRAY and C. A. DRAGSTEDT: J. Allergy **13**, 77 (1941). — [3] ÖBRINK, K. J.: Acta physiol. scand. **20**, 378 (1950). — [4] FRIEDMAN, M. H. F., and D. J. SANDWEISS: Amer. J. digest. Dis. **13**, 108 (1946). — [5] GRAY, J. S., and E. WIECZOROWSKI: Proc. Soc. exp. Biol. Med. **40**, 324 (1939). — [6] FRIEDMAN, M. H. F.: Urinary gastric secretory depressants (Urogastrone). Vitamins & Hormones **9**, 313—353 (1951). — [7] MANN, F. C., and C. S. WILLIAMSON: Ann. Surg., Philadelphia **77**, 409 (1923). — [8] SANDWEISS, D. J., H. C. SALTZSTEIN and A. (A.) FARBMAN: Amer. J. digest. Dis. **5**, 24 (1938); **6**, 6 (1939). — [9] CULMER, C. U., A. J. ATKINSON and A. C. IVY: Endocrinology **24**, 631 (1939). — GRAY, J. S., WIECZOROWSKI, E., and A. C. IVY: Science, N. Y. **89**, 489 (1939). — FRIEDMAN, M. H. F., R. O. RECKNAGEL, D. J. SANDWEISS and T. L. PATTERSON: Proc. Soc. exp. Biol. Med. **41**, 509 (1939). — NECHELES, H., M. E. HANKE and E. FANTL: Proc. Soc. exp. Biol. Med. **42**, 618 (1939). — MONTERO, O. E., F. HUIDOBRO y A. KUZMANIC: Rev. Med. Aliment., Santiago **71**, 717 (1943). — [10] GRAY, J. S., C. U. CULMER, E. WIECZOROWSKI and J. L. ADKISON: Proc. Soc. exp. Biol. Med. **43**, 225 (1940). — [11] FRIEDMAN, M. H. F., and D. J. SANDWEISS: Amer. J. digest. Dis. **8**, 366 (1941). — [12] FRIEDMAN, M. H. F., H. C. SALTZSTEIN and A. A. FARBMAN: Proc. Soc. exp. Biol. Med. **43**, 181 (1940). — [13] SKELTON, F. R., and G. A. GRANT: Canad. J. Res. E **28**, 85 (1950). — [14] WICK, A. N., and F. PAULS: Fed. Proc. **7**, 133 (1948). — [15] GRAY, J. S., C. U. CULMER, J. A. WELLS and E. WIECZOROWSKI: Amer. J. Physiol. **134**, 623 (1941). — WIECZOROWSKI, E., J. S. GRAY, C. U. CULMER and J. A. WELLS: Amer. J. Physiol. **133**, 490 (1941).

Darstellung. Zur Darstellung werden ähnliche Methoden wie für die Gewinnung des Choriongonadotropins (vgl. S. 490) benutzt. Die meisten Autoren verwenden die Adsorption an Benzoesäureniederschläge und anschließende Fraktionierung mit Alkohol oder Aceton[1]. Trypsinverdauung des adialysablen Anteils und neuerliche Dialyse ergibt reinere Produkte[2]. Auch Aussalzen mit Ammonsulfat und anschließende Lösungsmittelfraktionierung wurde verwendet[3].

Eigenschaften. Löslich in Wasser und niederen Alkoholen, in Äthylenglykol, wasserhaltiger Essigsäure, unlöslich in wasserhaltigem Aceton, in Chloroform, Äther, Benzol und Petroläther. In unreinem Zustand leicht adsorbierbar an die verschiedensten Niederschläge, an Tierkohle und Ionenaustauscher, gereinigt nicht mehr durch Sulfosalicylsäure und Ammonsulfathalbsättigung, nur teilweise durch Trichloressigsäure und Ammonsulfatsättigung niederschlagbar. Es fällt jedoch mit Phosphorwolframsäure, Pikrinsäure oder Tannin. Es erträgt bei p_H 6,0 kurzes Kochen. Der isoelektrische Punkt liegt zwischen p_H 4,2 und 4,5. Es erträgt Behandlung mit salpetriger Säure, Jod und Glutathion[4]. Durch Einwirkung von Essigsäureanhydrid, Keten, Benzoylchlorid und H_2O_2 wird es nur teilweise inaktiviert[4]. Pepsin in saurem Milieu ist ohne Einfluß[2,4,5]. Alkali und Trypsin inaktivieren. Es ist nicht dialysierbar und scheint ein Glykoproteid zu sein[2].

Nachweis. Als Nachweismethoden werden die gleichen benutzt, die unter Enterogastron (vgl. S. 595) aufgeführt wurden. Besonders häufig wurde der Sekretionsverlauf im Magen der Ratte nach Pylorusunterbindung gebraucht[6,7]. Dazu kommt noch die Prüfung auf Hemmung der Ulcusbildung bei Mann-Williamson-Hunden[8] und auf das Ausbleiben von Geschwürsbildungen im Magen von Ratten nach Pylorusunterbindung[7].

Bei der Bewertung der verschiedenen Urogastronpräparate in den einzelnen Testen ergaben sich analoge Schwierigkeiten wie bei der Bewertung der Enterogastronzubereitungen. Es zeigte sich, daß sekretions- und motilitätshemmende Qualitäten nicht unbedingt parallel gehen[9]. Auch scheinen Differenzen in der Hitzeempfindlichkeit der motilitäts- und der sekretionshemmenden Komponente zu bestehen[10]. Schließlich scheint auch eine Trennung beider Faktoren möglich zu sein[11]. Die Dinge werden insofern noch komplizierter, als auch die Antiulcuswirkung nicht der sekretionshemmenden Wirkung zugeordnet ist[12]. Dies gab die Veranlassung, den Antiulcusstoff als „Anthelon" zu bezeichnen. Die so entstandene Verwirrung und die zweifelhafte Hormonnatur der beteiligten Substanzen gab Friedman Veranlassung, eine vereinfachte Nomenklatur vorzuschlagen[10]:

GSD = gastric secretory depressant
GSDE = enteric gastric secretory depressant = Enterogastron
GSDU = urinary gastric secretory depressant = Urogastron
GMD = gastric motor depressant und entsprechend
GMDE = für den Stoff aus dem Darm und
GMDU = für den Stoff aus dem Harn und für das Antiulcusprinzip
Anthelon E bei Herkunft aus der Darmschleimhaut und
Anthelon U bei Herkunft aus dem Harn.

Littman[13] hatte die Bezeichnungen:

---

[1] Gray, J. S., E. Wieczorowski, J. A. Wells and S. C. Harris: Endocrinology **30**, 129 (1942). — Wick, A. N., R. Medz and E. Pecka jr.: Arch. Biochem. **24**, 104 (1949). — Huff, J. W., E. A. Risley and R. H. Barnes: Arch. Biochem. **25**, 133 (1950). — [2] Huff, J. W., E. A. Risley and R. H. Barnes: Arch. Biochem. **25**, 133 (1950). — [3] Necheles, H., M. E. Hanke and E. Fantl: Proc. Soc. exp. Biol. Med. **42**, 618 (1939). — [4] Wick, A. N., R. Medz and E. Pecka jr.: Arch. Biochem. **24**, 104 (1949). — [5] Gray, J. S., E. Wieczorowski, J. A. Wells and S. C. Harris: Endocrinology **30**, 129 (1942). — [6] Friedman, M. H. F.: Proc. Soc. exp. Biol. Med. **54**, 42 (1943). — Friedman, M. H. F., and D. J. Sandweiss: Amer. J. digest. Dis. **13**, 108 (1946). — Madden, R. J., and H. H. Ramsburg: Fed. Proc. **9**, 84 (1950). — McGinty, D. A., M. L. Wilson and G. Rodney: Proc. Soc. exp. Biol. Med. **70**, 334 (1949). — Risley, E. A., W. B. Raymond and R. H. Barnes: Amer. J. Physiol. **150**, 754 (1947). — Skelton, F. R., and G. A. Grant: Canad. J. Res. E **28**, 85 (1950). — Visscher, F. E., and D. R. Rayman: Fed. Proc. **6**, 219 (1947). — Wick, A. N., and F. Pauls: Fed. Proc. **7**, 133 (1948). — [7] Shay, H., S. Komarov, S. Fels, D. Meranze, M. Gruenstein and H. Siplet: Gastroenterol., Baltimore **5**, 43 (1945). — [8] Saltzstein, H. C., D. J. Sandweiss, E. J. Hill and J. M. Hammer: Gastroenterol., Baltimore **12**, 122 (1949). — [9] Bourque, J. E. jr., M. H. F. Friedman, T. L. Patterson and D. J. Sandweiss: Gastroenterol., Baltimore **1**, 1049 (1943). — Ivy, A. C.: Amer. J. digest. Dis. **7**, 49 (1940). — [10] Friedman, M. H. F.: Vitamins & Hormones **9**, 313 (1951). — [11] Harris, S. C., M. I. Grossman and A. C. Ivy: Amer. J. Physiol. **148**, 338 (1947). — [12] Sandweiss, D. J.: Gastroenterol., Baltimore **1**, 965 (1943). — [13] Littman, A.: Vgl. Grossman, M. I.: Physiol. Rev. **30**, 33 (1950).

9. Enteroanthelon und 10. Uroanthelon (s. a. Bd. 2/1, S. 142)

vorgeschlagen. Es soll hier nicht weiter auf die einschlägigen, noch vollkommen im Fluß befindlichen Untersuchungen und die mögliche Klärung der noch vorhandenen Widersprüche eingegangen werden. Die weitere Forschung wird über Natur und Anzahl der wirksamen Stoffe und über die Frage, welche von ihnen als Hormone zu betrachten sind, Auskunft geben können. Wieweit sich die auch schon bei menschlichen Ulcuskranken beobachteten günstigen therapeutischen Ergebnisse[1] mit Enterogastron- oder Urogastronzubereitungen[2] weiter bestätigen, muß ebenfalls abgewartet werden.

11. Cholecystokinin[3] (s. a. Bd. 2/1, S. 141).

Unreine Secretinpräparate führen bei intravenöser Injektion zu einer Entleerung der Gallenblase. Der dafür verantwortliche Stoff ließ sich abtrennen. Er wurde als Cholecystokinin bezeichnet[4,5]. Schon früher war bekannt geworden, daß sich die menschliche Gallenblase auf eine Mahlzeit hin entleert[6]. Da auch die transplantierte Gallenblase sich nach HCl-Reizung des Duodenums kontrahiert[7] und Blutübertragung nach Fettfütterung die Gallenblase des empfangenden Tiers zur Kontraktion veranlaßt[8], andererseits die Produkte der Fettverdauung diese Wirkung nicht besitzen[9], erscheint der hormonale Mechanismus der Gallenblasenentleerung ziemlich gut begründet. Die Freisetzung von Cholecystokinin aus der Duodenalschleimhaut erfolgt unter dem Einfluß einer ganzen Reihe von Stoffen[3], besonders durch HCl, Fett, Fettsäuren und Pepton. Sie wird durch Atropin nicht beeinträchtigt[10].

Vorkommen. In den gleichen Bezirken der Darmschleimhaut wie Secretin (vgl. S. 588), doch scheinen Tiere ohne Gallenblase, wie das Pferd, kein oder wenig Cholecystokinin zu bilden[11]. Auch in der Darmschleimhaut des Menschen wurde es nachgewiesen[12].

Darstellung. Geeignet sind die gleichen Darstellungsverfahren für Rohprodukte wie für Secretin (vgl. S. 588). In der SI-Fällung ist es zusammen mit Secretin vorhanden. Es bleibt im Rückstand, wenn diese mit 95%igem Alkohol erschöpfend extrahiert wird. Bei dem Verfahren von GREENGARD u. IVY, das auch von der SI-Fällung ausgeht, findet sich das Cholecystokinin in dem Butylalkoholextrakt des Filtrats der Anilinfällung[13]. Der Unterschied der isoelektrischen Punkte ergab gleichfalls eine Möglichkeit der Trennung[14]. Die Aktivität sollte dabei durch Elektrodialyse angereichert werden, während andere Autoren[15] die Dialysierbarkeit in Abrede stellen.

Eigenschaften. Wasserlöslich und unlöslich in organischen Lösungsmitteln. Unbeständig in wäßriger Lösung. Empfindlicher gegen Alkalien als gegen Säuren, kochunbeständig. Isoelektrischer Punkt = p_H 5,0—5,5.

---

[1] IVY, A. C., A. LITTMAN and M. I. GROSSMAN: Gastroenterol., Baltimore **12**, 735 (1949). — [2] SANDWEISS, D. J., M. H. SUGARMAN, M. H. F. FRIEDMAN, H. C. SALTZSTEIN and A. A. FARBMAN: Amer. J. digest. Dis. **8**, 371 (1941). — [3] IVY, A. C.: The physiology of the gall bladder. Physiol. Rev. **14**, 1 (1934). J. amer. med. Ass. **117**, 1013 (1941). — [4] IVY, A. C., and E. OLDBERG: Proc. Soc. exp. Biol. Med. **25**, 251 (1928). Amer. J. Physiol. **86**, 599 (1928). — [5] IVY, A. C., and E. OLDBERG: J. amer. med. Ass. **90**, 445 (1928). — [6] BOYDEN, E. A.: Anat. Rec. **33**, 201 (1926). — BURGET, G. E.: Amer. J. Physiol. **79**, 130 (1926/27). — HIGGINS, G. M., and F. C. MANN: Amer. J. Physiol. **78**, 339 (1926). — [7] HOUSSAY, B. A., and H. H. RUBIO: C. R. Soc. Biol. **111**, 453 (1932). — [8] SANDBLOM, P.: Acta radiol., Stockholm **14**, 249 (1933). — [9] VOEGTLIN, W. L., and A. C. IVY: Amer. J. digest. Dis. **1**, 174 (1934). — VOEGTLIN, W. L., E. G. McEWEN and A. C. IVY: Amer. J. Physiol. **103**, 121 (1933). — [10] LUETH, H. C., A. C. IVY and G. KLOSTER: Amer. J. Physiol. **91**, 329 (1930). — [11] DOUBILET, H., and A. C. IVY: Amer. J. Physiol. **124**, 379 (1938). — [12] DREWYER, G. E., and A. C. IVY: Amer. J. Physiol. **94**, 285 (1930). — [13] GREENGARD, H., and A. C. IVY: Amer. J. Physiol. **124**, 427 (1938). — DOUBILET, H., D. HOPE and L. SCHMIDT: Gastroenterol., Baltimore **7**, 108 (1946). — [14] ÅGREN, G.: Skand. Arch. Physiol. **81**, 234 (1939). — [15] IVY, A. C., G. KLOSTER, H. C. LUETH and G. E. DREWYER: Amer. J. Physiol. **91**, 336 (1929).

Nachweis. Durch die Drucksteigerung in der Gallenblase des Hundes in situ nach intravenöser Injektion. Als Einheit wird jene Menge betrachtet, die 1 cm Drucksteigerung auslöst[1]. Neuerlich wird die Einheit durch ein Standard-SI-Präparat definiert[2].

Auch die Reaktion der Gallenblase des Frosches in situ nach intrakardialer Injektion wurde für Auswertungszwecke vorgeschlagen[3,4]. Ferner ist an der überlebenden Gallenblase des Meerschweinchens eine Auswertung möglich[5], doch scheint schlechte Übereinstimmung zwischen den in vitro und den in vivo erzielbaren Auswertungsergebnissen zu bestehen[6]. Schließlich wurde noch Druckregistrierung in den Gallengängen zu Auswertungszwecken herangezogen[7]. Neuerdings wird auch die Dünndarmmuskulatur des Meerschweinchens zur Auswertung empfohlen[8]. Das Verhältnis der Wirkung auf Gallenblase und Ileum des Meerschweinchens gibt der Auswertung noch größere Sicherheit[9].

Physiologie. Cholecystokinin beherrscht den Entleerungsmechanismus der Gallenblase bei Eintritt von Säure oder Nahrungsstoffen in das Duodenum weitgehend unabhängig von der Innervation. Seine Wirksamkeit ist nachgewiesen bei Hund und Katze[10], Frosch[4], Kaninchen[11] und Mensch[12]. Gleichzeitig scheint es den Sphincter Oddi zur Erschlaffung zu bringen[13]. Per os und rectal gegeben, ist es ohne Wirkung[14]. Reines Secretin ist frei von Wirkung auf die Gallenblase[15]. Ebenso wie Secretin wird auch Cholecystokinin rasch durch Blutserum inaktiviert[16].

12. Villikinin[17] (s. a. Bd. 2/1, S. 142).

Ebenfalls in Extrakten zur Secretingewinnung findet sich ein auf die Bewegung der Darmzotten wirkender Stoff, der sich vom Secretin durch seine Unzerstörbarkeit durch Ultraviolettbestrahlung und Proteasen unterscheidet. Villikinin ist durch NaCl nicht aussalzbar, nicht fällbar mit Trichloressigsäure und nicht identisch mit Cholin, Histamin oder Adenosin[18]. Bestätigungen dieser Untersuchungen durch andere Beobachter scheinen noch zu fehlen. Die Hormonnatur des Villikinin wird angezweifelt[19].

In unreinen Secretinpräparaten[20] und auch in rohen Zubereitungen von Pankreozymin[21] war ein Stoff nachweisbar, der den Pepsingehalt des Magensaftes von Katzen erhöhte. Er fehlte in reinen Präparaten[22]. Auch unreine Gastrinzubereitungen enthielten einen derartigen Stoff[23].

13. Cholin (vgl. Bd. 1, S. 375; Bd. 2/1, S. 135).

wurde von Le Heux als das Hormon der Darmbewegung angesprochen und für die Automatik des Auerbachschen Plexus als verantwortlich angesehen[24]. Auch

[1] Ivy, A. C., and E. Oldberg: J. amer. med. Ass. **90**, 445 (1928). — [2] Gershbein, L. L., C. C. Wang and A. C. Ivy: Proc. Soc. exp. Biol. Med. **70**, 516 (1949). — [3] Seager, L. D.: Proc. Soc. exp. Biol. Med. **41**, 326 (1939). — [4] Seager, L. D.: Proc. Soc. exp. Biol. Med. **47**, 257 (1941). — [5] Ågren, G.: Skand. Arch. Physiol. **81**, 234 (1939). — [6] Doubilet, H., and A. C. Ivy: Amer. J. Physiol. **124**, 379 (1938). — Jung, F. T., and H. Greengard: Amer. J. Physiol. **103**, 275 (1933). — [7] Snape, W. J., M. H. F. Friedman and J. E. Thomas: Gastroenterol., Baltimore **10**, 496 (1948). — [8] Denton, R. W., and L. L. Gershbein: Science, N. Y. **119**, 812 (1954). — [9] Gershbein, L. L., R. W. Denton and B. W. Hubbard jr.: J. appl. Physiol. **5**, 712 (1953). — [10] Ivy, A. C., and E. Oldberg: Amer. J. Physiol. **86**, 599 (1928). — [11] Walsh, E. L.: Amer. J. Physiol. **100**, 594 (1932). — [12] Lueth, H. C., A. C. Ivy and G. Kloster: Amer. J. Physiol. **91**, 329 (1929). — [13] Sandblom, P., W. L. Voegtlin and A. C. Ivy: Amer. J. Physiol. **113**, 175 (1935). — [14] Doubilet, H., and A. C. Ivy: Proc. Soc. exp. Biol. Med. **39**, 129 (1938). — [15] Ågren, G., and H. Lagerlöf: Acta med. scand. **92**, 359 (1937). — [16] Greengard, H., I. F. Stein jr. and A. C. Ivy: Amer. J. Physiol. **134**, 733 (1941). — [17] Ivy, A. C.: J. amer. med. Ass. **117**, 1013 (1941). — [18] Kokas, E. (v.), u. G. (v.) Ludány: Pflügers Arch. **232**, 293 (1933). C. R. Soc. Biol. **113**, 1447 (1933); **117**, 972 (1934); **122**, 413 (1936). Pflügers Arch. **234**, 182, 589 (1934); **236**, 166 (1935). Quart. J. exp. Physiol. **28**, 15 (1938). — Ludány, G. v.: Kli. Wo. **1935 I**, 123. B. Z. **285**, 192 (1936). — [19] Loew, E. R., J. S. Gray and A. C. Ivy: Amer. J. Physiol. **128**, 298 (1940). — [20] Pratt, C. L. G.: J. Physiol., London **98**, 1 P (1940). — [21] Wenger, J., and H. Greengard: Fed. Proc. **6**, 224 (1947). — [22] Babkin, B. P., and S. A. Komarow: Rev. canad. Biol. **3**, 344 (1944). — Bucher, G. R., and H. Greengard: Fed. Proc. **1**, 11 (1942). — [23] Uvnäs, B.: Acta physiol. scand. **9**, 296 (1945); **15**, 438 (1948). — [24] Le Heux, J. W.: Pflügers Arch. **179**, 177 (1920).

das Acetylcholin[1] spielt als Vermittler des Vaguseinflusses eine bedeutende Rolle für die Motilität des Magen-Darmkanals.

14. Enteramin.

Als Enteramin wurde eine in sauren Acetonextrakten aus Magenschleimhaut[2] nachweisbare Substanz bezeichnet, die auch nach Atropinisieren erregend auf überlebenden Darm und Uterus von Ratte und Maus wirksam ist. Sie komme besonders reichlich im Fundusteil der Magenschleimhaut des Kaninchens vor. Sie ist auch in der Milz enthalten[3]. Im Darm kommt sie besonders in den enterochromaffinen Zellen in einer Konzentration von über 100 γ-% vor[4]. Im Zentralnervensystem, das relativ große Mengen enthält, findet es sich vorwiegend im Hypothalamus[5]. Es hat beim Hund hier eine ähnliche Verteilung wie Noradrenalin oder Substanz P, der höchste Gehalt fand sich in der Area postrema[6]. Im Blut kommt es fast ausschließlich in den Blutplättchen vor; sie enthalten beim Menschen 100 γ/g Plättchen[6], beim Kaninchen 7,5 γ je 10^9 Plättchen[7]. Auch im Bienengift soll es vorkommen[8], findet sich aber im Harn nur in geringen Mengen[9]. Im Zentralnervensystem ist es in einer ähnlichen Verteilung wie Substanz P und Noradrenalin anzutreffen[5]. In der Haut von Discoglossus pictus, Hyla arborea, Rana esculenta und Salamandra maculosa sowie in den Speicheldrüsen von Octopus vulgaris konnte ebenfalls Enteramin nachgewiesen werden[10].

Enteramin ist bei neutraler Reaktion thermostabil, durch Kochen in n HCl wird es nur langsam zerstört, 0,1 n NaOH erhöht beim Erhitzen zuerst die Wirksamkeit, schwächt sie jedoch im weiteren Verlauf ab. Es gibt die Farbreaktionen von Polyphenolen. Durch Desaminieren, durch Behandlung mit Formaldehyd, Kaliumjodat oder Diazoniumsalzen sowie durch UV-Bestrahlung wird es inaktiviert. Gegen Histaminase ist es beständig[11]. Schließlich konnte es als 5-Oxytryptamin identifiziert werden[12]. F 196—197,5°. Es zeigt in Wasser bei $p_H = 5,0—6,0$ Absorptionsmaxima bei 2750 Å und bei 2930—2950 Å sowie ein Minimum bei 2475 Å. Das 2. Maximum wird bei p_H 11,3—11,5 nach 3220 Å verschoben. Die Substanz ist identisch mit dem gefäßaktiven Stoff, der bei der Blutgerinnung entsteht (Serotonin) (vgl. S. 584)[13].

Enteramin entsteht im Körper durch Oxydation von Tryptophan und Decarboxylierung durch eine spezifische Decarboxylase[14]. Durch den Einfluß einer Aminoxydase geht es im Stoffwechsel in Oxyindolylacetaldehyd und dieser in Oxyindolessigsäure über[15], die in Mengen von 3—8 γ/cm^3 im Harn des Menschen

---

[1] Gaddum, J. H.: Choline and allied substances. Ann. Rev. **4**, 311—330 (1935). — Guggenheim, M.: Die biologische Bedeutung des Cholins und seiner Abkömmlinge. Ärztl. Mh. **1**, 43—65 (1945). — Nachmansohn, D.: The role of acetylcholine in the mechanism of nerve activity. Vitamins & Hormones **3**, 337—377 (1945). On the role of acetylcholin in the mechanism of nerve activity. Recent Progr. Hormone Res. **1**, 1 (1947). — [2] Erspamer, V.: A. e. P. P. **196**, 343 (1940). — [3] Erspamer, V.: Virchows Arch. **310**, 59 (1943). — [4] Erspamer, V.: Pharmacol. Rev. **6**, 425 (1954). — [5] Amin, A. H., T. B. Crawford and J. H. Gaddum: J. Physiol., London **126**, 596 (1954). — [6] Bracco, M., and P. C. Curti: Exper. **10**, 71 (1954). — Zucker, M. B., and J. Borrelli: J. appl. Physiol. **7**, 425 (1955). — Hardisty, R. M., and R. S. Stacey: J. Physiol., London **130**, 711 (1955). — Zucker, M. B., and M. M. Rapport: Fed. Proc. **13**, 170 (1954). — [7] Humphrey, J. H., and R. Jaques: J. Physiol., London **124**, 305 (1954). — [8] Jaques, R., and M. Schachter: Brit. J. Pharmacol. **9**, 53 (1954). — [9] Lembeck, F., u. K. Neuhold: A. e. P. P. **226**, 456 (1955). — [10] Erspamer, V., and M. Vialli: Nature **167**, 1033 (1951). — [11] Erspamer, V.: A. e. P. P. **196**, 366, 391 (1940). — [12] Erspamer, V., and B. Asero: Nature **169**, 800 (1952). — [13] Rapport, M. M., A. A. Green and I. H. Page: J. biol. Ch. **174**, 735 (1948). — Reid, G., and M. Rand: Nature **169**, 801 (1952). — [14] Udenfriend, S., C. T. Clark and E. Titus: Exper. **8**, 379 (1952). — [15] Freyburger, W. A., B. E. Graham, M. M. Rapport, P. H. Seay, W. M. Govier, O. F. Swoap and M. J. Vander Brook: J. Pharmacol. exp. Therap. **105**, 80 (1952).

erscheint[1]. Die physiologische Bedeutung ist noch nicht abgeklärt. Die Blutdruckwirkung des Enteramins scheint nichts mit dem Hochdruck zu tun zu haben, da es bei solchen Fällen nicht vermehrt vorkommt[1]. Eine Rolle bei der Blutstillung[2], beim Herzinfarkt und der Thrombose wird diskutiert[3]. Die starke, Wasser und Chlorid umfassende Diuresehemmung wird als eine der Hauptfunktionen des Enteramins aufgefaßt[4]. Sie wird auf eine Verengerung der zuführenden Nierengefäße zurückgeführt. Große Dosen können in der Nierenrinde Nekrosen verursachen[5]. Beziehungen zur Schizophrenie werden ebenfalls diskutiert[6]. Beim Molluskenherzen soll die nervöse Reizübertragung durch Vermittlung von Enteramin erfolgen[7]. Die Wirkung von Reserpin soll nach BRODIE[8] durch Freisetzung von Enteramin im Zentralnervensystem ausgelöst werden. Sein reichliches Vorkommen in Carcinoidmetastasen und im Harn von Carcinoidpatienten könnte neben diagnostischer Bedeutung auch zur Erklärung der Symptome dieser Erkrankung herangezogen werden[9].

15. Darmstoff[10].

In Dialysaten von Darmschlingen kommt ein als Darmstoff bezeichneter Stoff vor[11]. Er unterscheidet sich von Histamin, Cholin und anderen bekannten darmerregenden Stoffen. Er wirkt erregend auf Darm, Uterus und Blase, nicht auf den M. rectus abdominis des Frosches und besitzt nur eine schwache senkende Wirkung am Kaninchenblutdruck . Seine Wirkung wird durch Atropin, Antistin, Cocain oder Ganglienblocker nicht verändert. Die zunächst vermutete Identität mit Substanz P (vgl. S. 577)[12] bestätigte sich nicht, da der Darmstoff nicht die intensive Blutdruckwirkung der Substanz P besaß[12] und da die Substanz P, die basischer Natur ist, leicht durch Gegenstromverteilung von dem sauren Darmstoff getrennt werden kann[13]. Es wird angenommen, daß der Darmstoff für die atropinresistente Motilität des Darmtraktes verantwortlich ist[10].

Eigenschaften. Als Säure schlecht löslich in Wasser, aber gut in Butanol, Äther und Aceton, weniger in Chloroform und Benzol, bei alkalischer Reaktion leicht in Wasser löslich. Verteilungsquotient saures Wasser/Butanol größer als 6. Bei p_H 6 anodisch wandernd. Dialysabel, kochbeständig, auch in n/2 NaOH, weniger gut in n/10 HCl. Durch J und Permanganat inaktivierbar. Beständig gegen salpetrige Säure und Behandlung mit diazotiertem p-Nitranilin. Ebensowenig inaktivieren Trypsin, Chymotrypsin und die Einwirkung von Blut und verschiedenen Organen[14]. Die Ninhydrinreaktion ist negativ, eine UV-Absorption fehlt.

Reinigung war durch Gegenstromverteilung eines Kochextraktes, Papierpulverchromatographie und Filterpapierchromatographie möglich. Dabei fiel eine zweite wirksame Fraktion X an[14]. Eine zunächst als DS bezeichnete[13] Verunreinigung konnte mit 5-Oxytryptamin identifiziert werden[15].

[1] TITUS, E., and S. UDENFRIEND: Fed. Proc. **13**, 411 (1954). — ERSPAMER, V.: Exper. **10**, 471 (1954). J. Physiol., London **127**, 118 (1955). — [2] CORRELL, J. T., F. LYTH, S. LONG and J. C. VANDERPOEL: Amer. J. Physiol. **169**, 537 (1952). — FENICHEL, R. L., and W. H. SEEGERS: Amer. J. Physiol. **181**, 19 (1955). — PAGE, I. H.: Amer. Heart J. **38**, 161 (1949). — COMROE, J. H. jr., B. VAN LINGEN, R. C. STROUD and A. RONCORONI: Amer. J. Physiol. **173**, 379 (1953). — [4] ERSPAMER, V., and P. CORREALE: Arch. int. Pharmacodyn. Thérap. **101**, 99 (1955). — [5] HEDINGER, C., u. H. LANGEMANN: Schweiz. med. Wschr. **85**, 541 (1955). — [6] WOOLLEY, D. W., and E. SHAW: Brit. med. J. **1954 II**, 122. — [7] WELCH, J. H.: A. e. P. P. **219**, 23 (1953). — TWAROG, B. M., and I. H. PAGE: Amer. J. Physiol. **175**, 157 (1953). — [8] BRODIE, B. B.: Vortrag 3. 6. Univ. Zürich (1955). — SHORE, P. A., S. L. SILVER and B. B. BRODIE: Science, N. Y. **122**, 284 (1955). — [9] LANGEMANN, H.: Schweiz. med. Wschr. **85**, 957 (1955). — PERNOW, B., and J. WALDENSTRÖM: Lancet **1954 II**, 951. — [10] VOGT, W.: Pharmacol. Rev. **6**, 117 (1954). — [11] VOGT, W.: A. e. P. P. **206**, 1 (1949). — [12] EULER, U. S. v., and J. H. GADDUM: J. Physiol., London **72**, 74 (1931). — FISCHER, H., u. W. VOGT: A. e. P. P. **210**, 91 (1950). — VOGT, W.: A. e. P. P. **210**, 31 (1950). — [13] VOGT, W.: A. e. P. P. **220**, 365 (1953). — [14] VOGT, W.: A. e. P. P. **227**, 224 (1955). — [15] VOGT, W.: A. e. P. P. **222**, 427 (1954).

δ) Auf die Blutbildung wirksame Stoffe.

Leberstoff (Antiperniciosastoff, Hämon, Anahämin, Erythein) und Magenstoff (Hämogenase, intrinsic factor, Hämopoietin, Apoerythein, Addisin)[1] (s. a. S. 778).

Durch die Untersuchungen von WHIPPLE[2] wurde 1925 gezeigt, daß die Aderlaßanämie von Hunden durch die Zugabe von Fleisch oder Leber zur Grundkost günstig beeinflußt werden kann. Fußend auf diesen Erfahrungen haben MINOT u. MURPHY 1926[3] mit Leberverabreichung die bis dahin unheilbare *perniziöse Anämie* des Menschen heilen können. Schließlich trug CASTLE[4] wesentlich zur Klärung der komplizierten Zusammenhänge bei. Er nahm an, daß durch einen im normalen Magensaft vorkommenden, vermutlich in der Pylorusschleimhaut gebildeten[5], beim Perniciosakranken fehlenden Stoff *(intrinsic factor)*, der vielleicht auch in der Duodenalschleimhaut vorkommt[6], aus einer kochbeständigen, in gewissen Nahrungsmitteln enthaltenen Vorstufe *(extrinsic factor, Hämogen, Erythrotin)* der eigentliche Leberstoff gebildet und in der Leber deponiert wird. Schon früher hatte die bei der echten Perniciosa stets vorkommende vollständige Anacidität und das gelegentliche Vorkommen der Erkrankung nach ausgedehnten Magenresektionen bei Mensch und Tier (Schwein) an eine Beteiligung des Magens beim Zustandekommen der auch als BIERMERsche Anämie bezeichneten Erkrankung denken lassen[7] (s. a. S. 604).

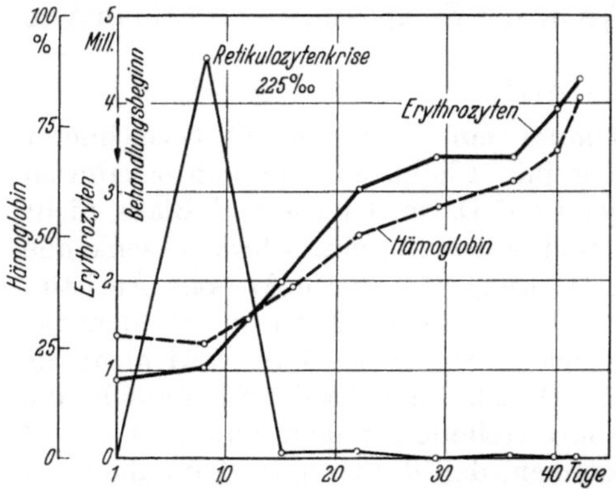

Abb. 54. Beispiel der Wirkung eines Leberpräparates am nichtbehandelten Perniciosafall.

Die perniziöse Anämie ist eine im mittleren Lebensalter auftretende Erkrankung mit vermehrtem Blutzerfall (Oligocytämie, Urobilinogenämie und Urobilinogenurie) und pathologisch überstürzt verlaufender Regeneration der roten Blutkörperchen (Auftreten jugendlicher Zellformen, Erythroblasten und basophil granulierter Erythrocyten, Polychromasie, Anisocytose und Poikilocytose). Der Färbeindex ist über 1. Es handelt sich demnach um eine hyperchrome Anämie. Außer den auf die Anämie als solche zu beziehenden Allgemeinerscheinungen (herabgesetzte Leistungsfähigkeit, strohgelbe Blässe, Kreislaufstörungen usw.) treten im weiteren Verlauf der Erkrankung schwere degenerative Verände-

---

[1] **Zusammenfassende Darstellungen:** SUBBAROW, Y., A. B. HASTINGS and M. ELKIN: Vitamins & Hormones **3**, 237—296 (1945). — [2] WHIPPLE, G. H., and F. S. ROBSCHEIT-ROBBINS: Amer. J. Physiol. **72**, 395, 408, 419, 431 (1925). — [3] MINOT, G. R., and W. P. MURPHY: J. amer. med. Ass. **87**, 470 (1926). — COHN, E. J., G. R. MINOT, J. F. FULTON, H. F. ULRICHS, F. C. SARGENT, J. H. WEARE and W. P. MURPHY: J. biol. Ch. **74**, LXIX (1927). — MURPHY, W. P., R. T. MONROE and R. FITZ: J. amer. med. Ass. **88**, 1211 (1927). — [4] CASTLE, W. B.: Amer. J. med. Sci. **178**, 748 (1929). — CASTLE, W. B., and W. C. TOWNSEND: Amer. J. med. Sci. **178**, 764 (1929). — CASTLE, W. B., W. C. TOWNSEND and C. W. HEATH: Amer. J. med. Sci. **180**, 305 (1930). — CASTLE, W. B., C. W. HEATH and M. B. STRAUSS: Amer. J. med. Sci. **182**, 741 (1931). — CASTLE, W. B., and T. H. HAM: J. amer. med. Ass. **107**, 1456 (1936). — CASTLE, W. B., C. W. HEATH, M. B. STRAUSS and R. W. HEINLE: Amer. J. med. Sci. **194**, 618 (1937). — [5] LANDBOE-CHRISTENSEN, E., and H. H. WANDALL: Acta med. scand. **144**, 467 (1953). — [6] KÜHNAU, W.: M. m. W. **1933 II**, 1772. — [7] Lehrb. inn. Med. (ASSMANN u. a.) 6./7. Aufl. Bd. 2, S. 106, 343. — NAEGELI, O.: Blutkrankheiten und Blutdiagnostik 4. Aufl. S. 308. Berlin 1923. — Stepp-Kühnau-Schroeder, Vitamine 6. Aufl. S. 252—256.

rungen im Rückenmark auf, die sich als nervöse Störungen verbunden mit Schmerzen und schließlich Lähmungen äußern. Behandlung mit Leber- oder Magenstoff führt, wie die Entdecker dieser Therapie feststellten und wie alle Nachuntersucher bestätigten, in wenigen Tagen zu einer Ausschwemmung von zahlreichen Reticulocyten (Reticulocytenkrise, vgl. Abb. 54) und im weiteren Verlauf zu einer vollkommenen Normalisierung des Blutbildes unter Verschwinden der allgemeinen Krankheitserscheinungen. Relativ therapieresistent erweisen sich jedoch die nervösen Ausfallserscheinungen.

Darstellung. *a) Antiperniciosastoff.* Mit der Darstellung des Leberstoffes haben sich mehrere Arbeitskreise beschäftigt. Sie sind dabei zu sehr wechselnden Präparaten unterschiedlich hohen Reinheitsgrades gelangt, die auch teilweise verschiedene physikalische und chemische Eigenschaften aufwiesen. Diese Bemühungen sollen nachstehend wenigstens kurz wiedergegeben werden, obwohl eine große Zahl von Forschern nach der Isolierung des Vitamin B_{12} aus der Leber[1] der Meinung ist, daß damit das Problem des Leberstoffes gelöst sei. Als Folge dieser Entdeckung sind die alten CASTLEschen Auffassungen über die Pathogenese der Perniciosa in neuester Zeit modifiziert worden. Man nimmt an, daß der extrinsic factor mit Vitamin B_{12} identisch ist[2], da er etwa die gleichen physikalischen und chemischen Eigenschaften besitzt und bei der Behandlung von Perniciosakranken mit menschlichem Magensaft den extrinsic factor ersetzen kann. Der intrinsic factor soll dabei in irgendeiner noch ungeklärten Weise die Resorption von B_{12} begünstigen. Dabei denkt man an die Möglichkeit der Bildung einer Komplexverbindung, die gegenüber den Fermenten des Magen-Darmkanals stabil sein soll oder das Vitamin B_{12} vor dem zerstörenden Einfluß der Bakterienflora der oberen Darmabschnitte bewahren soll. Argumente für das Vorliegen eines hitzelabilen, für B. coli, Lactobacillus lactis DORNER und Lactobacillus leichmannii unangreifbaren Komplexes wurden beigebracht[3]. Der intrinsic factor erwies sich mit keinem der bisher bekannten Fermente des Magensaftes als identisch[4]. In neuerer Zeit wurde an eine Identität mit dem „glandulären Mucoproteid" der Magenschleimhaut gedacht[5], das von begleitenden Proteinen abgetrennt werden konnte[6]. Es erwies sich in vielen Eigenschaften ähnlich dem intrinsic factor[7]. Es ist nicht dialysabel, durch BERKEFELD-Filter filtrierbar, fällbar mit 60—80% Alkohol oder Aceton, aber nicht mit Trichloressigsäure, aussalzbar durch Ammonsulfatsättigung, nicht zerstörbar durch verdünntes Alkali und wenig angreifbar durch Pepsin, bei p_H 1,5 und 5° praktisch unbegrenzt in Lösung haltbar. Durch Fällung menschlichen Magensaftes mit 5% Trichloressigsäure, Fällung des Filtrats mit 50% Aceton, Aufnehmen in n/10 $NaOH$ und mehrmaliges Umfällen mit HCl konnte es dargestellt werden[7]. Es scheint verstärkend auf die Wirkung von B_{12} zu sein[8]. Die Arbeiten eines zweiten Arbeitskreises scheinen in jüngster Zeit diesen Ergebnissen zu widersprechen. Sie lokalisieren den intrinsic factor in einer anderen Fraktion des Magensaftes und glauben, ihn einheitlich isolieren zu können[9].

Die ersten Fraktionierungsversuche von Leberextrakten[10] ließen an das Vorliegen einer organischen Base mit sekundärer oder tertiärer Aminogruppe denken[11].

---

[1] SMITH, E. L.: Nature **161**, 638; **162**, 144 (1948). — RICKES, E. L., N. G. BRINK, F. R. KONIUSZY, T. R. WOOD and K. FOLKERS: Science, N. Y. **107**, 396; **108**, 134, 634 (1948). — [2] BERK, L., W. B. CASTLE, A. D. WELCH, R. W. HEINLE, R. ANKER and M. EPSTEIN: New Engl. J. Med. **239**, 911 (1948). — HALL, B. E., E. H. MORGAN and D. C. CAMPBELL: Proc. Staff Meet. Mayo Clinic **24**, 99 (1949). — [3] TERNBERG, J. L., and R. E. EAKIN: Am. Soc. **71**, 3858 (1949). — HOFF-JØRGENSEN, E., and E. LANDBOE-CHRISTENSEN: Arch. Biochem. **42**, 474 (1953). — [4] CASTLE, W. B.: Ann. internal Med. **34**, 1093 (1951). — [5] GLASS, G. B. J., L. J. BOYD and C. S. SVIGALS: Bull. N. Y. med. Coll. **13**, 15 (1950). — [6] GLASS, G. B. J., and L. J. BOYD: Gastroenterol., Baltimore **12**, 821, 835, 849 (1949); **15**, 438 (1950). — [7] GLASS, G. B. J., L. J. BOYD, M. A. RUBINSTEIN and C. S. SVIGALS: Science, N. Y. **115**, 101 (1952). — [8] GLASS, G. B. J.: Gastroenterol., Baltimore **23**, 219 (1953). — [9] LATNER, A. L., C. C. UNGLEY, E. V. COX and L. RAINE: Brit. med. J. **1953 I**, 467. — LATNER, A. L., R. J. MERRILLS and L. C. RAINE: Lancet **1954 I**, 497. — BESANÇON, F.: Sem. des Hôp. **29**, 1745 (1953). — [10] COHN, E. J., G. R. MINOT, J. F. FULTON, H. F. ULRICHS, F. C. SARGENT, J. H. WEARE and W. P. MURPHY: J. biol. Ch. **74**, LXIX (1927). — [11] COHN, E. J., T. L. MCMEEKIN and G. R. MINOT: J. biol. Ch. **87**, XLIX (1930). Trans. Ass. amer. Physicians **45**, 343 (1930).

Eine andere Arbeitsgruppe[1] kam auf Grund ihrer Untersuchungen über die Annahme eines Peptids oder Diketopiperazins aus β-Oxyglutaminsäure und γ-Oxyprolin, die im weiteren Verlauf fallen gelassen wurde[2], zur Annahme eines peptid-, allenfalls albumosenartigen Stoffes, der durch Elektrophorese in 2 Fraktionen zerlegt werden konnte[3]. Zu relativ hochwirksamen Produkten gelangten auch weitere Untersucher[4-7]. Sonstige Isolierungsversuche vgl. [8,9]. Mehr spekulative Betrachtungen, die Glutathion[10] oder Aminosäuren, wie Tyrosin, Tryptophan oder Histidin[11], als wesentlich für die Leberwirkung betrachten, seien nur kurz erwähnt. Weitere Aufarbeitungsversuche ließen als wirksames Prinzip ein Pyridinderivat vermuten, das durch einen oder mehrere zusätzliche Stoffe in seiner Wirkung unterstützt werde[12], eine Annahme, für die auch noch zusätzliche Argumente vorgebracht werden konnten[13].

Auch einige andere Autoren denken an mehrere wirksame Bestandteile der Leberextrakte[14], und zahlreiche Ärzte verwenden auch heute noch gern Leberpräparate, da sie überzeugt sind, daß ihre Wirkung besser sei als die reiner B_{12}-Präparate. Die eine Zeit lang vermutete Identität des Leberstoffes mit Pteroylglutaminsäure, die 1943 isoliert werden konnte[15], hat sich als Irrtum herausgestellt; denn Pteroylglutaminsäure, die 1946 auch synthetisch erhalten wurde[16], besaß nicht die volle Wirksamkeit der Lebertherapie.

b) Magenstoff. Meist wird nativer durch BERKEFELD-Filtration keimfrei gemachter menschlicher Magensaft für die Versuche verwendet. Die Herstellung von Präparaten geht von Magen- oder Duodenalschleimhaut des Schweines aus. Der Wirkstoff läßt sich durch saure Extraktion ausziehen, mit 80% Ammonsulfatsättigung aussalzen und durch Gefriertrocknung konservieren. Behandlung mit Alkohol schädigt die Wirksamkeit. Eine Trennung vom Pepsin ist durch Fällung mit Casein möglich[17]. Oft wird auch einfach getrocknete Magenschleimhaut für therapeutische Zwecke benutzt.

Hinsichtlich der Darstellung des *„glandulären Mucoproteids"* vgl. S. 603. Durch Abtrennen des Nichtultrafiltrierbaren aus saurem menschlichem Magensaft, Gefriertrocknung und präparative Filtrierpapierelektrophorese in Veronalpuffer bei ph 8,6 oder besser p_H 6,35 erhielt man 2 Fraktionen, von denen eine anodisch, die andere kathodisch wanderte. Beide enthielten B_{12}-bindende Aktivität und erwiesen sich klinisch wirksam. Die anodisch wandernde Fraktion scheint ein Mucoproteid oder ein Mucopolysaccharid zu sein[18]. Aus Magenschleimhaut vom

---

[1] WEST, R., and E. G. NICHOLS: J. amer. med. Ass. **91**, 867 (1928). — WEST, R., and M. HOWE: J. clin. Invest. **9**, 1 (1930). J. biol. Ch. **88**, 427 (1930). — DAKIN, H. D., and R. WEST: J. biol. Ch. **109**, 489 (1935). — DAKIN, H. D., C. C. UNGLEY and R. WEST: J. biol. Ch. **115**, 771 (1936). — [2] WEST, R., and M. HOWE: J. biol. Ch. **94**, 611 (1931/32). — [3] WEST, R., and H. D. MOORE: Trans. Ass. amer. Physicians **57**, 259 (1942). — [4] STRANDELL, B., L. POULSSON and H. SCHARTUM-HANSEN: Acta med. scand. **88**, 624 (1936). — LALAND, P., and A. KLEM: Acta med. scand. **88**, 620 (1936). — STRANDELL, B.: Acta med. scand., Suppl. **71** (1935). — [5] WILKINSON, J. F.: Brit. med. J. **1932 I**, 325. Proc. R. Soc. Med. **26**, 1341 (1933). Lancet **1936 I**, 354. — [6] KARRER, P., P. FREI u. H. FRITZSCHE: Helv. **20**, 622 (1937). — KARRER, P., P. FREI u. B. H. RINGIER: Helv. **21**, 314 (1938). — KARRER, P.: Schweiz. med. Wschr. **71**, 343 (1941). — [7] WOLF, H. J., u. R. TSCHESCHE: H. **248**, 21 (1937). — TSCHESCHE, R.: Angew. Chem. **51**, 349 (1938). — TSCHESCHE, R., u. H. J. WOLF: Naturwiss. **27**, 176 (1939). — [8] FELIX, K., u. H. FRÜHWEIN: H. **216**, 173 (1933). — [9] ERDÖS, J.: B. Z. **277**, 337, 342 (1935). Science, N. Y. **96**, 141 (1942). — [10] BUCHANAN, J. A.: J. amer. med. Ass. **35**, 673 (1929). — FLEMING, R.: Biochem. J. **26**, 461 (1932). — [11] FONTÈS, G., et L. THIVOLLE: Cr. **191**, 1088, 1395 (1930). C. R. Soc. Biol. **105**, 965, 967, 969 (1930); **106**, 215, 217, 219 (1931). — [12] SUBBAROW, Y., B. M. JACOBSON and C. H. FISKE: New Engl. J. Med. **212**, 663 (1935); **214** 194 (1936). — [13] FISKE, C. H., Y. SUBBAROW and B. M. JACOBSON: J. clin. Invest. **14**, 709 (1935). — JACOBSON, B. M., and Y. SUBBAROW: J. clin. Invest. **16**, 573 (1937). — [14] EISLER, B., E. HAMMARSTEN u. H. THEORELL: Naturwiss. **24**, 142 (1936). — WICHELS, P., u. I. HÖFER: Kli. Wo. **1934 II**, 1601. — MAZZA, F. P., e F. PENATI: Arch. Sci. Biol., Napoli **23**, 443 (1937); **24**, 83 (1938). — [15] PFIFFNER, J. J., S. B. BINKLEY, E. S. BLOOM, R. A. BROWN, O. D. BIRD, A. D. EMMETT, A. G. HOGAN and B. L. O'DELL: Science, N. Y. **97**, 404 (1943). — [16] ANGIER, R. B., J. H. BOOTHE, B. L. HUTCHINGS, J. H. MOWAT, J. SEMB, E. L. R. STOKSTAD, Y. SUBBAROW, C. W. WALLER, D. B. COSULICH, M. J. FAHRENBACH, M. E. HULTQUIST, E. KUH, E. H. NORTHEY, D. R. SEEGER, J. P. SICKELS and J. M. SMITH jr.: Science, N. Y. **103**, 667 (1946). — [17] CASTLE, W. B., W. C. TOWNSEND and C. W. HEATH: J. clin. Invest. **9**, 2 (1930). — [18] LATNER, A. L., C. C. UNGLEY, E. V. COX and L. RAINE: Brit. med. J. **1953 I**, 467.

Schwein konnte das aktive Mucoproteid durch Extraktion bei p_H 6,35 auch ohne Elektrophorese isoliert werden. Es war bei p_H 2,0 löslich, zeigte in Ultrazentrifugenversuchen ein Mol.Gew. unter 20000 und enthielt 9,2% N, 8,1% Hexosamin, 3,4% Methylpentose (als Fucose), 15,4% reduzierende Zucker (als Glucose) und 1,4% Tryptophan; es verhielt sich damit ähnlich dem durch Elektrophorese isolierten Produkt[1]. Ein aus Magenschleimhaut vom Kalb gewonnenes Präparat (Ammonsulfataussalzung und Acetonfällung) erwies sich als sehr ähnlich: 9,3% N, isoelektrischer Punkt p_H 4,45—4,65, hohe B_2-bindende Kapazität[2]. Technisch wurden aus getrockneter, entfetteter Schweinemagenschleimhaut durch Ammonsulfatfraktionierung, Behandlung mit Trypsin und Chymotrypsin und anschließende Dialyse, Alkoholfraktionierung und Ultrafiltration elektrophoretisch einheitliche Präparate gewonnen. Beim Ultrazentrifugieren erwiesen sie sich jedoch als aus einer Kopmonente, Mol.Gew. 5000, und mehreren hochmolekularen Komponenten, Mol.-Gew. 100000 und 500000, zusammengesetzt. Sie enthielten 11,8% N und 15,2% Glucosamin[3].

Eigenschaften. *a) Leberstoff.* Unter Berücksichtigung der Annahme des Vitamin B_{12} als Leberstoff haben die widersprechenden Angaben der unter Darstellung des Leberstoffes zitierten Literatur nur begrenzte Bedeutung. Außerdem kann das wirksame Prinzip in verschieden hergestellten Extrakten und Zubereitungen sich recht unterschiedlich verhalten. Übereinstimmend wird seine Löslichkeit in Wasser sowie in nicht 100%igem Alkohol angegeben. Es sei unlöslich in absolutem Alkohol, Äther, Aceton, Chloroform, Benzin, Benzol und anderen organischen Lipoidlösungsmitteln. Es ist dialysabel, fällbar mit verschiedenen Alkaloidreagentien und Schwermetallsalzen.

In begrenztem Maße ist der Leberstoff in wäßriger Lösung kochbeständig, wird jedoch durch längeres Erhitzen inaktiviert.

b) Magenstoff[4]. Der intrinsic factor ist löslich in Wasser und unlöslich in organischen Lösungsmitteln. Er leidet durch Einwirkung von wäßrigem Alkohol. Bei 40° verliert er in 3 Tagen seine Wirksamkeit, bei 70° wird er in 30 min, beim Kochen in 5 min zerstört[5]. In wäßrigem Alkohol oder Aceton ist er partiell löslich. Durch Ammonsulfat ist er aussalzbar[6]. Er erträgt p_H 9,8, während Pepsin und Pepsinogen bei diesem p_H inaktiviert werden[7]. Bei p_H 1,7 und +5° ist die Wirksamkeitseinbuße innerhalb von 3 Monaten nur gering[8]. Von Pepsin und Trypsin wird er langsam zerstört. Behandlung von Leber mit dem Magenstoff führt zu einer Wirksamkeitssteigerung[9].

Nachweis. *a) Leberstoff.* Ein eindeutiger tierexperimenteller Nachweis und eine biologische Eichung von Leberpräparaten ist bisher nicht aufgefunden worden. Ob die zum Nachweis von B_{12} benutzten mikrobiologischen Methoden sich zur Standardisierung von Leberpräparaten eignen werden, bleibt zunächst noch abzuwarten. Zur Standardisierung wurden die verschiedensten toxischen Anämien empfohlen[10], ferner Mangelanämien, wie die Ziegenmilchanämie junger Ratten[11] oder die Aderlaßanämie[12]. Auch die Bartonellenanämie der Ratte[13] oder

---

[1] LATNER, A. L., R. J. MERRILLS and L. C. RAINE: Lancet **1954 I**, 497. — [2] VIRTANEN, O. E., and O. K. TANSKANEN: Suom. Kemist. **26** B, 72 (1953). — [3] WILLIAMS, W. L., L. ELLENBOGEN and R. G. ESPOSITO: Proc. Soc. exp. Biol. Med. **87**, 400 (1954). — [4] CASTLE, W. B., W. C. TOWNSEND and C. W. HEATH: J. clin. Invest. **9**, 2 (1930). — [5] CASTLE, W. B., C. W. HEATH and M. B. STRAUSS: Amer. J. med. Sci. **188**, 184 (1934). — [6] HELMER, O. M., and P. J. FOUTS: Amer. J. med. Sci. **194**, 399 (1937). — GOLDHAMER, S. M., and J. KYER: Proc. Soc. exp. Biol. Med. **37**, 659 (1938). — [7] UNGLEY, C. C., and R. MOFFETT: Lancet **1936 I**, 1232. — [8] HALL, B. E.: Brit. med. J. **1950 II**, 585. — [9] REIMANN, F., u. F. FRITSCH: Z. klin. Med. **126**, 469 (1934). — REIMANN, F., F. SINEK u. F. FRITSCH: Z. klin. Med. **126**, 41 (1933). — [10] UCKO, H.: Z. klin. Med. **117**, 1 (1931). — ERDÖS, J.: B. Z. **277**, 342 (1935). — GOTTLEBE, P.: A. e. P. P. **180**, 254 (1936). — ZIPF, K., u. P. GOTTLEBE: A. e. P. P. **184**, 71 (1937). — RUSZNYÁK, S., u. R. ENGEL: D. m. W. **1932 II**, 1592. — [11] ROMINGER, E., u. C. BOMSKOV: Z. ges. exp. Med. **89**, 818 (1933). — [12] JENEY, A.: J. exp. Med. **46**, 689 (1927). — OEHME, C.: Therap. d. Gegenwart **71**, 6 (1930). — [13] GÄNSSLEN, M.: Kli. Wo. **1930 II**, 2099.

die Typhusbacillenanämie des Kaninchens[1] wurden herangezogen. Die Benutzung der methämoglobinbildenden Kraft von Leberextrakten führte ebenfalls nicht weiter[2]. Auch die Reticulocytenausschwemmung im Blut normaler Ratten wurde untersucht[3].

Die sicherste Methode scheint mir auch heute noch die Bewertung von Leberpräparaten am nicht behandelten perniciosakranken Menschen zu sein. Dieses Verfahren ist allerdings zeitraubend und auch nicht immer voll befriedigend. Bewertet werden dabei der Reticulocytenanstieg und die Gesamtzunahme der roten Blutkörperchen, die bei gleicher Dosis verschieden groß ausfällt, je nach der Ausgangsblutkörperchenkonzentration, bei der die Behandlung begonnen wird.

b) Magenstoff. Auch die biologische Auswertung des Magenstoffes beschränkt sich heute noch auf die Anwendung am Perniciosakranken. In neuerer Zeit wird die Resorptionsbeschleunigung von radioaktivem B_{12} am Patienten herangezogen[4], ebenso sein Erscheinen in der Leber[5]. Durch die gleichzeitige Eingabe verschiedener Nahrungsmittel kann der Gehalt der letzteren an „extrinsic factor" abgeschätzt werden. Beim Perniciosakranken fehlt der Magenstoff im Magensaft, und die Leber wird arm an Leberstoff gefunden[6]. Ebenso soll tierische Leber nach Magenresektion ihre Wirksamkeit einbüßen[7].

Es liegen Hinweise vor, daß auch für die Bildung und Ausschwemmung der weißen Blutkörperchen Stoffe verantwortlich sind, die vielleicht ebenfalls im Magen gebildet und in der Leber deponiert werden[8].

ε) Entzündungsstoffe[9].

Vorwiegend durch die Arbeiten von MENKIN ist eine Reihe von Stoffen von Polypeptid- oder Globulinnatur bekannt geworden, die sich aus entzündlichen Exsudaten isolieren läßt. Es wird ihnen eine Bedeutung für Entwicklung und Ablauf von Entzündungsvorgängen zugeschrieben.

1. Kallidin, Bradykinin.

Kallikrein, vgl. S. 575, spaltet aus den hochmolekularen Eiweißkörpern des Blutserums eine niedermolekulare, blutdrucksenkende, darm- und uteruserregende, kochbeständige Substanz, „*DK*" oder *Kallidin*, ab, die ihrerseits rasch wieder durch einen im Serum vorhandenen *Kallidin-Inaktivator* zerstört wird. Die globulinartige Vorstufe wurde als *Kallidinogen* bezeichnet[10]. Kallidin erwies sich als identisch oder mindestens als sehr nahe verwandt mit der durch die Einwirkung von Schlangengiften auf Blutserum[11] entstehenden, analog wirksamen Substanz *Bradykinin*[12]. Auch durch Trypsin kann Bradykinin bzw. Kallidin freigesetzt werden[11]; die Wirkungsmechanismen von Schlangengift, Kallikrein und

[1] WOLF, H. J., R. TSCHESCHE, E. KRÖGER u. J. WOLF: A. e. P. P. **188**, 423 (1938). — [2] DUESBERG, R., u. W. KOLL: A. e. P. P. **162**, 296 (1931). — [3] SINGER, K.: Kli. Wo. **1935 I**, 200. — FLEISCHHACKER, H., u. A. SCHLESINGER: Kli. Wo. **1935 I**, 215. — [4] CALLENDER, S. T., A. TURNBULL and G. WAKISAKA: Brit. med. J. **1954 I**, 10. — [5] GLASS, G. B. J., L. J. BOYD, G. A. GELLIN and L. STEPHANSON: Arch. Biochem. **51**, 251 (1954). — [6] IVY, A. C., and M. S. KIM: Amer. J. Physiol. **101**, 59 (1932). — [7] BENCE, J.: Z. klin. Med. **126**, 143 (1933). — [8] BAUMANN, E.: Kli. Wo. **1939 I**, 14. M. m. W. **1938 I**, 204. — [9] MENKIN, V.: Dynamics of Inflammation. New York 1950. Newer Concepts of Inflammation. Springfield, Ill. 1950. — [10] WERLE, E., W. GÖTZE u. A. KEPPLER: B. Z. **289**, 217 (1937). — WERLE, E., u. M. GRUNZ: B. Z. **301**, 429 (1939). — WERLE, E., u. U. BEREK: B. Z. **320**, 136 (1950). — WERLE, E., u. R. HAMBUECHEN: A.e.P.P. **201**, 311 (1943). — WERLE, E.: Z. angew. Chem. **60** A, 51 (1948). — [11] ROCHA E SILVA, M., W. T. BERALDO and G. ROSENFELD: Amer. J. Physiol. **156**, 261 (1949). — ROCHA E SILVA, M.: Bradicinina. Sao Paulo 1951. — [12] WERLE, E., R. KEHL u. K. KOEBKE: B. Z. **320**, 372 (1949/50).

Trypsin sind jedoch nicht identisch[1,2]. Die Inaktivierung des Kallidins kann durch Cystein, Glutathion, nicht aber durch Ascorbinsäure gehemmt werden[2], sie scheint mit Chymotrypsin[1] und einem noch unbekannten Ferment[3] zusammenzuhängen. Inaktivatoren, die die Fähigkeit von Kallikrein und Trypsin zur Kallidinfreisetzung aufheben, finden sich in Lymphe, Ohrspeicheldrüsen und Kartoffeln.

Durch Behandeln der Serumglobuline mit Kallikrein, anschließende Enteiweißung mit Alkohol, Eindampfen zur Trockne und Fraktionierung mit Alkohol (der Hauptteil fällt mit 90% Alkohol) wurde ein Rohkallidin erhalten, das durch Chromatographie über Al_2O_3 und mehrmalige Phosphorwolframsäurefällung gereinigt werden konnte. Nach Hydrolyse wurden folgende Aminosäuren nachgewiesen: Asparaginsäure, Alanin, Glutaminsäure, Serin, Glycin, Lysin, Histidin und Tyrosin[4]. Eine andere Reinigung führte über Chromatographie über Papierbrei, eindimensionale Filtrierpapierchromatographie und Chromatographie über Al_2O_3 zu einem auf molarer Basis berechnet wirksameren Produkt als Histamin mit einem geschätzten Mol.Gew. von 5000. Es enthielt über die oben angeführten Aminosäuren hinaus noch Valin, Phenylalanin, Leucin und/oder iso-Leucin, während Lysin nicht nachgewiesen werden konnte[5].

Bradykinin wandert bei p_H 8,7 kathodisch[6]. Aus Schweinenieren konnte durch Ammonsulfatfraktionierung ein Bradykininaktivator gewonnen werden, der nicht mit Histaminase identisch ist und durch KCN nicht gehemmt wird. p_H-Optimum 6,5—6,8.

2. Leukotaxin[7].

In entzündlichen Exsudaten wurde ein die Gefäßpermeabilität steigernder[8] und die Auswanderung von Leukocyten begünstigender[9] dialysabler[10] Faktor nachgewiesen und als Leukotaxin bezeichnet[11]. Leukotaxin soll auch in normalen[12], jedenfalls aber in geschädigten Geweben[13] vorkommen. Durch Fällen des entzündlichen Exsudats mit dem gleichen Volumen Dioxan, Fällen des Filtrats mit dem gleichen Volumen Aceton, Eindampfen zur Trockne und Krystallisation aus n Essigsäure konnte ein krystallines Produkt gewonnen werden[14], das beide Wirkungen des Leukotaxins besaß. Von anderer Seite wurde eine Möglichkeit der Trennung der gefäßerweiternden und der die Leukocytendurchwanderung fördernden Wirkung für möglich gehalten[15].

3. Exsudin.

Wenn im weiteren Verlauf einer Entzündung das zunächst alkalische Exsudat sauer wird, tritt in ihm ein gefäßpermeabilitätssteigernder Faktor von Peptidnatur auf, Exsudin[16]. Die Wirkung von Leukotaxin wird durch Cortison, die von Exsudin besser durch ACTH aufgehoben[17].

[1] WERLE, E., R. KEHL u. K. KOEBKE: B. Z. **320**, 372 (1949/50). — [2] WERLE, E.: Arch. int. Pharmacodyn. Thérap. **92**, 427 (1953). — [3] WERLE, E., L. MAIER u. E. RINGELMANN: Naturwiss. **39**, 328 (1952). — [4] WERLE, E., R. EHRLICH u. K. KOEBKE: B. Z. **322**, 27 (1951/52). — [5] ANDRADE, S. O., C. R. DINIZ and M. ROCHA E SILVA: Arch. int. Pharmacodyn. Thérap. **95**, 100 (1953). — [6] HAMBERG, U., and M. ROCHA E SILVA: Acta physiol. scand. **30**, 215 (1954). — [7] MENKIN, V.: Dynamics of Inflammation. New York 1940. Newer Concepts of Inflammation. Springfield, Ill. 1950. — [8] MENKIN, V.: Proc. Soc. exp. Biol. Med. **34**, 570 (1936). — [9] MENKIN, V.: Arch. Path., Chicago **24**, 65 (1937). — [10] MENKIN, V.: J. exp. Med. **64**, 485 (1936); **67**, 129, 153 (1937). — [11] MENKIN, V.: Proc. Soc. exp. Biol. Med. **36**, 164 (1937). — [12] MOON, V. H., and G. A. TERSHAKOVEC: Arch. Path., Chicago **52**, 369 (1951). — [13] MENKIN, V.: Proc. Soc. exp. Biol. Med. **80**, 223 (1952). Science, N.Y. **115**, 382 (1952). — [14] MENKIN, V.: A. e. P. P. **219**, 473 (1953). — [15] SPECTOR, W. G.: J. Path. Bacteriology **63**, 93 (1951). — [16] MENKIN, V.: Amer. J. Physiol. **166**, 509 (1951). — [17] MENKIN, V.: Amer. J. Physiol. **166**, 518 (1951).

4. Pyrexin.

Aus sauren entzündlichen Exsudaten konnte noch ein Prinzip isoliert werden, das pyrogen wirkt und zur Erklärung des mit der Entzündung gewöhnlich verbundenen Fiebers herangezogen wird[1]. Durch $^1/_3$-Sättigung mit Ammonsulfat konnte es aus dem Exsudat niedergeschlagen werden. Es blieb beim Aufnehmen im gleichen Volumen Wasser im Niederschlag und lieferte nach Dialyse und Gefriertrocknung Rohpyrexin. $1^0/_{00}$ig in Wasser gelöst, mit $^1/_2$-Sättigung Ammonsulfat ausgesalzen und neuerlich dialysiert, blieb es teilweise in Lösung und konnte aus dieser mit 50% Eisessig zur Krystallisation gebracht werden. Der Niederschlag enthielt eine amorphe wirksame Fraktion[2]. Die Krystalle lösen sich bei alkalischer Reaktion. Sie können durch Ansäuern der Lösung umkrystallisiert werden. Sie erweisen sich als niedrigmolekulares Peptid, vielleicht ein Dipeptid. Damit wird die früher gemachte Annahme, es handle sich um ein Glykoproteid[3], hinfällig.

5. Leucocytosis promoting factor, LPF.

Intravenöse Injektion eines entzündlichen Exsudats am Hund führt zu einer erheblichen Steigerung der Leukocytenzahl[4]. Das verantwortliche Pseudoglobulin konnte in Exsudaten von Hunden, Kaninchen und Menschen nachgewiesen werden[5]. Eine spätere Arbeit unterscheidet zwischen einem thermolabilen Faktor von Pseudoglobulinnatur und einem thermostabilen, krystallisiert erhältlichen Produkt von Polypeptidnatur mit 2,1 % N[6]. Die durch letzteren Stoff bewirkte Leukocytose zeichnet sich durch die Ausschwemmung zahlreicher unreifer Leukocyten aus.

6. Necrosin.

In der Euglobulinfraktion entzündlicher Exsudate findet sich ein weiterer Stoff, der bei lokaler Anwendung Nekrosen bewirkt[7]. Er scheint weitverbreitet im Tierreich zu sein[8] und kommt besonders in geschädigten Geweben vor[9]. Durch Ammonsulfatfraktionierung kann er isoliert werden. Er ist thermolabil. In neueren Versuchen erwies er sich als ein proteolytisches Enzym mit einem p_H-Optimum von 7,7—8,2. Es wird angenommen, daß er identisch mit der *Makrocytase* von MECHNIKOV ist[10].

7. Leucopenia producing factor.

Auf diesen Faktor wird die bei splenektomierten Ratten durch lokale Entzündungen, die durch die verschiedensten Reize ausgelöst werden können, hervorgerufene Senkung der Leukocytenzahlen zurückgeführt[11].

---

[1] MENKIN, V.: Arch. Path., Chicago **39**, 28 (1945). — BENNETT, I. L. jr.: J. exp. Med. **88**, 279 (1948). — [2] MENKIN, V.: Arch int. Pharmacodyn. Thérap. **89**, 229 (1952). — [3] MENKIN, V.: Arch. Path., Chicago **41**, 376 (1946). — [4] MENKIN, V.: Science, N. Y. **90**, 237 (1939) **91**, 320 (1940). — MENKIN, V., M. A. KADISH and A. A. WARREN: Amer. J. med. Sci. **205**, 363 (1943). — [5] MENKIN, V., M. A. KADISH and S. C. SOMMERS: J. Path., Chicago **33**, 188 (1942). — [6] MENKIN, V.: Proc. Soc. exp. Biol. Med. **75**, 378 (1950). — [7] MENKIN, V.: Arch. Path., Chicago **36**, 269 (1943); **39**, 28 (1945). Science, N. Y. **105**, 538 (1947). — TANTURI, C. A., J. F. CANEPA et R. F. BANFI: Rev. méd. Chile **6**, 143 (1945). — [8] MENKIN, V.: Physiol. Zool. **22**, 124 (1949). — [9] MENKIN, V.: Proc. Soc. exp. Biol. Med. **75**, 350 (1950). — [10] GORKIN, V. Z., and M. N. KONDRASHOVA: Biochimija, Moskva **18**, 288 (1953). — GORKIN, V. Z.: Arkh. Pat., Moskva **15**, 13 (1953). — [11] KEMP, I., G. E. CARTWRIGHT and M. M. WINTROBE: Amer. J. Physiol. **165**, 554 (1951).

ζ) Mit dem Schock in Beziehung gebrachte Stoffe[1-4].

1. VDM („vaso-depressor material", Ferritin).

Im Blut von Tieren im Schockzustand wurde eine aktive Substanz aufgefunden und als vaso-depressor material (VDM) bezeichnet[5]. VDM wirkt nicht selbst blutdrucksenkend, sondern beeinflußt den von CHAMBERS[6] und ZWEIFACH[7] aufgeklärten Aktionsmechanismus der Capillardurchblutung, indem es die Empfindlichkeit der präcapillaren Sphincter und der Metarteriolen für Adrenalin und Noradrenalin steigert. Durch den sehr empfindlichen Nachweis an der Mesoappendix der Ratte[3] war es im durch Bluttransfusion nicht mehr zu behebenden Stadium des hämorrhagischen Schocks im Blut auffindbar[8]. VDM konnte schließlich mit dem schon 1937 isolierten Ferritin identifiziert werden[9], wobei besonders immunochemische Reaktionen neben der hohen Wirksamkeit des Ferritins und Apoferritins und die Denaturierbarkeit beider Stoffe bzw. des VDM durch die gleichen Eingriffe als beweisend angesehen werden[10].

Vorkommen. VDM aus Leber und Milz (identisch mit Ferritin) wurde aus diesen Organen von Rind, Hund, Ratte, Meerschweinchen und Mensch erhalten. Auch aus Muskeln ist VDM-Aktivität isolierbar. Die chemische Natur dieses Stoffes ist noch unbekannt.

Eigenschaften. VDM (Ferritin) ist ein globulinartiger Eiweißkörper mit einem Mol.Gew. von etwa 465000, der bis zu 25% Eisen in Form eines phosphathaltigen Ferrikomplexes zu binden vermag. Seine Aminosäurezusammensetzung konnte aufgeklärt werden[11]. Für die Wirkung von Ferritin und Apoferritin sind freie SH-Gruppen erforderlich. Durch Oxydation und SH-Gruppen-blockierende Eingriffe wird die Wirksamkeit aufgehoben. Die Bildung von VDM durch Leberschnitte in vitro ist von der O_2-Tension abhängig und optimal unter anaeroben Verhältnissen[12]. Aerob zerstört die Leber die VDM-Wirksamkeit, anscheinend durch Vermittlung dialysabler, SH-Gruppen-blockierender Zwischenprodukte des aeroben Stoffwechsels[13]. Hinsichtlich Darstellung vgl. [1, 14].

Physiologie. Neben seiner Gefäßwirkung kommt dem VDM eine recht erhebliche antidiuretische Wirkung zu, die durch eine Freisetzung von Adiuretin aus dem Hypophysenhinterlappen erklärt wird[15]. Beide Wirkungen zusammen mit der hier nicht zu erörternden Wirkung des Ferritins im Eisenstoffwechsel bilden die Grundlage für die Annahme einer bedeutenden Rolle dieses Stoffes für die normale Homöostase.

2. VEM („vaso-excitor material").

Während VDM von Leber, Milz und Muskulatur unter anaeroben Verhältnissen gebildet wird, wird ebenfalls anaerob, jedoch ausschließlich von der Niere VEM abgegeben. Es ist eine Substanz, die an der Rattenmesoappendix

---

[1] GRANICK, S.: Chem. Rev. **38**, 379 (1946). — [2] MICHAELIS, L.: Adv. Protein Chem. **3**, 53 (1947). — [3] GRANICK, S.: Physiol. Rev. **31**, 489 (1951). — [4] SHORR, E., A. MAZUR and S. BAEZ: Recent Progr. Hormone Res. **11**, 453 (1955). — [5] CHAMBERS, R., B. W. ZWEIFACH and B. E. LOWENSTEIN: Amer. J. Physiol. **139**, 123 (1942/43). — [6] CHAMBERS, R.: Nature **162**, 835 (1948). — [7] ZWEIFACH, B. W.: in POTTER, V. R.: Methods in Medical Research. Bd. 1, S. 131—216. Chicago 1948. — [8] ZWEIFACH, B. W., R. E. LEE, C. HYMAN and R. CHAMBERS: Ann. Surg. **120**, 232 (1944). — SHORR, E., B. W. ZWEIFACH and R. F. FURCHGOTT: Science, N. Y. **102**, 489 (1945). — SHORR, E., B. W. ZWEIFACH, R. F. FURCHGOTT and S. BAEZ: Circulation, N. Y. **3**, 42 (1951). — [9] MAZUR, A., and E. SHORR: J. biol. Ch. **176**, 771 (1948). — [10] MAZUR, A., and E. SHORR: J. biol. Ch. **182**, 607 (1950). — [11] MAZUR, A., I. LITT and E. SHORR: J. biol. Ch. **187**, 473 (1950). — [12] MAZUR, A., I. LITT and E. SHORR: J. biol. Ch. **187**, 485, 497 (1950). — [13] MAZUR, A., G. SANDER and E. SHORR: Fed. Proc. **12**, 243 (1953). — [14] FINEBERG, R. A., and D. M. GREENBERG: J. biol. Ch. **214**, 91 (1955). — [15] BAEZ, S., A. MAZUR and E. SHORR: Amer. J. Physiol. **169**, 123 (1952).

die Anspruchsfähigkeit für Adrenalin in außerordentlich niedrigen Konzentrationen steigert. Sie wird vermehrt im reversiblen Stadium des hämorrhagischen oder traumatischen Schocks gebildet. In anderen Organen wurde sie nicht gefunden.

Eigenschaften. Auch beim VEM scheint es sich um ein Globulin zu handeln, das durch Halbsättigung mit Ammonsulfat ausgesalzen wird. Es erträgt kurzes Erhitzen auf 75°. Durch normale Nierenschnitte wird es aerob inaktiviert. Seine Labilität erschwert die Aufklärung seiner chemischen Natur. VEM ist von Renin und von Tyramin zu unterscheiden[1–3].

Auch dem VEM wird eine Rolle in der normalen Homöostase zugeschrieben. Seine Bildung leidet bei Eiweißmangelnahrung, Nebennierenrindeninsuffizienz und Ascorbinsäuremangel. Anaerobe Vorbehandlung und auch der Zustand bei renaler und essentieller Hypertonie begünstigen seine Bildung.

Eine Beteiligung von VEM und VDM bei verschiedenen pathologischen Zuständen wird diskutiert. Dabei mag einerseits vermehrte Bildung durch Anaerobiose und andererseits verminderte Inaktivierung durch Mangelernährung eine Rolle spielen. Durch anaerobe Vorbehandlung oder bei der Hypertonie gewinnt die Niere bzw. die Leber die Fähigkeit, auch unter aeroben Verhältnissen VEM bzw. VDM zu bilden. Diskutiert wurde eine Bedeutung bei der experimentellen renalen[4] und essentiellen Hypertonie[5], der Schwangerschaftstoxikose[6], dem Morbus Cushing[7], kongestivem Herzfehler[8], Lebercirrhose und Nephrosen mit Ödemen[9].

d) Zellhormone[10–18].

Im Gegensatz zu den bisher besprochenen Hormonen liegen bei den Zellhormonen Bildungs- und Wirkungsort in der Zelle selbst. Das Studium dieser wahrscheinlich sehr zahlreichen Wirkstoffe begegnet unvergleichlich größeren Schwierigkeiten als das der glandulären und aglandulären Gewebshormone. Die schon lange erörterte Hypothese, daß sich die Erbfaktoren oder Gene durch chemische Wirkstoffe, also durch Zellhormone auswirken, konnte nun in neuerer Zeit an einigen besonders günstig gelagerten biologischen Objekten zur Gewißheit erhoben werden. Es gelang dies, weil in diesen Fällen die Genrealisatoren neben ihrer Wirkung in der Erzeugerzelle auch Fernwirkungen nach Art der Gewebshormone besitzen, oder, weil sie von bestimmten Einzellern an das Kulturmedium abgegeben werden. Mit Kulturfiltraten konnte dann der biologische

---

[1] Furchgott, R. F., and E. Shorr: Trans. 1th Josiah Macy jr. Conference on factors regulating blood pressure. S. 60 (1947). — [2] Mazur, A., G. Sander and E. Shorr: Fed. Proc. **12**, 243 (1953). — [3] Baez, S., B. W. Zweifach and E. Shorr: Fed. Proc. **6**, 71 (1947). — [4] Shorr, E.: Hypertension, a Symposium. S. 79, 265. Univ. of Minnesota Press. Minneapolis 1951. — [5] Shorr, E., and B. W. Zweifach: Trans. Ass. amer. Physicians **61**, 350 (1948). — [6] Shorr, E., and B. W. Zweifach, in: Pregnancy Wastage. (Nat. Res. Council, Comm. on Human Reproduction) S. 79. Springfield, Ill. 1953. — [7] Carter, A. C., B. W. Zweifach, R. J. Havel, T. Roberts, C. Ratzersdorfer, D. B. Metz and H. Christian: Trans. Ass. amer. Physicians **65**, 248 (1952). — [8] Edelman, I. S., B. W. Zweifach, D. J. W. Escher, J. Grossman, R. Mokotoff, R. E. Weston, L. Leiter and E. Shorr: J. clin. Invest. **29**, 925 (1950). — [9] Shorr, E., S. Baez, B. W. Zweifach, M. A. Payne and A. Mazur: Trans. Ass. amer. Physicians **63**, 39 (1950).

Zusammenfassende Darstellungen: 10—18. [10] Bethe, A.: Naturwiss. **20**, 177 (1932). — [11] Koller, G.: Hormone bei wirbellosen Tieren. Leipzig 1938. — [12] Kühn, A.: Forsch. u. Fortschr. **13**, 49 (1937). — [13] Kuhn, R.: Angew. Chem. **53**, 1 (1940). — [14] Goldschmidt, R.: Physiologische Theorie der Vererbung. Berlin 1927. — Die sexuellen Zwischenstufen. Berlin 1931. — [15] Kühn, A.: Grenzprobleme zwischen Vererbungsforschung und Chemie. B. **71** (A), 107 (1938). — [16] Needham, J.: Biochemie morphogenetischer Hormone oder Organisatoren. Chem. Wkbl. **35**, 299 (1938). — [17] Plagge, E.: Genabhängige Wirkstoffe bei Tieren. Ergebn. Biol. **17**, 105—150 (1939). — [18] Scharrer, B.: Gene Hormones. Pincus-Thimann, Hormones Bd. 1, S. 142—146.

Nachweis einer Anzahl solcher Hormone erbracht werden, und durch Vergleich mit dem Verhalten und der Wirksamkeit bekannter Stoffe war es in einigen Fällen sogar möglich, die Konstitution der Wirkstoffe zu ermitteln (s. a. S. 614).

α) Gen a-Wirkstoff der Mehlmotte (s. a. Bd. 1, S. 544).

Die schwarzäugige Wildform der Mehlmotte, Ephestia kühniella, besitzt das dominante Gen a^+, während die rotäugige Mutante das mutierte Gen a hat[1]. Implantation von Hodenanlagen der Wildform in Raupen der rotäugigen Mutante verstärkt nun die Pigmentierung der Augen der letzteren und führt, nach der Entwicklung zur Imago, zur Schwarzfärbung der Augen. Ähnlich, wenn auch schwächer, wirkt die Implantation von Ovarien oder Gehirn. Das Implantat kann nach 3 Tagen wieder entfernt werden, ohne daß die Wirkung leidet[2].

Die Organe der Wildform enthalten danach den Gen a-Realisator. Als verantwortlicher Wirkstoff wurde α-Kynurenin erkannt[3]. Auch aus Bakterienkulturen konnte ein analog wirksamer Stoff erhalten werden[4]. Er ließ sich krystallisieren[5]. Aus ihm konnte Kynurenin erhalten werden. Der eigentliche von den Bakterien gebildete Stoff war ein *Rohrzuckerester* des Kynurenins[6].

Da Kynurenin beim Kaninchen durch oxydativen Abbau von Tryptophan gebildet wird, war es naheliegend, auch dieses auf seine Wirksamkeit zu prüfen. Es war jedoch unwirksam, während α-Oxytryptophan analog dem Kynurenin wirkte. Daraus war zu schließen, daß das Gen a für den ersten oxydativen Abbau des Tryptophans verantwortlich ist, daß es also ein tryptophanoxydierendes Ferment zur Verfügung stellt oder wahrscheinlich sogar selbst mit diesem Ferment identisch ist[3]. Die weitere Oxydation zu dem eigentlichen Gen a-Realisator Kynurenin würde, wenigstens bei der Mehlmotte, unabhängig von der Gen a-Wirkung verlaufen (vgl. umseitiges Schema).

Etwas komplizierter liegen die Verhältnisse bei Drosophila melanogaster. Hier entspricht das Gen v^+ dem Gen a^+ der Mehlmotte, der v^+-Realisator ist ebenfalls α-Kynurenin[7]. Außerdem sind noch 3 weitere Gene cn^+, cd^+ und st^+ an der Bildung des dunklen Pigments beteiligt. Die Bildung des roten Pigments bei Mutanten von Drosophila hat einen gemeinsamen Schritt mit der Bildung des dunklen Pigments, ist im übrigen jedoch weitgehend ungeklärt. Die bei Drosophila vorliegenden Verhältnisse sind in dem Schema auf S. 612 nach Beadle[8] zusammengestellt.

Auch hier führt der erste Schritt durch das Gen a^+ bzw. v^+ zum α-Oxytryptophan, das selbstständig zum a^+- bzw. v^+-Realisator α-Kynurenin oxydiert wird[9,10]. Der nächste vom Gen cn^+ beherrschte Schritt ist durch HCN hemmbar[11]. Es spricht manches dafür, daß die Gen-Hormone direkte Vorstufen der Augenpigmente sind[12], so die Proportionalität, die zwischen vorhandenem Kynurenin

[1] Caspari, E.: Roux' Arch. Entw.-Mech. **130**, 353 (1933). — [2] Kühn, A., E. Caspari u. E. Plagge: Nachr. Ges. Wiss. Göttingen, Nachr. a. d. Biol. **2**, 1 (1935).— Kühn, A.: Naturwiss. **24**, 1 (1936). — Kühn, A., u. E. Plagge: Biol. Zbl. **57**, 113 (1937). — Caspari, E.: J. exp. Zool. **94**, 241 (1943). — [3] Butenandt, A., W. Weidel u. E. Becker: Naturwiss. **28**, 63 (1940). — Butenandt, A., W. Weidel u. W. v. Derjugin: Naturwiss. **30**, 51 (1942). — Butenandt, A., W. Weidel, R. Weichert u. W. v. Derjugin: H. **279**, 27 (1943). — Butenandt, A.: Chemie **57**, 105 (1944). — Ephrussi, B.: Quart. Rev. Biol. **17**, 327 (1942). Cold Spring Harbor Symp. quant. Biol. **10**, 40 (1942). — [4] Tatum, E. L.: Proc. nat. Acad. Sci. USA **25**, 486 (1939). — [5] Tatum, E. L., and G. W. Beadle: Science, N. Y. **91**, 458 (1940). — [6] Tatum, E. L., and A. J. Haagen-Smit: J. biol. Ch. **140**, 575 (1941). — [7] Plagge, E., u. E. Becker: Biol. Zbl. **58**, 231 (1938). — [8] Beadle, G. W.: Chem. Rev. **37**, 15 (1945). — [9] Butenandt, A., W. Weidel u. E. Becker: Naturwiss. **28**, 447 (1940). — [10] Kikkawa, H.: Genetics **26**, 587 (1941). — [11] Danneel, R.: Biol. Zbl. **61**, 388 (1941). — [12] Caspari, E.: Nature **158**, 555 (1946).

und gebildetem Augenpigment besteht[1]. Danach wäre die cn^+-Substanz ein Ommochrom, was durch die positive Diazoreaktion in der cn^+-Realisator enthaltenden Drosophila unterstrichen wird[2]. Auch in anderen Insekten kommen extrahierbare Gen-Realisatoren vor[2,3].

Genrealisatoren bei Drosophila melanogaster:

dunkles Pigment ← Gen st^+ ← Gen cd^+ ← Chromogen = cn^+-Realisator ←—— gemeinsame Stufe ? ——→ Vorstufe → Gen bw^+ → rotes Pigment

Chromogen ← Gen cn^+ ← Kynurenin (o-Aminophenyl-C(=O)—CH_2—CH(NH_2)—COOH)

Kynurenin = a^+ bzw. v^+-Realisator

gemeinsame Stufe ← Gen w^+

Kynurenin ← α-Oxytryptophan (Indolring mit —OH, —CH_2—CH(NH_2)—COOH) ← Gen a^+ bzw. v^+ ← Tryptophan (Indolring, —CH_2—CH(NH_2)—COOH)

α-Oxytryptophan Tryptophan

β) Befruchtungsstoffe (Gamone) und Determinierungsstoffe (Termone)*,[4].

Weitere Zellhormone wurden bei der interessanten Aufklärung des Kopulationsvorganges und der Geschlechtsverhältnisse bei Formen der einzelligen Grünalge Chlamydomonas aufgedeckt. Diese Alge ist in der Rasse Chlamydomonas eugametos f. simplex isogam, d. h. die männlichen und weiblichen Gameten haben morphologisch gleiches Aussehen. Zum Eintritt der Befruchtung ist Voraussetzung, daß die Gameten 1. beweglich und 2. kopulationsfähig werden.

Ausbildung und Beweglichwerden der Geißeln erfolgt unter Lichteinfluß und zwar genügt die Bestrahlung mit langwelligem Licht[5]. Dunkelgameten sind unbeweglich. Wenn man sie jedoch in ein Kulturfiltrat von belichteten Gameten bringt, so erlangen auch sie Beweglichkeit[6]. Es hat sich nun spektroskopisch und durch Vergleichsversuche der Nachweis erbringen lassen, daß der in ungeheueren Verdünnungen beweglich machende Stoff mit einem gelben Farbstoff aus dem Safran, dem Crocin identisch ist. Die wirksame Konzentration des Crocins (Beweglichkeitsgamon) ist $1:2{,}5 \times 10^{14}$. Man kann daher berechnen, daß 5 Moleküle Crocin ausreichen, um 4 Gameten beweglich zu machen. Weitere Arbeiten

---

* s. a. Beitrag Druckrey in Bd. 2/2c.

[1] Becker, E.: Z. indukt. Abstamm.-Vererb.-Lehre **80**, 157 (1942). — [2] Kikkawa, H.: Genetics **26**, 587 (1941). — [3] Ephrussi, B.: Quart. Rev. Biol. **17**, 327 (1942). — Law, L. W.: Proc. Soc. exp. Biol. Med. **40**, 442 (1939). — Whiting, P. W., and A. R. Whiting: J. Genetics **29**, 311 (1934). — [4] Bielig, H.-J., u. Graf F. Medem: Wirkstoffe der tierischen Befruchtung. Exper. **5**, 11 (1949). — [5] Moewus, F.: Arch. Protistenkde. **92**, 485 (1939). Naturwiss. **27**, 97 (1939). — [6] Kuhn, R., F. Moewus u. D. Jerchel: B. **71**, 1541 (1938).

ergaben, daß Crocin nur Geißelbildungsstoff ist. Für die Geißelbewegung ist ein photostabiler Stoff verantwortlich[1].

Die beweglichen Gameten sind aber noch nicht kopulationsfähig. Sie werden es erst, wenn man länger, und zwar mit kurzwelligem Licht, weiterbestrahlt[2]. Der Kopulationsstoff wird auch gebildet, wenn man zellfreie Filtrate langwellig bestrahlter Kulturen mit kurzwelligem Licht weiterbehandelt. Bei kurzen Bestrahlungen (24—26 min) werden nur die weiblichen Gameten kopulationsfähig. Wird weiter bestrahlt, so wird das Kulturfiltrat zunächst wieder unwirksam. Nach einer Bestrahlung von 74—76 min wird es erneut aktiv; diesmal macht es aber nur männliche Gameten kopulationsfähig. Ebenso wie die Kulturfiltrate verhielten sich Lösungen des cis-Crocetindimethylesters, eines ebenfalls im Safran vorkommenden Farbstoffes, der bei Bestrahlung in trans-Crocetindimethylester (vgl. Bd. **1**, S. 400) übergeht. Dies Verhalten erklärt sich dadurch, daß der weibliche Kopulationsstoff (Kopulationsgamon) aus 3 Teilen cis- und einem Teil trans-Crocetindimethylester besteht, das männliche Kopulationsgamon aus einem Teil cis- und 3 Teilen trans-Crocetindimethylester[2]. Bei anderen Chlamydomonasformen ist das Verhältnis ein anderes, aber immer für männliche und weibliche Gameten spiegelbildlich. Bei Kopulationsversuchen verschiedener Chlamydomonasrassen miteinander wurde festgestellt, daß die Gameten dann kopulationsfähig sind, wenn die für sie jeweilig charakteristischen Mischungsverhältnisse wenigstens um 20% verschieden sind. Unter solchen Umständen kopuliere nauch Gameten genetisch gleichen Geschlechts (relative Sexualität)*.

Im allgemeinen ist das Geschlecht einer Zelle oder eines Organismus erbmäßig bedingt (genotypisch), doch gibt es auch Fälle, in denen die Anlage gemischtgeschlechtlich erfolgt. Die endgültige Entscheidung über das Geschlecht wird dann durch Umweltfaktoren (phänotypisch) herbeigeführt, wie z. B. bei Chlamydomonas eugametos f. synoica[3]. Durch Kulturfiltrate von getrenntgeschlechtlichen Chlamydomonasrassen wird nun die gemischtgeschlechtliche Form vermännlicht bzw. verweiblicht. Der in diesen Kulturfiltraten enthaltene männliche Determinierungsstoff ist kochbeständig, ätherlöslich und mit Wasserdampf flüchtig. Durch Erhitzen mit Säure oder Lauge geht der weibliche in den männlichen Determinierungsstoff über[4]. Nach diesem Verhalten wurde zunächst vermutet, daß der männliche Determinierungsstoff (Androtermon) Safranal, der Riechstoff des Safrans, ist und der weibliche (Gynotermon) Pikrocrocin, der Bitterstoff des Safrans. Entsprechende Versuche ließen auch die hohe Wirksamkeit der beiden Stoffe in dem geforderten Sinne erkennen. Der eigentliche weibliche Prägungsstoff ist jedoch iso-Rhamnetin (Quercetin-3′-methyläther)[5] und mit dem analogen aus Crocuspollen isolierten und durch Synthese gewonnenen Flavonol identisch[6].

Es konnte auch aus den weiblichen Zellen einer diöcischen Chlamydomonas-Mutante in einer Ausbeute von 1,4% des Trockengewichts isoliert werden[7].

---

* Nach Umbruch dieses Beitrages fanden wir, daß die Angaben von Moewus über die chemische Natur der Gamone und ihrer Vorstufen von Chlamydomonas eugametos von deutschen und amerikanischen Autoren als nicht zutreffend erkannt worden sind. [Foerster, H., L. Wiese u. G. Braunitzer: Z. Naturforsch. **11**b, 315 (1956). — Hartmann, M.: Naturwiss. **43**, 313 (1956).] Auch Moewus selber konnte in Amerika seine Versuche nicht reproduzieren [Ryan, F. J.: Science, N. Y. **122**, 470 (1956)].

[1] Moewus, F.: Naturwiss. **31**, 420 (1943). — [2] Kuhn, R., F. Moewus u. D. Jerchel: B. **71**, 1541 (1938). — [3] Moewus, F.: Biol. Zbl. **58**, 516 (1938). — [4] Kuhn, R., F. Moewus u. G. Wendt: B. **72**, 1702 (1939). — [5] Kuhn, R., I. Löw u. F. Moewus: Naturwiss. **30**, 373, 407 (1942). — Kuhn, R., F. Moewus u. I. Löw: B. **77**, 219 (1944). — Moewus, F.: Biol. Zbl. **65**, 18 (1946). — [6] Kuhn, R., u. I. Löw: Naturwiss. **34**, 374 (1947). B. **77**, 196, 202, 211 (1944/46). — [7] Kuhn, R., u. I. Löw: B. **81**, 363 (1948).

Tabelle 173. Chemischer Zusammenhang zwischen den Befruchtungsstoffen (Gamonen) und Determinierungsstoffen (Termonen) bei Chlamydomonas.

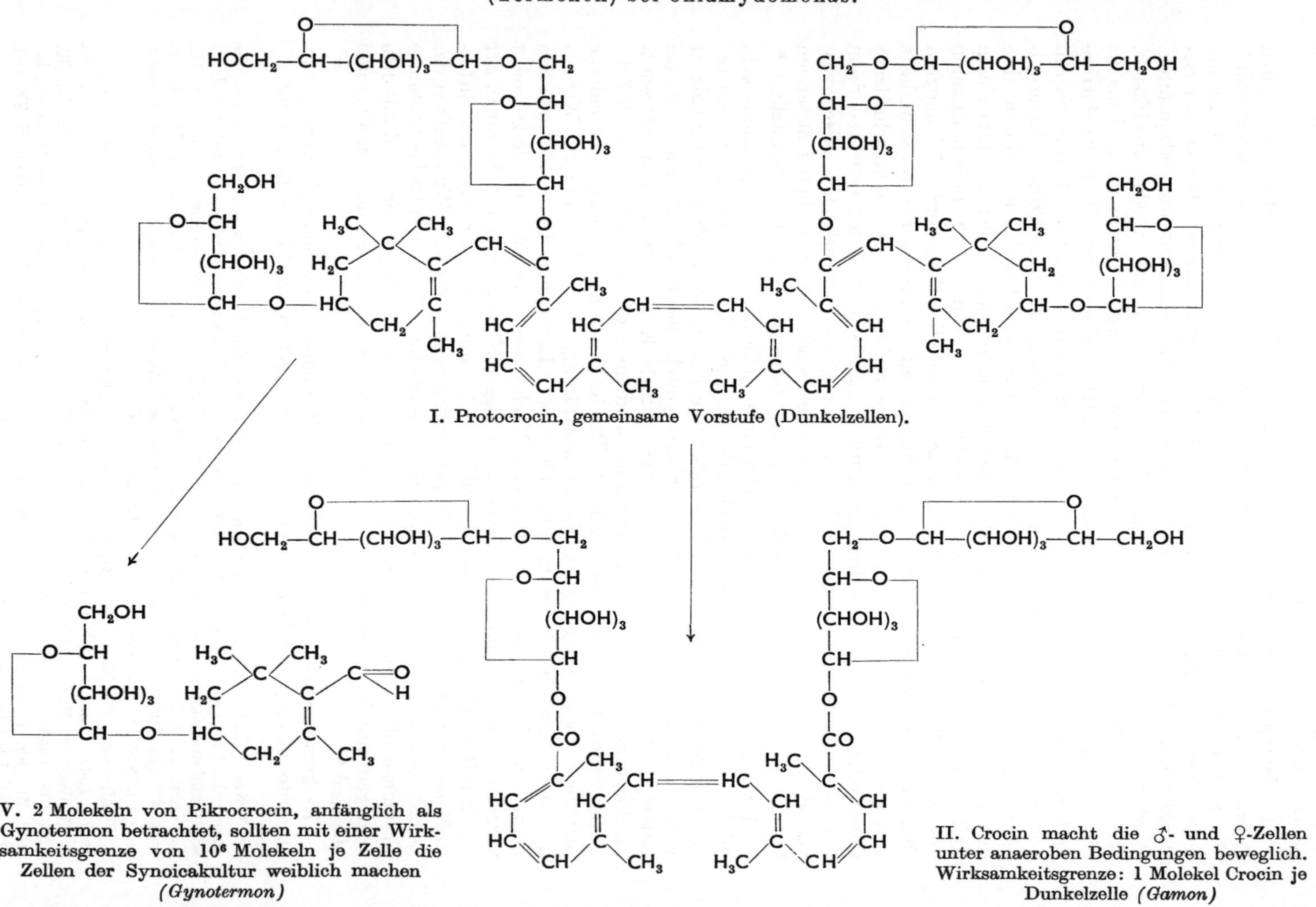

I. Protocrocin, gemeinsame Vorstufe (Dunkelzellen).

V. 2 Molekeln von Pikrocrocin, anfänglich als Gynotermon betrachtet, sollten mit einer Wirksamkeitsgrenze von 10^6 Molekeln je Zelle die Zellen der Synoicakultur weiblich machen *(Gynotermon)*

II. Crocin macht die ♂- und ♀-Zellen unter anaeroben Bedingungen beweglich. Wirksamkeitsgrenze: 1 Molekel Crocin je Dunkelzelle *(Gamon)*

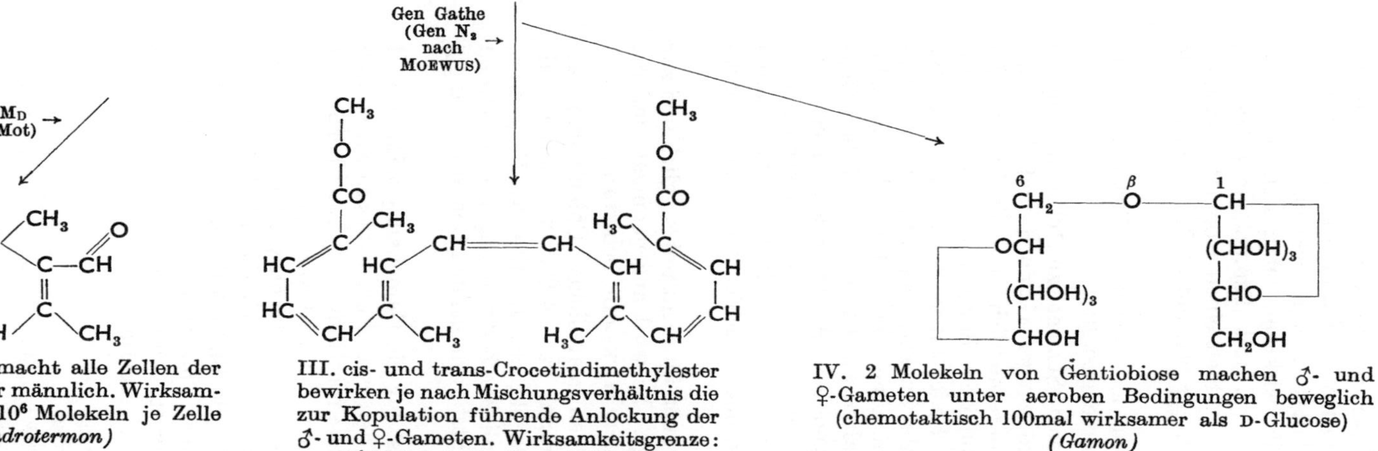

VI. Safranal macht alle Zellen der Synoicakultur männlich. Wirksamkeitsgrenze: 10^6 Molekeln je Zelle *(Androtermon)*

III. cis- und trans-Crocetindimethylester bewirken je nach Mischungsverhältnis die zur Kopulation führende Anlockung der ♂- und ♀-Gameten. Wirksamkeitsgrenze: 10^4 Molekeln je Gamet *(Gamon)*

IV. 2 Molekeln von Gentiobiose machen ♂- und ♀-Gameten unter aeroben Bedingungen beweglich (chemotaktisch 100mal wirksamer als D-Glucose) *(Gamon)*

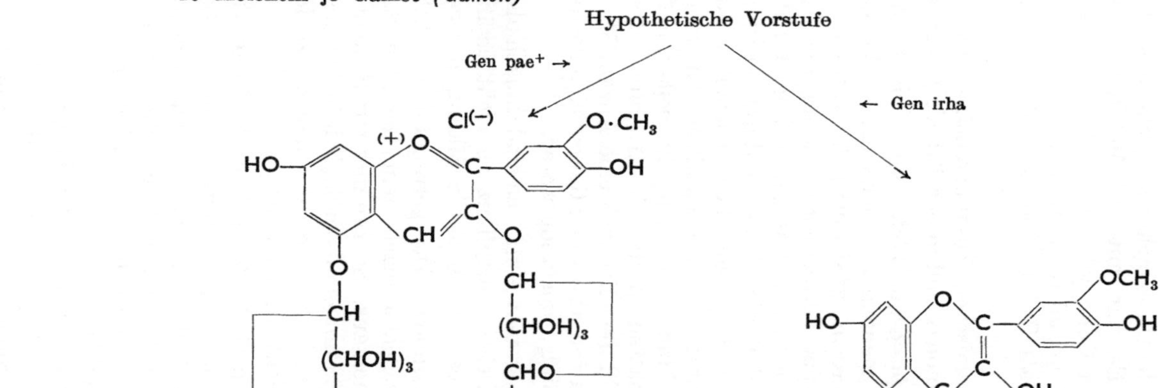

VII. 4-Oxy-β-cyclocitral macht die Zellen der Synoicakultur männlich. Wirksamkeitsgrenze: 10^5 Molekeln je Zelle *(Androtermon I)*

VIII. Päonin macht ebenfalls die Zellen der Synoicakultur männlich. Wirksamkeitsgrenze: 10^5 Molekeln je Zelle *(Androtermon II)*

IX. iso-Rhamnetin = Quercetin-3′-methyläther macht die Zellen der Synoicakultur weiblich. Wirksamkeitsgrenze: 10 Molekeln je Zelle *(Gynotermon)*

Als Androtermon erwies sich bei der Überprüfung von Verwandten des Safranals das 10mal wirksamere 4-Oxy-β-cyclocitral[1]. Ein zweites Androtermon wurde bei der Untersuchung verschiedener Anthocyane aufgedeckt und als Päonin[2] erkannt. Es war mit 10^5 Molekeln je Zelle wirksam. Man konnte es aus männlichen Chlamydomonaszellen isolieren[3] und mit Päonin identifizieren[4]. Eine nicht kopulierende Chlamydomonasrasse enthielt einen Kopulationshemmstoff, der als Rutin erkannt werden konnte[5]. Er war mit 50 Molekeln je Zelle wirksam.

Die chemischen Zusammenhänge zwischen den einzelnen Wirkstoffen von Chlamydomonas sind in der Tabelle 173 zusammengestellt.

Genabhängige Wirkstoffe. Die in diesem Schema zunächst nur hypothetisch angenommene gemeinsame Vorstufe einiger Gamone und Termone, das Protocrocin, wird durch die Tatsache wahrscheinlich, daß die Bildung des Gynotermons (Pikrocrocin) stets mit der Bildung des Beweglichkeitsstoffes (Crocin) verbunden ist. Das galt sowohl für die Belichtungsversuche als auch für den Fall, daß die Gameten durch bestimmte Zucker, besonders Gentiobiose (Formel s. S. 615), beweglich gemacht wurden. Auch der Befund, daß in zahlreichen Mutationsversuchen nie Mutanten erhalten wurden, die isoliert die Fähigkeit zur Bildung von Crocin einerseits und Gyno- bzw. Androtermon andererseits verloren hätten, stützt die Annahme des Protocrocins als gemeinsame Vorstufe. Wohl aber ließ sich eine Anzahl Mutanten züchten, die beide Fähigkeiten verloren hatten, also weder Beweglichkeitsstoffe, noch Geschlechtsdeterminierungsstoffe zu bilden imstande waren.

Diese sog. mot-Mutanten sind danach also auch im Licht unbeweglich und zur geschlechtlichen Fortpflanzung nicht befähigt. Es wird angenommen, daß ein gemeinsames Gen (Mot) die Bildung der beiden Wirkstoffe beherrscht.

Genfermente. Die getrenntgeschlechtlichen männlichen Chlamydomonasgameten scheiden nach dem Gesagten Safranal bzw. 4-Oxy-β-cyclocitral als Androtermon aus. Sie tun dies mit Hilfe eines pikrocrocinspaltenden Fermentes, dessen Vorkommen ausschließlich in den männlichen Zellen nachgewiesen werden konnte[6]. Dieses Ferment ist von dem geschlechtsbestimmenden Gen M_D abhängig oder vielleicht sogar mit ihm identisch.

Das Gen Gathe (Gen N_2 nach Moewus) ist für die Gamonausscheidung und ihre thermischen Grenzen verantwortlich. Bei den synöcischen Rassen wird durch Zusatz von Androtermon die Bildung von trans-Crocetindimethylester begünstigt (zurückgeführt auf eine Hemmung der Bildung von cis-Crocetindimethylester). Pikrocrocin fördert direkt die Bildung von cis-Crocetindimethylester. Diese Anschauung erklärt somit die Wirkung der Termone durch die Förderung bzw. Hemmung von umesternden Fermenten, denen die Bildung der Gamone obliegt. Bei den verschiedenen getrenntgeschlechtlichen Chlamydomonasrassen ist das Verhältnis von cis-:trans-Crocetindimethylester erblich festgelegt. Nachstehende Verhältnisse wurden bei verschiedenen Rassen gefunden:

95% cis-: 5% trans-
85% cis-:15% trans-
75% cis-:25% trans-
65% cis-:35% trans-

[1] Kuhn, R., u. I. Löw: B. **74**, 219 (1941). — [2] Bielig, H.-J.: B. **77**, 748 (1944/46). — [3] Kuhn, R., u. I. Löw: Naturwiss. **34**, 374 (1947). B. **77**, 196, 202, 211 (1944/46). — [4] Kuhn, R., u. I. Löw: B. **82**, 481 (1949). — [5] Kuhn, R., u. I. Löw: Naturwiss. **34**, 283 (1947). — Kuhn, R., F. Moewus u. I. Löw: B. **77**, 219 (1944/46). — [6] Kuhn, R.: Angew. Chem. **53**, 1 (1940).

Sie gelten für die weiblichen Gameten absteigender relativer Sexualität, während für die männlichen die umgekehrten Verhältnisse Gültigkeit haben. Bei künstlichen Mutanten wurden die gleichen Zahlenverhältnisse gefunden. KUHN u. MOEWUS[1] vermuten, daß für sie ähnliche Gesetzmäßigkeiten Gültigkeit haben, wie die für das Vorkommen einer Aminosäure in einem Mol Protein.

Für das Androtermon II und für iso-Rhamnetin (Gynotermon) wird ebenfalls eine gemeinsame Vorstufe angenommen[2]. Die Bildung des Androtermons (Päonin) wird durch ein Gen (pae^+), die des Gynotermons durch das Gen ($irha^+$) beherrscht.

Die Gamone und Termone bei Chlamydomonas eugametos sind artspezifisch. Bei anderen Einzellern liegen ähnliche, jedoch noch nicht genauer geklärte Verhältnisse vor[3].

Zu den Gamonen gehört auch ein schon lange bekannter, krystalliner, roter Farbstoff, der aus den Eierstöcken von Arbacia pustulosa, ferner aus den roten Blutzellen[4] isoliert werden kann, das Echinochrom A (s. a. Beitrag DRUCKREY, Bd. 2/2c). Es wird von den Eiern an das umgebende Meerwasser abgegeben und wirkt hier in außerordentlicher Verdünnung ($1:2\cdot 10^9$) chemotaktisch anlockend auf die Spermatozoen. Die Krystallisation des Farbstoffes gelang schon 1885[5]. Konstitutionsaufklärung und Synthese[6] zeigen ihn als das Chinon von Leukoechinochrom A, eines 1,3,4,5,6,7,8-Heptaoxy-2-äthylnaphthalins[7].

Echinochrom A

Außer dem Echinochrom A konnten aus Arbaciaeiern noch 2 nahe verwandte Farbstoffe, Echinochrom B und C, isoliert werden. Letztere fanden sich zur Zeit der beginnenden Reife im November neben wenig Echinochrom A, während zur Zeit der vollen Reife im März bis April vorwiegend Echinochrom A nachweisbar war.

Die Farbstoffe A und B sind mit Hydrogencarbonat aus ätherischer Lösung ausschüttelbar, C geht selbst mit n/10 Lauge nicht in die wäßrige Phase. Die Farbstoffe liegen in den Eiern an hochmolekulare Trägersubstanzen gebunden vor. Nimmt man für die Isolierung von ihrer Gallerthülle befreite Eier, so erhält man Echinochrom-Trägersymplexe, die in Seewasser und destilliertem Wasser löslich und mit Alkohol unter Denaturierung fällbar sind. Der binäre Symplex ist durch Ammonsulfat unverändert aussalzbar und durch Säure spaltbar. Er enthält im Mol 266 g Echinochrom auf 34700 g organische Substanz. Durch Natriumdithionit ($Na_2S_2O_4$) ist er leicht reduzierbar, durch Schütteln mit Luft reoxydierbar. Bei Isolierung aus mit CO_2-Schnee gefrorenen und zerkleinerten Eiern mit der Gallerthülle werden in 4%iger NaCl-Lösung und Meerwasser lösliche ternäre Symplexe der Echinochrome erhalten, die ohne Denaturierung durch Ammonium-, Cadmium-, Zink- und Magnesiumsulfat fällbar sind. Beim Aufkochen bleiben die Lösungen klar, durch das doppelte Volumen Alkohol tritt keine Fällung ein. Der ternäre A-Symplex enthält 1 Mol Echinochrom in etwa 70000 g organischer Substanz. Die ternären Symplexe der Echinochrome sind unter Denaturierung durch Tannin und durch Dodecyldimethylbenzylammoniumbromid fällbar. Der A-Symplex wird durch Dithionit träge, der B-Symplex sehr leicht, der C-Symplex gar nicht reduziert, wohl aber durch Zinkstaub in Gegenwart von Essigsäureanhydrid und Pyridin. Die Haftfestigkeit der prosthetischen

[1] KUHN, R., u. F. MOEWUS: B. **73**, 547, 559 (1940). — [2] MOEWUS, F.: Z. Vit.-Horm.-Ferm.-Forsch. **3**, 139 (1949/50). — [3] MOEWUS, F.: Biol. Zbl. **55**, 293 (1935); **60**, 484 (1940).— [4] WALLENFELS, K.: B. **76**, 323 (1943). — [5] MAC MUNN, C. A.: Quart. J. microscop. Sci. **25**, 469 (1885); **30**, 51 (1890). — [6] WALLENFELS, K., u. A. GAUHE: B. **76**, 325 (1943). — [7] KUHN, R., u. K. WALLENFELS: B. **72**, 1407 (1939); **73**, 458 (1940); **74**, 1594 (1941).

Gruppen nimmt, gemessen an der Abspaltung bei Dialyse gegen Säure, in der Richtung A—B—C zu. Bei der Dialyse der ternären Symplexe gegen destilliertes Wasser fällt der gesamte Farbstoff als denaturierter binärer Symplex aus, während der „Hilfsträger“ in Lösung bleibt. Letzterer ist durch Ammonsulfat, Cadmium-, Zink- oder Magnesiumsulfat, sowie durch n/100 HCl fällbar und scheint Carboxylgruppen zu enthalten. Bei der Hydrolyse wurde eine N-reiche, phosphorwolframsäurefällbare Base gewonnen. Der Hilfsträger wirkt auf Spermien nicht motilitätsfördernd, sondern agglutinierend. Der binäre Symplex des Echinochrom A wirkt weder aktivierend noch agglutinierend, dagegen macht der ternäre Symplex des Echinochrom A die Spermien noch in einer Verdünnung von 1:300 Milliarden beweglich; er ist also etwa 100mal wirksamer als der krystallisierte Farbstoff. Die Absorptionsbanden des Echinochrom A liegen bei 531 und 495 mμ, des Echinochrom B bei 559, 519 und 485 mμ und die des Echinochrom C bei 580, 536 und 492 mμ. Der Schmelzpunkt des Echinochrom A ist 220° (Zers.), des Echinochrom B 173—175°.

Es ergab sich schließlich, daß beim Seeigel 4 Gamone vorkommen[1]. *Gynogamon I*, das spermaaktivierend ist und die Wirkung des Androgamon I aufhebt. *Gynogamon II*, das thermolabil und adialysabel ist und das Spermien agglutiniert, beide aus den Eiern isolierbar. Aus den Spermien werden das *Androgamon I* (spermienlähmend, antagonistisch dem Gynogamon I) und das *Androgamon II* (die Gallerthülle des Eies lösend, antagonistisch gegenüber Gynogamon II wirksam) gewonnen. Sie unterscheiden sich durch ihre Löslichkeit in Methanol.

Diese 4 Gamone waren auch bei Muscheln und Schnecken[2], ferner bei Petromyzon fluviatilis, dem Neunauge[3], nachweisbar. Bei der Regenbogenforelle fanden sie sich ebenfalls[4]. Auch hier besteht der Antagonismus zwischen Androgamon I und Gynogamon I sowie zwischen Androgamon II und Gynogamon II. Gynogamon I wirkt auch hier spermaaktivierend und positiv chemotaktisch auf Spermien; es ist thermostabil. Astaxanthin, ein Carotinoid aus den Eiern, hat eine ähnliche Wirkung, α-Carotin wirkt nur sehr schwach. Das thermolabile Gynogamon II ist adialysabel und unlöslich in reinem Wasser, jedoch löslich in 1%iger NaCl-Lösung. Es wirkt spermienagglutinierend und besitzt als Protein nach Reinigung einen N-Gehalt von 12,5%.

Das Androgamon I, methanollöslich, wirkt spermienlähmend, das Androgamon II, methanolunlöslich, wirkt hier im Gegensatz zum Verhalten des Seeigels nicht lösend auf die Gallerthülle des Eies, sondern fällend[5].

Ähnliche Verhältnisse wie bei Arbacia pustulosa scheinen auch bei Paracentrotus lividus vorzuliegen, doch dürften die beiden Andro- bzw. Gynogamone nicht mit denen von Arbacia pustulosa identisch sein[6].

e) Hormone bei Wirbellosen[7-22].

Verschiedene Stoffe, die wir in den vorangehenden Abschnitten als Hormone bei Wirbeltieren kennengelernt haben, kommen auch in Wirbellosen vor. So konnte das Vorkommen adrenergischer (Adrenalin) und cholinergischer (Cholin,

---

[1] HARTMANN, M.: Naturwiss. **28**, 807 (1940). — HARTMANN, M., O. SCHARTAU, R. KUHN, u. K. WALLENFELS: Naturwiss. **27**, 433 (1939). — HARTMANN, M., u. O. SCHARTAU: Biol. Zbl. **59**, 571 (1939). — HARTMANN, M., O. SCHARTAU u. K. WALLENFELS: Biol. Zbl. **60**, 398 (1940). — [2] MEDEM, F. Graf v.: Biol. Zbl. **62**, 431 (1942). — [3] SCHARTAU, O., u. G. MONTALENTI: Biol. Zbl. **61**, 473 (1941). — [4] HARTMANN, M.: Naturwiss. **32**, 231 (1944). — [5] HARTMANN, M., F. Graf v. MEDEM, R. KUHN u. H.-J. BIELIG: Naturwiss. **34**, 25 (1947). — [6] RYBAK, B.: Bull. Soc. Chim. biol. **31**, 464 (1949).

Zusammenfassende Darstellungen: 7—22. [7] BETHE, A.: Naturwiss. **20**, 177 (1932). — [8] BODENSTEIN, D.: Cold Spring Harbor Symp. quant. Biol. **10**, 17 (1942). — [9] BODENSTEIN, D.: Endocrine mechanisms in the life of insects. Recent Progr. Hormone Res. **10**, 157 (1954). — [10] BROWN, F. A. jr.: Hormones in Crustaceans. Pincus-Thimann, Hormones Bd. 1,

Acetylcholin) Stoffe in Paramaecien aufgezeigt werden[1]. Da letztere auf diese beiden Stoffgruppen gegensätzlich ansprechen, liegt auch der Gedanke an eine besondere Bedeutung dieser Hormone für das Pantoffeltierchen nahe. Auf das verbreitete Vorkommen oestrogener Stoffe in der gesamten belebten und unbelebten Natur und damit auch in Wirbellosen sei an dieser Stelle hingewiesen[2]. Eine Bedeutung scheint diesem Vorkommen nicht eigen zu sein. Erwähnt sei auch noch, daß in den Seitenteilen der Purpurdrüse der Purpurschnecke Adrenalin gebildet wird[3], und daß sich aus dem Neuralkomplex von Ascidien ein an Mäusen und Kröten gonadotrop wirksamer Stoff extrahieren läßt[4].

Es hat weiter nicht an Versuchen gefehlt, mit Hormonen von Wirbeltieren Wirkungen bei Avertebraten nachzuweisen. Besonders ausgedehnte Versuche mit Schilddrüsenpräparaten und mit Thyroxin haben jedoch bei den verschiedensten Versuchsobjekten weder auf den Stoffwechsel noch auf Entwicklung und Metamorphose gerichtete eindeutige Wirkungen erkennen lassen.

Einzelne positive Befunde, wie die O_2-Verbrauchssteigerung bei Limnaea palustris[5], bei Eiern und isolierten Geweben verschiedener Tierarten[6], sowie fördernde Einflüsse auf die Metamorphose von Tunicaten[7], bedürfen weiterer Bestätigung. Hypophysenhormone sollen die Vermehrung von Paramaecien[8], Häutung, Regeneration und Wachstum von Asellus aquaticus[9] und das Wachstum von Deilephila euphorbiae fördern[10]. Der Eintritt des Imaginalstadiums von Blattella germanica und Blatta orientalis sowie die Eiablage des Polychaeten Lycastis ranauensis[11] sollen durch Vorderlappenhormone beschleunigt werden, eine Wirkung, die auch einem Thymushormon zugeschrieben wird. Zahlreich sind auch die Beobachtungen mit Adrenalin, besonders am Herzen von Wirbellosen. Über die Beeinflussung des Kohlenhydrathaushaltes durch Adrenalin und Insulin bei Helix pomatia liegen widersprechende Versuchsergebnisse vor[12].

α) Farbwechselhormone.

1. Bei Crustaceen[13].

Die meisten Amphipoden (Flohkrebse), Isopoden (Asseln) und Dekapoden besitzen Chromatophoren, die etwa den S. 462 beschriebenen Chromatophoren der Amphibien und Reptilien ähneln. Der Farbwechsel geschieht hier jedoch

S. 159—199. — [11] Buddenbrock, W. V.: Grundriß der vergleichenden Physiologie. Berlin 1928. — [12] Craig, R., and W. M. Hoskins: Ann. Rev. **9**, 617 (1940). — [13] Hanström, B.: Inkretorische Organe und Hormonfunktionen bei den Wirbellosen. Ergebn. Biol. **14**, 143 (1937). Hormones in Invertebrates. Oxford 1939. — [14] Koller, G.: Hormone bei wirbellosen Tieren. Leipzig 1938. — [15] Koller, G.: Vergleichende Physiologie der Hormonwirkungen. 5. Mosbacher Coll. S. 1 (1955). — [16] Pflugfelder, O.: Biol. generalis, Wien **15**, 197—235 (1941). — [17] Scharrer, B.: Endocrines in invertebrates. Physiol. Rev. **21**, 383—409 (1941). Hormones in insects. Pincus-Thimann, Hormones. Bd. 1, S. 121—158. — [18] Scharrer, E., and B. Scharrer: Hormones produced by neurosecretory cells. Recent Progr. Hormone Res. **10**, 183 (1954). — [19] Scharrer, B.: Hormones in invertebrates. Pincus-Thimann, Hormones Bd. 3, S. 57—95. — [20] Steinhaus, E. A.: Insect Microbiology. New York 1947. — [21] Wense, T.: Wirkungen und Vorkommen von Hormonen bei wirbellosen Tieren. Leipzig 1938. — [22] Young, J. Z.: Endocrine organs of molluscs. J. Endocrinol. **7**, VII—VIII (1950).

[1] Bayer, G., u. T. Wense: Pflügers Arch. **237**, 651 (1936). — [2] Loewe, S., W. Raudenbusch, H. E. Voss u. J. W. C. van Heurn: B. Z. **244**, 347 (1932). — [3] Roaf, H. E., and M. Nierenstein: J. Physiol., London **36**, V (1907). — Vialli, M.: Boll. Soc. ital. Biol. sperim. **9**, 203 (1934). — [4] Carlisle, D. B.: Nature **166**, 737 (1950). — [5] Dušková, V.: Spisy lek. Fak. **11**, 1 (1932). — [6] Ashbel, R.: Nature **135**, 343 (1935). — [7] Weiss, P.: Biol. Zbl. **48**, 69 (1928). — [8] Nowikoff, M.: Arch. Protistenkde. **11**, 309 (1908). — [9] Hankó, B.: Roux' Arch. Entw.-Mech. **34**, 477 (1912). — [10] Abderhalden, E.: Pflügers Arch. **176**, 236 (1919). — [11] Schmidt, M.: Zool. Forsch. **3**, 116 (1935). — Feuerborn, H. J.: Forsch. u. Fortschr. **12**, 137 (1936). — [12] Wolf-Heidegger, G.: B. Z. **279**, 55 (1935). — [13] Fuchs, R. F.: Handb. vergl. Physiol. (Winterstein) Bd. 3/1, S. 1189—1656. — Parker, G. H.: Biol. Rev. **5**, 59—90 (1930).

nicht durch Aussenden von Fortsätzen durch die Zellen. Die heutige Anschauung geht vielmehr dahin, daß die Chromatophoren der Crustaceen gestaltlich festliegen und daß die Farbänderungen durch Pigmentwanderung, Zusammenballung = Aufhellung, Pigmentkontraktion, Ausbreitung = Verdunkelung (bzw. bei weißem Pigment Aufhellung), Pigmentexpansion zustande kommen. Es gibt schwarze (Melanin), rote und gelbe (Carotinoide), blaue (Carotinoidproteide) und weiße (Guanin) Pigmente. Die Zellen können 1, 2 oder mehr Pigmente gleichzeitig enthalten, deren Bewegungen weitgehend unabhängig verlaufen können.

Die Chromatophoren dienen bei den Crustaceen bei einigen Arten, z. B. Palaemonetes, ebenso wie bei den Wirbeltieren der Anpassung der Färbung an die Umgebung. Bei anderen absolvieren sie, unabhängig von Untergrund- und Beleuchtungsverhältnissen einen Tagesrhythmus, wie z. B. bei Uca. Der Beweis für die hormonale Steuerung der Pigmentbewegungen ist erbracht, denn Durchschneidung des Bauchmarks und weitgehende Zerstörung des peripheren Nervensystems lassen die Farbwechselreaktionen unbeeinflußt[1]. Ferner bewirkt die Injektion des Blutes von dunklen Garneelen an helle Melanophorenexpansion[2].

Schließlich lassen sich die Chromatophoren der hinteren Körperhälfte durch Unterbindung des Rückengefäßes von den Farbwechselreaktionen ausschalten[3]. Weiter erwiesen sich die Farbwechselhormone als nicht artspezifisch[4].

Als Bildungsstätte von Chromatophorenhormonen wurde der Augenstiel[3,4] bzw. die in ihm liegende Sinusdrüse, die von HANSTRÖM beschrieben wird[5], erkannt. Hinsichtlich des Erfolgs der Entfernung der Sinusdrüse und der Anwendung von Drüsen- bzw. Augenstielextrakten auf derartig operierte Tiere unterscheiden sich die einzelnen Arten wesentlich. Sie lassen sich in 3 Gruppen einteilen, deren Verhalten in der nachstehenden Tabelle 174 zusammengestellt ist.

Man hat die Vielfalt der beobachteten Reaktionen mit der Annahme nur eines einzigen Chromatophorenhormons zu erklären versucht[6]. Die meisten Autoren sehen sich jedoch heute genötigt, mehrere Hormone anzunehmen. So nahm KOLLER ein Melanoexpantin[7], ein Melanokontraktin (Weißstoff)[7,8] und einen Gelbstoff an. BROWN[9] nimmt 4 Hormone für die weitgehend voneinander unabhängigen Reaktionen der 4 verschiedenen Pigmente von Palaemonetes an, PARKER dagegen 3, s.[10].

Hinzu kommt, daß auch in einer anderen Körpergegend Chromatophorenhormone aufgefunden wurden[11]; Extrakte aus dem Zentralnervensystem erwiesen sich aufhellend an Palaemonetes wirksam, eine Beobachtung, die für weitere Gattungen bestätigt werden konnte[12]. Der Wirkstoff findet sich bei verschiedenen Arten in der tritocerebralen Kommissur, bei manchen anderen in benachbarten Teilen des Zentralnervensystems. Durch die unterschiedliche Alkohollöslichkeit und auch durch die biologische Wirkung ließen sich in den Extrakten des Zentralnervensystems 2 verschiedene Hormone nachweisen[13]. Vorkommen und Bildungsort der Chromatophorenhormone des Zentralnervensystems wechseln von Art zu Art stark[14].

---

[1] MATZDORFF, C.: Jena. Z. Naturwiss. **16**, 1 (1883). — MENKE, H.: Diss. phil. Münster 1911. — [2] KOLLER, G.: Verh. dtsch. zool. Ges. **1925**, 128. Z. vergl. Physiol. **5**, 191 (1927); **8**, 601 (1928). — [3] PERKINS, E. B.: J. exp. Zool. **50**, 71 (1928). — [4] KOLLER, G.: Z. vergl. Physiol. **8**, 601 (1928). — KOLLER, G., u. E. MEYER: Biol. Zbl. **50**, 759 (1930). — [5] HANSTRÖM, B.: Zool. Jb. (II) **56**, 387 (1933). — [6] ABRAMOWITZ, A. A., and R. K. ABRAMOWITZ: Biol. Bull. **74**, 278 (1938). — [7] KOLLER, G., u. E. MEYER: Biol. Zbl. **50**, 759 (1930). — [8] KOLLER, G.: Z. vergl. Physiol. **12**, 632 (1930). — [9] BROWN, F. A. jr.: J. exp. Zool. **71**, 1 (1935). — [10] PARKER, G. H.: Proc. amer. Acad. Arts Sci. **73**, 165 (1940). — [11] BROWN, F. A. jr.: Proc. nat. Acad. Sci. USA. **19**, 327 (1933). — [12] HANSTRÖM, B.: Kgl. svenska Vet. Akad. Handl. **16**, 1 (1937). — HOSOI, T.: J. Fac. Sci. Tokyo (IV) **3**, 265 (1934). — KNOWLES, F. G. W.: Pubbl. Staz. zool. Napoli **17**, 174 (1939). — [13] McVAY, J. A.: Diss. Northwestern Univ., Evanston, Ill. 1942. — [14] BROWN, F. A. jr., and L. M. SAIGH: Biol. Bull. **91**, 170 (1946).

Tabelle 174. Chromatophorenhormone.

	Typ		
	Palaemonetes	Crago	Uca
Wirkung der Augenstielentfernung	Dunkelwerden	Körper hell, „Schwanz“ dunkel, übergehend in mittlere Farbe [1]	Aufhellung [2]
Augenstielextrakt bewirkt .	Aufhellung [3]	Aufhellung [1]	Dunkelwerden [2]
alkohollöslich	Aufhellung [4]		
alkoholunlöslich			Dunkelwerden [4]
alkoholunlöslich, nur bei Palaemonetes und Crago vorkommend		nur „Schwanz“-Aufhellung [5]	
Extrakte aus dem Zentralnervensystem	Aufhellung	Dunkelwerden [1, 6, 7]	Dunkelwerden
alkohollöslich		nur Körper-, nicht „Schwanz“-Aufhellung [8]	
alkoholunlöslich		Körper- und „Schwanz“-Verdunkelung [8]	

Aus dem Gesagten und der Zusammenstellung in der Tabelle 174 ergäben sich somit 5 Chromatophorenhormone, die sich durch Vorkommen, Alkohollöslichkeit und biologische Wirksamkeit unterscheiden:

a) In der Sinusdrüse

1. ein palaemonetes-aufhellendes Hormon (Palaemonetes lightening hormone, PLH), alkohollöslich, ubiquitär,

2. ein uca-verdunkelndes Hormon (Uca darkening hormone, UDH), alkoholunlöslich, ubiquitär,

3. ein crago-„Schwanz“-aufhellendes Hormon (Crago „tail“ lightening hormone, CTLH), alkohollöslich, nur bei Palaemonetes und Crago vorkommend.

b) Im Zentralnervensystem

4. ein crago-verdunkelndes Hormon (Crago darkening hormone, CDH), alkoholunlöslich, fehlend bei den echten Krabben,

5. ein nur den Körper, nicht den „Schwanz“ von Crago aufhellendes Hormon (Crago body lightening hormone, CBLH), alkohollöslich, ubiquitär.

Über die chemischen Eigenschaften der Chromatophorenhormone ist außer der schon erwähnten Löslichkeit in Wasser und der wechselnden Löslichkeit in Alkohol wenig bekannt. Sie sind sonst unlöslich in organischen Lösungsmitteln, in neutraler Lösung relativ kochbeständig.

Längere Behandlung mit n/10 NaOH inaktiviert. Durch Adsorptionsmethoden konnte Anreicherung erzielt werden[9]. Die Sinusdrüsenhormone passieren Cellophanmembranen[10]. Für die Wirksamkeit scheint Gegenwart von

[1] Brown, F. A. jr.: Amer. Naturalist **73**, 247 (1939). — [2] Abramowitz, A. A.: Proc. nat. Acad. Sci. USA **21**, 677 (1935). — Carlson, S. P.: Proc. nat. Acad. Sci. USA **21**, 549 (1935). — [3] Brown, F. A. jr.: Proc. nat. Acad. Sci. USA **19**, 327 (1933). — [4] Brown, F. A. jr., and H. H. Scudamore: J. cellul. comp. Physiol. **15**, 103 (1940). — [5] Brown, F. A. jr., and H. E. Ederstrom: J. exp. Zool. **85**, 53 (1940). — [6] Brown, F. A. jr., and V. J. Wulff: J. cellul. comp. Physiol. **18**, 339 (1941). — [7] Koller, G.: Z. vergl. Physiol. **12**, 632 (1930). — [8] Brown, F. A. jr., and I. M. Klotz: Proc. Soc. exp. Biol. Med. **64**, 310 (1947). — [9] Abramowitz, A. A.: J. biol. Ch. **132**, 501 (1940). — [10] Carlson, S .P.: Kgl. fysiogr. Sällsk. Lund Förh. **6**, 63 (1936).

Ca-Ionen von Bedeutung zu sein[1]. Aus Hypodermis und anderen Geweben von Crustaceen sowie aus Mollusca gastropoda, auch aus der Leber von Meerschweinchen konnten Fermente isoliert werden, die Chromatophorenhormone der Sinusdrüse inaktivieren[2].

Auch die Pigmente der Omnatidien, der Elemente der zusammengesetzten Augen der Crustaceen, unterliegen hormonalen Einflüssen[3]. Es gibt 3 Augenpigmente, ein distales Melaninpigment, ein proximales Melaninpigment und ein drittes weißes, reflektierendes Pigment[4]. Diese Pigmente wandern je nach den Beleuchtungsverhältnissen in charakteristischer Weise; parallel verläuft oft ein Tagesrhythmus[5]. Extrakte aus Augenstielen erwiesen sich auch hier als wirksam bei Palaemonetes[6] und bei Cambarus[7]. Der Bildungsort konnte auch hier in die Sinusdrüse verlegt werden[8]. Es spricht manches dafür, daß das auf die Augenpigmente wirksame Prinzip, Retina pigment hormone, RPH, nicht mit den bisher beschriebenen Chromatophorenhormonen der Sinusdrüse identisch ist[9,10].

Im Gegensatz zu den Chromatophoren der Krebse sind die eigenartigen Chromatophoren der Tintenfische innerviert. Trotzdem besteht auch hier eine hormonale Regelung. In der hinteren Speicheldrüse gebildetes Tyramin wirkt expandierend (Verdunkelung bei Nahrungsaufnahme), Betain, dessen Vorkommen in der Muskulatur nachgewiesen ist, kontrahierend auf die Chromatophoren[10]. Vielleicht gehört auch die Beobachtung von ERSPAMER[11] über die Isolierung eines histaminasefesten und kochbeständigen biogenen Amins aus den Speicheldrüsen von Octopus vulgaris hierher, das an Dünndarm und Uterus der Ratte durch Atropin nicht hemmbare Tonus- und Motilitätssteigerung verursacht. Über Identifizierung mit 5-Oxytryptamin vgl. S. 600.

2. Bei Insekten.

Auch bei Insekten kommt Farbwechsel vor, doch spielt er hier keine derartig bedeutende Rolle wie bei den Crustaceen. So besitzt die Stabheuschrecke verschiedenfarbiges Pigment in Schollen und Körnchen in der Hypodermis. Der Farbwechsel geschieht auf Licht-, Temperatur- und Feuchtigkeitsreize hin durch Pigmentwanderung oder, wenngleich langsamer, durch Pigmentbildung. Außerdem besteht ein Tagesrhythmus der Pigmentierung[12]. Der Beweis für die Beteiligung hormonaler Faktoren ist durch Unterbindungen und Durchschneidungen am Nervensystem[13] und durch Transplantation von Hautstücken, die, obwohl nervenlos, sich dennoch an den Farbänderungen beteiligen[14], erbracht. Entfernung des Kopfes bewirkt Erblassen der Tiere[15]. Entfernung der Corpora allata und Corpora cardiaca beeinflußt die Pigmentreaktionen ebenfalls[16], und die Reimplantation dieser Organe führt zu Verdunkelung in der Nachbarschaft der

---

[1] KOLLER, G.: Z. vergl. Physiol. **12**, 632 (1930). — KNOWLES, F. G. W.: Nature **146**, 131 (1940). — [2] CARSTAM, S. P.: Nature **167**, 321 (1951). — [3] BENNITT, R.: J. exp. Zool. **40**, 381 (1924). Physiol. Zool. **5**, 49 (1932). — [4] PARKER, G. H.: Ergebn. Biol. **9**, 239 (1932). — [5] BENNITT, R.: Physiol. Zool. **5**, 65 (1932). — KLEINHOLZ, L. H.: Biol. Bull. **72**, 24, 176 (1937). — WELSH, J. H.: Proc. nat. Acad. Sci. USA **16**, 386 (1930). Biol. Bull. **68**, 247 (1935); **70**, 217 (1936). — [6] KLEINHOLZ, L. H.: Proc. nat. Acad. Sci. USA **20**, 659 (1934). Biol. Bull. **70**, 159 (1936). — [7] WELSH, J. H.: Biol. Bull. **77**, 119 (1939). — [8] WELSH, J. H.: J. exp. Biol. **86**, 35 (1941). — [9] ABRAMOWITZ, A. A.: J. exp. Zool. **76**, 407 (1937). — KLEINHOLZ, L. H.: Biol. Bull. **75**, 510 (1938). — [10] HANSTRÖM, B.: Kgl. svenska Vet.-Akad. Handl. **16** (3), 1 (1937). — [11] ERSPAMER, V.: Arch. Sci. biol., Napoli **26**, 295 (1940). — [12] WELSH, J. H.: Quart. Rev. Biol. **13**, 123 (1938). — [13] ATZLER, M.: Z. vergl. Physiol. **13**, 505 (1930). — GIERSBERG, H.: Z. vergl. Physiol. **7**, 657 (1928). Verh. dtsch. zool. Ges. **1934**, 96—126. Zool. Anz., Suppl. **7**, 96 (1934). — [14] JANDA, V.: Zool. Anz. **115**, 177 (1936). — [15] JANDA, V.: Mém. Soc. R. Sci. Bohème, Cl. Sci. **I**, 1 (1934). — [16] PFLUGFELDER, O.: Z. Zool. **151**, 149 (1938).

Implantate[1]. Extrakte aus Köpfen verschiedener Insekten besitzen eine ausgesprochene Chromatophorenwirkung bei Crustaceen[2]. Das gleiche gilt für Extrakte aus den Corpora cardiaca[3] und in geringerem Maße für solche aus den Frontalganglien.

β) Entwicklungs- und Metamorphosehormone.

1. Bei Crustaceen.

Entfernung der Augenstiele führt zu häufigerer Häutung[4,5]. Außerdem begünstigt sie die Gastrolithenbildung[6]. Dasselbe bewirkte die Entfernung der Sinusdrüsen[7]. Implantation von Sinusdrüsen verhinderte andererseits die Gastrolithenbildung. In den Sinusdrüsen gehen cytologische Veränderungen mit den Häutungsperioden parallel[8]. Augenstielentfernung begünstigt das Wachstum, die Tiere werden größer, da die häufigeren Häutungen Gelegenheit zu zusätzlichem Wachstum bieten[5]. Alle diese Beobachtungen sprechen dafür, daß die Sinusdrüsen hormonal auf die Häutung und dadurch das Wachstum begünstigend einwirken.

2. Bei Insekten[9].

Die Entwicklung der Insekten[10] vom Ei zum reifen Tier durchläuft mehrere scharf begrenzte Stadien (Ei-Larve oder Raupe, Puppe, reifes Insekt oder Imago). Die Larve oder Raupe macht eine bestimmte Anzahl von Häutungen durch. Abweichend von diesem für die holometabolen Insekten charakteristischen Entwicklungsgang fehlt bei den hemimetabolen Formen das Puppenstadium und wird durch eine Umwandlungshäutung ersetzt, die durch das letzte Häutungsstadium der Larve direkt zur Imago führt.

Bei Lymantria dyspar bleibt die Verpuppung aus, wenn frühzeitig das Gehirn exstirpiert wird[11]. Bei Vornahme der Operation zu einem späteren Zeitpunkt tritt aber Verpuppung ein. Man schließt, daß dann schon Hormone an die Hämolymphe abgegeben sind, die auch beim Fehlen der Bildungsstelle imstande sind, Metamorphose auszulösen. Übertragungsversuche mit dem Blut sich häutender oder verpuppender Raupen ergaben des öfteren Beschleunigung von Häutung oder Verpuppung bei den Empfängern. Die Vermutung, daß die VERNONschen Drüsen als Quelle der Hormone in Frage kommen[12], wird nicht mehr vertreten[13].

Das Vorliegen von *Häutungshormonen* konnte auch noch mit anderer Versuchstechnik sichergestellt werden. So machen transplantierte Beine jüngerer Raupen von Vanessa urticae und V. io die Häutungen des älteren Empfängers mit, ohne nervös versorgt zu sein[14]. Besonders lehrreich sind die Versuche an der tropischen

---

[1] HANSTRÖM, B.: Lunds Univ. Årsskr. **34** (16), 1 (1938); **36** (12), 1 (1940). — PFLUGFELDER, O.: Z. Zool. **152**, 384 (1939). — [2] HANSTRÖM, B.: Kgl. fysiogr. Sällsk. Lund Förh. **6**, 58 (1935). — [3] BROWN, F. A. jr., and A. MEGLITSCH: Biol. Bull. **79**, 409 (1940). — THOMSEN, M.: Kgl. danske Vid. Selsk. biol. Medd. **19** Nr. 4 (1943). — [4] ABRAMOWITZ, A. A., and R. K. ABRAMOWITZ: Biol. Bull. **74**, 278 (1938). — MEGUSÁR, F.: Roux' Arch. Entw.-Mech. **33**, 462 (1912). — BROWN, F. A. jr., and O. CUNNINGHAM: Biol. Bull. **77**, 104 (1939). — KLEINHOLZ, L. H., and E. BOURQUIN: Proc. nat. Acad. Sci. USA **27**, 145 (1941). — [5] SMITH, R. I.: Biol. Bull. **79**, 145 (1940). — [6] KYER, D. L.: Biol. Bull. **82**, 68 (1942). — SCUDAMORE, H. H.: Diss. Northwestern Univ. Evanston, Ill. 1942. — [7] BROWN, F. A. jr.: Proc. Soc. exp. Biol. Med. **50**, 295 (1942). — [8] PYLE, R. W.: Biol. Bull. **85**, 87 (1943). — [9] PIEPHO, H.: Naturwiss. **31**, 329 (1943). — [10] WIGGLESWORTH, V. B.: Insect Physiology. London 1934. — [11] KOPEĆ, S.: Biol. Bull. **42**, 323 (1922). — [12] BUDDENBROCK, W. v.: Forsch. u. Fortschr. **6**, 185 (1930). Z. vergl. Physiol. **14**, 415 (1931). — [13] SCHÜRFELD, W.: Roux' Arch. Entw.-Mech. **133**, 728 (1935). — [14] BODENSTEIN, D.: Roux' Arch. Entw.-Mech. **128**, 564 (1933); **133**, 156 (1935). Naturwiss. **21**, 861 (1933).

Wanze, Rhodnius prolixus[1]. Die Larve durchläuft 5 Häutungsstadien und nimmt in jedem Stadium nur eine einzige Blutmahlzeit ein. Die Häutung tritt jeweils eine bestimmte Anzahl von Tagen nach der Blutmahlzeit auf. Köpfen der Larven innerhalb eines genau begrenzten Zeitraumes nach der Blutmahlzeit (kritische Periode) verhindert die folgende Häutung. Zu späteren Zeitpunkten vorgenommene Operationen sind wirkungslos, da das Hormon sich dann schon in der Blutbahn befindet. Auch Parabioseversuche mit vor und nach der kritischen Periode dekapitierten Partnern ergaben Häutung zu dem Zeitpunkt, der für den nach der kritischen Periode geköpften Partner zu erwarten war. Nach Implantationsversuchen im kritischen Stadium wird die Bildung des Häutungshormons in die Corpora allata verlegt[1]. Wird eine solche Implantation im 4. Larvenstadium vorgenommen, so unterbleibt die normalerweise nach der 5. Häutung zu erwartende Bildung der Imago zugunsten einer überzähligen 5. Häutung der Larve[2]. Werden die Larven von Rhodnius prolixus im 5. Larvenstadium nach der kritischen Periode dekapitiert und mit Larven früherer Larvenstadien, die vor der kritischen Periode dekapitiert wurden, vereinigt, so metamorphosieren auch die letzteren. Dabei entstehen, wenn man die jüngsten Larvenstadien benutzt, Zwergimagines.

Im Corpus allatum ist danach ein die Metamorphose hemmender, das Auftreten von Häutungen begünstigender Faktor anzunehmen[3]. Die Wirkung der Allatektomie konnte unter anderen für Dixippus[4], Leucophaea[5] und zahlreiche andere Insekten bestätigt werden[6]. Auch bei Coleopteren wurde sie gefunden[7]. Die Auslösung überzähliger Häutungen bei Implantationen im letzten Larvenstadium fand sich in gleicher Weise bei anderen Insekten[8].

Bei den Dipteren haben die hier mit den Corpora cardiaca zur „Ringdrüse“ vereinigten Corpora allata ebenfalls entscheidenden Einfluß auf die Entwicklung[9]. Auf erwachsene Drosophila übertragene Larvenköpfe häuten sich, wenn gleichzeitig Ringdrüsen mit eingepflanzt werden. Ringdrüsenimplantation kann bei der Letalmutante lgl von Drosophila zur Verpuppung führen[10], andererseits verhindert Ringdrüsenimplantation bei Calliphoralarven die Verpuppung[11].

Die oben für Lymantria dyspar erwähnte Bedeutung des Gehirns für den Eintritt der Verpuppung wurde mehrfach bestätigt[12,13]. Sie gilt auch für Hymenopteren[14].

Bei Bombyx ist das Gehirn ebenfalls zur Imaginalentwicklung erforderlich[15,16]. Aus Seidenspinnerraupen wurde das Verpuppungshormon krystallin erhalten[17]. Bei Platysmia verzögert Beseitigung des Gehirns die Verpuppung[18]. Aus Implantationsversuchen wird geschlossen, daß hier zusätzlich zum Gehirn auch noch die Prothoracaldrüse für den Verpuppungseintritt wesentlich ist[16].

---

[1] Wigglesworth, V. B.: Nature **133**, 725 (1934). Quart. J. microscop. Sci. **77**, 191 (1934). — [2] Wigglesworth, V. B.: Nature **136**, 338 (1935). — [3] Wigglesworth, V. B.: Quart. J. microscop. Sci. **79**, 91 (1936). — [4] Pflugfelder, O.: Z. Zool. **149**, 477 (1937). — [5] Scharrer, B.: Endocrinology **38**, 35 (1946). — [6] Bounhiol, J.-J.: C. R. Soc. Biol. **126**, 1189 (1937); **138**, 418 (1944). Arch. Zool. exp. gén. **81**, 54 (1939). — Piepho, H.: Naturwiss. **27**, 675 (1939). Roux' Arch. Entw.-Mech. **141**, 500 (1942). — [7] Radtke, A.: Naturwiss. **30**, 451 (1942). — [8] Pflugfelder, O.: Z. Zool. **152**, 384; **153**, 108 (1940). — [9] Vogt, M.: Naturwiss. **29**, 725 (1941); **30**, 470 (1942). — [10] Hadorn, E.: Proc. nat. Acad. Sci. USA **23**, 478 (1937). — Karlson, P., u. G. Hanser: Z. Naturforsch. **7**b, 80 (1952). — [11] Burtt, E. T.: Proc. R. Soc. London (B) **126**, 210 (1938). — [12] Kühn, A., u. H. Piepho: Nachr. Ges. Wiss. Göttingen, math.-physik. Kl. **2**, 141 (1936). — Piepho, H.: Biol. Zbl. **58**, 356 (1938). — Plagge, E.: Biol. Zbl. **58**, 1 (1938). — [13] Caspari, E., u. E. Plagge: Naturwiss. **23**, 751 (1935). — [14] Schmieder, R. G.: Anat. Rec. **84**, 514 (1942). — [15] Fukuda, S.: Proc. Imp. Acad. Tokyo **16**, 414 (1940). Annot. zool. jap. **20**, 9 (1941). — [16] Fukuda, S.: Proc. Imp. Acad. Tokyo **16**, 417 (1940). — [17] Butenandt, A., u. P. Karlson: Z. Naturforsch. **9**b, 389 (1954). — [18] Williams, C. M.: Biol. Bull. **90**, 234 (1946).

Bei Calliphora erythrocephala verhindert eine 15—20 Std vor der Verpuppung (kritische Periode) angelegte Ligatur im 5.—6. Körpersegment die Verpuppung im hinteren Körperteil. Bei Unterbindung nach der kritischen Periode verpuppen sich beide Teile der Larve[1]. Im ersteren Fall bewirkt Injektion von Hämolymphe aus dem vorderen Anteil in den hinteren auch dort Verpuppung[2]. Analoge Feststellungen konnten an den Larven von Drosophila[3] und den Larven von Sphinx ligustri und Deilephila euphorbiae[4] gemacht werden. Für die Austestung und Extraktion des Pupariumbildungshormons eignet sich am besten Calliphora[5]. Am Mehlkäfer, Tenebrio molitor, wurden analoge Beobachtungen gemacht[6].

Man versucht alle diese und andere Beobachtungen mit der Annahme von 3 Hormonen bzw. Hormongruppen zu erklären. Das Zusammenspiel des durch das Hormon aus der Prothoracaldrüse unterstützten Verpuppungshormons aus dem Gehirn mit dem den Corpora allata entstammenden, die Verpuppung hemmenden und jede Häutung zu einer larvalen stempelnden „juvenilen Hemmungsstoff" und die sich im Lauf der Entwicklung ändernde Anspruchsfähigkeit der Gewebe sollen für den normalen Ablauf der Geschehnisse verantwortlich sein[7]. Die Bezeichnung Häutungshormon für den juvenilen Hemmstoff gilt demnach nur cum grano salis.

Ein Prothoracaldrüsenhormon wurde kürzlich krystallisiert erhalten[8].

γ) Sexualhormone.

1. Bei Crustaceen.

Zahlreiche Beobachtungen und Versuche beschäftigten sich mit der Möglichkeit einer inneren Sekretion der Ovarien bzw. Hoden bei niederen Tieren. Neben vielen negativen Befunden liegen auch einzelne Beobachtungen vor, die für eine innere Sekretion der Keimdrüsen dieser Tierklassen sprechen. Interessante Feststellungen erlauben die nicht allzu seltenen Fälle von Parasitenbefall der Keimdrüsen, wodurch diese geschädigt werden (parasitäre Kastration). Oft kommt es in derartigen Fällen zu einer Verweiblichung der betroffenen männlichen Tiere, während bei Weibchen kaum Veränderungen gefunden werden[9,10]. In den befallenen Hoden beginnt oft die Entwicklung von Eiern, wobei nicht selten Samen- und Eibildung gleichzeitig stattfinden. Außerdem bilden sich weibliche sekundäre Geschlechtsmerkmale aus. Zur Deutung dieser Erscheinungen hat man angenommen, daß es sich einfach um Kastrationsfolgen handele, oder auch, daß die weibliche äußere Form gewissermaßen als der geschlechtlich neutrale Typ aufzufassen sei[11]. Diese Annahmen konnten ebensowenig wie die vermutete Existenz eines außerhalb der Gonaden gelegenen Hormonorgans, das durch die Parasiten zerstört werde[12], aufrechterhalten werden. Auch die hormonale Beeinflussung des Wirts durch Parasiten[13] unter Heranziehung einer besonderen

[1] Fraenkel, G.: Nature **133**, 834 (1934). — [2] Fraenkel, G.: Proc. R. Soc. London (B) **118**, 1 (1935). — [3] Bodenstein, D.: Ergebn. Biol. **13**, 174 (1936). — [4] Caspari, E., u. E. Plagge: Naturwiss. **23**, 751 (1935). — [5] Becker, E., u. E. Plagge: Biol. Zbl. **59**, 326 (1939). — Plagge, E.: Forsch. u. Fortschr. **15**, 175 (1939). — [6] Radtke, A.: Naturwiss. **30**, 451 (1942). — [7] Wigglesworth, V. B.: Nature **159**, 872; **160**, 16 (1947). — [8] Butenandt, A., u. P. Karlson: Z. Naturforsch. **9b**, 389 (1954). — [9] Goldschmidt, R.: Die sexuellen Zwischenstufen. Berlin 1931. — [10] Koller, G.: Hormone bei wirbellosen Tieren. Leipzig 1938. — [11] Lipschütz, A.: The Internal Secretions of the Sex Glands. Cambridge 1924. — [12] Courrier, R.: Cr. **173**, 668 (1921). — [13] Harms, W.: Experimentelle Untersuchungen über die innere Sekretion der Keimdrüsen und ihre Beziehung zum Gesamtorganismus. Jena 1914. — Biedl, A.: Innere Sekretion. 2. Aufl. Wien 1913.

„formativen Substanz“[1] wurde zur Erklärung herangezogen, aber nicht allgemein akzeptiert[2]. Schließlich vertritt KOLLER den Standpunkt, daß das Auftreten von Eiern in männlichen Gonaden sich ohne Annahme eines besonderen Wirkstoffes als eine Eigenheit der Dekapoden auffassen lasse, die gewissermaßen als natürliche Folge der Hodenschädigung auftrete, daß aber als Folge der Oocytenbildung hormonartige Stoffe erscheinen, die die Verweiblichung der betreffenden Tiere verursachen[3]. Gonadenparasitismus ohne Änderung der sekundären Geschlechtsmerkmale kommt allgemein bei Weibchen vor, bei Männchen ist er bei Würmern, Echinodermen und Schnecken, ferner auch bei Insekten beobachtet worden. Bei Weibchen verursacht Zerstörung der Ovarien durch Bestrahlung verschiedentlich Störungen in der Entwicklung der Bruttaschen oder Brutkammern, so bei Asellus[4], bei Daphnia[5] oder bei Leander[6].

2. Bei Insekten.

Dem Corpus allatum kommt ein entscheidender Einfluß auf die Eireifung, besonders auf ihre ersten Stadien bei einer großen Anzahl von Insekten zu. Dies ist durch Exstirpationsversuche bei vielen Species bewiesen, so für Rhodnius prolixus[7], Melanoplus differentialis[8,9], Leucophaea maderae[10], Drosophila[11,12], Anopheles[13]. Weibliche und männliche Corpora allata sind bei Implantation gleich wirksam[7,12,14].

Bei Calliphora und Musca wird durch das Corpus allatum neben der Beeinflussung der Eireifung auch die Sekretionsleistung akzessorischer Geschlechtsdrüsen beeinflußt[15]. Entnervung der Corpora allata hat bei Lucilia und Sarcophaga den gleichen Erfolg wie ihre Entfernung[16]. Bei Dytiscus bewirkt Allatum-Implantation Eiablage außerhalb des Gestationscyclus[17]. Implantation von Corpora allata in das Ovar bewirkt lokale Eireifung[17].

Vom Ovar aus scheint eine Rückwirkung auf das Corpus allatum stattzufinden. So führt Kastration bei Melanoplus[14], Calliphora[15] und Lucilia[16] zu Hypertrophie des Corpus allatum.

Bei reifen Dixippus[18] und bei bestimmten Lepidopteren[19] ist das Allatum für die Eireifung nicht erforderlich. Hoden und Spermiogenese werden allgemein nicht durch Allatumektomie beeinflußt[7,9,16].

δ) Weitere Hormone bei Wirbellosen.

Eine innersekretorische Funktion wurde auf Grund von Exstirpations- und Transplantationsversuchen dem Internephridialorgan bei Physcosoma lanzarotae zugesprochen[20]. An dem verwandten P. japonicum ließen sich jedoch keine derartigen Beobachtungen machen. Auch der Perikardialdrüse von Sepia officinalis werden innersekretorische Fähigkeiten unterstellt. Ihre Entfernung

---

[1] SMITH, G.: Quart. J. microscop. Sci. **54**, 577 (1910). — ROBSON, G. C.: Quart. J. microscop. Sci. **57**, 264 (1912). — [2] OORDT, G. J. VAN: Zool. Anz. **76**, 306 (1928). — [3] KOLLER, G.: Hormone bei wirbellosen Tieren. Leipzig 1938. — [4] HAEMMERLI-BOVERI, V.: Z. vergl. Physiol. **4**, 668 (1926). — [5] MORI, Y.: Z. Zool. **144**, 289, 573 (1933). — [6] CALLAN, H. G.: J. exp. Biol. **17**, 168 (1940). — [7] WIGGLESWORTH, V. B.: Quart. J. microscop. Sci. **79**, 91 (1936). — [8] PFEIFFER, I. W.: J. exp. Zool. **82**, 439 (1939). — WEED, I. G.: Proc. Soc. exp. Biol. Med. **34**, 883 (1936). — [9] PFEIFFER, I. W.: J. exp. Zool. **99**, 183 (1945). — [10] SCHARRER, B.: Endocrinology **38**, 46 (1946). — [11] VOGT, M.: Roux' Arch. Entw.-Mech. **140**, 525 (1940). Naturwiss. **29**, 80 (1941). Biol. Zbl. **63**, 467 (1943). — [12] VOGT, M.: Biol. Zbl. **60**, 479 (1940). — [13] DETINOVA, T. S.: Zool. Ž. **24**, 297 (1945). — [14] PFEIFFER, I. W.: Anat. Rec., Suppl. **78**, 39 (1940). — [15] THOMSEN, E.: Nature **145**, 28 (1940). Vid. Medd. dansk. nat.-hist. Foren. **106**, 317 (1942). — [16] DAY, M. F.: Biol. Bull. **84**, 127 (1943). — [17] JOLY, P.: Arch. Zool. exp. gén. **84**, 49 (1945). — [18] PFLUGFELDER, O.: Z. Zool. **149**, 477 (1937); **152**, 384 (1939). — [19] BOUNHIOL, J.-J.: C. R. Soc. Biol. **126**, 1189 (1937). Cr. **215**, 334 (1942). Arch. Zool. exp. gén. **81**, 54 (1939). — WILLIAMS, C. M.: Biol. Bull. **90**, 234 (1946). — [20] HARMS, W.: Roux' Arch. Entw.-Mech. **47**, 307 (1921).

bewirkt nach kurzer symptomloser Latenz den Tod der Versuchstiere[1]. Der Augenstiel scheint eine Bedeutung für die Lebensdauer einer Reihe von Krebsen zu haben[2].

Die Neuraldrüse, ein dem Gehirn von Ascidien anliegendes Organ, liefert Extrakte, die am Blutdruck der Katze, an den Froschmelanophoren und am überlebenden Meerschweinchenuterus ähnlich wirken, wie Hypophysenhinterlappenstoffe[3]. In den Nierenschläuchen, aber auch im Hautmuskelschlauch von Physcosoma japonicum ließ sich ein kochbeständiger, die Frequenz der Nephridienkontraktionen beschleunigender Faktor nachweisen[4].

Dem Augenstiel werden bei Crustaceen noch eine Reihe weiterer Wirkungen zugeschrieben: Extrakte aus Augenstielen beschleunigen bei Cambarus[5] und bei Leander[6] die Herzfrequenz; der wirksame Stoff ist in Alkohol unlöslich. Bei Palaemonetes bewirken auch alkoholische Augenstielextrakte Zunahme der Herzfrequenz[7]. Injektion von Augenstielextrakten von Uca und Callinectes steigert den Blutzucker erheblich. Der Wirkstoff entstammt anscheinend der Sinusdrüse[8]. Bei Leander serratus bewirkt Augenstielentfernung außerhalb der Brutperiode starke Ovarvergrößerung und häufig Ovulation[9], Reimplantation von Sinusdrüsen macht diese Veränderungen unmöglich[10]. Der Tagesrhythmus der lokomotorischen Aktivität wird durch Augenstielentfernung unterbunden[11]. Augenstielextraktinjektion steigert den Bewegungstrieb bei Cambarus[12].

Über chemische Eigenschaften der besprochenen Hormone ist wenig bekannt. Das Hormon aus dem Corpus allatum ist löslich in Wasser, Alkohol und unlöslich in unpolaren Lösungsmitteln. Es ist kochbeständig in neutraler und saurer Lösung, instabil gegenüber Alkali. Es ist dialysabel[13].

Die vorstehenden Ausführungen, die keinen Anspruch auf Vollständigkeit erheben können, dürften gezeigt haben, wie weitverbreitet das Prinzip der humoralen Regulation im Tierreich ist. Sie lassen aber wohl auch die Fülle der Fragen und der noch zu lösenden Probleme erkennen. Die vergleichende Physiologie steht gerade auf dem Gebiet der Hormone und der stofflichen Regulationen bei niederen Tieren vor zahlreichen dankbaren Aufgaben.

2. Vitamine.

Von **H. Rudy.**

Bearbeitet von **H.-J. Bielig** (Allgemeiner Teil, Vitamine A), **K. Schreier** (Vitamine B-Gruppe) und **H. Wolf** (übrige Vitamine).

Inhaltsverzeichnis.

[1] Kestner, O., u. E. Kestner: Z. vergl. Physiol. **15**, 159 (1931). — [2] Abramowitz, R. K. and A. A. Abramowitz: Biol. Bull. **78**, 179 (1940). — Brown, F. A. jr.: Proc. nat. Acad. Sci. USA **24**, 551 (1938). Anat. Rec., Suppl. **75**, 129 (1935). — Smith, R. I.: Biol. Bull. **79**, 145 (1940). — [3] Bacq, Z. M., and M. Florkin: Arch. int. Physiol. **40**, 422 (1935). — [4] Koller, G.: Naturwiss. **24**, 827 (1936). — [5] Welsh, J. H.: Proc. nat. Acad. Sci. USA **23**, 458 (1937). — [6] Welsh, J. H.: J. exp. Biol. **16**, 198 (1939). — [7] Scudamore, H. H.: Trans. Illinois State Acad. Sci. **34**, 238 (1941). — [8] Abramowitz, A. A., F. L. Hisaw and D. N. Papandrea: Biol. Bull. **86**, 1 (1944). — [9] Panouse, J.: Cr. **217**, 553 (1943). — [10] Panouse, J.: Cr. **218**, 293 (1944). — [11] Kalmus, H.: Z. vergl. Physiol. **25**, 798 (1938). — Schallek, W.: J. exp. Zool. **91**, 115 (1942). — [12] Roberts, T. W.: Anat. Rec., Suppl. **81**, 46 (1941). — [13] Becker, E.: Biol. Zbl. **61**, 360 (1941). — Becker, E., u. E. Plagge: Biol. Zbl. **59**, 326 (1939).

a) Allgemeiner Teil[1-15].

Von H.-J. BIELIG.

α) Geschichtliches[5-12].

Vitamine sind physiologisch hochaktive Stoffe, die sich dem Beobachter, wegen ihrer außerordentlich geringen Konzentration in der Nahrung, nicht durch charakteristische chemische Reaktionen ohne weiteres zu erkennen geben. Man hat ihre Anwesenheit vielmehr dadurch festgestellt, daß es zu Störungen der normalen Lebensvorgänge kommt, wenn diese Faktoren in der Nahrung nicht ausreichend vorhanden sind; Störungen, die höchst augenfällige Krankheitsbilder bei Mensch und Tieren hervorrufen. Solche *Mangelkrankheiten* sind z.B. als Nachtblindheit, Xerophthalmie, Skorbut, Beri-Beri und Rachitis zum Teil seit Jahrtausenden bekannt. Sie treten fast stets in Hungerzeiten sowie bei einseitiger Ernährung (Seeleute, Soldaten, Gefangene) auf. Obwohl man ihre gleichartige Entstehungsursache nicht erkannt hatte, sind sie nach weit zurückliegenden Beobachtungen der menschlichen Heilkunde vielfach geeignet behandelt worden. Ihr Wesen blieb aber doch so rätselhaft, daß noch im 1. Weltkrieg zahlreiche Fälle von Vitaminmangel bei Truppe und Zivilbevölkerung nicht als solche angesprochen wurden.

Angaben über die *Nachtblindheit* finden sich wohl zuerst bei den Ägyptern (3500 v.Chr.), im Papyrus EBERS (1500 v.Chr.) und bei HIPPOKRATES (5. Jh. v. Chr.), der zu ihrer Heilung empfahl, in Honig getauchte Ochsenleber zu verzehren. Den Beschreibungen früher Entdeckungsreisen der Erdgeschichte entnehmen wir, daß Seeleute durch Eingeborene mittels Fichtennadelauszügen von *Skorbut* geheilt wurden. Der deutsche Arzt KRAMER verschrieb gegen den Skorbut im Jahre 1720 Orangen- und Citronensaft, und der berühmte englische Seefahrer COOK (um 1775) hielt seine Schiffsbesatzungen durch Zulagen von Sauerkraut,

---

Zusammenfassende Darstellungen: 1—15. [1] SEBRELL, W. H. jr., and R. S. HARRIS: The Vitamins. Bd. 1. New York 1954. — [2] ABDERHALDEN, E., u. G. MOURIQUAND: Vitamine u. Vitamintherapie. Bern 1948. — [3] ROSENBERG, H. R.: Chemistry and Physiology of the Vitamins. New York 1945. — [4] Laufende zusammenfassende Übersichten in: Vitamins & Hormones, ab 1943. — Ann. Rev. ab 1931. — Int. Z. Vit.-Forsch., ab 1932. — [5] FUNK, C.: Die Vitamine. 1. Aufl. 1912. 3. Aufl. München 1924. — [6] BERG, R.: Die Vitamine. Leipzig 1922. — [7] STEPP, W., u. P. GYÖRGY: Avitaminosen u. verwandte Krankheitszustände. Berlin 1927. — [8] BROWNING, E.: The Vitamins. London 1931. — [9] SHERMAN, H. C., and S. L. SMITH: The Vitamins. 2. Aufl. New York 1931. — [10] STECHOW, M.: Register der Weltliteratur über Vitamine. Bd. 1. (Von 1890—1929) Leipzig 1943. — [11] SURE, B.: The Vitamins in Health and Disease. London 1933. — [12] STEPP, W.: Ernährungslehre. Berlin 1939. — [13] Bicknell-Prescott, Vitamins. — [14] LANG, K., u. R. SCHOEN: Die Ernährung. Berlin, Göttingen, Heidelberg 1952. — [15] Stepp-Kühnau-Schroeder, Vitamine 6. Aufl. 1944; 7. Aufl. Bd. 1. 1952.

das nicht in kupfernen Gefäßen bereitet sein durfte (Zerstörung von Vitamin C durch schwermetall-katalysierte Oxydation!), weitgehend skorbutfrei. Den eigentlichen Anstoß zur Erkennung dieser merkwürdigen Krankheiten gab aber EIJKMAN, als er Ende des 19. Jahrhunderts an Gefangenen in Java feststellte, daß die in Europa seltene, bei den reisessenden Völkern Ostasiens verbreitete *Beri-Beri* auf den ausschließlichen Genuß von geschältem (poliertem) Reis zurückgeht. Schon vorher war bekannt, daß auch Hühner unter der gleichen Kost ähnliche Krankheitssymptome aufweisen und durch Zugabe der Reisschalen geheilt werden können. GRIJNS und andere Forscher suchten danach die Ursache der Beri-Beri-Krankheit im Mangel an einem wichtigen Stoff der einseitigen Ernährung, aber erst HOPKINS (1906) wies mit Nachdruck auf gleichartige Entstehungsursachen bei Skorbut und Beri-Beri hin und postulierte, daß es wahrscheinlich noch eine ganze Reihe solcher Mangelkrankheiten geben dürfte, die auf einseitiger Ernährung beruhten. Im Jahre 1907 gelang es dann HOLST und FRÖHLICH erstmals an Meerschweinchen, durch eine geeignete Diät Skorbut künstlich hervorzurufen.

Fast gleichzeitig hatte sich in der *Ernährungsphysiologie* eine Entwicklung vollzogen, die bezüglich der Vollwertigkeit der Nahrung zu ähnlichen Schlußfolgerungen führte. Bei der Überprüfung der auf LIEBIG zurückgehenden Anschauungen von VOIT und RUBNER, daß eine kalorisch vollwertige Nahrung aus Eiweiß, Fett, Kohlenhydraten und Salzen ausreiche, um das Leben aufrechtzuerhalten, wurde erstmals von LUNIN (1881) beobachtet, von Forschern, wie STEPP, OSBORNE, MENDEL, MCCOLLUM u.a., zwischen 1909 und 1915 in systematischen Untersuchungen bestätigt, daß eine Nahrung bereits nach einfacher Extraktion mit organischen Lösungsmitteln, die den calorischen Wert kaum ändert, bei Mäusen, Ratten und anderen Tieren zu Wachstumsstörungen, Gewichtsstillstand und schließlich zum Tod führt. Damit war endgültig nachgewiesen, daß neben den bekannten Nährstoffen geringe Mengen weiterer Stoffe in der Nahrung vorliegen müssen, die zur Erhaltung des Lebens unbedingt notwendig sind. Von den verschiedenen *Bezeichnungsweisen* der so nachgewiesenen Ergänzungsstoffe (HOPKINS 1912) hat sich diejenige von FUNK (1912) durchgesetzt, der nach Erkennung des antineuritischen Faktors als Amin den Namen *Vitamine* (= lebenswichtige Amine) einführte, obgleich sich später gezeigt hat, daß nur einzelne Vitamine chemisch als Amine anzusprechen sind. Mit der Nahrung aufgenommene Vorstufen von Vitaminen, die erst im Organismus in den eigentlichen Wirkstoff verwandelt werden, heißen *Provitamine*. Ausgeprägte Vitaminmangelkrankheiten werden danach *Avitaminosen*, ihre Vorstufen *Hypovitaminosen* genannt.

β) Vitaminmangelkrankheiten[1–4].

Gewöhnlich treten Avitaminosen nicht ganz „rein" auf, d.h. sie können nur selten auf das Fehlen *eines* Vitaminfaktors in der Nahrung zurückgeführt werden. Das rührt daher, daß bei fehlerhafter Ernährungsweise fast immer mehrere Ergänzungsstoffe mangeln und die Kost gleichzeitig an den energieliefernden Nährstoffen einseitig ist[5–9]. Es überlagern sich dann verschiedene Ausfallserscheinungen *(Polyavitaminosen)*.

Zusammenfassende Darstellungen: 1—4. [1] EDDY, W. H., and G. DALLDORF: Avitaminoses. 3. Aufl. Baltimore 1944. — [2] SEYDERHELM, R.: Die Hypovitaminosen. Leipzig 1938. — [3] SEIFRIED, O.: Vitamine und Vitaminmangelkrankheiten bei Haustieren. Stuttgart 1943. — [4] MEUNIER, P., et Y. RAOUL: Le diagnostic chimique des avitaminoses. Paris 1942. — Vgl. a. die zusammenfassenden Darstellungen Lit. [1–15] S. 631.

[5] LEHNARTZ, E., in STEPP, W.: Ernährungslehre. S. 1. Berlin 1939. — [6] Lang-Schoen, Ernährung. — [7] Lang-Ranke, Stoffwechsel. — [8] Amer. med. Ass.: Handbook of Nutrition. Philadelphia 1951. — [9] JOLLIFFE, N., F. F. TISDALL and P. R. CANNON: Clinical Nutrition. New York 1950.

Reine Avitaminosen erhält man im Tierversuch, indem durch strenge Auswahl der Tiere (Ratten, Hühner, Tauben u.a.) nach Alter, Geschlecht, Gewicht, der Zuchtdiät, d.h. der Kost von Mutter und Jungtieren, und besonders der verabreichten Standardmangeldiät, reproduzierbare Bedingungen geschaffen werden, die zu den für das Fehlen *eines* Vitamins spezifischen Ausfallserscheinungen führen[1]. Der *Tierversuch* hat es damit ermöglicht, die verschiedenen Mangelsymptome bestimmten Vitaminindividuen zuzuordnen, ihre biologische Spezifität zu umreißen und als einheitlich angesehene Vitamingemische (z.B. die Vitamine der B-Gruppe) zu trennen[2]. Diese Entwicklung ist auch heute noch nicht abgeschlossen, wenn es gilt, die stoffliche Ursache neuer Mangelkrankheiten zu finden oder den Wirkungsmechanismus eines Vitamins festzustellen. Biologische Versuche mit synthetischen Vitamin-Analoga geben Aufschluß über die mehr oder weniger große *Konstitutionsspezifität* der einzelnen Vitaminfaktoren.

Vitaminmangelkrankheiten entstehen nach einer Latenzperiode, deren Ausmaß von den im Körper vorhandenen Vitaminreserven und dem jeweiligen *Vitaminbedarf*[3,4] abhängt, entweder primär durch ungenügende Vitaminzufuhr *(Exokarenz)* oder sekundär bei ausreichendem Gehalt in der Nahrung durch verminderte Resorption *(Enterokarenz)* bzw. mangelhafte Verwertung *(Endokarenz)*. Erhöhter Vitaminbedarf liegt z. B. vor bei starkem Wachstum[5,6], in der Schwangerschaft[7,8], bei gesteigertem Stoffwechsel (Hyperthyreosen, Infektionskrankheiten[9] u.a.), bei herabgesetzter Speicherung (Leber-, Nierenschäden u.a.)[3] und in der Rekonvaleszenz. Verminderte Resorption findet man bei Störungen im Magen-Darmtrakt (z.B. chronischen Diarrhöen, verminderter Gallesekretion) und bei Darmresektionen[3,10]. Mangelhaft verwertet werden bestimmte Vitamine immer dann, wenn für ihre Umwandlung und ihre Wirkung unentbehrliche Zellsysteme funktionell geschädigt sind (z.B. bei Lebercirrhose, Hyperthyreosen, Polyavitaminosen u.a.)[11].

Die morphologisch erkennbaren *Gewebeschädigungen durch Vitaminmangel* können in 4 Gruppen zusammengefaßt werden[12]:

1. Solche, die ähnlich beim Fehlen verschiedener Vitamine auftreten. Hierher gehören degenerative Veränderungen peripherer und zentraler Nervenpartien bei Mangel an Vitaminen der B-Gruppe (Aneurin, Lactoflavin oder Pyridoxin und wahrscheinlich auch Pantothensäure oder Nicotinsäureamid).

2. Allgemein an einer bestimmten Gewebestruktur eintretende Degenerationen, die sich auf das Defizit an einem bestimmten Vitamin zurückführen lassen: Epithelverhornung, desorientiertes Zahnwachstum und Nervenläsionen durch verzögertes Knochenwachstum bei Vitamin A-Mangel; herabgesetzte Bildung

---

[1] Bomskov, C.: Methodik der Vitaminforschung. Leipzig 1935. — [2] Elvehjem, C. A.: Biological significance of vitamins. Green's Currents biochem. Res. S. 79. — [3] Melnick, D., and B. L. Oser: Vitamins & Hormones **5**, 39 (1947). — [4] Day, P. L.: Vitamins & Hormones **2**, 71 (1944); Primaten. — Bird, H. R.: Vitamins & Hormones **5**, 163 (1947); Küken. — Morris, H. P.: Vitamins & Hormones **5**, 175 (1947); Maus. — Schweigert, B. S.: Vitamins & Hormones **6**, 55 (1948); Baumwollratte und Hamster. — Brown, R. A., and M. Sturtevant: Vitamins & Hormones **7**, 171 (1949); Ratte. — Mannering, G. J.: Vitamins & Hormones **7**, 201 (1949); Meerschweinchen. — [5] Glanzmann, E.: Ergebn. Vit.- u. Horm.-Forsch. **1**, 1 (1938). — [6] Clements, F. W.: Vitamins & Hormones **4**, 71 (1946). — Barron, E. S. G., in: Parpat, A. K. (Hrsg.): Chemistry and Physiology of Growth. S. 106. 1946. — [7] Guggisberg, H.: Ergebn. Vit.- u. Horm.-Forsch. **1**, 263 (1938). Schweiz. med. Wschr. **71**, 1265 (1941). — [8] Gaethgens, G.: Med. Welt **1941**, 1101. — Hildebrandt, A.: Der Vitaminstoffwechsel in der Schwangerschaft und im Wochenbett unter Berücksichtigung der Ernährung. Stuttgart 1951. — [9] Schneider, H. A.: Vitamins & Hormones **4**, 35 (1946). — [10] Sobel, A. E.: Vitamins & Hormones **10**, 47 (1952). — [11] Stepp-Kühnau-Schroeder, Vitamine. 7. Aufl. 1. Bd. 1952. — [12] Wolbach, S. B., and O. A. Bessey: Physiol. Rev. **22**, 233 (1942).

und Erhaltung von Intercellularsubstanz bei Vitamin C-Defizit; Störung der Wachstums- und Verkalkungsvorgänge im Epiphysenknorpelgewebe bei Fehlen von Vitamin D.

3. Veränderungen, die bestimmte Organe oder Stoffwechselprozesse bei gewissen Tierarten betreffen. Genannt seien cerebrale Läsionen durch Hemmung des Kohlenhydratstoffwechsels bei Aneurinmangel; Fruchttod und Aspermie durch Schädigung des Keimepithels bei Vitamin E-Defizit; Skeletmuskeldegeneration und dadurch verursachte Nervenveränderungen bei vermindertem Tocopherolangebot; Hämorrhagien durch verzögerte Prothrombinbildung bei Vitamin K-Mangel und Reifungsstörungen von roten Blutzellen nach Fehlen von Vitamin B_{12} und Folsäure.

4. Allgemeine Folgen des durch Vitaminmangel darniederliegenden Stoffwechsels: Gehemmtes Wachstum des Gesamtorganismus und Wachstumsstörungen einzelner Organe, Anämien durch verminderte Aktivität des hämatopoetischen und reticulo-endothelialen Systems, diffuse Atrophien an Muskeln und Drüsen.

γ) Begriffsbestimmung.

Der Vitaminbegriff[1] ist nur biologisch exakt definiert, denn die Vitaminfaktoren gehören den verschiedensten chemischen Stoffklassen an. *Vitamine nennt man organische Verbindungen, die dem Tierkörper mit der Nahrung als solche oder in Form leicht umwandelbarer Vorstufen (Provitamine) von außen zugeführt werden müssen und in deren Zellstoffwechsel biokatalytische Wirkungen ausüben.* Ihre Funktion als Wirkstoffe[2], nämlich große Stoffumsätze bei geringer Eigenkonzentration, hoher Spezifität und minimaler Abnutzungsquote zu bedingen, teilen sie mit den Hormonen. Während diese aber als Gewebs- und als Drüsenhormone im Tierkörper sowie als Phyto- oder Wuchshormone in höheren Pflanzen selbst gebildet werden, also endogene Wirkstoffe darstellen, haben wir es bei den Vitaminen mit *exogenen Wirkstoffen* zu tun[3]. In einer ganzen Reihe von Fällen beruht die biokatalytische Wirkung der Vitamine[4] darauf, daß sie als Vorstufen fermentativer Wirkgruppen *(Cofermente)* auftreten (z.B. Aneurin, Lactoflavin, Nicotinsäureamid u.a.)[5,6].

Spurenelemente[7] (z.B. Cu, Mn, Co, Fe u.a.), bei deren Fehlen ebenfalls Mangelkrankheiten auftreten können, unterscheiden sich von den Vitaminen durch ihre anorganische Natur. Ihre Funktion beruht, soweit bekannt, darauf, daß sie Bestandteile von Vitaminen (z. B. Co im Vitamin B_{12}) und Fermenten (z. B. Fe in WARBURGs Atmungsferment, Katalase, Peroxydase u.a.; Cu in Phenoloxydasen, Mo in Xanthinoxydase, Mn in Enolase)[8] sind oder in noch unerkannter Bindungsart als „Fermentaktivatoren" auftreten[9]. Nahrungsbestandteile, wie *essentielle Aminosäuren*[10] und bestimmte essentielle (ungesättigte) *Fettsäuren* (sog. Vitamin F)[11], die als Bausteine spezifischer Körperstoffe (Proteine, Lipoide u.a.) zwar unentbehrlich, aber nicht unmittelbar biokatalytisch wirksam sind, sollte man nicht zu den Vitaminen zählen. Für manche Stoffe, z.B. *meso-Inosit, Cholin* und gewisse *γ-Pyronverbindungen* (Rutin, Hesperidin, Epicatechine u.a.)

---

[1] STEPP, W., u. J. KÜHNAU: Neue dtsch. Klin., Erg.-Bd. 1, S. 41. 1933. — [2] KUHN, R.: Naturwiss. **25**, 225 (1937). — [3] ABDERHALDEN, E.: Med. Welt **1937 I**, 135. — [4] EULER, H. v.: Ergebn. Vit.- u. Horm.-Forsch. **1**, 159 (1938). — [5] WARBURG, O.: Wasserstoffübertragende Fermente. Berlin 1948. — [6] GUGGENHEIM, M.: Exper. **2**, 48 (1946). — [7] Scharrer, Spurenelemente. — [8] WARBURG, O.: Schwermetalle als Wirkungsgruppen von Fermenten. Berlin 1946. — [9] GREEN, D. E.: Adv. Enzymol. **1**, 177 (1941). — [10] MITCHELL, H. H.: Vitamins & Hormones **1**, 157 (1943). — [11] EMERSON, G. A., A. E. HANSEN, R. S. HARRIS, R. T. HOLMAN, H. F. WIESE: in Sebrell-Harris, Vitamins Bd. II.

ist der Vitamincharakter umstritten[1,2]. Die Vitaminnatur der *p-Aminobenzoesäure* beruht, soweit bekannt, darauf, daß sie als Vitaminbaustein (z.B. in der Folsäure) auftritt.

Nicht streng durchführbar erscheint die *Abgrenzung der Vitamine von den Hormonen.* Manche Faktoren (z.B. das antiskorbutische Vitamin), die für den Menschen und einige Tiere (z.B. Affe, Meerschweinchen) als Vitamine anzusprechen sind, vermögen im Stoffwechsel anderer Tiere (z.B. Vitamin C bei Ratte, Hund, Katze, Ziege, Vögeln) synthetisiert zu werden und gewinnen dadurch den Charakter von Gewebshormonen. In *höheren Pflanzen,* denen praktisch alle Vitamine direkt oder indirekt (Provitamine) entstammen, haben diese zum Teil (Biotin, Aneurin u.a.) ebenfalls hormonartigen Wirkstoffcharakter[3,4]. *Niedere Pflanzen* (Algen[5], Moose, Pilze)[6] und *Mikroorganismen* (Bakterien, Schimmelpilze, Hefen)[7,8] benötigen einerseits insbesondere wasserlösliche Vitamine zum Wachstum (z.B. Vitamin B_{12} bei Euglena gracilis, Aneurin bei Phycomyces blakesleeanus, Folsäure bei Lactobacillus casei), wobei sie andererseits solche Faktoren meist in ausreichenden, vielfach in erheblich überschüssigen Mengen zu synthetisieren vermögen. Man nennt solche niedermolekularen Wirkstoffe und deren „Konjugate" hier im allgemeinen *Wuchsstoffe*[9], wobei man sich darüber klar sein muß, daß Bedarf und Syntheseleistung von Art zu Art, ja von Stamm zu Stamm außerordentlich wechseln können. Auf die *„Vitaminsynthese" durch Darmbakterien*[10] geht z.B. zurück, daß einige Vitamine (z.B. Vitamin K, Biotin, B_{12}) in der Nahrung entbehrlich werden, da diese dem Wirtsorganismus von den genannten Mikroorganismen geliefert werden (s. Bd. 2/1, S. 194). Ähnlich liegen die Verhältnisse in der Versorgung mit einzelnen Wirkstoffen bei symbiontisch lebenden Pflanzen (z.B. Orchideen).

δ) Bezeichnungsweise, Anzahl, Übersicht.

Allgemein üblich ist die Einteilung der Vitamine in *fettlösliche* und *wasserlösliche,* uneinheitlich die Nomenklatur. Für eine Reihe von Vitaminen (insbesondere die fettlöslichen) hat sich die von McCollum (1916) eingeführte *Bezeichnung mit Buchstaben* bewährt, während für andere (speziell in der Gruppe der B-Vitamine) *Trivialnamen* gebräuchlicher sind. Das wird aus der Entdeckungsgeschichte verständlich. Ursprünglich als einheitlich angesehene Vitamine (z.B. „Vitamin B") haben sich nämlich später als aus einer ganzen Reihe von Faktoren zusammengesetzt erwiesen (Vitamin B-Komplex, Vitamin B_2-Komplex). Ferner sind vor der physikalisch-chemischen Kennzeichnung oftmals dieselben Vitamine mit verschiedenen Buchstaben oder von den einzelnen Symptomen der Mangelkrankheiten her abgeleiteten Namen bezeichnet worden.

Die bis jetzt bekannten natürlichen Vitamine sind mit ihren stofflichen Konstanten, ihrem Vorkommen, Angaben über ihre physiologische Bedeutung, bei ihrem Fehlen auftretenden Mangelsymptomen und bekannten Antagonisten *(Antivitaminen*[11,12]) in Tabelle 175 zusammengestellt. Ihre Anzahl, gegenwärtig etwa

[1] Williams, R. J., R. E. Eakin, E. Beerstecher jr. and W. Shive: The Biochemistry of B-Vitamins (Amer. chem. Soc. Monogr. Ser. 110) S. 703. New York 1950. — [2] Joint Committee on Nomenclature: Science, N.Y. **112**, 628 (1950). — [3] Skoog, F.: Plant Growth Substances. Wisconsin 1951. — [4] Bonner, J., and H. Bonner: Vitamins & Hormones **6**, 225 (1948). — [5] Lwoff, A.: Biochemistry and Physiology of Protozoa. 2 Bde. New York 1951; 1954. — Hall, R. P.: Vitamins & Hormones **1**, 249 (1943). — [6] Schopfer, W. H.: Plants and Vitamins. Waltham, Mass. 1949. — [7] Lanen, J. M. van, and F. W. Tanner jr.: Vitamins & Hormones **6**, 163 (1948). — Work, T. S.: Ann. Rep. Progr. Chem. **44**, 254 (1947). — [8] Woolley, D. W.: A Study of Antimetabolites. New York, London 1952. — [9] Knight, B. C. J. G.: Vitamins & Hormones **3**, 108 (1945). — [10] Lang-Ranke, Stoffwechsel S. 209. — [11] Meunier, P.: Fortschr. Chem. org. Naturstoffe. **9**, 88 (1952). — [12] Lang, intermed. Stoffw. S. 12.

Tabelle 175. Übersicht der

Gruppe	Gebräuchlichster Name, Bruttoformel, Strukturformel	Sonstige Bezeichnungen	F °C [α]	Optische Schwerpunkte λ mμ; $\left(E^{1\%}_{1\,cm}\right)$	Aussehen, Beständigkeit, Reaktionen, biologische Einheiten
Fettlösliche Vitamine	Vitamin A (A_1) $C_{20}H_{30}O$ (Mol.Gew. 286) 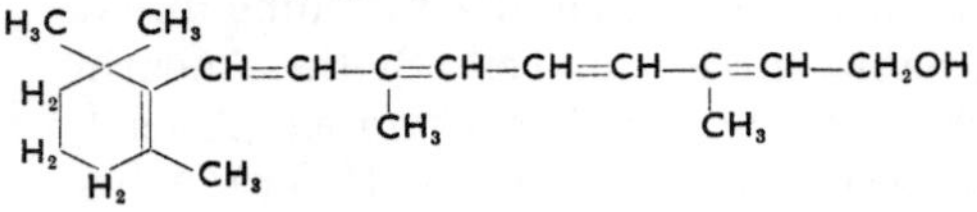 H_3C CH_3; H_2, H_2, H_2; –CH=CH–C=CH–CH=CH–C=CH–CH_2OH; CH_3, CH_3, CH_3	Axerophthol, all-trans-Vitamin A_1, antixerophthalmisches, antiinfektiöses Vitamin, Epithelschutz-, Wachstumsvitamin (fettlöslich)	64 [α] = 0	325 (1830) Äthanol	Blaßgelbe Prismen, lipoidlöslich, wasserunlöslich, alkalistabil, säure-, licht-, luftempfindlich. $SbCl_3$-Reaktion: $E^{1\%}_{1\,cm}$ 4400 (620 mμ), 1 I.E. = 0,33 γ Vitamin A_1-Acetat
	Vitamin A_2 $C_{20}H_{28}O$ (Mol.Gew. 284) 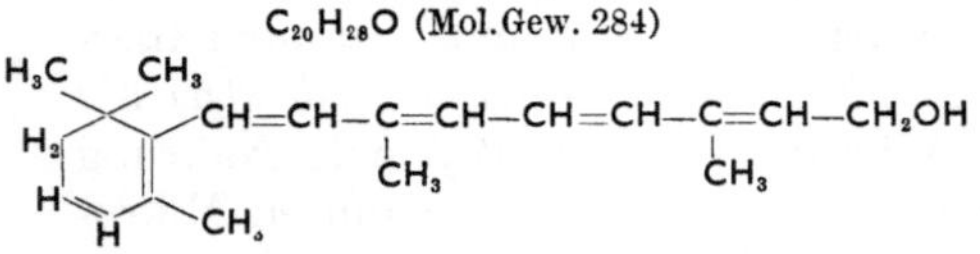 H_3C CH_3; H_2, H, H; –CH=CH–C=CH–CH=CH–C=CH–CH_2OH; CH_3, CH_3, CH_3	3-Dehydrovitamin A_1	flüssig [α] = 0	287 (820), 351 (1460), Äthanol	Orangegelbes Öl. $SbCl_3$-Reaktion: $E^{1\%}_{1\,cm}$ 4100 (693 mμ), sonst wie A_1, 1 I.E. ≈ 0,75 γ A_2
	Vitamin D_3 $C_{27}H_{44}O$ (Mol.Gew. 384) 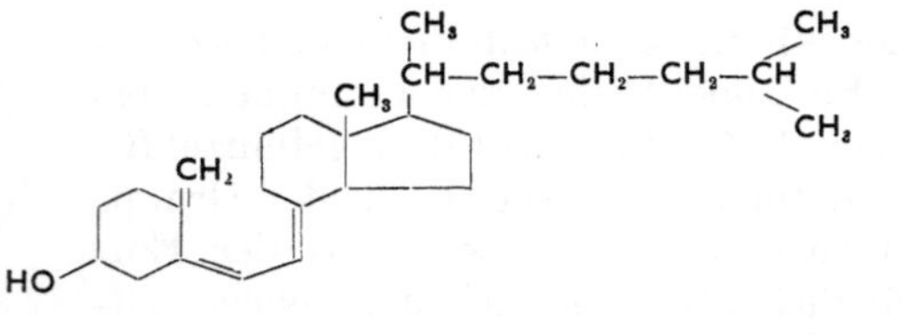 CH_3–CH–CH_2–CH_2–CH_2–CH(CH_3)$_2$; CH_3; CH_2; HO	Vitamin D, antirachitisches Vitamin, Cholecalciferol	85 $[\alpha]^{20}_D$ = 89° (Aceton)	265 (500) Äther	Farblose Nadeln, fett- und alkohollöslich, wasserunlöslich, luft-, alkali- und säurebeständig, relativ thermostabil, UV-lichtempfindlich. Provitamine gehen bei UV-Bestrahlung in Vitamine über. $SbCl_3$-Reaktion: λ_{max} 500 mμ. 1 I.E. = 0,25 γ D_3 bzw. D_2
	Vitamin D_2 $C_{28}H_{44}O$ (Mol.Gew. 396) 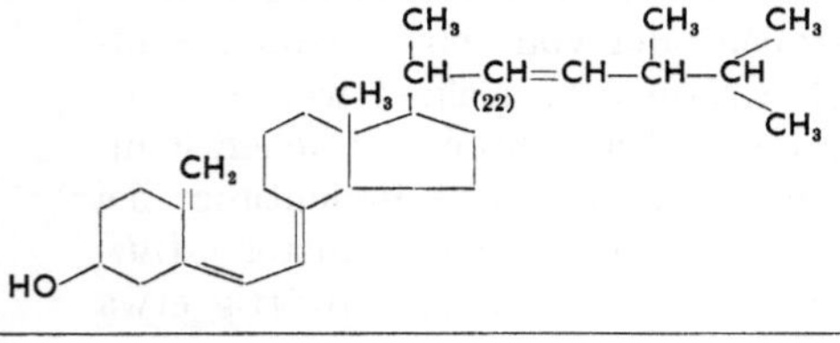 CH_3–CH–CH=CH–CH(CH_3)–CH(CH_3)$_2$; (22); CH_3; CH_2; HO	Calciferol, Ergocalciferol	121 $[\alpha]^{18}_D$ = 82,6° (Aceton)	265 (460) Hexan	
	Vitamin E $C_{29}H_{50}O_2$ (Mol.Gew. 430) 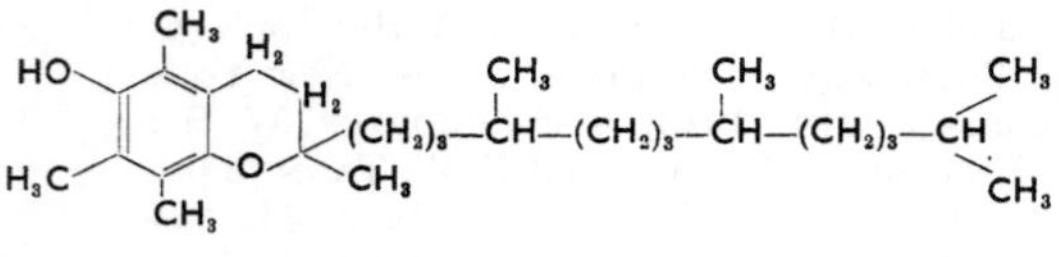 HO, CH_3, H_2, H_2, H_3C, O, CH_3; –(CH_2)$_3$–CH(CH_3)–(CH_2)$_3$–CH(CH_3)–(CH_2)$_3$–CH(CH_3)$_2$; CH_3	D,L-α-Tokopherol = 5,7,8-Trimethyltokol, Antisterilitäts-, Fertilitätsvitamin	3,5 [α] = 0	223 (188), 298 (73) Isooctan	Bei Raumtemperatur schwach gelbes Öl, löslich in Fettlösungsmitteln, wenig in Methanol, unlöslich in Wasser, relativ thermostabil, alkali-, licht-, sauerstoffempfindlich. Oxydiert durch HNO_3 zu rotem o-Chinon; reduziert $Fe^{3+} \rightarrow Fe^{2+}$; 1 I. E. = 1 mg α-Tocopherolacetat

natürlichen Vitamine*.

Natürliche Analoga, Provitamine, Antivitamine	Physiologische Bedeutung	Tierexperimentelle und klinische Mangelsymptome	Menschliche Mangelkrankheit	Wichtige Vorkommen	Tages-min-dest-bedarf (Mensch) mg
Neovitamin A_1 *Provitamine A:* β-Carotin, α-Carotin, Kryptoxanthin u. a. (s. S. 676); $Retinin_1$ *Antagonist:* $Dioxyretinin_1$ (Substanz Z)	Als Vitamin A_1-aldehyd ($Retinin_1$) Wirkgruppe von Sehstoffen (Rhodopsin, Jodopsin). Wesentlich für normale Epithelisierung	Verhornung von Platten- und Drüsenepithelien: Austrocknung, Verhärtung, Abschuppung von Haut, Cornea, Schleimhäuten (Nase, Rachen, Blase, Uterus), Tränen- und Talgdrüsen; sekundäre Infektion, verlangsamtes Körperwachtum, Störungen im Sexualcyclus (Kolpokeratose, Sterilität), Degeneration der Myelinscheiden weißer Nervensubstanz	Hemeralopie, Xerophthalmie, Keratomalacie, Hyper- und Parakeratose, Pyorrhoe	Als Ester in Seefischlebertran, Körperölen, Waltran, Säugetierleber, Crustaceen, Milch (Rahm, Butter)	1,3
Provitamine: β-Carotin u. a. (s. S. 676); $Retinin_2$	Als Vitamin A_2-aldehyd ($Retinin_2$) Wirkgruppe von Sehstoffen (Porphyropsin, Cyanopsin)			Leber und Netzhaut von Süßwasser- und Wanderfischen	1,5
Provitamin D_3 = 7-Dehydrocholesterin	Sichern Calciumresorption, Verkalkung von Knochen und Zahnbein; steuern Phosphatbildung aus Phosphorsäureestern	Störung im Kalk- und Phosphorstoffwechsel: Hemmung von Verkalkung, Demineralisierung, Knorpelschwellung, Knochenerweichung und -deformation, Zahnschmelzdefekte	Rachitis, Osteomalacie, Osteoporose	Leber- und Eingeweideöle von Seefischen (neben wenig D_2). Provitamin D_3 in Tierfett, Haut (Speckschwarte)	0,01
Vitamin D_4 = 22-Dihydrovitamin D_2, *Provitamin D_2* = Ergosterin				Kakaobohnen, Schwämme, Mollusken; kaum in Fischleberöl. Provitamin D_2 in Hefen, Pilzen	0,01
β-Tokopherol = 3,8-Dimethyltokol, γ-Tokopherol = 5,8-Dimethyltokol, Wirksamkeit α:β:γ-Tokopherol = 100:40:4. *Antagonisten:* Tri-o-kresylphosphat; Di-o-kresylsuccinat	Anregung der Bildung gonadotroper Hormone. Cofaktor (?) im Muskelstoffwechsel. Antioxydans	Veränderter Fett- und Kohlenhydratstoffwechsel (Leberverfettung), Degeneration von Muskel- und Bindegewebe (Lähmungen, Muskelatrophie), Keimschädigungen (Sterilität, Absterben der Frucht, Abort, Sistieren der Spermiogenese, Hodenatrophie)	Keine ausgeprägte	Getreidekeimöl, Baumwollsamen, Erdnußöl, Colostrum	30

Tabelle 175.

Gruppe	Gebräuchlichster Name, Bruttoformel, Strukturformel	Sonstige Bezeichnungen	F °C [α]	Optische Schwerpunkte λ mμ; ($E^{1\%}_{1\,cm}$)	Aussehen, Beständigkeit, Reaktionen, biologische Einheiten
Fettlösliche Vitamine	Vitamin K_1 $C_{31}H_{46}O_2$ (Mol. Gew. 450,5)	α-Phyllochinon, 2-Methyl-3-phytyl-1,4-naphthochinon, antihämorrhagisches Vitamin, Koagulationsvitamin	etwa 20° $[\alpha]^{20}_D$ = —0,4° (Benzol)	240 (355), 243 (412), 249 (440), 260 (398), 270 (398) Hexan	Gelbes, viscoses Öl (Kp = 115—145° bei 2×10^{-4} Torr), lösl. in Fetten u. Fettlösungsmitteln, wenig in Alkohol, unlöslich in Wasser. Unbeständig gegen Säuren, Alkalien, Oxydationsmittel. 1 DAM-Einheit = 0,08 γ K_1
	Vitamin K_2 $C_{41}H_{56}O_2$ (Mol. Gew. 581)	2-Methyl-3-squalenyl-1,4-naphthochinon	54,5	λ_{max} wie K_1. $E^{1\%}_{1\,cm}$ etwas niedriger	Gelbe Krystalle, Eigenschaften wie K_1; 1 DAM-Einheit = 0,14 γ K_2
Wasserlösliche Vitamine (B-Gruppe)	Vitamin B_1 $C_{12}H_{16}ON_4S \cdot 2\,HCl$ (Mol. Gew. 337)	Aneurin, Thiamin, antineuritisches Vitamin, Antiberiberivitamin, Antiparalysefaktor B_4 (?)	252 [α] = 0	235 (344), 267 (267) neutrales Wasser oder Äthanol, 248 (350) Wasser pH 3	Das Chlorid-hydrochlorid krystallisiert in farblosen Nadeln, leicht löslich in Wasser (1:1), weniger in Alkohol (1:100), unlöslich in Äther, Benzol, Fetten. Oxydationsempfindlich in neutraler und alkalischer Lösung (Übergang in blaufluorescierendes Thiochrom), hitzeempfindlich bei pH > 5. 1 I.E. = 3 γ Aneurinchlorid-hydrochlorid
	Vitamin B_2 $C_{17}H_{20}O_6N_4$ (Mol. Gew. 376)	Lactoflavin, Riboflavin, 6,7-Dimethyl-9-D-ribityl-iso-alloxazin, Wachstumsvitamin (wasserlöslich), Vitamin G	285 $[\alpha]^{20}_D$ = —93° (n/20 NaOH)	220 (822), 265 (929), 365 (249), 445 (282). Gelbgrüne Fluorescenz bei pH 6—7: λ_{max} 565 mμ in H_2O	Orangegelbe Nadeln, löslich in Wasser (1 : 8000), weniger in Alkohol, unlöslich in Fettlösungsmitteln. Relativ hitze-, sauerstoff- und säurebeständig. Wird durch Belichten in neutraler Lösung → Lumichrom, in alkalischer Lösung → Lumiflavin. E'_0 = + 0,19 V (30°, H_2O); 1 SHERMAN-BOURQUIN-Einheit = 20 γ
	Nicotinsäureamid $C_6H_6ON_2$ (Mol. Gew. 122)	Niacinamid PP-Faktor, Antipellagra-, Blacktongue-Faktor	128 [α] = 0	260 (417) Wasser	Farblose Nadeln, neutral leicht löslich in Wasser (1:2), Alkohol; schwer löslich in Äther, unlöslich in fetten Ölen. Hitze- und sauerstoffbeständig, empfindlich gegen Säuren und Alkalien. Gelbgrüne Farbreaktion mit Bromcyan + primäre oder sekundäre aromatische Amine

(Fortsetzung.)

Natürliche Analoga, Provitamine, Antivitamine	Physiologische Bedeutung	Tierexperimentelle und klinische Mangelsymptome	Menschliche Mangelkrankheit	Wichtige Vorkommen	Tagesmindestbedarf (Mensch) mg
Antagonisten: Dicumarol	Wirkstoff bei der Synthese von Prothrombin	Verzögerte Blutgerinnung, Hämorrhagien (Unterhautzellgewebe, Muskel, Darm und andere Organe)	Aphyllochinose: Hyperprothrombinämie, hämorrhagisches Syndrom (bei Neugeborenen)	Grüne Pflanzen (Luzerne, Spinat), Leberfett (Schwein, Huhn) Coli- und andere Bakterien (faulendes Fischfleisch)	1
Aneurinpyrophosphat (Cocarboxylase) und -polyphosphate. Lipothiamidpyrophosphorsäure (Diphosphothiamid der Liponsäure). Acetylaneurin. *Antagonisten:* Neopyrithiamin, Oxythiamin, Homothiaminglykol	Bestandteil der Brenztraubensäurecocarboxylase und des Cofermentes der Brenztraubensäureoxydase. Als Acetylaneurin vielleicht Aktionssubstanz peripherer Nerven	Störungen im Kohlenhydrat-, Wasser-, Muskel- und Nervenstoffwechsel: Anaesthesien, Lähmungen, Muskelatrophie, Herzinsuffizienz (Ödeme), Achylie, Störungen der Resorption und des vegetativen Systems	Beriberi (Polyneuritis)	Hefe, Getreidekeime (Reis-, Weizenkleie)	0,4—1,8
Lactoflavinphosphorsäure. Alloxazinadeninmono- und -dinucleotid. *Antagonisten:* 6,7-Dichlorflavin, 1,2-Dichlor- und 1,2-Dimethyl-4,5-diaminobenzol, Atebrin	Oxydoreduzierbarer Bestandteil der Wirkgruppe gelber wasserstoffübertragender Enzyme	Wachstumsstillstand, Keratitis, Dämmerlichtblindheit, Cheilosis, Koilonychie, Sprue, Steatorrhoe	Alactoflavinose	Molke, Hefe, Getreidekeime, Eiklar, Leber, Niere, Auge	1,6—2,6
Nicotinsäure s. S. 738 (= Kükenwachstumsfaktor B_5 ?) Diphospho- und Triphosphopyridinnucleotid (Coenzyme I und II) *Antagonisten:* 3-Acetylpyridin, Pyridin-3-sulfonsäure	Bestandteil der prosthetischen Gruppen von Codehydrogenasen I und II wasserstoffübertragender Dehydrogenasen	Symmetrische Dermatitis belichteter Körperstellen, Stomatitis, Gastroenteritis, Paraesthesien, Bewußtseinstrübungen. Black tongue (Hund)	Pellagra	Hefe, Getreide, Tomaten, Leber, Niere, Milch	12—18

Tabelle 175.

Gruppe	Gebräuchlichster Name, Bruttoformel, Strukturformel	Sonstige Bezeichnungen	F °C [α]	Optische Schwerpunkte λ mμ; $\left(E^{1\%}_{1\,cm}\right)$	Aussehen, Beständigkeit, Reaktionen, biologische Einheiten
Wasserlösliche Vitamine (B-Gruppe)	Pantothensäure $C_9H_{17}O_5N$ (Mol. Gew. 219) 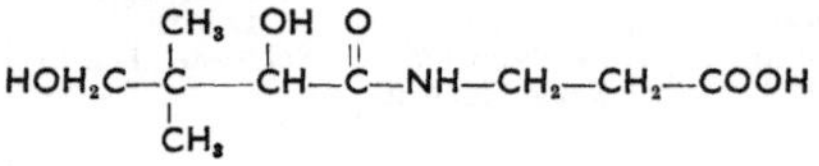 $HOH_2C-C(CH_3)_2-CH(OH)-CO-NH-CH_2-CH_2-COOH$	D(+)-Pantothensäure, Vitamin B_3, Bios IIa, Filtratfaktor, Kükenantidermatitis-, Antigrauhaarfaktor	flüssig $[\alpha]^{25}_{D}$ = 37,5° (Wasser)	kein charakteristisches Spektrum	Hellgelbes, hygroskopisches, in Wasser und Alkohol mit saurer Reaktion lösliches Öl. Relativ licht- und luftbeständig, empfindlich gegen höhere Temperatur, Alkalien und Säuren. Krystallisiertes Na- und Ca-Salz, löslich in Wasser mit alkalischer Reaktion, thermostabil. Braunroter Fe(III)-Komplex der zugehörigen Hydroxamsäure. 1 Hühnchen-Einheit = 14 γ Pantothensäure
	Vitamin B_6 $C_8H_{11}O_3N \cdot HCl$ (Mol. Gew. 205,5) 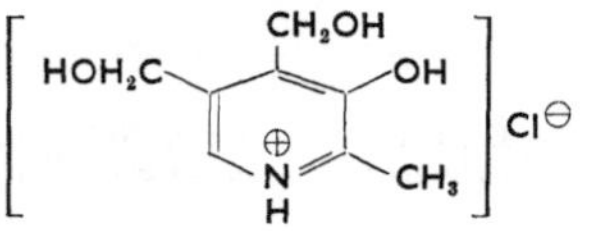	Adermin, Pyridoxin, Antiacrodynie-, Eluatfaktor, Faktor Y, Faktor 1	208 [α] = 0	291 (402) bei pH 2,1, 255 (166), 326 (326) bei pH 6,8, 245 (333), 311,5 (346) bei pH 10,2 Wasser	Schwach bittere, farblose Prismen, löslich in Wasser (1:5) mit saurer Reaktion (1%ig, pH 2,4), weniger in Äthanol (1:90). Die freie *Aderminbase* (F 160°) ist löslich in Aceton, Alkohol. B_6 ist in neutraler oder alkalischer Lösung lichtempfindlich, aber sauerstoffstabil. Blaufärbung mit 2,6-Dichlorchinonchlorimid. 1 RE = 7,5 γ Aderminchlorhydrat
	Vitamin B_{12} $C_{63}H_{90}N_{14}O_{14}PCo$ (Mol. Gew. 1359,5) 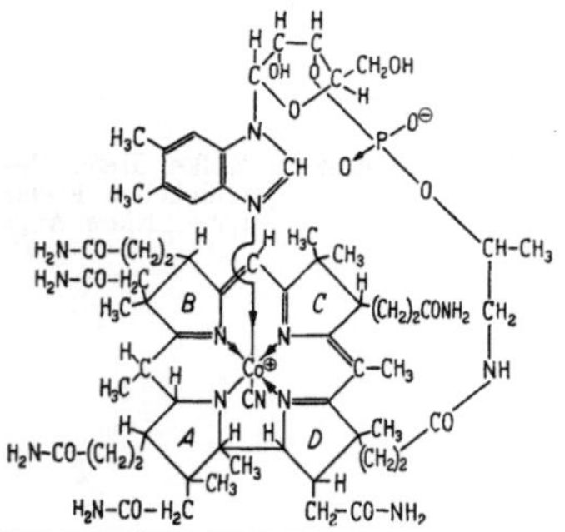	Cyanocobalamin, Antiperniciosafaktor, Zoopherin, animal proteinfactor, extrinsic factor, Erythrotin, Faktor X, Physin	Zers. ab 212 $[\alpha]^{23}_{6563}$ = —59° (Wasser)	278 (115), 361 (204), 550 (63) Wasser	Tiefrote Nadeln, löslich in Wasser (1:80), Alkohol, unlöslich in Aceton, $CHCl_3$, Äther. Empfindlich gegen Licht, Säuren, Alkalien. Stabil bei pH 4 bis 7. 1 USP-Leberextrakt-Einheit = 1 γ Cyanocobalamin
	Folsäure $C_{19}H_{19}O_6N_7$ (Mol. Gew. 441) 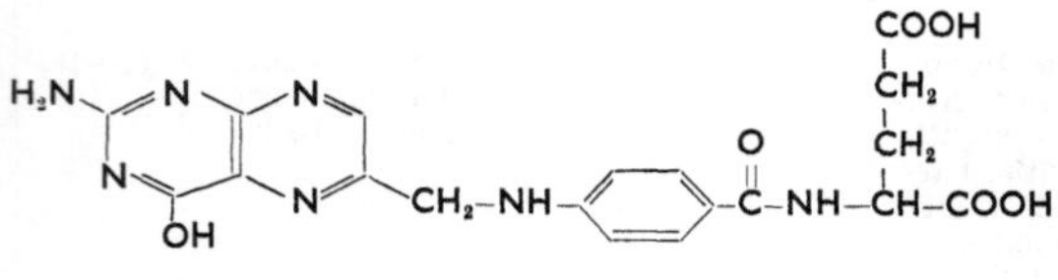	Pteroylglutaminsäure, Folinsäure, Vitamin B_c, M, Faktor U, Lactobacillus casei-Faktor, Eluatfaktor (Leber)	Zers. ab 250	256 (570), 283 (560), 365 (199), 0,1 n-NaOH	Doppelbrechende, orangegelbe, linsenförmige Krystalle, wenig löslich in kaltem Wasser und Alkohol, in siedendem Wasser (1:1000), löslich in Ameisensäure, Eisessig, Pyridin. Bildet wasserlösliche Alkali- und Erdalkalisalze. Thermo- und photolabil. 1 mikrobiologische Einheit = 0,05 γ

(Fortsetzung.)

Natürliche Analoga, Provitamine, Antivitamine	Physiologische Bedeutung	Tierexperimentelle und klinische Mangelsymptome	Menschliche Mangelkrankheit	Wichtige Vorkommen	Tagesmindestbedarf (Mensch) mg
Pantethein = Pantothensäuremercaptoäthylamid (einer der Lactobacillus bulgaricus-Faktoren). *Antagonisten:* Pantoyltaurin, Pantothenon	Bestandteil der prosthetischen Gruppe von acetylierend wirkendem Coenzym A	Wachstumsstillstand (Küken, Ratte), Dermatosen, Acroparaesthesien, Achromotrichie, Haarausfall (Ratte), Degeneration markhaltiger Fasern des Rückenmarkes, Federdepigmentierung (Küken)	Keine ausgeprägte	Hefe, Reiskleie, Sojabohnen, Leber, Niere, Eigelb, Milch	etwa 10
Pyridoxal (= 4-Aldehyd), Pyridoxalphosphat, Pyridoxamin (= 4-methylamin). *Antagonisten:* 4-Methoxypyridoxin, 4-Desoxypyridoxin	Als Pyridoxalphosphat Wirkgruppe von Aminosäuredecarboxylasen, Transaminasen, Racemasen und ähnlichen Enzymen	Wachstumsstillstand, symmetrische Dermatitis (Acrodynie), Nervendegeneration (epileptiforme Krämpfe), hypochrome Anämien, Leukopenie, Erbrechen	Keine ausgeprägte	Hefen, Getreidekeime, Sojabohnen, Leber, Muskel	2—4
Vitamin B_{12a}, B_{12b} = Hydroxocobalamin, Vitamin B_{12c} = Nitritocobalamin. Pseudovitamin B_{12} enthält Adenin an Stelle von Ribazol koordinativ gebunden. *Antagonisten:* 4,5-Dichlor- und 4,5-Dimethyl-o-phenylendiamin	Beteiligung an biologischen Methylierungen, Nucleinsäurestoffwechsel	Megaloblastäre Reifungsstörung im Knochenmark. Megalocytäre, hyperchrome Anämie, HUNTERsche Glossitis, Achylie, spinale Ausfallserscheinungen (funiculäre Myelose, Neuritiden), Wachstumshemmungen	Perniziöse Anämie (spez. Morbus BIERMER-ADDISON)	Leber, Faulschlamm, Faeces, Streptomycesarten und andere Mikroorganismen	0,001 bis 0,003
p-Aminobenzoesäure (Vitamin H') s. S. 764 ff. Pteroinsäure (= p-Aminobenzoesäure an Stelle von p-Aminobenzoylglutaminsäure). Rhizopterin (S.L.R.-Faktor). Pteroyltriglutamylglutaminsäure und andere „Konjugate". *Folinsäure* (Leukovorin) = 5-Formyl-5,6,7,8-tetrahydrofolsäure. *Antagonisten:* 7-Methyl- und 4-Aminofolsäure. Für p-Aminobenzoesäure = Sulfonamide, substituierte Diaminopurine u. a.	Bestandteil von formylierenden Enzymen; Beteiligung am Purin-, Pyrimidinstoffwechsel	Reifungsstörung der Erythropoese mit Megaloblastose im Knochenmark und Makrocytose im Blut	Perniziöse Anämien (spez. Schwangerschaftsperniciosa)	Grüne Blätter (Spinat), Leber, Hefe, Spargel, Streptobacterium plantarum. Colibakterien und andere Mikroorganismen	etwa 0,2

Tabelle 175.

Gruppe	Gebräuchlichster Name, Bruttoformel, Strukturformel	Sonstige Bezeichnungen	F °C [α]	Optische Schwerpunkte λ mμ; $\left(E^{1\,\%}_{1\,\text{cm}}\right)$	Aussehen, Beständigkeit, Reaktionen, biologische Einheiten
Wasserlösliche Vitamine (B-Gruppe)	Vitamin H $C_{10}H_{16}O_3N_2S$ (Mol.Gew. 244) [Strukturformel: Ring NH—CH—H_2C, O=C, S, NH—CH——CH—$(CH_2)_4$—COOH]	D-Biotin, Bios IIb, Coenzym R, Hautfaktor	233 $[\alpha]^{22}_D = 92°$ (0,1 n-NaOH)		Farblose Nadeln, löslich in Wasser mit saurer Reaktion, löslich in Alkohol, unlöslich in $CHCl_3$, Äther, UV-licht- und luftempfindlich, relativ thermostabil. 1 RE = 0,04 γ
Wasserlösliche Vitamine (C-Gruppe)	Vitamin C $C_6H_8O_6$ (Mol.Gew. 176) [Strukturformel: OH OH, C=C, O=C—O—CH—CH(OH)—CH_2OH]	L-Ascorbinsäure, Antiskorbutisches Vitamin, Hexuronsäure, Skorbutamin	192 $[\alpha]_D = 23°$ (Wasser)	Abhängig von pH und Konzentration: 265 (550) Wasser +HCN, bei pH 5. 245 (500) Wasser, pH < 3, 2 mg-% (LAMBERT-BEER-Gesetz nur gültig bis 25 mg/l)	Farblose Nadeln (aus Methanol), löslich in Wasser (1:3) mit saurer Reaktion, unlöslich in Äther, Benzol, $CHCl_3$, fetten Ölen. In saurer Lösung (Metaphosphorsäure) bei O_2-Ausschluß thermo- und photostabil. Luft- und alkaliempfindlich (Schwermetall katalysiert). Reduktionsmittel (Entfärbung von Dichlorphenolindophenol). Biologisch im Gleichgewicht mit Dehydroascorbinsäure ($E_0' = -0{,}204$ V, H_2O). 1 I.E. = 0,05 mg

* Weitere als Vitamine angesprochene Faktoren (s. a. bei den einzelnen Vitaminen):

A. Fettlösliche Faktoren.

„Vitamin F“ = essentielle Fettsäuren[1,2].
Antistiffness-Faktor (Vitamin B_{11}) = Steroid $C_{28}H_{46}O$[3].

B. Wasserlösliche Faktoren (B-Gruppe).

meso-Inosit (Bios I, Maus-Antialopeciefaktor)[4].
Cholin (lipotroper Faktor, Transmethylierungsfaktor)[5].
Lyxoflavin = kein eigentliches Vitamin[6].
Flavin X = enthält Lactoflavin-D-glucosid[7].
B_7 (Vitamin I, pigeon intestinal factor)[8] = unbekannt.
B_8 = Adenylsäure (kein Vitamin).
B_{10} = *Strepogenin* (kein Vitamin).
B_{13} (Wachstumsfaktor für Ratte, Huhn, Schwein)[9].

---

1 Lang-Ranke, Stoffwechsel S. 105. — 2 EMERSON, G. A., A. E. HANSEN, R. S. HARRIS, R. T. HOLMAN, H. F. WIESE: in Sebrell-Harris, Vitamins Bd. II. — 3 WAGTENDONK, W. J. VAN, and R. WULZEN: Vitamins & Hormones 8, 69 (1950). — 4 Williams u. a., B Vitamins S. 710. — 5 BEST, C. H., and C. C. LUCAS: Vitamins & Hormones 1, 1 (1943). — 6 SNELL, E. E., O. A. KLATT, H. W. BRUINS and W. W. CRAVENS: Proc. Soc. exp. Biol. Med. 82, 583 (1953). — 7 WHITBY, L. G.: Biochem. J. 50, 433 (1952). — 8 LAQUER, F.: Z. Vit.-Forsch. 7, 334 (1938). — 9 NOVAK, A. F., and S. M. HAUGE: J. biol. Ch. 174, 647 (1948). — 10 NORRIS, E. R., and J. J. MAJNARICH: Science, N. Y. 109, 32, 33 (1949). — 11 KREBS, E. T. sen., E. T. KREBS jr., H. H. BEARD, R. MALIN, A. T. HARRIS and C. L. BARTLETT: Int. Rec. Med. 164, 18 (1951). — Vgl. a. TOMOYAMA, T., and Y. YONE: Proc. Imp. Acad. Jap. 29, 178 (1953). — 12 CARTER, H. E., P. K. BHATTACHARYYA, K. R. WEIDMAN and G. FRAENKEL:

(Fortsetzung.)

Natürliche Analoga, Provitamine, Antivitamine	Physiologische Bedeutung	Tierexperimentelle und klinische Mangelsymptome	Menschliche Mangelkrankheit	Wichtige Vorkommen	Tages-min-dest-bedarf (Mensch mg
Biocytin (ε-N-Biotinyl-L-lysin), Biotinavidin und andere Konjugate mit proteinartigen Komponenten. *Antagonisten:* Avidin, Biotinsulfon, D,L-Homobiotin	Teilnahme an enzymatischen Decarboxylierungen (Oxalessigsäure, Bernsteinsäure), Desaminierungen (Asparaginsäure, Serin, Threonin) und Dehydrierungen (Bernsteinsäure)	Wachstumsstillstand, schuppige Dermatitis, Seborrhoe, Alopecie, Känguruhstellung (Ratte), Fußdermatitis (Huhn), fleckig-schuppige Dermatitis der Extremitäten, Austrocknung von Haut und Schleimhäuten (Mensch)	Keine ausgeprägte	Leber, Niere, Eigelb, Molke, Hefe, Pilze	0,15 bis 0,3
6-Desoxy-L-ascorbinsäure, L-Rhamnoascorbinsäure u. a.	Regulator des kolloidalen Zustandes kollagener Intercellularsubstanz. Antioxydans, Stabilisierung oxydoreduzierender Zellsysteme. Mitwirkung bei Oxydation von Fettsäuren und Nebennierenrindenhormonen. Steigerung der Bildung von Citrovorum-Faktor aus Folsäure	Multiple Blutungen in Haut, Muskulatur, Zahnfleisch, Periost, Gelenken. Infektionsanfälligkeit	Skorbut, MÖLLER-BARLOWsche Krankheit	Hagebutten, Sanddornbeeren, Paprika, Citrusfrüchte, schwarze Johannisbeeren, Petersilie, Nebenniere	75

B_{14} (Anämiefaktor bei Ratte, aktiviert Reticulocytenwachstum) = Beziehungen zur Folsäure (Pterin ?)[10].

B_{15} (Antianoxiefaktor, Pangamsäure)[11].

B_T (Mehlwurmfaktor) = *Carnitin*[12].

Vitamin T (Torutilin) = kein neues Vitamin, sondern Gemisch aus Nähr-, Wuchs- und Vitaminfaktoren[13].

Vitamine L_1, L_2: Anthranilsäure[14], Adenylthiomethylpentose[15] (keine eigentlichen Vitamine).

Vitamin N = angeblicher krebshemmender Faktor[16].

Vitamin U (antipeptic ulcera dietary factor)[17].

C. Wasserlösliche Faktoren (C-Gruppe).

„*Vitamin P*" (Permeabilitätsfaktor, Citrin, Rutin u. a.)[18] = nicht als Vitamin anzusehen[19].

Vitamin C_2 (Vitamin J, Antipneumoniefaktor) = einer der P-Faktoren (ersetzbar durch Brenzcatechin)[20, 21].

Faktor C_3 (Produktion von Leberglykogen steigernder Faktor)[22].

Arch. Biochem. **35**, 241 (1952). — [13] WACKER, A., H. DELLWEG u. E. ROWOLD: Kli. Wo. **1951**, 780. — GRUNHOFER, H., u. A. SCHÖBERL: Kli. Wo. **1951**, 385. — [14] NAKAHARA, W., F. INUKAI, S. UGAMI and Y. NAGATA: Sci. Papers physic. chem. Res., Tokyo **42**, 39 (1945) [Chem. Abstr. **41**, 6317 (1947)]. — [15] NAKAHARA, W., F. INUKAI and S. UGAMI: Sci. Papers physic. chem. Res., Tokyo **40**, 433 (1943) [Chem. Abstr. **41**, 6317 (1947)]. — [16] MACDONALD, H.: Illinois med. J. **82**, 210 (1942). — [17] CHENEY, G.: J. amer. dietet. Ass. **26**, 668 (1950). — [18] SCARBOROUGH, H., and A. L. BACHARACH: Vitamins & Hormones **7**, 1 (1949). — [19] Joint Committee on Nomenclature: Science, N. Y. **112**, 628 (1950). — [20] EULER, H. v., u. M. MALMBERG: Naturwiss. **22**, 205 (1934). — [21] PARROT, J. L., et J. M. GAZAVE: C. R. Soc. Biol. **145**, 821 (1951). — [22] TERADA, K.: Tohoku J. exp. Med. **36**, 180 (1939).

20, ist wohl nicht als endgültig anzusehen, doch scheinen für den Menschen die wesentlichsten Vitaminfaktoren bekannt zu sein. Faktoren, die noch ihrer Aufklärung harren, und solche, die ursprünglich als Vitamine angesprochen, sich nicht als eigentliche Vitamine erwiesen haben, stehen zusammen mit jenen Substanzen, deren *Vitamincharakter umstritten* ist, im Anhang zur Tabelle 175. Eingeschlossen in die Tabelle 175 wurden ferner *natürliche Analoga* (z.B. von Vitamin A_1 dessen biologisch wirksames Oxydationsprodukt $Retinin_1$; vom Vitamin B_6 dessen Umwandlungsprodukte Pyridoxal und Pyridoxamin) sowie die sog. *Provitamine* (z.B. β-Carotin beim Vitamin A oder Ergosterin beim Vitamin D_2). Nicht berücksichtigt sind dagegen synthetisch gewonnene Verbindungen mit Vitamincharakter, die sich konstitutionell von den natürlichen Vitaminen mehr oder minder unterscheiden. Derartige, für die Erkennung des Zusammenhanges zwischen Konstitution und Wirksamkeit wichtige Substanzen, findet man im speziellen Teil bei den einzelnen Vitaminen.

ε) Nachweis und Bestimmung[1].

Standardisierung[2]. Die Vitamine können entweder biologisch im Tiertest, mikrobiologisch an „vitaminbedürftigen" Mikroorganismen[3] oder durch spezifische physikalische Konstanten und chemische Reaktionen erkannt und bestimmt werden (Übersicht in Tabelle 2).

Der *Tiertest* bildet die Grundlage der Vitaminforschung auch für den qualitativen Nachweis und die quantitative Bestimmung. Trotz der verhältnismäßig großen Fehlerbreite (um $\pm 30\%$) und dem recht erheblichen Zeitbedarf (meist mehrere Wochen) hat der Vorteil spezifisch zu sein, die biologischen Methoden neben den rascher ausführbaren, aber bei nicht reinen Faktoren weniger spezifischen chemischen und physikalischen Bestimmungsverfahren bestehen lassen. Man muß jedoch die Durchschnittswerte einer großen Anzahl geeignet ausgewählter Versuchs- und Kontrolltiere nehmen, um die individuellen Schwankungen auszugleichen, und sollte die Ergebnisse statistisch auswerten. Über einen Gehalt an Provitaminen neben dem eigentlichen Vitamin kann der Tiertest nichts aussagen, da immer die Summe beider Faktoren bestimmt wird.

Zur biologischen Festlegung des Vitamingehaltes oder des Vitaminbedarfes wendet man entweder den *Schutz- (prophylaktischen) Test* oder den *Heil- (kurativen) Test* an. In ersterem Falle wird von einer Anzahl gleichartiger Tiere ein Teil auf die Mangeldiät gesetzt, die alle Nahrungsfaktoren mit Ausnahme des zu prüfenden Vitamins enthält. Weitere Tiergruppen erhalten dieselbe, aber durch das zu bestimmende Vitamin vervollständigte Diät. Durch gesetzmäßige Variation der zugelegten Vitaminmengen, d.h. des zu untersuchenden Materials, wird diejenige Dosis ermittelt, die die Tiere gerade vor dem Ausbruch der Avitaminose schützt. Beim *kurativen Test* ruft man zunächst bei allen Versuchstieren einen bestimmten Grad an Mangelkrankheit hervor, wobei als Kriterien Gewichtsstillstand (Wachstumstest) oder verschiedene Ausfallserscheinungen dienen (z.B. Veränderungen in der Knochenverkalkung beim Vitamin D), und bestimmt dann in der angegebenen Weise die Menge an Wirkstoff, die zur Heilung nötig ist.

Diejenige Mindestmenge an Vitamin, die entweder den Ausbruch der Mangelkrankheit verhindert oder diese Erkrankung heilt, hat man als prophylaktische bzw. als kurative *Einheit* definiert. Die beiden Einheiten sind auch bei der gleichen Tierart und unter sonst gleichen Versuchsbedingungen naturgemäß

---

[1] György, P.: Vitamin Methods. 2 Bde. New York 1950; 1951. — [2] Coward, K. H.: Biological Standardization of Vitamins. 2. Ed. London 1947. — [3] Schopfer, W. H.: Exper. **1**, 219 (1945).

Tabelle 176. Hauptsächliche Bestimmungsverfahren wichtiger Vitamine.

Vitamin	Physikalisch und chemisch	Biologisch	Mikrobiologisch mit
A_1 (Axerophthol)	$E^{1\%}_{1\,cm}$ bei 325—328 mμ Blaureaktion mit $SbCl_3$ in $CHCl_3$ oder aktiv. Glycerin-dichlorhydrin	Kurativer und prophylaktischer Rattenwachstumstest, Kolpokeratosetest, Leberspeichertest	
D_3 und D_2 (Calciferol)	$E^{1\%}_{1\,cm}$ bei 265 mμ Orangereaktion mit $SbCl_3$ + Acetylchlorid in Äthylentrichlorid	LINE-Test an Ratten, Röntgen- und Knochenaschetest an Küken	
E (α-Tocopherol)	Reduktion von Fe^{+++} → Fe^{++} und dessen Bestimmung mit α,α'-Dipyridyl	Fruchtresorption (Ratte)	
K_1 (α-Phyllochinon)	Hydrierung zum Hydrochinon und Farbreaktion mit 2,6-Dichlorphenol	Prothrombingerinnungszeit (Küken)	
B_1 (Aneurin)	Fluorometrisch nach Oxydation zu Thiochrom; colorimetrisch nach Kupplung mit diazotiertem p-Aminoacetophenon	Rattenwachstumstest kurativer Taubentest	Phycomyces blakesleeanus, Streptococcus salivarius, Saccharomyces cerevisiae
B_2 (Lactoflavin)	Fluorometrisch als Lumiflavin	Rattenwachstumstest	Lactobacillus casei
Nicotinsäureamid	Colorimetrisch nach Farbreaktion mit BrCN + Anilin. Im Harn fluorometrisch als N_1-Methylnicotinsäureamid	(Kurativer Hundetest)	Lactobacillus arabinosus 17-5, Leuconostoc mesenteroides
Pantothensäure	Colorimetrisch als Fe(III)-Komplex der α,γ-Dioxy-β,β-dimethylbutyrohydroxamsäure	(Ratten- oder Kükenwachstumstest)	Lactobacillus arabinosus 17-5, Lactobacillus casei, Proteus morgagnii 21
B_6 (Pyridoxin)	Colorimetrisch nach Farbreaktion mit 2,6-Dichlorchinonchlorimid	Ratten- oder Kükenwachstumstest	Saccharomyces carlsbergensis, Neurospora sitophila

Tabelle 176. (Fortsetzung.)

Vitamin	Physikalisch und chemisch	Biologisch	Mikrobiologisch mit
B_{12} (Cyanocobalamin)	$E^{1\%}_{1\,cm}$ bei 361, 550 mμ Colorimetrische Bestimmung abgespaltener HCN	Ratten-, Mäuse-, Kükenwachstumstest	Lactobacillus lactis Dorner, Lactobacillus leichmannii 313, Bact. coli 113-3, Euglena gracilis
Folsäure		Kükenwachstumstest	Lactobacillus casei E, Streptococcus faecalis R,
p-Aminobenzoesäure	Colorimetrie der Farbreaktion mit p-Dimethylaminobenzaldehyd		Lactobacillus arabinosus, Leuconostoc mesenteroides P-60
H (Biotin)		Ratten- oder Kükenwachstumstest	Lactobacillus casei, Lactobacillus arabinosus, Saccharomyces cerevisiae F.B. oder 188
C (L-Ascorbinsäure)	Colorimetrisch als 2,4-Dinitrophenylhydrazon. Titrimetrisch mit Dichlorphenolindophenol	Wachstumstest oder Zahnstrukturtest (Meerschweinchen)	

verschieden. Da jede der Einheiten fernerhin von der Tierart abhängt, ist zur exakten Definition die Beschränkung auf eine bestimmte Tierart und auf Standardbedingungen notwendig. So wird es verständlich, daß für das gleiche Vitamin verschiedene Einheiten existieren und sich zum Teil auch heute noch in der Literatur finden. Die Reindarstellung von Vitaminen und deren biologische Austestung erlaubte es schließlich, jeder Einheit eine äquivalente Gewichtsmenge an dem reinen Wirkstoff zuzuordnen. Eine allgemein gültige Einheit ist die *Internationale Einheit* (I.E.), die durch das Komitee für biologische Standardisierung in der Weltgesundheitsorganisation für jedes einzelne Vitamin mit einer bestimmten *Standardmethode* festgelegt ist. Als Bezugsgröße dient jeweils ein *Standardpräparat* des gelösten reinen Vitamins in festgelegter Konzentration.

Neben den biologischen Methoden haben sich die rascher ausführbaren *chemischen Verfahren*, die sich meist auf spektrophotometrisch auswertbare Farbreaktionen gründen, und die direkten *physikalischen Messungen*[1], insbesondere die quantitative Auswertung der Lichtabsorption in optischen Schwerpunkten ($E^{1\,cm}_{1\%}$-Werte in Tabellen 175 u. 176), als zur Vitaminbestimmung geeignet erwiesen[2,3]. Unentbehrlich sind diese Methoden zur Unterscheidung der Provitamine von den eigentlichen Vitaminen. Voraussetzung für eine exakte physikalisch-chemische Bestimmung ist die Erhöhung der Spezifität durch vorherige Abtrennung störender Begleitsubstanzen. In manchen Fällen macht man sich die

[1] Loofbourow, J. R.: Vitamins & Hormones 1, 109 (1943). — Brode, W. R.: Adv. Enzymol. 4, 269 (1944). — [2] Gstirner, F.: Chemisch-physikalische Vitaminbestimmungsmethoden. 4. Aufl. Stuttgart 1951. — [3] Ass. Vitamin Chemists Inc.: Methods of Vitamin Assay. New York 1947.

Empfindlichkeit eines Vitamins z. B. gegen Licht (Vitamin A) zunutze, um zur Ermittlung der spezifischen Absorption die unspezifische Absorption in einem Vitaminkonzentrat durch Differenzbestimmung auszuschalten. In allen Fällen erhält man unmittelbar die absoluten Vitaminmengen.

Auf den spezifischen Vitaminbedarf gewisser Bakterien (Milchsäurebakterien, Coli-Mutanten, Staphylokokken), Hefen (Saccharomyces-Arten) und Schimmelpilze (Phycomyces blakesleeanus, Neurospora-Mutanten[1]) sind hochempfindliche *mikrobiologische Bestimmungen* einzelner Vitamine, vor allem solcher der B-Gruppe, gegründet worden[2]. Als quantitatives Kriterium gilt das Wachstum, in flüssigen Kulturen gemessen an zunehmender Trübung oder Säuerung, bei festen Kulturen am steigenden Flächeninhalt der Bakterien- oder Hefekolonien und bei Schimmelpilzen meist am steigenden Mycelgewicht.

ζ) Herkunft, Vorkommen, Darstellung.

Alle Vitaminfaktoren stammen letztlich aus Pflanzen oder Mikroorganismen. Bekannt ist der Vitaminreichtum von frischen grünen Gemüsen und Salaten (Provitamine A, Folsäure, Vitamin K_1), von zahlreichen Beeren und Früchten (Vitamin C), von Getreidekeimlingen und Kleie (Vitamin E, Vitamine B_1, B_6, Pantothensäure) und von Hefe (praktisch alle B-Faktoren)[3-5]. In einigen Fällen, z. B. bei den A-Vitaminen, ist die pflanzliche Herkunft indirekt, d. h. diese Vitamine entstehen erst und nur im Tierkörper aus essentiellen pflanzlichen Provitaminen. Die Wale verdanken ihre Vitamin A-Vorräte den Nahrungscrustaceen, die sie wiederum aus den Planktoncarotinoiden gebildet haben (s. S. 655)[6]. Die Anreicherung in bestimmten Organen und Ausscheidungen des tierischen Organismus bringt es dann mit sich, daß diese als wesentliche Vitaminquelle dienen. Genannt seien Leber (Vitamin B_{12}, Axerophthol), Fischtrane (Vitamine A und D_3), Eiklar (Lactoflavin), Eidotter (Carotin, Biotin u. a.), Milch und Colostrum, die alle wesentlichen Vitamine enthalten (Tabelle 177 und [7]). In anderen Fällen wird die Zufuhr mit der Nahrung wegen der ausreichenden Synthese von Vitaminfaktoren durch die Darmflora[8] mehr oder weniger entbehrlich (s. S. 635).

Tabelle 177. Durchschnittlicher Vitamingehalt in Milch und Colostrum. (Gehalt in γ je 100 g).

Vitamin	Frauenmilch	Kuhmilch	Kuhcolostrum
A	180	70	400
Carotin	30	30	250
D_3	0,15	0,5 3,0 (bestrahlt)	
E	1000	100	1300
K_1	4	16	
B_1	15	45	80
B_2	55	170	700
Nicotinsäureamid	200	900	1000
Pantothensäure	250	300	200
B_6	150	180	
H	0,08	0,12	
B_{12}	0,04	0,7	4
Folsäure	0,03	0,2	
C	5000 11000 (maximal)	1700 (roh)	3500

[1] MITCHELL, H. K.: Vitamins & Hormones 8, 127 (1950). — [2] Vitamin Meth. (GYÖRGY) Bd. I, S. 327. — [3] DROESE, W., u. H. BRAMSEL: Vitamintabellen. 2. Aufl. Leipzig 1943 (= Ernährung, Beih. Nr. 8). — [4] LUNDE, G., u. L. ERLANDSEN: Die Vitamine in frischen und konservierten Nahrungsmitteln. 2. Aufl. Berlin 1943. — [5] RUDOLPH, W.: Die Vitamine der Hefe. 4. Aufl. Stuttgart 1948. — [6] BEERSTECHER, E. jr.: Vitamins & Hormones 10, 69 (1952). — [7] KUHN, R.: Angew. Chem. 64, 493 (1952). — [8] NAJJAR, V. A., and R. BARRETT: Vitamins & Hormones 3, 23 (1945); B-Vitamine. — ALMQUIST, H. J., and E. L. R. STOKSTAD: J. Nutrit. 12, 329 (1936); Vitamin K.

Obwohl, mit Ausnahme von Vitamin B_{12}, für alle genannten Vitamine *Synthesen* bekannt sind, bedient man sich zum Teil noch der vitaminreichen natürlichen Ausgangsmaterialien zur *Darstellung* von Vitaminkonzentraten, die zugleich die natürlichen Stabilisatoren enthalten[1].

η) Verhalten im Tierkörper.

Vitamine und Provitamine werden normalerweise vom Darm aufgenommen. Die mehr oder weniger vollständige *Resorption* hängt von der Beschaffenheit der übrigen Nahrung und vom Zustand des Magen-Darmtraktus ab[2]. Voraussetzung für eine möglichst vollständige Aufnahme ist ein genügender Aufschlußgrad der Nahrung, speziell der pflanzlichen Zellwände, wie besonders Untersuchungen über die Carotinresorption gezeigt haben (s. S. 687). Bei *fettlöslichen Vitaminen* geht die Resorptionsgröße der des Nahrungsfettes parallel, was, abgesehen von der Verwendung der abgespaltenen Fettsäuren zur Wiederveresterung (Bildung von Vitamin A-Estern in der Darmwand s. S. 690) für eine lösungsvermittelnde Eigenschaft von Fett- und Lipoidspaltprodukten spricht[3]. Hinzu kommt die Anwesenheit natürlicher Schutzstoffe (z.B. Vitamin E als Antioxydans für Vitamin A[4]), die immer wieder gefundene Bedeutung normaler Galle- und Pankreassekretion (Spaltung von Vitaminestern) sowie die Anwesenheit wasserlöslicher Vitaminfaktoren bei der Resorption fettlöslicher Vitamine (z.B. Folsäure zur Vitamin A-Aufnahme). Auch bei *wasserlöslichen Vitaminen*, die im allgemeinen rasch resorbiert werden, spielen in der Nahrung vorhandene Schutzstoffe gegen eine Zerstörung im Magen-Darmtraktus eine Rolle, z.B. beim Vitamin C[5]. Speziell kommen auch der Darmflora vitaminabbauende Fähigkeiten zu[6]. Zur Freilegung gewisser wasserlöslicher Vitaminfaktoren aus Bindungen an Nucleotide (Lactoflavin, Nicotinsäureamid) oder an Aminosäuren und Proteine (z.B. Konjugate der Folsäure) ist ein normaler fermentativer Stoffwechsel im Darm Vorbedingung. Für die Resorption von Vitamin B_{12} bedarf es der Anwesenheit des im Magen gebildeten intrinsic factor[7].

Mit der Resorption von Vitaminen und Provitaminen ist vielfach bereits eine *Umwandlung in der Darmwand* verbunden. Es werden z.B. Provitamine A in Vitamin A verwandelt und dieses mit Fettsäuren verestert (s. S. 690). Aneurin[8] und Lactoflavin[9] werden phosphoryliert. Der weitere *Transport* geschieht bei den fettlöslichen Vitaminen zunächst auf dem Lymphwege (Chylus), bei den wasserlöslichen unmittelbar im Blut. Auch hierbei können Umwandlungen erfolgen, z.B. wird eine Reamidierung von Nicotinsäure zu Nicotinsäureamid im Blut angenommen. A-Vitamine und Provitamine A erscheinen an Plasmaalbumine gebunden (s. S. 663).

Speicherung. Die meisten Vitamine werden in bestimmten Organen gespeichert. Eine Übersicht über das *Speicherungsvermögen* beim Menschen gibt Tabelle 178. Als Hauptspeicherorgane sind, entsprechend ihrer Bedeutung im Stoffwechsel, Leber, Niere und Nebenniere anzusehen. Von den *fettlöslichen Vitaminen* findet man die A-Vitamine fast ausschließlich in der Leber, besonders ausgeprägt bei Fischen und Walen; ferner in der Netzhaut des Auges (Beziehungen zum Sehvorgang

[1] Vogel, H., u. H. Knobloch: Chemie und Technik der Vitamine. 3. Aufl. 2 Bde. Stuttgart 1950; 1955. — [2] Melnick, D., and B. L. Oser: Vitamins & Hormones **5**, 39 (1947). — Jolliffe, N., and R. M. Most: Vitamins & Hormones **1**, 59 (1943). — [3] Sobel, A. E.: Vitamins & Hormones **10**, 47 (1952). — [4] Hickman, K. C. D., and P. L. Harris: Adv. Enzymol. **6**, 469 (1946). — [5] Hellström, V.: Z. Vit.-, Horm.-, Ferm.-Forsch. **5**, 98 (1952/53). — [6] Hochberg, M., D. Melnick and B. L. Oser: J. Nutrit. **30**, 193 (1945). — [7] Ternberg, J. L., and R. E. Eakin: Am. Soc. **71**, 3858 (1949). — [8] Jansen, B. C. P.: Vitamins & Hormones **7**, 83 (1949). — [9] Hathaway, M. L., and D. E. Lobb: J. Nutrit. **32**, 9 (1946).

Tabelle 178. Vitamingehalt (γ/g Frischgewebe) in Organen des Menschen[1].

Gewebe	A	B_1	B_2	Nicotinsäure	Pantothensäure	B_6	E	C	H	Folsäure
Leber	**52**	2,2	**16**	**60**	**38**	**2,5**		64	**0,7**	**9**
Niere	0,9	**3,2**	**22**	**41**	**17,5**	1,2	8	47	**0,6**	**2**
Lunge	0,4	1,0	1,8	18	4	0,15		45	0,015	1,2
Milz	0,3	1,0	5	26	5,2	0,08		**81**	0,05	3
Herz	0,5	**3,7**	23	**41**	14,5	0,8		21	0,2	1
Skeletmuskel .	0,15	1,1	2,5	**49**	14	0,9			0,03	0,75
Bauchmuskel .							6			
Haut	0,4	0,5	1,5	8	2,7	0,08			0,01	1
Hautfettgewebe							**292**			
Dünndarm . .	0,4	0,8	4	24	4,4	0,25			0,06	1,4
Nebenniere . .	2	1,5	**10**	27	7	0,17		**230**	**0,3**	1,1
Ovarien		0,6	4,3	18	4	0,15			0,03	1,1
Hoden		0,6	1,7	8	3	0,09			0,05	0,8
Milchdrüsen . .		0,4	2,4	10	4	0,43			0,04	0,45
Gehirn	0,2	1,6	2,5	19,5	14,5	0,65		**110**	0,06	1,1

s. S. 697). Vitamin E ist fast ganz auf das Hautfettgewebe als Speicher beschränkt; ähnliches gilt interessanterweise beim Hund für Vitamin A (s. S. 661). Für Vitamin D sind ausgesprochene Speicherorte nicht bekannt; bedeutsam erscheint nur der Gehalt an D_3 und dessen Provitamin im Unterhautfettgewebe (Speckschwarte). Nach intramuskulärer Injektion wurde Vitamin D_2 vorwiegend in Gehirn und Niere, kaum dagegen in Leber, Herz und Muskulatur abgelagert (Mensch)[2]. Vitamin K wird offenbar nicht gespeichert. Für die *wasserlöslichen Vitamine* ist der Speicherungsgrad gering bei Aneurin, bei Nicotinsäureamid, bei Biotin und bei Vitamin B_6, die in den meisten Geweben in ähnlicher Konzentration vorkommen. Vitamin C wird vor allem in Nebenniere, Gehirn und Milz angereichert; Lactoflavin (als Nucleotid) und Pantothensäure in Leber und Niere, Folsäure und Vitamin B_{12} in der Leber. Das Nicotinsäureamid des Blutes findet man zu 90% in den Erythrocyten[3]. Wahrscheinlich können alle Vitamine in mehr oder weniger großem Ausmaß die Placenta passieren, wodurch Versorgung und Speicherung im Fetus gesichert werden. Wesentlich ist nur die ausreichende Vitaminversorgung der Mutter[4]. Ein relatives Defizit wird nach der Geburt durch den hohen Vitamingehalt im Colostrum (vgl. Tabelle 177) ausgeglichen. Bei eierlegenden Tieren stellen die Vorräte in Eidotter und Eiklar die *Vitaminversorgung der Feten* sicher.

Über den *intermediären Abbau* der Vitamine ist noch wenig bekannt. Wasserlösliche Vitamine werden, vor allem bei Überangebot, teils unverändert im Harn ausgeschieden (z. B. Vitamine C, B_1, B_2), teils in abgewandelter Form (z. B. Nicotinsäureamid als N^1-Methylverbindung[5]; Folsäure als Leukovorin und p-Aminobenzoesäure[6]; Vitamin B_6 als Pyridoxamin[7]). Aneurin vermag durch Faktoren, die in Fischeingeweiden (Karpfen, Forelle) enthalten sind, in Thiazol- und Pyridinkomponente gespalten zu werden, ebenso fermentativ in Warmblüterorganen

[1] Nach WILLIAMS, R. J.: Vitamins & Hormones **1**, 229 (1943). — [2] HOUET, R.: Ann. paediatr., Basel **166**, 170 (1946). — [3] GOUNELLE, H., A. VALLETTE et Y. RAOUL: C. R. Soc. Biol. **139**, 16 (1945). — [4] HILDEBRANDT, A.: Der Vitaminstoffwechsel in der Schwangerschaft und im Wochenbett. Stuttgart 1951. — Vgl. a. S. 633. — [5] DENKO, C. W., W. E. GRUNDY, N. C. WHEELER, C. R. HENDERSON, G. H. BERRYMAN, T. E. FRIEDEMANN and J. B. YOUMANS: Arch. Biochem. **11**, 109 (1946). — PERLZWEIG, W. A., F. ROSEN and P. B. PEARSON: J. Nutrit. **40**, 453 (1950). — [6] BROQUIST, H. P., E. L. R. STOKSTAD and T. H. JUKES: J. Lab. clin. Med. **38**, 95 (1951). — [7] WIELAND, T., u. I. LÖW: Fortschr. Chem. org. Naturstoffe **4**, 28 (1945).

(Kaninchen, Huhn)[1,2]. Bei Überangebot wird Vitamin B_1 auch im Kot ausgeschieden[3]. Hier findet sich ferner die Hauptmenge an eliminiertem Vitamin B_{12} (s. S. 787). Von den fettlöslichen Vitaminen werden K und A offenbar weitgehend abgebaut: K zu Phthalsäure, A zu mehr oder minder dehydrierten Jononderivaten, die in den Harn gehen (s. S. 691). Unverändertes A-Vitamin erscheint bei Hunden physiologisch im Harn, sonst nur bei Nierenerkrankungen (s. S. 692). Die Vitamine E und D findet man anscheinend ausschließlich im Stuhl, ebenso die Vitamine A und K bei Überangebot[4,5].

ϑ) Wirkungsmechanismus. Beziehungen zu anderen Wirkstoffen. Antivitamine. Vitamintherapie. Hypervitaminosen.

Für viele Vitamine ist die Wirkungsweise noch unvollkommen bekannt[6]. Als Bestandteile von Coenzymen sind erkannt worden: Vitamin B_1 in Brenztraubensäure-Cocarboxylase und dem Coferment der Brenztraubensäure-oxydase (Lipothiamid, s. S. 714, 794f.), Lactoflavin in wasserstoffübertragenden Wirkgruppen gelber Fermente (s. S. 727), Nicotinsäureamid in wasserstoffübertragenden Codehydrogenasen (s. S. 741), Pantothensäure im acetylierend wirkenden Coenzym A (s. S. 761 sowie Bd. 2/1, S. 1037), Vitamin B_6 als Pyridoxalphosphat in aminosäurenabbauenden Enzymen (Decarboxylasen, Transaminasen, Racemasen u. a.) und Folsäure in formylierend wirkenden Fermentsystemen (s. S. 772). Für die A-Vitamine ist eine Funktion, nämlich ihre Beteiligung als Vorstufen beim Aufbau von Sehstoffen (Sehpurpur, Sehviolett, Zapfensubstanzen) sicher erkannt (s. S. 693). Ohne den Wirkungsmechanismus bisher im einzelnen erfaßt zu haben, hat man die spezifische Mitwirkung einiger Vitamine an folgenden Stoffwechselvorgängen entdeckt: D-Vitamine fördern die Calciumresorption (s. S. 832), K-Vitamine sind für die Prothrombinbildung nötig (s. S. 860), Vitamin B_{12} ist wahrscheinlich an Methylierungsreaktionen beteiligt (s. S. 784), Biotin an Decarboxylierung und Dehydrierung gewisser C_4-Dicarbonsäuren sowie Desaminierung bestimmter Aminosäuren (s. S. 799f.). Recht umstritten ist die Wirkungsweise des C-Vitamins, die wohl mit seinem Redoxverhalten in engem Zusammenhang steht (s. S. 811ff.). Weiteres zur Frage des Wirkungsmechanismus und ausführliche Literatur findet man auf den angegebenen Seiten des speziellen Teiles bei den einzelnen Vitaminen.

Die zunehmenden Erkenntnisse über die Art der Beteiligung der verschiedenen Vitamine am Stoffwechsel, die wir, insbesondere für die B-Vitamine, dem Studium an Mikroorganismen verdanken, haben auch zu einer klareren Beurteilung über das *Zusammenspiel verschiedener Vitamine* geführt[7]. Das klassische Beispiel hierfür bildet die Koppelung von Nicotinsäureamid und Lactoflavin bei reversiblen biochemischen Dehydrierungen[8]. Dieses System ist eng verknüpft mit dem Abbau der Brenztraubensäure, d.h. mit Aneurin (Cocarboxylase, Lipothiamid) und Pantothensäure (Coenzym A)[9], sowie entsprechenden Reaktionen des *Citronensäurecyclus*[10]. In diesem äußert sich das Zusammenwirken verschiedener Vitamine der B-Gruppe besonders eindrucksvoll. Ursprünglich nur für den Kohlen-

---

[1] SOMOGYI, J. C.: Int. Z. Vit.-Forsch. **1952**, Beiheft 6. — [2] SEALOCK, R. R., A. H. LIVERMORE and C. A. EVANS: Am. Soc. **65**, 935 (1943). — [3] KIRK, J. E., and M. CHIEFFI: Proc. Soc. exp. Biol. Med. **77**, 464 (1951). — [4] HEILBRON, I. M., W. E. JONES and A. L. BACHARACH: Vitamins & Hormones **2**, 155 (1944). — [5] DAM, H.: Vitamins & Hormones **6**, 27 (1948). — [6] GUGGENHEIM, M.: Exper. **2**, 48 (1946). — [7] Zusammenfassende Darstellung bei MOORE, T.: Vitamins & Hormones **3**, 1 (1945). — [8] WARBURG, O.: Wasserstoffübertragende Fermente. Berlin 1948. — SCHLENK, F.: Adv. Enzymol. **5**, 207 (1945). — [9] CALVIN, M.: Chem. engng. News **31**, 1622, 1735 (1953). — [10] KREBS, H. A.: Angew. Chem. **66**, 313 (1954). — MARTIUS, C., u. F. LYNEN: Adv. Enzymol. **10**, 167 (1950).

hydratstoffwechsel geltend[1], münden in diesen Kreisprozeß nun auch der *Aminosäurestoffwechsel*[2], an dem sich außer den genannten Dehydrogenasevitaminen[3] die Vitamine B_{12} (s. S. 785) und Biotin[4] über Aminosäure-decarboxylasen, Desaminasen sowie Transaminasen beteiligen, und schließlich der *Fettstoffwechsel* mit Pyridoxalphosphat, Biotin und Pantothensäure[5,6]. Bei der reversiblen Dehydrierung der A-Vitamine zu den Retininen in Netzhaut und Darmwand handelt es sich ebenfalls um ein Zusammenwirken mit Lactoflavin und Nicotinsäureamid (s. S. 697). Erwähnt wurde bereits die *antioxydative Wirkung von Vitamin E* auf *Vitamin A*, bei der ein entsprechender Effekt von Pyridoxin auf Vitamin A hinzukommt[7]. Schließlich sei auf die Verknüpfung von Folsäure und Vitamin B_{12} bei der Hämatopoese[8] bzw. der Biosynthese von Purinen und Pyrimidinen[9] hingewiesen.

Direkte *Wechselwirkungen zwischen Vitaminen und Hormonen* sind trotz einer Fülle von Arbeiten nur in ganz wenigen Fällen klar umreißbar. Was ihre gemeinsame Funktion als *Wirkstoffe* angeht, so erscheint es verständlich, daß sich Vitamine und Hormone gegenseitig beeinflussen, ja sogar in Bildung und Leistung bedingen. Eingehendere Untersuchungen bestehen über die Beziehungen zwischen einzelnen *wasserlöslichen Vitaminen und den Hormonen von Nebennierenrinde und -mark*[10, 11]. Ausgehend von Beobachtungen, nach denen Ascorbinsäure- und Aneurinmangel Nebennierenhypertrophie hervorrufen und ein Pantothensäuredefizit schon frühzeitig zu Nebennierendefekten führt, konnte wahrscheinlich gemacht werden, daß Vitamin C als Schutzstoff des Adrenalins wirkt, und daß es zusammen mit den anderen genannten Vitaminen sowie dem Lactoflavin in Synthese und Funktion der Rindenhormone eingreift. Über das *Zusammenwirken von Acetylcholin und Acetylaneurin bei der Nervenerregung* s.[12,13]. Schon lange bekannte *Verknüpfungen zwischen Thyroxin und Vitamin A*, die als „Antagonismus" beider Wirkstoffe gedeutet wurden, lassen sich dahin präzisieren[14], daß Thyroxin die Carotinresorption und damit mittelbar die Umwandlung in Vitamin A fördert, während das A-Vitamin die Aktivität der Schilddrüsenepithelien erhält und bei Hyperthyreosen den verstärkten Abbau ausgleicht.

Auf Grund der Beobachtung, daß Sulfonamide die Wirkung einer Reihe von Vitaminen (Folsäure, Pantothensäure, Biotin, Vitamin K, Tokopherol) hemmen[15], so daß sich Mangelsymptome ausbilden, hat man, insbesondere beim Studium des mikrobiellen Stoffwechsels[16], zahlreiche Vitaminhemmstoffe, sog. *Antivitamine* (vgl. Tabelle 175), in der Natur gefunden (z. B. Avidin für Biotin, s. S. 797) oder synthetisch erhalten[17,18]. Wegleitend hierfür war die für eine ganze Reihe von Antagonismen gültige Deutung, daß der konstitutionell ähnlich gebaute Hemmstoff den Vitaminfaktor, kompetitiv enthemmbar, von den aktiven Zentren

---

[1] KREBS, H. A.: Adv. Enzymol. **3**, 191 (1943). — [2] BORSOOK, H.: Fortschr. Chem. org. Naturstoffe **9**, 292 (1952). — HERBST, R. M.: Adv. Enzymol. **4**, 75 (1944). — WAELSCH, H.: Adv. Enzymol. **13**, 237 (1952). — [3] KREHL, W. A.: Vitamins & Hormones **7**, 111 (1949). — [4] LICHSTEIN, H. C.: Vitamins & Hormones **9**, 27 (1951). — [5] MCHENRY, E. W., and M. L. CORNETT: Vitamins & Hormones **2**, 1 (1944). — [6] SHERMAN, H.: Vitamins & Hormones **8**, 55 (1950). — [7] HOVE, E. L., and P. L. HARRIS: J. Nutrit. **31**, 699 (1946). — [8] ZELLWEGER, H., u. W. H. ADOLPH: Handb. inn. Med. (BERGMANN-FREY-SCHWIEGK) 4. Aufl. Bd. VI/2, S. 687, und zwar S. 791. — HEILMEYER, L., u. H. BEGEMANN: Handb. inn. Med. (BERGMANN-FREY-SCHWIEGK) 4. Aufl. Bd. II, S. 284. — [9] SHIVE, W.: Vitamins & Hormones **9**, 75 (1951). — [10] MORGAN, A. F.: Vitamins & Hormones **9**, 161 (1951). — [11] LI, C. H., and H. M. EVANS: Vitamins & Hormones **5**, 197 (1947). — [12] MURALT, A. v.: Die Signalübermittlung im Nerven. Basel 1946. — [13] NACHMANSOHN, D.: Vitamins & Hormones **3**, 337 (1945). — [14] DRILL, V. A.: Physiol. Rev. **23**, 355 (1943). — [15] DAFT, F. S., and W. H. SEBRELL: Vitamins & Hormones **3**, 49 (1945). — [16] MÖLLER, E.-F.: Fortschr. chem. Forsch. **2**, 146 (1951/53). — [17] WOOLLEY, D. W.: A Study of Antimetabolites. New York, London 1952. — [18] MEUNIER, P.: Fortschr. Chem. org. Naturstoffe **9**, 88 (1952).

der Trägerproteine verdrängen kann[1,2], wodurch die intermediären Reaktionsketten an den Eingriffsorten des jeweiligen Vitamins unterbrochen werden. Beispiele hierfür sind die Systeme p-Aminobenzoesäure—Sulfanilsäure, Pantothensäure—Sulfopantothensäure, Folsäure—4-Aminopterin, Lactoflavin—Dichlorflavin, Biotin—Biotinsulfon, Thiamin—Pyrithiamin und andere mehr. Eine indirekte antagonistische Wirkung entsteht bei Mikroorganismen und in gewissen Fällen auch bei Tieren dadurch, daß die „Vitaminsynthese" gehemmt wird. Schließlich gibt es Fälle, in denen der Hemmstoff als Substrat in einen vitamingesteuerten Mechanismus eintritt und dadurch ein direkter Antagonismus vorgetäuscht werden kann. Ein Beispiel hierfür bieten die durch Folsäure und Vitamin B_{12} gesteuerten Synthesen von Purinen, Pyrimidinen und Nucleinsäuren[3]. Erwähnt sei in diesem Zusammenhang noch die therapeutische Verwendung des Dicumarols als Antivitamin K (s. S. 860 sowie Bd. 2/1, S. 494)[4]. Schließlich kann ein Vitamin durch Bindung an den Antifaktor (z.B. Biotin an Avidin) oder durch Abbau inaktiviert werden (z.B. Aneurin durch Thiaminase, s. S. 713).

Vitamintherapie[5–7]. Die therapeutische Anwendung der Vitamine ist nicht auf Fälle mit *manifestem Vitaminmangel* beschränkt, sondern hat ein weites Feld in der Bekämpfung von *latenten Vitaminmangelerscheinungen* (Hypovitaminosen, s. S. 632). Hierher gehört offenbar auch ihre Stellung, die sie, neben anderen Faktoren, bei der Erhaltung der *Infektionsresistenz*[8] und in der Rekonvaleszenz (Verabreichung von Polyvitaminpräparaten) einnehmen. Hinzu kommt die *Verwendung von Vitaminen als Pharmazeutika*[9,10], eine Fähigkeit, die sie bei zahlreichen Krankheitszuständen erlangen, wenn sie in Dosierungen verabfolgt werden, die den optimalen Bedarf des Körpers oft um ein Mehrfaches übersteigen. Genannt seien in diesem Zusammenhang die gefäßerweiternde Wirkung von Nicotinsäure und gewissen Derivaten, die Verabreichung von Cocarboxylase bei Acidosen, Toxämien und Toxikosen, die Behandlung von Muskeldystrophie und von Röntgen- und Radiumschädigungen mit Pyridoxin, eine entgiftende Wirkung von p-Aminobenzoesäure gegenüber Arsenverbindungen sowie ihr Einfluß auf Rickettsieninfektionen und rheumatisches Fieber. Wir erwähnen ferner Biotin als eine Art Spezifikum bei LEINERscher Erythrodermie, die Behandlung von röntgenbedingter Leukopenie mit Pteroylglutaminsäure, den positiven Einfluß von L-Ascorbinsäure auf Wund- und Frakturheilung, Methämoglobinämie, beim Addisonismus und zusammen mit γ-Pyronverbindungen (Citrin, Rutin u.a.) bei Capillarfragilität. Von den fettlöslichen Vitaminen werden z.B. therapeutische Effekte angegeben mit Vitamin A bei Acne vulgaris, Keratosis follicularis, Schwerhörigkeit u.a.; bei Arthritis, Lupus und Psoriasis mit den D-Vitaminen; klimakterischen Störungen, habituellen Aborten, Herzmuskelschäden und Kollagenosen mit Vitamin E sowie bei prophylaktischer Behandlung von Blutungen unter chirurgischen Eingriffen und in der Schwangerschaft mit Vitamin K. Über den *Einfluß der Vitamine auf den Tumorstoffwechsel* s. [11].

Hypervitaminosen[5–7] treten nur auf, wenn die reinen Vitamine oder Vitaminkonzentrate in zu hoher Dosierung verabreicht werden, nicht dagegen bei

[1] KUHN, R.: Angew. Chem. **55**, 1 (1942). — WOOLLEY, D. W.: Adv. Enzymol. **6**, 129 (1946). — [2] ROBLIN, R. O. jr.: Chem. Reviews **38**, 255 (1946). — [3] WRIGHT, L. D.: Vitamins & Hormones **9**, 131 (1951). — [4] DAM, H.: Vitamins & Hormones **6**, 27 (1948). — [5] Stepp-Kühnau-Schroeder, Vitamine 7. Aufl. — [6] BICKNELL, F., and F. PRESCOTT: The Vitamins in Medicine. 2. Ed. New York 1946. — [7] MOURIQUAND, G.: Klinik der Hypo- und Avitaminosen. Handb. Therap. (GORDONOFF) Lieferung I. Bern 1948. — [8] SCHNEIDER, H. A.: Vitamins & Hormones **4**, 35 (1946). — [9] MOLITOR, H., and G. A. EMERSON: Vitamins & Hormones **6**, 69 (1948). — [10] THOMANN, H. E.: In Vitamin Vademecum. Deutsche Hoffmann-La Roche AG., Grenzach 1952. — [11] BURK, D., and R. J. WINZLER: Vitamins & Hormones **2**, 305 (1944).

normaler Ernährungsweise. Es entspricht dem oben dargelegten Vitamingleichgewicht, wenn Krankheitsbilder entstehen, die denen von Avitaminosen anderer Vitamine ähneln. Die außerordentlich geringe Toxizität der wasserlöslichen Vitamine und der Faktoren K_1 und E (Tabelle 179) läßt bei ihnen die Gefahr einer hypervitaminotischen Schädigung recht gering erscheinen. Diese ist von praktischer Bedeutung nur bei den Vitaminen A und D sowie bei „künstlichen Vitaminpräparaten", z. B. dem sog. Vitamin K_3 (Tabelle 179). Hier kann Hypervitaminose

Tabelle 179. Toxische Dosierungen von Vitaminen[1].

Vitamin	Dosis letalis (LD 50) in g/kg Körpergewicht * Zahlen in [ ] nichttoxische einmalige Gaben *	
	per os	parenteral
Fettlöslich:		
A	> 0,03 (verschiedene Tiere)	—
D	0,013 D_2 (Hund)	—
	etwa 0,2 D_3 in 8 Wochen (Ratte)	
E	> 50 (Maus)	[> 2,5 (Maus)]
K	0,5 K_3** (Maus)	—
	[25 K_1 (Maus)]	—
Wasserlöslich:		
B_1 (Aneurin)	0,12 (Maus), 0,25 (Ratte), 0,30 (Kaninchen), 0,35 (Hund) [0,5 (Mensch)]	intravenös 0,2—0,3 (je Kaninchen)
B_2 (Lactoflavin).	[0,34 (Maus), 2 (Hund)]	intraperitoneal 0,56 (Ratte)
Nicotinsäureamid	5—7 (Maus)	subcutan 3—4 (Maus)
Pantothensäure .	[1 g Ca-Salz (Affe, Ratte)]	subcutan 2,7 (Maus), 3,4 (Ratte)
Folsäure	—	intravenös 0,6 (Maus), 0,5 (Ratte), 0,4 (Kaninchen), 0,12 (Meerschweinchen)
p-Aminobenzoesäure	> 1 (Hund)	—
	[6 (Ratte), 2 (Mensch)]	intravenös 2 (Kaninchen), 4 (Ratte)
Biotin	[0,5 in 10 Tagen (Ratte)]	—
Ascorbinsäure .	[bis 6 je Tag (Mensch), 7 g in 10 Tagen (Maus)]	[intravenös oder subcutan bis 2,5 (Meerschweinchen)]

* Soweit nicht anders angegeben. ** K_3 = 2-Methyl-1,4-naphthochinon.

zum Tod führen. Das Bild der Hypervitaminose A (s. S. 704) ähnelt mit rachitisähnlichen Knochenveränderungen der Avitaminose D, in hämorrhagischen und anämischen Symptomen der C-Avitaminose. Die Hypervitaminose D erscheint mit übermäßiger Ablagerung von Calciumphosphat in Blutgefäßen und Organen als Gegenstück der entsprechenden Avitaminose. Die akute Toxizität vitamin-K-ähnlicher Naphthochinone äußert sich in herabgesetzter Atmung, Schädigung und Verminderung von roten Blutzellen sowie hämorrhagischen Extravasaten[2,3].

[1] Nach Molitor, H., and G. A. Emerson: Vitamins & Hormones **6**, 69 (1948). — [2] Shimkin, M. B.: J. Pharmacol. exp. Therap. **71**, 210 (1941). — [3] Ansbacher, S., W. C. Corwin and B. G. H. Thomas: J. Pharmacol. exp. Therap. **75**, 111 (1942).

[illegible] gesucht, wenn [illegible] Vitamine [illegible] und [illegible] A und [illegible] E [illegible]

Tabelle [illegible]. Beziehungen [illegible]

[illegible]	Vitamin
	Fettlöslich:
[illegible]	A
[illegible]	D
[illegible]	E
[illegible]	K
	Wasserlöslich:
[illegible]	B_1 (Aneurin)
[illegible]	B_2 (Lactoflavin)
[illegible]	Nicotinsäureamid
[illegible]	Pantothensäure
[illegible]	Biotin
[illegible]	p-Aminobenzoesäure
[illegible]	Cholin
[illegible]	Ascorbinsäure

[illegible]

zum Tod führen. [illegible] und [illegible] Gegensatz [illegible] und [illegible]

[illegible]

PHYSIOLOGISCHE CHEMIE

EIN LEHR- UND HANDBUCH FÜR ÄRZTE BIOLOGEN UND CHEMIKER

HERVORGEGANGEN AUS DEM
LEHRBUCH DER PHYSIOLOGISCHEN CHEMIE
VON OLOF HAMMARSTEN

ZWEITER BAND

ZWEITER TEIL

BANDTEIL b

HERAUSGEGEBEN VON

B. FLASCHENTRÄGER
ALEXANDRIA

UND

E. LEHNARTZ
MÜNSTER/WESTF.

Springer-Verlag Berlin Heidelberg GmbH
1957

DER STOFFWECHSEL

ZWEITER TEIL

BANDTEIL b

BEARBEITET VON

H.-J. BIELIG · B. FLASCHENTRÄGER · K. JUNKMANN
F. W. KRZYWANEK† · W. LINTZEL · J. REINERT
H. RUDY · F. SCHAAF · K. SCHREIER
E. WERLE · O. WESTPHAL · H. WOLF

MIT 81 TEXTABBILDUNGEN

Springer-Verlag Berlin Heidelberg GmbH
1957

ISBN 978-3-662-30611-6 ISBN 978-3-662-30610-9 (eBook)
DOI 10.1007/978-3-662-30610-9

Ursprünglich erschienen bei Springer-Verlag oHG. Berlin · Göttingen · Heidelberg 1957
Softcover reprint of the hardcover 1st edition 1957

Inhaltsverzeichnis.

Der Stoffwechsel. Zweiter Teil.

b) Vitamine A (Vitamin A_1, Axerophthol; Vitamin A_2)[1-3].

Von **H.-J. Bielig.**

α) Geschichtliches[4-6].

Die Entdeckung von Vitamin A, dem späteren A_1, geht zurück auf Beobachtungen von Stepp, Hopkins, Osborne, Mendel, McCollum, Drummond u.a. (1906—1922): Tiere, insbesondere Mäuse und Ratten, zeigen Wachstumsstillstand und bekommen Augenveränderungen (Hemeralopie, Xerophthalmie, Keratomalacie), wenn sie mit einer Kost ernährt werden, die mit Alkohol und Äther extrahiert und dann mit den reinen fettlöslichen Nährstoffen wieder ergänzt wird. Der vor allem in der Leber von Säugetieren und Fischen gefundene, beim Erhitzen im Luftstrom zerstörte und dadurch vom vergesellschafteten antirachitischen Vitamin D unterschiedene „fettlösliche Wachstumsfaktor" (v. Euler, McCollum, Steenbock, 1922—1924) erhielt nach seiner antixerophthalmischen Wirkung den Namen *Vitamin A* (McCollum, 1916) oder *Axerophthol* (Karrer, 1937). Carotin wurde als Provitamin A erkannt (Steenbock 1919, v. Euler u. Karrer 1928) und die Wirksamkeit seiner Strukturisomeren (Kuhn u. Lederer 1931) und cis-trans-Isomeren (Zechmeister u. Mitarb. ab 1944) festgestellt[7]. Moore entdeckte 1929 die Speicherung von Vitamin A in der Leber nach Carotingaben. Greenberg (1941), Deuel jr. (1946) und Morton (1947) erkannten als Ort der enzymatischen Provitamin A-Spaltung die Darmwand.

Die ersten genaueren Beschreibungen keratomalacischer Veränderungen am Menschen gaben Brown (1827), Fischer (1846) und Arlt (1854). Bitot faßte 1862 Xerosis und Nachtblindheit als Symptome ein und derselben Erkrankung auf, die Snell (1876) erfolgreich mit Dorschlebertran behandelte. Mori beobachtete 1899—1903 in Japan die jahreszeitliche Abhängigkeit des Auftretens der Xerophthalmie und Keratomalacie, aber erst Bloch (1921) und Fridericia (1926) deuteten deren Symptome richtig als von menschlicher A-Avitaminose herrührend. Daß bei Vitamin A-Mangel auch am Menschen Haut- und Schleimhautveränderungen auftreten, erkannten später Frazier, Wolbach u. a. (ab 1931).

Empfindliche blaue *Farbreaktionen* mit Arsentrichlorid (Rosenheim u. Drummond 1925) und Antimontrichlorid (Carr u. Price, 1926) sowie die Beobachtung der charakteristischen UV-Absorptionsbande (Takahashi 1925; Morton u. Heilbron 1928) erleichterten neben dem Tierversuch an der Ratte (Wachstumstest, Kolpokeratosetest, Resistenztest, Xerophthalmietest u. a.[8]) Reindarstellung und Bestimmung des A-Vitamins. Die spektroskopische Auswertung der $SbCl_3$-Reaktion führte zur Auffindung des *Vitamin A_2*, das sich bei Süßwasser- und Wanderfischen findet (Lederer u. Heilbron 1937, Morton 1937, Wald 1938). Die Konstitution des Vitamin A_1 als Polyenalkohol $C_{20}H_{30}O$ wurde von Karrer (1931) aufgeklärt, die des um 2 Wasserstoffatome ärmeren Vitamin A_2 von Gray (1939) sowie Henbest u. Mitarb. (1951). Um die Krystallisation und die Charakterisierung von cis-trans-Isomeren haben sich Baxter u. Robeson (1941)

Zusammenfassende Darstellungen über Vitamine A (vgl. a. S. 631): **1—3.** [1] Sebrell-Harris, Vitamins. Vol. I, S. 1. — [2] Heilbron, I. M., W. E. Jones and A. L. Bacharach: Vitamins & Hormones **2**, 155 (1944). — [3] Bielig, H.-J.: H.-Th. 10. Aufl. Bd. III, S. 954.

[4] Karrer, P., u. H. Wehrli: 25 Jahre Vitamin A-Forschung. Nova Acta Leopoldina (Halle) [N. F.] **1**, 175 (1933). — [5] Brockmann, H.: Angew. Chem. **47**, 523 (1934). — [6] Benz, F.: Handb. biol. Arb.-Meth. Abt. V, Teil 3B, S. 1332. — [7] s. Bd. **1**, S. 479. — [8] Bomskov, C.: Methodik der Vitaminforschung. S. 26. Leipzig 1935.

verdient gemacht[1]. Die ersten Synthesen von krystallisiertem Vitamin A_1 stammen von MILAS (1945)[2] und ISLER u. Mitarb. (1946). Die Beteiligung der A-Vitamine und ihrer Aldehyde (Retinine) an Aufbau und Funktion von Sehstoffen haben insbesondere die Arbeiten von WALD (ab 1933) erwiesen[3].

β) Herkunft und Bildungsmechanismus.

Ausgehend von den Untersuchungen PALMERS[4] haben *Ernährungsversuche* an Mensch, Säugetieren, Vögeln und Fischen ergeben, daß die Wirbeltiere nicht befähigt sind, das Polyengerüst selbst zu synthetisieren. Die Lipochrome sind hier direkt (Herbivoren, Omnivoren) oder indirekt (Carnivoren, Omnivoren) pflanzlichen Ursprungs[5]. Noch wenig ausgedehnte Fütterungsexperimente an Wirbellosen[6] machen wahrscheinlich, daß auch die Avertebraten letztlich auf die Pflanzenpolyene (Phytoplankton[7]) zurückgreifen. Dagegen vermögen niedere Pilze (Phycomyces[8], Neurospora[9]) und Bakterien[10] (Mycobacterium Phlei[11], Purpurbakterien[12]) Carotinoide ebenso aus farblosen Vorstufen zu bilden wie die Pflanzen (z.B. Tomaten).

Das Problem der *Biosynthese von Carotinoiden*[6, 13] besteht darin, festzustellen, welches die kleinsten Aufbaueinheiten sind; ob diese zu gesättigten C_{20}-Körpern zusammengefügt und dann dehydriert zu C_{40}-Körpern vereinigt werden, oder ob das konjugierte System unmittelbar durch Kondensation entsteht. Genauere experimentelle Untersuchungen liegen unter anderem vor am Schimmelpilz Phycomyces blakesleeanus[14–16], an der Hefe Rhodotorula rubra[17, 18] sowie an verschiedenen genetisch bestimmten Tomatensorten[19]. Als Stickstoffquellen sind zur Erzielung hoher Carotinoidausbeuten besonders geeignet Kaliumnitrat (höhere Pflanzen), Leucin, Asparagin, Glycin und Ammoniumlactat (Phycomyces); als Kohlenstoffquellen Glycerin oder Isopropanol (Rhodotorula), Glucose oder Acetat (Phycomyces). Die besten Ausbeuten werden nach Aufhören der Stickstoffassimilation erzielt. Licht scheint im allgemeinen zur Carotinoidsynthese nicht notwendig zu sein, doch erhöht Belichtung die Ausbeute. Sauerstoff wird offenbar für gewisse Synthesestufen benötigt. SCHOPFER u. Mitarb.[14] schließen aus Versuchen mit ^{14}C-markiertem Natriumacetat, daß dieses bei Phycomyces die niederste Vorstufe zur β-Carotinbildung darstellt, wobei 25% des Gesamtkohlenstoffs aus der CH_3-Gruppe und 50% aus der COOH-Gruppe des Acetats stammen. Die Carotinausbeute beträgt $^1/_4$ der normalen. GOODWIN u. Mitarb.[15] erzielten indessen mit L-Leucin und L-Valin an Stelle des üblichen Asparagins

[1] BAXTER, J. G.: Fortschr. Chem. org. Naturstoffe 9, 41 (1952). — [2] MILAS, N. A.: Vitamins & Hormones 5, 1 (1947). — [3] WALD, G.: Vitamins & Hormones 1, 195 (1943). — [4] PALMER, L. S.: Carotinoids and Related Pigments. (Amer. chem. Soc. Monogr. Ser. Nr. 9.) New York 1922. — [5] ZECHMEISTER, L.: Ergebn. Physiol. 39, 117 (1937). — [6] GOODWIN, T. W.: The Comparative Biochemistry of the Carotinoids. London 1952. — [7] FOX, D. L.: Fortschr. Chem. org. Naturstoffe 5, 20 (1948). — [8] SCHOPFER, W.-H.: C. R. Soc. Biol. 118, 3 (1935). — [9] HAXO, F.: Arch. Biochem. 20, 400 (1949). — [10] INGRAHAM, M. A., and C. A. BAUMANN: J. Bacteriology 28, 31 (1934). — [11] TURIAN, G.: Helv. 33, 13 (1950). — [12] NIEL, C. B. VAN: Leuwenhoek med. J. 12, 156 (1947). — [13] Übersicht bei MACKINNEY, G.: Ann. Rev. 21, 473 (1952). — [14] GROB, E. C., G. G. PORETTI, A. v. MURALT et W. H. SCHOPFER: Exper. 7, 218 (1951). — [15] GARTON, G. A., T. W. GOODWIN and W. LIJINSKY: Biochem. J. 48, 154 (1951). — GOODWIN, T. W., and W. LIJINSKY: Biochem. J. 50, 268 (1952). — [16] GOODWIN, T. W.: Biochem. J. 50, 550 (1952). — GOODWIN, T. W., and J. S. WILLMER: Biochem. J. 51, 213 (1952). — [17] BONNER, J., A. SANDOVAL, Y. W. TANG and L. ZECHMEISTER: Arch. Biochem. 10, 113 (1946). — TANG, Y. W., J. BONNER and L. ZECHMEISTER: Arch. Biochem. 21, 455 (1949). — [18] FROMAGEOT, C., u. J. L. TCHANG: Arch. Mikrobiol., Berlin 9, 424 (1938). — [19] PORTER, J. W., and R. E. LINCOLN: Arch. Biochem. 27, 390 (1950). — Vgl. a. EULER, H. v., P. KARRER, E. v. KRAUSS u. O. WALKER: Helv. 14, 154 (1931).

in der Nährlösung Ausbeutesteigerungen bis zum 4fachen. Sie nehmen daher an, daß das C_5-Skelet dieser Aminosäuren (bei Leucin nach Decarboxylierung) das Ausgangsmaterial zur Carotinsynthese darstelle. Aufschluß über die weiteren Stufen gaben, ausgehend von der Entdeckung des Phytofluens $C_{40}H_{68}$ in Pflanzenmaterial[1], chromatographische Untersuchungen begleitender, farbloser, vielfach fluorescierender, höherer Kohlenwasserstoffe (Tomaten[2], Phycomyces[3] u. a.). Mutativ (Rhodotorula[4]) oder chemisch mit Diphenylamin (Phycomyces und Mycobacterium Phlei[5]) bzw. Streptomycin (Phycomyces[6]) ließ sich die Carotinoidsynthese an bestimmten Stellen blockieren. Es scheint danach folgender allgemeiner Bildungsmechanismus zu bestehen, der in den verschiedenen Arten variiert werden kann:

C_3- oder C_5-Vorstufe → C_{20}-Körper $\xrightarrow[\text{sation}]{\text{Konden-}}$ C_{40}-Körper ($C_{40}H_{76}$, 3 $\vDash$?)

↓ stufenweise Dehydrierung

sauerstoffhaltige Carotinoide $\xleftarrow[\text{tion}]{\text{Oxyda-}}$ Carotinoidkohlenwasserstoffe ($C_{40}H_{56}$, 11-12 $\vDash$) ← Phytofluen ($C_{40}H_{68}$, 7 $\vDash$)

An Kohlenhydrat und β-Carotin verarmte Tomatenblätter synthetisieren aus markiertem $^{14}CO_2$ markiertes (^{14}C)-β-Carotin mit $^1/_{10}$ der im Kohlendioxyd enthaltenen Aktivität[7].

Bei den nur im Tierkörper gefundenen *Zoocarotinoiden* (z.B. Echinenon[8], Galloxanthin[9], Hopkinsiaxanthin[10], Pectenoxanthin[11], Pentaxanthin[8], Sulcatoxanthin u. a.[12]) handelt es sich, soweit die Bruttoformel feststeht, um durchweg höher sauerstoffhaltige Pigmente. Es ist daher, einer von SÖRENSEN[13] geäußerten Hypothese entsprechend, anzunehmen, daß derartige Carotinoide im tierischen Stoffwechsel durch Oxydation aus mit der Nahrung aufgenommenen Lipochromen entstehen. Dies dürfte besonders für das Astaxanthin der Crustaceen gelten, deren Hauptfarbstoff dieses Carotinolon darstellt. Immerhin erscheint auch eine Übernahme aus den Dauerformen mariner Algen denkbar[14]. Während das Astaxanthin in Haut, Eiern und Muskulatur von Salmoniden, in der Leber von Regalecus, im Leberöl von Walen und im Dotter von Möweneiern aus der Nahrung stammt, wird es von Heuschrecken[15], Kartoffelkäfern[16] und in der Netzhaut von

---

[1] ZECHMEISTER, L., and A. SANDOVAL: Am. Soc. **68**, 197 (1946). — [2] PORTER, J. W., and R. E. LINCOLN: Arch. Biochem. **27**, 390 (1950). — [3] GOODWIN, T. W.: Biochem. J. **50**, 550 (1952). — [4] TANG, Y. W., J. BONNER and L. ZECHMEISTER: Arch. Biochem. **21**, 455 (1949). — [5] TURIAN, G.: Helv. **33**, 13, 1988 (1950). — [6] GOODWIN, T. W., and L. A. GRIFFITHS: Biochem. J. **51**, XXXIII (1952). — [7] GLOVER, J., and E. R. REDFEARN: Biochem. J. **54**, VIII (1953). — [8] LEDERER, E.: Bull. Soc. Chim. biol. **20**, 567 (1938). — GOODWIN, T. W., and M. M. TAHA: Biochem. J. **48**, 513 (1951). — [9] WALD, G.: J. gen. Physiol. **31**, 377 (1948). — [10] STRAIN, H. H.: Biol. Bull. **97**, 206 (1949). — [11] LEDERER, E.: C. R. Soc. Biol. **116**, 150; **117**, 411, 1086 (1934). — KARRER, P., u. U. SOLMSSEN: Helv. **18**, 915 (1935). — [12] HEILBRON, I. M., H. JACKSON and R. N. JONES: Biochem. J. **29**, 1384 (1935). — [13] SÖRENSEN, N. A.: Kgl. norske Vid. Selsk. Skr. **1936**, Nr. 1. — [14] BIELIG, H.-J.: Fiat Rev. (Biochemie I) Bd. 39, S. 67 (1947). — [15] GOODWIN, T. W.: Biol. Reviews **27**, 439 (1952). — [16] MANUNTA, C., e M. I. SOLINAS: Atti Accad. naz. Lincei **12**, 759 (1952).

astaxanthinfrei gehaltenen Hühnchen[1] aus β-Carotin oder anderen Nahrungscarotinoiden gebildet. Kanarienvögel führen Lutein im Verdauungstrakt in Kanarienxanthophyll und vermutlich Picofulvin über[2]. Wahrscheinlich verdankt auch das in Algen nur mäßig verbreitete Taraxanthin[3] seine Häufigkeit bei Fischen und einigen Reptilien einem tierischen Oxydationsprozeß. Bei dem Fisch *Fundulus* führt ausschließliche Ernährung mit Carotin zur Ablagerung von Xanthophyll in der Haut[4].

Im Gegensatz zu den Carotinoiden und den hierher gehörenden Provitaminen A (s. S. 676) sind die *A-Vitamine rein tierischer Herkunft*. Sie wurden weder in Pflanzen[5] noch in Mikroorganismen[6] gefunden. Die Wirbeltiere scheinen ganz allgemein befähigt zu sein, Vitamin A_1 aus Provitaminen A bilden zu können[7]. Nach Fütterungsversuchen gilt dies auch für See-[8] und Süßwasserfische[9]. Wale nützen als Quelle die A-Vitaminvorräte der Crustaceen aus[10]. Zur Bildung des Vitamin A_2 vermögen die Süßwasser- und Wanderfische vom β-Carotin auszugehen, doch kommen womöglich auch hydroxylhaltige Carotinoide, wie unten ausgeführt wird, als Provitamine in Frage. Die Retinine (Vitamin A-Aldehyde) sind als Zwischenprodukte der Vitamin A-Bildung aufzufassen, und auch die Kitole in Walleber und Walmilch entstehen wohl im Zuge von Provitamin A-Umwandlungen.

Aus der vielfach bestrittenen, durch Versuche unter Standardbedingungen einwandfrei bestätigten Tatsache, daß β-Carotin im Tierkörper (Ratte) genau in 2 Mol Vitamin A_1 übergeht[11], ist zu schließen, daß bei der biologischen Umwandlung die zentrale Doppelbindung des β-Carotinmoleküles gesprengt wird. Formal ist diese *symmetrische Spaltung* mit der Anlagerung von 2 Molekülen Wasser verbunden:

$$C_{40}H_{56} + 2\,H_2O = 2\,C_{20}H_{30}O$$

Die physiologische Bildung von Kitol_1 in der Walleber, die Entstehung von Retinin_1 aus Sehpurpur (s. S. 696) und die fermentative Reduktion von Retinin_1 zu Vitamin A_1 in Darmwand und Netzhaut deuten darauf hin, daß obige Bruttogleichung in 2 Teilreaktionen aufzulösen ist[12]: 1. die *Oxydation* von β-Carotin zu 2 Mol Vitamin A_1-Aldehyd, die vermutlich über ein Endiol verläuft, das auch als prosthetische Gruppe des Sehpurpurs angesprochen wurde[13]:

$$C_{40}H_{56} + 2\,O \rightarrow C_{40}H_{56}O_2 \rightarrow 2\,C_{20}H_{28}O$$

2. Die *Reduktion* des entstandenen Retinin_1 zu Vitamin A_1-Alkohol:

$$2\,C_{20}H_{28}O + 4\,H \rightarrow 2\,C_{20}H_{30}O$$

[1] Kuhn, R., J. Stene u. N. A. Sörensen: B. **72**, 1688 (1939). — Wald, G.: Harvey Lect. (1945/46) **41**, 117 (1947). — [2] Brockmann, H., u. O. Völker: H. **224**, 193 (1934). — Vgl. Völker, O.: J. Ornithol., Leipzig **95**, 124 (1954). — [3] Strain, H. H., W. M. Manning and G. Hardin: Biol. Bull. **86**, 169 (1944). — [4] Young, R. T., and D. L. Fox: Biol. Bull. **71**, 217 (1936). — [5] Heilbron, I. M., W. E. Jones and A. L. Bacharach: Vitamins & Hormones **2**, 155 (1944). — [6] Baumann, C. A., H. Steenbock, M. A. Ingraham and E. B. Fred: J. biol. Ch. **103**, 339 (1933). — [7] Rosenberg, H. R.: Chemistry and Physiology of Vitamins. S. 38. New York 1945. — [8] Morton, R. A., and R. H. Creed: Biochem. J. **33**, 318 (1939). — [9] Neilands, J. B.: Arch. Biochem. **13**, 415 (1947). — [10] Fisher, L. R., S. K. Kon and S. Y. Thompson: J. marine biol. Ass. **31**, 229 (1952). — [11] Koehn, C. J.: Arch. Biochem. **17**, 337 (1948). — Kocha, W., u. D. Kaplan: Int. Z. Vit.-Forsch. **22**, 15 (1950). — [12] Zechmeister, L.: Vitamins & Hormones **7**, 57 (1949). — [13] Sörensen, N. A.: T. Kjemi, Bergves. Metallurgi **20**, 178 (1940). — Bielig, H.-J.: Angew. Chem. **64**, 31 (1952).

Vom β-Carotin ausgehend ergeben sich danach folgende Zusammenhänge:

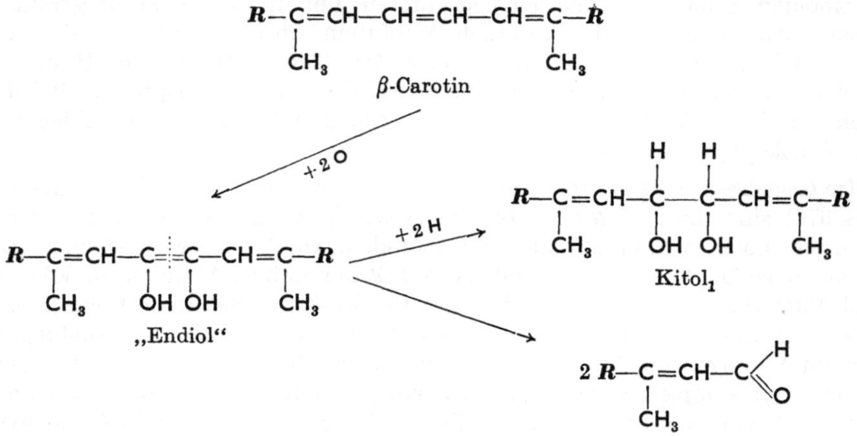

$$R\text{—}\underset{\displaystyle CH_3}{C}\text{=CH—CH=CH—CH=}\underset{\displaystyle CH_3}{C}\text{—}R$$

β-Carotin

+2 O

$$R\text{—}\underset{\displaystyle CH_3}{C}\text{=CH—}\underset{\displaystyle OH}{C}\text{=}\underset{\displaystyle OH}{C}\text{—CH=}\underset{\displaystyle CH_3}{C}\text{—}R$$

„Endiol"

+2 H →

$$R\text{—}\underset{\displaystyle CH_3}{C}\text{=CH—}\overset{\displaystyle H}{\underset{\displaystyle OH}{C}}\text{—}\overset{\displaystyle H}{\underset{\displaystyle OH}{C}}\text{—CH=}\underset{\displaystyle CH_3}{C}\text{—}R$$

Kitol$_1$

$$2\,R\text{—}\underset{\displaystyle CH_3}{C}\text{=CH—C}\begin{matrix}\diagup H\\ \diagdown O\end{matrix}$$

Retinin$_1$ (Vitamin A_1-Aldehyd)

Entsprechende Überlegungen gelten für andere Provitamine A von Carotinoidnatur. Das Schicksal des nicht wirksamen Anteils, z.B. des aus α-Carotin zu erwartenden Polyenaldehydes mit α-Jononring, ist ungewiß. Bemerkenswert erscheint die Möglichkeit, daß ein 3-Oxyvitamin-A_1-Aldehyd, wie er sich z. B. bei der biologischen Spaltung von Kryptoxanthin bilden müßte, durch Wasserabspaltung in Vitamin A_2 übergeht; eine Fähigkeit, die die Süßwasserfische neben der partiellen Dehydrierung des β-Jononringes (s. S. 691) besitzen könnten. Ein Analogiebeispiel bietet die Entstehung des Safranriechstoffes Safranal (III) aus dem Safranbitterstoff Picrocrocin (I) über das 4-Oxy-β-cyclocitral (II)[1]:

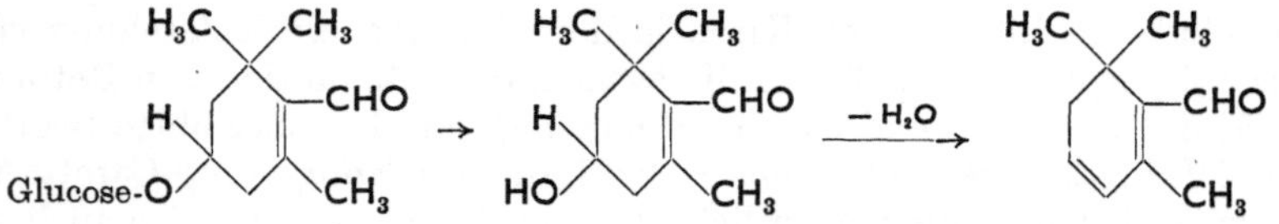

I: H_3C, CH_3, CHO, H, Glucose-O, CH_3 → II: H_3C, CH_3, CHO, H, HO, CH_3 —$-H_2O$→ III: H_3C, CH_3, CHO, CH_3

Xanthophylle (Kryptoxanthin, eventuell Zeaxanthin, Lutein) würden dann als *Provitamine A_2* erscheinen. Ob bei den offenkettigen Provitaminen A (γ-Carotin, Torularhodin) Oxydation vom Kettenende her zum Vitamin A_1 führen kann und ob der Organismus auch zu asymmetrischen oxydativen Spaltungen befähigt ist, hat man bisher nicht entschieden. Die gegenüber den all-trans-Formen geringere Vitamin A-Wirksamkeit der meisten *cis-isomeren Provitamine A* und der hohe Effekt des Poly-cis-γ-carotins (Pro-γ-carotin) führen zu der Annahme, daß eine lineare Konfiguration eine bessere Voraussetzung für die Fixierung an dem spaltenden Enzymsystem bietet als ein winkliger Bau, wie er z.B. dem Neo-β-carotin U zukommt[2]. Hiermit verbunden erscheint es möglich, daß im Darmtrakt zunächst eine mehr oder weniger vollständige Rückumwandlung von cis-Isomeren in die all-trans-Formen stattfindet, wofür experimentelle Anhaltspunkte bestehen[3].

Für den *Ort der Vitamin A-Bildung* im Wirbeltierkörper hielt man bisher die Leber. Sie sollte dort durch ein „Carotinase" genanntes Ferment erfolgen.

---

[1] KUHN, R., u. A. WINTERSTEIN: Naturwiss. **21**, 527 (1933). — KUHN, R., u. I. LÖW: B. **74**, 219 (1941). — [2] ZECHMEISTER, L.: Vitamins & Hormones **7**, 57 (1949). — [3] KEMMERER, A. R., and G. S. FRAPS: J. biol. Ch. **161**, 305 (1945).

Positive Umwandlungsversuche mit Lebergewebe[1-3] wurden von anderer Seite nicht bestätigt[4], so daß die Leber nur als Speicherorgan für A-Vitamine anzusehen ist[5]. Es gilt heute als sicher, daß die *Umwandlung der Provitamine A in Vitamin A durch die Darmschleimhaut* stattfindet. Hierauf deutete bereits die Anwesenheit großer Vitamin A-Mengen im Verdauungstrakt von Fischen hin. Nach oraler Verabreichung von Carotin (oder Kryptoxanthin) an Ratte[6-10], Huhn[11], Schwein[12] und verschiedene Herbivoren[7] tritt Vitamin A_1 zuerst in der Darmwand, danach in der Leber auf. Die Vitamin A-Bildung aus Carotin läßt sich auch mit isoliertem Darmgewebe in vitro durchführen[13]. Eine behauptete Bildung durch die Einwirkung von Thyreoglobulin auf β-Carotin in vitro[14] ist dagegen unrichtig[15]. Auch die fördernde Beeinflussung der Umwandlung durch Thyroxin und die Hemmung durch Thiouracil[16] konnte nicht bestätigt werden[17]. Bei intracutanen Gaben an A-Mangeltiere wird zwar das Carotin in der Leber gespeichert, aber die Tiere sterben an der Avitaminose[18]. Dagegen wird die im A-Mangelversuch am Menschen auftretende Nachtblindheit durch parenterale Zufuhr von β-Carotin geheilt[19], woraus zu schließen ist, daß zur Sehpurpurbildung Carotin verwendet bzw. in der Netzhaut unter Vitamin A-Bildung gespalten werden kann (s. S. 698).

γ) Vorkommen*.

Bei *Säugetieren, Vögeln, Reptilien* und reinen *Seefischen* (z.B. Dorsch) kommt normalerweise nur Vitamin A_1 vor (Tabelle 180). Fischfressende Arten können auch Vitamin A_2 enthalten[20], das bei reinen *Süßwasserfischen* (z.B. Weißbarsch) praktisch ausschließlich, bei *Wanderfischen* (z. B. Aal, Bachforelle, Neunauge u. a.) neben Vitamin A_1 auftritt[21,22]. Gewöhnlich wird der Quotient $Q = A_2 : A_1$ als Mengenverhältnis der beiden Vitamine angegeben (Tabelle 180). Vitamin A_2 findet man auch bei anadromen *Amphibien* wie Triturus viridescens[23] und bei Fröschen (z.B. Rana catesbiana) vor der Metamorphose, danach nur A_1[24].

Unerkannt ist bisher, welches die niedrigste Klasse der Avertebraten ist, in der A-Vitamine vorkommen[25]. *Insekten* enthalten diesen Vitamintyp nicht (Blumenkäfer, Kleidermotte, Küchenschaben, Küchenschwaben, Heuschrecken)[26,27].

---

* Eingehende Übersichten bei Bielig, H.-J.: in H.-Th. Bd. III, S. 954.

1 Olcott, H. S., and D. C. McCann: J. biol. Ch. **94**, 185 (1931/32). — 2 Euler, H. v., u. E. Klussmann: Svensk kem. T. **44**, 223 (1932). — 3 Willstaedt, H.: Enzymologia **3**, 228 (1937). — 4 Drummond, J. C., and R. J. MacWalter: Biochem. J. **27**, 1342 (1933). — Wilson, H. E. C., B. Ahmad and B. N. Mazumdar: Ind. J. med. Res. **25**, 85 (1937). — 5 Woolf, B., and T. Moore: Lancet **223**, 13 (1932). — 6 Glover, J., T. W. Goodwin and R. A. Morton: Biochem. J. **41**, 97 (1947); **43**, 109, 512 (1948). — 7 Goodwin, T. W., and R. A. Gregory: Biochem. J. **43**, 505 (1948). — 8 Krause, R. F., and H. B. Pierce: Arch. Biochem. **19**, 145 (1948). — 9 Mattson, F. H., J. W. Mehl and H. J. Deuel jr.: Arch. Biochem. **15**, 65 (1947). — Mattson, F. H.: J. biol. Ch. **176**, 1467 (1948). — 10 Bernhard, K.: Fette u. Seifen **55**, 160 (1953). — 11 Cheng, A. L. S., and H. J. Deuel jr.: J. Nutrit. **41**, 619 (1950). — Patel, S. M., J. W. Mehl and H. J. Deuel jr.: Arch. Biochem. **30**, 103 (1951). — 12 Thompson, S. Y., J. Ganguly and S. K. Kon: Brit. J. Nutrit. **1**, V (1947). — 13 Wiese, C. E., J. W. Mehl and H. J. Deuel jr.: Arch. Biochem. **15**, 75 (1947). — Stallcup, O. T., and H. A. Herman: J. Dairy Sci. **33**, 237 (1950). — 14 Kaplanskii, S., u. T. Balaba: Biochimija, Moskwa **11**, 327 (1946). — 15 Cama, H. R., and T. W. Goodwin: Biochem. J. **45**, 317 (1949). — 16 Johnson, R. M., and C. A. Baumann: J. biol. Ch. **171**, 513 (1947). — 17 Cama, H. R., and T. W. Goodwin: Biochem. J. **45**, 236 (1949). — 18 Sexton, E. L., J. W. Mehl and H. J. Deuel jr.: J. Nutrit. **31**, 299 (1946). — 19 Wald, G., H. Jeghers and J. Arminio: Amer. J. Physiol. **123**, 732 (1938). — 20 Gillam, A. E.: Biochem. J. **32**, 1496 (1938). — 21 Wald, G.: J. gen. Physiol. **22**, 391 (1939); **25**, 235, 331 (1941/42). — 22 Sakamoto, T.: J. Biochem. **32**, 437 (1940). — 23 Wald, G.: Biol. Symp. **7**, 43 (1942). — 24 Wald, G.: Biol. Bull. **91**, 239 (1946). — 25 Wald, G.: Vitamins & Hormones **1**, 214 (1943). — 26 Fox, D. L.: Ann. Rev. **16**, 443 (1947). — 27 Goodwin, T. W., and S. Srisukh: Biochem. J. **45**, 263 (1949).

Tabelle 180. **Beispiele für den durchschnittlichen Vitamin A-Gehalt tierischer Organe und Produkte***
(1 I.E. = 0,33 γ Vitamin A_1-Alkohol; Q = Verhältnis Vitamin A_2:A_1).

Organ und Tierart	I.E./g Frischgewicht
Leber und (Leberöl)	
Säugetiere:	$Q = 0$—$0{,}22$
Mensch	150—340
Kuh, Pferd, Schwein, Schaf	45—1500
Kaninchen, Hund . .	50—270
Wale	7000—30000
Vögel:	
Huhn, Ente	80—220
Möwen	900—1400
Amphibien, Reptilien:	
Frösche	170—230
Eidechsen	(56000—120000)
Seefische: . .	$Q = 0{,}14$—$0{,}17$
Heilbutt, Thunfisch .	17000—360000
Dorsch, Rotbarsch u. a.	1000—35000
Haiarten	1500—500000
Hering	900 (22500)
Süßwasser- und Wanderfische:	
Hecht	$Q = 1{,}64$—$2{,}65$
Karpfen	$Q = 0{,}25$—$0{,}69$
Flußbarsch	(8000) $Q = 2{,}20$
Aal	(13000—18000)
Lachs, Bachforelle .	$Q = 0{,}72$—$2{,}38$ 540
Seeforelle	$Q = 1{,}0$
Blutserum	
Mensch	0,7—1,6
Kuh (Weide)	1,5—2,7
Kuh (Stall)	0,3—1,7
Schaf, Ziege	0,4—1,5
Wale	3,5—5,4
Herz (und Skeletmuskel)	
Mensch	1,4 (0,5)
Ratte	0,2 (0,7)
Frosch	(0)
Niere	
Rind	13
Kaninchen	9
Lunge	
Mensch, Ratte . . .	1—3
Haut	
Mensch	1—2
Nebenniere	
Mensch	6
Ratte	49
Milz	
Mensch	1
Fettgewebe	
Rind	1
Gehirn	
Mensch	0,5
Placenta	
Mensch	0,1
Magen	
Mensch	1,5
Kaninchen	0,1
Dünndarm, Caecum	
Kaninchen	0,5—6
Spermwal	6—16
Aal	100—740
Hecht, Bachforelle .	$Q = 1{,}5$—$1{,}9$
Lachs, Seeforelle . .	$Q = 0{,}1$—$0{,}3$
Hering (Caecumöl) .	2100
Auge	
Kaninchen	24
Retina	
Rind, Schaf	1,6—3,5 je Retina
Schwein, Heilbutt .	10—100 je Retina
Dorsch, Hering . . .	2,5—24
Goldfisch	10
Flußbarsch	$Q = 2{,}3$—$2{,}5$
Karpfen	100% A_2
Bachforelle	65% A_2
Frosch	0,6—12
Pigmentepithel (und Chorioidea)	
Frosch	7
Rind	(33)

* Eingehende Übersicht mit Literaturangaben bei BIELIG, H.-J.: H.-Th. 10. Aufl. Bd. III, S. 954.

Tabelle 180. (Fortsetzung.)

Organ und Tierart	I.E./g Frischgewicht	Organ und Tierart	I.E./g Frischgewicht
Riechepithel		**Milch (und Colostrum)**	
Stier	116000	Kuh, Schwein . . .	1,4—2,1 (0,3—12)
Trockenei		Ziege	0,25—1
Huhn	44	Kaninchen	4
		Hund	8
Eidotter (und Ovarien)		Wale	25
Huhn	19		
Ente	41	**Butter**	
Möwen	97		
Rind	(22)	Kuh	s. Abb. 55
Wale	(192)		
Milch (und Colostrum)		**Fettkäse**	
Mensch	0,2—6	Kuh (Sommer) . . .	14—28
	(3—6)	Kuh (Winter) . . .	7—13

Crustaceen (z.B. Euphausia superba, Palaemon serratus, Penaeus foliaceus) weisen demgegenüber bis zu 6 I.E. Vitamin A je g Frischgewicht vorwiegend im Exoskelet auf[1], kaum dagegen andere Organismen des Zooplanktons[2]. Ferner findet sich Vitamin A in den Augen des Hummers und neben A_1-Aldehyd im Süßwasserkrebs[3]. Bei den *Mollusken* fällt die Netzhaut des Tintenfisches (Loligo pealii) durch ihren Gehalt an 2γ Vitamin A_1 und etwa 5γ Vitamin A_1-Aldehyd auf[4].

Das Hauptspeicherorgan der Wirbeltiere ist die Leber (Tabellen 178 und 180). Sie enthält, offenbar in den KUPFFERschen Sternzellen angehäuft[5,6], bei der Ratte mehr als 95%, beim Menschen 70—85%, bei den meisten anderen Säugetieren 20—70% des Gesamtvitamin A-Gehaltes im Körper[7]. Hunde speichern etwa gleichgroße Mengen im Depotfett[7], A-avitaminotische Ratten zuerst in der Niere[8]. Die größten natürlichen Vitamin A-Vorkommen bilden die Leber- und Eingeweideöle (Caecumöl) der Wale, Knorpel- und Knochenfische (Tabelle 180), deren Gehalt durch die Fettmenge mitbestimmt wird[9], sowie die Leber des Polarbären (vgl. S. 705). Aus 2000 Walen erhält man rund 4,5 Tonnen Vitamin A-Konzentrat. Heilbutt und Haiarten (Ophidion elongatus) können bis 170 g Vitamin A je kg Leberöl aufweisen, Dorschleber 1,7 g/kg und Flußbarschleber etwa 0,25 g A_1 und 0,25 g A_2 je kg Leber. Ein guter Medizinallebertran soll je g 1000—2000 I.E. Vitamin A enthalten[10]. Die A-Vitamine liegen in den Fischleberölen zu 95%, in den Eingeweideölen, und zwar in der Tunica propria[11], zu 60—70% als Ester höherer Fettsäuren (insbesondere Palmitinsäure[12,13]), zum

[1] KON, S. K., and S. Y. THOMPSON: Arch. Biochem. **24**, 233 (1949). — FISHER, L. R., S. K. KON and S. Y. THOMPSON: Biochem. J. **49**, XV (1951). — [2] WOOLLEY, D. W., and J. R. MCCARTER: Proc. Soc. exp. Biol. Med. **45**, 357 (1940). — [3] GRANGAUD, R., et R. MASSONET: Cr. **227**, 568 (1948). — [4] WALD, G.: Amer. J. Physiol. **133**, 479 (1941). — BLISS, A. F.: J. biol. Ch. **176**, 563 (1948). — [5] POPPER, H., and R. GREENBERG: Arch. Path., Chicago **32**, 11 (1941). — GREENBERG, R., and H. POPPER: J. cellul. comp. Physiol. **18**, 269 (1941). — [6] COX, A. J.: Proc. Soc. exp. Biol. Med. **47**, 333 (1941). — GLOVER, J., and R. A. MORTON: Biochem. J. **43**, XII (1948). — [7] WILLIAMS, R. J.: Vitamins & Hormones **1**, 229 (1943). — [8] EDEN, E., and T. MOORE: Biochem. J. **49**, 77 (1951). — [9] PHILLIPS, E. H.: Australas. J. Pharmacy **28**, 873 (1947). — [10] FIXSEN, M. A. B., and M. H. ROSCOE: Nutrit. Abstr. Rev. **7**, 823 (1937/38). — [11] GLOVER, J., and R. A. MORTON: Biochem. J. **42**, LXIII (1948). — [12] TISCHER, A. O.: J. biol. Ch. **125**, 475 (1938). — LOVERN, J. A., and R. A. MORTON: Biochem. J. **33**, 330 (1939). — [13] GRAY, E. LE B., K. C. D. HICKMAN and E. F. BROWN: J. Nutrit. **19**, 39 (1940).

Teil proteingebunden, vor[1]. Der Anteil an dem cis-Isomeren Neovitamin A_1 beträgt je nach Tierart 18—55% [2]. Auch in der Säugetierleber ist der größte Teil des A-Vitamins verestert, wobei die Speicherfähigkeit von der Art der verabreichten Vitamin A-Ester mit der Nahrung abhängt[3].

Weibliche Tiere legen größere A-Vorräte an als männliche (Ratte, Rind)[4,5]. Relativ niedrige Werte findet man bei Raubtieren, relativ höhere als bei Säugern unter den Vögeln (Raubvögel, Möwen)[6]. Neugeborene haben nur etwa 20% des A-Gehaltes je Gewichtseinheit Leber wie die Mutter (Mensch[7], Kalb[8]). Freilandtiere verlieren in der Gefangenschaft großenteils ihre Leberreserven[9]. In Lebertumoren und unter der Wirkung carcinogener Substanzen ist der Gehalt geringer als im normalen Lebergewebe[10].

Unter den *übrigen Organen und Körperflüssigkeiten*, bei denen man das A-Vorkommen an der grünen Fluorescenz mikroskopisch im UV-Licht erkennen kann[11], fallen das Transportsystem (Lymphe, Blutserum, S. 690), Netzhaut und Pigmentepithel (Beziehungen zum Sehvorgang, S. 697), ferner Niere (insbesondere beim Frosch[12]) und Nebenniere durch relativ hohe Vitamin A-Gehalte auf (Tabelle 180). Von besonderer ernährungsphysiologischer Bedeutung erscheint die Vitamin A-Aktivität in Milch (Butter), Colostrum und Eiern. In allen diesen Fällen ist das Vorkommen des A-Vitamins eng mit dem der Carotinoide (Provitamine A) verknüpft, so daß sich eine gemeinsame Besprechung rechtfertigt.

Von den rund 50 im Pflanzenreich verbreiteten Carotinoiden[13] sind, ohne Berücksichtigung ihrer wirksamen cis-Isomeren, nur 9 all-trans-Carotinoide ***Provitamine A*** (relative biologische Wirksamkeit s. S. 676). Von diesen sind β-Carotin und das es meist begleitende α-Carotin bei weitem am häufigsten und wichtigsten, dann folgt Kryptoxanthin, die Vitamin A-Quelle der gelben Mais verzehrenden Völker[14]. Myxoxanthin[15] und Aphanin[16] aus Algen, Echinenon aus Wirbellosen[17] und Torularhodin[18] aus roter Hefe haben nur untergeordnete Bedeutung. In Tabelle 181 sind die Provitamin A-Gehalte einiger Nahrungsmittel und tierischer Organe zusammengestellt. Hinsichtlich der *Pflanzencarotine* ist das reichliche Vorkommen in allen chlorophyllführenden Teilen bemerkenswert, in denen sie mit dem Chlorophyll an Proteinträger (Plastine)[19] gebunden sind. Auch das Carotin der Möhre liegt in den Chromoplasten proteingebunden vor[20]. Früchte und Beeren sind wesentlich ärmer an Provitaminen A. Aus dem Gehalt selbst läßt sich jedoch nicht ohne weiteres auf Wirksamkeit als A-Quelle schließen, da die Auswertung je nach dem Aufschlußgrad der Nahrung und anderen Faktoren recht verschieden ist (vgl. S. 687).

Die Provitamine A sind im pflanzlichen Material von einer mehr oder weniger großen Zahl weiterer Polyenfarbstoffe begleitet. Im Wirbeltierkörper findet nun eine *auswählende Speicherung* statt[21]. Carotintiere nennt man solche,

---

[1] LOVERN, J. A., J. R. EDISBURY and R. A. MORTON: Nature **140**, 276 (1937). — [2] ROBESON, C. D., and J. G. BAXTER: Am. Soc. **69**, 136 (1947). — [3] GRAY, E. LE B., K. C. D. HICKMAN and E. F. BROWN: J. Nutrit. **19**, 39 (1940). — [4] ENDER, F.: Z. Vit.-Forsch. **3**, 247 (1934). — [5] WITH, T. K.: Vitamine u. Hormone **3**, 254 (1943). — [6] KARRER, P., H. v. EULER u. K. SCHÖPP: Helv. **15**, 493 (1932). — JENSEN, H. B., and T. K. WITH: Biochem. J. **33**, 1771 (1939). — [7] WITH, T. K.: Vitamine u. Hormone **1**, 264 (1941). — [8] WANNTORP, H.: Coll. pharmaceut. suecica **2**, 297 (1947). — [9] HOLMES, A. D., F. TRIPP and G. H. SATTERFIELD: Amer. J. Physiol. **123**, 693 (1938). — [10] BURK, D., and R. J. WINZLER: Vitamins & Hormones **2**, 305 (1944). — [11] POPPER, H.: Physiol. Rev. **24**, 205 (1944). — [12] MORTON, R. A., and D. G. ROSEN: Biochem. J. **45**, 612 (1949). — [13] s. Bd. **1**, S. 459. — [14] KUHN, R., u. C. GRUNDMANN: B. **67**, 593 (1934). — [15] HEILBRON, I. M., and B. LYTHGOE: Soc. **1936**, 1376. — [16] TISCHER, J.: H. **260**, 257 (1939). — [17] LEDERER, E.: Bull. Soc. Chim. biol. **20**, 590 (1938). — [18] KARRER, P., u. J. RUTSCHMANN: Helv. **29**, 355 (1946). — [19] STOLL, A., u. E. WIEDEMANN: Fortschr. chem. Forsch. **2**, 538 (1952). — [20] STRAUS, W.: Helv. **25**, 179 (1942). — [21] ZECHMEISTER, L.: Ergebn. Physiol. **39**, 117 (1937).

die wie Pferd und Rind vorwiegend Carotine (Polyenkohlenwasserstoffe) ablagern, Xanthophylltiere (vor allem Vögel und Fische) solche, die bevorzugt Polyenalkohole aufnehmen. Beide Polyentypen werden von den meisten Säugetieren, dem Menschen sowie Amphibien und Reptilien gespeichert. Einige Wirbeltiere (z. B. Schwein, Katze, Ziege) enthalten nur in der Netzhaut, sonst kaum Lipochrome.

Tabelle 181. Durchschnittlicher Provitamin A-Gehalt einiger Nahrungsmittel und tierischer Organe (Angaben in mg β-Carotin je kg Frischgewicht).

Pflanzliche Produkte		Tierische Produkte	
Rotes Palmöl [Carotin] . . .	650	Corpora rubra (Kuh) . . .	1200
Karotten, Möhren	100	Corpus luteum (Kuh) . . .	60
Spinat	80	Netzhaut (Rind)	5
Kopfsalat, Kresse	50	Iris (Huhn) [Kryptoxanthin]	10
Grünkohl	40	Eidotter (Huhn)	4
Klee	30	Gesamtei (Regenbogenforelle)	35
Mangold	16	Ovarien (Frosch)	7
Rosenkohl.	12	Leber (Mensch)	1
Erbsen	5	„ (Pferd)	0,5
Kohlrabi	2	Fett (Rind).	10
Tomaten	12	Milch (Mensch)	0,1
Pfirsiche, Kirschen	7	„ (Kuh, Sommer) . . .	0,3
Orangen	4	Colostrum (Mensch)	1,5
Paprika (rote Fruchthaut) .	500	„ (Kuh)	2,5
Sanddornbeeren [β-Carotin + Kryptoxanthin]	60	Butter (Kuh, Jahresmittel) .	5
Hagebutten	50	Blutserum (Mensch)	0,2—1
Heidel-, Brombeeren	10	„ (Kuh)	2—13
Mais, gelb [Kryptoxanthin] .	5	„ (Huhn).	10
Weizen	40		
Kartoffeln.	0,2		

Die *carotinreichsten Organe der Säugetiere* sind die Corpora rubra und lutea der Kuh[1]; ob hier auch Vitamin A vorkommt, ist nicht bekannt. Ihnen folgen Augengewebe (Retina, Pigmentepithel, Iris)[2], Fettgewebe (bei Carotintieren) und Haut, Milchfett und Blutserum, in denen Provitamine A und Vitamin A vergesellschaftet sind. Im Gegensatz zum Vitamin A (s. S. 661) speichert die *Leber* relativ wenig Carotinoide, was auf carotinoidabbauende Fähigkeiten hindeutet[3]. Eine Ausnahme macht die Walleber, die reichlich Astaxanthin enthält, das mit dem A-Vitamin aus Crustaceen aufgenommen wird[4]. Je Gewichtseinheit Leber verhält sich der Gesamtcarotinoidgehalt bei Frosch : Mensch : Schwein wie 300 : 10 : 1,5[5].

Das *Blut* enthält Carotine und Vitamin A im Serum, beide an Lipoproteid gebunden[6]. Der Gehalt, welcher beim Menschen normalerweise etwa 75—150 γ

[1] KUHN, R., u. H. BROCKMANN: H. **206**, 41 (1932). — [2] BIELIG, H.-J., u. L. BUSCH: H. **280**, 56 (1944). — [3] HOLMAN, R. T., and S. BERGSTRÖM: Sumner-Myrbäck Bd. II/1, S. 559. — [4] BURKHARDT, G. N., I. M. HEILBRON, H. JACKSON, E. G. PARRY and J. A. LOVERN: Biochem. J. **28**, 1698 (1934). — DRUMMOND, J. C., and R. J. MACWALTER: J. exp. Biol. **12**, 105 (1935). — [5] ZECHMEISTER, L.: Ergebn. Physiol. **39**, 117 (1937). — [6] DZIALOSZYNSKI, L. M., E. M. MYSTKOWSKI and C. P. STEWART: Biochem. J. **39**, 63 (1945).

(125—250 I.E.) Carotin und 25—30 γ (75—100 I.E.) Vitamin A beträgt[1], hängt von den resorbierten Mengen ab (Kuh)[2,3] und bezüglich des A-Vitamins von der Speicherfähigkeit der Leber (s. S. 661). Es ist daher verständlich, daß der Carotinspiegel größeren Schwankungen als der Vitamin A-Spiegel ausgesetzt ist (Übersichten bei verschiedenen Krankheiten s.[4]). Männer haben höhere A-Werte, Frauen höhere Carotinwerte im Serum[7]. Kühe (Carotintiere) weisen praktisch nur Carotin im Serum auf, der Mensch 10—50% der Gesamtcarotinoide[8].

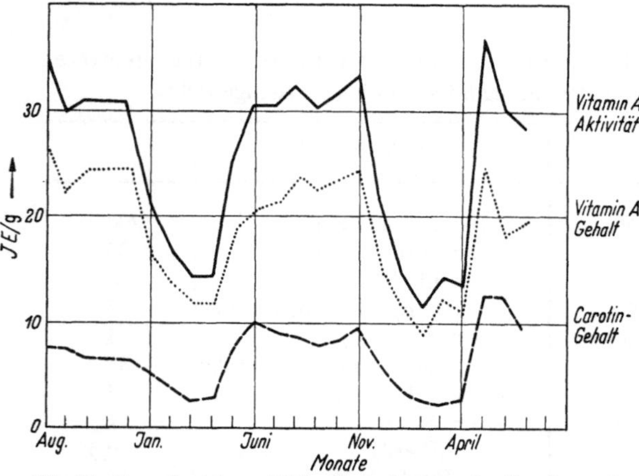

Abb. 55. Normale jahreszeitliche Veränderungen im Carotin- und Vitamin A-Gehalt des Butterfettes[5].

Der *Gehalt des Milchfettes* der Kuh an Carotinoiden und A-Vitaminen schwankt jahreszeitlich je nach Verfütterung von carotinreichem Grünfutter und Silage oder von carotinarmem Trockenfutter (Abb. 55 u. 56). Sommerbutter weist daher rund das 3fache an Vitamin A-Aktivität wie Winterbutter auf[5]. Die Normalwerte liegen bei 10—60 I.E./g[9]. Bei hohem Gehalt der Nahrung an Carotinen gehen 3,3%, bei niederem 1,3% der A-Wirksamkeit in die Butter[10]. Weitere beeinflussende Faktoren sind Rasse, Stadium der Lactation und Vererbung (Untersuchung eineiiger Rinderzwillinge)[11]. Der Carotinanteil beträgt $^1/_3$ bis $^1/_4$ der Gesamtaktivität[12]. In der Kuhmilch liegen etwa 90% der Carotinoide als Carotin vor[13], das A-Vitamin zu fast 100% verestert[3,13].

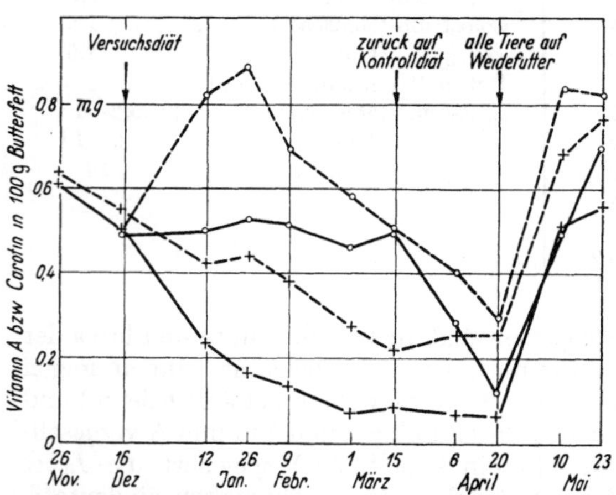

Abb. 56. Einfluß verschiedener Ernährung auf den Carotin- und Vitamin A-Gehalt im Butterfett[6]. Normales Stallfutter (Kontrolldiät): Carotin +——+; Vitamin A +— —+; Carotinreiches Trockenfutter (Versuchsdiät): Carotin o——o; Vitamin A o— —o.

Frauenmilch kann bei annähernd gleichem Carotingehalt (20—30% der Gesamtcarotinoide[14]) bis 4mal soviel

[1] HUME, E. M., and H. A. KREBS: Med. Res. Counc. spec. Rep. Ser. Nr. 264, 1949. — [2] BRAUN, W.: J. Nutrit. **29**, 61, 73 (1945). — [3] GOODWIN, T. W., and A. A. WILSON: Biochem. J. **49**, 499 (1951). — [4] MOORE, T., and I. M. SHARMAN: Brit. J. Nutrit. **5**, 119 (1951). — [5] LORD, J. W.: Biochem. J. **39**, 372 (1945). — [6] HEILBRON, I. M., and A. E. GILLAM: Nature **139**, 657 (1937). — [7] MOORE, T., I. M. SHARMAN and R. J. WARD: Biochem. J. **52**, XII (1952). — [8] WITH, T. K.: Vitamine u. Hormone **1**, 429 (1941). — [9] HAAS, J. H. DE, u. O. MEULEMANS: Z. Vit.-Forsch. **7**, 1 (1938). — [10] DEUEL, H. J. jr., N. HALLIDAY, L. F. HALLMAN, C. JOHNSTON and A. J. MILLER: J. biol. Ch. **139**, 479 (1941). J. Nutrit. **22**, 303 (1941). — [11] WINZENRIED, H. U., u. H. WANNTORP: Int. Z. Vit.-Forsch. **20**, 134 (1948). — [12] ASHWORTH, U. S., M. MCGREGOR and H. A. BENDIXEN: Washington agric. Exp. Stat. Bull. Nr. **466** (1945). — [13] PARRISH, D. B., G. H. WISE and J. S. HUGHES: J. biol. Ch. **167**, 673 (1947). — [14] WILLSTAEDT, H., u. T. K. WITH: H. **253**, 40, 133 (1938).

A-Vitamin wie Kuhmilch enthalten[1]. Im *Colostrum* findet man rund das 10fache an A-Vitamin (ebenfalls vollständig verestert[2]) und das 5—6fache an Carotin wie in Milch (Kuh, Mensch)[3-5]. Der Carotingehalt kann in den ersten Tagen der Lactation relativ höher als der A-Gehalt sein, erreicht mit diesem am 3.—4. Tage sein Maximum und sinkt innerhalb 10—15 Tagen zum Normalwert ab[3,5]. Auffallend niedrige Carotinwerte werden im Schweinecolostrum und in der Milch von Esel, Ziege, Schaf u. a. gefunden, was auf vollständige Umwandlung in A-Vitamin hindeutet[6].

Bei den *Fischen*[7] findet man Carotinoide vorwiegend in Haut (Xanthophyll-, Astaxanthinester)[8], Leber und Muskulatur (z. B. Astaxanthin bei Lachs und Forelle[9]) sowie Eiern[10]. Vögel[11,12] speichern Oxycarotinoide (Xanthophylle, Rhodoxanthin) und deren Abbauprodukte (Picofulvin, Kanarienxanthophyll) nahrungsabhängig in Gefieder[13] und Eiern[14,15], ferner in Fuß-, Körperhaut[14] und Fett[16]. Der Carotin- und Vitamin A-Gehalt im Eidotter entspricht etwa dem der Butter[17]. Zugeführtes A-Vitamin wird zu 11—32% im Dotter wiedergefunden, und zwar fast vollständig unverestert[18]. Amphibien und Reptilien verhalten sich den Vögeln ähnlich[7].

Über die Mannigfaltigkeit von Polyenen bei Wirbellosen, wo vielfach Bindung an Eiweiß vorliegt (z. B. das Astaxanthinproteid Ovoverdin in Hummereiern[19]), vgl. BIELIG[20]. Zum Vorkommen in Bakterien, Hefen, niederen Pilzen und Protozoen[21]).

δ) Konstitution, Nomenklatur, Stereoisomere, chemische und physikalische Eigenschaften.

Entsprechend ihrer konstitutionsspezifischen Bildung im Tierkörper (s. S. 657) schließen sich die A-Vitamine in Aufbau und vielen Eigenschaften eng an die Carotinoide an. Sie wurden daher im Zusammenhang mit diesen in Bd. **1**, S. 479 besprochen. Eine Übersicht wichtiger Daten der A-Vitamine, ihrer Oxydations- und Isomerisationsprodukte gibt, einschließlich der biologischen Aktivität, Tabelle 182 (vgl. a. Tabelle 175, S. 636). Die Absorptionsspektren, welche im Gegensatz zu den Carotinoiden nur 1—2 Banden aufweisen, findet man in den Abb. 57 u. 58. Aufgeklärt wurde in neuerer Zeit außer der Konstitution von *Vitamin* A_2[22], diejenige des aus Leberölen isolierten[23], früher als „cyclisiertes

[1] HAAS, J. H. DE, u. O. MEULEMANS: Z. Vit.-Forsch. **7**, 1 (1938). — [2] PARRISH, D. B., G H. WISE and J. S. HUGHES: J. biol. Ch. **167**, 673 (1947). — [3] SUTTON, T. S., H. E. KAESER and P. A. SOLDNER: J. Dairy Sci. **28**, 933 (1945). — [4] LUECKE, R. W., C. W. DUNCAN and R. E. ELY; JONES, E., A. J. GREENE and C. TULL: Arch. Biochem. **13**, 277 (1947). — [5] LESHER, M., J. K. BRODY, H. H. WILLIAMS and I. G. MACY: J. amer. dietet. Ass. **23**, 211 (1947). — [6] GOODWIN, T. W., and R. A. GREGORY: Biochem. J. **43**, 505 (1948). — [7] FOX, D. L.: Ann. Rev. **16**, 443 (1947). — [8] LEDERER, E.: Bull. Soc. Chim. biol. **20**, 554 (1938). — [9] SÖRENSEN, N. A.: H. **235**, 8 (1935). — STEVEN, D. M.: J. exp. Biol. **25**, 369 (1948). — [10] HARTMANN, M., F. Graf MEDEM, R. KUHN u. H.-J. BIELIG: Z. Naturforsch. **2b**, 330 (1947). — [11] VÖLKER, O.: J. Ornithol., Leipzig **93**, 122 (1952). — [12] VÖLKER, O.: H. **290**, 223 (1952). — [13] BROCKMANN, H., u. O. VÖLKER: H. **224**, 193 (1934). — VÖLKER, O.: Naturwiss. **37**, 309 (1950). — [14] KUHN, R., u. H. BROCKMANN: H. **206**, 41 (1932). — [15] BROWN, W. L.: J. biol. Ch. **110**, 91 (1935); **122**, 655 (1938). — SJOLLEMA, B., and W. F. DONATH: Biochem. J. **34**, 736 (1940). — [16] ZECHMEISTER, L., u. P. TUZSON: H. **225**, 189 (1934). — [17] GILLAM, A. E., and I. M. HEILBRON: Biochem. J. **29**, 1064 (1935). — [18] NEFF, A. W., D. B. PARRISH, J. S. HUGHES and L. F. PAYNE: Arch. Biochem. **21**, 315 (1949). — [19] STERN, K. G., and K. SALOMON: J. biol. Ch. **122**, 461 (1937/38). — KUHN, R., u. N. A. SÖRENSEN: B. **71**, 1879 (1938). — [20] BIELIG, H.-J.: H.-Th. 10. Aufl. Bd. III, S. 954. — [21] LANEN, J. M. VAN, and F. W. TANNER jr.: Vitamins & Hormones **6**, 163 (1948). — [22] FARRAR, K. R., J. C. HAMLET, H. B. HENBEST and E. R. H. JONES: Chem. & Industr. **1951**, 49. — [23] EMBREE, N. D.: J. biol. Ch. **128**, 187 (1939).

Tabelle 182. **Konstitution und Eigenschaften**

Gruppe	Name	Bruttoformel	Strukturformel	Schmelzpunkt °C
Alkohole	Vitamin A_1 all-trans	$C_{20}H_{30}O$	Ring (5, 1; CH_3, CH_3, CH_3)–$\overset{7}{C}H$=CH–$\overset{9}{C}(CH_3)$=CH–$\overset{11}{C}H$=CH–$\overset{13}{C}(CH_3)$=CH–$\overset{15}{C}H_2OH$	64
	Δ^{13}-cis (Neovitamin A_1)		Ring (CH_3, CH_3, CH_3)–CH=CH–$C(CH_3)$=CH–CH=CH–$C(CH_3)$=CH–CH_2OH	60
	Rehydrovitamin A	$C_{20}H_{30}O$	Ring (H_3C, CH_3, CH_3)=CH–CH=$C(CH_3)$–CH=CH–CH=$C(CH_3)$–CH_2–CH_2OH	—
	Vitamin A_1-Epoxyd (Hepaxanthin)	$C_{20}H_{30}O_2$	Ring (5, 6; H_3C, CH_3, CH_3)–$\overset{7}{C}H(O^-)$–$\overset{8}{C}H^+$–$C(CH_3)$=CH–CH=CH–$C(CH_3)$=CH–CH_2OH	—
	Vitamin A_2	$C_{20}H_{28}O$	Ring (H_3C, CH_3, CH_3)–CH=CH–$C(CH_3)$=CH–CH=CH–$C(CH_3)$=CH–CH_2OH	—
	Subvitamin A	—	—	—
	$Kitol_1$	$C_{40}H_{60}O_2$	Ring (H_3C, CH_3, CH_3)–$(CH{=}CH{-}C(CH_3){=}CH)_2$–$\overset{15}{C}H(OH)$–$\overset{15'}{C}H(OH)$–$(CH{=}C(CH_3){-}CH{=}CH)_2$–Ring ($H_3C$, CH_3, H_3C)	90—100
Aldehyde	$Retinin_1$ (Vitamin A_1-Aldehyd) all-trans	$C_{20}H_{28}O$	Ring (5, 1; CH_3, CH_3, CH_3)–$\overset{7}{C}H$=CH–$\overset{9}{C}(CH_3)$=CH–$\overset{11}{C}H$=CH–$\overset{13}{C}(CH_3)$=CH–$\overset{15}{C}HO$	62
	Δ^{13}-cis- (Neoretinin$_1$; Neo-a)		Ring (CH_3, CH_3, CH_3)–CH=CH–$C(CH_3)$=CH–CH=CH–$C(CH_3)$=CH–CHO	75
	Δ^{9}-cis- (Neoretinin b)		Ring (H_3C, CH_3, CH_3)–CH=CH–$C(H_3C)$=CH–CH=CH–$C(H_3C)$=CH–CHO	60

* Literatur zur Konstitution und Synthese s. [4]. —

[1] BAXTER, J. G., and C. D. ROBESON: Am. Soc. **64**, 2411 (1942). — [2] CAWLEY, J. D., C. D. ROBESON, L. WEISLER, E. M. SHANTZ, N. D. EMBREE and J. G. BAXTER: Science, N. Y. **107**, 346 (1948). — [3] ISLER, O., W. HUBER, A. RONCO u. M. KOFLER: Helv. **30**, 1911 (1947). — [4] BAXTER, J. G.: Fortschr. Chem. org. Naturstoffe **9**, 41 (1952). — [5] ISLER, O., A. RONCO, W. GUEX, N. C. HINDLEY, K. DIALER u. M. KOFLER: Helv. **32**, 489 (1949). — [6] SHANTZ, E. M., J. D. CAWLEY and N. D. EMBREE: Am. Soc. **65**, 901 (1943). — [7] HARRIS, P. L., S. R. AMES and J. H. BRINKMAN: Am. Soc. **73**, 1252 (1951). — [8] ROBESON, C. D., and J. G. BAXTER: Nature **155**, 300 (1945). Am. Soc. **69**, 136 (1947). — [9] DALVI, P. D., and R. A. MORTON: Biochem. J. **50**, 43 (1952). — [10] SHANTZ, E. M.: J. biol. Ch. **182**, 515 (1950). — [11] EULER, H. v., P. KARRER u. A. ZUBRYS: Helv. **17**, 24 (1934). — KARRER, P., u. E. JUCKER: Helv. **28**, 717 (1945). — [12] SHANTZ, E. M., and J. H. BRINKMAN: J. biol.

der A-Vitamine und verwandter Verbindungen*.

λ_{max} mμ und $\left(E^{1\%}_{1\,cm}\right)$	Charakteristik: Krystallform, Löslichkeit, optische Aktivität; $SbCl_3$-Blaureaktion $\left(\lambda_{max}\ m\mu \text{ und } E^{1\%}_{1\,cm} \text{ in } CHCl_3\right)$	Relative molare biologische Wirksamkeit (Ratte) all-trans Vitamin A_1=1	Literatur zu Eigenschaften (E) und Absorptionsspektren (A)
325 (1830) Äthanol 328 (1720) Äthanol 328 (1550) Cyclohexan 333 (1260) Chloroform	Schwach gelbe, dicke Nadeln (Äthylformiat), Abb. s. [4]. Optisch inaktiv; $SbCl_3$: 620 (4400). — *Vitamin A_1-Acetat*: F 58°; $E^{1\%}_{1\,cm}$ 1561 bei 325—326 mμ; $SbCl_3$: 620 (4580) u. a. Ester [5]. — *Anhydrovitamin A_1*: F 77°; 391, 370, 352 mμ ($E^{1\%}_{1\,cm}$ 2540, 3680, 3200) [6] Abb. 57	1,0	E [1–3]; A und Infrarotspektrum [3] (Abb. 57)
328 (1690) Äthanol 327 (1600) Chloroform	Hellgelbe feine Nadeln (Äthylformiat), Abb. s. [4]. Optisch inaktiv; $SbCl_3$: 620 (4400)	0,7—0,85 [7]	E [2, 8, 9]; A und Infrarotspektrum [8]
330, 351, 369 Äthanol	$SbCl_3$: 612	0,1	E [10]
275 (470—500)	Gelbes Öl. $SbCl_3$: 575 (alter Name 574 mμ-Chromogen)	0	E [11]
287 (820); 351 (1460) Äthanol	Visköses, orangefarbenes Öl. $SbCl_3$: 693 (4100); Ester [13, 16]. — *Anhydrovitamin A_2* [13, 17]: F 89,5°; 391, 370, 352 mμ ($E^{1\%}_{1\,cm}$ 2040, 2090, 2620) Abb. 57. $SbCl_3$: 620 (5500)	0,4 [12]	E [13–15]; A [13]; (Abb. 57)
290 (180) Äthanol	Rotes Öl; $SbCl_3$: 617 (310)	?	E [18]
290 (707) Chloroform	Farblose, längliche Prismen (Methanol), $[\alpha]^{25}_{546,1}$ = —1,35° ($CHCl_3$). $SbCl_3$: 428, (505), (580) mμ [21]	0	E [19, 20]; A [19]
385 (1400) Äthanol 373 (1548) Cyclohexan 389 (1303) Chloroform	Orangerote Krystalle (Petroläther), Abb. s. [4]; $SbCl_3$: 664 (3400)		E [22, 23]; A [23] (Abb. 58)
376 (1198) Äthanol	Nicht angegeben; $SbCl_3$: 666 (3780) [24]		E [24, 25]
377 (930) Äthanol	Gelbe Platten (Petroläther). $SbCl_3$: 666 (3780) [24]	1,0	E [24, 25]

Ch. **183**, 467 (1950). — [13] SHANTZ, E. M.: Science, N. Y. **108**, 417 (1948). — [14] FARRAR, K. R., J. C. HAMLET, H. B. HENBEST and E. R. H. JONES: Chem. & Industr. **1951**, 49. — [15] CAMA, H. R., P. D. DALVI, R. A. MORTON, M. K. SALAH, G. R. STEINBERG and A. L. STUBBS: Biochem. J. **52**, 535 (1952). — [16] KARRER, P., u. P. SCHNEIDER: Helv. **33**, 38 (1950). — [17] EMBREE, N. D., and E. M. SHANTZ: J. biol. Ch. **132**, 619 (1940). — [18] EMBREE, N. D., and E. M. SHANTZ: Am. Soc. **65**, 906 (1943). — [19] EMBREE, N. D., and E. M. SHANTZ: Am. Soc. **65**, 910 (1943). — [20] CLOUGH, F. B., H. M. KASCHER, C. D. ROBESON and J. G. BAXTER: Science, N. Y. **105**, 436 (1947). — [21] CHATAIN, H., et M. DEBODARD: Cr. **233**, 105 (1951). — [22] ARENS, J. F., et D. A. VAN DORP: Recu. Trav. chim. Pays-Bas **68**, 604 (1949). — [23] BALL, S., T. W. GOODWIN and R. A. MORTON: Biochem. J. **42**, 516 (1948). — [24] HUBBARD, R., R. I. GREGERMAN and G. WALD: J. gen. Physiol. **36**, 415 (1953). — [25] GRAHAM, W., D. A. VAN DORP et J. F. ARENS: Recu. Trav. chim. Pays-Bas **68**, 609 (1949).

Tabelle 182.

Gruppe	Name	Bruttoformel	Strukturformel	Schmelzpunkt °C
Aldehyde	mono-cis (Isoretinin a)		—	64,5
	Retinin₂ (Vitamin A_2-Aldehyd)	$C_{20}H_{26}O$	H_3C CH_3 Ring—CH=CH—C(CH_3)=CH—CH=CH—C(CH_3)=CH—CHO; CH_3	78
Carbonsäuren	Vitamin A_1-Säure, all-trans	$C_{20}H_{28}O_2$	CH_3 Ring(CH_3, CH_3)—CH=CH—C(CH_3)=CH—CH=CH—C(CH_3)=CH—COOH	181,5
	Δ^{13}-cis- (Neovitamin A_1-Säure)		CH_3 Ring(CH_3, CH_3)—CH=CH—C(CH_3)=CH—CH=CH—C(CH_3)=CH (COOH)	146

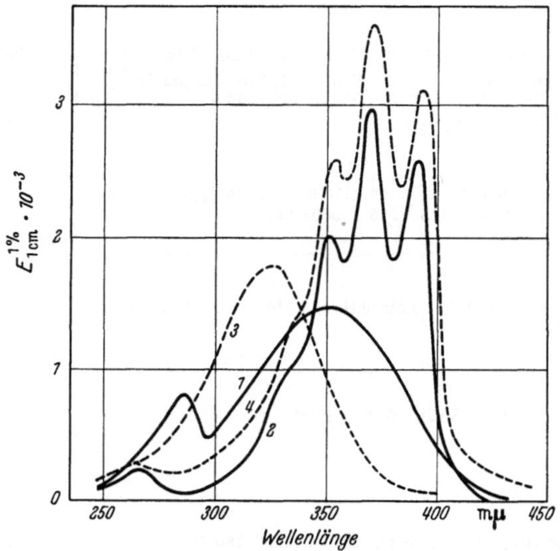

Abb. 57. Absorptionsspektren in Äthanol[1]: ----- 3 Vitamin A_1; ----- 4 Anhydrovitamin A_1; —— 1 Vitamin A_2; —— 2 Anhydrovitamin A_2.

A-Vitamin“ bezeichneten *Anhydrovitamin A_1* (Formel I, S. 670) als Kohlenwasserstoff $C_{20}H_{28}$[2]. Es bildet sich aus Vitamin A_1 durch Wasserabspaltung mit Säuren[3]. Entsprechend entsteht das Anhydrovitamin A_2, das wie ersteres durch ein mehrbandiges Spektrum (Abb. 57) ausgezeichnet ist. Beide Anhydrovitamine dienen zur Charakterisierung und Bestimmung der A-Vitamine (s. S. 709). Bei partieller katalytischer Hydrierung geht Anhydrovitamin A_1 in *Axerophthen*

[1] SHANTZ, E. M.: Science, N. Y. **108**, 417 (1948). — [2] KARRER, P., u. R. SCHWYZER: Helv. **31**, 1055 (1948). — [3] SHANTZ, E. M., J. D. CAWLEY and N. D. EMBREE: Am. Soc. **65**, 901 (1943).

(Fortsetzung.)

λ_{max} mμ und $\left(E^{1\%}_{1\,cm}\right)$	Charakteristik: Krystallform, Löslichkeit, optische Aktivität; $SbCl_3$-Blaureaktion $\left(\lambda_{max}\text{ m}\mu \text{ und } E^{1\%}_{1\,cm} \text{ in } CHCl_3\right)$	Relative molare biologische Wirksamkeit (Ratte) all-trans Vitamin $A_1 = 1$	Literatur zu Eigenschaften (E) und Absorptionsspektren (A)
374 (1270) Äthanol	Über weitere Stereoisomere, z. B. Isoretinin b (di-cis-Retinin$_1$) und sterisch gehinderte cis-Formen, s. [1]		E[1]
386 (1440) Cyclohexan	Neben der hochschmelzenden (all-trans-Form?) wurde ein Isomeres vom F 61° erhalten. $SbCl_3$: 705 (3270)		E[2]; A[2]
353 (1510) Äthanol	Gelbe Platten (Methanol), Abb. s. [3]	0,1—1,0	E[4,5]; A[4]; (Abb. 58)
347 (1600)	Gelbe Krystalle, Abb. s. [3]		E[6]; A[6]

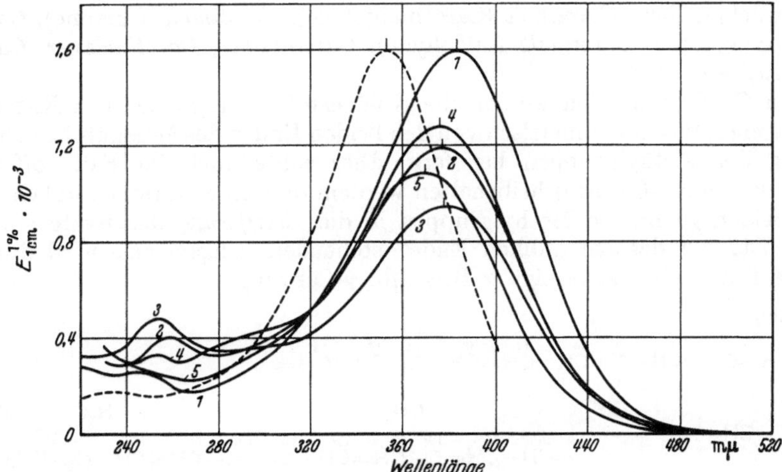

Abb. 58. Absorptionsspektren von all-trans-Retinin$_1$, dessen Stereoisomeren und all-trans-Vitamin A-Säure[1,4]. —— Retinin$_1$ (*1* all-trans, *2* Neoretinin a = 13-cis, *3* Neoretinin b = 9-cis, *4* Isoretinin a = mono-cis, *5* Isoretinin b = di-cis); ----- Vitamin A-Säure.

(Formel II, S. 670), den nicht krystallisierten Grundkohlenwasserstoff der Vitamin A-Reihe über[7]; im Tierkörper entsteht durch Wasseranlagerung Rehydrovitamin A_1 (Formel in Tabelle 182)[8].

[1] HUBBARD, R., R. I. GREGERMAN and G. WALD: J. gen. Physiol. **36**, 415 (1953). — [2] CAMA, H. R., P. D. DALVI, R. A. MORTON, M. K. SALAH, G. R. STEINBERG and A. L. STUBBS: Biochem. J. **52**, 535 (1952). — [3] BAXTER, J. G.: Fortschr. Chem. org. Naturstoffe **9**, 41 (1952). — [4] WENDLER, N. L., H. L. SLATES, N. R. TRENNER and M. TISHLER: Am. Soc. **73**, 719 (1951). — [5] DORP, D. A. VAN, et J. F. ARENS: Recu. Trav. chim. Pays-Bas **65**, 338 (1946). — [6] INHOFFEN, H. H., F. BOHLMANN u. M. BOHLMANN: A. **568**, 47 (1950). — [7] KARRER, P., u. J. BENZ: Helv. **31**, 1048 (1948); **32**, 232 (1949). — [8] SHANTZ, E. M.: J. biol. Ch. **182**, 515 (1950).

(I)
Anhydrovitamin A_1

(II)
Axerophthen

Die Synthese zahlreicher Polyene und die Auffindung von cis-trans-Isomeren hat es nötig gemacht, eine bisher fehlende ***rationelle Nomenklatur der Polyenverbindungen*** aufzustellen[1,2]. Eingeteilt wird in: 1. Carotinoide mit 40 C-Atomen; hierher gehören die wesentlichsten Provitamine A. 2. Unsymmetrische und symmetrische Carotinoide mit weniger als 40 C-Atomen. In diese Rubrik sind die A-Vitamine und verwandte Verbindungen einzuordnen. 3. Verbindungen mit Carotinoidcharakter. Die einzelnen Typen werden auf die Polyenkohlenwasserstoffe durch Anhängen der in der rationellen Nomenklatur benutzten Suffixe zurückgeführt: *Carotinole* (Carotinalkohole), *Carotinone* (-ketone), *Carotinolone* (-oxyketone), *Carotinale* (-aldehyde), *Carotinäther*, *Carotinolester*, *Carotinoidsäuren*, *-ester* usw.

Bei den C_{40}-Carotinoiden werden die Kohlenstoffatome in der von KARRER vorgeschlagenen Weise symmetrisch von den beiden Enden des Moleküls her unter Auslassung der Methylgruppen beziffert. Dies sollte auch im Falle offener Ketten (z. B. beim γ-Carotin) beibehalten werden, obwohl es rationell üblich ist, eine der beiden geminalen Methylgruppen in die *Bezifferung* der Kette einzubeziehen. Die Art des am „linken Ende“ stehenden Ringsystems wird durch griechische Buchstaben angezeigt (z. B. α-, β-, γ-Carotin).

γ-Carotin

Lutein
= 3,3′-Dioxy-α-carotin = α-Carotin-diol-3,3′

[1] LUCK, J. M., H. H. STRAIN and H. A. MATTILL: Nomenclature, Spelling und Pronunciation. Chem. engng. News **24**, 1235 (1946). — [2] INHOFFEN, H. H., u. H. SIEMER: Fortschr. Chem. org. Naturstoffe **9**, 1 (1952).

```
H3C   CH3
   \ /
    C                                          15
H2C2  1  6C—CH=CH—C=CH—CH=CH—C=CH—CH=
|        | >O     |            |                          H3C   CH3
H2C3  4  5C       CH3          CH3                           \ /
   \ /    \                                           7'      C
    C      CH3                                        HC===C6'   CH2
    H2                 15'                            |     |     |
                      =CH—CH=C—CH=CH—CH=C—CH8'  C5'   CH2
                               |             |    \ / | \  /
                               CH3           CH3   O  CH3 C
                                                          H2
```

Luteochrom = β-Carotindi-epoxyd-5,6:5′,8′

Der Name *Xanthophylle* charakterisiert natürliche C_{40}-Carotinoide, die in Alkohol löslich und nicht verseifbar sind; der Name *Lutein* bleibt dem 3,3′-Dioxy-α-carotin vorbehalten. Den Wegfall einer Methylgruppe kennzeichnet man mit *Desmethyl* oder *Normethyl*; eine Dreifach- an Stelle einer Doppelbindung durch x,x-Dehydro.

Carotinoide mit weniger als 40 C-Atomen beziffert man in der zuerst von HEILBRON angegebenen Weise durchlaufend, ebenfalls ohne Berücksichtigung der Methylgruppen. Vitamin A_2 ($C_{20}H_{28}O$) ist z. B. danach ein 3,4-Dehydro-β-jonyliden-9,13-dimethylhexatrienol-15:

```
H3C   CH3
   \ /
    C               9                13       15
H2C2  1  6C—CH=CH—C=CH—CH=CH—C=CH—CH2OH
|        ||         |                |
HC3   4  5C         CH3              CH3
   \\ /    \
    C       CH3
    H
```

Vitamin A_2

In der angelsächsischen Literatur hat sich bei den A-Vitaminen und verwandten Substanzen die Zählung vom freien Kettenende her eingebürgert[1].

Verbindungen mit Carotinoidcharakter schlägt INHOFFEN[2] vor, nicht nach der Zahl der C-Atome, sondern in Beziehung zu den zugehörigen Carotinoiden zu benennen. Das *Norvitamin A* (C_{19}) wäre danach ein 13-Desmethylvitamin A_1(I), das *Isovitamin A* (C_{20}) ein 13-Desmethyl-15-methylvitamin A_1 (II):

```
H3C   CH3
   \ /
    C        7   8   9  10  11  12  13  14  15
H2C2  1  6C—CH=CH—C=CH—CH=CH—CH=CH—CHOH      I, R=H
|        ||         |                      |
H2C3  4  5C         CH3                    R       II, R=—CH3
   \ /     \
    C       CH3
    H2
```

Wie aus röntgenographischen[3] und spektrographischen Untersuchungen[4] hervorgeht, liegen natürliche und synthetische Carotinoide bevorzugt in der *all-trans-Anordnung* vor. Diese läßt sich photochemisch, thermisch oder katalytisch reversibel in Isomerisierungsprodukte, ***Neoformen***, überführen[5]. Nach der *Theorie von* PAULING[6] sind von den geometrischen Isomeren, die durch räumliche Lagerung an den Doppelbindungen theoretisch möglich erscheinen, außer der trans-Form jene cis-Formen besonders stabil, bei deren Bildung keine sterische Hinderung und damit Minderung an Resonanzenergie durch die Raumbeanspruchung der Methylgruppen eintritt (Abb. 59). Indessen wurden cis-Isomere

---

[1] BAXTER, J. G.: Fortschr. Chem. org. Naturstoffe **9**, 41 (1952). — [2] INHOFFEN, H. H., u. H. SIEMER: Fortschr. Chem. org. Naturstoffe **9**, 1 (1952). — [3] HENGSTENBERG, J., u. R. KUHN: Z. Kristallogr. (A) **75**, 301 (1930). — [4] MULLIKEN, R. S.: Rev. mod. Physics **14**, 265 (1942). — [5] ZECHMEISTER, L.: Chem. Reviews **34**, 267 (1944). — [6] PAULING, L.: Fortschr. Chem. org. Naturstoffe **3**, 203 (1939). — Helv. **32**, 2241 (1949).

$$R-CH=CH-\overset{\times}{C}(CH_3)=CH-CH=CH-\overset{\times}{C}(CH_3)=CH-CH\overset{\times}{=}CH-CH\overset{\times}{=}C(CH_3)-CH=CH-CH\overset{\times}{=}C(CH_3)-CH=CH-R$$

a b

Abb. 59. Sterische Beeinflussung bei der Bildung von cis-trans-isomeren Polyenen[1]. *a* Stereochemisch wirksame Doppelbindungen (in der all-trans-Formel mit × gekennzeichnet); *b* stereochemisch gehinderte, „verbotene" Doppelbindungen.

von Carotinoiden synthetisch dargestellt, die an sterisch gehinderten, nach der Theorie „verbotenen" Doppelbindungen umgelagert sind[2,3]. Solche werden dem

I

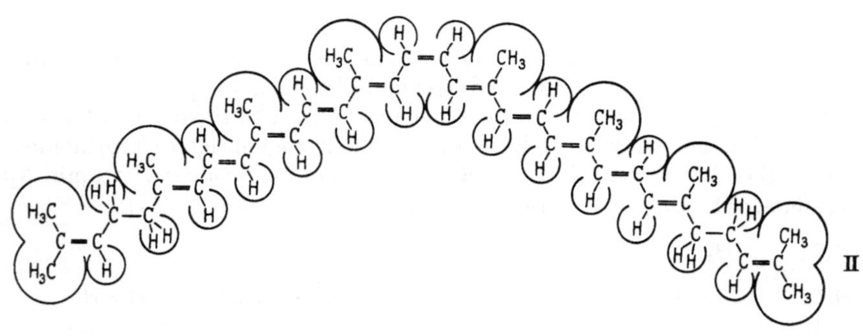

II

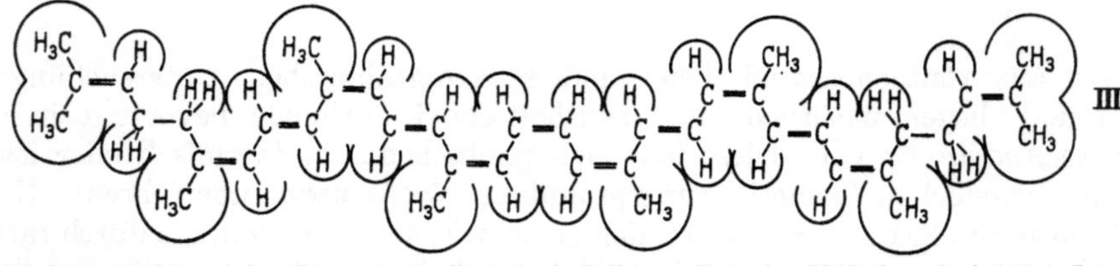

III

Abb. 60. Stereostruktur einiger Isomeren des Lycopins[1]. *I* all-trans-Lycopin; *II* Neolycopin A (15-cis-Lycopin; 6-cis-Lycopin); *III* all-cis-Lycopin.

Verhalten nach in einigen *Propolyenen* (z. B. Pro-γ-carotin) vermutet[2]. Ohne Berücksichtigung letztgenannter Stereoisomeren berechnen sich für *β-Carotin*

[1] ZECHMEISTER, L.: Chem. Reviews **34**, 267 (1944). — [2] GARBERS, C. F., C. H. EUGSTER u. P. KARRER: Helv. **35**, 1850 (1952). — [3] OROSHNIK, W., G. KARMAS and A. D. MEBANE: Am. Soc. **74**, 295 (1952).

20 cis-trans-Formen (Konfigurationsformeln s.[1]), für *α-Carotin* 32, für *γ-Carotin* 64 und für *Lycopin* 72[2]. Über die stereochemische Struktur einiger *cis-trans-isomerer Lycopine* unterrichtet die Abb. 60.

Cis-trans-isomere Carotinoide mit stereochemisch bevorzugten Doppelbindungen kennzeichnet man durch das Präfix „Neo" und durch einen Buchstaben, der die Lage im Chromatogramm relativ zur all-trans-Form angibt. Zum Beispiel gilt für die *Stereoisomere des β-Carotins* folgende Bezeichnungsweise[3]: (Säule, oben) Neo-β-carotin V, Neo-β-carotin U, all-trans-β-Carotin, Neo-β-carotin A, Neo-β-carotin B (Säule, unten). Bei Benutzung der oben besprochenen Nomenklatur wird die Lage einer Doppelbindung mit den Ziffern der sie einschließenden C-Atome angegeben und vor dem Namen des Carotinoids die Zahl der in cis-Stellung befindlichen Doppelbindungen angeführt: Zum Beispiel 9,10-15,15'-di-cis-β-Carotin = $\Delta^{9,15}$-di-cis-β-Carotin. Demgegenüber bezeichnet ZECHMEISTER[4] jede Doppelbindung des konjugierten Systems mit einer kursiv geschriebenen Zahl. Die Zählung beginnt bei einer zur Kette konjugiert stehenden Doppelbindung (β-Struktur), und wenn diese fehlt (α-Jononring), mit der ersten Kettendoppelbindung. Gezählt wird stets vom Ring aus, auch wenn dieser keine zur Kette konjugierte Doppelbindung enthält. Das obige dicis-β-Carotin wäre danach ein *3,6*-di-cis-β-Carotin:

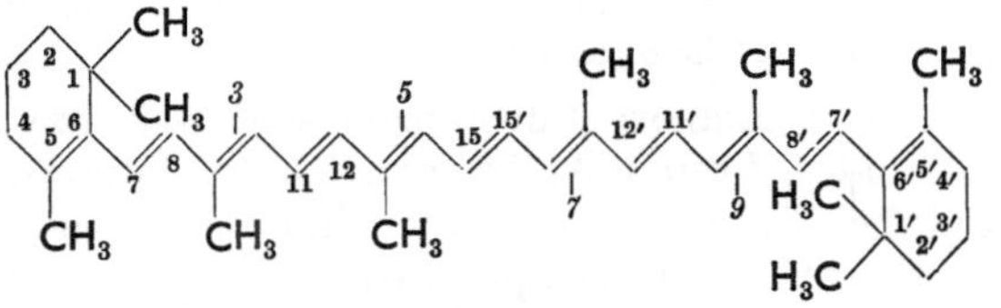

all-trans-β-Carotin

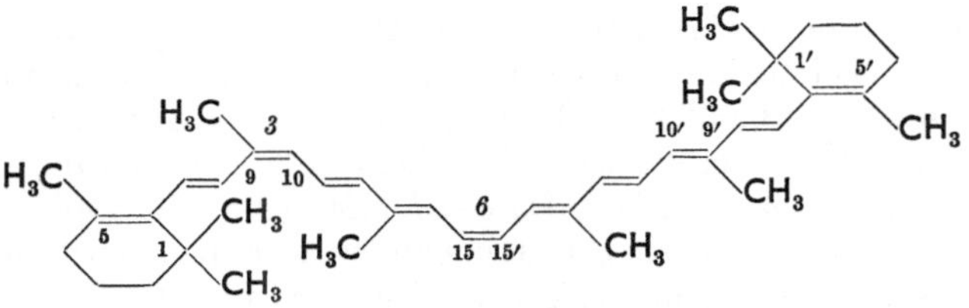

Δ 9,15- = *3,6*-di-cis-β-Carotin

Eine eingehende Zusammenstellung der verschiedenen *stereoisomeren Provitamine A* gibt ZECHMEISTER[1].

Wie bei den Carotinoiden sind auch bei den A-Vitaminen und ihren Verwandten eine Anzahl räumlicher Isomere zu erwarten: 4 cis-trans-Isomere bei Berücksichtigung nur der „stereochemisch wirksamen", 16 bei Berücksichtigung aller Doppelbindungen. Aus den Mutterlaugen der Darstellung des gewöhnlichen all-trans-Vitamin A_1 hat man das ***Neo-Vitamin A₁*** isoliert (s. Bd. 1, S. 481), dem 13-cis-Konfiguration zukommt[5]. Es wurde auch synthetisiert[6]. Das synthetische Vitamin A_2 besteht aus einem Gemisch mehrerer cis-trans-Isomere[7].

[1] ZECHMEISTER, L.: Vitamins & Hormones **7**, 57 (1949). — [2] ZECHMEISTER, L., A. L. LE ROSEN, W. A. SCHROEDER, A. POLGÁR and L. PAULING: Am. Soc. **65**, 1940 (1943). — [3] POLGÁR, A., and L. ZECHMEISTER: Am. Soc. **64**, 1856 (1942). — [4] ZECHMEISTER, L., and A. POLGÁR: Am. Soc. **66**, 137 (1944). — [5] ROBESON, C. D., and J. G. BAXTER: Am. Soc. **69**, 136 (1947). — [6] BAXTER, J. G.: Fortschr. Chem. org. Naturstoffe **9**, 41 (1952). — [7] FARRAR, K. R., J. C. HAMLET, B. HENBEST and E. R. H. JONES: Chem. & Industr. **1951**, 49.

Eine Reihe von Stereoisomeren des $Retinin_1$ (Spektren in Abb. 58, Konfigurationsformeln in Tabelle 182) ist im Zusammenhang mit der Bedeutung des räumlichen Baues vom Vitamin A_1-aldehyd für die Regeneration des Sehpurpurs (s. S. 697f.) dargestellt worden[1].

Bei der *Verteilung zwischen nicht mischbaren Lösungsmitteln*, z.B. wäßrigen Alkoholen und Petroläther, sucht der freie A-Alkohol bevorzugt die alkoholische Phase auf (hypophasisches Verhalten), während die natürlichen Ester in die Petrolätherphase gehen (epiphasisches Verhalten)[2]. Im System 83%iges wäßriges Äthanol-Petroläther findet man z.B. Vitamin A_1-Alkohol zu 97% in der wäßrig-alkoholischen, Vitamin A_1-palmitat zum gleichen Prozentsatz in der Petrolätherphase[3]. Hierauf ist eine Trennung des freien Alkohols von den Estern aufgebaut worden (s. S. 709).

Eine *chromatographische Abtrennung* und Reinigung der A-Vitamine und ihrer Verwandten ist wegen der Empfindlichkeit (s. unten) nur unter Vorsichtsmaßregeln quantitativ ausführbar[4,5]. Als Lösungsmittel eignen sich Petroläther, zur Entwicklung Benzol und Äthylendichlorid[5], als Adsorptionsmittel schwach aktives Aluminiumoxyd (5—10% Wasser enthaltend)[6], Natriumaluminiumsilikat[7], für Vitamin A_2 auch Magnesiumoxyd und Zinkcarbonat[8]. Nach abnehmender Adsorptionskraft an Aluminiumoxyd geordnet ergibt sich folgende Reihenfolge[9]: Subvitamin A, Vitamin A_2 (sowie $Kitol_1$, A_1-Epoxyd), Vitamin A_1, Neovitamin A_1 (sowie $Kitol_1$-Ester), $Retinin_1$, $Neoretinin_1$, Vitamin A_1-Ester, Carotine, Anhydrovitamin A_2, Anhydrovitamin A_1. Die Retinine bilden an der Säule orangegelbe Zonen, die Lage der sonstigen kaum farbigen Substanzen wird an ihrer Fluorescenz (z.B. A_1 und A_1-Acetat gelbgrün, Anhydro A_1 orange)[10,11] erkannt, an der ausgepreßten Säule durch Blaufärbung beim Auftropfen von Antimontrichlorid in Chloroform[12].

Die A-Vitamine und verwandte Substanzen sind weit oxydationsempfindlicher als viele Carotinoide. Vitamin A_1-Acetat ist unter Luftausschluß bei —35° stabil, verliert an Luft bei 5° in 16 Wochen 12%, Vitamin A_1-Palmitat in 2 Wochen 23% seiner Wirksamkeit[13]. Der Temperaturkoeffizient[14] liegt bei 2. Licht, Schwermetalle (Cu, Pb, Fe)[15] und Peroxyde[16] (peroxydhaltige Lösungsmittel und Öle) katalysieren die *oxydative Zerstörung*, die in Lösung und mit der Verdünnung stark zunimmt[14]. Bei natürlichen Ölen folgt einer temperaturunabhängigen Induktionsperiode (Zerstörung natürlicher Antioxydantien) die eigentliche rasche Zerstörungsphase. Eine 0,002%ige Lösung von Vitamin A-Konzentrat (150 mg A_1 je g) verliert in 12 Std bei diffusem Tageslicht 98% ihres Vitamin A-Gehaltes. Nur in der Induktionsphase wirken *Antioxydantien* (0,1% Tokopherol[17], Hydrochinon[18] u.a.[19]) regenerierend. Im Spektrum äußert sich die Zerstörung darin, daß die Lage des Absorptionsmaximums kurzwelliger wird und die maximale Extinktion abnimmt[14,20]. Zuerst tritt eine noch reversible Bildung von cis-Isomeren ein, deren Entstehung durch Jodspuren katalysiert wird[21].

---

[1] HUBBARD, R., R. I. GREGERMAN and G. WALD: J. gen. Physiol. **36**, 415 (1953). — [2] GILLAM, A. E., and B. J. SENIOR: Biochem. J. **30**, 1249 (1936). — [3] KASCHER, H. M., and J. G. BAXTER: Industr. engng. Chem., analyt. Ed. **17**, 499 (1945). — [4] HOLMES, H. N., and R. E. CORBET: J. biol. Ch. **127**, 449 (1939). — [5] GLOVER, J., T. W. GOODWIN and R. A. MORTON: Biochem. J. **41**, 94 (1947). — [6] BALL, S., T. W. GOODWIN and R. A. MORTON: Biochem. J. **42**, 516 (1948). — BARUA, R. K., and R. A. MORTON: Biochem. J. **45**, 308 (1949). — [7] ROBESON, C. D., and J. G. BAXTER: Am. Soc. **69**, 136 (1947). — [8] SHANTZ, E. M.: Science, N.Y. **108**, 417 (1948). — [9] Literaturangaben vgl. unter Eigenschaften in Tabelle 182. — [10] POPPER, H.: Physiol. Rev. **24**, 205 (1944). — [11] ZECHMEISTER, L., and A. SANDOVAL: Science, N. Y. **101**, 585 (1945). — [12] ZECHMEISTER, L., and L. v. CHOLNOKY: Die chromatographische Adsorptionsmethode. 2. Aufl. S. 88, 297. Wien 1938. — [13] BAXTER, J. G., and C. D. ROBESON: Am. Soc. **64**, 2407 (1942). — [14] BOLOMEY, R. A.: J. biol. Ch. **169**, 323, 331 (1947). — [15] HEIMANN, W.: Dtsch. Lebensm.-Rdsch. **43**, 35 (1947). — [16] SMITH, E. L.: Biochem. J. **33**, 201 (1939). — [17] BUXTON, L. O.: Industr. engng. Chem. **39**, 225 (1947). — [18] HOLMES, H. N., R. E. CORBET and E. R. HARTZLER: Industr. engng. Chem. **28**, 133 (1936). — [19] BASU, U. P., and S. K. SEN GUPTA: Am. Soc. **70**, 413 (1948). — WILLSTAEDT, H., u. A. REINART: Ark. Kemi **1**, 319 (1949). — [20] GROOT, E. H.: Recu. Trav. chim. Pays-Bas **68**, 185 (1949). — [21] SMITH, E. L., F. A. ROBINSON, B. E. STERN and F. E. YOUNG: Biochem. J. **33**, 207 (1939).

Vitamin A_1 und seine Ester fluorescieren im UV-Licht grün, Vitamin A_2 und dessen Ester braun[1]. Die *Fluorescenz* von A_1-Alkohol verblaßt unter Belichtung in wenigen Minuten, die vielfach intensivere von A_1-Acetat und die von A_2-Alkohol und natürlichen Estern ist wesentlich stabiler[2]. Auf diesen Unterschieden beruht der fluorescenzmikroskopische Nachweis im Gewebe und eine Bestimmungsmethode für A_1-Alkohol neben seinen Estern oder neben Vitamin A_2 (s. S. 709).

Die *Blaureaktion* der A-Vitamine und ihrer Oxydationsprodukte mit Antimontrichlorid (CARR-PRICE-Reaktion[3]), Antimonpentachlorid[4] und anderen Ansolvosäuren[5] sowie die blaue bis grünblaue Adsorption an sauren Adsorptionsmitteln (Bleicherden)[6] geht nach MEUNIER[7] auf eine Komplexreaktion des Polyens mit den Metallhalogeniden zurück. Den halochromen Produkten werden mesomere Ionenstrukturen mit freiem Radikalcharakter zugeschrieben, z. B. beim Vitamin A_1 im adsorbierten Zustand:

$CH_2^{(+)}$ ⟷ (+) CH_2

Die CARR-PRICE-Reaktion der A-Vitamine ist bei $\lambda = 600$ mμ 10—25mal stärker als die der Carotinoide[8]; die Lage des Absorptionsmaximums hängt von der Zahl konjugierter Doppelbindungen ab[9]. Das Farbmaximum wird bei den A-Vitaminen und ihren Verwandten temperaturunabhängig nach 2 sec, bei den Provitaminen A und Xanthophyllen nach 30 sec bis 2 min erreicht[8] (Tabelle 183). Temperatur[9] und Belichtung[10] beeinflussen den mehr oder weniger rasch einsetzenden Abblassungsvorgang, was für die Bestimmung der A-Vitamine in An- oder Abwesenheit von Carotinoiden mittels der Blaureaktion Bedeutung hat

Tabelle 183. Absorptionsmaxima (λ_{max}) und maximale molare Extinktion (E_{max}) der CARR-PRICE-Reaktion einiger Polyenverbindungen.

Polyene	λ_{max}	$E_{max} \cdot 10^3$	$E^{1\%}_{1\,cm}$	λ_{max} erreicht bei Raumtemperatur nach
β-Carotin	585 (1020)	22 (115)	340	2 sec (30 min)
α-Carotin	640		220	30 sec
Kryptoxanthin	630		220	30 sec
Zeaxanthin	590 (620)		160 (470)	2 sec (1 min)
Lutein	600 (625)		300 (320)	2 sec (1 min)
Vitamin A_1	620	139	5100 (4400)	2 sec (2 sec ?)
Neovitamin A_1	620	—	4400	
Vitamin A_2	693	111	4100	
Anhydrovitamin A_1	620	170	5500	
Anhydrovitamin A_2	693	117	4400	
$Retinin_1$	664	90	3400	

[1] POPPER, H.: Physiol. Rev. **24**, 205 (1944). — DHÉRÉ, C.: Fortschr. Chem. org. Naturstoffe **2**, 301 (1939); **6**, 311 (1950). — [2] SOBOTKA, H., S. KANN, W. WINTERNITZ and E. BRAND: Am. Soc. **66**, 1162 (1944). — [3] CARR, F. H., and E. A. PRICE: Biochem. J. **20**, 497 (1926). — [4] BRÜGGEMANN, J., W. KRAUSS u. J. TIEWS: B. **85**, 315 (1952). — [5] CARREYETT, R. A.: Chem. & Drugg. **151**, 44 (1949). — [6] WEIL-MALHERBE, H., and J. WEISS: Soc. **1948**, 2164. — [7] MEUNIER, P., et A. VINET: Chromatographie et mésomérie, adsorption et résonance. Paris 1947. — [8] CALDWELL, M. J., and J. S. HUGHES: J. biol. Ch. **166**, 565 (1946); **170**, 97 (1947). — [9] FERGUSON, L. N.: Chem. Reviews **43**, 385 (1948). — [10] CALDWELL, M. J., and D. B. PARRISH: J. biol. Ch. **158**, 181 (1945).

(s. S. 708). Wasser, Alkohole und andere hydrophile Substanzen verhindern, ungesättigte Fettsäuren hemmen die $SbCl_3$-Reaktion. Sterine, Peroxyde und oxydative Abbauprodukte von Carotinoiden[1] können fördernd wirken[2-4]. Man zieht daher gern zur Bestimmung die feuchtigkeits- und lichtstabile, aber weniger empfindliche Blaureaktion mit aktiviertem Glycerindichlorhydrin heran[5].

ε) Konstitution und Wirksamkeit[6,7].

Vitamin A-Standard[8]. Die wichtigsten natürlich vorkommenden oder durch chemische Umwandlungen und Synthesen erhaltenen *Provitamine* A_1 [9,10] sind in Tabelle 184 zusammengestellt. Angegeben ist die auf β-Carotin = 100% bezogene relative Vitamin A-Wirksamkeit im Mangelversuch an der Ratte; ähnliche Werte wurden auch für das Küken gefunden. Die entsprechenden relativen, molaren, biologischen Wirksamkeiten von Vitamin A_2, Retininen, Vitamin A-Säuren und verwandten Verbindungen[11] findet man, bezogen auf die Aktivität des Vitamins A_1 (molare Wirksamkeit = 1), in Tabelle 182. Als Grundlage für den absoluten Vergleich dient der Vitamin A-Standard (Tabelle 185).

An der Ratte wurde sichergestellt, daß im Idealfalle 1 Mol all-trans-β-Carotin (2 intakte β-Jononringe) biologisch 2 Mol Vitamin A_1 liefert (s. S. 657). Mit der halben oder annähernd der halben *Wirksamkeit* folgen Verbindungen, bei denen mindestens ein β-Jononring unverändert ist und die durch Spaltung der aliphatischen Polyenkette 1 Mol Vitamin A_1 bilden können (α-, γ-Carotin, Kryptoxanthin, β-Apocarotinal u. a.). *Unwirksam* sind Verbindungen, in denen: 1. die β-Jononringe substituiert sind (Zeaxanthin, Astaxanthin und andere Xanthophylle), 2. keine Ringe mehr vorliegen (Lycopin), 3. Doppelbindungen verschoben sind (7,7'-Dehydro-β-carotin[12]) oder 4. die Konjugation unterbrochen ist (Dihydro-β-carotin[13], $Kitol_1$). Im Falle der 5,6-Epoxyde von α- bzw. β-Carotin und bei den Carotindijodiden ist die Wirksamkeit darauf zurückzuführen, daß die Verbindungen im Organismus durch Desoxydierung oder Dejodierung wieder in die wirksamen Kohlenwasserstoffe zurückverwandelt werden können. Die furanoide Gruppierung wird nicht angegriffen: Das difuranoide Oxyd des β-Carotins (Aurochrom) ist unwirksam[14]. *Cis-Isomere* von Provitaminen A sind mit Ausnahme des Pro-γ-carotins (s. S. 672) weniger aktiv als die all-trans-Formen. Auch Neovitamin A_1 ist weniger wirksam als all-trans-Vitamin A_1 (Tabelle 182). Bestimmt man die Vitamin A-Aktivität nicht im Rattenwachstumstest (S. 706), sondern ermittelt die Mengen an den Provitaminen A, die zu gleicher Vitamin A-Speicherung in Leber und Niere führen, so erhält man folgende Beziehung[15]: all-trans-β-Carotin:Neo-β-B:Neo-β-U = 100:48:2. Im Wachstumsversuch wurden entsprechende Werte gefunden.

Aus den biologischen Aktivitäten innerhalb der *Vitamin A-Reihe* selbst (s. Tabelle 182 S. 666) läßt sich der Einfluß funktioneller Gruppen und von

---

1 Johnson, R. M., and C. A. Baumann: J. biol. Ch. **169**, 83 (1947). — 2 Goldhammer, H., u. F. M. Kuen: B. Z. **267**, 406, 417 (1933). — 3 Willstaedt, H.: Z. Vit.-Forsch. **4**, 272 (1935). — 4 Emmerie, A.: Recu. Trav. chim. Pays-Bas **57**, 776 (1938). — 5 Sobel, A. E., and H. Werbin: Industr. engng. Chem., analyt. Ed. **18**, 570 (1946). — 6 Bohlmann, F.: Angew. Chem. **62**, 4 (1950). — 7 Goodwin, T. W.: Brit. J. Nutrit. **5**, 94 (1951). — 8 Coward, K. H.: Biological Standardization of Vitamins. 2. Ed. London 1947. — 9 Euler, B. v., u. H. v. Euler: Handb. biol. Arb.-Meth. Abt. V, Teil 3B, S. 1309. — Morton, R. A.: Analyst **65**, 263 (1940). — 10 Zechmeister, L.: Vitamins & Hormones **7**, 57 (1949). — 11 Baxter, J. G.: Fortschr. Chem. org. Naturstoffe **9**, 41 (1952). — Milas, N. A.: Vitamins & Hormones **5**, 1 (1947). — 12 Karrer, P., u. G. Schwab: Helv. **23**, 578 (1940). — 13 Karrer, P., u. A. Rüegger: Helv. **23**, 955 (1940). — 14 Karrer, P., E. Jucker, J. Rutschmann u. K. Steinlin: Helv. **28**, 1146 (1945). — 15 Johnson, R. M., and C. A. Baumann: Arch. Biochem. **14**, 361 (1947).

Tabelle 184. Provitamine A_1 und deren relative biologische Wirksamkeit an der Ratte.

Natürlich vorkommende Provitamine[1]	Biologische Wirksamkeit in % der Wirkung von all-trans-β-Carotin	Biologische Wirksamkeit in % der Wirkung von all-trans-Form des Isomerensatzes	Synthetische Provitamine[b)]	Biologische Wirkung in % der Wirkung von β-Carotin
α-Carotin	53	100	α-Carotindijodid[8]	etwa 5—10
Neo-α-U	13	25	β-Carotindijodid[8]	aktiv
Neo-α-B	16	30	β-Carotinmonoepoxyd[2]	aktiv
β-Carotin	100	100	β-Carotindiepoxyd[2]	15
Neo-β-U	38	38	Mutatochrom[c),9]	29—39
Neo-β-B	53	53	Luteochrom[d),2]	etwa 14
γ-Carotin	42	100	Oxy-β-carotin[10]	etwa 100
Neo-γ-P	19	70	semi-β-Carotinon und -oxim[10,11]	etwa 75
Pro-γ	44	160	Dehydro-semi-β-carotinon[10]	aktiv
Kryptoxanthin[a)]	57	100	β-apo-2-Carotinal und -oxim[12]	50
Neo-krypto-U	27	45	β-apo-2-Carotinol[13]	25
Neo-krypto-A	42	74	β-apo-4-Carotinaloxim[12]	50
α-Carotinepoxyd[2]	25	—	Verbindung aus Zeaxanthin + PBr_3[14]	etwa 3
Myxoxanthin[3]	etwa 25	—	Verbindung aus Lutein + PBr_3[14]	etwa 7
Echinenon[4]	54	—		
Aphanin[5]	etwa 50	—		
Torularhodin[6]	etwa 5	—		

a) Entgegen anderslautenden Befunden[15] hat all-trans-Kryptoxanthin auch am Küken 55% der Wirksamkeit des all-trans-β-Carotins[16]. — b) Ältere Angaben über die Vitamin A-Wirksamkeit von Dihydro-α- bzw. -β-carotin haben sich nicht bestätigt[7]. — c) 5',8'-Monofuranoid des β-Carotins. — d) 5,6-Epoxyd-5',8'-furanoid des β-Carotins.

Struktur und Länge der Seitenkette ablesen. Die verschiedenen Vitamin A-Ester haben annähernd dieselbe molare Wirksamkeit wie der Alkohol, so daß sich diese aus dessen Wirkwert berechnen läßt[17]. Unter den Äthern ist der Methyläther unverändert, der Phenyläther nur noch zu 5% wirksam[17]. Vitamin A_1-Aldehyd (Retinin$_1$) und Vitamin A-Säure (als Natriumsalz gegeben) zeigen unverminderte Aktivität, während der Kohlenwasserstoff Axerophten nur noch schwach wirksam oder gar inaktiv ist wie 12-Methyl- und 15-Äthylaxerophthen[18]. Auch dem

[1] Soweit nicht anders angegeben, Lit. bei Zechmeister, L.: Vitamins & Hormones **7**, 57 (1949). — [2] Karrer, P., E. Jucker, J. Rutschmann u. K. Steinlin: Helv. **28**, 1146 (1945). — [3] Heilbron, I. M., and B. Lythgoe: Soc. **1936**, 1376. — [4] Ganguly, J., N. I. Krinsky, J. H. Pinckard u. H. J. Deuel jr.: H. **295**, 61 (1953). — [5] Tischer, J.: H. **260**, 257 (1939). — Scheunert, A., u. K. H. Wagner: H. **260**, 272 (1939). — [6] Karrer, P., u. J. Rutschmann: Helv. **29**, 355 (1946). — [7] Karrer, P., u. A. Rüegger: Helv. **23**, 955 (1940). — [8] Karrer, P., U. Solmssen u. O. Walker: Helv. **17**, 417 (1934). — [9] Gridgeman, N. T., R. F. Hunter and N. E. Williams: Soc. **1947**, 131. — [10] Kuhn, R., u. H. Brockmann: A. **516**, 113 (1935). H. **213**, 1 (1932). — [11] Kuhn, R., u. H. Brockmann: B. **66**, 1319 (1933). — (1935). — [12] Euler, H. v., P. Karrer u. U. Solmssen: Helv. **21**, 211 (1938). — [13] Euler, H. v., G. Günther, M. Malmberg u. P. Karrer: Helv. **21**, 1619 (1938). — [14] Euler, H. v., P. Karrer u. A. Zubrys: Helv. **17**, 24 (1934). — [15] With, T. K.: Z. Vit.-Forsch. **17**, 88 (1946). — [16] Greenberg, S. M., A. Chatterjee, C. E. Calbert, H. J. Deuel jr. and L. Zechmeister: Arch. Biochem. **25**, 61 (1950). — Johnson, R. M., R. W. Swick and C. A. Baumann: Arch. Biochem. **22**, 122 (1949). — [17] Isler, O., A. Ronco, W. Guex, N. C. Hindley, W. Huber, K. Dialer u. M. Kofler: Helv. **32**, 489 (1949). — [18] Euler, H. v., u. P. Karrer: Helv. **32**, 461 (1949). — Karrer, P., D. K. Patel u. J. Benz: Helv. **32**, 1938 (1949).

Anhydrovitamin A_1 und dem Vitamin A_1-Epoxyd kommen nennenswerte Aktivitäten nicht zu, während das Rehydrovitamin A_1, das durch Wasseranlagerung eine Hydroxylgruppe am Ende enthält und das die Speicherform des Anhydrovitamins A in der Leber darstellt, etwa 10% der Wirksamkeit des all-trans-Vitamins besitzt. Isovitamin A_1 (sekundäre Hydroxylgruppe) ist praktisch unwirksam[1]. Von den Desmethylverbindungen haben Norvitamin A (als Methyläther)[1] und Desmethyl-dehydro-vitamin A-säure (C_{17})[2], der die Methylgruppen im Jononring fehlen und die zudem eine Δ^7-Acetylenbindung enthält, schwache Vitamin A-Wirkung. Auch eine wirksame C_{16}-Säure ist beschrieben[3]. Unwirksam sind dagegen Desmethylaxerophten[4] und einige verwandte Kohlenwasserstoffe[5]. Vitamin A_2, das eine zusätzliche konjugierte Doppelbindung im Ring enthält, hat an der Ratte etwa 40% der Vitamin A_1-Wirkung. Es kann Vitamin A_1 ersetzen, ohne anscheinend in dieses überzugehen[6]. Subvitamin A ist vermutlich unwirksam.

Tabelle 185. Vergleich verschiedener Vitamin A-Einheiten mit der Internationalen Einheit (I.E.)

1 I.E. entspricht:

0,344 γ Vitamin A_1-Acetat
0,3 γ Vitamin A_1-Alkohol
0,6 γ all-trans-β-Carotin
1 U.S.P. XIII-Einheit (U.S.P. Vitamin A Reference-Standard)[7]
etwa 1 U.S.P. XI-Einheit (Reference Öle Nr. 1, 2, 3)[8]
0,033 CARR-PRICE-Blaueinheiten[9]
0,0033 cod-liver-oil-Einheiten[9]
1,67 Blaueinheiten nach MOORE[9]
0,152 Lovibond Blaueinheiten[9]
0,7—2 SHERMAN- bzw. Ratten-Einheiten[9]

Umrechnungsfaktor $= \frac{\text{I.E./g}}{E^{1\%}_{1\,\text{cm}}}$: Internationaler Standard = 1894 (1814)[10]

Fischleberöle (log Mittel) = 2040[11]; Haileberöle (Mittelwert) = 1600[8]

Die verhältnismäßig große *Konstitutionsspezifität der Vitamin A-Wirkung* läßt sich wie folgt zusammenfassen: 1. Hohe Wirksamkeit ist an das Vorhandensein oder die Entstehung des unveränderten Vitamin A-Kohlenstoffgerüstes gebunden, während die funktionelle Endgruppe weniger ausschlaggebend erscheint. 2. Unbedingt erforderlich ist der geschlossene Sechsring mit einer (oder 2) Doppelbindungen, die zu den nötigen 5 konjugierten Mehrfachbindungen der Kette konjugiert stehen müssen. 3. Cis-trans-Isomere sind im allgemeinen weniger wirksam als die all-trans-Formen. 4. Alle Hydrierungsprodukte sind unwirksam.

[1] CHEESEMAN, G. W. H., I. HEILBRON, E. R. H. JONES, F. SONDHEIMER and B. C. L. WEEDON: Soc. **1949**, 1516. — [2] HEILBRON, I.: Soc. **1948**, 386. — [3] HEILBRON, I., E. R. H. JONES, D. G. LEWIS, R. W. RICHARDSON and B. C. L. WEEDON: Soc. **1949**, 742. — [4] EULER, H. v., u. P. KARRER: Helv. **32**, 461 (1949). — KARRER, P., D. K. PATEL u. J. BENZ: Helv. **32**, 1938 (1949). — [5] SHANTZ, E. M.: Am. Soc. **68**, 2553 (1946). — [6] SHANTZ, E. M., N. D. EMBREE, H. C. HODGE and J. H. WILLS jr.: J. biol. Ch. **163**, 455 (1946). — [7] Die Zusammensetzung ist mit dem Internationalen Standard identisch. — [8] Zur Frage der Stabilität vgl. HUME, E. M.: Nature **151**, 535 (1943). — PORTER, J. W., H. A. NASH, F. P. ZSCHEILE and F. W. QUACKENBUSH: Arch. Biochem. **10**, 261 (1946). — GUERRANT, N. B., M. E. CHILCOTE, H. A. ELLENBERGER and R. A. DUTCHER: Analyt. Chem., Washington **20**, 465 (1948). — [9] Zur Frage der Umrechnung vgl. WITH, T. K.: Z. Vit.-Forsch. **11**, 172 (1941). — [10] CALDWELL, A. L.: Proc. amer. Drug. Manuf. Ass. **1948**, 170. — [11] ELLENBERGER, H. A., N. B. GUERRANT and M. E. CHILCOTE: J. Nutrit. **37**, 185 (1949).

Der ***Vitamin A-Standard,*** ausgedrückt in Internationalen Einheiten (vgl. S. 646) ist für Vitamin A und dessen Provitamin β-Carotin als Bezugsgröße 1949 festgelegt worden[1]: 1 I.E. entspricht danach 1. der Aktivität von 0,6 γ chromatographisch reinem all-trans-β-Carotin (F 180°; $E^{1\%}_{1\,cm}$ 2440 bei 455 mμ in Cyclohexan), gelöst in 5 mg Baumwollsamenöl, das nicht mehr als 32 Teile Peroxydsauerstoff je 10^6 Teile Öl enthalten darf. Zur Stabilisierung werden 0,01% Hydrochinon zugefügt, 2. der Aktivität von 0,344 γ krystallisiertem Vitamin A_1-acetat (F 58—59°; $E^{1\%}_{1\,cm}$ 1525 bei 325 mμ in Isopropanol), gelöst in Baumwollsamenöl, stabilisiert mit 0,1% α-Tocopherol. Die Standardlösungen sind bei Raumtemperatur 14 Tage, bei 5° 120 Tage unverändert haltbar[2]. In Tabelle 185 wird die I.E. mit früher gebräuchlichen Einheiten verglichen. Gemäß den hier festgelegten Standard-Testbedingungen entsteht biologisch aus 1 Mol β-Carotin nur 1 Mol Vitamin A_1 (vgl. aber S. 657).

ζ) Ausfallserscheinungen[3-7].

Unsere Kenntnisse über die Erscheinungen des Vitamin A-Mangels (Avitaminose A) stammen aus verschiedenen Quellen. An erster Stelle stehen systematische *Mangelversuche an Tieren,* deren Nahrung möglichst alle bekannten Vitaminfaktoren mit Ausnahme des A-Vitamins und seiner Provitamine enthält (s. Tabelle 190 S. 707). Als Versuchstiere hat man vor allem Ratten und veterinärmedizinisch wichtige Arten[7], wie Hunde, Kühe, Schweine, Kaninchen und Hühner herangezogen (s. Kapitel Bedarf S. 684). Auch bei Affen wurde experimentell Vitamin A-Mangel erzeugt[8]. Ausgehend von der klinischen Bedeutung von Hypo- und Avitaminosen A sind eingehende *Untersuchungen am Menschen* vorgenommen worden, zunächst in Hungergebieten (China[9,10], Malaya[11], Afrika[12,13], Indien[14] u. a.[15]). Weitere Studien machte man in Kliniken[16-19] und an sonstigen größeren Bevölkerungsgruppen: Schulkindern in England[20] und New York[15], amerikanischen Studenten und Farmern[21], deutscher Bevölkerung in Kriegs- und Nachkriegszeit[22,23], bei Verkehrsteilnehmern[24] und vielen anderen[25]. Die so gewonnenen Ergebnisse lassen indessen nicht immer eindeutige Schlüsse zu, da dem Bild des A-Mangels Züge weiterer Mangelsymptome (Polyavitaminosen) aufgeprägt sein

[1] World Hlth. Org. techn. Rep. Ser. No 30 (1950). — [2] Ellenberger, H. A., N. B. Guerrant and M. E. Chilcote: J. Nutrit. **37**, 185 (1949).

Zusammenfassende Darstellungen: 3—7 (s. a. die Sammelwerke S. 654). [3] Pillat, A.: in W. Stepp, Ernährungslehre. S. 283. Berlin 1939. — [4] Eddy, W. H., and G. Dalldorf: Avitaminosis. 3. Ed. Baltimore 1944. — [5] Wolbach, S. B.: in Sebrell, W. H. jr., and R. S. Harris: The Vitamins. Bd. I, S. 106. New York 1954. — [6] Heilbron, I. M., W. E. Jones and A. L. Bacharach: Vitamins & Hormones **2**, 155 (1944). — Sinclair, H. M.: Vitamins & Hormones **6**, 101 (1948). — Jolliffe, N., and R. M. Most: Vitamins & Hormones **1**, 59 (1943). — [7] Seifried, O.: Vitamine und Vitaminmangelkrankheiten bei Haustieren. Stuttgart 1943.

[8] Day P. L.: Vitamins & Hormones **2**, 71 (1944). — [9] Pillat, A.: Mercks Jber. **49**, 34 (1936). — [10] Sweet, L. K., and H. J. K'Ang: Amer. J. Dis. Children **50**, 699 (1935). — [11] Fasal, P.: Arch. Derm. Syph., Chicago **50**, 160 (1944). — [12] Nicholls, L.: Ind. med. Gaz. **68**, 681 (1933); **69**, 241 (1934); **70**, 14, 550 (1935). — [13] Loewenthal, L. J. A.: E.-afric. med. J. **10**, 58 (1933). Arch. Derm. Syph., Chicago **28**, 700 (1933). Ann. trop. Med. Parasitol. **29**, 349, 407 (1935). — [14] Aykroyd, W. R., and K. Rajagopal: Ind. J. med. Res. **24**, 419 (1936). — [15] Bessey, O. A., and S. B. Wolbach: Vitamin A-physiology and pathology. In: The Vitamins. A Symposion. Amer. med. Ass. Kap. 11, S. 27. Chicago 1939. — [16] Clausen, S. W.: Vitamin A Malnutrition in Clinical Nutrition. New York 1950. — [17] Lindquist, T.: Acta med. scand., Suppl. **97**, 53 (1938). — [18] Mouriquand, G.: Klinik der Hypo- u. A-Vitaminosen. Handb. Therap. (Gordonoff). Bd. I, S. 315ff. — [19] Zellweger, H., u. W. H. Adolph: Vitamine und Vitaminkrankheiten. Handb. inn. Med. (Bergmann-Frey-Schwiegk) 4. Aufl. Bd. VI/2, S. 694. — [20] Maitra, M. K., and L. J. Harris: Lancet **1937 II**, 1009. — Pemberton, J.: Lancet **1940 I**, 871. — [21] Jeghers, H.: J. amer. med. Ass. **109**, 756 (1937). — Youmans, J. B., E. W. Patton, W. R. Sutton, R. Kern and R. Steinkamp: Amer. J. publ. Hlth. **34**, 368 (1944). — [22] Wendt, H.: Ernährung **7**, 279 (1942). — [23] McCance, R. A., and M. A. Barrett: Med. Res. Counc. spec. Rep. Ser. No 275. 1951. — [24] Jeghers, H.: New Engl. J. Med. **216**, 51 (1937). — [25] Jürgens, R.: in Lang-Schoen, Ernährung S. 418.

können (s. S. 632). Ähnliches gilt für die histopathologische Beurteilung dem A-Mangel zugeschriebener Organveränderungen[1]. Man ist daher dazu übergegangen, auch am Menschen mit geeigneter Diät eindeutige A-Mangelerscheinungen künstlich hervorzurufen. Die Verarmungsperiode betrug 1—8 Monate, in einem Fall 2 Jahre[2-6]. Als Kriterien galten Höhe des Vitamin A-Spiegels im Blutserum, Verlauf der Dunkeladaptation, Veränderungen im Blutbild und im Gesichtsfeld für verschiedene Farben. Es hat sich dabei gezeigt, daß sich einzelne Mangelsymptome (z.B. Wachstumsstillstand, Kolpokeratose, Veränderungen im Zahn- und Knochenwachstum) an Tieren viel leichter als am Menschen hervorrufen lassen. Einer der Gründe hierfür mag in der recht erheblichen Speicherung an A-Vitamin liegen (s. S. 661), so daß sich derartige Mangelerscheinungen erst nach jahrelanger Verarmung, die die Gefahr irreparabler Schäden einschließt, ausprägen[4,7]. Es wurden z.B. erst nach 14monatiger Mangelernährung Plasmawerte unter 40 I.E.-% Vitamin A als sicheres Zeichen dafür gefunden, daß die Speicher erschöpft waren[4]. Man erfaßt somit beim Menschen in erster Linie hypovitaminotische Störungen und Frühsymptome des eigentlichen A-Mangels, die sich besonders am Auge, im Blutbild und gelegentlich in Hautveränderungen (follikuläre Hyperkeratose) äußern.

Die verschiedenartigen Symptome von Vitamin A-Mangel bei Mensch und Tieren lassen sich — gleichgültig, ob sie primärer Natur (Exokarenz) oder sekundär bedingt sind (Entero-, Endokarenz, s. S. 633) — im wesentlichen auf verzögertes Gewebewachstum und/oder gestörte Gewebsdifferenzierung als *Grundschädigungen* zurückführen[8]. *Morphologisch* erkennt man das Vitamin A-Defizit 1. bei fast allen *Epithelien*, ekto-, meso- und entodermaler Herkunft, an Atrophie, Verhornung (Keratinisierung) und Abschilferung (Proliferation); 2. beim *Zahngewebe* an desorientierter Dentinbildung auf Kosten des Zahnschmelzes; 3. zur Zeit des *Skeletwachstums* daran, daß epiphysäre Knorpelzellen aufhören sich zu teilen, atrophieren und, soweit sie bereits verkalkt sind, der Osteoklase anheimfallen. Hinzu kommt 4. eine herabgesetzte oder fehlende Bildung von Sehstoffen in der *Netzhaut* (s. S. 698). Den Grundschäden folgen *sekundäre Störungen*, wie Wachstumsstillstand und Gewichtsabnahme[9], nachlassende Drüsentätigkeit, Infektionen, Steinbildung, Achylie, Nervendegenerationen, Aspermie u. a.

Von den *Epithelien* werden bevorzugt solche durch A-Mangel betroffen, die neben ihrer Rolle als Schutzschicht, Sekretfunktionen haben und teilungsfähig sind (Talg-, Schweiß-, Tränen-, Speichel- und mucöse Drüsen). In zweiter Linie leidet das Flimmerepithel (Nasen-, Nasenhöhlen-, Kehlkopf-, Trachea-, Bronchien-, Tubenschleimhaut). Höher differenzierte Epithelien, z.B. in Leber- und Nierenparenchym und die sezernierenden Schichten im Magen-Darmsystem, erleiden primär keine Veränderungen[10]. Schicht- und Übergangsepithelien (Cornea, Nierenbecken, Ureter, Blase) werden hyperkeratotisch. Keimepithel (Hoden) und Zahnschmelz atrophieren ohne Verhornung. An Ovarien oder Eiern findet man keine Veränderungen. Die abschilfernden, schwammigen Epithelmassen

---

[1] FOLLIS, R. H. jr.: The Pathology of Nutritional Disease. Springfield 1947. — [2] WAGNER, K.-H.: H. **264**, 153 (1940). — [3] WALD, G., H. JEGHERS and J. ARMINIO: Amer. J. Physiol. **123**, 732 (1938). — WALD, G., and D. STEVEN: Proc. nat. Acad. Sci. USA **25**, 344 (1939). — [4] HUME, E. M., and H. A. KREBS: Med. Res. Counc. spec. Rep. Ser. No 264 (1949). — [5] KEYS, A. B., J. BROZEK, A. HENSCHEL, O. MICKELSEN and H. L. TAYLOR: The Biology of Human Starvation. Minneapolis 1950. — [6] STEFFENS, L. F., H. L. BAIR and C. SHEARD: Proc. Staff Meet. Mayo Clinic **14**, 698 (1939). — [7] BRENNER, S., and L. J. ROBERTS: Arch. internal Med., Chicago **71**, 474 (1943). — [8] WOLBACH, S. B., and O. A. BESSEY: Physiol. Rev. **22**, 233 (1942). — [9] Vgl. hierzu ORR, J. B., and M. B. RICHARDS: Biochem. J. **28**, 1259 (1934). — [10] CLAUSEN, S. W.: Vitamin A Malnutrition in Clinical Nutrition. S. 427. New York 1950.

erfüllen nach und nach Drüsen- und Ausführungsgänge, Vagina (Kolpokeratose), Conjunctivalsack, Bronchien usf., was Bildung von Epithelcysten, Bronchiektasien, Austrocknungserscheinungen (Xerose) u. a. bedingt.

Die besprochenen Veränderungen an den epithelialen Geweben äußern sich in spezifischen ***Vitamin A-Mangelschäden verschiedener Organe.*** Zu den am frühesten feststellbaren charakteristischen Schädigungen gehören solche am *Auge*[1]. Ratten, die im Alter von 23 Tagen auf A-Mangeldiät gesetzt werden, lassen morphologisch zuerst Ödeme der Retina und zunehmende, anfangs noch reversible Degenerationen der Stäbchenaußenglieder erkennen, die das Sehpurpursystem tragen[2]. Beim Menschen ist Nachtblindheit (Hemeralopie, Nyktalopie) ein Frühsymptom[3] (s. S. 698 u. 707). Wenn man bedenkt, daß unter anderem 50% der Schulkinder aus sozial niedrig gestellten Kreisen (England) und 35% einer Gruppe von Medizinstudenten (USA) durch unregelmäßige, billige Ernährung Dunkeladaptationsstörungen aufwiesen, oder daß 56 von 450 Einwohnern eines amerikanischen Distriktes subnormale Vitamin A-Werte im Serum hatten, so liegt die Bedeutung der A-Versorgung für den abendlichen Verkehr auf der Hand[4]. Indessen findet man herabgesetztes Dämmerungssehen auch bei anderen Erkrankungen (Retinitis, Glaukom, Sehnervenentzündung, erbliche Hemeralopie), was wesentlich auf Schädigungen der am peripheren Sehvorgang beteiligten Proteinkörper beruhen dürfte. Auf ähnliche, meist fleckige Veränderungen der Netzhaut ist wohl auch die Einengung des Gesichtsfeldes für die Farben Blau und Gelb[5] zurückzuführen. Nach einer ziemlich langen Latenzzeit entstehen, häufig plötzlich, epitheliale Metaplasien[6], die in den MEIBOMschen Talgdrüsen zur Bildung von Chalazien führen und dadurch Tränenfluß und Conjunctivitis bedingen. Zelltrümmer, Talgreste, Fett und Bakterien häufen sich als matte, glanzlose, runde bis dreieckige Erhöhungen, BITÔTsche Flecke[7] (Abbildungen bei [8]), auf der Skleraoberfläche an (über weitere Conjunctivaveränderungen s. [1]). Mit der Verhornung der Tränenkanäle trocknet das Auge aus, wobei sich die Hornhaut trübt *(Xerophthalmie)*, ödematös und nekrotisch wird *(Keratomalacie)*. Zur Regeneration einwandernde Blutgefäße bedingen Blutungen; bakterielle Infektionen des veränderten Epithels führen zu Ulcerationen. Nachtblindheit und Xerophthalmie, die z. B. bei indischen Kindern weit häufiger auftraten als Symptome anderer Mangelkrankheiten[9], sind durch Vitamin A-Gaben noch völlig heilbar, während bei Keratomalacie Narben zurückbleiben, so daß $^1/_4$ der Befallenen blind bleibt (Abb. bei BLOCH[10]). Ein Verlust an Sensibilität in Cornea und Sklera, der mit Verdickung der Nervenfasern einhergeht, ist keine direkte Folge des A-Mangels (Kaninchen)[11]. *Histopathologisch* wurden am menschlichen Auge im ersten Stadium der ausgesprochenen Mangelkrankheit festgestellt, daß die Mucosazellen aus Cornea- und Bindehautepithel verschwinden, die oberen Zellschichten keratohyaline Struktur annehmen *(Präxerose)* und dann die darunter liegenden Zellgebiete verhornen[12, 13]. Bei farbigen Rassen häufen sich Melanine in den Basalzellen des Bindehautepithels an[14].

---

[1] STERN, J. J.: Nutrition in Ophthalmology. Nutrit. Monogr. Ser. Nr. 1. New York 1950. — [2] JOHNSON, M. L.: Arch. Ophthalm., Chicago **29**, 793 (1943). — [3] WALD, G., H. JEGHERS and J. ARMINIO: Amer. J. Physiol. **123**, 732 (1938). — [4] JEGHERS, H.: New Engl. J. Med. **216**, 51 (1937). — [5] WAGNER, K.-H.: H. **264**, 153 (1940). — [6] BLACKFAN, K. D., and S. B. WOLBACH: J. Pediatr. **3**, 679 (1933). — [7] FASAL, P.: Arch. Derm. Syph., Chicago **50**, 160 (1944). — [8] ZELLWEGER, H., u. W. H. ADOLPH: Handb. inn. Med. (BERGMANN-FREY-SCHWIEGK) 4. Aufl. Bd. VI/2, S. 699. — [9] PAL, D.: Ind. J. Pediatr. **16**, 1 (1949). — [10] BLOCH, C. E.: Amer. J. Dis. Children **27**, 139; **28**, 659 (1924). — [11] MANN, I., A. PIRIE, K. TANSLEY and C. WOOD: Amer. J. Ophthalm. **29**, 801 (1946). — [12] KREIKER, A.: Graefes Arch. Ophthalm. **124**, 191 (1930). — [13] SWEET, L. K., and H. J. K'ANG: Amer. J. Dis. Children **50**, 699 (1935). — [14] PILLAT, A.: Arch. Ophthalm., Chicago **9**, 25 (1933).

Veränderungen an der *Haut* sind zuerst von menschlichen A-Avitaminosen, besonders vor der Pubertät[1], her bekannt geworden[2–5]. Sie beginnen mit Wasserverlust (Xerose) und Schrumpfung besonders in den Gelenkfalten, da Talg- und Schweißdrüsen atrophieren und übermäßig Keratin bilden[6]. Im Bereich der Haarfollikel treten dadurch bis zu 5 mm große Papeln von silbergrauer bis rötlicher Farbe[7] auf, die aus zusammengeballten, verhornten Epithelzellen bestehen (Phrynodermie[2], Hyperkeratosis follicularis[3]). Die befallenen Stellen (Arme, Oberschenkel, Nacken) machen den Eindruck lokalisierter Gänsehaut[8]. Da man bei experimentellem Vitamin A-Mangel nur Vorstufen der Phrynodermie beobachtet[9], bei Skorbut ähnliche Symptome auftreten[10] und sich diese an Tieren erst bei Vitamin A-Entzug nach vorangegangener B-Avitaminose voll entwickeln[11], hat man die Hyperkeratosis follicularis verschiedentlich nicht als spezifische A-Mangelerscheinung angesehen[12]. An der Maus wurde gefunden, daß ein recessives Gen „rhino" eine ganz ähnliche Hyperkeratose mit Haarausfall und Cystenbildung verursacht, die durch Vitamin A-Gaben zwar gebessert aber nicht verhindert werden kann[13].

Histopathologisch[14] erscheint das Stratum corneum in menschlicher Haut als breites Netzwerk mit verhornten Platten; Stratum lucidum und granulosum sind nicht verändert, die Schweißdrüsengänge sind verhornt, die Zahl der Talgdrüsen ist vermindert. Zwischen den Haarfollikeln erscheint die Epidermis hyperplastisch und in den Basalschichten hyperpigmentiert. Die Follikel sehen, bei normalem Corium, hyperkeratotisch aus, das Haar schuppig. Das Gebiet des Haarbalges ist durch verhornte Zellschichten aufgeweitet. Bei Meerschweinchen und Ratten[15] findet man keine ausgesprochene Hyperkeratose; statt dessen Atrophie des Haarbalges und — bei neu gebildeten Haarfollikeln — der inneren Scheidenzellen. Die Haare selbst sind glanzlos und das Fell struppig.

Die *Schleimhäute der Atmungswege* zeichnen sich bei der Avitaminose A durch Xerose und Keratinisierung aus, was Verlust des Riechvermögens und Ozaena[16], Heiserkeit und, vor allem bei Säuglingen, Bronchitiden und tödliche Bronchopneumonien[6,17] im Gefolge hat. Da das Flimmerepithel funktionsuntüchtig wird, findet man bei Ratten reichlich Nahrungspartikel in den Lungenalveolen. Mund- und Lippenschleimhaut erscheinen getrübt, die *Mucosa des Magen- und Darmsystems* indessen beim Menschen nur wenig atrophisch, obwohl Hemmungen der Salzsäureproduktion (Achylie) und infektiöse Diarrhöen beim Vitamin A-Mangel des Kindes häufig sind[18]. In manchen Fällen findet man verhornte Ausführungsgänge am Pankreas, nicht dagegen an der Gallenblase, so daß der Zusammenhang zwischen Gallensteinbildung und A-Mangel beim Meerschweinchen[19] unklar bleibt.

---

[1] Frazier, C. N., C.-K. Hu and F.-T. Chu: Arch. Derm. Syph., Chicago **48**, 1 (1943). — [2] Nicholls, L.: Ind. med. Gaz. **68**, 681 (1933); **69**, 241 (1934). — [3] Frazier, C. N., and C.-K. Hu: Arch. internal. Med., Chicago **48**, 507 (1931). Arch. Derm. Syph., Chicago **33**, 825 (1936). — Frazier, C. N., and H.-C. Li: China med. J. **54**, 301 (1938). — [4] Ramalingaswami, V.: Ind. J. med. Sci. **2**, 665 (1948). — [5] Marmelzat, W. L.: A.M.A. Arch. Derm. Syph. **63**, 759 (1951). — [6] Blackfan, K. D., and S. B. Wolbach: J. Pediatr. **3**, 679 (1933). — [7] Lehman, E., and H. G. Rapaport: J. amer. med. Ass. **114**, 386 (1940). — [8] Youmans, J. B., E. W. Patton, W. R. Sutton, R. Kern and R. Steinkamp: Amer. J. publ. Hlth. **34**, 368 (1944). — Youmans, J. B., and M. B. Corlette: Amer. J. med. Sci. **195**, 644 (1938). — [9] Hume, E. M., and H. A. Krebs: Med. Res. Counc. spec. Rep. Ser. Nr. 264 (1949). — [10] Crandon, J. H., C. C. Lund and D. B. Dill: New Engl. J. Med. **223**, 353 (1940). — [11] Sullivan, M., and V. J. Evans: Arch. Derm. Syph., Chicago **51**, 17 (1945). — [12] Stannus, H. S.: Proc. R. Soc. Med. **38**, 337 (1945). — [13] Fraser, F. C.: Canad. J. Res. (D) **27**, 179 (1949). — [14] Radhakrishna Rao, M. V.: Ind. J. med. Res. **24**, 727; **25**, 39 (1937). — [15] Sebrell-Harris, Vitamins Bd. 2, S. 113. — [16] Deutsche Hoffmann-La Roche AG.: Wiss. Dienst Nr. 4 (1952). — [17] Brenner, S., and L. J. Roberts: Arch. internal Med., Chicago **71**, 474 (1943). — [18] Pillat, A.: Mercks Jber. **49**, 34 (1936). — [19] Erspamer, V.: Virchows Arch. **302**, 766 (1938).

Die oben geschilderten *Epithelveränderungen am Urogenitalsystem* äußern sich an den ableitenden Harnwegen z.B. in tödlichen Urämien durch Harnleiterverschluß oder Pyelitis (Ratte, Kind)[1,2]. Die Annahme, daß abgeschilferte Epithelien zum Ausgangspunkt von Nierensteinen werden können[3], scheint nur bei Tieren experimentell sicher nachgewiesen zu sein[4]. Ebenso verhält es sich mit der Herabsetzung der männlichen Fortpflanzungsfähigkeit durch Aspermie, die nicht wie beim Vitamin E-Mangel auf einer Schädigung der Spermatogonien, sondern auf atrophischen Veränderungen in Prostata, Samenblasen und Nebenhoden beruht (Ratte)[5]. Das durch Vitamin A-Mangel an der weiblichen Ratte hervorgerufene Schollenstadium in der Vagina[6,7] tritt so konstant auf, daß hierauf der Kolpokeratosetest zur Vitamin A-Bestimmung gegründet werden konnte (s. S. 706). Keratosen der Tuben- und Uterusschleimhaut können zu prämenstruellen Störungen führen[8].

Das menschliche *Blutbild* ist bei experimentellem und klinischem Vitamin A-Mangel charakterisiert durch Leukopenie mit myeloischer Reaktion, Thrombopenie und Abnahme der Erythrocytenzahl[9]. Ähnliche, aber weniger eindrucksvolle Befunde erhob man bei Laboratoriumstieren (Ratte[10], Meerschweinchen[11]). In *Milz* und *Leber* erscheinen, bei Anhäufung von Hämosiderin, die Reticulumzellen hochgradig vermehrt[12]. Die *Nebenniere* nimmt bei Vitamin A-Defizit, im Gegensatz zu Vitamin C- und Aneurinmangel (s. S. 651), nicht an Volumen zu, sondern atrophiert, ohne daß sich pathologische Veränderungen im Rindenparenchym nachweisen lassen (Meerschweinchen)[13,14]. Histochemisch erkannten LOWE, MORTON u. HARRISON[15], daß die Phosphatide dort bei ausgeprägter Avitaminose A der Ratte abgenommen und sich auf die Zona glomerulosa der Rinde beschränkt haben.

Während Skelet und Gebiß nach ihrer Ausbildung durch Verarmung an Vitamin A nicht betroffen werden, verändert sich bei den meisten Tieren (Ratte, Maus, Meerschweinchen, Hund, Huhn), noch bevor sich irgendwelche Veränderungen anderer Gewebe erkennen lassen, die *Wachstumsstruktur von Knochen und Zähnen*[16,17]. Man erkennt dies an verminderter Resorption von Knochentrabekeln, verzögerter Ausbildung des HAVERSschen Systems bei unveränderter appositioneller Knochenentstehung. Das Ergebnis ist ein besonders an den Enden dickerer, grober, wenig kompakter und kürzerer Knochen. Am wachsenden Zahn (Ratte, Meerschweinchen, Hund)[18-21] äußert sich der aufgehobene organisierende Einfluß des degenerierenden odontogenen Epithels (s. S. 680) in basalwärts

[1] BLACKFAN, K. D., and S. B. WOLBACH: J. Pediatr. 3, 679 (1933). — BRENNER, S., and L. J. ROBERTS: Arch. internal Med., Chicago 71, 474 (1943). — [2] SWEET, L. K., and H. J. K'ANG: Amer. J. Dis. Children 50, 699 (1935). — [3] Vgl. Deutsche Hoffmann-La Roche AG.: Wiss. Dienst Nr. 4 (1951). — [4] LEERSUM, E. C. VAN: J. biol. Ch. 76, 137 (1928). — [5] WOLBACH, S. B., and P. R. HOWE: J. exp. Med. 57, 511 (1933). — MOORE, R. A., and J. MARK: J. exp. Med. 64, 1 (1936). — [6] EVANS, H. M.: J. biol. Ch. 77, 651 (1928). — [7] HOHLWEG, W., and M. DOHRN: Biochem. J. 30, 932 (1936). — [8] Deutsche Hoffmann-La Roche AG.: Wiss. Dienst Nr. 1 (1953). — [9] WAGNER, K.-H.: H. 264, 153 (1940). — ABBOTT, O. D., C. F. AHMANN and M. R. OVERSTREET: Amer. J. Physiol. 126, 254 (1939). — [10] WAGNER, K.-H., u. L. SCHULZE: Vitamine u. Hormone 1, 384 (1941). — [11] LORENZ, E.: Kli. Wo. 1938 II, 1498. — [12] UOTILA, U., u. P. E. SIMOLA: Virchows Arch. 301, 523 (1938). — [13] BLUMENTHAL, H. T., and L. LOEB: Amer. J. Path. 18, 615 (1942). — WHITEHEAD, R.: J. Path. Bacteriology 54, 169 (1942). — [14] MITZKEWITSCH, M. S.: A. e. P. P. 174, 339 (1934). — [15] LOWE, J. S., R. A. MORTON and R. G. HARRISON: Nature 172, 716 (1953). — [16] MELLANBY, E.: A Story of Nutritional Research. The Effect of Some Dietary Factors on Bones and Nervous System. Baltimore 1950. — [17] WOLBACH, S. B.: J. Bone Joint Surg. 29, 171 (1947). — [18] MELLANBY, M., and J. D. KING: Ergebn. Vit.- u. Horm.-Forsch. 2, 1 (1939). — [19] WOLBACH, S. B., and P. R. HOWE: J. exp. Med. 42, 753 (1925). Amer. J. Path. 9, 275 (1933). — [20] KING, J. D.: J. Physiol., London 88, 62 (1937). — [21] SCHOUR, I., M. M. HOFFMAN and M. C. SMITH: Amer. J. Path. 17, 529 (1941).

fortgesetztem, undifferenziertem Wachstum, wobei, unter Atrophie von Odontoblasten, unregelmäßiges, dünnes Dentin gebildet wird, das in die Pulpa eindringt. Distal ist die Dentinbildung verzögert, labial auf Kosten des Schmelzes verstärkt (Abbildungen bei MELLANBY[1], WOLBACH[2]). Während über Änderungen des Skeletwachstums bei kindlicher Avitaminose A kaum etwas bekannt ist, findet man ähnliche Veränderungen in der Zahnstruktur[3].

Die geschilderten Störungen im Knochenwachstum sind nun auch die Ursache für die seit Jahren bei den verschiedensten Tieren immer wieder gefundenen *Nervenläsionen*[4,5]. Es handelt sich nicht, wie zuerst angenommen wurde, um eine direkte Vitamin A-Mangelschädigung der weißen Substanz, sondern um Druckatrophien, die bei verzögertem und desorientiertem Skeletwachstum, aber weiter wachsendem Nervengewebe, an Gehirn, Rückenmark und Nervensträngen eintreten. Am pathologischen Präparat erkennt man Lageveränderungen und Hernien von Gehirnteilen, Stauchungen der aus der mittleren Thoraxregion stammenden dorsalen und ventralen Nervenwurzeln durch Verkürzung der Wirbelsäule und Kompressionen an den Austrittsstellen aus dem Rückenmarkskanal. Knochenveränderungen in der Pars petrosa des Schläfenbeines führen durch Druck auf hier durchtretende Hirnnervenäste bei Hunden zu Taubheit[6], bei Kälbern zu Erblindung[7], während Ratten nicht geschädigt werden. *Schwerhörigkeit* und *Taubheit*, die sich durch Vitamin A-Mangel auch am Menschen experimentell erzeugen ließen[8], können ferner durch Hyperkeratose der Epithelien von Paukenhöhle und CORTIschem Organ[9] sowie durch knotig veränderte Knochenpartien im Bereich des Innenohres (Kaninchen[8]) bedingt werden[10]. Läsionen der afferenten Nerven treten auch in Kiefer und Zähnen auf[1].

Vorgeburtlicher Vitamin A-Mangel[11] entsteht bei Degeneration des Placentaepithels A-avitaminotischer Muttertiere. Er führt in schweren Fällen zu Fruchttod und Resorption (Schwein, Schaf, Ratte)[12,13]. Am Fetus selbst sieht man Mißbildungen, die von gehemmtem Skelet- und Organwachstum herrühren[14]: Anophthalmie und andere Augenveränderungen, Hasenscharte, Gaumenspalte, Nierendislokation, Gefäßanomalien, Lungen-, Herz-, Hodenatrophie u. a.[15]. Lebend geborene Tiere sind fast durchweg blind[16]. Auch beim Menschen ist ein Fall fetaler Keratomalacie durch Axerophtholmangel der Mutter bekannt geworden[17]. ANDERSEN[18] beobachtete, daß das Auftreten kongenitaler Zwerchfellhernien bei Inzuchtratten offenbar vom Vitamin A-Angebot mitbestimmt wird: 19% Brüche bei Vitamin A-Mangel, 1% bei normalem Angebot.

η) Vitamin A-Bedarf.

Der Vitamin A-Bedarf des Menschen und anderer Warmblüter (Tabelle 186) ist nicht für alle Bedingungen festzulegen. Er hängt ab von der Verabreichungsform (freies oder verestertes Vitamin, Provitamine, Schutzstoffe, Zerkleinerungsgrad

[1] MELLANBY, M., and J. D. KING: Ergebn.Vit.- u. Horm.-Forsch. **2**, 1 (1939). — [2] WOLBACH, S. B.: in Sebrell-Harris, Vitamins Bd. I, S. 106. — [3] BOYLE, P. E.: J. dent. Res. **13**, 39 (1933). — [4] MELLANBY, E.: A Story of Nutritional Research. The Effect of Some Dietary Factors on Bones and Nervous System. Baltimore 1950. — [5] WOLBACH, S. B., and O. A. BESSEY: Arch. Path., Chicago **32**, 689 (1941). — [6] MELLANBY, E.: J. Physiol., London **99**, 467 (1941). — [7] MOORE, L. A.: J. Nutrit. **17**, 443 (1939). — [8] PERLMAN, H. B.: Arch. Otolaryng., Chicago **50**, 20 (1947). — [9] MELLANBY, E.: J. Physiol., London **94**, 380 (1938/39). — [10] Übersicht bei Deutsche Hoffmann-La Roche AG.: Wiss. Dienst Nr. 2 (1954). — [11] WARKANY, J.: Vitamins & Hormones **3**, 73 (1945). — [12] MASON, K. E.: Amer. J. Anat. **57**, 303 (1935). — [13] HART, G. H., and R. F. MILLER: J. agric. Res. **55**, 47 (1937). — [14] HALE, F.: Amer. J. Ophthalm. **18**, 1087 (1935). — [15] WILSON, J. G., and J. WARKANY: Pediatrics, N. Y. **5**, 708 (1950). — [16] JACKSON, E.: Amer. J. Ophthalm. **18**, 967 (1935). — [17] BOUMAN, H. D., and S. VAN CREVELD: Z. Vit.-Forsch. **10**, 192 (1940). — [18] ANDERSEN, D. H.: Amer. J. Path. **25**, 163 (1949).

Tabelle 186. Vitamin A-Bedarf von Warmblütern[1].

Art	Test (Nahrungspolyen)	Täglicher Bedarf in I.E. je kg Körpergewicht	Täglicher Bedarf in I.E. je Gesamtorganismus (bzw. g Nahrung)
Mensch[2] (♂ 70 kg, ♀ 56 kg)	Dunkeladaptation, Vitamin A-Blutspiegel ($^1/_3$ Vitamin A, $^2/_3$ Carotin)		5000
schwanger . . .			6000
stillend			8000
Kind			
1 Jahr			1500
2—6 Jahre . .			2000—2500
7—15 Jahre . .			3500—5000
16—20 Jahre . .			5000—6000
Ratte[3]	Kolpokeratose	20	
	Wachstum	80—100	25
	Leberspeicher	50—135	10—50
	Leberspeicher		(12)
Kaninchen[4] . . .	Norm. Gesundheit (Carotin)	83	
Hund[5]	Leberspeicher (Vitamin A)	23—47	
Fuchs[6,7]	Nervöse Symptome	15—25	
	Wachstum	25	
	Leberspeicher (Vitamin A)	50—100	
Pferd[8,9]	Nyktalopie (A oder Carotin)	20—30	
	Fortpflanzung (Carotin)	180	
Schwein[9,10] . . .	Nyktalopie		
	(Vitamin A)	18—24	
	(Carotin)	25—39	
	Wachstum	150	
	trächtig	200	
	laktierend	330	

[1] NYLUND, C. E., u. T. K. WITH: Vitamine u. Hormone **2**, 7, 125 (1942). — Vgl. ferner: DAY, P. L.: Vitamins & Hormones **2**, 71 (1944); Primaten. — MORRIS, H. P.: Vitamins & Hormones **5**, 175 (1947); Maus. — MANNERING, G. J.: Vitamins & Hormones **7**, 201 (1949); Meerschweinchen. — [2] HUME, E. M., and H. A. KREBS: Med. Res. Counc. spec. Rep. Ser. 264 (1949). — [3] BROWN, R. A., and M. STURTEVANT: Vitamins & Hormones **7**, 171 (1949). — [4] PHILLIPS, P. H., and G. BOHSTEDT: J. Nutrit. **15**, 309 (1938). — [5] CRIMM, P. D., and D. M. SHORT: Amer. J. Physiol. **118**, 477 (1937). — [6] SMITH, S. E.: J. Nutrit. **24**, 97 (1942). — [7] BASSETT, C. F., J. K. LOOSLI and F. WILKE: J. Nutrit. **35**, 629 (1948). — [8] PEARSON, P. B., C. F. WINCHESTER and A. L. HARVEY: Recommended Nutrient Allowances for Horses. Nat. Res. Counc. Washington (1949). — [9] PAUL, H. E., and M. F. PAUL: J. Nutrit. **31**, 67 (1946). — [10] HUGHES, E. H., W. M. BEESON, E. W. CRAMPTON and N. R. ELLIS: Recommended Nutrient Allowances for Swine. Nat. Res. Counc. Washington (1950).

Tabelle 186. (Fortsetzung.)

Art	Test (Nahrungspolyen)	Täglicher Bedarf in I.E. je	
		kg Körpergewicht	Gesamtorganismus (bzw. g Nahrung)
Kuh[1,2]	Nyktalopie	43—55	
	Wachstum	32—64	
	Fortpflanzung	165	
	Norm. Gesundheit	220	
	Leberspeicher	125—250	
Stier[3]	Fertilität	83	
Kalb[4]	Druck in Cerebrospinalflüssigkeit	100—125	
Schaf[1,5]	Nyktalopie		
	(Vitamin A)	17—26	
	(Carotin)	25—35	
	Wachstum	220	
	Fortpflanzung, Laktation	660—930	
Küken[6,7]	Wachstum		(16—31)
	Leberspeicher		(24—42)
	Norm. Gesundheit		(44)
Huhn[6]	Eiproduktion		(44—52)
	Leberspeicher		(13)
	Norm. Gesundheit		(73)
Truthuhn[6]	Wachstum		(31—59)
	Leberspeicher		(118)
	Norm. Gesundheit		(88)

der Nahrung u.a.), der Art der Verabreichung (in Nahrungsmitteln, Lösungen oder Emulsionen), dem Zustand des Magen-Darmkanales (erhöhter Bedarf bei gestörter Resorption, s. S. 703), dem Umwandlungsvermögen von Provitaminen zu Vitamin A, der Funktionstüchtigkeit der Organe (erhöhter Bedarf bei Leber- und Nierendysfunktion, s. S. 703) und der angewandten Testmethode[8-10]. WITH[11] unterscheidet zwischen *wirklichem Vitamin A-Bedarf*, bezogen auf die beim gesunden Organismus tatsächlich die Darmwand passierende Vitamin A-Aktivität (ausgedrückt in I.E.), und *scheinbarem Bedarf*, bezogen auf die tatsäch-

---

[1] PAUL, H. E., and M. F. PAUL: J. Nutrit. **31**, 67 (1946). — [2] LOOSLI, J. K., C. F. HUFFMAN, W. E. PETERSEN and P. H. PHILLIPS: Recommended Nutrient Allowances for Dairy Cattle. — GUILBERT, H. R., P. GERLAUGH and L. L. MADSEN: Recommended Nutrient Allowances for Beef Cattle. Nat. Res. Counc. Washington (1950). — [3] MADSEN, L. L., O. N. EATON, L. HEEMSTRA, R. E. DAVIS, C. A. CABELL and B. KNAPP jr.: J. animal Sci. **7**, 60 (1948). — [4] MOORE, L. A., J. F. SYKES, W. C. JACOBSON and H. G. WISEMAN: J. Dairy Sci. **31**, 533 (1948). — [5] PEARSON, P. B., W. G. KAMMLADE, J. I. MILLER and R. F. MILLER: Recommended Nutrient Allowances for Sheep. Nat. Res. Counc. Washington 1949. — [6] CRAVENS, W. W., H. J. ALMQUIST, R. M. BETHKE, H. R. BIRD and L. C. NORRIS: Recommended Nutrient Allowances for Poultry. Nat. Res. Counc. Washington 1950. — [7] BIRD, H. R.: Vitamins & Hormones **5**, 163 (1947). — [8] KON, S. K., and S. Y. THOMPSON: Brit. J. Nutrit. **5**, 114 (1951). — [9] MELNICK, D., and B. L. OSER: Vitamins & Hormones **5**, 39 (1947). — [10] CLAUSEN, S. W.: Harvey Lect. (1942/43) **38**, 199 (1944). — [11] WITH, T. K.: Vitamine u. Hormone **3**, 256 (1943).

lich verabreichte Aktivität. Praktisch unterscheidet man oft *Minimalbedarf*, d.h. die zur Erhaltung des Wachstums und zur Vermeidung von A-Mangel unbedingt nötige Aktivitätsmenge, und *Optimalbedarf*, d.i. die zu optimalen Lebensbedingungen (Fortpflanzung, Speicherung)[1] erforderliche Menge an A-vitaminaktiven Substanzen. Es bestehen Beziehungen zwischen Bedarf, Körpergewicht, Nahrungsmenge, Alter und Geschlecht der Tiere[2,3]. Der Minimalbedarf des Menschen an β-Carotin beträgt z.B. bei vollständiger Resorption 1500 I.E. je Tag, bei Verabreichung in Öl 4000 I.E., als Karottenhomogenat 5000 I.E., in Kohl oder Spinat 7500 I.E. und als gekochte Karottenschnitzel 12000 I.E.[4]. Als optimal gelten bei normaler Ernährung und Gesundheit täglich 7500 I.E.[5]. Für die Säugetiere im allgemeinen liegt das Bedarfsminimum bei 24 γ β-Carotin (40 I.E.) oder 6 γ Vitamin A (20 I.E.) je kg Körpergewicht[6]. Höher ist der Bedarf bei Küken und Bruthühnern, wo er im allgemeinen in I.E. je kg Diät angegeben wird (Tabelle 186). Das molare Umwandlungsverhältnis Carotin: Vitamin A beträgt unter normalen Standardbedingungen bei Mensch, Hund, Schaf, Schwein, Küken etwa 1; bei der Ratte 0,5—1, beim Pferd 1—2. Die Wirksamkeit von Carotin sinkt mit zunehmendem Angebot[7].

ϑ) Vegetativer Stoffwechsel: Resorption, Transport[8-10]. Abbau, Ausscheidung.

1. Die Resorption von Carotinoiden (Provitaminen A)

hängt ab: 1. vom Lösungs- und Verteilungszustand; 2. von der Anwesenheit natürlicher Begleitstoffe (Fette, Phosphatide, Tocopherol) und 3. vom Verhalten des Verdauungstraktes. Die Aufnahme aus natürlichen carotinoidreichen Quellen (Karotten, Spinat) ist bei normalem Darmzustand vom Aufschlußgrad der Pflanzenzellen[11] und von der Art und Menge des Nahrungsfettes abhängig. Am Menschen wurde die Ausnutzungsquote für Carotin aus rohem Gemüse zu 1—20%, aus gekochtem Material zu 30—60% gefunden[12-15]. Fettarme Diät führt zu niedrigeren, fettreiche zu höheren Resorptionswerten[4,16,17]. Der Gehalt der Faeces an Gesamtcarotinoiden entspricht dem grüner Blätter, doch ist das Verhältnis Carotin: Xanthophyll gerade umgekehrt, was eine stärkere Resorption oder Zerstörung des Carotinoidanteils andeutet[18]. Beim Pferd finden sich etwa 80% des mit der Nahrung aufgenommenen Carotins und 60% vom Xanthophyll im Kot wieder[19]; beim Rind besteht Gleichgewicht zwischen dem Carotinangebot und der Ausscheidung in Milch und Faeces[20]. Ratten resorbieren Carotin etwa in der gleichen Größenordnung wie der Mensch, doch ist die Abhängigkeit vom

---

[1] SHERMAN, H. C., H. L. CAMPBELL, M. UDILJAK and H. YARMOLINSKY: Proc. nat. Acad. Sci. USA **31**, 107 (1945). — [2] ROHRER, A. B., and H. C. SHERMAN: J. Nutrit. **25**, 605 (1943). — GUILBERT, H. R., R. F. MILLER and E. H. HUGHES: J. Nutrit. **13**, 543 (1937). — [3] WEEK, E. F., and F. J. SEVIGNE: J. Nutrit. **40**, 563 (1950). — KAGAN, B. M., E. M. THOMAS, D. A. JORDAN and A. F. ABT: J. clin. Invest. **29**, 141 (1950). — [4] HUME, E. M., and H. A. KREBS: Med. Res. Counc. spec. Rep. Ser. Nr. 264 (1949). — [5] HUME, E. M.: Brit. J. Nutrit. **5**, 104 (1951). — [6] GUILBERT, H. R., and G. H. HART: J. Nutrit. **10**, 409 (1935). — [7] GUILBERT, H. R., C. E. HOWELL and G. H. HART: J. Nutrit. **19**, 91 (1940). — [8] WITH, T. K.: Absorption, Metabolism and Storage of Vitamin A and Carotene. Kopenhagen 1940. — [9] SOBEL, A. E.: Vitamins & Hormones **10**, 47 (1952). — [10] KON, S. K., and S. Y. THOMPSON: Brit. J. Nutrit. **5**, 114 (1951). — [11] ZEBEN, W. VAN, u. T. F. HENDRIKS: Int. Z. Vit.-Forsch. **19**, 265 (1948). — [12] Editorial: Nature **156**, 11 (1945). — [13] EEKELEN, M. VAN, and W. PANNEVIS: Nature **141**, 203 (1938). — [14] VIRTANEN, A. I., u. M. KREULA: H. **270**, 141 (1941). — [15] WITH, T. K.: Vitamine u. Hormone **1**, 443 (1941); **2**, 143 (1942). — [16] WILSON, H. E. C., S. M. D. GUPTA and B. AHMAD: Ind. J. med. Res. **24**, 807 (1937). — [17] KREULA, M. S.: Biochem. J. **41**, 269 (1947). — [18] WALD, G., W. R. CARROLL and D. SCIARRA: Science, N. Y. **94**, 95 (1941). — [19] ZECHMEISTER, L., u. P. TUZSON: H. **226**, 255 (1934). — [20] SESHAN, P. A., and K. C. SEN: J. agric. Sci. **32**, 286 (1942).

Fettgehalt der Nahrung offenbar geringer[1,2]. Ziegen und Schafe nehmen den Provitamin A-Anteil aus homogenisiertem Spinat zu mehr als 80% auf[3]; Hühner bedürfen zu guter Resorption fettreicher Diät[4]. Aus öligen Lösungen ist die Carotinoidaufnahme höher als aus pflanzlichem Material; beim Menschen 30—85% der verabreichten Dosis, ferner proportional der gegebenen Menge (Ratte, Huhn, Mensch[4-6]). Der Gehalt in den Faeces erscheint für jedes Provitamin A und für die Xanthophylle charakteristisch (Mensch[7], Ratte[8]). In vergleichbaren Zeiten wird aus Emulsionen das Carotin besser als aus öliger Lösung aufgenommen (Hund[9]), aus Lösungen in Paraffinöl bis zu 80% schlechter (Ratte)[10]. Bei subcutaner oder intramuskulärer Zufuhr findet schnelle Verteilung nur statt, wenn kolloidale Lösungen oder Emulsionen, vor allem in Anwesenheit von Gallensäuren, injiziert werden (Ratte, Meerschweinchen, Küken)[11,12].

Die angegebene unterschiedliche Carotinresorption aus Lösungen in *verschiedenen Fetten* hängt in erster Linie vom Phosphatid- und vom Tokopherolgehalt ab. Erdnuß-, Kokosnuß-, Baumwollsamen- und Sonnenblumenöl sind als Lösungsmittel daher geeigneter als Triolein, Äthyllinoleat, Äthyllaurat und gehärtete Fette[12-14]. Lecithin steigert die Aufnahme, wofür die Cholinfraktion nicht verantwortlich ist (Ratte[14,15], Rind[16]). Die *Tokopherole* (Vitamin E) wirken indirekt resorptionsfördernd durch Schutz der Carotinoide vor Peroxydation, insbesondere in Anwesenheit ungesättigter Fettsäureester (Ratte)[17-21]. In Abwesenheit von *Galle* (isolierte Darmschlingen, Choledocho-Colon-Anastomose) wird Carotin nicht resorbiert (Ratte)[22], so daß auch eine Beeinflussung der Gallesekretion durch verschiedene Fette bei der beobachteten unterschiedlichen Wirkung mit im Spiel sein kann[13]. Desoxycholsäure ist für die Bildung von Carotin-Gallensäurekomplexen vorwiegend geeignet[23]. Eine nachteilige Beeinflussung der Carotinresorption durch gleichzeitige Gaben von Lutein ist umstritten (Ratte)[24]. *Thyroxin* (getrocknete Schilddrüse) fördert, antithyreoidale Substanzen (Thiouracil) hemmen die Carotinresorption (Kaninchen)[25]. Hierdurch erklären sich auch der bei Ratten beobachtete angeblich fördernde Einfluß auf die Vitamin A-Speicherung[26]

---

[1] BOOTH, V. H.: Brit. J. Nutrit. **1**, 113 (1947). — [2] WAGNER, K.-H., L. GÜNTHER u. L. SCHULZE: Vitamine u. Hormone **1**, 455 (1941). — WAGNER, K.-H., L. GÜNTHER u. H. SCHMALFUSS: Vitamine u. Hormone **4**, 142 (1943). — [3] GOODWIN, T. W., and R. A. GREGORY: Biochem. J. **43**, 505 (1948). — [4] JOHNSON, R. M., and C. A. BAUMANN: Arch. Biochem. **19**, 493 (1948). — [5] RUSSELL, W. C., M. W. TAYLOR, H. A. WALKER and L. J. POLSKIN: J. Nutrit. **24**, 199 (1942). — [6] SINIOS, A.: Int. Z. Vit.-Forsch. **21**, 151 (1949). — [7] WALD, G., W. R. CARROLL and D. SCIARRA: Science, N. Y. **94**, 95 (1941). — [8] KOWALEWSKI, K., E. HENROTIN et J. VAN GEERTRUYDEN: Acta gastro-enterol. belg. **14**, 7 (1951). — [9] WITH, T. K.: Z. Vit.-Forsch. **10**, 1 (1940). — IRVIN, J. L., J. KOPALA and C. G. JOHNSTON: Amer. J. Physiol. **132**, 202 (1941). — [10] WITH, T. K.: Vitamine u. Hormone **2**, 369 (1942). — [11] TOMARELLI, R. M., J. CHARNEY and F. W. BERNHART: Proc. Soc. exp. Biol. Med. **63**, 108 (1946). — [12] BOMSKOV, C., u. F. RUF: Kli. Wo. **1940**, 647. — [13] SHERMAN, W. C.: J. Nutrit. **22**, 153 (1941). — Zur Ausnutzung aus Margarine vgl. ABRAMSON, E., u. E. BRUNIUS: Acta physiol. scand. **3**, 164 (1942). — [14] SLANETZ, C. A., and A. SCHARF: Proc. Soc. exp. Biol. Med. **53**, 17 (1943). — JOHNSON, R. M., and C. A. BAUMANN: J. biol. Ch. **175**, 811 (1948). — [15] ESH, G. C., and T. S. SUTTON: J. Nutrit. **36**, 391 (1948). — [16] ESH, G. C., T. S. SUTTON, J. W. HIBBS and W. E. KRAUSS: J. Dairy Sci. **31**, 461 (1948). — [17] QUACKENBUSH, F. W., R. P. COX and H. STEENBOCK: J. biol. Ch. **145**, 169 (1942). — [18] HICKMAN, K. C. D., and P. L. HARRIS: Adv. Enzymol. **6**, 469 (1946). — [19] RAO, S. D.: Nature **156**, 234 (1945). — [20] FRAPS, G. S.: Arch. Biochem. **10**, 485 (1946). — [21] SHERMAN, W. C.: Proc. Soc. exp. Biol. Med. **65**, 207 (1947). — [22] GREAVES, J. D., and C. L. A. SCHMIDT: Amer. J. Physiol. **111**, 492 (1935). — IRVIN, J. L., J. KOPALA and C. G. JOHNSTON: Amer. J. Physiol. **132**, 202 (1941). — [23] GREAVES, J. D., and C. L. A. SCHMIDT: Proc. Soc. exp. Biol. Med. **36**, 434 (1937). — [24] JOHNSON, R. M., and C. A. BAUMANN: Arch. Biochem. **19**, 493 (1948). — KELLEY, B., and H. G. DAY: J. Nutrit. **40**, 159 (1950). — KEMMERER, A. R., G. S. FRAPS and J. DE MOTTIER: Arch. Biochem. **12**, 135 (1947). — [25] CAMA, H. R., and T. W GOODWIN: Biochem. J. **45**, 236 (1949). — [26] JOHNSON, R. M., and C. A. BAUMANN: J. biol. Ch. **171**, 513 (1947).

bzw. die Hemmung des Wachstums[1] und das, durch Vitamin A-Gaben beeinflußbare A-Defizit bei Hyperthyreosen (sog. Antagonismus Thyroxin-Vitamin A)[2].

Über die *Resorption von Xanthophyllen* und verwandten Carotinoiden liegen nur wenige Beobachtungen vor. Hühner nehmen mindestens 18% des der carotinoidfreien Diät zugesetzten Luteins bzw. Zeaxanthins auf, während Carotin nur zu 0,5% und Lycopin in Spuren im Dotter wiedergefunden werden; Violaxanthin wird im Darm zerstört[3]. Physalien (Zeaxanthindipalmitat) unterliegt im Rattendarm und beim Huhn der Verseifung[4]. In den Faeces der Ratte werden rund 20% des verabreichten Pigmentes (16% als Zeaxanthin) ausgeschieden, beim Huhn findet man im Dotter nur noch 1 Teil Physalien auf 5 Teile Zeaxanthin. Wildforellen vermögen kein freies Astaxanthin aufzunehmen, wohl aber das veresterte aus Crustaceen[5]. Die Carotinoidresorption der Seidenraupe ist genabhängig[6]; die Biene nimmt von den reichlichen Pollencarotinoiden kaum etwas auf[7]. Über die Verhältnisse bei Heuschrecken unterrichtet GOODWIN[8].

Während bei 24stündiger Bebrütung im excidierten Rattendarm kein Carotin zerstört wird[9], scheint dies beim Vitamin A zu etwa 25% im Magen der Fall zu sein (Meerschweinchen)[10]; 1 Std Bebrütung mit menschlichem Magensaft ergab indessen keine Wertminderung[11]. Die *Resorption von Vitamin A* ist in öliger Lösung weit vollständiger als die von Carotin: Von 23 γ täglich (Heilbutt-Tran) werden nur 3—4% mit den Faeces ausgeschieden (Mensch)[12]. Bei hohen Dosen ist die Ausbeute besser, wenn das Vitamin in *wäßriger Emulsion* gegeben wird[13]. Durch Verfolgung der Vitamin A-Fluorescenz wurde gefunden, daß bei Ratten 3mal soviel Vitamin A in wäßriger Emulsion wie in öliger Lösung die Darmwand passiert[14]. Die Vitamin A-Säure ist als Natriumsalz in Emulsion mehr als 10mal wirksamer als in öliger Lösung[15]. Am intakten Organismus werden oral gegebener Vitamin A-Alkohol und dessen Ester gleich gut resorbiert (Mensch[16,17], Ratte[18], Herbivoren[19]). Küken nehmen Vitamin A_1 erst am 35. Tag nach dem Schlüpfen auf, Carotin schon früher[20]. Kaulquappen resorbieren kein Vitamin A[21]. Die *Ester* werden teils im Darm, teils in der Darmwand gespalten (Ratte, Kalb, Schaf), verhalten sich also wie andere Fettsäureester[18,19]. Entgegen den Verhältnissen beim Carotin beeinflußt das Schilddrüsenhormon die Resorption nicht[22]. Die Anwesenheit von gallensauren Salzen fördert vorwiegend die Resorption der Ester[23]. Der unterschiedliche Einfluß verschiedener Fette auf die Vitamin A-Aufnahme geht, wie bei den Carotinoiden, vorwiegend auf die Sparwirkung anwesender *Tokopherole* (s. Tabelle 187) zurück (Ratte, Mensch, Küken)[24-27] und

[1] WIESE, C. E., J. W. MEHL and H. J. DEUEL jr.: J. biol. Ch. **175**, 21 (1948). — [2] THIELE, W.: M. m. W. **1941 II**, 881. — [3] BROCKMANN, H., u. O. VÖLKER: H. **224**, 193 (1934). — [4] KUHN, R., u. H. BROCKMANN: H. **206**, 41 (1932). — [5] STEVEN, D. M.: Nature **160**, 540 (1947). — [6] MANUNTA, C.: Boll. Soc. ital. Biol. sperim. **12**, 31, 626 (1937). — [7] TISCHER, J.: H. **267**, 14 (1941). — [8] GOODWIN, T. W.: Biol. Reviews **27**, 439 (1952). — [9] SEXTON, E. L., J. W. MEHL and H. J. DEUEL jr.: J. Nutrit. **31**, 299 (1946). — [10] CHEVALLIER, A., P. AUGIER et Y. CHORON: C. R. Soc. Biol. **127**, 1009 (1938). — [11] JEGLINSKI, H.: Vitamine u. Hormone **4**, 394 (1943). — [12] WALD, G., W. R. CARROLL and D. SCIARRA: Science, N. Y. **94**, 95 (1941). — [13] LEWIS, J. M., O. BODANSKY, M. C. C. LILIENFELD and H. A. SCHNEIDER: J. Pediatr. **31**, 496 (1947). — [14] POPPER, H., and B. W. VOLK: Proc. Soc. exp. Biol. Med. **68**, 562 (1948). — [15] DORP, D. A. VAN, and J. F. ARENS: Nature **158**, 60 (1946). — [16] KRINGSTAD, H., u. J. LIE: T. Kjemi, Bergves. Metallurgi **2**, 57 (1942). — [17] SOBEL, A. E., M. SHERMAN, J. LICHTBLAU, S. SNOW and B. KRAMER: J. Nutrit. **35**, 225 (1948). — [18] LE GRAY, E. B., K. MORGAREIDGE and J. D. CAWLEY: J. Nutrit. **20**, 67 (1940). — [19] EDEN, E.: Biochem. J. **46**, 259 (1950). — [20] MANN, T. B.: J. agric. Sci. **36**, 289 (1946). — [21] MORTON, R. A., and D. G. ROSEN: Biochem. J. **45**, 612 (1949). — [22] CAMA, H. R., and T. W. GOODWIN: Biochem. J. **45**, 236 (1949). — [23] CLAUSEN, S. W.: J. amer. med. Ass. **111**, 144 (1938). — FILER, L. J. jr., and S. W. WRIGHT: Pediatrics, N. Y. **8**, 328 (1951). — [24] CALDWELL, A. B., G. MACLEOD and H. C. SHERMAN: J. Nutrit. **30**, 349 (1945). — MOORE, T.: Vitamins & Hormones **3**, 1 (1945). — [25] HARRIS, P. L., W. J. SWANSON and K. C. D. HICKMAN: J. Nutrit. **33**, 411 (1947). — [26] LEMLEY, J. M., R. A. BROWN, O. D. BIRD and A. D. EMMETT: J. Nutrit. **34**, 205 (1947). — [27] WEEK, E. F., and F. J. SEVIGNE: J. Nutrit. **40**, 563 (1950). — HALPERN, G. R., and J. BIELY: J. biol. Ch. **174**, 817 (1948).

zum Teil auf die fördernde Wirkung von Phosphatiden (Kuh, Ratte)[1,2]. Hinzu kommt die Fähigkeit der Fette, geeignete Fettsäuren zu liefern, die zur Veresterung des freien A-Vitamins in der Darmwand ausgenutzt werden können[3].

Parenteral gegebenes Vitamin A und vitamin-A-saures Natrium werden resorbiert, doch ist die biologische Wirksamkeit geringer als bei oraler Verabreichung[4–6]. Unter normalen Bedingungen wird Vitamin A in den Faeces nur bei Überangebot ausgeschieden[7]. Bei Verabreichung in Paraffinöl findet man das Vitamin stets im Kot, das dann entsprechend den Carotinoiden der Resorption entzogen wird (Mensch[8], Ratte[6]).

Tabelle 187. Sparwirkung von α-Tokopherol auf die Ausnutzung von Vitamin A_1 und β-Carotin bei der Ratte (Wachstumstest)*.

	Verabreichte Dosis (in γ)	Gewichtsabnahme männlicher Ratten in 28 Tagen bei folgenden Mengen (mg) Tokopherol in der Diät				
		0	0,025	0,05	0,15	1,5
Vitamin A_1	46	+ 8,6		+20,7	+28,8	+31,7
Vitamin A_1-Acetat . . .	5	− 6,3	+ 4,0		+13,0	+25,0
β-Carotin	79	−22,0	−23,0	−21,0	+10,3	+22,7

2. Der Transport von Polyenen

durch die Darmwand, der bei den Provitaminen A mit einer mehr oder weniger vollständigen Umwandlung in A-Vitamine (s. S. 659), beim Vitamin A-Alkohol mit dessen Veresterung verbunden ist, stellt den limitierenden Faktor für die *Geschwindigkeit der Resorption* dar. Diese beginnt $^1/_2$—1 Std nach der Verabreichung, erreicht im Laufe von 3—12 Std das Maximum und ist nach 6—42 Std beendet (Ratte[6,9]). Die *Veresterung* findet enzymatisch in der Mucosa (Subcutis) statt (Ratte[10], Kalb, Schaf[11]). Alle im Eingeweideöl vorhandenen Fettsäuren wurden in Vitamin A-Estern wiedergefunden (Heilbutt)[12]. Bei Xanthophylltieren (S. 663) werden auch Oxycarotine verestert (Fisch *Cymatogaster*)[13].

Vom Darm aus wird der nicht gespaltene Anteil an Provitaminen A und anderen Carotinoiden praktisch ausschließlich auf dem *Blutwege* (Portalvene) transportiert und von hier aus den verschiedenen Speichern zugeführt oder abgebaut (Mensch, Ratte)[14,15]. Bei Herbivoren, die resorbiertes Carotin vollständig in Vitamin A verwandeln, findet sich dieses fast ausschließlich verestert in der Lymphe. Es gelangt erst mit dem *Lymphstrom* in das Blut, wodurch dessen Gehalt schließlich den der Lymphe übertreffen kann[16]. Auch bei Mensch und Ratte wird das A-Vitamin vorwiegend als Ester mit dem Chylus transportiert[14,17].

---

* Nach Hickman, K.: Ann. Rev. **12**, 357 (1943).

[1] Esh, G. C., and T. S. Sutton: J. Nutrit. **36**, 391 (1948). — [2] Slanetz, C. A., and A. Scharf: J. Nutrit. **30**, 239 (1945). — [3] Sherman, W. C.: Proc. Soc. exp. Biol. Med. **65**, 207 (1947). — [4] Lemley, J. M., R. A. Brown, O. D. Bird and A. D. Emmett: J. Nutrit. **34**, 205 (1947). — [5] Sexton, E. L., J. W. Mehl and H. J. Deuel jr.: J. Nutrit. **31**, 299 (1946). — Dorp, D. A. van, and J. F. Arens: Nature **158**, 60 (1946). — [6] With, T. K.: Vitamine u. Hormone **2**, 369 (1942). — [7] With, T. K.: Vitamine u. Hormone **1**, 443 (1941). — [8] Steigmann, F., H. Popper, H. Dyniewicz and I. Maxwell: Gastroenterol., Baltimore **20**, 587 (1952). — Andersen, O.: Kli. Wo. **1939 I**, 499. — [9] Shaw, R. J., and H. J. Deuel jr.: J. Nutrit. **27**, 395 (1944). — [10] Glover, J., T. W. Goodwin and R. A. Morton: Biochem. J. **43**, 109 (1948). — [11] Eden, E.: Biochem. J. **46**, 259 (1950). — [12] Lovern, J. A., and R. A. Morton: Biochem. J. **33**, 1734 (1939). — [13] Fox, D. L.: Ann. Rev. **16**, 455 (1947). — [14] Drummond, J. C., M. E. Bell and E. T. Palmer: Brit. med. J. **1935 I**, 1208. — [15] With, T. K.: Absorption, Metabolism and Storage of Vitamin A and Carotene. Kopenhagen 1940. — [16] Goodwin, T. W., and R. A. Gregory: Biochem. J. **43**, 505 (1948). — [17] Eden, E., and K. C. Sellers: Biochem. J. **44**, 264 (1949).

Daß überhaupt nennenswerte Mengen Vitamin A direkt vom Darm aus ins Portalblut abgegeben werden, ist unwahrscheinlich[1,2]. Die dem Blut mit der Lymphe zugeführten Vitamin A-Ester werden durch einen im Blutserum vorhandenen, *hydrolysierenden Faktor* weitgehend gespalten (Mensch, Ratte, Kaninchen)[3]. Durch die anschließende regulierende Speicherung in der Leber bleibt der Gehalt an Gesamtvitamin A im Blutplasma annähernd konstant (Tabelle 188)[4,5]. Die Bestimmung der *Plasma-Vitamin A-Schwelle* ist diagnostisch daher nur von Wert, wenn extremer Vitamin A-Mangel, Sättigung der Leberspeicher oder schwere Leberschäden vorliegen[6]. Reizung des Splanchnicus[7] und Alkoholgaben[8] erhöhen den Vitamin A-Blutspiegel durch Mobilisierung der Leberreserven.

Tabelle 188. Vitamin A-Speicherung in der Leber und Blutplasmawerte bei der Ratte*.

I.E. verabreicht	I.E. je 100 cm^3 Blutplasma	I.E. je 1 g Leber		
		gesamt	% Alkohol	% Ester
0	35	25	11	89
$1 \cdot 10^4$	45	58	18	82
$5 \cdot 10^4$	56	125	6	94
$15 \cdot 10^4$	67	145	4	96
$50 \cdot 10^4$	75	228	3	97
$100 \cdot 10^4$	88	257	3	97

3. Der intermediäre Abbau

der Polyene ist noch wenig erforscht. Aus dem Auftreten zwar farbiger, aber in ihren Eigenschaften weitgehend veränderter carotinoidartiger Verbindungen im Blut und in der Leber[9–11] wurde auf *Carotinoidabbauprodukte* geschlossen. In Konzentraten aus 160000 *l* Harn trächtiger Stuten hat man eine Reihe von Jononderivaten isoliert, die wahrscheinlich von abgebauten Polyenen herrühren[12]. Es handelt sich um teils hydrierte, teils dehydrierte, oxydierte und cyclisierte Verbindungen (I—VI), von denen I auch in den Geruchsdrüsen des Bibers (Castoreum[13]) vorkommt. *Fütterungsversuche* mit β-Jonon am Kaninchen führten zu ähnlichen, aus dem Harn gewonnenen Substanzen (z.B. VII, VIII)[14,15].

OH OH O O

HO I O II HO III O IV

* Nach GLOVER, J., T. W. GOODWIN and R. A. MORTON: Biochem. J. **41**, 97 (1947).

1 GOODWIN, T. W., and R. A. GREGORY: Biochem. J. **43**, 505 (1948). — 2 EDEN, E., and K. C. SELLERS: Biochem. J. **44**, 264 (1949). — 3 KRAUSE, R. F., and C. ALBERGHINI: Arch. Biochem. **25**, 396 (1950). — 4 WITH, T. K.: Vitamine u. Hormone **1**, 429 (1941). — 5 GLOVER, J., T. W. GOODWIN and R. A. MORTON: Biochem. J. **41**, 97 (1947). — 6 NYLUND, C. E., and T. K. WITH: Vitamine u. Hormone **1**, 354 (1941). — CAMA, H. R., and T. W. GOODWIN: Biochem. J. **45**, 236 (1949). — 7 YOUNG, G., and G. WALD: Amer. J. Physiol. **131**, 210 (1940). — 8 CLAUSEN, S. W., W. S. BAUM, A. B. MCCOORD, J. O. RYDEEN and B. B. BREESE: Science, N.Y. **91**, 318 (1940). — JENSEN, H. B., u. O. WANSCHER: Vitamine u. Hormone **2**, 27 (1942). — 9 WILLSTAEDT, H., u. T. LINDQVIST: H. **240**, 10 (1936). — 10 ZECHMEISTER, L., u. P. TUZSON: H. **234**, 235 (1935). — 11 HEILBRON, I. M., R. A. MORTON, B. AHMAD and J. C. DRUMMOND: J. Soc. chem. Indust., Trans. **50**, 183 (1931). — 12 SCHINZ, H.: Fortschr. Chem. org. Naturstoffe **8**, 146 (1951). — 13 LEDERER, E., V. PRELOG et R. SCHNEIDER: Helv. **31**, 2133 (1948). — 14 BIELIG, H.-J., u. A. HAYASIDA: H. **266**, 99 (1940). — 15 PRELOG, V., u. H. L. MEIER: Helv. **33**, 1276 (1950).

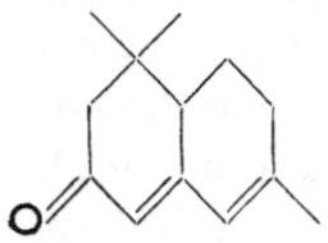

V 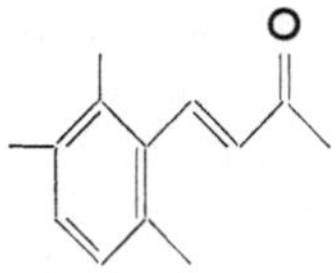 VI 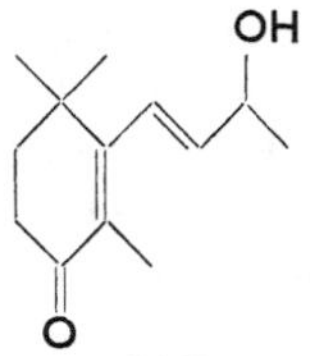 VII 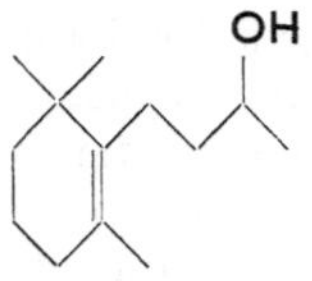 VIII

Zur Kenntnis des *Abbaues von Polyenketten* haben bisher nur Modellversuche am Kaninchen beigetragen[1,2]. Kennzeichnend sind Methyloxydation und partielle, sterisch auswählende Hydrierung: Aus Myrcen (IXa) und Geraniol (IXb) entstehen Hildebrandtsäure (X) und optisch aktive Dihydro-hildebrandtsäure (XI).

$$H_3C{-}\underset{\displaystyle CH_3}{\underset{|}{C}}{=}CH{-}CH_2{-}CH_2{-}\underset{\displaystyle CH_3}{\underset{|}{C}}{=}CH{-}\boldsymbol{R}$$

IXa, $\boldsymbol{R} = {-}CH_3$ IXb, $\boldsymbol{R} = {-}CH_2OH$

$$HOOC{-}\underset{\displaystyle CH_3}{\underset{|}{C}}{=}CH{-}CH_2{-}CH_2{-}\underset{\displaystyle CH_3}{\underset{|}{C}}{=}CH{-}COOH \quad \text{X}$$

$$HOOC{-}\underset{\displaystyle CH_3}{\underset{|}{C}}{=}CH{-}CH_2{-}CH_2{-}\underset{\displaystyle CH_3}{\underset{|}{\overset{*}{C}H}}{-}CH_2{-}COOH \quad \text{XI}$$

Der größte Teil der mit der Nahrung aufgenommenen Carotinoide verläßt den Darm weitgehend unverändert mit den *Faeces* (Ratte[3], s. a. S. 688). Es können indessen außer Verschiebungen im Xanthophyll-Carotinverhältnis (s. S. 689 und [4]) eventuell Isomerisierungen eintreten (Kuh[5]).

4. Ausscheidung

von Vitamin A im *Stuhl* findet nur bei mehrtägig wiederholten großen Gaben (über 17000 I.E. je Tag) zu einigen Prozenten statt (Mensch, Ratte)[6,7]. Der *Harn* enthält Carotinoidabbauprodukte (s. S. 691), dagegen beim Menschen normalerweise kein Vitamin A, auch nicht nach Injektion von Konzentraten[8]. Erst bei Nierenerkrankungen, die mit Veränderungen des Reticuloendothels und Eiweißausscheidung einhergehen (z.B. Nephritis), findet man bis zu 100 I.E. je Tag im Urin[9,10]. Wahrscheinlich geht auch die bei Pneumonie[9], Tuberkulose[11] und gelegentlich in der Schwangerschaft[12] beobachtete entsprechende Ausscheidung von Vitamin A auf Nierenschäden zurück. Hunde sezernieren normalerweise Vitamin A in den Harn[9,10].

ι) Wirkungsweise. Physiologische Bedeutung[13–15].

Nach den Ausfallserscheinungen bei Vitamin A-Mangel (s. S. 679) zu schließen, bestimmen A-Vitamine und Provitamine A mittelbar oder unmittelbar grundlegend folgende Zelleistungen mit: 1. Wachstum, Differenzierung und Funktion

---

[1] Kuhn, R., u. K. Livada: H. **220**, 235 (1933). — Kuhn, R., F. Köhler u. L. Köhler: H. **242**, 171 (1936). — [2] Fischer, F. G., u. H.-J. Bielig: H. **266**, 73 (1940). — [3] Kuhn, R., u. H. Brockmann: B. **64**, 1859 (1931). — [4] Seybold, A., u. K. Egle: H. **257**, 49 (1939). — [5] Bielig, H.-J.: Unveröffentlicht. — [6] Wald, G., W. R. Carroll and D. Sciarra: Science, N. Y. **94**, 95 (1941). — [7] With, T. K.: Vitamine u. Hormone **1**, 443 (1941); **2**, 143 (1942). — [8] Schneider, E., u. H. Weigand: Kli. Wo. **1937 I**, 441. — [9] Lawrie, N. R., T. Moore and K. R. Rajagopal: Biochem. J. **35**, 825 (1941). — Johns, R., H. Hoch and J. R. Marrack: Biochem. J. **41**, LIII (1947). — [10] Hedberg, J., u. T. Lindquist: Acta med. scand., Suppl. **90**, 231 (1938). — [11] Groth, H., u. L. Skurnik: Acta med. scand. **101**, 333 (1939). — [12] Gaethgens, G.: Arch. Gynäk. **164**, 189 (1937). — [13] Goodwin, T. W.: The Comparative Biochemistry of the Carotenoids. London 1952. — [14] Wald, G.: in Sebrell-Harris, Vitamins. Bd. I, S. 59. — [15] Vgl. a. Bd. **1**, S. 470.

von Epithelien; 2. Aufbau und Wirkungsweise von Sehstoffen. Hinzu kommt 3. die Beteiligung einiger Carotinoide an gewissen Fortpflanzungs- und Entwicklungsvorgängen. Weitgehend aufgeklärt erscheinen die einzelnen biochemischen Systeme und Reaktionen, an denen die A-Vitamine beim peripheren Sehvorgang in der Netzhaut teilnehmen (s. S. 697). Dagegen wissen wir fast nichts über die spezifischen Stoffwechselprozesse, die die beiden anderen genannten Funktionen einschließen. Ausgehend von Beobachtungen, nach denen vitamin-A- und provitamin-A-freie Molekulardestillate aus Speck Verbindungen enthalten, die Vitamin A im kurativen Rattentest (s. S. 706) partiell ersetzen können[1], haben MORTON u. Mitarb.[2] aus dem unverseifbaren Anteil von Leber- und Augengeweben hoch-A-avitaminotischer Ratten eine Fraktion chromatographisch angereichert, die in entsprechenden Geweben normaler Tiere nicht vorkommt. Nach dem Absorptionsspektrum (λ_{max} 275, 330 mμ) zu schließen, das gewissen Derivaten des β-Naphthalins ähnelt, ist die Entstehung offenbar auf Dehydrierungen von Cholesterin oder Steroidhormonen zurückzuführen, die in Anwesenheit von Axerophthol gehemmt sind. Diskutierte Beziehungen zum Fett-[3], Purin-[4] und Calciumstoffwechsel[5] sowie zur Vitamin C-Synthese (Ratte)[6] ergeben noch kein einheitliches Bild. Der Umwandlungsmechanismus von Provitaminen A in A-Vitamine wurde S. 657 besprochen.

1. Biochemie der Sehstoffe[7–11]

(s. a. Bd. 2/2a, S. 693ff.).

Soweit bisher bekannt, sind Carotinoide ganz allgemein Bestandteile lichtempfindlicher Zellstrukturen. Bei Purpurbakterien, Algen und höheren Pflanzen ist die Mitwirkung dieser Farbstoffe am Zustandekommen von *photokinetischen Reaktionen* durch zahlreiche Untersuchungen sichergestellt[7,12]. Die *photochemischen Grundlagen* der Lichtwahrnehmung hat HECHT[13] in geistreichen Versuchen an Wirbellosen herausgearbeitet und mit den Verhältnissen beim Sehvorgang höherer Tiere verglichen. Die bei der Belichtung von Lichtsinnesorganen in den *Photoreceptoren* (Stäbchen und Zapfen der Netzhaut) ablaufenden photochemischen Prozesse und deren Folgereaktionen sind danach an das Vorkommen lichtabsorbierender, meist im Licht ausbleichender und im Dunkeln regenerierender Substanzen gebunden, die man als *Sehstoffe* bezeichnet. Die primär für das unbunte (scotopische) Sehen bei herabgesetzter Beleuchtung (Dämmerungssehen) verantwortlichen Photoreceptorsubstanzen heißen *Stäbchensehstoffe*, während die für das (photopische) Farbensehen primär verantwortlichen Sehstoffe *Zapfensubstanzen* genannt werden. Einige der bei Wirbeltieren und Cephalopoden bisher nachgewiesenen Sehstoffe enthält Tabelle 189.

Die wichtigste physikalische Basis für die Auffindung und Kennzeichnung eines Sehstoffes bildet das *Wirkungsspektrum*, das die Abhängigkeit der Lichtempfindlichkeit von der Wellenlänge wiederspiegelt. Mit elektrophysiologischen

---

[1] KAUNITZ, H., and C. A. SLANETZ: Fed. Proc. **9**, 335 (1950). — KAUNITZ, H., C. A. SLANETZ and R. E. JOHNSON: J. Nutrit. **42**, 375 (1950). — [2] LOWE, J. S., R. A. MORTON and R. G. HARRISON: Nature **172**, 716 (1953). — [3] MCHENRY, E. W., and M. L. CORNETT: Vitamins & Hormones **2**, 1 (1944). — [4] GLANZMANN, E.: Ergebn. Vit.- u. Horm.-Forsch. **1**, 1 (1938). — [5] MOORE, T.: Vitamins & Hormones **3**, 1 (1945). — [6] FERRANDO, R.: Cr. **231**, 1264 (1950). — [7] WALD, G.: Vitamins & Hormones **1**, 195 (1943). Harvey Lect. (1945/46) **41**, 117 (1947). — [8] MORTON, R. A.: Ann. Rep. Progr. Chem. **46**, 259 (1950). — [9] AUTRUM, H.: Fortschr. Zool. **9**, 541 (1952). — [10] BUDDENBROCK, W. v.: Vergleichende Physiologie. Bd. 1, S. 215. Basel 1952. — [11] STUDNITZ, G. v.: Physiologie des Sehens. S. 160. Leipzig 1952. — [12] MANTEN, A.: Phototaxis, Phototropism and Photosynthesis in Purple Bacteria and Blue-Green Algae. Diss. Math.-nat. Utrecht 1948. — BÜNNING, E.: Entwicklungs- und Bewegungsphysiologie der Pflanze. 3. Aufl. S. 393. Berlin, Göttingen, Heidelberg 1953. — [13] HECHT, S.: Ergebn. Physiol. **32**, 245 (1931). J. appl. Physics **9**, 156 (1938).

Tabelle 189. Sehstoffe in der Retina von Metazoen.

Sehstoff (Synonyma)	Wirkungsspektrum λ_{max} mμ Dominator (Modulator)[6]	Absorptionsspektrum λ_{max} mμ	Konstitution *	Bleichungsprodukte	λ_{max} in mμ	Vorkommen
Rhodopsin[1-3] (Sehpurpur, Sehstoff 500)	500	498—503	Neoretinin$_1$ b-Scotopsin	Metarhodopsin all-trans-Retinin$_1$-Scotopsinsymplex	480 365	Säuger, Frosch, Huhn, Seefische, katadrome Wanderfische, Cephalopoden
Porphyropsin[1] (Sehviolett, Sehstoff 533)	530, (500)	522—533	cis-Retinin$_2$-Scotopsin	all-trans-Retinin$_2$-Scotopsinsymplex	405	Süßwasserfische, anadrome Wanderfische, Kaulquappen
Jodopsin[4,5] (Sehblaugrün, Sehstoff 560)	560 (520—540)	560	Neoretinin$_1$ b-Photopsin	all-trans-Retinin$_1$-Photopsinsymplex	365	Säuger, Frosch, Ringelnatter, Huhn
Cyanopsin[5] (Sehblau, Sehstoff 620)	620	620	cis-Retinin$_2$-Photopsin	all-trans-Retinin$_2$-Photopsinsymplex	407	Süßwasserfische (Schleie), Schildkröte (Testudo)

* Scotopsin = spezifisches S-haltiges Lipoproteid der Stäbchenaußenglieder; Photopsin = spezifisches Lipoproteid der Zapfenaußenglieder.

Methoden, Abnehmen der Aktionspotentiale einzelner Nervenfasern der Sehzellen unter monochromatischer, energiegleicher Belichtung, haben GRANIT u. Mitarb.[6] an Wirbeltieraugen Wirkungsspektren erhalten, die auf das Zusammenwirken zweier Arten von Receptorenmechanismen zurückgehen: Hoch lichtempfindliche *Dominatoren* mit breiter spektraler Empfindlichkeitskurve zur Vermittlung der Helligkeitsempfindung und relativ wenig lichtempfindliche *Modulatoren* mit schmalen wirksamen Spektralbereichen, die Farbempfindung und -unterscheidung ermöglichen (vgl. Tabelle 189). Bei hoch gereinigten Sehstofflösungen fallen Wirkungs- und Absorptionsspektrum zusammen (Abb. 61)[7].

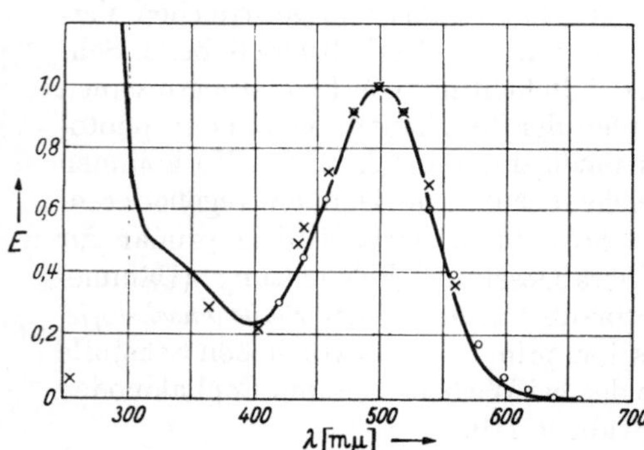

Abb. 61. Absorptionsspektrum von Rhodopsin. —— Froschrhodopsin, Reinheitsgrad P = 0,24[7]; ○○ Wirkungsspektrum des scotopischen Dominators (Katze)[6]; ×× Relative photochemische Wirksamkeit[8].

Die Sehstoffe selbst lassen sich in isolierten Netzhäuten dunkeladaptierter Tiere und in daraus erhaltenen wäßrigen Auszügen mit Hilfe des *Differenzabsorptionsspektrums* nachweisen: 1. Messung der dunkel gehaltenen Ausgangs-

[1] WALD, G., J. DURELL and R. C. C. ST. GEORGE: Science, N. Y. **111**, 179 (1950). — [2] HUBBARD, R., R. I. GREGERMAN and G. WALD: J. gen. Physiol. **36**, 415 (1953). — [3] COLLINS, F. D., and R. A. MORTON: Biochem. J. **47**, 18 (1950). — COLLINS, F. D., R. M. LOVE and R. A. MORTON: Biochem. J. **51**, 292 (1952). — [4] BLISS, A. F.: J. gen. Physiol. **29**, 277 (1946).— [5] WALD, G., P. K. BROWN and P. H. SMITH: Science, N. Y. **118**, 505 (1953). — [6] GRANIT, R.: Ergebn. Physiol. **46**, 31 (1950). — [7] COLLINS, F. D., and R. A. MORTON: Biochem. J. **47**, 3 (1950). — [8] SCHNEIDER, E. E., C. F. GOODEVE and R. J. LYTHGOE: Proc. R. Soc. London (A) **170**, 102 (1939).

lösung mit je einer frischen Probe für jede Wellenlänge. 2. Messung nach Bleichung mit monochromatischem Licht (z. B. zuerst λ_{max} 610 mμ, dann λ_{max} 530 mμ, dann λ_{max} 500 mμ, dann weißes Licht). Die Differenzabsorptionsmaxima entsprechen denen der vorhandenen Sehstoffe bzw. deren Bleichungsprodukten. Es hat sich gezeigt, daß die Farbstoffmaxima durch Intervalle gleicher Frequenz voneinander getrennt sind[1].

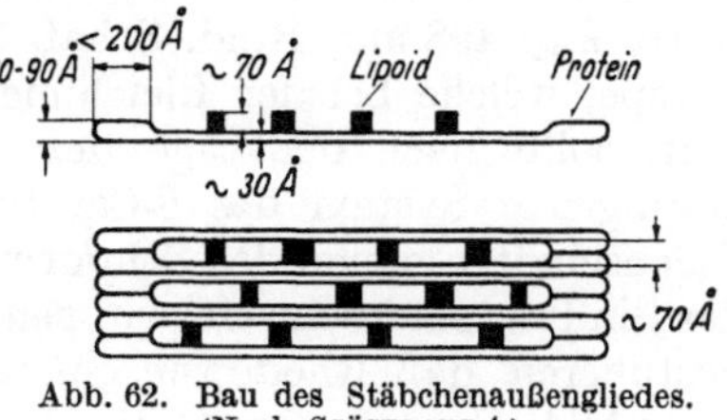

Abb. 62. Bau des Stäbchenaußengliedes. (Nach SJÖSTRAND[4].)

Rhodopsin (Sehpurpur). *Art des Vorkommens, Isolierung, Chromoproteidnatur.* Rhodopsin ist in den zellkernfreien Stäbchenaußengliedern (Abbildung s.[2]) enthalten, die mit 45%iger Rohrzuckerlösung aus der Netzhaut ablösbar sind[3]. Die Stäbchenaußenglieder zerfallen unter der Einwirkung von gallensauren Salzen[5], Digitonin[6], Invertseifen[7] und anderen oberflächenaktiven Stoffen[6,8] geldrollenartig in feine Scheiben, wobei der Sehpurpur in die wäßrige Lösung geht. Polarisationsoptische Untersuchungen[9] und *elektronenmikroskopische Bilder* (Abb. 62)[4] zeigen, daß jede der durch Schalleinwirkung gewonnenen Scheiben aus paarweise aneinandergelegten *Proteinmembranen* besteht, die in dem inneren Hohlraum durch eine bimolekulare Schicht von *Lipoidbrücken* verbunden sind. Zwischen letzteren haften die orientiert angeordneten prosthetischen Farbgruppen des Rhodopsins. Der Gehalt der Außenglieder an Phosphatid beträgt 70% des Trockengewichtes und steht zum Sehpurpurgehalt (0,08% beim Rind) in konstanter Beziehung[10]. 1 Stäbchen enthält etwa 10^8 Moleküle Sehpurpur[11].

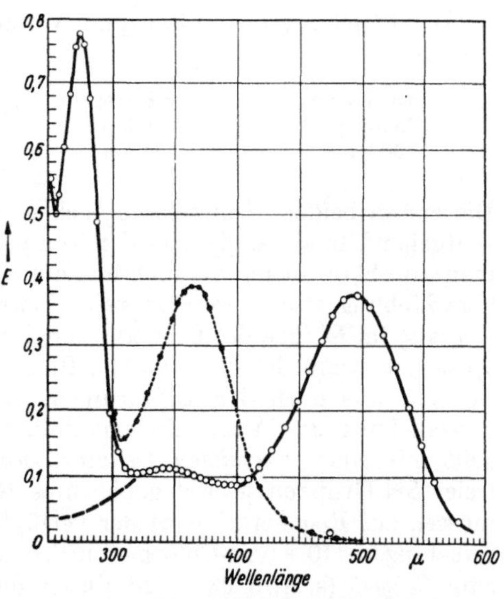

Abb. 63. Absorptionsspektrum von Rinderrhodopsin bei p_H 9,2 (——) und dessen Bleichungsprodukt Sehgelb (······). Reinheitsgrad P = 0,25, $E^{1\,\%}_{1\,cm}$ = 6,6 bei 500 mµ. (Nach COLLINS, LOVE and MORTON[10].)

Sehpurpur ist ein *Chromolipoproteid* vom Mol.Gew. 270000 (Ultrazentrifuge)[12] und einem isoelektrischen Punkt von 4,47[13]. Aus der Extinktion hochgereinigter Lösungen ergibt sich ein *Trägergewicht* von 145000, so daß 2 chromophore *Corhodopsingruppen* je Molekül anzunehmen sind[14]. Aus der zu $\gamma = 0{,}25$ bestimmten *Quantenausbeute*[15] ist bei

[1] DARTNALL, H. J. A.: J. Physiol., London **116**, 257 (1952). — [2] WALD, G., and R. HUBBARD: J. gen. Physiol. **32**, 367 (1949). — [3] SAITO, Z.: Tohoku J. exp. Med. **32**, 432 (1938). — [4] SJÖSTRAND, F. S.: J. cellul. comp. Physiol. **33**, 383 (1949). — [5] KÜHNE, W.: Handb. Physiol. (HERMANN) Bd. 3/1, S. 312. — [6] TANSLEY, K.: J. Physiol., London **71**, 442 (1931). — [7] BUSCH, L., H. J. NEUMANN u. G. v. STUDNITZ: Naturwiss. **29**, 781 (1941). — DERMAN, H.: Arch. int. Pharmacodyn. Thérap. **68**, 230 (1942). — [8] HOSOYA, Y., u. V. BAYERL: Pflügers Arch. **231**, 563 (1933). — [9] SCHMIDT, W. J.: Kolloid-Z. **85**, 137 (1938). Pubbl. Staz. zool. Napoli **23**, Suppl. 158 (1951). — [10] COLLINS, F. D., R. M. LOVE and R. A. MORTON: Biochem. J. **51**, 669 (1952). — BRODA, E. E.: Biochem. J. **35**, 960 (1941). — [11] BRODA, E. E., C. F. GOODEVE and R. J. LYTHGOE: J. Physiol., London **98**, 397 (1940). — [12] HECHT, S., and E. G. PICKELS: Proc. nat. Acad. Sci. USA **24**, 172 (1938). — [13] BRODA, E. E., and E. VICTOR: Biochem. J. **34**, 1501 (1940). — [14] COLLINS, F. D., R. M. LOVE and R. A. MORTON: Biochem. J. **51**, 292 (1952). — COLLINS, F. D., and R. A. MORTON: Nature **164**, 528 (1949). — [15] SCHNEIDER, E. E., C. F. GOODEVE and R. J. LYTHGOE: Proc. R. Soc., London (A) **170**, 102 (1939).

Berücksichtigung der Bleichungsprodukte zu schließen, daß je Chromophor 1 Photon aufgenommen wird[1]. Das *Absorptionsspektrum* von Rindersehpurpur zeigt Abb. 63. Das UV-Maximum kommt durch die Anwesenheit von 6% Tyrosin und 3% Tryptophan in der Proteinkomponente (Opsin) zustande[2]. Das Maximum im Sichtbaren ist je nach der Tierart ein wenig von 500 mμ abweichend: Ratte λ_{max} 498 mμ, Rind, Schaf, Schellfisch 500 mμ, Frosch 503 mμ. Die Farbgruppe, welche bei der Bleichung in 2 Mol Retinin$_1$ (Vitamin A_1-Aldehyd) zerfällt, sollte nach der Lage des Absorptionsmaximums noch das durchgehend konjugierte System des β-Carotins[3] und in Analogie zum Ovoverdin, dessen Eigenschaften denen des Sehpurpurs ähneln[4], eine Endiolgruppe enthalten. An der Bindung sind Schwefelgruppen des Proteins mitbeteiligt[5]. MORTON u. Mitarb.[6] postulieren, daß Rhodopsin ein Kondensationsprodukt von 2 Mol Retinin$_1$ mit einer NH_2-Gruppe vom Opsin darstelle:

$$^{(-)}C_{20}\diagdown\overset{(+)}{N}\!\diagup\!\!\diagup C_{20}$$
$$|$$
Protein

Die Bleichung des Sehpurpurs verläuft in alkalischer Lösung über folgende Stufen:

Rhodopsin (Sehpurpur) 500 mμ	$\xrightarrow{-30^\circ}$	Lumirhodopsin (Isorhodopsin) 495 mμ	$\xrightarrow{-15^\circ}$	Metarhodopsin (Sehorange) 480 mμ	$\longrightarrow$	Sehgelb (Indikatorgelb) 365 mμ

Die ersten beiden Stufen entsprechen einem *photochemischen Prozeß*, sind also weitgehend unabhängig von der Temperatur[7,8]. Die Bildung von Sehgelb vermag sowohl im Licht[9] als auch im Dunkeln vor sich zu gehen[7,10]. Die Absorptionsverschiebung zum *Lumirhodopsin* (Isorhodopsin) deutet auf eine *cis-trans-Umlagerung* im Gefüge des Corhodopsins hin[7] (s. S. 671). Im Sehorange *(Metarhodopsin)* ist vermutlich die salzartige Bindung des Corhodopsins zum Opsin gespalten worden, was nach den Erfahrungen mit anderen Chromoproteiden eine Blauverschiebung des Absorptionsmaximums um 20 mμ bedingt[11]. Die Abspaltung geht mit einer *reversiblen Denaturierung* des Proteins[12] unter Bildung zweier freier SH-Gruppen je Mol gebleichtes Rhodopsin einher. Die Schwefelgruppen müssen zur Regeneration wieder verfügbar sein, da diese durch SH-blockierende Substanzen (10^{-4} m p-Chlormercuribenzoat) aufgehoben wird[5]. Die Aufhellung zum *Sehgelb* (s. Abb. 63) wird durch die Spaltung des Corhodopsins in 2 Mol Retinin$_1$ hervorgerufen[7], die noch *symplexartig* am Protein orientiert bleiben[11]. Sehgelb hat die Eigenschaften eines Indikators *(Indikatorgelb)*: Es ist in saurer Lösung rot (λ_{max} 440 mμ bei p_H 4), in alkalischer Lösung fast farblos (λ_{max} 370 mμ

[1] COLLINS, F. D., and R. A. MORTON: Biochem. J. **47**, 18 (1950). — [2] COLLINS, F. D., R. M. LOVE and R. A. MORTON: Biochem. J. **51**, 292 (1952). — COLLINS, F. D., and R. A. MORTON: Nature **164**, 528 (1949). — [3] BIELIG, H.-J.: Angew. Chem. **64**, 31 (1952). — [4] STERN, K. G., and K. SALOMON: J. biol. Ch. **122**, 461 (1937/38). — [5] WALD, G., and P. K. BROWN: J. gen. Physiol. **35**, 797 (1952). — [6] COLLINS, F. D., and R. A. MORTON: Biochem. J. **47**, 18 (1950). — COLLINS, F. D., J. N. GREEN and R. A. MORTON: Biochem. J. **56**, 493 (1954). — [7] WALD, G.: J. gen. Physiol. **21**, 795 (1938). — WALD, G., J. DURELL and R. C. C. ST. GEORGE: Science, N. Y. **111**, 179 (1950). — [8] DARTNALL, H. J. A., C. F. GOODEVE and R. J. LYTHGOE: Proc. R. Soc. London (A) **164**, 216 (1938). — GOODEVE, C. F., R. J. LYTHGOE and E. E. SCHNEIDER: Proc. R. Soc. London (B) **130**, 380 (1941/42). — BRODA, E. E., and C. F. GOODEVE: Proc. R. Soc. London (B) **130**, 217 (1941/42). — [9] SEGAL, J.: C. R. Soc. Biol. **144**, 403 (1950). — BERGER, P., et J. SEGAL: C. R. Soc. Biol. **144**, 478 (1950). — [10] BLISS, A. F.: J. biol. Ch. **172**, 165 (1948). — [11] BIELIG, H.-J.: Habil.-Schr. Freiburg i. Br. 1950/51. — [12] MIRSKY, A. E.: Proc. nat. Acad. Sci. USA **22**, 147 (1936).

bei p_H 9)[1]. Dies geht auf die künstliche Bildung einer SCHIFFschen Base aus 2 Mol $Retinin_1$ und einer Aminogruppe vom Protein zurück[2]:

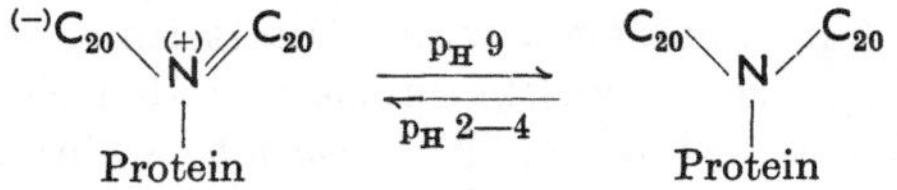

$$^{(-)}C_{20}\diagdown \overset{(+)}{N} \diagup\!\!\diagup C_{20} \;(\text{Protein}) \quad \underset{p_H\ 2-4}{\overset{p_H\ 9}{\rightleftharpoons}} \quad C_{20}\diagdown N \diagup C_{20} \;(\text{Protein})$$

$Retinin_1$ und $Retinin_2$ bilden nämlich mit Aminoverbindungen Kondensationsprodukte[3], α-Aminosäuren und Proteine bei alkalischer Reaktion, aromatische, primäre und sekundäre Amine im sauren Medium. Die Hauptabsorptionsbande rückt dadurch nach längeren Wellen. Auf 1 Mol Retinin kommt 1 Mol Base:

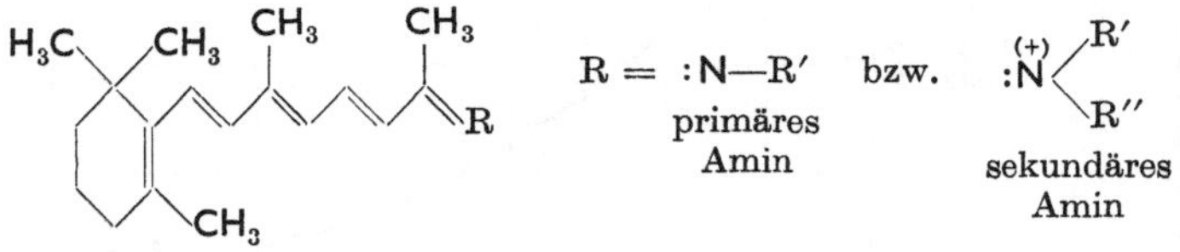

H_3C, CH_3, CH_3, CH_3, CH_3 … R R = :N—R′ primäres Amin bzw. $:\overset{(+)}{N}$ R′ R″ sekundäres Amin

In der isolierten Retina wird $Retinin_1$ fermentativ zu Vitamin A_1 reduziert (Bildung von *Sehweiß*)[4], was die vielfach beobachtete Zunahme des Vitamins in der Netzhaut bei Belichtung erklärt[5]. Diesem Vorgang geht die Abspaltung des Vitamin A_1-Aldehyds aus der symplexen Bindung voraus[6]. Die Reduktion läßt sich auch in vitro durch Zugabe von Dihydrocozymase und *Retininreduktase* (Dehydrogenase in wäßrigen Netzhautauszügen) hervorrufen[7]. Da zur Reduktion der Dehydrogenase ein gelbes Enzymsystem notwendig ist, wird das häufig festgestellte Vorkommen von Lactoflavin in Netzhaut und Pigmentepithel[8] verständlich. Über den Zusammenhang zwischen Sehpurpurbleichung und *Sehnervenerregung* s. [9,10].

Rhodopsin wird *in vivo* bei Dunkelheit aus Sehweiß (Vitamin A_1 + Sehpurpurprotein) regeneriert *(Neogenese)*, in vitro nur aus Sehgelb *(Anagenese)*[11,12]. Die *Regeneration* bedarf der Anwesenheit von Sauerstoff, ist also ein *Oxydationsvorgang*[13]. Isolierte Retinae (Frosch) regenerieren, wenn Sauerstoff zugegen ist, bis zu 92% des vor der Bleichung vorhandenen Rhodopsins in Anwesenheit einer kolloidalen Lösung aus Vitamin A_1, Adenosintriphosphat, Diphosphopyridinnucleotid, Cytochrom c und Nicotinsäureamid[14]. *In Lösung* läßt sich die Rhodopsinsynthese mit einem definierten System aus Vitamin A_1, Cozymase, Sehpurpurprotein (Opsin) und krystallisierter Aldehyddehydrogenase durchführen[15]. Anwesenheit von Stoffen, die Dihydrocozymase oxydieren (z. B. Succinodehydrogenase) und

[1] LYTHGOE, R. J., and J. P. QUILLIAM: J. Physiol., London **94**, 399 (1938/39). — LYTHGOE, R. J.: J. Physiol., London **89**, 331 (1937). — [2] COLLINS, F. D., and R. A. MORTON: Biochem. J. **47**, 10 (1950). — [3] BALL, S., F. D. COLLINS, P. D. DALVI and R. A. MORTON: Biochem. J. **45**, 304 (1949). — CAMA, H. R., P. D. DALVI, R. A. MORTON and M. K. SALAH: Biochem. J. **52**, 540 (1952). — [4] WALD, G.: J. gen. Physiol. **31**, 489 (1947/48). — [5] WALD, G.: J. gen. Physiol. **18**, 905 (1935); **19**, 351, 781 (1936); **20**, 45 (1937). — [6] BLISS, A. F.: J. biol. Ch. **172**, 165 (1948). — [7] WALD, G., and R. HUBBARD: J. gen. Physiol. **32**, 367 (1949). — [8] EULER, H. v., u. E. ADLER: Ark. Kemi, Mineral. Geol. **11** B, Nr. 21 (1933). — KARRER, P., H. v. EULER u. K. SCHÖPP: Ark. Kemi, Mineral. Geol. **11** B, Nr. 54 (1935). — YAGI, K.: Jap. J. Physiol. **2**, 27 (1951). — [9] WALD, G., and P. K. BROWN: J. gen. Physiol. **35**, 797 (1952). — [10] BRODA, E.: Öst. Chem.-Ztg. **53**, 78 (1952). — [11] KÜHNE, W.: Handb. Physiol. (HERMANN) Bd. 3/1, S. 312. — [12] ZEWI, M.: Acta physiol. scand. **1**, 271 (1940). — [13] LYTHGOE, R. J.: Brit. J. Ophthalm. **24**, 21 (1940). — CHASE, A. M., and W. H. HAGAN: J. cellul. comp. Physiol. **21**, 65 (1943). — [14] COLLINS, F. D., J. N. GREEN and R. A. MORTON: Biochem. J. **53**, 152 (1953). — WALD, G., and R. HUBBARD: Proc. nat. Acad. Sci. USA **36**, 92 (1950). — [15] HUBBARD, R., and G. WALD: Proc. nat. Acad. Sci. USA **37**, 69 (1951).

Auszüge aus Pigmentepithel (proteingebundener *Pigmentepithelfaktor*[1]) ergeben Ausbeuten bis zu 50% des zu erwartenden Wertes. Die Neogenese besteht danach in der Dehydrierung von Vitamin A_1 zu Retinin$_1$, das der Rückreduktion durch die Verknüpfung mit dem Opsin entzogen wird. Mit Retinin$_1$ selbst werden höhere Ausbeuten erzielt[2]. Regenerationswirksam ist von den Stereoisomeren (s. Tabelle 182) allein die Δ^9-cis-Verbindung *Neoretinin b*, während Isoretinin a Isorhodopsin liefert. Rhodopsin und Isorhodopsin bilden bei der Bleichung all-trans-Retinin$_1$, das nicht rekombiniert[3]. Erst bei Belichtung mit blauem Licht geht

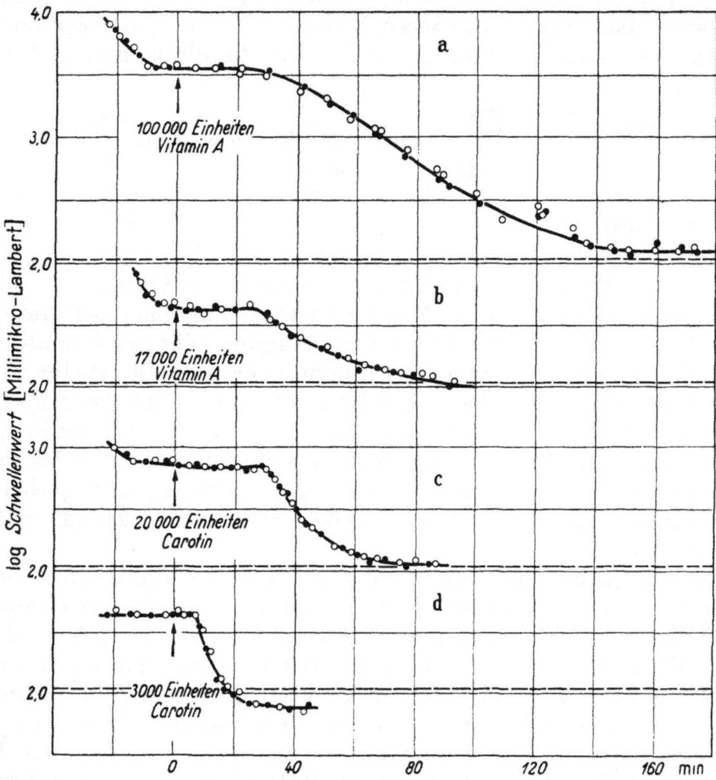

Abb. 64. Heilung menschlicher Hemeralopie mit Vitamin A und Carotin[4]. ------ Adaptationsschwelle des normalen Menschen. ——— Adaptationsverlauf bei Vitamin A-Mangel und nachfolgenden Gaben von Vitamin A-Konzentrat per os und Carotin per oral bzw. intramuskulär.

das all-trans-Retinin in zur Kombination mit Opsin befähigtes Isomere über, woraus sich die bekannte *Förderung der Regeneration* durch vorhergehende Bestrahlung mit blauen Lichtern[5] erklärt (2. photochemischer Prozeß im Sehpurpursystem). Die zur maximalen Regeneration in vitro benötigte Zeit liegt bei der Rattenretina[6] mit 30—60 min in derselben Größenordnung wie im *Dunkeladaptationsversuch* beim vitamin-A-frei ernährten Menschen (Abb. 64)[4]. Die Wirksamkeit von injiziertem Carotin spricht dafür, daß die Netzhaut daraus Retinin$_1$ oder Corhodopsin durch Oxydation bereiten kann (S. 659).

[1] Bliss, A. F.: J. biol. Ch. **193**, 525 (1951). — [2] Wald, G., and P. K. Brown: Proc. nat. Acad. Sci. USA **36**, 84 (1950). — [3] Hubbard, R., R. I. Gregerman and G. Wald: J. gen. Physiol. **36**, 415 (1953). — [4] Wald, G., H. Jeghers and J. Arminio: Amer. J. Physiol. **123**, 732 (1938). — Wald, G., and D. Steven: Proc. nat. Acad. Sci. USA **25**, 344 (1939). — [5] Chase, A. M.: Science, N. Y. **85**, 484 (1937). — Zewi, M.: Acta Soc. Sci. fenn. (N. S.) B, **2**, Nr. 4 (1939). — [6] Collins, F. D., J. N. Green and R. A. Morton: Biochem. J. **53**, 152 (1953).

Sicher bekannt ist von *Sehstoffen bei Wirbellosen*[1] nur, daß Cephalopoden, wie der Tintenfisch *Loligo pealii*, in der Netzhaut Rhodopsin enthalten, das bei 23° über Lumi- und Metarhodopsin zu Retinin$_1$ ausbleicht und im Dunkeln zu etwa 30% wieder regeneriert[2].

Porphyropsin. Während Seefische (z.B. der Dornhai) das Rhodopsinsystem enthalten[1], findet man bei ausgesprochenen *Süßwasserfischen* (Weißbarsch, Schleie) das entsprechende *Porphyropsinsystem*. Dieses unterscheidet sich von ersterem dadurch, daß an die Stellen von Vitamin A$_1$ und Retinin$_1$ hier Vitamin A$_2$ und Retinin$_2$ treten, so daß sich folgende, ursprünglich als Cyclus formulierte Beziehungen ergeben[3]:

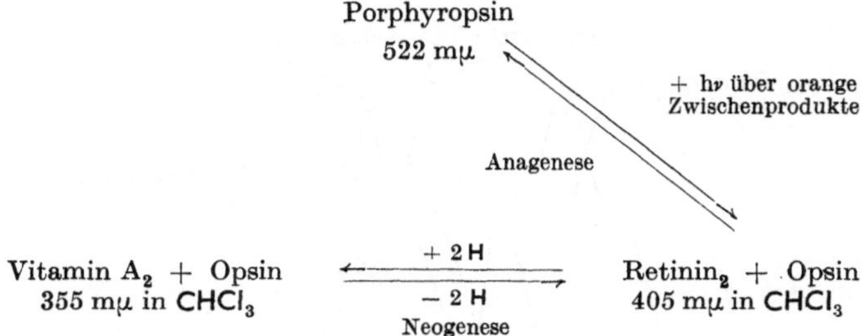

Bei Wanderfischen findet man in den Netzhäuten Gemische von Rhodopsin und Porphyropsin. Die *katadromen Arten* (Meerlaicher, z. B. der Aal) enthalten

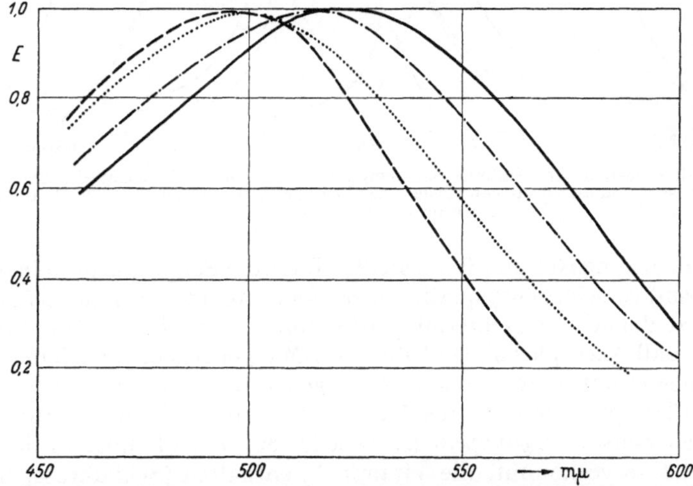

Abb. 65. Vergleich der Absorptionsspektren von Sehstofflösungen aus Fischnetzhäuten. (Nach WALD[4].) — — Weißbarsch (Porphyropsin); —·— Forelle, anadrom und ······ Aal, katadrom (Porphyropsin + Rhodopsin); ------ Dornhai (Rhodopsin).

vorwiegend *Sehpurpur*, die *anadromen Arten* (Süßwasserlaicher, z.B. die Salmoniden) vorwiegend *Porphyropsin* (Abb. 65)[4]. Bei Amphibien *(Rana, Triturus)* haben die ausgewachsenen Tiere Rhodopsin, die Kaulquappen bis zur Metamorphose Porphyropsin[5]. Vitamin-A$_1$-frei ernährte Ratten bilden nach Verabreichung von Vitamin A$_2$ in der Netzhaut Porphyropsin[6]. In vitro vermag

[1] WALD, G.: Vitamins & Hormones **1**, 195 (1943). — [2] ST. GEORGE, R. C. C., and G. WALD: Biol. Bull. **97**, 248 (1949). — BLISS, A. F.: J. biol. Ch. **176**, 563 (1948). — [3] WALD, G.: J. gen. Physiol. **20**, 45 (1937); **22**, 775 (1939). — [4] WALD, G.: J. gen. Physiol. **22**, 391 (1939); **25**, 235 (1941/42). — [5] WALD, G.: Biol. Bull. **91**, 239 (1946). — [6] SHANTZ, E. M., N. D. EMBREE, H. C. HODGE and J. H. WILLS jr.: J. biol. Ch. **163**, 455 (1946).

man Retinin$_2$ mit dem Opsin aus Rindernetzhäuten zu kuppeln, wobei ein lichtempfindlicher Sehstoff mit einem Absorptionsmaximum von 512 mμ entsteht, das vermutlich wegen des anomalen Proteins zwischen dem des Rhodopsins und dem des Porphyropsins liegt[1]. Die langwelligere Lage des Absorptionsmaximums von Porphyropsinlösungen aus *Alburnus*- und aus *Schleiennetzhäuten* (λ_{max} 533 mμ) wird auf die Anwesenheit noch weiterer Sehstoffe zurückgeführt[2].

Zapfensehstoffe sind durch Aufnahme von Differenzspektren bisher in Netzhäuten von Schildkröte[3], Huhn[4,5] und Schleie[6] nachgewiesen worden (s. Tabelle 189, S. 694). In den bei 560 mμ maximal absorbierenden Lösungen des Chromoproteides *Jodopsin* der Kükennetzhaut (Absorptionssepktrum in Abb. 66)

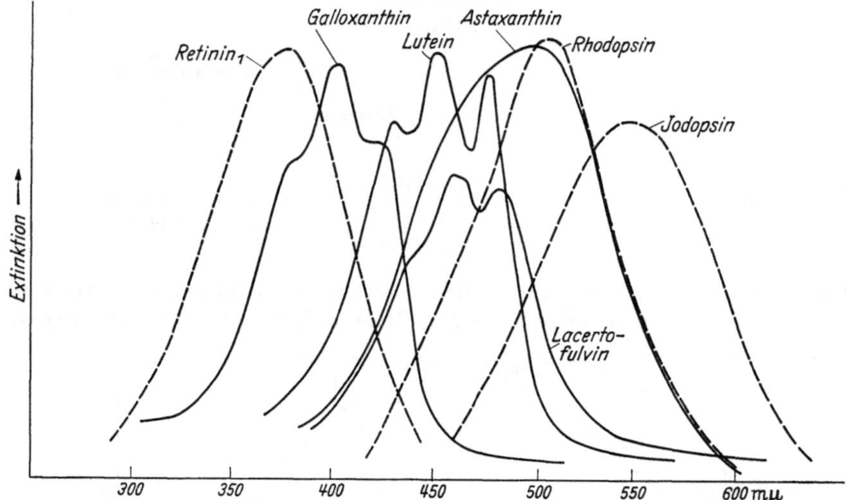

Abb. 66. Absorptionsspektren von Sehstoffen und Polyenfarbstoffen in der Netzhaut des Huhnes. —— Ölkugelcarotinoide; ------ Carotinoidchromoproteide und Bleichungsprodukt Retinin$_1$. Die Extinktionen sind quantitativ nicht vergleichbar.

wurde nach Bleichung Retinin$_1$ festgestellt[5]. Das vom Sehpurpurprotein der Stäbchen (Scotopsin) verschiedene, spezifische Zapfenprotein wurde *Photopsin* genannt. Jodopsin wird danach als Neoretinin$_1$ b-Photopsin bezeichnet[7]. Hierdurch wird verständlich, daß Axerophthol, bei Vitamin A-Mangel gegeben, auch die Schwelle für die Zapfenadaptation im Sinne einer Regeneration von Zapfensehstoff senkt (Mensch)[8]. Photopsinlösungen aus Kükennetzhäuten bilden in vitro mit cis-Retinin$_2$ einen Sehstoff *Cyanopsin* (s. Tabelle 189), der offenbar in den Zapfen solcher Netzhäute vorkommt, die Vitamin A$_2$ enthalten (Schildkröte, Schleie)[7]. Hierfür spricht auch das Wirkungsspektrum[9].

In den Außengliedern der Zapfen des Huhnes finden sich verschiedenfarbige *Ölkugeln* (Abbildung s.[10]), die Astaxanthin, Lutein, Galloxanthin und ein nicht näher identifiziertes Carotinoid, wahrscheinlich Lacertofulvin[11], ent-

[1] Wald, G., and P. K. Brown: Proc. nat. Acad. Sci. USA **36**, 84 (1950). — [2] Dartnall, H. J. A.: Nature **166**, 207 (1950). — [3] Studnitz, G. v.: Pflügers Arch. **230**, 614 (1932). — Hosoya, Y., T. Okita and T. Akune: Tohoku J. exp. Med. **34**, 532 (1938). — [4] Wald, G.: Nature **140**, 545 (1937). — [5] Bliss, A. F.: J. gen. Physiol. **29**, 277 (1946). — [6] Dartnall, H. J. A.: J. Physiol., London **116**, 257 (1952). — [7] Wald, G., P. K. Brown and P. H. Smith: Science, N. Y. **118**, 505 (1953). — [8] Haig, C., S. Hecht and A. J. Patek jr.: Science, N. Y. **87**, 534 (1938). — Hecht, S., and J. Mandelbaum: Science, N. Y. **88**, 219 (1938). — [9] Granit, R.: Acta physiol. scand. **1**, 386; **2**, 334 (1941). — [10] Studnitz, G. v.: Umschau **45**, 131 (1941). — [11] Loevenich, H. K., G. v. Studnitz u. H. Wigger: Naturwiss. **31**, 568 (1943).

halten[1, 2]. Die Ölkugeln wirken vermutlich beim Farbensehen als Lichtfilter (Spektren neben den Sehstoffen in Abb. 66). In der menschlichen Netzhaut entspricht ihnen der gelbe Farbstoff der Macula lutea[3], der als Xanthophyll identifiziert wurde[4]; in der Rindernetzhaut das β-Carotin[5]. Es besteht aber auch die Möglichkeit, daß das eine oder andere dieser Lipochrome als Vorstufe zum Aufbau eines Zapfensehstoffes anzusehen ist[6].

2. Carotinoide bei Befruchtung und Entwicklung[7].

Die Anhäufung von teils freien, teils veresterten, teils proteingebundenen Carotinoiden in den Gonaden vieler Tiere (vgl. Vorkommen) hat zu Untersuchungen über den Polyenstoffwechsel während der Entwicklung und über eine Beteiligung von Lipochromen am Befruchtungsgeschehen veranlaßt.

Unter den Wirbellosen verändert der Rankenfüßler *Lepas nauplii* während der Entwicklung seine Farbe von blau zu rosa, was auf die Spaltung eines Astaxanthinproteides zurückgeführt wird[8]. Bei *Gammarus pulex*, Rasse subterraneus, die bei Belichtung Pigment bildet[9], transportieren geschlechtsreife Weibchen im Verlauf des *Ovulationscyclus* ihr Astaxanthin (s. Bd. **1**, S. 477) in die Eizellen, wo es als blauschwarzes Chromoproteid gebunden wird. Normal olivfarbenen r^+-Tieren stehen rote rr-Tiere gegenüber; beide haben blauschwarze Eier. Das rezessive mutante Farballel r beeinflußt die *Geschlechtsdifferenzierung* im Sinne einer Erhöhung der Männchenhäufigkeit: Nachkommen von rr-Weibchen sind nahezu rein männlich[10]. Auch bei *Carcinus maenas* findet zur Zeit der Eiablage ein Übergang der Körpercarotinoide auf dem Blutwege in die Eier statt[11]. Im Zuge des *Laichvorganges* nimmt der Carotinoidgehalt in den ausgeschütteten Eiern und Spermien von *Mytilus californianus* ab, woraus geschlossen wird, daß die Carotinoide hier womöglich als *Anlockungsstoffe* wirken[12]. Ähnliches gilt für einige *Patella*-Arten, doch betrifft die Carotinoidverarmung nur die Ovarien[13]. Isoliert befruchtete Eier von *Paracentrotus lividus* verändern ihren Carotinoidgehalt unter der Entwicklung: Bis zur frühen Gastrula nimmt der Gehalt laufend ab und steigt dann bis zum Pluteusstadium wieder an[14]. Die Heuschrecken *Schistocerca gregaria* und *Locusta migratoria* verwandeln bis zum Schlüpfen β-Carotin zu 70% in Astaxanthin[15].

Wie bei den besprochenen Wirbellosen stehen auch bei den bisher genauer untersuchten *Fischarten* Carotinoide in Beziehung zum *Laichgeschehen*. Einerseits werden die Lipochrome dann aus der Haut und der Muskulatur in die Eier transportiert (Taraxanthin bei *Fundulus*[16], Astaxanthin bei der *Seeforelle*[17]); andererseits wirken sie bei der Ausbildung des sekundären Geschlechtsmerkmales der *Hochzeitsfarben* mit. Sie häufen sich hierbei in den *Chromatophoren* der Haut an: Astaxanthin (aus der Leber) bei *Cyclopterus* und *Regalecus*[18], Xanthophyll

---

[1] Wald, G., and H. Zussman: J. biol. Ch. **122**, 449 (1937/38). — [2] Wald, G.: J. gen. Physiol. **31**, 377 (1948). — [3] Denton, E. J., M. H. Pirenne and H. Hartridge: Nature **165**, 304 (1950). — [4] Wald, G.: Science, N. Y. **101**, 653 (1945). — [5] Bielig, H.-J., u. L. Busch: H. **280**, 56 (1944). — [6] Studnitz, G. v.: Pflügers Arch. **243**, 181 (1940). — Vgl. Ball, S., and R. A. Morton: Biochem. J. **45**, 298 (1949). — [7] Goodwin, T. W.: Biol. Reviews **25**, 391 (1950). — [8] Ball, E. G.: J. biol. Ch. **152**, 627 (1944). — [9] Lattin, G. de: S.-B. Ges. naturforsch. Freunde Berlin **1939**, 32. — [10] Anders, F.: Naturwiss. **40**, 27 (1953). — [11] Abeloos, M., et E. Fischer: C. R. Soc. Biol. **95**, 383, 438 (1926). — [12] Scheer, B. T.: J. biol. Ch. **136**, 275 (1940). — [13] Goodwin, T. W.: Biochem. J. **47**, 249 (1950). — [14] Monroy, A., A. Monroy-Oddo and M. de Nicola: Exp. Cell Res. **2**, 700 (1951). — Nicola, M.. de: Exp. Cell Res. **7**, 368 (1954). — [15] Goodwin, T. W.: Biol. Reviews **27**, 439 (1952). — [16] Fox, D. L.: Proc. nat. Acad. Sci. USA **22**, 50 (1936). — [17] Steven, D. M.: J. exp. Biol. **25**, 369 (1948); **26**, 295 (1949). — [18] Schmidt-Nielsen, S., N. A. Sørensen u. B. Trumpy: Kgl. norske Vid. Selsk. Forh. **5**, 114 (1932).

bei männlichen *Fundulus*[1]. Diese, auch für die Anpassung der Tiere an den Untergrund bedeutsame Speicherung kennzeichnet bereits späte Embryonalstadien (Astaxanthin und Lutein bei der Forelle); sie bleibt bei carotinoidfreier Ernährung aus[2]. Andererseits bestehen keine Anhaltspunkte dafür, daß Carotinoide zur normalen Entwicklung der Embryonen, die durch Polyenmangel nicht gestört wird, notwendig sind (Salmoniden)[2,3]. Dagegen wurde am isolierten Sperma der Regenbogenforelle gezeigt, daß Astaxanthin und β-Carotin in kolloidaler Lösung als *Befruchtungsstoffe* erscheinen, da sie die Spermien zu aktivieren und chemotaktisch zu beeinflussen vermögen[4].

Frösche (Rana temporaria) häufen Carotin und Xanthophylle aus dem Fettkörper auch im Hungerzustand in den sich entwickelnden Ovarien, kaum dagegen in den Hoden[5] an. Während der Kaulquappenentwicklung sinkt das Verhältnis Xanthophyll:Carotin von 9 auf 3.

Lipochromspeichernde *Vögel*, insbesondere das Huhn, mobilisieren während der *Legeperiode* Xanthophylle, vor allem aus der Haut, und lagern sie auf dem Blutwege in den Eiern ab[6,7]. Eine derartige Mobilisierung läßt sich künstlich durch Injektionen von Oestrogenen bewirken[8]. Da man in der Embryonalentwicklung keine wesentliche Ausnutzung der *Dottercarotinoide* beobachtet[9], und da auch bei xanthophyllfreier Diät lebensfähige Tiere erhalten werden[10], sieht man die Speicherung im Dotter als eine exkretorische Funktion an[11]. Die bei lipochromspeichernden Vögeln häufige Einlagerung von Xanthophyllen und Ketocarotinoiden (Rhodoxanthin) in das Gefieder wird durch Thyroxingaben bis zur völligen Depigmentierung rückgängig gemacht[12]. Beim männlichen Bischofsvogel findet man Carotinoide nur im *Prunkgefieder*. Dieses sekundäre Geschlechtsmerkmal läßt sich auch durch Injektion von Harn trächtiger Stuten hervorrufen[13]. Eine direkte Beziehung zum Befruchtungsgeschehen scheint das Lutein zu haben, da die *Spermienaktivität* luteinfrei ernährter Hähne abnimmt und diese ihre Kohabitationsfreudigkeit einbüßen[14].

Das unter den *Säugetieren* festgestellte reichliche Vorkommen von Carotinoiden in Ovarien hat bisher nicht zu näheren physiologischen Studien über einen eventuellen Einfluß auf das Sexualgeschehen angeregt (vgl. [15]). Über die Bedeutung des A-Vitamins für die Fortpflanzung s. S. 684.

ϰ) Klinische Anwendung[16,17].

Das Hauptfeld der medizinischen und veterinärmedizinischen Anwendung[18] von Vitamin A_1 und gegebenenfalls von β-Carotin ist das des latenten und ausgeprägten Vitamin A-Mangels. Soweit dieser ernährungsbedingt ist, z. B. bei

[1] Fox, D. L.: Proc. nat. Acad. Sci. USA **22**, 50 (1936). — [2] Steven, D. M.: J. exp. Biol. **25**, 369 (1948); **26**, 295 (1949). — [3] Glover, M., R. A. Morton and D. G. Rosen: Biochem. J. **50**, 425 (1952). — [4] Hartmann, M., F. Graf Medem, R. Kuhn u. H.-J. Bielig: Z. Naturforsch. **2**b, 330 (1947). — [5] Morton, R. A., and D. G. Rosen: Biochem. J. **45**, 612 (1949). — [6] Völker, O.: Biol. Zbl. **64**, 184 (1944). — [7] Bohren, B. B., C. R. Thompson and C. W. Carrick: Poultry Sci. **24**, 356 (1945). — [8] Common, R. H., and W. Bolton: Nature **158**, 95 (1946). — [9] Suomalainen, P.: Suom. Kemist. **12**B, 30 (1939). — [10] Schumacher, A. E., H. M. Scott, J. S. Hughes and W. J. Peterson: Poultry Sci. **23**, 529 (1944). — [11] Palmer, L. S., and H. L. Kempster: J. biol. Ch. **39**, 299 (1919). — [12] Krätzig, H.: Roux' Arch. Entw.-Mech. **137**, 86 (1937). — [13] Kritzler, H.: Physiol. Zool. **16**, 241 (1943). — [14] Ferrand, R. H. jr., and B. B. Bohren: Poultry Sci. **27**, 759 (1948). — [15] Wallenfels, K.: in Giese, H.: Die Sexualität des Menschen. Stuttgart 1955. — [16] s. die zusammenfassenden Werke S. 654. — [17] Zellweger, H., u. W. H. Adolph: Handb. inn. Med. (Bergmann-Frey-Schwiegk) 4. Aufl. Bd. VI/2. S. 702. — [18] Seifried, O.: Vitamine und Vitaminmangelkranheiten bei Haustieren. Stuttgart 1943.

Schwangeren und Stillenden[1] oder im Wachstum zurückgebliebenen Säuglingen[2], genügen für den Menschen täglich 25000 I.E. (= 7,5 mg Vitamin A-Alkohol) oral, um im Laufe von 2—4 Wochen alle früher besprochenen Ausfallserscheinungen zu beseitigen[3]. Bei Tieren erreicht man dies oft schon in wenigen Tagen durch eine vitamin-A-reiche Diät. Wochenlang dauert es manchmal, bis die normale Fertilität wieder hergestellt ist[4]. In der Haut beginnt die Regeneration vom Stratum germinativum her[5], im Knochen am Epiphysenknorpel, wobei während der Mangelperiode gebildete diaphysäre Knochenplatten perforiert werden, so daß Blutgefäße einwandern können[6]. Wird mit den angegebenen Dosen und Behandlungszeiten keine Besserung erzielt, so handelt es sich entweder um irreversible Mangelschäden (z.B. Erblindung durch Keratomalacie), um sekundär bedingte Avitaminose A (Resorptionsstörungen, Leber-, Nierendysfunktion) oder um Krankheitsbilder, die mit dem Vitamin A-Mangel nichts bzw. nur bedingt zu tun haben.

Enterokarenz entsteht recht häufig durch Pankreasfibrose, Cöliakie, Sprue, infektiöse Hepatitis, Obstruktionsikterus und chronische Darminfektionen[7]. Auch im Alter kann die Resorption vermindert[8] sein. In diesen Fällen wendet man Emulsionen an oder betreibt parenterale Therapie (s. S. 690), gegebenenfalls unter Zusatz anderer Vitaminfaktoren[9].

Ein weiteres therapeutisches Anwendungsgebiet bilden Störungen des Vitamin A-Haushaltes durch akute und chronische *Lebererkrankungen* (Hepatitis endemica, Lebercirrhose, Carcinom, Cholecystitis)[10-12], *Nierenschäden* (Lipoidnephrose, glomeruläre Nephritis, Glomerulosklerose)[13,14], *Infektionskrankheiten* (Scharlach, Pneumonien, Rheumatismus u. a.)[15,16] und, wegen des erhöhten Vitamin A-Abbaues, *Hyperthyreosen*[17].

Therapeutische Wirkungen des A-Vitamins[18] sieht man in der Behandlung von essentieller Hypertension[19] und gewissen Hautkrankheiten (Ekzemen, Pityriasis rubra pilaris, Keratosis follicularis)[20]. Obwohl die beiden letztgenannten Krankheitszustände morphologisch nicht von der echten A-avitaminotischen Phrynodermie (s. S. 682) unterschieden werden können, müssen Dosierungen von 100000—400000 I.E. (= 34—138 mg Vitamin A-Acetat) täglich zu gelegentlicher Besserung angewandt werden. Die Ursache ist vermutlich in einer herabgesetzten Ausnutzungsfähigkeit des Axerophthols durch die betroffenen Epithelien zu suchen[21]. Erfolgreiche Anwendungen von Vitamin A-Konzentraten zur

---

[1] Hildebrandt, A.: Der Vitaminstoffwechsel in Schwangerschaft und Wochenbett. Stuttgart 1951. — [2] Brusa, P.: Lattante **19**, 635 (1948). — [3] Clausen, S. W.: Vitamin A Malnutrition in Clinical Nutrition. New York 1950. — [4] Jackson, E.: Amer. J. Ophthalm. **18**, 967 (1935). — [5] Mason, K. E.: in Sebrell-Harris, Vitamins Bd. I, S. 141. — [6] Wolbach, S. B.: J. Bone Joint Surg. **29**, 171 (1947). — [7] Véghelyi, P. V., and F. J. Láncos: Amer. J. Dis. Children **78**, 257 (1949). — May, C. D., and C. U. Lowe: J. clin. Invest. **27**, 226 (1948). — Clausen, S. W.: Harvey Lect. (1942/43); **38**, 199 (1944). — [8] Rafsky, H. A., and B. Newman: Gastroenterol., Baltimore **10**, 1001 (1948). — [9] Darby, W. J., M. M. Kaser and E. Jones: J. Nutrit. **33**, 243 (1947). — [10] Harris, A. D., and T. Moore: Brit. med. J. **1947 I**, 553. — Moore, T., and I. M. Sharman: Brit. J. Nutrit. **5**, 119 (1951). — [11] Haig, C., and A. J. Patek jr.: J. clin. Invest. **21**, 309 (1942). — [12] Popper, H., and F. Schaffner: Adv. internal Med. **4**, 396 (1950). — [13] Gottfried, S. P., J. F. Steinman and B. Kramer: Amer. J. Dis. Children **74**, 283 (1947). — [14] Popper, H., F. Steigmann and H. D. Dyniewicz: Amer. J. clin. Path. **15**, 272 (1945). — [15] Natvig, H.: Die Bedeutung der Vitamine für die Resistenz des Organismus gegen bakterielle Infektionen. Oslo 1941. — Vgl. Hoffmann-La Roche AG.: Wiss. Dienst Nr. 2 (1953). — [16] Schneider, H. A.: Vitamins & Hormones **4**, 35 (1946). — [17] Vrhovac, V.: Wien. klin. Wschr. **1951**, 977. — [18] Leitner, Z. A.: Brit. J. Nutrit. **5**, 130 (1951). — [19] Lecoq, R.: Thérapie **3**, 113 (1948). — Villaverde, M. M.: Med. Rec. **156**, 485 (1943). Vida nueva **65**, 37 (1950). — Hegglin, R.: Schweiz. med. Wschr. **80**, 545 (1950). — [20] Leitner, Z. A., and T. Moore: Lancet **1946 I**, 262. Brit. J. Derm. **58**, 11 (1946); **60**, 41 (1948). — Leitner, Z. A., and E. B. Ford: Brit. J. Derm. **59**, 407 (1947). — [21] Porter, A. D., and S. R. Brunauer: Brit. J. Derm. **61**, 277 (1949).

Beschleunigung der Wundheilung sind offenbar durch andere Bestandteile der von Fischtranen herrührenden Präparate bedingt, da im Tierversuch zwar eine Förderung der Kollagenbildung, nicht aber eine solche der Epithelisierung gesehen werden konnte[1]. Dem A-Vitamin werden schließlich *antitoxische Eigenschaften* zugesprochen. Diese zeigen sich im Tierversuch gegenüber Streptomycin[2], Natriumbenzoat, Brombenzol u. a.[3] und deuten auf eine indirekte Beteiligung des A-Vitamins an Entgiftungsmechanismen hin.

Beziehungen zwischen Vitamin A und *Tumorstoffwechsel* sind noch recht unklar[4]. Im Tumorgewebe findet man nur dann Axerophthol, und zwar gewöhnlich leicht vermindert, wenn auch dasselbe Normalgewebe Vitamin A enthält[5]. Injektion von krebserregenden Substanzen (1,2,5-Dibenzanthrazen[6, 7], Benzpyren, Methylcholanthren[8]) setzt den Vitamin A-Gehalt der Leber, speziell der Mitochondrien, herab, während die relative Speicherung für die Vitamine C und D[9] und andere Leberfunktionen[10] nicht betroffen werden (Kaninchen, Ratte). Nach dem Absetzen der Präparate wird die A-Speicherung wieder normal[11]. Durch 2-Amino-5-azotoluol[12], nicht aber durch p-Dimethylaminoazobenzol[7] bei Ratten hervorgerufene Lebertumoren weisen im Gegensatz zum umgebenden Gewebe kein Vitamin A auf. Widerspruchsvoll sind Angaben über Einflüsse von A-Mangel und -Überdosierung auf das Wachstum von Sarkomtransplantaten und Spontantumoren (Ratte)[4]. In der Gewebekultur fördert Vitamin A sowohl das Wachstum der Tumorzellen als auch das normaler Fibroblasten in geringem Maße[13].

Zur therapeutischen Verwendung stehen neben Vitamin A-Konzentraten (z.B. Vogan) heute vor allem krystallisierte Vitamin A-Ester (z.B. Arovit) und auch krystallisiertes β-Carotin in verschiedenen Handelsformen zur Verfügung.

λ) Hypervitaminose A, Hypercarotinämie, Antivitamin A.

Ein Erscheinungsbild, das bei Menschen und Tieren bei erheblicher Überdosierung von Vitamin A beobachtet wird, nennt man *Hypervitaminose A*. Experimentell wurden die Verhältnisse an Ratten[14–17], Mäusen[17], Meerschweinchen[17, 18], Hunden[17, 19], Kaninchen[17] und Küken[17, 20] studiert. Allgemein beobachtet man einige Stunden nach Verabreichung von 50—100 I.E. (= 0,015—0,03 mg Vitamin A-Alkohol) Vitamin A je kg Körpergewicht akute *Vergiftungserscheinungen:* Appetitlosigkeit, Durchfälle, Schwindelzustände, Hyperaesthesien u.ä.

---

[1] DANN, L., A. GLÜCKSMANN and K. TANSLEY: Lancet **1942 I**, 95. — [2] ESCHER, F., u. H. P. ROOST: Pract. oto-rhino-laryng., Basel **13**, 300 (1951). — [3] MEUNIER, P., R. FERRANDO, J. JOUANNETEAU et G. THOMAS: Bull. Soc. Chim. biol. **31**, 1413 (1949). — MEUNIER, P., R. FERRANDO et G. PERROT-THOMAS: Bull. Soc. Chim. biol. **32**, 50 (1950). — [4] BURK, D., and R. J. WINZLER: Vitamins & Hormones **2**, 305 (1944). — [5] POPPER, H., and A. B. RAGINS: Arch. Path., Chicago **32**, 258 (1941). — [6] GOERNER, A.: J. biol. Ch. **122**, 529 (1938). — [7] BAUMANN, C. A., E. G. FOSTER and P. S. LAVIK: J. Nutrit. **21**, 431 (1941). — [8] CARRUTHERS, C.: Cancer Res. **2**, 168 (1942). — [9] GOERNER, A., and M. M. GOERNER: J. Nutrit. **18**, 441 (1939). Amer. J. Cancer **37**, 518 (1939). — [10] ABELS, J. C., A. T. GORHAM, S. L. EBERLIN, R. HALTER and C. P. RHOADS: J. exp. Med. **76**, 143 (1942). — [11] MARRON, T. U.: Proc. Soc. exp. Biol. Med. **48**, 219 (1941). — [12] GOERNER, A., and M. M. GOERNER: J. biol. Ch. **128**, 559 (1939). — [13] GORDONOFF, T., u. F. LUDWIG: Z. Vit.-Forsch. **4**, 213 (1935). — VOLLMAR, H.: Arch. exp. Zellforsch. **23**, 42 (1939). — [14] DOMAGK, G., u. P. v. DOBENECK: Virchows Arch. **290**, 385 (1933). — [15] SHERWOOD, T. C., O. R. DEPP, G. P. BIRGE and H. B. DOTSON: J. Nutrit. **14**, 481 (1937). — VEDDER, E. B., and C. ROSENBERG: J. Nutrit. **16**, 57 (1938). — [16] WALKER, S. E., E. EYLENBURG and T. MOORE: Biochem. J. **41**, 575 (1947). — STUDER, A., u. J. R. FREY: Schweiz. med. Wschr. **79**, 382 (1949). — [17] RODAHL, K.: J. Nutrit. **41**, 399 (1950). — [18] SEIFRIED, O.: Arch. Tierheilkde. **75**, 241 (1940). — [19] MADDOCK, C. L., S. B. WOLBACH and S. MADDOCK: J. Nutrit. **39**, 117 (1949). — [20] MATTSON, F. H., and H. J. DEUEL jr.: J. Nutrit. **25**, 103 (1943).

Das chronische Symptomenbild und die Autopsiebefunde erinnern teils an Skorbut, teils an Rachitis. Im Vordergrund stehen Gewichtsverlust, Aufrauhung von Haut und Fell, Hämorrhagien, hypochrome Anämie, überstürzte Skeletveränderungen (teils Hyperostose, teils Osteoporose), Spontanfrakturen, Conjunctivitis, Alopecie, Abfall von Blutlipoiden und Cholesterin, Veränderungen des Oestrus und Exophthalmus. Histologisch findet man Hyperplasie und Verfettung des Reticuloendothels, Verjüngung der Plattenepithelien und, röntgenologisch, Entkalkung der Knochen[1]. Ähnliche Zustände, insbesondere Gewichtsverlust und Hämorrhagien, werden auch bei normalen Ratten durch ein Dioxyretinin$_1$ (Körper Z) hervorgerufen[2]. Die Leber solcher Tiere enthält schließlich kein Vitamin A mehr, sondern nur noch die Substanz Z. Wegen ihrer Wirkung bezeichnet MEUNIER[3] die Verbindung als *Antivitamin A*.

1944 veröffentlichte JOSEPHS[4] erstmals über *menschliche Hypervitaminose A* bei einem Kleinkind, das auf einmal 0,6 g Vitamin A eingenommen hatte. Erbrechen, Schwindel und schuppiger Hautausschlag waren die Folge. Tödliche Vergiftung durch Vitamin A kommt bei Eskimos vor[5], welche die sonst wegen ihres hohen, toxisch wirkenden Axerophtholgehaltes als Nahrung abgelehnte Leber des Polarbären[6] (bis 6 g Vitamin A/kg Frischgewicht) verzehren. Klinische Überdosierungen (100000—500000 I.E. = 34—172 mg Vitamin A-Alkohol täglich), wie sie bei Hochdruck und gewissen Hautkrankheiten (s. S. 703) gegeben werden, führten in einer Reihe von Fällen zu chronischen Vitamin A-Vergiftungen[7]. Die Symptome ähneln denjenigen des Tierversuches. Hautausschläge, röntgenologisch diagnostizierbare Periostverdickung im Bereich der Diaphysen, Periostitis, Neubildung schlecht verkalkten Knochens, manchmal Osteosklerose, standen im Vordergrund.

Der Hypervitaminose A analog ist die *Hypercarotinämie*[4,8,9], die sich am Menschen bei gestörter Umwandlung und herabgesetztem Abbau von Carotin unter carotinoidreicher Ernährung ausbildet. Sie gibt sich durch intensive Gelbfärbung der Haut (Xanthosis), besonders der Handflächen, zu erkennen, geht aber selten mit toxischen Symptomen einher[10].

μ) Nachweis und Bestimmung[11,12].

Zum chemischen *Nachweis* der A-Vitamine bedient man sich der Blaureaktion mit konzentrierter Schwefelsäure[13] oder, z. B. bei Tranen, mit aktiviertem Glycerindichlorhydrin (s. S. 708). Die genannte Farbreaktion wird auch von anderen Polyenen (Provitaminen A, Retininen und synthetischen Verbindungen) gegeben[12]. Sicherer ist die spektroskopische Prüfung von Auszügen, die mit Äther oder Petroläther aus dem zuvor alkalisch verseiften Untersuchungsmaterial gewonnen wurden. Die Absorptionsmaxima der A-Vitamine und ihrer Verwandten findet man in Tabelle 182, S. 666 die optischen Schwerpunkte der Provitamine A s. Bd. **1**, S. 459. Histologisch lassen sich die A-Vitamine in Gefrierschnitten unter dem Fluorescenzmikroskop bei langwelligem UV-Licht erkennen[14]: A_1 an rasch abnehmender

---

[1] WOLBACH, S. B.: J. Bone Joint Surg. **29**, 171 (1947). — [2] MAYER, J., and W. A. KREHL: Arch. Biochem. **16**, 313 (1948). — [3] MEUNIER, P.: Fortschr. Chem. org. Naturstoffe **9**, 102 (1952). — [4] JOSEPHS, H. W.: Amer. J. Dis. Children **67**, 33 (1944). — [5] CAFFEY, J.: Amer. J. Roentgenol. **65**, 12 (1951). — [6] RODAHL, K., and T. MOORE: Biochem. J. **37**, 166 (1943). — [7] Literatur bei ZELLWEGER, H., u. W. H. ADOLPH: Handb. inn. Med. (BERGMANN-FREY-SCHWIEGK) 4. Aufl. Bd. VI/2, S. 701. — [8] HEYMANN, W.: J. amer. med. Ass. **106**, 2050 (1936). — BRAZER, J. G., and A. C. CURTIS: Arch. internal Med., Chicago **65**, 90 (1940). — [9] HENSCHEN, C.: Schweiz. med. Wschr. **71**, 331 (1941). — ALMOND, S., and R. F. L. LOGAN: Brit. med. J. **1942 II**, 239. — [10] WERNLY, M.: Die Osteomalazie. Stuttgart 1952. — [11] s. die zusammenfassenden Darstellungen S. 654. — [12] BIELIG, H.-J.: H.-Th. 10. Aufl. Bd. III, S. 1037. — [13] BALL, S., and R. A. MORTON: Biochem. J. **45**, 298 (1949). — [14] POPPER, H.: Vitamin Meth. (GYÖRGY) Bd. I, S. 89.

grüner, A_2 an langsamer abklingender gelbbrauner Fluorescenz, die gewöhnlich in den Fett- und Lipoidanteilen der Zellen erscheint (vgl. S. 675).

Die *Bestimmung* der A-Vitamine und Provitamine A geschieht entweder im Tierversuch (biologischer Test) oder auf physikalischem und chemischem Wege. Bei der *biologischen Bestimmung*[1-3] werden alle vitamin-A-wirksamen Verbindungen erfaßt, ohne daß man zwischen dem eigentlichen Vitamin und den Provitaminen A unterscheiden kann. Man gibt das Auswertungsergebnis nicht in Gewichtseinheiten, sondern in biologischen Einheiten an, heute ausschließlich in Internationalen Einheiten (I.E.). Als Vergleichssubstanzen dienen die Vitamin A-Standardpräparate (s. S. 679). Anwendbar sind sowohl kurative als auch prophylaktische Methoden von denen die ersteren, da sie von den unterschiedlichen Vitamin A-Reserven der Versuchstiere unabhängig sind, bevorzugt werden. Als Testtiere eignen sich am besten Ratten. In der Vorperiode werden Mutter- und Jungtiere mit einer vitamin-A-armen Diät ernährt, damit sich an den geworfenen Jungtieren die Mangelerscheinungen beim eigentlichen Test bald einstellen. Dann verteilt man die gleiche Zahl an Ratten, ausgewogen nach Wurf, Alter, Geschlecht und Gewicht (50—80 g) auf Test- und Kontrollgruppen. Den Vitamin A-Mangel ruft man bei einem Teil der Jungtiere in der Verarmungsperiode durch eine geeignete vitamin-A-freie Standarddiät hervor, die alle sonstigen bekannten Ergänzungsstoffe enthalten muß (Tabelle 190). Die aktive Substanz wird in Form eines Rohauszuges aus dem zu prüfenden Material getestet. Als Lösungsmittel verwendet man am besten stabilisiertes Baumwollsamenöl, in dem auch das Standardpräparat gelöst ist.

Die sichersten Resultate gibt der schwierig auszuführende *kurative Wachstumstest*[4], der mindestens 2mal 4 Würfe mit je 4 Tieren desselben Gechlechts benötigt. Ausgangspunkt für die eigentliche Testperiode ist der Gewichtsstillstand, der bei Ratten nach 18—45 Tagen eintritt. Test- und Standardsubstanz gibt man in je 2 Dosierungen, die etwa im Verhältnis 1:2 zueinander stehen, 2—6mal wöchentlich so, daß die Gewichtszunahme beim Standard 3—15 g je Woche und Ratte beträgt. $^2/_3$ der Tiere müssen die 28tägige Testperiode überleben. Der Zuwachs je überlebendes Tier in g je Woche ist eine lineare Funktion vom Logarithmus des Vitamin A-Gehaltes. Die Wirksamkeit der unbekannten Probe ergibt sich aus der besten Übereinstimmung mit einer der Dosiswirkungskurven des Standards. Die Abweichung zwischen gleichen Dosierungen beträgt bei mittlerer Tierzahl etwa 12%.

Rascher, mit kleinerer Tierzahl auszuführen und recht verläßlich ist der *Kolpokeratosetest*[5]. Er beruht auf dem bei weiblichen Mangelratten konstanten Auftreten typischer verhornter, schwammiger Zellen im Vaginalausstrich (s. S. 683), die auf Vitamin A-Gaben hin wieder verschwinden. Die Vorperiode (3—4 Tage) reicht bis zum Auftreten dieses Schollenstadiums, das man histologisch erkennt. Um Fehler durch den Ovarialcyclus auszuschließen, werden die Tiere zuvor kastriert. In der Testperiode (7—14 Tage) wird die Zeit bestimmt, die von der ersten Vitamin A-Gabe bis zum Normalwerden der Schleimhaut verstreicht. Dann können die Tiere sogleich in einen neuen Auswertungsversuch genommen werden. Die linearen Dosiswirkungskurven (Abszisse: Reaktionszeit; Ordinate: log Vitamin A-Gehalt) wertet man wie beim kurativen Wachstumstest aus.

Ein Schnellverfahren ist der *Leberspeichertest*[6], der gegen unkontrollierbare andere Mangelerscheinungen nicht empfindlich ist. In der Vorperiode wird die Leber der Ratten durch vitamin-A-freie Diät innerhalb 1 Woche bis zur Bestimmungsgrenze der CARR-PRICE-Reaktion (s. S. 675) verarmt, was man an einem Teil der eingesetzten Tiere prüft. Dann gibt man Test- und Standardpräparat in verschiedenen Dosierungen 3mal an aufeinanderfolgenden Tagen, tötet die Tiere und ermittelt mit dem angegebenen chemischen Verfahren den Vitamin A-Gehalt in der Leber. Die Zunahme an Vitamin A je Leber und Tier wird graphisch aufgetragen und wie oben angegeben ausgewertet. Die Standardabweichung beträgt etwa 3%.

Von weiteren, selten ausgeführten tierbiologischen Methoden seien noch genannt der *Xerophthalmietest*[7], der auf der Heilung der bekannten A-Mangelerscheinungen am Auge beruht (s. S. 681) und der prophylaktische, sog. *histologische Test*[8], bei dem Ausbildung und

---

[1] BLISS, C. I., and P. GYÖRGY: Vitamin Meth. (GYÖRGY) Bd. II, S. 64. — [2] JONES, J. H.: Vitamin Meth. (GYÖRGY) Bd. II, S. 279. — [3] GRIDGEMAN, N. T.: The Estimation of Vitamin A. Port Sunlight, Chesh., Engl. 1944. — [4] s. die zusammenfassenden Darstellungen S. 654. — [5] PUGSLEY, L. I., G. WILLS and W. A. CRANDALL: J. Nutrit. **28**, 365 (1944). — [6] FOY, J. R., and K. MORGAREIDGE: Analyt. Chem., Washington **20**, 304 (1948). — [7] WAGNER, K.-H.: B. Z. **296**, 193 (1938). — [8] COETZEE, W. H. K.: Biochem. J. **45**, 628 (1949).

Tabelle 190. Standarddiäten für Vitamin A-Mangelversuche*.

Inhaltsstoff	BACHARACH[1] %	MAYER u. KREHL[2] %	COWARD[3] %	CABELL u. ELLIS[4] %	U.S.P. XIV[5] %
Casein[a)]	20	25	15	9	18
Sardinenmehl[b)] . .	—	—	—	12	—
Stärke[c)]	50	—	58	—	65
Dextrin	—	—	—	63	—
Rohrzucker . . .	—	65,7	—	—	—
Pflanzenöl[d)] . . .	10	5	15	5	5
Trockenhefe[e)]. . .	5	—	8	8	8
Hefeextrakt[e)]. . .	2,5	—	—	—	—
Weizenkeime[f)] . .	2,5	—	—	—	—
Vitaminmischung[g)]	—	0,3	—	—	—
Salzmischung[h)] . .	5	4	4	3	4

* Versuchstiere Ratten. Die Diäten werden zu luftgetrockneten Kuchen verarbeitet[8].

a) Das Casein wird entweder 7 Tage auf 110° erhitzt oder zunächst 3mal mit angesäuertem Wasser und 24 Std im Extraktor mit 95%igem Alkohol heiß ausgezogen[6]. An Stelle von Casein kann in der U.S.P.-Diät Makrelenprotein verabreicht werden[7].

b) Sardinenmehl enthält vermutlich Vitamin B_{12}, ist aber nicht immer in gleichbleibender Qualität zu beschaffen.

c) Am besten eignet sich Reisstärke, die durch Quellen mit etwas Wasser und Trocknen bei 120° dextriniert wird[8].

d) Gewöhnlich wird Arachis- (Erdnuß-)öl verwendet, das man 8 Std bei 150° durchlüftet[8]. BACHARACH[1] sowie CABELL u. ELLIS[4] nehmen Cocosnußöl, MAYER u. KREHL[2] Maisöl, das sich durch hohen Tokopherolgehalt auszeichnet. Sonst wird 0,1% α-Tokopherol zugefügt. Die Öle dürfen nicht ranzig sein.

e) Besonders geeignet ist luftgetrocknete Brauereihefe und als Hefeextrakt „Vitox". Zur Bildung ausreichender Mengen an D-Vitamin kann man 10% der Hefe mit UV-Licht bestrahlen[4].

f) Die Weizenkeime müssen entfettet sein.

g) Der synthetischen Diät von MAYER u. KREHL[2] wird je 1 kg folgende Mischung zugefügt: 2 g Cystin, 1 g Cholin, 100 mg α-Tokopherol, 5 mg Vitamin K_3, 100 γ Vitamin D_3, 5 mg Aneurin, 5 mg Pyridoxin, 50 mg Nicotinsäure, 50 mg Pantothensäure, 0,5 mg Biotin, 0,5 mg Folsäure, 100 mg Inosit, 100 mg p-Aminobenzoesäure. Ferner ist Vitamin B_{12} (entsprechend 0,2% Leberkonzentrat) erwünscht. Soweit nicht in den Nährstoffen mitgebracht, müssen bei den anderen Diäten 0,02 mg Vitamin D_3 je kg zugefügt werden.

h) Am vollständigsten ist die folgende Salzmischung[9] (Angaben in g): 308,3 Calciumcitrat $\cdot 4\,H_2O$; 112,8 $Ca(H_2PO_4)_2 \cdot H_2O$; 218,8 K_2HPO_4; 124,7 KCl; 77,1 $NaCl$; 68,6 $CaCO_3$; 35,2 $Mg(OH)_2 \cdot 3\,H_2O + 3\,MgCO_3$; 38,3 $MgSO_4$; 16,2 g folgender Mischung: 94,33 $FeNH_4$-citrat; 3,13 NaF; 1,24 $MnSO_4 \cdot 2\,H_2O$; 0,57 $KAl(SO_4)_2 \cdot 12\,H_2O$; 0,25 KJ; 0,48 $CuSO_4 \cdot 5\,H_2O$.

Ausbleiben verschiedener, histologisch diagnostizierbarer Degenerationsstadien in der weißen Substanz des Rückenmarks als Vergleichskriterien dienen.

Zur Untersuchung menschlichen Vitamin A-Mangels eignet sich besonders der *Dunkeladaptationstest*[10]. Die Versuchsperson wird an einer gleichmäßig erleuchteten Fläche „helladaptiert" (Ausbleichen restlichen Sehpurpurs) und dann vor einem Adaptometer, das z.B. mit Graukeilen zur Lichtabschwächung ausgerüstet ist, die minimale Lichtmenge bestimmt, welche zu verschiedenen Zeiten der Dunkeladaptation gerade noch gesehen wird. Diese Lichtmenge nimmt im Verlauf der Dunkelanpassung (im allgemeinen innerhalb 45 min) bis zu

[1] BACHARACH, A. L.: Biochem. J. **34**, 542 (1940). — [2] MAYER, J., and W. A. KREHL: J. Nutrit. **35**, 523 (1948). — [3] COWARD, K. H.: The Biological Standardization of the Vitamins. 2. Aufl. S. 224. London 1947. — [4] CABELL, C. A., and N. R. ELLIS: Proc. Soc. exp. Biol. Med. **65**, 117 (1947). — [5] United States Pharmacopoeia, Rev. XIV (1950). — [6] TODHUNTER, E. N.: J. Nutrit. **13**, 469 (1937). — [7] DEUEL, H. J. jr., M. C. HRUBETZ, C. H. JOHNSTON, H. S. ROLLMAN and E. GEIGER: J. Nutrit. **31**, 187 (1946). — [8] KUHN, R., u. H. BROCKMANN: H. **213**, 1 (1932). — BIELIG, H.-J.: H. **266**, 112 (1940). — [9] HAWK, P. B., and B. L. OSER: Science, N.Y. **74**, 369 (1931). — [10] HAMBURGER, F. A.: Das Sehen in der Dämmerung. Wien 1949.

einem Schwellenwert ab. Den Adaptationsverlauf trägt man graphisch auf (Abszisse: Zeit, Ordinate: Lichtmenge in Mikrolux) und vergleicht mit einer Standardkurve, die durch Messungen an zahlreichen Normalpersonen gewonnen wurde. Aus der Änderung des Schwellenwertes vor und nach Vitamin A-Zulagen zur Diät ergibt sich das Vitamin A-Defizit. Zu seiner Ermittlung kann auch die Bestimmung der Sehschärfe bei herabgesetzter Beleuchtung dienen[1].

Im Gegensatz zu den biologischen Methoden erlauben die *physikalischen* und *chemischen Bestimmungsverfahren* direkt die Gewichtsmengen an Vitamin A und Provitamin A in natürlichem Material oder künstlichen Mischungen getrennt anzugeben. Voraussetzung ist, daß die zu bestimmenden Substanzen zuvor quantitativ, z.B. chromatographisch, voneinander geschieden und von störenden Begleitstoffen befreit wurden. Die Umrechnung von Gewichtseinheiten in biologische Einheiten und umgekehrt geschieht auf Grund des Vitamin A-Standards (s. S. 679), bei den Provitaminen A unter Berücksichtigung ihrer relativen Wirksamkeit (s. S. 676).

Beim *physikalischen Verfahren* mißt man zur Bestimmung der A-Vitamine und ihrer wirksamen Oxydationsprodukte spektrophotometrisch die Extinktion ($\log I_0/I$) beim Absorptionsmaximum im UV-Bereich, bei den farbigen Provitaminen A entsprechend im sichtbaren Gebiet des Spektrums. Es gelten folgende Beziehungen:

$$E_{1\,\mathrm{cm}}^{1\,\%} = \frac{\log I_0/I}{c \cdot d} \qquad E_m = \frac{E_{1\,\mathrm{cm}}^{1\,\%} \cdot M}{10}$$

$E_{1\,\mathrm{cm}}^{1\,\%}$ ist der Extinktionskoeffizient bei einer Schichtdicke $d = 1$ cm und 1%iger Lösung der Substanz. Zur Umrechnung in die molare Extinktion E_m muß das Molekulargewicht M bekannt sein. Die molaren Extinktionen der A-Vitamine und ihrer Verwandten findet man für geeignete Lösungsmittel in Tabelle 182, S. 666, Standardwerte für die Provitamine A in Bd. **1**, S. 462 sowie bei BIELIG[2]. Bei Vitamin A-Konzentraten ist die Absorptionskurve eine Summation von Vitamin A-Absorption und Absorption unspezifischer Begleitstoffe. Unter der Annahme, daß die „unspezifische Absorption" über einen kleinen Längenwellenbereich hin linear ist, kann der Gehalt an reinem Vitamin aus der Extinktion beim Absorptionsmaximum und 2 Extinktionsbestimmungen an benachbarten Wellenlängen zu beiden Seiten des Maximums berechnet werden (MORTON-STUBBS-Korrektur)[3]. Ähnlich gelingt auch die physikalische Bestimmung von Vitamin A_2 neben A_1 s.[4]. In ähnlichen Fällen kann man sich zur Bestimmung auch die Tatsache zunutze machen, daß Vitamin A durch Belichtung zerstört, die Absorption unspezifischer Begleitstoffe aber nicht verändert wird[5].

Zur *chemischen Bestimmung* von Vitamin A bedient man sich der Blaureaktion mit einer gesättigten Lösung von Antimontrichlorid in Chloroform (CARR-PRICE-Reaktion s. S. 675; beste Ausführungsform s. [6]) oder mit *Glycerindichlorhydrin* (1,3-Dichlor-2-oxypropan), das zuvor durch Destillieren über $SbCl_3$ aktiviert wurde[7]. Das letztgenannte Verfahren ist zwar $^1/_3$ weniger empfindlich als die CARR-PRICE-Methode, hat aber den Vorteil, daß die Farbe durch Feuchtigkeitsspuren nicht beeinträchtigt wird und 2—10 min lang konstant bleibt, so daß man die maximale Extinktion mit einem normalen Photometer gut messen kann, was wegen der sekundenschnellen Ausblassung bei der einfachen Antimontrichloridanwendung (s. S. 675) nicht möglich ist. In beiden Fällen muß ein erheblicher Überschuß an Reagens angewendet werden[8]. Wegen der geringen Spezifität (s. S. 676) ist es nötig, das A-Vitamin zuvor anzureichern. Außerdem empfiehlt es sich, mit verschiedenen Konzentrationen eines Standardpräparates unmittelbar vor der Messung der unbekannten Probe eine Eichkurve anzulegen (Abszisse: A-Gehalt in γ; Ordinate: E-Werte bei $\lambda = 620$ mμ), an der der Gehalt direkt abgelesen werden kann. Bei gleichzeitig anwesenden *Provitaminen A* (und eventuell anderen Carotinoiden) muß der durch diese verursachte Blauwert (s. S. 675) vom Gesamtblauwert abgezogen werden, um den Vitamin A-Blauwert zu erhalten. Hierzu bestimmt man den Provitamin A-Gehalt colorimetrisch (Gelbwert) und rechnet diesen in Vitamin A um

---

[1] HAMBURGER, F. A.: Das Sehen in der Dämmerung. Wien 1949. — [2] BIELIG, H.-J.: H.-Th. 10. Aufl. Bd. III, S. 990, 1043. — [3] MORTON, R. A., and A. L. STUBBS: Analyst **71**, 348 (1946). — [4] MORTON, R. A., and A. L. STUBBS: Biochem. J. **42**, 195 (1948). — [5] DEMAREST, B.: Z. Vit.-Forsch. **9**, 20 (1939). — NEAL, R. H., C. H. HAURAND and F. H. LUCKMANN: Industr. engng. Chem., analyt. Ed. **13**, 150 (1941). — [6] MÜLLER, P. B.: Helv. **30**, 1172 (1947). — [7] SOBEL, A. E., and H. WERBIN: Industr. engng. Chem., analyt. Ed. **18**, 570 (1946). — [8] BRÜGGEMANN, J., W. KRAUSS u. J. TIEWS: B. **85**, 315 (1952).

(Faktoren für das praktisch wichtige β-Carotin in Tabelle 191). Bei gleichzeitiger Anwesenheit von nicht provitamin-A-wirksamen Carotinoiden ist deren vorherige Abtrennung unerläßlich[1].

Will man *Vitamin A und Vitamin A-Ester getrennt bestimmen*, was nur ohne die sonst übliche Verseifung der Probe möglich ist, so scheidet man beide entweder durch Entmischung[2] (vgl. S. 674) oder chromatographisch an Aluminiumoxyd[3] (s. S. 674). Anschließend wird verseift und der Gehalt an dem freien A-Vitamin in beiden Proben z.B. nach CARR-PRICE ermittelt. Auf die Möglichkeit, die anwesende Menge an Vitamin A-Estern auch fluorometrisch durch Lichtbleichung der instabilen Fluorescenz von Vitamin A_1 zu messen[4], wurde bereits hingewiesen (s. S. 675). *Neovitamin A_1* kann neben dem all-trans-Isomeren wie folgt bestimmt werden[5]: Man ermittelt zuerst den Gesamtblauwert, fügt dann Maleinsäureanhydrid in Benzol hinzu, wobei sich die all-trans-Form innerhalb 16 Std zu dem nicht mehr mit Antimontrichlorid reagierenden Maleinsäureaddukt umsetzt. Danach führt man eine zweite Blauwertbestimmung aus. Die Differenz ergibt den Neovitamin A-Blauwert und daraus den Gehalt an Neovitamin A. Auch Vitamin A_1 und *Vitamin A_2* sind nebeneinander bestimmbar[7], wenn man beide zunächst durch Behandeln mit 0,03 n äthanolischer Salzsäure in die Anhydrovitamine überführt (s. S. 668). Diese lassen sich dann quantitativ chromatographisch trennen und gesondert nach CARR-PRICE bestimmen (molare Extinktionswerte in Tabelle 183, S. 675).

Tabelle 191. Vergleich der Antimontrichlorid-Blauwerte von Stereoisomeren des β-Carotins mit denen von Vitamin A_1[6].

Stereoisomere	100 γ Carotin entsprechen γ Vitamin A_1	Zeit in sec bis zum Blaumaximum
all-trans-β-Carotin	5,61	5
Neo-β-carotin U	5,7	5—10
Neo-β-carotin B	8,2	30—60
Neo-β-carotin E	8,1	30—45
Gemisch der Isomeren *	6,5	5

* 0,2 mg all-trans-Form und 0,0004 mg Jod je 1 cm^3 Petroläther 1 Std mit 100 W bei 20 cm Abstand belichtet.

Die auf chemischem oder physikalischem Wege erhaltenen Vitamin A-Werte von Naturprodukten weichen oft von den biologisch ermittelten ab. In der unverseiften Fettfraktion bzw. im unverseifbaren Anteil (Werte in Klammern) wurden folgende mittlere Abweichungen gefunden[8]: Spektrophotometrisch $-6{,}6$ bis $+39{,}7$% ($-7{,}2$ bis $+34{,}2$%); chemisch $-17{,}2$ bis $+33{,}0$% ($-21{,}1$ bis $+18{,}1$%).

c) Vitamin B_1 (Thiamin, Aneurin)[9-19].

Von KURT SCHREIER.

α) Geschichtliches.

Die ersten hochaktiven Präparate hatte FUNK 1911 in Händen. Ihrer chemischen Natur verdanken wir den Namen „Vitamine". 1926 isolierten JANSEN u. DONATH das Vitamin aus Reiskleie in fast reiner Form. Im Anschluß daran wurde von WINDAUS, OHDAKE sowie von

[1] A.O.A.C. Methods Analysis. 6. Aufl. S. 600. Washington 1945. — [2] KASCHER, H. M., and J. G. BAXTER: Industr. engng. Chem., analyt. Ed. **17**, 499 (1945). — [3] MÜLLER, P. B.: Helv. **27**, 443 (1944). — [4] SOBOTKA, H., S. KANN and W. WINTERNITZ: J. biol. Ch. **152**, 635 (1944). — [5] ROBESON, C. D., and J. G. BAXTER: Am. Soc. **69**, 136 (1947). — [6] Nach CALDWELL, M. J., and D. B. PARRISH: J. biol. Ch. **158**, 181 (1945). — [7] EMBREE, N. D., and E. M. SHANTZ: J. biol. Ch. **132**, 619 (1940). — [8] OSER, B. L., D. MELNICK, M. PADER, R. ROTH and M. OSER: Industr. engng. Chem., analyt. Ed. **17**, 559 (1945).

Zusammenfassende Darstellungen über Vitamin B.: 9—19. [9] GREWE, R.: Das Aneurin (Vitamin B_1). Ergebn. Physiol. **39**, 252—293 (1937). — [10] WIDENBAUER, F.: Über den Vitamin B_1-Haushalt des Menschen. Ergebn. inn. Med. **57**, 351—398 (1939). — [11] WILLIAMS, R. R., and T. D. SPIES: Vitamin B_1 and its Use in Medicine. New York 1938. — [12] ABDERHALDEN, E.: Die physiologischen Funktionen von Vitamin B_1 (Aneurin, Thiamin). Verh. dtsch. Ges. inn. Med. **50**, 319—339 (1938). — [13] JANSEN, B. C. P.: Chem. Wkbl. **38**, 734 (1941). Vitamins & Hormones **7**, 83 (1949). — [14] SCHREIER, K.: Habil.-Schr. Heidelberg 1952. — [15] Stepp-Kühnau-Schroeder, Vitamine 7. Aufl. Bd. 1, S. 103—218. — [16] Ammon-Dirscherl, Fermente, Hormone, Vitamine S. 770—801. — [17] Bicknell-Prescott, Vitamins S. 149—305. — [18] BARTON, A. D., and L. L. ROGERS: Williams u. a., B Vitamins S. 684—702. — [19] ROBINSON, F. A.: The Vitamin B Complex. S. 19—131. London 1951.

van Veen die Summenformel ermittelt (1931). Um die Konstitutionsermittlung machten sich Windaus und Williams mit ihren Schülern verdient. Die Synthese gelang Westphal u. Andersag; Williams u. Cluie sowie Windaus u. Grewe (1936). Der Name *Aneurin* stammt von Jansen, die Bezeichnung *Thiamin* von Williams.

β) Ausfallserscheinungen[1].

Für die klassische *Beriberi* ist neben B_1-Mangel noch das Fehlen anderer B-Vitamine verantwortlich[2]. Manchmal fehlen auch weitere, nicht zur B-Gruppe gehörende Vitamine, wodurch das Bild noch unklarer wird. Hervorgerufen wird die Beriberi durch ausschließlichen oder vorwiegenden Verzehr von poliertem Reis, aber nur dann, wenn der Vitaminmangel nicht durch den Genuß von Gemüse oder Fleisch ausgeglichen wird. Ein Gegenstück zu der Beriberi der reisessenden Völker ist die Segelschiff-Beriberi, die durch einseitige Ernährung mit Weißbrot, Schiffszwieback, Pökelfleisch auch in außertropischen Gegenden auftritt, aber allen Anzeichen nach eine Mischavitaminose ist, weil außer B_1 meist auch Vitamin-C fehlt. Sie wird wahrscheinlich durch nicht genügend zerstörte Fischthiaminase (s. S. 713) mitbedingt[3]. Die Beriberi der Kriegsgefangenenlager des Ostens sprach auch besser auf Zufuhr von B-Komplex an als auf B_1 allein[4]. Gefördert wird der Ausbruch der Beriberi durch kohlenhydratreiche Kost.

Die wichtigsten Symptome sind bei der menschlichen B_1-Avitaminose auf 2 Hauptursachen zurückzuführen: die *Störungen von Kohlenhydrat- und Wasserhaushalt*. Der gestörte Kohlenhydratstoffwechsel hat degenerative Veränderungen des zentralen und peripheren Nervensystem zur Folge, die sich in verschiedener Weise äußern. Werden die peripheren Stränge beeinträchtigt, kommt es zu Anästhesie oder Lähmungen. Histologisch sind diese nach B_1-Mangel auftretenden Nervenschädigungen durch Blutungen, Schwund der sog. Nissl-Granula und Degeneration der Markscheiden gekennzeichnet. Die Störung des Wasserhaushaltes zeigt sich besonders in einer Retention, die zu Ödemen, Hypoproteinämie, serösen Ergüssen und Wasserimbibition des Herzmuskels führt. Offenbar besteht eine Verschiebung der Elektrolyte besonders im Sinne einer Natriumretention[5]. Neben der nassen Form der Beriberi kennt man noch eine trockene, die in starker Muskelatrophie und Abmagerung besteht. Vom Wasserhaushalt unabhängig sind ferner kardiovasculäre Störungen. Diese beginnen mit erhöhter Pulsfrequenz, begleitet von Herzklopfen, Beklemmungsgefühl und Kurzatmigkeit. Bei großer körperlicher Belastung stellt sich dann meist Insuffizienz ein, die in kurzer Zeit zum Tode führt. Unmittelbare Ursache dieser Herzschädigung ist eine Quellung der Muskelfasern, die zu einem allmählichen Nachlassen des Tonus und der Klappensegel führen.

Meist überlagern sich weitere Symptome, wie Appetitlosigkeit (Frühsymptom!) und Störungen im Magen-Darmkanal (Atonie, Achylie sowie Entzündungen der Darmschleimhaut). Es wurden bereits mehrmals Versuche unternommen[6],

[1] Aron, H., u. R. Gralka: Handb. Biochem. **6**, 364—410 (1926). — Jansen, B. C. P.: Kli. Wo. **1937 I**, 113. — Schüffner, W.: Stepp, W., Ernährungslehre. S. 330. — Schröder, H.: Stepp, W., Ernährungslehre. S. 358. — [2] Im folgenden sind nicht mit Sicherheit auf B_1-Mangel zurückzuführende Beriberi-Symptome weggelassen worden. — [3] Vgl. a. Bomskov, C.: Arch. Kinderheilkde. **102**, 171 (1934). — Shimazono, J.: Tokyo Iji Shinshi **57**, 2835 (1933). — [4] Hibbs, R. E.: Ann. internal Med. **25**, 270 (1946). — [5] Iseri, L. T.: Circulation, N. Y. **9**, 247 (1954). — [6] Jolliffe, N., R. Goodhart, J. Gennis and J. K. Cline: Amer. J. med. Sci. **198**, 198 (1939). — Elsom, K. O., F. D. W. Lukens, E. H. Montgomery and L. Jonas: J. clin. Invest. **19**, 153 (1940). — Williams, R. D., H. L. Mason, R. M. Wilder and B. F. Smith: Arch. internal Med., Chicago **66**, 785 (1940). — Williams, R. D., H. L. Mason, B. F. Smith and R. M. Wilder: Arch. internal Med., Chicago **69**, 721 (1942). — Williams, R. D., H. L. Mason, M. H. Power and R. M. Wilder: Arch. internal Med., Chicago **71**, 38 (1943). — Horwitt, M. K., E. Liebert, O. Kreisler and P. Wittman: Science, N. Y. **104**, 407 (1946).

experimentell bei Menschen eine B_1-Avitaminose zu erzeugen. Dabei wurde über zahlreiche subjektive Symptome von seiten der Muskulatur und des Magens geklagt, welche sich zum Teil objektivieren ließen (Hypacidität, Reflexabschwächung usw.). Ernstere Störungen der Herzfunktion, schweres Ödem u. ä. wurden nicht beobachtet.

Für den Arzt[1] ist es von einer gewissen Wichtigkeit, daß B_1-Avitaminosen wohl gelegentlich auch in unseren geographischen Breiten im Rahmen mehr komplexer Ernährungsschäden auftreten. Meist handelt es sich allerdings nur um Hypovitaminosen.

Etwas bedeutungsvoller ist die Tatsache, daß infolge eines plötzlich einsetzenden gesteigerten B_1-Verbrauches sekundäre B_1-Hypovitaminosen auch schwereren Grades auftreten können, deren Symptome der tropischen Beriberi ähneln. So kommt die Alkoholpolyneuritis wohl dadurch zustande, daß bei an sich schon geringer Nahrungs- und Vitamin B_1-Aufnahme der Gesamtstoffwechsel infolge des hohen Alkoholgenusses so stark gesteigert ist, daß das B_1-Angebot zu gering ist[2]. Bei Magen- und Darmerkrankungen bilden sich nicht selten Polyneuritiden heraus, deren Ursache in einer verminderten B_1-Resorption gesucht wird. Schwangerschaftspolyneuritis tritt vor allem bei mehl- und brotreicher, gemüsearmer Kost auf. Ursache ist auch hier der gesteigerte Bedarf an B_1 bei mangelhafter Zufuhr[3]. Neuerdings wird die Encephalopathie WERNICKEs als B_1-Mangelzustand aufgefaßt[4]. In Korea wurden bei Beriberifällen neben den klassischen Symptomen auch die Erscheinungen des WERNICKE-Syndroms und epileptiforme Krampfanfälle beobachtet[5].

Leichtere Hypovitaminosen entstehen als Folge von Infektionskrankheiten, bei welchen die B_1-Zufuhr mit dem plötzlich gesteigerten Verbrauch nicht Schritt hält. Außer den genannten wird noch eine Reihe anderer Polyneuritiden als sekundäre B_1-Avitaminosen angesehen[6]. Auf der anderen Seite häufen sich die Stimmen[7], welche dem „Aneurin" jede spezifische Bedeutung für die peripheren Nerven überhaupt absprechen und die B_1-Avitaminose in den Hirnstamm lokalisieren.

So konnte die Messung der Chronaxie keinen Anhaltspunkt für auch nur leichte pathologische Veränderungen liefern[8]. Der therapeutische Erfolg einer B_1-Applikation bei akuten oder chronischen Polyneuritiden wird vielfach überhaupt abgelehnt[9]. Demzufolge würde Aneurin seinen Namen mit Unrecht tragen und wohl besser Thiamin genannt werden.

Die Ausfallserscheinungen der *Ratten-B_1-Avitaminose*[10] sind ähnlicher Art. Sie sind sehr abhängig vom Tierstamm. Inzuchtrassen entwickeln bereits nach etwas mehr als 50 Tagen Polyneuritiden u. ä.[11]. Die nervösen Störungen zeigen

---

[1] Hier muß vor allem auf Stepp-Kühnau-Schroeder, 7. Aufl. Bd. 1, S. 158 verwiesen werden. — Williams u. a., B-Vitamines S. 377. — [2] MINOT, G. R.: Ann. internal Med. **13**, 216 (1929). — KIENE, H. E., R. J. STREITWIESER and H. MILLER: J. amer. med. Ass. **114**, 2191 (1940) [C. **1940 II**, 2638]. — [3] STÄHLER, F.: M. m. W. **1937 I**, 327. — HILDEBRANDT, A.: Arch. Gynäk. **170**, 540 (1940). — [4] WARDENER, H. E. DE, and B. LENNOX: Lancet **1947 I**, 11. — EVANS, C. A., W. E. CARLSON and R. G. GREEN: Amer. J. Path. **18**, 79 (1942). — [5] BOM, F., and K. Y. BOM: Acta psychiatr. neurol., København **28**, 97 (1953). — [6] NEUMANN, H.: M. m. W. **1935 II**, 1959. — [7] LUCHNER, H., u. R. MAGUN: D. m. W. **1952**, 225. — MEIKLEJOHN, A. P.: New Engl. J. Med. **223**, 265 (1940). — MOORE, F.: Brit. med. J. **1946 I**, 589. — RINEHART, J. F., M. FRIEDMAN and L. D. GREENBERG: Arch. Path., Chicago **48**, 129 (1949). — [8] VARGA, E., u. K. LISSÁK: Ber. Physiol. **134**, 181 (1944). — [9] WALSHE, F. M. R.: Lancet **1945 I**, 382. — [10] SCHEUNERT, A., u. W. LINDNER: Krankh.-Forsch. **4**, 389 (1927). — CARLSTRÖM, B., K. MYRBÄCK, N. HOLMIN u. A. LARSSEN: Acta med. scand. **102**, 175 (1931). — SHILS, M., H. G. DAY and E. V. MCCOLLUM: Science, N. Y. **91**, 341 (1940) [C. **1940 II**, 1167]. — [11] LUECKE, R. W., L. S. PALMER and C. KENNEDY: Arch. Biochem. **5**, 395 (1944).

sich in verschiedenen Erscheinungen, wie in Gang- und Gleichgewichtsstörungen und Paresen. In anderen Fällen tritt typisch verkrampfte Haltung (Zurücklegen des Kopfes) ein[1]. Die Glykogenspeicherung ist verändert[2], die Körpertätigkeit herabgesetzt[3], Histidase- und Arginasegehalt der Leber sind erhöht[4]. Besonders rasch und zuverlässig treten EKG-Veränderungen auf. Das rechte Herz zeigt meist Zeichen der Hypertrophie[5]. Weitere Symptome sind: Anoestrus[6] und Kreatinurie[7].

Die *Polyneuritis der Vögel* ist ein sehr markantes Symptom des B_1-Mangels, das sich sehr gut zum Nachweis des Vitamins eignet[8] (s. S. 723). Sie hat ihre Ursache in zentralnervösen Störungen (im Gegensatz zu den mehr peripheren der Säugetiere). Die Polyneuritis äußert sich zunächst in Gehstörungen und Beinschwäche und geht dann im Verlauf einiger Tage in die sehr charakteristische Krampfhaltung über (Zurücklegen des Kopfes bis auf den Rücken [Opisthotonus], Anziehen der Beine). In diesem Zustand verharren die Tiere bisweilen bis zum Tode. Durch äußere Einwirkungen (Berühren, Erschrecken) löst sich ein Krampfanfall mit mehrmaligem Überschlagen aus, worauf wieder die alte Haltung eingenommen wird und der Krampf von neuem ausgelöst werden kann.

Neben dieser spastischen Form der Polyneuritis gibt es noch eine paralytische, bei welcher mehr oder minder ausgedehnte Lähmungen auftreten, die bis zum Tode andauern. Auch beim Huhn ruft Aneurinmangel ähnliche Symptome hervor wie bei der Taube[9]. Daneben sind B_1-Avitaminosen bei Katze, Hund, Affe, Schwein[10] und Schaf[11] beschrieben.

Es ist also auch das Bild der experimentellen B_1-Avitaminose sehr vielseitig. Gemeinsam sind den menschlichen und tierischen B_1-Avitaminosen folgende Kennzeichen: Nervenschädigungen, Muskeldegeneration, Blutdrucksenkung, Hyperglykämie, Vermehrung von Milchsäure und Brenztraubensäure im Blut, Abnahme der Blutkatalase, Störungen der Magensaftsekretion und Senkung des Grundumsatzes. Differenzen bestehen bezüglich Herztätigkeit, morphologischem Blutbild, Körpertemperatur, Gewicht und Verdauung[12].

Neben den Verschiebungen im Kohlenhydrat- und Wasserhaushalt treten *Lipämien* auf, wobei Cholesterin vermehrt, die Phosphatide aber vermindert sind, so daß deren Synthese anscheinend gestört ist[13].

Bemerkenswert ist noch, daß die Sinusbradykardie B_1-avitaminotischer Ratten möglicherweise durch die Ansammlung von Stoffwechselzwischenprodukten (Milchsäure oder Adenylsäure) im Herzmuskel hervorgerufen wird[14].

---

[1] SCHEUNERT, A., u. W. LINDNER: Krankh.-Forsch. **4**, 389 (1927). — CARLSTRÖM, B., K. MYRBÄCK, N. HOLMIN u. A. LARSSEN: Acta med. scand. **102**, 175 (1931). — SHILS, M., H. G. DAY and E. V. MCCOLLUM: Science, N. Y. **91**, 341 (1940) [C. **1940 II**, 1167]. — [2] HERMANN, V. S.: H. **262**, 95 (1939/40). — [3] GUERRANT, N. B., and R. A. DUTCHER: J. Nutrit. **20**, 589 (1940) [C. **1941 I**, 3531]. — [4] EDLBACHER, S., u. M. BECKER: H. **265**, 72 (1940). — [5] HUNDLEY, J. M., L. L. ASHBURN and W. H. SEBRELL: Amer. J. Physiol. **144**, 404 (1945). — [6] COWARD, K. H., B. G. GWYNNETH, E. MORGAN and L. WALLER: J. Physiol., London **100**, 423 (1942). — [7] SURE, B., and Z. W. FORD jr.: J. Nutrit. **24**, 405 (1942). — [8] Vgl. S. 723[3-5]. — [9] SWANK, R. L.: J. exp. Med. **71**, 683 (1940). — BURT, A. S.: J. cellul. comp. Physiol. **21**, 145; **22**, 205 (1943). — [10] FOLLIS, R. H. jr., M. H. MILLER, M. M. WINTROBE and H. J. STEIN: Amer. J. Path. **19**, 341 (1943). — PENCE, J. W., R. C. MILLER, R. A. DUTCHER and W. T. S. THORP: J. biol. Ch. **158**, 647 (1945). — BERG, R. L., E. STOTZ and W. W. WESTERFELD: J. biol. Ch. **152**, 51 (1944). — EVERETT, G. M.: Amer. J. Physiol. **141**, 439 (1944). — WAISMAN, H. A., and K. B. MCCALL: Arch. Biochem. **4**, 265 (1944). — JOHNSON, B. C., T. S. HAMILTON, W. B. NEVENS, L. E. BOLEY, K. A. BURKE and J. A. PINKOS: J. Nutrit. **35**, 137 (1948). — [11] DRAPER, H. H., and B. C. JOHNSON: J. Nutrit. **43**, 413 (1951). — [12] SHIMAZONO, J.: B-Avitaminosis und Beriberi. Ergebn. inn. Med. **39**, 1—68 (1931). — [13] SCHMITZ, E., u. M. REISS: B. Z. **183**, 328 (1927). — [14] BIRCH, T. W., and L. W. MAPSON: Nature **138**, 27 (1936). — Vgl. HAYNES, F. W., and S. WEISS: Amer. Heart J. **20**, 34 (1940) [C. **1941 II**, 1287].

Die Erforschung der isolierten B_1-Avitaminose erhielt durch die Entdeckung der *Thiaminase*[1] einen wesentlichen Auftrieb. Schon Anfang der 30er Jahre beobachteten Besitzer von Silberfuchsfarmen (so u. a. CHASTEK, deshalb „CHASTEK-Paralyse"), daß zahlreiche Jungtiere an einer Lähmung erkrankten und eingingen. Diese Erkrankung ist inzwischen auch in Europa beobachtet worden[2]. Die Ätiologie des Leidens wurde durch die Entdeckung eines thiaminspaltenden Enzyms in den an die Tiere verfütterten Süßwasserfischen aufgeklärt[3].

Neuerdings ist festgestellt worden, daß neben einzelnen Salzwasserfischen auch einige Muschelarten und verschiedene Pflanzen (Ölsaaten, Equisetum arvense, Leguminosen und besonders Adlerfarn = Pteris aquilina[4]) thiaminzerstörende Substanzen enthalten. Der Enzymcharakter der Pflanzenextrakte steht noch nicht fest. Japanische Forscher haben vor kurzem[5] den Mechanismus der enzymatischen Thiaminspaltung studiert und fanden ähnlich wie SEALOCK u. Mitarb.[6] m-Nitranilin und m-Aminobenzoesäure als Aktivatoren und o-Aminobenzoylderivate als Hemmsubstanzen des Enzyms. Die Thiaminspaltung ist reversibel. Es entsteht Heteropyrithiamin und Thiazol. Es handelt sich also um eine Austauschreaktion der Base, indem Thiazol durch Pyridin ersetzt wird.

Heteropyrithiamin

γ) Chemie. (s. a. Bd. 1, S. 817.)

Die Beständigkeit des Vitamin B_1 hängt sehr von den Reaktionsbedingungen ab. In saurem und neutralem Medium ist es gegen Erhitzen weitaus beständiger als in alkalischem (bei p_H 9 und 100° ist es im Verlauf 1 Std zerstört). Beim Kochen der Nahrung im Haushalt beträgt der Verlust im allgemeinen weniger als die Hälfte.

Vitamin B_1 ist leicht wasser- und alkohollöslich. Es stellt eine 2säurige Base dar, deren salzsaures Salz in farblosen Nadeln oder feinen Prismen krystallisiert und folgende Konstitution[7] hat:

Thiamindichlorid (Aneurin) ($C_{12}H_{18}ON_4SCl_2$)

Thiamindichlorid-pyrophosphorsäureester (Cocarboxylase) ($C_{12}H_{19}O_7N_4SP_2Cl$)

[1] *Zusammenfassung:* BÄR, F.: Arzneim-Forsch. **2**, 365 (1952). — [2] CARLSTRÖM, B., o G. JONSSON: Skand. Veterin.-T. **28**, 144 (1938). — ENDER, F., o A. HELGEBOSTAD: Skand. Veterin.-T. **29**, 1232 (1939). — RUTISHAUSER, F.: Schweiz. Pelzgew. **1944**, 649. — [3] EVANS, C. A., W. E. CARLSON and R. G. GREEN: Amer. J. Path. **18**, 79 (1942). — WOOLLEY, D. W.: J. biol. Ch. **141**, 997 (1941). — SMITH, D. C., and L. M. PROUTT: Proc. Soc. exp. Biol. Med. **56**, 1 (1944). — [4] MELNICK, D., M. HOCHBERG and B. L. OSER: J. Nutrit. **30**, 81 (1945). — JACOBSOHN, K. P., and M. D. AZEVEDO: Arch. Biochem. **14**, 83 (1947). — BHAGVAT, K., and P. DEVI: Ind. J. med. Res. **32**, 123, 131, 139 (1944). — WESWIG, P. H., A. M. FREED and J. R. HAAG: J. biol. Ch. **165**, 737 (1946). — EVANS, W. C., and E. T. R. EVANS: Brit. veterin. J. **105**, 175 (1949). — [5] FUJITA, A., Y. NOSE, S. KOZUKA, T. TASHIRO, K. UEDA and S. SAKAMOTO: J. biol. Ch. **196**, 289 (1952). — FUJITA, A., Y. NOSE, S. UYEO and J. KOIZUMI: J. biol. Ch. **196**, 313 (1952). — [6] SEALOCK, R. R., and R. L. GOODLAND: Am. Soc. **66**, 507 (1944). — LIVERMORE, A. H., and R. R. SEALOCK: J. biol. Ch. **167**, 699 (1947). — SEALOCK, R. R., and A. H. LIVERMORE: J. biol. Ch. **177**, 552 (1949). — [7] GREWE, R.: Naturwiss. **24**, 657 (1936). — WILLIAMS, R. R.: Ergebn. Vit.- u. Horm.-Forsch. **1**, 213 (1939). — ZIMA, O.: Über das Redoxsystem des Aneurins. Mercks Jber. **54**, 5 (1940).

Der Pyrophosphorsäureester von Vitamin B_1 ist die Cocarboxylase (vgl. Bd. 1, S. 834). Sie bildet mit einem Protein vom Mol.Gew. 75000 und einem Mg-Ion die Carboxylase[1].

δ) Wirkungsmechanismus.

Seit den Forschungen von LOHMANN[2] sowie von R. A. PETERS und seiner Gruppe[3] ist festgestellt, daß die eigentliche Wirkform des Vitamin B_1 sein Pyrophosphatester — die Cocarboxylase — ist. Es ist bis jetzt noch nicht der exakte Beweis dafür erbracht worden, ob auch Thiamin selbst eine wesentliche biologische Rolle spielt. Andererseits unterliegt es kaum einem Zweifel, daß Thiaminpyrophosphat die Wirkgruppe mehrerer Enzyme darstellt, welche sich wohl infolge der verschiedenen Trägerproteine im Dissoziationsgrad, der Substrataffinität, der Sättigungskonstante usw. unterscheiden[4].

In der Tabelle 192 sind aus der Literatur die anscheinend durch Thiaminpyrophosphat katalysierten Reaktionen zusammengestellt[5].

Man wird natürlich die Frage aufwerfen, ob die Cocarboxylase wirklich in der Lage ist, alle hier aufgeführten Reaktionen zu katalysieren oder ob es nicht viel wahrscheinlicher ist, daß die beobachteten Wirkungen zumindest zum Teil dadurch nachweisbar geworden sind, daß durch die Katalyse der eigentlichen „Hauptreaktionen" (in der Hefezelle die Carboxylierung, im Säugeorganismus die dehydrierende Decarboxylierung der Brenztraubensäure) andere Stoffwechselgrößen gewissermaßen in diesen „Strudel" mit hineingezogen werden (s. dazu z. B. KREBS u. EGGLESTON[6]). LIPMANN[7] unterstreicht allerdings mit Recht, daß durch die Entdeckung der energiereichen Phosphatverbindungen die Grenzen zwischen den oxydierenden und nichtoxydierenden Fermenten ziemlich verwischt wurden. Durch die Entdeckung der Liponsäure (s. S. 794 sowie Bd. 2/2a, S. 1039) und besonders durch die Auffindung der „aktiven Form" dieser Verbindung, welche als ein Kondensationsprodukt „Lipothiamid" von Liponsäure und Thiamin (über eine Amidbindung) angesprochen wird, ergeben sich völlig neue Interpretationsmöglichkeiten des Wirkungsmechanismus, welche allerdings bis jetzt nur für Mikroorganismen unterbaut sind. Lipothiamidpyrophosphat funktioniert offenbar als Elektronen- und Acetylacceptor von Pyruvat bei Bakterien aus der Gruppe der E. coli u. a. (Einzelheiten s. [8]). Die engen Beziehungen von Vitamin B_1 zur Brenztraubensäure (s. a. Bd. 2/1, 756) sind gegenseitiger Natur, denn die Phosphorylierung von Thiamin zu Cocarboxylase[9] erfordert Adenosintriphosphat, welches seinerseits die Phosphatgruppen zu einem hohen Prozentsatz von der Phosphobrenztraubensäure bezieht. Cocarboxylase ist also für die Energiefreisetzung aus dem Glucosemolekül erforderlich, und ein gewisser Teil dieser Energie wird wieder für die Synthese von Thiaminpyrophosphat verwendet. Die Kinetik der Thiaminphosphorylierung zeigt eine fallende Intensität mit steigender B_1-Konzentration. Die Cocarboxylase wird durch B_1-Zusatz im Gewebe stabilisiert[10]. Es ist bemerkenswert, daß Aneurinmonophosphat keinerlei Cocarboxylasewirkung entfaltet[11], während Aneurintriphosphat etwa $^1/_4$ so wirksam

---

1 KUBOWITZ, F., u. W. LÜTTGENS: B. Z. **307**, 170 (1940/41). — GREEN, D. E., D. HERBERT and V. SUBRAHMANYAN: J. biol. Ch. **135**, 795 (1940). — s. Bd. **1**, S. 834. — 2 LOHMANN, K., u. P. SCHUSTER: Naturwiss. **25**, 26 (1937). B. Z. **294**, 188 (1937). — 3 PETERS, R. A.: Lancet **1936 I**, 1161. Biochem. J. **31**, 2240 (1937). — BANGA, I., S. OCHOA and R. A. PETERS: Biochem. J. **33**, 1109, 1980 (1939). — 4 STUMPF, P. K., K. ZARUDNAYA and D. E. GREEN: J. biol. Ch. **167**, 817 (1947). — 5 Modifiziert nach JANSEN, B. C. P.: Vitamins & Hormones **7**, 83 (1949). — 6 KREBS, H. A., and L. V. EGGLESTON: Biochem. J. **34**, 1383 (1940). — 7 LIPMANN, F.: Adv. Enzymol. **1**, 99 (1941); **6**, 231 (1946). — 8 REED, L. J.: Physiol. Rev. **33**, 544 (1953). — 9 SMITS, G., and E. FLORIJN: Biochim. biophysica Acta, N. Y. **5**, 535 (1950). — 10 WESTENBRINK, H. G. K., and D. A. VAN DORP: Nature **145**, 465 (1940). — LIPTON, M. A., and C. A. ELVEHJEM: J. biol. Ch. **136**, 637 (1940). — 11 WEIL-MALHERBE, H.: Biochem. J. **34**, 980 (1940).

Tabelle 192. Durch Thiaminpyrophosphat katalysierte Reaktionen (modifiziert nach B. C. P. JANSEN).

Reaktion	
1. Brenztraubensäure → Acetaldehyd + CO_2	1
2. Brenztraubensäure + O_2 → CO_2 + H_2O	2
3. Brenztraubensäure + O_2 → Essigsäure + CO_2	3
4. Brenztraubensäure + ATP + O_2 ⇌ Acetylphosphat + CO_2 + H_2O	4
5. Brenztraubensäure + Phosphat → Acetylphosphat + H_2 + CO_2	5
6. Brenztraubensäure + Phosphat → Acetylphosphat + HCOOH	5
7. Brenztraubensäure + CO_2 ⇌ Oxalacetat	6
8. Brenztraubensäure + O_2 → Acetoacetat	
9. Brenztraubensäure + O_2 → Ketoglutarat	7
10. Brenztraubensäure + O_2 → Succinat	
11. Brenztraubensäure → Bildung von Acetylcholin	8
12. Brenztraubensäure → Acetoin + CO_2	9
Außerdem:	
Acetaldehyd → Acetoin	10
Essigsäure + O_2 → CO_2 + H_2O	11
α-Ketoglutarsäure + O_2 → Propionsäure	12
α-Ketovaleriansäure + O_2 → Buttersäure	12
α-Ketoglutarsäure → Propioin + CO_2	13
α-Ketoglutarsäure → Bernsteinsäuresemialdehyd + CO_2	13
α-Ketoglutarsäure + O_2 → Bernsteinsäure	14
2-Diacetyl + 2 H_2O → Acetoin + 2 Essigsäure	15

ist[16]. Über den Wirkungsmechanismus der Cocarboxylase existieren zahlreiche Theorien. LANGENBECK[17] hat ohne Kenntnis der Struktur von B_1 als Reaktionszentrum der prosthetischen Gruppe ein Amin postuliert. STERN u. MELNICK[18] glauben dagegen nicht, daß der Stickstoff an den eigentlichen Wirkungsmechanismen der Decarboxylierung entscheidenden Anteil habe. Im Rahmen eines Analogieschlusses zwischen den Pyridinnucleotiden und dem quarternären Stickstoff im Thiaminpyrophosphat hielten LIPMANN u. Mitarb.[19] es für wahrscheinlich, daß letzteres ebenfalls als Elektronenüberträger dient. Dies wurde von KARRER u. Mitarb.[20] widerlegt. ZIMA u. WILLIAMS[21] glauben dagegen Thiamin in ein

[1] LOHMANN, K., u. P. SCHUSTER: B. Z. **294**, 188 (1937). — CAJORI, F. A.: J. biol. Ch. **143**, 357 (1942). — [2] PETERS, R. A.: Nature **158**, 707 (1946). — STUMPF, P. K., K. ZARUDNAYA and D. E. GREEN: J. biol. Ch. **167**, 817 (1947). — [3] LIPMANN, F.: Enzymologia **4**, 65 (1937). — STILL, J. L.: Biochem. J. **35**, 380 (1941). — [4] LIPMANN, F.: J. biol. Ch. **155**, 55 (1944). — [5] UTTER, M. F., and C. H. WERKMAN: Arch. Biochem. **2**, 491 (1943). — KALNITSKY, G., and C. H. WERKMAN: Arch. Biochem. **2**, 113 (1943). — [6] KREBS, H. A., and L. V. EGGLESTON: Biochem. J. **34**, 1383 (1940). — BARRON, E. S. G., J. M. GOLDINGER, M. A. LIPTON and C. M. LYMAN: J. biol. Ch. **141**, 975 (1941). — [7] BARRON, E. S. G., C. M. LYMAN, M. A. LIPTON and J. M. GOLDINGER: J. biol. Ch. **141**, 957 (1941). — [8] MANN, P. J. G., and J. H. QUASTEL: Nature **145**, 856 (1940). — MINZ, B.: C. R. Soc. Biol. **140**, 412 (1946). — [9] SILVERMAN, M., and C. H. WERKMAN: J. biol. Ch. **138**, 35 (1941). — [10] GREEN, D. E., W. W. WESTERFELD, B. VENNESLAND and W. E. KNOX: J. biol. Ch. **145**, 69 (1942). — [11] QUASTEL, J. H., and D. M. WEBLEY: Biochem. J. **35**, 192 (1941); **36**, 8 (1942). — [12] LONG, C., and R. A. PETERS: Biochem. J. **33**, 759 (1939). — STUMPF, P. K.: J. biol. Ch. **159**, 529 (1945). — [13] GREEN, R. G., W. E. CARLSON and E. A. EVANS: J. Nutrit. **21**, 243 (1941); **23**, 165 (1942). — [14] BARRON, E. S. G., and C. M. LYMAN: J. biol. Ch. **141**, 951 (1941). — [15] GREEN, D. E., P. K. STUMPF and K. ZARUDNAYA: J. biol. Ch. **167**, 811 (1947). — [16] VELLUZ, L., G. AMIARD and J. BARTOS: J. biol. Ch. **180**, 1137 (1949). — [17] LANGENBECK, W.: Ergebn. Enzymforsch. **2**, 314 (1932). — [18] STERN, K. G., and J. L. MELNICK: J. biol. Ch. **131**, 597 (1939); **135**, 365 (1940). — [19] LIPMANN, F.: Nature **138**, 1097 (1936); **140**, 25 (1937). — [20] KARRER, P., u. M. VISCONTINI: Helv. **29**, 711, 1981 (1946). — [21] ZIMA, O., u. R. R. WILLIAMS: B. **73**, 941 (1940). — ZIMA, O., K. RITSERT u. T. MOLL: H. **267**, 210 (1941).

Redoxsystem verquickt. Wieder KARRER u. Mitarb.[1] zeigten dagegen, daß die Disulfidform kaum wirksam ist. Die den neueren Erkenntnissen am ehesten gerecht werdende und wohl plausibelste Theorie der Cocarboxylasewirkung stammt von WEIL-MALHERBE[2]. Nach ihm entsteht zwischen Brenztraubensäure und Thiaminpyrophosphat eine Verbindung im Sinne einer SCHIFFschen Base, wobei nach einer intramolekulären Oxydoreduktion Acetyldihydro-diphosphothiamin und CO_2 gebildet wird. Der Essigsäurerest würde dann von Coenzym A übernommen und im Stoffwechsel weiter umgesetzt (s. Bd. 2/1, S. 1038). MIZUHARA u. Mitarb.[3] fanden allerdings keine Anhaltspunkte für die Richtigkeit dieser Theorie. In alkalischer Lösung ist nach ihnen Thiamin in Form der Pseudobase wirksam. Man könnte sich allerdings auch vorstellen[4], daß durch einen Acceptor die Wasserstoffionen übernommen werden und dann hydrolytisch Thiamin und Essigsäure entstehen.

Die Beziehungen von Vitamin B_1 zum Fettstoffwechsel sind gegenüber denen zum Kohlenhydratumsatz noch recht dunkel. Es wird berichtet[5], daß Fett eine B_1-sparende Wirkung ausübt. Dies ist allerdings nicht unwidersprochen geblieben[6]. Leichter verständlich ist heute, daß im B_1-Mangel das Körperfett rasch abnimmt[7]. Vom Blickpunkt des Tricarbonsäurecyclus aus sind jetzt auch Befunde, daß im Thiaminmangel eine Störung im Phenylalanin-Tyrosinstoffwechsel[8] und möglicherweise auch im Histidinumsatz[9] besteht, sinnvoll interpretierbar.

Eine weitere Beobachtung harrt noch der endgültigen Klärung. MINZ[10] und später vor allem v. MURALT u. Mitarb.[11] halten es auf Grund ihrer Untersuchungen für sehr wahrscheinlich, daß B_1 als Stoffwechselprodukt bei der Übertragung der Nervenenergie an der Endplatte eine entscheidende Rolle spielt. Zu einer ähnlichen Anschauung kommt auch NACHMANSOHN[12]. Möglicherweise ist aber auch nur eine unverhältnismäßig große Thiaminkonzentration für die Acetylcholinsynthese[13] erforderlich.

Bemerkenswert ist das Zusammenwirken von Aneurin mit Mn-Ionen, das wohl mit der chemischen Natur der Cocarboxylase (s. S. 714) zusammenhängt. Sowohl B_1- als auch Mn-Überschuß in der Nahrung von Ratten führt zu verschiedenen Störungen in der Aufzucht der Jungen, während bei gleichzeitiger Anwesenheit normale Verhältnisse vorliegen.

Mit der Abhängigkeit des B_1-Bedarfs vom Gesamtstoffwechsel steht der erhöhte Verbrauch von B_1 bei Thyroxinüberdosierung in Zusammenhang. Dementsprechend wird Hyperthyreose nicht nur durch Vitamin A, sondern auch durch B_1-Vitamin gemildert.

Völlig neue Aspekte des Brenztraubensäure- und Ketoglutarsäurestoffwechsels — zumindest bei Bakterien — ergeben sich durch die Entdeckung, daß *Lipothiamid*[14], das Amid aus α-Liponsäure (s. S. 794) und Thiamin für die Oxydation

[1] KARRER, P.: Angew. Chem. **63**, 37 (1951). — [2] WEIL-MALHERBE, H.: Biochem. J. **33**, 1997 (1939); **34**, 980 (1940). — [3] MIZUHARA, S., and P. HANDLER: Am. Soc. **76**, 571 (1954). — [4] OCHOA, S.: Physiol. Rev. **31**, 56 (1951). — [5] WESTENBRINK, H. G. K.: Acta brev. neerl. Physiol. **3**, 95 (1933). — EVANS, H. M., S. LEPKOVSKY and E. A. MURPHY: J. biol. Ch. **107**, 438 (1934). — [6] KEMMERER, A. R., and H. STEENBOCK: J. biol. Ch. **103**, 353 (1933). — REINHOLD, J. G., J. T. L. NICHOLSON and K. O. ELSOM: J. Nutrit. **28**, 51 (1944). — [7] LONGENECKER, H. E., G. GAVIN and E. W. MCHENRY: J. biol. Ch. **134**, 693 (1940). — BOXER, G. E., and D. STETTEN jr.: J. biol. Ch. **153**, 607 (1944). — [8] CLOSS, K., u. A. FÖLLING: H. **254**, 258 (1938). — [9] EDLBACHER, S., u. G. VIOLLIER: Helv. **26**, 1978 (1943). — DAWSON, J.: Biochem. J. **38**, XVII (1944). — [10] MINZ, B.: Presse méd. **76**, 1406 (1938). — [11] MURALT, A. v.: Vitamins & Hormones **5**, 93 (1947). — [12] NACHMANSOHN, D.: Vitamins & Hormones **3**, 337 (1945). — [13] KUHN, R., T. WIELAND u. H. HUEBSCHMANN: H. **259**, 48 (1939). — JACKSON, B., and G. WALD: Amer. J. Physiol. **135**, 464 (1942). — [14] *Zusammenfassung:* REED, L. J.: Physiol. Rev. **33**, 544 (1953). — GUNSALUS, I. C.: J. cellul. comp. Physiol., Suppl. **1**, 113 (1953).

dieser beiden Stoffwechselprodukte erforderlich sind[1]. Lipothiamid scheint ebenfalls in Form des Pyrophosphorsäureesters biologisch wirksam zu sein.

ε) Konstitution und Wirksamkeit[2].

Auch beim Aneurin hat die Synthese die Möglichkeit zur Erforschung der für die Vitaminwirkung unbedingt notwendigen Strukturmerkmale gegeben.

Bezüglich des Pyrimidinringes ist zunächst zu sagen, daß die am C-Atom 2′ stehende CH_3-Gruppe zwar wichtig, aber nicht unentbehrlich ist; denn wird sie durch $—C_2H_5$ (I) ersetzt, so ergibt sich praktisch die gleiche Wirksamkeit wie beim Aneurin selbst. Ihr Ersatz durch H (II) setzt die Wirksamkeit allerdings auf $^1/_{22}$ der ursprünglichen herab, während bei einer Propyl- oder Isopropylgruppe in 2′-Stellung eine Abnahme auf etwa $^1/_3$ erfolgt. Der Phenylrest bietet jedoch keinen Ersatz.

Die im Aneurin freie 6′-Stellung ist besonders wichtig; denn beim Eintritt von CH_3 an das C-Atom 6′ (III) sinkt die Aktivität auf $^1/_{800}$ (kurative Taubendosis 2000 γ statt 2,5 γ).

Auch die Methylierung der Aminogruppe des Aneurins (IV) setzt die Wirksamkeit beträchtlich herab (auf $^1/_{214}$).

Von ausschlaggebender Bedeutung für die Vitaminwirkung ist die 5-Oxyäthylgruppe im Thiazolring. Zwar kann man unter einer gewissen Erhaltung der Wirksamkeit andere Oxyalkylgruppen einführen [z. B. $—(CH_2)_4—OH$ (VII), wobei die Taubeneinheit 320 γ = das 128fache beträgt], aber der Ersatz durch vollkommen OH-freie Reste führt praktisch zu inaktiven Verbindungen. Lediglich bei solchen Resten, die chemisch in einen Oxyalkylrest übergehen können, erlischt die Wirksamkeit nicht ganz. Die OH-Gruppe dürfte wohl wegen der notwendigen Bildung des Pyrophosphorsäureesters ausschlaggebend sein.

I.

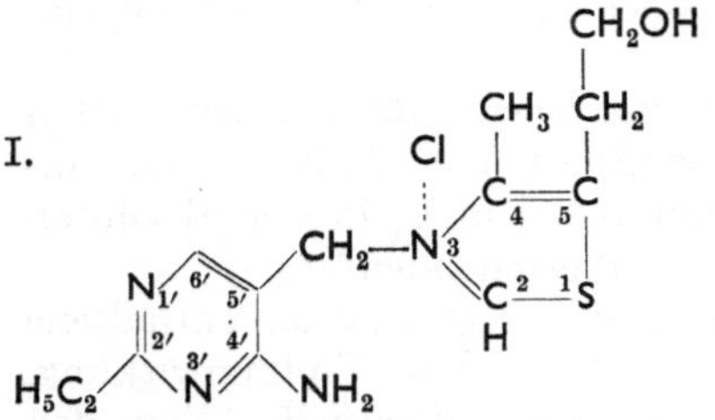

Wirksamkeit etwa = 1
(im Vergleich zum Aneurin)

II.

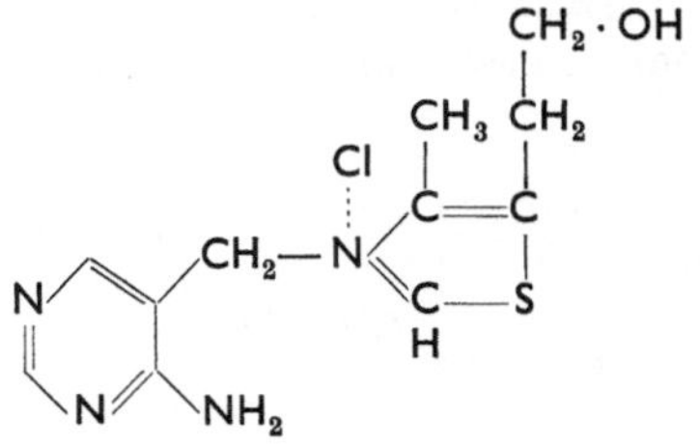

Wirksamkeit = $^1/_{22}$

III.

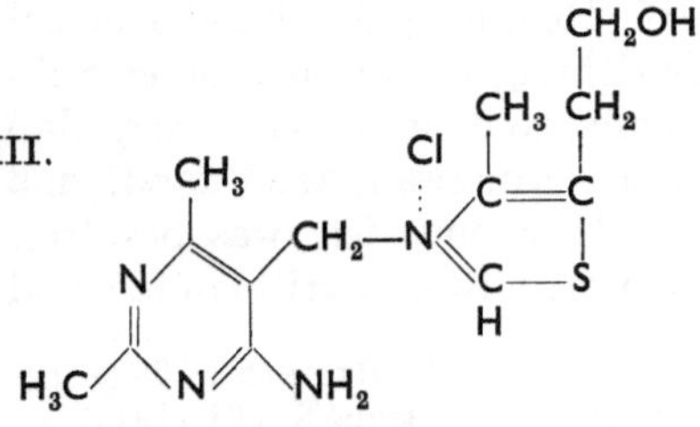

Wirksamkeit = $^1/_{800}$

IV.

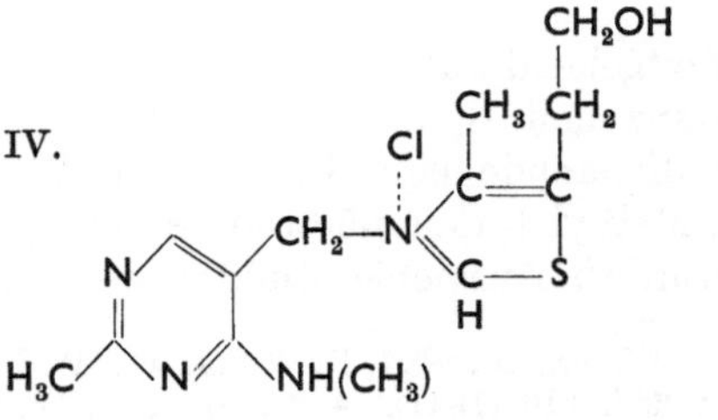

Wirksamkeit = $^1/_{214}$

[1] Reed, L. J., and B. G. de Busk: Am. Soc. **74**, 3457, 3964 (1952). — [2] Schultz, F.: H. **265**, 113 (1940); **272**, 29 (1942). — Dornow, A., u. H. Machens: B. **80**, 502 (1947). — Buchman, E. R., and E. M. Richardson: Am. Soc. **67**, 395 (1945).

V. Wirksamkeit = 1/2

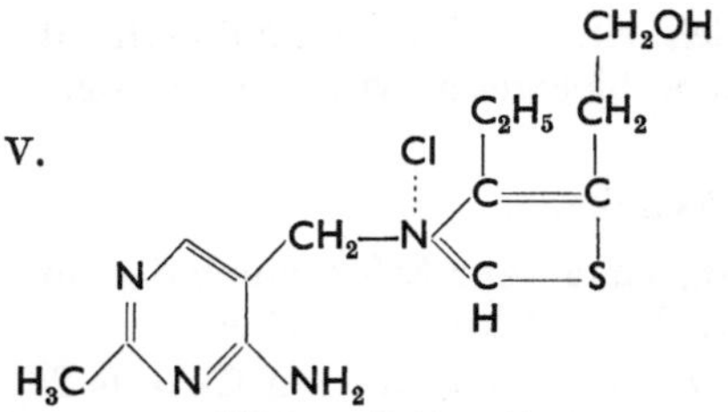

VI. Wirksamkeit = 1/82

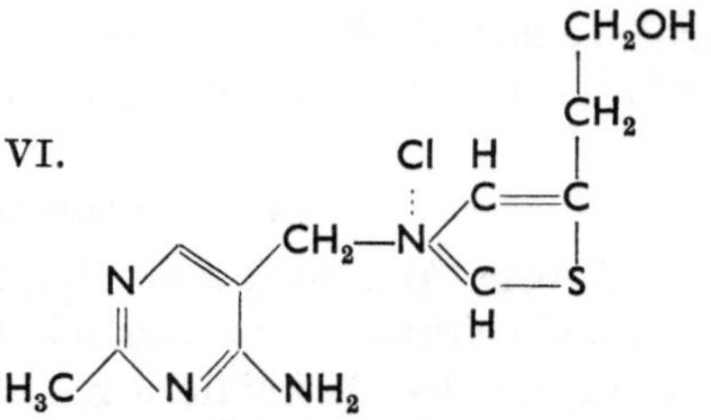

VII. Wirksamkeit = 1/128

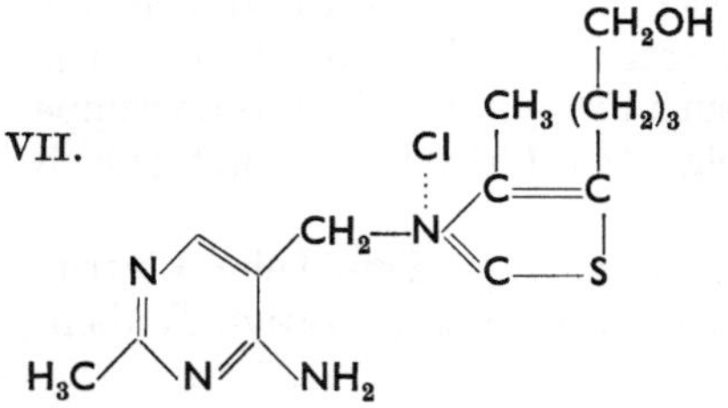

VIII. Wirksamkeit = 1/80

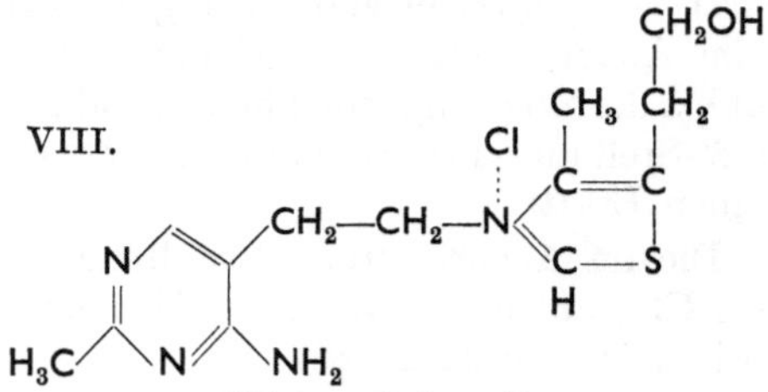

Was die 4ständige CH_3-Gruppe im Thiazolring angeht, so bietet auch sie das Maximum an Wirksamkeit; denn beim Ersatz durch H (VI) beträgt die kurative Taubeneinheit 205 γ, während die entsprechenden Wirksamkeiten für die 4-Äthylverbindung (V) 5 γ und für die Propylverbindung 91 γ beträgt.

Schließlich ist auch (VIII) die die beiden heterocyclischen Ringe verbindende Methylenbrücke durch $—CH_2—CH_2—$ ersetzt worden, wobei die Aktivität auf $^1/_{80}$ sank.

Die Wirkungsweise der Ester organischer Säuren ist im kurativen Taubentest etwas anders.

Aneurindisulfid, das mit Aneurin im Redoxgleichgewicht steht, ist physiologisch etwa halb so wirksam wie Aneurin[1].

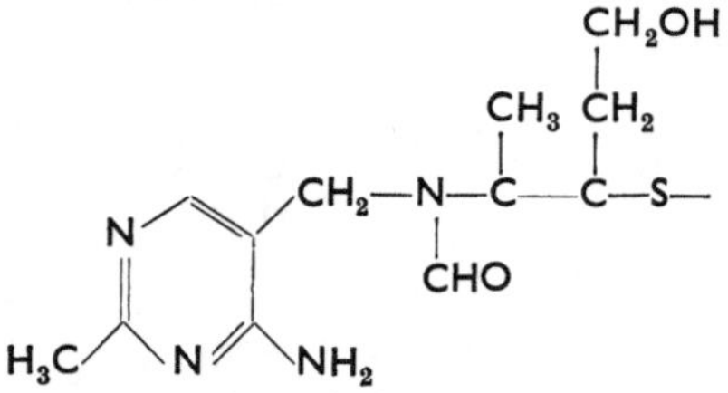

Aneurindisulfid

Einen vollen Ersatz für Aneurin bieten von diesen synthetischen Verbindungen anscheinend nur die dem B_1 in der absoluten Wirksamkeit nahestehenden[2].

Das bei stärkerer Oxydation enthaltene Thiochrom[3] besitzt keine Vitaminwirkung.

Antagonisten des Vitamin B_1. Von den Thiaminantagonisten ist Sulfathiazol besonders bekannt geworden[4]. Da auch p-Aminobenzoesäure die Hemmung durch Sulfathiazol weitgehend aufhebt, sind die antagonistischen Beziehungen zwischen dieser Substanz und B_1 unklar, dies besonders auch deshalb, weil berichtet wird[5], daß Sulfonamide eine B_1-sparende Wirkung entfalten. ABDERHALDEN[6] fand, daß 2-Methyl-4-amino-5-brom-methylpyrimidin ein B_1-Antagonist ist, was bestätigt wurde[7]. Ausgiebig studiert werden die beiden Antagonisten Pyrithiamin[8] und

[1] ZIMA, O., u. R. R. WILLIAMS: B. **73**, 941 (1940). — ZIMA, O., K. RITSERT u. T. MOLL: H. **267**, 210 (1941). — [2] SCHOPFER, W. H., et S. BLUMER: Enzymologia **8**, 261 (1940). — [3] KUHN, R., T. WAGNER-JAUREGG, F. W. VAN KLAVEREN u. H. VETTER: H. **234**, 196 (1935). — KUHN, R., u. H. VETTER: B. **68**, 2375 (1935). — [4] SEVAG, M. G., M. SHELBURNE and S. MUDD: J. Bacteriology **49**, 65 (1945). J. gen. Physiol. **25**, 805 (1942). — [5] SLATER, E. C.: Nature **157**, 803 (1946). — KRATZING, C. C., and E. C. SLATER: Biochem. J. **47**, 24 (1950). — [6] ABDERHALDEN, R.: Kli. Wo. **1939 I**, 171. — [7] MORII, S.: B. Z. **309**, 354 (1941). — [8] WOOLLEY, D. W., and A. G. C. WHITE: J. biol. Ch. **149**, 285 (1943). — WYSS, O.: J. Bacteriology **46**, 483 (1943).

Neopyrithiamin[1]. Nach WOOLLEY[2] wird durch dieses Antivitamin die Synthese der Cocarboxylase in einem breiten Bereich kompetitiv gehemmt. Die Vereinigung der Cocarboxylase mit der Apocarboxylase wurde nicht beeinträchtigt. Pyrithiaminpyrophosphat dagegen weist einen kompetitiven Antagonismus gegen die Vereinigung von Coenzym und Eiweißkörper auf. Schwächere B_1-Antivitamine sind Oxythiamin[3] und Butylthiamin[4]. Oxyneopyrithiamin sowie Chlorooxy- und Bromooxyneopyrithiamin zeigen keine Antivitaminwirkung[5]. Es darf nicht unerwähnt bleiben, daß im B_1-Mangelzustand der Schweregrad von Viruserkrankungen bei Mäusen deutlich vermindert ist[6], dagegen der Widerstand gegen bakterielle Infektionen absinkt[7].

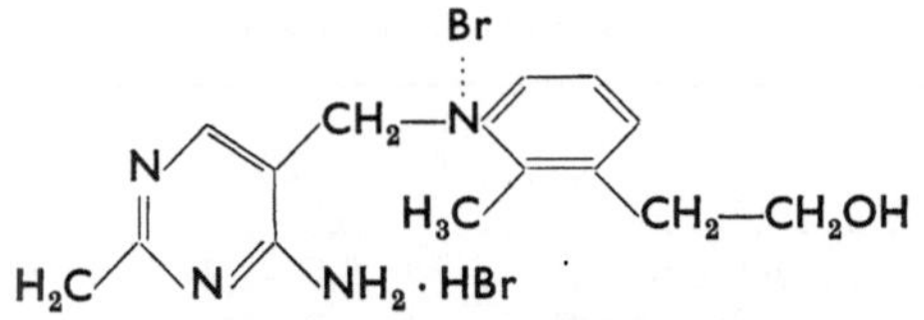

Neopyrithiaminhydrobromid

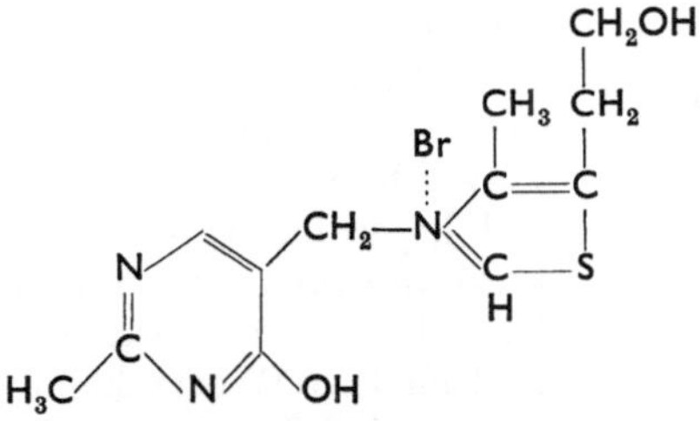

Oxythiaminbromid

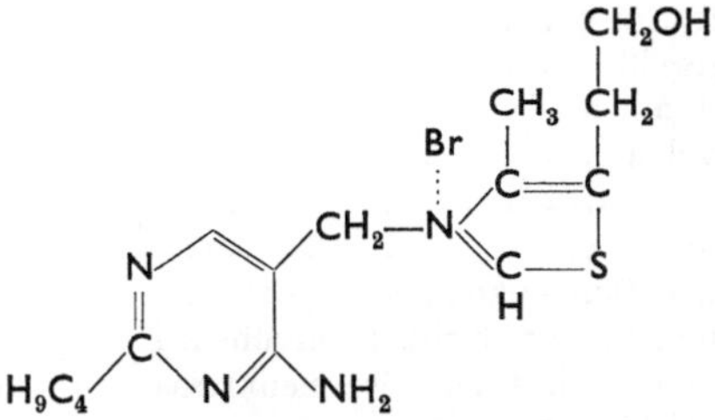

Butylthiaminbromid

ζ) Vorkommen.

Die tierischen Nahrungsmittel sind im Durchschnitt nicht sehr B_1-reich, weil eine Speicherung im Tierkörper nicht in nennenswertem Umfang erfolgt. Soweit die Untersuchungen der einzelnen Autoren[8] vergleichbar sind, liegen die Werte für Leber, Niere und Herzmuskel bei den meisten Tieren auf gleicher Höhe. Milz, Bauchspeicheldrüse, Nebenniere, Geschlechtsorgane usw. enthalten etwa die Hälfte des B_1-Gehaltes obiger Organe. Lunge und Skeletmuskel sind B_1-arm. Dies trifft nicht für Schweinefleisch zu, welches einen erstaunlich hohen Cocarboxylasegehalt aufweist. Beim Menschen scheint das Herz den höchsten B_1-Gehalt zu besitzen[8]. Das Gehirn hält von allen Organen das B_1 am längsten auf einem gleichen Wert[9]. Besonders B_1-reich ist der Fischrogen. Der Gehalt der

[1] WILSON, A. N., and S. H. HARRIS: Am. Soc. **71**, 2231 (1949). — RABINOWITZ, J. C., and E. E. SNELL: Fed. Proc. **8**, 240 (1949). — [2] WOOLLEY, D. W.: J. biol. Ch. **191**, 43 (1951). — [3] SOODAK, M., and L. R. CERECEDO: Am. Soc. **66**, 1988 (1944). Fed. Proc. **6**, 293 (1947). — [4] EMERSON, G. A., and P. L. SOUTHWICK: J. biol. Ch. **160**, 169 (1945). — [5] CERECEDO, L. R., M. SOODAK and A. J. EUSEBI: J. biol. Ch. **189**, 293 (1951). — [6] KEARNEY, E. B., W. L. POND, B. A. PLASS, K. H. MADDY, C. A. ELVEHJEM and P. F. CLARK: J. infect. Dis. **82**, 177 (1948). — [7] GUGGENHEIM, K., and S. HALEVI: J. infect. Dis. **90**, 190 (1952). — [8] WANG, Y. L., and L. J. HARRIS: Biochem. J. **33**, 1356 (1939). — SCHROEDER, H.: Verh. dtsch. Ges. inn. Med. **52**, 414 (1940). — SCHWARTZER, K., u. H. REINHARDT: Med. Klinik **1939 I**, 817. — MELNICK, D., and H. FIELD jr.: J. biol. Ch. **140**, P 30 (1941). — PYKE, M.: Biochem. J. **34**, 1341 (1940). — MILLER, R. C., J. W. PENCE, R. A. DUTCHER, P. T. ZIEGLER and M. A. McCARTY: J. Nutrit. **26**, 261 (1943). — WESTENBRINK, H. G. K., E. P. S. PARVÉ u. H. J. THOMASSON: Int. Z. Vit.-Forsch. **13**, 101 (1943). — [9] Vgl. MAASS, T. A.: Vitamine in der praktischen Ernährung. Handb. Biochem. Erg.-W. Bd. 3, S. 856. — SCHEUNERT, A.: Der Vitamingehalt der deutschen Nahrungsmittel. 2. Aufl. Berlin 1930. Berlin. münchen. tierärztl. Wschr. **1942 I**, 190. — SALZEDO, J. jr., V. A. NAJJAR, L. E. HOLT jr. and E. W. HUTZLER: J. Nutrit. **36**, 307 (1948).

Kuhmilch[1] ist sehr variabel, ebenfalls jener von Käse. Dabei ist bemerkenswert, daß etwa 60% als freies Thiamin vorliegen[2]. Hühnereidotter[3] enthält etwa 0,3 mg-% B_1. Zahlreiche Untersucher haben sich mit dem B_1-Gehalt des Blutes beschäftigt[4]. Es ergibt sich, daß lediglich 3—10% des Gehaltes im Plasma vorkommen. Die weißen Blutkörperchen enthalten Vitamin B_1 in besonders hoher Konzentration (10mal soviel und mehr als Erythrocyten[6]).

Tabelle 193. Durchschnittlicher Vitamin B_1-Gehalt einiger Nahrungsmittel. (Die Zahlen bedeuten mg Vitamin je kg ungekochtes Material. Es ist zu beachten, daß bei der Zubereitung der Nahrung je nach den Bedingungen bis zu 60% Vitamin B_1 zerstört werden können[5].)

Geflügelfleisch	20
Schweinefleisch	5,5—14
Rind-, Kalb- und Hammelfleisch	0,9—1,8
Niere, Leber (Schwein, Kalb, Schaf)	3—7
Fische (Schellfisch, Heilbutt, Sardine)	0,8—1,2
Eigelb	2—3
Eiereiweiß	wenig
Frauenmilch	0,1—0,2
Kuhmilch	0,4—0,6
Käse	0—0,9
Linsen	4—5
Bohnen, Blumenkohl, Kopfsalat	1,8—3,3
Wirsing, Spinat, Kohl, Mohrrüben, Karotten, Radieschen, Brunnenkresse	0,8—2,7
Kartoffeln	0,8—1,8
Bananen, Äpfel, Birnen, Pflaumen, Orangen, Tomaten	0,6—1,8
Trockenfeigen, Dörrpflaumen, Rosinen	1,5—2,0
Mandeln, Kastanien	1,5—2,0
Walnüsse, Haselnüsse	3—10
Weizenmehl (voll), Hafermehl	4—7
Keimlinge (Weizen, Roggen, Mais, Reis)	10—66
Weizen, 94%ig ausgemahlen	2,5—5,0
Weizenbrot, 82%ig ausgemahlen	1,7
Roggenbrot, 94%ig ausgemahlen	1,5
Roggenbrot, 82%ig ausgemahlen	sehr wenig
Bierhefe, trocken	50
Bäckerhefe, trocken	10

Die Taube vermag Aneurin aus den beiden Hälften des Moleküls, der Pyrimidin- und der Thiazolkomponente, zu synthetisieren[7].

Unter den Pflanzen sind besonders die Getreidearten[8] zu erwähnen, in deren Keim und Perikarp das B_1 reichlich gestapelt ist. Mit an erster Stelle steht hier der Reis, aus dessen Schalen das Vitamin auch zuerst rein und krystallisiert erhalten wurde (JANSEN u. DONATH). Noch höher ist allerdings der Gehalt von Weizenkeimlingen (bis 6,6 mg je 100 g!). Der B_1-Gehalt des Getreides ist nicht konstant. Er läßt sich durch starke Düngung steigern[8]. Beim Mahlprozeß geht der Hauptanteil in die Kleie, so daß die feineren Mehlsorten praktisch frei von Vitamin B_1 sind, während Schwarzbrot als Vitamin B_1-Quelle sehr wichtig ist[8]. Die Hülsenfrüchte sind mittelgute B_1-Quellen. Linsen sind durchweg reichlich mit B_1 versehen. Grünkohl und Wasserkresse sind gute Spender, im Gegensatz zu Rosenkohl, Spargel, Kohlrabi und Rüben (s. Tabelle 193). Unter den Rüben hat

[1] NEUWEILER, W.: Kli. Wo. **1941**, 1072. — [2] HALLIDAY, N., and H. J. DEUEL jr.: J. biol. Ch. **140**, 555 (1941). — [3] SCRIMSHAW, N. S., F. B. HUTT, M. W. SCRIMSHAW and C. R. SULLIVAN: J. Nutrit **30**, 375 (1945). — [4] MAGYAR, I.: Z. Vit.-Forsch. **10**, 32 (1940). — FERREBEE, J. W., N. WEISSMAN, D. PARKER and P. S. OWEN: J. clin. Invest. **21**, 401 (1942). — [5] LUNDE, G., H. KRINGSTAD u. A. OLSEN: Angew. Chem. **53**, 123 (1940). — TROPP, C.: D. m. W. **1942**, 245. — [6] DEUTSCH, E.: Schweiz. med. Wschr. **72**, 895 (1942). — ABELS, J. C., A. T. GORHAM, L. CRAVER and C. P. RHOADS: J. clin. Invest. **21**, 177 (1942). — SMITS, G., and E. FLORIJN: Biochim. biophysica Acta, N. Y. **3**, 44 (1949). — [7] ABDERHALDEN, E., u. R. ABDERHALDEN: Kli. Wo. **1938 II**, 1195. — [8] Vgl. jedoch SCHEUNERT, A., u. K.-H. WAGNER: B. Z. **303**, 200 (1939/40). — PULKKI, L. H., u. K. PUUTULA: B. Z. **308**, 122 (1941). — HINTON, J. J. C.: Biochem. J. **37**, 585 (1943). Brit. J. Nutrit. **2**, 237 (1948). — SOMERS, G. F., M. H. COOLIDGE and K. C. HAMNER: Cereal Chem. **22**, 333 (1945). — Vgl. a. SCHEUNERT, A.: Handb. Lebensm.-Chem. (BÖMER u. a.), Bd. I, S. 867.

die Kohlrübe durchweg meistens B_1. Die Kartoffel enthält nicht viel B_1; trotzdem spielt sie bei dem beträchtlichen Verbrauch als Vitamin B_1-Quelle eine wichtige Rolle. Von Obst sind als gute B_1-Quellen nur Nüsse von Bedeutung[1].

Als besonders ergiebige Vitamin B_1-Quelle muß die Hefe gelten (bis 36 mg je 100 g Trockengewicht), die auch zur präparativen Gewinnung (WINDAUS) benützt wurde[2]. Für die B_1-Darstellung in großem Maßstab stehen heute synthetische Verfahren zur Verfügung. Gewöhnliches Bier enthält nur sehr wenig B_1; dagegen liegt der Gehalt des Doppelmalzbieres bei etwa 100 γ/l[3].

Im Blutserum[4] finden sich bis zu 20 γ% B_1. Andere Autoren[5-7] fanden 5—11,7 γ%. Die Höhe der Werte scheint vom Alter abhängig zu sein[8].

Grundsätzlich ist bezüglich des Vorkommens zwischen dem Aneurin und seinem Pyrophosphorsäureester zu unterscheiden (s. Cocarboxylase). Beide kommen meist nebeneinander vor, wobei der Pyrophosphorsäureester überwiegt, so z. B. in den dauernd Arbeit leistenden Muskeln[9], in der Milch und im Blut[10]. Im Harn[11] finden sich etwa $^2/_3$ als freies B_1.

η) Bedarf.

Für die B_1-Versorgung, auch des Menschen, spielt die Synthese des Vitamins im Magen-Darmkanal eine nicht zu unterschätzende Rolle. Es besteht aber eine lebhafte Diskussion darüber[12], ob das von den Darmbakterien synthetisierte B_1 im Darm überhaupt resorbiert wird. Die Untersuchungen der menschlichen Faeces haben jedenfalls ergeben[13], daß die B_1-Ausscheidung häufig die Zufuhr überschreitet (s. S. 235). Da auch experimentell eine B_1-Avitaminose beim Menschen leicht zu erzeugen ist, besteht über die Notwendigkeit einer Zufuhr mit der Nahrung kein Zweifel, aber die Festlegung eines Minimalbedarfs ist fast unmöglich, denn es gilt offenbar, daß jede einzelne Diätform ihren eigenen Mindestbedarf hat. Dies nicht nur wegen des erhöhten B_1-Bedarfes bei kohlenhydratreicher Kost, sondern weil durch die Nahrungszufuhr die Bakterienflora des Darmes beeinflußt wird und B_1-synthetisierende oder -verbrauchende Mikroorganismen begünstigt werden. Dies haben Tierversuche unzweideutig bewiesen. FRIDERICIA[14] und später andere Untersucher[15] fanden, daß der B_1-Bedarf von Ratten bei hoher Stärkezufuhr absinkt („Refektion"). Durch Veränderung des Darmmilieus erfolgt offenbar eine gesteigerte B_1-Resorption. Die Literaturangaben über den täglichen Mindestbedarf des Menschen an B_1 schwanken zwischen 0,25 und 2,5 mg und Tag[16]. Die

[1] MEIKLEJOHN, J.: Biochem. J. **37**, 349 (1943). — MELVILLE, R.: Chem. & Industr. **66**, 304 (1947). — [2] Neuere Untersuchungen darüber: FINK, H., u. F. JUST: B. Z. **311**, 61 (1941/42). — [3] FINK, H., u. F. JUST: Wschr. Brauerei **58**, 17, 79 (1941). — [4] SAUERMANN, J., u. H. SCHROEDER: Z. ges. exp. Med. **108**, 119 (1940). — [5] RITSERT, K.: Kli. Wo. **1939**, 852. — [6] OLDHAM, H. G., M. V. DAVIS and L. J. ROBERTS: J. Nutrit. **32**, 163 (1946). — [7] BANG, H. O.: Acta med. scand. **122**, 38 (1945). — [8] RÄIHÄ, C. E., and O. FORSANDER: Acta paediatr., Uppsala **42**, 514 (1953). — [9] WESTENBRINK, H. G. K., H. VELDMAN, D. A. VAN DORP and M. GRUBER: Enzymologia **9**, 90 (1940/41). — [10] NEUWEILER, W.: Kli. Wo. **1941**, 1072. Z. Vit.-Forsch. **11**, 88, 259 (1941). — [11] KRAUT, H., Ä. WEISCHER u. G. STUMPFF: B. Z. **308**, 309 (1941). — [12] WILDEMANN, L.: B. Z. **308**, 10 (1941). — NAJJAR, V. A., and L. E. HOLT jr.: Science, N. Y. **98**, 456 (1943). J. amer. med. Ass. **123**, 683 (1943). — SCHROEDER, H., u. H. LIEBICH: Dtsch. Z. Verd.- u. Stoffw.-Krankh. **1**, 201 (1939). — ALEXANDER, B., and G. LANDWEHR: Science, N. Y. **101**, 229 (1945). — [13] DENKO, C. W., W. E. GRUNDY, J. W. PORTER and G. H. BERRYMAN: Arch. Biochem. **10**, 33 (1946). — DENKO, C. W., W. E. GRUNDY, N. C. WHEELER, C. R. HENDERSON and G. H. BERRYMAN: Arch. Biochem. **11**, 109 (1946). — [14] FRIDERICIA, L. S.: Skand. Arch. Physiol. **49**, 129 (1926). — s. a. STEENBOCK, H., E. B. HART, M. T. SELL and J. H. JONES: J. biol. Ch. **56**, 375 (1923). — [15] ROSCOE, M. H.: J. Hygiene **27**, 103 (1927). — KON, P. M., S. K. KON and A. T. R. MATTICK: J. Hygiene **38**, 1 (1938). — GUERRANT, N. B., and R. A. DUTCHER: J. Nutrit. **8**, 397 (1934). — [16] ELSOM, K. O., J. G. REINHOLD, J. T. L. NICHOLSON and C. CHORNOCK: Amer. J. med. Sci. **203**, 569 (1942). — Stepp-Kühnau-Schroeder, Vitamine 7. Aufl. Bd. 1, S. 128ff. — HATHAWAY, M. L., and J. E. STROM: J. Nutrit. **32**, 1 (1946). — ALEXANDER, B., and G. LANDWEHR: J. clin. Invest. **25**, 287 (1946).

tägliche Zufuhr bei Vollkornbroternährung liegt sicher um 2 mg je Tag. Bei einer Kost mit Brot aus Feinstmehlen und außerdem hauptsächlich aus Rindfleisch, Milch und Obst, werden wohl dagegen nicht mehr als 0,5—1,0 mg zugeführt[1]. Der Vitamin B_1-Gehalt der Hefe kann offenbar vom Menschen kaum verwertet werden[2].

Eine große Mühe ist darauf verwendet worden, die B_1-,,Sättigung" des menschlichen Organismus und damit das Vorliegen einer A- oder Hypovitaminose festzulegen. Die Bestimmung der Brenztraubensäure in Blut und Urin[3] läßt keine sicheren Rückschlüsse zu, da die verschiedensten Faktoren auf ihre Höhe Einfluß haben[4]. Viel verwendet wurde die Bestimmung der B_1-Ausscheidung nach einer Testdosis[5]. Sie beruht auf der allgemein akzeptierten Tatsache, daß die Speicherung des Vitamins im Mangelzustand bedeutend höher ist. Die Angaben über die Normalausscheidung, die zu verwendende B_1-Menge und die Nahrung zeigen große Differenzen[6]. Andere Autoren empfehlen deshalb, den Thiamingehalt des Blutes zu bestimmen[7]. Aber auch bei diesem Verfahren ergeben sich Fehlermöglichkeiten[8]. Nach WILLIAMS[9], DARBY[10] u. a. deutet die Ausscheidung von 200 γ Thiamin und darüber nach einer Belastungsdosis von 1 mg auf eine ausreichende Versorgung des Organismus mit Vitamin B_1 hin, während man bei einer Eliminierung von 100 γ im Tagesurin auf einen mäßigen, bei einer Ausscheidung von nur 50 γ auf einen sicheren Mangelzustand schließen könne.

Der Bedarf der Mikroorganismen an Thiamin ist außerordentlich unterschiedlich[11]. Während die meisten Hefearten (zumindest die handelsüblichen) Thiamin synthetisieren und dies auch für zahlreiche Aspergillusarten, Oidium usw. gilt, benötigen andere Angehörige der Saccharomycesgruppe, aber auch Torulopsisarten sowie Candida das Vitamin als Wuchsstoff[12]. BURKHOLDER u. Mitarb.[13], welche weit über 100 Pilzarten auf ihren B_1-Bedarf untersuchten, stellten fest, daß innerhalb der Rassen noch große Variationen auftreten. Dieselben Autoren[14] studierten auch die Beziehungen zahlreicher seltenerer Fungi zum B_1.

Die meisten Bakterien wachsen ohne Thiamin im Medium. Lediglich mehrere Milchsäurebakterien, so besonders L. fermenti[15] und einige Strepto- und Staphylokokken[16] sowie der Gonococcus[17] benötigen B_1. Dies trifft schließlich auch für Clostridien[18] und einige Flagellaten zu[19].

---

[1] LANE, R. L., E. JOHNSON and R. R. WILLIAMS: J. Nutrit. **23**, 613 (1942). — [2] PARSONS, H. T., A. WILLIAMSON and M. L. JOHNSON: J. Nutrit. **29**, 373 (1945). — [3] GÓTH, A.: Int. Z. Vit.-Forsch. **14**, 231 (1944). — HORWITT, M. K., and O. KREISLER: J. Nutrit. **37**, 411 (1949). — [4] ROBINSON, W. D., D. MELNICK and H. FIELD jr.: J. clin. Invest. **19**, 483 (1940). — SCHREIER, K.: Z. Kinderheilkde. **66**, 415 (1949). — [5] HARRIS, L. J., and P. C. LEONG: Lancet **1936 I**, 886. — HILLS, G. M.: Biochem. J. **33**, 1966 (1939). — MELNICK, D., H. FIELD jr. and W. D. ROBINSON: J. Nutrit. **18**, 593 (1939). — MAGYAR, I.: Int. Z. Vit.-Forsch. **10**, 32 (1940). — TOVERUD, K. U.: Int. Z. Vit.-Forsch. **10**, 255 (1940). — [6] MASON, H. L., and R. D. WILLIAMS: J. clin. Invest. **21**, 247 (1942). — MICKELSEN, O., W. O. CASTER and A. KEYS: J. biol. Ch. **168**, 415 (1947). — [7] SINCLAIR, H. M.: Biochem. J. **33**, 1816, 2027 (1939). — GOODHART, R., and T. NITZBERG: J. clin. Invest. **20**, 625 (1941). — [8] BENSON, R. A., C. M. WITZBERGER, L. B. SLOBODY and L. LEWIS: J. Pediatr. **21**, 659 (1942). — [9] WILLIAMS, R. D., H. L. MASON and B. D. WILDERS: J. Nutrit. **25**, 71 (1943). — [10] DARBY, W. J. in HARRISON, R. (Hrsgb.): Principles of Internal Medicine. New York, London 1951. — [11] SCHOPFER, W. H.: Vitamine und Wachstumsfaktoren bei den Mikroorganismen mit besonderer Berücksichtigung des Vitamin B_1. Ergebn. Biol. **16**, 1 (1939). — FINK, H., F. JUST u. A. HOCK: B. **75**, 2101 (1942). — [12] SPERBER, E.: B. Z. **313**, 62 (1942/43). — KÖGL, F., u. N. FRIES: H. **249**, 93 (1937). — [13] BURKHOLDER, P. R.: Amer. J. Bot. **30**, 206 (1943). — BURKHOLDER, P. R., I. MCVEIGH and D. MOYER: J. Bacteriology **48**, 385 (1944). — [14] BURKHOLDER, P. R., and D. MOYER: Bull. Torrey bot. Club **70**, 372 (1943). — [15] SARETT, H. P., and V. H. CHELDELIN: J. biol. Ch. **155**, 153 (1944). — [16] NIVEN, C. F. jr., and K. L. SMILEY: J. biol. Ch. **150**, 1 (1943). — WEST, P. M., and P. W. WILSON: Science, N. Y. **88**, 334 (1938). — [17] SCHUETZ, A.: Schweiz. Z. Path. Bakt. **5**, 238 (1942). — [18] LAMANNA, C., and C. LEWIS: J. Bacteriology **51**, 398 (1946). — [19] LWOFF, A., et H. DUSI: Cr. **205**, 630, 882 (1937).

ϑ) Bestimmungsverfahren[1].

1. Biologische Methoden.

Zur B_1-Bestimmung werden am häufigsten Ratten[2] verwendet, daneben Tauben[3], japanische Reisvögel[4] oder Hühnchen[5]. Alle Teste beruhen auf der Heilung irgend welcher Ausfallserscheinungen. Bei der Ratte kann das Größenwachstum, bei verschiedener Zufuhr der Testnahrung oder das Ansprechen auf eine einzige Dosis im Mangelszustand bestimmt werden[6]. Bei einer Einzeldosisbelastung können als Kriterien das Wachstum[7], der Pulsschlag[8] oder der Einfluß auf die polyneuritischen Symptome getestet werden[2,9]. Zweifelsohne die spezifischste Technik ist die Heilung der Polyneuritis.

Am einfachsten gestaltet sich der *kurative Taubentest*. Die Tiere werden bis zum Auftreten der Krämpfe B_1-frei ernährt. Nach Erscheinen des Opistothonus wird die zu untersuchende Substanz injiziert. Nach späteren Berichten eignen sich Hühner noch besser als Tauben[5]. Die Untersuchung der Vaginalschleimhaut der Ratte als Thiamintest[10] ist wohl zu unspezifisch. Es gibt inzwischen zahlreiche Rezepte für B_1-Mangeldiäten für Ratten[11] und Vögel[12].

Eine früher viel verwendete Methode zur B_1-Bestimmung ist der sog. *Katatorulintest*[13]. Darunter versteht man die Messung der O_2-Aufnahme durch den Gehirnbrei avitaminotischer Tauben vor und nach Zugabe von B_1.

Die mikrobiologischen B_1-Verfahren benutzen entweder St. salivarius S2OB[14] oder L. fermenti 36[15]. Es ist zu beachten, daß Maltose, Oligosaccharide und auch Vitamin C das Anfangswachstum des Lactobacillus beschleunigen[16]. Sehr ausgiebig studiert ist der Thiamintest unter Verwendung von Phycomyces blakesleeanus[17]. Einfach und zuverlässig sei auch das Verfahren mit Staphylococcus aureus[18]. Zu hohe Werte liefert Saccharomyces cerevisiae O.P.[19] und wahrscheinlich auch Endomyces vernalis[20], da unter den Untersuchungsbedingungen die beiden Teile des Vitamins wirksam sind, während Cocarboxylase offenbar inaktiv ist. Auf einem anderen Prinzip beruht die „Hefefermentierungsmethode“[21], welche sich die Tatsache zu Nutzen macht, daß Thiaminzusatz die Hefegärung von Zucker stark zum Ansteigen bringt. Man mißt die CO_2-Bildung. Das Verfahren wurde mehrfach verbessert[22].

---

[1] Zusammenfassende Darstellung s. Vitamin Meth. (György). Bd. I, S. 92ff., 217ff., 448ff.; Bd. II, S. 179ff., 456, 466, 470, 472ff. — [2] Sherman, H. C., and A. Spohn: Am. Soc. **45**, 2719 (1923). — Dann, F. P.: J. Nutrit. **12**, 461 (1936). — [3] Kinnersley, H. W., and R. A. Peters: Biochem. J. **22**, 419 (1928). — Kinnersley, H. W., J. R. O'Brien, R. A. Peters and V. Reader: Biochem. J. **27**, 225 (1933). — Kinnersley, H. W., J. R. O'Brien and R. A. Peters: Biochem. J. **27**, 232 (1933). — Coward, K. H., B. Gwynneth and E. Morgan: Biochem. J. **33**, 658 (1939). — [4] Jansen, B. C. P., and W. F. Donath: Proc. K. Akad. Wet. Amsterdam **29**, 1390 (1926). — [5] Jukes, T. H., and H. Heitman jr.: J. Nutrit. **19**, 21 (1940). — [6] s. Coward, K. H.: The Biological Standardization of the Vitamins. 2. Aufl. London 1947. — [7] Smith, M. I.: Publ. Hlth. Rep. **45**, 116 (1930). — [8] Baker, A. Z., and M. D. Weight: Biochem. J. **33**, 1370 (1939). — Jansen, B. C. P.: Z. Vit.-Forsch. **5**, 254 (1936). — [9] Birch, T. W., and L. J. Harris: Biochem. J. **28**, 602 (1934). — Guerrant, N. B., R. A. Dutcher and R. A. Brown: J. Nutrit. **13**, 305 (1937). — [10] Coward, K. H., B. Gwynneth and E. Morgan: Biochem. J. **35**, 974 (1941). — [11] Kline, O. L., C. D. Tolle and E. M. Nelson: J. Ass. agric. Chem. **21**, 305 (1938). — Kline, O. L., W. L. Hall and J. F. Morgan: J. Ass. agric. Chem. **24**, 147 (1941). — McIntire, J. M., L. M. Henderson, B. S. Schweigert and C. A. Elvehjem: Proc. Soc. exp. Biol. Med. **54**, 98 (1943). — Intengan, C. L., H. E. Munsell and R. S. Harris: Science, N. Y. **111**, 382 (1950). — [12] Coward, K. H., B. Gwynneth and E. Morgan: Biochem. J. **33**, 658 (1939). — [13] Peters, R. A., H. Rydin and R. E. S. Thompson: Biochem. J. **29**, 53 (1935). — Peters, R. A.: Biochem. J. **32**, 2031 (1938). — [14] Niven, C. F. jr., and K. L. Smiley: J. biol. Ch. **150**, 1 (1943). — [15] Cheldelin, V. H., M. J. Bennett and H. A. Kornberg: J. biol. Ch. **166**, 779 (1946). — [16] Fang, S. C., and J. S. Butts: Proc. Soc. exp. Biol. Med. **78**, 463 (1951). — [17] Schopfer, W. H.: Z. Vit.-Forsch. **4**, 67 (1935). — Hamner, K. C., W. S. Stewart and G. Matrone: Food Res. **8**, 444 (1943). — [18] West, P. M., and P. W. Wilson: Science, N. Y. **88**, 334 (1938). — [19] Williams, R. J., J. R. McMahan and R. E. Eakin: Univ. Texas Publ. Nr. 4137, S. 31 (1941) [Vitamin Meth. (György) Bd. I, S. 449]. — [20] Woolley, D. W.: J. biol. Ch. **141**, 997 (1941). — [21] Schultz, A. S., L. Atkin and C. N. Frey: Am. Soc. **59**, 948, 2457 (1937); **60**, 1514, 3084 (1938). — Schultz, A. S., L. Atkin, C. N. Frey and R. R. Williams: Am. Soc. **63**, 632 (1941). — [22] Deutsch, H. F.: J. biol. Ch. **152**, 431 (1944). — Westenbrink, H. G. K., E. P. S. Parvé, A. C. van der Linden and W. A. van den Broek: Z. Vit.-Forsch. **13**, 218 (1943).

2. Chemische Methoden.

Die *chemischen Bestimmungsmethoden* von B_1 bauen sich hauptsächlich auf 2 Grundreaktionen auf:

a) der Diazotierung mit den verschiedensten Reagentien; so mit Benzoldiazosulfosäure in sodaalkalischer Lösung bei Gegenwart von Formaldehyd[1] oder mit anderen Diazoniumsalzen u. ä. [2]. Besonders empfindlich ist die Reaktion mit diazotiertem p-Aminoacetophenon[3]. Es ist klar, daß alle diese Farbreaktionen nicht absolut spezifisch sind. Dasselbe gilt auch

b) für das Thiochromverfahren[4]. Bei dieser Methode wird B_1 in ein gelbes Pigment (Thiochrom) übergeführt und dieses fluorometrisch bestimmt. Es besteht eine reichhaltige Literatur über die Methode, ihre Fehlerbreite und Grenzen[5]. Neuerdings konnte die Spezifität durch Adsorption von B_1 an Decalso beträchtlich gesteigert werden[6]. B_1 wird vor der Bestimmung durch Enzyme (Takadiastase, Mylase, Nierenphosphatase o. ä.) freigesetzt. TEERI[7] verwendet für seine kürzlich publizierte B_1-Methode Bromcyan.

ι) Klinische Anwendung.

Von klinischer Seite sind so viele angebliche Wirkungen von Thiamin publiziert worden, daß gewisse Zweifel an der Spezifität des Vitamin B_1 berechtigt sind. Diese Beobachtungen beruhen sicherlich zum Teil auf „psychosomatischen" Faktoren. Andererseits haben zweifelsohne Maximaldosen des Vitamins pharmakologische Wirkungen, welche sich von den physiologischen grundsätzlich unterscheiden. So wird berichtet, daß B_1 curare-ähnliche Effekte ausübt[8]. Andererseits treten nach hohen B_1-Dosen nicht nur allergische Reaktionen (bis zum schweren anaphylaktischen Schock) auf, sondern es sind sogar bei intravenöser Applikation Todesfälle auch beim Menschen berichtet[9]. Die LD_{50} beträgt zwischen 100 und 200 mg/kg Tier[10]. Es kommt bei den Tieren zu Krämpfen, Asphyxie, Arrhythmie usw., der Tod tritt durch Atemlähmung ein[11]. Die therapeutische Verwendung von B_1 (oral!) ist indiziert bei sprue-ähnlichen Zuständen, Alkoholpolyneuritis, am Ende der Schwangerschaft und natürlich bei echten B_1-Mangelzuständen. Möglicherweise besteht auch beim schweren Diabetes eine leichte Veränderung im B_1-Stoffwechsel[12]. Ob B_1-Mangel eine Nebennierenfunktionsstörung auslöst und umgekehrt, ist viel diskutiert worden, aber unentschieden[13].

---

[1] KINNERSLEY, H. W., and R. A. PETERS: Biochem. J. **28**, 667 (1934); **32**, 1516 (1938). — [2] MEUNIER, P., et C. BLANCPAIN: Cr. **208**, 768 (1939). — WILLSTAEDT, H., u. F. BÁRÁNY: Enzymologia **2**, 316 (1937/38). — KIRCH, E. R., and O. BERGEIM: J. biol. Ch. **143**, 575 (1942). — KOFLER, M., u. L. STERNBACH: Helv. **24**, 1014 (1941). — [3] PREBLUDA, H. J., and E. V. MCCOLLUM: J. biol. Ch. **127**, 495 (1939). — EMMETT, A. D., G. PEACOCK and R. A. BROWN: J. biol. Ch. **135**, 131 (1940). — MELNICK, D., and H. FIELD jr.: J. biol. Ch. **127**, 505, 515, 531; **130**, 97 (1939). — [4] JANSEN, B. C. P.: Recu. Trav. chim. Pays-Bas **55**, 1046 (1936). — RITSERT, K.: D. m. W. **1938 I**, 481. — [5] s. STILLER, E. T.: Vitamin Meth. (GYÖRGY) Bd. 1, S. 92. — [6] HENNESSY, D. J., and L. R. CERECEDO: Am. Soc. **61**, 179 (1939). — [7] TEERI, A. E.: J. biol. Ch. **196**, 547 (1952). — s. dazu Stepp-Kühnau-Schroeder, Vitamine 7. Aufl. Bd. 1, S. 125. — [8] KADNER, C. G., W. I. DEAN, D. F. CHAMBERS and R. G. POLIQUIN: Science, N. Y. **112**, 84 (1950). — SMITH, J. A., P. P. FOÀ and H. R. WEINSTEIN: Science, N. Y. **108**, 412 (1948). — [9] RIETTI, F.: Boll. Soc. ital. Biol. sperim. **27**, 134 (1951). — LEITNER, Z. A.: Lancet **1943 II**, 474. — REINGOLD, I. M., and F. R. WEBB: J. amer. med. Ass. **130**, 491 (1946). — [10] HECHT, G., u. H. WEESE: Kli. Wo. **1937 I**, 414. — ERSPAMER, V.: Arch. int. Pharmacodyn. Thérap. **64**, 1 (1940). — HALEY, T. J., and A. M. FLESHER: Science, N. Y. **104**, 567 (1946). — [11] SMITH, J. A., P. P. FOÀ, H. R. WEINSTEIN, A. S. LUDWIG and J. M. WERTHEIM: J. Pharmacol. exp. Therap. **93**, 294 (1948). — [12] MARKEES, S.: Helv. med. Acta **16**, 386 (1949). — LOSSY, F. T., G. A. GOLDSMITH and H. P. SARETT: J. Nutrit. **45**, 213 (1951). — [13] s. dazu die zusammenfassende Darstellung von MORGAN, A. F.: Vitamins & Hormones **9**, 161 (1951). — LASZT, L.: Z. Vit.-Forsch. **14**, 101 (1944).

d) Vitamin B_2 (Lactoflavin, Riboflavin)[1–9].

Von K. Schreier.

α) Geschichtliches.

Als Vitamin B_2 wurde ursprünglich der thermostabile, von dem (thermolabilen) antineuritischen Vitamin verschiedene Anteil des „Vitamin B“ bezeichnet, der von Seidell, Smith, Hendrick u. a. aufgefunden und von Goldberger und Lillie der Pellagra zugeordnet wurde (1926). Dieser in Amerika früher Vitamin G genannte Faktor erwies sich in der Folgezeit als uneinheitlich (Sure, Smith, Sherman, Sandels, Guha, Chick, Roscoe, Reader u. a.) und konnte dementsprechend später in Einzelfaktoren aufgeteilt werden. Kuhn, György u. Wagner-Jauregg[10] haben (1933) als Bestandteil dieses „Vitamin B_2-Komplexes“, wie er auch vielfach genannt wurde, das Lactoflavin isoliert und vorgeschlagen, dieses als Vitamin B_2 zu bezeichnen, ein Vorschlag, der sich sehr rasch durchgesetzt hat. Vitamin B_2 = Lactoflavin muß also von dem ursprünglichen „Vitamin B_2“ als Pellagraschutzstoff streng unterschieden werden, der 1937 als Nicotinsäureamid erkannt wurde (s. S. 738). Im angelsächsischen Schrifttum ist die Bezeichnung Riboflavin gebräuchlich.

β) Ausfallserscheinungen.

Die als menschliche Vitamin B_2-Mangelkrankheit angesprochene „Cheilosis“ (χεῖλος = Lippe) wurde verhältnismäßig spät erkannt, was darauf zurückzuführen ist, daß die Symptome nicht sehr ausgeprägt und nicht ganz spezifisch sind. Im einzelnen lassen sie sich folgendermaßen kennzeichnen: Mundrhagaden, Hautdefekte um den Mundwinkel, ekzematöse seborrhoische Veränderungen in der Nasolabialfalte, Anämie, Mattheit und rasche Ermüdung[11]. Ob die Vascularisation der Cornea für B_2-Mangel spezifisch ist, ist umstritten[12]. Die Seltenheit menschlicher B_2-Avitaminosen kann durch eine ausreichende Versorgung mit B_2 durch die übliche Nahrung begründet werden. Die sich über lange Zeit erstreckenden Studien von Horwitt u. Mitarb.[12] bestätigen weitgehend die älteren Beobachtungen; daneben wird auf eine häufig zu beobachtende Scrotaldermatitis hingewiesen. B_2-Mangelsymptome traten immer erst dann auf, wenn im Urin weniger als 40 γ Lactoflavin je Tag ausgeschieden wurden (Normalwert 400—600 γ). Ein ausgedehntes Schrifttum besteht über den Lactoflavinmangel der Ratte[13]. Das besonders charakteristische Symptom ist der Wachstumsstillstand, ohne daß eine

---

Zusammenfassende Darstellungen über Vitamin B_2: 1—9. [1] Kuhn, R.: Lactoflavin (Vitamin B_2). Angew. Chem. **49**, 6 (1936). Sur les flavines. Bull. Soc. Chim. biol. **17**, 905 (1935). Das Vitamin B_2. Verh. dtsch. Ges. inn. Med. **50**, 369—371 (1938). — [2] Wagner-Jauregg, T.: Flavine. Angew. Chem. **47**, 318 (1934). — [3] Theorell, H.: Das gelbe Ferment: seine Chemie und Wirkungen. Ergebn. Enzymforsch. **6**, 111—138 (1937). — [4] Rudy, H.: Flavine. Fortschr. Chem. org. Naturstoffe **2**, 61—102 (1939). — [5] Shive, W.: Riboflavin. Williams u. a., B Vitamins S. 669—683. — [6] Bicknell-Prescott, Vitamins S. 306 bis 375. — [7] Ammon-Dirscherl, Fermente, Hormone, Vitamine S. 803—820. — [8] Stepp-Kühnau-Schroeder, Vitamine 7. Aufl. Bd. 1, S. 218—270. — [9] Robinson, F. A.: The Vitamin B Complex. S. 132. London 1951.

[10] Kuhn, R., P. György u. T. Wagner-Jauregg: B. **66**, 317 (1933). — [11] Sebrell, W. H., and R. E. Butler: Publ. Hlth. Rep. **53**, 2282 (1938). — Vannotti, A.: Kli. Wo. **1941**, 113. — Jolliffe, N., H. D. Fein and L. A. Rosenblum: New Engl. J. Med. **221**, 921 (1939). — Hou, H. C.: Chin. med. J. **58**, 616 (1940) [C. **1941 I**, 3246]. — [12] Sure, B.: J. Nutrit. **22**, 295 (1941). — Horwitt, M. K., G. Sampson, O. W. Hills and D. L. Steinberg: J. amer. dietet. Ass. **25**, 591 (1949). — Horwitt, M. K., C. C. Harvey, O. W. Hills and E. Liebert: J. Nutrit. **41**, 247 (1950). — [13] György, P., R. Kuhn u. T. Wagner-Jauregg: Kli. Wo. **1933 II**, 1241. H. **223**, 21, 27, 241 (1934). — György, P., F. W. van Klaveren, R. Kuhn u. T. Wagner-Jauregg: H. **223**, 236 (1934). — Wagner-Jauregg, T.: Handb. biol. Arb.-Meth. Abt. V, Teil 3 B, S. 1211. — Chick, H., T. F. Macrae and A. N. Worden: Biochem. J. **34**, 580 (1940). — Meulengracht, E., u. J. Bichel: Kli. Wo. **1941**, 381. — Sure, B.: J. Nutrit. **22**, 295 (1941). — Shaw, J. H., and P. H. Phillips: J. Nutrit. **22**, 345 (1941). — Shukers, C. F., and P. L. Day: J. Nutrit. **25**, 511 (1943). — Bessey, O. A., O. H. Lowry and J. Lopez: J. biol. Ch. **155**, 635 (1944).

ausgeprägte Anorexie auftritt. Daneben findet sich bei B_2-Mangel ein mäßiger Haarausfall besonders zwischen den Schultern und in der Augengegend mit dermatitischen Veränderungen der Haut. Die Symptome am Auge umfassen Conjunctivitis, Blepharitis, Trübung und Vascularisation der Cornea. Das Auftreten von Katarakten scheint dagegen nicht spezifisch für den B_2-Mangel zu sein[1]. Ein langdauernder Mangelzustand manifestiert sich auch durch neurologische Störungen, wie Lähmung der hinteren Extremitäten (Degeneration der Myelinscheide), Testesatrophie und Veränderungen in Nebenniere und Thymus sowie im weißen Blutbild. Ranziges Fett akzentuiert die Zeichen des Lactoflavinmangels[2].

Die Symptome an Mäusen[3], Schweinen[4], Affen[5], Hunden[6] und auch an Pferden und Wiederkäuern[7] ähneln außerordentlich denen bei der Ratte. Der Lactoflavinmangel bei Vögeln[8] ist wenig studiert. Wir wissen nur, daß ebenfalls Wachstumsstillstand und dermatitische Veränderungen auftreten und daß die Legetätigkeit sehr rasch sistiert. Es wird behauptet, daß carcinogene Substanzen den Lactoflavingehalt der Leber stark herabsetzen und daß der B_2-Mangel die Zahl der experimentellen Tumoren vermindert bzw. sie wieder zum Verschwinden bringt[9]. Ähnlich wie beim B_1 kommt es im B_2-Mangelzustand zu einer Herabsetzung der Resistenz gegen bakterielle Infektionen[10], während anscheinend der Verlauf von Viruskrankheiten gemildert wird[11]. Weiterhin soll bei B_2-Mangel keine Konzeption erfolgen bzw. die Entwicklung der Embryonen beeinträchtigt werden[12].

Vitamin B_2 hat sich auch für gewisse Milchsäure- und andere Bakterien als unentbehrlich erwiesen, womit die Auffassung von seiner allgemeinen Bedeutung im Zellstoffwechsel weiterhin gestützt wird[13]. Die meisten Mikroorganismen decken ihren Bedarf durch Eigensynthese.

Zur *Darstellung* von Lactoflavin diente ursprünglich Molke. Heute kann es in beliebiger Menge synthetisiert werden (R. KUHN; P. KARRER). Hinzu kommt die Darstellung mit Hilfe von Mikroorganismen. Schon 1937 wurden US-Patente für die Gewinnung von Vitamin B_2-Konzentraten unter Verwendung von Saccharomyces fragilis, Clostridium butylicum bzw. verschiedener Lactobacillen erteilt. Die modernen Syntheseverfahren bedienen sich aber einiger Candidaarten und ganz besonders des Pilzes Eremothecium Ashbyii[14]. RITTER[15] fand, daß die gelbe Abart besonders hohe Ausbeuten liefert. Aminosäuren, Purine u. a.

---

[1] BAUM, H. M., J. F. MICHAELREE and E. B. BROWN: Science, N. Y. **95**, 24 (1942). — [2] KAUNITZ, H., R. E. JOHNSON and C. A. SLANETZ: J. Nutrit. **46**, 151 (1952). — [3] LIPPINCOTT, S. W., and H. P. MORRIS: J. nat. Cancer Inst. **2**, 601 (1942). — [4] PATEK, A. J. jr., J. POST and J. VICTOR: Amer. J. Physiol. **133**, 47 (1941). — [5] COOPERMAN, J. M., H. A. WAISMAN, K. B. MCCALI and C. A. ELVEHJEM: J. Nutrit. **30**, 45 (1945). — [6] POTTER, R. L., A. E. AXELROD and C. A. ELVEHJEM: J. Nutrit. **24**, 449 (1942). — [7] PEARSON, P. B., M. K. SHEYBANI and H. SCHMIDT: Arch. Biochem. **3**, 467 (1944). — WIESE, A. C., B. C. JOHNSON, H. H. MITCHELL and W. B. NEVENS: J. Nutrit. **33**, 263 (1947). — [8] KLINE, O. L., J. A. KEENAN, C. A. ELVEHJEM and E. B. HART: J. biol. Ch. **99**, 295 (1932/33)). — PHILLIPS, P. H., and R. W. ENGEL: J. Nutrit. **16**, 451 (1938). — ENGEL, R. W., P. H. PHILLIPS and J. G. HALPIN: Poultry Sci. **19**, 135 (1940) [C. **1940 I**, 3417]. — JUKES, T. H., E. L. R. STOKSTAD and M. BELT: J. Nutrit. **33**, 1 (1947). — [9] MORRIS, H. P., and W. VAN B. ROBERTSON: J. nat. Cancer Inst. **3**, 479 (1943). — GRIFFIN, A. C., and C. A. BAUMANN: Arch. Biochem. **11**, 467 (1946). — STOERK, H. C., and G. A. EMERSON: Proc. Soc. exp. Biol. Med. **70**, 703 (1949). — [10] KLIGLER, I. J., K. GUGGENHEIM and E. BUECHLER: Proc. Soc. exp. Biol. Med. **57**, 132 (1944). — [11] RASMUSSEN, A. F. jr., H. A. WAISMAN and H. C. LICHSTEIN: Proc. Soc. exp. Biol. Med. **57**, 92 (1944). — [12] WARKANY, J.: Vitamins & Hormones **3**, 84 (1945). — [13] ORLA-JENSEN, S.: J. Soc. chem. Industr., Chem. & Industr. **52**, Trans. 374 (1933) [MÖLLER, E. F.: Angew. Chem. **53**, 204 (1940)]. — [14] MIRIMANOFF, A., u. A. RAFFY: Helv. **21**, 1004 (1938). — SCHOPFER, W. H.: Helv. **27**, 1017 (1944). — MOORE, H. N., and G. DE BECZE: J. Bacteriology **54**, 40 (1947). — [15] RITTER, W.: Schweiz. Z. Path. Bakt. **7**, 370 (1944).

stimulieren dabei die Riboflavinsynthese[1]. Die großtechnische Darstellung geschieht heutzutage mit Hilfe des Submersionsverfahrens unter dauernder Belüftung und Bewegung des Mediums, wobei hauptsächlich Melasse mit einer zusätzlichen Stickstoffquelle (Hefeextrakt, Pepton oder corn steep water) verwendet wird. Die Ausbeute liegt zum Teil über 450 mg B_2 je Liter. Noch größere Mengen konnten mit Ashbya gossypii (bis zu 600 mg B_2 je Liter) gewonnen werden[2].

Für den menschlichen Bedarf ist die Synthese im Darm von nicht zu unterschätzender Bedeutung, vor allem, da gezeigt werden konnte, daß auch im Enddarm eine Resorption erfolgt[3]. Die Ausscheidung im Stuhl übertifft die B_2-Zufuhr mit der Nahrung um ein weniges[4] (bis zum 3,8fachen[5]). Zahlreiche Colistämme, Proteus vulgaris und andere Darmbewohner sind zur Lactoflavinsynthese befähigt[6].

γ) Chemie[7-11].

Lactoflavin $C_{17}H_{20}O_6N_4$ krystallisiert in orangegelben Nadeln vom Schmelzpunkt 293°. Es löst sich in Wasser mit gelber Farbe und grüner Fluorescenz und ist deshalb verhältnismäßig leicht nachzuweisen $[\alpha]_D^{20} = -115°$ (n/20 NaOH); $[\alpha]_D^{20} = +350°$ (n/20 NaOH, halbgesättigte Boraxlösung).

Lactoflavin ist amphoter (saure NH-Gruppe in 3-Stellung, schwachbasischer Pyrazinring). Es ist in neutraler und saurer Lösung gegen Erhitzen sehr beständig. Durch Alkali wird es beim Kochen jedoch gespalten. Durch sichtbares und ultraviolettes Licht wird es sowohl in neutralem als auch in alkalischem Medium zerstört.

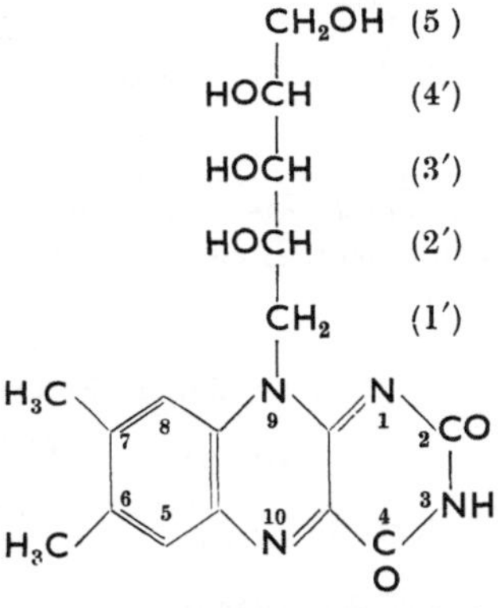

Lactoflavin = 6,7-Dimethyl-9-D-riboflavin

Die Farbe kommt in dem charakteristischen Absorptionsspektrum des Lactoflavins zum Ausdruck, dessen Hauptbanden bei 445, 365, 270 und 225 mμ liegen. Praktisch dieselbe Absorption zeigt auch die Lactoflavinphosphorsäure (s. u.). Auch das Alloxazinadenindinucleotid hat die gleichen Absorptionsbanden; lediglich in der Höhe der Bande bei 265 mμ übertrifft es das Lactoflavin etwas. Die Na-Salze des Lactoflavins und seiner Phosphorsäureester absorbieren um 5—8 mμ langwelliger. Die Flavinenzyme zeigen dieselben charakteristischen Absorptionsbanden, wie Lactoflavin und Lactoflavinphosphorsäure, nur mit dem Unterschied, daß die Maxima etwas langwelliger liegen; so beträgt der Unterschied zwischen Lactoflavinphosphorsäure und dem „alten" gelben Ferment etwa 20 mμ. Diese Farbvertiefung entspricht etwa derjenigen in verdünnter Lauge (Bildung des Na-Salzes an der 3ständigen NH-Gruppe), so daß man darin einen gewissen Hinweis dafür erblicken darf, daß die NH-Gruppe in 3-Stellung salzartig gebunden ist.

[1] Hickey, R. J.: J. Bacteriology **66**, 27 (1953). — Goodwin, T. W., and S. Pendlington: Biochem. J. **57**, 631 (1954). — [2] Tanner, F. W., and J. M. van Lanen: J. Bacteriology **54**, 38 (1947). — [3] Najjar, V. A., G. A. Johns, G. C. Medairy, G. Fleischmann and L. E. Holt jr.: J. amer. med. Ass. **126**, 357 (1944). — [4] Denko, C. W., W. E. Grundy, J. W. Porter and G. H. Berryman: Arch. Biochem. **10**, 33 (1946). — [5] Hathaway, M. L., and D. E. Lobb: J. Nutrit. **32**, 9 (1946). — [6] Burkholder, P. R., and I. McVeigh: Proc. nat. Acad. Sci. USA **28**, 285 (1942). — *Zusammenfassungen: 7—11.* [7] Kuhn, R.: Angew. Chem. **49**, 6 (1936). — [8] Theorell, H.: Ergebn. Enzymforsch. **6**, 111 (1937). — [9] Warburg, O.: Ergebn. Enzymforsch. **7**, 210 (1938). — [10] Karrer, P.: Über die Chemie der Flavine. Ergebn. Vit.- u. Horm.-Forsch. **2**, 381 (1939). — [11] Rudy, H.: Fortschr. Chem. org. Naturstoffe **2**, 61 (1939).

Die Flavinenzyme fluorescieren nicht. Da Lactoflavin in schwach alkalischer Lösung ebenfalls keine Fluorescenz mehr zeigt und die Salzbildung an der 3ständigen NH-Gruppe stattfindet, ergibt sich daraus eine weitere Stütze für die Auffassung, daß im Flavinenzym diese NH-Gruppe salzartig an das Protein gebunden ist (s. u.).

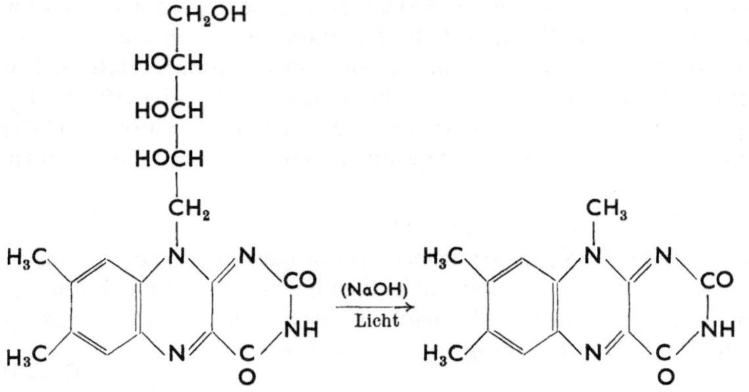

(NaOH) Licht

Lactoflavin

6,7,9-Trimethylflavin (Lumilactoflavin)

Konstitution. Für die Konstitutionsaufklärung war das Verhalten des Lactoflavins beim Belichten von ausschlaggebender Bedeutung. Lactoflavin geht beim Belichten mit sichtbarem oder ultraviolettem Licht in schwach alkalischer Lösung unter Verlust des Tetraoxybutylrestes in das Lumilactoflavin $C_{13}H_{12}O_2N_4$ über, das noch die wesentlichsten Eigenschaften des Lactoflavins (Farbe, Fluorescenz, reversible Reduktion u. a.), jedoch keine Vitaminwirkung mehr besitzt:

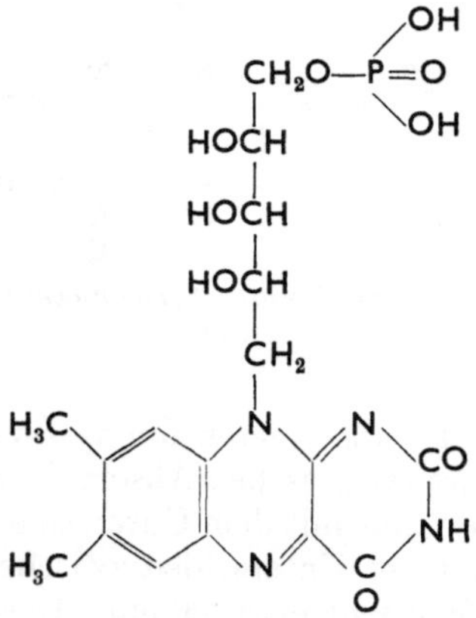

Lumilactoflavin wird durch NaOH über die Oxocarbonsäure und ein Lactam zu 1,2-Dimethyl-4-amino-5-methylaminobenzol abgebaut, aus dem es durch Kondensation mit Alloxan synthetisiert werden kann[1].

Lactoflavin-5′-phosphorsäure

Die Konstitution der erstmals aus dem „alten" gelben Ferment der Hefe isolierten *Lactoflavinphosphorsäure* (H. THEORELL[2]) wurde durch Abbau und Synthese (KUHN, RUDY u. WEYGAND[3]) bewiesen. Ihre Identität mit der natürlichen wurde durch Kuppelung mit dem Protein des alten gelben Fermentes erwiesen, womit gleichzeitig die erste Partialsynthese eines Fermentes durchgeführt wurde[4].

Redoxverhalten. Von allen chemischen Eigenschaften hat die reversible Reduzierbarkeit, die von WARBURG u. CHRISTIAN am gelben Ferment entdeckt wurde[5], die größte Bedeutung. Wenn man eine wäßrige Lactoflavinlösung mit Natriumdithionit versetzt, so verschwinden Farbe und Fluorescenz, kehren aber

[1] KUHN, R., u. H. RUDY: s. RUDY, H.: S.-B. physik.-med. Soz. Erlangen **69**, 225 (1937). — [2] THEORELL, H.: Ergebn. Enzymforsch. **6**, 111—138 (1937). — [3] KUHN, R., H. RUDY u. F. WEYGAND: B. **69**, 1543 (1936). — VISCONTINI, M., C. EBNÖTHER u. P. KARRER: Helv. **35**, 457 (1952). — [4] KUHN, R., u. H. RUDY: B. **69**, 1974 (1936). — [5] Vgl. WARBURG, O.: Ergebn. Enzymforsch. **7**, 210 (1938).

beim Durchschütteln mit Luft wieder. Die farblose Lösung enthält das Dihydrolactoflavin (Leukoflavin), das durch den Luftsauerstoff wieder oxydiert wird. Die Reaktion verläuft über das Monohydroflavin (Chloroflavin) mit Radikalnatur[1], das möglicherweise auch unter physiologischen Bedingungen eine Rolle spielt, zumal diese Stufe in den „gelben Fermenten" bei physiologischem p_H beständig ist[2].

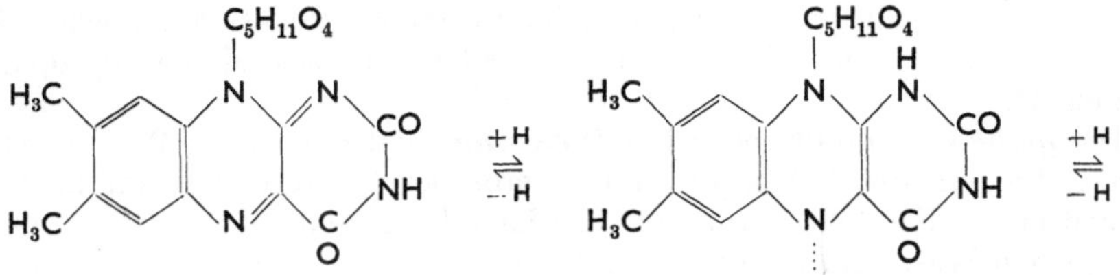

Lactoflavin ($C_{17}H_{20}O_6N_4$) $\underset{-H}{\overset{+H}{\rightleftharpoons}}$ Chloroflavin (Radikal) ($C_{17}H_{21}O_6N_4$) $\underset{-H}{\overset{+H}{\rightleftharpoons}}$ Leukoflavin ($C_{17}H_{22}O_6N_4$)

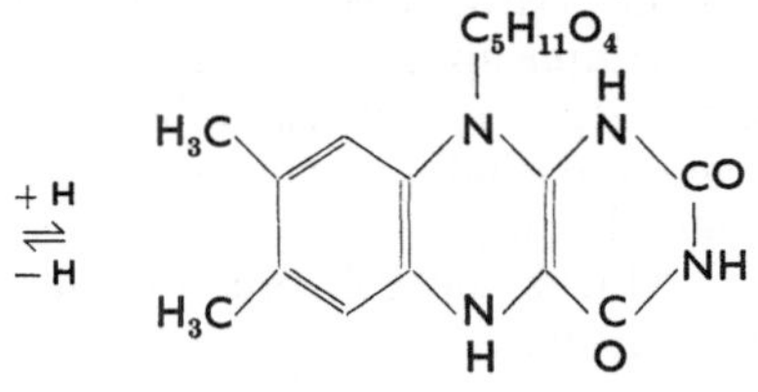

Das Redoxpotential des Lactoflavins und seines Phosphorsäureesters beträgt $E_0 = -185$ bzw. -190 mV, das des gelben Fermentes hingegen nur -60 mV[3].

δ) Wirkungsmechanismus.

Gelbe Fermente (s. a. Bd. **1**, S. 1183f.). Die leichtest erkennbare Wirkung des Lactoflavins besteht in der Förderung des Wachstums junger Tiere, weshalb es ursprünglich auch Wachstumsvitamin hieß. Im einzelnen unterstützt es anscheinend die phosphorylierende Funktion der Nebennierenrinde (vermutlich in Verbindung mit anderen Wirkstoffen) und fördert die Nahrungsausnützung durch Mehrbildung von Fett aus Kohlenhydraten[4]. Im Zusammenhang damit wirkt es wohl auch wärmeregulierend[5].

Lactoflavin wirkt dabei nicht oder nur in untergeordnetem Maße als solches, sondern stellt die Wirkungsgruppe der gelben Fermente dar, die sich aus Lactoflavinphosphorsäureestern und Protein aufbauen. Die Phosphorylierung des aufgenommenen Lactoflavins kann bereits im Darm[6] oder aber in den Organen[7,8] erfolgen (Leber, Blutkörperchen). Die Abspaltung der Phosphorsäure findet unter anderem in der Niere statt, so daß im Harn phosphorsäurefreies Lactoflavin bzw. dessen Oxydationsprodukte ausgeschieden werden[8]. Der genauere Mechanismus der Lactoflavinphosphorylierung ist neuerdings mit einem Enzym aus Hefe,

[1] Kuhn, R., u. R. Ströbele: B. **70**, 753 (1937). — [2] Haas, E.: B. Z. **290**, 291 (1937). — [3] Zusammenfassung über Redoxpotentiale auch anderer Cofermente. Fischer, F. G.: Ergebn. Enzymforsch. **8**, 185—216 (1939). — [4] Sure, B., and M. Dichek: J. Nutrit. **21**, 455 (1941). — McHenry, E. W., and G. Gavin: J. biol. Ch. **138**, 471 (1941). — [5] Fontaine, M., et A. Raffy: C. R. Soc. Biol. **135**, 693 (1941). — [6] Rudy, H.: Naturwiss. **23**, 286 (1935). — Hübner, H., u. F. Verzár: Helv. **21**, 1006 (1938). — [7] Preux, R. de: Z. ges. exp. Med. **110**, 12 (1942). — Klein, J. R., and H. I. Kohn: J. biol. Ch. **136**, 177 (1940). — [8] Koschara, W.: H. **232**, 101 (1935). B. **67**, 761 (1934).

der *Flavokinase*, näher studiert worden[1]. Das Enzym ist für B_2 nicht sehr spezifisch, sondern phosphoryliert auch zahlreiche Analoge. Möglicherweise wirken die Vitaminantagonisten zum Teil dadurch, daß sie nach ihrer Phosphorylierung in die entsprechenden Coenzyme eingebaut werden.

Reaktionsgleichung: Lactoflavin + ATP (oder ADP) → Lactoflavin-5-phosphat + ADP (bzw. AS).

Ein weiteres Enzym katalysiert die reversible Reaktion zwischen Lactoflavin-5-phosphat und ATP, wobei Flavinadenindinucleotid und Pyrophosphat entstehen[2].

Die ***gelben Fermente*** oder ***Flavinenzyme*** sind biologische Wasserstoffüberträger. Da sich die Aufnahme und Abgabe des Wasserstoffes am Lactoflavin abspielt (s. die Formeln), kann man das Lactoflavin selbst im weiteren Sinne als biologischen Wasserstoffüberträger betrachten. Es ist in diesem Zusammenhang beteiligt an der Oxydation der D-Glucose-6-phosphorsäure (die je nach den vorhandenen spezifischen Dehydrogenasen zu 6-Phospho-D-gluconsäure oder zu 3-Phospho-D-glycerinsäure oxydiert wird), ferner an dem oxydativen Abbau von Citronensäure, Äpfelsäure, Glycerinphosphorsäure, Alkohol, Xanthin, D-Aminosäuren u. a. Bei manchen Bakterien (z. B. Milchsäurebakterien), die kein schwermetallhaltiges Oxydationsferment enthalten, wird die gesamte Oxydation anscheinend durch gelbes Ferment besorgt[3].

Bisher wurden folgende Flavinenzyme bekannt, die sich sowohl im Protein als auch im Coferment unterscheiden:

Tabelle 194. Flavinenzyme[4].

Ferment	Prosthetische Gruppe
Diaphorase	Isoalloxazin-adenin-dinucleotid
„Altes gelbes Atmungsferment“ (Warburg)	Riboflavinphosphat
Straubsches Enzym	Isoalloxazin-adenin-dinucleotid
Cytochrom c-Reduktase (Hefe)	Riboflavinphosphat
Cytochrom c-Reduktase (Leber)[5]	Isoalloxazin-adenin-dinucleotid
Xanthinoxydase	Isoalloxazin-adenin-dinucleotid
D-Aminosäureoxydase	Isoalloxazin-adenin-dinucleotid
L-Aminosäureoxydase	Riboflavinphosphat
Glykokolloxydase	Isoalloxazin-adenin-dinucleotid
Fumarsäurehydrogenase	Isoalloxazin-adenin-dinucleotid
Glucoseoxydase (Penicillium notatum)	Isoalloxazin-adenin-dinucleotid
Diaminoxydase	Isoalloxazin-adenin-dinucleotid

Weitere Flavinenzyme, deren prosthetische Gruppe noch nicht mit Sicherheit bekannt ist, sind: Schardinger-Enzyme, Chininoxydase, Milchsäureoxydase, Luciferin, Pseudocholinesterase, Glucoseoxydase nach Keilin, Cholinoxydase und Aldehydoxydase.

a) Das *„alte“ gelbe Ferment* aus Hefe ist eine Proteinverbindung der Lactoflavin-5′-phosphorsäure (Flavophosphoproteid). Es ist durch Partialsynthese zugänglich[6]. Es wirkt im allgemeinen nicht auf das Substrat selbst ein, sondern

[1] Kearney, E. B., and S. Englard: J. biol. Ch. **193**, 821 (1951). Arch. Biochem. **32**, 222 (1951). — Kearney, E. B.: J. biol. Ch. **194**, 747 (1952). — [2] Schrecker, A. W., and A. Kornberg: J. biol. Ch. **182**, 795 (1950). — [3] Vgl. die Zusammenfassungen: Wagner-Jauregg, T.: Wien. klin. Wschr. **1936 I**, 257. — Theorell, H.: Ergebn. Enzymforsch. **6**, 111—138 (1937). Die Alloxazin-Proteide (gelbe Fermente). Bamann-Myrbäck Bd. 3, S. 2361—2384. — s. a. Adler, E., and H. v. Euler: Nature **141**, 790 (1938). — Warburg, O.: Ergebn. Enzymforsch. **7**, 219 (1938). — Fischer, F. G.: Ergebn. Enzymforsch. **8**, 185 (1939). — [4] Nach Sebrell-Harris, Vitamins Bd. III, S. 341. — [5] Hirecker, B. L.: J. biol. Ch. **183**, 583 (1950). — [6] Kuhn, R., u. H. Rudy: B. **69**. 1974 (1936).

übernimmt den Wasserstoff von einem anderen Dehydrogenasesystem, das Nicotinsäureamid als wirksame Gruppe enthält (vgl. Antipellagravitamin S. 738). Das reduzierte Flavophosphoproteid überträgt den Wasserstoff wieder auf andere Acceptoren (Cytochrome, Sauerstoff[1]), wobei allerdings betont werden muß, daß berechtigte Zweifel bestehen, ob diese in vitro aufgefundenen Reaktionen ohne weiteres auf die lebende Zelle übertragen werden dürfen. Immerhin steht fest, daß die Fermentwirkung des Flavinenzyms in dem rasch aufeinanderfolgenden Übergang der oxydierten in die reduzierte Form und umgekehrt besteht, und zwar nach folgendem Schema:

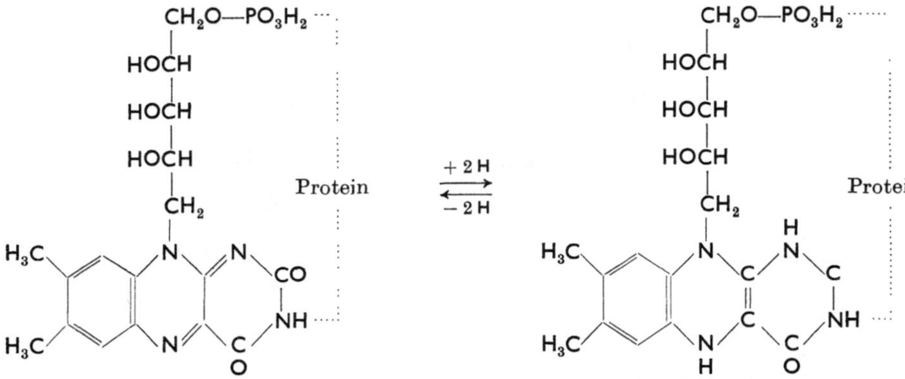

$CH_2O—PO_3H_2$ … Protein $\underset{-2H}{\overset{+2H}{\rightleftarrows}}$ $CH_2O—PO_3H_2$ … Protein

Gelbes Ferment,
Flavophosphoproteid,
Flavinenzym

Reduziertes gelbes Ferment,
Dihydroflavophosphoproteid,
Leukoflavinenzym

b) Eine zweite Art von Flavinenzym enthält als *Coferment eine Verbindung aus 1 Mol Lactoflavin, 1 Mol Adenin und 2 Mol Phosphorsäure*[2] (Alloxazinadenindinucleotid). Durch Kupplung mit spezifischen Proteinen entstehen daraus einerseits Flavinenzyme (Alloxazinadeninproteide), die unmittelbar mit dem Substrat (Aminosäure, Glucose[3], Xanthin[4]) reagieren und den übernommenen Wasserstoff ohne Zwischenschaltung anderer Fermente direkt an Sauerstoff abgeben, andererseits die sog. *Diaphorasen*. Bei diesen handelt es sich um Überträger, die den Wasserstoff von anderen (nicotinsäurehaltigen) Dehydrogenasen übernehmen und an weitere Überträger, z. B. Cytochrome, abgeben[5]. Sie stellen, ebenso wie das „alte" gelbe Ferment, ein wichtiges Bindeglied zwischen den beiden Reaktionsabläufen der Dehydrierung (WIELAND) und der Oxydation (WARBURG) dar, ohne daß wir allerdings zur Zeit über die genauen physiologischen Zusammenhänge unterrichtet sind.

In all diesen Fällen vollzieht sich die spezifische Wasserstoffübertragung zweifellos in der oben aufgezeigten Weise am Lactoflavinmolekül, so daß die rein chemische Wirkungsweise dieser Fermente ziemlich klar ist. Über die „Wirkungsspezifität" der Flavinenzyme sind wir demnach recht gut unterrichtet, die vielfältige, jeweils auf das Protein zurückgehende „Substratspezifität" jedoch ist infolge unserer mangelnden Kenntnis von der Struktur der Eiweißstoffe noch ungeklärt.

[1] Vgl. auch HAAS, E., B. L. HORECKER and T. R. HOGNESS: J. biol. Ch. **136**, 747 (1940). — [2] WARBURG, O., u. W. CHRISTIAN: B. Z. **298**, 150 (1938). — Vgl. auch WARBURG, O.: Chemische Konstitution von Fermenten. Ergebn. Enzymforsch. **7**, 210—245 (1938). — Vgl. auch FRANKE, W.: Handb. Enzymol. (NORD-WEIDENHAGEN) Bd. II, S. 813. — [3] FRANKE, W., u. H. DEFFNER: A. **541**, 117 (1939). — [4] BALL, E. G.: J. biol. Ch. **128**, 51 (1939). — [5] HAAS, E.: B. Z. **298**, 378 (1938). — CORRAN, H. S., D. E. GREEN and F. B. STRAUB: Biochem. J. **33**, 793 (1939). — ADLER, E., H. v. EULER, G. GÜNTHER u. M. PLASS: Skand. Arch. Physiol. **82**, 61 (1939).

Das Alloxazinadenindinucleotid hat wahrscheinlich folgende Konstitution, die der der unten beschriebenen Cozymase (s. S. 741) recht ähnlich ist:

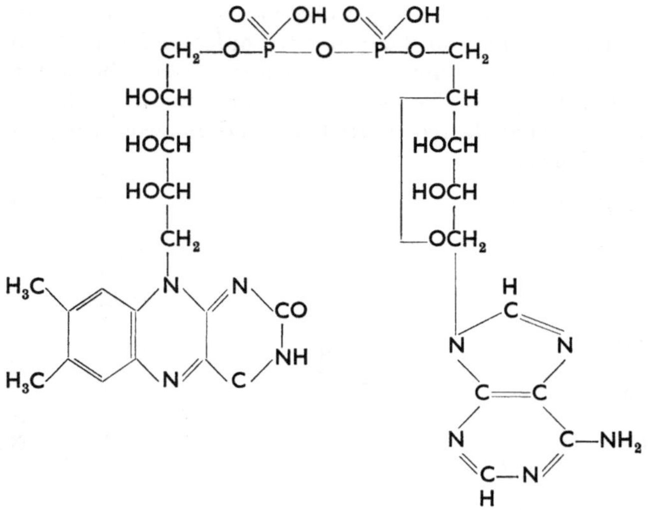

Alloxazin-adenin-dinucleotid

c) Eine Reihe der hierher gehörenden Enzyme wurden in letzter Zeit als Metall-Flavoproteide charakterisiert[1]. Dies gilt für die beiden Acyl-CoA-Dehydrogenasen, wobei das für kurze Ketten spezifische „grüne" Enzym 2 Atome Kupfer je Molekül Flavin enthält, während das „gelbe" Enzym, welches auf langkettige CoA-Komplexe einwirkt, offenbar Eisen aufweist[2,3]. Die Absorptionsspektren der beiden Enzyme zeigen neben für Flavin charakteristische Banden eine weitere Metallbande. Die Xanthinoxydase enthält, wie nunmehr bestätigt wurde, Molybdän[4]. Neben dem Flavin, welches im Verhältnis von 2:1 zum Molybdän im Enzymmolekül vorkommt, findet sich dort eine bis jetzt noch nicht identifizierte chromophore Gruppe[5]. NASON u. Mitarb.[6] haben aus Neurospora ein weiteres, Molybdän enthaltendes Flavoproteid isoliert. Es katalysiert die Oxydation von Dihydro-diphosphopyridinnucleotid durch Nitrat. Wie kürzlich nachgewiesen wurde, enthält die Cytochrom c-Reduktase 4 Atome Eisen je Flavinmolekül[7]. Die Diaphorase enthält dagegen kein Metall. ALBERT[8] hat festgestellt, daß Riboflavin Metallionen komplex binden kann. Flavinnucleotidcoenzyme sind noch stärkere Komplex-(chelat-) Bildner[1].

d) Ein weiterer Typus von Flavinenzymen liegt in den Flavoproteiden vor, die durch *unmittelbare Kupplung des Flavins* (statt des Phosphorsäureesters) *mit dem Protein des alten gelben Fermentes* entstehen. Da in diesen Flavoproteiden die Phosphorsäure, die die Bindung des Flavins an das Eiweiß im Flavophosphoproteid verhältnismäßig fest gestaltet, fehlt, sind sie schon in neutralem Medium in Coferment und Träger gespalten. Sie zeigen im Dehydrierungssystem nur bei einem großen Überschuß von Lactoflavin starke Wasserstoffübertragung, weil

[1] MAHLER, H. R., and D. E. GREEN: Science, N. Y. **120**, 7 (1954). — [2] MAHLER, H. R.: Fed. Proc. **12**, 694 (1953). J. biol. Ch. **206**, 13 (1954). — [3] SEUBERT, W., and F. LYNEN: Am. Soc. **75**, 2787 (1953). — [4] WESTERFELD, W. W., and D. A. RIECHERT: J. biol. Ch. **184**, 163 (1950). — GREEN, D. E., and H. BEINERT: Biochim. biophysica Acta, N. Y. **11**, 599 (1953). — [5] BALL, E. G.: J. biol. Ch. **128**, 51 (1939). — [6] NASON, A., and H. J. EVANS: J. biol. Ch. **202**, 655 (1953). — [7] MAHLER, H. R., and D. ELOWE: Am. Soc. **75**, 5769 (1953). — [8] ALBERT, A.: Biochem. J. **54**, 646 (1953).

nur so das Dissoziationsgleichgewicht zugunsten der nicht dissoziierten Fermente verschoben wird. Diese Flavinenzyme spielen in der Natur wahrscheinlich keine Rolle[1].

Die meisten beschriebenen Einzelfunktionen von Lactoflavin ergeben sich zwanglos aus der Tatsache, daß es in so zahlreiche Wirkgruppen von Enzymen eingebaut ist. Dies trifft z.B. für die Beobachtungen zu, daß im B_2-Mangel eine Aminoacidurie[2] besteht und daß die überhöhte Zufuhr einzelner Aminosäuren zu toxischen Erscheinungen führt[3]. Von der Umsatzstörung der Aminosäuren ist besonders das Tryptophan[4] betroffen, dessen Umwandlung in Nicotinsäure (s. Bd. 2/1, S. 993) offenbar infolge einer Hemmung der Xanthurensäurebildung aus Kynureninsäure gestört ist. Der Einfluß auf den Hämoglobinstoffwechsel beruht offenbar darauf, daß B_2 in noch nicht zu übersehender Weise in die Porphyrinsynthese eingreift[5].

Eine wichtige Funktion übt Lactoflavin im Auge[6] aus. Dies mag zum Teil darauf beruhen, daß es photochemische Reaktionen[7] katalysiert (und so wahrscheinlich auch den Phototropismus der Pflanzen zumindest mitbedingt). So werden z.B. Tryptophan und Ascorbinsäure in Gegenwart von B_2 durch kurzwelliges Licht zerstört und verschiedene Enzyme inaktiviert[8]. Vitamin A und Lactoflavin sind — soviel scheint festzustehen — an der Auslösung der primären Lichtempfindung eng beteiligt. Andererseits soll B_2 die Schleimhäute und das Auge vor der Wirkung des kurzwelligen Lichtes schützen[9] („screening effect"). Angeblich greift Lactoflavin in die Entgiftungsvorgänge nach Schwermetallzufuhr ein[10].

ε) Konstitution und Wirksamkeit[11].

Veränderungen an der Pentitkette des Lactoflavins, die vom Organismus rückgängig gemacht werden können, beeinträchtigen die Wirksamkeit nicht wesentlich: Tetraacetyllactoflavin wirkt (in etwas höheren Dosierungen) noch als B_2, weil es vermutlich durch Esterasen gespalten wird. Die ebenfalls erst in größeren Mengen wirksame Diacetonverbindung wird anscheinend im Magen durch die Salzsäure in Lactoflavin zurückverwandelt.

Die Vitaminwirkung ist an die freie NH-Gruppe in Stellung 3 gebunden (3-Methyllactoflavin ist unwirksam).

Von ausschlaggebender Bedeutung sind Konstitution und Konfiguration des Zuckeralkoholrestes; denn Vitaminwirkung ist nur dann vorhanden, wenn dieser sich von einer Pentose ableitet. Von den 8 möglichen Pentitresten rufen nur diejenigen der D-Ribose, L-Arabinose, L-Lyxose und D-Xylose, bei welchen

[1] Kuhn, R., u. H. Rudy: B. **69**, 2557 (1936); dort weitere Literatur. — [2] Schweigert, B. S.: Proc. Soc. exp. Biol. Med. **66**, 315 (1947). — s. a. Pollack, H., and J. J. Bookman: J. Lab. clin. Med. **38**, 561 (1951). — [3] Martin, G. J.: Proc. Soc. exp. Biol. Med. **63**, 528 (1946). — [4] Henderson, L. M., I. M. Weinstock and G. B. Ramasarma: J. biol. Ch. **189**, 19 (1951). — Mason, M.: Fed. Proc. **11**, 254 (1952). — Charconnet-Harding, F., C. E. Dalgliesh and A. Neuberger: Biochem. J. **52**, VII (1952). — [5] Vannotti, A., u. A. Delachaux: Der Eisenstoffwechsel und seine klinische Bedeutung. Basel 1942. — György, P., F. S. Robscheit-Robbins and G. H. Whipple: Amer. J. Physiol. **122**, 154 (1938). — Stich, W.: D. m. W. **1951**, 967. — [6] Theorell, H.: B. Z. **288**, 317 (1936). Nature **138**, 687 (1936). — Heiman, M.: Arch. Ophthalm., Chicago (N. S.) **28**, 493 (1942). — Marchesani, O., u. H. Schober: Graefes Arch. Ophthalm. **148**, 420 (1948). — [7] Galston, A. W.: Science, N. Y. **111**, 619 (1950). — [8] Galston, A. W., and R. S. Baker: Amer. J. Bot. **36**, 773 (1949). Proc. nat. Acad. Sci. USA **35**, 10 (1949). Science, N. Y. **109**, 485 (1949). — [9] Sydenstricker, V. P.: Ann. internal Med. **14**, 1499 (1941). — [10] Zum Beispiel Beiglböck, W., u. H. Leemann: Kli. Wo. **1944**, 99. — [11] Kuhn, R.: Angew. Chem. **49**, 6 (1936). — Kuhn, R., u. H. Rudy: B. **69**, 2557 (1936). — Kuhn, R., P. Desnuelle u. F. Weygand: B. **70**, 1293 (1937). — Kuhn, R., H. Vetter u. H. W. Rzeppa: B. **70**, 1302 (1937). — Karrer, P.: Helv. **19**, E 45 (1936).

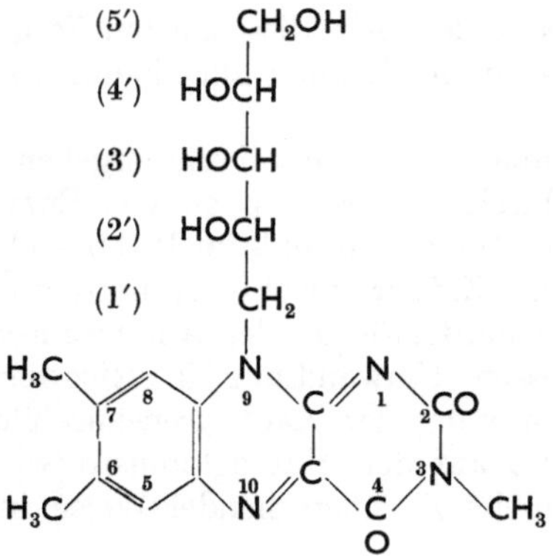

3-Methyllactoflavin

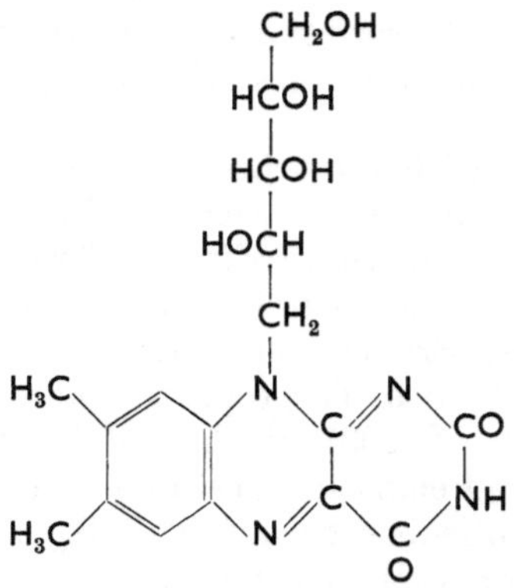

6,7-Dimethyl-9-L-araboflavin

die dem N-Atom 9 am nächsten stehende OH-Gruppe üblicherweise nach links geschrieben wird, Vitaminwirkung hervor[1]. Dabei ist das 6,7-Dimethyl-9-L-araboflavin wesentlich schwächer wirksam als das entsprechende D-Riboflavin. Besonderes Interesse hat in der allerletzten Zeit das 9-L-1′-Lyxityl-Stereoisomere (L-Lyxoflavin; s. S. 737) gefunden, welches unter anderem aus Menschenherz isoliert wurde.

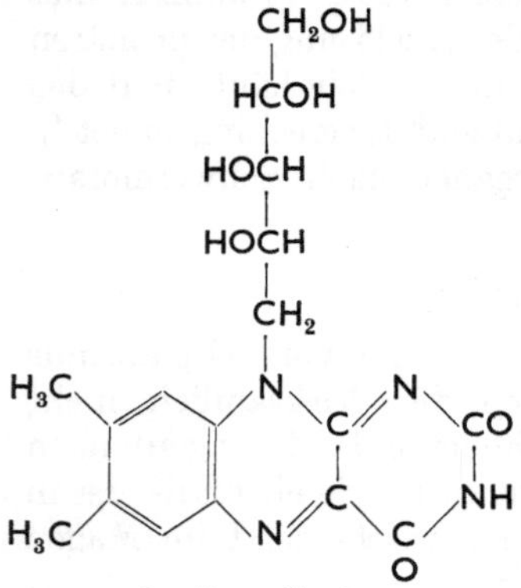

9-L-Lyxoflavin

Die optischen Antipoden 6,7-Dimethyl-9-L-ribo- bzw. -9-D-araboflavin sind unwirksam.

Der Zuckerrest darf nicht glykosidisch mit dem Flavinkern verknüpft sein, wie sich aus der Unwirksamkeit des 6,7-Dimethyl-9-D-ribosidoflavins ergibt.

Von großer Wichtigkeit sind ferner die Methylgruppen am Benzolkern. Zur Vitaminwirkung ist mindestens eine Methyl-(Alkyl)-Gruppe in der 6- oder 7-Stellung notwendig; denn 6- und 7-Methyl-9-D-riboflavin sind wirksam, 9-D-Riboflavin dagegen nicht. Die beiden 6,7ständigen Methylgruppen können

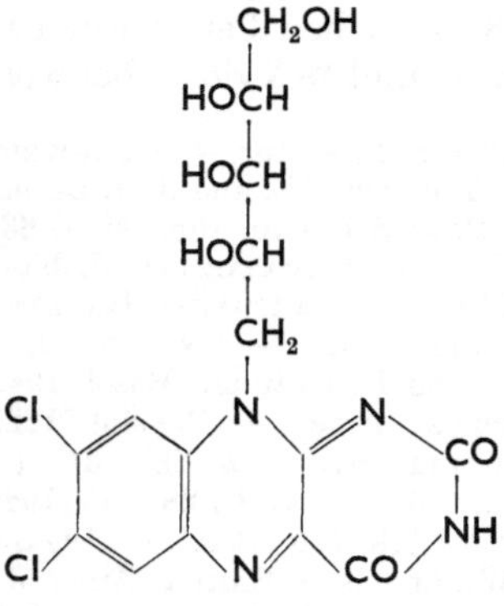

6,7-Dichlor-9-D-riboflavin

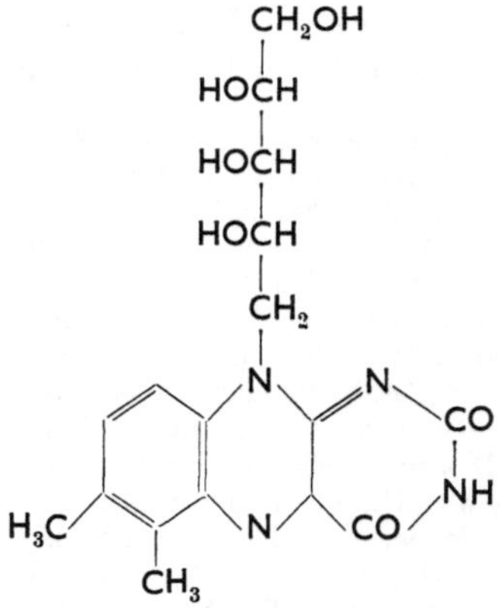

5,6-Dimethyl-9-D-riboflavin

[1] Man beachte, daß hier die C-Atome 1'—5' den C-Atomen 1—5 der D-Ribose entsprechen; vgl. Bd. 1, S. 263, 281.

durch einen Tri- oder Tetramethylenring ersetzt werden, ohne daß die Wirksamkeit erlischt. Auch der Ersatz der 6ständigen Methylgruppe durch den Äthylrest beeinträchtigt die Wirksamkeit nicht grundsätzlich. Die Einführung einer Methylgruppe in 5- oder 8-Stellung vernichtet die Vitaminwirkung; denn 5,7- und 6,8-Dimethyl-9-D-riboflavin sind unwirksam, obwohl 6- und 7-Methyl-9-D-riboflavin sehr starke B_2-Wirkung besitzen. Die als Vitamin B_2 unwirksamen Flavine sind vielfach giftig[1].

Soweit geprüft wurde, erwiesen sich die im Wachstumsversuch positiven Flavine auch im Fermentversuch (Messung der Cofermentwirkung in Anwesenheit des Trägers) als stark wirksam. Die Reihenfolge, in welcher die Wirksamkeit gegenüber dem Lactoflavin abnimmt, ist in beiden Versuchsreihen gleich. Die relative Wirksamkeit, in Prozenten des Lactoflavins ausgedrückt, stimmt indes nicht überein.

Antivitamine. Das erste wirksame, wahrscheinlich kompetitiv gegenüber Lactoflavin wirkende Analogon ist das von KUHN u. Mitarb.[2] dargestellte 6,7-Dichlor-9-(D,1'-ribityl)-isoalloxazin. Weder es selbst noch sein 5-Phosphat beeinflussen aber die Aktivität von D-Aminosäureoxydase bzw. Xanthinoxydase[3]. Isoriboflavin (5,6-Dimethyl-9-[D-1'-ribityl]-isoalloxazin) ist im Tierversuch ein schwacher Antagonist, bei Lactobacillen hat es dagegen Wuchsstoffeigenschaften[4,5]. Auch D-Araboflavin[6] (6,7-Dimethyl-9-[D-1'-arabityl]-isoalloxazin) und Galaktoflavin[7] (6,7-Dimethyl-9-[D-1'-dulcityl]-isoalloxazin) sind schwache Antivitamine. Von den sonst noch synthetisierten Antagonisten seien noch das 2,4-Diamino-7,8-dimethyl-10-[D-1'-ribityl]-5,10-dihydrophenazin (WOOLLEY[8]) und vor allem das Atebrin erwähnt. Letztere Substanz[9] hemmt zahlreiche Flavinenzyme. Es scheinen 2 Arten von Hemmung zu existieren, die eine ist rasch und reversibel und kompetitiv, die andere verläuft langsam und offenbar irreversibel. Inzwischen wurde festgestellt, daß auch zahlreiche Verwandte vom Atebrin und auch Chinin die D-Aminosäureoxydase in wohl kompetitiver Weise inhibieren[10]. Einen Lactoflavinmangelzustand bei Ratte und Hund erzeugt auch 2-Acetylaminofluoren[11]. Nach FOSTER u. PITTILLO[12] soll Aureomycin durch Hemmung der Lactoflavinverwertung in der Bakterienzelle bakteriostatisch wirken.

ζ) Vorkommen.

Lactoflavin ist in Tier- und Pflanzenreich weit verbreitet. Es tritt in 3 verschiedenen Formen auf: 1. frei dialysierbar als solches, 2. frei dialysierbar als Phosphorsäureester und 3. nichtdialysierbar an Eiweiß gebunden[13]. Die „gebundene Form" stellt eine Reihe von Fermenten mit lactoflavinhaltigen Cofermenten dar[14] (vgl. S. 730). Alle 3 Formen des Vitamin B_2 sind bei der Ratte, oral oder

[1] KUHN, R., u. P. BOULANGER: H. **241**, 233 (1936). — [2] KUHN, R., F. WEYGAND u. E. F. MÖLLER: B. **76**, 1044 (1943). — [3] KARRER, P., u. H. RUCKSTUHL: Bull. schweiz. Akad. med. Wiss. **1**, 236 (1945). — [4] EMERSON, G. A., and M. TISHLER: Proc. Soc. exp. Biol. Med. **55**, 184 (1944). — FOSTER, J. W.: J. Bacteriology **48**, 97 (1944). — [5] SARETT, H. P.: J. biol. Ch. **162**, 87 (1946). — [6] EULER, H. v., u. P. KARRER: Helv. **29**, 353 (1946). — [7] EMERSON, G. A., E. WURTZ and O. H. JOHNSON: J. biol. Ch. **160**, 165 (1945). — [8] WOOLLEY, D. W.: J. biol. Ch. **154**, 31 (1944). — [9] WRIGHT, C. I., and J. C. SABINE: J. biol. Ch. **155**, 315 (1944). — HAAS, E.: J. biol. Ch. **155**, 321 (1944). — [10] HELLERMAN, L., A. LINDSAY and M. R. BOVARNICK: J. biol. Ch. **163**, 553 (1946). — [11] WASE, A. W., and J. B. ALLISON: Proc. Soc. exp. Biol. Med. **73**, 147 (1950). — [12] FOSTER, J. W., and R. F. PITTILLO: J. Bacteriology **66**, 478 (1953). — [13] KUHN, R., P. GYÖRGY u. T. WAGNER-JAUREGG: B. **66**, 317 (1933). — ELLINGER, P., u. W. KOSCHARA: B. **66**, 315, 808, 1411 (1933). — EULER, H. v., u. E. ADLER: H. **223**, 105 (1934); **228**, 1 (1934). — WARBURG, O., u. W. CHRISTIAN: Naturwiss. **20**, 688, 980 (1932). B. Z. **254**, 438 (1932). — THEORELL, H.: B. Z. **272**, 155 (1934); **275**, 37, 344, 416 (1935). — [14] Zusammenfassung: THEORELL, H.: Das gelbe Ferment, seine Chemie und Wirkungen. Ergebn. Enzymforsch. **6**, 111—138 (1937). — WARBURG, O.: Ergebn. Enzymforsch. **7**, 210—245 (1938).

intraperitoneal gegeben, gleich wirksam, wenn man die Mengen auf Lactoflavin berechnet. Ein neu entdecktes Derivat ist 5-D-Riboflavin-D-glucopyranosid[1]. In der Rattenleber findet sich ein Enzym, das Glucose von Maltose auf Flavine überträgt. Die Löslichkeit der Glucoside ist viel größer als die des Lactoflavins, so daß möglicherweise der Transport des Vitamins erleichtert wird[2].

Freies Lactoflavin liegt in der Molke vor, aus welcher es in bequemer Weise dargestellt werden kann. Im übrigen kommt das Vitamin B_2 fast nur gebunden vor, und zwar hauptsächlich in den Strukturelementen der Zellen[3] als Dinucleotid[4]. An tierischen Organen ist vor allem die Leber zu nennen, die beträchtliche Mengen speichern kann. Herzmuskel und Niere stehen der Leber kaum

Tabelle 195. Lactoflavingehalt einiger Nahrungsmittel (in mg/kg Material)[5].

Leber (Rind, Kalb, Schwein Schaf)	20—50	Fischrogen	2—14
		Krabben	24—30
Niere, Herz (Rind, Kalb, Schwein)	10—20	Weizen, Roggen, Gerste, Hafer, Reis, Mais	1—2
Fleisch (Rind, Kalb, Schwein)	2—3	Erbsen, Linsen	1—2
Hirn	2—3	Karotten, Rotrüben	0,5—1,0
Lunge, Milz	0,5—1,0	Kartoffeln	0,3—0,5
Blut	0,03		(0,07—2,0)
Kuhmilch	1—2	Spinat, Mangold	2,3—3
Rahm, Fett	0	Salat, Grünkohl, grüne Bohnen	1—2
Frauenmilch	0,2—0,5		
Käse	2—8	Obst	0,5—1,0
Hühnerei	3—4		0,05—1,3
Fischmuskel	0,5—6,6	Honig	0,5—1,0
Fischleber	0,5—7	Bäckerhefe, Brauhefe trocken	20—120

nach. Verhältnismäßig lactoflavinreich ist ferner Eiklar. Schlangenhautpigmente bestehen zum Teil aus Lactoflavin[6]. Der Vitamin B_2-Gehalt der tierischen Produkte hängt von der Nahrung ab.

Der hohe Gehalt der Netzhaut an freiem Lactoflavin wird mit der Sehfunktion in Zusammenhang gebracht (vgl. S. 733).

Bei den Pflanzen zeichnen sich besonders die grünen Teile durch einen hohen B_2-Gehalt aus (Spinat, Salat). Über die Biogenese liegen jetzt einige erste Studien vor[7].

Sehr flavinreich ist die Hefe. Auffällig reich an gebundenem Lactoflavin sind auch bestimmte Bakterien, wie Essigsäure-, Milchsäure- und Buttersäurebakterien[8], die selbst die Fähigkeit zur Synthese besitzen. Diese kann durch

[1] Whitby, L. G.: Biochem. J. **50**, 433 (1952). — [2] Whitby, L. G.: Biochem. J. **57**, 390 (1954). — [3] Doisy, R. J., and W. W. Westerfeld: Proc. Soc. exp. Biol. Med. **80**, 203 (1952). — [4] Bessey, O. A., O. H. Lowry and R. H. Love: J. biol. Ch. **180**, 755 (1949). — Crammer, I. L.: Nature **161**, 349 (1948). — [5] McCance, R. A., E. M. Widdowson, T. Moran, W. J. S. Pringle and T. F. Macrae: Biochem. J. **39**, 213 (1945). — Copping, A. M.: Biochem. J. **37**, 12 (1943). — Melville, R.: Chem. & Industr. **1947**, 304. — Gleim, E. G., D. K. Tressler and F. Fenton: Food Res. **9**, 471 (1944). — Gleim, E., M. Albury, J. R. McCartney, K. Visnyei and F. Fenton: Food Res. **11**, 461 (1946). — Fenton, F., E. Gleim, M. Albury, J. R. McCartney and K. Visnyei: Food Res. **11**, 468 (1946). — Fenton, F., E. Gleim, A. Arnason, J. F. Thompson, M. Albury and M. Phillips: Food Res. **11**, 475 (1946). — [6] Blair, J. A., and J. Graham: Biochem. J. **56**, 286 (1954). — [7] Birch, A. J., F. W. Donovan and F. Moewus: Nature **172**, 902 (1953). — s. a. Geissmann, T. A., and E. Hinreiner: Bot. Rev., Lancaster **18**, 77 (1952). — [8] Pett, L. B.: Biochem. J. **30**, 1438 (1936). — Lavollay, J., et Laborey: Ann. Ferment., Paris **6**, 129 (1941) [C. **1942 II**, 295]. — Yamasaki, I.: B. Z. **307**, 431 (1940/41).

geeignete Veränderungen in der Zusammensetzung der Nährböden gefördert werden, z.B. bei Hefe durch Zusatz von KCN, bei Aspergillus niger durch Entzug von Mg, Fe u. a., bei B. acetobutylicum durch $CaCO_3$ (s. a. Darstellung). Die Lagerung des Gemüses und das Kochen vermindern den B_2-Gehalt um 10—30%.

Der Gehalt im mütterlichen Blutserum wird mit durchschnittlich 0,5 γ-% angegeben, während im fetalen Serum 2,1 γ-% gefunden wurde[1]. In der Schwangerschaft scheint der B_2-Bedarf stark anzusteigen[2]. Der Tagesbedarf des Menschen wird auf 2—3 mg geschätzt (0,50 mg je 1000 cal).

L-Lyxoflavin. Die Substanz wurde erstmalig von PALLARES u. GARZA[3] aus menschlichem Herzmuskel gewonnen. Sie unterscheidet sich von Riboflavin nur durch des Vorhandensein der L-Lyxose an Stelle der D-Ribose. Inzwischen ist auch die Synthese durchgeführt worden[4]. Bemerkenswert ist das Verhalten von Lyxoflavin bei den biologischen Testverfahren. Während es bei L. casei eine kompetitive Hemmung im Riboflavinmedium mit einem Hemmungsindex von etwa 50 hervorruft[5] (bei L. lactis hat es dagegen minimale Aktivität), wirkt es nach übereinstimmenden Berichten als Wuchsstoff bei Ratten[6], Schweinen[7] und Hühnchen[5]. Da die Versuchsnahrungen alle bekannten Wuchsstoffe in offenbar ausreichender Menge enthielten, scheint es also sehr wahrscheinlich, daß Lyxoflavin eine neue natürlich vorkommende Substanz mit Vitaminwirksamkeit ist.

η) Bestimmungsverfahren.

1. Biologische Verfahren.

Die quantitative Bestimmung wurde ursprünglich hauptsächlich mit Hilfe des Rattenwachstumstestes durchgeführt[8]. Die 25—35 g schweren Tiere werden bei einer Kost aus 68% Mais- (oder Reis-) stärke, 18% extrahiertem Casein, 9% Butterfett, allen anderen Vitaminen, 4% Salzmischung (OSBORNE-MENDEL) und 1% Lebertran nach 2—4 Wochen gewichtskonstant. Das Wachstum setzt nach Verabreichung von B_2-Vitaminen sofort wieder ein. 1 RE ist diejenige B_2-Menge, die bei der gewichtskonstanten Ratte in 4 Wochen eine Zunahme von 40 g bewirkt. Diese Einheit entspricht 7,5 γ reinem Lactoflavin.

Auch das Huhn wurde von manchen Autoren verwendet[9]. Weit bequemer und empfindlicher sind die *mikrobiologischen Lactoflavinbestimmungsverfahren.* Dabei ist es erforderlich, daß wegen der Empfindlichkeit des Vitamins in abgedunkeltem Raum gearbeitet wird und daß bei der Aufarbeitung des Materials sowie bei der Neutralisation der Lösungen eine Alkalisierung auf jeden Fall vermieden wird. Sogar die Alkalispuren, welche an den Glassachen haften können, führen vor allem bei Verwendung eines Ultramikroverfahrens zu Fehlbestimmungen[10]. Die Aufschließung des Untersuchungsmaterials mit Enzymen scheint der sauren Hydrolyse gleichwertig, wenn nicht überlegen zu sein[11]. Der übliche Stamm ist L. casei[12];

---

[1] LUST, J. E., D. D. HAGERMAN and C. A. VILLEE: J. clin. Invest. **33**, 38 (1954). — [2] BRZEZINSKI, A., Y. M. BROMBERG and K. BRAUN: J. Lab. clin. Med. **39**, 84 (1952). — [3] PALLARES, E. S., and H. M. GARZA: Arch. Biochem. **22**, 63 (1949). — [4] EMERSON, G. A., and K. FOLKERS: Am. Soc. **73**, 2398 (1951). — HEYL, D., E. C. CHASE, F. R. KONIUSZY and K. FOLKERS: Am. Soc. **73**, 3826 (1951). — [5] BRUINS, H. W., M. L. SUNDE, W. W. CRAVENS and E. E. SNELL: Proc. Soc. exp. Biol. Med. **78**, 535 (1951). — [6] EMERSON, G. A., and K. FOLKERS: Am. Soc. **73**, 5383 (1951). — [7] WAHLSTROM, R. C., and B. C. JOHNSON: Proc. Soc. exp. Biol. Med. **79**, 636 (1952). — [8] Vgl. WAGNER-JAUREGG, T.: Handb. biol. Arb.-Meth., Abt. V, Teil 3 B, 1211 (1938). — WAGNER, J. R., A. E. AXELROD, M. A. LIPTON and C. A. ELVEHJEM: J. biol. Ch. **136**, 357 (1940). — EMMERIE, A.: Z. Vit.-Forsch. **7**, 244 (1938). — SCHURINGA, J. H.: Recu. Trav. chim. Pays-Bas **61**, 359 (1942). — Vitamin Meth. (GYÖRGY) Bd. 1 u. 2. — STREET, H.R.: J. Nutrit. **22**, 399 (1941). — DUYNE, F.O. VAN: J. biol. Ch. **139**, 207 (1941). — [9] LEPKOVSKY, S., T. H. JUKES and M. E. KRAUSE: J. biol. Ch. **115**, 557 (1936). — [10] LOWRY, O. H., O. A. BESSEY and T. Z. HULL: J. biol. Ch. **155**, 71 (1944). — [11] DANIEL, L., and L. C. NORRIS: Food Res. **9**, 312 (1944). — [12] SNELL, E. E., and F. M. STRONG: Industr. engng. Chem. **11**, 346 (1939). — ARNOLD, A., S. T. LIPSIUS and D. J. GREENE: Food Res. **6**, 39 (1941). — GREENE, R. D., and A. BLACK: J. amer. pharmaceut. Ass. **32**, 217 (1943). — ROBERTS, E. C., and E. E. SNELL: J. biol. Ch. **163**, 499 (1946).

noch empfindlicher ist Leuconostoc mesenteroides[1]. Ein besonderes „Ultramikroverfahren“ stammt von LOWRY u. BESSEY[2]. Da die meisten anderen Milchsäurebakterien Lactoflavin benötigen[3], besteht kein Zweifel darüber, daß sich auch andere Stämme zur B_2-Bestimmung eignen werden.

2. Chemisch-physikalische Bestimmung.

Infolge seiner Eigenfarbe läßt sich Vitamin B_2 durch Messung der Lichtabsorption im Bereiche von 450—470 mμ bestimmen. Hierbei ist zu beachten, daß Begleitfarbstoffe stören können und zu entfernen sind[4].

Statt des Lactoflavins bestimmt man vorteilhafter sein Lichtumwandlungsprodukt, das Lumilactoflavin ($C_{13}H_{12}O_2N_4$), dessen molarer Absorptionskoeffizient mit dem des Lactoflavins übereinstimmt[5]. Die Umwandlung geschieht nicht ohne Verluste. Sie hat aber andererseits den Vorteil, daß gelbe und braune Begleitstoffe nach der Belichtung und Chloroformextraktion im Wasser bleiben und nicht stören.

0,1 mg Lumilactoflavin in 1 cm^3 Schichtdicke ergibt folgende Extinktion: bei 450 mμ: $\varepsilon = 5{,}65$, bei 470 mμ: $\varepsilon = 4{,}75$.

Statt der Absorption wird auch die Fluorescenz von Lactoflavin und Lumiflavin für die Bestimmung herangezogen. Diese Methode ist besonders empfindlich und gestattet noch die Erkennung sehr geringer Flavinmengen[6].

Zur Trennung des Lactoflavins von seinen Phosphorsäureestern eignen sich Benzylalkohol u. a.[7].

Trotz zahlreicher Modifikationen[8] zeigten die Studien der Association of Official Agricultural Chemists, daß die ursprüngliche Methode von HODSON u. NORRIS[9] keine zufriedenstellenden Ergebnisse liefert. LOY[10] sowie RUBIN u. Mitarb.[11] haben noch einmal die gesamten Bedingungen des Verfahrens studiert. Das Untersuchungsmaterial wird mit dünner HCl autoklaviert und dann auf p_H 6,6 gebracht. Nachdem durch Zentrifugieren oder Filtrieren eine klare Lösung gewonnen ist, wird diese in essigsaurer Lösung mit $KMnO_4$ und H_2O_2 behandelt. Nach Zusatz von $Na_2S_2O_4$ wird in einem sehr empfindlichen Fluorometer[12] abgelesen. Neuerdings ist eine Methode entwickelt worden, welche es gestattet, freies und Gesamtlactoflavin zu bestimmen[13]. Ein Photozellengalvanometer benutzen KODICEK u. WANG[14] für ihre fluorometrische Methode.

Die *klinische Anwendung* erfolgt meist in Kombination mit der Zufuhr anderer B-Vitamine, z. B. bei Sprue u. a. m.

e) Die Nicotinsäure und ihr Amid (PP-Faktor, Niacin und Niacinamid)[15-26].

Von **K. SCHREIER.**

α) Geschichtliches.

Die Krankheitsbezeichnung Pellagra wurde früher für eine ganze Reihe menschlicher und tierischer Hauterkrankungen gebraucht. Die Forschung der letzten 30 Jahre erbrachte aber den Beweis dafür, daß als ätiologische Ursache die verschiedensten Vitaminmangelzustände

[1] KORNBERG, H. A., R. S. LANGDON and V. H. CHELDELIN: Analyt. Chem., Washington **20**, 81 (1948). — [2] LOWRY, O. H., O. A. BESSEY and T. Z. HULL: J. biol. Ch. **155**, 71 (1944). — [3] PETERSON, W. H., and M. S. PETERSON: Bact. Reviews **9**, 49 (1945). — [4] KOSCHARA, W.: H. **232**, 101 (1935). — Vgl. a. EMMERIE, A.: Acta brev. neerl. Physiol. **6**, 136 (1936). — Z. Vit.-Forsch. **7**, 244 (1938). — [5] KUHN, R., T. WAGNER-JAUREGG u. H. KALTSCHMITT: B. **67**, 1452 (1934). — [6] EULER, H. v., u. E. ADLER: H. **223**, 105 (1934). — SUPPLEE, G. C., S. ANSBACHER, G. E. FLANIGAN and Z. M. HANFORD: J. Dairy Sci. **19**, 215 (1936). — [7] LUNDE, G., H. KRINGSTAD u. A. OLSEN: H. **260**, 141 (1939). — HAND, D. B.: Industr. engng. Chem. (II) **11**, 706 (1939). — [8] ANDREWS, J. S.: Cereal Chem. **20**, 3 (1943). — ANDREWS, J. S., u. Mitarb.: Cereal Chem. **20**, 613 (1943); **21**, 398 (1944). — ELLINGER, P., and M. HOLDEN: Biochem. J. **38**, 147 (1944). — SCOTT, M. L., F. W. HILL, L. C. NORRIS and G. F. HEUSER: J. biol. Ch. **165**, 65 (1946). — [9] HODSON, A. Z., and L. C. NORRIS: J. biol. Ch. **131**, 621 (1939). — [10] LOY, H. W. jr.: J. Ass. agric. Chem. **30**, 392 (1947). — [11] RUBIN, S. H., E. DE RITTER, R. L. SCHUMAN and J. C. BAUERNFEIND: Industr. engng. Chem., analyt. Ed. **17**, 136 (1945). — [12] LOWRY, O. H.: J. biol. Ch. **173**, 677 (1948). — [13] BURCH, H. B., O. A. BESSEY and O. H. LOWRY: J. biol. Ch. **175**, 457 (1948). — [14] KODICEK, E., and Y. L. WANG: Biochem. J. **44**, 340 (1949).

Zusammenfassende Darstellungen: 15—26. [15] STEPP, W., u. K. VOIT: Pellagra. Klin. Fortbildg. (= Neue dtsch. Klinik, Erg.-Bd.) Bd. 1, S. 97—108 (1933). — [16] Stepp-Kühnau-Schroeder,

anzusprechen sind. Die menschliche Pellagra und die des Hundes erwiesen sich durch das Fehlen der Nicotinsäuregruppe ausgelöst. Die Nicotinsäure wurde als pellagra preventive factor (PPF) von ELVEHJEM u. Mitarb.[1] isoliert (aus einem Leberextrakt) und als identisch mit dem bereits 1867 dargestellten Pyridinderivat[2] gefunden. Vorher hatten bereits FUNK[3] sowie SUZUKI u. Mitarb.[4] Nicotinsäure in Hefe bzw. Reiskleie festgestellt, ohne ihre Vitaminnatur zu erkennen. Um die Pellagraforschung hat sich besonders GOLDBERGER mit seinen Mitarbeitern[5] verdient gemacht. Die „Rattenpellagra“ ist ein B_6-Mangel, die „Hühnerpellagra“ durch das Fehlen der Pantothensäure bedingt[6].

Die menschliche Pellagra. Die Pellagra tritt auch heute noch endemisch auf, und zwar in Gegenden mit vorwiegend maisessender Bevölkerung (Südstaaten der USA, Rumänien, weniger in Italien) und führt in vielen Fällen zum Tode. Ursache ist im allgemeinen einseitiger Maisgenuß ohne Zulage von Fleisch und Gemüse. Bei dieser Kost fehlen nicht nur bestimmte B-Vitamine, sondern auch hochwertige Proteine (mit den wichtigen Aminosäuren Tryptophan, Lysin, Methionin u.a.), so daß gleichzeitig Eiweißunterernährung vorliegt. In manchen Fällen ist zwar die Kost ausreichend, aber die Resorption dieser unentbehrlichen Bestandteile infolge primärer Verdauungsstörungen (Colitis, Krebs, Darmtuberkulose, Ruhr u. a.) so sehr gestört, daß Pellagra als Folgeerkrankung auftritt. Die Ursache ist in beiden Fällen dieselbe, nämlich das Fehlen ganz bestimmter Wirkstoffe im Stoffwechsel.

β) Ausfallserscheinungen.

Das klinische Bild der Pellagra wird weitgehend beherrscht von den typischen *Hauterscheinungen*, die an den dem Tageslicht ausgesetzten, ungeschützten Körperstellen auftreten. Leichtere Fälle zeigen Rötung und Schwellung, schwere hingegen Erytheme und Exantheme, und zwar in charakteristischer symmetrischer Anordnung: Um Augen und Nase entstehen oft schmetterlingsähnliche Hauterscheinungen, Hände und Füße werden paarweise befallen (pellagröser Schuh und Handschuh). Auch am Hals (CASALsches Halsband) sind die Hautschädigungen symmetrisch angeordnet. Im fortgeschrittenen Stadium tritt nach starker Abschuppung eine schwarzbraune Pigmentierung ein.

Zu den manifesten Symptomen der Pellagra gehören weiterhin ausgesprochene *Schädigung des gesamten Verdauungskanals* vom Mund bis zum Darm. Die Mundschleimhäute und die Zunge sind stark entzündet und neigen zu Geschwürbildung. Im Darm treten Blutungen auf, die Resorption ist stark beeinträchtigt, Durchfälle und sog. Fettstühle sind häufig. Bemerkenswert ist weiterhin die Achylie im Magensaft. Die Erkrankung des Verdauungskanals geht den Hauterscheinungen meist voran.

Vitamine 7. Aufl. Bd. 1, S. 270—331. — [17] ELVEHJEM, C. A.: Nicotinic acid in nutrition. Ann. internal Med. **13**, 225 (1939). Relation of nicotinic acid to pellagra. Physiol. Rev. **20**, 249 bis 271 (1940). — [18] ARON, H., u. K. KLINKE: Handb. Biochem., Erg.-W. Bd. 3, S. 284—318. — [19] MOLLOW, W.: STEPP, W., Ernährungslehre. S. 372—385. Berlin 1939. — [20] SCHORMÜLLER, J.: Reichsgesh.-Bl. **17**, 229 (1942). — [21] FRONTALI, G.: Schweiz. med. Wschr. **72**, 208 (1942). — [22] FLINKER, R.: Die Pellagra. Ergebn. inn. Med. **49**, 522—579 (1935). — [23] SHIVE, W.: The nicotinic acid group. Williams u. a., B Vitamins S. 604—619. — [24] Ammon-Dirscherl, Fermente, Hormone, Vitamine. Das Antipellagra-Vitamin. S. 843—587. — [25] Bicknell-Prescott, Vitamins. Nicotinic acid (niacin). S. 375—442. — [26] ROBINSON, F. A.: The Vitamin B Complex. London 1951.

[1] ELVEHJEM, C. A., R. J. MADDEN, F. M. STRONG and D. W. WOOLLEY: Am. Soc. **59**, 1767 (1937). — [2] HUBER, C.: A. **141**, 271 (1867). — [3] FUNK, C.: J. Physiol., London **46**, 173 (1913). — [4] SUZUKI, U., T. SHIMAMURA u. S. ODAKE: B. Z. **43**, 89 (1912). — [5] GOLDBERGER, J., u. Mitarb.: Publ. Hlth. Rep. **40**, **41**, **44**, **46**, **48**, **49** (1925—1934). — [6] GYÖRGY, P.: Biochem. J. **29**, 741, 760 (1935). — HOGAN, A. G., and L. R. RICHARDSON: Science, N. Y. **83**, 17 (1936). — BIRCH, T. W., P. GYÖRGY and L. J. HARRIS: Biochem. J. **29**, 2830 (1935). — BIRCH, T. W., and P. GYÖRGY: Biochem. J. **30**, 304 (1936). — DANN, W. J.: J. Nutrit. **11**, 451 (1936).

Die genannten Hauterkrankungen sind auf das Fehlen des eigentlichen Pellagraschutzstoffes, zum Teil auch des Vitamin H, nicht aber auf B_2-Mangel zurückzuführen. Ob sämtliche Krankheitserscheinungen des Verdauungssystems dem Fehlen des PP-Faktors zuzuordnen sind, ist heute noch unentschieden. Es ist möglich, daß ein Teil (die Schleimhautschädigungen) durch das Fehlen anderer Vitamine verursacht wird.

Der Pellagra eigentümlich sind eine Reihe *nervöser Störungen* (Spasmen, Reflexsteigerungen), die auf Nervenschädigung zurückgehen (Ödeme, Hyperämien, Schrumpfungen im Gehirn und Rückenmark). Die Hirnhäute sind vielfach trüb und verdickt, die Marksubstanz zum Teil verschwunden, die Rinde verfärbt. Es handelt sich dabei um rein degenerative Erscheinungen. Sowohl bei der klassischen Pellagra als auch bei den durch Alkohol und andere Schädigungen bedingten „pseudopellagrösen Zuständen" gehen psychische Symptome den anderen Mangelerscheinungen meist um Wochen oder sogar Monate voraus. Diese bestehen in Schlappheit, allgemeiner Retardation, Verlangsamung des Bewegungsablaufs, Vergeßlichkeit, Tendenz zu Konfabulation und depressiven Zuständen[1].

Schließlich sei noch ein sehr häufiges Symptom der Pellagra erwähnt, das allerdings einer ganzen Reihe von Mangelkrankheiten gemeinsam ist, nämlich eine *sekundäre hypochrome Anämie*[2], begleitet von Müdigkeit, Schwindelgefühl, Appetitlosigkeit u. a.

Neben der manifesten Pellagra unter den maisessenden Bevölkerungsschichten südlicher Länder kommen fast überall latente pellagraähnliche Erkrankungen vor, die sich in Erregungszuständen, Adynamie, Gewichtsabnahme, Nageldefekten u. a. äußern.

Pellagrakranke scheiden eine große Menge eines *roten Pigmentes im Urin* aus. Es handelt sich offenbar um Urorosein und daneben um Indirubin oder ähnliche Substanzen[3]. Die bei „Alkoholpellagra" häufig beobachtete Koproporphyrinurie wird mehr auf die Leberschädigung durch Alkohol zurückgeführt, da sie sich bei der echten Pellagra nur selten findet[4]. Versuche einer Therapie der Pellagrazustände mit den anderen Vitaminen des B-Komplexes ergaben, daß die neurologischen Symptome häufig auf B_2 rasch ansprechen, während andere Erscheinungen nach Zufuhr von B_1 verschwanden[5]. Die Symptome der Säuglingspellagra, welche neben Hauterscheinungen sich durch Fettstühle und Leberverfettung manifestiert, sind sicher mitbedingt durch das Fehlen von Pantothensäure, Folsäure u. a.[6].

Eine der menschlichen Pellagra entsprechende Erkrankung tritt auch beim Hund auf („black tongue"). Sie ist eine Mischavitaminose. Eine „reine" Hundepellagra läßt sich experimentell erzeugen. Die Ausfallserscheinungen sind: Gastroenteritis mit Durchfällen und Blutungen, Nervenschädigungen (Ataxie, Reflexstörungen als Folge der Schwellung und Vacuolisierung der Vorderhornzellen sowie der Markscheidendegeneration). Auch bei Schweinen und Affen kann Pellagra auftreten[7].

---

[1] Vgl. Chick, H.: Lancet **1933 II**, 341. — Sydenstricker, V. P.: Proc. R. Soc. Med. **36**, 169 (1943). — [2] Lepkovsky, S., and T. H. Jukes: J. Nutrit. **12**, 515 (1936). — Jukes, T. H.: J. biol. Ch. **117**, 11 (1937). — Koehn, C. J. jr., and C. A. Elvehjem: J. Nutrit. **11**, 67 (1936). — Gorter, F. J.: Z. Vit.-Forsch. **5**, 1 (1936). — Sure, B., M. C. Kik and M. E. Smith: Proc. Soc. exp. Biol. Med. **28**, 498 (1931). — [3] Watson, C. J.: Proc. Soc. exp. Biol. Med. **41**, 591 (1939). — Watson, C. J., and J. A. Layne: Ann. internal Med. **19**, 183 (1943). — [4] Rimington, C., and Z. A. Leitner: Lancet **1945 II**, 494. — [5] Sydenstricker, V. P.: Ann. internal Med. **14**, 1499 (1941). — Sebrell, W. H., and R. E. Butler: Publ. Hlth. Rep. **53**, 2282 (1938). — [6] Gillman, T., and J. Gillman: Arch. internal Med., Chicago **76**, 63 (1945). — [7] Chick, H., T. F. Macrae, A. J. P. Martin and C. J. Martin: Biochem. J. **32**, 844 (1938). — Harris, L. J.: Biochem. J. **32**, 1479 (1938).

γ) Chemie.

Die typischen Pellagramangelerscheinungen bei Mensch, Affe, Schwein und Hund sind durch Nicotinsäure- oder Nicotinsäureamid heilbar[1]. Beide Verbindungen sind im Tierreich weit verbreitet und können auch in beliebigen Mengen synthetisch gewonnen werden. Sie sind verhältnismäßig stabil.

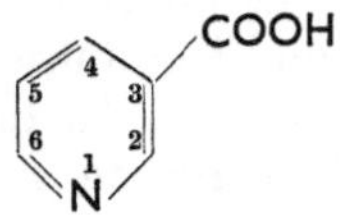

Nicotinsäure (F 236°) 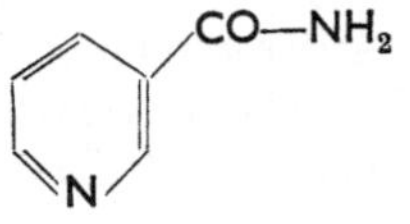 Nicotinsäureamid (F 131°) 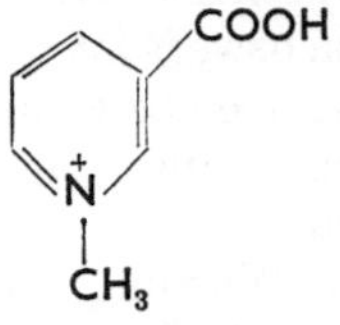 Trigonellin

Nicotinsäure kommt in der Pflanze zum Teil auch in Form von Trigonellin vor (vgl. a. Bd. 1, S. 785).

δ) Wirkungsmechanismus.

Die unabdingbare Lebensnotwendigkeit der Nicotinsäure beruht auf ihrem Einbau in die beiden Codehydrogenasen I und II (WARBURG; v. EULER u. a.; s. Bd. 1, S. 831 u. 1181). Neuerdings ist als Coenzym III der Cofactor für die Oxydation der Cysteinsulfinsäure zu Cysteinsäure, ein weiteres Nicotinamidcoenzym, beschrieben worden[2] (s. a. [3]). Allen Codehydrogenasen gemeinsam ist die reversible Anlagerung von Wasserstoff an den Pyridinring, wodurch die Wirkungsspezifität dieser Dehydrasen zum Ausdruck kommt. (Die Substratspezifität wird durch die jeweiligen Apofermente bedingt.) Die spezifische H-Übertragung findet am quartären Pyridinium-N-Atom statt nach folgendem Schema (v. EULER)[4]:

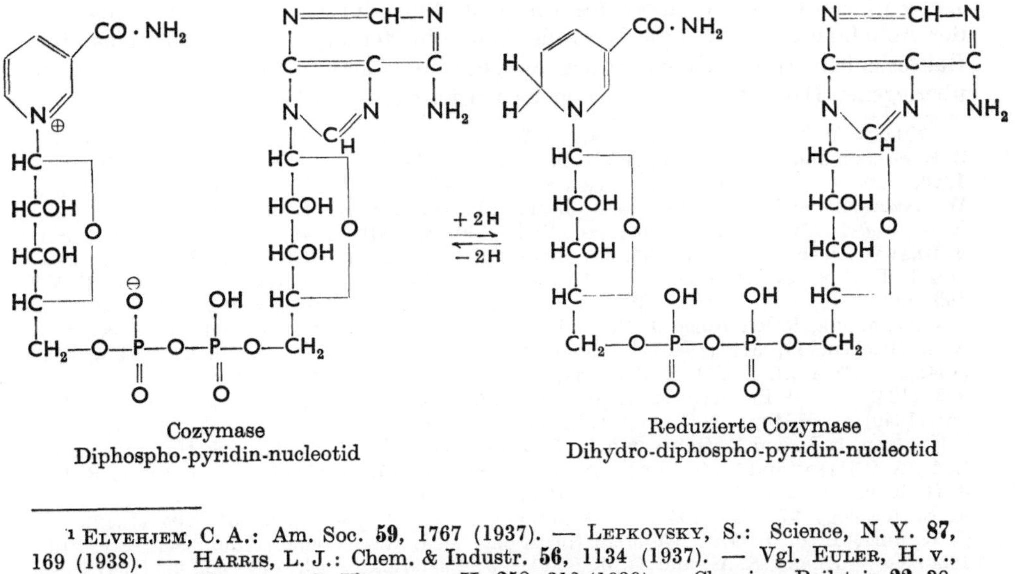

$$\xrightarrow[-2H]{+2H}$$

Cozymase
Diphospho-pyridin-nucleotid

Reduzierte Cozymase
Dihydro-diphospho-pyridin-nucleotid

[1] ELVEHJEM, C. A.: Am. Soc. **59**, 1767 (1937). — LEPKOVSKY, S.: Science, N. Y. **87**, 169 (1938). — HARRIS, L. J.: Chem. & Industr. **56**, 1134 (1937). — Vgl. EULER, H. v., F. SCHLENK, L. MELZER u. B. HÖGBERG: H. **258**, 212 (1939). — Chemie s. Beilstein **22**, 38, 40 (503). — [2] SINGER, T. P., and E. B. KEARNY: Fed. Proc. **12**, 269 (1953). Biochim. biophysica Acta, N. Y. **8**, 700 (1952). — [3] SNELL, E. E.: Physiol. Rev. **33**, 509 (1953). — [4] RUDY, H.: Stepp, Ernährungslehre S. 151. — Vgl. a. Bd. 1, S. 1037.

Im allgemeinen reagieren die Pyridin-adenin-dinucleotid-Dehydrogenasen unmittelbar mit dem Substrat und geben im Anschluß daran den H an Flavinenzyme weiter (s. a. Bd. 1, S. 1037). Da Nicotinsäureamid die DPN-Nucleosidase hemmt[1], scheint eine Stabilisierung der Codehydrogenase I zu erfolgen. Eine weitere, wenn auch im einzelnen noch nicht genau geklärte Wirkung der Nicotinsäure ist die auf den Blutzuckerspiegel[2]. Ob dieser Einfluß wirklich über eine „Steuerung" der physiologischen Alloxanwirkung verläuft[3], muß wohl noch abgewartet werden. Bemerkenswert ist jedenfalls das Auftreten einer Ketonämie (und Ketonurie) bei Hungerratten bzw. diabetischen Tieren[4] nach relativ hohen Niacindosen. In diesem Zusammenhang mag erwähnt werden, daß Diabetiker zu Pellagra zu neigen scheinen[5].

Eine Wirkung auf die Dunkeladaptation des Auges wird durch den Nachweis verständlich, daß das Ferment „Retinenreduktase" als Coferment Codehydrogenase I enthält[6]. Es wird allgemein angenommen, daß Nicotinsäure und Nicotinsäureamid sowohl bei der Behandlung der Pellagra als auch in ihren sonstigen Funktionen völlig gleich wirksam sind, da offenbar der normale Säugerorganismus die Säure in das Amid und so in die Codehydrogenase umwandeln kann. Bei Zufuhr größerer Mengen verhalten sie sich allerdings nicht völlig identisch[7].

ε) Nicotinsäure und Mikroorganismen.

Von den Hefearten benötigen nur ganz wenige Nicotinsäure[8]. Dasselbe gilt auch für andere Pilzarten, mit Ausnahme einiger Neurosporamutanten[9]. Die meisten Lactobacillen wachsen nur in Gegenwart von Nicotinsäure[10]. Auch Proteusarten[11], Shigellen[12] und Salmonellen[13], Acetobacter[14], Clostridium[15], Brucella abortus[16], Strept. plantarum[17] und schließlich Staphylokokken[18] benötigen Nicotinsäure. In hohen Dosen wirken dagegen sowohl die Säure als auch Nicotinsäureamid als Hemmsubstanz[19]. Dies gilt bezüglich des Amids besonders für den Tuberkelbacillus[20]. Seit 1948 wurden zahllose Derivate von Nicotinsäure und auch Isonicotinsäure auf ihre tuberculostatische Wirkung durchgetestet[21]. Man ging von der Annahme aus, daß diese Wirkung über die Hemmung der Nucleotidase im Bakterienleib erfolgt. Es erwies sich aber, daß eines der wenigen, dem Nicotinamid überlegenen Derivate, das Pyrazinoincarbonsäureamid („Aldinamid"), das Enzym

[1] Mann, P. J. G., and J. H. Quastel: Biochem. J. **35**, 502 (1941). — Barron, E. S. G., Z. B. Miller and G. R. Bartlett: J. biol. Ch. **171**, 791 (1947). — [2] Göbell, O.: Kli. Wo. **1940**, 710. — [3] Banerjee, S.: Science, N. Y. **106**, 128 (1947). — Huisman, T. H. J., W. Lammers and P. Siderius: Acta physiol. pharmacol. neerl. **1**, 184 (1950). — [4] Janes, R. G., and L. Myers: Proc. Soc. exp. Biol. Med. **63**, 410 (1946). — Janes, R. G., and J. Brady: Amer. J. Physiol. **159**, 547 (1949). — [5] Cleckley, R. M., V. P. Sydenstricker and L. E. Geeslin: J. amer. med. Ass. **112**, 2107 (1939). — [6] Wald, G.: Science, N. Y. **109**, 482 (1949). — [7] Holman, W. I. M., and D. J. de Lange: Nature **166**, 468 (1950). — [8] Burkholder, P. R.: Amer. J. Bot. **30**, 206 (1943). — [9] Bonner, D., and G. W. Beadle: Arch. Biochem. **11**, 319 (1946). — Mitchell, H. K., and J. Lein: J. biol. Ch. **175**, 481 (1948). — [10] Atkin, L., A. S. Schultz, W. L. Williams and C. N. Frey: Am. Soc. **65**, 992 (1943). — [11] Pelczar, M. J. jr., and J. R. Porter: Proc. Soc. exp. Biol. Med. **43**, 151 (1940). — [12] Weil, A. J., and J. Black: Proc. Soc. exp. Biol. Med. **55**, 24 (1944). — [13] Kligler, I. J., and N. Grossowicz: J. Bacteriology **42**, 173 (1941). — [14] Underkofler, L. A., A. C. Bantz and W. H. Peterson: J. Bacteriology **45**, 183 (1943). — [15] Feeney, R. E., J. H. Mueller and P. A. Miller: J. Bacteriology **46**, 563 (1943). — [16] Kerby, G. P.: J. Bacteriology **37**, 495 (1939). — [17] Möller, E. F.: Angew. Chem. **53**, 204 (1940). — [18] Knight, B. C. J. G.: Bacterial Nutrition. Med. Res. Council Rep. Ser. Nr. 210. 1936. — [19] Koser, S. A., and G. J. Kasai: J. Bacteriology **53**, 743; **54**, 20 (1947). — [20] Chorine, V.: Cr. **220**, 150 (1945). — [21] McKenzie, D., L. Malone, S. Kushner, J. J. Oleson and Y. Subbarow: J. Lab. clin. Med. **33**, 1249 (1948). — Kushner, S., H. Dalalian, R. T. Cassell, J. L. Sanjurjo, D. McKenzie and Y. Subbarow: J. org. Chem. **13**, 834 (1948).

nicht hemmt[1]. Die breiteste klinische Verwendung hat aber das *Isonicotinsäurehydrazid* erfahren. Über seine therapeutische Wirksamkeit bei der menschlichen Tuberkulose bestehen keine Zweifel[2].

ζ) Stoffwechsel.

1. Bildung.

Die Beobachtung von KREHL u. Mitarb.[3], daß bei der Ratte die Aminosäure Tryptophan in der Lage ist, den Nicotinsäuremangel zu beheben, wobei 50 mg Tryptophan etwa 1 mg Nicotinsäure entsprechen, hat eine ausgedehnte Forschung über die Beziehungen der beiden Substanzen induziert[4,5], welche zu einem großen Teil mit Hilfe von Neurosporamutanten durchgeführt wurde[6]. Auf Grund dieser Studien und vor allem auch der Untersuchungen von HEIDELBERGER u. Mitarb.[7] mit isotopem Tryptophan kann es nunmehr als gesichert gelten, daß alle bis jetzt untersuchten Säugetiere[8] (bis auf Katzen?[9]) und auch Vögel[10], nicht aber Insekten[11] in der Lage sind, Tryptophan in Nicotinsäure umzuwandeln. Folgendes Schema* wird wahrscheinlich dem Wege, auf dem diese Umwandlung erfolgt, gerecht (s. a. Bd. 2/1, S. 991 ff.).

Tryptophan

Oxyanthranilsäure

Chinolinsäure

Kynurenin

Oxykynurenin

Nicotinsäure

Vitamin B_6 greift (als Pyridoxalphosphat) in diesen Tryptophanumbau ein[12]. Während die Rolle der 3-Oxyanthranilsäure ziemlich klar ist, bestehen noch

* Modifiziert nach BONNER u. YANOFSKY[13].

[1] ROGERS, E. F., W. J. LEANZA, H. J. BECKER, A. R. MATZUK, R. C. O'NEILL, A. J. BASSO, G. A. STEIN, M. SOLOTOROVSKY. F. J. GREGORY and K. PFISTER 3rd: Science, N. Y. **116**, 253 (1952). — [2] Editorial: J. amer. med. Ass. **148**, 1034 (1952). — DOMAGK, G., H. A. OFFE u. W. SIEFKEN: D. m. W. **1952**, 573. — KLEE, P.: D. m. W. **1952**, 578. — [3] KREHL, W. A., L. J. TEPLY, P. S. SARMA and C. A. ELVEHJEM: Science, N. Y. **101**, 489 (1945). — [4] Zusammenfassungen: KREHL, W. A.: Vitamins & Hormones **7**, 111—146 (1949). — BONNER, D. M., and C. YANOFSKY: J. Nutrit. **44**, 603 (1951). — [5] MASON, M., and C. P. BERG: J. biol. Ch. **195**, 515 (1952). — [6] BEADLE, G. W., H. K. MITCHELL and J. F. NYC: Proc. nat. Acad. Sci. USA **33**, 155 (1947). — BONNER, D., and G. W. BEADLE: Arch. Biochem. **11**, 319 (1946). — BONNER, D. M., and C. YANOFSKY: Proc. nat. Acad. Sci. USA **35**, 576 (1949). — HENDERSON, L. M.: J. biol. Ch. **181**, 677 (1949). — [7] HEIDELBERGER, C., E. P. ABRAHAM and S. LEPKOVSKY: J. biol. Ch. **179**, 151 (1949). — HEIDELBERGER, C., M. E. GULLBERG, A. F. MORGAN and S. LEPKOVSKY: J. biol. Ch. **179**, 143 (1949). — [8] LUECKE, R. W., W. N. MCMILLEN, F. THORP jr. and C. TULL: J. Nutrit. **36**, 417 (1948). — ROSEN, F., and W. A. PERLZWEIG: J. biol. Ch. **177**, 163 (1949). — SINGAL, S. A., V. P. SYDENSTRICKER and J. M. LITTLEJOHN: J. biol. Ch. **176**, 1051, 1063 (1948). — SARETT, H. P., and G. A. GOLDSMITH: J. biol. Ch. **177**, 461 (1949). — HENDERSON, L. M., and H. M. HIRSCH: J. biol. Ch. **181**, 667 (1949). — [9] SILVA, A. C. DA, S. FRIED and R. C. DE ANGELIS: J. Nutrit. **46**, 399 (1952). — [10] BRIGGS, G. M. jr.: J. Nutrit. **31**, 79 (1946). — [11] FRAENKEL, G., and H. R. STERN: Arch. Biochem. **30**, 438 (1951). — KATO, M., and Y. HAMAMURA: Science, N. Y. **115**, 703 (1952). — [12] HENDERSON, L. M., I. M. WEINSTOCK and G. B. RAMASARMA: J. biol. Ch. **189**, 19 (1951). [13] YANOFSKY, C., and D. M. BONNER: J. biol. Ch. **190**, 211 (1951). — PARTRIDGE, C. W. H., D. M. BONNER and C. YANOFSKY: J. biol. Ch. **194**, 269 (1952). — LEIFER, E., and W. H. LANGHAM; J. F. NYC and H. K. MITCHELL: J. biol. Ch. **184**, 589 (1950).

gewisse Unsicherheiten über den unmittelbaren Vorläufer der Chinolinsäure[1], und ob sie überhaupt ein direktes Zwischenprodukt der Nicotinsäuresynthese ist oder nur ein stabilisiertes Ausscheidungsprodukt, denn auf molarer Basis berechnet sind die wachstumsfördernden Fähigkeiten der Chinolinsäure niedriger als die von Nicotinsäure oder 3-Oxyanthranilsäure[2]. Auch Studien mit ^{15}N-Tryptophan bzw. 3-Oxyanthranilsäure haben noch keine endgültige Klärung gebracht[3]. Auch betreffs der Kynureninstufe bestehen noch Unklarheiten[4]. Versuche mit isotop markierten Substanzen haben zwar gezeigt, daß sowohl Kynurenin als auch Nicotinsäureamid aus Tryptophan gebildet werden, aber die Belastung der Niacinmangelratte mit Kynurenin ergab keine Vitaminwirksamkeit dieser Substanz[5]. Nach anderen Autoren[6] soll aber vermehrt Methylnicotinsäureamid im Urin erscheinen. In der Leber finden sich Enzyme[7], welche L-Tryptophan über die Zwischenstufe N-Formyl-kynurenin in L-Kynurenin umwandeln. Die Spaltung von 3-Oxykynurenin zu 3-Oxyanthranilsäure erfolgt wahrscheinlich durch die Kynureninase (Wiss[8]). Als Nicotinsäureamidvorläufer ist lediglich L-Tryptophan wirksam. Es bedarf kaum der Betonung, daß die Synthese aus der frei zugeführten Aminosäure größer ist, als wenn sie im Eiweißverbande gereicht wird. Während dieser Stoffwechselweg weitgehend gesichert erscheint, nehmen andere Autoren[9] an, daß Tryptophan lediglich die Nicotinsäuresynthese durch Darmbakterien katalysiert, wobei als Vorläufer Ornithin postuliert wird. Durch Eviszeration[10] wurde aber diese Annahme recht unwahrscheinlich gemacht. Es erhebt sich andererseits natürlich die Frage, ob die Synthese der Nicotinsäure aus den Vorstufen ausreicht und ob die Darmbakterien nicht doch eine Hilfestellung leisten.

Da Mais neben dem niedrigen Niacingehalt (den es ja mit den meisten anderen Getreidearten teilt) auch sehr wenig Tryptophan enthält, schien das Rätsel der menschlichen Pellagra gelöst, und die Annahme einer besonderen toxischen Substanz (Woolley[11]) schien überflüssig. Neuerdings wird aber berichtet, daß durch Alkalibehandlung die wachstumshemmende[12] und pellagrafördernde[13] Wirkung hoher Maisdosen aufgehoben werden.

2. Umsatz und Ausscheidung.

Das Blut enthält im Durchschnitt 250—600 γ-% Nicotinsäure + Amid. Der größte Teil liegt in Form der Cozymase vor. Die im Organismus nicht zu Pyridinnucleotiden aufgebaute Nicotinsäure wird beim Menschen größtenteils methyliert. Dieser Prozeß wird durch die „Nicotinsäureamidmethylkinase“ katalysiert[14]. Es sind dafür ATP und Methionin (nicht Betain o. ä.) erforderlich. Ausgedehnte Studien[15] ergaben, daß nach einer entsprechenden Niacindosis beim Menschen

[1] Henderson, L. M.: J. biol. Ch. **178**, 1005 (1949). — [2] Henderson, L. M., and G. B. Ramasarma: J. biol. Ch. **181**, 687 (1949). — [3] Yanofsky, C., and D. M. Bonner: J. biol. Ch. **190**, 211 (1951). — Partridge, C. W. H., D. M. Bonner and C. Yanofsky: J. biol. Ch. **194**, 269 (1952). — Leifer, E., and W. H. Langham; J. F. Nyc and H. K. Mitchell: J. biol. Ch. **184**, 589 (1950). — [4] Zusammenfassung: Krehl, W. A.: Vitamins & Hormones **7**, 111—146 (1949). — [5] Krehl, W. A., D. Bonner and C. Yanofsky: J. Nutrit. **41**, 159 (1950). — Rosen, F., J. W. Huff and W. A. Perlzweig: J. Nutrit. **33**, 561 (1947). — [6] Kallio, R. E., and C. P. Berg: J. biol. Ch. **181**, 333 (1949). — [7] Knox, W. E., and A. H. Mehler: J. biol. Ch. **187**, 419 (1950). — [8] Wiss, O.: Helv. **32**, 1694 (1949). — Wiss, O., G. Viollier u. M. Müller: Helv. **33**, 771 (1950). — [9] Ellinger, P., and M. M. Abdel Kader: Nature **160**, 675 (1947); **163**, 799 (1949). Biochem. J. **44**, 285, 506; **45**, 276 (1949). — [10] Hundley, J. M.: Proc. Soc. exp. Biol. Med. **70**, 592 (1949). — [11] Woolley, D. W.: J. biol. Ch. **163**, 773 (1946). — [12] Laguna, J., and K. J. Carpenter: J. Nutrit. **45**, 21 (1951). — [13] Kodicek, E.: Biochem. J. **48**, VIII (1951). — [14] Cantoni, G. L.: Fed. Proc. **9**, 158 (1950). J. biol. Ch. **189**, 203 (1951). — [15] Pearson, P. B., W. A. Perlzweig and F. Rosen: Arch. Biochem. **22**, 191 (1949). — Perlzweig, W. A., F. Rosen and P. B. Pearson: J. Nutrit. **40**, 453 (1950). — Briggs, A. P., S. A. Singal and V. P. Sydenstricker: J. Nutrit. **29**, 331 (1945).

30—40% als *Trigonellinamid* (N_1-Methylnicotinsäureamid) (Normalausscheidung etwa 5—10 mg/Tag) und 35—45% als *6-Methylpyridon-carbonsäureamid*[1,2] ausgeschieden wurden. Letztere Substanz wird im Stoffwechsel zu noch unbekannten Produkten in einem geringen Maße umgebaut[1,3]. Trigonellin ist kein Abbauprodukt der Nicotinsäure beim Menschen. Es findet sich nur im Urin, wenn es mit der Nahrung zugeführt wurde.

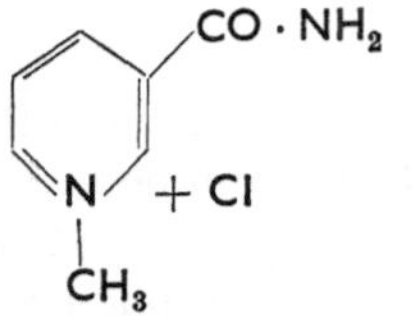

CO · NH_2 N + Cl CH_3

Trigonellinamid

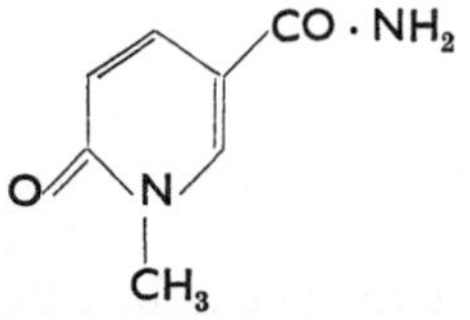

CO · NH_2 O N CH_3

Methylpyridon-Carbonsäureamid

Die Nicotinsäureamidmethylierung ist bei den bis jetzt untersuchten Tieren[3,4] stets niedriger als beim Menschen. Bei Kaninchen und Meerschweinchen erfolgt kaum eine Methylierung. Die Wiederkäuer scheiden Niacin hauptsächlich als Nicotinursäure aus. Es ist bemerkenswert, daß die Ausscheidung der Endprodukte nach Nicotinsäureamid stets größer gefunden wurde als nach Zufuhr der Säure. Es scheinen demnach doch gewisse Differenzen im Umsatz der beiden Substanzen zu bestehen[5]. Untersuchungen mit ^{14}C-Niacin und Niacinamid[6] ergaben, daß Nicotinursäure bei der Ratte eher ein Entgiftungs-, wohl aber kaum ein normales Stoffwechselprodukt der Nicotinsäure ist. Das normale Ausscheidungsprodukt ist Trigonellinamid. Hohe Alkoholzufuhr führt zu einer vermehrten Ausscheidung der Niacinabbauprodukte[7]. Eine Studie des Nicotinsäurestoffwechsels bei jungen Säuglingen stammt von DEAN u. HOLMAN[8].

η) Konstitution und Wirksamkeit.

Im Tierkörper (Hund) und bei Kleinlebewesen hat sich gezeigt, daß die physiologische Wirksamkeit nur wenigen chemischen Verbindungen zukommt. Voraussetzung der Vitaminwirkung sind solche 3-substituierte Pyridine, bei denen noch eine reversible Reduktion der Pyridiniumverbindung möglich ist. So bleibt die Wirksamkeit bei der Veresterung bzw. Verätherung der Carboxyl- bzw. Amidgruppe weitgehend erhalten. Coramin (Diäthylamid der Nicotinsäure) z. B. hat noch $^1/_{15}$ der Wirksamkeit der Nicotinsäure. Auch das Methylbetain der Nicotinsäure, das Trigonellin, ist allem Anschein nach wirksam. 2- oder 4-substituierte Pyridine sind unwirksam. Desamino-Cozymase, die statt des Adenylrestes Hypoxanthin enthält, ist im Gärtest etwa $^1/_3$ so wirksam wie die Cozymase selbst. Obwohl eine sehr große Zahl von Analogen der Nicotinsäure und auch verwandte Stoffe als Hemmsubstanzen getestet wurden, sind bis jetzt nur sehr wenige als kompetitive oder nichtkompetitive Inhibitoren mitgeteilt worden.

Klinische Bedeutung hat lediglich 3-Pyridinsulfonamid (Sulfapyridin) erlangt[9]. Die Substanz ist allerdings nur für einige Bakterien toxisch, und ihre Wirkung

[1] KNOX, W. E., and W. I. GROSSMAN: J. biol. Ch. **166**, 391 (1946); **168**, 363 (1947). — [2] HUNTER, S. F., and P. HANDLER: Arch. Biochem. **35**, 377 (1952). — [3] ELLINGER, P., and M. M. ABDEL KADER: Biochem. J. **44**, 77, 627 (1949). — [4] LEIFER, E., L. J. ROTH, D. S. HOGNESS and M. H. CORSON: J. biol. Ch. **190**, 595 (1951). — [5] HOLMAN, W. I. M., and D. J. DE LANGE: Nature **166**, 468 (1950). — HOAGLAND, C. L.. S. M. WARD and R. E. SHANK: J. biol. Ch. **151**, 369 (1943). — [6] JOHNSON, B. C., and P. H. LIN: Am. Soc. **75**, 2971, 2974 (1953). — [7] BUTLER, R. E., and H. P. SARETT: J. Nutrit. **35**, 539 (1948). — [8] DEAN, R. F. A., and W. I. M. HOLMAN: Arch. Dis. Childh. **25**, 292 (1950). — [9] MCILWAIN, H.: Brit. J. exp. Path. **21**, 136 (1940). — MÖLLER, E. F., u. L. BIRKOFER: B. **75**, 1118 (1942). — MATTI, J., F. NITTI, M. MOREL et A. LWOFF: Ann. Inst. Pasteur **67**, 240 (1941).

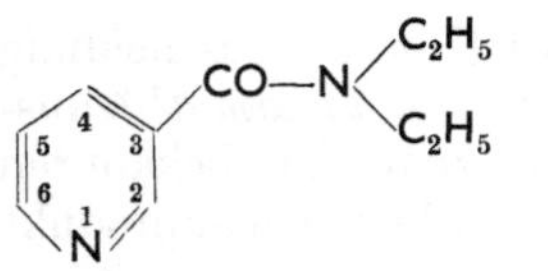

Coramin 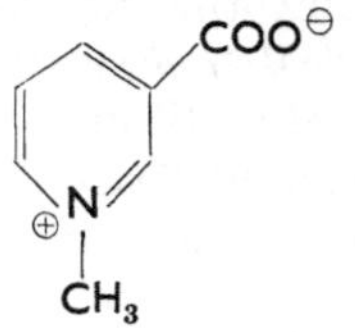 Trigonellin 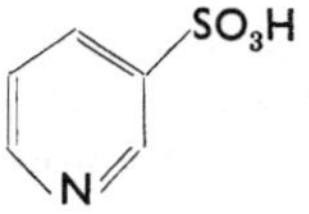 Pyridin-3-sulfonsäure 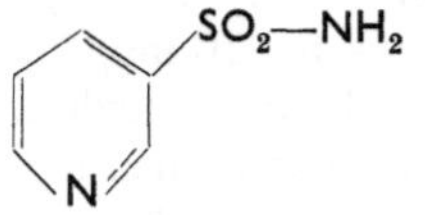 Pyridin-3-sulfonamid

wird dann kompetitiv durch das Vitamin aufgehoben. Auch 3-Pyridinsulfonsäure und Methyl-3-pyridylketon (3-Acetylpyridin)[1] hemmen unterschiedlich das Wachstum einzelner Mikroorganismen. 3-Acetylpyridin wurde auch zur Erzeugung einer experimentellen Pellagra verwendet[2]. Tryptophan hebt die Toxizität der Substanz auf[3]. Nach Injektion in den Dottersack ruft Acetylpyridin in subletalen Konzentrationen die verschiedensten Mißbildungen beim sich entwickelnden Hühnchen[4] hervor. Auch 6-Aminonicotinsäure zeigt bei Staph. aureus einen gewissen Antagonismus gegen die Nicotinsäuregruppe. Die Wirkung von Codehydrogenase I wird kompetitiv durch 3-Pyridinsulfonsäure gehemmt, allerdings sind Nicotinsäure und ihr Amid selbst auch schwach wirksam. Dasselbe gilt auch für Salicylsäure[5]. Kompetitive Hemmstoffe sind ferner die Halogenderivate der Nicotinsäure, besonders 5-Fluoronicotinsäure[6].

ϑ) Vorkommen.

Nicotinsäure und Nicotinsäureamid sind weit verbreitet sowohl in tierischen als auch in pflanzlichen Nahrungsstoffen. Die älteren Werte sind ziemlich komplett von McVicar u. Berryman[7] zusammengetragen. In der Tabelle 196 haben wir uns hauptsächlich auf neuere Angaben gestützt[8]. Im großen und ganzen läßt sich sagen, daß Fleisch und Fisch (besonders Niere und Leber) einen hohen

Tabelle 196. Durchschnittlicher Nicotinsäureamidgehalt einiger Nahrungsmittel (in mg-%).

	Antipellagra-vitamin		Antipellagra-vitamin
Leber	12—20	Roggenkeime	2,6
Niere (Rind)	6—20	Reis	2,5
Niere (Schwein)	4—15	Mais	1,5
Muskelfleisch (Rind)	4—10	Kartoffeln	1,0
Fischfleisch (Hering u. a.)	2—8	Gemüse	0,5—1,0
Fischleber	1,6	Endivien	0,8
Weizenmehl (voll)	5,5	Bierhefe (feucht)	10
Roggenmehl (voll)	1,5	Bäckerhefe	12
Weizenkeime	5	Milch (Kuh)	0,1—0,5

[1] Erlenmeyer, H., u. W. Würgler: Helv. **25**, 249 (1942). — Hauhagen, E.: H. **274**, 48 (1942). — Gaebler, O. H., and E. V. Sherman: Fed. Proc. **6**, 254 (1947). — [2] Woolley, D. W.: J. biol. Ch. **157**, 455 (1945). — [3] Woolley, D. W.: J. biol. Ch. **162**, 179 (1946). — [4] Ackermann, W. W., and A. Taylor: Proc. Soc. exp. Biol. Med. **67**, 449 (1948). — [5] Euler, H. v.: B. **75**, 1876 (1942). — Euler, H. v., u. L. Ahlström: H. **279**, 174 (1943). — [6] Hughes, D. E.: Biochem. J. **57**, 485 (1954). — [7] McVicar, R. W., and G. H. Berryman: J. Nutrit. **24**, 235 (1942). — [8] Mather, K., and E. C. Barton-Wright: Nature **157**, 109 (1946). — Pearson, P. B., A. L. Darnell and J. Weir: J. Nutrit. **31**, 51 (1946). — Robinson, J., N. Levitas, F. Rosen and W. A. Perlzweig: J. biol. Ch. **170**, 653 (1947). — Dann, W. J., and P. Handler: J. Nutrit. **24**, 153 (1942).

Nicotinsäuregehalt aufweisen, während Früchte sehr arm daran sind. In der Mitte stehen die Getreidearten und Gemüse. Der Gehalt der Milch ist sehr niedrig. Im tierischen Gewebe liegt praktisch die gesamte Nicotinsäure in Form der Pyridinnucleotide vor. Einen auffallend hohen Gehalt an PP-Faktor weist Hefe auf[1]. Bei der Nahrungszubereitung ist zu beachten, daß die Nicotinsäuregruppe zwar hitzebeständig ist, aber aus dem Gemüse zum größten Teil ins Kochwasser übergeht, ja bereits beim Waschen zum Teil verlorengeht.

ι) Bedarf.

Neue, ausgedehnte Studien[2] über den Niacinbedarf beim Menschen haben ergeben, daß bei erwachsenen Personen eine Zufuhr von 5,7 mg Niacin und 130 mg Tryptophan ausreichten, um eine Pellagra zu verhüten. Die Ausscheidung an Methylnicotinamid war bis auf 0,5 mg/Tag gefallen, während das 6-Pyridon gar nicht mehr nachweisbar war. Diese Angaben stimmen sehr genau mit jenen von FRAZIER u. FRIEDEMANN[3] überein. Es ist sehr bemerkenswert, daß trotz optimaler Zufuhr aller anderen B-Vitamine sowohl eine Cheilosis als auch eine Dermatitis der Nasolabialfalte im Nicotinsäuremangel zu beobachten war, was bis jetzt als Zeichen von B_2-Mangel gedeutet wurde.

κ) Bestimmungsverfahren.

Die Nicotinsäurebestimmung im Tierversuch hat wegen der Unspezifität der Erscheinungen des Mangelzustandes nur einen beschränkten Wert. (Für die Feststellung der Verwertbarkeit des Vitamins aus Nahrungsstoffen kommt ihr eine gewisse Bedeutung zu.) Lediglich junge Hunde[4] liefern verläßliche Resultate. Der hohe Preis der Tiere steht aber einer breiteren Anwendung entgegen. Neuerdings werden auch Katzen empfohlen[5]. Wenn Tryptophan im Untersuchungsmaterial nicht in größerer Menge vorhanden ist, kann eventuell auch der Hühnertest[6] verwendet werden.

Sehr zuverlässig und relativ einfach arbeiten dagegen die mikrobiologischen Verfahren. Vergleichsuntersuchungen mit den besten chemischen Methoden ergaben eine durchschnittliche Differenz von nur 3% [7], das ist niedriger als die Fehlerbreite der beiden Verfahren selbst. Da Nicotinsäure sehr stabil ist, braucht die Aufarbeitung des Materials nicht besonders vorsichtig zu geschehen. Tierische Produkte werden einfach mit heißem Wasser extrahiert[8], Getreide oder Trockenfrüchte müssen mit Säure oder Alkali hydrolysiert werden[9]. Der meist verwendete Keim für die Bestimmung der Nicotinsäuregruppe ist der Lactobacillus arabinosus 17/5 (s.[7, 10]). Auf molarer Basis sind Nicotinsäure, Nicotinamid, Nicotinursäure, Cozymase und Nicotinsäureamidnucleoside für L. arabinosus gleich aktiv. Trigonellin, Arecolin und Methylnicotinsäureamid[11] sind inaktiv. Nach Hydrolyse ist Coramin ebenfalls wirksam. Ein noch unbekanntes Produkt, wahrscheinlich ein Nicotinsäureester, findet sich in Hydrolysaten von Getreide, welches anscheinend auch vom Hund verwertet werden kann[12]. Da Leuconostoc mesenteroides nur freie Nicotinsäure und nicht das Amid und die anderen Produkte verwerten kann[13], besteht die Möglichkeit, die Konzentration der in Naturprodukten vorkommenden Nicotinsäure zu bestimmen.

---

[1] FINK, H., u. F. JUST: B. Z. **303**, 404 (1940). — [2] GOLDSMITH, G. A., H. P. SARETT, U. D. REGISTER and J. GIBBENS: J. clin. Invest. **31**, 533 (1952). — [3] FRAZIER, E. I., and T. E. FRIEDEMANN: Quart. Bull. Northw. Univ. **20**, 24 (1946). — [4] KREHL, W. A., and C. A. ELVEHJEM: J. biol. Ch. **158**, 173 (1945). — [5] SILVA, A. C. DA, S. FRIED and R. C. DE ANGELIS: J. Nutrit. **46**, 399 (1952). — [6] BRIGGS, G. M. jr., R. C. MILLS, C. A. ELVEHJEM and E. B. HART: Proc. Soc. exp. Biol. Med. **51**, 59 (1942). — [7] DANIEL, L., and L. C. NORRIS: J. Nutrit. **30**, 31 (1945). — [8] SNELL, E. E., and L. D. WRIGHT: J. biol. Ch. **139**, 675 (1941). — [9] CHELDELIN, V. H., and R. R. WILLIAMS: Industr. engng. Chem., analyt. Ed. **14**, 671 (1942). — KREHL, W. A., and F. M. STRONG: J. biol. Ch. **156**, 1 (1944). — [10] SARETT, H. P., R. L. PEDERSON and V. H. CHELDELIN: Arch. Biochem. **7**, 77 (1945). — [11] KREHL, W. A., C. A. ELVEHJEM and F. M. STRONG: J. biol. Ch. **156**, 13 (1944). — TEPLY, L. J., and C. A. ELVEHJEM: Proc. Soc. exp. Biol. Med. **55**, 72 (1944). — [12] MELNICK, D.: Cereal Chem. **19**, 553 (1942). — [13] JOHNSON, B. C.: J. biol. Ch. **159**, 227 (1945).

Es sind eine fast unübersehbare Zahl von Farbreaktionen für die Bestimmung der Nicotinsäuregruppe angegeben worden. KARRER u. KELLER[1] u. a.[2] verwandten die Reaktion von VONGERICHTEN mit 2,4-Dinitrochlorbenzol[3]; wobei das zunächst entstehende Anlagerungsprodukt durch Alkalien in einen roten Farbstoff umgewandelt wird.

Die breiteste Anwendung hat die KOENIG*sche*[4] *Reaktion* gefunden, bei der Bromcyan mit Pyridinderivaten und einem aromatischen Amin eine Farbe liefert (Derivate des Glutacondialdehyds).

Folgende Amine werden empfohlen: Anilin[5,6], p-Aminoacetophenon[7]; β-Naphthylamin[8] und besonders p-Methylaminophenolsulfat (Metol, Photol)[9]. Andere Autoren verwenden Procain[10] oder p-Aminopropiophenon[11] bzw. m-Phenylendiamin[12]. Der Nachteil aller dieser Methoden für die Bestimmung der Nicotinsäuregruppe in biologischem Material sind 1. das häufige Vorhandensein von Pigmenten und 2. die Unspezifität der Farbreaktion an sich. Dazu kommen noch gewisse Schwierigkeiten, alle Niacinverbindungen in die Säure oder das Amid zu überführen.

Es gibt auch eine polarographische Bestimmungsmethode[13]. Von den Abbauprodukten, welche sich besonders im Urin finden, kann Methylnicotinamid auf Grund der Tatsache, daß es nach Alkalibehandlung in eine stark fluorescierende Substanz übergeht, leicht bestimmt werden[14].

Die Chinolinsäure läßt sich nach Decarboxylierung zu Nicotinsäure (mit Hilfe von Schwefel- oder Essigsäure) als solche bestimmen[15]. N-Methyl-6-pyridon-3-carbonsäureamid kann entweder spektrophotometrisch[16] oder nach Adsorption an LLOYDS Reagens und Elution mit Chloroform und nachfolgender Hydrierung bestimmt werden[17]. *Xanthurensäure* (Oxykynurensäure) gibt mit Eisen(III)-Ionen eine grüne Farbe. Dies wurde zu einer quantitativen Methode verwendet[18].

Die Codehydrogenasen können als solche nach fermentchemischen oder physikalischen Methoden quantitativ ermittelt werden.

λ) Klinische Anwendung[19].

Die klinische Anwendung der Nicotinsäure bzw. des Nicotinsäureamids außer bei pellagrösen Zuständen ist in unseren Breiten beschränkt. Neben Resorptionsstörungen (Sprue, Cöliacie usw.) kann die Anwendung eventuell bei drohender akuter gelber Leberdystrophie und beim Röntgenkater versucht werden. In höheren Dosen wirkt die Säure gefäßerweiternd und blutdrucksenkend[20]. Vor einer Verwendung bei Angina pectoris[21] wird aber neuerdings gewarnt[22]. Bei Porphyrinurie ist Nicotinsäure unwirksam. Die LD_{50} beträgt für die Nicotinsäure etwa 5,0 (3,75)[23], für das Nicotinsäureamid 1,68 g/kg (1,50)[24] (Ratte).

[1] KARRER, P., u. H. KELLER: Helv. **22**, 1292 (1939). — [2] VILTER, S. P., T. D. SPIES and A. P. MATHEWS: J. biol. Ch. **125**, 85 (1938). — [3] VONGERICHTEN, E.: B. **32**, 2571 (1899). — [4] KOENIG, W.: J. prakt. Chem. (2) **69**, 105; **70**, 19 (1904). — [5] SWAMINATHAN, M.: Nature **141**, 830 (1938). — [6] KRINGSTAD, H., u. T. NÆSS: H. **260**, 108 (1939). — MELNICK, D., and H. FIELD jr.: J. biol. Ch. **134**, 1 (1940). — LAMB, F. W.: Industr. engng. Chem., analyt. Ed. **15**, 352 (1943). — [7] HARRIS, L. J., and W. D. RAYMOND: Biochem. J. **33**, 2037 (1939). — JAMES, E. M., F. W. NORRIS and F. WOKES: Analyst **72**, 327 (1947). — [8] EULER, H. v., F. SCHLENK, H. HEIWINKEL u. B. HÖGBERG: H. **256**, 208 (1938). — [9] BANDIER, E., and J. HALD: Biochem. J. **33**, 264 (1939). — DANN, W. J., and P. HANDLER: J. biol. Ch. **140**, 201 (1941). — [10] DENNIS, P. O., and H. G. REES: Analyst **74**, 481 (1949). — [11] KLATZKIN, C., F. W. NORRIS and F. WOKES: Analyst **74**, 447 (1949). — [12] TEERI, A. E., and S. R. SHIMER: J. biol. Ch. **153**, 307 (1944). — [13] LINGANE, J. J., and O. L. DAVIS: J. biol. Ch. **137**, 567 (1941). — [14] HUFF, J. W., and W. A. PERLZWEIG: J. biol. Ch. **150**, 395 (1943). — HUFF, J. W., W. A. PERLZWEIG and M. W. TILDEN: Fed. Proc. **4**, 92 (1945). — CHAUDHURI, D. K., and E. KODICEK: Biochem. J. **44**, 343 (1949). — [15] SARETT, H. P.: J. biol. Ch. **193**, 627 (1951). — [16] ROSEN, F., W. A. PERLZWEIG and I. G. LEDER: J. biol. Ch. **179**, 157 (1949). — [17] HOLMAN, W. I. M., and D. J. DE LANGE: Biochem. J. **45**, 559 (1949). — [18] ROSEN, F., R. S. LOWY and H. SPRINCE: Proc. Soc. exp. Biol. Med. **77**, 399 (1951). — [19] Zusammenfassende Darstellung: Stepp-Kühnau-Schroeder, Vitamine 7. Aufl. Bd. 1, S. 314—325. — [20] MONCRIEFF, A.: Lancet **1942 I**, 633. — [21] NEUWAHL, F. J.: Lancet **1942 II**, 419. — [22] CALLEBAUT, C., J. LEQUIME et H. DENOLIN: Acta cardiol., Bruxelles **5**, 137 (1950). — [23] BRAZDA, F. G., and R. A. COULSON: Proc. Soc. exp. Biol. Med. **62**, 19 (1946). — [24] ELLINGER, P., G. FRAENKEL and M. M. ABDEL KADER: Biochem. J. **41**, 559 (1947).

f) Die Vitamin B_6-Gruppe (Pyridoxin, Pyridoxal, Pyridoxamin)[1-5].

Von K. SCHREIER.

Definition[6]. In Übereinstimmung mit dem amerikanischen Institute of Nutrition werden im folgenden die Bezeichnung Vitamin B_6 für alle Angehörigen der Gruppe verwendet bzw. die chemischen Namen der definierten Körper, wenn diese allein gemeint sind.

α) Geschichtliches.

GYÖRGY[7] identifizierte 1934 Vitamin B_6 innerhalb der „B_2-Gruppe", nachdem GOLDBERGER u. LILLIE[8] bei Ratten bereits 1926 eine pellagraähnliche Dermatitis beschrieben hatten. OHDAKE[9] isolierte aus Reisabfall eine Substanz mit der Summenformel $C_8H_{11}O_3N \cdot HCl$. Fünf Laboratorien[10] berichteten etwa gleichzeitig (1938) und unabhängig über die Isolierung von krystallinem Vitamin B_6 aus Naturprodukten. KUHN u. Mitarb.[11] sowie HARRIS u. FOLKERS[12] klärten die Struktur auf und führten erstmalig die Synthese durch (s. a. [13]). Der ursprünglich von KUHN vorgeschlagene Name „Adermin" wurde wieder fallen gelassen, da die Hauterscheinungen beim Vitamin B_6-Mangel in den Hintergrund treten können, und Hautveränderungen bei mehreren Avitaminosen beobachtet werden.

β) Ausfallserscheinungen.

Neben dem üblichen Wachstumsstillstand wurde als besonderes Charakteristikum des Vitamin B_6-Mangels bei der Ratte[14] eine symmetrische Dermatitis mit Hautödem und Haarausfall („Akrodynie der Ratte") beschrieben, welche besonders die peripheren Körperpartien erfaßt. Daneben wurde Leberverfettung, Blutdruckerhöhung[15] sowie eine Störung in der Fortpflanzungsfähigkeit[16], besonders bei männlichen Tieren, mitgeteilt. Auch bei Rindern, Katzen, Affen, syrischem Hamster, Schwein[17] usw. sowie besonders beim Huhn[18] sind Vitamin B_6-Mangelzustände beobachtet worden. Bei einem Teil der Tiere entwickelt sich eine

Zusammenfassende Darstellungen: 1—5. [1] Ammon-Dirscherl, Fermente, Hormone, Vitamine. S. 821—832. — [2] Bicknell-Prescott, Vitamins S. 99—108. — [3] Stepp-Kühnau-Schroeder, Vitamine 7. Aufl. S. 331—364. — [4] SHIWE, W.: Williams u.a., B-Vitamins S. 652—668. — [5] ROBINSON, F. A.: The Vitamin B Complex. London 1951.

[6] s. dazu a. SNELL, E. E., and L. D. WRIGHT: Ann. Rev. **19**, 284 (1950). — [7] GYÖRGY, P.: Nature **133**, 498 (1934). Biochem. J. **29**, 741, 760, 767 (1935). — [8] GOLDBERGER, J., and R. D. LILLIE: Publ. Hlth. Rep. **41**, 1025 (1926). — [9] OHDAKE, S.: Bull. agric. Chem. Soc. Jap. **8**, 11 (1932). — [10] GYÖRGY, P.: Am. Soc. **60**, 983 (1938). — KUHN, R., u. G. WENDT: B. **71**, 780, 1118 (1938). — LEPKOVSKY, S.: Science, N. Y. **87**, 169 (1938). J. biol. Ch. **124**, 125 (1938). — KERESZTESY, J. C., and J. R. STEVENS: Am. Soc. **60**, 1267 (1938). — ICHIBA, A., and K. MICHI: Sci. Pap. Inst. physic. chem. Res., Tokyo **34**, 623 (1938). — [11] KUHN, R., u. G. WENDT: B. **72**, 305, 311 (1939). — KUHN, R., H. ANDERSAG, K. WESTPHAL u. G. WENDT: B. **72**, 309 (1939). — [12] HARRIS, S. A., and K. FOLKERS: Science, N. Y. **89**, 347 (1939). Am. Soc. **61**, 1245 (1939). — [13] MORII, S., and K. MAKINO: Enzymologia **7**, 385 (1939). — STILLER, E. T., J. C. KERESZTESY and J. R. STEVENS: Am. Soc. **61**, 1237 (1939). — [14] GYÖRGY, P., and R. E. ECKARDT: Nature **144**, 512 (1939). — ANTOPOL, W., and K. UNNA: Proc. Soc. exp. Biol. Med. **42**, 126 (1939). Arch. Path., Chicago **33**, 241 (1942). — KORNBERG, A., H. TABOR and W. H. SEBRELL: Amer. J. Physiol. **143**, 434 (1945). — CERECEDO, L. R., and J. R. FOY: J. Nutrit. **24**, 93 (1942). Arch. Biochem. **5**, 207 (1944). — HALLIDAY, N., and H. M. EVANS: J. biol. Ch. **118**, 255 (1937). — DANN, W. J.: J. biol. Ch. **128**, XVIII (1939). — [15] OLSEN, N. S., and W. E. MARTINDALE: J. clin. Invest. **31**, 652 (1952). — [16] NELSON, M. M., and H. M. EVANS: J. Nutrit. **43**, 281 (1951). — [17] FOUTS, P. J., O. M. HELMER and S. LEPKOVSKY: Proc. Soc. exp. Biol. Med. **40**, 4 (1939). — STREET, H. R., G. R. COWGILL and H. M. ZIMMERMANN: J. Nutrit. **21**, 275 (1941). — SILBERBERG, R., and B. M. LEVY: Proc. Soc. exp. Biol. Med. **67**, 259 (1948). — SCHWEIGERT, B. S., H. E. SAUBERLICH, C. A. ELVEHJEM and C. A. BAUMANN: J. biol. Ch. **165**, 187 (1946). — WINTROBE, M. M., M. H. MILLER, R. H. FOLLIS jr., H. J. STEIN, C. MUSHATT and S. HUMPHREYS: J. Nutrit. **24**, 345 (1942). — JOHNSON, B. C., J. A. PINKOS and K. A. BURKE: J. Nutrit. **40**, 309 (1950). — SHWARZMAN, G., and L. STRAUSS: J. Nutrit. **38**, 131 (1949). — CARTWRIGHT, G. E., and M. M. WINTROBE: J. biol. Ch. **172**, 557 (1948). — [18] JUKES, T. H.: Proc. Soc. exp. Biol. Med. **42**, 180 (1939). — LUCKEY, T. D., G. M. BRIGGS jr., C. A. ELVEHJEM and E. B. HART: Proc. Soc. exp. Biol. Med. **58**, 340 (1945).

mikrocytäre Anämie mit Anstieg des Plasmaeisens. Die Hämosiderose ist allerdings vom Eisengehalt der Nahrung abhängig. Bei Rhesusaffen[1] treten nach 6—9 Monate dauerndem Pyridoxinmangel ausgeprägte pathologische Veränderungen im Gehirn auf, im Sinne einer Sklerose der Arterien der inneren Organe, sehr ähnlich der menschlichen Arteriosklerose. Schließlich werden relativ früh beim B_6-Mangel eine erhöhte Erregbarkeit des gesamten Zentralnervensystems und Krämpfe mit epileptiformem Charakter beobachtet[2]. Diese Symptome sind offenbar auf eine Degeneration der Nerven mit Demyelinisierung zurückzuführen. Daß eine Erhöhung der Eiweißzufuhr sowie eine Anreicherung der Nahrung mit einzelnen Aminosäuren den Vitamin B_6-Bedarf der Versuchstiere steigern[3], nimmt bei der physiologischen Rolle der Vitamingruppe nicht wunder. Möglicherweise sind die toxischen Wirkungen von hohen Dosen Glykokoll und Serin[4] zumindest zum Teil durch B_6-Mangel ausgelöst. Beim Menschen glauben SPIES u. Mitarb.[5] ein echtes Mangelsyndrom beobachtet zu haben. Durch Zufuhr der Vitaminantagonisten gelingt es relativ leicht, einen Mangelzustand zu erzeugen[6]. Die dabei auftretenden Symptome manifestieren sich neben der Dermatose in einer Polyneuritis, die besonders auf Cozymase-Zufuhr anspricht[6]. Bei Säuglingen werden auch Krämpfe beobachtet[7].

γ) Chemie[8].

Pyridoxin, der zunächst entdeckte Vertreter der Gruppe, reagiert in wäßriger Lösung neutral. Es ist leicht wasser- und alkohollöslich, F 159—160° C. Das in saurer Lösung an Fullererde adsorbierte Pyridoxin kann daraus mit Baryt eluiert werden („Eluatfaktor"). Gegen Erhitzen und Alkalibehandlung ist Pyridoxin weitgehend unempfindlich. Es wird aber durch Licht verschiedener Wellenlängen zerstört*. Im langwelligen Ultraviolettlicht zeigt Pyridoxin eine p_H-abhängige Adsorption[8] (p_H 3: Maximum bei 292 mμ; p_H 7,45: Maximum bei 255 und 325 mμ). In der Natur kommen „Pseudopyridoxine"[9] vor, welche im Bakterientest eine tausendfach und noch stärkere Wirkung ausüben als Pyridoxin. Durch die Arbeiten vor allem von SNELL u. Mitarb.[10] sowie von UMBREIT u. Mitarb.[11] wurde nachgewiesen, daß als die eigentliche Wirkform des Vitamins

---

* Dies ist bei der Milchbestrahlung zu beachten!

[1] RINEHART, J. F., and L. D. GREENBERG: Amer. J. Path. **25**, 481 (1949). — MCCALL, K. B., H. A. WAISMAN, C. A. ELVEHJEM and E. S. JONES: J. Nutrit. **31**, 685 (1946). — [2] LEPKOVSKY, S., and F. H. KRATZER: J. Nutrit. **24**, 515 (1942). — CHICK, H., T. F. MACRAE and A. N. WORDEN: Biochem. J. **34**, 580 (1940). — DAVENPORT, V. D., and H. W. DAVENPORT: J. Nutrit. **36**, 263 (1948). — [3] CERECEDO, L. R., J. R. FOY and E. C. DE RENZO: Arch. Biochem. **17**, 397 (1948). — MILLER, E. C., and C. A. BAUMANN: J. biol. Ch. **157**, 551 (1945). — HAWKINS, W. W., M. L. MACFARLAND and E. W. MCHENRY: J. biol. Ch. **166**, 223 (1946). — [4] PAGÉ, E., and R. GINGRAS: Rev. canad. Biol. **6**, 372 (1947). — FISHMAN, W. H., and C. ARTOM: Proc. Soc. exp. Biol. Med. **57**, 241 (1944). — [5] SPIES, T. D., W. B. BEAN and W. F. ASHE: J. amer. med. Ass. **112**, 2414 (1939). — VILTER, R. W., H. S. SCHIRO and T. D. SPIES: Nature **145**, 388 (1940). — [6] VILTER, R. W., J. F. MUELLER, H. S. GLAZER, T. JARROLD, J. ABRAHAM, C. THOMPSON and V. R. HAWKINS: J. Lab. clin. Med. **42**, 335 (1953). — WEIR, D. R.: J. clin. Invest. **31**, 670 (1952). — MUELLER, J. F., and R. W. VILTER: J. clin. Invest. **29**, 193 (1950). — [7] SNYDERMAN, S. E., R. CARRETERO and L. E. HOLT jr.: Fed. Proc. **9**, 371 (1950). — [8] KUHN, R., u. G. WENDT: B. **71**, 1534 (1938); **72**, 305 (1939). — STILLER, E. T., J. C. KERESZTESY and J. R. STEVENS: Am. Soc. **61**, 1237 (1939). — HARRIS, S. A., E. T. STILLER and K. FOLKERS: Am. Soc. **61**, 1242 (1939) (s. a. zusammenfassende Darstellungen!). — [9] HARRIS, S. A., T. J. WEBB and K. FOLKERS: Am. Soc. **62**, 3198 (1940). — [10] SNELL, E. E., B. M. GUIRARD and R. J. WILLIAMS: J. biol. Ch. **143**, 519 (1942). — SCHLENK, F., and E. E. SNELL: J. biol. Ch. **157**, 425 (1945). — [11] GUNSALUS, I. C., and W. D. BELLAMY: J. biol. Ch. **155**, 357 (1944). — GUNSALUS, I. C., W. D. BELLAMY and W. W. UMBREIT: J. biol. Ch. **155**, 685 (1944). — UMBREIT, W. W., and I. C. GUNSALUS: J. biol. Ch. **179**, 279 (1949).

in der Natur das *Pyridoxalphosphat* vorkommt. Schon vorher waren 2 nahe Verwandte von Pyridoxin entdeckt worden[1]: *Pyridoxal* und *Pyridoxamin*. Durch Erhitzen mit Caseinhydrolysat oder Glutaminsäure geht Pyridoxal in Pyridoxamin über, während die umgekehrte Reaktion durch das Zusammenbringen von Pyridoxamin mit Ketoglutarsäure ermöglicht wird[2]. Neue Untersuchungen zu diesem Reaktionsablauf[3] ergaben, daß diese Transaminierung durch Metallionen katalysiert wird. Die Struktur von Pyridoxamin und Pyridoxal wurde durch HARRIS u. Mitarb.[4] aufgeklärt.

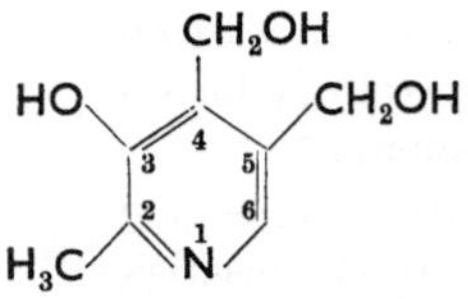

Pyridoxin 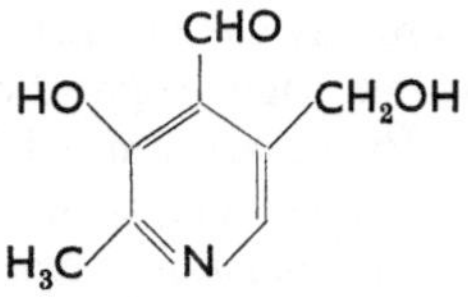 | Pyridoxal 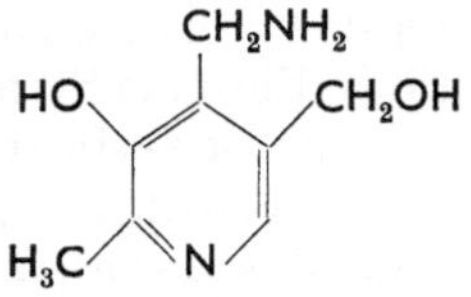 | Pyridoxamin 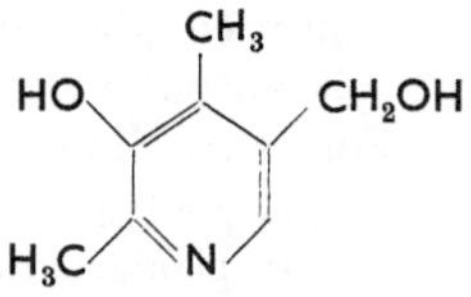 | Desoxypyridoxin

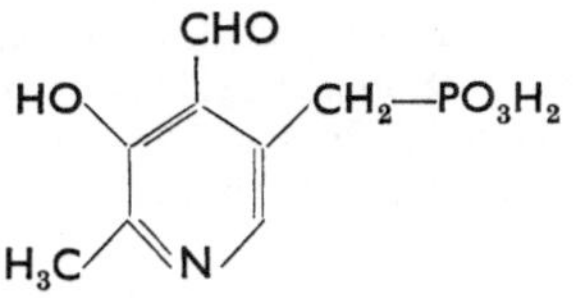

Pyridoxal-5-phosphat 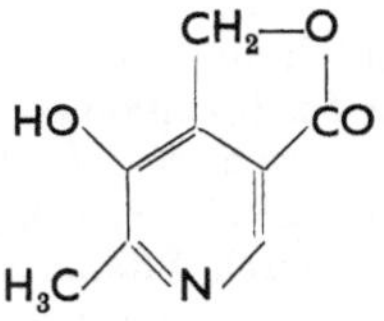 | α-Pyrazin 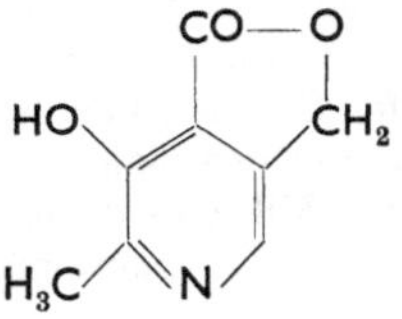 | β-Pyrazin

Es gibt zahlreiche Verfahren zur *Pyridoxinsynthese*. KUHN u. Mitarb.[5] sowie ICHIBA u. MICHI[6] gingen vom 4-Methoxy-3-methylisochinolin aus. Während die Anfangsstadien der beiden Synthesen sich voneinander unterscheiden, ist der weitere Verlauf bei beiden Verfahren identisch. HARRIS u. FOLKERS[7] benutzen als Ausgangssubstanz Cyanacetamid, kondensieren mit Äthoxyacetylaceton zu 3-Cyan-4-äthoxymethyl-6-methyl-2-pyridon, nitrieren und erhalten nach mehreren weiteren Stufen das synthetische Pyridoxin. Eine weitere Methode stammt von MORII u. Mitarb.[8].

Pyridoxal und Pyridoxamin sind bedeutend labiler als Pyridoxin. Pyridoxamin hat einen Schmelzpunkt von 193°; Pyridoxal ist bis jetzt noch nicht krystallisiert erhalten worden. Es liefert ein definiertes Hydrazon und Oxim. Beide Substanzen* kommen in der Natur fast ausschließlich als Phosphorsäureester vor. KARRER u. VISCONTINI[9] schrieben der natürlichen Decarboxylase die Struktur eines 3-Phosphates zu. Dies ist inzwischen widerlegt[10]. Es ist vielmehr recht wahrscheinlich, daß es sich um Pyridoxal-5-phosphat handelt, denn dieses kann nach der Dialyse verschiedene Enzyme wieder reaktivieren[11]. Auch die Struktur eines chinoiden 4-Phosphats wurde erwogen[12].

---

* Der sog. „tomato-juice-factor" ist nichts anderes als Pyridoxaminphosphat[13].

[1] SNELL, E. E.: J. biol. Ch. **154**, 313 (1944). Am. Soc. **66**, 2082 (1944). — [2] SNELL, E. E.: Am. Soc. **67**, 194 (1945). — [3] METZLER, D. E., and E. E. SNELL: Am. Soc. **74**, 979 (1952). — [4] HARRIS, S. A., D. HEYL and K. FOLKERS: Am. Soc. **66**, 2088 (1944). J. biol. Ch. **154**, 315 (1944). — [5] KUHN, R., K. WESTPHAL, G. WENDT u. O. WESTPHAL: Naturwiss. **27**, 469 (1939). — [6] ICHIBA, A., and K. MICHI: Sci. Pap. Inst. physic. chem. Res., Tokyo **36**, 1, 173 (1939). — [7] HARRIS, S. A., and K. FOLKERS: Am. Soc. **61**, 1245 (1939). — [8] MORII, S., and K. MAKINO: Enzymologia **7**, 385 (1939). — [9] KARRER, P., and M. VISCONTINI: Helv. **30**, 52, 524 (1947). — KARRER, P., M. VISCONTINI and O. FORSTER: Helv. **31**, 1004 (1948). — [10] GUNSALUS, I. C., and W. W. UMBREIT: J. biol. Ch. **170**, 415 (1947). — UMBREIT, W. W., and I. C. GUNSALUS: J. biol. Ch. **179**, 279 (1949). — [11] WISS, O.: Z. Naturforsch. **7**b, 133 (1952). — [12] BADDILEY, J., E. M. THAIN and A. W. RODWELL: Nature **167**, 556 (1951). — [13] HENDLIN, D., M. C. CASWELL, V. J. PETERS and T. R. WOOD: J. biol. Ch. **186**, 647 (1950).

δ) Strukturspezifität und Antivitamine.

Die Strukturspezifität des Pyridoxinmoleküls als Biokatalysator ist sehr groß. Offenbar sind nur die reversiblen Veränderungen am Molekül ohne Einfluß auf die Wirksamkeit (so die Acetate und schon schwächer Methyl- und Äthylpyridoxine[1]). Die in der Natur vorkommenden beiden Analogen Pyridoxal und Pyridoxamin unterscheiden sich in ihrer biologischen Aktivität bei intravenöser Applikation wenig von Pyridoxin. Bei oraler Zufuhr sind sie dagegen etwas schwächer wirksam[2]. Manche Mikroorganismen (Saccharomyces[3], Neurospora[4]) sprechen praktisch nicht auf die beiden erstgenannten Körper an; die Milchsäurebakterien aber auf Pyridoxin erst, wenn dieses in Gegenwart von Aminosäuren o. ä. autoklaviert wurde[5]. Einzelne Stämme benötigen sogar die phosphorylierten Formen[6]. Beim Hühnchen[7] ist verfüttertes Pyridoxin am wirksamsten.

„Isopyridoxin" = 2,5-Bis-oxymethyl-3-oxy-4-methylpyridin ist für Ratten inaktiv und bei Str. plantarum nur schwach wirksam[8]. Auch das Homologe 2-Äthyl-3-oxy-4,5-bis-oxymethylpyridin hat nur etwa $^1/_{210}$ der Pyridoxinwirksamkeit bei der Ratte[9]. Diese Substanz erwies sich als wirksamster B_6-Antagonist für Hefe[10]. Inzwischen wurden auch Homologe von Pyridoxal und Pyridoxamin (die ω-Methylderivate) und deren 5-Phosphorsäureester synthetisiert[11]. Im Hefetest sind sie Vitaminantagonisten, bei Milchsäurebakterien dagegen Wuchsstoffe. Die als Abbauprodukt der B_6-Vitamine im Urin auftretende Pyridoxinsäure ist für Mikroorganismen inaktiv[3,12]. Die zugehörigen Lactone: α- und β-Pyrazin * zeigen bei den verschiedenen Mikroorganismen und im Tierversuch unterschiedliche Aktivität[7,13], welche vielleicht nur auf Verunreinigungen durch Vitaminreste beruht.

Antivitamine. Die bestuntersuchte Substanz mit Antivitaminwirksamkeit ist das sog. Desoxypyridoxin: 3-Oxy-5-oxymethyl-2,4-dimethylpyridin[14]. Umbreit u. Waddell[15] fanden, daß das Antivitamin genau wie der Wirkstoff phosphoryliert wird. Das Desoxypyridoxinphosphat kann sich mit dem entsprechenden Apoenzym vereinigen und dadurch die Wirkungen von Pyridoxalphosphat im Stoffwechsel blockieren. Es gelingt mit dieser Substanz, auch beim Menschen B_6-Mangelzustände zu erzeugen[16]. Weitere Vitaminantagonisten sind das gewöhnlich falsch als Methoxypyridoxin bezeichnete 2-Methyl-3-oxy-4-methoxymethyl-

* Es wurde behauptet, diese Substanzen hätten geringe Folsäurewirkung[18]; dies ist aber widerlegt[17].

[1] Möller, E. F.: H. **260**, 246 (1939). Angew. Chem. **53**, 204 (1940). — Unna, K.: Proc. Soc. exp. Biol. Med. **43**, 122 (1940). — Snell, E. E.: Am. Soc. **66**, 2082 (1944). — [2] Sarma, P. S., E. E. Snell and C. A. Elvehjem: J. biol. Ch. **165**, 55 (1946). — Miller, E. C., and C. A. Baumann: J. biol. Ch. **159**, 173 (1945). — [3] Snell, E. E., and A. N. Rannefeld: J. biol. Ch. **157**, 475 (1945). — [4] Beadle, G. W., and E. L. Tatum: Proc. nat. Acad. Sci. USA **27**, 499 (1941); **28**, 234 (1942). — [5] Snell, E. E.: Proc. Soc. exp. Biol. Med. **51**, 356 (1942). — Carpenter, L. E., and F. M. Strong: Arch. Biochem. **3**, 375 (1944). — [6] McNutt, W. S., and E. E. Snell: J. biol. Ch. **173**, 801 (1948). — [7] Luckey, T. D., G. M. Briggs jr., C. A. Elvehjem and E. B. Hart: Proc. Soc. exp. Biol. Med. **58**, 340 (1945). — [8] Möller, E. F., O. Zima, F. Jung u. T. Moll: Naturwiss. **27**, 228 (1939). — [9] Harris, S. A., and A. N. Wilson: Am. Soc. **63**, 2526 (1941). — [10] Rabinowitz, J. C., and E. E. Snell: Arch. Biochem. **43**, 399, 408 (1953). — [11] Ikawa, M., and E. E. Snell: Am. Soc. **76**, 637 (1954). — [12] Huff, J. W., and W. A. Perlzweig: J. biol. Ch. **155**, 345 (1944). — Sarma, P. S., E. E. Snell and C. A. Elvehjem: Proc. Soc. exp. Biol. Med. **63**, 284 (1946). — [13] Scott, M. L., L. C. Norris, G. F. Heuser, W. F. Bruce, H. W. Coover jr., W. D. Bellamy and I. C. Gunsalus: J. biol. Ch. **154**, 713 (1944). — Scott, M. L., L. C. Norris, G. F. Heuser and W. F. Bruce: J. biol. Ch. **158**, 291 (1945). — [14] Ott, W. H.: Proc. Soc. exp. Biol. Med. **61**, 125 (1946). — Cravens, W. W., and E. E. Snell: Fed. Proc. **8**, 380 (1949). Proc. Soc. exp. Biol. Med. **71**, 73 (1949). — Emerson, G. A.: Fed. Proc. **6**, 406 (1947). — Stoerk, H. C.: J. biol. Ch. **171**, 437 (1947). — Vilter, R. W., J. F. Mueller, H. S. Glazer, T. Jarrold, J. Abraham, C. Thompson and V. R. Hawkins: J. Lab. clin. Med. **42**, 335 (1953). — [15] Umbreit, W. W., and J. G. Waddell: Proc. Soc. exp. Biol. Med. **70**, 293 (1949). — [16] Gellhorn, A., and L. O. Jones: Blood **4**, 60 (1949). — Mueller, J. F., and R. W. Vilter: J. clin. Invest. **29**, 193 (1950). — [17] Hutchings, B. L., J. J. Oleson and E. L. R. Stokstad: J. biol. Ch. **163**, 447 (1946).

5-oxymethylpyridin sowie das entsprechende 4-Äthoxymethylderivat[1]. Es ist bemerkenswert, daß die Ratte die Fähigkeit hat, die erstgenannte Substanz zu entmethylieren und ihr so den Antivitamincharakter zu nehmen. Weitere, zum Teil schwächere Antagonisten sind: 2-Methyl-3-amino-4-oxymethyl-5-aminomethylpyridin und das 4-Äthoxymethylderivat und schließlich auch 2-Methyl-3-oxy-4-oxymethylpyridin und das 5-Oxymethylanaloge[2] Isonicotinsäurehydrazid ruft ausgeprägte B_6-Mangelsymptome hervor.

ε) Wirkungsmechanismus[3].

Während Thiamin, Lactoflavin und Nicotinsäureamid im wesentlichen in Coenzyme des Kohlenhydrat- und auch des Fettstoffwechsels eingebaut sind, betreffen fast alle gesicherten Funktionen der B_6-Gruppe den Eiweißstoffwechsel. Dies manifestiert sich bereits in dem deutlich höheren Pyridoxinbedarf bestimmter Bakterien, wenn im Medium ein oder mehrere Aminosäuren fehlen[4], und darin, daß vermehrte Zufuhr von Eiweiß und Aminosäuren die Ausfallssymptome verstärken[5]. Neuerdings wurde gezeigt, daß es auch die wachstumshemmende Wirkung der übermäßigen Zufuhr einer einzigen Aminosäure (z.B. Methionin) aufheben kann[6].

Ein Schlüssel zum Verständnis der Funktionen von Pyridoxalphosphat im Intermediärstoffwechsel war die Entdeckung von GUNSALUS u. BELLAMY[7], daß die *Tyrosindecarboxylase* Pyridoxal enthält und die Aktivität dieser Substanz erst durch ATP effektiv wurde[8]. Bis jetzt wurde nachgewiesen, daß die CO_2-Abspaltung aus den L-Isomeren von Tyrosin, Arginin, Ornithin, Lysin, Glutamin- und Asparaginsäure, Cysteinsäure und auch Dioxyphenylalanin durch Pyridoxalphosphat katalysiert wird. Histidindecarboxylase scheint keine derartige Wirkgruppe zu enthalten[9]. Möglicherweise ist die Reaktion, zumindest bei manchen Bakterien, reversibel[10]. Von ganz besonderer physiologischer Bedeutung für den Makroorganismus ist aber der Befund, daß Pyridoxalphosphat auch das *Coferment der Transaminasen* für alle bis jetzt untersuchten Aminosäuren darstellt. SNELL[11] hatte nachgewiesen, daß in Gegenwart von Aminosäuren beim Autoklavieren Pyridoxal in Pyridoxamin übergeht. Das Studium der Transaminierung zwischen Pyridoxalphosphat und Glutamat[12] ergab, daß diese Reaktion außerordentlich rasch und fast komplett abläuft, da Pyridoxalphosphat als cyclisches Halbacetal nicht beständig ist. Schon vorher war durch die Untersuchungen von BRAUNSTEIN u. KRITZMANN[13] und viele Autoren nach ihnen[14] eine ähnliche Transaminierung im Gewebe bekannt geworden. Es gelang nun zu zeigen[15],

[1] OTT, W. H.: Proc. Soc. exp. Biol. Med. **66**, 215 (1947). — PORTER, C. C., I. CLARK and R. H. SILBER: J. biol. Ch. **167**, 573 (1947). — [2] MARTIN, G. J., S. AVAKIAN and J. MOSS: J. biol. Ch. **174**, 495 (1948). — MARIELLA, R. P., and J. L. LEECH: Am. Soc. **71**, 331 (1949). — [3] SNELL, E. E.: Physiol. Rev. **33**, 509 (1953). — [4] STOKES, J. L., and M. GUNNESS: Science, N. Y. **101**, 43 (1945). — LYMAN, C. M., and K. A. KUIKEN: Fed. Proc. **7**, 170 (1948). — [5] HAWKINS, W. W., M. L. MACFARLAND and E. W. MCHENRY: J. biol. Ch. **166**, 223 (1946). — CERECEDO, L. R., and J. R. FOY: Arch. Biochem. **5**, 207 (1944). — [6] BEY, H. J. DE, E. E. SNELL and C. A. BAUMANN: J. Nutrit. **46**, 203 (1952). — [7] GUNSALUS, I. C., and W. D. BELLAMY: J. biol. Ch. **155**, 337, 557 (1944). — [8] GUNSALUS, I. C., W. D. BELLAMY and W. W. UMBREIT: J. biol. Ch. **155**, 685 (1944). — UMBREIT, W. W., and I. C. GUNSALUS: J. biol. Ch. **159**, 333 (1945). — BELLAMY, W. D., W. W. UMBREIT and I. C. GUNSALUS: J. biol. Ch. **160**, 461 (1945). — [9] BADDILEY, J., and E. F. GALE: Nature **155**, 727 (1945). — LICHSTEIN, H. C., I. C. GUNSALUS and W. W. UMBREIT: J. biol. Ch. **161**, 311 (1945). — ROBERTS, E., and S. FRANKEL: J. biol. Ch. **187**, 55 (1950); **188**, 789; **190**, 505 (1951). — [10] LYMAN, C. M., O. MOSELEY, S. WOOD, B. BUTLER and F. HALE: J. biol. Ch. **162**, 173 (1946). — [11] SNELL, E. E.: Am. Soc. **67**, 194 (1945). — [12] METZLER, D. E., and E. E. SNELL: Am. Soc. **74**, 979 (1952). — [13] BRAUNSTEIN, A. E., u. M. G. KRITZMANN: Enzymologia **2**, 129 (1937/38). — [14] s. Bd. **2**/1, S. 938. — [15] SCHLENK, F., and E. E. SNELL: J. biol. Ch. **157**, 425 (1945). — COHEN, P. P., and H. C. LICHSTEIN: J. biol. Ch. **159**, 367 (1945). — GREEN, D. E., L. F. LELOIR and V. NOCITO: J. biol. Ch. **161**, 559 (1945). — O'KANE, D. E., and I. C. GUNSALUS: J. biol. Ch. **170**, 425 (1947). — KRITZMANN, M., and O. SAMARINA: Nature **158**, 104 (1946).

daß Pyridoxalphosphat die Wirkgruppe fast aller Transaminasen ist. Einige dieser Enzyme scheinen dagegen Pyridoxamin zu enthalten[1]. Unklarheiten über die Wirkungen des Cofermentes der „Aminopherase“[2] sind inzwischen aufgeklärt[3]. Die Aminopherasereaktion bedarf zweier Transaminasen. Kürzliche Versuche von GUNSALUS u. TONZETICH[4] lassen vermuten, daß Pyridoxalphosphat auch in die Transaminierungsprozesse der Purinbasen katalysierend eingreift.

Eine weitere Funktion im Aminosäurenumsatz erfüllt Pyridoxalphosphat dadurch, daß es als *Coracemase* die Umwandlung von D-Aminosäuren in die L-Isomeren katalysiert. Dies gilt offenbar nicht nur für den Bakterienstoffwechsel, sondern auch für den Makroorganismus[5].

Auch im *Umsatz der schwefelhaltigen Aminosäuren* spielt Pyridoxalphosphat anscheinend eine Rolle. Nach BRAUNSTEIN u. AZARKH[6] u. a.[7] wirkt es als Coferment der Cysteindesulfhydrase (Ratte). Es ist auch das Coenzym für die Schwefelübertragung in Bakterien[8] und der Transsulfurierung Homocystein → Serin in Rattenleber[9]. Das Enzym ist sehr empfindlich gegen B_6-Mangel[10]. Auch die D- und L-Serin- und die Threonindehydrogenase (bei Neurospora[11] und E. coli[12]) benötigen Pyridoxalphosphat. METZLER u. SNELL[13] haben auch den Mechanismus der nichtenzymatischen, durch Pyridoxal katalysierten Dehydrierung von D-Serin studiert. Bei ihr verhält sich 4-Nitrosalicylsäure ähnlich wie Pyridoxal[14] (s. a. weitere Studien[15] zur nichtenzymatischen Spaltung von Oxyaminosäuren). Diese Reaktion benötigt Metallionen; ob dies auch für den enzymatischen Prozeß gilt, bleibt abzuwarten. Die möglicherweise intermediär entstehende SCHIFFsche Base der Aminoacrylsäure könnte mit Indol Tryptophan bilden oder mit Homocystein Cystathionin[9] ergeben.

Besonders ausgiebig studiert ist ferner der Einfluß von Pyridoxalphosphat auf den Stoffwechsel von Tryptophan. Bei Bakterien und Neurospora, welche Tryptophan nicht benötigen, katalysiert es die Bildung dieser Aminosäure aus Indol oder Anthranilsäure o. ä. + Serin, Brenztraubensäure bzw. Acetat[16], und natürlich auch als „Tryptophanase“ den umgekehrten Vorgang[17]. Beim Säugetier scheint es das Coferment der Kynureninase zu sein[18]. Jedenfalls greift es in die

---

[1] SCHLENK, F., and A. FISHER: Arch. Biochem. **12**, 69 (1947). — RABINOWITZ, J. C., and E. E. SNELL: J. biol. Ch. **169**, 643 (1947). — [2] BRAUNSTEIN, A. E., and M. G. KRITZMANN: Biochimija, Moskau 8, 1 (1943). Nature **158**, 102 (1946). — GALE, E. F., and H. M. R. TOMLINSON: Nature **158**, 103 (1946). — [3] O'KANE, D. E., and I. C. GUNSALUS: J. biol. Ch. **170**, 433 (1947). — GUNSALUS, I. C.: Fed. Proc. **9**, 556 (1950). — [4] GUNSALUS, C. F., and J. TONZETICH: Nature **170**, 162 (1952). — [5] SHIVE, W., and G. W. SHIVE: Am. Soc. **68**, 117 (1946). — HOLDEN, J. T., C. FURMAN and E. E. SNELL: J. biol. Ch. **178**, 789 (1949). — HOLDEN, J. T., and E. E. SNELL: J. biol. Ch. **178**, 799 (1949). — WOOD, W. A., and I. C. GUNSALUS: Fed. Proc. **9**, 249 (1950). — [6] BRAUNSTEIN, A. E., and R. M. AZARKH: Dokl. Akad. Nauk SSSR [N.S.] **71**, 93 (1950). — [7] KALLIO, R. E.: J. biol. Ch. **192**, 371 (1951). — [8] DELWICHE, E. A.: J. Bacteriology **62**, 717 (1951). — [9] BINKLEY, F., G. M. CHRISTENSEN and W. N. JENSEN: J. biol. Ch. **194**, 109 (1952). — [10] BRAUNSTEIN, A. E., u. E. V. GORYACHENKOVA: Dokl. Akad. Nauk SSSR [N. S.] **74**, 529 (1950). — THOMPSON, R. Q., and N. B. GUERRANT: J. Nutrit. **50**, 161 (1953). — [11] YANOFSKY, C.: J. biol. Ch. **194**, 279; **198**, 343 (1952). — REISSIG, J. L.: Arch. Biochem. **36**, 234 (1952). — [12] METZLER, D. E., and E. E. SNELL: J. biol. Ch. **198**, 363 (1952). — [13] METZLER, D. E., and E. E. SNELL: J. biol. Ch. **198**, 353 (1952). Fed. Proc. **11**, 258 (1952). Am. Soc. **74**, 979 (1952). — [14] IKAWA, M., and E. E. SNELL: Am. Soc. **76**, 653 (1954). — [15] METZLER, D. E., M. IKAWA and E. E. SNELL: Am. Soc. **76**, 648 (1954). — METZLER, D. E., J. B. LONGENECKER and E. E. SNELL: Am. Soc. **76**, 639 (1954). — [16] UMBREIT, W. W., W. A. WOOD and I. C. GUNSALUS: J. biol. Ch. **165**, 731 (1946). — SCHWEIGERT, B. S.: J. biol. Ch. **168**, 283 (1947). — [17] WOOD, W. A., I. C. GUNSALUS and W. W. UMBREIT: J. biol. Ch. **170**, 313 (1947). — [18] WISS, O.: Z. Naturforsch. **7**b, 133 (1952).

Umwandlung von Tryptophan in die Nicotinsäure (s. S. 743) ein[1,2]. Im B_6-Mangel wird nach Tryptophanbelastung vermehrt Xanthurensäure im Urin ausgeschieden[3].

Es bestehen offenbar auch Beziehungen von Vitamin B_6 zum Fettstoffwechsel[4], wenn auch keinesfalls so enge wie zum Proteinumsatz. Die biochemischen Mechanismen der Funktion der B_6-Gruppe im Fettumsatz sind unbekannt. Es sieht so aus, als ob das Vitamin irgendwie in den Fetttransport[5] oder auch in die Oxydation und Synthese verquickt wäre. Dies scheint besonders für die ungesättigten Fettsäuren (Arachidonsäure u. a.) zuzutreffen[6]. Es wurden bereits mehrfach Coenzymfunktionen von Pyridoxin bei der Fettsynthese postuliert[7]. Diese konnten aber noch nicht eindeutig bewiesen werden. Jedenfalls bestehen große Ähnlichkeiten in der Symptomatologie der Schädigung durch rohes Hühnereiweiß[8], dem Mangel an „essentiellen Fettsäuren" (BURR-BURR-Syndrom[9]) und dem B_6-Mangelzustand. So wird angegeben, daß Pyridoxin die ungesättigten Fettsäuren und zum Teil auch Biotin ersetzen kann oder doch deren Bedarf vermindert[10]. Dem ist neuerdings widersprochen worden[11]. Die synergistischen Beziehungen bei der Erhaltung einer normalen Haut finden eine Parallele im Absinken des Körperfettgehaltes[12] während B_6-Mangelzustandes, bei dem die Fettsäuren (bei Ratten) stärker ungesättigt sind als bei Normaltieren[13]. Die schwere Arteriosklerose bei manchen Tieren im B_6-Mangelzustand ist bekannt[14]. Sie wird von manchen Autoren auf eine „oxydationshemmende" Wirkung[15] des Vitamins zurückgeführt. Der Pyridoxinbedarf scheint durch fettreiche Diät herabgesetzt zu werden[16].

ζ) Vorkommen.

In der Natur finden sich folgende Substanzen mit B_6-Wirksamkeit: Pyridoxin, Pyridoxal, Pyridoxamin, Pyridoxalphosphat, Pyridoxaminphosphat und noch unbekannte Konjugate von Pyridoxin[17]. Diese Tatsache erschwert die Bestimmung von Vitamin B_6 außerordentlich, und es ist deshalb nicht verwunderlich, wenn unsere Kenntnisse über den B_6-Gehalt der Nahrungsstoffe im Vergleich zu anderen Vitaminen recht ungenau sind.

Im allgemeinen ist der B_6-Gehalt von Fleisch und Fisch beträchtlich. Die Werte in der Literatur schwanken für Muskelfleisch[18,19] zwischen 0,8—6,8 γ/g; in der Leber[20] fanden sich Werte zwischen 0,4 und 14 γ/g. Bei der Zubereitung

[1] SCHWEIGERT, B. S., and P. B. PEARSON: J. biol. Ch. **168**, 555 (1947). — JUNQUEIRA, P. B., and B. S. SCHWEIGERT: J. biol. Ch. **174**, 605 (1948). — ROSEN, F., J. W. HUFF and W. A. PERLZWEIG: J. Nutrit. **33**, 561 (1947). — HENDERSON, L. M., I. M. WEINSTOCK and G. B. RAMASARMA: J. biol. Ch. **189**, 19 (1951). — [2] Übersicht: KREHL, W. A.: Vitamins & Hormones **7**, 111 (1949). — [3] MILLER, E. C., and C. A. BAUMANN: J. biol. Ch. **159**, 173 (1945). — PORTER, C. C., I. CLARK and R. H. SILBER: J. biol. Ch. **167**, 573 (1947). — [4] Übersicht: SHERMAN, H.: Vitamins & Hormones **8**, 55 (1950). — [5] SCHNEIDER, H., H. STEENBOCK and B. R. PLATZ: J. biol. Ch. **132**, 539 (1940). — SURE, B., and L. EASTERLING: J. Nutrit. **39**, 393 (1949). — CARTER, C. W., and P. J. R. PHIZACKERLEY: Biochem. J. **49**, 227 (1951). — [6] MEDES, G., and D. C. KELLER: Arch. Biochem. **15**, 19 (1947). — WITTEN, P. W., and R. T. HOLMAN: Arch. Biochem. **41**, 266 (1952). — [7] PERETTI, G.: Boll. Soc. ital. Biol. sperim. **20**, 357, 358 (1945). — CHAMPOUGNY, J., et E. LE BRETON: C. R. Soc. Biol. **141**, 43, 45 (1947). — [8] PARSONS, H. T.: J. biol. Ch. **90**, 351 (1931). — [9] BURR, G. O., and M. M. BURR: J. biol. Ch. **82**, 345 (1929). — [10] WILLIAMS, V. R., and E. A. FIEGER: J. biol. Ch. **170**, 399 (1947). — TRAGER, W.: J. biol. Ch. **176**, 1211 (1948). — [11] JOHNSON, D., E. M. JENSEN and H. Z. PARSONS: Proc. Soc. exp. Biol. Med. **79**, 21 (1952). — [12] DEANE, H. W., and J. H. SHAW: J. Nutrit. **34**, 1 (1947). — [13] KUMMEROW, F. A., T-K. CHU and P. RANDOLPH: J. Nutrit. **36**, 523 (1948). — SHWARTZMAN, G., and L. STRAUSS: J. Nutrit. **38**, 131 (1949). — [14] RINEHART, J. F., and L. D. GREENBERG: Amer. J. Path. **25**, 481 (1949). — [15] HOVE, E. L., and P. L. HARRIS: J. Nutrit. **31**, 699 (1946). — [16] SHERMAN, H., L. M. CAMPLING and R. S. HARRIS: Fed. Proc. **9**, 371 (1950). — [17] SIEGEL, L., D. MELNICK and B. L. OSER: J. biol. Ch. **149**, 361 (1943). — MCNUTT, W. S., and E. E. SNELL: J. biol. Ch. **173**, 801 (1948). — [18] ATKIN, L., A. S. SCHULTZ, W. L. WILLIAMS and C. N. FREY: Industr. engng. Chem. **15**, 141 (1943). — [19] HENDERSON, L. M., H. A. WAISMAN and C. A. ELVEHJEM: J. Nutrit. **21**, 589 (1941). — [20] SWAMINATHAN, M.: Nature **145**, 780 (1940). — WILLIAMS, R. J., R. E. EAKIN and J. R. MCMAHAN: Univ. Texas Publ. Nr. 4137, 24 (1941).

treten 20—50% Verluste auf. Manche Tumoren sollen einen niedrigen B_6-Gehalt haben und sind dann einer Therapie mit Antagonisten zugänglich[1]. Im Mehl[2] finden sich 1,2—3,1 γ/g und im ganzen Getreide[3] zwischen 3—6 γ/g. Früchte und Fruchtsäfte enthalten wenig B_6. Der Gehalt der frischen Milch wird mit durchschnittlich 1,5 γ/cm^3 angegeben[4]. Die reichste Quelle auch für Vitamin B_6 ist die Hefe[5], welche bis zu 50 γ/g enthält. Sie wird lediglich noch übertroffen von Blütenstaub und Nektar[6].

η) Bestimmungsverfahren.

Wegen der großen Unterschiede in der Reaktion der einzelnen B_6-Vitamine mit den farbgebenden Reagentien und dem Verhalten im mikrobiologischen Test, liefert auch heute noch die Rattenwachstumsmethode[7] die zuverlässigsten Resultate. Es ist nur darauf zu achten, daß die Diät wirklich alle essentiellen Wuchsstoffe außer B_6 enthält. Es ist vorteilhaft, bereits die Muttertiere auf der B_6-Mangeldiät zu halten. Auch das Huhn[8] eignet sich sowohl für einen kurativen Test als auch für eine Prophylaxetechnik.

Von den colorimetrischen Verfahren stammt das erste von KUHN u. LÖW[9] (Kupplung mit Sulfanilsäure). Andere Autoren[10] verwenden die rotbraune Farbe, welche Eisen(III)-chlorid mit B_6 gibt. Außerdem wurde das Reagens nach GIBBS[11] (2,6-Dichlorchinonchlorimid) und das FOLIN-DENIS-Reagens[12] verwendet. Aus den kritischen Studien der colorimetrischen Verfahren durch MELNICK u. Mitarb.[13] ergeben sich ernstliche Zweifel an der Anwendbarkeit irgendeiner chemischen Methode für die B_6-Bestimmung in Naturstoffen.

Auch die mikrobiologischen Verfahren sind nicht so einfach zu interpretieren wie man in den ersten Jahren ihrer Anwendung gedacht hatte. Für die Freisetzung von B_6 aus den Naturstoffen kann sowohl Takadiastase[14] als auch Hydrolyse mit verdünnter Mineralsäure[15] verwendet werden. Da das Vitamin lichtempfindlich ist, sind entsprechende Vorkehrungen unerläßlich. Die Milchsäurebakterien sind zur Bestimmung des Gesamt-B_6-Gehaltes ungeeignet. L. casei spricht nur auf Pyridoxal an, während Pyridoxamin und Pyridoxin kaum aktiv sind[16]. Für S. faecalis sind Pyridoxal und Pyridoxamin gleich wirksam[17]. Die Hefen Sacch. carlsbergensis[14] bzw. Sacch. cerevisiae G. M.[18] und oviformis[19] und auch Neurospora sitophila pyridoxinless[20] sprechen auf die unkonjugierten 3 Formen von B_6 in gleicher Höhe an. Es ergeben sich deshalb Möglichkeiten einer Differentialbestimmung der verschiedenen Formen in Naturstoffen[17]. Es ist allerdings zu beachten, daß durch die Aufarbeitung Pyridoxal in Pyridoxamin übergehen kann und umgekehrt[21], ja, daß sogar Pyridoxin zu Pyridoxal oxydiert werden kann.

---

[1] SHAPIRO, D. M., M. E. SHILS and L. S. DIETRICH: Cancer Res. **13**, 703 (1953). — [2] BARTON-WRIGHT, E.: Biochem. J. **39**, X (1945). — COPPING, A. M.: Biochem. J. **37**, 12 (1943). — [3] TEPLY, L. J., F. M. STRONG and C. A. ELVEHJEM: J. Nutrit. **24**, 167 (1942). — [4] MACY, I. G.: Amer. J. Dis. Children **78**, 589 (1949). — [5] RUBIN, S. H., and J. SCHEINER: J. biol. Ch. **162**, 389 (1946). — [6] KITZES, G., H. A. SCHUETTE and C. A. ELVEHJEM: J. Nutrit. **26**, 241 (1943). — [7] CLARKE, M. F., and M. LECHYCKA: J. Nutrit. **25**, 571 (1943). — SARMA, P. S., E. E. SNELL and C. A. ELVEHJEM: J. biol. Ch. **165**, 55 (1946). — ELVEHJEM, C. A.: Biol. Symp. **12**, 213 (1947). — [8] OTT, W. H.: Proc. Soc. exp. Biol. Med. **61**, 125 (1946). — JUKES, T. H.: Proc. Soc. exp. Biol. Med. **42**, 180 (1939). — [9] KUHN, R., u. I. LÖW: B. **72**, 1453 (1939). — SWAMINATHAN, M.: Ind. J. med. Res. **28**, 427 (1940). — s. a. BROWN, E. B., A. F. BINA and J. M. THOMAS: J. biol. Ch. **158**, 455 (1945). — [10] GREENE, R. D.: J. biol. Ch. **130**, 513 (1939). — [11] GIBBS, H. D.: J. biol. Ch. **72**, 649 (1927). — SCUDI, J. V.: J. biol. Ch. **139**, 707 (1941). — BIRD, O. D., J. M. VANDENBELT and A. D. EMMETT: J. biol. Ch. **142**, 317 (1942). — [12] GYÖRGY, P., and S. H. RUBIN: Vitamin Meth. (GYÖRGY) Bd. 1, S. 239. — [13] MELNICK, D., M. HOCHBERG, H. W. HIMES and B. L. OSER: J. biol. Ch. **160**, 1 (1945). — [14] ATKIN, L., A. S. SCHULTZ, W. L. WILLIAMS and C. N. FREY: Industr. engng. Chem. **15**, 141 (1943). — [15] RABINOWITZ, J. C., and E. E. SNELL: Analyt. Chem., Washington **19**, 277 (1947). — RUBIN, S. H., and J. SCHEINER: J. biol. Ch. **162**, 389 (1946). — [16] SNELL, E. E., and A. N. RANNEFELD: J. biol. Ch. **157**, 475 (1945). — RABINOWITZ, J. C., N. I. MONDY and E. E. SNELL: J. biol. Ch. **175**, 147 (1948). — [17] RABINOWITZ, J. C., and E. E. SNELL: J. biol. Ch. **176**, 1157 (1948). — [18] SIEGEL, L., D. MELNICK and B. L. OSER: J. biol. Ch. **149**, 361 (1943). — MCNUTT, W. S., and E. E. SNELL: J. biol. Ch. **173**, 801 (1948). — [19] BURKHOLDER, P. R., I. MCVEIGH and D. MOYER: J. Bacteriology **48**, 385 (1944). — [20] STOKES, J. L., A. LARSEN, C. R. WOODWARD jr. and J. W. FOSTER: J. biol. Ch. **150**, 17 (1943). — [21] SNELL, E. E.: Proc. Soc. exp. Biol. Med. **51**, 356 (1942).

ϑ) Klinische Anwendung.

Pyridoxin wird mit wechselndem Erfolg bei Agranulocytose, einigen Anämienformen und bei Akrodynie verwendet. Außerdem wird ein Versuch bei Röntgenkater und den toxischen Wirkungen von Stickstofflost, Thiouracil usw. empfohlen. Indiziert ist die B_6-Medikation bei Isonicotinsäurehydrazid-Schäden.

g) Pantothensäure[1–7].

Von K. Schreier.

α) Geschichtliches.

Williams[8] hatte 1931 im Pflanzenreich einen Wuchsstoff für Bakterien und Hefen entdeckt und ihn wegen seiner weiten Verbreitung Pantothensäure benannt. Er fand die Substanz auch in Säugetierleber[8]. Wenige Jahre später (1938) erwies sich die Pantothensäure als identisch mit dem „Filtratfaktor", welcher die sog. Hühnerpellagra verhütet[9]. Die Konstitutionsaufklärung gelang Williams u. Major[10]. Die Synthese wurde von mehreren Forschergruppen etwa gleichzeitig durchgeführt (Kuhn u. Wieland[11]; Reichstein[12]; Stiller u. Mitarb.[13]; Weinstock u. Mitarb.[14]).

β) Ausfallserscheinungen[15].

Eine isolierte Pantothensäureavitaminose scheint beim Menschen nicht vorzukommen. Die Annahme ist aber berechtigt, daß bei schweren Hungerzuständen und chronischer Unterernährung auch der Mangel an diesem Faktor für die dann auftretenden Symptome mitverantwortlich ist. Dies scheint besonders bei dem sog. „burning feet syndrome"[16] bzw. der „nutritional melalgia"[17] der Fall zu sein. Die vielen Therapieversuche[18] mit Pantothenat bei normalem Ernährungszustand sind als ungerechtfertigt zu bezeichnen.

Die Kenntnis der Rolle, welche die Pantothensäure im intermediären Stoffwechsel spielt, erlaubt noch nicht eine Erklärung für die Multiplizität der Erscheinungen beim Pantothenatmangel zu geben, die allen Tatsachen gerecht

---

Zusammenfassende Darstellungen: 1—7. [1] Wieland, T., u. I. Löw: Zur Biochemie der Vitamin B-Gruppe (Pantothensäure und Vitamin B_6). Fortschr. Chem. org. Naturstoffe **4**, 28 (1945). — [2] Williams, R. J.: The chemistry and biochemistry of pantothenic acid. Adv. Enzymol. **3**, 253 (1943). — [3] Holzer, H.: Angew. Chem. **64**, 248 (1952). — [4] Stepp-Kühnau-Schroeder, Vitamine 7. Aufl. Bd. 1, S. 365—405. — [5] Shive, W.: Williams u.a., B Vitamins. S. 620—651. — [6] Bicknell-Prescott, Vitamins S. 115—121. — [7] Ammon-Dirscherl, Fermente, Hormone, Vitamine S. 833—842.

[8] Williams, R. J., and E. M. Bradway: Am. Soc. **53**, 783 (1931). — Williams, R. J., C. M. Lyman, G. H. Goodyear, J. H. Truesdail and D. Holaday: Am. Soc. **55**, 2912 (1933). — [9] Elvehjem, C. A., and C. J. Koehn jr.: Nature **134**, 1007 (1934). J. biol. Ch. **108**, 709 (1935). — Lepkovsky, S., and T. H. Jukes: J. biol. Ch. **114**, 109 (1936). — Jukes, T. H.: J. biol. Ch. **117**, 11 (1937). — Edgar, C. E., T. F. Macrae and F. Vivanco: Biochem. J. **31**, 879 (1937). — Edgar, C. E., and T. F. Macrae: Biochem. J. **31**, 893 (1937). — Woolley, D. W., H. A. Waisman, O. Mickelsen and C. A. Elvehjem: J. biol. Ch. **125**, 715 (1938). — Wooley, D. W., H. A. Waisman and C. A. Elvehjem: Am. Soc. **61**, 977 (1939). — Hitchings, G. H., and Y. Subbarow: J. Nutrit. **18**, 265 (1939). — [10] Williams, R. J., and R. T. Major: Science, N. Y. **91**, 246 (1940). — [11] Kuhn, R., u. T. Wieland: B. **73**, 962, 971 (1940); **74**, 218 (1941). — [12] Reichstein, T., u. A. Grüssner: Helv. **23**, 650 (1940). — [13] Stiller, E. T., and P. F. Wiley: Am. Soc. **63**, 1237 (1941). — Stiller, E. T., S. A. Harris, J. Finkelstein, J. C. Keresztesy and K. Folkers: Am. Soc. **62**, 1785 (1940). — [14] Weinstock, H. H. jr., H. K. Mitchell, E. F. Pratt and R. J. Williams: Am. Soc. **61**, 1421 (1939). — [15] Oleson, J. J., C. A. Elvehjem and E. B. Hart: Proc. Soc. exp. Biol. Med. **42**, 283 (1939). — Chick, H., T. F. Macrae and A. N. Worden: Biochem. J. **34**, 580 (1940). — Lunde, G., u. H. Kringstad: Naturwiss. **27**, 755 (1939). — [16] Hibbs, R. E.: Ann. internal Med. **25**, 270 (1946). — [17] Glusman, M.: Amer. J. Med. **3**, 211 (1947). — Vernon, S.: J. amer. med. Ass. **143**, 799 (1950). — Goplan, C.: Ind. med. Gaz. **81**, 22 (1946). — s. Nutrit. Rev. **8**, 330 (1950). — [18] Zusammenfassung s. Stepp-Kühnau-Schroeder, Vitamine 7. Aufl. Bd. 1, S. 400—403.

wird. Beim Huhn[1] sind neben den Hauterscheinungen (Dermatitis und Pigmentstörungen mit Ausfall der Federn), Wachstumsstillstand, Thymusinvolution, Rückenmarksveränderungen, Knorpel- und Ossifikationsstörungen auch das gelegentliche Auftreten von Fettleber und Keratitis beschrieben. Besonders ausgeprägt sind die Störungen von Fortpflanzung und Embryonalentwicklung[2]. Bei Ratten[3] manifestiert sich der Pantothenatmangel ebenfalls in Wachstumsverminderung und Pigmentmangel („Achromotrichie"), das Fell wird struppig und trocken, später tritt Haarausfall um die Augen auf und ein sog. „Porphyrinschnurrbart"[4]. Gelegentlich beobachtet man auch Durchfälle und spastischen Gang, Blutungen und schwere Anämien. Die Augen sind meist mit einem zähen Exsudat verschmiert. Besonders eindrucksvoll ist der Pantothensäuremangel beim Hund[5]. Es kommt meist nach kurzem Fehlen des Vitamins zu Koma und raschem Tod. Die Symptome beim Hund ähneln sehr dem sog. „Waterhouse-Friedrichsen-Syndrom" (akuter Nebennierenzusammenbruch des Menschen).

Dies zeigt, daß Veränderungen in der Nebenniere zu den wesentlichen Faktoren bei den „biochemischen Läsionen" durch Pantothensäuremangel gehören[6]. Schon György u. Mitarb.[7] (1937) hatten bei ihm hämorrhagische Nekrose der Nebennierenrinde beschrieben. Weitere bestätigende Beobachtungen folgten[8]. Ausgedehnte Studien stammen von Deane u. McKibbin[9] und von Cowgill[10]. Kurz zusammengefaßt beobachtet man, besonders bei jungen Ratten, schon in den ersten Tagen des Fehlens von Pantothensäure in der Nahrung eine Abnahme der Lipoidtröpfchen in den marknahen Schichten der Zona fasciculata. Gleichzeitig werden die sog. Nebennierenrindenteste pathologisch[11]. Von der 2. Woche ab kommt es zu Hämorrhagien und Nekrosen der beiden inneren Rindenzonen, und um die 4. Woche etwa hypertrophiert die vorher etwas geschrumpfte Rinde. Durch Zufuhr von Cortison (aber nicht ACTH) scheinen diese Veränderungen verhütbar[12]. Bei Pantothensäuremangel soll von allen Organen der Coenzym A-Gehalt in der Nebenniere am stärksten abfallen[13]. Die Blutzuckernüchternwerte und die Insulinempfindlichkeit sollen besonders gesteigert sein. Die Bedeutung der Pantothensäure für den Stoffwechsel der Nebennierenrinde mag darin liegen,

---

[1] Groody, T. C., and M. E. Groody: Science, N. Y. **95**, 655 (1942). — Jukes, T. H.: J. Nutrit. **21**, 193 (1941). — Dimick, M. K., and A. Lepp: J. Nutrit. **20**, 413 (1940). — [2] Gillis, M. B., G. F. Heuser and L. C. Norris: J. Nutrit. **23**, 153 (1942). — Lefebvres-Boisselot, J.: Ann. Méd. **52**, 225 (1951). — [3] György, P., C. E. Poling and Y. Subbarow: J. biol. Ch. **132**, 789 (1940). — Emerson, G. A., and H. M. Evans: Proc. Soc. exp. Biol. Med. **46**, 655 (1941). — György, P., and R. E. Eckardt: Biochem. J. **34**, 1143 (1940). — Unna, K.: J. Nutrit. **20**, 565 (1940). — Unna, K., G. V. Richards and W. L. Sampson: J. Nutrit. **22**, 553 (1941). — [4] McElroy, L. W., K. Salomon, F. H. J. Figge and G. R. Cowgill: Science, N. Y. **94**, 467 (1941). — [5] Fouts, P. J., O. M. Helmer and S. Lepkovsky: J. Nutrit. **19**, 393 (1940). — Shaeffer, A. E., J. M. McKibbin and C. A. Elvehjem: J. biol. Ch. **143**, 321 (1942). — Scudi, J. V., and M. Hamlin: J. Nutrit. **27**, 425 (1944). — [6] Daft, F. S., and W. H. Sebrell: Publ. Hlth. Rep. **54**, 2247 (1939). — [7] György, P., H. Goldblatt, F. R. Miller and R. P. Fulton: J. exp. Med. **66**, 579 (1937). — [8] Nelson, A. A.: Publ. Hlth. Rep. **54**, 2250 (1939). — Ashburn, L. L.: Publ. Hlth. Rep. **55**, 1337 (1940). — Salmon, W. D., and R. W. Engel: Proc. Soc. exp. Biol. Med. **45**, 621 (1940). — Supplee, G. C., R. C. Bender, O. J. Kahlenberg and L. C. Babcock: Endocrinology **30**, 355 (1942). — [9] Deane, H. W. and J. M. McKibbin: Endocrinology **38**, 385 (1946). — [10] Cowgill, G. R., R. W. Winters, R. B. Schultz and W. A. Krehl: Int. Z. Vit.-Forsch. **23**, 275 (1951/52). — [11] Dumm, M. E., P. Ovando, P. Roth and E. P. Ralli: Proc. Soc. exp. Biol. Med. **71**, 368 (1949). — Melampy, R. M., D. W. Cheng and L. C. Northrop: Proc. Soc. exp. Biol. Med. **76**, 24 (1951). — [12] Krehl, W. A., R. W. Winters and R. B. Schultz: Nutrit. Symp. Ser. **5**, 39 (1952). — Schultz, R. B., R. W. Winters and W. A. Krehl: Endocrinology **51**, 336 (1952). — [13] Olson, R. E., and N. O. Kaplan: J. biol. Ch. **175**, 515 (1948).

daß die Sterinsynthese, welche ja über die 2 C-Intermediärstufe laufen muß[1] und welche, wie kürzliche Arbeiten[2] wahrscheinlich machten, auch in der Nebennierenrinde von Acetat ausgeht, durch Coenzym A katalysiert wird. Daneben ist diskutabel, daß die Umwandlung von Cholesterin in Glucocorticoide von Coenzym A abhängig ist. Chronische Zinkchloridvergiftung soll ein ganz ähnliches Symptombild erzeugen, welches durch Pantothenat günstig beeinflußbar ist. Die Überlebenszeit adrenalektomierter Ratten wird durch Pantothensäure verlängert[3].

Angeblich sollen auch Beziehungen der Pantothensäure zur Schilddrüsenfunktion bestehen[4,5]. Ferner wird über eine Störung der Antikörperbildung im Mangelzustand berichtet[6].

Neben den höheren Tieren benötigen auch zahlreiche Mikroorganismen, wie Milchsäurebakterien, Essigsäure- und Propionsäurebildner, hämolytische Streptokokken, Clostridien, Corynebacterium, Pasteurella, Brucella und Proteusarten die Pantothensäure als essentiellen Wuchsstoff[7]. Die meisten Colistämme und auch die Pansenbakterien der Wiederkäuer sind zur Synthese befähigt[8]. Einige Bakterienstämme und Heferassen benötigen nur β-Alanin[9]; für hämolytische Streptokokken und Acetobacter suboxydans ist die Pantoinsäure[10] essentiell.

γ) Chemie.

Die Pantothensäure ist in Wasser und Alkohol gut löslich. Sie ist mit Phosphorwolframsäure nicht fällbar und wird nicht an Fullererde adsorbiert („Filtratfaktor“). Licht und Luftsauerstoff beeinträchtigen sie nicht. Sie wird aber durch längeres Erhitzen (über 120° C) und durch Behandlung mit Säure und Alkali ziemlich rasch zerstört[11]. Pantothensäure ist: D(+)-α,γ-Dioxy-β,β-dimethylbutyryl-β-alanin (Bruttoformel $C_9H_{17}NO_5$).

$$HOH_2C{-}\underset{CH_3}{\overset{CH_3}{\underset{|}{\overset{|}{C}}}}{-}CHOH{-}CO{-}NH{-}CH_2{-}CH_2{-}COOH$$

Von den beiden Antipoden ist lediglich die D-Form aktiv. Die freie Säure ist ein blaßgelbes Öl. Im Handel befindet sich meist das Calcium-, gelegentlich auch das Natriumpantothenat. Ca-Pantothenat: F 170—172°; Na-Pantothenat: F 122—124°, $[\alpha]_D^{25} = +27°$ (Wasser).

---

[1] Rittenberg, D., and R. Schoenheimer: J. biol. Ch. **121**, 235 (1937). — Bloch, K., and D. Rittenberg: J. biol. Ch. **145**, 625 (1942). — Borek, E., and D. Rittenberg: J. biol. Ch. **179**, 843 (1949). — Brady, R. O., and S. Gurin: J. biol. Ch. **186**, 461 (1950); **189**, 371 (1951). — Zabin, I., and K. Bloch: J. biol. Ch. **192**, 261, 267 (1951). — [2] Srere, P. A., I. L. Chaikoff and W. G. Dauben: J. biol. Ch. **176**, 829 (1948). — Srere, P. A., I. L. Chaikoff, S. S. Treitman and L. S. Burstein: J. biol. Ch. **182**, 629 (1950). — Haines, W. J., E. D. Nielson, N. A. Drake and O. R. Woods: Arch. Biochem. **32**, 218 (1951). — [3] Ralli, E. P., and I. Graef: Endocrinology **32**, 1 (1943). — Granados, H., u. F. Verzár: Int. Z. Vit.-Forsch. **24**, 403 (1952). — [4] Abelin, I.: Exper. **1**, 231 (1945). — [5] Cohen, G. N.' and B. Minz: Arch. Sci. physiol. **4**, 145 (1950). — [6] Axelrod, A. E.: Metabolism **2**, 1 (1953). — [7] Möller, E. F.: H. **260**, 246 (1939). Angew. Chem. **53**, 204 (1940). — Rane, L., and Y. Subbarow: J. biol. Ch. **134**, 455 (1940). — Berkman, S., F. Saunders and S. A. Koser: Proc. Soc. exp. Biol. Med. **44**, 68 (1940). — Thompson, R. C.: J. Bacteriology **46**, 99 (1943). — Vgl. Zusammenstellung bei Wieland, T., u. I. Löw: Fortschr. Chem. org. Naturstoffe **4**, 28 (1945). — [8] McIlwain, H.: Biochem. J. **40**, 269 (1946). — Tamura, J. T., A. A. Tytell, M. J. Boyd and M. A. Logan: J. Bacteriology **42**, 148 (1941). — [9] Mueller, J. H., and A. W. Klotz: Am. Soc. **60**, 3086 (1938). — [10] Underkofler, L. A., A. C. Bantz and W. H. Peterson: J. Bacteriology **45**, 183 (1943). — [11] Parke, H. C., and E. J. Lawson: Am. Soc. **63**, 2869 (1941). — Levy, H., J. Weijlard and E. T. Stiller: Am. Soc. **63**, 2846 (1941). — Frost, D. V.: Industr. engng. Chem., analyt. Ed. **15**, 306 (1943).

Die Beziehungen zwischen Struktur und Wirksamkeit wurden bei der Pantothensäure sehr ausgiebig studiert. Der entsprechende Alkohol (Pantothenylalkohol) ist beim Warmblüter mindestens so aktiv wie die Säure[1]. Nach seiner Zufuhr ist oft die Ausscheidung von Pantothensäure größer als bei der gleichen Dosis Pantothenat. Bei Milchsäurebakterien dagegen hemmt der Alkohol die Verwertung der Säure[2]. Oxypantothensäure, der Methyl- und der Äthylester sind im Rattenversuch nur etwas weniger wirksam als die freie Säure. ω-Methylpantothensäure ist, wie neuerdings erkannt wurde[3], dagegen ein wirksamer Pantothensäureantagonist. Wird im Molekül β-Alanin durch andere Aminosäuren ersetzt, so geht die Vitaminwirksamkeit völlig verloren[4]. Tritt z.B. an Stelle von β-Alanin Taurin, so entsteht ein eingehend untersuchtes Antivitamin[5] (Pantoyltaurin).

$$HOH_2C{-}C(CH_3)_2{-}CHOH{-}CO{-}NH{-}CH_2{-}CH_2{-}CH_2OH$$

Pantothenylalkohol

$$HOH_2C{-}C(CH_3)(CH_2\cdot OH){-}CHOH{-}CO{-}NH{-}CH_2{-}CH_2{-}COOH$$

Oxypanthothensäure

$$HOH_2C{-}C(C_2H_5)(CH_3){-}CHOH{-}CO{-}NH{-}CH_2{-}CH_2{-}COOH$$

ω-Methylpantothensäure

$$HOH_2C{-}C(CH_3)_2{-}CHOH{-}CO{-}NH{-}CH_2{-}CH_2{-}SO_3H$$

Pantoyltaurin

Ratten werden durch häufige subcutane Dosen von Pantoyltaurin trotz Injektion einer 10000- und mehrfach tödlichen Dosis virulenter Streptokokken am Leben erhalten[6]. Offenbar wirkt Pantoyltaurin dadurch bakteriostatisch, daß es (wie wohl auch die meisten anderen Antivitamine) die Umwandlung von Pantothensäure in das Coenzym verhindert[7]. Inzwischen wurden zahlreiche Derivate von Pantoyltaurin synthetisiert (Sulfon, Sulfoxyd, Sulfid, Tauramid usw.[8]).

[1] PFALTZ, H.: Z. Vit.-Forsch. **13**, 236 (1943). — BURLET, E.: Z. Vit.-Forsch. **14**, 318 (1944). SCHMIDT, V.: Acta pharmacol. toxicol., København **1**, 120 (1945). — RUBIN, S. H., J. M. COOPERMAN, M. E. MOORE and J. SCHEINER: J. Nutrit. **35**, 499 (1948). — [2] SNELL, E. E., and W. SHIVE: J. biol. Ch. **158**, 551 (1945). — [3] DRELL, W., and M. S. DUNN: Arch. Biochem. **33**, 110 (1951). — SHILS, M. E.: Proc. Soc. exp. Biol. Med. **75**, 352 (1950). — [4] WEINSTOCK, H. H. jr., E. L. MAY, A. ARNOLD and D. PRICE: J. biol. Ch. **135**, 343 (1940). — BARNETT, J. W., and F. A. ROBINSON: Biochem. J. **36**, 357 (1942). — [5] KUHN, R., T. WIELAND u. E. F. MÖLLER: B. **74**, 1605 (1941). — SNELL, E. E.: J. biol. Ch. **141**, 121 (1941). — McILWAIN, H.: Biochem. J. **36**, 417 (1942). — [6] McILWAIN, H., and F. HAWKING: Lancet **1943 I**, 449. — [7] McILWAIN, H.: Biochem. J. **39**, 279, 329 (1945). — [8] SNELL, E. E.: J. biol. Ch. **139**, 975 (1941). — KUHN, R., T. WIELAND u. E. F. MÖLLER: B. **74**, 1605 (1941). — BARNETT, J. W., D. J. DUPRÉ, B. J. HOLLOWAY and F. A. ROBINSON: Am. Soc. **62**, 94 (1944). — MADINAVEITIA, J., A. R. MARTIN, F. L. ROSE and G. SWAIN: Biochem. J. **39**, 85 (1945).

Verschiedene dieser Substitutionsverbindungen erwiesen sich als wirksam gegen Plasmodien, Trichomonaden u.ä.[1]. Sie übertreffen (besonders die Amide) bei weitem die Wirksamkeit von Pantoyltaurin gegen Streptokokken[2] (auch die aus der viridans-Gruppe).

Auch Pantothenone (Ersatz der Carboxylgruppe durch verschiedene Ketongruppen) und ihre Derivate hemmen zum Teil kompetitiv, zum Teil inkompetitiv den Pantothenatverbrauch[3]. Daneben sind ebenfalls die Pantoylalkylamine Vitaminantagonisten, so bei Milchsäurebakterien und zum Teil auch bei Plasmodien[4]. In diesem Zusammenhang mag erwähnt werden, daß Salicylsäure (nicht Salicylamid) bei E. coli die Pantothenatsynthese hemmen soll[5] und daß die Wachstumsstimulierung durch β-Alanin, bei Hefen durch verschiedene Aminosäuren, besonders β-Aminobuttersäure, unterdrückt wird[6]. Nach LICHSTEIN u. GILFILLAN[7] soll Streptomycin bei Saccharomyces die Vitaminsynthese aus den Vorstufen hemmen.

δ) Wirkungsmechanismus[8].

Das Interesse an der Pantothensäure erwachte erneut, als der Arbeitsgruppe um LIPMANN[9] (1947) der Nachweis gelang, daß das Vitamin der entscheidende Bestandteil von *Coenzym A* (Formel s. Bd. 2/1, S. 1037) ist, einem Enzym, welches besonders die Acetylierungsvorgänge im Organismus katalysiert. Schon 1936 hatten WILLIAMS u. Mitarb.[10] gefunden, daß Pantothensäure in den Kohlenhydratstoffwechsel eingreift. NACHMANSOHN u. MACHADO[11] fanden im Gehirn ein acetylierendes Enzym, und LIPMANN[12] wies ein ähnliches Ferment in der Leber nach. Eine Übersicht über einige der wahrscheinlichen Funktionen von Coenzym A s. Bd. 2/1, S. 1038, Abb. 53.

Über die Bedeutung von Coenzym A für den intermediären Stoffwechsel s. Bd. 2/1, S. 837—839.

ε) Vorkommen.

Wie schon der Name sagt, findet sich die Pantothensäure sehr weit verbreitet. Sowohl im Pflanzenreich als auch im Säugetierorganismus liegt das Vitamin nur zu einem ganz geringen Teil (3—15%[13]) in freier Form vor. Die Hauptmenge scheint zumindest beim Warmblüter als CoA vorzukommen[14]. KING u. Mitarb.[15] haben ein weiteres Pantothensäurekonjugat aufgefunden, welches sie PAC nennen. Es hat offenbar ein bedeutend höheres Molekulargewicht als CoA und enthält wahrscheinlich Glutaminsäure. PAC hat keine bekannte Coenzymfunktion, ist

---

[1] JOHNSON, G., and A. B. KUPFERBERG: Proc. Soc. exp. Biol. Med. **67**, 390 (1948). — [2] WINTERBOTTOM, R., J. W. CLAPP, W. H. MILLER, J. P. ENGLISH and R. O. ROBLIN jr.: Am. Soc. **69**, 1393 (1947). — BRACKETT, S., E. WALETZKY and M. BAKER: J. Parasitology **32**, 453 (1946). — [3] WOOLLEY, D. W., and M. L. COLLYER: J. biol. Ch. **159**, 263 (1945). — WOOLLEY, D. W., and R. A. BROWN: J. biol. Ch. **163**, 481 (1946). — [4] SHIVE, W., and E. E. SNELL: J. biol. Ch. **160**, 287 (1945). — [5] IVÁNOVICS, G.: H. **276**, 33 (1942). — ACKERMANN, W. W., and W. SHIVE: J. biol. Ch. **175**, 867 (1948). — RYAN, F. J., R. BALLENTINE, E. STOLOVY, M. E. CORSON and L. K. SCHNEIDER: Am. Soc. **67**, 1867 (1945). — [6] NIELSEN, N.: Naturwiss. **31**, 146 (1943); **32**, 80 (1944). — [7] LICHSTEIN, H. C., and R. F. GILFILLAN: Proc. Soc. exp. Biol. Med. **77**, 459 (1951). — [8] s. dazu NOVELLI, D. G.: Physiol. Rev. **33**, 525 (1953). — [9] LIPMANN, F., N. O. KAPLAN, G. D. NOVELLI, L. C. TUTTLE and B. M. GUIRARD: J. biol. Ch. **167**, 869 (1947); **186**, 235 (1950). — [10] WILLIAMS, R. J., W. A. MOSHER and E. ROHRMAN: Biochem. J. **30**, 2036 (1936). — [11] NACHMANSOHN, D., and A. L. MACHADO: J. Neurophysiol. **6**, 397 (1943). — [12] LIPMANN, F.: J. biol. Ch. **160**, 173 (1945). — LIPMANN, F., and L. C. TUTTLE: J. biol. Ch. **159**, 21 (1945). — [13] NISHI, H., T. E. KING and V. H. CHELDELIN: J. Nutrit. **41**, 279 (1950). — NEILANDS, J. B., H. HIGGINS, T. E. KING, R. E. HANDSCHUMACHER and F. M. STRONG: J. biol. Ch. **185**, 335 (1950). — [14] NOVELLI, G. D., N. O. KAPLAN and F. LIPMANN: J. biol. Ch. **177**, 97 (1949). — [15] KING, T. E., L. M. LOCHER and V. H. CHELDELIN: Arch. Biochem. **17**, 483 (1948). — NOVELLI, G. D., R. M. FLYNN and F. LIPMANN: J. biol. Ch. **177**, 493 (1949).

aber im Wachstumstest bei Acetobacter aktiver als Pantothenat. Im Mangelzustand verschwindet zunächst die freie Säure[1]. Ein dem CoA nahe verwandtes Pantothensäurekonjugat ist das *Pantethin*. Dieser Faktor ist in Hefe, Leber usw. von WILLIAMS u. Mitarb.[2] als ein Wuchsfaktor für einen L. bulgaricus-Stamm aufgefunden worden. (Während zahlreiche Mikroorganismen LBF [= Lactobacillus bulgaricus-Faktor] synthetisieren können[3], ist der Faktor für verschiedene Lactobacillen essentiell[4]). Die Identifizierung des LBF als Pantethin ging von der Beobachtung aus, daß hohe Pantothensäuredosen den Wuchsfaktor ersetzen können[5]. SNELL u. Mitarb.[6] gelang die Synthese und damit der Nachweis, daß neben der Pantothensäure β-Mercaptoäthylamin (wahrscheinlich ein

$$\left(HOH_2C-\overset{CH_3}{\underset{CH_3}{C}}-CHOH-CO-NH-CH_2-CH_2-\overset{O}{\overset{\|}{C}}-NH-CH_2-CH_2-S\right)_2$$

Pantethin

$$-2H \uparrow\downarrow +2H$$

$$2\ HOH_2C-\overset{CH_3}{\underset{CH_3}{C}}-CHOH-CO-NH-CH_2-CH_2-\overset{O}{\overset{\|}{C}}-NH-CH_2-CH_2SH$$

Pantethein

Decarboxylierungsprodukt von Cystein) im Molekül vorhanden ist. Genau wie CoA beeinflußt Pantethin das Hefewachstum nicht*. Tiere verwerten es als Pantothensäurequelle. Ob die biologische Bedeutung von Pantethin darin besteht, daß es in einem reversiblen Gleichgewicht mit dem Pantethein steht, scheint noch nicht ganz geklärt. Möglicherweise handelt es sich lediglich um eine Zwischenstufe der CoA-Synthese, denn ATP + Pantethin (+ Leberextrakt) ergeben CoA[7]. Der genaue Ablauf der Synthese, an der mehrere Enzyme (Pantethein-kinase, condensing enzyme und Dephospho-CoA-kinase) beteiligt sind, wurde von NOVELLI[8] untersucht. Die Behandlung von CoA mit Darmphosphatase[5] bzw. mit einer Dinucleotidase aus Kartoffeln[9] ergibt LBF. Nach neueren Untersuchungen[10] gibt es sicher mehrere Formen von LBF. Es handelt sich dabei um gemischte Disulfide von Pantethein mit verschiedenen Thiolen[11]. In der

---

* Bei den Lactobacillen verhält es sich unterschiedlich.

[1] OLSON, R. E., and N. O. KAPLAN: J. biol. Ch. **175**, 515 (1948). — [2] WILLIAMS, W. L., E. HOFF-JØRGENSEN and E. E. SNELL: J. biol. Ch. **177**, 933 (1949). — [3] RASMUSSEN, R. A., K. L. SMILEY, J. G. ANDERSON, J. M. VAN LANEN, W. L. WILLIAMS and E. E. SNELL: Proc. Soc. exp. Biol. Med. **73**, 658 (1950). — [4] KITAY, E., and E. E. SNELL: J. Bacteriology **60**, 49 (1950). — [5] MCRORIE, R. A., P. M. MASLEY and W. L. WILLIAMS: Arch. Biochem. **27**, 471 (1950). — MCRORIE, R. A., F. W. SHERWOOD and W. L. WILLIAMS: Proc. Soc. exp. Biol. Med. **75**, 392 (1950). — BROWN, G. M., J. A. CRAIG and E. E. SNELL: Arch. Biochem. **27**, 473 (1950). — [6] SNELL, E. E., G. M. BROWN, V. J. PETERS, J. A. CRAIG, E. L. WITTLE, J. A. MOORE, V. M. MCGLOHON and O. D. BIRD: Am. Soc. **72**, 5349 (1950). — CRAIG, J. A., and E. E. SNELL: J. Bacteriology **61**, 283 (1951). — BROWN, G. M., and E. E. SNELL: Proc. Soc. exp. Biol. Med. **77**, 138 (1951). — [7] GOVIER, W. M., and A. J. GIBBONS: Arch. Biochem. **32**, 347 (1951). — KING, T. E., and F. M. STRONG: J. biol. Ch. **189**, 325 (1951). — [8] NOVELLI, G. D.: Physiol. Rev. **33**, 525 (1953). — [9] NOVELLI, G. D., N. O. KAPLAN and F. LIPMANN: Fed. Proc. **9**, 209 (1950). — [10] VITUCCI, J. C., N. BOHONOS, O. P. WIELAND, D. V. LEFEMINE and B. L. HUTCHINGS: Arch. Biochem. **34**, 409 (1951). — [11] BROWN, G. M., and E. E. SNELL: J. biol. Ch. **198**, 375 (1952).

Hefe scheint eine weitere alkalische, mikrobiologisch inaktive Zustandsform der Pantothensäure vorzukommen, nämlich Pantothenylphosphat[1]. KING u. Mitarb.[1] synthetisierten mehrere dieser Verbindungen.

ζ) Bestimmungsverfahren.

Die bei weitem einfachsten und zuverlässigsten Bestimmungsverfahren sind die mikrobiologischen. Dabei ist aber ein besonderes Augenmerk auf die Aufarbeitung der Naturstoffe zu richten. Schon bald nach der Entdeckung des Vitamins wurde beobachtet[2], daß nach Autolyse der Gehalt des Gewebes an Pantothensäure zunahm. Es zeigte sich aber bald[3], daß auch dann nur ein geringer Teil des gesamten Vitamingehaltes für die Mikroorganismen verfügbar wurde. Infolge der Unbeständigkeit der Pantothensäure gegen Säuren und Laugen wurde die enzymatische Freisetzung des Vitamins allgemein üblich[4]. Gewöhnlich verwendet man käufliche Enzympräparate mit hoher amylolytischer, phosphorolytischer Aktivität, welche daneben noch Peptidasen enthalten. Es ist bis jetzt noch nicht bekannt, welche Komponente eigentlich die Pantothensäure freisetzt. Alle diese Verfahren liefern aber Werte, welche immer noch beträchtlich unter jenen liegen, welche mit dem Kükentest gewonnen wurden[5]. Diese Diskrepanzen sind durch die Entdeckung von Coenzym A und Pantethin erklärt. NOVELLI u. Mitarb.[6] geben an, daß mit Hilfe einer Mischung von Leberenzymen und alkalischer Phosphatase die Pantothensäure aus CoA freigesetzt wird. SCHWEIGERT u. GUTHNECK[7] empfehlen einen mit Dowex behandelten Nierenextrakt. Von den Lactobacillen wurden besonders L. casei[8] und L. arabinosus[9] für die Bestimmung verwendet, wenn sicher auch zahlreiche andere Arten geeignet sind. Die deutschen Autoren[10] haben Streptobacterium plantarum benützt. Auch Saccharomyces carlsbergensis 4228 (s. [11]) und andere Hefearten[12] sind für die Bestimmung geeignet. Es ist dabei aber zu bedenken, daß im Hefetest β-Alanin denselben stimulierenden Effekt hat wie Pantothensäure[13]. Hohe Asparagindosen unterdrücken die β-Alaninwirkung[14].

Für die Vitaminbestimmung im Tierversuch eignet sich am besten das Huhn[5,15]. Daneben kann auch die Ratte[16] verwendet werden.

In der letzten Zeit sind auch chemische Verfahren zur Pantothensäure- und Panthenolbestimmung angegeben worden. Das Verfahren von SZALKOWSKI u. Mitarb.[17] beruht auf der Bestimmung des freigesetzten β-Alanins mit $KMnO_4$, Kaliumbromid und 2,4-Dinitrophenylhydrazin. WOLLISH u. SCHMALL[18] verwenden für den colorimetrischen Nachweis die

---

[1] KING, T. E., and F. M. STRONG: Science, N. Y. **112**, 562 (1950). J. biol. Ch. **189**, 315 (1951). — [2] ROHRMAN, E., G. E. BURGET and R. J. WILLIAMS: Proc. Soc. exp. Biol. Med. **32**, 437 (1934). — [3] BUSKIRK, H. H., and R. A. DELOR: J. biol. Ch. **145**, 707 (1942). — [4] CHELDELIN, V. H., M. A. EPPRIGHT, E. E. SNELL and B. M. GUIRARD: Univ. Texas Publ. Nr. 4237, 15 (1942). — IVES, M., and F. M. STRONG: Arch. Biochem. **9**, 251 (1946). — [5] JUKES, T. H.: Biol. Symp. **12**, 253 (1947). — [6] NOVELLI, G. D., N. O. KAPLAN and F. LIPMANN: J. biol. Ch. **177**, 97 (1949). — NEILANDS, J. B., and F. M. STRONG: Arch. Biochem. **19**, 287 (1948). — [7] SCHWEIGERT, B. S., and B. T. GUTHNECK: J. Nutrit. **51**, 283 (1953). — [8] PENNINGTON, D., E. E. SNELL and R. J. WILLIAMS: J. biol. Ch. **135**, 213 (1940). — STRONG, F. M., R. E. FEENEY and A. EARLE: Industr. engng. Chem. **13**, 566 (1941). — NEAL, A. L., and F. M. STRONG: Industr. engng. Chem. **15**, 654 (1943). — [9] SKEGGS, H. R., and L. D. WRIGHT: J. biol. Ch. **156**, 21 (1944). — HOAG, E. H., H. P. SARETT and V. H. CHELDELIN: Industr. engng. Chem. **17**, 60 (1945). — [10] KUHN, R., u. T. WIELAND: B. **73**, 962 (1940). — NIELSEN, N., V. HARTELIUS u. G. JOHANSEN: Naturwiss. **31**, 550 (1943). — [11] ATKIN, L., W. L. WILLIAMS, A. S. SCHULTZ and C. N. FREY: Industr. engng. Chem. **16**, 67 (1944). — [12] EMERY, W. B., N. McLEOD and F. A. ROBINSON: Biochem. J. **40**, 426 (1946). — [13] WILLIAMS, R. J., and D. H. SAUNDERS: Biochem. J. **28**, 1887 (1934). — [14] WILLIAMS, R. J., and E. ROHRMAN: Am. Soc. **58**, 695 (1936). — [15] JUKES, T. H.: J. biol. Ch. **117**, 11 (1937); **129**, 225 (1939). J. Nutrit. **21**, 193 (1941). — HEGSTED, D. M., and F. LIPMANN: J. biol. Ch. **174**, 89 (1948). — HEGSTED, D. M., and T. R. RIGGS: J. Nutrit. **37**, 361 (1949). — [16] GYÖRGY, P.: J. biol. Ch. **131**, 733 (1939). — BACON, J. S. D., and G. N. JENKINS: Biochem. J. **37**, 492 (1943). — NELSON, M. M., and H. M. EVANS: Proc. Soc. exp. Biol. Med. **66**, 299 (1947). — [17] SZALKOWSKI, C. R., W. J. MADER and H. A. FREDIANI: Analyt. Chem., Washington **22**, 369 (1950). — [18] WOLLISH, E. G., and M. SCHMALL: Analyt. Chem., Washington **22**, 1033 (1950).

Lactonreaktion von FEIGL u. Mitarb.[1]. Eine weitere Methode stammt von CROKAERT[2]. Die chemischen Methoden differenzieren natürlich nicht zwischen den D- und L-Formen und verschiedenen Pantothensäurederivaten. Durch Adsorption an Aluminiumoxydsäulen[3] oder Dowex 1 (s.[4]) kann die Spezifität bedeutend erhöht werden.

h) p-Aminobenzoesäure[5,6].

Von K. SCHREIER.

α) Bedeutung[7].

Die Säure wurde erstmalig im Jahre 1863 von G. FISCHER[8] synthetisiert. Ihre physiologische Bedeutung entdeckte WOODS[9] an Hand von Untersuchungen zur Aufhebbarkeit der Sulfonamidhemmung von Bakterien. Die p-Aminobenzoesäure ist vor allem ein Wuchsstoff für Mikroorganismen. Ob sie als solche für den Säugetierorganismus eine essentielle Bedeutung hat, ist nicht hinreichend geklärt. Wenn ein Bedarf besteht, so wird er jedenfalls durch die Darmflora gedeckt (Mensch[10]). Bei Mäusen[11] wird p-Aminobenzoesäure (PAB) weder gespeichert noch verwertet. Die wesentliche Bedeutung von PAB liegt darin, daß es am Aufbau der Folsäurevitamine beteiligt ist. Auf Grund dieser Tatsache ergeben sich neue Interpretationsmöglichkeiten für die vielen früheren Befunde bei Tierversuchen[12]. PAB zeigt Wuchsstoffeigenschaften bei Gonococcus[13], Streptokokken[14], Staphylokokken[15], Pneumokokken[16], Clostridien[17], einigen Colivarianten[18], Milchsäurebakterien[19], Strept. plantarum[20], Corynebacterium diphtheriae[21], Acetobacter[22] und Neurospora-Mutanten[23]. (Anscheinend aktiviert PAB auch die Ausbildung der Seitenwurzeln bei höheren Pflanzen[24].) Mehrfach wurde die Wirksamkeit von PAB in der Behebung der Achromotrichie (graue Haare) von dunklen Ratten diskutiert[25]. Damit taucht die Frage nach dem „Anti-graue-Haare-Faktor" auf. Es dürfte wohl soviel feststehen, daß bei Versuchstieren die verschiedensten Vitamin B-Mangelzustände (vor allem, wenn mehrere Faktoren fehlen) Veränderungen in der Pelzfarbe auslösen. Dies gilt besonders für die Pantothensäure, für das Biotin und die PAB. Beim Menschen sind jedoch keine einer kritischen Nachprüfung standhaltende Therapieerfolge berichtet worden[26]. Die Wirkung

---

[1] FEIGL, F., V. ANGER u. O. FREHDEN: Mikrochem. **15**, 9 (1934). — [2] CROKAERT, R.: Bull. Soc. Chim. biol. **31**, 903 (1949). — [3] SZALKOWSKI, C. R., W. J. MADER and H. A. FREDIANI: Cereal Chem. **20**, 218 (1951). — [4] NOVELLI, G. D., and F. J. SCHMETZ jr.: J. biol. Ch. **192**, 181 (1951).

Zusammenfassende Darstellungen: 5—6. [5] ANSBACHER, S.: Vitamins & Hormones **2**, 215 (1944). — [6] SHIVE, W.: Williams u. a., B Vitamins S. 481—541.

[7] RUBBO, S. D., and J. M. GILLESPIE: Nature **146**, 838 (1940). — BLANCHARD, K. C.: J. biol. Ch. **140**, 919 (1941). — [8] FISCHER, G.: A. **127**, 137 (1863). — [9] WOODS, D. D.: Brit. J. exp. Path. **21**, 74 (1940). — [10] DENKO, C. W., W. E. GRUNDY, N. C. WHEELER, C. R. HENDERSON and G. H. BERRYMAN: Arch. Biochem. **11**, 109 (1946). — MCILWAIN, H.: Biochem. J. **39**, 329 (1945). — [11] LUSTIG, B., A. R. GOLDFARB and B. GERSTL: Arch. Biochem. **5**, 59 (1944). — [12] BLACK, S., J. M. MCKIBBIN and C. A. ELVEHJEM: Proc. Soc. exp. Biol. Med. **47**, 308 (1941). — MARTIN, G. J.: Proc. Soc. exp. Biol. Med. **51**, 353 (1942). — SURE, B.: J. Nutrit. **22**, 499 (1941); **26**, 275 (1943). — [13] KIMMIG, J.: Kli. Wo. **1941**, 235; **1943**, 31. — [14] MILLER, J. K.: J. Pharmacol. exp. Therap. **71**, 14 (1941). — [15] SPINK, W. W., and J. J. ERMSTA: Proc. Soc. exp. Biol. Med. **47**, 395 (1941). — [16] STRAUSS, E., F. C. LOWELL and M. FINLAND: J. clin. Invest. **22**, 189 (1941). — [17] OXFORD, A. E., J. O. LAMPEN and W. H. PETERSON: Biochem. J. **34**, 1588 (1940). — [18] LAMPEN, J. O., R. R. ROEPKE and M. J. JONES: J. biol. Ch. **164**, 789 (1946). — [19] LEWIS, J. C.: J. biol. Ch. **146**, 441 (1942). — [20] MÖLLER, E. F., u. K. SCHWARZ: B. **74**, 1612 (1941). — [21] CHATTAWAY, F. W., F. C. HAPPOLD, B. LYTHGOE, M. SANDFORD and A. R. TODD: Biochem. J. **36**, VI (1942). — [22] LAMPEN, J. O., L. A. UNDERKOFLER and W. H. PETERSON: J. biol. Ch. **146**, 277 (1942). — [23] TATUM, E. L., and G. W. BEADLE: Proc. nat. Acad. Sci. USA **28**, 234 (1942). — [24] MACHT, D. I., and D. B. KEHOE: Fed. Proc. **2**, 30 (1943). — [25] ANSBACHER, S.: Science, N. Y. **93**, 164 (1941). — MARTIN, G. J., and S. ANSBACHER: Proc. Soc. exp. Biol. Med. **48**, 118 (1941). — [26] ELLER, J. J., and L. A. DIAZ: N. Y. State J. Med. **43**, 1331 (1943).

der PAB im Tierversuch ist vielleicht dadurch erklärt, daß Beziehungen zum Tyrosinstoffwechsel und damit zur Melaninbildung zu bestehen scheinen[1]. Es liegen jedenfalls Literaturangaben vor, daß PAB einen Einfluß auf Tyrosinase[2] und Peroxydase[3] hat. In derselben Richtung liegen Versuche, welche einen Einfluß auf Thyroxin nachgewiesen zu haben glauben[4]. Ziemlich sicher ist dagegen, daß PAB den Sonnenbrand verursacht[5]. Nach ELVEHJEM u. Mitarb.[6] soll PAB für die Forelle essentiell sein.

β) Wirkungsmechanismus.

Die Einführung von Prontosil durch DOMAGK[7] hat in rascher Folge zur Synthese zahlreicher anderer Sulfonamide geführt. WOODS[8] entdeckte, daß PAB in der Lage ist, die bakteriostatische Wirkung dieser Körperklasse in kompetitiver Weise aufzuheben. Seine Vermutung, daß die beiden Substanzen bei einem Enzymsystem kompetitieren, welches essentiell für das Bakterienwachstum ist, konnte dahingehend erweitert werden, daß der Aufbau der Folsäure gehemmt wird[9]. Es wurde nachgewiesen[10], daß durch die Zufuhr von Sulfonamiden die Ausscheidung der Folsäure beim Kaninchen stark vermindert wird (welches das Vitamin aus dem Magen-Darmkanal resorbiert, wo es von Mikroorganismen gebildet wird). Inzwischen ist es auch in vitro gelungen, am Enzymsystem selbst den Mechanismus der Hemmung und Enthemmung zu demonstrieren[11]. Folsäure ist dagegen ein nicht kompetitiver Antagonist der Sulfonamide[12]. Daß die Sulfonamidwirkung nicht in der Hemmung der Folsäuresynthese erschöpft ist, zeigen Versuche (KRATZING u. Mitarb.[13]), welche eine thiaminsparende Wirkung bei der Ratte demonstrieren. Es ist bemerkenswert, daß bei Lactobacillen auch manche Purine und ebenfalls Methionin die Sulfonamidhemmung aufheben.

Auf der anderen Seite stellt PAB eine wirksame Hemmsubstanz für einige gramnegative (nicht positive[14]). Keime, besonders aber für Rickettsien dar. Sowohl im Tierversuch[15] als auch beim Menschen[16] (Blutkonzentrationen von 10—20 mg-%) war sie bei Infektionen mit dem Erreger des Flecktyphus, des Rocky Mountain fever u.ä. wirksam. Bei Psittakose und Lymphogranuloma venereum zeigte sie keinen Effekt[17].

γ) Konstitution und Wirksamkeit.

o- und m-Aminobenzoesäure, Benzoesäure, p-Oxybenzoesäure, Mandelsäure, Aminosalicylsäure u.a. sind inaktiv. Die einfachsten, von der lebenden Zelle wahrscheinlich aufhebbaren Substitutionen bewirken indes nur eine Herabsetzung der

[1] MARTIN, G. J., W. A. WISANSKY and S. ANSBACHER: Proc. Soc. exp. Biol. Med. **47**, 26 (1941). — [2] BAKER, A. K., B. E. KLINE and H. P. RUSCH: Proc. Soc. exp. Biol. Med. **50**, 361 (1942). — [3] LIPMANN, F.: J. biol. Ch. **139**, 977 (1941). — [4] MARTIN, G. J.: Arch. Biochem. **3**, 61 (1944). — MACKENZIE, J. B., and C. G. MACKENZIE: Fed. Proc. **1**, 122 (1942). — [5] ROTHMAN, S., and J. RUBIN: J. invest. Derm. **5**, 445 (1942). — [6] MCLAREN, B. A., E. KELLER, D. J. O'DONNELL and C. A. ELVEHJEM: Arch. Biochem. **15**, 169 (1947). — [7] DOMAGK, G.: D. m. W. **1935 I**, 250; **II**, 829. — [8] WOODS, D. D., and P. FILDES: Chem. & Industr. **59**, 133 (1940). — [9] LAMPEN, J. O., and M. J. JONES: J. biol. Ch. **166**, 435 (1946). — [10] SIMPSON, R. E., B. S. SCHWEIGERT and P. B. PEARSON: Proc. Soc. exp. Biol. Med. **70**, 611 (1949). — [11] NIMMO-SMITH, R. H., and D. D. WOODS: J. gen. Microbiol. **2**, 1 (1948). — NIMMO-SMITH, R. H., J. LASCELLES and D. D. WOODS: Brit. J. exp. Path. **29**, 264 (1948). — [12] LAMPEN, J. O., and M. J. JONES: J. biol. Ch. **170**, 133 (1947). — [13] KRATZING, C. C., and E. C. SLATER: Biochem. J. **47**, 24 (1950). — [14] LECOQ, R., et J. SOLOMIDÈS: Cr. **225**, 1393 (1947); **226**, 846 (1948). — [15] GREIFF, D., H. PINKERTON and V. MORAGUES: J. exp. Med. **80**, 561 (1944). — ANIGSTEIN, L., and D. M. WHITNEY: J. Bacteriology **52**, 402 (1946). — [16] YEOMANS, A., J. C. SNYDER, E. S. MURRAY, C. J. D. ZARAFONETIS and R. S. ECKE: J. amer. med. Ass. **126**, 349 (1944). — HENDRICKS, W. J., and M. PETERS: J. Pediatr. **30**, 72 (1947). — ROSS, S., P. A. MCLENDON and H. J. DAVIS: Pediatrics **2**, 163 (1948). — [17] HAMILTON, H. L., H. PLOTZ and J. E. SMADEL: Proc. Soc. exp. Biol. Med. **58**, 255 (1945).

Wirksamkeit. Zum Beispiel können der Methyl- oder der Äthylester (III), das Amid der p-Aminobenzoesäure, ferner Novocain (V) und p-Acetylaminobenzoesäure (IV) (meist in etwas größerer Menge) die gleiche Enthemmung bewirken[1]. Für den Methylester wurde die Wuchsstoffeigenschaft auch unmittelbar nachgewiesen[2].

$H_2N-C_6H_4-COOH$

I. p-Aminobenzoesäure (Vitamin)

$H_2N-C_6H_4-SO_3H$

II. Sulfanilsäure („Antivitamin")

$H_2N-C_6H_4-COO-C_2H_5$

III. p-Aminobenzoesäureäthylester („Anaesthesin")

$H_3C\cdot OC-NH-C_6H_4-COOH$

IV. p-Acetylaminobenzoesäure

$H_2N-C_6H_4-CO_2-CH_2-CH_2-N(C_2H_5)_2$

V. Novocain

Von den zahlreichen synthetischen Analogen der PAB gibt es einige[3] (z.B. p-Aminobenzophenon, p-Aminoacetophenon, p-Nitrobenzoesäure und p-Aminobenzamid), welche bei bestimmten Bakterien die Sulfonamide in der Wachstumshemmung noch übertreffen. Im allgemeinen liefert die Substitution in der 2- oder 3-Stellung des Benzolringes durch Methyl-, Halogen- oder ähnliche Gruppen bakteriostatische Produkte, während die Einführung einer weiteren Gruppe den Effekt wieder aufhebt.

δ) Stoffwechsel.

PAB ist relativ ungiftig. Die LD_{50} (s.[4]) ist bei Ratten 7,6 g/kg per os und 2,8 g/kg intravenös. Bei Hunden führen Dosen über 1 g/kg zum Tode.

Beim Menschen wird PAB zum Teil in acetylierter Form[5] im Urin ausgeschieden, hauptsächlich aber wohl als Glucuronid[6]. Damit ist wohl auch der vielfach beobachtete[7] Blutzuckerabfall nach hohen PAB-Dosen erklärt.

ε) Vorkommen.

PAB findet sich in Form seiner Konjugate ziemlich ubiquitär. Daneben tritt es aber auch zu einem gewissen Prozentsatz als freie Säure auf. Es gibt sicher auch noch andere Verbindungen als die Folsäurederivate. So wurde von RATNER u. Mitarb.[8] die p-Aminobenzoylpolyglutamylglutaminsäure isoliert.

ζ) Bestimmungsverfahren.

Die Schwierigkeit für die quantitative Bestimmung, besonders mit Hilfe der mikrobiologischen Methoden, besteht darin, PAB entweder zu isolieren, ohne sie aus ihren etwaigen Bindungen zu lösen oder durch Hydrolyse[9] bzw. enzymatische[10] Aufschließung den Gesamt-PAB-Gehalt zu erfassen.

---

[1] LAMPEN, J. O., and W. H. PETERSON: Arch. Biochem. **2**, 443 (1943). — HOUSEWRIGHT, R. D., and S. A. KOSER: J. infect. Dis. **75**, 113 (1944). — [2] KUHN, R., u. K. SCHWARZ: B. **74**, 1617 (1941). — [3] MÖLLER, E. F., u. K. SCHWARZ: B. **74**, 1612 (1941). — DANN, O., u. E. F. MÖLLER: B. **80**, 21 (1947). — AUHAGEN, E.: H. **274**, 48 (1942). — JOHNSON, O. H., D. E. GREEN and R. PAULI: J. biol. Ch. **153**, 37 (1944). — [4] SCOTT, C. C., and E. B. ROBBINS: Proc. Soc. exp. Biol. Med. **49**, 184 (1942). — [5] LUNDQUIST, F.: Acta pharmacol. toxicol., København **1**, 307 (1945). — [6] ZARAFONETIS, C. J. D., and J. P. CHANDLER: J. Lab. clin. Med. **37**, 425 (1951). — [7] ANSBACHER, S.: Vitamins & Hormones **2**, 229 (1944). — [8] RATNER, S., M. BLANCHARD, A. F. COBURN and D. E. GREEN: J. biol. Ch. **155**, 689 (1944). — [9] LAMPEN, J. O., and W. H. PETERSON: J. biol. Ch. **153**, 193 (1944). — [10] PENNINGTON, D.: Science, N. Y. **103**, 397 (1946).

Für die chemische Bestimmung eignet sich die (nicht ganz spezifische) Methode, welche MARSHALL[1] für Sulfonamide ausgearbeitet hat. Spezifischer, aber quantitativ wohl schwierig auszuwerten ist die chromatographische Trennung nach Diazotierung (LEMBERG u. Mitarb.[2]).

Für die mikrobiologischen Verfahren eignet sich Streptococcus plantarum[3], Lactobacillus arabinosus[4], Leuconostoc mesenteroides[5], Cl. acetobutylicum S 9 (s.[6]), Acetobacter suboxydans[7] und schließlich die Neurospora-Mutante 1633[8].

i) Die Folsäuregruppe[9–13].

Von K. SCHREIER.

Definition. Unter „Folsäure" (folic acid) versteht man eine Gruppe nahe verwandter, aus Leber, Hefe und grünen Blättern gewonnener Wirkstoffe, welche in biochemischer Hinsicht sehr ähnliche Effekte entfalten. Die *Folinsäure* (folinic acid = Citrovorum-Faktor = Leukovorin) dagegen ist die formylierte und hydrierte Pteroylglutaminsäure (PGS) und wahrscheinlich der eigentliche Wirkstoff im tierischen Organismus *.

α) Geschichtliches.

TSCHESCHE u. WOLF[14] heilten bereits 1937 Ziegenmilchanämie durch Xanthopterin[15]. Die von WILLS[16] (1932) erzeugte Affenanämie sprach auf Xanthopterin allerdings nur wenig[17], dagegen auf Hefeextrakt (Vitamin M)[18] gut an. Anfang der 40er Jahre finden sich in der Literatur für die antianämisch wirksamen Faktoren und Bakterienwuchsstoffe, welche später als Mitglieder der Folsäurefamilie erkannt wurden, bereits folgende Namen: ‚folic acid'[19]; ‚Norit eluate factor'[20]; ‚Lactobacillus casei factor' (LCF)[21,22]; ‚Streptococcus lactis R-factor' (SLRF)[23]; Faktor U und E von STOKSTAD u. Mitarb.[24]; Faktor R + S von SCHUMACHER u. Mitarb.[25]; Vitamin B_c[26,27]. Vitamin B_{10} und B_{11}[28] sind wahrscheinlich durch B_{12} verunreinigte Folsäurederivate. Möglicherweise ist auch der Meerschweinchenfaktor (GPF) von WOOLLEY u. Mitarb.[29] ein Angehöriger der Gruppe.

---

* Jedoch wird die Folsäure (folic acid) auch gelegentlich als Folinsäure, die Folinsäure (folinic acid) als Folininsäure bezeichnet.

[1] MARSHALL, E. K. jr.: J. biol. Ch. **122**, 263 (1937). — [2] LEMBERG, R., D. TANDY and N. E. GOLDWORTHY: Nature **157**, 103 (1946). — [3] MÖLLER, E. F., u. K. SCHWARZ: B. **74**, 1612 (1942). — [4] LEWIS, J. C.: J. biol. Ch. **146**, 441 (1942). — [5] PENNINGTON, D.: Science, N. Y. **103**, 397 (1946). — [6] LAMPEN, J. O., and W. H. PETERSON: J. biol. Ch. **153**, 193 (1944). — [7] LANDY, M., and D. M. DICKEN: J. biol. Ch. **146**, 109 (1942). — [8] TATUM, E. L., M. G. RITCHEY, E. V. COWDRY and L. F. WICKS: J. biol. Ch. **163**, 675 (1946).

Zusammenfassende Darstellungen: 9—13. [9] ROBINSON, F. A.: The Vitamin B Complex. London 1951. — Williams u. a., B Vitamins. S. 565. — [10] Stepp-Kühnau-Schroeder, 7. Aufl. Bd. 1, S. 430—536. — [11] JUKES, T. H., and E. L. R. STOKSTAD: Physiol. Rev. **28**, 51 (1948). — [12] PFIFFNER, J. J., and A. G. HOGAN: Vitamins & Hormones **4**, 4 (1946). — WEYGAND, F.: Öst. Chem. Ztg. **54**, 5, 39 (1953). — [13] DARBY, W. J.: Vitamins & Hormones **5**, 119 (1947).

[14] TSCHESCHE, R., u. R. J. WOLF: H. **248**, 34 (1937). — [15] SCHÖPF, C., u. E. BECKER: A. **524**, 49, 124 (1936). — [16] WILLS, L., and H. S. BILIMORIA: Ind. J. med. Res. **20**, 391 (1932). — [17] TOTTER, J. R., and P. L. DAY: J. biol. Ch. **147**, 257 (1943). — [18] LANGSTON, W. C., W. J. DARBY, C. F. SHUKERS and P. L. DAY: J. exp. Med. **68**, 923 (1938). — [19] MITCHELL, H. K., E. E. SNELL and R. J. WILLIAMS: Am. Soc. **63**, 2284 (1941); **66**, 267 (1944). — [20] SNELL, E. E., and W. H. PETERSON: J. biol. Ch. **128**, XCIV (1939). J. Bacteriology **39**, 273 (1940). — [21] STOKSTAD, E. L. R.: J. biol. Ch. **139**, 475 (1941). — [22] STOKSTAD, E. L. R., B. L. HUTCHINGS and Y. SUBBAROW: Ann. N. Y. Acad. Sci. **48**, 261 (1946). Am. Soc. **70**, 3 (1948). — [23] KERESZTESY, J. C., E. L. RICKES and J. L. STOKES: Science, N. Y. **97**, 465 (1943). — [24] STOKSTAD, E. L. R., and P. D. V. MANNING: J. biol. Ch. **125**, 687 (1938). — [25] SCHUMACHER, A. E., G. F. HEUSER and L. C. NORRIS: J. biol. Ch. **135**, 313 (1940). — [26] HOGAN, A. G., and E. M. PARROTT: J. biol. Ch. **128**, XLVI (1939); **132**, 507 (1940). — [27] O'DELL, B. L., and A. G. HOGAN: J. biol. Ch. **149**, 323 (1943). — PFIFFNER, J. J., S. B. BINKLEY, E. S. BLOOM, R. A. BROWN, O. D. BIRD, A. D. EMMETT, A. G. HOGAN and B. L. O'DELL: Science, N. Y. **97**, 404 (1943). — [28] BRIGGS, G. M. jr., T. D. LUCKEY, C. A. ELVEHJEM and E. B. HART: J. biol. Ch. **148**, 163 (1943). — NICHOL, C. A., L. S. DIETRICH, C. A. ELVEHJEM and E. B. HART: J. Nutrit. **39**, 287 (1949). — [29] WOOLLEY, D. W., and H. SPRINCE: J. biol. Ch. **153**, 687 (1944).

β) Ausfallserscheinungen.

Noch vor der chemischen Charakterisierung sind je nach Tierart Mangelzustände beschrieben worden (s. „Geschichtliches"), die in der Folgezeit durch definierte Präparate behoben werden konnten. Die Synthese der Folsäureantagonisten und ihre Einführung in die Therapie ergab die Möglichkeit, auch beim Menschen die Symptome des Mangelzustandes zu studieren. Der Folsäuremangel äußert sich folgendermaßen:

1. In einer Hemmung der Leukopoese, wobei zunächst mehr die myeloischen Elemente in Mitleidenschaft gezogen werden[1,2]. Bei Mensch und Tier atrophiert aber auch das lymphatische Gewebe[3,4]. Ziemlich gleichsinnig kommt es zur Thrombocytopenie, welche ihrerseits unter Umständen zu den tödlichen Blutungen aus Magen-Darmkanal usw. führen kann[5,6].

2. In einer Blockierung der Erythropoese, wobei zunächst die Hämoglobinbildung noch anhält und sich daher Hyperchromasie der Zellen einstellt. Charakteristisch ist die Reifungshemmung im Knochenmark[7,8].

3. Schleimhautveränderungen werden besonders beim Menschen und Affen beobachtet[9,10]. Sie sind auch im Magen-Darmkanal nachweisbar (Gastroenteritis mit Ulcerationen). Frühsymptome sind Appetitlosigkeit, Erbrechen und Koliken.

4. Bei Hühnern kommt es zu Störungen im Aufbau der Federn[11], bei Säugetieren (besonders Pelztieren) treten Haarausfall und Verfärbungen des Felles auf[12].

5. Beim Huhn und bei Kindern (mit Leukämie) werden Knochenveränderungen beobachtet[13,14].

γ) Chemie

(s. a. Bd. **1**, S. 822).

Die Folsäuren aus tierischem und pflanzlichem Material unterscheiden sich in ihrer chemischen Konstitution nicht unbeträchtlich. Die eigentliche „folic acid" von Mitchell, Snell u. Mitarb.[15] hat die Summenformel $C_{15}H_{15}O_8N_5$. Es handelt sich nach neueren Mitteilungen wahrscheinlich nicht um eine einheitliche Substanz[16,17]. (Ein wesentlicher Anteil ist das Xanthopterin.)

Der aus Leber[18,19] und Hefe[20] gewonnene und auch der Synthese zugängliche Faktor ist die „Pteroylglutaminsäure" N-[{4-[(2-Amino-4-oxy-6-pteridin-)-me-

[1] Kornberg, A., F. S. Daft and W. H. Sebrell: Arch. Biochem. **8**, 431 (1945). — [2] Krehl, W. A.: Persönliche Mitteilung [Bliss, C. I., and P. György in: Vitamin Methods. Bd. II, S. 234]. — Innes, J., E. M. Innes and C. V. Moore: J. Lab. clin. Med. **34**, 883 (1949). — [3] Higgins, G. M.: Blood **4**, 1142 (1949). — [4] Doan, C. A.: Amer. J. med. Sci. **212**, 257 (1946). — [5] Farber, S., L. K. Diamond, R. D. Mercer, R. F. Sylvester jr. and J. A. Wolff: New Engl. J. Med. **238**, 787 (1948). — [6] Campbell, C. J., R. A. Brown and A. D. Emmett: J. biol. Ch. **152**, 483 (1944). — Campbell, C. J., R. A. Brown, O. D. Bird and A. D. Emmett: J. Nutrit. **32**, 423 (1946). — [7] Weir, D. R., R. W. Heinle and A. D. Welch: Proc. Soc. exp. Biol. Med. **69**, 211 (1948). — [8] Totter, J. R.: Ann. N. Y. Acad. Sci. **48**, 309 (1946). — [9] Day, P. L., V. Mims, J. R. Totter, E. L. R. Stokstad, B. L. Hutchings and N. H. Sloane: J. biol. Ch. **157**, 423 (1945). — [10] Totter, J. R.: Ann. N. Y. Acad. Sci. **48**, 309 (1946). — [11] Petering, H. G., J. P. Marvel, C. E. Glausier jr. and J. Waddell: J. biol. Ch. **162**, 477 (1946). — [12] Martin, G. J.: Proc. Soc. exp. Biol. Med. **51**, 353 (1942). — Welch, A. D., and L. D. Wright: J. Nutrit. **25**, 555 (1943). — Day, P. L., and J. R. Totter: Biol. Symp. **12**, 313 (1947). — [13] Daniel, L. J., F. A. Farmer and L. C. Norris: J. biol. Ch. **163**, 349 (1946). — [14] Eigene Beobachtungen. — [15] Mitchell, H. K., E. E. Snell and R. J. Williams: Am. Soc. **63**, 2284 (1941); **66**, 266 (1944). — [16] Mitchell, H. K.: Am. Soc. **66**, 274 (1944). — [17] Hall, D. A.: Biochem. J. **41**, 287 (1947). — [18] Pfiffner, J. J., D. G. Calkins, B. L. O'Dell, E. S. Bloom, R. A. Brown, C. J. Campbell and O. D. Bird: Science, N. Y. **102**, 228 (1945). — [19] Stokstad, E. L. R.: J. biol. Ch. **149**, 573 (1943). — [20] Binkley, S. B., O. D. Bird, E. S. Bloom, R. A. Brown, D. G. Calkins, C. J. Campbell, A. D. Emmett and J. J. Pfiffner: Science, N. Y. **100**, 36 (1944).

thyl]-amino}-benzoyl]-L-glutaminsäure (käufliche Folsäure, Folacin, PGS)*. Die Summenformel ist: $C_{19}H_{19}O_6N_7$.

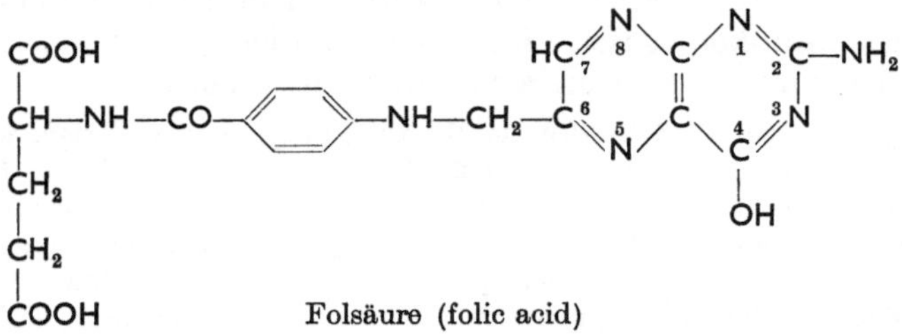

Folsäure (folic acid)

Es handelt sich um eine 2basische Säure, deren wäßrige Lösung einen p_H-Wert von 3 aufweist. Die hellgelben Krystalle haben keinen definierten Schmelzpunkt; sie färben sich oberhalb 250° C dunkel.

PGS löst sich in kaltem Wasser schlecht, bei 100° C erreicht man eine 0,1%ige Lösung. Die Salze sind dagegen gut wasserlöslich. Die Folsäure ist gut in Methylalkohol, weniger gut in höheren Alkoholen und Eisessig löslich, unlöslich in Aceton und Chloroform. Hitzebehandlung unterhalb p_H 4 zerstört das Vitamin[1, 2]. Zwischen p_H 4 und 12 ist es dagegen auch in der Hitze ziemlich stabil. Es wird durch Blei- und Quecksilbersalze und durch Sulfid teilweise inaktiviert[1, 2]. Unter dem Einfluß von UV-Licht entstehen stark fluorescierende Abbauprodukte (2-Amino-4-oxy-6-formylpteridin; 2-Amino-4-oxypteridincarbonsäure-6 und 2-Amino-4-oxypteridin[3, 4]).

Im natürlichen Ausgangsmaterial findet sich nur wenig freie PGS, es kommen vielmehr peptidartige Derivate vor, in denen an die Carboxylgruppe der Glutaminsäure ein oder mehrere Glutaminsäuremoleküle gebunden sind. Neben der *Pteroylglutamyl-glutaminsäure*[5] (Diopterin) ist in Bakterienkulturen die *Pteroyltriglutaminsäure* (Teropterin = Gärungs-LC-Faktor) nachgewiesen worden[6]. Am weitesten verbreitet ist wohl das *Pteroylheptaglutamat*, welches früher als *Vitamin B_c-Konjugat*[7] bezeichnet wurde. Ein offenbar in der Natur weit verbreiteter Enzymkomplex, die Konjugasen[8, 9] (γ-Carboxypeptidasen) hydrolysieren

* „Pteroyl" bedeutet den Rest der Amino-oxy-pteridin-methylamino-benzoesäure.

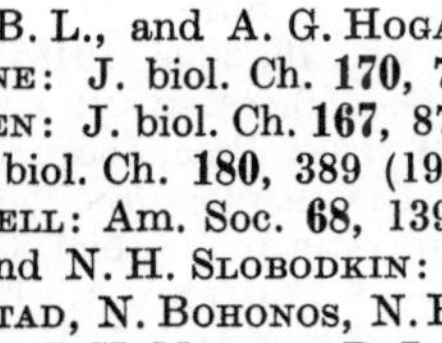

Pteridinring

deutsche Bezifferung — amerikanische Bezifferung

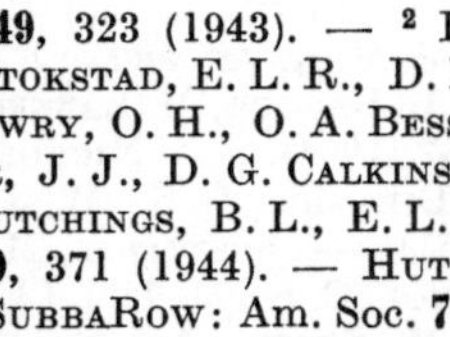

Im folgenden wurde die amerikanische Nomenklatur benutzt.

[1] O'Dell, B. L., and A. G. Hogan: J. biol. Ch. **149**, 323 (1943). — [2] Daniel, E. P., and O. L. Kline: J. biol. Ch. **170**, 739 (1947). — [3] Stokstad, E. L. R., D. Fordham and A. de Grunigen: J. biol. Ch. **167**, 877 (1947). — [4] Lowry, O. H., O. A. Bessey and E. J. Crawford: J. biol. Ch. **180**, 389 (1949). — [5] Pfiffner, J. J., D. G. Calkins, E. S. Bloom and B. L. O'Dell: Am. Soc. **68**, 1392 (1946). — [6] Hutchings, B. L., E. L. R. Stokstad, N. Bohonos and N. H. Slobodkin: Science, N. Y. **99**, 371 (1944). — Hutchings, B. L., E. L. R. Stokstad, N. Bohonos, N. H. Sloane and Y. SubbaRow: Am. Soc. **70**, 1 (1948). — Boothe, J. H., J. H. Mowat, B. L. Hutchings, R. B. Angier, C. W. Waller, E. L. R. Stokstad, J. Semb, A. L. Gazzola and Y. SubbaRow: Am. Soc. **70**, 1099 (1948). — [7] Greene, R. D.: J. biol. Ch. **179**, 1075 (1949). — s. a. O'Dell, B. L., and A. G. Hogan: J. biol. Ch. **149**, 323 (1943). — [8] Mims, V., J. R. Totter and P. L. Day: J. biol. Ch. **155**, 401 (1944). — [9] Bird, O. D., M. Robbins, J. M. Vandenbelt and J. J. Pfiffner: J. biol. Ch. **163**, 649 (1946). — Simpson, R. E., and B. S. Schweigert: Arch. Biochem. **20**, 32 (1949).

die Polyglutamate. Die Konjugasen aus Säugetier- und Vogelorganen unterscheiden sich durch ihr p_H-Optimum und dadurch, daß erstere offenbar eine SH-haltige Wirkgruppe haben[1,2]. Andererseits sind in den Zellen des Pflanzen- und Tierreiches „Antikonjugasen" festgestellt worden[3,4], welche offenbar den Grad der Speicherung von Folsäure als Konjugat bestimmen.

Die erste Synthese der PGS (ANGIER u. Mitarb.[5]) ging von 2,4,5-Triamino-6-oxypyrimidin, p-Aminobenzoyl-l-glutaminsäure und 2,3-Dibrompropionaldehyd aus. Eine weitere Möglichkeit[6] besteht darin, Redukton (2,3-Dioxyacrylaldehyd) mit p-Aminobenzoylglutaminsäure zu verestern und dann mit 2,4,5-Triamino-6-oxypyrimidin zu kondensieren. Zahlreiche Modifikationen dieses Verfahrens wurden patentiert[7]. KARRER u. Mitarb.[8] gingen von 2,4,5-Triamino-6-oxypyridin und Glycerinaldehyd oder Dioxyaceton aus. Dabei entsteht eine Mischung von 2-Amino-4-oxy-6-oxymethylpteridin und 2-Amino-4-oxy-7-oxymethylpteridin. Die erste Verbindung gibt mit p-Aminobenzoylglutaminsäure PGS. Andere Verfahren[9] benutzen Thionylchlorid bzw. kondensieren Triaminooxypyrimidin mit einer Ketohexose und oxydieren das resultierende 2-Amino-4-oxy-6-tetraoxybutylpteridin mit Bleitetraacetat o. ä. WEYGAND u. Mitarb.[10] gehen von Pteridinaldehyd aus. Ein weiteres Verfahren stammt von HAEHNER u. NAFZIGER[11].

Neuere Arbeiten von SAUBERLICH u. Mitarb.[12] sowie SHIVE u. Mitarb.[13] haben die Tatsache zutage gefördert, daß die Folsäure bzw. ihre Konjugate in der Natur in einem Gleichgewichtszustand mit der Folinsäure und ihren Verbindungen stehen. Für die Umwandlung von PGS in Folinsäure ist Ascorbinsäure und anscheinend auch B_{12} erforderlich[14]. Der Reaktionsmechanismus wurde von NICHOL[15] eingehend untersucht. Möglicherweise stellt die erste Verbindungsgruppe nur die Reserve für die Leukovorin enthaltenden Enzymsysteme dar, oder sie entstehen erst bei der Aufarbeitung. Auch die *Folinsäure* (Citrovorum-Faktor) wurde synthetisch dargestellt[16,17]. Es handelt sich um die 5-Formyl-5,6,7,8-tetrahydropteroylglutaminsäure. Tetrahydrofolsäure hat etwa $^1/_3$ der Aktivität von Leukovorin[18]. Der Citrovorum-Faktor kommt ebenfalls in mehreren aktiven Formen vor, die Konjugate der L-Glutaminsäure

---

[1] HILL, C. H., and M. L. SCOTT: J. biol. Ch. **189**, 651 (1951). — [2] WOLFF, R., L. DROUET and R. KARLIN: Science, N. Y. **109**, 612 (1949). — [3] SWENDSEID, M. E., O. D. BIRD, R. A. BROWN and F. H. BETHELL: J. Lab. clin. Med. **32**, 23 (1947). — [4] HODSON, A. Z.: Arch. Biochem. **16**, 309 (1948). — [5] ANGIER, R. B., J. H. BOOTHE, B. L. HUTCHINGS, J. H. MOWAT, J. SEMB, E. L. R. STOKSTAD, Y. SUBBAROW, C. W. WALLER, D. B. COSULICH, M. J. FAHRENBACH, M. E. HULTQUIST, E. KUH, E. H. NORTHEY, D. R. SEEGER, J. P. SICKELS and J. M. SMITH jr.: Science, N. Y. **103**, 667 (1946). — [6] ANGIER, R. B., E. L. R. STOKSTAD, J. H. MOWAT, B. L. HUTCHINGS, J. H. BOOTHE, C. W. WALLER, J. SEMB, Y. SUBBAROW, D. B. COSULICH, M. J. FAHRENBACH, M. E. HULTQUIST, E. KUH, E. H. NORTHEY, D. R. SEEGER, J. P. SICKELS and J. M. SMITH jr.: Am. Soc. **70**, 25 (1948). — [7] U.S.Pat. 2442836/7; 2442867; 2444002 u.a. (Lederle Laboratories). — [8] KARRER, P., u. R. SCHWYZER: Helv. **31**, 777 (1948). — [9] Hoffmann-La Roche B. P. 624394, 630751 bzw. B. P. 621171 und 628305. — [10] WEYGAND, F., A. WACKER u. V. SCHMIED-KOWARZIK: B. **82**, 25 (1949). — [11] HAEHNER, E., u. H. NAFZIGER: Dtsch. med. Rdsch. **3**, 557 (1949). — [12] SAUBERLICH, H. E., and C. A. BAUMANN: J. biol. Ch. **176**, 165 (1948). — [13] SHIVE, W., R. E. EAKIN, W. M. HARDING, J. M. RAVEL and J. E. SUTHERLAND: Am. Soc. **70**, 2299 (1948). — MAY, M., T. J. BARDOS, F. L. BARGER, M. LANSFORD, J. M. RAVEL, G. L. SUTHERLAND and W. SHIVE: Am. Soc. **73**, 3067 (1951). — [14] NICHOL, C. A., and A. D. WELCH: Proc. Soc. exp. Biol. Med. **74**, 52 (1950). — DIETRICH, L. S., W. J. MONSON and C. A. ELVEHJEM: Proc. Soc. exp. Biol. Med. **77**, 93 (1951). — SCHWARTZ, M. A., and J. N. WILLIAMS jr.: J. biol. Ch. **197**, 481 (1952). — [15] NICHOL, C. A.: J. biol. Ch. **204**, 469 (1953). — [16] POHLAND, A., E. H. FLYNN, R. G. JONES and W. SHIVE: Am. Soc. **73**, 3247 (1951). — [17] BROCKMAN, J. A. jr., B. ROTH, H. P. BROQUIST, M. E. HULTQUIST, J. M. SMITH jr., M. J. FAHRENBACH, D. B. COSULICH, R. P. PARKER, E. L. R. STOKSTAD and T. H. JUKES: Am. Soc. **72**, 4325 (1950). — WEYGAND, F., A. WACKER, H.-J. MANN u. E. ROWOLD: Z. Naturforsch. **6**b, 174 (1951). — COSULICH, D. B., J. M. SMITH jr. and H. P. BROQUIST: Am. Soc. **74**, 4216 (1952). — [18] BROQUIST, H. P., M. J. FAHRENBACH, J. A. BROCKMAN jr., E. L. R. STOKSTAD and T. H. JUKES: Am. Soc. **73**, 3535 (1951).

sind[1,2]. Die oben erwähnten Enzyme, welche Folsäure freisetzen, sind offenbar auch gegen die Leukovorinkonjugate wirksam. Es bestehen noch einige Differenzen zwischen der synthetischen und der natürlichen Folsäure, die aber möglicherweise durch Verunreinigungen der ersteren bedingt sein mögen (SAUBERLICH[3]). Wahrscheinlich entstehen bei der Synthese zwei diastereoisomere Formen[4].

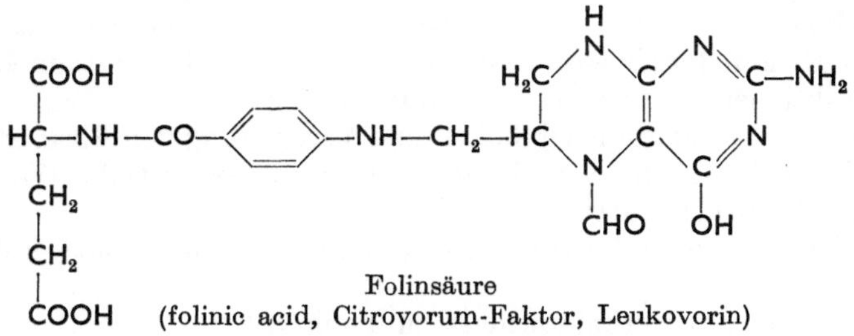

Folinsäure
(folinic acid, Citrovorum-Faktor, Leukovorin)

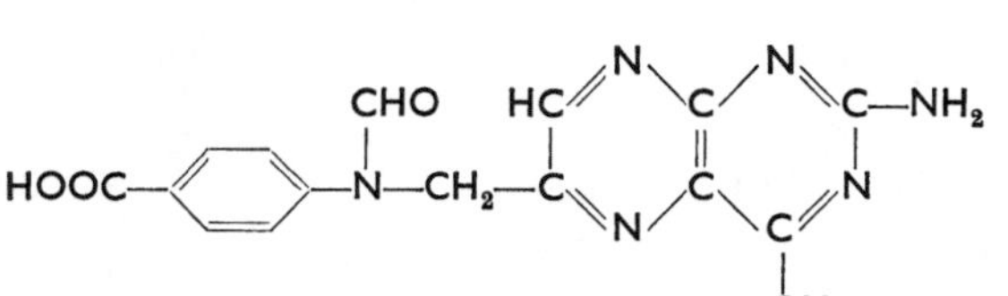

Rhizopterin

Ein weiteres Mitglied der Folsäuregruppe ist das *Rhizopterin* (SLR-Faktor[5]; 10-Formylpteroinsäure). Die Substanz ist außerordentlich aktiv gegenüber S. faecalis R, aber unwirksam bei L. helveticus. Wie bei der Fol- und Folinsäure ist auch hier von den beiden optischen Stereoisomeren nur die L-Form biologisch aktiv. Zum Folsäurekomplex gehört schließlich noch das *Xanthopterin*, welches möglicherweise ein Zwischen- oder Endprodukt im Folsäurestoffwechsel ist[6–8]. KOSCHARA[9] hatte es bereits im menschlichen Urin nachgewiesen.

δ) Wirkungsmechanismus[10].

Die Entdeckung von SNELL u. Mitarb.[11] sowie von STOKSTAD[12], daß Thymin und Purine bei Bakterien Folsäure ersetzen können, eine Beobachtung, die später von SPIES u. Mitarb.[13] für den Menschen bestätigt wurde, während dies offenbar für die Ratte[14] und das Huhn[15] nicht gilt, hat auf den Mechanismus der Folsäurewirkung im Intermediärstoffwechsel ein erstes Licht geworfen. Es ist noch nicht möglich, ein abgerundetes Bild von dem Wirkungsmechanismus der Folsäuregruppe zu geben, da zahlreiche Ergebnisse noch widerspruchsvoll und zum Teil unbestätigt sind. Es scheint jedoch gesichert zu sein, daß die PGS als solche zumindest im Makroorganismus keine besondere Bedeutung hat, sondern diese erst

[1] HILL, C. H., and M. L. SCOTT: Fed. Proc. **10**, 197 (1951). — [2] PETERING, H. G.: Physiol. Rev. **32**, 197 (1952). — [3] SAUBERLICH, H. E.: J. biol. Ch. **195**, 337 (1952). — [4] KERESZTESY, J. C., and M. SILVERMAN: Am. Soc. **73**, 5510 (1951). — [5] WOLF, D. E., R. C. ANDERSON, E. A. KACZKA, S. A. HARRIS, G. E. ARTH, P. L. SOUTHWICK, R. MOZINGO and K. FOLKERS: Am. Soc. **69**, 2753 (1947). — [6] PURRMANN, R.: A. **546**, 98 (1940). — [7] SIMMONS, R. W., and E. R. NORRIS: J. biol. Ch. **140**, 679 (1941). — HÖRLEIN, H.: A. e. P. P. **198**, 258 (1941). — [8] WRIGHT, L. D., and A. D. WELCH: Science, N. Y. **98**, 179 (1943). — AXELROD, A. E., P. GROSS, M. D. BOSSE and K. F. SWINGLE: J. biol. Ch. **148**, 721 (1943). — [9] KOSCHARA, W.: H. **240**, 127 (1936). — [10] SHIVE, W.: Fed. Proc. **12**, 639 (1953). — [11] SNELL, E. E., and H. K. MITCHELL: Proc. nat. Acad. Sci. USA **27**, 1 (1941). — [12] STOKSTAD, E. L. R.: J. biol. Ch. **139**, 475 (1941). — [13] SPIES, T. D., W. B. FROMMEYER jr., C. F. VILTER and A. ENGLISH: Blood **1**, 185 (1946). — [14] PETERING, H. G., and R. A. DELOR: Science, N. Y. **110**, 185 (1949). — [15] PETERING, H. G.: Nutrit. Rev. **6**, 255 (1948).

nach Reduktion und Formylierung erhält[1,2]. Dementsprechend fanden auch mehrere Autoren[3-5] bei vorsichtiger Aufarbeitung fast keine PGS in der Leber, sondern nur Leukovorin. (Die verschiedenen Konjugate unterscheiden sich in ihrer Wirksamkeit bei Mikro- und Makroorganismen sehr stark[6].)

Die bestgestützte Auffassung ist die, daß die Folinsäure die *prosthetische Gruppe eines Enzyms ist, welches die Übertragung von Einkohlenstoffresten* („single carbon units") katalysiert[7-9]. Auch die Nicotinsäuremethylierung wird anscheinend katalysiert[10]. Es gibt ferner eine Reihe von Hinweisen, daß Folsäureenzyme in folgenden Reaktionen eine wesentliche Rolle spielen[11,12]:

1. Bildung von Formiat aus Glykokoll und Vereinigung von Formiat + Glycin zu Serin[13,14]. (Folsäure hebt z.B. die wachstumsverzögernde Wirkung von Glykokoll bei Hühnchen auf[15].)

2. Methylierung von Aminoäthanol zu Cholin und von Homocystein zu Methionin[16,17].

3. Methylierung des Pyrimidinringes zu Thymin[18,19].

Uracil (oder Orotsäure) $\xrightarrow[\text{Folinsäure}]{\text{H}\cdot\text{COO}^-}$ Thymin

4. Die Einführung des 2. und 8. C-Atoms in den Purinring[20,21]. Möglicherweise wird auch die Einführung des Imid-C in den Imidazolring von Histidin katalysiert[22]. Es scheint weiterhin durchaus verständlich, daß ein Einfluß auf die Kreatinsynthese postuliert wird[23] und daß anscheinend die Porphyrinbildung (für die nach den Arbeiten von RITTENBERG, SHEMIN, ALTMAN u. a.[24] Glykokoll *eine* der Muttersubstanzen ist) durch Folinsäure katalysiert wird[25].

---

[1] SKIPPER H. E.: Blood **7**, 162 (1952). — [2] SHIVE, W., T. J. BARDOS, T. J. BOND and L. L. ROGERS: Am. Soc. **72**, 2817 (1950). — [3] SCHWARZ, K.: Fed. Proc. **10**, 394 (1951). — [4] SAUBERLICH, H. E.: J. biol. Ch. **195**, 337 (1952). — [5] SWENDSEID, M. E., F. H. BETHELL and W.W. ACKERMANN: J. biol. Ch. **190**, 791 (1951). — [6] JOHNSON, B. C.: J. biol. Ch. **163**, 355 (1946). — SWENDSEID, M. E., O. D. BIRD, R. A. BROWN and F. H. BETHELL: J. Lab. clin. Med. **32**, 23 (1947). — [7] SAKAMI, W., and A. D. WELCH: J. biol. Ch. **187**, 379 (1950). — WELCH, A. D., and W. SAKAMI: Fed. Proc. **9**, 245 (1950). — PLAUT, G. W. E., J. J. BETHEIL and H. A. LARDY: J. biol. Ch. **184**, 795 (1950). — [8] KELLEY, B.: Fed. Proc. **10**, 206 (1951). — [9] JUKES, T. H., and E. L. R. STOKSTAD: Fed. Proc. **10**, 386 (1951). — WOOLLEY, D. W., and R. B. PRINGLE: Am. Soc. **72**, 634 (1950). — [10] FATTERPAKER, P., U. MARFATIA and A. SREENIVASAN: Nature **169**, 1096 (1952). — [11] SHIVE, W.: Vitamins & Hormones **9**, 75 (1951). — [12] JUKES, T. H.: Int. Z. Vit.-Forsch. **23**, 356 (1952). — [13] TOTTER, J.R., B. KELLEY, P. L. DAY and R.R. EDWARDS: J. biol. Ch. **186**, 145 (1950). — SAKAMI, W.: J. biol. Ch. **176**, 995 (1948). — [14] BRAUNSTEIN, A. E., u. G. Y. VILENKINA: Dokl. Akad. Nauk SSSR **80**, 639 (1951). — [15] DINNING, J. S., C. K. KEITH, P. L. DAY and J. R. TOTTER: Proc. Soc. exp. Biol. Med. **72**, 262 (1949). — [16] DINNING, J. S., C. K. KEITH and P. L. DAY: J. biol. Ch. **189**, 515 (1951). — [17] BENNETT, M. A.: Science, N. Y. **110**, 589 (1949). — [18] s. a. CHRISTMAN, A. A.: Physiol. Rev. **32**, 303 (1952). — [19] TOTTER, J. R., E. VOLKIN and C. E. CARTER: Am. Soc. **73**, 1521 (1951). — [20] ROGERS, L. L., and W. SHIVE: J. biol. Ch. **172**, 751 (1948). — [21] TOTTER, J. R., E. VOLKIN and C. E. CARTER: Am. Soc. **73**, 1521 (1951). — GREENBERG, G. R.: J. biol. Ch. **190**, 611 (1951). — MARSH, W. H.: J. biol. Ch. **190**, 633 (1951). — BUCHANAN, J. M., and D. W. WILSON: Fed. Proc. **12**, 646 (1953). — [22] DRYSDALE, G. R., G. W. E. PLAUT and H. A. LARDY: J. biol. Ch. **193**, 533 (1951). — [23] s. BESSEY, O. A., H. J. LOWE and L. L. SALOMON: Ann. Rev. **22**, 559 (1953). — [24] BLOCH, K., and D. RITTENBERG: J. biol. Ch. **159**, 45 (1945). — SHEMIN, D., and D. RITTENBERG: J. biol. Ch. **166**, 621, 627 (1946). — ALTMAN, K. I., G. W. CASARETT, R. E. MASTERS, T. R. NOONAN and K. SALOMON: J. biol. Ch. **176**, 319 (1948). — [25] TOTTER, J. R., E. SIMS, and P. L. DAY: Proc. Soc. exp. Biol. Med. **66**, 7 (1947).

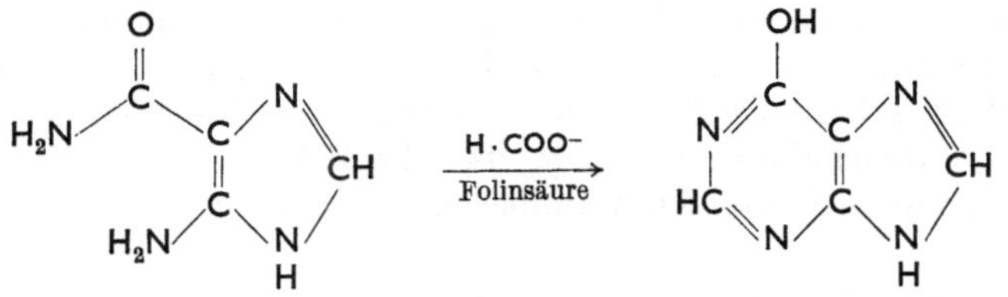

$H \cdot COO^-$ → Folinsäure

5(4)-Amino-4(5)-imidazolcarboxamid → Hypoxanthin

Was von den sonst noch beobachteten Wirkungen des Folinsäurekomplexes dem Einfluß auf den Methyl- und Formylumsatz zuzuschreiben ist oder was auf einer eventuellen Förderung anderer Stoffwechselprozesse, so z. B. auch der „lipotropen Wirkung“[1] beruht, ist zur Zeit noch unklar.

Im Hinblick auf den Sulfonamid-PAB-Antagonismus hat man sich auch die Frage vorgelegt, ob die Folsäure mit ihrem PAB-Gehalt auch Sulfonamide enthemmen kann. Untersuchungen dazu stammen aus verschiedenen Laboratorien[2,3]. Die Bakterien verhalten sich dabei recht unterschiedlich.

Nicht näher zu interpretieren sind bis jetzt Beobachtungen über Beeinflussungen des Abbaus von Tyrosinverbindungen bei menschlichen präskorbutschen Frühgeburten und auch im Tierversuch[4]. Bemerkenswert ist ferner eine Beziehung der Folsäure zu Hormonen[5-8] (besonders den Genital- und Nebennierenhormonen).

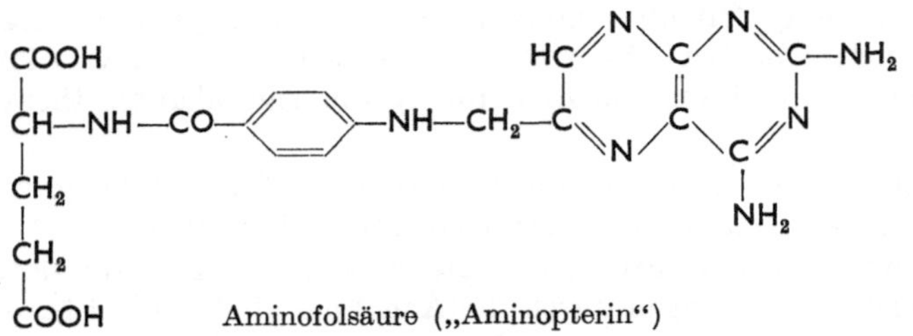

Aminofolsäure („Aminopterin“)

So haben z. B. Gaines u. Broquist[9] gezeigt, daß Cortison (in 10000facher Dosis der Folinsäure) die Wachstumshemmung von Milchsäurebakterien durch Aminopterin aufheben kann. Die Befunde, daß die Folsäurederivate die Xanthinoxydase und Aminosäurenoxydasen (Flavinfermente s. Bd. 1, S. 1206) blockieren, scheinen der Deutung zugänglich, daß dadurch der Aufbau der Nucleinsäuren und Eiweißkörper aktiviert wird[10,11]. Deshalb wohl bewirkt ein hohes Folsäureangebot

[1] Kelley, B., J. R. Totter and P. L. Day: J. biol. Ch. **187**, 529 (1950). — [2] Lampen, J. O., and M. J. Jones: J. biol. Ch. **164**, 485; **166**, 435 (1946); **170**, 133 (1947). — [3] Auhagen, E.: H. **283**, 195 (1948). — Tschesche, R., K. Soehring u. K. Harder: Z. Naturforsch. **2**b, 244 (1947). — Möller, E.-F., F. Weygand u. A. Wacker: Z. Naturforsch. **4**b, 100 (1948); **5**b, 18 (1950). — [4] Govan, C. D. jr., and H. H. Gordon: Science, N. Y. **109**, 332 (1949). — Woodruff, C. W., M. E. Cherrington, A. K. Stockell and W. J. Darby: J. biol. Ch. **178**, 861 (1949). — Morris, J. E., E. R. Harpur and A. Goldbloom: J. clin. Invest. **29**, 325 (1950). — Rodney, G., M. E. Swendseid and A. L. Swanson: J. biol. Ch. **168**, 395 (1947). — [5] Kline, I. T., and R. I. Dorfman: Endocrinology **48**, 345 (1951). Proc. Soc. exp. Biol. Med. **76**, 203 (1951). — [6] Weintraub, S., S. D. Kraus and L. T. Wright: Proc. Soc. exp. Biol. Med. **74**, 609 (1950). — [7] Dougherty, J. H., and T. F. Dougherty: J. Lab. clin. Med. **35**, 271 (1950). — [8] Higgins, G. M., and K. A. Woods: Proc. Staff Meet. Mayo Clinic **24**, 238, 533 (1949). — [9] Gaines, D. S., H. P. Broquist and W. L. Williams: Proc. Soc. exp. Biol. Med. **77**, 247 (1951). — [10] Kalckar, H. M., and H. Klenow: J. biol. Ch. **172**, 349 (1948). — [11] Williams, J. N. jr., and C. A. Elvehjem: Proc. Soc. exp. Biol. Med. **71**, 303 (1949). — Remy, C., and W. W. Westerfeld: J. biol. Ch. **193**, 659 (1951). — Dietrich, L. S., W. J. Monson, J. N. Williams jr. and C. A. Elvehjem: J. biol. Ch. **197**, 37 (1952).

rascheres Wachstum mancher Geschwülste[1], und die Folsäureantagonisten führen zum Tode des Embryo und hemmen das Wachstum mancher Tumoren. Der behauptete Einfluß auf die Cholinesterase[2] wurde nicht bestätigt[3]. BINKLEY[4] hat vor kurzem wahrscheinlich gemacht, daß die Folsäurederivate in die Umwandlung von Pyridoxin in den Transaminasenkomplex verquickt sind.

ε) Die Folsäureanaloge und -antagonisten[5–7].

Die theoretische Bedeutung dieser Körperklasse ist weit größer als die klinische, wenn auch die wesentlichen Impulse für ihre Erforschung von der Hämatologie ausgingen. Bald nach der Synthese des ersten stärker wirksamen Folsäureantagonisten[8] hatte sich nämlich ergeben, daß bei der menschlichen Leukämie (besonders der akuten Leukose des Kindesalters und der mancher Tierarten[9–11]) eine gewisse Hemmung des pathologischen Prozesses durch sie erzielbar ist. Leider sind die Remissionen auch nach den wirksamsten Präparaten, wenn sie überhaupt auftreten, meist nur von kurzer Dauer (1—3 Monate). In der Tabelle 197 sind die bekannteren Folsäureanalogen und ihr biologisches Verhalten zusammengestellt[12–14] (modifiziert nach PETERING).

Die antagonistische Wirkung ist offenbar am stärksten, wenn die Hydroxylgruppe in der 4-Stellung durch eine Aminogruppe ersetzt wird. Das meist angewendete Präparat, das Aminopterin, hat eine LD_{50} von 3—5 γ je E[15]. Veränderungen am Aminopterinmolekül führen meist zu einer Verminderung der hemmenden Wirkung. Offenbar muß der p-Aminobenzoylglutaminsäurerest im PGS-Molekül intakt bleiben. BURCHENAL u. Mitarb.[16] fanden von 90 Folsäureverwandten gegen die Mäuseleukämie nur 3 von signifikanter therapeutischer Aktivität.

Es wird jetzt allgemein angenommen, daß der größte Teil der toxischen Wirkungen (Magen-Darmsymptome, Blutungen, Stomatitis, Fieber u. ä.), welche die wirksameren Antagonisten entfalten, akute Folsäuremangelzustände darstellen. Dies erklärt sich ungezwungen durch die Annahme, daß die Folsäure aus ihren Bindungen verdrängt wird. Andere Nebenwirkungen beruhen wahrscheinlich auf einer Hemmung der Cholinoxydase[17,18]. Es bestehen aber große Unterschiede

---

[1] FARBER, S., L. K. DIAMOND, R. D. MERCER, R. F. SYLVESTER jr. and J. A. WOLFF: New Engl. J. Med. **238**, 787 (1948). — SKIPPER, H. E., J. B. CHAPMAN and M. BELL: Cancer, N. Y. **3**, 871 (1950). — [2] DAVIS, J. E.: Science, N. Y. **104**, 37 (1946). Amer. J. Physiol. **147**, 404 (1946). — [3] SCUDAMORE, H. H., G. J. GABUZDA and L. J. VORHAUS: J. Lab. clin. Med. **38**, 183 (1951). — HAWKINS, R. D.: Arch. Biochem. **17**, 97 (1948). — [4] BINKLEY, F.: Abstr. amer. chem. Soc. **120**, 1c (1951).

Zusammenfassende Darstellungen: 5—7. [5] SNELL, E. E., and L. D. WRIGHT: Ann. Rev. **19**, 296 (1950). — [6] PETERING, H. G.: Physiol. Rev. **32**, 197 (1952). — [7] Folic Acid Antagonists in the Treatment of Leukemia. Blood **7**, 97—190 (1952).

[8] SEEGER, D. R., J. M. SMITH jr. and M. E. HULTQUIST: Am. Soc. **69**, 2567 (1947). — [9] FARBER, S., L. K. DIAMOND, R. D. MERCER, R. F. SYLVESTER jr. and J. A. WOLFF: New Engl. J. Med. **238**, 787 (1948). — [10] GUNZ, F. W.: Blood **5**, 161 (1950). — [11] MEYER, L. M., H. FINK, A. SAWITSKY, M. ROWEN and M. D. RITZ: Amer. J. clin. Path. **19**, 119 (1949). — DAMESHEK, W.: Blood **4**, 168 (1949). — SCHOENBACH, E. B., A. GOLDIN, B. GOLDBERG and L. G. ORTEGA: Cancer, N. Y. **2**, 57 (1949). — HIGGINS, G. M. and K. A. WOODS: Proc. Staff Meet. Mayo Clinic **24**, 238 (1949). — [12] MARTIN, G. J., L. TOLMAN and J. MOSS: Arch. Biochem. **12**, 318 (1947). — WOOLLEY, D. W., and A. PRINGLE: J. biol. Ch. **174**, 327 (1948). — [13] OLESON, J. J.: Trans. N. Y. Acad. Sci. (II) **12**, 118 (1950). — [14] WILLIAMS, J. H.: Blood **7**, 100 (1952). — [15] KARNOFSKY, D. A., P. A. PATTERSON and L. P. RIDGWAY: Proc. Soc. exp. Biol. Med. **71**, 447 (1949). — [16] BURCHENAL, J. H., S. F. JOHNSTON, J. R. BURCHENAL, M. N. KUSHIDA, E. ROBINSON and C. C. STOCK: Proc. Soc. exp. Biol. Med. **71**, 381 (1949). — [17] DINNING, J. S., C. K. KEITH, P. L. DAVIS and P. L. DAY: Arch. Biochem. **27**, 89 (1950). — [18] WILLIAMS, J. N.: J. biol. Ch. **191**, 123 (1951).

Tabelle 197. Folsäureanaloge und -antagonisten.

Folsäureanaloge		Folsäureantagonisten		
mit Folsäure-aktivität	ohne Folsäure-aktivität	stark	mittel	schwach
PG-Glutaminsäure (Diopterin)	Pteroyl-D-glutaminsäure	4-Amino-PGS (Aminopterin)	4-Aminopteroyl-asparaginsäure (Aminoanfol)	Pteroylasparaginsäure
PG-Diglutaminsäure (Teropterin)	Pteroylserylglutaminsäure	4-Aminoteropterin (?)	4-Aminopteroyl-α-alanin	4-Dimethylamino-PGS
PG-Hexaglutaminsäure	Pteroylasparaginsäure	4-Aminopteroyl-glutamylglycin	4-Aminopteroyl-threonin	Pteroyl-D-PGS
PG-Glycin	Pteroyl-α-aminopimelinsäure	4-Amino-PGS-β-alanin	9,10-Dimethyl-pteroylglutaminsäure	2,4-Dichlor-PGS
PG-β-Alanin	Pteroyl-D,L-threonin	4-Amino-9-methyl-PGS	6-Methyl-7-PGS	Pteroylserylglutaminsäure
Formyl-PGS	2,4-Dioxy-PGS	4-Amino-10-methyl-PGS (A-Methopterin)	7-Methyl-PGS	4-Amino-10-nitroso-PGS
10-Nitroso-PGS	7-Oxy-PGS	4-Amino-9,10-dimethyl-PGS (A-Denopterin)	4-Aminopteroyl-serylglutaminsäure	
Pteroylaminoadipinsäure[1]	9,10-Dimethyl-PGS		4-Amino-3,5-dichloropteroyl-glutaminsäure	
	Pteroinsäure		10-Methylpteroinsäure	

PG = Pteroylglutamil, PGS = Pteroylglutaminsäure.

zwischen verschiedenen Tierarten[2] und den beiden Geschlechtern (männliche Mäuse vertragen die doppelte Dosis[3]). Bei Mikroorganismen ist die Hemmung durch Aminopterin mit PGS kompetitiv aufhebbar[4]. Dies ist beim Säugetier zumindest beim Aminopterin nicht der Fall. Man nimmt deshalb an, daß dieses Analogon irreversibel die Umwandlung von PGS in Folinsäure blockiert[5] (Leukovorin hebt daher die toxischen Wirkungen rasch auf[6]). Allerdings scheint auch noch die Verwertung der Folinsäure gehemmt zu werden[7]. Die Erklärungsmöglichkeit,

[1] Kirsanova, V. A., u. A. V. Trufanov: Biochimija, Moskau **15**, 243 (1950). — [2] Minnich, V., and C. V. Moore: Fed. Proc. **7**, 276 (1948). — Thiersch, J. B., and F. S. Philips: Proc. Soc. exp. Biol. Med. **71**, 484 (1949); **74**, 204 (1950). — Eigene Beobachtungen. — [3] Taylor, A., and N. Carmichael: Proc. Soc. exp. Biol. Med. **71**, 544 (1949). Cancer Res. **11**, 519 (1951). — Goldin, A., B. Goldberg, L. G. Ortega and E. B. Schoenbach: Cancer, N. Y. **2**, 857 (1949). — [4] Daniel, L. J., and L. C. Norris: J. biol. Ch. **170**, 747 (1947). — Swendseid, M. E., E. L. Wittle, G. W. Moersch, O. D. Bird and R. A. Brown: J. biol. Ch. **179**, 1175 (1949). — Franklin, A. L., M. Belt, E. L. R. Stokstad and T. H. Jukes: J. biol. Ch. **177**, 621 (1949). — [5] Nichol, C. A., and A. D. Welch: Proc. Soc. exp. Biol. Med. **74**, 403 (1950). — [6] Brockman, J. A. jr., B. Roth, H. P. Broquist, M. E. Hultquist, J. M. Smith jr., M. J. Fahrenbach, D. B. Cosulich, R. P. Parker, E. L. R. Stokstad and T. H. Jukes: Am. Soc. **72**, 4325 (1950). — Burchenal, J. H., and G. M. Babcock: Proc. Soc. exp. Biol. Med. **76**, 382 (1951). — Bond, T. J., T. J. Bardos, M. Sibley and W. Shive: Am. Soc. **71**, 3852 (1949). — [7] Schoenbach, E. B., E. M. Greenspan and J. Colsky: J. amer. med. Ass. **144**, 1558 (1950).

warum Aminopterin u. ä. Antagonisten bei der menschlichen und tierischen Leukämie eine gewisse Wirkung entfalten, mag darin liegen, daß die leukämische Zelle im Rahmen einer allgemeinen höheren Aktivität der Zellteilung und damit der Synthesevorgänge auch einen gesteigerten Formiatstoffwechsel[1] hat und demzufolge einem Eingriff in das Folinsäuresystem unterworfen ist. (Die leukämischen Zellen haben auch einen höheren Folinsäuregehalt[2].) Die Wirkung der Antagonisten scheint auch wesentlich von ihrer Retention und vom Sättigungsgrad des Körpers an Folsäurederivaten abzuhängen. Die unerfreuliche Beobachtung, daß die menschlichen und tierischen Leukämieträger meist rasch gegen die Folsäureantagonisten resistent werden, ist durch das Auftreten resistenter Zellmutation und von Adaptivenzymen erklärbar[3]. Besonders Aminopterin ruft irreversible Störungen der Embryonalentwicklung hervor und wirkt antikonzeptionell[4].

ζ) Vorkommen und Stoffwechsel der Folsäure.

Die Folsäure kommt in der Natur sehr weitverbreitet in Form ihrer Konjugate (Teropterin und Pteroylheptaglutamat) und wahrscheinlich an Eiweiß gebunden[5] vor. Die Konjugate finden sich in hoher Konzentration in den inneren Organen der Säugetiere und im Gemüse (Spinat scheint hauptsächlich freie Folsäure zu enthalten) sowie in Hefe. Zahlreiche Bakterien, welche auch im Darm vorkommen, sind zur Folsäuresynthese befähigt[6] (vor allem, wenn genügend p-Aminobenzoesäure vorhanden ist). Anscheinend wird der Tagesbedarf des Menschen (0,1 bis

Tabelle 198. Folsäuregehalt (in γ/100 g bzw. 100 cm^3).

	frei	gesamt		frei	gesamt
Leber:			Kopfsalat	25	150
Rind, Kalb	40—100	250—500	Hefe	130—220	2200
Schwein (autolysiert)	50—400		Sojabohnenmehl	46	335
Extrakt	2—4000		Milch:		
Niere	20—40	75	Kuh	1,5—2,5	
Muskel (verschiedene Tiere)	5—20	30	Ziege	um 3	
			Mensch	0,14—0,36	
Gehirn	10				
Hühnerei	5	20	Blut:		
Kohl	20—100	150—500	Mensch	0—2	80—140
Karotten	40	100	Rind	3	
Kartoffel	100	150	Kaninchen	5	132—194
Getreide	20—100	100—200	Pute	24—26	240—350

[1] Skipper, H. E., J. B. Chapman, G. A. Boyd, W. H. Riser jr., M. Bell and J. H. Burchenal: [Blood 7, 164 (1952)]. — [2] Swendseid, M. E., A. L. Swanson, M. C. Meyers and F. H. Bethell: Blood 7, 307 (1952). — [3] Burchenal, J. H., E. Robinson, S. F. Johnston and M. N. Kushida: Science, N. Y. **111**, 116 (1950). — Burchenal, J. H., L. F. Webber, G. M. Meigs and J. L. Biedler: Blood **6**, 337 (1951). — Law, L. W.: Proc. Soc. exp. Biol. Med. **78**, 499 (1951). — [4] Snell, E. E., and W. W. Cravens: Proc. Soc. exp. Biol. Med. **74**, 87 (1950). — Thiersch, J. B., and F. S. Philips: Proc. Soc. exp. Biol. Med. **74**, 204 (1950). — [5] Allfrey, V. G., and C. G. King: J. biol. Ch. **182**, 367 (1950). — [6] s. dazu: Möller, E.-F., F. Weygand u. A. Wacker: Z. Naturforsch. **4**b, 100 (1949). — Weygand, F., E.-F. Möller u. A. Wacker: Z. Naturforsch. **4**b, 269 (1949). — The Composition of Milks. Bull. nat. Res. Counc. **119** (1950). — Hodson, A. Z.: J. Nutrit. **38**, 25 (1949). — Ruegamer, W. R., J. M. Cooperman, E. M. Sporn, E. E. Snell and C. A. Elvehjem: J. biol. Ch. **167**, 861 (1947). — Burkholder, P. R., I. McVeigh and K. Wilson: Arch. Biochem. **7**, 187 (1954). — Schweigert, B. S., and P. B. Pearson: Amer. J. Physiol. **148**, 319 (1947). — Simpson, R. E., and B. S. Schweigert: Arch. Biochem. **20**, 32 (1949). — Sreenivasan, A., A. E. Harper and C. A. Elvehjem: J. biol. Ch. **177**, 117 (1949). — Olson, O. E., E. E. C. Farger, R. H. Burris and C. A. Elvehjem: J. biol. Ch. **174**, 319 (1948).

0,2 mg ?) weitgehend durch die Darmbakterien gedeckt. Die in der Tabelle aus der Literatur zusammengestellten Werte sind mehr als Größenordnung zu werten, da die verschiedenen Methoden in ihren Ergebnissen stark differieren.

Im tierischen Organismus liegt wahrscheinlich der größte Anteil als Folinsäure bzw. deren Konjugate vor. In Gemüse und Hefe ist der Gehalt an PGS und Leukovorin etwa gleich hoch[1]. Die tägliche Aufnahme eines Erwachsenen[2] beträgt etwa 0,2 mg.

Während nur relativ wenige Bakterien Folsäure als essentiellen Wuchsfaktor benötigen, scheinen *alle* bis jetzt untersuchten *Vertreter des Tierreiches* nicht ohne diesen Faktor auszukommen. Eine genaue Festlegung des Bedarfes ist wegen der Synthese im Darm beim Menschen kaum möglich. Die erforderliche Folsäuremenge kann allerdings unter bestimmten Bedingungen (Gravidität, Lactation) eine Zufuhr von außen wünschenswert machen. Resorptionsstörungen im Darm (Sprue u. ä.) führen zu einem Defizit.

Die mit der Nahrung zugeführte und von den Darmbakterien synthetisierte Folsäure wird nach Spaltung der Konjugate resorbiert und zum Teil im Urin wieder ausgeschieden (täglich etwa 2—10 γ, s. [3]; die Leukovorinausscheidung[4] liegt dagegen unter 0,1 γ/100 cm^3). Die Ausscheidung im Stuhl beträgt bis 0,5 mg und mehr[5]. Auch im Schweiß findet sich Folsäure[6].

η) Bestimmungsverfahren[7].

Der größte Teil der in der Literatur veröffentlichten Folsäurewerte wurde mit Hilfe mikrobiologischer Methoden gewonnen. Da die verwendeten Organismen nur auf PGS als solche optimal ansprechen und die Aktivität der Konjugate mit der Anzahl der Glutaminsäurereste abfällt, ist die Aufarbeitung des Materials von ausschlaggebender Bedeutung. Da die Folsäure durch Säure- und Alkalibehandlung zerstört wird, behandelt man die Naturstoffe mit Konjugasen, wobei sowohl aus Hühnerpankreas[8] als auch aus Leber und Niere anderer Tiere[9] gewonnene Enzyme Verwendung finden. Nach SNELL[10] empfiehlt es sich, letztere zu benützen. Bestimmte Materialien (z. B. Hefe) enthalten Konjugaseinhibitoren[8]. Offenbar ist noch kein Vorbereitungsverfahren völlig zufriedenstellend. Rhizopterin ist für S. faecalis ebenfalls aktiv[11]. Das mikrobiologische Verfahren für Folsäure ist durchaus nicht spezifisch, da Thymidin und auch Thymin in entsprechenden Mengen Folsäure für sowohl S. faecalis als auch für L. casei ersetzen können[12]. Im allgemeinen läßt sich sagen, daß die mit S. faecalis erhaltenen Werte niedriger liegen als jene, welche L. casei liefert. Dies mag seinen Grund darin haben, daß noch nicht alle in der Natur vorkommenden Folsäurederivate bekannt sind, welche den Stoffwechsel der beiden Keime unterschiedlich beeinflussen.

Streptococcus faecalis R verwenden MITCHELL u. SNELL[13]; LUCKEY u. Mitarb.[14] und TEPLY u. ELVEHJEM[15]; Lactobacillus casei ROBERTS u. SNELL[16].

---

[1] BROQUIST, H. P., E. L. R. STOKSTAD and T. H. JUKES: J. biol. Ch. **185**, 399 (1950). — HILL, C. H., and M. L. SCOTT: J. biol. Ch. **189**, 651 (1951). — [2] Williams u. a., B Vitamins S. 326, Tab. 21. — [3] STOKSTAD, E. L. R., and T. H. JUKES: J. Lab. clin. Med. **38**, 95 (1951). — [4] CARTWRIGHT, G. E., M. M. WINTROBE, H. P. BROQUIST and T. H. JUKES: Proc. Soc. exp. Biol. Med. **78**, 563 (1951). — [5] DENKO, C. W., W. E. GRUNDY, J. W. PORTER and G. H. BERRYMAN: Arch. Biochem. **10**, 33 (1946). — [6] JOHNSON, B. C., T. S. HAMILTON and H. H. MITCHELL: J. biol. Ch. **159**, 425 (1945). — [7] Zusammenfassende Darstellung: Vitamin Meth. (GYÖRGY) Bd. 1 u. 2. — [8] BIRD, O. D., M. ROBBINS, J. M. VANDENBELT and J. J. PFIFFNER: J. biol. Ch. **163**, 649 (1946). — LASKOWSKI, M., V. MIMS and P. L. DAY: J. biol. Ch. **157**, 731 (1945). — [9] BIRD, O. D., B. BRESSLER, R. A. BROWN, C. J. CAMPBELL and A. D. EMMETT: J. biol. Ch. **159**, 631 (1945). — [10] SNELL, E. E.: Vitamin Meth. (GYÖRGY) Bd. 1, S. 397. — [11] STOKES, J. L., and A. LARSEN: J. Bacteriology **50**, 219 (1945). — [12] MITCHELL, H. K., E. E. SNELL and R. J. WILLIAMS: Am. Soc. **66**, 267 (1944). — STOKES, J. L.: Bacteriology **48**, 201 (1944). — KRUEGER, K., and W. H. PETERSON: J. biol. Ch. **158**, 145 (1945). — MITCHELL, H. K., and E. E. SNELL: Univ. Texas Publ. No. 4137, S. 36 (1941). — [14] LUCKEY, T. D., G. M. BRIGGS jr. and C. A. ELVEHJEM: J. biol. Ch. **152**, 157 (1944). — [15] TEPLY. — and C. A. ELVEHJEM: J. biol. Ch. **157**, 303 (1945). — [16] ROBERTS, E. C., and E. E. SNELL: J. biol. Ch. **163**, 499 (1946).

Da die Ratte keinen exogenen Folsäurebedarf hat, müssen die Tiere mit Sulfonamiden zur Unterdrückung der Bakterienflora des Darmes gefüttert werden[1], wenn sie zur Folsäurebestimmung herangezogen werden sollen. Zuverlässiger ist aber der Hühnchentest, da diese Tiere bereits 7 Tage nach völligem Folsäuremangel im Futter die ersten Mangelsymptome entwickeln[2].

Der chemische Nachweis aller Vertreter der Folsäuregruppe beruht auf der Freisetzung von p-Aminobenzoesäure[3]. Nach Reduktion des Untersuchungsmaterials mit Zinkstaub in 0,5 n HCl wird PAB nach der Methode von BRATTON u. MARSHALL[4] quantitativ bestimmt. Die Methode ist jedoch wenig empfindlich und mit vielen Fehlerquellen behaftet. Man kann Folsäure auch fluorometrisch[5] und polarographisch[6] bestimmen.

Die Folinsäure wird ausschließlich mit L. citrovorum 8081 bestimmt[7]. Die höchsten Ausbeuten an Folinsäure hatten DIETRICH u. Mitarb.[8] nach Autolyse des Gewebes bei p_H 4,5—6,0.

ϑ) Klinische Bedeutung.

Die ersten enthusiastischen Berichte über die Erfolge der Folsäuretherapie bei der perniziösen Anämie[9] wurden sehr bald durch die Mitteilungen[10] überschattet, daß die neurologischen Symptome des Krankheitsbildes nicht nur nicht geheilt, sondern offenbar sogar verschlimmert wurden. Es gibt andererseits auch megalocytäre Anämien (Schwangerschaft, bei Säuglingen und Sprue), welche nicht oder wenig auf B_{12}, dagegen gut auf Folsäure (5—10 mg täglich[11]) reagieren. Ein Einfluß auf aplastische Anämien und Agranulocytosezustände, der in der medizinischen Literatur vielfach behauptet wurde, wurde bei Nachprüfungen sowie bei eigenen Fällen vermißt.

Der Vollständigkeit halber soll erwähnt werden, daß GUBNER[12] die rheumatische Polyarthritis und auch die Psoriasis mit Aminopterin günstig beeinflußt haben will.

k) Vitamin B_{12} (Erythroctin, Cyanocobalamin)[13-19] (s. S. 602ff.).

Von **K. SCHREIER.**

α) Geschichtliches.

Seit der Entdeckung von MINOT u. MURPHY[20] (1926), daß die Leber hämatopoetische Wirkstoffe enthält, bemühten sich zahllose Chemiker um deren Isolierung. Während man in der ersten Zeit nach der Darstellung der Folsäure glaubte, diesen Wirkstoff in Händen zu

[1] RANSONE, B., and C. A. ELVEHJEM: J. biol. Ch. **151**, 109 (1943). — ASENJO, C. F.: J. Nutrit. **36**, 601 (1948). — [2] CAMPELL, C. J., M. M. MCCABE, R. A. BROWN and A. D. EMMETT: Amer. J. Physiol. **144**, 348 (1945). — FROST, D. V., F. P. DANN and F. C. MCINTIRE: Proc. Soc. exp. Biol. Med. **61**, 65 (1946). — HUTCHINGS, B. L., J. J. OLESON and E. L. R. STOKSTAD: J. biol. Ch. **163**, 447 (1946). — LUCKEY, T. D., P. R. MOORE, C. A. ELVEHJEM and E. B. HART: Proc. Soc. exp. Biol. Med. **62**, 307 (1946). — [3] HUTCHINGS, B. L., E. L. R. STOKSTAD, J. H. BOOTHE, J. H. MOWAT, C. W. WALLER, R. B. ANGIER, J. SEMB, Y. SUBBAROW and A. DE GRUNIGEN: J. biol. Ch. **168**, 705 (1947). — [4] BRATTON, A. C., and E. K. MARSHALL jr.: J. biol. Ch. **128**, 537 (1939). — [5] ALLFREY, V., L. J. TEPLY, C. GEFFEN and C. G. KING: J. biol. Ch. **178**, 465 (1949). — [6] MADER, W. J., and H. A. FREDIANI: Analyt. Chem., Washington **20**, 1199 (1948). — [7] SAUBERLICH, H. E., and C. A. BAUMANN: J. biol. Ch. **176**, 165 (1948). — [8] DIETRICH, L. S., N. J. MONSON, H. GWOH and C. A. ELVEHJEM: J. biol. Ch. **194**, 549 (1952). — [9] SPIES, T. D., C. F. VILTER, M. B. KOCH and M. H. CALDWELL: Southern Med. J. **38**, 707 (1945). — DOAN, C. A.: Amer. J. med. Sci. **212**, 257 (1946). — SPIES, T. D.: J. amer. med. Ass. **130**, 474 (1946). Lancet **1946 I**, 225. — DARBY, W. J., E. JONES and H. C. JOHNSON: J. amer. med. Ass. **130**, 780 (1946). — [10] MEYER, L. M.: Blood **2**, 50 (1947). — SPIES, T. D., and R. E. STONE: Lancet **1947 I**, 174. — ROSS, J. F., H. BELDING and B. L. PARGEL: Blood **3**, 68 (1948). — [11] SPIES, T. D., G. G. LOPEZ, R. E. STONE, F. MILANES, R. L. TOCA and T. ARAMBURU: Lancet **1948 I**, 239. — ZUELZER, W. W., and F. N. OGDEN: Amer. J. Dis. Childh. **71**, 211 (1946). — HAEHNER, E.: D. m. W. **1950**, 580. — GINSBERG, V., J. WATSON and H. LICHTMAN: J. Lab. clin. Med. **36**, 238 (1950). — GOODALL, J. W. D., H. I. GOODALL and D. BANERJEE: Lancet **1948 I**, 20. — [12] GUBNER, R., S. AUGUST and V. GINSBERG: Amer. J. med. Sci. **221**, 176 (1951).

Zusammenfassende Darstellungen: 13—19. [13] ROBINSON, F. A.: The Vitamin B Complex. London 1951. — [14] Williams u. a., B Vitamins S. 14, 203—207, 474f. — [15] JUKES, T. H., and E. L. R. STOKSTAD: Vitamins & Hormones **9**, 1 (1951). — [16] MARSTON, H. R.: Physiol. Rev. **32**, 66 (1952). — [17] SMITH, E. L.: Nutrit. Abst. Rev. **20**, 795 (1950/51). — [18] UNGLEY, C. C.: Nutrit. Abstr. Rev. **21**, 1 (1951/52). — [19] Sebrell-Harris, Vitamins Bd. 1, S. 396—523.

[20] MINOT, G. R., and W. P. MURPHY: J. amer. med. Ass. **87**, 470 (1926).

haben, mußte man bald einsehen, daß es sich nicht um den eigentlichen Perniciosafaktor handeln könne, denn die hochwirksamen Leberpräparate enthielten nur Spuren dieses Vitamins. Im Jahre 1947 zeigte SHORB[1], daß Leberextrakte, entsprechend der antianämischen Wirksamkeit, einen Wuchsfaktor für Lactobacillus lactis Dorner (LLD) enthalten. 1948 veröffentlichten innerhalb einer Woche englische Autoren (SMITH u. Mitarb.[2]) und eine amerikanische Forschergruppe (RICKES, BRINK u. Mitarb.[3]) ihre Ergebnisse über die Auffindung einer krystallisierten roten Substanz, welche sie Vitamin B_{12} nannten.

β) Ausfallserscheinungen.

Die perniziöse Anämie als Vitaminmangelsyndrom. Die Symptomatologie der perniziösen Anämie wurde erstmalig genauer von BIERMER[4] beschrieben, wenn sie auch schon ADDISON bekannt war. Die klassischen Zeichen setzen sich zusammen aus dem typischen *Blutbild* (Anisocytose, Megalocytose und Poikilocytose, Hyperchromasie und meist Megaloblastose), *Atrophie der Schleimhaut des oberen Verdauungskanals* (HUNTERsche Glossitis und Achylia gastrica) und *Veränderungen im Rückenmark* (funikuläre Myelose).

Es gibt außerdem noch hyperchrome Anämien anderer Ätiologie; so bei der tropischen und einheimischen Sprue, der Cöliakie der Kinder, bei der Pellagra und dem Zustand der schwersten Polyavitaminose und Fehlen essentieller Nahrungsstoffe der Kwashiorkor.

Die ungenügende Aufnahme von Vitamin B_{12} im Magen-Darmkanal scheint die Ursache der perniziösen Anämie des Menschen zu sein[5–9], ebenso wie die anderer Anämieformen (bei Sprue und anderen Ernährungsstörungen des Kindes- und Erwachsenenalters)[10,11].

Im Tierexperiment ist die Erzeugung von reinen B_{12}- und Folsäuremangelzuständen schwierig wegen ihrer engen Beziehungen zueinander. B_{12} scheint jedenfalls auf das Wachstum aller bis jetzt untersuchten Tierarten (Ratten, Geflügel, Schweine usw.) einen fördernden Einfluß auszuüben (s. z. B. [12,13]). Außerdem sollen Lactation und Fortpflanzung der Tiere im B_{12}-Mangel Schaden leiden: Das Geburtsgewicht wird niedriger, und die Neugeborenen haben eine hohe Sterblichkeit[14,15].

Inzwischen ist es ziemlich wahrscheinlich geworden, daß die Ausfallserscheinungen, welche durch Kobaltmangel in der Nahrung bei Schafen und Rindern, besonders in Australien[16–19] (aber auch in verschiedenen anderen Gebieten der

---

[1] SHORB, M. S.: J. biol. Ch. **169**, 455 (1947). — [2] SMITH, E. L.: Nature **161**, 638; **162**, 144 (1948). — SMITH, E. L., and L. F. J. PARKER: Biochem. J. **43**, VIII (1948). — [3] RICKES, E. L., N. G. BRINK, F. R. KONIUSZY, T. R. WOOD and K. FOLKERS: Science, N. Y. **107**, 396; **108**, 134, 634 (1948). — [4] s. dazu die Lehr- und Handbücher der inneren Medizin (z. B. HEILMEYER, L., u. H. BEGEMANN in: Handb. inn. Med. (v. BERGMANN-FREY-SCHWIEGK) 4. Aufl. Bd. 2, S. 249—311. — [5] WEST, R.: Science, N. Y. **107**, 398 (1948). — [6] SPIES, T. D., R. E. STONE and T. ARAMBURU: Southern med. J. **41**, 522 (1948). — [7] JONES, E., W. J. DARBY and J. R. TOTTER: Blood **4**, 827 (1949). — [8] UNGLEY, C. C.: Brit. med. J. **1949 II**, 1370. — [9] ERF, L. A., and B. WIMER: Blood **4**, 845 (1949). — [10] SCOTT, R. B., and G. H. WATSON: Proc. R. Soc. Med. **43**, 953 (1950). — [11] SPIES, T. D., R. M. SUAREZ, G. G. LOPEZ, F. MILANES, R. E. STONE, R. L. TOCA, T. ARAMBURU and S. KARTUS: J. amer. med. Ass. **139**, 521 (1949). — [12] ZINK, A.: Z. Vit.-Forsch. **23**, 471 (1952). — [13] CARTWRIGHT, G. E., B. TATTING, J. ROBINSON, N. M. FELLOWS, F. D. GUNN and M. M. WINTROBE: Blood **6**, 867 (1951). — [14] DRYDEN, L. P., A. M. HARTMAN and C. A. CARY: J. Nutrit. **45**, 377 (1951). — [15] LEPKOVSKY, S., H. J. BORSON, R. BOUTHILET, R. PENCHARZ, D. SINGMAN, M. K. DIMICK and R. ROBBINS: Amer. J. Physiol. **165**, 79 (1951). — O'DELL, B. L., J. R. WHITLEY and A. G. HOGAN: Proc. Soc. exp. Biol. Med. **76**, 349 (1951). — [16] LINES, E. W.: J. Counc. sci. industr. Res. 8, 117 (1935). — [17] MARSTON, H. R.: J. Counc. sci. industr. Res. 8, 111 (1935). — [18] MARSTON, H. R., E. W. LINES, R. G. THOMAS and I. W. MCDONALD: Nature **141**, 398 (1938). — [19] JUKES, T. H., and E. L. R. STOKSTAD: Vitamins & Hormones **9**, 1 (1951).

Erde[1–5]), auftreten (coast disease, s. Bd. 2/1, S. 672), in Wirklichkeit ein B_{12}-Mangelzustand sind, denn parenterale Zufuhr des Metalls ist wirkungslos[6,7]. Folgende Symptome werden beobachtet: Schwerste Anämie (Erythrocytenzahl bis 30% der Norm und weniger), wobei anfänglich das Blutbild mehr einer aplastischen Form und später erst einer Perniciosa gleicht.

Im Endzustand sind die Tiere völlig appetitlos, schwer marantisch und lethargisch mit strohgelber Farbe der Schleimhaut und Haut. Es gibt auch akutverlaufende Formen, wobei die Tiere rasch in Inanition verfallen. Bei der Autopsie ist die Leber meist verfettet und zeigt wie die Milz eine ausgeprägte Hämosiderose. Ist die Kobaltaufnahme nur suboptimal, so kommt es lediglich zur Wachstumsverzögerung der Jungtiere und zu einem Gewichtsverlust der Erwachsenen. Auch neurologische Symptome sind bekannt. Sie sprechen ebenfalls auf Co an (MARSTON[8]).

γ) Chemie.

Bis jetzt sind 5 offenbar sehr nahe verwandte kobalthaltige Komplexe mit Vitamin B_{12}-Aktivität beschrieben worden: Vitamin B_{12} *(Cyanocobalamin)*, dargestellt aus Leber[9–11] und Kulturen von Streptomyces gris.[12]; Vitamin B_{12a}, gewonnen durch katalytische Hydrierung[13] von B_{12}; Vitamin B_{12b} aus Leber[10,11], Strept. gris.[14], Strept. aureofaciens[11] und schließlich Strept. fradiae[15]; Vitamin B_{12c} und B_{12d} wurden aus den Kulturen von Strept. gris. dargestellt[16,17].

Diese Substanzen unterscheiden sich chemisch durch das Radikal, welches offenbar sehr lose am Kobaltatom hängt. Beim Vitamin B_{12} ist es die Cyangruppe[18,19]; bei B_{12a} und B_{12b}, welche identisch sind[20,21], die Hydroxylgruppe. B_{12c} enthält offenbar Nitrit an Stelle von Cyan. Nach neueren Berichten (SMITH 1952 s.[22]) ist B_{12d} wahrscheinlich identisch mit B_{12b}. Da die perniziöse Anämie auf alle Formen in ziemlich gleicher Weise anspricht, wird im Körper offenbar die eigentliche Wirkform leicht gebildet. BERNHAUER[23] hat neuerdings über die Biosynthese von B_{12}-Abarten berichtet. Er fand charakteristische Gesetzmäßigkeiten in der Verwertung bestimmter Vorstufen durch Coli-Mutanten. Es entstanden zum Teil Derivate (Benzimidazol-cobalamine), welche mindestens so wirksam waren wie B_{12}.

---

[1] ASKEW, H. O.: New Zeal. J. Sci. Technol. **20**, 302 (1939). — [2] NEAL, W. M., and C. F. AHMANN: Science, N.Y. **86**, 225 (1937). J. Dairy Sci. **20**, 741 (1937). — [3] CORNER, H. H., and A. M. SMITH: Biochem. J. **32**, 1800 (1938). — [4] BENDIXEN, H. C., and J. G. A. PEDERSEN: Kgl. Veterin.-Landsbohøjsk. Aarsskr. **1946**, 80. — [5] HALLGREN, W., o. H. SANDSTEDT: Svensk. Veterin.-T. **52**, 89 (1947). — [6] SMITH, S. E., B. A. KOCH and K. L. TURK: J. Nutrit. **44**, 455 (1951). — [7] MONROE, R. A., H. E. SAUBERLICH, C. L. COMAR and S. L. HOOD: Proc. Soc. exp. Biol. Med. **80**, 250 (1952). — [8] MARSTON, H. R., and H. J. LEE: Nature **164**, 529 (1949). — [9] ELLIS, B., V. PETROW and G. F. SNOOK: J. Pharmacy Pharmacol. **1**, 60 (1949). — [10] SMITH, E. L.: Nature **161**, 638 (1948). — [11] PIERCE, J. V., A. C. PAGE jr., E. L. R. STOKSTAD and T. H. JUKES: Am. Soc. **71**, 2952 (1949). — [12] RICKES, E. L., N. G. BRINK, F. R. KONIUSZY, T. R. WOOD and K. FOLKERS: Science, N. Y. **107**, 396; **108**, 134, 634 (1948). — [13] KACZKA, E. (A.), D. E. WOLF and K. FOLKERS: Am. Soc. **71**, 1514 (1949). — [14] FRICKE, H. H., B. LANIUS, A. F. DE ROSE, M. LAPIDUS and D. V. FROST: Fed. Proc. **9**, 173 (1950). — [15] JACKSON, W. G., G. B. WHITFIELD, W. H. DE VRIES, H. A. NELSON and J. S. EVANS: Am. Soc. **73**, 337 (1951). — [16] SMITH, E. L.: Lancet **1950 I**, 353. — [17] ANSLOW, W. K., S. BALL, W. B. EMERY, K. H. FANTES, E. L. SMITH and A. D. WALKER: Chem. & Industr. **1950**, 574. — [18] BRINK, N. G., F. A. KUEHL jr. and K. FOLKERS: Science, N. Y. **112**, 354 (1950). — [19] KACZKA, E. A., D. E. WOLF, F. A. KUEHL jr. and K. FOLKERS: Science, N. Y. **112**, 354 (1950). — [20] BROCKMAN, J. A. jr., J. V. PIERCE, E. L. R. STOKSTAD, H. P. BROQUIST and T. H. JUKES: Am. Soc. **72**, 1042 (1950). — [21] KACZKA, E. A., R. G. DENKEWALTER, A. HOLLAND and K. FOLKERS: Am. Soc. **73**, 335 (1951). — [22] SMITH, E. L.: Nature **169**, 60 (1952). — SMITH, E. L., K. H. FANTES, S. BALL, D. M. IRELAND, J. G. WALLER, W. B. EMERY, W. K. ANSLOW and A. D. WALKER: Biochem. J. **48**, L (1951). — [23] FRIEDRICH, W., u. K. BERNHAUER: Angew. Chem. **65**, 627 (1953). — BERNHAUER, K., u. W. FRIEDRICH: Angew. Chem., **66**, 776 (1954)

Nach grundlegenden Vorstudien von TODD u. Mitarb.[1] sowie von BRINK u. Mitarb.[2] haben BONNETT u. Mitarb.[3] eine Strukturformel von B_{12} aufgestellt, welche wohl noch nicht als ganz endgültig anzusprechen ist, da vor allem die Lage der konjugierten Systeme noch nicht bewiesen ist. Das Mol.Gew. beträgt etwa 1490—1500. B_{12} hat keinen definierten Schmelzpunkt. Die tiefroten Krystalle dunkeln bei etwa 210—220° C. Die Angaben für die Summenformel schwanken. In der Literatur[4,5] finden sich folgende Werte: $C_{61-64}H_{86-97}O_{13-20}N_{14}PCo$. B_{12} reagiert neutral, Oxocobalamin (B_{12b}) ist eine schwache Base (p_H etwa 9). BUHS u. Mitarb.[6] haben das Cyanion durch Thiocyanat ersetzt. Die biologische Wirksamkeit dieses Produktes zeigte keinen Unterschied gegenüber B_{12}. Die Cyanogruppe ist also für den B_{12}-Effekt nicht essentiell. B_{12} löst sich relativ gut in Wasser, niedrigen Alkoholen und Phenol; es ist dagegen weitgehend unlöslich in Äther, Aceton und Chloroform. In wäßriger Lösung besitzt B_{12} ein charakteristisches Absorptionsspektrum mit 3 Maxima bei 278, 361 und 550 mμ. B_{12b} hat die Maxima bei 273, 351 und 525 mμ[7]. Spezifische Drehung $[\alpha]_{6563}^{23} = -59 \pm 9°$. Vitamin B_{12} verliert seine Aktivität beim Aufbewahren in stark saurem und alkalischem Milieu.

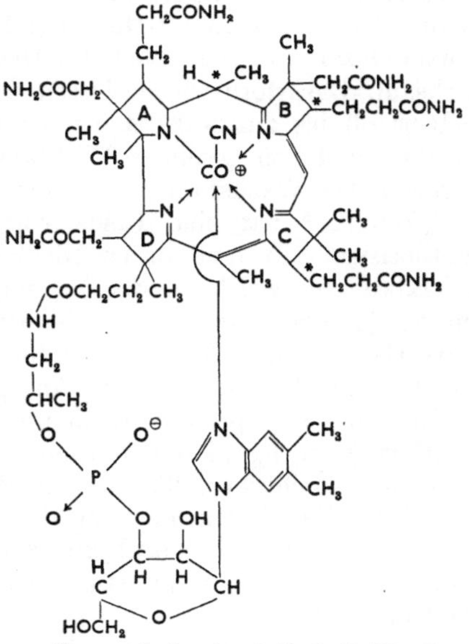

Cyanocobalamin ($C_{63}H_{90}O_{14}N_{14}PCo$)

Von den Spaltprodukten des Vitamins wurde zunächst 5,6-Dimethylbenzimidazol isoliert[8,9]. Daneben traten eine Reihe von 1,5,6-trisubstituierten Benzimidazolen auf. Als nächstes wurde 5,6-Dimethylbenzimidazol-N-α-D-ribofuranosid aus dem sauren Hydrolysat gewonnen (BRINK u. Mitarb[10]). Dieses Produkt erhielt den Namen *α-Ribazol*. Auch das Ribazol-3'-phosphat (Benzimidazolnucleotid) konnte isoliert werden[11].

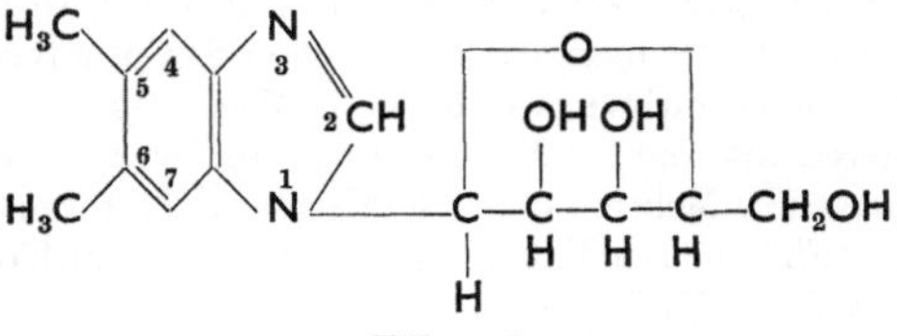

α-Ribazol

Es ist bemerkenswert, daß die Dimethylbenzimidazole eine gewisse B_{12}-Wirksamkeit entfalten. WEYGAND[12] u. Mitarb. konnten zeigen, daß diese Substanz

[1] CANNON, J. R., A. W. JOHNSON and A. R. TODD: Nature **174**, 1168 (1954). — [2] BRINK, C., D. C. HODGKIN, J. LINDSEY, J. PICKWORTH, J. H. ROBERTSON and J. G. WHITE: Nature **174**, 1168 (1954). — [3] BONNETT, R., J. R. CANNON, A. W. JOHNSON, I. SUTHERLAND, A. R. TODD and E. L. SMITH: Nature **176**, 328 (1955). — [4] FANTES, K. H., J. E. PAGE, L. J. F. PARKER and E. L. SMITH: Proc. R. Soc. London (B) **136**, 592 (1950). — [5] ROBINSON, F. A.: The Vitamin B Complex. London 1951. — [6] BUHS, R. P., E. G. NEWSTEAD and N. R. TRENNER: Science, N. Y. **113**, 625 (1951). — [7] PIERCE, J. V., A. C. PAGE jr., E. L. R. STOKSTAD and T. H. JUKES: Am. Soc. **71**, 2952 (1949). — [8] BRINK, N. G., and K. FOLKERS: Am. Soc. **71**, 2951 (1949). — [9] BEAVEN, G. R., E. R. HOLIDAY, E. A. JOHNSON, B. ELLIS, P. MAMALIS, V. PETROW and B. STURGEON: J. Pharmacy Pharmacol. **1**, 957 (1949). — [10] BRINK, N. G., F. W. HOLLY, C. H. SHUNK, E. W. PEEL, J. J. CAHILL and K. FOLKERS: Am. Soc. **72**, 1866 (1950). — [11] BUCHANAN, J. G., A. W. JOHNSON, J. A. MILLS and A. R. TODD: Soc. **1950**, 2845. — [12] WEYGAND, F., H. KLEBE u. A. TREBST: Z. Naturforsch. **9b**, 449 (1954).

eine B_{12}-Vorstufe bei Strept. olivaceus ist. Nach COOPERMAN u. Mitarb.[1] ist α-Ribazol das für den B_{12}-Ersatz bei Ratten und Hühnchen bei weitem wirksamste Produkt. Eine schwächere Wirkung hatte β-Ribazol (5,6-Dimethylbenzimidazol-N-β-D-ribofuranosid). Dies ist aber ein Hemmstoff für L. Leichmannii 313, s.[2]. Auch 1,2-Dimethyl-4-amino-5-ribitylaminobenzol, 5,6-Dimethylbenzimidazol und schließlich 1,2-Diamino-4,5-dimethylbenzol waren ein wenig wirksam. Die erforderlichen Dosen schwanken zwischen der 400fachen B_{12}-Menge (α-Ribazol) bis zur 20000fachen Dosis. Andere Autoren fanden auch 5-Methylbenzimidazol von geringer Wirksamkeit[3,4]. 2,5-Dimethylbenzimidazol hemmt dagegen das Wachstum der Bakterien[3].

WOOLLEY[5] hat eine Reihe von Homologen der Dimethyldiaminobenzole synthetisiert. Er fand in 1,2-Dichlor-4,5-diaminobenzol einen Antimetaboliten für Bakterien, welche weder B_{12} noch Riboflavin benötigen. Daneben waren Diaminophenole und Dinitrophenole zum Teil kompetitive, zum Teil nichtkompetitive Hemmstoffe. Durch Behandlung von B_{12} mit H_2O_2 in stark saurer Lösung konnte ein recht wirksamer B_{12}-Antagonist gewonnen werden[6].

In den Abbauprodukten konnte auch 1-Aminopropanol [H_3C—CH(OH)—$CH_2(NH_2)$] nachgewiesen werden[7]. Die Struktur des gefärbten, kobaltenthaltenden, nichtkrystallisierenden Restes ist inzwischen aufgeklärt worden (s. S. 781). Man bezeichnet ihn, da er sauer reagiert[7] als rote Säure. Die Vermutung, daß ihm ein Porphyrin zugrunde liegt[8,9], hat sich bestätigt. Kobalt liegt im Vitamin B_{12} im 3wertigen Zustand vor. Der Gehalt im B_{12}-Molekül beträgt etwa 4%.

Pseudovitamin B_{12}. Durch die Entdeckung, daß in den Faeces verschiedener Tiere[10,11] B_{12}-ähnliche Faktoren vorkommen (Pseudovitamine B_{12}), ist nicht nur ein Beitrag zur Aufklärung der chemischen Struktur dieser Vitamingruppe geliefert, sondern auch der Wirrwarr um die Nomenklatur bedeutend vermehrt worden. BERNHAUER[12] schlägt deshalb vor, die Grundkörper (ohne die Nucleotidgruppe) als Ätiocobalamine (inkomplette Cobalamine) zu bezeichnen. Die Angehörigen der eigentlichen B_{12}-Gruppe wären demnach als Benzimidazolcobalamine von den Pseudo-B_{12}-Körpern abzugrenzen, von ihnen konnte eine Gruppe als Purincobalamine charakterisiert werden[13,14]. Inzwischen ist in handelsüblichen B_{12}-Präparaten und in der Fermentationsbrühe von Streptomyces griseus eine weitere Gruppe von B_{12}-Faktoren nachgewiesen worden[15]; in Meeresalgen wurde ein Vitamin B_{12s} gefunden[16]. Besonders interessant sind die B_{12}-Faktoren aus den verschiedenen Faulschlammarten städtischer Kläranlagen[17]. Mehrere dieser Faulschlammfaktoren wurden krystallisiert und mehr oder weniger identifiziert. Der Faktor III BERNHAUERS enthält weder Purine noch Dimethylbenzimidazol.

[1] COOPERMAN, J. M., B. TABENKIN and R. DRUCKER: J. Nutrit. **46**, 467 (1952). — [2] WACKER, A., and F. WEYGAND: Z. Naturforsch. **7b**, 488 (1952). — [3] EMERSON, G., A., N. G. BRINK, F. W. HOLLY, F. KONIUSZY, D. HEYL and K. FOLKERS: Am. Soc. **72**, 3084 (1950). — [4] EMERSON, G. A., F. W. HOLLY, C. H. SHUNK, N. G. BRINK and K. FOLKERS: Am. Soc. **73**, 1069 (1951). — [5] WOOLLEY, D. W.: J. exp. Med. **93**, 13 (1951). — WOOLLEY, D. W., and A. PRINGLE: Fed. Proc. **10**, 272 (1951). — [6] BEILER, J. M., J. N. MOOS and G. J. MARTIN: Science, N. Y. **114**, 122 (1951). — [7] ELLIS, B., V. PETROW and G. F. SNOOK: J. Pharmacy Pharmacol. **1**, 60 (1949). — CHARGAFF, E., C. LEVINE, C. GREEN and J. KREAM: Exper. **6**, 229 (1950). — [8] BRINK, N. G., and K. FOLKERS: Am. Soc. **71**, 2951 (1949). — [9] VEER, W. L. C., J. H. EDELHAUSEN, H. G. WIJMENGA and J. LENS: Biochim. biophysica Acta, N. Y. **6**, 225 (1950/51). — [10] PFIFFNER, J. J., D. G. CALKINS, R. C. PETERSON, O. D. BIRD, V. MCGLOHON and R. W. STIPELS: Abstr. amer. chem. Soc. **120**, 22[c] (1951). — [11] FORD, J. E., and J. W. G. PORTER: Biochem. J. **51**, V (1952). — COATES, M. E., J. E. FORD, G. F. HARRISON, S. K. KON and J. W. G. PORTER: Biochem. J. **51**, VI (1952). — FORD, J. E., S. K. KON and J. W. G. PORTER: Biochem. J. **52**, VIII (1952). — [12] BERNHAUER, K., u. W. FRIEDRICH: Angew. Chem. **54**, 776 (1954) — [13] LEWIS, U. J., D. V. TAPPAN and C. A. ELVEHJEM: J. biol. Ch. **194**, 539 (1952). — [14] DION, H. W., D. G. CALKINS and J. J. PFIFFNER: Am. Soc. **74**, 1108 (1952). — [15] ERICSON, L.-E., Z. G. BÁNHIDI and G. GASPARETTO: Acta chem. scand. **6**, 1130 (1952). — ERICSON, L.-E.: Acta chem. scand. **7**, 703 (1953). — [16] ERICSON, L. E., and L. LEWIS: Ark. Kemi **6**, 427 (1953). — [17] SJØSTRØM, A. G. M., H. Y. NEUJAHR and H. LUNDIN: Acta chem. scand. **7**, 1036 (193). — FRIEDRICH, W., u. K. BERNHAUER: Angew. Chem. **65**, 627 (1953).

δ) Wirkungsmechanismus.

Vitamin B_{12} ist wohl das aktivste biologische Produkt, welches wir kennen. 9 Std nach einer einzigen Injektion von 1 γ B_{12} beginnen bereits im Knochenmark des Perniciosakranken die Normalisierungsvorgänge (ZINK[1]). B_{12} kann seine Wirkung nur dann voll entfalten, wenn genügend Folsäure zur Verfügung steht. Gibt man B_{12} mit einem Folsäureantagonisten zusammen, so ist es weitgehend wirkungslos. Es scheint eine der wichtigsten Funktionen des Vitamins zu sein, die Folsäure aus ihren Konjugaten zu befreien und für die Erythropoese verfügbar zu machen. Es ist als ziemlich sicher anzusehen, daß B_{12} mit dem extrinsic factor von CASTLE identisch ist (s. weiter unten). Die Zufuhr von B_{12} führt beim Hühnchen zu einer Speicherung von Fol- und Folinsäure[2].

Das Studium des B_{12}-Stoffwechsels bei verschiedenen Milchsäurebakterien und die Versuche, das Vitamin durch andere Wuchsfaktoren zu ersetzen, führten zur Erkenntnis, daß enge Beziehungen zu den Desoxyribosiden bestehen müssen[3-9]. Thymidin kann B_{12} im Medium von L. Leichmannii ersetzen und hebt die Hemmwirkung von Folsäureantagonisten bei verschiedenen Bakterien auf. In größerer Dosierung vermag es eine Reticulocytenkrise[10] auszulösen und sogar eine gewisse Besserung der entsprechenden Anämieformen zu erzeugen[11]. Es ist möglich, daß Folsäure für die Synthese von Thymin, B_{12} dagegen für die Bildung von Thymidin erforderlich ist. Allerdings scheint für den letzteren Prozeß auch die Anwesenheit der Pteroylgutaminsäure notwendig zu sein.

JUKES u. Mitarb.[12] haben folgendes Schema* für die Charakterisierung der Beziehungen zwischen den einzelnen Faktoren (bei bestimmten Milchsäurebakterien) vorgeschlagen:

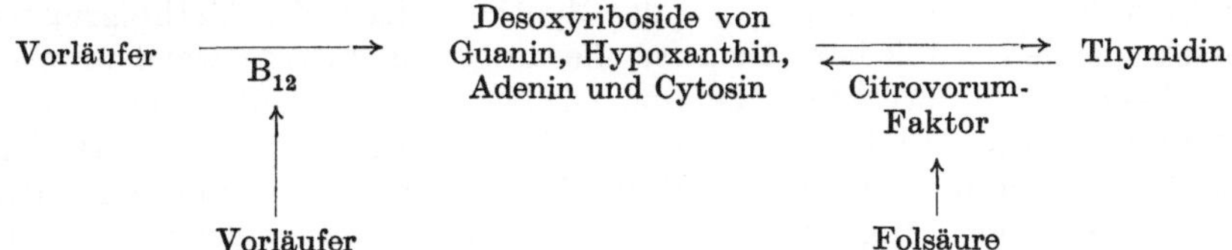

Für die Richtigkeit dieses Schemas spricht, daß die Hemmwirkung von Aminopterin durch Thymidin nicht kompetitiv aufgehoben wird, während Citrovorum-Faktor kompetitiv durch 4-Aminopteroylglutaminsäure verdrängt wird (BROQUIST u.a.[13]). (Über den Wirkungsmechanismus der Desoxyriboside als Wuchsstoffe s. WACKER u. WEYGAND[14].) Die Beziehungen zwischen Adenin und B_{12}, welche unter anderen auch von WEYGAND u. Mitarb.[15] nachgewiesen wurden, haben durch die Entdeckung von Pseudovitamin B_{12} (s. S. 782) eine

* Die Resultate bei anderen Lactobacillen passen nicht immer in das Schema[16,17].

[1] ZINK, A.: Int. Z. Vit.-Forsch. **23**, 471 (1952). — [2] DIETRICH, L. S., W. J. MONSON and C. A. ELVEHJEM: Proc. Soc. exp. Biol. Med. **77**, 93 (1951). — [3] Übersichten: SHIVE, W.: Vitamins & Hormones **9**, 75 (1951). — CHRISTMAN, A. A.: Physiol. Rev. **32**, 303 (1952). — [4] SHIVE, W.: Ann. N. Y. Acad. Sci. **52**, 1212 (1950). — SHIVE, W., J. M. RAVEL and R. E. EAKIN: Am. Soc. **70**, 2614 (1948). — [5] KOCHER, V., u. O. SCHINDLER: Int. Z. Vit.-Forsch. **20**, 441 (1949). — [6] SNELL, E. E., E. KITAY and W. S. MCNUTT: J. biol. Ch. **175**, 473 (1948). — [7] HOFFMANN, C. E., E. L. R. STOKSTAD, A. L. FRANKLIN and T. H. JUKES: J. biol. Ch. **176**, 1465 (1948). — [8] REGE, V. D., and A. SREENIVASAN: Nature **166**, 1117 (1950). — [9] ROSE, I. A., and B. S. SCHWEIGERT: Proc. Soc. exp. Biol. Med. **79**, 541 (1952). — [10] REISNER, E. H. jr., and R. WEST: Proc. Soc. exp. Biol. Med. **71**, 651 (1949). — [11] HAUSMANN, K.: Lancet **1949 II**, 962; **1951 I**, 329. — [12] JUKES, T. H., H. P. BROQUIST and E. L. R. STOKSTAD: Arch. Biochem. **26**, 157 (1950). — [13] BROQUIST, H. P., E. L. R. STOKSTAD and T. H. JUKES: J. biol. Ch. **185**, 399 (1950). — [14] WACKER, A., u. F. WEYGAND: Z. Naturforsch. **7b**, 488 (1952). — [15] WEYGAND, F., A. WACKER u. F. WIRTH: Z. Naturforsch. **6b**, 25 (1951). — [16] HOFF-JØRGENSEN, E.: J. biol. Ch. **178**, 525 (1949). — [17] KITAY, E., W. S. MCNUTT and E. E. SNELL: J. biol. Ch. **177**, 993 (1949).

überraschende Interpretation erhalten. Im übrigen sind die Prozesse noch nicht genügend geklärt, und es erhebt sich die Frage, ob diese Reaktionsketten nur bei den Lactobacillen Gültigkeit haben oder ob sie auch für höhere Lebewesen zutreffen. Ähnliches gilt für Befunde, nach denen Beziehungen zwischen p-Aminobenzoesäure und B_{12} bestehen. EAKIN[1] und DUBNOFF[2] vertreten die Ansicht, daß B_{12} die Umwandlung von PAB zu einem Coenzym katalysiert (Versuche an Colitypen u. ä.). DUBNOFF[3] fand einen Einfluß von B_{12} auf den Methioninstoffwechsel, welcher wahrscheinlich auf einer Reduktion der S—S-Gruppe im Homocystinmolekül beruht. Auch wird eine Beeinflussung der Serin- und Methioninsynthese bei Colimutanten postuliert[4]. Die Betain-Homocystein-Transmethylase (und auch die Xanthinoxydase) sind in der Leber während des B_{12}-Mangels herabgesetzt[5]. Der Spiegel der Sulfhydrylkörper im Blut ist ebenfalls erniedrigt[6]. Nach BÉNARD[7] soll B_{12} nicht nur als Erythrocytenreifungsfaktor funktionieren, sondern auch die Protoporphyrinsynthese anregen. Er fand nach Vitamin B_{12}- und Folsäurezufuhr einen Anstieg des Gehaltes an freiem Protoporphyrin in den Erythrocyten.

Besonders intensiv ist der Einfluß von B_{12} auf den Umsatz der „labilen" Methylgruppen studiert worden[8–13]. Das Vorhandensein von Transmethylierungsprozessen im Säugerorganismus wurde durch die Arbeiten besonders von DU VIGNEAUD[14] nachgewiesen. Als Methylgruppenträger wurden Cholin, Methionin, Betain u. a. erkannt. Inzwischen wurde festgestellt, daß Methylalkohol, Ameisensäure, Formaldehyd, Aceton, Glykokoll, Serin und Histidin Methylgruppenvorstufen[14–20] sein können. Bakterienfreie Ratten synthetisieren freie Methylgruppen in etwa der gleichen Rate wie die Kontrolltiere (DU VIGNEAUD u. Mitarb.[21]). Es schien recht wahrscheinlich, daß B_{12} an der Synthese der freien Methylgruppen einen entscheidenden Anteil hat. Dem ist allerdings vor kurzem widersprochen worden (Coliversuche[22]). Während bei jungen Tieren eine Zufuhr von Trägern labiler Methylgruppen essentiell ist, und B_{12} den Bedarf an Cholin, Methionin u. ä. herabdrücken kann, vermag im späteren Lebensalter eine ausreichende B_{12}-Zufuhr ein ungenügendes Angebot derartiger Substanzen weitgehend zu kompensieren[23]. Die Literaturangaben darüber, ob die Sparwirkung von B_{12} sich mehr

[1] EAKIN, R. E.: Williams u. a., B Vitamins S. 207. — [2] DUBNOFF, J. W.: Arch. Biochem. **37**, 37 (1952). — [3] DUBNOFF, J. W.: Fed. Proc. **9**, 166 (1950). — [4] SHIVE, W.: Ann. N. Y. Acad. Sci. **52**, 1212 (1950). Fed. Proc. **12**, 639 (1953). — SHIVE, W., J. M. RAVEL and R. E. EAKIN: Am. Soc. **70**, 2614 (1948). — [5] WILLIAMS, J. N. jr., W. J. MONSON, A. E. HARPER and C. A. ELVEHJEM: J. biol. Ch. **202**, 607 (1953). — [6] LING, C. T., and B. F. CHOW: J. biol. Ch. **202**, 445 (1953). — [7] BÉNARD, H., A. GAJDOS et M. GAJDOS-TÖRÖK: Sang **22**, 406 (1951). — [8] ARNSTEIN, H. R. V., and A. NEUBERGER: Biochem. J. **48**, II (1951). — [9] BENNETT, M. A.: J. biol. Ch. **187**, 751 (1950). — [10] GILLIS, M. B., and L. C. NORRIS: Proc. Soc. exp. Biol. Med. **77**, 13 (1951). J. Nutrit. **43**, 295 (1951). — [11] STEKOL, J. A., M. A. BENNETT, K. WEISS, P. HALPERN and S. WEISS: Fed. Proc. **9**, 234 (1950). — STEKOL, J. A., and K. WEISS: J. biol. Ch. **186**, 343 (1950). — [12] SCHAEFER, A. E., D. H. COPELAND and W. D. SALMON: J. Nutrit. **43**, 201 (1951). — SCHAEFER, A. E., W. D. SALMON and D. R. STRENGTH: J. Nutrit. **44**, 305 (1951). — [13] DINNING, J. S., L. D. PAYNE and P. L. DAY: Arch. Biochem. **27**, 467 (1950). — [14] VIGNEAUD, V. DU, J. P. CHANDLER, A. W. MOYER and D. M. KEPPEL: J. biol. Ch. **131**, 57 (1939). — VIGNEAUD, V. DU, S. SIMMONDS, J. P. CHANDLER and M. COHN: J. biol. Ch. **159**, 755 (1945). — RESSLER, C., J. R. RACHELE and V. DU VIGNEAUD: J. biol. Ch. **197**, 1 (1952). — [15] ARNSTEIN, H. R. V.: Biochem. J. **48**, 27 (1951). — [16] SAKAMI, W., and A. D. WELCH: J. biol. Ch. **187**, 379 (1950). — [17] STEKOL, J. A., K. W. WEISS and S. WEISS: Fed. Proc. **10**, 252 (1951). — [18] SIEKEVITZ, P., and D. M. GREENBERG: J. biol. Ch. **186**, 275 (1950). — [19] BERG, P.: J. biol. Ch. **190**, 31 (1951). — [20] TOPOREK, M., L. L. MILLER and W. F. BALE: J. biol. Ch. **198**, 839 (1952). — [21] VIGNEAUD, V. DU, C. RESSLER and J. R. RACHELE: Science, N. Y. **112**, 267 (1950). — VIGNEAUD, V. DU, C. RESSLER, J. R. RACHELE, J. A. REYNIERS and T. D. LUCKEY: J. Nutrit. **45**, 361 (1951). — [22] DUBNOFF, J. W.: Arch. Biochem. **37**, 37 (1952). — [23] BENNETT, M. A., J. JORALEMON and P. E. HALPERN: J. biol. Ch. **193**, 285 (1951).

auf Cholin oder Methionin erstreckt, sind widersprechend[1]. In diesem Zusammenhang ist erwähnenswert, daß B_{12} die Pyridinentgiftung (durch Methylierung[2]) und auch die von Tetrachlorkohlenstoff bei der Ratte[3] beschleunigen soll; außerdem soll es die negativen Wirkungen zu hoher Methioninzufuhr verringern[4]. Die Behauptung, daß B_{12} auch antianaphylaktische Wirkungen[5] zukommen, läßt sich wohl nicht aufrechterhalten[6,7]. Es besteht eine beträchtliche Wahrscheinlichkeit, daß B_{12} direkt in den Eiweißstoffwechsel eingreift. So fanden ZUCKER u. Mitarb.[8] bei B_{12}-Mangel hohe Rest-N-Werte im Blut, und andere Autoren sahen ein Absinken des Nichteiweiß-N nach B_{12}-Zufuhr[9-11]. Auch bei Kaninchen führt die Injektion von B_{12} bei verschiedenen Kostarten zu einer Erhöhung der N-Retention[12]. Die wachstumshemmende Wirkung von Thiouracil wird durch B_{12} aufgehoben (MEITES[13]). Dasselbe gilt für die Wachstumsretardation durch die Zufuhr getrockneter Schilddrüsen[14-17]. Diese Hemmung tritt besonders auf, wenn rein pflanzliches Futter mit hohem Eiweißgehalt gereicht wird. Der Mechanismus des Einflusses von B_{12} auf die Thyreotoxikose ist noch nicht geklärt. Die Jodaufnahme durch die Drüse wird offenbar nicht verändert (WAYNE[18]). Möglicherweise wird die Steigerung des Proteinstoffwechsels gebremst.

Einen günstigen Einfluß auf die Verwertung von Pflanzenproteinen beim Tier (und auch beim Menschen ?) hat auch der sog. ***animal protein factor*** (APF[19]), welcher bis vor kurzem als identisch mit Vitamin B_{12} angesehen wurde. Dies trifft aber wohl nicht zu[20]. B_{12} hat allerdings eine sehr hohe APF-Wirksamkeit. Der APF soll ein Vitamin bezeichnen, welches in der Lage ist, das Wachstum bei rein vegetabiler Nahrung zu stimulieren. Zunächst wurde für Küken[21-24], später auch für Mäuse, Ratten, Schweine und andere Spezies nachgewiesen, daß sie den APF benötigen, wenn sie auf entsprechender Nahrung gehalten werden[1,25]. Der Faktor findet sich in Fleisch, Fischmehl, „fish solubles" und in besonders hoher Konzentration in Leber und Leberextrakten sowie Abfällen von Streptomyces-Kulturen. HAMMOND[26] hat schon 1944 im Kuhdung den „cow manure factor" als Wachstumsstimulans beschrieben, was später von anderen Autoren bestätigt wurde[27,28]. Die Hauptquelle für APF sind wie für B_{12} die verschiedensten

---

[1] ZINK, A.: Int. Z. Vit.-Forsch. **23**, 471 (1952). — [2] DINNING, J. S., C. K. KEITH, J. T. PARSONS and P. L. DAY: J. Nutrit. **42**, 81 (1950). — [3] HOVE, E. L., and J. O. HARDIN: Proc. Soc. exp. Biol. Med. **77**, 502 (1951). — [4] HARDIN, J. O., and E. L. HOVE: Proc. Soc. exp. Biol. Med. **78**, 728 (1951). — [5] TRAINA, V.: Nature **165**, 439; **166**, 78 (1950). — [6] WINTER, C. A., and C. W. MUSHETT: Nutrit. Rev. **9**, 63 (1951). — [7] DUCROT, R.: C. R. Soc. Biol. **144**, 697 (1950). — [8] ZUCKER, L. M., and T. F. ZUCKER: Arch. Biochem. **16**, 115 (1948). — [9] CHARKEY, L. W., H. S. WILGUS, A. R. PATTON and F. H. GASSNER: Proc. Soc. exp. Biol. Med. **73**, 21 (1950). — [10] HALVORSON, H. O., and M. O. SCHULTZE: J. Nutrit. **42**, 227 (1950). — [11] SCHULTZE, M. O.: Proc. Soc. exp. Biol. Med. **72**, 613 (1949). — [12] ABBOTT, L. D. jr.: Fed. Proc. **10**, 153 (1951). — [13] MEITES, J.: Proc. Soc. exp. Biol. Med. **75**, 193 (1950). — MEITES, J., and J. C. SHAY: Proc. Soc. exp. Biol. Med. **76**, 196 (1951). — FOLEY, E. J.: Proc. Soc. exp. Biol. Med. **80**, 657 (1952). — [14] BETHEIL, J. J., and H. A. LARDY: J. Nutrit. **37**, 495 (1949). — [15] BOLENE, C., O. B. ROSS and R. MACVICAR: Proc. Soc. exp. Biol. Med. **75**, 610 (1950). — [16] EMERSON, G. A.: Proc. Soc. exp. Biol. Med. **70**, 392 (1949). — [17] SURE, B., and L. EASTERLING: J. Nutrit. **42**, 221 (1950). — [18] WAYNE, E. J., A. G. MACGREGOR and H. MILLER: Lancet **1950 I**, 327. — [19] Zusammenfassende Darstellung: ZUCKER, T. F., and L. M. ZUCKER: Vitamins & Hormones **8**, 1 (1950). — [20] MORUZZI, G., A. RABBI and M. PICCIONI: Int. Z. Vit.-Forsch. **23**, 59 (1951). — ATKINSON, R. L., and J. R. COUCH: J. Nutrit. **44**, 249 (1951). — [21] BETHKE, R. M., D. C. KENNARD and V. D. CHAMBERLIN: Poultry Sci. **26**, 377 (1947). — [22] GILLIS, M. B., G. F. HEUSER and L. C. NORRIS: J. Nutrit. **23**, 153 (1942). — [23] MCGINNIS, J., G. F. HEUSER and L. C. NORRIS: Poultry Sci. **23**, 553 (1944). — [24] WHITSON, D., H. W. TITUS and H. R. BIRD: Poultry Sci. **25**, 52 (1946). — [25] EDWARDS, H. M., T. J. CUNHA, G. B. MEADOWS, C. B. SHAWVER and A. M. PEARSON: Proc. Soc. exp. Biol. Med. **76**, 173 (1951). — [26] HAMMOND, J. C.: Poultry Sci. **23**, 471 (1944). — [27] BIRD, H. R., M. RUBIN, D. WHITSON and S. K. HAYNES: Poultry Sci. **25**, 285 (1946). — [28] RUBIN, M., and H. R. BIRD: J. biol. Ch. **163**, 387, 393 (1946).

Bakterien. Rückstände aus der Produktion der Antibiotica mit Hilfe von Bakterien und Pilzen sind daher ein sehr geeignetes Ausgangsmaterial zur Gewinnung von APF und B_{12}[1,2].

Zahlreiche ältere Untersuchungen zu diesem Fragenkomplex sind durch die Koprophagie vieler Tiere verfälscht. Dazu kommt, daß sich die B_{12}-Versorgung der Muttertiere noch auf die Tochtergeneration auswirkt[3] und daß auch die Antibiotica selbst eine deutliche wachstumsstimulierende Wirkung aufweisen[4,5]. Diese *soll* sich auch bei Säuglingen nachweisen lassen[6]. Vor kurzem wurde mitgeteilt[7], daß auch oberflächenaktive Substanzen (z. B. Lauryläthylenoxyd-Kondensationsprodukt) wachstumsfördernd (Hühnchen) wirken können. Man spricht deshalb neuerdings allgemeiner vom „APF-Effekt". Die APF-Wirksamkeit von Aureomycin, Terramycin, Penicillin, Streptomycin und einigen Sulfonamiden ist nicht geklärt. Es besteht kein Zweifel darüber, daß die Wirkung im wesentlichen über eine Beeinflussung der Bakterienflora abläuft. Und zwar soll sich die Wirkung besonders gegen Clostridien richten[8]. Arsanilsäure und Natriumarsanilat zeigen ebenfalls einen stimulierenden Effekt. Aber auch ein neues Antibioticum, welches fast ausschließlich gegen Pilze und Hefen wirksam ist, „Rimocidin", zeigt Wachstumswirkung bei Schweinen und Geflügel[9]. Die Zahl der Bakterien im Faeces sinkt durchaus nicht immer ab[10]. Außerdem variiert die APF-Wirkung der einzelnen Antibiotica bei den verschiedenen Tierarten stark. Bei Lämmern kommt es sogar zur Appetitlosigkeit und Wachstumsverzögerung, wenn eines der neueren Antibiotica zum Futter zugesetzt wird[11]. Von den diskutierten Möglichkeiten: 1. daß das Wachstum vitaminabbauender oder -aufbrauchender Bakterien gehemmt wird oder daß 2. das Wachstum vitaminproduzierender Bakterien begünstigt werde*, hat die dritte Theorie eine größere Wahrscheinlichkeit für sich, welche annimmt, daß besonders toxinerzeugende Anaerobier gehemmt werden. Eine Beziehung zwischen Vitaminumsatz und Antibiotica besteht aber auf jeden Fall. Nach LIH u. Mitarb.[12] wird durch deren Gabe nicht nur B_{12}, sondern auch B_1, B_2 und Pantothensäure eingespart; DI RAIMONDO[13] sah andererseits in vitro und in vivo Bakterienstämme durch hohe Vitamingaben gegen Antibiotica resistenter werden. Von Klinikern[14,15] wird dagegen über das Auftreten von Vitaminmangelsymptomen nach Aureo- bzw.

---

* Nach SAUBERLICH[16] führt die Zulage eines Antibioticums zur vollvitaminisierten Nahrung zu keinem Wachstumsimpuls. Dies ist dahin aufgeklärt worden, daß der Gehalt von Lactoflavin und besonders Pantothensäure in den verschiedenen Körperorganen nach oraler Antibioticagabe ansteigt[17].

[1] STOKSTAD, E. L. R., and T. H. JUKES: Proc. Soc. exp. Biol. Med. **73**, 523 (1950); **76**, 73 (1951). — [2] TAPPAN, D. V., U. J. LEWIS, U. D. REGISTER and C. A. ELVEHJEM: Arch. Biochem. **29**, 408 (1950). — [3] BOSSHARDT, D. K., W. J. PAUL, K. O'DOHERTY, J. W. HUFF and R. H. BARNES: J. Nutrit. **37**, 21 (1949). — VIGNEAUD, V. DU, C. RESSLER and J. R. RACHELE: Science, N. Y. **112**, 267 (1950). — [4] BERG, L. R., G. E. BEARSE, J. MCGINNIS and V. L. MILLER: Arch. Biochem. **29**, 404 (1950). — *Zusammenfassende Darstellung:* STOKSTAD, E. L. R.: Physiol. Rev. **34**, 25 (1954). — [5] GROSCHKE, A. C.: Poultry Sci. **29**, 760 (1950). — LUECKE, R. W., W. N. MCMILLEN and F. THORP jr.: Arch. Biochem. **26**, 326 (1950). — [6] SNELLING, C. E., and R. JOHNSON: Canad. med. Ass. J. **66**, 6 (1952). — ROBINSON, P.: Lancet **1952 I**, 52. — [7] ELY, C. M.: Science, N. Y. **114**, 523 (1951). — [8] ELAM, J. F., R. L. JACOBS, W. L. TIDWELL, L. L. GEE and J. R. COUCH: J. Nutrit. **49**, 307 (1953). — [9] LUTHER, H. G., and J. H. BROWN: J. anim. Sci. **10**, 1055 (1951). — [10] KRATZER, F. H., C. R. GRAU, M. P. STARR and D. M. REYNOLDS: Fed. Proc. **10**, 386 (1951). — [11] COLBY, R. W., F. A. RAU and J. R. COUCH: Amer. J. Physiol. **163**, 418 (1950). — [12] LIH, H., and C. A. BAUMANN: J. Nutrit. **45**, 145 (1951). — [13] RAIMONDO, F. DI: Int. Z. Vit.-Forsch. **23**, 1 (1951). — [14] HARRIS, H. J.: J. amer. med. Ass. **142**, 161 (1950). — [15] GEWIN, H. M., and G. J. FRIOU: Yale J. Biol. Med. **23**, 332 (1951). — BIERMAN, H. R., and E. JAWETZ: J. Lab. clin. Med. **37**, 394 (1951). — [16] SAUBERLICH, H. E.: J. Nutrit. **46**, 99 (1952). — [17] GUGGENHEIM, K., S. HALEVY, I. HARTMANN and R. ZAMIR: J. Nutrit. **50**, 245 (1953).

Terramycinzufuhr berichtet. Im Darm kommt es meist zu einem Überwuchern hefeartiger Organismen. Verschiedene Antibiotica beschleunigen auch das Pflanzenwachstum[1].

ε) Vorkommen, Bedarf und Ausscheidung.

B_{12} wird von höheren Pflanzen nicht aufgebaut, hingegen sind sehr viele Mikroorganismen in der Lage, es zu synthetisieren, insbesondere Bakterien. HALBROOK u. Mitarb.[2] fanden, daß von 142 verschiedenen Mikroben, welche aus Exkrementen u. ä. stammten, nur 4 keine bestimmbare B_{12}-Menge (L. leichmannii-Test) synthetisierten. Während der obere Darm B_{12}-frei ist[3], enthalten alle bis jetzt untersuchten Enddarmabschnitte eine mehr oder weniger hohe B_{12}-Menge[4–6]. Besonders hoch ist offenbar die Ausscheidung bei der perniziösen Anämie[7]. Der Gehalt der Leber schwankt je nach Alter, Ernährungszustand, Ernährung und Tierart beträchtlich. Im Organ von Perniciosakranken (gewonnen durch Leberpunktion) ist er sehr niedrig[8]. Säuglinge scheiden offenbar kein B_{12} im Urin aus[9].

Tabelle 199. B_{12}-Gehalt einiger Naturprodukte[10,11].

	γ/100 g Trockensubstanz		γ/Liter (Durchschnittswert)
Kalbsleberpulver	um 100	Milch	
Rinderleber	um 50	Kuh	6,6
Hühnerleber	um 35	Schaf	1,4
Rohes Casein	um 10	Ziege	0,12
Schafmagen	um 50	Mensch	0,41—0,71
Rinderniere	um 50		0,11—0,41
			0,21[12]
fish solubles	um 40	Blut (Mensch)	0,5—1,25
Streptomycesrückstände .	um 20	Eidotter	1—3/100 g
Muskulatur (verschiedene Tiere)	um 1—7,5		

Ein bemerkenswert hoher Gehalt von B_{12} soll sich auch in Muscheln finden[13]. Kobaltzufuhr steigert den Gehalt der Wiederkäuermilch[14]. Bei Studien der intracellulären Verteilung fand man B_{12} hauptsächlich in der Mitochondrienfraktion[15]. Der Bedarf des Menschen dürfte bei 0,5—1 γ/Tag *resorbiertes* B_{12} liegen. NORRIS u. Mitarb.[16] glauben, daß für das Schlüpfen der Küken ein Mindestgehalt von 0,025 γ/g Dotter erforderlich ist. Für den Menschen scheint wichtiger als der Gehalt der Nahrungsmittel die Resorption von B_{12} zu sein. Beim Gesunden besteht ein reziprokes Verhältnis zwischen der zugeführten und der

[1] NICKELL, L. G.: Proc. Soc. exp. Biol. Med. **80**, 615 (1952). — [2] HALBROOK, E. R., F. CORDS, A. R. WINTER and T. S. SUTTON: J. Nutrit. **41**, 555 (1950). — [3] DYKE, W. J. C., H. G. HIND, D. RIDING and G. E. SHAW: Lancet **1950 I**, 486. — [4] STOKSTAD, E. L. R., A. PAGE jr., J. PIERCE, A. L. FRANKLIN, T. H. JUKES, R. W. HEINLE, M. EPSTEIN and A. D. WELCH: J. Lab. clin. Med. **33**, 860 (1948). — [5] BETHELL, F. H., M. C. MEYERS and R. B. NELIGH: J. Lab. clin. Med. **33**, 1477 (1948). — [6] GIRDWOOD, R. H.: Blood **5**, 1009 (1950). — [7] BERK, L., W. B. CASTLE, A. D. WELCH, R. W. HEINLE, R. ANKER and M. EPSTEIN: New Engl. J. Med. **239**, 911 (1948). — [8] WOLFF, R., P. L. DROUET et R. KARLIN-WEISSMAN: Cr. **232**, 568 (1951). — [9] SEELEMANN, K.: Z. Kinderheilkde. **71**, 483 (1952). — [10] COLLINS, R. A., A. E. HARPER, M. SCHREIBER and C. A. ELVEHJEM: J. Nutrit. **43**, 313 (1951). — [11] Vitamin Vademecum. Deutsche Hoffmann-La Roche A. G. Grenzach, Baden 1952. — [12] UNGLAUB, W. G., and H. L. ROSENTHAL: J. clin. Invest. **31**, 667 (1952). — [13] PROCTOR, B. E., and D. A. LANG: Nature **168**, 36 (1951). — [14] HARPER, A. E., R. M. RICHARD and R. A. COLLINS: Arch. Biochem. **31**, 328 (1951). — [15] SWENDSEID, M. E., F. H. BETHELL and W. W. ACKERMANN: J. biol. Ch. **190**, 791 (1951). — [16] YACOWITZ, H., R. F. MILLER, L. C. NORRIS and G. F. HEUSER: Poultry Sci. **31**, 89 (1952).

resorbierten Menge (Versuche mit B_{12}-^{60}Co). Offenbar findet sich im Darm ein Faktor (B_{12}-Transferrin), welcher ähnlich wie das Apoferritin beim Eisen die übermäßige B_{12}-Aufnahme unmöglich macht[1]. Es war sehr bald nach der Reindarstellung des Vitamins festgestellt worden, daß hohe Dosen per os gegeben keine antianämische Wirkung zeigten (erst etwa 200 γ und mehr riefen eine geringe Reticulocytenkrise hervor)[2], wohl aber, wenn B_{12} zusammen mit Magensaft oder Leber verabreicht wurde. TERNBERG u. EAKIN[3] fanden 1949 im Magen-Darmkanal eine Eiweißsubstanz „Apoerythein" = wahrscheinlich identisch mit dem intrinsic factor, welche B_{12} fest bindet. Dadurch wird das Vitamin sowohl für Colibakterien als auch für Lactobacillen nicht mehr verfügbar[4, 5]. BEERSTECHER u. Mitarb.[6] haben im Speichel eine Substanz nachgewiesen (wahrscheinlich einen Eiweißkörper), „Sapisin" genannt, welche Apoerythein inaktiviert. Möglicherweise spielt Apoerythein für die Resorption von B_{12} eine Rolle (s. a. S. 790).

Es scheint von beträchtlicher Bedeutung, daß Humus nicht unbedeutende B_{12}-Mengen enthält[7, 8].

ζ) Bestimmungsverfahren[9–11].

Bis vor kurzem standen lediglich biologische Teste zur Verfügung. So lange man annahm, daß APF und B_{12} identisch seien, wurde gelegentlich der Rattenwachstumstest oder der Mäusewachstumstest[12] verwendet. Wenig zuverlässig erwies sich auch die Bestimmung mit Hilfe des Kükenwachstums[13,14], da nicht immer beachtet wurde, daß die verwendeten Tiere von Hühnern stammen müssen, welche ihrerseits bereits auf B_{12}-armer Ernährung längere Zeit gehalten worden waren.

Allgemein üblich ist die mikrobiologische Bestimmung des Vitamins. Der ursprünglich angegebene Lact. Dorner[15] ist fast durchweg wieder verlassen worden; neuerdings haben aber COOPERMAN u. Mitarb.[16] den LLD wieder empfohlen. Der meist verwendete Stamm ist der L. leichmannii 4797 oder 313 (7830)[17–20]. Daneben wurden gelegentlich auch L. citrovorum[21] und L. casei herangezogen. Außerdem sei auch Thermobact. lactis 1 (ORLA-JENSEN) geeignet[22]. SHIVE[23] benützt E. coli, DAVIS u. MINGIOLI[24] die Mutante 113—3. Noch niedriger als der B_{12}-Bedarf der Lactobacillen ist der von Euglena gracilis var. bacillaris. Die Flagellate wird durch Thymidin nicht beeinflußt, aber durch Proteine. Die mikrobiologischen Verfahren

---

[1] GLASS, G. B. J., L. J. BOYD and L. STEPHANSON: Science, N. Y. **120**, 74 (1954). — [2] SPIES, T. D., R. E. STONE, G. G. LOPEZ, F. MILANES, R. L. TOCA and T. ARAMBURU: Lancet **1949 II**, 454. — UNGLEY, C. C.: Brit. med. J. **1950 II**, 905, 908, 915. — [3] TERNBERG, J. L., and R. E. EAKIN: Am. Soc. **71**, 3858 (1949). — [4] WOLF, D. E., T. R. WOOD, J. VALIANT and K. FOLKERS: Proc. Soc. exp. Biol. Med. **73**, 15 (1950). — [5] BEERSTECHER, E. jr., and S. ALTGELD: J. biol. Ch. **189**, 31 (1951). — [6] BEERSTECHER, E. jr., and E. J. EDMONDS: Science, N. Y. **114**, 412 (1951). J. biol. Ch. **195**, 185 (1952). — [7] LOCHHEAD, A. G., and R. H. THEXTON: Nature **167**, 1034 (1951). — [8] ROBBINS, W. J., A. HERVEY and M. E. STEBBINS: Science, N. Y. **112**, 455 (1950). — STEPHENSON, E. L., J. MCGINNIS, W. D. GRAHAM and J. S. CARVER: Poultry Sci. **27**, 827 (1948). — [9] Zusammenfassende Darstellung: Vitamin Meth. (GYÖRGY) Bd. 2. — [10] REGISTER, U. D., W. R. RUEGAMER and C. A. ELVEHJEM: J. biol. Ch. **177**, 129 (1949). — [11] EMERSON, G. A.: Proc. Soc. exp. Biol. Med. **70**, 392 (1949). — [12] BOSSHARDT, D. K., W. J. PAUL, K. O'DOHERTY and R. H. BARNES: J. Nutrit. **37**, 21 (1949). — [13] RUBIN, M., and H. R. BIRD: J. Nutrit. **34**, 233 (1947). J. biol. Ch. **163**, 393 (1946). — [14] NICHOL, C. A., L. S. DIETRICH, W. W. CRAVENS and C. A. ELVEHJEM: Proc. Soc. exp. Biol. Med. **70**, 40 (1949). — [15] SHORB, M. S.: J. biol. Ch. **169**, 455 (1947). — [16] COOPERMAN, J. M., R. DRUCKER and B. TABENKIN: J. biol. Ch. **191**, 135 (1951). — [17] SKEGGS, H. R., H. M. NEPPLE, K. A. VALENTIK, J. W. HUFF and L. D. WRIGHT: J. biol. Ch. **184**, 211 (1950). — [18] HOFFMANN, C. E., E. L. R. STOKSTAD, A. L. FRANKLIN and T. H. JUKES: J. biol. Ch. **176**, 1465 (1948). — [19] WINSTEN, W. A., and E. EIGEN: J. biol. Ch. **181**, 109 (1949). — [20] PEELER, H. T., H. YACOWITZ and L. C. NORRIS: Proc. Soc. exp. Biol. Med. **72**, 515 (1949). — [21] PEELER, H. T., L. J. DANIEL, L. C. NORRIS and G. F. HEUSER: J. biol. Ch. **177**, 905 (1949). — [22] NOER, B.: Dansk T. Farmaci **25**, 222 (1951). — [23] SHIVE, W.: Symposium on Antimetabolites of the N. Y. Acad. Sci. Feb. 1949 [WRIGHT, L. D., and H. R. SKEGGS: Vitamin Meth. (GYÖRGY) Bd. 2, S. 700]. — [24] DAVIS, B. D., and E. S. MINGIOLI: J. Bacteriology **60**, 17 (1950).

sind nicht völlig befriedigend; die mit den verschiedenen Testorganismen erhaltenen Ergebnisse zeigen beträchtliche Unterschiede[1].

Vor kurzem sind auch chemische Bestimmungsmethoden angegeben worden. BOXER u. RICKARDS[2] weisen die Cyangruppe mit Hilfe von Chloramin-T-phosphat und Pyrazolonpyridin nach. Ihre Methode hat inzwischen eine weitere Verbesserung erfahren, indem sie das Cyanid in einer sauren Lösung von Silbersulfat auffangen[3]. HEINRICH[4] hydrolysiert mit 2n HCl und verestert die „rote Säure" mit Heptyl- oder Octylalkohol und liest die Farbtiefe bei 552 mμ ab. Eine ähnliche Methode stammt bereits von FANTES u. IRELAND[5].

η) Klinische Anwendung.

Die therapeutischen Bemühungen um die Perniciosa führten zur Auffindung der Wirksamkeit roher Leber (MINOT u. MURPHY[6]) und zur schließlichen Entdeckung der Folsäure und von Vitamin B_{12}. Bei ihren Forschungen hatten CASTLE u. Mitarb.[7] gezeigt, daß der normale menschliche Magensaft eine Substanz enthält („intrinsic factor"), welche zusammen mit einem Nahrungsfaktor („extrinsic factor") die Erythropoese stimuliert. Patienten mit Perniciosa geht die Fähigkeit ab, entsprechende Mengen intrinsic factor zu bilden. Sie scheiden, wie Versuche mit markiertem B_{12} (Kobalt) ergaben, bis zu 99% des oral gegebenen Vitamins im Stuhl aus[8]. Nach der Gewinnung von Vitamin B_{12} wurde es evident, daß nur die parenterale Verabfolgung eine Reticulocytenkrise auslöst. Bei oraler Zufuhr führt B_{12} in üblicher Dosierung nur dann zum Erfolg, wenn es zugleich mit *normalem* Magensaft oder einer ähnlichen Quelle von intrinsic factor gleichzeitig gegeben wird. Es gibt zahlreiche Hypothesen, welche die Natur des Magensaftfaktors und den Mechanismus seiner Wirkung zu erklären versuchen[9]. Durch die Untersuchungen der allerletzten Zeit konnte nachgewiesen werden, daß verschiedene Eiweißkörper, wie Apoerythein[10] (s. Bd. 2/1, S. 467), Lysozym[11] (s. Bd. 1, S. 1164), Sojabohneneiweiß und Serumglobulin[12] B_{12} der Verwertung durch Bakterien entziehen. Auch Aureomycin vermag (durch Unterdrückung der Bakterienflora) eine gewisse Wirkung zu entfalten[13]. Das hauptsächliche Interesse konzentrierte sich natürlich um die Eiweißkörper aus dem Magen-Darmkanal[14]. Es war der Beweis zu erbringen, daß Apoerythein o. ä. das Vitamin für alle im oberen Magen-Darmkanal anzutreffenden Bakterien nicht verfügbar macht, denn durch die achylische Gastritis der Perniciosakranken ist der obere Verdauungskanal einschließlich des Magens reich mit Bakterien besiedelt. Mehrere Autoren[15] fanden, daß hochgereinigte Magen-Darmschleimhautpräparate wirklich in der Lage sind, in Verbindung mit B_{12} einen hämatopoetischen Effekt zu

---

[1] ZYGMUNT, W. A.: J. Bacteriology **63**, 821 (1952). — HENDLIN, D., and M. H. SOARS: J. biol. Ch. **188**, 603 (1951). — [2] BOXER, G. E., and J. C. RICKARDS: Arch. Biochem. **30**, 372, 382, 392 (1951). — [3] BOXER, G. E., and J. C. RICKARDS: Arch. Biochem. **39**, 281 (1952). — [4] HEINRICH, H. C.: Z. analyt. Chem. **135**, 251 (1952). — [5] FANTES, K. H., D. M. IRELAND and N. GREEN: Biochem. J. **46**, XXXIV (1950). — [6] MINOT, G. R., and W. P. MURPHY: J. amer. med. Ass. **89**, 759 (1927). — MURPHY, W. P.: Int. Z. Vit.-Forsch. **23**, 330 (1952). — [7] CASTLE, W. B.: Amer. J. med. Sci. **178**, 748 (1929). — CASTLE, W. B., C. W. HEATH, M. B. STRAUSS and R. W. HEINLE: Amer. J. med. Sci. **194**, 618 (1937). — [8] WELCH, A. D., V. SCHARF, R. W. HEINLE and G. C. MEACHAM: Fed. Proc. **11**, 308 (1952). — MEYER, L. M.: Proc. Soc. exp. Biol. Med. **82**, 490 (1953). — [9] HALL, B. E.: Brit. med. J. **1950 II**, 585. — UNGLEY, C. C.: Nutrit. Abstr. Rev. **21**, 1 (1951). — [10] TERNBERG, J. L., and R. E. EAKIN: Am. Soc. **71**, 3858 (1949). — BEERSTECHER, E. jr., and S. ALTGELD: J. biol. Ch. **189**, 31 (1952). — BEERSTECHER, E. jr., and E. J. EDMONDS: Science, N. Y. **114**, 412 (1951). J. biol. Ch. **195**, 185 (1952). — [11] MEYER, C. E., S. H. EPPSTEIN, F. H. BETHELL and B. E. HALL: Fed. Proc. **9**, 205 (1950). — [12] BIRD, O. D., and B. HOEVET: J. biol. Ch. **190**, 181 (1951). — [13] LICHTMAN, H., V. GINSBERG and J. WATSON: Proc. Soc. exp. Biol. Med. **74**, 884 (1950). — [14] SHAW, G. E.: Biochem. J. **47**, XXXV (1950). — PRUSOFF, W. H., G. C. MEACHAM, R. W. HEINLE and A. D. WELCH: Abstr. amer. chem. Soc. **118**, 27[a] (1950). — [15] BURKHOLDER, P. R.: Arch. Biochem. **39**, 322 (1952). — WALLERSTEIN, R. O., J. W. HARRIS and R. F. SCHILLING: J. clin. Invest. **31**, 669 (1952).

erzeugen. Der wirksamste Eiweißkörper scheint ein Mucoproteid zu sein[1]. Es häufen sich die Hinweise, daß das Vitamin nur in Verbindung mit einem derartigen Eiweißkörper biologisch wirksam ist. GREGORY u. HOLDSWORTH[2] haben in verschiedenen Tiermilchen und auch in Muttermilch ein Protein nachgewiesen, welches weitgehend gereinigt werden konnte (Mol.Gew. etwa 55000; hoher Tyrosingehalt und 9% Hexosamin), welches 23,6 γ B_{12} je mg Protein bindet. WIJMENGA u. Mitarb.[3] haben aus Schweinemagenmucosa ein Protein isoliert, welches ein identisches Absorptionsspektrum hat, dessen Mol.Gew. aber etwa 100000 betragen soll. Damit scheint die Theorie recht wahrscheinlich, daß die BIERMER-ADDISONsche Krankheit durch das Fehlen des spezifischen Vitamin B_{12} resorbierenden Faktors in der Magenregion, verbunden mit einem erhöhten Verbrauch des Vitamins durch die Bakterien ausgelöst wird. Die Untersuchung des B_{12}-Gehaltes von Leichen Perniciosakranker[4] an durch Leberpunktion gewonnenem Material[5] und der B_{12}-Werte im Blut und Urin[6] lassen keinen Zweifel darüber, daß ein generalisierter Mangelzustand an diesem Vitamin besteht. Aufgefundene Spuren von B_{12}-ähnlichen Substanzen sind offenbar in einem hämatopoetisch unwirksamen Zustand.

Die Anämieformen bei den Steatorrhoen, beim Ziegenmilchschaden des Säuglings u.ä. sind zum Teil auf ungenügende Resorption von B_{12}, recht häufig aber auch auf die inadäquate Aufnahme von Folsäure zurückzuführen. Ob daneben noch Störungen im Stoffwechsel der beiden Vitamine bestehen, ist noch nicht zu übersehen.

Vitamin B_{12} ist *das* Therapeuticum der perniziösen Anämie geworden. Der große Vorzug gegenüber der Folsäure liegt darin, daß es die funikuläre Myelose verhüten und auch zum Teil heilen kann. Die charakteristische Kobaltpolycytämie tritt nach B_{12} auch bei höchsten Dosierungen nicht auf[7]. B_{12} ist offenbar ungiftig. Dosen von 1600 mg/kg (Maus) intravenös riefen noch keine toxischen Erscheinungen hervor[8]. Die anderen makrocytären Anämieformen reagieren sehr unterschiedlich[9,10]. WETZEL u. Mitarb.[11], ferner CHOW[12], wollen nach einer täglichen oralen B_{12}-Gabe bei Heimkindern einen zum Teil ausgeprägten Wachstumsimpuls beobachtet haben. Dies schien bei einer Nahrung mit normalem Gehalt an tierischem Eiweiß nicht sehr wahrscheinlich. SPIES u. Mitarb.[13] sahen daher bei kritischer Beurteilung sogar bei Kindern mit Mangelkrankheiten keinen Einfluß des Vitamins. Auf das Wachstum von Frühgeburten, ja auch auf die bekannte Frühgeburtenanämie zeigte B_{12} keine Wirkung[14-16]. Es bleibt abzuwarten, ob B_{12} neben seiner antianämischen Wirkung wirklich bei anderen pathologischen Prozessen auch therapeutische Erfolge bringt. Es wurde versucht bei diabetischer Neuritis[17],

---

[1] LATNER, A. L., C. C. UNGLEY, E. V. COX and L. RAINE: Brit. med. J. **1953** I, 467. — [2] GREGORY, M. E., and E. S. HOLDSWORTH: Biochem. J. **55**, 830 (1953); **59**, 329, 335 (1955). — [3] WIJMENGA, H. G., K. W. THOMPSON, K. G. STERN and D. J. O'CONNELL: Biochim. biophysica Acta, N. Y. **13**, 144 (1954). — [4] GIRDWOOD, R. H.: Biochem. J. **52**, 58 (1952). — [5] WOLFF, R., P. L. DROUET et R. KARLIN-WEISSMAN: Cr. **232**, 568 (1951) [J. amer. med. Ass. **146**, 493 (1951)]. — [6] UNGLAUB, W. G., and H. L. ROSENTHAL: J. clin. Invest. **31**, 667 (1952). — HARRIS, J. W.: J. clin. Invest. **31**, 637 (1952). — [7] LEVEY, S., and J. M. ORTEN: J. Nutrit. **45**, 487 (1951). — [8] WINTER, C. A., and C. W. MUSHETT: J. amer. pharmaceut. Ass., sci. Ed. **39**, 360 (1950). — [9] TUCK, I. M., and N. WHITTACKER: Lancet **1950** I, 757. — [10] SPIES, T. D., R. E. STONE, G. G. LOPEZ, F. MILANES, R. L. TOCA and T. ARAMBURU: Int. Z. Vit.-Forsch. **21**, 328 (1949). — [11] WETZEL, N. C., W. C. FARGO, I. H. SMITH and J. HELIKSON: Science, N.Y. **110**, 651 (1949). — [12] CHOW, B. F.: J. Nutrit. **43**, 323 (1951). — [13] SPIES, T. D., S. DREIZEN, C. CURRIE and C. C. BUEHL: Int. Z. Vit.-Forsch. **23**, 414 (1952). — [14] DOWNING, D. F.: Science, N. Y. **112**, 181 (1950). — [15] RASCOFF, H., A. DUNEWITZ and R. NORTON: J. Pediatr. **39**, 61 (1951). — [16] CHINNOCK, R. F., and H. W. ROSENBERG: J. Pediatr. **40**, 182 (1952). — [17] SANCETTA, S. M., P. R. AYRES and R. W. SCOTT: Ann. internal Med. **35**, 1028 (1951).

Trigeminusneuralgie (1 mg!)[1], Lupus erythematosus[2], Arthropathien, Osteoporose[3] und Sprue[4]. Der Stoffwechsel von B_{12} wurde von ROSENBLUM u. Mitarb.[5] studiert. Nach Injektion des Vitamins erscheint ein großer Teil im Urin.

l) Andere wasserlösliche Vitamine.

Von K. SCHREIER.

α) Für Tiere.

Es ist sehr unwahrscheinlich, daß neben den abgehandelten Vitaminen noch wirklich *wesentliche* Faktoren unentdeckt sind; andererseits ist es gewiß, daß für einzelne Tierarten und möglicherweise auch für den Menschen ein oder der andere Stoff existiert, welcher für ein optimales Gedeihen mehr oder weniger essentiell ist. Die zahllosen Publikationen[6] vor der Entdeckung von Vitamin B_{12} und seiner APF-Wirkung sind größtenteils mit einer gewissen Reserve zu behandeln. Dies gilt zunächst für die Vitamine B_3, B_4 und B_5.

***Vitamin B_3** (Taubenwachstumsfaktor)*[7]. Dieser alkali- und hitzelabile Faktor wurde als essentiell für Taube und Huhn angesprochen. Es besteht kein Zweifel[8] darüber, daß der wesentliche Bestandteil Pantothensäure war, sicher fanden sich in den Extrakten aber auch noch Folsäure, B_{12} und Biotin.

***Vitamin B_4** (Rattenwachstumsfaktor)*[9]. Schon bald nach seiner „Entdeckung"[10] wurde die Existenz des Vitamin B_4 immer wieder in Zweifel gezogen. Trotz gelegentlicher Bestätigungen[11] läßt sich wohl nunmehr sagen, daß die Erscheinungen des B_4-Mangels zu einem großen Teil durch das Fehlen essentieller Aminosäuren bedingt waren[12].

***Vitamin B_5*.** Als weiteren alkalilabilen Faktor beschrieben CARTER u. Mitarb.[13] Vitamin B_5. Es sollte den Herzblock bei Tauben, welche mit poliertem Reis gefüttert wurden, heilen. Auch dieses Vitamin ist höchstwahrscheinlich kein einheitlicher Stoff, sondern enthält (es wird aus Leber dargestellt) wohl den größten Teil der bekannten Wuchsstoffe.

***Vitamin B_{10} und B_{11}*.** BRIGGS, LUCKEY u. a.[14] fanden neben den 9 erforderlichen Wuchsstoffen für das Huhn 2 neue, nämlich B_{10} und B_{11}. Da die Autoren Thiamin, Lactoflavin, Pantothensäure, Cholin, Nicotinsäure, Pyridoxin, Biotin, Inosit und Folsäure mit Nummern belegten, fehlen in der Literatur B_7, B_8 und B_9 ganz.

Die Natur dieser beiden Vitamine ist unbekannt. Man neigt heute der Ansicht zu, daß es sich um Gemische von Folsäure und Vitamin B_{12} bei den aus Leber hergestellten Konzentraten gehandelt haben mag.

***Vitamin B_{13}*.** Dieser Faktor, gewonnen aus „destillers' solubles", soll das Rattenwachstum stimulieren[15]. Er ist sehr wahrscheinlich identisch mit Orotsäure[16].

---

[1] FIELDS, W. S., and H. E. HOFF: Neurology **2**, 131 (1952). — [2] GOLDBLATT, S.: J. invest. Derm. **17**, 303 (1951). — [3] HALLAHAN, D.: Amer. Pract. Digest. Treatm. **3**, 27 (1952). — [4] RAIL, G. A.: Lancet **1951 II**, 816. — [5] ROSENBLUM, C., B. F. CHOW, G. P. CONDON and R. S. YAMAMOTO: J. biol. Ch. **198**, 915 (1952). — [6] s. besonders ROBINSON, F. A.: The Vitamin B Complex. London 1951. — [7] WILLIAMS, R. R., and R. E. WATERMAN: J. biol. Ch. **78**, 311 (1928). — O'BRIEN, J. R.: Biochem. J. **28**, 926 (1934). — EDDY, W. H., S. GURIN and J. KERESZTESY: J. biol. Ch. **87**, 729 (1930). — [8] WILLIAMS, R. J.: Adv. Enzymol. **3**, 252 (1943). — [9] READER, V.: Biochem. J. **24**, 77, 1827 (1930). — BARNES, H., J. R. P. O'BRIEN and V. READER: Biochem. J. **26**, 2035 (1932). — KINNERSLEY, H. W., J. R. O'BRIEN, R. A. PETERS and V. READER: Biochem. J. **27**, 225 (1933). — KINNERSLEY, H. W., J. R. O'BRIEN and R. A. PETERS: Biochem. J. **29**, 701 (1935). — [10] READER, V.: Biochem. J. **23**, 689 (1929). — [11] ELVEHJEM, C. A.: Ergebn. Vit.- u. Horm.-Forsch. **1**, 140 (1939). — [12] BRIGGS, G. M. jr., T. D. LUCKEY, C. A. ELVEHJEM and E. B. HART: J. biol. Ch. **150**, 11 (1943). — SWANK, R. L., and O. A. BESSEY: J. Nutrit. **22**, 77 (1941). — [13] CARTER, C. W., H. W. KINNERSLEY and R. A. PETERS: Biochem. J. **24**, 1832 (1930). — CARTER, C. W., and J. R. O'BRIEN: Biochem. J. **29**, 2746 (1935); **30**, 43 (1936); **31**, 2270 (1937). — [14] BRIGGS, G. M. jr., T. D. LUCKEY, C. A. ELVEHJEM and E. B. HART: J. biol. Ch. **148**, 163 (1943). — NICHOL, C. A., L. S. DIETRICH, C. A. ELVEHJEM and E. B. HART: J. Nutrit. **39**, 287 (1949). — [15] NOVAK, A. F., and S. M. HAUGE: J. biol. Ch. **174**, 235, 647 (1948). — [16] MANNA, L., and S. M. HAUGE: J. biol. Ch. **202**, 91 (1953).

Vitamin B_{14} s.[1]. Dieser offenbar mit den Pterinen verwandte Faktor führt zu einer starken Proliferation des Knochenmarkzellwachstums in vivo und in vitro. Er soll kobaltfrei sein.

Vitamin L. Dieses angeblich für die Lactation der Ratte essentielle Vitamin[2] ist lediglich von einer Autorengruppe beschrieben worden. FOLLEY u. Mitarb.[3] konnten die Existenz eines Lactationsfaktors für die Ratte nicht bestätigen.

Vitamin R (Methylnornarcotin). Die Substanz vermag angeblich, zur Nahrung zugesetzt, das Krebswachstum bei Mäusen etwas herabzusetzen[4].

Faktor R und S. Diese von SCHUMACHER u. Mitarb.[5] und später von HILL u. Mitarb.[6] gewonnenen Faktoren, welche für das Wachstum des Huhnes erforderlich schienen, erwiesen sich in der Folgezeit als höchstwahrscheinlich identisch mit Strepogenin (Faktor S) bzw. mit einem Folsäurekonjugat[7] (Faktor R).

Faktor U[8]. Dieser völlig ungeklärte Hühnerwuchsfaktor ist wahrscheinlich ein Gemisch und besteht zum großen Teil aus Vitamin B_6.

Faktor W[9]. Die genaue Natur dieser Substanz ist nie geklärt worden. Mit größter Wahrscheinlichkeit handelt es sich um ein unreines Pantothensäurepräparat. Dasselbe gilt offenbar für den Faktor B_W von KRINGSTAD u. LUNDE[10].

Die Forschungen der letzten Jahre haben ergeben, daß neben den bekannten Wuchsfaktoren (einschließlich B_{12}) in der Molke[11], in der Leber und im Fischmehl[12] noch *unidentifizierte Stoffe mit Vitamincharakter* vorkommen. Diese entfalten ihre Wirksamkeit sowohl beim Huhn[13], bei Nagetieren[14] als auch bei Wiederkäuern[15]. Darüber hinaus wurde wahrscheinlich gemacht, daß auch in Weizenkleie und Hefe[16] und ferner in grünen Blättern[17] noch unbekannte Wuchsstoffe vorkommen. Damit werden ältere Studien von KOHLER u. Mitarb.[18] über den „Grassaftfaktor" wieder aktuell. Die Zufuhr von Antibiotica ersetzt die Wirkung der meisten Wuchsfaktoren dieser Reihe, kann sie aber nicht vollständig überflüssig machen[19].

Besonders wenn Rohrzucker als mehr oder weniger einzige Kohlenhydratquelle verwendet wird, benötigen die kleinen Nagetiere[20] und auch das Hühnchen[21] einen nicht dialysierbaren und an Norit nicht adsorbierbaren Wuchsstoff, der sich sowohl von B_{12} als auch B_{13} und den Faktoren der oben erwähnten Autoren unterscheidet.

Faktor 3. Dieses wasserlösliche, hitzestabile Vitamin ist nach SCHWARZ[22] in der Lage, die Lebernekrose der Ratte, welche bei verschiedenen Diäten auftritt, zu verhüten.

---

[1] NORRIS, E. R., and J. J. MAJNARICH: Science, N. Y. **109**, 32, 33 (1949). — [2] NAKAHARA, W., F. INUKAI and S. UGAMI: Science, N. Y. **87**, 372 (1938); **91**, 431 (1940). — [3] FOLLEY, S. J., E. W. IKIN, S. K. KON and H. M. S. WATSON: Biochem. J. **32**, 1988 (1938). — [4] RYGH, O.: Bull. Soc. Chim. biol. **33**, 833 (1951). — [5] SCHUMACHER, A. E., G. F. HEUSER and L. C. NORRIS: J. biol. Ch. **135**, 313 (1940). — [6] HILL, F. W., L. C. NORRIS and G. F. HEUSER: J. Nutrit. **28**, 175 (1944). — [7] SCOTT, M. L., L. C. NORRIS and G. F. HEUSER: J. biol. Ch. **167**, 261 (1947). — [8] STOKSTAD, E. L. R., and P. D. V. MANNING: J. biol. Ch. **125**, 687 (1938). — STOKSTAD, E. L. R., P. D. V. MANNING and R. E. ROGERS: J. biol. Ch. **132**, 463 (1940). — [9] FROST, D. V., and C. A. ELVEHJEM: J. biol. Ch. **119**, XXXIV (1937). — [10] KRINGSTAD, H., u. G. LUNDE: H. **261**, 110 (1939). — [11] SAVAGE, J. E., B. L. O'DELL, H. L. KEMPSTER and A. G. HOGAN: Poultry Sci. **29**, 779 (1950). — [12] McGINNIS, J., L. R. BERG, J. R. STERN, M. E. STARR, R. A. WILCOX and J. S. CARVER: Poultry Sci. **31**, 100 (1952). — [13] KOHLER, G. O., and W. R. GRAHAM jr.: Poultry Sci. **31**, 284 (1952). — [14] PETERSEN, C. F., A. C. WIESE, R. V. DAHLSTROM and C. E. LAMPMAN: Poultry Sci. **31**, 129 (1952). — [15] HUFFMAN, C. F., and C. W. DUNCAN: J. Dairy Sci. **35**, 30 (1952). — HUFFMAN, C. F., C. W. DUNCAN and C. M. CHANCE: J. Dairy Sci. **35**, 41 (1952). — [16] CRAVENS, W. W., H. W. BRUINS, M. L. SUNDE and E. E. SNELL: Fed. Proc. **10**, 379 (1951). — [17] KOHLER, G. O., and W. R. GRAHAM jr.: Poultry Sci. **30**, 484 (1951). — [18] KOHLER, G. O., C. A. ELVEHJEM and E. B. HART: J. Nutrit. **15**, 445 (1938). — [19] HEUSER, G. F., and L. C. NORRIS: Poultry Sci. **30**, 470 (1951). — [20] WOOLLEY, D. W., and M. L. COLLYER: J. biol. Ch. **162**, 383 (1946). — ERSHOFF, B. H.: Proc. Soc. exp. Biol. Med. **71**, 209 (1949). — [21] MONSON, W. J., L. S. DIETRICH and C. A. ELVEHJEM: Proc. Soc. exp. Biol. Med. **75**, 256 (1950). — [22] SCHWARZ, K.: Proc. Soc. exp. Biol. Med. **78**, 852 (1951).

Vitamin B_{15} (Pangamsäure). Bei dieser Substanz mit dem Mol.Gew. 218 und der Summenformel $C_{10}H_{1}\,O_8N$ scheint es sich um ein (sekundäres) Aminoderivat der Glucuronsäure zu handeln[1]. Sie findet sich offenbar ubiquitär im Pflanzenreich und kommt auch in Hefe, Blut und Leber vor. Die Autoren glauben, daß B_{15} die Sauerstoffaufnahme erhöht, indem sie möglicherweise einen Teil der Atmungssysteme darstellt. Eine klinische Anwendung bei Cyanosezuständen wird diskutiert. Der Bedarf für den menschlichen Erwachsenen wird auf weniger als 2 mg/Tag geschätzt.

Vitamin B_T. FRAENKEL u. Mitarb.[2] zeigten, daß der gelbe Mehlwurm Tenebrio molitor einen neuen Wuchsfaktor (Vitamin B_T) benötigt, welcher sich in Milch, Hefe und den meisten tierischen Geweben vorfindet[3]. Es ist inzwischen gelungen, das Vitamin rein darzustellen und zu analysieren. Es ergab sich[4], daß es sich um Carnitin (s. Bd. 1, S. 784) handelt.

$$(CH_3)_3—N^+—CH_2—CH(OH)—CH_2—COO^-.$$

Der Affenanämiefaktor (MAAF). Junge Rhesusaffen entwickeln, wenn sie auf einer B_2-armen Diät gehalten werden, eine Anämie mit Leukopenie, Dysenterie und Gewichtsverlust[5]. Die Zufuhr von Lactoflavin bringt zwar eine gewisse Besserung, kann das Mangelsyndrom aber nicht heilen. Weitere Bestätigungen[6] lieferten darüber hinaus den Beweis, daß auch Folsäure und Leberextrakte nur eine temporäre Besserung des Krankheitszustandes erzeugen. Die Heilung gelang durch die 10fache übliche Folsäuredosis, lange Zeit verabfolgt[7]. In einer kürzlichen Publikation[7] wird die Annahme vertreten, daß die Darmflora den MAAF synthetisiert. Variationen der Nahrungszufuhr beeinflussen diesen Syntheseprozeß. Die Wirksamkeit hoher Leberdosen ist durch ihren Gehalt an MAAF bedingt. B_{12} ist unwirksam.

Strepogenine. WOOLLEY[8] nannte einen Faktor, welcher das Wachstum verschiedener Streptokokken beschleunigte, Strepogenin. Ursprünglich aus Leberextrakt gewonnen, fand sich der Wuchsstoff in enzymatischen Hydrolysaten zahlreicher reiner Proteine. Es erwies sich, daß Strepogenin außerdem nicht nur bei Lactobacillen wirksam ist (L. casei und L. bulgaricus), sondern auch das Wachstum von Mäusen[9] beschleunigen kann. Die weitere Forschung ergab[10], daß es sich um ein Oligopeptid, wahrscheinlich ein Tripeptid aus Serin, Glykokoll und Asparaginsäure handelt. Neben diesem Strepogenin gibt es sicher noch zahlreiche andere. Es gibt mehrere Publikationen[11], welche den Strepogeninen jede ernährungsphysiologische Bedeutung absprechen. KARRER u. PFALTZ[12] zeigten aber im Ernährungsversuch an der Ratte erneut, daß die Fermenthydrolysate aus Casein und besonders auch aus Soja Säurehydrolysaten bedeutend überlegen sind. Das Interesse am Strepogenin ist jetzt stark zurückgegangen zugunsten des „animal protein factors".

---

[1] KREBS, E. T. sen., E. T. KREBS jr., H. H. BEARD and R. MALIN: Int. Rec. Med. **164**, 18 (1951). — [2] FRAENKEL, G., M. BLEWETT and M. COLES: Nature **161**, 981 (1948). — [3] FRAENKEL, G.: Arch. Biochem. **34**, 457, 468 (1951). — [4] CARTER, H. E., P. K. BHATTACHARYYA, K. R. WEIDMAN and G. FRAENKEL: Arch. Biochem. **35**, 241; **38**, 405 (1952). — [5] COOPERMAN, J. M., H. A. WAISMAN, K. B. MCCALL and C. A. ELVEHJEM: J. Nutrit. **30**, 45 (1945). — COOPERMAN, J. M., K. B. MCCALL and C. A. ELVEHJEM: Science, N. Y. **102**, 645 (1945). — COOPERMAN, J. M., K. B. MCCALL, W. R. RUEGAMER and C. A. ELVEHJEM: J. Nutrit. **32**, 37 (1946). — COOPERMAN, J. M., C. A. ELVEHJEM, K. B. MCCALL and W. R. RUEGAMER: Proc. Soc. exp. Biol. Med. **61**, 92 (1946). — COOPERMAN, J. M., W. R. RUEGAMER and C. A. ELVEHJEM: Proc. Soc. exp. Biol. Med. **62**, 101 (1946). — [6] RUEGAMER, W. R., E. M. SPORN, U. D. REGISTER and C. A. ELVEHJEM: J. Nutrit. **36**, 405 (1948). — WAISMAN, H. A.: Proc. Soc. exp. Biol. Med. **55**, 69 (1944). — [7] SMITH, S. C., and C. A. ELVEHJEM: J. Nutrit. **45**, 583 (1951). — [8] SPRINCE, H., and D. W. WOOLLEY: J. exp. Med. **80**, 213 (1944). — WOOLLEY, D. W., and M. L. COLLYER: J. biol. Ch. **162**, 383 (1946). — [9] WRIGHT, L. D., J. S. FRUTON, K. A. VALENTIK and H. R. SKEGGS: Proc. Soc. exp. Biol. Med. **74**, 687 (1950). — WOOLLEY, D. W., and H. SPRINCE: Fed. Proc. **4**, 164 (1945). — [10] WOOLLEY, D. W.: J. biol. Ch. **166**, 783 (1946); **172**, 71 (1948); **176**, 1291, 1299 (1949). — KREHL, W. A., and J. S. FRUTON: J. biol. Ch. **173**, 479 (1948). — [11] FROST, D. V., and H. R. SANDY: J. biol. Ch. **175**, 635 (1948). — MADDY, K. H., and C. A. ELVEHJEM: J. biol. Ch. **177**, 577 (1949). — KOLLATH, W.: Z. Naturforsch. **5b**, 47 (1950). — [12] KARRER, W., u. H. PFALTZ: Helv. **34**, 2225 (1951).

Liponsäure[1] *(lipoic acid, Pyruvatoxydationsfaktor, Acetatfaktor, Protogen, Thioctinsäure)* (s.a. Bd. 2/1, S. 1039). Im Jahre 1947 haben O'KANE u. GUNSALUS[2] nachgewiesen, daß Streptococcus faecalis für die oxydative Decarboxylierung der Brenztraubensäure einen Faktor benötigt, welcher mit Cocarboxylase nichts zu tun hat. Diesen Faktor haben SNELL u. BROQUIST[3] auch für die Milchsäurebakterien als wichtig erkannt. GUIRARD u. Mitarb.[4] und später besonders REED[5] beschrieben in Hefeextrakten und Leber einen Faktor, welcher bei verschiedenen Bakterien Acetat ersetzen kann. STOKSTAD u. Mitarb.[6] stellten ihrerseits fest, daß der von KIDDER[7] entdeckte Wuchsstoff für Protozoen mit dem Acetatfaktor identisch ist. Es ist zwar noch nicht endgültig bewiesen, daß alle diese Wuchsstoffe völlig übereinstimmen, aber zumindest ist es mehr als wahrscheinlich, daß es sich um verschiedene Formen der inzwischen definierten Substanz Liponsäure handelt[8]. Nach REED u. Mitarb.[9] ist diese das intramolekulare Disulfid einer Dimercapto-N-octansäure. Die Summenformel entspricht $C_8H_{14}O_2S_2$. HORNBERGER u. Mitarb.[10] berichten über die synthetische Darstellung aus 4-(α-Tetrahydrofuryl)-buttersäure, 3-α-(α'-Methyltetrahydrofuryl)-propionsäure u. ä. Weitere Studien zur Strukturaufklärung stammen von STOKSTAD u. Mitarb.[11].

$$\begin{array}{l} \quad CH_2 \\ H_2C \quad CH-(CH_2)_4-COOH \\ \; | \qquad | \\ \; S\text{———}S \end{array}$$

Liponsäure

Während in den ersten Publikationen der Angriffspunkt der Liponsäure im Brenztraubensäurestoffwechsel der Mikroorganismen wahrscheinlich gemacht wurde, wird neuerdings[12] eine über den Ketosäurenumsatz hinausgehende Funktion postuliert. Bei Corynebakterium soll die Glutaminsäuredesaminierung stimuliert werden[13]. Es erhebt sich die Frage, ob die dem Arbeitskreis um OCHOA[14] gelungene Gewinnung einer Enzymfraktion (aus Schweineherzen), welche die Dismutation von Brenztraubensäure katalysiert, eine Beziehung zur Liponsäure hat.

Bei der weiteren Erforschung ergab sich, daß die aktive Form der Liponsäure mit größter Wahrscheinlichkeit das Lipothiamidpyrophosphat (LTPP) ist, das unter der Einwirkung einer Liponsäurekonjugase aus Liponsäure und Aneurinpyrophosphat entsteht. REED u. Mitarb.[15] fanden, daß bei einer Colimutante die

[1] *Zusammenfassende Darstellung:* REED, L. J.: Physiol. Rev. **33**, 544 (1953). — [2] O'KANE, D. J., and I. C. GUNSALUS: J. Bacteriology **54**, 20 (1947); **56**, 499 (1948). — [3] SNELL, E. E., and H. P. BROQUIST: Arch. Biochem. **23**, 326 (1949). — [4] GUIRARD, B. M., E. E. SNELL and R. J. WILLIAMS: Arch. Biochem. **9**, 381 (1946). — [5] REED, L. J., B. G. DE BUSK, P. M. JOHNSTON and M. E. GETZENDANER: J. biol. Ch. **192**, 851 (1951). — REED, L. J., M. E. GETZENDANER, B. G. DE BUSK and P. M. JOHNSTON: J. biol. Ch. **192**, 859 (1951). — REED, L. J., B. G. DE BUSK, I. C. GUNSALUS and C. S. HORNBERGER jr.: Science, N. Y. **114**, 93 (1951). Am. Soc. **73**, 5920 (1951). — LYTLE, V. L., S. M. ZULICK and D. J. O'KANE: J. biol. Ch. **189**, 551 (1951). — SEAMAN, G. R.: Proc. Soc. exp. Biol. Med. **79**, 158 (1952). — PATTERSON, E. L., J. A. BROCKMAN jr., F. P. DAY, J. V. PIERCE, M. E. MACCHI, C. E. HOFFMANN, C. T. O. FONG, E. L. R. STOKSTAD and T. H. JUKES: Am. Soc. **73**, 5919 (1951). — [6] STOKSTAD, E. L. R., C. E. HOFFMANN, M. A. REGAN, D. FORDHAM and T. H. JUKES: Arch. Biochem. **20**, 75 (1949). — [7] KIDDER, G. W., and V. C. DEWEY: Arch. Biochem. **8**, 293 (1945). — [8] GUNSALUS, I. C., M. I. DOLIN and L. STRUGLIA: J. biol. Ch. **194**, 849 (1952). — GUNSALUS, I. C., L. STRUGLIA and D. J. O'KANE: J. biol. Ch. **194**, 859 (1952). — [9] REED, L. J., Q. F. SOPER, G. H. F. SCHNAKENBERG, S. F. KERN, H. BOAZ and I. C. GUNSALUS: Am. Soc. **74**, 2383 (1952). — [10] HORNBERGER, C. S. jr., R. F. HEITMILLER, I. C. GUNSALUS, G. H. F. SCHNAKENBERG and L. J. REED: Am. Soc. **74**, 2382 (1952). — [11] BROCKMAN, J. A. jr., E. L. R. STOKSTAD, E. L. PATTERSON, J. V. PIERCE, M. MACCHI and F. P. DAY: Am. Soc. **74**, 1868 (1952). — BULLOCK, M. W., J. A. BROCKMAN jr., E. L. PATTERSON, J. V. PIERCE and E. L. R. STOKSTAD: Am. Soc. **74**, 1868 (1952). — [12] DEWEY, V. C., and G. W. KIDDER: Proc. Soc. exp. Biol. Med. **80**, 302 (1952). — [13] RADIN, N. S.: Proc. Soc. exp. Biol. Med. **79**, 723 (1952). — [14] KORKES, S., A. DEL CAMPILLO and S. OCHOA: J. biol. Ch. **195**, 541 (1952). — [15] REED, L. J., and B. G. DEBUSK: Am. Soc. **74**, 3457, 3964, 4727 (1952).

anaerobe Dismutation von Pyruvat zu Acetylphosphat usw. lediglich in Gegenwart von LTPP ablief, während das Monophosphat des Lipothiamids unwirksam war. GUNSALUS u. Mitarb.[1] nehmen an, daß Liponsäure das essentielle Bindeglied zwischen Brenztraubensäure und (künstlichen) Elektronenacceptoren darstellt. Im Proteussystem gibt es für diese Funktion allerdings keinerlei Anhaltspunkte (MOYED u. Mitarb.[2]). Man kann mit einiger Sicherheit annehmen, daß der sog. „aktive Glykolaldehyd“[3] enge Beziehungen zum LTPP hat. Interessant ist der Vorschlag von CALVIN u. BARLTROP[4], daß die Liponsäure, welche sich ja in allen grünen Pflanzen vorzufinden scheint, in die primäre Quantenreaktion der Photosynthese verwickelt ist. Sie nehmen an, daß die Energie des ursprünglich vom Chlorophyll absorbierten Quanten durch Dissoziation des Disulfidringes und Bildung eines Radikals in potentielle chemische Energie umgewandelt wird.

Wahrscheinliche Formel von Lipothiamid:

Cl CH_3
C=C—CH_2—CH_2OH
N —CH_2—N
CH—S S——S
H_3C N NH—CO—$(CH_2)_4$—CH CH_2
CH_2

Für die Bestimmung des neuen Faktors ist eine manometrische Methode angegeben worden[5].

Vitamin T. GOETSCH[6] hatte aus verschiedenen Pilzen, Hefen und Insekten Extrakte gewonnen, welche er an Insektenlarven (z. B. Drosophila, Periplaneta usw.) verfütterte, wonach abnorm großes Wachstum auftrat. Er glaubte, ein neues Vitamin in den Händen zu haben und bezeichnete es mit T. Die nähere Erforschung dieser Extrakte[7] zeigte, wie erwartet, daß alle bis jetzt bekannten Wuchsfaktoren darin vorhanden sind. Ob sie außerdem noch weitere unbekannte Stoffe mit Vitamineigenschaften enthalten, ist möglich, aber nicht wahrscheinlich. „Vitamin T“ wurde in der Pädiatrie[8] bei verschiedenen Formen der kindlichen Dystrophie mit meist recht gutem Erfolg verwendet. Dies ist verständlich, da es sich dabei um Fehlernährungszustände mit mannigfaltigen Hypovitaminosen handelt.

Zoopherin[9]. Diese Substanz ist offenbar identisch mit dem Kuhdungfaktor und damit zumindest mit dem B_{12} sehr nahe verwandt.

β) Für Bakterien.

p-Oxybenzoesäure. Untersuchungen von DAVIS[10] haben ergeben, daß diese Substanz den hemmenden Einfluß hoher Dosen von p-Aminobenzoesäure und von 4,4′-Dioxydiphenylsulfon bei E. coli aufhebt. Denselben Effekt übt p-Oxybenzoesäure auch bei Rickettsien aus[11]. Diese Ergebnisse sprechen dafür, daß dieser neue Bakterienwuchsstoff eine breitere Bedeutung hat, und die weitere Erforschung der chemotherapeutischen Wirkung von Analogen des neuen Wuchsstoffes scheint bedeutungsvoll.

---

[1] HAGER, L. P., J. D. FORTNEY and I. C. GUNSALUS: Fed. Proc. **12**, 213 (1953). — [2] MOYED, H. S., and D. J. O'KANE: Arch. Biochem. **39**, 457 (1952). — [3] HORECKER, B. L., and P. Z. SMYRNIOTIS: Am. Soc. **75**, 1009 (1953). — RACKER, E., G. DE LA HABA and I. G. LEDER: Am. Soc. **75**, 1010 (1953). — [4] CALVIN, M., and J. A. BARLTROP: Am. Soc. **74**, 6153 (1952). — [5] GUNSALUS, I. C., M. I. DOLIN and L. STRUGLIA: J. biol. Ch. **194**, 849 (1952). — [6] GOETSCH, W.: Öst. zool. Z. **1**, 49, 193 (1946). Z. Vit.-, Horm.-Ferm.-Forsch. **1**, 87 (1947). — [7] WEYGAND, F.: Angew. Chem. **62**, 454 (1950). — WACKER, A., H. DELLWEG u. E. ROWOLD: Kli. Wo. **1951**, 780. — [8] GLANZMANN, E.: Helv. paediatr. Acta **5**, 401 (1950). — BERGER, H.-H.: Mschr. Kinderheilkde. **98**, 433 (1950). — SCHMIDT, G.-W.: Arch. Kinderheilkde. **142**, 113 (1951). — [9] ZUCKER, L. M., and T. F. ZUCKER: Arch. Biochem. **16**, 115 (1948). — [10] DAVIS, B. D.: Nature **166**, 1120 (1950). Fed. Proc. **10**, 406 (1951). — [11] SNYDER, J. C., and B. D. DAVIS: Fed. Proc. **10**, 419 (1951).

Der Bifidus-Faktor. Es ist eine alte Beobachtung der Pädiater, daß im Stuhl gestillter Säuglinge eine mehr oder weniger reine Bifidusflora herrscht, während bei kuhmilchernährten Keime aus der Coli- und Enterokokkengruppe vorherrschen. Es gelingt durch die Zufuhr hoher Mengen von β-Lactose[1], eine acidophile Flora auch bei Kuhmilchgaben zu erreichen. Die Züchtung des L. bifidus bereitet gewisse Schwierigkeiten[2]. GYÖRGY u. Mitarb.[3] entdeckten eine Variante (L. bifidus var. pen.), welche ausschließlich in der Kultur wuchs, wenn dem Nährboden Frauenmilch zugesetzt war. KUHN[4] ist es mit zahlreichen Mitarbeitern gelungen, den Faktor, welcher für das Wachstum dieser Variante verantwortlich ist, zu isolieren und seine chemische Struktur weitgehend aufzuklären. Er setzt sich zusammen aus: D-Glucosamin, L-Fucose, D-Galaktose, N-Acetyl-D-Glucose und D-Glucose. Offenbar ist eine spezifische Bindung dieser Bestandteile für die Wuchsstoffeigenschaften erforderlich. Von hoher „Bifiduswirksamkeit" sind neben der Frauenmilch die Blutgruppensubstanzen A und B und das Meconium und natürlich Colostrum. Die Bedeutung dieses Faktors für alle L. bifidus-Stämme und für die Ernährung des jungen Säuglings sind nicht zu übersehen.

Staphylococcus albus-Faktor. SLOANE u. MCCEE[5] haben 1949 in Kulturfiltraten von Pseudomonas und im Plasma einen Wuchsfaktor für St. albus gefunden. Inzwischen[6] wurde dieser als Glykoproteid charakterisiert. Die Verfasser diskutieren, daß dieser Faktor auch für den Säugerstoffwechsel eine Rolle spielt.

Lactobacillus bulgaricus-Faktor (LBF). Es handelt sich um Pantethin (s. S. 762).

Der Tomatensaftfaktor. In verschiedenen Gemüsen, besonders im Tomatensaft findet sich ein Wuchsfaktor für Lactobacillus fermentum[7]. Inzwischen stellte es sich heraus, daß es sich um Pyridoxaminphosphat handelt[8] (s. S. 751).

Purine und Pyrimidine als Wuchsstoffe. Schon RICHARDSON[9] stellte 1936 fest, daß *Uracil* das Wachstum von Staphylococcus aureus stimuliert. In der Folgezeit wurde dies für verschiedene andere Kokken, Lactobacillen usw. bestätigt[10]. *Hypoxanthin* stimuliert das Wachstum von Spirillum serpens[11] und ist wahrscheinlich mit dem Faktor Z, welchen Phycomyces blakesleeanus benötigt, identisch[12]. Der L. bulgaricus-Stamm 09 wächst nur in Gegenwart von Molkekonzentraten. Das aktive Prinzip erwies sich als *Orotsäure*[13]. Untersuchungen an der Rattenleber ergaben, daß diese Substanz offenbar ein natürliches Zwischenprodukt bei der Synthese verschiedener Pyrimidinderivate darstellt[14].

Für die mikrobiologische Bestimmung der Pyrimidine wird L. brevis und L. helveticus empfohlen[15].

Aminosäuren als Bakterienwuchsstoffe[16]. Im Rahmen der Erforschung des Wuchsstoffbedarfes der Mikroorganismen und besonders der Milchsäurebakterien ergab es sich, daß einzelne Arten nur dann gedeihen, wenn 10—16 verschiedene Aminosäuren im Medium vorhanden sind. Diese Tatsache, daß die einzelnen Aminosäuren essentiell Wuchsfaktoren, vor allem für die Lactobacillen darstellen, führte zur Entwicklung der heute ausgedehnte Anwendung findenden mikrobiologischen Aminosäurebestimmungsmethoden.

---

[1] MALYOTH, G.: Ärztl. Wschr. **1950**, 201. — [2] BOVENTER, K.: Erg. Hyg. **26**, 193 (1949). Zbl. Bakt. (I. Orig.) **142**, 419 (1938). — [3] NORRIS, R. F., T. FLANDERS, R. M. TOMARELLI and P. GYÖRGY: J. Bacteriology **60**, 681 (1950). — [4] KUHN, R.: Angew. Chem. **64**, 493 (1952). — GYÖRGY, P., R. F. NORRIS and C. S. ROSE: Arch. Biochem. **48**, 193 (1954). — GYÖRGY, P., R. KUHN, C. S. ROSE and F. ZILLIKEN: Arch. Biochem. **48**, 202 (1954). — [5] SLOANE, N. H., and R. W. MCKEE: Fed. Proc. **8**, 252 (1949). Am. Soc. **74**, 983, 987 (1952). — [6] WILLIAMS, W. L., E. HOFF-JØRGENSEN and E. E. SNELL: J. biol. Ch. **177**, 933 (1949). — [7] METCALF, D., G. J. HUCKER and D. C. CARPENTER: J. Bacteriology **51**, 381 (1946). — [8] HENDLIN, D., M. C. CASWELL, V. J. PETERS and T. R. WOOD: J. biol. Ch. **186**, 647 (1950). — [9] RICHARDSON, G. M.: Biochem. J. **30**, 2184 (1936). — [10] WOOLLEY, D. W.: J. exp. Med. **73**, 487 (1941). — NIVEN, C. F. jr., and K. L. SMILEY: J. biol. Ch. **150**, 1 (1943). — SNELL, E. E., and H. K. MITCHELL: Proc. nat. Acad. Sci. USA **27**, 1 (1941). — [11] PENNINGTON, D. E.: Proc. nat. Acad. Sci. USA **28**, 272 (1942). — [12] HURNI, H.: Z. Vit.-Forsch. **16**, 69 (1945). — [13] WIELAND, O. P., J. AVENER, E. M. BOGGIANO, N. BOHONOS, B. L. HUTCHINGS and J. H. WILLIAMS: J. biol. Ch. **186**, 737 (1950). — [14] REICHARD, P.: J. biol. Ch. **197**, 391 (1952). — [15] MERRIFIELD, R. B., and M. S. DUNN: J. biol. Ch. **186**, 331 (1950). — [16] SNELL, E. E.: Adv. Protein Chem. **2**, 85 (1945). — DUNN, M. S.: Physiol. Rev. **29**, 219 (1949). — SCHREIER, K.: Milchwiss. **7**, 10 (1952).

Ölsäure als Wuchsstoff. Weiter unten (s. S. 799f.) wird darauf hingewiesen, daß sich Biotin und Ölsäure gegenseitig ersetzen können. Es gibt aber auch Bakterienstämme, welche Ölsäure als essentiellen Wuchsstoff benötigen[1]. Über die geeigneten Derivate siehe BECHER[2] und NIEMAN[3].

m) Biotin (Vitamin H)[4-6].

Von **K. SCHREIER.**

α) Geschichtliches.

Der Name stammt von WILDIERS[7] („Bios") und wurde später von KÖGL übernommen, der diese Substanz aus Eigelb erstmalig in krystallisierter Form gewann. Die Strukturaufklärung gelang DU VIGNEAUD[8] (1941—1943).

β) Ausfallserscheinungen.

Soweit heute bekannt ist, treten Biotinmangelzustände ohne besonderes Zutun nicht auf, da dieses Vitamin offenbar in genügender Menge von den Darmbakterien synthetisiert wird. Es gelingt aber leicht, durch Zufuhr von rohem Eiereiweiß, welches Avidin enthält, bzw. durch Sulfonamidzufuhr (Hemmung des Wachstums der Darmbakterien) einen Biotinmangelzustand zu erzeugen. Avidin ist ein Protein und macht Biotin nicht nur für Säuger, sondern auch für Hefe und Milchsäurebakterien unverwertbar (BOND[9] hatte schon 1922 eine egg white injury-dermatitis beschrieben). Avidin wurde von EAKIN u. Mitarb.[10] isoliert. Es reagiert mit Biotin im stöchiometrischen Verhältnis. Durch die Arbeiten von FRAENKEL-CONRAT[11] wurden die Kenntnisse über das Avidin stark gefördert. Es gelang, aus Hühnereier-Eiweiß 3 biotinbindende Fraktionen zu isolieren:

1. Avidin A, ein Glykoproteid, welches Mannose und Hexosamin enthält. Die Aminosäurenzusammensetzung wurde mikrobiologisch bestimmt. Dabei fällt auf, daß kaum Histidin (0,80%) und Tyrosin (0,9%), dagegen ungewöhnlich viel Threonin (12,6%), Asparaginsäure (10,6%) und Tryptophan (6,0%) im Hydrolysat vorhanden sind. Cystin fehlt offenbar ganz.

2. Avidin XA, ein Komplex zwischen Nucleinsäure und Avidin.

3. Ein Komplex von Avidin und einer noch nicht näher bestimmten phosphorfreien sauren Substanz.

Die Bindungsstelle von Biotin an das Eiweißmolekül ist wahrscheinlich eine —CO—NH—CO-Brücke. Mit Hilfe von radioaktivem Biotin wurde festgestellt, daß die Reaktion zwischen Vitamin und Avidin reversibel ist. Die Gleichgewichtskonstante beträgt bei 25° C $0{,}6 \cdot 10^{-21}$; das entspricht einer Dissoziation von 0,08%. Während Avidin gegen Verdauungsenzyme weitgehend resistent ist[12], wird es durch Hitze zerstört. Die meisten Biotinanaloga verbinden sich ebenfalls mit Avidin[13].

[1] HUTCHINGS, B. L., and E. BOGGIANO: J. biol. Ch. **169**, 229 (1947). — [2] BECHER, A.: Z. Hyg. **139**, 223 (1954). — [3] NIEMAN, C.: Bact. **18**, 147 (1954).

Zusammenfassende Darstellungen: 4—6. [4] Stepp-Kühnau-Schroeder, Vitamine 7. Aufl. Bd. 1, S. 406. — [5] Williams u. a., B-Vitamins S. 542—564. — [6] ROBINSON, F. A.: The Vitamin B Complex. S. 404. London 1951. — LARDY, H. A., and R. PEANASKY: Physiol. Rev. **33**, 560 (1953).

[7] WILDIERS, E.: Cellule **18**, 311 (1901). — [8] VIGNEAUD, V. DU, K. HOFMANN, D. B. MELVILLE and P. GYÖRGY: J. biol. Ch. **140**, 643 (1941). — VIGNEAUD, V. DU: Science, N. Y. **96**, 454 (1942). — MELVILLE, D. B., K. HOFMANN, E. HAGUE and V. DU VIGNEAUD: J. biol. Ch. **142**, 615 (1942). — [9] BOND, M.: Biochem. J. **16**, 479 (1922). — s. a. BOAS, M. A.: Biochem. J. **21**, 712 (1927). — [10] EAKIN, R. E., E. E. SNELL and R. J. WILLIAMS: J. biol. Ch. **140**, 535 (1941). — PENNINGTON, D. E., E. E. SNELL and R. E. EAKIN: Am. Soc. **64**, 469 (1942). — [11] FRAENKEL-CONRAT, H., N. S. SNELL and E. D. DUCAY: Arch. Biochem. **39**, 80, 97 (1952). — LAUNER, H. F., and H. FRAENKEL-CONRAT: J. biol. Ch. **193**, 125 (1951). — [12] GYÖRGY, P., and C. S. ROSE: Science, N.Y. **94**, 261 (1941). Proc. Soc. exp. Biol. Med. **53**, 55 (1943). — [13] DITTMER, K., V. DU VIGNEAUD, P. GYÖRGY and C. S. ROSE: Arch. Biochem. **4**, 229 (1944). — WRIGHT, L. D., and H. R. SKEGGS: Arch. Biochem. **12**, 27 (1947).

SYDENSTRICKER u. Mitarb.[1] konnten auch beim Menschen durch Zufuhr von Riesendosen getrockneten Hühnereiweißes verschiedene Erscheinungen des Biotinmangelzustandes erzeugen: Leichte Dermatitis, verschiedene Symptome von seiten des Zentralnervensystems wie Depressionen, Halluzinationen, Angstzustände usw. Alle Erscheinungen gingen auf Biotinzufuhr rasch zurück. Bei der Ratte treten Wachstumsstillstand, Dermatitis desquamativa, Steifheit der Gelenke und schließlich Zerfall und Tod auf. Ein wesentliches Symptom ist ferner der Verlust des subcutanen und visceralen Fettes[2]. Die Tiere sollen besonders empfindlich für Infektionskrankheiten sein[3]. Die Erscheinungen bei anderen Säugetieren unterscheiden sich nicht wesentlich von denen bei Ratten[4, 5]. Bei Vögeln tritt ebenfalls eine charakteristische Dermatitis auf mit Veränderungen um den Schnabel und die Augen und Schwellung der Füße. Daneben sind noch Anämie, endokrine Störungen und Degeneration der Muskulatur beschrieben[6].

γ) Chemie.

Biotin ist cis-Hexahydro-2-oxo-1-H-thieno-(3,4)-imidazol-4-valeriansäure. Es gibt 4 Stereoisomere oder 8 optisch aktive Modifikationen des Biotinmoleküls. Sie wurden alle synthetisiert[7, 8]. Die ursprüngliche Annahme von KÖGL[9], daß in der Natur auch ein β-Biotin vorkommt, kann als widerlegt gelten[10]. Die Strukturformel ist durch mehrere Syntheseverfahren bestätigt[7, 10]. D(+)-Biotin

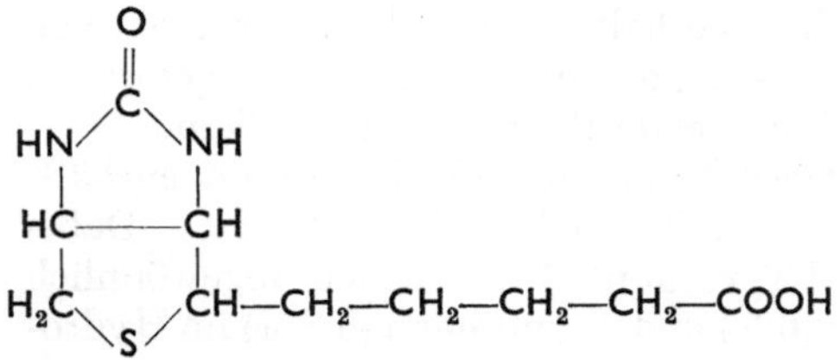

```
       O
       ‖
       C
     /   \
   HN     NH
    |     |
   HC-----CH
    |     |
   H2C    CH—CH2—CH2—CH2—CH2—COOH
      \  /
       S
```

Biotin

$C_{11}H_{16}O_3N_2S$ $[\alpha]_D = +92°$

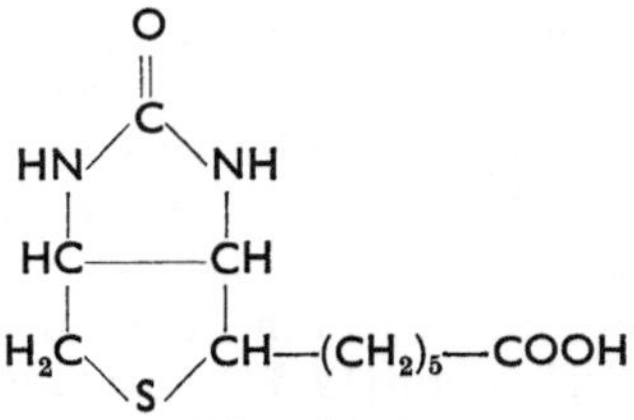

```
       O
       ‖
       C
     /   \
   HN     NH
    |     |
   HC-----CH
    |     |
   H2C    CH—(CH2)5—COOH
      \  /
       S
```

Homobiotin

```
       O
       ‖
       C
     /   \
   HN     NH
    |     |
   HC-----CH
    |     |
   H2C    CH—(CH2)4—COOH
      \  /
       S
       O2
```

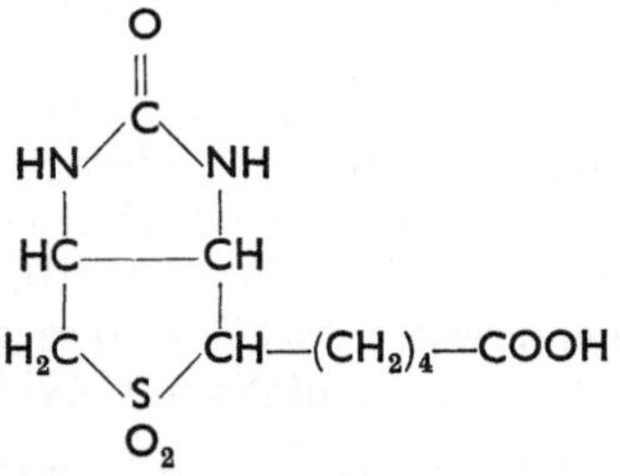

Biotinsulfon

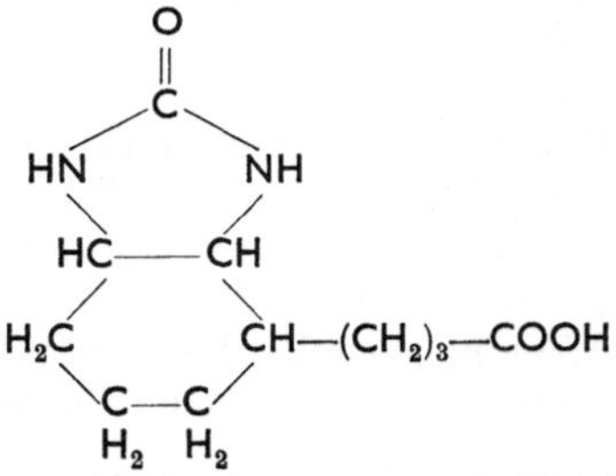

γ-2,3-Ureylencyclohexylbuttersäure

[1] SYDENSTRICKER, V. P., S. A. SINGAL, A. P. BRIGGS, N. M. DE VAUGHN and H. ISBELL: J. amer. med. Ass. **118**, 1199 (1942). — [2] OKEY, R., R. PENCHARZ, S. LEPKOVSKY, E. R. VERNON, D. JEROME and M. MARQUETTE: J. Nutrit. **44**, 83 (1951). — [3] CALDWELL, F. S., and P. GYÖRGY: J. infect. Dis. **81**, 197 (1947). — [4] LEASE, J. G., H. T. PARSONS and E. KELLY: Biochem. J. **31**, 433 (1937). — [5] WAISMAN, H. A., K. B. MCCALL and C. A. ELVEHJEM: J. Nutrit. **29**, 1 (1945). — [6] Weitere Einzelheiten s. bei Stepp-Kühnau-Schroeder 7. Aufl., Bd. 1, S. 425ff. — [7] HARRIS, S. A., D. E. WOLF, R. MOZINGO and K. FOLKERS: Science, N. Y. **97**, 447 (1943). — HARRIS, S. A., D. E. WOLF, R. MOZINGO, R. C. ANDERSON, G. E. ARTH, N. R. EASTON, D. HEYL, A. N. WILSON and K. FOLKERS: Am. Soc. **66**, 1756 (1944). — HARRIS, S. A., D. E. WOLF, R. MOZINGO, G. E. ARTH, R. C. ANDERSON, N. R. EASTON and K. FOLKERS: Am. Soc. **67**, 2096 (1945). — [8] BAKER, B. R., W. L. MCEWEN and W. N. KINLEY: J. org. Chem. **12**, 322 (1947). — [9] KÖGL, F., u. E. J. TEN HAM: Naturwiss. **31**, 208 (1943). H. **279**, 140 (1943). — [10] KRUEGER, K. K., and W. H. PETERSON: J. biol. Ch. **173**, 497 (1948).

krystallisiert in farblosen Nadeln vom F 232—233° C. Es löst sich leicht in Wasser, kaum in Alkohol und nicht in Äther usw. Biotin ist recht stabil und wird erst durch Kochen in stärkeren Laugen und den meisten Säuren zerstört. H_2O_2 dagegen führt es in sein biologisch unwirksames Sulfon bzw. Sulfoxyd über[1].

Die Strukturspezifität ist beträchtlich. L-Biotin ist erwartungsgemäß ohne Wirkung; dasselbe gilt auch für die übrigen Stereoisomeren. Der Austausch des Schwefelatoms durch Sauerstoff (Oxybiotin) ergibt ein bei den Testorganismen in seiner Aktivität variierendes Produkt[2,3]: Aus Desthiobiotin (erhalten durch Behandlung mit Raney-Nickel) können Saccharomyces, Neurospora crassa und Coli-Stämme Biotin synthetisieren[4,5]. Die Substanz hemmt aber andererseits kompetitiv[6] die Biotinwirkung bei L. casei (AUHAGEN[7]). Desthiobiotin soll das Tumorwachstum hemmen[8]. Verlängerung oder Verkürzung der Seitenkette ($n = 5$ oder $n = 3$ statt 4) führt bei einigen Organismen zu ähnlich wirksamen

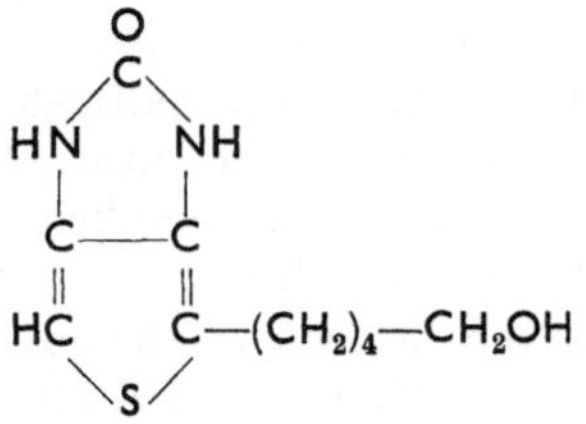

```
      O                         O                          O
      C                         C                          C
    /   \                     /   \                      /   \
  HN     NH                 HN     NH                  HN     NH
   |     |                 H |     | H                  |     |
   C-----C                  \C-----C/-(CH2)5-COOH      HC-----CH
   ||    ||                  |                          |     |
  HC     C-(CH2)4-CH2OH     CH3                        H2C    CH-(CH2)4-COOH
    \   /                                                \   /
      S                                                    O
  Biotenol                 Desthiobiotin               Oxybiotin
```

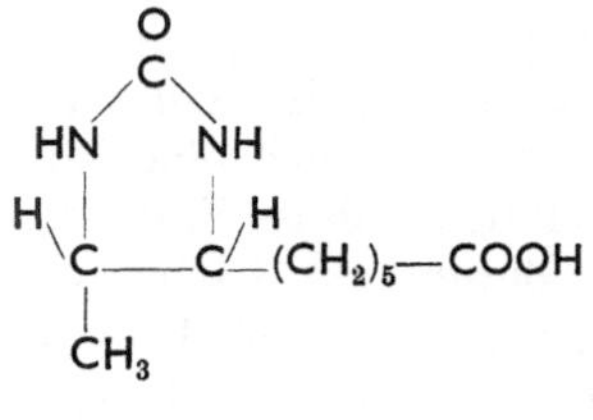

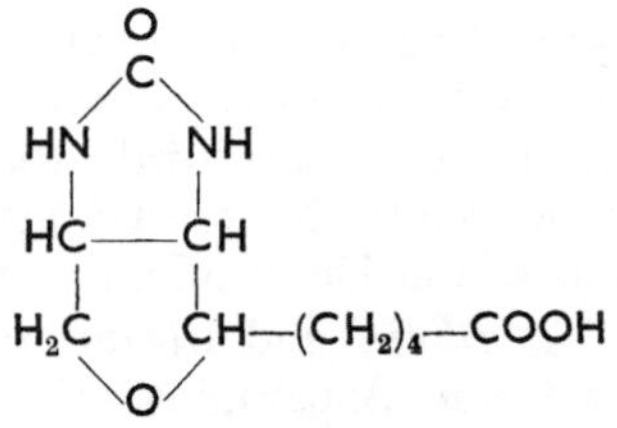

Produkten, bei anderen jedoch zu Antagonisten. Biotenol wird vom Säugerorganismus in Biotin überführt, nicht aber von Mikroorganismen[9]. Die stärkst wirksamen Biotinantagonisten sind aber D,L-Homobiotin und Biotinsulfon[10,11]. Ölsäure hebt die Hemmung auf (SHIVE[12]). Auch Ureylenphenyl- und Ureylencyclohexylbutter- und -valeriansäure hemmen bei verschiedenen Mikroorganismen die Biotinverwertung. Lactobacillinsäure[13], identisch mit der Phytomonsäure[14] und andere natürliche und synthetische Cyclopropancarbonsäuren können Biotin bei einigen Milchsäurebakterien ersetzen.

δ) Wirkungsmechanismus.

Der genaue Mechanismus des Eingreifens von Biotin in die biochemischen Vorgänge ist noch nicht völlig bekannt. Sicherlich werden 4 Stoffwechselprozesse durch Biotinmangel beeinflußt:

1. *β-Decarboxylierung und* CO_2*-Fixation*[15]. Es war die Annahme vertreten worden[16], daß Biotin durch alternative Öffnung und Schließung des Ureidringes

[1] AXELROD, A. E., and K. HOFMANN: J. biol. Ch. **187**, 23 (1950). — [2] AXELROD, A. E., B. C. FLINN and K. HOFMANN: J. biol. Ch. **169**, 195 (1947). — MCCOY, R. H., J. R. FELTON and K. HOFMANN: Arch. Biochem. **9**, 141 (1946). — [3] MOORE, P. R., T. D. LUCKEY, C. A. ELVEHJEM and E. B. HART: Proc. Soc. exp. Biol. Med. **61**, 185 (1946). — [4] MELVILLE, D. B., K. DITTMER, G. B. BROWN and V. DU VIGNEAUD: Science, N. Y. **98**, 497 (1943). — [5] TATUM, E. L.: J. biol. Ch. **160**, 455 (1945). — [6] DITTMER, K., D. B. MELVILLE and V. DU VIGNEAUD: Science, N. Y. **99**, 203 (1944). — [7] AUHAGEN, E.: Naturwiss. **33**, 221 (1946). — [8] KERESZTESY, J. C., D. LASZLO and C. LEUCHTENBERGER: Cancer Res. **6**, 128 (1946). — [9] DREKTER, L., J. SCHEINER, R. DERITTER and S. H. RUBIN: Proc. Soc. exp. Biol. Med. **78**, 381 (1951). — [10] DITTMER, K., and V. DU VIGNEAUD: Science, N. Y. **100**, 129 (1944). — [11] GOLDBERG, M. W., L. H. STERNBACH, S. KAISER, S. D. HEINEMAN, J. SCHEINER and S. H. RUBIN: Arch. Biochem. **14**, 480 (1947). — [12] SHIVE, W.: Williams u. a., B Vitamins S. 553. — [13] HOFMANN, K., and R. A. LUCAS: Am. Soc. **72**, 4328 (1950). — HOFMANN, K., and C. PANOS: J. biol. Ch. **210**, 687 (1954). — [14] VELICK, S. F.: J. biol. Ch. **156**, 101 (1944). — [15] s. dazu OCHOA, S.: Physiol. Rev. **31**, 92 (1951). — [16] BURK, D., and R. J. WINZLER: Science, N. Y. **97**, 57 (1943).

CO_2 fixiert. Eine weitere Stütze erhielt diese Annahme durch andere Untersuchungen[1-3], nach denen Biotin für Bakterien im Oxalacetatumsatz wesentlich ist. Die CO_2-Aufnahme in Dicarbonsäure ist auch bei biotinfrei ernährten Ratten herabgesetzt[4]. Auch die Decarboxylierung von Malat wird vermindert[5]. Biotinarmes Gewebe verliert die Fähigkeit, Brenztraubensäure abzubauen[6,7].

2. *Biotin und Asparaginsäuresynthese.* Die Sparwirkung, welche Asparaginsäure auf den Biotinbedarf von Hefe[8] und Milchsäurebakterien[9-11] ausübt, ist erneut bestätigt worden. Broquist u. Snell[10] finden allerdings, daß sich die einzelnen Milchsäurebakterien nicht einheitlich verhalten (z. B. bei L. fermenti scheint Biotin am Asparaginsäurestoffwechsel nicht beteiligt).

3. *Biotin als Katalysator für Desaminierung.* Lichstein u. Mitarb.[12] zeigten, daß Bakterienzellen in saurem Puffer rasch die Fähigkeit nicht nur zur Decarboxylierung, sondern auch zur Desaminierung bestimmter Aminosäuren (Asparaginsäure, Threonin, Serin usw.) verlieren. Die Zellen lassen sich reaktivieren durch Zugabe von Adenylsäure und Biotin, nicht aber durch Biotin allein[13]. Die Autoren interpretieren, daß durch die Säurebehandlung ein biotinhaltiges Coenzym zerstört wird. Biotin scheint auch eine Rolle bei der Citrullinsynthese zu spielen[14]. Neuere Untersuchungen dieser Frage[15] machen es wahrscheinlich, daß es die Umwandlung von Glutamat in Carbamylglutamat beeinflußt.

4. *Biotin* und *Ölsäure.* Ölsäure und ähnliche Substanzen können in Gegenwart von Asparaginsäure Biotin bei verschiedenen Lactobacillen im Medium völlig ersetzen[16-18]. Die gegenseitigen Beziehungen sind unklar. Es scheint, daß weder Ölsäure ein Vorläufer von Biotin ist, noch daß die Wirkung beider auf Veränderungen der Zelloberfläche oder ähnlichem beruht.

Die so fest begründet erschienene Funktion von Biotin als Codecarboxylase ist neuerdings ins Wanken geraten. Im gereinigten ,,malic enzyme“[19] und auch in gereinigter Oxalessigsäurecarboxylase aus Acetobacter vinelandii[20] findet sich kein Biotin. Ferner konnte durch Isotopenstudien die Vorstellung, daß Ureidkohlenstoff an der CO_2-Übertragung bei wachsenden Zellen von L. arabinosus beteiligt sei, abgelehnt werden[21]. Daß Biotin irgendwie in die CO_2-Fixation, zumindest bei Bakterien verquickt ist, zeigten aber erneut Broquist u. Snell[10] sowie Lardy u. Mitarb.[22]. Möglicherweise stellt es aber nicht die prosthetische Gruppe des Enzyms dar, sondern ist irgendwie in die Synthese des Apoenzyms verquickt.

---

[1] Stokes, J. L., A. Larsen and M. Gunness: J. biol. Ch. **167**, 613 (1947). — [2] Lardy, H. A., R. L. Potter and C. A. Elvehjem: J. biol. Ch. **169**, 451 (1947). — [3] Shive, W., and L. L. Rogers: J. biol. Ch. **169**, 453 (1947). — [4] MacLeod, P. R., and H. A. Lardy: J. biol. Ch. **179**, 733 (1949). — [5] Lardy, H. A., R. L. Potter and H. R. Burris: J. biol. Ch. **179**, 721 (1949). — Blanchard, M. L., S. Korkes, A. del Campillo and S. Ochoa: J. biol. Ch. **187**, 875 (1950). — [6] Pilgrim, F. J., A. E. Axelrod and C. A. Elvehjem: J. biol. Ch. **145**, 237 (1942). — [7] Summerson, W. H., J. M. Lee and C. W. H. Batridge: Science, N.Y. **100**, 250 (1944). — [8] Koser, S. A., M. H. Wright and A. Dorfman: Proc. Soc. exp. Biol. Med. **51**, 204 (1942). — [9] Potter, R. L., and C. A. Elvehjem: J. biol. Ch. **172**, 531 (1948). — [10] Broquist, H. P., and E. E. Snell: J. biol. Ch. **188**, 431 (1951). — [11] Lichstein, H. C., and W. W. Umbreit.: J. biol. Ch. **170**, 423 (1947). — [12] Lichstein, H. C., and J. F. Christman: J. biol. Ch. **175**, 649 (1948). — [13] Lichstein, H. C.: J. biol. Ch. **177**, 125 (1949). — [14] MacLeod, P. R., S. Grisolia, P. P. Cohen and H. A. Lardy: J. biol. Ch. **180**, 1003 (1949). — [15] Feldott, G., and H. A. Lardy: J. biol. Ch. **192**, 447 (1951). — [16] Williams, V. R., and E. A. Fieger: J. biol. Ch. **166**, 335 (1946). — [17] Axelrod, A. E., M. Mitz and K. Hofmann: J. biol. Ch. **175**, 265 (1948). — [18] Williams, W. L., H. P. Broquist and E. E. Snell: J. biol. Ch. **170**, 619 (1947). — [19] Ochoa, S., A. Mehler, M. L. Blanchard, T. H. Jukes, C. E. Hoffmann and M. Regan: J. biol. Ch. **170**, 413 (1947). — [20] Plaut, G. W. E., and H. A. Lardy: J. biol. Ch. **180**, 13 (1949). — [21] Melville, D. B., J. G. Pierce and C. W. H. Partridge: J. biol. Ch. **180**, 299 (1949). — [22] Lardy, H. A., R. L. Potter and R. H. Burris: J. biol. Ch. **179**, 721 (1949).

ε) Vorkommen.

Biotin findet sich, wenn auch nur in winzigen Mengen, ubiquitär wohl in jeder lebenden Zelle vor, besonders reichlich in der Leber und im Eidotter. Es liegt wohl fast stets in komplexer Form vor. Ein Biotinkomplex ist das Biocytin, welches zwar für Lactobacillen usw. noch aktiv ist, aber zu Avidin eine viel geringere Affinität hat als das Biotin (WRIGHT[1]). Es handelt sich dabei um N-Biotinyl-L-lysin[2]. Relativ hoch ist der Gehalt der meisten Bakterien. Ernährungsphysiologisches Interesse hat der hohe Wert in Speisepilzen, Austern und Schnecken. In der Muttermilch findet sich um 0,4γ je 100 cm^3, während die Kuhmilch etwa 35 und die Ziegenmilch um 63γ/l enthält[3]. Wie andere B-Vitamine wird auch Biotin aus frischer Hefe resorbiert[4]. Ausschlaggebend für den Biotinbedarf des Menschen ist sehr wahrscheinlich die Synthese durch die Darmbakterien[5]. Nach OPPEL[6] schwankt die Ausscheidung von Biotin im Urin beim Menschen (bestimmt mit S. cerevisiae) zwischen 7 und 89γ je Tag.

ζ) Bestimmungsverfahren[7].

Die bei weitem einfachste Biotinbestimmungsmethode ist die mikrobiologische Bestimmung. Anscheinend sind fast alle üblichen Lactobacillen für den Biotintest verwendbar. Am häufigsten verwendet wurde L. casei[8,9] und L. arabinosus[10,11]. Das ältere Verfahren unter Verwendung von Heferassen[12] wurde von SNELL u. Mitarb.[13] für Saccharomyces cerevisiae umgearbeitet. Hefen reagieren allerdings auch mit zahlreichen Biotinderivaten[14]. Auch Neurospora crassa eignet sich zur Biotinbestimmung[15]. Schwierigkeiten ergeben sich kaum bei der eigentlichen Bestimmung, wohl aber bei der Extraktion. Maximale Werte werden durch Kombination von Enzym- und Säurehydrolyse erhalten (GYÖRGY[16], s. a. [7,17]). Ölsäure und andere ungesättigte Fettsäuren interferieren bei der Biotinbestimmung durch Mikroorganismen und müssen also vorher eliminiert werden. Da keines der künstlichen Biotinanalogen in der Natur vorzukommen scheint, ist die mikrobiologische Biotinbestimmung als spezifisch anzusehen.

Die Erfassung des Biotingehaltes der Naturstoffe durch den Rattentest[18] und das biotinfreie Hühnchen[19] ist schwieriger, da 1. die Streuung der Werte groß ist und 2. nicht nur Avidin, sondern auch andere Eiweißkörper und auch die Intestinalflora die Ergebnisse beeinflussen.

η) Klinische Anwendung.

Wie unter anderem auch eigene Erfahrung[20] gezeigt hat, ist Biotin — auch in sehr großen Dosen (intramuskulär und per os) bei Hautkrankheiten wirkungslos. Weder die leichten noch die schwersten Formen des Status seborrhoicus sprechen auf Biotin an.

---

[1] WRIGHT, L. D., K. A. VALENTIK, H. M. NEPPLE, E. L. CRESSON and H. R. SKEGGS: Proc. Soc. exp. Biol. Med. **74**, 273 (1950). — [2] WRIGHT, L. D., E. L. CRESSON, H. R. SKEGGS, R. L. PECK, D. E. WOLF, T. R. WOOD, J. VALIANT and K. FOLKERS: Science, N. Y. **114**, 635 (1951). — [3] MACY, I. (G.): Bull. nat. Res. Counc. **119**, 1 (1950). — [4] PARSONS, H. T., and J. COLLORD: J. amer. dietet. Ass. **18**, 805 (1942). — [5] NAJJAR, V. A., and L. E. HOLT jr.: J. amer. med. Ass. **123**, 683 (1943). — s. a. NAJJAR, V. A., and R. BARRETT: Vitamins & Hormones **3**, 41 (1945). — [6] OPPEL, T. W.: J. clin. Invest. **21**, 630 (1942). — [7] Zusammenfassende Darstellung: Vitamin Meth. (GYÖRGY) Bd. 2, S. 388, 467, 475, 490. — [8] LANDY, M., and D. M. DICKEN: J. Lab. clin. Med. **27**, 1086 (1942). — [9] SHULL, G. M., and W. H. PETERSON: J. biol. Ch. **151**, 201 (1943). — [10] WRIGHT, L. D., and H. R. SKEGGS: Proc. Soc. exp. Biol. Med. **56**, 95 (1944). — [11] LUCKEY, T. D., P. R. MOORE and C. A. ELVEHJEM: Proc. Soc. exp. Biol. Med. **61**, 97 (1946). — [12] KÖGL, F., u. B. TÖNNIS: H. **242**, 43 (1936). — [13] SNELL, E. E., R. E. EAKIN and R. J. WILLIAMS: Am. Soc. **62**, 175 (1940). Univ. Texas Publ. Nr. 4137, S. 18 (1941). — [14] HERTZ, R.: Proc. Soc. exp. Biol. Med. **52**, 15 (1943). — [15] HODSON, A. Z.: J. biol. Ch. **157**, 383 (1945). — [16] GYÖRGY, P.: J. biol. Ch. **131**, 733 (1939). — [17] McCOY, R. H., J. R. FELTON and K. HOFMANN: Arch. Biochem. **9**, 141 (1946). — [18] AXELROD, A. E., F. J. PILGRIM and K. HOFMANN: J. biol. Ch. **163**, 191 (1946). — [19] BRIGGS, G. M. jr., T. D. LUCKEY, C. A. ELVEHJEM and E. B. HART: J. biol. Ch. **148**, 163 (1943). — [20] SCHREIER, K.: unpublizierte Befunde.

n) Cholin[1,2].

Von **K. Schreier.**

α) Bedeutung.

Die Zugehörigkeit von Cholin zu den Vitaminen des B-Komplexes beruht auf der Beobachtung[3], daß es für das Wachstum und die Lactation von Ratten essentiell ist und daß sich bei cholinarmer Ernährung eine Leberverfettung bei den Versuchstieren ausbildet[4]. Auf der anderen Seite ist Cholin ein Baustein der Phospholipoide (s. Bd. 1, S. 375), und im Organismus der Säugetiere (und auch des Menschen) werden bei einem genügenden Angebot der Vorstufen große Mengen Cholin synthetisiert. Ratten können ohne jede Cholinzufuhr wachsen, wenn genügend B_{12} zugeführt wird[5]. Dies und auch der Einfluß der Folsäure beruht auf deren Wirkungen im Stoffwechsel der Methylgruppen (s. Bd. 2/1, S. 415ff.). Ob unter extremen Ernährungsbedingungen beim Menschen ein Cholinmangelzustand besteht, ist ungewiß, eine statistische Sicherung therapeutischer Erfolge bei akuten und chronischen Erkrankungen der Leber ließ sich jedenfalls nicht erhalten[6]. Ähnlich wie Inosit gehört demnach wohl Cholin zu jenen lebensnotwendigen Substanzen, welche zwar im Intermediärstoffwechsel entstehen, deren Zufuhr aber zumindest wünschenswert, wenn nicht notwendig ist.

Chemie (s. Bd. 1, S. 375). Von den Cholinantagonisten erwies sich Triäthylcholin[7] als toxisch für Mäuse. Die Muskelkontraktion nach Cholingabe wird durch das Triäthylderivat blockiert. Es scheint also eine kompetitive Hemmung der Acetylcholinsynthese zu bewirken. Nicht kompetitiv zu Cholin (und Colamin) ist dagegen die Wachstumshemmung, welche L-Penicillamin bewirkt[8]. Der Einfluß, den Cholin auf die Coraminentgiftung ausübt[9], beruht wohl nur auf der Erleichterung der Transmethylierung. Die Wachstumshemmung durch Äthionin (Äthylhomocystein) kann nicht nur durch Methionin[10], sondern auch durch Cholin[11] aufgehoben werden, und zwar ebenfalls über Transmethylierungsvorgänge.

β) Physiologie.

Es ist ungeklärt, ob die „Vitaminnatur“ von Cholin auf seiner bedeutsamen Rolle in den Transmethylierungsprozessen (s. Bd. 1, S. 780 u. Bd. 2/1, S. 266, 343) beruht oder darauf, daß es als ganzes Molekül in die Phospholipoide eingebaut wird, welche den Fetttransport stark beeinflussen. Es wird auch diskutiert[12], daß Cholin direkt die Bildung und Verwendung der Fette stimuliert. Bei den Transmethylierungsprozessen kann Cholin durch Methionin, die Betaine, Dimethylthetin und Dimethyl-β-propiothetin[13] ganz oder weitgehend ersetzt werden. Die

Zusammenfassende Darstellungen: 1—2. [1] Best, C. H., and C. C. Lucas: Vitamins & Hormones **1**, 1 (1943). — [2] Guggenheim, M.: Die biogenen Amine. 4. Aufl. S. 106. Basel 1951.

[3] Sure, B.: J. Nutrit. **19**, 71 (1940). — [4] György, P., and H. Goldblatt: J. exp. Med. **72**, 1 (1940). — [5] Zum Beispiel Arnstein, H. R. V., and A. Neuberger: 2. Int. Congr. Biochem. S. 222. Paris 1952. — [6] Schreier, K.: Z. Kinderheilkde. **67**, 137 (1949/50). — Editorial: Nutrit. Rev. **6**, 298 (1948); **8**, 13, 238 (1950). — [7] Keston, A. S., and S. B. Wortis: Proc. Soc. exp. Biol. Med. **61**, 439 (1946). — [8] Wilson, J. E., and V. du Vigneaud: Science, N. Y. **107**, 653 (1948). J. biol. Ch. **184**, 63 (1950). — [9] Wilson, J. W., and E. H. Leduc: Fed. Proc. **8**, 169 (1949). — [10] Dyer, H. M.: J. biol. Ch. **124**, 519 (1938). — [11] Stekol, J. A., and K. Weiss: J. biol. Ch. **179**, 1049 (1949). — [12] Zilversmit, D. B., C. Entenman and I. L. Chaikoff: J. biol. Ch. **176**, 193 (1948). — Artom, C., W. E. Cornatzer and M. Crowder: J. biol. Ch. **180**, 495 (1949). — [13] Moyer, A. W., and V. du Vigneaud: J. biol. Ch. **143**, 373 (1942). — Maw, G. A., and V. du Vigneaud: J. biol. Ch. **176**, 1029, 1037 (1948). — McKittrick, D. S.: Arch. Biochem. **15**, 133 (1947); **18**, 437 (1948). — Dubnoff, J. W., and H. Borsook: J. biol. Ch. **176**, 789 (1948).

lipotrope Wirkung haben Inosit und „Lipocaic“[1] mit ihm gemein und natürlich alle Substanzen (besonders Methionin), welche zur Cholinsynthese beitragen. Cholinmangel führt bei der Ratte[2] neben den schon erwähnten Erscheinungen des Gewichtsverlustes und der Leberverfettung zu einer Lähmung besonders der hinteren Extremitäten, zu Haarverlust und einer hämorrhagischen Veränderung der Niere. Außerdem wird über das Auftreten von Anämie[3], Nebennierenhypertrophie und Thymusatrophie[4] berichtet. Besonders bemerkenswert ist, daß ein kurzfristiger Cholinmangel bei ganz jungen Ratten zu Arteriosklerose und Hochdruck bei noch jugendlichen Tieren führt[5]. Auch das Huhn[6] benötigt Cholin. Bei jungen Hunden führt Cholinmangel[7] bereits nach 3 Wochen zum Tode. Die Acetylierung von Cholin erfordert Acetyl-CoA[8].

γ) Vorkommen[9].

Für kaum eine Substanz liegen so komplette Daten über den Gehalt in Nahrungsstoffen vor wie für Cholin. In Getreide findet sich eine überraschend konstante Cholinmenge von um 1 mg/g Trockensubstanz. Im Brot liegt demnach der Gehalt bei 0,5—0,7 mg/g. Gemüse enthält dagegen sehr unterschiedliche Mengen. Während Sojabohnen, Kohl, Spinat und Hülsenfrüchte 2—3,5 mg/g Trockensubstanz enthalten, findet sich in Zwiebeln, Tomaten, Lattich u. ä. kein Cholin oder nur Spuren davon. Auch alle bis jetzt untersuchten Obstarten scheinen cholinfrei zu sein. Das Muskelfleisch der Säugetiere enthält zwischen 0,7 und 1,5 mg/g, Leber und Niere zwischen 4—6,5 und Herz 2,3 mg/g. Auch der Gehalt der Fische liegt auf derselben Höhe. Trockenmilch und Käse enthalten zwischen 0,5—1,5 und Eidotter 17 mg/g.

Im Blut finden sich 0,3—1,5 mg-%, im Harn 5—10 mg je Tag[10]. Die tägliche Zufuhr bei normaler Kost beträgt 500—1000 mg Cholin.

δ) Bestimmungsverfahren[11].

Die alten Methoden des Nachweises mit Platinchlorid[12] und auch die gravimetrische Reineckatmethode von KAPFHAMMER u. BISCHOFF[13] sind für biologische Flüssigkeiten kaum geeignet. Die zahlreichen colorimetrischen Modifikationen[14] der letzteren Methode kranken wie diese selbst an der Unspezifität. Dasselbe gilt für die Enneajodidmethode von SHARPE[15] und ROMAN[16]. Empfehlenswert ist die Modifikation von SHAW[17]. KLEIN u. LINSER[18] benutzten

[1] PROHASKA, J. VAN, L. R. DRAGSTEDT and H. P. HARMS: Amer. J. Physiol. **117**, 166 (1936). — DRAGSTEDT, L. R., J. VAN PROHASKA and H. P. HARMS: Amer. J. Physiol. **117**, 175 (1936). — ENTENMAN, C., I. L. CHAIKOFF and M. L. MONTGOMERY: J. biol. Ch. **155**, 573 (1944). — WICK, A. N.: Arch. Biochem. **20**, 113 (1949). — [2] PATTERSON, J. M., and E. W. MCHENRY: J. biol. Ch. **145**, 207 (1942). — ENGEL, R. W.: J. Nutrit. **24**, 175 (1942). — [3] ENGEL, R. W.: J. Nutrit. **36**, 739 (1948). — [4] OLSON, R. E., and H. W. DEANE: J. Nutrit. **39**, 31 (1949). — [5] HARTROFT, W. S., and C. H. BEST: Brit. med. J. **1949 I**, 423. — [6] JUKES, T. H.: J. Nutrit. **21**, 13; **22**, 315 (1941). — [7] MCKIBBIN, J. M., R. M. FERRY jr., S. THAYER, E. G. PATTERSON and F. J. STARE: J. Lab. clin. Med. **30**, 422 (1945). — [8] KORKES, S., A. DEL CAMPILLO, S. R. KOREY, J. R. STERN, D. NACHMANSOHN and S. OCHOA: J. biol. Ch. **198**, 215 (1952). — [9] ENGEL, R. W.: J. Nutrit. **25**, 441 (1943). — MCINTIRE, J. M., B. S. SCHWEIGERT and C. A. ELVEHJEM: J. Nutrit. **28**, 219 (1944). — GLICK, D.: Cereal Chem. **22**, 95 (1945). — WILLSTAEDT, H., M. BORGGÅRD u. H. LIECK: Z. Vit.-Forsch. **18**, 25 (1946). — [10] SCHLEGEL, J. U.: Proc. Soc. exp. Biol. Med. **70**, 695 (1949). — DE LA HUERGA, J., and H. POPPER: J. clin. Invest. **30**, 463 (1951). — JOHNSON, B. C., T. S. HAMILTON and H. H. MITCHELL: J. biol. Ch. **159**, 5 (1945). — [11] Vitamin Meth. (GYÖRGY) Bd. 1, S. 243, 464. — Hinsberg-Lang 2. Aufl. S. 349. — [12] WREDE, F., E. STRACK u. E. BORNHOFEN: H. **183**, 123 (1929). — LEVENE, P. A., and T. INGVALDSEN: J. biol. Ch. **43**, 355 (1920). — [13] KAPFHAMMER, J., u. C. BISCHOFF: H. **191**, 179 (1930). — [14] BEATTIE, F. J. R.: Biochem. J. **30**, 1554 (1936). — ENGEL, R. W.: J. biol. Ch. **144**, 701 (1942). — MARENZI, A. D., and C. E. CARDINI: J. biol. Ch. **147**, 363 (1943). — [15] SHARPE, J. S.: Biochem. J. **17**, 41 (1923). — [16] ROMAN, W.: B. Z. **219**, 218 (1930). — MAXIM, M.: B. Z. **239**, 138 (1931). — [17] SHAW, F. H.: Biochem. J. **32**, 1002 (1938). — [18] KLEIN, G., u. H. LINSER: B. Z. **250**, 230 (1932).

die von LINTZEL u. FOMIN[1] ursprünglich für die Lecithinbestimmung entwickelten Verfahren der Cholinoxydation mit Permanganat zu Trimethylamin, welches von den anderen Methylaminen nach Behandlung mit Formaldehyd durch Destillation getrennt wird. STREET[2] u. Mitarb. haben das LINTZELsche Verfahren aufgegriffen und modifiziert.

Von den wenigen Mikroorganismen, welche Cholin als essentiellen Wuchsstoff benötigen, wird die Neurospora-Mutante „cholineless" für die quantitative Bestimmung herangezogen[3]. Nach FORSANDER u. HALLMAN[4] wird sie allerdings auch ein wenig durch andere lipotrope Substanzen stimuliert.

o) Inosit (meso-Inosit).

Von **K. SCHREIER.**

α) Bedarf.

meso-Inosit ist ein Wuchsstoff für Hefen und ähnliche Mikroorganismen. Das Interesse an der Substanz erwachte besonders, als es WOOLLEY[5] gelang, zu zeigen, daß die Maus Inosit für ihr optimales Gedeihen benötigt. Dies gilt, wie weitere Untersuchungen ergaben, auch für Ratte, Meerschweinchen, Hamster und Huhn[6]. Vorher hatte EASTCOTT[7] die Identität von Bios I WILDIERS[8] mit meso-Inosit nachgewiesen (über die Chemie usw. s. Bd. 1, S. 315). Inosit findet sich weit verbreitet im Tier- und Pflanzenreich, so in besonders hoher Konzentration in der Hefe[9]. Im tierischen Gewebe liegt es (100–1500 mg-%) wahrscheinlich größtenteils an Eiweiß gebunden vor. Im Gehirn kommt ein Diphosphoinositid enthaltendes Kephalin vor[10]. In der Pflanzenzelle finden sich Mono-, Tri-, aber ganz besonders Hexaphosphorsäureester[11], wobei letztere Substanz als *Phytin* gut bekannt ist. Sie bildet mit Calciumsalzen schlecht wasserlösliche Komplexe, welche die Kalkresorption im Darm beeinträchtigen können[12]. Möglicherweise treten aber Adaptivenzyme, „Phytasen"[13], auf, welche Inosithexaphosphat aufspalten. Auch durch die Hefegärung wird Phytin zerstört (Brot!). Eisen wird durch Phytin ebenfalls immobilisiert (s. Bd. 2/1, S. 651).

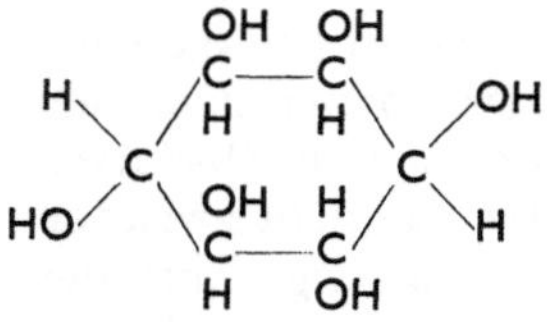

meso-Inosit

Im Tierversuch führt ein Mangel an Inosit zu Gewichtsverlust und Alopecie. Allerdings kommt es zu spontanen Besserungen des Zustandes[14]. Unklar ist die „lipotrope" Wirkung von Inosit[15]. Nach kürzlichen Mitteilungen von BEST u. Mitarb.[16] hat die Substanz eine deutliche, wenn auch nur begrenzte Wirkung

[1] LINTZEL, W., u. S. FOMIN: B.Z. **238**, 438, 452 (1931). — [2] STREET, H. E., A. E. KENYON and G. M. WATSON: Biochem. J. **40**, 869 (1946). — [3] HOROWITZ, N. H., and G. W. BEADLE: J. biol. Ch. **150**, 325 (1943). — [4] FORSANDER, O., and E. HALLMAN: Scand. J. clin. Lab. Invest. **4**, 63 (1952). — [5] WOOLLEY, D. W.: Science, N.Y. **92**, 384 (1940). — [6] HOGAN, A. G., and J. W. HAMILTON: J. Nutrit. **23**, 533 (1942). — HAMILTON, J. W., and A. G. HOGAN: J. Nutrit. **27**, 213 (1944). — COOPERMAN, J. M., H. A. WAISMAN and C. A. ELVEHJEM: Proc. Soc. exp. Biol. Med. **52**, 250 (1943). — [7] EASTCOTT, E. V.: J. physic. Chem. **32**, 1094 (1928). — [8] WILDIERS, E.: Cellule **18**, 313 (1901). — [9] KÖGL, F., u. B. TÖNNIS: H. **242**, 43 (1936). — EMERY, W. B., N. MCLEOD and F. A. ROBINSON: Biochem. J. **40**, 426 (1946). — [10] ROSENBERGER, F.: H. **64**, 341 (1910). — WINTER, L. B.: Biochem. J. **28**, 6 (1934). — MEYER, A. E.: Proc. Soc. exp. Biol. Med. **62**, 111 (1946). — FOLCH, J.: J. biol. Ch. **177**, 497, 505 (1949). — [11] ANDERSON, R. J.: J. biol. Ch. **18**, 425 (1914); **20**, 463 (1915). — KLENK, E., u. R. SAKAI: H. **258**, 33 (1939). — WOOLLEY, D. W., and A. G. C. WHITE: J. biol. Ch. **147**, 581 (1943). — [12] HARRISON, D. C., and E. MELLANBY: Biochem. J. **33**, 1660 (1939). — KREBS, H. A., and E. MELLANBY: Biochem. J. **37**, 466 (1943). — [13] SPITZER, R. R., and P. H. PHILLIPS: J. Nutrit. **30**, 117, 183 (1945). — [14] WOOLLEY, D. W.: J. exp. Med. **75**, 277 (1942). — [15] GAVIN, G., and E. W. MCHENRY: J. biol. Ch. **139**, 485 (1941). — FORBES, J. C.: Proc. Soc. exp. Biol. Med. **54**, 89 (1943). — [16] BEST, C. H., C. C. LUCAS, J. M. PATTERSON and J. H. RIDOUT: Biochem. J. **48**, 448 (1951). — BEST, C. H., J. H. RIDOUT, J. M. PATTERSON and C. C. LUCAS: Biochem. J. **48**, 452 (1951).

auf das Leberfett, wenn eine fettfreie, an lipotropen Substanzen arme Diät gereicht wird. Wie allerdings die Aufhebung der lipotropen Wirksamkeit durch Fettzufuhr erklärt werden soll, bleibt unbeantwortet.

Da der Gehalt der Säugetierorgane an Inosit unvergleichlich höher ist als an irgendeinem anderen Vertreter des B-Komplexes und andererseits auch der Bedarf der Versuchstiere und der Mikroorganismen, welche es nicht selbst synthetisieren können, sehr hoch ist, scheint es berechtigt, Inosit nicht eigentlich als Vitamin aufzufassen, sondern es in die Gruppe essentieller Nahrungsfaktoren (wie die exogenen Aminosäuren und wohl auch Cholin) einzuordnen. WILLIAMS[1] nimmt an, daß der Mensch je Tag etwa 1 g Inosit benötigt.

β) Stoffwechsel.

Der Gehalt des menschlichen Blutes schwankt zwischen 0,37—0,76 mg-%[2]. Die Ausscheidung im Urin beträgt etwa 15 mg je Tag[3]. Andere Autoren[4] geben 26—144 (56) mg je Tag an. Beim Diabetes mellitus ist die Ausscheidung erhöht, was die engen Beziehungen zum Kohlenhydratstoffwechsel unterstreicht (s. Bd. 1, S. 315). Ob dem Inosit eine Funktion als Coenzym zukommt (Amylase[5]), ist ungewiß. Der Nachweis, daß „Lindan“ (γ-Hexachlorcyclohexan) die Pankreasamylase hemmt und diese Hemmung durch Inosit kompetitiv aufgehoben wird, spricht in diesem Sinne[6]. Es wird angenommen, daß die Wirkung der hochaktiven insektiziden Substanzen aus der Gruppe der Hexachlorcyclohexane durch ihre Interferenz mit Stoffwechselprozessen, in die meso-Inosit verquickt ist, ausgelöst wird. Dies ist aber keineswegs bewiesen[7]. (Über weitere Analoga s. Bd. 1, S. 316.)

γ) Bestimmungsverfahren.

Von den chemischen Verfahren hat sich die Methode von PLATT u. GLOCK[8] deshalb bewährt, weil die interferierenden Substanzen durch Ionenaustauscher weitgehend eliminiert wurden. Aber auch beim Inosit verdienen die mikrobiologischen Verfahren wegen ihrer Einfachheit den Vorzug. Da die Substanz gegen Säure sehr stabil ist, bereitet die Aufarbeitung des Untersuchungsmaterials keine Schwierigkeit[9]. Nach SNELL[10] gibt das Verfahren von ATKIN u. Mitarb.[11] besonders zuverlässige Resultate und besticht durch sein wenig komplexes Medium. Als Mikroorganismus wird Saccharomyces carlsbergensis 4228 verwendet. Andere Autoren benützen S. cerevisiae G. M.[12] bzw. Hansen Nr. 1[13]. Auch Neurospora crassa „inositolless“ Nr. 37401 ist für die Bestimmung geeignet[14].

p) Vitamin P (Citrin, Rutin)[15] (s. Bd. 1, S. 314).

Von **H. WOLF.**

Ausgehend von der Beobachtung, daß im ungarischen Pfeffer und in der Citronenschale eine Substanz gefunden wird, welche bei menschlichem und tierischem Skorbut die Capillarpermeabilität herabsetzt und welche sich von Vitamin C

[1] WILLIAMS, R. J.: J. amer. med. Ass. **119**, 1 (1942). — [2] SONNE, S., and H. SOBOTKA: Arch. Biochem. **14**, 93 (1947). — [3] JOHNSON, B. C., H. H. MITCHELL and T. S. HAMILTON: J. biol. Ch. **161**, 357 (1945). — [4] DAUGHADAY, W. H., J. LARNER and E. HOUGHTON: J. clin. Invest. **31**, 624 (1952). — [5] WILLIAMS, R. J., F. SCHLENK and M. A. EPPRIGHT: Am. Soc. **66**, 896 (1944). — [6] LANE, R. L., and R. J. WILLIAMS: Arch. Biochem. **19**, 329 (1948). — [7] DRESDEN, D., and B. J. KRIJGSMAN: Bull. entomol. Res. **38**, 575 (1948). — SRIVASTAVA, A. S.: Science, N. Y. **115**, 403 (1952). — [8] PLATT, B. S., and G. E. GLOCK: Biochem. J. **37**, 709 (1943). — [9] WOOLLEY, D. W.: J. biol. Ch. **140**, 461 (1941). — [10] SNELL, E. E.: Vitamin Meth. (GYÖRGY) Bd. 1, S. 441. — [11] ATKIN, L., A. S. SCHULTZ, W. L. WILLIAMS and C. N. FREY: Industr. engng. Chem., analyt. Ed. **15**, 141 (1943). — [12] WILLIAMS, R. J., A. K. STOUT, H. K. MITCHELL and J. R. MCMAHAN: Univ. Texas Publ. No 4137, S. 27 (1941). — [13] WOOLLEY, D. W.: Biol. Symp. **12**, 279 (1947). — [14] TATUM, E. L., M. G. RITCHEY, E. V. COWDRY and L. F. WICKS: J. biol. Ch. **163**, 675 (1946).

[15] **Zusammenfassende Darstellungen:** SCARBOROUGH, H., and A. L. BACHARACH: Vitamins & Hormones **7**, 1 (1949). — JENEY, E., u. J. URI: Pharmazie **9**, 533 (1954). — KÜHNAU, J.: Kli. Wo. **1949**, 294.

unterscheidet, wurde von SZENT-GYÖRGYI[1] u. Mitarb. ein neues „Vitamin" (P — auch Citrin genannt) angenommen. Die ersten Versuche ließen sich selbst im eigenen Laboratorium nicht immer reproduzieren[2]. Seit dieser Zeit geht die Diskussion, 1. ob die entdeckte Substanz ein Vitamin ist und 2. ob sie als Pharmakon einen Einfluß auf die Gefäße ausübt. Die erstere Frage scheint nunmehr als endgültig widerlegt zu gelten[3], obwohl ein eigenes klinisches Krankheitsbild des Vitamin P-Mangels beschrieben wurde[4], welches in petecchialen Blutungen nach kleinen Traumen, Schulterschmerz und allgemeiner Müdigkeit bestehen solle. Schwieriger zu entscheiden ist die zweite Streitfrage, und zwar deshalb, weil inzwischen mehrere Substanzen mit „Vitamin P-Wirksamkeit" isoliert werden konnten, und die Literaturangaben sich in jeder Beziehung widersprechen. Das bekannteste dieser auch im Handel befindlichen Präparate ist das Rutin[5] (s. Bd. 1, S. 270). Es handelt sich dabei um ein Glykosid des Quercetins, also eine Substanz aus der Flavonolreihe, aus der sich ähnliche Verbindungen weit verbreitet im Pflanzenreich vorfinden. Es wird diskutiert, ob sie dort eine Rolle bei der Atmung spielen[6]. Auch wirken sie offenbar als kopulationsverhindernde Stoffe bzw. Gynotermone[7]. Flavonol-Glykosid-Eiweißverbindungen haben anscheinend in der Pflanze den Charakter von Fermenten. Möglicherweise kann Rutin im Säugerorganismus in D-Epicatechin umgewandelt werden (KÜHNAU). In hohen Dosen (0,5 g) wirken Flavonfarbstoffe bakteriostatisch[8]. Das ursprüngliche Citrin ist höchstwahrscheinlich ein Gemisch von Hesperetin- und Eriodictyolglykosiden. Das Eriodictin ist ein Rhamnosid des Eriodictyols von folgender Formel:

Rhamnose-O — O — CH — OH — OH — CH_2 — C — O — OH

Auch andere Aglucone, wie D-Epicatechin u. ä., zeigen P-Wirksamkeit.

Die Literaturangaben[9] über den Einfluß von Rutin und ähnlichen Substanzen auf die Durchlässigkeit der Gefäße sind deshalb so ungewöhnlich widerspruchsvoll, weil schon die *Methodik* der Permeabilitätsbestimmung beim Tier große Fehlerquellen aufweist. Am ehesten eignet sich noch der Mensch zu derartigen Studien, aber auch hier besteht eine große individuelle Streubreite. Um den Wirrwarr noch zu vergrößern, wird zwischen einer Gefäßdurchlässigkeit und Gefäßbrüchigkeit unterschieden. Man glaubte, die Gefäßwirksamkeit auf einen Einfluß auf

[1] BENTSÁTH, A., S. RUSZNYÁK and A. SZENT-GYÖRGYI: Nature **138**, 798 (1936); **139**, 326 (1937). — ARMENTANO, L.: Z. ges. exp. Med. **97**, 630, (1936); **102**, 219 (1938). — [2] SZENT-GYÖRGYI, A.: H. **255**, 126 (1938). — [3] s. dazu CLARK, W. G., and E. M. MACKAY: J. amer. med. Ass. **143**, 1411 (1950). — ZILVA, S. S.: Biochem. J. **31**, 915 (1937). — [4] SCARBOROUGH, H.: Lancet **1940 II**, 644. — [5] GRIFFITH, J. Q. jr., J. F. COUCH and M. A. LINDAUER: Proc. Soc. exp. Biol. Med. **55**, 228 (1944). — [6] HUSZÁK, S.: H. **247**, 239; **249**, 214 (1937). — SZENT-GYÖRGYI, A.: Studies on Biological Oxydation and some of its Catalysts. Budapest 1937. — [7] KUHN, R., u. I. LÖW: Naturwiss. **34**, 283 (1947). — KUHN, R., I. LÖW u. F. MOEWUS: Naturwiss. **30**, 373, 407 (1943). — [8] URI, J. v., u. L. SZABÓ: Ber. Physiol. **131**, 2 (1941). — SCHRAUFSTÄTTER, E.: Exper. **4**, 484 (1948). — [9] ZACHO, C. E.: Acta path. microbiol. scand. **16**, 144 (1939). — BACHARACH, A. L., and M. E. COATES: J. Soc. chem. Industr. **62**, 85 (1943). — BOURNE, G. H.: J. Physiol., London **102**, 319 (1943). Nature **152**, 659 (1943). — KIBRICK, A. C., and A. E. GOLDFARB: Proc. Soc. exp. Biol. Med. **57**, 319 (1944). J. Pharmacol. exp. Therap. **82**, 211 (1944). — WILSON, R. H., T. G. MORTAROTTI and E. K. DOXTADER: Proc. Soc. exp. Biol. Med. **64**, 324 (1947).

die Hyaluronidase[1] zurückführen zu können. Auch ein Einfluß auf den Kalkhaushalt wurde postuliert[2]. Von anderer Seite wird diskutiert, ob Rutin die Adrenalinoxydation[3] hemmt; doch zeigte es sich bald[4], daß andere biologische Substanzen weit aktiver sind. Einige enthusiastische Berichte über therapeutische Erfolge[5] sind inzwischen durch zahllose negative Resultate[6] bei der Behandlung erhöhter Gefäßdurchlässigkeit aus verschiedensten Ätiologien abgelöst worden. Die Flavonoide haben auch keinerlei Einfluß auf die Überlebenszeit der Tiere nach Röntgenbestrahlung[7], wie mehrfach behauptet wurde. Rutin wurde gewöhnlich per os verabfolgt. Nachprüfungen ergaben, daß die Substanz im Darm offenbar überhaupt nicht resorbiert wird[8]. Die Darmbakterien zerstören sie anscheinend völlig, denn sie erscheint auch im Stuhl nicht wieder.

Für das Tier und den Menschen haben die Flavone, Flavonole und Flavanone wohl keine oder doch höchstens eine ganz geringe Bedeutung Eventuelle pharmakologische Wirkungen in vitro lassen sich offenbar in vivo nicht realisieren.

q) Vitamin C (Ascorbinsäure)[9–15].

Von **H. Wolf.**

α) Geschichtliches.

Den wesentlichsten Beitrag zu der Erkenntnis, daß der altbekannte und gefürchtete Skorbut eine Mangelkrankheit ist, lieferten Holst und Frölich 1912 durch die Erzeugung des Meerschweinchenskorbuts mittels einseitiger Ernährung mit Gerstengraupen und Weißbrot. Das Vitamin C wurde 1927 von v. Szent-Györgyi[16] aus der Nebenniere und aus Kohl als „Hexuronsäure" auf Grund von Untersuchungen über das Redoxverhalten verschiedener Substanzen in der Zelle isoliert. Ihre Identität mit dem lange gesuchten C-Vitamin trat erst auf Grund der Tillmansschen Angaben über die hohe Reduktionskraft der vitamin-C-haltigen Materialien zutage (v. Szent-Györgyi, 1932). Sie erhielt von ihrem Entdecker und von Haworth den Namen Ascorbinsäure (abgeleitet von den antiskorbutischen und den sauren Eigenschaften der Substanz). Die Konstitutionsaufklärung erfolgte durch Haworth; Hirst; Micheel; Karrer und ihre Mitarbeiter, insbesondere aber durch die 1934 durchgeführte Synthese (Reichstein; Haworth; Micheel).

β) Ausfallserscheinungen[17].

Skorbut tritt vor allem dann auf, wenn in der Kost frische Gemüse fehlen, wie z.B. bei überwiegendem Genuß von Pökelfleisch, Zwieback und ähnlichen,

[1] Beiler, J. M., and G. J. Martin: J. biol. Ch. **171**, 507 (1947); **174**, 31 (1948). — [2] Ludwig, O.: Med. Welt **1942**, 1181. — [3] Lavollay, J.: Cr. **214**, 287 (1942). — Parrot, J. L., and J. Lavollay: Cr. **218**, 211 (1944). — [4] Clark, W. G., and T. A. Geissman: J. Pharmacol. exp. Therap. **95**, 363 (1949). Fed. Proc. **7**, 21 (1948). — [5] Scarborough, H., R. G. Macfarlane and A. L. Bacharach: Proc. R. Soc. Med. **35**, 407 (1942). — Shanno, R. L.: Amer. J. med. Sci. **211**, 539 (1946). — Hein, H.: Kli. Wo. **1948**, 466. — Küchmeister, H.: Kli. Wo. **1949**, 297. — s. a. Kühnau, J.: Kli. Wo. **1949**, 294. — [6] Levitt, L. M., M. R. Cholst, R. S. King and M. B. Handelsman: Amer. J. med. Sci. **215**, 130 (1948). — Glass, W. H.: Amer. J. med. Sci. **220**, 409 (1950). — Editorial: Lancet **1950 II**, 690. — Martini, G. A., u. H. Engelkamp: D. m. W. **1952**, 833. — [7] Dauer, M., and J. M. Coon: Proc. Soc. exp. Biol. Med. **79**, 702 (1952). — [8] Clark, W. G., and E. M. MacKay: J. amer. med. Ass. **143**, 1411 (1950).

Zusammenfassende Darstellungen über Vitamin C: 9—15. [9] Micheel, F.: Vitamin C. Angew. Chem. **47**, 550—552 (1934). — [10] Rietschel, H.: Vitamin C und klinische Erfahrung. D. m. W. **1940**, 1177, 1205; **1941**, 211. — [11] Stepp-Kühnau-Schroeder, Vitamine 6. Aufl. S. 276—326. — [12] Giroud, A.: L'acide ascorbique dans la cellule et les tissus. (Protoplasma-Monogr. **16**) Berlin 1938. — [13] Góth, A.: Der gegenwärtige Stand der Vitamin C-Forschung. Z. Vit.-Forsch. **14**, 103—147 (1943). — [14] Giroud, A., et A. R. Ratsimananga: Acide ascorbique, Vitamine C. Paris 1943. — [15] Giroud, A.: Exper. **1**, 239 (1945).

[16] Szent-Györgyi, A. v.: Nature **119**, 782 (1927). — [17] Hess, A. F.: Scurvy, Past and Present. Philadelphia 1920. — Höjer, A.: Studies in Scurvy. Uppsala 1924. — King, C. G.: Physiol. Rev. **16**, 238 (1936). — Stepp, W.: Ernährungslehre. S. 385. Berlin 1939. — Wagner, K.-H.: D. m. W. **1941**, 1232.

früher auf Schiffen üblichen Kostformen. Schwere Skorbutfälle kommen auch heute noch in nördlichen Ländern vor. Der menschliche Skorbut ist keine reine C-Avitaminose, doch sind die Hauptmangelsymptome auf das Fehlen des C-Vitamins zurückzuführen. Selbst der experimentelle Skorbut des Meerschweinchens ist aller Wahrscheinlichkeit nach eine Mischavitaminose, bei welcher neben der L-Ascorbinsäure angeblich noch das Vitamin P fehlt (s. S. 805). Skorbut tritt sowohl beim Erwachsenen als auch beim Säugling und beim Kind auf (MÖLLER-BARLOWsche Krankheit) und zeigt in beiden Formen die gleichen Ausfallserscheinungen.

Neben dem alimentär bedingten Skorbut beobachtet man auch Vitamin C-Mangelkrankheiten infolge mangelhafter oder vollständig fehlender C-Resorption (Darmerkrankungen) oder infolge erhöhten Verbrauchs seitens des Organismus (Belastungen aller Art: körperliche Beanspruchung, Kälte, Toxine (Diphtherietoxin!)[1].

Der Skorbut ist keine lokale Erkrankung, sondern eine Allgemeinerkrankung des gesamten Organismus. Er zieht also eine völlige Dysregulation im Organismus nach sich, von der wir heute allerdings nur den kleinsten Teil kennen. Man sollte die typischen Symptome daher eher als „auffälligste Merkmale“ bezeichnen.

Die wesentlichen klinischen Merkmale des Skorbuts äußern sich in folgendem: 1. Die Mundschleimhäute sind in der Umgebung der Zähne stark entzündet, die Zähne selbst werden locker und fallen teilweise aus. 2. Haut, Knochenhaut und innere Organe sind von zahlreichen Blutungen durchsetzt. Weiterhin zeigen sich ausgedehnte Schwellungen, die beim Kind vor allem in den Gliedmaßen, an den Augenlidern und an der Knorpelknochengrenze der Rippen in Erscheinung treten (z.B. skorbutischer Rosenkranz). 3. Das Knochen- und Zahnwachstum ist in charakteristischer Weise gestört, was sich bei den Knochen besonders an Röntgenaufnahmen zeigt. 4. Im allgemeinen herrscht eine mehr oder minder starke Anämie.

Begleiterscheinungen des menschlichen Skorbuts sind Appetitlosigkeit, Blässe, Muskelschwäche und Herzbeschwerden. Die Vitamin C-Armut des Körpers erleichtert ferner das Auftreten von Infektionskrankheiten in ausgesprochenem Maße.

Der experimentelle Skorbut läßt sich am besten am Meerschweinchen erzielen. Die klinischen Symptome sind im großen ganzen dieselben wie beim Menschen. Nach den Ergebnissen am Meerschweinchen ist der Skorbut als eine Systemerkrankung des Mesenchyms zu betrachten[2].

Die Hämorrhagien beruhen auf einer Schädigung der Gefäß- und Capillarwände als Folge einer mangelhaften Ausbildung der die Zellen verbindenden sog. Kittsubstanz (ASCHOFF). Dieses Fehlen des Zellkittes ist nur ein Einzelsymptom einer allgemeinen Bindegewebsatrophie, von der im besonderen Maße die Kollagenfibrillen ergriffen werden. Durch äußeren Druck brechen die geschwächten Capillarwände und geben so zu den Gewebsblutungen Anlaß. Die Schädigung der Capillaren ist ein Frühsymptom des Skorbuts und kann durch Bestimmung der Resistenz diagnostisch verwertet werden. Eine Folge der Capillarschwäche sind auch die beim Meerschweinchen häufig beobachteten Magengeschwüre[3].

Die Störung der Fettresorption hängt mit der durch Vitamin C-Mangel verursachten Nebenniereninsuffizienz zusammen[4].

---

[1] SZENT-GYÖRGYI, A. v.: Verh. Ges. Verd.-Krankh. **1934**, 49. — LYMAN, C. M., and C. G. KING: J. Pharmacol. exp. Therap. **56**, 209 (1936). — [2] GLASUNOW, M.: Virchows Arch. **299**, 120 (1937). — [3] ROE, J. H., J. M. HALL and H. M. DYER: Amer. J. digest. Dis. 8, 261 (1941) [C. **1942II**, 2287]. — [4] GIROUD, A., A.-R. RATSIMAMANGA et H. CHALOPIN: C. R. Soc. Biol. **135**, 836, 839 (1941). — JUSATZ, H. J.: Med. Welt **1942**, 417.

Die skorbutischen Knochenschädigungen zeigen sich frühzeitig in Osteoporose und Ablösung der Epiphyse (hervorgerufen durch eine Desorientierung und starke Abnahme der Knorpelschicht) und in der Verkümmerung der Trabeculae. Die Knochen werden brüchig und dünn. Das Knochenmark zeigt gelatinöse und fibröse Degeneration der hämatopoetischen Stellen und ist von Blutungen durchsetzt.

An den Zähnen macht sich der Skorbut (besonders beim Meerschweinchen) sehr frühzeitig bemerkbar. Das Hauptmerkmal der C-Avitaminose ist der Übergang der (zahnbildenden) Odontoblasten in (knochenbildende) Osteoblasten, wodurch sich statt Dentin krankhafter Knochen bildet[1]. Die Dentinschicht wird schmal und unregelmäßig und ist von Knochenablagerungen durchsetzt; das Prädentin verkalkt. Die Blutgefäße in der Umgebung der Zähne sind erweitert, die Pulpa ist von Blutungen durchsetzt und wird schließlich resorbiert[2].

Während der klassische Skorbut heute selten geworden ist, sind C-Hypovitaminosen schwächeren Grades, bei denen weniger sinnfällige Symptome auftreten, weit häufiger. Neigung zu Zahnfleischblutungen, Anfälligkeit für Katarrhe verschiedener Art, starke Zahnfäulnis, die sog. Frühjahrsmüdigkeit u. a. sind Kennzeichen der latenten C-Avitaminose.

Zur Erkennung eines relativen C-Mangels wird besonders die sog. Belastungsprobe herangezogen. Sie beruht darauf, daß der Körper überflüssige L-Ascorbinsäure im Harn ausscheidet. Beim gesunden Menschen setzt diese Ausscheidung bei Verabfolgung von ungefähr 300 mg nach etwa 4 Tagen ein und beträgt 80 bis 90%. Beim vitamin-C-unterernährten Menschen dauert dies je nach der Schwere entsprechend länger. Aus der Verzögerung der Ausscheidung und der zugeführten Menge läßt sich der Grad der Hypovitaminose leicht abschätzen[3]. Wie weit das Vitamin C-Defizit von den äußeren Umständen, besonders von der Ernährungsweise abhängt, erkennt man z.B. sehr schön daran, daß bei einer Anzahl untersuchter Kinder im August eine Unterbilanz von 155 mg, im April hingegen von 555 mg gefunden wurde[4].

C-Hypovitaminose läßt sich ferner am Ascorbinsäuregehalt des Liquor cerebrospinalis erkennen[5] (s. a. S. 814).

γ) Chemie[6] (s. a. Bd. 1, S. 311).

Der Darstellung von reiner, krystallisierter Ascorbinsäure aus Paprika u.a. steht heute die Synthese ebenbürtig zur Seite, so daß beliebige Mengen zur Verfügung stehen.

Ascorbinsäure krystallisiert aus Methanol-Petroläther in feinen Nädelchen vom Schmelzpunkt 191°. $[\alpha]_D^{20}$ (Wasser) $= +\,24°$; $[\alpha]_D^{20}$ (n/2 HCl) $= +\,22°$; $[\alpha]_D^{20}$ (Methanol) $= +\,49°$. Die L-Ascorbinsäure ist das Endiol eines 3-Ketohexonsäurelactons, das rationell als L-Threo-3-ketohexonsäure-enol-lacton bzw. 1-Threo-2,3,4,5,6-pentoxy-hexen-2-carbonsäurelacton bezeichnet wird.

---

[1] Walkhoff, O.: Die Vitamine in ihrer Bedeutung für die Entwicklung, Struktur und Widerstandsfähigkeit der Zähne gegen Erkrankungen. Berlin 1929. — Cox, G. J.: A critique of the etiology of dental caries. Vitamins & Hormones **2**, 255 (1944). — [2] Westin, G.: Z. Vit.-Forsch. **2**, 1 (1933). — [3] Harris, L. J., and S. N. Ray: Biochem. J. **27**, 303 (1933). Lancet **1935 I**, 71. — Zilva, S. S.: Biochem. J. **29**, 1612 (1935). — Harris, L. J.: Nature **151**, 21 (1943). — Atkins, W. R. G.: Nature **151**, 21 (1943). — [4] Lüthi, H.: Z. Vit.-Forsch. **11**, 132 (1941). — [5] Plaut, F., u. M. Bülow: Z. ges. Neurol. Psychiatr. **154**, 481 (1936).

[6] *Zusammenfassende Darstellungen:* Micheel, F.: Angew. Chem. **47**, 550 (1934). — Ohle, H.: Handb. Biochem. Erg.-W. Bd. 3, S. 800. — Reichstein, T., u. V. Demole: Festschrift E.C. Barrel. S. 107. Basel 1936. — Moll, T., u. W. Wieters: Mercks Jber. **50**, 65 (1937).

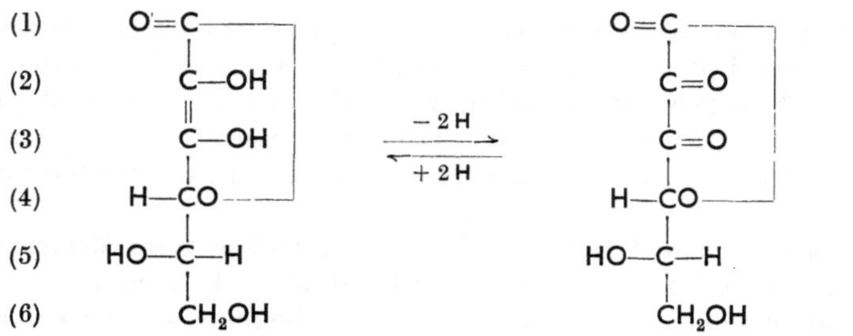

(1)	O=C—┐		O=C—┐
(2)	C—OH │		C=O │
(3)	‖ C—OH │	$\underset{+2H}{\overset{-2H}{\rightleftharpoons}}$	C=O │
(4)	H—CO—┘		H—CO—┘
(5)	HO—C—H		HO—C—H
(6)	CH_2OH		CH_2OH
	L-Ascorbinsäure (Vitamin C)		Dehydro-L-ascorbinsäure (wirksam)

Die hervorstechendste chemische Eigenschaft des C-Vitamins, die Reduktionskraft, ist ebenso wie der Säurecharakter auf die Endiolstruktur zurückzuführen. Bei der Dehydrierung entsteht die Dehydro-L-ascorbinsäure, die wieder zu Ascorbinsäure reduziert werden kann. Die reversible Umwandlung in Dehydroascorbinsäure geht in vivo und in vitro vor sich und ist möglicherweise für die Vitaminwirkung ausschlaggebend.

Damit dient die Ascorbinsäure — wie auch zahlreiche andere reduzierende Substanzen — zur Aufrechterhaltung eines gewissen Redoxpotentials und gibt den verschiedensten Fermentsystemen einen Schutz gegen Oxydation[1–5].

Andererseits scheint das Vitamin C durch andere Substanzen vor Oxydation geschützt zu werden[6], so z. B. durch Vitamin A, B_1 und D_2, in geringerem Maße auch durch Lactoflavin[7]. Die Schutzwirkung des Thiochroms ist geringer als die des Thiamins[8]; Cystein schützt mehr als Cystin; Glutathion schützt stark[9]. Die Schutzwirkung von Ergosterin ist schwach, Cholesterin hat keine Wirkung[10]. α-Tokopherol und Vitamin F begünstigen hingegen die Oxydation der Ascorbinsäure[11].

δ) Wirkungsmechanismus[12].

Die Funktion des Vitamin C erstreckt sich einerseits auf die Gerüst- und Schutzsubstanzen und andererseits auf den Ablauf des Stoffwechsels.

Per os aufgenommene Ascorbinsäure wird im Magen nicht verändert. Je geringer aber die Acidität des Magensaftes, desto schneller wird die Ascorbinsäure zerstört[13]. Es besteht keine direkte Beziehung zwischen verabfolgter und resorbierter Ascorbinsäuremenge, was darauf schließen läßt, daß die Vitamin C-Resorption eine vitale Funktion der Zellen der Darmschleimhaut darstellt und nicht auf Diffusion beruht[14]. Die Resorption erfolgt im Duodenum und besonders

[1] Stotz, E., C. J. Harrer, M. O. Schultze and C. G. King: J. biol. Ch. **122**, 407 (1938). — [2] Hopkins, F. G., and E. J. Morgan: Biochem. J. **30**, 1446 (1936). — Crook, E. M., and F. G. Hopkins: Biochem. J. **32**, 1356 (1938). — [3] Raabe, S.: B. Z. **299**, 141 (1938). — Murray, H. C.: Proc. Soc. exp. Biol. Med. **69**, 351 (1948). — Barron, E. S. G., and T. P. Singer: Science, N. Y. **97**, 356 (1943). — [4] Schopfer, W. H.: Plants and Vitamins. 2. Aufl. Waltham, Mass. 1949. — [5] Janke, A.: Zbl. Bakt. (II) **100**, 409 (1939). — [6] Papageorge, E., and G. L. Mitchell jr.: J. Nutrit. **37**, 531 (1949). — Crampton, E. W., and L. E. Lloyd: Science, N. Y. **110**, 18 (1949). — Giri, K. V.: Nature **166**, 441 (1950). — Géro, E., and J. L. Parrot: C. R. Soc. Biol. **144**, 389 (1950). — [7] Fujimura, K.: Bull. Res. Inst. Food Sci., Kyoto **1**, 35, 47, 51, 55; **2**, 1 (1949) [Chem. Abstr. **46**, 4587^{h}]. — [8] Fujimura, K.: Bull. Res. Inst. Food Sci., Kyoto **1**, 51 (1949) [Chem. Abstr. **46**, 4588^{b}]. — [9] Fujimura, K.: Bull. Res. Inst. Food Sci., Kyoto **1**, 55 (1949) [Chem. Abstr. **46**, 4588^{c}]. — [10] Fujimura, K.: Bull. Res. Inst. Food Sci., Kyoto **2**, 1 (1949) [Chem. Abstr. **46**, 4588^{d}]. — [11] Fujimura, K.: Bull. Res. Inst. Food Sci., Kyoto **1**, 47 (1949) [Chem. Abstr. **46**, 4588^{a}]. — [12] King, C. G.: Physiol. Rev. **16**, 238 (1936). — Holtz, P., u. W. Koech: Kli. Wo. **1942**, 169. — Wachholder, K.: Kli. Wo. **1942**, 893. — Bezssonoff, N., et H. Leroux: Z. Vit.-Forsch. **17**, 1 (1946). — [13] Braun, H.: Med. Mschr. **5**, 692 (1951). — [14] Ogawa, Y.: Iryo, Tokyo **5**, 1 (1951) [Chem. Abstr. **46**, 4621^{i}].

im Jejunum; im Magen wurde die Ascorbinsäure nur in histiocytären Elementen der Submucosa nachgewiesen. Ihr Durchtritt durch die Darmwand scheint rasch zu erfolgen (nach 2—3 Std ist sie nicht mehr im Darminhalt nachzuweisen)[1]. Das Vitamin C greift in den Kohlenhydratstoffwechsel ein. So ist bei experimentellem Skorbut der Blutzucker erhöht, die Zuckertoleranz erniedrigt und das Leberglykogen vermindert[2]. Die Insulinproduktion ist bei Skorbut jedoch normal; dagegen ist die Glykogensynthese gestört, weil die Leberphosphorylase erniedrigt ist[3]. Führt man gleichzeitig Glucose und Ascorbinsäure zu, so ist die Speicherung des Leberglykogens höher als bei alleiniger Glucosezufuhr[4]. Insulinapplikation führt zu einem Übergang von Ascorbinsäure aus dem Plasma in die Gewebe, und zwar sowohl bei normalen als auch bei diabetischen Tieren (Hunden); das spricht für eine katalytische Wirkung des Vitamin C im Kohlenhydratstoffwechsel[5]. Es scheint auch bei der Synthese der Desoxyribonucleinsäure beteiligt zu sein[6]. Eine sehr wichtige Rolle spielt die Ascorbinsäure beim Aufbau der Gerüst- sowie mancher Schutzsubstanzen (Schleime).

Wahrscheinlich beeinflußt das Vitamin C den Aufbau bzw. die gegenseitige Verkettung der Polysaccharide und Polypeptidketten der Mucopolysaccharide bzw. Glykoproteide derart, daß sie nach ihrer Ausscheidung in die Zwischenzellräume sich zu strecken vermögen und fadenförmige Anordnung erlangen. (Für die weitere gegenseitige brückenartige netz- oder filzartige Verknüpfung der Ketten scheint der Einfluß der fettlöslichen Vitamine von ausschlaggebender Bedeutung zu sein.) Daß die Ascorbinsäure nicht etwa in die Grundsubstanz eingebaut wird bzw. sich sonst in irgend einer Form in ihr befindet, zeigen Versuche mit Verabreichung von durch ^{14}C markierter Ascorbinsäure, bei denen aus Knorpel und Haut Chondroitinsulfat ohne Radioaktivität gewonnen wurde[7].

Zum Verständnis dieser Wirkung des Vitamin C sei auf folgendes hingewiesen: normalerweise bilden die in den Intercellularraum ausgeschiedenen Glykoproteide zuerst nur eine strukturlose, kolloidale Masse, bestehend aus Symplexen zwischen Proteinen und Polysaccharidsäuren. Die ausgeschiedenen, im Intercellularraum befindlichen Glykoproteidmoleküle treten in Wechselwirkung miteinander, indem sich die Polypeptidketten des Proteins strecken und hintereinander lagern, während sich die Polysaccharidsäuren — immer noch mit den Polypeptiden in symplexartiger Bindung stehend — seitlich dazwischen lagern. (Stadium der „Orientierung" der Polypeptidketten.) Die Polysaccharidkomponente läßt sich leicht allein ohne Eiweiß extrahieren (vgl. Bd. **1**, S. 761). Das umseitige Schema soll dies veranschaulichen.

Infolge der Orientierung entsteht eine ultramikroskopische Faserstruktur. Die Fäserchen können sich durch Aneinanderlagerung mehrerer Polypeptidketten verdicken (Kollagenfasern). Die Kollagenfasern werden anscheinend nicht als solche von den Bindegewebszellen gebildet. Sie sind ein Produkt der funktionellen Beanspruchung. Dieser Vorgang läßt sich einigermaßen gut verfolgen: nachdem die ersten Mucopolysaccharide gebildet sind, erscheinen sehr feine Fädchen (die gut mit Ag imprägnierbar sind), welche sich langsam verdicken; daraufhin ändert sich die Verteilung der Mucopolysaccharide, so daß eine fädige Anordnung sichtbar

---

[1] Lampa, E.: Pflügers Arch. **239**, 370 (1938). — [2] Banerjee, S., and N. C. Ghosh: J. biol. Ch. **166**, 25 (1946); **168**, 207 (1947). — Murray, H. C., and A. F. Morgan: J. biol. Ch. **163**, 401 (1946). — McKee, R. W., T. S. Cobbey and Q. M. Geiman: Endocrinology **45**, 21 (1949). — [3] Murray, H. C.: Proc. Soc. exp. Biol. Med. **69**, 351 (1948). — [4] Sasao, S.: Tohoku J. exp. Med. **51**, 17 (1949). — [5] Ralli, E. P., and S. Sherry: Proc. Soc. exp. Biol. Med. **43**, 669 (1940). — Sherry, S., and E. P. Ralli: J. clin. Invest. **27**, 217 (1948). — [6] Goldstein, B. I., D. V. Wolkenson, L. G. Kondratjewa u. N. D. Uljanowa: Biochimija, Moskva **15**, 173 (1950). — [7] Burns, J. J., H. B. Burch and C. G. King: J. biol. Ch. **191**, 501 (1951).

wird, welche den argyrophilen Fädchen entspricht. Mucopolysaccharide und Fadeneiweiß scheinen eng miteinander verknüpft zu sein[1]. So ergibt sich als letztes Bild: in Grundsubstanz eingelagerte Kollagenfasern in mehr oder weniger fester Bindung mit ihr. Das System Grundsubstanz + Kollagenfasern stellt ein ultravisibles makromolekulares Netzwerk dar. Zur Kollagenbildung vgl. [2]. Ein „tiefgreifender Einfluß auf den Mucopolysaccharidstoffwechsel" ist schon angenommen worden[3].

In Gewebskulturen von Fibroblasten wurde durch Ascorbinsäurezusatz eine verstärkte Faserbildung hervorgerufen[4]. Aus den oben entwickelten Gedankengängen über die Wirkungsweise des Vitamin C bei der Bildung von Bindegewebsgrundsubstanz geht hervor, daß das Vitamin C die gleiche Rolle auch bei der

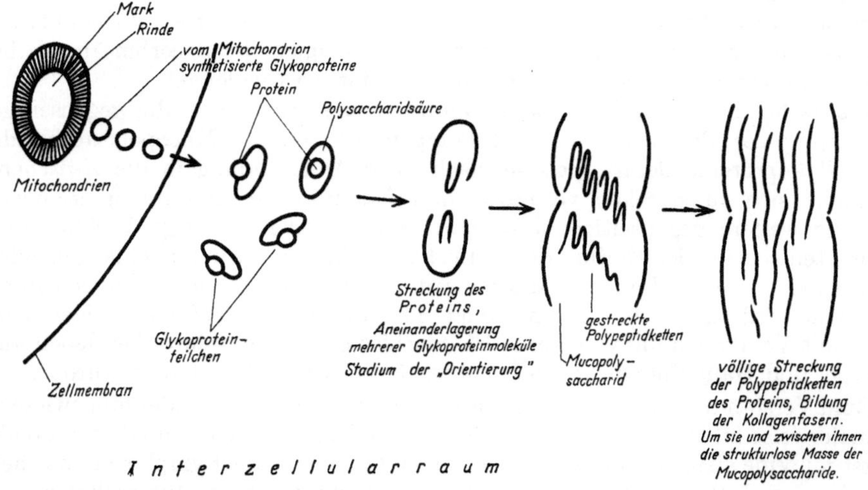

Abb. 67. Schematische Darstellung der Bildung von Glykoproteiden und von Kollagen.

Gewebsneubildung (Regeneration) spielt. Man hat bei der histochemischen Verfolgung der Wundheilung beobachten können, daß sehr frühzeitig Mucopolysaccharide im intercellularen Bereich auftreten. Sie geben mit Toluidinblau eine Metachromasie[5]. Eine Verminderung der Mucopolysaccharide konnte an der Abnahme der Metachromasie bei skorbutischen Tieren nachgewiesen werden[6]. Vgl. dazu [1, 7–11].

In letzter Zeit ist es gelungen, einen sehr wichtigen Angriffspunkt des Vitamin C im oxydativen Stoffwechsel des Tyrosins aufzufinden: Frühgeburten scheiden p-Oxyphenylbrenztraubensäure und p-Oxyphenylmilchsäure aus. Normale Säuglinge zeigen diese abnorme Ausscheidung nur dann, wenn ihnen Phenylalanin oder Tyrosin (1 g/kg) zugeführt wird. Vitamin C bringt diese Stoffwechsel-

---

[1] Penney, J. R., and B. M. Balfour: J. Path. Bacteriology **61**, 171 (1949). — [2] Porter, K. R.: Trans. 2nd Conf. Connective Tissues. New York 1951. — [3] Bradfield, J. R. G., and E. Kodicek: Biochem. J. **49**, xvii (1951). — [4] Jeney, A. v., u. I. Törö: Virchows Arch. **298**, 87 (1936). — Vgl. a. Randoin, L., et H. Mazoué: C. R. Soc. Biol. **122**, 1184 (1936). — [5] Sylvén, B.: Acta chir. scand. **86**, Suppl. **66** (1941). — [6] Meyer, A.: Z. Vit.-Forsch. **14**, 332 (1943/44). — Penney, J. R., and B. M. Balfour: J. Path. Bacteriology **61**, 171 (1949). — Bunting, H., and R. F. White: Arch. Path., Chicago **49**, 590 (1950). — [7] Robertson, W. v. B., M. W. Ropes and W. Bauer: Biochem. J. **35**, 903 (1941). — [8] Klemperer, P.: Amer. J. Path. **26**, 505 (1950). — [9] Pirani, C. L., and H. R. Catchpole: U.S. Army Med. Nutrit. Lab. Rep. Nr. **81** (1951). — [10] Daubenmerkl, W.: Acta pharmacol. toxicol., København **7**, 153 (1951). — [11] Meyer, K., and M. M. Rapport: Science, N.Y. **113**, 596 (1951).

störung, die man als Oxyphenylurie bezeichnet, sofort zum Verschwinden. Dabei muß der Vitamin C-Gehalt im Plasma nicht ansteigen[1]. Die gleiche Störung tritt bei C-frei ernährten Meerschweinchen auf[2]. Einer Verabreichung von p-Oxyphenylbrenztraubensäure (bei Leberfunktionsproben) folgt rasche Ausscheidung im Harn; wird jedoch gleichzeitig Ascorbinsäure gegeben, so findet sich im Harn wesentlich weniger p-Oxyphenylbrenztraubensäure[3].

Aus den geschilderten Beobachtungen glaubt man schließen zu können, daß das Vitamin C ein für die Oxydation des Tyrosins notwendiges Coferment sei[4]. So konnte die Oxydationswirkung von Lebersuspensionen auf Tyrosin erhöht werden, wenn Ascorbinsäure zugesetzt wurde[5-9].

Die Ascorbinsäure soll als Coferment bei der Oxydation von p-Oxyphenylbrenztraubensäure zu 2,5-Dioxyphenylbrenztraubensäure dienen[9-11] (s. Bd. 2/1, S. 981). Möglicherweise wirkt die Ascorbinsäure auch beim Abbau der Homogentisinsäure mit[12]. Es wird sich aber sicher hier eher um eine Nebenwirkung handeln (s. Bd. 2/1, S. 981).

Vitamin C verhindert die Pigmentbildung aus Adrenalin und Dioxyphenylalanin in vitro, spielt also eine Rolle im Melaninstoffwechsel[13].

Die Beziehung des Vitamin C zur Fol- und Folinsäure hängt teilweise mit dem Tyrosinstoffwechsel zusammen:

Man kann z. B. die Tyrosinurie skorbutischer Säuglinge mit hohen Dosen von Folsäure beseitigen[14]. Die Wirkung der Pteroylglutaminsäure auf die Oxyphenylurie ist jedoch nicht konstant[15], ebensowenig wie die Ascorbinsäure die Hämatopoese beim Erwachsenenskorbut bzw. die gleichzeitige megaloblastische Anämie bei Kindern mit C-Mangel in stets gleicher Weise beeinflußt[16]. Die Leukopenie der Folsäuremangelratte wird durch Vitamin C beeinflußt[16]. Die Synthese der Folsäure in vivo wird durch Ascorbinsäure (und auch durch Vitamin B_{12}) angeregt[17].

Wenn Affen folsäurearm ernährt werden, kommt es regelmäßig zu dem Auftreten einer Anämie. Verabreichung von Vitamin C verhindert das. Wenn aber die Tiere durch den Folsäuremangel bereits anämisch geworden sind, so kann die Anämie nurmehr mit Folsäure beseitigt werden[18]. Andererseits kann bei Affen durch C-Mangel eine Megaloblastenanämie (die sich von der des Menschen nicht

---

[1] LEVINE, S. Z., E. MARPLES and H. H. GORDON: J. clin. Invest. **20**, 209 (1941). — [2] SEALOCK, R. R., and H. E. SILBERSTEIN: J. biol. Ch. **135**, 251 (1940). Science, N. Y. **90**, 517 (1939). — PAINTER, H. A., and S. S. ZILVA: Biochem. J. **41**, 511 (1947). — SEALOCK, R. R.: Fed. Proc. **1**, 287 (1942). — LAN, T. H., and R. R. SEALOCK: J. biol. Ch. **155**, 483 (1944). — LEVINE, S. Z., E. MARPLES and H. H. GORDON: J. clin. Invest. **20**, 199 (1941). — [3] SASAO, S.: Tohoku J. exp. Med. **51**, 17 (1949). — [4] SEALOCK, R. R., and R. L. GOODLAND: Science, N. Y. **114**, 645 (1951). — [5] UDENFRIEND, S., and J. R. COOPER: J. biol. Ch. **194**, 503 (1952). — [6] SEALOCK, R. R., and R. L. GOODLAND: J. biol. Ch. **178**, 939 (1949). — [7] PAINTER, H. A., and S. S. ZILVA: Biochem. J. **46**, 542 (1950). — [8] RAVDIN, R. G., and D. I. CRANDALL: J. biol. Ch. **189**, 137 (1951). — [9] MAY-KNOX, M. LE, and W. E. KNOX: Biochem. J. **48**, XXII (1951). — [10] LA DU, B. N. jr., and D. M. GREENBERG: J. biol. Ch. **190**, 245 (1951). — [11] LA DU, B. N. jr.: Fed. Proc. **11**, 244 (1952). — [12] TAKEDA, Y., H. MATSUOKA, T. KAMAHORA, K. SUJISHI, T. TANAKA and M. SUDA: Symp. Enzyme Chem., Tokyo **7**, 81 (1952) [Chem. Abstr. **46**, 9637^{b}]. — SUDA, M., Y. TAKEDA, K. SUJISHI and T. TANAKA: J. Biochem. **38**, 297 (1951) [Chem. Abstr. **46**, 616^{f}]. — [13] LERNER, A. B., and T. B. FITZPATRICK: Physiol. Rev. **30**, 91 (1950). — [14] MORRIS, J. E., E. R. HARPUR and A. GOLDBLOOM: J. clin. Invest. **29**, 325 (1950). — WOODRUFF, C. W., and W. J. DARBY: J. biol. Ch. **172**, 851 (1948). — WOODRUFF, C. W., M. E. CHERRINGTON, A. K. STOCKELL and W. J. DARBY: J. biol. Ch. **178**, 861 (1949). — [15] GOVAN, C. D. jr., and H. H. GORDON: Science, N. Y. **109**, 332 (1949). — [16] JOHNSON, B. C., and A. S. DANA: Science, N. Y. **108**, 210 (1948). — [17] DIETRICH, L. S., C. A. NICHOL, W. J. MONSON and C. A. ELVEHJEM: J. biol. Ch. **181**, 915 (1949). — [18] MAY, C. D.: Bull. Univ. Minnesota Hosp. **21**, 208 (1950).

unterscheidet) hervorgerufen werden; sie kann durch Vitamin C-Zugabe geheilt werden, aber genau so auch durch Verabreichung von Fol- oder Folinsäure[1]. Wenn folinsäurefrei ernährten Ratten Ascorbinsäure zugeführt wird, so wird das Auftreten von *Chromodakryorrhoe* verhindert. Es kommt zu Gewichtszunahme, und die Leukocytenzahl geht auf die Norm zurück[1]. Bei der fermentativen Umwandlung von Folsäure (Pteroylglutaminsäure) zu Folinsäure (Citrovorum-Faktor) wirkt die Ascorbinsäure mit[2]. Das kann man auch beobachten, wenn Schnitte von Rattenleber mit Folsäure und Vitamin C inkubiert werden. Hierdurch wird die Synthese des Citrovorum-Faktors stark beschleunigt[3,4]. Da Dehydroandrosteron die Folsäure beim Wachstum gewisser Mikroorganismen ersetzen kann[5], wird eine Beteiligung der Nebenniere angenommen. Die Fol-Folinsäuresynthese wird auch in vivo durch Ascorbinsäure beeinflußt[6]. Gewisse Beziehungen scheinen zur Cholinoxydase zu bestehen[7]. Folsäure bzw. Citrovorum-Faktor sind umgekehrt für die Erhaltung der Ascorbinsäure wichtig[8].

Die durch Nicotinsäureamid verbesserte Dunkeladaptation des Auges wird bei gleichzeitiger Gabe von Ascorbinsäure stärker und anhaltender gesteigert[9]. Gehirn und Hypophyse sind ziemlich reich an Ascorbinsäure[10,11]. Die einzelnen Teile des Gehirns und des übrigen Zentralnervensystems jedoch enthalten, ohne daß bisher physiologische Zusammenhänge erkannt wurden[12], verschiedene Mengen von Vitamin C (s. a. S. 809). Mit steigendem Alter sinkt der Ascorbinsäuregehalt in Gehirn und Liquor[10]. Zähne (von Tieren) enthalten Ascorbinsäure in den Amelo- und Odontoblasten in einer Konzentration von etwa 9 mg-%, was für die Aktivität der Osteo-, Odontoblasten und der Gefäßendothelien ausschlaggebend ist[13]. Bemerkenswert ist der Befund, daß bei Behandlung mit Ascorbinsäure das Albumin im Plasma zunimmt[14]. Das läßt an einen Zusammenhang der die Blutungszeit herabsetzenden Wirkung der Ascorbinsäure, mit der Leber (Albuminbildungsstätte!) und dem Vitamin K denken. Auf den Blutdruck scheint die Ascorbinsäure normalisierend zu wirken[15,16]. Die gleiche Wirkung haben auch Vitamin K und verschiedene Chinone (s. S. 861).

Wie das Vitamin A, so ist auch die Ascorbinsäure ein Antagonist der Schilddrüse; sowohl bei experimenteller Hyperthyreose als auch *bei gesunden Tieren* wird der erhöhte Grundumsatz durch Vitamin C herabgesetzt[17]. Fehlt das Vitamin C (Skorbut), so kommt es zu einer starken Aktivierung der Schilddrüse: hohes Epithel, vacuoläres, dünnes Kolloid[18,19]. Die Ascorbinsäure wirkt auch den thyreotropen Stoffen entgegen[18]. Über die Beziehung von Ascorbinsäure zum Thymus ist weniger bekannt[20]. Ein Zusammenhang von Ascorbinsäure und

[1] May, C. D., R. D. Sundberg, F. Schaar, C. U. Lowe, R. J. Salmon and V. Winkle: Amer. J. Dis. Children **82**, 282 (1951). — [2] Welch, A. D., C. A. Nichol, R. M. Anker and J. W. Boehne: J. Pharmacol. exp. Therap. **103**, 403 (1951). — [3] Nichol, C. A., and A. D. Welch: Proc. Soc. exp. Biol. Med. **74**, 52, 403 (1950). — [4] Broquist, H. P., E. L. R. Stockstad and T. H. Jukes: J. Lab. clin. Med. **38**, 95 (1951). — [5] Gaines, D. S., and J. R. Totter: Proc. Soc. exp. Biol. Med. **74**, 558 (1950). — [6] Shive, W., T. J. Bardos, T. J. Bond and L. L. Rogers: Am. Soc. **72**, 2817 (1950). — [7] Williams, J. N. jr.: J. biol. Ch. **191**, 123; **192**, 81 (1951). — [8] Williams, J. N. jr.: Proc. Soc. exp. Biol. Med. **77**, 315 (1951). — [9] Hosoya, Y., H. S. Fang and M. T. Peng: Tohoku J. exp. Med. **53**, 103 (1950) [Chem. Abstr. **46**, 1635[b]]. — [10] Plaut, F., u. M. Bülow: Z. ges. Neurol. Psychiatr. **153**, 182 (1935). Arch. Psychiatr. Nervenkrankh. **152**, 84 (1935). — [11] Gough, J.: Lancet **1934 I**, 1279. — [12] Diehl, F., u. H. Neumann [Kirchmann, L.-L.: Ergebn. inn. Med. **56**, 101 (1939)]. — [13] Benkö, A.: Zbl. Path. **69**, 266 (1938). — [14] Böger, A., u. H. Schröder: M. m. W. **1934 II**, 1335. — Schroeder, H., u. M. Einhauser: M. m. W. **1936 I**, 923. — [15] Söderström, N.: Upsala Läk.-Fören. Förh. (N. F.) **40**, 393 (1935). — [16] Heroux, O., and L. P. Dugal: Canad. J. med. Sci. **29**, 164 (1951). — [17] Oehme, C.: A. e. P. P. **184**, 558 (1937). — [18] Terbrüggen, A.: Virchows Arch. **298**, 646 (1937). — [19] Uotila, U.: Virchows Arch. **301**, 535 (1938). — [20] Morgano, G., e P. Sannazzari: Arch. Maragliano **5**, 683 (1950).

Pankreas zeigt sich darin, daß bei skorbutischen Meerschweinchen bei gleichzeitiger Glucosurie Glykogengehalt der Leber und Insulingehalt des Pankreas vermindert sind, die LANGERHANSschen Inseln sich vermehren und hypertrophieren und daß die Granulierung in ihren β-Zellen vermindert ist oder gänzlich fehlt[1]. Wie weit hieran die Dehydroascorbinsäure beteiligt ist, bleibt dahingestellt. (Die Dehydroascorbinsäure entfaltet bei Ratten eine diabetogene Wirkung.)

Für die normale Funktion der Keimdrüsen scheint das Vitamin C von größter Bedeutung zu sein. So zeigen sich bei C-Mangel im Ovarium Follikeldegenerationen und Hypertrophien der Corpora lutea. 50% der betroffenen Tiere (Meerschweinchen) wurden überhaupt nicht trächtig; von den übrigen verwarfen weitere 50%[2]. Verabreichung von Vitamin C soll den Abort verhüten[3]. (Vergleiche auch Vitamin A und E sowie Carotin und Corpus luteum!) Nach der Ovulation ist die Konzentration der Ascorbinsäure im Ovarium erhöht. Das Corpus luteum menstruationis ist reich an Vitamin C, das Corpus luteum graviditatis dagegen sehr arm. Das würde darauf hinweisen, daß das Vitamin C an der Hormonsynthese teilnimmt[4]. Während der Ovulation tritt demgemäß ein plötzlicher und starker Abfall im Ascorbinsäuregehalt des Blutes ein (um 80—100%)[5]. Für engere Beziehungen zwischen Vitamin C und den Steroiden sprechen weiterhin folgende Tatsachen: die Ausscheidung der Ketosteroide im Harn steigt bei intravenöser Injektion von 1 g C-Vitamin um 70—100%[6]; bei skorbutischen Meerschweinchen wurde eine signifikante Verminderung der Ketosteroidausscheidung gesehen[7]. Behandlung dieser Tiere mit 21-Acetoxypregnenolon führt zur Verringerung der Ascorbinsäureausscheidung[8]. Das interstitielle Hodengewebe enthält größere Mengen von Vitamin C[9].

Besonders interessant und auch eingehend untersucht ist die *Beziehung der Ascorbinsäure zur Nebenniere*. Vor langer Zeit schon wurde die Meinung vertreten, die Ascorbinsäure hätte direkt etwas mit der Synthese der Nebennierenrindenhormone zu tun. Diese Anschauung fand viele Anhänger, aber auch viele Gegner, und so zog sich der Meinungsstreit über viele Jahre hin und besteht heute noch. Vielleicht ist aber doch die Anschauung, welche die Hormonsynthese durch das Vitamin C (bzw. mittels des Vitamin C) bejaht, zu vertreten. Sie stützt sich vor allem auf die ziemlich gesicherte Annahme, daß die Mitochondrien bei der Synthese der Hormone eine sehr wichtige, wenn nicht überhaupt die Hauptrolle spielen und daß Vitamin C dort in beträchtlicher Menge vorkommt. Über die Verteilung liegen viele Untersuchungen vor. In der Nebennierenrinde gibt es 2 Typen Vitamin C enthaltender Zellen: in den einen ist das Vitamin C diffus im Cytoplasma verteilt, in den anderen liegt es peripher; dieser letzte Zelltyp herrscht bei der Alarmreaktion vor[10]. Im Nebennierenmark ist viel weniger Vitamin C enthalten[11], die Vitamin C-Granula sind kleiner und mehr verteilt[12]. Die Aufgabe des Vitamin C dürfte der Schutz des Adrenalins vor Oxydation sein[13].

---

[1] BANERJEE, S.: Ann. Biochem. exp. Med., Calcutta **3**, 157, 165 (1943); **4**, 37 (1944). Nature **153**, 344 (1944). — DESSY, J., and K. DONEDDU: Endocrinology **23**, 165 (1940). — [2] VOGT, E.: M. m. W. **1934 I**, 791. — [3] AIGNER, A.: M. m. W. **1938 II**, 1744. — [4] ROY, A., S. N. LUKTUKE and P. BHATTACHARYA: Ind. J. veterin. Sci. **20**, 199 (1951) [Chem. Abstr. **46**, 3139[c]]. — [5] MOLNÁR, R., u. L. SZEPESI: Magyar Nöorv. Lap. **13**, 200 (1950) [Chem. Abstr. **46**, 1117[a]]. — [6] KELLER, N., u. H. BOHN: Ärztl. Wschr. **1952**, 221. — [7] BANERJEE, S., and C. DEB: J. biol. Ch. **194**, 575 (1952). — [8] GUGLIELMI, G., B. MESSINA e F. MILAZZOTTO: Arch. Maragliano **6**, 1143 (1951). — [9] PLAUT, F., u. M. BÜLOW: Z. ges. Neurol. Psychiatr. **153**, 182 (1935). Arch. Psychiatr. Nervenkrankh. **152**, 84 (1935). — [10] BACCHUS, H.: Fed. Proc. **9**, 7 (1950). — [11] GLICK, D., and G. R. BISKIND: J. biol. Ch. **110**, 1 (1935). — HUSZÁK, S.: H. **222**, 229 (1933). — HARRIS, L. J., and S. N. RAY: Biochem. J. **27**, 2006 (1933). — GIROUD, A., et N. SANTA: C. R. Soc. Biol. **133**, 420 (1940). — [12] WESTERGAARD, B.: Biochem. J. **28**, 1212 (1934). — [13] HEARD, R. D. H., and A. D. WELCH: Biochem. J. **29**, 998 (1935). — VERLY, W.: Arch. int. Physiol. **56**, 1 (1948).

Ausscheidung und Konzentration von Adrenalin in der Nebenniere scheinen stark erhöht sowohl bei C-Mangel[1] als auch nach reichlichen C-Gaben[2]. Bei verschiedenen Belastungen hypertrophiert die Nebenniere, wobei es zu einem Absinken von Ascorbinsäure, Cholesterin und anderen Lipoiden kommt[3]. Inkubation von Nebennierenrinde mit Ascorbinsäure lieferte die doppelte Menge Corticosteron und 17-Oxycorticosteron wie bei Abwesenheit von Ascorbinsäure. Dies spricht dafür, daß die Ascorbinsäure bei der Biosynthese der Nebennierenrindenhormone beteiligt ist[4].

Hypophysektomie allein führt stufenweise zu einer Atrophie der Nebenniere mit entsprechendem Absinken der Ascorbinsäure[5]. Dabei bleibt die Cholesterinmenge völlig unverändert[6]. Diese Tatsachen weisen darauf hin, daß das Absinken der Ascorbinsäure und des Cholesterins direkt mit einem Anstieg der sekretorischen Tätigkeit der Nebennierenrinde verknüpft sind, welche durch das ACTH in Gang gebracht wird. Daher ist auch der Normalzustand des Hypophysenvorderlappens wichtig für die Aufrechterhaltung normaler Mengen von Ascorbinsäure, Cholesterin und anderen Lipoide in der Nebenniere.

Die Hypertrophie der Nebenniere bei Skorbut kommt durch eine Vergrößerung der Rindenzellen zustande, wobei die Zellzahl gleichbleibt[7]. Es finden sich Mitosen in größerer Anzahl, aber die Mitosen bleiben im Stadium der Metaphase stehen[8]. Der größte Teil der histologischen Veränderungen begrenzt sich auf die Zona fasciculata; dabei sinkt die Menge der färbbaren Lipoide und Steroide ab[8-10]. Vielleicht stellt die Nebennierenhypertrophie eine Kompensation dar[11]. Jedoch bestehen keine Anhaltspunkte dafür, daß bei Skorbut die den Mineralhaushalt regulierenden Hormone vermindert wären, welche hauptsächlich in der Zona glomerulosa gebildet werden; dort ist die Ascorbinsäurekonzentration schon normalerweise gering, und bei Skorbut finden sich keine bemerkenswerten Veränderungen. Auch ist der Gehalt des Blutes an Na und Cl bei Skorbut normal[9,12].

Verabreichung von ACTH führt zu einem Absinken der Ascorbinsäure in der Nebenniere bei gleichzeitigem Anstieg im Plasma[13,14]. Dieses Verhalten wurde zu einer Bestimmungsmethode für ACTH ausgebaut[15]. Wurde ACTH zu Nebennierenschnitten gegeben, so stieg deren O_2-Verbrauch stark an, und der Ascorbinsäuregehalt sank ab[16].

Es gibt eine ganze Anzahl von Beobachtungen, die eine unmittelbare Beteiligung des Vitamin C an der Synthese der Nebennierenhormone unwahrscheinlich

---

[1] Giroud, A., et M. Martinet: Bull. Soc. Chim. biol. **23**, 456 (1941). — Doby, T., u. I. Weisinger: H. **225**, 259 (1938). — Banerjee, S., and N. C. Ghosh: J. biol. Ch. **166**, 25 (1946). — [2] Krizanowskaja, L. I., E. S. London and F. I. Rivosch: J. Physiol. USSR **24**, 212 (1938). — Sarfy, E.: H. **255**, 271 (1938). — Gineste, P. J.: C. R. Soc. Biol. **140**, 515 (1946). — [3] Torrance, C. C.: J. biol. Ch. **132**, 575 (1940). — Sayers, G., M. A. Sayers, T.-Y. Liang and C. N. H. Long: Endocrinology **37**, 96 (1945). — [4] Hofmann, H., u. Hj. Staudinger: Arzneim.-Forsch. **1**, 416 (1951). — [5] Mosonyi, J.: H. **273**, 87 (1942). — Tyslowitz, R.: Endocrinology **32**, 103 (1943). — Covián, M. R.: C. R. Soc. Biol. **143**, 1252 (1949). — [6] Sayers, G., M. A. Sayers, E. G. Fry, A. White and C. N. H. Long: Yale J. Biol. Med. **16**, 361 (1944). — [7] Gergely, J.: Vitamine u. Hormone **4**, 367 (1943). — [8] Wolbach, S. B., and C. L. Maddock: A. M. A. Arch. Path. **53**, 54 (1952). — [9] Stepto, R. C., C. L. Pirani, C. F. Consolazio and J. H. Bell: Endocrinology **49**, 755 (1951). — [10] Rabinowicz, M., et A. R. Ratsimamanga: C. R. Soc. Biol. **144**, 1466 (1950). — [11] Quick, A. J.: Proc. Soc. exp. Biol. Med. **30**, 753 (1933). — [12] Banerjee, S.: Ann. Biochem. exp. Med., Calcutta **3**, 171 (1943). — [13] Sayers, G., M. A. Sayers, E. G. Fry, A. White and C. N. H. Long: Yale J. Biol. Med. **16**, 361 (1944). — Sayers, G., M. A. Sayers, T.-Y. Liang and C. N. H. Long: Endocrinology **38**, 1 (1946). — [14] Skelton, F. R., and C. Fortier: Canad. J. med. Sci. **29**, 100 (1951). — [15] Sayers, M. A., G. Sayers and L. A. Woodbury: Endocrinology **42**, 379 (1948). — [16] Tepperman, J.: Endocrinology **47**, 384 (1950). — Ferstl, A., E. Heppich u. J. Schmid: Wien. klin. Wschr. **1951**, 28.

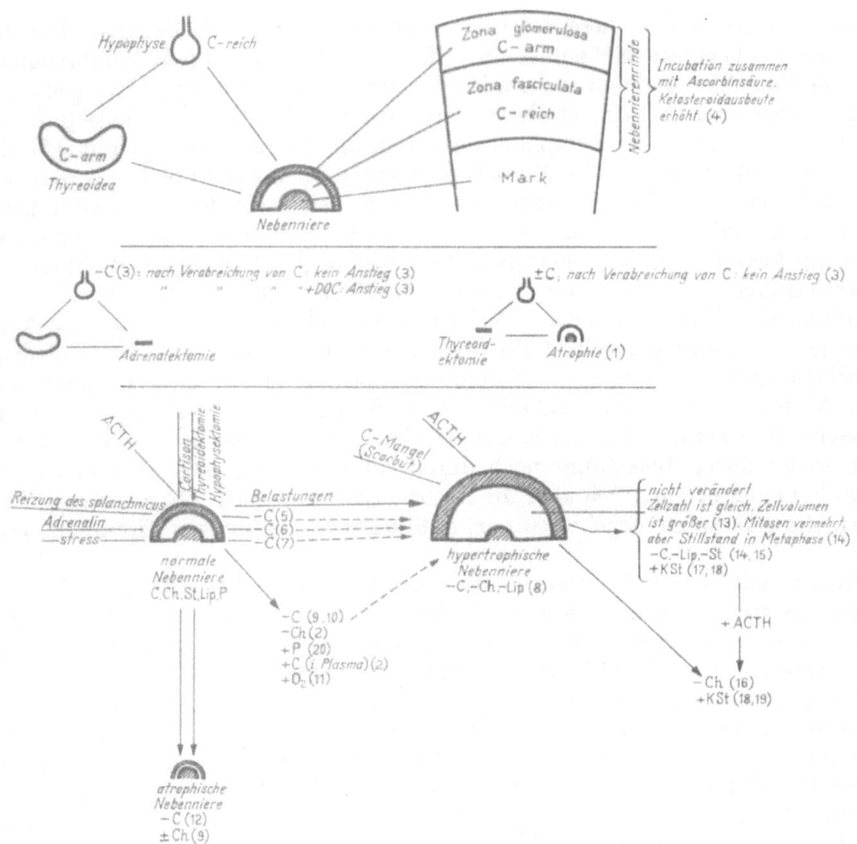

Abb. 68. Vitamin C und Nebenniere. Schematische Darstellung der Befunde*.

Zeichenerklärung: *C* Vitamin C; *Ch* Cholesterin; *St* Verschiedene Steroide; *Lip* Lipoide; *P* Phosphorumsatz; *KSt* Ketosteroide; O_2 O_2-Verbrauch von Nierengewebe. Plus- oder Minuszeichen vor dem Buchstaben bedeuten Anstieg bzw. Absinken der betreffenden Substanz. ± bedeutet: demnach: Keine Mengenveränderung. In Klammer: Literaturstellen.

* Nähere Beschreibung im Text (S. 815—819).

[1] Leblond, C. P., and H. E. Hoff: Endocrinology **35**, 229 (1944). — Baumann, E. J., and D. Marine: Endocrinology **36**, 400 (1945). — [2] Skelton, F. R., and C. Fortier: Canad. J. med. Sci. **29**, 100 (1951). — [3] Poumeau-Delille, G.: Rev. Soc. argent. biol. **27**, 37 (1951). — [4] Hofmann, H., u. Hj. Staudinger: Arzneim.-Forsch. **1**, 416 (1951). — [5] Gandarias, J. M. de: Rev. esp. Fisiol. **7**, 165 (1951). — [6] Gandarias, J. M. de: Rev. esp. Fisiol. **7**, 161 (1951). — [7] Bacchus, H.: Anat. Rec. **110**, 495 (1951). — [8] Torrance, C. C.: J. biol. Ch. **132**, 575 (1940). — Sayers, G., M. A. Sayers, T.-Y. Liang and C. N. H. Long: Endocrinology **37**, 96 (1945). — [9] Sayers, G., M. A. Sayers, E. G. Fry, A. White and C. N. H. Long: Yale J. Biol. Med. **16**, 361 (1944). — [10] Sayers, G., M. A. Sayers, T.-Y. Liang and C. N. H. Long: Endocrinology **38**, 1 (1946). — [11] Tepperman, J.: Endocrinology **47**, 384 (1950). — Ferstl, A., E. Heppich u. J. Schmid: Wien. klin. Wschr. **1951**, 28. — [12] Mosonyi, J.: H. **273**, 87 (1942). — Tyslowitz, R.: Endocrinology **32**, 103 (1943). — Covián, M. R.: C. R. Soc. Biol. **143**, 1252 (1948). — [13] Gergely, J.: Vitamine u. Hormone **4**, 367 (1943). — [14] Wolbach, S. B., and C. L. Maddock: A. M. A. Arch. Path. **53**, 54 (1952). — [15] Stepto, R. C., C. L. Pirani, C. F. Consolazio and J. H. Bell: Endocrinology **49**, 755 (1951). — Rabinowicz, M., et A. R. Ratsimamanga: C. R. Soc. Biol. **144**, 1466 (1950). — [16] Long, C. N. H.: Fed. Proc. **6**, 461 (1947). — [17] Nadel, E. M., and J. J. Schneider: J. clin. Endocrinol. **11**, 791 (1951). — [18] Clayton, B. E., and F. T. G. Prunty: Brit. med. J. **1951 II**, 927. — [19] Oesterling, M. J., and C. N. H. Long: Science, N.Y. **113**, 241 (1951). — Treager, H. S., G. J. Gabuzda, N. Zamcheck and C. S. Davidson: Proc. Soc. exp. Biol. Med. **75**, 517 (1950). — Beck, J. C., J. S. L. Browne and K. R. MacKenzie: Proc. 2nd clin. ACTH-Conf. **1**, 355 (1951). — [20] Gemzell, C. A.: Acta endocrinol., København Suppl. **1**, 1 (1948).

machen, es sei denn, diese erfordere nur sehr geringe C-Mengen. Die bei C-Mangel beobachtete Nebenniereninsuffizienz kann zwar durch Verabreichung von Cortison oder anderen Nebennierenrindenhormonen[1] teilweise ausgeglichen werden, aber auch in C-freien Nebennieren sinkt auf ACTH das Cholesterin ab, und es kommt zu einer Lymphopenie (wenn die C-Konzentration nur 4% der normalen ist[2]). Skorbutische Menschen scheiden ebensoviel Corticoide aus wie gesunde[3]; skorbutische Meerschweinchen scheiden mehr formaldehydbildende Substanzen und Ketosteroide aus als normale. Die Höhe der Ausscheidung steigt mit fortschreitendem Skorbut und erreicht nach 20 Tagen ein Maximum[4,5]; Verabreichung von ACTH an skorbutische Meerschweinchen erhöht die Ausscheidung von 17-Ketosteroiden. Bei Tieren mit voll ausgebildetem Skorbut kann die hohe Ausscheidung durch ACTH nicht mehr erhöht und auch die sehr niedrige Ascorbinsäurekonzentration nicht weiter gesenkt werden[5,6]. ACTH erhöht auch beim Menschen die Ausscheidung von 17-Ketosteroiden[7]. Dazu kommt die Tatsache, daß beim Huhn die Konzentration der Ascorbinsäure in der Nebenniere weder durch Belastung[8] noch durch Adrenalin oder ACTH[9] irgendwelche Veränderungen erfährt. Da aber die Ascorbinsäure niemals völlig verschwindet, zeigen die genannten Ergebnisse nur, daß keine *großen* Mengen Vitamin C nötig sind.

Andererseits kann die Ascorbinsäure auch durch andere reduzierende Substanzen vertreten werden, wie z.B. Sulfhydrylverbindungen (Glutathion[10]), und es bestehen Wechselbeziehungen zwischen Vitamin C und Glutathion[11] und anderen SH-Substanzen[12] und zwischen Glutathion und ACTH[13].

Nach Entfernung der Nebenniere mit allen akzessorischen Nebennierengeweben fiel die Ascorbinsäure in der Hypophyse stark ab und stieg auch nicht nach hohen Dosen Ascorbinsäure. Nach Thyreoidektomie blieb die Ascorbinsäuremenge der Hypophyse normal, stieg aber nach hohen C-Gaben nicht[14]. Nach Reizung des N. splanchnicus sank die Ascorbinsäure (s. Schema S. 817) stark[15] ab, ebenso nach Adrenalininjektion[16]. Bei Belastung (Kältestress, Hunger, Durst) verschwindet Ascorbinsäure aus der Nebennierenrinde (cytologisch). Die Beobachtung, daß Ascorbinsäure wahrscheinlich in irgendeiner Weise mit der Synthese der Rindenhormone aus Cholesterin verknüpft ist[17,18], scheint eine der wichtigsten und aufschlußreichsten Feststellungen zu sein (s. weiter unten). Kälteakklimatisierung erfordert zur Temperaturerhaltung große Mengen Ascorbinsäure[19].

[1] Schaffenburg, C., G. M. C. Masson and A. C. Corcoran: Proc. Soc. exp. Biol. Med. **74**, 358 (1950). — Hyman, G. A., C. Ragan and J. C. Turner: Proc. Soc. exp. Biol. Med. **75**, 470 (1950). — Pirani, C. L., R. C. Stepto and K. Sutherland: Fed. Proc. **10**, 368 (1951). — Herrick, E. H.: Anat. Rec. **111**, 502 (1951). — [2] Long, C. N. H.: Fed. Proc. **6**, 461 (1947). — [3] Daughaday, W. H., H. Jaffe and R. H. Williams: J. clin. Endocrinol. **8**, 244 (1948). — [4] Nadel, E. M., and J. J. Schneider: J. clin. Endocrinol. **11**, 791 (1951). — [5] Clayton, B. E., and F. T. G. Prunty: Brit. med. J. **1951 II**, 927. — [6] Oesterling, M. J., and C. N. H. Long: Science, N. Y. **113**, 241 (1951). — [7] Treager, H. S., G. J. Gabuzda, N. Zamcheck and C. S. Davidson: Proc. Soc. exp. Biol. Med. **75**, 517 (1950). — Beck, J. C., J. S. L. Browne and K. R. MacKenzie: Proc. 2nd clin. ACTH-Conf. **1**, 355 (1951). — [8] Josephson, E. S., D. J. Taylor, J. Greenberg and E. M. Nadel: J. nat. Malaria Soc. **8**, 132 (1949). — [9] Jailer, J. W., and N. F. Boas: Endocrinology **46**, 314 (1950). — [10] Hartman, F. A., and K. A. Brownell: The Adrenal Gland. Philadelphia 1949. — [11] Santavy, F.: J. Physiol., Paris **41**, 289 (1949). — Prunty, F. T. G., and C. C. N. Vass: Biochem. J. **37**, 506 (1943). — Carey, M. M., E. P. Vollmer, R. L. Zwemer and D. L. Spence: Amer. J. Physiol. **164**, 770 (1951). — [12] Beiglböck, W., u. L. Benda: Kli. Wo. **1941**, 875. — Roberts, E., and C. J. Spiegl: J. biol. Ch. **165**, 727 (1946). — [13] Conn, J. W., L. H. Louis and M. W. Johnston: Science, N. Y. **109**, 279 (1949). — [14] Poumeau-Delille, G.: Rev. Soc. argent. Biol. **27**, 37 (1951). — [15] Gandarias, J. M. de: Rev. esp. Fisiol. **7**, 165 (1951). — [16] Gandarias, J. M. de: Rev. esp. Fisiol. **7**, 161 (1951). — [17] Bacchus, H.: Anat. Rec. **110**, 495 (1951). — [18] Skelton, F. R., and C. Fortier: Canad. J. med. Sci. **29**, 100 (1951). — [19] Dugal, L. P., and G. Fortier: Rev. canad. Biol. **11**, 59 (1952).

Die Ausscheidung von Vitamin C ist altersabhängig; die höchste Ausscheidung findet vor der Geschlechtsreife statt. Während des Oestrus bei der Kuh fand sich ein Anstieg der Plasmaascorbinsäure[1]. Derartige Versuche stützen die Anschauung, daß das Vitamin C in der Nebenniere synthetisiert werden kann[2].

Wenn die Plasmakonzentration des Vitamin C einen gewissen Wert übersteigt (1 mg-%), kommt es zur Ausscheidung durch den Harn[3]. Die Ausscheidung erfolgt durch den Glomerulus.

Vitamin C steht in mannigfacher Wechselwirkung zu anderen Vitaminen. So kommt es bei Vitamin A-Mangel zu einem skorbutartigen Bild[4]; dieser „Skorbut" kann durch Vitamin C geheilt werden. Es besteht überhaupt ein weitgehendes synergistisches Zusammenspiel zwischen der Ascorbinsäure, den Carotinen und dem Vitamin A. Auch das häufig beobachtete gemeinsame Vorkommen beider spricht dafür. In den Mitochondrien z. B. findet sich das Vitamin C in deren Innerem (Mark), Vitamin A in der Mitochondrienaußenschicht (Rinde); sie finden sich gemeinsam im Ovarium und Corpus luteum; sie ergänzen sich in ihrer Wirkung auf Knochen und Zähne, im Kreislauf (blutdrucksenkend) und sind Antagonisten in der Schilddrüse. Vitamin C und E haben fast gleichartige Wirkungen im kollagenen Bindegewebe; zu D (und vielleicht K) bestehen enge Beziehungen.

ε) Konstitution und Wirksamkeit.

Für die biologische Wirksamkeit unentbehrlich ist die Endiolgruppierung von C 2—C 3. Veränderungen an dieser Gruppierung, die im Organismus nicht rückgängig gemacht werden, führen zum Verlust der Aktivität: die 2,3-Dimethyl-L-ascorbinsäure ist unwirksam, die 2,3-Acetonverbindung wirkt jedoch bei oraler Verabreichung, weil sie durch die Magensalzsäure gespalten wird. Auch die D-Konfiguration am C 4 ist ausschlaggebend. Die Seitenkette muß hydroxylhaltig sein, wobei die OH-Gruppe am C 5 nur für die maximale Wirkung Bedeutung hat. Bei ihrem Fehlen vermindert sich die Vitamin C-Wirksamkeit. Für die maximale Wirkung ist auch die L-Konfiguration an C 5 erforderlich. Die Hydroxylgruppe an C 6 ergibt eine maximale Wirkung.

In der folgenden Zusammenstellung[5] sind die wichtigsten bekannten „C-Vitamine" in fallender Wirksamkeit angeordnet, und zwar in Bruchteilen derjenigen der L-Ascorbinsäure (= 1 gesetzt).

O=C—	O=C—	O=C—	O=C—
C—OH	C—OH	C—OH	C—OH
‖	‖	‖	‖
C—OH	C—OH	C—OH	C—OH
H—CO—	H—CO—	H—CO—	H—CO—
HO—C—H	HO—C—H	HO—C—H	H—C—OH
CH_2OH	CH_3	HO—C—H	CH_2OH
		CH_3	
L-Ascorbinsäure	6-Desoxy-L-ascorbinsäure	L-Rhamnoascorbinsäure	D-Araboascorbinsäure
Wirksamkeit = 1	*Wirksamkeit* = $^1/_3$	*Wirksamkeit* = $^1/_{10}$	*Wirksamkeit* = $^1/_{20}$

[1] PHILLIPS, P. H., H. A. LARDY, P. D. BOYER and G. M. WERNER: J. Dairy Sci. **24**, 153 (1941). — [2] DUGAL, L. P., and M. THÉRIEN: Endocrinology **44**, 420 (1949). — [3] OGAWA, Y.: Iryo, Tokyo **5**, 1 (1951) [Chem. Abstr. **46**, 4621i]. — [4] MAYER, J., and W. A. KREHL: Arch. Biochem. **16**, 313 (1948). J. Nutrit. **35**, 523 (1948). — BASSETT, C. F., J. K. LOOSLI and F. WILKE: J. Nutrit. **35**, 629 (1948). — [5] REICHSTEIN, T., u. V. DEMOLE: Festschrift E. C. BARELL, S. 107—138, bes. 132. Basel 1936.

O=C	O=C	O=C	O=C
C—OH	C—OH	C—OH	C—OH
‖	‖	‖	‖
C—OH	C—OH	C—OH	C—OH
H—CO	H—CO	H—CO	H—CO
HO—C—H	H—C—OH	H—C—OH	HO—C—H
HO—C—H	HO—C—H	HO—C—H	H—C—OH
CH_2OH	CH_3	CH_2OH	H—C—OH
			CH_2OH
L-Glucoascorbinsäure	L-Fucoascorbinsäure	L-Galaktoascorbinsäure	D-Glucoheptoascorbinsäure
Wirksamkeit = $^1/_{40}$	*Wirksamkeit* = $^1/_{50}$	*Wirksamkeit* = $^1/_{60}$	*Wirksamkeit* = $^1/_{100}$

Die optischen Antipoden dieser „C-Vitamine“ sind naturgemäß alle unwirksam.

ζ) Vorkommen.

Ascorbinsäure in der Zelle. In der Pflanzenzelle finden sich die größten Mengen in den Chloroplasten; hier besteht ein Zusammenhang zwischen Photosynthese und Ascorbinsäuregehalt. Von da aus wandert die Ascorbinsäure in die anderen Pflanzenteile[1].

In der tierischen Zelle findet sich Ascorbinsäure im inneren Teil (Mark) der Mitochondrien (neben anderen Substanzen); Mitochondrien und GOLGI-Apparat enthalten die höchsten Konzentrationen. Einen Hinweis auf die synthetischen Aufgaben in der Zelle gibt der Befund, daß Vitamin C sich im oder direkt am GOLGI-Apparat bzw. in den Mitochondrien findet[2]. Bei Vitamin C-Mangel verringert sich das Cytoplasma, die Zellwand erscheint unscharf[3].

Die Blätter weisen einen höheren Vitamin C-Gehalt auf als alle anderen Pflanzenteile. Das Maximum wird im Blatt knapp vor der Blüte erreicht, dann sinkt der Gehalt wieder schnell. Faktoren, welche die Photosynthese anregen, fördern auch die Ascorbinsäuresynthese (Licht, CO_2 u. a.). $Ca(NO_3)_2$ und Manganionen erhöhen die Ascorbinsäuresynthese um 75%[4]. Möglicherweise werden die durch Photosynthese gebildeten Zucker direkt in Ascorbinsäure umgewandelt[5,6], und zwar in den Chloroplasten. Bemerkenswerterweise besteht ein Parallelismus im Gehalt an Vitamin C und Carotinoiden; je höher der Carotingehalt in Pflanzen (bzw. Früchten), desto höher der Vitamin C-Gehalt.

Der gleiche Parallelismus besteht auch im tierischen Organismus[7], und zwar bei denjenigen Tierarten, die nicht auf die Zufuhr von Ascorbinsäure angewiesen, sondern zur Eigensynthese befähigt sind (Taube, Huhn, Ratte, Kaninchen, Hund, Schaf, Rind). Milz-, Leber- und Herzmuskelextrakte können aus Mannose in vitro Ascorbinsäure synthetisieren. Das geschieht mittels einer Dehydrogenase[6].

---

[1] SCHOPFER, W. H.: Plants and Vitamins. 2. Aufl. Waltham, Mass. 1949. — [2] BOURNE, G.: Austral. J. exp. Biol. med. Sci. **12**, 123 (1934). Nature **166**, 549 (1950). — [3] MEYER, A. W., and L. M. MCCORMICK: Studies on Scurvy. Stanford Univ. Publ., med. Sci. **2** (1928). — HÖJER, J. A.: Acta paediatr., Uppsala Suppl. **3** (1924). — HARMAN, M. T., and L. E. WARREN: Trans. Kansas Acad. Sci. **54**, 42 (1951). — [4] SOMERS, G. F., W. C. KELLY and K. C. HAMNER: Arch. Biochem. **18**, 59 (1948). — [5] RAY, S. N.: Biochem. J. **28**, 996 (1934). — [6] GUHA, B. C., and A. R. GHOSH: Nature **134**, 739 (1934); **135**, 871 (1935). — [7] GIROUD, A.: L'acide ascorbique dans la cellule et les tissus (Protoplasma-Monogr. Bd. 16). S. 133. Berlin 1938.

Während der Bebrütungszeit in das Ei injizierte Glucose bewirkt stärkere Ascorbinsäurebildung. Wurde gleichzeitig mit der Glucose Mn^{++} verabreicht, so zeigte sich ein zusätzlicher Anstieg. Es wird angenommen, daß Mn^{++} das ascorbinsäurebildende Fermentsystem in tierischen Geweben aktiviert[1]. Pyridoxin hat teil an der Biosynthese der Ascorbinsäure[2]. Verfütterung radioaktiver Glucose führt zur Ausscheidung von radioaktiver Ascorbinsäure[3].

Säuglinge werden in den ersten Monaten nicht skorbutkrank. Es ist daher sehr wohl möglich, daß in dieser Zeit eine gewisse Fähigkeit zur Eigensynthese vorhanden ist, die wieder verlorengeht[4]. Es besteht aber auch die Möglichkeit, daß die Vorräte den Bedarf für einige Zeit decken können; denn Nebenniere und vor allem das Gehirn vom Fetus und Säugling sind sehr vitamin-C-reich (0,5—2,0 mg/g). Der Vitamin C-Gehalt dieser Organe nimmt mit zunehmendem Alter ab, wie dies für alle anderen Organe auch zutrifft. Im Neugeborenendarm[5] finden sich relativ große Mengen (11—35 mg-%) Vitamin C.

Vitamin C-Gehalt tierischer Organe. Die Speicherungsfähigkeit des Tieres ist im allgemeinen bedeutend geringer als etwa für die Vitamine A oder D. Daher gibt es auch keine besonders an Vitamin C reichen tierischen Nahrungsmittel. Muskelfleisch ist z.B. sehr C-arm, ebenso Fischfleisch. Neben Gehirn, Nebenniere, Placenta und Corpus luteum ist als besonders C-reiches Organ die Augenlinse zu nennen[6]. Ein erwachsener Mensch enthält etwa 4 g Vitamin C und vermag je nach Belastung etwa 1,8 g Vitamin C zu speichern[7]. Blut enthält 0,2—1,5 mg je 100 cm³. In Meerestieren und -pflanzen findet sich Vitamin C sehr verbreitet, ebenso bei Insekten und in Mikroorganismen der verschiedensten Art, wenig in Hefe.

Die *Milch* hat einen sehr wechselnden Vitamin C-Gehalt. Frische Milch ist unter günstigen Ernährungsbedingungen im allgemeinen C-reich (bis 25 mg im Liter). Schlechte Milch hat 5 mg und weniger. Der Grund kann sowohl in schlechter Ernährung liegen als auch in nachträglicher Zerstörung des Vitamins infolge Oxydation. Frauenmilch enthält im allgemeinen das Mehrfache der Kuhmilch an C-Vitamin (vgl. S. 822, Tab. 200).

Im *Pflanzenreich* gibt es eine Reihe ganz ausgezeichneter Vitamin C-Quellen. Zur Darstellung von reinem krystallisiertem Vitamin eignen sich besonders Paprika, Orangen, Citronen und Hagebutten[8]. Erdbeeren, schwarze Johannisbeeren, Tomaten, verschiedene Kohlarten, Spargel, Spinat, Salat, Brunnenkresse, Coniferennadeln[9] u.a. sind sehr gute bis gute Vitamin C-Träger. Den höchsten C-Gehalt besitzt die Sanddornbeere (Hippophae rhamnoides, „Korallenbeeren"[10]) mit 500—900 mg-%. Getreidekörner sind an sich C-arm. Sobald aber die Keimung eintritt, steigt die Konzentration an Ascorbinsäure im Schößling sehr stark an, z.B. bei Erbsen, Gerste, Hafer (s. o.). Kern- und Steinobst sind im Durchschnitt mäßige bis arme C-Quellen. Eine besondere Rolle in unserer Ernährung

---

[1] Ogino, S.: Kagaku-Tisiki **21**, 592 (1951). — [2] Sundaram, E. R. B. S., G. Ranganathan and P. S. Sarma: Current Sci., Bangalore **20**, 122 (1951). — [3] Jackel, S. S., E. H. Mosbach, J. J. Burns and C. G. King: J. biol. Ch. **186**, 569 (1950). — Horowitz, H. H., A. P. Doerschuk and C. G. King: J. biol. Ch. **199**, 193 (1952). — [4] Rohmer, P., N. Bezssonoff et E. Stoerr: Bull. Acad. Méd. Paris **113**, 669 (1935). Z. Vit.-Forsch. **12**, 104 (1942). — s. dagegen Neuweiler, W.: Kli. Wo. **1935 II**, 1040. — Wachholder, K.: Kli. Wo. **1936 I**, 593. — [5] Neuweiler, W.: Z. Vit.-Forsch. **14**, 32 (1943). — [6] Vgl. Buschke, W.: Z. Vit.-Forsch. **5**, 37 (1936). — [7] Lowry, O. H., O. A. Bessey, M. J. Brock and J. A. Lopez: J. biol. Ch. **166**, 111 (1946). — Leblond, C. P.: Recherches histochimiques sur la localisation et le cycle de la vitamine C dans l'organisme. Diss. med. Paris 1934. — [8] Schroeder, H., u. H. Braun: Die Hagebutte, ihre Geschichte, Biologie und ihre Bedeutung als Vitamin-C-Träger. Stuttgart 1941. — Ratklef, H. v.: Vitamine u. Hormone **2**, 275 (1942). — Bukatsch, F.: Vitamine u. Hormone **4**, 192 (1943). — [9] s. Scheunert, A., u. J. Reschke: Kli. Wo. **1940**, 976. — [10] Hörmann, B.: Die Sanddornbeere. München 1941 [Angew. Chem. **54**, 483 (1941)].

spielt die Kartoffel, deren Ascorbinsäuregehalt zwar nicht besonders hoch ist, die aber bei regelmäßiger Zubereitung den Minimalbedarf des Menschen zum großen Teil decken kann (0,5—1 kg Kartoffeln je Tag[1,2]). Aspergillus niger bildet aus Zuckern oder Glycerin L-Ascorbinsäure[3].

Es ist zu beachten, daß Vitamin C sehr leicht oxydativ zerstört wird, so daß diese Zahlen für gekochte und gealterte Nahrungsmittel keine Gültigkeit besitzen. Der Verlust an Vitaminwirkung beträgt bei der üblichen Zubereitung bis zu 50%, in besonderen Fällen auch mehr[4].

Die Oxydation geht auch bei gewöhnlicher Temperatur rasch vor sich, weil sie durch Spuren von Metallen (Eisen, Kupfer) katalytisch beschleunigt wird.

Tabelle 200. Vitamin C-Gehalt einiger Nahrungsmittel (in mg-%)[5].

Hagebutten	400	Brombeeren, Heidelbeeren, Äpfel, Pfirsiche	10
Schwarze Johannisbeeren	150	Kirschen, Pflaumen, Aprikosen	5—8
Paprikaschoten	150	Weintrauben, Birnen	3
Meerrettich	100	Getreide, Reis, Brot, Butterfett	0
Citronen, Apfelsinen	75	Leber	30
Grünkohl, Rosenkohl	75	Nieren, Hirn	18
Kohlrabi, Blumenkohl, Kresse, Weißkohl, Rotkohl	50	Fischrogen	15—20
Spinat, Wirsing	50	Fischleber	8
Tomaten, Spargel, Mangold, Rettich	25	Frauenmilch	5
Rote Johannisbeeren, Himbeeren	25	Kuhmilch	2
Grüne Erbsen, grüne Bohnen, Kartoffeln	15—20	Käse	bis 1

Weiterhin ist in dieser Hinsicht bedeutungsvoll, daß sich vielfach mit dem Vitamin zusammen Oxydasen vorfinden, die die Oxydation sehr beschleunigen[6]. Zur Konservierung muß daher sehr schnell und möglichst unter Luftausschluß erhitzt werden. Aufbewahren der Nahrungsmittel bei tiefer Temperatur und in Kohlensäureatmosphäre ist ebenfalls sehr günstig[7].

In der Pflanze ist die Ascorbinsäure gegen Oxydation durch sog. Antioxydantien, die entweder die Oxydase hemmen oder die katalytisch wirkenden Schwermetalle komplex binden, weitgehend geschützt. (Über scheinbares Vitamin C in der Nahrung[8].)

In den weitaus überwiegenden Fällen kommt die Ascorbinsäure als solche vor. Im Tier finden sich auch wechselnde Mengen von Dehydroascorbinsäure. Diese ist möglicherweise für das Tier ebenso unentbehrlich wie die Ascorbinsäure selbst (s. Wirkungsweise, S. 815).

[1] SCHEUNERT, A., J. RESCHKE u. E. KOHLEMANN: B. Z. **288**, 261 (1936). — [2] FELLENBERG, T. v.: Mitt. Lebensm.-Unters. Hyg. **32**, 135 (1941) [C. **1942 II**, 471]. — [3] GEIGER-HUGER, M., u. H. GALLI: Helv. **28**, 248 (1945). — [4] SCHEUNERT, A., u. J. RESCHKE: Vitamine u. Hormone **1**, 292 (1941). — [5] RAUEN, H. M., M. DEVESCOVI u. N. MAGNANI: Z. Unters. Lebensm. Verbr.-Gegenst. **85**, 257 (1943). Vitamine u. Hormone **5**, 89 (1944). — EL RIDI, M. S., and K. K. HUSSEIN: Proc. pharmaceut. Soc. Egypt. **33**, 51 (1951). — [6] ZILVA, S. S.: Biochem. J. **28**, 663 (1934). — KELLIE, A. E., and S. S. ZILVA: Biochem. J. **29**, 1028 (1935). — Vgl. dagegen STOTZ, E., C. J. HARRER and C. G. KING: J. biol. Ch. **119**, 511 (1937). — MCCARTHY, J. F., L. F. GREEN and C. G. KING: J. biol. Ch. **128**, 455 (1939). — LOVETT-JANISON, P. L., and J. M. NELSON: Am. Soc. **62**, 1409 (1940). — MATSUKAWA, D.: J. Biochem. **32**, 265 (1945) [C. **1941 I**, 2663]. — MEIKLEJOHN, G. T., and C. P. STEWART: Biochem. J. **35**, 755 (1941). — [7] Vgl. hierzu DIEMAIR, W., in STEPP, W.: Ernährungslehre. S. 196. Berlin 1939. — [8] WOKES, F., J. G. ORGAN, J. DUNCAN and F. C. JACOBY: Biochem. J. **37**, 695 (1943).

Die gebundene Form der Ascorbinsäure. In der Pflanze liegt das C-Vitamin vielfach gebunden vor. Die Freilegung erfordert im allgemeinen stärkere Säuren oder kräftiges Kochen. Von der freien Ascorbinsäure unterscheidet sich die gebundene durch ihre größere Widerstandsfähigkeit gegen Oxydasen und chemische Oxydationsmittel[1]. Die gebundene Form stellt möglicherweise bei Tier und Pflanze die physiologisch aktive dar[2]. Diese Auffassung wurde neuerdings durch Modellversuche an einem Casein-Ascorbinsäurekomplex gestützt[3].

η) Bedarf.

Der Mindestbedarf für den Menschen liegt noch nicht endgültig fest, da er anscheinend beträchtlich schwankt. Er beträgt für den Erwachsenen höchstens 50 mg, für Kinder 30 mg L-Ascorbinsäure je Tag. In einigen Fällen kamen Versuchspersonen mit bedeutend weniger (15—20 mg) aus[4]. Insbesondere scheint der Bedarf bei regelmäßigen kleinen Gaben geringer zu sein[5].

Die *internationale Vitamin C-Einheit* beträgt 0,05 mg L-Ascorbinsäure, was etwa 0,1 cm^3 eines guten Citronensaftes entspricht.

ϑ) Bestimmungsverfahren.

1. Chemische Bestimmungsmethoden[6].

Von den zahlreichen vorgeschlagenen chemischen Methoden haben sich eigentlich nur 3 durchgesetzt und werden allgemein angewendet:

1. Die Jodtitration (nur für reine Lösungen anwendbar),
2. die Reaktion mit Methylenblau und
3. die Reaktion mit 2,6-Dichlorphenolindophenol.

Die Reaktion mit Dichlorphenolindophenol wird am meisten verwendet. Sie ist nicht absolut spezifisch, gibt aber unter Beachtung der störenden Umstände brauchbare Resultate[7].

Bei der Bestimmung muß vor allem vermieden werden, daß Metallspuren aus Gefäßen in das Material gelangen, weil sonst sehr rasch Oxydation eintritt. Man verwende aus Glasgefäßen bidestilliertes Wasser! Die Extraktion des sorgfältig zerkleinerten Materials erfolgt durch siedende 0,2%ige Essigsäure unter Durchleiten von Stickstoff oder Kohlendioxyd. Auch das Filtrieren geschieht unter Luftausschluß. Titriert wird mit einer n/1000-Lösung von 2,6-Dichlorphenolindophenol, von der 1 cm^3 gleich 0,088 mg Vitamin C ist. Bei ungefärbten oder schwach gefärbten Extrakten wird direkt titriert, und zwar entweder in schwach oder in stark saurer Lösung. Bei stark gefärbten Auszügen muß man einen Umweg einschlagen, weil sonst der Umschlagspunkt nicht zu erkennen ist: man setzt Nitrobenzol zu, in dem der Indikator leicht löslich ist, und stellt nun in Reihenversuchen mit steigenden Mengen von Indikator die Reduktionskraft des Extraktes fest, indem man jene Menge ermittelt, bei welcher gerade Indophenol von Nitrobenzol gelöst wird.

---

[1] LEVY, L. F.: Nature **138**, 933 (1936). — GUHA, B. C., and J. C. PAL: Nature **139**, 843 (1937). — s. hingegen FUJITA, A., u. T. EBIHARA: B. Z. **301**, 229 (1939). — [2] Vgl. HOLTZ, P., u. W. KOECH: Kli. Wo. **1942**, 169. — [3] FUJIMURA, K., and Y. HAMAGUCHI: Bull. Res. Inst. Food Sci., Kyoto **3**, 50 (1950), [Chem. Abstr. **46**, 6169[d]]. Bull. Res. Inst. Food Sci., Kyoto **3**, 57 (1950) [Chem. Abstr. **46**. 6169[c]]. Bull. Res. Inst. Food Sci, Kyoto **4**, 34 (1951) [Chem. Abstr. **46**, 6169[d]]. Bull. Res. Inst. Food Sci., Kyoto **4**, 39· (1951) [Chem. Abstr. **46**, 6169[e]]. — [4] RIETSCHEL, H., u. H. SCHICK: Kli. Wo. **1939 II**, 1285. — RIETSCHEL, H.: D. m. W. **1940**, 1177, 1205. Vitamine u. Hormone **5**, 189 (1944). — [5] ZILVA, S. S.: Biochem. J. **35**, 1240 (1941). — [6] Vgl. hierzu bes. GSTIRNER, F.: Chemische Vitaminbestimmungsmethoden. 4. Aufl. S. 147. Stuttgart 1951. — PROCK, W.: Vitamine u. Hormone **2**, 238 (1942). — KUHN, A., u. H. GERHARD: Vitamine u. Hormone **2**, 264 (1942). — KING, C. G.: Industr. engng. Chem. (II) **13**, 225 (1941) [C. **1942 II**, 62]. — ROE, J. H., and C. A. KUETHER: J. biol. Ch. **147**, 399 (1943). — ROE, J. H., and M. J. OESTERLING: J. biol. Ch. **152**, 511 (1944). — BOLOMEY, R. A., and A. R. KEMMERER: J. biol. Ch. **165**, 377 (1946). — [7] TILLMANS, J., u. P. HIRSCH: B. Z. **250**, 312 (1932). — s. dazu bes. STROHECKER, R., u. R. VAUBEL: Angew. Chem. **49**, 666 (1936). — ferner HARRIS, L. J., and S. N. RAY: Biochem. J. **27**, 303 (1933). — SABALITSCHKA, T.: Vitamine u. Hormone **4**, 376 (1943). — HARRIS, L. J., and M. OLLIVER: Biochem. J. **36**, 155 (1942).

Die Methode wird aus den oben erwähnten Gründen in allen möglichen Variationen ausgeführt, vor allem bei tierischem Material. Insbesondere Sulfhydrylverbindungen können weitgehend stören und werden daher zweckmäßig vorher entfernt (mit Quecksilberacetat). Auch die Art der Extraktion (d.h. ob viel oder wenig zerstört bzw. alles C-Vitamin extrahiert wird), die verwendete Säure, der p_H und andere Faktoren müssen berücksichtigt werden[1].

Eine Modifikation dieser Bestimmung, die spezifischer zu sein scheint, beruht auf der raschen Oxydierbarkeit von Ascorbinsäure durch seine Oxydase, die z.B. im Kürbis u.a. vorkommt. Es wird einerseits (nach Fällung mit Hg-Acetat) die gesamte Reduktionskraft des Extraktes mit 2,6-Dichlorphenolindophenol bestimmt, andererseits in einem Parallelversuch die Ascorbinsäure durch die Oxydase zerstört und die restliche Reduktionskraft, die nicht dem C-Vitamin zukommt, ebenfalls titrimetrisch gemessen[2]. Die Differenz gibt dann den „wahren" C-Gehalt an.

Eine ganze Anzahl von Bestimmungsmethoden basieren auf der elektrometrischen Titration.

Eine ziemlich spezifische Methode soll die mit peri-Naphthindantrionhydrat (Formel s. Bd. **1**, S. 517) sein; hier sollen nur Reduktone, Reduktinsäure und Cystein stören[3].

Durch Messung der Lichtabsorption bei 260—265 mμ kann man die Ascorbinsäure ebenfalls bestimmen. Auch hierbei müssen Oxydationskatalysatoren möglichst gehemmt werden (Zusatz von KCN bei schwach saurer Reaktion[4]).

2. Bestimmung im Tierversuch[5].

a) Prophylaktischer Wachstumstest,
b) kurativer Wachstumstest,
c) Schneidezahntest.

a) Bei C-freier Nahrung kommt es nach etwa 15 Tagen zu einem Gewichtsstillstand. Von da ab fällt das Gewicht, und nach 4 Wochen gehen die Versuchstiere (in jedem Falle Meerschweinchen) an Skorbut ein.

Man gibt beim prophylaktischen Test zur C-freien Diät von Anfang an die zu testende Substanz und hält eine Reihe von Kontrolltieren, welche ebenfalls von Anbeginn reines Vitamin C in verschiedenen Mengen als Zulage erhalten. Man vergleicht die Gewichtskurven beider Tiergruppen und kann dann leicht den C-Gehalt der Testsubstanz ermitteln.

b) Hier wird die Testsubstanz erst beim Auftreten der ersten Skorbutsymptome gegeben.

c) Lange bevor sonstige Skorbutsymptome auftreten, zeigen sich Veränderungen an den Meerschweinchen-Schneidezähnen (Veränderungen des Dentins, der Odontoblasten usw.). Die Versuchstiere werden 14 Tage nach Ansatz des Testes getötet und die Zähne histologisch untersucht. Man vergleicht mit einer Tabelle, welche alle Grade von Zahnveränderungen in Abhängigkeit von der Vitamin C-Menge enthält und stellt so den C-Gehalt der Testsubstanz fest[6].

ι) Klinische Anwendung.

Die klinische Anwendung ist durch die synthetische Gewinnung einerseits, durch die relative Ungiftigkeit andererseits sehr erleichtert. Das Vitamin C entfaltet dabei oft ganz unerwartete Wirkungen[7].

---

[1] Eekelen, M. van, and A. Emmerie: Biochem. J. **30**, 25 (1936). — Fujita, A., u. T. Ebihara: B. Z. **290**, 172, 182, 192 (1937). — Eekelen, M. van: Z. Vit.-Forsch. **7**, 254 (1938). — Ott, M.: Angew. Chem. **54**, 170 (1941). — Günther, E.: Vitamine u. Hormone **5**, 55 (1944). — [2] Tauber, H., and I. S. Kleiner: J. biol. Ch. **110**, 559 (1935). — [3] El Ridi, M. S., R. Moubasher and Z. (F.) Hassan: Biochem. J. **49**, 246 (1951). Science, N. Y. **112**, 751 (1950). — [4] Plaut, F., M. Bülow u. F. Pruckner: H. **234**, 131 (1935). — Chevallier, A., et Y. Choron: Bull. Soc. Chim. biol. **19**, 511 (1937). — Herzner, R. A., u. C. Graf Kuefstein: B. Z. **317**, 37 (1944). — [5] Bomskov, C.: Arch. Kinderheilkde. **102**, 171 (1934). — Bomskov, C.: Methodik der Vitaminforschung, S. 255ff. Leipzig 1935. — Coward, K. H.: The Biological Standardisation of the Vitamins. S. 77. London 1937. — Höjer, A.: Brit. J. exp. Path. **7**, 356 (1926). — Westin, G.: Z. Vit.-Forsch. **2**, 1 (1933). — Bliss, C. I., and P. György: Vitamin Meth. (György) Bd. 2, S. 244. — [6] Giroud, A.: L'acide ascorbique dans la cellule et les tissus. Berlin 1938. — Wolf-Heidegger, G., u. H. Waldmann: Z. Vit.-Forsch. **12**, 1 (1942). — [7] Stepp-Kühnau-Schroeder, Vitamine. 6. Aufl. S. 299ff. — Giroud, A.: Exper. **1**, 239 (1945).

In erster Linie ist die blutstillende Eigenschaft bei hämorrhagischen Diathesen[1] ohne ausgesprochenen Zusammenhang mit dem Skorbut zu erwähnen, bei welchen besonders intravenöse Injektionen zum Ziele führen. Auch bei Hämophilie kann durch parenterale Zufuhr von Ascorbinsäure eine vorübergehende Herabsetzung der Blutgerinnungszeit erreicht werden. Ebenso werden innere Blutungen gestillt.

Von besonderer Bedeutung ist die Verabfolgung von Vitamin C bei Infektionskrankheiten, wie Pneumonie, Typhus, Tuberkulose u.a. Bei derartigen Erkrankungen ist der Vitamin C-Spiegel meist sehr gesenkt, und die Verabreichung größerer Dosen Vitamin C führt zu weitgehenden Besserungen[2]. Von Erfolgen mit Vitamin C wird auch in der Zahnheilkunde berichtet, vor allem Paradentose und Alveolarpyorrhoe sollen günstig zu beeinflussen sein[3]. Auch bei pathologischen Pigmentierungen und Magen- und Darmgeschwüren ist die Verabreichung angezeigt[4].

Prophylaktische Anwendung des Vitamin C zusammen mit anderen Vitaminen ist immer dann geboten, wenn ein gesteigerter Bedarf zu erwarten ist. Während der Gravidität und Stillzeit ist dies in besonderem Maße der Fall. Der Tagesverbrauch einer Stillenden wird z.B. mit rund 100 mg angegeben, wovon etwa die Hälfte mit der Milch ausgeschieden wird[5].

Handelspräparate sind Cebion, Cantan, Redoxon u.a.

r) Vitamin D.

(Calciferol, antirachitisches Vitamin[6-10].)

Von **H. Wolf.**

α) Geschichtliches.

Der Rachitisschutzstoff wurde im Jahre 1918 von Mellanby im Lebertran entdeckt. Seine Unterscheidung von dem ebenfalls im Lebertran vorkommenden Vitamin A gelang erst einige Jahre später (s. S. 654). 1919 fand Huldschinsky, daß rachitische Kinder auch durch Sonnenlicht geheilt werden. Der scheinbare Widerspruch zwischen diesen beiden Beobachtungen konnte durch Untersuchungen von Steenbock, Hess, Rosenheim u.a. dahin aufgeklärt werden, daß das antirachitische Vitamin durch Sonnenlicht aus einer an sich unwirksamen Vorstufe gebildet wird: Während nämlich im Lebertran das fertige Vitamin D vorliegt, das seine Wirksamkeit ohne weiteres entfalten kann, ist in der Haut von Mensch und Tier ein Provitamin abgelagert, das erst unter der Einwirkung ultravioletter Strahlen wirksam wird, ein Vorgang, der auch im Reagensglas durchzuführen ist. Die chemische Aufklärung erfolgte durch Arbeiten amerikanischer, englischer und deutscher Forscher (vor allem Bourdillion, Windaus, Pohl, Heilbron und ihrer Mitarbeiter). Dabei wurde das in Pilzen weit verbreitete Ergosterin als ein Provitamin D erkannt. Die Konstitution des daraus entstehenden „Vitamin D_2“ konnte daraufhin bald ermittelt werden, wobei irrtümlicherweise zunächst eine Molekülverbindung des Vitamin D_2 als das eigentliche Vitamin angesehen wurde (D_1).

---

[1] Birkofer, L., u. H.-J. Bielig: Med. Welt **1941**, 657. — [2] Gander, J., u. W. Niederberger: M. m. W. **1936 II**, 2074. — Jungeblut, C. W.: J. exp. Med. **65**, 127 (1936). — Jusatz, H. J.: Z. Vit.-Forsch. **9**, 75 (1939). — Középesy, L. V., u. L. Biró: Z. Vit.-Forsch. **14**, 70 (1943). — Büsing, K. H.: Z. Vit.-Forsch. **14**, 147 (1943). — [3] Kraft, O.: Dtsch. zahnärztl. Wschr. **1940**, 170. — Kleinert, F.: Dtsch. zahnärztl. Wschr. **1940**, 267. — [4] Vgl. z.B. Ludden, J. B., J. Flexner and I. S. Wright: Amer. J. digest. Dis. **8**, 249 (1941) [C. **1942** II, 2287]. — [5] Widenbauer, F., u. A. Kühner: Z. Vit.-Forsch. **6**, 50 (1937).

Zusammenfassende Darstellungen über Vitamin D: 6—10. [6] György, P.: Die Behandlung und Verhütung der Rachitis und Tetanie. Ergebn. inn. Med. **36**, 752 (1929). — [7] Windaus, A.: Aus der Geschichte des antirachitischen Vitamins. Abh. Ges. Wiss. Göttingen, math.-physik. Kl. 3. (N. F.) Fachgr. 3. H. 17, S. 175 (1937). — [8] Brockmann, H.: Die antirachitischen Vitamine. Ergebn. Physiol. **40**, 292 (1938). Ergebn. Vit.- u. Horm.-Forsch. **2**, 55 (1939). — [9] s. a. Bd. **1**, S. 454. — [10] Reed, C. I., H. C. Struck and I. E. Steck: Vitamin D. Chicago 1939.

Weitere Untersuchungen, besonders amerikanischer Forscher (MASSENGALE, KOCH, BILLS, WADELL u. a., 1930—1935) zeigten, daß Ergosterin nicht das einzige Provitamin D sein kann. WINDAUS, BROCKMANN u. Mitarb. konnten daraufhin das natürliche Lebertranvitamin mit dem durch Lichteinwirkung erhaltenen Umlagerungsprodukt des 7-Dehydrocholesterins identifizieren (vgl. Bd. **1**, S. 456). Später wurden noch weitere Provitamine D gefunden (s. S. 830). Es ist bemerkenswert, daß sich unter den Umlagerungsprodukten der Sterine auch Verbindungen mit Hormoneigenschaften finden. Zum Beispiel wird Dihydrotachysterin als Calcinosefaktor AT 10 (s. Bd. **2**/1, S. 645) bei Nebenschilddrüsenausfall angewandt[1].

β) Ausfallserscheinungen[2].

Ein völliger Vitamin D-Mangel kommt nicht so leicht zustande, da der Organismus die Fähigkeit besitzt, das Vitamin D aus Cholesterin zu bilden. Trotzdem entsteht ein relativer Vitamin D-Mangel dann, wenn entweder die Cholesterindehydrogenasewirkung ausbleibt und somit die Vorstufe, das 7-Dehydrocholesterin, nicht gebildet werden kann oder wenn UV-Einstrahlung auf die Haut fehlt, so daß die Umwandlung des 7-Dehydrocholesterins in Vitamin D unterbleibt und wenn dabei gleichzeitig das Vitamin D in der Nahrung fehlt.

Unter diesen Umständen stellt sich jener Stoffwechselzustand ein, den man beim Säugling und Kind als „Rachitis" bzw. Spätrachitis und beim Erwachsenen als „Osteomalacie" bezeichnet. Mit dem Worte Rachitis usw. verbindet sich im allgemeinen der Begriff einer besonderen Knochenerkrankung. Das trifft aber nur beschränkt zu, denn es handelt sich hier um eine tiefgreifende Änderung im gesamten Stoffwechsel, die allerdings am Knochensystem am besten sichtbar wird.

Die verminderte Resorption von Calcium aus dem Darm bei Vitamin D-Mangel dürfte endgültig bewiesen sein (die Resorption von ^{45}Ca aus dem Darm wird durch dieses Vitamin beschleunigt)[3]. Diese Eigenschaft kommt aber auch anderen Stoffen zu, wie z. B. Cholesterin oder Proteinen[4]. Die Inosithexaphosphorsäure (Phytin) verhindert durch Bindung des Ca dessen Resorption[5] (s. a. Bd. **2**/1, S. 638) und fördert damit das Auftreten von Rachitis. Vitamin D hebt diese Wirkung auf.

Der Phosphatstoffwechsel ist ebenfalls stark gestört, jedoch dürfte seine Beeinflussung durch das Vitamin D nur indirekter Natur, nämlich auf die Aktivierung der Phosphatasen zurückzuführen sein. Da das D-Vitamin die Phosphatase in Richtung der Esterspaltung aktiviert[6], verschiebt sich beim Vitamin D-Mangel die Phosphatasetätigkeit in umgekehrter Richtung, nämlich zur Bildung der Phosphorsäureester, so daß für die Entstehung von Calciumphosphat nicht mehr genügend Phosphat verfügbar ist. Allerdings ist dieser Mechanismus noch keineswegs restlos geklärt, denn es findet sich auch stärker vermehrte Phosphatausscheidung[3] (also muß zumindest in der Niere eine Spaltung von Phosphorsäureestern

---

[1] PFAUNDLER, M.: Wien. klin. Wschr. **1930 I**, 641. — DEGKWITZ, R.: Kli. Wo. **1934 I**, 201. — SCHÖNFELD, H., in STEPP, W.: Ernährungslehre. S. 414. Berlin 1939. — HOLTZ, F.: Nord. Med. **1939 I**, 751. — [2] WINDAUS, A.: Nachr. Ges. Wiss. Göttingen, math.-physik. Kl., N. F. Nr. 1, S. 36. (1930). — WEBSTER, R.: Proc. R. Soc. London (B) **107**, 76 (1930). — Subcommittee on Fat Soluble Vitamins. Chron. World Hlth. Organis. **3**, 147 (1949). — VELLUZ, L., et G. AMIARD: Cr. **228**, 692, 853, 1037 (1949). — VELLUZ, L., G. AMIARD et A. PETIT: Bull. Soc. chim. France **16**, 501 (1949). — RAOUL, Y., J. CHOPIN, P. MEUNIER et V. LE BOULCH: Cr. **228**, 1064 (1949). — YODER, L., and B. H. THOMAS: J. biol. Ch. **178**, 363 (1949). — [3] GREENBERG, D. M.: J. biol. Ch. **157**, 99 (1945). — [4] McCANCE, R. A., and E. M. WIDDOWSON: J. Physiol., London **101**, 304 (1942). — [5] McCANCE, R. A., E. M. WIDDOWSON and H. LEHMANN: Biochem. J. **36**, 686 (1942). — [6] ZETTERSTRÖM, R., and M. LJUNGGREN: Acta chem. scand. **5**, 283 (1951).

stattfinden, vielleicht sogar gesteigert als Reaktion auf die vermehrte Phosphorylierung). Die gesteigerte Phosphatausscheidung zieht eine Mobilisierung der Ca-Reserven nach sich, und so verliert der Organismus auch Calcium. Deshalb sinkt im Anfangsstadium der Rachitis zuerst das Phosphat und erst relativ spät auch das Calcium im Blut ab (erst dann also, wenn die Ca-Reserven erschöpft sind). Aber dieser Vorgang ist nicht die alleinige Ursache der Knochenerkrankung, es scheint vielmehr eine primäre Störung des Ca-Stoffwechsels zu bestehen; das Vitamin D scheint den Einbau des Ca in Proteine zu begünstigen, wie später bei Besprechung der Störungen am Knochensystem dargestellt werden wird, andererseits macht sich auch der Ausfall in der oxydativen Phosphorylierung durch das Vitamin D bemerkbar[1]. So sind Wirkungen auf den Kohlenhydratstoffwechsel zu erwarten, über deren Angriffspunkt aber noch so gut wie nichts bekannt ist[2].

Diese spezifischen Ausfallserscheinungen werden noch durch die Erscheinungen des nun herrschenden relativen Überschusses an Vitamin A (s. S. 704f). überlagert. Dieser Überschuß macht sich bemerkbar durch Hemmung der Verflechtung der Glykoproteide, so daß diese Skleroproteide in einem stark hydratisierten, dem Sol näher gelegenen Zustand verbleiben; dies zeigt sich

a) am eigentlichen Bindegewebe (myxödemartige Beschaffenheit der Haut),

b) an der Schilddrüse infolge Hemmung der Thyroxinwirkung (Vitamin A ist Antagonist der Thyreoidea); gleichzeitig Wegfall der spezifischen, aktivierenden Wirkung des Vitamin D auf die Schilddrüse,

c) am Aufbau von Knorpel und Knochen.

Die bei Vitamin D-Mangel auftretenden Störungen betreffen den ganzen Organismus und nicht nur das Skeletsystem bzw. den Stoffwechsel von Ca und P; diese sind vielmehr nur das auffallendste Symptom. Die Rachitis im engeren Sinne, die Rachitis des Skeletsystems, beginnt allerdings nicht an allen Knochen gleichzeitig. Die Knochen mit größter Wachstumsintensität werden zuerst befallen, die mit der kleinsten zuletzt. So zeigen sich zuerst Craniotabes, rachitischer Rosenkranz und Epiphysenverdickungen, dann Vergrößerung der Fontanelle und auch Veränderungen des Brustkorbes. Erst im Anfang des 2. Lebensjahres treten Caput quadratum, Wirbelsäulenverbiegungen (Kyphose, Skoliose) und Verbildungen der Extremitäten auf. Das in seinem Aufbau veränderte Osteoid ist weniger dicht als das normale und weist auch keine Ablagerung von Calciumsalzen auf, wodurch die Formänderungen bei Belastung (X-Beine, O-Beine, „Hühner- oder Kielbrust") zustande kommen. Dort, wo der Knochen wächst (an der Grenze von Epiphyse und Diaphyse), wird am meisten pathologisches Osteoid gebildet und tritt die stärkste Quellung auf; dies führt zu den Auftreibungen an den Epiphysen.

Histologisch beobachtet man das Fehlen (oder einen unregelmäßigen zickzackartigen Verlauf) der präparatorischen Verkalkungszone; die Quellung der Knorpelgrundsubstanz an der zu verknöchernden Stelle ist stärker als normal, die Gefäße wuchern zwar normal ein, die mitgeführten Osteoblasten phagocytieren aber die Knorpelsubstanz nur teilweise und scheiden sie umgebaut wieder aus (Osteoid). Aber dieses Osteoid ist anscheinend anders strukturiert als das normale, auch enthält es keine Calciumsalze. Infolge dieser veränderten Funktion des Osteoids entsteht jetzt in der Verknöcherungszone eine Schicht, welche teils Knorpelinseln (unvollständige Phagocytose), teils geflechtartiges osteoides Gewebe und unregelmäßig abgebauten Knorpel enthält (Rachitisschicht). Diese Schicht erscheint makroskopisch weißlich-grau, ist schwammig und mehrere

[1] ZETTERSTRÖM, R., and M. LJUNGGREN: Acta chem. scand. **5**, 343 (1951). —
[2] LASZT, L.: Helv. physiol. Acta **1**, C 44 (1943).

Millimeter dick. Auch das appositionelle Knochenwachstum ist gestört: die periostalen Cambiumzellen bilden ebenfalls unverkalktes Osteoid. Dieses Osteoid bildet auch mehrschichtige schwammige Auflagerungen (Osteophyten).

Die Knochenrachitis im *späteren Lebensalter* äußert sich anders. Man unterscheidet die Rachitis, welche erst in der 2. Kindheit beginnt, also vom 5. Lebensjahr an bis zum 20. (*Rachitis tarda*), und die Rachitis des Erwachsenenalters, die *Osteomalacie* bzw. eventuell auch *Osteoporose*.

Bei der Spätrachitis finden sich, wie bei der floriden Rachitis des Kleinkindes, Auftreibungen an den Epiphysen, rachitischer Rosenkranz usw. Alle diese Erscheinungen sind mehr oder weniger stark ausgeprägt, je nach Wachstumsintensität. Solange also die Epiphysenfuge noch nicht geschlossen ist, werden sich Symptome zeigen, die denen der Säuglingsrachitis ähneln. Ist die Epiphysenfuge schon geschlossen, so kann es nicht mehr zu einem Auftreten der Rachitisschicht kommen, und es werden die Entkalkungen der Knochen im Vordergrund stehen (Osteomalacie). Auch hier handelt es sich nicht um eine einfache Herauslösung von Calciumsalzen (Halisterese), sondern um ein Nichtwiedereinlagern der Calciumsalze beim Knochenumbau. Gerade die osteomalacische Knochenveränderung beweist, daß die rachitischen Störungen nicht einfach auf einem Ca-Mangel beruhen, sondern daß es sich um ein verändertes Osteoid handelt, welches nicht mehr imstande ist die Ca-Salze wieder einzulagern.

Interessant ist, daß von der Osteomalacie in der Hauptsache das weibliche Geschlecht befallen wird, und zwar am häufigsten während der Schwangerschaft. Es läßt sich an einen Zusammenhang mit dem Oestron denken, welches während der Schwangerschaft von der Placenta in steigendem Maße gebildet wird. Man hat auch tatsächlich (in der Zeit, als man das Vitamin D noch nicht kannte) überraschende Heilerfolge durch Kastration beobachtet[1]. Vielleicht verhindert das Oestron die Dehydrierung des Cholesterins zum 7-Dehydrocholesterin, welches ja die Voraussetzung für die Umlagerung in Vitamin D bildet.

Bei der Osteomalacie wird der Calcium- und der Phosphatspiegel nicht so häufig und stark erniedrigt, wie bei der kindlichen Rachitis.

Im ganzen gesehen hat es den Anschein, als ob die rachitische Stoffwechselstörung auf mehrfache Ursachen zurückzuführen sei:

1. Fehlen des Vitamin D in der Nahrung.

2. Fehlen der Umwandlung von 7-Dehydrocholesterin in Vitamin D_3 infolge Fehlens von Licht.

3. Verhinderung der Cholesterindehydrierung; a) Fehlen oder Hemmung der Cholesterindehydrogenase, b) Überschuß an Oestron (bzw. anderen Steroiden).

4. Vitamin A-Hypervitaminose.

Wahrscheinlich ist nie nur eine der Ursachen allein vorhanden, sondern immer eine Kombination zweier oder mehrerer.

Die Spontanrachitis des Menschen steht im Gegensatz zur experimentellen Rachitis bei Ratte und Huhn, bei denen man ein der Rachitis sehr ähnliches Bild schon durch die Veränderung des Ca:P-Quotienten, welcher normalerweise 1:1 beträgt, hervorrufen kann, z.B. schon durch ein Überangebot an Ca. Zur Heilung genügt es, den Quotienten Ca:P zu normalisieren; dann sind nurmehr Spuren von Vitamin D nötig[2].

---

[1] ALWENS, W.: Osteomalacie. Handb. inn. Med. (BERGMANN-STAEHELIN) 2. Aufl., Bd. IV/1, S. 645. — [2] Über tierische Rachitis s. GRAB, W.: H. **243**, 63 (1936). — THEILER, A.: Denkschr. schweiz. naturforsch. Ges. **68**, Abh. 1, S. 37, bes. 142 (1933). — Vgl. NICOLAYSEN, R.: Biochem. J. **31**, 107, 122 (1937). — NICOLAYSEN, R., and J. JANSEN: Acta paediatr., Uppsala **23**, 405 (1939). — LECOQ, R.: Cr. **216**, 503 (1943). — EMBLETON, J., and A. J. COLLINGS: Nature **159**, 340 (1947).

Ebenso wie der Knochenaufbau ist auch die Bildung des Zahnbeines bei Vitamin D-Mangel sehr schlecht[1]. Diese Ergebnisse stützen sich sowohl auf Beobachtungen an einer großen Anzahl von Kindern als auch auf den Tierversuch. Im besonderen sind die Kauflächen sehr mangelhaft ausgebildet und setzen dem Eindringen von Fäulniserregern nur wenig Widerstand entgegen. Ausgeprägte Caries und Vitamin D-Mangel stehen daher in ursächlichem Zusammenhang (dabei spielen allerdings auch andere Vitamine, wie z. B. C, eine wesentliche Rolle; s. S. 808f., 819).

Beim rachitischen Stoffwechselzustand finden sich Veränderungen auch im Muskel- und Nervensystem. Auffallend ist die schlaffe Muskulatur. Das wäre durch den bestehenden Ca-Mangel erklärlich, da Ca die Spaltung von Adenosintriphosphat aktiviert[2]. Die vielfach sich widersprechenden Angaben (teilweise wird spastische Muskulatur, teilweise wieder schlaffe Muskulatur beschrieben) könnten dahingehend auf einen Nenner gebracht werden, daß an sich die rachitische Muskulatur schlaff ist und die spastischen Zustände nur den Ausdruck einer latenten Spasmophilie bei stärkerem Ca-Mangel darstellen. Besonders bei Osteomalacie werden Paresen und Lähmungen der Muskulatur beschrieben. Man findet sowohl Lähmungen an den unteren Extremitäten (häufiger), als auch Paresen der Muskulatur des Schultergürtels und der Oberarme. Es sind dies dieselben Muskelgruppen, welche auch bei der Muskeldystrophie befallen sind (vgl. bei Vitamin E, S. 843ff). Diese Paresen können schon zu einer Zeit auftreten, in welcher die Beteiligung der Knochen klinisch noch nicht nachweisbar ist.

Histologisch werden folgende Veränderungen an den Muskeln beschrieben[3]: Auffallender Kernreichtum des Perimysium internum und entzündliche Reizung an den Muskelelementen selbst, mit Zerfall der kontraktilen Substanz und Zunahme des Fettgewebes in den befallenen Muskeln. Die fettige Degeneration geht in schweren Fällen in fast völlige Lipomatose über. Bei fortgeschrittenen Fällen kommt es mit der Zeit zu einer Atrophie der paretischen Muskulatur. Wenn man dieses Bild mit dem der Muskeldystrophie (s. Vitamin E, S. 843) vergleicht, so findet man auffallende Ähnlichkeiten; wenn man außerdem noch hinzunimmt, daß bei der Muskeldystrophie die Steroidausscheidung vermindert ist und das Cholesterin im Muskel selbst vermehrt und parallel dazu die osteomalacischen Muskelveränderungen anscheinend ebenfalls infolge eines Überschusses an einem Steroid entstehen, so wird man einen prinzipiell gleichartigen Entstehungsmechanismus beider Muskelveränderungen annehmen müssen.

Diese Befunde (Steroidüberschuß) stehen scheinbar im Gegensatz zu der anfangs angeführten Behauptung, daß bei Vitamin D-Mangel eine relative Vitamin A-Hypervitaminose bestehe. Es sei aber daran erinnert, daß ein Vitamin D-Mangel sehr verschiedene Ursachen haben kann (s. o.). Ein starkes Überwiegen an Sexualhormonen (Oestron) — oder überhaupt an Steroiden — läßt die Wirkungen der Vitamine A und D nicht mehr zur Geltung kommen, da im allgemeinen kondensierte aromatische Systeme ungesättigten aliphatischen Systemen entgegenwirken; so ist das Calciferol ein Antagonist des Vitamin A, aber es ist noch nicht kondensiert (offener Ring B und eine konjugierte Doppelbindung), und deshalb werden Steroide ihrerseits wieder eine dem Vitamin D weitgehend entgegengesetzte Wirkung aufweisen. Außerdem ist zu bedenken, daß

[1] Mellanby, M., and J. D. King: Ergebn. Vit.- u. Horm.-Forsch. **2**, 1 (1939). — Polazzi, S., G. R. Bugliari u. C. Brauchini: Zahnärztl. Rdsch. **49**, Suppl. **12**, 149 (1940). — Vgl. dazu Taylor, G. F., and C. D. M. Day: Brit. med. J. **1939 I**, 919. — Euler, H. (v.): Vitamine u. Hormone **3**, 21 (1943). — [2] Du Bois, K. P., H. G. Albaum and V. R. Potter: J. biol. Ch. **147**, 699 (1943). — [3] Alwens, W.: Handb. inn. Med. (Bergmann-Staehelin), 2. Aufl. Bd. IV/1, S. 638.

bei intensiver Sterinsynthese (z.B. des Oestrons während der Gravidität) die Synthese des Vitamin D hintangestellt wird, entweder, weil keine Dehydrierung des Cholesterins mehr erfolgt, oder weil irgendeine Vorstufe in Richtung des Oestrons geleitet wird. Dieser solchermaßen entstehende relative (oder absolute) Vitamin D-Mangel kann durch erhöhte Zufuhr an D-Vitamin mit der Nahrung ausgeglichen werden. Man denke auch an das „syndrome hyperfolliculinique“ nach GILBERT-DREYFUS[1] (= Hyperestrinism = premenstrual tension = premenstrual stress = prämenstruelle Beschwerden), welches durch einen Überschuß an Oestron hervorgerufen und mittels dessen Antagonisten, dem Vitamin A, erfolgreich behandelt wird.

Eine weitere Tatsache, welche zeigt, daß die Rachitis nicht bloß ein Vitamin D-Mangelzustand ist, ist die *vitamin-D-refraktäre Rachitis*. Bei dieser kommt es trotz stärkster Vitamin D-Gaben nicht zur Mineralisation des Knochens, höchstens zu ganz geringer Besserung. Tägliche Gaben von 100000—300000 I.E. Vitamin D durch 4 Jahre hindurch(!) brachten das Ca auf 16 mg-% (Serum), der Spiegel des anorganischen P blieb jedoch niedrig. Die Phosphataseaktivität bewegte sich zwischen 7 und 35 BODANSKY-Einheiten[2]. Das Problem der Rachitis ist also mit der Entdeckung des Vitamin D noch nicht abgeschlossen.

Die *rachitogene Tetanie* tritt unter besonderen Umständen bei der Heilung von Rachitis auf[3]. Sie kann nicht als eigentliche Mangelkrankheit bezeichnet werden, sondern ist als eine „Heilkrankheit“ anzusehen. Sie wird dann beobachtet, wenn die Heilung der Rachitis durch starke Bestrahlung oder Zufuhr von viel D-Vitamin sehr schnell einsetzt und äußert sich chemisch in einem Mangel an Calcium im Blut und in den Geweben, und zwar in dem Mangel an einer besonderen, für das normale Knochenwachstum nötigen Form des Calciums (s.u.). Die Tetanie drückt sich klinisch in Spontankrämpfen oder Krampfbereitschaft aus.

γ) Chemische und physikalische Eigenschaften.

Es sind 4 Sterine bekannt, die durch Bestrahlung mit ultraviolettem Licht D-aktiv werden, nämlich:

1. Ergosterin (Vitamin D_2).
2. 7-Dehydrocholesterin (Vitamin D_3).
3. 22-Dehydroergosterin (Vitamin D_4).
4. 7-Dehydrositosterin (Vitamin D_5).

Voraussetzung für die Möglichkeit der Umlagerung ist das Vorhandensein der beiden konjugierten Doppelbindungen im Ring B, die auch die Ursache der Lichtabsorption bei 281 bzw. 293 mμ sind.

(Vitamin D_1 = Verbindung zwischen Vitamin D_2 und Lumisterin) (s. Bd. **1**, S. 454).

Das aus 7-Dehydrocholesterin erhaltene Vitamin D_3 ist mit dem natürlichen Vitamin D_3 des Thunfisch- und Heilbuttlebertrans identisch[4]. Weitere natürliche D-Vitamine konnten bisher noch nicht nachgewiesen werden. Jedoch spielt das aus Ergosterin dargestellte Vitamin D_2 auch in der Natur möglicherweise als D-Vitamin eine Rolle.

---

[1] GILBERT-DREYFUS, M., A. MATHIVAT et A. WIMPHEN: Bull. Mém. Soc. méd. Hôp. Paris **52**, 1234 (1936). — WALLET, M.: L'hyperfolliculinie. S. 354ff. Paris 1946. — SPICER, R. T.: Amer. J. Obstet. Gynec. **54**, 809 (1947). — HECHT, E. L.: Amer. J. Obstet. Gynec. **62**, 135 (1951). — ARGONZ, J., y C. ABINZANO: Rev. méd. Córdoba **39**, 181 (1951). — PAGANI, C.: Acta vitaminol., Milano **6**, 24 (1952). — [2] FREEMAN, S., and I. DUNSKY: Amer. J. Dis. Children **79**, 409 (1950). — [3] Vgl. hiergegen NITSCHKE, A.: Z. Kinderheilkde. **61**, 385 (1940). — [4] WINDAUS, A., F. SCHENCK u. F. v. WERDER: H. **241**, 100 (1936). — BROCKMANN, H.: H. **241**, 104 (1936); **245**, 96 (1937). — Vgl. a. SIMONS, E. J. H., and T. F. ZUCKER: Am. Soc. **58**, 2655 (1936). — Zusammenfassung: BROCKMANN, H.: Die Chemie der antirachitischen Vitamine. Ergebn. Vit.- u. Horm.-Forsch. **2**, 55 (1939).

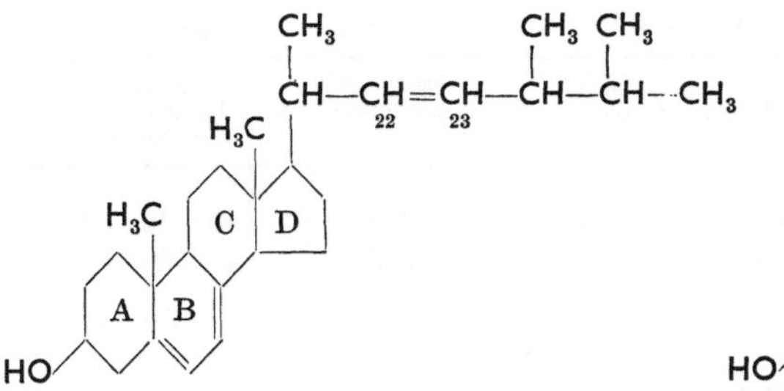

Ergosterin (Provitamin D_2)
($C_{28}H_{44}O$)

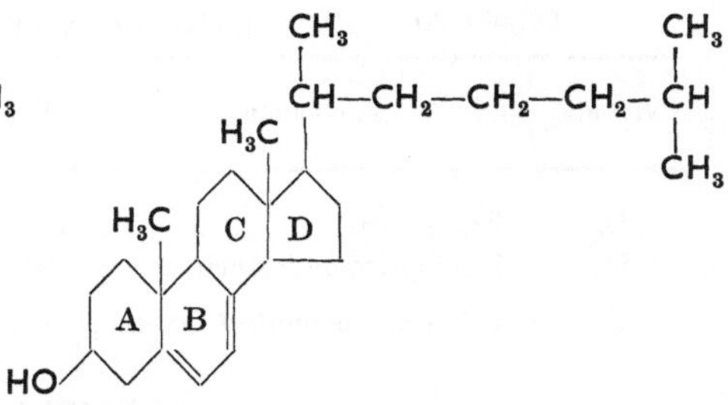

7-Dehydrocholesterin (Provitamin D_3)
($C_{27}H_{44}O$)

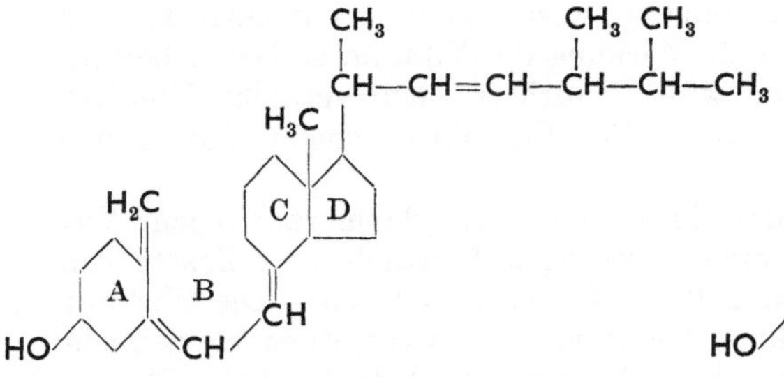

Vitamin D_2 (Ergocalciferol)
($C_{28}H_{44}O$)

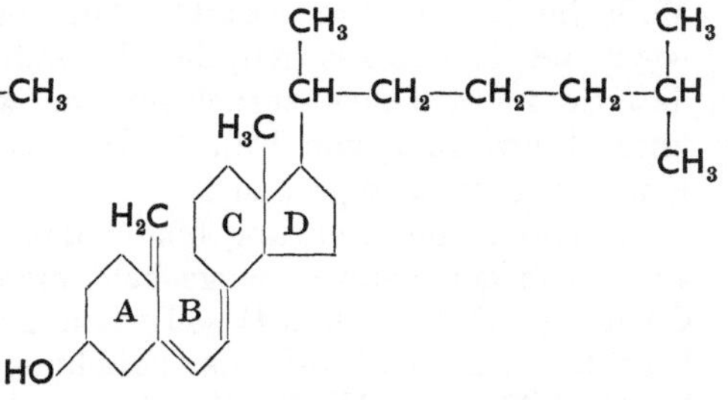

Vitamin D_3 (Cholecalciferol)
($C_{27}H_{44}O$)

Die Umlagerung der Provitamine in die Vitamine durch Bestrahlung (λ = 250—300 mμ) ist kein einfacher Vorgang, sondern verläuft über mehrere Zwischenstufen, die vor allem beim Ergosterin gefaßt und identifiziert wurden:

Ergosterin → Lumisterin → Tachysterin → Vitamin D_2 → { Suprasterin I, Suprasterin II, Toxisterin }

(Näheres s. Bd. **1**, S. 455.[1])

Von besonderer Wichtigkeit ist, daß auch ein sehr giftiges Produkt, das *Toxisterin*, entsteht, wodurch die therapeutische Verwendung von rohen Bestrahlungsprodukten unmöglich gemacht wird[2]. Besonders zu beachten ist die vielfach propagierte und auch durchgeführte UV-Bestrahlung der Milch; bei der angewandten geringen Bestrahlungsdauer erhöht sich die Vitamin D-Aktivität nicht, bei längerer Bestrahlungsdauer entstehen die oben genannten toxischen Bestrahlungsprodukte[3] (s. a. S. 350 u. 381).

Die bis jetzt dargestellten D-Vitamine sind einander in ihren allgemeinen chemischen und physikalischen Eigenschaften sehr ähnlich. Sie sind fettlöslich und sowohl gegen Säuren als auch gegen Alkalien sehr widerstandsfähig. Luftsauerstoff greift sie nur langsam an. Sie bleiben daher auch beim Kochen der Nahrung großenteils erhalten.

Außer in den Unterschieden im Schmelzpunkt und der spezifischen Drehung (s. Tabelle 201) bestehen beträchtliche Differenzen bezüglich der physiologischen Wirksamkeit, eine Tatsache, die zur Auffindung des Vitamins D_3 geführt hat.

---

[1] s. a. neuere Beobachtungen von YODER, L., and B. H. THOMAS: J. biol. Ch. **178**, 363 (1949). — [2] Vgl. LETTRÉ, H., u. H. H. INHOFFEN: Über Sterine, Gallensäuren und verwandte Naturstoffe. Stuttgart 1936. — [3] WAGNER, K. H.: Milchwiss. **7**, 396 (1952); **8**, 379 (1953). Hess. Ärztebl. Juni 1953.

Tabelle 201. Physikalische Konstanten von Vitamin D_2 und D_3.

Vitamin	Provitamin	F °	$[\alpha]_D^{20}$ (Aceton) °	Absorptions-maximum mμ	Molarer Absorptions-koeffizient x
D_2	Ergosterin	116	+82,6	265	$45—46 \cdot 10^3$
D_3	7-Dehydrocholesterin . .	84	+83,3	265	$45—46 \cdot 10^3$

x ist aus den vorliegenden Daten errechnet.

δ) Wirkungsweise.

^{45}Ca und ^{89}Sr werden unter dem Einfluß von Vitamin D aus dem Darm schneller resorbiert als normal[1]. Außerdem wird dieses Calcium in erhöhtem Maße im Knochen angesetzt[1]. Aus anderen Versuchen mit radioaktivem ^{45}Ca wurde der Schluß gezogen, daß die erste Wirkung des Vitamin D darauf beruht, daß Ca im Knochen zurückgehalten wird[2]. Auch in vitro verkalkt Knochen unter Einwirkung von Vitamin D stärker. Das Vitamin D scheint also an den Knochenzellen anzugreifen[3].

Phytat in der Nahrung bindet das Ca ab und wirkt daher rachitogen; Vitamin D in genügender Menge hebt diese Wirkung auf; daneben ist Zusatz von Ca nötig. Das Vitamin D soll einen Teil des Phytats zerstören[4]. Die Wirkung beruht jedoch nicht auf einer Erhöhung der Phytaseaktivität, diese ist vielmehr bei Rachitis normal[5]. Die Zugabe von Vitamin D zwecks Aufhebung der Phytinwirkung nützt wohl bei Ratten, aber nicht bei Hühnern, da diese anorganisches Phosphat in der Nahrung benötigen[6].

Es wurde gefunden, daß das Vitamin D eine gute antituberkulöse Wirkung hat[7]: hohe Dosen von Vitamin D_2 verlängern die Widerstandsfähigkeit von Meerschweinchen gegen Tuberkuloseinfektion. Bei bereits eingetretener Infektion hilft Vitamin D allerdings nicht mehr[8]. Bei Lupus vulgaris erwies sich eine Therapie mit 100000—150000 E täglich über einige Monate als wirksam. Durch Kombination von Streptomycin mit Vitamin D war die Wirkung so gesteigert, daß man an einen Synergismus denken muß[9].

Cystein scheint ein Antagonist des Vitamin D zu sein[10], denn tägliche Injektionen hemmen sowohl die antituberkulöse, als auch die toxische Wirkung des Vitamin D.

Vitamin D_2 hat keine oestrogenen Eigenschaften[11].

In Versuchen mit Truthähnen konnte gezeigt werden, daß ein Unterschied zwischen dem Vitamin D_3 aus 7-Dehydrocholesterin und dem aus Lebertran hinsichtlich der einsetzenden Verkalkungen nicht besteht, wenn Phosphat in anorganischer Form zugeführt wird. Wird Phosphat hauptsächlich in Form von Phytin gegeben, so soll die Wirkung des Vitamin D_3 aus 7-Dehydrocholesterin sehr viel stärker sein[12].

Auch im Kohlenhydratstoffwechsel dürfte Vitamin D eine wesentliche Rolle spielen; denn bei Vitamin D-Mangel scheint die oxydative Phase beim Kohlen-

---

[1] GREENBERG, D. M.: J. biol. Ch. **157**, 99 (1945). — [2] MIGICOVSKY, B. B., and A. R. C. EMSLIE: Arch. Biochem. **20**, 325 (1949). — [3] KRAEMER, V. v., B. LANDTMAN and P. E. SIMOLA: Acta scand. physiol. **1**, 285 (1940). — [4] MELLANBY, E.: J. Physiol., London **109**, 488 (1949). — [5] SPITZER, R. R., G. MARUYAMA, L. MICHAUD and P. H. PHILLIPS: J. Nutrit. **35**, 185 (1948). — [6] GILLIS, M. B., L. C. NORRIS and G. F. HEUSER: Poultry Sci. **28**, 283 (1949). — [7] GAUMOND, E.: Laval méd. **13**, 1089 (1948). — [8] GIROUX, M.: Laval méd. **13**, 710 (1948). — RAAB, W.: Science, N. Y. **106**, 546 (1947). — [9] CORNBLEET, T.: J. amer. med. Ass. **138**, 1150 (1948). — [10] CHARPY, J., et P. PICHAT: C. R. Soc. Biol. **141**, 929 (1947). — [11] LEINZINGER, E.: Int. Z. Vit.-Forsch. **19**, 361 (1948). — [12] MATTERSON, L. D., H. M. SCOTT and E. P. SINGSEN: J. Nutrit. **31**, 599 (1946).

hydratabbau gestört zu sein (vgl. die Versuche mit Vitamin D_2-Phosphat-ester[1]). Bei Untersuchungen an Nierenmitochondrien mit Vitamin D_2-Phosphat[2] zeigte sich, daß die oxydative Phosphorylierung nach 30 min doppelt so hoch war, wie ohne Vitamin D_2-phosphat. Weiterhin aktiviert Vitamin D_2-Phosphat die alkalischen Phosphatasen von Niere, Darm und Knochen. Die Aktivierung ist sehr erheblich; für die Knochenphosphatase beträgt sie in den ersten 20 min 400%. Die Aktivierung ist maximal[3] bei einem p_H von etwa 9,7 bei einer Konzentration an Vitamin D_2-Phosphat von 10^{-5} m.

Es ist nicht sehr wahrscheinlich, daß das Vitamin D im Körper in freier Form vorliegt; denn die meisten Lipoide sind symplexartig an Eiweiß gebunden. Auch wurde kürzlich beobachtet, daß die Steroidhormone von Plasmaproteinen gebunden werden, wodurch sie eine bessere Wasserlöslichkeit erlangen[4]. Es ist daher anzunehmen, daß sich auch das Vitamin D als ein „Lipoproteid" im Organismus findet. Durch Bindung an Milcheiweiß soll die Wirkung von Vitamin D um das Vielfache gesteigert werden. In dieser Bindung ist das Vitamin D wasserlöslich und soll ohne Wirkungsverlust sehr gut haltbar sein[5].

Am bekanntesten und am besten untersucht ist die Wirkungsweise des Vitamin D auf die Knochenrachitis. Es ist anzunehmen, daß das Vitamin D auch in die Entwicklung des Knorpels eingreift. Vermutlich ist es schon in den Blastemzellen vorhanden und fördert die Bildung der normalen Knorpelsubstanz. Die Knorpelzellen synthetisieren Glykoproteide und geben sie ab. Die zwischen den Knorpelzellen liegenden Glykoproteide sind Chondroitinschwefelsäureproteide und vielleicht auch Phosphoproteide in Form ihrer löslichen Calciumsalze. Durch die Einwirkung des Vitamin D kommt es wahrscheinlich zu einer weitgehenden Verknüpfung dieser Proteine und dadurch zu einer Freisetzung von Ca- und zum Teil auch PO_4-Ionen. (Zum Mechanismus der Ca-Bindung s. [6].)

Etwa zu derselben Zeit wird das in den Knorpelzellen reichlich vorhandene Glykogen abgebaut. Die entstehenden Spaltprodukte erhöhen den osmotischen Druck und begünstigen das Einströmen von Wasser, so daß es zu einer Quellung der Knorpelzellen kommt. Anschließend werden Glykogenspaltprodukte (Glucosephosphate) und Wasser an die Grundsubstanz abgegeben. Die gequollene Grundsubstanz ist lockerer, und die Knorpelzellen können sich jetzt zu Säulen anordnen (Säulenknorpel). Die Spaltung des Glykogens in den Zellen geht weiter, so daß die Wasseraufnahme steigt, das Zellvolumen größer wird und die Zellen blasig aufgetrieben scheinen (Gebiet des großblasigen Knorpels). Die durch Vitamin D aktivierte Phosphatase spaltet die Glucosephosphate, und die freiwerdenden Phosphatanionen reagieren mit Ca-Ionen unter Bildung von Calciumphosphat; hinzu kommt noch die Vermehrung des CO_2 infolge des erhöhten Stoffwechsels und die Bildung von $CaCO_3$. So entstehen zu diesem Zeitpunkt an gewissen Stellen des Knorpels „Kalk"-Ablagerungen, welche man Ossifikationspunkte bzw. präparatorische Verkalkungszonen nennt.

Der erhöhte Stoffwechsel des Knorpels ohne stärkeren Abtransport von Stoffwechselprodukten führt zur Anhäufung saurer Metabolite. Dieser entzündungsähnliche Zustand ist der Anreiz zu einer vom Periost ausgehenden Vascularisierung, bei der eine Periostknospe gegen den Ossifikationspunkt vorwächst. Mit dieser dringen auch die Bindegewebszellen des Periostes vor und lösen die Knorpelgrundsubstanz auf, indem sie sich zu den Knorpelzellen durchfressen. Von der

[1] ZETTERSTRÖM, R.: Nature **167**, 409 (1951). — [2] ZETTERSTRÖM, R., and M. LJUNGGREN: Acta chem. scand. **5**, 343 (1951). — [3] ZETTERSTRÖM, R., and M. LJUNGGREN: Acta chem. scand. **5**, 283 (1951). — [4] SZEGO, C. M.: Endocrinology **52**, 669 (1953). — [5] HOFMEIER, K.: D. m. W. **1948**, 522. — SIONIS, A.: Mschr. Kinderheilkde. **98**, 38 (1950). — [6] BOYD, E. S., and W. F. NEUMAN: J. biol. Ch. **193**, 243 (1951).

Knorpelgrundsubstanz bleiben geringe Reste stehen (Richtungsbälkchen). Der durch die eingedrungenen Gefäße entstandene Hohlraum ist das Primordialmark; es enthält Bindegewebszellen, freigesetzte Knorpelzellen und Blutzellen. Die eingedrungenen Bindegewebszellen (Osteoblasten) legen sich den Richtungsbälkchen epithelartig an und beginnen, Osteoidsubstanz auszuscheiden.

In diesem Entwicklungszustand ist das Vorhandensein der oben beschriebenen Calciumsalze im Knorpel von ausschlaggebender Bedeutung, denn zur Bildung des Hydroxylapatits, der anorganischen Grundsubstanz des Knochens, ist eine gewisse alkalische Reaktionslage notwendig. (Bei Vitamin D-Mangel ist die Reaktionslage aber acidotisch, d.h. die Ca-Salze liegen in löslicher Form vor.)

Das Osteoid muß eine ganz bestimmte Konstitution aufweisen, damit sich das Ca in Form des Hydroxylapatits einlagert. Die hierzu erforderliche besondere Verknüpfung der Polypeptidketten ist anscheinend an die Anwesenheit des Vitamin D gebunden. Bei seinem Fehlen kann das veränderte Osteoid Ca-Salze überhaupt nicht oder nur in anderer Form ablagern. Ähnliches gilt auch für den Knochenumbau bei Osteomalacie (sog. Halisterese). Eine ausführliche Diskussion über den möglichen Wirkungsmechanismus findet sich bei ZELLWEGER u. ADOLPH[1]. Dieser Darstellung ist auch das folgende Schema entnommen:

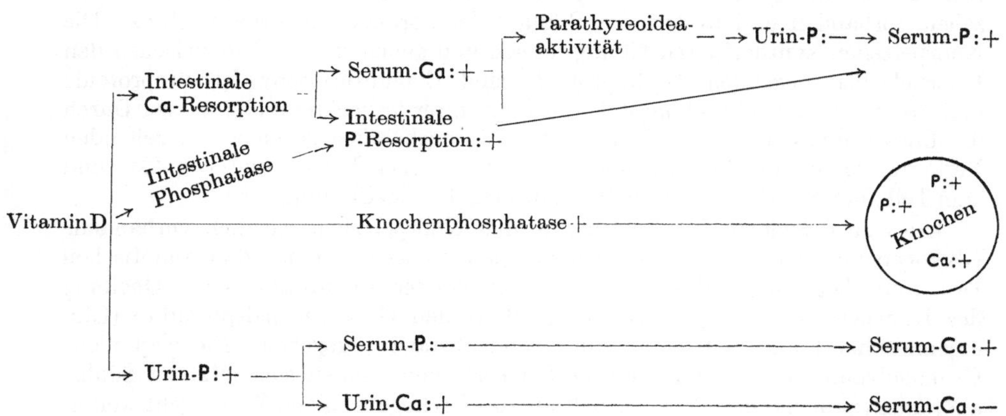

Die „antirachitische Wirkung" von Citrat wird durch die Bildung eines nicht ionisierenden Ca-Citrates im Darm erklärt, welches zwar gut resorbiert, aber durch die Nieren schlecht ausgeschieden wird. So wird eine positive Ca-Bilanz erreicht[2].

Vitamin D-Hypervitaminose. Das Vitamin D wirkt in großen Mengen giftig[3]. Der therapeutische Index ist indes sehr günstig; erst die 1000fache Heildosis wirkt stark toxisch oder tödlich. Für reines D-Vitamin (D_2 und D_3) liegt die Verträglichkeit bei der Maus bei 60—100 µg je Tag.

Wird das Vitamin D in mäßigen Grenzen überdosiert, so resultiert das Bild einer Hypervitaminose: bei Omnivoren besteht sehr starke Hypercalcämie, bei Herbivoren starke Hyperphosphatämie, Gewichtsabnahme, Appetitlosigkeit, Durchfall, Entkalkung der Knochen und Ca- und PO_4-Ablagerungen in den Gefäßwänden, in Lunge, Herz und Nieren. Auch der Fettstoffwechsel ist typisch

---

[1] ZELLWEGER, H., u. W. H. ADOLPH: Handb. inn. Med. (BERGMANN-FREY-SCHWIEGK) 4. Aufl., Bd. VI/2, S. 713. — [2] HURNI, H.: Int. Z. Vit.-Forsch. **20**, 216 (1948). — [3] HOLTZ, F., F. LAQUER, H. KREITMAIR u. T. MOLL: B. Z. **237**, 247 (1931). — CHOWN, B., M. LEE, J. TEAL and R. CURRIE: J. Path. Bacteriology **49**, 273 (1939).

gestört: es finden sich Lipoideinlagerungen in die Arterienwände, in die Leber und andere Organe. Bemerkenswert ist, daß diese Vergiftungserscheinungen bei Verminderung der Vitamin D-Zufuhr wieder verschwinden. Das Vitamin A und der Vitamin B-Komplex wirken der Giftwirkung des D-Vitamins entgegen.

Hohe Dosen Vitamin D wirken nur nach oraler Applikation (nicht nach parenteraler) toxisch[1,2].

Der *Zusammenhang mit der Schilddrüsenfunktion* ergibt sich aus folgendem: Cholesterin und Thiouracil, zusammen gegeben (nicht jedes für sich), rufen bei Hunden, über mindestens 12 Monate hindurch verabreicht, eine Atherosklerose hervor[3]. Bei Verabreichung toxischer Dosen von Vitamin D entwickelten sich in der Media der Aorta Verkalkungsherde. Thyreoidektomie scheint dies zu verstärken[3]. Dabei bleibt dahingestellt, ob vor der medialen Verkalkung eine spezifische arterielle Schädigung stattgefunden hat.

Das Studium der Gefäßschädigungen zeigte, daß in den ersten Wochen bereits die Aortenwurzel, die Aorta thoracalis und die Aorta pulmonalis am schwersten und am ausgiebigsten geschädigt werden; darauf folgten das Endokard des linken Vorhofes und die Aorta abdominalis. Bei noch längerer Versuchsdauer verkalkt auch die Bauchaorta, und es proliferiert in den Coronarien die Intima. Nach Vitamin D-Gaben über 10—20 Wochen hinaus fanden sich in den Coronarien oft lipoidhaltige Schaumzellen, ähnlich denjenigen bei der menschlichen Arteriosklerose. Damit war häufig, wenn auch nicht immer, eine merkliche Erhöhung der Serumlipoide vergesellschaftet.

Bei denjenigen Hunden, welche lediglich Vitamin D bekamen, waren die Veränderungen schwach. Bei den Tieren, die nur thyreoidektomiert waren, aber kein Vitamin D erhielten, fanden sich keinerlei Veränderungen, und die chemischen Veränderungen im Blut waren dieselben wie bei der Vitamin D-Intoxikation, aber bei den thyreoidektomierten Hunden viel stärker als bei den anderen (erhöhte Werte für Ca, P, Lipoide und Rest-N). Cholesterin und Fettsäuren sind während der Vitamin D-Verabreichung verdoppelt; ihre Werte sind von der 2. Woche an konstant.

Daneben kommt es zu einer herdförmigen Verkalkung der Basalmembran und der Epithelzellen der Nierentubuli, zu Ablagerungen von Kalkzylindern in den Sammelkanälchen und zu herdförmigen Gefäßveränderungen in der Niere[2].

ε) Konstitution und Wirksamkeit.

Für die antirachitische Wirkung (im Hinblick auf die Knochenveränderungen) ist unbedingte Voraussetzung

1. der geöffnete Ring B,
2. das damit entstandene System der 3 konjugierten Doppelbindungen,
3. die Hydroxylgruppe an C (3).

Länge und Sättigungsgrad der Seitenkette haben keine allzu große Bedeutung.

Küken reagieren auf Unterschiede in der aliphatischen Seitenkette stärker als Ratten.

Während die Vitamine D_2 und D_3 bei der Ratte gleich starke antirachitische Wirkung haben und auch D_4 nur wenig schwächer ist, bestehen beim Küken sowohl im Schutz- als auch im Heilversuch ganz beträchtliche Unterschiede.

---

[1] GOORMAGHTIGH, N., and H. HANDOVSKY: Arch. Path., Chicago **26**, 1144 (1938). — GOUNELLE, H., R. SASSIER et J. MARCHE: C. R. Soc. Biol. **141**, 216 (1947). — [2] MCALLISTER, W. B. jr., and L. L. WATERS: Yale J. Biol. Med. **22**, 651 (1950). — [3] STEINER, A., F. E. KENDALL and M. BEVANS: Amer. Heart J. **38**, 34 (1949).

Beim Kind und Erwachsenen hingegen sind Vitamin D_2 und D_3 etwa gleichwertig[1]. In der „Stoßtherapie" scheint D_3 allerdings wirksamer zu sein. Hierbei werden 10 mg und mehr verabreicht[2].

Vitamin D-Einheit[3]. Die internationale Einheit ist in 0,025 μg Vitamin D_2 enthalten, im Rattenschutzversuch stimmt sie mit der gleichen Menge von Vitamin D_3 überein.

1 mg Vitamin D_2 oder D_3 enthält somit jeweils 40000 I.E. (1 mg Vitamin D_4 dagegen nur 20000—30000 I.E.).

Tabelle 202. Vergleich der Wirksamkeit der Vitamine D_2 und D_3 s.[4].

Vitamin	Summenformel	Dargestellt aus	Schutzgrenzdosis in μg		
			Ratte	Küken	Kind
D_2	$(C_{28}H_{44}O)$	Ergosterin	0,025	12,8	2,5
D_3	$(C_{27}H_{44}O)$	7-Dehydrocholesterin und Lebertran	0,025	0,2	2,5

ζ) Vorkommen[5].

Von den 4 bekannten Provitaminen D sind bis jetzt in der Natur Ergosterin und 7-Dehydrocholesterin aufgefunden worden. Das Ergosterin, das schon von TANRET aus Mutterkorn isoliert worden war, gehört zwar zu den Pilzsterinen, findet sich aber auch im Tierreich (Eigelb, Wegschnecke; s. Bd. **1**, S. 403ff.).

Besonders provitamin-D-reiche höhere Pflanzen gibt es nicht. Gemüse, Früchte, Cerealien enthalten nur wenig, Pflanzenöle etwas mehr Provitamin D. Die Pilze sind besonders reich an Provitamin D, so daß man sie allgemein als Vitamin D-Quellen bezeichnen kann[6]. Unter den Sproßpilzen steht an 1. Stelle die Hefe, die beträchtliche Mengen Provitamin D (Ergosterin) enthält und sich vorzüglich für die Darstellung des Vitamin D_2 eignet[6].

Das fertige Vitamin D findet sich reichlich in der Milch und der Butter, allerdings abhängig von der Ernährungs- und Lebensweise der Kühe. In der Butter ist das D-Vitamin gegenüber der Vollmilch angereichert. Die Wirksamkeit der Butter — bezogen auf gleiche Gewichtsmengen — ist etwa $^1/_{40}$—$^1/_{200}$ derjenigen der Fischleberöle. Der Vitamingehalt der Milch läßt sich durch Verfütterung von Vitamin D-Konzentraten steigern, hängt aber immer von der Gesamtmenge der Milch ab: Je weniger Milch ausgeschieden wird, desto vitamin-D-reicher ist sie[7]; Aufenthalt auf der Weide ist von besonders günstigem Einfluß[8]. In der Milch liegt nur ein Bruchteil als fertiges D-Vitamin vor, der überwiegende Anteil ist als Provitamin vorhanden.

---

[1] Übersicht bei GRAB, W.: H. **243**, 63 (1936). — [2] HEISLER, W. H.: M. m. W. **1940**, 260. — [3] SCHULTZ, O.: Die D-Vitamin-Einheit (VED). Neue Ergebnisse. Ergebn. Path. **28**, 393 (1934). — Subcommittee on Fat Soluble Vitamins. Chron. World Hlth. Org. **3**, 147 (1949). — [4] SCHENCK, F.: Naturwiss. **25**, 159 (1937). — BROCKMANN, H.: H. **241**, 104 (1936); **245**, 96 (1937). — WILSON, D. C.: Lancet **1940 I**, 961. — [5] SCHEUNERT, A.: Handb. Lebensm.-Chem. (BÖMER u. a.) Bd. 1, S. 768. Der Vitamingehalt der deutschen Nahrungsmittel. 2. Aufl. Berlin 1930. — SCHEUNERT, A., M. SCHIEBLICH u. J. RESCHKE: H. **235**, 91 (1935). — [6] Vgl. POHL, R.: Naturwiss. **15**, 433 (1927). — WINDAUS, A.: Über die antirachitischen Provitamine des Tierreiches. Mercks Jber. **50**, 3 (1937). Nachr. Ges. Wiss. Göttingen, math.-physik. (N. F.) Fachgr. **3**. **1**, 185 (1936). — [7] Bezüglich Frauenmilch vgl. a. DRUMMOND, J. C., C. H. GRAY and N. E. G. RICHARDSON: Brit. med. J. **1939 II**, 757. — [8] BECHTEL, H. E., and C. A. HOPPERT: J. Nutrit. **11**, 537 (1936).

Tabelle 203. Gehalt der Nahrungsmittel an Vitamin D[1]. 100 g des Nahrungsmittels enthalten Vitamin D (wahrscheinlich Vitamin D_3) in folgender Höhe an I.E.:

Nahrungsmittel	Gehalt I.E./100 g
Butter	
Dänisch	
November—Januar	30—8
Februar—April	8—14
Mai—Juli	36—54
September—Oktober	44—15
Holländisch	
Durchschnitt	21—48
Englisch	
November—März	10
April—Juni	15—40
Juli—August	55—97 (?)
September—Oktober	40—15
Neuseeland	
Durchschnitt	30—57
Schottisch	
November—Januar	30—8
Februar—April	8—22
Mai—Juli	60—99
August—Oktober	50—20
Kakaobutter	30000 als Vitamin D_2
Käse	vorhanden. Menge ?
Sahne (engl.; aus Kuhmilch)	50
Eier (Hühnereier)	
Eigelb	
Sommer	390
Winter	140
Eiklar	0
Trockenei (Vollei)	220
Fische	
Dorsch	52
Aal	474
Hering	
Konserve (mit Tomaten)	52—322
Konserve (ohne Tomaten)	112—420
frischer englischer	
August	294—875
September	930—1676
November	735
Dezember	591—1270
März	521
Juli	686
Klippfisch	590—744
Makrele	304—405
Austern	5

[1] Die Tabelle ist entnommen aus: Bicknell-Prescott, Vitamins, der Zusammenstellung nach Fixsen, M. A. B., and M. H. Roscoe: Tables of the vitamin content of human and animal foods. Nutrit. Abstr. Rev. **7**, 823 (1937/38); **9**, 795 (1939/40) und nach McCance, R. A., and E. M. Widdowson: The Chemical Composition of Foods. Med. Res. Council. spec. Rep. Ser. No. 235. London 1940. —

Tabelle 203. (Fortsetzung.)

Nahrungsmittel	Gehalt I.E/100 g
Lachs	
Konserve (rosa)	600—700
Konserve (rot)	800
Sardine	1800
Fischleberöle	
Dorsch	8100—30000
Zugelassenes Minimum für offizinellen Dorschlebertran in England und Amerika	8500
Heilbutt	20000—400000
Thunfisch	1600000—25000000
Pilze	
eßbare	83—125 als D_2
Champignons	
im Dunkeln gewachsen	21 als D_2
im Hellen gewachsen	63 als D_2
Grüngemüse	0
Leber	
englisch (Kalb)	0
amerikanisch (Kalb)	10
amerikanisch (Lamm)	20
amerikanisch (Rind)	40—50
amerikanisch (Schwein)	40—50
Margarine (vitaminisiert)	210
Margarine (pflanzlich, nicht vitaminisiert)	0
Milch (die angegebenen Einheiten gelten für je 100 ml Milch)	
Frauenmilch	
Sommer	6,2
Winter	5,9
maximal möglicher Gehalt	10
Kuhmilch	
Sommer	2,4—3,8
Winter	0,3—1,7
Pflanzenöle	
Erdnußöl	0
Olivenöl	0

Von den anderen Vitamin D-Quellen der Nahrung verdient das Eigelb Erwähnung. Auch hier sind Ernährung und Haltung des Geflügels von ausschlaggebender Bedeutung. Durch Verfütterung von D-Vitaminkonzentraten wird sowohl die Legetätigkeit des Huhnes als auch der Vitamin D-Gehalt des Dotters gesteigert. Im Eidotter findet sich im allgemeinen viel Provitamin (Ergosterin) neben wenig fertigem Vitamin[1].

Die wichtigste und ergiebigste Vitamin D-Quelle ist der Lebertran, welcher im besonderen Maße auch A-Vitamin enthält und damit das natürliche Gleichgewicht der beiden Vitamine im Organismus aufrecht zu erhalten in der Lage ist.

Vitamin A- und D-Gehalt gehen aber durchaus nicht immer parallel; daher sind Entstehung und Speicherung der beiden Vitamine wohl nicht physiologisch verknüpft. Die Schwankungen des Vitamin D-Gehaltes bei den einzelnen Tranen sind sehr groß (etwa 1:1000). Besonders vitamin-D-reich sind die Leberöle von Heilbutt, Thunfisch, Dorsch und anderen Knochenfischen. Von Süßwasserfischen verdienen besondere Erwähnung das Neunauge und die Plötze (Rotauge).

[1] Vgl. die Zusammenfassungen von McCollum, E. V.: Ann. Rev. **5**, 379 (1936).

Die Provitamine D werden bei Tieren fast durchweg in der Haut abgelagert. Der Provitamingehalt der Haut ist verhältnismäßig hoch. Reichliche Provitaminmengen (7-Dehydrocholesterin) enthält besonders die Schweineschwarte (s. Bd. 1, S. 399). Im Blutserum wurden durchschnittlich 3 γ-% gefunden[1].

Bedarf. Die Mindestmenge je Tag beträgt für den Menschen 0,0025 mg Vitamin D (D_2 oder D_3).

Die Biosynthese im tierischen Organismus erfolgt wahrscheinlich direkt aus Essigsäure, welche zu Cholesterin aufgebaut wird. Dieses wird dann mittels der Cholesterindehydrogenase (in der Dünndarmwand) dehydriert. Dieses 7-Dehydrocholesterin ist einerseits das Provitamin D, andererseits scheint es eigene physiologische Aufgaben zu haben. Der Organismus ist also auf die Zufuhr von Provitamin bzw. Vitamin D nicht angewiesen[2]. Das 7-Dehydrocholesterin wird dann unter Zufuhr von Lichtenergie (UV) in der Haut in das Vitamin D_3 übergeführt. Eine andere Art der Synthese scheint den Weg über das Squalen (Reichtum an diesem und Vitamin D in Fischleberöl!) bzw. das Isosqualen zu nehmen[3].

η) Bestimmungsverfahren.

Einzelheiten zu den Methoden vgl. [4].

Die allein spezifischen Methoden der Vitamin D-Bestimmung sind immer noch die biologischen. Die colorimetrischen Methoden sind zwar empfindlich, aber nicht immer spezifisch und auch die Absorption im UV ist häufig nicht charakteristisch genug.

1. Biologische Methoden.

Junge, noch im Wachstum befindliche Ratten werden mit rachitogener Kost und vitamin-D-frei gefüttert. Je nach Methode wird nun verschieden verfahren:

a) Bei der *prophylaktischen Methode* wird die auf Vitamin D-Gehalt zu untersuchende Substanz von vornherein zugegeben. In der Substanz liegt dann genügend Vitamin D vor, wenn sich bei mindestens 80% der Tiere keine Rachitis entwickelt (s. a. c).

b) Bei der *curativen Methode* werden die Tiere solange auf rachitogener Diät gehalten, bis die ersten Rachitissymptome auftreten. Dann wird das zu untersuchende Material zugeführt und die Entwicklung der Rachitissymptome verfolgt. Bei ausreichendem D-Gehalt tritt rasche Heilung ein. Methoden zur Feststellung der Änderung der Rachitissymptome s. unter c.

c) Methoden zur *Feststellung der Rachitissymptome.*

   α) Bestimmung des Aschegehaltes des getrockneten Knochens (45% beim gesunden, 35% beim rachitischen Rattenknochen).

   β) Röntgenaufnahmen der Gelenke (Kniegelenk). Diese Methode hat den Vorteil, daß man am lebenden Tier beobachten und verfolgen kann[5].

   γ) Der sog. „line test", der aber nur bei der curativen Methode angewendet werden kann: Da bei der Heilung der Rachitis an der Grenze von Epiphyse und Diaphyse eine neue Kalkschicht auftritt, wird deren Entwicklung als Kriterium herangezogen, indem man den Knochen längsschneidet, in $AgNO_3$-Lösung legt, auswäscht und belichtet: Der während der Heilung frisch eingelagerte Kalk zeigt sich nunmehr in Form eines schwarzen Striches (= line), dessen Stärke der Menge des Vitamin D-Gehaltes der Testsubstanz mehr oder weniger proportional ist und eine quantitative Bestimmung zuläßt[6].

---

[1] WARKANY, J., and H. E. MABON: Amer. J. Dis. Children **60**, 606 (1940). — [2] GLOVER, M., J. GLOVER and R. A. MORTON: Biochem. J. **51**, 1 (1952). — [3] MONDON, A.: Angew. Chem. **65**, 333 (1953). — [4] Vitamin Meth. (GYÖRGY) Bd. I u. II. — [5] SCHEUNERT, A., u. M. SCHIEBLICH: B. Z. **209**, 290 (1929). — SCHIEBLICH, M.: B. Z. **230**, 312 (1931); **265**, 1 (1933). — [6] COWARD, K. H.: The Biological Standardisation of the Vitamins. London 1937. — Der line test wird auch an Hühnern empfohlen: KNUDSEN, L. F., and C. D. TOLLE: J. Ass. off. agric. Chem. **23**, 665 (1940) [C. **1941 I**, 1312]. — OLSSON, N.: Studien über die Verwendbarkeit wachsender Küken zur Bestimmung des antirachitischen Effektes von Vitamin D und ultraviolettem Licht. Lund 1941.

2. Chemische Methoden.

a) Nach HALDEN[1]: Einwirkung von $AlCl_3$ in $CHCl_3$ auf Vitamin D ergibt eine tiefviolette Farbe, deren Intensität der Vitamin D-Menge proportional ist und daher colorimetrisch ausgewertet werden kann.

b) Nach BROCKMANN u. CHEN[2]: Durch Einwirkung von gesättigtem $SbCl_3$ in $CHCl_3$ auf Vitamin D entsteht eine orangerote Farbe mit dem Absorptionsmaximum bei 500 mμ. Tachysterin reagiert ebenso, kommt aber in Naturprodukten als Störfaktor nicht in Betracht, da es ein Kunstprodukt ist. Alle übrigen Sterine reagieren anders und auch bedeutend schwächer. Sie stören erst dann, wenn sie ein Vielfaches der Vitamin D-Menge betragen. Jedoch stört Vitamin A bereits in der 6fachen Menge von Vitamin D.

c) Nach GREEN[3]: Farbreaktion mit JCl_3. Sie ist jedoch unspezifisch; denn außer allen Vitaminen D reagieren auch Provitamine D, Lumisterin, Tachysterin, Vitamin A und β-Carotin und Suprasterin in gleicher Weise. Die Reaktion wird in kaltem CCl_4 ausgeführt und beruht auf der momentanen Freisetzung von Jod, dessen Farbe gemessen wird.

d) Nach PESEZ[4]: Reaktion von methanolischem Furfuraldehyd mit Sterinen in Trichloressigsäure.

e) Nach SCHALTEGGER[5]: Diese Farbreaktion beruht auf der Reaktion zwischen Sterin + aromatischem Aldehyd in stark saurer Reaktion.

3. Physikalische und physikalisch-chemische Methoden.

a) Spektroskopisch.

Alle D-Vitamine (D_2, D_3 und D_4) besitzen ein einziges breites Absorptionsband mit einem Maximum bei etwa 265 mμ, hervorgerufen durch das System der konjugierten Doppelbindungen. Aber es stören viele Substanzen (Vitamin A!). Daher ist diese Methode nur bei reinen Konzentraten anwendbar[6,7].

b) Papierchromatographisch[8].

Nach dieser Methode werden die Vitamine D_2 und D_3 von Begleitstoffen papierchromatographisch abgetrennt, eluiert und dann mit Hilfe bekannter Methoden quantitativ ermittelt.

ϑ) Klinische Anwendung.

Die therapeutische Verwendung von Vitamin D wurde durch die industrielle Herstellung genau eingestellter Präparate sehr gefördert[9]. Die Erfahrungen über Prophylaxe und Heilung von Rachitis, Osteomalacie und Tetanie sind sehr groß[10]. Zu erwähnen ist besonders die prophylaktische Anwendung in der Schwangerschaft[11], durch welche nicht nur die Mutter vor Osteomalacie, sondern auch der Fetus vor Rachitis geschützt wird. Der günstige Einfluß auf die Knochenbildung hat Veranlassung dazu gegeben, das D-Vitamin auch bei Knochenbrüchen zu verabreichen. Hier sind besonders bei älteren Leuten Erfolge erzielt worden[12]. Bei Vitamin D-Mangel bildet der Zahn-Alveolarknochen nichtverkalkendes osteoides Gewebe im Überfluß, wodurch es zu Zahnschädigungen kommt.

Gut sind die Erfolge ferner in der Zahnpflege: Zulage von D-Vitamin setzt die Anfälligkeit der Zähne gegen Caries auf die Hälfte herab und fördert außerdem die Zahnbildung. Allerdings ist die Anwesenheit auch anderer Vitamine nötig.

---

[1] HALDEN, W.: Naturwiss. **24**, 296 (1936). — [2] BROCKMANN, H., u. Y. H. CHEN: H. **241**, 129 (1936). — EMMERIE, A., u. M. VAN EEKELEN: Acta brev. neerl. Physiol. **6**, 133 (1936). — RITSERT, K.: Mercks Jber. **52**, 27 (1938). — [3] GREEN, J.: Biochem. J. **49**, 36 (1951). — [4] PESEZ, M.: Bull. Soc. chim. France (5) **16**, 507 (1949). — [5] SCHALTEGGER, H.: Helv. **29**, 285 (1946). — [6] REERINK, E. H., A. VAN WIJK and J. VAN NIEKERK: Chem. Wbl. **29**, 645 (1932). — [7] TÖPELMANN, H., u. W. SCHUHKNECHT: Z. Vit.-Forsch. **4**, 111 (1935). — [8] DAVIS, R. B., J. M. MCMAHON and G. KALNITSKY: Am. Soc. **74**, 4483 (1952). — KRITCHEVSKY, D., and M. R. KIRK: Am. Soc. **74**, 4484 (1952). — [9] JUNG, A.: Ärztl. Mh. **1**, 64 (1945). — [10] WIELAND, E.: D. m. W. **1936 II**, 1858. — BAHRDT, H.: Med. Welt **1936 I**, 313. — Vgl. ferner Stepp-Kühnau-Schroeder, Vitamine 6. Aufl. S. 344ff. — HARNAPP, G. O.: Med. Welt **1940**, 1269. — [11] KIRCHNER, W.: Med. Welt **1940**, 57. — [12] ROCHE, J., et M. MOURGUE: C. R. Soc. Biol. **130**, 1138 (1941).

Die „kalkmobilisierende“ Eigenschaft des D-Vitamins wird in vielen Fällen herangezogen, in welchen der Blutcalciumwert herabgesetzt ist. Während bei der parathyreopriven Tetanie nur große Dosen von Vitamin D vorübergehend helfen können[1], ist bei allergischen Erkrankungen mit vermindertem Calciumgehalt eine kombinierte Behandlung mit Calciumpräparaten und Vitamin D empfohlen worden[2]. Bei Ekzemen wird Vitamin D lokal in Salbenform angewandt.

Bei Polyarthritis rheumatica wurde eine starke Besserung der Beschwerden nach Vitamin D gefunden[3]. Diese Befunde konnten vielfach bestätigt werden[4]. Vielleicht stellt die wirksame Substanz die Verbindung eines Steroids mit Vitamin C dar[5].

Andere Steroide als Cortison können ebenfalls Rheumatismus beeinflussen, wenn sie mit Vitamin C zusammen gegeben werden[6], so Testosteron[7], Progesteron[7], Oestron[8] und noch andere.

Vitamin D-Handelspräparate sind Vigantol, Radiostol, Viosterol u. a.

s) Der „Antistiffness“-Faktor[9].

Von **H. Wolf.**

Meerschweinchen entwickeln, wenn sie auf bestimmten Diäten gehalten werden, ein Mangelsyndrom, welches charakterisiert ist durch Versteifungen im Handgelenk, eine besondere Art von Arteriosklerose, Kalkablagerungen im Myokard, den Skeletmuskeln und der Muskulatur des Magen-Darmkanals, gelegentlich auch in Leber und Niere. Es entwickeln sich ferner Abscesse besonders in gelenknahen Bereichen, welche häufig verkalken. Zur Erzeugung dieses Erscheinungsbildes sind mehrere Diäten angegeben worden. Wulzen u. Bahrs[10] verwenden im wesentlichen Milchpulver, Gerstenschrot, Kleie, Hefe, Salze, Vitamin C und D. van Wagtendonk[11] gibt Milchpulver, Salze und alle bekannten Vitamine. Die Diät von Oleson u. Mitarb.[12] unterscheidet sich von jener der ersten Autoren nur durch die Zulage von Sojabohnenöl und Alfalfamehl. Petering u. Mitarb.[13] schließlich geben Casein, Maisstärke, Hefe, Salze und Vitaminzusätze. Der Antistiffness-Faktor verhütet und heilt das Syndrom.

Von mehreren Autoren ist an dem Vorhandensein eines besonderen Faktors gezweifelt worden[14]. Da nunmehr seine chemische Konstitution aufgeklärt ist[15], scheinen die Zweifel nicht mehr berechtigt. Der Faktor findet sich besonders reichlich in Endivien, Möhrenblättern, Kresse, Rüben und Kohl. Es wurde bereits vor Jahren vermutet, daß es sich bei dem Faktor um ein Steroid handeln

---

[1] Himsworth, H. P., and M. Maizels: Lancet **238**, 959 (1940). — [2] Vgl. dazu auch Jaeger, H.: Med. Welt **1940**, 1224. — [3] Dreyer, I., and C. I. Reed: Arch. physic. Therap. **16**, 537 (1935). — [4] Squires, W. H.: J. amer. med. Ass. **135**, 244 (1947). — [5] Lowenstein, B. E., and R. L. Zwemer: Ass. Study internal Secretions, 28th Annual Meet. 1946. J. clin. Endocrinol. **6**, 463 (1946). — [6] Lewin, E., and E. Wassén: Lancet **1949 II**, 993. — [7] Lansberg, M.: Lancet **1950 I**, 134, 643. — Kersley, G. D., L. Mandel and M. R. Jeffrey: Lancet **1950 I**, 703. — [8] Spies, T. D., R. E. Stone, E. de Maeyer and W. Niedermeier: Lancet **1949 II**, 1219. — [9] Zusammenfassende Darstellung: Wagtendonk, W. J. van, and R. Wulzen: Vitamins & Hormones 8, 69 (1950). — [10] Wulzen, R., and A. M. Bahrs: Physiol. Zool. **9**, 508 (1936). — [11] Wagtendonk, W. J. van: J. biol. Ch. **155**, 337 (1944); **167**, 219 (1947). — [12] Oleson, J. J., E. C. van Donk, S. Bernstein, L. Dorfman and Y. Subbarow: J. biol. Ch. **171**, 1 (1947). — [13] Petering, H. G., L. Stubberfield and R. A. Delor: Arch. Biochem. **18**, 487 (1948). — [14] Homburger, E., and C. I. Reed: Fed. Proc. **4**, 34 (1945). — Kon, S. K., M. J. Bird, M. E. Coates, J. E. C. Mullen and E. E. Shepheard: Arch. Biochem. **11**, 371 (1946). — Editorial: Nutrit Rev. **5**, 76 (1947); **6**, 106 (1948). — [15] Rosenkrantz, H., A. T. Milhorat, M. Farber and A. E. Milman: Proc. Soc. exp. Biol. Med. **76**, 408 (1951).

müsse[1], nachdem es gelungen war, aus Rübenmelasse ein hochwirksames Konzentrat anzureichern. ROSENKRANTZ u. Mitarb.[2] haben nunmehr mit Hilfe der Infrarotspektroskopie den Faktor als Stigmasterin (s. Bd. 1, S. 400) identifiziert.

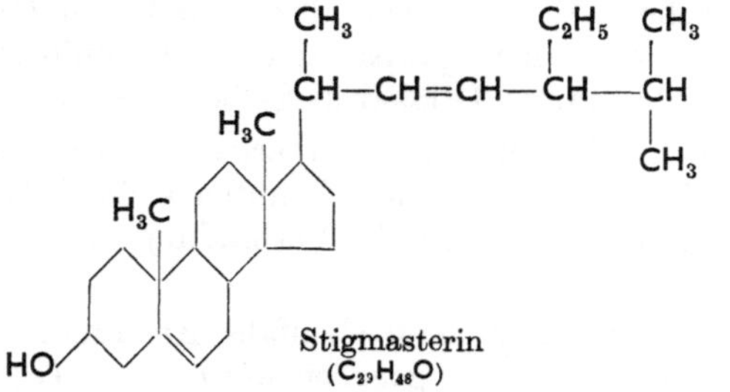

Stigmasterin ($C_{29}H_{48}O$)

Das Studium der physiologischen Funktionen von Stigmasterin wird weitere Aufklärung über seine Bedeutung im Meerschweinchenorganismus bringen.

t) Vitamin E (Tokopherol)[3-8].

Von **H. WOLF.**

α) Geschichtliches.

Das Vitamin E wurde von MATTILL, EVANS und SURE und ihren Mitarbeitern in den Jahren 1920—1923 entdeckt. Die Strukturaufklärung und Synthese erfolgte durch FERNHOLZ, KARRER u. BERGEL, JOHN, TODD u. a. Der Name des Vitamin E, Tokopherol, leitet sich ab vom griechischen *τόκος* (= Sprößling, Frucht) und *φέρειν* (= tragen)[9]. Er rührt davon her, daß man ursprünglich die an den Geschlechtsdrüsen auftretenden Schädigungen infolge des Vitamin E-Mangels als primär ansah. Heute steht man auf dem Standpunkt, daß die Fertilitätsstörungen auf mesenchymale Schädigungen von mütterlichem und kindlichem Organismus zurückgehen und die Sterilität sekundärer Natur ist[10].

β) Ausfallserscheinungen.

An den weiblichen Geschlechtsdrüsen treten keine sichtbaren Veränderungen auf. Auch die Funktion scheint nicht verändert zu sein. Der Genitalcyclus und die Befruchtung verlaufen normal. Auch die Entwicklung des Keimes geht am Anfang normal vor sich. Dann aber kommt es zu einer Fehlentwicklung, bei der die abnorm großen Blutgefäße auffallen. Auch die Gefäße der Placenta sind ungewöhnlich groß; außerdem enthält sie zahlreiche Riesenzellen. Etwa in der Mitte der Schwangerschaft sterben die Früchte ab, werden aufgelöst und resorbiert. Danach ist eine weitere Konzeption möglich, der der gleiche Verlauf, wie oben beschrieben, folgt. Man nennt diesen Zustand *Resorptionssterilität.* Bei E-Hypovitaminose wird die Gravidität zu Ende gebracht, aber — je nach der Schwere des Vitamin E-Mangels — kommt es zur Geburt von lebensuntüchtigen

[1] WAGTENDONK, W. J. VAN, and R. WULZEN: J. biol. Ch. **164**, 597 (1946). — [2] ROSENKRANTZ, H., A. T. MILHORAT, M. FARBER, and A. E. MILMAN: Proc. Soc. exp. Biol. Med. **76**, 408 (1951).

Zusammenfassende Darstellungen über Vitamin E: 3—8. [3] EVANS, H. M., and G. O. BURR: The antisterility vitamin fat soluble E. Mem. Univ. Calif. **8** (1927). — [4] JUHÁSZ-SCHÄFFER, A.: Das E-Vitamin. Ergebn. inn. Med. **45**, 129—188 (1933). — [5] MATTILL, H. A.: Vitamine E. J. amer. med. Ass. **110**, 1831 (1938). — [6] JOHN, W.: Über die Konstitution des Vitamins E. Naturwiss. **26**, 449 (1938). Physiologie und Chemie der Vitamin E-Faktoren. Ergebn. Physiol. **42**, 2—52 (1939). Angew. Chem. **52**, 413 (1939). Forsch. u. Fortschr. **17**, 329 (1941). — [7] BACHARACH, A. L., and J. C. DRUMMOND: Vitamin E. London 1938. — [8] DAM, H., J. GLAVIND, I. PRANGE and J. OTTESEN: Some studies on vitamin E. Kgl. danske Vid. Selsk. biol. Medd. **16**, Nr. 7 (1941).

[9] EVANS, H. M., O. H. EMERSON and G. A. EMERSON: J. biol. Ch. **113**, 319 (1936). — [10] MARKEES, S.: Int. Z. Vit.-Forsch. **22**, 335 (1950).

Jungen oder diese werden schon tot geboren. Meist verweigern die Weibchen die Aufzucht, obwohl die Milchsekretion normal funktioniert.

An den männlichen Keimdrüsen sind Veränderungen bei E-Mangel viel stärker und augenfälliger als an den weiblichen Gonaden. Es kommt zu einer Degeneration: Zuerst zeigen sich an den Spermien degenerative Veränderungen, und sie werden befruchtungsunfähig. Daneben degeneriert das Hodenepithel, besonders auffallend die Kerne[1]; auch die Hodenkanälchen atrophieren. Das Gewicht des Hodens geht bis auf $^1/_3$ der Norm zurück. Am Interstitium wurden bisher keine Veränderungen nachgewiesen.

Im Vordergrund der Vitamin E-Mangelerscheinungen steht die allgemeine Schädigung der Muskulatur, von der Skelet-, Herz- und glatte Muskulatur betroffen sind[2-4]. Dabei treten in den Fasern Kernveränderungen, Pigmenteinlagerung und Zerfallserscheinungen auf. Am deutlichsten sind die Stoffwechselstörungen am Kern[1,5,6].

In den Muskelfasern treten hyaline, wachsartige oder ZENKERsche Degenerationen auf (Veränderungen an der kontraktilen Substanz). Die Querstreifung geht verloren, die Kerne des Sarkolemms sind vermehrt und unregelmäßig verteilt, das Sarkoplasma schwillt, seine Struktur geht mehr und mehr verloren. Es bilden sich Vacuolen aus, und die nekrotischen Muskelfasern verkalken häufig. Schließlich geht die Muskelfaser an völliger Atrophie zugrunde und wird häufig durch fibrilläres Bindegewebe ersetzt[7]. (Nach Behandlung der Dystrophie mit Tokopherol wurde gefunden, daß die vacuoläre Degeneration der Muskelzelle wieder verschwand.)

Gleichzeitig mit dem Eintreten der Degeneration findet man in den Muskelzellen Granula von bräunlicher Färbung, deren Anzahl und Verbreitung aber nicht so groß ist wie in der glatten Muskulatur[8]. Im interstitiellen Bindegewebe kommt es zu Ödemen und entzündlichen Reaktionen.

Veränderungen an der glatten Muskulatur sind beim jungen Truthahn und bei der erwachsenen Ratte beobachtet worden, sie ähneln denen der quergestreiften Muskulatur. Am Rattenuterus kommt es anfänglich zu einer schwachen Gelbfärbung (2—3 Monate E-Mangel), die sich später bis zu dunkelbraun verstärkt (6—12 Monate). Ähnliche Verfärbungen zeigen sich auch in den Tuben, den Ligamenta ovarii, retroperitonealen Lymphknoten, Samenbläschen und Hoden. Die Muskulatur der Harnblase und des Magen-Darmtraktes zeigt keine Veränderungen[8]. Im Sarkoplasma der Muskelzelle des Uterus kommt es zu einer perinucleären Anhäufung kleiner, gelber Granula, deren Anzahl der Verfärbung des Organs parallel geht. Die Zellen sind teilweise mit diesen Granula vollgepfropft, stark verdickt und verzerrt. Dabei besteht eine langsam fortschreitende Degeneration.

Die Granula enthalten kein Fe und sind beständig gegen konzentrierte Säuren und Alkalien. Sowohl Tokopherol als auch Weizenkeimöl verhindern ihr Auftreten; vorhandene Körnchen vermögen sie aber nicht mehr zu entfernen[8-10].

---

[1] MASON, K. E.: Amer. J. Anat. **52**, 153 (1933). — [2] OLCOTT, H. S.: J. Nutrit. **15**, 221 (1938). — TONUTTI, E.: Z. ges. exp. Med. **114**, 453 (1945). — [3] MADSEN, L. L.: J. Nutrit. **11**, 471 (1936). — RUPPEL, W.: A. e. P. P. **206**, 584 (1949). — [4] MASON, K. E., and A. F. EMMEL: Anat. Rec. **92**, 33 (1945). — DEMOLE, V.: Schweiz. med. Wschr. **71**, 1251 (1941). — [5] ROBESON, C. D.: Am. Soc. **65**, 1660 (1943). — [6] EVANS, H. M., and G. O. BURR: Mem. Univ. Calif. **8**, 1 (1927). — MASON, K. E.: Sex and Internal Secretions. Chapt. XXII. Baltimore 1939. — [7] MORGULIS, S., and W. OSHEROFF: J. biol. Ch. **124**, 767 (1938). — [8] MARTIN, A. J. P., and T. MOORE: J. Hyg., London **39**, 643 (1939). — [9] BARRIE, M. M. O.: Biochem. J. **32**, 2134 (1938). — DEMOLE, V.: Schweiz. med. Wschr. **71**, 1251 (1941). — EMERSON, G. A., and H. M. EVANS: J. Nutrit. **18**, 501 (1939). — HESSLER, W.: Z. Vit.-Forsch. **11**, 9 (1941). — [10] MASON, K. E., and A. F. EMMEL: Anat. Rec. **92**, 33 (1945).

Bei späteren Untersuchungen wurden die als degenerierende Muskelzellen bezeichneten, körnchenbeladenen Zellen als Phagocyten des Bindegewebes gedeutet, welche mit Pigmentgranula beladen sind[1].

Ähnliche Phagocyten, die ein gelbbraunes Pigment enthalten, wurden bei Gehirnschädigungen vitamin-E-frei ernährter Hühner gefunden[2]. Dieses sog. Ceroidpigment tritt bei Vitamin E-Mangel auch im Fettgewebe und in der Leber auf (s. S. 850). Das weist auf das Vorliegen einer gemeinsamen, einheitlichen Stoffwechselstörung in diesen 3 Gewebsarten hin.

Gleichsinnig mit diesen makroskopischen und histologischen Veränderungen verlaufen auch gewisse chemische Veränderungen:

Der Sauerstoffverbrauch des tokopherolfreien Muskels ist schon vor der Dystrophie erhöht[3-7] und steigt mit ihrer fortschreitenden Entwicklung. Auch die Wärmebildung im Muskel ist größer[5]. Die Steigerung des O_2-Verbrauchs betrifft nur die Muskulatur; d.h. die Erhöhung des Grundumsatzes rührt nur von der geschädigten Muskulatur her, nicht aber von der Schilddrüse[6,8]. Die Erhöhung der Sauerstoffkonsumption ist nur beim unversehrten Muskel vorhanden, nicht nach dessen Zerstückelung oder Homogenisierung[9].

Die Aktivität der Bernsteinsäureoxydase steigt parallel dem Grad der Dystrophie stark an. Sie kann durch α-Tokopherolphosphat (aber nicht durch α-Tokopherol allein) wieder herabgesetzt werden. Das läßt — zusammen mit anderen Beobachtungen — daran denken, daß das Tokopherol zuerst phosphoryliert werden muß, um im Oxydationsstoffwechsel aktiv zu werden[9,10].

Große Mengen von freiem Tokopherol hemmen das Bernsteinsäureoxydasesystem einige Stunden hindurch[11].

Die Übertragung der Aminogruppe von Asparaginsäure auf α-Ketoglutarsäure beträgt beim dystrophischen Muskel von Kaninchen und Meerschweinchen nur $^1/_2$—$^2/_3$ der normalen[12,13]. Die Bildung von Oxalessigsäure bleibt dabei normal[13]. Die Aktivität der sauren Phosphatase ist im dystrophischen Kaninchenmuskel etwa doppelt so groß wie im normalen[14].

Die Trockenmasse der dystrophischen Muskeln ist erniedrigt, ihr Aschegehalt (bei schwerster Dystrophie) infolge starker Verkalkung der betroffenen Muskeln auf das 3fache erhöht[15]. Das Verhältnis der mineralischen Bestandteile ist verändert: Anstieg von Na und Cl bei gleichzeitigem Abfall von K, P, Mg und Fe. Die Zusammensetzung der Muskelzellen nähert sich der der interstitiellen Flüssigkeiten[16]. Eine Störung im Kohlenhydratstoffwechsel des Muskels scheint erst nach Eintritt der Dystrophie aufzukommen[4,17].

---

[1] Mason, K. E., and A. F. Emmel: Anat. Rec. **92**, 33 (1945). — [2] Wolf, A., and A. M. Pappenheimer: J. exp. Med. **54**, 399 (1931). — [3] Friedman, I., and H. A. Mattill: Amer. J. Physiol. **131**, 595 (1941). — Madsen, L. L.: J. Nutrit. **11**, 471 (1936). — Houchin, O. B., and H. A. Mattill: J. biol. Ch. **146**, 301 (1942). — Houchin, O. B.: Fed. Proc. **1**, 117 (1942). — [4] Hummel, J. P., and R. S. Melville: J. biol. Ch. **191**, 391 (1951). — [5] Blaxter, K. L., P. S. Watts and W. A. Wood: Brit. J. Nutrit. **6**, 125 (1952).— [6] Markees, S.: Helv. med. Acta **15**, 528 (1948). — [7] Kehler, J. G. jr.: Amer. J. med. Sci. **206**, 676 (1943). — [8] Kaunitz, H., and A. M. Pappenheimer: Amer. J. Physiol. **138**, 328 (1943). — [9] Houchin, O. B.: J. biol. Ch. **146**, 313 (1942). — [10] Houchin, O. B., and H. A. Mattill: Proc. Soc. exp. Biol. Med. **50**, 216 (1942). — [11] Ames, S. R., and H. A. Risley: Ann. N. Y. Acad. Sci. **52**, 149 (1949). — [12] Barber, M. A., D. H. Basinski and H. A. Mattill: J. biol. Ch. **181**, 17 (1949). — [13] Roderuck, C. E., D. H. Basinski and M. A. Barber: Ann. N. Y. Acad. Sci. **52**, 156 (1949). — [14] Carey, M. M., and D. D. Dziewiatkowski: J. biol. Ch. **179**, 119 (1949). — Govier, W. M., and A. J. Gibbons: Ann. N. Y. Acad. Sci. **52**, 163 (1949). — [15] Blaxter, K. L., P. S. Watts and W. A. Wood: Brit. J. Nutrit. **6**, 125 (1952). — Blaxter, K. L., and W. A. Wood: Brit. J. Nutrit. **6**, 144 (1952). — [16] Fenn, W. O., and M. Goettsch: J. biol. Ch. **120**, 41 (1937). — [17] Bomskov, C., and K. N. v. Kaulla: Kli. Wo. **1941**, 334. — Goettsch, M., I. Lonstein and J. J. Hutchinson: J. biol. Ch. **128**, 9 (1939).

Sehr schwer ist der Eiweißstoffwechsel des Muskels betroffen. Während der Entwicklung der Dystrophie steigt die N-Ausscheidung (Harnstoff und NH_3) durch den Harn[1]. Der Gesamt-N in der Trockenmasse des dystrophischen Muskels liegt sehr tief. Kollagen, Stromaeiweiß und Nucleinsäure sind erhöht, der Gesamtglobulin-, Myosin-, Glutamin- und Kreatingehalt stark herabgesetzt[2-4]. Auch die Depots für freie Aminosäuren sind im E-avitaminotischen Muskel verringert (Aminoacidurie)[5].

Bei beginnender Dystrophie enthalten Muskelextrakte nachweisbare Mengen von Protein Y (welches sonst nur bei höherer Ionenkonzentration extrahierbar ist) und eine Substanz, welche dem depolymerisierten Actin entspricht.

Eigenartig ist, daß der Skeletmuskel vitamin-E-frei ernährter Kaninchen mehr Ribo- und Desoxyribonucleinsäure als normal enthält. In der Leber ist die Desoxyribonucleinsäure erhöht, die Ribonucleinsäure dagegen kaum verändert[6].

Der Nucleinsäureumsatz ist während des Vitamin E-Mangels stark erhöht[6], so daß vitamin-E-frei ernährte Kaninchen 3—8mal so viel Allantoin ausscheiden wie die Kontrolltiere. Bei Vitamin E-Zusatz geht diese Ausscheidung sofort zurück.

Bei Vitamin E-Mangel tritt noch vor den makro- und mikroskopisch sichtbaren Muskelveränderungen eine Kreatinausscheidung im Harn auf; gleichzeitig steigt der Kreatingehalt von Leber, Niere und Blut[7]. Parallel dazu geht der Abfall des Muskelkreatins[8-10]. Physiologische und pathologische Kreatinausscheidung werden durch Tokopherol in entsprechender Weise gehemmt[11,12].

Auch im Fettstoffwechsel des Muskels finden sich charakteristische Veränderungen: Der Gesamtlipoidgehalt der Trockensubstanz des dystrophischen Muskels ist erhöht, darunter der an freiem und Gesamtcholesterin sowie an Phospholipoiden[2,13,14].

Bei Vitamin E-Mangel kommt es zu exsudativer Diathese. Die dabei in Unterhautbindegewebe, Muskulatur, Fettgewebe und Bindegewebe, ja manchmal in das Perikard und in die Peritonealhöhlen austretende Flüssigkeit[15] ist ihrer Zusammensetzung nach mit dem Blutplasma identisch. Sie ist häufig grünlich verfärbt, weil sie abgebautes Hämoglobin enthält. Die befallenen Gewebe zeigen gewöhnlich Ödeme, Hyperämie und eine erhöhte Permeabilität der Capillaren[16]. Weiterhin entwickelt sich, sicherlich infolge von Durchblutungsstörungen, eine Encephalomalacie[17]. Die Erweichungsherde treten hauptsächlich im Kleinhirn auf[18]. Als erstes Symptom beobachtet man eine Ataxie.

---

[1] Blaxter, K. L., P. S. Watts and W. A. Wood: Brit. J. Nutrit. **6**, 125 (1952). — [2] Blaxter, K. L., and W. A. Wood: Brit. J. Nutrit. **6**, 144 (1952). — [3] Crepax, P.: Atti R. Accad. naz. Lincei, R. C. **12**, 439 (1952). — [4] Ames, S. R., and H. A. Risley: Proc. Soc. exp. Biol. Med. **68**, 131 (1948). — [5] Roderuck, C. E., D. H. Basinski and M. A. Barber: Ann. N. Y. Acad. Sci. **52**, 156 (1949). — [6] Young, J. M., and J. S. Dinning: J. biol. Ch. **193**, 743 (1951). — [7] Heinrich, M. R., and H. A. Mattill: J. biol. Ch. **178**, 911 (1949). — [8] Melville, R. S., and J. P. Hummel: J. biol. Ch. **191**, 383 (1951). — [9] Goettsch, M., and E. F. Brown: J. biol. Ch. **97**, 549 (1932). — [10] Beard, H. H.: Ann. Rev. **10**, 245 (1941). — [11] Miller, W. H., and A. M. Dessert: International Conference on Vitamin E. New York 1949. — [12] Milhorat, A. T.: Fed. Proc. **7**, 80 (1948). — [13] Heinrich, M. R., and H. A. Mattill: Proc. Soc. exp. Biol. Med. **52**, 344 (1943). — Morgulis, S., and H. C. Spencer: J. Nutrit. **12**, 173 (1936). — [14] Morgulis, S., V. M. Wilder, H. C. Spencer and S. H. Eppstein: J. biol. Ch. **124**, 755 (1938). — [15] Bird, H. R., and T. G. Culton: Proc. Soc. exp. Biol. Med. **44**, 543 (1940). — [16] Dam, H., and J. Glavind: Nature **143**, 810 (1939). Skand. Arch. Physiol. **82**, 299 (1939). — [17] Wolf, A., and A. M. Pappenheimer: J. exp. Med. **54**, 399 (1931). — [18] Pappenheimer, A. M., and M. Goettsch: J. exp. Med. **53**, 11 (1931). — Pappenheimer, A. M., M. Goettsch and E. Jungherr: Bull. Connecticut agric. Exp. Stat. **229**, 1 (1939).

Die Gewebe vitamin-E-frei ernährter Ratten weisen einen geringeren Cholinesterasegehalt auf, der sich nach Vitamin E-Gaben normalisiert[1].

Im Bindegewebe kommt es häufig zu örtlichen Quellungen der Kollagenfasern, wie sie in ausgedehntem Maße bei Rheumatismus zu finden sind[2]. Da die normale Hemmung der Hyaluronidase durch Tokopherol bei E-Mangel fehlt, kommt es also zu einer Aufspaltung der Bindegewebsgrundsubstanz bis zu Uronsäuren und Sulfat und dadurch zur Ausbildung von Ödemen[3].

Auch Herde akuter Myokarditis wurden bei vitamin-E-frei ernährten Kaninchen und Ratten beobachtet[4-7]. Die Erythrocyten von vitamin-E-frei ernährten Ratten werden durch Dialursäure hämolysiert. Die Hämolyse wird in vitro durch Zugabe physiologischer Antioxydantien: α-, β-, γ- und δ-Tokopherol u. a. gehemmt. In vivo sind nur die Tokopherole wirksam, und zwar am besten das α-Tokopherol[8].

Vitamin-E-frei ernährte Ratten sterben nach Alloxaninjektionen bald unter Auftreten von Hämoglobinurie. Zugabe von Vitamin E verhindert das. Die Erythrocyten der vitamin-E-frei ernährten Tiere werden in vitro durch Alloxan nicht hämolysiert[9]. Frei von Vitamin E ernährte Ratten zeigen eine Depigmentierung der Schneidezähne. Daneben treten verschiedene histologische Veränderungen im Schmelzorgan auf (frühzeitige Atrophie des Stratum papillare und Cystenbildungen)[10]. Bei Mangel an Tokopherol verhornt außerdem das Mundschleimhautepithel nicht richtig, sondern geht in ein atypisches Pflasterepithel mit unregelmäßiger Basalschicht über. Im subepithelialen Gewebe finden sich reichlich Leuko- und Lymphocyten, im Bindegewebe oft kleine Abscesse. An den Alveolarknochen sieht man viele Osteoklastenriesenzellen, welche den Knochen teilweise abbauen. Hier fällt die Ähnlichkeit der Wirkung mit derjenigen der Vitamine A und D auf, wenn auch mit etwas anderer Richtung. Auf eine gewisse Beziehung zum Vitamin A weist auch die Tatsache hin, daß es bei Tokopherolmangel zu schweren degenerativen Veränderungen in Retina und Linse der Ratte kommt. Cholinzusatz bringt keine Besserung, nur die Zufuhr von Tokopherol[11]. Im Gehirn soll das Vitamin E eine direkte Wirkung auf die Produktion von Acetylcholin haben[12].

Auch Nervenschädigungen sind bei Vitamin E-Mangel beschrieben worden (Paresen mit muskulären und nervösen Schädigungen[13,14]). Das führte zu Versuchen, ob Nervenkrankheiten durch Vitamin E geheilt werden können. Es wird über Behandlungserfolge bei Neuritis[15], bei multipler Sklerose[16] sowie bei der amyotrophen Lateralsklerose[17] berichtet.

Zu den innersekretorischen Drüsen zeigt das Vitamin E mannigfache Beziehungen[18]. Bei Vitamin E-Mangel kommt es hauptsächlich zu Veränderungen an

[1] Bloch, H.: Helv. **25**, 793 (1942). — [2] Steinberg, C. L.: Amer. J. med. Sci. **201**, 347 (1941). — [3] Miller, W. H., and A. M. Dessert: Ann. N. Y. Acad. Sci. **52**, 167 (1949). — Vgl. a.: Miller, W. H., and A. M. Dessert: International Conference on Vitamin E. New York 1949. — [4] Bragdon, J. H., and H. D. Levine: Amer. J. Path. **25**, 265 (1949). — [5] Butturini, U.: G. Clin. med. **27**, 400 (1946). — Gatz, A. J., and O. B. Houchin: Anat. Rec. **97**, 337; **99**, 578 (1947). — [6] Houchin, O. B., and P. W. Smith: Amer. J. Physiol. **141**, 242 (1944). — [7] Baer, S., W. I. Heine and D. B. Gelfond: Amer. J. med. Sci. **215**, 542 (1948). — Ball, K. P.: Lancet **1948 I**, 116. — Makinson, D. H., S. Oleesky and R. V. Stone: Lancet **1948 I**, 102. — Gram, C. N. J., and V. Schmidt: Nord. Med. **37**, 82 (1948). Editorial: Lancet **1948 II**, 857. — [8] Rose, C. S., and P. György: Amer. J. Physiol. **168**, 414 (1952). — [9] György, P., and C. S. Rose: Ann. N. Y. Acad. Sci. **52**, 231 (1949). — [10] Pindborg, J. J.: J. dent. Res. **29**, 212 (1950). — [11] Malatesta, C.: Boll. Ocul. **30**, 541 (1951). — [12] Torda, C., and H. G. Wolff: Proc. Soc. exp. Biol. Med. **58**, 163 (1945). — [13] Luttrell, C. N., and K. E. Mason: Ann. N. Y. Acad. Sci. **52**, 113 (1949). — [14] Malamud, N., M. M. Nelson and H. M. Evans: Ann. N. Y. Acad. Sci. **52**, 135 (1949). — [15] Blakeslee, G. A.: J. nerv. mental. Dis. **96**, 184 (1942). — [16] Ramsay: Med. Woman's J. **48**, Sept. (1941). — [17] Wechsler, I. S.: Amer. J. med. Sci. **200**, 765 (1940). — [18] Pratt, E. M.: Anat. Rec. **75**, Suppl. 148 (1939).

den basophilen Zellen des Hypophysenvorderlappens, der Gehalt an gonadotropen Hormonen ist vermindert. Auch die Nebennierenrinde zeigt Rückbildungsvorgänge ähnlich denen bei Hypophysenausfall[1]. An der Kaulquappe konnte der Einfluß des Tokopherols auf verschiedene Hypophysenfunktionen, insbesondere thyreotrope Funktionen, studiert werden[2]. Zufuhr von Vitamin E führt zu einer starken Steigerung der Wasserausscheidung; dabei nimmt die Wirkung von Adiuretin (oder das Adiuretin selbst) ab[3]; später sinkt die Wasserausscheidung wieder, vielleicht dadurch, daß die inzwischen aktivierten Keimdrüsenhormone den Hypophysenvorderlappen hemmen[4].

γ) Chemie[5].

Bisher sind 4 Verbindungen aus natürlichem Ausgangsmaterial isoliert worden, von denen 3 Vitamin E-Charakter besitzen, nämlich α-, β- und γ-Tokopherol.

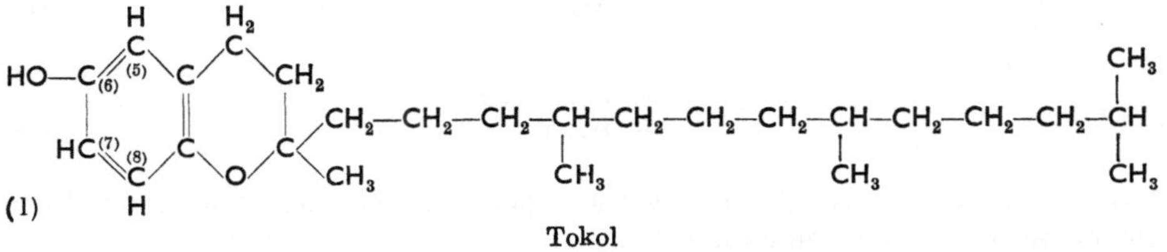

(1)

Tokol
($C_{26}H_{44}O_2$)

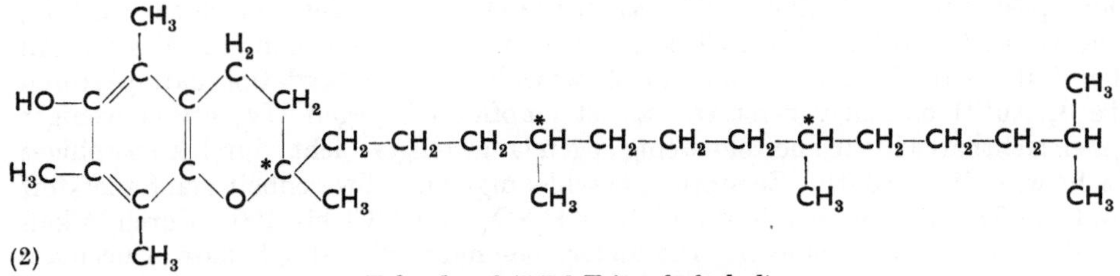

(2)

α-Tokopherol (5,7,8-Trimethyltokol)
($C_{29}H_{50}O_2$)

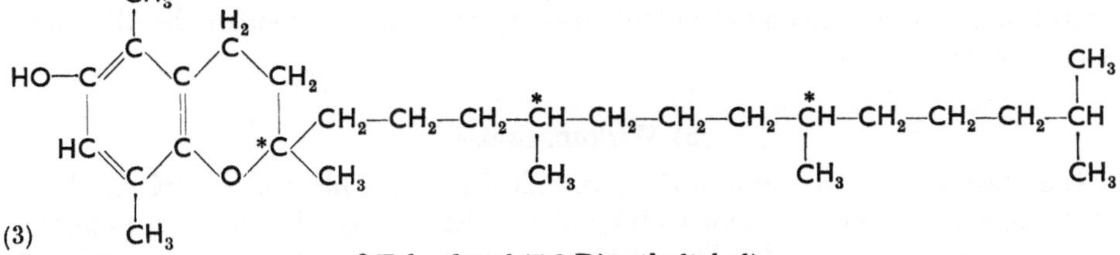

(3)

β-Tokopherol (5,8-Dimethyltokol)
($C_{28}H_{48}O_2$)

---

[1] Tonutti, E.: Z. Vit.-Forsch. **13**, 1 (1943). — [2] Pratt, E. M.: Anat. Rec. **75**, Suppl. 148 (1939). — [3] Heinsen, H. A., u. W. v. Massenbach: Z. ges. inn. Med. **3**, 475 (1948). — Kli. Wo. **1949**, 126. — [4] Heinsen, H. A.: Dtsch. Z. Verd.- u. Stoffw.-Krankh. **9**, 28 (1949). — [5] Martino, G., e A. Knallinsky: Boll. Soc. ital. Biol. sperim. **8**, 819 (1933). — Grijns, G., u. E. Dingemanse: Proc. Kon. Akad. Wet. Amsterdam **36**, 242 (1933) [Ber. Physiol. **74**, 668 (1933)]. — Evans, H. M., O. H. Emerson and G. A. Emerson: J. biol. Ch. **113**, 319 (1936). — Vgl. dazu Martin, A. J. P., T. Moore, M. Schmidt and F. P. Bowden: Nature **134**, 214 (1934). — Drummond, J. C., E. Singer and R. J. Macwalter: Biochem. J. **29**, 456, 2510 (1935). — Olcott, H. S.: J. biol. Ch. **110**, 695 (1935). — Olcott, H. S., and O. H. Emerson: Am. Soc. **59**, 1008 (1937). —

(4)

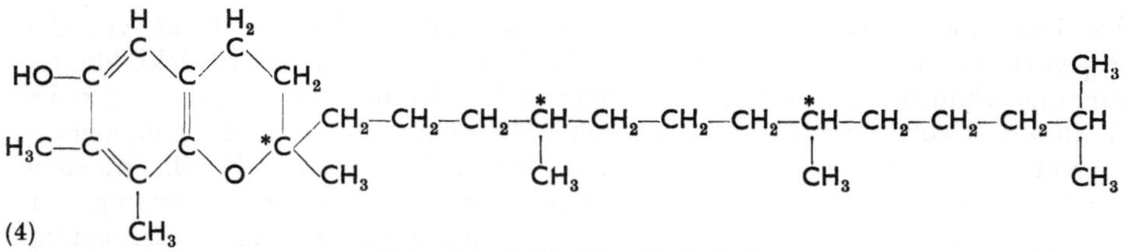

HO—C, H_3C—C, C—CH_3, H, H_2, CH_2, O, *C, CH_3

CH_2—CH_2—CH_2—$\overset{*}{C}H$(CH_3)—CH_2—CH_2—CH_2—$\overset{*}{C}H$(CH_3)—CH_2—CH_2—CH_2—CH(CH_3)—CH_3

γ-Tokopherol (7,8-Dimethyltokol)
($C_{28}H_{48}O_2$)

(5)

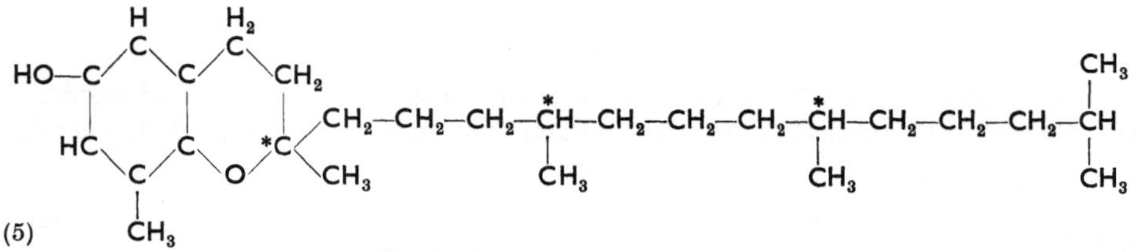

HO—C, HC, C—CH_3, H, H_2, CH_2, O, *C, CH_3

CH_2—CH_2—CH_2—$\overset{*}{C}H$(CH_3)—CH_2—CH_2—CH_2—$\overset{*}{C}H$(CH_3)—CH_2—CH_2—CH_2—CH(CH_3)—CH_3

δ-Tokopherol (8-Methyltokol)
($C_{27}H_{46}O_2$)

Dazu kommt eine große Anzahl synthetischer Verbindungen, von denen hier größtenteils abgesehen werden muß[1].

Die Tokopherole sind schwach gelbe Öle mit einem charakteristischen Absorptionsspektrum im UV (295—298 mμ). Sie lösen sich in allen Fettlösungsmitteln, wie Äther, Chloroform, Petroläther, Benzol u.a., dagegen nicht in Wasser. An der Luft wird Vitamin E nur in Anwesenheit von Oxydationskatalysatoren (Fe^{III}, Au^{III}) oxydativ zerstört. Es ist empfindlich gegen UV, etwas weniger gegen sichtbares Licht und sehr wenig gegen langwelliges Licht; durch kurzwelliges Licht wird die oxydative Zerstörung beschleunigt. In Abwesenheit von Sauerstoff sind die Tokopherole bis 200° stabil, in H_2SO_4 und HCl bis 100°; durch Alkali werden sie langsam zerstört. Die Ester, besonders die Allophanate, Succinate und Acetate sind gegen Sauerstoff viel stabiler (bei gleicher biologischer Aktivität).

Die Tokopherole sind Derivate des Phytols (s. Synthesen!) und als solche optisch aktiv. Ihre Ester drehen im allgemeinen schwach rechts. Zur Gewinnung krystallisierter Derivate und zur Identifizierung werden insbesondere die Allophansäureester verwendet.

δ) Wirkungsweise.

Die Resorption von Vitamin E ist verhältnismäßig schlecht. An ^{14}C-markiertem Tocopherol wurde z.B. beobachtet, daß von dem in öliger Lösung aufgenommenen Vitamin 80% durch die Faeces wieder ausgeschieden werden. Das stimmt mit älteren Befunden überein[2]. Die Gallensäuren sind für die Resorption der Tocopherole unentbehrlich[3]. Im Darm geht sicher auch ein Teil des Tocopherols durch Abbau verloren. Der durchschnittliche Vitamin E-Gehalt im Blut beträgt bei der Geburt etwa 23 mg-% (= $^1/_5$ desjenigen der Mutter). In 5 Tagen erhöht er sich bei normalen Säuglingen auf 36 mg-%. Im 3.—6. Monat liegt er durch-

[1] Karrer, P. u. H. Fritzsche: Helv. **21**, 1234 (1938). — Karrer, P., H. Fritzsche, B. H. Ringier u. H. Salomon: Helv. **21**, 820 (1938). — John, W.: Angew. Chem. **52**, 413 (1939). — Karrer, P., u. H. Rentschler: Helv. **26**, 1750 (1943). — Karrer, P., A. Kugler u. H. Simon: Helv. **27**, 1006 (1944). — [2] Engel, C., et J. T. Heins: Acta brev. neerl. Physiol. **13**, 37 (1943). — [3] Greaves, J. D., and C. L. A. Schmidt: Proc. Soc. exp. Biol. Med. **37**, 40 (1937). — Brinkhous, K. M., and E. D. Warner: Amer. J. Path. **17**, 81 (1941).

schnittlich um 50 mg-%[1]. Brustgestillte Säuglinge haben einen höheren Vitamin E-Gehalt im Blut als flaschengestillte[2].

Über die Funktion des Tokopherols wurden verschiedene Theorien aufgestellt. Nach HICKMAN u. HARRIS[3] hat es eine 2fache Aufgabe:

a) als Coferment; als solches wirkt es in den Muskeln,

b) als Antioxydans greift es in verhältnismäßig unspezifischer Weise in die Redoxvorgänge ein.

Das Vitamin E steht in Beziehung zum Kohlenhydratstoffwechsel, denn nach oraler Gabe von α-Tokopherolacetat liegt die Blutzuckerkurve nach Belastung mit Glucose und Adrenalin sowie die Brenztraubensäure-Kurve nach Insulingabe wesentlich höher. Das Tokopherol greift wahrscheinlich auch in den Eiweißstoffwechsel ein. Jedenfalls verzögert es das Auftreten von Eiweißmangelschäden[4]. Es scheint weiterhin eine Beziehung zum Aminosäurestoffwechsel zu haben[5].

Die Stabilität der Milch ist erhöht, wenn sie einen größeren Vitamin E-Gehalt aufweist[6]. Das Ranzigwerden tierischer Fette wird verzögert, wenn den Tieren Vitamin E verfüttert wurde[7]. Die Antioxydanswirkung scheint die Ausnützung des Vitamin A durch den Organismus zu fördern[8]. Vitamin E ist sicherlich nicht das einzige Antioxydans im Organismus, denn es konnten 3 „Antioxydantia" mit vitamin-E-ähnlicher Wirkung gefunden werden; sie ließen sich durch ihre verschiedene UV-Absorption leicht von den Tokopherolen unterscheiden (Max. etwa 270 mμ)[9].

Alloxandiabetische Ratten verlieren schnell ihren Vitamin A-Vorrat, selbst wenn ihnen normale Mengen Vitamin E zugeführt wurden; wird jedoch zusätzlich je Tag 0,5 mg Tokopherol zugesetzt, so ist der Vitamin A-Verlust geringer und die Tiere bleiben länger am Leben[10].

Die antioxydative Eigenschaft von Vitamin E wird auch in der Nahrungsmittelkonservierung ausgenützt (Schutz von Fetten vor dem Ranzigwerden[11]). Die Unterschiede in der antioxydativen Wirkung zwischen den einzelnen Tokopherolen sind nicht groß, jedoch ist das α-Tokopherol in vivo das geeignetste, weil es im Körper am besten deponiert wird[12].

Tokopherol verhindert bzw. mildert verschiedene toxische Wirkungen, z.B. diejenige von CCl_4[13], von Lebernekrosen[14], von Alloxan, soweit es die hämolytische Wirkung betrifft[15], und von cancerogenen Stoffen[16]. Tokopherol kann auch die

---

1 MOYER, W. T.: Pediatrics **6**, 893 (1950). — 2 WRIGHT, S. W., L. J. FILER jr. and K. E. MASON: Pediatrics **7**, 386 (1951). — 3 HICKMAN, K. C. D., and P. L. HARRIS: Adv. Enzymol. **6**, 469 (1946). — 4 HIMSWORTH, H. P., and O. LINDAN: Nature **163**, 30 (1949). — MOORE, T.: Ann. N. Y. Acad. Sci. **52**, 206 (1949). — 5 VICTOR, J., and A. M. PAPPENHEIMER: J. exp. Med. **82**, 375 (1945). — DAM, H.: Proc. Soc. exp. Biol. Med. **55**, 55 (1944). — HARDIN, J. O., and E. L. HOVE: Proc. Soc. exp. Biol. Med. **78**, 728 (1951). — BEARD, H. H.: Ann. Rev. **10**, 245 (1941). — SHETTLES, L. B.: Conference on Biology of the Spermatozoa. S. 28. New York 1948. — 6 KRUKOVSKY, V. N., E. S. GUTHRIE and F. WHITING: J. Dairy Sci. **31**, 961 (1948). — 7 MAJOR, R., and B. M. WATTS: J. Nutrit. **35**, 103 (1948). — 8 LEMLEY, J. M., R. A. BROWN, O. D. BIRD and A. D. EMMETT: J. Nutrit. **33**, 53 (1947). — 9 DUBOULOZ, P., et M. F. HEDDE: Trav. Soc. Chim. Biol. **24**, 1137 (1942). — DUBOULOZ, P., M. F. HEDDE et F. ROUSSET: C. R. Soc. Biol. **137**, 457 (1943). — 10 CLAUSEN, S. W., A. B. McCOORD, B. L. GOFF and C. F. LAVENDER: Abstr. amer. chem. Soc. **110**, 29 B (1946). — 11 LUNDBERG, W. O.: A. survey of present knowledge, researches and practices in the U. S. concerning the stabilization of fats. Hormel Inst. Univ. Minnesota. Publ. 7, No. 20, 45 (1947). — 12 GRIEWAHN, J., and B. F. DAUBERT: J. amer. Oil Chem. Soc. **25**, 26 (1948). — STERN, M. H., C. D. ROBESON, L. WEISLER and J. G. BAXTER: Am. Soc. **69**, 869 (1947). — 13 HOVE, E. L.: Arch. Biochem. **17**, 467 (1948). — 14 RAO, M. V. R.: Nature **161**, 446 (1948). — NEUBERGER, A., and T. A. WEBSTER: Biochem. J. **41**, 449 (1947). — 15 GYÖRGY, P., and C. S. ROSE: Science, N. Y. **108**, 716 (1948). — 16 JAFFE, W. G.: Exp. Med. Surg. **4**, 278 (1946).

toxischen Wirkungen gewisser hochungesättigter Fettsäuren (Lebertran) verhindern[1]. Umgekehrt werden die Symptome des Vitamin E-Mangels in ihrer Häufigkeit, Art und Schwere durch die Art und Menge der anwesenden Fettsäuren beeinflußt[2]. Die Oxydation der Linolsäure durch Lipoxydase wird durch Tokopherole gehemmt[3] (s. jedoch[4]). Tokopherol trägt zur Einsparung der essentiellen Fettsäuren bei[5]. Diese Tatsachen lassen es als verständlich erscheinen, daß der Bedarf an Vitamin E von der Menge gleichzeitig zugeführter Fettsäuren, Kohlenhydrate und anderer antioxydantisch wirkender Stoffe abhängt[6].

Vielleicht bestehen Verknüpfungen mit dem Stoffwechsel der Lipoide und besonders der Steroide[7]. Tokopherol steigert die Menge der in der Leber abgelagerten Neutralfette, aber verhindert die Bildung von Lipoproteidkügelchen[8]. In größeren Mengen scheint es gegen Lebernekrose zu schützen[9,10]. Auf Zusammenhänge mit dem Steroidstoffwechsel weist die Tatsache hin, daß bei Stoffwechselkrankheiten, welche mit Hypercholesterinämie einhergehen, hohe Vitamin E-Blutwerte gefunden wurden, desgleichen bei Fällen von Hypertonie. Niedrige Tokopherolwerte findet man bei gestörter Fettresorption[11]. Tokopherol beeinflußt den Fettstoffwechsel im Mäuseovar. Die Ablagerung von Neutralfetten ist erhöht, während die Bildung anderer Lipoide gehemmt ist[12].

Bei vitamin-E-freier Ernährung (Ratten) bildet sich im Fettgewebe ein säurefestes Pigment, und zwar sowohl nach Verfütterung von Dorschlebertran als auch nach Speck oder anderen Fettarten. Gleichzeitig treten Wachstumsverlangsamung, Anämie, Fettgewebsatrophie und früher Tod ein[13]. Dieses Pigment scheint identisch zu sein mit dem, das bei vitamin-E-frei ernährten Ratten die Verfärbung des glatten und quergestreiften Muskels verursacht, das sich auch bei vitamin-E- und eiweißfrei ernährten Ratten in der Leber findet (Ceroidpigment)[14] (s. a. S. 844). Nach histologischen Untersuchungen liegt ein abnormes oder normales Stoffwechselprodukt vor, das bei Abwesenheit von Vitamin E nicht zerstört wird (s. dazu[15]).

Tokopherylphosphat hemmt das Diphosphopyridinnucleotidase-System[16]. Bei Fehlen von Tokopherol ist die Aktivität von Plasmalipase und Cholinesterase herabgesetzt[17]. Die Widerstandsfähigkeit gegen reinen Sauerstoff wird durch Vitamin E-Gaben erhöht[18]. Vitamin-E-behandelte Tiere halten auch niedrigen O_2-Druck besser aus[19]. Der Vitamin E-Verbrauch geht der Funktion der Schild-

---

[1] DAM, H.: Ann. N. Y. Acad. Sci. **52**, 195 (1949). — AAES-JORGENSEN, E.: 1. Int. Congr. Biochem. Cambridge. S. 57. 1949. — GRANADOS, H.: 1. Int. Congr. Biochem. Cambridge S. 59. 1949. — PRANGE, I.: 1. Int. Congr. Biochem. Cambridge, S. 61. 1949. — [2] DAM, H.: J. Nutrit. **27**, 193 (1944). — [3] HOLMAN, R. T.: Arch. Biochem. **15**, 403 (1947). — BERGSTRÖM, S., and R. T. HOLMAN: Nature **161**, 55 (1948). — [4] HICKMAN, K.: Arch. Biochem. **17**, 360 (1948). — [5] HOVE, E. L., and P. L. HARRIS: J. Nutrit. **31**, 699 (1946). — FRAENKEL, G., and M. BLEWETT: Nature **155**, 392 (1945). — [6] HARTMANN, S., and J. GLAVIND: Acta chem. scand. **3**, 954 (1949). — [7] ADAMSTONE, F. B.: Arch. Path., Chicago **31**, 722 (1941). — [8] MENSCHICK, Z., and T. J. SZCZESNIAK: Anat. Rec. **103**, 349 (1949). — [9] STEIGMANN, F.: J. amer. med. Ass. **144**, 1076 (1950). — [10] SIMONART, M.: Presse méd. **59**, 426 (1951). — [11] DARBY, W. J., M. E. FERGUSON, R. H. FURMAN, J. M. LEMLEY, C. T. BALL and G. R. MENEELY: Ann. N. Y. Acad. Sci. **52**, 328 (1949). — [12] MENSCHICK, Z.: Quart. J. exp. Physiol. **34**, 97 (1948). — [13] DAM, H., and K. E. MASON: Fed. Proc. **4**, 153 (1945). — MASON, K. E., H. DAM and H. GRANADOS: Anat. Rec. **94**, 265 (1946). — FILER, L. J. jr., R. E. RUMERY and K. E. MASON: Abstr. amer. chem. Soc. **110**, 31 B (1946). — [14] VICTOR, J., and A. M. PAPPENHEIMER: J. exp. Med. **82**, 375 (1945). — [15] GRANADOS, H., and H. DAM: Acta path. microbiol. scand. **27**, 591 (1950). — [16] GOVIER, W. M., and N. S. JETTER: Science, N. Y. **107**, 146 (1948). — SPAULDING, M. E., and W. D. GRAHAM: J. biol. Ch. **170**, 711 (1947). — [17] HESS, W., u. G. VIOLLIER: Helv. **31**, 381 (1948). — [18] PUIG MUSET, P., e F. GARCÍA-VALDECASAS: Trab. Inst. nac. Cienc. méd., Madrid **6**, 389 (1945/46). — [19] HOVE, E. L., K. HICKMAN and P. L. HARRIS: Arch. Biochem. **8**, 395 (1945).

drüse parallel, wie sich sehr gut an hyperthyreotisch und hypothyreotisch gemachten Hühnern zeigen läßt. Bei vitamin-E-freier Ernährung zeigen sich Mangelsymptome zunächst und am stärksten bei hyperthyreotischen, dann erst bei normalen Tieren, und schließlich beginnen die Todesfälle bei der hypothyreotischen Gruppe[1].

Nach oraler Zufuhr sehr hoher Gaben von Vitamin E (100 mg) sinkt die Koagulations- und Prothrombinzeit des Blutes. Auch in vitro kann die Gerinnungszeit erniedrigt werden[2].

Zwischen den Tokopherolen (als Hydrochinonderivaten) und den Vitaminen K (als Naphthochinonderivaten) besteht eine enge chemische Verwandtschaft. Trotz der chemischen Ähnlichkeit war es jedoch nicht möglich, Tokopherole in vitamin-K-wirksame Substanzen zu verwandeln; hingegen ist es gelungen, eines der K-Vitamine in ein Tokopherol zu verwandeln (= Naphthotokopherol), das sowohl E- als auch K-Eigenschaften hat[3].

Die Tokopherole haben im Pflanzenstoffwechsel als „Inhibitoren" bzw. Antioxydantien zum Schutz der pflanzlichen Fette gegen Oxydation wichtige Aufgaben zu erfüllen. Allerdings ist das wohl nicht ihre einzige Funktion in der Pflanze.

ε) Konstitution und Wirksamkeit.

Die Wirksamkeit als Antisterilitätsfaktor ist abhängig von den Methylgruppen am Benzolkern: die Wirksamkeit ist maximal bei 3 Methylgruppen (α-Tokopherol); bei nur 2 Methylgruppen (β-Tokopherol und Isomere) ist sie geringer, während Verbindungen mit nur einer CH_3-Gruppe unwirksam sind. Der CH_3-Gruppe physiologisch gleichwertig ist die C_2H_5-Gruppe. Wird die lange Seitenkette verkürzt, so tritt meist nur ein Abfall in der Wirksamkeit ein; der Phytolrest ist also für die Wirkung nicht spezifisch, bedingt aber maximale physiologische Aktivität[4, 5].

Wenn die (phenolische) Hydroxylgruppe mit Carbonsäuren verestert oder durch NH_2 ersetzt wird, fällt die Wirksamkeit nicht ab[6]. Gewisse Ester besitzen sogar bei oraler Verabreichung höhere Wirksamkeit, weil sie im Darm vor Oxydation (zum Chinon) geschützt sind[7]. Tokopherol oder Tokopherylacetat sind, parenteral angewendet, relativ unwirksam. Das leicht lösliche α-Tokopherylphosphat wird nach Injektion im dystrophischen Gewebe schnell verwertet[8].

Das natürliche D-α-Tokopherol ist — gemessen an der Antisterilitätswirkung an Ratten — um 36% wirksamer als das synthetische D,L-α-Tokopherol.

Auch einfachere Verbindungen zeigen eine mehr oder minder starke Vitamin E-Wirkung. Keine aber übertrifft das α-Tokopherol, und viele sind erst in Mengen von 50—100 mg wirksam (womit schon die toxische Grenze erreicht ist)[9].

Das p-Chinon des α-Tokopherols, das unter Sprengung des Chromanringes entsteht, ist biologisch unwirksam[10], womit die Abhängigkeit der Wirkung vom

[1] WHEELER, R. S., and J. D. PERKINSON: Amer. J. Physiol. **159**, 287 (1949). — [2] PROSPERI, P.: Boll. Soc. ital. Biol. sperim. **25**, 1376 (1949). — [3] TISHLER, M., L. F. FIESER and N. L. WENDLER: Am. Soc. **62**, 1982 (1940). — [4] KARRER, P., H. FRITZSCHE, B. H. RINGIER u. H. SALOMON: Helv. **21**, 520, 820 (1938). — KARRER, P., R. ESCHER, H. FRITZSCHE, H. KELLER, B. H. RINGIER u. H. SALOMON: Helv. **21**, 939 (1938). — [5] EVANS, H. M., O. H. EMERSON, G. A. EMERSON, L. I. SMITH, H. E. UNGNADE, W. W. PRICHARD, F. L. AUSTIN, H. H. HOEHN, J. W. OPIE and S. WAWZONEK: J. org. Chem. **4**, 376 (1939). — KARRER, P., and F. BERGEL: Vitamin E Symposion. J. Soc. chem. Industr. **9** (1939). — SMITH, L. I.: Chem. Reviews **27**, 287 (1940). — [6] SMITH, L. I., W. B. RENFROW jr. and J. W. OPIE: Am. Soc. **64**, 1082 (1942). — [7] HARRIS, P. L., and M. I. LUDWIG: J. biol. Ch. **180**, 611 (1949). — [8] EPPSTEIN, S. H., and S. MORGULIS: J. Nutrit. **23**, 473 (1942). — MACKENZIE, C. G., and E. V. MCCOLLUM: Proc. Soc. exp. Biol. Med. **48**, 642 (1941). — [9] WERDER, F. v., u. T. MOLL: H. **254**, 39 (1938). — JOHN, W., u. P. GÜNTHER: B. **74**, 879 (1941). — JOHN, W., u. F. H. RATHMANN: B. **74**, 890 (1941). — [10] GOLUMBIC, C., and H. A. MATTILL: J. biol. Ch. **135**, 339 (1940).

Tabelle 204. Biologische Aktivität der Tokopherole und ihrer Ester (nach HICKMAN[1]).

Natürliche Tokopherole und ihre Ester			Synthetische Tokopherole und ihre Ester		
	Physikal. Eigenschaften	*		Physikal. Eigenschaften	*
α-Tokopherol	viscöses Öl	1	α-Tokopherol	viscöses Öl	1
β-Tokopherol	viscöses Öl	2,5	β-Tokopherol	viscöses Öl	5
γ-Tokopherol	viscöses Öl	12	γ-Tokopherol	viscöses Öl	20
α-Tokopherol-acetat	Nadeln	1	α-Tokopherol-acetat	viscöses Öl	1
α-Tokopherol-palmitat	glasige Krystalle	12	α-Tokopherol-palmitat	weiße Körnchen	—
α-Tokopherol-saures Succinat	Nadeln	1	α-Tokopherol-calciumsuccinat	weißes Pulver	1
β-Tokopherol-azobenzol-carboxylat	orangefarbene Rosetten	8	α-Tokopherol-phosphat (Na-Salz)	weißes Pulver	1
γ-Tokopherol-palmitat	glasige Krystalle	12	α-Tokopherylamin-HCl	weißes Pulver	1
α-Tokopherol-allophanat	glasige Krystalle	0			
β-Tokopherol-allophanat	farblose Krystalle	0			
γ-Tokopherol-allophanat	weiße Körnchen	0			

* = relative MFD (mean fertility dose), bezogen auf den Tokopherolgehalt.

unveränderten Tokolkern erwiesen ist. Ein unter besonderen Bedingungen erhaltenes, reversibel reduzierbares Epoxyd besitzt etwa $^1/_{30}$ der biologischen Aktivität[2]. Etwa die Hälfte des im Serum enthaltenen Tokopherols dürfte in der Chinonform vorkommen[3].

ζ) Vorkommen.

Mit chemischen Bestimmungsmethoden erhält man geringere Werte als mit biologischen. Dies dürfte mit der Bindung des Vitamin E in den Zellen zusammenhängen[4].

Tokopherol findet sich überwiegend in den Chloroplasten (0,08%), in wesentlich geringerer Menge auch im Cytoplasma (0,002%), wahrscheinlich weil es während der Bildung der grünen Plastiden in den Mitochondrien (Chondriom) entsteht. Die Pflanzen mit grünen Blättern dürften noch mehr Vitamin E enthalten als die Weizenkeimlinge[5]. Die in den Pflanzen nachgewiesenen 3 Tokopherole dürften ausschließlich in freier Form vorliegen und nicht als Ester[5,6]. In niederen Pflanzen, wie Algen, Pilzen, Moosen und Farnen, konnte bisher kein E-Vitamin nachgewiesen werden. Das Gemisch der Tokopherole in der Sojabohne enthält etwa 30% δ-Tokopherol.

Hinsichtlich des Vorkommens und der Verteilung im Tierreich wurde gefunden[7], daß das Körperfett die Hauptablagerungsstätte für Vitamin E ist (sowohl beim Mann als auch bei der Frau). Die Gesamtmenge wurde bei der Frau auf etwa 6,5g, beim Mann auf etwa 2,3g geschätzt. Im Depotfett fanden sich von dem Gesamtvorkommen bei der Frau mehr als 75%, beim Mann mehr als 50%, im Muskel bei der Frau 4%, beim Mann 12%. Gesamttokopherolgehalt verschiedener Organe beim Mann in mg je 100g Gewebe: Bauchmuskel 0,62, Nieren 0,80, Unterhautfettgewebe der Bauchhaut 29,2. Ausgedrückt in mg Tokopherol je g

[1] HICKMAN, K.: Ann. Rev. **12**, 353 (1943). — [2] BOYER, P. D., M. RABINOVITZ and E. LIEBE: Ann. N. Y. Acad. Sci. **52**, 188 (1949). — [3] SCUDI, J. V., and R. P. BUHS: J. biol. Ch. **146**, 1 (1942). — [4] HINES, L. R., and H. A. MATTILL: J. biol. Ch. **149**, 549 (1943). — [5] DAM, H., J. GLAVIND, I. PRANGE and J. OTTESEN: Kgl. danske Vid. Selsk. biol. Medd. **16**, No. 7 (1941). — [6] MOSS, A. R., and J. C. DRUMMOND: Biochem. J. **32**, 1953 (1938). — [7] VARANGOT, J., H. CHAILLEY et N. RIEUX: C. R. Soc. Biol. **138**, 24 (1944). — KOFLER, M.: Helv. **28**, 26 (1945).

Tabelle 205. Vitamin E-Gehalt einiger Nahrungsmittel (in mg% Nahrungsmittel)[1].

Getreide und Getreideprodukte:			
Gerste	3,2—5,2	Mais	10,0
Biskuit	2,4	Hafer	2,0—2,1
Schwarzbrot	2,1	Reis	0,4
Weißbrot	1,4	Roggen	2,2—3,5
Grütze	1,2—1,5	Weizen	2,6—3,4
Gemüse:			
Bohnen	1,2—4,0	Zwiebeln	0,2
Runkelrüben	0,2	Petersilie	5,5
Rotkohl	0,2	Erbsen	5,4—8,0
Weißkohl	0,7	Kartoffeln (gekocht)	0,1
Karotten	1,5	Rettich (schwarz)	0,04
Sellerie	2,6	Schwarzwurzeln	0,6
Endivie	0,2—2,0	Spinat	1,7
Grünkohl	8,0	Rosenkohl	1,7
Lauch	1,9	Weißrüben	0,02
Lattich	0,6		
Eiweißhaltige Produkte:		*Öle und Fette:*	
Käse mit verschiedenem Fettgehalt	0,3—0,6	Erdnußöl	26
Eier (gekocht)	3,0	Bucheckernöl	100
Fleisch	0,6	Butter	2,1—3,3
Milch (2,5% Fett)	0,02	Kakaofett	12,5
Milchpulver	0,5	Maisöl	250
Magermilchpulver	0,05	Olivenöl	3
		Palmkernöl (rot)	110
		Sojabohnenöl	120
Verschiedenes:		Weizenkeimöl	150—250
Kakaopulver	3,1		

Der Vitamin E-Gehalt wurde nach der Ferrichloriddipyridyl-Methode bestimmt.

Gewebsfett: Niere 0,122 (niedrigste Konzentration), Hoden 1,21 (höchste Konzentration). Bei der Frau in mg je 100 g Gewebe: Herz 1,28 (niedrigste), Uterus 1,47, Unterhautfettgewebe der Bauchhaut 49,5 (höchste Konzentration). In mg/g Gewebsfett: Bauchmuskel 0,257 (niedrigste), Uterus 1,16 (höchste). Beim Menschen liegt das Vitamin E im wesentlichen als D-α-Tokopherol vor.

Tabelle 206. Tokopherolgehalt der Milch (in mg-%).

Milchart	Tokopherol
Kuhmilch	0,06
Frauenmilch	0,94
Menschliches Colostrum	2,6—3,3[4]

Wie der Rattenembryo, so scheint auch der menschliche Fetus[2] einen im Vergleich zur Mutter sehr geringen Tokopherolgehalt zu besitzen. Das Nabelschnurblut enthält bei der Geburt etwa $^1/_5$ des Gehalts im mütterlichen venösen Blut.

Der Vitamin E-Gehalt des Plasmas liegt bei Frauen zur Zeit der Geburt um etwa 65% höher als bei Nichtschwangeren[3]. Über den Vitamin E-Gehalt der Milch s. Tabelle 206.

[1] Emmerie, A., u. C. Engel: Z. Vit.-Forsch. **13**, 259 (1943). — [2] Quaife, M. L., and M. Y. Dju: J. biol. Ch. **180**, 263 (1949). — [3] Straumfjord, J. V., and M. L. Quaife: Proc. Soc. exp. Biol. Med. **61**, 369 (1946). — [4] Abderhalden, R.: B. Z. **318**, 47 (1948).

Der Vitamin E-Gehalt von Frauenmilch läßt sich nicht beliebig erhöhen. Es gelingt lediglich eine Anreicherung tokopherolarmer Milch bis zur Norm[1]. Der erhöhte Tokopherolgehalt des Blutes während der Schwangerschaft sinkt nach der Entbindung stufenweise innerhalb von etwa 2 Monaten auf den normalen Spiegel der nichtgraviden Frau ab[2].

Menschliche Placenta enthält 0,380—0,526—0,825 mg-% Vitamin E, je Organ 1,572—4,529 mg. Im Vergleich zu anderen Organen ist der Vitamin E-Gehalt in der Placenta mittelmäßig.

Thunfischöl[3] enthält Vitamin E, gewöhnlicher Lebertran jedoch nicht. Im Eigelb finden sich beträchtliche Tokopherolmengen, die jedoch vom Tokopherolgehalt der Nahrung etwas abhängig sind[4].

η) Bedarf.

Der tägliche Bedarf an Vitamin E wird für den normalen Erwachsenen auf etwa 30 mg eines Gemisches der natürlichen Tokopherole geschätzt[5]. Sicherlich ist der Bedarf nicht zu jeder Zeit gleich. Ratten weisen z. B. (beim Vergleich von Wachstum und Hodenentwicklung) in der 3. Lebenswoche einen Mehrbedarf auf[6].

ϑ) Bestimmungsmethoden.

Eine ausführliche Beschreibung der Methoden findet sich bei György[7].

1. Chemische und physikalische Bestimmungsmethoden.

a) Durch Oxydation.

α) Oxydation durch konz. Salpetersäure zum roten *Tokopheryl-o-chinon* (= Tokopherolrot), zuerst von Furter u. Meyer[8] angegeben (ziemlich spezifisch).

Tokopheryl-o-chinon kann nach verschiedenen Methoden quantitativ bestimmt werden:

1. Colorimetrisch (nur bei Anwesenheit größerer Mengen von Tokopherol anwendbar).
2. Umsetzung von Leukomethylenblau zu Methylenblau und colorimetrische Bestimmung[9].
3. Tokopherylchinon wird mit o-Phenylendiamin zu einem intensiv fluorescierenden Phenazin umgesetzt und dieses bestimmt. Auf diese Weise kann noch 1 μg Tokopherol in 5 ml Methanol nachgewiesen werden[8,10].

β) Reduktion von $FeCl_3$ durch Tokopherol. Bestimmung des gebildeten Fe(II)-Salzes als α,α′-Dipyridylkomplex. Dieses Prinzip wurde zuerst von Emmerie u. Engel[11,12] angegeben. Cholesterin, Vitamin A und Carotinoide stören jedoch. Bis zu einem gewissen Grad läßt sich diese Störung verhindern[13]. Modifikationen s. [13–16].

Auch die Oxydation der Tokopherole durch Goldchlorid ($AuCl_3 \cdot HCl \cdot 3\,H_2O$) oder Cer (IV)-sulfat kann zur Bestimmung von E-Vitamin herangezogen werden[17,18].

---

[1] Neuweiler, W.: Int. Z. Vit.-Forsch. **20**, 108 (1948). — [2] Ruramo, L.: Acta obstet. scand. **27**, Suppl. **2**, 1 (1947). — [3] Bocchi, L.: Ateneo parmense **10**, 107 (1938) [Chem. Abstr. **33**, 2945]. — [4] Barnum, G. L.: J. Nutrit. **9**, 621 (1935). — [5] Hickman, K. C. D., and P. L. Harris: Tocopherol Interrelationsships. Adv. Enzymol. **6**, 469 (1946). — [6] Kaunitz, H., and R. E. Johnson: J. Nutrit. **32**, 327 (1946). — [7] Vitamin Meth. (György), Bd. 1, S. 187; Bd. 2, S. 136, 653. — [8] Furter, M., u. R. E. Meyer: Helv. **22**, 240 (1939). — [9] Chipault, J. R., W. O. Lundberg and G. O. Burr: Arch. Biochem. **8**, 321 (1945). — [10] Kofler, M.: Helv. **25**, 1469 (1942). — [11] Emmerie, A., et C. Engel: Recu. Trav. Chim. Pays-Bas **57**, 1351 (1938). — [12] Emmerie, A., et C. Engel: Recu. Trav. Chim. Pays-Bas **58**, 283 (1939). — [13] Kaunitz, H., and J. J. Beaver: J. biol. Ch. **156**, 653 (1944). — [14] Kaunitz, H., and J. J. Beaver: J. biol. Ch. **166**, 205 (1946). — [15] Tošić, J., and T. Moore: Biochem. J. **39**, 498 (1945). — [16] Quaife, M. L., and P. L. Harris: Analyt. Chem., Washington **20**, 1221 (1948). — [17] Karrer, P., u. H. Keller: Helv. **22**, 617 (1939). — Karrer, P., W. Jaeger u. H. Keller: Helv. **23**, 464 (1940). — [18] Kjølhede, K. T.: Z. Vit.-Forsch. **12**, 138 (1942). — Parker, W. E., and W. D. McFarlane: Canad. J. Res. (B) **18**, 405 (1940). [C. **1942 I**, 2287]. — Karrer, P., u. A. Geiger: Helv. **23**, 455 (1940).

γ) Entfärbung von 2,6-Dichlorphenolindophenol durch Tokopherole. Zuerst angegeben von SCUDI u. BUHS[1]. Es reagieren alle Chinone sofort (also auch Vitamin K), Tokopherole erst nach langer Zeit. Sofortige Ablesung gibt den Wert für Vitamin K, Ablesung nach etwa 1 Std den Wert für Gesamtchinon. 2. Wert minus 1. Wert = Tokopherolwert.

b) *Diazotierung.* Angegeben von QUAIFE[2].
Modifikation dieser Methode[3].
Modifikation und Anwendung auf tierisches Gewebe[4].

c) *Bestimmung mehrerer Tokopherole nebeneinander (α-, β-, γ-, δ-Tokopherol):*
1. Darstellung der gelben Nitrosoverbindungen (die von α-Tokopherol ist nicht gefärbt); dann chromatographische Trennung der Nitrosoverbindungen, Eluieren und Colorimetrieren der einzelnen Fraktionen: β-, γ- und δ-Tokopherol. Dann mittels der EMMERIE-ENGEL-Methode die Gesamttocopherole bestimmen und aus der Differenz das α-Tokopherol errechnen[5].
2. Bestimmung von α-Tokopherol in Gemischen von β- und γ-Tokopherol[6].
3. Bestimmung von γ-Tokopherol in Gemischen von α- und γ-Tokopherol[7].
4. Bestimmung von γ- und δ-Tokopherol[8].

d) *Andere Methoden.*
Bestimmung im Blutserum, wobei durch Hydrierung Carotin und andere störende Substanzen beseitigt werden[9]; Beschreibung eines Apparates hierzu[10].
Beschreibung einer Mikromethode nach diesem Prinzip, so daß sie mit nur 0,06 ml Serum oder Plasma durchführbar ist[11].
Die Vielzahl der chemischen Methoden und ihrer Modifikationen weist darauf hin, daß keine von ihnen wirklich verläßlich ist.
Neben den chemischen sei kurz auf eine physikalische Bestimmungsmethode für Tokopherole hingewiesen, die in der Messung der Absorptionsintensität besteht[12].

2. Biologische Methoden.

a) *Prophylaktischer Tiertest* (EVANS u. BURR[13]):
Geschlechtsreife weibliche Ratten werden vitamin-E-frei ernährt. Ein Teil der Ratten erhält die auf Vitamin E zu testende Lösung. Dann wird der Verlauf der Schwangerschaft verfolgt. Wenn die Lösung genügend Vitamin E enthält, verläuft bei den damit behandelten Ratten die Schwangerschaft normal. Bei den Kontrolltieren wird höchstens eine Schwangerschaft voll ausgetragen, eine zweite nicht mehr. Dieser Test dauert einige Monate.

b) *Curativer Test.*
1. Ratten, die bereits eine Resorptionssterilität aufweisen, wird nach der Konzeption die zu testende Lösung verabfolgt. Ein Gehalt an Vitamin E zeigt sich durch die Geburt lebender Jungen. Die Kontrolltiere bringen keine Jungen zur Welt, sondern resorbieren die Feten. Dieses Verfahren führt innerhalb einiger Wochen zum Ziele.
2. Kaninchentest: Bei E-avitaminotischen Kaninchen mit ausgeprägter Muskeldystrophie wird die Heilung durch Verabfolgung der auf ihren Gehalt an Vitamin E zu testenden Lösung am Verhältnis Kreatin/Kreatinin im Harn gemessen[14]. Dieser Test ist schnell ausführbar, aber wenig genau.

---

[1] SCUDI, J. V., and R. P. BUHS: J. biol. Ch. **141**, 451 (1941). — [2] QUAIFE, M. L.: Am. Soc. **66**, 308 (1944). — [3] WEISLER, L., C. D. ROBESON and J. G. BAXTER: Analyt. Chem., Washington **19**, 906 (1947). — [4] QUAIFE, M. L., and M. Y. DJU: J. biol. Ch. **180**, 263 (1949). — [5] QUAIFE, M. L.: J. biol. Ch. **175**, 605 (1948). — [6] HOVE, E. L., and Z. HOVE: J. biol. Ch. **156**, 611 (1944). — [7] FISHER, G. S.: Industr. engng. Chem., analyt. Ed. **17**, 224 (1945). — [8] STERN, M. H., C. D. ROBESON, L. WEISLER and J. G. BAXTER: Am. Soc. **69**, 869 (1947). — [9] QUAIFE, M. L., and P. L. HARRIS: J. biol. Ch. **156**, 499 (1944). — [10] QUAIFE, M. L., and R. BIEHLER: J. biol. Ch. **159**, 663 (1945). — [11] QUAIFE, M. L., N. S. SCRIMSHAW and O. H. LOWRY: J. biol. Ch. **180**, 1229 (1949). — [12] CUTHBERTSON, W. F. J., R. R. RIDGEWAY and J. C. DRUMMOND: Biochem. J. **34**, 34 (1940). — [13] EVANS, H. M., and G. O. BURR: Mem. Univ. Calif. **8**, 1 (1927). — [14] HOVE, E. L., and P. L. HARRIS: J. Nutrit. **33**, 95 (1947).

c) *Der Rattengewichtstest*[1].

Die Methode beruht auf der Beobachtung, daß (innerhalb gewisser Grenzen) weibliche Ratten während der Schwangerschaft proportional dem Vitamin E-Gehalt an Gewicht zunehmen. Aus der Gewichtskurve läßt sich an Hand von Tabellen der Vitamin E-Gehalt der Testsubstanz ermitteln.

d) *Der Hämolysetest.*

Die Erythrocyten vitamin-E-freier Tiere werden durch Dialursäure hämolysiert[2]. Nach einigen Tagen vitamin-E-freier Ernährung kann bereits eine partielle Hämolyse erzielt werden; nach 2—3 Wochen erreicht die Hämolyse ihr Maximum. Zur Ausführung des Tests sind nur einige Tropfen Blut nötig, so daß mehrere Bestimmungen mit einem Tier durchgeführt werden können.

α) Curative Methode: Wenn sich das Tier in einem Zustand befindet, bei dem vollständige Hämolyse durch Dialursäure eintritt, so können die Erythrocyten mit einer einzigen Dosis Tokopherol innerhalb von 24 Std zur Norm gebracht werden. Diese Methode ist aber nicht so empfindlich wie

β) die prophylaktische Methode: Beim Zustand vollständiger Hämolyse verhindert die minimale Schutzdosis für 2 Tage die Hämolyse, eine größere Dosis für etwa 10 Tage. Daraus läßt sich die Größe des Tokopherolgehaltes ermitteln. Diese Methode ist viel empfindlicher als die curative, dauert aber etwas länger.

Der Wasserfloh (Daphnia magna) benötigt Vitamin E für das Wachstum der Ovarien und Embryonen. Auf diese Tatsache stützt sich ein weiterer Vorschlag für einen biologischen Test[3].

ι) Klinische Anwendung[4].

In der Klinik findet das Vitamin E bereits eine verbreitete Anwendung, und zwar vor allem bei Schwangerschaftsstörungen. Bei habituellem Abort und Neigung zu Frühgeburten wird es mit Erfolg angewandt, insbesondere in Verbindung mit Ovarialhormon[5]. Auch in der Veterinärmedizin wird Vitamin E zur Bekämpfung des Verwerfens der Rinder schon längere Zeit verwendet[6]. Zur Implantation des befruchteten Eies ist die Anwesenheit des Vitamin E notwendig[7].

Durch Tokopherol soll das Corpus luteum aktiviert und dessen Wirkung verstärkt werden[8]. Irgendwie muß das Tokopherol mit der Bildung der Sexualhormone verknüpft sein, denn durch seine Verabreichung konnte Amenorrhoe (Kriegs-, Fluchtamenorrhoe) zum Verschwinden gebracht werden[9]. Auch die Erscheinungen des Klimakteriums können mit ausgezeichnetem Erfolg behandelt werden[10,11]. Die besten Erfolge in der Behandlung des Klimakteriums treten bei den Beschwerden auf, welche auf Kreislaufstörungen zurückzuführen sind. Die Symptome der Menopause können mit α-Tokopherol bis zu einem gewissen Grade aufgehoben werden[11].

Die Behandlung von Rheumatismus mit Vitamin E zeigte gute Erfolge: Die sog. primäre Fibrositis (wozu auch Muskelrheumatismus, Lumbago usw. gehören) spricht prompt auf α-Tokopherol an[12]. Allerdings ist eine hohe Dosierung

[1] Gottlieb, H., F. W. Quackenbush and H. Steenbock: J. Nutrit. **25**, 433 (1943). — [2] György, P., and C. S. Rose: Ann. N. Y. Acad. Sci. **52**, 231 (1949). Science, N. Y. **108**, 716 (1948). — [3] Viehoever, A., and I. Cohen: Amer. J. Pharmacy **110**, 297 (1938). — [4] Stepp-Kühnau-Schroeder, Vitamine. 6. Aufl. S. 378. — [5] Fecht, K. E.: Med. Welt **1941**, 820. — [6] Grandel, F.: Angew. Chem. **52**, 420 (1939). — [7] Kaunitz, H., C. A. Slanetz and R. E. Johnson: Proc. Soc. exp. Biol. Med. **66**, 334 (1947). J. Nutrit. **36**, 331 (1948). — [8] Bach, E., u. H. Winkler: Arch. Gynäk. **172**, 97 (1942). — [9] Whitacre, F. E., and B. Barrera: J. amer. med. Ass. **124**, 399 (1944). — Christy, C. J.: Amer. J. Obstet. Gynec. **50**, 84 (1945). — [10] Rubenstein, B. B.: Fed. Proc. **7**, 106 (1948). — Perloff, W. H.: Amer. J. Obstet. Gynec. **58**, 684 (1949). — McLaren, H. C.: Brit. med. J. **1949 II**, 1378. — Finkler, R. S.: J. clin. Endocrinol. **9**, 89 (1949). — Kavinoky, N. R.: Ann. west. Med. Surg. **4**, 27 (1950). — [11] Ferguson, H. E.: Virginia med. Monthly **75**, 447 (1948). — [12] Steinberg, C. L.: Amer. J. med. Sci. **201**, 347 (1941). N. Y. State J. Med. **47**, 1679 (1947). — Int. Conf. Vit. E, New York, April 1949.

notwendig: 300 mg täglich per os in den ersten Wochen, dann allmählich Rückgang bis auf 100 mg[1]. Die Wirkungsweise des Vitamin E bei diesen Erkrankungen dürfte, wie auch bei ulcus cruris, auf einer Entquellung der Kollagenfasern beruhen[2].

Erfolge werden auch bei gewissen Abnormitäten des kollagenen Gewebes gemeldet wie bei der DUPUYTRENschen Kontraktur der Finger[3,4] und der PEYRONIEschen Krankheit des Penis[3,5,6].

Gute Erfolge brachte die Vitamin E-Behandlung von Hautkrankheiten, die mit einer Degeneration des kollagenen Gewebes einhergehen („Kollagenosen"), wie necrobiosis diabeticorum lipoidica, lupus erythematosus, dermatitis atopica, dermatomyositis, lichen sklerosis und granuloma annulare. Hier hilft Tokopherol sowohl bei i.m.-Applikation als auch per os[2,7].

Durch die entquellende Wirkung von Vitamin E auf Kollagen und die dadurch hervorgerufene Erweiterung des Gefäßlumens werden ausgezeichnete Wirkungen bei klimakterischen Störungen hervorgerufen[2,8]. Die Störungen im Fett- und Wasserhaushalt bei Fibrositis[9] werden durch Vitamin E-Behandlung beeinflußt[10].

Die Anwendung von Vitamin E bei Herzkrankheiten, speziell bei angina pectoris, wird vielfach empfohlen[11]. Die körperliche Belastung konnte vergrößert und die anginösen Schmerzen verringert oder zum Verschwinden gebracht werden[12]. Tokopherol wird auch bei verschiedenen Venenkrankheiten empfohlen, jedoch sind die Untersuchungen hierüber noch im Fluß[13,14].

Dagegen scheinen die Erfolge bei der Behandlung von arteriellen Erkrankungen (insbesondere bei der Thrombangitis obliterans) mit großen Vitamin E-Mengen schon einigermaßen gefestigt[15]. Auch die Gehfähigkeit bei Patienten mit claudicatio intermittens soll nach der Tokopherolbehandlung sehr gebessert werden[16].

Die Insulinwirkung soll durch Vitamin E erhöht werden, so daß die Anwendung von Tokopherol statt Insulin bei schwachem Diabetes empfohlen wird. Jedenfalls verbessert es die Kohlenhydratverwertung in den Muskelfasern und so vielleicht auf indirektem Wege die Insulinwirkung[17] (vgl. dagegen [18]).

---

[1] INGHAM, D. W.: Med. Ann. Columbia **10**, 470 (1941). — MADEIROS, O. DE: Hospital, Rio de Janeiro **1943**, 227. — ANT, M.: N. Y. State Med. J. **45**, 1861 (1945). — ANT, M., and A. E. MAMELOK: Med. Times **76**, 162 (1948). — [2] BURGESS, J. F., and J. E. PRITCHARD: Arch. Derm. Syph., Chicago **57**, 605, 953 (1948). — [3] STEINBERG, C. L.: Ann. N. Y. Acad. Sci. **52**, 380 (1949). — [4] THOMSON, G. R.: Brit. med. J. **1949 II**, 1382. — [5] SCARDINO, P. L., and W. W. SCOTT: Ann. N. Y. Acad Sci. **52**, 390 (1949). — [6] SCOTT, W. W., and P. L. SCARDINO: South. med. J. **41**, 173 (1948). — [7] BURGESS, J. F.: Lancet **1948 II**, 215. — SWEET, R. D.: Lancet **1948 II**, 310. — MCKENNA, R. M. B., and B. F. RUSSEL: Proc. R. Soc. Med. **41**, 106 (1948). — PRICE, I.: Int. Conf. Vit. E, Montreal, Mai 1948. — [8] GOTSCH, K.: Wien. klin. Wschr. **1949**, 947. — [9] COPEMAN, W. S. C.: Brit. med. J. **1949 II**, 191. — [10] DAM, H., and H. GRANADOS: Science, N. Y. **102**, 327 (1945). — GRANADOS, H., K. E. MASON and H. DAM: Acta path. microbiol. scand. **24**, 86 (1947). — WESTERSCHULTE, C.-J.: Diss. med. Göttingen 1948. — HEINSEN, H. A.: D. m. W. **1948**, 410. Dtsch. Z. Verd.- u. Stoffw.-Krankh. **9**, 28 (1949). — [11] TRAVELL, J., S. H. RINZLER, H. BAKST, Z. H. BENJAMIN and A. L. BOBB: Ann. N. Y. Acad. Sci. **52**, 345 (1949). — EISEN, M. E., and H. GROSS: Ann. N. Y. Acad. Sci. **52**, 352 (1949). — RAVIN, I. S., and K. H. KATZ: New Engl. J. Med. **240**, 331 (1949). — BAER, S., W. I. HEINE and D. B. GELFOND: Ann. N. Y. Acad. Sci. **52**, 412 (1949). — LEMLEY, J. M., R. G. GALE, R. H. FUHRMAN, M. E. CHERRINGTON, W. J. DARBY and G. R. MENEELY: Amer. Heart J. **37**, 1029 (1949). — [12] VOGELSANG, A., and E. V. SHUTE: Nature **157**, 772 (1946). — [13] STRITZLER, C.: Ann. N. Y. Acad. Sci. **52**, 368 (1949). — [14] PENNOCK, L. L.: Ann. N. Y. Acad. Sci. **52**, 413 (1949). — [15] SHUTE, E. V.: Ann. N. Y. Acad. Sci. **52**, 358 (1949). — [16] HALL, R. A.: Lancet **1949 II**, 1028. — [17] BUTTURINI, U.: G. Clin. med. **26**, 90 (1945). — [18] POLLACK, H., K. E. OSSERMAN, J. J. BOOKMAN, M. ELLENBERG and J. HERZSTEIN: Amer. J. med. Sci. **219**, 657 (1950).

Das Tokopherol weist eine dem ACTH und Cortison ähnliche Wirkung auf[1]. Das Vitamin E wird, besonders nach Operationen, gegen Thromboembolie empfohlen[2].

Experimentelle Purpura bei Hunden wie auch menschliche Purpura konnte mit 200—400 mg α-Tokopherol täglich verhindert bzw. geheilt werden[3].

Handelspräparate sind Evion, E-Vitrat, Fertilol, Ephinal u.a.

u) Vitamin K (Phyllochinon)[4].

Von H. Wolf.

α) Geschichtliches.

Dam u. Mitarb.[5] haben als erste das Vitamin aus Naturprodukten gewonnen. Die chemische Natur wurde von Doisy u. Mitarb.[6], insbesondere von Almquist[7], aufgeklärt und durch die Synthese erhärtet. Etwa gleichzeitig führte auch Karrer[8] die Synthese durch.

β) Ausfallserscheinungen.

Das Fehlen des Vitamin K hat bei jungen Vögeln (Hühnern, Enten, Gänsen) eine Verzögerung der Blutgerinnung zur Folge. Daneben treten Hämorrhagien in der Haut und im Schlund auf. Dieses Syndrom bezeichnet man als *Aphyllochinose*[9]. Entsprechende Hämorrhagien konnten auch bei Hund und Schwein beobachtet werden. Beim Säugling wurden Haut- und Nabelblutungen infolge Vitamin K-Mangels in den ersten Lebenswochen festgestellt. Sie sind manchmal lebensgefährlich. Bei Leber- und Gallenerkrankungen des Erwachsenen geht die Blutgerinnungsfähigkeit in manchen Fällen deshalb stark zurück, weil infolge des Fehlens von Galleninhaltsstoffen die Resorption von Vitamin K aus dem Darm unterbunden ist. Im allgemeinen verhalten sich die Säugetiere und der Mensch einem Vitamin K-Mangel in der Nahrung gegenüber jedoch recht widerstandsfähig. Das hat seinen Grund darin, daß neben dem an sich geringen Vitaminbedarf in dem verhältnismäßig langen Darm beträchtliche Vitaminmengen durch bakterielle Tätigkeit gebildet werden können, die zur Resorption gelangen[10]. Da die Resorption an die Anwesenheit von Gallensäuren gebunden ist, versteht man, daß sich die Mangelerscheinungen an Säugetieren durch Anlegen einer Gallenfistel hervorrufen lassen und beim Menschen als Folge von Stauungsikterus auftreten. Manchmal treten bei K-Mangel auch Erosionen der Magenwand auf[5,9,11].

[1] Heinsen, H. A., u. H. Köker: D. m. W. **1951**, 487. — [2] Kay, J. H.: Yale J. Biol. Med. **23**, 515 (1951). — [3] Skelton, F., E. V. Shute, H. G. Skinner and R. A. Waud: Science, N. Y. **103**, 762 (1946).

[4] **Zusammenfassende Darstellungen über Vitamin K:** Dam, H.: Angew. Chem. **50**, 807 (1937). — John, W.: Angew. Chem. **54**, 209 (1941). — Bielig, H. J., u. L. Birkofer: Chem. Ztg. **65**, 354 (1941). — Franke, H.: Therapie der Gegenwart **83**, 332 (1942). — Stepp-Kühnau-Schroeder, Vitamine, 6. Aufl., S. 399.

[5] Dam, H., and F. Schönheyder: Biochem. J. **28**, 1355 (1934). — Dam, H., F. Schønheyder and E. Tage-Hansen: Biochem. J. **30**, 1075 (1936). — [6] MacCorquodale, D. W., L. C. Cheney, S. B. Binkley, W. F. Holcomb, R. W. McKee, S. A. Thayer and E. A. Doisy: J. biol. Ch. **131**, 357 (1939). — [7] Almquist, H. J.: J. biol. Ch. **114**, 241 (1936). Nature **140**, 25 (1937). — [8] Karrer, P., u. A. Geiger: Helv. **22**, 945 (1939). — [9] Birkofer, L., u. H. J. Bielig: Med. Welt **1941**, 657. — [10] Orla-Jensen, S., A. D. Orla-Jensen, H. Dam u. J. Glavind: Zbl. Bakteriol. **104**, 202 (1941). — [11] Dam, H.: Biochem. J. **29**, 1273 (1935). — Dam, H., and L. Lewis: Biochem. J. **31**, 17 (1937). — Dam, H., F. Schønheyder and L. Lewis: Biochem. J. **31**, 22 (1937). — Almquist, H. J., and E. L. R. Stokstad: J. Nutrit. **12**, 329 (1936). — Bird, H. R., O. L. Kline, C. A. Elvehjem, E. B. Hart and J. G. Halpin: J. Nutrit. **12**, 571 (1936). — Koller, F., u. N. Fiechter: Schweiz. med. Wschr. **70**, 136 (1940).

γ) Chemie.

Es gibt eine ganze Anzahl chemisch sehr ähnlicher Verbindungen mit Vitamin K-Wirksamkeit. Die wichtigsten sind die aus natürlichem Material isolierten Vitamine K_1 und K_2; die synthetisch erhaltenen wirksamen Stoffe werden insoweit erwähnt, als sie zum Verständnis der Wirkungsweise beigetragen haben.

Das reine Vitamin K_1 ist eine zähe, ölige Flüssigkeit mit dem F $-20°C$. Es ist löslich in allen Fettlösungsmitteln, besonders in Aceton, in Wasser dagegen kaum. Gegen Erhitzen und Luftsauerstoff ist es beständig, durch Alkalien und Licht, insbesondere ultraviolettes, wird es jedoch zerstört. Diese Zerstörung kann jedoch durch geringe Konzentrationen von Cl- oder Br-Ionen verhindert werden, nicht aber durch F^- oder SO_4^{--}[1]. Es ist im Hochvakuum unzersetzt destillierbar. Durch Reduktion mit Zink und Säure entsteht aus dem Vitamin Hydrochinon, welches aber bereits an der Luft zu Chinon oxydiert wird.

Das Redoxpotential des Systems α-Phyllochinon-α-Hydrophyllochinon liegt anscheinend in der Nähe desjenigen des Anthrachinon-Hydroanthrachinonsystems.

Das (natürliche) Vitamin K_1 (α-Phyllochinon) hat folgende durch Synthese bewiesene Konstitution:

```
          O
    H     ‖
    C     C     CH3
HC⁄⁄  \C⁄   \C⁄
|      ‖      ‖                                                                             CH3
HC     C      C                                                                              |
  \\C⁄   \C⁄   \CH2—CH═C—CH2—CH2—CH2—CH—CH2—CH2—CH2—CH—CH2—CH2—CH2—CH
    H     ‖                |                 |                 |                  |
          O               CH3               CH3               CH3                CH3
```

Vitamin K_2 wurde als krystallines Präparat aus faulendem Fischmehl isoliert[2]. F 53,5—54,5° C[3].

```
          O
    H     ‖
    C     C     CH3
HC⁄⁄  \C⁄   \C⁄
|      ‖      ‖                                     CH3
HC     C      C                                    ⁄
  \\C⁄   \C⁄   \CH2—[CH═C—CH2—CH2—]CH═C
    H     ‖           [    |         ]     \
          O           [   CH3        ]5     CH3
```

Die wesentlichen chemischen Eigenschaften stimmen mit denen des α-Phyllochinons überein. Beide sind Derivate von 2-Methyl-(1,4)-naphthochinon (Menadion):

```
          O
    H     ‖
    C     C      CH3
HC⁄⁄  \C⁄ (1) (2)C⁄
|      ‖        ‖
HC     C     (3)C
  \\C⁄   \C⁄(4)   \H
    H     ‖
          O
```

[1] Davis, R. H., A. L. Mathis, D. R. Howton, H. Schneiderman and J. F. Mead: J. biol. Ch. **179**, 383 (1949). — [2] Dam, H., A. Geiger, J. Glavind, P. Karrer, W. Karrer, E. Rothschild u. H. Salomon: Helv. **22**, 310 (1939). — Karrer, P., u. A. Geiger: Helv. **22**, 945 (1939). — McKee, R. W., S. B. Binkley, D. W. MacCorquodale, S. A. Thayer and E. A. Doisy: Am. Soc. **61**, 1295 (1939). — [3] McKee, R. W., S. B. Binkley, S. A. Thayer, D. W. MacCorquodale and E. A. Doisy: J. biol. Ch. **131**, 327 (1939).

und haben ein charakteristisches und übereinstimmendes Absorptionsspektrum, dessen Banden bei 248, 270 und 328 mμ liegen. Bei der Reduktion zum Hydrochinon verschwindet die Bande im langwelligen UV.

Über die Synthese nicht in der Natur vorkommender vitamin-K-wirksamer Stoffe s.[1-3]. Alle diese zeigen ähnliche chemische Eigenschaften wie die Vitamine K_1 und K_2 und verhalten sich wie andere Substanzen mit einer $CO(-CH=CH-)_nCO$-Gruppierung, wobei $n=0$ oder eine ganze Zahl ist. Durch derartige Substanzen, so auch durch Vitamin K werden α-Aminosäuren durch den STRECKERschen Abbau in die nächstniederen Aldehyde überführt[4].

δ) Wirkungsweise.

Im Plasma vitaminfrei ernährter Küken läßt sich im Gegensatz zum Normalplasma kein oder nur wenig Prothrombin nachweisen. Vitamin K wirkt jedoch in vitro nicht gerinnungsfördernd, sondern erst nach der Aufnahme und Umwandlung durch den Organismus. Da schwere Leberschädigungen auch bei genügender Vitamin K-Zufuhr zur Ausbildung einer hämorrhagischen Diathese führen, spricht somit vieles dafür, daß Vitamin K über dieses Organ in die Prothrombinbildung eingreift, zumal gewisse leichtere Hypoprothrombinämien durch Verabreichung von K behoben werden[5,6]. Dabei ist allerdings zu beachten, daß große Vitamin K-Dosen zu einer Hyperprothrombinämie führen können, die etwa 24—48 Std anhält, normale Leberfunktion vorausgesetzt[7].

Durch Drainage der Darmlymphe kann man schnell eine K-Avitaminose erzeugen. Das weist darauf hin, daß die natürlichen, fettlöslichen K-Vitamine auf dem Wege der Darmlymphe in den Kreislauf gebracht werden[8].

Vitamin K wurde ursprünglich als prosthetische Gruppe des Prothrombins angesehen[9], was sich jedoch nicht aufrecht erhalten ließ[10]. ALMQUIST[11] gibt nunmehr ein Schema, wie man sich das Eingreifen von Vitamin K in die Prothrombinbildung vorstellen kann:

$K + A \xrightarrow{C} KA \xrightarrow{E} Pr$ (K = Vitamin K; A = Proferment; C = Konstante; E = Bildungsfaktor; Pr = Prothrombin). Das bedeutet also, daß Vitamin K mit einem Proferment der Prothrombinbildung reagiert und daß dieses Reaktionsprodukt (KA) mit Hilfe eines weiteren Faktors in das eigentliche Prothrombin übergeht. Diese Bildung soll, wie bereits erwähnt, in der Leber vor sich gehen.

Dicumarol (s. Bd. 2/1, S. 494) greift das verfügbare Vitamin K an oder es blockiert es in irgend einem Stadium vor dessen Bindung mit A. Diphthiocol und Phenylindandion sind als „Anti-K-Vitamine" bei Kaninchen sehr viel weniger wirksam als Dicumarol[12].

Wahrscheinlich wirkt das Vitamin K als Redoxsubstanz. Vielleicht spielt es eine Rolle bei der Oxydation von SH- zu S—S-Gruppen[13], die bei der Bildung des Blutgerinnsels (Übergang von Fibrinogen in Fibrin) stattfindet[14].

---

[1] CHANG, F. N.-H., J. F. ONETO and P. P. T. SAH: Z. Vit.-, Horm.-Ferm.-Forsch. **3**, 61 (1949/50). — [2] SAH, P. P. T., G. SUBBARAJU and T. C. DANIELS: Z. Vit.-, Horm.-Ferm.-Forsch. **3**, 87 (1949/50). — [3] SAH, P. P. T.: Z. Vit.-, Horm.-Ferm.-Forsch. **3**, 324 (1949/50). — [4] SCHÖNBERG, A., R. MOUBASHER and A. SAID: Nature **164**, 140 (1949). — [5] BRINKHOUS, K. M., and E. D. WARNER: Proc. Soc. exp. Biol. Med. **44**, 609 (1940). — GALIMARD, J. E.: Bull. Soc. Chim. biol. **29**, 641 (1947). — [6] BEGTRUP, H.: Acta med. scand. **129**, 33 (1947). — [7] UNGER, P. N., and S. SHAPIRO: Blood **3**, 137 (1948). — [8] MANN, F. D., J. D. MANN and J. L. BOLLMAN: J. Lab. clin. Med. **36**, 234 (1950). — MANN, J. D., F. D. MANN and J. L. BOLLMAN: Amer. J. Physiol. **158**, 311 (1949). — [9] DAM, H., F. SCHØNHEYDER and E. TAGE-HANSEN: Biochem. J. **30**, 1075 (1936). — [10] DAM, H., J. GLAVIND, L. LEWIS and E. TAGE-HANSEN: Skand. Arch. Physiol. **79**, 121 (1938). — [11] ALMQUIST, H. J.: Arch. Biochem. **35**, 463 (1952). — [12] MEUNIER, P.: Brit. J. Nutrit. **2**, 396 (1949). — [13] BERNHEIM, F., and M. L. C. BERNHEIM: J. biol. Ch. **134**, 457 (1940). — [14] BAUMBERGER, J. P.: Proc. amer. physiol. Soc. **1941**, 18.

Die A-hypervitaminotischen Hämorrhagien sind durch eine Hypoprothrombinämie bedingt und werden durch Vitamin K-Applikation beseitigt[1]. Jedoch kann die infolge Vitamin A-Mangels auftretende Brüchigkeit der Knochen durch Vitamin K-Gaben nicht beeinflußt werden[2].

Die antibiotische Wirkung verschiedener chemischer Verbindungen kann durch Vitamin K unterdrückt werden[3]. Andererseits weisen Vitamin K und seine Derivate selbst gegenüber gewissen Mikroorganismen antibiotische Eigenschaft auf[4], so daß das Gesamtbild noch als ziemlich kompliziert bezeichnet werden muß.

Die durch Anhäufung blutdrucksteigernder Amine entstehende renale Hypertonie kann durch verschiedene Chinone beseitigt werden, zu denen auch Vitamin K gehört[5]. Nach zahlreichen Tierversuchen über den antipressorischen Effekt von Vitamin K bei experimentellen Hypertonien[6] wurde es in der Klinik erstmalig von FERREIRA angewendet[7–9]. Die Senkung des hohen Blutdruckes durch Vitamin K wurde auch bei essentieller Hypertonie beobachtet[9]. Da Hypertonien im allgemeinen einen mehr oder minder starken Anstieg der Cholinesterase aufweisen[10] und Vitamin K die Cholinesteraseaktivität vermindert, ist der Effekt verständlich[11].

Dicumarol verlängert wahrscheinlich infolge Übergang in Salicylsäure die Prothrombinzeit[12]. Diese Wirkung kann durch K-Vitamin aufgehoben werden[13]. Eine ebensolche Wirkung kommt der p-Aminosalicylsäure zu[14].

ε) Konstitution und Wirksamkeit[15].

Die Wirkungsspezifität des K-Vitamins ist gering. So besitzen andere in der Natur weit verbreitete (farbige) Abkömmlinge des 1,4-Naphthochinons, wie der braune Farbstoff der Walnußschalen (5-Oxynaphthochinon-(1,4), Juglon)[16], der rote der Hennablätter (2-Oxynaphthochinon-(1,4), Lawson)[17], das in tropischen Hölzern vorkommende Lapachol[18] und der orangerote Farbstoff der Tuberkelbacillen (Phthiocol IV)[19], Vitamin K-Wirkung. Das synthetisch sehr leicht zugängliche 2-Methyl-1,4-naphthochinon übertrifft die beiden natürlichen Vitamine

---

[1] THAYER, S. A.: Ann. N. Y. Acad. Sci. **49**, 518 (1948). — [2] WALKER, S. E., E. EYLENBURG and T. MOORE: Biochem. J. **41**, 575 (1947). — [3] GUERILLOT-VINET, J., and Mme. J. GUERILLOT-VINET: Cr. **227**, 93 (1948). — [4] VECCHIO, G. DEL, V. DEL VECCHIO e R. ARGENZIANO: Boll. Soc. ital. Biol. sperim. **24**, 190 (1948). — PRATT, R., P. P. T. SAH, J. DUFRENOY and V. L. PICKERING: Proc. nat. Acad. Sci. USA **34**, 323 (1948). — [5] SOLOWAY, S., and K. A. OSTER: Proc. Soc. exp. Biol. Med. **50**, 108 (1942). — FRIEDMAN, B., S. SOLOWAY, J. MARRUS and B. S. OPPENHEIMER: Proc. Soc. exp. Biol. Med. **51**, 195 (1942). — OPPENHEIMER, B. S., S. SOLOWAY and B. E. LOWENSTEIN: J. Mt. Sinai Hosp. **11**, 23 (1944). — SCHWARZ, H., and W. M. ZIEGLER: Proc. Soc. exp. Biol. Med. **55**, 160 (1944). — [6] SCHAFER, P. W., and C. HYMAN: Proc. Soc. exp. Biol. Med. **57**, 117 (1944). — ZIEGLER, W. M., and H. SCHWARZ: Amer. J. med. Sci. **208**, 808 (1944). — SCHWARZ, H., and W. M. ZIEGLER: Amer. J. Physiol. **143**, 177 (1945). — OPPENHEIMER, B. S., and L. ZACHARIAS: J. Mt. Sinai Hosp. **14**, 542 (1947). — MOSS, W. G., and G. E. WAKERLIN: J. Pharmacol. exp. Therap. **86**, 355 (1946). — [7] FERREIRA, A. B.: São Paulo Méd. **1944**, 165. — [8] BELLINI, E.: Minerva med., Roma **1948 I**, 56. — [9] DORTMANN, A., u. H. LANDEN: Neue med. Welt **1950**, 1666 — [10] LIBBRECHT, L.: Schweiz. med. Wschr. **75**, 928 (1945). Presse méd. **1947**, 163. — [11] TORDA, C., and H. G. WOLFF: Proc. Soc. exp. Biol. Med. **57**, 236 (1944). — [12] STAHMANN, M. A., C. F. HUEBNER and K. P. LINK: J. biol. Ch. **138**, 513 (1941). — HUEBNER, C. F., and K. P. LINK: J. biol. Ch. **138**, 520 (1941). — LINK, K. P., R. S. OVERMAN, W. R. SULLIVAN, C. F. HUEBNER and L. D. SCHEEL: J. biol. Ch. **147**, 463 (1943). — [13] MONCEAUX, R. H.: Bruxelles méd. **28**, 2120 (1948). — NEIVERT, H.: Arch. Otolaryng., Chicago **47**, 524 (1948). — [14] MADIGAN, D. G., M. J. G. LYNCH, R. A. BRUCE, S. KAY and G. BROWNLEE: Lancet **1950 I**, 239. — [15] Vgl. auch die Zusammenfassungen über K-Vitamin, S. 858. — [16] Beilstein **8**, 308, (636), [347]. — [17] Schlenk-Bergmann, org. Chem. Bd. II, S. 777. — [18] Beilstein **8**, 326, (644), [365]. — [19] ALMQUIST, H. J., and A. A. KLOSE: Am. Soc. **61**, 1611, 1923 (1939). J. biol. Ch. **130**, 787 (1939). — Synthese s. BUU-HOI et P. CAGNIANT: Cr. **214**, 87 (1942).

angeblich an Wirksamkeit, so daß also die lange aliphatische Seitenkette in 3-Stellung für die Wirkung nicht erforderlich ist. Auch die Chinonstruktur ist nicht unbedingt Voraussetzung für Vitamin K-Wirkung, sofern der Organismus in der Lage ist, sie sekundär zu bilden; denn das Disuccinat oder Diphosphat[1] des 2-Methylnaphthohydrochinons, die sich infolge der Wasserlöslichkeit sehr gut zur Injektion eignen, besitzen höhere Wirksamkeit als K_1 und K_2, und 2-Methyl-1-oxy-4-aminonaphthalinhydrochlorid sowie 1,4-Diamino-2-methylnaphthalin sind ähnlich aktiv[2]. Die hohe Aktivität des Diphosphates deutet darauf hin, daß auch im Organismus möglicherweise eine Phosphorylierung stattfindet[3].

Da andererseits Anthrachinon und Phenanthrenchinon unwirksam sind und der Eintritt von Methyl- und Hydroxylgruppen in den nicht substituierten Benzolkern die Wirksamkeit vernichtet[4], ergibt sich als unbedingte Voraussetzung der

Tabelle 207. Vitamin K-Wirksamkeit einiger natürlicher und synthetischer Verbindungen.

	Vitamineinheiten je mg	
	nach Dam	nach Doisy
Vitamin K_1 (α-Phyllochinon)	1200	1000
Vitamin K_2 (β-Phyllochinon)	8000	660
2-Methyl-1,4-naphthochinon	25000	1050
2-Methylnaphthohydrochinon-disuccinat	15000	—
2-Methylnaphthohydrochinon-diacetat	14000	—
2-Methyl-1-oxy-4-amino-naphthalin-hydrochlorid	höher als bei K_1	
1,4-Naphthochinon	50	—
Phthiocol	—	200
1,4-(Diamino-2-methylnaphthalin)	höher als bei K_1	

Vitamin K-Aktivität das Vorhandensein der 2-ständigen Methylgruppe in einem solchen 1,4-disubstituierten Naphthalin, das in 1,4-Naphthochinon bzw. Naphthohydrochinon übergehen kann. In 3-Stellung des Chinonkernes kann dabei H, OH, Alkyl oder auch ein Sulfonsäurerest stehen[5].

Für eine *Antivitamin*-K-Wirkung sind ebenfalls gewisse Regeln bekannt. Zum Beispiel müssen 3-Oxy-1,4-naphthochinonderivate in der 2-Stellung durch eine Kohlenwasserstoffkette von 6 oder mehr C-Atomen substituiert sein[6]. Von anderer Seite wurde für die Antivitaminaktivität die Konfiguration OC—(R)—C=C(OH) gefordert[7]. Ob die gerinnungshemmende Wirkung des Dicumarols rein antagonistisch oder spezifisch toxisch ist, konnte noch nicht entschieden werden (s. Bd. 2/1, S. 494).

ζ) Vorkommen.

Sehr vitamin-K-reich sind Spinat, Wirsingkohl, Karotten, Weißkohl, Gerste und Luzerneheu. Kartoffeln sind nur mäßig gute Vitamin K-Quellen. Mais, Weizen und Reis sind sehr vitamin-K-arm. An tierischen Produkten sind besonders Schweineleber und Eigelb zu erwähnen, während Lebertran sehr wenig Vitamin K enthält.

---

[1] Fa. Hoffmann-La Roche u. Co. AG., Basel: Schweiz. Pat. 218523 v. 29. 11. 40 [C. **1943 I**, 864]. — [2] Emmett, A. D., O. Kamm and E. A. Sharp: J. biol. Ch. **133**, 285 (1940). — Vgl. Sah, P. P. T., u. W. Brüll: B. **74**, 552 (1941). — Veldstra, H., et P. W. Wiardi: Recu. Trav. chim. Pays-Bas **61**, 547 (1942). — [3] Foster, R. H. K., J. Lee and U. V. Solmssen: Am. Soc. **62**, 453 (1940). — [4] Fieser, L. F., M. Tishler and W. L. Sampson: J. biol. Ch. **137**, 659 (1941) [C. **1941 II**, 346]. — [5] Moore, M. B.: Am. Soc. **63**, 2049 (1941) [C. **1942 I**, 206]. — [6] Smith, C. C.: Proc. Soc. exp. Biol. Med. **73**, 562 (1950). — [7] Mentzer, C.: Bull. Soc. Chim. biol. **30**, 872 (1948).

Tabelle 208. Vitamin K-Gehalt einiger Nahrungsmittel (K-Einheiten je g Trockensubstanz)[1].

	Einheiten je g		Einheiten je g
Schweineleber	50	Sonnenblumensamen	<10
Kükenleber	<11	Hanfsamen	40
Dorschleber	10	Sojabohnen	25
Luzerne	200—400	Erbsen	15
Weißkohl	400	Hafer	<10
Spinat	500	Weizen	< 5
Gras	200	Weizenkleie	<10
Blumenkohl	400	Weizenkeime	< 5
Erdbeeren	15	Runkelrüben	< 5
Hagebutten	10	Karotten	10
Tomaten	50	Kartoffeln	<10

Bedarf. Der Vitamin K-Bedarf des Neugeborenen[2] ist etwa 1μg des synthetischen Vitamin K. Dieser Mindestbedarf wird offenbar durch die Milch gedeckt.

η) Die Biosynthese

des Vitamin K ist sehr eingehend studiert[3]. Es bildet sich unter Lichteinwirkung wahrscheinlich in den Chloroplasten (0,006%); das Cytoplasma enthält nur 0,001%. Picea canadensis bildet Chlorophyll und Vitamin K auch in der Dunkelheit, was auf einen Zusammenhang zwischen diesen beiden Substanzen hinweist. So besteht eine Parallele zwischen Chlorophyll- und Vitamin K-Gehalt ähnlich wie zwischen Chlorophyll- und Carotingehalt. Die Synthese dieser Stoffe scheint also von der Gegenwart freien Phytols abhängig zu sein, das auch unter Lichtausschluß gebildet werden kann. Es hängt wahrscheinlich von den jeweiligen Bedingungen der Zelle ab, ob das Phytol für die Bildung von Chlorophyll oder der Vitamine K bzw. E verwendet wird. Außerdem hat das Phytol sicher auch teil an der Bildung der Carotinoide. Somit dürfte es also eine Grundsubstanz darstellen, aus der je nach Bedarf die verschiedenen Substanzen gebildet werden[4].

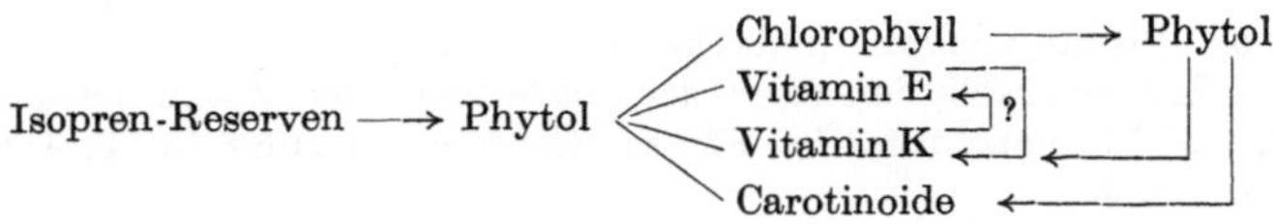

ϑ) Bestimmungsmethoden[5].

1. Physikalische Methoden.

a) Spektroskopisch[6].

K_1, K_2 und 2-Methyl-1,4-naphthochinon können auf Grund ihrer Lichtabsorption bestimmt werden, wenn sie in ziemlich reinem Zustand ohne störende Begleitsubstanzen vorliegen.

b) Polarographisch[7].

---

[1] Nach DAM, H.: Z. Vit.-Forsch. 8, 248 (1939). — 30 Vitamin K-E. = 1 μg. — [2] SELLS, R. L., S. A. WALKER and C. A. OWEN: Proc. Soc. exp. Biol. Med. **47**, 441 (1941) [C. **1942 II**, 681]. — [3] DAM, H., J. GLAVIND u. N. NIELSEN: H. **265**, 80 (1940). — [4] s. SCHOPFER, W. H.: Plants and Vitamins, S. 87. 2. Aufl., Waltham, Mass. 1949. — [5] Vitamin Meth. (GYÖRGY) Bd. 1, S. 207, Bd. 2, S. 155. — [6] PINDER, J. L., and J. H. SINGER: Analyst **65**, 7 (1940). — [7] ONRUST, H., et B. WÖSTMANN: Recu. Trav. chim. Pays-Bas **69**, 1207 (1950).

2. Chemische Methoden.

a) Maßanalytisch.

Redoxtitrationen. Reduktion mit Zn + HCl zu Hydrochinon und Titration mit *Cerisulfat* mit o-Phenanthrolin (Formel s. Bd. **1**, S. 221) als Indikator[1]. Diese Methode ist nicht spezifisch und nur auf Drogen oder einfache Mischungen anwendbar.

b) Colorimetrisch.

1. Farbreaktion des 2-Methyl-1,4-naphthochinons mit Cyanessigester[2]. Als Bestimmungsmethode wurde sie von Kofler[3] ausgearbeitet. Mittels dieser Methode können Bestimmungen auch im Harn und im Serum durchgeführt werden.
2. Farbreaktion des Vitamin K mit Na-Diäthyldithiocarbamat und alkoholischem Alkali[4]. Die Brauchbarkeit, Empfindlichkeit und Reproduzierbarkeit dieser Methode sind noch nicht genügend geprüft.
3. Redoxmethode nach Scudi u. Buhs[5].
   Die Methode beruht auf dem Vorgang bei der Redoxtitration nach Trenner u. Bacher[6]. Das Chinon wird in Gegenwart von Phenosafranin als Indikator in Butylalkohol katalytisch reduziert. Das entstandene Hydrochinon wird unter Luftabschluß mit 2,6-Dichlorphenolindophenol behandelt. Die Abnahme der Indophenolfarbe ist ein Maß für das anfangs vorhandene Chinon.
4. Farbreaktion mit 2,4-Dinitrophenylhydrazin[7]. Die entstandene grüne Farbe wird mit Amylalkohol extrahiert und colorimetriert.

3. Bestimmung im Tierversuch.

a) Prophylaktischer Test (Almquist).

Vitamin-K-frei ernährten Hühnchen wird die zu untersuchende Substanz in verschiedener Menge zugeführt. 1—2 Wochen danach wird die Gerinnungszeit bestimmt. Die Menge des Vitamin K und die Gerinnungszeit sind etwa umgekehrt proportional.

b) Curativer Test (Dam).

1. Bei vitamin-K-frei ernährten Küken wird beim Eintritt der ersten Blutungen die Gerinnungszeit bestimmt. Dann wird einige Tage die zu untersuchende Substanz verabreicht und danach wieder die Gerinnungszeit bestimmt. Geht die Gerinnungszeit innerhalb von 3 Tagen auf die Norm zurück, dann war mindestens 1 Dam-Einheit vorhanden.
2. Schnellmethode (Ansbacher).
   Wie bei 1. wird auch hier beim Auftreten der ersten Blutungen die Gerinnungszeit gemessen. 6 Std nach Zufuhr der zu untersuchenden Substanz wird die Gerinnungszeit noch einmal bestimmt. Wird innerhalb dieser Zeit die Gerinnungszeit normal, dann war mindestens 1 Ansbacher-Einheit vorhanden.

4. Bestimmung der Prothrombinzeit (indirekte Methode).

Es wird die Zeit ermittelt, innerhalb der Oxalatblut nach Zusatz einer bestimmten Menge $CaCl_2$ und Thrombokinase bei 37° zur Gerinnung kommt (= Prothrombinzeit). Sie beträgt 15—20 sec.

1 μg Vitamin K_1 = 30 Dam-Einheiten = 1 Doisy-Einheit = 1,5 Ansbacher-Einheiten.

ι) Klinische Anwendung[8].

Die Bedeutung des Vitamin K für die Klinik ist recht beachtlich. Die wichtigsten Anwendungsgebiete sind einerseits die prä- und postoperative Behandlung von Stauungsikterus und die (postoperativen) intestinalen Störungen mit Hypoprothrombinämie (z.B. bei äußeren Gallenfisteln oder auch bei Sprue), andererseits die Beeinflussung der hämorrhagischen Diathese des Neugeborenen (Melaena

---

[1] Rosin, J., H. Rosenblum and H. Mack: Amer. J. Pharmacy **113**, 434 (1941). — [2] Pinder, J. L., and J. H. Singer: Analyst **65**, 7 (1940). — [3] Kofler, M.: Helv. **28**, 702 (1945). — [4] Irreverre, F., and M. X. Sullivan: Science, N. Y. **94**, 497 (1941). — Scudi, J. V., and R. P. Buhs: J. biol. Ch. **143**, 665 (1942). — [5] Scudi, J. V., and R. P. Buhs: J. biol. Ch. **141**, 451 (1941); **143**, 665 (1942). — [6] Trenner, N. R., and F. A. Bacher: J. biol. Ch. **137**, 745 (1941). — [7] Reddy, D. V. S., and V. Srinivasan: Curr. Sci., Bangalore **17**, 22 (1948). — [8] Vgl. die zusammenfassenden Darstellungen S. 858.

vera, Nabel-, Haut- und Schleimhautblutungen u. a. m.). Die Wirkung des K-Vitamins tritt um so früher auf, je höher die gegebene Dosis ist. Hier scheinen sich besonders die wasserlöslichen Präparate zu bewähren. Besonders empfehlenswert ist die prophylaktische Behandlung, wobei man mit einmaligen Gaben von einigen mg gute Erfolge erzielt hat. Außer der manifesten Aphyllochinose ist die Behandlung von K-Hypovitaminosen ein weites Anwendungsgebiet für das Vitamin K.

Schon bald nach der Einführung in die Klinik als gerinnungsförderndes Mittel wurden auch bakteriostatische[1] Wirkungen beobachtet (B. coli[2], Staphylokokken[3], Penicillium notatum[4], Corynebact. diphtheriae[5], Entgiftung von Diphtherie- und Tetanustoxin in vitro[6], fungicide Wirkung auf verschiedene Dermatophyten, M. tuberculosis var. homin.[7], morphologische Veränderungen an Tuberkelbacillen[8].)

Diese Wirkung auf Mikroorganismen führte zur Kombination mit antibiotischen und anderen bakteriostatischen Mitteln. So wird die Wirkung von p-Aminobenzoesäure und Penicillin durch Vitamin K zum Teil ganz erheblich (bis zum 20fachen) gesteigert[9]. Außerdem wurde eine außerordentlich günstige Beeinflussung des Keuchhustens beobachtet[10]. Das Vitamin K wirkt hier besser als alle bisher bekannten Keuchhustenmittel. Die „anticariöse" Wirkung soll darauf beruhen, daß die D-Glycerinaldehyd-3-phosphorsäure-dehydrogenase durch Vitamin K gehemmt wird; dadurch soll der Abbau der Kohlenhydrate im Mund nicht bis zu den Säuren (Phosphoglycerinsäure, Phosphobrenztraubensäure bzw. Brenztraubensäure) vor sich gehen, so daß die entkalkende Wirkung dieser Säuren nicht einsetzen kann[11].

3. Chemie und Biochemie der Phytohormone.

Von J. Reinert.

Inhaltsverzeichnis.

[1] Die Literatur über bakteriostatische und anticariöse Wirkung ist der Heftreihe „Die Vitamine" Nr. 3, 1952 der Firma Hoffmann-La Roche AG. entnommen. — [2] Page, J. E., and F. A. Robinson: Brit. J. exp. Path. **24**, 89 (1943). — [3] Vecchio, G. del, V. del Vecchio e R. Argenziano: Boll. Soc. ital. Biol. sperim. **21**, 1, 4; **22**, 240, 242 (1946). — [4] González, F.: Science, N. Y. **101**, 494 (1945). — Donatelli, L., e R. Davoli: Boll. Soc. ital. Biol. sperim. **21**, 134 (1946). — Pratt, R., P. P. T. Sah, J. Dufrenoy and V. L. Pickering: Proc. nat. Acad. Sci. USA **34**, 323 (1948). — [5] Mulè, F.: Policlinico, Sez. med. **53**, 653 (1946). Atti Accad. med. Roma **20**, 1 (1946). — Rapellini, M., e P. Sardi: Minerva med., Roma **38**, 134 (1947). — [6] Mulè, F.: Clin. nuova **6**, 148 (1948). — [7] Alcalay, W.: Schweiz. Z. Path. Bakt. **10**, 229, 501 (1947). — Iland, C. N.: Nature **161**, 1010 (1948). — Kimler, A.: J. Bacteriology **60**, 469 (1950). — [8] Grönwall, A., and B. Zetterberg: Upsala Läk.-Fören. Förh. **52**, 199 (1947). — [9] Pisu, I.: Farmaco, Pavia **5**, 269 (1950). — Pisu, I., e A. d'Ambrosio: Farmaco, Pavia **5**, 670 (1950). — Pratt, R., J. Dufrenoy and P. P. T. Sah: J. amer. Pharmacol. Ass. **37**, 435 (1948). — [10] Abreu Faria, A. de: Rev. portug. Pediatr. **6**, 107 (1943). — Anjos, W. dos: Hospital, Rio de Janeiro **36**, 517 (1949). — [11] Schröder, H.: Dtsch. Zahn-, Mund- und Kieferheilkde. **2**, 65 (1935). — Fosdick, L. S., H. L. Hansen and C. Epple: J. amer. dent. Ass. **24**, 1275 (1937). — Fosdick, L. S., H. L. Hansen and G. D. Wessinger: J. amer. dent. Ass. **24**, 1445 (1937). — Fosdick, L. S.: J. dent. Res. **27**, 235 (1948). — McClure, F. J.: J. dent. Res. **27**, 34 (1948).

a) Allgemeines[1-20].

Die Bezeichnung Phytohormon wurde von WENT u. KÖGL[21] eingeführt. KÖGL[4] verstand darunter oligodyname organische Stoffe, deren sich die Pflanze für eine spezifische, physiologische Wirkung bedient. Diese Begriffsbestimmung, die für die Phytohormone einen recht weiten Spielraum läßt, vor allem aber eine Trennung von Hormon, Vitamin und Cowuchsstoff sehr erschwert, wurde später mehrere Male geändert[7,9,11,15].

Eine der letzten und auch wohl glücklichsten Formulierungen dieses Begriffs ist diejenige von THIMANN[15], nach der Phytohormone organische Substanzen sind, die in höheren Pflanzen gebildet werden und in geringer Menge das Wachstum oder sonstige physiologische Funktionen an Stellen kontrollieren, die von ihrem Bildungsort verschieden sind. Die Zuordnung eines Stoffes zu dieser Klasse von Hormonen schließt nicht aus, daß die gleiche Substanz bei anderen Objekten eine völlig verschiedene Wirkung haben kann, sei es daß sie nun als Vitamin oder als Cowuchsstoff wirkt.

THIMANN wies selbst darauf hin, daß seine Formulierung in der Hauptsache darauf ausgerichtet ist, die zum Teil recht verworrene Situation zu vereinfachen. Seine Definition ermöglicht jedoch nicht in allen Fällen eine klare Abgrenzung des Begriffes. Es dürfte deshalb angebracht sein, vorläufig das Wort Definition durch „Bezeichnung“ oder „Namen“ zu ersetzen.

In der folgenden Zusammenfassung bleibt das entscheidende Kriterium für die Bezeichnung eines Stoffes als Phytohormon der Nachweis seiner Wirkung an einer vom Bildungsort der Pflanze verschiedenen Stelle. Eingehender behandelt

Zusammenfassende Darstellungen 1—20: [1] MILLER W.: J. chem. Educat. **7**, 257 (1930). — [2] LOEWE, S.: Analyse der Pflanzenhormone. Handb. Pfl.-Analyse (KLEIN) Bd. IV, S. 1005. — [3] WENT, F. A. F. C.: Naturwiss. **21**, 1 (1933). — [4] KÖGL, F.: Naturwiss. **23**, 839 (1935). — [5] BOYSEN-JENSEN, P.: Die Wuchsstofftheorie und ihre Bedeutung für die Analyse des Wachstums und der Wachstumsbewegungen der Pflanze. Jena 1935. — [6] KUHN, R.: Naturwiss. **25**, 225 (1937). — [7] WENT, F. W., and K. V. THIMANN: Phytohormones. New York 1937. — [8] OVERBEEK, J. VAN: Ann. Rev. **13**, 631 (1944). — [9] BÜNNING, E.: Entwicklungs- und Bewegungsphysiologie der Pflanze. Berlin, Göttingen, Heidelberg 1948. — [10] SCHOPFER, W. H.: Plants and Vitamins. Waltham, Mass. 1949. — [11] BONNER, J.: Plant Biochemistry. New York 1950. — [12] LARSEN, P.: Ann. Rev. Plant Physiol. **2**, 169 (1951). — [13] SKOOG, F.: Plant Growth Substances. Wisconsin 1951. — [14] THIMANN, K. V.: The Action of Hormones in Plants and Invertebrates. New York 1952. — [15] SÖDING, H.: Die Wuchsstofflehre. Stutgart 1952. — [16] BONNER, J., and R. S. BANDURSKI: Ann. Rev. Plant Physiol. **3**, 59 (1952). — [17] VELDSTRA, H.: Ann. Rev. Plant Physiol. **4**, 151 (1953). — [18] BURSTRÖM, H.: Ann. Rev. Plant Physiol. **4**, 237 (1953). — [19] GUTTENBERG, H. v.: Fortschr. Bot. **14**, 481 (1953). — [20] GORDON, S. A.: Ann. Rev. Plant Physiol. **5**, 341 (1954).

[21] WENT, F. A. F. C., u. F. KÖGL: Proc. Kon. Akad. Wet. Amsterdam **34**, 10 (1931).

werden nur die Hormone, deren chemische Natur eindeutig geklärt ist. Die Einteilung dieser Hormone, die nach den verschiedensten Gesichtspunkten erfolgen kann, soll soweit als möglich nach den Lebensvorgängen ausgerichtet sein, die in der Hauptsache von ihnen gesteuert werden.

b) Die Zellstreckungswuchsstoffe.

α) Bemerkungen zu den Bezeichnungen „Auxine" und „Wuchsstoffe".

Als Auxine werden in dieser Zusammenfassung sowohl die Auxine a und b als auch die β-Indolylessigsäure (IES) bezeichnet. Es sind organische Substanzen, die in Pflanzen gebildet werden und in geringer Konzentration (unter 10^{-6} molar) das Streckungswachstum von auxinfreien Avenakoleoptilen oder anderen Organen junger Schößlinge fördern. Die Wuchsstoffe umfassen sowohl die Auxine als auch die synthetischen Wuchsstoffe, diese haben in der Regel erst in höheren Konzentrationen (zwischen 10^{-7} und 10^{-3} molar) feststellbare Wirkung auf das Wachstum.

β) Geschichtliches.

Als erster direkter Nachweis von wachstumsfördernden Substanzen müssen die Befunde von Fitting an Orchideen[1] betrachtet werden. Er berichtete über eine extrahierbare Substanz in Orchideenpollinien die das Wachstum befruchteter Ovarien der Blüten beschleunigt; sehr viel später stellte es sich heraus, daß es sich bei diesen Stoffen um Auxin handelte[2]. Der eigentliche Anstoß zu der späteren, erfolgreichen Entwicklung der Wuchsstofforschung wurde allerdings durch die Untersuchung der lichtbedingten Bewegungen etiolierter Keimlinge gegeben. Boysen-Jensen[3] stellte 1910 an dekapitierten Haferkeimlingen fest, daß phototropische Reize über die Schnittfläche hinweg in den Koleoptilstumpf geleitet werden. Paál[4] gelang 1918 der Nachweis eines bei diesem Vorgang beteiligten wachstumsfördernden Stoffes der in der Spitze gebildet und von dort basalwärts geleitet wird. Einige Jahre später konnte dann Söding[5] durch direkte Messung des Wachstums dekapitierter Keimlinge, das verglichen mit demjenigen intakter Pflanzen und demjenigen von Koleoptilstümpfen mit neu aufgesetzter Spitze stark verlangsamt war, diese „Wuchshormone" ebenfalls nachweisen. Durch die Arbeiten von Cholodny, Nielsen, Seubert, Dolk u. a. m. wurden die bis dahin gemachten Befunde bestätigt und erweitert. Entscheidend war, daß es 1928 Went[6] gelang, den Wuchsstoff der Koleoptilen in Agarwürfeln abzufangen. Daraufhin wurde ein quantitatives Testverfahren ausgearbeitet, das die Grundlage für die chemische Bearbeitung des Problems bildete. 1931 gelang es Kögl u. Haagen-Smit[7], das Auxin a und 2 Jahre später das Auxin b zu isolieren; es folgte dann die Isolierung des „Heteroauxins"[8]. In dieser Zeit wurde auch die botanische Forschung durch die Arbeiten von Went, Laibach, v. Guttenberg, Heyn, Thimann, Bonner, um nur einige der Namen aufzuzählen, entscheidend vorwärts getrieben.

γ) Die Testverfahren.

Von den Testverfahren ist in erster Linie die Methode nach Went[6] zu nennen, die nach verschiedenen Verbesserungen[9–11] hinsichtlich der äußeren Bedingungen und der Durchführung genau festgelegt wurde. Diese Methode beruht auf der Krümmung dekapitierter Haferkoleoptilen bei einseitiger Wuchsstoffzufuhr.

[1] Fitting, H.: Z. Bot. **1**, 1 (1909); **2**, 225 (1910). — [2] Laibach, F., u. E. Maschmann: Jb. wiss. Bot. **78**, 399 (1933). — [3] Boysen-Jensen, P.: Ber. dtsch. bot. Ges. **28**, 118 (1910). — [4] Paál, Á.: Jb. wiss. Bot. **58**, 406 (1918). — [5] Söding, H.: Ber. dtsch. bot. Ges. **41**, 396 (1923). — [6] Went, F. W.: Recu. Trav. bot. néerl. **25**, 1 (1928). — [7] Kögl, F., u. A. J. Haagen-Smit: Proc. Kon. Akad. Wet. Amsterdam **34**, 1411 (1931). — [8] Kögl, F., A. J. Haagen-Smit u. H. Erxleben: H. **228**, 90 (1934). — [9] Weij, H. G. van der: Proc. Kon. Akad. Wet. Amsterdam **34**, 875 (1931). — Thimann, K. V., and J. Bonner: Proc. nat. Acad. Sci. **18**, 692 (1932). — [10] Went, F. W., and K. V. Thimann: Phytohormones. New York 1937. — [11] Thimann, K. V.: The Action of Hormones in Plants and Invertebrates. New York 1952.

Die Aufzucht der Haferpflänzchen (Siegeshafer aus Svalöf) und die Durchführung des Testes erfolgt in einer Dunkelkammer bei 23—25° C und 85—90% relativer Luftfeuchtigkeit. Die entspelzten Haferkörner werden nach 2stündiger Vorquellung in Petrischalen auf feuchtes Filterpapier gelegt und bei schwachem Rotlicht angekeimt. Bei einer Wurzellänge von 2 mm, in der Regel nach 24 Std, kommen die Keimlinge in Glashalter, die so an wassergefüllten Glas- oder Zinktrögen befestigt sind, daß die Wurzeln das Wasser erreichen. Nach weiterer 48stündiger Aufzucht im Dunkeln sind die Pflanzen bei einer Größe von 2—3 cm am besten für den Test geeignet. Dieser wird bei rotem Licht, Wellenlängen über 550 mμ, durchgeführt. Um möglichst wuchsstoffarme Testkoleoptilen zu erhalten, muß 2mal dekapitiert werden, zuerst wird 1 mm der Koleoptilspitze entfernt, dann 3 Std später ein 3 mm langes Stück. Die zweite Dekapitation verhindert die Regeneration einer „physiologischen Spitze", die neues Auxin bilden könnte. Vor dem Aufsetzen der 10 mm³ großen, gepufferten (p_H 5—6) wuchsstoffhaltigen Agarblöckchen wird das Primärblatt vorsichtig durch Zupfen von seiner Basis gelöst und etwas emporgezogen. Die Agarblocks kommen einseitig auf den Koleoptilstumpf, das Primärblatt dient dabei als Halt. Nach 90—110 min Reaktionszeit stellt man ein photographisches Schattenbild der gekrümmten Testpflanzen her und kann dann mit Hilfe eines durchsichtigen Winkelmessers die Krümmung bestimmen. Für eine Messung müssen 6—12 Testpflanzen vorhanden sein. Die Wuchsstoffkonzentration wird bestimmt durch Vergleich mit den Krümmungswerten, die beim gleichen Test durch Agarblocks mit bekannten IES-Konzentrationen erzielt werden. In diesem Verfahren, später auch als *Standardtest* bezeichnet, entspricht einer IES-Konzentration von 0,15 mg/*l* ein Krümmungswinkel von etwa 10°. Wuchsstoffkonzentration und Krümmungswinkel sind innerhalb gewisser Grenzen direkt proportional (s. Abb. 69a). Der maximale Krümmungswinkel liegt zwischen 15 und 20°, bei der Auswertung konzentrierter Wuchsstofflösungen kann die Krümmung 10° betragen (Abb. 69b), nimmt dann bei Verdünnung bis zu einem Wert von 20° zu, um schließlich mit sinkender Konzentration auf 0° abzufallen. Bevor man bei den quantitativen Testverfahren eine Eichung der Werte mit IES durchführte, sind mehrere Standardeinheiten festgelegt worden, um eine Vergleichsmöglichkeit für die Wirksamkeit verschiedener chemischer Präparate oder Extrakte zu schaffen. Die *„Avenaeinheit"* (AE)[2] entspricht $2 \cdot 10^{-8}$ mg Auxin a oder $4 \cdot 10^{-8}$ mg IES, die *Plant Unit*[3] enthält etwa 0,4 AE.

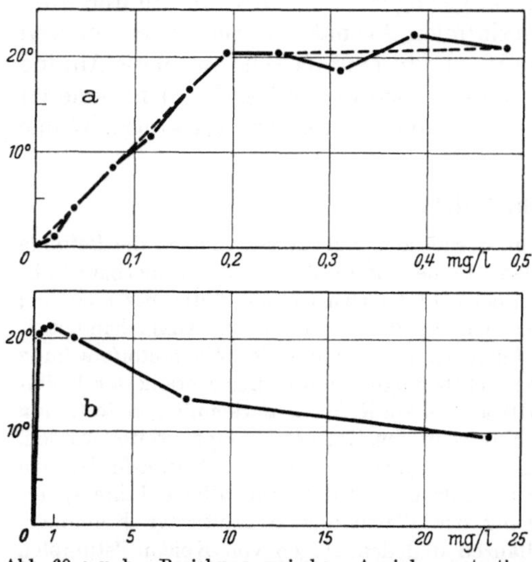

Abb. 69 a u. b. Beziehung zwischen Auxinkonzentration (Abszisse) und Krümmung der Avenakoleoptilen (Ordinate) im Standardtest nach WENT u. THIMANN[1] (a geringe, b hohe Auxinkonzentration).

Neben dem Standardtest ist eine Reihe anderer quantitativer Verfahren entwickelt worden. Dem im vorhergehenden geschilderten Verfahren sind in etwa gleichwertig der Avenatest in etwas geänderter Form nach BOYSEN-JENSEN[4], der Hafertest nach SÖDING[5], der „Ohnekorntest" von SKOOG[6] und der Koleoptilentest nach FUNKE[7], die beiden letztgenannten Methoden sind etwa 3—7mal so empfindlich wie die anderen.

[1] WENT, F. W., and K. V. THIMANN: Phytohormones. New York (1937). — [2] KÖGL, F., u. A. J. HAAGEN-SMIT: Proc. Kon. Akad. Wet. Amsterdam **34**, 1411 (1931). — [3] DOLK, H., and K. V. THIMANN: Proc. nat. Acad. Sci. USA **18**, 30 (1932). — [4] BOYSEN-JENSEN, P.: Die Wuchsstofftheorie und ihre Bedeutung für die Analyse des Wachstums und der Wachstumsbewegungen der Pflanze. Jena 1935. — [5] SÖDING, H.: Ber. dtsch. bot. Ges. **53**, 331 (1935). — [6] SKOOG, F.: J. gen. Physiol. **20**, 311 (1937). — [7] FUNKE, H.: Jb. wiss. Bot. **88**, 373 (1939).

Es gibt synthetische Wuchsstoffe, die in dem Krümmungstest nur schwach wirksam sind (vgl. [1]). Zur Feststellung ihrer Wirksamkeit sind der nach den Verbesserungen der letzten Jahre auch für quantitative Bestimmungen geeignete *Zylindertest*[2] und der halbquantitative *Erbsentest*[3] unentbehrlich geworden.

Für die qualitative Beurteilung bestimmter Wirkungen der Wuchsstoffe, Hemmwirkung auf junge Stengel, parthenocarpe Fruchtbildung, epinastische Krümmung von Blattstielen usw., wird die von LAIBACH[4] zuerst angewendete Auftragung auxinhaltiger Lanolinpasten oft gebraucht.

Neben den bisher erwähnten Testverfahren, bei denen ausnahmslos der Sproß oder Sproßteile als Testobjekte dienen, haben sich in letzter Zeit bestimmte Wurzelteste besonders für die Überprüfung von Antiauxinen als geeignet erwiesen[5]. Die Zuverlässigkeit dieser Testverfahren, soweit sie auf kurzfristigem, schnellem Wachstum beruhen (Kressewurzel- und Flachstest), ist jedoch noch umstritten[6].

δ) Isolierung, chemische und physikalische Eigenschaften der Auxine.

Für die präparative Darstellung des Auxins a[7-9] erwies sich menschlicher Harn wegen seines hohen Gehaltes (1—2 mg/*l*) als geeignetes Ausgangsmaterial[10]. Die Anreicherung gründete sich in den ersten Stufen vor allem auf die Löslichkeit in Äther und auf den Säurecharakter des Stoffes.

Aus der Hydrogencarbonatfraktion des Harnkonzentrates erhält man ein Rohöl, das durch Kochen mit Petroläther und Ligroin von unwirksamen Begleitstoffen befreit und danach durch geeignete Verteilung zwischen wäßrigem Alkohol und Benzol weiter angereichert wird. Nach einer Fraktionierung durch Blei- und Calciumsalzfällungen wird die aktive Substanz mit Methanol-Chlorwasserstoff in ein neutrales Produkt übergeführt und darauf im Hochvakuum fraktioniert. Aus den hochwirksamen Mittelfraktionen erhält man Rohkrystallisate, die durch Umkrystallisieren aus Alkohol-Ligroin bzw. wäßrigem Aceton das reine Auxin a bzw. sein Lacton ergeben. Bezogen auf das Harnkonzentrat ist hierfür eine 20000—30000fache Anreicherung erforderlich, die Ausbeute an krystallisiertem Auxin a beträgt etwa 15% der aktiven Substanz.

Auxin a ist eine Trioxymonocarbonsäure, die — nach dem zeitlichen Verlauf der Mutarotation zu schließen — in Lösung ein δ-Lacton bildet[11]. Das Molekül enthält eine hydrierbare Doppelbindung und einen Kohlenstoffring. *Dihydroauxin a*[12] gibt bei der Oxydation nach CRIEGEE mit Bleitetraacetat Glyoxylsäure und einen Oxyaldehyd mit 16 C-Atomen. Dies und die Bildung des δ-Lactons zeigen an, daß die carboxyltragende Seitenkette die Hydroxyle in α, β und δ trägt. Bei der Oxydation von Dihydroauxin a mit Chromtrioxyd wird ein Ringketon

---

[1] BOYSEN-JENSEN, P.: Die Wuchsstofftheorie und ihre Bedeutung für die Analyse des Wachstums und der Wachstumsbewegungen der Pflanze. Jena 1935. — [2] BONNER, J.: J. gen. Physiol. **17**, 63 (1933). — RIETSEMA, J.: Proc. Kon. Akad. Wet. Amsterdam **52**, 1194 (1949). — BENTLEY, J. A.: J. exp. Bot. **1**, 201 (1950). — [3] WENT, F. W.: Proc. Kon. Akad. Wet. Amsterdam **37**, 547 (1934). Bull. Torrey bot. Club **66**, 391 (1939). — JOST, L.: Z. Bot. **33**, 193 (1938/39). — [4] LAIBACH, F.: Ber. dtsch. bot. Ges. **51**, 386 (1933). — [5] AUDUS, L. J.: New Phytologist **48**, 97 (1949). — MOEWUS, F.: Biol. Zbl. **68**, 58 (1949). — BURSTRÖM, H.: Physiol. Plant., København **4**, 199 (1951). — ÅBERG, B.: Physiol. Plant., København **3**, 447 (1950); **4**, 627 (1951); **5**, 567 (1952). — [6] CLAUSS, H.: Z. Naturforsch. **7**b, 112 (1952). — REINERT, J.: Z. Bot. **40**, 77 (1952). — BURSTRÖM, H.: Ann. Rev. Plant Physiol. **4**, 237 (1953). — [7] KÖGL, F., u. A. J. HAAGEN-SMIT: Proc. Kon. Akad. Wet. Amsterdam **34**, 1411 (1931). — [8] KÖGL, F.: Naturwiss. **21**, 17 (1933). — [9] KÖGL, F., A. J. HAAGEN-SMIT u. H. ERXLEBEN: H. **214**, 241 (1933). — [10] Während des zweiten Weltkrieges war der Auxingehalt des Harnes durch die anomale Ernährung stark verändert, so daß die Darstellung von Auxin a mißglückte [KÖGL, F.: Naturwiss. **30**, 392 (1944)]. — [11] KÖGL, F., H. ERXLEBEN u. A. J. HAAGEN-SMIT: H. **216**, 31 (1933). — [12] KÖGL, F., u. H. ERXLEBEN: H. **235**, 181 (1935).

der Formel $C_{13}H_{24}O$ gebildet, aus Auxin a entsteht nach Oxydation mit Kaliumpermanganat eine Dicarbonsäure $C_{13}H_{24}O_4$ (Auxinglutarsäure)[1]. Bei den geschilderten Oxydationen geht die carboxyl- und hydroxyltragende Seitenkette mit 5-C-Atomen verloren, sie muß demnach vom Ring, der auch die Doppelbindung enthält, abzweigen. Für Auxin a (I) ist damit folgende Konstitutionsformel[2] anzunehmen:

```
              CH3                 CH3
              |      CH2          |
H3C—CH2—CH—HC/    \CH—CH—CH2—CH3
                  |          |   H  H2  H   H
                  C=======C—C—C—C—C—COOH
                  H              OH      OH  OH
```

(I) Auxin a

Auxin a krystallisiert aus Alkohol-Ligroin in farblosen Pyramiden, F 196°. Es ist in Methanol, Äthanol und Essigester verhältnismäßig gut, in Wasser in der Kälte kaum löslich, in Ligroin, Petroläther und auch in Benzol praktisch unlöslich. Es ist eine Säure, die in 96%igem Alkohol Mutarotation zeigt, Endwert nach 2 Std $[\alpha]_D^{20} = -3{,}19°$. Der Stoff zeigt im Ultraviolett zwischen 230 und 400 mμ keine charakteristische Absorption[3].

Für die Gewinnung von ***Auxin b*** ist Malz oder Maisöl[2, 4] geeignet. Letzteres enthält etwa 600—700 γ Auxine (a und b) je kg.

Dem Ausgangsmaterial wird der Wuchsstoff durch Wasserextraktion entzogen; weitere Anreicherung im wesentlichen nach den gleichen Verfahren wie bei der Gewinnung von Auxin a aus Harn. Sie führt nach der Hochvakuumdestillation ebenfalls zu einem Rohkrystallisat, das sich aus Alkohol-Ligroin umkrystallisieren läßt.

Auch aus dem Auxin b entsteht bei der Permanganatoxydation Auxinglutarsäure, $C_{13}H_{24}O_4$, und mit Chromsäure ein Ringketon. Aus der leichten Abspaltbarkeit von CO_2 beim Erhitzen sowie aus der Bildung eines δ-Lactons ist zu schließen, daß die carboxyltragende Seitenkette die Struktur einer δ-Oxy-β-ketosäure hat. Die Umwandlung von Auxin a-Lacton in Auxin b-Lacton bzw. Auxin b mit Hilfe von Kaliumhydrogensulfat bestätigte diesen Schluß[5]. Auxin b (II) besitzt folgende Konstitution[2, 5].

```
              CH3                 CH3
              |      CH2          |
H3C—CH2—CH—HC/    \CH—CH—CH2—CH3
                  |          |   H  H2
                  C=======C—C—C—C—CH2—COOH
                  H              OH    ||
                                       O
```

(II) Auxin b

Auxin b krystallisiert aus Alkohol-Ligroin oder aus Essigester-Benzol in farblosen, monoklinen Krystallen, F 183°. Es ist ebenfalls eine Säure und zeigt in verdünnter alkoholischer Lösung Mutarotation, Endwert $[\alpha]_D^{20} = -2{,}76°$. Das Ultraviolettabsorptionsspektrum hat eine charakteristische Bande mit einem Maximum bei 254 mμ. Die Bruttoformel ist $C_{18}H_{30}O_4$.

Sowohl Auxin a als auch Auxin b büßen nach längerem Aufbewahren in krystallisiertem Zustand ihre physiologische Aktivität vollständig ein, ohne daß sich ihre Bruttozusammensetzung ändert [Pseudoauxine[2] (III)]. Die Selbstinaktivierung ist nach Kögl[6] durch eine Allylumlagerung im Molekülbereich δ—ξ zu erklären.

---

[1] Kögl, F., u. H. Erxleben: H. **235**, 181 (1935). — [2] Kögl, F., A. J. Haagen-Smit u. H. Erxleben: H. **225**, 215 (1934). — [3] Kögl, F., H. Erxleben u. A. J. Haagen-Smit: H. **216**, 31 (1933). — [4] Kögl, F., A. J. Haagen-Smit u. H. Erxleben: H. **214**, 241 (1933). — [5] Kögl, F.: B. **68** (A), 16 (1935). — [6] Kögl, F.: Naturwiss. **30**, 392 (1942).

```
        CH3              CH3
        |       CH2      |
H3C—CH2—CH—HC/     \CH—CH—CH2—CH3
            |       |
            |       |           H    H
        H····C———————C=CH—CH2—C——C——COOH
            |                  OH   OH
            OH
```

(III) Pseudoauxin a

Später stellte es sich heraus, daß Auxin a-Lacton (IV) im ultravioletten Licht spontan zu einer physiologisch inaktiven Verbindung, dem Lumiauxon (V), umgewandelt wird, der gleiche Effekt tritt im sichtbaren Teil des Spektrums nur in Gegenwart von Sensibilisatoren[1] (Carotinoiden) ein. Bei dieser Reaktion entsteht unter H_2O-Abspaltung vermutlich ein ungesättigter Lactonring mit einer Ketogruppe.

```
        CH3              CH3
        |       CH2      |
H3C—CH2—CH—HC/     \CH—CH—CH2—CH3
            |       |
            |       |
           HC=======C—CH—CH2—CHOH—CHOH—CO
                      |                  |
                      O——————————————————
```

(IV) Auxin a-Lacton

```
        CH3              CH3
        |       CH2      |
H3C—CH2—CH—HC/     \CH—CH—CH2—CH3
            |       |
            |       |
          H2C———————C=C—CH=CH—CHOH—CO
                      |             |
                      O—————————————
```

(V) Lumiauxon

In neueren Veröffentlichungen[2,3] sind Zweifel an der dem Auxin b zugeschriebenen Strukturformel geäußert[2] und auch die Existenz des Auxin a in Frage gestellt worden[3]. Im Gegensatz zu dem berichteten Vorkommen des Auxin b als Säure mit offener Seitenkette (vgl. [2]), erwies sich das dem Auxin b-Lacton analoge, synthetisierte Cyclopentenyllacton als äußerst stabil. Öffnung des Lactonringes zur entsprechenden Säure war auch bei Behandlung mit Alkali nicht möglich. Bei dem Versuch[3] einer erneuten Isolierung des Auxin a aus menschlichem Harn nach der ursprünglich verwendeten Methode[4] konnte in den Endfraktionen nur die β-Indolylessigsäure (Fraktion 15) und ihr Methylester (Fraktion 17), jedoch kein Auxin a nachgewiesen werden (Papierchromatographie). Der als Pikrat in krystalliner Form gewonnene Ester hatte im biologischen Test, ähnlich wie Auxin a, eine höhere Aktivität als die β-Indolylessigsäure.

Das Ausgangsmaterial für die Gewinnung des „Heteroauxins“, war ebenfalls menschlicher Harn[5].

Dieses Auxin konnte aus der Ausgangssubstanz durch Adsorption an Kohle und nachfolgende Elution mit 60%igem, wäßrigem Aceton + 5% konzentriertem Ammoniak angereichert werden. Danach wurden die für Auxin a beschriebenen Methoden angewandt bis

---

[1] Kögl, F., u. G. J. Schuringa: H. **280**, 148 (1944). — [2] Brown, J. B., H. B. Henbest and E. R. H. Jones: Soc. **1950**, 3634. — [3] Wieland, O. P., R. S. de Ropp and J. Avener: Nature **173**, 776 (1954). — [4] Kögl, F., A. J. Haagen-Smit u. H. Erxleben: H. **214**, 241 (1933). — [5] Kögl, F., A. J. Haagen-Smit u. H. Erxleben: H. **228**, 90 (1934). — Kögl, F.: B. **68** (A), 16 (1935).

einschließlich der Fraktionierung mit Calciumacetat. Aus dem so erhaltenen Rohöl krystallisierte nach Behandlung mit Xylol und Cyclohexan in der Wärme sowie nach Ausfällung unwirksamer Stoffe als Bariumsalze das Heteroauxin aus.

Heteroauxin erwies sich als identisch mit *β-Indolylessigsäure* (VI), $C_{10}H_9O_2N$ (s. a. Bd. **1**, S. 543); seine physiologische Wirksamkeit im Avenatest beträgt etwa die Hälfte von derjenigen der beiden anderen Auxine.

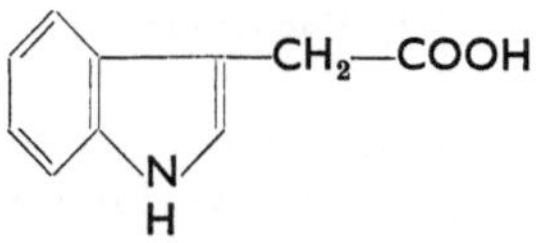

CH₂—COOH

N
H

(VI) Heteroauxin (β-Indolylessigsäure)

β-Indolylessigsäure krystallisiert aus Benzol oder Wasser in seidig glänzenden Blättchen vom Schmelzpunkt 165°. Beim Erhitzen oberhalb des Schmelzpunktes tritt infolge Decarboxylierung deutlicher Skatolgeruch auf. Die Säure läßt sich in Extrakten bzw. Konzentraten durch intensive Rotviolettfärbung mit Mineralsäuren und Eisen(III)-chlorid leicht nachweisen[1]. Im Ultraviolett zeigt sie 2 charakteristische Maxima bei 265 und 280 mμ.

Die β-Indolylessigsäure behält auch bei längerer Aufbewahrung im krystallisierten Zustand ihre physiologische Aktivität. In wäßriger Lösung wird sie im ultravioletten Teil des Spektrums ohne Sensibilisatoren, im sichtbaren in Gegenwart von Riboflavin[2], Eosin[3], Chininsulfat und anderen fluorescierenden Stoffen[4] physiologisch inaktiv. Die bei diesem Vorgang gebildeten Abbauprodukte sind noch nicht bekannt.

Nachdem IES auch aus Hefe[5] und höheren Pflanzen[6,7] in krystalliner Form gewonnen werden konnte, wurde in den letzten Jahren der Äthylester dieser Säure[8] und β-Indolylacetonitril (IAN) ebenfalls aus pflanzlichem Material isoliert[9].

Ausgangsmaterial für die Gewinnung des β-Indolylessigsäureäthylesters ($C_{12}H_{13}O_2N$) waren unreife Maiskörner (Zea mays rugosa).

Nach der Extraktion mit 95%igem Äthanol wird die aktive Substanz durch Ausschütteln aus wäßriger Lösung von p_H 9 in Äther übergeführt und die bei 0,1 mm unter 170° C übergehende Fraktion in n-Heptan gelöst. Nach erneuter Extraktion mit Äthanol und Chromatographie an Aluminiumoxyd liefern die aktiven Fraktionen nach Behandlung mit Trinitrobenzol das Trinitrobenzolat des Esters, das sich aus absolutem Alkohol in Form orangegefärbter Krystalle (F 87—88°) ausscheidet. Das isolierte Produkt war mit dem synthetischen dentisch.

Der β-Indolylessigsäureäthylester hat im Avenakrümmungstest eine geringere Aktivität als die Säure[10], ist jedoch bei der Induktion parthenocarper Früchte etwa 100mal so wirksam als letztere[8].

Für die Gewinnung des β-Indolylacetonitrils (VII) war Weißkohl auf Grund seines hohen Gehaltes geeignet. Dieser enthält etwa 2 mg/kg[9].

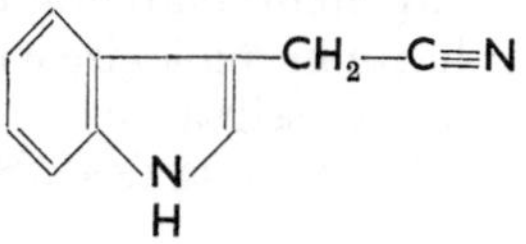

CH₂—C≡N

N
H

(VII)

[1] Salkowski, E.: H. **9**, 23 (1885). — [2] Galston, A. W.: Proc. nat. Acad. Sci. USA **35**, 10 (1949). Science, N. Y. **111**, 619 (1950). — [3] Skoog, F.: J. cellul. comp. Physiol. **7**, 227 (1935). — [4] Ferri, M. G.: Arch. Biochem. **31**, 127 (1951). — [5] Kögl, F., u. D. G. F. R. Kostermans: H. **228**, 113 (1934). — [6] Berger, J., and G. S. Avery jr.: Amer. J. Bot. **31**, 199 (1944). — [7] Haagen-Smit, A. J., W. B. Dandliker, S. H. Wittwer and A. E. Murneek: Amer. J. Bot. **33**, 118 (1946). — [8] Redemann, C. T., S. H. Wittwer and H. M. Sell: Arch. Biochem. **32**, 80 (1951). — [9] Henbest, H. B., E. R. H. Jones and G. F. Smith: Soc. **1953**, 3796. — [10] Kögl, F., u. D. G. F. R. Kostermans: H. **235**, 201 (1935).

Nach der Extraktion mit Tetrachlorkohlenstoff und Überführung in Petroläther erfolgt die weitere Anreicherung auf Grund der Extrahierbarkeit mit 90%igem Methanol und folgende Chromatographie an Aluminiumoxyd und aktivierten Gips. Aus der durch Zusatz von H_2O weiter gereinigten Methanollösung des Rohproduktes scheidet sich nach Behandlung mit Pikrinsäure das Pikrat des IAN aus, wird durch Adsorption an Gips aus ätherischer Lösung gespalten und nach Verdampfen des Lösungsmittels, diesmal aus benzolischer Lösung, erneut als Pikrat in krystalliner Form gewonnen (F 122—129°). Freies IAN läßt sich durch alkalische Zersetzung des gereinigten Pikrats und Kurzwegdestillation bei 10^{-5} mm und 90° Badtemperatur gewinnen. Aus Äther-Petroläther scheidet sich das Destillat in Form farbloser Krystalle (F 34,5—36°) aus.

Das Produkt erwies sich in allen Eigenschaften (Smp., UV- und IR-Spektrum) als identisch mit synthetisch, von Gramin (β-Indolyl-methyl-diamin) ausgehend, hergestellten IAN.

β-Indolylacetonitril ist mit Ausnahme des Avenasegmenttestes in allen anderen biologischen Testverfahren weniger aktiv als die Säure[1].

ε) Chemische Konstitution und physiologische Aktivität der Wuchsstoffe.

Da Auxin a und b in krystalliner Form seit langer Zeit nicht mehr zur Verfügung stehen, und es bis heute noch nicht gelungen ist, diese Auxine zu synthetisieren[2,3], die Schwierigkeiten liegen in der Hauptsache wohl an der großen Zahl der möglichen Isomeren, sind in der letzten Zeit weder über die Chemie noch über die Physiologie dieser Substanzen neue Tatsachen bekannt geworden. Anders steht es mit der β-Indolylessigsäure und ihren Derivaten. Die leichte Zugänglichkeit dieser Säure und die Feststellung, daß ihre Ester[4] im Gegensatz zu denjenigen der beiden anderen Auxine im Avenatest wirksam sind, führte in der Folge zu einer Überprüfung der verschiedensten Indolderivate und ähnlich gebauter Verbindungen hinsichtlich ihrer Wirkung auf das Streckungswachstum. Gleichzeitig bot sich die Möglichkeit aus der unterschiedlichen Wirksamkeit der verschiedenen Substanzen, rückschließend auf die Zusammenhänge zwischen chemischer Konstitution und physiologischer Aktivität zu folgern.

Die einzelnen Wuchsstoffe haben in den verschiedenen Testverfahren recht unterschiedliche Wirksamkeit. Diese wird neben der „primären" Aktivität, der zellstreckenden Wirkung der Substanzen, wenn sie in der Zelle sind, durch die sog. sekundären Faktoren bestimmt. So werden z. B. die Auxine in physiologischen Konzentrationen ($> 10^{-6}$ g/cm³) in der Avenakoleoptile[5], aber auch in anderen pflanzlichen Organen[6], polar transportiert; das gleiche gilt jedoch nicht für höhere Konzentrationen[7]. Der polare Transport ist eine aktive Bewegung dieser Stoffe von der Spitze zur Basis der Pflanze. Transport in umgekehrter Richtung, Basis oben, ist bei den gleichen Objekten nicht möglich[5], ein Beweis, daß Schwerkraft und Diffusion bei diesem Vorgang nur eine untergeordnete Rolle spielen. Das Fehlen des polaren Transportes bei den synthetischen Wuchsstoffen, sie breiten sich apolar, diffusiv aus, führt bei den Krümmungstests in der Regel zu einer geringeren oder zu völliger Aufhebung der Wirksamkeit der untersuchten Verbindungen, obwohl ihre primäre Aktivität unter Umständen gleich oder nur wenig schwächer ist, als diejenige der Auxine[8]. Diese sekundäre Beeinflussung der zellstreckenden Wirkung fällt fort oder wird zum mindesten stark reduziert, wenn die Wuchsstoffe gelöst allseitig an die in der Lösung schwimmenden Testobjekte herangebracht

[1] Bentley, J. A., and A. S. Bickle: J. exp. Bot. **3**, 406 (1952). — Bentley, J. A., and S. Housley: J. exp. Bot. **3**, 393 (1952). — [2] Kögl, F., u. O. A. de Bruin: Recu. Trav. chim. Pays-Bas **69**, 729 (1950). — [3] Henbest, H. B., and E. R. H. Jones: Soc. **1950**, 3628. — Brown, J. B., H. B. Henbest and E. R. H. Jones: Soc. **1950**, 3634. — [4] Kögl, F., u. D. G. F. R. Kostermans: H. **235**, 201 (1935). — [5] Weij, H. G. van der: Recu. Trav. bot. néerl. **29**, 379 (1932); **31**, 810 (1934). — [6] Mai, G.: Jb. wiss. Bot. **79**, 681 (1934). — [7] Avery, G. S. jr.: Bull. Torrey bot. Club **62**, 313 (1935). — Jacobs, W. P.: Amer. J. Bot. **37**, 248 (1950). — Went, F. W., and R. White: Bot. Gaz. **100**, 465 (1938/39). — Guttenberg, H. v., u. R. Büchsel: Planta, Berlin **34**, 49 (1944). — Söding, H., u. E. Raadts: Ber. dtsch. bot. Ges. **65**, 93 (1952). — [8] Veldstra, H.: Enzymologia **11**, 97, 137 (1943/45).

werden (Erbsentest[1], Avenazylindertest[2]). Bei allen Testverfahren treten zusätzlich noch andere sekundäre Faktoren auf, unterschiedliche Stabilität der Verbindungen gegenüber enzymatischer Inaktivierung[3], verschiedene Dissoziationskonstanten der Säuren, die molekulare Form ist wirksamer als die dissoziierte[4], und unterschiedliches Permeationsvermögen der Wuchsstoffe[5]. In der Regel wird für die Bestimmung der primären Aktivität der Wuchsstoffe der Erbsentest benutzt, der sich für diese Art der Untersuchung weitgehend einer Idealmethode nähert[5].

Die verschiedenen Zusammenstellungen[5–18] über Wuchsstoffe mit primärer Aktivität umfassen außer den Auxinen in der Hauptsache Indol- und Naphthalinderivate sowie solche der Phenoxyessigsäure und substituierte Benzoesäuren. Die Voraussetzungen hinsichtlich chemischer Struktur und physiologischer Aktivität sind zuerst von KOEPFLI, THIMANN u. WENT[9] zusammengefaßt worden. Sie postulieren für eine Verbindung, die primär wirksam sein soll, 1. ein Ringsystem als Kern, 2. mindestens eine Doppelbindung in diesem Ring, 3. eine Seitenkette mit einer Carboxylgruppe oder einer Gruppe, die schnell in diese umgewandelt werden kann, 4. eine Distanz von mindestens einem C-Atom zwischen Ring und saurer Gruppe, 5. eine gewisse räumliche Anordnung von Ring und saurer Gruppe.

Betrachtet man diese 5 Bedingungen im einzelnen, so spricht für die Punkte 1 und 2, daß aliphatische Verbindungen in keinem Falle Wirkung auf die Zellstreckung hatten. Die für Di-n-amylessigsäure festgestellte Aktivität[16] erwies sich später als Synergismus[17]. Verbindungen mit gesättigtem Ringsystem, Cyclohexan-, Dekahydronaphthalin-[5], Dihydroindolessigsäure und Dihydroauxin a[19], sind ebenfalls ohne primäre Aktivität. Die einzige Ausnahme bilden Cyclohexyloxycarbonsäuren[20], deren Antiauxinnatur (Förderung des Wurzelwachstums) allerdings nur mit Hilfe eines Wurzeltestes nachgewiesen werden konnte. Doppelbindungen in der Seitenkette können den ungesättigten Ring nicht ersetzen. Beispiele sind Pseudoauxin a und Cyclohexylidenessigsäure[9]. Essigsäurederivate von ungesättigten Fünferringen, Pyrrol-, Imidazol-, Furan- und Thiazolessigsäure haben in der Regel keine positive Wirkung im Erbsentest. THIMANN[15] machte deshalb den recht instruktiven Versuch, die im Gegensatz zu diesen Befunden stehende Aktivität von Auxin a (VIII) und b dadurch zu erklären, daß er die sekundären Butylgruppen als offenen Ring betrachtet.

Da es unwesentlich ist, welche Atome der ungesättigte Ring enthält, Indenessigsäure[17], das Heteroatom des Indolringes ist durch ein C-Atom ersetzt,

[1] WENT, F. W.: Proc. Kon. Akad. Wet. Amsterdam **37**, 547 (1934). Bull. Torrey bot. Club **66**, 391 (1939). — JOST, L.: Z. Bot. **33**, 193 (1938/39). — [2] BONNER, J.: J. gen. Physiol. **17**, 63 (1933). — RIETSEMA, J.: Proc. Kon. Akad. Wet. Amsterdam **52**, 1194 (1949). — BENTLEY, J. A.: J. exp. Bot. **1**, 201 (1950). — [3] TANG, Y. W., and J. BONNER: Amer. J. Bot. **35**, 570 (1948). — WAIN, R. L., and F. WIGHTMAN: Proc. R. Soc. London (B) **142**, 525 (1954). — [4] BONNER, J.: Protoplasma, Wien **21**, 406 (1934). — BONNER, D. M.: Bot. Gaz. **100**, 200 (1938/39). — SANTEN, A. M. A. VAN: Proc. Kon. Akad. Wet. Amsterdam **41**, 513 (1938). — [5] VELDSTRA, H.: Enzymologia **11**, 97, 137 (1943/45). — [6] WENT, F. W., and K. V. THIMANN: Phytohormones. New York 1937. — [7] SKOOG, F.: Plant Growth Substances. Wisconsin 1951. — [8] HAAGEN-SMIT, A. J., u. F. W. WENT: Proc. Kon. Akad. Wet. Amsterdam **38**, 852 (1935). — [9] KOEPFLI, J. B., K. V. THIMANN and F. W. WENT: J. biol. Ch. **122**, 763 (1938). — [10] ZIMMERMANN, P. W., and A. E. HITCHCOCK: Contr. Boyce Thompson Inst. **8**, 337 (1937). — [11] STEINER, M.: Planta, Berlin **36**, 131 (1949). — [12] MUIR, R. M., and C. HANSCH: Plant Physiol. **26**, 369 (1951). — [13] HANSCH, C., and R. M. MUIR: Plant Physiol. **25**, 389 (1950). — MUIR, R. M., and C. HANSCH: Plant Physiol. **28**, 218 (1953). — [14] VELDSTRA, H., and H. L. BOOIJ: Biochim. biophysica Acta, N. Y. **3**, 278 (1949). — [15] THIMANN, K. V., in SKOOG, F.: Plant Growth Substances. Wisconsin 1951. — [16] VELDSTRA, H.: Biochim. biophysica Acta, N. Y. **1**, 364 (1947). — [17] THIMANN, K. V.: Plant Physiol. **27**, 392 (1952). — [18] WENT, F. W.: Arch. Biochem. **20**, 131 (1949). — [19] KÖGL, F., u. D. G. F. R. KOSTERMANS: H. **235**, 201 (1935). — [20] HANSEN, B. A. M.: Bot. Not., Lund **1954**, 230.

sowie Pyridylessigsäure, an Stelle eines C des Phenylringes tritt ein N (s.[8]), sind beide primär wirksam, ergeben sich bei der veränderten Schreibweise eine Reihe gemeinsamer Eigenschaften für die Auxine a und b und die IES (IX). Die induzierte Aktivität unwirksamer Verbindungen, Phenoxyessigsäure[2] und Benzoesäure[3] nach Substituierung, vor allem Halogenierung des Ringes, kann zum Teil als Folge der veränderten räumlichen Beziehung von Ring und saurer Gruppe erklärt werden (vgl. u.).

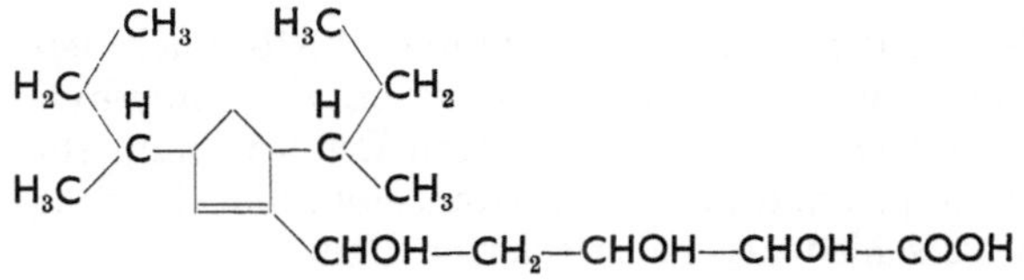

CH_3 H_3C H_2C H H CH_2 C C H_3C CH_3

CHOH—CH_2—CHOH—CHOH—COOH

(VIII)

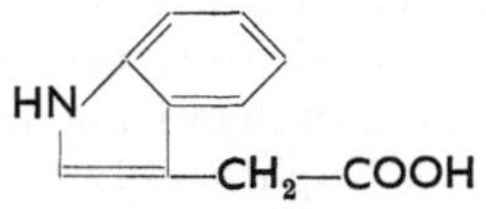

HN —CH_2—COOH

(IX)

Die 3. und 4. strukturelle Voraussetzung für die primär wirksamen Verbindungen, die sich auf den Bau der Seitenkette beziehen, müssen erweitert werden. Die Verringerung der Aktivität mit zunehmender Länge der Seitenkette[4] hat sich bei Indol- und Naphthalinderivaten bestätigt, eine Ausnahme bildet nur die Indolbuttersäure, die im Erbsentest wirksamer ist als die entsprechende Propionsäure. Die Carboxylgruppe kann aber offensichtlich durch andere saure Gruppen ersetzt werden[1], sowohl Indoxylschwefelsäure (X) als auch Naphthalin-(1)-nitromethan (XI, aci-Form) ergeben im Erbsentest positive Reaktionen.

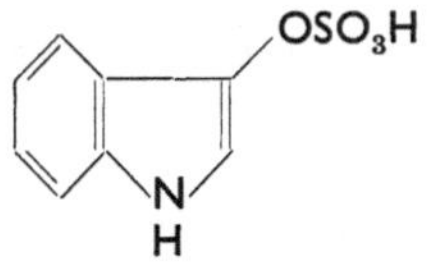

OSO_3H

N H

(X)

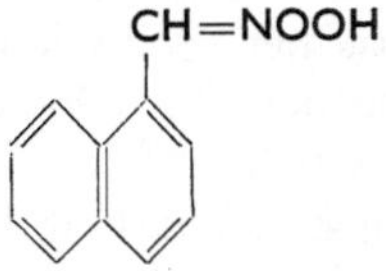

CH=NOOH

(XI)

Ester, Amine, Amide und Nitrile[4,5] der Wuchsstoffsäuren sind in der Regel erst nach Umwandlung in die Säureform wirksam, obwohl einzelne Nitrile[6,7] und Amide[8] anscheinend direkt und nicht erst nach Hydrolysierung und Umwandlung primäre Aktivität zeigen. Die Einführung von Hydroxylgruppen in die Seitenkette inaktiviert wirksame Verbindungen, β-Indolyl-[5] und α-Phenylmilchsäure sind nur 2 einer Anzahl von Beispielen für diesen eindeutigen Effekt[9]; Ausnahmen sind auch in diesem Falle die Auxine a und b mit 3 bzw. 2 Hydroxylgruppen in der carboxyltragenden Kette. Methylgruppen als Substituenten in der Seitenkette führen erst mittelbar durch Veränderung der sterischen Spannung und der davon abhängigen räumlichen Beziehung von Ring und saurer Gruppe zur Aufhebung der Aktivität der Verbindungen. So sind von den α-Alkylderivaten der Phenylessigsäure die n-Propyl- (XII) und die Allylphenylessigsäure (XIII) aktiv, das Isopropylderivat (XIV) ist dagegen inaktiv.

[1] Veldstra, H.: Enzymologia **11**, 97, 137 (1943/45). — [2] Zimmermann, P. W., and A. E. Hitchcock: Contr. Boyce Thompson Inst. **8**, 337 (1937). — [3] Bentley, J. A.: Nature **165**, 449 (1950). — [4] Koepfli, J. B., K. V. Thimann and F. W. Went: J. biol. Ch. **122**, 763 (1938). — [5] Kögl, F., u. D. G. F. R. Kostermans: H. **235**, 201 (1935). — [6] Steiner, M.: Planta, Berlin **36**, 131 (1948). — [7] Jones, E. R. H., H. B. Henbest, G. F. Smith and J. A. Bentley: Nature **169**, 485 (1952). — [8] Thimann, K. V., in Skoog, F.: Plant Growth Substances. Wisconsin 1951. — [9] Haagen-Smit, A. J., u. F. W. Went: Proc. Kon. Akad. Wet. Amsterdam **38**, 852 (1935).

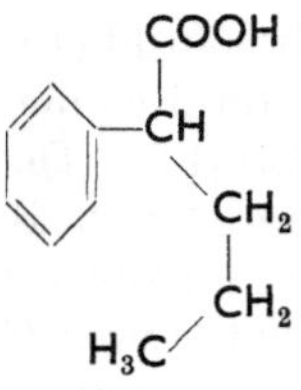

(XII) 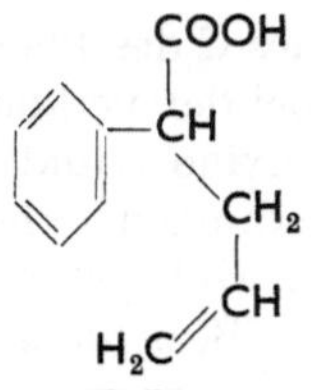 (XIII) 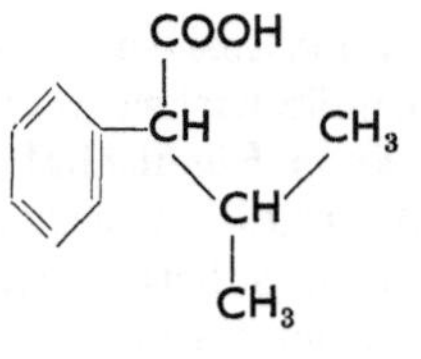 (XIV)

Die gleiche Ursache, Veränderung der sterischen Spannung, dürfte auch den Unterschied zwischen der aktiven α-Methyl- und der inaktiven α,α'-Dimethylphenylessigsäure bedingen. In Widerspruch zu den bisherigen Erfahrungen, Abstand zwischen Ring und saurer Gruppe mindestens 1 C-Atom, steht die Aktivität der α-Naphthoesäure (XV) und verschiedener substituierter Benzoesäuren.

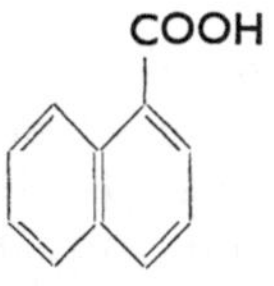

(XV) 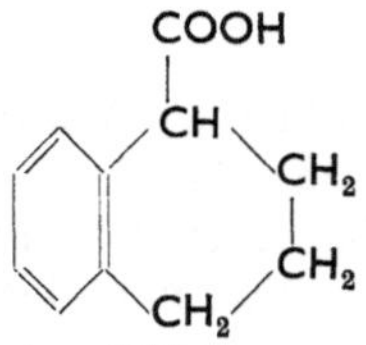 (XVI)

Die Ergebnisse nach getrennter Hydrierung des substituierten wie des nichtsubstituierten Ringes der α-Naphthoesäure lassen noch die Deutung zu, daß es sich bei aktiven 1,2,3,4-Tetrahydro-α-naphthoesäure (XVI) um ein Phenylderivat mit geschlossener Seitenkette handelt[1], die Wirksamkeit der substituierten Benzoesäuren beweist jedoch, daß die saure Gruppe unter Umständen dem Ring benachbart sein kann[2,3].

Am wenigsten Klarheit besteht über das 5. Postulat, das die räumliche Beziehung von Ring und saurer Gruppe betrifft. Musterbeispiele für die geforderte räumliche Anordnung sind die aktive cis- (XVIII) und die inaktive trans- (XVII) Form der Zimtsäure[4] wie der 1-Phenylcyclopropan-(2)-carbonsäure[1] (XIX, XX).

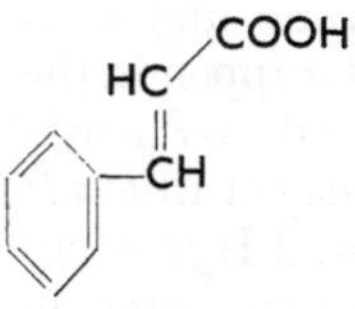

(XVII) 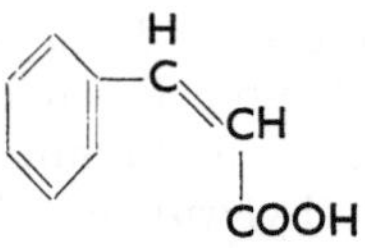 (XVIII) 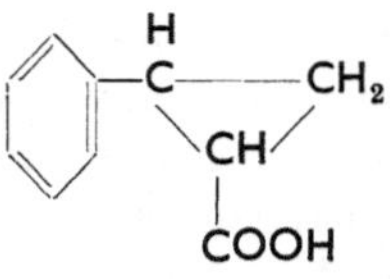 (XIX) 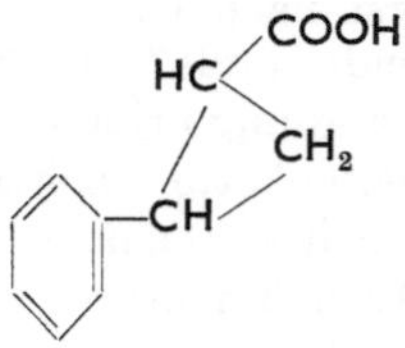 (XX)

Ähnlich wie die geometrischen verhalten sich optische Isomere, bei denen entweder die Aktivität der (—)-Form (1,2,3,4-Tetrahydro-α-naphthoesäure) oder die der (+)-Form überwiegt (α-Allylphenylessigsäure)[1,5]. Bei α-Aryloxypropionsäuren[6] ist dagegen die Aktivität fast ausschließlich auf die (+)-Form beschränkt. Die

[1] Veldstra, H., et C. van de Westeringh: Recu. Trav. chim. Pays-Bas **70**, 1113, 1127 (1951). — [2] Hansch, C., and R. M. Muir: Plant Physiol. **25**, 389 (1950). — Muir, R. M., and C. Hansch: Plant Physiol. **26**, 369 (1951). — [3] Bentley, J. A.: Nature **165**, 449 (1950). — [4] Koepfli, J. B., K. V. Thimann and F. W. Went: J. biol. Ch. **122**, 763 (1938). — [5] Fredga, A., and M. Matell: Ark. Kemi **3**, 429 (1951). — [6] Smith, M. S., R. L. Wain and F. Wightman: Nature **169**, 883 (1952).

Resultate weiterer Untersuchungen[1, 2] weisen allerdings darauf hin, daß die physiologische Wirksamkeit enantiomorpher Paare hauptsächlich auf die D-Serien beschränkt ist. Festgestellte antagonistische Effekte zwischen verschiedenen optischen Antipoden sind hypothetisch auf die Blockierung von Acceptorzentren in der Zelle durch die inaktiven Verbindungen zurückgeführt worden[3].

Es dürfte feststehen, daß die auf Empirie begründeten Formulierungen von KOEPFLI, THIMANN u. WENT[4] über die Zusammenhänge zwischen chemischer Struktur und primärer Aktivität der Wuchsstoffe für den größten Teil der Verbindungen zutreffend sind, sie werden jedoch nicht den Befunden mit ringsubstituierten Verbindungen[5–8] und den verschiedensten geometrischen und optischen Isomeren gerecht[9–12]. Es bleiben praktisch nur die 3 ersten der 5 Postulate voll gültig, diejenigen, die einen ungesättigten Ring und eine saure Gruppe für primär wirksame Wuchsstoffe fordern. Das 5. Postulat, eine bestimmte Anordnung von Ring und saurer Gruppe, ist zu allgemein formuliert, um den spezifischen Effekten bei bestimmten, geringen Änderungen der Molekülstruktur zu entsprechen.

Die unterschiedliche Wirksamkeit isomerer Wuchsstoffe, und die induzierte Aktivität unwirksamer oder schwach wirksamer Verbindungen nach Substituierung des Ringes (Benzoe- und Naphthoesäure), sind der Ausgangspunkt für verschiedene Hypothesen geworden, von denen die beiden meist diskutierten noch kurz herausgestellt werden sollen.

VELDSTRA[10, 11, 13] reduziert die 5 Postulate von KOEPFLI, THIMANN u. WENT auf 2. Nach ihm sind nur ein ungesättigter, oberflächenaktiver Ring und eine polare saure Gruppe wesentlich, die anderen Atome dienen zur Herstellung eines bestimmten Musters. Die räumliche Anordnung des Moleküls muß so sein, daß der Dipol der sauren Gruppe in einem Winkel zur Ebene des Ringes steht — die Verbindung also dreidimensional gebaut ist. Maximale Aktivität ist nur dann gegeben, wenn die lipophile (Ring) und die hydrophile Komponente (saure Gruppe) im Gleichgewicht stehen und der Dipol der sauren Gruppe einen rechten Winkel zur Ringebene bildet. Die Ursache für die wachstumsfördernde Wirkung der Wuchsstoffe sieht VELDSTRA in einer physiko-chemischen Reaktion in den plasmatischen Membranen oder im Plasma selbst, durch welche Enzymsysteme im positiven, wachstumsfördernden Sinne reguliert werden sollen[10, 11].

MUIR u. HANSCH[5, 6] halten an den 3 ersten, der im Vorhergehenden beschriebenen 5 Postulate fest, bringen aber neu den sog. „Orthoeffekt" hinzu. Nach ihnen muß wenigstens eine der Orthostellungen zum Ansatzpunkt der Seitenkette unsubstituiert sein, um eine Reaktion mit einem elektronenreichen Substrat in der Pflanzenzelle zu ermöglichen. Die Hypothese basiert hauptsächlich auf dem Verhalten ringsubstituierter Phenoxysäuren und mußte für verschiedene orthosubstituierte Verbindungen (z. B. 2,6-Dichlor- und 2,3,6-Trichlorbenzoesäure) durch ein zusätzliches, allerdings experimentell gestütztes Postulat (Eliminierung eines der Chloratome) erweitert werden[5, 6]. Die von MUIR u. HANSCH für die

[1] ÅBERG, B.: Lantbr.-Högsk. Ann. **20**, 241 (1953). — [2] MATELL, M.: Ark. Kemi **6**, 365 (1953). — [3] SMITH, M. S., R. L. WAIN and F. WIGHTMAN: Nature **169**, 883 (1952). — [4] KOEPFLI, J. B., K. V. THIMANN and F. W. WENT: J. biol. Ch. **122**, 763 (1938). — [5] HANSCH, C., and R. M. MUIR: Plant Physiol. **25**, 389 (1950). — MUIR, R. M., and C. HANSCH: Plant Physiol. **26**, 369 (1951). — [6] MUIR, R. M., and C. HANSCH: Plant Physiol. **28**, 218 (1953). — [7] THIMANN, K. V.: Plant Physiol. **27**, 392 (1952). — [8] BENTLEY, J. A.: Nature **165**, 449 (1950). — [9] FREDGA, A., and M. MATELL: Ark. Kemi **3**, 429 (1951). — [10] VELDSTRA, H.: Enzymologia **11**, 97, 137 (1943/45). — [11] VELDSTRA, H., and H. L. BOOIJ: Biochim. biophysica Acta, N. Y. **3**, 278 (1949). — [12] ÅBERG, B.: Physiol. Plant., København **3**, 447 (1950); **4**, 627 (1951); **5**, 567 (1952). — [13] VELDSTRA, H., et C. VAN DE WESTERINGH: Recu. Trav. chim. Pays-Bas **70**, 1113, 1127 (1951).

physiologische Wirkung als notwendig angenommene, mögliche Kombination der Wuchsstoffe mit einem Protein der Zelle (two point attachment) ist von ihnen am Beispiel der 2,4- (freie Orthoposition) und der 2,6-Dichlorbenzoesäure (Eliminierung eines Chloratoms in Orthostellung) dargestellt worden (vgl. nachstehendes Schema).

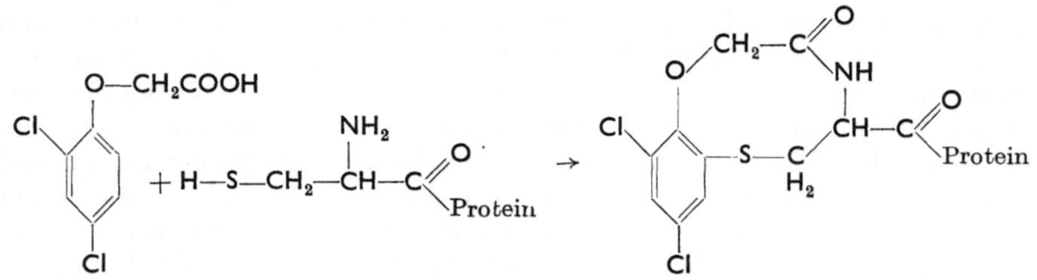

a

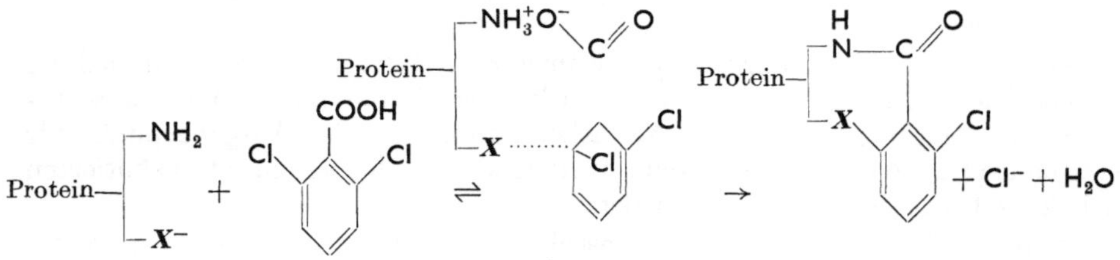

b

Kombination der Wuchsstoffe mit einem Protein der Zelle nach MUIR u. HANSCH[4]. a freie Orthoposition, b Eliminierung eines Chloratoms in Orthostellung.

Gegen beide Hypothesen sind sowohl auf theoretischer als auch auf experimenteller Basis[1-3] Einwände erhoben worden, die insgesamt in letzter Zeit erneut überprüft wurden. Es zeigte sich, daß durch die Ergebnisse mit substituierten Benzoesäuren beide Postulate von VELDSTRA zu widerlegen sind und daß die ,,Orthoeffekthypothese" keine annehmbare Erklärung für die fehlende Aktivität der 2,4- und der 3,5-Dichlorbenzoesäure, verglichen mit der Wirksamkeit der 2,5-Dichlor- und der 2,6-Dimethylbenzoesäure, bieten kann[4]. Weitere Widersprüche zu der letztgenannten Theorie ergeben sich aus der Aktivität einer Serie von Phenoxyalkylcarbonsäuren mit Ringsubstituenten (Chlor- und Methylgruppen) in 2-, 4- und 6-Stellung[5].

Es ist vorläufig nicht zu entscheiden, in welchem Sinne die Postulate von KOEPFLI, THIMANN u. WENT erweitert oder verändert werden müssen. Es steht jedoch fest, daß in Zukunft neben der Struktur wachstumsfördernder Verbindungen diejenige von Antiauxinen und Hemmstoffen, soweit es sich dabei um spezifisch wirkende Substanzen handelt[6], in weiterem Maße als bisher zu berücksichtigen sind. Dabei ist es allerdings nicht sicher, ob die Entwicklung, die in letzter Zeit durch die Verwendung von Wurzeltests eingesetzt hat, tatsächlich dazu führt, daß Sproßauxin (bis jetzt Auxin) und Wurzelauxin (bis jetzt Antiauxin) hinsichtlich der strukturellen Voraussetzungen für physiologische Aktivität getrennt behandelt werden müssen[7].

[1] THIMANN, K. V., in SKOOG, F.: Plant Growth Substances. Wisconsin 1951. — [2] THIMANN, K. V.: Plant Physiol. **27**, 392 (1952). — [3] PALEG, L. G., and R. M. MUIR: Plant Physiol. **27**, 285 (1952). — [4] MUIR, R. M., and C. HANSCH: Plant Physiol. **28**, 218 (1953). — [5] OSBORNE, D. J., G. E. BLACKMAN, R. G. POWELL, F. SUDZUKI and S. NOVOA: Nature **174**, 742 (1954). — [6] AUDUS, L. J., and M. E. SHIPTON: Physiol. Plant., København **5**, 430 (1952). — [7] HANSEN, B. A. M.: Bot. Not., Lund **1954**, 230.

ζ) Vorkommen der Auxine, Biogenese der β-Indolylessigsäure, gebundene Auxine.

Nachdem neben den Auxinen a und b als 3. Wuchsstoff die β-Indolylessigsäure isoliert wurde, war es sehr naheliegend festzustellen, welche dieser Auxine in den einzelnen Pflanzen vorkommen. Zur Unterscheidung in Extrakten und Diffusaten diente dabei hauptsächlich die Lauge-Säure-Prüfung[1]. Auxin a ist gegen verdünnte Lauge in der Wärme sehr empfindlich, dagegen relativ beständig gegen heiße Säure; die β-Indolylessigsäure verhält sich umgekehrt, während Auxin b sowohl durch heiße Lauge als auch durch Säure zerstört wird. Daneben bietet die zuerst von WENT[2] durchgeführte Molekulargewichtsberechnung durch Bestimmung des Diffusionskoeffizienten auf biologischem Wege ein weiteres oft angewandtes Mittel zur Unterscheidung. Für die IES besteht zusätzlich die Möglichkeit des qualitativen[3] und quantitativen[4] Nachweises durch Farbreaktionen bei Zusatz von Mineralsäuren und Eisen(III)-chlorid. Durch die verschiedenen Methoden lassen sich die Auxine mit großer Wahrscheinlichkeit, nicht aber mit 100%iger Sicherheit nachweisen[5].

Es würde in diesem Zusammenhang zu weit führen, eine vollständige Angabe der Auxinquellen anzustreben. Allgemein ergab die Nachprüfung des von niederen Pflanzen einschließlich der Mikroorganismen gebildeten Wuchsstoffes die Gewißheit, daß es sich um β-Indolylessigsäure handelt. Ausnahmen sind bei den Pilzen Phycomyces blakesleeanus[6] und bei den Algen Chlorella vulgaris[7]. In höheren Pflanzen konnte Auxin a durch Molekulargewichtsbestimmung in Avena-[2] und Maiskoleoptilspitzen[9] und in Vicia faba-Wurzeln[10] durch Säure-Laugen-Prüfung ebenfalls in Mais-[9] und Avenakoleoptilspitzen, Avenakörnern, Syringaknospen[11], Coleusstengeln[12], Kartoffeln[13], Kohl, Leguminosenknöllchen[8] u. a. m. nachgewiesen werden.

Die Isolierung der Zellstreckungshormone aus Malz und Maisöl und das Verhalten eines Wuchsstoffextraktes aus Maiskoleoptilspitzen gegen Alkali bzw. bei der Molekulargewichtsbestimmung nach WENT[2] hatten zu der naheliegenden Annahme geführt, daß der Wuchsstoff der höheren Pflanzen ausschließlich Auxin a und b sei[14]. Die ausschließlich mit Hilfe der Lauge-Säure-Prüfung erzielten Resultate haben jedoch stark an Beweiskraft verloren, weil es sich zeigte, daß β-Indolylacetonitril — ähnlich wie Auxin a — nicht durch heiße Säure zerstört wird[15]. Da außerdem, vor allem nach zahlreichen neueren Untersuchungen, das Vorkommen der IES in den verschiedensten Organen von Pflanzen fast aller Familien feststeht, muß die β-Indolylessigsäure als der Hauptwuchsstoff höherer Pflanzen bezeichnet werden[16]. Es ist selbstverständlich, daß durch diese Feststellung die Bildung und Wirksamkeit andersartiger Auxine nicht ausgeschlossen

---

[1] KÖGL, F.: B. **68** (A), 16 (1935). — [2] WENT, F. W.: Recu. Trav. bot. néerl. **25**, 1 (1928). — [3] SALKOWSKI, E.: H. **9**, 23 (1885). — [4] TANG, Y. W., and J. BONNER: Arch. Biochem. **13**, 11 (1947). — GORDON, S. A., and R. P. WEBER: Plant Physiol. **26**, 192 (1951). — [5] Nach HOLLEY, R. W., F. P. BOYLE, H. K. DURFEE and A. D. HOLLEY [Arch. Biochem. **32**, 192 (1951)] wird IES in Gegenwart von O_2 durch n HCl zerstört, sie bleibt aber in ungereinigten Pflanzenextrakten und bei Abschluß von O_2 bei der gleichen Behandlung erhalten. Auxin aus Kohlblättern, das sich früher als säurestabil erwiesen hatte[13], konnte auf Grund der Untersuchungen als IES identifiziert werden. — [6] KÖGL, F., u. B. VERKAAIK: H. **280**, 162 (1944). — [7] ROBORGH, J. R., u. J. B. THOMAS: Proc. Kon. Akad. Wet. Amsterdam **51**, 87 (1948). — [8] LINK, G. K. K., and V. EGGERS: Bot. Gaz. **101**, 650 (1939/40). — LINK, G. K. K., V. EGGERS and J. E. MOULTON: Bot. Gaz. **101**, 928 (1939/40). — [9] KÖGL, F., A. J. HAAGEN-SMIT u. H. ERXLEBEN: H. **228**, 104 (1934). — [10] SKOOG, F.: J. cellul. comp. Physiol. **7**, 227 (1935). — [11] GUTTENBERG, H. v., u. E. LEHLE-JOERGES: Planta, Berlin **35**, 281 (1948). — [12] DETTWEILER, C.: Planta, Berlin **33**, 258 (1942). — [13] HEMBERG, T.: Acta Horti berg., Stockholm **14**, 133 (1947). — [14] KÖGL, F., H. ERXLEBEN u. A. J. HAAGEN-SMIT: H. **225**, 215 (1934). — KÖGL, F., u. A. J. HAAGEN-SMIT: H. **243**, 209 (1936). — [15] HENBEST, H. B., E. R. H. JONES and G. F. SMITH: Soc. **1953**, 3796. — [16] BONNER, J.: Plant Biochemistry. New York 1950.

werden. IES konnte in Spinat-[1], Ananas-[2] und Kohlblättern[3], Avenakoleoptilspitzen[4,5], Kartoffelknollen[6], Zuckerrohr-[7] und Tomatenstengeln[8], sowie in den verschiedensten Früchten und Samen[9,10] nachgewiesen werden.

Die Angaben über das Vorkommen der IES, sie umfassen im Gegensatz zu denjenigen über die beiden anderen Auxine nur einen sehr geringen Teil der vorliegenden Literatur, sind so zusammengestellt, daß sie einen Vergleich mit den entsprechenden Ergebnissen über Auxin a und b gestatten und gleichzeitig einen Überblick über die Vielfalt der IES-Quellen geben.

Außer der IES sind eine Reihe verwandter Indolkörper in Blütenpflanzen festgestellt worden (Indolylacetaldehyd[11], Tryptamin[12], Indolylacetonitril[13], Indolylbrenztraubensäure[14] und der Äthylester der IES[15]); diese möglichen Vorstufen der IES sprechen dafür, daß verschiedene Wege für deren Biogenese aus Tryptophan bestehen. Sowohl Tryptophan[2,4,16] wie Tryptamin[2,17], Indolylacetaldehyd[2,11,18], Indolylbrenztraubensäure[1,2] und auch Indolylacetonitril werden in Pflanzengeweben[13] oder durch Preßsäfte[19] enzymatisch in IES umgewandelt. Der evidenteste Beweis für das Vorhandensein entsprechender Enzymsysteme ist die in 2—4 Std vollendete Umsetzung von infiltriertem Tryptophan in Spinatblättern[1]; das in dialysiertem Plasma der Blätter vorliegende Enyzmsystem hat sein Optimum bei p_H 7,5. Die Existenz gleicher oder ähnlicher Enzymsysteme in Avenakoleoptilen[4] und Ovarien von Tabakblüten[20] steht ebenfalls fest. Ein zusätzlicher indirekter Beweis für die Abhängigkeit des Wuchsstoffspiegels in Tomatenpflanzen vom Tryptophangehalt[21] ergibt sich aus den Versuchen mit Zinkmangelkulturen; die primäre Folge des Zinkmangels ist verringerte Tryptophansynthese, so wird trotz gleichbleibender Aktivität der Tryptophan zu IES abbauenden Enzyme in Kontroll- und Mangelpflanzen der Wuchsstoffspiegel bei letzteren unteroptimal. Das nachstehende Schema enthält die bisher als möglich diskutierten Wege für die oxydative Desaminierung des Tryptophans zur IES[13,22,23]. Indolylimino-propionsäure[23], -acetaldimin und -acetamid[13] sind aus theoretischen Gründen in das Schema aufgenommen, für ihr Vorkommen in höheren Pflanzen liegen vorläufig keine Anhaltspunkte vor.

Ein Teil der sich überschneidenden Ergebnisse bei der indirekten Bestimmung der nativen Wuchsstoffe, soweit sie nur auf der Lauge-Säure-Prüfung beruhen, kann vielleicht der Grund des Verhaltens von Indolylacetonitril (IAN) beim Kochen mit Säure und Lauge erklärt werden. Das erst vor kurzem aus Kohl in krystalliner Form isolierte Nitril wird durch heiße Säure (n H_2SO_4) nicht

[1] Wildman, S. G., M. G. Ferri and J. Bonner: Arch. Biochem. **13**, 131 (1947). — [2] Gordon, S. A., and F. S. Nieva: Arch. Biochem. **20**, 356, 367 (1949). — [3] Holley, R. W., F. P. Boyle, H. K. Durfee and A. D. Holley: Arch. Biochem. **32**, 192 (1951). — [4] Wildman, S. G., and J. Bonner: Amer. J. Bot. **35**, 740 (1948). — [5] Reinert, J.: Naturforsch. **5**b, 374 (1950). — [6] Hemberg, T.: Acta Horti berg., Stockholm **14**, 133 (1947). — [7] Overbeek, J. van, G. D. Olivo and E. M. S. de Vázquez: Bot. Gaz. **106**, 440 (1945). — [8] Kramer, M., and F. W. Went: Plant Physiol. **24**, 207 (1949). — [9] Guttenberg, H. v., u. E. Lehle-Joerges: Planta, Berlin **35**, 281 (1948). — [10] Berger, J., and G. S. Avery jr.: Amer. J. Bot. **31**, 199 (1944). — [11] Haagen-Smit, A. J., W. B. Dandliker, S. H. Wittwer and A. E. Murneek: Amer. J. Bot. **33**, 118 (1946). — [11] Larsen, P.: Dansk bot. Ark. **11**, Suppl. 9 (1944). — [12] White, E. P.: New Zeal. J. Sci. Technol. (B) **25**, 137 (1944). — [13] Jones, E. R. H., H. B. Henbest, G. F. Smith and J. A. Bentley: Nature **169**, 485 (1952). — [14] Stowe, B. B., and K. V. Thimann: Arch. Biochem. **5**, 499 (1954). — [15] Redemann, C. T., S. H. Wittwer and H. M. Sell: Arch. Biochem. **32**, 80 (1951). — [16] Galston, A. W.: Plant Physiol. **24**, 577 (1949). — Henderson, J. H. M., and J. Bonner: Amer. J. Bot. **36**, 825 (1949). — Gustafson, F. G.: Science, N. Y. **110**, 279 (1949). — [17] Skoog, F.: J. gen. Physiol. **20**, 311 (1937). — [18] Larsen, P.: Amer. J. Bot. **37**, 680 (1950). — [19] Thimann, K. V.: Arch. Biochem. **44**, 242 (1953). — [20] Wildman, S. G., and R. M. Muir: Plant Physiol. **24**, 84 (1949). — [21] Tsui, C.: Amer. J. Bot. **35**, 172 (1948). — [22] Bonner, J.: Plant Biochemistry. New York 1950. — [23] Larsen, P.: Ann. Rev. Plant Physiol. **2**, 169 (1951).

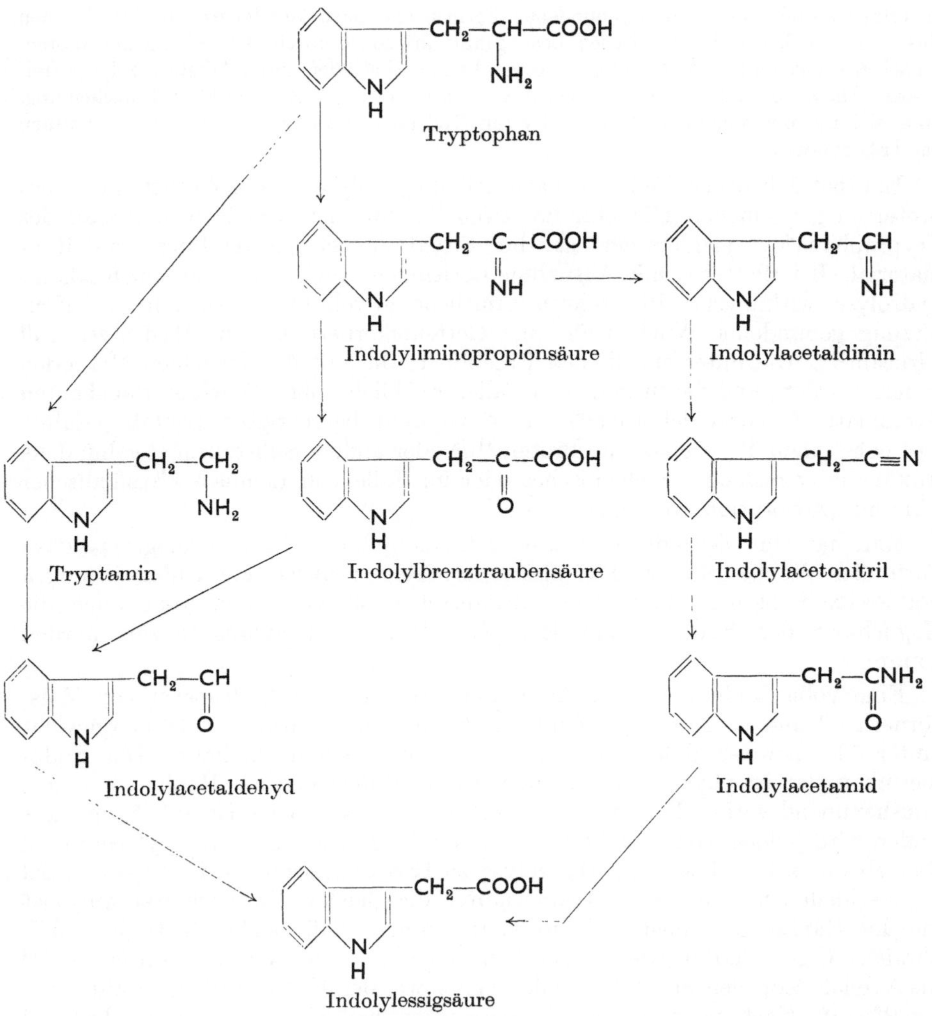

Tryptophan

Indolyliminopropionsäure

Indolylacetaldimin

Tryptamin

Indolylbrenztraubensäure

Indolylacetonitril

Indolylacetaldehyd

Indolylacetamid

Indolylessigsäure

Umwandlung von Tryptophan zu β-Indolylessigsäure in höheren Pflanzen nach LARSEN[1] sowie JONES, HENBEST, SMITH u. BENTLEY[2].

zerstört, verhält sich in diesem Falle also wie Auxin a, durch heiße Lauge wird es aber hydrolysiert und liefert dann IES[3]. Dieser Befund gewinnt dadurch an Bedeutung, daß IAN nicht nur — wie anfänglich vermutet wurde — auf eine Pflanzenfamilie (Cruciferen) beschränkt ist, sondern auch in Solanaceen und Umbelliferen nachgewiesen werden konnte[4].

Zu den sog. „gebundenen" Vorstufen der Auxine, mit einer Ausnahme[5] alles Indolderivate, müssen neben dem Tryptophan noch andere Formen gezählt werden.

Im Gegensatz zu den „freien" Säuren und neutralen Wuchsstoffen, die quantitativ durch kurzdauernde Extraktionen mit feuchtem Äther aus kältegetrocknetem Pflanzenmaterial

[1] LARSEN, P.: Ann. Rev. Plant Physiol. **2**, 169 (1951). — [2] JONES, E. R. H., H. B. HENBEST, G. F. SMITH and J. A. BENTLEY: Nature **169**, 485 (1952). — [3] HENBEST, H. B., E. R. H. JONES and G. F. SMITH: Soc. **1953**, 3796. — [4] BENNET-CLARK, T. A., and N. P. KEFFORD: Nature **171**, 645 (1953). — [5] GORDON, S. A.: Amer. J. Bot. **33**, 160 (1946).

zu erfassen sind[1], werden die gebundenen Formen erst nach langdauernden Extraktionen (bis zu 12 Wochen) mit organischen Lösungsmitteln[2] sowie durch Behandlung mit proteolytischen Enzymen (Chymotrypsin) Trypsin[3], Pancreatin[4] oder durch Alkalihydrolyse[5] freigesetzt. Die angewandten Methoden erschweren in manchen Fällen eine klare Entscheidung, ob es sich nur um gebundene Auxine oder zum Teil auch um umgewandelte freie Vorstufen der IES handelt.

Ein beträchtlicher Teil der nach Alkalihydrolyse aus isolierten Pflanzenproteinen gewonnenen IES stammt zweifellos aus dem oxydativen Abbau des Tryptophans[6,7]. Vieldeutiger ist die Situation bei Verwendung von Rohmaterial. Bei Blättern, mit Ausnahme derjenigen von Lemna, bei denen Alkalihydrolyse wirkungslos ist, führen sämtliche erwähnten Methoden zur Freisetzung gebundener Wuchsstoffe, bei Getreidekörnern ist nur Hydrolyse voll wirksam[5,8]. Die unterschiedlichen Ergebnisse, die mit den einzelnen Methoden erzielt wurden, und die in manchen Fällen reichlich hohen Wuchsstoffausbeuten (Kohlblätter[9], Getreidekörner[10]) haben zu dem berechtigten Schluß geführt, daß neben dem Tryptophan an Protein[11,12] oder andere Substanzen[13] gebundene Auxine in verschiedener chemischer oder im Falle von Lemna[14] physikalischer Bindung (Adsorption) vorliegen.

Man hat eine Zeitlang in Auxin-Proteinkomplexen die physiologisch-aktive Form der Wuchsstoffe als Phosphate vermutet[15]; durch die Untersuchungen SCHOCKENs[16] ist diese Vermutung unwahrscheinlich geworden, wenn auch die Möglichkeit der Bildung derartiger Komplexe nicht ausgeschlossen werden konnte.

Eine völlig andere Art der Auxinkomplexe liegt im Endosperm von Maiskörnern[5,10] und in Raphanuskeimlingen[13] vor, ihr niedriges Molekulargewicht (unter 500) beweist, daß es sich nicht um Eiweiße handeln kann. Der Endospermkomplex ist physiologisch inaktiv, während derjenige aus Raphanus wachstumshemmend wirkt. Die chemische Natur dieser Komplexe ist unbekannt, aus beiden wird jedoch nach Alkalihydrolyse IES freigesetzt. Da β-Indolylacetonitril aber ebenfalls bei alkalischer Hydrolyse zu IES umgesetzt wird und das Nitril in verschiedenen biologischen Testverfahren die gleichen Eigenschaften aufweist wie der Raphanushemmstoff, wird angenommen, daß beide identisch sind[17]. Ähnliche Eigenschaften wie der Raphanushemmstoff weisen das „Antiauxin“[18] aus Avenakoleoptilen und Kartoffelknollen sowie der Hemmstoff des Maisscutellums[19] auf. Nach neueren Diffusionsversuchen handelt es sich zumindest bei

---

[1] WILDMAN, S. G., and R. M. MUIR: Plant Physiol. **24**, 84 (1949). — [2] THIMANN, K. V., and F. SKOOG: Amer. J. Bot. **27**, 951 (1940). — THIMANN, K. V., F. SKOOG and A. C. BYER: Amer. J. Bot. **29**, 598 (1942). — [3] SKOOG, F., and K. V. THIMANN: Science, N. Y. **92**, 64 (1940). — [4] MUIR, R. M.: Proc. nat. Acad. Sci. USA **33**, 303 (1947). — MOEWUS, F.: Z. Naturforsch. **3**b, 135 (1948). — [5] AVERY, G. S. jr., J. BERGER and B. SHALUCHA: Amer. J. Bot. **28**, 596 (1941). — [6] WILDMAN, S. G., and S. A. GORDON: Proc. nat. Acad. Sci. USA **28**, 217 (1942). — [7] GORDON, S. A., and S. G. WILDMAN: J. biol. Ch. **147**, 389 (1943). — [8] HAAGEN-SMIT, A. J., W. D. LEECH and W. R. BERGREN: Amer. J. Bot. **29**, 500 (1942). — [9] AVERY, G. S. jr., J. BERGER and R. O. WHITE: Amer. J. Bot. **32**, 188 (1945). — [10] BERGER, J., and G. S. AVERY jr.: Amer. J. Bot. **31**, 199 (1944). — [11] SKOOG, F., S. L. SCHNEIDER and R. MALAN: Amer. J. Bot. **29**, 568 (1942). — [12] WILDMAN, S. G., and J. BONNER: Arch. Biochem. **14**, 381 (1947). — WILDMAN, S. G., J. M. CAMPBELL and J. BONNER: Arch. Biochem. **24**, 9 (1949). — [13] STEWART, W. S., W. BERGREN and C. E. REDEMANN: Science, N. Y. **89**, 185 (1939). — [14] THIMANN, K. V., and F. SKOOG: Amer. J. Bot. **27**, 951 (1940). — [15] BONNER, J., and S. G. WILDMAN: Growth **10**, Suppl. 6, 51 (1947). — [16] SCHOCKEN, V.: Arch. Biochem. **23**, 198 (1949). — [17] BENTLEY, J. A., and A. S. BICKLE: J. exp. Bot. **3**, 406 (1952). — [18] FUNKE, H.: Jb. wiss. Bot. **88**, 373 (1939). — FUNKE, H., u. H. SÖDING: Planta, Berlin **36**, 341 (1949). — [19] VOSS, H.: Planta, Berlin **27**, 432 (1938); **30**, 252 (1939/40). — POHL, R.: Planta, Berlin **39**, 105 (1951).

dem „Antiauxin" um das Gemisch eines Indolkörpers (Mol.Gew. 170) mit einem Hemmstoff[1], wobei es offen bleibt, ob eine Bindung zwischen beiden besteht und welcher Art sie ist.

η) Physiologie der Auxine.

Bei der eingehenden Beschäftigung mit den Auxinen während der letzten 20 Jahre trat immer klarer ihre vielseitige Wirkung auf die verschiedensten Organe und Gewebe der Pflanze hervor. Neben dem Streckungswachstum der Sprosse und Wurzeln werden die Wurzel- und Fruchtbildung, die Kallusbildung und die Aktivierung des Kambiums, das Knospenwachstum, die Bildung von Blattfallgewebe, korrelative Vorgänge, Bewegungen und die Blütenbildung verschiedener Pflanzen entweder durch Auxin gesteuert oder doch zumindest mitbeeinflußt. Es ist im Rahmen dieses Beitrages unmöglich, die Gesamtheit der physiologischen Effekte eingehend zu behandeln. Da die zellstreckende Wirkung der Wuchsstoffe ihr entscheidendes Kriterium ist, wird im folgenden nur das Streckungswachstum und seine mögliche Beziehung zur Atmung eingehender behandelt werden.

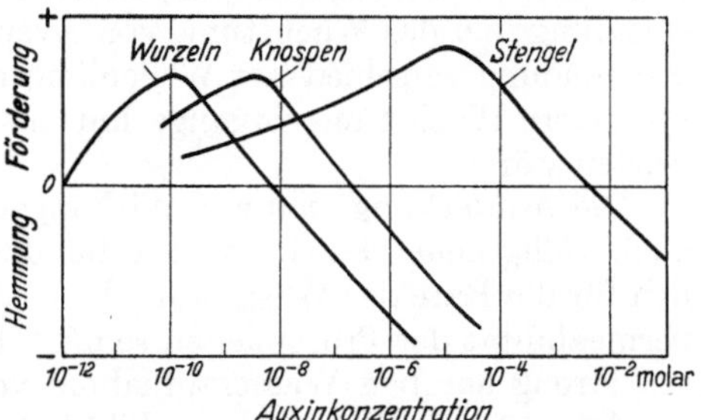

Abb. 70. Förderung und Hemmung des Wachstums verschiedener Organe in Abhängigkeit von der Auxinkonzentration nach THIMANN[2].

Auxin kann sowohl fördernd als auch hemmend auf das Wachstum wirken; die einzelnen Organe der Pflanzen unterscheiden sich allerdings stark in ihrer Reaktion auf gleiche Konzentrationen (vgl. Abb. 70). Schon recht früh konnte nachgewiesen werden, daß die Zellwände wachsender Haferkeimlinge eine größere Streckungsfähigkeit in Richtung der Längsachse gegenüber denjenigen nichtwachsender aufwiesen[3,4]. Während der Wachstumshemmung, die der Dekapitation der Koleoptilen folgt, ist die Wanddehnbarkeit auf $^2/_3$ reduziert; nach der Regeneration der „physiologischen" Spitze oder nach dem Aufsetzen wuchsstoffhaltiger Agarblöckchen steigen sowohl Wachstum als auch Dehnbarkeit wieder an. Die gleiche Wirkung zeigte sich bei vielen anderen Objekten, an dekapitierten Inflorescenzschäften[5], an der wuchsstoffreichen Unterseite geotropisch gereizter Lupinus hypocotyle[6] sowie nach Behandlung von Helianthuskeimlingen mit auxinhaltigen Lanolinpasten[7]. Durch die parallel verlaufende Zunahme der Wachstumswerte und der plastischen, irreversiblen Dehnbarkeit der Zellmembranen bei Auxinzufuhr neigte man dazu, in der direkten Veränderung der mechanischen Eigenschaften der Wand den entscheidenden Faktor für das Streckungswachstum zu sehen (HEYN). Nach dieser Anschauung ermöglicht die zunehmende Plastizität der Membranen durch Verringerung des Wanddruckes Wasseraufnahme, die durch Turgordehnung zu einer passiven Streckung der Wände führen würde. Entsprechend röntgenometrischen und polarisationsoptischen Untersuchungen bestehen die Wände wachsender Zellen aus einem Geflecht von Cellulosemicellen, die senkrecht zur Längsachse der Zelle orientiert sind, so daß sich sog. „Röhrentextur" der Wände ergibt[8]. Da diese Struktur während der Streckung beibehalten wird[9], wurde die erhöhte

[1] RAADTS, E.: Planta, Berlin **40**, 419 (1951/52). — [2] THIMANN, K. V.: Amer. J. Bot. **24**, 407 (1937). — [3] HEYN, A. N. J.: Recu. Trav. bot. néerl. **28**, 113 (1931). — [4] SÖDING, H.: Jb. wiss. Bot. **74**, 127 (1931). — [5] SÖDING, H.: Jb. wiss. Bot. **77**, 627 (1933). — [6] HEYN, A. N. J.: Jb. wiss. Bot. **79**, 753 (1934). — [7] RUGE, U.: Planta, Berlin **27**, 352 (1938); **32**, 571 (1941/42). — [8] FREY-WYSSLING, A.: Protoplasma, Berlin **25**, 261 (1936). — [9] BONNER, J.: Jb. Bot. **82**, 377 (1936). — WERGIN, W.: Naturwiss. **25**, 830 (1937). — FREY-WYSSLING, A.: Ber. schweiz. bot. Ges. **59**, 5 (1949).

Plastizität auf eine Lockerung der Haftpunkte der miteinander verbundenen Micellen zurückgeführt. Nach RUGE verursacht Auxin die Lösung der Haftpunkte durch Quellung intermicellarer Pektine[1], nach anderen Autoren handelt es sich dabei um einen wachsartigen Körper[2]. Aus der beobachteten Verdünnung sich streckender Wände schloß man auf 2 Wachstumsphasen, die eigentliche Zellstreckung ohne Bildung von neuem Wandmaterial und darauf folgend die Fixierung der Zelle mit der Einlagerung neuer Gerüstteile in die Zellwände durch Intussusception[1]. Im Widerspruch zu einer derartigen passiven Streckung ohne gleichzeitige Einlagerung von neuem Wandmaterial standen Beobachtungen an sich streckenden Sporogonen von Pellia epiphylla[3,4] und Filamenten von Roggenstaubblättern[5]. Während des sehr schnellen Wachstums dieser Organe werden die Zellwände zwar dünner; trotzdem bleibt ihre Röhrenstruktur erhalten[4]; in die Sporogonwände wird während des Vorganges etwa das 5fache an Wandsubstanz eingelagert[3]. Die direkte Proportionalität zwischen der Reduktion der Plasmaströmung und des Wachstums von Avenakoleoptilen bei Belichtung, die auch bei Verwendung verschiedener Wellenlängen erhalten bleibt, wies ebenfalls auf kompliziertere Wachstumsvorgänge hin, als sie bei einer passiven Streckung zu erwarten wären.

Die Aufdeckung weiterer Wirkungen der Wuchsstoffe hat mittlerweile dann auch völlig neue Gesichtspunkte für das Streckungswachstum ergeben. Wesentlich für die Rate der Wasseraufnahme dürfte die durch Auxin gesteigerte Wasserpermeabilität der Protoplasten sein[6–8]. Bei der zuerst von REINDERS[9] beobachteten streng aeroben Wasseraufnahme von Kartoffelparenchym wird gleichzeitig die Atmung, die Wasserpermeabilität und die Plastizität der Zellwände erhöht[8]; die ebenfalls für diesen Vorgang angenommene Neubildung osmotisch wirksamer Substanzen durch die verstärkte Atmung[9,10] wurde jedoch durch kryoskopische Messungen widerlegt. Am gleichen Objekt konnte gezeigt werden, daß die auxinabhängige Wasseraufnahme in hypertonischen Zuckerlösungen aktiv gegen ein osmotisches Gefälle erfolgen kann[11] und durch Stoffwechselgifte (Jodacetat[11], 2,4-Dinitrophenol[12]) verhindert wird.

Ähnliche Resultate, die eine auxinabhängige, nichtosmotische Wasseraufnahme wahrscheinlich machen, sind später ebenfalls mit Kartoffelparenchym[13] und Avenakoleoptilen[14] erzielt worden. Weiterhin kommt es während des Wachstums von Maiskoleoptilen[15], Wurzeln[16], Filamenten von Antheren[17] und isolierten Segmenten aus Erbsenepicotylen[18] zu einer mehr oder weniger starken Plasmavermehrung. Bei Avenakoleoptilen ist überdies die Zunahme des Gesamtstickstoffs dem Streckungswachstum direkt proportional, wenn die Zellzahl als Bezugseinheit dient[19]. Die Erhöhung des Nucleinsäurespiegels von Tabakparenchym, das

[1] RUGE, U.: Planta, Berlin **27**, 352 (1938); **32**, 571 (1941/42). — [2] DIEHL, J. M., C. J. GORTER, J. G. VON STERSON et A. KLEINHOUTE: Rec. Trav. bot. néerl. **36**, 711 (1939). — [3] OVERBECK, F.: Z. Bot. **27**, 129 (1934). — [4] ITERSON, G. VAN: 6. Int. Congr. Bot. Amsterdam 1935, S. 291. — [5] FREY-WYSSLING, A., u. H. SCHOCH-BODMER: Planta, Berlin **28**, 257 (1938). — [6] GUTTENBERG, H. v., u. L. KRÖPELIN: Planta, Berlin **35**, 257 (1948). — [7] POHL, R.: Planta, Berlin **36**, 230 (1949). — [8] BRAUNER, L., u. M. HASMAN: Bull. Fac. Méd. Istanbul **12**, 57 (1949). Protoplasma, Wien **41**, 302 (1952). — [9] REINDERS, D. E.: Proc. Kon. Akad. Wet. Amsterdam **41**, 820 (1938). Recu. Trav. bot. néerl. **39**, 1 (1942). — [10] OVERBEEK, J. VAN: Amer. J. Bot. **31**, 265 (1944). — [11] COMMONER, B., S. FOGEL and W. H. MULLER: Amer. J. Bot. **30**, 23 (1943). — [12] HACKETT, D. P., and K. V. THIMANN: Plant Physiol. **25**, 648 (1950). — [13] HACKETT, D. P., and K. V. THIMANN: Amer. J. Bot. **40**, 183 (1953). — [14] POHL, R.: Planta, Berlin **44**, 136 (1954). — [15] BLANK, F., A. FREY-WYSSLING u. L. WIRTH: Ber. schweiz. bot. Ges. **56**, 175 (1946). — [16] WANNER, H.: Ber. schweiz. bot. Ges. **60**, 404 (1950). — KOPP, M.: Ber. schweiz. bot. Ges. **58**, 283 (1948). — [17] BLANK, F., u. A. FREY-WYSSLING: Verh. schweiz. naturf. Ges. (1940). — [18] CHRISTIANSEN, G. S., and K. V. THIMANN: Arch. Biochem. **28**, 117 (1950). — [19] AVERY, G. S. jr., and F. ENGEL: Amer. J. Bot. **41**, 310 (1954).

sich auf auxinhaltigen, stickstofffreien Nährböden nur streckt und kein Teilungswachstum hat, scheint überdies eine Voraussetzung für die Zellstreckung dieses Gewebes zu sein[1].

Die vielfältige Wirkung des Auxins hat zu verschiedenen Theorien geführt, die sich z. T. nur geringfügig voneinander unterscheiden, z. T. aber auch ziemlich gegensätzlich sind. Nach FREY-WYSSLING und STECHER[2] beruht die plastische Dehnbarkeit wachsender Zellwände auf elektronenoptisch nachgewiesenen, mosaikartig verteilten Verdünnungen der Membranen[3], in die durch intermicellares Plasma neue Wandsubstanz eingelagert wird. Dabei schiebt entweder das Plasma oder die neugebildete Wandsubstanz die Micellen auseinander. Die im vorhergehenden Abschnitt beschriebene Zunahme des Protoplasmas und die Produktion von neuem Wandmaterial wären in diesem Falle eine notwendige Voraussetzung für die Veränderung der Wandeigenschaften (erhöhte Plastizität) und die dadurch ermöglichte Wasseraufnahme und Zellstreckung. BOYSEN-JENSEN[4] hat eine ähnliche Theorie entwickelt; er hält jedoch den Aufbau der Membransubstanz für den wesentlichsten Faktor. Nach BRAUNER[5], BURSTRÖM[6] und LEVITT[7] kommt bei der Zellstreckung ebenfalls der Veränderung der Wandeigenschaften in Verbindung mit auxinabhängigen oxydativen[5,6] bzw. anderen Stoffwechselprozessen[8] die entscheidende Bedeutung zu. BURSTRÖM[6] unterscheidet dabei zwei Wachstumsphasen, deren zweite (Aufbau neuer Wandteile während der elastischen Streckung) als die wichtigste eingestuft wird. Nicht ganz eindeutig experimentell fundiert ist die Annahme einer durch Auxin induzierten, nicht osmotischen Wasseraufnahme. Obwohl nach Ergebnissen mit verschiedenen Objekten (Kartoffelparenchym[9], Avenakoleoptilen[10]) zumindest die Mitwirkung einer derartigen Komponente beim Wachstum nicht ausgeschlossen werden kann, besteht vorläufig noch keine Möglichkeit, klar zwischen der Veränderung der Wandeigenschaften und nichtosmotischen Faktoren zu unterscheiden[9].

Zusammenfassend läßt sich sagen, daß sehr wahrscheinlich erst das Zusammenwirken mehrerer Auxineffekte die Zellstreckung ermöglicht; die Koordination der verschiedenen Faktoren kann dabei sowohl durch ein Eingreifen der Wuchsstoffe an verschiedenen Orten des Zellgeschehens bestimmt sein, oder sie ist die Folge einer fundamentalen Reaktion, welche mittelbar die anderen Wirkungen auslöst. Eine klare Beurteilung dieser Frage setzt eine weitere Vertiefung unserer Kenntnisse über den Wirkungsmechanismus der Auxine voraus. Neben den schon erwähnten Arbeiten ist ein weiterer Ansatz dazu durch die Untersuchungen über die kausale Verbindung zwischen Atmung und Streckungswachstum gegeben.

Schon 1933 hatte BONNER[11] aus der gleichzeitigen Hemmung des Wachstums und der Atmung von Koleoptilsegmenten durch Cyanid und aus der aeroben Natur des Wachstumsprozesses auf einen ursächlichen Zusammenhang zwischen Atmung und Streckungswachstum geschlossen. In Versuchen mit gereinigten Wuchsstoffextrakten und Auxin b-Lösungen konnte er jedoch seine Hypothese nicht bestätigen[12]; ähnliche negative Ergebnisse wurden auch in Utrecht erzielt[13]. Man neigte dazu, in der Atmung eine formale Bedingung des Wachstums zu sehen.

---

[1] SILBERGER, J., and F. SKOOG: Science, N. Y. **118**, 443 (1953). — [2] STECHER, H.: Mikrokosmos **7**, 30 (1952). — FREY-WYSSLING, A., u. H. STECHER: Exper. **7**, 420 (1951). — [3] MÜHLETHALER, K.: Biochim. biophysica Acta, N.Y. **3**, 15 (1949). — [4] BOYSEN JENSEN, P.: Kgl. danske Vid. Selsk. biol. Medd. **22**, Nr. 1 (1954). — [5] BRAUNER, L., u. M. HASMAN: Protoplasma, Wien **41**, 302 (1952). — [6] BURSTRÖM, H.: Physiol. Plant., København **6**, 262 (1953). — [7] LEVITT, J.: Physiol. Plant., København **6**, 240 (1953). — [8] BURSTRÖM, H.: Ann. Rev. Plant Physiol. **4**, 237 (1953). — [9] HACKETT, D. P., and K. V. THIMANN: Amer. J. Bot. **40**, 183 (1953). — [10] POHL, R.: Planta, Berlin **44**, 136 (1954). — [11] BONNER, J.: J. gen. Physiol. **17**, 63 (1933). — [12] BONNER, J.: J. gen. Physiol. **20**, 1 (1936). — [13] KÖGL, F., A. J. HAAGEN-SMIT u. C. J. VAN HULSSEN: H. **241**, 17 (1936).

Der erste eindeutige Nachweis einer gleichzeitigen Stimulierung von Wachstum und Atmung durch Auxin ergab sich aus den Versuchen von COMMONER u. THIMANN[1] mit Segmenten von Avenakoleoptilen. Sie berichteten über eine geringe, aber eindeutige Atmungssteigerung der Objekte in IES-Lösungen (1 bis 10 mg/l), wenn die Gewebe mit Zucker- oder Äpfel- und Fumarsäure vorbehandelt wurden. Die C_4-Säuren waren wirkungsvoller, der beobachtete Anstieg der O_2-Aufnahme setzte unmittelbar nach Zusatz der β-Indolylessigsäure ein; in der graphischen Darstellung verlaufen die Kurven für die Atmungs- und Wachstumssteigerung bei den verschiedenen Auxinkonzentrationen parallel. Eine Blokkierung des Wachstums durch Jodacetat ($2 \cdot 10^{-5}$ g/cm^3), die mit einer minimalen Atmungshemmung verbunden war, konnte durch Zusatz von C_4-Säuren ebenfalls behoben werden. Die Autoren schlossen, daß die Säuren einen Teil des Atmungssystems versorgen, die sog. „Wachstumsatmung" (etwa 10—20% der Gesamtatmung), die ein entscheidendes Glied in der Kette des Wachstumsprozesses ist und durch Auxin in irgend einer Weise katalysiert wird. Da Jodacetat die Aktivität von Dehydrogenasen hemmt, wurde für diesen Teil der Atmung ein spezielles Dehydrogenasensystem angenommen. Nach späteren Untersuchungen mit spezifischen Hemmstoffen für Sulfhydrylverbindungen (p-Chlormercuribenzoat u. a.) enthält das entscheidende Enzym dieses Systems SH-Gruppen[2]. Die fördernde Wirkung des Wuchsstoffes und der organischen Säuren wird auf den Schutz bestimmter Enzyme gegen natürlich vorkommende Inhibitoren zurückgeführt[3]. Die Ergebnisse THIMANNs u. seiner Mitarb. haben sich weitgehend bestätigt, sind aber auch durch neuere Beobachtungen ergänzt worden, die auf völlig andere Zusammenhänge hinweisen. Nach eingehender Untersuchung der Atmungsenzyme der Avenakoleoptile[4], der begrenzenden Faktoren ihres Wachstums und ihrer Atmung[5] sowie der Überprüfung verschiedener Inhibitoren vertritt BONNER folgende Konzeption[5]. Das Atmungssystem der Koleoptilen entspricht weitgehend demjenigen in tierischen Geweben, mit Phosphorylierungskreislauf, KREBS-Cyclus und Cytochromsystem. Der Gasaustausch auxinfreier Avenazylinder, auch als „endogene" Atmung bezeichnet, wird nicht nur durch IES, sondern auch durch Cofaktoren des Wachstums, organische Säuren, Adenylsäure und Arginin per se gefördert. Nur die Förderung durch organische Säuren verhält sich additiv zu derjenigen der 3 anderen Verbindungen. Diese Unterschiede beruhen auf dem Verbrauch der organischen Säure als Substrat, während die anderen Substanzen als Phosphatacceptoren bei der Bildung energiereicher Phosphorverbindungen funktionieren. Eine derartige Funktion ist für Adenylsäure und Arginin bekannt, für IES ist sie deshalb angenommen, weil bestimmte Auxinkomplexe aus dem Cytoplasma von Blättern hohe Phosphataseaktivität aufweisen[6]. Diese Annahme wird gestützt durch die Ergebnisse mit 2,4-Dinitrophenol (DNP); DNP löst die obligatorische Verbindung der Synthese energiereicher Phosphorverbindungen (ATP) mit der Oxydation der Brenztraubensäure[7]. Diese Reaktion ist in Geweben, in denen das Phosphorylierungssystem begrenzender Faktor der Atmung ist, mit einer Atmungssteigerung verbunden[8]. Blockierung des Wachstums von Avenazylindern durch schwache Konzentrationen dieses Hemmstoffes sind aber mit gleichzeitiger Steigerung des O_2-Verbrauchs gekoppelt, die Atmungsförderung durch IES, Adenylsäure und Arginin wird in

---

[1] COMMONER, B., and K. V. THIMANN: J. gen. Physiol. **24**, 279 (1941). — [2] THIMANN, K. V., and W. D. BONNER jr.: Amer. J. Bot. **36**, 214 (1949). — [3] THIMANN, K. V., in SKOOG, F.: Plant Growth Substances. Wisconsin 1951. — [4] BONNER, J.: Arch. Biochem. **17**, 311 (1948). — [5] BONNER, J.: Amer. J. Bot. **36**, 323, 429 (1949). — [6] WILDMAN, S. G., and J. BONNER: Arch. Biochem. **14**, 381 (1947). — [7] HOROWITZ, N. H., and A. M. SRB: J. biol. Ch. **174**, 371 (1948). — [8] LOOMIS, W. F., and F. LIPMANN: J. biol. Ch. **173**, 807 (1948).

seiner Gegenwart unterdrückt. Auf Grund dieser Ergebnisse in Verbindung mit dem wahrscheinlichen Wirkungsmechanismus des Hemmstoffes[1] wird postuliert, daß verfügbare Phosphatacceptoren die Atmungsrate der Avenazylinder begrenzen und daß IES, Arginin wie Adenylsäure an verschiedenen Schritten der Phosphatübertragung beteiligt sind. Auf Grund weiterer Untersuchungen[2-5] ist diese Konzeption genauer formuliert und in zwei wesentlichen Punkten verändert worden, so daß sich folgendes Bild ergibt.

Die Mitochondrien verschiedener höherer Pflanzen (Helianthus tub., Avocado, Phaseolus mungo) enthalten ein Enzymsystem, das in vitro α-Ketoglutarsäure oder andere Säuren des KREBS-Cyclus oxydiert und dabei Adenosintriphosphorsäure aus anorganischem Phosphat und Adenylsäure aufbaut. Das Verhältnis zwischen Phosphatverbrauch und Sauerstoffaufnahme ist bei entsprechenden Versuchsbedingungen 1:1. Ein entscheidender Faktor bei der Umsetzung ist die Konzentration des Phosphatacceptors. Die O_2-Aufnahme des Systems erreicht ihr Maximum, wenn Adenylsäure in überoptimaler Dosis (10^{-3} molar) zugegeben wird; werden geringere Konzentrationen verwendet, so sinkt sowohl der Gaswechsel wie die ATP-Bildung ab. Wenn durch 2,4-Dinitrophenol (3×10^{-5} molar) im normalen Reaktionsgemisch, das aus verschiedenen Zuckern, Salzen, Phosphatpuffer, α-Ketoglutarsäure und Adenylsäure (10^{-3} molar) besteht, die Phosphataufnahme um 50% reduziert wird, sinkt die O_2-Aufnahme nur minimal ab (2%). Liegt Adenylsäure in höherer, nicht begrenzender Konzentration vor, so drückt der Hemmstoff nur die Bildung von ATP herunter; fehlt aber der Phosphatacceptor, dann ist nur nach DNP-Zusatz eine Sauerstoffaufnahme feststellbar. Diese Effekte können mit ziemlicher Sicherheit auf die Lösung (uncoupling) der Verbindung zwischen den Oxydations- und Phosphorylierungsprozessen in dem vorliegenden System zurückgeführt werden.

In vivo liegen die Verhältnisse ähnlich. So kann beispielsweise die Atmung der Avenakoleoptilen durch Adenylsäure gesteigert werden, die Konzentration oder die Umsatzrate des Phosphatacceptors ist also auch unter diesen Verhältnissen der begrenzende Faktor der normalen Sauerstoffaufnahme. Eine Steigerung des Gaswechsels pflanzlicher Gewebe (Avenakoleoptilen, Helianthusknollen) läßt sich außerdem noch durch IES und DNP verursachen. Ein zusätzlicher Hinweis, daß beide Verbindungen dabei den gleichen oxydativen Stoffwechselprozeß beeinflussen, ist die in ihrer Gegenwart unveränderte Empfindlichkeit des Atmungssystems von Helianthusgewebe gegenüber anderen Inhibitoren, Blausäure 100%ige und Malonsäure 30%ige Hemmung.

Förderungen des Streckungswachstums (Avenakoleoptilen) oder der Wasseraufnahme (Helianthusknollen) durch Auxin lassen sich aber mit Hilfe von DNP reduzieren oder unterdrücken. Die ebenfalls durch den Wuchsstoff induzierte Steigerung der Sauerstoffaufnahme (etwa 10—20% der Gesamtatmung) wird dabei prozentual in dem gleichen Ausmaß wie das Wachstum gehemmt. Nach der Gesamtheit der Ergebnisse wird angenommen, daß IES und DNP auf den gleichen Teil des Stoffwechsels (Phosphorylierung) einwirken; die durch beide Substanzen erregten Atmungssteigerungen werden auf die gleiche Ursache — Beseitigung der Begrenzung des Gaswechsels durch Phosphatacceptoren — zurückgeführt. Die unterschiedliche Beeinflussung des Wachstums durch die gleichen Verbindungen ergibt sich aus ihrem Wirkungsmechanismus. Der Wuchsstoff ermöglicht eine Ausnutzung (channeling) der aus ATP freiwerdenden Energie für die Wasseraufnahme

---

[1] LOOMIS, W. F., and F. LIPMANN: J. biol. Ch. **173**, 807 (1948). — [2] BONNER, J., R. S. BANDURSKI u. A. MILLERD: Physiol. Plant., København **6**, 511 (1953). — [3] MILLERD, A.: Arch. Biochem. **42**, 149 (1953). — [4] BONNER, J., and A. MILLERD: Arch. Biochem. **42**, 135 (1953). — [5] MILLERD, A., J. BONNER and J. B. BIALE: Plant Physiol. **28**, 521 (1953).

bei der Streckung wachsender und ruhender Organe und beeinflußt indirekt durch die dabei einsetzende Freisetzung von Phosphatacceptoren die Atmung. Das gesteigerte Wachstum ist also die Ursache der beschleunigten Atmung. Der Hemmstoff verhindert die Ausnützung der gleichen Energie für das Wachstum, indem er — ähnlich wie bei den Versuchen in vitro — Oxydation und Phosphorylierung entkuppelt.

Zu fast identischen Formulierungen haben Resultate mit Segmenten aus jungen Maiskoleoptilen geführt. FRENCH u. BEEVERS[1] schließen auf die Regulation des gleichen Stoffwechselprozesses (Phosphorylierung) durch Auxin und „entkuppelnde" Hemmstoffe (2,4-Dichlor- und Dinitrophenol), auf die Beseitigung des gleichen begrenzenden Faktors (P-Acceptoren) der normalen Atmung durch die erwähnten Stoffe und die indirekte Förderung der O_2-Aufnahme der Maiskoleoptilen durch Wuchsstoffe, die über die Katalyse einer anabolischen Reaktion erfolgen soll. Sie lassen ähnlich wie BONNER und seine Mitarbeiter die Frage offen, ob die Wachstumshemmung durch die substituierten Phenole von der Verhinderung der ATP-Synthese abhängig ist oder ob sie durch einen nutzlosen Abbau (non-usefulbreakdown) dieses energiereichen Phosphats verursacht wird.

Eine Beurteilung der Gültigkeit der Theorien von THIMANN bzw. BONNER ist deshalb recht schwer, weil es sich um vorläufige Formulierungen handelt. Die Methodik der Versuche, auf denen sie basieren, ist z. T. von AUDUS[2] genauer untersucht und stark kritisiert worden, ohne daß jedoch die Gesamtkonzeptionen in Frage gestellt würden. Wenn hier der Anschauung BONNERs der Vorzug gegeben wird, so geschieht das deshalb, weil sie nicht nur eine Erklärung der auxininduzierten Atmung gibt, sondern auch die Möglichkeit bietet, die meisten der vorliegenden Ergebnisse miteinander in Einklang zu bringen.

c) Die Wundhormone.

α) Geschichtliches.

Die Existenz von Wundhormonen ist zuerst von WIESNER[3] postuliert worden. Er begründete sein Postulat mit den nach Verwundung von Pflanzen zu beobachtenden Zellteilungen in nichtembryonalen Geweben, die in der Nähe der Wundstelle lagen. Die Untersuchungen HABERLANDTs über Gewebekulturen[4] ergaben den ersten experimentellen Beweis für das Vorkommen derartiger Hormone; in Stücken aus Kartoffelknollen kam es zu erneuten Zellteilungen, wenn Brei dieser Knollen oder ein Extrakt daraus und Fragmente des Leitgewebes (Leptom) auf die Wundfläche gebracht wurden. Die induzierte Zellteilung wurde deshalb auf 2 Hormone zurückgeführt, das „Leptohormon" aus dem Leitgewebe und das Wundhormon aus den zerstörten Zellen. Sowohl am Kartoffel- als auch am Kohlrabigewebe[4, 5] ließ sich die Zellteilung durch Abspülen der Wundflächen mit Wasser verhindern und durch Auftragen von Gewebebrei aus verschiedenen Pflanzen neu induzieren. Die zum Teil festgestellte Artspezifität der Hormone[5] — einige wirken nur innerhalb der gleichen Pflanzenfamilie, bei Crassulaceen traten diese Unterschiede schon innerhalb der gleichen Familie auf — weisen auf die verschiedene chemische Natur der Hormone hin. Die Untersuchungen von LAMPRECHT[6], REICHE[7], WEHNELT[8] und WILHELM[9] bestätigten das Vorkommen derartiger Hormone. Das zuerst von WEHNELT[8] ausgearbeitete Testverfahren mit den Pericarpien grüner Bohnen ist dann später in modifizierter Form[10] bei der Isolierung und der Synthese der Traumatinsäure verwendet worden.

---

[1] FRENCH, R. C., and H. BEEVERS: Amer. J. Bot. **40**, 660 (1953). — [2] AUDUS, L. J.: J. exp. Bot. **3**, 375 (1952). — [3] WIESNER, I.: Die Elementarstruktur und das Wachstum der lebenden Substanz. Wien 1892. — [4] HABERLANDT, G.: S.-B. preuß. Akad. Wiss. **1913**, 318; **1914**, 1096. — [5] HABERLANDT, G.: S.-B. preuß. Akad. Wiss. **1921**, 221. Beitr. allg. Bot. **2**, 1 (1921). — [6] LAMPRECHT, W.: Beitr. allg. Bot. **1**, 353 (1918). — [7] REICHE, H.: Z. Bot. **16**, 241 (1924). — [8] WEHNELT, B.: Jb. wiss. Bot. **66**, 773 (1927). — [9] WILHELM, A. F.: Jb. wiss. Bot. **72**, 203 (1930). — [10] BONNER, J., and J. ENGLISH jr.: Plant Physiol. **13**, 331 (1938).

β) Testverfahren.

Das von WEHNELT[1] entwickelte und später verbesserte[2] Testverfahren beruht auf der großen Empfindlichkeit des parenchymatösen Gewebes junger Bohnenhülsen gegenüber Wundreizen. Die den Samen benachbarte Schicht reagiert auf Tropfen von Gewebeextrakten und Traumatinlösungen durch die Ausbildung zylindrischer Wucherungen, deren Höhe das Maß für die Hormonkonzentration ist. Ähnliche Intumeszenzen können durch Wasser, Zucker, Säuren[1], IES[3,4] oder andere unspezifische Substanzen[5,6] hervorgerufen werden; sie erreichen aber nur $^1/_5$ der Höhe, die durch Hormone verursacht wird.

Für den Test werden junge Bohnenhülsen einer reinen Linie, die noch keine Rundung durch die Samen zeigen, gespalten, die Samen entfernt und die Hülsen in Stückchen aufgeteilt, die den Samenkammern entsprechen. Die einzelnen Stückchen kommen mit der Innenfläche nach oben in Petrischalen auf feuchtes Filterpapier, ein Tropfen der zu testenden Lösung (0,01 cm^3) wird mit einer Mikropipette in die Mitte der Samenkammer gesetzt. Maß für die relative Hormonkonzentration ist die Höhe der ausgebildeten Wucherung, die bei schwacher Vergrößerung mit dem Mikroskop bestimmt wird. Nach 48 Std Inkubation bei 25° C, bei schwächeren Konzentrationen in kürzerer Zeit, ist das Maximum des Wachstums erreicht. Die Höhe der Intumeszenz ist zwischen 0,20—0,67 mm direkt proportional der Hormonkonzentration. Die resultierende Kurve geht nicht durch den Nullpunkt, der relative Nullpunkt muß aus dem Bereich der linearen Proportionalität extrapoliert werden. Er liegt bei einem Zuwachs von etwa 0,18 mm. Dieser Punkt ist entscheidend für den Test, er variiert von Tag zu Tag, ist aber immer gleich dem Maximum der Reaktion auf unspezifische Substanzen; als Wundhormone können nur solche Stoffe gelten, die einen Zuwachs über den relativen Nullpunkt hinaus verursachen.

γ) Isolierung, Synthese, chemische und physikalische Eigenschaften der Traumatinsäure; chemische Konstitution und physiologische Aktivität.

Als Ausgangsmaterial für die *Isolierung des Traumatins* wurden auf Grund ihres hohen Gehaltes an Wundhormonen junge Bohnenhülsen verwendet[6]. Die Anreicherung in den ersten Stufen beruht auf der Löslichkeit der aktiven Substanz in Wasser, Aceton und Äthylacetat[7,8].

Nach Verdampfen des Äthylacetats im Vakuum und weiterer Reinigung durch fraktionierte Chloroformextraktion der wäßrigen Lösung des Rückstandes ergibt die saure Fraktion nach Fällung mit Bariumchlorid lösliche Bariumsalze, die mit peroxydfreiem Isopropyläther vom Sirup getrennt werden können. Nach Umkrystallisierung in Alkohol konnten aus etwa 92 Pfund Ausgangsmaterial 18 mg krystallisierter Substanz gewonnen werden[7].

Traumatinsäure ist eine ungesättigte Säure mit der Summenformel $C_{12}H_{20}O_4$. Das Verhalten ihres Dimethylesters[8] — er enthält keinen aktiven Wasserstoff und wird bei der Oxydation mit Kaliumpermanganat in Sebacinsäure umgewandelt — und die bei der katalytischen Hydrierung mit Platinoxyd entstehende Decan-1,10-dicarbonsäure weisen darauf hin, daß es sich um eine 2basische Säure mit einer Doppelbindung in α-β-Position handelt[8]. Die Traumatinsäure ist demnach die Δ^1-Decen-1,10-dicarbonsäure.

$$HOOC{-}CH{=}CH(CH_2)_8{-}COOH$$

Traumatinsäure

Die Strukturformel konnte durch die Synthese[8] der Traumatinsäure bestätigt werden.

[1] WEHNELT, B.: Jb. wiss. Bot. **66**, 773 (1927). — [2] BONNER, J., and J. ENGLISH jr.: Plant Physiol. **13**, 331 (1938). — [3] WILHELM, A. F.: Jb. wiss. Bot. **72**, 203 (1930). — [4] JOST, L.: Ber. dtsch. bot. Ges. **53**, 733 (1935). — [5] ORSÓS, O.: Protoplasma, Wien **26**, 351 (1936). — [6] BONNER, J., and J. ENGLISH jr.: Science, N. Y. **86**, 352 (1937). — [7] ENGLISH, J. jr., J. BONNER and A. J. HAAGEN-SMIT: Proc. nat. Acad. Sci. USA **25**, 323 (1939). — [8] ENGLISH, J. jr., J. BONNER and A. J. HAAGEN-SMIT: Am. Soc. **61**, 3434 (1939).

Die synthetische Darstellung führt, ausgehend von dem Methylester der Undecenylsäure über den Halbaldehyd des Methylsebacinats, dann folgende Kondensation mit Malonsäure in Gegenwart von Pyridin, die mit der Decarboxylierung der Malonsäure verbunden ist, nach Abtrennung des Pyridins durch HCl und alkalischer Hydrolyse des vorliegenden Esters zur Δ^1-Decen-1,10-dicarbonsäure. Bei Mischung der durch die Synthese erhaltenen Krystalle mit denjenigen, die aus Bohnenhülsen isoliert wurden, tritt keine Änderung des Schmelzpunktes ein. Die Traumatinsäure ist optisch inaktiv und bildet in Alkohol und Aceton Krystalle mit einem Schmelzpunkt von 165—166° C.

Die im Bohnentest durchgeführte Überprüfung[1,2] von Verbindungen, die ähnlich wie die Traumatinsäure gebaut sind, hat gewisse Aufschlüsse über die Abhängigkeit der physiologischen Aktivität von der chemischen Struktur gegeben. Monocarbonsäuren (Laurin-, Linolsäure) sind inaktiv, während außer der Traumatinsäure eine Anzahl gesättigter und ungesättigter Dicarbonsäuren positive Reaktionen im Test hervorrufen. Das Hydrierungsprodukt der Traumatinsäure, die Decan-1,10-dicarbonsäure und die Sebacinsäure sind etwa halb so wirksam wie diese, während Kork- und Azelainsäure mit 8 bzw 9 C-Atomen nur minimal aktiv sind. Die Maleinsäure und eine ganze Anzahl höherer Säuren dieser Reihe bis zu 15 C-Atomen, darunter auch die Δ^2-Decen-1,10-dicarbonsäure, weisen erst in Verbindung mit einer Lösung von Cofaktoren, die an sich unwirksam ist, Wundhormoncharakter auf. Bei der ebenfalls aktiven Erregungssubstanz aus Mimosen[3] handelt es sich wahrscheinlich um eine Dicarbonsäure mit längerer Kette (Mol.-Gew. 420). Die Wundhormonaktivität dürfte also auf 2basische Säuren mit mehr als 7 C-Atomen beschränkt sein, Doppelbindungen fördern zwar die physiologische Wirkung, sind aber nicht von entscheidender Bedeutung.

δ) Physiologie der Wundhormone.

Die physiologische Wirkung der Wundhormone beruht auf der Induktion von Zellteilungen in nichtembryonalen Geweben, die bei Verwundung von Pflanzen zur Bildung neuer Abschlußgewebe (Wundkallus und Wundkork) führt. Diese Induktion von Zellteilungen ist aber von den Wundhormonen, von dem „Leptohormon" und von verschiedenen Cofaktoren abhängig[4–6]. Über den Wirkungsmechanismus der einzelnen Komponenten bei der Wundreaktion ist recht wenig bekannt. Nach den Untersuchungen BONNERs und seiner Mitarbeiter dürfte die in früheren Arbeiten festgestellte Artspezifität der Wundhormone[4,5] — die Dicarbonsäuren wirken unspezifisch — in der Mehrzahl der Fälle durch das Fehlen bestimmter Cofaktoren bedingt sein. Ebenso naheliegend ist es, die Wundreaktionen, die sich nach Zusatz von Aminosäuren, Vitaminen, Zucker u. a. m.[7–10] ergeben, nicht auf die hormonale Natur dieser Stoffe, sondern auf die Behebung begrenzender Faktoren zurückzuführen.

Ein entscheidender Punkt ist die Rolle des *„Leptohormons"*, das in manchen Fällen, z. B. im Bohnentest, durch das Gewebe selbst geliefert wird[11]. Der Transport im Siebteil (Leptom) und die beobachtete Diffusion durch Agarscheiben haben

[1] ENGLISH, J. jr., J. BONNER and A. J. HAAGEN-SMIT: Am. Soc. **61**, 3434 (1939). — [2] ENGLISH, J. jr.: Am. Soc. **63**, 941 (1941). — [3] SOLTYS, A., u. K. UMRATH: B. Z. **284**, 247 (1936). — SOLTYS, A., K. UMRATH u. C. UMRATH: Protoplasma, Wien **31**, 454 (1938). — [4] HABERLANDT, G.: S.-B. preuß. Akad. Wiss. **1913**, 318; **1914**, 1096. — [5] HABERLANDT, G.: S.-B. preuß. Akad. Wiss. **1921**, 221. Beitr. allg. Bot. **2**, 1 (1921). — [6] ENGLISH, J. jr., J. BONNER and A. J. HAAGEN-SMIT: Proc. nat. Acad. Sci. USA **25**, 323 (1939). — [7] WEHNELT, B.: Jb. wiss. Bot. **66**, 773 (1927). — [8] WILHELM, A. F.: Jb. wiss. Bot. **72**, 203 (1930). — [9] JOST, L.: Ber. dtsch. bot. Ges. **53**, 733 (1935). — [10] LAIRD, D. G., and P. M. WEST: Canad. J. Res. (C) **15**, 1 (1937). — [11] BONNER, J., and J. ENGLISH jr.: Plant Physiol. **13**, 331 (1938).

zu der Vermutung geführt, daß es sich bei dieser Substanz um Auxin handelt[1,2]; die Unwirksamkeit der IES in physiologischen Konzentrationen im Bohnentest[3] ist deshalb kein Beweis gegen die vorhin erwähnte Vermutung, weil die Hülsen wahrscheinlich optimalen Wuchsstoffgehalt aufweisen. Daß Auxin bei Wundreaktionen mitwirkt und daß es ähnliche Effekte wie die Wundhormone hervorrufen kann, zeigen die Ergebnisse der Untersuchungen über die Aktivierung des Cambiums durch Verwundung[4-6] und durch Zusatz von Wuchsstoff[6-8]. Das derart induzierte Dickenwachstum von Holzpflanzen ist immer stärker, wenn neben den Wundstoffen Auxin vorhanden ist, es ist aber bei weitgehend auxinfreien Objekten[5,6] — Unterbrechung des Siebteils durch Ringelung — wie in Gegenwart der Wuchsstoffe stets auf eine engbegrenzte Fläche 2—3 cm unter der Wundstelle beschränkt[8] Diese Ergebnisse lassen nur folgende Deutung zu, 1. Auxin fördert die Wundreaktion und ist vielleicht mit dem „Leptohormon" identisch und 2. die Beschränkung der Wuchsstoffwirkung auf eine enge Region unterhalb der Wundstelle, durch die IES eingeführt[6] wurde oder durch die Leitbahnen herangebracht wird[5], geht auf die Mitwirkung spezifischer Wundhormone zurück, da ein Verbrauch der IES oder eine Behinderung ihres Transportes unwahrscheinlich ist.

d) Vitamine B_1 (Aneurin, Thiamin) und B_6 (Adermin, Pyridoxin) als Phytohormone.

α) Geschichtliches.

Bei der Kultivierung von isolierten Organen[9-12], Wurzeln, Keimlingen und später auch bei Gewebekulturen[13] hatte es sich gezeigt, daß derartige Kulturen neben anorganischen Salzen und Zuckern noch Zusatzfaktoren für ihr Wachstum benötigen. Ähnlich wie bei niederen Organismen erwiesen sich Hefeextrakte und ungereinigter Zucker als besonders wirksam[10-12,14]. Die Feststellung der chemischen Natur der in diesen Extrakten enthaltenen Faktoren ergab dann die Möglichkeit einer genaueren Bestimmung der von verschiedenen Organen und Gewebekulturen benötigten Zusatzfaktoren[14-17], die zum Teil als Phytohormone[15] (Biotin, Aneurin) oder auch als Plasmawuchsstoffe (Biotin, Aneurin, Pantothensäure, Nicotinsäureamid u. a. m.) bezeichnet wurden. Entscheidend für eine Einordnung der Vitamine B und B_6 als Phytohormone ist nicht nur der Nachweis ihres Transportes von den Blättern zur Wurzel[16,17], eine Anzahl andere Wirkstoffe (Biotin, Riboflavin, Pantothensäure) werden in der ähnlichen Weise transportiert[15,18], sondern auch die fehlende Synthese der Vitamine B_1 und B_6 in der Wurzel[17,19].

β) Testverfahren.

Die Methoden zur Bestimmung des Vitamingehaltes in reinen Lösungen oder in Extrakten beruhen auf der Wachstumsbeschleunigung von Pilzen oder Bakterien, die für diese Substanzen heterotroph sind. Für die Aneurinbestimmung

---

1 Vgl. Literatur Auxin S. 866, Fußnote 15. — 2 Vgl. Literatur Auxin S. 866, Fußnote 16. — 3 Bonner, J., and J. English jr.: Plant Physiol. **13**, 331 (1938). — 4 Coster, C.: Ann. Jard. bot. Buitenzorg **38**, 1 (1928). — Gouwentak, C. A., u. G. Hellinga: Meded. Landbouwhoogeschool Wageningen **39**, 1 (1935). — Münch, E.: Ber. dtsch. bot. Ges. **50**, 407 (1932). — 5 Brown, A. B., and R. G. H. Cormack: Canad. J. Res. (C) **15**, 431 (1937). — 6 Söding, H.: Ber. dtsch. bot. Ges. **54**, 291 (1936). — 7 Snow, R.: New Phytologist **34**, 347 (1935). — 8 Gouwentak, C. A., u. A. L. Maas: Meded. Landbouwhoogeschool Wageningen **44**, 1 (1940). — 9 Kotte, W.: Ber. dtsch. bot. Ges. **40**, 269 (1922). — 10 Robbins, W. J.: Bot. Gaz. **73**, 376 (1922). — 11 Robbins, W. J., and W. E. Maneval: Bot. Gaz. **76**, 274 (1923). — 12 White, P. R.: Plant Physiol. **9**, 585 (1934). — 13 White, P. R.: Bot. Rev. **2**, 419 (1936). — 14 White, P. R.: Plant Physiol. **12**, 777 (1937). — 15 Kögl, F., u. A. J. Haagen-Smit: H. **243**, 209 (1936). — 16 Bonner, J.: Amer. J. Bot. **29**, 136 (1942). — 17 Bonner, J., and R. Dorland: Arch. Biochem. **2**, 451 (1943). — 18 Bonner, J., and R. Dorland: Amer. J. Bot. **30**, 414 (1943). — 19 Robbins, W. J., and M. B. Schmidt: Proc. nat. Acad. Sci. USA **25**, 1 (1939).

hat sich der von SCHOPFER u. JUNG[1] entwickelte Phycomycestest (Phycomyces blakesleeanus) am besten bewährt[2], für Pyridoxin ist von BONNER u. DORLAND[3] durch Verwendung einer pyridoxinfreien Neurosporamutante (Neurospora sitophila) ein in der Durchführung dem Phycomycestest recht ähnliches Verfahren ausgearbeitet worden.

Phycomycestest: Zur Bestimmung unbekannter Aneurinkonzentrationen werden gleichzeitig Serien von Kontroll- und Testkulturen auf 25 cm³ sterilem, flüssigem Substrat bei 22° C gezogen. Die Grundnährstoffe sind für alle Kulturen gleich [3% Glucose, 1% Asparagin, 0,5% Magnesiumsulfat ($+ 7\,H_2O$), 1,5% primäres Kaliumphosphat]. Zu dem Substrat der Kontrollkulturen werden Aneurinzusätze bekannter Konzentration gegeben, zu demjenigen der Testkulturen verschiedene Verdünnungsstufen der zu testenden Lösung. Zur Beimpfung sämtlicher Substrate wird nur eine Sporensuspension benützt. Nach 10 Tagen Inkubationszeit werden die Unterschiede im Wachstum der einzelnen Mycele durch Bestimmung des Trockengewichtes festgestellt. Durch Vergleich der Wachstumskurven von Kontroll- und Testkulturen, die sich in der graphischen Darstellung aus der Abhängigkeit des Mycelwachstums von der Vitaminkonzentration ergeben, kann dann der unbekannte Wirkstoffgehalt ermittelt werden.

Neurosporatest[3]: Ähnlich wie für das Aneurin im Phycomycestest wird die Aderminkonzentration im Nährsubstrat des Pilzes durch Vergleich des Trockengewichtes der Testkulturen mit denjenigen der Kontrollen ermittelt. Das Grundnährmedium besteht aus 2 g KH_2PO_4, 10 g Ammoniumtartrat, 2 g NH_4NO_3, 1 g $MgSO_4 \cdot 7\,H_2O$, 0,2 g $NaCl$, 0,26 g $CaCl_2 \cdot 2\,H_2O$, 10 mg $FeCl_3$, 30 g Glucose und 4 γ krystallisiertem Biotinmethylester je *l* Aqua bidest. Das Substrat der einzelnen Kulturen enthält 5 cm³ des Nährmediums zusätzlich den entsprechenden Pyridoxinkonzentrationen und wird auf 10 cm³ aufgefüllt. Die optimale Temperatur liegt bei 29—30° C, die Bestimmung des Trockengewichtes erfolgt nach 3—7 Tagen Inkubationszeit.

γ) Pflanzenphysiologische Bedeutung der Vitamine B_1 und B_6.

Über die physiologische Wirkung dieser Vitamine in höheren Pflanzen ist vorläufig noch recht wenig bekannt. Neben der freien transportablen Form, die in jungen, aber voll entwickelten Blättern gebildet wird[3,4], sind gebundene Formen in den verschiedensten Pflanzengeweben festgestellt worden[5,6]. Bei der gebundenen Form des Aneurins handelt es sich um das Pyrophosphat, das als Coenzym der Carboxylase funktioniert[5], für diejenige des Adermins oder seiner Derivate (Pyridoxal und Pyridoxamin) ist nach BONNER[7] die gleiche Rolle als Coenzym der Transaminase mehr als wahrscheinlich. Die positive Wirkung der Vitamine auf das Wachstum dürfte demnach wenigstens zum Teil durch die Beeinflussung des Stoffwechsels zu erklären sein, soweit er die Kohlenhydrate und die Aminosäuren bzw. den Umbau der Ketosäuren und Aminosäuren betrifft. Die bisher beobachtete Akkumulierung des Aneurins und des Adermins in den Vegetationspunkten von Sprossen und ihre gegenüber der Sproßbasis erhöhte Konzentration in Wurzeln[3,4,8] ist recht auffällig und kann möglicherweise in einer spezifischen Verbindung mit der Funktion meristematischer Gewebe stehen, obwohl bisher keine experimentellen Befunde vorliegen, die auf einen derartigen Zusammenhang hinweisen.

e) Blühhormone.

Der Übergang von der vegetativen zur reproduktiven Phase bei Blütenpflanzen ist von Determinationsvorgängen abhängig, durch die Vegetationspunkte ihren

[1] SCHOPFER, W. H., et A. JUNG: 5. Congr. int. techn. chim. Industr. agric. 1937, S. 22. — [2] JANSEN, B. C. P., u. W. F. DONATH: Versl. Kon. Akad. Wet. Amsterdam **35**, 923 (1927). — [3] BONNER, J., and R. DORLAND: Arch. Biochem. **2**, 451 (1943). — [4] BONNER, J.: Amer. J. Bot. **29**, 136 (1942). — [5] HOROWITZ, N. H., and E. HEEGARD: J. biol. Ch. **137**, 475 (1941). — [6] RABINOWITZ, J. C., and E. E. SNELL: J. biol. Ch. **176**, 1157 (1948). — [7] Vgl. Literatur Auxine S. 866, Fußnote [12]. — [8] BURKHOLDER, P. R., and I. MCVEIGH: Amer. J. Bot. **27**, 853 (1940).

meristematischen Charakter verlieren und nur noch der Ausbildung von Blüten dienen; das erste sichtbare Zeichen für derartige Prozesse sind die sog. Blütenprimordien. Die Determinationsprozesse können durch verschiedene äußere Faktoren (Licht beim Photoperiodismus und tiefe Temperaturen bei der Vernalisation) eingeleitet und beschleunigt werden. Sie sind von der Bildung bestimmter Stoffe abhängig[1-3], die von ihrem Bildungsort (Blätter beim Photoperiodismus und verschiedene Gewebe bei der Vernalisation) in die Vegetationspunkte[2,4,5] transportiert werden[2,4,6-9]. Der Transport ist unpolar und erfolgt in den Siebröhren[4,10-12], er ist aber nur möglich, wenn die Gewebe von Donator und Acceptor miteinander verwachsen sind. Folien (Agar, Papier) die z. B. bei Pfropfpartnern zwischengeschaltet wurden[13], blockieren den Transport. Es handelt sich bei der Übertragung des Blühstimulus offenbar um stoffliche Fernwirkung, die verschiedenen Blühhormonen (Florigen[14], Vernalin[8]) zugeschrieben wurde. Im Gegensatz zur Blühhormontheorie steht eine andere Auffassung, nach der die entscheidenden Prozesse der Blühinduktion nur in den Vegetationspunkten ablaufen[15-17]. Die Wirkung günstiger, induktiver äußerer Bedingungen würde dann nicht auf der Bildung von Blühhormonen beruhen, sondern sie wäre auf die Verhinderung der Synthese von Inhibitoren zurückzuführen, die unter ungünstigen, nicht induktiven Bedingungen die Blühprozesse hemmen. Da in vielen Fällen Auxin hemmend auf die Blütenbildung wirkt, haben verschiedene Autoren diese Theorien mit dem Antagonismus zwischen Auxin und Antiauxin verknüpft[16-18]. Es ist bis jetzt noch nicht gelungen, Blühhormone zu isolieren[8,9]; erst aus der letzten Zeit liegt ein kurzer Bericht über die Extraktion von aktivem, blühförderndem Material vor[19]; es bleibt jedoch noch abzuwarten, ob sich diese Ergebnisse bei der weiteren Bearbeitung erweitern und bestätigen lassen.

f) Caline.

Bei der Bildung und Differenzierung von Wurzeln, Stengeln und Blättern hat es sich gezeigt, daß an diesen Prozessen neben dem Auxin andere Faktoren beteiligt sind, die in Wurzeln, Blättern und Cotyledonen gebildet werden. Man hat deshalb auf das Vorkommen spezifischer Hormone (Caulocalin, Rhizocalin, Phyllocalin) geschlossen, die entscheidend für das Wachstum von Wurzeln und Stengeln und die Differenzierung der Blätter (Flächenwachstum) sein sollen[20-22]. Derartige Hormone sind bis jetzt noch nicht direkt nachgewiesen oder isoliert worden. Da die indirekten Beweise für die Existenz solcher spezifischen Substanzen

---

[1] Sachs, J.: Bot. Ztg. **21**, Beilage zu Nr. 31—33 (1863). Flora, Jena **75**, 1 (1892). — [2] Chaïlakhyan, M. K.: C. R. Acad. Sci. URSS **3**, 443 (1936). — [3] Melchers, G.: Biol. Zbl. **56**, 567 (1936). — [4] Harder, R., u. H. v. Witsch: Nachr. Ges. Wiss. Göttingen, math.-physik. Kl. **1941**, 84. — [5] Harder, R., u. H. v. Witsch: Gartenbauwiss. **15**, 226 (1940). — [6] Borthwick, H. A., and M. W. Parker: Bot. Gaz. **100**, 374 (1938/39). — [7] Melchers, G.: Ber. dtsch. bot. Ges. **57**, 29 (1939). — [8] Melchers, G., u. A. Lang: Biol. Zbl. **61**, 16 (1941). — [9] Hamner, K. C., and J. Bonner: Bot. Gaz. **100**, 388 (1938/39). — [10] Borthwick, H. A., M. W. Parker and P. H. Heinze: Bot. Gaz. **102**, 792 (1940/41). — [11] Galston, A. W.: Bot. Gaz. **110**, 495 (1948/49). — [12] Withrow, A. P., and R. B. Withrow: Bot. Gaz. **104**, 409 (1942/43). — [13] Melchers, G., u. A. Lang: Biol. Zbl. **67**, 105 (1948). — [14] Chaïlakhyan, M. K.: C. R. Acad. Sci. URSS **4**, 79 (1936). — [15] Gregory, F. G.: Sympos. Soc. exp. Biol. **2**, 75 (1948). — [16] Resende, F.: Bol. Soc. port. Cienc. nat. **2**, 174 (1949). — [17] Denffer, D. v.: Naturwiss. **37**, 296, 317 (1950). — [18] Senden, H. van: Biol. Zbl. **70**, 537 (1951). — [19] Roberts, R. H., in Skoog, F.: Plant Growth Substances. Wisconsin 1951. — [20] Bouillenne, R., et F. Went: Ann. Jard. bot. Buitenzorg **43**, 25 (1933). — Bouillenne, R., et M. Bouillenne: Bull. Soc. R. Bot. Belg. **71**, 43 (1938). — [21] Went, F. W.: Biol. Zbl. **56**, 449 (1936). Plant Physiol. **13**, 55 (1938). Amer. J. Bot. **25**, 44 (1938). Bot. Gaz. **104**, 460 (1942/43). — [22] Gautheret, R. J.: Rev. Cytol. Cytophysiol. vég. **6**, 85 (1943).

durch Ergebnisse aus entsprechenden Versuchen — vor allem aus letzter Zeit — sehr in Frage gestellt sind[1], ist es wahrscheinlicher, daß es sich bei den Calinen um Wachstumsfaktoren und nicht um Hormone handelt[2].

g) Erregungssubstanzen.

Bei Mimosaceen und Papilionaceen, den sog. Sensitiven, können durch bestimmte Reize (Erschütterung, Wärme) Blattbewegungen ausgelöst werden, die sich von der Reizstelle auf andere Blätter übertragen. Die Übertragung des Reizes erfolgt durch Substanzen (Erregungssubstanzen), die in der Hauptsache im Siebteil transportiert werden und sich allseitig ausbreiten[3,4]. Bei Unterbrechung der Leitelemente und Zwischenschaltung von Zylindern, die mit Wasser gefüllt sind, wird der Transport nicht behindert[5]. Diese Erregungssubstanzen, die hormonalen Charakter haben, sind zum Teil isoliert und analysiert worden[6,7]. Nach SOLTYS u. UMRATH[7] handelt es sich um eine Oxysäure mit hohem Sauerstoffgehalt und einem Molekulargewicht um 400. Ihre physiologische Wirkung beruht auf der Veränderung der Permeabilitätsverhältnisse der Zellen der Blattgelenke und auch des Blattgewebes selbst[8].

VII. Abwehrreaktionen.

1. Immunchemie.

Von **O. WESTPHAL.**

Inhaltsverzeichnis.

---

[1] DORFMÜLLER, W.: Jb. wiss. Bot. **86**, 420 (1938). — SKOOG, F.: Amer. J. Bot. **31**, 19 (1944). — LOO, S.-W.: Amer. J. Bot. **32**, 13 (1945). — OVERBEEK, J. VAN, S. A. GORDON and L. E. GREGORY: Amer. J. Bot. **33**, 100 (1946). — WENCK, U.: Z. Bot. **40**, 33 (1952). — [2] Vgl. Literatur Auxine S. 866, Fußnoten [10, 15]. — [3] PFEFFER, W.: Physiologische Untersuchungen. Leipzig 1873. — [4] BÜNNING, E.: Ergebn. Biol. **13**, 235 (1936). — [5] RICCA, U.: Nuovo G. bot. ital. (N. S.) **23**, 51 (1916). — [6] FITTING, H.: Jb. wiss. Bot. **72**, 700 (1930). — [7] UMRATH, K., u. A. SOLTYS: Jb. wiss. Bot. **84**, 276 (1937). — [8] Vgl. Literatur Auxine S. 866, Fußnote [15].

a) Einleitung.

α) Antigene, Antikörper und Spezifität.

Die Immunchemie[1] befaßt sich mit den stofflichen Grundlagen der Immunität und den biochemischen Vorgängen, welche zum Immunzustand führen. Immunität ist verbunden mit 2 stofflichen Begriffen: den *Antigenen* und den *Antikörpern*. Antigene sind solche körperfremden Agenzien, deren Eindringen in den tierischen Organismus zur Bildung von Antikörpern führt. Antikörper sind Proteine, welche in Körperzellen und im Blut auftreten und hier als solche nachgewiesen werden können. Durch die Bildung von Antikörpern wird die Reaktivität des Organismus gegenüber dem Antigen in bestimmter Weise verändert. Diese veränderte Reaktionsfähigkeit kann biologisch zweckmäßig sein, wenn sie darin besteht, die Eliminierung körperfremder Stoffe einzuleiten oder Giftstoffe (Toxine) unschädlich zu machen und somit die Resistenz des Organismus gegen deren schädliche Reizwirkungen zu steigern. Sie kann aber auch biologisch unzweckmäßig sein, wenn es zu erhöhter Empfindlichkeit gegen bestimmte Fremdstoffe kommt, wie bei der Anaphylaxie oder Allergie. *Antigene sind die immunitätsauslösenden Fremdstoffe*, während die vom Organismus als Antwort auf den antigenen Reiz gebildeten *Antikörper Immunität verleihen* und somit die eigentlichen Träger des Immunzustandes sind.

Zu den Antigenen gehören nicht nur gewisse Bestandteile oder Ausscheidungen pathogener Erreger; Antikörperbildung kann ganz allgemein durch zahlreiche, auch an sich ungiftige, zellgebundene oder gelöste Stoffe erfolgen und führt zur Immuntiät gegen diese. Immunität wird daher nicht nur im Laufe von Infekten erworben, sondern kann auch beim Tier und Menschen durch Injektion von Antigenen experimentell herbeigeführt werden. Für die Immunchemie ist dies von größter Bedeutung, denn es ist möglich, die verschiedensten Substanzen auf ihre Antigenität experimentell zu prüfen und die entsprechende Antwort des Organismus in Form der gebildeten Antikörper zu untersuchen. Praktisch von großem Interesse sind in dieser Hinsicht die verschiedenen Formen aktiver Schutzimpfung beim Menschen.

Antigene und Antikörper sind demnach Relativbegriffe. Die Antigenität einer Substanz wird durch deren antikörperauslösende Fähigkeit erwiesen; Antikörper sind nachweisbar und definiert durch ihre besondere Reaktivität gegenüber dem Antigen. Der Nachweis der Antigenität eines Stoffes kann nur durch das Experiment in vivo erfolgen. Dagegen können Antikörper sowohl in vivo (Schutzteste, Neutralisation von Toxin usw.) als auch in vitro erkannt werden.

---

[1] Der Ausdruck stammt von ARRHENIUS, S.: Vorlesungen über Immunchemie an der Universität von Californien (1904). Ergebn. Physiol. **7**, 480—551 (1908).

Einige typische Antigen-Antikörperreaktionen lassen sich in einfacher Weise im Reagensglas durchführen und beobachten.

Es ist für alle Antikörper charakteristisch, daß sie *spezifische Reaktionsfähigkeit* gegenüber dem Antigen besitzen. Der jeweilige Immunzustand eines Versuchstieres oder eines Menschen bezieht sich im allgemeinen immer *nur* auf das auslösende Agens. So ist es wohlbekannt, daß die mehr oder weniger lang anhaltende Immunität nach überstandenen Infektionskrankheiten sich nur auf die speziellen Erreger oder ihre toxischen Produkte bezieht, nicht aber auf irgendwelche anderen Erreger. Individuen, welche allergisch reagieren, sind im allgemeinen nur gegen einen bestimmten Fremdstoff (Allergen) überempfindlich[1]. Bei experimentellen Immunisierungen werden Antikörper nur gegen das injizierte Antigen gebildet, nicht aber gleichzeitig gegen beliebige andere Antigene. Die *hohe Spezifität*, mit der Antikörper auf das sie auslösende Antigen eingestellt sind und die in vieler Hinsicht der spezifischen Einstellung von Enzym und Substrat vergleichbar ist[2], war der Ausgangspunkt der immunchemischen Forschung. Die Immunchemie liefert damit ihren wesentlichen Beitrag zur Erforschung eines allgemeinen Problems, nämlich der Frage nach dem Wesen biologischer Spezifitäten überhaupt, die letztlich strukturchemische Probleme sind.

Die eigentliche Immunchemie widmet sich vornehmlich den folgenden Aufgaben:

1. Erforschung der chemischen Natur der *Antigene* und der chemischen Voraussetzungen der Antigenität,
2. Erforschung der chemischen Natur der *Antikörper* und der strukturchemischen Grundlagen ihrer Spezifität,
3. Erforschung des Wesens der *Antigen-Antikörperreaktion* und der dabei wirksamen Kräfte.

Diese Aufgaben sind vorwiegend chemischer oder physikalisch-chemischer Art, zu denen die mehr biochemisch-physiologische Arbeitsrichtung hinzutritt, nämlich

4. Erforschung jener Vorgänge im tierischen Organismus, welche zur *Synthese spezifischer Antikörper* unter der Wirkung des Antigens führen, sowie Untersuchung aller Faktoren, welche die Antikörperbildung beeinflussen.

Wegen der hohen Spezifität der Antikörper gegenüber dem Antigen ist es möglich, verschiedene antigene Stoffe durch ihre entsprechenden (experimentell erzeugten) Antikörper zu differenzieren und spezifisch nachzuweisen. Schon früh hat man auf dieser Basis beispielsweise die immunologische Differenzierung tierischer Antigene im Vergleich mit zoologischer Verwandtschaft untersucht und bemerkenswerte Beziehungen gefunden[3]. In der Folgezeit und bis heute sind zahlreiche Untersuchungen durchgeführt worden, welche in diesem Sinne den Zweck verfolgten, chemische Strukturprobleme mit Hilfe immunologischer Methoden zu klären. Daß heute chemische Strukturfragen prinzipiell derart bearbeitet werden können, verdanken wir einigen bedeutenden Forschergruppen, besonders in den angelsächsischen Ländern, welche durch intensive Bearbeitung spezieller Antigene und ihrer Antikörper im Sinne der vorstehend skizzierten Aufgabenbereiche die Immunchemie erschlossen und zu einem Zweig der exakten und quantitativ arbeitenden Naturwissenschaften gemacht haben[4].

---

[1] Hansen, K. (Hrsgb.): Allergie. Stuttgart 1956. — [2] Marrack, J.: Ergebn. Enzymforsch. **7**, 281 (1938). — Westphal, O.: Fermente und Immunchemie. Handb. Enzymol. (Nord-Weidenhagen) Bd. 2, S. 1130—1159. — [3] Nuttall, G. H. F.: Blood Immunity and Blood Relationship. Cambridge 1904. — [4] Heidelberger, M.: Green's Currents of biochem. Res. S. 453—460.

Im folgenden soll vorwiegend über jenen Anteil an der Immunitätsforschung berichtet werden, den die Chemie beigetragen hat. Da allein dieses Arbeitsgebiet in den letzten etwa 25 Jahren gewaltige Fortschritte erlebt hat, ist es im Rahmen dieses Berichtes nicht möglich, eine vollständige Übersicht der Literatur zu geben*. Deshalb werden neben der — notwendigerweise unvollständigen — Originalliteratur an geeigneten Stellen jeweils Fortschritts- und Übersichtsberichte zitiert, an Hand derer eine Einarbeitung in das große Gebiet möglich ist. Daneben sei in diesem Zusammenhang auf die zusammenfassenden Darstellungen über Immunchemie in den Annual Reviews of Biochemistry[1] verwiesen. Während in den angelsächsischen Ländern viele einschlägige Werke über alle Zweige der Immunologie, insbesondere auch auf immunchemischem Gebiet publiziert wurden, sind im deutschen Sprachgebiet nur wenige größere Abhandlungen erschienen, unter denen besonders auf die umfassenden Werke von H. SCHMIDT[2] und R. DOERR[3] hingewiesen sei.

β) Immunologische Methoden[4].

Hier seien nur diejenigen Methoden kurz aufgeführt, welche bei immunchemischen Untersuchungen häufig angewandt werden.

Zur experimentellen Erzeugung von Antikörpern injiziert man das betreffende antigene Material parenteral ein oder mehrere Male an geeignete Versuchstiere. Das klassische Versuchstier ist das Kaninchen. Daneben wurden auch andere, wie Meerschweinchen, Ratte, Maus, Affe, Huhn usw. verwendet. Zur Erzeugung größerer Antikörpermengen, z. B. für praktisch-therapeutische Zwecke bei der passiven Immunisierung des Menschen, wird auch vielfach das Pferd, seltener das Rind, herangezogen. Im allgemeinen vergeht eine gewisse Zeit von 1—2 Wochen, bis das immunisierte Tier größere Mengen gelöster (kreisender) Antikörper gebildet hat.

Zum Nachweis von Antikörpern verwendet man für gewöhnlich das Serum des immunisierten Tieres (*Antiserum* oder *Immunserum*). Gibt man zum Antiserum verdünnte Lösungen des Antigens, so beobachtet man nach kurzer Zeit das Auftreten einer feinflockigen Fällung (*Präcipitation*). Das Reaktionsprodukt, welches man als *Präcipitat* bezeichnet, ist eine schwerlösliche Verbindung von Antigen und Antikörper. Liegt das Antigen zellgebunden vor, etwa als bakterielles Antigen oder an Blut- oder Organzellen verankert, so erfolgt auf Zusatz des Antiserums eine Präcipitation an der Zelloberfläche, welche zu einer Verklumpung und raschen Sedimentation der Zellen führt (*Agglutination*).

Da die Agglutination im allgemeinen besser zu beobachten ist als die Präcipitation, hat man sich neuerdings bemüht, Antigene an geeignete corpusculäre Elemente zu binden, wobei sich außer Kollodium-[5] oder neuerdings Kunststoff-Partikeln[6] ganz besonders Erythrocyten bewährt haben. Rote Blutkörperchen binden unter geeigneten Bedingungen zahlreiche Antigene relativ fest an der Zelloberfläche. Verschiedene Verfahren sind ausgearbeitet worden, um auch solche Antigene, speziell Protein-Antigene, an Erythrocyten zu fixieren, die nicht direkt als solche gebunden werden (Tannin-Verfahren[7], Benzidin-Verfahren[8] u. a.). Auf Zusatz des passenden Antiserums zu derart „sensibilisierten“ Erythrocyten tritt

---

* Eine erste Fassung wurde im August 1954 abgeschlossen; diese wurde Ende 1956 ergänzt. — Für wertvolle Hinweise bei Abfassung der Ergänzungen bin ich Prof. Dr. W. T. J. MORGAN, London, und Dr. O. LÜDERITZ, Freiburg i. Br., zu besonderem Dank verpflichtet.

[1] Ann. Rev.: HEIDELBERGER, M.: **1**, 655 (1932); **2**, 503 (1933); **4**, 569 (1935). — LANDSTEINER, K., and M. W. CHASE: **6**, 621 (1937). — CHASE, M. W., and K. LANDSTEINER: **8**, 579 (1939). — MARRACK, J. R.: **11**, 629 (1942). — KABAT, E. A.: **15**, 505 (1946). — GRABAR, P.: **19**, 453 (1950). — MAYER, M. M.: **20**, 415 (1951). — [2] SCHMIDT, H.: Fortschritte der Serologie. 2. Aufl. Darmstadt 1955. — SCHMIDT, H., in HANSEN, K. (Hrsgb.): Allergie. Speziell S. 44—85, 273—278, 342—373. Stuttgart 1957. — [3] DOERR, R.: Die Immunitätsforschung. 8 Bde. Wien 1947—1952. — [4] KABAT, E. A., and M. MAYER: Experimental Immunochemistry. Springfield, Ill. 1948. — [5] CANNON, P. R., and C. E. MARSHALL: J. Immunol. **38**, 365 (1940). — CAVELTI, P. A.: J. Immunol. **49**, 365 (1944); **57**, 141 (1947). Schweiz. Z. Path. Bakt. **11**, 83 (1948). — [6] EVANS, E. E., and R. F. HAINES: J. Bacteriology **68**, 130 (1954). — [7] BOYDEN, S. V.: J. exp. Med. **93**, 107 (1951). — BOYDEN, S. V., and E. SORKIN: J. Immunol. **75**, 15 (1955). — [8] STAVITZKY, A. B., and E. R. ARQUILLA: J. Immunol. **74**, 306 (1955). — COLE, L. R., and V. R. FARRELL: J. exp. Med. **102**, 631 (1955). — COLE, L. R., J. J. MATLOFF and V. R. FARRELL: J. exp. Med. **102**, 647 (1955). — Vgl. COOMBS, R. R. A., A. N. HOWARD and F. WILD: Brit. J. exp. Path. **33**, 390 (1952).

Hämagglutination ein[1], die man gut beobachten kann. Das Verfahren ist in den letzten Jahren immer häufiger zur Anwendung gekommen; die Empfindlichkeit serologischer Reaktionen kann so auf ein Vielfaches gesteigert werden.

In den letzten Jahren hat sich eine neue Technik der Präcipitation eingeführt, bei welcher Antigen(e) und entsprechende Antiseren statt in *Lösung* in Agar-*Gel* gegeneinander diffundieren (OUDIN-[2], OUCHTERLONY-Technik[3]). In Bezirken optimaler Antigen- und Antikörperkonzentration findet Präcipitation statt, wobei sich das jeweilige Präcipitat als eng umschriebene, gegenüber dem klaren Agargel getrübte Zone ausscheidet.

Bei der von GRABAR und seinen Mitarbeitern[4] eingeführten *Immunelektrophorese* wird zunächst das Gemisch von Antigenen, z. B. Serumproteinen oder Eiklar, durch Elektrophorese in Agargel in einzelne Komponenten aufgetrennt. Anschließend läßt man senkrecht zur elektrophoretischen Wanderungsrichtung das entsprechende Antiserum eindiffundieren, wobei wiederum charakteristische und eng begrenzte Präcipitationszonen auftreten. Jede Zone entspricht einem spezifischen Antigen-Antikörpersystem, und es ist mit dieser Technik möglich, komplizierte Antigen- oder Antikörpermischungen einer verfeinerten qualitativen Analyse zuzuführen. Näheres zur Agar-Gel-Diffusionstechnik und Immunelektrophorese s. S. 957.

Die Reaktion des Antikörpers mit zellgebundenem Antigen kann andererseits auch bei passender Versuchsanordnung die Auflösung der Zelle *(Immunolyse)* zur Folge haben (Bakteriolyse, Hämolyse, Cytolyse).

Eine häufig angewandte Immunitätsreaktion ist auch die Auslösung des *anaphylaktischen Schocks* am Meerschweinchen. Durch die Erstinjektion eines Antigens wird der Organismus sensibilisiert. Die Zweitinjektion des gleichen Antigens nach bestimmter Zeit (im allgemeinen nach etwa 10—20 Tagen) führt zu den charakteristischen Symptomen des anaphylaktischen Schocks. Es handelt sich um die Reaktion des Antigens mit zellgebundenem Antikörper, die man auch an der Kontraktion isolierter Organe, wie Darm und Uterus, demonstrieren kann (SCHULTZ-DALE-Technik).

Ein Vergleich der Empfindlichkeit verschiedener immunologischer Methoden zur Erfassung von Antigen-Antikörperreaktionen findet sich bei GRABAR[5].

b) Antigene.

α) Struktur der Antigene, künstliche Antigene[6–14].

Alle typischen Antigene sind mehr oder weniger *hochmolekulare Stoffe*. Die meisten niedermolekularen, körperfremden Substanzen werden in vivo rasch

[1] s. z.B. MIDDLEBROOK, G., and R. J. DUBOS: J. exp. Med. **88**, 521 (1948). — NETER, E., L. F. BERTRAM and C. E. ARBESMAN: Proc. Soc. exp. Biol. Med. **79**, 255 (1952), und weitere Publikationen daselbst. — RANTZ, L. A., A. ZUCKERMAN and E. RANDALL: J. Lab. clin. Med. **39**, 443 (1952). — HENTEL, W., and G. D. GUILBERT: J. Lab. clin. Med. **39**, 426 (1952). — LANDY, M., and R.-J. TRAPANI: Amer. J. Hyg. **59**, 150 (1954). — LANDY, M., R.-J. TRAPANI, R. FORMAL and J. KLUGLER: Amer. J. Hyg. **61**, 143 (1955). — NETER, E., O. WESTPHAL, O. LÜDERITZ, R. M. GINO and E. A. GORZYNSKI: Pediatrics **16**, 801 (1955). — NETER, E., E. A. GORZYNSKI, R. M. GINO, O. WESTPHAL and O. LÜDERITZ: Canad. J. Microbiol. **2**, 232 (1956). — NETER, E., O. WESTPHAL, O. LÜDERITZ and E. A. GORZYNSKI: Ann. N.Y. Acad. Sci. **66**, 141 (1956). — NETER, E.: Bacterial hemagglutination and hemolysis. (Übersicht mit viel Literatur), Bact. Rev. **20**, 166—188 (1956). — [2] OUDIN, J.: Methods med. Research **5**, 353 (1952). — [3] OUCHTERLONY, Ö.: Acta path. microbiol. scand. **25**, 186 (1948); **28**, 231 (1951). Ark. Kem., Mineral. Geol. **26** B, No. 14 (1948). Ark. Kem. **1**, 43 (1949). — [4] WILLIAMS, C. A. jr., and P. GRABAR: J. Immunol. **74**, 158, 397, 404 (1955). — GRABAR, P., and C. A. WILLIAMS: Biochim. biophysica Acta, N.Y. **10**, 193 (1953); **17**, 67 (1955). — [5] GRABAR, P.: 6. Int. Congr. Microbiol. Rom 1953. Vol. **2**, 169—180 (1955). — [6] LANDSTEINER, K.: Die Spezifität der serologischen Reaktionen. Berlin 1933. The Specificity of Serological Reactions. Springfield, Ill. 1936. 2. Aufl. Cambridge, Mass. 1945. — [7] MARRACK, J. R.: The Chemistry of Antigens and Antibodies. London 1938. — [8] SCHMIDT, H.: Grundlagen der spezifischen Therapie und Prophylaxe bakterieller Infektionskrankheiten. Berlin 1940. — [9] BOYD, W. C.: Fundamentals of Immunology. 2. Aufl. New York 1947. — [10] Imm.-Forsch. (DOERR) Bd. III. Die Antigene. (1948). — [11] SCHMIDT, H.: Fortschritte der Serologie. 2. Aufl. S. 1—276. Darmstadt 1955. — [12] KABAT, E. A.: Immunochemistry. Fortschritte der Allergielehre. Bd. II, S. 11—57. Basel 1949. — [13] CAMPBELL, D. H., and N. BULMAN: Some current concepts of the chemical nature of antigens and antibodies. Fortschr. Chem. org. Naturstoffe **9**, 443—484 (1952). — [14] Weiterhin Übersichten in Ann. Rev. s. S. 897[1].

abgewandelt oder ausgeschieden, so daß es nur dann gelegentlich zur Antikörperbildung kommen kann, wenn derartige einfache Substanzen in vivo an höhermolekulare Stoffe, z. B. an Zelloberflächen oder Plasmabestandteile, fixiert werden (s. S. 936). Seit langem ist bekannt, daß insbesondere praktisch alle speciesfremden *Proteine* des Tier- und Pflanzenreiches antigene Eigenschaften besitzen, zumal sie bei den serologischen Reaktionen als die Träger der immunchemischen Artverwandtschaft bzw. Artfremdheit erscheinen. Die wichtigste Frage bei der Erforschung der Antigene war daher von vornherein, inwieweit die *antigene Spezifität* eine Funktion des ganzen Antigenmoleküls oder einzelner, räumlich begrenzter Molekülbezirke sei. Diese Frage wurde durch die Pionierarbeiten von K. LANDSTEINER[1] mit Hilfe *künstlicher Antigene*, sog. *chemospezifischer Antigene*, entschieden. Es hat sich ergeben, daß die Spezifität von ganz bestimmten niedermolekularen Wirkgruppen, den sog. *determinanten Gruppen*[2], ausgeht.

Künstliche, chemospezifische Antigene erhält man durch Einführung chemisch definierter, niedermolekularer Gruppen in natürliche Proteinantigene. Bei der Immunisierung mit derartigen chemisch abgewandelten Antigenen wird die Bildung von neuen und anderen Antikörpern ausgelöst, die nun spezifisch auf die eingeführten Gruppen abgestimmt sind. Zu den spezifischen Eigenschaften des ursprünglichen Antigens treten neue hinzu, die jene unter Umständen vollständig überdecken können, obwohl die chemische Veränderung nur einen kleinen Teil bzw. einige eng begrenzte Bezirke des großen Proteinmoleküls betrifft.

Die klassische Methode zur Einführung niedermolekularer Gruppen in Proteine[3] beruht auf der Fähigkeit diazotierter aromatischer Aminoverbindungen, in schwach alkalischer Lösung mit Proteinen zu kuppeln, wobei *Azoproteine* entstehen, in denen der aromatische Rest $\text{—}C_6H_4\text{—}\boldsymbol{R}$ an das Protein gebunden ist, z. B.

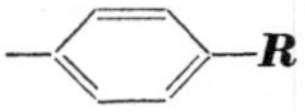

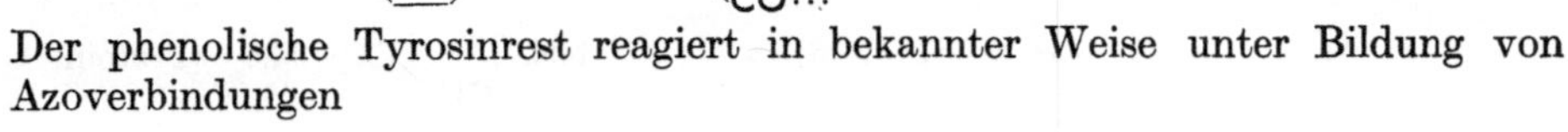

$$\boldsymbol{R}\text{—}C_6H_4\text{—}\overset{+}{N}{\equiv}N\,(Cl^-) + NaOH + \text{Protein} \rightarrow \boldsymbol{R}\text{—}C_6H_4\text{—}N{=}N\text{—Protein} + NaCl + H_2O$$

Mit Hilfe der Azomethode von LANDSTEINER ist es möglich, praktisch *beliebige* Reste ***R*** über die Phenylazogruppe an beliebige Proteine zu kuppeln. Die betreffenden Proteine müssen lediglich kupplungsfähige Gruppen besitzen, z. B. Tyrosinreste $HO\text{—}C_6H_4\text{—}CH_2\text{—}CH\langle{}^{NH\cdots}_{CO\cdots}$ (oder Histidin- und andere Reste)[4]. Der phenolische Tyrosinrest reagiert in bekannter Weise unter Bildung von Azoverbindungen

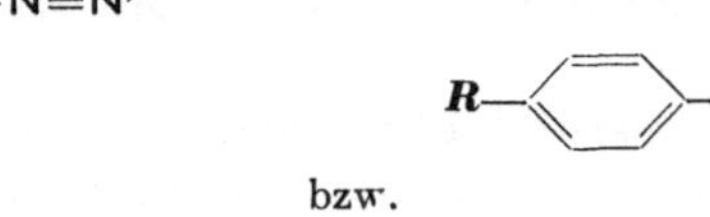

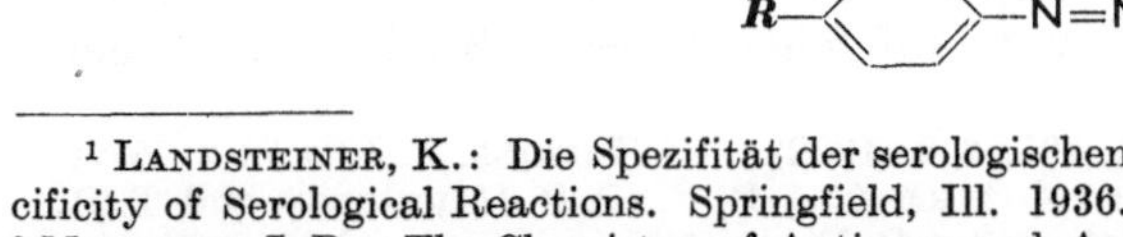

$$\begin{array}{c} HO\text{—}C_6H_3(\text{—}N{=}N\text{—}C_6H_4\text{—}\boldsymbol{R})\text{—}CH_2\text{—}CH\langle{}^{NH\text{—}}_{CO\text{—}}\}\ \text{Protein} \end{array}$$

bzw.

$$HO\text{—}C_6H_2(\text{—}N{=}N\text{—}C_6H_4\text{—}\boldsymbol{R})_2\text{—}CH_2\text{—}CH\langle{}^{NH\text{—}}_{CO\text{—}}\}\ \text{Protein}$$

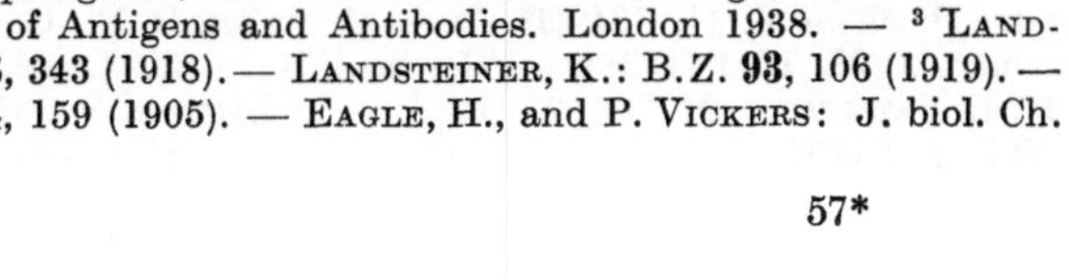

[1] LANDSTEINER, K.: Die Spezifität der serologischen Reaktionen. Berlin 1933. The Specificity of Serological Reactions. Springfield, Ill. 1936. 2. Aufl. Cambridge, Mas. 1945. — [2] MARRACK, J. R.: The Chemistry of Antigens and Antibodies. London 1938. — [3] LANDSTEINER, K., u. H. LAMPL: B.Z. **86**, 343 (1918). — LANDSTEINER, K.: B.Z. **93**, 106 (1919). — [4] PAULY, H.: H. **42**, 512 (1904); **44**, 159 (1905). — EAGLE, H., and P. VICKERS: J. biol. Ch. **114**, 193 (1936).

Man kann auf diese Weise unter anderem auch die Zahl der in ein Proteinmolekül eingeführten Gruppen experimentell variieren. Man hat so festgestellt, wieviele Reste ***R*** mindestens in ein Proteinmolekül eingeführt werden müssen, um eine bezüglich ***R*** spezifische antigene Wirkung zu erzielen[1].

Es wurden Aminosäuren, Peptide, aromatische und aliphatische Fettsäuren, Oxysäuren und ungesättigte Säuren, Mono-, Oligo- und sogar Polysaccharide mit Proteinen gekuppelt — aber auch viele weitere Verbindungen, welche keinerlei Beziehung zu natürlichen chemischen Strukturen aufweisen, wie aromatische Arsin- und Sulfonsäuren, Farbstoffe usw. Für Modelluntersuchungen wurden vielfach die Kupplungsprodukte von diazotierter Arsanil-, Sulfanil- oder Aminobenzoesäure verwendet:

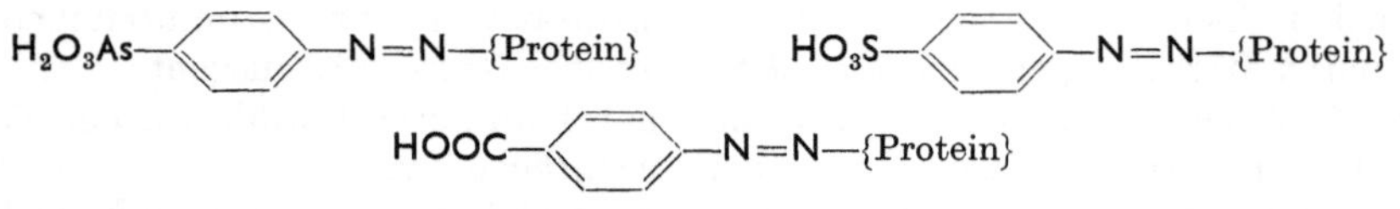

$H_2O_3As—C_6H_4—N{=}N—\{Protein\}$ $HO_3S—C_6H_4—N{=}N—\{Protein\}$

$HOOC—C_6H_4—N{=}N—\{Protein\}$

Später sind noch weitere Methoden beschrieben worden, welche ebenfalls die Einführung chemisch definierter Gruppen in Proteine in übersichtlicher Weise ermöglichen. So reagieren Isocyanate mit freien Amino- und Hydroxylgruppen der Proteine[2]. Säureazide können in Analogie zur CURTIUSschen Peptidsynthese mit Aminogruppen von Proteinen umgesetzt werden[3]. Geeignet substituierte Oxazolone reagieren unter Ringöffnung mit NH_2- (OH- oder SH-) Gruppen[4].

Isocyanatmethode:

$$\boldsymbol{R}—N{=}C{=}O + H_2N—\{Protein\} \longrightarrow \boldsymbol{R}—NH—CO—NH—\{Protein\}$$

Azidmethode:

$$\boldsymbol{R}—CO—N_3 + H_2N—\{Protein\} \longrightarrow \boldsymbol{R}—CO—NH—\{Protein\}$$

Oxazolonmethode:

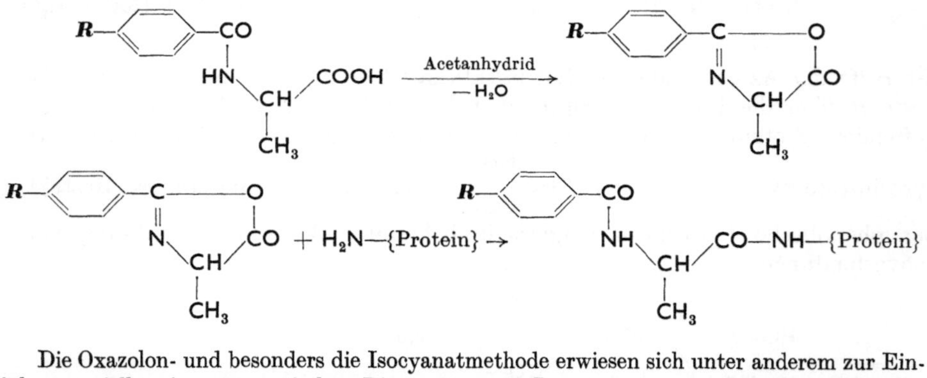

$$\boldsymbol{R}—C_6H_4—CO—HN—CH(CH_3)—COOH \xrightarrow[-H_2O]{Acetanhydrid} \boldsymbol{R}—C_6H_4—\overset{}{C}{=}N—CH(CH_3)—CO—O \text{ (Ring)}$$

$$\boldsymbol{R}—C_6H_4—C{=}N—CH(CH_3)—CO—O \text{ (Ring)} + H_2N—\{Protein\} \rightarrow \boldsymbol{R}—C_6H_4—CO—NH—CH(CH_3)—CO—NH—\{Protein\}$$

Die Oxazolon- und besonders die Isocyanatmethode erwiesen sich unter anderem zur Einführung vielkerniger aromatischer Ringsysteme (z. B. cancerogener oder fluorescierender Stoffe) in Proteine als geeignet[5,6].

Die *serologische Prüfung* derartiger *chemisch abgewandelter Proteine* hat ergeben, daß der Rest —***R*** auf die antigene Spezifität entscheidenden Einfluß ausüben kann, dem gegenüber das Trägerprotein von untergeordneter Bedeutung wird. LANDSTEINER führte den Beweis auf folgende Art: Kaninchen wurden

---

[1] HAUROWITZ, F., u. F. BREINL: H. **205**, 259 (1932). — [2] HOPKINS, S. J., and A. WORMALL: Biochem. J. **27**, 740, 1706 (1933). — [3] CLUTTON, R. F., C. R. HARINGTON and T. H. MEAD: Biochem. J. **31**, 764 (1937). — CLUTTON, R. F., C. R. HARINGTON and M. E. YUILL: Biochem. J. **32**, 1111 (1938). — [4] LETTRÉ, H., u. R. HAAS: H. **266**, 31 (1940). — LETTRÉ, H., u. M.-E. FERNHOLZ: H. **266**, 37 (1940). — [5] LETTRÉ, H., K. BUCHHOLZ u. M.-E. FERNHOLZ: H. **267**, 108 (1941). — [6] CREECH, H. J., and R. N. JONES: Am. Soc. **63**, 1661, 1670 (1941).

mit dem künstlichen Azoantigen ***R***—⟨⟩—N=N—Protein I immunisiert. Das erhaltene Antiserum (Anti-***R***—⟨⟩—N=N—Protein I) reagierte nun nicht nur mit dem zugehörigen, sog. *homologen* Antigen unter spezifischer Präcipitation, sondern *auch* mit den Azoproteinen ***R***—⟨⟩—N=N—Protein II oder ***R***—⟨⟩—N=N—Protein III usw., wobei die Proteine so gewählt waren, daß sie serologisch keinerlei Verwandtschaft aufwiesen. Auf diese Weise kann der *alleinige* Einfluß der Gruppe ***R***—⟨⟩—N=N— nachgewiesen werden, d. h. — wie sich gezeigt hat — praktisch die serologische Spezifität des Restes ***R***.

Diese Art übergreifender serologischer Reaktivität bezeichnet man als *Kreuzreaktion*. Nur solche Antigene ergeben kreuzreagierende Antiseren, welche gleiche niedermolekulare determinante Gruppen —***R*** enthalten.

Der determinierende Einfluß des Restes ***R*** kann noch auf folgende Weise demonstriert werden: Kuppelt man das Diazoniumsalz ***R***—⟨⟩—$\overset{(+)}{N}\equiv N \cdots X^{(-)}$ nicht an ein Protein, sondern an einen kupplungsfähigen Proteinbaustein, wie z. B. Tyrosin, so erhält man die niedermolekulare Tyrosylazo-Verbindung

$$\begin{array}{c} \text{HO}-\langle\rangle-CH_2-CH(NH_2)(COOH) \\ \text{(ortho zu HO:)}\ -N=N-\langle\rangle-R \end{array}$$

Diese Verbindung hat keinerlei antigene Eigenschaften, ihre Injektion führt beim Tier nicht zur Antikörperbildung; sie reagiert jedoch mit Antiseren, welche durch Immunisierung mit dem Azoantigen ***R***—⟨⟩—N=N—Protein erzeugt wurden. Diese Reaktion wird im allgemeinen *indirekt* nachgewiesen. Setzt man nämlich zum Antiserum die niedermolekulare ***R***—⟨⟩—azotyrosyl-Verbindung hinzu, so verliert daraufhin das Antiserum seine Fähigkeit, mit allen ***R***—⟨⟩—azoproteinen spezifisch zu präcipitieren. Das heißt: die niedermolekulare ***R***-Verbindung hat mit dem spezifischen ***R***-Antikörper unter Bildung einer löslichen Verbindung reagiert und den Antikörper dadurch blockiert, so daß auf Zusatz der hochmolekularen ***R***-Proteinverbindung keine Präcipitation mehr eintritt. Die ***R***-Verbindung besitzt also beträchtliche Affinität zum ***R***—⟨⟩—azoprotein-Antikörper und verursacht dadurch eine Art *Konkurrenzhemmung* in bezug auf das homologe ***R***—⟨⟩—azoprotein-Antigen. Es handelt sich hierbei um eine *spezifische* Immunreaktion, *typisch für alle Abbauprodukte* der großen Antigenmoleküle, welche die spezifitätsbestimmende Gruppe ***R*** tragen. Man bezeichnet diese Erscheinung als *Präcipitationshemmung*. Wegen ihrer Nichtantigenität hat LANDSTEINER[1] für solche Verbindungen den Begriff des *Halbantigens* oder *Haptens* eingeführt.

---

[1] LANDSTEINER, K.: B. Z. **119**, 294 (1921). — LANDSTEINER, K., and S. SIMMS: J. exp. Med. **38**, 127 (1923).

Daß derartige niedermolekulare ***R***-Verbindungen auch in vivo mit dem ***R***-spezifischen Antikörper reagieren, wird z. B. dadurch bewiesen, daß die ***R***—C_6H_4—azotyrosyl-Verbindung das Eintreten des anaphylaktischen Schocks durch das homologe ***R***—C_6H_4—Azoprotein spezifisch hemmen kann, wie LANDSTEINER gezeigt hat[1].

Die spezifische Bindung der niedermolekularen ***R***-Azoverbindungen an den entsprechenden Antikörper läßt sich auch dadurch beweisen, daß die ***R***-Verbindung aus dem Antiserum nicht hinaus dialysiert und daß stark gefärbte, niedermolekulare ***R***-Azofarbstoffe von der Außenflüssigkeit, dem Konzentrationsgefälle scheinbar entgegen, in die antiserumenthaltende Innenflüssigkeit eindringen[2]. PAULING u. Mitarb.[3] haben gezeigt, daß das Gleichgewicht der Konkurrenzreaktion der niedermolekularen ***R***-Verbindung und des ***R***-Azoproteinantigens mit den reaktiven Bezirken des Antikörpers dem Massenwirkungsgesetz gehorcht, so daß die relativen Affinitäten prinzipiell ermittelt werden können. Dies hat sich für die Beurteilung der zwischen Antigen und Antikörper herrschenden Bindungskräfte als sehr wichtig erwiesen (s. S. 941, 947).

Der Rest ***R*** für sich allein hat nurmehr geringe Affinität zum Antikörper. Er ist (im wesentlichen) spezifitätsbestimmend, determiniert also die serologische Spezifität, ohne für sich allein serologisch aktiv zu sein oder in niedermolekularer Bindung antigene Eigenschaften zu besitzen. Um antigen zu wirken, d.h. beim Tier ***R***-spezifische Antikörper zu erzeugen, bedarf es der Kupplung an einen höhermolekularen „Schlepper". Wirksame Schlepper sind vor allem viele Proteine.

Den Modellversuchen LANDSTEINERs an künstlichen, chemospezifischen Antigenen entspricht prinzipiell das Verhalten *natürlicher Antigene.* Baut man Antigene stufenweise ab, so schwindet im allgemeinen bald die antikörperauslösende Fähigkeit. Mit relativ großen Spaltprodukten beobachtet man jedoch noch spezifische Präcipitation, mit relativ kleinen Abbauprodukten noch spezifische Präcipitationshemmung. Abbauprodukte zellgebundener Antigene ergeben entsprechend Hemmung der spezifischen Agglutination der Zellen (Bakterien etc.). Hemmungsteste dieser Art sind daher von größter Bedeutung für die Auffindung determinanter Gruppen bei der Strukturanalyse von Antigenen. *Man sucht diejenigen niedermolekularen Spaltstücke natürlicher Antigene herauszuarbeiten, welche noch spezifische Hemmung im System Vollantigen/homologes Antiserum ergeben.* Dies ist im allgemeinen das Prinzip, mit dessen Hilfe die immunchemische *Spezifität natürlicher Antigene* grundsätzlich aufgeklärt werden kann. Einige eindrucksvolle Beispiele hierfür sind bekannt (s. S. 907ff.).

Die Modelluntersuchungen über die Struktur der Antigene haben so zu folgender Einteilung geführt:

1. *Vollantigen.* Die Injektion führt beim Tier zur Bildung spezifischer Antikörper (Antiserum usw.) und verleiht dem betreffenden Organismus dadurch Immunität.

2. *Halbantigen* oder *Hapten.* Die Injektion führt nicht zur Antikörperbildung. Reagiert jedoch spezifisch mit Antiserum (Präcipitation bzw. Präcipitationshemmung).

3. *Determinante Gruppe.* Für sich allein serologisch unwirksam, erteilt höher molekularen Trägern (Proteinen usw.) antigene Spezifität.

Man kommt damit zu folgender Auffassung von der Struktur der Antigene: Die Antigene sind grundsätzlich aus zwei Komponenten mit verschiedener Funktion aufgebaut: dem für die Antigenität, d.h. die Immunisierungsfähigkeit, not-

---

[1] Vgl. a. TILLETT, W. S., O. T. AVERY and W. F. GOEBEL: J. exp. Med. **50**, 551 (1929). — [2] MARRACK, J. R., and F. C. SMITH: Brit. J. exp. Path. **13**, 394 (1932). — HAUROWITZ, F., u. F. BREINL: H. **214**, 111 (1933). — [3] PAULING, L., D. PRESSMAN and A. L. GROSSBERG: Am. Soc. **66**, 784 (1944).

wendigen, weitgehend unspezifischen, *hochmolekularen Träger* und der spezifitätsbestimmenden *determinanten Gruppe.*

Im allgemeinen besitzen die meisten Antigene mehr als eine determinante Gruppe[1] und erzeugen daher auch mehr als eine Art spezifischer Antikörper. Die determinanten Gruppen wiederholen sich in den meisten Antigenen periodisch, wie denn praktisch alle hochmolekularen Substanzen, soweit bekannt, periodisch wiederkehrende Strukturen aufweisen. *Antigene können demnach* bezüglich ihrer immunologisch determinanten Gruppen *stets als multivalent angesehen werden.* — Bei natürlichen Antigenen und ihren Spaltprodukten läßt sich die vorstehende Einteilung nicht immer scharf durchführen, da fließende Übergänge bestehen. Die Begriffe haben sich jedoch bei vielen immunchemischen Strukturuntersuchungen bewährt und sind heute allgemein anerkannt.

β) Strukturspezifität determinanter Gruppen in Antigenen.

Nachdem erkannt war, daß die antigene Spezifität von definierten niedermolekularen Gruppen, räumlich also begrenzten Bezirken des Antigenmoleküls ausgeht, ergaben sich die folgenden weiteren Fragen:

1. Welche *strukturellen Unterschiede* in der determinanten Gruppe werden vom entsprechenden Antikörper noch erfaßt, d. h. wie groß ist der *Grad* der Spezifität? Man kann auch sagen: welche feineren Unterschiede werden beim Immunisierungsprozeß vom Organismus noch percipiert und in Form spezifischer Antikörper beantwortet?

2. Welche *räumliche Ausdehnung* haben determinante Gruppen? Welches sind die räumlichen Ausmaße (Radikalgrößen) auf die sich ein Antikörper noch spezifisch einstellen kann?

1. Strukturuntersuchungen.

Über die umfangreichen Untersuchungen mit künstlichen Antigenen zu dieser Frage hat LANDSTEINER in seinem klassischen Werk[2] ausführlich berichtet. Eine gute Übersicht findet sich auch in W. C. BOYDs Lehrbuch[3].

Grundlegend war die Beobachtung von LANDSTEINER u. VAN DER SCHEER[4], daß es gelingt, *stereoisomere* Verbindungen serologisch scharf zu unterscheiden. Dies wurde erstmals an D-, L- und meso-Weinsäureantigenen in Form der nach Diazotierung an Proteine gekuppelten Aminotartranilsäuren gezeigt:

$$\mathrm{HOOC{-}CH(OH){-}CH(OH){-}CO{-}NH{-}C_6H_4{-}N{=}N{-}\{Protein\}}$$

Kaninchen wurden mit den 3 verschiedenen Weinsäureantigenen immunisiert und die erhaltenen Antiseren gegen jedes der 3 Testantigene im Präcipitationsversuch geprüft. Es ergab sich (Tabelle 209), daß praktisch keinerlei Kreuzreaktion eintrat, daß also alle 3 Weinsäuren serologisch scharf unterscheidbar sind.

Auch cis- und trans-Isomere erwiesen sich als differenzierbar[5]. Diesen Beobachtungen folgten Untersuchungen über die serologische Spezifität von *Mono-* und *Disacchariden*, besonders nachdem sich in den 20er Jahren ergeben hatte, daß Polysaccharide Träger der serologischen Spezifität vieler bakterieller Antigene sind[6].

[1] HAUROWITZ, F., K. SARAFYAN and P. SCHWERIN: J. Immunol. **40**, 391 (1941). — [2] LANDSTEINER, K.: Die Spezifität der serologischen Reaktionen. Berlin 1933. The Specificity of Serological Reactions. Springfield, Ill. 1936. 2. Aufl. Cambridge, Mass. 1945. — [3] BOYD, W. C.: Fundamentals of Immunology. 2. Aufl. New York 1947; 3. Aufl. 1956. — [4] LANDSTEINER, K., and J. VAN DER SCHEER: J. exp. Med. **48**, 315 (1928); **50**, 407 (1929). — [5] LANDSTEINER, K., and J. VAN DER SCHEER: Proc. Soc. exp. Biol. Med. **29**, 1261 (1932). — [6] Zusammenfassungen: MIKULASZEK, E.: Ergebn. Hyg. **17**, 415 (1935). — BURGER, M.: Bacterial Polysaccharides; their Chemical and Immunological Aspects. Springfield, Ill. 1950.

Tabelle 209. Serologische Spezifität der 3 stereoisomeren Weinsäuren[1].
Zeichen: ++++ sehr starke, +++ starke, ++ mäßige, + schwache, (+) eben noch angedeutete, 0 keine Präcipitation.

<table>
<tr><th rowspan="4">Immunseren gegen</th><th colspan="6">Antigene mit</th></tr>
<tr><th colspan="2">D-(—)-Weinsäure
COOH
HO—CH
HC—OH
COOH</th><th colspan="2">L-(+)-Weinsäure
COOH
HC—OH
HO—CH
COOH</th><th colspan="2">meso-Weinsäure
COOH
HC—OH
HC—OH
COOH</th></tr>
<tr><th colspan="6">Antigenverdünnung</th></tr>
<tr><th>1:2000</th><th>1:10000</th><th>1:2000</th><th>1:10000</th><th>1:2000</th><th>1:10000</th></tr>
<tr><td>D-Weinsäure . . . . . .</td><td>+++</td><td>++</td><td>(±)</td><td>0</td><td>+</td><td>(±)</td></tr>
<tr><td>L-Weinsäure . . . . . .</td><td>0</td><td>0</td><td>+++</td><td>++</td><td>+</td><td>(±)</td></tr>
<tr><td>meso-Weinsäure . . . .</td><td>(±)</td><td>(±)</td><td>0</td><td>0</td><td>+++</td><td>+++</td></tr>
</table>

AVERY, GOEBEL u. Mitarb. haben dieses Gebiet erfolgreich erschlossen. Es wurden die p-Aminophenolglykoside von Hexosen[2], von α- und β-Glucose[3,4], von N-Acetylglucosamin[5], N-Acetylgalaktosamin[6], L-Fucose und L-Rhamnose[6], einigen Disacchariden[7] und die p-Aminobenzylglykoside von D-Glucuron- und D-Galakturonsäure hergestellt. Diazotierung und Kupplung an Proteine ergab die künstlichen Antigene, mit denen Kaninchen immunisiert wurden. Die erhaltenen Antiseren wurden in Kreuzexperimenten analysiert. Es ergab sich, daß die untersuchten Hexosen serologisch differenzierbar sind. Die Aminophenolglykoside wirkten als Haptene spezifisch präcipitationshemmend. Disaccharide sind unterscheidbar, wobei die endständige Zuckereinheit den stärksten Einfluß ausübt. α- und β-glykosidische Bindungen wirken serologisch different[3,4,7]. Einige der erhaltenen Ergebnisse sind in Tabelle 210 dargestellt. Der Ersatz der CH_2OH-Gruppe (am C_6) in Hexosen durch —COOH in Form der entsprechenden Hexuronsäureantigene führt zu einer markanten Spezifitätsänderung. Es zeigt sich also, daß die Bausteine natürlicher Polysaccharide allein oder in oligosaccharidischer Kombination serologisch differenzierbar sind.

Tabelle 210. Serologische Spezifität einiger Mono- und Disaccharide[4].
Zeichen: ++++ sehr starke, +++ starke, ++ mäßige, + schwache, (±) eben noch angedeutete, 0 keine Präcipitation.

Immunseren gegen	Antigene mit determinanten Kohlenhydratresten						
	α-Glucosid	β-Glucosid	β-Galaktosid	β-Cellobiosid	β-Maltosid	β-Genetiobiosid	β-Lactosid
α-Glucoseantigen . .	++±	+	0	0	++	0	0
β-Glucosidantigen . .	+	+++	0	++	0	++	0
β-Galaktosidantigen .	—	0	++±	0	0	0	++
β-Cellotiosidantigen .	(±)	++	0	+++±	(±)	+	(±)
β-Maltosidantigen . .	++	++	0	+±	++++	+	(±)
β-Gentiobiosidantigen	(±)	++	0	++	(±)	+++	(±)
β-Lactosidantigen . .	0	0	+	++	(±)	(±)	+++

[1] LANDSTEINER, K., and J. VAN DER SCHEER: J. exp. Med. **50**, 407 (1929). — [2] GOEBEL, W. F., and O. T. AVERY: J. exp. Med. **50**, 521 (1929). — AVERY, O. T., and W. F. GOEBEL: J. exp. Med. **50**, 533 (1929). — [3] GOEBEL, W. F., F. H. BABERS and O. T. AVERY: J. exp. Med. **55**, 761 (1932). — [4] AVERY, O. T., W. F. GOEBEL and F. H. BABERS: J. exp. Med. **55**, 769 (1932). — [5] WESTPHAL, O., u. H. SCHMIDT: A. **575**, 84 (1952). — [6] WESTPHAL, O., u. H. FEIER: B. **89**, 582 (1956). — [7] GOEBEL, W. F., O. T. AVERY and F. H. BABERS: J. exp. Med. **60**, 599 (1934).

Von besonderem Interesse wegen ihrer Beziehung zu natürlichen Proteinantigenen sind Spezifitätsuntersuchungen an künstlichen *Aminosäure*- und *Peptid*antigenen. Aminosäuren kann man peinzipiell auf 2 verschiedene Weisen an Proteinträger kuppeln, einmal mit dem freien Carboxyl, zum andern mit freier Aminogruppe. Die Kupplungen erfolgten im allgemeinen über die p-Aminobenzoylverbindungen der Aminosäuren (bzw. Peptide) HOOC—CH(**R**)—NH—CO—C_6H_4—NH_2 → HOOC—CH(**R**)—NH—CO—C_6H_4—N=N-Protein. Die untersuchten Aminosäuren erwiesen sich als serologisch different. Es wurden unter anderem auch die 4 möglichen Dipeptide aus Leucin und Glycin[1,2], also Leu-Leu, Leu-Gly, Gly-Leu und Gly-Gly, an Proteine gekuppelt. Im Präcipitationshemmungstest (Tabelle 211) waren alle 4 Peptide, besonders in Form der p-Nitrobenzoylhaptene scharf unterscheidbar. Die Spezifität der Peptide ist hauptsächlich durch die endständige Aminosäure bestimmt, so daß bei gleicher Endaminosäure gelegentlich partielle Kreuzreaktionen beobachtet werden. In allen Fällen präcipitiert jedoch das homologe Testantigen am stärksten, und nur das homologe Hapten gibt spezifische Präcipitationshemmung.

Tabelle 211. Serologische Spezifität von 4 Peptiden[1,3]. Zeichen: ++++ sehr starke, +++ starke, ++ mäßige, + schwache, (±) eben noch angedeutete, 0 keine Präcipitation.

Immunseren gegen	Antigene mit (Verdünnung 1:10000)			
	Glycylglycin	Glycylleucin	Leucylglycin	Leucylleucin
Glycylglycin . .	++	0	0	0
Glycylleucin . .	0	++	0	(±)
Leucylglycin . .	+	0	+++	0
Leucylleucin . .	0	+	0	++

Die Untersuchungen wurden auf Tri-, Tetra-[3] und schließlich auch auf einige Pentapeptide[4] ausgedehnt. Auch hier zeigte sich wieder der vorherrschende Einfluß der endständigen Aminosäure mit freiem Carboxyl. Die Antiseren enthielten verschiedene immunologisch trennbare Fraktionen. Unter diesen befand sich jeweils eine Fraktion, welche *nur* mit dem homologen, also dem genau passenden Pentapeptid spezifisch reagierte[4]. So erwiesen sich z. B. die folgenden Pentapeptide als serologisch noch differenzierbar: Tetraglycylglycin, Tetraglycylleucin, Diglycylleucylglycylglycin und Trileucylglycylglycin. Es lassen sich also feinere Strukturunterschiede in längeren Peptidketten serologisch nachweisen, doch schwindet der determinierende Einfluß einzelner Aminosäureeinheiten merklich mit der Entfernung vom polaren Kettenende. — Der Ersatz der endständigen Carboxylgruppe in Peptiden durch die Carbonamidogruppe (—$CONH_2$) ergab eine starke Änderung der antigenen Spezifität, z. B. in Hemmungstesten[4], womit wiederum der besondere Einfluß der Endgruppe in Erscheinung tritt.

In entsprechender Weise wurden weitere Verbindungsklassen von biologischem oder mehr theoretischem Interesse untersucht[5]. Als *Ergebnis* wissen wir heute recht genau, mit welcher Präzision die Struktur determinanter Gruppen künstlicher Antigene bei der Immunisierung seitens des tierischen Organismus mit der Bildung entsprechender, spezifischer Antikörper beantwortet wird. Allgemein läßt sich sagen, daß *polare* Gruppen, besonders wenn sie endständig sind, den stärksten determinierenden Einfluß ausüben[6]. Unpolare Gruppen, wie Fettsäurereste oder unsubstituierte aromatische Ringe, sind serologisch wenig determinant und wenig differenzierbar; sie gewinnen nur dann einen gewissen determinierenden Einfluß, wenn sie räumlich in der Nähe polarer (End-)Gruppen

---

[1] LANDSTEINER, K., and J. VAN DER SCHEER: J. exp. Med. **55**, 781 (1932). — [2] Vgl. a. BERGER, E.: B. Z. **267**, 143 (1933). — [3] LANDSTEINER, K., and J. VAN DER SCHEER: J. exp. Med. **59**, 769 (1934). — [4] LANDSTEINER, K., and J. VAN DER SCHEER: J. exp. Med. **69**, 705 (1939). — [5] LANDSTEINER, K.: Die Spezifität der serologischen Reaktionen. Berlin 1933. The Specificity of Serological Reactions. Springfield, Ill. 1936. 2. Aufl. Cambridge, Mass. 1945. — [6] Vgl. ERLENMEYER, H., u. E. BERGER: B. Z. **252**, 22 (1932). — HAUROWITZ, F.: J. Immunol. **43**, 331 (1942). Schweiz. med. Wschr. **73**, 264 (1943).

stehen (vgl. z. B. Tabelle 223; s. a. S. 947ff.). Die Spezifität der Antikörper reicht bis zu den stereochemischen und anderen strukturellen Feinheiten der determinanten Antigenbezirke.

2) Reichweite der determinanten Gruppe.

Alle Untersuchungen an künstlichen Antigenen sprechen dafür, daß die räumliche Ausdehnung determinanter Gruppen relativ eng begrenzt ist. Bei zunehmender Größe entstehen komplexere Antiseren mit Fraktionen verschiedener Spezifität. Besonders überzeugend läßt sich dies mit solchen künstlichen Antigenen nachweisen, die mehr als eine polare Gruppe enthalten, z. B.

$$R_1,\ R_2-C_6H_3-N{=}N-\{\text{Protein}\}$$

Derartige Antigene wurden z. B. mit sym. Aminoisophthalyl-glycin-leucin (I) hergestellt[1].

$$HOOC-CH_2-NH-CO-C_6H_3(NH_2)-CO-NH-CH(COOH)-CH_2-CH(CH_3)_2 \quad \text{I}$$

Das hiermit gewonnene Antiserum wurde dann mit den *Teilantigenen* geprüft, welche man durch Diazotierung und Kupplung von m-Aminobenzoylglycin (II) und m-Aminobenzoylleucin (III) erhielt, bzw. mit den entsprechenden Haptenen.

$$HOOC-CH_2-NH-CO-C_6H_4-NH_2 \quad \text{II}$$

$$H_2N-C_6H_4-CO-NH-CH(COOH)-CH_2-CH(CH_3)_2 \quad \text{III}$$

Dabei ergab sich, daß das Anti I-Serum *2 verschiedene* Antikörperfraktionen enthielt, die durch Präcipitation mit den Teilantigenen II und III quantitativ von einander getrennt werden konnten. Nach erschöpfender Präcipitation des Anti I-Serums mit den II- und III-Teilantigenen verblieben keinerlei Antikörper im Serum. Das heißt, es fanden sich *nur* II- und III-spezifische Antikörper, aber keine, welche spezifisch auf die ursprüngliche Gruppe (I) *als Ganzes* eingestellt waren. Jede Teilgruppe wirkte demnach für sich allein determinant und löste für sich allein spezifische Antikörper aus.

Dennoch üben räumlich benachbarte determinante Gruppen gelegentlich einen Einfluß aufeinander aus, wobei eine der beiden Gruppen „dominant" wird, z. B. die Bernsteinsäuregruppe (**R_1**) gegenüber $-COOH$ oder $-NH-C_6H_4-COOH$ (**R_2**), indem Antikörper nur gegen **R_1**, nicht aber gegen **R_2** gebildet werden. Heidelberger[2,3] hat gefunden, daß die Spezifitätsänderung, welche ein Protein durch Einführung einer chemospezifischen Gruppe erfährt, *nicht immer* von dem eingeführten Rest *allein* abhängt, daß also auch das Trägerprotein oder jedenfalls der einer eingeführten Gruppe benachbarte Molekülbezirk einen Einfluß ausüben kann. „Wenn es möglich ist, die Erscheinungen der serologischen Spezifität

[1] Landsteiner, K., and J. van der Scheer: J. exp. Med. **67**, 709 (1938). — Vgl. Landsteiner, K., and M. W. Chase: J. exp. Med. **66**, 337 (1937). — [2] Kabat, E. A., and M. Heidelberger: J. exp. Med. **66**, 229 (1937). — [3] Heidelberger, M.: Cold Spring Harbor Symp. quant. Biol. **6**, 369 (1938).

auf der Basis reaktionsfähiger determinanter Gruppen zu erklären, so will es (gelegentlich) scheinen, daß die charakteristischen oder dominanten Spezifitäten nicht nur von den eingeführten Gruppen sowie von den Tyrosin- und anderen cyclischen Resten ausgehen, an welche diese gebunden sind, sondern auch von den chemisch charakteristischen Teilen eines jeden Proteins, welche an diese Gruppen angrenzen" (HEIDELBERGER[1]). Somit ist die räumliche Abgrenzung der determinanten Gruppe(n) vom Trägermolekül (Protein) *nicht immer* scharf zu ziehen, vermutlich um so weniger scharf, je weniger die betreffende determinante Gruppe räumlich hervortritt. Die räumlichen Verhältnisse spielen von Protein zu Protein eine mehr oder minder entscheidende Rolle.

Es kommt noch ein weiterer Umstand hinzu, auf welchen HAUROWITZ[2] besonders hingewiesen hat. Künstliche Antigene mit nur einer Art determinanter Gruppe ergeben Immunseren mit verschiedenen Antikörperfraktionen, die sich durch den *Grad der Anpassung* an die determinante Gruppe und ihre Umgebung unterscheiden. Dies konnte durch passende synthetisierte Partialantigene und abgewandelte Teilantigene gezeigt werden[2,3]. HAUROWITZ hat daher den Begriff der „*determinanten Faktoren*" innerhalb der determinanten Gruppe eingeführt, welche bei der Immunisierung die Bildung „*multipler Antikörper*" auslösen (S. 956), die im Antiserum nachweisbar sind. *Praktisch bildet jedes Antigen,* und sei es chemisch noch so einheitlich aufgebaut, *in vivo stets multiple Antikörper.* Diese Tatsache ändert nichts an der grundsätzlichen Lehre von der Spezifität der Antikörper, erschwert allenfalls ihre Strukturanalyse (s. S. 907ff.). „Die Multiplizität der Antikörper nach der Immunisierung mit einem einheitlichen Antigen kann am besten durch die Annahme erklärt werden, daß die reaktiven Gruppen der Antikörper mehr oder weniger vollständig an bestimmte Teilbezirke der determinanten Gruppe angepaßt sind. Folglich müssen wir die determinante Gruppe als einen Komplex ansehen, der durch die Kombination verschiedener determinanter Faktoren (Untergruppen und deren räumliche Beziehungen) gebildet wird"[2]. — Bei der immunchemischen Analyse kompliziert zusammengesetzter und räumlich kompliziert strukturierter Antigene, wie z. B. der globularen Proteine[4], muß man alle diese Umstände berücksichtigen. Immerhin konnten einige einfacher zusammengesetzte natürliche Antigene genau analysiert und ihre determinanten Gruppen strukturchemisch aufgeklärt werden.

γ) Aufklärung der Struktur natürlicher Antigene.

Hier soll nur das Prinzip an einigen Beispielen erläutert und gezeigt werden, daß die aus den Modellversuchen mit künstlichen Antigenen abgeleiteten Vorstellungen über die Struktur der Antigene sich bewährt haben.

1. Pneumokokkenpolysaccharide[5].

Unter den natürlichen Antigenen sind einige Polysaccharidantigene besonders eingehend immunchemisch bearbeitet worden. Das klassische Beispiel ist die immunchemische Aufklärung des spezifischen *Kapselpolysaccharids von Typ III-Pneumokokken* durch GOEBEL u. Mitarb. (s. a. Bd. **1**, S. 355).

Die Pneumokokken, unter denen sich bekanntlich vor allem die Erreger der Lungenentzündung befinden, gehören zu den kapselbildenden Mikroorganismen. Die Kapsel, eine schleimige Hülle, welche den Bakterienleib umgibt, stellt eine Schutzmaßnahme der Kokken

[1] HEIDELBERGER, M.: Cold Spring Harbor Symp. quant. Biol. **6**, 369 (1938). — [2] HAUROWITZ, F.: J. Immunol. **43**, 331 (1942). — [3] Vgl. dazu auch EISEN, H. N., M. E. CARSTEN and S. BELMAN: J. Immunol. **73**, 296 (1954). — [4] HAUROWITZ, F., K. SARAFYAN and P. SCHWERIN: J. Immunol. **40**, 391 (1941). — [5] The Chemistry of the Immunopolysaccharides: HAWORTH, N., and M. STACEY: Ann. Rev. **17**, 97 (1948). — TOMCSIK, J.: Ann. Rev. **22**, 351 (1953).

gegen ungünstige Kulturbedingungen oder gegen die Abwehrkräfte des höheren Organismus dar. Es hat sich gezeigt, daß man unter den Pneumokokken mehrere Typen nach serologischem Verhalten, Morphologie und nach der durch sie ausgelösten Infektion scharf unterscheiden kann[1]. Jeder Typ wird nur vom homologen Antiserum spezifisch agglutiniert. Immunisiert man Tiere gegen einen bestimmten Typ, so werden sie nur gegen die Infektion dieses *einen* Typs resistent. Man hat die verschiedenen Pneumokokkentypen mit den Indices I, II, III usw. bezeichnet. Durch eingehende serologische Differenzierung kennt man bis heute mehr als 50 verschiedene Typen[1,2], von denen allerdings nur einige wenige klinisch erhöhtes Interesse besitzen, unter ihnen die Typen I, II und III.

Durch die Untersuchungen von AVERY, GOEBEL u. HEIDELBERGER[3] wurde nachgewiesen, daß die serologischen Unterschiede der Pneumokokkentypen durch das jeweilige Kapselmaterial bedingt sind. Aus der Kapsel und bei lebhaft wachsenden Kulturen auch aus der Kulturlösung konnte ein für jeden Typ *spezifisches Polysaccharid* isoliert werden. Es handelt sich um hochmolekulare, in Wasser lösliche, stickstoffhaltige oder -freie, von Typ zu Typ chemisch deutlich unterscheidbare Substanzen, aus denen das jeweilige Kapselmaterial im wesentlichen aufgebaut ist. Die analytischen Daten einiger spezifischer Pneumokokkenpolysaccharide sind in Tabelle 212 wiedergegeben. BROWN[4] hat die spezifischen Polysaccharide zahlreicher Pneumokokkentypen dargestellt und analysiert.

Die reinen Polysaccharide präcipitieren mit den entsprechenden typenspezifischen Antipneumokokkenseren noch in Verdünnungen von $1:10^6$ bis $1:10^7$. Bei der Säurehydrolyse erhielt man Abbauprodukte, welche sowohl präcipitations- wie agglutinationshemmend wirkten. Serologische Hemmungsreaktionen wurden noch mit Spaltprodukten in der Größenordnung von Trisacchariden beobachtet[5]. Die determinanten Gruppen mußten also in derartigen molekularen Bereichen liegen. Aus dem Typ III-Polysaccharid, welches nur aus Glucose und Glucuronsäure im Verhältnis 1:1 (Tabelle 212) besteht, konnte GOEBEL[6] nach partieller Hydrolyse ein Disaccharid in guter Ausbeute isolieren, das aus je 1 Glucose- und 1 Glucuronsäureeinheit (Aldobionsäure) aufgebaut war. Die weitere Analyse ergab, daß es sich um die der Cellobiose entsprechende *Cellobiuronsäure* handelte. Es wurden nun künstliche Azoantigene mit Glucose und Glucuronsäure hergestellt[7]. Glucuronsäureantigene ergaben Präcipitation mit Pneumokokkentyp III-Antiseren; doch lösten die Glucuronsäureantigene beim Tier nicht die Bildung von Immunkörpern gegen Typ III-Pneumokokken aus. Schließlich wurde ein künstliches Antigen mit Cellobiuronsäure synthetisiert. Der Aufbau erfolgte über das p-Aminobenzylglykosid und ergab Cellobiuronsäurebenzylazoprotein-Antigene[8].

Cellobiuronsäureantigene wurden von Typ III-Pneumokokkenantiseren kräftig präcipitiert. Bei der Immunisierung wurden Antiseren erhalten, welche nicht nur das Cellobiuronsäureantigen, sondern auch Typ III-Polysaccharid präcipitierten und Typ III-Pneumokokken kräftig agglutinierten[9]. *Tiere wurden durch die Vorbehandlung mit dem synthetischen Antigen gegen die nachfolgende Injektion vielfach tödlicher Dosen hochvirulenter Typ III-Pneumokokken sicher geschützt!*[9]

---

[1] Vgl. SCHMIDT, H.: Grundlagen der spezifischen Therapie und Prophylaxe bakterieller Infektionskrankheiten. Berlin 1940. Fortschritte der Serologie. S. 6, 172ff. Darmstadt 1955. — [2] KAUFFMANN, F., E. MØRCH and K. SCHMITH: J. Immunol. **39**, 397 (1940). — [3] Vgl. AVERY, O. T.: Naturwiss. **21**, 777 (1933). — WESTPHAL, O.: Chemie **57**, 57 (1944). — [4] BROWN, R.: J. Immunol. **37**, 445 (1939). — [5] HEIDELBERGER, M., and F. E. KENDALL: J. exp. Med. **57**, 373 (1933). — [6] HEIDELBERGER, M., and W. F. GOEBEL: J. biol. Ch. **74**, 613 (1927). — GOEBEL, W. F.: J. biol. Ch. **110**, 391 (1935). — HOTCHKISS, R. D., and W. F. GOEBEL: J. biol. Ch. **121**, 195 (1937). — [7] GOEBEL, W. F.: J. exp. Med. **64**, 29 (1936). — GOEBEL, W. F., and R. D. HOTCHKISS: J. exp. Med. **66**, 191 (1937). — [8] GOEBEL, W. F.: J. exp. Med. **68**, 469 (1938). Nature **143**, 77 (1939). — [9] GOEBEL, W. F.: J. exp. Med. **72**, 33 (1940).

Tabelle 212.
Einige typenspezifische Kapselpolysaccharide der Pneumokokken.

Typ	$[\alpha]_D$	Säure-äquivalent	Hydrolysenprodukte (Zuckerbausteine und disaccharidische Spaltstücke)
I	$+265—277°$	650	Galakturonsäure, N-Acetylglucosamin, Essigsäure
II	$+54—58°$	1000	Glucose, Glucuronsäure, Rhamnose[1] (Aldobionsäure, mit ⟨1.6⟩-Bindung ?)
III	$-33—36°$	350	Glucose, Glucuronsäure (1:1) (Cellobiuronsäure)
VIII	$+125°$	750	Glucose, Glucuronsäure (7:2) (Cellobiuronsäure)
XIV	$+12—13°$	—*	Galaktose, N-Acetylglucosamin
XVIII	$+86—89°$	—**	Glucose, Rhamnose, Phosphorsäure (5:1:1)[2]

* Enthält keine sauren Gruppen. ** Enthält sekundäre Phosphorsäureestergruppen.

Das künstliche Cellobiuronsäureantigen leistet also immunisatorisch praktisch das gleiche wie das natürliche spezifische Typ III-Polysaccharidantigen. Die serologische Spezifität ist demnach in den Cellobiuronsäureeinheiten verankert, die ihrerseits die determinanten Gruppen des Typ III-Kapselantigens darstellen.

HCOH — HCOH — HOCH — HCO—CH — HCO — CH_2OH; CH — HCOH — HOCH — HCOH — HCO — COOH

Cellobiuronsäure

{Protein}—N=N—C_6H_4—CH_2—OCH — HCOH — HOCH — HCO—CH — HCO — CH_2OH; CH — HCOH — HOCH — HCOH — HCO — COOH

Künstliches Cellobiuronsäure-benzylazoprotein-Antigen

Die Konstitution des Typ III-Polysaccharids konnte vollständig aufgeklärt werden[3]: die Cellobiuronsäureeinheiten sind jeweils β-glykosidisch in 1,3-Bindungen miteinander verbunden. Die Verknüpfung der Zuckereinheiten im Typ III-Polysaccharid erfolgt also alternierend mit β-⟨1.3⟩- und β-⟨1.4⟩-Bindungen.

Aus dem spezifischen Typ VIII-Polysaccharid konnte die gleiche Cellobiuronsäure isoliert werden[4], welche auch hier determinanten Charakter (neben anderen Gruppen) besitzt, so daß die Pneumokokkentypen III und VIII Kreuzreaktion zeigen, die HEIDELBERGER u. Mitarb.[5] quantitativ analysiert haben.

---

[1] RECORD, B. R., and M. STACEY: Soc. **1948**, 1561. — STACEY, M.: Endeavour **12**, 38 (1953). — BEISER, S. B., E. A. KABAT and J. M. SCHOR: J. Immunol. **69**, 297 (1952). — [2] MARKOWITZ, H., and M. HEIDELBERGER: Am. Soc. **76**, 1317 (1954). — [3] REEVES, R. E., and W. F. GOEBEL: J. biol. Ch. **139**, 511 (1941). — ADAMS, M. H., R. E. REEVES and W. F. GOEBEL: J. biol. Ch. **140**, 653 (1941). — [4] HEIDELBERGER, M., and W. F. GOEBEL: J. biol. Ch. **74**, 613 (1927). — GOEBEL, W. F.: J. biol. Ch. **110**, 391 (1935). — HOTCHKISS, R. D., and W. F. GOEBEL: J. biol. Ch. **121**, 195 (1937). — [5] HEIDELBERGER, M., E. A. KABAT and D. L. SHRIVASTAVA: J. exp. Med. **65**, 487 (1937). — HEIDELBERGER, M., E. A. KABAT and M. MAYER: J. exp. Med. **75**, 35 (1942). — MAYER, M., and M. HEIDELBERGER: J. biol. Ch. **143**, 567 (1942).

Das Typ III-Pneumokokken-Kapselpolysaccharid ist ein Standardbeispiel für die immunchemische Analyse eines natürlichen Antigens, bei welchem sich die theoretischen Vorstellungen über die Struktur der Antigene bestens bewährt haben.

Von großem Interesse sind Untersuchungen über die *Antigenität der reinen Pneumokokkenpolysaccharide.* Aus Immunisierungsversuchen am Kaninchen hatte man geschlossen, daß reine proteinfreie Polysaccharide *nicht* antigen sind, daß sie aber antigen werden, wenn sie an passende Träger gebunden vorliegen, wie z. B. im intakten Bakterium oder nach experimenteller Kupplung an Proteine. AVERY u. GOEBEL[1] stellten einen p-Aminobenzyläther des Pneumokokkentyp-III-Polysaccharids dar, den sie nach der Azomethode an Proteine kuppelten. Das künstliche Typ III-Azoprotein war für Kaninchen ein starkes und spezifisches Antigen. Später fand man indessen, daß das Kaninchen — als das klassische Versuchstier — hinsichtlich Polysacchariden an sich ein schlechter Antikörperbildner ist, demgegenüber z.B. die Maus und *besonders der Mensch* qualitativ und quantitativ durchaus verschieden reagieren[2]. HEIDELBERGER u. Mitarb.[3] haben dann eindrucksvoll gezeigt, daß der Mensch nach Injektion sehr kleiner Mengen reiner proteinfreier Pneumokokkenpolysaccharide (z.B. 50 μg intracutan) große Quantitäten spezifischer Antikörper bilden kann und daß er über längere Zeit aktiv gegen die Infektion mit den betreffenden Pneumokokken geschützt wird — eine Erkenntnis, welcher auch erhebliche praktische Bedeutung zukommt. Dieses Beispiel ist u. a. auch deswegen besonders wichtig, weil damit gezeigt wurde, daß es *keine absolute Antigenität* oder Nichtantigenität gibt *und daß bei Immunisierungsversuchen die verwendete Tierart vielfach von ausschlaggebender Bedeutung ist.*

Die Untersuchungen an spezifischen Pneumokokkenpolysacchariden haben, über den immunchemischen Rahmen hinaus, weitreichende Folgen gehabt. Mit Hilfe hochgereinigter stickstoff-freier Pneumokokkenpolysaccharide, wie z. B. des Typ III, haben HEIDELBERGER u. Mitarb. (s. S. 940) erstmals reine Antikörper aus Immunseren isolieren und sie als modifizierte Serumglobuline charakterisieren können. Enzymatische Untersuchungen von DUBOS[4] führten zur Auffindung von mikrobiellen Ausscheidungsprodukten (adaptives Exoenzym von *Bac. brevis* u. a.), welche spezielle Pneumokokkenkapselpolysaccharide in vitro und in vivo aufzulösen vermögen. Die konsequente Fortführung dieser Untersuchungen hat einige Jahre später die Ära der Antibiotica eröffnet[5]. Ein weiteres bedeutsames Forschungsgebiet wurde durch AVERY u. Mitarb.[6] erschlossen, als sie fanden, daß die Bildung typenspezifischer Pneumokokkenpolysaccharide von der Wirkung einer typeigenen Desoxyribonucleinsäurefraktion genetisch abhängig ist. Durch Übertragung typenspezifischer Desoxyribonucleinsäure auf Rauhformen anderer Pneumokokkentypen gelang die (bleibende) Transformation einzelner Pneumokokkentypen in jene Typen, von denen die Nucleinsäure extrahiert war: ein erstes Modellbeispiel für die biochemisch-spezifische Auslösung mutativer Prozesse. Von dieser Erkenntnis aus steigt neuerdings das Verständnis für die genetische Abhängigkeit der Empfindlichkeit bzw. der Resistenz von Bakterien gegenüber Antibiotica[7].

---

[1] GOEBEL, W. F., and O. T. AVERY: J. exp. Med. **54**, 431 (1931). — AVERY, O. T., and W. F. GOEBEL: J. exp. Med. **54**, 437 (1931). — [2] Vgl. BOIVIN, A., et A. DELAUNAY: Bull. Acad. Méd., Paris **128**, 357 (1944). Presse méd. **55**, 100 (1947). — s. a. MAURER, P. H.: J. exp. Med. **100**, 497 (1954); Antigenität von Dextran. — [3] HEIDELBERGER, M., C. M. MACLEOD, S. J. KAISER and B. ROBINSON: J. exp. Med. **83**, 303 (1946). — Vgl. a. HEIDELBERGER, M.: Angew. Chem. **66**, 403 (1954). Persistence of antibodies in man after immunization. In PAPPENHEIMER, A. M. jr. (Hrsgb.): The Nature and Significance of the Antibody Response. S. 90—101. New York 1953. — [4] DUBOS, R. J.: Ergebn. Enzymforsch. 8, 135—148 (1939). — [5] Vgl. OXFORD, A. E.: Ann. Rev. **14**, 749 (1945). — [6] MCCARTY, M., H. E. TAYLOR and O. T. AVERY: Cold Spring Harbor Symp. quant. Biol. **11**, 177 (1946). — [7] HOTCHKISS, R. D.: Induction of bacterial resistance with desoxyribonucleates. Symp. (No 6) sur la mode d'action des antibiotiques. 2. Int. Congr. Biochem. S. 40ff. Paris 1952.

Die *Zellgrenzflächen* (Kapseln, Membranen)[1,2] *von Bakterien* enthalten vielfach beträchtliche Quantitäten an Polysacchariden[3], welche daher für das immunologische Verhalten eine besondere Rolle spielen[3,4], denn Antikörper können bei intakten Bakterien naturgemäß nur an der Zelloberfläche angreifen. Für Untersuchungen über den Zusammenhang zwischen chemischer Konstitution und immunologischem Verhalten sollten die betreffenden Antigene oder Haptene in chemisch reiner Form vorliegen. Bei den von AVERY, GOEBEL u. HEIDELBERGER dargestellten und untersuchten Pneumokokkenpolysacchariden war dies der Fall. Seither sind zahlreiche weitere Untersuchungen über bakterielle Polysaccharidantigene durchgeführt worden[4], aber nur in wenigen Fällen wurden die Substanzen mit genügender Reinheit dargestellt, um für weitere immunchemische Analysen tauglich zu sein. Daher beschränken sich unsere derzeitigen Kenntnisse vielfach lediglich auf einige prinzipielle Feststellungen. Der weitere Fortschritt hängt unter anderem von der chemischen und immunologischen Analytik ab, die zur Zeit in vieler Hinsicht dauernd verfeinert wird.

Über die typenspezifischen Polysaccharide von Streptokokken (Gruppe A) haben MCCARTY u. LANCEFIELD[5] eingehende Untersuchungen angestellt. Diese Polysaccharide sind reich an D-Glucosamin und L-Rhamnose.

FELTON u. Mitarb.[6] haben gefunden, daß manche Pflanzen Polysaccharide enthalten, welche nach Injektion bei Kaninchen kräftig kreuzreagierende Antikörper gegen verschiedene Pneumokokken-Typen bilden. Diese pflanzlichen Polysaccharide müssen demnach gewisse determinante Gruppen enthalten. welche mit jenen einiger Kapselpolysaccharide von Pneumokokken identisch sind. Die Injektion von nur 0,5 γ genügt, um Mäuse gegen die Infektion mit der 50000fachen letalen Dosis virulenter Pneumokokken zu schützen.

Häufig ist beobachtet worden, daß typenspezifische Pneumokokken-Antiseren mit genetisch nicht verwandten natürlichen Polysacchariden kreuzreagieren[7]. Viel untersucht wurde die Kreuzreaktion zwischen Antipneumokokken-(Typ XIV)-*Pferde*serum mit menschlichen Blutgruppen-Polysacchariden[8] (s. S. 921). Die Ursache dieser immunologischen Verwandtschaft liegt in gemeinsamen oligosaccharidischen Gruppen, welche aus N-Acetylglucosamin und D-Galaktose (Pneumokokken-Typ XIV s. Tabelle 212) aufgebaut sind. — HEIDELBERGER u. Mitarb.[9] haben die Kreuzreaktion von Glykogenen höherer Tiere mit Pferde-Antipneumokokkenseren Typ II, VII, IX, XII, XX und XXII näher untersucht.

Es ist bekannt, daß die nur aus Glucose-Einheiten aufgebauten *Dextrane* aus der Kulturflüssigkeit von *Leuconostoc mesenteroides*[10] beim Menschen Antikörper auslösen. Derartige Dextrane sind wiederholt als Plasmaersatzmittel vorgeschlagen worden[11], doch haben sich wegen des Problems der Antigenität und

---

[1] Über die elektronenoptische Darstellung von Bakterienkapseln s. z. B. SALTON, M. R. J., and R. W. HORNE: Biochim. biophysica Acta, N.Y. **7**, 19 (1951). — SALTON, M. R. (J.): Biochim. biophysica Acta, N.Y. **9**, 334 (1952); **10**, 512 (1953). — SALTON, M. R. J., R. W. HORNE and V. E. COSSLETT: J. gen. Microbiol. **5**, 405 (1951). — SALTON, M. R. J.: J. gen. Microbiol. **9**, 512 (1953). — WEIBULL, C., and J. HEDVALL: Biochim. biophysica Acta, N.Y. **10**, 35 (1953). — s. a. die schönen Aufnahmen von HOUWINK, A. L.: Biochim. biophysica Acta, N. Y. **10**, 360 (1953). — [2] Weitere Isolierungsverfahren usw. s. WEIDEL, W.: Z. Naturforsch. **6** b, 251 (1951). Ann. Inst. Pasteur **84**, 60 (1953). — WEIDEL, W, G. KOCH u. F. LOHSS: Z. Naturforsch. **9** b, 398 (1954). — [3] DUBOS, R. J.: The Bacterial Cell in its Relation to Problems of Virulence, Immunity, and Chemotherapy. Cambridge, Mass. 1945. — MILES, A. A., and N. W. PIRIE (Hrsgb.): The Nature of the Bacterial Surface. Oxford 1949. — [4] BURGER, M.: Bacterial Polysaccharides; their Chemical and Immunological Aspects. Springfield, Ill. 1950. — [5] MCCARTY, M., and R. C. LANCEFIELD: J. exp. Med. **102**, 11 (1955). — [6] FELTON, L. D., B. PRESCOTT, G. KAUFFMANN and B. OTTINGER: J. Bacteriology. **69**, 519 (1955). — [7] s. z.B. WESTPHAL, O.: Chemie **57**, 57 (1944). — [8] FINLAND, M., and E. C. CURNEN: Science, N.Y. **87**, 417 (1938). — WEIL, A. J., and E. SHERMAN: J. Immunol. **36**, 139 (1939). — BEESON, P. B., and W. F. GOEBEL: J. exp. Med. **70**, 239 (1940). — WATKINS, W. M., and W. T. J. MORGAN: Nature **178**, 1289 (1956). — [9] HEIDELBERGER, M., A. C. AISENBERG and W. Z. HASSID: J. exp. Med. **99**, 343 (1954). — [10] HEHRE, E. J., J. Y. SUGG and J. M. NEILL: Ann. N.Y. Acad. Sci. **55**, 467 (1952). — [11] GRÖNWALL, A., and B. INGELMAN: Acta physiol. scand. **7**, 97 (1944); **9**, 1 (1945). — INGELMAN, B.: Acta chem. scand. **1**, 731 (1947). — THORSÉN, G.: Lancet **1949 I**, 132.

der damit verbundenen Transfusionszwischenfälle nur relativ niedermolekulare (abgebaute) Dextrane durchsetzen können[1]. KABAT u. Mitarb.[2] haben neuerdings die Präcipitation von Dextran mit menschlichem Antidextran und deren Hemmung durch Oligosaccharide untersucht. Im klinisch verwendeten Dextran sind 97—98% der glucosidischen Bindungen vom α-⟨1.6⟩- und die restlichen 2—3% vom α-⟨1.3⟩-Typ. *Leuconostoc* bildet auch Dextrane, welche z. B. neben 50% ⟨1.6⟩- noch 50% α-⟨1.4⟩-Bindungen enthalten[3]. Derartige chemisch verschiedene Dextrane ergeben auch verschiedene spezifische Antikörper, z. B. Anti-⟨1.6⟩-dextrane und Anti-⟨1.4⟩-dextrane. Einige gut analysierte Dextrane wurden für die immunchemische Analyse des Systems Dextran—menschliches Antidextran verwendet[2]. Oligosaccharide mit ⟨1.6⟩-Bindungen hemmen nur die Präcipitation von Anti-⟨1.6⟩-dextranen. Homologe Trisaccharide, z. B. Isomaltotriose, hemmen wesentlich stärker als homologe Disaccharide, wie z. B. Isomaltose. Aus den quantitativen Daten der Präcipitationshemmung mit verschiedenen Oligosacchariden bekannter Konstitution ließ sich folgern, daß die determinanten Gruppen in Dextranen einer offenen Kette von wenigstens 3, wahrscheinlich bis zu 4, aufeinander folgenden α-D-Glucopyranose-Einheiten entsprechen. Die Untersuchungen von KABAT können als einschlägiges Modellbeispiel für die immunchemische Feinanalyse eines Antigens angesehen werden; sie gestatten auch genaue Aussagen über die Dimensionen der reaktionsfähigen Bezirke in den Antidextranen menschlicher Seren.

2. Polysaccharid-Antigene gramnegativer Bakterien.

Die *Polysaccharide grampositiver Bakterien*, wie jene der Pneumokokken, sind im allgemeinen relativ einfach aufgebaut, indem sie nur 2 bis höchstens 3 Zuckerbausteine enthalten, darunter vielfach Uronsäuren neben Hexosen und Hexosamin (s. z.B. Tabelle 212). Im Bakterium sind sie locker an Nucleinsäuren verankert. Die *Membranpolysaccharide gramnegativer Bakterien*, wie diejenigen der Coligruppe, der Salmonellen, Shigellen, Brucellen u. a., sind demgegenüber wesentlich komplizierter zusammengesetzt. In den Bakterien befinden sie sich in Form von Komplexen relativ fest an Lipoid- und Proteinmaterial gebunden. Bei den verschiedensten Extraktionsverfahren erhält man sehr hochmolekulare[4] *Lipopolysaccharide* mit einem größeren oder kleineren Gehalt an Aminosäuren bzw. Protein. Die genuinen Polysaccharidantigene dieser Bakterien (sog. 0-Antigene)[5] sind Lipopolysaccharid-Proteinkomplexe, wie besonders die Untersuchungen von MORGAN u. PARTRIDGE[6] an Ruhr- und Typhusbakterien gezeigt haben. Eine ausführliche Übersicht über das Gebiet derartiger Lipopolysaccharide gramnegativer Bakterien, ihre Darstellung und chemische Zusammensetzung haben

---

[1] s. z.B. HAHN, F., A. LANGE u. H. GIERTZ: A. e. P. P. **222**, 603 (1954). — [2] KABAT, E. A.: Am. Soc. **76**, 3709 (1954). — Vgl. a. KABAT, E. A., and D. BERG: J. Immunol. **70**, 514 (1953). — [3] JEANES, A., and C. A. WILHAM: Am. Soc. **72**, 2655 (1950). — ABDEL-AKHER, M., J. K. HAMILTON, R. MONTGOMERY and F. SMITH: Am. Soc. **74**, 4970 (1952). — LOHMAR, R.: Am. Soc. **74**, 4974 (1952). — [4] s. z.B. MILES, A. A., and N. W. PIRIE: Brit. J. exp. Path. **20**, 83 (1939). — SHEAR, M. J., F. C. TURNER, A. PERRAULT and T. SHOVELTON: J. nat. Cancer Inst. **4**, 81 (1943/44). — HARTWELL, J. L., M. J. SHEAR and J. R. ADAMS jr.: J. nat. Cancer Inst. **4**, 107 (1943/44). — KAHLER, H., M. J. SHEAR and J. L. HARTWELL: J. nat. Cancer Inst. **4**, 123 (1943/44). — DAVIES, D. A. L., and W. T. J. MORGAN: 6. Int. Congr. Microbiol. Rom Vol. I, S.457 (1953). — SCHRAMM, G., O. WESTPHAL u. O. LÜDERITZ: Z. Naturforsch. **7** b, 594 (1952). — [5] KAUFFMANN, F.: Zur biochemischen und serologischen Gruppen- und Typeneinteilung der Enterobacteriaceae: Zbl. Bakt. **165**, 344 (1956). — [6] MORGAN, W. T. J., and S. M. PARTRIDGE: Biochem. J. **34**, 169 (1940); **35**, 1140 (1941). Brit. J. exp. Path. **23**, 151 (1942). — DAVIES, D. A. L., W. T. J. MORGAN and B. R. RECORD: Biochem. J. **60**, 290 (1955).

WESTPHAL u. LÜDERITZ[1] veröffentlicht. Weitere Übersichten unter besonderer Berücksichtigung ihrer biologischen Eigenschaften s. [2].

Alle Glattformen der bislang untersuchten gramnegativen Bakterien bilden derartige antigene Lipopolysaccharid-Proteinkomplexe *nach sehr ähnlichen chemischen Bauprinzipien.* Als Prototyp des schonend gewonnenen genuinen Materials können die fraktionierten und hochgereinigten Diäthylenglycolextrakte nach MORGAN u. PARTRIDGE[3] aus Ruhr- und Typhusbakterien angesehen werden. Ähnlichen chemischen Aufbau besitzen die antigenen Brucellaextrakte nach MILES u. PIRIE[4] und jene aus Shigella paradysenteriae (FLEXNER) nach GOEBEL u. Mitarb.[5]. Die hochmolekularen Komplexe bestehen aus den in nachstehendem Schema wiedergegebenen *Komponenten,* welche im genuinen Material aneinander gebunden sind (vgl. WESTPHAL u. LÜDERITZ[1]).

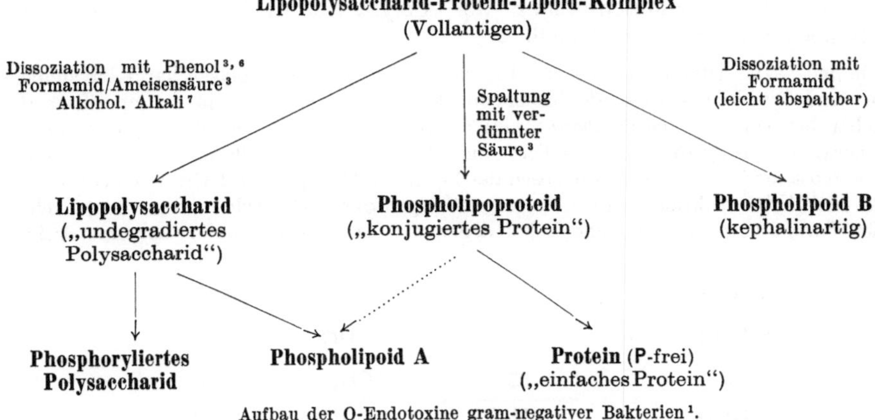

Aufbau der O-Endotoxine gram-negativer Bakterien[1].

Neben ihrer Antigenität besitzen die Lipopolysaccharid-Proteinkomplexe eine Reihe markanter biologischer Eigenschaften[8,9]. Bei parenteraler Applikation erweisen sie sich als stark toxisch (sog. *Endotoxine*). Einige Lipopolysaccharide sind die wirksamsten bisher bekannten fiebererzeugenden Stoffe (Pyrogene)[9,10], deren pyrogene Grenzdosis für Kaninchen und den Menschen in der Größenordnung von 0,001—0,002 μg/kg liegt[9-11]. Reine Lipopoly-

[1] WESTPHAL, O., u. O. LÜDERITZ: Angew. Chem. **66**, 407 (1954). — [2] BENNETT, I. L. jr., and P. B. BEESON: Medicine, Baltimore **29**, 365 (1950). — DELAUNAY, A., P. BOQUET, J. LEBRUN, Y. LEHOULT et M. DELAUNAY: J. Physiol., Paris **40**, 89 (1948). — BURROWS, W.: Ann. Rev. Microbiol. **5**, 181 (1951). — THOMAS, L.: Ann. Rev. Physiol. **16**, 467 (1954). — [3] MORGAN, W. T. J., and S. M. PARTRIDGE: Biochem. J. **34**, 169 (1940); **35**, 1140 (1941). Brit. J. exp. Path. **23**, 151 (1942). — DAVIES, D. A. L., W. T. J. MORGAN and B. R. RECORD: Biochem. J. **60**, 290 (1955). — [4] MILES, A. A., and N. W. PIRIE: Brit. J.exp. Path. **20**, 83, 109, 278 (1939). — [5] GOEBEL, W. F., F. BINKLEY and E. PERLMAN: J. exp. Med. **81**, 315 (1945). — BAKER, E.E., W. F. GOEBEL and E. PERLMAN: J. exp. Med. **89**, 325 (1949). — [6] Vgl. WESTPHAL, O., O. LÜDERITZ u. F. BISTER: Z. Naturforsch. **7**b, 148 (1952). — [7] BINKLEY, F., W. F. GOEBEL and E. PERLMAN: J. exp. Med. **81**, 331 (1945). — TAL, C., and W. F. GOEBEL: J. exp. Med. **92**, 25 (1950). — [8] WINDLE, W. F.: Trans. N.Y. Acad. Sci. **14**, 159 (1952). — [9] WESTPHAL, O., u. O. LÜDERITZ: D. m. W. **1953**, Allergie-Beilage **2**, 775. Angew. Chem. **66**, 407 (1954). — EICHENBERGER, E., M. SCHMIDHAUSER-KOPP, H. HURNI, M. FRICSAY u. O. WESTPHAL: Schweiz. med. Wschr. **85**, 1190, 1213 (1955). — WESTPHAL, O.: Verh. dtsch. Ges. inn. Med. **62**, 192 (1956). — NETER, E., O. WESTPHAL, O. LÜDERITZ, E. A. GORZYNSKI and E. EICHENBERGER: J. Immunol. **76**, 377 (1956). — SPRINGER, G. F. (Hrsgb.): Polysaccharides in Biology, Trans. II. Conf.: Pyrogens (O. WESTPHAL, introducer). New York 1957. — [10] WESTPHAL, O., O. LÜDERITZ, E. EICHENBERGER u. W. KEIDERLING: Z. Naturforsch. **7**b, 536 (1952). — [11] WESTPHAL, O., O. LÜDERITZ, B. KICKHÖFEN, E. EICHENBERGER and W. KEIDERLING: Rev. canad. Biol. **12**, 289 (1953). — s. a. LANDY, M., and A. G. JOHNSON: Proc. Soc. exp. Biol. Med. **90**, 57 (1955).

saccharide werden daher neuerdings für Zwecke der Fiebertherapie als gut dosierbare Reizstoffe angewandt[1-3]. SHEAR u. Mitarb.[4] fanden, daß gewisse Lipopolysaccharide, besonders von *E. coli* und *B. prodigiosus (Serratia macrescens)*, tumornekrotisierende Wirkungen ausüben. Reine Lipopolysaccharide gramnegativer Bakterien sind die wirksamsten Stimulatoren der unspezifischen Infektresistenz beim höheren Tier[5] (s. S. 977) und des Properdin-Systems[6] (s. S. 972). — Weitere biologische Effekte derartiger 0-antigener Endotoxine s. [3,7]. WESTPHAL u. Mitarb.[2] haben nachgewiesen, daß die Lipoid A-Komponente (s. S. 913) der endotoxischen Lipopolysaccharide für die Pyrogenität und die irritativen Eigenschaften der gramnegativen Bakterien verantwortlich ist.

Biologisch bestehen somit erhebliche Unterschiede zwischen den Oberflächenpolysacchariden gram*positiver* und gram*negativer* Bakterien. Gegenüber den relativ einfach gebauten Polysacchariden grampositiver Bakterien enthalten jene der gramnegativen Keime — abgesehen von einer größeren Vielfalt an Zuckerbausteinen (Tabelle 213) — zusätzlich Lipoidkomponenten und Phosphorsäureester. Über die Zusammensetzung der Polysaccharidkomponenten einiger Lipopolysaccharidc orientiert Tabelle 213.

Die in den beiden letzten Spalten von Tabelle 213 aufgeführten Polysaccharid-Bausteine Abequose und Tyvelose wurden als bisher unbekannte Zucker zuerst in den spezifischen Polysacchariden von *Salmonella abortus equi* (Abequose) und *S. typhi* (Tyvelose) papierchromatographisch aufgefunden[8,9], isoliert und als Derivate krystallisiert[10]. Sie erwiesen sich als stereoisomere Bisdesoxyaldohexosen der Formel $C_6H_{12}O_4$, die auf Grund eingehender Analysen und Abbaureaktionen als 3-Desoxymethylpentosen (3,6-Bisdesoxy-hexosen) nachstehender Formel anzusprechen sind[11], bei denen die Isomerie durch das asymmetrische

$$\begin{array}{l} \text{CHOH} \\ {}^{*}\text{CHOH} \\ \text{CH}_2 \\ \text{CHOH} \\ \text{CHO} \\ \text{CH}_3 \end{array} \xrightarrow[\text{H}_2\text{O}]{\text{JO}_4^-} \begin{array}{l} \text{CHO} \\ \text{CH}_2 \\ \text{CHOH} \\ \text{CHOH} \\ \text{CH}_3 \end{array} + \text{HCOOH}$$

Abequose, Tyvelose (3,6-Bisdesoxy-hexose) (2,5-Bisdesoxy-pentose)

---

[1] WINDLE, W. F.: Trans. N. Y. Acad. Sci. **14**, 159 (1952). — [2] WESTPHAL, O., u. O. LÜDERITZ: D. m. W. **1953**, Allergie-Beilage **2**, 775. Angew. Chem. **66**, 407 (1954). — EICHENBERGER, E., M. SCHMIDHAUSER-KOPP, H. HURNI, M. FRICSAY u. O. WESTPHAL: Schweiz. med. Wschr. **85**, 1190, 1213 (1955). — WESTPHAL, O.: Verh. dtsch. Ges. inn. Med. **62**, 192 (1956). — NETER, E., O. WESTPHAL, O. LÜDERITZ, E. A. GORZYNSKI and E. EICHENBERGER: J. Immunol. **76**, 377 (1956). — SPRINGER, G. F. (Hrsgb.): Polysaccharides in Biology, Trans. II. Conf.: Pyrogens (O. WESTPHAL, introducer). New York 1957. — [3] VOIT, K., u. W. TILLING: Ärztl. Wschr. **1954**, 730. — FRITZE, E., P. DOERING, H. MANECKE u. R. SCHOEN: Schweiz. med. Wschr. **83**, 783 (1953). — BERGMANN, H., G. BUSCHMANN, P. DOERING, E. FRITZE u. F. WENDT: Kli. Wo. **1954**, 500. — [4] SHEAR, M. J., F. C. TURNER, A. PERRAULT and T. SHOVELTON: J. nat. Cancer Inst. **4**, 81 (1943/44). — HARTWELL, J. L., M. J. SHEAR and J. R. ADAMS jr.: J. nat. Cancer Inst. **4**, 107 (1943/44). — KAHLER, H., M. J. SHEAR and J. L. HARTWELL: J. nat. Cancer Inst. **4**, 123 (1943/44). — BRUES, A. M., and M. J. SHEAR: J. nat. Cancer Inst. **5**, 195 (1944/45). — [5] ROWLEY, D.: Lancet **1955 I**, 232. — FIELD, T. E., J. G. HOWARD and J. L. WHITBY: J. R. Army med. Corps **101**, 324 (1955). — s. a. [6]. — [6] LANDY, M., and L. PILLEMER: J. exp. Med. **103**, 823; **104**, 383 (1956). — [7] MEIER, R., u. B. SCHÄR: Exper. **10**, 376 (1954). — WEXLER, B. C., and E. TRYCZYNSKI: J. Lab. clin. Med. **45**, 296 (1955). — [8] WESTPHAL, O.: Angew. Chem. **64**, 314 (1952). — s. a. ČMELIK, S.: Exper. **10**, 372 (1954). — [9] PON, G., et A. M. STAUB: Bull. Soc. Chim. biol. **34**, 1132 (1952). — [10] WESTPHAL, O., O. LÜDERITZ, I. FROMME u. N. JOSEPH: Angew. Chem. **65**, 555 (1953). — WESTPHAL, O., H. FEIER, O. LÜDERITZ u. I. FROMME: B. Z. **326**, 139 (1954/55). — [11] FROMME, I., E. LEDERER, O. LÜDERITZ u. O. WESTPHAL: in Vorbereitung (1957).

Tabelle 213. Zuckerbausteine der Polysaccharidkomponenten einiger Lipopolysaccharide gramnegativer Bakterien[1].

Bakterienspecies	Hexosamin	Galaktose	Heptosen	Glucose	Mannose	Xylose	Fucose	Rhamnose	Abequose	Tyvelose
B. dysenteriae Shiga	+	+						+		
B. dysenteriae Shiga (016-Prigge) . . .	+	+		+				+		
Shigella sonnei.	+	+	+	+						
Shigella flexneri	+		+	+				+		
Salmonella typhi O 901	+	+		+	+			+		+
Salmonella typhi O 901	+	+		+	+			+		+
Salmonella typhi murium	+	+		+	+			+	+	
Salmonella paratyphi B	+	+		+	+			+	+	
Salmonella paratyphi B		+		+	+			+	+	
Salmonella enteritidis Gärtner	+	+		+	+			+		+
Salmonella abortus equi.	+	+		+	+			+	+	
Salmonella adelaide.	+	+		+					+	
Escherichia coli	+	+		+						
Escherichia coli NC VI	*)	+		+						
Escherichia coli 055.	*)	+		+						
Escherichia coli NC I	*)			+	+					
Escherichia coli 086	+	+	(+)	+			+	(+)		
Escherichia coli 018 (Kauffmann) . . .	+	+		+	(+)			+		
Escherichia coli 08 (Kröger)	+	+	(+)	+		+		+		
Escherichia coli 026.	*)	+		+				+	(+)	
Escherichia coli 0111	*)	+		+					+	

*) Nicht bestimmt.

C-Atom 2 (*) gegeben zu sein scheint, da der Abbau mit einem Mol Perjodat zu einem für beide Zucker papierchromatographisch identischen 2-Desoxyzucker (2,5-Bisdesoxy-pentose) führt.

Neuerdings hat vor allem DAVIES[2] zahlreiche spezifische Polysaccharide aus den 0-Antigenen gramnegativer Bakterien dargestellt und hinsichtlich ihrer Zuckerbausteine analysiert, wobei wiederum häufig Abequose und Tyvelose und teilweise bisher unbekannte Heptosen[3,4] und Aminozucker[4] (wahrscheinlich 2-Amino-2-desoxy-L-rhamnose[5]) aufgefunden wurden.

Der gleiche Autor isolierte unter anderem das 0-antigene Lipopolysaccharid aus Pasteurella pestis[6], welches aus Glucosamin, Heptose und zu 46% aus Lipoid (Lipoid A, s. Schema S. 913) aufgebaut ist und sich bei starker pyrogener Wirksamkeit durch relativ sehr geringe akute Mäuse-Toxizität auszeichnet[7].

WEBSTER, LANDY u. Mitarb.[8] haben sowohl das hochgereinigte 0-Antigen (Lipopolysaccharid) als auch das virulenzbestimmende Vi-Antigen[9] aus S. typhi extrahiert und eingehend immunchemisch analysiert. Bei der Hydrolyse des Vi-Antigens, welches sich chemisch von den Endotoxinen gramnegativer Bakterien charakteristisch unterscheidet, wurde eine

[1] WESTPHAL, O., u. O. LÜDERITZ: Angew. Chem. **66**, 412 (1954). — [2] DAVIES, D. A. L.: Biochem. J. **59**, 696 (1955). — [3] MACLENNAN, A. P., and D. A. L. DAVIES: Biochem. J. **63**, 31 P (1956). — [4] CRUMPTON, M. J., and D. A. L. DAVIES: Biochem. J. **64**, 22 P (1956). — STRANGE, R. E., and F. A. DARK: Nature **177**, 186 (1956). — [5] DAVIES, D. A. L.: persönl. Mitt. — [6] DAVIES, D. A. L.: Biochem. J. **63**, 105 (1956). — CRUMPTON, M. J., and D. A. (L.) DAVIES: Proc. R. Soc. London (B) **145**, 109 (1956). — [7] Vgl. a. JOHNSON, R. B.: J. Immunol. **74**, 286 (1955). — [8] WEBSTER, M. E., J. F. SAGIN, M. LANDY and A. G. JOHNSON: J. Immunol. **74**, 455 (1955). — LANDY, M., A. G. JOHNSON, M. E. WEBSTER and J. F. SAGIN: J. Immunol. **74**, 466 (1955). — LANDY, M., R.-J. TRAPANI and W. R. CLARK: Amer. J. Hyg. **62**, 54 (1955). — [9] LANDY, M.: Proc. Soc. exp. Biol. Med. **80**, 55 (1952). — WEBSTER, M. E., M. LANDY and M. E. FREEMAN: J. Immunol. **69**, 135 (1952). — LANDY, M., and M. E. WEBSTER: J. Immunol. **69**, 143 (1952). — WEBSTER, M. E., J. F. SAGIN, P. R. ANDERSON, S. S. BREESE, M. E. FREEMAN and M. LANDY: J. Immunol. **73**, 16 (1954). — LANDY, M., M. E. WEBSTER and J. F. SAGIN: J. Immunol. **73**, 23 (1954). — LANDY, M.: Amer. J. Hyg. **60**, 52 (1954).

Aminohexuronsäure als typischer Baustein aufgefunden[1], welche dem Vi-Antigen seinen sauren Charakter verleiht. — Über die 0- und Vi-Antigene der Salmonellen (Typhus u. a.) hat MIKULASZEK[2] viele Untersuchungen durchgeführt.

Die *Analyse der Lipoidkomponenten* (Lipoid A) steht erst in den Anfängen; einige bisher in anderen Naturstoffen nicht aufgefundene Bausteine (langkettige β-Oxyfettsäuren, Nekrosamin usw.) konnten NIEMANN u. Mitarb.[3] kürzlich als Bestandteile eines tumornekrotisierenden Lipopolysaccharids aus Colibakterien identifizieren. MORGAN u. PARTRIDGE[4] haben die *Proteinkomponente* (konjugiertes und einfaches Protein von Ruhr- und Typhusbakterien) isoliert und teilweise analysiert. Beide Bakterienarten bilden identische konjugierte Proteine.

$$H_3C-(CH_2)_2-\underset{|}{\overset{NH_2}{C}}H-\underset{|}{\overset{NH_2}{C}}H-(CH_2)_{14}-CH_3$$

Nekrosamin (4,5-Diamino-n-eicosan)

Die immunchemische Analyse, welche hauptsächlich von MORGAN u. Mitarb.[4] mit Kaninchen als Immuntieren durchgeführt wurde, hat folgendes ergeben: In dem vollantigenen Komplex ist die (an sich nur schwach antigene) Proteinkomponente für die *Antigenität* wesentlich, während die Polysaccharidkomponente Träger der immunologischen Speciesspezifität (0-Spezifität) ist (vgl. a. STAUB[5]). Über die immunologische Rolle des Lipoids (Lipoid A) ist noch nichts bekannt; eine wesentliche Funktion scheint darin zu bestehen, daß Polysaccharid- und Proteinkomponente durch das Lipoid A zusammengehalten werden, indem das Lipoid die Bindung zwischen beiden Komponenten herstellt, wahrscheinlich über Hexosamin (zum Polysaccharid) einerseits, über eine Aminodicarbonsäure (zum Protein) andererseits[6] (s. Schema S. 913). — Die Herausarbeitung determinanter Gruppen bei den 0-Antigenen der gramnegativen Bakterien müßte also bei der immunchemischen Analyse der *Polysaccharid*komponenten ansetzen, ähnlich der beschriebenen Untersuchungen bei Pneumokokken.

HEIDELBERGER u. Mitarb.[7] haben eingehende Untersuchungen über serologische Kreuzreaktionen von Antityphus O 901- und Antiparatyphus B-Seren vom Pferd mit verschiedenen glucosehaltigen Polysacchariden, wie z. B. vom Typ II-Pneumococcus u. a. (s. Tabelle 212), Polyglucosen bekannter Konstitution sowie Mannanen und Galaktanen durchgeführt. Die spezifischen Polysaccharide von *S. typhi* O 901 und *S. paratyphi* enthalten neben anderen Zuckerbausteinen Galaktose, Glucose und Mannose (s. Tabelle 213). Aus den Ergebnissen der quantitativen Präcipitationen konnten HEIDELBERGER und seine Mitarbeiter über das Vorliegen bestimmter determinanter Gruppen und deren wahrscheinlicher chemischer Struktur in den komplexen Antigenen von Typhus O 901 und Paratyphus B sehr präzise Aussagen machen.

In ähnlicher Weise haben STAUB u. Mitarb.[8] in Antiseren vom Pferd und Kaninchen gegen die 0-Antigene von *S. typhi* O 901 und *S. gallinarum* unter Verwendung verschiedener Fraktionen und Abbauprodukte (Haptene) der beiden 0-Antigene in quantitativen Präcipitations- und Hemmungsversuchen 10 verschiedene determinante Gruppen in den beiden Antigenen festgestellt. Von diesen

[1] WEBSTER, M. E., W. R. CLARK and M. E. FREEMAN: Arch. Biochem. **50**, 223 (1954). — [2] MIKULASZEK, E.: Ann. Inst. Pasteur **91**, Suppl. 40 (1956), Übersicht mit Literatur. — [3] IKAWA, M., J. B. KOEPFLI, S. G. MUDD and C. NIEMANN: Am. Soc. **75**, 1035, 3439 (1953). — IKAWA, M., and C. NIEMANN: Am. Soc. **75**, 6314 (1953). — PROŠTENIK, M., u. P. ALAUPOVIĆ: Naturwiss. **43**, 349 (1956). — ALAUPOVIĆ, P., and M. PROŠTENIK: Croatica chem. Acta **28**, 211, 219, 225 (1956). — [4] MORGAN, W. T. J., and S. M. PARTRIDGE: Biochem. J. **34**, 169 (1940); **35**, 1140 (1941). Brit. J. exp. Path. **23**, 151 (1942). — [5] STAUB, A. M.: Ann. Inst. Pasteur **86**, 618—635 (1954). — [6] WESTPHAL, O., u. O. LÜDERITZ: Angew. Chem. **66**, 407 (1954). — [7] HEIDELBERGER, M., and F. CORDOBA: J. exp. Med. **104**, 375 (1956). — [8] STAUB, A. M., et C. DAVARPANAH: Ann. Inst. Pasteur **91**, 338 (1956). DAVARPANAH, C., et A. M. STAUB: Ann. Inst. Pasteur **91**, 564 (1956). — Vgl. a. STAUB, A. M., et G. PON: Ann. Inst. Pasteur **90**, 441 (1956).

befinden sich die determinanten Gruppen I, IV und V nur im Gallinarum-, VII, VIII, IX und X nur im Typhus-Antigen, während II, III und VI beiden Antigenen gemeinsam sind und entsprechende Kreuzreaktionen verursachen.

Die immunchemischen Untersuchungen HEIDELBERGERs und STAUBs beweisen wiederum den Wert der immunchemischen Vorstellungen über das Wesen spezifitätsbestimmender determinanter Gruppen, wie sie sich zuerst bei der Erforschung von Polysacchariden grampositiver Bakterien und nun auch bei jenen aus gramnegativen Keimen bewährt haben.

Von erheblicher Bedeutung ist es, daß MORGAN Polysaccharid- und Proteinkomponente (vgl. S. 913) zum vollantigenen Komplex *rekombinieren* konnte. Dies gelingt z.B. durch Lösen beider Komponenten in Formamid, welches anschließend gegen Wasser ausdialysiert wird, oder durch Vereinigung der Komponenten in alkalischer Lösung und vorsichtiges Ansäuern. Während das Protein beim Ansäuern ausfällt, entsteht nach Kombination mit dem (undegradierten) Polysaccharid eine kolloidale Lösung, aus welcher das Vollantigen isoliert werden kann. Die Neigung der genannten Bakterienproteine, Komplexe zu bilden, geht sehr weit. PARTRIDGE u. MORGAN[1] fanden, daß viele Polysaccharidhaptene, z.B. Akazien- und Kirschgummi, Agar-Agar u.a., mit diesen Proteinen kombiniert werden können, wobei stark wirksame Vollantigene entstehen, deren Spezifität von den determinanten Gruppen des Polysaccharids ausgeht. Die elegante Methode scheint allgemeinerer Anwendung fähig zu sein und kann auch praktische Bedeutung erlangen. Unter anderem konnte MORGAN[2] die für Kaninchen nicht antigenen blutgruppenspezifischen Substanzen A und B (s. S. 920ff.) an das konjugierte Shigaprotein kuppeln und so ein stark wirksames A-Antigen (bzw. B-Antigen) erhalten, dessen Injektion beim Tier spezifische Antiseren mit hohen Antikörpertitern ergab.

Die beschriebenen Lipopolysaccharidkomplexe in der Zellmembran von Glattformen gramnegativer Bakterien haben neuerdings zusätzlich an Interesse und Bedeutung gewonnen, nachdem sich ergeben hat[3], daß sie als Träger der *Receptoren für Phagen* fungieren, für welche die betreffenden Bakterien anfällig sind. Der erste Angriff des Phagen erfolgt über spezifische Phagenreceptoren, welche auf Grund der bisherigen Beobachtungen relativ niedermolekulare Bezirke von beträchtlicher Spezifität sein müssen[3]. Mit Hilfe gelöster isolierter Receptorsubstanzen, welche man durch passende Spaltung der Lipopolysaccharid-Proteinkomplexe erhält, gelingt es, Phagen spezifisch zu binden und so das intakte Bakterium vor ihrem Angriff — nach Art der Konkurrenzhemmung — zu schützen. Diese Beobachtungen haben nicht zuletzt als Modellversuche für die allgemeine Phagen- und Virusforschung große Bedeutung[4].

3. Die spezifischen Blutgruppenmucoide[5].

Anfang des Jahrhunderts entdeckte LANDSTEINER[6] bekanntlich die klassischen 4 Blutgruppen des Menschen A, B, AB und 0 (Null). Das zugrundeliegende

[1] PARTRIDGE, S. M., and W. T. J. MORGAN: Brit. J. exp. Path. **23**, 84 (1942). — [2] MORGAN, W. T. J.: Chem. & Industr. **60**, 722 (1941). Brit. J. exp. Path. **24**, 41 (1943). — MORGAN, W. T. J., and W. M. WATKINS: Brit. J. exp. Path. **25**, 221 (1944). — RAINSFORD, S. G., and W. T. J. MORGAN: Lancet **1946 I**, 154. — [3] MILLER, E. M., and W. F. GOEBEL: J. exp. Med. **90**, 255 (1949). — GOEBEL, W. F.: J. exp. Med. **92**, 527 (1950). — JESAITIS, M. A., and W. F. GOEBEL: J. exp. Med. **96**, 409 (1952). — GOEBEL, W. F., and M. A. JESAITIS: J. exp. Med. **96**, 425 (1952). Nature **172**, 622 (1953). Ann. Inst. Pasteur **84**, 66 (1953). — WEIDEL, W.: Z. Naturforsch. **6b**, 251 (1951). Ann. Inst. Pasteur **84**, 60 (1953). — [4] Vgl. dazu a. WATKINS, W. M., and W. T. (J.) MORGAN: Brit. J. exp. Path. **35**, 181 (1954). — [5] Zusammenfassungen s. BOYD, W. C.: Fundamentals of Immunology. S. 6, S. 167ff. New York 1947. — MORGAN, W. T. J.: Exper. **3**, 257 (1947). — BRAY, H. G., and M. STACEY: Blood group substances. Adv. Carbohydrate Chem. **4**, 37—55 (1949). — s. a. Bd. **2**/1, S. 385—390. — MORGAN, W. T. J.: Blood group substances, in: Polysaccharides in Biology. Josiah Macy Found., S. 145—252. New York 1956. — KABAT, E. A.: Blood Group Substances, their Chemistry and Immunochemistry. New York 1956. — [6] LANDSTEINER, K.: Wien. klin. Wschr. **1901**, 1132. M. m. W. **1902 II**, 1905.

Phänomen besteht darin, daß rote Blutkörperchen eines Individuums mit dem Serum eines anderen Individuums entweder keinerlei Veränderung erleiden oder verklumpt (agglutiniert) werden. Der Erscheinung entspricht das folgende Schema (Tabelle 214).

Tabelle 214. Blutgruppen und Blutgruppenfaktoren des Menschen.

Blutgruppe	Spezifisch agglutinable Eigenschaft in den roten Blutkörperchen	Enthält spezifisches Isoagglutinin im Serum
A . . .	A-Substanz	Anti-B (β)
B . . .	B-Substanz	Anti-A (α)
AB . .	A-Substanz und B-Substanz	—
0 . . .	(0- bzw. H-Substanz)	Anti-A (α) und Anti-B (β)

Personen der Blutgruppe A besitzen also eine A-spezifische Substanz in den Erythrocyten, welche mit dem α-Isoagglutinin (A-Antikörper) des Serums von Personen der Blutgruppe B und 0 reagiert usw. Personen der Blutgruppe 0 enthalten in ihren Erythrocyten keinerlei durch Menschenserum agglutinable Faktoren, also weder A noch B. Zur Frage der Existenz einer spezifischen 0-Substanz und spezifischer Anti-0-Seren s. [1]. Es gibt also 2 Eigenschaften, A und B, welche in der A- bzw. B-Substanz der Erythrocyten verankert sind und denen als serologisch spezifische Antikörper die (natürlichen) Isoagglutinine Anti-A (α) und Anti-B (β) menschlicher Seren gegenüberstehen.

Viele Versuche sind unternommen worden, die A- und B-Substanz zu isolieren, anzureichern und ihre chemische Natur, vor allem die Unterschiede der chemischen Struktur, welche zu den Gruppenunterschieden führen, aufzuklären. Es ergab sich frühzeitig, daß Versuche zur Anreicherung der Gruppensubstanzen aus Erythrocyten[2] wenig Aussicht auf Erfolg versprachen, da die so erhaltenen Substanzmengen viel zu gering waren[3]. Insofern war es eine wichtige Entdeckung, als man fand, daß die spezifischen Blutgruppensubstanzen in großen Mengen und wasserlöslicher Form in vielen Körperflüssigkeiten des Menschen[4] und auch mancher Tiere (Pferd, Rind, Schwein u. a.) enthalten sind. Etwa 80% aller Menschen (sog. Sekretoren[5]) scheiden die ihrer Blutgruppe entsprechenden spezifischen Gruppensubstanzen im Speichel, Magensaft und anderen mukösen Körperflüssigkeiten ständig aus. Eine reichliche Quelle stellt Ovarialcystenflüssigkeit dar[6], und besonders viel Gruppensubstanz findet sich im Meconium[7], dem ersten Kot von Neugeborenen.

[1] Hirszfeld, L., et R. Amzel: Ann. Inst. Pasteur **65**, 251, 386 (1940). — Morgan, W. T. J., and W. M. Watkins: Brit. J. exp. Path. **29**, 159 (1948). — Annison, E. F., and W. T. J. Morgan: Biochem. J. **52**, 247 (1952). — Editorial: Lancet **251**, 912 (1946). — Baer, H., J. K. Bringaze and M. McNamee: J. Immunol. **73**, 67 (1954). — [2] Schiff, F., u. L. Adelsberger: Z. Immun.-Forsch. **40**, 335 (1924). — Landsteiner, K., and J. van der Scheer: J. exp. Med. **42**, 123 (1925). — Hallauer, C.: Z. Immun.-Forsch. **83**, 114 (1934). — Stepanov, A. V., A. M. Kuzin, Z. Makaeva, and P. Kosyakov: Biochimija, Moskva **5**, 547 (1940). — Landsteiner, K.: The Specificity of Serological Reactions. 2. Aufl. Cambridge, Mass. 1945. — Bray, H. G., H. Henry and M. Stacey: Biochem. J. **40**, 124 (1946). — [3] Vgl. dazu Royal, G. C., L. C. Ferguson and T. S. Sutton: J. Immunol. **71**, 22 (1953) und frühere Arbeiten. — [4] Schiff, F.: D. m. W. **1933 I**, 199. — [5] Schiff, F., u. H. Sasaki: Kli. Wo. **1932 II**, 1426. — [6] Morgan, W. T. J., and R. van Heyningen: Brit. J. exp. Path. **25**, 5 (1944). — [7] Rapoport, S., and D. J. Buchanan: Science, N. Y. **112**, 150 (1950). — Buchanan, D. J., and S. Rapoport: J. biol. Ch. **192**, 251 (1951). — Kuhn, R., u. W. Kirschenlohr: B. **87**, 560 (1954).

Zur *quantitativen Bestimmung der Gruppensubstanz* sind 2 verschiedene Teste ausgearbeitet worden[1]. Der klassische Test besteht in der *Isoagglutinationshemmung.* A-Erythrocyten werden durch B-Serum (α-Isoagglutinin) agglutiniert; setzt man dem System steigende Mengen gelöster A-Substanz hinzu, so wird das α-Isoagglutinin von der A-Substanz spezifisch gebunden, so daß die Erythrocyten intakt bleiben: ihre Agglutination wird also von einer bestimmten Konzentration an A-Substanz total gehemmt. In gleicher Weise läßt sich die B-Substanz testen. — Ein anderer Test arbeitet mit experimentell erzeugten Immunseren. Man immunisiert z. B. Kaninchen mit menschlichen A-Erythrocyten. Die Tiere bilden dann ein Anti-A-Immunserum, welches jedoch außer Anti-A-Immunkörpern noch andere humanspezifische Antikörper enthält. Durch erschöpfende Absorption eines solchen Serums mit B- und 0-Blutkörperchen kann man oftmals alle nicht A-spezifischen Anteile eliminieren, so daß serologisch reine Anti-A-Seren übrig bleiben. In gleicher Weise kann man prinzipiell Anti-B-Immunseren herstellen. Es hat sich dann gezeigt, daß Anti-$A_{(\text{Mensch})}$-Kaninchenimmunseren nicht nur menschliche A-Erythrocyten agglutinieren, sondern (als eine Art Kreuzreaktion) Schafblutkörperchen nach Zusatz von Komplement (S. 969) spezifisch auflösen. Diese Schafblutlyse wird nun durch zugesetzte gelöste A-Substanz spezifisch gehemmt (spezifische *Hämolysehemmungsreaktion*), und dieser Test läßt sich wiederum quantitativ gestalten. Der in der Membran von Schafblutkörperchen enthaltene A-spezifische Faktor wurde als der „Schafanteil der menschlichen Blutgruppe A“ bezeichnet[2].

Bis vor einigen Jahren waren alle bis dahin dargestellten Gruppensubstanzen entweder nicht rein bzw. vom physikalisch-chemischen Standpunkt aus nicht homogen oder durch zu drastische Maßnahmen bei der Aufarbeitung mehr oder weniger degradiert. Trotz der markanten serologischen Unterschiede der erhaltenen A- und B-Präparate zeigte sich keinerlei chemisch faßbare und konstant reproduzierbare Differenzierung. Übersichten über die früheren Untersuchungen s. [3]. Es ist das Verdienst von MORGAN u. Mitarb., erstmals sehr reine, genuine und homogene Präparate der A-[4] und B-Substanz[5] mit Hilfe spezieller Verfahren, vornehmlich aus Ovarialcystenschleim, hergestellt zu haben. Neben A- und B- wurde auch Material von Personen der Blutgruppe 0 aufgearbeitet[6]. Es ergab sich, daß 0-Sekretoren eine Substanz ausscheiden, welche MORGAN als H-Substanz (human) bezeichnet hat. Im Lauf dieser Untersuchungen wurde auch eine neue Blutgruppe „Lewis“ (Le^a bzw. Le^b) entdeckt, der eine Le^a-Substanz (bzw. Le^b-Substanz) zu Grunde liegt[7], welche chemisch der A-, B-, und H-Substanz ähnelt.

MORGAN u. Mitarb.[8] haben eine Methode der schonenden Aufarbeitung von Ovarialcystenschleim angegeben, welche darin besteht, daß das Rohmaterial mit dem Enzym Ficin bei p_H 7 behandelt wird. Dabei werden die Proteine verdaut und die Blutgruppenmucoide anschließend durch fraktionierte Fällung mit organischen Lösungsmitteln oder durch fraktioniertes Aussalzen abgeschieden. Das in manchen Cystenschleimen enthaltene wasserunlösliche „Paramucin“ geht nach Ficineinwirkung in Lösung. In ähnlicher Weise können die Blutgruppenmucoide aus Geweben bei p_H 7 in Lösung gebracht werden.

---

[1] SCHIFF, F.: Über die gruppenspezifischen Substanzen des menschlichen Körpers. Jena 1931. — DAHR, P.: Die Technik der Blutgruppen- und Blutfaktoren-Bestimmung. 6. Aufl. Stuttgart 1953. — [2] Vgl. z. B. FREUDENBERG, K., u. O. WESTPHAL: S.-B. heidelberg. Akad. Wiss. (A) **1938**, 1. — [3] MORGAN, W. T. J.: Exper. **3**, 257—267 (1947). — BRAY, H. G., and M. STACEY: Adv. Carbohydrate Chem. **4**, 37 (1949). — KABAT, E. A.: Bact. Rev. **13**, 189 (1949). — [4] MORGAN, W. T. J., and H. K. KING: Biochem. J. **37**, 640 (1943). — AMINOFF, D., W. T. J. MORGAN and W. M. WATKINS: Biochem. J. **46**, 426 (1950). — [5] GIBBONS, R. A., and W. T. J. MORGAN: Biochem. J. **57**, 283 (1954). — [6] MORGAN, W. T. J., and M. B. R. WADDELL: Brit. exp. Path. **26**, 387 (1945). — AMINOFF, D., W. T. J. MORGAN and W. M WATKINS: Nature **158**, 879 (1946). — ANNISON, E. F., and W. T. J. MORGAN: Biochem. J. **52**, 247 (1952). — BAER, H., J. K. BRINGAZE and M. MCNAMEE: J. Immunol. **73**, 67 (1954). — [7] GRUBB, R., and W. T. J. MORGAN: Brit. J. exp. Path. **30**, 198 (1949). — ANNISON, E. F., and W. T. J. MORGAN: Biochem. J. **50**, 460 (1952). — [8] LAWTON, V., J. V. MCLOUGHLIN and W. T. J. MORGAN: Nature **178**, 740 (1956).

Die erhaltenen reinen Blutgruppensubstanzen, unter denen die A-Substanz besonders eingehend bearbeitet wurde, sind in Wasser mehr oder weniger viskos lösliche, hochmolekulare *Mucoide*, d.h. Polysaccharid-Polypeptidkomplexe mit einem überwiegenden Gehalt an Zuckerbausteinen (bis zu 80%) und einem geringeren Gehalt an Aminosäuren (bis zu 25%). Die physikalischen Eigenschaften der reinen A-, B-, H- und Le -Substanzen zeigt Tabelle 215.

Tabelle 215. Physikalische Daten der hochgereinigten Blutgruppensubstanzen A, B, H und Le^a des Menschen[1].

	Blutgruppensubstanz			
	A	B	H	Le^a
Partielles spezifisches Volumen . .	0,635	0,600	0,636	0,643
Diffusionskonstante $D_{20} \times 10^7$ . .	1,6	0,5	1,21	1,37
Sedimentationskonstante $s_{20} \times 10^{13}$	6,7	12,0	6,6	6,7
Formfaktor f/f_0	3,2	5,6	4,2	3,8
Achsenverhältnis	60	200	100	90
Teilchengewicht	260000	1800000	320000	270000

Alle hochgereinigten Gruppensubstanzen (A, B, H und Le^a) ergeben nach Hydrolyse qualitativ und teilweise auch quantitativ *die gleichen Bausteine*, nämlich jeweils 4 Aldohexosen, 11 normale L-Aminosäuren und Essigsäure, welche in den Mucoiden als N-Acetylhexosamin gebunden ist (s. a. Bd. **1**, S. 758). Die folgenden Bausteine wurden identifiziert und zum großen Teil quantitativ bestimmt:

Zucker	*Aminosäuren*
D-Galaktose	Lysin, Arginin,
L-Fucose	Asparaginsäure, Glutaminsäure,
D-Glucosamin[2]	Glycin, Alanin, Valin, Leucin bzw.
D-Galaktosamin[2]	Isoleucin, Threonin, Serin und Prolin

Die menschliche A-Substanz besteht z.B. aus 17% Galaktose, 18% Fucose, und ~46% N-Acetylhexosamin (zusammen ~81%); die 11 Aminosäuren sind zu 19—24% in der A-Substanz enthalten, darunter Threonin in vergleichsweise (zu normalen Proteinen) ungewöhnlich hoher Konzentration bis zu 10%. Mit diesen Daten sind die Bausteine der A-Substanz praktisch quantitativ erfaßt; andere Komponenten sind nicht gefunden worden[3]. Die vier Zuckerbausteine sind in der A-Substanz in äquimolarem Verhältnis enthalten. Von jedem Zucker sind 280—290 Einheiten in das reine A-Mucoid vom Mol.Gew. 260000 (Tabelle 215) eingebaut[4].

Yosizawa[5] sowie Kuhn u. Kirschenlohr[6] isolierten aus der A-Substanz durch partielle Hydrolyse ein N-Acetylglucosamin und Galaktose enthaltendes Disaccharid, welches als 4-β-Galaktosido-N-acetylglucosamin aufgeklärt wurde[6], indem das hieraus zu gewinnende Osazon mit Lactosazon identisch ist. Côté u. Morgan[7] haben die Isolierung von fünf stickstoffhaltigen Disacchariden aus den sauren Hydrolysaten (0,1 und 1 n HCl) einer hochgereinigten, homogenen A-Substanz beschrieben, nämlich 3-β-Galaktosido-N-acetyl-D-glucosamin und das oben erwähnte 4-β-Galaktosido-N-acetyl-D-glucosamin. Zwei Disaccharide sind sehr wahrscheinlich 3-α- sowie 3-β-N-Acetylgalaktosaminoyl-galaktose. Das fünfte Disaccharid scheint α-Fucosyl-⟨1.6⟩-N-acetyl-D-glucosamin zu sein. In Hemmungstesten ist 3-α-N-Acetylgalaktosaminoyl-galaktose wesentlich aktiver als N-Acetyl-galaktosamin oder dessen Methylglycosid; diese Struktur scheint daher für die A-Spezifität wesentlich zu sein. Wirksamere A-spezifische Oligosaccharide sind bislang nicht gefunden worden.

[1] Morgan, W. T. J.: Proc. R. Soc. Med. **46**, 783 (1953). — [2] Trennung der beiden Hexosamine s. Annison, E. F., A. T. James and W. T. J. Morgan: Biochem. J. **48**, 477 (1951). — [3] s. dazu Novotny, A.: Acta physiol. hung. **11** (1957), im Druck. — [4] Aminoff, D., W. T. J. Morgan and W. M. Watkins: Biochem. J. **46**, 426. (1950). — [5] Yosizawa, Z.: Tohoku J. exp. Med. **51**, 51 (1949); **52**, 111, 145 (1950). — [6] Kuhn, R., u. W. Kirschenlohr: B. **87**, 560 (1954). — [7] Côté, R. H., and W. T. J. Morgan: Nature **178**, 1171 (1956).

Schon frühzeitig (1934/35) hatten FREUDENBERG u. Mitarb.[1] an angereicherten A- und B-Substanzen aus menschlichem Urin gefunden, daß N-Acetylgruppen für einen Teil der serologischen Wirksamkeit (Schafblutlyse) unerläßlich sind. Bei der schonenden Entacetylierung mit verdünntem Baryt wurden die A- und B-Substanzen serologisch vollständig inaktiv; N-Reacetylierung mit Keten u. a. führte zur nahezu vollständigen Wiederkehr der serologischen Wirksamkeit.

Einige charakteristische quantitative Daten der Blutgruppensubstanzen sind in Tabelle 216 aufgeführt.

Tabelle 216. Quantitative Daten der Blutgruppensubstanzen des Menschen (Mittelwerte)[2].

	$[\alpha]_D$	% N	% Acetyl	% Hexos-amin	Reduktion nach Hydrolyse	% Fucose
A-Substanz . .	+15°	5,7	9,0	37	56	18
B-Substanz . .	0°	5,7	7,0	20	50	18
H-Substanz . .	−30°	5,3	8,6	31	54	18
Le^a-Substanz .	−40°	5,0	9,9	32	57	12

Unter diesen Werten fällt vor allem der Unterschied in den Hexosamingehalten der A- und B-Substanz auf, der auf Grund wiederholter quantitativer Analysen an verschiedenen Präparaten sicher reell ist. Der Fucosegehalt der Le^a-Substanz beträgt nur $^2/_3$ desjenigen aller anderen Gruppensubstanzen. Auffallend sind schließlich die für jede Substanz charakteristischen, unterschiedlichen optischen Drehungswerte, welche auf eine verschiedene Struktur der Gruppensubstanzen hinweisen. *Die von* MORGAN *erhaltenen Daten gestatten zum erstenmal eine chemische Differenzierung der verschiedenen Blutgruppenfaktoren.*

Für die Aufklärung der *Struktur der Blutgruppenmucoide* in Beziehung zu ihren serologischen Eigenschaften (Suche nach determinanten Gruppen) sind die folgenden chemischen *Abbaureaktionen*, während welcher die serologische Wirksamkeit sich in typischer Weise ändert, von besonderer Bedeutung: a) Empfindlichkeit gegen 0,05 n Sodalösung in der Wärme[3], b) Hydrolyse mit verdünnter Essigsäure sowie verdünnter und 6 n-Salzsäure[4] und c) Verlauf der Oxydationsreaktion mit Perjodat[5].

Durch verdünntes Alkali werden reduzierende Gruppen frei und solche, welche mit EHRLICHs Reagens (p-Dimethylaminobenzaldehyd in salzsaurem Äthanol) eine intensiv purpurne Färbung ergeben[6]; es handelt sich um alkalilabile Glykosidbindungen (N-Glykoside) von N-Acetylgalaktosamin und -glucosamin, welche demnach durch verdünntes Alkali zu einem beträchtlichen Teil am glykosidischen C-Atom freigesetzt werden, wobei unter anderem die Viscosität der Lösung abfällt. — Durch verdünnte Essigsäure wird der größte Teil der gebundenen L-Fucose freigesetzt, welche alkalistabil aber säurelabil gebunden ist. Nach Behandlung mit verdünnter Essigsäure erscheint Fucose im Dialysat. Dabei geht die agglutinationshemmende A-Wirksamkeit zum größten Teil verloren, während die hämolysehemmende Wirkung (Schafblut) voll erhalten bleibt. Gleichzeitig wird eine *Kreuzreaktion* gegenüber Pneumokokkentyp XIV-Pferdeantiserum[7] ausgeprägt, welche die genuine A-Substanz nicht zeigt. Da das spezifische Pneumokokkentyp XIV-Polysaccharid aus Galaktose

[1] FREUDENBERG, K., u. H. EICHEL: A. **510**, 240 (1934); **518**, 97 (1935). — [2] MORGAN, W. T. J.: Proc. R. Soc. Med. **46**, 783 (1953). — [3] AMINOFF, D., W. T. J. MORGAN and W. M. WATKINS: Biochem. J. **51**, 379 (1952). — [4] AMINOFF, D., W. T. J. MORGAN and W. M. WATKINS: Biochem. J. **46**, 426 (1950). — [5] AMINOFF, D., and W. T. J. MORGAN: Biochem. J. **48**, 74 (1951). — [6] ELSON, L. A., and W. T. J. MORGAN: Biochem. J. **27**, 1824 (1933). — MORGAN, W. T. J., and L. A. ELSON: Biochem. J. **28**, 988 (1934). — [7] FINLAND, M., and E. C. CURNEN: Science, N. Y. **87**, 417 (1938). — WEIL, A. J., and E. SHERMAN: J. Immunol. **36**, 139 (1939).

und N-Acetylglucosamin aufgebaut ist[1] (vgl. Tabelle 212), dürfte die Kreuzreaktion durch Freilegung entsprechender, beide Zucker enthaltender Strukturen in der A-Substanz zustande kommen. Galaktose und N-Acetylglucosamin müssen demnach, wenigstens teilweise, relativ säurestabilen Strukturen angehören. Neuerdings haben WATKINS u. MORGAN[2] gezeigt, daß die für die Kreuzreaktion mit Typ XIV-Antipneumokokken-Pferdeseren in (abgebauten) Blutgruppensubstanzen verantwortliche determinante Struktur der Disaccharid-Einheit 4-β-Galaktosido-N-acetyl-D-glucosamin entspricht. Das 3-β-Disaccharid hemmt die Kreuzreaktion wesentlich schwächer.

Diese Untersuchungen zeigen unter anderem, daß es wahrscheinlich 2 verschiedene polysaccharidische (Ketten-) Strukturen in der A-Substanz gibt, welche sich durch ihre Alkalieinerseits, durch ihre Säurelabilität andererseits deutlich unterscheiden. Diese Polysaccharideinheiten können (drittens) an Polypeptidketten *einfach* gebunden sein oder 2 Polypeptideinheiten miteinander verbinden (Abb. 271).

Über enzymatische Spaltungsversuche an Blutgruppensubstanzen s. [3]. Neuerdings stellte WATKINS[4] einen Extrakt aus *Trichomonas foetus* her, welcher ein Enzym enthält, das Blutgruppensubstanzen in wäßriger Lösung serologisch inaktiviert. Läßt man das Enzym auf menschliche 0-Erythrocyten einwirken[5], so wird der H-Faktor inaktiviert; gleichzeitig verlieren die Erythrocyten ihren Receptor für Influenzavirus. Die enzymatische Spaltung der H-Substanz wird durch L-Fucose und D-Galaktosamin gehemmt. Es konnte gezeigt werden[6], daß die Wirkung des Enzyms unter anderem darin besteht, daß L-Fucose abgespalten wird, wobei der H-Charakter verloren geht. Neuerdings haben MORGAN u. Mitarb.[7] die Wirkung eines Enzyms aus Clostridium welchii-Kulturfiltraten auf die H-Substanz eingehend untersucht. Hierbei wird L-Fucose rasch abgespalten, daneben noch kleinere Mengen Galaktose, N-Acetylglucosamin und eines aus diesen beiden Zuckern aufgebauten Disaccharids. Wenn die serologische H-Aktivität der Substanz enzymatisch vollständig vernichtet ist, kann etwa $^1/_4$ des eingesetzten Materials durch Cellophanmembranen dialysiert werden.

Inwieweit die Aminosäuren (Polypeptidketten) gruppenspezifisch determinante Funktionen besitzen, ist bisher nicht geklärt; die von Polysaccharidresten weitgehend befreiten Polypeptideinheiten sind serologisch (Hemmungsteste) praktisch nicht mehr aktiv.

Die analytischen Daten in Verbindung mit den Abbaureaktionen gestatten bereits gewisse Schlüsse auf die Struktur der Gruppensubstanzen. Nachstehend wird die mutmaßliche Struktur der A-Substanz (rein *schematisch*) wiedergegeben (Abb. 271).

Gewisse pflanzliche Samenproteine (von *Lotus tetragonolobus, Sophora japonica, Laburnum alpinum, Vicia cracca, Cytisus sessifolius* u. a.) besitzen die Fähigkeit, menschliche Erythrocyten gruppenspezifisch zu agglutinieren[8,9]. Die Agglutination von 0-Blutkörperchen (H-Substanz) durch *Lotus tetragonolobus*-Extrakt wird besonders kräftig durch L-Fucose gehemmt[9]. BOYD u. Mitarb.[10], die sich viel mit pflanzlichen Hämagglutininen befaßt haben, prägten für diese Proteine den Ausdruck „*Lektine*". Einige gereinigte Pflanzenextrakte haben auch praktische Bedeutung für die Blutgruppen-Diagnostik[10].

---

[1] BEESON, P. B., and W. F. GOEBEL: J. exp. Med. **70**, 239 (1939). — [2] WATKINS, W. M., and W. T. J. MORGAN: Nature **178**, 1289 (1956). — [3] SCHIFF, F., u. G. WEILER: B.Z. **235**, 454; **239**, 489 (1931). — SCHIFF, F.: Kli. Wo. **1935 I**, 750. J. infect. Dis. **65**, 127 (1939). — LANDSTEINER, K., and M. W. CHASE: Proc. Soc. exp. Biol. Med. **32**, 713 (1935). — ISEKI, S., u. S. TSUNODA: Proc. Imp. Acad. Jap. **28**, 370 (1952). — SPRINGER, G. F., and P. GYÖRGY: Fed. Proc. **12**, 272 (1953). — HOWE, C., and E. A. KABAT: Am. Soc. **75**, 5542 (1953). — [4] WATKINS, W. M.: Biochem. J. **54**, XXXIII (1953). — [5] WATKINS, W. M., and W. T. (J.) MORGAN: Brit. J. exp. Path. **35**, 181 (1954). — [6] MORGAN, W. T. J.: persönliche Mitteilung. — [7] CRUMPTON, M. J., and W. T. J. MORGAN: Biochem. J. **54**, XXXII (1953). — BUCHANAN, D. J., M. J. CRUMPTON and W. T. J. MORGAN: Biochem. J. **65**, 186 (1957). — [8] RENKONEN, K. O.: Ann. Med. exp. Biol. Fenn. **26**, 66 (1948); **28**, 45 (1950). — BOYD, W. C., and R. M. REGUERA: J. Immunol. **62**, 333 (1949); **65**, 281 (1950). — KRÜPE, K.: Z. Immun.-Forsch. **107**, 450 (1950). — KRÜPE, M., u. C. BRAUN: Naturwiss. **39**, 284 (1952). — BIRD, G. W. G.: J. Immunol. **69**, 319 (1952). — EYQUEM, A., M. SAINT-PAUL et J. MAGNIN: Ann. Inst. Pasteur **89**, 60 (1955). — [9] MORGAN, W. T. J., and W. M. WATKINS: Brit. J. exp. Path. **34**, 94 (1953). — [10] BOYD, W. C., and E. SHAPLEIGH: J. Immunol. **73**, 226 (1954).

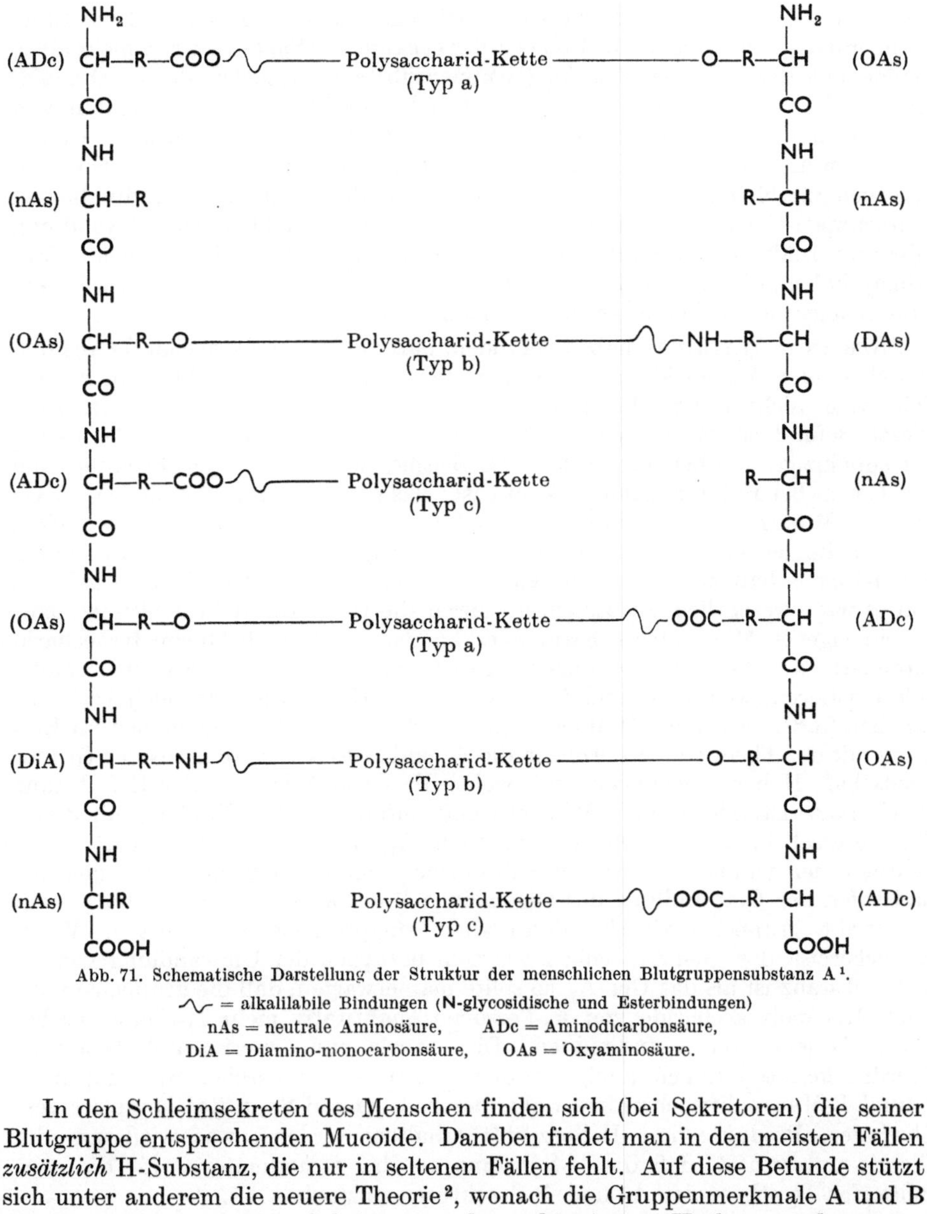

```
      NH2                                                                 NH2
      |                                                                   |
(ADc) CH—R—COO∿———— Polysaccharid-Kette ——————————————O—R—CH   (OAs)
      |                 (Typ a)                                           |
      CO                                                                  CO
      |                                                                   |
      NH                                                                  NH
      |                                                                   |
(nAs) CH—R                                                             R—CH   (nAs)
      |                                                                   |
      CO                                                                  CO
      |                                                                   |
      NH                                                                  NH
      |                                                                   |
(OAs) CH—R—O————————— Polysaccharid-Kette ————∿—NH—R—CH   (DAs)
      |                 (Typ b)                                           |
      CO                                                                  CO
      |                                                                   |
      NH                                                                  NH
      |                                                                   |
(ADc) CH—R—COO∿———— Polysaccharid-Kette                                R—CH   (nAs)
      |                 (Typ c)                                           |
      CO                                                                  CO
      |                                                                   |
      NH                                                                  NH
      |                                                                   |
(OAs) CH—R—O————————— Polysaccharid-Kette ————∿—OOC—R—CH   (ADc)
      |                 (Typ a)                                           |
      CO                                                                  CO
      |                                                                   |
      NH                                                                  NH
      |                                                                   |
(DiA) CH—R—NH∿————— Polysaccharid-Kette ——————————————O—R—CH   (OAs)
      |                 (Typ b)                                           |
      CO                                                                  CO
      |                                                                   |
      NH                                                                  NH
      |                                                                   |
(nAs) CHR               Polysaccharid-Kette ————∿—OOC—R—CH   (ADc)
      |                 (Typ c)                                           |
      COOH                                                                COOH
```

Abb. 71. Schematische Darstellung der Struktur der menschlichen Blutgruppensubstanz A[1].
∿ = alkalilabile Bindungen (N-glycosidische und Esterbindungen)
nAs = neutrale Aminosäure, ADc = Aminodicarbonsäure,
DiA = Diamino-monocarbonsäure, OAs = Oxyaminosäure.

In den Schleimsekreten des Menschen finden sich (bei Sekretoren) die seiner Blutgruppe entsprechenden Mucoide. Daneben findet man in den meisten Fällen *zusätzlich* H-Substanz, die nur in seltenen Fällen fehlt. Auf diese Befunde stützt sich unter anderem die neuere Theorie[2], wonach die Gruppenmerkmale A und B durch einzelne mutative Schritte aus dem ubiquitären H (human) hervorgegangen sind. Auf dem Wege von H zu den kompletten A- und B-Merkmalen (A_c, B_c; auch zum sehr seltenen 0_c, welches kein H mehr enthält) liegen Zwischenstufen, die serologischen Untergruppen — wie A_2, A_3 usw. MORGAN schreibt (1954)[3]:

„Alle Menschen bilden und sezernieren Mucine, und diese Sekrete sind wahrscheinlich für das normale Funktionieren des Organismus lebensnotwendig.

---

[1] MORGAN, W. T. J.: Vortrag chem. Ges. Freiburg i. Br. (1954). — [2] FRIEDENREICH, V., G. THYSSEN and G. HARTMANN: J. Immunol. **37**, 435 (1939). — WIENER, A. S., and I. B. WEXLER: Bact. Rev. **16**, 69 (1952). — Vgl. a. MORGAN, W. T. J.: Exper. **3**, 265 (1947). — [3] GIBBONS, R. A., and W. T. J. MORGAN: Biochem. J. **57**, 293 (1954).

Immungenetische und chemische Untersuchungen haben ergeben, daß die Blutgruppen-Gene eine wesentliche Rolle bei der *Lenkung der Synthese*, wenn nicht aller, so jedenfalls der neutralen Mucoide (Gruppensubstanzen) spielen, die der Organismus in Form wasserlöslicher Sekretstoffe oder als Membrankomponenten von Zellen aufbaut. Es erscheint wohl möglich, daß die Synthesemechanismen, welche normalerweise zu gewissen fundamentalen Mucoiden führen, und zwar bei allen Personen unabhängig vom AB0-System, durch den Einfluß des individuellen Blutgruppen-Gens abgewandelt werden... Diese genabhängige Abwandlung führt zur Bildung von Stoffen, die zwar ein gemeinsames, sehr ähnliches Bauprinzip haben, die aber doch chemisch verschieden sind, was sich in der scharfen immunologischen Differenzierbarkeit manifestiert.“

MORGAN u. WATKINS[1] haben gefunden, daß die Mucopolysaccharide aus den Geweben und Ausscheidungen von Personen der Blutgruppe AB zum großen Teil (wenn nicht vollständig) beide Spezifitäten im gleichen Molekül enthalten. Dieser Befund ist genetisch besonders interessant, weil bislang beim Menschen nur ein einziges biochemisch erklärbares Beispiel der gegenseitigen Beeinflussung von Genen bei Heterozygoten bekannt ist: das der Sichelzellen-Anämie[1]. WATKINS u. MORGAN[2] haben ihre Untersuchungen auch auf solche menschlichen Ausscheidungen ausgedehnt, die H-Spezifität zeigen. Die genetische Beziehung der H-Eigenschaft zu den Produkten der A- und B-Gene ist noch nicht geklärt, und es wäre wesentlich, zu wissen, inwieweit die H-Spezifität in Schleimen usw. an ein eigenes Mucopolysaccharid oder an das A- bzw. B-Mucopolysaccharid verankert ist. Die Untersuchungen ergaben, daß tatsächlich individuelle Moleküle existieren, welche A- und H- bzw. B- und H-Spezifität zugleich besitzen; daneben finden sich reine H-Mucopolysaccharide. Diese Befunde stehen im Einklang mit der Theorie (s. o.), wonach die A- und B-Eigenschaften aus der Grundeigenschaft H hervorgegangen sind, wobei die Gene A bzw. B der H-Substanz die charakteristische A- bzw. B-Eigenschaft aufprägen. Im Einklang mit dieser Theorie erscheint es möglich, daß die Gene A_1, A_2, B usw. relativ spät in die Synthese der gruppenspezifischen Substanzen eingreifen und dabei lediglich die Endstufen der Umwandlung des allgemeinen Vorprodukts — H-Substanz — in das strikt gruppenspezifische Endprodukt entsprechend beeinflussen. Wenn beispielsweise das Gen A_2 weniger wirksam bezüglich der Umwandlung von H- in A-Substanz ist als das Gen A_1, so sollte man erwarten, daß die gruppenspezifischen Mucopolysaccharide von A_2-Personen quantitativ mehr H-Charakter besitzen als jene von A_1-Individuen. Dies wurde nun experimentell bestätigt. Überdies konnte kürzlich gezeigt werden, daß bei enzymatischen Spaltungen an A- und B-Mucopolysacchariden, wobei deren A- und B-Spezifität komplett verschwindet, Produkte mit H-Spezifität erhalten werden[3], was wiederum die Theorie unterstützt, daß die H-Substanz als das Grundmaterial für die genabhängige Synthese der A- und B-Strukturen anzusehen ist.

Nach den Modelluntersuchungen über die Struktur der Antigene ist es wahrscheinlich, daß die chemischen Unterschiede der Blutgruppensubstanzen sich auf räumlich eng begrenzte Bezirke in den großen Mucoidmolekülen beschränken.

SPRINGER[4] hat letzthin gefunden, daß manche höheren und niederen Pflanzen, Polysaccharide bilden, welche blutgruppenspezifische Agglutinine hemmen. Unter den höheren

[1] MORGAN, W. T. (J.), and W. M. WATKINS: Nature **177**, 521 (1956). — [2] WATKINS, W. M., and W. T. J. MORGAN: Vox Sanguinis **5**, 1 (1955). 1. int. Congr. human Genetics, Copenhagen 1956 in Druck. — [3] ISEKI, S., and S. MASAKI: Proc. Imp. Jap. Acad. **29**, 460 (1953). — ISEKI, S., and T. IKEDA: Proc. Imp. Acad. Jap. **32**, 201 (1956). — WATKINS, W. M.: Biochem. J. **64**, 21 P (1956). — [4] SPRINGER, G. F.: J. Immunol. **76**, 399 (1956).

Pflanzen erwies sich die Klasse der *Gymnospermae* reich an blutgruppenaktiven Kohlenhydraten. Der gleiche Autor fand blutgruppenaktive Polysaccharide auch in einigen Bakterien. Extrakte aus *Taxus*-Zweigen (Eibe)[1] zeigten sehr starke H-Aktivität; die angereicherte Polysaccharid-Fraktion war wirksamer als die aktivsten Mucoide aus Säugetiermaterial. Das Polysaccharid aus dem Endotoxin von *E. coli O 86*[2] besitzt hohe B-Aktivität, während jene aus *Salmonella poona* und *S. atlanta* H-Aktivität zeigen. Das spezifische Polysaccharid eines *E. freundii*-Stammes erwies sich als A-aktiv. Das Wachstum von *E. coli O 36* wird gehemmt, wenn der Nährlösung menschliche Immun-anti-B-Seren zugesetzt werden; andere Colistämme werden unter gleichen Bedingungen nicht gehemmt.

Bei der Immunisierung von Kaninchen mit *E. coli O 36* stieg deren Anti B-Titer von durchschnittlich 1:4 auf 1:180, nach Immunisierung mit *S. poona* stieg der Anti H-Titer von 1:10 auf 1:370, nach Injektion des Polysaccharids aus *Taxus cuspidata* von 1:23 auf 1:152[2].

Bei der Hydrolyse des hochgereinigten (N-freien) homogenen Polysaccharids aus den Zweigen von *Taxus cuspidata* wurde neben sechs bekannten Monosacchariden 2-O-Methyl-L-fucose identifiziert[3]. Dieses bisher in der Natur als Polysaccharid-Baustein nicht aufgefundene Zuckerderivat scheint für die starke H-Aktivität des *Taxus*-Polysaccharids wesentlich verantwortlich zu sein.

4. Proteinantigene.

Die immunchemische Analyse von Proteinantigenen setzt die weitgehende Kenntnis ihrer chemischen Struktur voraus. Diese ist aber bis heute nur für einige wenige einfache Vertreter hinlänglich bekannt. Besonders bei dem komplizierten Bau *globularer Proteine* besitzen wir nicht die feineren Strukturkenntnisse, welche für eine immunchemische Analyse — etwa nach Art der an Pneumokokkenantigenen durchgeführten — notwendig wären.

LANDSTEINER[4] hat an dem relativ einfachen Fall eines *Faserproteins*, des *Seidenfibroins*, gezeigt, daß die serologische Spezifität auf determinante Gruppen in der Größenordnung von 6—12 Aminosäureeinheiten zurückzuführen ist. Durch Vorbehandlung mit Säure konnte er kolloidale, wäßrige Lösungen von Seidenfibroin herstellen, deren Injektion beim Kaninchen die Bildung spezifisch präcipitierender Antikörper auslöste. Im Präcipitationshemmungstest wurde dann untersucht, welche hydrolytischen Abbauprodukte noch spezifisch mit Antiseidenfibroin-Antikörpern reagieren. Hierzu fraktionierte LANDSTEINER Hydrolysenansätze relativ großer Mengen Seidenfibroins (1 kg) und isolierte je ein (weitgehend einheitliches) krystallisiertes Hexa-, Okta- und Dodekapeptid. Es ergab sich, daß Hexa- und Oktapeptid bereits spezifisch präcipitationshemmend wirkten. Das Dodekapeptid hemmte am stärksten. Dieses war aufgebaut aus 6 Glycin-, 3 Alanin-, 2 Serineinheiten und 1 Tyrosineinheit. Da diese Zusammensetzung derjenigen des nativen Seidenfibroins sehr nahe kommt[5], dürfte dessen serologische Spezifität durch derartige periodisch wiederkehrende Dodekapeptide oder noch kleinere Peptideinheiten des Kettenmoleküls gegeben sein.

Nahezu alle artfremden Proteine sind mehr oder weniger antigen. Man kann daher mit ihrer Hilfe spezifische Immunseren herstellen. Wird hierzu ein hochgereinigtes Protein verwendet, so können die erhaltenen Antiseren dazu dienen, das Protein im Gemisch mit anderen Stoffen serologisch, oftmals mit großer Empfindlichkeit, nachzuweisen. Vielfach hat man solche Antiseren zur Ermittlung von chemischen und strukturellen Differenzen nah verwandter Proteine

[1] SPRINGER, G. F.: Naturwiss. **42**, 37 (1955). — [2] SPRINGER, G. F.: Naturwiss. **43**, 93 (1956). Fed. Proc. **15**, 614 (1956). — [3] SPRINGER, G. F., N. ANSELL and H. W. RUELIUS: Naturwiss. **43**, 256 (1956). — [4] LANDSTEINER, K.: J. exp. Med. **75**, 269 (1942). — [5] BERGMANN, M., and C. NIEMANN: J. biol. Ch. **122**, 577 (1938). — STEIN, W. H., S. MOORE and M. BERGMANN: J. biol. Ch. **139**, 481 (1941).

verwendet, z. B. bei der Kreuzreaktion der Albumine verschiedener Vogeleier (Huhn, Ente u.a.)[1,2].

Ein Antiserum gegen krystallisiertes Hühnereialbumin reagiert kräftig mit krystallisiertem Enteneialbumin (Kreuzreaktion). Wenn aus dem Antiserum durch Zusatz eines geringen Überschusses an Enteneialbumin alle kreuzreagierenden Antikörper entfernt (absorbiert) werden, so gibt das restliche Serum jedoch immer noch eine deutliche Präcipitation mit Hühnereialbumin. Die beiden an sich nah verwandten Albumine können also durch die *Absorptionsmethode* unterschieden werden, welche zu derartigen Zwecken sehr häufig angewandt wird.

Das Ausmaß von Kreuzreaktionen eines Antiserums gegenüber verwandten Antigenen hängt von mehreren Faktoren ab. So steigt die Quantität kreuzreagierender Antikörper mit der Dauer der Immunisierung, d. h. ihre Spezifität nimmt ab (s. S. 963 ff.). Es besteht ferner eine Abhängigkeit hinsichtlich des Maßes an zoologischer Verwandtschaft. LANDSTEINER[3] hat darauf hingewiesen, daß Immuntiere gegenüber Antigenen nah verwandter Arten spezifischer reagieren als gegenüber solchen zoologisch fernstehender Species. Dies dürfte mit der Unfähigkeit des Tieres zusammenhängen, Antikörper gegen jene determinanten Gruppen des Antigens zu bilden, welche beiden Tierarten gemeinsam sind, so daß sich *nur* solche determinanten Bezirke durchsetzen, die dem Empfängertier artfremd sind.

Von TREFFERS[4] stammt eine Übersicht über den Beitrag der Immunologie zur Untersuchung von Proteinen.

Zu nahezu jedem Protein existieren *analoge* Proteine in anderen Tieren bzw. Pflanzen. Es ist eine Frage von allgemeiner biologischer Bedeutung, inwieweit sich beispielsweise die Serumalbumine oder Hämoglobine verschiedener Tierarten voneinander unterscheiden, oder ob die Pepsine oder noch spezifischere Enzyme vom Mensch, Schwein, Rind oder Huhn usw. identisch sind. Vielfach beobachtet man unter analogen Proteinen serologische Kreuzreaktivität, deren quantitatives Ausmaß der zoologischen Verwandtschaft oft erstaunlich parallel geht[3]. Es ist eine besondere Eigenschaft der Proteine, daß sie von analogen — doch nicht völlig identischen — Proteinen nah verwandter Arten serologisch unterscheidbar sind. Zur Differenzierung der Species trägt somit die Immunchemie Wesentliches bei. Es gibt jedoch keinen „species-eigenen Faktor", der allen Proteinen der betreffenden Art eigen wäre (zumindest ist ein solcher bislang nicht bekannt), da verschiedene (also nichtanaloge) Proteine *ein und desselben* Individuums vielfach nur minimale oder gar keine Kreuzreaktivität zeigen. Ein Beispiel: Die Albumine aus Pferde- und Ziegenserum geben bei der Immunisierung von Kaninchen partiell kreuzreagierende Antiseren (vice versa); im gleichen Ausmaß beobachtet man Kreuzreaktion der Globuline beider Tierarten[5]. Antiseren gegen Crystalbumin aus Pferdeserum ergeben partielle Kreuzreaktion mit Serumalbumin von Mensch und Rind[6]. Dennoch zeigen Albumine und Globuline aus Pferdeserum, als nichtanaloge Proteine aus dem gleichen Serum, keine Kreuzreaktivität. Es scheint eine Regel zu sein, daß z. B. Serumalbumine und Serumglobuline allgemein serologisch ganz verschiedene Spezifitäten besitzen; s. a. [7].

---

[1] HOOKER, S. B., and W. C. BOYD: J. Immunol. **26**, 469 (1934). — COHN, M., L. R. WETTER and H. F. DEUTSCH: J. Immunol. **61**, 283 (1949). — WETTER, L. R., M. COHN and H. F. DEUTSCH: J. Immunol. **69**, 109 (1952); **70**, 507 (1953). — [2] LANDSTEINER, K., and J. VAN DER SCHEER: J. exp. Med. **71**, 445 (1940). — Lit. s. a. bei KAMINSKI, M.: Bull. Soc. Chim. biol. **36**, 79 (1954). — [3] LANDSTEINER, K.: The Specificity of Serological Reactions. Springfield, Ill. 1936. 2. Aufl. Cambridge, Mass. 1945. — [4] TREFFERS, H. P.: Some contributions of immunology to the study of proteins. Adv. Protein Chem. **1**, 69—119 (1944). — Vgl. GRABAR, P.: Bull. Soc. Chim. biol. **36**, 65 (1954). — [5] TREFFERS, H. P., D. H. MOORE and M. HEIDELBERGER: J. exp. Med. **75**, 135 (1942). — Vgl. a. MELCHER, L. R., S. P. MASOUREDIS and R. REED: J. Immunol. **70**, 125 (1953). — MAURER, P. H.: J. Immunol. **72**, 119 (1954). — [6] NAYLOR, G. R., and M. E. ADAIR: J. Immunol. **77**, 365 (1956). — [7] WUNDERLY, C., E. GLOOR and A. HÄSSIG: Brit. J. exp. Path. **34**, 81 (1953).

Über Änderungen der Antigenität und Spezifität unter dem Einfluß denaturierender Agenzien s. den zusammenfassenden Bericht von H. SCHMIDT[1]. Bei der Einwirkung von Alkali kann es zum vollkommenen Verlust der Antigenität kommen („Despezifizierung")[1].

Unter den Proteinantigenen sind immunchemisch solche von besonderem Interesse, welche abgesehen von ihrem bloßen Proteincharakter noch gewisse *biologische Wirkungen* auszuüben vermögen, wie z.B. Enzyme, Proteinhormone, Toxine oder Virusproteine. Denn hier kommt zu den üblichen Immunreaktionen (Präcipitation, Anaphylaxietest usw.) vielfach noch die immunspezifische Hemmung oder Inaktivierung der biologischen Wirksamkeit durch das gebildete Immunserum hinzu.

5. Enzyme.

Die Injektion zahlreicher Enzyme führt beim höheren Tier zur Antikörperbildung. Als echte *Antienzyme* bezeichnet man solche Enzymantikörper, die das betreffende Protein in seiner enzymatischen Wirksamkeit hemmen oder inaktivieren. In manchen Fällen wird das Enzym durch sein Antiserum spezifisch inaktiviert, in anderen Fällen ist die Hemmung gering oder gar nicht zu beobachten. Eine kritische und umfassende Übersicht über das Gebiet der Enzyme als Antigene und über Antienzyme findet sich bei SEVAG[2].

SUMNER u. KIRK[3] waren die ersten, welche durch Immunisierung mit hochgereinigter, mehrfach umkrystallisierter *Urease* bei Kaninchen und Hühnern echte Antienzyme erhielten. Urease ist für höhere Tiere ein starkes Gift (Ammoniakvergiftung!). Die intravenöse Injektion von 0,5 mg verursacht den Tod von Kaninchen innerhalb weniger Minuten. Zur Immunisierung erhielten die Tiere unterschwellige Dosen, beginnend mit 20—40 μg, welche innerhalb von 60 Tagen bis auf 5 mg-Dosen gesteigert werden konnten. Danach enthielt das Serum der Tiere Antikörper, welche die toxische Wirkung der Urease in vivo neutralisierten und das Enzym in vitro noch aus sehr verdünnten Lösungen (bis 1:600000) spezifisch präcipitierten, worauf KIRK[4] ein wirksames Anreicherungsverfahren für rohe Ureaseextrakte gründete. Die enzymatisch inaktiven Enzym-Antienzympräcipitate konnten für weitere Immunisierungen verwendet werden, da aus dem Präcipitat im Organismus ständig geringe Mengen Urease abdissoziieren, welche den Immunisierungsprozeß unterhalten. Der Antienzymgehalt in 1 cm^3 Kaninchenimmunserum entsprach der neutralisierenden Wirkung gegenüber 0,25 bis 0,3 mg Urease! Durch passive Übertragung von Immunserum konnten nichtimmunisierte Tiere sicher vor tödlichen Ureaseinjektionen geschützt werden.

Viele weitere Antienzyme sind beschrieben worden (s. SEVAG[2]). Gelegentlich wurde mit Enzym-Antienzymsystemen die Kreuzreaktion von Enzymproben verschiedener Species untersucht, sowie die immunologische Verwandtschaft von Enzymen und entsprechenden Proenzymen (z.B. verschiedene Pepsine und Pepsinogene[5], Trypsin, Chymotrypsin und Chymotrypsinogen[6]).

Daß Antienzyme zum katalytisch wirksamen Bezirk des Enzymproteins besondere Affinität besitzen können, haben KUBOWITZ u. OTT[7] gezeigt. Sie isolierten und krystallisierten aus Muskeln und JENSEN-Sarkom der Ratte das reduzierende Gärungsferment (Milchsäuredehydrogenase), welches die Reaktion: Brenztraubensäure + DPN · H + H^+ $\rightleftharpoons$ Milchsäure + DPN, katalysiert. Das

[1] SCHMIDT, H.: Fortschritte der Serologie. 2. Aufl. S. 37. Darmstadt 1955. — s. a. SCHULTZE, H.: Angew. Chem. **60**, 250 (1948). — [2] SEVAG, M. G.: Immuno-Catalysis and Related Fields of Bacteriology and Biochemistry. 2. Aufl. Springfield, Ill. 1951; speziell: Part III, Antibody as a specific enzyme inhibitor. S. 144—173; Part IV, Anti-enzyme immunity. S. 175—357; Part V, Antibodies against respiratory enzymes. S. 363—396. — [3] KIRK, J. S., and J. B. SUMNER: J. biol. Ch. **94**, 21 (1931/32). J. Immunol. **26**, 495 (1934). — SUMNER, J. B., and J. S. KIRK: Science, N. Y. **74**, 102 (1931). — SUMNER, J. B.: Ergebn. Enzymforsch. **6**, 201 (1937). — HOWELL, S. F.: Proc. Soc. exp. Biol. Med. **29**, 759 (1932). — [4] KIRK, J. S.: J. biol. Ch. **100**, 667 (1933). — [5] SEASTONE, C. V., and R. M. HERRIOTT: J. gen. Physiol. **20**, 797 (1937). — [6] TEN BROECK, C.: J. biol. Ch. **106**, 729 (1934). — [7] KUBOWITZ, F., u. P. OTT: B. Z. **314**, 94 (1943).

Enzym ist für Kaninchen antigen, und das gebildete Antienzym hemmt die Wirkung sowohl des Enzyms aus Muskeln wie desjenigen aus Sarkom. Die Hemmung hängt jedoch von der Brenztraubensäurekonzentration ab, indem sie schwindet, wenn die Brenztraubensäurekonzentration steigt. Dieser Befund ist theoretisch von Interesse, „weil aus dem Antagonismus zwischen Brenztraubensäure und Antiferment folgt, daß beide Substanzen von der gleichen Stelle des Fermentproteins gebunden werden; daß also das Antiferment hemmt, indem es die Brenztraubensäure vom Fermentprotein verdrängt“.

6. Bakterielle Exotoxine[1].

Es gibt Infektionskrankheiten, wie Diphtherie, Tetanus, Scharlach, Gasbrand u. a., bei denen stark toxische Proteine in Erscheinung treten, welche die Erreger ausscheiden. Wegen ihres klinischen Interesses sind sie viel bearbeitet worden. Neben ihrer außerordentlichen Giftigkeit sind diese Proteine zugleich durchweg gute Antigene. Durch Immunisierung von Tieren kann man wirksame antitoxische Antiseren herstellen. Bekanntlich hat EMIL v. BEHRING gegen Ende des letzten Jahrhunderts *Diphtherie-* und *Tetanusantitoxin* entdeckt und damit einen der Grundpfeiler der modernen Immunitätswissenschaft errichtet[2].

Die Reaktion zwischen Toxin und Antitoxin läßt sich nicht nur in vitro mit Hilfe der Präcipitation (Flockungsreaktion) quantitativ verfolgen, sondern auch durch Neutralisationsteste, indem das Toxin durch bestimmte Quantitäten Antitoxin neutralisiert wird.

Außer den genannten bakteriellen Toxinen sind noch einige weitere, sehr giftige Proteine im Tier- und Pflanzenreich aufgefunden worden, unter ihnen besonders Schlangen- und Insektengifte und einige pflanzliche Gifte (wie Ricin, Crotin, Abrin u. a.)[3]. Sie sind ebenfalls gute Antigene, so daß wirksame Antiseren hergestellt werden können (z. B. gegen Schlangengifte).

Die bakteriellen Exotoxine gewinnt man aus geeigneten flüssigen Bakterienkulturen, wobei weitgehend synthetische Nährmedien oder wenigstens solche mit wenig interferierendem (hochmolekularem) Material bevorzugt werden[4]. Die Aufarbeitung erfolgt nach an sich bekannten Prinzipien der Proteinchemie; doch sind einige Toxine gegen Einwirkungen aller Art sehr empfindlich. Die folgenden Toxine sind rein und krystallisiert erhalten worden: *Diphtherietoxin*[5], *Tetanustoxin*[6] und *Botulinustoxin*[7]; andere wurden zumindest hoch angereichert

[1] *Übersichten:* PAPPENHEIMER, A. M. jr.: Proteins of pathogenic bacteria. Adv. Protein Chem. **4**, 123—153 (1948). — SCHMIDT, H.: Fortschritte der Serologie. 2. Aufl. S. 220f. Darmstadt 1955. — Imm.-Forsch. (DOERR) Bd. III, Die Antigene. S. 129—197. — HEYNINGEN, W. E. VAN: The role of toxins in pathology. Symp. Soc. Genetics Microbiol. **5**, 17—39 (1955). Recent developments in the field of bacterial toxins. Schweiz. Z. Path. Bakt. **18**, 1018—1035 (1955). — [2] s. z. B. SCHULTZE, H. E.: Angew. Chem. **66**, 396 (1954). — [3] KELLAWAY, C. H.: Ann. Rev. **8**, 545 (1939). — ZELLER, E. A.: Adv. Enzymol. **8**, 459 (1948). — BOYD, W. C., and R. M. REGUERA: J. Immunol. **62**, 333 (1949). — Imm.-Forsch. (DOERR) Bd. III, S. 176ff. — [4] Vgl. MUELLER, J. H.: J. Bacteriology **29**, 515 (1935). Bact. Rev. **4**, 97 (1940). — [5] PETERMANN, M. L., and A. M. PAPPENHEIMER: J. physic. Colloid Chem. **45**, 1 (1941). — Übersicht bei POPE, C. G.: Diphteria toxin and antitoxin. Int. Arch. Allergy **5**, 115—140 (1954). — [6] PILLEMER, L., R. WITTLER and D. B. GROSSBERG: Science, N.Y. **103**, 615 (1946). — PILLEMER, L.: J. Immunol. **53**, 237 (1946). — PILLEMER, L., R. G. WITTLER, J. I. BURRELL and D. B. GROSSBERG: J. exp. Med. **88**, 205 (1948). — DUNN, M. S., M. N. CAMIEN and L. PILLEMER: Arch. Biochem. **22**, 374 (1949). — KOCH, W., and D. KAPLAN: J. Immunol. **70**, 1 (1953). — [7] LAMANNA, C., O. E. MCELROY and H. W. EKLUND: Science, N.Y. **103**, 613 (1946). — LAMANNA, C., and B. W. DOAK: J. Immunol. **59**, 231 (1948). — PUTNAM, I. W., C. LAMANNA and D. G. SHARP: J. biol. Ch. **176**, 401 (1948). — ABRAMS, A., G. KEGELES and G. A. HOTTLE: J. biol. Ch. **164**, 63 (1946).

bzw. physikalisch-chemisch homogen gewonnen: Gasbrandtoxine[1], Scharlachtoxin[2], Streptolysin-O[3], Shiga-Ruhrneurotoxin[4] u. a. — Mit den reinen Toxinen lassen sich beim Tier in vielen Fällen nahezu die gleichen toxischen Symptome hervorrufen wie durch die Infektion mit lebenden Bakterien, welche die Toxine ausscheiden.

Alle dargestellten Toxine sind globulare Proteine. Diphtherie- und Tetanustoxin werden durch Hitze und proteolytische Enzyme zerstört. Tetanustoxin ist ein sehr labiles Protein und selbst bei 0° in Lösung über längere Zeit nicht haltbar[5]. Botulinustoxin ist das einzige klassische Exotoxin bakteriellen Ursprungs, welches *per os* voll wirksam ist; es wird von Pepsin und Trypsin nicht angegriffen,

Tabelle 217. Physikalische Daten einiger bakterieller Exotoxine[6].

Eigenschaft	Diphtherie-toxin	Tetanus-toxin	Botulinus-toxin
N %	16,0	15,7	14,1
Isoelektrischer Punkt	4,1	etwa 5,1	5,6
Sedimentationskonstante (S)	4,6	4,5	17,3
Diffusionskonstante $\times 10^7$	6,0	—	2,14
Formfaktor f/f_0	1,22	—	1,76
Achsenverhältnis	4,7	—	14,6
Mol.Gew.	72000	—	900000

während die anderen Toxine im Magen-Darmtrakt rasch inaktiviert werden. Über den Mechanismus der Absorption des hochmolekularen Toxins (Mol.Gew. = 900000) im Darmtrakt ist noch nichts Sicheres bekannt. Erstaunlich ist die enorme Giftigkeit des Botulinustoxins: die für Mäuse letale Dosis beträgt 0,00005 μg, was ungefähr nur 20 Millionen Molekülen entspricht! Tetanustoxin ist nahezu gleich, Diphtherietoxin (akut) weniger giftig.

Über einige physikalische Eigenschaften von Diphtherie-, Tetanus- und Botulinustoxin orientiert Tabelle 217.

Vom krystallisierten *Botulinustoxin ist eine Totalanalyse* der Bausteine durchgeführt worden[7], bei der 100% des enthaltenen Stickstoffs erfaßt wurden. Es ergab sich, daß das Toxin ausschließlich aus L-Aminosäuren aufgebaut ist und in dieser Hinsicht nichts Ungewöhnliches bietet.

Über Untersuchungen zum *Mechanismus der Wirkungsweise* bakterieller Exotoxine s. [6].

[1] Boyd, M. J., M. A. Logan and A. A. Tytell: J. biol. Ch. **167**, 879 (1947). — s. a. Macfarlane, M. G.: Biochem. J. **42**, 587 (1948). — Roth, F. B., and L. Pillemer: J. Immunol. **75**, 50 (1955). — [2] Barron, E. S. G., G. F. Dick and C. M. Lyman: J. biol. Ch. **137**, 267 (1941). — Krejci, L. E., A. H. Stock, E. B. Sanigar and E. O. Kraemer: J. biol. Ch. **142**, 785 (1942). — Stock, A. H.: J. biol. Ch. **142**, 777 (1942). — [3] Herbert, D., and E. W. Todd: Biochem. J. **35**, 1124 (1941). — [4] Boivin, A.: Rev. Immunol., Paris **6**, 86 (1941). — Anderson, C. G., A. M. Brown and J. C. Macsween: Brit. J. exp. Path. **26**, 197 (1945). — Prigge, R., u. L. Kicksch: Z. Hyg. **123**, 417 (1943). Z. Immun.-Forsch. **101**, 369 (1942). — Prigge, R., u. E. Helmert: Z. Hyg. **127**, 54 (1947). — Klose, F., R. Prigge u. W. Schröer: Kli. Wo. **1943**, 689. — Dubos, R. J., and J. W. Geiger: J. exp. Med. **84**, 143 (1946). — [5] Pillemer, L., and D. H. Moore: J. biol. Ch. **173**, 427 (1948). — Dunn, M. S., M. N. Camien and L. Pillemer: Arch. Biochem. **22**, 374 (1949). — [6] Pappenheimer, A. M. jr.: Adv. Protein Chem. **4**, 138 (1948). — Heyningen, W. E. van: The role of toxins in pathology. Symp. Soc. Gen. Microbiol. **5**, 17—39 (1955). Recent development in the field of bacterial toxins. Schweiz. Z. Path. Bakt. **18**, 1018—1035 (1955). — [7] Buehler, H. J., E. J. Schantz and C. Lamanna: J. biol. Ch. **169**, 295 (1947).

Von großem Interesse ist der Befund von FREEMAN[1,2] über Zusammenhänge zwischen Bakteriophagen und Diphtherietoxinbildung. Es wurde gefunden, daß nicht-toxinproduzierende Stämme von Diphtheriebacillen durch Infektion mit einem temperierten Phagen, der die Bakterien lysogen macht, in toxigene Stämme verwandeln können. Derartige lysogene, toxigene Stämme verlieren ihre Toxizität, wenn sie sich in nicht-lysogene Formen zurückverwandeln. Das Phänomen ist phagenspezifisch, da nicht alle lysogenmachenden Phagen die betreffenden Stämme gleichzeitig auch toxigen machen. Alle bekannten nicht-lysogenen und nicht-toxinproduzierenden Diphtherie-Stämme erwiesen sich als transformierbar, wenn der adäquate Phage zur Infektion verwendet wurde.

Die Toxinproduktion lysogener Diphtheriebacillen wird durch Eisen im Kulturmedium gehemmt[3,4]. Die besten Toxinbildner sind solche Stämme, die mit den geringsten Eisenkonzentrationen noch gut wachsen können. Die Bildung extracellulären Porphyrins ist eng mit der Toxinbildung gekoppelt; sie wird ebenfalls durch Eisen im Kulturmedium gehemmt. Toxin und Porphyrin ausscheidende Stämme enthalten nur sehr wenig Cytochrom b; dagegen enthalten Bacillen, welche bei Gegenwart von Eisen gewachsen sind und kein Toxin bilden, vergleichsweise sehr viel Cytochrom b. Da Cytochrom b aus einem spezifischen Protein und einer prosthetischen Eisenporphyrin-Gruppe besteht, vermutet PAPPENHEIMER[4], daß eine Beziehung zwischen dem Trägerprotein und dem Toxin besteht. PAPPENHEIMER nimmt an, daß die Bacillen normalerweise Cytochrom b synthetisieren, wenn sie bei Gegenwart ausreichender Eisenmengen wachsen. Bei Eisenmangel bilden sie weiter Protein und Porphyrin, die aber als unnütze Produkte ausgeschieden werden, da sie bei Abwesenheit von Eisen nicht das komplette Enzym bilden können. Das sezernierte Protein oder eine nah verwandte, daraus hervorgehende Substanz ist das Toxin. Diese Theorie erklärt unter anderem auch den toxischen Effekt des Diphtherietoxins bei der Diphtherie-Infektion: das Toxin ähnelt dem Trägerprotein vom Cytochrom b des Wirtsorganismus und hemmt konkurrierend dessen Cytochrom b-Synthese. PAPPENHEIMER[4] hat für diese Theorie einige Stützen erbracht. Die Seidenraupe Platysamia cecropia macht verschiedene Metamorphosen bis zum Schmetterlingsstadium durch. Während des Puppenstadiums bedarf der Organismus praktisch keines Cytochrom b; vorher und nachher ist Cytochrom unentbehrlich und lebenswichtig. Die Puppe verträgt Diphtherietoxin-Injektionen in Dosen bis zu 100 mg (!), während vorher und nachher $^{1}/_{100}$—$^{1}/_{1000}$ dieser Dosis sicher tödlich wirken.

Durch derartige Untersuchungen kommt man heute dem Mechanismus der bakteriellen Exotoxinwirkungen näher.

7. Toxoide.

Es wurde schon früh beobachtet, daß manche Toxine beim Stehen in Lösung ihre Toxizität nach und nach verlieren, wobei aber für gewöhnlich ihre antitoxinbindende Fähigkeit voll erhalten blieb. Die Einwirkung gewisser Chemikalien hatte einen ähnlichen Effekt. RAMON[5] fand dann, daß es möglich ist, die toxischen Eigenschaften weitgehend zu vernichten, ohne die Antigenität und Spezifität zu verändern, wenn man Toxine mit verdünnter Formaldehydlösung über längere Zeit behandelt. So führt die Einwirkung von 0,08%igem Formaldehyd auf eine 1%ige Lösung von Diphtherietoxin bei p_H 8,1 und 38° C während 6 Tagen zu einem vollständigen Verlust der Toxizität ohne merkliche Änderung der immunologischen Spezifität[6]. RAMON nannte das Reaktionsprodukt „Anatoxin", doch hat sich die auf PAUL EHRLICH[7] zurückgehende Bezeichnung „Toxoid" allgemein eingeführt, und man spricht bei den formaldehydbehandelten Toxinen von *Formoltoxoiden*. Wegen der akut toxischen Wirkung von Diphtherie- oder Tetanustoxin auf den höheren Organismus verwendet man heute zur praktischen

[1] FREEMAN, V. J.: J. Bacteriology **61**, 675 (1951). — [2] s. a. GROMAN, N. B.: J. Bacteriology **66**, 184 (1953). Science, N. Y. **117**, 297 (1953). — BARDSDALE, W. L., and A. M. PAPPENHEIMER jr.: J. Bacteriology **67**, 220 (1954). — HEWITT, L. F.: J. gen. Microbiol. **7**, 362 (1952). — [3] MITSUHASHI, S., M. KUROKAWA and Y. KOJIMA: Jap. J. exp. Med. **20**, 261 (1949). — [4] PAPPENHEIMER, A. M.: Mechanics of Microbiological Pathogenicity. S. 40. Cambridge, Engl. 1955. — [5] RAMON, G.: Cr. **177**, 1338 (1923); **179**, 485 (1924). — [6] PAPPENHEIMER, A. M. jr.: J. biol. Ch. **125**, 201 (1938). — [7] EHRLICH, P.: Berlin. klin. Wschr. **1903**, 793, 825, 848.

Herstellung antitoxischer Immunseren (Antitoxine) im allgemeinen Formoltoxoide. Diese sind auch haltbarer als die genuinen Toxine.

Demnach sind also *die für die Toxizität verantwortlichen Gruppen* dieser Proteine *von den immunologisch determinanten Gruppen verschieden*. Beide Gruppenarten müssen in räumlich getrennten, jedoch an sich eng begrenzten Molekülbezirken verankert sein. Diese Erkenntnis stützt wiederum die entwickelte Vorstellung von der Struktur der Antigene (S. 902).

Es scheint, daß freie Aminogruppen für die Toxizität von Diphtherie- und Tetanustoxin Bedeutung besitzen, denn einerseits reagiert Formaldehyd in üblicher Weise mit Aminogruppen unter Bildung von $-N{=}CH_2$, $-NH-CH_2OH$ oder $-NH-CH_2-NH$-Gruppen[1], andererseits läßt sich die Toxoidbildung auch mit Keten u. a. erreichen[2,3], welches unter den Versuchsbedingungen nur Aminogruppen acetyliert: $-NH_2 + CO{=}CH_2 \rightarrow -NH-CO-CH_3$. Beim Diphtherietoxoid entsprechen die mit Formaldehyd umgesetzten Aminogruppen recht genau der Zahl der ε-Aminogruppen der Lysinradikale[3]. Da die Formoltoxoidbildung *irreversibel* ist, kann die Formaldehydreaktion nicht allein in der Umsetzung von Aminogruppen bestehen, welche bekanntlich reversibel ist. Über den Mechanismus der Toxoidbildung sind viele chemische Untersuchungen durchgeführt[1,4] worden. Dennoch ist über die eigentlichen toxischen Gruppen bislang ebensowenig bekannt wie über die immunologisch determinanten Gruppen.

8. Virusantigene.

Die Erforschung der Antigenität und antigenen Spezifität von Virusarten ist eine der vordringlichsten Forschungsgebiete der modernen Immunologie und Immunchemie. Gibt es doch zahlreiche Viruserkrankungen des Menschen und der Tiere (wie auch der Pflanzen), gegen die bis heute noch kein überzeugend wirksames Chemotherapeuticum oder Antibioticum zur Verfügung steht. Hier liegt eine große Aufgabe der Immunologen, durch immunisatorische Maßnahmen aktiven oder passiven Schutz gegen Erkrankungen, wie Gelbfieber, Tollwut, infektiöse Hepatitis, Influenza, Maul- und Klauenseuche, und nicht zuletzt gegen die Poliomyelitis zu schaffen.

Die Basis für derartige Untersuchungen bieten 2 grundlegende Erkenntnisse: 1. Die immunologisch determinanten Gruppen vieler Virusantigene — d.h. also die Immunspezifitäten dieser Virusarten — sind von den für ihre Virulenz und Pathogenität verantwortlichen Faktoren grundsätzlich trennbar. 2. Obwohl Virusarten sich nur auf lebendem Gewebe vermehren, kann man sie dennoch mit geeigneten Techniken in größerem Maßstab züchten und vielfach aus derartigen Kulturen in hochangereicherter Form als einheitliche Teilchen isolieren[5]. Einige einfachere pflanzliche Virusarten konnten bekanntlich in krystallisiertem Zustand als hochmolekulare *Nucleoproteide* rein dargestellt werden. Manche tierischen Virusarten sind wesentlich komplizierter zusammengesetzt und enthalten außer Protein und Nucleinsäure noch weitere Bauelemente, etwa wie Bakterien. Übersicht s. [6].

Bekanntlich hat JENNER (1789) als erster gefunden, daß man mit Hilfe des nur schwach pathogenen Kuhpockenvirus (Vacciniavirus) Menschen aktiv gegen hochpathogene menschliche Pockenviren immunisieren kann. PASTEUR[7] hat

[1] FRENCH, D., and J. T. EDSALL: Adv. Protein Chem. **2**, 277 (1945). — [2] GOLDIE, H.: C. R. Soc. Biol. **126**, 974 (1937). — [3] PAPPENHEIMER, A. M. jr.: Adv. Protein Chem. **4**, 138 (1948). — [4] FRAENKEL-CONRAT, H. L., M. COOPER and H. S. OLCOTT: Am. Soc. **67**, 950 (1945). — s. a. SCHMIDT, H.: Fortschritte der Serologie. 2. Aufl. S. 60. Darmstadt 1955. — Imm.-Forsch. (DOERR) Bd. III, Die Antigene. S. 169ff. — [5] s. die neue Isolierungstechnik mit an Cellulosepulver gekuppelter Receptorsubstanz. CURTAIN, C. C.: Brit. J. exp. Path. **35**, 255 (1954). — [6] SCHRAMM, G.: Die Biochemie der Viren. Berlin, Göttingen, Heidelberg 1954. — [7] PASTEUR, L.: Cr. **91**, 673 (1880).

später, an Hand von Beobachtungen bei Geflügelcholera und Tollwut, ein allgemeines Prinzip aus dieser Erkenntnis abgeleitet, wonach pathogene Erreger durch vielfache *Passagen über Fremdtiere* so „abgeschwächt" werden, daß sie für die ursprüngliche Species den größten Teil ihrer akuten Pathogenität verloren, aber ihre immunisatorische Kraft — Antigenität *und* Spezifität — weitgehend oder voll erhalten haben. *Es muß also immunspezifisch determinante Gruppen geben, welche während vielfacher Passagen im fremden Wirtsorganismus an den stattfindenden mutativen Veränderungen nicht teilnehmen.*

Cox[1] sagt (1954): „Ich glaube, daß alle, die genügend Erfahrung besitzen, mir darin zustimmen werden, daß die Immunisierung gegen Virusinfektionen dann den größten Erfolg bringt, wenn *lebende Mutanten* angewendet werden, welche die Virulenz und Pathogenität des Ausgangsstammes nicht besitzen, wohl aber seine antigene Struktur behalten haben. In der Praxis ist die durch lebende abgeschwächte Vaccinen bewirkte Immunität stärker und von längerer Dauer als die, welche durch inaktive Viruspräparate herbeigeführt wird." Cox hat über den derzeitigen Stand der Gewinnung abgeschwächter Virusmutanten zu Impfzwecken beim Menschen ausführlich und eindrucksvoll berichtet[1].

Die Gewinnung einer Gelbfiebervaccine (Stamm 17 D) erreichte z. B. Theiler[2], indem er das Gelbfiebervirus über folgende Stufen weiterzüchtete:

18 Passagen in Tyrodelösung mit zerkleinertem Mäuseembryo,
58 Passagen in Tyrodelösung mit dem ganzen Hühnerembryo,
160 Subkulturen in Tyrodelösung mit Hühnerembryonen, deren Gehirn und Rückenmark entfernt wurden.

Es ergab sich, daß die zur tödlichen Encephalitis führenden Eigenschaften des Virus zwischen der 89. und 114. Passage durch Hühnerembryokulturen verloren gegangen waren. Affen, welche mit dem abgeschwächten 17 D-Stamm infiziert wurden, zeigten in der Regel weder Fieber noch andere Krankheitssymptome. Sie entwickelten jedoch spezifische Antikörper und wurden gegen eine Infektion mit hochvirulenten Gelbfieberstämmen resistent.

Heute werden bereits 3 abgeschwächte Virusstämme — Tollwut[3], Gelbfieber[4] und seit längerer Zeit Pocken — in großem Maßstab hergestellt und zur aktiven Schutzimpfung praktisch verwendet. Für weitere Virusarten, darunter Poliomyelitis[5], sind entsprechende Versuche in erfolgversprechendem Fortschreiten[1]. Bei manchen Virusarten kommt erschwerend hinzu, daß sie in verschiedenen immunologischen Typen vorkommen können, z.B. Poliomyelitisvirus in wenigstens 3 („Brunhilde", „Lansing" und „Leon"), Maul- und Klauenseuche in 6 Haupttypen.

Bei der Verwendung lebender Viren zu Impfzwecken, insbesondere bei Poliomyelitis-Viren — auch wenn sie durch zahlreiche Passagen abgeschwächt sind — stellt sich jedoch das Problem der Virus*träger*, von Personen also, die nach der Impfung zwar selbst immunisiert, aber Träger von Viren sind, die für Nichtgeimpfte unter Umständen infektiös sein können. Aus diesem Grunde hat man sich gerade bei Poliovirus in den letzten Jahren sehr bemüht, chemisch abge-

[1] Cox, H. R.: Lebendes modifziertes Virus als immunisierendes Agens. Festvortrag zum 100. Geburtstag von Ehrlich und Behring, Frankfurt-Hoechst, 16. 3. 1954. Publ. durch Farbwerke Höchst (1954). — Schramm, G.: Die Biochemie der Viren. Berlin, Göttingen, Heidelberg 1954. — [2] Theiler, M., and H. H. Smith: J. exp. Med. **65**, 767 (1937). — [3] Koprowski, H.: Veterin. Med. **47**, 144 (1952). — Steele, J. H.: Veterin. Med. **48**, 425 (1953). — Koprowski, H., and J. Black: J. Immunol. **72**, 85 (1954). — [4] Theiler, M.: The Development of Vaccines against Yellow Fever. Nobelvortrag 1951. Stockholm 1952. — Theiler, M.: Yellow fever; in Strode, K. G. (Hrsgb.): The Virus. S. 105. New York 1951. — Hahn, R. G.: Amer. J. Hyg. **54**, 50 (1951). — Dick, G. W. A., and F. L. Gee: Trans. R. Soc. trop. Med. Hyg. **46**, 449 (1952). — [5] Koprowski, H., G. A. Jervis and T. W. Norton: Amer. J. Hyg. **55**, 108 (1952). — Koprowski, H., G. A. Jervis, T. W. Norton and D. J. Nelsen: Proc. Soc. exp. Biol. Med. **82**, 277 (1953). — Salk, J. E.: J. amer. med. Ass. **151**, 1081 (1953). — Cox, H. R.: Bull. N. Y. Acad. Med. **29**, 943 (1953).

wandelte und abgetötete Viren als Vaccine zu entwickeln. SALK[1] hat die Darstellung einer Poliovaccine durch genau kontrollierte Behandlung von Poliovirus mit Formaldehyd ausgearbeitet[2]. Das Formolvirus wird mit passenden Adjuvantien verimpft. Über die Problematik der Poliovaccine hat SALK ausführlich berichtet[1]. Großangelegte Untersuchungen über die Wirksamkeit der SALKschen Poliovaccine bei Kindern sind noch im Gange[3]. FONG[4] hat die Antigenität von formalin-lost-inaktiviertem Influenza-Virus untersucht.

Für immunchemische Untersuchungen sind besonders die hochgereinigten, krystallisierten Virusarten, wie z. B. Tabakmosaikvirus (TMV) herangezogen worden. TMV-Nucleoproteid ist für Tiere (Kaninchen) ein gutes Antigen, so daß man kräftig präcipitierende, spezifische Antiseren relativ leicht erhalten kann. Immunpräcipitate von TMV mit Antiseren kann man unter anderem elektronenmikroskopisch sichtbar machen; auf diese Weise ist die Präcipitinreaktion wiederholt studiert worden[5].

Im Zusammenhang mit den oben geschilderten umfangreichen Bemühungen zur Gewinnung spezieller „abgeschwächter" *Virusmutanten* sind die folgenden immunchemischen Untersuchungen von FRIEDRICH-FREKSA, MELCHERS u. SCHRAMM[6] an Mutanten des TMV von grundlegender Bedeutung.

Tabakmosaikvirus *(Marmor tabaci var. vulgare)* erleidet gelegentlich spontane Mutation zu einem sog. *Gelbstamm (Marmor tabaci var. flavum)*[7], der durch wiederholte Einzelherdisolierung gereinigt werden kann. Eine entsprechende Mutation kann das dem *vulgare*-Virus nahestehende Tomatenmosaikvirus *(Marmor tabaci subspec. dahlemense)*[8] erleiden, wobei wiederum eine Gelbmutante *(Marmor tabaci var. luridum)* auftritt. Beide Mutanten erscheinen nach den biologischen Merkmalen als Parallelmutanten (Tabelle 218).

Tabelle 218. Mutanten des TMV-Virus[9].

	vulgare-Gruppe	dahlemense-Gruppe
Grünstämme	vulgare	dahlemense
	↓	↓
Gelbstämme (Mutanten)	flavum	luridum

Von allen 4 Virusarten wurden reine krystallisierte Präparate gewonnen und diese physikalisch-chemisch und serologisch verglichen. In der Ultrazentrifuge verhielten sie sich gleich ($s_{20} \sim 170$ S), auch im Elektronenmikroskop zeigten sie dieselbe stäbchenförmige Gestalt. Bei der Mutation tritt keine Änderung des Teilchengewichts ($40 \cdot 10^6$) ein. Die Mutanten *flavum* und *luridum* unterscheiden sich jedoch *elektrophoretisch* von den Ausgangsformen *vulgare* bzw. *dahlemense* durch eine geringere Zahl von Säuregruppen, die oberhalb p_H 6 dissoziationsfähig sind (unterschiedliche p_H-Beweglichkeitskurven). Die Bestimmungen des Nucleinsäuregehaltes mit Hilfe der UV-Absorption und des Gehaltes an sauren, basischen und aromatischen Aminosäuren sowie an Säureamid-N ergaben keine quantitativen Unterschiede zwischen den Stämmen.

[1] SALK, J. E.: Considerations in the preparation and use of poliomyelitis virus vaccine. J. amer. med. Ass. **158**, 1239—1248 (1955). — [2] SALK, J. E., U. KRECH, J. S. YOUNGNER, B. L. BENNETT, L. J. LEWIS and P. L. BAZELEY: Amer. J. publ. Hlth. **44**, 563 (1954). — Vgl. a. KRECH, U.: J. Immunol **74**, 117 (1955). — [3] s. z. B. HAAS, R., W. KELLER u. W. KIKUTH: D. m. W. **1955**, 273, 1435, 1614ff. — [4] FONG, J.: J. Immunol. **76**, 33 (1956). — [5] SCHRAMM, G., u. H. FRIEDRICH-FREKSA: H. **270**, 233 (1941). — ARDENNE, M. v., H. FRIEDRICH-FREKSA u. G. SCHRAMM: Arch. Virusforsch. **2**, 80 (1941). — STANLEY, W. M., and T. F. ANDERSON: J. biol. Ch. **139**, 325, 339 (1941). — BLACK, L. M., W. C. PRICE and R. W. G. WYCKOFF: Proc. Soc. exp. Biol. Med. **61**, 9 (1946). — [6] FRIEDRICH-FREKSA, H., G. MELCHERS u. G. SCHRAMM: Biol. Zbl. **65**, 187—222 (1946). — SCHRAMM, G.: Chemie **57**, 109 (1944). — [7] MELCHERS, G.: Naturwiss. **30**, 48 (1942). — SCHRAMM, G.: Naturwiss. **31**, 94 (1943). — [8] MELCHERS, G., G. SCHRAMM, H. TRURNIT u. H. FRIEDRICH-FREKSA: Biol. Zbl. **60**, 524 (1940). — [9] SCHRAMM, G.: Z. Naturforsch. **3**b, 320 (1948).

Die quantitative *serologische Analyse* mit Hilfe von Kaninchenimmunseren[1] (Absorptionsversuche) ergab, daß man in jedem Serum *3 Arten von Antikörpern* unterscheiden kann: 1. solche, welche mit allen anderen Stämmen kreuzreagieren (60—80%) und die den größten Teil des Präcipitates erzeugen, 2. gruppenspezifische Antikörper (bis zu 20%), welche entweder auf die *vulgare*-Gruppe *(vulgare, flavum)* oder auf die *dahlemense*-Gruppe *(dahlemense, luridum)* eingestellt sind, und 3. in sehr kleiner, aber deutlich nachweisbarer Menge stammspezifische Antikörper, welche nur mit dem homologen Virus reagieren und auf keinen anderen Stamm übergreifen. Die spezifischen Stammunterschiede zwischen *vulgare* und *dahlemense* werden durch die Mutation zu *flavum* bzw. *luridum* nicht berührt, sondern bleiben erhalten. *Luridum*-Antiseren ergeben mit dem homologen *luridum*-Virus eine schwächere Präcipitation als mit dem heterologen *dahlemense*-Virus (Stammform); das gleiche wurde auch bei der Präcipitation von *flavum* (schwächer) und *vulgare*-Virus (stärker) mit *flavum*-Antiserum beobachtet. Hieraus ist zu schließen, daß bei der Mutation die Zahl gewisser determinanter Gruppen in der Mutante kleiner wird. Im serologischen Verhalten zeigen sich also Merkmale, die für die Mutanten untereinander oder aber für die Gruppen charakteristisch sind. Daraus ist der Schluß zu ziehen, *daß an einem Virusmolekül verschiedene Wirkgruppen vorhanden sind, die sich unabhängig voneinander ändern können.*

Aus diesen Untersuchungen wurde geschlossen[2], daß die beschriebenen Mutationen lediglich in einer Umfaltung der Polypeptidkette(n) im Proteinanteil bestehen, welche dazu führt, daß die Nucleinsäure bei den Mutanten fester an das Protein gebunden wird als bei der Ausgangsform, wodurch die Dissoziationsfähigkeit eines Teils der Phosphorsäuregruppen verschwindet. Diese Annahme konnte durch vergleichende Untersuchung der schonenden alkalischen Spaltung der Virusstämme gestützt werden.

Durch serologische Analyse der *Untereinheiten*[3] im „umgekehrten Erschöpfungsversuch", d.h. Absorption der Spaltproteine mit verschiedenen Antikörpern, konnte nachgewiesen werden, daß die Gruppenunterschiede (*vulgare*- bzw. *dahlemense*-Gruppe) sich in jeder der 108 Untereinheiten des Virusmoleküls vom Mol.Gew. ~360000 manifestieren und daß auch die mutative Veränderung in vielen, wahrscheinlich in allen Untereinheiten auftritt. Demnach erfolgt die Mutation entweder durch einen Umklappmechanismus, der von einer Untereinheit seinen Ausgang nimmt, oder eine Untereinheit wird allein mutativ verändert und ist selbständig vermehrungsfähig. Dieser Befund ist nicht nur für das Verständnis von Virusmutationen, sondern auch im Hinblick auf die Analogie zwischen Virus- und Genmutation von Interesse, da sich die Frage erhebt, „ob ein Virusmolekül wirklich als ein Modell für ein einzelnes Gen betrachtet werden kann oder ob es nicht besser mit einer Gruppe von Genen zu vergleichen wäre. Ein Gen würde dann einer einzelnen Wirkgruppe am Virusmolekül entsprechen. Die Lösung dieser Frage hängt davon ab, ob man ein Gen als Mutationseinheit oder als den kleinsten durch crossing over nicht mehr trennbaren locus am Chromosom definiert. In letzterem Fall wäre es denkbar, daß auch ein Gen verschiedene Wirkgruppen besitzen kann..."[4].

Durch Dissoziation mit Phenol/Wasser läßt sich aus Tabakmosaikvirus die proteinfreie hochmolekulare Ribonucleinsäure gewinnen[5], welche im Elektronenmikroskop in Form dünner Fäden von der Länge eines TMV-Teilchens erscheint. Im nativen TMV ist der Nucleinsäure-Faden von einer Proteinhülle umgeben. Gierer u. Schramm[6] konnten zeigen, daß die reine Ribonucleinsäure in frischem (hochpolymerem) Zustand für Tabakpflanzen noch infektiös ist — ein Befund von grundlegendem Interesse. Der Nachweis, daß keine Verunreinigung mit nativem TMV für den Effekt verantwortlich ist, wurde unter anderem mit Hilfe immunologischer und enzymatischer Verfahren erbracht. So wird die Infektiosität der Ribonucleinsäure durch Behandlung mit Antiserum gegen natives TMV nicht gehemmt, während natives TMV durch das gleiche Serum komplett

---

[1] s. a. Rappoport, I., and A. Siegel: J. Immunol. **74**, 106 (1955). — [2] Schramm, G.: Z. Naturforsch. **3**b, 320 (1948). — [3] Melchers, G.: Naturwiss. **30**, 48 (1942). — Schramm, G.: Naturwiss. **31**, 94 (1943). — [4] Friedrich-Freksa, H., G. Melchers u. G. Schramm: Biol. Zbl. **65**, 187 (1946). — [5] Schuster, H., G. Schramm u. W. Zillig: Z. Naturforsch. **11**b, 339 (1956). — [6] Gierer, A., and G. Schramm: Nature **177**, 702 (1956).

inaktiviert wird. Ribonuclease dagegen inaktiviert die reine Ribonucleinsäure, während die Infektiosität von nativem TMV unverändert bleibt.

Über die immunologische Spezifität von ***Nucleinsäuren*** ist bisher wenig bekannt. Verschiedene Ribo- und Desoxyribonucleinsäuren des Tier- und Pflanzenreichs geben mit einigen Pneumokokkenantiseren Kreuzreaktion[1], doch zeigen sie gegenseitiges starkes Übergreifen. Die spezifische Reaktionsfähigkeit der betreffenden Antipneumokokkenseren gegenüber Nucleinsäuren wird überdies nicht nur durch die zugehörigen, sondern auch durch nucleinsäurefremde Purine, wie Theophyllin oder Coffein, spezifisch gehemmt[1]. Blix, Iland u. Stacey[2] haben neuerdings verschiedene Desoxyribonucleinsäuren aus Kalbsthymus, Heringsrogen, Weizenkeimlingen, Ochsenmilz, Mäusesarkom und aus Mycobakterien hochgereinigt dargestellt und auf ihre Antigenität geprüft. Die proteinfreien Präparate waren deutlich antigen (Präcipitation usw.). Die Antigenität wurde durch Alkalibehandlung, Desoxyribonucleasewirkung oder Ultrabeschallung der Lösung stark vermindert, woraus zu schließen ist, daß der genuine hochmolekulare Status für die Antigenität wesentlich ist.

Die Frage nach einer immunologischen Differenzierung von Nucleinsäuren wurde aktuell, als Avery[3] die Typumwandlung bei Pneumokokken auf entsprechende typeigene Desoxyribonucleinsäuren zurückführen konnte, welche bei der Übertragung auf fremde Typen (Rauhformen) die bleibende Transformation in jenen Typ verursachten, von welchem sie extrahiert worden waren. Es besteht also kein Zweifel, daß *spezifische Nucleinsäuren mit spezifischen biologischen Eigenschaften existieren.*

9. Weitere Antigene.

a) Obwohl **Lipoide** als Komponenten zahlreicher Lipoproteide, z.B. im Serum und als Bauelemente von Zellmaterial[4], unter anderem in den Zellmembranen von Bakterien[5,6] (besonders bei säurefesten Keimen wie Tuberkelbazillen[6]) weitverbreitet vorkommen, ist über ihr antigenes Verhalten bisher wenig bekannt. Durch einfache parenterale Injektion reiner Lipoide lassen sich im allgemeinen keine spezifischen Antikörper erzeugen. Landsteiner[7] hat jedoch gefunden, daß man Lipoidantikörper dadurch erhalten kann, daß das betreffende Lipoid, mit artfremdem Eiweiß (z.B. Schweineserum bei Kaninchen) gemischt, injiziert wird. Das Verfahren wird als *Kombinationsimmunisierung* bezeichnet[7], und Sachs[8] hat hierauf seine Theorie von der „Schlepper"-Wirkung artfremder Proteine gegründet. Lipoide können also immunologisch Haptenfunktionen äußern. Bei vielen Lipoproteiden scheint die jeweilige Lipoidkomponente ohne immunologisch determinanten Einfluß zu sein[9]. Francis u. Wormall[10] fanden, daß das Lipoproteid Lipovitellin aus Hühnereiern beim Kaninchen spezifische Antikörper gegen die Phospholipoidkomponente erzeugt.

---

[1] Lackman, D.B., S. Mudd, M. G. Sevag, J. Smolens and M. Wiener: J. Immunol. **40**, 1 (1941). — Sevag, M. G., D. B. Lackman and J. Smolens: J. biol. Ch. **124**, 425 (1938). — [2] Blix, U., C. N. Iland and M. Stacey: Brit. J. exp. Path. **35**, 241 (1954). — [3] Avery, O. T., C. M. MacLeod and M. McCarty: J. exp. Med. **79**, 137 (1944). — McCarty, M., H. E. Taylor and O. T. Avery: Cold Spring Harbor Symp. quant. Biol. **11**, 177 (1946). — [4] s. Bd. **1**, S. 362ff. — [5] Westphal, O., u. O. Lüderitz: Angew. Chem. **66**, 407 (1954). — [6] Asselineau, J., et E. Lederer: Chimie des lipides bactériens. Fortschr. Chem. org. Naturstoffe **10**, 170—273 (1953). — Raffel, S., E. Lederer and J. Asselineau: Fed. Proc. **13**, 631 (1954). — [7] Landsteiner, K.: B. Z. **119**, 294 (1921). — Landsteiner, K., and S. Simms: J. exp. Med. **38**, 127 (1923). — [8] Sachs, H., u. A. Klopstock: B. Z. **159**, 491 (1925). — [9] Went, S., u. K. Lissak: Z. Immun.-Forsch. **82**, 474 (1934). — Cohen, S. S., and E. Chargaff: J. biol. Ch. **136**, 243 (1940). — Chargaff, E., M. Ziff, and S. S. Cohen: J. biol. Ch. **136**, 257 (1940). — Bezüglich Steroide s. z.B. King, L. F., and W. R. Franks: Am. Soc. **63**, 2042 (1941). — Mooser, H., u. R. K. Grilichess: Schweiz.. Z. Path. Bakt. **4**, 375 (1941). — [10] Francis, G. E., and A. Wormall: Biochem. J. **42**, 469 (1948).

Ein Lipoidantigen von großer praktischer Bedeutung ist das WASSERMANN-*Antigen*, welches bei der Diagnose der Syphilis angewandt wird. Dieses Antigen wird durch Alkoholextraktion verschiedener tierischer Organe, speziell aus Rinderherz, erhalten. PANGBORN[1] beschrieb die Darstellung eines phospholipoidartigen Materials aus Rinderherz, welches „*Cardiolipin*" genannt wurde und das den für die WASSERMANN-Reaktion wesentlichen Faktor enthalten soll. WEIL[2] hat die Literatur über die WASSERMANN-Substanz und verwandte Antigene gesammelt. Über neuere Untersuchungen zur Cardiolipinfrage s. [3].

RIVERS[4] machte die Beobachtung, daß die wiederholte Injektion von Kaninchengehirn (Lipoid- und Lipoproteidmaterial) bei Affen zu einer demyelinisierenden Encephalomyelitis führen kann, sehr wahrscheinlich auf der Basis von Immunisierungsprozessen, bei welchen Antikörper mit übergreifender Spezifität gegen das eigene Nervengewebe entstehen. Das Experiment wurde mit verschiedenen Species mehrfach wiederholt und läßt sich auch mit homologem Gehirnmaterial durchführen[5]. Das wirksame Antigen ist reich an Cerebrosiden, doch ist seine Reindarstellung und eindeutige chemische Charakterisierung bisher nicht gelungen[6].

Das besondere immunologische Verhalten der Lipoide glaubt HEIDELBERGER[7] durch den Mangel an periodisch wiederkehrenden Struktureinheiten in Lipoidmolekülen verständlich machen zu können. Solche sich wiederholenden Einheiten (determinante Gruppen) scheinen für die Antigenität von Molekülen besondere Bedeutung zu haben[8].

b) **Einfache chemische Verbindungen.** Die theoretischen Vorstellungen über die Struktur der Antigene führen zu einer Erklärung der Tatsache, daß einige einfache Verbindungen spezifisch antigene Wirkungen ausüben können, indem sie *in vivo mit körpereigenen Proteinen kuppeln*, wodurch chemospezifische Vollantigene entstehen. LANDSTEINER[9] injizierte Meerschweinchen z.B. Dinitrochlorbenzol. Durch eine wenige Tage darauf folgende Injektion von Dinitrophenylazoprotein wurde ein typischer anaphylaktischer Schock ausgelöst. Für entsprechende Haptene zeigten die Tiere starke *Hautüberempfindlichkeit*. Die wiederholte Berührung der Haut mit reaktionsfähigen einfachen Verbindungen (Dinitrohalogenbenzolen, Diazomethan, Phenylhydrazin, Säureanhydriden und -chloriden u. a.[10] kann beim Menschen zu *allergischen Erscheinungen* führen. Bekannt sind z.B. verschiedene Kontaktdermatitiden in der chemischen Industrie[11]. LAND-

---

[1] PANGBORN, M. C.: J. biol. Ch. **143**, 247 (1942); **153**, 343 (1944). — [2] WEIL, A. J.: Bact. Rev. **5**, 293 (1943). — [3] LUNDBACK, H., and A. L. ALLANDER: Acta path. microbiol. scand. **29**, 287 (1951). — LUNDBACK, H.: Acta path. microbiol. scand. **31**, 10, 73, 185 (1952). — [4] RIVERS, T. M., D. H. SPRUNT and G. P. BERRY: J. exp. Med. **58**, 39 (1933). — RIVERS, T. M., and F. F. SCHWENTKER: J. exp. Med. **61**, 689 (1935). — [5] KABAT, E. A., A. WOLF, A. E. BEZER and J. B. MURRAY: J. exp. Med. **93**, 615 (1951). — PEERS, J. H.: Amer. J. clin. Path. **20**, 503 (1950). — HILL, K. R.: Bull. Johns Hopkins Hosp. **84**, 302 (1949). — THOMAS, L., P. Y. PATERSON and B. SMITHWICK: J. exp. Med. **92**, 133 (1950). — LIPTON, M. M., and J. FREUND: J. Immunol. **70**, 326; **71**, 98, 380 (1953). — OLITSKY, P. K., and J. M. LEE: J. Immunol. **71**, 419 (1953). — PATERSON, P. Y., W. L. POND, J. WARREN and M. L. WEIL: Proc. Soc. exp. Biol. Med. **83**, 278 (1953). — FREUND, J., and M. M. LIPTON: J. Immunol. **75**, 454 (1955). — [6] Vgl. z. B. KOPROWSKI, H., and G. A. JERVIS: Proc. Soc. exp. Biol. Med. **69**, 472 (1948). — WAKSMAN, B. H., H. PORTER, M. D. LEES, R. D. ADAMS and J. FOLCH: J. exp. Med. **100**, 451 (1954). — KIES, M. W., E. ROBOZ and E. C. ALVORD: Fed. Proc. **15**, 288 (1956). — [7] HEIDELBERGER, M.: J. Mount Sinai Hosp. **9**, 893 (1943). — [8] Diskussion bei LANDSTEINER, K.: The Specificity of Serological Reactions. 2. Aufl. Cambridge, Mass. 1945. — [9] LANDSTEINER, K., and J. JACOBS: J. exp. Med. **61**, 643 (1935); **64**, 625 (1936). — LANDSTEINER, K., and M. W. CHASE: J. exp. Med. **66**, 337 (1937). — LANDSTEINER, K.: New Engl. J. Med. **215**, 1199 (1936). — Vgl. EISEN, H. N., M. E. CARSTEN and S. BELMAN: J. Immunol. **73**, 296 (1954). — [10] Übersicht bei SCHMIDT, H.: Fortschritte der Serologie. 2. Aufl. S. 89ff. Darmstadt 1955. — [11] LANDSTEINER, K.: Schweiz. med. Wschr. **71**, 1359 (1941). — CAMPBELL, D. H.: Immunochemical aspects of allergy. J. Allergy **19**, 151 (1948). — HANSEN, K. (Hrsgb.): Allergie. Stuttgart 1957.

STEINER u. CHASE[1] zeigten, daß Hautüberempfindlichkeit gegen Dinitrofluorbenzol oder Pikrylchlorid[2] dadurch hervorgerufen werden kann, daß man Stromata der eigenen Species mit diesen Verbindungen konjugiert und die Konjugate intraperitoneal injiziert.

Es gibt aber weitere, spezifisch allergisierend wirkende, einfache Stoffe, für die eine unmittelbare Bindung an körpereigene Proteine aus chemischen Gründen nicht ohne weiteres anzunehmen ist. Für Pikrinsäure, welche relativ stark sensibilisierend wirken kann, nehmen LANDSTEINER u. DI SOMMA[3] auf Grund umfangreicher Versuche an, daß sich zunächst in vivo die wesentlich reaktionsfähigere Pikraminsäure bildet, welche dann mit Proteinen kuppelt. Prinzipiell ist es demnach möglich — und praktisch von erheblicher Bedeutung —, daß Stoffe, die nicht direkt durch Verbindung mit Körperbestandteilen antigenen Charakter annehmen, dennoch allergisierend wirken können, indem sie im Organismus zunächst in reaktionsfähige (kupplungsfähige) Substanzen umgewandelt werden.

ROSENTHAL[4] verfütterte an Kaninchen Phenolphthalein oder injizierte ihnen kolloidale Lösungen von Phenolphthalein in Gelatine. Das Serum der so vorbehandelten Tiere wurde Normaltieren übertragen und wirkte bei diesen, obwohl es keine nachweisbaren Antikörper enthielt, allergisierend gegen Phenolphthalein (Hauttest). Zur Frage der humoralen Übertragbarkeit derartiger Überempfindlichkeiten hat CHASE[5] in den letzten Jahren sehr wichtige Beiträge geliefert.

Die stark allergisierenden Wirkungen gewisser aromatischer Amine, Diamine, Nitroverbindungen, Aminophenole und amidierter Azofarbstoffe, welche häufig Überempfindlichkeitsreaktionen, wie Dermatitis, Konjunktivitis, Urticaria und Asthma hervorrufen, konnte MAYER[6] auf deren oxydativen Übergang in Chinonderivate in vivo zurückführen, und er prägte den Ausdruck der „Gruppenüberempfindlichkeit gegen Körper von Chinonstruktur". MAYER konnte wahrscheinlich machen, daß auch p-Phenylendiamin und manche Sulfonamidderivate in allergisierend wirkende Chinone metabolisch verwandelt werden können. Die Chinone haben große Affinität zu Proteinen, welche nach der Kupplung zu kompletten Antigenen werden.

In ähnlichem Sinne wird man auch die viel beobachteten Überempfindlichkeiten von Menschen gegen eine Reihe einfacher Substanzen verstehen müssen, welche mit der Haut in Berührung kommen, wie Primelextrakt (Primin)[7] oder Uruschiol[8], dem wirksamen Bestandteil des Giftefeus („poison ivy"). Daß Überempfindlichkeiten gegen einfache Substanzen nicht nur über die Haut zustande kommen können, wird eindringlich demonstriert durch die zahllosen, sich ständig mehrenden *Arzneimittelüberempfindlichkeiten*[9], welche bereits zu einem ernsten Problem der modernen Medizin geworden sind[10]. Die Aufklärung des Mechanismus solcher Allergisierungen ist daher von größtem Interesse[11].

---

[1] LANDSTEINER, K., and M. W. CHASE: J. exp. Med. **71**, 237 (1940); **73**, 431 (1941). — [2] RAFFEL, S., and J. E. FORNEY: J. exp. Med. **88**, 485 (1948). — Übersicht bei CHASE, M. W.: Int. Arch. Allergy **5**, 163—191 (1954). — [3] LANDSTEINER, K., and A. A. DI SOMMA: J. exp. Med. **68**, 505 (1938). — LANDSTEINER, K., and M. W. CHASE: J. exp. Med. **73**, 431 (1941). — [4] ROSENTHAL, S. R.: J. Immunol. **34**, 251 (1938). Amer. J. Path. **13**, 617 (1937). — [5] CHASE, M. W.: in PAPPENHEIMER, A. M. jr. (Hrsgb.): Nature and Significance of Antibody Response. S. 156. New York 1953. — [6] MAYER, R. L.: Exper. **6**, 241 (1950). — [7] BLOCH, B., u. A. STEINER-WOURLISCH: Arch. Derm. Syph., Berlin **152**, 283 (1926); **162**, 349 (1930). — [8] SIMON, F. A., M. G. SIMON, F. M. RACKEMANN and L. DIENES: J. Immunol. **27**, 113 (1934). — SIMON, F. A.: J. Immunol. **30**, 275 (1936). — LANDSTEINER, K., and J. JACOBS: J. exp. Med. **64**, 625 (1936). — KEIL, H.: J. Allergy **15**, 259 (1944). — [9] GRONEMAYER, W.: In HANSEN, K. (Hrsgb.): Allergie, S. 374—421. Stuttgart 1957. — [10] FISCHER, H.: Schweiz. med. Wschr. **81**, 890 (1951). — HANSEN, K.: Verh. dtsch. Ges. inn. Med. **60**, 968 (1954). — KIMMIG, J.: Verh. dtsch. Ges. inn. Med. **60**, 449 (1954). — [11] KALLÓS, P.: Some immunochemical aspects of allergy. Int. Arch. Allergy **4**, 291—306 (1953), kritische Übersicht mit Literatur.

Über den Stand der Erforschung der Überempfindlichkeit im Rahmen der Immunologie hat kürzlich RAFFEL[1] eine eingehende Abhandlung veröffentlicht.

Erwähnt seien schließlich noch die Untersuchungen LOISELEURS[2] über die Antigenität sehr einfacher Substanzen. Nach LOISELEUR lassen sich durch rasch aufeinander folgende Injektionen (wenigstens 2 je Tag) größerer Quantitäten von einfachen Zuckern, organischen Säuren usw. Antikörper bei Kaninchen erzeugen, die bereits am Tage nach der letzten Injektion ihr Maximum erreichen. Das Auftreten der Immunkörper kann nur mit sehr empfindlichen physikalischen Methoden nachgewiesen werden, z. B. durch eine im allgemeinen geringe, aber spezifische Viscositätsänderung des „Immunserums" nach Zusatz des „Antigens". Die isomeren Weinsäuren sollen so unterscheidbar sein, ebenso Xylose, Arabinose, Rohrzucker und Trehalose. — Bisher sind die Befunde LOISELEURS von anderer Seite noch nicht bestätigt worden. Ob die beobachteten Effekte überhaupt als Immunitätserscheinungen im üblichen Sinne aufzufassen sind, kann heute wohl noch nicht gesagt werden.

c) Antikörper[3–18].

Das Phänomen der Immunität ist den Menschen seit Urzeiten bekannt, aber kaum ein halbes Jahrhundert ist vergangen, seit man beginnt, das *Wesen der Immunität* wirklich zu verstehen. Die Tatsache, daß Immunität mit Hilfe von *Immunseren* passiv übertragen werden kann, konzentrierte die Aufmerksamkeit der Immunforscher auf jene Bestandteile des Serums, welche als die substantiellen Träger der Immunität in Erscheinung traten: die *Antikörper*. Heute wissen wir, daß die Antikörper im Lauf der Immunisierungsprozesse beim höheren Tier in der *Globulinfraktion* des Serums auftreten, und es ist eine nunmehr allgemein akzeptierte Ansicht, daß die Antikörper *modifizierte Serumglobuline* sind.

α) Reindarstellung[19].

Für die Darstellung reiner Antikörper aus Immunseren gibt es 2 grundsätzlich verschiedene Methoden:

---

[1] RAFFEL, S.: Immunity, Hypersensitivity, Serology. New York 1953. — [2] LOISELEUR, J., et M. LEVY: Ann. Inst. Pasteur **72**, 843, 931 (1946; **73**, 116 (1947). — LOISELEUR, J.: Ann. Inst. Pasteur **78**, 1 (1950). Cr. **222**, 461 (1946); **224**, 505 (1947). 1. Int. Congr. Allergy. S. 257. Zürich 1951. J. Méd. Bordeaux **130**, 264 (1953).

Zusammenfassende Darstellungen: 3—18. [3] MARRACK, J. R.: The Chemistry of Antigens and Antibodies. London 1938. — [4] BOYD, W. C.: Fundamentals of Immunology. Kapitel II, Antibodies and antibody specificity. 2. Aufl. S. 29—81. New York 1947. — [5] Imm.-Forsch. (DOERR) Bd. I, 1947; Bd. IV, 1949. — [6] CAMPBELL, D. H.: The nature of antibodies. Ann. Rev. Microbiol. **2**, 269—278 (1948). — [7] KABAT, E. A.: Immunochemistry. Fortschritte der Allergielehre. Bd. II, S. 11—57. Basel 1949. — [8] WILLIAMS, J. W.: Some recent developments in the chemistry of antibodies. Fortschr. Chem. org. Naturstoffe **7**, 271—305 (1950). — [9] HAUROWITZ, F.: Chemistry and Biology of Proteins. XIV. Role of proteins in immunological reactions. S. 280—301. New York 1950. — [10] SEVAG, M. G.: Immuno-Catalysis and Related Fields of Bacteriology and Biochemistry. 2. Aufl. Springfield, Ill. 1951. — [11] CAMPBELL, D. H., and F. LANNI: The chemistry of antibodies. Chapter XI in GREENBERG, D. M. (Hrsgb.): Amino Acids and Proteins. S. 649—721. Springfield, Ill. 1951. — [12] SCHMIDT, H.: Fortschritte der Serologie. 2. Aufl. S. 275ff. Darmstadt 1955. — SCHMIDT, H.: In HANSEN, K. (Hrsgb.): Allergie. S. 44—85, 273—278, 342—373. Stuttgart 1957. — [13] SMITH, E. L., and B. V. JAGER: The characterization of antibodies. Ann. Rev. Microbiol. **6**, 207—228 (1952). — [14] CAMPBELL, D. H., and N. BULMAN: Some current concepts of the chemical nature of antigens and antibodies. Fortschr. Chem. org. Naturstoffe **9**, 443—484 (1952). — [15] PRESSMAN, D.: Antibodies as specific chemical reagents. Adv. biol. med. Physics **3**, 99—152 (1953). — [16] PAPPENHEIMER, A. M. jr. (Hrsgb.): Nature and Significance of Antibody Response. New York 1953. — [17] Fortschrittsberichte in Ann. Rev.: HEIDELBERGER, M.: **1**, 655 (1932); **2**, 503 (1933); **4**, 569 (1935). — LANDSTEINER, K., and M. W. CHASE: **6**, 621 (1937). — CHASE, M. W., and K. LANDSTEINER: **8**, 579 (1939). — MARRACK, J. R.: **11**, 629 (1942). — KABAT, E. A.: **15**, 505 (1946). — GRABAR, P.: **19**, 453 (1950). — MAYER, M.: **20**, 415 (1951).— [18] ISLIKER, H.: The chemical nature of antibodies, Adv. Protein Chem. **12** (1957), im Druck.

[19] Übersicht und genaue Angaben s. KABAT, E. A., and M. MAYER: Experimental Immunochemistry. S. 478ff. Springfield, Ill. 1948.

1. *Unspezifische Verfahren* der Fraktionierung und fraktionierten Fällung usw., wie sie zur Darstellung von Serumproteinen allgemein anwendbar sind.

2. *Spezifische Verfahren*, bei denen man davon Gebrauch macht, daß Antikörper nach Zusatz des entsprechenden Antigens unter Bildung eines schwerlöslichen Komplexes, des Präcipitates (oder Agglutinates), reagieren und von welchen anschließend freier Antikörper durch Dissoziation abgetrennt werden kann.

Vom chemischen Standpunkt können die Plasmaproteine[1] grob nach Löslichkeit und kinetischem Verhalten in Albumine und Globuline unterteilt werden. Die *Globuline* bilden ein sehr komplexes System. Alle Fraktionierungen, sei es durch Fällung oder Extraktion, gründen sich auf Löslichkeitsunterschiede einzelner Komponenten. In dieser Hinsicht unterscheidet man, wiederum grob, *Fibrinogen* und *Euglobuline*, welche bei geringen Ionenstärken isoelektrisch fällbar sind, und *Pseudoglobuline*, welche unter den gleichen Bedingungen gelöst bleiben. Die Euglobuline machen im Normalserum nicht ganz die Hälfte der Gesamtglobuline aus. Bei der Elektrophorese werden die Globuline, entsprechend ihrer Wanderungsgeschwindigkeit im elektrischen Feld, in 3 Hauptfraktionen zerlegt: α-, β- *und* γ-*Globuline* (s. Bd. **2**/1, S. 299ff.). In der Ultrazentrifuge sedimentieren die Globuline im wesentlichen als eine Hauptfraktion mit der Sedimentationskonstanten $s_{20} = 7$ S, doch sind noch nennenswerte Mengen leichterer und schwererer Komponenten nachweisbar. Im Normalplasma und im Plasma von hochimmunisierten (hyperimmunisierten) Tieren und Menschen sind die relativen Mengen der einzelnen Proteine verschoben, und zwar besonders hinsichtlich der Globuline und hier wiederum der γ-Globuline oder sehr nah verwandter Fraktionen, die im Immunserum mehr oder weniger stark an Konzentration zunehmen[2].

FELTON[3] hat als erster höhergereinigte Antikörper aus Antipneumokokken-Pferdeseren dargestellt. Er erhielt 2 Globulinfraktionen, von denen die eine bei p_H 5 und niederer Ionenstärke isoelektrisch, die andere bei p_H 7 gefällt wurde. Die Euglobulinfraktion enthielt die Hauptmenge der Antikörper. Derartige Pferdeimmunseren sind für die Anreicherung von Polysaccharidantikörpern besonders geeignet, weil deren Euglobulinfraktion oftmals nahezu vollständig aus Antikörperprotein besteht. Die Beobachtungen von FELTON wurden mehrfach bestätigt[4], und auch mit anderen Fraktionierungsmethoden kann man die 2 beschriebenen Globuline erhalten.

Später fand FELTON[5], daß unverdünntes Pferdeantiserum bei 0° C mit Alkohol fraktioniert werden kann, wobei etwa $^4/_5$ des Antikörpergehaltes zwischen 15 und 20% Äthanol ausfallen. Derartige Präparate sind zu etwa 80% rein, was durch spezifische Agglutination mit Pneumokokken oder Präcipitation mit typenspezifischem Polysaccharid erwiesen wurde. Die Methode der *Alkoholfraktionierung* von Serum bei tiefen Temperaturen geht auf MELLANBY[6] und HARDY[7] zurück; sie wurde in den 40er Jahren von COHN u. Mitarb.[8] eingehend untersucht und so ausgearbeitet, daß heute routinemäßige Plasmafraktionierungen auch im industriellen Maßstab möglich sind[9]. Die Methode wurde während des 2. Weltkrieges in den USA umfangreich angewandt[10].

---

[1] COHN, E. J.: Chemical, physical and immunological properties and clinical uses of blood derivatives. Exper. **3**, 125—136 (1947). — EDSALL, J. T.: Plasma proteins and their fractionation. Adv. Protein Chem. **3**, 383—479 (1947). — Wuhrmann-Wunderly 2. Aufl. TULLIS, J. (Hrsgb.): Blood Cells and Plasma Protein. New York 1953. — s. Bd. **2**/1, S. 290ff. — [2] s. z.B. BJØRNEBOE, M.: J. Immunol. **37**, 201 (1939). Z. Immun.-Forsch. **99**, 245 (1941). — [3] FELTON, L. D.: Bull. Johns Hopkins Hosp. **38**, 33 (1926). J. infect. Dis. **42**, 248; **43**, 543 (1928). — [4] s. den zusammenfassenden Bericht von WILLIAMS, J. W.: Fortschr. Chem. org. Naturstoffe **7**, 270—305 (1950). — [5] FELTON, L. D.: J. Immunol. **21**, 357 (1931); **22**, 453 (1932). — [6] MELLANBY, J.: Proc. R. Soc. London (B) **80**, 399 (1908). — [7] HARDY, W. B., and (S.) GARDINER: Proteins of blood plasma. J. Physiol., London **40**, LXVIII (1910). — [8] COHN, E. J., J. L. ONCLEY, L. E. STRONG, W. L. HUGHES jr. and S. H. ARMSTRONG jr.: J. clin. Invest. **23**, 417 (1944). Exper. **3**, 125 (1947). — [9] Vgl. SCHULTZE, H. E.: Angew. Chem. **62**, 395, 426 (1950). — [10] COHN, E. J.: The history of plasma fractionation. Adv. milit. Med. **1**, 364 (1948).

Nach COHN u. Mitarb.[1] wird Plasma unter genau kontrollierten Bedingungen zunächst in *5 Fraktionen* aufgetrennt (s. a. Bd. 2/1, S. 290ff.): Fraktion I, im wesentlichen Fibrinogen; Fraktion II und III, welche die γ- und β-Globuline enthalten; Fraktion IV, hauptsächlich α-Globuline und Fraktion V, in der sich die Albumine befinden. Diese Fraktionen sind noch heterogen, wie sich z.B. elektrophoretisch feststellen läßt (α_1, α_2; β_1, β_2 usw.), so daß *Unterfraktionen* hergestellt werden können[2]. Inwieweit bei der Fraktionierung einzelne Proteine im genuinen Status erhalten bleiben oder teilweise mehr oder weniger Kunstprodukte liefern, ist noch nicht durchweg entschieden. Im Falle der β- und γ-Globuline kann man vollkommen homogene Fraktionen kaum erwarten, da in ihnen viele verschiedene biologische Funktionen verankert sind, welche bislang nicht vollkommen von einander trennbar waren; s. hierzu die große Übersichtstabelle nach COHN[3] Bd. 2/1, S. 292. Eine kritische Besprechung und Analyse der bekannten Fraktionierungsverfahren findet sich bei WILLIAMS[4].

Die Antikörper in menschlichen Seren erscheinen bei diesen Fraktionierungen in der Globulinfraktion II; nur die blutgruppenspezifischen, natürlichen Isohämagglutinine (Anti-A, Anti-B), wie auch die Rh-Antikörper und einige allergische Antikörper (Reagine)[5], befinden sich in der Unterfraktion III/1, gehören also zu den β-Lipoproteiden[3].

Fraktioniert man Immunseren oder Seren von Allergikern mit Hilfe neuerer elektrophoretischer Verfahren, z.B. im Stärkeblock[6], so findet man die Antikörper praktisch immer in der γ_1- oder γ_2-Globulinfraktion, selten in der β-Fraktion[7].

Diesen mehr unspezifischen Verfahren zur Anreicherung von Antikörpern aus Immunseren stehen spezifische Methoden gegenüber, deren planmäßige Entwicklung wir HEIDELBERGER u. Mitarb.[8,9] verdanken und die sich auf *quantitative Studien der Antigen-Antikörperreaktion*[10] gründen.

Der „Trick" von HEIDELBERGER bestand in der Anwendung reiner stickstofffreier Pneumokokkenpolysaccharide wie des spezifischen Typ III-Polysaccharids (s. Tabelle 212, S. 909), welches bei der Reaktion mit dem homologen Antikörper eine Fällung (Präcipitat) liefert, deren Stickstoffgehalt *nur* dem reagierenden Antikörper zukommt. Nachdem die Bedingungen für maximale Präcipitation von Immunseren und von gereinigten Antikörpern durch N-freies Polysaccharid festgelegt waren, ließ sich zeigen, daß die Zusammensetzung des Präcipitates (N-Gehalt usw.) unverändert blieb, gleichgültig ob gereinigte Antikörper (z.B. FELTON-Methode) oder Vollimmunseren verwendet wurden. Damit war die Eignung der Methode zur quantitativen Bestimmung von Antikörpern in Seren hyperimmunisierter Tiere erwiesen.

[1] COHN, E. J., J. A. LUETSCHER jr., J. L. ONCLEY, S. H. ARMSTRONG jr. and B. D. DAVIS: Am. Soc. **62**, 3396 (1940). — COHN, E. J., L. E. STRONG, W. L. HUGHES jr., D. J. MULFORD, J. N. ASHWORTH, M. MELIN and H. L. TAYLOR: Am. Soc. **68**, 459 (1946). — NITSCHMANN, H., P. KISTLER u. W. LERGIER: Helv. **37**, 866 (1954). — [2] DEUTSCH, H. F., L. J. GOSTING, R. A. ALBERTY and J. W. WILLIAMS: J. biol. Ch. **164**, 109 (1946). — DEUTSCH, H. F., and J.C. NICHOL: J. biol. Ch. **176**, 797 (1948). — HESS, E. L., and H. F. DEUTSCH: Am. Soc. **71**, 1376 (1949). — ONCLEY, J. L., M. MELIN, D. A. RICHERT, J. W. CAMERON and P. M. GROSS jr.: Am. Soc. **71**, 541 (1949). — Vgl. dazu SMITHIES, O.: Biochem. J. **61**, 629 (1955). — [3] COHN, E. J., J. L. ONCLEY, L. E. STRONG, W. L. HUGHES jr. and S. H. ARMSTRONG jr.: J. clin. Invest. **23**, 417 (1944). — COHN, E. J.: Exper. **3**, 125 (1947). — [4] WILLIAMS, J. W.: Fortschr. Chem. org. Naturstoffe **7**, 270—305 (1950). — [5] s. z.B. CANN, J. R., and M. H. LOVELESS: J. Immunol. **72**, 270 (1954). — [6] Nach KUNKEL, H. G., and R. J. SLATER: Proc. Soc. exp. Biol. Med. **80**, 42 (1952). — [7] KUHNS, W. J.: J. exp. Med. **99**, 577 (1954). — LOVELESS, M., and J. R. CANN: J. Immunol. **74**, 329 (1955). — COOKE, R. A., A. E. MENZEL, W. R. KESSLER and P. A. MYERS: J. exp. Med. **101**, 177 (1955). — SEHON, A. H., J. G. HARTER and B. ROSE: J. exp. Med. **103**, 679 (1956). — [8] HEIDELBERGER, M., and F. E. KENDALL: J. exp. Med. **50**, 809 (1929); **61**, 563; **62**, 697 (1935). — [9] HEIDELBERGER, M.: Bact. Rev. **3**, 49 (1939). Chem. Rev. **24**, 323 (1939). Immunochemistry, in Green's Currents biochem. Res. S. 453—460. — [10] s. KABAT, E. A., and M. MAYER: Experimental Immunochemistry. Springfield, Ill. 1948.

Die Methode der quantitativen N-Bestimmung in Präcipitaten ließ sich später auch auf stickstoffhaltige Antigene (Proteine) übertragen. HEIDELBERGER und seine Schüler[1] haben das Verfahren so ausgebaut, daß noch 5—10 μg Antikörper-N mit einer Genauigkeit von ± 2 μg erfaßt werden können[1,2]. Die Methode hat sich sehr bewährt bei der quantitativen Bestimmung kleiner Antikörpermengen in menschlichen und tierischen Seren sowie bei der Verfolgung der Dynamik von Immunisierungsvorgängen beim Tier und in der Klinik[3].

In Verfolgung dieser Untersuchungen ergab sich, daß die Antigen-Antikörperreaktion eine *Gleichgewichtsreaktion* ist, auf die das Massenwirkungsgesetz anwendbar ist[4] (s. S. 902, 947). Die Gleichgewichtslage hängt außer von der Konzentration der beteiligten Reaktionspartner, Antigen und Antikörper, vom p_H und der Ionenstärke (Salzkonzentration) des Reaktionsmediums ab. HEIDELBERGER mit KENDALL[5] und KABAT[6] fand, daß höher konzentrierte Natriumchloridlösungen (bis zu 15%) das Gleichgewicht von Polysaccharid und Antikörper im Präcipitat so veränderten[7], daß *freier Antikörper abdissoziierte.*

Es wurden Präcipitate durch Zusatz spezifischen Polysaccharids zu Antiseren von Pferd, Rind, Schaf, Schwein und Kaninchen hergestellt. Das Polysaccharidantigen und die Antiseren wurden quantitativ so aufeinander abgestimmt, daß ein geringer Überschuß an Antikörpern im überstehenden Serum verblieb. Die Präcipitate wurden mit 0,9% NaCl solange gewaschen, bis die Waschlösung kein nachweisbares Protein mehr enthielt; dann wurde in 15% NaCl bei 37° während 1 Std suspendiert. Anschließend wurde zentrifugiert und die antikörperhaltige Lösung gegen 0,9% NaCl bis zum Konzentrationsausgleich dialysiert.

Diese Methode ergab Antikörperausbeuten bis zu 25%, bezogen auf den Gehalt im Immunserum, in einer Reinheit von teilweise bis zu 100%, d.h. daß derartige Präparate 100% spezifisch präcipitablen Antikörper-N enthielten. *Diese hochgereinigten Antikörper zeigten alle Eigenschaften typischer Serumglobuline.* Die physikalischen Eigenschaften der Antikörper scheinen sich bei der beschriebenen Aufarbeitungsmethode nicht zu ändern[8]. HEIDELBERGER u. PEDERSEN[9] fanden, daß ein aus Kaninchenserum dargestellter, hochgereinigter Pneumokokkentyp III-Antikörper sich in der Ultrazentrifuge wie normales γ-Globulin verhielt und homogen sedimentierte. Antikörperdissoziationen aus Präcipitaten konnten auch mit Bariumhydroxyd und Bariumchlorid erreicht werden und ergaben Antikörperausbeuten bis zu 21% und Reinheitsgrade bis zu 97%. LIU u. WU[10] haben die Dissoziation von Präcipitaten des Typ I-Pneumokokkenpolysaccharids mit Pferdeantikörper bei verschiedenem p_H eingehend untersucht. Bei p_H 4,25 erhielten sie 44,5% Antikörper (91%ig), bei p_H 10,09 37,3% (85%ig)[11].

CAMPBELL u. Mitarb.[12] haben lösliche Protein-Antigene an diazotierten Cellulose-p-aminobenzyläther gekuppelt. Die unlöslichen Cellulose-Antigen-Partikeln absorbieren aus entsprechenden Antiseren (gegen das betreffende Protein) den spezifischen Antikörper, der anschließend durch p_H-Verschiebung ins saure Gebiet (p_H 3,2) wieder eluiert werden kann. Die so erhaltenen Antikörper hatten einen hohen Reinheitsgrad.

---

[1] HEIDELBERGER, M., and C. F. C. MACPHERSON: Science, N. Y. **97**, 405; **98**, 63 (1943). — Vgl. HEIDELBERGER, M.: Angew. Chem. **66**, 403 (1954). — [2] LANNI, F.: Proc. Soc. exp. Biol. Med. **74**, 4 (1950). — Vgl. a. MCDUFFIE, F. C., and E. A. KABAT: J. Immunol. **77**, 193 (1956). — [3] s. KABAT, E. A.: Ann. Rev. **15**, 510 (1946). — KABAT, E. A., and M. MAYER: Experimental Immunochemistry. Springfield, Ill. 1948. — [4] HEIDELBERGER, M., and F. E. KENDALL: J. exp. Med. **61**, 563 (1935). — [5] HEIDELBERGER, M., and F. E. KENDALL: J. exp. Med. **64**, 161 (1936). — [6] HEIDELBERGER, M., and E. A. KABAT: J. exp. Med. **67**, 181 (1938). — [7] s. hierzu ALADJEM, F., and M. LIEBERMAN: J. Immunol. **69**, 117 (1952). — LIEBERMANN, M., and F. ALADJEM: J. Immunol. **69**, 131 (1952). — [8] KABAT, E. A.: J. exp. Med. **69**, 103 (1939). — [9] HEIDELBERGER, M., and K. O. PEDERSEN: J. exp. Med. **65**, 393 (1937). — [10] LIU, S.-C., and H. WU: Proc. Soc. exp. Biol. Med. **41**, 144 (1939). — [11] Vgl. hierzu z. B. WESTPHAL, O., D. v. GONTARD, F. BISTER u. A. WINKLER: Z. Naturforsch. **2b**, 25 (1947). — [12] CAMPBELL, D. H., E. LUESCHER and L. S. LERMAN: Proc. nat. Acad. Sci. USA **37**, 575 (1951).

Seit auf diese Weise reine Antikörper in Substanz erhalten und quantitativ bestimmt werden konnten, ging man mehr und mehr dazu über, ihre Konzentration in Immunseren nicht mehr — wie bis dahin — in biologischen Einheiten oder Titern auszudrücken, sondern in Gewichtseinheiten, sei es in μg Antikörper-N je cm³ oder in mg Antikörperprotein je cm³ Serum.

Solange sich die quantitative Bearbeitung der Antikörper auf biologische Wertigkeitsbestimmungen gründete (Neutralisationsfähigkeit für Toxine, Schutzteste usw.) galt fast allgemein die Annahme, daß ihre Menge auch in hochwirksamen Antiseren so klein sei, daß sie praktisch unter der Grenze chemischer Erfaßbarkeit liege[1]. Mit Hilfe der quantitativen Methoden stellte sich nun heraus, daß manche Immunseren beträchtliche Mengen Antikörperglobulin enthalten, welche mehr als $^1/_3$ der Gesamtglobuline ausmachen können[2]. HEIDELBERGER u. KENDALL[3] fanden den Antikörpergehalt eines hochwirksamen Kaninchenanti-

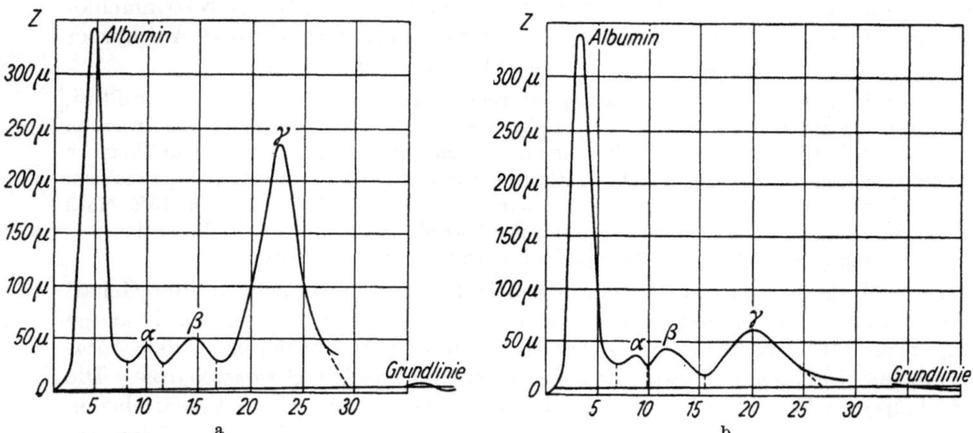

Abb. 72a u. b. Elektrophoresediagramm von Kaninchenantiserum gegen krystallisiertes Eialbumin vor (a) und nach (b) der Absorption des Antikörpers[4].

serums gegen Eialbumin zu 21,5 mg/cm³ = 40% der Gesamtglobuline, und BJØRNEBOE[5] erhielt in Penumokokkenantiseren hyperimmunisierter Kaninchen Werte von 25 mg Antikörperprotein je cm³ und darüber.

Die quantitativen Ergebnisse wurden auf das beste durch *elektrophoretische Untersuchungen* an Normal- und Immunseren bestätigt. Bei Immunisierungen läßt sich der Anstieg des Globulingehalts im Serum leicht nachweisen, wobei speziell die γ-Fraktion oder (z.B. beim Pferd) die sog. T-Fraktion zunimmt[6], deren Gipfel elektrophoretisch zwischen der γ- und β_2-Fraktion liegt. TISELIUS u. KABAT[4] haben Kaninchenantiserum gegen krystallisiertes Eialbumin *vor* und *nach* der erschöpfenden Präcipitation mit Eialbumin elektrophoretisch analysiert (s. Abb. 72a u. b). Nach der spezifischen Absorption war der erhöhte γ-Gipfel verschwunden, und es verblieb eine kleinere γ-Fraktion, welche dem nichtpräcipitablen Globulin des Normalserums entsprach. Die quantitative Auswertung der beiden Kurven (Abb. 72a u. b) ergab Werte, welche der durch Präcipitation bestimmten Antikörpermenge gleich waren. Praktisch dasselbe

[1] HARTLEY, P.: A System of Bacteriology. Bd. 6, S. 249ff. London 1931. — REINER, L.: Colloid Chemistry. S. 751ff. New York 1928. — [2] BOYD, W. C., and H. BERNARD: J. Immunol. **33**, 111 (1937). — [3] HEIDELBERGER, M., and F. E. KENDALL: J. exp. Med. **50**, 809 (1929). — [4] TISELIUS, A., and E. A. KABAT: J. exp. Med. **69**, 119 (1939). — [5] BJØRNEBOE, M.: J. Immunol. **37**, 201 (1939). Z. Immun.-Forsch. **99**. 245 (1941). — [6] SCHEER, J. VAN DER, R. W. G. WYCKOFF and F. H. CLARKE: J. Immunol. **39**, 65 (1940). — Näheres hierzu s. SCHMIDT, H.: Fortschritte der Serologie. 2. Aufl. S. 300ff. Darmstadt 1955.

Bild ergab sich bei der Untersuchung von Kaninchenantipneumokokken-Seren vor und nach der Absorption mit homologen Pneumokokken[1]. Ähnliche elektrophoretisch kontrollierte Absorptionsanalysen wurden seither mehrfach durchgeführt und haben prinzipiell immer entsprechende Resultate ergeben.

In Pferdeimmunseren finden sich Diphtherie- und Tetanusantitoxin jeweils überwiegend in der T-Fraktion, wie SCHULTZE[2] u. a. gezeigt haben (s. Abb. 73a—c).

Eine 3. Möglichkeit, Immunglobuline aus Antiseren anzureichern, gründet sich darauf, daß gewisse Antikörper gegen die *Wirkung proteolytischer Enzyme* resistenter sind als viele immunologisch unwirksame Begleitproteine[3, 4]. Verfahren nach diesem Prinzip haben auch erhebliche praktische Bedeutung[5]. VAN DER SCHEER u. Mitarb.[6] haben z. B. ein antitoxisches Diphtherie-Pferdeimmunserum (mit hohem T- und γ-Gipfel im Elektropherogramm) bei p_H 4 und 37° mittels Pepsin abgebaut. Zunächst vereinigten sich T- und γ-Gipfel zu einer

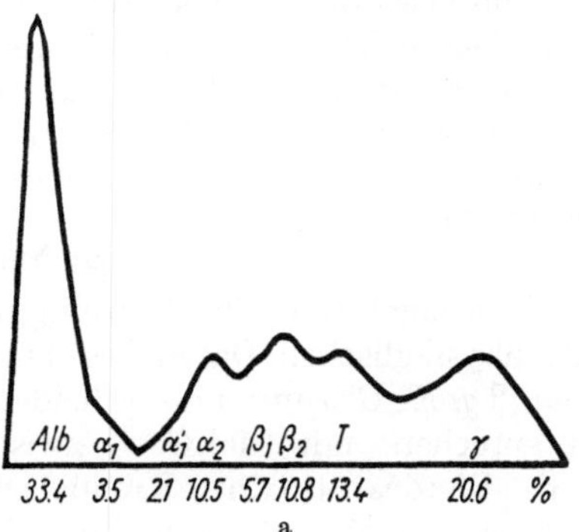

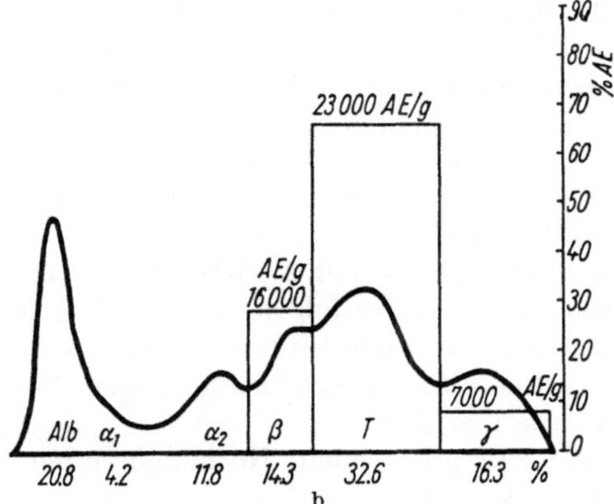

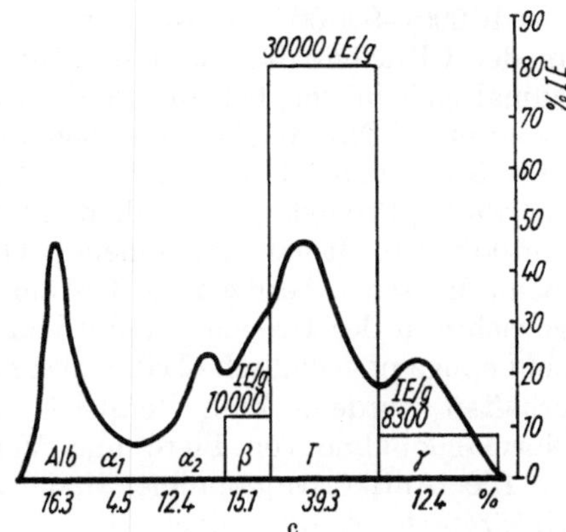

Abb. 73 a—c. Elektrophoresediagramm von Normal- und antitoxischen Immunpferdeseren[2]. a Normales Pferdeserum 2003 unbehandelt, 7,0% Protein. b Diphtheriepferdeserum 2059 nach 28 Antigeninjektionen, 8,7% Protein, 900 A.E./cm³. c Tetanuspferdeserum 1997 nach 33 Antigeninjektionen, 9,8% Protein, 1300 I.E./cm³.

stabilen Fraktion; danach schwanden innerhalb 2-tägiger Verdauung praktisch alle nichtantitoxischen Begleitproteine, so daß das Antitoxin stark angereichert zurückgewonnen werden konnte. — Die so behandelten Antikörper werden dabei zu einem Teil (oder auch weitgehend) selbst in Bruchstücke vom halben Molekulargewicht abgebaut[4], *ohne an Antikörperaktivität zu verlieren.* Da Serumproteine an sich gute Antigene sind, kommt es bei wiederholter passiver Übertragung tierischer Antiseren (Vollseren) auf den Menschen häufig zu Überempfindlichkeitsreaktionen (Serumkrankheit). Der kontrollierte proteolytische Abbau führt nun zu einer starken Herabsetzung der Antigenität und antigenen Spezifität solcher Seren („despezifizierte Immunseren"[4]).

[1] TISELIUS, A.: Biochem. J. **31**, 1464 (1937). — [2] SCHULTZE, H. E.: Angew. Chem. **66**, 396 (1954). — [3] TISELIUS, A., and O. DAHL: Ark. Kem., Mineral. Geol. **14** B, No. 31 (1941). — NORTHROP, J. H.: J. gen. Physiol. **25**, 465 (1942). — POPE, C. G.: Brit. J. exp. Path. **20**, 132, 201 (1939). — PETERMANN, M. L.: Am. Soc. **68**, 106 (1946). — BRIDGMAN, W. B.: Am. Soc. **68**, 857 (1946). — [4] Zusammenfassende Darstellungen: WILLIAMS, J. W.: Fortschr. Chem. org. Naturstoffe **7**, 290—305 (1950). — SCHMIDT, H.: Fortschritte der Serologie. 2. Aufl. S. 336ff. Darmstadt 1955. — s. a. SCHULTZE, H. E.: Angew. Chem. **62**, 426 (1950). — [5] PARFENTJEV, I. A.: U.S.P. 2.065.196 und 2.123.198. — SCHULTZE, H. E.: Med. u. Chem. **4**, 495 (1942). Angew. Chem. **62**, 426 (1950), daselbst Literatur. — [6] SCHEER, J. VAN DER, R. W. G. WYCKOFF and F. H. CLARKE: J. Immunol. **40**, 319 (1941); **41**, 349 (1941).

NORTHROP[1] hat den stufenweisen proteolytischen Abbau von Diphtherieantitoxin (Pferd) näher untersucht. Das genuine Antitoxin vom Mol.Gew. 184000 (s. Tabelle 219) wird durch Trypsin in erster Phase in 2 verschiedene Teilstücke vom gleichen Mol.Gew. ~ 90000 gespalten. Das eine Spaltstück ist thermolabil und immunologisch inaktiv, während das andere relativ thermostabil ist und etwa doppelte Aktivität besitzt. NORTHROP[1] und ROTHEN[2] konnten das *trypsingespaltene Antitoxin in reiner, krystallisierter Form isolieren*, was unter anderem für die Einheitlichkeit des Spaltproduktes spricht.

Bei Menschen mit A-γ-Globulinämie, deren γ-Globulinbildung also krankhaft gestört ist, finden sich vielfach entsprechend auch keine oder nur sehr geringe Mengen von Antikörpern im Serum[3].

β) Natur der Antikörper.

Von einer Reihe hochgereinigter Antikörper verschiedener Herkunft wurden die physikalischen Daten bestimmt. Hinsichtlich des Molekulargewichtes kann man *2 große Gruppen* unterscheiden. a) Antikörper, welche den Normalglobulinen entsprechen, mit Mol.Gew. zwischen 157000 und 195000. Hierher gehören z.B. Pferdeantitoxine, Kaninchenanti-Eialbumin und die Pneumokokkenantikörper von Mensch, Affe und Kaninchen. b) Antikörper mit Mol.Gew. von ~ 910000—930000. Diese „schweren" Antikörper zeigen rasche Sedimentation in der Ultrazentrifuge und sind auf diese Weise relativ leicht rein darstellbar, zumal sich in den betreffenden Normalseren oftmals nur sehr geringe Mengen „schwerer" Normalglobuline befinden. Hierher gehören die Pneumokokkenantikörper von Pferd, Rind und Schwein, ferner Kaninchenantikörper gegen Schafs-Erythrocyten. Bei anhaltender Immunisierung findet man neben schweren Antikörpern oftmals zunehmende Quantitäten der leichteren Immunglobuline. Beim Menschen besitzen die Isohämagglutinine (Anti-A und Anti-B) Molekulargewichte in der Größenordnung von 1 Million. — In der folgenden Tabelle 219 sind einige physikalische Daten zusammengestellt, die an gereinigten Antikörpern erhalten wurden. Zum Vergleich sind auch einige entsprechende Daten für Normalglobuline von Pferd und Mensch mitaufgeführt.

Die Antikörperglobuline sind, wie die entsprechenden Normalglobuline, *Sphäroproteine*, die jedoch von der idealen Kugelgestalt erheblich abweichen (s. die f/f_0-Werte in Tabelle 219). Nachstehend sind die Moleküldurchmesser und Achsenverhältnisse einiger Pneumokokkenantikörper aufgeführt (Tabelle 220).

Wie läßt sich die Wirkung der Antikörper, d.h. ihre spezifische Reaktivität mit dem Antigen chemisch verstehen?

Die Bedeutung dieser Frage geht vielleicht am eindringlichsten aus der Tatsache hervor, daß der höhere Organismus gegenüber einer *unbegrenzten* Zahl von chemisch verschiedenen Antigenen mit der Bildung spezifischer Antikörper antworten kann! PAUL EHRLICH hatte noch gemeint, daß sämtliche Antikörper im Organismus unterschwellig *präformiert* seien und daß durch den antigenen Reiz lediglich eine spezifische Mehrsynthese in Gang käme. Diese Theorie mußte aber aufgegeben werden, nachdem man erkannt hatte, daß Antikörper auch gegen beliebige unphysiologische (künstliche) Antigene gebildet werden können, für die präformierte Antikörper ganz sicher nicht existieren.

Man hat vielfach versucht, chemische und strukturelle Unterschiede zwischen Immun- und Normalglobulin aufzufinden.

Angebliche Differenzen beim Vergleich der Aminosäurezusammensetzung von Immun- und Normal*serum*[4] sind so lange ohne wesentliche Bedeutung, als nicht erwiesen wird, daß

---

[1] NORTHROP, J. H.: J. gen. Physiol. **25**, 465 (1942). — Vgl. a. BOLYN, A. E., and M. MOSKOWITZ: J. Immunol. **75**, 441, 450 (1955). — [2] ROTHEN, A.: J. gen. Physiol. **25**, 487 (1942). — [3] s. z.B. GOOD, R. A.: J. Lab. clin. Med. **46**, 167 (1955). — GRAS, J., J. LATORRE u. J. M. GAMISSANS: Kli. Wo. **1954**, 968. — [4] JONES, W. G., A. L. POLLARD and D. F. HOLTMAN: J. Bacteriology **58**, 307 (1949).

Tabelle 219. Physikalische Daten gereinigter Antikörper[1].

Species	Globulin	Sedimentationskonstante, s_{20} (SVEDBERG-Einheit, S)	Diffusionskonstante, $D_{20} \times 10^7$ (cm²/sec)	Molekulargewicht	Formfaktor f/fo	Isoelektrischer Punkt (pH)
Pferd	Normalglobulin	7,1	4,0	167000		
	Pneumokokkenantikörper	19,3	1,8	920000	2,0	4,4
	Diphtherieantitoxin	7,2	3,9	184000	1,4	
Rind	Pneumokokkenantikörper	18,1	1,69	910000	2,0	4,8
Schwein	Pneumokokkenantikörper	18,0	1,64	930000	2,0	5,1
Kaninchen	Pneumokokkenantikörper	7,0	4,23	157000	1,4	5,8
	Eialbuminantikörper	6,5	3,75	165000	1,6	5,8
Affe	Pneumokokkenantikörper	6,7	4,08	157000	1,5	
Mensch	Normalglobulin	7,1	3,8	176000		
	Pneumokokkenantikörper	7,4	3,6	195000	1,5	

sie sich auf die gereinigten *Globuline* beziehen. — Unter anderem wurden auch immunologische Methoden herangezogen. HEIDELBERGER u. Mitarb.[2] verglichen Normal- und Immunglobulin des gleichen Tiers hinsichtlich ihrer *antigenen* Eigenschaften. Eine zusätzliche Spezifität des Immunglobulins gegenüber dem Normalglobulin konnte nicht nachgewiesen werden. Bei Immunglobulinen verschiedener Species gegen das identische Antigen fand sich keine gemeinsame (kreuzreagierende) „Antikörperspezifität". Diese Untersuchungen haben noch ein allgemeineres Interesse, indem sie das Problem der *Antiantikörper* aufwerfen[3].

Tabelle 220. Moleküldurchmesser und Achsenverhältnis einiger Pneumokokkenantikörper.

Pneumokokken-Antikörper	Kurze Achse Å	Längere Achse Å	Achsenverhältnis
Pferd . . .	47	950	20,1
Kaninchen .	37	274	7,5
Mensch . .	37	338	9,2

PORTER[4] hat Kaninchenanti-Eialbumin-γ-Globulin mit Kaninchennormal-γ-Globulin verglichen. Physikalisch-chemisch sind sie nicht zu unterscheiden. Beide besitzen überdies die gleiche Aminosäuresequenz am (H_2N-) Kettenende, nämlich -Asparagyl-valyl-leucyl-alanin-(NH_2). Zu dem gleichen Ergebnis kamen auch McFADDEN u. E. L. SMITH[5] beim Vergleich der Immun-γ-Globuline gegen Typ I, VII, VIII und XIV-Pneumokokken mit Normal-γ-Globulin von Kaninchen. Bei allen Globulinen befand sich Alanin am H_2N-Kettenende, wie bei PORTER, und alle untersuchten Globuline enthielten die gleiche Zahl freier Lysin-NH_2-Gruppen.

Durch vorsichtige Hydrolyse gelang es PORTER[6], aus reinem Antikörperglobulin (Kaninchenanti-Eialbumin) ein Viertelbruchstück zu erhalten, welches keine Präcipitation mehr mit dem Antigen (Eialbumin) gab, wohl aber dessen Flockung mit dem intakten Antikörper *stark hemmte*. Aus kinetischen Untersuchungen konnte geschlossen werden, daß der Inhibitor mit dem intakten Antikörper um das Antigen konkurrierte. Diese und weitere Untersuchungen (S. 947ff.) zeigen, *daß die spezifische Reaktivität der Antikörper nicht durch das ganze große Molekül gegeben ist, sondern durch besondere reaktionsfähige Bezirke*; diese machen offenbar nur einen kleinen Teil des Moleküls aus. Hierin scheint der einzige Unterschied zwischen Normal- und Immunglobulin zu bestehen.

[1] Zusammengestellt nach KABAT, E. A.: Fortschritte der Allergielehre. Bd. II, S. 33. Basel 1949. — SVEDBERG, T., u. K. O. PEDERSEN: Die Ultrazentrifuge. S. 367. Dresden 1940. — [2] TREFFERS, H. P., and M. HEIDELBERGER: J. exp. Med. **73**, 125, 293 (1941). — [3] s. z.B. ADLER, F. L.: J. Immunol. **76**, 217 (1956). — [4] PORTER, R. R.: Biochem. J. **46**, 473 (1950). — [5] McFADDEN, M. L., and E. L. SMITH: J. biol. Ch. **214**, 185 (1955). — SMITH, E. L., M. L. McFADDEN, A. STOCKELL and V. BUETTNER-JANUSCH: J. biol. Ch. **214**, 197 (1955). — [6] PORTER, R. R.: Biochem, J. **46**, 479 (1950).

Daß die spezifisch affinen Bezirke der Antikörper in der Tat räumlich eng begrenzt sind, haben PRESSMAN u. STERNBERGER[1] auf elegante Art demonstriert. Sie immunisierten Kaninchen unter Verwendung künstlicher Antigene mit p-Azobenzoesäure (Protein—N=N—C$_6$H$_4$—COOH) bzw. p-Azophenylarsinsäure (Protein—N=N—C$_6$H$_4$—AsO_3H_2) als determinanten Gruppen. Die erhaltenen Kaninchenantikörper wurden nun *jodiert*, wobei ihre immunologische Aktivität vollständig verloren ging. Wurde die *Jodierung* aber *bei Gegenwart der Haptene* durchgeführt, so schützten diese die spezifischen Reaktionsbezirke des Antikörpers (da sie mit diesen in Lösung spezifisch reagiert hatten), so daß jodierte *und* zugleich serologisch vollwirksame Antikörper gebildet wurden. Es zeigte sich also, daß die Einführung von Jod (wahrscheinlich schon eines einzigen Atoms) in den spezifischen Reaktionsbezirk des Antikörpers genügt, um seine Reaktivität gegenüber dem Antigen zu vernichten! — PRESSMAN hat im übrigen darauf hingewiesen, daß man nach dem gleichen Verfahren *radiojodmarkierte Antikörper* herstellen kann, welche spezifisch gegen bestimmte Organe oder Gewebe gerichtet

Tabelle 221. Spezifische Reaktionsfähigkeit von Pneumokokkentyp I- Pferdeantikörper vor und nach Denaturierung[2].

Präparat	Gelöst in	Spezifisch präcipitabler Antikörper-N (%)
Nativer Antikörper	0.9% NaCl	80
Nativer Antikörper	0,9% NaCl +2,0% NaSCN	37
Irreversibel denaturierter Antikörper . . .	0,9% NaCl +2,0% NaSCN	50—60
Regenerierter Antikörper	0,9% NaCl	70

sind. Auf diese Weise ist es prinzipiell möglich, radioaktiv markierte Antikörper zu erhalten, welche im Organismus spezifisch gerichtet fixiert würden, z. B. organspezifisch (Krebstherapie u. a.).

Diese reaktionsfähigen Bezirke sind *relativ starr* strukturiert, denn ERICKSON u. NEURATH[3] fanden z.B., daß die spezifische Reaktivität von Pneumokokkentyp I-Pferdeantikörper (80% rein) durch reversible und irreversible *Denaturierung* mit 8-molarer Guanidinhydrochloridlösung (Renaturierung durch Dialyse usw.) nahezu unbeeinflußt bleibt (Tabelle 221). ROTHEN u. LANDSTEINER[4] zeigten, daß Antikörper*filme* ihre volle serologische Aktivität behalten.

Zwischen Serumglobulinen und Albuminen besteht in dieser Hinsicht ein charakteristischer Unterschied. KARUSH[5] hat gezeigt, daß Serum*globuline* in Lösung gegenüber stofflichen Einflüssen (z.B. polare Farbstoffe u. a.) ihre Form weitgehend beibehalten, während *Albumine* flexibler sind und unter dem Einfluß von Fremdstoffen diesen gegenüber eine gewisse strukturelle Adaptation erfahren (Affinität), weshalb sie vermutlich für eine große Zahl von Stoffen biologische Transportfunktionen ausüben können[6]. Globuline sind dagegen starrer, und ein einmal gebildetes Antikörperglobulin besitzt reaktive Bezirke, welche auch unter relativ drastischen Bedingungen erhalten bleiben.

[1] PRESSMAN, D., and L. A. STERNBERGER: J. Immunol. **66**, 609 (1951). — [2] ERICKSON, J. O., and H. NEURATH: Science, N. Y. **98**, 284 (1943). — [3] ERICKSON, J. O., and H. NEURATH: Science, N. Y. **98**, 284 (1943). — Vgl. a. J. exp. Med. **78**, 1 (1943). J. gen. Physiol. **28**, 421 (1945). — NEURATH, H., J. P. GREENSTEIN, F. W. PUTNAM and J. O. ERICKSON: Chem. Reviews **34**, 157 (1944). — CAMPBELL, D. H., and J. E. CUSHING: Science, N. Y. **102**, 564 (1945). — [4] ROTHEN, A., and K. LANDSTEINER: J. exp. Med. **76**, 437 (1942). — [5] KARUSH, F.: J. physic. Colloid Chem. **56**, 70 (1952). — Vgl. PRESSMAN, D., and M. SIEGEL: Arch. Biochem. **45**, 41 (1953). — [6] BENNHOLD, H.: Über die Vehikelfunktion der Serum-Eiweißkörper. Ergebn. inn. Med. **42**, 273 (1932). — BENNHOLD, H., E. KYLIN u. S. RUSZNYÁK: Die Eiweißkörper des Blutplasmas. Dresden, Leipzig 1938.

Die spezifische Einstellung des Antikörpers auf das Antigen kommt dadurch zustande, daß im Antikörper ein oder mehrere *affine Reaktionsbezirke* vorhanden sind, welche mit der entsprechenden determinanten Gruppe des Antigens reagieren. Man hat die Vorstellung entwickelt, daß die immunologisch wirksamen Gruppen von Antigen und Antikörper sterisch *komplementär* aufeinander eingestellt sind[1]. Aus den Untersuchungen über die Struktur der Antigene und die räumliche Ausdehnung und Wirkungsspezifität ihrer determinanten Gruppen (S. 906) kann man schließen, daß die komplementären Reaktionsbezirke der Antikörper begrenzt sein müssen, etwa von derselben Größenordnung wie die determinanten Antigengruppen[2]. Denn *jenseits* gewisser Radikalgrößen im Antigen (Di- bis Trisaccharid, Hexa- bis Oktapeptid, sperrige Gruppen wie —C_6H_3(R_1)(R_2) usw.) kann der Organismus auf das Radikal *als Ganzes* in Form individueller Antikörper nicht mehr spezifisch reagieren; es entstehen dann mehrere Antikörperfraktionen mit verschiedenen, oftmals nicht kreuzreaktiven Spezifitäten.

γ) Erforschung der reaktiven Bezirke der Antikörper.

Zur Frage der Abgestimmtheit des Antikörpers auf determinante Gruppen des Antigens im Sinne der Erforschung der reaktiven Antikörperbezirke haben PAULING u. Mitarb.[3] einige grundlegende Untersuchungen angestellt.

Bekanntlich wird die Präcipitation eines chemospezifischen Antigens (wie allgemein jeden Antigens) mit dem homologen Antiserum durch nichtpräcipitierende Haptene *spezifisch gehemmt*, wenn sie die determinante Gruppe des betreffenden Antigens enthalten (S. 901). Niedermolekulares Hapten und Antigen konkurrieren um die gleichen reaktiven Bezirke des Antikörpers, so daß es lediglich eine Frage der Affinität und damit der relativen Konzentrationen der beiden Konkurrenten ist, welcher von ihnen zum Zuge kommt. Hält man das System Antikörper + Antigen *konstant*, so verursachen zugesetzte steigende Mengen des Haptens stetig abnehmende Präcipitation des Antigen-Antikörperkomplexes, weil das Hapten den Antikörper unter Bildung löslicher Komplexe wegbindet, bis bei einer bestimmten Grenzkonzentration die Präcipitation ganz ausbleibt, also vollständig gehemmt ist. Nun kann man an Stelle des chemisch *genau* passenden Haptens dem System verschiedene andere, chemisch mehr oder weniger nah verwandte Haptene zusetzen. Indem man die jeweilige Hemmungsreaktion quantitativ verfolgt, lassen sich rechnerisch unter Anwendung des Massenwirkungsgesetzes[4] die *relativen Affinitäten* verschiedener Haptene zu einem bestimmten vorgegebenen Antikörper ermitteln. Die relativen Affinitäten drückte PAULING durch die sog. „Haptenhemmungskonstante" (K_0') aus[4].

„Durch Bestimmung der relativen Hemmungswirkung von Haptenen mit bekannter molekularer Konfiguration kann man etwas über die Konfiguration der Reaktionsbezirke (combining sites) der Antikörper in Erfahrung bringen und entsprechend auch etwas über die normale Konfiguration der Haptengruppen in immunisierenden Antigenen, wenn wir das Postulat akzeptieren, daß diese Antikörperbezirke komplementär zum Antigen strukturiert sind"[5].

---

[1] Übersicht bei HAUROWITZ, F.: Fortschritte der Allergielehre. Bd. I, S. 19, Basel 1939. Schweiz. med. Wschr. **73**, 264 (1943). Lancet **1947 I**, 149. — [2] Vgl. CAMPBELL, D. H.: Ann. Rev. Microbiol. **2**, 269 (1948). — [3] s. z. B. PAULING, L.: in LANDSTEINER, K.: The Specificity of Serological Reactions. 2. Aufl. Cambridge, Mass. 1945. — [4] PAULING, L., D. PRESSMAN and A. L. GROSSBERG: Am. Soc. **66**, 784 (1944). — Vgl. HEIDELBERGER, M., and F. E. KENDALL: J. exp. Med. **61**, 563 (1935). — [5] PRESSMAN, D., J. H. BRYDEN and L. PAULING: Am. Soc. **70**, 1352 (1948).

Von den zahlreichen Systemen, die PAULING u. Mitarb. untersucht haben, sei ein Beispiel herausgegriffen[1].

Als Antigen diente ein Azoprotein mit Succinanilsäure als determinanter Gruppe:

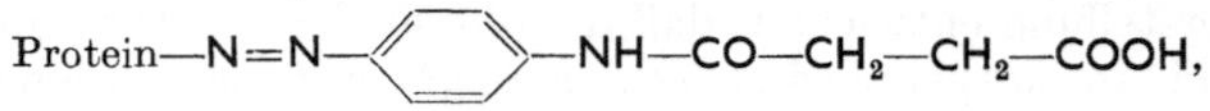

Protein—N=N—⟨benzene⟩—NH—CO—CH_2—CH_2—COOH,

welches schon LANDSTEINER u. VAN DER SCHEER[2] dargestellt und untersucht hatten. Die von Kaninchen erhaltenen Antiseren[3] waren erwartungsgemäß spezifisch auf die Succinanilatgruppe eingestellt. Nun wurde die Hemmungsreaktion mit verschiedenen chemisch verwandten Haptenen quantitativ untersucht, wobei in den Auswertungen die Haptenhemmungskonstante (K_0') für das homologe Succinanilat als 1,00 (willkürlich) angesetzt wurde. Die folgenden K_0-Werte wurden für Malein- und Fumaranilat (II und III) ermittelt (Tabelle 222):

Tabelle 222. Haptenhemmungskonstanten (K_0').

	K_0'
Succinanilat (I)	1,00
Maleinanilat (II) . . .	0,25
Fumaranilat (III) . . .	0,01

Hieraus kann man ersehen, daß das Succinanilat-Ion (I) in cis-Konfiguration vorliegt, da Maleinanilat (II, *cis*) — im Gegensatz zu Fumaranilat (III, *trans!*) — beträchtliche Affinität zum Succinanilatantikörper aufweist[4]. Die Stabilisierung der cis-Konfiguration beim Succinanilat erfolgt wahrscheinlich durch Wasserstoffbindung. Nach PAULING ist der Ring vermutlich nicht eben.

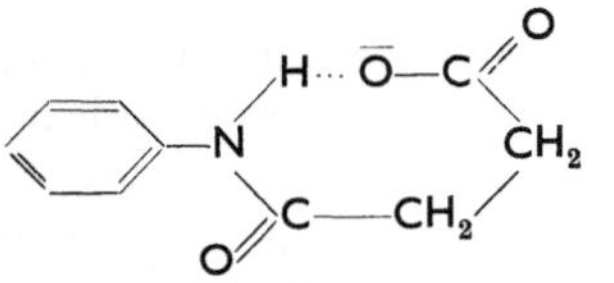

I

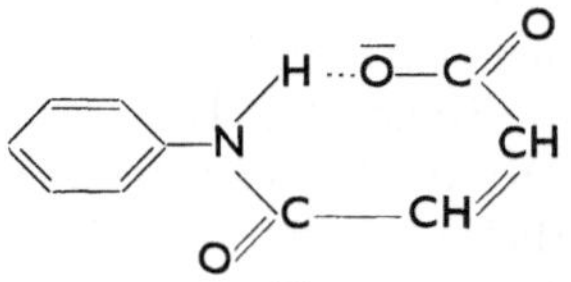

II

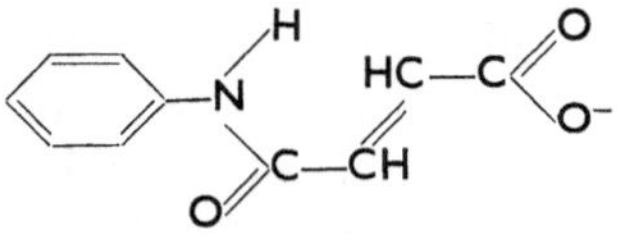

III

Ein die cis-Konfiguration begünstigender Einfluß läßt sich auch beim Benzoylpropionat (IV) — mit $K_0' = 0{,}59$ — feststellen, bei dem also die —NH-Gruppe fehlt. Hier dürfte der stabilisierende Effekt auf der elektrostatistischen Anziehung der negativen Ladung des Carboxyl-Ions durch die positive Ladung des Benzolrings und der Carbonylgruppe beruhen. — Weitere K_0'-Werte sind in Tabelle 223 zusammengestellt.

Aus den K_0'-Werten der Tabelle 223 kann man folgendes entnehmen: Die *Imino*gruppe (—NH—) ist nicht unmittelbar an der Anziehung durch den Antikörper beteiligt (vgl. Hapten IV, dem die —NH-Gruppe fehlt), übt jedoch einen indirekten Effekt bei der Stabilisierung der cis-Konfiguration aus. Die *Carbonylgruppe* (—CO—) liefert demgegenüber einen wesentlichen Beitrag, zweifellos indem sie als Protonenacceptor bei einer Wasserstoffbindung mit dem Antikörper fungiert (vgl. Hapten IV mit den Haptenen V, VII, VIII und IX). — Es erweist sich klar, daß der Antikörper nicht „nachgiebig“ sondern *starr* ist (not pliable but rigid)[3]: er kann sich nicht an Strukturänderungen in der Größenordnung von 1—2 ÅE anpassen, sondern erfordert, daß die relative Stellung der Carboxyl- zur Carbonylgruppe derjenigen *genau* entspricht, wie sie im immunisierenden Antigen vorliegt (vgl. Hapten I mit X und XI). —

Bei der Anziehung des Haptens durch den Antikörper spielen VAN DER WAALSsche Kräfte eine bedeutende Rolle, wie sich durch Vergleich von I mit dem Succinamat-Ion (XII) nachweisen läßt, dem der Benzolring fehlt, was mit einem 30fachen Abfall der Affinität

[1] PRESSMAN, D., J. H. BRYDEN and L. PAULING: Am. Soc. **70**, 1352 (1948). — [2] LANDSTEINER, K., and J. VAN DER SCHEER: J. exp. Med. **59**, 751 (1934). — [3] PRESSMAN, D., J. H. BRYDEN and L. PAULING: Am. Soc. **67**, 1219 (1945). — [4] Vgl. dazu SIEGEL, M., and D. PRESSMAN: Am. Soc. **76**, 2863 (1954).

Tabelle 223. Hemmungskonstanten K'_0 für verschiedene Haptene im System Succinanilat-azoprotein + homologer Antikörper[1].

Hapten	Symbol	Formel	Haptenhemmungskonstante K'_0
Succinanilat	I	C_6H_5—NH—CO—CH_2—CH_2—COO^-	1,00
β-Benzoylpropionat . .	IV	C_6H_5—CO—CH_2—CH_2—COO^-	0,59
γ-Phenylbutyrat . . .	V	C_6H_5—CH_2—CH_2—CH_2—COO^-	0,01
γ-Benzoylbutyrat . . .	VI	C_6H_5—CO—CH_2—CH_2—CH_2—COO^-	0,053
Laevulinat	VII	CH_3—CO—CH_2—CH_2—COO^-	0,066
Valerianat	VIII	CH_3—CH_2—CH_2—CH_2—COO^-	0,01
γ-Anilinobutyrat . . .	IX	C_6H_5—NH—CH_2—CH_2—CH_2—COO^-	0,01
Malonanilat	X	C_6H_5—NH—CO—CH_2—COO^-	0,03
Glutaranilat	XI	C_6H_5—NH—CO—CH_2—CH_2—CH_2—COO^-	0,03
Succinamat	XII	H_2N—CO—CH_2—CH_2—COO^-	0,035
Hexahydrosuccinanilat .	XIII	C_6H_{11}—NH—CO—CH_2—CH_2—COO^-	0,15
Tartranilat	XIV	C_6H_5—NH—CO—CH(OH)—CH(OH)—COO^-	0,00

verbunden ist. Im selben Sinne kann die geringere Affinität des Haptens XIII gedeutet werden, bei welchem der Benzolring perhydriert ist. — Schließlich ist die völlige Unwirksamkeit des Tartranilat-Ions (XIV) aus Tabelle 223 zu ersehen, welche daher rührt, daß die beiden Hydroxylgruppen der Weinsäure in Lösung Wassermoleküle (durch H-Brücken) binden und daß die Wasserhülle entfernt werden müßte, ehe das Molekül in den reaktiven Bezirk des Antikörpers überhaupt gelangen kann.

Im vorliegenden Fall sind die Hauptkräfte also: Anziehung der negativen Carboxylgruppe (—COO^-), Anziehung der —CO-Gruppe (vermutlich durch H-Bindung) und VAN DER WAALSsche Anziehung des Benzolringes und anderer Teile des Haptens.

Durch Annäherung der beiden reagierenden Oberflächen von Antigen und Antikörper addieren sich diese relativ schwachen Kräfte zu einer starken Antigen-Antikörperbindung.

Daß auch gegenüber positiv geladenen Resten starke Anziehungskräfte seitens des homologen Antikörpers auf kurze Distanz wirksam sind, wurde z. B. durch Vergleich der Phenyltrimethylammoniumgruppe (A) ($K'_0 = 1{,}00$) mit Phenyltertiärbutyl (B) ($K'_0 = 0{,}035$) erwiesen[2].

$$C_6H_5-\overset{+}{N}(CH_3)_3\ X^- \qquad\qquad C_6H_5-C(CH_3)_3$$

A B

[1] Zusammengestellt nach PRESSMAN, D., J. H. BRYDEN and L. PAULING: Am. Soc. **70**, 1352 (1948). — [2] PRESSMAN, D., A. L. GROSSBERG, L. H. PENCE and L. PAULING: Am. Soc. **68**, 250 (1946). — Vgl. a. HAUROWITZ, F.: J. Immunol. **43**, 331 (1942).

Später wurde gefunden, daß exakte Werte für die Haptenhemmungskonstanten nur bei Verwendung gereinigter Antikörper erwartet werden können, da im Vollserum die Albumine eine gewisse (wenn auch im allgemeinen sehr geringe) unspezifische Bindungsfähigkeit für die verwendeten Haptene besitzen[1]. Die Nachprüfung der mit Vollserum erhaltenen Werte erwies jedoch im wesentlichen die Richtigkeit der früher gefundenen Werte.

BOYD u. Mitarb.[2] sowie v. JENEY[3] haben sorgfältige calorimetrische Messungen der bei Antigen-Antikörperreaktionen freiwerdenden Wärmemengen durchgeführt. BOYD verwendete 800 mg reines Hämocyanin und homologes Pferdeimmunserum (Mol.Gew. des Antikörpers 160000) und fand eine Wärmetönung von ~40000 cal je Mol Antikörper. Der größte Teil der Wärme war nach einigen sec entwickelt. Die Reaktion läuft also sehr rasch ab. MAYER u. HEIDELBERGER[4] haben bei einem anderen System und mit anderer Technik ähnliche Werte für die Reaktionsgeschwindigkeit erhalten. v. JENEY untersuchte die Toxin-Antitoxinreaktion; aus seinen calorischen Messungen läßt sich ein Wert von 40000—50000 cal je Mol Antikörper (Mol.Gew. 160000) errechnen. BOYD u. Mitarb.[2] nahmen für die Änderung der freien Energie je Mol Antikörper einen Wert von —10000 cal an sowie einen Betrag in der Größenordnung von —100000 cal/Mol/Grad für die Entropieänderung.

Mehrere Versuche sind unternommen worden, um die *Änderung der freien Energie* von Hapten-Antikörperreaktionen zu bestimmen[5-7]. Die Methode besteht darin, daß hochgereinigter Antikörper gegen monovalentes (nicht präcipitierendes) Hapten verschiedener Konzentration dialysiert wird. Die quantitative Bestimmung von freiem und gebundenem Hapten gestattet die Gleichgewichtskonstante der Reaktion zu ermitteln. Aus den Untersuchungen ergab sich, daß der hochgereinigte Kaninchenantikörper gegen Rinderglobulinazophenylarsinsäure maximal *bivalent* ist[6]. Der ΔF-Wert für die Reaktion des Antikörpers mit dem monovalenten Hapten p-Oxyphenylazophenylarsinsäure wurde zu −7,7 Cal/Mol berechnet[6]. In einem ähnlichen System wurden Werte um −6,8 Cal/Mol gefunden[7]. Die Untersucher kamen zu dem Schluß, *daß der ΔF-Wert für die Reaktion von monovalentem Antigen (Hapten) mit hochgereinigtem Antikörper in der Größenordnung von — 10 Cal/Mol Hapten liegt*[8,9].

Diese und ähnliche Resultate an anderen Systemen[10,11] führten zu der Konzeption, daß die Anziehung zwischen Antikörper und Antigen durch zwischenatomare Kräfte zustande kommt, die über Entfernungen von wenigen Å.-E. wirken, und *daß die Spezifität der resultierenden Gesamtanziehung abhängt von einer bis ins einzelne gehenden Komplementarität in der Struktur der Reaktionsbezirke des Antikörpers und des Antigens.* Es wird wesentlich Sache der allgemeinen Proteinchemie und -physik sein, auf diesem Gebiet weitere Fortschritte zu erzielen.

---

[1] PARDEE, A. B., and L. PAULING: Am. Soc. **71**, 143 (1949). — PRESSMAN, D., and M. SIEGEL: Am. Soc. **75**, 686 (1953), mit Literatur. — [2] BOYD, W. C., J. B. CONN, D. C. GREGG, G. B. KISTIAKOWSKI and R. M. ROBERTS: J. biol. Ch. **139**, 787 (1941). — [3] JENEY, A. v., u. L. VÁCZI: Z. Immun.-Forsch. **98**, 447 (1940). — [4] MAYER, M., and M. HEIDELBERGER: J. biol. Ch. **143**, 567 (1942). — [5] Übersicht bei CAMPBELL, D. H., and N. BULMAN: Fortschr. Chem. org. Naturstoffe **9**, 466ff. (1952). — [6] EISEN, H. N., and F. KARUSH: Am. Soc. **71**, 363 (1949). — [7] LERMAN, L.: Fed. Proc. **8**, 406 (1949). — [8] Übersicht bei CAMPBELL, D. H., and N. BULMAN: Fortschr. Chem. org. Naturstoffe **9**, 466ff. (1952). — [9] Vgl. a. HAUROWITZ, F., C. F. CRAMPTON and R. SOWINSKI: Fed. Proc. **10**, 560 (1951). — [10] PAULING, L., D. PRESSMAN, D. H. CAMPBELL, C. IKEDA and M. IKAWA: Am. Soc. **64**, 2994 (1942). — PAULING, L., D. PRESSMAN, D. H. CAMPBELL and C. IKEDA: Am. Soc. **64**, 3003, 3010 (1942). — PRESSMAN, D., D. H. BROWN and L. PAULING: Am. Soc. **64**, 3015 (1942). — PAULING, L., D. PRESSMAN and D. H. CAMPBELL: Am. Soc. **66**, 330 (1944). — PAULING, L., D. PRESSMAN and A. L. GROSSBERG: Am. Soc. **66**, 784 (1944). — PAULING, L., and D. PRESSMAN: Am. Soc. **67**, 1003 (1945). — PRESSMAN, D., A. L. GROSSBERG, L. H. PENCE and L. PAULING: Am. Soc. **68**, 250 (1946). — [11] Übersichten bei PAULING, L., D. H. CAMPBELL and D. PRESSMAN: Physiol. Rev. **23**, 203 (1943). — CAMPBELL, D. H.: Ann. Rev. Microbiol. **2**, 269 (1948). — CAMPBELL, D. H., and N. BULMAN: Fortschr. Chem. org. Naturstoffe **9**, 443 (1952).

d) Antigen-Antikörperreaktion.

Bei der Reaktion zwischen gelösten Antigenen und ihren homologen Antikörpern unterscheidet man 2 allgemeine Typen: den *Präcipitintyp* und den *Toxin-Antitoxintyp*[1]. Der Präcipitintyp entspricht dem üblichen Reaktionstyp und ist charakterisiert durch die Bildung eines unlöslichen Präcipitates über den gesamten Bereich überschüssigen Antikörpers, und löslicher Komplexe *nur* bei mehr oder weniger großem *Antigenüberschuß* (Hemmungszone) (s. Abb. 74 und 75). Beim Toxin-Antitoxintyp bildet sich das Präcipitat nur innerhalb eines bestimmten Bereichs (Flockungszone), während lösliche Komplexe sowohl bei überschüssigem Antigen *wie* Antikörper erhalten werden (Abb. 76, S. 952). Dieser seltenere Typ wurde bisher nur bei Antiproteinantikörpern vom Pferd gefunden (Antitoxine, Antieialbumin, Antihämocyanin[3]). Bei jeder Antigen-Antikörper-Reaktion gibt es eine Region, innerhalb welcher im Überstand über dem gefällten Präcipitat weder freies Antigen noch freier Antikörper nachweisbar ist, in der also beide Partner quantitativ ausgefällt sind. Diesen (meist relativ engen) Bereich bezeichnet man als *Äquivalenzzone*.

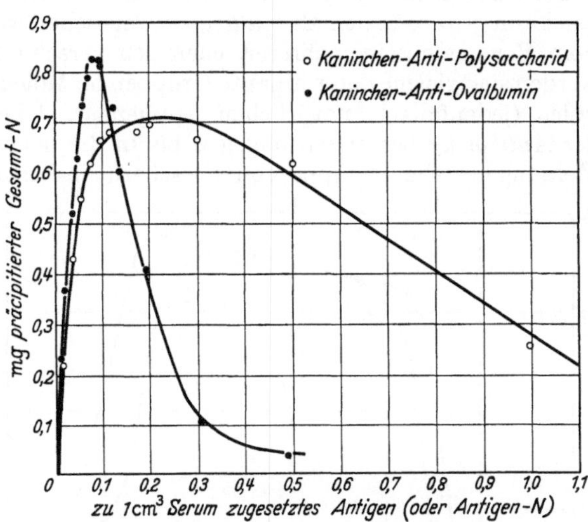

Abb. 74. Verlauf der Präcipitinreaktion. Verhältnis zwischen präcipitiertem Gesamt-N aus 1 cm³ Kaninchenantiserum zur Menge zugefügten Antigens[2]. ○ Kurve für Pneumokokkenpolysaccharid. ● Kurve für krystallisiertes Eialbumin.

Zur Erforschung der Antigen-Antikörper-Reaktion hat man vor allem die Präcipitinreaktion eingehend untersucht. Das Verhältnis von Antigen:Antikörper in Präcipitaten kann dadurch bestimmt werden, daß man steigende Mengen Antigen zu einer konstanten Menge Antiserum bei konstantem Volumen hinzufügt. Das gebildete Präcipitat wird (nach Stehen bei 0°) abzentrifugiert, gut mit 0,9% NaCl gewaschen und der N-Wert bestimmt[3,4].

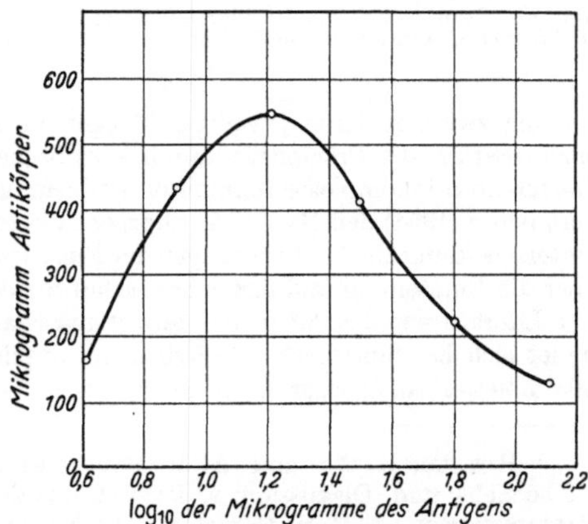

Abb. 75. Verlauf der Präcipitinreaktion. Verhältnis zwischen präcipitiertem Antikörper-N und zugefügtem Hapten (trivalenter Azophenylarsinsäurefarbstoff). Kaninchenantiserum, erhalten durch Immunisierung mit Rinderserumglobulin-azophenylarsinsäure[5].

---

[1] s. z. B. KABAT, E. A.: Fortschritte der Allergielehre. Bd. II, S. 12. Basel 1949. — HEYNINGEN, W. E. VAN: The reactions of toxins with antitoxins. Biochem. Soc. Symp. **10**, 37—47 (1953). — BOWEN, H. E., B. A. POLLEY and J. HUANG: J. Immunol. **72**, 112 (1954). —
[2] HEIDELBERGER, M., and F. E. KENDALL: J. exp. Med. **62**, 697 (1935); **65**, 647 (1937). —
[3] KABAT, E. A.: J. Immunol. **47**, 513 (1943). — TREFFERS, H. P.: Adv. Protein Chem. **1**, 69 (1944). —
[4] KABAT, E. A., and M. MAYER: Experimental Immunochemistry. S. 50. Springfield, Ill. 1948. —
[5] CAMPBELL, D. H., and N. BULMAN: Fortschr. Chem. org. Naturstoffe **9**, 443 (1952).

α) Valenz der Antikörper.

Über den Chemismus der Antigen-Antikörperreaktion auf der Basis der Anziehung determinanter Gruppen des Antigens durch entsprechende Reaktionsbezirke des Antikörperglobulins wurde im letzten Abschnitt berichtet. Das Antigen kann grundsätzlich als *multivalent* angesehen werden (vgl. S. 903): Abgesehen vom Vorhandensein mehrerer, chemisch verschiedener determinanter Gruppen, werden sich gleiche determinante Gruppen im Molekül vielfach (periodisch) wiederholen (jedenfalls in natürlichen Antigenen). Über die immunologische *Valenz der Antikörper* bestanden dagegen bis in die neueste Zeit noch unterschiedliche Meinungen. Eine Gruppe von Forschern, insbesondere HAUROWITZ, tritt dafür ein, daß Antikörper *monovalent* sind. Die andere Gruppe verneint zwar nicht die Existenz monovalenter (nicht präcipitierender, auch „inkompletter" oder „univalenter") Antikörper, hält aber die normalen präcipitierenden Antikörper für wenigstens *bivalent* (oder teilweise auch multivalent)[2].

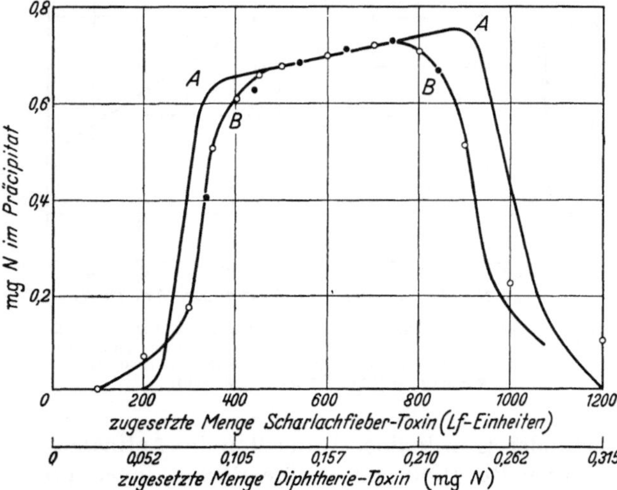

Abb. 76. Quantitative Toxin-Antitoxinflockungsreaktion. Kurve A: Diphtherietoxin-Antitoxin (Pferd); Kurve B: Scharlachtoxin-Antitoxin (Pferd)[1].

Die sog. „*inkompletten*" *Antikörper* sind in neuerer Zeit ausführlich bearbeitet worden, besonders wegen ihres großen klinischen Interesses. Bei jeder Immunisierung werden präcipitierende (komplette) *und* nichtpräcipitierende (inkomplette) Antikörper gebildet. Eine Beziehung zwischen ihren jeweiligen Mengen im Immunserum besteht nicht[3]. Man kann aus einem Serum die Präcipitine durch spezifische Absorption entfernen und zeigen, daß sich danach noch inkomplette Immunkörper darin befinden[4]. Im übrigen sagt SCHMIDT[5]: „Wenn man heute (1954) den Begriff Antikörper in komplette und inkomplette unterteilt, so ist diese Unterscheidung aus Beobachtungen der *Funktion* der Antikörper und nicht aus unserem Wissen über die Entstehung und ihre (chemische) Struktur hergeleitet". Eine umfassende Übersicht mit Literaturangaben über den derzeitigen Stand der Erforschung inkompletter Antikörper findet sich bei SCHMIDT[5]. Bezüglich der speziellen serologischen Techniken zum Nachweis inkompletter Antikörper s. COOMBS[6]; s. a. [7].

---

[1] HOTTLE, G. A., and A. M. PAPPENHEIMER jr.: J. exp. Med. **74**, 545 (1941). — [2] Übersicht und Diskussion s. PAPPENHEIMER jr., A. M.: The valence of antibodies, in PAPPENHEIMER, A. M. jr. (Hrsgb.): The Nature and Significance of the Antibody Response, S. 111—125. New York 1953. — EISEN, H. N., and F. KARUSH: J. Allergy **20**, 393 (1949). — [3] WINKENWERDER, W. L., H. EAGLE and C. E. ARBESMAN: J. Immunol. **36**, 435 (1939). — TUFT, L., and S. G. RAMSDELL: J. Immunol. **47**, 121 (1943). — [4] SHERMAN, W. B., A. E. O. MENZEL and P. M. SEEBOHM: J. exp. Med. **92**, 191 (1950). — VAUGHAN, J. H., and E. A. KABAT: J. exp. Med. **97**, 821 (1953). — [5] SCHMIDT, H.: Natur und Verhalten von unvollständigen Antikörpern im allgemeinen. Schweiz. Z. Path. Bakt. **17**, 400 (1954). — s. a. CAMPBELL, D. H.: Ann. Rev. Microbiol. **2**, 272 (1948). — [6] COOMBS, R. R.: Methods for the detection of incomplete antibodies and their diagnostic importance. Schweiz. Z. Path. Bakt. **17**, 424 (1954). — COOMBS, R. R., and M. L. FISET: Brit. J. exp. Path. **35**, 472 (1954). — [7] KUHNS, W. J.: J. exp. Med. **101**, 109 (1955). — STERNBERGER, L. A. S. M. FEINBERG and M. E. CLARKE: J. exp. Med. **103**, 523 (1956). — STERNBERGER, L. A.: J. exp. Med. **103**, 545 (1956).

Von den vielen Argumenten für und wider die Mono- bzw. Bivalenz der Antikörper seien hier nur einige angeführt[1].

Auf die mögliche Monovalenz weisen folgende Beobachtungen hin. Beim enzymatischen Abbau der Antikörper lassen sich gelegentlich Spaltstücke vom halben oder viertel Molekulargewicht fassen (vgl. Diphtherieantitoxin, S. 945), welche die volle Wirksamkeit des genuinen Antikörpers aufweisen. — Wenn normale Antikörper bi- oder gar polyvalent sind, sollte man erwarten, daß *Antikörper mit 2 verschiedenen Spezifitäten* gefaßt werden können. Dies ist niemals gelungen[2]. *Es gibt offenbar nur Antikörper mit einer einzigen Spezifität.* Vor allem HAUROWITZ u. Mitarb.[3] haben diese Frage mit künstlichen Antigenen, welche 2 chemospezifische Gruppen (z. B. Jodtyrosyl- und Phenylarsinsäure-) enthielten, in quantitativen Absorptionsexperimenten sorgfältig geprüft und immer wieder konstatiert, daß die beiden Antikörperfraktionen (Anti-J und Anti-As) scharf trennbar sind und keine Fraktion „Anti-J/As" existiert. — Antigen-Antikörperkomplexe (Präcipitate) sind im allgemeinen bei *Antigenüberschuß* löslich, aber nur in Ausnahmefällen bei Antikörperüberschuß[4]. Nach BOYD[5] hängt die Bildung von Präcipitaten nicht von der Möglichkeit zur Netzwerkbildung ab, sondern vom Verschwinden lyophiler Gruppen im Komplex zwischen Antigen (oder Hapten) und Antikörper. — PARDEE u. SWINGLE[6] wiesen darauf hin, daß die Ergebnisse von Präcipitationsversuchen mit synthetischen bi- oder polyvalenten Haptenen nur dann zugunsten der Bivalenz von Antikörpern interpretiert werden dürfen, wenn Assoziation des Haptens in Lösung ausgeschlossen wird, die man z. B. bei vielen bivalenten Azohaptenen beobachten kann. — Schließlich ist angeführt worden, daß die *quantitative Zusammensetzung der meisten Präcipitate*, von wenigen Ausnahmen abgesehen, zugunsten der Monovalenz spräche (soweit die Molekulargewichte überhaupt mit genügender Genauigkeit bekannt waren). Die Zusammensetzung der Präcipitate lautet nahezu immer auf die Formel $AgAk_x$. Nachstehend sind einige Daten über die Zusammensetzung von Präcipitaten aufgeführt (Tabelle 224).

WORMALL u. Mitarb.[7] bestimmten das molare Antigen-Antikörperverhältnis in Präcipitaten, indem sie sowohl das Antigen (Ovalbumin, Serumalbumin und

Tabelle 224. Molekulare Zusammensetzung spezifischer Präcipitate mit Kaninchenantiseren[8].

Antigen	Extremer Ak-Überschuß	Ak-Überschuß (Ende der Äquivalenzzone)	Ag-Überschuß (Ende der Äquivalenzzone)	Hemmungszone	Lösliche Verbindungen*
Krystallisiertes Eialbumin	EAk_5	EAk_3	E_2Ak_5	EAk_2	(EAk)
Azoeialbumin	$EzAk_5$	$EzAk_3$	Ez_2Ak_5	Ez_4Ak_3	(Ez_2Ak)?
Krystallisiertes Serumalbumin	$SaAk_6$	$SaAk_4$	$SaAk_3$	$SaAk_2$	(SaAk)
Thyreoglobulin	$TgAk_{40}$	$TgAk_{14}$	$TgAk_{10}$	$TgAk_2$	(TgAk)
Typ III-Pneumokokken-polysaccharid**	$PsAk_8$	$PsAk_5$	$PsAk_4$	$PsAk_2$	(PsAk)
Diphtherietoxin***	$(DtAk_8)$	$DtAk_4$	$DtAk_2$	Dt_2Ak_3	(Dt_2Ak)

* Lösliche Verbindungen in ( ). — ** Korrigiert nach [9]. — *** Nach [10].

[1] Vgl. MARRACK, J. R.: The valence of antibodies. 1. Int. Congr. Biochem. S. 449. Cambridge 1949. — [2] Ein einziger Fall eines natürlichen Hämagglutinins ist beschrieben worden (Anti A + B): DODD, B. E.: Brit. J. exp. Path. **33**, 1 (1952). — Vgl. dazu auch MCCARTY, M., and R. C. LANCEFIELD: J. exp. Med. **102**, 11 (1955). — [3] HAUROWITZ, F., and P. SCHWERIN: J. Immunol. **47**, 111 (1943). Brit. J. exp. Path. **23**, 146 (1942). — [4] BOYD, W. C.: J. Immunol. **38**, 143 (1940). — HOOKER, S. B., and W. C. BOYD: J. Immunol. **42**, 419 (1941). — [5] BOYD, W. C.: J. exp. Med. **75**, 407 (1942). — [6] PARDEE, A. B., and S. M. SWINGLE: Am. Soc. **71**, 148 (1949). — Vgl. a. BOYD, W. C., and J. BEHNKE: Science, N. Y. **100**, 13 (1944). — [7] BANKS, T. E., G. E. FRANCIS, W. MULLIGAN and A. WORMALL: Biochem. J. **48**, 180 (1951). — s. a. MIKULASZEK, E.: Bull. Acad. int. polon. Sci. (II), **3**, 21 (1955), zur Methodik der Analyse von Präcipitaten. — [8] HEIDELBERGER, M.: Am. Soc. **60**, 243 (1938). — [9] MAYER, M., and M. HEIDELBERGER: J. biol. Ch. **143**, 567 (1942). — [10] PAPPENHEIMER, A. M., jr., H. P. LUNDGREN and J. W. WILLIAMS: J. exp. Med. **71**, 247 (1940).

-globulin vom Mensch und Kaninchen usw.) als auch den gereinigten Antikörper passend radiomarkierten, z. B. durch Umsetzung mit ^{131}J oder ^{35}S-Lost. ^{32}P-markiertes Lipovitellin wurde aus Eiern nach Verfütterung von ^{32}P-Phosphat an Hennen gewonnen. Für Ovalbumin-Antiovalbumin (Kaninchen) fanden sie Grenzwerte der Zusammensetzung der Präcipitate von $AgAk_5$ (bei großem Antikörperüberschuß) bis zu $AgAk_{1,5}$ (bei Antigenüberschuß) in guter Übereinstimmung mit den früher gefundenen Werten (Tabelle 224).

Die maximale Valenz von Antikörpern kann man nur bei sehr großem Antigenüberschuß ermitteln (da nur dann sicher alle Valenzen abgesättigt sein werden), unter Bedingungen also, unter denen Präcipitate in Lösung gehen und sich lösliche Antigen-Antikörperkomplexe bilden. Man kann nun die Mengen freien Antigens *neben* dem gelösten Antigen-Antikörperkomplex mittels elektrophoretischer Methoden und durch Sedimentation in der Ultrazentrifuge quantitativ bestimmen[1]. PLESCIA, BECKER u. WILLIAMS[2] haben auf diese Weise gefunden, daß der lösliche Komplex von krystallisiertem menschlichem Serumalbumin mit reinem Pferdeantikörper bei großem Albuminüberschuß sehr genau der Formel Ag_2Ak entspricht. Der Komplex von krystallisiertem Rinderserumalbumin mit homologem Kaninchenantikörper näherte sich bei großem Rinderalbuminüberschuß dem molaren Verhältnis 3:1 (Ag_3Ak). Hieraus scheint hervorzugehen, daß die untersuchten präcipitierenden Antikörper *2* bzw. *bis zu 3* spezifische Reaktionsbezirke betätigen können.

Zum Beweis der *Bivalenz* (oder Mehrwertigkeit) präcipitierender Antikörper haben unter anderem PAULING u. Mitarb.[3] die folgende Untersuchung durchgeführt: Kaninchen wurden (getrennt) gegen 2 chemospezifische Antigene der nachstehenden Struktur immunisiert:

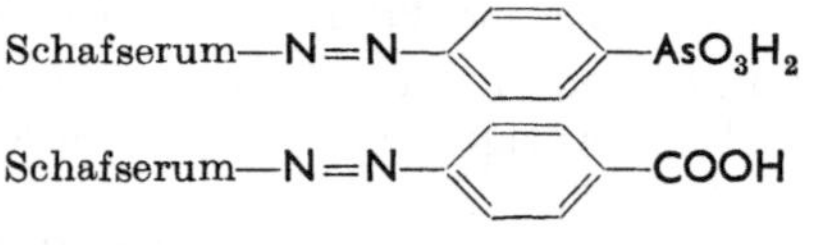

Schafserum—N=N—C₆H₄—AsO_3H_2 (As-Antigen)

Schafserum—N=N—C₆H₄—COOH (C-Antigen)

und die erhaltenen beiden Antiseren mit *bivalenten Haptenen* folgender Struktur in Präcipitationsversuchen geprüft:

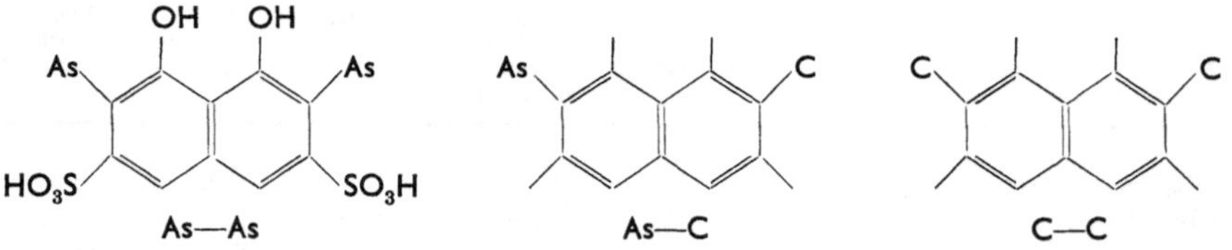

Es ergab sich:

Anti-As-Serum (allein) präcipitierte mit As—As,
Hemmung durch As—C,
keine Reaktion mit C—C.

Anti-C-Serum (allein) präcipitierte mit C—C,
Hemmung durch As—C,
keine Reaktion mit As—As.

Anti-As- *plus* Anti-C-Serum *(gemischt)* präcipitierte mit As—C.

---

[1] PAPPENHEIMER, A. M. jr., H. P. LUNDGREN and J. W. WILLIAMS: J. exp. Med. **71**, 247 (1940). — MARRACK, J. R., H. HOCH and R. G. S. JOHNS: Brit. J. exp. Path. **32**, 212 (1951). — SINGER, S. J., and D. H. CAMPBELL: Am. Soc. **73**, 3543 (1951). — ONCLEY, J. L., D. GITLIN and F. R. N. GORD: J. physic. Colloid Chem. **56**, 85 (1952). — [2] PLESCIA, O. J., E. L. BECKER and J. W. WILLIAMS: Am. Soc. **74**, 1362 (1952). — Ähnliche Ergebnisse hatten MELCHER, L. R., S. P. MASOUREDIS and R. REED: J. Immunol. **70**, 125 (1953). — BECKER, E. L.: J. Immunol. **70**, 372 (1953). — [3] PAULING, L., D. PRESSMAN and D. H. CAMPBELL: Am. Soc. **66**, 330 (1944).

Aus diesen Ergebnissen wurde geschlossen, daß nur dann Präcipitation erfolgt, wenn die Möglichkeit zur Bildung größerer Komplexe gegeben ist[1]. Auf solchen und weiteren Befunden basiert die sog. *Netzwerk- oder Gittertheorie der Präcipitation* (alternation, lattice, framework theory), welche besagt, daß multivalentes Antigen mit bivalentem (oder jedenfalls mehrwertigem) Antikörper sich in einer Reihe konkurrierender bimolekularer Reaktionen vereinigt, wobei immer größere Komplexe entstehen, die schließlich als schwerlösliche Präcipitate ausfallen.

In diesem Zusammenhang ist eine Beobachtung von TYLER[2] bemerkenswert, nach der bei der photodynamischen Bestrahlung von Kaninchenantiseren deren Präcipitations- und Agglutinationsfähigkeit verschwand, wobei jedoch die Bindungsfähigkeit gegenüber dem Antigen auf das 3—4fache stieg. „Theoretisch wird die Frage *maskierter Valenzen* akut. Es erscheint möglich, daß die reaktiven Bezirke an der *Oberfläche* eines Antikörpermoleküls nur einen Teil repräsentieren und daß das Globulinmolekül eine kompakte Gruppierung kleinerer Einheiten darstellt, von denen einige Antikörperkonfiguration besitzen"[3]. In diesem Sinne könnte man auch Denaturierungsversuche[4] interpretieren, bei denen ebenfalls die Bindungsfähigkeit von Antikörpern gegenüber dem Antigen anstieg.

Für die vorwiegende Bivalenz von Antikörpern sind unter anderem auch die Ergebnisse von HARKINS u. Mitarb.[5] an monomolekularen Filmen angeführt worden, die zeigten, daß Antigen (in diesem Fall Katalase) und Antikörper in alternierenden Schichten angeordnet werden können.

β) Quantitative Betrachtung der Präcipitinreaktion.

HEIDELBERGER u. Mitarb. haben für die *mathematische Behandlung der Präcipitinreaktion* (s. Abb. 77, S. 957) Formeln abgeleitet, welche theoretisch von multivalentem Antigen *und* Antikörper als Reaktionspartner ausgehen. Die abgeleitete, nachstehende Gleichung[6] drückt die quantitativen Verhältnisse von Antikörper: Antigen im spezifischen Präcipitat aus:

$$\text{mg präcipitierter Antikörper-N} = 2R \cdot [\text{Antigen}] - \frac{R^2}{A} \cdot [\text{Antigen}]^2 .$$

R bedeutet hier das Verhältnis von Antikörper-N: Antigen im Präcipitat an einem Punkt innerhalb der Äquivalenzzone (kein Antikörper und Antigen im Überstand, also Zone maximaler Präcipitation), und A die Menge Antikörper-N, welche an demselben Bezugspunkt präcipitiert wird. Die beiden Konstanten haben also eine definierte chemische und immunologische Bedeutung. Bei Protein-Antiproteinsystemen nimmt man R als das Verhältnis von Antikörper-N: Antigen-N. Die Gleichung kann in folgenden Ausdruck umgeformt werden:

$$\frac{\text{mg präcipitierter Antikörper-N}}{\text{mg präcipitierter Antigen-N}} = 2R - \frac{R^2}{A} \cdot \text{Antigen-N} .$$

Trägt man also das Verhältnis Ak-N: Ag-N im Präcipitat gegen die Menge des zugefügten Gesamt-Antigen-N auf, so erhält man eine Gerade (Beispiel s. Abb. 77, S. 957), aus welcher der Wert R berechnet werden kann. Dieser ist für individuelle Antigen-Antikörpersysteme charakteristisch.

---

[1] s. jedoch die Einwände von HOOKER, S. B., and W. C. BOYD: J. Immunol. **42**, 419 (1941). — BOYD, W. C.: J. exp. Med. **75**, 407 (1942). — HAUROWITZ, F., P. SCHWERIN and S. TUNÇ: Arch. Biochem. **11**, 515 (1946). — [2] TYLER, A.: J. Immunol. **51**, 157 (1945). — Vgl. ORLANS, E. S.: Brit. J. exp. Path. **34**, 164 (1953). — [3] CAMPBELL, D. H.: Ann. Rev. Microbiol. **2**, 272 (1948). — [4] z. B. ERICKSON, J. O., and H. NEURATH: J. gen. Physiol. **28**, 421 (1945). — CAMPBELL, D. H., and J. E. CUSHING: Science, N. Y. **102**, 564 (1940). — [5] HARKINS, W. D., L. FOURT and P. C. FOURT: J. biol. Ch. **132**, 111 (1940). — Vgl. a. OGATA, T., T. TACHIBANA, K. SUZUKI, K. FUKUDA and S. YAMAOKA: J. Immunol. **69**, 13 (1953). — [6] HEIDELBERGER, M.: Am. Soc. **60**, 242 (1938). — Vgl. HEIDELBERGER, M., H. P. TREFFERS and M. MAYER: J. exp. Med. **71**, 271 (1940). — KENDALL, F. E.: Ann. N. Y. Acad. Sci. **43**, 85 (1942). — Die Formeln wurden zuerst empirisch abgeleitet; s. HEIDELBERGER, M., and F. E. KENDALL: J. exp. Med. **55**, 555 (1932). —

„Obwohl die zugrundeliegenden Ableitungen die statistische Unbeeinflußtheit der reagierenden Gruppen verlangen und daher streng nur für offene, lineare Strukturen anwendbar sein sollten (demgemäß ihre Anwendbarkeit im Hinblick auf die Multivalenz- und Gittertheorie fraglich ist), stimmt diese einfache und an sich plausible Theorie ziemlich gut mit den erhaltenen experimentellen Daten überein“ (HERSHEY[1]).

γ) Inhomogenität der Antikörper[2].

Im Abschnitt über die räumliche Ausdehnung determinanter Gruppen (S. 907) wurde schon ausgeführt, daß HAUROWITZ auf Grund quantitativer Absorptionsanalysen von Antiseren gegen chemospezifische Antigene erkannte, daß Immunseren in bezug auf die *gleiche* determinante Gruppe im Antigen praktisch *immer multiple Antikörper* enthalten, die sich durch den Grad ihrer Anpassung an das Antigen unterscheiden. Auch bei den reinsten Präparaten von Antikörpern hat man es in diesem Sinne mit Fraktionen unterschiedlicher Globuline zu tun. HAUROWITZ[3] bezeichnete die Antikörper daher, je nach dem Grad ihrer Anpassung an das Antigen, mit 1. low grade, 2. imperfect (undifferentiated) und 3. perfect.

δ) Geldiffusion, Immunelektrophorese.

Durch eine neuartige Präcipitationstechnik ist es möglich, präcipitierende Systeme von Antigen- oder Antikörpergemischen qualitativ hinsichtlich ihrer serologischen Homogenität oder Inhomogenität wesentlich feiner zu testen als bei der fraktionierten Adsorption *in Lösung*. Das Verfahren besteht darin, daß man Antigen und Antikörper (Antiserum) in Agar- oder Gelatine-*Gel* gegeneinander diffundieren läßt (double diffusion), wobei sich je nach dem untersuchten System mehr oder weniger scharf getrennte Banden von spezifischen Präcipitaten ausbilden. Für diese *Geldiffusionstechnik* sind zwei verschiedene Anordnungen ausgearbeitet worden. Nach OUDIN[4,5] werden Antigen und Antikörper in Reagenzgläsern übereinander geschichtet, so daß bei der folgenden Diffusion der Reaktionspartner gegeneinander in Bezirken optimaler Konzentrationen von Antigen und Antikörper sich feine waagrechte Präcipitationsscheiben ausbilden, wie sie das Beispiel in Abb. 78a—e darstellt. Die Präcipitate werden durch das umgebende Gel stabilisiert; man erkennt sie als getrübte Bezirke in dem sonst praktisch klaren Gel.

---

[1] HERSHEY, A. D.: J. Immunol. **42**, 455 (1941); **45**, 39 (1942); **48**, 381 (1944). — Vgl. dazu a. die theoretischen Ableitungen von GOSH, B. N.: Indian J. med. Res. **23**, 285 (1936). — TEORELL, T.: Nature **151**, 696 (1943). J. Hyg. **44**, 227 (1946). — [2] s. SCHMIDT, H.: Fortschritte der Serologie. 2. Aufl. S. 409ff. Darmstadt 1955. — KABAT, E. A.: The unity and diversity of antibodies; in PAPPENHEIMER, A. M. jr. (Hrsgb.): Nature and Significance of Antibody Response. S. 102—110. New York 1953. — [3] HAUROWITZ, F.: J. Immunol. **43**, 331 (1942). — s. WESTPHAL, O.: Chemie **57**, 57 (1944). — [4] OUDIN, J.: Cr. **222**, 115 (1946); **228**, 1890 (1949). Bull. Soc. Chim. biol. **29**, 140 (1947). Ann. Inst. Pasteur **75**, 30, 109 (1948). Meth. med. Res. **5**, 335 (1952), mit Literatur. — [5] s. z.B. BECKER, E. L., and J. MUÑOZ: J. Immunol. **63**, 173 (1949). — MUÑOZ, J., and E. L. BECKER: J. Immunol. **65**, 47 (1950). — BECKER, E. L., J. MUÑOZ, C. LAPRESLE and L. LEBEAU: J. Immunol. **67**, 501 (1951). — BOWEN, H. E.: J. Immunol. **68**, 429 (1952). — OAKLEY, C. L., and A. J. FULTHORPE: J. Path. Bacteriology **65**, 49 (1953). — SCHIØTT, C. R.: Acta path. microbiol. scand. **32**, 251 (1953). — SURGALLA, M. J., M. S. BERGDOLL and G. M. DACK: J. Immunol. **69**, 357 (1952). — JENSEN, K. E., and T. FRANCIS jr.: J. Immunol. **70**, 321 (1953). — RUBINSTEIN, H. M.: J. Immunol. **73**, 322 (1954). — JENNINGS, R. K., and F. MALONE: J. Immunol. **72**, 411 (1954). Brit. J. exp. Path. **36**, 1 (1955). — GISPEN, R.: J. Immunol. **74**, 134 (1955). — HALBERT, S. P., L. SWICK and C. SONN: J. exp. Med. **101**, 539 (1955).

Nach OUCHTERLONY[1,2] werden Petrischalen mit Agar passender Konzentration gefüllt. Dann stanzt man feine Löcher aus, in die man Antiserum bzw. die Antigenlösung(en) füllt. Bei der Diffusion gegeneinander bilden sich Präcipitationszonen in Bogenform aus, wie sie als Beispiel in Abb. 79 wiedergegeben sind. Reine Antikörper geben nur *eine* einzige Präcipitationszone, ebenso präcipitierende Haptene, die nur eine Art von determinanter Gruppe enthalten. Ein Vorteil der Methode besteht darin, daß sich kreuzpräcipitierende Systeme vergleichend analysieren lassen: Diffundiert das Antikörpergemisch gegen mehrere Fronten verschiedener Antigengemische, so bilden kreuzpräcipitierende Antigene mit dem entsprechenden Antikörper eine kontinuierliche Präcipitationszone, während nichtkreuzreagierende Paare von Antigenen und Antikörpern sich überschneidende Bögen ergeben.

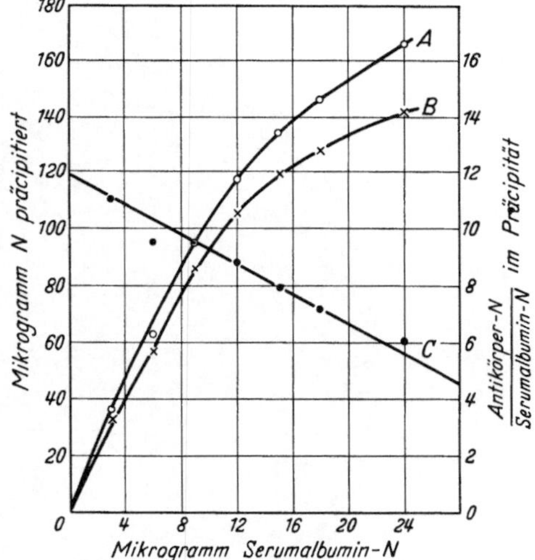

Abb. 77. Präcipitationsreaktion von krystallisiertem Serumalbumin (Mensch) mit dem homologen Kaninchen-Antikörper[3]. Kurve A: präcipitierter Total-N gegen zugefügten Antigen-N; Kurve B: präcipitierter Antikörper-N gegen zugefügten Antigen-N; Kurve C: Verhältnis Antikörper-N/Antigen-N im Präcipitat gegen zugefügten Antigen-N.

a	b	c	d	e
β-Globulin (16600 I.E./g)	T-Globulin (18600 I.E./g)	γ-Globulin (6250 I.E./g)	Partielles Abbauprodukt (62000 I.E./g)	T-Globulin (Normalpferd)

Zahl und Stärke der Antigen-Antikörperpräcipitate in der Gelatineschicht

1 × stark	2 × stark	2 × stark	1 × stark	—
2 × schwach	2 × schwach	6 × sehr schwach	1 × mittelstark	—
1 × sehr schwach			2 × schwach	—

Abb. 78a—e. Beispiel einer Anwendung der Geldiffusionstechnik (nach OUDIN). — Nachweis der Antikörper in nativen und partiell abgebauten Tetanus-Antitoxinen (nach SCHULTZE[4]).

[1] OUCHTERLONY, Ö.: Acta path. microbiol. scand. **25**, 186 (1948); **32**, 230 (1953). Ark. Kem., Mineral. Geol. **26** B, No. 14 (1948). Ark. Kem. **1**, 43, 55 (1949). — [2] s. z.B. BJØRKLUND, B.: Int. Arch. Allergy **4**, 340, 379 (1953). — KAMINSKI, M.: Bull. Soc. Chim. biol. **36**, 279 (1954). — [3] KABAT, E. A.: Fortschritte der Allergielehre. Bd. II, S. 15. Basel 1949. — [4] SCHULTZE, H. E.: Angew. Chem. **66**, 402 (1954).

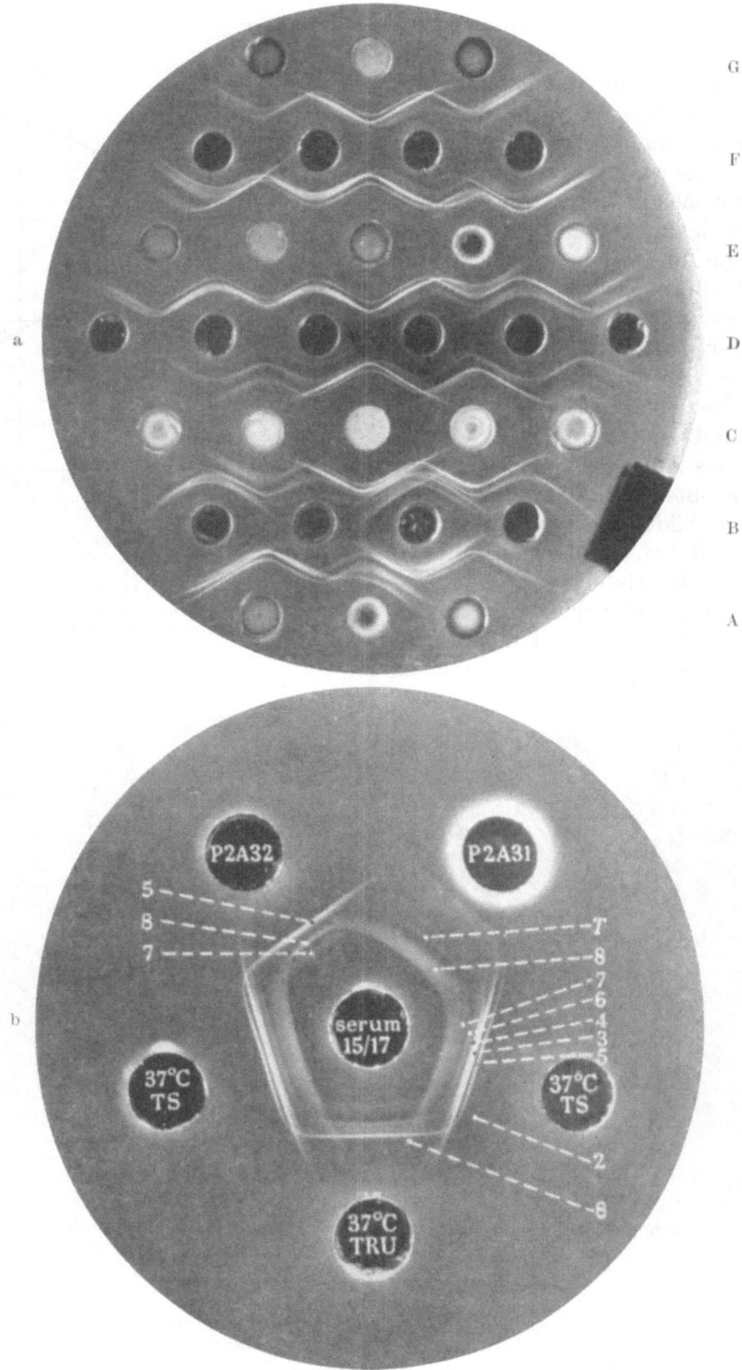

Abb. 79a u. b. Beispiel einer Anwendung der Geldiffusionstechnik nach OUCHTERLONY. — Analyse der Antigene von Pasteurella pestis-Stämmen und ihrer Kaninchen-Antikörper[1]. a Agarplatte mit ausgestanzten Löchern (Reservoiren), welche verschiedene P. pestis-Kulturen (A, C, E und G) und P. pestis-Antiseren (B, D und F) enthalten. Dazwischen: Präcipitationszonen. b Agarplatte, in der Mitte P. pestis-Antiserum; 37° TS und 37° TRU sind P. pestis-Kulturflüssigkeiten (Antigengemisch); P2 A3 ist ein angereichertes Antigen, fraktioniert in die Komponenten P2 A32 (relativ untoxisch) und P2 A31 (toxisch). — Auf der Platte können 9 verschiedene Präcipitationszonen erkannt werden.

[1] CRUMPTON, M. J., and D. A. L. DAVIES: Proc. R. Soc. London (B) **145**, 109 (1956).

Beide Techniken haben sich rasch durchgesetzt und werden heute häufig angewandt. Theorie sowie Vergleich der Methoden s.[1].

Eine weitere wichtige Variante, die *Immunelektrophorese*, wurde von GRABAR u. Mitarb.[2–5] eingeführt; sie eignet sich besonders zur Analyse von antigenen Proteingemischen und ihren Antikörpern, wie etwa der antigenen Komponenten des Serums u. a. Das Prinzip ist folgendes: Man führt zunächst eine elektrophoretische Trennung des Proteingemisches in Agargel durch. Anschließend läßt man ein präcipitierendes Antiserum senkrecht zur früheren elektrophoretischen Wanderungsrichtung gegen die (zuvor) getrennten Komponenten diffundieren, die ihrerseits gegen das Immunserum diffundieren. In Bereichen opti-

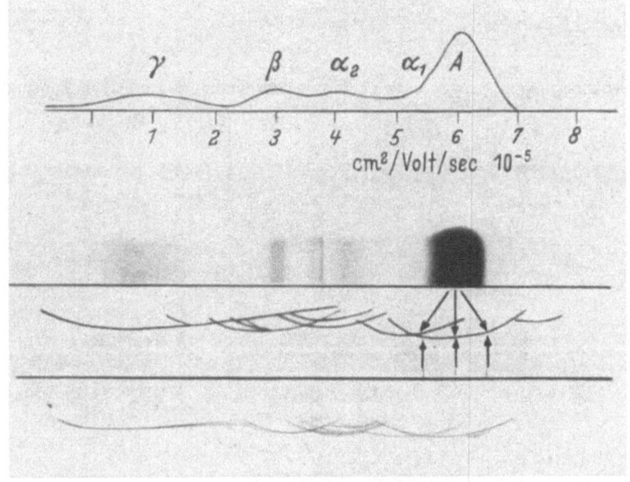

Abb. 80a—c. Immunelektrophoretische Analysen von menschlichem Serum (als Antigengemisch)[3].

Abb. 80a. Von oben nach unten: Normales Elektrophorese-Diagramm; Gel-Elektrophorese, Anfärbung mit Amidoschwarz; Schema der Ausbildung bogenförmiger Präciptitationszonen nach Reaktion mit dem senkrecht (zur elektrophoretischen Wanderungsrichtung) eindiffundierten Antiserum; Photographie der experimentell erzeugten Präcipitationszonen nach Anfärbung mit Azocarmin[4].

maler Konzentrationen von Antigen und Antikörper bilden sich wiederum Präcipitate in Form feiner getrübter, bogenförmiger Zonen, wie sie in Abb. 80 dargestellt sind. Wie bei der OUCHTERLONY-Technik geben homologe Antigene ineinander laufende Präcipitationszonen, während die Präcipitationslinien ungleicher Antigene mit den zugehörigen (nichtkreuzreagierenden) Antikörpern

[1] VAUGHAN, J. H., and E. A. KABAT: J. Immunol. **73**, 205 (1954). — BURTIN, P.: Bull. Soc. Chim. biol. **37**, 977 (1955). — SEELIGER, H.: Z. Hyg. **141**, 110 (1955). — CHEN, T. H., and K. F. MEYER: J. Immunol. **74**, 501 (1955). — [2] GRABAR, P., and C. A. WILLIAMS: Biophysica biochim. Acta, N.Y. **10**, 193 (1953; **17**, 67 (1955). — [3] GRABAR, P.: 3. Int. Congr. Biochem. Brüssel 1955. S. 37. — [4] SALVINIEN, J.: J. Chim. Physique **52**, 741—748 (1955), Theorie der Immunelektrophorese. — SCHEIDEGGER, J.-J.: Int. Arch. Allergy **7**, 103 (1955), Mikromethode. — [5] MARTIN, E., J.-J. SCHEIDEGGER, P. GRABAR et C. A. WILLIAMS: Bull. schweiz. Akad. med. Wiss. **10**, 193 (1954). — Vgl. a. BUSSARD, A., and D. PERRIN: J. Lab. clin. Med. **46**, 689 (1955). — WILLIAMS, C. A. jr., and P. GRABAR: J. Immunol. **74**, 158, 397, 404 (1955). — KAMINSKI, M.: J. Lab. clin. Med. **75**, 367 (1955). — BURTIN, P., L. HARTMANN, R. FAUVERT et P. GRABAR: Rev. franç. Étud. Clin. Biol. **1**, 17 (1956). — GRABAR, P., R. FAUVERT, P. BURTIN et L. HARTMANN: Rev. franç. Étude Clin. Biol. **1**, 175 (1956). — GRABAR, P., et P. BURTIN: Presse méd. **63**, 804 (1955). Bull. Soc. Chim. biol. **37**, 797 (1955). — FAURE, R., J. M. FINE, M. SAINT-PAUL, A. EYQUEM et P. GRABAR: Bull. Soc. Chim. biol. **37**, 783 (1955). — GAVRILESCO, K., J. COURCON, P. HILLION, J. URIEL, J. LEWIN et P. GRABAR: Bull. Soc. Chim. biol. **37**, 803 (1955). — SCHEIDEGGER, J. J., et H. ROULET: Praxis, Bern **44**, 73 (1955). — SCHEIDEGGER, J. J., E. MARTIN et G. RIOTTON: Schweiz. med. Wschr. **86**, 224 (1956).

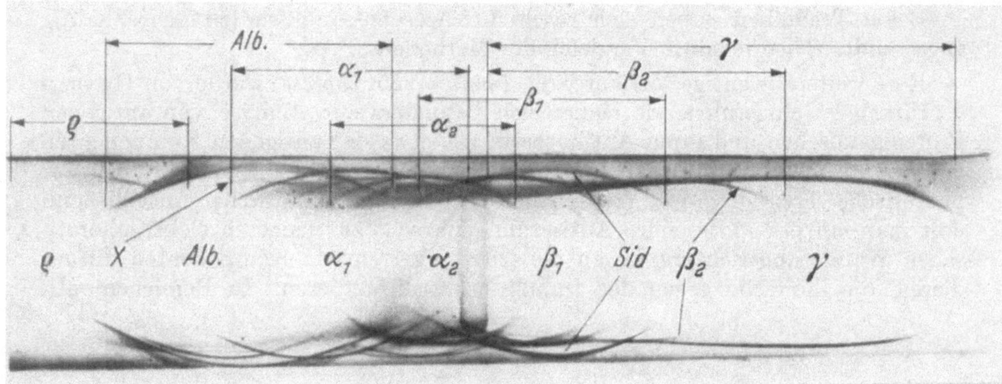

Abb. 80b. Analyse von normalem Serum, entwickelt mit Pferdeimmunserum. Die Zonen der Präcipitation bekannter Serumkomponenten sind bezeichnet.

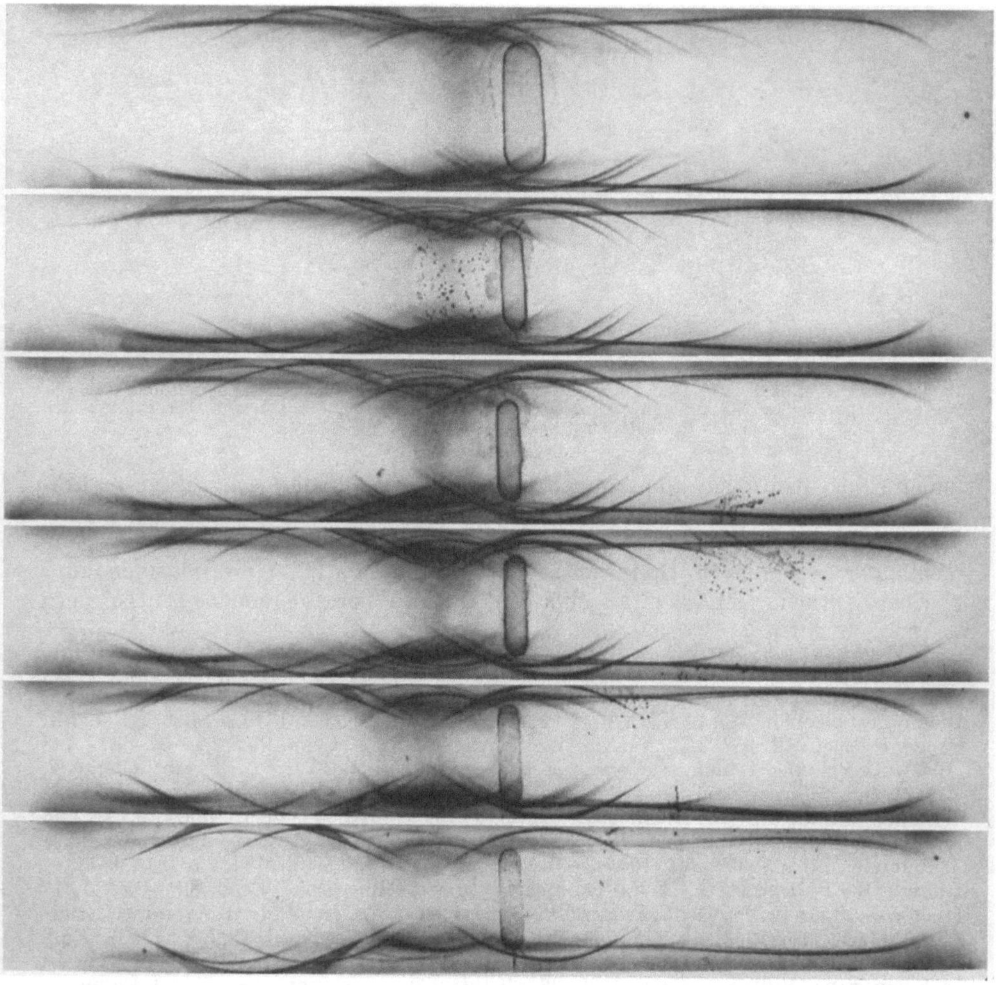

Abb. 80c. Das gleiche menschliche Serum. Obere 3 Platten: 0,1 cm³; untere 3 Platten: 0,01 cm³ Serum. Präcipitation (Entwicklung) mit Pferde-Antiserum, hergestellt durch Immunisierung vom Pferd mit Menschenserum.

sich überkreuzen. — Man kann durch Nachfärbung mit geeigneten Farbstoffen, z. B. Azocarmin, die Präcipitationszonen anfärben[1] und so noch besser sichtbar machen.

Mit Hilfe der Geldiffusion und Immunelektrophorese dürfte die Erforschung komplexer Antigen- und Antikörpergemische in Zukunft noch wesentliche Fortschritte erzielen.

e) Antikörperbildung[2].

Die Erforschung der Antikörperbildung im Lauf von Immunisierungsprozessen bezieht sich vornehmlich auf 2 Fragen: 1. *Wo* und 2. *Wie?* Im Zusammenhang mit diesen Fragen stehen Untersuchungen über Faktoren, welche die Antikörperbildung spezifisch oder unspezifisch, qualitativ oder quantitativ beeinflussen. Die Erforschung der *Bildungsstätten* der Antikörper ist hauptsächlich eine Aufgabe der *Immunbiologie*; sie hängt unter anderem eng zusammen mit Untersuchungen über *Synthese und Bildungsorte der normalen Serumglobuline*. Das Problem, *wie* Immunglobuline entstehen, ist bisher im wesentlichen nur theoretisch bearbeitet worden. Es existieren einige *Theorien*[3], die zu erklären versuchen, wie unter dem Einfluß des Antigens spezifisch eingestellte Immunglobuline gebildet werden.

Im Hinblick auf die Globulinnatur der Antikörper kann man annehmen, daß Antikörperbildung und normale Globulinsynthese in naher Beziehung stehen. Die neueren Theorien stimmen alle darin überein, daß sie dem Antigen den spezifischen Einfluß auf den Verlauf der Globulinsynthese zuschreiben; sie unterscheiden sich jedoch hinsichtlich des *Synthesestadiums*, währenddessen das Antigen seinen spezifischen Effekt ausübt. So gründet sich eine dieser Theorien auf die Annahme, daß das Antigen in spezifischer Weise die *an der Globulinsynthese beteiligten Enzymsysteme modifiziert* (BURNET[4]). Eine andere Theorie nimmt an, daß das Antigen (oder determinante Teile desselben), in Bindung an eine normale protoplasmatische Komponente, *die Reihenfolge der Aminosäuren beeinflußt*, welche in die wachsenden Polypeptidketten eingebaut werden (BREINL u. HAUROWITZ; ALEXANDER; MUDD[5]). Eine dritte Theorie schließlich sagt aus, daß das Antigen lediglich die *Art der Faltung* normal gebildeter Polypeptidketten so beeinflußt, daß statt des normalen Globulins Immunglobulin entsteht (PAULING[6]).

Über die Synthese von Proteinen im allgemeinen ist bisher noch wenig bekannt. Bezüglich der Antikörpersynthese sind Untersuchungen mit markierten Aminosäuren und Proteinen einerseits, Fütterungsversuche andererseits aufschlußreich.

SCHOENHEIMER u. Mitarb.[7] verwendeten das stabile Stickstoffisotop ^{15}N und konnten zeigen, daß die Körperproteine sich in einem *dynamischen Status*[7] befinden, der durch gleichzeitigen raschen Auf- und Abbau charakterisiert ist. Ein Tier, das sich im N-Gleichgewicht befindet und ^{15}N-haltige Diät erhält, baut ^{15}N rasch in seine Körperproteine ein, wobei die Umsatzgeschwindigkeit von Protein zu Protein variieren kann. Unter gleichen Bedingungen verhalten sich Antikörper genau wie Normalglobuline[8]. Bei *aktiv* immunisierten Tieren, welche

[1] URIEL, J., et J. J. SCHEIDEGGER: Bull. Soc. Chim. biol. **37**, 165 (1955). — URIEL, J., et P. GRABAR: Ann. Inst. Pasteur **90**, 427 (1956). — [2] Gute Übersicht mit Diskussion s. PAPPENHEIMER, A. M. jr. (Hrsg.): Nature and Significance of Antibody Response. New York 1953. — [3] Übersicht bei CAMPBELL, D. H., and F. LANNI: in GREENBERG, D. M. (Hrsg.): Amino Acids and Proteins. Chapt. XI, S. 649—721. Springfield, Ill. 1951. — [4] BURNET, F. M., and F. J. FENNER: The Production of Antibodies. Carlton, Austral. 1949. — [5] BREINL, F., u. F. HAUROWITZ: H. **192**, 45 (1930). — ALEXANDER, J.: Protoplasma, Berlin **14**, 295 (1931). — MUDD, S.: J. Immunol. **23**, 423 (1932). — [6] PAULING, L.: Am. Soc. **62**, 2643 (1940). — [7] SCHOENHEIMER, R.: The Dynamic State of Body Constituents. Cambridge (USA) 1942. — [8] SCHOENHEIMER, R., S. RATNER, D. RITTENBERG and M. HEIDELBERGER: J. biol. Ch. **144**, 545 (1942).

^{15}N-Diät erhielten[1], stieg der ^{15}N-Gehalt der Antikörper stetig an; beim Entzug von ^{15}N fiel ihr Isotopengehalt wieder ab mit einer Halbwertszeit von etwa 2 Wochen, wie sie auch für Normalglobuline bestimmt wurde. Dagegen wurde ^{15}N in *passiv* übertragene (also bereits vorgebildete) Antikörper nicht eingebaut[1–3]. — In Übereinstimmung mit ^{15}N-Analysen bei aktiv immunisierten Tieren stehen Ergebnisse älterer *Plasmaphereseversuche*, bei denen das Blut gegen Typhusbakterien immunisierter Hunde durch eiweißfreies Blut ersetzt wurde[4]. Der Wiederanstieg der Antikörper fand in vollkommener Parallelität zu den Globulinen statt, wobei Halbwertszeiten von etwa 12 Tagen bestimmt wurden[5].

Nach den vorausgehenden Betrachtungen über die Natur der Antikörper ist es verständlich, daß bei *Proteinmangelnahrung* die Antikörperbildung unterdrückt ist[6], jedoch unter dem Einfluß hochwertiger Protein- bzw. Aminosäurezufuhr sich rasch wieder normalisiert[7]. Gleichzeitig mit Proteinmangel nehmen allgemein die Abwehrkräfte des Organismus gegen Infektionen und Reizwirkungen aller Art ab. Von CANNON[8] stammt eine Übersicht über Proteinstoffwechsel und Antikörperbildung. Bemerkenswert ist, daß die Fähigkeit zur Antikörpersynthese (bei Ratten) auch nach langer Proteinmangeldiät (191 Tage) nicht irreversibel verlorengeht[9]. — Aus den genannten Versuchen geht der nahe Zusammenhang zwischen Globulin- und Antikörpersynthese klar hervor.

Untersuchungen über die *Bildungsstätten der Antikörper* sind zur Zeit im Gange. Weitgehende Einigkeit besteht darüber, daß die Antikörper, entsprechend allgemeiner Erkenntnisse über die Biosynthese der Proteine, *intracellulär* gebildet werden, und es geht hauptsächlich um die Frage, *welche Zelltypen* vorwiegend an der Antikörperbildung beteiligt sind. Im Vordergrund des Interesses stehen zur Zeit Untersuchungen über die Rolle des *lymphatischen Systems* und der *Plasmazellen*[10]. Übersichten über die umfangreichen Arbeiten (bis etwa 1948/49) s. bei DOERR[11] und SCHMIDT[12]. Von chemischer Seite ist zu diesem Problem insofern einiges beigetragen worden, als man mit Hilfe radioaktiv markierter oder fluorescierender Antigene deren Schicksal im Organismus verfolgt hat (Übersichten s.[13–17]).

Man kann antikörperbildende Zellsysteme in der Gewebekultur in vitro weiterzüchten. Verimpft man Zellen aus derartigen Kulturen an nichtimmunisierte Tiere der gleichen Species, so erscheinen Antikörper in deren Serum. Inwieweit hierbei noch Antigen überhaupt übertragen wurde, ist fraglich, so daß es denkbar ist, daß die übertragenen Zellen auch ohne ständigen Antigenreiz weiterhin Antikörper produzieren. Literatur hierzu s. bei STAVITSKY[18].

[1] HEIDELBERGER, M., H. P. TREFFERS, R. SCHOENHEIMER, S. RATNER and D. RITTENBERG: J. biol. Ch. **141**, 555 (1942). — Versuche mit ^{14}C-Valin s. a. GROS, P., J. COURSAGET et M. MÂCHEBOEUF: Bull. Soc. Chim. biol. **34**, 1070 (1952). — [2] SCHOENHEIMER, R.: The Dynamic State of Body Constituents. Cambridge (USA.) 1942. — [3] Übersicht und Diskussion bei RITTENBERG, D., and D. SHEMIN: Ann. Rev. **15**, 247 (1946). — [4] STANBURY, J. B., E. WARWEG and W. R. AMBERSON: Amer. J. Physiol. **117**, 230 (1936). — [5] ETTELDORF, J. N., J. B. MITCHELL jr. and W. R. AMBERSON: Amer. J. Physiol. **120**, 451 (1937). — MELNICK, D., and G. R. COWGILL: J. exp. Med. **66**, 509 (1937). — [6] CANNON, P. R.: J. Lab. clin. Med. **28**, 127 (1942). — BALCH, H. H.: J. Immunol. **64**, 397 (1950). — [7] WISSLER, R. W., R. L. WOOLRIDGE and C. H. STEFFEE jr.: Proc. Soc. exp. Biol. Med. **62**, 199 (1946). — [8] CANNON, P. R.: The relationship of protein metabolism to antibody production and resistance to infection. Adv. Protein Chem. **2**, 135—154 (1945). — [9] WISSLER, R. W., R. L. WOOLRIDGE, C. H. STEFFEE jr. and P. R. CANNON: J. Immunol. **52**, 267 (1946). — [10] FAGRAEUS, A.: Acta med. Scand. **130**, Suppl. **204** (1948). — BARR, D. P.: The function of the plasma cell. Amer. J. Med. **9**, 277 (1950). — EHRICH, W. E., Die cellulären Bildungsstätten der Antikörper. 98. Vers. Ges. dtsch. Naturf. u. Ärzte, Freiburg i. Br., 1954, S. 69—76 (1955). — s. a. GOOD, R. A.: J. Lab. clin. Med. **46**, 167 (1955). — COONS, A. H., E. H. LEDUC and J. M. CONNOLLY: J. exp. Med. **102**, 49 (1955). — LEDUC, E. H., A. H. COONS and J. M. CONNOLLY: J. exp. Med. **102**, 61 (1955). — [11] Imm.-Forsch. (DOERR) Bd. IV, S. 53—71. — [12] SCHMIDT, H.: Fortschritte der Serologie. 2. Aufl. S. 491—515. Darmstadt 1955. — [13] DIXON, F. J., S. C. BUKANTZ, G. J. DAMMIN and D. W. TALMAGE; in PAPPENHEIMER, A. M. jr. (Hrsg.): Nature and Significance of Antibody Response. S. 170. New York 1953. — [14] JANEWAY, C. A, in PAPPENHEIMER, A. M. jr. (Hrsg.): Nature and Significance of Antibody Response. S. 183. New York 1953. — [15] COONS, A. H., in PAPPENHEIMER, A. M. jr. (Hrsg.): Nature and Significance of Antibody Response, S. 200. New York 1953. — [16] HAUROWITZ, F., H. H. RELLER and H. WALTER: J. Immunol. **75**, 417 (1955). — [17] KESTON, A. P., and B. KATCHEN: J. Immunol. **76**, 253 (1956). — [18] STAVITSKY, A. B.: J. Immunol. **75**, 214 (1955).

α) Faktoren, welche die Antikörperbildung beeinflussen.

Diese sind zusammenfassend von EDSALL[1] u. a. diskutiert worden. Vielfach untersucht wurde der Einfluß der *Applikationsart* des Antigens (intravenös, intra- oder subcutan, intramuskulär, intraperitoneal), die im allgemeinen von erheblicher Bedeutung für den Verlauf der Immunisierung, wie auch für die Art der gebildeten Antikörper sein kann[2]. — Im Zusammenhang mit der prinzipiellen Frage nach der „Antigenität", d.h. also jener chemischen und physikalischen Kriterien, die eine Substanz befähigen, im höheren Organismus Antikörperbildung zu stimulieren, sind in neuerer Zeit vor allem 2 Forschungsgebiete stark beachtet worden: die Rolle sog. *Adjuvantien* (Zusätze zu Antigenen) einerseits und der Einfluß von *Hormonen*, insbesondere des Hypophysen-Nebennierenrindensystems, auf die Antikörperbildung andererseits.

Es ist seit langem bekannt, daß die Antikörperbildung dadurch gesteigert werden kann, daß mit dem Antigen noch zusätzliche Begleitstoffe, entweder in Mischung oder in Form von Adsorbentien injiziert werden. In vielen Fällen hat man Stoffe, wie Tapioka (Sago), Lanolin, Calcium- oder Aluminiumsalze oder besonders Aluminiumhydroxyd zugesetzt, die bei subcutaner Injektion des Antigens eine lokale entzündliche Reizung hervorrufen, von der schon RAMON[3] feststellte, daß sie die Antitoxinbildung bei Pferden erheblich steigert. Bei Immunisierungsversuchen am Meerschweinchen erhielten z. B. COULSEN u. Mitarb.[4] bei der subcutanen Injektion von Eialbumin-Alaun eine 60fache Steigerung der Antikörperbildung gegenüber der intravenösen Injektion von Eialbumin allein. Eine noch wirksamere Steigerung der Antikörperbildung erreichte FREUND[5,6]. Die Methode besteht in der Herstellung von *Wasser-in-Öl-Emulsionen* des Antigens, wobei zugesetzte säurefeste Bakterien (*M. tuberculosis, M. butyricum, M. phlei*) oder bestimmte lipoidhaltige Extrakte aus ihnen besonders effektiv sind. Zur Herstellung der Emulsionen wurden besonders emulgierende Präparate wie Falba (lanolinähnlich), reines Lanolin, Aquaphor oder Arlacel in Kombination mit Paraffin- oder Mineralöl u. a. empfohlen.

Die Analyse des Mechanismus der Adjuvanswirkung ist noch nicht abgeschlossen[7]. Einerseits spielt eine gewisse Antigen*depot*wirkung[8], andererseits die örtliche Reizwirkung auf das Gewebe (Aktivierung proteolytischer und anderer enzymatischer Prozesse[9,10]) offenbar eine Rolle (s. bei SCHMIDT[11] und EDSALL[12]; daselbst Literatur). Im gleichen Sinn ist vielleicht die Beeinflussung der Antikörperbildung durch Röntgenstrahlen[13] zu verstehen. WHITE, COONS

---

[1] EDSALL, G. E., in PAPPENHEIMER, A. M. jr.: The Nature and Significance of the Antibody Response. S. 69. New York 1953. — [2] SCHMIDT, H.: Fortschritte der Serologie. 2. Aufl. S. 422. Darmstadt 1955. — [3] RAMON, G.: Cr. **181**, 157 (1925). Ann. Inst. Pasteur **47**, 339 (1931). — [4] COULSON, E. J., and H. STEVENS: J. Immunol. **61**, 119 (1949). — [5] FREUND, J., and K. McDERMOTT: Proc. Soc. epx. Biol. Med. **49**, 548 (1942). — FREUND, J., and V. M. BONANTO: J. Immunol. **48**, 325 (1944); **52**, 231 (1946). — FREUND, J., K. J. THOMSON, H. B. HOUGH, H. E. SOMMER and T. M. PISANI: J. Immunol. **60**, 383 (1948). — Übersicht mit Literatur. — FREUND, J., E. M. SCHRYVER, M. B. McGUINESS and M. B. GEITNER: Proc. Soc. exp. Biol. Med. **81**, 657 (1952). — LIPTON, M. M., and J. FREUND: J. Immunol. **70**, 326 (1953); **71**, 98 (1953). — [6] RAFFEL, S., and J. E. FORNEY: J. exp. Med. **88**, 485 (1948). — RAFFEL, S., L. E. ARNAUD, D. DUKES and J. S. HUANG: J. exp. Med. **90**, 53 (1949). — [7] FISCHEL, E. E., E. A. KABAT, H. C. STOERK and A. E. BEZER: J. Immunol. **69**, 611 (1952). — LEVINE, L., J. L. STONE and L. WYMAN: J. Immunol. **75**, 301 (1955). — CONDIE, R. M., S. J. ZAK and R. A. GOOD: Proc. Soc. exp. Biol. Med. **90**, 355 (1955). — CONDIE, R. M., and R. A. GOOD: Proc. Soc. exp. Biol. Med. **91**, 414 (1956). — BARR, M.: Brit. J. exp. Path. **37**, 11 (1956). — JOHNSON, A. G., S. GAINES and M. LANDY: J. exp. Med. **103**, 225 (1956). — [8] TALMAGE, D. W., and F. J. DIXON: J. infect. Dis. **93**, 176 (1953). — [9] JAHIEL, R., and R. JAHIEL: J. Allergy **21**, 102 (1950). — [10] Vgl. z. B. MENKIN, V.: Int. Arch. Allergy **4**, 131 (1953). — UNGAR, G.: Int. Arch. Allergy **4**, 258 (1953). — [11] SCHMIDT, H.: Fortschritte der Serologie. 2. Aufl. S. 484. Darmstadt 1955. — [12] EDSALL, E. G.: In PAPPENHEIMER, A. M., jr. (Hrsgb.), The Nature and Significance of the Antibody Response. S. 79. New York 1953. — [13] z. B. JACOBSON, L. O., M. J. ROBSON and E. K. MARKS: Proc. Soc. exp. Biol. Med. **75**, 145 (1950). — FISCHEL, E. E., M. LE MAY and E. A. KABAT: J. Immunol. **61**, 89 (1949). — GRAHAM, I. B., R. M. GRAHAM, L. NERI and K. A. WRIGHT: J. Immunol. **76**, 103 (1956). — GRAHAM, I. B., and S. LESKOWITZ: J. Immunol. **76**, 110 (1956).

u. CONOLLY[1] haben gezeigt, daß nach Injektion von Antigen mit Adjuvantien örtlich eine Proliferation von Plasmazellen, den Hauptbildungsstätten der Antikörper (s. S. 962) statthat, wodurch die Antikörperbildung gefördert wird. — Besonders bedeutsam ist die Entdeckung daß es mit passenden Adjuvantien (besonders bei Zusatz von abgetöteten säurefesten Bakterien (Tbc-Bakterien) oder auch von Staphylokokkentoxin[2]) gelingt, Antikörperbildung gegen Gewebszellen *der eigenen Species* hervorzurufen[3], sog. *Autoantikörper*[4]. Es ist viel darüber diskutiert worden, ob gewisse menschliche Erkrankungen (wie z. B. des rheumatischen Formenkreises[5]) durch Autoimmunisierung zustande kommen können, etwa indem gewebseigene Zerfallsprodukte unter gleichzeitiger bakterieller Adjuvanswirkung *autoantigen* werden[6], Über die mögliche klinische Bedeutung von Autoantikörpern und ihren Nachweis s. [7].

Im Zusammenhang mit dem großen Interesse, welches einige Hormone der Nebennierenrinde *(Cortison, Hydrocortison)* und das übergeordnete adrenocorticotrope Hormon der Hypophyse (ACTH) in bezug auf Untersuchungen über Resistenz und Abwehrmechanismen des höheren Organismus erfahren haben[8], wurde auch die Antikörperbildung unter dem Einfluß dieser Hormone eingehend bearbeitet. Die anfänglich erhobenen Befunde, wonach Nebennierenrindenhormone die Antikörperbildung steigern[9], wurden durch neuere Ergebnisse bei vielfach variierten Versuchsanordnungen fraglich[10], welche — im Gegenteil — unter der Wirkung von Cortison und ACTH einen Abfall des Antikörpertiters fanden, was inzwischen immer wieder bestätigt wurde. Die älteren widersprechenden Befunde (bis 1949/50) haben FISCHEL[11] und SAYERS[12] zusammenfassend dargestellt[13]. Seither hat sich ergeben, daß ein *spezifischer Einfluß der Nebennierenhormone* auf die Antikörperbildung *nicht* statt hat und daß ihre Unterdrückung einem unspezifischen — mehr pharmakologischen — Effekt hoher Hormondosen zukommt. SCHEIFFARTH[14] u. a. haben gezeigt, daß hohe Dosen von Cortison zu einer allgemeinen Unterdrückung der Plasmaproteinsynthese führen, wobei dann die Antikörperglobuline entsprechend mit betroffen sind (Lit. s. SCHEIFFARTH[14]). Wegen ihrer gegen Entzündungen gerichteten Wirkung und dem möglichen Einfluß von entzündlichen Prozessen auf die Antikörperbildung sind jedoch spezifischere Effekte der Hormone denkbar. Untersuchungen hierüber sind noch im Gange.

Eine sehr wichtige Forschungsrichtung der Immunologie, die mit der Antikörperbildung in unmittelbarem Zusammenhang steht, ist die Frage nach der

[1] WHITE, R. G., A. H. COONS and J. M. CONNOLLY: J. exp. Med. **102**, 73, 83 (1955). — [2] SWIFT, H. F., and M. P. SCHULTZ: J. exp. Med. **63**, 703 (1936). — MURPHY, G. E., and H. F. SWIFT: J. exp. Med. **91**, 485 (1950). — GLYNN, L. E., and E. J. HOLBOROW: Lancet **1952 II**, 449. — [3] RAFFEL, S., and J. E. FORNEY: J. exp. Med. **88**, 485 (1948). — RAFFEL, S., L. E. ARNAUD, D. DUKES and J. S. HUANG: J. exp. Med. **90**, 53 (1949). — [4] SCHMIDT, H.: Fortschritte der Serologie. 2. Aufl. S. 830—891. Darmstadt 1955. — [5] VORLAENDER, K. O., W. FITTING u. H. BLANKENHEIM: Z. Rheumaforsch. **13**, 276 (1954). — [6] JAHIEL, R., and R. JAHIEL: J. Allergy **21**, 102 (1950). — [7] SCHEIFFARTH, F., u. G. BERG: Kli. Wo. **1950**, 349; **1953**, 441. — SCHEIFFARTH, F., u. F. LEGLER: Ärztl. Wschr. **1951**, 660. — WIENER, A. S., E. B. GORDON and C. GALLOP: J. Immunol. **71**, 58 (1953). — SARRE, H., u. K. ROTHER: Kli. Wo. **1954**, 410. — [8] s. z. B. HEILMEYER, L.: Allgemeine klinische Bedeutung des Hypophysen-Nebennierenrinden-Systems, in WEISSBECKER, L. (Hrsg.): Probleme des Hypophysen-Nebennierenrindensystems. S. 162—181. Berlin, Göttingen, Heidelberg 1953. — [9] FOX, C. A., and R. W. WHITEHEAD: Amer. J. Physiol. **113**, 44 (1935). — DOUGHERTY, T. F., A. WHITE and J. H. CHASE: Proc. Soc. exp. Biol. Med. **56**, 28 (1944). — DOUGHERTY, T. F.: J. Immunol. **52**, 101 (1946). — [10] EISEN, H. N., M. M. MAYER, D. H. MOORE, R. R. TARR and H. C. STOERK: Proc. Soc. exp. Biol. Med. **65**, 301 (1947). — FISCHEL, E. E., M. LE MAY and E. A. KABAT: J. Immunol. **61**, 89 (1949). — HERBERT, P. H., and J. A. DE VRIES: Endocrinology **44**, 259 (1949). — MIRICK, G. S.: J. clin. Invest. **29**, 856 (1950). — BJØRNEBOE, M., E. E. FISCHEL and H. C. STOERK: J. exp. Med. **93**, 37 (1951). — GERMUTH, F. G. jr., and B. OTTINGER: Proc. Soc. exp. Biol. Med. **74**, 815 (1950). — GERMUTH, F. G. jr., J. OYAMA and B. OTTINGER: J. exp. Med. **94**, 139 (1951). — FISCHEL, E. E., E. A. KABAT, H. C. STOERK, M. SKOLNICK and A. E. BEZER: J. Allergy **25**, 195 (1954). — MALKIEL, S., and B. J. HARGIS: J. Immunol. **69**, 217 (1953). — HAYES, S. P.: J. Immunol. **70**, 450 (1953). — [11] FISCHEL, E. E.: Bull. N. Y. Acad. Med. **26**, 255 (1950). — [12] SAYERS, G.: Physiol. Rev. **30**, 241 (1950). — [13] Vgl. a. WHITE, A.: Role of the adrenal cortex in immunity. J. Allergy **21**, 273 (1950). — [14] SCHEIFFARTH, F., F. LEGLER u. G. BERG: Z. ges. exp. Med. **120**, 558, 568 (1952/53); **122**, 578 (1953/54). — s. a. STAVITSKY, A. B.: J. Immunol. **69**, 63 (1953). — KASS, E. H., M. I. KENDRICK and M. FINLAND: J. exp. Med. **102**, 767 (1955). — KALISS, N., G. HOECKER and B. F. BRYANT: J. Immunol. **76**, 83 (1956).

Dauer der einmal induzierten Immunität. Es ist z. B. bekannt, daß manche Viruserkrankungen lebenslängliche Immunität verursachen, andere Infektionskrankheiten hinterlassen mehr oder weniger lang anhaltende Unempfänglichkeit. Bei Tieren finden sich oft noch bedeutende Quantitäten kreisender Antikörper, wenn das Antigen in den Körperzellen nicht mehr nachweisbar ist. Können Antikörper auch ohne Kontakt mit dem Antigen gebildet werden oder muß bei langanhaltender Immunität angenommen werden, daß das Antigen selbst — und sei es in kleinsten Konzentrationen — ständig in die Globulinsynthese eingreift? Ist es denkbar, daß das Antigen die Immunisierung nur in den ersten Stadien in spezifischer Weise anstößt, worauf der Prozeß dann selbständig weiterläuft? Eine Antwort kann bis heute noch nicht gegeben werden. Wahrscheinlich ist die Fähigkeit des Organismus, das betreffende Antigen rascher, langsamer oder gar nicht enzymatisch abbauen, umwandeln bzw. eliminieren zu können (eine Fähigkeit, welche für Polysaccharide oder Proteine sehr verschieden sein kann), von wesentlichem Einfluß[1].

Im Zusammenhang mit dieser Frage steht das viel untersuchte Phänomen der gesteigerten Ansprache der immunkörperliefernden Mechanismen auf eine *Zweitinjektion* des Antigens (sog. spezifisch *anamnestische Reaktion*)[2]. Im allgemeinen ist die Antikörperbildung nach der ersten Injektion vieler Antigene durch eine relativ lange Latenzperiode (von einigen Tagen) charakterisiert, worauf die Antikörperkonzentration im Serum langsam ansteigt, um nach einiger Zeit wieder abzufallen. Im Gegensatz hierzu führen folgende Injektionen zu einer prompten Ausschüttung relativ großer Mengen von Antikörpern, deren Konzentration anschließend nur langsam absinkt[1–3]. In Verfolgung derartiger Befunde tauchte unter anderem die Frage auf, ob es *antikörperspeichernde Zellen* gibt (z. B. die Lymphocyten[4]).

In bezug auf die Menge des injizierten Antigens ist die *Antikörperbildung ohne Zweifel ein katalytischer Prozeß.* 1 Molekül eines Antigens kann die Bildung eines großen Vielfachen an Antikörpermolekülen verursachen[5]. HOOKER u. BOYD[6] berechneten an Hand eines Beispiels, daß auf dem Umweg über die Antikörper 1 Molekül Antigen die spezifische Agglutination von 600 Bakterien bewirken kann. HEIDELBERGER[7] hat gezeigt, daß ein Mensch nach 3 Injektionen von insgesamt nur 50 μg Pneumokokkentyp II-Polysaccharid während 4 Jahren rund 50 g spezifisches Antikörperglobulin produzierte, was einem molaren Verhältnis in der Größenordnung von 1:1 Million entspricht!

Von großem Interesse sind die Untersuchungen FELTONS[8] über die Abhängigkeit der Ausbildung des Immunzustandes von der Dosis des injizierten Antigens. Wenn man Kaninchen oder Mäusen größere Dosen von Pneumokokken-Antigenen injiziert, so bilden sie nicht nur lange Zeit keine kreisenden Antikörper, sondern bleiben auch während dieser Periode gegen die Infektion mit den betreffenden Erregern besonders empfindlich. FELTON nannte die Erscheinung „immunological paralysis"[8]. Für Kaninchen sind Dosen von $\sim 5\,\mu$g Pneumokokken-Antigen

[1] BURNET, F. M., and F. J. FENNER: The Production of Antibodies. 2. Aufl. Carlton, Austral. 1949. — [2] FREUND, J.: The response of immunized animals to specific and nonspecific stimuli, in PAPPENHEIMER, A. M. jr. (Hrsgb.): Nature and Significance of Antibody Response. S. 46—68. New York, 1953. — [3] DIXON, F. J., and P. H. MAURER: J. Immunol. **74**, 418 (1955). — DIXON, F. J., P. H. MAURER, W. O. WEIGLE and M. P. DEICHMILLER: J. exp. Med. **103**, 425 (1956). — [4] DOUGHERTY, T. F., A. WHITE and J. H. CHASE: Proc. exp. Biol. Med. **56**, 28 (1944). — HAYES, S. P., and T. F. DOUGHERTY: J. Immunol. **73**, 95 (1954). — [5] Vgl. z. B. ENDERS, J. F., and C. J. WU: J. exp. Med. **60**, 127 (1934). — DOWNIE, A. W.: J. Path. Bact. **45**, 131 (1937). — [6] HOOKER, S. B., and W. C. BOYD: J. Immunol. **21**, 113 (1931). — [7] HEIDELBERGER, M.: Angew. Chem. **66**, 403 (1954). — [8] FELTON, L. D.: Bull. Johns Hopkins Hosp. **38**, 33 (1926). — FELTON, L. D., and G. H. BAILEY: J. infect. Dis. **38**, 131 (1926). — FELTON, L. D., and B. OTTINGER: J. Bact. **43**, 94 (1942), Übersicht mit Literatur. — Vgl. dazu auch *Editorial:* Immunological tolerance (Bericht über ein Meeting). Nature **177**, 869 (1956).

optimal, Mengen $>40\ \mu g$ haben bereits paralysierende Wirkung[1]. Über das Zustandekommen des Phänomens ist seit seiner Entdeckung viel gearbeitet worden[2]. Es hat sich ergeben, daß solche Antigene zur immunologischen Paralyse führen, die im Organismus nur sehr langsam abgebaut werden, die also eine lange Verweildauer haben. Große Dosen solcher Antigene werden in den Zellen des reticuloendothelialen Systems (RES) gespeichert (bis zu 1—2 Jahren) und führen laufend zur Neutralisation der gebildeten Antikörper[3]. Auch ließ sich zeigen, daß antigen-fixierte Antikörper wesentlich rascher im Stoffwechsel umgesetzt werden[4] als kreisende, freie Antikörper.

Erhebliches Interesse hat neuerdings die Frage der *Immunantwort von Säugetieren in Abhängigkeit* vom Lebensalter gefunden. Feten und Neugeborene reagieren auf Antigenzufuhr *nicht* mit Antikörperbildung[5]. Injiziert man Feten gewisse Antigene, so tolerieren sie später die Reinjektion des gleichen — aber nicht eines anderen — Antigens *ohne* jegliche Immunantwort[5]. Antigenzufuhr führt demnach beim Fetus zu einer bleibenden und spezifischen Unansprechbarkeit gegenüber dem Antigen.

Kaninchen wurden beispielsweise prä- und postnatal mit Humanalbumin vorbehandelt[6]. Sie bildeten, auch nach 8 Monaten, keine Antikörper gegen Humanalbumin, obwohl sie zu dieser Zeit normal gegenüber Tabakmosaikvirus als Antigen reagierten. Wurde ihnen Sulfanil-azo-Humanalbumin injiziert, so bildeten nur 2 von 6 derartigen Kaninchen überhaupt Antikörper, wobei sich einzig die Sulfanil-azo-Gruppe determinant durchsetzte. Ähnlich fand DOWNE[7], daß mit Hühnerserum pränatal vorbehandelte Kaninchen später keine Antikörper gegen Hühnerserum zu bilden vermochten; bei Injektion von Putenserum bildeten sie *nur* putenspezifische Antikörper, die mit Hühnerserum nicht kreuzreagieren. SIMONSEN[8] behandelte Hühner-Embryonen mit Gänseblut. Die erwachsenen Hühner reagierten auf die Injektion von Gänseblut nicht mit Antikörperbildung. Die Hühner waren jedoch gleichzeitig gegen ein sonst nur gänsepathogenes Virus empfindlich geworden, das normale Hühner niemals zu infizieren vermag! Offenbar ist durch die Vorbehandlung im Embryonalstadium eine bleibende Veränderung an gewissen Zellmembranen eingetreten, derart, daß sie nun den Rezeptor für das gänsepathogene Virus besitzen.

Alle diese Untersuchungen zeigen, daß die Immun-Mechanismen sich im Laufe der frühen Lebensstadien laufend wandeln: erst längere Zeit nach der Geburt reagieren Säugetiere auf Antigenzufuhr mit der typischen Bildung von Antikörper-Globulinen.

β) Theorien der Antikörperbildung.

Die bisher entwickelten *Theorien der Antikörperbildung* setzen sich prinzipiell nur mit jenen Stadien auseinander, bei welchen die „spezifische Markierung" des Globulins eintritt. Nach BREINL u. HAUROWITZ[9]; ALEXANDER[10]; MUDD[11] u. a. wird das Antigen in den globulinbildenden Zellen an Protoplasmabestandteile gebunden und verändert durch die Wirkung seiner determinanten

[1] MORGAN, P., D. W. WATSON and W. J. CROMARTIE: Proc. Soc. exp. Biol. Med. **80**, 512 (1952). — FELTON, L. D., G. KAUFFMANN, B. PRESCOTT and B. OTTINGER: J. Immunol. **74**, 17 (1955). — [2] s. z.B. JOHNSON, A. G., D. W. WATSON and W. J. CROMARTIE: Proc. Soc. exp. Biol. Med. **88**, 421 (1955). — ØRSKOV, I.: Acta path. microbiol. scand. **38**, 375 (1956). — [3] STARK, O. K.: J. Immunol. **74**, 126, 130 (1955). — FELTON, L. D., B. PRESCOTT, G. KAUFFMANN and B. OTTINGER: J. Immunol. **74**, 205 (1955); **76**, 69 (1956). — [4] DIXON, F. J., P. H. MAURER and W. O. WEIGLE: J. Immunol. **74**, 188 (1955). — [5] BRAMBELL, F. W. R., W. A. HEMMINGS and M. HENDERSON: Antibodies and Embryos. London 1951; New York 1954. — DIXON, F. J., and P. H. MAURER: J. exp. Med. **101**, 245 (1955). — HANAN, R., and J. OYAMA: J. Immunol. **73**, 49 (1954), mit Literatur. — BILLINGHAM, R. E., L. BRENT and P. B. MEDAWAR: Exper. **11**, 444 (1955). — [6] CINADER, B., and J. M. DUBERT: Brit. J. exp. Path. **36**, 515 (1955). — [7] DOWNE, A. E. R.: Nature **176**, 740 (1955). — [8] SIMONSEN, M.: Nature **175**, 763 (1955). — [9] BREINL, F., u. F. HAUROWITZ: H. **192**, 45 (1930). — HAUROWITZ, F.: Med. Klin. **1938 I**, 873, Zus.-Fassg. mit Lit. — [10] ALEXANDER, J.: Protoplasma, Berlin **14**, 296 (1931). — [11] MUDD, S.: J. Immunol. **23**, 423 (1932).

Gruppen das Milieu derart, daß die von ihm ausgehenden richtenden Kräfte zu spezifisch abgewandelten Globulinen, Antikörpern, führen. An Stelle normaler Globuline sollen solche entstehen, deren Struktur „der determinanten Gruppe des Antigens angepaßt ist, wie etwa eine Galvanoplastik einer Elektrode“[1]; und HOOKER sagt[2]: Diese Theorie „involves the assumption that certain highly specific synthetic functions of cells can be changed almost in perpetuity by extrinsic lifeless stimuli“.

In der etwa 10 Jahre später entwickelten Theorie von PAULING[3] wird der richtende Einfluß der determinanten Gruppe des Antigens in jenes Stadium der

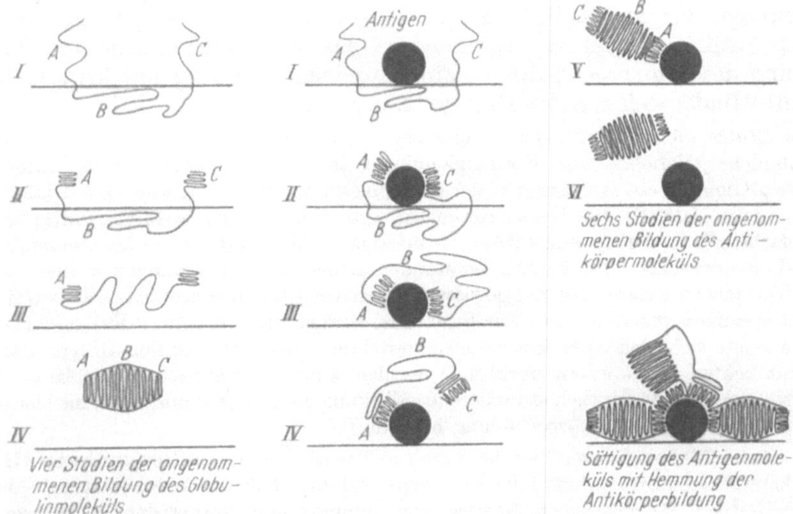

Abb. 81. Schematische Darstellung der Bildung eines normalen Globulins (links) und eines Antikörperglobulins durch Faltung der Polypeptidkette im Kontakt mit dem Antigen (Mitte und rechts). Unten rechts: ein Antigenmolekül, welches mit Antikörper abgesättigt und dadurch für weitere Antikörpersynthese blockiert ist[4].

Globulinsynthese verlegt, in der das bereits fertige Proteinmolekül sich zum sphärischen Globulin *faltet*. PAULINGs Theorie besagt, „daß alle Antikörpermoleküle dieselben Polypeptidketten wie normale Globuline besitzen und sich gegenüber diesen nur in der Konfiguration der Kette unterscheiden, d.h. in der Art wie sie im Molekül gefaltet ist.“ Die außerordentlich große Zahl möglicher Konfigurationen einer gegebenen Polypeptidkette bildet die theoretische Basis für das Zustandekommen der zahllosen spezifischen Antikörper, die derselbe Organismus nachweislich zu bilden in der Lage ist. PAULING sucht speziell die Bildung *bivalenter* (und monovalenter) Antikörper zu erklären. Nach seiner Theorie (Schema s. Abb. 81) entsteht zunächst die normale Peptidkette in Bindung an die cellulären Enzyme, welche ihrerseits im Zellgerüst verankert sind. Hat sich die Polypeptidkette gebildet, so faltet sie sich von beiden Enden A und C her (Abb. 81); schließlich faltet sich der mittlere Teil der Kette (B), so daß das globuläre Protein entsteht. Unter normalen Bedingungen entstehen so die normalen Globuline. Bei Anwesenheit des Antigens greift dieses nun in den Faltungsprozeß ein: es entstehen andere, an das Antigen spezifisch angepaßte Konfigurationen

[1] BREINL, F., u. F. HAUROWITZ: H. **192**, 45 (1930). — HAUROWITZ, F.: Med. Klin. **1938 I**, 873, Zus.-Fassg. mit Lit. — [2] HOOKER, S. B.: The nature of antibodies. J. Immunol. **33**, 57—74 (1937), mit Lit. — [3] PAULING, L.: A theory of the structure and process of formation of antibodies. Am. Soc. **62**, 2643—2657 (1950). Chem. & Industr. **26**, 317 (1948). — [4] PAULING, L.: Am. Soc. **62**, 2643 (1940).

an beiden Enden A und C, wobei sich die spezifischen Reaktionsbezirke ausbilden, die den Antikörper vom Normalglobulin unterscheiden. Der zentrale Teil B des Moleküls soll in allen Fällen prinzipiell gleich konfiguriert sein. Das im Kontakt mit dem Antigen gebildete Antikörperglobulin kann durch Verschiebung der Gleichgewichtsbedingungen („vielleicht durch Änderung der H-Ionen- oder der Salzkonzentration oder der dielektrischen Konstanten") abdissoziieren, so daß die determinanten Gruppen des Antigens für eine neue Antikörperbildung frei werden.

Die Theorie gibt für viele Eigenschaften der Antikörper eine Erklärung, unter anderem für ihre notwendige Inhomogenität (multiple Antikörper) und präzisiert die Kriterien der Antigenität. Sie entwickelt konkrete Vorstellungen über die Antigen-Antikörperreaktion, insbesondere das Zustandekommen von Präcipitaten und deren inneren Aufbau. Eine Auseinandersetzung mit kritischen Einwänden[1,2] findet sich z.B. bei CAMPBELL u. LANNI[3].

Eine Stütze schien die Theorie zu erfahren, als es PAULING u. CAMPBELL[4] gelang, antikörperähnliche Globuline aus Normalglobulinen *in vitro* herzustellen. Sie unterwarfen normales γ-Globulin aus Rinderserum der reversiblen Denaturierung, wobei das Globulin sich weitgehend „entfaltet". Die Renaturierung erfolgte dann unter Zusatz von Antigenen, wie des Azofarbstoffs 1,3-Dioxybenzol-2,4,6-tri-(p-azophenylarsinsäure) oder des Pneumokokkentyp III-Polysaccharids. Tatsächlich entstanden neben viel unverändertem und teilweise irreversibel denaturiertem Material gewisse Mengen von Globulinen, welche die betreffenden Antigene spezifisch präcipitierten. Die Ergebnisse wurden von FRIEDRICH-FREKSA[5] bestätigt. Indessen zeigte sich, daß diese künstlich hergestellten, spezifisch reaktionsfähigen Globuline nicht mit echten Antikörpern verglichen werden können. Dennoch haben diese Untersuchungen eine außerordentlich stimulierende Wirkung auf alle jene ausgeübt, die sich seither mit dem Problem der Antikörperbildung befaßten[6,7].

Ein ernster Einwand gegenüber der PAULING-Theorie wurde von BURNET[2] unter Hinweis auf Begleiterscheinungen während der Antikörperbildung erhoben, wie den oftmals beobachteten gleichzeitigen beträchtlichen Anstieg von Immun- *und* Normalglobulin während der Immunisierung, die Änderung des Grades der Spezifität im Laufe langanhaltender Immunisierung sowie die anamnestische Reaktion.

Von BURNET stammt eine Theorie[2], welche unter anderem versucht, die genannten Einwände mit zu berücksichtigen. Danach ist die Antigenwirkung nicht unmittelbar auf das Globulin gerichtet, sondern besteht in einer *Umschaltung der cellulären Enzymsysteme* unter Bildung „modifizierter Proteinasen", welche die Globulinsynthese katalysieren oder als „Matrizen" am Aufbau des Globulins mitwirken. Sobald durch die einmalige Antigenwirkung die Umschaltung vollzogen wurde, ist das Antigen nicht mehr notwendig. Das modifizierte Enzymsystem verbleibt auch nach dem Abbau und Verschwinden des Antigens und wird in der Folge wiederholt reproduziert, so daß unter seiner katalytischen Wirkung laufend modifizierte Globuline gebildet werden. „Es ist indessen nicht nach der Art lebender Substanz, diese Modifikationen ewig genau beizubehalten". Bei fehlendem Kontakt mit dem Antigen kann sich dessen ursprünglicher Einfluß nach und nach verwischen, so daß unter Umständen immer weniger angepaßte

---

[1] ERICKSON, J. O., and H. NEURATH: Science, N.Y. **98**, 284 (1943). — [2] BURNET, F. M., and F. J. FENNER: The Production of Antibodies. Carlton, Austral. 1949. — [3] CAMPBELL, D. H., and F. LANNI; in GREENBERG, D. M. (Hrsg.): Amino Acids and Proteins, S. 710ff. Springfield, Ill. 1951. — [4] PAULING, L., and D. H. CAMPBELL: Science, N.Y. **95**, 440 (1942). J. exp. Med. **76**, 211 (1942). — [5] FRIEDRICH-FREKSA, H.: Z. Naturforsch. **1**, 44 (1946). — Vgl. jedoch die Einwände von HAUROWITZ, F., P. SCHWERIN and F. TUNÇ: Arch. Biochem. **11**, 515 (1946). — [6] s. a. GÜNTHER, O.: Immunitätstheorien. Arb. exp. Therap. Chemotherap. **51**, 69—107 (1954). — [7] Weitere Untersuchungen zur Gewinnung „künstlicher" Antikörper s. z. B. BACON, D. K.: Arch. internal Med., Chicago **72**, 581 (1943). — FOX, S. W., and M. J. WARD: Am. Soc. **68**, 2118 (1946).

Globuline und schließlich wieder normale Globuline gebildet werden. Andererseits kann langanhaltender Kontakt mit dem Antigen zu weiteren Modifizierungen der globulinbildenden Enzymsysteme führen; sei es durch wiederholte Injektion oder durch besondere Stabilität des einmal injizierten Antigens gegen metabolischen Abbau (z.B. bei Pneumokokkenpolysacchariden[1]). Primär nicht effektive Gruppen können zusätzlich zum Zuge kommen. Hieraus könnte man die bei langdauernden Immunisierungsprozessen bekannten Wandlungen des Grades der Spezifität der Antikörper verstehen[2]. Die Theorie bietet auch Erklärungsmöglichkeiten für die unterschiedliche Dauer der Immunität in Abhängigkeit von der chemischen Natur des Antigens. — Die „modifizierten Proteinasen“ von BURNET haben eine gewisse Analogie zu den bakteriellen adaptiven Enzymen.

Man kann sagen, daß die BURNETsche Theorie eine mehr *biologische*, die PAULINGsche eine mehr *physikalisch-chemische* ist. Gegenüber beiden Theorien sind naturgemäß Einwände erhoben worden, und sie mögen vorerst — mangels näherer Kenntnisse über die intracelluläre Proteinsynthese einerseits und die Struktur der globularen Proteine andererseits — vor allem als Arbeitshypothesen wertvoll sein. Im übrigen brauchen sich beide Theorien nicht notwendig auszuschließen. Es erscheint prinzipiell möglich, daß beide Arten von Mechanismen — in Abhängigkeit von der chemischen Natur des Antigens — ins Spiel kommen, worauf HEIDELBERGER[3] kürzlich hingewiesen hat.

f) Komplement[4,5].

Als Folge der Reaktion zwischen *zellgebundenem* Antigen und Antikörper hat man schon frühzeitig gefunden, daß außer der Agglutination unter bestimmten Bedingungen auch Zellauflösung *(Lyse)* eintreten kann. H. BUCHNER fand schon 1890, daß die Immunolyse von Bakterien von 2 Faktoren im Serum abhängt: dem relativ thermostabilen spezifischen Antikörper und einem thermolabilen Faktor, welcher die Lyse „komplettiert“ und den PAUL EHRLICH[6] Komplement genannt hat. Ursprünglich hatte man diesen Faktor *Alexin* (= Schutzsubstanz) genannt, weil er sich praktisch in jedem normalen Serum befindet und bei jeder Immunolyse wesentlich beteiligt ist. Beim Erhitzen des Serums auf 56° wird das Komplement rasch inaktiviert. Als Test verwendet man im allgemeinen ein *hämolytisches System*, weil die Hämolyse besonders gut zu beobachten und quantitativ zu verfolgen ist[7]. Man nimmt z.B. Schafblutkörperchen und Kaninchen-Antischafhämolysin (dessen Eigenkomplement man zuvor durch Erhitzen auf 56° inaktiviert). Hinzu fügt man frisches Serum in fallenden Konzentrationen und verfolgt das Ausmaß der durch dessen Komplement hervorgerufenen hämolytischen Reaktion. — Es hat sich gezeigt, daß verschiedene Tierarten unter normalen Bedingungen vergleichsweise sehr unterschiedliche Komplementaktivitäten aufweisen und daß das Meerschweinchen den höchsten Gehalt an Komplement besitzt. Die meisten Untersuchungen über die Natur des Komplementes wurden daher mit Meerschweinchenserum durchgeführt.

---

[1] HEIDELBERGER, M., F. E. KENDALL and H. W. SCHERP: J. exp. Med. **64**, 559 (1936). — KENDALL, F. E., M. HEIDELBERGER and M. H. DAWSON: J. biol. Ch. **118**, 61 (1937). — [2] Vgl. LEONE, C. A.: J. Immunol. **69**, 285 (1952). — [3] HEIDELBERGER, M.: Angew. Chem. **66**, 403 (1954). — [4] PILLEMER, L.: Recent advances in the chemistry of complement. Chem. Reviews **33**, 1—26 (1943). — ECKER, E. E.: Complement. Ann. Rev. Microbiol. **2**, 255—268 (1948). — [5] Übersicht s. Imm.-Forsch. (DOERR) Bd. II, Das Komplement. — [6] EHRLICH, P., u. J. MORGENROTH: Berlin. klin. Wschr. **1899**, 6, 481; **1900**, 453, 681. — [7] Zur Kinetik der Immunolyse (Immun-Hämolyse) s. MAYER, M. M., and L. LEVINE: J. Immunol. **72**, 511, 516 (1954). — LEVINE, L., and M. M. MAYER: J. Immunol. **73**, 426 (1954). — LEVINE, L., M. M. MAYER and H. J. RAPP: J. Immunol. **73**, 435 (1954). — MAYER, M. M., L. LEVINE, H. J. RAPP and A. A. MARUCCI: J. Immunol. **73**, 443 (1954).

Nicht nur bei der *Immunolyse*, sondern bei *allen* Antigen-Antikörperreaktionen wird aus dem Immunserum Komplement an den Antigen-Antikörperkomplex gebunden und zugleich inaktiviert *(Komplementbindung)*. Die Komplementbindung ist ein sehr empfindlicher Nachweis für Antigen-Antikörperreaktionen und hat praktisch als serologische Methode große Bedeutung (s. z.B. bei DOERR[1]). Bei der quantitativen Verfolgung von Präcipitinreaktionen (S. 955) muß man theoretisch die Bindung von Komplement im Präcipitat berücksichtigen. HEIDELBERGER u. Mitarb.[2] u. a. haben quantitative Untersuchungen hierüber durchgeführt.

Es hat lange gedauert, bis erkannt wurde, daß das Komplement (kurz C′ genannt) kein einheitlicher Wirkstoff ist, sondern aus (wenigstens) *4 aufeinander abgestimmten Komponenten* (C′ 1—C′ 4) besteht, die durch geeignete Verfahren serologisch und chemisch getrennt werden können. Man unterscheidet das „Mittelstück“ oder C′ 1 und das „Endstück“ oder C′ 2. Die relativ hitzestabile Komponente C′ 3 wurde dadurch entdeckt, daß Hefe oder ein daraus hergestelltes, wasserunlösliches reines Polysaccharid (Zymosan) diesen Faktor aus Serum spezifisch absorbiert, wobei das gesamte Komplement inaktiv wird[3]. C′ 4 wurde ebenfalls durch inaktivierende Agentien entdeckt: diese Komponente wird relativ spezifisch durch Carbonylreagentien, wie Hydrazin, Ammoniak oder primäre Amine u. a., inaktiviert[4]. Jede der 4 Komponenten ist für die Wirksamkeit des Komplements (C′) notwendig; wird eine Komponente inaktiviert, so erlischt die Gesamtwirksamkeit, welche jedoch durch Zusatz der betreffenden Komponente zurückkehrt. Auf diese Weise kann man einzelne Komponenten *neben* den übrigen quantitativ „titrieren“.

PILLEMER, ECKER u. Mitarb.[5] haben größere Quantitäten von frischem Meerschweinchenserum (1 Liter) fraktioniert und die einzelnen Komponenten hoch angereichert und teilweise physikalisch-chemisch homogen erhalten. Die Komponenten C′ 1, C′ 2 und C′ 4 sind *empfindliche Proteine*. C′ 1 wird durch destilliertes Wasser oder verdünnte Säure aus Serum ausgefällt und ist ein relativ saures, kohlenhydratarmes Globulin (2,7% Kohlenhydrat, 16,3% N) mit dem isoelektrischen Punkt 5,2—5,4 und der Sedimentationskonstante $s_{20} = 6{,}4$ S. C′ 1 macht 0,6% der Gesamtserumproteine aus. C′ 2 ist ein Mucoeuglobulin (10—11% Kohlenhydrat, 14,2% N) mit dem isoelektrischen Punkt 6,3—6,4, welches *zugleich* Träger der Qualität C′ 4 ist, die auf keine Weise davon abgetrennt werden konnte. Das C′ 2/4-Protein ist zu 0,18% in den Serumproteinen des Meerschweinchens enthalten. In der Ultrazentrifuge erkennt man 3 Banden, so daß das Präparat nicht vollkommen homogen ist. Bei der Behandlung dieses Mucoproteids mit Ammoniak oder Hydrazin wird die C′ 4-Komponente inaktiviert, C′ 2 bleibt erhalten[6]. C′ 4 ist vermutlich im Kohlenhydratanteil verankert. Über die Chemie der Komponente C′ 3 (absorbierbar durch Hefepolysaccharid) ist bislang noch am wenigsten bekannt. Einiges spricht dafür, daß es sich um ein (nicht phosphorhaltiges) Lipoid oder einen Lipoidkomplex handeln könnte, welcher sich im Serum über mehrere Proteinfraktionen verteilt (s. a. das folgende Kapitel, S. 972ff.).

Bei der Komplementbindung wird zuerst immer C′ 1 (Mittelstück) gebunden. Wird dieses inaktiviert, so kann keine der übrigen Komponenten reagieren. C′ 2 (Endstück) und C′ 4

[1] Übersicht s. Imm.-Forsch. (DOERR) Bd. II, Das Komplement. — [2] HEIDELBERGER, M.: J. exp. Med. **73**, 681 (1941). — HEIDELBERGER, M., and M. (M.) MAYER: J. exp. Med. **75**, 285 (1942). — HEIDELBERGER, M., and H. P. TREFFERS: J. gen. Physiol. **25**, 523 (1942). — [3] PILLEMER, L., and E. E. ECKER: J. biol. Ch. **137**, 139 (1941). — [4] PILLEMER, L., J. SEIFTER and E. E. ECKER: J. Immunol. **40**, 89 (1941). — [5] PILLEMER, L., E. E. ECKER, J. L. ONCLEY and E. J. COHN: J. exp. Med. **74**, 297 (1941). — Vgl. dazu LEON, M. A., O. J. PLESCIA and M. HEIDELBERGER: J. Immunol. **74**, 313 (1955). — [6] PILLEMER, L., I. H. LEPOW and L. BLUM: J. Immunol. **71**, 339 (1953).

werden *nach* C′ 1 gebunden, und zwar immer zugleich und quantitativ in gleichen Mengen, was wiederum dafür spricht, daß C′ 2 und C′ 4 am gleichen Protein verankert sind. Die Inaktivierung von C′ 3 durch Hefe oder C′ 4 durch Hydrazin beeinträchtigt die Bindung von C′ 1 und C′ 2 *nicht*. C′ 3, obwohl für die Lyse unerläßlich, wird nicht fixiert. Diese Komponente liegt in der geringsten Konzentration vor und bestimmt daher nach dem Gesetz des Minimums (J. v. LIEBIG) die Wirksamkeit des Komplements. — Es ergibt sich also, daß die Komponenten C′ 1, 2 und 4 in bestimmter, abgestufter Reihenfolge bei der Komplementbindung reagieren[1].

Worin die Komplementwirkung bei der Lyse besteht, ist noch weitgehend unklar. Neuerdings haben sich jedoch bemerkenswerte *Beziehungen des Komplements zum fibrinolytischen System*[2–4] ergeben, deren weitere Erforschung überaus wichtig erscheint.

Serum (besonders des Menschen) enthält ein inaktives proteolytisches Enzym, *Plasminogen* (oder Profibrinolysin), welches unter verschiedenen Bedingungen in das aktive Enzym *Plasmin* (Fibrinolysin) (s. Bd. 2/1, S. 297) übergehen kann. Plasmin baut Fibrinogen, Fibrin und einige andere Plasmaproteine bei p_H 7 ab. Es wurde nun gefunden[2,5], daß die Aktivierung von Plasmin (z. B. durch Streptokinase[3]) mit einer Inaktivierung des Komplements verbunden ist, die daher rührt, daß die Komponente C′ 2/4 proteolytisch abgebaut wird. C′ 1 wird teilweise abgebaut, C′ 3 ist relativ resistent. *Alle* Mechanismen, welche Plasmin aktivieren, führen zur Inaktivierung des Komplements. Nun hat UNGAR[6] gefunden, daß bei allen Antigen-Antikörperreaktionen, wobei bekanntlich Komplement im Serum verschwindet (Komplementbindung), Plasmin aktiviert wird. Die Aktivierung des Plasmins erfolgt hier durch einen körpereigenen Aktivator, *Serofibrinokinase*, der bei Antigen-Antikörperreaktionen mobilisiert wird und der Plasminogen in aktives Plasmin verwandelt. Bei allen Antigen-Antikörperreaktionen läßt sich — auch in vitro! — eine Zunahme der proteolytischen Aktivität des Serums feststellen. Im anaphylaktischen Schock kann diese Aktivierung so groß sein, daß das Blut ungerinnbar wird (Abbau von Fibrinogen). Von großem Interesse ist die Feststellung UNGARs, daß Serofibrinokinase offenbar mit einer Komponente des Komplements identisch ist; denn alle spezifischen oder unspezifischen Verfahren, welche Komplement inaktivieren, inaktivieren gleichzeitig die Serofibrinokinase. Überdies fand PILLEMER[7], daß die Komponente C′ 1 des Komplements große Ähnlichkeit mit Plasminogen besitzt, so daß es also wahrscheinlich ist, *daß Komponenten des fibrinolytischen Systems mit solchen des Komplements identisch sein könnten*. Es ist somit möglich, daß das Plasminsystem (fibrinolytisches System) bei der Komplement-„Fixierung“ beteiligt ist, *welche Voraussetzung für die Immunolyse ist*. Vielleicht wird man die Bezeichnung „Fixierung“ in Bälde durch einen präziseren Ausdruck ersetzen können.

Aus Untersuchungen von BECKER[8] geht hervor, daß die durch Immunreaktionen aktivierte Komponente C′1 des Komplements enzymatische Aktivität besitzt. C′1 scheint eine Protease mit zugleich Esterase-Aktivität zu sein. Die Proteasenatur von C′1 geht auch aus Untersuchungen von LEPOW, RATNOFF u. PILLEMER hervor[9]. Die esterspaltende Wirksamkeit

---

[1] LEON, M. A.: J. Immunol. **76**, 428 (1956). — [2] PILLEMER, L., O. D. RATNOFF, L. BLUM and I. H. LEPOW: J. exp. Med. **97**, 573 (1953). — LEPOW, I. H., L. PILLEMER and O. D. RATNOFF: J. exp. Med. **98**, 277 (1953). — [3] KAPLAN, M. H.: Proc. Soc. exp. Biol. Med. **57**, 40 (1944). — CHRISTENSEN, L. R.: J. gen. Physiol. **28**, 363 (1945). — [4] s. a. RICE, C. E.: J. Immunol. **75**, 85 (1955). — [5] LEPOW, I. H., and L. PILLEMER: J. Immunol. **75**, 63 (1955). — Vgl. a. RATNOFF, O. D., I. H. LEPOW and L. PILLEMER: Bull. Johns Hopkins Hosp. **94**, 169 (1954). — UNGAR, G., and E. DAMGAARD: J. exp. Med. **101**, 1 (1955). — [6] UNGAR, G., and S. H. MIST: J. exp. Med. **90**, 39 (1949). — UNGAR, G., E. DAMGAARD and F. P. HUMMEL: J. exp. Med. **98**, 291 (1953). — Vgl. GEIGER, W. B.: J. Immunol. **68**, 11 (1952). — [7] PILLEMER, L., O. D. RATNOFF, L. BLUM and I. H. LEPOW: J. exp. Med. **97**, 586 (1953). — [8] BECKER, E. L.: Fed. Proc. **15**, 581 (1956). — [9] LEPOW, I. H., O. D. RATNOFF and L. PILLEMER: J. clin. Invest. **35**, 720 (1956).

kann durch Verfolgung der Spaltung von Tosylarginin-methylester (TAME), welches TROLL[1] als Substrat für Esterasen eingeführt hat, quantitativ verfolgt werden. Aktiviertes Plasmin spaltet ebenfalls TAME[1]. C'1 wird durch Diisopropyl-fluorphosphat, einem bekannten Esterasehemmer, kräftig gehemmt[2], wobei auch dessen Komplementaktivität schwindet. — Wenn C'1 (und eventuell weitere Komponenten des Komplements) Enzymcharakter besitzt, so sollte man erwarten, daß einfache Stoffe, die den natürlichen Substraten dieser Enzyme chemisch ähnlich sind, eine konkurrierende Hemmung auf die Aktivität von C'1 und damit auf das Komplement ausüben[3]. CUSHMAN u. BECKER[3] haben daher untersucht, inwieweit Aminosäureester und Derivate die lytische Wirkung des Komplements hemmen. In der Tat erwiesen sich einige D,L-Aminosäure-äthylester u. a. in Konzentrationen von 0,02 molar als Hemmstoffe. Derartige Analysen können in Zukunft vielleicht weitere Aufklärung über die Funktion der einzelnen Komponenten des Komplements erbringen.

Die Aktivierung der Proteolyse bei allergischen Reaktionen[4] hält UNGAR für einen wesentlichen Faktor ihrer humoralen Folgeerscheinungen (Entzündung usw.), so daß das Studium des Komplements von hier aus einen neuen großen Auftrieb von zugleich erheblicher klinischer Bedeutung erhält.

g) Properdin[5]

Wie im voranstehenden Kapitel (S. 969) ausgeführt, gelang es PILLEMER und seinen Mitarbeitern von den bisher bekannten 4 Komponenten des Komplements (C') 3 als empfindliche Serumproteine zu identifizieren und relativ hochgereinigt aus Meerschweinchenserum darzustellen (C' 1, 2 und 4). Bei Versuchen zur Anreicherung und Charakterisierung der Komponente C'3 wurde deren schon lange bekannte Reaktion mit einem wasserunlöslichen Polysaccharid (einem Glucosan[6]) aus der Membran von Hefezellen — *Zymosan* — näher untersucht. Hefezellen oder das aus ihnen zu gewinnende Zymosan inaktivieren C'3. In der Annahme, daß bei der C'3-Inaktivierung ein enzymatischer Mechanismus beteiligt sein könnte, untersuchte PILLEMER die Zymosan-Reaktion mit komplementhaltigem Serum bei verschiedenen Temperaturen. Dabei wurden folgende Beobachtungen gemacht[7]:

Fügt man zu normalem Serum Zymosan *bei 37° C* hinzu, so wird C'3 rasch inaktiviert. Die Reaktion erfordert die Anwesenheit von Magnesium-Ionen[8] und der übrigen Komponenten des Komplements. Das bei 37° C'3-inaktivierte Serum bezeichnet man als R3 (removed C'3).

Fügt man zu normalem Serum Zymosan *bei 15° C* und zentrifugiert anschließend das suspendierte Zymosan ab, so läßt sich zeigen, daß dieses Serum noch den vollen Gehalt an C'3 besitzt. Bei 15° findet also *keine* Inaktivierung von C'3 statt. — Fügt man diesem mit Zymosan vorbehandelten Serum nun erneut Zymosan, *jedoch bei 37°*, zu, so erfolgt die bei Normalserum beobachtete C'3-Inaktivierung *nicht!*

Zwischen einem Normalserum und einem bei 15° zymosanbehandelten Serum besteht demnach ein Unterschied: Zymosan entfernt bei 15° einen *Faktor*, welcher für die C'3-Inaktivierung bei 37° notwendig ist. Fügt man nämlich zu einem zymosanvorbehandelten Serum

---

[1] TROLL, W., S. SHERRY and J. WACHMAN: J. biol. Ch. **208**, 85 (1954). — [2] LEVINE, L.: Biochim. biophysica Acta, N.Y. **18**, 283 (1955). — BECKER, E. L.: Nature **176**, 1073 (1955). — [3] CUSHMAN, W. P., and E. L. BECKER: Fed. Proc. **15**, 584 (1956). — [4] UNGAR, G.: Int. Arch. Allergy **4**, 258—281 (1953). — [5] *Zusammenfassungen:* PILLEMER, L.: Trans. N. Y. Acad. Sci. (II.) **17**, 526 (1955). — PILLEMER, L.; in WHITELOCK, O. V. S., F. N. FURNESS and J. S. KISER (Hrsgb.) Natural Resistance to Infections. Ann. N.Y. Acad. Sci. **66**, 233ff. (1956) [Angew. Chem. **68**, 627 (1956)]. — ISLIKER, H.: The properdin system, Vox Sanguinis **1**, 8—26 (1956). — [6] PILLEMER, L., and E. E. ECKER: J. biol. Ch. **137**, 139 (1941). — HASSID, W. Z., M. A. JOSLYN and R. M. MCCREADY: Am. Soc. **63**, 295 (1941). — [7] PILLEMER, L., L. BLUM, I. H. LEPOW, O. A. ROSS, E. W. TODD and A. C. WARDLAW: Science, N.Y. **120**, 279 (1954). — [8] PILLEMER, L., L. BLUM, J. PENSKY and I. H. LEPOW: J. Immunol. **71**, 331 (1953).

(15°) das abzentrifugierte Zymosan *bei 37°* wieder hinzu, so wird *nun* C'3 rasch inaktiviert. Dieses Zymosan hat also jenen Faktor bei 15° gebunden; frisches Zymosan ist in dieser Anordnung inaktiv.

Dieser auf den ersten Blick nur den spezialisierten Serologen interessierende Faktor hat sich in der Folge als ein Wirkstoff von größtem allgemeinen Interesse erwiesen. Es ergab sich nämlich, daß Serum, welches bei 15° mit Zymosan inkubiert wird, hierbei verschiedene markante biologische Eigenschaften verliert: so verschwindet die *natürliche bactericide Wirksamkeit* gegenüber zahlreichen (besonders gram-negativen)[1] Keimen, ebenso verschwindet ein hitzelabiler *virusneutralisierender Serumfaktor*[2] wie auch ein *gegen Protozoen wirksames Agenz.* Zentrifugiert man Zymosan nach Inkubation mit Serum (bei 15°) ab, wäscht das Sediment und erhöht dann die Ionenstärke des wäßrigen Mediums, so dissoziiert der wirksame Faktor ab und geht in Lösung. Hierauf beruht seine Anreicherung und Hochreinigung[3]. Fügt man ein solches Eluat einem bei 15° mit Zymosan behandelten Serum wieder zu, so ist dessen bactericide, virizide und protozide Wirksamkeit wieder hergestellt. Wegen dieser Eigenschaften wurde für den neu entdeckten Serumfaktor die Bezeichnung *Properdin* (von pro perdere) vorgeschlagen[3], ein Ausdruck, der sich inzwischen allgemein eingeführt hat.

Zur Hochreinigung von Properdin[3] aus frischem menschlichem Serum wird dieses bei 15—17° C mit Zymosan während 75 min inkubiert. Der Properdin-Zymosankomplex wird abzentrifugiert, gewaschen und bei p_H 7,4 und 37° C mit einer Pufferlösung der Ionenstärke $\mu = 0{,}6$ eluiert. Das Eluat wird bei 0—1° C gegen destiliertes Wasser dialysiert, wobei sich eine Fällung ausscheidet, die Properdin enthält. Diese wird in Puffer aufgelöst und die Lösung 3 Std bei 25000 g zentrifugiert, wobei sich unwirksame Produkte niederschlagen. Dann wird 20 Std bei 75000 g zentrifugiert. Das abgeschiedene Sediment ist hochgereinigtes Properdin, das auf diese Weise 3000fach angereichert in einer Ausbeute von 35—50% erhalten wird.

Properdin hat den Charakter eines Euglobulins mit einem Teilchengewicht von mehr als 1 Million ($S_{20} = 25$)[4]. Elektrophoretisch verhält es sich wie ein γ-Globulin. In menschlichem Normalserum sind maximal 2 mg in 100 cm^3 enthalten[4].

Die geschilderten Beobachtungen PILLEMERs lassen sich wie folgt erklären:

1. Wird normales Serum bei 15° mit dem unlöslichen Hefepolysaccharid Zymosan inkubiert, so tritt selektive Bindung des Properdins an Zymosan ein. Die Reaktion ist reversibel. Der Properdin-Zymosankomplex (PZ) kann abzentrifugiert werden. Der Überstand ist properdinfrei, er wird als RP (removed properdin) bezeichnet.

2. RP-Serum enthält noch alle 4 Komponenten des Komplements. Es hat jedoch seine natürliche bactericide, virizide und protozide Wirksamkeit verloren.

3. Durch Anwendung geeigneter Pufferlösungen von relativ hoher Ionenstärke läßt sich Properdin vom PZ-Komplex abdissoziieren und so in hochangereicherter Form in Lösung bringen. Fügt man das Eluat RP-Seren zu, so gewinnen sie die natürliche bactericide usw. Wirksamkeit zurück.

4. Die Reaktion von Zymosan mit Properdin und Komplement, deren Kinetik vor allem LEON[5] eingehend bearbeitet hat, ist zweistufig; sie wird durch das Schema S. 974 veranschaulicht:

Die 2. Stufe der Reaktion erfolgt stöchiometrisch, d.h. bei steigender Konzentration an Properdin in Form des PZ-Komplexes werden äquivalente Mengen

[1] WARDLAW, A. C., and L. PILLEMER: J. exp. Med. **103**, 553 (1956). — [2] GINSBERG, H. S., and R. J. WEDGWOOD: Ann. N.Y. Acad. Sci. **66**, 251 (1956). — Über die phagenneutralisierende Wirkung von Properdin s. VUNAKIS, H. V., J. L. BARLOW and L. LEVINE: Proc. nat. Acad. Sci. USA **42**, 391 (1956). — [3] PILLEMER, L., L. BLUM, I. H. LEPOW, O. A. ROSS, E. W. TODD and A. C. WARDLAW: Science, N.Y. **120**, 279 (1954). — [4] ISLIKER, H.: Verh. dtsch. Ges. inn. Med. **62**, 197 (1956). — [5] LEON, M.: J. exp. Med. **103**, 285 (1956).

(Volumina) an C′3 inaktiviert. Auf diese Weise ließ sich ein *quantitativer Test für Properdin* ausarbeiten[1]: mit Hilfe eines geeigneten komplement-erfordernden lytischen Systems — z.B. Schaferythrocyten, Antischafhämolysin — wird der Abfall des C′3-Titers bestimmt, den 1 Volumeinheit des zu testenden Serums noch Inkubation mit Zymosan bei 37° erfährt. PILLEMER[1] hat hierzu die sog. „Properdin-Einheit" auf der Basis des Zymosantests definiert.

Bei diesem Test muß dafür gesorgt werden, daß einerseits genügend C′3 vorhanden ist, um mit Properdin quantitativ zu reagieren, und andererseits muß C′3 im lytischen System die limitierende Komponente sein, damit das Ausmaß der Lyse von der aktuellen C′3-Konzentration abhängt. Man erreicht dies, indem man der Testprobe zusätzlich ein geeignetes RP-Serum hinzufügt. Als solches eignet sich beispielsweise menschliches RP; im menschlichen Komplement sind die Komponenten C′1, 2 und 4 im Überschuß, C′3 also limitierend. Andererseits ist auch normales Meerschweinchenserum an Stelle von RP verwendet worden, nachdem sich ergeben hatte (s. u.), daß Meerschweinchenserum einen sehr niedrigen Properdingehalt hat, aber bekanntlich reich an Komplement (C′) ist.

1. Stufe (reversibel):

$$\text{Properdin} + \text{Zymosan} \underset{15^\circ\,C}{\overset{C'1 + C'4 + Mg^{\cdot\cdot}}{\rightleftharpoons}} \text{PZ} \quad (\text{Properdin-Zymosan-komplex})$$

2. Stufe (irreversibel):

$$\text{PZ} + C'3 \underset{20\text{—}37^\circ\,C}{\overset{Mg^{\cdot\cdot}}{\longrightarrow}} \text{Inaktivierung von } C'3$$

Mit Hilfe des Zymosantests wurden die folgenden Properdingehalte in Normalseren verschiedener Tiere und des Menschen bestimmt[2,3]:

Tabelle 225. Properdintiter in Normalseren verschiedener höherer Tiere und der Menschen[2].

Species	Properdin-Einheiten je cm³ Serum	Species	Properdin-Einheiten je cm³ Serum
Ratte	25—50	Mensch	4—8
Maus	10—20	Kaninchen	4—8
Kuh	10—20	Schaf	2—4
Schwein	8—12	Meerschweinchen	1—2

Wie ersichtlich, sind Ratten reich, Meerschweinchen dagegen arm an Properdin. Der Mensch nimmt eine Zwischenstellung ein. In der Tat sind Ratten bekanntlich gegen viele Infektionen und Reizwirkungen durch bakterielle Produkte wesentlich resistenter als Meerschweinchen. So scheint es, daß die Fähigkeit zur Properdinbildung mitbestimmend für die natürliche Resistenz gegen verschiedene exogene Noxen ist. In Übereinstimmung hiermit ergab sich[2], daß Ratten nach Röntgenbestrahlung mit 500 r einen massiven Abfall des Properdins ohne Abfall des Komplements und innerhalb von 10—20 Tagen eine im allgemeinen tödliche Bakteriämie erleiden, die durch Gaben höherer Dosen von Properdin zu einem gewissen Prozentsatz verhindert werden kann. LANDY u. PILLEMER[4] fanden kürzlich, daß die tödliche Klebsiella-Infektion der Maus durch hohe Dosen von Properdin verhindert werden kann.

Die baktericide Wirkung des Properdins äußert sich durch *Bakteriolyse*, wobei Properdin die Rolle einer Art „unspezifischen Antikörpers" spielt, der im Zusammenwirken mit Komponenten des Komplements und Magnesium-Ionen (die

[1] PILLEMER, L., L. BLUM, I. H. LEPOW, L. WURZ and E. W. TODD: J. exp. Med. **103**, 1 (1956). — [2] PILLEMER, L., L. BLUM, I. H. LEPOW, O. A. ROSS, E. W. TODD and A. C. WARDLAW: Science, N.Y. **120**, 279 (1954). — [3] ROSS, O. A.: Ann. N.Y. Acad. Sci. **66**, 274 (1956). — [4] PILLEMER, L.: Persönl. Mitt. (1956).

in normalen Seren ausreichend vorhanden sind) Bakterien zur Auflösung bringt. Der properdinbedingten Lyse geht die Fixation von Properdin an der Zellmembran voraus, vergleichbar der immunspezifischen Lyse, bei welcher der spezifische Antikörper mit der bakteriellen Membran reagiert und anschließend Komplement „bindet". Die lytische Wirksamkeit des Properdins scheint auf gramnegative Keime beschränkt zu sein, von denen viele, aber nicht alle[1] properdinempfindlich sind. Es konnte gezeigt werden, daß das jeweilige Substrat an der bakteriellen Zellwand polysaccharidischer Natur ist, und es wurde gefunden, daß vor allem die endotoxischen Lipopolysaccharide (0-Antigene) der gramnegativen Bakterien in vivo- und in vitro- Affinität zu Properdin besitzen[2,3]. In ausgedehnten Untersuchungen ergab sich, daß viele lösliche Polysaccharide mit Properdin reagieren. Viele, jedoch nicht alle, der dabei entstehenden (meist löslichen) Properdin-Polysaccharidkomplexe inaktivieren C'3 bei 37° C, wirken also antikomplementär.

Als wirksam erwiesen sich unter anderem Dextrane aus bakteriellen Kulturfiltraten, Endotoxine sowie Mucoide und Mucopolysaccharide aus Geweben höherer Tiere.

Tabelle 226. Wirksamkeit verschiedener Polysaccharide gegenüber Properdin[5].

Polysaccharid	Benötigte Menge: zur Inaktivierung von 8 Properdin-Einheiten in vitro mg	Benötigte Menge: zur signifikanten Erhöhung des Properdinspiegels in vivo (Maus) mg
Bakterielle Zellwände .	0,5—5,0	0,1—1,0
Bakterielle Lipopolysaccharide	0,5—5,0	0,001—0,01
Polysaccharide aus Säugetiergewebe . .	1,0—5,0	0,02—0,1
Zymosan(e)	0,5—5,0	0,1—1,0

Sehr wesentlich ist die Beobachtung[4], daß die Injektion von Zymosan bei Ratten und Mäusen, in Abhängigkeit von der Dosis, zu einem primären Abfall mit nachfolgendem Anstieg des Properdins über die Norm führt. Der Properdinspiegel des Serums kann auf den 4—6fachen Wert ansteigen, um innerhalb mehrerer Tage langsam wieder auf die Norm abzufallen. Später wurde gefunden, daß auch andere Polysaccharide nach Injektion beim Tier zu einer Erhöhung des Properdinspiegels innerhalb weniger Stunden führen können, *daß das Properdinsystem also stimulierbar ist.* Die vorstehende Tabelle 226 zeigt, daß hierbei bakterielle Lipopolysaccharide (s. S. 913) und einige Mucoide aus Geweben höherer Tiere *in vivo* außerordentlich wirksame Stimulatoren des Properdins, beispielsweise bei Mäusen, sind. Doch gilt dies auch für andere Tiere und den Menschen, der sich in klinischen Untersuchungen[6] als besonders empfindlich in bezug auf die Stimulierbarkeit seines Serumproperdins erwies. Bereits 0,1 bis 0,3 γ eines hochgereinigten Lipopolysaccharids aus gramnegativen Bakterien (*E. coli, S. abortus equi, S. typhi* u. a.) verursachen nach intravenöser Injektion tagelang anhaltende Anstiege des Serumproperdins auf Werte von 200—400% über dem Normalwert.

Landy u. Pillemer[3] haben in umfangreichen Untersuchungen das Verhalten des Serumproperdins von Mäusen nach Injektion variierender Dosen hochgereinigter bakterieller Lipopolysaccharide untersucht. Mit 0,1—1 γ je Maus (intravenös

[1] Wardlaw, A. C., and L. Pillemer: J. exp. Med. **103**, 553 (1956). — [2] Pillemer, L., M. D. Schoenberg, L. Blum and L. Wurz: Science, N.Y. **122**, 545 (1955). — [3] Vgl. a. Landy, M., and L. Pillemer: J. exp. Med. **103**, 823 (1956); **104**, 383 (1956). — [4] Pillemer, L., and O. A. Ross: Science, N.Y. **121**, 732 (1955). — [5] Pillemer, L.: Ann. N. Y. Acad. Sci. **66**, 240 (1956). — [6] Eichenberger, E., u. H. Isliker: Helv. physiol. Acta **14**, C 64 (1956). — Fritzsche, W.: Vortrag. 99. Tagung Ges. Dtsch. Naturf. Ärzte, Hamburg, 23.—26. 9. 1956.

oder intraperitoneal) beobachtet man nur einen Anstieg des Properdins ohne negative Vorphase. Je höher die Dosis (bis zu 100 γ je Maus), um so ausgeprägter tritt ein initialer Abfall des Properdins ein, dem jedoch eine um so länger anhaltende Erhöhung folgt, die bis zu 1 Woche lang anhalten kann. Während dieser Zeit zeigen die Tiere eine wesentlich erhöhte *unspezifische Infektresistenz,* und es ist die Frage, inwieweit hierbei Properdin als bestimmender Faktor mit im Spiel ist. Von hier aus erscheinen auch Probleme der klinischen unspezifischen Therapie, wobei bekanntlich Extraktstoffe und neuerdings hochgereinigte Lipopolysaccharide aus Bakterien injiziert werden, in neuem Lichte[1].

Bei hohen Lipopolysacharid-Dosen tritt im Serum der so behandelten Tiere eine hochmolekulare Substanz auf, welche mit dem Properdintest interferiert, weshalb Seren solcher Tiere zuvor 2—3 Std lang bei 30000—40000 g zentrifugiert werden müssen, wobei sich das interferierende Material niederschlägt. Ohne Zentrifugation werden unreelle, wesentlich zu niedrige Properdinwerte ermittelt[2].

Wardlaw u. Pillemer[3] haben die Funktion des Properdins bei Infekten mit properdinempfindlichen Keimen (*S. typhi, E. coli, Shigellen* u. a.) in dem Sinne diskutiert, daß in der ersten Phase der Infektion, wo noch keine spezifischen Antikörper gebildet sind, unspezifische Abwehrmechanismen im Vordergrund stehen, wobei Properdin durch Fixation am polysaccharidischen Endotoxin die *unspezifische* Lyse des Bakteriums einleitet. Sobald *spezifische* Antikörper auftreten, reagieren sie mit den determinanten Gruppen des Polysaccharids an der bakteriellen Zelloberfläche und „blockieren" dadurch den weiteren Verbrauch an Properdin, welches sehr wahrscheinlich an denselben polysaccharidischen Strukturen angreift. Auf diese Weise wird also beim bakteriellen Infekt das sofort zur Verfügung stehende Properdin durch die später gebildeten spezifischen Antikörper sozusagen abgelöst.

Es gibt eine menschliche Erkrankung, die sog. paroxysmale nächtliche Hämoglobinurie (PNH) — Anaemia *Marchiafava-Micheli* —, bei der die roten Blutkörperchen besonders während der Nacht zur Hämolyse neigen. Wie Pillemer und seine Mitarbeiter[4] fanden, hämolysieren solche Erythrocyten nur bei Gegenwart von Properdin. Entfernt man Properdin mittels Zymosan-Absorption bei 15—17° C aus den Seren solcher Kranken, so wird die gesteigerte Hämolyse (in vitro) aufgehoben. Zusatz von Rattenserum, das reich an Properdin ist (s. Tabelle 225), reaktiviert das lytische System. Martin[5] hat nun zeigen können, daß auch normale Erythrocyten in ihren Stromata properdin-affine Substrate besitzen, die hier jedoch nicht frei reaktionsfähig vorliegen, sondern erst durch eine Vorbehandlung — z.B. mit Digitonin oder auch mit Trypsin[6] — freigelegt (demaskiert) werden müssen. PNH-Erythrocyten scheinen in dem Sinne geschädigt zu sein, daß ein normalerweise nicht an der Zelloberfläche zugängliches Substrat freigelegt ist, wodurch die Zellen mit Properdin reagieren können und gegen properdinbedingte Lyse empfindlich geworden sind.

Damit ist gezeigt, daß nicht nur Bakterien, sondern auch Zellen höherer Organismen und des Menschen durch das Properdinsystem lysiert werden können. Nachdem nun einerseits aus verschiedenen Geweben höherer Tiere properdinaffine Mucopolysaccharide isoliert wurden[7] (s. Tabelle 226), andererseits nach Zellschädigungen (Verbrennung, Bestrahlung, Operationen u. a.), oftmals ohne

---

[1] s. z.B. Westphal, O.: Arzneim.-Forsch. **6**, 51 (1956). Verh. dtsch. Ges. inn. Med. **62**, 192 (1956). — [2] Landy, M., and L. Pillemer: J. exp. Med. **103**, 823 (1956); **104**, 383 (1956). — [3] Wardlaw, A. C., and L. Pillemer: J. exp. Med. **103**, 553 (1956). — [4] Pillemer, L., L. Blum, I. H. Lepow, O. A. Ross, E. W. Todd and A. C. Wardlaw: Science, N.Y. **120**, 279 (1954). — Hinz, C. F., W. S. Jordan and L. Pillemer: J. Lab. clin. Med. **44**, 811 (1954). — [5] Martin, H.: Verh. dtsch. Ges. inn. Med. **62**, 331 (1956). — Vgl. a. Martin, H., u. J. Voss: Kli. Wo. **1955**, 217. — [6] Hinz, C. F., and L. Pillemer: J. clin. Invest. **34**, 912 (1955). — [7] Shear, M. J., and L. Pillemer: Persönl. Mitt. — Vgl. Pillemer, L., M. D. Schoenberg, L. Blum and L. Wurz: Science, N.Y. **122**, 545 (1955). — Pillemer, L.: Ann. N.Y. Acad. Sci. **66**, 233 (1956).

ersichtliche bakterielle Beteiligung, offenbar rein endogen bedingte Abfälle des Properdins beobachtet werden, erscheint es möglich — und wird neuerdings stark diskutiert —, daß eine wesentliche Funktion des Properdins darin besteht, *die Lyse geschädigter* (oder alternder) *Zellen einzuleiten. Die properdinbedingte endogene Cytolyse* beansprucht daher zur Zeit größtes klinisches Interesse (u. a. auch *Cancerolyse!*), und es ist möglich, daß dieser Lysetyp sich als von noch allgemeinerer Bedeutung erweisen wird als die properdinbedingte unspezifische Bakteriolyse. Die Untersuchungen hierüber sind erst in den Anfängen.

h) Unspezifische Immunität, unspezifische Infektresistenz.

Vor mehr als 50 Jahren hat Sir ALMROTH WRIGHT[1] auf die Bedeutung der folgenden Erscheinung hingewiesen: Wenn man Menschen oder Tieren abgetötete Typhusbacillen injiziert, so beobachtet man in der Folge eine „negative Phase", deren Dauer (bis zu einigen Tagen) von der Dosis der injizierten Vaccine abhängt und während welcher die natürliche bactericide Kraft des Blutes einen deutlichen Abfall erleidet. Wurde aber eine relativ sehr kleine Vaccinedosis injiziert, so konnte vielfach eine signifikante Erhöhung der Blutbactericidie während der Dauer einiger Tage nachgewiesen werden. Diese bactericide Wirksamkeit beschränkte sich nicht auf die zur Injektion verwendeten Bakterien, sondern war weitgehend unspezifisch.

In der Folge ist viel über das Phänomen gearbeitet worden (s. bei BRANDIS[2]). In den letzten Jahren ist das Thema am gleichen Londoner Institut (Wright-Fleming-Institut) durch ROWLEY[3] wieder aufgenommen worden. ROWLEY u. Mitarb. haben gramnegative Bakterien und die durch ihre Vaccinen an Mäusen hervorgerufenen unspezifischen Resistenzveränderungen näher untersucht (s. a.[4]). Es wurde gefunden, daß Substanzen in den Zellwänden der wirksamen Bakterien für den Effekt verantwortlich zu machen sind. Die Ergebnisse eines typischen Experiments zeigt Tabelle 227. ROWLEY[5] injizierte Mäusen kleine Mengen des bakteriellen Materials intraperitoneal oder intravenös und infizierte sie nach 30 min bzw. 48 Std mit virulenten Coli-Keimen gleicher Art oder nichtverwandter Serotypen.

Die LD_{50}-Werte für normale Mäuse betrug für die stark mäusepathogenen Stämme E. coli V_2 und $V_3 \sim 10^3$ Keime, für E. coli 2380 etwa 10^4 (jeweils bestimmt an > 100 Mäusen).

Prinzipiell die gleichen Ergebnisse wurden bei sonst gleicher Anordnung nach Vorbehandlung mit Zellwänden von *Salmonella typhimurium* erhalten, womit die Unabhängigkeit des Effekts von der immunspezifischen Beziehung des verwendeten Materials wiederum dargetan wurde. — In weiteren Untersuchungen (s. a.[6]) konnte ROWLEY[7] dann zeigen, daß die wirksame Substanz in den bakteriellen Zellwänden mit dem jeweiligen Endotoxin (0-Antigen) identisch ist (s. S. 913).

Die Befunde von ROWLEY wurden in umfangreichen Untersuchungen von LANDY u. PILLEMER[8] nachgearbeitet, bestätigt und erweitert. Sie untersuchten an einer großen Zahl von Mäusen das zeitliche Auftreten von Resistenzschwankungen in Abhängigkeit von der Dosis des injizierten Lipopolysaccharids. Die

[1] WRIGHT, A. E.: Antityphoid Inoculation, S. 11ff. London 1904 [ROWLEY, D.: loc. cit. 5]. — [2] BRANDIS, H.: Über die Promunität (Depressionsimmunität). Ergebn. Hyg. **28**, 141—202 (1954), mit viel Literatur. — [3] ROWLEY, D.: Brit. J. exp. Path. **35**, 528 (1954). — [4] FIELD, T. E., J. G. HOWARD and J. L. WHITBY: J. R. Army med. Corps **101**, 324 (1955). — [5] ROWLEY, D.: Lancet **1955 I**, 232. — [6] WHITELOCK, O. V. S., F. N. FURNESS and J. S. KISER (Hrsgb.): Natural Resistance to Infections, Ann. N. Y. Acad. Sci. **66**, 233—414 (1956). — [7] ROWLEY, D.: Brit. J. exp. Path. **37**, 223 (1956). — [8] LANDY, M., u. L. PILLEMER: J. exp. Med. **104**, 383 (1956).

Tabelle 227. Infektresistenz bei Mäusen 30 min und 48 Std nach Vorbehandlung mit E. coli 2380-Zellwänden[1].

Zellwände von E. coli 2380 Dosis	Zeit vor der Infektion	Zahl der virulenten Keime je Maus, mit denen infiziert wurde	Zahl der innerhalb 48 Std nach Infektion gestorbenen Mäuse	
			Versuch* (vorbehandelt)	Kontrolle* (unvorbehandelt)
0,1 mg intraperitoneal . .	30 min	5000 E. coli 2380	2/3	0/3
		500	2/3	0/3
		50	1/3	0/3
		5	2/3	0/3
0,2 mg intraperitoneal . .	48 Std	$2 \cdot 10^6$ E. coli V_2	0/6	3/3
		$2 \cdot 10^5$	0/6	3/3
		$2 \cdot 10^4$	0/6	3/3
0,05 mg intraperitoneal .	48 Std	$2 \cdot 10^6$	1/2	3/3
		$2 \cdot 10^5$	0/5	5/5
		$2 \cdot 10^4$	0/5	5/5
		$2 \cdot 10^3$	0/2	2/2
0,1 mg intravenös	48 Std	$2 \cdot 10^6$ E. coli V_5	1/3	3/3
		$2 \cdot 10^5$	0/3	3/3
		$2 \cdot 10^4$	0/3	3/3
		$2 \cdot 10^3$	0/3	2/3

* Zahl der gestorbenen Tiere je Gesamtzahl in derselben Gruppe.

nachstehende Tabelle 228 bringt die Resultate eines typischen Experiments, bei welchem die Resistenz gegen den für Mäuse hochvirulenten Stamm *Klebsiella pneumoniae* Typ 1 untersucht wurde, von dem bereits weniger als 25 lebende Keime je Maus mit Sicherheit mehr als die Hälfte der infizierten (unvorbehandelten) Mäuse töteten. Die Mäuse wurden mit verschiedenen Dosen des reinen S. typhosa-Lipopolysaccharids vorbehandelt. Jede Zahl der Tabelle 228 entspricht dem Prozentsatz überlebender Tiere aus einer Gruppe von wenigstens 10.

Die neueren Befunde über die Beeinflussung der Infektresistenz durch bakterielle Lipopolysaccharide und die Entdeckung Pillemers[2], daß das gegen viele gramnegative Bakterien bactericid wirkende Properdinsystem (s. S. 972) durch die gleichen Lipopolysaccharide in zeitlich vergleichbaren Schwankungen markant stimuliert werden kann (s. Tabelle 226), führte bald zu der Vermutung, daß Properdin ein bei der unspezifischen Infektresistenz wesentlich mitspielender

Tabelle 228. Resistenz-Entwicklung gegen die Klebsiella-Infektion nach Vorbehandlung von Mäusen mit einem bakteriellen Lipopolysaccharid[3].

Dosis des S. typhosa-Lipopolysaccharids intrapertitoneal injiziert γ je Maus	Infektion mit	Std zwischen Vorbehandlung mit Lipopolysaccharid und der Infektion					
		3	6	12	24	48	72
		% überlebender Tiere					
100	Klebsiella	20	30	70	100	80	100
10	pneumoniae	70	80	100	100	50	20
1	Typ 1	90	80	100	0	10	0
0,1	250 Keime	70	90	10	10	0	0

[1] Rowley, D.: Lancet **1955 I**, 232. — [2] Pillemer, L.: Ann. N.Y. Acad. Sci. **66**, 233 (1956). — [3] Landy, M., and L. Pillemer: J. exp. Med. **104**, 391 (1956).

Faktor sein könnte[1,2]. LANDY u. PILLEMER[3] haben diese Frage näher untersucht, indem sie bei den oben geschilderten Untersuchungen parallele Properdinbestimmungen durchführten. Bei einigen Infektionen, wie z.B. der Klebsiella-Infektion der Maus, scheint das Properdinsystem tatsächlich einer der limitierenden Resistenzfaktoren zu sein. Bei weiteren Infektionen, auch an anderen Species, bedarf es noch weiterer eingehender Analysen. Die Auswertung solcher Untersuchungen ist nicht einfach, weil nicht der aktuelle Properdingehalt des Serums, sondern der potentielle „Nachschub" an Properdin für die Prognose einer Infektion mit einem properdinempfindlichen Keim ausschlaggebend zu sein scheint. Andererseits sind aber auch Experimente beschrieben worden[4], bei denen Versuchstiere nach Vorbehandlung mit Endotoxinen (Lipopolysacchariden) langanhaltende Resistenzsteigerungen gegenüber Erregern zeigten, die mit Sicherheit properdin-*un*empfindlich sind, wie z.B. Staphylokokken, Friedlaender- oder Tuberkelbacillen[4]. Hier werden also noch andere Faktoren stimuliert, die bislang unbekannt sind.

Wenn somit Properdin in vielen Fällen *einer* der humoralen Faktoren für die Ausbildung unspezifischer Infektresistenz ist, so dürften daneben noch weitere *humorale* wie auch *celluläre* Faktoren[5] mit im Spiel sein, deren Erforschung von größtem Interesse ist. In jedem Fall haben jedoch die neueren Untersuchungen über das Properdinsystem und die Beeinflussung der unspezifischen Resistenz der weiteren Forschung auf diesem Gebiet einen großen Auftrieb gegeben.

---

[1] PILLEMER, L.: Ann. N.Y. Acad. Sci. **66**, 233 (1956). — [2] ROWLEY, D.: Lancet **1955 I**, 232. Brit. J. exp. Path. **37**, 223 (1956). — [3] LANDY, M., and L. PILLEMER: J. exp. Med. **103**, 823 (1956); **104**, 383 (1956). — [4] DUBOS, R. J., and R. W. SCHAEDLER: J. exp. Med. **104**, 53 (1956). — SCHAEDLER, R.W., and R. J. DUBOS: J. exp. Med. **104**, 67 (1956). — [5] s. z.B. BIOZZI, G., B. BENACERRAF and B. N. HALPERN: Brit. J. exp. Path. **36**, 226 (1955) (Phagozytose-Aktivität des R.E.S.). — HIRSCH, J. G.: J. exp. Med. **103**, 589, 613 (1956) (Phagozytin, ein bakterizider Faktor in Granulocyten).

2. Entgiftung.

Das an dieser Stelle vorgesehene Kapitel folgt in Bandteil II/2c.

Namenverzeichnis.

Sachverzeichnis.

Erklärung: Fettdruck = Hauptstichwort für Organe; kursiver Fettdruck desgl. für Stoffe; Kursivdruck: 1. desgl. für Organismen; 2. für wichtige Stichworte; fetter Punkt über der Zeile = Formel im Text; Schema, Tab., Abb., Gleichung = Schema usw. im Text.

Berichtigungen.

Zu Band I.

Seite

29[7]: statt: O. Rebbe lies: O. H. Rebbe.
56[31], 66[6], 105[11]: statt: Hammet lies: Hammett.
152[1]: statt: Westergreen lies: Westergren.
178[2]: statt: Tamann lies: Tammann.
194[4]: statt: Hackh, J. W. D. lies: Hackh, I. W. D.
218[16], 219[12]: statt: Reimann lies: Reiman.
221[5]: statt: Wintrope lies: Wintrobe.
223[9]: lies dieses Zitat als: Rickes, E. L., N. G. Brink, F. R. Koniuszy, T. R. Wood and K. Folkers: Science, N. Y. **107**, 396 (1948).
244[5]: statt: Engström, H. lies: Engström, A.
358[7]: statt: Witebski lies: Witebsky.
365[4]: statt: Jäckle lies Jaeckle.
375[1], 376[2], 377[5]: statt: J. P. Rolf, lies: I. P. Rolf.
407[5]: statt: Schenk lies: Schenck.
426[7]: statt: Prelog, K., u. F. Führer lies: Prelog, V., u. J. Führer.
435[2,3]: statt: Liebermann lies: Lieberman.
446[2]: statt: Perlman lies: Pearlman.
454[5]: statt: de Rudder, R. lies: de Rudder, B.
463[4]: statt: G. Z. Schuringa lies: G. J. Schuringa.
470[2]: statt: Zussmann lies: Zussman.
511[5], 547[14]: statt: Krakauer lies: Krakaur.
523[2], 525[6]: statt: Seligmann lies: Seligman.
529[2,11]: statt: Kassel lies: Kassell.
536[12]: statt: R. V. P. Rivers lies: R. V. Pitt Rivers.
539[6]: statt: Beer, J. S. lies: Beer, R. J. S.
546[2]: statt: Gunnes lies: Gunness.
551[9]: statt: N. M. Camien lies: M. N. Camien.
588[2]: statt: Åkeson lies: Åkesson.
603[10]: statt: Beckmann lies: Beckman.
626[2]: statt: A. L. Kibrick lies: A. Kibrick.
626[3]: statt: A. L. Kibrick lies: A. C. Kibrick.
630[18]: statt: Ennenkel lies: Enenkel.
689[2]: statt: Wichmann, H.: lies: Wichmann, A.: H.
692[11]: statt: R. B. Greene lies: R. D. Greene.
695[11,13]: statt: Malmros u. A. Blix lies: Malmros, H., u. G. Blix.
698[8]: statt: Tantury lies: Tanturi.
699[4]: statt: F. L. Lee lies: M. Lee.
729[10,11]: statt: Sjörstrand lies: Sjöstrand.
730[11,13,15], 731[22]: statt: Snellmann lies: Snellman.
731[3]: statt: M. M. Ljubimowa lies: M. N. Ljubimowa.
740[7]: statt: Kay, H. P. lies: Kay, H. D.
755[12]: statt: B. Ingelmann and H. Mosiman lies: B. Ingelman and H. F. Mosimann.
756[5]: statt: Holmberg lies: Holmgren.
757[3]: statt: Robertson, W. lies: Robertson, W. v. B.
757[14]: statt: J. Werner lies: I. Werner.
769[2]: statt: Sevag, M. lies: Sevag, M. G.
795[15]: vorletztes Zitat statt: H. Strack lies: E. Strack.
829[2]: statt: Bang, J. lies: Bang, I.
830[1]: statt: S. Dorfmüller lies: G. Dorfmüller.
835[3]: statt: Steyn-Parré lies: Steyn-Parvé.
871[6,8,10], 873[1,2], 874[2], 879[10], 880[1,5], 885[2], 888[8]: statt: Åkeson lies: Åkesson.
877[1]: statt: Numita, J. lies: Numita, I.

Seite

887[16]: statt: R. H. Wyndham lies: R. A. Wyndham.
913[15]: statt: Müller lies: Muller.
986[10]: statt: Spiegelmann lies: Spiegelman.
996[13]: statt: Weiss-Tabori lies: Weisz-Tabori.
1000[4], 1035[53]: statt: Wright, C. J. lies: Wright, C. I.
1032[5]: statt: Tamann lies: Tammann.
1084[24]: statt: Burgen, A. S. v. lies: Burgen, A. S. V.
1090[3]: statt: Lowry, O. lies: Lowry, O. H.
1098[4]: statt: Fischer lies: Fisher.
1111[8]: statt: Ch. F. Carter lies: C. E. Carter.
1128[10]: statt: Frantz, I. D. lies: Frantz, I. D. jr.
1129[6]: statt: Waelsch, N. lies: Waelsch, H.
1140[8]: statt: Dittmar lies: Dittmer.
1143[9]: statt: Stadie, A. C. lies: W. C. Stadie.
1144[4]: statt: R. V. Rivers lies: R. V. Pitt Rivers.
1144[8]: statt: Mendelson lies: Mendelssohn.
1157[2]: statt: J. W. Stein lies: I. W. Stein.
1159[15]: statt: Kassel lies: Kassell.
1164[13]: statt: Kohlstedt lies: Kohlstaedt.
1258 l., bei Abrams, R.: statt: Miller, R. F. lies: Miller, B. F.
1259 r.: statt: Åkeson lies: Åkesson.
1260 l. u. r. bei Alexander, B.: statt: Seligmann lies: Seligman.
1262 l., bei Angier: statt: Sikels lies: Sickels.
1265 l., hinter: Bachmann, C. füge ein: — s. Lundgren, H. P. 765[9].
1266 r.: statt: Bang, J. lies: Bang, I.
1270 l.: statt: Beckmann, W. W. lies: Beckman, W. W. — statt: Beer, J. S. lies: Beer, R. J. S.
1270 r., bei Beney: statt: O. Lowry lies: O. H. Lowry.
1275 r.: statt Blix, B., s. Malmros lies: Blix, G., s. Malmros, H.
1276 l., 1. Zeile: statt: J. Werner lies: I. Werner.
1278 l., bei Born, H. J.: statt: M. A. Timoféeff-Ressowsky lies: H. A. Timoféeff-Ressowsky.
1280 l., bei Brand, E., L. J. Saidel: statt: B. Kassel lies: B. Kassell.
1282 l.: statt: Brink, L. lies: Brink, N. G.
1284 r.: statt: Burgen, A. S. v. lies: Burgen, A. S. V.
1299 r.: statt: Dittmar lies: Dittmer.
1300 l., bei Dobriner: statt: — s. Liebermann lies: — s. Lieberman.
1301 r., bei Dunn, F. W.: statt: Dittmar lies: Dittmer. — bei Dunn, M. S., N. M. Camien: statt: N. M. Camien lies: M. N. Camien.
1306 l., bei Engelhardt, V. A.: statt: M. M. Ljubiwoma lies: M. N. Ljubimowa. — statt: Ennenkel lies: Enenkel.
1308 r.: statt: Fahrländer, K. lies: Fahrländer, H.
1310 r., bei Fieser, L. F.: statt: — s. Liebermann lies: — s. Lieberman.
1316 l.: statt: Fischer, I. lies: Fisher, I. — bei Fischler, M.: statt: Loebisch lies: Löbisch.
1320 l.: statt: Frantz, I. D. lies: Frantz, I. D. jr.
1322 r.: statt: Führer, F., s. Prelog, K. lies: Führer, J., s. Prelog, V. — bei Fujita, A., T. Hara: statt: J. Numata lies: I. Numata.
1325 l., bei Glick, D.: statt: — s. Fischer, I. lies: — s. Fisher, I.
1325 r.: statt: Gonella lies: Gonella, A.
1329 r.: statt: Greene, R. B. lies: Greene, R. D. — bei Greengard, H.: statt: — J. W. Stein lies: — I. W. Stein; statt: — s. Tantury lies: — s. Tanturi; — bei Greenstein, J. P.: statt: Ch. F. Carter lies: C. E. Carter.
1330 l., bei Grönwall, A.: statt: B. Ingelmann and H. Mosiman lies: B. Ingelman and H. F. Mosimann.
1331 r.: statt: Gunnes lies: Gunness. — bei Gurin, S.: statt: — s. Lundgren, H. lies: Lundgren, H. P.
1332 r.: statt: Hackh, J. W. D. lies: Hackh, I. W. D.
1333 l., bei Hahn, L., G. v. Hevesy and O. Rebbe: statt: O. Rebbe lies: O. H. Rebbe.
1334 r.: statt: Hammet lies: Hammett.
1335 l., bei Hanson, H.: statt: Abderhalden, R. lies: Abderhalden, E.
1335 r., bei Harington, C. R., and R. V. P. Rivers: statt: R. V. P. Rivers lies: R. V. Pitt Rivers.
1340 r., bei Hellerman, L., A. Lindsay: statt: Bovarnik lies: Bovarnick. — bei Helmer, O. M.: statt: Kohlstedt lies: Kohlstaedt.
1343 r., bei Hill, B. R.: statt: Liebermann lies: Lieberman.

Seite
1344 l., bei HILLER, A., R. L. GREIF: statt: BECKMANN lies: BECKMAN.
1446 l.: HOLMBERG, H., s. JORPES, E. 756[5] ist zu streichen.
1346 r., bei HOLMGREN, H. füge hinzu: — s. JORPES, E. 756[5].
1349 r., bei HIJMANS VAN DEN BERGH: statt: MÜLLER lies: MULLER.
1350 l.: statt: INGELMANN lies: INGELMAN.
1351 l., bei IVY, A. C.: statt: TANTURY lies: TANTURI.
1351 r.: statt: JÄCKLE lies: JAECKLE.
1359 r.: statt: KIBRICK, A. L. lies: KIBRICK, A. C.
1363 r., bei KÖGL, F.: statt: — u. G. Z. SCHURINGA lies: — u. G. J. SCHURINGA.
1364 l.: statt: KOHLSTEDT lies: KOLSTAEDT.
1364 r.: statt: KONIUSKY, G. lies: KONIUSZY, F. R.
1365 r.: statt: KRAKAUER lies: KRAKAUR.
1371 r., bei LACKMAN, D. B.: statt: SEVAG, M. lies: SEVAG, M. G.
1374 l.: statt: LEE, F. H. lies: LEE, M.
1375 l., bei LEMBERG, R.: statt: — and R. H. WYNDHAM lies: R. A. WYNDHAM. — bei LESPAGNOL: statt: POLONOWSKI, — lies: POLONOWSKI, M.
1376 r., bei LEVENE, P. A.: statt: — and J. P. ROLF bzw. — J. P. ROLF and H. S. SIMMS lies: I. P. ROLF bzw. — I. P. ROLF and H. S. SIMMES.
1377 r.: statt: LIEBERMANN, S. lies: LIEBERMAN, S.
1378 r., bei LINDSTRÖM, B. statt: ENGSTRÖM, H. lies: ENGSTRÖM, A.
1379 r.: statt: LOEBISCH lies: LÖBISCH.
1381 l.: statt: LOWRY, O. lies: LOWRY, O. H.
1381 r.: statt: LUNDGREN, H. lies: LUNDGREN, H. P. und ordne ein unter den folgenden Titel.
1383 l., bei MALMROS u. A. BLIX lies: MALMROS, H., u. G. BLIX.
1384 l., bei MARSHALL, P. G.: statt: KAY, H. P. lies: KAY, H. D.
1387 l., bei MCGRATH, L.: statt: BEER, J. S. lies: BEER, R. J. S.
1388 r.: statt: MENDELSON lies: MENDELSSOHN.
1391 r., bei MICHEALIS, L.: statt: — u. A. MENDELSON lies: — u. A. MENDELSSOHN; — statt: — s. HAHN, P. E. lies: — s. HAHN, P. F.
1392 r., bei MINOT statt: — s. REIMANN lies: — s. REIMAN.
1395 l., bei MOSIMANN, H.: statt: — s. GRÖNWALL lies: MOSIMANN, H. F., s. GRÖNWALL.
1397 r.: statt: NAUNYN, B., s. MINKOWSKY, O. lies: NAUNYN, B., s. MINKOWSKI, O.
1402 r., bei OCHOA: statt: — and E. WEISS-TABORI lies: — and E. WEISZ-TABORI — bei ODIN, L.: statt: WERNER, J., lies: WERNER, I.
1404 r., bei OWENS, W. M.: statt: HEILBRONN lies: HEILBRON. — bei PAGE, I. H.: statt: KOHLSTEDT lies: KOHLSTAEDT.
1406 r., hinter PEACOCK, D. H. füge ein: PEARLMAN, W. H., s. PINCUS, G. 446[2].
1409 l., bei PINCUS, G.: statt: — and W. H. PERLMAN lies: — and W. H. PEARLMAN; — statt: PITT RIVERS usw. lies: PITT RIVERS, R. V., s. HARINGTON, C. R. 536[12], 1144[4] sowie: — s. NEUBERGER, A. 1058[2].
1411 r.: statt PRELOG, K., u. F. FÜHRER lies: PRELOG, V., u. J. FÜHRER.
1414 r.: statt: REBBE, O. lies: REBBE, O. (H.)
1415 r.: statt: REIMANN, C. K. lies: REIMAN, C. K.
1416 r., bei RHOADS: statt: LIEBERMANN lies: LIEBERMAN. — statt: RICKES, E. L., L. BRINK, G. KONIUSKY, F. R. WOOD, T. R. and K. FOLKERS lies: RICKES, E. L., N. G. BRINK, F. R. KONIUSZY, T. R. WOOD and K. FOLKERS.
1418 l., bei RITTENBERG: statt: — s. WAELSCH, N. lies: WAELSCH, H. — RIVERS, R. V. P. usw. ist zu streichen. — bei ROBERTSON, A.: statt: — s. BEER, J. S. lies: BEER, R. J. S.
1419 r.: statt: ROLF, J. P. lies: ROLF, I. P.
1421 r.: statt: RUDDER, R. DE lies: RUDDER, B. DE.
1422 r., bei SABINE: statt: WRIGHT, C. J. lies: WRIGHT, C. I.
1425 r.: statt: SCHENK, M. lies: SCHENCK, M.
1431 l.: statt: SCHURINGA, G. Z. lies: SCHURINGA, G. J.
1432 l.: statt: SELIGMANN lies: SELIGMAN.
1432 r.: statt: SEVAG, M. lies: SEVAG, M. G. und ordne dort ein.
1435 l.: statt: SJÖRSTRAND lies: SJÖSTRAND.
1436 r., bei SMITH, E. L.: statt: — and R. B. GREEN lies: — and R. D. GREEN.
1437 l., bei SMOLENS: statt: SEVAG, M. lies: SEVAG, M. G.
1439 l.: statt: SPIEGELMANN lies: SPIEGELMAN.
1439 r.: statt: A. C. STADIE lies: W. C. STADIE.
1442 r.: statt: STEYN-PARRÉ lies: STEYN-PARVÉ.
1443 l., bei STOKES, J. L.: statt: GUNNES lies: GUNNESS (zweimal).
1444 l.: statt: STRACK, H. lies: —.
1446 r.: statt: SVENNERHELM lies: SVENNERHOLM.
1447 r.: statt: TAMANN lies: TAMMANN und ordne ein hinter: TAMM, S. 1448 l.

Seite

1448 l.: statt: Tantury lies: Tanturi.

1449 l., bei Thannhauser: statt: — u. S. Dortmüller lies: —.

1450 l., bei Theorell, H. sowie bei Theorell, H., and S. Bergström: statt: Åkeson lies: Åkesson.

1454 r.: bei Turba, F.: statt: — u. H. Ennenkel lies: — u. H. Enenkel.

1458 l., bei Virtanen statt: — s. Erkarna lies: — s. Erkama.

1458 r., vorletzte Zeile: statt: Waelsch, N. lies: Waelsch, H.

1459 l., bei Wald, G.: statt: Zussmann lies: Zussman.

1460 l., statt: Waldsschmidt-Leitz lies: Waldschmidt-Leitz.

1464 l., statt: Weiss-Tabori lies: Weisz-Tabori und ordne ein hinter: Weisz, P.

1465 l., statt: Westergreen lies: Westergren.

1466 l.: statt: Wichmann, H. lies: Wichmann, A.

1467 r., bei Wilander, O.: statt: Holmgreen lies: Holmgren.

1469 r., bei Wilson, D. W.: statt — s. Lundgren, H. lies: — s. Lundgren, H. P.

1470 r.: statt: Wintrope lies: Wintrobe. — statt: Witebski lies: Witebsky.

1472 l., bei Woodier: statt: Beer, J. S. lies: Beer, R. J. S.

1472 r., bei Wrede, F., H. Fanselow: statt: Strack, H. lies: Strack, E. — statt: Wright, C. J. lies: Wright, C. I.

1476 r.: statt: Zussmann lies: Zussman.

Zu Band II/1 a.

130[10]: statt: J. F. S. Mackay lies: I. F. S. Mackay.

134[5]: statt: (1948) lies: (1949).

218[5]: statt: Russel lies: Russell.

294[8]: statt: Enekel lies: Enenkel.

300[8]: 2. Zitat: statt: Rafsley lies: Rafsky.

356[7]: statt: Carrié, K. lies: Carrié, C.

361[12]: statt: E. P. S. Parvé lies: E. P. Steyn-Parvé.

374[7]: statt: Sawitzky lies: Sawitsky.

430[2], 467[1]: statt: N. J. Brink lies: N. G. Brink.

519[3]: statt: Saal, R. N. S. lies: Saal, R. N. J.

599[2]: statt: Yanett lies: Yannett.

626[20]: statt: J. Krimsky lies: I. Krimsky.

659[10]: statt: Rath, C. R. lies: Rath, C. E.

695[7]: statt: Stohlmann lies: Stohlman.

771[3]: statt: Weissberg lies: Weisberg.

780[6]: statt: Price, W. lies: Price, W. H.

813[9]: statt: K. Kabe lies: H. Kalbe.

820[5]: statt: N. Nath lies: H. Nath.

Zu Band II/1 b.

875[3]: statt: Gould, G. lies: Gould, R. G.

886[12]: statt: Senecca lies: Seneca.

887[6]: statt: R. R. Rosenfeld lies: R. S. Rosenfeld.

895[8]: statt: Eitington lies: Eitingon.

905[2]: statt: H. W. Jones lies: H. W. Jones jr.

906[20]: statt: Curtos lies: Curtis.

913[10]: letztes Zitat: statt: Lawrie, H. R. lies: Lawrie, N. R.

951[3]: statt: Ringer, A. J., E. M. Fränkel and L. Jonas lies: Ringer, A. I., E. M. Frankel and L. Jonas.

958[5], 966[1]: statt: N. V. Gladkowa lies: V. N. Gladkowa.

965[1], 4. Zitat: statt: E. A. Schaefer lies: A. E. Schaefer.

969[10]: statt: Ringer, A. J. lies: Ringer, A. I.

984[1, 2]: statt: La du Bert N. jr. lies: La Du, B. N. jr.

1005[4], bei Watson, C. J. usw.: statt: Bossenmeier lies: Bossenmaier; statt: 835 lies: 831.

1006[3]: statt: Raine, D. M. lies: Raine, D. N.

1062[7]: statt: I. C. Lederer lies: I. G. Leder.

1092[51]: statt: Shepherd, J. H. lies: Shepherd, J. A.

1193[7]: statt: A. Arvidson lies: H. Arvidson.

1197[9], 1234[5]: statt: D. S. Ingle lies: D. J. Ingle.

1266 r.: statt: Arvidson, A. lies: Arvidson, H.

1268 l., bei Azarkh: statt: N. V. Gladkowa lies: V. N. Galdkowa.

1269 l., bei Baker, B. L.: statt: D. S. Ingle lies: D. J. Ingle.

Seite

1270 l.: BANCROFT, J. W. s. CHARGAFF, E. 858[16] ist zu streichen.
1271 l., bei BARKI, V. H.: statt: N. NATH lies: H. NATH.
1289 r.: statt: BOSSENMEIER lies: BOSSENMAIER.
1291 l., bei BRANNON, E. S.: statt: WARREN, J. v. lies: WARREN, J. V.
1292 r.: statt: BRINK, N. J. lies: BRINK, N. G.
1292 r.: setze BRØCHNER-MORTENSEN hinter BRODY, T. M. auf S. 1293 l.
1295 r., bei BUCHANAN, J. M.: statt: — s. SCHULMANN lies: — s. SCHULMAN.
1296 r., bei BÜRGER, M.: statt: — H. D. OERTER lies: — u. H. D. OETER.
1300 r.: CARMAZZA, P. ordne ein S. 1301 l. hinter CARLSTEN.
1301 r.: statt: CARRIÉ, K. lies: CARRIÉ, C.
1308 l.: setze CLOWES hinter CLOSS.
1309 r., bei COLLINS, A.: statt: SENECCA lies: SENECA.
1311 r., unter CORI, C. F.: statt: — s. PRICE, W. lies: — s. PRICE, W. H.
1314 r.: statt: CURTOS, J. M. lies: CURTIS, J. M. und ordne ein vor: CURTIUS, F. — statt: CUTHBERTSON, D. B. lies: CUTHBERTSON, D. P.
1317 l., unter DAVIDSON, J. V.: statt: CROSSBIE lies: CROSBIE.
1322 r., bei DOISY, E. A., S. A. THAYER: statt: CURTOS lies: CURTIS.
1328 r.: statt: EITINGTON lies: EITINGON.
1329 l., bei ELLENBOGEN, E.: statt: SENECCA lies: SENECA.
1330 r.: statt: ENEKEL lies: ENENKEL.
1333 l., vorletzte Zeile: statt: SCHMITD lies: SCHMIDT.
1335 l.: setze hinter FABER. M. ein Komma.
1338 l., bei FINCH, C. A.: statt: — s. RATH, C. R. lies: — s. RATH, C. E.
1342 r.: FRÄNKEL, E. M., s. RINGER, A. J. ist zu streichen.
1343 l., bei FRANKEL, E. M.: statt: RINGER, A. J. 969[10] lies: RINGER, A. I. 951[3], 969[10].
1343 r., bei FREE, A. H.: statt: LEONHARDS lies: LEONARDS; statt 226[12] lies: 226[13].
1344 r., bei FRIEDBERG, F.: statt: WINNICK, R. lies: WINNICK, T. — statt: FRIEDEMAN, U. lies: FRIEDEMANN, U.
1351 l.: statt: GLADKOWA, N. V. lies: GALDKOWA, V. N.
1352 l.: statt: GLATZKO lies: GLAZKO.
1355 l.: statt: GOULD, G. lies: GOULD, R. G. und ordne dort ein.
1358 l., bei GREENBERG, D, M.: statt: — s. LA DUBERT, N. jr. lies: — s. LA DU, N. N. jr.
1359 r.: statt: GROLLMANN lies: GROLLMAN.
1367 r., bei HARPER, A. A.: statt: J. F. S. MACKAY lies: I. F. S. MACKAY.
1368 l.: bei HARRISON, H. E.: statt: YANETT lies: YANNET.
1373 l.: bei HELMAN, L.: statt: R. R. ROSENFELD lies: R. S. ROSENFELD.
1373 r.: bei HENDERSON, E.: statt: SENECCA lies: SENECA.
1384 r.: statt: HUGGINS, A. R., R. A. SEIBERT and R. A. BRYAN lies: HUGGINS, R. A., R. A. SEIBERT and A. R. BRYAN.
1386 r.: statt: INGLE, D. S. lies: —.
1390 r., bei JONAS, L.: statt: RINGER, A. J. lies: RINGER, A. I.
1391 l.: statt: JONAS, H. W. lies: JONAS, H. W. jr.
1393 l.: statt: KALBE, K. lies: KALBE, H.
1393 r., bei KALNITSKY, G.: statt: SHEPHERD, J. H. lies: SHEPHERD, J. A.
1404 r., letzte Zeile: statt: GRISOLLA lies: GRISOLIA.
1408 l., bei KRIEGER, C. L.: statt: RAFSLEY lies: RAFSKY. — statt: KRIMSKY, J. lies: KRIMSKY, L.
1411 l.: statt: LA DU BERT, N. jr. lies: LA DU, B. N. jr.
1415 l.: statt: LAWRIE, H. R. lies: LAWRIE, N. R.
1416 l.: statt: LEDERER, I. C. lies: LEDER, I. G. — bei LEDOGAR, J. W.: statt: H. W. JONES lies: H. W. JONES jr.
1419 r., bei LEVINE, R.: statt: — s. WEISSBERG lies: — s. WEISBERG.
1432 l.: statt: MACKAY, J. F. S. lies: MACKAY, I. F. S.
1434 r., bei MALYOTH: statt: STEN lies: STEIN.
1444 l., l. Zeile: statt: SAWITZKY lies: SAWITSKY.
1445 r., bei MILLER, E. C.: statt: PRICE, S. M. lies: PRICE, J. M.
1453 r.: statt: NAKAYAMA, J. lies: NAKAYAMA, Y.
1454 l.: statt: NATH, N. lies: NATH, H.
1456 r., bei NEWMAN, B.: statt: RAFSLEY lies: RAFSKY.
1476 r., bei RACKER, E., G. DE LA HABA: statt: I. C. LEDERER lies: I. G. LEDER. — bei RACKER, E.: statt: J. KRIMSKY lies: I. KRIMSKY. — statt: RAFSLEY lies: RAFSKY. — statt: RAINE, D. M. lies: RAINE, D. N.
1478 l.: statt: RATH, C. R. lies: RATH, C. E.
1482 l., bei RICKES, E. L.: statt: N. J. BRINK lies: N. G. BRINK.

Seite

1483 l.: statt: RINGER, A. J. lies: RINGER, A. I.; — bei RINGER, A. I.: statt: FRÄNKEL lies: FRANKEL.

1485 l., bei ROCKENBACH, J.: statt: SENECCA lies: SENECA.

1487 r.: statt: ROSENFELD, R. R. lies: ROSENFELD, R. S.

1489 r.: statt: RUSSEL, J. A. lies: RUSSELL, J. A. und ordne ein vor: RUSSELL, M. A.

1490 l.: statt: SAAL, R. N. S. lies: SAAL, R. N. J.

1496 r., nach SCHLÄPFER, E., s. BERNHARD: lies: SCHLÄPFER, M., s. FLASCHENTRÄGER, B.

1505 r.: statt: SENECCA lies: SENECA.

1507 l.: statt: SHEPHERD, J. H. lies: SHEPHERD, J. A.

1513 r.: bei SMITH, M. I.: statt: STOHLMANN lies: STOHLMAN.

1518 l., bei STARY, Z.: statt: — E. BURSA lies: — F. BURSA.

1522 l.: statt: STOHLMANN lies: STOHLMAN.

1523 r., bei STRENGTH, D. R.: statt: E. A. SCHAEFER lies: A. E. SCHAEFER.

1526 r., bei TALBOT, N. B.: statt: — and I. V. EITINGTON lies: — and I. V. EITINGON; — statt: TAMANN lies: TAMMANN.

1529 r.: die letzte Zeile ist zu streichen.

1530 r., bei THOMAS, K.: statt: — u. K. KALBE lies: — u. H. KALBE.

1534 r., bei TURBA: statt: ENEKEL lies: ENENKEL; — statt: TURPEINER lies: TURPEINEN.

1537 l.: statt: VANDOLA lies: VANDOLAH.

1540 r., 1. Zeile: statt: VISCHER lies: VISSCHER.

1542 l., bei WAGNER, H.: statt: — s. RIFFARTH lies: — s. RIFFART.

1545 r., bei WATSON, C. J., K. P. DE MELLO: statt: BOSSENMEIER lies: BOSSENMAIER.

1547 r.: statt: WEISSBERG lies: WEISBERG und ordne ein S. 1547 l. hinter WEIR, W. C.

1549 r., bei WESTENBRINK: statt: — E. P. S. PARVÉ lies: — E. P. STEYN-PARVÉ.

1553 r., bei WILLIAMS, W. L.: statt: LOWE, G. U. lies: LOWE, C. U.

1559 l.: statt: YANETT lies: YANNET; — bei YANOFSKY, C.: statt: — and D. BONNER lies: — and D. M. BONNER.

1651 r.: bei Lipoproteiden: statt 321 Tab. lies: 312 Tab.

Zu Band II/2a.

VI, zu Band I: Berichtigung zu S. 92[17] ist zu streichen.

VII, zu Band II/1b: Berichtigung zu S. 1352 l. ist zu streichen.

IX, zu Band II/2a: Berichtigung zu S. 512[8] ist zu streichen; — bei Berichtigung zu S. 792: statt: 1. Absatz lies: 2. Absatz.

6: i) Die Entgiftungsfunktion der Leber S. 452 ist 3 Zeilen tiefer zu rücken und zu setzen vor: α) Allgemeines S. 452.

50[2], bei BALFOUR, W. M.: statt: W. F. BALL lies: BALE, W. F.

66[1]: statt: LUZZATO lies: LUZZATTO.

76[9], 6. Zitat: statt: KLOTZBUCHER lies: KLOTZBÜCHER.

91[2]: statt: HERS, H. lies: HERS, H. G.

144[2]: statt: JUKES, T. lies: JUKES, T. H.

157[1,6]: statt: PAVLOVIĆ, P. lies: PAVLOVIĆ, R.

163[5]: statt: J. G. LINCOLN lies: G. J. LINCOLN.

179[3]: statt: ROBLEIN lies: ROBLIN.

196, Schema, rechtes Kästchen: statt: C_2O lies: CO_2.

202[11]: statt: WÜRSCH lies: WÜERSCH.

206[4]: statt: GOULD, R. G. lies: GOULD, G.

278[1]: statt: E. SCHOENHEIMER lies: R. SCHOENHEIMER.

280[7]: statt: RINGER, A. J. lies: RINGER, A. I.

300[2], 301[5]: statt: G. SCHMIDT lies: G. SCHMID.

306[4]: statt: HIERS, C. W. H. lies: HIRS, C. H. W.

310[3]: statt: H. DAKIN: lies: H. D. DAKIN.

321[3]: statt: M. MANDEL lies: L. MANDEL.

336[5]: statt: H. SALASKIN lies: S. SALASKIN.

343[7]: statt: J. JARROLD lies: T. JARROLD.

347[1], 352[4]: statt: GRAY, E. L. lies: GRAY, E. LE B.

377[12], 378[5]: statt: M. WALTER lies: H. WALTER.

425[14]: statt: TAYLER lies: TAYLOR.

441[7]: statt: MYANT, M. B. lies: MYANT, N. B.

466[9]: statt: LAWRIÉ lies: LAWRIE.

Seite

517, Stercobilin-Formel: der 3. Ring ist zu korrigieren in:

531[8]: statt: YANOWITZ lies: JANOWITZ.
539[8]: statt: HEITERMAN lies: HEITMAN.
553[6]: statt: M. A. FIESER lies: M. FIESER.
571[2]: statt: STÖHR, P. lies: STÖHR, P. jr.
584[3], 586[5]: statt: KESTYÜS lies: KESZTYÜS.
675[14]: statt: MAZONÉ lies: MAZOUÉ.
686[1], 735[11]: statt: MCCONNEL lies: MCCONNELL.
687[9]: statt: SCHNEIDER, H. lies: SCHNEIDER, H. A.
688[9]: statt: MASSHOF lies: MASSHOFF.
709[13]: statt: WATERMANN lies: WATERMAN.
714[4]: statt: W. L. HUGHES lies: W. HUGHES.
788[2]: statt: RASZKOWSKI lies: RACZKOWSKI.
911[11]: statt: SNELLMANN lies: SNELLMAN.
957 r.: statt: BALE, W. F., s. BALFOUR, W. M. 53[2] lies: BALE, W. F., s. BALFOUR, W. M. 50[2], 53[2].
958 l., bei BALFOUR, W. M.: statt: W. F. BALL lies: W. F. BALE. — BALL, W. F., s. BALFOUR, W. M. 50[2] ist zu streichen.
959 r., bei BARRON, E. S. G., Z. B. MILLER: statt: J. MAYER lies: J. MEYER.
965 l., bei BERTHET, J. und bei BERTHET, L.: statt: HERS, H. lies: HERS, H. G.
968 l., bei BLIX, G.: statt: SNELLMANN lies: SNELLMAN.
968 r., bei BLOCH, K.: statt: — s. SNOKE, J. R. lies: — s. SNOKE, J. E.; — bei BLOCH, K.: statt: — s. WÜRSCH lies: — s. WÜERSCH.
975 r.: setze BRØCHNER-MORTENSEN hinter BRODY, T. M., S. 976 l.
976 l., bei BROWN, E. F.: statt: — s. GRAY, E. L. lies: — s. GRAY, E LE B.
978 r., bei BÜRGER, M.: statt: KLOTZBUCHER lies: KLOTZBÜCHER.
981 l.: statt: CAFIERA lies: CAFIERO.
983 l.: statt: CARRIÉ, K. lies: CARRIÉ, C.
984 r., bei CAWLEY, J. D.: statt: — s. GRAY, E. L. lies: — s. GRAY, E. LE B.
986 r., bei CHARGAFF, E.: statt: — s. LAVINE lies: — s. LEVINE.
987 r.: statt: CHOLACK lies: CHOLAK.
989 r., bei COHN, E. J.: statt: TAYLER lies: TAYLOR.
991 l., bei COOK, J. W.: statt: M. M. KENNAWAY lies: N. M. KENNAWAY.
997 r., bei DAVIS, C. B. jr.: statt: GOULD, R. G. lies: GOULD, G.
1003 l., bei DOYON, (M.): statt: KAREEF lies: KAREFF.
1010 l.: statt: ENKELWITZ lies: ENKLEWITZ.
1011 l., bei ERNSTER, L.: statt: LINDEBERG, O. lies: LINDBERG, O.
1012 r., bei FANTL, P.: statt: J. G. LINCOLN lies: G. J. LINCOLN; — bei FANTL, P., M. N. ROME: statt: NESLON lies: NELSON.
1015 l.: statt: FIESER, M. A. lies: FIESER, M.
1019 l.: statt: FOWLER, W. W. lies: FOWLER, W. M.
1028 r.: statt: GOTTLEBE, B. lies: GOTTLEBE, P.
1029 r.: statt: GRAY, E. L. lies: GRAY, E. LE B.
1031 r.: statt: GREENMANN lies: GREENMAN.
1033 l., bei GROSSMAN, M. I.: statt: YANOWITZ lies: JANOWITZ.
1034 l., bei GUNSALUS: statt: — s. LICHTSTEIN lies: — s. LICHSTEIN.
1041 r.: statt: HETTERMANN lies: HEITMANN.
1044 r., bei HICKMAN, K. C. D.: statt: s. GRAY, E. L. lies: s. GRAY, E. LE B.
1046 l.: statt: HIRS, C. W. J. lies: HIRS, C. H. W.
1046 r., bei HISWA, F. L.: statt: ZARROW, M. lies: ZARROW, M. X.
1049 l., bei HOLTZ, P.: statt: M. WALTER lies: H. WALTER.
1050 r., bei HUANG: statt: WÜRSCH lies: WÜERSCH.
1055 l., hinter JANNEY, N. W. füge ein: JANOWITZ, H. D., s. GROSSMAN, M. I. 531[8]. — statt: JARROLD, J. lies: JARROLD, T.
1057 r.: statt: JUKES, T. lies: JUKES, T. H.
1058 r.: statt: KALEOĞLU, G. lies: KALEOĞLU, Ö.
1060 r., bei KELLY, F. B. jr.: statt: GOULD, R. G. lies: GOULD, G.
1062 l.: statt: KESTYÜS lies: KESZTYÜS.
1065 r.: statt: KLOTZBUCHER lies: KLOTZBÜCHER.
1067 l., bei KOMINZ, D. R.: statt: L. LAKI lies: K. LAKI.

Seite

1068 l., bei KOSSEL, A. statt: — u. H. DAKIN lies: — u. H. D. DAKIN; — bei KOWALEWSKI: statt: H. SALASKIN lies: S. SALASKIN.
1072 r., bei LANDSTRÖM: statt: WOHLFAHRT lies: WOHLFART.
1073 l., bei LANG, K.: statt: — u. G. SCHMKDT lies: — u. G. SCHMID.
1073 r.: statt: LAPRESLF lies: LAPRESLE.
1074 r., bei LAYNE: statt: BESSMANN lies: BESSMAN.
1075 l., bei LECOQ: statt: MAZONÉ lies: MAZOUÉ.
1076 l., bei LEHNINGER: statt: — s. RALL, R. W. lies: — s. RALL, T. W.
1076 r.: statt: LE MAY-KNOX, W. E. lies: LE MAY-KNOX, M.
1079 l.: LICHSTEIN ist einzuordnen hinter: LIBOWITZKY.
1079 r.: statt: LINCOLN, J. G. lies: LINCOLN, G. J.
1084 l., bei LÜTH, H. C.: statt: ORNDORF lies: ORNDORFF.
1084 r., bei LUSK, G.: statt: RINGER, A. J. lies: RINGER, A. I.; — statt: LUZZATO lies: LUZZATTO.
1085 r., bei MCCANCE, R. A.: statt: — and LAWRENCE, C. D. lies: — s. LAWRENCE, C. D.
1086 r., bei MACHELLA: statt: RHOADS, T. E. lies: RHOADS, J. E.
1089 r.: statt: MAGNUS, LEVY lies: MAGNUS-LEVY.
1090 r.: statt: MANDEL, M. lies: MANDEL, L.; — bei MANDEL, P., M. JACOB: statt: M. MANDEL lies: L. MANDEL.
1094 r.: statt: MAZONÉ lies: MAZOUÉ.
1096 l., bei MENDEL, B., D. B. MUNDELL: statt: H. H. RUDNEY lies: H. RUDNEY.
1101 r., bei MONTGOMERY, M. L.: statt: — s. CHAIKOFF, I. lies: CHAIKOFF, I. L.
1102 r., bei MORGAREIDGE: statt: GRAY, E. L. lies: GRAY, E. LE B.
1103 r., bei MOSS, A. R.: statt: E. SCHOENHEIMER lies: R. SCHOENHEIMER.
1105 r.: statt: MYANT, M. B. lies: MYANT, N. B.
1105 r., 1106 l. und r.: statt: NACHMANNSOHN lies: NACHMANSOHN.
1111 l., 3. u. 4. Zeile von unten: OGIHARA usw. sind hinter O'GARA einzuordnen.
1111 r., bei OKRENT: statt: WACHOLDER lies: WACHHOLDER.
1112 r.: statt: ORNDORF lies: ORNDORFF.
1115 r.: statt: PAWLOVIĆ, P. lies: PAWLOVIĆ, R.
1119 l.: statt: PINCUS, C. lies: PINCUS, G.
1119 r., bei PLATZ, B. R.: statt: — s. SCHNEIDER, H. lies: — s. SCHNEIDER, H. A.
1120 l., bei POCHIN: statt: MYANT, M. B. lies: MYANT, N. B.
1121 l., bei POPPER, H.: statt: DE LA HUERGA lies: J. DE LA HUERGA.
1121 r., bei POSTERNAK, T. (Z.): statt: SUTHERLAND, E. lies: SUTHERLAND, E. W.
1124 r.: vor RADEFF, T. ist einzufügen: RACZKOWSKI, H. A., s. THORN, W. 788[2].
1126 l.: RASZKOWSKI, H. A., s. THORN, W. 788[2] ist zu streichen.
1126 r., bei REDDY, D. V. N.: statt: CEREDO lies: CERECEDO.
1131 l.: statt: RINGER, A. J., u. G. LUSK lies: — u. G. LUSK.
1133 l., bei ROLL, P. M., G. BROWN usw.: statt: R. J. DI CARLO lies: F. J. DI CARLO. — bei RONA, P.: statt: P. PAWLRVIČ lies: R. PAWLOVIČ.
1139 r., bei SCHAEFERS, E.: statt: DORING lies: DÖRING.
1140 r., bei SCHILLING, R. F.: statt: WALLENSTEIN lies: WALLERSTEIN.
1141 r., hinter SCHMID, F. füge ein: SCHMID, G., s. LANG, K. 300[2], 301[5].
1141 r., bei SCHMIDT, C. L. A.: statt: GREAVES, J. lies: GREAVES, J. D.
1142 l.: Die Zeilen 1 und 2 sind zu streichen.
1142 r.: statt: SCHNEIDER, H. lies: SCHNEIDER, H. A.
1144 r., bei SCHULTZ, J.: statt: CASPERSON lies: CASPERSSON.
1152 r., bei SMITH, A. H., 2. und 3. Zeile: statt: HEITERMAN lies: HEITMAN.
1154 r.: statt: SNELLMANN lies: SNELLMAN. — bei SÖRENSEN, N. A.: statt: KOHN lies: KUHN.
1156 r., bei STADIE, W. C.: statt: — s. HAUGHAARD lies: — s. HAUGAARD; — statt: STADMAN lies: STADTMAN.
1157 l., bei STARKENSTEIN: statt: — u. WEDEN lies: — u. H. WEDEN; — bei STARY, Z., H. BODUR: statt: BATYOK lies: BATIYOK.
1157 r., bei STEENBOCK, H.: statt: — s. SCHNEIDER, H. lies: — s. SCHNEIDER, H. A.
1159 l.: STERN, K. ist hinter STERN, J(OSEPH) R. zu setzen.
1159 r., bei STEWART, C. P.: statt: — s. DZIALOSZYNSKI, E. M. lies: — s. DZIALOSZYNSKI, L. M.
1160 l.: statt: STÖHR, P. lies: STÖHR, P. jr.
1161 r.: statt: SUBBRAROW lies: SUBBAROW.
1165 r.: statt: TAYLER, H. L. lies: TAYLOR, H. L. und ordne ein hinter: TAYLOR, H. C. jr., s. UNNA, K.
1167 r., 1. Zeile: statt: THOMPSON, R. H. lies: THOMPSON, R. H. S.; — bei THORN, W.: statt: RASZKOWSKI lies: RACZKOWSKI.
1168 r., bei TOMPSETT, S. L.: statt: — and I. FITZPATRICK lies: — and J. FITZPATRICK.
1172 r., bei VARGA, E.: statt: KESTYÜS lies: KESZTYÜS.

Seite
1174 l., bei Vilter, R. W.: statt: J. Jarrold lies: T. Jarrold.
1175 l.: statt: Wacholder lies: Wachholder.
1177 l.: statt: Wallenstein lies: Wallerstein; — statt: Walter, M. lies: Walter, H.
1178 l.: statt: Watermann lies: Waterman.
1179 l.: statt: Well, L. (hinter: Weil, A.) lies: Weil, L.
1187 l., bei Winterbottom: statt: Roblein lies: Roblin.
1188 l., bei Wolf, A.: statt: — and A. M. Pappehneimer lies: — and A. M. Pappenheimer.
1189 r.: statt: Würsch lies: Wüersch.
1190 l.: Yanowitz, H. D., s. Grossman, M. I. 531[8] ist zu streichen.
1216 r., bei Sklera, Gehalt an Natrium: statt: 876[Tab.] lies: 872[Tab.]
1283 l., bei Heparin lies die 5. Zeile: —, Wirkung auf Takata-Reaktion 244.

Zu Band II/2 b.

9[10]: statt: Schmidt, C. lies: Schmidt, C. F.
19[4]: statt: Hayman, J. H. jr. lies: Hayman, J. M. jr.
32[7]: statt: Burnet lies: Burnett.
33[2]: statt: Conann lies: Conan.
34, Absatz 2, Zeile 4: statt: Cincophen lies: Cinchophen.
38, Legende zu Abb. 7: statt: Säureausscheidung[2] lies: Säureausscheidung[3].
47[6]: statt: Findley lies: Findley jr.
54, letzter Absatz, Zeile 1 und S. 62, Absatz 4, Zeile 1: statt: Kängeruhratte lies: Känguruhratte.
71[20]: statt: I. C. Aub lies: J. C. Aub.
73[5]: statt: C. Elvehjem lies: C. A. Elvehjem.
85, Absatz 1, Zeile 3 von unten: statt: andere lies: anderen.
88[2,10]: statt: Elkington lies: Elkinton.
88[9]: statt: Black-Shaffer lies: Black-Schaffer.
93[11]: statt: Lichtwitz, L. lies: Lichtwitz, L., u. K. G. Stern.
108, Absatz 1, Zeile 8: statt: Schapiro lies: Shapiro.
110, vorletzter Absatz, Zeile 3 von unten: statt: Natriumsalycilat lies: Natroumsalicylat.
119[5]: statt: Grief lies: Greif.
120[8]: statt: Nassett lies: Nasset.
128[3]: statt: Vignaud lies: Vigneaud.
137[2]: bei Anrep, G. V.: statt: Talaaf lies: Talaat.
137[5]: statt: S. Effkemann lies: G. Effkemann.
138, Absatz 3, letzte Zeile: statt: rhöht lies: erhöht.
140[7]: statt: Myers, V. lies: Myers, V. C.
142, Absatz 2, Zeile 1: statt: Mörner[14] lies: Mörner[15].
145, Absatz 3, Zeile 2: die Worte „nach Beyer[3]" sind zu streichen; — statt: abhängig lies: abhängig[3].
147[1]: statt: Physiologie lies: Chemie.
153[3]: statt: H. Eisenreich lies: F. Eisenreich.
154[6]: statt: Nicolas lies: Nicholas.
161, vorletzter Absatz, vorletzte Zeile: statt: Kängeruh lies: Känguruh.
161*, letzte Zeile: statt: Lichtwitz, L. lies: Lichtwitz, L. u. K. G. Stern.
163[6]: statt: (1934) lies: (1931).
167[2]: statt: Mårtensoon lies: Mårtensson.
169, Absatz 3, letzte Zeile: statt: Arragonit lies: Aragonit.
177, Absatz 4, Zeile 1: statt: Menschenn lies: Menschen.
177[5]: statt: Myers lies: Meyers.
183[9]: „and E. Rohrmann" ist zu streichen.
185, Zeile 2: statt: Pregnandiaol lies: Pregnandiol.
186, Tabelle 53, in Spalte Untersucher, 19. Zeile: statt: Engel u. Mitarb. lies: Engel.
195[25]: statt: I. F. Cadden lies: J. F. Cadden.
198[14]: statt: (1950) lies: (1951).
202[6]: statt: Schmidt, E. A. lies: Schmidt, A.
207, Absatz 1, letzte Zeile: statt: Phylloerythrogen lies: Phylloerythrin.
207[7]: statt: Rio lies: Riv.
208[9]: statt: Thaysen, P. E. H. lies: Thaysen, T. E. H.
209, Absatz 5, Zeile 6: statt: Bact. lies: Bac.
209[4]: statt: **1950**, 68 lies: **1950**, 681.
215[2]: statt: Zunz lies: Zuntz.
222, letzter Absatz, Zeile 3: statt: Wehninger lies: Wehinger.
227[9,11]: statt: Fischler, M. lies: Fischler, F.

Seite

230[3]: statt: WATSON, C. lies: WATSON, C. J.
236[9]: statt: DENKO, K. W. lies: DENKO, C. W.
240[11]: statt: M. u. W. lies: M. m. W.
241, Zeile 2: statt: 6,5 lies: 6,46; — Zeile 16: statt: das lies: der; — Zeile 27: statt: Gasbrandbecillus lies: Gasbrandbacillus; — letzter Absatz, Zeile 3: statt: acidiphilus lies: acidophilus; — letzter Absatz, vorletzte Zeile: statt: Eiweißersetzer lies: Eiweißzersetzer.
243, Absatz 3, letzte Zeile: statt: Darmoperatione lies: Darmoperationen.
243[1]: statt: LUK-KEY lies: LUC-KEY.
275[5]: statt: J. GR EF lies: I. GRAEF.
288, Zitate, Zeile 9: statt: [21] lies: [12].
294, letzter Absatz, Zeile 13: es ist zu streichen: (s. S. 299).
297[8]: statt: VOSER, M. lies: VOSER, W.
305, vorletzter Absatz, vorletzte Zeile: statt: PO lies: PO_4.
318[7]: statt: ANDERSEN lies: ANDERSON.
321[12]: statt: J. GERSH lies: I. GERSH.
323[6]: statt: BÜRKI lies: BÜRGI.
355, letzte Zeile: statt: Amerika]) lies: Amerika])[7].
360[3]: statt: WAKEMANN lies: WAKEMAN.
372, Absatz 7, vorletzte Zeile: statt: Colia erogens lies: Coli aerogenes.
379[1,5]: statt: S. H. THOMPSON lies: S. Y. THOMPSON.
382[2]: statt: STEENBOK lies: STEENBOCK.
386[1]: statt: ÅKESON lies: ÅKESSON.
388[7]: statt: WALLGREEN lies: WALLGREN.
388[11], 391[7]: statt: BONDMANN lies: BANDMANN.
388[27]: statt: (1954) lies: (1934).
392[7]: statt: CHAMBRELENT, (I). lies: CHAMBRELENT, (J.).
469[12]: statt: R. FRASER lies: T. R. FRASER.
474[1]: statt: Conf. of Rapp. lies: Conf. et Rapp.
485[10]: statt: GÜRTLER lies: GRÜTER.
503, Unterschrift unter Formel 1. u.: lies: 3,3'-Dijodthyronin.
523[7]: statt: U. Y. lies: N. Y.
524[2]: statt: HARRISON, H. P. lies: HARRISON, G. A.; — statt: 1120 lies: 1102.
539[4]: statt: PRUNTY, F. T. lies: PRUNTY, F. T. G.
548[9]: statt: 1947 lies: 1946.
555, Absatz 2, 6. Zeile: statt: S. 585 lies: S. 558.
557[1]: statt: 10. Aufl. lies: 11. Aufl.
563[6]: statt: S. 3943 lies: S. 393.
565, Absatz 5, Zeile 3: statt: MIRSKY[10] und REIS[11] lies: MIRSKY u. RIS[10].
586[10], 2. Zitat: statt: ASTROM lies: ÅSTRÖM.
595, Absatz 4, Zeile 4: „titan-" ist zu streichen.
601, Zitate, Zeile 3: vor PAGE, I. H. füge ein: [3].
605, Absatz 1, Zeile 3 von unten: statt: Kopmonente lies: Komponente.
618[11] (auf S. 619): statt: BUDDENBROCK, W. V. lies: BUDDENBROCK, W. v.
644, Absatz 2, Zeile 4: statt: Tabelle 2 lies: Tabelle 176.
665[19]: statt: 1937/38 lies: 1938.
680[1]: statt: FOLLIS, R. H. jr. lies: FOLLIS, R. H.
684[8]: statt: 1947 lies: 1949.
687[16]: statt: S. M. D. GUPTA lies: S. M. DAS GUPTA.
689[18]: statt: LE GRAY, E. B. lies: GRAY, E. LE B.
703[14]: statt: H. D. DYNIEWICZ lies: H. A. DYNIEWICZ.
704, Absatz 2, Zeile 4: statt: 1,2,5-Dibenzanthracen lies: 1,2,5,6-Dibenzanthracen.
710[1]: statt: SCHRÖDER lies: SCHROEDER.
713: Formel von Hetropyrithiam

statt: NH_2 — C — CH_2—N; N, C, HC, CH, N (Pyrimidinring)

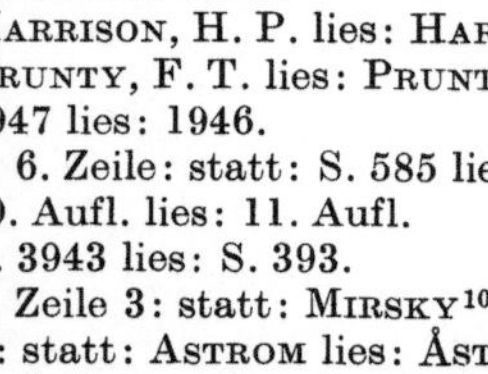

lies: NH_2 — C — CH_2—$\overset{+}{N}$; N, C, C, CH, N, H_3C (Pyrimidinring)

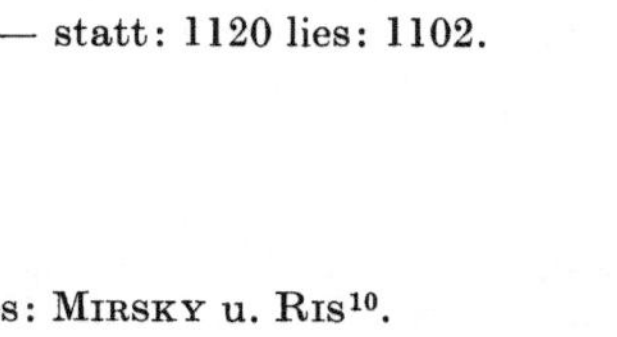

718: Um die Formel von Aneurindisulfid ist zu setzen: $\left(\qquad \right)_2$

In der gleichen Formel: statt: —C—C— lies: —C=C—.

Seite

719[8], letztes Zitat: statt: E. P. S. PARVÉ lies: E. P. STEYN-PARVÉ.
730[5]: statt: HIRECKER, B. L. lies: HORECKER, B. L.; statt: 583 lies: 593.
732[4]: statt: RIECHERT lies: RICHERT.
736[4]: statt: CRAMMER, I. L. lies: CRAMMER, J. L.
742, Absatz 2, Zeile 2: statt: Retinenreduktase lies: Retininreduktase; — letzte Zeile: statt: Pyrazinoincarbonsäureamid lies: Pyrazincarbonsäureamid.
749[4]: statt: SHIWE lies: SHIVE.
749[17], vorletzte Zeile: statt: SHWARZMAN lies: SHWARTZMAN.
755[5]: statt: SCHNEIDER, H. lies: SCHNEIDER, H. A.
759, Absatz 3, letzte Zeile: statt: Pantoinsäure lies: Pantothensäure.
767[14]: statt: R. J. WOLF lies: H. J. WOLF.
775 unter Tabelle 197: statt: Pteroylglutamil lies: Pteroylglutamyl.
776[6], bei BURKHOLDER, P. R., I. MCVEIGH and K. WILSON: statt: 187 lies: 287.
776[6] vorletzte Zeile: statt: FARGER lies: FAGER.
781[4]: statt: L. J. F. PARKER lies: L. F. J. PARKER.
782[3]: statt: EMERSON, G., A. lies: EMERSON, G. A.
782[10]: statt: STIPELS lies: STIPEK.
783[8]: statt: REGE, V. D. lies: REGE, D. V.
796[16]: Das Zitat „SNELL" ist zu streichen.
797[3]: statt: Bact. lies: Bact. Rev.
800[5]: statt: H. R. BURRIS lies: R. H. BURRIS.
897[8]: statt: STAVITZKY lies: STAVJTSKY.
904, Tabelle 210, 1. Spalte: statt: β-Cellotosidantigen lies: β-Cellobiosidantigen.
933, Absatz 4, Zeile 4: statt: Tomatenmosaikvirus lies: Tabakmosaikvirus.
970[2]: statt: M. (M.) MAYER lies: M. MAYER.
984 r., bei ANREP, G. V.: statt: TALAAF lies: TALAAT.
985 r., bei ARON, H.: statt: — u. H. KLINKE lies: — u. K. KLINKE.
986 l.: statt: ASTROM lies: ÅSTRÖM.
989 l.: vor „BANDURSKI" füge ein: BANDMANN, M., S. ZONDEK, S. G. 388[11], 391[7].
990 r., bei BARRON, E. S. G., J. M. GOLDINGER: statt: LYMEN lies: LYMAN.
998 l.: füge ein vor: BIRD, H. R.: BIRD, G. W. G.: Gruppenspezifische Agglutination menschlicher Erythrocyten durch pflanzliche Samenproteine 922[8].
1002 l.: BONDMANN usw. ist zu streichen.
1004 l.: vor BOYD, L. J. füge ein: BYOD, G. A., s. SKIPPER, H. E. 776[1].
1009 l., bei BÜRGER, M.: statt: — u. K. KRAMER lies: — u. H. KRAMER.
1010 r., bei BURKHOLDER, P. R.: statt: — and J. MCVEIGH lies: — and I. MCVEIGH.
1011 l.: statt: BURRIS, H. R. lies: BURRIS, R. H.
1015 l.: Setze das Stichwort: CARY, C. A. vor: CARY, C. A., S. 1014 r.
1015 r., bei CHAIKOFF: statt: — and A. TAUROGG lies: — and A. TAUROG.
1016 l., bei CHAPMAN, J. R. füge hinzu: 776[1].
1021 l., bei COOKE, W. T.: statt: — s. BARCLEY lies: — s. BARCLAY.
1023 r.: statt: CRAMMER, F. lies: CRAMER, F.; — statt: CRAMMER, I. L. lies: CRAMMER, J. L.
1026 l., bei DANOWSKI: statt: — and J. R. ELKINGTON lies: — and J. R. ELKINTON.
1026 r.: füge ein vor: DATTA, S. P.: DAS GUPTA, S. M., s. WILSON, H. E. C. 687[16]; — bei DAVARPANAH: statt: O-Antigen lies: 0-Antigen; — vor DAVENPORT füge ein: — s. STAUB, A. M. 916[8].
1032 l., bei DOISY, E. A.: statt: — s. MACCORQUODALE lies: — s. MACCORQUODALE.
1034 l., bei DRUMMOND, H.: statt: — and R. J. MACWALTER lies: — and MACWALTER.
1035 r.: statt: DYNIEWICZ, H. (D.) lies: DYNIEWICZ, H. (A.). — bei DYNIEWICZ statt: — s. STEIGMAN lies: STEIGMANN.
1037 l., nach EICHENBERGER, E., 3. Zeile, füge ein nach: Stimulierung usw.: — u. H. ISLICKER: Lipopolysaccharide gramnegativer Bakterien steigern Serumproperdin 975[6].
1040 l.: statt: EMSLIE, A. R. C. lies: EMSLIE, A. R. G.
1040 r., bei ENTENMAN: statt: — s. ZILVER-SMIT lies: — s. ZILVERSMIT.
1042 r.: statt: EULER, U. S. v. and A. ASTROM: lies: EULER, U. S. v., and A. ÅSTRÖM.
1047 r.: statt: FISCHLER, M. lies: FISCHLER, F.
1064 l.: vor GRAY, J. L. füge ein: — K. MORGAREIDGE and J. D. CAWLEY: Resorption von Vitamin A-Alkohol und -Estern 689[18].
1065 r.: statt: GRIEF lies: GREIF und ordne ein vor: GREIFF.
1068 l.: GUPTA, S. M. D. usw. ist zu streichen.
1073 r., 3. Zeile: statt: —, L. J., lies: —,.
1079 r., bei HENNY: statt: SPIEGEL-ADOIF lies: SPIEGEL-ADOLF.
1082 l., bei HILLER, A.: statt: GRIEF lies: GREIF.
1093 r., bei JETTER: statt: COVIER lies: GOVIER.
1094 l., bei JOHNSON, A. W.: statt: TODD, A. lies: TODD, A. R.

Seite

1095 r., bei JORPES, 6. Zeile: statt: insensibils lies: insensibilis.

1097 r.: setze: KALINKE usw. vor: KALLIS; — bei KAMM, O. T. B. ALDRICH: statt: GROTZE lies: GROTE.

1111 l., bei KUHN, R., F. MOEWUS u. D. D. JERCHEL: statt: D. D. JERCHEL lies: D. JERCHEL.

1116 r.: der Titel: GRAY, E. LE B. (vor LE HEUX) ist zu streichen.

1117 r: vor LE MAY ordne ein: LE MAY-KNOX, M., and W. E. KNOX: Steigerung der Tyrosinoxydation durch Ascorbinsäure 813[9].

1118 l., 6. Zeile: statt: der in lies: in der.

1120 r., bei LIEBERMANN, S.: statt: — and K. DOBRINES lies: — and K. DOBRINER.

1121 l., 1. Zeile: statt: LIEBERMANN lies: LIEBERMAN.

1122 l., bei LIPMANN: statt: — s. KAPLAN, O., lies: — s. KAPLAN, N. O.

1134 r.: statt: MÅRTENSOON, J. lies: MÅRTENSSON, J. und ordne ein hinter: MÅRTENSSON, E. (S. 1135 l.).

1136 l.: statt: MATTIL lies: MATTILL.

1136 r., bei MAWSON, C. A.: statt: — and M. L. FISCHER lies: — and M. I. FISCHER. — statt: MAY-KNOX, M. LE lies: LE MAY-KNOX, M. und ordne ein S. 1117 r. vor LEMBECK.

1246 r., bei ZONDEK, S. G.: statt: BONDMANN lies: BANDMANN.